中国环境宏观战略研究
主要环境领域保护战略卷

（上）

中国工程院
环境保护部 编

中国环境科学出版社·北京

图书在版编目（CIP）数据

中国环境宏观战略研究. 主要环境领域保护战略卷/中国工程院，环境保护部编. —北京：中国环境科学出版社，2010.6
ISBN 978-7-5111-0299-7

Ⅰ. ①中… Ⅱ. ①中… ②环… Ⅲ. ①环境保护—发展战略—研究—中国 Ⅳ. ①X-012

中国版本图书馆 CIP 数据核字（2010）第 106341 号

责任编辑 季苏园 李恩军 曲 婷
责任校对 扣志红
封面设计 玄石至上

出版发行 中国环境科学出版社
（100062 北京东城区广渠门内大街 16 号）
网 址：http://www.cesp.com.cn
联系电话：010-67112765（总编室）
发行热线：010-67125803，010-67113405（传真）
印 刷 北京市联华印刷厂
经 销 各地新华书店
版 次 2011 年 1 月第 1 版
印 次 2011 年 1 月第 1 次印刷
开 本 880×1230 1/16
印 张 79 插页 8
字 数 1500 千字
定 价 260.00 元

中国环境宏观战略研究机构名单

领导小组

组　长：徐匡迪

副组长：周生贤　潘云鹤　祝光耀　丁仲礼

成　员（按姓氏笔画排序）：

王　飞　仇保兴　江泽慧　刘燕华　何亚非　汪　民　张少春

张　穹　张桃林　陈啸宏　胡四一　倪岳峰　黄浩涛　蒋耀平

解学智　解振华

专家领导小组

组　长：沈国舫

副组长：旭日干　刘鸿亮　陈吉宁

项目办公室

主　任：祝光耀

副主任：杨朝飞　石立英　夏　光　王振海　彭近新　冯仁国

成　员：原庆丹　安耀辉　冯　燕　韩　雪　沈晓悦　殷培红　韩孝成

吴玉萍　陈　赛

总审核人：祝光耀　沈国舫

总统稿人：杨朝飞　石立英

李克强副总理出席会议

2007 年 5 月 11 日，曾培炎副总理出席中国环境宏观战略研究启动会

2007 年 11 月 5 日，徐匡迪副主席听取中国环境宏观战略研究工作进行情况汇报

2010 年 12 月 20 日，李克强副总理参观中国环境宏观战略研究成果展示

2010 年 12 月 20 日，李克强副总理参观中国环境宏观战略研究成果展示

2009 年 7 月 21 日，李克强副总理出席环境宏观战略研究座谈会

2007 年 5 月 11 日，曾培炎副总理出席环境宏观战略研究启动会

2007年5月11日，召开中国环境宏观战略研究启动会

2009年2月4日，召开领导小组联络员会议

2007 年 5 月 11 日，召开环境宏观战略研究领导小组第一次会议

2009 年 3 月 16 日，召开中国环境宏观战略研究领导小组第二次会议

中国环境宏观战略研究成果应用座谈会

序　言

徐匡迪

党的十六大以来，以胡锦涛同志为总书记的党中央提出以人为本、全面协调可持续的科学发展观，这是马克思主义中国化的最新成果，是统领我国经济社会发展的最高纲领和重大战略思想。党的十七大明确将生态文明建设作为实现全面建设小康社会奋斗目标的新要求，十七届四中全会进一步将生态文明建设提升到与政治建设、经济建设、社会建设、文化建设并列的高度，作为建设中国特色社会主义伟大事业总体布局中的重要内容，为我国可持续发展指明了方向。这些重大决策都要求我们对环境保护做出宏观上的综合分析和战略部署。

一、在资源环境方面我国经济社会发展面临巨大挑战又充满希望

1．我国经济社会发展取得巨大成就

改革开放以来，我国经济社会发展取得了举世瞩目的成就，综合国力显著增强，国家发展面貌日新月异，经济总量已经位居世界前列，社会主义市场经济体制逐步完善，科学决策、民主决策、依法决策的水平不断提高，引领科学发展的体制机制开始形成，党的建设全面加强，亿万人民分享了改革开放带来的发展成果。通过实施科教兴国战略、人才强国战略，努力建设创新型国家，极大地激发了我国人民实现中华民族伟大复兴的爱国热情。同时，坚持资源节约和环境保护的基本国策，实施可持续发展战略，在积极探索符合国情的经济发展和环境保护道路方面也取得了积极进

展，积累了有益的经验。

2．我国经济社会发展面临着巨大挑战

我国经济社会发展也面临着很大的挑战，特别是在资源环境方面，形势还相当严峻。一些地方将发展单纯归结为物质产品的积累，偏重于物质财富的增长，以牺牲环境换取经济发展。胡锦涛总书记在十七大报告中指出，我国在经济增长中资源环境代价过大。在发展方式上，产业结构不合理，经济增长方式粗放，能源资源消耗比较高。在消费方式上，一些超前、奢侈、过度和浪费性消费等不可持续的消费行为还比较盛行，全社会的资源节约、环境友好意识有待加强。在体制机制方面，长期以来部门封锁、地方保护主义等顽疾仍然不同程度存在，在一些地方甚至严重影响国家发展大局和整体利益。个别地方政府甚至成为企业环境违法行为的保护伞，一些地方“以权代法”、“以言代法”的现象时有发生。我国人口众多、资源相对不足、环境容量有限，又处在工业化、信息化、城镇化、市场化、国际化加速发展的历史进程中，资源环境面临的压力比世界上任何国家都大，资源环境问题比任何国家都要突出，解决起来也比任何国家都要困难。

3．我国在应对环境资源挑战方面也充满了希望

面对这些挑战，党和国家采取了坚决的措施，提出了以人为本、全面协调可持续的科学发展观，不断加大经济结构战略性调整力度，努力转变发展方式，从源头上减少污染，避免不必要的事后治理；坚持依法治国，加快建设社会主义法治国家，使环境保护法制建设不断推进；不断完善社会主义市场经济体制，运用经济手段和市场机制解决环境问题，出台了一批有利于节约资源保护环境的环境经济政策；随着国家经济实力不断增强，对环境保护的投入和经济支持力度显著增强，环境保护机构规格不断提升，资源节约、环境保护观念逐步成为社会共识，各地已经涌现出许多经济与环境保护协调发展的典型；积极应对全球性环境问题挑战，呵护人类共同家园，以和平发展为核心，推动国际环保合作，建设和谐世界。

二、推进经济发展与环境保护相协调，努力建设生态文明

1．人类社会发展史就是一部文明进化的历史

每一种人类文明都代表着不同特征的社会生产能力和生产方式，反映了不同的人与自然和人与人的关系状态。人类迄今为止经历了原始文明、农业文明和工业文明，正迈向生态文明。原始文明时期是人类崇拜自然、敬畏自然的早期文明阶段。农业文明时期人类对自然敬畏的成分渐渐消失，驾驭自然的能力逐步增强。这个阶段人类改造自然、占有自然的盲目性和随意性的后果已经开始显现。从世界范围看，尼罗河、底格里斯和幼发拉底河、印度河和恒河流域的人类文明也都曾因生态环境良好而兴旺，随生态环境恶化而衰败。我国古代楼兰王国的迁都，宋朝时期北方游牧民族不断向南侵袭，也与当时自然环境的异常改变有着千丝万缕的关系。作为西方启蒙运动孕育的产物，发源于西欧并源源不断地向世界其他地方扩展的工业文明是一种无视自然、主宰自然、征服自然的文明形态。20 世纪中叶开始，人类社会进入一个大变革的时期。人类的工业文明达到它的鼎盛时期，而与工业文明成就相伴随的是，环境污染和生态破坏第一次成为全球性问题全面凸显出来。犹如农业文明替代原始文明、工业文明替代农业文明一样，以一种新的生产能力和生产方式为动力、以一种新的人与自然关系及其人与人的关系为核心、以解决工业文明所固有的环境与发展矛盾为目的的新的文明形态必然要登上人类历史的舞台，这就是生态文明，它代表了人类文明演替的发展方向。

2．生态文明是人类道德伦理的新境界

生态文明是人类道德境界的提升，是人类新的责任担当。世界是一个“人—社会—自然”复合生态系统，是一个活的有机整体。只有尊重和维护自然，保持“人—社会—自然”复合生态系统平衡，人类社会才能更加和谐，才能实现真正意义上的可持续发展。

生态文明作为一种新的社会形态，在精神层次上，要转变价值观牢固树立生态文明观念；在制度层次上，要确立公正平等的社会关系和制度；在发展层次上，要变革生产方式和生活方式，发展低碳经济、绿色经济、循环经

济和简朴的绿色生活方式，建设人与自然和谐的可持续发展的绿色社会。

党的十七大提出建设生态文明的新要求，这是我们党第一次把它作为一项战略任务明确提出来，为进一步提高我们党的执政能力开辟了新的领域，为有效推进国家可持续发展带来了机遇，为全社会节约资源、保护环境提供了理论和价值观基础。

3. 建设生态文明的关键是要转变经济增长方式

建设生态文明的本质是要协调经济发展与环境保护的关系。在处理经济发展与环境保护的关系问题上，有几种观点，一是主张走“先污染、后治理”的老路，认为只有在经济增长的基础上，才能有资金投入到环境治理和保护中去，实际上，这种观点是不正确的，先污染后治理的成本代价大，得不偿失。二是主张为了保护环境而停止发展经济，这是因噎废食的认识，没有从整体上认清我们党和国家所处的历史方位。三是一些地方说一套做一套，心怀单纯追求经济增长的内在冲动，仍然认同“边污染、边治理”的做法，没有真正认识经济与环境关系的本质，实际上是把环境保护摆在了经济增长的对立面。

环境问题说到底是发展问题。在社会主义初级阶段，发展是执政兴国的第一要务，中国一切问题的解决，从根本上讲都要靠发展。要聚精会神搞建设、一心一意谋发展，必须紧紧抓住 21 世纪头 20 年的重要战略机遇期，推动又好又快发展。环境问题是在发展中产生的，也应当在发展中解决。著名的库兹涅茨曲线反映了经济增长与环境状况之间的关系，是一条倒“U”型曲线。就是说在人均国内生产总值（GDP）比较低时，环境污染程度较轻，随着经济发展、工业化进程、人均收入的增加，环境污染由低趋高，环境恶化程度随经济的增长而加剧，到人均 8 000～10 000 美元时达到顶点，过了这个顶点，随着人均收入的进一步增加，环境污染又由高趋低，环境污染程度逐渐减缓，大概在人均 20 000 美元时，人们生活比较富裕，环境质量逐渐得到改善。中国走不通这样的道路，我们必须“穿越”环境高山，在我国人均还达不到发达国家那么高的时候就开始改善环境，这就需要我们优化经济增长模式，走新型工业化道路，在发展中保护环境，在保护中推动发展，推进经济发展与环境保护相协调，努力实现清洁发展、节约发展、安全发展和可持续发展。

三、中国环境宏观战略研究要继续深化

我国环境问题的成因非常复杂，与经济、社会、政治、文化、科技、国际等息息相关，这些因素又相互交叉、相互影响，因此，解决我国环境问题就事论事是行不通的，必须从宏观和战略层面加强研究，为此，2007 年，经国务院批准，中国工程院和原国家环保总局牵头，组织开展了中国环境宏观战略研究。

国务院对开展中国环境宏观战略研究高度重视。2007 年 2 月，温家宝总理、曾培炎副总理批准开展中国环境宏观战略研究，并做了重要批示。2007 年 5 月，曾培炎副总理参加了环境宏观战略研究启动会并讲话，为宏观战略研究指明了方向。2009 年 7 月，李克强副总理听取了环境宏观战略研究汇报，指出环境问题是最大的民生问题之一，要注重统筹国际国内两个大局，把保护环境与调整结构有机结合起来。

中国环境宏观战略研究是一项总结过去、指导现在、谋划未来的重大工程，涉及多部门、多学科，层次高、综合性强，时间跨度大，研究任务重，质量要求高。为了做好研究，成立了包括全国人大、全国政协及国务院 17 个部门为成员的项目领导小组，设立了 4 个课题组和 29 个专题组，动员了环保、工程、科技、经济、社会、贸易、法律、能源、外交等领域的 50 多名院士、数百位专家学者和研究人员参与研究，另有 7 个省区也开展了本地的环境战略研究。项目领导小组召开了两次会议，中国工程院和环境保护部党组分别听取了汇报，项目办公室先后组织召开了各类会议数十次，对研究中的重点、难点和关键性问题反复研讨。在 4 个课题、29 个专题研究成果的基础上，又起草了给国务院的“汇报要点”稿和综合报告，这些工作保障了中国环境宏观战略研究层次高、质量好、成果丰硕。

中国环境宏观战略研究取得了丰硕成果。今天的研究成果是在当前我国经济社会条件和国际背景下取得的，是对 30 年环保发展历程的回顾与总结，是对环境战略的阶段性升华与展望。发展无止境，认识无止境，研究无止境。随着实践的发展和认识的提高，环境宏观战略研究不能永远停留在一个固定的水平上，还需要进行不断的探讨，需要进一步拓展研究的深度和广度。在一个永无止境的探讨过程中，不断把环境宏观战略研究引向与时俱进的新境界。

在中国环境宏观战略研究工作结束之际，我对为这项研究付出辛勤劳动的各位院士、有关专家和工作人员，对积极参与并大力支持此次战略研究工作的有关部门表示衷心的感谢！

前　言

周生贤

中国环境宏观战略研究是我国环境保护领域的一项重要基础性工程，其标志性成果是提出了中国环境保护新道路的命题。这个命题是在回顾和总结我国 30 多年环境保护经验教训的基础上，根据未来国内国际发展大趋势，对环境保护形势进行综合分析和研究而提出来的，意义重大。我们今后的任务，就是要努力去开拓和发展这条道路，经过持续不断的努力，解决我国的环境问题。

对于开拓和发展中国环境保护新道路，我们需要采用科学的思维方法。马克思主义哲学是唯一科学的世界观和方法论，是我们认识世界和改造世界的强大思想武器。运用马克思主义哲学的基本原理来思考和分析中国环境保护新道路，将会进一步廓清我们对这条新道路的认识，从而更自觉地在今后的实践中探索它、发展它、推动它。

一、中国环境保护新道路是实践和理论的有机统一

马克思主义认识论的原理告诉我们，人类的认识遵循实践、认识、再实践、再认识的辩证规律。进一步说，人类的认识是随着社会实践不断由低级到高级，由浅入深，由片面到全面。中国环境保护新道路就是在中国环境保护实践、认识的辩证发展的具体过程中，不断从实践到认识、再从认识到实践，循环往复，每一次循环都进到高一级的程度，从而我们对环境保护规律的认识更加全面、更加深刻。中国环境保护新道路是中国环境保护实践和理

论具体的历史的有机统一。

1. 辩证唯物主义认为，物质是第一性的，意识是第二性的，意识依赖物质。同时意识对物质并不是消极被动，它一经产生，就对物质发挥积极的能动作用，这种作用是通过认识对实践的指导来实现的。党和国家对环境保护的认识对我国环境保护实践发挥了重要作用。

改革开放前，周恩来总理等老一代革命家就已开始注意环境问题，为发展中国环境保护事业打下了基础。改革开放后，邓小平同志非常重视绿化造林和保护自然环境问题，强调自然环境保护很重要。20 世纪 70 年代末通过了我国第一部环境保护法，随后 80 年代初把环境保护确立为一项基本国策，对环境保护事业发展影响深远。江泽民同志主持中央工作以后，陆续提出实施可持续发展战略，必须正确处理经济建设与人口、资源、环境的关系，保护环境就是保护生产力等论断，指导并促进了我国环境保护不断发展。进入 21 世纪，特别是以胡锦涛同志为总书记的党中央提出以人为本、全面协调可持续的科学发展观以来，我国环境保护工作和实践面貌焕然一新。在党的十七大上胡锦涛同志又提出建设生态文明的新要求。建设资源节约型、环境友好型社会写入了十七大通过的新党章。这些都标志着环境保护作为基本国策已成为全党意志，环境保护进入了国家政治经济社会生活的主干线、主战场、大舞台。上述党和国家对环境保护事业的认识，有力地推动了我国环境保护实践的发展。

2. 马克思主义哲学认为，实践是认识的来源和动力，是检验认识真理性的标准，是认识的目的。我国环境保护事业历经 30 多年、几代人的艰苦奋斗，从无到有、逐步发展，具有了比较丰富的实践，中国环境保护新道路是对这些实践经验的升华。

1973 年第一次全国环保会议提出了三十二字方针、20 世纪 80 年代明确提出三大政策体系、20 世纪 90 年代又提出污染防治和生态保护并重等思想和行动都是那个时期环境保护实践的认识成果。“十一五”以来，我国环境保护事业确立了全面推进、重点突破的工作思路，提出从国家宏观战略层面解决环境问题，从再生产全过程制定环境经济政策，让不堪重负的江河湖泊休养生息，努力促进环境与经济的高度融合，环境保护显示了新气象，这些实践有待升华为新的认识。

唯物辩证法承认两点论，反对一点论，认为分析事物要一分为二，要从正反两个方面看，不能仅仅从正面或者反面做分析，否则就片面了。必须承认，30 多年来我国环境保护还处于边治理、边污染的状况，一些地方甚至重蹈先污染、后治理的覆辙，特别是发生了沱江污染、松花江水污染、无锡太湖蓝藻暴发等重大污染事件。中国环境保护新道路正是我国环境保护事业 30 多年来正反两方面实践和认识的升华，目的是更好地促进我国环境保护事业大发展。

3. 历史唯物主义认为，作为社会物质生产过程的社会存在决定社会精神生活的社会意识，社会意识反映社会存在。环境问题是一定阶段社会物质生产过程的产物，是一种社会客观存在，对环境问题的认识也必然随着环境问题这个社会客观存在的变化而发展。

我国环境客观形势的现实表明，原来的道路、旧的范式越来越不适应环境形势发展的客观实际，中国环境保护新道路就是环境客观形势不断严峻下的社会意识发展，属于新的范式。

环境保护在取得很大成绩的同时，我国环境形势依然十分严峻。一是 2008 年我国地表水 746 个国控断面，Ⅰ—Ⅲ类水的比例为 47.7%，Ⅴ类或劣Ⅴ类水占 23%。二是大气污染严重。可吸入颗粒物成为城市空气的主要污染物。全国酸雨面积已扩大到 150 万 km^2。三是固体废物、噪声污染有增无减，电子垃圾的高峰已经来临。四是农村环境面临千家万户的污水排放、垃圾收集和处理、农业面源污染和畜禽养殖污染等问题，令人堪忧。五是水土流失、沙化等生态破坏仍然严重。传统的环境问题尚未解决，新的环境问题接踵而至。六是国际压力明显加大。我国宣布到 2020 年单位 GDP 二氧化碳排放量比 2005 年降低 40%～45%。这些日益突出的作为社会客观现实存在的环境问题，必然会引发我们对产生这些环境问题的反思。新的社会存在要求新的社会意识反映。只有超越对环境问题的以往认识，才能更好地解决问题。中国环境保护新道路是对我国十分严峻的环境形势这种社会客观存在的能动反映和认识发展。

二、中国环境保护新道路坚持辩证唯物主义基本要求

辩证唯物主义认为，世界是物质的，物质决定意识，意识能动地作用于物质。物质世界是普遍联系和永恒发展着的，事物运动发展是有规律的。唯物辩证法包括了联系和发展两大原则，对立统一、质量互变、否定之否定三大规律，以及本质与现象、内容与形式、原因和结果等基本范畴。其中对立统一规律是唯物辩证法最根本的规律，是认识世界和改造世界的根本方法。辩证唯物主义的基本原理和规律为认识和发展中国环境保护新道路提供了思想基础，开拓新道路提供了根本指南。中国环境保护新道路的实践进一步证实了辩证唯物主义的真理性。

1. 辩证唯物论的对立统一规律认为，矛盾的普遍性和特殊性的关系就是共性和个性、绝对和相对的关系，共性只能存在于个性之中，个性离不开共性，个性也有自己的特点。科学发展观与环境保护历史性转变是普遍性和特殊性的辩证关系。只有把矛盾的普遍性和特殊性、共性和个性结合起来，具体说就是把落实科学发展观和推动历史性转变相结合起来，才能更好地推动中国环境保护事业发展。

科学发展观对中国特色社会主义事业具有普遍性、共性，它是无条件的，因而是绝对的。科学发展观作为党的三代中央领导集体关于发展的重要思想的继承和发展，是马克思主义关于发展的世界观和方法论的集中体现，是同马克思列宁主义、毛泽东思想、邓小平理论和“三个代表”重要思想既一脉相承又与时俱进的科学理论，是我国经济社会发展的重要指导方针，是发展中国特色社会主义必须坚持和贯彻的重大战略思想。

历史性转变对中国特色社会主义事业具有特殊性、个性，它是有条件的，因而是相对的。第六次全国环境保护大会确定了历史性转变思想。温家宝总

理在这次环保大会上提出了“三个转变”：一是从重经济增长轻环境保护转变为保护环境与经济增长并重，在保护环境中求发展。二是从环境保护滞后于经济发展转变为环境保护和经济发展同步，努力做到不欠新账，多还旧账，改变先污染后治理、边治理边破坏的状况。三是从主要用行政办法保护环境转变为综合运用法律、经济、技术和必要的行政办法解决环境问题，自觉遵循经济规律和自然规律，提高环境保护工作水平。“同步、并重、综合”这“三个转变”具有战略性、全局性和方向性，成为我国环境保护的历史性转变。它是环境保护领域中实践和落实科学发展观的结合点和着力点。

历史性转变不是毕其功于一役，是一个相当长的矛盾、转变，再矛盾、再转变的过程。因此，历史性转变指导下的中国环境保护新道路就呈现了长期性、阶段性、针对性和艰巨性的鲜明特点。长期性表现在两方面：一方面，从客观上讲，当前我国环境形势十分严峻，解决起来不可能一蹴而就；另一方面，从马克思主义认识论的角度看，对复杂问题的认识，往往要经过实践和认识的多次反复，甚至曲折反复，需要一个相当长的过程，才能逐步达到主观和客观的统一。解决复杂问题也需要一个过程。认识问题和解决问题就是实践论的范畴了。我们要按照实践永无止境的要求，坚持继承与创新，一代接一代环保人坚持不懈地探索下去。阶段性就是要根据工业化和城镇化进程中的不同特征，找到特定阶段的突出问题，及时调整探索重点。针对性就是要敢于面对错综复杂的局面，善于抓住主要矛盾，采取有的放矢的措施。艰巨性就是要充分认识解决我国压缩型、结构型、复合型环境问题的难度，不为任何困难所惑，不为任何风险所惧，始终保持清醒头脑，努力在实践中探索，在探索中实践。

概言之，科学发展观的普遍性、共性存在于历史性转变的特殊性、个性之中，历史性转变体现科学发展观的普遍性、共性。历史性转变也具有自身的特点，这就是对经济发展与环境保护关系的根本性调整，是环境保护根本方式的转变。就经济发展与环境保护这对矛盾来说，历史性转变是在一定条件下，经济发展与环境保护这对矛盾地位的改变，此消彼长，既斗争又转化。

我们必须把落实科学发展观和推动历史性转变相结合起来，才能更好地推动中国环境保护新道路的发展。

2. 辩证唯物论的对立统一规律认为，矛盾的基本属性是既对立又同一。一切矛盾着的事物，互相联系着，共同处于一个统一体中，在一定条件下互相转化。科学发展本质上是经济、环境、资源的对立统一体，不能绝对地把经济发展、环境保护、资源节约三者静止地、机械地对立起来，在一定条件下它们相互贯通、相互影响，可以实现良性发展。

发展在某种意义上就是燃烧。烧掉的是资源，留下的是污染，产生的是GDP。科学发展就是烧掉的资源越少越好，产生的污染越小越好，最好是零排放。前者是“资源节约”，后者是“环境友好”，总括起来就是又好又快。烧掉的资源少，留下的污染小，GDP能搞多少算多少，搞得快比搞得慢好，搞得代价小比代价大好，这就是良性发展，就是科学发展，也是又好又快的发展。

3. 唯物辩证法是关于联系和发展的科学，认为事物是普遍联系和永恒发展的。普遍联系是事物固有的辩证本性，这是客观的，不以人的意志为转移的。而且任何事物只有在一定的联系中才能存在和发展。环境保护作为物质世界的事物，具有普遍联系的本性，这也是不以人的意志为转移的。环境保护只有在一定的联系中才能存在和发展。

从普遍联系的观点看，环境保护不仅存在着与经济、政治、文化、社会等方面的普遍联系，也存在着中央与地方、各部门之间的多层次联系，以及水体、大气、土壤、固体废物等各项治理工程和管理工作之间的复杂联系。因此，环境保护是一个多层次、多维度、多因素、非线性的复杂问题。它绝不是简单的污染防治问题，应该说它本质上是一个发展方式问题、经济结构问题和消费方式问题。其中最重要的联系是环境与经济关系，两者相互关联、相互呼应、相互影响。环境保护是经济发展的应有之义，离开经济发展谈环境保护那是缘木求鱼。一部环境保护发展的历史就是一部经济发展的历史。正确的经济政策就是正确的环境保护政策，正确的环境保护政策也是正确的经济政策。我们过去几十年的教训就是，把经济与环境保护搞成两张皮，联系不到一块，机械地把环境保护放在经济发展的对立面，这样推进环境保护工作的难度就很大。

就普遍联系的观点看，本质和现象是揭示事物内部联系和外部表现的一对哲学范畴，认识事物不能停留在表面现象，而必须透过现象，把握本质。十七大报告提出粗放型增长方式尚未根本改变，要大力推进经济结构战略性调整。认识到粗放型增长方式这个现象是解决资源环境代价过大问题的必要前提，但还远远不够，不能停留在对现象的认识上。我们都知道金刚石、石墨这两种物质，它们都是由碳原子构成的，一个是世界上无色透明天然最硬的物质，一个是世界上有色不透明最软的物质，关键是它们内部分子结构的性质不同，一个是碳原子呈层状排列结构，一个是碳原子呈空间连续的骨架结构，结构的性质决定不同的功能，显现出不同的现象。要真想改变它们的物质性能必须改变结构性质，而改变结构性质，需要高温高压外加催化剂那样的外界条件才能由石墨变金刚石。

改变粗放型增长方式看起来主要是提高环境门槛，制定严格的环境经济政策，加强综合执法力度等，本质上是调整经济结构，是改变经济结构性质，实现经济与环境协调融合，使环境保护不再是经济发展的排斥因素。如果仅仅只注意到了提高环境门槛这些现象，认识不到调整经济结构才是本质，就没有很好地掌握现象和本质的辩证关系，最终也抓不住关键，不知道从哪方面下大力气解决问题。调整经济结构，改变经济结构性质，关键是力度大小，必须有一个强大的外力才行。一般性的措施不行，很难奏效。现在看，世界金融危机这个强大的外力，给我们调整经济结构带来了良好机遇，坏事可以变好。

4. 唯物辩证法认为，内因是变化的根据，外因是变化的条件，外因通过内因而起作用。我国环境保护事业要立足自身、立足国情这个内因，学习和借鉴国际环境保护领域的经验和做法，以我为主，为我所用。

中国环保新道路最根本上是中国所处发展阶段、中国国情与环境保护实际相结合这个内因促成的，是内因在发挥作用。国际环境保护领域经验和做法这个外因只有通过吸收这个环节为内因提供变化条件，加速甚至延缓内因的发展和变化，具体看就是我国环境保护事业曾吸收过许多国际环保的有益做法和理念，促进了环保事业发展，今后仍要坚持这样做下去。坚持内因决定论的唯物辩证法原理，我国环境保护事业发展必须一要立足自身，二要立足国情。立足自身就是中国环境保护事业发展的立足点在于依靠自身的实践发展和理论进步，立足于中国环境保护自身的实践与认识，不断总结这些实践和认识的内在规律，结合中国具体的国情吸收外部的成功经验，不断开拓和探索中国环境保护新道路。立足国情就是侧重于思考我国是处于并将长期处于社会主义初级阶段的中国特色社会主义，中华民族具有几千年处理人与自然关系的智慧和文明，当前国家正面对生态环境脆弱、人口多、发展方式粗放、工业化快速发展，要立足于这些基本国情，推进中国环境保护新道路建设。

西方发达国家走过了先污染后治理、以牺牲环境换取经济增长的老路，对这条老路造成的环境危害，甚至无法弥补的损失，曾进行过批判和反思，对它们的环境问题也实践出了比较有效的做法：一是采取严厉的环境保护措施，二是建设完善的环境基础设施，三是加快调整产业结构，四是实行符合国家经济大局的政策法规标准体系。发达国家的这些有益尝试为中国环境保护新道路发展提供了一定的外部条件。因为这些做法是人类文明共同的成果，人类为此付出过惨痛的代价。譬如震惊世界的 20 世纪 40 年代初美国洛杉矶烟雾事件、1952 年英国伦敦烟雾、1953 年日本水俣病等八大公害，人类就付出了很多沉重的生命代价。我国 2005 年发生的松花江水污染事件也进入了世界环境保护史。学习借鉴人类文明的共同成果，为我所用，可以少走弯路，少付代价。

内因是变化根据，外因必须通过内因而起作用的原理也要求我们，对国际环境保护经验要坚持拿来主义，而不能照抄照搬，搞克隆主义、复制主义，也绝不能搞洋教条。中国环境保护新道路一定要坚持并自觉运用内因决定论这个科学的马克思主义哲学原理作指导，不断独立自主地开拓前进。

5. 辩证唯物主义认为，全局是由局部构成，局部是全局的一个部分、一个发展阶段，没有局部就没有全局。全局不是局部的简单相加，而是统率局部，对事物起决定性作用。正确处理全局和局部的关系就要统筹兼顾。

围绕中国环境保护新道路这个全局，就是要正确处理经济发展与环境保护、当前与长远、政府主导与市场推进、中央与地方、城市与农村以及区域之间环境保护六大关系，统筹兼顾这些关系。这六大关系，都是不协调和冲突，也是矛盾。矛盾构成了整个世界，世界每天发生多少矛盾和冲突，如恒河沙数。世界一刻也少不了矛盾，离开矛盾就没有这个世界。旧矛盾解决了，新矛盾还会出现。六大关系、六大矛盾、六大问题是不断发展变化的，结合新的实际和情况，加以解决和转化。

中国环境保护新道路坚持全面推进重点突破的总体思路，是做好新形势下环境保护工作的重要保证，体现了全局与局部的辩证原理。实施全面推进重点突破，就是把保障群众饮水安全作为首要任务，把防治水、空气和土壤污染作为重中之重，把污染减排作为当前环境保护的中心工作，大力建设先进的环境监测预警体系和完备的执法监督体系，认真执行环境影响评价、污染物排放总量控制、环境目标责任制三项制度，积极加强环境政策法制、宣传教育、科学技术、国际合作四项工作，全面开展思想、作风、组织、业务、制度“五大建设”。全面推进重点突破的整体思路，不是回到过去环境保护工作思路的原点，而是环境保护工作螺旋式上升、否定之否定中发生的质的飞跃。

综上所述，中国环境保护新道路就是要在落实科学发展观中，加快环保历史性转变，在转变中改革，在改革中继承，在继承中创新，在创新中实践，在实践中协调，在协调中发展，有所作为，努力实现人与自然和谐。

三、中国环境保护新道路体现历史唯物主义基本原理

历史唯物主义是关于人类社会发展的一般规律的科学。它的基本原理主

要包括，认为社会存在决定社会意识，社会意识反映社会存在。认为人民群众是历史的创造者，是创造人类历史的真正动力。认为人类社会是在生产力与生产关系、经济基础与上层建筑的矛盾推动下，不断从简单到复杂、从低级到高级发展的。历史唯物主义和辩证唯物主义一起构成了马克思主义哲学严密的科学体系和完整的世界观。中国环境保护新道路不仅体现了马克思主义哲学的基本精神，并在中国环境保护实践中坚持它、丰富它、发展它。

1．历史唯物主义认为，人民群众是历史的创造者。以人为本是马克思哲学关于人民主体性的具体体现。环境保护工作始终要心中想着老百姓，服务人民群众，发展依靠人民群众。真正做到发展为了人民，发展依靠人民，发展成果由人民共享。

胡锦涛同志指出，相信谁、依靠谁、为了谁，是否始终站在最广大人民的立场上，是区分唯物史观和唯心史观的分水岭，也是判断马克思主义政党的试金石。坚持人民主体性观点，以人为本，一方面，环境保护工作就要以最广大人民利益为环境保护工作的出发点和落脚点，关爱最广大人民的生命健康，服务最广大人民，解决最广大人民最关心、最直接、最现实的环境问题，解决人民群众反映迫切的现实环境问题——饮用水污染、空气污染、噪声污染、土壤污染等，是我们环境保护工作义不容辞的责任。另一方面，环境保护就要依靠最广大人民，尊重人民群众的主体地位，充分发挥人民群众的创造力和主动性，建立健全公众参与的体制和机制，推动公众参与环境保护不断深入。以民为本、公众参与是环境保护的重要方针。

2．历史唯物主义认为，一定的生产方式制约着自然环境对社会发展的作用，主要受社会制度、生产力发展水平和发展方式的制约。自然环境是人类社会存在和发展的不可缺少的物质条件。现阶段，要充分发挥自然环境作用，必须尊重自然规律，最关键的是协调经济发展与环境保护两者之间的关系。

自然环境也叫自然力。从宏观上看，只有有效地保护自然环境，使自然力更大限度地持久地变为现实的生产力，才可能更好地借助自然界，来满足人类自身的发展需要，经济才能稳定持续发展。人类和自然环境之间的物质转化规律是人类生存和发展必须遵守的客观规律，人们只能认识规律，而不能消灭规律。经济发展是人类生活水平高低的问题，保护自然环境则是能否生存的问题。自然环境与经济发展的核心，首先是经济发展，在社会主义初级阶段不可能用停止发展的方式来保护自然环境，但社会主义初级阶段也绝不能宽容污染自然环境。

自然环境对人类社会来说，它自身是具有净化功能的，具有自我恢复、自我调节、自我修复、自我发展的自组织功能。进一步说，自然环境系统在人类减少污染和破坏的情况下，是可以恢复自身强大的净化功能的，恢复自然自身的生态平衡。这是自然的规律，破坏自然规律，必然遭受自然规律的惩罚。尊重自然规律，用人文关怀来善待自然环境，在利用工程技术手段的同时，要充分发挥自然的净化能力、自我修复能力、自我调节能力、自我发展能力。对环境保护工作来说，这是成本低、效率高，长远看更加科学合理的途径。目前尊重自然规律，发挥自然净化功能、修复功能、调节能力的主要手段和方式是“休养生息”和“扬汤止沸、釜底抽薪”。

胡锦涛同志在安徽视察淮河的时候向全国发出了号召，要让全国的江河湖泊“休养生息”。“休养生息”就是要给水环境以必要的时间和空间，发挥水生态系统的自我修复、自我调节、自我更新功能，使生态生产力得以恢复、发展，使生态系统由严重“失衡”走向“平衡”，进入良性循环，实现人与自然和谐发展。对不堪重负的江河湖泊给予人文关怀实施“休养生息”，看似无为，实则是一种由无为而达到无不为境界的有效路径。

蓝藻出现了，进行人工打捞，就像水开了，倒上冷水，叫“扬汤止沸”。截住造成蓝藻产生的污染源头，就像抽掉锅底下呼呼燃烧的薪柴那样，叫“釜底抽薪”。“扬汤止沸”是治标措施，它重点解决眼前问题，见效快，是暂时措施，并不能从根本上改变环境质量；“釜底抽薪”是治本措施，它围绕长远抓住关键，见效慢，周期长，是长远措施，将从根本上彻底地改善环境质量。环保既要着眼于眼前行动，又要考虑到长远举措，既要把眼前的一些矛盾问题解决好，又要围绕长远从根本上改善环境质量，所以在环境保护措施上既要治标又要治本。

四、在实践中探索中国环境保护新道路

实践的观点是马克思主义认识论首要的和基本的观点。实践是人们有目的地改造客观世界的物质活动，是人类社会特有的存在方式。一切从实际出发，解放思想，实事求是，与时俱进，在实践中检验真理和发展真理，这是马克思主义的思想路线。

1. 实践是检验和发展真理的主要环节，是探索中国环境保护新道路的根本途径。

马克思主义哲学认为，实践是检验真理的唯一标准，实践既具有认识论意义，又具有世界观意义。人的正确思想从哪里来？只能从社会实践中来。实践高于认识，因为它不但具有普遍性的品格而且还有直接现实性的品格。

马克思在《关于费尔巴哈的提纲》中说，哲学家们只是用不同的方式解释世界，问题在于改变世界。改变世界的根本途径是社会实践，目的是达到主观与客观、认识与实践的具体的历史的统一。通过实践、认识、再实践、再认识的辩证过程，每一次认识的循环往复，都使我们进一步接近了真理，从相对真理走向绝对真理。必然王国是人们由于对规律无知或知之甚少，受规律束缚的一种状态。自由王国是人们摆脱盲目必然性的奴役状态，随着人的能动性的不断发挥和自由的不断发展，成为自然界的自觉主人这样一种状态。譬如对于资源节约型、环境友好型社会建设，通过实践，我们就会从没有经验到有经验，从有较少的经验到有较多的经验，从建设“两型社会”这个未被认识的必然王国，到逐步地克服盲目性、认识客观规律，从而获得自由，在认识上出现一个飞跃，到达自由王国，从而会把“两型社会”建设推向一个新的阶段。人类历史就是通过实践活动不断从必然王国到自由王国的演进过程。

2. 解放思想、实事求是、与时俱进，勇于变革、勇于创新，永不僵化、

永不停滞，探索中国环境保护新道路。

解放思想是指在马克思主义指导下打破习惯势力和主观偏见的束缚，研究新情况，解决新问题，使思想和实际相符合，使主观和客观相符合，就是实事求是。与时俱进就是要有一种时不我待、奋发有为、奋起直追的精神，勇于变革、敢于创新，就要理论创新、制度创新、实践创新。

创新是发展的基因。人类社会发展史表明，每个时代都有不同的矛盾和挑战。人类社会就是在不断探索新的发展理念、发展路径、发展方式，解决各种难题中创新前行。积极探索中国环保新道路，就是创新的产物，并将在创新的进程中迸发出生机和活力。探索中国环保新道路，继承是基础，创新是动力，每一次创新都是对环保实践的总结、升华和推动。

在探索中国环境保护新道路中，要创新实践，采用新办法，才有探索的价值。解放思想，要大胆地试、大胆地闯，允许犯错误，但不允许犯同样的错误。尤其是对于像资源节约型、环境友好型试验区探索来说，试验区过去没有，现在的办法又不行，又不能畏首畏尾、丧失发展机遇，就要不断试验，不断实践，试验就可能出错。西方现代哲学家波普尔认为自然科学理论中都包含着潜在的错误，自然科学就是在不断发现错误中、不断在被证伪中永无止境地发展的。有了错误不要紧，那是向前发展的动力。探索新道路付出一定的代价是应该的，因为没有人走过。错误是引向真理的路标，重复犯错是通往泥潭的死路。尊重基层科技人员和基层干部群众的首创精神，这是探索中国环境保护新道路的必备条件。

3. 建设生态文明，统筹人与自然关系，积极探索中国环境保护新道路。

当前人与自然的矛盾十分尖锐，落实科学发展观、统筹人与自然的关系十分迫切。十七大报告指出我国经济社会发展存在的主要矛盾中重要的一条，就是经济增长的资源环境代价过大，提出了建设生态文明的奋斗目标。这个代价过大的问题要靠建设生态文明解决，体现在积极探索中国环境保护新道路的进程中。

人类历史就是文明进化的历史。农耕文明时期人类主要处于敬畏自然、依赖自然，同时改造自然的时期。总体上由于生产力水平低，科学技术不发达，社会经济发展总量小、层次低，自然生态环境自我修复能力还很强，人与自然的关系整体上还是协调的。工业文明以来，随着生产力的不断发展和科学技术的进步，人类改造自然的能力空前强大，人们对自然的认识由畏惧、依赖向无视、主宰转变，无视自然生态规律，盲目征服自然、榨取自然，急功近利成为社会主流，由此带来了严重的生态环境问题。

生态文明是以尊重和维护自然为前提，以人与人、人与自然、人与社会和谐共生为宗旨，以建立可持续的生产方式和消费方式为内涵，引导人们走上持续、和谐、发展的文明之路。它强调人与自然的相互依从、相互促进、共生共荣，追求人与生态和谐。人与自然要平等相处、和谐相处、友好相处。生态文明不同于传统意义上的污染控制和生态恢复，是对工业文明弊端的扬弃，是不断探索建设资源节约型、环境友好型社会的过程。中国环境保护新道路就是按照生态文明建设的要求，建立全防全控的防范体系、高效的环境治理体系、完善的环境政策法规标准制度体系、完备的环境管理体系，努力形成生态文明建设要求的生产方式和消费方式，推进可持续发展的体制机制，大力发展循环经济，重点抓好重点流域水污染治理，让江河湖泊休养生息，恢复生机。归根结底，中国环境保护新道路就是建设生态文明，形成资源节约型、环境友好型社会，人与自然关系和谐的文明道路。

总之，我们要积极探索环保新道路，用新的理念进一步深化对环境保护的认识，用新的视野把握好环境保护事业发展的机遇，用新的实践推动环境保护取得更大的实际成效，用新的体制机制保障环境保护的持续推进，用新的思路谋划环境保护的未来，以环境保护优化经济发展，以环境友好促进社会和谐，以环境文化丰富精神文明，为经济社会全面协调可持续发展做出更大贡献。

目 录

中国环境宏观战略研究成果要点

总审核人：

祝光耀　沈国舫

总统稿人：

杨朝飞　石立英

统稿人员：

夏　光　原庆丹　殷培红　韩孝成　胡　涛　杨小明　蒋火华
席北斗　吴舜泽　冯　燕　董文福　陈邵峰　宋国君　陈敏鹏
朱德明　乔淑芳　张　峰

中国环境宏观战略研究成果要点

中国环境宏观战略研究项目办公室

自2007年5月以来，在中国工程院、环境保护部共同组织下，在有关部门大力支持下，中国环境宏观战略研究已完成阶段性研究任务，现综合四个课题（共29个专题）研究成果，主要要点如下：

一、中国环境形势评价

环境是国民经济可持续发展的基础条件，环境保护是可持续发展的三大支柱之一，环境安全是社会公平与稳定的重要保障，环境改善是实现全面小康目标的重要任务。

党中央、国务院高度重视环境保护。20世纪70年代把环境保护提上议事日程，80年代将环境保护列为基本国策，90年代提出实施可持续发展战略。进入21世纪，又提出了科学发展观，建设生态文明，十七大将环境保护列为全面建设小康社会的重要内容，并为此制定和采取了一系列重大方针、政策、措施。30多年来，在经济社会快速发展的形势下，我国环境保护工作取得积极进展，特别是2006年第六次全国环境保护大会以来，各地积极推动环境保护历史性转变，污染防治由被动应对转向主动防控，环境保护从认识到实践都发生了重大转变。2007年全国化学需氧量（COD）与二氧化硫排放量首次出现“双下降”。同时，生态保护和建设成效显著，核与辐射环境安全基本处于受控状态，体制、机制不断完善，环境国际合作取得进展。

但是，由于自然环境脆弱、人口众多、经济增长方式粗放、环境监管滞后，当前我国环境面临的压力比世界上任何国家都大，环境资源问题比任何国家都要突出，解决起来也比任何国家都要困难。当前环境形势可概括为：**局部有所改善、总体尚未遏制、形势依然严峻、压力继续加大**。

（一）局部地区和行业的部分环境指标有所改善

国家重点控制的污染物排放强度逐年下降。2007 年与 1997 年相比，化学需氧量排放强度（每万元 GDP 排放量，以下同）下降了 68%；二氧化硫排放强度下降了 58%。

重点行业排放强度明显下降。2007 年与 1997 年相比，造纸及纸制品业化学需氧量排放强度下降了 89%；电力热力生产和供应业、非金属矿物制品业、黑色金属冶炼及压延加工业等行业二氧化硫排放强度下降明显，其中黑色金属冶炼及压延加工业的排放强度下降了 70%。

重点流域主要污染物污染程度有所减轻。地表水国控断面 I ～III类水质类别比例由 1996 年的 27%上升至 2007 年的 43%，劣V类比例则由 36%下降至 26%。

城市常规监测污染指标有所下降。二氧化硫年均浓度 10 年间降低了 44.9%。昼间城市区域环境噪声和昼间城市道路交通噪声 10 年间分别下降了 3.1dB 和 2.4dB。城市污水处理率由 1998 年的 29.6%上升至 2007 年的 62.9%。

生态保护与建设取得进展。全国共建立各类自然保护区 2 531 处，自然保护区面积占国土面积的 15.2%。植树造林和天然林保护工作稳步推进，森林覆盖率达到 18.21%；全国累计治理水土流失面积 9 987 万 hm^2；荒漠化和沙化扩展趋势得到初步遏制；草原保护力度加大。

（二）环境恶化状况尚未得到根本遏制

城市空气环境质量退化。2007 年与 2001 年相比，我国地级以上可比城市空气质量达到二级标准的比例下降了 8.8%，80 个可比城市的背景点可吸入颗粒物（PM_{10}）、二氧化硫（SO_2）、二氧化氮（NO_2）三项主要指标的监测浓度已接近城市一般测点的浓度均值；我国东部地区城市细颗粒物（$PM_{2.5}$）污染严重，平均浓度超过发达国家 4～5 倍；东部地区年平均能见度下降 10 km，西部地区下降 5 km；部分地区出现臭氧、挥发性有机化合物（VOCs）、汞等新型大气污染问题，区域复合型污染逐步呈现；北京地区、长三角、珠三角等地城市灰霾天气频率普遍提高，面临光化学污染的威胁。

水环境呈现复杂的流域性污染态势。十大流域的支流中，除珠江支流污染较轻外，其他流域支流很多都受到不同程度的污染；湖泊富营养化呈迅速增长趋势，70 年代富营养化湖泊为 5%，80 年代为 35%左右，90 年代东部地区湖泊几乎全部富营养化。2002 年调查的全国 200 多个湖泊中，75%的湖泊富营养化。近岸海域环境质量下降，渤海湾和长江口、珠江口邻近海域污染严重，赤潮等海洋环境灾害频繁发生。持久性有机污染问题凸显，长江、松花江检出目标化合物 107 种；据近年来的监测调查表明，七大流域、三大湖泊水体中均不同程度检出酞酸酯类、有机氯农药类污染物；51 个地下水饮用水水源地检出有机污染物 66 种；地下水水质变差的比例比变好的比例高出 10 个百分点。

土壤环境质量退化。土壤污染表现出源多、量大、面广、持久、毒害性大等特征，并从局部蔓延到区域。因污染退化的土壤数量不断增加，危害严重，受污染的耕地面积达 1 000 万 hm^2。珠三角地区有 40%的农田菜地重金属指标超出安全标准。

生态系统更加脆弱。区域生态系统结构破坏严重，生物多样性不断减少，生态服务功能持续下降，生态灾害加重，生态系统呈现出由结构性破坏向功能性退化演变的态势。生态“赤字”不断增加，据有关部门研究分析，当前我国的生物承载能力约为人均 0.79 全球公顷，而生态足迹已达 1.65 全球公顷，人均超出可承载能力一倍以上，生态安全受到威胁。

目前，我国的环境污染范围在扩大，污染程度在加重，污染风险在加剧，污染危害在加大，治理难度在增加。

（三）环境形势依然严峻

水和大气污染负荷大。污染物排放总量已超过环境承载力，环境污染处于高位水平。2007 年，我国废水排放总量为 557 亿 t，废水中 COD 排放总量为 1 382 万 t，居世界第一，超过环境容量 73%左右。二氧化硫和二氧化碳排放量居世界前列。按我国环境标准评价，有 30.2%的城市空气质量超标，按欧盟标准评价，约 95%的城市空气质量超标。虽然我国降水酸度与日本、韩国、印度等东亚国家相当，但硫酸根等主要离子的沉降量则远高于东亚其他国家。硫酸根等主要离子的沉降量是日本的 4.2 倍、美国的 9.4 倍。

环境基础设施建设严重滞后。我国城市生活垃圾产生量大，一些城市形成了垃圾环带。2007 年，城市生活垃圾无害化处理率为 62%，远低于美国、日本等发达国家；城镇污水管网建设严重滞后，相当数量的城市污水未经处理直接排放；县城和乡镇的污水和垃圾处理设施严重滞后。2007 年，县城所在镇污水处理率仅为 23.4%，生活垃圾无害化处理率仅为 7%；乡镇绝大部分为空白，与德国、荷兰等发达国家 90%以上的处理率差距很大；同时，环保设施运行率较低。

环境污染成为影响人体健康的重要危险因素之一。城市儿童哮喘病率 10 年间上升了 60%，抽样儿童的血铅均值为 59.5 μg/L，是美国的 1.65 倍、加拿大的 3.79 倍。有的地区癌症疾病（淮河流域）、呼吸系统疾病、新生儿出生缺陷（山西）等与当地水、大气污染等有一定关系。环境公害事件屡有发生。目前，我国有 1.9 亿人的饮用水有害物质含量超标，约 3 亿农村人口饮用水不安全，约 1/3 的城市人口暴露在超标的空气环境中。

（四）未来的环境压力将继续加大

未来一段时期，我国将基本完成工业化、城市化和农村现代化，预计到 2020 年，我国 GDP 总量将达 68 万亿元，人均 GDP 将超过 5 600 美元，城市化率将达到 58%，人口总量将超过 14 亿，能源消耗将增长到 39.8 亿 t 标准煤。在环境容量相对不足、环境风险不断加大、环境问题日趋复杂的情况下，我国将面临更大的环境压力：快速的经济发展对资源环境压力继续加大，人口增长与消费转型对环境压力不断增强，城市化进程加快对环境造成新的冲击，工业化发展特别是重化工项目的大量建设对环境形成新的压力，农村发展和农业现代化也带来了新的环境问题，资源能源消费增长对环境压力持续增加，全球和区域环境的压力及问题将日益显现。这些压力共同作用，将推动我国环境问题在结构上发生变化：随着化学物品应用范围的不断扩大，新的污染物质不断增加，污染物介质从以大气和水为主转变为大气、水、土壤三种污染介质并存，污染物来源从以工业和城市为主转变为工业、城市和农村三种来源，污染区域从以城市和局部地区为主转变为区域、流域和全球，污染类型从常规污染转变为复合型污染。

严重的环境污染问题将制约经济和社会发展，危害群众健康，危及公共安全和社会和谐，影响中国的和平发展，处理不当，将从根本上危害中华民族的长远利益。

二、中国环境问题的成因与若干认识

中国环境问题的成因是综合性的。从理论上讲，社会经济活动的外部不经济性和环境公共物品提供不足，是造成环境问题的主要原因。从实践上看，工业化发展特别是重化工业发展是污染物密集化产生的历史阶段。同时，由于一些地方片面追求经济增长，忽视环境保护，导致环境问题不断加剧。环境问题的主要成因是：粗放式的发展方式是加速环境恶化的动力性因素；人口总量大且环境意识不强是造成环境问题的重要因素；不可持续的消费方式已成为目前影响环境问题的直接因素；对外贸易中的粗放型增长方式是加剧资源环境压力的外部诱导性因素；科技能力不足导致环境绩效差是环境退化的技术性因素；体制和制度安排不完善，环境保护水平长期滞后是环境退化的内在性因素。

我国 30 多年来的环境保护工作，积累了丰富的经验，也留下了发人深省的教训，从中可以得出以下若干认识：

① 虽然认识到了人口众多、资源缺乏、环境脆弱、灾害多发的基本国情，在积极探索符合国情的经济发展道路方面取得了进展，环境保护已列为基本国策，但在人、财、物等资源配置和干部政绩考核等落实基本国策所必需的保障措施上，缺乏硬性规定，国策地位无法落实，仍然没有摆脱资源高消耗、环境重污染、偏离国情的粗放型发展模式，资源环境对发展的支撑能力受到削弱。

② 虽然认识到了先污染后治理是一条弯路，将环境保护要求纳入国民经济和社会发展规划（计划）、加大落后产能淘汰、加强对环境污染的专项整治等，并取得了一定进展，但长期以来不少地区仍是重经济发展轻环境保护，急功近利，竭泽而渔，基本上走了一条牺牲环境换取经济增长的道路，付出了过大的资源环境代价。

③ 虽然认识到了市场机制在环境保护中的重要作用，在从计划经济向市场经济平稳转型

的过渡中，我国社会主义市场经济得到了长足发展，环境保护开始引入市场机制，但是市场机制发育还不完善，资源低价、环境廉价甚至无价的状况始终没有得到根本改变，环境经济政策长期未得到重视，导致污染治理、生态保护与市场机制背离，市场机制在污染防治、生态保护和资源配置中的作用没有得到充分发挥，大量使用传统的行政手段，环境管理效果并不理想。

④ 虽然我国环保决策机制和考核机制不断完善，在科学决策、民主决策上有了很大加强，但决策失误仍在一些地方频繁发生、环境不作为和行政干预环境执法的现象仍然存在，环境与发展决策长期背离，引领科学发展的干部考核机制仍不完善，没能从根本上扭转一些地方政府单纯追求 GDP 政绩的倾向。

⑤ 虽然“依法治国，建设社会主义法治国家”的规定载入了宪法，环境法制建设取得较大进展，环境法制体系初步形成，环境执法发挥了积极作用，但一些重要的环境保护领域立法薄弱，有法不依、执法不严、监管不力的问题仍十分突出。“违法成本低、守法成本高”的问题依然存在。

⑥ 虽然我国财政收入大幅度增长，环保投入也逐年增加，环境建设和能力建设得到一定加强，但仍然没有建立有利于科学发展和环境保护的财税机制，事权不明，环保投入资金不足、效率低下，环境基础设施建设长期滞后。

⑦ 虽然对环境问题的复杂性进行了积极研究和探索，逐步深化了对解决环境问题艰巨性、长期性和复杂性的认识，但在环境规划、环境目标、环境措施的决策过程中仍有急于求成的问题，有的环境目标过高、总量目标与环境质量脱钩的问题没有得到解决，重治标轻治本的做法尚未得到根本扭转。

⑧ 虽然环境管理方略不断完善，环境监测自动化程度不断提高，环境监管力度不断加大，环境科技不断加强，但环境监测管理依然滞后，不能及时准确地反映环境形势，不能为环境保护的科学决策提供技术支持；环境监管的常规措施主要是针对技术相对先进、环境管理相对完善、符合国家产业政策的大中型企业及城镇地区，对那些技术落后、污染严重的小企业及农村地区监管不力，环境监管与国家的科学发展相脱离；环境科技投入总体不足，科技水平不高，科研对环境保护、建设支撑不够，科技成果转化率不高，尚未形成适合国情的生态和环境技术开发体系。

⑨ 虽然认识到公众参与的重要性，通过开展环境宣传教育，企业治污的自觉性有所提高，公众环境意识日益增长，公众参与环境保护的积极性不断提升，环境信息公开不断推进，但是不少企业的环保社会责任和防范环境风险的意识不强，公众环境权益还得不到有效维护，公众参与环境保护的机制尚不健全，环境信息公开的措施未能完全落实，公众对政府和企业的环境监督途径还不畅通。

三、深入探索新形势下中国环境保护新道路

当前我国正处在工业化、城市化和农业现代化的快速发展阶段，环境保护任重道远。新形势下我们必须继续深入探索符合科学发展观要求的中国环境保护新道路。

（一）环境问题是民生的根本问题，必须从事关民族兴衰、国家安全、人民福祉的高度来认识

环境是国民经济可持续发展的基础条件，在良好的环境中生产和生活是人民群众的基本要求，改善环境是实现全面小康目标的重要任务。中华民族的伟大复兴是我们的百年梦想和不懈追求，改善环境是民族复兴的重要前提。环境安全是国家安全的重要组成部分，解决环境问题是保障国家安全、维护社会稳定、树立负责任大国形象的必然要求。必须坚持以科学发展观为指导，从民生的高度认识环境问题，努力完善环境保护参与综合决策的机制和相关制度，推动政府公共决策的科学化与民主化；加快环境保护的法制化进程，填补环保法律空白，不断加大国家相关法律法规对环境保护的支撑；完善环境保护的司法监督体系，提高国家环境执政能力，促进依法治国方略的实施；不断扩展公众环境权益，鼓励公众参与，畅通各利益主体意见的表达，充分发挥群众监督对环境保护工作的促进作用，推动社会主义民主政治的发展；全面提升国际环境保护合作能力，以积极的态度参与全球可持续发展进程，作出与我国发展阶段和水平相适应的贡献。

（二）环境问题也是发展方式问题，必须把加快建设资源节约型和环境友好型社会作为我国未来发展的根本战略任务

党的十六届五中全会把“加快建设资源节约型、环境友好型社会”列入国民经济与社会发展中长期规划，党的十七大又进一步把建设资源节约型、环境友好型社会写入党章，这是党和国家对我国发展方式进行重大战略调整的重大决断，标志着环境保护作为基本国策已成为全党意志，进入了国家政治经济社会生活的主干线、主战场、大舞台，迎来了大发展的良好机遇。

建设资源节约型和环境友好型社会，包含着丰富的内容：以环境和资源可承载能力为基础的，高效率、低排放的经济增长方式；合理消费、绿色消费的生活方式；更多利用可再生能源和资源、保护环境的科技体系；越来越广泛的公众参与、民主科学的环境决策制度；关爱环境、关爱自然、自我约束、自觉行动、生态文明的社会文化形态。

资源节约型社会与环境友好型社会之间，也存在着紧密的联系。在节约使用资源的基础上，采取必要的保护、治理措施，是最经济、最合理的环保之道。同样，严格环保要求，限

制污染物排放，保护生态，可以产生强烈的“倒逼”作用，促使生产方式向着高效利用资源的方向转变。因此，建设资源节约型社会与建设环境友好型社会，二者相互促进，不可分割。

（三）历史性转变是方向性、全局性、战略性转变，必须在整体推进中不断深化

第六次全国环境保护大会上，温家宝总理指出，做好新形势下的环保工作，关键是要加快实现三个转变：一是从重经济增长轻环境保护转变为保护环境与经济增长并重；二是从环境保护滞后于经济发展转变为环境保护和经济发展同步；三是从主要用行政办法保护环境转变为综合运用法律、经济、技术和必要的行政办法解决环境问题。这三个转变是对我国经济发展与环境保护关系新的认识，是方向性、战略性、历史性的转变，是我国环境保护发展史上一个新的里程碑。

历史性转变是一个具有中国特色、基于中国国情、符合发展实际、融入发展全局的转变，是继承与发展相连、希望与困难同在、机遇与挑战并存时期的转变，是一个渐进的过程。加快推进历史性转变，是全面落实科学发展观的重大措施，是全面建设小康社会的根本要求，是构建社会主义和谐社会的重要保障，是推动环保事业蓬勃发展的强大动力。

（四）环境保护是可持续发展的三大支柱之一，应成为优化经济增长的动力，贯穿于生产、流通、分配、消费的全过程

经济增长、社会进步与环境保护是可持续发展的三大支柱。正确处理经济发展与环境保护的关系是我国可持续发展的核心问题。目前我国正处于环境与经济矛盾最尖锐、最敏感的时期，必须高度关注环境与经济的关系，从正确把握和处理两者关系的角度来寻求环境保护的切入点和着力点。

经济实力是决定一个国家社会状态和国际地位的根本因素。中华民族的百年屈辱历史和未来生存挑战极大地强化了我们的发展意识。但是从环境和资源的角度看，我国以往的经济发展过程总体上具有“牺牲环境换取经济增长”的特点。“以环境换取增长”的发展方式后果是严重的。因此，我们只有一个选择，那就是从牺牲环境换取经济增长转向以保护环境优化经济增长，把环境监管作为一种手段，使之改善和促进经济增长，推动新型工业化，从而实现环境保护与经济发展的双重目标，建立“共促双赢”的新关系。

社会再生产过程由生产、流通、分配、消费四个环节构成，环境问题贯穿于这四个环节之中，保护环境也就必须落实到社会再生产的全过程。因此，不仅要重视解决生产领域的环境问题，同时也要重视解决流通、分配、消费领域的环境问题，特别是解决浪费型和奢侈型消费的现象。把环境保护的理念全面渗透到经济社会发展中，探索建立全防全控的防范体系，形成与经济发展相协调的政策法规制度标准体系，以环境保护引领先进生产力的发展，以最

小的代价取得最大的发展。

（五）重要生态系统是国家生态安全的主体，事关国家安全，必须对不堪重负的生态系统实行休养生息

长期以来，对河流、湖泊、海洋、森林、草原等重要生态系统的过度开发利用，造成了严重污染和生态退化。对不堪重负的重要生态系统实行休养生息是摒弃“先破坏后恢复、重取轻予”传统发展模式的必然要求，是发达国家环境保护的一条成功经验，是尊重自然规律的重要体现。我国生态条件非常脆弱、环境容量十分有限，“先破坏后恢复，先污染后治理”的道路根本走不通。休养生息就是要实行最为严格的污染治理和生态保护措施，以环境容量和生态承载力确定发展方式和发展规模；尊重自然规律，充分发挥生态系统的自我修复能力，积极开展生态建设，逐步改变环境退化的状况；综合运用工程、技术、生态的方法，加大环境保护建设力度，促进生态系统良性循环；充分运用法律、经济、技术和必要的行政手段，用高效的办法解决长期积累的环境问题。要通过休养生息，对长期困扰我国经济发展的粗放型增长方式形成强大压力，引导人们转变发展观念、创新发展模式、提高发展质量，从根本上缓解环境压力。

（六）建设生态文明是落实科学发展观的应有之义，根本目标是实现人与自然和谐、经济发展与环境保护相协调

生态文明以尊重和维护自然为前提，以人与人、人与自然、人与社会和谐共生为宗旨，以建立可持续的生产方式和消费方式为内涵，引导人们走健康持续和谐的发展道路，这是人类文明形态和文明发展理念的重大进步。生态文明作为一种社会形态，包括良好的生态环境，发达的生态经济，完善的生态制度和高度的生态意识。

建设生态文明，就是要克服传统工业文明的弊端，探索科学发展的道路。在思想上，应正确认识环境保护与经济发展的关系，牢固树立以保护环境优化经济发展的意识，将环境保护作为新阶段推进发展的重要任务。在政策上，应从国家发展战略层面解决环境问题，制定有利于环境保护的价格、财政、税收、金融、土地等方面的政策，通过规划和战略调整等手段，进一步优化重化工业的布局，调整产业结构，转变发展方式。在措施上，应实行严格的环境保护制度，建立健全与现阶段社会经济发展特点和环境保护要求相一致的环境法规、政策、标准和技术体系。在行动上，应动员全社会力量共同参与保护环境，转变生产、贸易增长方式，建立可持续消费模式，制定益贫型环保政策，实施资源节约型、环境友好型、社会和谐型的可持续发展战略。

坚持以科学发展观为指导，坚持生态文明建设，坚持环保历史性转变，坚持保护环境优化经济增长和改善民生，努力实现人与自然和谐、经济发展与环境保护相协调，这就是新时期中国环保事业应该坚持的道路。

四、战略思想、方针、目标

（一）战略思想

全面贯彻落实党的十七大精神，高举中国特色社会主义伟大旗帜，深入贯彻落实科学发展观，以保护生态和改善环境质量为目标，以维护人民群众健康和环境权益为宗旨，以历史性转变为指导，以转变经济发展方式、走可持续发展道路为基本途径，积极探索环保道路，将环境保护的理念渗透到经济社会发展之中，建立全防全控的防范体系；提高环境保护效率与效益，健全高效的环境治理体系；优化和促进经济增长，完善与经济发展相协调的政策法规标准制度体系；调动社会各方面力量参与环保，构建完备的环境管理体系，努力建设人与自然和谐、经济与环境相协调的生态文明社会。

概括起来就是：**“以人为本，优化发展，环境安全，生态文明”**。

（二）战略方针

预防为主，防治结合；系统管理，综合整治；民生为先，分级负责；政府主导，公众参与。

预防为主、防治结合是基本原则。就是要提高环境准入门槛，严格环境监管，强化从源头防治污染、保护生态，坚决改变先污染后治理、边建设边破坏的状况，努力做到不欠新账。加大环境投入力度，依靠科技进步，高度重视以前发展中遗留下的特别是群众反映强烈的各类环境问题，先易后难，努力还清旧账。

系统管理、综合整治是基本方法。就是要采取系统科学的环境管理方法，统筹城乡环境保护，统筹污染防治与生态保护，统筹部门、社会各方力量，实施均衡的环境保护战略，因地制宜，分区规划，分类管理，以点带面，全面推进，坚持环境与发展综合决策，坚持综合运用法律、经济、技术和必要的行政办法解决环境问题。

民生为先、分级负责是基本要求。就是要贯彻以人为本的基本要求，以解决人民群众和社会最根本、最迫切的环境问题为重点，分级分层推进。各级政府要根据各自职责，区分轻重缓急，各负其责，优先解决影响人民群众健康的突出环境问题。环境整治要以人的根本需求来确定工作目标，让人民群众充分享受环境改善的实惠。

政府主导、公众参与是基本途径。就是要构建政府、企业、社会相互合作和共同行动的环境保护新格局，强化政府责任，明确企业是环境污染防治的主体，促使企业履行环境责任，鼓励全社会对环境保护的共同参与，加强环境信息公开和舆论监督，探索建立生态补偿制度和环境污染损害赔偿制度等，引导环境公益团体依法有序参与环境保护，构建最广泛的保护环境的统一战线，实现互惠共赢。

（三）战略目标

1．总目标

环境保护工作应着眼于我国环境质量的全面改善和生态系统的完整与稳定，促进环境保护和经济社会的协调发展，努力提高国家的可持续发展能力，使人民群众喝上干净的水、呼吸清洁的空气、吃上放心的食物，保障人民群众在良好的环境中生产生活，确保人体健康，全面实现与现代化社会主义强国相适应的环境质量目标。

2．阶段目标

2020 年（两个有效）：主要污染物排放得到有效控制，环境安全得到有效保障。

主要污染物排放得到有效控制，核和辐射安全得到有效监管，生态环境质量明显改善，基本解决城镇污染和工业污染，饮用水水源不安全因素基本消除，环境状况与全面实现小康社会相适应：80%的城市环境空气质量达到二级以上，七大水系国控断面好于III类的比例大于 60%，危害人体健康的突出环境问题（如细颗粒物、持久性有机物等）得到初步遏制，生态恶化趋势得到基本控制，生态服务功能得到提升，生态文明观念在全社会牢固树立。

2030 年（两个全面）：污染物排放总量得到全面控制，环境质量全面改善。

污染物排放总量得到全面控制，全国水体基本消灭黑臭现象，农村污染、非点源、新型环境问题得到基本解决，饮用水水源、城市空气质量基本达到要求，生态系统结构趋于稳定，农村环境质量实现根本好转，核与辐射安全水平总体达到国际水平，人体健康得到有效保障，文明健康、资源节约、环境友好的生产生活方式在全国得到普及，环境与经济社会基本协调。

2050 年（两个适应）：环境质量与人民群众日益提高的物质生活水平相适应，与现代化社会主义强国相适应。

生态环境质量全面改善，生态系统健康安全、结构稳定，人体健康得到充分保障，环境优先战略得到普遍实施，全面实现与科学发展观要求和可持续发展水平相适应的环境质量，人口、资源、环境、发展全面协调，生态文明蔚然成风，经济环境实现良性循环。

五、战略任务

（一）加强水环境综合管理，保障水质安全和水生态系统健康

以持续改善水环境质量为目标，以削减化学需氧量（COD）、氨氮、营养盐及有毒有害水

体污染物质的排放量为主线，以保护饮用水水源地和水生态系统健康为重点，保障人民喝上干净的水，提高经济社会可持续发展水资源供给能力。统筹水量、水质和水生态，以源头控制、过程削减、循环利用和生态修复为主线，大力推进源头减排；开展全国水环境生态功能区划，实行“分区、分级、分类、分期”管理；优先保护饮用水水源地，保障饮用水安全；推进流域水污染综合防治与生态修复，逐步恢复河流生态系统健康；全面控制湖泊富营养化；提高工业、生活污水处理和农村与农业面源污染控制能力，实现水质改善和水生态系统健康；海陆兼顾，严格控制向海域排污，实施重点海域排污总量控制制度，改善海岸带与近岸海域生态系统服务功能。

（二）提高能源效率，削减排放总量，推进城市和区域大气环境质量持续改善

以削减各类大气污染物的排放为主线，以控制二氧化硫、氮氧化物、细颗粒物和挥发性有机化合物（VOCs）等污染物排放为重点，实现大气污染的有效控制，努力让人民群众呼吸上清洁的空气。积极推进工业、结构、技术、建筑和交通节能，发展清洁和可再生能源，提高能源效率；以影响人体健康的污染物为重点，协同控制多种污染物；城乡并举、城市联控，统筹解决区域大气污染。

实施国家清洁空气行动计划。开展国家层面的大气污染区划，确定煤烟型污染区域、酸沉降区域、大气光化学烟雾污染区和大气细粒子污染区域，进行有针对性的空气质量管理。对电力、冶金、建材等重点行业实施主要大气污染物（二氧化硫、氮氧化物、挥发性有机物和颗粒物）排放总量控制。在长三角、珠三角和首都圈等大气复合型污染突出的重点地区，完善区域协调机制与管理模式，在大气复合型污染突出地区实行煤炭消费总量约束性控制。大力发展可持续的城市交通体系，实施公交优先的发展战略，通过采用税费等经济手段减少机动车出行。在 1 000 万人口以上的特大城市，从交通规划、单车排放、油品质量等方面推动机动车尾气污染控制。在大气复合型污染严重的城市或地区通过行政手段限制机动车使用，综合防治大气污染。

以节能减排为切入点，稳步推进温室气体控排。在体制、政策、技术上将节能减排与温室气体控排有机结合起来，扩大协同效应（共生效益），提高控排效率。建立温室气体与局地污染物从源头控制、过程削减到末端治理的全过程的联动协调管理机制，充分发挥以市场为基础的调控推动作用，积极推进科技创新。发展循环经济和低碳农牧业，努力控制工农业生产过程中的温室气体排放。建立国家应对气候变化战略基金，探索介入国际碳市场运作的机制，稳步推进温室气体控排。

（三）提高资源利用效率，全面控制固体废物污染

建设以固废资源循环利用为宗旨的环境管理体系和资源节约型的社会体系，促进固体废物源头减量、资源化循环。开展生命周期分析，提倡绿色消费，实现固体废物源头减量；将循环经济发展与固体废物污染控制有效结合，建立起支持循环型消费模式的废品回收利用体系；开展危废风险评估，加强危废无害化处置；加快生活垃圾和工业固废处理处置设施建设，提高垃圾无害化处理水平。

（四）推动工业污染防治与减排，走新型工业化道路

改变传统工业发展方式，坚持“结构调整、技术进步、源头预防、过程控制、末端治理、回收利用、机制高效、依法治污”的工业污染防治方略，走一条“科技含量高、经济效益好、资源消耗低、环境污染少、人力资源优势得到充分发挥”的新型工业化道路，大幅度减少工业污染物的产生和排放。大力推进工业结构调整，全面优化国家产业结构与布局，重点进行冶炼、建材、化工、化肥等行业产品结构的优化和调整。结合不同区域资源禀赋、自然环境特点，以主体生态功能区划为基础，系统优化区域产业结构，建立与区域生态承载力相适应的产业布局。提升产业技术水平，在节能、环保、资源综合利用领域开展重大产业技术开发和产业化示范工程建设。大力发展环保产业，使之成为新的经济增长点。

依法淘汰高污染、高消耗的落后产能；严格钢铁、有色金属、机械制造、煤炭、电力、化工、建材、轻工和电子等行业环保准入；加快调整产业和产品结构，重点控制“两高一资”产品生产、消费和出口；积极开发工业污染防治的共性关键技术，以科技创新推动绿色工业化进程；全面实施工业清洁生产，建设生态工业园区，推动工业污染零排放。

（五）加强城市环境保护，建设环境友好城市

以控制城市污染、推进城市生态建设、提高城市人居环境适宜度为重点，建设资源节约、环境友好的宜居城市。实施城市的绿色管理和绿色建设，努力构建避灾型的城市发展战略；建设城市的绿色生产体系和消费体系，建设资源节约型和环境友好型城市；实施空间管控战略，实现城市功能区协调发展；实施同步建设战略，城市环境基础设施建设与城市发展相适应；实施综合环境管理制度，推进城市环境管理的分类化、系统化和社会化参与；加强城市污水、垃圾、噪声、光污染、恶臭等综合防治，保障居民身体健康；推行生态型、节约型城市绿化建设，保护城市天然植被、天然河道、天然湿地，保护生物多样性，促进人与自然和谐。

（六）加强农村环保工作，建设环境友好新农村

以全面改善农村环境质量为目标，以保障食品安全和人体健康为重点，实施农村清洁工

程，启动国家农村清洁水源、清洁田园和清洁家园行动计划：以奖代补、以奖促治，区别东、中、西部不同情况，政府主导，企业、社会联动，进一步加大农村饮用水水源保护和监管力度，确保农村饮水安全，建设清洁水源；严格工矿企业环境准入和达标排放，强化农产品环境安全管理，加大畜禽和水产养殖污染治理力度，加强土壤污染和农业面源污染防治，建设清洁田园；开展村庄环境综合整治，大力推进村庄生活污水和垃圾综合治理，集中整治危害严重的村镇环境问题，建设清洁家园。

（七）积极开展生态保护与修复，保障国家生态安全

坚持源头控制、过程监管、末端治理，以保护生态系统结构和功能完整、保障国家生态安全为目标，加强生态保护与生态建设，提升支撑经济社会可持续发展的生态服务功能。

进一步加大生态保护力度。坚持生态保护与生态建设并重，对严重退化的森林、草原、湿地等重要生态系统实行休养生息战略；对重要生态系统内不符合要求的产业实行退出机制，对严重超出生态承载力的地区实行生态移民，确保其生态功能的恢复与提升；构建以自然保护区、森林公园、风景名胜区、地质遗迹等重要生态保护地为主体的物种资源保护与可持续利用体系，提升生物多样性的生态服务功能；研究与建立生物遗传资源惠益分享机制，构筑物种资源保护和可持续利用体系；加强生态监管，构筑有序的自然资源开发体系。

分区分类推进生态工程建设。继续推进天然林保护、退耕还林还草、水土流失治理等重大生态工程建设，积极推进草原生态化转型。条件成熟时，统筹整合分散式的生态保护与建设活动，以恢复生态功能为导向，围绕关系群众生产、生活的重大生态环境问题，从国家层面统筹规划，统一实施国家重大生态保护与建设工程。

（八）严格核与辐射安全监督管理，促进核能和核技术可持续发展

坚持“核与辐射安全万无一失”的方针，健全对核与辐射危害的有效防御，加强核安全能力建设，不断提高核与辐射安全技术水平与监管水平，保证核与辐射安全。与全球核安全（3S）框架接轨，构建全面完整的核与辐射安全基础结构。加强核与辐射安全监管机构建设，使监管人数数量与国家核能发展规模相适应；全面推进全国辐射环境质量监测和重点核设施环境监测站点建设，并形成网络；严格监管运行核设施和在建核设施，加强核保安，提高核与辐射设施安全水平；实施动态跟踪管理，严格监管放射源和射线装置；强化放射性废物安全管理，保障核能产业健康安全发展；全面完成历史遗留的放射性污染治理，努力消除放射性隐患；制订国家处理军工核设施退役和治理、历史遗留放射性污染防治和环境治理的一揽子行动计划，统一安排经费和处理进度。设立核设施退役和放射性废物处理处置基金；控制国民的公众辐射照射剂量，防治电磁辐射污染。

（九）切实应对全球和区域环境挑战，呵护人类共同家园

深入贯彻落实“相互帮助、协力推进，共同呵护人类赖以生存的地球家园”的战略方针，统筹国内、国际两个大局，全面提升国际环境公约履约能力，以互利共赢的战略思想为指导，加大国内行动力度。建立和完善相关法律法规和管理制度，减轻持久性有机污染物和危险废物越境转移对环境和人体健康造成的危害，严格规范危险化学品的管理；根据“共同但有区别的责任”原则，在应对气候变化等全球环境问题方面作出贡献；继续加强消耗臭氧层物质、保护生物多样性、维护生物安全等国际履约行动；加强对外投资企业的环境管理，树立负责任的环境大国形象。推进国际合作，加强与大国的战略对话，增进互信，深化合作；推动与周边国家和区域、次区域的合作，优先解决好中俄、中哈、大湄公河次区域、中朝等跨界河流的水污染防治和水资源利用问题，消除我国与周边国家和地区的环境纠纷隐患，实现睦邻、安邻、富邻和与邻为善、以邻为伴；继续巩固对发展中国家的传统友谊，扩大务实合作，维护发展中国家的正当要求和共同利益；积极参与多边环境合作进程，加快与其他国家及包括世界贸易组织（WTO）在内的相关国际组织的交流和合作，推动多哈回合环境议题谈判，实现贸易、环境和发展“三赢”目标，推动国际环境合作朝着更加合理、公正的方向发展。

六、对策与措施

（一）加强环境法制建设，推进国家法律生态化

完善环境法制，建立对环境行为的监督和制约制度，弥补现行环境法律在制度安排上的缺陷；研究修改《环境保护法》，完善政府环境质量责任机制，强化对影响资源环境状况的行政决策和行政执行行为的监督、制约、激励与合作；提高环境立法质量，完善环境法律体系；完善环境法律法规配套措施，提高环境法律可操作性；推动地方环境立法；推进刑法、民法、物权法、行政法、资源法、经济法等国家重要法律对环境保护的支持，形成体现科学发展观和生态文明观的国家法律体系；充分发挥人民法院和检察院在环境司法方面的作用，推进司法对环境保护的保障。

提高环境执法队伍素质和执法能力，完善执法责任制和执法监督制度，严格依法行政。按照“国家监察、地方监管、单位负责”的总体要求，合理划分事权，理顺环境执法监督组织管理体系，加强跨部门的环境执法协调机制；加强地方环境执法监督机构建设，建设一支数量与任务匹配、人员素质与工作任务相适应的环境执法监督队伍。

（二）加强环境系统管理，建立综合协调管理体制

切实转变职能，建立适应优化经济发展的环境管理体制。强化综合管理、宏观调控、监督执法和公共服务职能，逐步解决环境管理职能分散、交叉等问题，实现责、权统一。分阶段完善国家环境管理体制，逐步推进统一监管和分部门负责的“大部制”。近期改革目标是横向上减少职能交叉，适当归并环保职能，提高环境行政管理效率。成立独立于环境保护部之外的国家环境质量监督委员会，负责协调环境战略、环境质量有关工作，为中央决策提供环境政策方面的咨询。纵向上进一步下放职能，科学划分中央和地方的环保事权，加强地方尤其是基层环保机构能力建设。中期的改革目标是统筹整合相关部委的生态保护职能，由国家环境保护行政主管部门统筹协调和监督管理国家环境事务和生态保护工作，赋予环保派出机构更多环境管理职能。远期的改革目标是借鉴发达国家的经验，加快推进大部制改革，重点解决好生态保护、核辐射与安全、环境监察、环境监测等体制和职能问题。完善环保决策咨询机制。

（三）完善环境公共财政体系，增加环境保护投入

合理界定中央政府与地方政府环境保护的事权财权，实施政府环保“一级财权一级事权”公共财政制度；构建多元化环境保护投入模式，引导拉动地方及企业、社会的环境保护投入；制定激励政策，开展多渠道商业融资，提高企业环保投入的积极性。做实 211 环境保护科目，建立长期稳定的环保经费增长机制。各级政府新增财力应向环保投资倾斜。

（四）完善环境经济政策，全面推进生产、流通、分配、消费领域的环境保护

稳步推进税收制度的绿色化，建立有利于保护环境、节约资源的税收政策体系。研究建立独立型环境税，并在部分地区先行试点。完善现有税收政策改革，更多体现环境保护的要求，鼓励和引导企业治理污染、保护生态。在用地、用电等方面制定并实施鼓励企业治污的优惠政策，对企业购置的治污设备所含增值税进项税额按规定从销项税额中予以抵扣；提高资源税税率和资源使用费；倡导适度消费，继续扩大对奢侈品、一次性消费品征收消费税的商品范围，对水、电等资源类消费品的使用采取价格累进制。加大排污收费以及污水垃圾处理收费制度改革力度，提高收费标准及其可操作性。

推进自然资源价格政策改革，政府定价的产品要充分考虑生态破坏、污染治理和生态恢复等成本；建立健全生态补偿机制，财政转移支付应加大环境保护的权重，完善“两高一资”产业退出的补偿机制；鼓励发展替代或接续产业。

继续推进绿色信贷、绿色保险、绿色贸易、绿色证券等改革进程。加强环保部门与金融

系统间信息沟通和披露机制，积极推行绿色信贷、证券；通过经济、法律、行政等综合措施，限制“两高一资”产品生产、消费和出口，研究在贸易产业政策中鼓励环境标志产品出口，引导我国企业的海外绿色投资，推动绿色贸易；通过财政转移支付、合作协议和项目开发等方式，逐步建立流域上下游、自然保护区、矿产资源开发、重污染企业退出、资源枯竭型城市的生态补偿机制；加快立法和试点工作，逐步实施环境污染责任保险制度。继续扩大和落实政府绿色采购政策。

（五）实行分区管理，让不堪重负的生态系统休养生息

科学生态区划，为国家四大主体功能区划夯实基础、提供支撑。同时对全国主要流域水生态功能进行“分区、分级、分类、分期”管理。

对环境问题凸显的四类地区实行休养生息：一是退化的森林、草原、湿地等重要生态系统；二是不堪环境污染重负的江河湖泊；三是京津唐、长三角、珠三角等区域性大气环境污染特征明显的地区；四是受到不同程度污染威胁的饮用水水源地。

编制具有法律效力的中长期环境规划，体现分区管理的基本精神，落实主体功能区环境要求，为制定经济社会发展规划提供依据。

（六）加强环境科技支撑和能力建设

深化环境科技体制改革。建立跨部门的环境科技协调机制，做好国家环境科技发展的统一规划、协调工作。加强公益性环境科研机构建设，建立适应国家环保需求、资源配置合理、投入产出效率高的环境公益科研管理机制。积极引导企业参与环境科技创新，鼓励国家优势科研单位多学科交叉，参与环境科技的创新。实施环保标准体系建设工程和环境技术管理体系建设工程。实施“水体污染控制与治理”等国家重大科技专项。

加强环境监测能力建设。优化升级国家环境质量监测网；增强对污染源的调查、监测和环境应急与预警能力；根据环保工作需要，将持久性有机污染物（POPs）、细颗粒物、臭氧等污染物纳入常规监测；加强中央本级的环境监测能力，建立统一管理的环境监测体系和环境数据共享机制。

加强环境信息能力建设，实施国家环境信息化重大工程建设。启动实施“金环工程”和“数字环保”工程建设，促进信息化与环保工作的融合，全面提升环境监管的效能和水平。整合环境信息资源，建立合理的交换与共享机制，建设“环境信息枢纽”。

（七）加强环境宣教与培训，提高全民环境素质，推动公众参与环境监督

普及环境教育。在高等教育法中明确普及环境教育的地位；将环境教育从学校教育延伸至在职人员继续教育阶段，全面提高国民的环境意识和环境道德素养。开展形象、生动的环

境科普活动。加强各级党校和行政学院对政府官员和企业决策者的培训，提高对科学发展观和生态文明的认识和综合决策能力。

扩展公众环境权益，充分发挥公众参与的主力军作用。建立和完善环境管理信息公开制度，畅通参与渠道，推动公众参与环境监督；扩大公众环境知情权和监督权，健全环境立法听证制度，完善立法听证程序，促进环境决策民主化。推动企业公开环境信息，增强企业社会责任，将环境保护纳入社会诚信体系建设。充分发挥环境非政府组织（NGO）在普及环境知识和倡导公众参与方面的重要作用，引导环境非政府组织支持我国环境保护工作。

研究并逐步完善环境公益诉讼制度。实行环境污染有奖举报，鼓励公众对违法企业的揭发检举；完善环境新闻宣传管理机制，充分发挥新闻媒体的舆论引导和监督作用。

七、重大建议

（一）严格环境标准，强化环境监管，进一步促进经济结构调整，优化经济增长

在应对国际金融危机、拉动内需、保持经济平稳较快发展中，各地要严格执行环境保护法律法规，坚持既定的减排任务和目标，实行环境保护工作问责制，对违反国家产业政策、违反环保法规新上污染环境、破坏生态的项目，要坚决查处，情节严重者，应追究当地主要领导的责任；要将环境质量改善情况纳入各级党政领导干部政绩考核，实行干部离任环保审计。要将环境保护优化经济增长的机制逐步完善，坚持下去。对环境违法事件比较多、环境污染较重的地区和产能过剩行业实行严格的“区域限批”制度，把“区域限批”和领导问责制结合起来。

发挥经济主管部门和行业协会的作用，协调产业发展和环境保护的关系，加大产业发展中的环保投入和产业技术开发投入，推进产业技术进步和产业结构优化，加速淘汰难以满足环保要求的落后生产工艺和产品，在产业经济发展中实现我国环境保护的重点突破。有关部门应协力合作，尽快健全重污染企业退出机制，保证落后生产工艺、产品及企业的及时、平稳、有序地退出。

（二）建立稳定的环境保护投入机制，大幅提高中央和地方政府履行环保事权的能力，确保环保任务与投入的责权统一，努力提高环保资金的使用效率

国家应制定有关环境保护预算和投入的专项规定，确定政府履行环境保护职责的相应财政资金安排，明确渠道、明确责任；完善政策机制，推动建立包括政府投入、市场投入的多

元化环保投入机制；对国家重大环境保护专项和重大环保项目的投资（如扩大内需等项目的环保投资），环保行政主管部门应依法履行职责；要继续加大环境保护重点工程、重大科技、国家环境执法和监测能力建设的投入，形成与中央政府环境综合管理相适应的环保调控能力。

（三）稳步推进税收制度的绿色化，建立有利于保护环境、节约资源的税收和价格政策体系

研究建立独立型环境税，并在部分地区先行试点；完善包括企业所得税、消费税、营业税等在内的现有税收政策改革，使其更多地体现环境保护的要求，鼓励和引导企业治理污染、保护生态；逐步建立和完善资源税、生态税和环境税，将环境资源的税收作为地方财政收入的新的增长点，以推动地方政府职能的转变；借鉴国际经验，逐步提高石油、煤炭、天然气、水资源以及各种矿产资源等价格，尽快与国际市场接轨，推动增长方式转变和经济结构调整。

（四）完善国家环境保护管理体制，推进“大部制”改革

应继续厘清国务院各部门之间和各级政府的环保职责，努力减少部门间和层级间的职能交叉、监管缺位和推诿扯皮；完善环保行政主管部门的职能，科学划分国务院各部门的环保事权以及中央和地方的环保事权，充分发挥有关部门的作用，做到权责统一。分阶段推进环保管理体制改革，最终实现环保“大部制”管理。完善国家环境决策和环境监管技术咨询服务体系，充分发挥环保社会中介组织的作用。

（五）加强环境法治，完善监管制度

以“强化政府责任”为主线，启动修改《环境保护法》，重点制定有关约束和规范各级政府环境行为的法律制度；以“强化环境民事责任”为主线，研究制定环境污染损害赔偿法等，完善保障公众环境权益的法律制度；以“厘清环境监管制度”为主线，研究现有环境监管制度之间的有机联系，减少重复、交叉、冲突和矛盾，按照“整合一批、改进一批、新建一批”的原则，逐步完善环境法律制度。以“国家法律生态化”为主线，积极推动民商法、行政法、经济法、社会法、刑法等法律与环境法律法规及制度安排的协调统一，更好地发挥国家法律体系对环境保护的保障作用。

（六）实施环境风险管理策略，积极防范有毒有害物质污染环境

国家“十二五”或更长时期的环境规划控制指标，要以维护环境安全、生态稳定和人体健康为宗旨，从重点控制常规污染扩展到控制危害环境与健康的各种环境风险。水环境保护要增加对过量营养盐和有毒有害物质等的控制；大气环境保护要增加对大气细颗粒物、氮氧化物、臭氧等的控制；要强化饮用水、地下水和土壤环境保护，严格防治重金属和有机物污

染，做好污染土地的调查和修复；环境监管和环境监测要根据上述要求进行调整，各地可从实际出发确定地方控制指标，同时将环境风险作为调整产业布局、环境功能区划的依据。开展环境风险的科学研究，创新风险管理体制、机制，制定环境风险管理规划和环境风险应急预案，规范环境风险评价步骤和程序，提高防范环境风险的能力。结合节能减排，制定必要的政策措施，做好温室气体的协同控制。

（七）请国务院听取环境宏观战略研究成果汇报，在 2009 年年底发布中央关于加强环境保护工作的文件，指导“十二五”我国环境保护工作

附一：

环境保护不断取得新进展

党中央、国务院高度重视环境保护，20 世纪 80 年代将环境保护列为基本国策，90 年代提出实施可持续发展战略。进入 21 世纪，提出了科学发展观，建设社会主义和谐社会，建设生态文明，将环境保护摆上了更加重要的位置。第六次全国环境保护大会以来，积极推动三个转变，以保护环境优化经济增长，环境保护取得了积极进展。

1. 污染防治由被动应对转向主动防控

（1）二氧化硫和 COD 排放量实现双下降

积极推进工程减排和结构减排，认真落实管理减排措施，全国装备脱硫设施的燃煤机组占全部火电机组的比例由 2005 年的 12%提高到 2007 年的 48%，城市污水处理率由 52%提高到 62.9%，全国化学需氧量排放量 1 382 万 t，比 2006 年下降 3.14%；二氧化硫排放量 2 468 万 t，比 2006 年下降 4.66%，主要污染物排放量实现双下降。

（2）让不堪重负的江河湖泊休养生息拉开序幕

制定并组织实施淮河、海河、辽河、松花江、三峡库区及上游、丹江口库区及上游、黄河中上游、滇池、巢湖流域水污染防治规划和太湖流域水环境综合治理总体方案，提出了让不堪重负的江河湖泊休养生息的政策措施，给予水环境人文关怀。对城市饮用水水源保护区进行了全面调查，发布了饮用水水源保护区划分技术规范，取缔关闭了饮用水水源一级保护区内的排污口，依法严厉打击了二级保护区内的违法排污行为。严密防控和妥善处理水污染事件，保证了群众饮水安全。

（3）工业污染排放强度明显下降

“九五”以来，国家淘汰和关闭了一批技术落后、污染严重、浪费资源的企业，并对水泥、电力、钢铁、造纸、化工等重污染行业积极开展综合治理和技术改造，使这些行业在产量逐年增加的情况下，主要污染物排放强度呈持续下降趋势。每万元工业增加值的工业粉尘、烟尘、二氧化硫的排放量分别从 1981 年的 694.2 kg、709.9 kg 和 669.3 kg 下降到 2006 年的 8.95 kg、9.57 kg 和 24.77 kg，15 年间排放强度分别下降了 78 倍、74 倍和 27 倍。

（4）火电厂脱硫能力得到很大加强

中国电厂的脱硫设施建设起步较晚，1991 年我国第一个火电厂洛璜电厂脱硫机组建成，到 2000 年仅有 2%的火电机组安装了脱硫设施，至 2005 年总计脱硫机组投运 3 968 万 kW，约占火电机组总容量的 12%。从 2006 年开始，火电厂脱硫能力大幅度提高，截至 2007 年底，全国投运的燃煤脱硫机组装机容量为 26 557 万 kW，火电脱硫机组比例达到 48%。

（5）城市污水处理率不断提高

1997 年，我国城市污水处理厂数量仅为 307 座，日处理能力 1 292 万 t，污水处理率 25.6%；从 1998 年开始，城市污水处理厂建设速度加快，仅 2007 年全国新建成城市污水处理厂 482 座，新增处理能力 1 300 万 t，为 1949—1997 年处理能力的总和。截至 2007 年底，全国投运的城镇污水处理设施共 1 205 座，设计日处理能力 7 870 万 t，实际日处理水量 5 190 万 t，全国城市污水处理率提高到 62.9%。十年间，全国城镇污水处理能力增长了 4.6 倍。

（6）固体废物处理率逐年上升

城市生活垃圾无害化处理率从 1991 年的 16.2%提高到 2007 年的 62%，提高约 46 个百分点。2002 年全国仅深圳、上海、天津、沈阳、杭州、大连等城市建有危险废物和医疗废物集中处置设施，危险废物集中处置规模为 18 万 t/a，2007 年已经基本建成的危险废物和医疗废物处置设施 136 个，处理能力为 570 万 t/a。

2. 生态保护和生态建设成效显著

（1）生态保护进一步加强

截至 2007 年，全国共建立各类自然保护区 2 531 处，比 2000 年增加了 1 304 个；自然保护区面积 15 188 万 hm^2，占陆地国土面积的 15.2%，比 2000 年增长了 35.34%。初步形成了类型比较齐全、布局比较合理、功能比较健全的全国自然保护区网络。目前，全国共建立野生动物拯救繁殖基地 250 处，野生植物种质资源保育或基因保存中心 400 多处，使 200 多种珍稀濒危野生动物、上千种野生植物建立了稳定的人工种群。同时，开展了国家重点保护野生植物资源的调查和抢救性收集，建立了 106 个农业野生植物原生境保护区。

（2）生态建设成效明显

植树造林和天然林保护工作稳步推进，森林覆盖率从 1998 年的 13.92%上升到 2006 年的 18.21%；草原保护力度加大，截至 2006 年，有 21.7%的可利用草原实施了禁牧、休牧和划区轮牧；水土流失治理取得新进展，截至 2007 年，全国治理水土流失面积累计达到 9 987 万 hm^2，比 2002 年增加了 1 446 万 hm^2；荒漠化和沙化扩展趋势得到初步遏制，据最新的荒漠化和沙化监测结果，全国荒漠化土地面积 264 万 km^2，沙化土地面积 174 万 km^2，分别比 1999 年减少 37 924 km^2 和 6 416 km^2。

（3）农村环境保护工作力度加大

开展了全国土壤污染调查和污染防治示范，建立农产品安全检测和监管体系；加强了农药和化肥环境安全管理，在 1 200 个县、4 266.7 万 hm^2 耕地上开展测土配方施肥工作，全面禁止甲胺磷等 5 种高毒农药的销售和使用，撤销 873 个高毒农药产品登记证；全国生态农业建设县达到 400 多个，开展示范区建设县市达 500 多个，其中国家级生态农业县 102 个，国家级生态示范区 233 个；截至 2008 年年底，全国沼气用户已达 3 100 多万户，年生产沼气 120 亿 m^3。到 2007 年底，国家大力发展畜禽养殖废弃物沼气工程，已建成 2.66 万多处；建成生活污水净化沼气池 14.4 万处，秸秆气化集中供气工程 737 处；推广省柴灶 1.89 亿户，太阳能热水器 4 286 万 m^2，农村新能源建设促进了农村生态环境的改善。

3．核与辐射环境安全基本处于受控状态

到目前为止，我国已建和在建的核电机组共 19 台，总装机容量 1 686 万 kW。多年来，在役核设施的运行安全和在建核设施的建造质量得到基本保障，未发生影响环境的重大事故和事件。27 个省、市的放射性废物库已建成并投入使用，其余的省也正在建设中，一些突出的放射性污染隐患得到了妥善处理。

4．环保制度和能力建设得到加强

（1）环境法制建设进程加快

新中国成立以来，全国人民代表大会及其常务委员会制定了环境保护法律 9 部、自然资源保护法律 15 部。1996 年以来，国家制定或修订了包括《中华人民共和国水污染防治法》、《中华人民共和国海洋环境保护法》、《中华人民共和国大气污染防治法》、《中华人民共和国环境噪声污染防治法》、《中华人民共和国固体废物污染环境防治法》、《中华人民共和国环境影响评价法》、《中华人民共和国放射性污染防治法》7 部环境保护法律，以及《中华人民共和国水法》、《中华人民共和国清洁生产法》、《中华人民共和国可再生能源法》、《中华人民共和国农业法》、《中华人民共和国草原法》、《中华人民共和国畜牧法》6 部与环境保护关系密切的法律；国务院有关部门、地方人民代表大会和地方人民政府依照职权，为实施国家环境保护法律和行政法规，制定和颁布了规章和地方法规 660 余件，国家环境保护标准 1 000 余项。各级环保部门加大了环境执法力度，连续多年开展整治违法排污企业保障群众健康环保专项行动，对严重违规的行政区域或流域，实行了区域限批或流域限批，解决了一批久拖不决、严重危害当地群众生产生活的环境问题。

（2）环保基础能力建设逐步提高

全国重点流域已建成 300 多套水质自动监测系统；地级以上城市已建成 1 000 多套空气自动监测系统；全国已有 30%的环境监察机构达到标准化建设要求。环境宣传教育、环境科技创新、国际合作与交流等工作也得到了进一步加强，为提高环境保护工作水平发挥了重要作用。

总体上，经过多年的不懈努力，我国污染治理的能力不断提高，生态保护和建设取得明显成效，核与辐射环境安全基本处于受控状态，环境保护的基础能力得到加强，为保障经济的持续快速增长、遏制环境质量的急剧恶化发挥了重要作用。

从环境质量上看，局部地区环境质量有所改善。重点流域主要控制污染物污染程度有所减轻，全国地表水国控断面Ⅰ～Ⅲ类水质类别比例由 1996 年的 27%上升至 2007 年的 43%，上升了 16 个百分点，劣Ⅴ类比例则由 36%下降至 26%，下降了 10 个百分点；城市空气中常规监测污染物的浓度有所下降，SO_2 年均浓度由 1996 年的 0.069 mg/m^3 下降至 2006 年的 0.038 mg/m^3，降低了 44.9%；昼间城市区域环境噪声污染和昼间城市道路交通噪声污染有一定改善，1996—2005 年间分别下降了 3.1 dB（A）和 2.4 dB（A）；林地面积、森林覆盖率和活立木蓄积量有所增长。

附二：

环境形势依然严峻

我国环保工作尽管取得了很大进展，但由于自然环境脆弱、人口众多、经济增长方式粗放、环境监管滞后，加之经济、社会快速发展，环境污染呈现出压缩型、叠加型、复合型、耦合型的特点，当前环境形势依然非常严峻。一是环境污染正在从城市向农村转移，从人口稠密区、经济发达区向人口稀疏、经济欠发达地区转移，从局地向区域流域扩散。二是从常规性污染向非常规性污染、有毒有害污染转化，从浅层次向深层次的环境问题演变。老的问题没有解决，新的问题接踵而至。污染范围在扩大，污染程度在加重，污染风险在加剧，污染危害在加大，治理难度在增加。三是我国生态形势不容乐观，区域生态系统结构破坏严重，生态服务功能持续下降，生态“赤字”不断增加。核与辐射安全形势紧迫。

1. 水环境形势危急

我国的水环境污染已从陆地蔓延到近海水域，从地表水延伸到地下水，从单一污染发展到多元化污染，形成点源与面源污染共存、生活污染和工业排放叠加、各种新旧污染与二次污染相互复合，以及常规污染物、有毒有机物、重金属、藻毒素等水污染衍生物相互作用的复杂的流域性污染态势。

（1）河流水污染未能得到有效控制

主要河流污染负荷不断增加，水污染加剧的态势未能得到有效控制，致使地表水污染严重。2007 年，全国地表水国控断面中有 26%为劣Ⅴ类水质，基本丧失使用功能。辽河、淮河、黄河、松花江水质较差，海河污染严重，劣Ⅴ类占 53%。

（2）湖泊富营养化日趋严重

近 30 年来，湖泊富营养化呈迅速增长趋势。20 世纪 70 年代调查的 34 个湖泊中，富营养化的湖泊仅占 5%；1986—1989 年调查结果显示，富营养化湖泊比例增加至 35.76%；至 20 世纪 90 年代，我国东部的湖泊几乎全部处于富营养化状态；2002 年调查的 200 多个湖泊中，75%的湖泊呈现富营养化。2007 年，太湖、滇池、巢湖等湖泊出现了大面积蓝藻，影响了当地的饮用水安全。

（3）饮用水安全问题突出

饮用水安全受到威胁，全国近一半的城镇饮用水水源地水质不符合饮用水水源标准。2005 年对全国 56 个城市的 206 个集中式饮用水水源地的有机污染物监测表明：水源地受到 132 种有机污染物污染，其中 103 种属于国内或国外优先控制的污染物。我国农村饮用水水质状况令人担忧，有3.2亿人饮水不安全，其中有1.9亿人饮用水有害物质含量超标。

（4）地下水过度超采、污染严重

目前，我国地面沉降灾害比较严重的城市超过50个。从地域上看，我国地面沉降主要分布在长江下游三角洲平原区、河北平原、环渤海地区、东南沿海平原，其中长江三角洲地区地面沉降1.98 m，苏锡常地区最大累积沉降量达2.80 m。华北平原地面沉降区有大于200 mm的沉降面积达64 000 km^2，天津塘沽最大累积沉降量达3.22 m。从规模（面积）和程度（沉降中心的最大累积降深）来看，以天津、上海、沧州、西安、太原等市最为严重（最大沉降均在1 m以上）。其中天津在地面沉降面积、最大累积降深和年沉降速率几方面最为严重，已有六成的地面发生沉降，在塘沽由于地面沉降，还加重了咸潮的危害。目前全国25%的地下水体遭到污染，平原区约有54%的地下水不符合生活饮用水水质标准，90%以上的城市浅层地下水不同程度地遭到污染，目前已呈现由点到面的扩展趋势。我国118个大中城市地下水已普遍遭受到污染，其中严重污染的城市占64%。

（5）海洋环境污染凸显

我国海洋总体环境状况表现为：远海海域水质良好，近岸海域总体轻度污染，局部近岸海域污染严重。2007年，全国近岸海域水质总体为轻度污染，按测点统计，Ⅳ类、劣Ⅳ类海水比例为25.4%，杭州湾、长江口、辽东湾、珠江口和渤海湾水质均为重度污染。近岸海域沉积物中多氯联苯的污染程度加重、范围扩大。部分近岸海域贝类受到铅等污染。20世纪50—70年代，赤潮频次在个位数，80—90年代，频次在两位数，2000年以来，频次平均近百次。有毒有机物污染问题显现。外来物种入侵现象较严重，危害我国海洋生物的生存。

2. 大气环境质量总体恶化

由于中国以煤为主的能源结构，长期以来，中国城市大气污染主要是高浓度的二氧化硫（SO_2）和总悬浮颗粒物（TSP）。近20年来，城市交通和汽车产业快速发展，导致了严重的机动车尾气污染。目前，中国城市群出现了煤烟型与机动车尾气污染共存的复合型污染，具有明显的局地污染和区域污染相融合、污染物之间相互耦合的特征。尽管单个城市为控制环境污染做了大量工作，使主要的一次污染物得到一定控制，但目前区域整体环境质量呈恶化趋势，光化学烟雾、大气灰霾和酸沉降污染频繁发生，大气环境形势总体上进入大范围生态退化和复合型环境污染阶段，存在环境灾变的隐忧。

（1）传统的煤烟型大气污染依然严重

从全国来看，自20世纪90年代开始，城市大气总悬浮微粒（TSP）和SO_2浓度有所下降，但仍处于较高的浓度水平，传统煤烟型污染仍十分严重。研究表明，我国东部和珠江三角洲存在大面积的NO_2污染，其总负荷呈快速增长的趋势，整体污染十分严重。

（2）城市和区域大气复合污染形势更加严峻

大气氧化能力不断增强、高浓度颗粒物细粒子（$PM_{2.5}$）使大气能见度下降、一次污染物和大气氧化剂及颗粒物细粒子并存，成为城市群区域大气同期或不同季节的主要污染物。中国城市 $PM_{2.5}$ 污染十分严重，北方城市和区域（如北京及周边省市）颗粒物细粒子 $PM_{2.5}$ 浓度超过美国标准年均限值（0.015 mg/m^3）5～6 倍，南方城市和区域超过美国标准 2～4 倍。细粒子诱导大气产生的霾现象使水平能见度小于 10 km。1957—2005 年间我国东部年平均能见度下降约 10 km，西部能见度下降的幅度和速率约为东部的一半，显示出我国区域霾问题日趋严重。北京、上海、广州、深圳等城市频繁观测到光化学烟雾污染现象，广州市 2006 年臭氧最高小时浓度为 0.42 mg/m^3，超过国家二级标准 1.6 倍，北京市 2000 年臭氧最高小时浓度为 0.33 mg/m^3，超过国家二级标准 1.1 倍。

（3）酸沉降污染远未解决

尽管我国在酸雨控制方面已做了大量工作，但酸雨污染仍有加重及蔓延趋势。2007 年，全国酸雨发生频率及酸雨分布区域保持稳定，出现酸雨城市的比率下降，比率还是超过 50%，但是酸雨的强度增加了，降水年均 pH＜4.5 的城市所占比率有所上升，已达 25%。

（4）有毒有害废气污染治理滞后

近年来，工业生产排放的有毒有害物质废气种类和数量不断增加，而治理却相对滞后，严重污染了部分地区的大气环境。这些有毒有害物质如苯系物等多具有致癌、致畸、致突变的作用，污染的危害不容忽视，因事故排放导致的危害更加严重。

3. 生态系统出现由结构性破坏向功能性退化演变的态势

目前，我国生态退化的形势总体上表现为：区域生态系统结构破坏严重，生态服务功能持续下降，其表现特征为：局部生态问题有所缓和，区域生态破坏在加剧；原有的生态问题有所好转，新的生态问题不断出现；单项生态问题有所控制，系统生态问题更加突出。生态退化的趋势在加剧，生态系统更加脆弱，生态服务功能持续下降，生态灾害在加重，生态问题更加复杂化，生态状况不容乐观。

（1）生态退化没有得到有效遏制

2006 年我国水土流失面积 356 万 km^2，占国土面积的 37%，每年有 50 亿 t 泥沙流入江河湖泊；土壤有机质含量持续下降，土壤污染不断加剧。目前全国受污染的耕地约有 1 000 万 hm^2，污水灌溉污染耕地 216.7 万 hm^2；森林总体质量呈下降趋势，作为保护生态最为重要的天然林及生态效益较为明显的成熟林在不断地减少；全国退化、沙化和碱化草地面积达 1.35 亿 hm^2，约占草地总面积的三分之一。

（2）生物资源濒危问题日益突出

栖息地生境环境改变和过度的人类活动，导致生物资源濒危问题日益突出影响生物多样性。我国的生物物种濒危情况严重，各类生物物种受威胁的比例普遍在20%～40%。中国有422个物种面临灭绝的威胁，包括81种哺乳动物，75种鸟类，46种鱼类，31种爬行动物和184种植物。越来越多的鸟类和哺乳类动物被列入严重濒危和濒危的目录中，哺乳动物增加为83种，鸟类增加为86种。国家一级保护动物华南虎估计野外仅存数十只；分布于湖北枝城以下长江中、下游地区的白鱀豚，目前仅剩100多头。普氏野马、高鼻羚羊等物种在20世纪已经灭绝。

（3）矿山地质环境治理历史欠账太多

老的地质环境问题尚未得到有效控制，新的地质环境问题不断出现。矿业活动占用或损毁大量土地，局部地区甚至造成毁灭性的破坏，成为经济社会发展的沉重负担。全国矿山开发共占用土地面积143.89万hm^2，形成采空区面积80.96万hm^2，引发地面塌（沉）陷面积35.22万hm^2。全国三分之二以上的县（市）程度不同地受到地质灾害的威胁，引发的崩塌、滑坡、泥石流等地质灾害造成的人员伤亡和经济损失不断增加。

（4）城市生态系统人工化趋势比较明显

城市人居环境虽有所改善，但城市环境污染仍处在较高水平，城市生态系统人工化趋势更加明显，热岛面积不断增加，生态功能不断降低。过分注重地面硬化、以外来植物绿化为主、城市河流渠道化、湖岸固化等人工化环境，忽视其自身生态系统的维护。

4. 固废、噪声污染严重，放射性污染潜在问题不容乐观

（1）固体废物污染程度不断加剧、影响范围不断扩大

城市与农村生活垃圾、工业固体废物、危险废物总量不断增加，尤其工业危险废物的产生量逐年上升，2006年产生量达到1 084万t，比2000年增长了30.6%；排放量为20万t，比2000年增加5.7倍。历年堆存的危险废物产生的废气、渗滤液、淋溶水成为重要污染源，受工业污染危害的耕地面积达到600万hm^2。持久性有机物污染危害逐渐显露。

（2）环境噪声扰民问题突出

2007年，全国350个市（县）中，区域声环境质量好的城市占5.7%，93个城市为轻度污染，占26.6%。城市声环境质量总体恶化，受噪声影响的暴露人口增加，影响范围不断扩大，环境噪声投诉长期居高不下，环境噪声防治仍然面临较大的压力和挑战。以道路交通噪声为主要声源的环境噪声影响程度持续增长，影响范围不断扩大。社会生活噪声扰民现象日益突出，特别是各类服务设施噪声产生的影响和投诉有日趋严重和增加的趋势。北京市环保部门2006年8月至2007年7月中旬接到的投诉为1.9万件，夜间施工噪声对周围群众的影响尤为突出。据北京市城管部门统计，2007年全年夜间施工的投诉受理为6.9万件。其他不同类型的城市，投诉数量有所不同，但投诉比例、变化的趋势相似。

（3）放射性污染存在安全隐患

全国辐射环境质量状况总体保持在良好的状态，各种介质中的放射性水平与 1983—1990 年间开展的全国环境天然放射性水平调查的结果相比无明显变化，但室内氡的水平有明显上升；铀矿山周围环境介质中存在一定的污染，大规模的伴生放射性矿产资源利用中的环境污染问题日益严重，缺乏完善的辐射环境监测体系。核技术应用中存在的安全问题，人为活动引起天然辐射水平升高。全国有近 2 000 个放射源丢失或失控，存在安全隐患。

附三：

环境问题危害了中华民族的根本利益

当前，严重的环境问题制约了经济和社会发展、危害了群众健康、危及公共安全和社会和谐、影响了中国的和平崛起，从根本上危害了中华民族的根本利益。

1．环境问题制约经济和社会发展

（1）环境成为实现全面小康目标的瓶颈约束

目前，我国一些主要污染物排放量，如二氧化硫、COD、氨氮等已经超过环境容量，甚至达到 1 倍以上。如果不减少污染排放水平、加强治污能力，提高环境容量，我国不但无法实现全面建设小康社会的环境目标，而且环境也难以支持经济社会发展需要。

（2）生态破坏和环境污染造成了巨大的经济损失

从 20 世纪 80 年代以来，先后有多家国内外研究机构或学者对我国部分环境污染和生态破坏造成的损失进行了估算，其占同期 GDP 的比例在 2.1%～7.7%。原国家环保总局环境规划院的研究表明，2006 年我国环境污染损失 6 507.7 亿元，占当年 GDP 的 2.82%。

（3）环境问题导致资源供给雪上加霜

环境退化导致地区土地资源、生物资源和水资源供给量的减少。土壤侵蚀导致土壤肥力下降，土壤污染导致其使用功能的丧失，加剧了我国耕地资源的紧缺程度。据近期遥感调查，目前我国水土流失面积占国土面积的 37.42%，每年流失表层土在 50 亿 t 以上，丧失的肥力高于全国化肥的总产量。从 20 世纪 50 年代以来，由于水土流失而失去的耕地 267 万 hm^2 以上，平均每年 6.7 万 hm^2 以上。据初步测算，50 年来新增土地沙漠化面积已经有 10 万 km^2 以上，相当于 3 个海南省的面积。

2．环境问题危害群众健康

严重的环境污染影响人民的生活质量，影响人体健康，有的地方已出现“公害病”征兆。

（1）水污染的健康损害问题已经相当严重

水污染成为广大农村居民最重要的健康危险因素之一。目前我国农村地区，以人群消化系统肿瘤，如肝癌、胃癌等为代表的恶性肿瘤发病率、死亡率连年呈上升趋势等健康问题都与环境污染有着密切关系。近年来，河北涉县、河南沈丘县、天津北辰区、陕西华县、江苏阜宁县、广东翁源县等地区频频出现的某些癌症高发村可能与饮用水污染存在一定关系，我国淮河流域也曾发生多处癌症高发村。

（2）大气污染造成的健康损害十分显著

城市大气污染已成为推高城市居民各种心血管系统、呼吸系统疾病和以肺癌为代表的恶性肿瘤等慢性病患病率与死亡率的最主要因素之一。我国城市人口癌症高发并呈上升态势，肺癌死亡率由 20 世纪 70 年代居癌症死因第 4 位，跃升至 2000 年的第 1 位，肺癌死亡率明显高于农村。据流行病学调查，我国空气污染导致呼吸系统疾病发病率的归因百分比为 30%以上。据 20 个统计资料较全的大中城市分析，每年因大气污染所致慢性支气管炎患者为 150 万人，呼吸系统疾病死亡人数为 2.3 万人，肺心病患者 17.7 万人，肺心病死亡人数 1.3 万人。沈阳、上海等主要城市接受调查的儿童血液中的平均铅含量超过临界水平的 80%。

（3）土壤污染危及食品安全

我国大多数城郊土壤都受到不同程度的污染。粮食、蔬菜重金属污染超标情况较严重。沈阳郊区 10 种主要蔬菜中镉平均含量为 0.313mg/kg，超过国家食品卫生标准的 6.26 倍。据 2006 年调查，珠三角地区有 40%的农田菜地重金属污染超出安全标准，其中 10%属于严重超标。不少地区土壤重金属污染的人群暴露水平已经达到日本发生公害病的剂量范围，并已出现公害病的症状。如近年资料表明，南方一些汞矿区的粮食、蔬菜、水中的汞严重超标，50%以上居民出现感觉障碍、运动失调、视野狭窄等慢性汞中毒体征。在贵州赫章、江西赣州、广西桂林、湖南衡东、广东马坝和辽宁沈阳的张士地区，农作物镉含量已严重超标，10%以上居民已出现不同程度的腰背、四肢、骨关节疼痛等症状和生化指标异常。

（4）持久性有机物潜在健康风险大

以二噁英类、多氯联苯类、五氯酚钠等化合物为代表的持久性有机物的污染遍布全国，通过土壤—农作物—畜牧产品为主线的食物链富集、浓缩，向人体迁移，其环境健康危害效应已经开始显现。研究表明，受持久性有机污染物等因素的影响，1996 年我国男性精子计数比 1983 年减少了 18.8%，并且精子活动率、正常精子形态、精液量和排精总数也呈下降趋势。

3. 环境问题危及公共安全和社会和谐

（1）污染事故频发威胁环境安全

重大环境突发事件呈现上升趋势。近年来，松花江、广东北江、四川沱江、太湖蓝藻水华暴发等发生重大环境污染事故，不仅大大影响了广大人民群众正常的生产、生活秩序，而且短时间内难以消除这些高浓度的有毒有害物质的遗害，将对环境污染事故发生区及毗邻区的环境安全造成长期威胁，甚至造成了不良的国际影响。

（2）污染纠纷危及社会稳定

一些地区严重的环境污染和生态破坏已影响社会安定，污染纠纷呈上升势头并引发大量群体性事件，成为社会不稳定因素之一。2000 年以来，全国环境投诉和上访每年分别以 25%、35%的幅度递增，成为社会八大投诉热点之一。2007 年来信投诉达到 12.3 万件，群众上访投诉达 7.7 万人次以上。这些事件给当地经济发展、社会稳定带来了不良影响。

（3）生态环境退化影响社会公平

长期以来我国城市环境的改善是以牺牲农村环境为代价，城区通过污水截流改善了水质，忽略了农村水质；通过污染企业外迁改善了城区空气质量，但加重了近郊的空气污染；通过生活垃圾简单填埋，改善了城区面貌，加重了城乡结合部的垃圾二次污染。为了保证城市饮用水安全，将上游地区设为禁止开发或限制开发区，又缺乏配套的补偿政策，使这些地区的人口长期处于贫困状态。

4．环境问题影响和平崛起

（1）跨界环境问题引发国际纠纷

我国的环境污染已经引起了复杂的跨界环境问题，具体包括：以水资源开发和水污染为主要内容的跨界水环境问题，以二氧化硫、汞、沙尘暴为主要内容的长距离空气污染物传输，以生活垃圾、医疗垃圾以及陆源性污染为主要内容的海洋环境问题，以走私进口木材、野生动植物为主要内容的贸易问题，以二氧化碳、消耗臭氧层物质、持久性有机污染物以及生物多样性锐减为主要内容的全球环境问题等，都引起了国际社会的高度关注，有些已经成为“中国资源威胁论”的借口。

（2）环境贸易壁垒损害国家利益

环境贸易壁垒影响到我国的出口市场，产品的出口成本大为增加，削弱了我国出口产品的价格优势。2005 年我国遭受到国外技术性贸易措施影响合同的总额超过 81.5 亿美元，其中受节能及产品回收在内的环保要求的影响最大，占受影响总金额的 27%，使我国贸易利益受到很大损失。此外，环境贸易壁垒加剧了污染产品和污染产业向我国转移。由于我国环境标准不健全，环境监管不力，导致境外电子废弃物大量涌入我国。

（3）资源环境逆差加剧环境压力

我国处于新一轮全球产业结构调整的下游，承接着产业转移和积聚的污染风险，加剧了我国局部地区的环境问题。对外贸易快速增长的资源环境代价过大，在赢得贸易顺差的同时，也承担着“生态逆差”。研究表明，“十五”期间，中国每年通过对外贸易造成的二氧化硫逆差平均为 150 万 t，占排放量 6%左右，而 2010 年二氧化硫的目标控制量比 2005 年仅减少 255 万 t。

附四：

我国未来环境趋势和特征分析

未来一段时间，我国人口将继续增加，工业化、城市化进一步加快，国民经济将以年均7%左右的速度增长，将使生态环境承受更大压力，并呈现如下的环境趋势和特征。

1. 发展的资源环境代价还将在一定时期内居高不下

未来 20 年是我国基本实现工业化的阶段。目前，经济发展正向工业化中期阶段过渡，此阶段内，经济增长的主要动力来自于第二产业的增长，传统意义上的污染型行业依然在增长。考虑到经济增长方式的转变需要一个过程，随着经济总量增长而持续增长的污染物产生量对环境安全的压力越来越大。工业各行业随着科技进步、技术改造、加强管理，单位产值（或产品产量）污染排放强度会降低，但是由于总的规模增长，污染物排放总量会居高不下，甚至有增加的可能。如污染治理跟不上，对环境会造成更大的压力。工业发展规模的扩大，还将导致对矿藏、耕地、能源和原材料等自然资源的需求增加，开发强度也随之加大。

2. 人口素质和消费转型带来空前的环境压力

预计 2020 年我国人口将达到 15 亿左右，比合理人口承载能力多了 1 倍。根据联合国粮农组织提出的标准，恩格尔系数在 59%以上为贫困，50%～59%为温饱，40%～50%为小康，30%～40%为富裕，低于 30%为最富裕。预计到 2020 年前后，我国城乡居民家庭恩格尔系数平均为 35%，逐步由以吃饱为标志的温饱型生活，向以享受和发展为标志的小康型生活转变，城乡居民消费类型将发生巨大变化。未来 10 年乃至更长一段时间，随着恩格尔系数的逐渐降低，高档耐用工业产品、肉蛋奶等畜禽产品的消费总量不断增加，电器、房屋以及汽车等家用消费品的增长速度还要加快。废旧家用电器、建筑废弃材料、报废汽车和轮胎等的回收和安全处置将成为未来 10 年乃至更长一段时间内一个重要的环境问题。

3. 结构型污染和粗放型增长方式使环境资源压力持续增加

传统污染型工业依然要快速发展，结构调整需要一定过程，在短期内还无法根本转变。预计未来 20 年，一些传统意义上的污染较重的行业，如钢铁、水泥、有色金属、煤炭、石油工业、化学工业、电力、交通运输等原材料工业和基础工业将保持相对平稳的增长态势，其中电力工业增长速度与经济增长速度保持 0.7～0.8 的比例关系，实现适度快速增长。食品、服装、医药、家用电器等行业仍将稳步增长，可能成为这些产品的“世界制造中心”。毫无疑问，在传统污染密集型行业继续保持增长态势和这些行业技术进步有一个渐进过程的情况下，进一步削减化学需氧量和二氧化硫等污染物总量困难很大。对某些城市和环境敏感的地区，通过调整结构，减少污染密集型产业的生产，是减少污染物排放总量可行的办法。但对全国总体而言，未来 20 年这些行业依然是国民经济发展的重要支柱产业，还会有较大发展，污染物排放量依然很大，简单的结构调整不能解决问题。煤炭在能源总消费中的比重虽然在持续下降，但消费总量却在持续增加。

4．城市化进程加速对环境形成较大的冲击负荷

目前，大城市的环境基础设施建设依然处于历史“欠账”时期，绝大部分中小城市和城镇的基础设施建设严重滞后，若不能加快建设步伐，环境质量有可能进一步恶化。到 2020 年，城市化率达到 50%，城市生活污水和垃圾产生量将比 2000 年分别增长约 1.3 倍和 2 倍。在绝大部分中小城市和城镇的基础设施建设严重滞后的情况下，届时未经处理直接排放的城市污水总量仍略高于目前水平。生活污水排放将会严重影响城市河流的水质和城市水生态环境，城市垃圾如果不能得到有效的处置，也将严重影响地下水、土壤以及整个城市的生态环境。预计未来 10 年，城市大气污染暴露人口（PEP）将达 4 亿多，而且大部分集中在中小城镇地区。在城市化进程中，不仅要解决城市化滞后于工业化、基础设施欠账多等造成的传统的环境问题，而且要及时处理更为复杂的新问题。在解决生活中一般有机污染物污染和尘污染问题后，氮、磷造成的水污染问题将日益突出，大气可吸入颗粒物（PM_{10}）危害将凸显出来。同时，大城市汽车尾气污染趋势加重，加上其他能源消耗过程，氮氧化物将成为一些城市的主要污染物之一，而且也会加重一些地区的酸雨危害。大件的电子用品垃圾、废弃的汽车和轮胎，以及其他有害废物也将加大城市垃圾处理的难度。

5．不当的农村和农业发展方式可能进一步加大环境压力

未来农村经济快速发展，农业现代化加速推进，如果不采取有效措施，农村环境问题将日益凸显。农业现代化的快速推进使化肥和农药使用量加大，农业面源污染严重；农村基础设施薄弱，每年农村产生的数量巨大的生活污水、生活垃圾、畜禽粪便等得不到有效安全处理；同时，城市工业污染向农村转移趋势加剧，一些城乡结合部成为城市生活垃圾及工业废渣的堆放地；土壤污染程度加剧，严重影响食品安全，威胁人体健康；大量掠夺式的采石开矿、挖河取沙、毁田取土、陡坡垦殖、围湖造田、毁林开荒等行为，将会使很多生态系统功能遭到严重损害。农村环境问题呈现点源污染和面源污染共存，生活污染和工业污染叠加，各种新旧污染相互交织，工业及城市污染向农村转移等特征，严重危害群众健康，制约经济发展，影响社会稳定，成为我国农村经济社会可持续发展的制约因素。

另外，如果不改变传统的放牧方式，牛羊放养数量的增加也将进一步加大草原生态环境

的压力。而城市郊区规模化畜禽养殖业的大幅度增长，也将使畜禽养殖污染物排放强度加大，加剧水环境污染，对局部地区带来非常大的压力。

6．经济全球化和技术发展对我国环境产生一定风险

在目前经济全球化格局下，我国处于国际产业链的低端，因国际贸易产生环境风险的可能性较高。一方面，“两高一资”产品的大量出口对国内资源环境的压力加大，一些工业产品在生产、包装等环节环境标准偏低，甚至没有环境标准，出口易受到发达国家环境标准的限制；另一方面，我国大量进口石油、天然气及部分大宗矿产品，也将增大国内能源安全、资源安全的风险，对全球资源供需产生深远影响。

一些区域环境问题和全球环境压力进一步加大，我国二氧化碳排放量居全球前列，2020 年人均二氧化碳排放量将接近全球人均平均排放水平，国际环境履约任务繁重，责任重大。

新技术发展在为解决环境问题提供有力工具的同时，可能会产生许多新的环境问题，带来新的环境挑战：一是生物技术对生态环境的影响具有很大的不确定性。一些新的生物物种和转基因农作物对生物安全、食品安全和生态环境安全存在风险；二是科学技术的快速发展导致和促进了大量的新化学物质的合成，而有些化学物质可能成为自然系统中新的持久性有机污染物（POPs），反过来对人类健康和自然生态平衡构成威胁；三是随着现代信息技术的发展，产生大量的“现代垃圾”和电磁污染，如处置不当，对水环境和土壤环境造成新的危害。

附五：

中国环境问题的成因

中国环境问题的成因是综合性的。理论上讲，社会经济活动的外部不经济性和环境公共物品提供不足，是造成环境问题的主要原因。从实践上看，工业化发展特别是重化工业发展时期是污染物密集化产生的历史阶段。同时，由于一些地方片面追求经济增长，忽视环境保护，导致环境问题不断加剧。环境问题的主要成因是：

1．粗放型发展方式是加速我国环境恶化的动力性因素

当前，我国正处于工业化、城市化和农业现代化的加速推进阶段，在为国家和社会积累大量财富、改善民生的同时，也给环境保护工作带来了新的机遇与挑战。在这一过程中，通过落实科学发展观，加强科技支撑，完全可以减少环境污染，但现实的情况是中国的经济增长在很大程度上仍依赖于投资的推动和资源利用的扩张，这种粗放型的发展方式必然导致资源、能源的加速消耗和污染物的不断增加。我国综合能源效率仅为 33%，比发达国家约低 10 个百分点，单位 GDP 能耗是世界平均水平的近 3 倍。中国城市化进程也步入快车道，但城市环境基础设施建设却相对滞后，其粗放型的增长方式、新增产能的不断释放，也使我国的资源环境付出了沉重的代价。农业现代化发展迅速，在我国粮食安全水平得到较大提高的同时，却忽略了农药、化肥、塑料薄膜以及养殖业的污染问题，一些地区农业面源污染甚至超过了工业污染和生活污染。

2．人口总量大且环境意识不强是造成我国环境问题的重要因素

改革开放以来，尽管我国教育事业有了很大发展，但是受过高等教育和中等技术教育人口的比例仍然不高，国民平均受教育程度距离发达国家乃至某些发展中国家有着相当大的差距。由于国民平均受教育水平较低，人们的环境意识普遍不高，还难以做到自觉自愿地保护环境。加之我国人口总量仍将持续增长，2020 年将达到 15 亿左右，庞大的人口规模将对环境产生巨大的、持久性的压力。

3．不可持续的消费模式已成为目前影响环境问题的直接因素

随着我国人均 GDP 超过 1 000 美元和中等收入阶层的快速形成，居民消费不可抑制的增长将驱动资源的快速消耗，对生态系统的压力也不断增加。同时居民的消费结构和消费方式处于快速升级时期，对住房、汽车等产品的旺盛需求刺激了重工业的增长；一些地方、一些

人群受西方消费模式的影响，超前消费、过度消费、奢侈消费等不可持续的消费行为日益盛行，对环境产生了巨大的压力。

4. 对外贸易中的粗放型增长方式是加剧资源和环境压力的外部诱导性因素

对外贸易快速发展已成为推动我国经济增长的重要驱动力之一，增长方式也发生相应转变，但粗放型的增长方式仍然存在，增加了我国资源环境的压力。据国际能源机构统计，我国温室气体排放总量中，有 1/3 的碳排放量来自为外国消费者生产产品的过程中。同时在引进外资和贸易过程中，由于配套制度不完善和监管不力，造成污染密集型产业及污染物从国外转移到国内，也对我国的资源环境退化起到推波助澜的作用。

5. 科技支撑能力不足导致环境绩效差是环境退化的技术性因素

我国环保科技支撑能力整体偏弱，缺乏系统的、基于国情的重大生态、环境问题的研究和关键技术开发，对新的环境问题缺少应对理论和技术储备，资源节约型的技术体系尚未建立和形成，产品科技含量低，造成资源利用效率低下，使资源节约的水平远跟不上资源消耗的速度，从而导致资源环境的压力不断增大。加之长期以来项目投资决策在很大的程度上存在短期性和盲目性，也造成了严重的资源浪费和环境污染。

6. 体制和制度安排不合理，环境保护水平长期滞后是环境退化的内在性因素

长期以来，由于历史局限性，管理体制不顺，环境与发展决策长期背离，重大决策失误频繁发生，环境保护始终处于被动地位；政策体系存在缺陷，重要资源价格不能反映稀缺性，重要的产品价格不能反映环境成本，环境经济政策长期未得到足够重视，导致污染治理、生态保护与市场机制背离；有法不依、执法不严现象普遍存在，地方保护干预环境执法，一些地区环境监管不力、措施不到位、环保投资不足等，导致中国环境问题历史欠账太多，旧账未还，又添新账。

主要环境领域保护战略课题组综述报告

组长：

陈吉宁

副组长：

丁一汇　李仁涵

统稿人员：

陈吉宁　陈敏鹏

主要环境领域保护战略课题组综述报告

中国环境宏观战略研究第三课题“重大领域的环境保护战略”由工业污染防治、城市环境保护、农村环境保护、国家环境与健康、能源与温室气体控制以及全球和区域环境 6 大专题组成，涵盖了我国环境与经济的主要领域，涉及面广、综合性强，且各有侧重。本课题综合报告在各专题研究的基础上，以我国未来社会经济发展的长期变化大趋势为背景，试图以更宏观、更系统的角度综合和提炼各专题的主要观点和重要结论，探讨和推测未来中国环境变化的总体趋势、主要问题和应对战略，为中国环境宏观政策发展和走向提供有益的决策支持。

改革开放以来，我国经济持续快速发展，成绩斐然。从 1978 年到 2008 年，我国国内生产总值（GDP）年均增长 9.7%，人均 GDP 从不足 200 美元增加到超过 3 000 美元（当年价）。工业增加值增长超过 20 倍，化学纤维、乙烯、塑料、水泥和钢材等主要工业产品分别增长了 84 倍、25 倍、45 倍、20 倍和 25 倍；城镇化水平从 17.9%上升到 45.7%，建制市的数量由 193 个增加到 655 个，城市规模也在不断扩大；农业综合生产能力大幅度提高，成功地以占世界约 9%的耕地解决了世界约 1/5 人口对农产品的基本需要，主要农产品人均占有量达到世界平均水平，部分农产品达到或者接近发达国家水平。

连续 30 年的经济高速发展，这期间工业化、城镇化和农业现代化外延型的发展模式也给我国带来了一系列生态与环境问题：湖泊富营养化、地下水硝酸盐污染、大气复合型污染、酸雨、生态系统功能退化等，发达国家上百年、分阶段出现的环境问题在中国短期内集中出现，环境质量急剧恶化，环境与发展的矛盾日益尖锐、突出。

目前，我国正处在工业化中期，民族振兴的道路还任重道远。在未来相当长的一段时期内，加快实现工业化、提高工业现代化水平、促进城镇化发展、保障粮食安全仍是我国一项十分艰巨的历史性任务。由于我国人口总量将在 2030 年左右达到高峰，在未来 40 余年，如果继续维持现有的经济增长方式和环境管理模式，将不可避免地带来资源耗竭和大规模不可逆转的环境恶化，给我国人民的健康和福祉以及未来经济社会发展能力带来深远的、战略性的不利影响。与此同时，我们也正处于一个充满机遇和挑战的大变革时代，经济全球化深入发展，科技革命加速推进，生产要素流动和产业转移日益加快，全球和区域合作方兴未艾，新思想、新理念、新模式、新方法、新技术层出不穷。

因此，本研究旨在通过分析我国环境保护在未来经济社会发展过程中所面对的机遇和挑战，以期抓住当前发展中的战略契机，化解约束，快速推动我国经济优化升级，从而迎来经济和能源资源环境共赢的发展局势，从根本上促进中国经济社会的可持续发展。

一、中国当前环境形势和未来发展趋势

本部分系统分析了我国未来环境变化的宏观驱动力，以及主要领域的环境形势和未来的发展趋势。

（一）中国环境变化的驱动力

2008 年，我国人口超过 13 亿人，人均 GDP 超过 3 000 美元（当年价），第二产业增加值占 GDP 比重达到 48.6%，城镇化率超过 40%，已经进入工业化中期和城镇化的快速发展阶段，开始了新一轮的消费结构和产业结构升级。今后，我国将进入经济和社会结构快速变革和转型的重要时期，这些变化是我国环境质量变化的直接驱动力。

1. 人口

人口规模是环境最直接的压力。中国是世界上人口最多的发展中国家，人口问题一直是制约中国经济发展、导致中国环境恶化的首要因素。目前，我国的人口总数已经超过了 13 亿人，约占世界总人口的 20%，且每年仍在以近 1 000 万人的数量持续增长。

庞大的人口数量是导致我国资源紧缺和污染排放量巨大的直接因素。一方面，由于人口的除数效应，虽然我国各类资源总量在世界各国中位于前列，但是耕地、淡水、森林、石油、天然气以及环境容量等重要资源的人均占有量均低于世界平均水平，铁、铜、铝等重要矿产的国内保障程度很低（图 0-1）。

另一方面，人口的巨大需求驱动了生产规模的扩大，大量废水、废物和废气的排放量不断突破不同水平的环境承载力阈值，导致环境质量的急速恶化。虽然我国人均污染（温室气体）排放量与世界平均水平相比差距不大，某些指标甚至远远低于世界平均水平，但是由于人口的乘数效应，我国污染物的总排放量庞大，给环境带来了巨大的压力（表 0-1）。

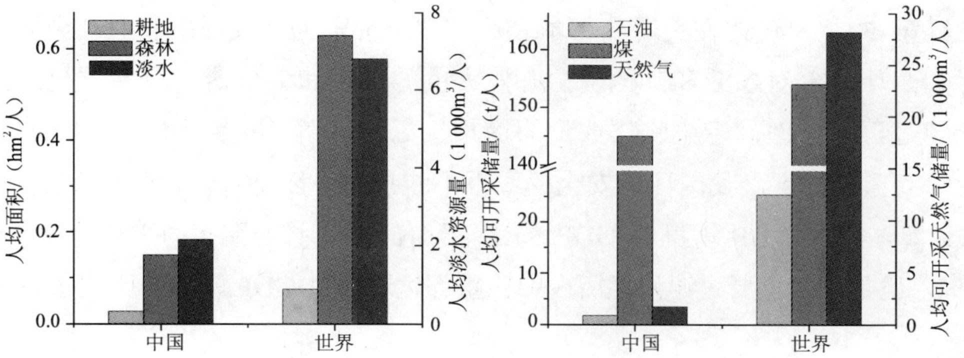

图 0-1 我国重要资源人均量与世界平均水平比较

资料来源：来自 World Bank，2006. 人均耕地面积、人均森林面积和人均淡水资源量为 2005 年数据；其余数据为 2004 年数据，来自国家统计局，2007

表 0-1 我国主要污染物人均排放量的国际比较

国家/地区	有机污染物排放量			CO_2 排放量		
	总量/		人均量/	总量/		人均量/
	万 t	排名	kg/（人·a）	亿 t	排名	t/（人·a）
中国	222.2	1	1.7	41.4	2	3.2
法国	20.6		3.4	3.7		6.2
德国	35.3		4.3	8.1		9.8
日本	43.2		3.4	12.3		9.6
英国	12.1		2.0	5.6		9.4
美国	65.9		2.3	57.9	1	19.9
高收入国家				267.5		4.3
世界				127.4		12.8

资料来源：World Bank，2006，其中有机污染物为 2004 年数据，CO_2 排放量为 2003 年数据。

综合联合国人口司（UN），国际粮食与农业组织（FAO）、国家统计局等多种研究和规划结果表明，我国人口将在 2030 年前后达到高峰（15 亿～16 亿人），此后缓慢减少，到 2050 年下降到 14 亿人左右（国务院，1994；国务院新闻办公室，2000；国家统计局，1996；UN，2004；国家人口发展战略研究课题组，2007；FAO，2008）。也就是说，未来 20 年我国人口规模还要比目前增加 2 亿～3 亿人，这一增量将会非线性地显著放大我国未来人口与资源环境的矛盾，使我国来自人口增长的环境压力在 2030 年左右处于高峰期。

2．经济发展

改革开放 30 年以来，我国人均国内生产总值（GDP）的年均增长速度超过 8%，是同期世界上经济增长速度最快的国家之一。进入 21 世纪以来，我国迈入以房地产和汽车为代表产业的经济高位增长阶段，2001—2008 年我国人均 GDP 年均增长 10.4%，经济总量已经超过英国，跃居世界第 3 位，仅排在美国和日本之后。这一阶段也是我国由农业社会向工业社会的重要转型时期，伴随着对农业和其他资源开发力度的加大和大机器工业的崛起，我国资源消耗速率开始超过再生速率，污染物排放量的增长也更为迅猛，在新增污染物排放量和历史累计污染负荷的双重压力下，我国环境安全的警报不断拉响。以 2005 年的资源消耗为例，如果按照汇率法计算，我国 GDP 占世界 GDP 的比重只有 5%，按照购买力平价计算，也只占世界 GDP 的 9.7%，但是许多重要资源消耗所占的比重都远远超过 GDP 所占的比重（表 0-2）。

表 0-2　　2005 年我国部分重要资源消耗占世界资源消耗的比重

资源	中国	世界	中国占世界的比重/%
石油/亿 t	3.27	38.37	8.5
原煤/亿 t 标准油当量	10.82	29.30	36.9
钢铁/亿 t	4.10	12.30	33.4
铁矿石/亿 t	5.24	17.00	30.8
氧化铝/万 t	1 560.8	6 153.4	25.4
水泥/亿 t	10.69	22.44	47.6

资料来源：许宪春，2008。其中石油和原煤数据来自英国石油（BP）集团的年度统计报告；钢铁和铁矿石数据来自国际钢铁协会（The International Iron and Steel Institute）的年度报告；氧化铝和水泥的数据来自英国商品研究所（CRU）的年度报告。

受产业链特征和旺盛的潜在需求影响，以房地产和汽车为代表的产业发展对整个经济增长具有广泛和持久的推动力，我国未来经济总量仍将稳步增加。相关研究表明，在整个工业化中后期阶段，我国经济仍将保持每年 7%左右的增长，并按照十六大提出的目标，到 2020 年实现 GDP 总量比 2000 年翻两番的目标，达到 5.1 万亿美元（2000 年不变价），人均 GDP 将达到约 3 500 美元（1990 年不变价），跻身世界中等收入国家之列（表 0-3）。

表 0-3　　中国经济增长率预测

研究者	增长率预测/%		
	2020 年	2030 年	2050 年
王晓鲁等（2000）	6.2～6.6	—	—
李京文（2000）	6.4～8.1	4.9	4.3～5.9
潘文卿等（2001）	5.5～7.0	—	—
贺菊煌（2001）	4.3～6.5	—	—
许宪春（2002）	6.5～7.5	5.5	3.5～4.5
林毅夫等（2003）	7.1～8.7	—	—
中国科学院可持续发展研究组（2004）	6.5～7.5	5.5	3.0～4.5
曹东等（2005）	6.5～7.7	—	—
国务院发展研究中心课题组（2005）	6.8～7.5	—	—

资料来源：王晓鲁和樊纲，2000；林毅夫等，2003；曹东等，2005；国务院发展研究中心课题组，2005；贺菊煌，2001；李京文，2000；潘文卿等，2001；许宪春，2002；中国科学院可持续发展研究组，2004。

2020 年之后，我国将进入完成工业化和进入知识经济之间的过渡期。在该时期，我国经济将发生重大结构调整和模式转型，因此仍然能够较快增长，增长率将保持在 6%左右。到 2030 年，我国 GDP 总量将超过 9 万亿美元（1990 年不变价），最晚在本阶段末超过日本，成为世界第二大经济体，人均 GDP 将在 2030 年达到 6 000 美元左右（2000 年不变价），在中等收入国家中处于较高水平。

2030 年之后，我国将逐渐迈出工业经济发展阶段，进入知识经济时期。在该阶段，知识产业逐渐成为最重要的产业，我国开始全面实现现代化。由于工业经济向知识经济的转型避免了资本边际报酬递减效应，经济长期稳定增长得到保障，经济增长率将保持 4%～5%的水平。到 2050 年我国 GDP 总量将达到 18.2 万亿美元（2000 年不变价），并有可能超过美国，成为世界第一大经济体，人均 GDP 将超过 13 000 美元（2000 年不变价），跻身高收入国家行列。

根据国际经验，在整个工业化时期，经济增长对环境的负面影响将超过期望的影响，GDP 增长与污染物排放和环境质量恶化都呈强烈的正相关，因此随着我国逐渐进入工业化中后期，经济发展带来的环境压力将继续日渐加剧。在我国工业化完成之后，随着我国经济结构日渐由劳动密集型和资本密集型转变为知识密集型以及服务业成为经济主导产业，经济增长对环境的正面效应将逐渐显示出来[①]，因此，如果现阶段不能从根本上转变我国的消费结构（包括居民的消费偏好）和产业结构，并解决重要产业层次低下、技术含量低、布局不合理等问题，我国来自经济增长的环境压力在 2030 年左右将处于高峰阶段。

3. 消费结构升级

在经济增长的过程中，随着居民收入水平的提高，人们的消费从基本满足需要向较高层次转化，而消费结构的变化也必然引起产业结构的变化。目前，中国的居民消费结构正向发展型、享受型升级，汽车、住宅等过去的奢侈品将可能转变为居民的必需品。

根据国际经验，人均 GDP 超过 1 000 美元时，住宅和汽车等代表资产和财富的商品的消费需求将大幅度上升，并刺激产业结构向支持房地产、汽车制造及其相关基础设施建设的钢铁、水泥、材料、金属、化工等重化工业主导的模式转变，同时也刺激服务业的发展，经济发展进入新一轮的增长期。这个转变过程持续时间长，对经济的推动力大，当人均 GDP 在 3 000～5 000 美元水平时，即便此时轿车的千人拥有量达到 100 辆水平，汽车需求也将会一直呈上升趋势，而居民对房地产的消费需求要延续到人均 GDP 13 000 美元的水平才会出现下降。

21 世纪以来，我国人均收入水平的提高和工业化、城镇化、市场化进程的加快，推动了

① 经济对环境的正面效应包括：规模效应、结构效应、技术效应或者减排效应，以及产品效应。规模效应是指经济规模增加导致的组织、运输、产品和服务分配效率增加减少经济发展的环境影响。结构效应是指生产和消费活动构成和区位上的转变导致环境条件发生变化，例如国际市场对环境资产的正确评估迫使企业环境成本内部化，产生的正面效应。技术效应或者减排效应是指经济发展和全球化导致的创新和新技术体制的传播带来的资源利用效率的提高和污染物的减排。产品效应是指经济发展促进消费者环境意识增长，消费对环境有利的货物和服务产生正效应。

中国居民消费结构的升级。2003 年我国人均 GDP 超过 1 000 美元（当年价），居民消费结构由满足温饱需求的“吃、穿、用”阶段向满足小康需求的“住、行”阶段升级，由百元、千元的小型、中型耐用消费品向万元、十万元的大型耐用消费品升级，消费结构的升级推动了产业结构的升级，我国进入了以房地产和汽车为代表的新一轮经济发展阶段，即以工业，尤其是重化工业带动经济增长的发展阶段。

由于我国人均 GDP 刚超过 3 000 美元（当年价），工业化和城镇化进程正在加快，对房地产（特别是住宅）和汽车的需求巨大，会在将来进一步促进它们的发展，因此房地产和汽车将在未来相当长的一段时期驱动我国经济的发展。

在之前相当长的一段时期，我国建筑和房地产正在经历着前所未有的繁荣，每年新增商用和民用建筑达 20 亿 m^2。在城市人口和人均居住面积快速增长的带动下，城市居民的居住面积从 2000 年的 93 亿 m^2 增加到了 2005 年的近 140 亿 m^2，增幅达到 50%。2005 年中国城市居民的人均居住面积为 26 m^2，比 2000 年增加了 6 m^2，但是其离建设部设定的“小康社会”的标准尚有距离（城市居民人均住房面积达到 30 m^2）[①]。从住宅的潜在需求看，根据有关估算[②]，如果要满足未来 20 年（2010—2030 年）城市居民的人均住宅面积达到“小康社会”标准，我国将需要建筑住宅共 76 亿 m^2，平均每年需 3.8 亿 m^2；如果考虑城镇人口每年 0.8%的增加，则未来 20 年将需要建筑住宅 181 亿 m^2，平均每年需 9.0 亿 m^2；再考虑城镇拆迁、危房改造等，则每年需要建设住宅可能超过 10 亿 m^2，是目前建设水平的近 2 倍（5 亿～6 亿 m^2）。

2006 年，中国机动车保有量达到 5 100 万辆[③]，比 1990 年增加了近 9 倍，其中增幅最大的是轿车，从 2000 年到 2006 年，轿车销量的年均增长率为 37%，到 2006 年达到 440 万辆。目前，中国人均汽车保有量尚低（每 1 000 人 17 辆），因此随着个人收入和基础设施的发展，中国机动车，尤其是轿车保有量仍然有很大的增长空间。根据国际能源署（IEA）的估计，2030 年中国公路上的机动车总量将达到 2.7 亿俩，轻型车辆将从 2 200 万辆增加到 2 亿辆以上，在新增车中占绝对比重。在 2015 年左右，中国将取代美国成为全球第一大轿车市场（图 0-2）。从轿车的潜在需求看，如果遵循美国的消费模式[④]，而且今后中国的人均收入以每年 6%的速度增长，在未来 15 年中国每年将购置 1 000 万辆轿车，如果中国年均 6%的经济增长能够持续到 2030 年，轿车的收入弹性不变，中国对轿车的年需求量将达到 4 500 万辆，相当于目前全球轿车的保有量和购买量。如果中国真的依照美国的模式发展而城市、交通和环境管理手段不发生变革，中国以房地产、汽车为主的消费结构至少将一直持续到 2030 年，这就意味着我国以重工业为主的经济结构在这之前不会得到根本转变，而且会再加剧。同时中国也将丧

① 全面建设小康社会的住房目标为，到 2020 年城市居民人均居住面积达到 35 m^2，农村居民人均居住面积达 40 m^2。

② 《中国战略机遇期的经济发展研究报告（2005—2020）》，转引自王国刚执笔（中国社会科学院金融研究所住宅金融课题组）：《提高供给能力，推进房地产市场健康发展》，2005。

③ 该数据不包括目前上路的 6 000 多万辆摩托车。

④ 美国人均收入与中国当前人均收入近似时期（1910—1970 年）对轿车的收入弹性为 2.6。

失大片的土地，城市交通和城市环境将面临着全球历史上前所未有的压力。

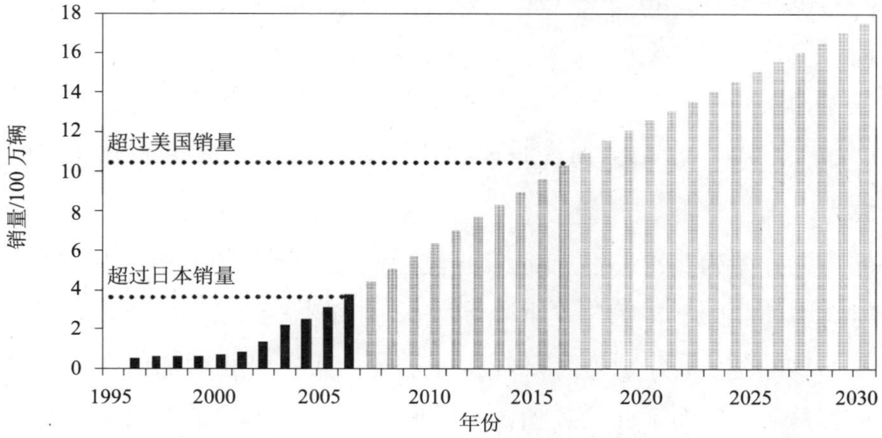

图 0-2 中国机动车新车销量预测

资料来源：国际能源署，2008。

与此同时，尽管中国居民电器保有量的增速在变缓，但其消费需求仍然没有达到饱和，仍将继续稳步增长。IEA 预计，中国城市居民的电器保有量在 2020 年左右达到饱和，农村地区则在 2030 年左右达到饱和，届时每百户家庭的洗衣机保有量预计将达到 100 台，电冰箱保有量将达到 83 台（图 0-3）。在这种消费需求的推动下，我国电器制造业在未来 20～30 年内将继续稳步发展。

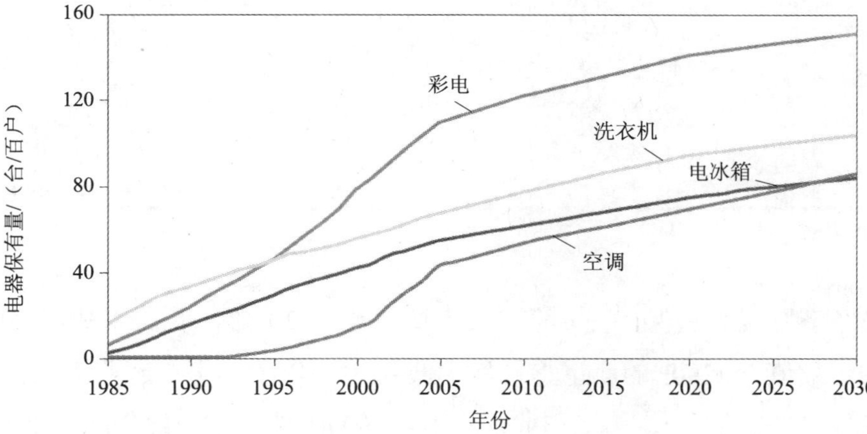

图 0-3 1985 年到 2030 年中国的主要电器保有量

资料来源：国际能源署，2008。

总之，在 2030 年之前，中国居民电器、汽车和房地产的消费需求仍将持续增加，并推动着经济的持续发展。这种消费结构下发展的产业结构具有典型高能耗、高物耗的特征，将给中国环境带来持续增加的环境压力。另外，由于西方消费主义的兴起，中国社会的消费理念有着非理性化和物质化的趋势，居民消费欲望膨胀，挥霍型、浪费型和炫耀型的消费增加，会推动经济结构的畸形发展，也会大大增加对资源的掠夺和环境恶化。

4. 工业化

国际经验表明，工业化是实现现代化的必由之路。目前世界上的发达国家都已经完成了工业化过程，成为以第三产业、高新技术和信息技术主导的经济体。

如果以改革开放开始为基准，我国的工业化过程已经历时 30 年。在这 30 年中，我国第二产业增加值年均增长 11.5%，第三产业年均增长 10.7%。到 2006 年，我国第二产业和第三产业的增加值占 GDP 的比重分别为 48.9%和 39.4%，其中工业增加值占第二产业增加值的比重为 88.6%，重化工业占全部工业增加值的 61.4%。工业，尤其是重化工业在国民经济发展中起着主导作用，我国成功完成了由农业大国到工业大国的转变。

发达国家的工业化过程往往历时近百年，而目前我国人均 GDP 刚超过 3 000 美元，开始进入工业化发展的中期阶段（表 0-4）。即便在最理想的情况下，我国工业化至少也要到 2020 年才能完成。因此，在今后很长一段时间内，我国经济发展的基本任务仍然是推进工业化、促进由工业经济大国向工业经济强国转变。

表 0-4　　主要工业化国家的工业化历程

国家	工业化起步阶段	工业化基本完成
英国	18 世纪 70 年代	19 世纪 70 年代
法国	18 世纪末	19 世纪末 20 世纪初期
德国	18 世纪末 19 世纪初期	19 世纪末 20 世纪初期
美国	19 世纪初期	19 世纪末 20 世纪初期
俄国	19 世纪 60 年代	20 世纪 60 年代
日本	19 世纪 70 年代	20 世纪 60～70 年代

资料来源：鲁勇，2007。

如果我国的经济发展能够保持 7%的增长速度，到 2020 年，我国将基本实现工业化，届时我国第一产业增加值占 GDP 的比重将稳步降低到 10%以下，第二产业增加值占 GDP 的比重将达到历史峰值（50%左右），第三产业增加值占 GDP 的比重将缓慢增长到超过 40%。因此，在 2020 年前的工业化中后期，第二产业将是我国 GDP 的主要贡献部门，也是拉动 GDP 增长的主要部门，在国民经济中的重要地位将进一步强化。由于第二产业内部两种趋势并存，即重化工业深化发展和信息化带动作用凸显，虽然我国工业发展仍然以重化工业为主体，但是通过发挥比较优势，利用信息化技术优化产业结构，改组改造传统产业和发展特色产业，促进高技术、高附加值产业的发展，在形成新的产业竞争优势中，有减缓环境压力的可能。

在较理想的状况下，2020 年之后我国将进入工业经济向知识经济的转型时期。到 2030

年，我国第一产业增加值占 GDP 的比重将进一步降低到 8%以下；第二产业总量将稳定增长，但增加值占 GDP 的比重开始回落，到 2030 年降为 45%左右；第三产业快速发展，增加值占 GDP 的比重将增长到超过 47%，成为 GDP 最主要的贡献部门。而在第二产业内部，重化工业比重开始下降，汽车、房地产相关的产业链比重开始稳步下降，到 2030 年，新工业产业体系开始逐渐替代传统工业体系。在这个时期，我国环境压力来自工业增长的新增压力将变缓，在 2030 年左右迈过峰值后开始缓慢下降。

2030 年之后，我国进入知识经济发展阶段。到 2050 年，第一产业增加值占 GDP 的比重到 2050 年将下降到 5%左右，第二产业增加值比重将逐步下降到 40%左右，第三产业将迅速发展到 55%左右。新工业产业体系飞速发展，将逐步取代传统工业部门成为新的经济增长点。我国在国际产业分工格局中，不仅作为重要的制造业中心，也将逐步成为重要的创新和研发中心。这个时期，由于我国的经济开始转变为知识密集型，服务业成为主导产业，环境压力将进一步降低。

5. 城镇化

城镇化是推动经济和社会变化的重要力量。1978 年以来，我国城镇化率年均增长 0.92%，我国城镇化进入了快速发展时期。到 2005 年，虽然我国城镇化率达到 40%，仍有近 60%的人口生活在农村，城镇化过程落后于工业化过程，这在一定程度上制约了我国经济的增长和工业化的完成（表 0-5）。

表 0-5　中国城镇化水平的国际比较

城镇化率	1980 年[a]	2001 年[a]	2005 年[b]
世界平均	39	47	49
低收入国家平均	24	31	30
中等收入国家平均	38	52	54
中低收入国家平均	31	46	50
中高收入国家平均	64	77	72
高收入国家平均	75	78	78
中国[c]	20	37	40
美国	74	77	81
日本	76	79	66
德国	83	88	75

资料来源：a. 鲁勇，2007，转引自 World Bank，2003；b. World Bank，2003；c. 为便于比较此处选用世界银行提供的数据，与中国统计年鉴数据口径上有差异。

研究表明，城镇化每增长 1%，将驱动 0.5%～0.9%的 GDP 增长和 25%～43%的投资，是经济发展的最重要力量。但是由于城镇化带来大规模的基础设施建设和居民消费结构的转变，它也是驱动我国环境质量变化的重要根源之一。未来我国城镇化的发展特征主要表现在三个方面，现分述如下。

（1）城市化速度

中国正处于快速城市化的进程之中，但是我国当前的城市化模式大多是在地方政府贪大贪快的短视利益驱动下的盲目扩张，以及在人口和经济压力之下的无序被动蔓延。数据表明，目前我国人均城市建设用地高达 130m²，远高于发达国家（82.4m²）和发展中国家的平均水平（88.3m²），甚至高于世界上最繁华的城市（112.5m²）。这种以低密度、散点分布为特征的城市扩展模式不仅导致大量耕地流失，威胁国家粮食安全，而且吞噬大量绿地、林地和基本生态用地，从而破坏了我国整体生态环境系统的稳定。

相关预测表明，到 2030 年之前我国城镇化将继续维持高速发展水平，到 2020 年和 2030 年城镇化率将分别超过 50%和 60%，年均增长率分别为 0.9%和 0.6%。随后，城镇化发展速度将逐渐变缓，年均增长约 0.4%，到 2050 年我国城镇化率将超过 70%，达到中等发达国家目前的水平，城镇化将进入成熟阶段。因此在 2030 年之前，我国城镇化速度仍将十分迅速，将给环境和资源造成巨大压力。

（2）城市规模

从城市规模上看，改革开放以来我国初步形成了以大城市为中心，中小城市为骨干，小城镇为基础的多层次城镇体系。如果按照人口统计，全国现有超大城市（市区和近郊区非农人口 200 万人以上）22 个，特大城市（人口 100 万～200 万）33 个，大城市（人口 50 万～100 万）85 个，中等城市（人口 20 万～50 万）230 个，小城市（人口 20 万人以下）285 个（表 0-6）。

表 0-6　　1988—2006 年不同规模城市数量变动

城市规模	1988		1993		1998		2002		2006	
	数量/个	比重/%	数量/个	比重/%	数量/个	比重/%	数量/个	比重/%	数量/个	比重/%
超大城市	9	2.1	10	1.8	13	1.9	15	2.3	22	3.4
特大城市	19	4.4	22	3.9	24	3.6	30	4.5	33	5.0
大城市	30	6.9	36	6.3	48	7.2	64	9.7	85	13.0
中等城市	110	25.3	159	27.9	205	30.7	225	34.1	230	35.1
小城市	266	61.3	343	60.2	378	56.6	326	49.4	285	43.5
合计	424	100	570	100	668	100	660	100	655	100

资料来源：鲁勇，2007；国家统计局，1999，2004，2008。

1998 年以后我国放宽了对城市发展的限制，超大、特大以及大城市数量和非农人口不断增加，其数量和比重也在迅速上升，而小城市的数量和人口规模则呈现下降趋势（表 0-7）。

表 0-7　　1988—2006 年不同规模城市非农人口变动

城市规模	1988 年		1993 年		1998 年		2002 年		2005 年	
	人口 万人	比重 %	人口 万人	比重 %	人口 万人	比重 %	人口 万人	比重 %	人口 万人	比重 %
超大城市	3 335	23.7	3 807	21.5	4 830	22.4	6 079	24.1	7 829	21.8
特大城市	2 415	17.1	2 870	16.2	3 090	14.2	4 132	16.4	5 504	15.3
大城市	2 079	14.8	2 464	13.9	3 134	14.4	4 198	16.6	6 139	17.1
中等城市	3 321	23.7	4 733	26.7	6 272	28.8	6 854	27.2	6 852	19.1
小城市	2 909	20.7	3 836	21.7	4 409	20.2	3 959	15.7	9 598	26.7
合计	14 059	100	17 709	100	21 776	100	25 222	100	35 923	100

资料来源：鲁勇，2007；国家统计局，1999，2004；建设部，2006。

随着城市扩张的规模效应日益显示出来，我国中小城市的扩张也将不可避免。鉴于现阶段中国城市化进程仍然处于以聚集为主的发展阶段，并实施以大城市和中心城市为主导的发展战略，未来 10 年将是中国城市加速发展的重要机遇期，城市数量将不断增加，城市的平均规模也将不断扩大。相关预测表明，2020 年左右，中国将有 20 余个超大城市，40 余个特大城市，100 余个大城市，300 余个中等城市，500 余个小城市，城市总数量将达到 1 000 多座，并拥有 8 个人口超过千万的巨型城市——北京、上海、广州、深圳、天津、武汉、重庆、成都。其他预测则表明，到中国城镇化完成之时（2050 年左右），中国特大城市数量还将继续增加，并出现 500 个中等城市，1 500 座小城市和千座小城镇。

城市规模的持续扩大，特别是超大和特大城市的发展，意味着更大规模、更高强度的能流、物流和废物流在有限空间尺度的集聚，城市内部和城市节点周边将面临更大的环境压力，其生态系统更为脆弱，生态环境安全风险将显著放大。

（3）城市区域分布

中国城镇化存在着明显的地域差异，“东密西疏”的布局十分明显。目前，中国城镇和城镇人口相对集中在东部地区，东部沿海地区城镇化水平高、城镇密度大，而中西部地区的城镇化则表现为极化形态，城市数量少，城乡分割的二元结构明显。中国 660 多座城市，平均每万平方公里国土面积设建制市 0.7 座，若以云南省腾冲至黑龙江省爱辉之间的直线为界（腾冲—爱辉线），则西北部地区每万平方公里设市 0.12 座，东南部地区设市 1.40 座，二者之比为 1∶12。

受到自然禀赋、社会经济发展水平、区位交通等因素的影响，在市场机制的驱动下，中国区域城镇化发展不平衡的状况仍将长期存在，城市发展和人口分布不平衡在 2020 年之前还将加剧，东部地区仍然是中国人口城镇化的主要区域和城市发展的重心区域。在东部地区产业向中西部地区扩散和中西部城市对农村剩余劳动力吸引力增强的双重影响下，中西部地区城镇化速度将随之加快，但城镇数量和城镇人口从东到西梯度分布的特征将始终存在。

由于城镇化发展的不平衡，京津沪三大直辖市将率先实现城市化，进入城市化成熟阶段。

广东、浙江、江苏、福建、山东等东南沿海发达省份在 2020—2030 年将以高于全国平均速度推进城市化，并继三大直辖市地区之后成为中国较早实现城镇化的地区。辽宁、吉林、黑龙江东北三省城镇化基础条件好、起点高，也可能在这段时间实现城镇化。湖北、四川、河北、河南、湖南、安徽、陕西、广西、江西等人口大省则可能要在 2050 年左右完成城市化。云南、西藏、贵州、甘肃、内蒙古、新疆等其他西部省市区受自然条件和经济社会发展制约，实现城镇化需要更长的时间。

由于东、中部地区产业规模庞大、交通便利，大城市对中小城市的带动力和影响力强，因此东、中部地区城市发展将主要采取以大城市为重心的城市群或大都市圈模式。西部地区地广人稀，交通不便，城市发展相对独立，中心城市对周边城市的辐射有限，因此其城市发展主要采取中等规模城市独立发展的模式，但在交通干线沿线及人口相对稠密的地区也将发展城市集群。

到 2020 年，我国将主要形成长三角（沪宁杭）、珠三角（穗深港）和京津三个大都市圈和辽中（沈阳）、西安、成渝（成都、重庆）和武汉四个都市圈。

到 2030 年，中国则将形成 20 个城市群或者都市圈，分别是：哈尔滨都市圈、齐大都市圈（齐齐哈尔、大庆）、长春都市圈、沈大都市圈（沈阳、大连）、京津都市圈（北京、天津）、石邯都市圈（石家庄、邯郸）、青烟都市圈（青岛、烟台）、济潍都市圈（济南、潍坊）、郑州都市圈、徐州都市圈、盐连都市圈（盐城、连云港）、驻信都市圈（驻马店、信阳）、南京都市圈、上海都市圈、武汉都市圈、南昌都市圈、长沙都市圈、珠三角都市圈（广州、深圳、香港）、南宁都市圈、成渝都市圈（成都、重庆）。

由于工业的空间布局和城市的区域分布具有耦合性，因此，在工业和城市发展的双重压力之下，我国未来 20～30 年的环境压力和风险将主要集中在东部和中部。特别是中部，由于发展阶段滞后，这一区域将有可能承担着我国 EKC 曲线的最重要峰值部分，同时由于这一区域处于东部的流域上游，其所承受的环境压力将更具有风险性，也更易于将环境危害传播扩大。因此，中部地区将会成为决定我国环境发展是否可逆的战略决战之地。

6. 粮食安全

粮食安全是工业化和城镇化推进过程中面临的最重大的压力，也是我国农业生产最基本的目标。根据相关人口预测、国家统计局提出的我国粮食消费标准和农业部等有关部门的研究，2020 年达到小康水平时，我国人均粮食需求量应为 420 kg，全国粮食需求总量为 5.88 亿 t；2030 年人均粮食需求量应为 440 kg，全国粮食需求总量为 7.04 亿 t。如果粮食完全自给，在现有水、气、温和技术条件下，我国必须至少保有 19.2 亿亩（1.28 亿 hm^2）和 19.5 亿亩（1.30 亿 hm^2）的耕地面积；如果粮食 95%自给，则分别需要耕地 18.2 亿亩（1.21 亿 hm^2）和 18.5 亿亩（1.23 亿 hm^2）。

另外，我国目前正处于居民饮食结构变化的重要时期。人均肉类消耗量为 54 kg，人均牛奶消费为 21.7 kg，均低于世界平均水平尤其是发达国家的水平。随着居民生活水平的提高，居民对畜类产品的消费将大大增加，从而间接刺激对粮食需求量的增加。目前，我国耕地只有 1.2 亿 hm^2，因此我国必须依靠增加单产来保障粮食安全，即必须加大对单位土地的投入。因此若不考虑技术进步的影响，我国土地投入强度在可预期的 20～30 年内不会下降，反而会上升，并在人口达到峰值时达到高峰。

最后，我国农业生产的空间特征十分明显。种植业主要集中在河南、山东、江苏、河北、湖北、安徽、四川、湖南和广东等省，这些省区化肥施用量高，流失风险大。畜牧业中，除了羊主要集中在在内蒙古、新疆、西藏、青海、宁夏等西部牧区之外，大牲畜、生猪和禽类都大多集中于山东、河南、四川、湖南、河北、吉林等中部地区；规模化养殖的空间分布则更加集中，主要分布在东南沿海、华北和中部地区。从污染压力看，中部地区虽然种植和养殖总量较大，但农地多，能在很大程度上缓冲农业生产的环境影响，而东部地区城市化速度快，农地少，农业集约化程度高，将面临着更强的来自农业生产的污染风险。由于种植业主要受制于自然地理条件、养殖业受制于产品的终端需求，除非出现生产和储存技术的根本性变革，未来我国种植和养殖的空间格局不会发生太大变化。也就是说，未来我国农业污染排放的高强地区也将是我国工业和城市经济发展最为迅速的地区，这种不同污染源的空间叠加致使这些地区不得不面临着工业污染、城市污染和农业污染的三重压力，不仅加大了这些地区环境治理的困难，也将大大制约这些地区的可持续发展。

7. 全球化

在日益国际化和全球化的今天，世界各国市场互相开放、政策性贸易壁垒逐渐降低、产品自由流通，彻底改变了世界经济的模式，并给全球和区域环境带来了深远的影响。经济全球化是信息和要素的全球流动，它可以大大强化技术和市场的力量，促进世界各国在开放的条件下能够有效地利用全球的技术、资源、资金和管理，并加速发展中国家的经济转轨和经济结构调整，为经济发展模式向环境友好型转型提供外部资源和发展机会。同时，经济全球化的实质是全球利益和资源的重新分配，这种分配从来不是一个平等的过程，它会强化没有技术、制度、市场等比较优势的国家输出资源和接受环境污染，使该国在国际分工中成为发达国家的“污染天堂”，不得不承受较大的环境风险和生态风险。另外，在经济全球化的推动下，环境问题全球化的趋势日渐明显。全球和区域环境问题的解决，需要国际社会广泛和深入的合作，因此全球化也是推动世界各国经济“绿化”和环境治理的重要力量。

改革开放以来，中国积极参与到经济全球化的进程中，积极促进对外贸易的快速发展，并接纳了为数众多的以外商直接投资为主体的全球产业转移。目前，我国已成为世界第三大贸易大国，1979—2006 年累计外商直接投资（FDI）14 858 亿元，是发展中国家接受 FDI 最多的国家。对外贸易和经济全球化已经对我国的国民经济增长，尤其对推动工业化进程产生了重要影响。据统计，2006 年，我国经济的外贸依存度高达 65%，规模以上工业企业外商投资企业占 10.5%，外商投资企业工业增加值占全国工业增加值的近 30%，中国经济是一个典型的外部依赖型经济，尤其是制造业经济已经具备了高度开放的特征（石良平，2008）。

然而，由于中国处于全球产业链的低端，在国际分工地位中处于国际加工制造环节，不得不面对全球高消耗、高排放的产业转移和资源消耗型的产品出口，这大大增加了我国的资源能源消耗和污染排放。目前，中国是全球制造业转移的主要承接国，2006 年制造业接纳的 FDI 占总 FDI 的 61%（图 0-4）。而从中国进出口商品的结构来看，20 世纪 90 年代以来，中国初级产品和工业制成品的出口总量均快速增加，但是初级产品出口量的增速仍然大于工业制成品（2006 年分别是 1990 年的 18.0 倍和 13.9 倍）；而进口则仍以工业制成品为主，且工业制成品进口的增长速度远远大于初级产品进口（2006 年初级产品和工业制成品进口量分别是 1990 年的 3.3 倍和 19.8 倍），工业制成品的进口中主要以机械、运输设备等高附加值产品为主（占工业制成品进口的 49.8%）（图 0-5）。中国依赖初级产品和资源换取国外高技术和高附加值产品进口的局面并未改变，国际市场开放和资本流动将大大增加中国资源和环境的压力。

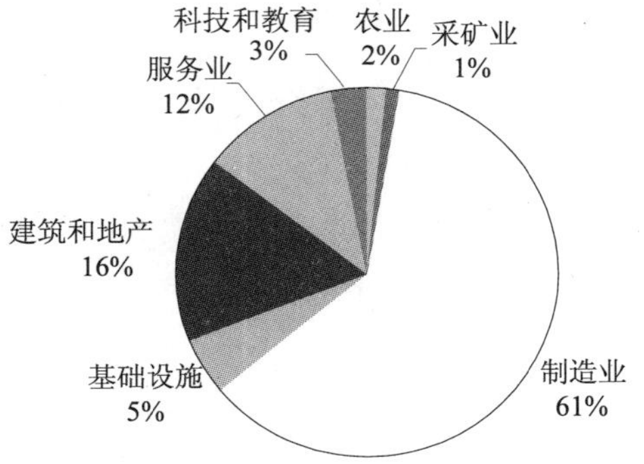

图 0-4 2006 年中国外商直接投资的结构

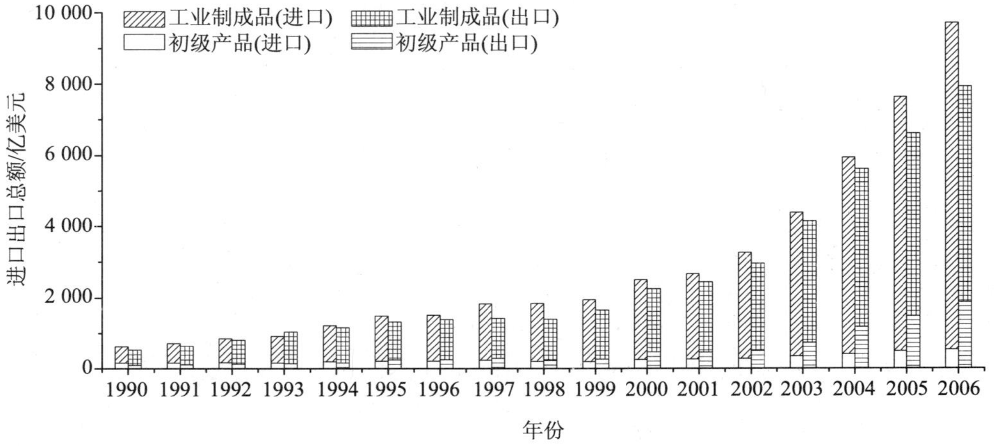

图 0-5 1990—2006 年中国进出口总额及其构成

经济全球化的趋势不可逆转。据估计今后到 2010 年左右中国经济的对外依存度还将增加（刘卫东等，2007），中国与世界的联系在未来将更加紧密。中国在工业化的过程中，其制造业大国的地位不会改变，由于在城市化未完成之前中国劳动力成本低廉的优势将长期存在，劳动密集型仍将是其比较优势产业，随着国家对装备制造业的重视，如果现有的产业发展模式不改变，对全球化的参与将加大中国的资源和环境压力。

另外，国际环境浪潮风起云涌，国际社会对国际环境问题日益关注。环境问题的全球化推动着世界各国的环境治理，也会对中国未来的环境变化带来较大的积极影响。

8. 中国环境变化驱动力的阶段性特征

根据我国经济现在所处的历史时期，参照现代化理论和工业发展阶段理论，对照经济合作与发展组织（OECD）国家和世界主要发达国家的经济发展历史，并综合现有的研究成果，可以将我国未来 50 年（2050 年）的发展划分为工业化中后期、过渡时期和知识经济 3 个历史阶段。各阶段的人口、经济规模、经济结构可以见表 0-8，它们将直接决定我国经济和社会发展的环境特征。

按照表 0-8 经济增长速度预期和对经济增长阶段的划分可以推断出，未来我国人均 GDP、城市化率以及工业仍将持续增长，人口在 2030 年之前持续增长，随后跨过高峰开始缓慢下降（图 0-6）。2020 年我国人均 GDP 超过 3 500 美元（1990 年不变价），工业化阶段基本完成，届时第二产业仍是经济主导产业，但是它对 GDP 的贡献率已经下降到 50%，城镇化率达到 56%左右。2030 年我国完成过渡时期，届时我国人均 GDP 超过 6 000 美元（1990 年不变价），经济发展水平达到发达国家的初期阶段，此时人口在 2030 年左右跨过峰值开始缓慢下降，城市化增长速度也在减慢，城镇化率到 2030 年达到 62%。2030 年之后，我国经济开始进入知识经济阶段，在这一时期，第三产业快速增长，它对 GDP 的贡献率将超过 50%，城镇化速度变慢，到 2050 年达到 70%。

与世界其他国家的比较可以看出，由于我国在工业化的过程中处于国际分工的下游，因此具有较大的后发劣势。首先，我国经济和居民生活水平与世界发达国家会逐渐缩小，但是由于经济起点低、人口基数大，我国未来的经济水平与发达国家的差距仍然巨大。即便我国经济在未来 50 年持续稳定高速发展，到 2050 年我国人均 GDP 也仅仅能达到 13 000 美元左右（1990 年不变价），这仍然远低于发达国家如今的人均 GDP 水平（23 000～31 000 美元，1990 年不变价），而发达国家只要能够保持目前的增长速度，到 2050 年它们的人均 GDP 就是当年中国人均 GDP 的 3～4 倍（38 000～50 000 美元，1990 年不变价）（图 0-7）。

表 0-8　　中国未来人口与经济发展预测

指　标	基准期		工业化后期（2010—2020 年）	过渡时期（2021—2030 年）	知识经济（2031—2050 年）
	2000 年	2001—2007 年			
期末人口（亿）[a]	12.6[a]	13.2[a]	14.5[d]	15[d]	～14
GDP 增长率（%）	8.6[a]	10.5[a]	7[d]	5[d]	4[d]
期末 GDP 总量（万亿美元，2000 年不变价）	1.1[b]	2.3	5.1	9.0	18.2
期末人均 GDP（美元，2000 年不变价）	949[b]	1 795	3 500	6 000	13 000
期末第一产业增加值比重（%）	15.1[a]	11.3[a]	<10	<8	5
期末第二产业增加值比重（%）	45.9[a]	48.6[a]	～50	45	40
期末第三产业增加值比重（%）	39.0[a]	40.1[a]	>40	>45	55
期末城镇化率（%）	36.2[a]	44.9[a]	>55	>60	>70
能源需求增长率（%）	2.4[a]	9.0[a]	4.4	1.8	1.1
GDP 能源需求弹性（%）	0.29[a]	0.86[a]	0.56	0.5	0.29
期末人均能耗（吨油当量/人）	0.9[b]	1.4[a]	2.1[d]	1.8～2.0[c]	
期末人均碳排放（吨/人）	2.2[b]			1.4～1.7[c]	

资料来源：a.国家统计局，2008；b. World Bank，2006；c. 安格斯 · 麦迪森，2008；d. 中国环境规划院与国家信息中心，2008；王晓鲁和樊纲，2000；林毅夫等，2003。

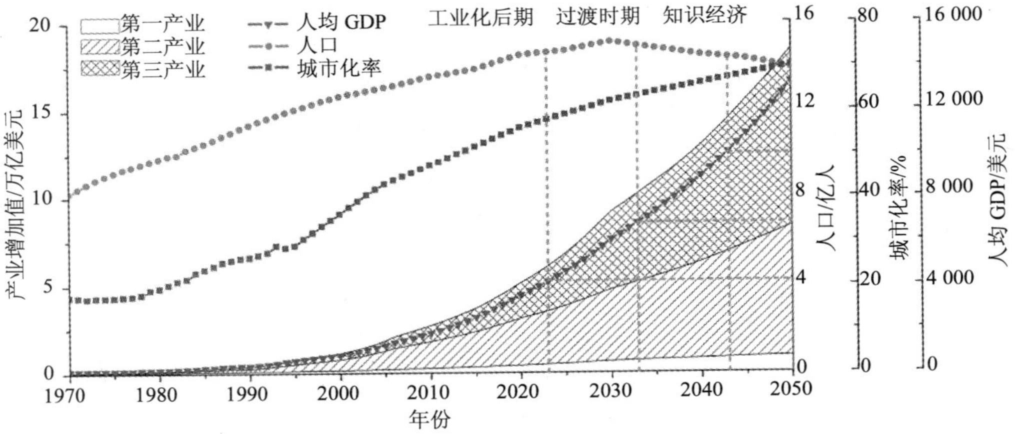

图 0-6　1970—2050 年我国经济发展历程

注：美元以 1990 年不变价计。

这种经济水平决定了在未来，我国可能仍将处于国际分工的下游，经济结构在向知识密集型转变的过程中会受到发达国家的限制和制约，并不得不继续承接发达国家经济发展带来的负面环境影响。进一步分析，从我国单位土地第二产业的增加值来看（图 0-7），我国工业化过程带来的环境压力将远远大于发达国家工业化过程曾经有过的环境压力，这种压力也是人类历史发展进程中所未曾有的，在这种压力下，我国工业化的产业结构和生产方式必须进行重大变革，否则经济、环境和社会发展将难以为继。

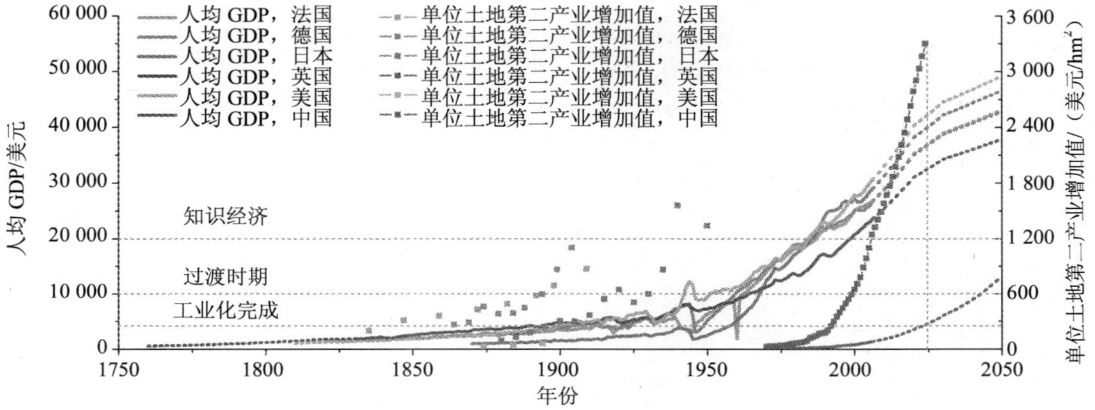

图 0-7　1750—2050 年我国与发达国家的经济发展历程

其次，我国在工业化发展过程中第二产业对资源的压力过大。法国、德国、英国、美国、日本等西方发达国家在工业化的过程中，都依靠开拓海外殖民地来掠夺资源和转嫁国内工业生产带来的环境风险，此时它们资源承载的第二产业增加值都较低（图 0-7）。当它们工业化完成，经济结构成功转型、对环境的影响大幅减小之后，资源能够承载的第二产业增长能力大大增加，资源承载的第二产业增加值直线上升。而中国由于在国际竞争中失去先机，在工业化过程中资源承载的第二产业增加值就开始直线上升，目前已经超过了发达国家工业化发展过程中的最高水平，在工业化完成时则可能增加到发达国家的 2～3 倍。

（二）中国主要环境领域的环境形势及其发展趋势

在各专题研究的基础上，本节总结了我国主要领域的环境形势及其发展趋势。

1. 工业环境保护取得积极进展，但形势依然严峻

工业环境保护历来是我国环境保护工作的重点。经过 30 多年的不懈努力，我国的工业环境保护已经取得了一定进展，工业“三废”和污染物的排放增长速度明显低于经济增长速度、污染排放强度明显降低（图 0-8，图 0-9）。

目前我国正处于工业化和城市化加速发展的阶段，也正处于经济增长和环境保护矛盾十分突出的时期，环境污染形势依然十分严峻，主要体现在以下几个方面：

第一，主要工业污染物总量减排任务依然艰巨。虽然单位 GDP 主要工业污染物的排放强度有所下降，但是工业废水、二氧化硫排放量、工业固体废物产生总量仍在增加，且其增长速度仍处于较高水平，工业废水、化学需氧量、氨氮、二氧化硫和烟尘排放量仍占全国总排放量比重的 45%、38%、30%、80%和 79%，工业污染的减排任务仍然十分艰巨。与发达国家相比，我国工业污染控制仍处于较低水平。以二氧化硫为例，目前我国单位 GDP 二氧化硫排

放量是美国的 6.0 倍、德国的 26.4 倍、日本的 68.7 倍（范恒山，2004），其中重工业的污染排放强度更大，化学工业单位产值二氧化硫、工业粉尘和污水中悬浮物的排放量分别是美国的 9.2 倍、5.4 倍和 78.1 倍。

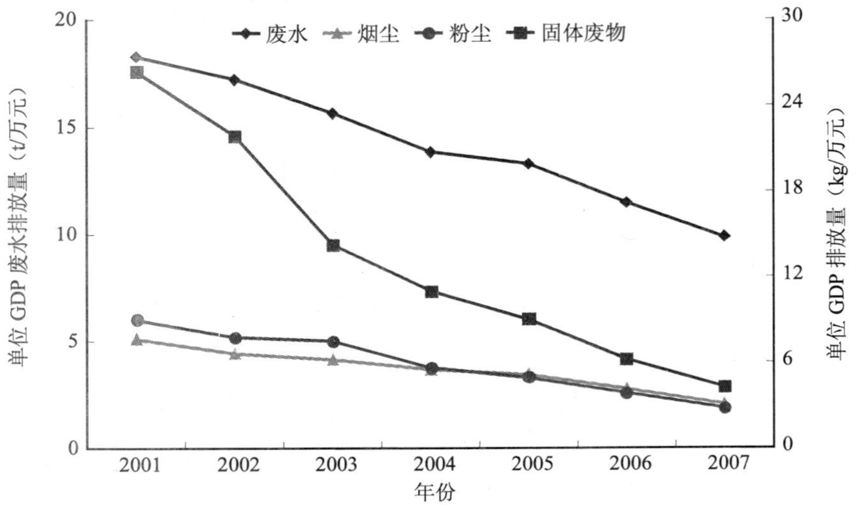

图 0-8 单位 GDP 工业废水、废气和废物排放量

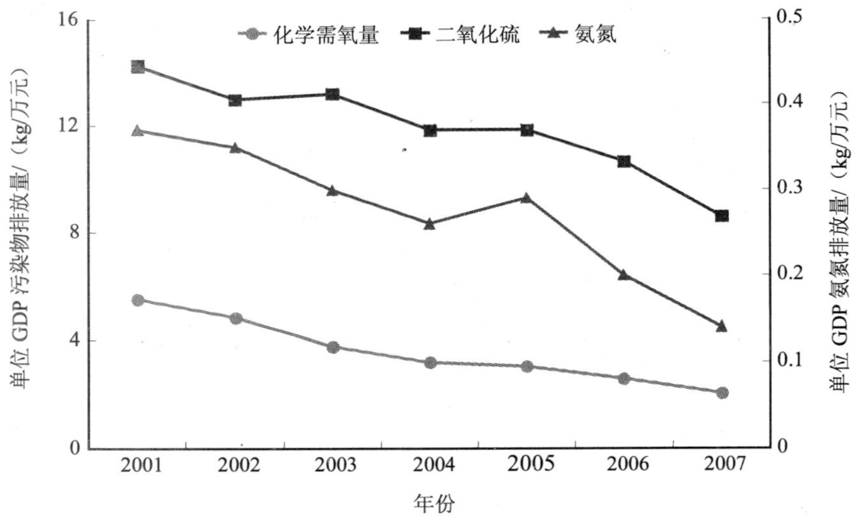

图 0-9 单位 GDP 工业污染物排放量

第二，污染的结构型特点突出，重点行业，尤其是重化工业，对工业污染排放的总量贡献十分突出。在 2006 年统计的 39 个行业中，61.6%的工业废水排放来自造纸、化学原料及化学制品制造、电力热力的生产和供应、纺织、黑色金属冶炼及压延加工 5 个行业；84.3%的工业二氧化硫排放来自电力热力的生产和供应、非金属矿物制品、黑色金属冶炼及压延加工、

化学原料及化学制品制造、有色金属冶炼及压延加工 5 个行业；77.2%的工业固废的产生量来自黑色金属冶炼及压延加工、电力热力的生产和供应、煤炭开采和洗涤、有色金属矿采选、黑色金属矿采选 5 个行业；全国化石燃料二氧化碳排放的 70%来自电力、钢铁、化工、石化和建材 5 个行业。

第三，工业有毒有害等非常规污染物对环境构成明显威胁，随工业废水、废气和废渣一起排放的持久性有机物（POPs）、持久性有毒污染物（PTS）和重金属对水体和土壤的污染已经显现，并有加重趋势。

第四，工业企业污染物排放长期处于较低的达标水平。据有关行业专家估计，我国染料行业废水排放达标率约 67%，废气排放达标率约 56%，废渣平均治理率约 55%；焦化企业中化学需氧量、二氧化硫总体排放达标率约 31%，其中国有大型企业的达标率也只有 50%左右；颗粒物、苯并芘［B(*a*)P］、苯可溶物等行业特征污染物排放达标率约 25%，其中国有大型企业的达标率为 40%左右。

由于我国正处于重化工业化的发展阶段，高能耗和高污染产业的发展仍将十分迅速，我国工业的飞速发展将日益加剧工业发展与资源、能源和环境之间的矛盾，从而使工业节能减排面临着巨大的压力。

2．城市发展带来日益增加的资源和环境压力

经过 30 多年的实践和探索，中国通过城市布局的不断优化、能源结构的不断调整、城市基础设施建设的加强和城市环境管理的不断完善，大大推动了中国城市环境质量的改善。但是，由于我国正处于城市化发展的加速期，城市发展带来的资源和环境压力将日渐增加，城市各类资源和环境问题也是中国环境保护的焦点和重点。目前，我国城市环境问题主要体现在两个方面：

第一，城市环境污染与生态破坏严重。2007 年，全国仍有 39.5%的城市（地级及以上城市，含地、州、盟首府所在地）环境空气质量未达到国家二级标准；仍有近 90%流经城市的河段受到严重污染，城市内湖水水质普遍较差，且约有一半城市市区的地下水污染严重；全国城市生活垃圾累积堆存量 60 亿 t，并仍以 4.8%的速度持续增长，目前这些垃圾堆放需占地超过 2 万 hm^2，近 2/3 的城市陷入垃圾重围；近 1/3 的城市区域噪声处于轻度污染或者中度污染状态。

第二，资源短缺与资源浪费并存，集中体现在水、土地和交通三个方面。

据统计，目前全国 600 多个城市中有 300 多个城市缺水、100 多个城市严重缺水，其中以华北和西北城市最为突出。由于地下水超量开采，全国范围内已经形成了 164 个地下水超采区，部分地面出现地面下沉、地下水位下降和海水入侵等问题。与水资源短缺的严峻形势不相称的是，我国用水效率很低，单位耗水量产出的 GDP 不到发达国家的 10%，即便按购买

力平价计算，也只有发达国家的 20%～50%。

城市土地粗放使用的现象也十分常见，截至 2004 年 6 月，全国共有各级各类开发区 6 866 个，规划用地面积 3.75 万 km^2，超过了全国现有城镇建设用地总面积（3.15 万 km^2），而通过 2004 年的清理整改，全国可撤销的开发区 4 813 个，核减开发区规划用地面积 2.49 万 km^2，占原有规划面积的 64.4%。

随着机动车拥有量的增加，我国大城市交通供需矛盾日益尖锐，交通拥堵在时空上都呈现蔓延扩展之势。目前，我国大城市中心区的行程车速仅约为每小时 20km。

今后，中国将迎来城市化、市场化、国际化和现代化的加速期，中国城市发展带来的资源和环境压力将日渐增加。按目前的发展标准，全国城镇化率每增加 1%需增加 3 亿～4 亿 m^2 的住房，1 000 多 km^2 土地，14 000 万 m^3 生活用水，3 000 亿元基础设施投资，城市生活污水和垃圾产生量也会大大增加，因此如果以现有模式进行城市化，我国的土地、水和环境容量资源都将不堪重负。另外，快速城市化也将加剧复合型环境污染，环境问题日益复杂和综合，呈现出多介质、多界面的特点。

3. 农村环境问题将成为可持续发展新的制约因素

在我国快速城市化和工业化的背景下，我国农村环境呈现“点源与面源污染共存，生活污染、工业污染和农村污染叠加，各种新旧污染相互交织”的局面，并将成为我国可持续发展新的制约因素。目前，我国农村面临的主要环境问题包括：

第一，农村水环境恶化趋势总体加剧，农村饮用水安全得不到保障。我国的水污染正在由东部向西部发展，从干流向支流延伸，从城市向农村蔓延，从地表向地下渗透，从区域向流域扩散，致使农村水环境面临巨大压力。由于我国农村用水的保障优先性低于城市和工业用水、农村供水设施严重不足，农村饮水安全问题日益突出。目前，全国仍有 3 亿多农村人口饮水达不到安全标准，其中因污染造成饮用水不安全人口达 9 000 多万人，饮水不安全导致一些农村地区疾病流行，给农村居民的健康带来巨大危害。

第二，农用化学品使用量高，利用率低。中国已经成为世界上化肥、农药使用量最大的国家，化肥和农药年施用量分别达 4 700 万 t 和 130 多万 t，而利用率仅为 30%左右，流失的化肥和农药给水环境和土壤环境都带来了很大压力。

第三，农村生活污染严重影响村镇环境卫生和人体健康。目前，我国小城镇和乡村聚居点的基础设施十分落后，绝大部分村镇和农村生活污水未经处理直接排入河道，多数村庄垃圾随意堆放，给环境带来沉重压力。农村污水、垃圾和人类排泄物的处理不当，将严重影响村镇卫生和人体健康。

第四，畜禽养殖业将成为重要的农业污染源。近年来，随着我国集约化畜禽养殖的蓬勃发展，畜禽养殖废弃物产生量逐年增加，由于养殖场布局不当、缺乏足够的污染处理设施，畜禽养殖造成的污染日益严重。

第五，工业和城市污染日益向农村蔓延。目前我国有 4 000 余万家乡镇企业分布在广大农村地区，这些乡镇企业一些主要污染物排放量已占工业污染物排放总量的 50%以上。但是，由于企业布局不合理，缺乏监管，乡镇企业的污染排放给农村地区带来了很大的环境问题。另外，随着城市环境监管的加强和乡村旅游业的兴起，大量的污染正在由城市转移向农村。

第六，土壤污染严重威胁着我国的食品安全，据不完全调查，目前全国受污染的耕地约有 1.5 亿亩（1 000 万 hm^2），占耕地总面积的 1/10 以上，其中多数集中在经济较发达地区。土壤污染降低了耕地质量，影响食品安全，威胁人体健康，也降低了我国出口农产品的国际竞争力。

为了保障日益增长人口的粮食需求和应对未来居民的饮食结构变化带来的农业生产压力，伴随着快速的城市化和工业化进程，我国的农村环境将承受着越来越大的来自农业系统内部和外部的环境压力。

4．环境问题对人类健康的影响日益突出

在过去的 30 年中，随着基础卫生设施、医疗卫生服务、人群营养状况的改善，我国居民健康水平大幅改善，预期寿命大大提高。同时，由于快速工业化导致的环境污染形势日益严峻，环境污染对居民健康的负面影响逐渐增强，与环境污染相关的疾病发病率增加（如恶性肿瘤、呼吸系统疾病和出生缺陷等），一些地区与环境污染相关的健康损害（如癌症村、区域镉污染等）问题十分突出。

目前，我国已进入环境健康危害的高发期，具体表现在：

首先，水环境污染已经成为威胁农村居民人体健康的重要因素之一。由于地表水和地下水环境的恶化，我国饮用水水源中“致癌、致畸、致突变”的污染物日益增加，且在水体中不易降解、难以被常规处理工艺去除、易在生物体内富集，对人体健康带来巨大威胁，甚至成为一些地区消化道癌症高发的重要原因。在我国农村地区，约有 8 亿人口饮水存在安全隐患，农村地区介水传染病（例如感染性腹泻、伤寒、甲型肝炎等）时有发生。

其次，大气环境污染正危害着城市居民的人体健康。目前，我国城市大气污染正由燃煤型向燃油型和燃煤、燃油混合型转变，居民同时暴露在三种不同类型的大气污染之下，是城市居民早死率、呼吸系统疾病患病率和肺癌死亡率增加的重要原因。随着家庭小轿车的普及，汽车尾气中的细颗粒物、一氧化碳、氮氧化物、烃类以及铅化合物也成为高血压、神经衰弱、慢性结膜炎、慢性咽炎等疾病患病率和死亡率增加的潜在原因。

再次，我国土壤环境形势严峻，给城乡居民健康带来巨大的潜在风险。近 20 年来，我国土壤质量和土壤污染问题日益突出，目前我国土壤污染以重金属污染为主，有机污染（包括持久性有机污染物）问题也逐渐突出。由于土壤污染危及食品安全，具有隐蔽性、潜伏性和

长期性，对人体健康的危害不易察觉，具有巨大的潜在风险。

最后，环境内分泌干扰物（EEDs）、持久性有机污染物（POPs）以及新材料和新化学污染物的健康损害问题已经成为全球热点，但国内的调查和研究较少，其潜在健康损害难以估量。

在今后二三十年，随着人口的继续增加和经济总量不断上升，我国环境保护压力越来越大，环境污染引发的人群健康问题也将越来越突出。

5. 能源消费增加，温室气体减排压力不断增加

中国是能源和温室气体排放大国。随着中国经济的飞速发展，中国能源的生产和消费量也呈现快速上升的态势。虽然中国人均能源消费量仅为世界平均水平的 70%，仅为经济合作与发展组织（OECD）国家人均水平的 26%，但 2006 年中国的能源消费强度是世界平均水平的 2.8 倍、美国的 3.6 倍、英国的 6.6 倍、日本的 5.3 倍甚至是印度的 1.4 倍。目前，中国能源弹性系数已经远远高于世界平均水平，且仍呈现上升趋势。

由于在能源生产和消费中煤炭长期以来一直占主要地位（一次能源消费中煤炭的比例为 70%），结构较为单一，因此中国的能源生产和消费结构具有典型的高碳特征。另外，由于能源技术低，中国的能源效率与发达国家相比还存在很大差距。2005 年，中国的能源效率约为 36%，比世界先进水平低 8%，仅相当于欧洲 20 世纪 90 年代的水平，日本 1975 年的水平，乙烯、合成氨等重要产品的综合能耗与世界先进水平也存在较大差距，这进一步强化了中国能源消费的高碳特征。

近几年来，中国的温室气体排放量随着经济发展急速增加。虽然中国每年人均二氧化碳排放量仅为 3.89 t，仅为世界平均水平的 92.1%，美国的 19.8%，但排放总量位居世界前列。随着世界经济向低碳模式进行转型，作为全球温室气体排放最多的国家之一，中国面临着来自国际社会较大的政治经济压力。

从长期经济发展趋势上看，中国目前处于工业化和城市化的发展阶段，基础设施建设仍未完成，且随着经济的发展，城市居民住房、交通等消费水平将迅速上升，从而进一步增加能源需求并驱动二氧化碳排放的较快增长。

6. 应对全球与区域环境问题机遇与挑战并存

目前，全球环境问题有四个发展特征和趋势，即全球环境总体状况恶化，环境问题的地区及社会分布失衡加剧；少数全球或者区域性环境问题取得积极进步，多数进展缓慢或者改善乏力；各种全球环境问题相互影响，复杂性不断增强。从现在到 21 世纪中叶是决定全球环境变化走向的关键时期，在这一时期，中国的机遇与挑战并存。

在全球 5 大类十多种全球环境问题中，包括气候变化、臭氧层破坏、酸雨、持久性有机

污染和危险废物越境转移、生物多样性减少、森林退化、土地荒漠化、海洋污染等，我国既是原发地之一，又受到其严重影响，且种种迹象表明全球环境问题对我国的不利影响在不断加剧。这就要求，为了自身的利益，我国必须切实应对全球环境问题，减缓不利影响。

在过去的 20 年，我国积极推动重大国际环境协议的形成，并认真推行各大环境条约的国内履约，为全球环境治理作出了积极贡献，受到了国际社会的广泛赞誉。然而，由于我国处于经济快速发展时期，作为温室气体排放大国、二氧化硫排放大国、臭氧层消耗物质的重要生产和消费国、化学品生产大国、木材进口大国等，面临着来自国际社会的重大责任和压力。这种责任和压力将随着我国工业化城镇化程度的加深而日益增大。我国目前和将来主要面临三类全球环境问题：第一类问题危害严重、影响直接，但应对措施的复杂性相对较低且见效较快，包括持久性有机污染和危险废物越境转移问题；第二类问题危害巨大、影响深远广泛、应对措施非常复杂且见效慢，主要是气候变化问题，臭氧层保护问题；第三类问题介于第一类和第二类之间，包括生物多样性破坏、土地荒漠化和海洋污染。

另外，由于我国是世界上拥有邻国最多的国家，周边国家多达 28 个，其中直接接壤的就有 15 个，我国也面临一些严峻的区域（双边）环境问题，主要包括：① 跨界河流水量和水质问题，主要问题包括东北地区的中俄界河黑龙江、中朝界河鸭绿江和图们江的水环境质量问题，西北地区的中哈界河额尔齐斯河和伊犁河、西南地区的湄公河水资源利用矛盾。② 陆源污染造成的海洋污染争端。③ 东亚酸雨问题。④ 东北亚沙尘暴问题。⑤ 东亚光化学烟雾问题。⑥ 汞污染问题。

二、中国主要环境领域面临的主要问题和机遇

本节总结了我国重要环境领域面临的主要问题和重大机遇。

（一）中国主要环境领域面临的主要问题

我国主要环境领域面临的主要问题主要包括以下几个方面：

1. 战略定位问题

从宏观层面而言，目前我国在工业发展、城市建设和管理、农村发展的思路上，对相关环境问题的性质、科学发展、可持续发展的认识虽然日渐深刻，但是整体而言环境保护在整个国民经济发展过程中的战略地位仍然不够。中国改革开放 30 年来，环境保护在整个国民经济发展过程中的战略地位一直低于经济发展，中央和地方在工业生产、农业生产和城市发展常常将区域的资源禀赋和环境条件置于次要地位，热衷促进 GDP 增长，热衷于上大项目、搞大发展，并未摆脱资源高消耗、环境重污染的粗放型发展模式，中国的环境长期承受着来自

经济粗放发展、城镇和产业空间不合理布局和规划，以及不适宜宏观政策所带来的环境影响。

从微观层面而言，环境危机产生的根源在于人类生产、消费、管理等方面中的失范，因此对人类自身活动进行自觉的规范和限制、树立正确的观念（包括生产观念、消费观念、发展观念、管理观念等）、培养各方面的环境优先意识是从根本上解决环境危机的最终途径。然而，环境优先意识远未深入人心，尤其是在农村地区。居民和管理者环境保护意识不强，对生活、生活污染的环境危害认识不足，没有形成良好的行为规范（包括生产行为、消费行为、生活行为和管理行为），在很大程度上加剧了伴随着发展的环境恶化。

2．结构问题

中国的环境问题带有极强的结构性特点，它主要体现在以下几个方面：

首先，城乡二元结构是城市发展区域失调和农村环境恶化最根本的原因。中国的城乡二元结构体现在各个方面，从城市发展规划角度而言，中国城市发展只注重城区而忽视区域协调，大城市低密度开发模式挤占周边农田、绿地、农地，严重破坏城市周边生态系统，给农村和城乡结合地带带来很多环境问题。从环境管理角度而言，中国环境管理注重工业和城市，忽视农村，农村环境保护得不到应有的关注和重视，地位低、基础差，基本处于失控状态。伴随着城市环境监管力度不断加大，农村反而成为“污染天堂”，污染企业不断向农村迁移，大大加剧了农村环境的压力。

其次，从经济结构来看，中国目前仍以第二产业为主，工业严重依赖于重化工业部门，产业结构本身就具有高投入、高消耗、高污染、低效益“三高一低”的特点。从行业内部结构看，多数工业企业未从根本上摆脱粗放经营的方式，技术装备落后的生产能力占很大比重。例如，目前落后生铁产能占当年生铁产能的 20%，落后的立窑水泥产能占水泥产能的 51%，平板玻璃的落后产能占总产能的 18%。近几年钢铁、有色金属、水泥、化工和造纸各行业发展“失控”，落后产能迅速增长，带来众多的资源环境问题。

再次，从贸易结构来看，中国在国际产业分工体系中仍位于产业链的低端，出口产品附加值较低且资源和能源密集型产品出口占有较大比例，而中国经济目前对世界经济的依赖使得它不得不被锁定在高能耗、高物耗、高排放的产业结构上。

最后，从能源资源禀赋结构上，以煤为主的能源结构是中国大气环境质量恶化和温室气体排放量增加的主要原因。煤炭的单位消耗排放系数在主要的矿物能源中最高，2006 年全球一次能源消费构成中煤炭仅占 28%，而中国的煤炭比例高达 70%。这在很大程度上加大了中国控制大气污染和温室气体排放的难度。

3．系统规划与布局问题

目前，我国工业、城市、农村和能源消费的发展缺乏系统性规划，各个规划之间目标、方法和措施脱节，没有起到在源头上优化资源、解决环境问题的作用。以城市规划为例，我国城市规划缺乏系统性、持续性和区域性，现有城市规划更多考虑城市人口规模和用地规模的匹配，很少考虑城市的资源环境制约和区域城乡之间的协调，导致城市规划不能与城市建设和发展同步、城市发展与城市基础设施（尤其是环境基础设施）不匹配，带来诸多环境问题。工业布局不能与其他规划衔接，盲目建设工业园，工业选址不考虑环境因素，在人口密集、生态敏感的地带建设高污染行业，加大了工业对环境和人体健康的影响。农村环境保护和环境与健康甚至缺少系统的中长期规划。

另外，规划缺乏权威性，各类规划目标设定不科学，过多体现长官意志，这一点在城市规划方面体现最为突出。虽然早在 1989 年，《中华人民共和国城市规划法》就用法律形式确立了城市规划的地位和作用，并将城市规划纳入到法治的轨道，但是由于城市规划在设计和执行过程中缺少监督和问责机制，其法律地位并未落实。城市规划的权威性常常被践踏，“一任领导一任规划”，领导盲目拔高城市定位，导致城市发展规模不顾地区实际盲目求大，大拆大建、重复建设现象严重，是一系列城市和农村环境问题产生的重要根源。

4．技术问题

我国的技术、工艺、控制和环境监管水平与世界先进水平尚存在巨大差距。

从工业上看，目前我国工业一部分生产工艺技术比较落后，单位产品的能耗物耗和污染物产生量都相对较高；废水、废气处理技术和工艺与发达国家相比也还有很大差距，企业，尤其是中小型企业的污染治理技术普及率和合格率普遍偏低。总体上，我国工业污染防治技术相当于工业化国家 20 世纪 70 年代的水平，个别技术达到 80 年代初的水平，比工业化国家大约要落后 20 年。以工业废水处理技术为例，我国印染、化工、石化、冶金、煤化工等行业难降解有机废水尚无实用处理技术；电镀、皮革、有色冶金等行业尚无含铬、镉、汞等重金属污水的实用处理回用技术；工业发达国家高浓度、难生物降解有机废水处理技术在国内未实现大规模产业化。另外，我国的工业环境监控技术也非常落后，与发达国家的连续化、自动化和网络化监测相差甚远，环保处理装置与生产装置尚未实现一体化的运行控制，与发达国家存在明显差距。

从农村地区看，我国大部分地区农村工业化实际上是一种以低技术含量的粗放经营为特征、以牺牲环境为代价的工业化。农村乡镇企业和工矿企业大多规模小，布局分散，工艺落后，耗能高，污染严重，农村环境保护科技支撑薄弱，农业和环境实用技术缺乏，属于工业领域的落后产能。另外，目前农村环境保护多是直接套用城市环境保护的技术路线，缺乏足够的科学技术支撑，农村环保适用技术的开发和推广成为农村环境保护工作的薄弱环节。

从能源技术上看，中国的整体能源利用效率和能源技术水平较低，与发达国家相比还存在很大差距。能源效率和能源技术水平的低下，不仅造成能源的浪费，更会带来巨大的温室气体排放量。更为重要的是，截止到目前，我国的技术体系仍然依赖的是发达国家的传统技术路径，在过去差距缩短的大趋势下，重新洗牌，有拉大差距、加大依赖的风险。

5. 法律问题

目前，我国工业和城市的环境保护法规相对健全，环境管理体系也相对完善。但是我国现有的法律体系分类指导和可操作性较差，执行力度不够。

我国现有的法律大多数没有分行业的排放标准，没有专门制定和实施专门的预处理制度和标准，没有完全实行颁发排放许可证制度，环境技术管理体系也尚未建立。污染物也只注重常规污染物的控制，对特殊污染物和各种新型污染物（例如持久性有机污染物等）的关注较少。

在农村环境保护领域，我国相关法律落后于农村环境保护的要求，相关法规政策体系不健全，对农村许多环境新问题缺乏有效的法律支持。此外，一些重要法规对生态环境保护和补偿的规范不到位，尤其缺乏针对农村环境污染特征、能够调节农村居民行为的机制和政策手段。

6. 体制和监管问题

目前，我国环境管理体制不顺畅、环境监管以行政命令为主的局面并未改变，由于缺乏有效的经济政策手段，环境部门对企业的监管缺乏长效机制。由于现行的环境管理体制和机制等原因，我国工业、城市、农村、环境健康、能源污染防治相应的责权规定不明确，环境保护部门的能力与其承担的责任极其不匹配。从“条条”看，对于特定事务的管理分散在各个职能部门，领导多头，导致若干政策在执行过程中缺乏协调与配合，环境问题之间的联系被割裂，缺乏统一的规划、管理和人财物保障。从“块块”看，地方发展主体的确定调动了地区发展的积极性，但也使地区间竞争愈演愈烈，缺乏分工协调。由于政府目前仍然对资源的配置发挥相当大的作用，在地方保护主义严重的地区，政府甚至成为企业环境违法行为的保护伞，地方“以权代法”、“以言代法”的现象时有发生。从中央和地方的关系上看，在许多跨行政区域的环境管理上中央缺位，致使地方之间的环境管理缺少协调和配合，环境问题的自然属性经常被割裂，导致管理低效。

7. 投资和基础设施问题

我国各主要领域的环境保护普遍存在投资不足的问题。

在工业领域，目前我国环境污染治理投资总额占 GDP 的比重小于 1.5%，工业污染治理投资占 GDP 的比重小于 0.25%，国内企业工业污染治理投入远低于跨国公司，工业污染治理投入与工业化进程很不适应。

在城市领域，不同地区的环境基础设施投资水平严重不平衡，许多地区，尤其是中西部地区和各中小城市、小城镇，因环境投资不足导致城市环境基础设施建设滞后的现象十分普遍。据统计，2005 年全国 500 多个城市中生活污水集中处理率平均仅为 29.4%，城市生活污水集中处理率为 0 的城市有 178 个，占城市总数的 34.8%；生活垃圾无害化处理率为 0 的城市有 130 个，占 25.6%。即便在发达的城市内部，环境基础设施投资也主要集中在城市中心区域，对周边区县的投入很少。

在农业领域，由于缺乏有效的投入机制，没有固定的投资渠道和明确的投入政策，农业和农村环保投入严重不足，致使农村环保基础设施建设总体处于空白状态，成为污染治理的盲区和死角。

在环境与健康领域，经费缺乏已经成为环境与健康工作全面萎缩的主要原因。由于缺乏经费保障，各级疾病预防控制单位技术人员流失严重，条件设备老化，环境与健康的常规监测和管理几乎停止。

（二）中国未来环境发展面临的机遇

尽管面对如此严峻的问题和环境形势，中国的环境保护也面临着前所未有的机遇。

1. 中国崛起与和平发展

改革开放以来，中国依靠体制改革释放出来的国内发展力和对外开放利用国际资源的潜力，启动了崛起及和平发展的进程，并已经取得了崛起道路上的历史性进步。中国作为一个越来越庞大的经济体，已经成为现存经济体一个最重要的部分，并与世界的发展进程融合在一起。中国的经济崛起，即中国经济实力的增强，将大大增强中国应对国内环境和国际环境危机的能力。中国的政治崛起，则将大大增强中国在国际环境事务中的话语权，也将在很大程度上增强中国利用国际资源、环境、技术、资本和市场的能力，从而在一定程度上能够缓解中国经济社会发展与资源环境之间的尖锐矛盾。另外，中国为了实现政治经济文化的崛起及和平发展的历史重任，也必然要在国际社会上树立“负责任的大国”形象，在环境保护方面必然要承担与国际能力相符合的大国责任，从而“以外促内”，大力推动本国环境治理能力和危机应对能力的提高。

2. 全球化

全球化是经济变化的最主要驱动力之一，它会与环境在各个层面发生互动，给环境发展带来新的挑战和机遇。

首先，全球国际贸易的自由化将更有效地配置全球资源，促进国家经济增长，并增加福利。全球化促进国际大分工，使生产更加集约化和规模化，从而具有巨大的规模效益，将大大提高资源和能源的利用效率，减少污染排放。经济全球化促进了中国大规模的产业结构升级，加速从资源粗放利用、环境破坏严重、管理粗放、技术落后的传统经济增长模式，向资源节约、环境友好、管理科学、技术先进的新兴发展模式转变。另外，发达国家的环境壁垒也将促进发展中国家因贸易利益进行的产业升级。经济全球化促进了技术的全球扩散和发达国家向发展中国家的技术转让，技术的飞跃将帮助中国突破经济发展的资源和环境“瓶颈”，大大推动中国的跨越式发展，减少现有经济对资源和能源的依赖。经济全球化促进了生产要素较大规模的跨国流动，能够有效地解决中国的资源环境问题，通过自由贸易进口大量稀缺资源和高环境成本的产品，可以有效地缓解本国资源的巨大压力。

总之，在全球化的背景下，中国工业化过程面临着与发达国家工业化过程中截然不同的产业特征和技术特点，中国工业化道路不能再简单重复发达国家走过的产业平面转移、依次提升的老路，而应该摆脱传统模式，发挥后发优势，实现各产业的综合提升和产业结构的跨越式发展。

3. 技术进步和技术创新

目前，当今世界现代生物技术，信息技术、新材料技术和新能源技术日新月异，因此技术进步和技术创新将是中国实现可持续发展和突破国内外环境困境的最终路径依靠，从而成为中国经济和环境发展一个前所未有的历史机遇。

在农业领域，现代生物技术可以对高产、优质、抗虫害等问题的作物进行设计和改良，从而在土地和资源约束下高效解决粮食安全问题，并减少化肥农药的利用。在能源领域，各种能源减排、新能源和清洁能源技术，将实现未来30%左右的二氧化碳减排目标，而另外70%的减排则通过现有技术的完善、推广和普及来实现。而在环境领域，各种污染处理、生物修复和生态恢复技术也具有十分广阔的前景，这些技术一旦成熟并得以推广将大大推动中国的环境治理、资源回收利用和环境的修复。

信息技术的发展则使需求和供给之间的关系更为紧密，各种信息传递更加快捷，从而实现技术、资本、需求、资源和劳动的高效率配置，从而大大降低资源消耗和环境污染。而生产的过程控制、定量管理和危机处理，能够快速识别出工艺资源、能源损耗高的因素和生产环节并快速进行优化，从而有效减少资源、能源的消耗和污染物的排放；危机处理能力的提高，能够大大减少各种事故发生的频率并减轻事故后果，从而减少生产对环境、安全和居民健康可能带来的危害。另外，信息技术改变了居民的生活方式，使得城市由传统工业化过程中聚合型转变为非聚合式，这种非聚合式的组织方式能够大大缓解城市交通压力，从而实现能源和资源的节约。而信息技术推动的逆城市化发展，能够消除城乡二元结构，促使居民“就地城市化”，减少城市发展的压力。

4. 可持续发展理念

发展是人类的永恒追求，但是人类对经济发展的认识，已经经历了由增长到发展，再由发展到可持续发展的转变。实现经济、环境、社会、文化的和谐和持续发展，已经成为当今世界的主流。在此背景下，世界各国在积极思索可持续发展的实现路径，提出了生态经济、循环经济、低碳经济等许多促进环境与社会经济协调发展的新理念，试图利用新的理念和经济模式来重构全球经济，并促进人们观念的根本变革。

国际社会可持续发展浪潮风起云涌，也将我国引领到这场革命之中，这场革命将推动我国以新型的生产模式、经济制度、生活方式来替代传统的生产和生活方式，最大程度地降低我国经济增长和人民生活水平提高对环境造成的不利影响，促进人与自然的和谐。我国如果能够抓住这个机遇，利用各种制度、法规和市场对现有经济模式进行彻底改造，则能摆脱发达国家发展的老路，而新的可持续产业，例如新能源行业（太阳能、氢能、新兴燃料电池制造）、回收再利用行业、回用型产品设计和制造行业等，则会逐渐出现、兴起和壮大。在可持续发展的指引下，城市发展模式和城市化进程也会发生彻底改变，新的城市能源供给系统、水供给系统和排水系统会更加符合生态和持续原则，对自然资源依赖更小。

（三）环境压力的趋势分析

中国目前正处于人均 GDP 2 000～4 000 美元的工业化中期的爬坡阶段，在今后相当长的一段时期如果没有技术的突破性变革和发展模式的根本转变，中国由汽车和房地产驱动的经济高速增长至少还可以维持 20～30 年，因此环境库兹涅茨曲线（Kuznet Curve）仍然处于上升阶段。在这种情况下，可以预计，在 2030 年之前，由于我国人口持续增长并达到峰值、工业化和城市化过程的快速推进以及汽车和房地产主导的产业特征决定了我国经济在这一时期仍具有高能耗、高物耗、高污染的环境特征，我国的环境污染、资源消耗和温室气体排放总量与增量都将是惊人的。2030 年之后，当人口开始缓慢减少，经济增长变缓，如果经济结构能够成功向技术密集型转变，我国的常规污染物排放将出现拐点，但是具有长期累积特征的特殊污染物 2050 年仍然可能持续上升，危害进一步加大（图 0-10）。

根据其他课题和第三课题各专题的研究结果，本报告将不同环境介质未来的环境质量变化、主要污染物的排放趋势、污染重点控制区域和主要污染源作了总结，如表 0-9 所示。

以污染物和污染介质而言，我国常规污染物，例如有机污染物、氮、磷、颗粒物、二氧化硫和氮氧化物等在 2030 年左右随着人口高峰的过去会有所降低，但是温室气体、重金属、持久性有机污染物等累积性污染物的污染程度即便在 2030 年之后也将有所增加，但是增速会有所减缓。与此对应，我国水环境质量在 2030 年之后可能会略有改善，大气环境质量会有较大好转，土壤环境的污染范围和程度则一直加深，但是扩展速度将大大降低。以污染的重点区域而言，中东部地区始终是我国各类环境污染控制的重点区域，但是不同区域由于自然和社会经济条件的差异，会有不同的侧重。以污染的来源来看，工业和城市生活是大气环境和土壤环境最主要的污染源。水环境的状况则略有不同，随着对点源污染控制的加强和农业生产规模的日益增加，2030 年之后农业将成为我国水环境污染控制的重点污染源。因此，在未来 20 年，我国环境压力仍然较大，环境管理的形势依然十分严峻。

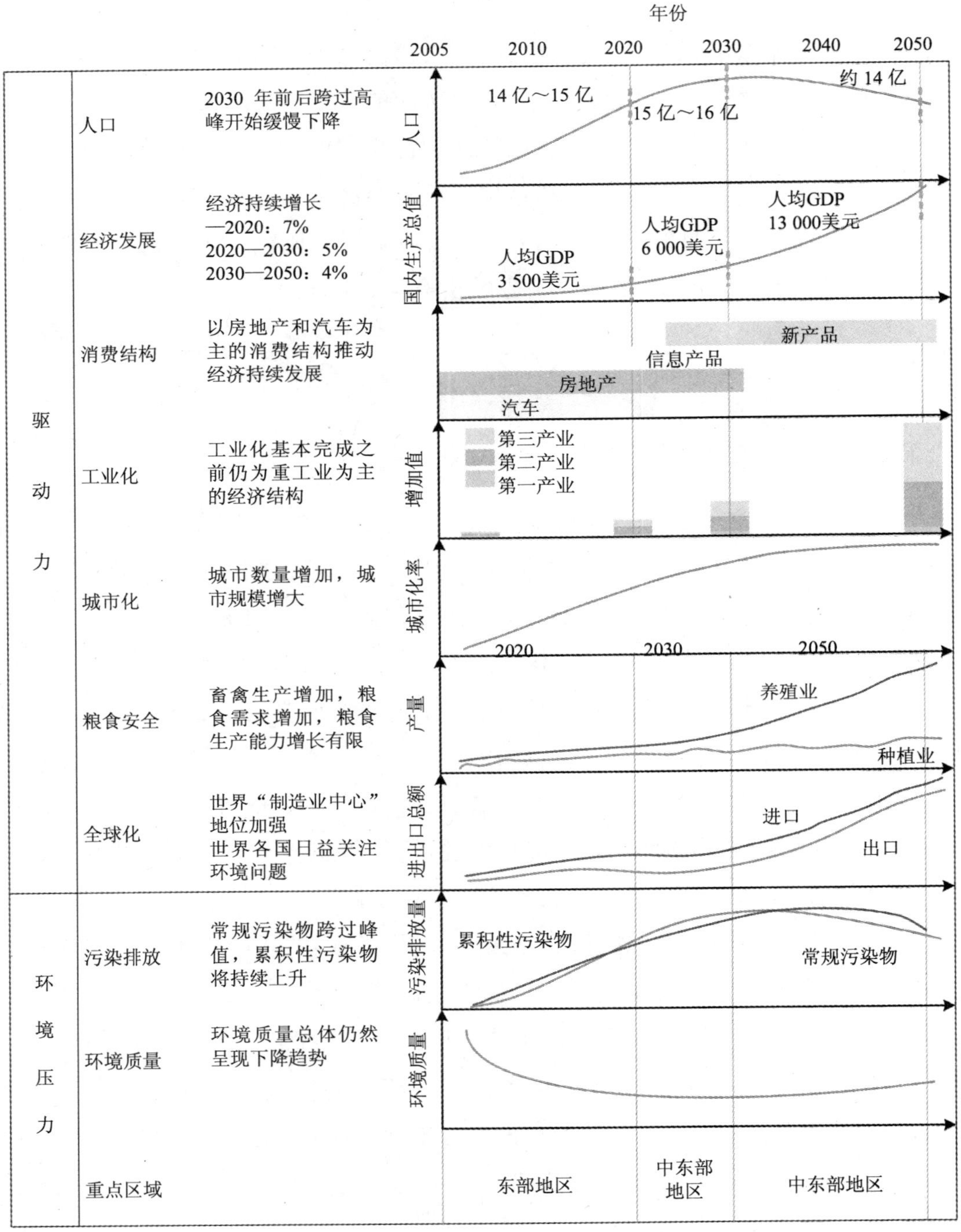

图 0-10 我国未来的环境压力

表 0-9　　我国不同环境介质的质量变化趋势

介质	环境质量			污染物				重点区域			重点污染源		
类型	2020	2030	2050	类型	2020	2030	2050	2020	2030	2050	2020	2030	2050
水环境	总体恶化	恶化趋势得到遏制，局部改善	总体改善	有机污染	增加	下降	下降	中部地区和部分西南省份	中部地区和部分西南省份	中部地区和部分西南省份	工业、城市生活	农业、城市生活	农业
				氮磷	增加	增加，增速下降	下降						
				持久性有机污染物	增加	增加	降低						
				重金属	增加	增加	降低						
大气环境	总体略有改善	总体改善	总体改善	颗粒物	下降	下降，主要为细颗粒物	下降	东部	中部	西部	工业	工业和生活	生活
				二氧化硫	下降	下降	下降						
				氮氧化物	增加	增速降低	下降						
				温室气体	增加	增加	理想情况下减少						
土壤环境	污染范围扩大，程度加深	污染扩张速度得到控制	总体改善	重金属	增加	增加	降低	东南沿海与中部地区	东南沿海与中部地区	东南沿海与中部地区	工业、城市生活	工业、城市生活	工业、城市生活
				持久性有机污染物	增加	增加	降低						

根据我国未来经济的发展形势和 Kaya 公式（公式 0.1 至公式 0.3），结合已有预测和研究成果，可以得到考虑常规性技术变化的情况下①，我国未来常规污染物排放的发展趋势（图 0-11）。据此，可以将未来 50 年（—2050 年）我国资源环境压力划分为三个时期，即与工业化中后期对应的压力持续增大期（第Ⅰ阶段，2020 年之前），与过渡期对应的压力增长放缓期（第Ⅱ阶段，2020—2030 年），以及与知识经济时期对应的压力逐渐缓解期（第Ⅲ阶段，2030—2050 年）。

$$CO_2\text{排放量}=\frac{CO_2\text{排放量}}{GDP}\times\frac{GDP}{\text{人口}}\times\text{人口} \qquad \text{（公式 0.1）}$$

$$SO_2\text{排放量}=\frac{SO_2\text{排放量}}{GDP}\times\frac{GDP}{\text{人口}}\times\text{人口} \qquad \text{（公式 0.2）}$$

① 渐进式技术变化，即不会导致单位 GDP 各类污染物的排放量发生突变的技术变化，而是逐渐减少。

$$\text{COD排放量}=\frac{\text{COD排放量}}{\text{GDP}}\times\frac{\text{GDP}}{\text{人口}}\times\text{人口} \qquad \text{（公式 0.3）}$$

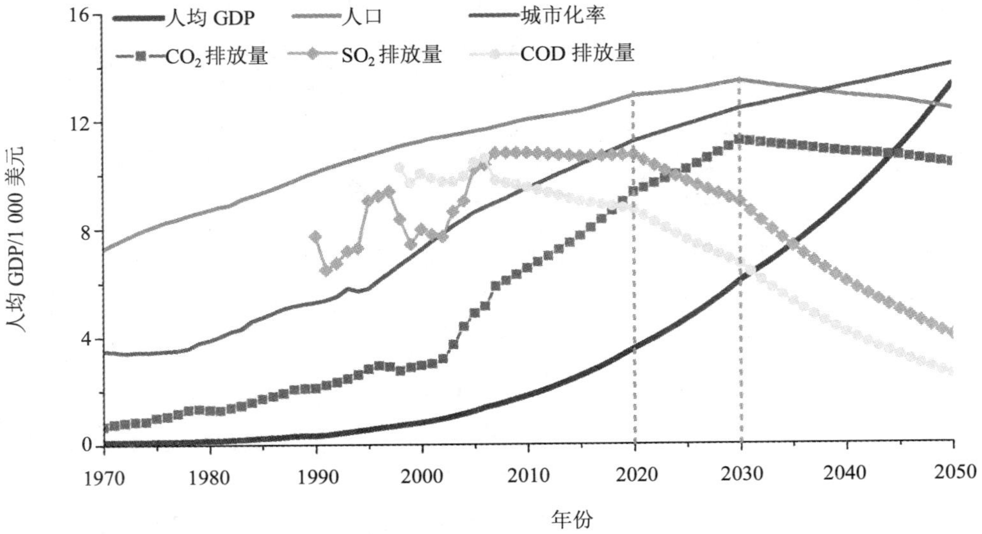

图 0-11　中国环境形势的趋势分析

在第 I 阶段，我国人均 GDP 低于 4 000 美元，经济处于工业化的中后期，城市化发展速度十分迅速，因此各种污染将呈现增加的趋势。这一阶段的污染增量主要由各种结构变化导致，例如消费结构变化、城乡结构变化、工业结构变化（继续加重）等。因此，在这一阶段，我国大气和水污染的常规污染物排放量有略微降低，温室气体的排放量将急速增加，带来较大的国内国外的治理压力。由于这一阶段尚无力进行累积性污染物的治理，累积性污染物在各种介质中的浓度仍然持续上升。

在第Ⅱ阶段，我国人口达到峰值，人均 GDP 达到 4 000～6 000 美元的水平，工业化过程在这一阶段基本完成，但消费结构和产业结构的转型刚刚开始，城市化发展速度仍然十分迅速，但慢于第 I 阶段，因此各种污染将继续呈现增加的趋势。但是随着国内国际压力的增加和城市化发展速度趋缓，这一阶段我国大气和水常规性污染物的排放量将急速降低，温室气体排放的增加速度与第 I 阶段相比趋缓。但是随着常规污染物控制的日益严格，累积性污染物的问题逐渐凸显，因此这一阶段环境更为脆弱，也是最危险的时期。考虑到污染的时滞效应，我国环境质量的拐点可能会延后到 2040 年出现。

在第Ⅲ阶段，我国人口越过峰值开始缓慢减少，人均 GDP 逐渐增长到 12 000 美元，达到中等发达国家的水平，消费结构和产业结构逐渐转型，但远未完成，城市化发展速度趋于缓慢，大气和水污染的常规污染物继续迅速下降，温室气体排放量的拐点出现。在这一阶段，随着累积性污染物的问题得到日益重视和逐步治理，环境质量总体好转。

三、中国主要环境领域保护战略

人口增加、经济高速发展、工业化和城市化进程的加快，加快了我国各类污染物排放量的增长速度，我国未来的环境压力将日渐增加，问题更加严峻。通过我国未来环境压力的定性分析，本部分将提出我国环境保护战略。

（一）中国环境保护战略的思想、目标和思路

1. 战略思想

我国主要领域的环境战略应该用科学发展观和构建社会主义和谐社会两大战略思想统领环境污染控制工作，以提升产业和技术升级、提高资源能源使用效率、控制污染排放、增强可持续发展能力为目标，努力构筑稳定、经济、清洁、安全的能源、资源利用和污染排放控制体系。以培养节约和保护环境的意识为基础，以法律、规划、体制和投资作为抓手，以保障人体健康、节约资源能源、优化经济结构同时加强生态保护和建设为重点，以科学技术进步为支撑，不断提高应对环境变化的能力，以资源能源的可持续利用与污染的有效控制支持我国经济社会可持续发展。

2. 战略思路

压力持续增大期（今后到 2020 年），污染总量的遏制和控制阶段。以保障人体健康和环境安全作为环境管理的首要目标，重点控制主要污染物的排放增长，避免因环境污染带来的食品安全、饮用水安全和公共安全问题，避免大规模、恶性的环境损害造成的健康问题，减少环境事故风险。

压力增长放缓期（2020—2030 年），环境质量恶化遏制的关键期。以促进环境改善为主要目标，常规污染物的排放总量得到全面控制，重点流域的水质开始出现好转，人体健康得到有效保障。

压力逐渐缓解期（2030—2050 年），环境质量恶化和改善的交织期。以人类健康为首要目标，但是兼顾环境质量和生态目标。各种常规污染物的排放总量逐渐减少，特殊污染物也得到有效控制，逐渐进行环境修复，促进环境质量的全面改善和生态系统的全面稳定。

（二）中国环境保护的国家战略

国家战略是在国家宏观层面利用各种法律、法规调整个人、企业的行为，保护环境。它包括以下六个方面的内容：

全民教育战略，环境保护的长期战略要从改变全民的价值观和行为入手，变革现有教育体系，在幼儿教育、基础教育、大学教育、专业教育中增加环境教育的内容，灌输环境保护的价值观。在对环境教育的培养思路上，也应该从环境保护的道德内涵向环境保护的危机内涵扩展，即培养公民的环境危机意识，让他们从小认识到资源的稀缺性，崇尚节俭的生活习惯，自觉减少对资源的消耗，抵制浪费。

结构调整战略，即针对我国环境污染是结构调整驱动的特征，以结构调整来加速经济和环境的协调发展，包括产业结构调整和消费结构调整。虽然我国处在工业化发展的中期，但由国情决定要尽量弱化重化工业或者压缩重化工业发展的过程，积极转变经济增长方式。要加速淘汰生产工艺落后、能耗高、污染大的“低、小、散”企业，积极扶持低能耗、低污染、技术含量高的高新企业、新兴行业和环保产业。消费结构调整是指积极引导居民消费，减少一次性商品的消费，倡导适度消费，培养节水、节能意识，减少奢侈性消费和浪费；培养居民的环保意识和环境参与能力，使之能够自觉购买污染小、损耗少、废弃少的产品。

区域统筹发展战略，即考虑环境问题的区域性，打破行政界限，进行区域综合规划和开展区域国际合作，促进城市群的发展。将行业规划纳入城市和区域规划之中，优化区域的行业规模和行业布局，并在城市和区域规划中优先考虑环境因素，建立与环境协调的城市和区域空间发展格局，实现城市布局与主体功能区划和资源环境承载力相协调。提倡城市集约化用地和适度分散并举，避免城市过大导致的城市病和城市环境问题。

协同建设战略，即在环境战略中要协调工业与农业、城市与农村、环境与健康、国际与国内四大关系。在环境战略中不能搞城乡二元结构，而且应该着重解决农业和农村的环境问题，包括农村饮用水问题，农村面源污染问题和农村基础设施建设的问题。将农村地区的规划纳入区域规划，减少城市扩张和不合理的土地利益给农村地区带来的影响，努力实现工农和城乡的环境保护一体化发展。环境战略的制定以保障居民健康为首要目标，兼顾生态等其他环境目标，处理国内经济与发展的同时，积极应对国际的环境压力，并积极利用国际技术转移促进本国产业升级和技术进步。

综合管理战略，即通过综合立法和综合管理手段来推动中国环境战略的实施。不断构建和完善现有环境法律、法规、污染物排放标准、环境技术标准体系以及相关的产品标准，努力减少法规、政策间的不协调、交叉和矛盾。强化综合立法，协调经济、行业发展与环境之间的关系，促进清洁生产、生态工业和循环经济推行。利用法律、行政、市场、信息支持、自愿等手段进行环境管理，最大程度地调动全面的环境保护力量，刺激企业自觉地采取环境友好的行为。为了实现这个目标，要加快推进水、电、石油、天然气等各类资源性产品甚至环境容量的价格市场化进程，建立反映资源稀缺程度的价格形成机制，充分发挥市场配置资源的基础性作用。

技术支撑战略，即积极开发和推广资源节约和综合利用技术，加快资源节约新技术、新产品和新材料的推广应用。加强研发和推广节能降耗技术、减排技术、环保技术，修复技术、处理技术，增加资金投入，大力促进技术合作和转让。

（三）中国主要环境领域的战略思路

1．工业环境保护

针对我国工业污染的结构和技术特征，我国的工业环境保护战略将遵循“结构调整、技术进步、源头预防、过程控制、末端治理、回收利用、机制高效、依法治污”的思路，改变、摒弃难以为继的传统工业发展方式，加快污染物排放由浓度控制向浓度控制和总量控制相结合转变，加快污染物排放由末端治理向全过程控制转变，切实发挥后发优势，走一条“科技含量高、经济效益好、资源消耗低、环境污染少、人力资源优势得到充分发挥”的有中国特色新型工业化道路，大幅度减少工业污染物的产生和排放，实现国民经济的又快又好发展，实现“穿越式”发展。

2010 年之前，以淘汰落后和污染末端治理为重点，下大力气淘汰落后生产力，对不符合排放标准、生产工艺落后的技术和装备，一律淘汰。

2020 年，治理与预防并重，通过完善法规、标准、提高行业准入门槛，严格执法，继续淘汰不能满足新要求的技术和装备，同时注重从源头上削减和全过程控制，改变单纯的“末端治理”模式。

2020 年之后，力争进入“以污染防治为主”的阶段，即预防、全过程控制和循环经济阶段。工业生产进入工业高加工度化阶段，由大变强，上下游之间形成工业生态产业链，实现废弃物的减量、回收和资源化。

2．城市环境保护

针对社会主义初期阶段和城市化快速发展时期城市环境问题的特点，贯彻科学发展观和“建设生态文明”，“建设资源节约型、环境友好型社会”的国家战略，以控制城市污染、推进城市生态建设、提高城市人居环境适宜度为重点，系统协调城市资源、环境、生态与社会经济关系，从空间布局、消费结构、设施建设和管理体系四方面促进城市节能减排和环境改善，实现城市的可持续发展。

2020 年，与全面实现小康社会的发展目标相适应，大力促进城市环境污染的源头治理，从根本上遏制城市生态环境恶化趋势，主要污染物排放得到有效控制，城市环境质量和生态状况恶化趋势基本遏制，城市环境安全得到有效保障；资源和能源的使用效率显著提高，能源节约效果显著；城市环境管理协调机制、城市环境预警与污染事件应急机制、生态环境补偿机制逐步完善，环境管理水平显著提升；以循环经济支撑的生态城市达到相当比例，条件较好的城市或城市群率先建设资源节约型、环境友好型社会，生态文明观念在全社会牢固树立。

2030 年，城市污染物排放总量得到全面控制，应对环境危机、解决环境问题的能力得到显著增强，较大比例城市建设资源节约型、环境友好型社会，城市环境质量和生态状况全面改善，人居环境显著提升，基本实现城市环境的良性循环。

2050 年，全国城市普遍实现以循环经济为支撑，污染物排放总量和浓度均控制在区域可承受范围之内，大部分城市产业结构、经济增长方式、消费模式符合“资源节约型、环境友好型”社会建设战略要求，城市生态系统高度稳定，生态文明建设成绩显著。

3．农村环境保护

为了尽快应对日益严峻的农村环境保护的形式，我国农村环境保护战略应以科学发展观为指导，按照建设资源节约型和环境友好型社会的要求，坚持以人为本、城乡统筹，建立农村环境污染长效防控机制，在农村推广普及文明健康、环境友好的生产生活方式，实现自然和谐的村镇人居环境，农村生态文明牢固树立，实现农村地区经济社会和环境全面、协调、可持续发展。

2020 年，农村环境质量恶化趋势得到初步遏制，部分地区农村环境质量获得改善。农村环保基础工作得到加强，村镇生活污水和生活垃圾的收集处理体系逐步建立健全，农村环境保护法律法规得到完善，生态环境意识深入人心，农村突出的环境问题得到控制，城乡环境保护二元结构问题得到缓解，全国农村环境面貌明显改观。

2030 年，农村环境质量恶化趋势基本遏制，大部分地区农村环境质量获得改善和提高。城乡环保一体化格局基本形成，村镇环境基础设施健全完善，农村地区落后的生产生活方式发生根本转变。

2050 年，农村环境质量全面改善，人与自然高度和谐。农村生态文明牢固树立，国家粮食安全、食品安全、环境安全得到有效保障，农村经济、社会、环境协调发展。

4．环境与健康

按照全面建设小康社会、构建社会主义和谐社会以及十六大以来提出的“以人为本”、“改善民生”的要求，我国的环境与健康战略必须以促进环境保护工作重点向公共服务转移为出发点，建立一套以人体健康为根本出发点和根本目的的国家环境与健康管理与干预体系，确立“预防为主、风险管理”的工作思路，逐步建立和完善国家环境与健康的预防、预警、应急和救助能力，加强环境健康公共服务的能力和水平，保护人民群众的身体健康和生命安全。

2010 年，全面建立环境与健康工作协作机制，制定促进环境与健康工作协调开展的相关制度和环境污染健康危害风险评估制度；完成对现有环境与健康相关法律法规及标准的综合评估，提出法律法规和标准体系建设的需求；完成国家环境与健康现状调查及对环境与健康检测网络实施方案的研究论证；加强环境污染与健康安全评估科学研究。

2020 年，开展环境与健康相关法律法规的研究、制定和修订工作，完善环境与健康标准体系，基本建成环境与健康监测网络和信息共享系统，有效实现环境因素与健康影响监测的整合以及监测信息共享，基本实现社会各方面参与环境与健康工作的良好局面。

2030 年，环境保护事业实现以人体健康为核心任务的历史性转变。环境与健康工作全面展开，各项制度基本完善。

2050 年，多年来环境与健康基础工作和干预措施的成效全面显现，环境与健康风险逐渐降低。环境与健康工作成为一项常规性的工作，健康人居环境作为一项基本公共服务基本实现均等化。

5. 能源与温室气体

能源与温室气体的战略思路应该以科学发展观和构建社会主义和谐社会两大战略思想统领，以大力发展可再生能源、控制温室气体排放、增强可持续发展能力为目标，努力构筑稳定、经济、清洁的能源体系，坚持节约资源和保护环境的基本国策，以保障经济发展为核心，以节约能源、优化能源结构、加强生态保护和建设为重点，以提高能源使用效率，发展低碳技术为支撑，不断提高应对气候变化的能力，提高人民群众生活环境质量，为保护全球气候作出新的贡献，以能源的可持续发展与温室气体的有效控制支持我国经济社会可持续发展。

2020 年，积极调整能源结构，控制能源消费总量的增长，缩短各类产品能耗与发达国家之间的差距，并有效改善国内企业之间的技术先进与落后的二元结构。

2030 年，进一步降低煤炭在能源消费中的比重，提高可再生能源的比重，更严格地控制能源消费总量增长，进一步降低各项能耗指标，提高能源利用效率和技术研发能力，大大缩小国内与国际的技术差距。

2050 年，提高可再生能源比重，严格控制不可再生能源的消费总量，各项技术能效指标达到中等发达国家水平，能源消耗和温室气体排放逐渐减小和稳定。

6. 全球与区域环境

新形势下，我国开展环境国际合作、应对全球和区域环境问题的战略方针应遵循十七大提出的十二字方针，即“相互帮助、协力推进、共同呵护人类赖以生存的地球家园”。

在十二字战略方针中，“相互帮助”是态度，“协力推进”是方法，“共同呵护”是目的。根据十二字战略方针的要求，我国环境保护国际合作的指导思想需要进行三个战略调整：一是由过去在全球环境事务中侧重强调“有区别的责任”原则，向既坚持“有区别的责任”，又重视“共同的责任和义务”的原则转变；二是由过去被动地应对全球环境问题带来的各种压力，向“共同责任，积极参与”转变；三是由单纯的环境受援国，向在继续接受援助促进我国和区域的生态环境保护的同时，又提倡“相互帮助、协力推进”，为发展中国家提供力所能及的援助，共同呵护地球家园转变。

总之，与过去相比，新形势下我国应对全球和区域环境问题与开展国际环境合作的方针和指导思想的核心将主要体现为：“态度更加积极、行动更加务实、强调统筹共赢、展示中国责任”。

（四）各个重要环境领域的战略任务

1. 工业环境保护

工业环境保护领域主要完成以下五大战略任务：

第一，淘汰落后产能，促进工业结构和布局优化。

定期更新强制淘汰和限制高排放、高消耗的落后生产能力、工艺、设备和产品目录，重点调整淘汰冶金、建材、石化、化工、电力、机械、轻纺等行业的落后产能。调整进出口结构，重点控制高能耗、高污染和资源型（“两高一资”）产品的出口，主要禁止生铁、废钢和钢坯等产品的出口，严格限制煤炭、原油、金属砂矿等资源性产品以及氧化铝、低附加值钢材、国内紧缺的薄板和铬铁、锰铁、金属锰等严重依赖国外资源的铁合金产品出口，限制化工产品尿素、纯碱、烧碱和黄磷等的出口，限制水泥产品的出口增长。科学制定并认真实施充分考虑环境保护要求的重点工业产业发展规划，利用政府宏观调控手段合理有序地进行产业规模和布局的调整，避免产能增长过快、发展失控以及布局不合理。不断提高行业准入门槛，严格环境准入，把好环境法规、土地、信贷三个闸门和“区域限批”等制度，有效引导和合理控制行业发展。

第二，强化环境监督管理，促进企业稳定达标排放。

明确发展改革、建设、国土、工商、安全生产监督等各部门的环境监管职责，完善环境联合执法协调查处机制，加强部门联动。健全国家监察、地方监管、单位负责的环境监管体制，恢复和完善企业和行业监测、监督体系，健全国家和地方工业污染两级环境监控网络。健康建设重点污染企业自动在线连续监测系统并加强管理、维护，加强对所有企业污染物排放、环境保护设施运行的监督管理，依法处罚环境违法企业，关闭不治理或整理后达标无望的企业，取缔使用落后生产工艺的企业，并定期向社会公布违法企业名单。

第三，依靠科技进步，推动绿色工业化进程。

积极开发和应用工业污染防治的共性关键技术、清洁生产和绿色制造技术，形成自主核心技术。重点在源头控制、过程控制和精华处理、末端治理和资源有效利用，开发和应用新工艺及技术。落实人力、财力、物力做好新工艺及技术的开发和应用。发展环保产业，培育新的经济增长点，加快污染防治的共性关键技术、清洁生产和绿色制造技术的科研成果转化，推进工业污染防治新工艺及技术的设备国产化，促进生产方式向资源节约型、环境友好型方向转变，力求“绿色生产”。

第四，发展循环经济，促进工业发展的资源节约和环境友好。

建设生态工业园区，在钢铁、有色金属、电力、化工、建材、机械等重点行业、重点地区规划建设若干体现循环经济的工业生态园区，促进重点行业间的耦合和生态连接，使上游企业的废气、废热、废水等废物成为下游企业的原料和能源，实现污染“零排放”。全面实施清洁生产，多渠道、多方式支持企业开展清洁生产审核，增加清洁生产项目投资，采取清洁生产技术，实现污染全过程控制。此外，发展再生能源产业，提高矿产资源、国土废弃物的综合再生利用率，提高工业“三废”集中处理水平。

第五，倡导企业自律，提高企业环保水平。

进一步明确企业是环境污染防治的主体，要求企业采取有效措施加强建设项目“三同时”的落实和已有项目的环境污染治理，切实承担削减污染物排放量的责任。组织行业协会和有实力的企业积极参与环境保护政策、法规、标准和清洁生产指标的制定，组织建立和完善资源节约、污染防治的信息统计、分析及发布制度。充分依靠行业协会和有实力的企业（集团）的研发力量，加强对环保新设备、新工艺的研究，建立典型示范生产线，引导行业技术进步。

2. 城市环境保护

城市环境保护主要完成以下六大战略任务：

第一，推行集约化的城市发展模式和推进城市的绿色建设与管理。

根据城市主体功能区划要求、城市环境容量和资源承载力对城市发展进行综合定位，在合理规划的基础上，合理控制城市规模和布局，避免城市盲目发展带来的土地浪费和城市布局过分集中形成格局性问题。以绿色建设和管理的理念，改善城市机体运行的能流和物流，减少工农业生产和日常消费中，尤其是建筑开发和交通运输领域，不合理能源资源消耗，促进能源资源的高效利用。在城市经济发展的过程中，逐步调整城市经济结构，转变城市经济增长方式，发展循环经济，促进城市生态建设，逐步推动城市建设目标与城市环境目标的统一、城市发展与城市生态协调，并逐步解决城市发展过程中环境遗留问题，促进城市的可持续发展。

第二，优化城市规划体系，落实城市规划的法律地位和城市环境管理责任。

优化城市规划体系，将环境和资源环境承载力作为城市发展方向、规模、总量、布局的决定因素和经济社会发展的基础性、先导性、长期性约束条件。加快规划环评相关的立法，体现强制规划环评的要求，对包括城乡规划在内的各类相关规划实施可能的环境影响进行分析、预测和评估，并提出预防或者减轻不良环境影响的对策和措施。落实各级城市人民政府对本辖区环境质量的主要责任，建立包括污染减排、环境质量改善，绿色 GDP 指标在内的环境导向的官员政绩考核体系，将环境保护指标作为约束性指标、严格实行环境保护“一票否决”和末位淘汰制度。切实落实城市规划和环境规划的法律地位，在城市规划编制—决策—执行—监管全过程环节落实城市规划的权威性和延续性。利用城市规划明确土地功能，改善城市内部的空间格局，避免工业区、商业区和生活区混杂布局。严禁在城市建成区发展高污染行业，大力推进工业园区建设，逐步实现新建项目的全部园区管理。在城市规划中统筹考虑城市、乡镇和乡村规划，用城市资金、技术和人才等优势，改善城市周边地区尤其是城乡结合部的环境质量，避免城市恶性扩张以及不合理的土地利用给城市与周边地区带来的污染。

第三，促进与发展水平相适应的环境基础设施建设，提高处理能力和设施运营水平。

各级城市政府发挥主导作用，加快包括生活污水集中处理、生活垃圾无害化处理和危险废物医疗废物处理处置设施在内的环境保护基础设施建设，提高基础设施运营水平与处理能力。将城市环境基础设施列为最优先的公共财政投入领域，采取多元化的投资渠道，推进合理收费。把提高基础设施运营水平放在与建设基础设施同等重要的位置，加强运营监管。通过推行环境基础设施的市场化运营，提高设施的实际处理能力、运营效率和水平，同时加强运营监管，确保基础设施持续稳定发挥环境效益。

第四，提升环境管理能力，强化城市环境管理分类化。

强化城市环境管理的分类指导，出台针对不同类型城市的环境分类管理指导意见。给西部城市留出发展空间，提高东部城市环境质量要求，并逐步实施环境优先的发展战略。大城市突出机动车污染、环境基础设施建设、城市生态功能恢复等问题，强调城市合理规划和布局，利用城市交通系统带动郊区和城市农村的环境保护工作。中小城镇要加大对工业和农业的污染控制，加快城市基础设施建设，促进城乡协调发展。资源型城市注重更新产业结构、发展多元化经济、实施生态重建。

第五，维护城市生态系统健康，增强城市的自我调节修复能力。

构筑城市生态框架，保护好城市水源地、河道、绿地、湿地等城市生态系统敏感点。加强城市河湖水系治理，增加生态环境用水，维持自然生态功能；建设公园绿地、环城绿化带、社区居住区绿地、企业绿地和风景林地，围绕城市交通干线和城市水系等建设绿色走廊。增强城市中自然生态系统的抗干扰和自我修复能力。实施城市生物多样性策略，利用生态系统调节机制，增加自然生态系统的承载能力和环境容量。疏通城市自然系统的物流、能流、信息流，改善城市生态要素间的功能耦合网络关系，扩大生物多样性的保存能力和环境承载容量，借此提高以光合作用为核心的自然生产力和对城市废弃物的降解。此外，在城乡结合部，不能放松生态系统维护工作，以避免重蹈中心城区的覆辙。

第六，保护城市文化。

谨慎实施历史文化名城的旧城改造和危旧房改造，在规划层面秉承保护文化遗产的理念，在实际操作中避免“推平头”式拆迁，避免盲目地在旧城区内兴建高层建筑，使文化遗产遭到严重破坏。注重对中心城区老旧房屋的定期维护修缮，保留古建筑、街道和小区的原有风貌。

3. 农村环境保护

农村环境保护领域着重推动四大战略任务。

第一，加强农村饮用水水源地保护，保障农村饮水安全。

科学划分全国农村饮用水水源保护区。按有关规范要求，完成饮用水水源保护区划定和调整，确定保护区等级和界限，设立警示标志；优先划定人口密集村镇集中式饮用水水源保护区，调整或重新划分不能满足保护水源地环境要求的饮用水水源保护区。把水源保护区与各级各类保护区建设结合，明确保护目标和管理责任，加强保护区水土保持和水源涵养，因地制宜地进行农村分散式饮用水水源地的管理。

建立全国农村水源地水质监测和评价网络。完善饮用水水源水质监测、评价标准和技术规范，及时掌握水源水质变化情况，加强饮用水水源地环境监测能力建设，积极提升县级环保部门对饮用水水源水质常规指标的监测能力。定期对集中式饮用水水源地进行水质全分析监测，及时掌握水源水质变化情况并及时公布环境状况。健全饮用水水源安全预警制度，制订突发污染事故的应急预案。

严格农村水源地环境监管，开展重点区域治理。科学规划区域产业发展布局，严格限制在饮用水水源保护区上游建设污染严重的化工、造纸、印染等企业。定期开展饮用水水源地环境保护专项执法检查，重点推动饮用水环境安全受到严重威胁地区、重点流域和区域的饮用水水源地专项治理工作。

第二，积极开展农村生态环境综合整治，改善农村人居环境。

制定全国村庄环境综合整治规划。尽快研究制定《村庄环境综合整治技术规范》。结合村庄的建设需求、人文特征、产业特点，合理划分村域功能布局，强化环境规划内容的前置约束作用，提高村庄环境综合整治规划的针对性与可操作性，制订村庄污染治理和生态保护等具体实施方案。

强化农村生活污染治理。加强重点流域、区域，特别是饮用水水源地上游地区农村生活污水的收集与处理。在人口集中、经济发达、排污量大、污染比较严重的村镇建设污水集中处理设施，位于城市污水处理厂合理范围内的村镇，污水可纳入城市污水收集管网，与城市污水共同处理。对居住分散、经济条件较差村庄的生活污水采用低成本的分散处理。将农村净化沼气池建设与改厕、改厨、改圈结合，逐步提高农村生活垃圾的无害化处理水平。

推广农村清洁能源。因地制宜，建设不同类型的农村清洁能源工程，逐步改善农村能源结构。大力发展农村沼气，综合利用作物秸秆和畜禽废物，推广能源生态模式。

第三，开展面源、土壤和养殖业污染防治，实现农业生产污染减排。

加强面源污染防治。开展农村面源污染现状调查，明确不同区域面源污染的原因和特征。加强化肥、农药使用的环境安全管理，在粮食主产区和重点流域普及推广测土配方施肥技术，优化肥料结构，发展适合不同土壤和作物的专用肥、缓释肥；引导和鼓励农民使用高效、低毒、低残留农药，推广病虫草害综合防治、生物防治和精准施药等技术。建立健全农药生产和使用的废弃物回收及无害化处置体系。在粮食主产区及污染治理重点流域和区域，开展农村面源污染综合治理的试点、示范。

开展土壤污染综合治理与修复示范。重点推动长三角、珠三角、环渤海湾地区、东北老工业基地、成渝地区、渭河平原以及主要矿产资源型城市的土壤污染现状调查。全面调查全国范围的土壤污染现状、范围、程度和主要污染物，建立完善全国土壤环境监测网络，以及土壤环境监测技术规范、方法标准和质量管理体系。在重点城市和流域，针对不同土壤类型开展土壤修复试点。

治理畜禽和水产养殖污染。根据相关法律和规范，对畜禽养殖业发展进行合理规划布局，科学划定畜禽养殖禁养区、限养区、宜养区。加强畜禽养殖废弃物的综合利用，筛选推广一批适用的污染防治和废弃物综合利用技术。把畜禽养殖业发展与绿色食品、有机食品生产结合，遵循“以地定畜、种养结合”的原则，形成生态养殖—沼气—有机肥料—种植的循环经济模式。开展水产养殖污染状况调查，根据水体承载能力，确定水产养殖方式，控制水库、湖泊网箱养殖规模。加强水产养殖污染的监管，积极推广生态水产养殖技术。

第四，优化农村工业发展布局与产业结构，加强对农村工业化的环境管理。

优化农村工业发展布局与产业结构。在农村工业聚集的中东部地区，强化农村地区工业污染防治工作。通过规划影响评价积极推进农村工业发展的合理布局，并引导企业适当集中，对污染源进行集中控制。优化农村产业结构，鼓励发展少污染的行业和产品，严格控制重污染的行业和产品的发展。在矿产资源开发规模较大地区，加强矿山污染治理与生态恢复，改善矿区生态环境质量。

严格环境监管，防止污染向农村地区转移。加大农村工业企业污染监管和治理力度，禁止工业固体废物、危险废物、城镇垃圾及其他污染物从城市向农村地区转移，禁止污染严重企业向西部和落后农村地区转移。提高农村地区工业企业准入门槛，严格执行国家产业政策、污染物排放标准以及总量控制制度，淘汰污染严重和落后的生产项目、工艺、设备。以造纸、酿造、化工、纺织、印染行业为重点，加大农村工业污染治理和技术改造力度。

4．环境与健康

环境与健康领域主要完成以下六大战略任务：

第一，完善环境与健康管理体制。

借鉴国际经验，重新划分环境保护部、卫生部、国家发展与改革委员会、财政部和科技部五个核心部门在环境与健康管理中的政府职能和分工。由中央政府牵头，建立各部门广泛参与的国家环境与健康管理协作机制，促进部门之间以及中央和地方之间的协作和相互支持。建立促进公共参与的信息沟通机制，健全对重大环境问题导致的健康风险的公益诉讼、法律援助和听证制度。

第二，建立环境与健康的预防体系。

根据环境与健康工作需要，结合具体国情，统筹协调和加强相关标准的制定和修订工作，完善标准体系。研究并确定不同地区的优先污染物名录和重点控制污染物名录，有针对性地开展环境与健康的预防工作。从保障人体健康的角度改革和完善现有的环境准入制度，对可能对人体健康造成严重损害的污染物要严格禁止或者限制其生产、使用和排放。

第三，建立和健全环境与健康的监测体系。

根据环境与健康工作实际需要，制定统一的国家监测方案和监测规范，在充分利用现有各部门相关监测网络、监测工作和监测力量的基础上，进一步加强监测设施设备和人员队伍建设，不断充实和优化监测内容，逐步建立和完善包括环境质量监测与健康影响监测的国家环境与健康监测网络，开展长期的环境与健康监测和研究，获取丰富的基础数据和成果，系统地掌握主要环境污染物水平和人群健康影响状况与发展变化趋势，为科学指导环境保护和健康保护工作提供强有力的技术支持。

第四，建立环境与健康的风险管理与预警机制。

基于环境与健康监测的数据，通过开展环境与健康风险评估，进行环境与健康风险预测，实施环境与健康风险预警，并及时采取措施避免或降低环境污染对健康造成重大危害。

第五，完善环境与健康管理的应急机制。

根据国家有关法律、法规的规定，制定突发事件应急处置工作制度及突发事件、重大事件通报机制和环境与健康突发事件处置规范。加强突发事件现场快速诊断和控制处理措施、技术和方法研究，加强应急队伍技术培训、技术演练和现场演习，规范应急处置行为，提高现场处置能力和水平；开展突发事件事后现场环境调查、健康影响追踪监测及应急处置效果评估，指导现场环境修复和健康损害预防救治工作，促进应急处置预案、物资设备保障以及管理制度和决策的进一步完善。进一步完善突发环境事件导致健康损害救助机制，对环境污染导致的健康损害给予及时有效的疾病防控指导，防止损害发展，降低损害负担，切实维护受害人生命健康权益。

第六，加强环境与健康管理的技术支持体系。

加强科技支撑能力建设，进一步完善环境与健康管理技术支撑体系，提高科技对环境与健康管理的支撑作用。加强环境与健康基础科研能力、监测能力、实验室装备、标准体系开发能力、人才培养等方面的能力建设，充实专业技术人员队伍。开展主要环境因素及环境所致健康损害调查，弄清中国环境污染所致健康损害的种类、程度、性质及分布情况，掌握环境污染所致疾病谱，为环境与健康行动的实施提供科学依据。

5. 能源与温室气体

在能源与温室气体领域，主要完成四大战略任务：

第一，创造低碳竞争力战略。

推广低碳经济背景下的新的“竞争力”概念，将能源、气候因素纳入核心竞争力范畴，以控制温室气体排放、增强可持续发展能力为目标，以保障经济发展为核心，以节约能源、优化能源结构为重点，以科学技术进步为支撑，以提高国家在国际政治经济体系中的综合竞争力为主线，确保国家在从传统经济形态向未来新的低碳经济形态过渡过程中，保持综合竞争力的不断提升。大力推动产业结构调整，转变传统的经济增长方式和贸易模式，大力发展低能耗低排放的第三产业，特别是高新技术产业，重点进行电力、冶金、建材、化工、交通、建筑等行业的技术升级和调整，加速淘汰高能耗、高排放的落后产能。调整和改善能源结构，大力发展低碳能源。加快发展风能、生物质能和太阳能，在保护生态的基础上适度发展水电，在确保安全的前提下积极发展核电，提高清洁能源的比重。扩大煤炭洗选比重，大力发展洁净煤技术，努力提高能源清洁利用的程度，从根本上改变能源利用方式，减少温室气体排放。

第二，多种污染物协同控制的温室气体控排战略。

以“节能减排”为突破口，将提高能效作为控制我国温室气体排放的首要手段；进一步明确我国节能减排的重点行业和中长期减排目标；积极推进电力、冶金、建材、化工、交通和建筑节能，对行业的技术现状进行全面审查，了解各种技术在行业内部的配置状况、行业新兴技术的发展潜力，及其未来的应用前景，并在此基础上制定实现控制成本最小化、环境经济效益最大化的具体的行业节能减排技术战略。加强体制建设，建立适应中国国情的支持低碳经济的市场体系和政策体系。

第三，生态系统减源增汇战略。

继续实施植树造林、退耕还林还草、天然林资源保护、农田基本建设等政策措施和重点工程建设，扩大绿化面积；扩大自然保护区的数量和面积，保护原始林、天然次生林和森林生物多样性，增强碳汇功能；加强碳的减源增汇科学技术的研究推广和国际合作交流。

第四，低碳技术开发与扩散战略。

积极跟踪和研究具有战略意义的能源和减排技术，由政府相关部门协调，提出统一的国家节能减排技术战略路线图，确定战略储备技术研发重点；以市场体制为基础制定低碳技术发展的相关激励政策和措施，推动提高可再生能源及新能源、煤的清洁高效利用、油气资源和煤层气的勘探开发、二氧化碳捕获与埋存等技术的开发和利用，建立低碳能源系统、低碳产业结构和低碳技术体系；推动建立自主创新体系和关于技术开发与转让的国际合作新机制，尝试与发达国家在技术开发、转让、扩散与部署等各个环节上形成合作，借此缩短与发达国家间的技术差距，获取核心技术，实现技术赶超。

6. 全球与区域环境

总体上，应对全球和区域环境问题的战略任务可以分为国内行动与国际合作两部分。对我国目前面临的大多数全球和区域环境问题而言，国内行动是根本，是缓解和解决问题的实质性手段；国际合作是缓解压力、争取理解、维护利益、赢得时间、谋求空间和寻求支持，是辅助手段；二者相互交叉，相辅相成，同等重要，国际合作往往提出国内行动的重点和方向，国内行动需要国际合作提供时间和资源等方面的支持并为国际合作目标和任务提供基本保障。

在国内行动方面，我国应对全球和区域环境战略有六大战略任务。

第一，解决好中俄、中哈、大湄公河次区域、中朝等跨界河流的水污染防治和水资源利用问题，消除我国与周边国家和地区的环境纠纷隐患；并逐步减缓东亚酸雨和有关长距离污染输送问题。

第二，建立和完善相关法律法规和管理制度，减轻持久性有机污染和危险废物越境转移对我国环境和人体健康的危害。

第三，全面提升国际环境公约履约能力，在应对气候变化、臭氧层消耗、生物多样性减少等全球环境问题方面作出新贡献。

第四，通过调整进出口产品结构、贸易规模及质量，转变贸易增长方式，降低对外贸易的资源环境代价。

第五，在加大对外投资力度的同时，加强对外投资的环境管理，以环境友好的方式利用国际资源。

第六，对汞污染和大气棕色云等新型全球和区域环境问题开展系统和超前研究，做好应对的技术储备。

在国际合作方面，根据国家外交战略总体部署，未来中国环境国际合作和应对全球及区域环境问题要落实四大战略任务，并遵循相应的原则。

第一，对发达国家（大国）加强战略对话，增进互信，深化合作，推动相互关系长期稳定健康发展。首先，有重点地推进与各主要大国和国家集团的环境合作，从战略高度巩固与我国有传统合作关系大国的环境合作，重点包括中俄、中美、中日、中欧、中德等大国双边合作；其次，积极发展和开拓与我国有共同利益、有相近立场、有潜在合作机遇大国的环境合作，包括中意、中印、中巴（西）等。大国合作对象的选择既要考虑环境合作自身的需要，也要考虑服务国家政治经济外交战略的需要，特别是当处于政治敏感时期时，与大国的环境合作既不能‘冒进’，也不宜骤然结冰。

第二，推动与周边国家和区域、次区域的合作，实现“睦邻、安邻和富邻”和“与邻为善、以邻为伴”。从我国面临的周边环境问题的优先程度看，与邻国的双边环境合作应以中俄、中日和中哈为重点，密切关注并适时加强中蒙、中朝、中印合作；区域合作以湄公河次区域和中国—东盟（东盟—中日韩）为重点，加强上海合作组织和中亚合作，跟进中日韩和东北亚合作机制；谨防东亚酸雨网和有关长距离污染输送问题的区域合作进程对我国的潜在不利影响；对汞污染和大气棕色云等新型区域问题开展系统和超前研究。

第三，对发展中国家，继续扩大团结合作，深化传统友谊，扩大务实合作，提供力所能及的援助，维护发展中国家的正当要求和共同利益。在双边方面加强对话交流，加强与印度、巴西等发展中大国的合作；在多边场合积极协调立场，加强中非务实合作，与亚洲发展中国家的合作可以纳入周边合作框架之中加以深化。将环境保护纳入我国对外援助工作的总体框架，适时对发展中国家提供力所能及的环境援助，开拓环保产业市场，实施环保走出战略。研究出台对外援助和投资绿色指南等指导性文件，规范我国对外投资企业的环境行为，树立良好的国际环境形象。

第四，多边环境合作的具体任务有四条：一是积极参与多边环境进程，在国际环境规则制定中发挥建设性的作用，推动国际环境合作继续朝着更加合理公正的方向发展，维护我国和广大发展中国家的核心利益；二是在“共同但有区别的责任”原则下，承担相应的国际义务，树立积极的国家形象；三是加强与联合国环境署等联合国系统以及其他重要国际组织的环境合作，逐步提高我国对这些国际组织的资金贡献，提升我国对这些国际组织的决策影响；四是切实做好国际环境公约的各项履约行动，建立完善履约机制、管理体系和政策法规，树立负责任的国际形象。从所受环境影响、环境责任、对策效果和政治影响看，我国应对全球环境问题的优先序，应该是持久性有机污染、危险废物越境转移、气候变化、臭氧层保护、生物多样性等。

四、重大政策建议

在对各专题的政策措施和意见建议总结的基础上，为了实现我国环境保护战略，本课题特提出以下政策思路的转变：

第一，将我国现有以总量控制为主线的环境管理模式转变为以质量控制和风险控制相结合的环境管理模式。即一方面在现有的总量控制政策基础上，在国家层面上向以质量控制为核心转变，积极制定相关法规，建立环境质量监管体系，简化监管环节，强化监管内容，将可管的管起来，将不可管的坚决放掉，提高监管效率和成效，调动多方积极性，更好地因地制宜，建立与环境容量相衔接的污染控制体系；另一方面大力促进污染物排放的风险管理，减少极端环境事件和累积性的环境风险，并由此建立和完善适合新管理模式的环境管理体制、政策、手段和措施。

第二，从“调整两个结构，优化两种空间布局”入手，即调整产业结构，调整消费结构，优化产业布局，优化城市布局。扶植能耗资源消耗少、污染排放低的产业，推进绿色、节约消费模式，结合当地气候、地理和经济等条件，兼顾环境和经济目标优化产业和城市的空间布局，从而在源头上减缓和解决未来我国环境污染的结构性问题。

第三，大力推动全民建立生态文明理念，并大力培育和提升“建设生态文明”的科技支撑能力。通过生态文明观念在全社会的宣传、教育、普及和传播，提高全民的环境意识，提升全民环境伦理道德水平，培育人与自然和谐相处的世界观和核心价值观念。并通过推动科技进步，加强清洁生产、资源可持续利用和低耗工艺等方面的科技攻关，促进产业优化升级，转变粗放型的经济增长方式，从根本上解决我国经济发展与资源环境之间的矛盾，实现“建设生态文明”的目标。

第四，强化地方政府环境管理责任的法律约束，促进经济手段在环境管理中的运用，推动环境综合管理。通过强化地方政府的环境责任，实现宏观环境目标与地方利益的统一，推动地方政府自觉自愿地发挥对环境管理活动的规划、组织、领导和监督作用。促进环境成本的“内部化”，系统设计适合中国国情的环境经济管理手段，并使之与行政、法律、自愿等管理手段有效结合，形成环境问题的综合管理和防治。

与各专题的具体情况结合，主要建议如下：

① 转变发展思路，改变先污染后治理、边治理边破坏的现状，做到环境保护与经济发展同步，在环境中求发展。将循环经济、清洁生产、低碳经济等相关理念和相关配套政策逐步完全渗透到国家的规划、政策体系和管理之中。

② 完善工业污染防治机制，促进现有法规和政策之间的协调和一致，根据国情适时更改排放标准并增加对非常规污染物的控制标准。加强环保部门对工业企业的监管，并分阶段公布淘汰和限制的产能目录和时间表以及鼓励发展的新工业和技术的名录，对能源利用强度和排污不达标的企业依法限期整顿，并提供污染治理的资金和政策支持。

③ 利用取消资源性产品的出口退税等经济手段，调整出口结构，控制高能耗、高物耗、高污染和资源性产品的出口，并通过相关政策促进资源性产品的进口和适用低耗技术的转移。对高能耗、高资源消耗和高污染而又对国计民生重要的行业，应制定系统规划，利用政府宏观调控手段合理有序地进行产业规模和布局的调整，促进它们以最优规模进行生产。

④ 国家应该积极研究城市化的区域特征和人口的跨区域流动，制定全国城市发展的系统规划，并通过国家宏观调控手段和大区域间基础设施建设积极引导全国城市布局。

⑤ 将现有的城市规划转变为区域规划，协调城乡关系，确定并进一步强化规划的法律地位，强调规划的长期性和持续性，改变一任领导一轮规划、城市建设沦为政绩体现工具的现状，避免城市的重复建设。并以资源节约型和环境友好型的城市考核目标替代现状仅以经济

指标考核城市发展的现状。

⑥ 在城市中推广绿色消费观念，促进绿色产品生产，大力推进绿色能源、绿色工艺、绿色产品、绿色交通、绿色建筑的使用和推广，控制不合理的城市资源能源消耗，促进循环型城市建设。通过电视、报纸等媒体宣传手段，逐步让市民接受绿色消费观念，树立资源节约和环境友好的价值观，自觉减少过度消费和浪费。

⑦ 改变在环境保护和基础设施建设等方面城乡二元的状况，从区域的角度协调农村环境和城市环境保护，推进农村基础设施建设，加强城乡污水处理、水资源利用与保护设施、防洪设施等的整体协调，形成城乡一体的生态环境综合保护与建设新格局。

⑧ 将农村环境保护纳入到常规的环境保护工作之中，完善城乡一体的环境管理体制。摸清农村环境状况，开展农业、土壤和农村饮用水水源地环境状况的调查和普查，建立农业农村环境监测和预警体系，并形成全覆盖、网络化的环境保护省、市、县三级监管体系。

⑨ 推动农业最佳管理实践和污染防治技术的研究、开发、示范和推广，建立农业农村生产和生活清洁技术、实践和相关环境数据的信息平台。

⑩ 在环境压力越过高峰期前要逐步将“以人体健康为本”作为环境管理的基本目标，开展与健康损害预防密切相关的环境污染和环境监测和监控，完善以人体健康为基本目标的环境管理目标、干预重点、监测体系、准入标准和绩效评估体系，并建立一套分工明确、协调高效的管理体制和制度，采取有效干预措施，最大限度地减少因环境污染导致的健康损害。

⑪ 从保护国内和全球环境的角度，优化贸易增长方式，加强对外投资的环境管理。充分利用我国的贸易顺差，进口高能源资源含量的产品和技术，减少相关产品出口。对进入我国的原材料产品的主要供应链全面实施综合性环境影响评价，包括诸如大豆、食用油、鱼、棉花、木材、生物燃料以及矿产品等，逐步消除非法木材贸易和其他相关进出口贸易及其负面的环境影响。运用 WTO 框架下“环境例外”条款，限制对国内环境影响较大的废旧资源和奢侈品等产品的进口贸易，保护国内环境。建立健全我国对外投资的环境管理政策与机制，以环境友好的方式利用国际资源。

⑫ 积极参与全球环境进程，推动国际环境合作朝着更加合理公正的方向发展，维护发展中国家的正当要求和共同利益；在“共同但有区别责任”的原则下，在可持续发展框架内，为保护全球环境作出力所能及的积极贡献，树立负责任的大国形象。将应对全球和区域环境问题及其国际环境合作工作纳入国家相关规划当中，统一部署，协同推进。

参考文献

[1] Food and Agriculture Organization of the United Nations（FAO）. Faostat Database. http：//faostat.fao.org.

[2] United Nations. Department of Economic and Social Affairs，Population Division. World Population Prospects. http：//www.unpopulation.org.

[3] United Nations. Department of Economic and Social Affairs，Population Division. World Urbanization Prospects：The 2003 Revision（Data Tables and Highlights）. New York：UN，2004. http：//www.unpopulation.org.

[4] World Bank，World Development Indicators. Washington D C：World Bank，2003.

[5] World Bank，World Development Indicators. Washington D C：World Bank，2006.

[6] 安格斯·麦迪森. 中国经济的长期表现（公元 960—2030 年）. 上海：上海人民出版社，2008.

[7] 曹东，於方，高树婷，等. 经济与环境：中国 2020. 北京：中国环境科学出版社，2005.

[8] 国际能源署（IEA）. 世界能源展望 2007：中国选粹. 国际能源署，2008.

[9] 国家统计局. 新中国城市五十年. 北京：新华出版社，1999.

[10] 国家统计局. 中国城市统计年鉴 2003. 北京：中国统计出版社，2004.

[11] 国家统计局. 中国城市统计年鉴 2007. 北京：中国统计出版社，2008.

[12] 国家统计局. 中国经济年鉴. 北京：中国统计出版社，2007.

[13] 国家统计局. 中国统计摘要. 北京：中国统计出版社，2008.

[14] 国家统计局人口与就业统计司. 中国人口统计年鉴. 北京：中国统计出版社，1996.

[15] 国务院. 中国 21 世纪议程：中国 21 世纪人口、环境与发展白皮书. 北京：中国环境科学出版社，1994.

[16] 国务院发展研究中心课题组. 中国经济增长的前景分析.决策与信息，2005（8）.

[17] 国务院新闻办公室. 中国 21 世纪人口与发展白皮书. 人民日报，2000-12-02.

[18] 国家人口发展战略研究课题组. 国家人口发展战略研究报告（简介）. [2007-01-11]. http：//www.chinapop.gov.cn/cms/export/sites/chinapop/fzzlbg/bjzl/t20070111_171011372.html.

[19] 贺菊煌. 中国人口与经济长期预测模型. 数量经济技术经济研究，2001（9）.

[20] 建设部综合财务司. 中国城市建设统计年报 2005. 北京：中国建筑工业出版社，2006.

[21] 李京文. 21 世纪中国经济长期预测（2000—2050 年）. 冶金经济与管理，2000（3）.

[22] 林毅夫. 中国经济的长期增长与展望（讨论稿）. 北京大学中国经济研究中心，2003.

[23] 刘卫东，张国钦，宋周莺. 经济全球化背景下中国经济发展空间格局的演变趋势研究. 地理科学，2007，27（5）：609-616.

[24] 鲁勇. 和谐发展论：新型工业化与新型城镇化契合. 北京：清华大学出版社，2007.

[25] 潘文卿，李子奈，张伟. 21 世纪前 20 年中国经济增长前景展望——基于供给导向模型与需求导向模型的对比分析. 预测，2001（3）.

[26] 石良平. 全球经济衰退趋势下的中国经济策略调整. 中国统计，2008（4）.

[27] 王晓鲁，樊纲. 中国经济增长的可持续性. 北京：经济科学出版社，2000.

[28] 许宪春. 中国未来经济增长及其国际经济地位展望. 经济研究，2002（3）.

[29] 许宪春. 中国经济平稳较快增长的动因考察. 经济科学，2008（6）.

[30] 中国环境规划院与国家信息中心. 2008—2020 年我国环境经济形势分析与预测（研究报告）.

[31] 中国科学院可持续发展研究组. 2004 中国可持续发展战略报告. 北京：科学出版社，2004.

[32] 中国土地资源生产能力及人口承载量研究课题组. 中国土地资源生产能力及人口承载量研究. 北京：中国人民大学出版社，1992.

工业污染防治战略研究

综合组：主要负责专题总报告的起草，各分专题之间的协调、联系等工作

殷瑞钰　汪燮卿　徐旭常　顾真安　陈克复　周　翔　柳百成　李仁涵
蒋福康　张春霞　王海风　潘　荔　石丽娜　周鸿锦　毛志平　李敏贤
左家和　罗莎莎　宗玉生

执笔人：

李仁涵　蒋福康　张春霞　潘　荔　周鸿锦　毛志平　李敏贤　左家和
罗莎莎　宗玉生　王海风　石丽娜

评审专家：

张寿荣　李大东　任阵海　吕　政　赵　沛　李文秀　陈国强　孙宝国
苏福庆

第一章
工业污染防治战略研究

专题编写单位：

中国工程院学部工作局

首席科学家：

殷瑞钰

责任专家：

李仁涵

联络员：

宗玉生

综合组成员：

殷瑞钰　汪燮卿　徐旭常　顾真安　陈克复　周　翔　柳百成　李仁涵
蒋福康　张春霞　王海风　潘　荔　石丽娜　周鸿锦　毛志平　李敏贤
左家和　罗莎莎　宗玉生

执笔人：

李仁涵　蒋福康　张春霞　潘　荔　周鸿锦　毛志平　李敏贤　左家和
罗莎莎　宗玉生　王海风　石丽娜

第一章
工业污染防治战略研究

引　言

“工业污染防治战略研究”是“中国环境宏观战略研究”重大专题“主要环境领域保护战略”课题的第一专题，涉及工业的主要领域，综合性强，是污染防治的主要研究内容之一。参加研究人员共计 75 位，其中院士 15 位。研究分为综合组和冶金、石油化工、电力、建材、轻工、纺织、机械 7 个分专题。根据项目领导小组、项目专家领导小组、项目办公室有关要求，通过调查、分析与研究，征询政府有关部门和社会、经济及行业技术专家的意见，经多次修改，形成了本专题报告。报告针对我国工业污染防治，重点论述了其重要性和紧迫性，分析了现状、差距与问题，研究了发展趋势，提出了战略思路、目标和建议。

一、我国工业发展和工业污染防治现状

工业是对矿产资源、矿物质资源、生物质资源以及其他资源进行加工和再加工的升值过程，它的本质是物质转换和能量转换以及财富积累、资金升值的过程。工业在国民经济中占有重要地位，不仅提供能源、原材料和其他生产资料，生产出满足人们日益增长的物质、精神生活需要的各类消费品，而且是国家政治独立、经济自主、国防现代化的根本保证，是国家财政收入的主要源泉，是带动人们就业的动力，是推动其他产业发展的重要基础。

（一）我国工业发展现状

1．工业持续高速增长

近五年来，伴随着国内生产总值（GDP）连年以高于 10%左右的速度增长，2007 年我国 GDP 达到 249 530 亿元，比上年增长 11.9%。其中，我国第二产业增长率高于第一产业和第三产业增长率，也高于 GDP 的增长率，年均增长率在 12.0%以上；第二产业在 GDP 中

的比重，除 2002 年外均保持在 45%以上，工业增加值占第二产业的比重超过 88%（表 1-1，图 1-1）。

表 1-1　　2001—2007 年我国经济增长情况

	2001 年	2002 年	2003 年	2004 年	2005 年	2006 年	2007 年
GDP/亿元	109 655.2	120 332.7	135 822.8	159 878.3	183 217.4	211 923.5	249 529.9
比上年增长/%	8.3	9.1	10.0	10.1	10.4	11.6	11.9
第一产业/亿元	15 781.3	16 537.0	17 381.7	21 412.7	22 420.0	22 420.0	28 095.0
比上年增长/%	2.8	2.9	2.5	6.3	5.2	5.0	3.7
占 GDP 比重/%	14.4	13.7	12.8	13.4	12.2	11.3	11.3
第二产业/亿元	49 512.3	53 896.8	62 436.3	73 904.3	87 364.6	103 162.0	121 381.3
比上年增长/%	8.4	9.8	12.7	11.1	11.7	13.0	13.4
占 GDP 比重/%	45.1	44.8	46.0	46.2	47.7	48.7	48.6
第三产业/亿元	44 361.6	49 898.9	56 004.7	64 516.3	73 432.9	84 721.4	100 053.5
比上年增长/%	10.3	10.4	9.5	10.1	10.5	12.1	12.6
占 GDP 比重/%	40.5	41.5	41.2	40.4	40.1	40.0	40.1
工业增加值/亿元	43 580.6	47 431.3	54 945.5	65 210.0	77 230.8	91 310.9	107 367.2
比上年增长/%	8.7	10.0	12.8	11.5	11.6	12.9	13.5
占第二产业比重/%	88.02	88.00	88.00	88.24	88.40	88.51	88.45
占 GDP 比重/%	39.7	39.4	40.5	40.8	42.2	43.1	43.0

数据来源：国家统计局 2008 年《中国统计年鉴》。

可以说，工业在国民经济发展中起着主导和推动作用，决定着国民经济现代化的速度、规模和水平。

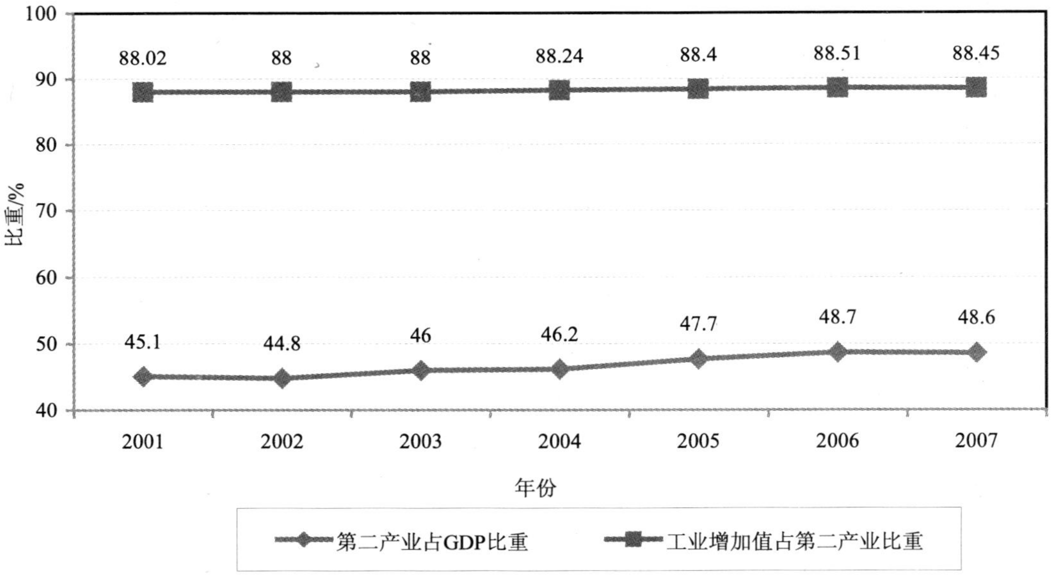

图 1-1　第二产业和工业增加值的比重

中国正经历着工业化和城市化发展的历程，随着经济的迅速发展，我国钢铁、建材、电力、化工等主要工业行业的产量已跃居世界第一，在世界上占有重要地位。自 1996 年起我国发电总量和电力装机容量居世界第一，2007 年电力装机容量 71 329 万 kW，年发电量 32 777 亿 kW·h；粗钢产量自 1996 年起已连续 12 年居世界第一，2007 年粗钢产量达到 4.897 亿 t，约占全球钢产量的 37%；水泥产量自 1985 年已连续 23 年居世界第一，2007 年中国水泥年产量为 13.6 亿 t（水泥熟料产量为 9.6 亿 t），约占当年世界水泥工业总产量的 50%；有色金属产量自 2002 年居世界第一，2007 年总产量 2 350.8 万 t。化工产品如硫酸、烧碱、纯碱、合成氨、磷肥、农药、电石、染料、涂料、合成橡胶等几十种产品的主要产量自 2004 年起居世界第一。2005 年，我国有近 20 种大宗化工产品的生产能力居世界前列；2007 年，我国原油一次加工能力达到 3.5 亿 t/a，居世界第二位；乙烯产量 1 047.7 万 t/a，居世界第二位。纺织行业的纤维加工量自 1994 年来一直居世界第一，2007 年达到 3 500 万 t，约占世界纤维加工量的 40%。

2. 工业发展拉动大量就业

工业生产自身的不断发展推动了人类生产组织方式、资源配置方式和产业组织形式的变革，极大地提高了人类的劳动生产力，促使社会劳动力不断地由农业向工业转移，刺激了第三产业的兴起和发展。1980 年到 2007 年各类产业的就业人数变化如下：

——第一产业的就业人员从 29 122 万人增加到 31 444 万人，增加了约 1.1 倍；全国就业人员的比重从 68.7%下降到 40.8%（表 1-2）。

表 1-2　　我国三个产业就业人员情况

年份	经济活动人口/万人	就业人员/万人	就业人员/万人			构成/%		
			第一产业	第二产业	第三产业	第一产业	第二产业	第三产业
1980	42 903	42 361	29 122	7 707	5 532	68.7	18.2	13.1
1985	50 112	49 873	31 130	10 384	8 359	62.4	20.8	16.8
1990	65 323	64 749	38 914	13 856	11 979	60.1	21.4	18.5
1995	68 855	68 065	35 530	15 655	16 880	52.2	23.0	24.8
2000	73 992	72 085	36 043	16 219	19 823	50.0	22.5	27.5
2001	74 432	73 025	36 513	16 284	20 228	50.0	22.3	27.7
2002	75 360	73 740	36 870	15 780	21 090	50.0	21.4	28.6
2003	76 075	74 432	36 546	16 077	21 809	49.1	21.6	29.3
2004	76 823	75 200	35 269	16 920	23 011	46.9	22.5	30.6
2005	77 877	75 825	33 970	18 084	23 771	44.8	23.8	31.4
2006	78 244	76 400	32 561	19 225	24 614	42.6	25.2	32.2
2007	78 645	76 990	31 444	20 629	24 917	40.8	26.8	32.4

数据来源：国家统计局 2008 年《中国统计年鉴》。

——第二产业就业人员从 7 707 万人递增到 20 629 万人，增加了约 2.7 倍，占整个就业人员的比重也从 18.2%增加到 26.8%（图 1-2）；其中 2006 年工业就业人员占第二产业的就业人员比重高达 94.8%。

——第三产业就业人员从 5 532 万人递增到 24 917 万人，增加了约 4.5 倍，占整个就业人员的比重从 13.1%增加到 32.4%。

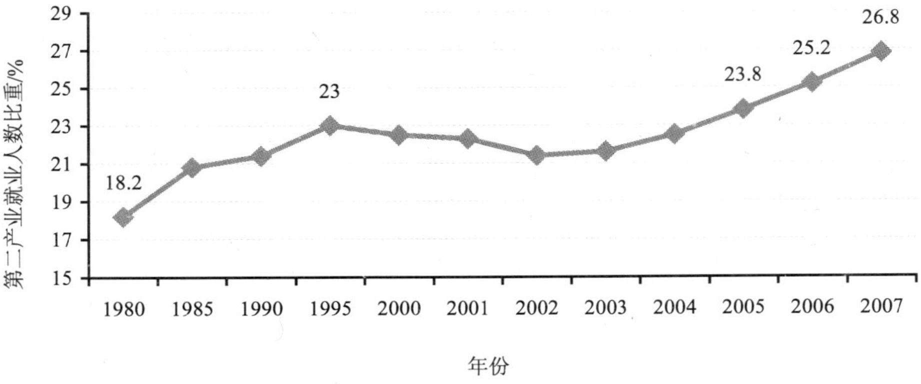

图 1-2　我国第二产业就业人员占整个就业人员的比重

3．重工业快于轻纺工业的发展

重工业是指为国民经济各部门提供物质技术基础的主要生产资料的工业。按其生产性质和产品用途，主要包括电力工业、冶金工业、化学工业、石化工业、建材工业、机械工业等。轻纺工业是指主要提供生活消费品和制作手工工具的工业。按其所使用的原料不同，可分为食品加工、皮革、造纸、纺织等工业。

如表 1-3 可见，2001 年至 2007 年，重工业的增加值、历年增长率都高于全部工业增加值年增长率，平均达到约 16%，且高于轻工业增加值的年平均增长率（约 12%），而且重工业增加值在全部工业增加值中比重逐年明显上升，从 2001 年的 38.26%上升到 2006 年的 61.36%，2007 年的 59.42%；而轻纺工业增加值占工业增加值的比重 2001 年是 24.99%，2006 年为 24.89%，2007 年为 23.09%；上升比重远低于重工业。2007 年，我国重工业增加值 63 794 亿元，比上年增长 15.1%；轻纺工业增加值 24 794 亿元，2006 年比上年增长 10.4%，2007 年比上年增长 9.1%（表 1-3 和图 1-3）。产业结构重型化的格局没有改变。

表 1-3 2001—2007 年我国工业增长情况

	2001 年	2002 年	2003 年	2004 年	2005 年	2006 年	2007 年
工业增加值/亿元	43 580.6	47 431.3	54 945.5	65 210.0	77 230.8	91 310.9	107 367.2
比上年增长/%	8.7	10.0	12.8	11.5	11.6	12.9	13.5
轻工业增加值/亿元	10 649	12 294	14 653	17 762	20 585	22 731	24 794
比上年增长/%	8.6	12.1	14.6	14.7	15.2	10.4	9.1
占工业增加值比重/%	24.99	26.76	27.33	28.28	27.02	24.89	23.09
重工业增加值/亿元	16 301	19 188	26 392	37 043	45 840	55 438	63 794
比上年增长/%	11.1	13.1	18.6	18.2	17.0	17.9	15.1
占工业增加值比重/%	38.26	41.77	49.23	58.97	60.17	61.36	59.42

数据来源：国家统计局 2001—2008 年《国民经济和社会发展统计公报》。
国家统计局 2008 年《中国统计年鉴》。

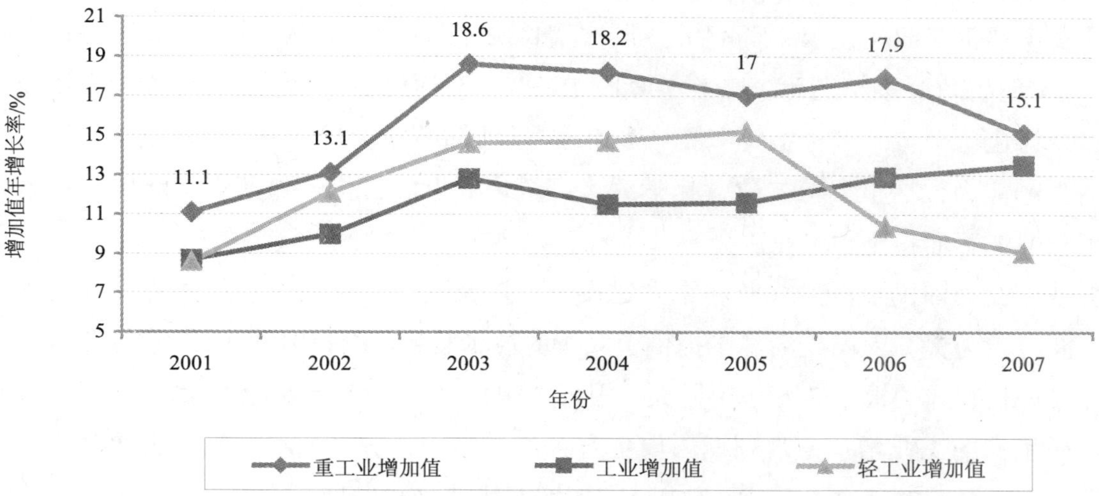

图 1-3 2001—2007 年我国工业、重工业和轻工业增加值年增长率

（1）重工业

电力工业、冶金工业、石化工业和机械工业等作为国民经济的支柱产业，成为衡量一个国家经济发展和国防实力水平的标志。我国钢铁生产和消费对世界钢铁工业发展具有十分重要的影响。2007 年我国粗钢产量达 4.897 亿 t，占全球粗钢产量的 37%；当年国内钢材表观消费量约 4.1 亿 t，约占全球消费总量的 31%。2006 年国产钢材国内市场占有率上升到 95.82%，比上年提高 2.61 个百分点，创历史最高水平，为我国国民经济发展作出了重大的贡献。

电力是现代社会使用最广泛的二次能源，电力工业是关系国计民生的重要基础产业和公用事业。电力已成为国民经济和社会各领域必不可少的生产资料，同时又是和人民的日常生活密切相关，不能缺少的生活资料。电力的安全、稳定和充足供应，是国民经济全面、协调、可持续发展的重要保障条件，事关经济发展、社会稳定和国家安全大局。2007 年，我国电力装机容量达到 7.18 亿 kW，发电量 3.28 万亿 kW • h，从 1996 年起发电装机容量和发电量均居世界第二位。

有色金属是应用广泛的重要原材料，我国经济的持续发展，使国内市场对有色金属的需求大幅度增加，由此带动了我国有色工业的快速发展。2006 年，规模以上有色金属企业（不包括独立黄金企业）实现利润 1 100.3 亿元，比上年增加 548.7 亿元。其中，国有及国有控股企业实现利润 583.3 亿元，比上年增加利润 282.4 亿元，增长 93.84%，增幅比上年上升了 26.36 个百分点，占全国规模以上有色金属企业比重为 53.02%（数据来源于中国有色金属工业协会信息统计部）。

石化工业是国民经济的基础工业，既是能源工业，也是原材料工业，是国家财政收入的重要来源。它不但对经济增长的贡献很大，而且还具有极强的产业发展关联效应和技术经济辐射功能，影响到下游诸多行业的发展。2006 年我国石油和化工产品继续保持快速增长，全年累计实现现价工业产值 4.2 万亿元，同比增长 26.7%；完成工业增加值 1.2 万亿元，增长 23.6%；实现利润 4 377 亿元，比上年增长 18.3%。石油化学工业无论是生产能力还是生产总量，迄今为止已有 20 多种主要产品，多年连续位居世界前列。2007 年，我国原油加工能力和乙烯生产能力位居世界第二位，化学纤维产量位居世界首位，农药产量跃居世界第一（数据来源于中国石油和化学工业协会）。

机械工业为国民经济各行业和重大建设工程以及国防工业建设提供了各种现代化的制造装备，同时也为提高人民生活水平提供了大量的技术装备，对提升整个国民经济的运行质量、实现经济增长方式的根本转变作用巨大。根据中国机械工业联合会提供的统计数字，2006 年，我国机械工业的工业增加值占同期国内生产总值（GDP）的 6.86%，机械工业总产值突破 5 万亿元大关，全行业连续 4 年以 20%以上的增幅快速平稳发展；在主要机械产品中，发电设备产量为 1.1 亿 kW，比 2005 年创造的 9 200 万 kW 的历史纪录又增加 1 800 万 kW；汽车产量为 728 万辆，比上年增长 27.6%，已超过德国，仅次于美国、日本，居世界第三位；机械产品进出口首次实现顺差（数据来源于中国机械工业联合会）。

（2）轻纺工业

我国轻纺工业以消费业为主体，承担着提高人民生活质量、繁荣国内外市场、积累建设资金、吸纳人员就业和促进国民经济增长的重要任务。经过改革开放 20 多年的快速发展，轻纺工业已经成为国民经济的重要组成部分和支柱产业，在国民经济和社会发展中占有举足轻重的地位。2006 年，轻工业总产值完成 58 890.35 亿元，约占全国制造业总产值的 23%；对外贸易额 2 852 亿美元，出口额 2 279.7 亿美元，约占全国出口总值的 25%；实现利税 4 534.58 亿元，约占全国制造业利税总额的 20%；而且，在全国工业总产值、总对外贸易额及出口值、总利税中所占的比例将越来越大。

以纺织印染工业为例，中国是世界上最大的纺织品生产国和出口国，目前约有 12 万家纺织印染企业，是全国 32 个行业中的第三大行业。2000 年以来纺织工业纤维加工量、主要产品产量及主要经济指标如表 1-4 所示。

印染工业是纺织工业的重要组成部分，2000 年以来逐年稳步快速发展，规模以上企业主要经济指标如表 1-5 所示。2000—2006 年，印染行业销售收入年均增速比产量年均增速高出 3.0 个百分点，说明我国印染行业产品质量和附加值不断提高，行业竞争力有了增强。2000 年以来，我国纺织服装工业出口呈现快速增长趋势；2005 年，我国纺织品服装出口额实现 1 175 亿美元，比 2000 年的 521 亿美元增长了 125.5%，年均增长 17.7%，占全球纺织品服装贸易额的比例从 2000 年的 15%上升到约 24%；贸易顺差从 392 亿美元增长到 1 004 亿美元，年均增速 20.7%，为我国出口创汇作出了重要贡献。

表 1-4　　2000—2006 年纺织行业主要产量和经济指标完成情况表

	2000 年	2001 年	2002 年	2003 年	2004 年	2005 年	2006 年	2000—2006 年年均增长/%
规模以上企业数/户	19 364	21 411	23 600	25 832	29 831	35 978	39 422	12.7
工业总产值/亿元	8 895	9 326	10 709	12 938	16 679	20 632	25 017	19.1
占全国工业总产值比值/%	11.67	9.77	9.66	9.09	8.26	8.20	7.50	平均 9.16
工业增加值/亿元	2 216	2 321	2 649	3 177	3 990	4 990	6 340	19.4
利润总额/亿元	295	268	336	444	514	690	883	21.1
劳动生产率/[万元/（人·年）]	3.0	3.0	3.4	3.9	4.5	5.1	6.2	13.1
纤维加工量/万 t	1 360	1 500	1 750	2 007	2 416	2 690	3 000	14.1
纱/万 t	660	760	850	984	1 120	1 440	1 749	17.8
化纤/万 t	695	841	991	1 181	1 424	1 629	2 025	19.5
印染布/亿 m	158.7	178.9	211.6	251.8	301.6	362.2	430.3	18.1

数据来源：中国纺织工业协会统计中心。

表 1-5　　2000 年以来规模以上印染企业主要经济指标情况表

	2000 年	2001 年	2002 年	2003 年	2004 年	2005 年	2006 年	2000—2006 年年均增长/%
规模以上企业数/户	858	965	1 067	1 229	1 417	1 778	1 948	14.8
就业人数/万人	26.8	28.7	29.7	35.5	39.1	43.1	45.5	9.3
产量/亿 m	158.7	178.9	211.6	251.8	301.6	362.2	430.3	18.1
工业总产值/亿元	551.3	661.7	741.3	940.4	1 117.3	1 397.1	1 675.0	20.4
销售收入/亿元	513.3	612.0	694.5	900.7	1 087.1	1 345.7	1 606.1	21.0
利润总额/亿元	13.5	15.2	18.5	30.3	30.7	41.5	53.7	27.3
工业增加值/亿元	113.5	145.4	163.6	216.7	—	—	—	24.0
劳动生产率/[万元/（人·年）]	4.2	5.1	5.5	6.1	—	—	—	13.0
出口交货值/亿元	242.3	287.5	322.6	378.9	429.1	457.8	—	13.6

数据来源：中国纺织工业协会统计中心。

4. 目前我国经济发展处于重化工业化阶段

从整体上看，我国经济发展正处于工业化中期，处在重化工业化阶段（重化工业主要包括电力、钢铁、有色、石化、建材、化工等行业），是经济发展与环境和资源矛盾最为突出阶段。2001—2007 年天然气、发电量、粗钢、有色金属、水泥、纯碱、烧碱、化学纤维、发电设备等的年增长率基本都高于 GDP 和工业增加值的年增长率（表 1-6）。2007 年我国粗钢产量比 2006 年增长 16.8%，2007 年水泥同比增长 9.9%，2007 年 10 种有色金属增长 22.7%，硫酸、纯碱、烧碱、乙烯等主要化工产品分别增长 9.3%、13.6%、16.4%、11.4%。2007 年第一季度，占全国工业能耗和二氧化硫排放近 70%的六大行业增长 20.6%，同比加快 6.6 个百分点。

表 1-6　　2001—2007 年主要工业产品增长速度　　单位：%

	2001 年	2002 年	2003 年	2004 年	2005 年	2006 年	2007 年
国内生产总值 GDP	8.3	9.1	10.0	10.1	10.4	11.1	11.4
工业增加值	8.7	10.0	12.8	11.5	11.6	12.9	13.5
化学纤维	21.2	17.8	19.2	20.6	13.6	21.7	15.3
天然气	11.5	7.7	7.2	18.5	20.6	18.7	18.4
发电量	9.0	11.7	15.5	14.5	12.3	13.4	14.4
粗　钢	18.0	19.7	21.9	22.7	24.6	19.7	16.8
10 种有色金属	10.5	14.5	19.1	16.4	13.2	17.2	22.7
水　泥	11.4	9.7	18.9	12.8	9.9	15.7	9.9
硫　酸	11.1	13.3	10.5	18.5	15.3	9.6	9.3
纯　碱	9.6	13.0	9.2	14.9	9.9	12.4	13.6
烧　碱	18.0	11.4	7.7	12.2	21.4	21.9	16.4
乙　烯	2.3	13.0	12.7	2.4	20.0	24.5	11.4
发电设备	7.3	58.3	74.5	92.9	28.9	19.6	11.1

数据来源：国家统计局 2001—2007 年《国民经济和社会发展统计公报》。

（二）我国工业污染防治工作的现状

1. 工业污染防治取得积极进展

我国政府把工业污染防治作为环境保护工作的重点，经过 30 多年的不懈努力，工业污染防治取得了积极进展。

（1）我国政府对工业污染防治工作日益重视

20 世纪 70 年代，我国工业污染防治主要集中在点源治理上；80 年代，通过调整不合理的工业布局、产业结构和产品结构，结合技术改造，强化环境管理等政策和措施，对工业污染进行综合防治；90 年代，在建立社会主义市场经济体制的过程中，转变传统的发展战略，推行清洁生产，走可持续发展道路。

进入 21 世纪，我国政府提出了“三个转变”的污染防治战略思路，即在污染防治基本战略上，从侧重污染的末端治理逐步转变为工业生产全过程控制；在污染物排放控制上，由重浓度控制转变为浓度与总量控制相结合；在污染治理方式上，由重分散的点源治理转变为集中控制与分散治理相结合。

我国政府对工业污染防治工作日益重视。1982 年 8 月、1993 年 10 月分别召开了第一和第二次全国工业污染防治会议。1988 年，国家环境保护局从建设部分离出来，成为国务院的一个直属机构。1998 年，国家环境保护局升格为正部级的国家环境保护总局。2008 年，国家环保总局升格成为环境保护部。

（2）工业污染防治的政策法规体系初步形成

为有效地防治工业污染，政府制定了“预防为主，防治结合”、“谁污染，谁治理”、“强化环境管理”三大环境保护政策，以及资源综合利用政策、结合技术改造防治工业污染政策、城市环境综合整治政策、环保技术政策、环保产业政策等。在颁布的环境保护法律法规中，也对工业污染防治作出了明确规定，发布了一系列相关工业污染防治的法律、法规、标准、规章、技术规范（见附件一）。各级地方政府结合本地实际情况，制定了一些地方性的工业污染防治政策等。

（3）企业环境监督管理逐步得到加强

通过推行环境影响评价和“三同时”（防治环境污染和破坏的设施与生产主体工程同时设计、同时施工、同时投产使用）制度，对控制新污染源起到了显著作用。2000—2006 年全国县以上建设项目环境影响评价率和“三同时”执行合格率分别保持在 97.0%和 91.3%以上（表 1-7）。

表 1-7　　2000—2006 年建设项目环评执行率与“三同时”执行合格率

	2000 年	2001 年	2002 年	2003 年	2004 年	2005 年	2006 年
建设项目环境影响评价							
当年办理的建设项目数	139 258	193 793	237 155	281 137	323 264	315 589	364 779
履行申报手续的项目数	135 148	187 980	233 129	278 118	320 997	314 038	—
环评执行率/%	97.0	97.0	98.3	98.9	99.3	99.5	—
“三同时”							
当年应执行“三同时”项目数/个	31 285	37 000	53 287	63 904	79 456	71 472	81 988
“三同时”合格项目数/个	27 834	35 520	51 196	61 648	76 038	67 677	74 842
“三同时”执行合格率/%	94.9	96.0	96.1	96.5	95.7	94.7	91.3

数据来源：国家环保总局发布 2000—2006 年《中国环境状况公报》。

（4）单位 GDP 主要工业污染物排放强度逐年下降

总体来看，改革开放以来，我国国民生产总值翻了两番，污染物排放的增长速度明显低于经济增长速度，部分地区和城市的一些环境质量指标基本保持稳定，有的还在一定程度上有所改善。

与 2001 年相比，2007 年全国单位国内生产总值（万元 GDP）的工业废水、工业化学需氧量（COD）、工业氨氮、工业二氧化硫、工业烟尘、工业粉尘和工业固体废物排放量分别下降了 46.0%、63.0%、62.2%、40.0%、59.7%、69.0%和 83.7%（表 1-8）。

表 1-8　　单位国内生产总值（GDP）的工业排放量

	2001 年	2002 年	2003 年	2004 年	2005 年	2006 年	2007 年
工业废水排放量/（t/万元）	18.30	17.22	15.64	13.83	13.28	11.47	9.88
工业化学需氧量排放量/（kg/万元）	5.54	4.85	3.77	3.19	3.03	2.59	2.05
工业氨氮排放量/（kg/万元）	0.37	0.35	0.30	0.26	0.29	0.20	0.14
工业二氧化硫排放量/（kg/万元）	14.29	12.98	13.19	11.83	11.84	10.67	8.58
工业烟尘排放量/（kg/万元）	7.67	6.68	6.23	5.54	5.18	4.13	3.09
工业粉尘排放量/（kg/万元）	9.03	7.82	7.52	5.66	4.98	3.86	2.80
工业固体废物排放量/（kg/万元）	26.39	21.90	14.29	11.02	9.04	6.22	4.31

数据来源：2008 年《中国统计年鉴》、《中华人民共和国 2007 年国民经济和社会发展统计公报》。

与 1990 年相比，2000 年全国每万元 GDP 能耗下降 73.6%，2007 年全国每万元 GDP 能耗比 2000 年下降 31.2%；吨钢可比能耗和水泥综合能耗分别降低 29.6%和 21.9%；2007 年，全国万元 GDP 能耗为 1.064 t 标准煤，比 2006 年下降 8.4%，这是自 2003 年以来单位 GDP 能耗首次下降。单位 GDP 能耗下降主要归功于工业能源利用效率提高。

从工业增加值能耗指标看，2006 年规模以上工业单位增加值能耗同比下降 1.98%；2007 年上半年规模以上企业的工业单位增加值能耗同比降低 3.87%，其中钢铁行业下降 6.49%，建材行业下降 7.84%，化工行业下降 5.17%，纺织行业下降 0.73%，电力行业下降 2.57%；当年电力、钢铁、有色、石化、化工、建材和造纸 7 个行业节能约 1 900 万 t 标准煤。

2. 工业环境污染形势依然十分严峻

我国经济增长迅速，且主要依赖于高投资、高能耗和高污染产业，尤其是重化工业发展。这种增长格局，使节能减排工作面临很大的压力。

21 世纪前 20 年，我国人口将继续增加，2020 年人均 GDP 将比 2000 年翻两番，达到约 4 000 美元/人。经济社会发展对资源的需求不断增加，环境保护面临的国内外的压力越来越大，工业污染防治仍是我国环境保护的一项艰巨任务。目前我国正处于工业化和城市化加速发展的阶段，也正处于经济增长和环境保护矛盾十分突出的时期，环境污染形势依然十分严峻。

（1）主要污染物总量减排任务艰巨，污染的结构型特点突出

随着小康社会的发展和人们对环境质量要求的提高，导致工业发展的国内环境压力增大；经济全球化，国际压力也增大；因其他产业发展和消费增长等，工业污染、生活污染及其他污染交织导致环境问题呈现多样性和复合型。

1995 年、2000 年、2005 年石油、冶金、纺织、轻工、化学、机械、建材、热电等主要工业行业的废水排放量分别占工业废水总排放量的 81.50%、82.71%、79.43%。1995 年废气、二氧化硫、烟尘、粉尘排放量分别占工业总排放量的 93.30%、91.52%、89.74%、97.84%，固体废物排放量占工业排放总量的 44.79%（表 1-9）；2000 年废气、二氧化硫、烟尘、粉尘排放量分别占工业总排放量的 95.83%、86.94%、76.68%、94.80%，固体废物排放量占工业排放总量的 16.11%（表 1-10）；2005 年废气、二氧化硫、烟尘、粉尘排放量分别占工业总排放量的 94.93%、95.00%、92.72%、99.09%，固体废物排放量占工业排放总量的 65.51%（表 1-11）。

表 1-9　　1995 年按行业分工业污染物排放情况

行业	废水			废气				固体废物量占工业排放总量/%
	排放量占总排放量/%	排放达标量占总排放达标量/%	排放达标率/%	排放总量占总排放总量/%	二氧化硫排放量占总量/%	烟尘排放量占总量/%	粉尘排放量占总量/%	
工业行业总计	100.00	100.00	92.12	100.00	100.00	100.00	100.00	100.00
石油天然气开采、加工业、炼焦及核燃料	2.92	4.05	77.01	2.49	1.68	1.66	0.98	1.19
黑色、有色金属矿采选、冶炼及压延加工	15.90	21.30	74.47	19.54	9.80	6.29	10.93	13.13
纺织业、纺织制造业	5.18	5.74	61.64	1.38	2.42	2.24	0.06	0.81
皮革、毛皮、毛绒及造纸、纸制品制品业	10.90	2.79	14.23	1.72	2.30	2.63	0.29	1.74
化学原料及化学制品、医药、化纤、橡胶、塑料制品业	27.02	26.41	54.32	10.55	10.35	9.51	1.93	12.79
金属矿物制品业、设备制造业	6.27	8.52	75.51	3.57	3.00	3.68	0.53	2.97
非金属矿采选业、制品业	3.98	4.93	68.89	21.75	13.56	13.03	82.77	3.02
电力、热力的生产和供应业	9.32	10.99	65.56	32.29	48.41	50.70	0.35	9.14
合计	81.50	84.73	57.80	93.30	91.52	89.74	97.84	44.79

数据来源：中华人民共和国国家统计局 1995 年度数据。

表 1-10　　2000 年按行业分工业污染物排放情况

行业	废水			废气				固体废物量占工业排放总量/%
	排放量占总排放量/%	排放达标量占总排放达标量/%	排放达标率/%	排放总量占总排放总量/%	二氧化硫排放量占总量/%	烟尘排放量占总量/%	粉尘排放量占总量/%	
工业行业总计	100.00	100.00	76.80	100.00	100.00	100.00	100.00	100.00
石油天然气开采、加工业、炼焦及核燃料	2.53	3.11	94.47	2.03	2.29	2.49	1.74	0.61
黑色、有色金属矿采选、冶炼及压延加工	13.21	15.26	88.71	5.83	8.96	5.10	31.09	5.69
纺织业、纺织制造业	6.55	6.65	77.91	0.82	1.55	1.20	0.08	0.30
皮革、毛皮、毛绒及造纸、纸制品制品业	19.08	12.98	52.25	3.02	2.13	2.19	1.22	0.55
化学原料及化学制品、医药、化纤、橡胶、塑料制品业	22.73	24.33	82.18	6.56	6.69	5.41	4.71	4.45
金属矿物制品业、设备制造业	5.40	6.31	89.72	26.72	1.75	1.48	4.07	0.64

行业	废水			废气				固体废物量占工业排放总量/%
	排放量占总排放量/%	排放达标量占总排放达标量/%	排放达标率/%	排放总量占总排放总量/%	二氧化硫排放量占总量/%	烟尘排放量占总量/%	粉尘排放量占总量/%	
非金属矿采选业、制品业	3.47	3.85	85.31	25.99	20.37	28.50	51.11	2.41
电力、热力的生产和供应业	9.73	11.64	91.84	24.87	43.20	30.30	0.79	1.46
合计	82.71	84.13	78.12	95.83	86.94	76.68	94.80	16.11

数据来源：中华人民共和国国家统计局 2000 年度数据。

表 1-11　2005 年按行业分工业污染物排放情况

行业	废水			废气				固体废物量占工业排放总量/%
	排放量占总排放量/%	排放达标量占总排放达标量/%	排放达标率/%	排放总量占总排放总量/%	二氧化硫排放量占总量/%	烟尘排放量占总量/%	粉尘排放量占总量/%	
工业行业总计	100.00	100.00	92.12	100.00	100.00	100.00	100.00	100.00
石油天然气开采、加工业、炼焦及核燃料	3.67	3.87	97.09	3.77	3.74	4.63	0.45	3.62
黑色、有色金属矿采选、冶炼及压延加工	11.53	11.76	93.94	26.45	11.31	10.88	34.52	37.24
纺织业、纺织制造业	8.4	8.79	96.42	1.26	1.57	1.58	0.1	1.21
皮革、毛皮、毛绒及造纸、纸制品制品业	17.81	17.73	91.72	1.79	2.29	2.95	0.02	0.54
化学原料及化学制品、医药、化纤、橡胶、塑料制品业	20.19	20.28	92.56	7.86	7.09	7.6	1.31	4.89
金属矿物制品业、设备制造业	3.35	3.49	93.94	1.78	0.79	1.24	0.5	1.94
非金属矿采选业、制品业	2.83	2.89	93.93	19.07	9.3	16.46	62.02	12.79
电力、热力的生产和供应业	11.63	12.41	98.28	32.96	58.93	47.40	0.17	3.28
合计	79.43	81.21	94.18	94.93	95.00	92.72	99.09	65.51

数据来源：国家统计局 2006 年《国家统计年鉴》。

2001—2006 年虽然单位 GDP 主要工业污染物的排放强度有所下降，但是工业废水、二氧化硫排放量、工业固体废物产生总量仍在增加，年均增长率分别在 3.66%、5.81%、10.96%，工业污染物排放量的增长率仍以较高水平增长；工业废水、化学需氧量、氨氮、二氧化硫和烟尘排放量占全国总排放量比重分别在 45%、38%、30%、80%和 79%以上；工业污染物总量减排任务仍然十分艰巨（表 1-12，图 1-4～图 1-7）。

从污染物的单位排放量看，与发达国家相比，我国单位 GDP 二氧化硫排放量是美国的 6.0 倍、德国的 26.4 倍、日本的 68.7 倍（摘自 2004 年 6 月 11 日中国青年报，国家发改委地区经济司范恒山司长讲话）；其中重工业的污染排放强度更大，以化学工业为例，我国单位产值二氧化硫、工业粉尘和污水中悬浮物的排放量分别是美国的 9.2 倍、5.4 倍和 78.1 倍，说明我国工业污染以结构型为主要特征，工业整体仍处于较低水平。

表 1-12　　2001—2007 年我国工业污染物排放情况

	2001 年	2002 年	2003 年	2004 年	2005 年	2006 年	2007 年
工业废水排放量/亿 t	200.7	207.2	212.4	221.1	243.1	240.2	264.6
比上年增长/%	3.35	3.24	2.51	4.10	9.95	−1.19	10.16
工业废水占排放总量比重/%	46.85	47.14	46.17	45.83	46.35	44.75	44.29
工业化学需氧量排放量/万 t	607.5	584.0	511.9	509.7	554.8	541.5	511.1
比上年增长/%	−13.77	−3.87	−12.35	−0.43	8.85	−2.40	−5.61
工业占总排放量比重/%	43.19	42.72	38.38	38.06	39.23	37.91	36.98
工业氨氮排放量/万 t	41.0	42.1	40.4	42.2	52.5	42.5	34.1
比上年增长/%	—	2.68	−4.04	4.46	24.41	−19.05	−19.76
工业占总排放量比重/%	32.80	32.69	31.15	31.73	35.05	30.08	25.76
工业二氧化硫排放量/万 t	1 566.6	1 562.0	1 791.4	1 891.4	2 168.4	2 234.8	2 140.0
比上年增长/%	−2.85	−0.29	14.69	5.58	14.65	3.06	−4.24
工业占总排放量比重/%	80.43	81.08	82.99	83.88	85.06	86.33	86.71
工业烟尘排放量/万 t	841.2	804.2	846.2	886.5	948.9	864.5	771.1
比上年增长/%	−11.76	−4.40	5.22	4.76	7.04	−8.89	−17.72
工业占总排放量比重/%	79.43	79.41	80.69	80.96	80.25	79.40	78.16
工业固体废物产生量/万 t	88 745.7	94 509.4	100 428.4	120 030.0	134 448.9	151 541.4	175 632
比上年增长/%	8.75	6.49	6.26	19.52	12.01	12.71	15.90

数据来源：据国家环境保护总局 2001—2007 年《全国环境统计公报》。

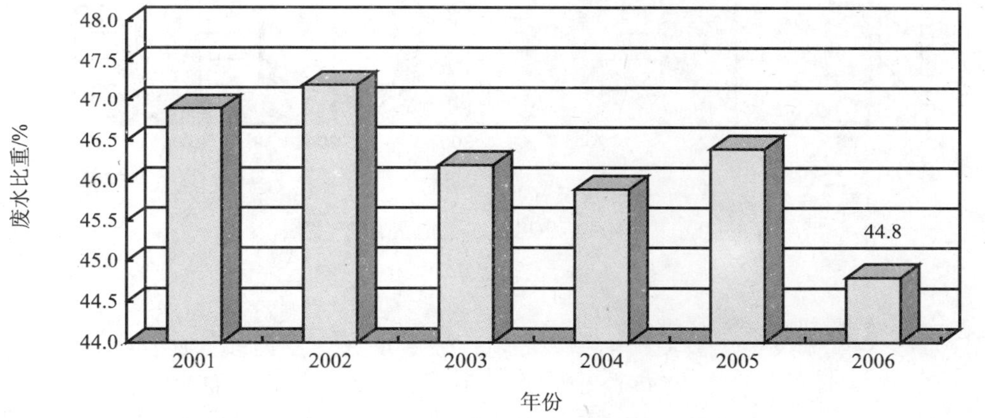

图 1-4　2001—2006 年工业废水占排放总量比重

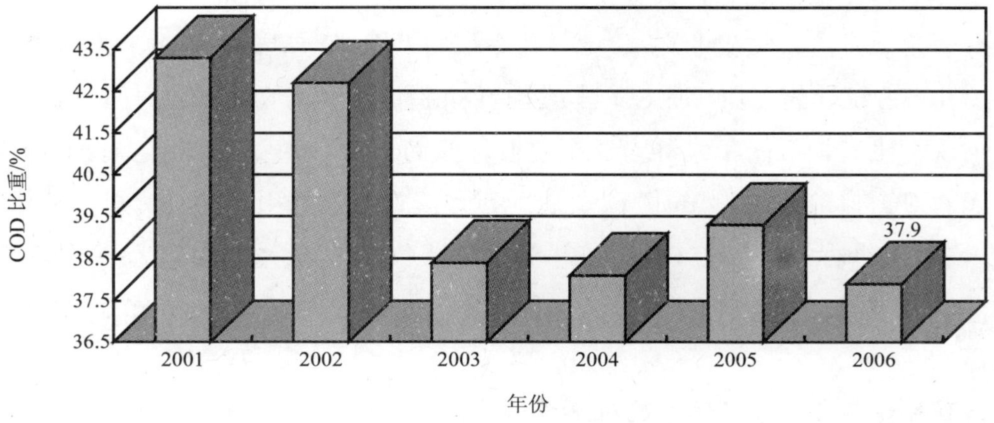

图 1-5　2001—2006 年工业 COD 占排放总量比重

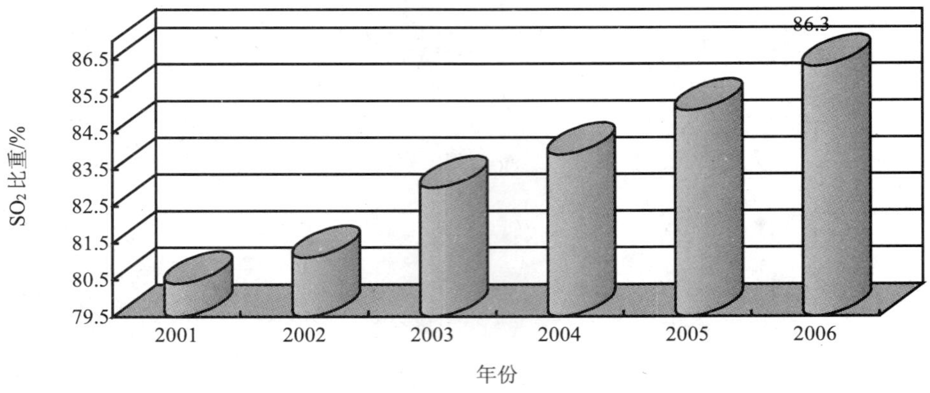

图 1-6　2001—2006 年工业 SO_2 占排放总量比重

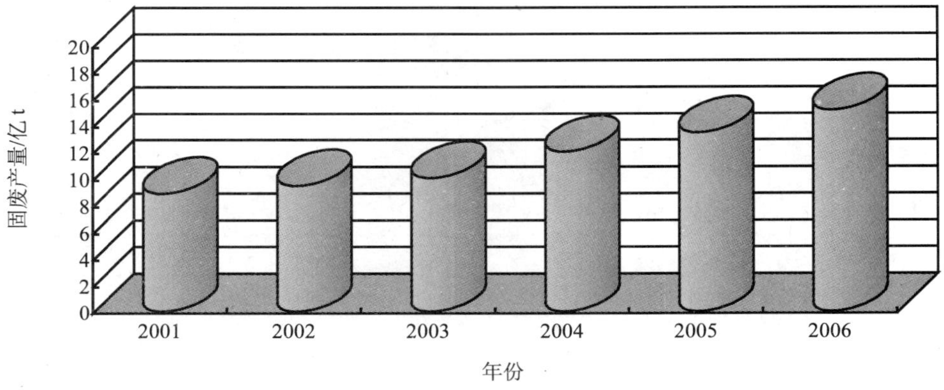

图 1-7　2001—2006 年工业固废产生量

（2）污染物排放集中在一些工业领域

2006 年，在统计的 39 个工业行业中，废水排放量居前五位的行业依次是造纸、化工、电力、纺织和钢铁，这 5 个行业排放的废水占统计的工业行业废水排放量的 61.6%；SO_2 废气排放量居前五位的行业依次是电力（电力热力的生产和供应业）、建材（非金属矿物制品业）、钢铁（黑色金属冶炼及压延加工业）、化工（化学原料及化学制品制造业）和有色金属，这 5 个行业排放的 SO_2 占统计的工业行业 SO_2 排放量的 84.3%；在温室气体排放方面，初步估算 2005 年仅电力、钢铁、化工、石化和建材这 5 个工业行业 CO_2 排放总量约 40 亿 t，其中由于化石燃料消耗引起的 CO_2 排放量约为 36 亿 t，约占全国化石燃料燃烧引起的 CO_2 排放总量的 70%。从 COD 排放看，造纸行业排放的 COD 约占全国工业 COD 排放量的 1/3，而其他污染物排放与化工、农药、发电等行业比较，就非常少或没有。对造纸工业，控制 COD、BOD 的排放量是主要目标。

（3）有毒有害等非常规污染物等已对环境构成明显威胁

目前，工业污染防治重点关注在常规污染物的控制，对随工业废水、废气和固体废物一起排放的有毒有害污染物［如持久性有机污染物（POPs）、持久性有毒污染物（PTS）、重金属等］关注较少。然而，有毒有害等非常规污染物（新型污染物）对水体和土壤的污染已经显现，并有加重趋势。我国众多流域出现癌症村，流域附近地下水普遍遭到污染，特别是重金属污染严重。

有毒有害污染物不同于常规污染物，表现为毒性大、对人体的危害具有潜伏性和累积性、形态多，其危害具有隐蔽性和突发性，难以在环境中降解及消除，属于看不见、摸不着的隐形杀手。已成为所谓的“化学定时炸弹”，一旦发生重大污染事件或出现恶性病变，会产生灾难性后果，严重影响经济发展和社会的稳定。

随着我国工业的快速增长，非常规污染物（新型污染物）的种类、数量越来越多，而目前非常规污染物（包括有毒）基本没有控制，如 POPs 和 PTS 等。以 POPs 中的二噁英为例，在冶金、化工等行业的排放量大，但目前没有任何监测和控制手段，个别企业刚开始注意监测。

（4）企业污染物稳定达标率低

根据有关行业专家测算：我国染料行业废水达标率约 67%，废气达标率约 56%，废渣平均治理率约 55%；焦化企业中，COD、SO_2 污染物排放总体达标率在 31%左右，其中国控大型企业的污染物排放达标率也只有 50%左右，颗粒物、B[*a*]P、苯可溶物行业特征污染物总体排放达标率在 25%左右，其中国控大型企业的污染物排放达标率在 40%以上；平板玻璃企业中，SO_2 排放达标率约 45%，COD 排放达标率约 85%，粉尘和烟尘排放达标率约 75%；纸浆造纸企业中，COD 排放总体达标率在 50%以下，漂白草浆的 AOX 排放很难达标，达标率不到 10%；制革企业中，COD 排放总体达标率很低，不到 40%，其中规模以上企业的 COD 排放达标率在 70%左右。氨氮基本上不能达标。铁合金企业中，污染物排放总体达标率在 70%左右，铜、铅锌冶炼企业中，有数量众多的小型企业，由于规模小，技术落后，SO_2 利用率很低，达标率更低，污染相当严重等。

3．产业结构不合理

20 世纪 90 年代中期以来，我国国内生产总值构成（按当年价格计算），第二产业比重过大。自 1995 年后，第二产业基本在 45%以上，大于第一产业与第三产业，工业基本在 40%以上（表 1-13）；与上年比国内生产总值指数（按可比价格计算），2003 年以来第二产业与工业一直在 110 左右，2000—2007 年平均分别在 111.2 和 111.4，也高于第三产业（表 1-14）。

表 1-13　　1995—2007 年国内生产总值构成（按当年价格计算）　　单位：%

年份	国内生产总值	第一产业	第二产业	工　业	第三产业
1995	100.0	19.9	47.2	41.0	32.9
1996	100.0	19.7	47.5	41.4	32.8

年份	国内生产总值	第一产业	第二产业	工　业	第三产业
1997	100.0	18.3	47.5	41.7	34.2
1998	100.0	17.6	46.2	40.3	36.2
1999	100.0	16.5	45.8	40.0	37.7
2000	100.0	15.1	45.9	40.4	39.0
2001	100.0	14.4	45.1	39.8	40.5
2002	100.0	13.7	44.8	39.4	41.5
2003	100.0	12.8	46.0	40.5	41.2
2004	100.0	13.4	46.2	40.8	40.4
2005	100.0	12.2	47.7	42.2	40.1
2006	100.0	11.3	48.7	43.1	40.0
2007	100.0	11.3	48.6	43.0	40.1

数据来源：2008 年《中国统计年鉴》。

表 1-14　　1995—2007 年国内生产总值指数（按可比价格计算）（上年=100）

年份	国内生产总值	第一产业	第二产业	工　业	第三产业
1995	110.9	105.0	113.9	114.0	109.8
1996	110.0	105.1	112.1	112.5	109.4
1997	109.3	103.5	110.5	111.3	110.7
1998	107.8	103.5	108.9	108.9	108.4
1999	107.6	102.8	108.1	108.5	109.3
2000	108.4	102.4	109.4	109.8	109.7
2001	108.3	102.8	108.4	108.7	110.3
2002	109.1	102.9	109.8	110.0	110.4
2003	110.0	102.5	112.7	112.8	109.5
2004	110.1	106.3	111.1	111.5	110.1
2005	110.4	105.2	111.7	111.6	110.5
2006	111.6	105.0	113.0	112.9	112.1
2007	111.9	103.7	113.4	113.5	112.6
2000—2007 平均	110.0	103.9	111.2	111.4	110.7

数据来源：2008 年《中国统计年鉴》。

2000—2007 年平均，三次产业贡献率（各产业增加值增量与 GDP 增量之比）和三次产业对国内生产总值增长的拉动（GDP 增长速度与各产业贡献率之乘积），第二产业分别在 53.6 和 5.4，工业分别在 48.5 和 4.8，高于第三产业 41.4 和 4.1（表 1-15，表 1-16）。

表 1-15　　1995—2007 年三次产业贡献率（各产业增加值增量与 GDP 增量之比）

年份	国内生产总值	第一产业	第二产业	工　业	第三产业
1995	100.0	9.1	64.3	58.5	26.6
1996	100.0	9.6	62.9	58.5	27.5
1997	100.0	6.8	59.7	58.3	33.5
1998	100.0	7.6	60.9	55.4	31.5
1999	100.0	6.0	57.8	55.0	36.2

年份	国内生产总值	第一产业	第二产业	工　业	第三产业
2000	100.0	4.4	60.8	57.6	34.8
2001	100.0	5.1	46.7	42.1	48.2
2002	100.0	4.6	49.7	44.4	45.7
2003	100.0	3.4	58.5	51.9	38.1
2004	100.0	7.8	52.2	47.7	40.0
2005	100.0	6.1	53.6	47.0	40.3
2006	100.0	5.3	53.1	46.6	41.7
2007	100.0	3.6	54.1	48.2	42.3
2000—2007 平均	100.0	5.0	53.6	48.2	41.4

数据来源：2008 年《中国统计年鉴》。

表 1-16　　1995—2007 年三次产业对国内生产总值增长的拉动（按可比价格计算）　　单位：%

年份	国内生产总值	第一产业	第二产业	工　业	第三产业
1995	10.9	1.0	7.0	6.4	2.9
1996	10.0	1.0	6.3	5.9	2.7
1997	9.3	0.6	5.6	5.4	3.1
1998	7.8	0.6	4.8	4.3	2.4
1999	7.6	0.4	4.4	4.2	2.8
2000	8.4	0.4	5.1	4.9	2.9
2001	8.3	0.4	3.9	3.5	4.0
2002	9.1	0.4	4.5	4.0	4.2
2003	10.0	0.3	5.9	5.2	3.8
2004	10.1	0.8	5.3	4.8	4.0
2005	10.4	0.6	5.6	4.9	4.2
2006	11.6	0.6	6.2	5.4	4.9
2007	11.9	0.4	6.5	5.8	5.1
2000—2007 平均	10.0	0.5	5.4	4.8	4.1

数据来源：2008 年《中国统计年鉴》。

与主要工业发达国家国民经济结构以第三产业为主不同，我国第二产业比重高于世界、发展中国家平均和印度（表 1-17，图 1-8），而且第二产业中工业占国内生产总值的比例还在不断提高（表 1-13），主要产品的产量增速过快，使得我国工业环境污染处于相对严重阶段。

表 1-17　　2005 年主要工业化国家和中国、印度 GDP 和三次产业（三产比例）构成

	国内生产总值/亿美元	国内生产总值增长率/%	第一产业/%	第二产业/%	第三产业/%
世界	443 848.7	4.9	3.5	28.0	68.5
发达国家	344 662.0	2.6	1.6	26.2	72.2
发展中国家	99 264.0	7.4	11.7	36.0	52.3

	国内生产总值/亿美元	国内生产总值增长率/%	第一产业/%	第二产业/%	第三产业/%
欧元区	98 129.6	1.3	2.2	26.8	71.0
美国	124 550.7	3.5	1.2	22.3	76.5
日本	45 059.1	2.7	1.3	30.5	68.2
德国	27 819.0	0.9	1.1	29.1	69.8
英国	21 925.5	1.8	1.0	26.3	72.7
法国	21 101.9	1.2	2.5	21.7	75.7
新加坡	1 167.6	6.4	0.1	33.8	66.1
韩国	7 876.2	4.0	3.7	40.8	55.5
印度	7 854.7	8.5	18.6	27.6	53.8
中国	22 289	10.2	12.6	47.5	39.9

数据来源：国家统计局 2006 年国际统计数据。

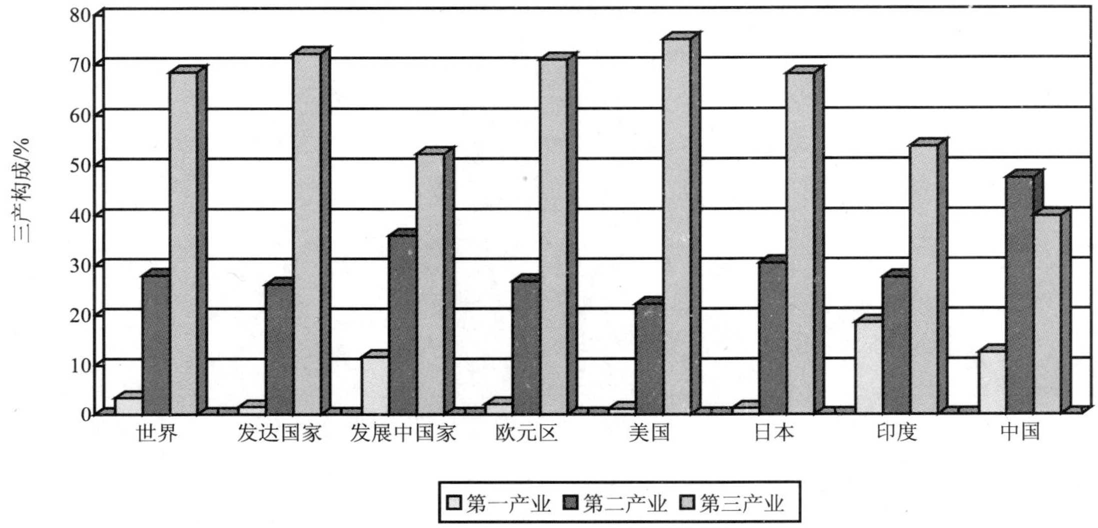

图 1-8　2005 年不同国家三产构成

（三）小结

1. 工业对我国国民经济起着主导和推动作用

伴随着国内生产总值（GDP）的快速增长，工业也以高于 GDP 的增长速度发展，拉动了大量就业，重工业的发展速度高于轻工业的发展速度，我国发电、钢铁、化工、水泥等主要工业行业的产量已跃居世界第一，成为世界上主要的工业大国之一，使我国的综合实力得到了大大的提升；我国正处于工业化和城市化加速发展的阶段，重化工业行业是增长最快的工业领域，产业结构重型化的格局仍在延续。

2. 工业污染形势依然严峻

在我国政府对工业污染防治日益重视下，经过努力，单位 GDP 的主要工业污染物的排放强度逐年有所下降；在重化工业化的快速发展阶段，第二产业比重过大，污染集中于一些工业领域——电力、冶金、化工、建材和造纸等行业，其常规污染物——工业废水、SO_2、粉尘、COD 等污染物的排放总量仍以较高速率增长，单位 GDP 的污染物排放强度远高于发达国家；有毒有害等非常规污染物在无有效控制的条件下增长迅速；我国工业整体水平仍处于较低水平，工业企业污染物达标率低。

3. 未来工业污染防治依然是我国环境保护的重中之重

我国近 30 年来的经济发展，主要是依靠大量消耗资源、能源和环境为代价，获得了很高的经济增长率，但工业发展与环境、生态的矛盾已日渐尖锐。环境历史欠债的积累和环境污染总量的增加愈来愈严重地制约我国经济、社会的可持续发展。因此，工业污染防治将依然是我国环境保护的重中之重。

二、我国工业污染防治的差距与问题

（一）我国与发达国家工业污染防治的差距

1. 工业发展与工业污染防治处于不同阶段

目前，发达国家已经进入后工业化阶段（即工业信息化、现代化和深加工度化阶段），而我国正处在工业化中期（即重化工业阶段）。通常工业化阶段可以分为：以轻工业为中心，以重化工业为中心，工业深加工度化的三个发展阶段。以重化工业化为中心的发展阶段，资源消耗最多，对环境影响最大。目前，发达国家已经进入工业深加工度化的发展阶段，而我国在相当长的一段时期内仍将处于重化工业化阶段。

20 世纪 70 年代以后，发达国家加强环境立法，加大环境治理资金的投入，坚持预防为主、综合防治的政策，采取了一系列有效的环境污染防治措施，如重视清洁技术和污染物治理技术的开发应用，使用清洁能源，加强对废弃物的回收利用，建立生态工业园，实施排污交易等；至 20 世纪 90 年代后，西方发达国家的环境得到了明显的改善。1988—1998 年，美国化学工业产值增长了 35%以上，化工排放的危险物质占全部工业的比例由 31%减少到 10%，其中无机化工行业削减 27%，有机化学品行业削减 25%，农用化学品行业削减 21%。日本化学工业在 1995—1998 年 12 种空气污染物排放量削减了 35%。英国化学工业 1990—1998 年削减了 27 种危险化学物质排放量的 96%。加拿大化工公司 1997—1998 年削减了 15 种化学物质排放量的 37%，比 1992 年排放量减少了 73%。意大利化学工业 1989—1999 年减少水中 COD 排放量约 45%、NH_3-N 排放量约 60%。

进入 20 世纪 90 年代以来，面对全球气候变暖、酸雨蔓延、大气污染等“十大环境问题”，各国环境保护法规和标准日益严格。对此，各国都不同程度地加强了在环境方面的管理，构建起包括环境法规、环境标准、环境技术、环保产业的完整管理体系。

从工业污染防治的发展史来看，大致分为忽视环境保护、末端治理、源头控制和末端治理并举、预防全过程控制及循环经济四个阶段。目前发达国家基本处于第四阶段，我国还处于工业污染防治的第二、第三阶段。

2. 工业污染排放控制法规政策体系存在差距

（1）发达国家污染物排放控制

发达国家已建立起完整和严格的污染物排放控制体系。以美国为例，实行的是污染分类管理，实施有毒污染物、常规污染物和非常规污染物三类污染物排放控制。

① 针对固定污染源，分行业（污染源种类）制定两类排放标准。

新污染源实施标准（NSPS，New source performance standard）和已有有害空气污染物国家排放标准（NESHP，National emission standard for hazardous air pollutants）。到 1994 年已发布了涉及基本上是重点污染源 72 项的 NSPS 排放标准；根据《清洁空气法》的规定，EPA 对 189 种有害空气污染物所涉及的 41 种污染源制定了既适用于现有也适用于新污染源的国家排放标准；并不断扩充有害空气污染物（如已制定的有关金属汞、铍、无机物砷、有机物苯、氯乙烯、石棉尘等有害空气污染物）国家排放标准。

② 工业点源的水污染物排放分为两类标准、三类污染物分类控制。

工业点源的水污染物排放标准分为“直接排放”和“间接排放”、三类污染物分类控制。“直接排放”，一般通过污染物排放标准对点源进行控制；“间接排放”，则制定专门的预处理标准来进行管理。美国 1972 年颁布《清洁水法》，将水污染物分为有毒污染物、常规污染物和非常规污染物三类，并规定向水域排放污染物必须持有有关机构颁发的许可证。

③ 制定和实施预处理制度和标准。

美国还自 20 世纪 70 年代开始，制定和实施专门的预处理制度和标准。作为预处理法规的重要组成部分，包括排放禁令、行业预处理标准和地方预处理标准三个层次。排放禁令又分为：一般性禁令和特别禁令。一般性禁令是指不允许工业用户往公共污水处理系统引入任何会导致“穿透”或“干扰”的污染物；特别禁令则规定了严重威胁工人健康和安全的不得进入公共污水处理系统的污染物。美国国家环境保护局已为 32 个行业制定了适用于行业工业用户的行业预处理标准。适用于所有工业用户或重点工业用户的地方预处理标准由被授权的州政府制定，设立州内、州际控制区。现已设立247个州内控制区和263个州际控制区。

④ 完整成熟的环境技术管理体系。

美国环境技术管理体系主要包括：环境技术政策的制定（法律法规的一部分）、发布最佳污染防治技术导则或指南、最佳污染防治技术的评估筛选系统、新技术的示范推广等内容。欧盟综合环境技术管理体系，主要是根据欧盟综合污染防治（IPPC）指令96/61/CE的规定，将各类污染对环境的影响综合起来考虑，建立了一个综合性的许可证制度。

⑤ 不断严格的环境质量控制标准。

为了达到减小汽车排放污染，发达国家基于各国经济发展的实力和今后对环境要求的需要，对汽车排放提出了不同阶段的限排目标。以欧盟为例，欧盟15国制定的“汽车—油料发展规划”，要求1995—2020年，道路运输排放的7种主要污染物（CO、NO_x、VOC、苯、柴油颗粒物PM、CO_2、SO_2等）要大大降低，除CO_2外，其他各种污染物要由1995年相对值为100降低到2010年相对值为25，2020年平均相对值为10。欧盟制定的汽车排放法规，在1993年、1998年、2000年、2005年分别实施欧Ⅰ至欧Ⅳ排放控制（表1-18），2009年起实施欧Ⅴ排放限值。

表1-18　　欧盟轻型汽油车排放标准及限值（不大于该数值）　　单位：g/km

排放标准	实施年份	CO	HC	NO_x	HC+NO_x
欧洲Ⅰ	1992—1995	3.16	—	—	1.13
欧洲Ⅱ	1996—1999	2.2	—	—	0.5
欧洲Ⅲ	2000—2005	2.3	0.2	0.15	—
欧洲Ⅳ	2005—2008	1.00	0.10	0.08	—

美国、日本、欧盟空气质量标准，规定了污染物（CO、NO_2、O_3、Pb、PM_{10}、SO_2等）、浓度、平均取值时间（1h、8h、24h、1a）。

⑥ 视法律和行业标准至高无上。

进入20世纪90年代以来，各国企业面对日益严格的环境法规和标准都不同程度地加强了在环境方面的管理。工业发达国家企业，特别是很多大型跨国公司，将消除环境污染提高到与安全、消防工作同样的高度，专设机构负责环境问题的决策，在最高管理层建立了环境主管部门，主要决策者中有专人负责环保，形成了自上至下的健全的环保管理机制。为了满足环保的要求，对环保设施的正常运行视同企业生存与发展的生命，效率较高。

杜邦公司是世界上历史最长、规模最大的综合性化工公司。1966年杜邦公司成立了由1名高级常务董事主持的环境委员会，负责监督公司的环境保护工作。1983年8月公司董事会通过了一项决议，将消除环境污染提高到与安全、消防工作同样的高度。面对20世纪90年代严峻的环境挑战，1992年杜邦公司革新了环境管理体制，在公司董事会下设环境政策委员会和环境领导委员会。环境政策委员会由 5 名外部董事和 1 名公司内部副主席组成，负责监督环境政策的执行；环境领导委员会负责制订公司安全、卫生、环境政策、工作目标和环境质量指标，指导公司的环境计划。杜邦公司还成立了一个安全、卫生及环境中心，其任务是通过与经营部门的直接联系，将决策、监督、安全、卫生和环境管理结合起来。该中心下设与化学品制造商协会的“责任关怀”要求相配套的机构，包括职工健康与安全、环境管理、工艺安全管理、产品管理、化学品销售、公众意识与应急对策等。

美国化工销售额名列前茅的陶氏化学公司，在董事会下设环境、卫生及健康委员会，是八大决策机构之一。美国的 3M 公司设立了一个专门负责环境问题的部门——环境工程和污染控制部，总经理和董事会指定 1 名副总裁兼任该部门经理，以确保在产品和工艺设计及生产制造过程中环境和技术能得以最充分地结合。德国的三大化工巨头之一的拜耳公司，规定管理委员会成员除分管业务部门的工作之外还得兼管环境保护，巴斯夫公司的理事会下设安全环保部门。英国化学工业最大的垄断集团——帝国化学公司及捷利康公司，由首席执行官领导的执行委员会中有专门负责安全、卫生和环保的董事。日本最大的化学公司——三菱化学公司及住友化学公司，总部设有专门的环境与安全部。三菱化学公司在 1996 年将公司总部的环境保护与安全处扩大为环境保护与安全部，下设环境安全处与全球环境处，以加强环保和安全工作。法国最大的国有化工企业——罗纳—普朗克公司 1996 年设立了工业与安全部，并在世界主要国家设有代表处，其主要业务活动包括研制环境保护方面的通用技术和制定有关政策。

（2）我国在环保法律和标准的执行上的差距

总体上我国工业污染物排放与工业发达国家相比存在差距，我国有个别企业可达到国际先进水平，但有相当一部分企业甚至连国家现有排放控制标准的要求都不能达到。与环境保护发展建设完善的国家相比，我国环境法律体系基本建立，但分类指导和操作性差；法律门类较为齐全，但执行力度远远不够，法律的尊严受到严重的影响。当前需要引起关注的重要问题是：

① 对污染物排放缺乏分类指导和管理。

针对固定污染源，大部分没有分行业（污染源种类）分别制定新污染源与有害空气污染物国家排放两类排放标准；工业点源的水污染物排放未分为“直接排放”与“间接排放”标准来进行管理；未把水污染物分为有毒污染物、常规污染物和非常规污染物三类控制；未制定和实施专门的预处理制度和标准；未制定排放禁令、行业预处理标准和地方预处理标准；未完全实行颁发排放许可证制度；环境技术管理体系尚未建立。

② 对冶金、建材、石化、化工等高耗能高污染行业缺乏排放总量控制，污染排放控制有明显差距。

冶金行业。中国重点大中型钢铁企业，2006 年与 2000 年相比：吨钢新水消耗量降低 74.0%，废水处理率从 98.4%提高到 99.6%，粉尘排放量平均降低 37.5%，废渣的利用率提高了 41.3%，外排废气量下降 12.3%，处理废气达标率提高了 5 个百分点，吨钢 SO_2 排放量下降了 67.3%左右；但有关污染物排放指标要赶上工业发达国家水平还有很长的一段路要走。有色金属工业，2005 年 19 家大中型重点冶金企业在金属产量同比增长 14.05%的情况下，外排工业废水量减少 14.70%；18 家大中型铝生产企业，在电解铝、氧化铝同比增长 10.39%、12.37%的情况下，外排废水量减少 16.92%；根据 118 家主要企业的统计，2005 年吨产品二氧化硫、氟化物、工业烟尘和工业粉尘的排放量显著下降。但污染物排放与国外有明显差距。

建材行业。我国建材企业现行的大气污染物排放标准并不比国际水平低，部分建材企业大气污染物排放水平已达到国际先进水平。2006 年上海、北京、海南、浙江、安徽和山东的吨水泥熟料排放二氧化硫已低于 0.6kg，上海和北京低于 0.3kg；上海、天津、北京、浙江、吉林五省市水泥企业烟粉尘去除率达到 95%以上，其中上海、天津、北京三个直辖市达到 99%。由于我国建材企业众多，企业之间、地区之间大气污染物排放水平差距巨大，有相当数量企业达不到大气污染物排放标准。2006 年有 22%的建材企业、20%的水泥企业、31%的砖瓦企业二氧化硫排放达不到国家标准；14%的建材企业、15%的水泥企业、23%的砖瓦企业、21%的石灰企业、27%的建筑卫生陶瓷企业烟粉尘放达不到国家标准。

石化行业。美国先进炼油厂进入污水处理厂的污水含油小于 75mg/L，日本炼油厂只有 40mg/L，COD 只有 80mg/L（锰法），处理后出水 COD 小于 20mg/L，含油可以达到 1mg/L，排放后对环境基本无污染。2005 年与 2000 年相比，中国石化在工业总产值（1990 年不变价）增加 39.9%的情况下，外排 COD 量减少 29.2%，外排废水达标率 95.0%，工业取水量减少 27.3%，工业水重复利用率提高了 8.12 个百分点，加工吨原油取水量降低了 42.9%，万元产值 COD 外排量和取水量分别下降了 50%。但与国外先进水平比差距还大。

煤化工行业。煤化工，包括煤炼焦和电石生产、煤液化油、煤制甲醇、二甲醚、煤制烯烃、煤气化等，是一个高污染、高安全要求的行业，其运行周期长、工艺流程多且复杂，生产过程中排出的大量废气、污水和炉渣，对环境造成的污染是不容忽视的。日本、美国、前苏联等国 20 世纪 70 年代末实现了无大气污染、无污水排放和无废渣的“三无”生产，美国国家环境保护局 1974 年还制订了煤化工污水排放标准，西欧各国、日本煤化工电炉都装备了烟气净化系统。但我国煤化工工业的环境保护和综合利用尚处于较落后状态，大部分中型电炉无任何除尘设施，每个环节产生的各种污染物，虽然部分可以回收，但无法回收的部分大多有毒有害，稍有不慎还可能造成重大环境安全事故。甲醇、二甲醚替代燃料的使用还有一系列问题待解决。煤炭资源的合理利用、水资源和环境保护是煤化工产业发展的重要制约因素和瓶颈。发展过热，后患无穷。

电力行业。目前，我国对火电厂二氧化硫的控制要求中，有排放标准要求、总量控制要求、环境影响评价的行政审批要求等，不仅在排放标准中规定了严格的排放浓度、排放速率要求，还通过行政命令规定了以年排放量为指标的总量控制要求等，在推动电力行业减排二氧化硫工作中起到了重要作用，但电力行业节能减排法律法规体系还有待进一步健全。如对二氧化硫总量控制指标通过法治化渠道进行分配和监督还需加强，法规要求与行政要求的配套性、协调性还需完善，依法执法还需强化。

纺织行业。目前我国只有“纺织染整工业水污染物排放标准（GB 4287—92）”，共规定了化学需氧量（COD）、生化需氧量（BOD_5）、色度、pH 值、悬浮物、氨氮、硫化物、六价铬、铜、苯胺类、二氧化氯等 11 项指标；对于废气等污染物的排放并没有限制指标。《德国水污染物排放标准》中规定，产污点的废水中不可含有：有机氯化物、含氯漂白物（亚氯酸钠除外）、游离氯、砷、汞以及它们的混合物、烷基酚（APEO）化合物、含 Cr^{6+}化合物、EDTA、DTPA 和磷酸酯及具有累积作用的染化料、助剂等。美国洗毛废水、毛织物印染、机织物印染、纱线染整加工废水和非织造行业的废水排放都有较为详细的规定。

轻工行业。以味精行业为例，每吨味精排放高浓度（COD 浓度 4 万～5 万 mg/L）有机废水约 15 t，产生 COD 约 600 kg。造纸工业，设置有碱回收系统的制浆厂，仍有 5%～15%的黑液、15%～30%的碱进入废水系统；部分造纸企业所排放的废水中，可吸附有机氯化物发生量每吨浆最高达到 9.5 kg，一般都在 4 kg 以上，远超过国家 2.7 kg/t 浆的标准；无元素氯漂白废水中 COD 负荷在 30～60 kg/t 浆，总有机碳（TOC）含量达到 20～30 kg/t 浆的程度。目前制革排放废水中的污染含量指标与其他工业废水相同。

机械行业。据统计，我国每生产 1 t 合格铸件，大约要排放粉尘 50 kg，废气 1 000～2 000 m^3，废砂 1.3～1.5 t，废渣 300 kg。焊接的污染以烟尘为最，世界不少国家都制定了焊接工作区有害物质极限允许浓度。我国手工电弧焊，现场产生含锰、氟的烟尘量一般均达每立方米数十到数百毫克，即使在露天焊接烟尘也达十几毫克每立方米（美国等国标为＜5 mg/m^3）。我国电镀行业每年排放 4 亿 t 含重金属的废水、5 万 t 固体废物、3 000 亿 m^3 酸性废气。

③ 对 NO_x、PM_{10} 及 POPs 等有毒污染物的控制尚未引起重视。

各发达国家已开始将环境保护和污染控制紧密地结合起来，彻底拓宽污染物控制的范围。如发达国家要求钢铁企业必须经过 ISO 14000 系列标准和其他质量标准的考核，除出厂的产品质量达标外，主要污染物排放总量要在国家规定的指标内，对烟尘、工业粉尘、SO_2、CO_2、COD、汞、镉、磷、铅、铬和工业固体废物排放总量控制水平达标，生产线功能达标，周边区域环境达标，一半的工业和民用垃圾都得到再利用。20 世纪 80 年代，美国国家环境保护局提出了修改国家颗粒物排放的大气环境质量标准，由不考虑粒度的总悬浮物改为对人体健康有害的可吸入颗粒物。我国污染物排放标准还缺乏对 NO_x、PM_{10}、POPs 及 PTS 有毒污染物控制。

④ 没有建立环境保护设施正常运转制度，环保设施运转效率不高。

环境保护设施正常运转制度是指已经投入使用的环境保护设施，必须保持其正常运转状况（指无故障运转）的一项法律制度，该制度应是“三同时”制度的配套制度，目前我国还没有建立。

环境保护设施与主体工程实现“三同时”以后，不能保证设施的正常运转，“三同时”制度作用就不能充分发挥，成为环保治理重要缺失。据调查，环保设施运转状况，大致运转正常并运转效率好的、处于开开停停半运转状态的、基本不开或运转不正常的各占三分之一。甚至有的被检查企业，环保设施运转正常，但稳定达标排放状况却不尽如人意，排放超标。

究其原因是多方面的，有设计和制造质量问题，但更重要的是监管问题和企业自身管理问题。如水处理设施不能正常运转的原因一是设计不合理，设计标准低，工艺落后，设施存在先天性不足；二是设备质量不过关，故障率高，缺乏维护；三是企业对水污染处理设施管理不善，建成的污水处理设施设备老化、治理能力下降；四是环保服务社会化、专业化程度低，全方位的服务体系还没有建立；五是运行费用高于企业应缴纳的排污费；六是执法监督管理不严。

3. 工业污染防治技术水平存在差距

我国的工业污染防治技术，现在相当于工业化国家 20 世纪 70 年代中期水平，个别技术达到 80 年代初的水平，极个别的技术接近当代国际先进水平，总体上比工业化国家大约要落后 20 年。

（1）我国工业污染防治技术与国外存在多方面差距

① 污染预防技术和清洁生产还存在较大差距。

工业各行业相当一部分生产工艺技术落后，单位产品污染物产生量相对较大，治理废水、废气的技术和处理工艺，与发达国家相比总体上还有一定差距，尤其是水污染治理设备及集成技术差距较大。中小型企业的治理普及率和治理合格率普遍偏低。

② 工业废水、有机废气、有害废渣预处理技术与工业化国家比差距大。

轻工、化工、制药等行业高浓度有机废水，印染、化工、石化、冶金、煤化工等行业难降解有机废水尚无适用处理技术；电镀、皮革、有色冶金等行业尚无含铬、镉、汞等重金属废水处理回用技术；化工、石化、轻工、机械等重点行业有机废气（气溶胶）污染物，钢铁、有色、煤化工、水泥、化工、石化等行业有毒有害废气尚无处理设施或治理技术；工业发达国家采用的行之有效的高浓度、难生化的有机废水处理技术，国内均未实现产业化，至今仍依靠进口；焚烧技术的关键设备一直未得到很好的解决。

③ 综合处理水平低。

如日本、瑞士等染料、农药生产大国，对染料和农药废水均采用全厂综合处理的方法，使污染物排放量减到最低，以达到彻底无害化的目的。我国的染料、农药生产的共同特点是生产规模小，废水排放量大，废水中有毒物质浓度高，出水的达标率不足。

④ 环保监控远落后于国外。

国外公司普遍采用在线监测和计算机控制，监测技术（特别是在水污染监测方面）不断向连续化、自动化及网络化发展。而我国工业企业在线监测仍处在初级阶段，环保处理装置与生产装置尚未达到一体化的运行控制，存在明显差距。国内开发的在线监测仪器仪表尚未完全过关；部分地区或企业还存在监测“作假”现象等。

⑤ 环保技术管理体系不健全。

与国外的差距反映在：环境技术管理相对薄弱，环境保护技术评估体系不健全，污染防治缺乏系统技术政策和技术支撑，环境工程技术缺少技术标准、规范，污染控制技术开发前瞻性不够。如国外公司大多建立了 HSE 管理体系或 ISO 14000 环境管理体系，我国正在实施 HSE 和 ISO 14000 管理，只有鞍钢、宝钢等一批国有大企业通过 ISO 14000 环境管理体系认证。

（2）国内污水处理及水污染防治技术有差距

① 我国在工业水污染区域防治上相对落后。

国外水污染防治有三种模式。日本的强制性水污染防治模式，是提高污水的处理与利用率；美国流域性生态治理模式，是将生态保护与经济建设相结合，恢复源头生态环境；欧洲的防止面源污染治理模式，是把企业都组织进来对话和沟通，重点放到面源污染防治上。国外企业所采用的处理工艺一般根据废水性质确定。

② 国内行之有效的三级废水处理技术水平有待提高。

炼化企业形成的“预除油+隔油+二级气浮+三级生化”的含油废水处理工艺，使 33 家企业排出的 2.97 亿 t 废水，各项指标基本达到国家炼油污水环保排放标准，达到一级、二级和三级标准的污水分别占 33%、42%和 21%，总达标率为 96%。食品、造纸、皮革工业常用的废水处理方法，如物理法、物理化学法、生物化学法和化学法已应用。从印染废水处理技术原理上分析，国内外差别不大；但从技术深度、自动化程度、设备质量及稳定性等方面来看，先进国家的水平明显高于国内。

③ 国内高浓度及难生物降解废水处理新技术未得到很好的解决。

开发高浓度及难生物降解废水处理新技术并继续努力提高水平受到国外普遍重视。工业发达国家采用的催化氧化法、湿式氧化、低温湿式氧化法等行之有效的技术，国内均未实现产业化，至今仍依靠进口。国外普遍应用的高浓度有机废水和废液的焚烧技术，关键设备国内一直未得到很好的解决。目前，在化工、化肥、氯碱、轻工等行业，对高浓度含硫（硫酸根）、含盐、难降解的有机废水的处置尚无适用技术，味精生产废水，是味精行业治理的难点，电镀、制革工业含铬废水处理没有根本解决。

④ 水处理剂产业发展滞后。

国外已形成了包括产品制造、技术服务和系统建设水处理剂工业。我国自行研制开发的水处理剂可基本满足需求；但我国水处理剂与先进国家相比有明显差距，表现为：水处理剂工业发展历史较短，基础薄弱，整体技术比较落后；水处理剂的产量低、产值不高，缺少系列产品和专用品种；生产厂家普遍经营规模小，整体产品质量得不到保证，有的产品质量有待提高；自行研制的产品少，仿制或依据国外专利研制多；应用与技术服务，还不能满足各种污水处理的要求。

⑤ 污水回用存在差距。

国外自 20 世纪 60 年代初开始普遍实施污水回用。美国是世界上开展污水回用最早的国家之一；日本 1962 年开始污水回用技术开发，70 年代初见规模。我国钢铁、石化、造纸部分企业，废水重复利用技术和工艺总体水平与国外还存在一定差距。

⑥ 生物化工技术的开发应用进展不快。

欧美十分重视生物化工技术的开发。广泛采用膜分离、生化处理新方法，高效菌种的开发、筛选和驯化已取得了很大进展，有多项技术实现了大规模工业化生产。国内厌氧生物法在石油化工废水治理中日益推广应用；对高效菌种进行研究应用少；染料、农药废水治理采用生化处理，但出水的达标率不足；膜技术可用于味精、印染废水的深度处理，但是膜价格贵、运行成本高。利用光化学催化、特殊菌种、特效试剂、超声波、微波、超临界态、等离子态、高温高压湿法氧化等新型技术处理国内外都有许多的研究。

（3）国内在工业废气污染防治技术上有进展

总体上说，目前国外废气污染防治所采用的技术具有较强的实用性，处理后的废气基本上达到了各国规定的排放标准，并较注重是否能够产生二次污染问题，装置的自控水平比较高，主体设备材质档次较高，在设计上强调了耐用、安全等因素。许多发达国家已把大气气溶胶的环境标准由总悬浮颗粒物（TSP，＜100μm）改变为对人体健康危害更大的 PM_{10}（又称为可吸入颗粒物或 IP，＜10μm）。

① 控制 SO_2 排放。

以电力行业锅炉的烟气脱硫为例，通过技术引进和自主开发，我国已有石灰石—石膏湿法、喷雾干燥法、炉内喷钙等十多种工艺的脱硫装置在商业化运行或进行了工业示范，但普遍存在腐蚀、脱硫副产物利用问题。到目前为止，湿法脱硫技术共占全世界 FGD 装置总量的 85%左右，其中石灰石膏法约占 36.7%，其他湿法脱硫技术约占 48.3%。石灰石—石膏湿法烟气脱硫仍是世界上的主流烟气脱硫技术；据统计，我国火电厂烟气脱硫 90%以上采取石灰石—石膏湿法烟气脱硫技术。半干法脱硫技术是我国开发的具有中国自主知识产权的烟气脱硫技术。钢铁工业对烧结烟气脱 SO_2 刚刚开始基本没有采取措施。中国石化的原有自备热电站基本没有脱硫设施，废气的治理只限于烃和硫化氢的回收。

② 氮氧化物控制。

固定源（如火电厂）NO_x 排放控制技术分为两大类：一类为在燃烧过程中控制 NO_x 的生成，20 世纪 80 年代中后期，我国在引进大容量燃煤发电机组的同时，就引进了锅炉低 NO_x 燃烧器的制造技术，并在大型火电厂机组上采用。在此基础上，结合我国煤质、制粉系统特点，开发了低 NO_x 燃烧技术；另一类是烟气脱硝技术，烟气脱硝技术中 SCR 法因脱硝效率高、工艺成熟等优势已成为目前国际上的主流技术，也是我国重点推广的技术。一批现有电厂结合技术改造安装了低氮氧化物燃烧器；已投运或在建的脱硝机组多数采用选择性催化还原（SCR）工艺；钢铁、石化工业对 NO_x 尚没有采取处理措施和进行实测。

③ 除尘技术方面。

我国已经研究并开发了多种实用有效的除尘技术。其中电力工业以外行业，静电除尘（除尘效率达 96%）仅占总数的 12%，静电除尘器改造为布袋除尘器已经势在必行。而火力发电机组采用电除尘器的比例逐年增长，除尘器效率不断提高，全国 6 000 kW 及以上燃煤电厂平均除尘器效率达到 98.5%以上，新建电厂的除尘效率平均在 99%以上。新投产的大部分机组是按烟尘排放标态浓度 50 mg/m^3 或更低值设计和建造，普遍采用的电除尘器除尘和布袋除尘技术与设备水平有了很大提高，已具有先进技术、成熟工艺、良好的业绩，处于国际先进甚至领先水平，只是部分关键部件尚需进口，设备运行不稳定，控制性能差。部分容量较大的燃煤工业锅炉采用了除尘效率不高（75%～85%）的旋风除尘器、多管除尘器和湿法除尘器，更多的容量小的锅炉多未装除尘器；随着布袋除尘器滤料等配套件生产技术的日益提高，使得脉冲袋式除尘器在锅炉除尘技术中的运用得到有力的支持。

④ 有机废气、恶臭处理，机动车尾气净化等方面仍是国内比较薄弱的领域。

钢铁工业对含二噁英、呋喃、苯并芘等强有毒气体没有监测手段、相应的排放标准和处理措施；石化对于含有机物浓度较高的废气适合采用催化燃烧的技术，含有机物的储罐呼吸气体采用就地活性炭吸附的方式处理，应用有限；一些有机废气实行高空排放，尚无处理设施。有色金属工业废气成分复杂，治理难度大。焊接行业近二三十年来，人们的研究重点已移向了焊接烟尘对人体健康影响的长期效应上，致使一些国家相继进行了低尘低毒焊条和烟尘净化排除设备的研制。

（4）工业固体废物处理、综合利用技术开发应用少

目前，世界上许多国家十分流行固体废物的分类收集，正致力于工业固体废物资源化循环利用和综合利用的实践与研究。我国固体废物资源化程度不到 20%。固体废弃物的综合利用存在的问题是，技术水平较低，有些项目未经专门的环境影响评估，存在二次污染的潜在危害，还有许多尚待填补的技术空白，技术设备落后等。我国工业固体废物综合利用方式，目前主要有：筑路、代替部分原料、用做肥料、外售、用做燃料、回收六种，没有充分利用其中含有的各种资源，做到固体废物多用途、高价值的利用。以钢铁工业为例，固体废物的处理和利用水平与国外相比还有一定的差距，多限于工艺简单、效益低下的筑路、工程回填、建筑方面，主要利用途径是做水泥混合料、混凝土掺和料、墙体材料等。味精生产产出污泥的处理是一个大难题。机械行业长期以来重视发展并推广应用节能节材及少、无污染成形与改性技术。

（5）国外环境技术管理体系值得我国借鉴

欧美环境技术管理体系的启示是：将环境技术管理与环境法规密切结合，环境行政法规规定污染者的法律责任和政府的执法职责，而环境技术政策则给出污染源在当前条件下技术上应做到的程度与水平，给出的环境技术文件包含了相当丰富的内容，环境技术政策基本覆盖了污染排放的各个主要行业，形成了完整的体系，为了保证技术政策的正确可靠，对污染源的技术评估以费用一效益分析方法为主。例如 2004 年公布了“美国 2004 年热处理技术路线图 HTS 修订稿”，反映了美国等先进的工业国家对热处理生产环境保护的高度重视，值得我国借鉴。

4. 环境保护的投资力度存在差距

（1）发达国家企业在环境保护上的投资力度大

如德国钢铁工业每年要花费 2.5 亿～3.0 亿欧元进行环保投资。1999 年，每生产 1t 钢用于环保的费用超过 50 欧元，这样才使排放的废气中吨粉尘含量从 1976 年的小于 5.5kg 降低到现在的 0.5kg 以下。跨国化工公司的环境保护投资力度很大，占公司投资比例很高，部分跨国大化工公司的环境保护投资力度见表 1-19。工业发达国家环境保护投资，主要是企业投入。

表 1-19　　跨国化工公司的环境保护投资力度

公司	环境保护的投资
杜邦公司	11 亿～12 亿美元/a（1990—1992 年）
上海杜邦农化公司	投资的 1/4 用于环保
美国的孟山都公司	占总投资的 12%
德国的赫希斯特公司	占公司总投资的 10%～15%
德国的巴斯夫公司	5 年中在全球的环保投资达 1 850 亿马克，370 亿马克/a
德国的拜耳公司	20 亿马克/a 左右
英国的帝国化学公司	1996 年 2 亿英镑
日本三菱公司	30 多年已投资 1 500 亿日元，约 50 亿日元/a

数据来源：“大型跨国化工公司的环境保护战略”，中国环保技术在线，http: //www.eptec.cn/，2006-07-17。

（2）我国政府与企业环境污染治理投资低

目前政府在环境保护方面投入不足。我国环境污染治理投资总额占国内生产总值比重历年在 1.3%以下，工业污染治理投资占国内生产总值比重在 0.25%以下、占环境污染治理投资总额比重在 20%以下。“八五”、“九五”和“十五”期间，环境保护投资只占同期 GDP 的 0.74%、0.88%和 0.99%。工业污染治理投入国内企业比跨国化工公司低得多，与我国工业化进程很不适应（表 1-20）。

表 1-20　我国环境污染治理投资

		2000 年	2001 年	2002 年	2003 年	2004 年	2005 年
国内生产总值/亿元		99 214.6	109 655.2	120 332.7	135 822.8	159 878.3	183 084.8
环境污染治理	投资总额/亿元	1 014.9	1 106.6	1 367.2	1 627.7	1 909.8	2 388.001
	占国内生产总值比重/%	1.02	1.01	1.14	1.20	1.19	1.30
工业污染治理	投资/亿元	239.4	174.5	188.4	221.8	308.1	458.2
	占国内生产总值比重/%	0.24	0.16	0.16	0.16	0.19	0.25
	占环境污染治理投资比重/%	23.59	15.77	13.78	13.63	16.13	19.19

数据来源：国家统计局 2000—2006 年《国家统计年鉴》。

（二）我国工业环境污染防治面临的主要问题

1．粗放型的经济增长方式尚未根本改变，产业结构不合理

当前，我国经济发展面临的突出问题是环境保护压力越来越大，主要原因在于我国多数企业尚未从根本上摆脱粗放经营方式，结构不合理，技术装备落后，能源原材料消耗高、浪费大，资源利用率低。“三高一低”（高投入、高消耗、高污染、低效益）的经济发展模式尚未根本改变，落后的工艺、装备和技术等仍占有较大比例。2006 年钢铁落后的生铁产能约 7 000 万 t，占当年生铁产量的 20%左右；2005 年落后的立窑水泥仍占水泥产能的 51%，平板玻璃的落后生产能力占平板玻璃产能的 18%；化工有小合成氨，小型敞开式电石炉等；石化有小炼油厂等；造纸行业有小型化学碱厂。近几年，钢铁、有色、水泥、化工和造纸等各行业发展“失控”，落后产能的迅速增长扭曲了工业的正常发展，也造成污染物大量排放和严重环境污染问题，同时又造成企业成本上升、经济效益低下。

近几年，我国资源性产品的出口问题日益突出，造成污染留在国内，产品出口到国外，发达国家还指责我们消耗资源能源、污染环境。以钢铁为例，自 2005 年我国首次成为钢材（坯）净出口国之后，出口导向的势头只增不减，钢材（坯）等的大量出口加剧了煤、电、油等资源，运输码头和环境的压力，而且 CO_2 排放量也增加，并引发了更多的国际贸易争端。近两年情况更糟，2007 年国家四次调整钢材（坯）出口关税，仍未有效遏制钢材出口。若按进出口平衡估计，2007 年相当于多生产粗钢约 5 440 万 t，相应地多消耗能源约 4 100 万 t 标准煤，多排放 SO_2 15 万 t，多排放烟粉尘 10 万 t，多排放 CO_2 近 1.2 亿 t。同时多消耗铁矿石（含铁 64%的成品矿）约 9 000 万 t，此量远远超过了 2007 年比 2006 年增加的铁矿石进口量（5 679 万 t），这也是引起全球铁矿石价格暴涨的重要因素之一。另外，化工行业的高能耗产品中尿素、纯碱、烧碱和黄磷等出口增长也较大。

在我国资源、能源紧缺，还处在大量依赖国际资源和污染严重的阶段，大量出口高能耗、高污染产品，并向出口导向的方向发展，不仅不符合我国的产业发展政策“内需为主”的定位，而且从环境上，特别是承担温室气体排放负荷的指责等方面都很不合算。应严格限制这

些高能耗产品产能的增长，同时严格控制这些高能耗产品及初级产品和原料的出口。

2．单纯“末端治理”的工业污染防治模式尚未根本改变，清洁生产尚未受到普遍重视

现行的环境管理制度在某些方面往往侧重末端治理，忽视源头削减和全过程控制，投入大、运行成本高。清洁生产是工业污染防治的最佳模式之一，强制性清洁生产审核是降低污染物排放总量，促进污染源达标排放的有力手段，是对现有环境保护制度的补充，尚未受到普遍重视。要实现最大限度地提高资源利用率和减少污染物产生这一目标，企业就必须加强调整结构，科学管理，革新生产工艺，优化生产过程，推进技术进步，提高人员素质，实现节能、降耗、减污、增效，走内涵发展的道路，使企业真正走上合理、高效配置资源的集约型方式。

3．环保产业市场化程度低

目前，我国环保产业市场化程度低，缺乏实用的污染控制、废物资源化、生态恢复与整治、面源污染治理等技术和设备。与国外先进技术相比，总体上效率低、成本高、系统性差、成套程度低。环保产业发展的政策支持和污染治理技术，研发落后于环境治理对先进环保市场、产品和设备的需求，制约了产业化的发展。我国污染治理、资源综合利用技术，污染治理大型成套设备主要依赖进口，国内环保产业的发展落后于环境治理对先进环保产品和设备的需求。同国际相比，我国的环境科技发展水平和高新技术应用均尚有相当的差距。

4．缺乏有效防治工业污染的经济政策手段

随着我国社会主义市场经济体系的建立，企业自主经营、自负盈亏，必然追求经济利益的最大化。由于目前缺乏积极有效的经济调节手段和适应市场机制的经济政策，众多企业忽视企业行为对环境的污染和资源的损耗，当企业经济利益与环境保护发生矛盾时，往往选择牺牲环境而追逐利益。

企业缺乏污染防治积极性，不愿意承担污染治理所必须付出的投资费用，有些企业虽然配备了治理设备，但仅为了应付立项和检查，设备运行率极低；部分企业污染治理设施技术不过关，运转费用过高，治理设施缺乏维护，甚至出现偷排超标污水的现象；有些地方政府单纯、盲目追求 GDP，不认真执行环境影响评价制度，不经环保部门审批，自行开发立项、引进项目、盲目建设，获取经济发展等。

这些现象都说明，必须采取有效的经济手段，促使企业真正承担起保护环境、节约资源等外部社会责任，消除“违法成本低、守法成本高”的不公平的市场竞争。

5. 缺乏长效监管措施

一是地方政府执法不严、违法不究、“以权代法”、“以言代法”的现象仍然存在，让企业有机可乘；二是由于体制的问题，使环保部门严格、公正的执法环境受到一些政府领导不同程度的干扰。目前财政税收体制下，地方政府为了解决财政收支平衡问题，依靠众多的小企业增加地方财政收入，在治理资源密集型污染严重的小企业时往往难以下定决心，反而起到了保护作用；三是资源性产品价格扭曲的格局，造成高消耗、高污染的企业依然能够生存，且较少承担造成污染的责任，或者只需付出较少的代价，缺乏治理污染的责任；四是环保执法、监督工作薄弱，缺乏有效的监测技术手段和惩治违法企业的有力措施，特别是污染物连续在线监测十分薄弱，个别还有弄虚作假的情况。同时企业内部监督制约措施不健全，层级监督不完善，社会公众监督不成熟；五是一些政府、环保部门及企业人员环保素质差，公众环保意识差，环保知识贫乏，环保法律观念淡薄等。

6. “抓大放小”，对小企业环境政策和监管不到位

多年来，我国经济发展目标与环境污染控制目标对立，经济发展目标超出，而环境污染控制没有达到预期目标，对此没有引起足够重视，主要问题之一是“抓大放小”。项目环评，大项目细，小项目松，地方上更控制不住；排污收费、排污许可、排污控制抓大户、大企业，对小企业不抓不管。由于有些政府部门为快出业绩不愿费力管小企业和地方保护主义，只抓大中型企业，对小的落后企业没有与大企业一视同仁，而这些小的落后企业正是造成环境污染恶化的主要“推动力”和“贡献者”。

按企业规模，中小型企业单位数占 99.84%、工业产值占工业总产值 68.75%；按轻重工业分，重工业企业单位数占 58.09%、工业产值占工业总产值 67.56%；国有及国有控股工业企业单位数占 2.59%、工业产值占工业总产值 31.59%；私营工业企业单位数占 9.00%、工业产值占工业总产值 21.49%（表 1-21）。而对企业数大的中小型企业、非规模以上国有工业企业、非国有工业企业环境污染防治无人问津，环境政策和监管不到位。由此可见，工业污染防治重点首先要抓中小型企业、非规模以上国有工业企业、非国有工业企业，通过完善法律法规和加强监管，推进企业的技术进步和产品结构升级，加强行业集中度，达到综合治理。

表 1-21 我国工业企业情况

企业分类	企业单位数/个	比例/%	工业总产值/亿元	比例/%
按企业规模分				
大型企业	2 135	0.16	69 483.38	31.25
中型企业	25 557	1.86	63 891.30	28.74
小型企业	1 347 571	97.98	88 941.24	40.01

企业分类	企业单位数/个	比例/%	工业总产值/亿元	比例/%
按轻重工业分				
轻工业	576 319	41.91	72 115.18	32.44
重工业	798 944	58.09	150 200.75	67.56
按所有制分				
全部国有及规模以上非国有工业企业	276 474	20.10	201 722.19	90.74
国有及国有控股工业企业	35 597	2.59	70 228.99	31.59
私营工业企业	123 820	9.00	47 778.20	21.49
总计	1 375 263	100.00	222 315.93	100.00

数据来源：国家统计局 2004 年数据。

（三）小结

1. 总体上工业污染防治方面我国与发达国家相比有较大差距

我国还处于实现工业化发展过程中，工业污染防治水平还处于源头控制和末端治理并举的第二、第三阶段。与发达国家相比，我国工业污染防治在构建污染物排放控制、标准及污染控制分类指导和管理等法规政策体系方面，在工业污染预防、污染治理技术及防治水平、环保技术管理体系建设以及企业在环境保护上的投资力度等方面都有较大差距。

2. 淘汰落后生产力是当前我国工业污染防治的重点

当前我国工业污染防治中的主要问题是：粗放型的经济增长方式、产业和产品结构不合理；单纯“末端治理”的污染防治模式仍占主导地位，清洁生产尚未受到普遍重视；环保产业市场化程度低；缺乏有效的经济政策和长效的污染监管措施；“抓大放小”，对小企业环境政策和监管不到位。从可持续发展的要求，我国工业污染防治目标、法规体系建设应着眼于生态保护和生态建设，当前及未来一段时间，我们的重点需放在下大力气解决淘汰落后生产力的问题上，特别要注意抓中小型企业、非规模以上国有工业企业、非国有工业企业，通过完善法律法规和加强监督和执法力度，推进企业的技术进步和产品结构升级，加强行业集中度，达到综合治理。一味追求经济总量高速增长而轻视工业污染防治紧迫性的短视观念应一去不复返。

三、我国工业污染防治的发展趋势

（一）2020 年前工业仍为我国国民经济发展的主力军

1. 人均消费水平仍将继续提高

我国仍处于工业化中期，建设小康社会发展阶段。人均国民总收入、人均能源消费量、居民消费支出占国内生产总值支出比例还处在较低水平。2006 年人均国民总收入 2 010 美元，是世界平均水平（7 439 美元/人）的 27%、高收入国家（36 487 美元/人）的 5.5%，中等收入国家（3 051 美元/人）的 66%；人均能源消费量 1 386kg 标准煤，是世界平均水平的 69%、美国的 14%、日本的 28%、德国的 27%；居民消费支出占国内生产总值支出比例为 44.4%（表 1-22）。随着经济的发展，我国人均消费水平继续提高将不以人的意志为转移。

表 1-22　　人均国民总收入、能源消费量比较（2006 年）

国家	人均国民总收入/（美元/人）	人均能源消费量/（kg 标准煤/人）	居民消费支出占国内生产总值支出比例/%
中国	2 010	1 386	44.4
美国	44 970	9 972	70.3
日本	38 410	4 943	57.4
德国	36 620	5 102	59.3
印度	820	483	58.3
巴西	4 730	1 167	60.4
俄罗斯	5 780	6 046	54.3
韩国	17 690	4 607	49.3

数据来源：国家统计局 2007 年国际统计数据。

2. 未来我国人均 GDP 将有大幅度提高

按当年汇率折算，2005 年我国人均 GDP 1 703 美元，位居世界人均 GDP 排名第 106 位；2006 年我国人均 GDP 达到 2 075 美元（表 1-23），差距还很大。按照世界银行的衡量标准，人均 GDP 超过 1 万美元是公认的从发展状态进入发达状态的标志线。日本人均 GDP 是在 1984 年超过了 1 万美元，我国香港地区、我国台湾地区和新加坡、韩国的人均 GDP 分别是在 1987 年、1992 年、1989 年和 1995 年超过了 1 万美元。从发达国家人均 GDP 增长看，人均 GDP 达 1 万美元之前，主要靠工业发展拉动。

表 1-23　　2000—2006 年我国人均 GDP 和居民消费水平

	2000 年	2001 年	2002 年	2003 年	2004 年	2005 年	2006 年
人均国内生产总值/（元/人）	7 858	8 622	9 398	10 542	12 336	14 103	16 084
全体居民消费水平/（元/人）	3 632	3 869	4 106	4 411	4 925	5 463	6 111
农村居民/（元/人）	1 860	1 969	2 062	2 103	2 301	2 560	2 848
城镇居民/（元/人）	6 850	7 113	7 387	7 901	8 679	9 410	10 359

2005 年位居世界人均 GDP 排名前 20 名国家和人均 GDP，美元/人

1. 卢森堡	69 056	6. 冰岛	44 133	11. 奥地利	35 861	16. 法国	33 126
2. 挪威	53 465	7. 美国	42 076	12. 荷兰	35 393	17. 德国	33 099
3. 瑞士	49 246	8. 瑞典	38 451	13. 芬兰	35 242	18. 加拿大	32 073
4. 爱尔兰	46 335	9. 英国	36 977	14. 比利时	34 081	19. 澳大利亚	29 761
5. 丹麦	45 015	10. 日本	36 486	15. 卡塔尔	33 586	20. 意大利	29 648

数据来源：国家统计局 2007 年《中国统计年鉴》。

3. 大部分工业企业正处于由大变强过程

大部分工业企业正处于由大变强过程的阶段，资本积累正在进行中，还未真正强大起来（没有完成资本积累、工业增加值率没有明显提高），离中国创造和中国标准阶段尚有距离。而发达国家（或联盟型的）已基本进入标准阶段。

4. 符合国情的完整的工业体系将进一步完善

建立完整的工业体系，提高第二产业的整体竞争力，是一个国家能否成为真正意义上的世界大国的重要标志。完整的工业体系是国防建设的重要基础，是科技竞争力的主要依托。制造业具有涵盖范围广、产业关联度与集中度高、技术壁垒强、投资规模大、对经济增长拉动力强，对提高国家的技术竞争力与综合国力贡献大等特点。发达国家的发展轨迹已经证明，建设完整的和现代化的工业体系，能够使其他产业，特别是第三产业的比重提高，如占第三产业比重高的金融、运输业（客流和物流）等的发展，是以工业发展为基础。另外，即便今后第三产业占 GDP 的比重提高，但第二产业工业增加值仍将上升，仍是国家经济增长最直接、最重要的驱动因素之一。

（二）工业污染防治的四个判断

环境问题已超越国界，发展成为国际环境问题，各国都在研究应对之策。法律法规仍将是环境保护的强有力武器，环保法规的制定和完善将加快步伐，执行力度将加大，法规政策体系正在适应并促进工业从末端治理向污染防治转型。经济全球化导致了世界范围内工业产业的转移，发达国家将污染严重的落后的工业生产项目向发展中国家转移。工业污染防治的国际关注焦点主要集中在温室效应、臭氧层破坏和酸雨三大问题上。

在科学发展观的统领下，可持续发展模式受到关注，社会和经济发展将向“资源消耗少、环境污染小、经济效益高”的“绿色经济”、“和谐型经济”、“生态盈余”的方向转变。但工业发展与环境保护的矛盾依然存在。

逐步协调统一经济与环境的目标和效益，努力实现能源与环境的协调发展，是发达国家的经验，也是发展中国家应该借鉴的。污染控制与国民经济的发展要一起规划。如果采取有效措施，预计 2020 年前工业污染排放有四个趋向。

1. 工业污染物排放总量将得到有效控制

由于重工业仍在持续增长，按现有环保水平，随着工业持续增长，工业用水量、工业废水排放总量、工业废气排放总量、工业固体废物产生总量将继续增长；随着工业燃料燃烧和工业生产工艺 SO_2 排放达标率提高，工业二氧化硫排放量、工业烟尘排放量、工业粉尘排放量有可能缓慢增长或下降。

同时，工业固体废物综合利用率将上升，工业化学需氧量排放量、工业氨氮排放量、工业废水排放量、工业固体废物排放量将下降。

工业污染物排放量占排放总量比重、工业废水排放占废水排放总量比重、工业化学需氧量排放量占化学需氧量排放总量比重、氨氮工业排放量占氨氮排放总量比重将降低；工业二氧化硫排放量、工业烟尘排放量占二氧化硫、工业烟尘排放总量比重有可能降低。

2．按现有环保政策，常规污染物排放的增幅逐步下降，非常规污染物问题凸显

由于 2006 年工业废水排放总量、工业化学需氧量排放量、工业氨氮排放量、工业烟尘排放量出现负增长，工业二氧化硫排放量增速放缓，随着污染防治不断加强，预计未来工业废水排放总量、工业化学需氧量排放量、工业氨氮排放量，工业烟尘和工业二氧化硫排放量增速将逐步下降。

需要引起特别注意的是，如果不采取有效措施，非常规污染物的排放可能继续增加，特别是有机有毒有害污染物排放导致对人体健康的危害等问题将越来越凸显。

3．由于技术进步，单位 GDP 的污染物排放量较大幅度下降

随着工业污染防治技术不断进步，单位 GDP 工业废水、化学需氧量、氨氮排放量；二氧化硫、工业烟尘、工业粉尘排放量；工业固体废物、危险废物产生量和排放量将逐年降低。

由于单位 GDP 化学需氧量工业排放量、氨氮工业排放量，工业废气、工业烟尘和粉尘、固体废物排放量的年平均降低速度高于 GDP 年平均增长速度，单位 GDP 化学需氧量和氨氮工业排放量，工业废气、工业烟尘和粉尘、固体废物排放量将下降。

由于单位 GDP 工业废水排放量、工业废水排放达标量、二氧化硫工业排放量、工业固体废物和危险废物产生量的年平均降低速度低于 GDP 年平均增长速度，这些污染物排放下降将比较缓慢。

单位工业增加值工业废水、化学需氧量、氨氮工业排放量，二氧化硫、工业烟尘和工业粉尘排放量，工业固体废物、危险废物产生量和排放量将逐年降低。

4．如果加大淘汰落后生产力的力度，工业污染物减排将有较大潜力

由于一些行业落后产能比重较大、中小企业多、污染防治技术落后，工业污染减排还有较大空间，首要是落后产能的淘汰，同时依靠技术进步和产业结构优化、升级及调整。

如普通平板玻璃的落后生产能力是平板玻璃制造业工业污染的主要排放源。2006 年普通玻璃产量只占平板玻璃总产量的 18%，新水消耗却占平板玻璃新水消耗总量的 40%；废水排放占 38%；二氧化硫排放占 44%；氮氧化物排放占 41%；烟粉尘排放更是惊人，占 80%。

（三）工业污染防治的五个发展方向

从全球工业污染防治的发展过程和趋势看，从我国工业污染防治的发展历程、现状和趋势分析，主要有五个方向值得关注。

1. 坚持法制化方向，不断完善环保法律法规

（1）借鉴国外分类管理的经验

美国 1969 年的《国家环境政策法》提出了战略环评制度。1990 年 10 月通过了“污染预防法”，把污染预防作为美国的国家政策。美国解决工业污染采用经济手段，制定出主要的污染源采用“最大可达到的控制技术”（MACT），而地区性的污染源则可采用“一般可达到的控制技术”（GACT）标准；美国对水资源和防止水污染实行联邦政府和州政府两级管理体制，联邦政府颁布了《供水法》、《水污染防治法》、《水资源开发法》等 30 多部法律。

欧洲一些国家也像美国一样，将环保政策的重点转向预防为主，规定战略环评等。在污染防治的政策措施方面，欧盟国家已经超越了区域、流域的治理阶段，而提出真正的综合污染防治（IPPC）和最佳可获得技术（BAT）。尽管这两项措施已被提出多年，但对它们的概念、内涵和由此而引出的相关政策措施一直在不断地更新、丰富和发展。

日本的环境管理体系以《环境基本法》为基础，主要由环境标准、环境影响评价制度、环境监督和环境经济政策 4 部分组成。环境标准规定了各种污染物排放的限值以及环境标准，是需要达到的环境目标；环境影响评价的目的是将环境问题从产生的源头上解决，是实现环境目标的桥梁；环境监督是实现环境目标的重要保障；环境经济政策是更有效地达到环境目标的重要手段。

概括而言，就是按照分类管理原则，科学、规范地完善法规与标准。

（2）构建国内工业污染防治政策、法规体系

构建完善国内工业污染防治政策、法规体系，主要是为了实施国家对行业和企业污染防治的有效监督管理。

① 构建完善的国家政策法规体系。

我国环境保护法律体系正在完善，国家和地方环境保护标准体系和环境管理体系逐步完善；环境监督管理体制改革不断深入。

目前和大气污染排放控制有关的国家法律主要有：《中华人民共和国环境保护法》、《中华人民共和国大气污染防治法》、《清洁能源法》和《节约能源法》；但《大气污染防治法》只管制烟尘、二氧化硫、消耗臭氧层物质等大气污染物质的排放。

和水有关的环保法主要有：《中华人民共和国水法》（2002 年修订）、《中华人民共和国水污染防治法》（1996 年修订）和《中华人民共和国清洁生产促进法》三部法律；《中华

人民共和国水污染防治法实施细则》等水污染防治的国家、部委专门行政法规 17 项。《水污染防治法》正在修订。

在法制建设方面，国务院相继颁布了《关于环境保护若干问题的决定》、《中华人民共和国固体废物污染环境防治法》、《建设项目环境保护管理条例》、《中华人民共和国清洁生产促进法》及《中华人民共和国环境影响评价法》等重大法规。

② 政府将环境保护作为基本国策之一予以高度重视。

《国家“十一五”规划纲要》明确提出了“环境质量”的理念，要求：“有效控制污染物排放，尽快改善重点流域、重点区域和重点城市的环境质量”；“各地区要切实承担对所辖地区环境质量的责任”；“实行环境质量公告和企业环保信息公开制度”，“基本遏制生态环境的恶化”。

《国家“十一五”规划纲要》提出：按照控制总量、淘汰落后、加快重组、提升水平的原则，加快调整原料工业结构和布局，降低消耗，减少污染，提高产品档次、技术含量和产业集中度。

《国家“十一五”规划纲要》提出：坚持开发节约并重、节约优先，按照减量化、再利用、资源化的原则，在资源开采、生产消耗、废物产生、消费等环节，逐步建立全社会的资源循环利用体系。在节约能源方面，强化能源节约和高效利用的政策导向，加大节能力度。

③ 工业行业不断构建完善环境保护相关标准。

据不完全统计，目前与钢铁工业环境保护相关标准有：《钢铁工业水污染物排放标准》等 16 个，其中钢铁工业专用的标准仅 9 个，其余为引用标准。针对目前我国生产的 11 种主要有色金属，5 个《有色金属工业污染物排放标准》正在制定。与石油和化工工业有关的国家环境标准计有：环境基础标准 5 项，环境质量标准 23 项，污染物排放标准 93 项，环境影响评价标准 22 项，已被替代标准 65 项，环保产业政策文件 36 项，其中法规、部门规章和文件 18 项，技术政策和指南 18 项。与纺织印染相关的环境保护标准 140 余项。机械工业制订了国家标准 GB/T 28001《职业健康安全管理体系规范》和 GB/T 28002《职业健康安全管理体制体系指南》；电镀行业标准（HJ/T 314—2006）2007 年 2 月 1 日实施；铸造企业没有专门的污染排放标准，采用的都是相关标准。

④ 以法制方式推进节能减排工作。

我国将通过法制、行政命令和市场激励手段相结合的方式推进节能减排工作，国家明确了不同时期的环境保护和节能减排目标；其中起主导作用的是通过各级政府和政府部门颁发的行政命令型法律来规范企业行为，促进节能降耗减排工作。例如，涉及对火电厂二氧化硫控制的文件，仅国家和部委层面就颁布有 30 多个，对二氧化硫的控制有浓度、排放速率、总量、脱硫效率要求等。但由于文件较多，法规和文件间，不同部门的文件间的重复、矛盾、交叉问题时有发生。虽然以行政命令为主的管理方式在市场经济转型过程中对节能减排能起到重要效果，但是，行政成本过大、工作效率较低等问题，造成的浪费现象还比较严重。尚需研究借鉴国外利用经济手段控制二氧化硫和氮氧化物排放政策。

⑤ 陆续发布或加速制定行业的技术指南和政策性导向。

国家发改委已陆续发布或正在加速制定钢铁、水泥、汽车、造纸、铝、煤和煤化工、稀土、生物等工业的产业发展政策，明确了产业政策目标，产业发展规划、重点，产业布局、组织结构调整，产业原材料、技术、组织、准入管理、投资管理、发展保障、产品开发、营销、消费和节约使用政策。

以钢铁工业为例，2005 年 7 月，国家发改委发布了《钢铁产业发展政策》，提出：按照可持续发展和循环经济理念，提高环境保护和资源综合利用水平，节能降耗。最大限度地提高废气、废水、废物的综合利用水平，力争实现“零排放”，建立循环型钢铁工厂。指出今后十年，钢铁工业在水资源消耗总量减少和能源消耗总量增加不多的前提下实现总量适度发展。同时产业布局调整要综合考虑矿产资源、能源、水资源、交通运输、环境容量、市场分布和利用国外资源等条件。新增生产能力要和淘汰落后生产能力相结合。从矿石、能源、资源、水资源、运输条件和国内外市场考虑，大型钢铁企业应主要分布在沿海地区。内陆地区钢铁企业应结合本地市场和矿石资源状况，以矿定产，不谋求生产规模的扩大，以可持续生产为主要考虑因素。钢铁建设项目要节约用地，严格土地管理。对首钢实施搬迁，与河北省钢铁工业进行重组。

2. 预防为主的方向，实现结构型防治

温家宝总理在 2006 年 4 月召开的第六次全国环境保护大会上提出了三个转变的要求：一是从重经济增长轻环境保护转变为保护环境与经济增长并重；二是从环境保护滞后于经济发展转变为环境保护和经济发展同步；三是从主要用行政办法保护环境转变为综合运用法律、经济、技术和必要的行政办法解决环境问题。

（1）加强资源整合，提高产业集中度

工业的污染防治是一项涉及多方面的工作。一个重要趋势是以资源整合，提高产业集中度，以利于按照系统工程的方法全面地来防治工业污染。将小的落后的企业归并到好的大企业中，改变传统的资源高消耗、粗放经营的生产模式，推行无废、少废清洁生产工艺，实行生产全过程控制污染，整体提高企业的规划和技术装备水平，提高企业的管理水平和职工素质水平，从结构上减少污染物的产生量，达到高效、节能、降耗、减污的目标。

（2）企业的经济和环境管理一体化

经济和环境管理一体化已成为现代工业企业管理的必然趋势。应按行业或工业领域建立由污染控制技术政策、技术导则、工程技术规范体系、技术评估制度、示范与推广机制和环境技术发展报告组成的国家环境技术管理体系。国际 ISO 14000 环境管理体系作为一种操作

层次的、具体的、界面很明确的管理手段，是集近年来世界环境管理领域的最新经验与实践于一体的先进的管理体系；它主要通过建立、实施一套环境管理体系，达到持续改进、预防污染的目的。企业一旦建立起符合 ISO 14000 环境管理体系，并经过权威部门认证，不仅可以向外界表明自己的承诺和良好的环境形象，而且在企业内部开始实现一种全过程科学管理的系统行为，将成为对清洁生产可持续实施的支持，对清洁生产思想实施内容的不断丰富。但目前只在我国极少数大型企业开始实施。

（3）污染防治由末端治理转向污染预防为主

发达国家在 20 世纪 60 年代和 70 年代初，由于经济快速发展，忽视对工业污染的防治，致使环境污染问题日益严重。当时末端治理成为别无选择的解决办法，如增大环保投资、建设污染控制和处理设施、制定污染物排放标准、实行环境立法等，以控制和改善环境污染问题，并取得了一定的成绩。通过十多年的实践发现：这种仅着眼于控制排污口的末端治理，虽在一定时期内或在局部地区起到一定的作用，但并未从根本上解决工业污染问题。因此，发达国家通过末端治理污染的实践逐步认识到，要从根本上解决工业污染问题，必须以“预防为主”，将污染物消除在生产过程之中，实行工业生产全过程控制。

我国污染物防治实现“三个转变”也将是大势所趋。以我国电镀行业为例。减少或避免电镀过程中污染物的产生和排放，重要的趋势是：由重视电镀工业污染的末端治理转变为对电镀工业生产全过程控制；采用先进的工艺技术与设备、改善管理、综合利用等措施，积极推广应用低浓度、低温、低毒、无毒电镀工艺，采用逆流漂洗、槽边回收、循环水、零排放（微排放）等技术，从源头削减污染，提高资源利用效率。

3. 用经济杠杆调节发展方向，完善工业污染防治的经济政策

工业污染的防治是需要成本的，包括污染防治的新技术、新设备开发，运行和管理成本以及增加相应环保人力投入等。因此工业污染的防治需要经济政策引导，包括税收、保险、信贷、证券和贸易政策，污染防治的新技术、新设备开发投入，运行维护和管理成本，以及增加相应的人力等，对工业污染防治成效都会产生影响。

（1）反思我国环境保护投入机制

环保专家的研究表明，水污染造成的直接经济损失与治理经费之比至少是 1∶10。在环保投资中，来自政府的投入是至关重要的。政府的环境保护投入具有特殊的强制、引导和平衡作用，应鼓励企业进行污染防治的主动性和积极性，创造一个有利于企业自觉遵纪守法的环境，同时保证各企业主体履行环保投入的职责，引导社会资金进入环保领域，平衡区域间的差异。而企业应是工业污染防治投入的主体。应引导工业企业将环境污染造成的经济损失和治理成本，先期转为污染防治投入。如中国石化集团公司对 20 套生产装置实施清洁生产方案，投入资金 10 887.59 万元，年获经济效益 17 670.98 万元；减少污水排放量 227.46 万 t/a，

减少污水中污染物 COD_{Cr} 3 376.26t/a，减少废气排放量 26 217.52 万 m^3/a，减少固体废弃物 3 481.2t/a。镇海石化公司重油催化裂化一个装置，通过实施节能、节水、降耗、减污的清洁生产方案，仅投资 696 万元，就取得了主要污染物削减 39%，每年增效 1 100 多万元的成效。

工业污染环境监管不力的原因是：一是资金得不到保障，环境执法严重依赖于当地的财政状况和对环保的重视程度；二是已投入的环保资金使用效率低下，资金投向不符合污染治理的需要，环保设施未能充分发挥效益；三是环境保护缺乏稳定的资金来源，财政支出体系没有统一、独立的环境保护支出科目，没有根据经济发展的速度和规模考虑环境保护的资金需求；四是没有充分调动市场资金，民间环保投资的积极性没有得到很好地调动；五是排污标准松，收费过低，企业没有动力进行污染的削减和治理投资；六是投入环境保护的人力不足。

（2）用经济政策调节，预防环境风险

通过松花江事件后启动的全国化工石化项目环境风险排查，排查了 7 555 个项目，需要新增环境风险投资 140.5 亿元，占项目总投资 10 151.5 亿元的 1.4%（表 1-24）。为预防环境风险，增加预防环境风险投资十分必要。

表 1-24　　环境风险排查后增加的投资

总投资		10 151.5 亿元	排查后增加的投资	140.5 亿元
环境敏感区域项目数量	人口密集区（5km 内有城镇）	2 489 个	江、河、湖、海、水库沿岸	1 354 个
	饮用水水源保护区上游（10km）	280 个	畜牧区、渔业水域	32 个
	风景名胜区附近	10 个	大江大河干流	535 个
	自然保护区附近	37 个	一级支流	275 个
	交通干线附近	977 个	三峡库区	86 个
			南水北调水源地及沿线	100 个

（3）建立支持环境治理公共环境财政

建立公共环境财政治理环境，明确投资主体的责任，落实环境保护投资目标；建立独立、稳定的环境财政支出科目；环境相关的政府定价充分考虑环境保护目标和要求，发挥政府定价、引导市场的职能；实施“绿化”税收制度；是环境财政改革方向。

企业的污染防治需要设备、技术和经费的投入，一般会增加企业的生产成本。但是为了社会和全体员工的身心健康，这些投入是必需的，也是一种责任。企业管理者应该从提高生产效率、产品质量和提高管理水平等方面以生产更多、更好的产品来提高企业的经济效益，消化由于污染防治的投入带来的成本增加。

（4）加大对环保新技术、新设备开发利用的政策扶持

主要是加大对处理低浓度的有机废气和臭气、烟气脱硫、炼油化工高浓度有机废水水质净化、工业废水综合治理、废水末端治理、SO_2 减排、固废利用等新技术、新设备开发应用

投入。对工业污染进行末端治理要增加成本，而如果从源头和过程进行控制污染产生的投入，则有可能降低成本。

（5）积极推进污染物防治市场化运作

以废水治理为例，目前一些单位、地区工业废水治理投资年均增长率远高于工业废水处理量年均增长率和达标排放率年均增长率；大量中小企业废水分散治理，污染治理效率低下，应挖掘污水集中治理的潜力。据浙江省环保局的不完全统计，企业污染治理设施专业化和市场化运营后的达标排放率可达 70%～80%，有的可达到 90%，同企业自己分散运营相比，达标率提高了 30%～50%，运营成本节约 10%～20%。污染治理市场化，发展多元化市场化模式（如委托治理或集中治理实践模式），因地制宜治理工业污染，是将来部分工业污染防治的趋势之一。

（6）加大从事环保工作人力的投入

虽然近年来环保工作取得了不小的成绩，但是当前环保工作的被动局面仍未改变，主要因素之一是人力不足，特别是环保执法人员的不足。因此在部门、地方、行业和企业需要投入相应的人力，并加大培训力度，以保证实现政府提出的节能减排的目标和实现我国的现代化目标。同时从另一高度看，也是拉动就业的新举措，应当引起高度重视。

4. 以清洁生产为主要方向，引入循环经济理念，建设生态工业园区

（1）开发应用清洁生产和绿色制造新技术

积极开发应用清洁生产和绿色制造新技术来消除对环境的污染，不仅可降低末端治理的投资和运行成本，还可提高资源、能源的利用率，是工业污染排放治理的一个重要趋势。清洁生产和绿色制造的主要概念是：

清洁生产是指，将综合预防的环境策略持续地应用于生产过程和产品中，以便减少对人类和环境的风险性；对生产过程而言，清洁生产包括节约原材料和能源，淘汰有毒原材料并在全部排放物和废物离开生产过程以前减少它的数量和毒性；对产品而言，清洁生产旨在减少产品在整个生产周期过程（包括从原料提炼到产品的最终处置）中对人类和环境的影响；清洁生产不包括末端治理技术。

绿色制造是指，以节能、降耗、减污为目标，以管理和技术为手段，实施工业生产全过程污染控制，使污染物的产生量最少化，产品从设计、制造、运输、使用到报废处理的整个产品生命周期中，对环境的影响最小，资源利用最优的一种防止污染综合措施。绿色制造在某种意义上其内涵比清洁生产更广，清洁生产的概念较专注于工业生产，绿色制造更突出开发和生产绿色产品。

（2）开发“4R”（Reduce、Reuse、Recycle、Re-manufacture）技术，把循环经济理念引向深入

实施循环经济发展战略是工业污染防治的一个重要趋势。循环经济是一种以资源的高效

和循环利用为核心，以“减量化、再利用、资源化”为原则，以低消耗、低排放、高效率为基本特征，符合可持续发展理念的经济增长模式，是对“大量生产、消费、废弃”的传统增长模式的根本变革。

开发由“4R”（减量化－Reduce、再利用－Reuse、再循环－Recycle 及再制造－Re-manufacture）技术、系统优化技术和共生链接技术构成的循环经济支撑技术体系，是实现循环经济的重要内容（图 1-9）。在经济技术可行的前提下，采取经济、技术和管理等措施，不仅要实现企业内部废物的循环利用，还要实现企业间、行业间的资源、能源的合理配置和高效利用，减少废物排放和实施废物综合利用，延伸、衔接工业产业链。同时要注意将 4R 与物质、能量、时间、空间、资金“五要素”集成（图 1-10）以切实推进循环经济的实施。

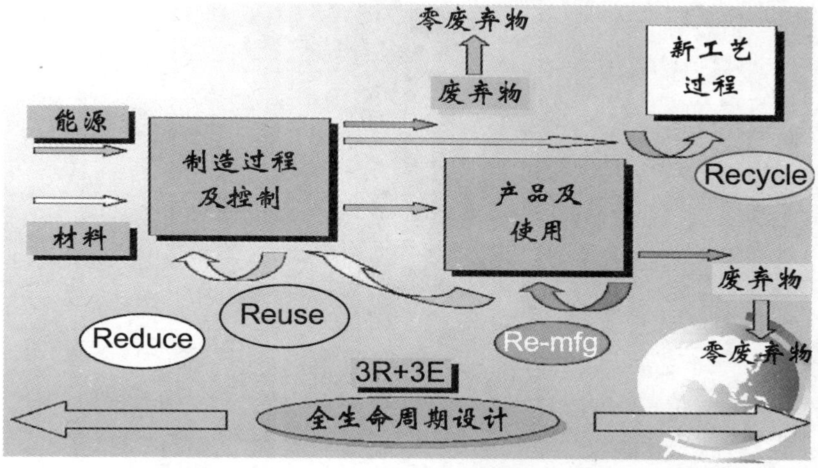

图 1-9 “4R”原则——减量化、再利用、再循环及再制造

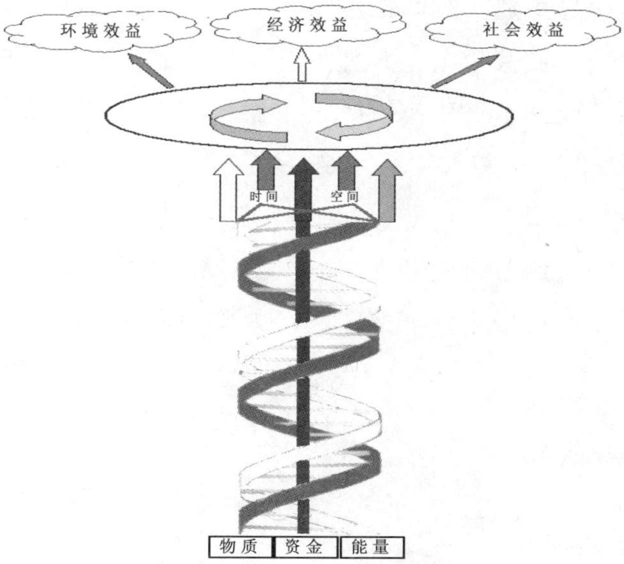

图 1-10 “五要素”优化集成

如年产规模 800 万～1 000 万 t 的新一代可循环的钢铁生产流程，每年可消纳社会废钢 80 万～120 万 t，废塑料 14 万～28 万 t，配合辅助燃料可建成约 90 亿 kW・h 的电站，可形成矿渣水泥能力 430 万 t（图 1-11）。

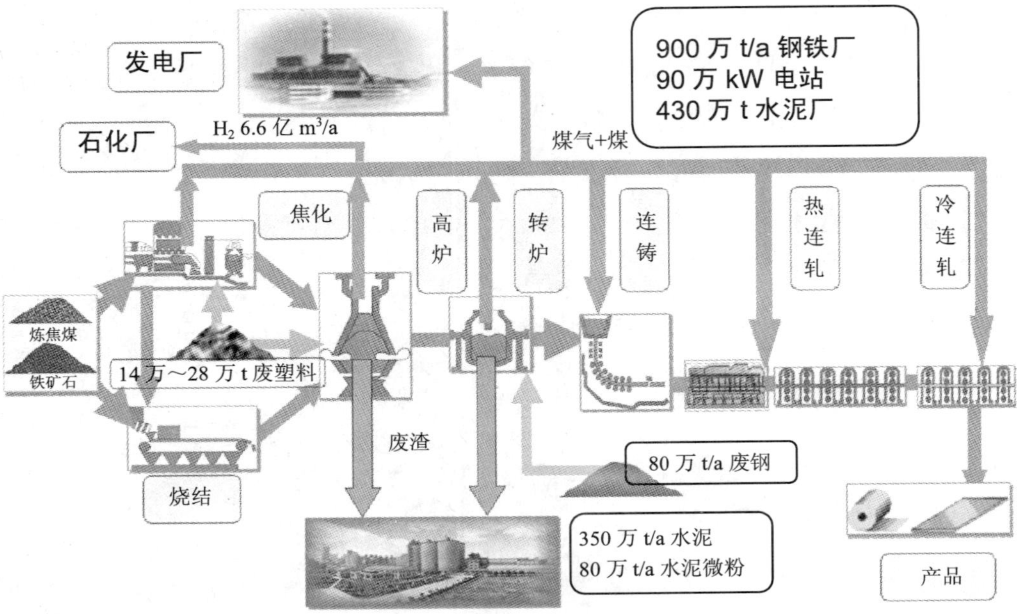

图 1-11　以新一代钢厂为核心的生态工业链

（3）积极推进生态工业园区建设

以建设生态工业园区的新理念，即按资源节约和资源充分利用、实施循环经济运行和实现污染零排放的目标，引导工业污染防治的方向。工业生态园区把不同的企业联合起来形成共享资源和互换副产品的产业共生组合，使得这家企业的废气、废热、废水、废物等成为另一家企业的原料和能源。建立工业生态园区是工业污染防治的重要措施，是降低生产成本、提高生产效率、减少环境污染的重要途径，是将发展循环经济落到实处。

丹麦的卡伦堡工业生态园区是目前国际上工业生态系统运行最为成功的典型代表。卡伦堡生态园的循环再利用网通过废物交换和层叠能源，减少了废物产生量和处理的费用，还节约了资源与能源，降低了生产成本，产生了经济效益，形成经济发展与资源和环境的良性循环（图 1-12）①。

① 详见：孙国强著. 循环经济的新范式——循环经济生态城市的理论与实践. 北京：清华大学出版社，2005，3；劳爱乐[美]，耿勇编著. 工业生态学和生态工业园. 北京：化学工业出版社，2003，1.

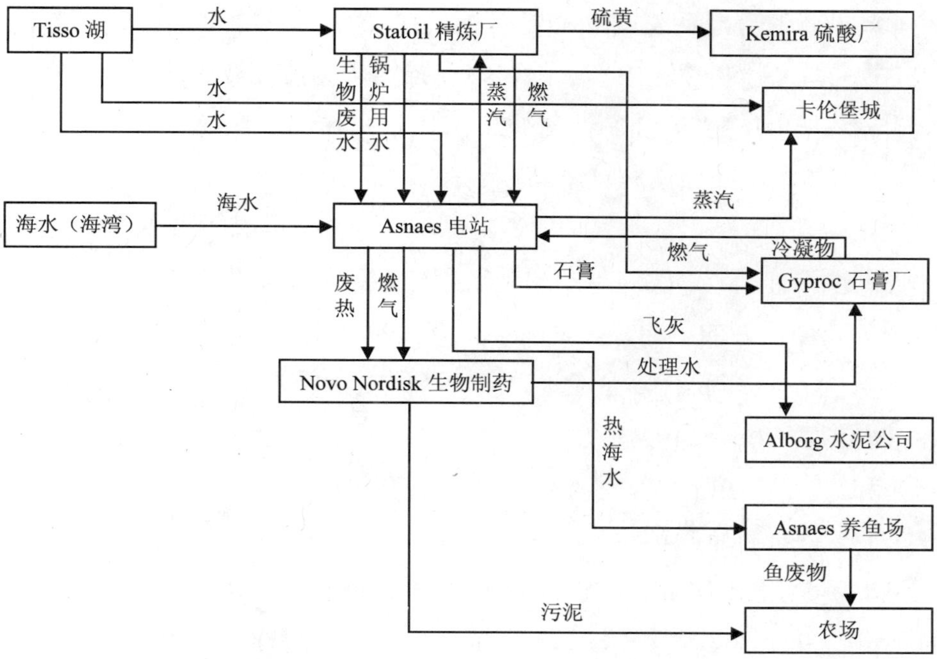

图 1-12　丹麦卡伦堡工业生态园示意

5．与国际接轨的方向，逐步履行国际环保公约

（1）履行有影响或约束的国际条约/国际协议

改革开放以来，特别是近几年，我国工业的发展受到国际环境公约的约束和影响越来越大。中国是国际环境条约和协定的成员国，加盟这些条约就意味着必须遵守国际环境条约的条款（表 1-25）。

表 1-25　对我国工业发展有影响或约束的国际条约/国际协议

条约/宣言	探矿采掘	生产过程	产　　品
21 世纪议程	○	○	○
关于大气质量的条约		○	
关于有害废物的巴塞尔公约		○	○
关于生物多样性的条约	○	○	
京都议定书		○	
关于 LRTAP 重金属协议书的条约		○	○
EIA（环境影响评价）条约			○
GATT（关贸总协定）			○
ISO　14000	○	○	
拉姆萨尔公约	○	○	
斯德哥尔摩公约	○	○	○
关于水质条约		○	
世界遗产公约	○	○	○

（2）关注“非强制性法律”的变化动态

除了表 1-25 中这些“强制性法律”及约束力很强的条约协定以外，还有许多有影响力或者说对工业发展有潜在影响的“非强制性法律”，包括：声明、决议、原则、联合国和其他首脑性 IGO、UGO 团体制定的指南和行动准则。为了使我国工业可持续发展，要特别关注上述法律及条约的变化动态。

目前国际非强制性法律有：1972 年联合国人类环境会议的斯德哥尔摩声明、1992 年联合国环发大会（地球首脑会议）的里约热内卢声明（可持续发展）和 21 世纪议程（在里约热内卢通过）、联合国大会决定和联合国全会、UNDP（联合国环境署）、UNCTAD（联合国贸发会议）、UNESCO（联合国教科文组织）、WHO（世界卫生组织）、世界银行、APEC（环太平洋经合组织）和 EUC（欧盟）等地区性 IGO 的规劝。

（3）应对 WTO 条约的制约

我国已加入世界贸易组织 WTO，WTO 将对中国的贸易量、贸易结构产生深远的影响，随着产业结构的深刻变化，总体污染水平与不加入 WTO 的基准污染水平比较，将会逐年下降。WTO 要求全球资源最优化配置，其中对环境保护有严格要求，也就是说产品在环境保护方面不付出代价是不能加入世界贸易市场的。我国部分产品不能出口主要是受到上述条约的制约。对此，自觉遵守国际环境法对我国工业的发展既是挑战，更是机遇。

（4）推行 ISO 14000 环境管理系列国际标准

现行的 ISO 14000 是环境管理系列国际标准，是以规范国际间的企业和社会团体等组织的活动、产品和服务的环境行为，来支持全球的环境保护工作。我国加入 WTO 后，对环境有重大污染的产品，受到发达国家设置的“环境壁垒”的限制，其出口将会受到抑制，因此，工业的发展应十分重视生产结构和产品结构的调整。

四、我国工业污染防治的战略思路和目标

党的十七大明确提出“建设生态文明，基本形成节约能源资源和保护生态环境的产业结构、增长方式、消费模式。循环经济形成较大规模，可再生能源比重显著上升。主要污染物排放得到有效控制，生态环境质量明显改善。生态文明观念在全社会牢固树立”。

从世界范围内，不同工业发展阶段有不同的资源环境问题，对待这些问题存在不同的模式。社会发展到今天，特别是科学技术发展，我们实现工业化完全可以避免走世界发达国家实现工业化的老路（图 1-13 中实线），研究认为，我国实现工业化应采用“穿越式”发展的思路（图 1-13 中虚线），即用尽可能低的资源消耗、能源消耗和环境负荷，以实现国民经济的又好又快发展，走一条新型工业化道路。如图 1-13 所示。

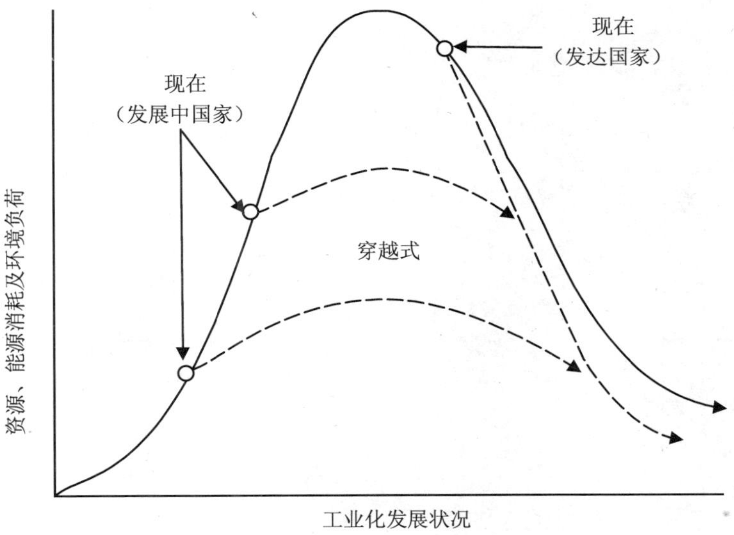

图 1-13 “穿越式”发展思路图（参考：陆钟武院士报告）

事实上，我国工业的发展具有后发优势和实现“穿越式”的可能。虽然一些先进的工业技术一般起源于欧美和日本，但其推广应用则可能在一些发展中国家。一些发达国家由于工业发展基本饱和，生产能力相对过剩，生产设备总体水平还处于先进水平，因此，采用新技术的空间不大。相反，工业基础比较薄弱的发展中国家采用新技术、新工艺的余地非常大，往往可以利用最新的、最先进的技术进行改造和新建，实现技术上的“穿越”。

以煤炭工业为例，从表 1-26 可以看出，我国整体煤炭工业生产率是美国的 2.87%、澳大利亚的 2.41%、南非的 7.87%、波兰的 34.40%，即便从国有重点煤矿情况看也是很低，但是从我国神华集团下属神东分公司看，其生产率接近美国和澳大利亚，高于其他国家，如果不算露天煤矿，神东煤矿生产率将超过美国和澳大利亚，为世界最先进的。从百万吨死亡率看，我国整体水平是美国的 45 倍、南非的 11 倍、波兰的 5.7 倍；国有重点煤矿为美国的 11.7 倍、南非的 2.9 倍、波兰的 1.47 倍；但是从神东的数据看，为世界最好的。从表 1-27 可以看出，煤炭在开采中的废水、废气、废渣的排放情况，地方小煤窑的指标无法与神东分公司相比。

表 1-26 煤炭工业行业有关情况

国别	产量/亿 t	职工数/万人	生产率/[t/（a·人）]	采煤机械化程度/%	综合机械化程度/%	百万吨死亡率（年份）
美国	9.93	7.17	13 849	100	51.3	0.032 7（2005）
澳大利亚	3.50	2.12	16 509	100	100	
南非	2.15	4.25	5 059	97	97	0.13（2000）
德国	2.11	4.87	4 333	100	100	
波兰	1.62	14	1 157	99.2	95.3	0.26（2000）
中国	21.9	550	398	45	30	1.485（2007）

国别	产量/亿 t	职工数/万人	生产率/[t/（a·人）]	采煤机械化程度/%	综合机械化程度/%	百万吨死亡率（年份）
中国国有重点煤矿	10.4	258	403	83	72	0.383（2007）
神华集团	2.357 7	15.414 4	1 529.54	97.5		
神东煤炭	1.192 6	0.898 1	13 279.14	100.0	100.0	0.008 4

资料来源：中国国家煤矿安全监察局、国家统计局、美国能源部、国际能源署。除标出年份外，中国为 2005 年数据，其他国家为 2004 年数据。神华集团及神东分公司数据为 2007 年。

表 1-27 有关煤炭环保指标对比表

类型	环保指标		神东煤炭分公司	地方小煤窑
废水	吨煤废水排出量		0.24t/t 煤	0.56t/t 煤
	处理前的浓度	化学需氧量（COD）	656～1 290mg/L	735～1 480 mg/L
		悬浮物（SS）	540～1 032mg/L	695～1 520mg/L
	处理设施		专用废水处理厂	无处理设施
	处理后的浓度	化学需氧量（COD）	25～58mg/L	735～1 480mg/L
		悬浮物（SS）	20～55mg/L	695～1 520mg/L
废气	吨煤煤粉尘产生量		4.5kg/t 煤	4.5kg/t 煤
	处理设施		筒仓及皮带栈桥全封闭	露天贮存
	煤粉尘排放情况		0.08kg/t 煤	4.5kg/t 煤
	吨煤 SO_2 产生量		7.04kg/t 煤	7.04kg/t 煤
	有/无脱硫除尘设施		有，水浴脱硫除尘器	无
	吨煤 SO_2 排放量		3.37kg/t 煤	7.04kg/t 煤
废渣（煤矸石）	井下矸石产生情况		无矸石产生	有少量矸石产生

注：资料来源于神东煤矿环保部门（2008-08）。

再以钢铁工业为例，薄板坯连铸连轧技术在德国发明，但在 20 世纪 90 年代末却在中国大面积推广，到 2006 年我国薄板坯连铸连轧生产的钢已达到 2 435.8 万 t/a，居世界第一位，而日本尚未使用，德国的薄板坯连铸连轧技术仅有 1～2 套。产量不足 500 万 t/a。熔融还原炼铁技术发明在奥地利等国，而应用却在南非、印度、韩国和中国。

可见，我国现有工业企业已经有世界上技术、安全、管理、效益及环保等水平最高的企业，只要我们通过努力，可以实现“穿越”。随着人均 GDP（PPP）水平的提高，发达国家人均资源消费量急剧上升；按发展预期，我国可以在人均 GDP（PPP）不断增长时，将人均资源消费量控制在比较低水平。如图 1-14 所示。

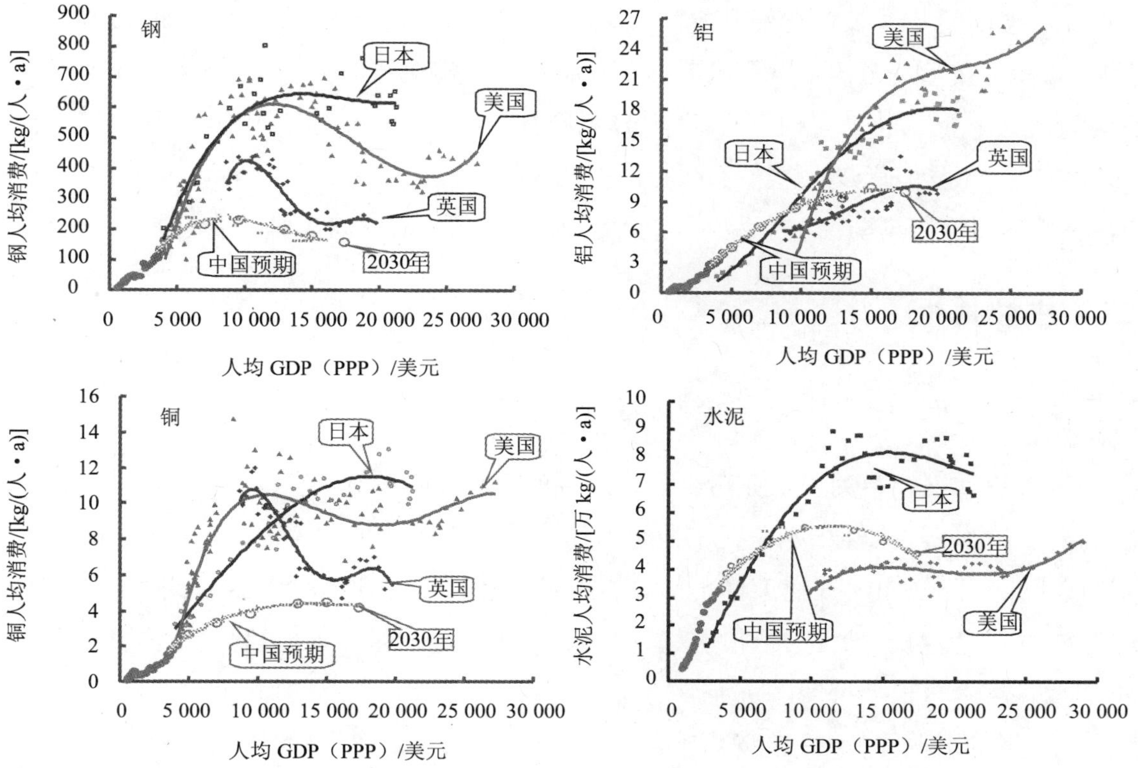

图 1-14　人均 GDP（PPP）与钢、铜、铝、水泥人均消费量

（资料来源：中国工程院咨询研究报告）

（一）总体战略思路

按照十七大的要求，工业污染防治的总体战略思路是：结构调整（产业结构调整；出口产品结构调整）、技术进步、源头预防、过程控制、末端治理、回收利用、机制高效、依法治污。纠正被扭曲的工业发展道路，用“穿越式”的思路，走一条“科技含量高、经济效益好、资源消耗低、环境污染少、人力资源优势得到充分发挥”的有中国特色新型工业化道路，大幅度减少工业污染物产生和排放。这样不仅有利于工业本身的健康发展，也有利于我国的生态建设。

工业污染防治总体战略的部署建议分“三步走”：一是建立退出机制，如 2010 年前以淘汰落后和污染末端治理为重点。对不符合排放标准的技术和装备，一律淘汰，做不到的企业，一律关闭；同时做到“违法重罚、表彰先进”。二是 2010—2020 年，治理与防治并举为重点。完善法规、标准，提高行业准入门槛，严格执法，继续淘汰不能满足新要求的技术和装备，同时提出鼓励和投资新技术和新装备的措施，不能满足要求的企业关闭。三是力争 2020 年进入“污染预防为主”阶段，即进入发达国家的第四阶段，为“穿越式”思路的发展奠定坚实的基础。

需要特别强调的是，工业化的基本特征之一是工业生产企业必须要遵守国家的法律、法规、标准、规章、技术规范等，也是我国工业发展进入正常轨道的最基本要求。所谓“关闭”，并不是立刻判这个企业的“死刑”，而是可以通过整顿、改造等有效措施，使企业符合要求后再重新生产，当然对确实不能达标的企业要采取相应政策措施，如转行、并购、补贴等有效办法。我们需要将污染防治与食品安全同等重视，实现“三步走”战略部署是可以做到的。

（二）主要目标

1．国家“十一五”主要污染物排放总量减少目标

“十一五”规划纲要中关于工业污染要求达到的目标是：主要污染物（二氧化硫、COD）排放总量减少 10%（约束性指标）；工业污水排放量控制在 1997 年或 2000 年的水平；单位工业增加值用水量降低 30%（约束性指标）；工业固体废物综合利用率 2010 年大于 60%，年均增长 4.2%（预期性指标）；推进钢铁、有色、化工、建材等行业二氧化硫综合治理，实现“增长不增污”、“增长减污”。

国有资产监督管理委员会已经确定的中央企业节能减排工作目标是：到“十一五”期末，中央企业要确保完成主要污染物排放总量减少 10%，其中石油石化、冶金、电力、交通运输、化工、煤炭、建材等重点行业，要力争到 2009 年末，提前完成上述目标。同时，国资委确定的 30 家“重点型”中央企业，各项主要生产经营业务的能耗、水耗、污染物排放指标全部达到历史最好水平，其中三分之一以上的企业接近或达到国际先进水平。

按照以上目标，六大工业行业“十一五”末节能减排目标见表 1-28。

表 1-28　　六大工业行业“十一五”末节能减排目标（与 2005 年相比）

行业	万元增加值能耗/%	二氧化硫排放量/%	化学需氧量排放量/%
石油石化	−16	−9.3	−8.4
化工	−16	−8	−8
钢铁	−16	−16	−23
有色	−16	−8	−8
电力	—	−27	—
建材	−16	−15	−6

2．行业规划目标

一是根据不同行业特点，提出不同的控制目标；二是污染物排放量的控制目标要循序渐进，逐步严格，分阶段进行；不能多年不管，突然极端严控，这样对我国工业的发展不利，有的工业会被迫进死胡同中去。由本课题组专家研究提出的水资源、大气环境保护、固废利用等目标见表 1-29 至表 1-31。

（1）水资源保护的目标

表 1-29　　　　水资源保护的目标　　　　单位：%

行业	项目	2010 年	2015 年	2020 年
钢铁	工业用水重复利用率	95	97	98
有色冶金	工业用水重复利用率	85	90	95
电力	外排污水达标率	100	100	100
石化[①]	外排污水达标率	95	96	97
化工	外排污水达标率	95	100	100
造纸	水重复利用率	50	55	60
纺织	中水回用率	20	25～30	35
皮革	中水回用率	50～60	60～65	65～70

（2）大气环境保护的目标

表 1-30　　　　大气环境保护的目标

行业	项目	单位	2010 年	2015 年	2020 年
钢铁	SO_2 排放量	g/t 钢	≤2 100	≤1 900	≤1 750
	烟尘排放量	g/t 钢	≤2 000	≤1 400	≤1 000
	粉尘排放量	g/t 钢	≤2 000	≤1 400	≤1 000
	厂区降尘	t/（km^2•月）	＜24	＜18	＜14
石化[①]	有控废气达标率	%	＞96	＞97	＞98
化工	燃烧废气和工艺废气达标率	%	≥95	100	100
	二氧化硫排放量减排率	%	≥8	≥20	≥30
电力与动力工业	燃煤电厂烟尘排放量	g/（kW•h）	≤1.2	≤0.9	≤0.6
	二氧化硫排放量	g/（kW•h）	≤2.7	≤2.0	≤1.7
	烟气脱硫机组投运及在建容量	亿 kW	3.8	6.5	8.5
	烟气脱硫机组占全国煤电机组容量比例	%	70	75	80
建材工业	万元增加值排放二氧化硫	kg/万元	36	22	15
	二氧化硫排放总量	万 t	≤170	≤160	≤145
	万元增加值排放烟粉尘	kg/万元	147	88	53
	烟粉尘排放总量	万 t	680	650	500
机械工业	2015 年，所有的热加工企业的排放符合国家相关标准 2020 年，基本上杜绝热加工污染源，实现清洁生产				

① 来源于中国石化。

（3）固体废物处理及利用的目标

表 1-31　固体废物处理及利用的目标

行业	项目	单位	2010 年	2015 年	2020 年
钢铁	高炉渣利用	%	100	100	100
	钢渣利用	%	≥85	≥90	100
	尘泥利用	%	100	100	100
	粉煤灰与炉渣利用	%	≥80	≥92	100
有色冶金	铜、铝、铅和锌四大品种循环利用占总消费量	%	≥33	≥42	≥50
	工业固体废物（赤泥、废石、尾矿除外）综合利用率	%	>60	>70	>70
电力	粉煤灰	%	≥75	≥80	≥85
石化	固体废弃物处理利用率	%	>96	>98	100
化工	固体废物减排率	%	10	20	30
	固体废物综合利用率	%	≥70	≥90	≥95
食品	固体废物综合利用率	%	≥80	≥85	≥90

（4）建设生态工业园区的目标

视与区域和行业链接的可能性和经济性，钢铁、有色、机械制造、电力、化工、建材、轻工等重点行业、重点地区规划建立若干依靠高技术循环经济发展模式，促进生态环境进一步改善，生态规划、生态修复、污染治理等科技项目全面实施，废弃物充分回收利用的生态工业园区，实现污染物“零排放”（图 1-15）。

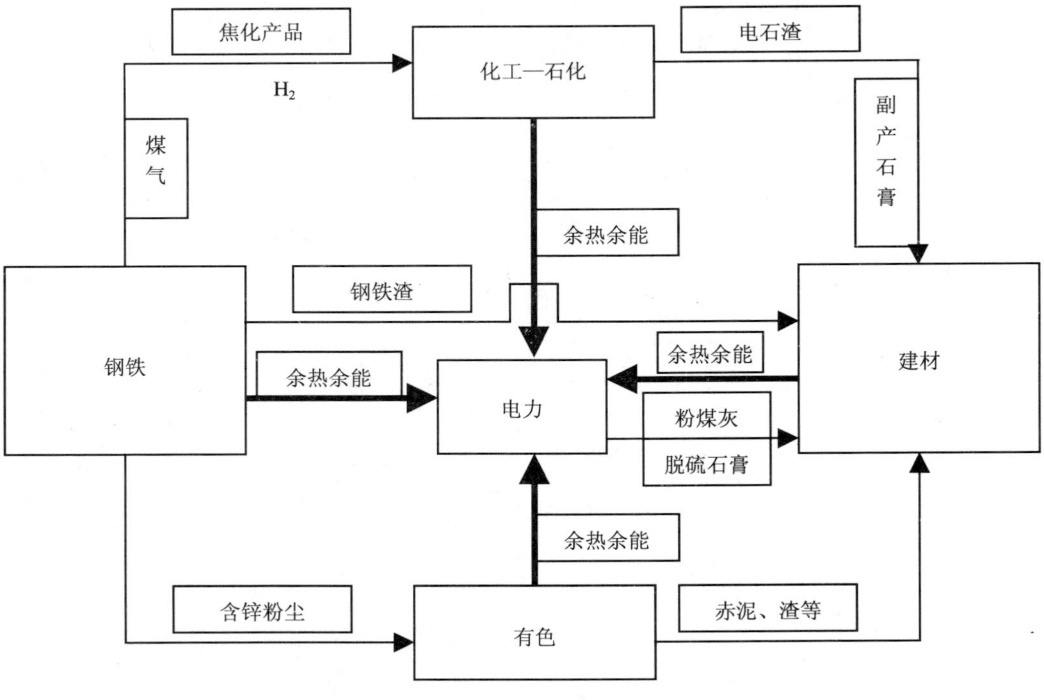

图 1-15　钢铁、化工、建材和有色及电力等行业流程工业之间的关联示意

（资料来源：中国工程院咨询研究报告）

3. 未来战略目标

2020 年以后，2030 年、2050 年的工业污染前景及防治战略需要专门研究。

未来人类活动的环境影响与工业污染前景，与人口数量、经济水平（人均 GDP）、环境技术水平（单位 GDP 的环境影响）和生活模式（人均环境影响）密切相关。未来单位 GDP 的环境影响必须降低，工业化模式需要转变，工业化需要环境友好或降低环境压力，克服传统工业技术的环境污染需要环境友好的技术创新；工业现代化，不是简单地从污染治理入手，而是需要从改变人的行为模式（包括机制体制及生产、消费、制度和观念）出发，建立生态现代化和生态文明。

（1）基本战略目标

加快国民经济产业结构调整，加快国民经济以第二产业为主向第三产业为主过渡，使国民经济产业结构和工业结构调整基本完成。努力使环境压力年增长率小于零，单位 GDP 的环境压力的年下降率大于 GDP 的年增长率。

2030 年目标：国民经济产业结构以第三产业为主，达到中等发达国家水平。工业经济发展初步实现轻量化（高效低耗和高品低密）、绿色化（无毒无害和清洁健康）、生态化（污染预防和经济与环境循环双赢），工业污染防治水平达到中等发达国家水平。

2050 年目标：国民经济产业结构进一步优化。工业污染防治达到世界先进水平，全面掌握和控制工业固体废物的产生和排放，实现工业污染排放的零增长或负增长。

（2）工业排放部分控制目标

有专家研究预测，预计工业排放部分控制目标见表 1-32。经济发展不考虑资源和环境压力，假设单位 GDP 的环境压力不变，在这种相对比较理想的情景下，2030 年实际环境压力将是 2000 年的 1.8 倍，2050 年是 2000 年的 2.5 倍；假设环境技术进步的年增长率为 1%，单位 GDP 的环境压力的年下降率为 1%，那么，2030 年实际环境压力将是 2000 年的 1.3 倍，2050 年是 2000 年的 1.5 倍；如果单位 GDP 的环境压力的年下降率超过 4%，2050 年中国的实际环境压力有可能下降到 2000 年的水平（中国科学院中国现代化研究中心，何传启研究员，《中国生态现代化的战略思考》，中国科学院网，http：//www.cas.ac.cn，2007-08-06）。实施清洁生产，做到增产不增污或增产减污，2030 年和 2050 年工业废水排放量将在 683 亿 m^3/a 和 792 亿 m^3/a，COD 排放量将在 957 万 t/a 和 891 万 t/a[①]。

力争到 2030 年，燃煤电厂二氧化硫全部达标排放，烟尘、工业粉尘的排放达标率分别达到 95%、90%，工业废水、工业废气排放达标率分别达到 100%、95%，工业废水重复利用率、工业固体废物循环利用率和危险废物循环利用率分别达到 95%、85%、70%。2050 年，燃煤

① 钱易院士在庆祝中国水利杂志创刊 50 周年暨面向 21 世纪中国水利发展战略研讨会开幕式上发言,《中国水污染灾害的防治》,中国水利网和 http://www.2004.chinawater.com.cn:8000/SUBJECT/.

电厂二氧化硫继续全部达标排放，烟尘、工业粉尘、工业废气的排放达标率全部达到 100%，工业废水重复利用率、工业固体废物循环利用率和危险废物循环利用率分别达到 100%、90%、80%。

表 1-32 2030 年和 2050 年工业排放控制目标 单位：%

排放控制指标	2020 年	2030 年	2050 年
二氧化硫达标排放燃煤电厂比例	>95	100	100
工业烟尘排放达标率	>90	>95	100
工业粉尘排放达标率	>80	>90	100
工业废水排放达标率	>95	100	提高排放标准
工业废气排放达标率	>90	>95	100
工业废水的重复利用率	>80	>95	100
工业固体废物综合利用率	>65	>70	>75
危险废物处理利用率	100	100	100

（3）氮氧化物、温室气体与汞等重金属污染防治目标

工业部门氮氧化物和二氧化碳减排应是未来工业污染防治的重要目标。但由于其涉及因素多，对于氮氧化物的实测和二氧化碳减排的定量化目标还需要专门的调研和深入研究，建议尽快加强这方面的研究和统计，并尽快纳入工业污染控制的范围。

制定汞等重金属污染防治亦是工业污染防治的重要目标之一。据调查，在不少城市中，土壤遭受汞等重金属污染的程度都比较重，而成因也不同；一些地区，土壤污染物中，汞的污染是最为严重的。其主要来源是工业生产，特别是烧碱、汞化物的制作过程中大量废水污物的排放和工厂粉尘排放。对于汞等重金属造成的环境污染，因易于积累，生态恢复难度大，并污染食品危及人体健康，危害严重，也必须予以特别重视，并组织专门的调研和深入研究。

五、我国工业污染防治的建议

新形势下，胡锦涛总书记等党和国家领导在各种场合多次强调要把我国建设成资源节约型、环境友好型社会；党的十七大报告引入了“生态文明”的要求，我们要以此作为指南，尽快采取有效措施。具体到我国工业污染防治工作方面，我们要以温家宝总理在第六次全国环境保护大会上的指示为具体指导，从重经济增长轻环境保护转变为保护环境与经济增长并重，在保护环境中求发展；从环境保护滞后于经济发展转变为环境保护和经济发展同步，努力做到不欠新账，多还旧账，改变先污染后治理、边治理边破坏的状况；从主要用行政办法保护环境转变为综合运用法律、经济、技术和必要的行政办法解决环境问题，自觉遵循经济规律和自然规律，提高环境保护工作水平，使生态环境保护与工业发展“双赢”。

（一）严格执法

1．科学地完善法律法规体系

- 按照国情，以科学态度清理现行环保相关的法规、政策和排放标准，减少法规和政策间的不协调、交叉和矛盾的现象；
- 健全有关环保的法律法规、污染物排放标准、环境技术管理三大体系。适时更新排放标准并增加对非常规污染物指标的控制标准；
- 对污染严重和生态环境脆弱的地区，制定更加严格的环保标准；同时还要特别重视制定《环保设备和工程设计规范》和《环境保护设施运行管理条例》等相关条例。

2．完善污染防治机制，严格执法，大小企业一视同仁

建议环保部门垂直管理，加强监管执法力度。彻底改变“守法成本高，违法成本低，依法取证难，管得住立不住，立得住管不住”现状。

- 在国家层面建立有关部门分工负责的环境保护协调机制，并进一步明确各部门环保职责，加强部门联动，完善联合执法机制；
- 建立健全国家监察、地方监管、单位负责的环境监管体制；恢复和完善企业和行业监测、监督体系，健全国家和地方工业污染两级环境监控网络；
- 引导企业投入，尽快建设自动在线连续监测，规范环保统计；加强对环境保护设施运行的监督管理，确保设施长期、稳定运行；
- 对于排污不达标的企业，依法限期整顿，不合格者一律关门，定期向社会公布限期关闭的污染严重的企业名单。同时建议专题研究重污染企业关门退出的一系列机制和政策；
- 对于污染物防治的先进企业给予相应的优先发展的机会，如实行环保税收优惠政策（如抵扣增值税等），在环保投资、成本、税收等方面给予政策和资金支持等；
- 通过实施污染物总量控制取得经验，推进排污权交易的实施；
- 将干部业绩考核与污染防治实绩挂钩，将环保指标作为政府和企业领导干部综合考核评价和业绩考核的重要内容。

3．按照国家统筹，逐步将二氧化碳减排和汞等重金属污染防治提上日程

- 逐步将工业部门二氧化碳排放的总量和减排控制纳入法制化管理轨道；
- 组织建立工业部门二氧化碳及汞等重金属排放污染的监测和评价体系；
- 支持工业部门对二氧化碳减排、捕集和利用技术的研究及应用，支持对控制汞等重

金属排放和治理重金属污染技术的研发及应用；

- 制定更严格的汞等重金属污染物排放标准或修订现行标准。

（二）结构调整

1. 依法限期强制淘汰落后

- 冶金、建材、石化等行业应加速淘汰落后产能，到 2010 年前，主要工业行业依法淘汰一批落后生产能力、工艺、设备和产品（附件二），同时需要限制一批生产技术和装备、工艺和产品的发展（附件三），并鼓励一批生产技术和装备、工艺和产品的开发应用（附件四），定期更新强制淘汰、限制落后生产能力、工艺、设备和产品目录；
- 有关部门需对淘汰落后进行专题、系统的研究，尽快出台具体的淘汰落后的相关政策，切实落实淘汰落后的可操作的具体时间表；同时要非常明确地提出：严禁被淘汰的生产能力、工艺、设备异地转移，否则绳之以法。

2. 调整进出口结构，重点控制高能耗产品出口

需要充分利用经济、税收手段（取消资源性产品出口退税，以征收资源税、环保税或能源税等方式提高出口关税）调整进出口结构，控制高能耗、高污染和资源性（“两高一资”）产品的出口，适时调整出口退税的“双高名录”，理顺国内外高能耗产品的价格关系。

- 禁止生铁、废钢和钢坯等出口，严格限制煤炭、原油、金属矿砂等资源性产品以及氧化铝、低附加值钢材、国内紧缺的薄板和铬铁、锰铁和金属锰等严重依赖国外资源的铁合金等产品出口；限制化工产品尿素、纯碱、烧碱和黄磷等的出口；限制水泥产品出口的增长；
- 对一些国外市场依赖性强、有长期合同需要履约的资源性产品（如焦炭等）的出口数量的限制逐步严格，避免高能耗产品出口所带来的隐性能源出口和碳排放转移；
- 政府应制定资源性产品和有利于技术创新商品进口的优惠政策，鼓励多进口废钢、煤炭、石油等资源性产品。取消或降低盐、煤炭等矿产品、苯及部分石油下游产品等资源性产品的进口关税，如削减汽油、柴油、煤油和石脑油、燃料油进口关税，鼓励进口。

3. 控制产业规模，提高集中度，严格工业项目审批

- 对高能耗、高资源消耗和高污染的行业，以内需型为主导，政府应按照国家意志，制定合理、协调环境因素的可持续的宏观经济政策，经济手段有力，合理调整产业

规模和布局规划，以控制产能增长过快和发展失控；

- 从实际出发，制定相关政策和调整战略，推进产业集中度的提高，资源、能源密集型行业应向技术、管理先进的大企业集中，在空间布局上，向沿海、沿江等运输条件好的地区集中。同时推动中小企业的技术进步；
- 因地制宜，统筹规划工业项目的建设，严格实行“区域限批”制度，不断严格行业准入门槛。严把土地、信贷、环保三个闸门，定期更新和发布《国家先进污染防治技术示范名录》和《国家鼓励发展的环境保护技术目录》。工业项目（含固体废物再生利用项目）应优先安排在污染监控、监察能力符合国家和地方要求的地区（工业园区）。

4．充分发挥行业和企业的自律作用

- 行业和企业要在承担应有的社会责任同时，积极参与相关法规、政策、清洁生产指标和标准的制（修）订，在政府的政策导向下，组织建立和完善资源节约、污染防治的信息统计、分析及发布制度；
- 积极探索综合运用价格、财税、信贷等的经济手段，推进行业和企业低成本节能减排措施落实。

（三）技术进步

1．开发应用源头控制新工艺及技术

- 源头控制的新工艺及技术对于工业污染防治至关重要。以皮革工业为例，无硫化物和石灰的脱毛浸碱技术是制革生产污染源头控制的新技术。与传统工艺不同，该技术优点是从源头消除硫化物和石灰的污染，而且由于完全不使用石灰，省去了传统工艺中产生氨氮的脱灰工序，综合废水中氨氮含量从 150～250mg/L 降至 40～50mg/L，准备工段水用量减少 30%，制革污泥减少 80%左右。

2．开发应用过程控制和净化处理新工艺及技术

- 研究制定重点行业最佳可行技术导则，指导企业采用最优生产方式，降低污染物的排放。以机械工业为例，清洁、节能、精密、高效的热处理技术是工业污染过程净化处理的新技术，取而代之传统的热处理方法将使热处理生产环境得到明显的改善，实现预定的污染防治目标。

3. 开发应用末端治理新工艺及技术

- 积极开发应用高效、低耗经济可行的末端治理新技术、新方法，发展拥有自主知识产权的技术，实现设备国产化。如电力工业，要优先发展烟气脱硫、脱硝工艺技术与设备国产化；重点研究燃烧过程中 SO_2、NO_x 同步控制与治理技术，工业生产过程中的氮磷减量化技术，工业排放有毒有害有机污染物的控制技术；支持在燃煤中汞污染、二噁英、VOC 等大气污染物控制技术等方面的研究。

4. 开发资源有效利用新工艺及技术

- 鼓励开发使废物减量化、最小化、资源化和无害化的资源高效和回收利用技术，使污染物变废为宝。以石化工业为例。通过废水预处理、“隔油—浮选—生化”老三套工艺技术的改进和完善，废水深度处理，实现污水净化再利用——污水资源化，是石化污水综合利用的重要措施之一。中国石化湛江东兴炼油厂低浓度污水适度处理后全部回用，镇海炼油污水适度处理后回用率在 90%以上，使加工吨原油取水和排污水分别达到国际先进水平的 0.5t 和 0.2t 以下。

5. 尽快制定和实施发展循环经济的技术政策

- 在钢铁、有色、电力、化工、建材、机械等重点行业、重点地区规划建设若干体现循环经济的工业生态园区。促进化工、钢铁、石化、电力以及建材等行业间的耦合和生态链接，以提高资源、能源利用效率，减少污染排放。

（四）加大投入

1. 加大环保财政和市场化运作的力度

主要用于研究开发工业污染防治的共性关键技术和前沿技术的科技投入上、用于重点污染处理和环保基础设施建设和运行上、用于开展污染源普查和生态保护等。

- 环保投资占 GDP 的比例在 2005 年 1.3%基础上，逐年提高 0.1 个百分点，到 2020 年提高到 3%或以上；
- 环保投资中用于工业污染防治的投资比重在 2005 年 19.2%基础上，逐年提高 0.5 个百分点，到 2020 年增加到 30%以上；
- 企业环保投资应占销售收入的一定比例，如年增长率大于 10%。

2. 加大重点环保领域的人力和资金的投入

- 加大环境保护基础工作的投入。一方面是加大环境基础调查投入，支持开展全国污染源调查、地下水污染现状的大普查、全国土壤污染现状调查和评价、持久性有机污染物调查、饮用水水源地污染现状调查等；另一方面是加大环境基础建设投入。
- 加大环境监测、环境执法、环境标准制订等工作的投入。促进环境监测体系、环境执法体系和环境标准体系建设，全面提升我国环境监察和执法水平，增加快速应对突发环境事件和处理污染纠纷的能力。
- 加大对环境污染专项防治的投入，特别是加强对重点工业污染防治。重点加强对水体、大气和土壤面源污染防治的投入。
- 加大对国家确定的重点生态项目和污染治理项目的资金投入。

（五）公众参与

1. 重视宣传舆论导向，加强舆论和公众的监督作用

- 要利用广播、电视、报刊、互联网等各种媒体宣传工具，加大环保宣传，倡导公众树立环保意识和循环经济理念；加大对《大气污染防治法》、《水污染防治法》、《固体废物污染环境防治法》、《清洁生产促进法》、《安全生产法》和《环保法》等法律、法规的宣传力度，树立企业的环境社会责任意识；加强对工业企业尤其是中、小企业负责人环境保护意识教育和环保业务的培训；特别要向大量的中小企业、乡镇企业、农村干部和民众普及有关污染对于人的健康和居住、生态环境的严重危害及污染防治等方面的知识。
- 通过社会和公众的监督，强化企业环境信息公开的力度；提高干部和群众的环保素质，达到自我约束、自觉遵法守法的目的；让公众意识到工业污染防治事关人的健康与生存、和谐社会建设之大局，并参与监督。

2. 转变消费观念，提倡节约型消费

- 建设资源节约型、环境友好型社会，首先要转变消费观念，倡导节约型生活方式。应从我国国情出发，在全社会倡导绿色消费，反对盲目消费、炫耀性消费、过度消费和奢侈消费，树立忧患意识，转变传统的消费观念，引导消费者和约束生产者向可持续消费模式转变。在消费领域全面推广和普及节约技术，鼓励消费者选择并尽量使用能源资源节约型产品；注意生产质量好的产品，严厉打击假冒伪劣产品。

结束语

我国人口众多，资源稀缺，在工业发展中，各地区产业发展存在趋于雷同且粗放的严重问题，不少地区甚至不顾浪费资源和污染环境为代价，出现“盲目”发展和“恶性”竞争，从某种意义上讲，扭曲了正常的工业发展模式。结合我国建设资源节约型和环境友好型社会的要求，本文通过对我国工业污染防治战略研究，提出用“穿越式”的发展思路和“三步走”的战略部署，在我国走一条“科技含量高、经济效益好、资源消耗低、环境污染少、人力资源优势得到充分发挥”的有特色新型工业化道路，使我国人民真正享受工业发展带来的文明成果。总之，人类的文明与进步需要实现工业化，人们的健康水平提高需要优良的生态环境，我们深信我国是能够办大事的社会主义国家，只要我们按照党中央提出的落实科学发展观的要求，发扬两弹一星、载人航天和奥运精神，就可以实现经济发展与生态环境保护“双赢”的大好局面。

本研究报告提出后，全球发生了金融危机，世界各国兴起了用“社会主义”办大事的做法，根据各国国情研究并提出了各种措施。我国经济发展也受到了严重的影响，为此国家提出了拉动内需的措施。我们认为如果措施既考虑长远又解决眼前，而且得力，将对我国经济结构调整、工业发展质量及各层次人员素质的提高具有深远意义，这不仅可以使我国从金融危机中走出来，还可以从环境危机中走出来。随着我国今后进一步拉动内需的深入及其配套政策措施的提出，将更加有力地支持我们研究报告提出的思路、目标和建议的实现之可能。同时，我们认为，随着全球经济发展的不确定性和我国经济的快速增长，会面临各种新情况和新问题，按照科学发展观的要求，工业污染防治需要在不断总结经验的基础上，开展滚动式研究，促进我国经济持续健康发展。

补充说明：

附件一：相关工业污染防治的主要法律、法规、标准、规章、技术规范

附件二：到 2010 年主要工业行业依法淘汰一批落后生产能力、工艺、设备和产品

附件三：今后需要限制的生产技术和装备、工艺和产品

附件四：今后需要鼓励的技术和装备、工艺和产品

附件一：相关工业污染防治的主要法律、法规、标准、规章、技术规范（资料主要参考：环境保护部相关材料）

序号	指标	应执行的国家相关法律、法规、标准、规章、技术规范
1	未发生重大、特大环境污染事故	《国务院突发环境事件应急预案》 《环境保护行政主管部门突发环境事件信息报告办法（试行）》
2	环境保护投资指数≥1.7%	《国务院关于投资体制改革的决定》 《关于充分发挥财政职能，进一步加强环境保护工作的通知》 《关于环保部门实行收支两条线管理后经费安排的实施办法》 《排污费征收使用管理条例》 《关于建立环境保护投资统计制度的通知》（环财发[1999]64 号）
3	规模以上单位工业增加值能耗＜全国平均水平，且近三年逐年下降	《中华人民共和国节约能源法》 《国务院办公厅关于开展资源节约活动的通知》 《关于印发建设节约型社会近期重点工作分工的通知》 《2005 年各省、自治区、直辖市单位 GDP 能耗等指标公报》（国家统计局、国家发改委和国家能源领导小组办公室共同发布，每半年一次）
4	单位 GDP 用水量＜全国平均水平，且近三年逐年下降	《国务院关于加强城市供水节水和水污染防治工作的通知》（国发[2000]36 号） 《中国节水技术政策大纲》
5	万元 GDP 主要工业污染物排放强度逐年下降	《关于提前报送城市工业污染物单位工业增加值排放强度的通知》（环控函[2004]5 号） 《关于做好上报主要污染物排放总量工作的通知》（环发[2006]98 号） 产业结构调整目录（国家发改委令[2005]40 号）
6	空气污染指数 全年 API 指数≤100 的天数≥全年天数的 85%	《中华人民共和国大气污染防治法》 《环境空气质量手工监测技术规范（HJ/T 194—2005）》 《环境空气质量自动监测技术规范（HJ/T 193—2005）》 环境空气质量标准（GB 3095—1996）及修改单
7	集中式饮用水水源地水质达标率≥96%	《中华人民共和国水污染防治法》 《中华人民共和国水污染防治法实施细则》 《饮用水水源保护区污染防治管理规定》 《地表水环境质量标准（GB 3838—2002）》 《地下水质量标准（GB/T 14848—1993）》 《国务院办公厅关于加强饮用水安全保障工作的通知》（国办发[2005]45 号） 《关于 113 个环境保护重点城市实施集中式饮用水源地水质月报的通知》（环函[2005]47 号）
8	城市水环境功能区 水质达标率 100%，且市区内无劣Ⅴ类水体	《中华人民共和国水污染防治法》 《中华人民共和国水污染防治法实施细则》 地表水环境功能划分文件（各地政府批复） 《地表水和污水监测技术规范（HJ/T 91—2002）》 《地表水环境质量标准（GB 3838—2002）》 《海水水质标准（GB 3097—1997）》 《城市杂用水水质（GB/T 18920—2002）》 《景观环境用水水质（GB/T 18921—2002）》
9	区域环境噪声平均值 ≤60dB（A）	《中华人民共和国环境噪声污染防治法》 《城市区域环境噪声标准（GB 3096—1993）》

序号	指标	应执行的国家相关法律、法规、标准、规章、技术规范
10	重点工业企业污染物排放稳定达标率 100% 工业企业排污申报登记执行率 100%	《关于国家重点企业工业污染源达标排放有关问题的通知》 《污染源自动监控管理办法》（国家环境保护总局令第 28 号） 《污染源监测管理办法》 《关于对污染物排放单位安装自动监控设备有关问题的复函》（环函[2005]413 号） 《关于加强重点工业污染源环境监管的通知》（环发[2006]9 号）
11	机动车环保定期检测率≥80%	《全国机动车尾气排放监测管理制度（暂行）》 《地方机动车大气污染物排放标准审批办法》 《机动车排放污染防治技术政策》 《关于进一步加强城市机动车污染排放监督管理的通知》（环发[2003]68 号） 《关于加强在用机动车环保定期检测工作的通知》（环发[2004]114 号） 《关于对污染物排放单位安装自动监控设备有关问题的复函》（环函[2005]413 号） 《关于发布在用机动车排放污染物检测机构技术规范的通知》（环发[2005]15 号） 《关于加强在用机动车环保年检工作的通知》（环办[2006]73 号）
12	工业固体废物处置利用率≥90%	《中华人民共和国固体废物污染环境防治法》 《固体废物鉴别导则（试行）》（国家环保总局公告 2006 年第 11 号） 《关于开展全国工业危险废物申报登记试点工作及重点行业工业危险废物产生源专项调查的通知》（环办[2006]105 号） 《关于加强工业危险废物转移管理的通知》（环办[2006]34 号）
13	危险废物处置率 100%	国务院《危险废物经营许可证管理办法》 《国家危险废物名录》（环发[1998]89 号） 《危险化学品安全管理条例》 《废弃危险化学品污染环境防治办法》 《危险废物转移联单管理办法》 《危险废物污染防治技术政策》 《危险废物集中焚烧处置工程建设技术规范（HJ/T 176—2005）》 《关于印发铬渣污染综合治理方案的通知》（发改环资[2005]2113 号）
14	建设项目“环评”执行率 100% “三同时”执行率 100% 规划环评执行率 100%	《中华人民共和国环境影响评价法》 《建设项目环境保护管理条例》（国务院令第 253 号） 《建设项目环境保护管理程序》 《关于印发〈编制环境影响报告书的规划的具体范围（试行）〉和〈编制环境影响篇章或说明的规划的具体范围（试行）〉的通知》（环发[2004]98 号） 《关于加强环保审批从严控制新开工项目的通知》（环办函[2006]394 号）
15	按期完成总量控制计划，国家重点环保项目落实率≥80%	《关于印发〈二氧化硫总量分配指导意见〉的通知》（环发[2006]182 号） 《关于印发〈主要水污染物总量分配指导意见〉的通知》（环发[2006]189 号）
16	环境保护机构独立建制，环境保护能力建设达到国家标准化建设要求	《关于印发〈全国环境监察标准化建设标准〉和〈环境监察标准化建设达标验收暂行办法〉的通知》（环发[2006]185 号） 《关于对全国环境监测站标准化建设进行验收的通知》（环办[2004]4 号） 《关于征求〈全国环保系统环境信息机构规范化建设标准（征求意见稿）〉及〈环境信息管理办法（征求意见稿）〉意见的通知》（环办函[2006]372 号） 《关于印发〈全国环保系统环境宣传教育机构规范化建设标准〉的通知》（环发[2006]37 号）
17	环境友好企业	《创建“国家环境友好企业”实施方案（试行）》
	国家生态示范区	《全国生态示范区建设试点考核验收标准》
	国家生态工业园区	《国家生态工业示范园区申报、命名和管理规定（试行）》
	国家 ISO 14000 示范区	《ISO 14000 国家示范区管理办法》
18	清洁生产审核	《清洁生产审核暂行办法》 《中华人民共和国清洁生产促进法》

附件二：到 2010 年主要工业行业依法淘汰一批落后生产能力、工艺、设备和产品（资料主要参考：国家发改委等部门相关材料）

1．冶金工业（61 项）

（1）炼铁能力 7 000 万 t，炼钢能力 5 500 万 t；

（2）土法炼焦（含改良焦炉），蓝炭（干馏煤、半焦）；

（3）土烧结矿，热烧结矿；

（4）化铁炼钢；

（5）炭化室高度小于 4.3m 焦炉（3.2m 及以上捣固焦炉除外）（原计划 2007 年，西部地区 2009 年）；

（6）30m^2 以下烧结机（原计划 2005 年）；

（7）300m^3 及以下炼铁高炉，100m^3 及以下的铁合金高炉，200m^3 及以下的专业铸铁管厂高炉；

（8）生产地条钢的各种冶炼炉；

（9）10t 及以下电炉（不含机械铸造电炉）；

（10）15t 及以下转炉（不含铁合金转炉）（原计划 2004 年）；15～20t 转炉（不含铁合金转炉）（原计划 2005 年），20t 及以下转炉（不含铁合金转炉）（原计划 2006 年）；

（11）10～20t 电炉（不含高合金钢和机械铸造电炉）（原计划 2005 年）；20t 及以下电炉（不含高合金钢和机械铸造电炉）（原计划 2006 年）；10t 及以下的高合金钢电炉；

（12）复二重线材轧机，横列式线材轧机；三辊式型线材轧机（不含特殊钢生产）（原计划 2005 年）；横列式小型轧机；

（13）叠轧薄板轧机；

（14）普钢初轧机及开坯用中型轧机，热轧窄带钢轧机，三辊劳特式中板轧机；

（15）直径 76mm 以下热轧无缝管机组；

（16）环保不达标的冶金炉窑（原计划 2005 年）；

（17）手工操作的土沥青焦油浸渍装置，矿石原料与固体原料混烧、自然通风、手工操作的土竖窑，以煤为燃料、烟尘净化不能达标的倒焰窑（原计划 2005 年）；

（18）3 200kVA 及以下矿热电炉、3 000kVA 以下半封闭直流还原电炉、3 000kVA 以下精炼电炉（硅钙合金、电炉金属锰、硅铝合金、硅钙钡铝、钨铁、钒铁等特殊品种的电炉除外）；

（19）3 000kVA 以下铁合金半封闭直流电炉和精炼电炉；

（20）5 000kVA 以下的铁合金矿热电炉（原计划 2005 年）；

（21）1 500kVA 以下铁合金硅钙合金电炉和硅钙钡铝合金电炉；5 000kVA 以下铁合金硅钙合金电炉和硅钙钡铝合金电炉（2010 年）；

（22）单产 5t/炉以下的钛铁熔炼炉，用反射炉焙烧钼精矿的钼铁生产线，及用反射炉还原、煅烧红矾钠、铬酐生产金属铬的生产线；

（23）电解金属锰反射炉、板框压滤机；

（24）整流变压器 4 000kVA 以下、化合槽 150m^3 以下的电解金属锰生产线（2008 年）；

（25）蒸汽加热混捏、倒焰式焙烧炉、交流石墨化炉、3 340kVA 以下石墨化炉及其并联机组、最大输出电流 5 万 A 以下的石墨化炉（原计划 2005 年）；

（26）倒焰窑耐火材料生产线；

（27）采用马弗炉、马槽炉、横罐、小竖罐等进行焙烧、简易冷凝设施进行收尘等落后方式炼锌或生产氧化锌制品；

（28）采用铁锅和土灶、蒸馏罐、坩埚炉及简易冷凝收尘设施等落后方式炼汞；

（29）采用土坑炉或坩埚炉焙烧、简易冷凝设施收尘等落后方式炼制氧化砷或金属砷制品；

（30）工频炉和中频炉等生产的地条钢，工频炉和中频炉生产的钢锭或连铸坯，及以其为原料生产的钢材产品；

（31）热轧硅钢片；

（32）25A 空腹钢窗料；

（33）Ⅰ级螺纹钢筋产品（原计划 2005 年）。

（34）未经国务院主管部门批准，无采矿许可证的钨、锡、锑、离子型稀土等国家规定实行保护性开采的特定矿种的矿山采选项目；

（35）未经国务院主管部门批准建设的钨、锡、锑、离子型稀土冶炼项目及钨加工（含硬质合金）项目；

（36）现年产铅或锌（或氧化锌含量）2 000t 以下的企业；

（37）现年产汞 10t 以下的企业；

（38）年产砷（或氧化砷制品含量）100t 以下的企业；

（39）采用马弗炉、马槽炉、横罐、小竖罐等进行焙烧、简易冷凝设施进行收尘等落后方式炼锌或生产氧化锌制品；

（40）采用铁锅和土灶、蒸馏罐、坩埚炉及简易冷凝收尘设施等落后方式炼汞；

（41）采用土坑炉或坩埚炉焙烧、简易冷凝设施收尘等落后方式炼制氧化砷或金属砷制品；

（42）铝自焙电解槽；

（43）80kA 及以下预焙槽；

（44）100kA 及以下预焙槽（2008 年）；

（45）炉床面积 1.5m^2 及以下密闭鼓风炉炼铜工艺及设备（原计划 2005 年），炉床面积 1.5～

$10m^2$ 密闭鼓风炉炼铜工艺及设备（原计划 2006 年），$10m^2$ 及以上密闭鼓风炉炼铜工艺及设备（原计划 2007 年）；

（46）电炉、反射炉炼铜工艺及设备（原计划 2006 年）；

（47）烟气制酸干法净化和热浓酸洗涤技术；

（48）“二人转”式有色金属轧机（原计划 2006 年）；

（49）采用地坑炉、坩埚炉、赫氏炉等落后方式炼锑；

（50）采用烧结锅、烧结盘、简易高炉等落后方式炼铅工艺及设备；

（51）利用坩埚炉熔炼再生铝合金、再生铅的工艺（原计划 2005 年）；

（52）未配套制酸及尾气吸收系统的烧结机炼铅工艺（2008 年）；

（53）10 000t/a 以下的再生铅项目（2009 年）；

（54）资源利用水平和冶炼能耗达不到以下标准的现有再生铅项目：铅的总回收率大于 95%，冶炼弃渣中铅含量小于 4%，冶炼能耗低于 200kg 标准煤/t（2009 年）；

（55）环保和劳动安全达不到以下标准的现有再生铅项目：厂区附近空气中铅含量年平均超过 $1\mu g/m^3$，工人年平均血铅浓度超过 400μg/L；以及不具备铅酸蓄电池酸液处理系统（2009 年）；

（56）离子型稀土原矿池浸工艺项目；

（57）稀土氯化物电解制备金属工艺项目；

（58）混汞提金工艺；

（59）小池浸、小堆浸、小冶炼工艺；

（60）铜线杆（黑杆）。

（61）小型预焙槽电解铝能力 65 万 t、粗铜能力约 50 万 t；粗铅冶炼能力约 100 万 t、锌冶炼能力约 90 万 t。

2．石化、化工工业（49 项）

石化、化工工业淘汰以下落后生产能力、工艺和设备：

（1）没有取得采矿许可证的油气田，不符合国家油气资源整体开发规划的油气田；

（2）炼油能力 100 万 t/a 及以下炼油厂和生产汽煤柴油的小炼油生产装置及二次加工装置（原计划 2005 年），土法炼油；

（3）不符合国家安全、环保、质量、能耗等标准的成品油生产装置；

（4）年生产能力小于或等于 4 万 t 的硫铁矿制酸生产装置（原计划 2005 年）；

（5）年生产能力小于或等于 50 万条的斜交轮胎或以天然棉帘子布为骨架的轮胎生产线；

（6）年生产能力小于或等于 1 万 t 的干法造粒炭黑生产装置；

（7）淘汰产品质量低劣，安全环保达不到国家标准的成品油生产装置；

（8）1 000t/a 以下黄磷生产线（2005 年），3 000t/a 以下黄磷生产线（2008 年），5 000t/a 以下黄磷生产线（2010 年）；

（9）单线 1 万 t/a 以下有钙焙烧铬化合物生产线（原计划 2006 年）；

（10）汞法烧碱；

（11）5 000kVA 以下（1 万 t/a 以下）电石炉及开放式电石炉，排放不达标的电石炉；

（12）单台炉容量 5 000kVA 以上至 12 500kVA 以下电石炉及开放式电石炉（2010 年）；

（13）铁粉还原法工艺；

（14）生产氰化钠的氨钠法及氰熔体工艺；

（15）高中温钠法百草枯生产工艺；

（16）农药产品手工包（灌）装工艺及设备；

（17）石墨阳极隔膜法烧碱；

（18）KDON-6000/6600 型蓄冷器流程空分设备；

（19）直接火加热涂料用树脂生产工艺；

（20）根据国家履行国际公约总体计划要求进度，淘汰氯氟烃（CFCs）生产装置；

（21）根据国家履行国际公约总体计划要求进度，淘汰主产四氯化碳（CCl_4）生产工艺；

（22）根据国家履行国际公约总体计划要求进度，淘汰以四氯化碳（CCl_4）为加工助剂的所有产品的生产工艺；

（23）根据国家履行国际公约总体计划要求进度，淘汰以 CFC-113 为加工助剂的含氟聚合物生产工艺；

（24）根据国家履行国际公约总体计划要求进度，淘汰用于清洗的 1,1,1-三氯乙烷（甲基氯仿）生产装置；

（25）根据国家履行国际公约总体计划要求进度，淘汰甲基溴生产装置；

（26）根据国家履行国际公约总体计划要求进度，淘汰含滴滴涕的油漆生产工艺；

（27）根据国家履行国际公约总体计划要求进度，淘汰采用滴滴涕为原料非封闭生产三氯杀螨醇工艺；

（28）100t/a 以下皂素（含水解物）生产装置（原计划 2007 年）；

（29）盐酸酸解法皂素生产工艺及污染物排放不能达标的皂素生产装置（原计划 2006 年）；

（30）高污染的有机磷农药生产；

（31）达不到规模的低档橡胶制品；

（32）氨水液相脱硫工艺技术；

（33）一氧化碳常压变换及全中温变换（高温变换）工艺；

（34）废旧橡胶土法炼油工艺；

（35）橡胶硫化促进剂 NOBS 和橡胶防老剂 D 生产线；

（36）2 万 t/a 以下普通级碳酸钡生产装置（2008 年）；

（37）3 000t/a 以下普通级硫酸钡、氢氧化钡、氯化钡、硝酸钡生产装置（2008 年）；

（38）1.5 万 t/a 以下普通级碳酸锶生产装置（2008 年）；

（39）农药粉剂雷蒙机法生产；

（40）2.5 万 t/a 及以下的单套粗（轻）苯精制装置（酸洗蒸馏法苯加工工艺及装置）（2010 年）；

（41）5 万 t/a 及以下的单套煤焦油加工装置（2012 年）。

淘汰以下落后产品：

（1）25 个农药产品：多氯联苯，除草醚，杀虫脒，氯丹，七氯，毒鼠强，氟乙酰胺，氟乙酸钠，二溴氯丙烷，治螟磷（苏化 203），磷胺（农药），甘氟、毒鼠硅，毒杀芬，甲胺磷，对硫磷，甲基对硫磷，久效磷，硫环磷（乙基硫环磷）、甲基硫环磷、磷化钙、磷化锌、福美胂、福美甲胂及所有胂制剂；

（2）24 种涂料产品：107 涂料，改性淀粉涂料，改性纤维涂料，挥发性有机物含量超过 200g/L 或游离甲醛含量超过 0.1g/kg 的室内装修装饰用的水性涂料（含建筑物、木器家具用）；可溶性金属铅含量超过 90mg/kg，或镉含量超过 75mg/kg，或铬含量超过 60mg/kg，或汞含量超过 60mg/kg 的室内装修装饰用涂料（含建筑物、木器家具用）；有害物质含量、挥发性有机物含量超过 700g/L 或游离异氰酸酯含量超过 0.7%、苯含量超过 0.5%、二甲苯含量超过 40%、可溶性金属铅含量超过 90mg/kg、可溶性金属镉含量超过 75mg/kg、可溶性金属铬含量超过 60mg/kg、可溶性金属汞含量超过 60mg/kg 的室内装修装饰用的溶剂型木器家具涂料；聚乙烯醇水玻璃内墙涂料（106 内墙涂料）；多彩内墙涂料（树脂以硝化纤维素为主，溶剂以二甲苯为主的 O/W 型涂料）；氯乙烯-偏氯乙烯共聚乳液外墙涂料；焦油型聚氨酯防水涂料；水性聚氯乙烯焦油防水涂料；聚乙烯醇及其缩醛类内外墙涂料；聚醋酸乙烯乳液类（含 EVA 乳液）外墙涂料；

（3）聚氯乙烯建筑防水接缝材料（焦油型）；

（4）联苯胺和联苯胺型偶氮染料；

（5）根据国家履行国际公约总体计划要求进度，淘汰滴滴涕、六氯苯、灭蚁灵；

（6）轮胎、自行车胎、摩托车胎手工刻花硫化模具，软边结构自行车胎；

（7）以棉帘线为骨架材料的普通输送带和以尼龙帘线为骨架材料的普通 V 带；

（8）年产 3 亿只以下的天然乳胶安全套。

3. 建材工业（50 项）

建材工业淘汰以下落后生产能力、工艺和设备：

（1）平板玻璃普通平拉工艺生产线及日熔化量100t以下的“格法”平拉生产线（2005年）；平拉工艺平板玻璃生产线（含格法）；15%左右的小平拉的平板玻璃生产线；

（2）淘汰年生产规模小于20万t和环保不达标水泥企业；

（3）水泥生产中能效低、排放强度高、近半数的立窑；

（4）窑径小于2.2m（年产4.4万t以下）水泥机械化立窑生产线（2005年）；窑径3.0m及以下水泥机械化立窑生产线（2010年）；

（5）窑径2.5m及以下水泥干法中空窑（生产特种水泥除外）；

（6）水泥土（蛋）窑、普通立窑；

（7）直径1.83m以下水泥粉磨设备；

（8）无覆膜塑编水泥包装袋生产线；

（9）建筑卫生陶瓷工业土窑、倒焰窑、推板窑、多孔窑、烧煤明焰隧道窑、隔焰隧道窑、匣钵装卫生陶瓷隧道窑等落后生产工艺；

（10）建筑陶瓷砖成型用的摩擦压砖机；

（11）年产70万m^2以下的中低档建筑陶瓷生产线；

（12）年产400万m^2及以下的纸面石膏板生产线；

（13）年产20万件以下低档卫生瓷生产线；

（14）200万m^2/a以下的改性沥青防水卷材生产线（2006年）；

（15）四机、六机及以下垂直引上平板玻璃生产线；

（16）水泥干法中空窑（生产特种水泥除外）及中空余热发电窑（2008年）；

（17）湿法窑水泥生产线（生产特种水泥及主要用于处理污泥、电石渣等除外）（2008年）；

（18）直径1.83m及以下水泥粉磨设备；

（19）建筑卫生陶瓷土窑、倒焰窑、多孔窑、煤烧明焰隧道窑、隔焰隧道窑、匣钵装卫生陶瓷隧道窑；

（20）建筑陶瓷砖成型用的摩擦压砖机；

（21）水泥土（蛋）窑、普通立窑，石灰土立窑；

（22）陶土坩埚玻璃纤维拉丝生产工艺与装备；

（23）砖瓦18门以下轮窑以及立窑、无顶轮窑、马蹄窑等土窑；

（24）400型及以下普通挤砖机、450型普通挤砖机（原计划2006年）；

（25）SJ1580-3000双轴、单轴搅拌机；

（26）SQP400500-700500双辊破碎机；

（27）1000型普通切条机；

（28）100t以下盘转式压砖机；

（29）手工制作墙板生产线；

（30）简易移动式砼砌块成型机、附着式振动成型台（原计划 2005 年）；

（31）单班 1 万 m^3/a 以下的混凝土砌块固定式成型机、单班 10 万 m^2/a 以下的混凝土铺地砖固定式成型机；

（32）人工浇筑、非机械成型的石膏（空心）砌块生产工艺；

（33）100 万卷/a 以下沥青纸胎油毡生产线；

（34）真空加压法和气炼一步法石英玻璃生产工艺装备；

（35）6×600t 六面顶小型压机生产人造金刚石；

（36）非蒸压养护及手工切割蒸压养护加气混凝土生产线；

（37）无采矿许可证或不符合环保、安全生产要求的非机械化非金属矿开采；

（38）用于制备轻烧氧化镁的土焙烧窑或土煅烧窑；

（39）标准煤耗≥330kg/t、容积≤18m^3 轻烧菱镁反射炉。

淘汰以下落后产品：

（1）使用非耐碱玻纤或非低碱水泥生产的玻纤增强水泥（GRC）空心条板；

（2）陶土坩埚拉丝玻璃纤维增强塑料（玻璃钢）制品；

（3）25A 空腹钢窗，普通双层玻璃塑料门窗及单腔结构型的塑料门窗；

（4）S-2 型混凝土轨枕；

（5）一次冲洗用水量 9L 以上的便器；

（6）角闪石石棉（即蓝石棉）；

（7）采用二次加热复合成型工艺生产的聚乙烯丙纶类复合防水卷材、棉涤玻纤网格（高碱）复合胎、聚氯乙烯防水卷材（S 型）；

（8）用于建筑结构材料、承重材料、外墙及水工材料的菱镁制品（或镁质胶凝材料制品）；

（9）手工制作的菱镁制品，金属增强的菱镁制品；

（10）石棉绒质离合器面片、合成火车闸瓦，石棉软木湿式离合器面片；

（11）实心黏土砖。

4．电力与动力工业（7 项）

（1）确保在“十一五”期间关停 5 000 万 kW 纯凝汽式小火电机组；以实现政府制定的节能减排目标；

（2）服役期满的单机容量在 10 万 kW 以下的常规燃煤凝汽火电机组；

（3）单机容量 5 万 kW 及以下的常规小火电机组；

（4）以发电为主的燃油锅炉及发电机组（5 万 kW 及以下）；

（5）运行满 20 年、单机 10 万 kW 级以下的常规火电机组（2010 年）；

（6）设计寿命服役期满的单机 20 万 kW 以下的各类机组（2010 年）；

（7）供电标准煤耗高出 2005 年本省（区、市）平均水平 10%或全国平均水平 15%的各类燃煤机组（2010 年）。

5．机械工业（30 项）

机械工业淘汰以下落后生产工艺和设备：

（1）一批耗能大、污染严重、铸件质量差、规模小的材料成形加工企业；

（2）热处理铅浴炉；

（3）热处理氯化钡盐浴炉（高温氯化钡盐浴炉，暂缓淘汰）；

（4）3 000kVA 以下普通棕刚玉冶炼炉；

（5）3 000kVA 以下碳化硅冶炼炉；

（6）根据国家履行国际公约总体计划要求进度，淘汰以氯氟烃（CFCs）作为膨胀剂的烟丝膨胀设备生产线；

（7）含氰电镀工艺（电镀金、银、铜基合金及镀铜打底工艺，暂缓淘汰）；

（8）含氰沉锌工艺。

淘汰以下落后产品：

（1）T100、T100A 推土机；

（2）ZP-Ⅱ、ZP-Ⅲ干式喷浆机；

（3）WP-3 挖掘机；

（4）$0.35m^3$ 以下的气动抓岩机；

（5）矿用钢丝绳冲击式钻机；

（6）БY-40 石油钻机；

（7）直径 1.98m 水煤气发生炉；

（8）GGW 系列中频无心感应熔炼炉；

（9）B 型、BA 型单级单吸悬臂式离心泵系列，F 型单级单吸耐腐蚀泵系列，GC 型低压锅炉给水泵，JD 型长轴深井泵，DG270-140、DG500-140、DG375-185 锅炉给水泵；

（10）KDON-3200/3200 型蓄冷器全低压流程空分设备，KDON-1500/1500 型蓄冷器（管式）全低压流程空分设备，KDON-1500/1500 型管板式全低压流程空分设备；

（11）BX1-135、BX2-500 交流弧焊机；

（12）AX1-500、AP-1000 直流弧焊电动发电机，电动机驱动旋转直流弧焊机全系列；

（13）SX 系列箱式电阻炉；

（14）热动力式疏水阀：S15H-16、S19-16、S19-16C、S49H-16、S49-16C、S19H-40、S49H-40、S19H-64、S49H-64；

（15）0.4～0.7t/h 立式水管固定炉排锅炉（双层固定炉排锅炉除外）；

（16）动力用往复式空气压缩机：1-10/8 型、1-10/7 型；

（17）高压离心通风机：8-18 系列、9-27 系列；

（18）J31-250 机械压力机；

（19）D60 型、TD72 型固定带式输送机；

（20）以未安装燃油量限制器（简称限油器）的单缸柴油机为动力装置的农用运输车（指生产与销售）；

（21）4146 柴油机，E135 二冲程中速柴油机（包括 2、4、6 缸三种机型），TY1100 型单缸立式水冷直喷式柴油机，165 单缸卧式蒸发水冷、预燃室柴油机；

（22）非法改装车辆和已到报废期限的车辆。

6．轻纺工业（53 项）

对食品、皮革、造纸工业淘汰以下落后生产能力、工艺和设备：

（1）聚氯乙烯普通人造革生产线；

（2）年加工皮革 3 万张（折牛皮标张）以下的制革生产装置、年加工皮革 10 万张（折牛皮标张）以下的制革项目；

（3）年产 3 万 t 以下味精生产工艺及装置；使用传统工艺、技术的味精生产线；

（4）每分钟生产能力小于 100 瓶（容量在 250mL 及以下）的碳酸饮料生产线；

（5）每年 5.1 万 t 以下的化学木浆生产线；

（6）每年 3.4 万 t 以下的草浆生产装置（2007 年），蒸球等制浆生产技术与装备以及窄幅宽、低车速的高消耗、低水平造纸机；

（7）年产 3 万 t 以下酒精生产工艺及装置（废糖蜜制酒精除外）；

（8）年产 1 万 t 以下以废纸为原料的环保不达标的纸制品生产线；

（9）年生产能力小于 1 万 t 的化学制浆造纸生产装置，1.7 万 t/a 以下的化学制浆生产线；

（10）环保不达标的柠檬酸生产工艺及装置；

（11）5 万 t/a 及以下的真空制盐、湖盐和北方海盐生产装置；

（12）利用矿盐卤水、油气田水且采用平锅、滩晒制盐生产装置；

（13）1 万 t/a 及以下的南方海盐生产装置；

（14）采用元素氯或可生产元素氯的化学品为漂白剂的木浆生产；

（15）不符合经济规模的浆、纸及纸板的生产项目；

（16）利用矿盐卤水、油气田水且采用平锅、滩晒制盐生产装置；

（17）300t/a 以下的油墨生产装置（利用高新技术、无污染的除外）；用于凹版印刷的苯胺油墨；

（18）根据国家履行国际公约总体计划要求进度，淘汰以氯氟烃（CFCs）为发泡剂的聚氨酯泡沫塑料产品，聚乙烯、聚苯乙烯挤出泡沫塑料生产工艺，一次性发泡塑料餐具；

（19）根据国家履行国际公约总体计划要求进度，淘汰以氯氟烃（CFCs）为发泡剂或制冷剂的冰箱、冰柜、汽车空调器、工业商业用冷藏、制冷设备生产线；

（20）根据国家履行国际公约总体计划要求进度，淘汰以四氯化碳（CTC）为清洗剂的生产工艺；

（21）根据国家履行国际公约总体计划要求进度，淘汰以 CFC-113 为清洗剂的生产工艺；

（22）根据国家履行国际公约总体计划要求进度，淘汰以甲基氯仿（TCA）为清洗剂的生产工艺；

（23）自行车盐浴焊接炉；

（24）印铁制罐行业中的锡焊工艺；

（25）火柴排梗、卸梗生产工艺，火柴理梗机、排梗机、卸梗机；含重铬酸钾火柴；

（26）冲击式制钉机；

（27）打击式金属丝网织机；

（28）汞电池（氧化汞原电池及电池组、锌汞电池）；

（29）厚度低于 0.025mm 的商品零售塑料购物袋。

纺织工业淘汰以下落后生产能力、工艺、设备和产品：

（1）新中国成立前生产的细纱机，所有“1”字头细纱机，1979 年及以前生产的 A512、A513 系列细纱机；

（2）B581、B582 型精纺细纱机，BC581、BC582 型粗纺细纱机，B591 绒线细纱机，使用期限超过 20 年的各类国产毛纺细纱机；

（3）B601、B601A 型毛捻线机；

（4）辊长 1 000mm 以下的皮辊轧花机（长绒棉种子加工除外），锯片在 80 以下的锯齿轧花机；

（5）压力吨位在 200t 以下的皮棉打包机（不含 160t 短绒棉花打包机）（2005 年）；

（6）1332SD 络筒机；

（7）BC272、BC272B 型分条梳毛机；

（8）B701A 型绒线摇绞机；

（9）B311C、B311C（CZ）、B311C（DJ）型精梳机；

（10）1511M-105 织机；

（11）K251、K251A 型丝织机；

（12）Z114 型小提花机；

（13）GE186 型提花毛圈机；

（14）Z261 型人造毛皮机；

（15）LMH551 型平网印花机，LMH571 型圆网印花机；

（16）LMH303、303B、304、304B-160 型热熔染色机；

（17）LMH731-160 型热风布铗拉幅机；

（18）LMH722M-180、LMH722D-180 型短环烘燥定型机；

（19）ZD647、ZD721 型自动缫丝机，D101A 型自动缫丝机；

（20）ZD681 型立缫机；

（21）DJ561 型绢精纺机；

（22）H112、H112A 型毛分条整经机；

（23）B751 型绒线成球机；

（24）1332 系列络筒机。

附件三：今后需要限制的生产技术和装备、工艺和产品（资料主要参考：国家发改委等部门）

1. 冶金工业（71 项）

（1）钢铁企业和缺水地区，未同步配套建设干熄焦、装煤、推焦除尘装置的焦炉项目；

（2）180m^2 以下烧结机项目；

（3）有效容积 1 000m^3 以下或 1 000m^3 及以上、未同步配套煤粉喷吹装置、除尘装置、余压发电装置，能源消耗、新水耗量等达不到标准的炼铁高炉项目；

（4）公称容量 120t 以下或公称容量 120t 及以上、未同步配套煤气回收、除尘装置，能源消耗、新水耗量等达不到标准的炼钢转炉项目；

（5）公称容量 70t 以下或公称容量 70t 及以上、未同步配套烟尘回收装置，能源消耗、新水耗量等达不到标准的电炉项目；

（6）800mm 以下热轧带钢（不含特殊钢）项目；

（7）25 万 t/a 及以下热镀锌板卷项目；

（8）10 万 t/a 及以下彩色涂层板卷项目；

（9）单台矿热电炉容量 2.5 万 kVA 以下、2.5 万 kVA 及以上环保、能耗等达不到准入要求的铁合金矿热电炉项目（中西部具有独立运行的小水电及矿产资源优势的国家确定的重点贫困地区，单台矿热电炉容量≥1.25 万 kVA）；

（10）单台电炉容量 3 000kVA 以下，以及 3 000kVA 及以上环保、能耗等达不到准入条件要求的铁合金半封闭直流电炉、铁合金精炼电炉项目；

（11）300m^3 以下，以及 300m^3 及以上环保、能耗等达不到准入条件要求的锰铁高炉项目；

（12）单台矿热电炉容量 1.25 万 kVA 以下，以及 1.25 万 kVA 及以上环保、能耗等达不到准入条件要求的硅钙合金和硅钙钡铝合金项目；

（13）单台矿热电炉容量 1.65 万 kVA 以下、1.65 万 kVA 及以上环保、能耗达不到准入要求的硅铝合金项目；

（14）整流变压器 9 500kVA 以下、化合槽 250m^3 以下，以及企业规模 3 万 t/a 及以下的电解金属锰项目；

（15）含铬质耐火材料生产线；

（16）普通功率和高功率石墨电极生产线；

（17）直径 550mm 以下及 2 万 t/a 以下的超高功率石墨电极生产线；

（18）5 万 t/a 以下炭块、4 万 t/a 以下炭电极生产线；

（19）一段式固定煤气发生炉项目（不含粉煤气气化炉）；

（20）钨、钼、锡、锑及稀土矿开采、冶炼项目以及氧化锑、铅锡焊料生产项目（改造项目除外）；

（21）服务年限在 15 年以下、处理矿石量 3 万 t/a（100t/d）以下的铅锌矿（单体矿）采选项目；

（22）处理矿石量在 1 000t/d 以下的铅锌浮选法选矿生产工艺；

（23）单系列 10 万 t/a 规模以下粗铜冶炼项目；

（24）能耗达不到以下标准的新建铜冶炼项目：粗铜冶炼工艺综合能耗 550kg 标准煤/t 以下；电解精炼（含电解液净化）部分综合能耗在 250kg 标准煤/t 以下；电铜直流电耗 285kW •h/t 以下；

（25）资源利用水平达不到以下标准的新建铜冶炼项目：铜冶炼总回收率达到 97%以上；粗铜冶炼回收率 98%以上；水循环利用率 95%以上，吨铜新水消耗 25t 以下；占地面积低于 $4m^2$/t 铜。铜冶炼硫的总捕集率达 98%以上；硫的回收率达到 96%以上；

（26）新建氧化铝项目：以国内铝土矿为原料生产能力低于 80 万 t/a，以进口铝土矿为原料生产能力低于 60 万 t/a；

（27）能耗达不到以下标准的新建氧化铝项目：拜耳法氧化铝生产系统综合能耗低于 500kg 标准煤/t 氧化铝，其他工艺氧化铝生产系统综合能耗低于 800kg 标准煤/t 氧化铝；

（28）资源利用水平达不到以下标准的新建氧化铝项目：拜耳法氧化铝生产系统综合回收率达到 81%以上，新水消耗低于 8t/t 氧化铝，占地面积小于 $1m^2$/t 氧化铝；其他工艺氧化铝生产系统综合回收率达到 90%以上，新水消耗低于 7t/t 氧化铝，占地面积小于 $1.2m^2$/t 氧化铝；

（29）电解铝项目（淘汰自焙槽生产能力置换项目及环保改造项目除外）；

（30）能耗达不到以下标准的电解铝项目：综合交流电耗低于 143 000kW • h/t 铝，电流效率高于 94%；

（31）资源利用水平达不到以下标准的电解铝项目：氧化铝单耗低于 1 920kg/t 铝，原铝液消耗氟化盐低于 25kg/t 铝，阳极炭素净耗低于 410kg/t 铝，新水消耗低于 7t/t 铝，占地面积小于 $3m^2$/t 铝；

（32）低于以下生产规模的再生铝项目：新建 5 万 t/a，改、扩建 3 万 t/a；

（33）生产规模低于 10 万 t/a 的多品种综合铝加工新建项目；

（34）低于以下生产规模的单一品种铝加工新建项目：板带材 5 万 t/a、箔材 3 万 t/a、挤压材 5 万 t/a；

（35）10 万 t/a 以下的普通建筑铝型材加工项目；

（36）铝用湿法氟化盐项目；

（37）4t 以下的再生铝反射炉项目；

（38）10 万 t/a 以下的独立铝用炭素项目；

（39）单系列 5 万 t/a 规模及以下铅冶炼项目；

（40）资源利用水平达不到以下标准的铅冶炼项目：总回收率达到 96.5%，粗铅熔炼回收率大于 97%、铅精炼回收率大于 99%；总硫利用率大于 95%，硫捕集率大于 99%；水循环利用率达到 95%以上；

（41）能耗达不到以下标准的铅冶炼项目：综合能耗低于 600kg 标准煤/t；粗铅冶炼综合能耗低于 450kg 标准煤/t，粗铅冶炼焦耗低于 350kg/t，电铅直流电耗降低到 120kW · h/t；

（42）5 万 t/a 及以下的新建再生铅项目，2 万 t/a 及以下改造、扩建再生铅项目；

（43）资源利用水平达不到以下标准的再生铅项目：铅的总回收率大于 97%，现有再生铅企业铅的总回收率大于 95%，冶炼弃渣中铅含量小于 2%，废水循环利用率大于 90%；

（44）能耗达不到以下标准的再生铅项目：冶炼能耗低于 130kg 标准煤/t 铅，电耗低于 100kW · h/t 铅；

（45）环保和劳动安全达不到以下标准的再生铅项目：厂区附近空气中铅含量年平均超过 0.5μg/m³，工人年平均血铅浓度超过 350μg/L；

（46）单系列 10 万 t/a 规模以下锌冶炼项目；

（47）能耗达不到以下标准的锌冶炼项目：电锌工艺综合能耗低于 1 700kg 标准煤/t，电锌生产析出锌电解直流电耗低于 2 900kW · h/t，锌电解电流效率大于 88%；蒸馏锌标准煤耗低于 1 600kg/t；

（48）资源利用水平达不到以下标准的锌冶炼项目：冶炼总回收率达到 95%；蒸馏锌冶炼回收率达到 98%，电锌回收率（湿法）达到 95%；总硫利用率大于 96%，硫捕集率大于 99%；水的循环利用率达到 95%以上；

（49）镁冶炼项目（综合利用项目除外）；

（50）综合生产能力 5 000t/a 以下的仲钨酸铵项目；

（51）资源回收利用及能耗达不到下列标准的钨冶炼项目：三氧化钨（从钨精矿至仲钨酸铵生产工序）回收率≥96%（以标准精矿计）；仲钨酸铵综合能耗低于 1t 标煤/t；水循环利用率≥95%，综合生产能力 2 000t/a 以下的钨粉、碳化钨项目；

（52）综合生产能力 100t/a 以下的钨坯条项目；

（53）生产能力 200t/a 以下的钨系硬质合金项目；

（54）8 000t/a 以下以矿产原料为主的锡冶炼（生产锡锭或粗锡）项目；

（55）以含锡废料为原料的 3 000t/a 以下再生锡冶炼项目；

（56）不具备粗炼、精炼、烟化、真空、余热利用、“三废”处理等完整工艺流程的以矿产原料为主的锡冶炼（生产锡锭或粗锡）项目；

（57）资源回收利用及能耗达不到以下标准的锡冶炼项目：锡金属综合回收率≥95%，单位产品综合能耗≤2 400kg 标煤/t；有价金属的综合回收率≥80%。水资源实现综合回收利用，水循环利用率≥95%；

（58）规模在 5 000t/a 以下的精锑（锑锭）或锑白（三氧化二锑）项目；

（59）资源回收利用及能耗达不到以下标准的精锑项目：冶炼综合回收率：以硫氧混合矿为原料，锑≥90%；以氧化矿为原料，锑≥88%；以硫化矿为原料，锑≥95%；以脆硫铅锑矿为原料，锑≥80%、铅≥88%。有价金属综合回收率≥80%；单位产品综合能耗低于 1.03t 标准煤/t，单位产品电耗低于 460kW·h/t；

（60）资源回收利用及能耗达不到以下标准的锑白（三氧化二锑）项目：直接法生产锑白：锑回收率≥90%，单位产品综合能耗≤1.0t 标准煤/t，单位产品电耗≤450kW·h/t；间接法生产锑白：锑回收率≥99%，单位产品综合能耗≤0.02t 标准煤/t，单位产品电耗≤100kW·h/t；熔析法生产三硫化二锑的综合回收率锑≥98%；水循环利用率≥95%；

（61）再生有色金属生产中采用直接燃煤的反射炉项目；

（62）稀土矿开采和选矿项目；

（63）稀土冶炼分离加工项目；

（64）离子型稀土矿原矿池浸工艺项目；

（65）日处理金精矿 50t 以下的独立氰化项目；

（66）日处理矿石 100t 以下，无配套采矿系统的独立黄金选矿厂项目；

（67）日处理金精矿 50t 以下的火法冶炼项目；

（68）处理矿石 5 万 t/a 以下的独立堆浸场项目（青藏高原除外）；

（69）日处理岩金矿石 50t 以下的采选矿项目；

（70）处理砂金矿砂 20 万 m^3/a 以下的砂金开采项目；

（71）在林区、农田、河道中开采黄金项目。

2. 石化、化工工业（56 项）

（1）10 万 t/a 以下及 DMT 法聚酯装置；

（2）7 万 t/a 以下聚丙烯装置（连续法及间歇法）（2005 年）；20 万 t/a 以下聚丙烯装置（连续法及间歇法）（2007 年）；

（3）10 万 t/a 以下丙烯腈装置；

（4）10 万 t/a 以下 ABS 树脂装置（本体连续法除外）；

（5）60 万 t/a 以下乙烯装置；

（6）800 万 t/a 以下常减压炼油装置；200 万 t/a 以下催化裂化装置（2007 年）；

（7）50 万 t/a 以下催化裂化装置（2005 年）；80 万 t/a 以下连续重整装置（不含其烃抽提），100 万 t/a 以下连续重整装置（含芳烃抽提）（2007 年）；

（8）40 万 t/a 以下连续重整装置（2005 年）；

（9）80 万 t/a 以下加氢裂化装置（2005 年）；120 万 t/a 以下加氢裂化装置（2007 年）；

（10）80 万 t/a 以下延迟焦化装置（2005 年）；160 万 t/a 以下延迟焦化装置（2007 年）；

（11）20 万 t/a 以下聚乙烯装置（2007 年）；

（12）20 万 t/a 以下乙烯氧氯化法聚氯乙烯装置（2005 年）；30 万 t/a 以下乙烯氧氯化法聚氯乙烯装置；

（13）12 万 t/a 以下电石法聚氯乙烯装置；30 万 t/a 以下电石法聚氯乙烯装置（2007 年）；

（14）20 万 t/a 以下苯乙烯装置（干气制乙苯工艺除外）；

（15）10 万 t/a 以下聚苯乙烯装置；

（16）22.5 万 t/a 以下精对苯二甲酸装置（2005 年）；60 万 t/a 以下精对苯二甲酸装置（2007 年）；

（17）20 万 t/a 以下环氧乙烷/乙二醇装置；

（18）10 万 t/a 以下己内酰胺装置；

（19）20 万 t/a 以下乙烯法醋酸装置；

（20）20 万 t/a 以下羰基合成法醋酸装置；

（21）100 万 t/a 以下氨碱装置；

（22）30 万 t/a 以下联碱装置；

（23）20 万 t/a 以下硫黄制酸装置；

（24）10 万 t/a 以下硫铁矿制酸装置；

（25）常压法及综合法硝酸装置；

（26）以石油（高硫石油焦除外）为原料的化肥生产项目；

（27）陕、蒙、晋、皖等十三个大型煤炭基地所在地区基荷燃气发电项目；

（28）天然气制甲醇项目；以天然气代煤制甲醇项目；

（29）硫酸法钛白粉生产线（产品质量达到国际标准，废酸、亚铁能够综合利用，并实现达标排放的除外）；

（30）1 000t/a 以下铅铬黄生产线；

（31）5 000t/a 及以下氧化铁红颜料装置；

（32）初始总容量小于 10 万 kVA、单台电石炉容量 2.5 万 kVA 以下（能力小于 4.5 万 t）及 2.5 万 kVA 以上环保、能耗等达不到准入要求的电石矿热炉项目；

（33）5 000t/a 以下的电解二氧化锰生产线；

（34）15 万 t/a 以下烧碱装置（2005 年）；30 万 t/a 以下烧碱装置（2007 年）；

（35）2 万 t/a 以下氢氧化钾装置（2005 年）；5 万 t/a 以下氢氧化钾装置（2007 年）；

（36）单线 2 万 t/a 以下或有钙焙烧铬化合物生产装置；

（37）氯化汞触媒项目；

（38）单套1万t/a以下无水氟化氢（HF）生产装置（配套自用和电子高纯氟化氢除外）；

（39）单套反应釜6 000t/a以下（2005年）、单套反应釜1万t/a以下、后处理3万t/a以下的F22生产装置（作为原料进行深加工除外）（2007年）；

（40）2万t/a以下的（甲基）有机硅单体生产装置（2005年）；5万t/a以下的（甲基）有机硅单体生产装置（2007年）；

（41）8万t/a以下的甲烷氯化物生产项目（不包括为有机硅配套的一氯甲烷生产项目）；

（42）8万t/a及以上、对副产的全部四氯化碳没有配套处置设施的甲烷氯化物生产项目；

（43）斜交轮胎项目，力车胎项目（手推车胎）；

（44）剧毒、高毒、高残留农药原药（甲胺磷、对硫磷、甲基对硫磷、久效磷、氧化乐果、水胺硫磷、甲基异柳磷、甲拌磷、甲基硫环磷、乙基硫环磷、特丁磷、杀扑磷、溴甲烷、灭多威、涕灭威、克百威、磷化锌、敌鼠钠、敌鼠酮、杀鼠灵、杀鼠醚、溴敌隆、溴鼠灵）生产项目；

（45）有机磷类、有机氯、氨基甲酸酯类、沙蚕毒类、卫生用拟除虫菊酯类、有机锡类杀虫剂，酰胺类、三嗪类、磺酰脲类除草剂，三唑类、代森、福美类杀菌剂，以及磷化铝、阿维菌素、甲氨基阿维菌素及其盐、吡虫啉、百菌清、多菌灵、溴甲烷、百草枯、草甘膦、2,4-滴及其盐或酯、2甲4氯及酯、复硝酚钠（钾）、肉毒素；（有重大工艺和生产技术革新除外）

（46）以滴滴涕为原料的生产三氯杀螨醇项目；

（47）以六氯苯为原料的生产五氯酚钠项目；

（48）林丹生产项目；

（49）300t/a以下皂素（含水解物）生产装置（综合利用除外）；

（50）铜洗法氨合成原料气净化工艺；

（51）锦纶帘线、3万t/a以下钢丝帘线生产项目；

（52）常规法再生胶生产线（动态连续脱硫工艺再生胶生产线、胶粉生产线除外）；

（53）10万t/a以下普通级碳酸钡生产项目；

（54）1万t/a以下普通级硫酸钡、氢氧化钡、氯化钡、硝酸钡生产项目；

（55）5万t/a以下普通级碳酸锶生产项目；

（56）单台产能在1万t/a以下不符合准入条件的黄磷生产项目。

3．建材工业（21项）

（1）非浮法及日熔化量500t以下普通浮法平板玻璃生产线（2005年）；普通浮法玻璃生产线；

（2）100万m^2/a及以下的建筑陶瓷砖生产线；

（3）50 万件/a 以下的隧道窑卫生陶瓷生产线；

（4）水泥机立窑、干法中空窑、立波尔窑、湿法窑；新建日产 1 500t 及以下熟料新型干法水泥生产线（2005 年）；新建日产 2 000t 以下熟料新型干法水泥生产线（以电石废渣等固体废弃物为主要原料的日产 1 000t 以下熟料新型干法水泥生产线）；

（5）2 000 万 m^2/a 以下的纸面石膏板生产线；

（6）沥青纸胎油毡生产线，500 万 m^2/a 以下的改性沥青防水卷材生产线，沥青复合胎柔性防水卷材生产线，聚乙烯膜层厚度在 0.5mm 以下的聚乙烯丙纶复合防水卷材生产线；

（7）中碱玻璃球生产线；

（8）铂金坩埚球法拉丝玻璃纤维生产线；

（9）实心黏土砖生产项目；

（10）15 万 m^2/a 以下的石膏（空心）砌块生产线；

（11）单班年生产能力小于 2.5 万 m^3 混凝土小型空心砌块以及单班年生产能力小于 15 万 m^2 混凝土铺地砖固定式生产线；

（12）5 万 m^3/a 以下人造轻集料（陶粒）生产线；

（13）10 万 m^3/a 以下的加气混凝土生产线；

（14）3 000 万标砖/a 以下的煤矸石、页岩烧结实心砖生产线；

（15）5 000t/a 以下岩（矿）棉生产线；

（16）石棉摩擦、密封材料生产项目；

（17）有机溶剂化胶浸胶法离合器面片生产工艺；

（18）年产 15 万 m^2 以下的菱镁墙板生产线；

（19）年产 100 万 m^2 以下的菱镁装饰（防火）板生产线；

（20）活性（MgO）含量低于 50%的轻烧氧化镁反射窑生产工艺；

（21）60 万 t/a 以下的水泥粉磨站（新疆等西部交通不发达地区除外）。

4．电力与动力工业（2 项）

（1）除西藏、新疆、海南等小电网外，单机容量在 30 万 kW 及以下的常规燃煤火电机组；

（2）除西藏、新疆、海南等小电网外，发电煤耗高于 286g 标准煤/（kW・h）的发电机组，空冷机组发电煤耗高于 305g 标准煤/（kW・h）的发电机组。

5．机械工业（22 项）

（1）2 臂及以下凿岩台车制造项目；

（2）立爪装岩机除外的装岩机制造项目；

（3）3m^3 及以下小矿车制造项目；

（4）直径 2.5m 及以下绞车制造项目；
（5）直径 3.5m 及以下矿井提升机制造项目；
（6）$40m^2$ 及以下筛分机制造项目；
（7）直径 700mm 及以下旋流器制造项目；
（8）800kW 及以下采煤机制造项目；
（9）斗容 $3.5m^3$ 及以下矿用挖掘机制造项目；
（10）加压式除外的矿用搅拌、浓缩、过滤设备制造项目；
（11）30 万 kW 及以下常规燃煤火力发电设备制造项目（综合利用机组除外）；
（12）普通电火花加工机床和线切割加工机床制造项目（数控机床除外）；
（13）6 300kN 及以下普通机械压力机制造项目（数控压力机除外）；
（14）普通剪板机、折弯机、弯管机制造项目；
（15）棕刚玉、绿碳化硅、黑碳化硅等烧结块及磨料制造项目；
（16）直径 400mm 及以下各种结合剂砂轮制造项目；
（17）直径 400mm 及以下人造金刚石切割锯片制造项目；
（18）普通电焊条制造项目；
（19）8.8 级以下普通低档标准紧固件制造项目；
（20）$100m^3$ 及以下活塞式动力压缩机制造项目；
（21）$20m^3$ 以下螺杆压缩机制造项目；
（22）56 英寸及以下单级中开泵制造项目。

6．轻纺工业（27 项）

（1）低档纸及纸板生产项目；
（2）聚氯乙烯普通人造革生产线；
（3）超薄型（厚度低于 0.015mm）塑料袋生产线；
（4）年加工皮革 10 万张（折牛皮标张）以下的制革项目；
（5）生产速度低于 1 500 只/h 的单螺旋灯丝白炽灯生产线；
（6）普通中速工业平缝机系列生产线；
（7）普通中速工业包缝机系列生产线；
（8）二片铝质易拉罐项目；
（9）普通真空保温瓶玻璃瓶胆生产线；
（10）2 万 t/a 以下的玻璃瓶罐生产线；
（11）合成脂肪醇项目（含羰基合成醇、齐格勒醇，不含油脂加氢醇）；
（12）3 万 t/a 以下三聚磷酸钠生产线（2005 年）；5 万 t/a 以下三聚磷酸钠生产线；

（13）糊式锌锰电池项目；

（14）镉镍电池项目；

（15）开口式普通铅酸蓄电池项目；

（16）原糖生产项目（新资源项目除外）；

（17）北方海盐 100 万 t/a 以下项目；南方海盐新建盐场项目；矿（井）盐 60 万 t/a 以下项目；湖盐 20 万 t/a 以下项目；

（18）白酒生产线；

（19）酒精生产线（燃料乙醇项目除外）；

（20）使用传统工艺、技术的味精生产线；

（21）糖精生产线；

（22）采用元素氯或可生成元素氯的化学品为漂白剂的木浆生产；

（23）流延聚丙烯（cpp）薄膜生产项目；

（24）农用薄膜生产项目；

（25）20 万 kVAh/a 规模以下（不含拉网式、卷绕式、双极性、胶体等新型结构）、极板含镉类以及开口式普通铅酸蓄电池生产项目；

（26）不符合经济规模的浆、纸及纸板的生产项目；

（27）74 型染整生产线。

附件四：今后需要鼓励的技术和装备、工艺和产品（资料主要参考：国家发改委等部门）

包括生产大型化，环保型、清洁生产工艺和绿色制造新技术开发应用，环保产品生产。

1．冶金工业（38 项）

（1）黑色金属矿山接替资源勘探及关键勘探技术开发；

（2）炭化室高度 6m 以上、宽 500mm 以上配干熄焦、装煤、推焦除尘装置的新一代大容积机械化焦炉建设；

（3）煤捣固炼焦、配型煤炼焦工艺技术应用；焦炉入炉煤调湿工艺技术应用；

（4）干法熄焦、导热油换热技术应用；

（5）120 万 t/a 以上大型链篦机回转窑和带式球团焙烧机等氧化球团生产；

（6）15 万 t/a 及以上直接还原法炼铁；

（7）先进适用的熔融还原技术开发及应用；

（8）废钢加工处理（分类、剪切和打包，不含炼钢）；

（9）合金钢大方坯、大型板坯、圆坯、异型坯及近终型连铸技术开发与应用；

（10）现代化热轧宽带钢轧机关键技术开发应用及关键部件制造；

（11）薄板坯连铸连轧关键技术开发应用及关键部件制造；

（12）冷连轧宽带钢关键技术开发应用及关键部件制造；

（13）控制轧制、控制冷却工艺技术应用；

（14）优质合成、不定形耐火材料生产；

（15）全燃煤气的联合循环发电（CCPP）；

（16）蓄热式燃烧技术应用；

（17）钢铁企业能源中心建设；

（18）低品质余热余能利用技术的开发；

（19）钢铁制造流程动态运行的解析和集成技术；

（20）冶金综合自动化技术应用；

（21）硫化矿物无污染强化熔炼工艺开发及应用；

（22）高效萃取设备和工艺技术开发；

（23）高精度铜板、带、箔、管技术开发与生产应用；

（24）高精铝板、带、箔及高速薄带铸轧生产技术开发与设备制造；

（25）有色金属复合材料技术开发及应用；

（26）高性能、高精度硬质合金及深加工产品和陶瓷材料生产；

（27）稀有、稀土金属深加工及其应用；稀土磁性材料、发光材料、催化材料、储氢材料和其他高技术功能材料及其应用产品；

（28）锡化合物、锑化合物（不含氧化锑）生产；

（29）非晶合金薄带制造；

（30）先进萃取设备及其工业开发；

（31）高品质镁合金铸造及板、管、型材加工技术开发；

（32）有色金属生产过程检测和控制技术开发；

（33）焙烧、热压预氧化和细菌氧化提金工艺技术开发及应用；

（34）矿山生态环境恢复工程；

（35）削减和控制二噁英排放的技术开发与应用；

（36）高炉、转炉、焦炉煤气回收及综合利用；

（37）尾矿、废渣等资源综合利用；

（38）产能规模达到 50 000t/a、能耗低于 130kg 标准煤/t 铅的再生铅项目。

2．石化、化工工业（60 项）

（1）原油、天然气、液化天然气、成品油的储运和管道输送设施及网络建设；

（2）油气伴生资源综合利用；

（3）提高油气田采收率、生产安全保障技术和设施、生态环境恢复与污染防治工程技术开发和应用；

（4）放空天然气回收利用；

（5）资源节约和环保型氮肥装置建设以及原料本地化、经济化改造；

（6）优质磷复肥、钾肥及各种专用复合肥生产；磷酸湿法生产中脱除镁等杂质技术、磷石膏综合利用技术开发及应用；

（7）高效、低毒、安全、环境友好的农药新品种，新剂型及专用中间体和助剂开发生产；

（8）用清洁生产技术建设和改造无机化工生产装置；

（9）生产、使用、施工及各处理过程中对环境不造成污染或对环境质量有所改善的环保型涂料生产；

（10）新型高效、无污染催化剂开发及生产；

（11）有机硅、有机氟及高性能无机氟化工产品生产；

（12）新型染料及其中间体开发及生产；

（13）提高油品质量的炼油及节能降耗装置改造；

（14）大型乙烯建设（东部及沿海新建乙烯起始规模 80 万 t/a 及以上、西部 60 万 t/a 及以上）及现有乙烯以节能降耗为主改扩建；

（15）大型合成树脂及合成树脂新工艺、新产品开发；

（16）大型己内酰胺、乙二醇、丙烯腈的生产技术开发和成套设备制造；

（17）大型合成橡胶、合成胶乳和热塑性弹性体先进工艺开发、新产品制造；

（18）大型芳烃生产装置建设；

（19）新型环保型、纺织专用油剂、助剂、新型环保型、节水、节能、环保用等专用化学品生产；

（20）复合材料、功能性高分子材料、工程塑料及低成本化、新型塑料合金生产；

（21）合成树脂加工用新型助剂、新型吸附剂、高性能添加剂和复配技术开发；

（22）30 万 t/a 及以上氧氯化法制聚氯乙烯；

（23）氯化法钛白粉生产；

（24）高等级子午线轮胎及配套专用材料、设备生产；

（25）危险废弃物处理中心建设；

（26）高能耗、污染重的石油、石化、化工行业节能、环保改造；含硫含酸重质、劣质原油以及高硫重油、高硫石油焦综合利用；

（27）持久性有机污染物类产品的替代品开发与应用；

（28）废弃持久性有机污染物类产品处置技术开发与应用；

（29）“三废”综合利用及治理工程；

（30）“三废”处理用生物菌种和添加剂开发及生产；

（31）含汞废物的汞回收处理技术开发应用及成套设备制造；

（32）重复用水技术开发及设备制造与使用；

（33）高效、低能耗污水处理与再生技术开发及设备制造；

（34）废物填埋防渗膜生产；

（35）新型水处理药剂开发及生产；

（36）资源节约和环保型氮肥装置建设以及原料本地化、经济化改造；

（37）优质磷复肥、钾肥及各种专用复合肥生产，磷酸湿法生产中脱除镁等杂质技术、磷石膏综合利用技术开发及应用；

（38）高效、安全、环境友好的农药新品种、新剂型及专用中间体和助剂的开发生产；

（39）生产、使用、施工及后处理过程中对环境不造成污染或对环境质量有所改善的环保型涂料生产；

（40）新型生物化工产品、专用精细化学品和膜材料生产；

（41）有机硅、有机氟及高性能无机氟化工产品生产；

（42）无机纳米及功能性材料生产；

（43）新型染料及其中间体开发及生产；
（44）醇醚燃料生产；
（45）采用先进工艺技术的大型基本有机化工原料生产；
（46）烧碱用离子膜生产；
（47）LNG 冷能综合利用；
（48）农药清洁生产工艺及“三废”治理新技术；
（49）持久性有机污染物类产品的替代品开发与应用；
（50）废弃持久性有机污染物类产品处置技术开发与应用；
（51）“三废”处理用生物菌种和添加剂开发及生产；
（52）有机废弃物无害化、资源化处理技术开发及应用；
（53）含汞废物的汞回收处理技术开发应用及成套设备制造。
（54）石油、天然气勘探及开发；
（55）天然气水合物、油页岩、油矿勘探及开发；
（56）新型生物化工产品，专用精细化学品和膜材料生产；
（57）采用先进工艺技术的大型基本有机化工原料生产；
（58）高等级道路沥青、聚合物改性沥青和特种沥青生产；
（59）含硫含酸重质、劣质原油及高硫重油、高硫石油焦综合利用；
（60）无机纳米及功能性材料生产。

3．建材工业（19 项）

（1）日产 4 000t 及以上（西部地区日产 2 000t 及以上）熟料新型干法水泥生产及装备和配套材料开发；

（2）新型节能环保墙体材料、绝热隔音材料、防水材料和建筑密封材料、建筑涂料开发生产；

（3）优质环保型摩擦与密封材料生产；无石棉摩擦、密封材料新工艺、新产品开发与生产；

（4）5 万 t/a 及以上无碱玻璃纤维池窑拉丝技术和高性能玻璃纤维及制品技术开发与生产；

（5）特殊品种优质浮法玻璃生产技术、装备和节能、安全平板玻璃深加工技术开发；

（6）高新技术和环保产业需求的高纯、超细、改性等精细加工矿物材料生产及其技术装备开发制造；

（7）新型干法水泥和新型墙体材料等建材产品生产中消纳工业废弃物、城市垃圾和污泥的无害化与资源化关键技术及装备开发；

（8）散装水泥装备技术开发；

（9）高性能混凝土用外加剂技术开发与生产；
（10）50 万 t/a 及以上人工砂生产线及其技术装备开发生产；
（11）100 万 t/a 及以上大型水泥粉磨站建设（新疆等西部交通不发达地区 30 万 t/a 以上）；
（12）20 万 m^3/a 以上大型石材荒料、30 万 m^2/a 以上超薄复合石材生产；
（13）墙体吸收噪声技术与材料开发；
（14）日产 2 000t 及以上熟料新型干法水泥生产余热发电；
（15）利用电石渣等工业废弃物、城市垃圾和污泥生产新型干法水泥和新型墙体材料；
（16）玻璃纤维增强塑料制品（玻璃钢）机械化成型技术开发；
（17）高品质人工晶体材料生产技术开发；
（18）住宅高性能外围护结构材料与部件制造；
（19）商品混凝土、商品砂浆及其施工技术开发。

4．电力与动力工业（17 项）

（1）水力发电；
（2）单机 60 万 kW 及以上超临界、超超临界机组电站建设；
（3）采用 30 万 kW 及以上集中供热机组的热电联产，以及热、电、冷多联产；
（4）缺水地区单机 60 万 kW 及以上大型空冷机组电站建设；
（5）风力发电及太阳能、地热能、海洋能、生物质能等可再生能源开发利用；
（6）燃气蒸汽联合循环发电；整体煤气化联合循环发电；
（7）30 万 kW 及以上循环流化床、增压流化床、整体煤气化联合循环发电等洁净煤发电；
（8）单机 30 万 kW 及以上采用流化床锅炉并利用煤矸石或劣质煤发电；
（9）在用单机 20 万 kW 以上发电机组脱硫改造；投运发电机组脱硫改造；
（10）大型电站及大电网变电站集约化设计和自动化技术开发；
（11）跨区电网互联工程技术开发；大容量远距离超/特高压输电技术开发及应用；
（12）煤气、烟气除尘、脱硫、脱硝技术及装置开发、成套设备制造；
（13）分散供电技术开发及应用；
（14）分布式供能技术开发及应用；
（15）70 万 kW 及以上水轮发电机组垂直式、30 万 kW 及以上汽轮发电机组平卧式蒸发冷却技术开发及应用；
（16）垃圾发电、污泥发电；
（17）煤气、烟气除尘、脱硫、脱硝技术及装置开发、成套设备制造。

5. 机械工业（49 项）

（1）转轮直径 8.5m 及以上混流、轴流式水电设备及其关键配套辅机制造；

（2）大型贯流及抽水蓄能水电机组及其关键配套辅机制造；

（3）60 万 kW 及以上超临界及超超临界火电机组成套设备技术开发、设备制造及其关键配套辅机制造；

（4）30 万 kW 及以上循环流化床锅炉制造；

（5）25 万 kW 及以上燃气、蒸汽联合循环设备制造；

（6）大型、精密、专用铸锻件技术开发及设备制造；

（7）清洁能源发电设备制造（核电、风力发电、太阳能、潮汐等）；

（8）30 万 t/a 及以上合成氨成套设备制造；

（9）100 万 t/a 及以上乙烯成套设备制造技术开发及应用；

（10）自动化焊接设备技术开发及设备制造；

（11）可控气氛及大型真空热处理技术开发及设备制造；

（12）安全生产及环保检测仪器设计制造；

（13）城市垃圾处理设备制造；

（14）粉煤灰储运、利用成套设备制造；

（15）废旧电器、塑料、废旧橡胶回收利用设备制造；

（16）500 万 t/a 及以上矿井综合采掘、装运成套设备及大型煤矿洗选机械设备制造；

（17）2 000 万 t/a 及以上大型露天矿成套设备制造；

（18）大型油气集输设备制造；

（19）自动化高速多色成套印刷设备制造；

（20）禽、畜类自动化养殖成套设备制造；

（21）农、林、渔、畜产品深加工及资源综合利用设备制造；

（22）秸秆综合利用关键设备制造；

（23）营林及人工植被工业化生产设备制造技术开发；

（24）电控内燃机及关键零部件技术开发与制造；

（25）蓄冷（热）技术开发及设备制造；

（26）大型能量回收装置成套设备设计制造；

（27）高性能清淤设备制造；

（28）危险废物（含医疗废物）集中处理设备制造；

（29）有害气体净化设备制造；

（30）报废汽车拆解、破碎处理设备制造；

（31）污水深度处理与回用设备制造及工程建设；
（32）镇供排水和中水管网工程、供水水源及净水厂、污水处理厂工程改造和建设；
（33）城市雨水收集利用工程；
（34）节能、低污染取暖设备制造；
（35）饮用水安全保障技术开发及设备制造；
（36）60 万 t/a 及以上精对苯二甲酸（PTA）关键设备制造；
（37）30 万 kW 及以上大型电站空冷机组制造；
（38）1MW 及以上风力发电机组制造；
（39）3 万 m^3 及以上空分设备制造；
（40）3 000m^3 及以上高炉风机制造；
（41）冷热连轧宽带钢轧机、薄板坯连铸连轧关键技术开发应用及关键部件制造；
（42）高精度铜、铝加工（板、带、箔、管材）生产设备制造；
（43）火电厂超临界、超超临界机组、锅炉、窑炉配套除尘设备制造；
（44）锅炉及火电厂燃煤烟气脱硫、脱硝设备制造；
（45）难降解高浓度工业废水处理设备制造；
（46）工业废弃物、城市垃圾和污泥无害化、资源化关键技术及装备开发；
（47）工程机械、矿山机械、机床再制造；
（48）重复用水技术开发及设备制造与使用；
（49）高效、低能耗污水处理与再生技术开发及设备制造。

6．轻纺工业（28 项）

（1）符合经济规模的林纸一体化木浆生产：年产 30 万 t 化学木浆、年产 10 万 t 化学机械木浆、年产 10 万 t 化学竹浆的生产项目；

（2）符合经济规模的纸和纸板生产：年产 30 万 t 文化用纸、年产 30 万 t 纸板的生产项目；

（3）高新技术制浆造纸机械成套设备开发制造；
（4）非金属制品模具设计、加工、制造；
（5）生物可降解塑料及其系列产品开发；
（6）农用塑料节水器材和农用多层薄膜开发、生产；
（7）高技术陶瓷（含工业陶瓷）产品及装备技术开发；
（8）陶瓷清洁生产技术开发及应用；
（9）新型、生态型（易降解、易回收、可复用）包装材料研发、生产；
（10）环保型覆膜预涂膜工艺；

（11）高技术绿色电池产品：无汞碱锰电池、氢镍电池、锂离子电池、燃料电池、锌空气电池、太阳能电池、锂原电池等制造；

（12）无元素氯（ECF）和全无氯（TCF）化学纸浆漂白工艺开发及应用；

（13）符合生态、资源综合利用与环保要求的特种天然纤维（包括除羊毛以外的其他动物纤维、麻纤维、竹纤维、桑蚕丝、彩色棉花等）产品加工；

（14）猪、牛、羊皮清洁化生产及皮革后整饰新技术加工；

（15）水性和生态型合成革研发、生产及人造革、合成革后整饰材料技术；

（16）采用生物技术，以生物质为原料生产具有高技术水平的发酵制品（玉米除外）的研发、生产和应用；

（17）农产品深加工中副产物的综合利用；

（18）利用可再生资源的新型纤维（聚乳酸纤维、溶剂法纤维素纤维、动植物蛋白纤维、竹浆纤维等）生产；

（19）各种差别化、功能化化学纤维、高技术纤维（碳纤维、芳纶、芳砜纶、高强聚乙烯、聚苯硫醚、玄武岩等纤维）生产；

（20）纤维及非纤维用新型聚酯（聚对苯二甲酸丙二醇酯、聚癸二酸乙二醇酯、聚对苯二甲酸丁二醇酯等）生产；

（21）高档纺织品纺纱、织造、印染和后整理加工；

（22）采用新型纤维或化纤高仿真加工技术生产高档化纤面料；

（23）采用高新技术的产业用特种纺织品生产；

（24）新型高技术纺织机械及关键零部件（专件、器件）制造；

（25）低能耗、低污染、节水型印染设备生产及工艺应用；

（26）蓄电池（铅酸蓄电池、镍氢电池、镍镉电池、锂电池等）环保回收技术及设备开发；

（27）废弃电子电器产品资源回收利用；

（28）废旧电器、塑料、废旧橡胶清洁回收技术开发。

参考文献

[1] 中国可持续发展矿产资源战略. 中国工程院，2005.

[2] 陆钟武. 穿越环境高山——工业生态学研究. 北京：科学出版社，2008.

[3] 化工、冶金与材料工业领域中 CO_2 的排放、评估及其对策研究. 中国工程院，2008.

[4] 中国环境统计年报. 北京：中国环境科学出版社，2005.

[5] 中国钢铁工业科学与技术发展指南. 北京：冶金工业出版社，2006.

[6] 彭容秋. 重金属冶金工厂环境保护. 长沙：中南大学出版社，2006.

[7] 李光强. 钢铁冶金的环保与节能. 北京：冶金工业出版社，2006.

[8] 产业循环经济. 北京：冶金工业出版社，2007.

[9] 中国钢铁工业环保工作指南. 北京：冶金工业出版社，2005.

[10] 工业污染防治及其技术经济分析. 北京：冶金工业出版社，1991.

[11] 美国《财富》杂志公布全球企业 500 强最新排行榜. 新华网，http：//www.sina.com.cn，2007-07-12.

[12] 宋维平. 2007 年上半年石油和化工行业经济运行分析. 中国行业研究网，http：//www.chinairn.com/，2007-08-20.

[13] 宋维平，姚耀富. 全国石油和化工业强劲增长. 中国石化，2007，4：18-22.

[14] 王律先. 2006 年全国农药生产回顾及 2007 年展望. 中国农药，2007，43-56.

[15] 中国石油和化学工业协会. 中国石油和化学工业经济运行 2006 年回顾及 2007 年展望. 国际石油经济，2007，2：37-42.

[16] 2007 年上半年石油和化工行业经济运行分析. 中国行业研究网，http：//www.chinairn.com. 2007-08-20.

[17] 李军湘. 化工污染及其防治的发展趋势. 内蒙古石油化工，2006，1：33-34.

[18] 杜利成，宋开平. 化工生产的污染及其防治. 成都师专学报，2000，4：46-52.

[19] 张岩男. 当前化工行业面临的环保形势及对策. 中国涂料，2006，21（6）：1-5.

[20] 关于印发加快火电厂烟气脱硫产业化发展的若干意见的通知. 国家发改委，发改环资[2005]757 号，2005-05-10.

[21] 关于印发现有燃煤电厂二氧化硫治理“十一五”规划的通知. 国家发改委，国家环保总局，发改环资[2007]592 号. 2007-03-19.

[22] 关于加快电力工业结构调整促进健康有序发展有关工作的通知. 国家发改委，国土资源部，铁道部，交通部，水利部，国家环保总局，发改能源[2006]661 号，2006-04-18.

[23] 当前国家鼓励发展的环保产业设备（产品）目录（2007 年修订）. 国家发改委，2007 年第 27 号公告，2007-04-30.

[24] 柳百成. 工程前沿. 第一卷，未来的制造科学与技术. 北京：高等教育出版社，2004.

[25] 郝福安，张红，王耀辉，张玲. 机械工业清洁生产技术发展研究报告，2001.

[26] 机械科学研究总院. 金属制品业、通用设备制造业、专用设备制造业、交通运输设备制造业、电气机械及器材制造业行业产排污系数核算课题技术报告，2008.1.

[27] 黄天佑. 中国铸造工业发展战略及措施. 铸造技术，2007，10.

[28] 尚俊玲，陈维平，朱权利，李元元. 中国铸造行业可持续化发展的思考. 材料导报，2007.5.

[29] 吴景峰. 清洁铸造技术在汽车铸造业的发展. 汽车工艺与材料，2002.5.

[30] 王君，董安平，孙宝德，周尧和. 面向循环经济的铸造生产与技术. 第四届有色合金及特种铸造国际会议论文集，2005.

[31] 杨丽君，田世江，刘冬梅. 我国铸造工业面临的环境保护问题及对策. 特种铸造及有色合金,2007.6.

[32] 宋永伦，沈晓勤，蒙继龙. 焊接过程中有害物质问题的研究及其进展. 焊接，2005（7）.

[33] 2007 年《中国统计年鉴》.

[34] 国家统计局 2001—2007 年《国民经济和社会发展统计公报》.

[35] 中华人民共和国 2006 年国民经济和社会发展统计公报.

附篇一　冶金工业污染防治战略研究

负责人：

殷瑞钰

顾问：

张　懿

专家组成员：

- **钢铁组**

殷瑞钰　曾慕成　黄　导　张春霞　沙高原　汪　澜　郦秀萍　王海风

- **有色组**

邱定蕃　徐传华　乔树谭　周连碧　李　晔　黄羽飞

冶金组执笔人：

张春霞　王海风　黄羽飞　徐传华

附篇一

冶金工业污染防治战略研究

一、钢铁工业污染防治的重要性和紧迫性

（一）钢铁工业在国民经济中的地位

现代钢铁工业诞生于 19 世纪中叶，可以说铁器的出现是人类文明的先驱。回顾 18 世纪产业革命，钢铁材料的生产能力是世界各国实现工业化绝对必要的先决条件。

20 世纪 50 年代到 70 年代，国际钢铁工业进入第一个高速增长时期，也是国际钢铁业的全盛发展时期。进入 21 世纪，是国际钢铁工业的第二个高速增长期（图附 1-1）。

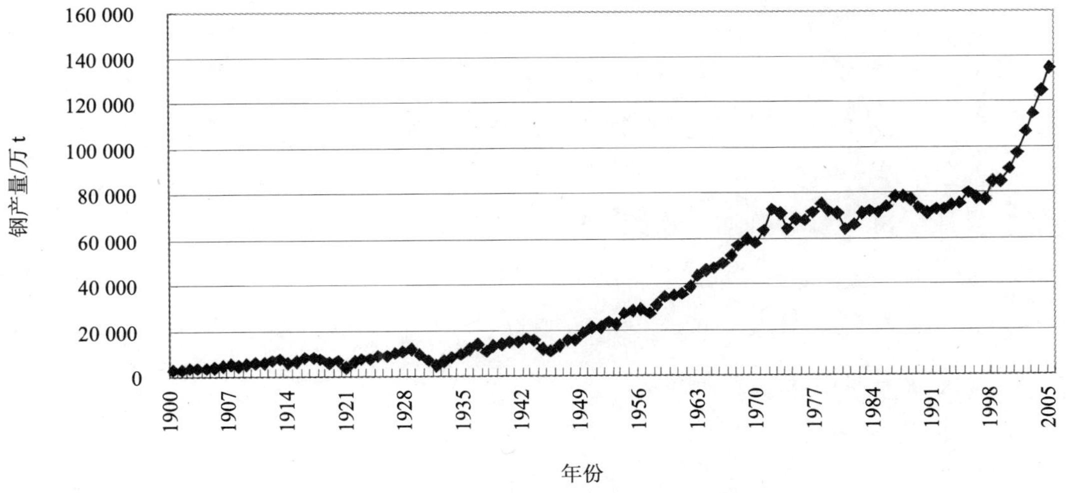

图附 1-1　1900—2007 年世界钢产量的变化

一个半世纪以来，钢铁工业一直是支持与推动其他工业、农业、交通、建筑、军工等各个行业，并是产业革命和发展的最重要的基础，成为衡量一个国家经济发展和国防实力水平的标志。钢铁工业是各国工业化进程中最重要的基础产业和战略工业，而且在后工业化社会，

钢铁材料依然占全部金属材料的 90%以上。世界经济界、科学界一致认为，没有钢铁就没有工业化。

1．钢铁材料的优点

第一，钢铁是用量最大，使用最广泛，能满足各种不同要求的不可替代的结构性材料和功能材料。

第二，钢铁材料在性能价格比上，保持着对其他材料的明显优势。近些年来，钢铁产品性能不断优化，不仅强度、塑性、抗疲劳等基本性能大幅度提高，在满足高速运行、各种抗腐蚀性能、适应超高温或超低温使用的特殊条件方面显示了其独有的能力和潜力。在很广泛的范围内，继续保持着对其他材料的性能及价格优势。

第三，钢铁材料生产具有明显的资源优势和再循环优势。如废钢铁是一种最可循环的资源（图附 1-2）。

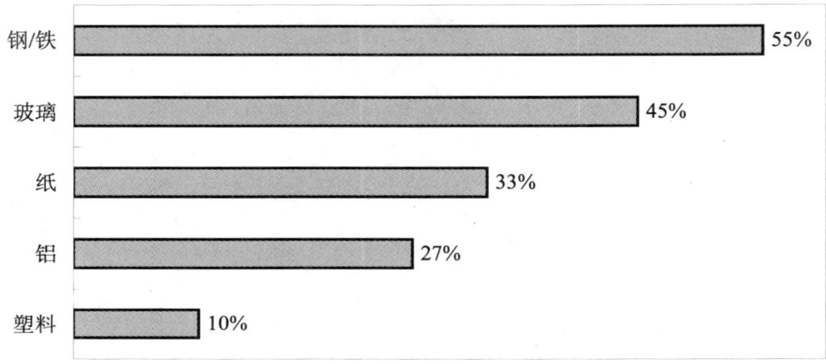

图附 1-2 各种材料的回收利用率

钢铁工业是建筑、机械制造、家电、汽车、造船等国民经济重要行业的支撑，是这些行业的发展带动了钢铁工业的发展。特别是进入 21 世纪后，中国钢铁工业的发展支撑了中国经济的快速增长（图附 1-3，图附 1-4），支撑了能源、房屋建筑（表附 1-1）等主要工业领域及固定资产投资等的快速增长（表附 1-2）。

表附 1-1 2001—2007 年我国房地产开发投资

项目	单位	2001 年	2002 年	2003 年	2004 年	2005 年	2006 年	2007 年
房地产开发投资	亿元	6 246	7 791	10 106	13 158	15 759	19 382	25 280
年增长率	%	25.3	29.7	30.2	28.1	19.8	21.8	30.2

资料来源：中华人民共和国 2001—2007 年国民经济和社会发展统计公报。

表附 1-2　　2007 年我国固定资产投资新增主要生产能力

项目	单位	绝对数
新增发电机组容量	万 kW	10 009
22 万 V 以上变电设备	万 kVA	18 848
新建铁路投产里程	km	678
增建铁路复线投产里程	km	480
电气化铁路投产里程	km	938
新建公路	km	143 595
其中：高速公路	km	8 059
港口万吨级泊位新增吞吐能力	万 t	43 916
新增民用交换机容量	万门	836
新增光缆线路长度	万 km	146
新增数字蜂窝移动电话交换机容量	万户	24 284

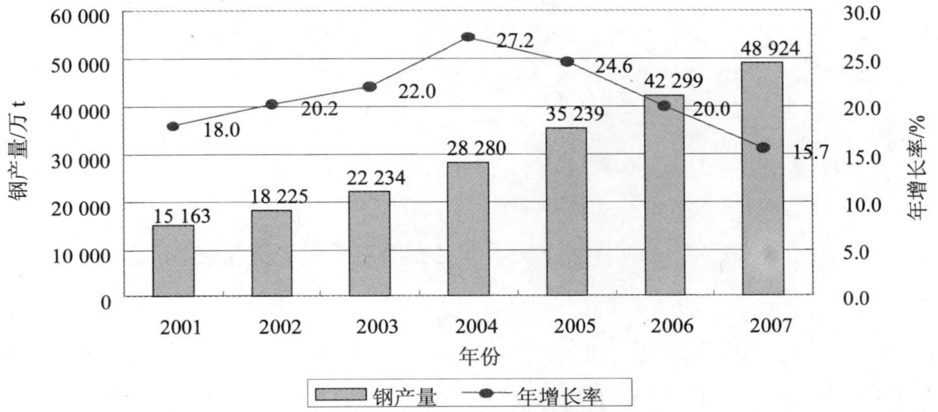

图附 1-3　2001—2007 年我国钢产量与增长速度

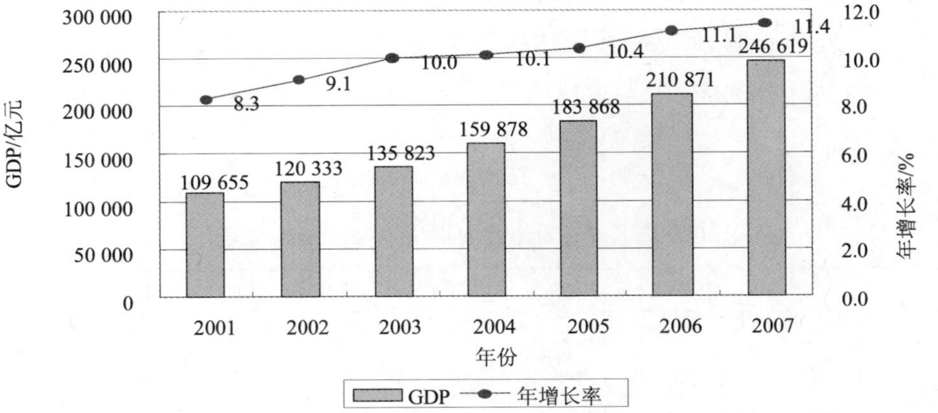

图附 1-4　2001—2007 年我国 GDP 及增长速度

中国在实现新型工业化的发展过程中，第二产业仍将起主导作用，也将带动钢材市场消费的增长，为我国钢铁工业的发展和产业升级提供良好的机遇。钢铁工业与建筑、汽车、造船等这些在 GDP 中占有较大份额的行业具有较大关联度（表附 1-3，图附 1-5），其中近年用钢最多的三大行业是：建筑行业 56%～62%，机械行业占 12%～15%，轻工家用电器占 9%～10%（图附 1-6）。国防军工的发展更离不开钢铁工业的发展和支撑作用。

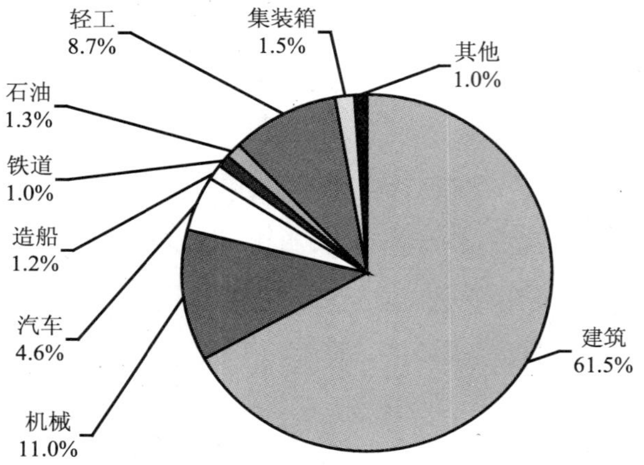

图附 1-5　中国 2004 年主要用户钢材消费情况

中国最大的钢材用户仍将是建筑业，如表附 1-1、图附 1-3 所示，2001—2004 年，建筑业的增速略高于钢产量的增长，2004 年建筑业用钢占钢消费总量的比重为 61.2%。21 世纪的前 5 年，在相关用钢行业中，建筑业对钢铁行业的拉动作用最大。

进入 21 世纪的前 10 年里，建筑行业仍是钢铁材料的最大市场，包括房地产开发，能源、交通等国家基础设施建设，城市基础设施建设，大江大河治理，跨地区、跨流域的重大工程，城市的大型公用设施建设等，其用钢占钢材总消费的比例高达 56%～62%，并且建筑消费的钢材中长材的比例高达 80%左右。建筑所消耗的钢材按单耗计，房屋约 80kg/m^2、铁路用铁轨 120kg/m（按双轨计）。

表附 1-3　　2002 年、2003 年我国钢材消费领域构成表

年份	总消费量	建筑	机械	轻工	汽车	造船	铁道	石化	集装箱
2002 年/万 t	19 143	10 870	2 872	2 030	737	182	242	234	320
比重/%	100	56.78	15.00	10.60	3.85	0.95	1.26	1.22	1.67
2003 年/万 t	24 241	14 920	3 044	2 310	980	266	258	241	342
比重/%	100	61.55	12.56	9.53	4.04	1.10	1.06	0.99	1.41

注：1. 2003 年数据是根据统计公报和各种统计快报数；

2. 2002 年与 2003 年钢材总消费量为扣除重复统计后的钢材实际消费量。

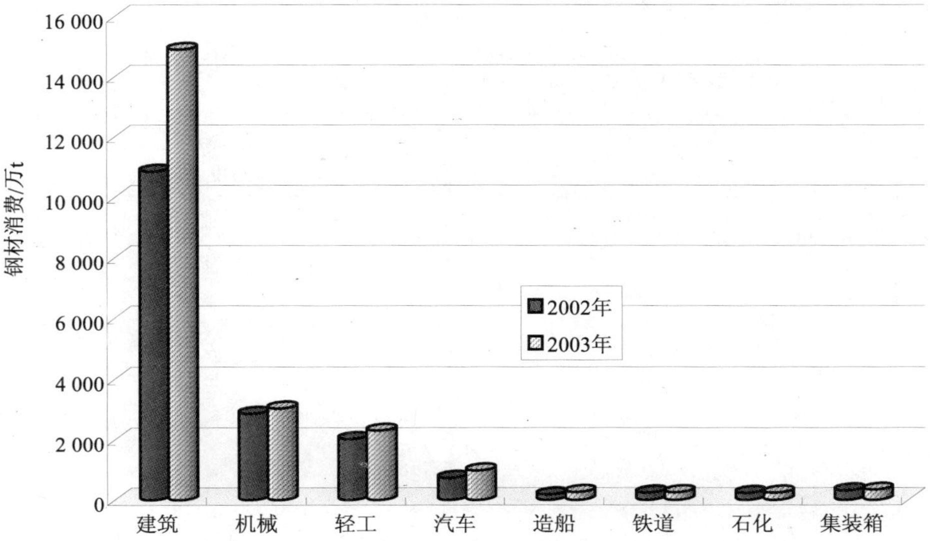

资料来源："中国可持续发展矿产资源战略研究"——黑色金属卷，中国工程院重大咨询项目，黑色金属（铁、锰、铬等）矿产资源可持续发展战略研究项目组，北京：科学出版社，2006 年 3 月。

图附 1-6　2002 年、2003 年我国钢材消费领域构成

由于国内制造业持续发展，以及国外大量的制造业向中国转移，机械制造行业（不包含汽车、农用车及家用电器用钢消耗）每年消耗钢材量约为 3 000 万 t，其中以中板为主，占 38%～40%。其钢材消耗量占钢材总消费量的 12%～15%，并呈上升趋势，这是工业化发展的必然趋势。

世界钢铁大国没有一个不是汽车大国。2001 年日本汽车用钢占钢产量的 19.3%，约为 2 170 万 t；而中国 2001 年仅为 4%，约为 600 万 t。我国汽车行业用钢单耗平均 2～2.5t/辆（其中轿车单耗 700～800kg/辆）。根据汽车工业 2010 年规划，预计 2010 年汽车产量 750 万～800 万辆，在充分考虑到汽车用钢材的轻型化和铝、塑料的替代发展后，2010 年汽车行业钢材需求量也将达到 1 950 万 t，所占比重将达到 5.25%，提高 1.21 个百分点。

2．钢铁工业在国民经济中的地位

钢铁工业总产值不断增加，钢铁工业增加值占 GDP 比重不断提高（表附 1-4，图附 1-7），为国民经济的持续、稳定、快速发展作出了贡献。"十五"期间，钢铁工业总产值从 2000 年的 3 467 亿元增长到 2004 年的 15 664 亿元，钢铁工业增加值占 GDP 的比重由 2000 年的 1.45%提高到 2003 年的 2.08%。每一次国民经济发展的高峰期均是以钢铁工业的高速发展和钢铁工业增加值占 GDP 比重的快速增长为基础的。从整个工业系统来看，钢铁工业总产值和工业增加值占有重要地位（图附 1-8）。据国家统计局统计，我国钢铁工业总资产对国民经济增长的

贡献率不断提高，由 2000 年的 6.18%上升到 2004 年的 14.02%。

表附 1-4　　中国钢铁工业总产值、工业增加值及其占 GDP 比重

年份	钢铁工业增加值/亿元	钢铁工业总产值/亿元	国民生产总值/亿元	钢铁工业增加值占GDP 比重/%	钢铁工业总产值占GDP 比重/%
1990	317.89	1 310	18 548	1.71	7.06
1991	375.30	1 387	21 618	1.74	6.42
1992	507.30	1 589	26 638	1.90	5.97
1993	1 145.10	1 784	34 634	3.31	5.15
1994	1 107.10	1 849	46 759	2.37	3.95
1995	1 218.69	1 816	58 478	2.08	3.11
1996	905.40	2 009	67 885	1.33	2.96
1997	880.30	2 025	74 463	1.18	2.72
1998	905.17	2 230	78 345	1.16	2.85
1999	945.14	2 424	82 068	1.15	2.95
2000	1 299.29	3 467	89 468	1.45	3.88
2001	1 530.15	4 197	109 655	1.40	3.83
2002	1 799.49	4 864	120 333	1.50	4.04
2003	2 824.10	10 007.37	135 823	2.08	7.37
2004	4 298.70	15 664.45	159 878	2.69	9.80
2005	5 445.37	21 247.82	182 321	2.99	11.65

资料来源：① 国家统计局. 中国统计年鉴（2001—2005）. 北京：中国统计出版社，2001—2005;
② 刘静海主编. 中国钢铁工业年鉴（2001—2005 年）. 北京：《中国钢铁工业年鉴》编辑部，2001—2005。

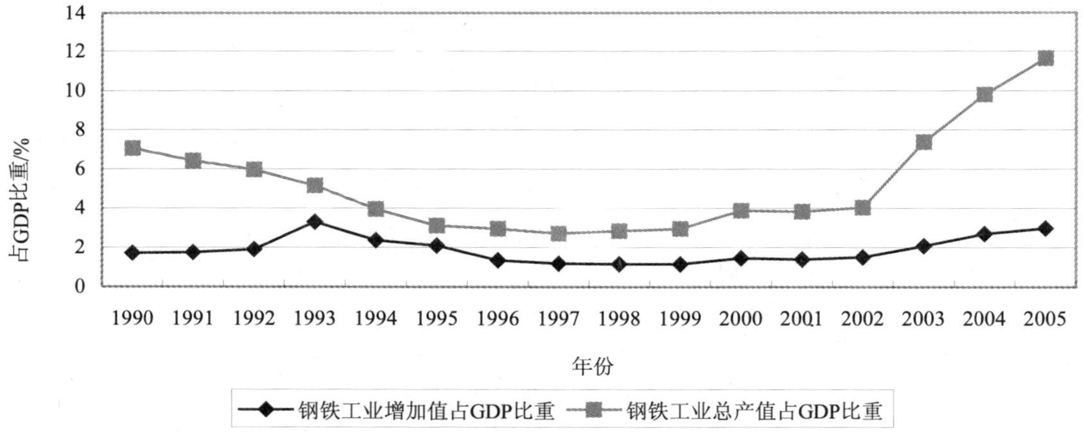

图附 1-7　1990—2005 年中国钢铁工业总产值、工业增加值占 GDP 比重

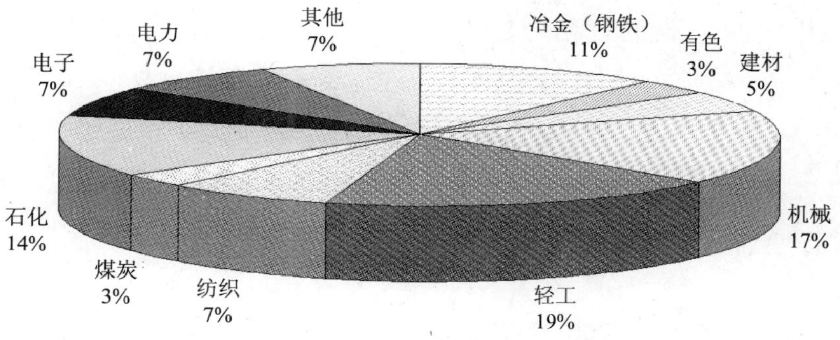

图附 1-8 2004 年我国工业主要行业对工业总产值的贡献情况

此外，各主要产钢省份，钢铁工业总产值和工业增加值占有较大比例（表附 1-5），有效地促进了地方经济的发展。

表附 1-5 2000—2003 年主要产钢地区钢铁工业产值占地方生产总值比例

	2000 年					2001 年				
省（市）	钢产量/万 t	总产值/亿元	增加值/亿元	地区生产总值/亿元	钢铁工业比例/%	钢产量/万 t	总产值/亿元	增加值/亿元	地区生产总值/亿元	钢铁工业比例/%
北京	803.42	180.27	62.14	2 478.76	2.51	825.11	289.52	61.63	2 845.65	2.17
河北	1 230.16	542.64	162.38	5 088.96	3.19	1 969.65	643.80	198.56	5 577.78	3.56
山西	470.90	211.83	59.44	1 643.81	3.62	606.77	263.23	74.52	1 779.97	4.19
辽宁	1 553.76	492.01	136.59	4 669.06	2.93	1 660.65	549.58	152.28	5 033.08	3.03
上海	1 778.70	585.72	172.69	4 551.15	3.79	1 874.71	678.20	191.09	4 950.84	3.86
江苏	617.16	462.27	91.88	8 582.73	1.07	848.22	576.44	117.33	9 511.91	1.23
山东	635.42	226.23	62.10	8 542.44	0.73	722.60	281.49	74.29	9 438.31	0.79
湖北	895.92	234.07	83.72	4 276.32	1.96	1 003.91	267.25	92.86	4 662.28	1.99
四川	602.35	234.46	66.69	4 010.25	1.66	702.76	266.19	78.98	4 421.76	1.79
	2002 年					2003 年				
省（市）	钢产量/万 t	总产值/亿元	增加值/亿元	地区生产总值/亿元	钢铁工业比例/%	钢产量/万 t	总产值/亿元	增加值/亿元	地区生产总值/亿元	钢铁工业比例/%
北京	817.13	292.57	62.32	3 212.71	1.94	816.75	376.16	84.68	3 663.10	2.31
河北	2 659.63	809.70	232.06	6 122.53	3.79	4 065.06	1 456.19	404.74	7 098.56	5.70
山西	769.95	325.61	96.91	2 017.54	4.80	997.21	562.06	166.99	2 456.59	6.80
辽宁	1 942.50	624.48	184.53	5 265.66	3.50	2 169.40	893.75	245.89	6 002.54	4.10
上海	1 719.42	582.63	187.59	5 408.76	3.47	1 728.80	798.25	300.22	6 250.81	4.80
江苏	1 340.08	748.80	153.23	10 631.75	1.44	1 742.21	1 236.28	261.74	12 460.83	2.10
山东	1 000.65	406.41	111.87	10 552.06	1.06	1 415.41	691.30	185.14	12 435.93	1.49
湖北	1 108.35	289.68	110.09	4 803.98	2.29	1 254.30	380.59	139.14	5 401.71	2.58
四川	754.84	284.91	88.67	4 875.12	1.82	838.27	393.20	121.01	5 456.32	2.22

注：总产值按现价计算；钢铁工业比例为工业增加值占地区生产总值的比例。

资料来源：国家统计局．中国统计年鉴（2001—2004）．北京：中国统计出版社，2001—2004。

同时，钢铁行业的快速发展，有效地支撑了相关行业的发展。2004 年，钢产量增长 27.1%，与钢铁行业密切相关的行业也有相当的增长，如全年通用设备制造业增加值比上年增长 22.2%；电气机械及器材制造业增长 17.7%；交通运输设备制造业增长 14.0%，其中汽车产量 507.4 万辆，增长 14.2%（轿车 231.4 万辆，增长 11.7%），大中型拖拉机产量增长 101.4%；发电设备增长 92.9%；全社会建筑业实现增加值 9 572 亿元，按可比价计算，比上年增长 8.1%。2005 年部分用钢行业的增长情况见表附 1-6。

表附 1-6 2005 年部分用钢行业的增长情况

产品名称			2005 年产量	比上年增长率
家电	家用电冰箱	万台	3 106	3%
	家用洗衣机	万台	2 953	16%
	房间空调器	万台	7 469	13%
机械加工	金属切削机床	万台	45.1	13%
汽车	汽车	万辆	615.3	13%
	轿车	万辆	295.8	27%
	大中型拖拉机	万台	16.24	24%
	小型拖拉机	万台	201	15%

同时也看到，钢铁行业是受国民经济和相关用钢行业发展影响敏感较大的行业。当这些钢材主要用户行业的增长速度高于钢铁行业时，钢材价格升高，如 2002—2004 年以房地产为主的建筑行业的投资增长为 25%～30%，高于钢产量的增长（21%～27%）（表附 1-1、图附 1-3）。而当这些行业的增长速度低于钢铁行业时，表现为钢材市场过剩，钢材价格下跌。如 2005 年以房地产为主的建筑行业的投资增长（19.8%）、机械加工（金属切削机床）增长（13%）和汽车增长（13%）低于钢产量的增长（24.8%），从 2005 年下半年钢价大跌，特别是 2005 年第四季度，钢铁企业中有 1/3 亏损。

（二）钢铁工业污染防治面临的形势

1. 我国钢铁工业概况

我国近代钢铁工业的建立，始于 1890 年兴办的汉阳铁厂。新中国成立前惨淡经营，1949 年新中国成立时我国的钢产量仅为 15.8 万 t/a，居世界第 26 位，占世界钢产量的 0.1%。近 20 年是我国钢铁工业发展最快的时期，特别是 1990 年以来的快速发展（图附 1-9），使中国钢铁工业的整体水平大大提高。1996 年钢产量突破 1 亿 t，到 2007 年我国钢产量连续 12 年居世界第一位。2007 年钢产量达到 4.89 亿 t，约占世界钢产量的 37%。

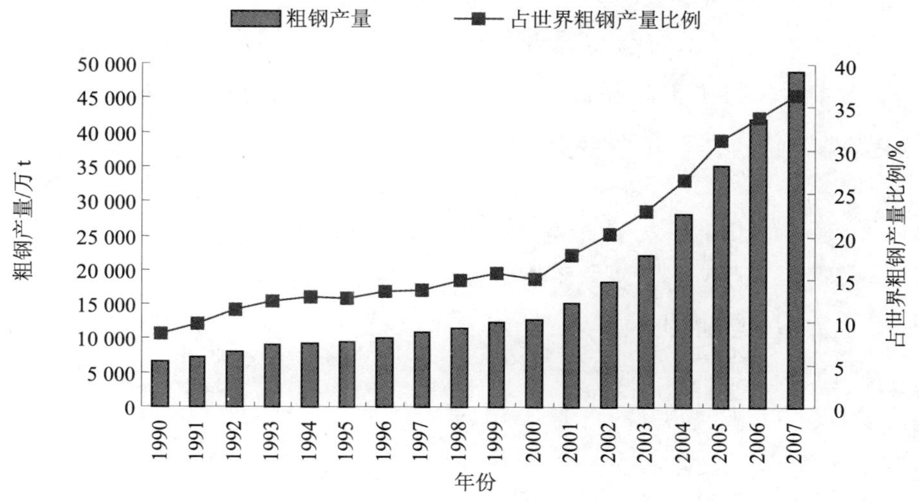

图附 1-9　中国钢产量增长和变化情况

钢铁工业是能源消耗的大户，占我国总能耗的 10%～15%，新水消耗 28 亿～33 亿 t，占全国工业新水用量的 2%～3%。

钢铁工业也是高消耗、高污染工业（表附 1-7），排放的废水和废气约占工业总排放量的 14%；固体废弃物约占工业废弃物总量的 16%。与电力、化工、建材或有色工业等同排在污染“排行榜”前列，污染总量位居工业行业中第 3～4 位。

表附 1-7　　钢铁生产流程资源、能源和排放情况（2006 年）

铁矿石（成品矿①）/（t/t 钢）	煤炭/（t/t 钢）	新水/（t/t 钢）	$CO_2$②/（t/t 钢）	SO_x/（kg/t 钢）	烟粉尘/（kg/t 钢）	钢铁渣产生量/（t/t 钢）
1.6	0.90	6.56	2.15	2.66	2.1	0.42

注：① 成品矿指含铁品位约 64%的铁矿石。
② 钢铁工业 CO_2 直接排放量（不计外购电）。

2. 我国钢铁工业节能、环保取得的进步

（1）技术经济指标改善

20 世纪 90 年代是我国钢铁工业崛起的重要时期。在国民经济发展过程中，由于市场需求特别是固定资产投资对钢铁产品需求的拉动，在正确的技术进步战略引导下，中国钢铁工业先后在全国范围内大面积地突破了六项关键共性技术，即连铸技术，高炉喷煤技术，高炉长寿技术，棒、线材连轧技术，流程工序结构调整综合节能技术以及转炉溅渣护炉技术。通过对这些技术的有序突破和集成，并配合及时、有序的战略投资，同时利用国际资源和钢铁工业装备本土化，使钢材质量提高、价格下降。钢厂布局拓展和钢厂规模有所扩大，钢铁工

业装备现代化和产品结构调整取得进展，钢铁工业的技术经济指标不断改善、能源消耗降低（表附 1-8），主要技术经济指标均已接近国际先进水平，一些大型钢铁企业如宝钢已跻身于世界先进水平行列。同时，钢铁企业联合重组步伐加快，企业经济效益有所提高，技术进步有所突破，为中国钢铁工业的进一步发展奠定了基础。

表附 1-8　　1990—2006 年中国钢铁工业技术经济指标变化

	1990年	1992年	1994年	1996年	1998年	2000*年	2001*年	2002*年	2003*年	2004*年	2005*年	2006*年
钢产量/（$\times 10^6$t/a）	65.4	80.9	92.6	101.2	114.6	128.5	151.6	182.3	222.3	272.8	352.4	422.7
钢铁行业连铸比/%	25.1	31.8	41.8	55.9	77.6	87.0	89.4	93.0	96.2	98.4	97.5	98.6
钢铁行业吨钢综合能耗/（t 标煤/t）**	1.6	1.6	1.5	1.4	1.0	0.9	0.9*	0.8*	0.8*	0.8*	0.7	0.6
钢铁行业高炉喷吹煤粉/（kg/t）	50.0	50.3	61.3	72.0	94.9	117.0	122.0	125.6	117.7	116.0	124.0	135.0
钢铁行业高炉入炉焦比/（kg/t）	557.0	551.0	566.0	495.0	496.0	437.0	422.0	417.0	430.0	427.0	412.0	396.0
钢铁行业高炉利用系数/[t/（m^3·d）]	1.7	1.8	1.8	1.8	2.0	2.2	2.3*	2.5*	2.5*	2.5*	2.6	2.7
重点企业转炉利用系数[t/（t·d）]	22.6	30.2	28.2	25.6	27.4	31.8	28.1	34.6	36.1	35.6	37.0	34.2
钢铁行业转炉炉龄/炉	438	487	592	1 127	1 858	3 500	3 526	4 386	4 631	5 218	5 647	6 052
重点企业综合成材率/%	83.2	—	—	—	89.8	92.5	94.0	94.2	94.9	95.6	95.6	95.7

注：*表中 2000 年以后的数据均为重点统计企业的数据。数据来源：历年《中国钢铁统计》。

**钢铁行业综合能耗最初定义包括选矿、烧结、焦化等主要工序及各辅助工序的能耗。

（2）能源消耗逐年降低

我国钢铁工业从 20 世纪 80 年代起的单体节能、工序节能到 90 年代的流程优化带来的系统节能，在降低能耗方面取得了一定的进展（图附 1-10）。特别是 20 世纪 90 年代以来我国钢铁工业吨钢能耗大幅度降低，主要归功于流程结构调整和优化（表附 1-9）。

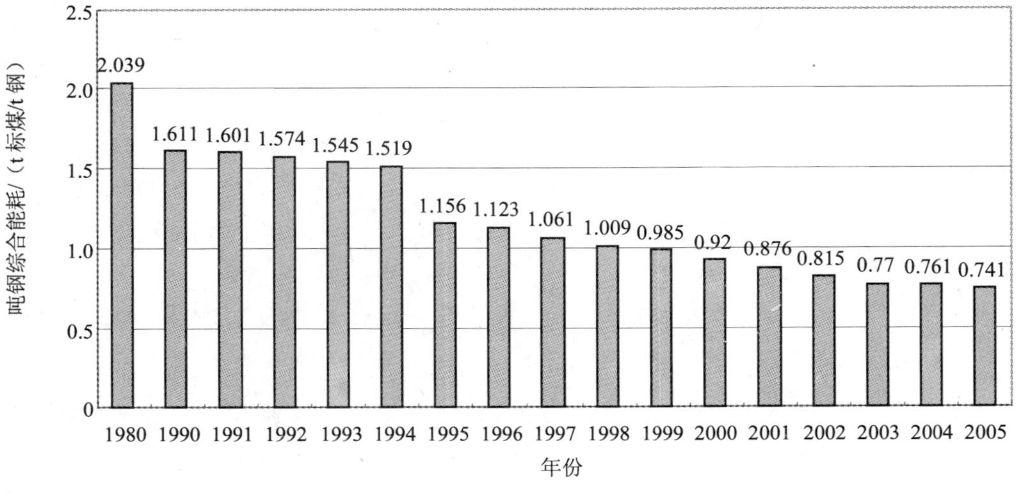

注：2000 年以后仅为重点大中型钢铁企业的统计数据。
因 2006 年起电力折算系数改为当量值，其吨钢综合能耗的值不具有连续性。

图附 1-10　1980—2005 年我国钢铁工业吨钢综合能耗的变化

表附 1-9　　1990—2001 年我国钢铁工业的节能量及构成

序号	类别	节能量/万 t 标准煤	节能构成/%
1	① 优化钢铁生产流程	2 097.8	37.9
2	② 采用节能技术和装备	1 072.5	19.4
3	③ 钢铁生产辅料等改善	777.2	14.0
4	④ 能源管理	1 590.4	28.7
合计		5 537.9	100

注：本表的基础数据来自原国家经贸委的有关报告。

从 1990 年到 2000 年的十年间，中国钢产量增长了将近一倍，而能源消耗总量仅增加了约 31%。2000—2005 年，钢产量增长了 175%，钢铁工业消耗的能源只增长了 120.6%。五年来重点钢铁企业的吨钢综合能耗由 2000 年的 0.92t 标准煤降至 2005 年的 0.741t 标准煤(图附 1-10)，下降率为 19.5%。我国重点大中型钢铁企业主要工序能耗指标变化见表附 1-10。

表附 1-10　　2000—2005 年我国重点大中型钢铁企业吨钢能耗和各主要工序能耗的变化

单位：kg 标煤/t 钢

年份	综合能耗	可比能耗	烧结	炼铁	焦化	转炉	电炉	轧钢
2000	0.920	781	68.90	466.07	160.20	28.88	265.59	117.95
2001	0.876	747	68.60	452.01	153.98	28.03	230.09	107.52
2002	0.815	698	67.07	455.13	150.32	24.01	228.94	101.49
2003	0.770	709	66.42	464.68	148.51	23.56	213.73	96.29
2004	0.761	701	66.38	466.20	142.21	26.57	209.89	92.91
2005	0.741	714	64.83	456.79	142.21	36.34	201.02	88.52

注：表中数据为中国钢铁工业协会会员中的重点大中型企业的统计数据。

（3）环保指标进步

总体来看，近十年来，我国重点大中型钢铁企业的环境污染局部得到控制，部分企业有所改善（图附 1-11），但是小型落后的钢铁企业环境污染仍在恶化。

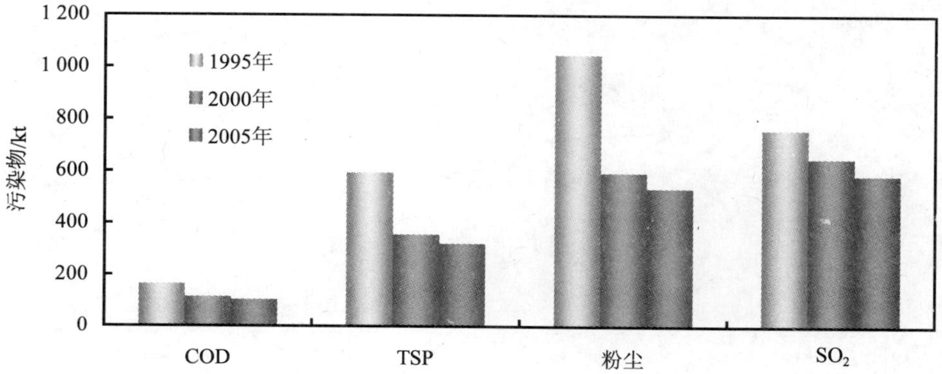

图附 1-11　1995—2005 年我国重点大中型钢铁企业污染物排放的变化

在过去几年中，我国重点大中型钢铁企业通过技术进步使得吨钢新水消耗量从 2000 年的 25.24m³/t 降低到 2007 年的 5.31m³/t，7 年足足降低了 19.93m³/t，平均每年约降低 2.8m³/t（图附 1-12）。吨钢废水排放量由 2000 年的 16.83m³/t 降至 2007 年的 2.67m³/t，工业水重复利用率上升到 94.8%（2006 年）。

2007 年大中型钢铁企业二氧化硫排放总量 756 368t，比 2006 年下降 0.51%；化学需氧量排放总量 59 965t，比 2006 年下降 8.76%；工业粉尘排放总量 382 275t，比 2006 年下降 2.79%。烟尘排放总量 156 648t，比 2006 年上升 3.02%（图附 1-13）。

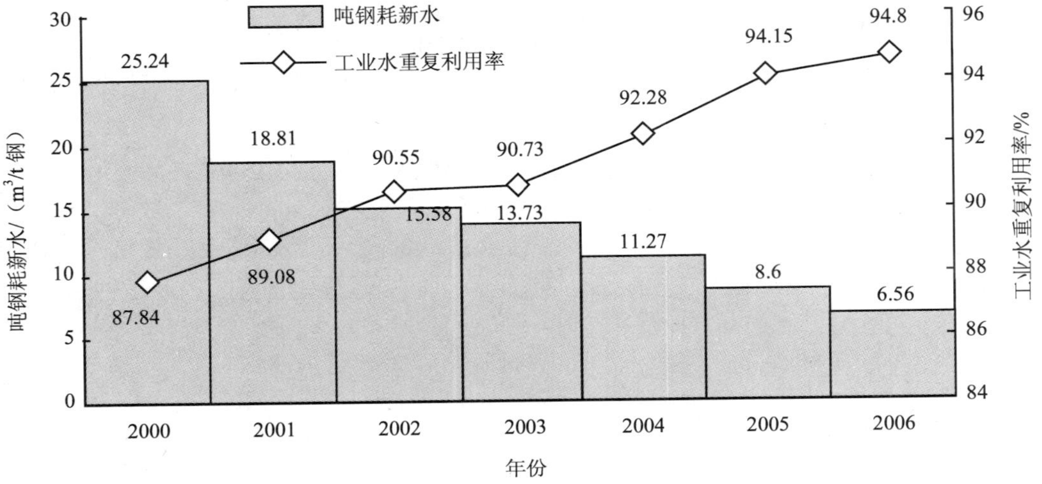

图附 1-12　2000—2006 年我国重点钢铁企业吨钢耗水量的变化

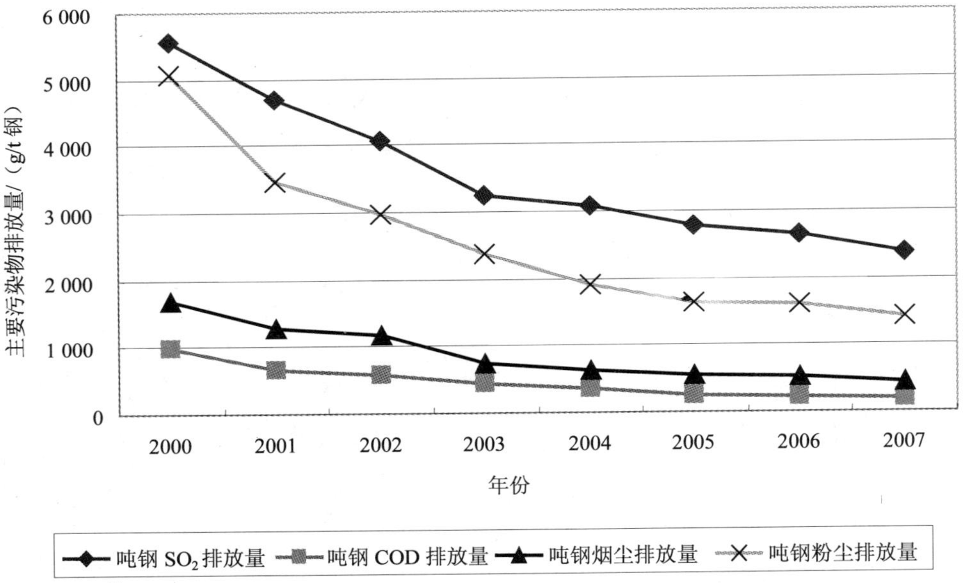

图附 1-13　2000—2007 年重点大中型企业主要污染物排放量

3. 我国钢铁工业面临的问题和污染防治的紧迫性

（1）钢铁产业集中度低、落后产能的比例增加幅度大，淘汰落后任务艰巨

到 2005 年底，我国在中国钢铁工业协会登记在册，具有炼铁、炼钢能力的钢铁生产企业有 871 家，2005 年我国粗钢产量 3.52 亿 t，平均每家只有 40.4 万 t，我国钢铁企业的规模参差不齐，中小规模的钢铁企业占多数（图附 1-14）。

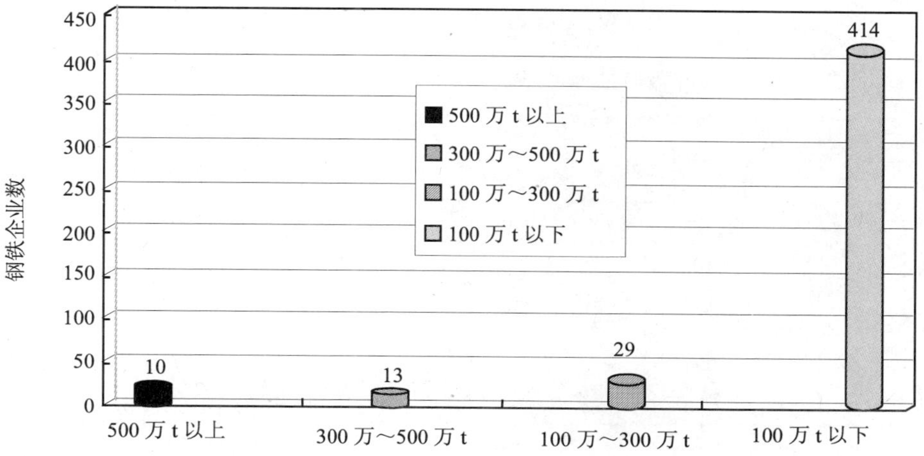

图附 1-14 2005 年中国钢铁企业按年产量的分布（本数据按企业集团口径统计）

2005 年中国年产钢 1 000 万 t 的钢铁集团（8 个）合计产钢 10 540 万 t，只占全国钢产量的 30.2%左右。2005 年我国 69 家重点大中型企业统计钢产量占全国的 79.81%，比 2000 年下降了 14.3 个百分点。2005 年我国粗钢产量为 35 239 万 t，比 2000 年的 12 850 万 t 增加了 174.2%。2005 年 18 家年产钢 500 万 t 以上企业的钢产量占全国的比重约为 47%，而这 18 家企业 2000 年的钢产量占全国的比重约为 64%。特别是 2002 年之后，钢铁工业投资过热，在国际钢铁业加快联合重组的同时，我国钢铁行业产业集中状况不仅没有改善，甚至出现更加分散的倾向。

国外先进钢铁生产国的产业集中度都较高，2004 年日本粗钢产量最多的 4 家企业，占全国粗钢总量的 73.2%；美国 3 家企业，占 61.1%；俄罗斯 5 家企业，占 78.7%；韩国 2 家企业，占 82.0%。

近几年钢铁产量快速增长，盲目投资问题尤其突出，粗放型特征非常明显。大型企业的增长幅度低于中小型钢铁厂的增长幅度（表附 1-11）。中小型企业新增生产能力中，相当一部分属于落后装备。重点统计单位的增长幅度低于非重点单位。据报道，2005 年内新投产的高炉中，1 000 m^3 以上的有 15 座。按一座 1 000 m^3 以上高炉年产生铁 200 万 t 估算，15 座高炉年产铁能力为 3 000 万 t，而 2005 年生铁产量比 2004 年增加 7 265 万 t，新增生产能力中 1 000 m^3 以上的大型高炉的贡献不到一半。炼钢转炉的情况也相似，2005 年新投产的 100t 以上转炉 25

座，按一座 100t 转炉年产钢 120 万 t 计，100t 转炉 25 座年产钢 3 000 万 t，而 2005 年钢产量比 2004 年增加 7 448 万 t，新增钢产能不到 2005 年新增钢产能的一半。

另外，我国钢铁企业装备大型化程度低。到 2004 年末，我国高炉多达 1 095 座，生铁产能 38 117 万 t，而 1 000m^3 以上的高炉不到 80 座，产能只占 32.22%（表附 1-12）。高炉有效容积小于或等于 300m^3 的高炉 700 多座，总容积约为 11.85 万 m^3，炼铁生产能力近 1 亿 t，占全国炼铁总能力的比重约为 26%（表附 1-12）。而日本生产 8 000 万 t 左右的生铁，仅有 28 座高炉。

表附 1-11　　2003 年以来我国钢产量年均增长幅度

年份	全国钢产量		重点企业钢产量		非重点企业钢产量	
	数量/万 t	增幅/%	数量/万 t	增幅/%	数量/万 t	增/幅%
2003	22 234	22.0	18 580	13.41	3 654	98.73
2004	28 280	27.19	23 350	25.67	4 930	34.92
2005	35 239	24.61	27 884	19.42	7 355	49.19

表附 1-12　　截至 2004 年底高炉炼铁装备结构情况表

	容积≤300m^3	300～1 000m^3	≥1 000m^3	全国合计
座数/座	686	332	77	1 095
有效容积/m^3	118 532	145 879	152 552	416 963
容积占全国比重/%	28.43	34.99	36.59	100
炼铁能力/万 t	9 907	15 929	12 281	38 117
能力占全国比重/%	26	41.79	32.22	100

由此可见，近几年来，我国钢铁产业的集中度在下降，同时落后产能占的比例不仅没有减少，反而有所加大。这说明，我国钢铁工业的装备结构不是趋向合理化、大型化，而是结构调整的难度越来越大。在落后设备大量存在的产业，根本不可能真正形成循环经济。因此，我国钢铁工业要发展循环经济，首要的任务是坚决淘汰落后产能。

（2）能源效率低、能耗高的问题突出

以 2005 年日本钢铁工业吨钢能耗和钢铁生产过程的工序能耗作为国际先进水平，与纳入中国钢铁工业协会统计的重点大中型钢铁企业比较，总体来看我国重点大中型钢铁企业的能耗比国际先进水平高 10%左右。

由于 2005 年全行业纳入统计的重点大中型钢铁企业产粗钢约占全国总量的 79.81%，其他中小企业产粗钢占全国总量的 20.19%。据不完全统计，中小企业与重点大中型企业比较，在能源消耗方面存在明显的差距（表附 1-13）。

表附 1-13　　2005 年大中型企业与中小企业能耗指标对比表

单位：kg 标煤/t

项目比较	吨钢可比能耗	焦化工序	烧结工序	炼铁工序	转炉工序	轧钢工序
重点大中型企业	714	142.21	64.83	456.79	36.34	88.52
中小落后企业	945	216	94	592	52	133
差距±	+231	+73.79	+29.17	+135.21	+15.66	+44.48
差距±%	+32.35	+51.89	+44.99	+29.60	+43.09	+50.25

由表附 1-13 对比说明，我国中小型企业的能耗指标相对落后，与重点大中型钢铁企业整体水平比较，存在 30%以上的差距。把这一因素考虑在内，我国钢铁工业全行业的能耗水平同国际先进水平比较，总体上大约存在 15%的差距。

需要说明的是，近几年的能源统计数据只是重点大中型钢铁企业的情况，不能代表全国钢铁工业能源消耗的总体水平。今后国家应高度关注中小型钢铁企业（主要是非钢铁协会会员企业）的节能降耗问题，同时要加快钢铁行业淘汰落后的步伐。

我国钢铁工业能源效率低、各工序能耗高于世界先进水平的主要原因是：二次能源利用率低。对高炉—转炉长流程重点工序的二次能源产生量的理论分析可知，吨钢二次能源产生量约 12GJ/t 钢，折合 410kg 标煤/t 钢。按工序计算，各工序理论二次能源量占总量的比例见图附 1-15；铁前工序（烧结、焦化、高炉）是钢铁联合企业主要的耗能环节，也是二次能源产生量最多的环节。目前我国钢铁企业的二次能源回收利用率不到 40%，与国外先进水平大约相差 20 个百分点。

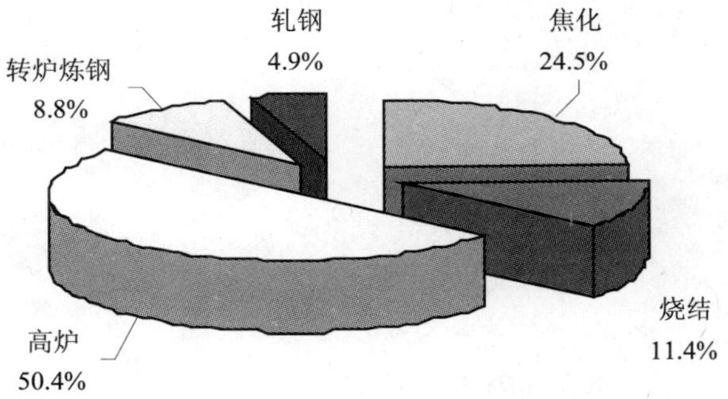

图附 1-15　吨钢各工序二次能源所占份额

而从实际部分大型钢铁企业的二次能源回收情况可看出（表附 1-14），宝钢分公司的水平居世界先进行列，有的指标优于韩国 POSCO；而国内其他企业间的水平相差很大，与宝钢和韩国浦项（POSCO）更存在较大差距。二次能源回收水平不高，客观上影响了能耗水平的提高。目前，我国钢铁工业二次能源利用率低主要表现在：

表附 1-14 2004 年国内外大型钢铁企业二次能源回收情况及与韩国指标对比

指标名称	宝钢	武钢	鞍钢	本钢	济钢	邯钢	唐钢	安钢	浦项	
									浦项	光阳
TRT 回收/（kW·h/t）	34.77	18.94	4.72	0	—	0.67	31	—	22.10	35.83
干熄焦蒸汽回收/（kg/t）	572.53	66.06	0	65.42	225.86		0	—	227.65	105.52
烧结矿余热回收/（kg/t）	20.73	—	—	—	—	—	0	—	19.31	31.05
转炉蒸汽回收/（kg 标煤/t）	9.06	9.73	6.03	5.74	1.53	1.73	4.75	—	—	9.18
转炉煤气回收/（kg 标煤/t）	27.05	20.12	11.59	17.78	11.32	2.01	25.71	—	26.24	29.85
高炉煤气放散率/%	0.74	5.67	12.90	8.22	—	9.46	3.5	13	0.78	2.54

① 煤气放散率高。

焦炉煤气、高炉煤气、转炉煤气为钢厂主要二次能源，约占钢铁流程中二次能源产生量的 75%（图附 1-16）。进入 21 世纪以来，我国钢铁企业副产煤气的回收利用量有了新的变化，副产煤气利用的总体水平比以前有所改善，但放散量仍然较高（表附 1-15、表附 1-16），与世界先进水平仍然存在较大差距。

表附 1-15 2004 年重点大中型钢铁企业煤气利用情况

	高炉煤气放散/%	焦炉煤气放散/%	转炉煤气回收量/（m^3/t 钢）
行业平均值	4.4	3.41	42
企业先进值	0（7 个企业）	0（16 个企业）	95
企业落后值	24.88	23.31	0（21 个企业）

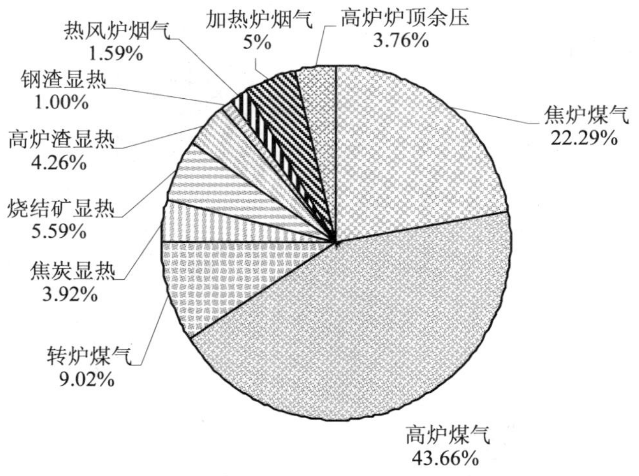

图附 1-16 钢铁生产流程理论二次能源产生量及所占比例

表附 1-16　　2000—2004 年我国重点钢铁联合企业煤气利用情况

煤气		单位	2000 年	2002 年	2004 年
焦炉煤气	产生量	万 m^3	1 396 062	1 513 544	—
	放散量	万 m^3	45 059	37 132	—
	放散率	%	3.78	2.29	3.41
高炉煤气	产生量	万 m^3	11 304 579	14 988 323	—
	放散量	万 m^3	876 214	926 278	—
	放散率	%	9.64	6.18	4.4
转炉煤气	吨钢回收量	m^3/t	30.93	35.63	42

由表附 1-15，表附 1-16 可见，目前焦炉煤气利用率较高，为 96%～97%，先进企业如宝钢等已经达到 100%，但一些落后企业的焦炉煤气的利用率只有 76.69%；高炉煤气放散率从 2000 年的 9.64%降低到 2004 年的 4.4%，先进企业接近零放散，而一些落后企业仍然高达 24.88%。转炉煤气回收量一直比较低（表附 1-15、表附 1-16），只有宝钢、武钢等少数企业可以达到 90 m^3/t 钢左右，不少企业多数钢厂因转炉煤气找不到合适用户而根本没有回收，还有的钢厂回收了转炉煤气后又放散，更是浪费。

② 一些大型节能技术的普及程度还远远不够。

2003 年，我国 1 000m^3 以上的高炉大约有 56 座，其中有 26 座装备了高炉炉顶余压发电装置 TRT①，全部为湿式除尘。到 2005 年，我国共有高炉约 1 232 座，其中 1 000m^3 以上高炉 108 座，都配备了 TRT，干式除尘比例达到 30%左右。占高炉座数的不到 10%。但是我国还有 1 124 座 1 000m^3 以下的小高炉，其中只有 20 多座高炉配备 TRT，总的看，还有 1 104 座没有或无法配备 TRT，这样全部高炉的 TRT 普及率只有 10.4%，如果按生铁能力估算，也不到 40%。

我国钢铁企业的焦化厂总生产能力约为 7 000 万 t，到 2005 年底，我国钢铁企业共装备 34 套干熄焦（CDQ②），干熄焦总量达 2 463 万 t，干熄焦率为 35.19%。而一些技术先进国家，如日本，一些节能技术，如 CDQ、TRT、焦化煤调湿（CMC）、烧结余热回收、高炉喷吹煤粉（PCI 等技术）的普及率都非常高（图附 1-17）。目前日本的 28 座高炉（基本都在 2 000m^3 以上，其中 5 000m^3 以上的高炉 8 座），全部配备 TRT，普及率已达到 100%。

可见，我国钢铁企业在二次能源回收利用方面与国际先进国家仍存在差距，同时也看出我国在这方面有很大的发展潜力。

① Top-pressure Recovery Turbine，高炉炉顶余压发电。
② Coke Dry Quenching，干式熄焦炭法。

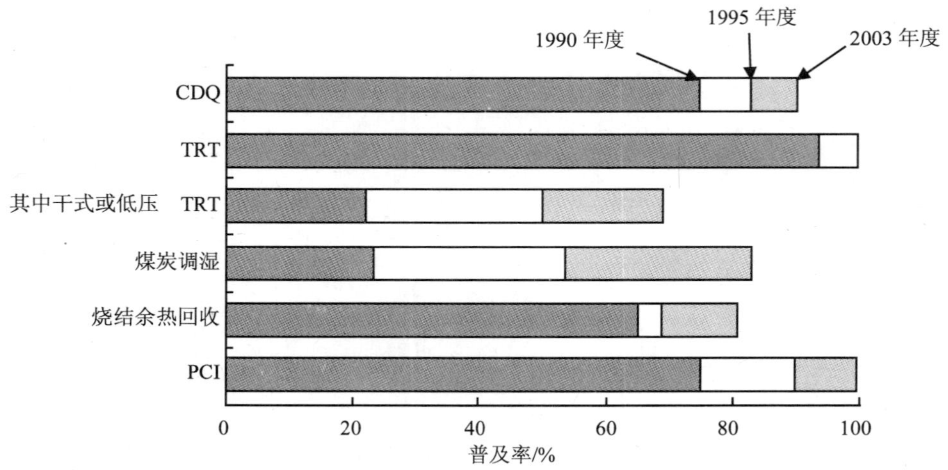

图附 1-17 日本主要节能技术的普及率

③ 低品质余热资源的回收利用率低。

钢铁联合企业从原料、焦化、烧结到炼铁、炼钢、连铸以及轧钢等工序中产生大量可利用的低温废气余热资源（废气温度≤400℃）（表附 1-17），这些被放散的低品质废气资源约折合 19kg 标准煤/t 钢。如烧结矿余热等。同时，在各种冶金设备冷却中采用汽化冷却技术产生大量低品质蒸汽（饱和蒸汽压力≤1.18MPa）。这部分低品质余热资源由于品质低，难以有效利用，目前的利用技术还不成熟，在钢铁企业中利用率很低。

表附 1-17 国内某钢厂低温废气放散情况

序号	烟气排放点		烟气量/（m^3/h）	排放温度/℃	折合标准煤每吨钢/（kg 标准煤/t）
1	焦化厂	焦炉	300 000	250	5.6
2	烧结厂	带冷机	200 000	200～400	5
3	炼铁厂	高炉热风炉	350 000	300～350	8.4
4	合计				19

（3）资源循环利用率低

2005 年，中国钢铁工业的固体废弃物产生总量（不含矿山）约 2 亿 t（图附 1-18），约为粗钢产量的 57%，约占工业固体废弃物总量的 15%。经过多年努力，高炉渣、含铁尘泥等综合利用技术和装备水平不断提高，逐渐产业化，但是利用水平仍然比较低，看似统计的钢铁渣利用率都大于 90%，而高炉渣实际利用率约为 65%，钢渣仅为 11%，尘泥等的利用率不到 80%。除利用率低之外，各种废弃物的分层次利用和高附加值利用工作还很不够，含锌尘泥的处理利用基本没有列入议事日程。资源的循环利用与国外先进水平有较大差距，钢铁渣的利用率、粉尘污泥等的利用率等均低于日本。

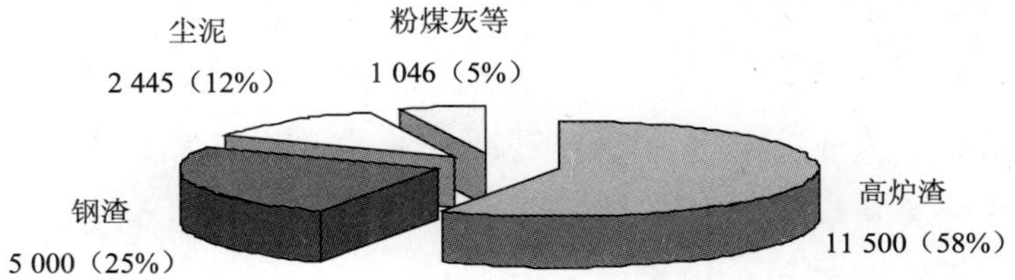

资料来源：《钢铁企业环境保护统计 2005》和《钢渣中磁性金属铁含量测定方法编制说明》。

图附 1-18　2005 年我国钢铁工业固体废弃物产生量及种类

2002 年日本钢铁业的固体废弃物产生量约为 4 520 万 t/a，占其粗钢产量的 41.3%。对于固体废弃物的处理、利用做得很细，其中钢铁渣的利用率达到 99.8%，粉尘 88%，污泥 64%，废砖 72%，最终处置量约为 720 万 t。

据新日铁统计，2004 年钢厂内部产生的渣、粉尘、泥浆等废弃物占粗钢产量的 60%以上，在这些废弃物中，渣（高炉渣、钢渣）占 70%～80%，粉尘和泥浆占 20%左右。近年来日本在粉尘和泥浆的利用方面做了大量工作，新日铁开发了 RHF（Rotary Hearth Furnace）技术，对低水分的含锌粉尘进行处理和球团化后，作为高炉的还原剂使用，2000 年在君津厂应用。2002 年又建成处理高水分、含锌泥浆的 RHF 生产线。不仅回收金属锌，而且将其他资源做成球团再到高炉里循环。

（4）环境污染加重

目前，我国一些重点大中型钢铁企业通过污染控制与治理，局部得到控制，部分企业的环境有所改善；但是小钢铁企业的环境恶化情况更加严重，很多小钢厂，黑烟和粉尘根本没有治理，钢厂环境令人担忧。我国钢铁工业已具有 4 亿 t 产能的规模，环境保护问题非常紧迫。行业总的环境指标与国际先进水平相比差距较大（表附 1-18）。

表附 1-18　近年我国钢铁工业环保现状及与国际水平比较

项目	宝钢（2006 年）	我国重点钢铁企业平均水平（2006 年）	国外先进企业水平
吨钢综合能耗/（t 标准煤/t 钢）	0.686	0.741（2005 年）	—
工业水重复利用率/%	97.9	94.80	98%
吨钢新水耗量/（m^3/t 钢）	3.65	6.56	5.5（阿塞洛） 2.6（蒂森—克虏伯）
吨钢外排废水/（m^3/t 钢）	0.78	3.42	1.1（蒂森—克虏伯）
吨钢排 SO_2/（kg/t 钢）	1.53	2.66	1.28（阿塞洛）
吨钢 CO_2 排放量/（kg/t 钢）	2 124	2 050	1 652（2002 年日本平均）
吨钢排尘/（kg/t 钢）	0.61	2.1	0.5（阿塞洛，蒂森—克虏伯）
厂区降尘量/[t/（km^2·月）]	13.56	34.32（2004 年）	2.43（新日铁）

我国钢铁企业在环保方面与国外的差距不仅表现在指标上，还表现在：

① 环保理念和意识淡薄、法律法规不健全及执法不严等。

发达国家的环境法律、法规较健全，很多钢铁企业出于内在和外在的环境要求和压力，都严格遵守并积极变成自觉的行动。其环境意识普及、理念超前，倡导“构筑（创建）环境协调型社会，致力于生产低环境负荷的环境友好产品，为保护地球环境和实现循环型社会作贡献”。而我国多数中小型企业缺乏环境意识，而且各地的环保执法不严是普遍现象。

新日铁名古屋制铁所于 1996 年成为世界钢铁界第一个从外部机构取得 ISO 14000 认证的企业。目前国外大部分钢铁企业都取得了 ISO 14000 环境管理体系的认证。我国目前有些企业如宝钢、天津钢管公司、重钢五厂、鞍钢新轧钢等钢铁企业取得了 ISO 14000 的认证，但是真正建立和完善环境管理体系的任务还较为艰巨。

② 节能与环境保护的层次和水平低。

宝钢等企业的环保水平和排放指标与国外相当，但是我国钢铁企业环境保护的平均水平远低于国外同类企业。多年来，钢铁企业基本处于有了污染才治理的被动状态，且以末端治理（可见粉尘、黑烟、污水等治理）为主，为各类污染物的排放达标而“奋斗”，节能环保技术的普及推广程度远远不够。20 世纪 90 年代后期虽然提倡节能和清洁生产，但仍在进展过程中。而国外已经基本完成这些污染物的治理，进入治理有害有机物、重金属、二噁英等阶段，并追求持续不断地降低吨钢污染物排放量，并高度重视地球环境和与社会、环境友好的可持续发展。这里有我国的发展阶段与发达国家发展阶段的差异，但是主要是这些年粗放型的发展所致。

（5）环境污染控制难

尘：污染治理设备不完备，无组织排放问题突出。如焦炉装煤、推焦烟尘的控制，以及高炉出铁场烟（粉）尘捕集，在大于 1 000m^3 的高炉中大多有治理设施，而小于 1 000m^3 的高炉多数不够完善。

SO_2：烧结烟气脱硫的装备刚刚起步，SO_2 难以在短期内得到控制。

废水方面：吨钢耗新水量和吨钢外排废水量仍偏高。废水处理率虽高，但外排废水达标率却偏低，与国家要求稳定达标有差距。

（6）大量出口给环境带来压力

自 2005 年我国首次成为钢材（坯）净出口国之后，出口导向的势头一直没得到有效控制，钢材（坯）等的大量出口加剧了煤、电、油等资源和运输码头和环境的压力，而且 CO_2 排放量也增加。

2006 年情况更糟，钢产量 4.2 亿 t/a，而国内表观消费量仅约 3.65 亿 t/a，净出口钢材（坯）约 3 600 万 t。净出口的这部分钢材（坯），相当于多消耗能源 2 660 万 t 标准煤，多排放 CO_2 近 8 000 万 t。如果按照自给率 95%计算，则相当于多生产钢材 5 094 万 t，对应的 CO_2 排放量增加约 1 亿 t。

在我国资源、能源紧缺，大量依赖国际资源和污染严重的阶段，大量出口钢材（坯），并向出口导向的方向发展，不仅不符合我国钢铁产业发展政策“内需为主”的定位，而且从环境上，特别是承担温室气体排放负荷的指责等方面都是不合算的。

（7）电炉钢比有下降趋势

钢铁工业发展到现在，基本形成了两类流程：长流程和短流程（图附 1-19）。

- 长流程，是以铁矿石、煤炭等天然资源为源头的高炉—转炉—热轧—深加工流程。是包含了原料、能源的储运/处理，高炉—焦炉还原过程，炼钢—精炼—凝固过程，再加热—热轧过程，冷轧—表面处理过程的生产流程。
- 短流程，是以废钢等再生资源[①]和电力为源头的电炉—精炼—连铸—热轧流程。

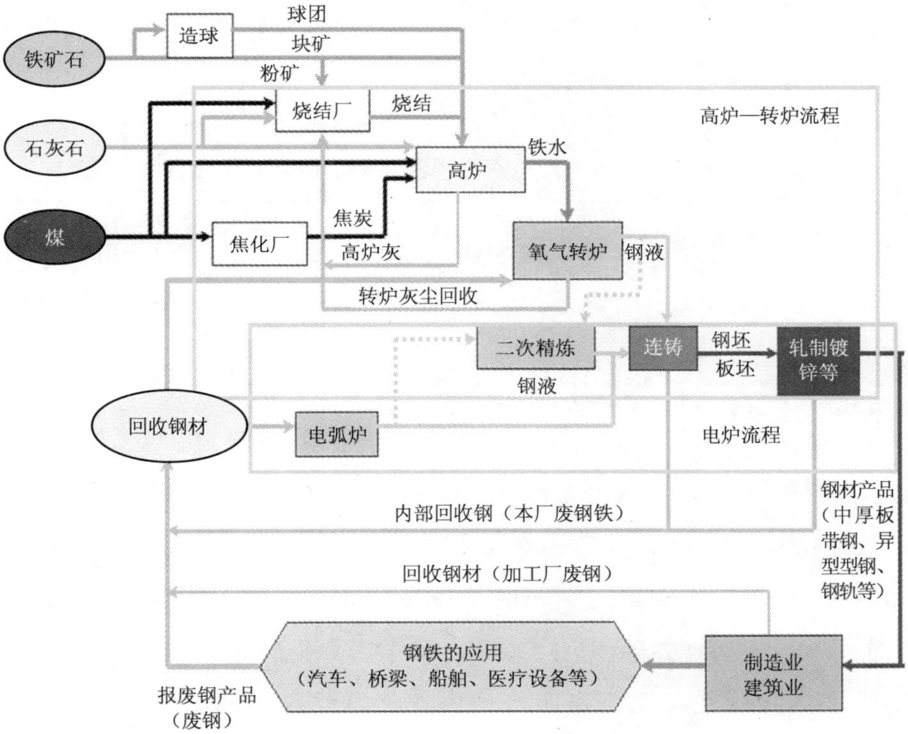

图附 1-19　钢铁生产的二类流程：高炉—转炉长流程和电炉短流程

由于长流程包括烧结、焦化和高炉等重污染工序（图附 1-20），因此，污染和能耗都远高于电炉短流程。生产 1 t 钢材，两种流程的资源、能源消耗和污染排放见表附 1-19。

① 再生资源，是相对于再生天然资源而言，一般指的是社会生产和生活消费过程中产生的，已经失去原有价值，而经过回收、分类、整理及加工处理，会重新具有使用价值的各种废弃物质。

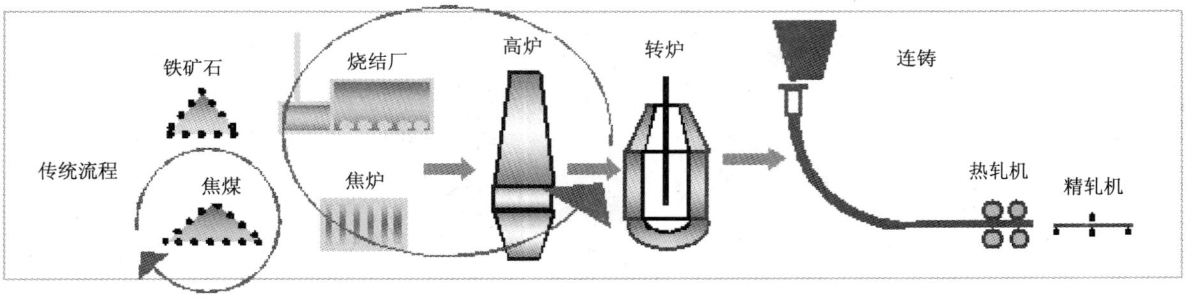

图附 1-20 钢铁联合企业高炉—转炉长流程的主要污染工序示意

由表附 1-19 可见，由于电炉短流程主要使用再生资源——废钢，所以电炉短流程比利用天然资源的高炉—转炉流程消耗更少的原料和能源，排放更少的气体和固态物质，更有利于节约能源和资源，减少污染，对环境的影响更小。高炉—转炉流程的能源消耗约是电炉流程的 2 倍，而 CO_2 排放约是电炉流程的 3.8 倍。

表附 1-19 高炉—转炉长流程与电炉短流程在资源、能源消耗和排放方面的比较

项目	高炉—转炉流程	电炉流程
消耗原料	约 3.7 t/t	约 1.2 t/t
消耗能源	650～900 kg 标准煤/t	200～400kg 标准煤/t
排放固态物质	约 0.6 t/t	约 0.2 t/t
排放 CO_2 等气体	约 2.1 t/t	约 0.52 t/t

注：表中电炉短流程的数据是以全部使用废钢资源为基准的。

但是，由于我国钢铁工业一直处于高速发展阶段，废钢资源相对不足，在现存的长流程和短流程中，一直以高炉—转炉—轧钢长流程为主，以长流程生产的钢（转炉钢）的比例占绝大多数。近 15 年来，我国转炉钢比例在 80%～89%变化。而发达国家的电炉钢比例较高，世界平均为 33%～37%，日本 26%～30%，德国 30%左右，美国为 40%～50%，意大利近 60%。我国废钢资源缺乏，电炉钢比低是客观上造成我国钢铁工业能耗高、污染大的原因之一。

（三）钢铁工业可持续发展与环境的关系

综上所述，我国钢铁工业自 20 世纪 90 年代以来在节能、环保方面取得了显著的成绩，目前还处于大力节约能源、末端治理的末期和清洁生产的进程中；而且我国落后的钢铁产能占的比例大；另外基本还没有考虑到或实施企业间及与社会层次的循环，就循环经济而言，还处于刚刚进入角色的阶段。有的钢厂正在接受循环经济的理念，并以此指导企业的规划、改造和建设。但是，我国钢铁企业总数多，水平参差不齐，淘汰落后成为发展循环经济非常

艰巨的任务，在发展循环经济方面还有很长的路要走。

钢铁企业已普遍认识到：传统钢铁工业粗放型的发展模式，以大量消耗资源、牺牲环境为代价的经济增长方式是不可持续的。如果钢铁工业继续按照传统的高消耗、高排放的生产模式发展，资源紧缺、能耗高和环境污染将严重制约我国钢铁工业的可持续发展和竞争力的提高以及实现对我国 GDP 翻两番的必要支持。

钢铁工业在我国实现新型工业化的进程中，虽有一定的发展空间，但是粗放型的发展模式使我国钢铁工业面临一系列严峻的挑战：产业集中度低，产业布局有待改善，生产流程结构有待进一步优化，过热与无序投资造成的落后生产能力比例增加，资源保障程度下降，资源、能源供应紧张，环境负荷加重，固定资产投资增速过快以及企业自主创新能力差，等等。如果按目前无序扩张的趋势发展下去，到 2010 年，钢产量将会达到 5 亿 t 以上，铁矿石对外依存度将升至 69%，钢铁工业的能源消耗约 3.5 亿 t 标准煤，温室气体排放量将超过 10 亿 t/a，SO_2 排放量将接近或超过 100 万 t/a。这将大大加剧我国资源和能源紧张的局势，我国资源、能源供应将难以支撑，环境将不堪重负，我国国民经济也将难以持续发展。

为提高我国钢铁工业的竞争力，实现可持续发展，必须建立一种发展钢铁工业的新型模式。提高质量、经济效益，降低资源、能源消耗，减轻地球环境负荷，走产业绿色化道路，以较少的能源、资源消耗，合理的钢产量规模，高效的产品，较低的地球环境负荷支持我国的工业化过程是我国钢铁工业的历史责任。在未来循环经济社会中，钢厂将通过功能的拓展，进而实现生态化转型，成为工业生态链的重要一环，在循环经济社会中承担重要的、积极的角色。

二、国内外钢铁工业污染防治现状比较、差距及问题

（一）不同的钢铁工业发展阶段

1. 国际钢铁工业污染防治的发展进程

从钢铁厂的发展历程可以看到，在对待环境污染的对策上，经历了：公害治理（污染排放物的末端治理）；节省能源（减少排放物等源头治理）；清洁生产，绿色制造（变为积极的源头治理）；循环经济（将社会制造生产链与工业生态链相结合的策略）的不同阶段（图附 1-21）。

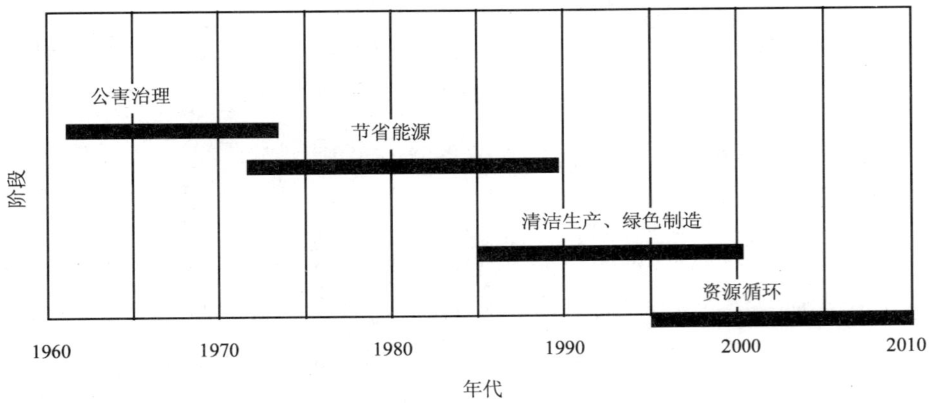

图附 1-21 国际钢铁工业环境保护的发展进程示意

① 20 世纪 60 年代至 70 年代的公害治理阶段，在此阶段采取了诸如稀释排放和末端治理等对污染排放物的治理措施。

② 20 世纪 70 年代至 90 年代是节约能源（减少排放物的源头治理）阶段；1973 年石油危机的爆发使西方国家认识到能源的重要性，开始采取措施节能降耗。节能可降低单位钢铁产品的能源消耗，实现少消耗、少排放、多产出，实际是从源头减少了各种排放物。

③ 20 世纪 80 年代后期到 90 年代，是清洁生产和绿色制造（变为积极的源头治理）阶段；清洁生产提倡充分利用资源，从源头削减和预防污染物的产生，在保证经济效益的前提下达到环保的目的。清洁生产是指将整体的、预防的环境战略持续地应用于生产过程、产品及服务中。相对末端治理而言，清洁生产可使人们从单纯、被动地治理污染步入全面、主动地预防和消除污染的阶段。绿色制造的内涵比清洁生产的内容更广泛，它还包括产品的绿色度，产品的回收、循环，以及钢铁工业向社会提供副产品和消纳社会废弃物等。

④ 20 世纪 90 年代后期开始进入循环经济（将社会制造生产链纳入工业生态链中）阶段，这是钢铁工业绿色化的主要阶段。

20 世纪 90 年代以来，国际钢铁界对资源、能源利用和环境保护及清洁生产相当重视。钢铁企业普遍关注与社会、环境友好，向可持续的循环经济方向发展。2003 年国际钢铁协会首次提出了评价钢铁企业的 11 个可持续发展指标，并于 2006 年 5 月发布了新的国际钢铁工业的可持续发展报告，体现了经济效益、环境效益和社会效益协调统一的循环经济理念。

2. 中国钢铁工业污染防治发展阶段

（1）从 20 世纪 70 年代初期开始，钢铁行业开展了治理环境污染工作

1973 年 11 月，国务院批转了国家计委召开的全国环境保护会议的情况报告，要求各级领导、各个行业部门要在抓好生产建设的同时认真抓好环境保护和改善工作。当时钢铁企业

对环境的污染已经十分严重，一是由于钢铁工业生产流程长，污染源多，污染物排放量大；二是由于多数钢铁企业工艺技术装备陈旧、管理落后，“三废”基本没有治理，因而被社会公认为是污染大户。为了加强钢铁行业的环保工作，冶金部机关设立了综合利用和环境保护办公室，并要求各省、自治区、直辖市冶金厅（局）和重点钢铁企业也设立环境保护管理机构和专职人员，上下形成环保管理网络。一方面编制环保长远规划，并把每年对环保工作的要求作为年度工作的一个重要组成部分进行部署；另一方面建立了冶金综合利用环保情报网，进行环保监测和环保评价，还成立了冶金环境保护研究机构，加强环保科技攻关。坚持环保工作防治结合、以防为主，单项治理与综合治理相结合、以综合治理为主的方针，制定颁布实施了《环境保护设计若干规定》。对新建厂严格实行“三同时”方针，即必须把“三废”治理设施与主体工程同时设计、同时施工、同时投产，并且首先在宝钢的规划建设中贯彻执行；对老厂采取结合技术改造逐项解决污染问题，强调要综合利用资源，实行“三废”资源化，鞍钢、首钢、攀钢等一大批企业率先开展起来。1979 年 4 月，中共冶金部党组向中共中央报送了《关于冶金工业环境保护工作的报告》，同年贯彻执行了《中华人民共和国环境保护法（试行）》和《工矿企业治理“三废”污染，发展综合利用产品利润留成办法》等法规。1981 年 12 月 29 日，国务院主要领导对鞍钢环境保护工作经验作出批示：“鞍钢自力更生，综合利用资源、能源，治理“三废”的经验很值得重视，请认真组织推广，报纸上要予以宣传。”1982 年 2 月 23 日，冶金部召开重点钢铁企业环保工作座谈会，传达了主要领导的批示，加速推进环保工作。到 1983 年 12 月国务院召开第二次全国环境保护会议时，钢铁工业保护与改善环境工作取得了初步成效，编辑出版了《冶金环保十年》一书。这十年，钢铁工业环保面貌发生了显著变化，1982 年与 1973 年相比，重点企业厂区平均每月每平方公里含尘量由 114.6 t 减少到 75 t，下降 34.5%；焦化废水外排的部分由 6 000 余 t 减少到 1 000 多 t，下降 83.3%；工业水的循环利用率由 54.9%提高到 65.5%，提高了 10.6 个百分点；钢铁渣的利用率由 65.5% 提高到 85.5%，提高了 20 个百分点；高炉水淬渣产量由 900 万 t 增加到 1 207 万 t，含铁尘泥利用由 118 万 t 增加到 272 万 t。与此同时，取得了上百项环保科研成果，其中大型烧结机机尾除尘技术、高炉煤气洗涤水净化及水质稳定处理技术、转炉废水和轧钢废水净化处理技术等，均达到国际先进水平，对钢铁工业防止污染起到了很好的作用。冶金部在总结十年环保工作成绩与经验的基础上，高标准、严要求，提出了 1985 年、1990 年和 2000 年分阶段的环保目标，力求到 20 世纪末使钢铁工业的环境污染得到基本治理。

（2）20 世纪 70 年代末，钢铁行业狠抓了节能降耗工作

1978 年 6 月 15 日，冶金部召开能源问题电话会议，部署组织能源调查，制定降低能耗的目标、规划和措施。调查结果十分惊人，钢铁工业一年消耗能源 7 380 万 t 标煤，占全国能源消耗总量的 11%，吨钢综合能耗 2.52 t 标煤，与世界工业发达国家相比差距甚大。据国外资料介绍，当时日本吨钢能耗为 0.68 t 标煤，美国为 0.89 t 标煤，我国是美国的 2.8 倍，是日

本的 3.7 倍。在摸清钢铁行业能耗状况的基础上，冶金部制定了节能规划和措施，要求冶金企业和各级管理部门要切实加强能源管理，在思想认识上要从抓产量、不计消耗转变到以节能求增产上来；在工作上要重视挖潜革新改造，促进节能增产双丰收；在方法上要组织节能培训班，加强节能定额管理，实行多种形式的节能承包责任制，建立节能指标体系，完善考核标准，做到有奖有罚。随着全行业节能工作的深入，在考核吨钢综合能耗的同时，要分别考核各个工序节能情况，制定了第一个工序节能规定《轧钢加热炉节约燃料的若干规定》，并从轧钢加热炉开始在全行业开展了炉窑节能晋等升级活动；随后陆续制定了烧结、焦化、炼铁、炼钢、轧钢等 14 个工序节能规定，开展有了工序节能晋等升级活动，收到了良好的效果。在 1985 年全国钢铁工业节能工作会议上，总结分析了前一段的节能情况，1978—1980 年平均节能率为 10%，而 1981—1984 年平均年节能率为 3%，这一方面反映节能取得了较好的成效，但另一方面说明，随着一手抓技术进步节能工作的深入，要进一步节能降耗，必须重视依靠技术进步，才能继续取得较好的节能效果。之后各冶金企业在继续提高节能科学管理水平的基础上，更多地把节能工作转移到依靠技术进步上来。经过一段实践，冶金部总结出一套节能两手抓的经验，即一手抓科学管理，推广先进适用的节能技术，印发了《钢铁工业节能技术三十例》；一手抓节能科研攻关，鼓励企业与科研院所共同攻克节能难关，从而使钢铁工业节能工作不断开创新局面，用了 12 年的时间，使行业节能上了一个大台阶。1990 年与 1978 年相比，钢产量由 3 178 万 t 增加到 6 535 万 t，增长 105.6%；能源消耗总量由 7 380 万 t 标煤增加到 9 872 万 t 标煤，仅增长 33.7%；占全国能源消耗总量的比例由 11%以上降到 10%，下降了一个百分点；吨钢综合能耗由 2.52 t 标煤下降到 1.65 t 标煤，降低了 36.1%。

（3）20 世纪 80 年代和 90 年代期间，钢铁行业狠抓了资源综合利用

钢铁工业的资源综合利用，主要包括三个方面：一是对矿产资源中共生元素的综合开采和合理利用；二是对生产过程中产生的废气、废水、废渣、余热、余压等进行回收和合理利用；三是对社会上生产和消费过程中产生的各种废旧物资进行回收和再生利用。上述第二项、第三项的资源综合利用中，钢铁行业在环保治理和节能降耗工作上已经开展，但在这个期间又有了深入发展，如许多钢铁企业利用余热、余压办起了发电厂，利用废渣办起了水泥厂、制砖厂、粉末冶金厂，利用焦化副产品办起了化肥厂、化工厂等。

（4）20 世纪 90 年代末，钢铁行业开始推行以清洁生产、资源节约为中心的循环经济

目前，清洁生产原则已经成为钢铁企业经济持续发展的技术基础，生态环保标准也正在成为世界范围内的强制性标准和产品准入通行证。

节能、降耗、减污、增效是清洁生产的目标。我国的清洁生产工作是从 1992 年开始推行的。钢铁工业是国民经济中重要的基础工业，又是高能耗、高物耗、重污染的行业，要切实实现钢铁工业的持续发展，就必须大力推行清洁生产。

在国家清洁生产中心成立之后，钢铁行业成立了冶金清洁生产中心，针对钢铁工业生产

能力迅猛增长，而工艺设备却依然陈旧落后，导致损耗大、“三废”多的状况，确立了工艺技术升级，淘汰落后设备的结构设计调整促进清洁生产的方式，着力转变经济增长和污染防治方式，促使经济与环境协调发展。

清洁生产管理中一项重要内容是清洁生产审核，该项工作现在已与 ISO 14000 体系接轨。为配合国家清洁生产中心开展企业清洁生产审核工作，冶金清洁生产中心结合钢铁工业的生产特点，按工序过程编写了《钢铁工业清洁生产指南》、《钢铁工业企业清洁生产审核工作指南》和《冶金工业清洁生产技术导向目录》，为开展该项工作打下了基础。

目前，已有鞍钢、重钢、宝钢、济钢、莱钢、太钢、酒钢、涟钢、武钢等一批企业通过 ISO 14000 环境管理体系认证。根据我国的可持续发展要求，钢铁企业已将为清洁生产制定的环境规划全面纳入企业发展建设规划，并充分保持该规划与所在城市环境目标的一致性。

（5）自 2000 年起，中国重点大中型钢铁企业通过技术进步，节能降耗取得了很大成绩，2006 年与 2000 年相比

- 吨钢新水消耗量降低了 74.0%；
- 废水处理率从 98.4%提高到 99.6%；
- 粉尘排放量平均降低了 37.5%；
- 废渣的利用率提高了 41.3%；
- 吨钢外排废气量下降幅度为 12.27%；
- 处理废气达标率提高了 5 个百分点；吨钢 SO_2 排放量明显降低，从 2000 年的 5.56kg/t，下降到 2006 年的 1.82kg/t，下降了 67.3%左右。
- 吨钢能耗降低了约 21%，使吨钢 CO_2 排放量也有所降低。

（二）钢铁工业污染排放指标

1. 工业污染物产生和排放系数

原国家环境保护局科技标准司编制的《工业污染物产生和排放系数手册》对钢铁行业产生污染物的主要生产工序，即焦化、烧结、炼铁、炼钢（平炉、转炉和电炉）及连铸等工序的产品综合产污和排污系数进行了确认（表附 1-20）。

表附 1-20　钢铁行业主要工序产品综合产污和排污系数

产品名称	污染物名称	单位	产污系数	排污系数
炼焦	硫化氢	kg/t-焦	1.4～3.0	0.1～0.6
	酚	kg/t-焦	250～700	0.1～20
	氰化物	kg/t-焦	40～80	1.5
	氨	kg/t-焦	250～1 000	150～500

产品名称	污染物名称	单位	产污系数	排污系数
烧结	烟尘	kg/t-烧结矿	25～60	0.1～1
	二氧化硫	kg/t-烧结矿	2～15	2.15
炼铁	烟尘	kg/t-铁	46～60	0.08～0.11
	悬浮物	kg/t-铁	10～20	0.05～3.0
	高炉渣	kg/t-铁	350～700	0.1～0.5
炼钢（转炉）	烟尘	kg/t-钢	35～57	0.02～0.30
	悬浮物	kg/t-钢	20～40	120～140
	钢渣	kg/t-钢	120～140	2～5
炼钢（平炉）	烟尘	kg/t-钢	20～30	150～300
	钢渣	kg/t-钢	150～300	2～5
炼钢（电炉）	烟尘	kg/t-钢	10～17	100～130
	钢渣	m^3/t-钢	100～130	0.2～0.6
连铸	废水	kg/t-坯	5.0～20	0.01～0.04
	悬浮物	kg/t-坯	3.0～5.0	0.002～0.007
	油类	kg/t-坯	0.2～0.7	—

根据上表，如果用转炉炼钢方法生产 100 万 t 钢，那么仅在该工序就会产生 3.5 万～5.7 万 t 烟尘、2.0 万～4.0 万 t 悬浮物和 12.0 万～14.0 万 t 钢渣。

2. 国内外污染物排放指标比较

我国冶金行业与工业发达国家同类企业有关污染物排放指标的对比见表附 1-18，从表中可以看出，2002 年与 2000 年相比，我国冶金行业虽取得了较大的进步，但要赶上工业发达国家水平还有很长的一段路要走。

3. 国际钢协制定的可持续发展指标计算方法

近年来，我国钢铁工业的能耗约占全国工业能耗的 11%，排放的废水和废气约占工业排放总量的 14%，固体废弃物约占工业废物总量的 16%。相对于我国的钢产量，我国的冶金资源十分匮乏，除煤炭比较充足外，其他主要矿产资源人均占有量都低于世界平均水平。自 2000 年起，我国的铁矿产量仅能维持 50%左右的铁产量，每年进口铁矿石 0.7 亿～3.8 亿 t，今后进口量还将继续扩大，已经严重威胁到我国铁矿资源的安全供给。我国煤炭资源虽然比较丰富，但可用于钢铁生产的炼焦煤仅占 25%～27%。此外，钢铁生产过程大量地消耗新水资源。国际钢铁协会评价钢铁企业的 11 个可持续发展指标见表附 1-21。

宝钢对主要污染物实行总产量控制，逐年严格指标强化管理。从而使主要污染物排放量得到大幅度削减，为企业持续发展创造了条件。表附 1-22 和表附 1-23 是其排放指标情况对比。

表附 1-21　　国际钢铁协会评价钢铁企业的 11 个可持续发展指标

序号	指标	2004 年	2005 年	2006 年	单位
1	对新工艺和新产品的投资占销售收入比例	6.0	6.2	7.7	%
2	营运利润率（占销售收入）	8.9	15.7	15.3	%
3	投资回报率	9.1	22.3	19.6	%
4	经济增加值占销售收入比例	2.6	11.7	7.6	%
5	能耗强度	19.0	19.1	20.6	GJ/t 粗钢
6	温室气体排放	1.6	1.7	1.7	t 二氧化碳/t 粗钢
7	资源利用效率	96.8	95.6	97.2	%
8	废钢回收利用率（回收钢占产粗钢）	42.3	42.7	459.3*	%
9	环境管理体系在注册生产设施中工作的员工占所有员工和协力工的比例	85.4	90.7	85.5	%
10	员工培训天数	6.3	9.9	10.4	天/人
11	损失工时的工伤率	7.8	6.6	8.8	频率/1 百万工时
参与数据收集公司的粗钢产量		3.255	3.972	5.202	亿 t
参与数据收集公司的销售收入		1 910	2 130	4 103	亿美元

注：2006 年废钢回收利用率指标不再出现，而是以回收的废钢量表示，其单位为百万吨。

表附 1-22　　宝钢主要污染物排放总量削减情况　　单位：%

名称	颗粒物	SO_2	石油类	COD_{Cr}	酚
比环评允许排放量削减百分比	63	53	41	78	97
比上海市下达排放量指标削减百分比	57	28	16	72	81

表附 1-23　　宝钢环保主要指标对照表

指标	我国冶金企业 2005 年	宝钢 2005 年	国外冶金先进企业最新水平
废水处理率/%	98.0	100	100
吨钢排废水量/m^3	20.0	1.05	
废气处理率/%	95.1	100	100
外排废气达标率/%	88.2	100	100
吨钢排尘量/（kg/t）	7.88	0.86	0.05～0.9
钢铁渣利用率/%	88.0	100	100
含铁尘泥利用率/%	95.0	100	100
工业水重复利用率/%	85.0	97.66	96～98
新用水量/（t/t 钢）	35.0	4.08	
厂区降尘量/[t/（km^2·月）]	43.5	14.87	9.5～16
厂区绿化率/%	24.5	42.7	9.54～24.5
厂界噪声达标率/%	95	100	100

（三）钢铁工业环境保护技术现状评估

① 20 世纪 90 年代以来，钢铁生产流程结构调整和工艺优化生产的节能效果约占 40.7%，说明优化钢铁生产流程取得了较好的节能和相应的环境优化效果。

② 除节能带来的环境优化效果外，钢铁生产气、水、固废的无害化、资源化处理管理理

念建立、技术开发都取得了显著的成绩，污染物的单位排放量不断降低。

③ 近十年来，我国重点大中型钢铁企业的环境污染局部得到控制，部分企业有所改善，但是小型落后的钢铁企业环境污染仍在恶化。原有的或某些新建的小钢铁企业的环境污染问题更加严重，很多小钢厂，烟、尘、水等根本没有治理，非常令人担忧。

④ 一些规模小、技术落后的设备仍在运行，影响到行业整体能耗降低与环境负荷减小。

⑤ 一次和二次能源在钢厂的总体利用率较低，造成能源浪费、环境负荷大。

⑥ 钢铁企业与社会、环境友好的意识应进一步加强。

具体从环境保护涉及的水资源、大气资源及固废资源利用方面分析如下：

① 水资源保护现状。

中国是水资源短缺的国家，人均占有量仅为世界人均水平的四分之一，钢铁行业的用水量在工业各行业中排名第三，水资源的短缺将严重制约中国钢铁行业的发展，因此必须重视和加强钢铁行业的废水处理与回用，提高工业用水重复利用率，减少吨钢新水用量。中国钢铁行业水处理技术整体水平与国外相比，差距是存在的，包括治理技术、范围、环保意识与管理水平。这种差距可从表附 1-24 所列的有关数据对比中看出。

表附 1-24　　中国钢铁行业水处理主要技术指标对比情况

水处理主要技术指标	2000 年宝钢/行业平均	2005 年宝钢/行业平均	国外先进指标情况
工业用水重复利用率/%	96.59/87.04	97.66/85.0	96～98
吨钢新水用量/（m^3/t）	6.11/24.75	4.08/35.0	2.4～3.2
吨钢外排废水量/（m^3/t）	1.3/17.22	1.05/20.0	2

目前中国钢铁行业废水处理专业技术领域的现状与差距如下：

就钢铁企业的废水回用技术而言，已基本掌握了串级用水、循环用水、一水多用、分级使用等废水重复利用技术和工艺，这是提高工业用水循环利用率的重要途径和主要措施；对料场废水、烧结废水、高炉冲渣水、高炉煤气洗涤水、转炉除尘废水、连铸机冷却水等，也基本掌握了处理、回用的工艺技术；用于处理轧钢乳状油废水和破乳技术、超滤与反渗透等膜技术、已形成较完整的有效技术。

但总体水平与国外还存在一定差距。如膜处理的监控仪表与膜材料；水质稳定技术与药剂，药剂的品种、品质及生产工艺技术；焦化废水的特种高效微生物处理技术；中国钢铁行业废水排放标准的指标值；吨钢新水耗量等，这些与国外相比均有一定差距或较大差距。此外，矿山废水利用技术还有待进一步开发。

② 大气环境保护现状。

钢铁工业产生的大气污染物主要有硫氧化物、氮氧化物、烟尘和粉尘等。各种炉窑是大气污染物主要污染源。2004 年，重点统计的钢铁企业年排放烟尘 135 539.72 t，工业粉尘 410 366.81 t，二氧化硫 648 876.55 t。20 世纪 90 年代以来，中国钢铁工业大气污染物治理有较大的突破。以 2004 年为例，全年全行业投入大气污染物治理费用 298 556.23 万元，约占环境保护投资总额的 50.66%。

中国钢铁工业在大气污染物治理方面与国外相比差距主要表现在：对 NO_x 基本没有采取处理措施；对 SO_2 基本没有采取处理措施；对含二噁英、呋喃等没有监测手段、相应的排放标准和处理措施；工业发达国家粉尘排放标准（标态）已降到 20～30 mg/m³，有些企业标准（标态）甚至降到 10 mg/m³，而中国粉尘排放标准（标态）为 50～100 mg/m³；在役的除尘器的效率也有待提高。

③ 固体废物处理及利用的现状。

2005 年，中国钢铁工业的固体废弃物产生总量（不含矿山）约 2 亿 t，约占工业固体废弃物总量的 15%。钢铁工业固体废弃物主要包括：剥岩、尾矿、钢铁渣、尘泥、氧化铁皮、电厂粉煤灰和炉渣、废耐火材料及少量废酸、废油、含铬污泥等危险固废等。

a. 高炉渣。

2005 年，我国重点大中型钢铁企业高炉渣产生量约 12 072.46 万 t，利用率约为 91.82%，处理工艺主要有炉前渣沟高压水水淬法、INBA 法炉前水淬和池式泡渣法水淬。高炉矿渣的主要利用途径为：粒化高炉矿渣做水泥混合材；粒化高炉矿渣粉做水泥和混凝土掺和料；粒化高炉矿渣做砖；慢冷矿渣做混凝土骨料；慢冷矿渣做矿渣棉、铸石、微晶玻璃原料等。

b. 钢渣。

2005 年我国重点大中型钢铁企业钢渣的产生量约 3 380.36 万 t，利用率约为 90.37%，处理方法主要有转轮（鼓）法、热闷法、水淬法、风淬法、浅盘热泼法。钢渣的主要利用途径为：做炼铁烧结矿原料和炼铁熔剂；生产钢渣矿渣水泥、钢渣道路水泥、低热钢渣水泥和钢渣砌筑水泥；生产钢渣超细粉做混凝土掺和料；用钢渣配烧水泥熟料；做道路工程材料；做工程回填材料；做地面砖、墙体材料等。游离 CaO 高是钢渣有效利用需解决的主要问题。

c. 尘泥。

2005 年重点企业尘泥的年产生量约 2 445.46 万 t，利用率约为 99.39%。其主要利用途径为：做烧结矿原料；做炼铁球团矿原料等。

d. 自备电厂粉煤灰和炉渣。

2005 年粉煤灰和炉渣的年产生量约 520.1 万 t，利用率约为 62%。其主要利用途径为：做水泥混合材；做混凝土掺和料；做工程建筑材料；做公路路基材料；做烧结砖、粉煤灰陶粒、墙体材料等建筑材料。

目前中国钢铁工业固体废物的处理和利用水平与国外相比，还有一定的差距，其处理和利用水平多限于工艺简单、效益低下的筑路、工程回填、建筑方面，没有充分利用其中含有的各种资源，做到固体废物多用途、高价值的利用。

④ 噪声控制现状。

钢铁工业是产生噪声污染的主要行业之一，主要包括空气动力性噪声、机械噪声和电磁噪声三种。烧结、炼铁、炼钢、连铸、轧钢、氧气站、自备电厂等都产生不同程度的噪声，其噪声等级大都在 90～130dB（A），有的高达 140dB（A）。目前除少数大型钢铁企业已对影响厂界的噪声逐步采取不同程度的降噪消声治理外，大多数企业尚无控制措施。以高炉为例，中国现有高炉超过 1 000 座，高炉均压放散噪声高达 110～120dB（A），除宝钢、首钢、鞍钢、武钢、太钢等大型高炉外，大多数企业没有采取有效的控制手段。目前，工业发达国家控制噪声的技术措施主要有：从总体布局入手，以减轻噪声对环境的影响；减少物流周转以减少噪声源；采用先进的工艺流程和低噪声设备；采用隔声、消声、吸声、阻尼、减振等降噪措施。中国钢铁行业在这些噪声治理措施的整体水平上与国外相比差距很大。

根据我国的可持续发展要求，钢铁企业已将为清洁生产制定的环境规划全面纳入企业发展建设规划，并充分保持该规划与所在城市环境目标的一致性。

规划设计最终要落实到一系列生产单元和具体设施上，以下按工序简介宝钢清洁生产的主要内容。

① 矿料含铁 61%以上，含硫 0.081%以下；燃料煤热值高，含硫量在 1%以下，堆场应洒水降尘，输送皮带加罩和转运点收尘。

② 炼钢工艺串接用水，粒铁回收，出铁场除尘，高炉炉顶余压发电（TRT），热风炉余热利用，高炉炉顶均压放散煤气回收，铁渣处理与利用（拉萨法、因巴法）。

③ 炼钢工艺负能炼钢和少渣吹复，全连铸和热装热送，转炉煤气干式净化（LT 法）转炉 OG 装置，渣处理（ISC 处理、D 渣处理）和石灰焙烧 CO_2 回收（PSA）。

④ 焦化工艺煤气净制（T-H 法、FRC 法）、干熄焦（CDQ），无烟装煤与除尘（上升管喷氨，折板蓄热式冷却器，大型脉冲袋滤器，效率≥95.5%）。

⑤ 烧结工艺中上高效袋式除尘和 ESCS，余热回收。

⑥ 轧钢工艺中乳化废水超滤处理，酸洗—冷轧联合机组和废酸再生，热轧直接轧制和氧化铁皮回用。

⑦ 电炉工艺中热兑铁水，大密闭罩、高效除尘和屋顶排烟除尘。

⑧ 自备电厂中的煤粉制备与贮运，粉煤灰利用和蒸汽—燃气联合循环。

⑨ 中央水厂的含油废水处理和废油再生，分类供水，清浊分流与循环使用以及水质稳定技术等。

宝钢现有的水处理工艺技术基本涵盖了国际工业废水处理的先进方法，而且有创新和改进，表附 1-25 是其水处理工艺及技术。

表附 1-25　　宝钢废水处理主要工艺及技术

序号	废水名称	处理工艺及技术	应用的废水处理单元及技术进展
1	含油、乳化液废水	破乳、气浮	1420 冷轧、1550 冷轧、能源部一中水、二中水
		UF（超滤）	2030 冷轧（现已改进口有机超滤为国产无机超滤）
		生化处理	2030 冷轧
2	酸碱废水	中和、絮凝、沉淀、过滤	1420 冷轧、1550 冷轧、能源部一中水、二中水、2030 冷轧、钢管、电厂
3	有机废水	催化氧化	1420
4	含铬废水	亚硫酸氢钠还原	机械加工、1420 冷轧、1550 冷轧
5	含锌废水	戈尔过滤器（MF、微滤处理）	2030 冷轧（投产后改造新建的水处理系统）

（四）钢铁工业污染防治政策与法规标准

1．钢铁产业发展政策

2005 年 7 月 8 日，国家发改委发布了《钢铁产业发展政策》。《钢铁产业发展政策》实际上是我国钢铁工业落实科学发展观，转变经济增长方式，走新型工业化道路和可持续发展的纲领性、指导性文件，对推动我国钢铁工业循环经济的发展起到了十分重要的作用。

《钢铁产业发展政策》提出：按照可持续发展和循环经济理念，提高环境保护和资源综合利用水平，节能降耗。最大限度地提高废气、废水、废物的综合利用水平，力争实现“零排放”，建立循环型钢铁工厂。指出今后十年，钢铁工业在水资源消耗总量减少和能源消耗总量增加不多的前提下实现总量适度发展。同时产业布局调整要综合考虑矿产资源、能源、水资源、交通运输、环境容量、市场分布和利用国外资源等条件。新增生产能力要和淘汰落后生产能力相结合。从矿石、能源、资源、水资源、运输条件和国内外市场考虑，大型钢铁企业应主要分布在沿海地区。内陆地区钢铁企业应结合本地市场和矿石资源状况，以矿定产，不谋求生产规模的扩大，以可持续生产为主要考虑因素。钢铁建设项目要节约用地，严格土地管理。对首钢实施搬迁，与河北省钢铁工业进行重组。

在产业技术政策方面，在设计大型化方面提出了方向，如建设烧结机使用面积 180 m^2 及以上；焦炉炭化室高度 6 m 及以上；高炉有效容积 1 000 m^3 及以上；转炉公称容量 120 t 及以上；电炉公称容量 70 t 及以上。沿海深水港地区建设钢铁项目，高炉有效容积要大于 3 000 m^3；转炉公称容量大于 200 t，钢生产规模 800 万 t 及以上。在对现有流程必须配备的节能、减排和副产的综合利用的具体要求下，提出了钢铁联合企业技术经济指标达到：吨钢综合能耗高炉流程低于 0.7 t 标煤，电炉流程低于 0.4 t 标煤；吨钢耗新水高炉流程低于 6 t，电炉流程低于 3 t，水循环利用率 95%以上。其他钢铁企业工序能耗指标要达到重点大中型钢铁企业平均水平。同时提出了在提高钢材使用效率方面，鼓励用可再生材料替代和废钢材回收，减少钢材使用数量。建设部门要适时组织修订和完善建筑钢材使用设计规范和标准，在确保安全的情况下，降低钢材使用系数。设计部门要严格按照设计规范和标准进行设计，把研发的经济、节约型产品及时纳入标准设计。

在原材料政策方面，国家鼓励企业发展低品位矿采选技术，充分利用国内贫矿资源。限制出口能耗高、污染大的焦炭、铁合金、生铁、废钢、钢坯（锭）等初级加工产品，降低或取消对这些产品的出口退税。

2. 国家“十一五”规划纲要

《国家“十一五”规划纲要》规定了包括钢铁行业“十一五”期间必须达到的主要指标：单位国内生产总值能源消耗降低 20%左右，单位工业增加值用水量降低 30%，工业固体废物综合利用率提高到 60%。

《国家“十一五”规划纲要》提出：按照控制总量、淘汰落后、加快重组、提升水平的原则，加快调整原料工业结构和布局，降低消耗，减少污染，提高产品档次、技术含量和产业集中度。优化发展冶金工业。推进钢铁工业发展循环经济，发挥钢铁企业产品制造、能源转换和废物消纳处理功能。鼓励企业跨地区集团化重组，形成若干具有国际竞争力的企业。结合首钢等城市钢铁企业搬迁和淘汰落后生产能力，建设曹妃甸等钢铁基地。积极利用低品位铁矿资源。

《国家“十一五”规划纲要》提出：坚持开发节约并重、节约优先，按照减量化、再利用、资源化的原则，在资源开采、生产消耗、废物产生、消费等环节，逐步建立全社会的资源循环利用体系。在节约能源方面，强化能源节约和高效利用的政策导向，加大节能力度。突出抓好钢铁等行业和耗能大户的节能工作；在节约用水方面，重点推进冶金等高耗水行业节水技术改造；在节约材料方面，推进金属材料等的节约代用。禁止过度包装；在加强资源综合利用方面，抓好黑色和有色金属共伴生矿产资源综合利用。推进冶金等工业废渣及尾矿等工业废物利用；在进行循环经济试点方面，推动钢铁等行业实施循环经济改造，形成一批循环经济示范企业。在重点行业、领域、产业园区和城市开展循环经济试点。建设济钢、宝钢、鞍钢、本钢等一批循环经济示范企业。

在加强大气污染防治方面，推进钢铁等行业二氧化硫综合治理。在大中城市及其近郊，禁止新（扩）建钢铁、冶炼等高耗能企业。

3. 钢铁工业环境保护与 WTO 和标准化

作为世界贸易组织（WTO）的成员国，必须按其协定的规则办事才能促进自身的贸易发展。国际贸易离不开标准化，标准化是经济技术交流的纽带，是国际贸易的调节工具，要消除壁垒，可通过标准协调解决产品可靠性问题。

在环境保护方面，发达国家往往给发展中国家设置“绿色技术壁垒”。这种“技术壁垒”的依据就是与环境相关的国际公约、法规、环境管理体系及环境标志等。由于一些标准都是根据发达国家的生产和技术水平制定的，发展中国家往往很难达到标准要求，势必导致其产品被排斥在发达国家市场之外。中国钢铁产能迅速增长，已成为世界超级产钢大国，国际贸易中对钢材出口的限制迟早会以环保标准来制约，对此钢铁行业也应早做准备。

钢铁企业应遵守的主要环保法规有：

《中华人民共和国环境保护法》、《中华人民共和国水污染防治法》、《中华人民共和国大气污染防治法》、《中华人民共和国固体废物污染环境防治法》、《中华人民共和国环境噪声污染防治法》、《建设项目环境保护管理案例》、《放射环境管理办法》等。我国钢铁工业环境保护相关标准如表附 1-26 所示。

表附 1-26　　钢铁工业主要环境保护国家标准名录

序号	标准名称	标准号
1	钢铁工业水污染物排放标准	GB 13456—92
2	炼焦炉大气污染物排放标准	GB 1617—96
3	进口废物环境保护控制标准（冶炼渣）	GB 16487.2—1996
4	进口废物环境保护控制标准（废钢铁）	GB 16487.6—1996
5	地表水环境质量标准	GHZB 1—99
6	污水综合排放标准	GB 8978—96
7	环境空气质量标准	GB 3095—96
8	大气污染物综合排放标准	GB 16297—96
9	工业炉窑大气污染物排放标准	GWPB 3—99
10	工业企业厂界噪声标准	GB 12348—90
11	环境管理体系规范及使用指南	GB/T 24001—1996
12	锅炉大气污染物排放标准	GB 13271—2001
13	清洁生产标准——钢铁行业	HJ/T 189—2006
14	清洁生产标准——铁矿采选业	HJ/T 294—2006
15	清洁生产标准——中厚板轧钢	HJ/T 318—2006
16	清洁生产标准——炼焦行业	HJ/T 126—2003

除了表附 1-26 中所列的 16 个标准，实际引用的标准还很多，但是钢铁工业环境保护标准工作亟待完善和提高，在未建立钢铁工业环境保护国家标准体系之前，应尽量采用国际标准。

制定钢铁工业环境保护标准的工作量很大，首先应当完善和规范污染物排放量统计的范围及计算方法，制定工序性污染因子和水污染排放标准，对氮氧化物及二噁英等有害气体的排放标准亦应纳入标准制订计划。国外部分相关环保标准如表附 1-27 至表附 1-29 所示。

表附 1-27　　环境二氧化氮浓度参考标准和指标　　单位：μg/m³

	年平均	24h 平均	1h 平均
欧盟极限值（1985）	200①	—	—
美国标准（1992）	100②	—	—
WHO 指标（1977）	—	—	190～320③
WHO 欧洲指标（1987）	—	150	400

注：① 根据全年每小时或不到 1 h 的平均值计算第 98 个分布百分数。

② 算术平均数。

③ 不超过 1 次/月，只假定短期暴露。

资料来源：WHO（1977，1987）；Government Printing Office（1992）；European Community（1985）。

表附 1-28　　环境大气臭氧浓度参考指标和标准　　单位：μg/m³

	短期（1h）平均	中期（8h）平均
美国国家环境保护局	235	—
美国加州	180	—
WHO（1979）	150～200	—
WHO 欧洲指标（1987）	150～200	100～200

1 年不超过 1 次的值。

资料来源：U.S.EPA（1986）；WHO（1976，1987）。

表附 1-29　　国外大气排放标准　　单位：μg/m³，除非另有标注

参数	比利时	丹麦	法国	巴基斯坦	泰国
颗粒物/粉尘	50～100	20～40	50～100	200～500	300～500
氮氧化物（NO_x）	500	500	500	400	1 000
硫氧化物（SO_x）	500	500（SO_2）	300	400	500×10^{-6}～700×10^{-6}
一氧化碳（CO）	—	—	—	800	1 000
硫化氢（H_2S）	—	—	5	10	100×10^{-6}
氯化氢（HCl）	30	—	50	400	—

管理机构还要控制废水或流出物排放。环境质量标准和排放标准都被采用。表附 1-30 列出了当前使用的一些标准。

表附 1-30　　国外废水排放标准

参　数	巴西	印度①	韩国②	荷兰③	马来西亚④	日本⑤
pH 值	5～9	5.5～9.0	5.8～8.6	6～9	6～9	5.8～8.6
温度/℃	＜40	＜40	＜40	—	40	—
TSS/（mg/L）	—	100	80～100	20	50	200
可沉降物/（mg/L）	1	—	—	—	—	—
油脂/（mg/L）	—	10	—	—	ND	—
矿物油/（mg/L）	20	—	5	1	—	5
动植物油/（mg/L）	50	—	30	—	—	30

参　数	巴西	印度①	韩国②	荷兰③	马来西亚④	日本⑤
生化需氧量/（mg/L）	—	30	80～100	—	20	160
化学需氧量/（mg/L）	—	250	80～100	25	50	10～40
氨/（mg/L）	5.0	1.5	—	—	—	—
氨氮/（mg/L）	—	50	—	—	—	—
Cn/（mg/L）	0.2	0.2	1	—	0.05	1
氟/（mg/L）	10.0	2.0	15	5	—	15
有机磷/（mg/L）	—	—	1	—	—	1
苯酚/（mg/L）	0.5	1.0	3	0.1	0.001	5
硫化物/（mg/L）	2.0	2.0	—	1	0.5	—
三氯乙烯/（mg/L）	—	—	0.3	—	—	0.3
四氯乙烯/（mg/L）	—	—	0.1	—	—	0.1
砷/（mg/L）	0.5	0.2	0.5	0.002	0.05	0.1
钙/（mg/L）	0.2	2.0	0.1	0.01	0.01	0.1
铜/（mg/L）	1.0	3.0	3	0.02	0.2	3
总铬/（mg/L）	—	—	2	0.1	—	2
六价铬/（mg/L）	0.5	0.1	0.5	0.05	0.05	0.5
三价铬/（mg/L）	2.0	—	—	—	0.2	—
铁/（mg/L）	15.0	—	10	2	1	10
铅/（mg/L）	0.5	0.1	1	0.1	0.1	0.1
镁/（mg/L）	1.0	—	10	—	0.2	10
汞/（mg/L）	—	0.01	0.05	0.000 1	0.005	0.005
烷基汞/（mg/L）	—	—	—	—	—	ND
镍/（mg/L）	—	3.0	—	0.05	0.2	—
锌/（mg/L）	1.0	3.0	5.0	0.1	1	5

注：① 安德拉邦污染控制委员会为维萨卡帕特南钢铁项目制定的地方标准。

② 韩国所有工业废水标准主要根据废水排放分为四级。这一标准适用于II区——过滤后供饮用的二级保护区。

③ Hoogovens集团规定的排放水体标准。这一标准相当于所谓的基本质量标准。

④ 适用于包括钢铁工业在内的所有工业向集水区内任何内陆水体的排放。

⑤ pH值适用于排入除沿海之外的公共水体的废水。COD值适用于排入日本工业化程度最高的地区——东京湾、伊势湾和濑户内海地区的废水。

我国钢铁企业中也有其制定的排放标准值高于国家和地方标准的情况，以下是宝钢主要污染物排放标准与国家和地方标准对照（表附1-31）。

表附1-31　宝钢主要污染物排放标准与国家、地方标准对照（2006年）

名　　称	国家标准	上海市标准	宝钢设计标准	宝钢内控标准
布袋除尘器排放浓度/（mg/m^3）	150	100	50	35
电除尘器排放浓度/（mg/m^3）	150	150	80	80
COD_{Cr}/（mg/L）	150	100	100	100
SS/（mg/L）	500	500	100	100
石油类/（mg/L）	10	10	5	5
挥发酚/（mg/L）	1.0	1.0	0.5	0.5

钢铁企业界排污标准化管理应当注意以下几方面问题：

① 钢铁企业及行业健康发展的环保技术门槛值就是国家及行业制定的环保标准值，对新建钢铁企业在环保标准方面要严格控制，主要污染物的总量控制也应作为先决因素重点考虑，这对老钢铁企业才公平，当然老钢铁企业不仅要做到达标排放，而且要在总量控制方面争取主动，这样钢铁企业及行业才能持续健康发展。

② 钢铁行业应当争取各方面支持，由有关部门组织制定钢铁行业排污标准，分工序的环境保护标准，统一行业排污量、排污口的计算与界定等工作。

③ 各大、中型钢铁企业应按其发展规划在环保达标排放的前提下提高产能，继续发展；对设备陈旧，又无资金对环保设施进行投入和改造的小型钢铁企业，环保的制约因素越来越明显。

④ 目前企业对 SO_x 等有害气体基本未缴纳排污费，新办法施行后，这些有害气体将纳入叠加收费项目，亦是排污费增长的因素之一，其对钢铁企业单位产品的成本增加也不可低估。

三、钢铁工业污染防治的发展趋势

（一）钢铁工业污染防治的趋势

环境问题已超越国界，发展成为国际环境问题。一国的环境问题将同全球性的环境问题相联系。法律仍是环境保护的强有力武器，法律的制定将加快步伐、执行将加大力度。发达国家仍将掌握绝大多数成熟可行的环境保护技术，并将污染严重的落后工业生产项目向发展中国家转移。重点要解决：全球气候变暖，臭氧层的耗损与破坏，生物多样性减少，酸雨蔓延，森林锐减，土地荒漠化，大气污染，水污染，海洋污染，危险性废物越境转移十大环境问题，注意力主要集中在温室效应、臭氧层破坏和酸雨三大问题上。在科学发展观的统领下可持续发展模式受到关注，社会经济将向“资源消耗少、环境污染小、经济效益高”的“绿色经济”、“和谐型经济”、“生态盈余”转变。

1. GDP 需要与环境负荷目标关联

要协调统一经济与环境的目标和效益，要努力实现能源与环境的协调发展，污染控制与国民经济的发展要一起规划，要采取跨部门、属地化的办法强制进行生态恢复和生态保护，要积极推动、不断完善绿色 GDP 核算。

绿色国民经济核算（简称绿色 GDP 核算）是指从传统 GDP 中扣除自然资源耗减成本和环境退化成本（环境污染和生态破坏）的核算体系，能够更为真实地衡量经济发展成果。绿色 GDP 核算研究意义深远，研究结果令人注目；但绿色 GDP 核算的难题不少，需要积极推动、不断完善。2006 年 9 月 7 日发布的首份基于全国 31 个省份和 41 个部门的《中国绿色国民经济核算研究报告 2004》，主要研究结果：2004 年全国因环境污染造成的经济损失为 5 118 亿元，占当年 GDP 的 3.05%；虚拟治理成本占当年 GDP 的 1.8%。换算为环保投资大约为 1 万亿元人民币。《江苏省绿色 GDP 研究报告》表明，该省的绿色 GDP 比传统 GDP 下降了近 8 个百分点。

2. 大力实施“3R”发展战略

“3R”（减量化－Reduce、再利用－Reuse 及再循环－Recycle）是钢铁工业的发展趋势，是循环经济的方向。在“3R”中，减量化要求各项社会活动减少资源和能源的使用量，减少废弃物排放；再利用要求那些可直接利用或经简单处理即可利用的零部件或原材料再次应用；再循环要求将一道工序或一次使用后产生的废物作为下一道工序或下一次使用的原料，如将钢渣处理成矿渣水泥，形成资源循环的“生态链”；再制造要求在基本不改变旧设备零件的形状和材质的情况下，通过运用高技术进行再加工，利用废旧产品中的原材料、能源、劳动付出等附加值，使其性能达到或超过新品，达到节能、节材、环保的目标。工业污染防治的一个重要趋势就是实施“3R”（图附 1-22）。

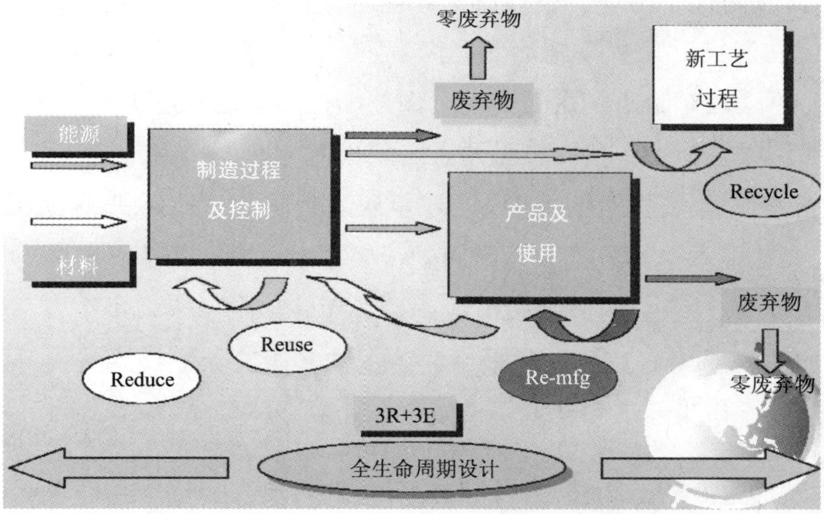

图附 1-22 节约型制造的基本原则——减量化、再利用及再循环

3. 转变末端治理为对生产全过程控制

发达国家在 20 世纪 60 年代和 70 年代初，由于经济快速发展，忽视对工业污染的防治，致使环境污染问题日益严重。公害事件不断发生，如日本的水俣病事件，对人体健康造成极大危害，生态环境受到严重破坏，社会反映非常强烈。环境问题逐渐引起各国政府的极大关

注，并采取了相应的环保措施和对策。例如增大环保投资、建设污染控制和处理设施、制定污染物排放标准、实行环境立法等，以控制和改善环境污染问题，取得了一定的成绩。

但是通过十多年的实践发现：这种仅着眼于控制排污口（末端），使排放的污染物通过治理达标排放的办法，虽在一定时期内或在局部地区起到一定的作用，但并未从根本上解决工业污染问题。其原因在于：

① 对工业生产所排污染物的种类检测越来越多，规定控制的污染物（特别是有毒有害污染物）的排放标准也越来越严格，为达到排放的要求，企业要花费大量的资金，大大提高了治理费用，即使如此，一些要求还是难以达到。

② 治理污染实质上很难达到彻底消除污染的目的。因为一般末端治理污染的办法是先通过必要的预处理，再进行生化处理后排放。而有些是不能生物降解的污染物，只是稀释排放，不仅污染环境，甚至有的治理不当还会造成二次污染；有的治理只是将污染物转移，废气变废水，废水变废渣，废渣堆放填埋，污染土壤和地下水，形成恶性循环，破坏生态环境。

③ 只着眼于末端处理的办法，不仅需要投资，而且使一些可以回收的资源（包含未反应的原料）得不到有效的回收利用而流失，致使企业原材料消耗增高，产品成本增加，经济效益下降，从而影响企业治理污染的积极性和主动性。

④ 实践证明：预防优于治理。根据日本环境厅 1991 年的报告，从经济上计算，在污染前采取防治对策比在污染后采取措施治理更为节省。例如就整个日本的硫氧化物造成的大气污染而言，排放后不采取对策所产生的受害金额是现在预防这种危害所需费用的 10 倍。以水俣病而言，其推算结果则为 100 倍。可见两者之差极其悬殊。

因此，发达国家通过治理污染的实践，逐步认识到防治工业污染不能只依靠治理排污口（末端）的污染，要从根本上解决工业污染问题，必须以“预防为主”，将污染物消除在生产过程之中，实行工业生产全过程控制。20 世纪 70 年代末期以来，不少发达国家的政府和各大企业集团（公司）都纷纷研究开发和采用清洁工艺（少废无废技术），开辟污染预防的新途径，把推行清洁生产作为经济和环境协调发展的一项战略措施。

4．积极推进清洁生产制造新技术，消除对环境的污染

工业污染排放治理的一个重要趋势是积极推进清洁生产制造新技术来消除对环境的污染。清洁生产新技术有下列特点：

① 尽可能地减少能源的消耗和节约原材料。

② 尽可能地不使用有毒有害的物质，而用无毒低毒的物质来代替，最终淘汰有毒物质。

③ 尽可能地减少有毒有害物质的排放，降低粉尘和废弃物的数量和毒性。

④ 在技术和经济可能的情况下，尽量使用可再生能源。

⑤ 产品要设计成在其使用终结后，可降解为无害产物，或者可以循环再利用。

5. 以系统工程方式解决工业污染

工业的污染防治是一项涉及多方面的工作。一个重要趋势是按照系统工程的方法全面的来防止污染。加强国家的策划、法规、政策制定与执行，提高行业的结构和技术装备水平，提高企业的管理、职工素质水平，以系统工程方式解决工业的污染。改变传统的资源高消耗、粗放经营的生产模式，推行无废、少废工艺，实行生产全过程控制，使污染物的产生量和排放量最小，以达到高效、节能、降耗、减污的清洁生产目标。

（二）钢铁工业污染防治的新技术

新型清洁能源与可再生能源、新材料合成等高新技术开发，以及许多先进的环保型新生产工艺的采用和推广，必将使污染物的排放在整体上呈减少趋势。下面对于目前工业污染防治的新技术分为源头控制、过程净化处理、末端治理综合利用和改革工艺四方面介绍。

1. 钢铁工业污染源头控制与过程控制的新工艺及技术

以钢铁生产中烧结工序的污染物控制为例，目前处理烧结过程中产生的污染物方法，只是单纯地采取末端治理，除了增加投资外，也会使烧结生产成本提高，这也是至今钢铁企业对烧结烟气没有采取任何措施的主要原因。只有通过对烧结过程中 SO_x、NO_x 和二噁英的形成机理的研究，才能找出促进 SO_x、NO_x 和二噁英形成的关键因素，从而从源头上抑制这些有害气体污染物的形成。

另外，在生产过程中应规范操作，尽量避免污染物的产生。

2. 钢铁工业污染末端治理及有效利用的新技术

在源头控制和过程净化处理之后，很多污染物还必须进行末端治理，否则难以满足环境标准要求。如工业污染排放出的废水、废气等，必须有末端治理手段配合。

工业污染末端治理的新技术以钢铁工业中的烟气脱硫为例，尽管可以在源头控制原料煤和铁矿石中硫的含量，在烧结过程中采取新的工艺减少硫进入烟气，但是烟气中还是不可避免地含有大量的硫。所以烧结烟气的脱硫（甚至将来脱硝、脱二噁英）也是必要的末端处理手段。

另外传统的高炉—转炉长流程工艺中，不可避免地有焦化、烧结等重污染工序，但如果改变炼铁工艺，从高炉变成非焦煤炼铁的熔融还原，则可以完全取消焦化、烧结工序，新的炼铁工艺与传统的炼铁工艺相比，环境污染大幅度减少。

（三）钢铁工业污染防治与成本的趋势

近年来，中国钢铁工业协会会员企业的环保治理投资额逐步增加，环保指标不断提高

（表附 1-32）。

表附 1-32　　中国钢铁工业协会会员企业的环保指标变化

项目	单位	2001 年	2002 年	2003 年	2004 年
环保治理投资额	亿元	29.25	33.93	50.26	58.83
综合利用产品产值	亿元	42.48	56.55	57.93	80.51
SO_2 排放量	kg/t 钢	4.6	4	3.21	3.2
废气处理率	%	97.97	98.01	98.31	98.9
废水处理率	%	98.96	99.91	99.52	99.64

但是，一些小型钢铁企业忽视环保治理工作，没有任何环保设施。由于对造成环境污染的企业处罚力度小，部分钢铁公司宁愿被罚款也不上环保设施，出现了“守法成本高，违法成本低”的情况。这是我们不愿看到的。

为防止“守法成本高，违法成本低”的情况产生，国家应加大环保执法力度，加重对造成环境污染的企业的处罚。

以宝山钢铁公司为例，2006 年宝钢钢产量为 2 174 万 t，用于环境保护的费用共计 21.03 亿元（表附 1-33），包括环保项目投资、末端治理费用和排污费等，吨钢环保费用约 96.75 元。对于污染排放不达标的企业，吨钢处罚应高于这个金额。这样才能提高企业开展环境保护的积极性，实现“守法成本低，违法成本高”。

表附 1-33　　宝钢用于环境保护的费用统计（2005 年）

序号	项　目	费用/万元
1	排污费	5 402.76
2	体系审核费	78.90
3	环境监测费	1 458.80
4	环保设施运行费	113 376.04
5	环保设施折旧费	39 041.80
6	环保人工费	7 052.25
7	有害物资运输费	1 829.36
8	绿化费	4 938.54
9	固废处置费	31 155.58
10	新、改、扩建项目环保改善投入	3 011.00
11	环境研发费	2 951.10
12	其他	30.03
小计		210 326.17

（四）钢铁工业污染防治的新政策、新法规（包括国际公约）

工业污染防治的新政策、新法规主要来自行业、国家和国际三方面。

中冶京诚（原北京钢铁设计院）完成《钢铁企业节水设计规范》和《钢铁企业节能设计规范》征求意见稿。其中规定：新建转炉的烟罩、烟道应采用汽化冷却，蒸汽应回收利用，禁止放散。钢铁企业的水源选择应统筹规划、开源节流、合理利用水资源；应充分考虑非传统水源的开发利用。新建钢铁企业应选择地表水作为生产水水源，现有钢铁企业已利用地下水作为主要生产水水源的，应逐步开发地表水取代地下水。有条件的钢铁企业应利用城市污水处理再生水作为生产水水源。钢铁企业应考虑雨水的回收利用，雨水的收集设施、净化设施和储存设施，应能满足雨水回用的要求。沿海地区新建的钢铁企业应采用海水作为水源之一。

中华人民共和国国家标准《粗钢生产工序单位产品能源消耗限额》已完成报批稿。该标准配合《钢铁产业发展政策》，规定了钢铁企业粗钢生产工序中烧结工序、高炉炼铁工序、转炉工序和电炉炼钢工序的能耗上限和目标以及新建设备的能耗准入值，有利于促进钢铁工业设备大型化，淘汰落后装备、提高节能技术普及率和二次能源回收利用，并配合调整钢厂流程结构，促进企业形成合理经济规模，有利于资源、能源的优化配置，推动钢铁企业和钢铁工业的节能工作。

近几年，我国工业的发展受到国际环境公约的约束和影响越来越大。中国是国际环境条约和协定的成员国，加盟这些条约就意味着必须遵守国际环境条约的条款。

1.《京都议定书》

1997 年 12 月，在日本京都举行的联合国气候大会通过了《京都议定书》。其目标是在 2008 年至 2012 年间，将发达国家 6 种温室气体——二氧化碳（CO_2）、甲烷（CH_4）、一氧化二氮（N_2O）、氢氟碳化物（HFCs）、全氟化碳（PFCs）、六氟化硫（SF_6）的排放量在 1990 年的基础上平均削减 5.2%。

为了使议定书真正发挥作用，协议规定，只有在占 1990 年全球温室气体排放量 55%以上的至少 55 个国家和地区批准后才能生效。

2004 年 11 月 18 日，俄罗斯常驻联合国代表向联合国秘书长安南正式递交了俄加入《京都议定书》的文件，这意味着目前为止已有 127 个国家和地区批准了该议定书，代表了 61%的排放量，完全达到了《京都议定书》生效的要求（尽管二氧化碳排放量占全球 25%以上的美国仍无意批准这一条约）。安南表示，从 19 日起的 90 天后，也就是 2005 年 2 月 16 日，《京都议定书》将正式生效。

中国的温室气体排放正在急剧增长。而冶金行业是第三大温室气体排放行业。

由于在《京都议定书》的第一个承诺期 2008—2012 年，中国等发展中国家没有减排义务，因此，《京都议定书》的生效目前对中国并没有实质性的不利影响。但是，随着下一个“议定书”的谈判于 2005 年展开，中国成为被关注的头号国家。

2.《斯德哥尔摩公约》

持久性有机污染物，是指具有毒性、难以降解、可在生物体内蓄积的有机物质。它可以在全球范围内长距离迁移输送，并沉积在远离其排放地点的地区，在自然环境中极难降解，可长期在生态系统中累积；被生物体摄入后不易分解，并沿着食物链浓缩放大，对人体危害巨大。持久性有机污染物不仅具有致癌、致畸、致突变性，而且还具有内分泌干扰作用，对人类的影响会持续几代，对人类生存繁衍和可持续发展构成了重大威胁。《关于持久性有机污染物的斯德哥尔摩公约》（以下简称《斯德哥尔摩公约》）旨在削减、消除和预防持久性有机污染物污染，保护生态环境和人类健康。

中国作为一个负责任的大国，积极参与了公约的谈判，并于 2001 年 5 月 23 日成为第一批签署该公约的国家。2004 年 6 月 25 日，第十届全国人大常委会第十次会议做出了批准《斯德哥尔摩公约》的决定，公约于 2004 年 11 月 11 日对中国生效。这标志着中国将全面履行该公约所规定的各项基本义务和常规义务。

为履行公约，经国务院批准，2005 年 5 月我国政府成立了由国家环保总局牵头，发展改革委、外交部、财政部、科技部、农业部、商务部、卫生部、建设部、海关总署和电监会等部门组成的“国家履行《斯德哥尔摩公约》工作协调组”国家实施方案编制领导小组，同时在国家环保总局成立了履行《斯德哥尔摩公约》工作协调组办公室，作为协调组办事机构，下设在国家环保总局环境保护对外合作中心。

2007 年 4 月 14 日《〈关于持久性有机污染物的斯德哥尔摩公约〉国家实施计划》正式获得国务院批准，履约工作全面启动。

四、我国钢铁工业污染防治目标

（一）研究思路和战略重点

1. 研究思路

① 在对现有流程的污染问题和潜力分析的基础上，从国家和行业的层面，根据冶金行业不同区域布局特点提出宏观战略；既要考虑与国际接轨，也要考虑与我国发展阶段的特点结合。

② 注意“防”和“治”的结合。以“防”为主，即从清洁生产和循环经济上解决；“治”，即污染的末端治理。在技术的选择上应分析环境与成本的关系、环境与技术的关系和环境与投资的关系。

2. 战略重点

① 近期：对现有污染指标中大宗和共性污染物（如 SO_x、尘、渣、废水等）的产生、循环利用和排放提出思路；

② 远期：适时将 $PM_{2.5}$、PM_{10}、NO_x、二噁英和温室气体等纳入环保排放指标，提出这些污染物的防治思路；

③ 对利用再生资源（废钢）与开采天然资源对环境负荷的比较研究；从进出口税率调整等政策导向上鼓励利用再生资源。

（二）钢铁行业的环境保护目标

1. 总体目标

以推进最有效的技术为根本，使钢铁制造流程向流程紧凑、连续和高效整体优化的方向发展，以实现资源能源消耗最小，污染物排放量少、制造过程运行周期最短、资源和环境负荷最轻、生产安全、职工健康卫生与社会友好。

2. 分阶段目标

（1）2006—2010 年目标

① 厂区降尘量<24t/（km^2 • 30 d）；

② 全行业固体废弃物综合利用率≥60%；

③ 降低 SO_2 排放量；

④ 百万吨钢死亡率<0.1，建立职业病、突发性公共卫生条件预警、监测系统。

（2）2011—2015 年目标

① 厂区降尘量<18t/（km^2·30d）；

② 全行业固体废弃物综合利用率≥65%；

③ NO_x 二噁英、重金属污染治理；

④ 职业病、突发性公共卫生条件预警、监测系统有效运行。

（3）2016—2020 年目标

① 厂区降尘量<14t/（km^2 • 30d）；

② 全行业固体废弃物综合利用率≥70%；

③ 二噁英重金属污染基本得到控制；

④ 百万吨钢死亡率<0.05，降低职业病发病率，达到工业发达国家水平。

3. 水资源保护的目标

2006—2010 年和 2011—2020 年钢铁企业水处理主要目标见表附 1-34。

表附 1-34 水处理主要目标

指标名称	2010 年	2015 年	2020 年
工业用水重复利用率/%	95	97	98
吨钢新水用量/（m^3/t 钢）	8	6	5
吨钢外排水量/（m^3/t 钢）	5.6	3.8	3
吨钢 COD 排放量/（g/t 钢）	200	130	100
吨钢石油类排放量/（g/t 钢）	19	16	14
吨钢 SS 排放量/（g/t 钢）	300	180	100
吨钢挥发酚排放量/（g/t 钢）	0.4	0.4	0.4
吨钢氰化物排放量/（g/t 钢）	0.4	0.4	0.4

4. 大气环境保护的目标

2006—2010 年和 2011—2020 年钢铁企业废气处理主要目标见表附 1-35。

表附 1-35 废气处理主要目标

项目	单位	2010 年	2015 年	2020 年
吨钢 SO_2 排放量	g/t 钢	2 100	1 900	1 750
吨钢烟尘排放量	g/t 钢	2 000	1 400	1 000
吨钢粉尘排放量	g/t 钢	2 000	1 400	1 000
厂区降尘	t/（km^2 • 月）	＜24	＜18	＜14

5. 固体废物处理及利用的目标

2006—2010 年和 2011—2020 年钢铁工业固体废物综合利用率目标见表附 1-36。

表附 1-36 固体废物利用率目标

项目	单位	2010 年	2015 年	2020 年
高炉渣利用	%	100	100	100
钢渣利用	%	95	98	100
尘泥利用	%	100	100	100
粉煤灰与炉渣利用	%	80	92	100

6. 噪声控制的目标

（1）2006—2010 年目标

① 研究开发降噪和低噪声生产技术与设备，制定钢铁行业噪声治理技术规划与治理要求和噪声考核实施办法。

② 实施噪声考核办法，对大中型以上企业，要求厂界噪声控制在昼间 65dB（A），夜间 55dB（A）；操作点噪声凡技术上较成熟的应控制在 85～90dB（A）；有条件采取措施的应控制在 95～100dB（A）。

（2）2011—2020 年目标

在调整结构与优化钢铁流程的基础上，使中国钢铁行业整体噪声控制水平全部达到国家规定噪声控制标准的要求。厂区外围环境噪声≤45 dB（A）。作业场所噪声控制目标见表附 1-37。

表附 1-37　　作业场所噪声控制目标

每个工作日接触噪声时间/h	2010 年目标值/dB（A）	2015 年目标值/dB（A）	2020 年目标值/dB（A）
8	90*	85	85

*最高不得超过 115。

（三）钢铁生产的环境保护关键技术

1. 2006—2010 年的关键技术

（1）各工序生产节能、环保的高效化技术和环境管理体系优化技术

① 设备大型化技术。

② 电炉流程优化技术。

③ CO_2 减排与利用技术。

（2）水资源保护关键技术

① 串接用水和循环供水技术。

② 焦化废水氨氮微生物硝化—反硝化治理技术。

③ 钢铁废水排放污染物的在线监测技术。

（3）大气环境保护关键技术

① 除尘技术，包括：

大型高炉煤气干法除尘技术；料场覆盖防尘技术；筛焦、运焦系统除尘技术；矿槽除尘技术；高炉出铁场干法和除尘技术；高炉喷煤系统干法除尘技术；转炉煤气高回收率湿法

除尘技术；钢铁厂房内各扬尘点的二次集中除尘优化技术；铁水预处理与炉外精炼烟气除尘技术。

② 脱硫技术，包括：

烧结烟气脱硫技术；燃煤电厂烟气脱硫技术；焦炉煤气脱硫技术。

③ 其他技术，包括：

高炉煤气全量回收（包括均压放散煤气回收），用于低热值燃气轮机、燃气锅炉蒸汽发电技术；低水分熄焦和干熄焦技术；各种槽罐放散气的回收与净化技术；烧结外排烟气减量化和余热利用技术；连续轧机烟尘或油雾净化技术；喷煤粉系统污染控制技术。

（4）固体废弃物利用关键技术

高炉矿渣微粉、钢渣微粉做混凝土掺和料生产应用技术；废酸再生技术；氧化铁皮、转炉尘泥生产冶金粉末技术；氧化铁皮脱油技术；INBA 法炉前急冷设备耐磨材料技术；钢渣做炼钢冷却剂、农肥和酸性土壤改良剂技术；高锌粉尘用于脱硅剂、转炉作业冷却剂、电炉作业泡沫渣等技术；高锌含铁尘泥水力旋流法 100%脱锌处理技术；含 Ti 高炉渣提取和分离有价值金属设备和技术；高效回收钢渣中金属铁设备及钢渣粉高效低能耗磨细设备技术；钢渣干式流态磁选设备和技术；转炉煤气干法除尘产生的含铁粉尘经热压块直接回转炉利用技术；脱硫产物的处理利用技术。

（5）噪声控制的关键技术

① 振动噪声控制技术。

② 新型吸声、阻尼、隔声、消声和减振降噪材料与技术。

③ 高炉噪声控制技术。

④ 鼓风机噪声控制技术。

⑤ 空压机噪声控制技术。

⑥ 锅炉排汽噪声控制技术。

⑦ 提高隔声墙、隔声室与个体防护技术。

2. 2011—2015 年的关键技术

（1）生产工序节能环保技术

系统节能、节水、降耗、环保综合技术。

（2）水资源保护关键技术

① 城市污水处理后回用于钢铁工业循环冷却水的技术。

② 钢铁工业用水最少量化与“零排放”技术。

（3）大气环境保护关键技术

① 除尘技术，包括：

转炉煤气干法除尘及转炉余热蒸汽发电技术；焦炉装煤、推焦干法除尘技术；烧结机头、机尾电除尘技术；在役除尘技术优化及除尘系统故障诊断技术。

② 脱 NO_x 技术，即节能、低 NO_x 燃烧技术及含 NO_x 烟气治理技术。

③ 新型耐高温、高速微粒子烟气过滤材料与应用技术。

（4）固体废弃物利用关键技术

① 粉煤灰做建筑材料新技术。

② 回收粉煤灰中空心微珠的技术。

③ 钢铁工业废渣做轻质超高强建筑材料技术。

（5）噪声控制关键技术

① 高压气体、锅炉高压蒸汽放散及各类气体输送机（风机）高频噪声控制综合配套技术。

② 轧钢外表检验台架、分段锯出料、精整汇集间、收集与落差噪声声源控制技术。

③ 厂界噪声防护林技术。

3．2016—2020 年的关键技术

① 钢铁产品的生命周期评价技术。

② 无铬钝化剂绿色工艺技术。

③ 利用高温冶金技术对社会固体废弃物资源化处理的系统技术。

④ 水资源保护关键技术。

a. 冶金废水微波与超声波处理技术。

b. 钢铁工业废水纳米处理技术。

⑤ 大气环境保护关键技术。

a. 二噁英、呋喃的检测及治理技术。

b. 大气污染物的在线监测技术。

c. 含氟烟气治理技术。

⑥ 固体废物利用关键技术。

a. 钢铁渣做绝缘、耐热、耐腐蚀、防辐射等特种材料技术。

b. 冶金渣成分的活性激发技术。

c. 钢铁渣热能回收及储备热能转化为化学熔解热技术。

d. 冶炼炉内增钙、增铝，可使钢铁渣改性变成水泥成分的新技术。

e. 钢铁渣做海洋肥料，培养海洋生物固化 CO_2 技术。

f. 钢铁渣热态资源化利用新技术。

⑦ 噪声控制的关键技术。

a. 轧钢噪声声源控制技术。

b. 降低锤锻、矫直、传输、收集等的撞击、摩擦、落差等噪声技术。

c. 噪声控制综合配套技术。

d. 钢铁行业设备声源控制与应用技术。

五、钢铁工业实施污染防治战略的政策、建议

① 淘汰落后。行业加快结构调整，加速淘汰能耗高、污染物排放量大的落后工艺、落后装备和落后产品。尽快制定具体的法规、标准和方案，出台相应的淘汰落后的补偿和扶持政策，落实淘汰落后的时间表，加强执法检查和舆论监督；同时，应对淘汰落后进行专题的系统研究；建议国家尽早开展政策引导和准入与考核对污染防治和源头削减中的经济性引导。

② 政府和企业分别建立污染监测系统，没有监测设备的企业作为落后企业加以淘汰。国家强化依法行政，真正加强环保执法，严格环保监测要求，规范环保统计；将环保指标作为干部业绩考核的重要指标。为真实地反映全国冶金工业污染产生的情况，提高统计数据的可靠性，建议尽快加强力量，完善行业污染防治管理体系和钢铁企业的排污测量。

③ 排污费应真正返回专项支持投资环保设施，形成良性循环，并实行各种形式的针对性的财政补贴和低息贷款，以鼓励企业采用先进的清洁生产和环保工艺；对国家有关环保政策措施具体建议，制定符合国情和更加科学的环保标准，继续推进绿色 GDP，制定奖罚分明的合理排污收费办法，鼓励先进，遏制落后，实现经济发展与环境保护统一规划，组织建立行业环境技术管理体系试点，充分利用中央直属企业的监管能力，建立专门的中小企业管理机构。

④ 推动各类节能、减排的技术的开发和应用。通过专项、国债和贴息贷款等方式支持新技术开发和应用。政府应加大对冶金工业污染防治的共性关键技术和前沿技术的科技投入；并建议国家尽早开展包括钢铁工业在内的相关污染防治技术系统优化分析研究。

⑤ 尽快制定和实施鼓励资源、能源利用和环保的政策，促进发展循环经济；完善废钢进出口政策；重视废钢和废塑料的回收、分类、处理和供应；对废塑料回收和处理在技术开发上给予资金和政策支持。鼓励钢铁渣利用和余热发电上（并）网等政策。

⑥ 企业抓紧“双赢”规划，钢厂应重视与社会、环境友好，完善环境管理体系，2010 年前年产 500 万 t 以上的钢铁企业应率先每年出环境报告书或可持续发展报告，对于上市企业应作为基本的要求。

⑦ 坚决贯彻钢铁产业政策，坚持内需为主，禁止生铁、钢坯、铬铁、锰铁等初级产品出口，增加钢材出口税，实现钢材有进有出基本平衡。

六、有色工业污染防治的重要性和紧迫性

（一）有色工业在我国国民经济中的地位

有色金属是应用广泛的重要原材料，我国经济的持续发展，使国内市场对有色金属的需求大幅度增加。近年来有色金属需求的增加，带动了我国有色工业的快速发展。2005 年规模以上有色工业工业总产值为 8 365.4 亿元，占国民生产总值的 4.59%。（数据来自国民经济和社会发展统计公报及有色金属工业年鉴（2006）统计数据，2005 年全年国内生产总值 182 321 亿元。）

我国有色金属工业在国民经济中具有以下几个特点：

第一，它是产业关联度高的基础产业。有色金属工业是以开发利用矿产资源为主的基础产业，由于有色金属广泛应用于国民经济和国家安全的各个领域，因此成为我国产业关联度很高的产业。目前我国铜、铝、铅、锌等主要有色金属生产的产业关联度系数均在 0.9 以上。

第二，具有战略资源性质。有色金属矿产资源在全球分布极不均衡，我国具有资源优势的钨、锑等有色金属的生产在世界上占有重要地位，产量占全球产量的 80%以上，是世界最主要的供应国。这些重要金属具有战略资源性质，在我国加入 WTO 协议中，这些金属产品的出口被列入国际贸易商品范围。

第三，是国家安全的重要支撑。我国经济持续发展，对包括有色金属在内的各种原材料的需求不断增长，目前我国已经成为世界第一大铜消费国和第二大铝消费国。但是国内铜、铝等主要有色金属矿产资源不能保证经济和社会可持续发展的需要，使国家资源安全面临严重挑战。广泛开发利用国内外有色金属资源，保证国家资源安全，是中国有色金属工业当前面临的历史性任务。

第四，军工用有色金属材料在有色金属工业中占有重要地位，现代武器装备的发展对有色金属材料不断提出新的要求。大力发展有色金属新材料，对提升我国武器装备水平，保证国家安全具有重要意义。

第五，是促进经济发展的竞争性行业。外资的进入，民营企业的崛起，促进了我国有色金属工业的持续、稳定发展。由于实现了投资主体的多元化，调动了各方面投资有色金属工业的积极性，目前我国已经成为世界最大的有色金属生产国。到 2006 年年底，在有色金属工业规模以上企业中，非国有企业的销售收入已占 57.56%，实现利润总额已占 66.28%，资产总额已占 39.45%。我国有色金属工业已经成为不断发展的竞争性行业。

（二）有色工业污染防治面临的形势

“十五”期间，我国有色金属工业持续快速增长，企业效益大幅提高。与此同时，由于技术进步、清洁生产工艺的推行，落后生产工艺和设备的淘汰及污染源的治理，有色金属工业污染物的排放量得到有效控制，吨产品和万元产值的排放量逐年降低，有色金属企业环境状况得到改善。2005 年在 10 种有色金属产量同比增长 18.14%，工业增加值按可比计算，在同比增长 24.31%的情况下，吨产品污染物排放量明显下降，但从整体讲，由于发展速度很快，有色金属工业污染防治形势依然不容乐观。

有色工业是高耗能行业，2005 年我国有色金属工业年耗能超过 8 341 万 t 标煤，约占国内能源消费量的 3.8%。由于资源利用率及资源循环利用水平低下，我国有色金属工业的能耗指标远高于国外先进水平。而能源消耗则是增加大气、水等环境负荷的重要因素。我国目前金属产量的增加主要是靠扩大采、选、冶企业的规模。因此，尽管十多年来中国有色金属工业的环境保护和治理取得了很大进步，但排放污染物的总量还是持续上升。在我国每生产 1t 精铝平均排放 44t 以上的 CO_2，按我国年产 500 万 t 铝计算，仅原铝工业一家就向大气排放了 0.8 亿 t 碳当量的温室效应气体。我国冶金工业的固体废物综合利用率不到 8%，固体废物，尤其是有毒、有害废弃物，大都没有获得有效利用与无害化处理，大型企业在 5～20 km，中小型企业在 1～5 km 范围内，人、畜、植被和土壤都会受到污染和影响。有色工业每年产生约 9 000 万 t 固体废物，历年堆存的固体废物已高达 20 亿 t。表附 1-38 列出了 2001—2006 年有色金属工业“三废”排放情况。

表附 1-38　　有色金属工业“三废”排放量　　单位：万 t

项目	2001 年	2002 年	2003 年	2004 年	2005 年	2006 年
10 种有色金属产量	883.71	1 012.00	1 228.00	1 430.62	1 631.80	1 917.01
固体废物产生量	8 965.2	13 761	9 923	9 266	9 906	—
废水排放量	32 043.7	22 600	22 500	27 700	25 000	24 633
SO_2 排放量	31.35	41.56	37.79	40.05	46.19	38.87
工业烟尘排放量	6.32	5.33	4.79	4.88	5.18	5.51
工业粉尘排放量	5.28	5.17	5.36	3.94	3.75	3.31
氟化物排放量	0.98	0.46	0.45	0.35	0.18	0.24

注：1. 资料来源：中国有色金属工业年鉴。

2. “固体废物产生量”中不包括矿山废石。

3. 2006 年数据来自有色金属行业协会环境保护统计数据。

（三）有色工业可持续发展与环境的矛盾

目前，国民经济建设仍处在高速发展期，可以预计今后一段时间内有色金属的产量仍将快速增加。

中国有色金属工业的发展大大地突破了人们的预期设想，如 2001 年出版的《21 世纪中国有色金属工业可持续发展战略》一书提到，2005 年有色金属的总量调控目标为 800 万 t，这个目标已经提前到 2001 年实现。有色金属的多样性和价格波动，特别是有色金属工业管理体制的变化刺激了发展有色金属工业的积极性，但同时也削弱了协调发展的可能性。

表附 1-39 的数据反映了中国有色金属工业污染和治理的状态。尽管中国有色金属工业环境治理有了很大进步，但 2005 年仍有 2.5 亿 t 废水、约 9 900 万 t 固体废物（此数据不包括矿山剥离废石）和 46 万 t SO_2 排出。

表附 1-39　　主要“三废”的治理率　　单位：%

项目	2001 年	2002 年	2003 年	2004 年	2005 年	2006 年
废水复用率	82.40*	82.72*	82.82*	84.83*	84.47*	84.91*
废水排放达标率	79.50*	86.72*	88.82*	91.27*	90.30*	—
硫利用率	90.96**	87.31**	95.03**	95.80**	84.83**	—
固体废物利用率	9.44**	6.16**	11.69**	10.22**	13.06**	—

资料来源：中国有色金属工业年鉴。
*19 个重冶企业统计数据。
**约 100 个大中型企业统计数据。

近 20 几年来，有色金属工业在快速发展的同时，也对我国环境的恶化造成了一定影响。发展与环境的矛盾成了有色金属工业发展的突出问题之一。与其他工业行业污染物相比，有色金属工业产生的污染物有以下一些特点：

1．废水中含有害元素和重金属

有害元素和重金属有些毒性大，有些元素虽然毒性不大，但仍然是社会十分关注的目标。每年有色金属工业废水外排汞、镉、六价铬、铅、砷等有毒物数量相当惊人。这种状况不会被长期允许存在，更何况随着产量增加，情况会更加严重。

2．有色金属工业废气中成分复杂，治理难度大

有色金属工业生产企业排放的废气成分非常复杂。采、选工业废气含工业粉尘，有色金属冶炼废气含硫、氟、氯，有色加工废气含酸、碱和油雾。在高温烟气中，有的还含有

汞、镉、铅、砷等，治理困难。有色金属工业企业排放的 SO_2 总量与电力工业排放的 SO_2 总量相比虽然要小得多，但是，一般来说浓度高，SO_2＜3%的烟气往往放空，不加处理。大型企业在 5～10km，中小型企业在 1～2km 范围内，人、畜、植被和土壤都会受到污染和影响。

3. 固体废物量大，利用率很低

一般来说，有色金属在原矿中含量较低。生产 1t 有色金属可产生上百吨甚至几百吨固体废物。目前，这种固体废物利用率低，对环境有一定的污染。表附 1-40 为 1993—2010 年有色金属工业固体废物产生量、实际堆存量及预测结果。

预计到 2010 年，有色金属工业历年堆存的固体废物将接近 20 亿 t，占用大量土地，污染环境。表附 1-40 表明，目前有色工业产出的固体废物利用率很低，约为 8%。要利用这些固体废物，还需要做大量的工作。例如，从矿石中生产 1t 铜，需要产出几百吨废石、表外矿和围岩。许多有色金属选厂的尾矿坝造成的危害也没有得到反映。

表附 1-40　　1993—2010 年有色金属工业固体废物产生量和堆存量

项　目	1993 年	1997 年	2000 年	2005 年	2010 年预计
固体废物产生量/万 t	5 966	7 702	8 172	8 308	8 853
赤泥尾矿/万 t	5 305	6 970			
冶炼渣/万 t	324	406	475	385	406
固体废物利用率/%	8.9	8.0	8.0	9.4	10.0
年堆存量/万 t	4 871	6 436	7 518	7 560	7 967
占地面积/万 m^2	5 891	7 490	8 068	8 093	8 539
历年累计堆存量/万 t	134 682	158 852	173 931	181 898	166 370

4. “三废”排放在城市所占比例大，企业将面临强大社会压力

许多有色金属工业企业地处城市，由于城市人口密集，环境污染的影响比人烟稀少的地方要严重得多。

图附 1-23 表明，有色金属工业每年产生和排放的污染物，有 70%～80%的量降落或堆存在城市中。1997 年，地处城市的 11 个有色金属企业二氧化硫排放不达标的占 82%。这一情况表明，中国有色金属工业的环境治理还需要做大量艰苦的工作。

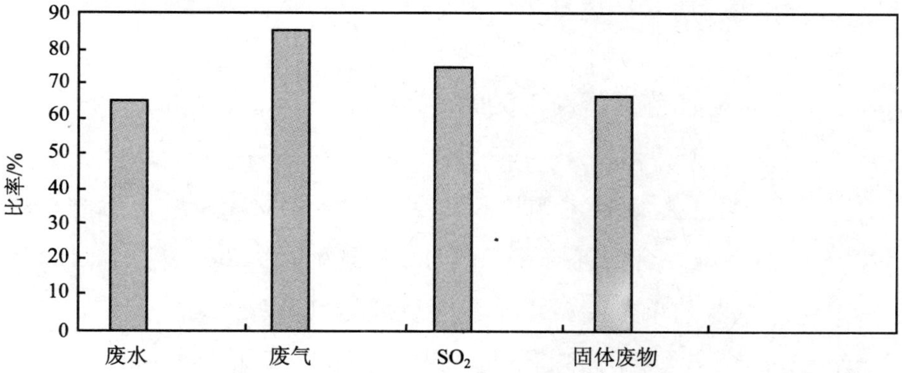

图附 1-23 1997 年地处城市的 31 家有色企业“三废”排放占全行业的比率

七、国内外有色金属工业污染防治现状比较、差距与问题

（一）有色金属工业发展各阶段

20 世纪 80 年代前，我国的有色冶金工业以继承旧政府和日伪时期建立的 30—40 年代生产技术和装备为主，技术落后。冶炼厂除有简单的收尘设施外，无其他环保设施；50 年代在前苏联的帮助下建立了一批企业，基本技术和装备属 40 年代和 50 年代初的技术。到 60 年代一些大的硫化矿冶炼厂开始配套 SO_2 烟气制酸系统；70 年代铜冶炼引进了国内第一条世界先进的闪速熔炼生产线，该系统能耗低（富氧可自热熔炼），有完善的环保设施。真正的变化在 80 年代后。现在，就铜、铝、铅、锌四大品种金属冶炼来说，国有大型企业（产能在全国的 70%以上）技术和装备水平（包括环保设施）已接近或达到世界先进水平，环境指标不断改善。环境问题的核心在为数众多的中小企业，绝大多数小企业基本无任何环保设施。

（二）有色金属工业污染排放指标

1．我国有色金属工业能耗现状

有色金属工业经过大规模的技术改造和淘汰落后生产能力，节能降耗成效显著，综合能耗指标不断得到改善。

① 2003 年 3 月，中国有色金属工业协会在国家环保总局的支持下，在电解铝行业内率先发起有影响的 8 家骨干企业带头淘汰落后自焙槽生产工艺，并提出了到 2005 年 12 月底全行业基本淘汰落后自焙槽生产工艺的目标，实施效果非常明显。2005 年中国铝锭综合交流电耗下降到 14 575kW・h/t，比 2000 年下降了 905kW・h/t，下降了 5.8%；到 2005 年底，共淘汰

自焙槽产能 154 万 t，按此产能替代换算，年节电 18.9 亿 kW・h，年减少氟化氢气体排放量 2.5 万 t。

② 2005 年氧化铝综合能耗首次降到 1 000kg 标煤/t 以下，为 998.2kg 标煤/t，比 2000 年下降了 214kg 标煤/t，下降了 17.7%。

③ 随着铜冶炼骨干企业不断地技术改造和扩建，骨干企业生产所占份额不断扩大，能耗水平不断降低。2005 年铜冶炼综合能耗降到 733.1kg 标煤/t，比 2000 年下降了 544.1kg 标煤/t，下降幅度为 42.6%，骨干企业的单位能耗水平已接近或达到世界先进水平。

④ 2005 年铅冶炼综合能耗降到 654.6kg 标煤/t，比 2000 年下降了 66.4kg 标煤/t，“十五”时期铅冶炼综合能耗下降幅度为 9.2%。

⑤ 2005 年电解锌综合能耗降到 1 996.7kg 标煤/t，比 2000 年下降了 353.8kg 标煤/t，“十五”时期电解锌综合能耗下降幅度为 15.3%。

⑥ 2005 年镍冶炼综合能耗 4 056.11kg 标煤/t，比 2000 年下降了 442.25kg 标煤/t，下降幅度为 10.9%。

⑦ 镁冶炼综合能耗目前为 9 000kg 标煤/t 左右，下降幅度约 40%。

表附 1-41 为 2000—2005 年主要有色金属能耗情况，可见有色金属工业能源单耗水平在逐步降低。

表附 1-41　　2000—2005 年主要有色金属综合能耗指标

	单位	2000 年	2001 年	2002 年	2003 年	2004 年	2005 年
铜冶炼	kg 标煤/t	1 277.2	1 079.5	1 016.1	957.0	1 056.2	733.1
氧化铝	kg 标煤/t	1 212	1 180	1 155	1 109	1 023.4	998.2
铝锭交流电耗	kW・h/t	15 480	15 470	15 362	1 5026	14 795	14 575.0
铅冶炼	kg 标煤/t	721.0	685.4	607.1	606.9	633.4	629.8
电解锌	kg 标煤/t	2 306.9	2 050.2	1 887.7	1 889.6	2 013.1	1 953.1
镍冶炼	kg 标煤/t	4 498.36	4 030.85	3 488.20	3 529.55	6 943.25	4 056.11
镁冶炼	kg 标煤/t	3 922.1	2 294.8	1 999.5	2 210.4	2 138.5	1 461.5

注：数据来自有色金属工业统计年鉴。镁冶炼综合能耗为估计数。

2. 有色金属工业污染物排放现状

“十五”时期以来，有色金属工业进行以节能降耗为中心的技术改造和产业升级，并推行清洁生产，加强环境治理，在十种常用有色金属产量持续大幅增长的情况下，主要污染物的排放量得到有效控制，吨产品和万元产值污染物排放量呈下降趋势。

（1）水污染物单位产品排放量大幅下降

2005 年 19 家大中型重冶企业在金属产量和工业增加值同比分别增长 14.05%和 35.86%的

情况下，新取水量减少 3.37%，外排工业废水量减少 14.70%，外排水达标率增加 4.75 个百分点，达 88.50%。18 家大中型以上铝生产企业，在电解铝、氧化铝和工业总产值同比增长 10.39%、12.37%和 12.92%的情况下，新取水量仅增加了 1.96%，外排废水量却减少 16.92%，且全部达标排放。

（2）大气污染物单位产品排放量显著下降

有色金属工业二氧化硫的年排放量基本稳定在 40 万～45 万 t；铝电解由于自焙槽生产工艺的逐年淘汰，氟化物排放量逐年下降，2005 年吨铝排氟量降到 1kg 以下；工业烟尘和工业粉尘，一直保持在较高的脱除水平，根据 118 家主要企业的统计，2005 年二氧化硫、氟化物、工业烟尘和工业粉尘的排放量分别为 46.19 万 t、1 766t、51 811t 和 37 538t。

3. 存在的主要问题

“十五”时期以来，我国有色金属工业虽然在节能减排方面取得了较好的成效，但与国外的先进水平相比仍存在一定的差距。

（1）电解铝生产增长过快，能耗总量同比有较大增加

虽然我国从 2002 年就开始对电解铝行业进行调控，但电解铝生产增速仍居高不下。2005 年生产原铝 780.6 万 t，比 2000 年增加 501.2 万 t，年均递增 22.8%；2006 年生产原铝 935.8 万 t，同比增长 19.8%。电解铝进出口贸易由 2000 年净进口 70.5 万 t，发展到 2006 年净出口 70 万 t。如不采取更加有效的措施限制电解铝增长过快的趋势，这将对国家“十一五”经济和社会发展规划提出的节能目标的实现构成很大压力。

（2）产品单耗与世界先进水平仍存在一定的差距

2005 年电解铝综合交流电耗下降到 14 575kW·h/t，与国际先进水平 14 100kW·h/t 相比仍有 475kW·h/t 的差距，且企业之间差距较大，国内最好企业电解铝综合交流电耗为 13 618kW·h/t，而最差企业为 17 697kW·h/t，相差 3 000kW·h/t 以上。

受我国铝土矿主要原料一水硬铝石影响，氧化铝的生产能耗高于国外（主要原料为三水软铝石），即使同为拜耳法，我国的溶出温度也较国外企业高一倍左右，再加上企业原有的烧结法和联合法仍占较大比重，因此，虽然 2005 年氧化铝综合能耗降为 1 000kg 标煤/t 以下，但仍远高于国外先进企业，且企业之间差距较大，指标最好企业和最差企业，相差 800kg 标煤/t 左右。

2005 年我国铅冶炼综合能耗 0.65t 标煤/t，即使是国内先进水平 0.47t 标煤/t，仍然与国外的先进水平 0.3t 标煤/t 存在一定的差距。我国湿法炼锌综合能耗平均水平 1.95t 标煤/t，已经接近了国际先进水平 1.8t 标煤/t，但是我国火法炼锌综合能耗先进水平 2.1t 标煤/t，和国外的先进水平 1.7t 标煤/t 差距较大。

（3）淘汰落后工艺任务艰巨，减排压力较大

目前，我国有色金属生产中，铜冶炼仍有鼓风炉、反射炉等落后的冶炼设备（约 50 万 t/a 的生产能力）；铝电解仍有 65 万 t 左右的小型预焙槽；铅、锌冶炼分别有 50%、30%左右落后的生产工艺装备需要更新和淘汰。在目前有色金属处于高价位的形势下，淘汰落后有一定的难度；很多地方上的中、小型企业及部分新建项目产能不在统计范围内，这些企业的污染物排放量较大，却未做统计。尤其是铅锌冶炼，中小企业多，很多企业位于经济欠发达地区，企业多为支撑当地经济命脉的企业。生产工艺落后的企业污染情况严重。

4．企业技术结构调整，技术进步成效显著

通过引进和自我创新相结合，企业的技术发展已有了长足进步，骨干企业的技术装备已接近或达到国际先进水平。技术进步使行业的能耗、水耗显著降低，资源综合利用得到了提升，环境污染也相对减轻。如砂状氧化铝生产技术，“1+4”热连轧生产技术，富氧熔池熔炼和闪速熔炼铜、炼镍技术、富氧底吹氧化—鼓风炉还原炼铅工艺，艾萨炉炼铅，350kA 大型铝电解预焙槽工艺，已在许多企业获得应用，并产生了很好的环境效益，为我国有色金属工业科技进步和减轻环境污染提供了有力的技术支撑。

应该看到，在取得巨大成就的同时，有色冶金工业现阶段仍存在一些不利于有色工业可持续健康发展的矛盾和问题，主要体现在：铜、铝、铅和锌等生产原料国内供应不足，大量进口原料（精矿），把污染也带入并留在了国内；企业数量大而集中度低，存在小规模企业低水平重复建设问题，以及污染环境、能耗高、产品质量差的问题。但关闭或改造这些技术落后、环境污染严重的小企业难度很大。

5．有色冶金工业污染的来源、特点和危害

有色冶金工业污染主要来自矿山的采矿、选矿、冶炼和加工生产过程中产生的气、固和水排放物。由于不同种类的有色金属生产方式不同，其特征污染物的来源及危害也不尽相同，其中金属的冶炼过程是产生有害排放物最集中的工序，本研究也以金属冶炼过程为主要对象和代表。有色金属工业中的主要污染物按形态分为：

大气污染物：二氧化硫、氟化物、沥青烟、工业粉尘、工业烟尘、二噁英等。

水污染物：重金属离子（汞、镉、六价铬、铜、铅、锌）及化学需氧量、悬浮物、硫化物和酸性废水。

固体废弃物：废石、尾矿、赤泥、冶炼渣。

二氧化硫是重有色金属冶炼的特征污染物，由于矿物原料多含有硫元素，在冶炼过程中大部分硫元素制成硫酸，作为化工原料得到利用，少部分排放到大气中成为酸雨的主要污染来源。铝电解中含氟废气可直接进入水体、土壤、被动植物吸收，引起氟中毒，是铝电

解生产中着重控制的特征污染物。有色金属选矿、冶炼排放的工业废水，不同程度地含有重金属离子以及 COD 硫化物、悬浮物等污染物，可能造成对水体的污染，进而危害人类健康。有色金属生产过程产生的固体废物大多采取一般的处置措施，如尾矿库、赤泥库、废石堆场和渣场进行存放处置，不但占用大量土地，造成自然景观破坏，也会造成沙尘污染。此外，含硫的酸性废石在雨水的侵蚀下会产生含重金属离子较高的酸性废水，对地表水、地下水造成污染。

由于常用有色金属中铜、铝、铅、锌四种金属约占有色金属总量的 95%，这里就这四种金属生产（主要是冶炼过程）中的污染来源、特点及危害进行分析。

（1）铜冶炼主要生产工艺流程及污染来源

① 铜冶炼生产工艺流程。

“十五”时期以来，我国铜生产技术获得了很大的提高与完善。目前已建成 7 个铜基地，大型铜企业 42 个，中型铜企业 101 个，小型铜企业就更多。此外，在铜冶炼技术及装备方面也获得了很大的发展。如江铜、金川、大冶等企业从国外引进了闪速熔炼技术设备、诺兰达熔炼技术设备等，提高了我国铜的总体生产技术水平，把我国铜冶炼技术引向世界的先进行列，在同行业中越来越居于重要的位置。同时，近年来，我国已把先进的铜冶炼技术及设备出口到发展中国家。

现今用铜矿石或铜精矿生产铜的方法较多，概括起来有火法和湿法两大类。火法冶金是生产铜的主要方法，目前世界上 80% 的铜是用火法冶金生产的。特别是硫化铜矿，基本上全是用火法处理。火法处理硫化铜矿的主要优点是适应性强，冶炼速度快，能充分利用硫化矿中的硫，能耗低，特别适于处理硫化铜矿和富氧化矿。

在我国占铜冶炼主要地位的大型铜厂都是采用闪速炉和熔池熔炼（诺兰达、奥斯麦特或艾萨炉）的现代技术进行熔炼，但少数中小企业还在采用反射炉、鼓风炉等落后技术，一些小企业甚至采用极古老的冲天炉、地坑炉来熔炼。

目前，世界约 20% 的铜是用湿法提取的。现在的湿法炼铜主要是用于处理低品位氧化矿、混合矿、等外矿、残矿、尾矿乃至含铜剥离废石。对这类原料通常是采用堆浸法，铜浸出后溶剂萃取—电积法回收。在非洲的刚果（金）和赞比亚有丰富的铜钴矿资源，为回收钴的方便采用硫酸化焙烧—酸浸工艺。湿法炼铜通常环境状况较好，几十年来一直受到关注，但到目前为止还没有找到经济合理的、适合于大规模处理硫化铜精矿的湿法炼铜工艺。

② 铜冶炼主要大气污染物来源。

a. 熔炼废气（烟气）。使用不同熔炼炉所产生的烟气的性质有差别，如用闪速炉排出烟气中含 $SO_2 \geq 8\%$，熔炼和冰铜吹炼都可制酸；用反射炉排出的烟气含 $SO_2 \leq 3.5\%$，因烟气中 SO_2 浓度低不能直接制酸，烟气治理困难。铜冶炼中各种熔炼炉产生的烟尘量和成分也不同（表附 1-42）。

表附 1-42 铜冶炼烟气含尘量

冶炼炉名称	烟气含尘量/（g/m^3）	烟尘占炉料比例/%
圆筒干燥机	20～30	0.1～1
氧化沸腾焙烧炉	200～300	40～50
酸化沸腾焙烧炉	100～200	30～40
反射炉	30～40	3～7
电炉	20～80	5～7
密闭鼓风炉	15～40	2～6
闪速炉	50～100	5～10
转炉	3～15	1～5
连续吹炉	1～5	＜1

b. 萃取排出废气。在 H_2SO_4 介质中用萃取剂萃取铜时，因为萃取设备要进行搅拌，故在设备上方易产生含少量萃取剂及 H_2SO_4 的废气，但其浓度不大，需要适当处理。

c. 电解铜过程的废气。电解过程是在 H_2SO_4 介质中进行的，在配酸或电解中会产生含少量 H_2SO_4 的废气，其浓度不高，要进行适当治理。

铜冶炼产生的大气污染物主要带来的危害包括：

③ 粉尘的危害。

a. 降低能见度，遮挡阳光，使云雾、雨水增加，影响气候；

b. 能吸附大气中某些致癌物质（如苯并[*a*]芘），使肺癌发病率上升；

c. 粒径为 0.1～1μm 的微细粒子可直接被吸入肺泡，引起呼吸道疾病和癌症。

④ SO_2 的危害。

a. SO_2 危害人体健康，人长期接触低浓度 SO_2 会出现乏力，鼻炎，尿中硫酸盐、酸度增高等症状。当浓度为（1～10）$\times10^{-6}$ 时，对人有刺激，当浓度为（10～100）$\times10^{-6}$ 时，开始出现流泪和胸痛等症状，当浓度为（400～500）$\times10^{-6}$ 时，人就会严重中毒，最后窒息而死。

b. SO_2 可以使森林生长率下降和农作物减产，从而带来巨大的经济损失。

c. SO_2 是形成酸雨的重要原因。

⑤ 硫酸雾的危害。

硫酸雾为有害酸性污染物，被人体吸入后直接刺激呼吸道，会引起支气管反射性收缩、痉挛、咳嗽、喷嚏和气道阻力增加。在毒物的慢性作用下，呼吸道的抵抗力会逐渐减弱，诱发慢性呼吸道疾病，严重的还可引起肺水肿和肺心性疾病。据流行病学调查资料，城市大气污染是慢性支气管炎、肺气肿和支气管哮喘等疾病的直接原因或诱因。大气污染严重的地区，呼吸道疾病总死亡率和发病率都高于轻污染区。慢性支气管炎症状随大气污染程度的增高而加重。在工业生产车间及厂房外弥散的硫酸雾对生产设备有一定的腐蚀性，会加速设备老化，缩短设备使用寿命。

⑥ 铜冶炼水污染物主要来源。

有色金属生产的工艺流程长，生产过程中需要消耗大量的水、溶剂、燃料及酸、碱等化学药剂，因此废水的排放量大，而且含有大量污染物。某些典型的有色金属工业废水排放系数如表附 1-43 所示。

表附 1-43 典型重有色金属冶炼工业废水排放系数

铜反射炉熔炼（原料）	废水 20t（原料）
铜电解	废水含铜 50～70mg/L，硫酸 100mg/L
铅鼓风炉熔炼（原料）	废水 80～100t，含砷 0.64mg/L，铅 0.3mg/L，锌 1.3mg/L；除尘废水含砷 3mg/L，铅 22mg/L；废渣：0.37t，重量百分比为 2.9%～6.7%
锌蒸馏	废水 80～100t，含蒸馏残留物 38mg/L，砷 0.01～0.02mg/L
铅电解	废水：除尘水 200t，含氟浓度 20mg/L
重、浮选—水冶法炼汞	废水 20～35t
重、浮选蒸馏法炼汞	废水 2～4t

铜冶炼企业的生产废水具体包括以下几种：

a. 炉窑设备冷却水。这种废水是冷却冶炼炉窑等设备而产生的，排放量大，约占废水总量的 40%。

b. 烟气净化废水。这种废水是洗涤冶炼、制酸等过程的烟气净化时产生的，排放量大，含有酸、碱及大量重金属离子和非金属化合物。

c. 水淬渣水（冲渣水）。这种废水是对火法冶炼中产生的熔融态炉渣进行水淬冷却时产生的，其中含有炉渣微粒及少量重金属离子等。

d. 冲洗废水。这种废水是对设备、地板、滤料等进行冲洗所产生的，还包括湿法冶炼过程中因泄漏而产生的废液，废水中含重金属和酸。

铜冶炼废水的特点主要为：

- 大量的废水为冷却水，经冷却后可以循环使用，通常只外排少量冷却系统的排水。
- 火法冶炼一般都有冲渣水，这部分水主要是悬浮物含量大，并含有少量重金属离子。冲渣用水对水质要求不高，经沉淀后即可循环使用。
- 有害废水主要为烟气洗涤水、湿法收尘、冲洗地面、清洗布袋和设备等的废水，以及湿法冶炼的跑冒滴漏的废水。这部分废水多呈酸性，除含硫酸外，还含有多种重金属离子和砷、氟等有害元素。如处理得当，不仅可使废水达标，处理后的废水可回用，还可以从废水中回收有价金属。

- 由于有色金属矿物常伴生有砷、氟、镉等有害元素。烟气洗涤、湿法收尘的废水水质，常随原矿成分不同而不同。在重有色金属冶炼过程中，砷污染往往是比较严重的。

（2）铅锌冶炼主要生产工艺流程及污染来源

① 铅锌冶炼生产工艺流程。

铅锌冶炼国有大企业在 20 世纪末也相继进行了一些技术改造，但总体讲与国外先进水平差距较大，主要体现在环保方面。虽然生产工艺类似，但与国外先进企业在 SO_2 回收、设备的密封除尘、自动化作业等方面差距较大。至于我国还有数百小企业或家庭作坊式企业，几乎是采用原始的生产技术。

目前，中国的铅冶炼主要存在三种生产工艺。

一是富氧熔池熔炼：包括云南池宏锌锗的艾萨法、西部矿业的卡尔多炉。有自主知识产权的氧气底吹—鼓风炉联合炼铅工艺，现有 6 条生产线在运行，其中河南豫光 2 条、河南新凌 1 条、安徽池州 1 条、水口山 1 条和云南祥云 1 条。尚有 6 条正在建设中。正在运作的 8 条富氧熔池熔炼生产线年总产能约 60 万 t 铅。

二是烧结－鼓风炉炼铅工艺，共有 11 条生产线在运行。其中，豫北铅业两条、岷山铅业 1 条、豫光金铅 1 条、万洋冶炼 1 条、金利铅业 1 条、东方金铅 1 条、长明铅厂 1 条、灵宝志诚 1 条、株洲 1 条、龙溪诚明 1 条。这些生产线年总产能约 60 万 t 铅。

三是烧结锅—鼓风炉炼铅工艺。目前采用这种落后生产线的小厂大约不下 600 家，而且还有一些采用这种落后工艺的小厂在建设中。在运行的这些小厂年总产能约 100 万 t 铅。而且许多这类小厂隐蔽在经济欠发达、人烟稀少的山区，确切数据难以统计。

前两种生产工艺建设的治污工程投资占工厂总投资的 30%～40%，而且投产后治污工程的设备维护和运行费用也相当高，这就使治理污染的企业同那些不治理污染的企业比经济上的竞争处于劣势。

值得一提的是目前我国河南豫光金铅集团采用的国内自行开发的氧气底吹—鼓风炉还原熔炼生产工艺，硫化矿先在氧气底吹炉中熔炼，产出粗铅和回收 SO_2，炉渣再经鼓风炉还原熔炼，使工艺的铅和硫的回收率都很高。此外，池州、水口山、祥云飞龙和保定安建也是采用类似的工艺；河南的另一家铅企业正在委托北京矿冶研究总院设计基夫赛特法。

韶关冶炼厂和葫芦岛锌厂采用 ISP 法炼锌过程中也产出部分铅，但 ISP 法在国外由于消耗昂贵的冶金焦和不尽如人意的环境问题，是逐渐萎缩的工艺。

我国锌的生产约 70%产自湿法，30%产自火法。火法中约 18%产自竖罐炼锌，10%产自 ISP 法，其余为电热法、平罐等。

株冶是目前国内最大的湿法炼锌厂，采用沸腾焙烧—常压浸出—电积工艺，该工艺最大问题是锌直收率低，浸出渣含锌 20%～22%，所以株冶建有 5 条回转窑处理浸出渣；白银西北冶炼厂是国内首家采用高温高酸浸出—黄钾铁矾法工艺，各项指标达到或接近世界先进水平。采用类似工艺的还有柳州锌品厂。其他如赤峰冶炼厂采用高温高酸浸出—碳酸氢氨沉铁工艺；温州和池州冶炼厂采用高温高酸浸出—喷淋法除铁工艺。云南祥云飞龙实业公司将氧化锌矿与硫化锌矿的中温浸出渣按一定比例混合，采用高温高酸浸出—针铁矿法除铁，锌回收率达 94%左右，2002 年生产了 4.7 万 t 锌，为我国南平氧化锌矿的开发利用创出了一条新路。

2005 年锌铅消费大于产能，则产能将会扩张，这是市场规律的集中体现，近期我国锌铅新增冶炼能力的主要特点是：新增冶炼能力继续向原料生产地转移。2006 年还有更多产能将陆续建成。但矿山方面，除云南、内蒙古有中型矿山企业扩产的消息外，估计还有其他矿山主要是小矿山有扩产、建设活动。在新增生产能力中，云南占 30%，内蒙古占 20%，甘肃、陕西、青海三省约占 20%。新增冶炼能力继续向原料生产地转移。由于受到电力、运输紧张、原料价格上涨的影响，冶炼企业的生产成本也大幅攀升，因此冶炼能力向资源丰富的地区转移是一种减低成本的必然选择。

② 铅锌冶炼大气污染物主要来源。

铅锌冶炼烟气来源于精矿干燥、烧结、焙烧、熔炼和火法精炼作业过程，所产生的烟气量大小，决定于冶金窑炉和不同过程，烟气中含尘量见表附 1-44。硫氧化物含量见表附 1-45。

表附 1-44　　铅锌冶炼烟气中的含尘量

冶金窑炉名称	烟气含尘量/（g/m^3）	烟尘占炉料比例/%
铅冶炼		
吸风烧结机	15～20	2
鼓风烧结机	25～40	2～3
敞开鼓风机（高料柱）	8～15	0.5～2
（低料柱）	20～30	3～5
铅锌密闭鼓风炉	20～25	5～6
烟化炉	50～100	13～17
浮渣反射炉	5～10	1
铅渣回转炉	40～60	13～15
锌冶炼		
圆筒干燥机	20～30	0.4～1
氧化沸腾焙烧炉	110～130	18～25
酸化沸腾焙烧炉	200～300	40～50
浸出渣回转窑	50～100	25
焦结炉	8～12	1.5～1.6
蒸馏炉	50～60	2

表附 1-45　　铅锌冶炼烟气中 SO_2 浓度

冶金窑炉名称	烟气中 SO_2 浓度/%
铅冶炼	
吸风烧结机	SO_2　0.5～1
鼓风烧结机	SO_2　3～7
敞开鼓风机	—
烧结矿熔炼	SO_2　<0.5
硫化矿熔炼	SO_2　<0.2
密闭鼓风机	SO_2　<0.2
浮渣反射炉	SO_2　<1
锌冶炼	
氧化沸腾焙烧炉	SO_2>10，SO_3 0.1～0.3
硫酸化沸腾焙烧炉	SO_2　8～9
浸出渣回转窑	SO_2　<1

炼铅厂烧结机，烧结锅和鼓风炉烟气以及炼锌厂浸出渣回转窑烟气，因二氧化硫浓度比较低（在 0.2%～2%），还未回收利用，直接放空，污染大气环境。

③ 铅锌冶炼水污染物来源。

铅锌冶炼废水来源及特点与铜冶炼的废水来源类似，可参见本研究铜冶炼废水产生的相关章节，表附 1-46 和表附 1-47 列出了某铅冶炼厂湿式除尘废水水质状况。

表附 1-46　　铅动力波沉淀池溢流水监测结果　　单位：mg/L

项　目	Pb	Zn	Cd
平均值	111.04	73.22	179.03
波动范围	5～400	10～200	5～380

表附 1-47　　铅电雾地槽废水监测结果　　单位：mg/L

项　目	Pb	Zn	Cd
平均值	73.7	91.8	314
波动范围	30～140	5～290	30～1 000

（3）铝冶炼主要生产工艺流程及污染来源

① 铝冶炼生产工艺流程。

铝工业是高耗能产业。经过几十年的发展，我国已成为世界铝生产、消费大国，但我国铝工业技术装备水平与国际先进水平比仍有一定差距。国外 90%以上的氧化铝采用能耗低、污染小的拜耳生产工艺，我国则普遍采用烧结法和联合法生产工艺。近几年，我国氧化铝企业经技术改革，在各氧化铝厂已普遍采用国际先进技术和设备，如间接加热管道化溶出、多效降膜蒸发、流态化焙烧、赤泥干法输送及堆存等。总体上说，我国氧化铝厂技术装备已经达到或接近世界先进水平。

a. 氧化铝生产工艺。

氧化铝生产工艺有烧结法、拜耳法和联合法三种。烧结法是处理高硅石铝矿最经济的方法，只有中国等少数国家采用此法，Al∶Si≤6。联合法适于中等品位铝土矿或兼有高、低品位的铝土矿处理，如郑州铝厂及贵州铝厂采用此法，在焙烧中产生大量烟尘污染，是当前主要污染源之一。

b. 电解铝主要生产工艺流程。

铝电解生产采用冰晶石-氧化铝融盐电解法，主要设备是电解槽。过去，我国电解铝生产主要以小型（60kVA）自焙电解槽为主，这种槽电流效率低，单位产品能耗高，污染严重，这几年国家强行关闭和拆除了这种电解槽。现在的电解槽基本都是大型（130kVA 以上的）预焙槽，电耗和环境条件大大改善。

② 铝冶炼主要大气污染物来源。

a. 氧化铝生产废气来源。

氧化铝厂的主要污染物是颗粒物和 SO_2。

在矿石的开采和运输等过程中会产生粉尘；烧结法和联合法工艺的主要大气污染源是熟料烧成窑，其次是氢氧化铝焙烧炉。拜耳法没有熟料烧成窑，氢氧化铝焙烧炉是主要污染源。物料破碎、筛分、运输等加工过程散发大量粉尘，包括矿石粉、碱粉、煤粉和煤粉灰等。这些粉尘的节点较多且分散（尤其是烧结法和联合法的氧化铝厂），是造成环境污染的重要原因之一，因此，加强通风除尘是氧化铝厂应该引起注意的问题。每生产 1 000kg 氧化铝排放各类粉尘 30～70kg。一个生产规模为年产 40 万 t 的氧化铝厂，每小时将排放含尘废气 150 万～250 万 m^3。氧化铝厂的主要污染源产尘量和粉尘的排放量见表附 1-48。

表附 1-48　　氧化铝厂大气污染物产生及排放状况

污染物名称	单位	颗粒物	SO_2
熟料烧成窑	kg/t-Al_2O_3	1.6～2.0	0.55
氢氧化铝焙烧炉	kg/t-Al_2O_3	0.15～0.43	0.77～2.6
原料制备及贮运	kg/t-Al_2O_3	0.13～1.2	—

三种氧化铝的生产方法中都是采用碱溶出法，过程中必须采用高温高压蒸汽加热。因此，氧化铝生产大多匹配燃煤热电厂，以提供蒸汽。

近年来，由于国内氧化铝厂在竞相引进国外先进技术工艺及装备的同时，强化对氧化铝生产各工序的管理，减少碱性废水的产生量，生产废水经处理后返回厂区作为二次利用水重复使用不外排，赤泥采用干法输送和堆存技术，基本解决了环境污染问题。而配套建设的热电锅炉排放的SO_2对周围环境造成污染，必须进行治理。

b. 氧化铝污染排放指标统计。

2004 年 4 月，由于编制《有色金属工业污染物排放标准——铝工业》的需要，标准编制组向全国具有代表性的采用预焙阳极电解槽生产的电解铝厂（含炭素）和我国全部 6 家大型氧化铝厂（含矿山）发出了调查函 50 份。6 家大型氧化铝厂中，4 家自配矿山，4 家有电解铝，炭素系统 6 家。氧化铝厂调查资料全部返回，包括我国 2003 年运行的氧化铝厂的所有熟料烧成窑和氢氧化铝焙烧炉资料。据回收资料统计污染源数量见表附 1-49。

表附 1-49　　回收资料污染源数量统计表

类型	发出份数	统计厂家	大气污染源	
			名称	数量（套）
氧化铝	6	6	熟料烧成窑	21
			氢氧化铝焙烧	15
			通风除尘	37
电解铝	39	22	电解槽	53
			通风除尘	6
铝用炭素	27	15	阳极焙烧炉	19
			煅烧炉	16
			通风除尘	93
合计	77	47	合计	273

下面分别介绍调查回收资料中各污染源情况及其排放浓度。

- 熟料烧成窑。

熟料烧成窑是烧结法联合法氧化铝厂使用的设备。我国是上熟料烧成窑使用较多的国家，俄罗斯也有少量熟料烧成窑在生产。由于其烟气温度高、湿度和黏性大，目前均采用电除尘器进行收尘，除尘效率在 98.4%～99.7%。熟料粉尘的强碱性造成电除尘清灰较为困难，根据本次调查收集到的我国现有全部 21 台熟料烧成窑粉尘排放浓度情况见表附 1-50。

表附 1-50　　氧化铝厂熟料烧成窑粉尘排放浓度统计

序号	浓度范围/（mg/m^3）	台数	占总数比例/%	累计比例/%	备注
1	60～100	8	38.1	38.1	新源标准 200mg/m^3 现源标准 300 mg/m^3
2	114.2～189.9	7	33.3	71.4	
3	210.8～300	4	19.1	90.5	
4	550～604	2	9.5	100	
合计	60～604	21	100		

由表附 1-50 可见，将现有企业排放标准按 GB 9078—1996 新建污染源控制，现有 71%的熟料窑已满足该值。

燃料煤含硫量是决定熟料烧成窑烟气含硫浓度的因素。由于熟料呈高碱状态，相当于燃料烟气的脱硫剂，所以烟气中 SO_2 浓度可得到一定程度的净化，排放烟气中 SO_2 浓度较低。基于这一原因，目前氧化铝厂一般不对熟料烧成窑烟气的 SO_2 采取治理措施，也不对烟气中 SO_2 浓度进行检测。

- 氢氧化铝焙烧炉排放值。

氢氧化铝焙烧炉烟气目前均采用电除尘器进行收尘，除尘效率在 99.3%～99.9%。本次调查收集的 15 台氢氧化铝焙烧铝（含 2 台窑，调查期所有成规模的焙烧炉窑）粉尘排放浓度见表附 1-51。

表附 1-51　　氢氧化铝焙烧炉粉尘排放浓度统计

序号	浓度范围/（mg/m^3）	台数	占总数比例/%	累计比例/%	备注
1	40～49.15	3	20	20	新源标准 $200mg/m^3$ 现源标准 $300mg/m^3$
2	60～98.5	4	26.7	46.7	
3	106～200	6	40	86.7	
4	231.6～233	2	13.3	100	
合计	40～233	15	100		

资料结果表明，目前所有炉窑已达标排放，因此企业不再增加烟气治理投资进行改革。但目前我国电除尘技术已有较大提高，在较好的运行管理条件下，现 15 台炉已有 7 台排尘浓度低于 $100mg/m^3$。

目前我国氢氧化铝焙烧炉燃料有天然气、人工煤气和重油 3 种。由于燃料含硫量不同，焙烧炉 SO_2 排放浓度变化很大，从本次回收的资料看，浓度范围为 60～4 600 mg/m^3（据了解，最高时甚至超过 8 000mg/m^3）。目前我国氢氧化铝焙烧炉烟气全部采用电除尘器治理，各厂均未采用 SO_2 控制措施，其排放浓度决定于燃料含硫量。

c. 电解铝大气污染物排放情况。

在铝电解生产中，从电解槽散发的阳极气体有：二氧化碳、氟化氢、沥青挥发物和粉尘。最主要的污染物是氟化物，其次是氧化铝卸料，输送过程中产生的各类粉尘。铝电解槽排放的氟化物有两种形态：一种是气态氟化物，它是由氟化盐水解产生的，主要成分是氟化氢（HF），其次是四氟化碳（CF_4），四氟化硅（SiF_4）。另一种是固态氟化物，包括电解质挥发，氟化铝升华的凝聚物和含氟粉尘，其中 10%～20%可溶于水。这种可溶性氟比不溶性氟危害大。自焙槽用的阳极糊因含水分和碳氢化物，故烟气中氟含量较预焙槽高。氟化氢占氟化物总量的比例，自焙槽约占 2/3，预焙槽只有 1/2 左右。

不设烟气净化设施的铝厂，电解槽烟气全部散发到车间内，经天窗或厂房门窗无序排入大气，造成车间工作地带及厂区附近氟化物含量超过卫生标准，形成铝厂特有的氟污染。其污染程度和范围，与厂规模、生产方式、治理水平有关。

我国电解铝工业大气污染物排放状况如表附 1-52、表附 1-53 所示。

表附 1-52　　电解铝工业大气污染物产生及排放状况

污染物名称	单位	氟化物	沥青烟	颗粒物	SO_2
预焙槽	kg/t-Al	0.6～1.6	—	1.2～3.0	3.5～15
自焙槽	kg/t-Al	2～4* 16～18**	3～12* 18～40**	2.5～11* 18～25**	4.0～15

注：*为设净化时的排放量，**为不设净化时的排放量。

表附 1-53　　铝电解厂污染物排放状况

槽 型	气态氟化物	固态氟化物	固气氟总量	粉尘总量
上插槽	15.45	4.05	19.5	24.0
侧插槽	—	—	17.5	49.7
预熔槽	8.33	8.43	16.8	—

根据《有色金属工业污染排放标准——铝工业》编制组调查回收资料，我国电解铝厂电解槽排放情况如表附 1-54 所示。

目前我国预焙槽烟气均采用氧化铝吸附、布袋除尘器除尘的干法技术进行治理。干法净化技术是目前国际上采用的最佳技术。净化系统正常运行时，氟化物净化效率可以达到 99%以上，粉尘浓度可控制在 15mg/m³ 以下，在除尘系统良好运行的条件下，排尘浓度低于 10mg/m³。

表附 1-54　　电解槽烟气净化系统污染物排放浓度

序号	总氟			粉尘		
	浓度范围/（mg/m³）	净化系统数/套	累计比例/%	浓度范围/（mg/m³）	净化系统套数/套	累计比例/%
1	＜1.0	2	3.9	1.9～5	15	28.3
2	1.012～1.95	16	35.3	5.7～9.9	9	45.3
3	2.18～2.97	11	56.9	11～15	9	62.2
4	3.03～3.88	9	74.5	15.1～20	4	69.8
5	4.11～5.21	7	88.2	20.1～28.5	8	84.9
6	7.5～9	2	92.7	32.5～45	2	88.7
7	9.15～13.1	4	100	74.96～100	6	100
合计	0.96～13.1	51	100	1.9～100	53	100

铝电解过程中产生污染物包括总颗粒物、气态污染物（包括 CO_2，CO，CF_4，HF，SiF_4，H_2F_2 等）及固体污染物（包括 Al_2O_3，CNa_3AlF_6，$Na_5Al_3F_{14}$ 等固体粉尘），其主要污染物是冰晶石和吸附 HF 的氧化铝粉尘。铝电解周围环境主要是含氟废气的污染。因此，要求铝电解对含氟粉尘及污染物的去除率，要达到 98.5%。

d. 铝冶炼特征大气污染物的危害。

- 氟的特性及危害。

氟是构成人体的微量元素之一，正常的新陈代谢，每人每天需要 2mg 氟。进入人体的氟主要来自饮用水、食品和呼吸的气态氟化物。适量的氟对人体是有益的，能够预防牙病。而如果摄入超过生理必需的氟量则对人体有害。其对人体的危害在于淤滞酶系统，氟能和骨骼或液体中的钙结合生成难溶的氟化钙，使钙、磷代谢紊乱，严重者会引起慢性氟中毒。

饮水中含氟为 50mg/kg 时，会导致甲状腺疾患。含氟为 100mg/kg 时，会阻碍发育，而高于 125mg/kg 时，则发生肾脏疾患。一次摄入 2.5～5.0g 氟就会致死。

氟也是动物体内的微量元素之一。正常情况下，动物摄入少量氟不会对机体产生任何影响。但当氟的摄入量超过允许值时，特别是长时期超量，就会引起氟中毒。例如牛长期食用含氟超过允许值的饲料，轻则可引起食欲减退、体重下降，重则出现骨骼病变、跛足、瘫痪、丧失劳动能力，甚至死亡。

大多数研究者认为，一般来说氟对植物的毒性比二氧化硫大 10～1 000 倍。植物中，水稻、小麦和玉米对氟最为敏感。在氟污染区禾本作物通常比非污染区的叶片小、植物矮。特别是扬花授粉期受到氟污染会造成颗粒干瘪、产量下降，严重受害的植株可能颗粒不收。总之，超过规定标准的氟对生物界有破坏作用。

- 沥青烟气的特性及危害。

铝厂预焙阳极电解槽所用阳极的主要原料是石油焦（包括从阳极返回的残极）和沥青。生阳极中有 14%～16%的沥青。通常有一半左右在焙烧过程中变成浓浓的黄烟（即沥青烟）。除一部分被烧掉外，其余的都被排放。这种沥青烟中含有强致癌物质——苯并[*a*]芘、SO_2 和粉尘，同时，由于在生阳极中还配入了从电解返回的含氟残极，焙烧时氟也将进入烟气中。

阳极焙烧炉产生的烟气中含有苯并[*a*]芘等强致癌性物质。多环芳烃（PAH）是不完全燃烧的产物，通常以苯并芘为其代表。

- 苯并[*a*]芘

苯并[*a*]芘存在于煤焦油的蒽油以上的高沸点馏分及煤焦沥青中。煤焦油中含量为 0.3%～0.8%；煤焦沥青中含量可高达 1.5%～2.5%。纯品在常温下为淡黄色菱形片状结晶。难溶于水而易溶于多种有机溶剂中，溶液呈紫色荧光。在浓硫酸中呈橘红带绿色荧光。苯并[*a*]芘分子式为 $C_{20}H_{12}$：分子量为 252.32，沸点较高，为 475℃；熔点为 179℃，密度为 $1.351kg/m^3$。

沥青烟气不仅影响人们的身体健康，而且对环境有严重污染，因此回收净化这种烟尘应引起各方面的重视。

③ 铝冶炼主要水污染源。

氧化铝厂外排废水具有总排水量大、不稳定的特点；其主要污染因子为悬浮物（200～500mg/L）和碱（pH 值达 8～12）。

赤泥堆场回收水量见表附 1-55。生产每吨氧化铝所废弃的赤泥量随铝土矿的品位而变动，表中所列为一段时间的生产数字，可供参考。赤泥输送水（包括赤泥附液）按 4∶1 计，回收水按 60%计。

表附 1-55 吨氧化铝产生的赤泥量与赤泥堆场回收水量

项目	拜耳法	烧结法	联合法
赤泥量/（t/t）	1.0～1.2	1.8	0.8～0.65
赤泥输送水/（m^3/t）	4	7.2	3.2～2.6
赤泥堆场回收水/（m^3/t）	2.4	4.3	1.9～1.6

（4）有色冶炼固体废物来源

有色冶炼固废主要有以下几个来源：

① 采矿。

露天开采时需剥离掉矿体上方所覆盖的各种土石；地下开采时，则需进行各种开掘井巷工程，从而产生出大量的废石。

② 选矿。

我国大多数有色金属矿产资源的品位较低，必须经过选矿富集后才能利用。矿石经破碎、磨矿和分选等多道工序，分选出含有用的金属精矿后，排弃出尾矿。

③ 冶炼。

有色冶炼过程中产生各类冶炼渣、各种泥状物以及随烟气一起排出的烟尘统称为冶炼工业固体废弃物。

有色冶炼渣包括火法冶金的炉渣和湿法冶金的浸出渣等。

火法冶金炉渣的组成主要来自矿石、溶剂和燃料灰分中的造渣成分。尽管火法冶金的原料和冶金方法种类繁多，因而炉渣的类型也很多，成分非常复杂，但总的来说炉渣是各种氧化物的共熔体。除了氧化物以外，炉渣还可能含有其他盐类，如氟化钙、氯化钠、硫酸盐等。渣中主要的有害重金属有 Pb、Cd、Cu、Cr、As、Hg 等，对环境危害严重。

湿法冶金废渣主要是浸出渣和污水处理站的沉淀渣。浸出渣一般含有少量重金属和酸根离子，如 Pb、Zn、Cu、Ge、As、Hg、SO_4^{2-}等。污水处理站产出的沉淀渣一般为含有重金属的石膏渣，还可能是砷酸钙渣。

④ 其他。

包括燃烧锅炉产生的炉渣、粉煤灰，以及各种工业垃圾等。

（5）有色金属工业主要物理污染

有色金属工业的噪声污染主要来自矿山开采、选矿、冶炼以及金属材料加工过程的机械设备，其中有机械噪声、动力噪声，也有电磁噪声。如，矿山开采时的噪声源主要是凿岩和爆破，其他通风、铲装矿岩、压气、提升、运输、排水等作业也都产生噪声；选矿厂噪声设备有破碎机、筛分机及磨矿设备（球磨机），所产生噪声多为机械型噪声，属中低频噪声；冶炼过程中主要噪声源有破碎机、筛分机、泵、鼓风机或空气压缩机以及冶炼炉窑等强噪声源，其声功率级一般在 105～115dB（A）；有色金属材料加工工艺中主要噪声源有轧机、锻造机、弧焊机、风铲及电动机、变压器等。

振动是设备运行的共同特征，包括机械的直线振动和扭转振动、液压与气动装置中流体的冲击振动、电机电气中的负载干扰和波动等。振动会对设备、机器本身造成损害，还会产生噪声以及共振造成严重的环境污染。

光污染危害较大的是电焊时产生的弧光，电焊弧光及融化的金属能发射很强的紫外线。此外，冶炼、熔烧等产生的强光会对炉前操作的工作人员的眼睛产生危害。

热污染主要来自金属矿采选、冶炼、材料加工中设备的冷却水系统，特别是冶炼工业炉窑的高温辐射和对流、冶炼烟气也是一类重要的热污染来源。

电磁辐射污染主要来源于电子仪器和电气设备。高频电焊机、高频淬火设备、高频熔炼设备等射频加热设备、微波加热设备、工业超声设备、射频溅射设备、高频外延炉等 ISM 射频设备产生的射频电磁辐射对近场区的工作人员能产生危害。

放射性污染主要来自有色金属矿山中的放射性气体氡的污染、稀土湿法生产中产生的含少量放射性钍（Th）的废渣和近距离大气中的钍和车间内的外照射。部分有色金属冶炼废渣也含有少量的铀（U）、钍（Th）、锕（Ac）、镧（La）等放射性元素。

（三）有色金属工业污染防治技术及水平

“十五”时期以来，有色金属工业加强了现有污染源的治理及废物的综合利用技术研发，在进行节能降耗，提高资源综合利用率，减少工业废物产生量和排放量的同时，一直在强化现有污染源的治理，成效显著，为改善有色金属工业环境状况发挥了重大作用。除已纳入建设项目环境保护“三同时”管理的项目外，2005 年污染治理费用 22.74 亿元，同比增长 4.42 亿元，增幅 24.12%。2001—2006 年工业污染源治理情况见表附 1-56。有色行业污染防治技术水平在近年来得到一定水平的提高。

表附 1-56　　2001—2006 年工业污染源治理情况

		2001 年	2002 年	2003 年	2004 年	2005 年	2006 年
统计单位数		88	86	97	108	118	70
资金投入/亿元		18.65	13.39	15.32	18.32	22.74	11.49
竣工项目	废水治理	91	101	113	34	32	49
	废气治理	36	53	60	41	74	70
	固废治理	48	42	46	34	30	11
	噪声治理	5	7	8	32	4	—
	其他治理	28	33	36	39	15	25
	合计	208	236	293	180	155	155

“三废”利用是消除污染、变废为宝、发展循环经济的重要途径，有色金属行业综合利用产品产值逐年增加，但仍处于较低水平，特别是综合利用产品利润下滑，给废物综合利用增加了难度。2005 年“三废”综合利用产品产值达到 39.52 亿元，但利润仅有 330 万元。2001—2005 年“三废”综合利用情况见表附 1-57。

表附 1-57　　“三废”综合利用

		2001 年	2002 年	2003 年	2004 年	2005 年
统计单位数		88	86	97	108	118
产品产值/万元		93 566	126 118	141 603	239 609	395 225
产品利润/万元		14 063	1 977	768.6	—	330
重冶厂原料	硫利用量/万 t	108.38	95.42	166.01	179.85	146.23
	硫利用率/%	90.96	87.31	95.03	95.80	84.83
	砷利用量/万 t	0.67	0.21	0.41	0.096	0.46
	砷利用率/%	86.70	41.08	88.43	38.04	51.35
铝企业原料	氟回收量/万 t	6.48	6.39	7.076	3.32	1，96
	氟回收率/%	81.30	78.21	90.50	87.57	76.27
复用水量/亿 m^3		22.07	23.01	22.35	25.83	28.01
复用水率/%		82.40	82.72	82.82	84.83	86.82
固废利用量/万 t		840.86	804.13	1 077.87	947.30	1 284.05
利用率/%		9.44	6.16	11.69	10.22	13.06

1. 有色金属工业大气污染防治技术

（1）铜冶炼大气污染防治技术

烟气的治理与控制。因我国铜矿资源主要为硫化矿，冶炼时会产生大量含 SO_2＞4%的烟气，这种烟气通常用来制酸，最后排出的尾气含 SO_2 大大减小，达标排空。

此过程中硫的转化率 99.5%，吸收率 99.9%，回收率＞99%。目前 SO_2 回收制酸工艺主要是接触法制酸。对低浓度烟气（SO_2＜3.5%）将采用氨法和碱性硫酸铝—石膏法，以及半工业规模生产试验的 ZnO 法 MH_3-NH_4HSO_4 和钙法。

① 冷稀酸洗涤净化工艺。

含 SO_2 的烟气经电收尘等净化除尘后还需进行洗涤净化。常规的净化工艺中，采用 10%～20%及 30%～40%稀硫酸将烟气中的 As、F 等废物杂质除去，再将烟气的酸雾除去后，进入干式转化用 V_2O_5 做催化剂将 SO_2 氧化成 SO_3。再吸收成酸，其产品根据含硫量与水分平衡可产出不同浓度的浓硫酸（93%及 98%），废酸进行处理排放。转化、吸收工序，可用一转一吸和二转二吸工艺，前者吸收尾气中 SO_2 浓度达不到排放标准，需将尾气再进行处理，而后者一般 SO_2 浓度可达国家标准，可直接排放。

② 热浓酸洗涤净化。

此净化工序是采用 76%的热浓硫酸洗涤净化的一转一吸工序，产品为 76%和 93%硫酸，吸收后的尾气直接排放，优点没有废水废酸产生，但由于某些技术未过关，生产不很正常。

③ 干法净化。

烟气中含砷（As）、氟（F）等有害物质较低的条件下可采用此净化工艺，其包括干法净化（旋风除尘器，电收尘器，布袋收尘器），湿法转化，冷凝成酸的全新工艺。其优点是没有任何废水，废酸产生，工艺流程简单；缺点是转化率低于湿法净化指标，催化剂中毒现象影响正常生产。

④ 水洗净化。

烟气中含 As、F 等有害物质浓度高的条件下，应采用水洗净化流程，保证烟气中的 As、F 杂质清除后再进入转化池，避免和减少转化中的催化剂中毒，洗涤后的含 As、F 废水（稀酸）必须经过处理，达到排放标准，方可允许排放。有色冶炼烟气制酸技术经济指标见表附 1-58。

表附 1-58　　铜冶炼烟气制酸技术经济指标

指标名称		酸洗	水洗	热浓酸洗	干法净化
鼓风机出口酸雾		二级＜0.005	＜0.005	＜0.035	—
		一级＜0.03	＜0.03		
鼓风机出口水分/（g/m^3）		＜0.1	＜0.1	＜0.1	—
污水总浓度/（g/L）		—	＜2	—	—
尾气含 SO_2/%	二转二吸	＜0.1	＜0.1	＜0.1	—
	有尾气回收	＜0.07	＜0.07	＜0.07	＜0.2
净化回收率/%		＞99	＞97	＞99	—
转化率/%	二转二吸	＞99	＞99	＞99	—
	一转一吸	＞96	＞96	＞96	＞90
吸收率/%		＞99.95	＞99.95	＞99.9	＞99.5

指标名称		酸洗	水洗	热浓酸洗	干法净化
矿耗/（t/t 酸）	有尾气回收	0.98	0.98	0.98	—
	无尾气回收	1.02	1.02	1.02	—
电耗/（kW·h/t 酸）		＜100	＜100	＜100	200
触媒消耗/（L/t 酸）		＜0.15	＜0.15	＜0.25	—
加工成本/（L/t 酸）			＜30	＜45	＜86
劳动生产率/[t/（a·人）]		＞1 000	＞1 000	＞1 000	＞1 000

注：矿耗以每吨酸耗含 S 35%矿计。

⑤ 含酸雾或氨雾废气的处理。

一般在湿法冶炼中易产生酸或氨废气，其含 H_2SO_4 和 NH_3 量可能超过国家标准，此时可选用冷水吸收法净化废气。

⑥ 萃取铜废气的治理。

在大型萃取设备进行搅拌萃取铜时，其中上部排出一部分含萃取剂和 H_2SO_4 的废气，可选用风罩集气，局部机械排风，把废气稀释达标后排入大气中，不影响环境，且保护生产场所安全生产。

（2）铅锌冶炼大气污染防治技术

铅冶炼烟气温度视料柱高度而定，高料柱操作，烟气温度为 200～300℃，低料柱操作温度可达 500～600℃，甚至更高。烟气含尘量与炉料强度及其含粉料量有关，一般处理烧结块的烟气含尘为 10～20g/m³，处理含粉料的氧化矿或团矿时，烟气含尘为 20～50g/m³。此种烟尘除机械尘外，大部分为挥发尘，颗粒细，导电性差（比电阻高），故一般采用滤袋收尘。为解决铅中毒问题，宜采用湿式收尘流程。

烟气操作温度经常波动，可采用调节水量和吸风量来控制滤袋的进口温度，但不经济。采用湿法收尘流程，需增设泥浆处理设备，并因水中含镉离子等，水处理比较复杂。铅锌鼓风炉出口冷凝器的烟气温度约为 450℃，烟气含尘为 20～30g/m³，烟气中含一氧化碳为 20%～24%可作燃料，洗涤后送给用户。

火法回收废渣中的有价金属时，常产出金属蒸气或金属氧化物烟尘。通常用烟化炉、挥发窑或旋涡炉处理铅鼓风炉渣、锌浸出渣或火法炼锌的罐渣。此外，采用浮渣反射炉处理铅精炼锅的浮渣，采用贵铅炉或反射炉处理铜、铅电解时产生的阳极泥等，这些过程产生的烟尘都以工作收尘方式回收。锌熔铸时的反射炉或电炉产生的含锌烟气一般采用布袋收尘处理。渣处理烟气不含二氧化硫或含微量二氧化硫，不能制酸。

炉渣烟化中，当冶炼原料为含氟（F）、氯（Cl）较高的氧化矿时，烟尘含氟（F）、氯（Cl）亦较高，给烟尘的湿法处理带来困难。采用湿式收尘流程，可脱除一部分氟、氯，此流程耗水量在 2～3kg/m³，脱氟率为 99.16%。

用回转窑处理铅鼓风炉渣和锌浸出渣时，其烟气温度为 600～700℃，含尘量约 50g/m³，烟尘成分与烟气炉同，烟气中亦含少量二氧化硫。

当处理锌浸出渣时，烟尘中尚含有硫酸盐，会腐蚀设备，目前我国均采用布袋收尘。不设余热锅炉时，可设淋水烟道，但其寿命较短。当烟气在 500～600℃时直接进冷却烟道。处理锌浸出渣的回转窑，其收尘设备易被硫酸腐蚀。

旋涡炉处理火法炼锌的罐渣时，其烟气温度为 1 200～1 300℃，含尘量为 20g/m^3，可采用余热锅炉→冷却烟道→排风机→滤袋收尘器→排风机→排放处理流程。

反射炉处理浮渣时，其烟气温度为 90℃，烟气含尘 3～5g/m^3，主要采用淋水冷却器→冷却烟道→滤袋收尘器→排风机→排放等干法、湿法收尘流程。

反射炉及电炉锌铸型采用滤式收尘器，竖罐炼气煤气回收，采用湿式收尘。

需要特别指出的是，辽宁葫芦岛锌厂是 20 世纪日伪时期建立的老厂，采用竖罐炼锌工艺。该工艺由于能耗高、环境状况不好，在国外早已被淘汰。但由于种种原因（如锌生产规模较大，经济上一般都在盈利中运营等），现在仍在生产。

（3）铝冶炼大气污染防治技术

① 氧化铝大气污染防治技术。

铝的生产中，从含灰量很高或潮湿和黏性的矿石，变成平均粒径（d_p）800～100μm 的干的含尘产物，该产物中大约有 10%粒径（d_p）小于 44μm，必须加以控制的排放源主要是氧化铝焙烧炉和石灰焙烧装置。

a. 氧化铝厂氢氧化铝焙烧炉的排放控制。

氢氧化铝焙烧炉烟气是采用旋风除尘器除尘后，再经过电除尘器除尘。

随着生产技术改进和达标排放、总量控制的加强，近几年氧化铝单位产品排污状况有了明显改善。根据 2003 年调查资料，熟料烧成窑排尘浓度基本控制在 100～604mg/m^3，90%的熟料烧成窑达国标（GB 9078—1996）排放；氢氧化铝焙烧炉排尘浓度控制在 40～231.6mg/m^3，100%达标排放。

b. 氧化铝焙烧炉的排放控制。

氧化铝生产中主要污染源（工序）是熟料窑、熔烧窑、水泥窑。废气含尘浓度高，除尘装置采用旋风除尘及静电除尘。所建工程一般用三电场新型板式阳极，框架式阴极，电场面积可达 100m^2 以上的电除尘器，配备可控硅自动跟踪调压装置，选择合理的收尘极比表面积及通过电场的烟气速度，收尘效率最佳时可达 99.5%，近年来，随悬浮预热、窑外分解和沸腾焙烧新工艺的采用，生产炉窑利用率得到提高，废气温度降低，电除尘器的效率可达 99.9%，排尘浓度可降至 60～100mg/m^3，符合排放标准要求。

c. 通风除尘系统。

氧化铝产品在生产与运输过程中，要注意控制搅动这种物料所产生的粉尘排放（捕集的粉尘仍是原料，一般直接返回流程）。转运点及贮存都需要有除尘装置，以防 Al_2O_3 粉尘排入大气。通风除尘系统广泛采用布袋除尘器，效率可达 99%，达到排放标准。熟料粉尘因温度高，研磨性强，捕集比较困难，采用大直径的水浴除尘器。也可采用电除尘器捕集熟料粉料技术，应用效果也很明显。目前我国氧化铝厂除原料堆场、物料输送扬尘控制仍然存在较严重的直接排放问题外，其他各设备产尘点基本得到控制。尤其是 20 世纪 90 年代较为棘手的熟料除尘和石灰炉除尘问题，均已得到完善解决。

② 电解铝大气污染防治技术。

铝电解烟气净化系统根据烟气控制要求的不同，可分为地面烟气净化系统和天窗烟气净化系统。

地面烟气净化系统或称为一次烟气净化系统，包括电解槽收集烟气的密闭罩、管道系统及净化设施。由于电解生产要开启密闭罩以及密闭罩不严密等原因，密闭罩不可能将烟气完全捕集，必然有一部分烟气散发到厂房中，然后从天窗排入大气。电解槽类型不同和操作管理水平的差别导致散发到车间的烟气比例也不相同。一般，自焙阳极侧插电解槽散发到车间的烟气占总烟气量的 15%～30%，自焙阳极上插电解槽占 20%～40%，大型预焙阳极电解槽占 5%～15%。这部分烟气由天窗捕集并就近净化，故称这套设施为天窗烟气净化系统或称为二次烟气净化系统。尽管这部分有害物质量占比例小，但它是造成车间内劳动条件恶化的根本原因。另外，天窗排烟属于低源排放，对厂区大气的污染比较严重。现代化铝厂多采用大型预焙阳极电解槽，这种电解槽的自动化水平高，大部分电解操作可以在不开启密闭罩的条件下完成。因此，烟气捕集率很高，可达 95%以上。根据有害气体大气扩散计算，一般规模的铝厂都可以不设置天窗烟气净化系统。

2．有色金属工业废水污染防治技术

（1）铜及铅锌冶炼废水防治技术

国内铜冶炼企业由于建厂较早，厂区排水多属于汇流制排水，给废水治理增加了一定难度。对铜冶炼废水应采用综合治理方法，在加强管理节约用水的情况下，实行清污分流，雨污分流。一方面要严禁跑、冒、滴、漏，实行清洁生产，另一方面要查清各污染点，了解污染性质，分管道汇流收集，尽可能将酸性废水、一般性废水、生活污水、雨水分开，降低排水量，提高水处理效率，提高水的重复利用率。同时加强厂区作业现场管理，加强物料管理，尤其是加强固体废弃物和中间物料的堆放、储存及运输管理，严禁在无安全、环保措施下的乱堆乱放，确实改善厂区环境质量，避免雨季受雨水冲刷，造成排水污染物含量增加。

在铜冶炼废水处理方法上，目前国内企业多采用石灰中和法、硫化物沉淀法、吸附法、离子交换法、氧化还原法、铁氧体法、膜分离法及生化法等。这些方法可根据水质和水量单独或组合使用。

（2）铝冶炼废水防治技术

① 氧化铝废水防治技术。

氧化铝生产用水量大，产生废水量也大。通常采用综合治理的方法，在加强管理的情况下，可基本实现工业废水“零”排放。

a. 将高浓度含碱废液由工艺系统回收。包括赤泥堆场回收的附液、冲洗地坪、清洗设备的废水和跑冒滴漏的工艺物料，经由工艺系统回收进入相应的工序利用，不得排入生产排水管道。这样可以大大减轻污染负荷，又能有效回收生产原料，降低成本。

b. 实行清污分流，分段处理和集中处理相结合。对用水水质要求较高的二氧化碳加压站和空压站冷却水分设独立循环水系统。对水质差的煤气洗涤水也设独立循环水系统，平时保持亏水运行，发生盈水时排入工业废水处理站处理。对熟料烧成、溶出、沉降洗涤、脱硅、母液蒸发工序的设备冷却水，设集中循环水系统，经处理后循环使用。设立全厂工业污水处理站，收集矿浆磨矿、溶出脱硅、沉降分离、赤泥洗涤等含碱废水，统一处理后进入全厂循环水系统再用。

c. 提高水的重复利用率和串级使用，如母液蒸发过程冷凝水中含碱不能返回热电站，可送到赤泥沉降洗涤工段做洗涤水用、生料浆配置用工业废水处理站处理后的水，少用或不用新水；热电站化学水处理酸碱废水做冲灰水，灰场回水重复利用。

② 电解铝冶炼废水防治技术。

电解铝厂废水的治理途径有两条：一是从含氟废水的吸收液中回收冰晶石；二是对没有回收价值的低浓度含氟废水进行处理，除去其中的氟。

含氟废水处理方法有混凝沉淀法、吸附法、离子交换法、电渗析法及电凝聚法等，其中混凝沉淀法应用较为普遍。按使用药剂的不同，混凝沉淀法可分为石灰法、石灰—铝盐法、石灰—镁盐法等。

吸附法一般用于深度处理，即先把含氟废水用混凝沉淀法处理，再用吸附法作进一步处理。

石灰法是向含氟废水中投加石灰乳，把 pH 值调整至 10～12，然后加硫酸铝或聚合氯化铝，使 pH 值调至 6～8，生成氢氧化铝絮凝体吸附水中氟化钙结晶及氟离子，经沉降而分离去除。如果加石灰的同时，加入磷酸盐，则与水中氟离子生成溶解度极小的磷灰石沉淀 $[Ca_2(PO_4)_3F]$，可使出水含氟量降至 2mg/L 左右。

（3）有色金属工业固体废物防治技术

近几十年来，经过不断实践与摸索，有色金属工业固体废物的处理与综合利用技术均已有了较大发展。目前已具有一批技术成熟、经济效益好的处理与综合利用技术。有色金属工业的主要固体废物处理技术概况见表附 1-59。

表附 1-59　有色金属工业的主要固体废物处理技术概况

固体废物名称	处理技术	应用单位
采矿废石	堆置法	有色金属企业、所有矿山
	充填法	凡口铅锌矿、黄沙坪铅锌矿
	复垦法	永平铜矿、各露天铝土矿等
尾矿	尾矿库	有色金属企业、大部分矿山
	充填法	铜禄山矿、金川公司等
	做建筑材料	西华山钨矿等
	复垦法	中条山有色金属公司、德兴铜矿、铜陵公司等
（铜、锌）渣	浮选法	贵溪冶炼厂、铜陵公司
（铅、锌、钨、钼）渣	熔炼法	白银公司、葫芦岛锌厂
赤泥	制造水泥、赤泥库堆存	山东铝厂、郑州铝厂、山西铝厂、贵州铝厂等

铜、铝、铅、锌固体废物的治理技术主要有：

① 铅锌冶炼渣的治理。

铅锌渣含金属种类多，是渣处理和综合回收利用的重点。在铅锌渣处理上，为了提高有价金属回收率，采用高温加压浸出。如某厂锌滤渣用酸浸后溶液加铁屑置换，置换后溶液调 pH 值产出石膏，于压煮器内在 200℃下，加入铅银渣一起处理，以提高有价金属回收率。另外把黄钾铁矾渣于压煮器内，加 $CaCl_2$ 处理，温度 100～300℃，pH 1.5～3.5，回收渣中贵金属，酸浸后渣可转变成赤铁矿加以利用。

在铅渣利用上，原上海冶炼厂（现已关闭）利用含铅氯化渣生产醋酸铅，氯化渣中铅的浸出率达 92%，氯化铅中铅的转化结晶率达 93.5%。英国利用还原熔炼法处理富铅渣，熔炼后得到富铅和含铅、锌氧化物的渣，把渣加入鼓风炉熔炼得到含铜的粗铅和锌烟尘，用反射炉从粗铅中分离铜。

美国矿物局试验了火焰反应器处理锌的中性浸出渣，该设备不但能回收渣中多种有价金属，碳的利用率高达 93%，而且达到了废渣固化无害的目的。日本研制的等离子发生器预热空气，进行锌渣的还原挥发，提高了热能的利用率，该法不仅能处理锌渣，而且对铜、镍生产中的富钴渣及自热熔炼炉渣的处理有较好效果。

② 铜冶炼渣贫化。

对铜渣的贫化处理，目前世界上工业应用的有两种方法：电炉贫化法和炉渣选矿法。根据 D.G.Pannell 对世界 47 个铜冶炼厂的调查，选矿法的弃渣含铜为 0.51%，电炉法的弃渣含铜为 0.66%。说明这两种方法工业应用时，弃渣含铜还是较高的。

我国发明的“铜富氧熔池自热熔炼法”产生的炉渣含铜偏高，一般渣含铜在 0.8%～1.5%，为了提高经济效益和提高资源利用率，有必要将渣含铜降到 0.5%以下。经对“铜富氧熔池自热熔炼法”产生炉渣的物理化学性质研究表明，渣含铜高的原因主要是渣中磁性氧化铁含量高，导致渣熔点高，而熔炼过程的炉渣温度偏低，使渣中夹杂较多的冰铜及氧化亚铜，同时渣中冰铜颗粒太小，并伴有夹生料，也使渣含铜偏高。

在铜渣贫化作业中，将贫化炉炉膛温度升至 1 300℃，向贫化炉加还原剂、硫化剂，采取鼓风搅拌等措施都有利于降低出渣中的铜含量，进渣含铜 1.277%，贫化炉渣含铜降低到 0.466%，渣含铜基本达到了熔炼弃渣的水平。

火法强化贫化技术工艺流程短，贫化炉结构简单，操作方便。火法强化贫化铜渣技术，对渣型的适应性很强，可贫化约 2/3 的高富氧浓度（47%）的自熔渣与约 1/3 转炉渣的混合渣。

③ 铝冶炼固体废物综合利用技术。

目前，铝工业固体废物赤泥主要是采用赤泥坝堆存。在赤泥与电解槽内衬的处理与利用技术方面已取得了一定进展，如用赤泥生产水泥的处理方法已经形成了工业规模的生产，赤泥做塑料充填剂等综合利用技术也形成了小规模的生产能力。

（四）防治的政策、法规（包括国际有关的公约）

1. 产业及环保政策

（1）铜镍钴工业相关产业政策

原国家经济贸易委员会、财政部、科技部和国家税务总局于 2002 年 6 月 21 日联合下发的《国家产业技术政策》（国经贸技术[2002]444 号），对有色金属行业提出了如下发展方向：高效、低耗、低污染的生产工艺，提高产品质量、增加产品品种、降低环境污染、加强资源综合利用。重点发展地质物探、化探、地理信息系统新技术；深部及难采矿床强化开采综合技术和高效无轨采矿设备；清洁选矿工艺和高效环保药剂及节能设备；难选冶资源湿法冶金新技术和综合利用技术；选矿-拜耳法生产氧化铝和大容量预焙阳极铝电解槽成套技术和装备；低成本稀土精矿冶炼分离新技术和单一稀土元素分离、高纯化技术；高性能有色金属材料生产的新技术和装备的研究和开发，高精尖铜铝板带箔加工技术。

原国家经济贸易委员会于 2002 年 9 月 28 日下发《工业行业近期发展导向》（国经贸[2002]716 号）。指出我国近期工业发展必须坚持如下原则：一是市场导向原则；二是突出重点原则；三是技术进步原则；四是协调发展原则；五是可持续发展原则。

并对铜、镍、钴工业提出了如下发展方向：

铜工业：支持铜冶炼企业以环境治理为重点的技术改造，大力推行清洁生产。发展市场前景较好的铜加工产品。积极创造条件，开发国内新矿山（如新疆、青海、西藏、云南、四川等地的大型铜矿），增加有效供给。鼓励企业通过签订长期购买协议、海外投资办矿等多种方式建立稳定的原料基地。对污染严重、金属回收率低的小型铜熔炼厂按国家有关政策、法规予以淘汰。做好铜废杂原料的再生利用工作。

镍工业：重点发展粉体材料、合金材料、深加工制品、高纯金属等。

2005 年，国家发改委以第 40 号令发布《产业结构调整指导目录（2005 年本）》，该《指导目录》对各行业均规定了鼓励类、限制类和淘汰类项目的目录。其中有色金属工业中与铜、镍、钴工业相关的如下：

鼓励类；

① 有色金属矿山接替资源及关键勘探技术开发；

② 铜、铝、铅、锌、镍大中型矿山建设；

③ 紧缺资源的深部及难采矿床开采；

④ 硫化矿物无污染强化熔炼工艺开发及应用；

⑤ 高效萃取设备和工艺技术开发；

⑥ 高精铜板、带、箔、管材生产及技术开发；

⑦ 轨道交通用高性能金属材料制造；

⑧ 有色金属复合材料技术开发及应用；

⑨ 高性能、高精度硬质合金及深加工产品和陶瓷材料生产；

⑩ 高性能磁性材料制造；

⑪ 超细粉体材料、电力浆料及其制品生产；

⑫ 有色金属生产过程检测和控制技术开发。

限制类：

① 单系列 10 万 t/a 规模以下粗铜冶炼项目；

② 再生有色金属生产中采用直接燃煤的反射炉项目。

淘汰类：

① 炉床面积 1.5m^2 及以下密闭鼓风炉炼铜工艺及设备；

② 炉床面积 1.5～10m^2 密闭鼓风炉炼铜工艺及设备（2006 年）；

③ 10m^2 及以上密闭鼓风炉炼铜工艺及设备（2007 年）；

④ 电炉、反射炉炼铜工艺及设备（2006 年）；

⑤ 烟气制酸几法净化和热浓酸洗涤技术；

⑥ “二人转”式有色金属轧机（2006 年）。

2006 年 6 月 30 日，发改委以第 40 号公告发布《铜冶炼行业准入条件》规定，铜冶炼企业单系统铜冶炼能力要在 10 万 t/a 以上、自有矿山原料比例达到 25%以上；新建企业铜冶炼总回收率达到 97%以上、粗铜冶炼回收率 98%以上、水循环利用率 95%以上、吨铜新水消耗 20t 以下、铜冶炼硫的总捕集率达到 98%以上、硫的回收率达到 96%以上；现有企业的铜冶炼总回收率达 96%以上、粗铜冶炼回收率 97%以上、水循环利用率 90%以上、吨铜新水消耗

28t 以下、铜冶炼硫的总捕集率达 98%以上、硫的回收率达到 95%以上，并通过技术改造在《准入条件》发布两年内达到新建企业标准。还要求铜冶炼企业采用先进的闪速熔炼、顶吹熔炼、诺兰达熔炼以及具有自主知识产权的白银炉熔炼、合成炉熔炼、底吹熔炼等生产效率高、工艺先进、能耗低、环保达标、资源综合利用效果好的富氧熔池熔炼或者富氧漂浮熔炼工艺；必须有制酸、资源综合利用、节能等设施。火法熔炼必须配置烟气制酸、收尘及余热回收设施。烟气制酸须采用稀酸洗净化、二转二吸（或三转三吸）工艺，严禁采用热浓酸洗工艺；禁止利用直接燃煤的反射炉熔炼废杂铜。在矿产粗铜熔炼工艺和装备方面，依法立即淘汰现有的 1.5m^2 及以下密闭鼓风炉，2006 年底前淘汰反射炉、电炉和 1.5～10m^2（不含 10m^2）熔炼用密闭鼓风炉，2007 年底淘汰所有鼓风炉。

（2）铝工业相关产业政策

我国铝工业存在着矿产资源紧缺、产品结构不合理、生产集中度低、环境污染较重、市场饱和但投资过热等问题。为加快有色金属工业的结构调整步伐、淘汰落后工艺设备、搞好总量调控、加强技术创新、推进清洁生产，实施大集团战略，实现有色金属工业持续、稳定、健康发展，国家颁布的有色金属工业规划和《国家经贸委关于印发〈2002 年总量调控、结构调整工作指导意见〉的通知》、《关于制止电解铝行业违规建设盲目投资的若干意见》（2003 年 11 月 25 日）、《促进产业结构调整暂行规定》（国发[2005] 40 号）、《产业结构调整指导目录（2005 年本）》（发展改革委第 40 号令）、《关于加快铝工业结构调整指导意见的通知》（发改运行[2006] 589 号）等一系列政策、法规，对铝金属发展提出了相关要求。对铝工业的相关产业政策要求如下：

《中华人民共和国国民经济和社会发展第十一个五年规划纲要》：“控制电解铝总量，适度发展氧化铝，鼓励发展铝深加工和新型合金材料，提高铝工业资源综合利用水平。”“强化能源节约和高效利用的政策导向，加大节能力度。通过优化产业结构特别是降低高耗能产业比重，实现结构节能；通过开发推广节能技术，实现技术节能；通过加强能源生产、运输、消费各环节的制度建设和监管，实现管理节能。突出抓好钢铁、有色、煤炭、电力、化工、建材等行业和耗能大户的节能工作。”《关于加快铝工业结构调整指导意见的通知》中指出铝工业结构调整的指导原则是：“以转变铝工业增长方式为中心，以结构调整为重点，按照结构优化、技术创新、科学规划、总量调控、降低消耗、保护环境的原则进行宏观引导，做到氧化铝行业实现有序发展、电解铝行业制止违规投资反弹、铝加工行业重点开发高附加值品种，推动企业技术装备水平的提高和产品结构的升级，促进铝工业走新型工业化道路，实现可持续发展。”铝工业结构调整的主要目标是：“2010 年国内氧化铝总产能达到 1 400 万 t，企业的海外氧化铝能力达到 400 万 t。选矿拜耳法普遍推广，拜耳法、混联法、强化烧结法等工艺不断完善，装备水平改善，综合能耗降低到 900kg 标准煤/t 以下，回收率提高到 93%以上。砂状氧化铝比例达到 90%。保持电解铝供需基本平衡。扶优汰劣，使骨干企业的产量达总产量的 3/4 以上。淘汰落后能力，力争全部采用 160kA 以上大型预焙槽冶炼工艺，电流效率达到 94%以上，主要企业综合交流电耗在 14 300kW·h/t 以下、氧化铝单耗在 1.9t 以下，污染物达标排放。”《通知》主要政策措施还要求：“贯彻落实国务院批准的《铝工业产业发展政策》，抓紧制定实施细则，推进产业结构调整。按照《铝工业发展专项规划》的要求，合理布局，有序发展。严格控制总量的扩张，加强技术改造，优化产品结构。”

《关于制止电解铝行业违规建设盲目投资的若干意见》（2003 年 11 月 25 日）指出：暂定在 2005 年底以前，除淘汰自焙槽生产能力置换项目和环保改造项目外，原则上不再审批扩大电解铝生产能力的建设项目。

《产业结构调整指导目录（2005 年本）》中，将“铜、铝、铅、锌、镍大中型矿山建设”列入鼓励类，“电解铝项目（淘汰自焙槽生产能力置换项目及环保改造项目除外）”列入限制类；“铝自焙电解槽”列入淘汰类。

《中华人民共和国国民经济和社会发展第十一个五年规划纲要》在加强大气污染防治中明确要求“……推进钢铁、有色、化工、建材等行业二氧化硫综合治理”，并提出“十一五”期间单位国内生产总值能耗降低 20%左右、主要污染物排放总量减少 10%的约束性指标。《关于加快铝工业结构调整指导意见的通知》中要求提高产业集中度，鼓励综合利用和节约资源……严格执行环保标准，淘汰落后的电解铝生产能力。《关于制止电解铝行业违规建设盲目投资的若干意见》明确了淘汰所有自焙槽：“根据产业政策和环保标准，结合环境治理，限定在 2004 年底前淘汰尚存的自焙槽生产能力。”即进入 2005 年，中国不再允许采用自焙槽。《产业结构调整指导目录（2005 年本）》进一步明确了淘汰铝自焙电解槽的政策。

针对我国铝工业存在的问题，国家产业发展政策要求我国铝工业发展的指导思想要坚持科学发展观，继续加强和改善宏观调控，重在控制总量，优化结构、合理布局，降低消耗，推动铝工业走新型工业化道路。

（3）铅锌冶炼相关产业及环保政策

我国关于铅锌工业发展的主要政策是：支持铅锌冶炼企业围绕节能降耗、污染治理，采用国内外先进的冶炼工艺和低浓度二氧化硫制酸工艺进行技术改造，实现产业升级；鼓励冶炼企业投资矿山企业，培育一批采选冶一体化的铅锌工业优势企业；支持锌再生利用企业做优做强；严格控制新建铅锌冶炼企业和现有铅锌冶炼能力的扩大，加快淘汰落后的铅锌冶炼工艺和设备。

目前我国对铅锌工业已经制定专门的准入条件，主要如下：

① 企业规模。

新建铅冶炼项目单系列产能在 5 万 t/a 以上（不含 5 万 t），新建锌冶炼项目单系列产能 10 万 t/a 及以上，新建铅锌冶炼项目企业自有矿山原料比例达到 30%以上。允许符合有关政策规定企业的现有生产能力通过升级改造淘汰落后工艺改建为单系列铅熔炼能力达到 5 万 t/a 以上、单系列锌冶炼规模达到 10 万 t/a 及以上。

新建铅锌矿山最低生产建设规模不得低于单体矿 3 万 t/a（100t/d），服务年限必须在 15 年以上，中型矿山单体矿生产建设规模应大于 30 万 t/a（1 000t/d）。采用浮选法选矿工艺的选矿企业处理矿量必须在 1 000t/d 以上。

② 工艺和设备。

新建铅冶炼项目，粗铅冶炼必须采用先进的富氧底吹强化熔炼或者富氧顶吹强化熔炼等生产效率高、能耗低、环保达标、资源综合利用效果好的先进炼铅工艺和双转双吸或其他双吸附制酸系统。新建锌冶炼项目，硫化锌精矿焙烧必须采用硫利用率高、尾气达标的沸腾焙烧工艺；单台沸腾焙烧炉炉床面积必须达到 109m^2 以上，必须配备二转二吸制酸工艺。

③ 能源消耗。

新建铅冶炼综合能耗低于 600kg 标煤/t，粗铅冶炼综合能耗低于 450kg 标煤/t，粗铅冶炼焦耗低于 350kg/t，电铅直流电耗降低到 120kW・h/t 铅。新建锌冶炼电锌工艺综合能耗低于 1 700kg 标煤/t，电锌生产析出锌电解直流电耗低于 2 900kW・h/t，锌电解电流效率大于 88%；蒸馏锌标准煤耗低于 1 600kg 标煤/t。

现有铅冶炼企业综合能耗低于 650kg 标煤/t，粗铅冶炼综合能耗低于 460kg 标煤/t，粗铅冶炼焦耗低于 360kg/t，电铅直流电耗降低到 121kW・h/t 铅，铅电解电流效率大于 95%。现有锌冶炼企业精馏锌综合能耗 2 200 kg 标煤/t，电锌工艺综合能耗低于 1 850kg 标煤/t，电锌生产析出锌电解直流电耗低于 3 100kW・h/t，锌电解电流效率大于 87%；蒸馏锌标准煤耗低于 1 650kg 标煤/t。

④ 资源综合利用。

新建铅冶炼项目铅总回收率达到 96.5%以上，粗铅冶炼回收率大于 97%，铅精炼回收率大于 99%，总硫利用率大于 95%，硫捕集率大于 99%；水循环利用率在 95%以上。新建锌冶炼项目锌总回收率达到 95%，蒸馏锌冶炼回收率达到 98%，电锌回收率（湿法）达到 95%；总硫利用率大于 96%，硫捕集率大于 99%：水循环利用率达到 95%以上。现有铅锌冶炼企业铅总回收率达到 95%以上，粗铅冶炼回收率 96%以上；总硫利用率达到 94%以上，硫捕集率达 96%以上；水循环利用率在 90%以上。锌冶炼蒸馏锌总回收率达到 96%，精馏锌总回收率达到 94%，电锌总回收率达到 93%以上；总硫利用率大于 96%（ISP 法达到 94%以上），硫总捕集率达 99%以上；水循环利用率达到 90%以上。

2．中国有色金属工业污染排放标准及存在的问题

（1）有色金属工业污染物排放系列标准

有色金属工业产品种类多，矿物原料复杂，冶炼方法多种多样，因而导致有色金属工业具有污染源和污染物种类多、产生量大、成分非常复杂的特点。我国从 1985 年首次制定《轻金属工业污染物排放标准》、《重有色金属工业污染物排放标准》等标准后，1996 年又将标准修订，修订后的标准综合为《大气污染物综合排放标准》、《工业窑炉大气污染物排放标准》、《污水综合排放标准》、《危险废物鉴别标准》等。

随着国内社会经济和环保事业的不断发展，现行的污染物综合排放标准体系开始暴露出行业针对性不强，难以控制有色金属等重点行业主要污染物的排放、技术依据不够充分，致使标准宽严尺度不尽合理，执行困难等一些亟须解决的问题。由于上述标准使用年限较长，使用范围宽泛，难以全面考虑有色金属行业的特点和污染特征，这些污染物综合排放标准已经无法满足有色金属工业企业设计、环评和日常环境管理的要求，不能适应我国有色金属工业企业防治污染、改善环境质量的需要，给环保执法带来一定困难。因此，根据有色金属工业的自身特点制定《有色金属工业污染物排放系列标准》十分必要。有色金属工业污染物排放标准的制定对于促进有色金属工业走新型工业化道路，督促有色金属生产企业推行清洁生产，实现我国“十一五”规划中的环境保护总目标，具有非常重要的意义。

为此，国家环保总局在制定《有色金属工业污染物排放系列标准》时，根据国家相关法律法规的有关规定，与行业产业政策协调，综合考虑环境保护、行业产业结构调整和可持续发展的需要；在污染物项目选择上综合考虑总量控制要求和环境风险因素，标准限值以先进成熟的生产工艺和经济可行的治理技术为主要依据；排放标准对新建项目和现有项目区别对待，对新建项目从严要求，考虑和国际水平接轨，同时对现有项目实施标准的达标准备时间以及现有项目过渡到更严格水平的排放标准的过渡时间都给予了充分考虑。

受原国家环保总局委托，由中国环境科学研究院环境标准所总牵头制定《有色金属工业污染物排放系列标准》主要针对目前我国生产的 11 种主要有色金属（稀土金属部分另行制订），该系列标准包括《有色金属工业污染物排放标准——铝》、《有色金属工业污染物排放标准——镁钛》、《有色金属工业污染物排放标准——铅锌》、《有色金属工业污染物排放标准——锡锑汞》、《有色金属工业污染物排放标准——铜镍钴》5 个标准。目前有色金属工业污染物排放标准正在编制过程中，其征求意见稿已经发布，新标准的体系架构对比之前有色金属参照的工业炉窑污染物排放标准、大气污染物综合排放标准更为先进，标准限值更为严格。在执行过程中既考虑了行业的现状水平，也考虑到了技术进步的因素，列出了 2010 年各有色企业应达到的污染物排放水平，为有色工业各企业及时抓漏洞、补不足提供了具体方向和标准。

（2）有色金属工业清洁生产标准及指标体系研究

除有色金属工业污染物排放标准外，我国在有色金属工业清洁生产方面也制定和发布了一系列清洁生产标准并开展了指标体系的研究。在国家发改委及国家环保总局的牵头组织下，我国于 2006 年、2007 年连续发布了《铅锌行业清洁生产评价指标体系（试行）》、《铝行业清洁生产指标体系（试行）》、《清洁生产标准——镍选矿行业》、《清洁生产标准——电解铝业》，以及其他主要有色金属的清洁生产指标体系。

清洁生产指标体系及清洁生产标准根据当前的行业技术、装备水平和管理水平将标准分为一级、二级、三级，分别代表国际清洁生产先进水平、国内清洁生产先进水平、国内清洁生产基本水平；并且随着技术的不断进步和发展，标准也将不断修订，一般每三到五年修订一次。

清洁生产指标体系与标准的指标要求相对较高，以《铅锌行业清洁生产评价指标体系》为例，目前可以达到二级标准的企业在国内只有两三家国有大型企业，国内多数中、小企业不能达到三级标准的要求。指标体系及标准的发布即可反映出国内有色企业的实际情况，淘汰落后工艺及产能，加强企业整合力度；充分考虑了与国际接轨，提高企业的生产技术水平；为企业及指标体系本身留有改进方向及升级空间，可促进企业开展节能减排及清洁生产工作的开展以及清洁生产指标的不断改进提升。

清洁生产指标体系及标准的颁布充分贯彻了《中华人民共和国清洁生产促进法》，并将指导和推动相关有色企业依法实施清洁生产，提高资源利用率，减少和避免污染物的产生，保护和改善环境。

3. 有色金属工业污染防治相关国际政策法规

工业必须面对日益增加的各方面的环境法规，这些立法就是为了约束对社会和环境有严重危害的活动。金属工业是潜在的重要环境影响因素之一，时刻都在产生有害排放物。因此，世界各国及机构均制定了较为严格的国际政策及法规。

（1）工业立法

① 欧盟立法。

欧盟在环境保护方面所做的努力比其他领域都大（除共同农业政策外）。

大多数情况下，欧盟各成员国不得不履行欧盟的立法。在环境控制方面的法规中，欧盟提出欧盟的法规可直接纳入各成员国立法中。迄今，还没有成员国的法律中直接纳入了欧盟这方面的环境法规，但由欧洲环境局制定的理事会法（Council Regulation，90/1210EEC）是个例外。

欧洲环境法较普遍纳入了各成员国环境控制条例（EC Drectives）中，因为大家不得不这么做。成员国按当地的情况制定的环境控制条例体现了欧洲环境法。

关于金属工业有多种环境控制条例，例如：

- 消除工厂空气污染环境控制条例（84/869/EEC）
- 某些排入环境水体中的环境控制条例（76/464/EEC）

值得提出的是综合污染防护和控制条例，该条例许多内容已用于火法冶金工业。该系统和现在在英国和威尔士采用的综合污染控制（IPC）系统类似。

② 英国和威尔士立法。

英国以各种新法规来体现欧洲环境法。在英国和威尔士，1990 年的环境保护法（EPA）是最重要的环境立法，其中前三部分直接与火法冶金有关：

- 第一部分　由地方部门负责综合污染控制和空气污染控制
- 第二部分　地面废料处理
- 第三部分　法定的公害和空气污染处置

EPA 的主要功能之一是预防大规模或重要的污染性工业产生的可能的污染，是一个放散物对所有环境介质（即地面、水和空气）可能形成危害的综合污染控制（IPC）管理系统。该系统属 HMIP（Her Majesty's Inspectorate of Pollution）直接控制，为了达到最佳能实现的环境效果（Best Practicable Environmental Option），要求采用可以采用的最佳而成本又不很高的技术（Best Available Techniques Not Entailing Excessive Cost）。有关水污染的控制还必须考虑国家河流管理局的规定。

较小规模的工业管理属于另一个系统，其中对空气和法定公害污染物的控制（分别属于 EPA 第一和第三部分）由地方部门负责（例如地区和自治市），地面污染控制（属于 EPA 第二部分）由废料管理部门负责（WRA's），水污染由单独立法的国家河流管理局（NRA）负责（内陆水域污染按 1991 年的水资源法管理，城市下水污水按 1991 年的水工业法和 1989 年的工业污水管理条例管理）。

HMIP 出台了一系列流程工业实施细则，其中特别与冶金有关的有：

IPR2/1　炼钢炼铁过程，1994 年 10 月

IPR2/2　（钢铁）铸造，1994 年 10 月

IPR2/3　电弧炉炼钢、再生钢和特种合金，1994 年 10 月

IPR2/4　锌和锌合金生产过程，1994 年 11 月

IPR2/5　铅和铅合金生产过程，1994 年 11 月

IPR2/9　铜和铜合金生产过程，1994 年 11 月

（2）空气污染防治

① 空气污染立法。

在英国，空气污染防治立法已有较长历史，首部清洁空气法于 1956 年实施。1974 年出台的污染控制法侧重空气污染控制，这种强调单项领域的控制容易使其他方面的污染控制受

到忽视，但直到 1990 年才出台了较全面的环境保护法，该法纳入了流程工业环境污染物的控制。

1989 年空气质量标准条例赋予环境国务大臣对某些空气污染物的控制负责，其中包括 SO_2、悬浮颗粒物、NO_2 和空气中铅。该条例要求极限值不得超过 EC Drectives 的规定值。表附 1-60 列出了英国对流程工业中一些生产过程某些放散物的极限值。

表附 1-60　　HMIP 空气放散物极限值　　单位：mg/m^3 空气

	总颗粒物	二噁英①	镉⑤	SO_2	汞⑤	$NO_2$④	HF	其他
IPR5/1，商业和内部化学废料焚烧⑧	20	$1ng/m^3$②	0.1③	50	0.1	650④	—	Sb、As、Cr、Co、Cu、Pb、Mn、Ni、Sn 和 V 总计 1⑤
IPR5/2，医疗废料焚烧⑧	30	$1ng/m^3$②	0.1③	50	0.1	350④	—	As、Cr、Cu、Pb、Mn、Ni 和 Sn 总计 3⑤
IPR5/3，城市废料焚烧⑧	30	$1ng/m^3$②	0.1	300	0.1	350	—	As、Cr、Cu、Pb、Mn、Ni 和 Sn 总计 1⑤
IPR5/11，水处理淤泥回收利用⑧	20	$1ng/m^3$②	0.1	300	0.1	650	—	As、Cr、Cu、Pb、Mn、Ni 和 Sn 总计 1⑤
IPR2/1，钢铁联合企业⑪	60⑦	$1ng/m^3$⑥	—	250（25）⑨	—	—	5⑩	Pb1⑥、Cr2⑥、Ni⑥
IPR2/2，钢铁铸造⑪	10/15/20⑥	$1ng/m^3$⑥	0.2⑥	—	—	—	5⑩	Pb1⑥、Cr2/4⑥、Ni1/2⑥
IPR2/3，电弧炉炼钢及特种钢生产⑪	10/15/20	$1ng/m^3$	0.2	—	—	300	5⑩	Pb1/3⑥、Cr2/4⑥、Ni1/2⑥
IPR2/4，锌及锌合金生产⑪	10/20	$1ng/m^3$	<0.5	800	—	—	5	Cd、Hg 和 Th 总计 0.5⑤⑥，Sb、Cu 和 Sn 总计 2⑤⑥
IPR2/5，铅及铅合金生产⑪	10	$1ng/m^3$	<0.5	800	—	—	5	Cd、Hg 和 Th 总计 0.5⑤⑥，Sb、Cu 和 Sn 总计 2⑤⑥，Pb2⑥
IPR2/9，铜及铜合金生产⑪	10	$1ng/m^3$	—	500	—	400	—	Pb2⑤、Ni5⑤、P5⑤

① 毒性当量（TEQ）。
② 通过技术进步应尽量使 polychlorinated dibenzodioxins 和 polychlorinated dibenzofufrans 放散物降至 0.1 ng/m^3 的 TEQ 目标。
③ xxx 和铊总计值。
④ 以 NO_2 代表。
⑤ 适用于金属及其化合物（包括气态）。
⑥ 平均浓度。
⑦ 峰值浓度。
⑧ 适用于所有新厂。
⑨ 括号内的数字洗涤净化后的数字。
⑩ 氟化物。
⑪ 行业内的综合数。

② 水污染防治。

a. 水污染立法。

1989 年英国的水工业整体进行了重建，供水和污水处理分别属于两个不同的管理部门。从 1989 年起，原来的水法被其他一些相关法律所取代，包括 1991 年的水工业法，1991 年的水资源法。因此，国家河流管理局（NRA）负责全部的水管理。

b. 水污染限度。

火法冶金工业需消耗大量的水，同时也是产生污水的重要源头之一。表附 1-61 是英国水管部门针对火法冶金制定的防止水污染排放物的限定值。

表附 1-61　HMIP 水污染放散物极限值

	IPR3/5，城市废料焚烧		火法冶金过程					
	抽样	每月一次样③	IPR2/1 钢铁联合厂	IPR2/2 钢铁铸造	IPR2/3 电炉钢和特殊钢①	IPR2/4 锌及锌合金⑤	IPR2/5 铅及铅合金⑤	IPR2/5 铜及铜合金②
镉	60	50	50	50	50	100	100	NS
汞	15	20	20	20	20	20	20	NS
铬	NS	NS	200	200	200	NS	NS	NS
铅	NS	NS	200	200	200	NS	NS	NS
镍	NS	NS	500	500	500	NS	NS	NS
锌	NS	NS	500	500	500	NS	NS	NS
其他	—	—	氰化物 500	悬浮固体 5 000 油 10 000	悬浮固体 5 000 油 10 000	—	—	—

注：NS—未制定。
· 极限值以μg/L 排放物表示，流量比例抽样。
① 除不锈钢外还可用于其他合金钢。
② 包括排放出铜、铬、铅、镍和锌等对环境可能产生危害的其他工艺过程。
③ 按一星期的流量样品计。
④ 包括全部新建厂。
⑤ 包括排放出对环境可能产生危害的金属，如砷、锑、铜、铬、铅、镍、锡和锌等的其他工艺过程。

③ 固体废料管理。

英国大型冶金企业是按综合污染控制条例执行，事实上每个企业都有自己的处置场地，例如填埋场。HMIP 将这种废料的管理下放给了地方废料管理部门。英国的废料管理系统现在正在调整，从 1994 年 3 月以来许多条例和管理方式在不断重新修订。废料的管理、堆存和处置是一项很复杂的工作，包括技术和经济问题。生产者必须按规定的废料处理安全性和指定的地点进行处置。废料的处置必须保证在 50～100 年内不会发生环境安全问题或可生物降解。

④ 可浸出性试验。

固体废料的可浸出试验是为了验证废料中含的成分，特别是有害物质在室内或露天堆置或填埋条件下对环境可能存在的危害前景。这对冶金过程产生的固体废料很重要，生产者可根据这种浸出性试验来改进生产工艺并对产出的固体废料进行相应的处理，环保部门可借此制定相应的管理条例和惩治办法。表附 1-62 比较了三种标准的可浸出性试验方法以及列出了三种试验方法的差别。这些差别主要体现在 pH 范围和试样的制备方面。

表附 1-62　　标准可浸出性试验方法的比较

<table>
<tr><th colspan="2">试 验 方 法</th><th>DIN38414① —淤泥和沉淀物部分 4</th><th>脏土的 NRA 浸出试验法②</th><th colspan="3">NVN2508③ 煤燃烧废料浸出性质的测定</th></tr>
<tr><td rowspan="3">备 样</td><td>取样</td><td>参照德国标准方法</td><td>参 照 DD175（1988）</td><td colspan="3">“NEN3010 或别的相应标准”</td></tr>
<tr><td>磨碎和备样</td><td>试样粒度不小于 10mm</td><td>粒度＞5mm</td><td colspan="3">在 105℃下干燥至恒重，粒度＞3mm</td></tr>
<tr><td>样品量</td><td>100g 干料</td><td>自然含水状态 100g 料</td><td>柱试验，至少 4 倍柱高等效量</td><td>串级试验，40g 干样</td><td>最大可浸出性试验，10g 干样</td></tr>
<tr><td rowspan="3">浸出方法</td><td>单循环浸出法</td><td>室温下用 1L 蒸馏水或纯水稀释试样，振荡 24h</td><td>无时间规定，用 1L 蒸馏水（pH 5.6）稀释试样，振荡 24h</td><td>干样置于两端有 0.45μm 滤网的 PE 柱中，酸性“软化水”（pH 4）向上通过柱子，进行 7 次冲洗</td><td>用 0.8L 酸性“软化水”（pH 4）稀释，振荡 23h，防止 CO_2 溶入</td><td>用 1L 酸性“软化水”（pH 4）稀释，搅拌 4h，必要时加酸控制 pH 值保持为 4</td></tr>
<tr><td>反复浸出法</td><td>重复一次单循环过程</td><td>仅一次单循环试验</td><td>NS</td><td>联合浸出：用前段浸出液制备的渣；共 5 段浸出，重复一次单循环过程</td><td>NS</td></tr>
<tr><td>最终浸出液制备</td><td>用过滤或离心法除去未溶的渣，如浸出液不“清亮”，再经 0.45μm 渗透膜或压滤机过滤</td><td>试样沉淀 15min；经 0.45μm 渗透膜过滤</td><td>测量 pH 并酸化至 pH 2</td><td>试样沉淀 15min；经酸洗的 0.45μm 渗透膜过滤；测定 pH 和电导率；酸化至 pH 2；收集渣再浸出</td><td>试样沉淀 15min；经处理的 0.45μm 渗透膜过滤；酸化至 pH 2</td></tr>
<tr><td rowspan="2">分 析</td><td>固 体</td><td>评价综合可浸出性</td><td>至少 30%的试样经可浸出性试验</td><td colspan="3">必须按 NVN2507 规定的方法彻底浸出，测定物质的酸一碱行为</td></tr>
<tr><td>浸出液</td><td>NS</td><td>NS</td><td colspan="3">NS</td></tr>
<tr><td colspan="2">评 价</td><td>计算被浸出物质的量以及可浸出物的比率</td><td>以浸出液中物质浓度表示浸出结果，并与水质标准比较</td><td>算出累计的可浸出物百分率，预测 5 年内在自然条件下物质的可浸出性</td><td>算出累计的可浸出物百分率，预测 5～50 年内在自然条件下物质的可浸出性</td><td>算出物质可浸出性百分率，预测 50 年后在自然条件下物质的可浸出性</td></tr>
</table>

注：① 德国标准。
② 英国河流管理局暂行办法。
③ Draft Dutch 标准。
NS—未制定。

⑤ 治污付费责任。

简单的事实是治污成本如何，谁付钱？当然，污染者应当支付。污染者支付是世界大多数国家污染防治立法的基本原则，但执行难度也较大，污染者总想回避付费和治污的责任。事实上，政府和社会都要承担部分责任，这种责任表现为三种形式：

a. 作为消费者，通过对所需产品付给较高价格，其中部分费用可能是为环保治理而付出的；

b. 作为纳税人，提高中央和地方政府在环保方面的作用，承担了责任和享受清洁的环境；

c. 作为受害者，受到环境污染的危害时，可从产品的生产者和污染的制造者得到相应的补偿。

4. 对我国有色金属工业有影响的一些国际条约及协议

改革开放以来，我国工业的发展受到国际环境法的约束越来越多，特别是近几年，这种影响和约束更在显著地增加。

中国是国际环境条约和协定的成员国，加盟这些条约就意味着必须遵守国际环境条约的条款。对有色工业有影响或约束的国际环境条约见表附 1-63。

表附 1-63 对我国工业发展有影响或约束的国际条约/国际协议

条约/宣言	探矿采掘	生产过程	产品
（里约热内卢）21 世纪议程	○	○	○
关于大气质量的条约（京都议定书）		○	
关于有害废物的巴塞尔公约		○	○
关于生物多样性的条约	○	○	
关于气候变化的条约		○	
关于 LRTAP 重金属协议书的条约		○	○
开发银行指导方针	○	○	
EIA（环境影响评价）条约			○
GATT（关贸总协定）			○
ISO 14000 标准	○	○	
拉姆萨尔公约	○	○	
斯德哥尔摩/里约热内卢宣言	○	○	○
联合国各项计划	○	○	
关于水质条约		○	
世界遗产条约	○	○	○
“可持续性发展”			

除了表附 1-63 中这些约束力很强的条约、协定以外，还有许多有影响力或者说对工业发

展有潜在影响的“非强制性规定”，包括：声明、决议、原则、联合国和其他首脑性 IGO、UGO 团体制定的指南和行动准则。为了使我国有色工业向更为有利的方向发展，要特别关注上述规则及条约的变化动态。

目前国际非强制性规则有：1972 年联合国人类环境会议的斯德哥尔摩宣言、1992 年里约热内卢联合国环发大会的（可持续发展）21 世纪议程、联合国大会决定[联合国全会、UNDP（联合国环境署）、UNCTAD（联合国贸发会议）、UNESCO（联合国教科文组织）、WHO（世界卫生组织）、世界银行、APEC（环太平洋经合组织）]和 EUC（欧盟）等地区性 IGO 的规劝。

非强制性规则对各国的约束力有两种渠道，一是各种援助及金融机构（世界银行和其他 IFO 等）在做资金援助时出于环境灾害的经验对援助提出附加条件；二是国际法院采用国际基准。国家的环境法和定义大多数源自国际法和基准。

我国已加入世界贸易组织（WTO），WTO 将对中国的贸易量、贸易结构产生深远的影响，随着产业结构的深刻变化，总体污染水平与不加入 WTO 的基准污染水平比较，将会逐年下降。WTO 要求全球资源最优化配置，其中对环境保护有严格要求，也就是说产品在环境保护方面不付出代价是不能进入世界贸易市场的。我国部分产品不能出口即是受到上述条约的制约。对此，自觉遵守国际环境法对我国有色工业的发展既是挑战，更是机遇。

现行的 ISO 14000 是环境管理系列国际标准，是以规范国际间的企业和社会团体等组织的活动、产品和服务的环境行为，支持全球的环境保护工作。我国加入 WTO 后，对环境有重大污染的产品，其出口将会受到抑制，因此，有色工业要十分重视结构调整，减少有色工业产品的结构性污染。对此问题我们应给予足够的重视。

（五）防治的措施及效果（案例分析）

1. 防治措施及效果

随着贯彻和落实科学发展观的逐步深入，国家积极倡导建设资源节约型和环境友好型社会，大力发展循环经济，加强自然生态保护，加大了对资源与环境保护的投入力度，资源的有效利用与环境保护工作取得了一定进展。但是，随着我国经济的快速增长，造成的资源环境压力也越来越大，资源消耗高、浪费大，对经济发展的制约问题仍很严重，特别是污染减排的任务仍十分艰巨。因此，污染防治技术的进步及防治措施的实施效果就成为减轻消除环保压力重要的一项工作。

“十五”以来，有色金属工业加强了现有污染源的治理及“三废”综合利用技术的开发和应用，有色金属工业在节能降耗，提高资源综合利用率，减少工业废物产生量和排放量的同时，一直在强化现有污染源的治理，成效显著，为改善有色金属工业环境状况发挥了重大作用。除已纳入建设项目环境保护“三同时”管理的项目外，2005 年有色协会统计的重点有色企业污染治理费用 22.74 亿元，同比增长 4.42 亿元，增幅 24.12%。

科技创新，推行清洁生产，促进了中国有色金属工业污染防治技术水平的进步，产品技术含量和工艺装备水平明显提高，在产量快速增加的情况下，主要污染物的排放量得到有效控制，特别是在大型企业。

- 铜镍冶炼淘汰反射炉、鼓风炉生产工艺。闪速熔炼、富氧熔池熔炼已成主导生产工艺
- 电解铝生产已全部淘汰自焙槽生产工艺，大型预焙槽生产已达或接近世界先进水平
- 铅冶炼取得重大突破，从污染型转向清洁型
- 一水硬铝石矿氧化铝生产开发出独有、成熟的工艺，步入清洁生产行业

2003 年清洁生产工艺生产的铜已经占国内铜产量的 70%以上，大型铜冶炼企业经过技术改造，全部采用清洁生产工艺。2005 年，中、大型企业的铜冶炼能力占全国总冶炼能力的 80%以上，从而使我国铜冶炼 80%以上的产量是由基本拥有当前国际先进熔炼技术和装备的企业生产的，经济指标和环保指标得到提升：冶炼烟气中 SO_2 浓度提高到 8%以上，都采用二转二吸制酸新工艺，硫的回收率由 60%～70%提高到 95%以上，环保达标；由于采用自热熔炼，每吨粗铜工艺综合能耗由 1～1.2t 标煤下降到 0.6～0.7t 标煤；铜冶炼回收率达 96%～97%，铝电解回收率达 97%，达到或接近国际先进水平。

根据国家产业政策，2005 年铝电解中已基本淘汰了落后的自焙槽铝电解生产工艺，全部采用属于清洁生产工艺的预焙槽，350kA 特大型预焙阳极电解槽技术实现规模化生产，总体技术达到国际先进水平，标志着我国铝电解大型槽技术已步入世界前列。目前铝电解特征污染物氟化物净化效率达 98.5%以上，集气效率达 98%，氟化物的吨铝排放量由以前的自焙槽的（吨铝）23kg 下降到 1kg 以下，大型企业达 0.6～0.7kg。同时电耗也明显下降，2005 年 1—7 月预焙槽直流电耗下降到 13 595kW • h/t 铝，接近世界先进水平。

铅冶炼技术近年来取得重大突破，自主研发的铅精矿氧气底吹熔炼－高铅渣鼓风炉还原贫化技术（SKS），已达到国际先进水平，为我国铅冶炼淘汰落后工艺、进行清洁生产开辟了一条新路。该技术工艺综合能耗低、吨粗铅能耗 300～400kg 标煤，硫的捕集率达 99%，SO_2 排放达标，铅银金属回收率达 98%～98.5%。

总体讲，国有大型有色冶炼企业通过技术改造及引进国外先进冶炼工艺，其有色冶炼工艺水平得到了比较大的提高，同时其对产生的主要污染物的排放控制水平、再利用水平已有较大进步。2006 年新开发的治理技术不断在治理项目中得到应用，并得到良好效果。如豫光金铅集团在炼铅新工艺工业化后，又针对二氧化硫非稳态转化制酸尾气浓度较高的现状，确定了利用自身氧化锌粉吸收二氧化硫进行尾气治理的方案，制酸尾气治理技术得到极大改善。江西铜业公司德兴铜矿采用“高浓度料浆处理技术”进行酸性废水治理，利用废料电石渣代

替石灰，不但节约了大量石灰，还解决了其他企业电石渣的污染可能，同时污水处理能力得到成倍提升。中铝广西分公司到2006年年底已累计投资6亿多元进行污染治理和环境的美化、绿化，已建成大型烟气净化系统10套，固体废物处理场6座，日处理1万t工业废水处理站1个，实现了氧化铝废水的零排放。

2．案例分析

山东阳谷凤祥集团祥光铜业公司，采用当今世界最先进的炼铜技术——闪速熔炼、闪速吹炼铜冶炼工艺，于2007年11月11日产出了首批电铜，宣布该项目的一期工程全面投产。一期设计铜产能20万t/a精铜，二期建成后总产能为40万t/a精铜。该项目的主要特点是：

① 高效。首先，采用闪速熔炼、闪速吹炼的“双闪”铜冶炼工艺，只有美国肯尼科特铜公司报道过采用该工艺的工业试验结果，祥光是世界第二个采用该工艺的企业。该工艺的最大特点就是冶炼效率高。其次，采用世界先进的卡尔多炉技术处理电解阳极泥回收贵金属。这些技术都是目前世界先进的炼铜工艺。

② 节能。“双闪”铜冶炼工艺是世界公认的节能工艺，冶炼过程烟气余热回收发电。总能耗指标比国家规定的铜行业准入指标低31.74%。

③ 环保。高浓度的铜熔炼、吹炼SO_2烟气转化技术和加拿大康士富阳极炉尾气脱硫技术，使进入硫酸和硫酸盐中的硫回收率达99.9%；生产中的用水部分来自凤祥集团（主业为鸡饲养和屠宰）废水处理中心的中水。冶炼厂自己也设有水处理厂，处理后的中水返回过程使用。全厂总水复用率达99%，无重金属外排；冶炼渣浮选回收铜后送下游企业作为原料，无外排渣。

显然，这是目前我国最佳的节能、环保型炼铜企业。

（六）有色工业污染防治的发展趋势

1．有色工业污染防治的趋势

（1）国外及我国台湾地区概况

当前，世界有色金属的生产主要（70%～80%）是靠硫化矿，其次是氧化矿。硫化矿主要采用火法冶金工艺，因为在火法冶金过程中可充分利用硫和铁氧化放出的热量而节约能源。氧化矿则多采用湿法冶金处理。

20世纪60年代开始，随着有色冶金工业的迅速发展带来的一些震惊世界的环境污染事件，使一些国家的政府决策者和冶金科技工作者初步认识到冶金中环境问题的严重性。随之在70年代两次出现的世界石油危机，又使人们认识到了能源和节能问题的重要性。于是20

世纪 70 年代后半期开始到 20 世纪末，首先在发达国家开始了有色金属冶炼厂的现代化改造，目标就是围绕着节能和环保两大课题。毫不夸张地说，节能决定着企业生产技术的经济性，而环保将决定其能否生存下去。

到 20 世纪 90 年代末，在发达国家已完成了有色金属工业的现代化改造，具体体现在：在铜工业中完全淘汰了沿用了几百年的以鼓风炉、反射炉、电炉等为主的能耗高、环境污染严重和生产率低的老工艺和设备，代之以奥托昆普（式）闪速熔炼技术，加拿大铜崖（卧式）闪速熔炼、诺兰达炼铜法，日本的三菱连续熔炼－吹炼法，澳大利亚的奥斯墨特和艾萨法，俄罗斯的瓦纽科夫法和德国的康托普法。其中，闪速熔炼占当今世界粗铜产量的一半以上；铝生产的基本工艺变化不大，但近几十年来围绕着节能和环保不断进行生产技术的革新和工艺的完善。最重要的标志是世界先进铝生产的能耗从 20 世纪 50 年代末的吨铝（直流电）能耗 21 000kW・h 降至 21 世纪初的约 13 000kW・h，能耗下降 38%以上。普遍采用的 30 万 A 以上的大型预焙电解槽，环境条件良好。世界铅的生产基本只有火法，到 20 世纪末，约 80%的铅仍是采用传统的烧结－鼓风炉工艺产出，但该工艺已有很大改进。为提高 SO_2 捕集率，改过去的鼓风烧结为吸风－返烟烧结，使烟气能制酸。其次是鼓风炉熔炼采用富氧，加强炉子密封措施，使鼓风炉熔炼生产率大大提高，降低了焦耗以及烟气可用于制酸。同时，一些新的炼铅工艺陆续应用，正在逐步取代传统工艺，这些新工艺包括：俄罗斯的基夫赛特法，除在俄罗斯的 3 家工厂外，在德国、意大利、玻利维亚和加拿大各有 1 家工厂采用。德国的 QSL 法，在德国和韩国应用。瑞典的布利登炉法是全封闭式作业，无烟气泄漏。艾萨法和奥斯墨特法已有了推广应用。此外，世界还有几家密闭鼓风炉（ISP）法的工厂在操作。铅生产的环境状况虽然已有重大改善，但远不及铜，因为铅有剧毒且易挥发，必须小心防护；生产过程中硫的捕集率也没有铜好。世界 80%以上的锌产自湿法炼锌，ISP 法的产量约 10%，其余为一些较落后的（竖罐、电热法等）工艺，主要在一些发展中国家应用。湿法炼锌硫的捕集率也很高，可达 95%以上。

一大批新兴工业国家，如韩国、澳大利亚、比利时、西班牙、奥地利、瑞典、芬兰、智利等，中国等发展中国家，以及南非、津巴布韦、土耳其、独联体国家等，都陆续加入了这种技术改造行列。世界的有色冶金工业技术水平有了很大改观，环境状况也大为改善。但也应看到，许多发展中国家还在采用前述的落后设备在生产。

① 废气。

从整体环境状况看，发达国家对有色冶金最敏感的是废气，即重点是 SO_2 的防治，它也是生产工艺改造的两大目标之一（另一个是节能）。铜工业的状况最好，其中美国肯尼科特－奥托昆普闪速熔炼、吹炼直接生产粗铜工艺的工业化试验硫的捕集率达 99.9%。通过采用富氧，闪速熔炼普遍能做到 98%的硫捕集率。现在，日本各冶炼厂 SO_2 的固定率平均已超过 99.5%，这可能在世界已达到了最高水准。

图附 1-24 是世界一些著名铜冶炼厂 SO_2 排放情况比较。

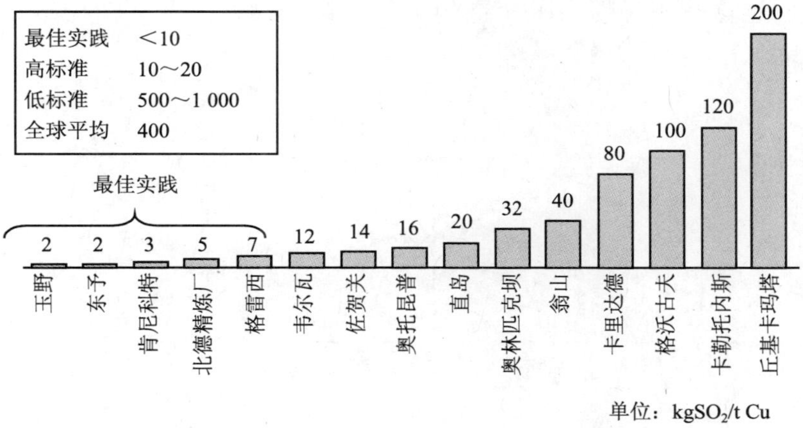

图附 1-24　世界著名炼铜厂 SO_2 排放的分类

火法冶炼中一些有毒重金属也会随烟气放散进入大气环境，为社会关注。在发达国家冶炼厂的烟气排放必须满足国家和各级地方政府制定的法规标准要求。通常在厂内由公司自设的许多空气监测点监测，厂外四周由地方环保部门设监测点监测，超标则重罚。

瑞典布立登公司铜冶炼厂也很重视环境治理工作，表附 1-64 是有毒重金属排放情况，表附 1-65 为 SO_2 排放情况以及与世界几个著名冶炼厂的比较。从表附 1-64 看出重金属排放全部低于瑞典容许的限度值。

表附 1-64　瑞典布立登公司重金属排放情况　单位：t/a

排放物	Cu	Pb	Zn	Cd	As	Hg
1998 年	0.96	0.86	5.1	0.10	0.98	0.05
1999 年	1.0	0.8	1.9	0.03	0.55	0.05
1998 年前的限度值	2	2	8	0.4	20	0.1
1999 年后的限度值	2	2	4	0.1	1	0.07

表附 1-65　SO_2 排放情况

冶炼厂	SO_2/（kt/a）	单位排放量
肯尼科特（美国犹他）	0.8	2.7 kg SO_2/tCu
NA 汉堡（德国）	2.2	10 kg SO_2/tCu
布立登（瑞典）	3.3	15 kg SO_2/t 金属
奥托昆普公司（芬兰）	3.0	15 kg SO_2/tCu＋Ni

德国的北德精炼厂毗邻汉堡市中心，公司始终对环保问题非常重视。现在，该公司已成为世界烟气清洁排放最好的炼铜企业之一。这主要是因为在环保设施方面花费了大量投资，仅从 1981 年以来用于环保方面的投资就在 2.4 亿欧元以上，目前每年环保的操作成本约为

6 500 万欧元。

北德精炼厂通过这些措施使厂区空气中可吸入颗粒物大幅度下降（图附 1-25），而且大大改善了厂区周围的环境空气质量。

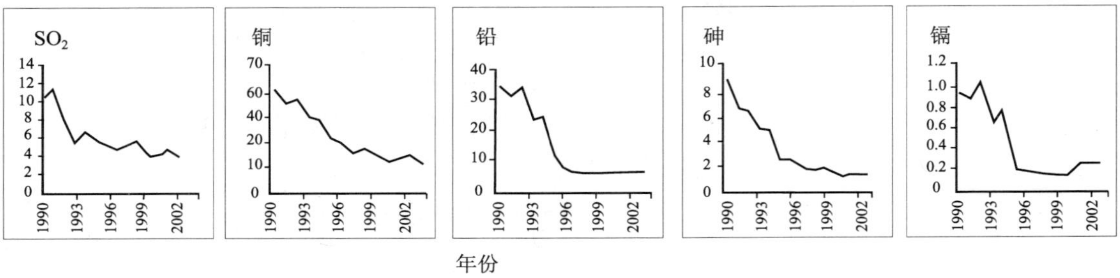

图附 1-25　空气中放散物的下降趋势（单位：g/tCu，SO_2kg/ tCu）

图附 1-26 是北德精炼厂环境投资和操作费用。

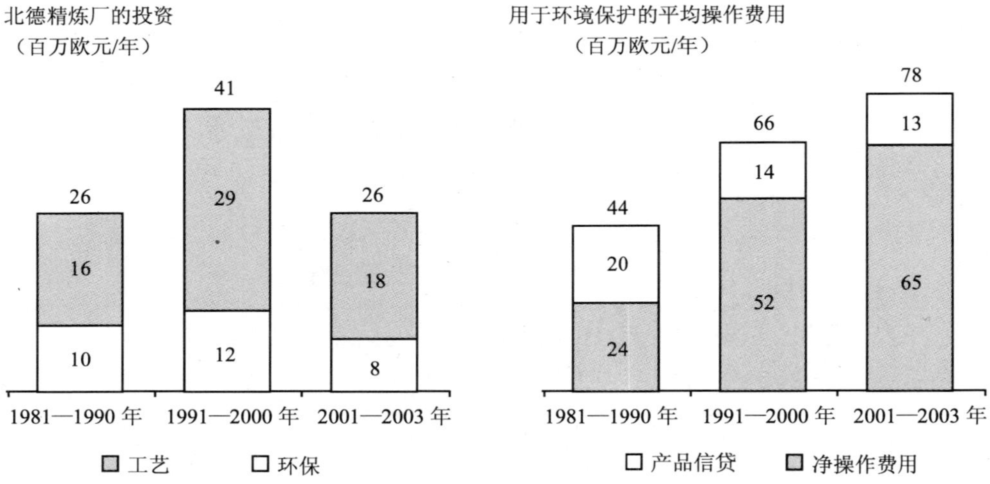

图附 1-26　北德精炼公司环保投资和操作费用

关于二噁英，主要是因火法冶炼中的原料里含有氯化合物，在一定的加热温度下会生成二噁英，这是一种强致癌物质。有色冶金中多产生在二次资源的处理中，如各种废杂金属原料中往往有含氯塑料。日本制定的行业排放上限为：总计 11.8g TEQ/a，这是一个非常严格、难以达到的标准。现在适用于再生金属的二噁英排放标准为：现有设备 5ng TEQ /m^3，新增设备 1 ng TEQ/m^3。一些再生金属生产企业往往难以达到这种标准。

② 废水。

以美国为例。美国饮用水很重视有色金属的污染，表附 1-66 是美国制定的饮用水标准。

表附 1-66　　美国公众健康管理局饮用水标准

项　目	标　准/（$\times10^{-6}$）	项　目	标　准/（$\times10^{-6}$）
砷	0.05	铅	0.05
钡	1	锰	0.05
镉	0.01	氮化物	45
氯化物	250	硒	0.01
铬	0.05	银	0.05
铜	1	硫酸盐	250
氰化物	0.2	锌	5
铁	0.3		

很少有有色金属加工企业排放物能达到饮用水的排放标准，所以，美国环保部门针对矿业（冶）废水的排放又制定了一套排放标准，如表附 1-67 所示。

表附 1-67　　矿业（冶）行业污染物排放极限

项　目	日最大量/（$\times10^{-6}$）	30d 平均/（$\times10^{-6}$）
铜	0.3	0.15
锌	1.0	0.5
铅	0.6	0.3
汞	0.002	0.001
镉	0.1	0.05
溶解铁	2.0	1.0
铝	2.0	1.0
COD	—	500

③ 固体废料。

固体废料的范围很广，有色冶金固体废料属于工业固体废料类。有色冶金工业最大宗的固体废料是矿山固体废料，主要是矿山剥离废石和选矿尾矿。这类固体废料利用或处理的技术方法报道很多，诸如矿山充填、复垦（田），其次有回收利用做各种工业和建筑材料的原料。这项工作已在许多国家开展多年，但未见完整的报道某个国家的矿山固体废料已处理或回收利用的比例。另一类是冶金固体废料，主要是冶金渣、烟尘、飘尘、淤泥等，这类固体废料利用或处置率比较高，通常大型企业都在 90%以上。最普通的处理方式是：冶金渣作水泥添加料、制砖或作筑路材料等，烟尘、飘尘、淤泥等在回收有价金属或作无害化处理后填埋。下面以中国台湾地区的处理为例。

中国台湾地区报道了较全面的固体废料处理情况的报告。台湾地区每年约产生 4 833.9 万 t 固体废料，其中包括约 770.8 万 t 家庭废料、1 445.7 万 t 制造业废料、763.5 万 t 废金属、641.3 万 t 废纸、557 万 t 建筑废料、635 万 t 农业废料、9.9 万 t 医药（疗）废料和其他废料（城市废水处理厂产生的废料、教育机构和其他废料等）10.7 万 t。在所有废料中，每年 1 445.7 万 t

的制造业废料占第一位，占总废料量的 29.9%。

按 2004 年的统计资料，回收或再利用的废料约为 2 724 万 t，其中 1 032 万 t/a 是从制造业中回收的，约占制造业产出废料的 70%。表附 1-68 列出了一些高回收率的废料量。

表附 1-68　　我国台湾地区回收的废料量

种　类	回收量/（万 t/a）
普通废料	73.9
其他普通废料（蔬菜、厨房废料、焚烧灰）	100.1
制造业废料	1 032.0
农业废料	524.5
废纸	236.9
废金属	756.6
合计	2 724.0

资料来源：“台湾工业开发局资源回收工业促进会”，2004。

（2）中国大陆概况

如前所述，中国的有色冶金工业国有大型企业也已基本完成了技术改造。以源头治理为主，采用清洁生产工艺是总的发展趋势，新建的山东阳谷凤祥集团祥光铜业公司采用“双闪”法说明世界最先进的炼铜技术已进入了中国，这是代表这种趋势的最佳例子。然而为数众多小企业仍在严重地污染着环境，关键是国家和地方政府的态度。另一个例子是有色冶金工业中的铝工业，这几年国家已强令关停了 60kVA 以下（含 60 kVA）铝电解槽。十几年前 60 kVA 是我国铝生产的主流电解槽，关停后使吨铝电耗平均降低上千千瓦时，环境状况也大大改善。关停技术落后、环境污染严重的小企业应当也必然成为我国今后污染防治的大趋势。

① 有色冶炼大气污染防治技术趋势。

改进工艺和设备是减少废气排放的根本途径，同时也是提高生产能力和降低能耗的重要措施。近年来，许多国家在确定生产工艺和设备之前，先对各种生产工艺和设备废气的排放状况进行研究，并在设计时充分考虑废气的产生与防治问题。例如现在采选多用大型的凿岩、铲装和破碎设备；冶炼尽量提高烟气中的二氧化硫的浓度，以提高硫的利用率；开发新型、高效的废气净化工艺和装备等。

此外，清洁生产是从源头削减污染，提高资源利用效率，减少或者避免生产过程中污染物产生和排放的最佳生产模式，是减少有色冶炼企业大气污染物排放的重要手段之一。

② 有色冶炼水污染防治技术趋势。

一是革新生产工艺，以消除和减少污水的排放。如将湿式收尘改为干式可以消除大量含砷、铅、铜的污水。二是提高水的重复利用率。污水重复利用，既避免对环境的污染，又减少了污水处理的费用，效益明显。三是研究新的处理方法，研究能综合回收有价金属，实现变害为利、变废为宝的污水处理方法。四是开发能杜绝跑、冒、滴、漏的设备和构筑物，以减少污水的产生量。

2．有色工业污染防治的新技术

从“防”字讲，采用清洁生产工艺是关键，但不可想象中国的全部中小企业都采用清洁生产工艺。基本策略应是新建一批、改造一批、关停落后；就“治”而言，主要是末端治理。冶金工业（钢铁、有色）排放的污染物（气、液、固）的治理技术大部分都可通用，按行业特点也有各自的独特技术。前面已介绍了大量国内外的治理技术，当前的治理技术已不可胜数，关键是处理成本。换言之，企业决策者的决心问题。现实是现在国内中型以上企业基本都有环保设施，而这些设施的使用如何？

末端治理技术都有一定操作成本，而且绝大多数工艺经济效益是负值。治理技术的研发和选择原则是工艺“简单、高效和低成本”，在发达国家也是如此。例如日本是世界环境法规最严格、有色冶金工业环境情况最好的国家之一，但在含 SO_2 冶炼尾气和含重金属的废水处理中，主要方法是石灰乳喷淋和含重金属的废水石灰中和处理。

3．防治与成本的趋势

环境防治是要花成本的，有时甚至代价很高。通常，对有色冶金来说生产技术越先进则环境设施投资比例越大，例如闪速熔炼、奥斯墨特和艾萨法等现代炼铜工艺环境设施的投资占基建总投资比例的 30%～45%，但环境治理的操作费用相对较低。当前，我国的大型铜冶炼厂的建设投资比例也基本如此，环境设施的操作费用一般占生产成本的 5%～20%，这未包括环境设施的折旧费。

4．有色金属工业污染防治的新政策、新法规（包括国际公约）

前面已提及相关部门对有色冶金工业所制定的一些环境管理条例和准则，但绝大多数已不符合现在的发展形势，指标过低，应重新修订。相关单位正在组织编写新的有色金属工业废弃物（气、水、固）排放标准，目前已发布征求意见稿。

八、我国有色金属工业污染防治的思路和目标

（一）战略重点

《中国国民经济和社会发展第十一个五年规划纲要》第三篇第十三章指出，要优化发展冶金工业。即按照控制总量、淘汰落后、加快重组、提升水平的原则，加快调整原材料工业结构和布局，降低消耗，减少污染，提高产品档次、技术含量和产业集中度。

对于有色工业，应控制电解铝总量，适度发展氧化铝，鼓励发展铝深加工和新型合金材料，提高铝工业资源综合利用水平。加大铜铅锌锰矿资源勘察力度，增加后备资源，稳定矿山生产。控制铜铅锌冶炼建设规模，发展深加工产品和新型合金材料。加强稀土和钨锡锑资源保护，推动稀土在高技术产业的应用。

1. 对于大宗和共性污染物产生及排放的控制

（1）有色冶炼 SO_2 的控制

我国“十一五”计划要求，到 2010 年要实现国内二氧化硫排放量比 2005 年减少 10%。根据我国有色冶炼二氧化硫治理情况，对减少污染的治理措施、新建及改造项目采取的控制思路如下。

- 我国政府制定的《淘汰落后生产能力、工艺和产品的目录》中明确指出，坚决淘汰炉床面积在 1.5 m^2 以下的密闭鼓风炉炼铜，烧结锅、烧结盘炼铅工艺及设备。因此，必须关闭一大批生产技术落后、环境污染严重的小型冶炼厂，坚决取缔落后的工艺。
- 从源头入手，采用先进的冶炼技术，如贵溪冶炼厂的闪速熔炼、大冶有色金属公司诺兰达法熔炼、云南铜业股份有限公司艾萨熔炼、中条山有色金属公司侯马冶炼厂奥斯墨特熔炼、金川有色金属公司闪速熔炼等技术，提高烟气二氧化硫浓度，走烟气直接制酸的工艺路线。
- 将二氧化硫治理应用较好的工程作为示范工程，国家、行业给予积极推广应用。
- 结合有色冶炼自身的特点，积极开发与冶炼工艺紧密结合的脱硫技术，如氧化锌法应用于铅锌冶炼厂脱硫。
- 在选择脱硫方案时，要以市场为导向、以效益为中心，因地制宜，实现环保与经济双赢，这样才能使企业脱硫系统长期稳定地运行下去。

（2）有色冶炼废水的控制

- 开发实用的低成本含重金属废水处理后回用新技术，提高水重复利用率，降低新水用量。有色金属工业生产用水回用率低于钢铁工业的“瓶颈”在于废水回用中由于含重金属离子浓度高、净化除去并回收这些重金属难度大。现有的水处理技术投资和操作成本较高、推广应用有难度。
- 提高排污收费标准，完善和推广排污许可证制度。现行较低的排污收费使企业宁肯交费排污，也不愿增加污水处理设施，环保部门需加强环境经济规划研究，制订合理而科学的排污收费标准。
- 推行清洁生产，严格执行标准。有色金属工业以老企业居多，普遍存在设备老化、工艺落后的问题，在目前资金有限的条件下，还得依靠企业自身挖潜，在企业内实行清洁生产审核。同时制定并实施严格的排放标准，对因技术经济等原因不能回收利用的，也必须经无害化处理后才能排放。

- 加强对中小企业的监管力度，维护公众环境权益。有色金属企业的地域性很强，尤其是小型企业，大多位于经济落后、民众环保意识淡薄或人烟稀疏的地区，或因无知或为短期利益而驱动，任由不经过任何处理的高浓度重金属污水直接排放，此种情况还要靠持续开展环境教育和环保部门的强制性措施来改善。
- 抓住西部大开发的有利时机，通过加大财政转移支付和地区对口支援的力度，缩小西部地区有色冶炼和采选这一优势产业与东部地区的差距。
- 提高整体有色金属工业用水效率和废水治理水平的关键在于废水和污染物排放量大的国有大型企业水平升级。而解决局部地区重金属污染严重的关键在于加强对小型乡镇企业的监管，能并转的必须制订出合理的治理方案，治理无望的坚决关闭。
- 西部地区的有色金属矿占全国总量的 1/2，污染物去除率也表现为大部分东部省份高于四川、云南、甘肃等西部省份，因此提高有色金属生产废水处理水平的地域重点在西部。此外，江西和湖北等有色金属工业较集中省份的废水治理力度也有待加强。
- 提高有色金属工业水复用率的重点在行业金属制品生产比重较大的广东、江苏、浙江、上海等东部省份。此外，中部一些省份也不可忽视。

2. 大力推进有色金属资源的循环利用

（1）中国有色金属资源循环利用概况

有色金属循环利用无须矿山建设，与原生金属生产相比，金属的分离与提取工艺投资较少；金属循环利用的生产能耗要比原生金属低得多（表附 1-69），二次资源一般不含硫、砷等，金属循环利用产生的固体废料很少。

表附 1-69　　从矿石生产金属和从二次资源生产金属的能量消耗比较

金属	从矿石生产金属耗能/（GJ/t）	从废品生产金属耗能/（GJ/t）	节省能量/（GJ/t）	节能比/%
镁	372	10	362	97.3
铝	353	13	340	96.3
镍	150	16	134	89.3
铜	116	19	97	83.6
锌	68	19	49	72.1
钢	33	14	19	57.6
铅	28	10	18	64.3

① 有色金属循环利用基本情况。

1949 年，我国有色金属总产量仅 1.33 万 t。解放初期（1956 年以前），我国铜的生产主要是靠铜循环利用。国民经济恢复时期，有色金属列为国家重点发展领域之一，包括废杂有色金属被列为战略物资，由国家物资局储备、统一调拨。改革开放以来，国家出台了一系列鼓励和扶持二次资源综合利用的政策。20 世纪 80 年代末至 90 年代初，全国有色金属循环利用工业蓬勃发展。从 1950 年到 1995 年，共回收废旧有色金属 487 万 t，从含金、银、铂族金属废旧元件中回收黄金 4 800kg，白银 711t，铂族金属 1 990kg。1996 年有色金属循环利用总量达 78.14 万 t，占当年国内 10 种常用有色金属总产量的 14.9%，直接利用的不少于 50 万 t。1998 年有色金属循环利用产量突破 100 万 t，2000 年猛增到 150 万 t，占当年 10 种常用有色金属总量的 20%。但改革开放前，有色金属循环利用发展缓慢。此后，国家出台了一系列鼓励和扶持二次资源综合利用的政策，2002 年颁发了《中华人民共和国清洁生产促进法》，1999 年先后批准了原国家经济贸易委员会两次颁发的《淘汰落后生产能力、工艺和产品的目录》，2003 年制定了《废电池污染防治技术政策》等，2008 年制定了《中华人民共和国循环经济促进法》，并将实行循环经济定为我国的基本国策之一。这些措施对促进和规范二次资源产业的发展极为重要，而且还将完善一些相关的法规、政策和条例。

20 世纪 80 年代末至 90 年代初，全国有色金属循环利用工业发展加快。特别是从 20 世纪 90 年代中期以来呈现蓬勃发展势头，现已发展成一个独立产业，有色金属循环利用总量占我国有色金属总消费量的 20%以上，每年为国家创造几十亿元的税收（直接进口税、管理费、产品及产品增值税等）。如再考虑下游产业链（加工制造业）创造的价值，其社会和经济效益无法估量。现在全国已有各类回收企业 5 000～6 000 家，回收网点约 15 万个，从业人数达 1 500 万～1 800 万人，其中约有 1 000 万人从事个体回收，承担了二次资源市场约 80%的回收量，使各种二次资源得到了充分回收。目前国内除每年从二次资源中回收的大量铝、铜、铅外，还从国外进口大量二次铜、铝金属原料。有色金属的回收点遍布全国各省、市、自治区，但改革开放以来回收和生产的格局发生了重大变化。回收、冶炼、加工和经营形成了以长江三角洲、珠江三角洲和环渤海地区的三个有色金属二次资源集中利用区域，以江苏、浙江、广东、河北、北京、天津、上海等几个省市最为集中。目前，江苏的苏南地区，浙江的永康、台州，广东的南海，河北的清苑、安新已成为我国新兴的有色金属循环利用地区和城镇。浙江永康、山东临沂、河南长葛、湖南汨罗等形成了我国的一批专业废杂有色金属集散市场。

② 有色金属循环利用生产技术和装备水平概况。

总体上，中国有色金属循环利用生产技术和装备与世界先进水平相比还有较大差距。目前，国内铜、铝和铅循环利用的主要生产设备都为反射炉、回转炉、电炉，少数采用鼓风炉，属于传统技术装备。在中国，如前所说拆解是以人工为主，机械为辅，仅个别外资企业采用了大型机械。熔炼以反射炉为主，特别是铝，主要是单室反射炉。大型铝循环利用企业采用转炉处理铝灰，但还有许多企业采用落后的坩埚炉。大部分反射炉是烧油，少量烧煤。铜合金熔炼基本采用电炉。春兴集团采用竖炉熔炼铅效果较好，河南豫光用国内自行开发的“氧气底吹”法生产铅。铜、铝材加工设备较落后，少数企业采用的是国有企业淘汰下来的设备。大部分企业除在财务和经营统计中采用了计算机外，在生产上尚未实现计算机控制和自动化。至于小冶炼，特别是在农村的小冶炼都是采用坩埚炉、冲天炉及地坑炉等落后设备。此外，在环保、能耗及金属回收率方面与国外先进水平有明显差距。大型企业铜回收率低于 95%，小型企业在 80%以下；大型企业铝回收率在 90%左右，小型企业在 70%以下；铅的情况和铝类似。

③ 有色金属循环利用对环境影响的现状及预测分析。

2006 年中国循环（再生）金属总产量达 453 万 t，比 2005 年增长 21%。其中再生铜 168 万 t、再生铝 235 万 t、再生铅 39 万 t、再生锌 11 万 t。表附 1-70 是有色金属中长期发展中预测的四大品种金属总消费量和循环金属的生产。

表附 1-70　　铜、铝、铅、锌循环利用预测　　单位：万 t

年份	铜			铝			铅			锌		
	消费量	循环量	比例/%	消费量	循环量	比例/%	消费量	循环量	比例/%	消费量	循环量	比例/%
2010	450	200	44.4	880	320	36.4	200	70	35	320	20	6.25
2020	640	380	59.3	1 340	720	53.7	250	130	52	390	80	20.5

从表附 1-70 中可看出，预计中国到 2010 年铜、铝、铅和锌四种大品种循环利用总量将达 610 万 t，2020 年达 1 310 万 t。

到 2010 年，四种有色金属的循环量占消费量的 33%。2020 年占 50%。这样，有色金属总产量翻了一番（与 2004 年比较），但资源、能源的消耗增加不多，环境不至于明显恶化。

与生产同样数量的原生有色金属相比，到 2010 年 610 万 t 的循环利用总量年可节省 820 万 t 标准煤、节水 0.9 亿 t、少排放固体废弃物 0.25 亿 t、少排放二氧化硫 8.75 万 t。

2020 年我国有色金属循环利用量预测数为 1 310 万 t（为 2003 年的 5.2 倍）。年可节省 4 300 万 t 标准煤、节水 4.7 亿 t、少排放固体废弃物 1.2 亿 t、少排放二氧化硫 45.5 万 t、单位产品能耗下降约 40%。

（计算依据：有色金属循环利用能源节约以 70%计算，其他按 2001 年中国有色金属工业协会数据：吨金属废水排放量 36.26t，吨金属固体废物产生量 10.1t，吨金属 SO_2 排放量 0.35t。）

④ 有色金属循环利用中二噁英污染问题。

二噁英是现今人们还不很熟悉的名词，也不清楚其在环境中的存在及积累。二噁英对人类和动物的毒性影响表现为：氯痤疮、免疫系统损害以及致癌作用。

“二噁英”通常指的是紧密相关的氯化有机化合物大类，这些化合物一般有两种分子结构形式——polychlorinated dibenzodioxins（PCDD’s）和 polychlorinated dibenzofufrans（PCDF’s）。这类化合物有 210 种（其中有 17 种被认为有明显的毒性），其中毒性最强的是

2,3,7,8-tetrachlorodibenzo-*p*-dioxin（2,3,7,8-TCDD），对这些化合物已做了大量研究工作。关于 dioxin 类化合物（或这类化合物的混合物）的数据通常以“毒性当量”（TEQ’s）来表示，对于 2,3,7,8-TCDD 类化合物划分出了它们的毒性衡量系数（毒性当量系数，TEF）。

二噁英的主要产生源是：

- 化学化工过程

——聚氯芳香族类的生产和应用

——氯漂白过程（如纸浆漂白）

——冶金过程（含有色再生金属循环利用）

——工业事故

- 燃烧过程

——城市垃圾、化学和工业废料焚烧

——医疗和水处理淤泥焚烧

——机动车废气

——香烟烟雾

——矿物燃料燃烧发电厂

——火灾事故

——其他燃烧过程

目前国内科研机构、环保部门、地方政府对有色再生金属循环利用产生及排放控制二噁英的研究、立法尚处在起步阶段，监测手段还不能满足环境保护的要求。

⑤ 有色金属循环利用产业政策问题。

a. 产业政策导向。

我国有色金属循环经济和再生金属领域，已具备相当规模，再生金属利用每年 300 万 t，已相当于 1987 年全国有色金属总产量，但仍处在发展的前期。在近 6 000 家再生金属企业中，5 万 t 以上的再生金属铝企业仅有 4 家，1 万～5 万 t 企业 26 家；再生铜企业 10 万 t 以上的仅有 2 家，5 万～10 万 t 的 6 家；再生铅企业中 2 万 t 的只有 4 家，再生锌企业中 1 万 t 的只有 2 家；90%以上的再生金属企业都是小企业，表现为小、多、散。上规模、上档次，能与国际先进水平比较的企业总数不到 3%。如长此下去，将无法有效解决环保治理、再生技术开发和技术进步、提高资源利用率和合理利用以及更多地节能、节水等问题。

因此应制定明确的有色金属循环经济的产业政策，其主要思路是要鼓励一批技术装备水平高，科研开发能力强，各项技术经济指标先进，环保达标，可直接和国际接轨的大企业和循环经济再生金属园区的建设、改造和发展。

改造一批技术装备水平、检测手段、环保设施可以达到国内先进水平的中型企业。淘汰一批使用燃煤反射炉、利用废杂铜生产“黑杆”、坩埚炉、烧结锅、烧结盘、简易高炉等落后生产工艺，无法实现环保达标的中小型再生金属冶炼加工企业。中小拆解企业逐步限期实现园区化，集中解决环保和技术进步。

b. 鼓励金属废料进口的政策导向。

要进一步改变对金属废料的认识，对再生金属行业和原生金属一样，必须长期努力提高它的各项技术经济指标、质量和利用率，同时提高其环保治理水平，减少污染。对废金属原料的进口，宜疏不宜堵。具体政策包括：扩大进口废金属原料定点企业户数，放宽准入，放宽进口许可证发放数量或取消数量限制，扩大进口品种，同时加强监督管理；简化国外进口商的资质登记手续；建立全面准确简明的废料标准，统一课税标准，合理课税；对金属废料进口实施零关税；提高通关效率，降低通关成本，对国家级再生金属园区实行区内报关、检验、减少倒运费用和时间；鼓励国外废料企业在华设立办事处和贸易协调机构。

c. 制定有利于国内金属废料加工和回收利用的税收政策。

实行回收企业免征增值税和加工利用的税收政策。回收企业免征增值税和加工利用企业因税负增加 5 个多百分点，出现大量企业虚开普通发票，造成税收大量流失。这种混乱局面十分不利于再生金属行业的健康发展，已成金属回收利用领域反映极其强烈且久拖不决的问题，有关部门应尽快理顺，减轻再生金属行业的税负，支持这一行业的发展。

3. 有色金属企业对当地土壤及地下水的影响及其迁址后的土地利用

由于历史和发展的原因，在原有色金属工业局所属的 140 多个生产企业中，大约有 67 家有色金属企业分布在 40 个城市中，在国家确定的（1989）32 个重点城市中，有 16 个城市拥有 37 家有色金属企业。在某些地区，有色金属企业的有害排放物的负荷相当严重。随着城市发展方向及产业结构的升级，对有色金属企业的搬迁也被提上日程。如原来著名的有色金属大企业，分别地处沈阳和上海市区冶炼厂早已关闭，少数保留的生产部门也已彻底从市区迁出。

受污染城市工业搬迁地是现代城市发展过程中遇到的全球性环境问题。现代经济结构的转型和城市的发展变迁遗留了大量的城市工业遗址（国际通称“棕色地块”，Brownfield Site）。“棕色地块”多数位于大都市的中心城区，虽然具有极高的开发价值，但由于有害和危险品的污染而影响到它们的扩展和重新利用。因此，城市工业搬迁地、废弃地的污染治理和合理利用是后工业时代世界各国面临的重要环境问题。美国、英国、意大利等国都制定了相应的法律，提出了针对性的管理措施，并启动了一系列科学研究和技术研究计划。我国政府对这类土地的再利用也提出了严格的环境要求。原国家环保总局明确要求，所有产生危险废物的工业企业、实验室和生产经营危险废物的单位，在改变原土地使用性质时，必须对原址土壤进行污染程度监测分析和环境影响分析，并据此确定土壤功能恢复实施方案。如何有效地治理、恢复其土地功能，实现安全利用开发，不仅具有巨大的经济效益，而且有利于城市的生态环境建设与可持续发展。本节以沈阳冶炼厂为例，对有色金属企业对土壤及地下水的影响及其迁址后的土地利用情况进行分析并提出相应的对策。

（1）沈阳老工业区企业搬迁场地污染现状分析

沈阳是东北老工业基地的核心城市，从 20 世纪 30 年代就陆续建立了冶金、化工等重污染企业。新中国成立后，铁西区成为我国东北地区的最大集中工业园区，大中型污染企业多达 40 余家。随着国家和地方经济结构的转型和城市布局的调整，工业搬迁地日益增加，工厂原址的土壤污染治理与安全开发利用要求日益迫切。

以沈阳冶炼厂为例，沈阳冶炼厂始建于 1936 年，占地面积 36 万 m^2，为大型综合有色金属冶炼企业。主要生产铜、铅、锌、金、银、铟、硫酸等 20 多种产品，年总产量为 20 万 t。主要生产原料有铜精矿、铜灰及废铜料、铅精矿、金精矿、锌熔烧粉等。主要能源有燃料油、原煤、焦炭、焦粉和煤气等。每年产生废渣 26.660 4 万 t，其中炼铜渣 18 万 t，炼铅炉渣 7 万 t，锌渣 1 万 t。

沈阳冶炼厂由建厂到关闭的 65 年间，一直是沈阳市污染物排放大户，其中工业固体废物的产生量，特别是重金属类危险废物的种类和产生量在沈阳市占有较大比例。其主要工业危险废物有含砷废物、含镉废物、废铅渣等。

沈阳冶炼厂于 2002 年开始拆除，场地环境破坏十分严重。厂区内生产原料、中间产品的贮存场所防护条件较差，基本处于露天和半露天状态，运输原料的车辆也无防护措施，造成沿路原料的泄漏和流失，厂区一些路面已覆满了厚厚的物料，汽车驶过扬尘四处飞散，这些都促进了污染物的扩散迁移，加重了周围环境的大气和土壤污染。

沈阳冶炼厂拆除工作由于管理不当，仅回收地面设备和原材料，而忽视废渣的处置，硫酸锌、硫酸铜等液体半成品的回收及各种原料成品、半成品、中间产品在管道中的残留的处理，地表 1.0～1.5m 皆是建筑垃圾（砖、瓦、石等）和各种废渣。为挖取地下排水管网中积存的金属、贵重金属及原料沉积物，将原地表挖开，使排水管网破漏，造成厂区大部分土层、土壤被污染，给后续土壤修复和污染防治带来了严重困难。

类似情况在沈阳这样的老工业城市非常普遍。虽然污染场地大多位于城市黄金地段，但巨大的环境风险直接制约了这段黄金地段资源的高价值开发。因此，面向城市产业结构调整和经济转型的重大环境需求，借鉴国外污染场地治理先例和经验，基于国内现有基础，开发工业搬迁地的污染治理高新技术，建立集成技术系统，抢占技术制高点，保障城市污染土地利用安全，具有重大意义。

（2）沈阳老工业区污染场地的环境危害

- 扬尘污染严重。沈阳位于我国北方地区，年降水量不高但时间集中，多数季节空气湿度较小，风速较大，导致扬尘污染严重。
- 地下水污染加剧。污染场地多为降水原位散排，所有降水均渗入污染土壤，土壤淋洗过程得到强化，地下水污染状况加剧。

- 污染面积扩大。通过地下水扩散、地表径流、城市下水管网携流，污染物不断扩散。
- 人群健康风险加大。由于城市格局变迁，污染企业现多处于城市核心地区，周边住宅、学校及企事业单位密集，人群密度越来越大，各种污染途径极易引起长期驻留人群的累积中毒，造成重大公共事件。

对于此类企业的搬迁及土地利用、解决污染问题主要提出如下建议。

- 加强宣传、监督和管理工作。各级部门应加强对工业搬迁地污染的监督和管理力度，并同时加强宣传，提高公众的环保和健康意识，以此来促进工业搬迁地环境保护工作的深入开展。建立和完善工业搬迁地污染防治、控制和治理的有关法规和政策措施。
- 加强工业搬迁地污染的调查和监测工作。通过调查在摸清工业搬迁地污染总体状况的基础上，研究和建立适合搬迁企业所在城市市情的土壤环境质量评价和监测标准，制定城市工业搬迁地污染防治和治理的战略、对策。
- 重视实用技术的开发，增加治理经费的投入。过去对工业搬迁地污染问题虽然进行了许多理论研究，但由于经费投入和管理政策等多方面原因，在工业搬迁地污染的控制和治理技术方面至今仍缺乏成本低廉、简单易行的实用技术。今后应该增加有关的科研和治理投入，重点开发治理工业搬迁地污染的实用技术。
- 加强污染土地管理，禁止污染土地的出让。土地管理部门要加强对污染土地出让力度的监管，对评估报告评估不适合人类居住的土地，禁止作为居住用地出让，或必须经过土地污染治理达标以后，才可以出让。

（二）主要目标

有色金属工业节能减排的指导思想和主要目标（2010 年、2020 年）

1. 指导思想

根据国务院关于《节能减排综合性工作方案》的通知精神，结合有色金属工业的实际，“十一五”时期有色金属工业节能减排的指导思想是：以邓小平理论和“三个代表”重要思想为指导，落实科学发展观，走新型工业化道路。以提高资源利用效率为核心，以节能、节水、降低消耗、资源综合利用和发展循环经济为重点，转变增长方式，加快结构调整，推进技术进步，强化节约意识，促进有色金属工业可持续发展。

2. 有色金属工业“十一五”节能减排的主要目标

主要目标：根据我国“十一五”国民经济总体规划提出的单位 GDP 能耗降低 20%左右、主要污染物排放总量减少 10%、单位工业增加值用水量降低 30%的总体目标，提出我国有色金属工业行业主要节能减排目标如下。

（1）节能目标

氧化铝：氧化铝综合能耗低于800kg标煤/t氧化铝，比2005年降低24.8%。

电解铝：电解铝综合交流电耗低于14 300kW·h/t。

铜冶炼：粗铜冶炼综合能耗达到500kg标煤/t以下，铜冶炼综合能耗达到700kg标煤/t以下。

镍冶炼：高镍锍综合能耗达到800kg标煤/t以下，镍冶炼综合能耗达到4 000kg标煤/t以下。

铅冶炼：现有铅冶炼厂综合能耗低于650kg标煤/t，新建铅冶炼厂综合能耗低于600kg标煤/t；现有粗铅冶炼综合能耗低于460kg标煤/t，新建粗铅冶炼综合能耗低于450kg标煤/t；再生铅冶炼综合能耗低于130kg标煤/t。

锌冶炼：现有锌冶炼厂精馏锌综合能耗低于 2 200kg 标煤/t，电锌综合能耗低于 1 850kg标煤/t；新建锌冶炼电锌综合能耗低于1 700kg标煤/t。

镁冶炼：镁冶炼综合能耗低于7 000kg标煤/t以下。

（2）减排目标

氧化铝：氧化铝总回收率 82%以上，赤泥综合利用率达到 10%以上；工业废水要全面回收循环使用，实现工业废水的“零排放”。

电解铝：电解铝废气的集气效率大于98%，净化效率大于99%，排氟量小于0.9 kgF/tAl；电解铝企业平均效应系数小于 0.10，效应时间小于 3min；电解质、废阳极 100%回收并加工利用；工业废水的循环利用率应不低于95%。

铜冶炼：铜冶炼回收率达96.5%以上；硫的捕集率达到97%以上。

铅锌冶炼：现有铅冶炼厂总回收率达到 95%以上，粗铅冶炼回收率达到 96%以上，总硫利用率达到 94%以上，硫捕集率达到 96%以上；新建铅冶炼厂总回收率达到 96.5%以上，粗铅冶炼回收率大于 97%，总硫利用率大于 95%，硫捕集率大于 99%。现有锌冶炼，蒸馏锌和精馏锌总回收率分别达到96%和94%，电锌冶炼总回收率达到93%以上，总硫利用率达到96%以上，硫捕集率达到 99%以上；新建锌冶炼电锌冶炼总回收率达到 95%以上，总硫利用率大于96%，硫捕集率大于99%，各种污染物排放要符合国家标准。

工业复用水率达到 85%以上；工业固体废物（赤泥、废石、尾矿除外）综合利用率不低于60%。

3．2020年有色行业环境保护目标

目前，行业协会及国家发改委未对2010年及2020年进行规划，目前没有官方技术指标。课题组依据“十一五”减排目标测算的2020年环境保护目标如下。

氧化铝：氧化铝总回收率 85%以上，赤泥综合利用率达到 15%以上；工业废水要全面回收循环使用，实现工业废水的“零排放”，生活污水处理后全部回用。

电解铝：电解铝废气的集气效率大于 99%，净化效率大于 99%，排氟量小于 0.7 kgF/t Al；电解铝企业平均效应系数小于 0.10，效应时间小于 3min；电解质、废阳极 100%回收并加工利用；工业废水的循环利用率应不低于 98%。

铜冶炼：铜冶炼回收率达 98.0%以上；硫的捕集率达到 98%以上。

铅锌冶炼：现有铅冶炼厂总回收率达到 96%以上，粗铅冶炼回收率达到 97%以上，总硫利用率达到 96%以上，硫捕集率达到 98%以上；新建铅冶炼厂总回收率达到 97%以上，粗铅冶炼回收率大于 98%，总硫利用率大于 96%，硫捕集率大于 99%。现有锌冶炼，蒸馏锌和精馏锌总回收率分别达到 97%和 95%，电锌冶炼总回收率达到 95%以上，总硫利用率达到 97%以上，硫捕集率达到 99%以上；新建锌冶炼电锌冶炼总回收率达到 98%以上，总硫利用率大于 98%，硫捕集率大于 99%，各种污染物排放要符合国家标准。

工业复用水率达到 90%以上；工业固体废物（赤泥、废石、尾矿除外）综合利用率不低于 70%。

到 2020 年末，全国有色冶炼的主要环保方面技术经济指标接近或达到世界先进水平。

（三）关键技术

1. 现有污染控制关键技术及效果分析（举例说明）

在“八五”期间，中国有色金属工业总公司和北京矿冶研究总院等单位对有色行业的 59 个企业的工业废水和废气的治理技术进行了调查，并用加权法对每一种污染治理技术的技术指标、经济指标、环境指标和运行管理指标进行了综合评价，其结果为：属于最佳实用技术的有 18 个企业，占调查厂家数的 30.5%；属最佳可行技术的有 3 家，占 5.1%；属一般可行技术的有 16 家，占 27.2%；属不可行技术的有 5 家，占 8.5%。各企业的污染治理技术的评价结果见表附 1-71。

表附 1-71　　各企业“三废”治理技术评价结果一览表

企业名称	“三废”治理技术名称	技术类型
德兴铜矿	采选废水综合治理技术	最佳实用技术
铜陵狮子山铜矿	采选废水回收技术	最佳实用技术
凤凰山铜矿	采选废水治理技术	最佳实用技术
东乡铜矿	采选废水综合治理技术	最佳实用技术
抚顺红透山	采选混合水治理技术	最佳实用技术
贵溪冶炼厂	冶炼烟气二转二吸制酸工艺	最佳实用技术
洛阳铜加工厂	氧化锌除尘设备	最佳实用技术
水口山冶炼厂	铅锌烟气二转二吸制酸工艺	最佳实用技术
山东铝厂、郑州铝厂	氧化铝熟料窑旋风除尘、电收尘	最佳实用技术

企业名称	“三废”治理技术名称	技术类型
山东、山西、郑州、贵州铝厂	氧化铝熟料窑旋风除尘、电收尘	最佳实用技术
兰州铝厂	干法净化含氟气设备	最佳实用技术
衢州铝厂	湿碱法地面天窗二级净化治理	最佳实用技术
山东铝厂	用赤泥废液湿法净化技术	最佳实用技术
西南铝加工厂	混凝气浮法处理含油废水技术	最佳实用技术
金川公司	絮凝沉淀法处理含镍废水	最佳实用技术
金川公司	冶金化工污水处理工程	最佳实用技术
株冶集团	冶炼低浓度 SO_2 烟气二转二吸制酸	最佳实用技术
永平铜矿，白银深部铜矿	石灰中和法	最佳可行技术
德兴二期工程，武山铜矿	流态化置换-中和法处理酸性废水	最佳可行技术
东乡铜矿	置换中和法处理酸性废水	最佳可行技术
易门、白银、武山、大姚等铜矿	铜精矿溢流水自然净化法	最佳可行技术
贵州铝厂	干法净化含氟废气	最佳可行技术
云冶、大冶、铜陵、白银、	铜冶炼烟气一转一吸制酸技术	一般可行技术
韶关冶炼厂、白银冶炼厂	铅锌烟气一转一吸制酸技术	一般可行技术
山东、山西、郑州、贵州铝厂	平流沉淀法治理氧化铝废水技术	一般可行技术
郑州铝厂、衢州铝厂	湿碱法净化含氟废水技术	一般可行技术
金川、吉林镍业公司	镍冶炼烟气一转一吸制酸技术	一般可行技术
成都电冶厂	固定床树脂交换法治理废水技术	一般可行技术

下面列举几项污染治理实例。

（1）低浓度二氧化硫烟气制酸技术

适用范围：冶炼化工等二氧化硫浓度小于 1%的烟气治理。

① 基本原理。

由铅烧结机排出的 SO_2 烟气，经过湿法动力波洗涤净化，经加热达到转化器的操作温度后在转化器内转化为 SO_3，经冷却形成部分硫酸蒸气。在 WSA 冷凝器内，硫酸蒸气与 SO_3 气体全部冷凝成硫酸。产酸浓度大于 96%，尾气达标排放。铅烧结机烟气洗涤净化采用美国孟山都公司的动力波技术，洗涤产生的污酸送企业现有污酸处理系统。WSA 制酸工艺与传统的带干燥的制酸工艺有其特别之处，采用的工艺是湿式催化转化，其转化率可达 99%以上。不管烟气中 SO_2 浓度高低，都能产出 96%以上的硫酸，制酸尾气 SO_2 浓度小于 200×10^{-6}，达到了相应的排放标准。

② 技术的关键和特点。

二级动力波加二级电除雾净化系统能确保烟气含尘＜1mg/m^3；原料气含二氧化硫可在 1%以上波动，自动调节热平衡，不影响制酸效果；可产生 96%以上的硫酸；二氧化硫的转化率可达 99%以上；利用返烟技术将二氧化硫浓度提高。

③ 工艺流程。

含硫烟气→一级动力波→冷却器→二级动力波→脱气塔→电除雾器→主风机→气体加热器→中间冷却器→转化器→熔盐槽→熔盐冷却器→WSA 冷凝器→酸雾控制器→尾气排放→贮

酸罐→酸冷凝器→成品酸。

技术鉴定及专利情况，技术成熟程度：二氧化硫烟气净化采用美国孟山都公司成熟的动力波技术，低浓度二氧化硫制酸采用丹麦 TOPSO 公司的专利 WSA 湿式制酸技术，整个工艺技术成熟。

④ 主要设备。

- 设备：二级动力波洗涤器；二级电除雾器；原料气体换热器；混合器；工艺气体加热器；二氧化硫转化器；工艺气体冷却器；WSA 冷凝器；酸冷却器；酸雾控制器；熔盐冷却器等。
- 控制系统：分布式控制系统（DCS）。

⑤ 主要技术经济指标。

- 物耗：二氧化硫烟气 21 001 t/a；触媒 7 575 t/a。
- 能耗：煤气 356 300 m^3/a；电耗 9 820 800 kW • h/a。
- 水耗：总用水量 13 500 300t/a；新水量 594 000t/a；循环水量 12 906 300t/a。
- 产品性能：96%硫酸。
- 使用寿命：10～15 年。
- 排污量：312 t/a 经污酸处理和总废水处理后达标排放；尾气二氧化硫排放 166.5t/a；尾气三氧化硫排放 11.5t/a。

⑥ 投资效益分析。

- 总投资 1.4 亿元，年产浓硫酸（96%以上）63 130t（100%）计，尾气二氧化硫＜200×10^{-6}，硫酸雾＜45mg/m^3；二氧化硫转化率＞99.2%。
- 项目的经济效益、环境效益和社会效益：该项目是将原直排的低能度二氧化硫烟气通过 WSA 低浓度湿气制酸技术生产成品硫酸，可年产成品酸 63 000t 以上，经济效益明显。更主要的是该项目每年能削减二氧化硫排放 2.8 万 t 左右，减少粉尘排放量 100t/a，确保粉尘、二氧化硫、三氧化硫达标排放，对改善二控区的环境质量、减少本地的环境压力贡献巨大。项目是一个完全的环保项目，其环境效益和社会效益远大于项目的经济效益。

⑦ 技术应用情况。

项目已完成安装和调试，于 2002 年 2 月 16 日开始进行试生产，设备运转正常，各项指标均达到设计值。

⑧ 技术使用单位。

WSA 技术在丹麦、智利、法国设计投产。动力波净化技术在国内已应用。株洲冶炼厂首次开发使用该两项技术。

（2）氧化铝含碱废水综合利用技术

① 氧化铝含碱废水处理基本原理。

含碱污水经格栅、沉砂池除去杂物及泥沙后，进入两个平流沉淀池进行沉淀处理，底流由虹吸泥机吸出送脱硅热水槽加热后再送二沉降赤泥洗涤，溢流进入三个清水缓冲池，再用泵送高效纤维过滤器进一步除去悬浮物，净化后得到再生水送厂内各工序回用。

② 技术关键和特点。

a. 氧化铝生产含碱废水含碱高、水量大，治理工作仅仅定位在处理达标排放上，不仅处理费用高，而且损失大量的生产原料（碱），宝贵的水资源也白白流失。因此，将含碱废水经沉降—过滤处理后回用于生产，力争达到“零排放”，实现废水资源化利用，以消除对环境的污染，才是根本的出路。

b. 含碱废水经沉降—过滤处理后回用，处理工艺简单，只在进水水质较差时才投加混凝药剂，平时不需投药，出水水质即满足回用要求，水处理成本较低。

c. 含碱污水的综合利用必须与赤泥回水、不合格蒸发冷凝水的综合利用相结合，完善各循环水设施，加强管理，减少生产中的跑、冒、滴、漏，从源头上减少污水量，降低污水含碱度。

③ 工艺流程（图附 1-27）。

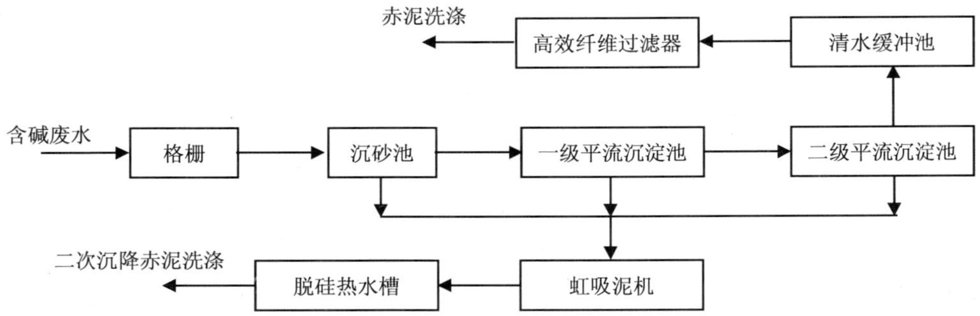

图附 1-27　氧化铝含碱废水处理流程

④ 主要设备。

平流沉淀池、高效纤维过滤器。

a. 平流沉淀池：两个平流沉淀池并联使用，单台处理能力 600m^3/h，规格 36 m×9.2 m×4m，配虹吸泥机一台。

b. 高效纤维过滤器：配置 4 台，型号、规格与电解炭素生产废水处理系统所配一致。

主要技术经济指标列于表附 1-72。

表附 1-72　　氧化铝厂（1995—2001 年）各项指标统计

指标名称	1995 年	1996 年	1997 年	1998 年	1999 年	2000 年	2001 年
新水用量/万 m^3	698	655	647	639	481	385	375
再生水用量/万 m^3	84.9	74.3	140	271	429	520	646
吨氧化铝耗水/m^3	22.4	19.5	17.3	15.2	10.3	8.0	7.35
污水排放量/万 m^3	36	320	247	183	96.5	31.2	1.3

污水处理系统各项水质指标统计列于表附 1-73。

表附 1-73　　污水处理系统各项水质指标统计　　单位：mg/L

进水		沉淀池出口		高效过滤出口	
悬浮物	硬度	悬浮物	硬度	悬浮物	硬度
208～322	36.6～47.2	30～48	24.9～28.7	8.25～20.1	20.3

⑤ 投资与效益分析。

a. 投资：600 万元。

b. 效益分析。

● 经济效益

——年节约工业新水 264 万 m^3，节约水费 137 万元；

——减少排污费约 80 万元；

——减少污染赔偿费约 20 万元；

——回收污水中的碱（折合 Na_2CO_3）1 500t，节约费用 165 万元；

——水处理成本费 193.8 万元（水处理成本 0.3 元/m^3），则年经济效益 137＋80＋20＋165－193.8=208.2（万元）。

● 环境效益

——逐年减少了污水排放量，到 2001 年仅有 1.3 万 m^3 外排水量，基本实现了“零排放”；

——消除了氧化铝含碱废水对下游河流生态环境、农田和应用水源的污染和影响，有利于农业生产及生态环境的恢复、保护。

● 社会效益

——有利于树立企业良好的形象，密切厂地关系，改善周边环境状况，支持地方经济发展。

⑥ 技术应用情况。

1987 年建成一级沉降处理系统，由于烧结法投产初期生产不稳定，废水量大，含碱度高，加上当时管理、观念等多方面因素，致使污水处理系统基本处于闲置状态，大量含碱废水外排，污染环境。随着生产形势的好转，氧化铝厂逐步采取多种节水减污的措施。1997 年 8 月开始将处理后的碱水送热电锅炉水膜除尘器作脱硫除尘洗涤用水。到 1998 年初对污水处理系统进行恢复改造，污水处理系统恢复正常运转，并随后解决了污泥出路问题，再生水进入大规模开发利用阶段。2000 年上半年又对污水处理系统进行了扩建改造，使再生水质明显提高，大大提高供水可靠性。2001 年 5 月建成深度净化系统，再生水水质再次明显改善，使再生水能长期稳定利用于氢氧化铝洗涤和重要设备冷却用水等场合，并解决再生水管道结垢问题，基本实现外排污水“零排放”。现再生水广泛用于氧化铝石灰炉气洗涤、全厂循环水和热水槽补水、氢氧化铝洗涤、真空泵活塞泵冷却水、水冷器冷却水、轴封水泵和加压泵用水、热电锅炉烟气脱硫除尘洗涤、洗车场和厕所冲洗用水等，在双休日和厂区生活水供应不足的情况下，时常抽家属区生活污水进入厂区污水处理系统，以满足供水要求。

⑦ 技术使用单位：贵州铝厂氧化铝厂。

⑧ 技术推荐、推广建议：

该技术是在特定的氧化铝厂生产耗水量大的条件下，根据用水质量等级的差异而采取的综合利用，故对湿法冶金和化工生产有一定指导意义。

2.“十一五”有色金属工业重点研发的关键技术

根据有色金属工业中长期科技规划，有色金属工业在“十一五”环保技术上的方向是大力研究开发行业清洁生产技术、装备，着重技术集成创新。对“三废”实行减量化，从源头削减固体废弃物、废水、废气的产生量和排放量，加快“三废”治理和资源化的步伐；加强循环经济共性技术研究，提高二氧化硫利用率、工业用水循环利用率。随着有色金属消费增加，社会上积存的废杂有色金属越来越多。特别要重视国内、国外废杂有色金属再生资源循环利用，建立若干个大型再生资源回收利用集散地；建设 30 万 t 以上再生铜、再生铝、再生铅生产企业。提高技术含量，增加资源循环利用量和比重，建立循环经济发展的技术体系。“十一五”期间，有色工业污染防治的重点主要集中在一些关键技术的研发上，这些关键技术主要包括：

（1）工业用水循环利用技术

2004 年有色金属工业总用水量 30 亿 t 以上，复用水率为 82%，污水排放量 2.8 亿 t 以上。距零排放、工业用水全部循环利用还有相当差距。因此，应重点研究采、选废水处理与回用技术；氧化铝废水治理及利用技术；电解铝、炭素生产废水综合利用技术；废水污染的实时监测与预警技术；冶炼重金属废水深度处理技术和处理水循环利用水质稳定技术。提高废水治理率，工业用水循环利用率，使工业废水接近或达到零排放。

（2）二氧化硫利用技术

主要有色金属铜、铅、锌等冶炼企业，生产原料为硫化精矿，含硫 30%以上，每年进入冶炼厂的硫量约 300 万 t。仅大型冶炼厂硫的利用率达到 90%～92%；多数小型铜冶炼厂只有

40%～60%；铅冶炼硫的利用率更低。为提高硫利用率，应推广铜、镍冶炼闪速熔炼和熔池熔炼技术，铅冶炼氧气底吹—鼓风炉还原工艺，顶吹（艾萨炉）炼铅技术，湿法炼锌技术。同时，研究开发以煤或煤气为还原剂还原烟气中 SO_2 制取元素硫和聚合硫，进行聚合硫对沥青和橡胶改性配比和加工试验，使研发的聚合硫满足国情需要。

（3）尾矿、赤泥、炉渣、电解槽内衬固体废弃物资源化技术

历年堆存的尾矿、赤泥、炉渣、电解槽内衬固体废弃物数量巨大，2004 年新产生固体废弃物 1.3 亿 t 以上，仅利用了 2 200 万 t，占总量的 17%，利用率甚低。为了较多利用固体废弃物，使之成为资源，转化为有用产品，要加强老尾矿综合利用技术，回收其中的硫及有色金属；要大力研究开发尾矿、赤泥、炉渣生产筑路材料、矿山充填材料和建筑材料等技术。

（4）余热利用与节能技术

有色金属 Cu、Pb、Zn、Ni、Al 等，硫化精矿本身是一种矿物能源，以铜、铅为例，铜冶炼采用顶吹熔炼工艺，其熔炼炉、贫化炉、吹炼炉、精炼炉都产生余热资源，余热锅炉生产的蒸汽在保证生产和生活用汽基础上，剩余蒸汽可利用来发电，电量可满足铜冶炼厂电负荷的 30%，铅冶炼厂电负荷的 47%。2005 年我国铜、铅产量分别为 258 万 t、273 万 t，若全部精矿火法熔炼都设置余热锅炉生产蒸汽、发电，年可节能分别为 119 万 t 和 83 万 t 标煤。氧化铝生产中烧结窑等高耗能设备的余热利用对降低氧化铝生产能耗也具有重要意义。

重点开展铜熔炼炉、贫化炉、吹炼炉、精炼炉烟气余热，锌焙烧炉、烟化炉烟气余热，镍熔炼炉余热和氧化铝回转窑余热的利用技术开发，进一步简化和缩短氧化铝生产流程，提高循环效率和产出率，降低电解综合能耗等。

九、措施及建议

（一）应积极开展有色金属工业总体发展规划及各专项规划编制工作

“十五”时期以来，国家发改委连续组织有色行业编制了“铝工业产业发展政策”、“铝工业发展专项规划”、“铜工业产业发展政策”和“铜工业发展专项规划”等政策性文件。这些规划的编制为促进政府决策科学化与民主化，遏制铜、铝冶炼能力无序、过快增长起到了重要的作用。

为实现中国有色金属工业可持续性发展的基本战略要求，贯彻中央提出的落实科学发展观、构建和谐社会、建设资源节约型和环境友好型社会等一系列新理念，完成从“末端治理”、“生产过程控制”向“源头防治”过渡，现阶段应积极开展有色金属工业发展规划及各专项规划的编制工作，并以之为纲，科学合理地引导有色金属工业实现可持续发展。规划编制过程中应特别关注环境承载力及资源承载力的需求。

（二）落实中央宏观调控政策，加强产业政策引导，控制产能过快增长

近年来，有色金属工业主要金属铜、铝、铅、锌新开工项目增速较快，给资源及环境带来了一定压力。国务院、国家发改委于 2005 年、2006 年、2007 年连续发布了《关于制止铜冶炼行业盲目投资的若干意见》（国办发[2005]54 号文），《关于加快铝工业结构调整指导意见的通知》（发改运行[2006]589 号），《关于制止氧化铝盲目发展、无序建设的通知》（发改工业[2005]155 号），《关于加快推进产能过剩行业结构调整的通知》（国务院国发[2006]11 号文件）；并陆续发布了"铜冶炼行业准入条件"、"铅锌行业准入条件"、"钨、锡、锑三个行业准入条件"等。这些政策及准入条件的发布对防止固定资产投资反弹，控制新上项目、淘汰落后生产能力、推进技术改造、促进企业兼并重组起到了至关重要的作用。

规范和引导有色金属企业严格执行国家相关产业政策。在规定期限内淘汰落后生产能力、工艺和产品；严禁冶炼、加工企业的低水平重复建设和新建主金属采选综合回收率低于 60% 的各类矿山采选项目。并应继续密切跟踪铝电解、铜冶炼等重点行业发展状况，密切关注行业在发展中出现的新情况。

要努力转变有色金属工业产业结构性矛盾突出的问题，即加工能力>冶炼能力>采掘能力，应进一步加快加强有色金属资源勘察及矿山建设工作，控制冶炼能力扩张。一是要严格执行市场准入条件，严格控制新建冶炼项目。到"十一五"末期，粗铜冶炼能力控制在 260 万 t 左右，电解铝产量控制在 1 450 万 t 左右，精铅冶炼能力控制在 400 万 t，锌冶炼能力控制在 500 万 t。二是继续运用调整出口退税、加征出口关税，削减出口配额，将部分产品列入加工贸易禁止类目录等措施，控制冶炼能力过快增长。三是加大差别电价实施力度。

（三）加快淘汰落后的生产能力

根据国家产业政策和能耗限额标准等政策，积极推进淘汰落后的小型预焙槽电解铝生产能力（65 万 t）、粗铜生产能力（约 50 万 t）、粗铅冶炼能力（约 100 万 t）、锌冶炼能力（约 90 万 t）。

（四）积极推进节能减排科技开发和推广

把资源、能源、环境领域关键技术的发展和突破放在优先发展的战略地位，优先研究和突破一批制约有色金属工业发展的关键共性技术和前沿技术，高度重视已有单项技术的集成创新和关键技术引进的消化吸收再创新，为实现从资源、能源耗费型向节约型转变，从先污染后治理传统模式向清洁生产、循环经济转变提供科技支撑。积极组织重大节能减排技术在全行业的推广。

（五）大力发展循环经济

加强资源有效开发利用，提高资源利用效率，降低采矿损失率、贫化率，提高金属冶炼回收率；积极开展有害烟气、废渣、尾矿等废物的综合利用工作；提高再生金属在有色金属总消费中的比重，提高直接利用再生金属的比重，使企业产生最大的经济效益和社会效益。要扩大废金属原料的进口，支撑再生金属园区的发展，大力提高再生铜、铝、铅的回收利用水平，最大限度地实现原料减量化、废物资源化和再生资源的回收利用。

（六）实施和推行清洁生产

清洁生产审核是要对企业从原料、生产工艺、设备、治理及综合利用的全过程控制的审核，然后提出“节能、降耗、减污”的方案，实施方案并长期坚持下去。这是企业实行清洁生产的重要前提和过程。因此推行清洁生产绝不是短期行为的一项“活动”，而是长期的、可持续发展的一项战略措施。

（七）加强有色金属行业协会建设及统计数据收集力度

有色金属总公司解散后，大量中央有色企业划转地方变为省属和市属企业。这一过程使地方财政收入增加并可解决当地劳动力就业问题，对企业和所属省市经济的发展作出了突出的贡献。但这种模式也留下了一些问题，比较突出的是有色金属企业的统计数据及汇总工作，因行业协会管辖范围与财力有限，因此只能收集约 100 家大型企业的统计数据，大量中小企业及新建项目均不在统计范围内，对制订我国有色金属工业发展及污染防治战略的准确性存在较大的影响，也不利于各项产业政策及法规的编制。因此应尽快完善数据统计、信息工作。改进和完善计划经济时期延续下来的统计方法，建立与国际接轨的内容。还必须明确呈报系统，避免重复及遗漏，明确企业及协会的法律责任，杜绝虚报瞒报。

（八）开展出口及税收政策上对有色金属主要金属产品出口调控的研究

建议国家积极开展出口及税收政策上对有色金属主要金属产品的净出口情况调控的研究，在研究基础上由鼓励原材料出口向鼓励高附加值有色金属产品倾斜，从根本上改变有色金属原材料净出口的现状，实现资源加工的可持续发展。

参考文献

[1] 中国环境统计年报. 北京：中国环境科学出版社，2005.

[2] 中国钢铁工业科学与技术发展指南. 北京：冶金工业出版社，2006.

[3] 彭容秋. 重金属冶金工厂环境保护. 长沙：中南大学出版社，2006.

[4] 李光强. 钢铁冶金的环保与节能. 北京：冶金工业出版社，2006.

[5] 产业循环经济. 北京：冶金工业出版社，2007.

[6] 中国钢铁工业环保工作指南. 北京：冶金工业出版社，2005.

[7] 工业污染防治及其技术经济分析. 北京：冶金工业出版社，1991.

[8] 尹改. 钢铁行业清洁生产审核指南. 北京：化学工业出版社，2004.

[9] [美]W.拜尔斯，等. 工业水再利用的系统方法. 宋存义，等，译. 北京：冶金工业出版社，2001.

[10] [美]孟尔伍德赛德，等. 环境、安全与健康工程. 毛海峰，等，译. 北京：化学工业出版社.

[11] 廖红，[美]克里斯，郎革. 美国环境管理的历史与发展. 北京：中国环境科学出版社.

[12] 张景来. 冶金工业污水处理技术及工程实例. 北京：化学工业出版社，2002.

[13] 邱定蕃，徐传华. 有色金属资源循环利用. 北京：冶金工业出版社，2006.

[14] 国际钢铁协会. 钢铁工业环境控制技术. 北京：中国环境科学出版社.

[15] 钢铁工业大气污染源控制手册. 北京：中国环境科学出版社，1999.

[16] 中国钢铁年会论文集. 北京：冶金工业出版社，2005.

[17] 殷瑞钰. 中国钢铁工业的崛起与技术进步. 北京：冶金工业出版社，2004.

[18] 殷瑞钰，张寿荣，王晓齐，等. 新世纪前 20 年中国钢铁工业的定位与发展战略. 中国工程院咨询项目报告，2006，6.

[19] Ekkehard Schulz. Die Zukunft des Stahl aim Spannungsfeld zwischen Okononie und Okplogie. Stahl und Eisen，1993，113（2）：25-33.

[20] 殷瑞钰. 冶金流程工程学. 北京：冶金工业出版社，2004.

[21] 殷瑞钰. 绿色制造与钢铁工业. 钢铁，2003，38（8）：1-9.

[22] Sakamoto Y，Tonooka Y. Estimation of CO_2 emission for each process in the Japanese steel industry：a process analysis [J]. International Journal of Energy Research，2000，24（7）：625-632.

[23] 高世宪. 2003 年中国能源现状和 2004 年展望//2003 中国能源问题研究. 北京：中国环境科学出版社，2005：7-11.

[24] 殷瑞钰，张春霞. 钢铁企业功能拓展是实现循环经济的有效途径. 钢铁，2005，40（7）：1-8.

[25] 中国工程院. 20 世纪我国重大工程技术成就. 广州：暨南大学出版社，2002.

[26] 中国工程院“中国可持续发展矿产资源战略研究”项目组、黑色组.“黑色金属（铁、锰、铬等）矿产资源可持续发展战略”综合报告. 北京：科学出版社，2004.

[27] YIN Ruiyu. Todays's Chinese Steel Industry and its Prospects. Asia Steel International Conference 2006，Fukuoka，Japan，the Iron and Steel Institute of Japan，2006，5.

[28] 殷瑞钰，张寿荣，陆钟武，等. 绿色制造与钢铁工业. 中国工程院咨询项目报告，2002，8.

[29] Zhang Chunxia，Qi Yuanhong，Yan Dingliu，et al. Energy-saving and environmental protection of ironmaking system in China. Proceedings of Asia Steel International Conference，Fukuoka，Japan，2006，5：48-53.

[30] 中国金属学会．2000 年重点大中型钢铁企业主要产品产量、技术经济指标.冶金工业信息中心，2001.

[31] 吕红军. 冶金经济信息. 冶金工业信息中心，2003，464（17）：3.

[32] 中野直和. 日本钢铁行业对节能对策实际采取的措施. 中日钢铁业节能环保先进技术交流会议论文集，2004，7：17-33.

[33] Nippon Steel Corporation Sustainability Report 2004（2004 年新日铁可持续发展报告），URL http：//www0.nsc.co.jp.

[34] Yin Ruiyu，Zhang Chunxia，Qi Yuanhong，Cai Jiuju，Lu Zhongwu，et al. Greenization of Chinese Steel Industry. Proceedings of the International Symposium on Global Environment and Iron and Steel Industry（ISES'03），Beijing，2003，10：196-201.

[35] The Measure of Our Sustainability - Report of the World Steel Industry 2004. Brussels，at URL http：//www.worldsteel.org.

[36] IISI. Steel：the Foundation of a Sustainable Future，Sustainablity Report of the World Steel Industry 2005. 2006，5，at URL http：//www.worldsteel.org.

[37] JFE Sustainability Report 2004，URL http：//www.jfe-holdlings.co.jp.

[38] 殷瑞钰. 钢厂模式与工业生态链//生态工业. 北京：清华大学出版社，2003：218.

[39] 刘铁男. 钢铁产业政策发展指南. 北京：经济科学出版社，2005.

[40] 中国有色金属工业协会. 加入 WTO 与中国有色金属工业.

[41] 中国有色金属工业协会. 中国有色金属工业发展报告，2005—2007.

[42] 中国有色金属工业协会. 中国有色金属工业年鉴，2001—2006.

[43] 中国有色金属工业协会. 有色金属工业环境统计资料，2001—2005.

[44] 中国有色金属工业协会. 中国有色金属工业污染防治“十五”规划.

[45] 国家发改委. 产业结构调整指导目录. 2005.

[46] 有色金属工业协会. 有色金属工业中长期科技发展规划 2006—2020 年（征求意见稿）.

[47] 吴义千. 我国有色矿产资源可持续发展与节能、减污对策研究. 北京矿冶研究总院.

[48] 《有色金属进展》（讨论稿）第 12 卷《环境保护》，长沙：中南大学出版社.

[49] 中国有色金属工业协会. 有色金属工业节能减排工作方案（讨论稿）.

[50] 中国有色金属工业协会. 全国有色金属工业节能减排工作会议交流材料.

[51] 我国环境友好有色金属工业可持续发展方向. 中国工程院化工、冶金与材料工程学部咨询项目报告.

[52] Iikka V.Kojo，et el. Flash Smelting —Leading the Way to New Century// Sohn H Y. Metallurgical Processes for Early Twenty-First Century. Minerals，Metals & Materials Society，1994：89-102.

[53] Moto Goto. Plant Modernization for the Future// H. Y Sohn. Metallurgical Processes for Early Twenty-First Century . Minerals，Metals & Materials Society，1994：115-123.

附篇二　石油与化工工业污染防治战略研究

负责人：

汪燮卿

专家组成员：

左家和　徐炎华　任洪强　赵贤广　丁丽丽　考宏涛　孔志燕　张　涛

刘春平　许　谦　蒋福康　李本高　张宝吉

执笔人：

蒋福康

附篇二

石油与化工工业污染防治战略研究

一、石油和化工污染防治的重要性和紧迫性

（一）石油和化工工业在我国国民经济中的地位

石油工业包括采油、炼油和石油化工三大类行业，化工工业包括化学矿山业和化肥、农药、涂料、染料等精细化工、传统的“三酸两碱”等行业。

1. 石油和化工工业作为国民经济支柱产业“十五”迅速发展

石化工业是国民经济的基础工业，既是能源工业，也是原材料工业，又是高增长的行业。其工业增加值、销售收入、实现利润等主要经济指标均居全国工业第一位，是国家财政收入的重要来源。它不但对经济增长的贡献很大，而且还具极强产业发展关联效应和技术经济辐射功能，影响到下游诸多行业的发展。“十五”石化工业取得突飞猛进的发展，已经形成了门类比较完整的、具有相当规模的工业体系。2005 年石化行业：形成了 9 个千万吨级炼油基地和 5 个 80 万 t 级以上的乙烯生产基地，800 万 t/a 以上炼厂的原油加工能力和高硫原油加工能力已占总加工能力的 50%和 21%以上，合成树脂、合成橡胶、合成纤维等产品产量均以 10%以上的速度增长，有的增幅甚至在 20%以上（表附 2-1）。

化学工业是一个门类齐全、种类繁多的产业，包括化学矿山、化肥、石油化工、纯碱、氯碱、电石、无机盐、基本有机原料、农药、染料、涂料、新领域精细化工、橡胶加工、新材料 14 个主要行业。化学工业是资源、能源、技术密集型产业，许多产品具有化学危险性，是环境污染大户之一。2006 年全国国有及规模以上非国有工业企业经济指标统计显示：化工企业（含石油加工、炼焦及核燃料加工业）单位数占工业企业 15.40%，工业增加值占工业 13.73%，利润占 8.48%，增值税占 13.86%，从业人员占 12.12%；工业增加值在 GDP 中占的比例为 5.9%（表附 2-2）。

表附 2-1 “十五”我国石化生产发展现状

项目名称	单位	2001 年	2002 年	2003 年	2004 年	2005 年	2006 年
原油生产量	万 t	16 396	16 700	16 960	17 587	18 084	18 368
天然气产量	亿 m^3	303.30	326.6	350.2	414.6	500.0	585.5
原油加工量	万 t	21 050.6	21 896.5	24 255.1	27 290.3	29 457.1	31 212.1
汽煤柴润产量	万 t	12 783.0	13 178.1	14 590.2	16 846.9	17 997.0	18 786.0
汽油产量	万 t	4 154.7	4 319.9	4 790.9	5 249.8	5 405.3	2 546.0
柴油产量	万 t	7 485.7	7 669.2	8 532.8	10 162.1	11 061.6	11 653.4
煤油产量	万 t	450.1	506.1	531.5	636.7	662.9	968.8
乙烯产量	万 t	480.7	543.0	611.8	629.9	755.5	876.5
合成纤维原料产量	万 t	266.6	287.0	336.1	362.2	407.6	837.0
合成纤维产量	万 t	780.4	918.6	1 089.0	1 313.9	1 500.2	1 860.3
塑料树脂及共聚物产量	万 t	1 211.6	1 366.5	1 652.1	1 791.0	2142.0	2 528.7
合成橡胶产量	万 t	104.9	116.8	134.8	147.8	163.2	184.5
合成氨产量	万 t	3 407.7	3 654.2	3 822.7	4 222.2	4 596.2	4 937.9
氮肥产量	万 t	2 526.7	2 742.6	2 814.5	3 304.1	3 575.9	3 869.0
尿素产量	万 t	3 121.9	3 437.6	3 643.3	4 127.7	4 280.9	4 791.0

数据来源：《中国石油化工集团公司年鉴》，2005 年、2006 年、2007 年。

表附 2-2 2006 年全国石油和化工行业国有及规模以上非国有工业企业主要指标 单位：亿元

项　目	企业单位数/个	工业增加值	资产总计	利润总额	本年应交增值税	全部从业人员年平均人数/万人
全国总计	301 961	91 075.73	291 214.51	19 504.44	10 707.16	7 358.43
石油加工、炼焦及核燃料加工业	2 160	2 314.23	7 584.78	−312.24	346.75	76.79
化学原料及化学制品制造业	20 715	5 398.79	18 485.86	1 138.55	626.37	357.78
医药制造业	5 368	1 808.09	6 136.43	372.55	244.55	130.28
化学纤维制造业	1 402	604.17	2 736.40	69.67	54.89	43.40
橡胶制品业	3 353	714.96	2 250.42	114.63	62.61	82.14
塑料制品业	13 504	1 668.88	5 146.03	271.31	148.88	201.41
合计	46 502	12 509.12	42 339.92	1 654.47	1 484.05	891.8
在全部企业中的比例/%	15.40	13.73	14.54	8.48	13.86	12.12

注：规模以上非国有企业为年主营业务收入在 500 万元以上的企业；
数据来源：《2007 年中国统计年鉴》。

2．我国已进入世界石化先进国家的行列

（1）我国是世界石油和化学产品的生产大国，同时也是消费大国

我国是世界主要产油国之一，也是石油消费和进口增长速度最快的国家之一。2006 年，原油加工能力位列世界十大炼油国第 2 位，乙烯生产能力位列世界十大乙烯生产国第 3 位；炼油能力已占亚洲总能力的 23.9%，占全球的 7.3%。早在 2003 年我国已经成为仅次于美国的世界第二大石油消费国；2006 年，乙烯产量已超过日本居世界第 2 位，生产能力占亚洲总能力的 21.6%，占全球的 8.4%。化肥年生产量与表观消费量约占世界总量的 1/3，已经成为世界上最大的化肥生产国、消费国和进出口贸易大国，同时也是世界最大的农药生产国和出口国。

（2）总产量和消费量已位居世界前列

石油化学工业无论是生产能力还是生产总量，迄今为止已有 20 多种主要产品，多年连续位居世界前列。2006 年，我国石油探明可采储量 22.4 亿 t，居世界第 13 位；原油生产量居世界第 5 位；原油加工能力仅次于美国，居世界第 2 位；天然气探明可采储量达到 2.45 万亿 m^3，跃居世界第 15 位。乙烯生产能力居世界第 2 位；我国化学纤维产量位居世界首位，其中黏胶纤维、合成纤维以及合成纤维中涤纶、腈纶、锦纶等产量居绝对优势；合成橡胶生产能力和产量已居世界第 3 位和第 2 位。2005 年，我国电石、染料、合成氨产品产量已跃居世界第 1 位；化肥、农药、纯碱产量已居世界第 2 位；硫酸、烧碱产量已跃居世界第 3 位；轮胎、涂料、合成材料等也名列前茅。2006 年，我国农药产量跃居世界第一，已成为世界第二原料药生产大国（表附 2-3 至表附 2-5）。

表附 2-3　　我国石化生产居世界位次

项目名称	2001 年	2002 年	2003 年	2004 年	2005 年	2006 年
人均国民生产总值/美元	890	940	1 100	1 272	1 709	2 034
进出口总额/亿美元	4 554.3	6 208	8 512	11 548	14 221	17 610
居世界位次	8	8	4	3	3	3
原油生产量/万 t	16 409	16 932	17 075	17 470	18 175	18 500
居世界位次	4	5	5	5	5	5
天然气产量/亿 m^3	303.30	326.6	350.2	414.6	500.0	585.5
居世界位次	19	18	17	16	14	14
炼油能力/万 t	25 856	22 641	22 641	23 248	31 230	31 230
居世界位次	3	4	4	4	2	2
乙烯生产能力/万 t	474	498.8	498.8	533.8	698.8	976
居世界位次	7	7	7	7	3	2
合成纤维生产能力/万 t	781.2	932.3	1 227.5	1 417.0	1 938.9	2 673.9
居世界位次	1	1	1	1	1	1
合成纤维产量/万 t	729.89	888.13	1 044.11	1 287.53	1 423.56	1 801.2
居世界位次	1	1	1	1	1	1
合成橡胶产量/万 t	105.24	113.29	127.22	147.8	163.2	184.5
居世界位次	3	3	3	3	2	2

数据来源：《中国石油化工集团公司年鉴》，2005 年、2006 年、2007 年。

表附 2-4　　2006 年我国石化生产能力占世界比重

石化生产能力	能力/万 t		占世界比例/%	居世界位次
	世界	我国		
原油加工能力	425 897	31 230	7.33	2
乙烯生产能力	11 575.5	976	8.43	2
合成纤维生产能力	4 832.4	2 673.9	55.33	1
合成纤维产量	3 480.3	1 801.2	51.75	1
合成橡胶生产能力	1 349.0	188.3	13.96	3
合成橡胶产量	1 083.0	184.5	17.04	2

数据来源：《中国石油化工集团公司年鉴》，2007 年。

表附 2-5　　2001—2006 年主要化工产品产量　　单位：万 t

年　份	化学纤维	原　盐	硫　酸	碳酸钠（纯碱）	氢氧化钠（烧碱）	农用氮、磷、钾化肥	化学农药原药
2001	841.38	3 410.51	2 696.3	914.37	787.96	3 383.01	78.72
2002	991.20	3 602.43	3 050.4	1 033.15	877.97	3 791.00	92.90
2003	1 181.15	3 437.70	3 371.2	1 133.56	945.27	3 881.31	76.72
2004	1 699.80	4 043.44	3 928.9	1 334.70	1 041.12	4 804.82	82.08
2005	1 664.79	4 661.06	4 544.7	1 421.08	1 239.98	5 177.86	114.73
2006	2 073.18	5 663.13	5 033.17	1 560.03	1 511.78	5 345.05	176.55

数据来源：《中国统计年鉴》，2006 年、2007 年。

（3）石化产品的自给能力已明显提高，但仍有较大缺口

我国已经初步形成了以乙烯为龙头、门类较全、规模较大、自动化水平较高的石化工业，但原油、基本有机原料乙烯、丙烯、丁二烯、苯、甲苯、二甲苯、苯乙烯等一直处于净进口状态。2006 年原油对外依存度首次超过 47%。2005 年合成树脂、PTA、天然橡胶的对外依存度分别达 44.1%、54%、73.7%。部分精细化工及合成树脂产品（如聚苯乙烯、聚乙烯、聚丙烯、ABS 等）严重供不应求，进口依赖度相当大；国产合成橡胶满足率只有 64%左右。2005 年合成纤维、合成树脂及塑料、合成橡胶和化肥进口量分别为 142.57 万 t、2 461.87 万 t、108.92 万 t、1 395.15 万 t（表附 2-6）。

表附 2-6　　2001—2006 年我国石化产品进出口量　　单位：万 t

项目名称		2001 年	2002 年	2003 年	2004 年	2005 年	2006 年
原油	进口量	6 025.54	6 940.77	9 112.63	12 708.3	12 281.6	14 518.0
	出口量	755.06	720.81	813.33	806.69	549.16	633.72
汽油	进口量	0.02	0.01	0.00	0.00	0.00	6.09
	出口量	577.17	612.20	754.24	563.28	540.71	350.54
柴油	进口量	27.47	48.08	84.75	274.94	53.68	70.52
	出口量	25.65	125.70	224.06	147.51	63.65	77.58
煤油	进口量	212.90	214.74	210.27	328.86	277.42	562.15
	出口量	178.65	170.00	201.68	268.66	203.71	371.12
乙烯	进口量	7.43	8.52	4.66	6.76	11.14	11.74
	出口量	—	2.61	3.21	2.23	8.21	12.87
合成纤维	进口量	139.47	170.70	176.04	167.69	142.57	119.44
	出口量	7.66	18.44	26.35	38.10	61.00	87.63
合成树脂及塑料	进口量	1 751.63	1 935.79	2 124.80	2 376.32	2 461.87	2 539.39
	出口量	479.25	589.36	710.19	855.45	1 034.39	1 219.11
合成橡胶	进口量	75.67	91.91	101.00	110.02	108.92	130.35
	出口量	11.57	8.35	7.62	8.52	9.14	7.95
肥料	进口量	1 108.84	1 681.57	1 212.26	1 238.55	1 395.15	1 127.61
	出口量	287.33	246.62	535.36	709.70	446.40	529.23
尿素	进口量	—	79.07	13.49	3.80	7.10	3.75
	出口量	127.07	41.30	273.03	394.29	157.06	136.73

数据来源：《中国石油化工集团公司年鉴》，2005 年、2006 年、2007 年。

（4）整体实力较强，两大公司已跻身世界大石油石化公司行列

据美国《石油情报周刊》公布的 2005 年世界最大 50 家石油公司综合排名，中国石油综合排名第 7 位，连续 6 年位居世界 10 大石油公司行列。美国《财富》杂志公布的 2007 年世界 500 强排行榜中，中国石化凭借 1 316.36 亿美元的年收入，位居第 17 位。2006 年中国石化公司业绩（表附 2-7）。

表附 2-7　　2006 年中国石化公司业绩

项目名称	单位	中国石化	占全国比例/%
新增探明石油地质储量	亿 t	2.3	—
新增天然气地质储量	亿 m^3	1 436	—
生产原油	万 t	4 017	22
生产天然气	亿 m^3	72	12
加工原油	亿 t	1.56	48
生产汽煤柴等成品油	万 t	8 721	48
乙烯	万 t	633	65
合成树脂	万 t	862	34
合成橡胶	万 t	67	36
合纤单体	万 t	448	55
合纤聚合物	万 t	276	30
合成纤维	万 t	150	8
自营加油站	万座	2.8	—
成品油零售量	万 t	7 216	64.6

数据来源：《中国石油化工集团公司年鉴》，2007 年。

3.“十一五”石油和化工工业仍呈现良好的发展前景

（1）“十一五”石化工业处于快速发展阶段

2006 年和 2007 年上半年石油和化工工业继续高速增长。2006 年石油和化工行业全年完成工业产值（现价）4.2 万亿元，比上年增长 26.7%；完成工业增加值 1.2 万亿元，比上年增长 23.6%；实现利润 4 377 亿元，比上年增长 18.3%；固定资产投资实际完成 5 195 亿元，比上年增长 28.3%；进出口贸易额 2 457.3 亿美元，比上年增长 20.7%：产品销售率为 98.7%，与上年基本持平（表附 2-8）。2007 年上半年，石油和化工行业重点跟踪的 65 种产品中，产量较上年同期增长的有 63 种，占 96.9%，其中增幅在 10%以上的有 47 种，占 72.3%（表附 2-9）。

表附 2-8　　2006 年我国石油和化学工业发展

	单位	数量	比上年增长/%
全年完成工业产值（现价）	万亿元	4.2	26.7
完成工业增加值	万亿元	1.2	23.6
实现利润	亿元	4 377	18.3

	单位	数量	比上年增长/%
实际完成固定资产投资	亿元	5 195	28.3
进出口贸易额	亿美元	2 457.3	20.7
产品销售率	%	98.7	基本持平
原油生产	亿 t	1.84	1.7
原油加工量	亿 t	3.07	6.3
炼油实际完成投资	亿元	628.3	44.2
炼油施工项目	个	788	
天然气产量	亿 m^3	585.5	19.2
乙烯产量	万 t	941	22
生产合成树脂	万 t	2 528.6	17.6
合成纤维产量	万 t	1 860.3	11.8
合成橡胶产量	万 t	184.5	11.1
涂料表观消费量	万 t	515.8	24.1
电子工业配套的合成材料、信息化学品产值	亿元	339	18.2
子午线轮胎比重	%	41.2	3.8
烧碱产量	万 t	1 511.8	19.0
纯碱产量	万 t	1 597.2	10.8
电石产量	万 t	1 177.1	27.7
化肥生产（折纯，下同）	万 t	5 304.8	14.2
其中：氮肥	万 t	3 869	13.3
磷肥	万 t	1 226.4	16.5
钾肥	万 t	208.9	18.5
出口化肥	万 t	211.6	18.0
尿素在氮肥中的比重	%	57.7	略有增加
磷肥在化肥中比重	%	23.1	0.46
钾肥在化肥中的比重	%	3.94	0.14
农药生产（折纯，下同）	万 t	129.6	20.2
杀虫剂的比重	%	39.0	−3.62
除草剂的比重	%	29.9	2.04
完成新产品产值	亿元	1 859.5	39.3

数据来源：国家统计局 2006 年国民经济和社会发展统计公报，石油化工行业协会报告，《石油化工集团公司年鉴》。

表附 2-9　　2007 年上半年我国石油和化学工业发展

	单位	数量	同比增长/%
完成工业总产值（现价）	亿元	24 696.3	20.7
主营业务收入	亿元	19 500.7	31.8
实现利润	亿元	2 199.0	28.2
实际完成固定资产投资	亿元	2 133.6	36.3
新开工项目	个	3 214	26.1
进出口贸易额	亿美元	1 171.4	21.8
原油生产量	亿 t	9 166.4	21.0
原油加工量	亿 t	14 938.5	5.6
成品油产量	万 t	8 958.9	5.6
其中汽油产量	万 t	2 761.7	5.3

	单位	数量	同比增长/%
柴油产量	万 t	5 712.9	6.6
煤油产量	万 t	484.2	−3.2
天然气产量	亿 m^3	288.3	23.9
乙烯产量	万 t	428.3	18.2
合成树脂产量	万 t	1 222.5	21.2
聚氯乙烯产量	万 t	3 875	26.2
合成橡胶产量	万 t	933	17.7
化肥生产（折纯，下同）	万 t	2 650	15.5
其中：氮肥	万 t	1 896.2	12.6
磷肥	万 t	599.3	20.9
尿素产量	万 t	1 071	11.8
农药生产（折纯，下同）	万 t	65.7	16.9
烧碱产量	万 t	717.8	20.0
其中：离子膜烧碱产量	万 t	218.6	35.0
纯碱产量	万 t	767.9	10.6

数据来源：石油化工行业协会报告。

（2）石油化工行业仍有极大的发展空间

到 2010 年，我国主要石油化工产品消费量将达到全球总消费量的 1/3。其原因在于：我国对石化产品具有巨大的现实和潜在市场需求；以产值计，我国石油化工在化学工业中所占比重、精细化工在化学工业中的比重远低于发达国家；未来生产区位化集中将是石化行业发展的基本趋势；与发达国家比，整个行业的发展刚刚进入成熟期。

（3）石油与化工工业发展将形成新增长点

预计 2010 年我国的石油总需求将达到 3.5 亿～3.8 亿 t，当年石油进口依存度将突破 50%。石油化工将向集中化、大型化和基地化的模式发展，将实施炼油化工一体化布局和整体化战略。未来石化产品供应量和下游衍生物的产量也将大幅增加，精细化工和专用化工产品将成为新的增长点。农用化学品需求会大增，化肥、农药工业将会加快产品结构调整。建设大型石油和化学工业园区方兴未艾。推进循环经济、建设“绿色石油化工”将是石油和化学工业发展的必然趋势。

（4）石化工业经济运行中存在突出问题待化解

需求持续增长，缺口依然巨大，2007 年上半年石油和化工行业进出口贸易，同比增长 25.2%和 13.2%，贸易逆差同比增长 32.9%，进口原油 7 334 万 t。固定资产投资增幅偏高，在 2003—2005 年连续 3 年增长 30%以上，2006 年又比上年增长 28.3%，2007 年上半年全行业又增长 36.3%，固定资产投资增幅比全国平均高出 6 个百分点（表附 2-10）。石油和化工行业利润空间和利润率下降，2006 年行业成本费用利润率为 12.75%，比上年下降 1.16 个百分点，炼油行业进口原油、成品油价格倒挂，出现全行业亏损。节能与环保压力加大，据统计，2006 年全行业排放工业废水 30 多亿 t，工业废气 1.4 万亿 m^3，产生工业固体废弃物 8 400 多万 t，分别占全国工业“三废”排放总量的 16%、7%和 5%，分别居全国工业的第 1、4、5 位。经济增长模式粗放，经济增长靠的是基本生产要素的大量投入。部分行业，如化肥、烧碱行业，进入壁垒低、低水平的重复建设。产能过剩状况严重，如农药生产。

表附 2-10　2007 年上半年全行业固定资产投资同比增长

	2007 年上半年投资同比增长/%
原油勘探开发	25.6
原油加工	88.7
橡胶制品业	66.5
农药制造业	48.1
肥料制造业	45.9
合纤制造业	171.1
氮肥	33.4
轮胎	71.2
全行业	36.3

数据来源：我国石油化工行业协会报告。

（二）当前石油和化工污染防治面临的形势

当前，我国的环境保护面临着三大突出矛盾：一是日益严重的环境问题与经济增长方式转变缓慢的矛盾；二是改善环境的迫切性与环境治理长期性的矛盾；三是污染形势日益严峻与国际环保要求越来越高的矛盾。工业污染防治和主要污染物减排，是党中央、国务院统筹经济社会健康发展和保护环境的紧迫需要提出的重要任务，是贯彻落实科学发展观的具体行动，是实现可持续发展，建设资源节约型和环境友好型社会，最终实现建设社会主义和谐社会和小康社会的重要保障。

1．解决石油、化工工业的环境污染防治问题难度大

发展石油化工必须解决自身的环境污染问题。石油、天然气资源勘察、开发，对自然环境有重要的影响。石油、化工行业生产装置规模较大，产品品种多，工艺过程复杂，废弃物来源广，废水、废气、废渣排放量大，排放有毒物质多、成分复杂，治理难度大。“三废”排放量，化工行业分别占全国工业“三废”排放总量的 20%、5%和 8%，化肥又分别占化工排放量 42%、36%和 58%，基本都在前三位。而且化工企业中小型企业占 80%～90%，大量的中小化工企业在污染预防、污染末端治理上困难大。化工生产排出的污水，一般都具有有害性、好氧性、酸碱性、富营养性、油覆盖性、高温等特点，对地下水、地面水都会产生极大的影响，从而影响到人和其他生物的生活与生存；化工废气，则具有易燃易爆、有毒性、刺激性、腐蚀性、含尘等特点，会对人体健康和工农业生产造成较大的威胁；化工生产过程中的废渣，占用土地，产生有毒的臭气，其浸渗水含有有毒的物质，对土壤、水域、大气也会

产生影响。石油、化工工业生产中的主要污染物、污染源、产污水平（表附 2-11 至表附 2-31）。

表附 2-11　　石油开采废水、污染物和产污原因

废水名称	废水来源	废水所含污染物	产污原因
采油采气废水	随油气开采，进入原油集输系统的脱水转运站脱去油气的废水	油、有机物、悬浮物、盐类、细菌、破乳剂	废水在地下溶入了油、有机物、悬浮物、盐类和细菌；乳化的油水分离又掺进了破乳剂成分。我国开采天然气所排废水中硫、氯含量较高，可高达数万毫克每升
钻井废水	钻井过程泥浆的流失、冲洗地面设备及钻井工具的泥浆和油泥产生的废水	油、酚、铬、悬浮物	泥浆由黏土、水、处理剂配制而成，浅层钻井有害物质较少，仅油类超标；深层钻井使用 PAM 泥浆污染程度增大，油、酚、铬、悬浮物超标
洗井废水	注水井洗井水	油、铬、悬浮物浓度高、色度高，pH 值显碱性	注水井为清除滤网杂物，进行反冲洗产生洗井废水

表附 2-12　　石化工业废气主要污染物分类表

行业		废气名称	主要污染物来源
石油炼制	石油炼制	烃类	油品储罐、污水处理隔油池、工艺装置加热炉、装卸油设施、尾气、轻油和烃类气分离与储运设施及管线、阀门及泵等的泄漏
	氧化沥青尾气	苯并芘	沥青装置
	催化再生废气	SO_2、CO、CO_2、粉尘	催化裂化装置
	燃烧烟气	SO_2、NO_x、CO、CO_2、粉尘	加热炉、锅炉、焚烧炉、火炬
	含硫废气	SO_2、H_2S、氨	含硫污水的汽提、加氢精制、气体脱硫、含硫尾气的回收处理
	臭气	SO_2、硫醇、酚	油品精制、硫黄回收、脱硫、污水处理、污泥处理
石油化工	石油化工	燃烧烟气、SO_2、NO_x、CO、CO_2、粉尘	裂解炉、加热炉、锅炉、焚烧炉、火炬
	工艺废气	烷烃、烯烃、环烷烃、醇、芳香烃、醚酮、醛、酚、酯、卤代烃、氰化物、SO_2、NO_x、卤化物、CO	甲醇、乙醛、醋酸、环氧丙烷、苯、甲苯装置，乙基苯、聚乙烯、聚丙烯、氯乙烯、苯乙烯、对苯二甲酸装置，顺丁橡胶、丁苯橡胶、丙烯腈、环氧氯丙烷装置
合成纤维	合成纤维	含烃废气、总烃	催化重整、芳烃抽提、对二甲苯、常减压装置、轻油储罐
	燃烧烟气	SO_2、NO_x、CO、CO_2、粉尘	加热炉、锅炉、焚烧炉、火炬
	刺激性废气	甲醇、甲醛、乙醛、酸、环氧乙烷、己二腈、己二胺、丙烯腈、对苯二甲酸二甲酯	对苯二甲酸、对苯二甲酸二甲酯、己二胺、丙烯腈、聚丙烯腈、腈维装置，硫氰酸钠溶剂回收装置
化肥	石油化肥	燃烧烟气、SO_2、NO_x、CO、CO_2	加热炉、锅炉、焚烧炉、火炬
	工艺废气	CH_4、H_2S、氨、尿素、粉尘、SO_2、NO_x、CO、CO_2	合成氨、硫黄回收尾气、合成氨池放气、氨冷冻罐排气、尿素造粒塔排放口、硝酸装置尾气、氨中和器排放口等

表附 2-13　　炼油主要工艺过程及废水中主要污染物

主要工艺	生产设备与原理	产生污染物
加工前脱盐脱水	电脱盐脱水一般在采油点进行，有时炼油炼厂前还要脱盐脱水	废水含油、盐、酚类、硫化物等，水呈乳浊状
常减压蒸馏	以原油为原料经过初馏塔、常压塔、减压塔分馏出汽油、轻柴油、催化裂化原料，塔底渣油可作沥青、焦化原料。常压、减压蒸馏装置的气提、蒸馏冷凝气排水排放大量废水	常压排水主要含硫化物、氨和少量酚，显碱性。减压排水主要含油、酚、硫化物，水呈乳浊状
催化裂化或热裂化	以 350～550℃馏分油、延迟焦化油、蜡膏、脱沥青油等馏分为原料，由反应塔（催化裂化）、分馏塔（分馏）、吸收稳定三部分设备生产汽油、柴油及石油液态烃等产品	反应塔排出的冷凝水和分馏塔顶回流罐冷凝水主要含酚类、氨、硫化物、氰化物等。硫化物含量可达 1 000mg/L 以上，COD 浓度可达 2 000mg/L 以上
铂重整	以 60～150℃汽油馏分为原料，以铂为催化剂，进行脱氢、异构反应，生产高辛烷值汽油或芳烃产品	废水量较小，主要含油和硫化物
加氢精制	在高温、高压条件下，对裂化或焦化粗汽油、粗柴油等在催化剂（钼酸钴、钼酸镍、硫化钨、硫化镍）的作用下，脱去硫、氧、氮及金属杂质，得到高质量石油产品	废水含高浓度硫化物、氨和酚
丙烷脱沥青	利用丙烷为溶剂，去除减压渣油中的沥青，生产润滑油和裂化原料油	废水中含少量油、硫化物和氨
延迟焦化	以碱压渣油为原料，在加热炉进行高温深度裂解，进入焦炭塔进行延迟焦化反应，在分馏塔生成焦化汽油、焦化柴油	废水来自冷凝器，主要含有油、硫化物、酚和氨
酮苯脱蜡	以酮苯溶剂将重馏分油和脱沥青的重油中的蜡脱除，生产石蜡和地蜡，还可降低油品的凝固点，得到润滑油的组分	废水主要含油和酮
叠合装置	以石油炼制的副产品液化气为原料，在催化剂作用下，进行叠合反应，生成高辛烷值汽油。设备有脱硫塔、脱吸塔、碱洗塔、反应器、稳定塔、蒸馏塔、回流罐、分离罐等	废水含油、酚、硫化物，废水显酸性，呈乳浊液

表附 2-14　　部分石油炼制废水污染产污水平　　单位：kg/t 原油

生产工艺	废水/（t/t 原油）	COD	BOD	油	挥发酚	硫化物	悬浮物
减压蒸馏	3～6	1.8～3.0	0.75～1.50	2.5～8	0.12～0.35	0.09～0.18	
润滑油炼制	8～32	2.6～8.5	1.60～4.60	7～23	0.04～0.14	0.01～0.02	4～12.5

表附 2-15　　石油化工生产废水来源与主要污染物

生产过程		污染来源	污染物
烯烃生产和加工	原油处理	原油洗涤	无机盐、油、水溶性烃类
		初馏	氨、酸、硫化氢、烃类、焦油
	热裂解（包括蒸馏和净化）	裂解气及碱处理	硫化氢、硫醇、溶解性碳氢化合物、聚合物、废碱、重油和焦油
	催化裂化	催化剂再生	废催化剂、碳氢化合物、氮氧化合物
	脱硫	分离器	硫化氢、硫醇
	卤素加成	氯化氢吸收	废碱液

生产过程		污染来源	污染物
烯烃生产和加工	卤素取代	洗涤塔	氯化氢、氯、废碱液、烃类、有机氯化物
		脱氯化氢	油类
		催化剂	稀盐水
	聚乙烯生产	生产废液	铬、镍、钴、钼
	环氧乙烷乙二醇生产	生产废液、废水	氯化钙、废石灰乳、烃类聚合物、环氧乙烷、乙二醇、有机氯化物
	丙烯腈	原油洗涤	氰化氢、未反应原料
聚苯乙烯生产	乙烯烃化	反应分离	焦油、盐酸苛性钠
	乙苯脱氢	催化剂	废催化剂（铁、煤、钾、钠、铬、锌）
		喷淋塔凝液	芳烃（苯乙烯、乙苯、甲苯）、焦油
	苯乙烯精馏	釜液	重焦油
	聚合	催化剂	废酸、催化剂（磷酸）、三氯化铝
烃类生产及加工	硝化	反应分离	醛类、酮类、酸类、醇类、烯烃、二氧化氮
	异构化	生产废液	烃类、脂肪酸、芳香烃及其衍生物、焦油
	羰化	废釜液	可溶性烃、醛类
	炭黑生产	冷却、骤冷	炭黑
	从碳氢化合物制醛	生产废液	丙酮、甲醇、乙醛、甲醛、高级醇、有机酸
	醇、酸、酮	蒸馏	烃类聚合物、烃类氯化物、甘油、氯化钠
芳烃生产及加工	催化重整	冷凝液	催化剂（铂、钼）、芳烃、硫化氢、氨
	芳烃回收	水萃取液	芳烃
		溶剂提纯	溶剂、二氧化硫、二甘醇
	硝化	反应分离	硫酸、硝酸、芳烃
	磺化	废碱液	废碱
	氧化制酸和酸酐	釜底残液	酸酐、芳烃、沥青
	氧化制苯酚丙酮	倾析器	甲酸、烃类
纤维生产	丙烯腈、己二酸生产	生产废液	有机和无机氰化物
	尼龙 66 生产	生产废料	己二酸、丁二酸、戊二酸、环乙烷、己二胺、己二腈、丙酮、甲乙酮、环乙烷氧化物
碳四馏分加工	丁烷丁烯脱氢	骤冷水	焦油、烃类
	丁烯萃取脱氢	溶剂和碱洗	丙酮、油、碳四烃、苛性钠、硫酸
	异丁烯萃取和净化	分离回收	废酸、碱、碳四烃
	丁二烯吸收	分离回收	溶剂、油、碳四烃
	丁二烯萃取蒸馏	分离回收	溶剂、碳四烃
	丁苯橡胶	生产废料	油、轻质烃、低分子聚合物
	共聚橡胶	生产废料	丁二烯、苯乙烯胶浆、淤泥

表附 2-16　　部分石油化工的废水产污水平　　单位：kg/t 产品

生产工艺	废水量/(t/t 产品)	COD	BOD	生产工艺	废水量/(t/t 产品)	COD	BOD	油	挥发酚
醋酸生产				丙酮生产					
乙醛氧化法	4.18	50.16		乙丙苯法	7.0	92.4			1.26
甲醇合成法	0.19			乙丙醇脱氢法	112.5				
液化石油氧化法	4.18	125.4		丙烯直接氧化法	3.13				
乙醛生产	17.5		46.5	乙炔生产（电石法）	6				0.04
乙醇生产				T50 石油脂生产	1.33				10.0

生产工艺	废水量/（t/t 产品）	COD	BOD	生产工艺	废水量/（t/t 产品）	COD	BOD	油	挥发酚
硫酸法	1.5	4.5		二甲基苯胺	2.5	8.78	4.38		
直接水合法		20.4		甲萘酚生产	10.7	292.11			45.48
甲醇生产	9.8		4.4	邻苯二甲酸酯生产	1.5	25.5		8.25	
环氧乙烷（氯醇法）	225	369		聚醋酸乙烯乳液生产	3.26	26	0.98		
苯酚生产	2.45								
糠醛生产	450	1 350							
丁醇生产	14.5		10.3						

表附 2-17　　合成橡胶与合成纤维的废水产污水平　　单位： kg/t 产品

生产工艺	废水量/（t/t 产品）	COD	BOD	悬浮物	生产工艺	废水量/（t/t 产品）	COD	BOD	悬浮物
合成橡胶制造					合成纤维制造				
氯丁橡胶	173～280	81	196～350	63.0	丙烯腈生产	70	180		
丁腈橡胶	140	198	24	52	聚酰胺生产	38	68		4.0
丁苯橡胶	12.5	12.6	2.53	4.63					
异戊二烯橡胶	600		56	99					

表附 2-18　　化工废水中的主要污染物

名　称	污染源
苯酚、苯	炼焦、合成苯酚、化肥、农药生产废水
二甲苯	石油炼制、焦化、农药、塑料生产废水
苯胺	染料、塑料、医药、合成橡胶、离子交换树脂生产废水
氰化物	塑料、电镀、使用氰基化合物的生产工艺所排废水
氢氰酸	有机玻璃、丙烯腈、炼焦、煤气、电解银等生产废水
氨氮	硝酸胺、尿素、合成氨等化肥生产过程中排放废水
砷	硫酸、化肥、农药、医院生产及砷矿石处理所有的废水
铬	颜料、铬盐、催化剂生产废水
铅	颜料及四乙基铅生产废水
镉	农药、催化剂生产废水
铜	以铜及铜的化合物为原料的产品生产废水
锌	颜料、油漆生产与防腐工艺所排废水
镍	镍化合物生产废水
磷	黄磷
硫酸	硫酸生产、化肥厂、石油化工等所排废水
硝酸	利用硝酸生产其他产品的工厂、硝酸厂、氮肥厂等生产废水

表附 2-19　　石油和化工固体废物

废物类别	废物来源	废物名称
农药和除草剂废物	从生物杀虫剂和植物药物生产和使用产生的废物，包括杀虫剂、杀菌剂、除草剂、灭鼠剂和植物生长调节剂的生产、经销、配制和作用过程中产生的废物	如磷泥、砒霜、五氯酚、氟乐灵、酚醛渣、百克威、黑药渣、甲苯残液等
木材防腐剂废物	从木材防腐化学品的生产、配制和使用中产生的废物，木材防腐处理过程中产生的底部沉积污泥等	如木馏油（杂酚油）、蒽、苯并[*a*]芘、苯并[*b*]荧蒽等
有机溶剂废物	从有机溶剂生产、配制和使用过程中（如做清洗剂、原材料、载体）产生的废物	废催化剂、清洗剥离物、反应残渣及滤渣、吸附物与载体废物
废矿物油	从石油开采及其他工业部门产生的油泥和油脚，不适合原来用途的废矿物油等	如贮罐废矿物油泥、废润滑油、废机油、废柴油、船舱底泥、废液压油、废切削油等
废乳化液	从工业生产、设备清洗、印染、农药乳化等过程产生的混合物	如油水废清洗剂、含乳化剂废液、烃水混合废液等
含多氯联苯废物	含有或沾染多氯联苯（PCB）、多氯三联苯（PCT）、多溴联苯（PBB）的废物质和废物品	如废 PCB 变压器油、废 PCB 电容汽油、被 PCB 污染的土壤、残渣、含 PCB 废溶液和废染料等
精（蒸）馏残渣	从精炼、蒸馏和任何热处理中产生的废焦油状残留物	沥青、焦油、酚、甲苯渣，酸焦油、蒸馏釜残液、液化石油气残液
废染料、油漆、涂料	从油墨、染料、颜料、涂料、油漆的生产	如浸漆槽渣、脂肪酸皂液、二甲苯溶剂、废油漆、硝基物、皂角、废涂料等
有机树脂类废物	从树脂、乳胶、增塑剂胶水/胶塑剂的生产、配制和使用过程中产生的废渣、废溶剂	如不饱和树脂渣、二乙醇残渣、聚合树脂、古泥酸废液、含酚废液、聚酯低沸物、废胶渣、环氧树脂废物等
新化学品废物	研究、发展和教学等活动中产生的尚未鉴定的和对人类或环境的影响未明等新化学品	新化学品研制中产生的废物
含金属羰基化合物废物	在金属羰基化合物制造、使用过程中产生的含羰基化合物成分的废物	如五羰基铁、八羰基钴、四羰基镍、羰基磷废物、羰基容器废物等
含铬废物	在化工、塑料、酸性媒介染料染色、颜料生产与使用过程产生的含六价铬的废物	如含铬铝泥、含铬酸泥、含铬芒硝渣、含铬硫酸氢钠等
含砷废物	石油化工、农药生产、染料业产生的废物	如含脱砷剂废物、含砷酸泥、烟尘、阳极砷泥等
含汞废物	在含汞催化剂、有机汞和无机汞化合物生产、农药制造中产生的含汞及汞化合物废物	如汞催化剂、硫化汞渣、含汞废活性炭、含汞垃圾、含汞污泥、有机汞废物等
废酸	工业化学品制造、废水处理、印染处理过程产生的废酸渣、酸泥、酸液	如废硫酸、废磷酸、废硝酸、废氢氟酸、废硅酸、酸污泥、酸性废物、酸厂排污等
废碱	工业化学品制造、废水处理、印染处理过程产生的废碱渣、碱泥、碱液	如废碱渣、盐泥、废碱液、碱性废物、碱清洗剂等
石棉废物	生产过程中产生的含石棉废物	如石棉粉末、废隔热材料、废石棉隔板、石棉纤维废物、石棉绒等
有机氰化合物废物	在合成、缩合反应产生的，在催化、精馏、过滤过程产生的，在废水处理污泥中产生的含有机氰化合物废物的废液、废渣	如偶氮二异丁腈废液、乙腈废液、二甲氨基乙腈废液、丙烯腈废液、丙酮氰醇渣、废氰乙酸等
含酚废物	在石油、化工生产过程中产生的废液及反应残余物，吸附过滤物、废催化剂、精馏釜残液等含酚化合物（不包括氰酚类）废物	如酚类渣、含酚活性炭渣、废氯酚渣、含酚油泥、苯酚蒸馏残渣、含酚粉尘、焦化酚类残渣等
含醚废物	在生产、配制和使用过程中产生的含醚废物	如有机合成废液、废含醚溶液、废醚乳剂、废醚溶剂
卤化有机溶剂废物	在化学分析、塑料橡胶制品制造，化工产品制造、印染涂料调配过程产生的废物	如废四氯乙碳、全氯乙烯、三氯乙烯、废三氯甲烷、废五氯苯、废氯苯、废溴仿等
有机溶剂废物	在化学分析、塑料橡胶制品制造，化工产品制造、印染涂料调配过程产生的废物	如废汽油、煤油、酯、废环烷酸、白酒精、废脱硫剂、废苯液、废甲醇液、废丙酮、废硝基苯液等

表附 2-20 石油化工行业的主要固废来源

固废来源	主要固体废物
石油炼制	酸、碱废渣、废催化剂、页岩渣、含四乙基铅油泥
石油化工	有机废渣、废催化剂、氧化锌废渣、污泥
供水系统（软化水、循环水）	有机废渣、酸碱废渣、聚酯废料
污水处理厂及“三泥”处理	油泥、浮渣、剩余活性污泥、焚烧灰渣
机修、电修、仪修	检修废弃物

表附 2-21 化工行业污染物排放

污染物排放	居全国工业污染物排放位次
工业废水排放总量	第 1 位
工业废气排放量	第 3 位
化工固体废物的产生量及排放量	第 4 位
二氧化硫排放量	第 3 位
烟尘、粉尘排放量	第 4 位
氰化物、石油类、硫化物、砷	第 1 位
悬浮物、汞	第 2 位
COD、挥发酚、铅、镉	第 3 位

据国家环保总局发布的 1998 年环境统计年报。

表附 2-22 主要化学工业行业废气排放主要污染物

行业	废气中主要污染物	治理措施
氮肥（含合成氨）	NO_x、NH_3、尿素、粉尘	采用吸附吸收法、膜分离法、深冷分离法和等压回收法
磷肥（含硫酸行业）	氟化物、粉尘、SO_2、酸雾	磷肥生产采用袋式、旋风式除尘，硫酸还可采用电除尘、湿法除尘
无机盐	SO_2、P_2O_5、氟化物、Cl_2、砷化物、铬、铅等	
氯碱	Cl_2、HCl、氯乙烯	碱液喷淋吸收法、水吸收法、二氯化铁、四氯化碳吸收法
有机原料及合成材料	SO_2、Cl_2、HCl、H_2S、NH_3、NO_x、有机气体	采用吸收法、吸附法、焚烧法
农药	HCl、Cl_2、氯乙烷、氯甲烷、有机气体	水吸收和稀碱液吸收法
染料	H_2S、SO_2、NO_x、有机气体	水吸收、湿法吸收和稀碱液吸收法
涂料	芳烃	采用活性炭或柴油吸附法和催化燃烧法
炼焦	NO_x、SO_2、H_2S、CO、芳烃	脱硫法、燃烧法处理焦炉荒煤气、息焦废气治理工艺

表附 2-23 化工行业主要废水种类及来源

废水名称	废水主要来源
含汞废水	氯碱厂、无机盐厂
含氰废水	合成氨厂、有机玻璃厂、丙烯腈厂
含酚废水	农药厂、酚醛树脂厂、合成材料厂、有机合成厂
含氨废水	氮肥厂
含炭黑废水	合成氨厂、炭黑厂、橡胶加工厂

废水名称	废水主要来源
含硫废水	硫酸厂、有机原料厂、合成材料厂、染料厂
含铬废水	铬盐厂、无机颜料厂、催化剂厂
含磷废水	黄磷厂、磷肥厂、农药厂
含重金属废水	无机盐厂、颜料厂、染料厂
含砷废水	硫酸厂、磷肥厂、焦化厂
含有机氯化物废水	环氧氯丙烷厂、环氧树脂厂、农药厂、氯丁橡胶厂
含氟化物废水	氟塑料厂、有机氟化物厂、磷肥厂
含有机磷农药废水	农药厂
含苯胺废水	染料厂、有机原料厂
含有机氧化物废水	有机原料厂、试剂厂、合成材料厂
含有机氮化物废水	有机原料厂、合成材料厂、染料厂
含硝基苯废水	染料厂、有机材料厂、农药厂
含油废水	涂料厂、有机材料厂、农药厂
含酸废水	制酸厂、染料厂、农药厂、钛白粉厂
含碱废水	纯碱厂、烧碱厂
含盐废水	氯碱厂、农药厂、染料厂

表附 2-24　　化肥工业污水产污水平　　单位：kg/t

生产工艺	废水量/（m^3/t 产品）	COD	氨氮	挥发酚	油	悬浮物	氨	氰化物	P_2O_5
煤头	692.10	32.11	19.74	0.10	0.49	18.0	30.56	0.63	
油头-合成氨	633.39	1.13		0.007 1	0.44		17.57	0.007 8	
气头	502.55	5.17		11.33	0.33	1.36	6.73	0.028	
尿素生产	二氧化碳气提	0.88	0.87	10.79			3.15		
	水溶液全循环	3.49	3.01	7.07					
	氨气提法	0.72	0.07	24.7					
	双气提法	0.55		0.30					
碳铵生产	40.80		3.69				1.41		
碳酸氢氨	250	25	5～20					0.5～2	
复合肥			1～2						1.7～2.0
氯化氨[联碱法]	75		2～4						
硝酸氨	35		0.35						

表附 2-25　　无机盐工业污水产污水平　　单位：kg/t

生产工艺	废水量/（m^3/t 产品）	COD	氟化物	砷	氮氧化物	氰化物	SS	汞	六价铬	铅	磷
硫酸	30		0.15～2.0	0.02～0.12							
盐酸	0.03										
2.3 酸生产	28	60									
稀硝酸	1.3				4～30						
硝酸	37				40						
醋酸酐	3	38									
烧碱	8～9						1 600				
氯碱							3.2～5.6	0.02～0.2		0.05	
红钒钠[钾]	220								0.1		

生产工艺	废水量/（m^3/t 产品）	COD	氟化物	砷	氮氧化物	氰化物	SS	汞	六价铬	铅	磷
普钙	1.5		4.81								
黄磷	100		35			6.3					9
铬黄	40								2.0	0.4	
氰化苄	0.91					5.48					

表附 2-26　　涂料工业污水产污水平　　单位：kg/t

生产工艺	废水量/（m^3/t 产品）	COD	悬浮物	挥发酚	生产工艺	废水量/（m^3/t 产品）	COD	悬浮物	尿素	油
三聚氰胺树脂	0.13				尿醛树脂	176			315	
AB 树脂	25	37.5			环氧树脂	15	7.5～90	14.5	315	
酚醛树脂	0.35	45	9	1.9	油漆生产	600	240			
聚氯乙烯乳浊液	2	0.1	15.5		乳胶漆生产	2	26	4		
聚氯乙烯悬浮液	3.5	0.36	0.99		松香生产	20				
丙烯酸树脂	55	25	5.6		松焦油生产	60				15

表附 2-27　　染料工业污水产污水平　　单位：kg/t

生产工艺	废水量/（m^3/t 产品）	COD	悬浮物	BOD
硫化染料	1 110	650	46.6	300
对苯二酚	23.0	39.1		
色酚 AS	2.5	100		
基甲酰苯胺生产	8.0			

表附 2-28　　纯碱企业氨氮污染物排放和控制情况

生产工艺	纯碱产量/（万 t/a）	吨碱氨耗/kg	排水当量/（m^3/t 碱）	氨氮含量/（mg/L）	氨氮排放负荷/（kg/t 碱）	排水当量为 $20m^3$/t 时的氨氮含量/（mg/L）
氨碱法	8.5～100	3.8～9.9	12.2～59.2	19.3～282	0.8～3.45	40～173
联碱法	6～58	4.7～58.8	1.3～88.3	102～5049	1.9～26.8	96～892
氨碱—联碱法	65～79	10.4～18.8	21.1～70.7	58.5～83.3	1.8～4.1	90～205

表附 2-29　　化工废气中的主要污染物

名称	污染源
一氧化碳	化石燃料、焦化厂、黄磷生产
粉尘	染料、电石、氯乙烯、合成塑料、化肥、铬盐等工厂
烟尘	燃料燃烧
二氧化硫	燃料燃烧、硫酸厂、炉窑及与之有关的生产
氮氧化物	硝酸尾气、使用硝酸的工厂、燃料燃烧
硫化氢	炼油、化工脱硫、农药、染料、二硫化碳生产
氟与氟化物	磷肥厂、含氟产品生产
氯	电解食盐及与之有关的生产
氯化氢	盐酸生产、氯乙烯生产及农药、医药生产等
氨	合成氨厂、硝酸生产、腈碱生产等
二氧化碳	化石燃料、烧焦气、焦化厂、天然气等

名称	污染源
乙烯	石油裂化后分离、聚乙烯及乙烯为原料的工业生产
苯并[a]芘	炼焦厂、燃煤炉、沥青、烟气等
恶臭物	炼油厂、塑料厂、染料厂及农药、医药生产等
甲醛	甲醛生产、酚醛塑料生产
甲硫醇	染料、合成橡胶、有机合成厂等

表附 2-30　化工固体废物中的主要污染物

名　称	污染源
电石渣	电石生产乙炔产生的渣
硫铁矿	以硫铁矿为原料生产硫酸时产生
磷矿渣	生产黄磷时产生的渣
铬矿渣	生产铬盐时产生的渣
磷石膏	硫酸法生产磷酸时产生的渣
硫化氢	炼油、化工脱硫、农药、染料、二硫化碳生产
氯化钙	纯碱生产时排出的渣
盐泥	电解食盐中排出的渣
皂化泥	皂化工艺中产生的渣
煤灰渣	燃煤所产生的渣
工业垃圾	各种固体废弃物，如塑料、玻璃等
废触煤	各种废弃的固体催化剂
树脂	生产中报废的固体催化剂

表附 2-31　部分化工行业固体废物产生量（按 1t 产品计）

行业	产品	生产方法	固体废物名称	产生量/（t/t）
无机盐	重铬酸钠	氧化焙烧法	铬渣	1.8～3
	氰化钠	氨钠法	氰渣	0.057
	黄磷	电炉法	电炉炉渣	8～12
			富磷泥	0.1～0.15
氯碱工业	烧碱	水银法	含汞盐泥	0.04～0.05
		隔膜法	盐泥	0.04～0.05
	聚氯乙烯	电石乙炔法	电石渣	1～2
磷肥工业	黄磷	电炉法	电炉炉渣	8～12
	磷酸	湿法	磷石膏	3～4
氮肥工业	合成氨	煤造气	炉渣	0.7～0.9
纯碱工业	纯碱	氨碱法	蒸馏废液	9～11m^3/t
硫酸工业	硫酸	硫铁矿制酸	硫铁矿烧渣	0.7～1
有机原料及合成材料工业	季戊四醇	低温缩合法	高浓度废母液	2～3
	环氧乙烷	乙烯氯化（钙法）	皂化废液	3
	聚甲醛	聚合法	烯醛液	3～4
	聚四氟乙烯	高温裂解法	蒸馏高废残液	0.1～0.15
	氯丁橡胶	电石乙炔法	电石渣	3.2
	钛白粉	硫酸法	废硫酸亚铁	3.8
染料工业	还原艳绿 FFB	苯绕蒽铜缩合法	废浓硫酸	14.5
	双倍硫化法	二硝基氯苯法	氧化滤液	3.5～4.5
化学矿山	硫铁矿	选矿	尾矿	0.6～1.1

2. 石油和化工污染危害严重，给人类健康带来威胁

环境污染包括物理性污染、生物性污染和化学性污染等。随着我国经济的发展，人民生活水平的提高，生物性污染（主要指细菌病毒等致病生物体污染）已经得到了较好的控制。与此相反，化学性污染问题日趋严重。石油及其制品在燃烧时产生的化学烟雾、氮氧化物、硫、碳氧化物（二氧化碳、一氧化碳等）造成的污染是形成酸雨和引起“温室效应”重要原因。泥浆到处喷洒，化肥和农药过多使用，与空气污染有关的有毒尘埃降落，危险废料到处抛弃，所有这些都在对土地构成不可逆转的土壤污染。化工工业废水进入江河湖海，固体废物未经无害化处理，污染水源和地下水，进而严重威胁着生物多样性和生态环境。有毒有机化合物具有潜在的致癌、致畸、致突变的“三致”效应及干扰内分泌作用，且多难以降解，易于引发癌症，危及人们的身体健康。

3. “十五”石油和化工工业污染防治取得了积极进展

经过 20 多年的不懈努力，“十五”石油和化工工业污染防治取得了较大进展。总体上：工业污染防治的政策法规体系初步形成，建立了比较完善的环保管理体系；淘汰、关闭和治理了一批技术落后、污染严重、浪费资源的企业和生产能力；重点企业污染治理取得明显成效，石化企业全面实行水污染物总量控制，环境监督管理得到加强；化工工业废水达标排放和固体废物排放控制取得了明显进展，排放达标率由 2001 年的 87.14%提高到 2005 年的 93.25%，但废水排放总量未能控制，2005 年达到 504 146 万 t；石化企业积极推行清洁生产成效显著，紧跟国际步伐生产供应了新标准清洁汽柴油；一些高能耗、高排放的大中型化工企业，如合成氨、磷化工、氯碱、硫酸等企业进行了节能减排的清洁生产工艺改造，取得了一定的成效；治污减排与综合利用科研开发取得一大批成果，提高了高浓度化肥、低毒农药、低污染料涂料产量比例；但废气中的主要污染物二氧化硫、烟尘和粉尘的排放量继续增加，2005 年分别达到 211.29 万 t、103 万 t 和 36.59 万 t，而去除率增长缓慢，分别为 50.0%、90.8%和 75.6%。以 2001 年为基准，2005 年化工工业固体废物产生量、贮存量和处置量分别增加了 57.1%、29%和 76.7%，排放量减少了 46%，但固体废物的综合利用率仅由 2001 年的 71.7%增加到 2005 年的 73.6%（表附 2-32 至表附 2-34）。

4. 当前石油和化工污染防治面临的形势依然严峻

虽然石油和化工行业污染防治已取得了很大成绩，但在环境保护方面仍面临着一系列重大挑战，生产发展和环境保护之间还存在一些矛盾。这些挑战和矛盾使石油和化工行业的污染防治形势变得更加严峻。石油和化学工业企业的排污仍然是目前工业污染的主要来源之一，“三废”排放、COD、氨氮、二氧化硫、烟（粉）尘等主要污染物排放，石油和化工行业依旧

居各工业行业的前列。

表附 2-32　　2001—2005 年化工废水排放处理情况　　单位：万 t

	2001 年	2002 年	2003 年	2004 年	2005 年
排放总量/万 t	474 242	477 003	460 517	483 942	504 146
增长率/%		0.58	−2.89	2.05	6.31
排放达标量/万 t	413 248	428 142	422 638	448 216	470 102
增长率/%		3.60	2.27	8.46	13.76
达标率/%	87.14	89.76	91.77	92.62	93.25

数据来源：2002—2006 年《中国统计年鉴》；增长率以 2001 年为基准。

表附 2-33　　2001—2005 年化工废气排放处理情况

	2001 年	2002 年	2003 年	2004 年	2005 年
二氧化硫排放量/万 t	138.13	133.80	152.13	196.96	211.29
增长率/%		−3.13	10.13	42.58	52.96
二氧化硫去除量/万 t	92.05	111.59	129.58	151.39	211.17
去除率/%	39.99	45.47	46.00	43.46	49.99
烟尘排放量/万 t	74.74	80.02	845.13	107.87	103.00
增长率/%		7.06	1 030.73	44.32	37.81
烟尘去除量/万 t	684.09	672.04	83.34	938.96	1 018.66
去除率/%	90.15	89.36	8.98	89.70	90.82
粉尘排放量/万 t	19.47	22.09	81.08	33.21	36.59
增长率/%		13.46	316.54	70.62	87.97
粉尘去除量/万 t	71.46	81.57	29.50	94.61	113.17
去除率/%	78.59	78.69	26.68	74.02	75.57

数据来源：2002—2006 年《中国统计年鉴》；增长率以 2001 年为基准。

表附 2-34　　2001—2005 年化工固体废物产生及处理利用情况

	2001 年	2002 年	2003 年	2004 年	2005 年
产生量/万 t	7 509	8 014	10 561	10 864	11 794
增加率/%		6.73	40.64	44.68	57.06
贮存量/万 t	1 219	1 396	1 400	1 618.00	1 572
增加率/%		14.52	14.85	32.73	28.96
处置量/万 t	953	1 017	1 363	1 269	1 684
增加率/%		6.72	43.02	33.16	76.71
排放量/万 t	235	196	201	193.37	127
增加率/%		−16.60	−14.47	−17.71	−45.96
综合利用量/万 t	5 385	5 575	8 141	7 967	8 684
利用率/%	71.71	69.57	77.09	73.33	73.63

数据来源：2002—2006 年《中国统计年鉴》；增长率以 2001 年为基准。

据石油和化学工业协会统计：2005 年，石油和化工行业化工废水排放量 33.9 亿 t，占全国工业废水排放总量的 19%，居第 1 位；废气排放量 15 887 亿 m^3，占全国废气排放总量的 7%，居第 4 位；产生固体废物 9 233 万 t，固体废物产生量及排放量分别占全国固体废物产生和排放总量的 7%和 1.6%，居第 5 位；主要污染物二氧化硫的排放量在全国居第 3 位；烟尘、粉尘排放量居第 4 位；氰化物、石油类、硫化物、砷排放量居第 1 位；悬浮物、汞排放量居第 2 位；挥发酚、铅排放量居第 3 位。

石油和化工工业污染防治的形势依然严峻，全行业的环保压力巨大，防治污染的任务相当繁重，主要表现为：

（1）水资源污染现象依然严重

石油和化学工业节水基础工作薄弱，水污染控制主要集中在末端治理上，废水预处理技术开发应用与国外相比有较大差距，废水处理运行不稳定，排放水质波动大，水处理污泥无害化处理率低，用水管理机制需要完善。在废水治理方面，尽管废水排放达标率由 2001 年的 87.14%上升到 2005 年的 93.25%，达标排放量增加 13.76%，但废水排放总量增加 6.31%。2006 年，石油和化工行业废水排放达标率 95.1%，工业用水重复利用率 85.4%，在工业系统中，石油和化工废水排放量仍居第 1 位（表附 2-35）。目前在染料、农药、精细化工、化肥、氯碱等行业，特别是对高浓度含硫水、含盐、难降解的有机废水处置尚无适用技术，污水处理和设施运行费用高、建设投资大，已成为制约行业发展的瓶颈。

表附 2-35 2005 年主要工业行业工业废水排放及处理情况

行　业	工业废水排放总量/万 t	化学需氧量 COD/t	挥发酚/t	氰化物/t	氨氮/t	石油类/t
行业总计	2 159 779	4 931 701.3	4 166.052	573.762	480 217.7	23 249.0
煤炭开采和洗选业	46 650	57 387.6	317.787	1.065	2 166.1	245.5
石油和天然气开采业	11 252	16 728.9	8.820	0.659	2 416.4	3 242.2
黑色金属矿采选业	14 239	14 906.9	0.617	0.026	531.5	19.4
有色金属矿采选业	31 136	60 279.9	2.381	29.195	364.7	140.2
农副食品加工业	118 964	677 239.8	11.641	7.267	49 298.7	330.4
纺织业	172 232	298 628.1	5.703	3.175	16 564.8	343.7
造纸及纸制品业	367 422	1 596 590.8	305.565	1.203	41 361.6	368.9
石油加工、炼焦及核燃料加工业	68 122	83 343.4	1 661.928	61.032	16 263.5	3 257.3
化学原料及化学制品制造业	339 052	569 256.1	283.814	275.231	220 035.0	4 158.9
医药制造业	40 050	132 654.4	6.716	1.462	9 383.6	425.8
化学纤维制造业	48 516	104 171.4	17.039	4.627	4 478.7	318.5
橡胶制品业	6 118	6 063.9	0.320		506.6	150.7
塑料制品业	2 288	4 064.9	0.087	0.011	168.2	17.9
非金属矿物制品业	48 248	52 843.6	16.321	1.125	1 454.2	331.9

数据来源：国家统计局、石油和化学工业协会，各行业工业废水排放及处理情况统计。

（2）缺乏有效适用的废气、废渣治理技术

2005 年与 2001 年相比，在废气治理方面，二氧化硫排放量增加了 52.96%，而去除率仅上升 10%；烟尘排放量增加了 37.81%，去除率却变化不大；粉尘排放量增幅则达 87.97%，而去除率却由 78.59%下降至 75.57%；2006 年，石油和化工行业，二氧化硫排放达标率 86.9%，烟尘排放达标率 86.8%，粉尘排放达标率 72.8%；在工业系统中，废气排放量仍居第 3 位（表附 2-36）。在固体废物治理方面，虽然在产生量增加 57.06%的情形下，排放量仍降低了 45.96%，但主要是通过增加贮存量和处置量来实现的，贮存量和处置量增加率分别为 28.96%和 76.71%；而在综合利用方面，进展不明显，工业固体废物综合利用率 80%，利用率仅上升 1.92%；在工业系统中，废渣排放居第 4 位（表附 2-37）。在染料、农药、精细化工、化肥、氯碱等行业，对有机废气及危险废物的妥善处置尚无适用的国产化技术。

表附 2-36　　2005 年主要工业行业工业废气排放及处理情况

行　业	工业废气排放量/亿 m^3	燃料燃烧/亿 m^3	生产工艺/亿 m^3	工业 SO_2/万 t	燃料燃烧/万 t	生产工艺/万 t	工业烟尘排放量/万 t
行业总计	268 052	154 527	113 528	1 980.47	1 678.97	301.50	854.88
煤炭开采和洗选业	1 935	1 468	467	21.04	16.51	4.54	10.93
石油和天然气开采业	963	926	37	3.22	2.72	0.49	1.44
石油加工、炼焦及核燃料加工业	9 129	3 717	5 412	70.85	26.45	44.41	38.18
化学原料及化学制品制造业	15 887	9 419	6 469	116.76	90.58	26.17	53.56
医药制造业	1 132	669	464	6.42	6.40	0.03	4.15
化学纤维制造业	2 886	1 176	1 710	11.52	11.46	0.07	4.57
橡胶制品业	563	384	179	4.43	4.39	0.04	1.96
塑料制品业	577	204	372	1.30	1.30	—	0.58
非金属矿物制品业	49 860	12 236	37 624	178.36	90.20	88.16	133.88
黑色金属冶炼及压延加工业	56 190	15 221	40 970	142.24	65.96	76.28	69.27
有色金属冶炼及压延加工业	13 183	2 882	10 301	70.70	24.53	46.17	19.22
电力、热力的生产和供应业	88 347	88 175	173	1 167.17	1 165.10	2.07	405.20

数据来源：国家统计局、石油和化学工业协会，各行业工业废气排放及处理情况统计。

表附 2-37　　2005 年主要工业行业工业废弃物排放及处理情况

行　业	工业固体废物产生量/万 t	危险废物/万 t	工业固体废物排放量/万 t	危险废物/万 t	工业固体废物综合利用量/万 t	工业固体废物综合利用率/%
行业合计	124 324	1 159.89	1 493	0.59	74 083	56.1
煤炭开采和洗选业	18 248	0.08	444		11 379	59.3
黑色金属矿采选业	12 728		227		1 915	14.6
有色金属矿采选业	16 313	222.05	140		4 199	26.0
造纸及纸制品业	1 243	6.29	8		1 112	87.6

行　业	工业固体废物产生量/万 t	危险废物/万 t	工业固体废物排放量/万 t	危险废物/万 t	工业固体废物综合利用量/万 t	工业固体废物综合利用率/%
石油加工、炼焦及核燃料加工业	1 841	74.79	53		1 564	84.9
化学原料及化学制品制造业	9 233	443.50	70	0.03	6 448	68.7
医药制造业	243	20.97	3		225	92.6
化学纤维制造业	342	27.73	1		315	90.4
橡胶制品业	94	0.30			92	97.9
塑料制品业	41	0.36			40	95.7
非金属矿物制品业	3 237	2.83	169		2 680	79.3
黑色金属冶炼及压延加工业	23 506	31.81	149		17 505	74.3
有色金属冶炼及压延加工业	4 779	70.33	40		2 047	42.5
电力、热力的生产和供应业	25 638	67.62	49		18 721	69.9

数据来源：国家统计局，各行业工业固体废物产生和排放、综合利用和处置情况（2005 年）。

（3）点源污染不断加剧，非点源污染日趋严重

化学需氧量和氨氮入河量，全国仍以点源为主，入河量的贡献率均超过了 60%；但总磷、总氮入河量，以非点源污染为主，入河量的贡献率均超过了 80%（表附 2-38）。目前石化的原有自备热电站基本没有脱硫设施，废气的治理只限于烃和硫化氢的回收，一些有机废气实行高空排放，尚无处理设施。

表附 2-38　　2000 年点污染源与非点源污染负荷

污染物	点污染源负荷/万 t		非点源污染负荷/万 t		入河量贡献率/%	
	排放量	入河量	产生量	入河量	点污染源	非点源污染
COD	1 920.4	1 258.6	6 456.7	796.2	61.3	38.7
氨氮	184.0	110.5	1 864.5	229.6	60.9	39.1
总氮	217.4	120.3	3 056.2	527.4	18.6	81.4
总磷	62.5	33.7	612.0	70.9	12.8	87.2

数据来源：水利水电科学研究院水环境研究所和水利部水利水电规划设计总院，2004 年“我国地表水水质评价”报告。

（4）土壤污染的形势严峻

土壤污染是人类现在和未来都必须面对的最困难的环境课题。土壤一旦被污染，其中的污染物就很难清除，而且土壤污染过程是不可逆的。石油化工固体废物的污染控制手段薄弱，很多油泥沙和石油化工残渣有待回收和综合利用。国家环保总局周生贤局长 2006 年 7 月 18 日在“全国土壤污染状况调查及污染防治专项工作视频会议”上披露，目前我国受镉、砷、铬、铅等重金属污染的耕地约占全国耕地的 8.3%，污水灌溉污染耕地、固体废弃物堆存占地和毁田合计占耕地总面积的十分之一以上，污灌区蔬菜的重金属含量超出清水灌区的 1.7～3.6 倍，被重金属污染的粮食每年也多达 1 200 万 t。农工党中央在政协十届五次会议大会发言中

指出，我国耕地总量占世界的9%，灌溉用水、化肥和农药的消费总量却分别占世界的14%、35%和20%；平均每公顷施肥量达到400多kg，一些省甚至超过600kg，远远高于发达国家认定的225kg的安全上限。目前，我国使用的农药中70%是杀虫剂，杀虫剂中70%是有机磷农药，有机磷农药中70%是高毒高残留品种。

（5）环境突发事件总数增加，环境风险居高不下

在石油和化工工业发达的地区，出现的严重环境污染事故，都产生了严重的危害。据我国化工信息中心统计，2005年全国共发生516起化工安全事故。2005年3月29日一辆在京沪高速公路行驶的罐式半挂车在江苏淮安段发生交通事故，车上罐装的液氯大量泄漏，造成29人死亡，436名村民和抢救人员中毒住院治疗，门诊留治人员1 560人，10 500名村民被转移，大量家畜（家禽）、农作物死亡和损失，造成直接经济损失1 700余万元，京沪高速公路宿迁至宝应段（约110km）关闭20小时。2005年11月24日11时，重庆垫江县民营化工企业英特化工公司在生产过程中，因剧烈化学反应发生爆炸，造成1死4伤；事发后因有大量苯系化学品泄漏，厂区周围6 000人被紧急疏散。2005年3月1日中国质量万里行杂志社报道了化工厂云集的天津西堤头镇工业污染致120多人患癌。这些重大污染事件都与化工污染有关，对流域或区域生态环境和人民健康造成了重大危害，严重影响了当地社会稳定和正常的经济秩序。

（6）环境污染防治技术装备、监控手段落后

国外石油化工公司的污染防治设施与工艺装备无明显界限，有些就是生产装备的一部分；已实现污染防治装置流程、单元过程和工艺参数优化；水污染监测技术不断向连续化、自动化及网络化发展，环保设施与生产装置的运行控制成为一体。我国石油和化工企业的环保技术装备水平普遍落后于生产技术装备，一些企业的计量、监测设施不全，在线监测差距更为明显，与环保监控的要求还不适应。

因此，我们必须充分认识我国石油和化工工业环境污染防治形势的严峻性和复杂性，加强环境保护工作的紧迫性，切实把环境污染防治放在更加重要的战略位置。

5. 工业污染防治计划完成得并不理想的主要原因

温家宝总理2006年初在《政府工作报告》确定的主要污染物排放总量减少2%的约束性指标没有实现，石油和化工行业也有一份。主要原因是：部分地区、部分企业对环境保护的重要性认识不足，片面追求眼前利益、局部利益和经济效益，忽视长远利益、全局利益和环境效益；产业结构调整进展缓慢，特别是高耗能、高污染行业增长仍然偏快，粗放式经济增长方式致使产业总体水平、资源能源利用效率、生产用水处理率和重复利用率都较低；环境执法不严，环境监管不力，不少企业有法不依、违法排污，不少地方执法不严、违法不究；工业污染防治存在成本—收益分析制度缺乏，科技创新与环境保护政策整合不足，激励型生

态补偿制度不完善三大制度性缺陷。

（三）解决石油和化工生产发展与环境的矛盾是紧迫任务

环境与发展问题已经成为我国当前及今后相当长一段时期的突出问题，也是在全球化的国际背景下我国和世界各国共同面临的重大问题。

1．石油和化工的生产发展受日益严格环境保护的制约

石油和化工行业是重要能源行业，又是高污染的行业。环境保护越来越成为决定石油和化工工业生存发展的战略性问题。正确处理产业可持续发展与环境污染和污染防治矛盾，需要面对以下重大挑战。

（1）环境容量严重短缺将使环境质量恶化加剧

随着石油和化学工业的快速发展，资源消耗的增加与资源不足、污染物排放量增加与治污能力不足的问题已经凸显。资源短缺的同时又存在高耗能产品无序发展，进一步加剧了资源不足和环境污染的矛盾。如一些地区纯碱、烧碱、电石、PVC、甲醇、黄磷、氮肥、磷肥、PTA 投资过热，产能的迅速扩张给电力供应带来严重问题同时又导致“三废”排放增加。日益严格的环境要求将使高耗能、高排污企业无法生存，国际履约将使石油和化工企业付出高昂的治污成本，大量建设项目将使重大环境安全风险增加。一方面是化工行业，如农药、染料等企业环境污染严重，生产企业的“三废”治理任务艰巨，由于中小企业的资金财力、技术有限，环境污染防治对行业本身的发展制约作用将越来越明显；另一方面环境敏感地区存在的化工环保问题，反过来将制约该地区的化学工业继续发展。

（2）石油和化学工业快速发展地区环境污染产生了严重的危害

在浙江、江苏、山东等石油和化工大省，工业的蓬勃发展促进了经济的快速增长，在区域经济、农村剩余劳动力就业、增加农民收入、建设社会主义新农村等方面发挥了积极的作用；但过度能源消费，高污染行业快速发展将使小康目标实现、和谐社会的建立直接受到影响，同时也带来了严重的地区环境污染问题。尽管江苏、浙江等省先后关、停、并、转了数千家小化工企业，对污染严重的大中型化工企业限期整治，但是由于我国整体化工工业的生产技术水平远落后于发达国家，企业规模小且分散，难以进行集中治理；而污染治理的成本相对较大，尤其是中小化工企业还难以承受，因而，我国化工工业环境污染治理将是一个长期而艰巨的任务。地面臭氧污染、大气汞污染以及环境引发的各种健康疾病成为未来我国可能出现的新的环境问题。如浙江台州市椒江区、江苏盐城市阜宁洋桥村等地都先后出现了严重的环境污染事故，成癌症多发村。

（3）石油和化工工业快速发展，环境风险不容忽视

如 2003 年的重庆市开县特大井喷事故导致 243 人中毒死亡，2 142 人因硫化氢中毒住院

治疗，65 000 人被紧急疏散安置，直接经济损失已达 6 432.31 万元；2004 年重庆化工厂的氯气泄漏爆炸事故造成 15 万人被迫疏散；同年，四川大型化肥厂违规技改造成的沱江水污染事件，直接经济损失超过 1 亿元，生态环境更遭到灾难性破坏，成为当时全国范围内最大的一起水污染事故；给我国带来沉痛教训的典型污染事件是 2005 年 11 月 13 日东北吉林省吉林市境内，中石油吉林石化公司双苯厂发生爆炸事故，共造成 5 人死亡、1 人下落不明、2 人重伤、21 人轻伤；2006 年 7 月 28 日，江苏省射阳县盐城氟源化工有限公司发生的爆炸事故造成 22 人死亡，29 人住院接受治疗，其中 5 人重伤。吉林石化公司双苯厂发生爆炸事故以后，国家环保总局对全国化工石化建设项目环境风险排查结果，7 555 个建设项目，重大风险源数量 3 442 个，人口密集区（5km 内有城镇）、饮用水水源保护区上游（10km）、交通干线、风景名胜区、自然保护区附近等环境敏感区域项目数量有 3 793 个，我国 45%化工石化建设项目存在重大环境风险。通过环境风险排查，采取防范、减缓措施整改项目 3 618 个，搬迁项目 49 个（表附 2-39 至表附 2-41）。

表附 2-39　　全国化工石化建设项目环境风险排查汇总表

<table>
<tr><td colspan="2" rowspan="3">重大风险源数量/个</td><td rowspan="3">3 442</td><td rowspan="3">排查重点环境风险建设项目数量/个</td><td colspan="2">总计</td><td colspan="3">7 555</td></tr>
<tr><td>国家级</td><td>省级</td><td colspan="2">地市级</td><td>县级</td></tr>
<tr><td>127</td><td>1 614</td><td colspan="2">3 502</td><td>2 512</td></tr>
<tr><td colspan="2">石化类企业数量/个</td><td>1 122</td><td>化工类企业数量/个</td><td colspan="5">5 377</td></tr>
<tr><td colspan="2">新建企业数量/个</td><td>4 104</td><td>扩建技改企业数量/个</td><td colspan="5">2 590</td></tr>
<tr><td colspan="3">总投资</td><td>10 151.5 亿元</td><td colspan="3">排查后增加的投资</td><td colspan="2">140.5 亿元</td></tr>
<tr><td rowspan="6">环境敏感区域项目数量/个</td><td colspan="2">人口密集区（5km 内有城镇）</td><td>2 489</td><td colspan="3">江、河、湖、海、水库沿岸</td><td colspan="2">1 354</td></tr>
<tr><td colspan="2">饮用水水源保护区上游（10km）</td><td>280</td><td colspan="3">畜牧区、渔业水域</td><td colspan="2">32</td></tr>
<tr><td colspan="2">风景名胜区附近</td><td>10</td><td colspan="3">大江大河干流</td><td colspan="2">535</td></tr>
<tr><td colspan="2">自然保护区附近</td><td>37</td><td colspan="3">一级支流</td><td colspan="2">275</td></tr>
<tr><td colspan="2">交通干线附近</td><td>977</td><td colspan="3">三峡库区</td><td colspan="2">86</td></tr>
<tr><td colspan="2"></td><td></td><td colspan="3">南水北调水源地及沿线</td><td colspan="2">100</td></tr>
<tr><td colspan="3">有消防水收集池的企业数量/个</td><td>2 729</td><td colspan="3">有初期雨水收集池的企业数量/个</td><td colspan="2">1 704</td></tr>
<tr><td colspan="3" rowspan="2">通过环境风险排查，采取防范、减缓措施的项目/个</td><td>整改</td><td colspan="5">3 618</td></tr>
<tr><td>搬迁</td><td colspan="5">49</td></tr>
<tr><td colspan="3">工业园区内项目/个</td><td colspan="6">2 404</td></tr>
</table>

表附 2-40　　全国化工石化建设项目环境风险排查汇总表

环境风险建设项目排查	排查重点环境风险建设项目数量/个
总计	7 555
其中：国家级	127
省级	1 614
地市级	3 502

环境风险建设项目排查	排查重点环境风险建设项目数量/个
县级	2 512
其中：石化类企业数量	1 122
化工类企业数量	5 377
其中：新建企业数量	4 104
扩建、技改企业数量	2 590
重大风险源数量	3 442
采取防范减缓措施整改项目	3 618
搬迁项目	49
工业园区内项目	2 404

表附 2-41　　环境敏感建设项目数量

环境敏感区域	项目数量/个	环境敏感区域	项目数量/个
饮用水水源保护区上游（10km）	280	南水北调水源地及沿线	100
畜牧区、渔业水域	32	三峡库区	86
风景名胜区附近	10	交通干线附近	977
大江大河干流	535	自然保护区附近	37
有消防水收集池的企业数量	2 729	有初期雨水收集池的企业数量	1 704
一级支流	275		

2．经济可持续发展要求石油和化工行业优先节能减排

我国未来 20 年的能源环境战略，已把节能减排提升到基本国策的高度。石油和化工行业必须通过政府驱动、依法推动、公众参与、结构调整、提高能效、总量控制、排污达标来落实国家节能减排战略。面向未来，石油和化学工业节能减排任务重。目前国家重点抓的 1 008 家高耗能企业中，石油和化工企业占 340 家，其中氮肥企业就占了 160 多家。处于工业发展期，石油和化学工业发达地区是节能减排重点。南京环科所对江苏省研究得出结论：江苏石油和化工行业要实施可持续发展战略，必须控制环境污染，发展循环经济，提升生态效益，提高石化准入门槛，加大技术创新力度，保持较高投入水平，倡导责任关怀理念。石油和化工行业节能减排存在的主要问题是两方面。

（1）高能耗的局面未能得到有效控制

由于历史的原因，我国石油和化工工业在发展成长的过程中，未能在物耗、能耗和环境污染等方面进行有效的控制，从而使石油和化工工业成为目前我国工业生产中一个主要的高能耗、高物耗、高污染的产业之一。2004 年、2005 年石油和化工工业消耗的能源分别占全国总能源消耗的 18.15%和 17.63%（表附 2-42）。由于调控机制不力和地方保护等原因，致使国家产业政策不能得到贯彻落实，扭转高耗能、高污染产品产能增长过快的势头难度很大。

表附 2-42 石油和化学行业能源消费量 单位：万 t 标准煤

行　业	2004 年	2005 年	2006 年
全国能源消费总量	203 227.02	223 319.30	246 270.15
石油和天然气开采业	3 625.65	3 761.33	3 626.20
石油加工、炼焦及核燃料加工业	12 173.85	11 881.87	12 360.11
化学原料及化学制品制造业	20 346.88	22 494.07	24 779.04
医药制造业	1 040.60	1 122.39	1 161.06
化学纤维制造业	1 303.03	1 342.00	1 423.97
橡胶制品业	883.72	1 079.38	1 180.25
塑料制品业	1 129.29	1 446.81	1 557.66
合计	36 877.37	39 366.52	46 088.29
消费总量中所占比例/%	18.15	17.63	18.71

数据来源：《2006 年中国统计年鉴》、《2007 年中国统计年鉴》。

（2）产业结构亟待优化调整

我国石油和化学工业的产量虽保持较快的增长速度，部分主要产品的产量已居世界前列，但装置的规模、效能、竞争力、技术水平等方面与发达国家相比，仍存在很大的差距。企业规模和装置偏小，缺乏规模效应。目前在我国化工企业中，中小企业占 90%以上；同时，许多低技术水平化工装置重复建设，造成生产能力过剩，也严重浪费了资源，如硫酸、合成氨、氯碱、甲醇等；而高技术含量、高附加值的精细和专用化学品行业却发展缓慢；产业布局不合理，地区发展不均衡，化工企业主要集中在沿海和沿江等经济发达地区，这些地区的资源相对贫乏，煤炭、电力、矿物等的长途传输消耗了大量的能源；同时，化工企业在沿海和沿江地区的大量聚集，也造成了我国几大河流和近海水资源的严重污染。

3．水资源紧缺和保护是石油和化学工业发展的重要制约因素

水资源已成为制约我国经济社会可持续发展的重要因素之一，也对石油和化学工业发展产生重要制约。

（1）我国水资源现状

我国属于水资源紧缺的国家，人均水资源量低，地下水资源剧减，缺水严重；而未来工业取水量、用水量将不断增长。我国年淡水资源总量 $2.4\times10^{12}m^3$，但人均水资源约 1 856m^3，属贫水国行列。《第二次中国水资源及其开发利用调查评价》结果显示，我国人均水资源占有量是世界平均水平的 28%（图附 2-1）。

按照目前用水增长速度，到 2010 年我国缺水将达 910 亿 t（表附 2-43），64%城市都面临缺水。我国水资源时空分布极不均匀，北方地区资源型缺水、西南地区工程型缺水和东南沿海水质性缺水并存。

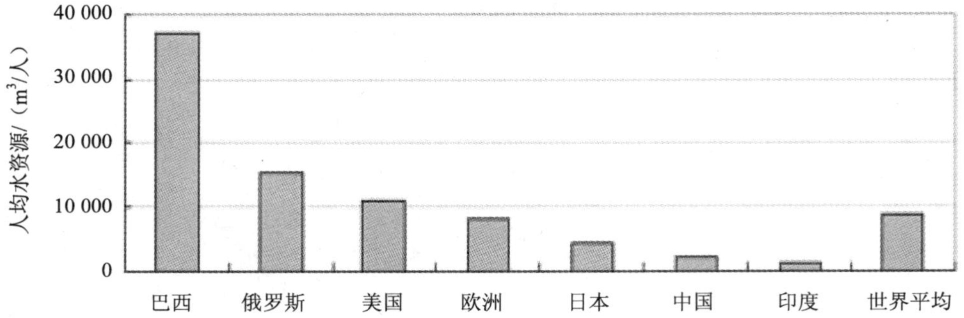

数据来源：水利部《中国水资源及其开发利用调查评价》报告，2005。

图附 2-1　世界人均水资源量

表附 2-43　我国未来年需水量预测　单位：亿 m^3

用水类别	2010 年	2020 年	2030 年
生活用水	695	864	1 013
工业用水	1 415	1 591	1 690
农业用水	4 370	4 319	4 282
生态用水	800～1 000	800～1 000	800～1 000
需水总量	7 281～7 481	7 574～7 774	7 786～7 986

数据来源：水利部《中国水资源及其开发利用调查评价》报告，2005。

图附 2-2 是 1949—2005 年我国工业取水情况，在 1949—1997 年工业取水增加 46.7 倍，年均增长率达到 8.3%。工业是取水和排污大户，2004 年总取水量工业占全国的 22.2%，但排污水量工业占全国的 66.7%，其中石油与化工是用水量最大的五个工业行业之一。2005 年工业用水比重达到 22.8%，工业用水量 1 285.2 亿 m^3。一方面，水资源短缺与不合理利用并存，浪费严重；另一方面，污水处理设施明显不足，水质富营养化问题日益突出，导致水资源可利用率不断降低。随着城市化的推进，我国城市面临着水资源短缺、污水处理和水环境治理三重压力。

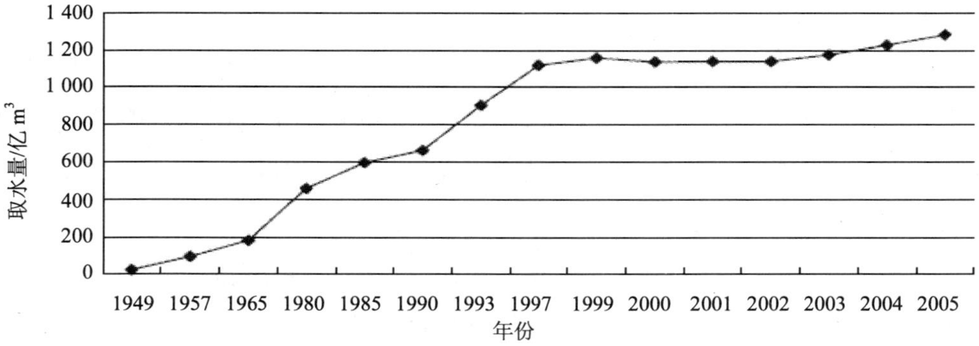

数据来源：《中国水资源及其开发利用调查评价》报告，2005。

图附 2-2　1949—2005 年我国工业取水情况

我国水价低、用水效率不高。我国水价仅是国际水价的三分之一（图附 2-3）。万元 GDP 取水是世界平均水平的 4.2 倍，远高于发达国家（图附 2-4）。工业用水的重复利用率平均为 62%，而发达国家平均为 75%～85%。石油炼制行业吨油耗水，国外在 20 世纪 70 年代一般已达到 $0.5m^3/t$，先进水平（表附 2-44）仅为 $0.2m^3/t$，而我国平均为 $2.4m^3/t$，有的甚至高达 $20m^3/t$ 以上。水资源有效利用率有待提高。

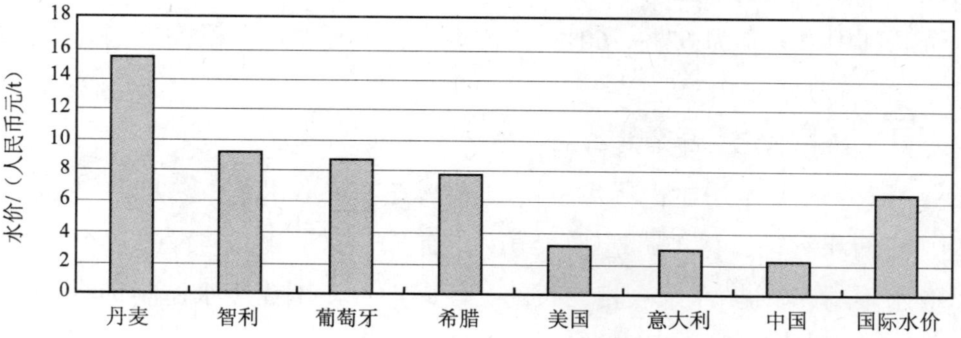

图附 2-3　国际与我国水价比较

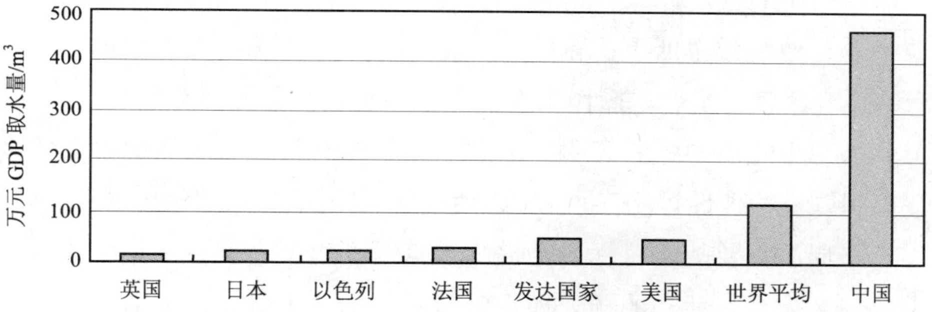

图附 2-4　国际与我国万元 GDP 取水量比较

表附 2-44　　20 世纪 70 年代发达国家一些炼油厂废水排放情况

炼油厂	板出	爱知	鹿岛	贝尼西亚	法波亚	福堡	壳牌
加工原油/（万 t/a）	460	660	828	400	400	440	300
排放废水量/（万 t/a）	198	264	265	200	56	110	57
排放废水量/（t/t 油）	0.43	0.40	0.32	0.50	0.14	0.25	0.19

（2）我国水体污染的形势严峻

水资源作为一个战略资源将是我国未来发展的一个瓶颈，水危机也是我国环境安全的首要问题。目前总体水污染形势没有好转，每年工业和城市污水排放量理论上足以污染全国所有的地表水源。江河污染、淡水湖泊富营养化严重。2005 年，全国七大水系（珠江、长江、淮河、黄河、海河、辽河以及松花江）的 411 个地表水监测断面中有 27%为劣 V 类水质，重点流域 40%以上的断面水质没有达到治理规划的要求。2006 年，全国七大水系的 197 条河流 408 个监测断面中，Ⅰ～Ⅲ类、Ⅳ类、Ⅴ类和劣Ⅴ类水质的断面比例分别为 46%、28%和 26%。海洋污染范围不断扩大，全国近岸海域生态环境系统处于不健康或亚健康状态的超过 70%。全国有 50%的浅层地下水遭到不同程度的污染。水污染向面源污染扩展，面源污染将在较长一段时间内制约我国水环境质量的改善。水土资源过度开发造成生态系统退化，辽河、淮河、黄河地表水资源利用率分别为 62%、60%、56%，海河已近 90%，远高于国际上公认的 30%～40%合理程度。

（3）水资源保护和水污染防治是工业污染防治重点

城市工业用水中冷却水用量占用水总量的 80%左右，取水量占总量的 30%～40%；火力发电、钢铁、石油和石化、化工、造纸、纺织、有色金属、食品与发酵八个行业取水量约占全国工业总取水量的 60%。在未来相当长的一段时期内，工业废水控制仍然是我国水污染防治和水环境安全管理的重点。化工工业是一个耗水大户，也是废水排放大户。水在化工产品生产中既作为原料，又作为介质，具体可分为冷却水、洗涤水、工艺水、热力水（指工业锅炉水）以及冷凝液回收水。主要用水量大的产品有合成氨、氮肥、硫酸、氯碱、纯碱、农药、涂料、染料、黄磷、电石等产品。目前化工企业水资源利用率低的主要原因是技术落后，冷却设备换热效果差，传热效率低下；系统生产工艺落后，能源利用不合理；工艺污水量排放大，未实现清洁生产；管理不严，操作工人素质差，致使水资源浪费严重。

国内外工业水污染防治的经验表明，工业水污染的防治必须采取综合性对策，从宏观性控制、技术性控制以及管理性控制三个方面着手，把水污染防治和保护水环境作为结构调整、产业规划和生产布局的重要战略目标，把提高水重复利用率、实行污染物排放总量控制、促进污水的集中处理、先进行适当的预处理作为技术目标，把健全环境监测网络、增强事故排放的预测与预防能力作为管理性控制对策，才能取得良好的整治效果。

4. 建设“绿色石油和化学工业”将是发展的重要任务

以保护环境为中心，切实减少“三废”排放，保护自然和生态环境，推进循环经济，建设生态产业，真正把石油和化学工业建设成为可持续发展的“绿色工业”将是“十一五”和今后石油和化学工业发展的重要任务。石油和化学工业要实现持续、快速、健康发展，必须在科学发展观指导下，用信息技术和绿色技术改造传统石油和化学工业，使二氧化硫、颗粒物和 COD 等主要污染物排放量控制在环境承载能力之内。发展“绿色石油化工”，实现“零污染”是方向，在相当长的时期内是一个重要课题。同时要改变农药、化肥和工业污染物等对农业、农村生态环境造成的复合型污染。

二、国内外石油和化工污染防治的现状、差距与问题

（一）石油和化工工业必须走有中国特色“新型工业化道路”

1. 工业化不同发展阶段的环境问题

反映传统工业化进程中工业结构变化，通常可分为以轻工业为中心，以重化工业为中心，工业高加工度化的三个发展阶段。其中以重化工业为中心的发展阶段，资源消耗最多，对环境影响最大。

大规模环境问题的形成和发展是工业革命以后的事情。第二次世界大战以前，人类在发展中遇到的国际环境问题主要表现在两个方面：一是生态破坏，二是环境污染。工业化国家的环境保护事业都是直接起源于对环境污染的治理。

从 18 世纪下半叶起，经过整个 19 世纪到 20 世纪初，首先是英国，而后是欧洲其他国家、美国和日本相继经历和实现了工业革命。主要发达国家在工业发展过程中，经历了由污染到治理的四个阶段。

（1）忽视环境保护的粗放式阶段

企业在经济行为中，单纯追求利润最大化，通过对自然资源的掠夺和对自然环境的破坏来换取经济的高速增长。其间，西方国家也采取过一些限制性措施，颁布了一些环境保护法规，如英国 1863 年颁布的《碱业法》、1876 年颁布的《河流防污法》；日本大阪府 1877 年颁布的《工厂管理条例》等。此后美国、法国等也陆续颁布了防治大气、水、放射性物质、食品、农药等污染的法规。

（2）“先污染、后治理”的末端治理阶段

第二阶段是稀释或分散污染物，使污染的影响不构成危害。在 20 世纪初到 20 世纪 70 年代，工业的快速发展给西方发达国家带来了严重的环境污染，尤其是 20 世纪 50—70 年代发生了多起严重环境污染事件。例如比利时的马斯河谷烟雾事件（1930 年），致使大批家禽死亡，几千人中毒，60 人丧命；美国的多诺拉烟雾事件（1948 年），造成 20 人死亡，6 000 人患病；伦敦烟雾事件（1952 年），导致 4 000 多人死亡；洛杉矶于 1952 年发生的光化学烟雾事件，造成近 400 名老人死亡；日本水俣病事件（1953—1965 年）；日本米糠油事件（1968 年），导致患病者超过 5 000 人，共有 16 人死亡。频繁发生的污染公害事件终于使公众从公害的痛苦中认识到环境污染的危害，西方国家相继成立环境保护专门机构，工作的重点主要是治理污染源、减少排污量。

（3）源头控制和末端治理并举，进入清洁化生产阶段

第三阶段是由污染到治理。由于末端治理只强调对不合格达标污染源进行制裁，而对因实施清洁生产，使排污量大大低于排放标准的，没有必要的经济鼓励，结果导致污染源只是为了达标而进行末端处理，不利于激发企业研究、开发和使用清洁生产工艺和技术的积极性；另一方面，末端治理通常按照水、气和土壤分类控制，从而造成污染物在介质之间的转移，使削减污染物总量方面未能收到预期的效果。在这种背景下，欧美发达国家逐渐认识到，与其严格进行末端治理，不如预防污染的产生，积极开发低污染和无污染的清洁工艺技术。

（4）区域综合治理和循环经济阶段

第四阶段是从源头开始到过程控制，预防污染。循环经济理念是对传统发展模式深刻反省的结果。美国环境保护局科学顾问委员会 1988 年的报告《今后的危害：90 年代的战略》中明确提出：EPA 必须制定强调在污染发生前就削减的战略，从控制和消除转移到预防，这对保护人体健康和环境以及使经济健康发展是绝对必要的。在 1990 年的报告中进一步指出：在源头防止污染发生常是减轻危害，特别是减轻长期危害更为便宜和有效的途径。美国于 1990 年 10 月通过《污染预防法》，正式宣布污染预防是美国的国家政策。1998 年在韩国首尔第 5 次国际清洁生产高级研讨会上发起和签署了《国际清洁生产宣言》。西方国家开始将源头预防与全过程污染控制作为环境与发展政策的战略取向，逐渐确立了将清洁生产、资源综合利用、生态设计、可持续消费等融为一体的循环经济发展战略。

环境问题是现在发展中国家在发展工业化的过程中不可避免的问题。当前全球正面对着全球气候变暖，臭氧层的耗损与破坏，生物多样性减少，酸雨蔓延，森林锐减，土地荒漠化，大气污染，水污染，海洋污染，危险性废物越境转移十大环境问题。进入 20 世纪 90 年代以来，各国化工企业面对日益严格的环境法规和标准，都不同程度地加强了在环境方面的管理。构建起包括环境法规、环境标准、环境技术、环保产业的完整管理体系。主要是：将消除环境污染提高到与安全、消防工作同样的高度，专设机构负责环境问题的决策，在最高管理层建立了环境安全部门，主要决策者中有专人负责环保，形成了自上至下的健全的环保管理体制。如美国杜邦公司、陶氏化学公司、德国拜耳公司、英国帝国化学公司、日本三菱及住友化学公司、法国罗纳—普朗克公司等很多大型跨国公司都这样做。

2. 我国现已进入以重化工业为主的工业化中期发展阶段

未来 15 年，是我国完成工业化发展的重要时期，整体上我国经济发展正处于工业化中期，在重化工业化发展阶段，以石油和化学工业等为代表的重化工业产业将快速发展。由于目前石油和化工行业正处于高能耗、高耗水、高污染的发展阶段，将使环境污染问题更为突出。其表现为：

（1）工业快速增长

国家统计局公布的数据显示，2001 年至 2006 年，我国第二产业增长率年均为 11.0%；第二产业在 GDP 中的比重，除 2002 年外一直保持在 45%以上；工业增加值增长率年均在 11.2%，高于 GDP 年均增长率（表附 2-45）。

表附 2-45　　2001—2006 年我国产业增长情况

	2001 年	2002 年	2003 年	2004 年	2005 年	2006 年
国内生产总值/亿元	109 655.2	120 332.7	135 822.8	159 878.3	183 084.8	209 407
比上年增长/%	8.3	9.1	10.0	10.1	10.2	10.7
第一产业/亿元	15 516.2	16 238.6	17 068.3	20 955.8	23 070.4	24 700
比上年增长/%	2.8	2.9	2.5	6.3	5.2	5.0
占生产总值比重/%	14.1	13.5	12.6	13.1	12.6	11.8
第二产业/亿元	49 512.3	53 896.8	62 436.3	73 904.3	87 046.7	102 004
比上年增长/%	8.4	9.8	12.7	11.1	11.7	12.5
占生产总值比重/%	45.2	44.8	46.0	46.2	47.5	48.7
第三产业/亿元	44 626.7	50 197.3	56 318.1	65 018.2	72 967.7	82 703
比上年增长/%	10.2	10.4	9.5	10.0	10.0	10.3
占生产总值比重/%	40.7	41.7	41.4	40.7	39.9	39.5
工业增加值/亿元	43 580.6	47 431.3	54 945.5	65 210.0	76 912.9	90 351
比上年增长/%	8.7	10.0	12.8	11.5	11.6	12.5
占生产总值比重/%	39.8	39.4	40.5	40.8	42.0	43.2

数据来源：国家统计局 2000—2006 年《国家统计年鉴》，2006 年数据来自统计公报。

（2）重工业增长明显且加快

国家统计局公布的数据显示，2001 年至 2006 年，重工业年增长率高于全部工业增加值的 11.2%年均增长率，也高于轻工业的 13.2%年均增长率，达到 16%；重工业增加值在全部工业增加值比重逐年上升，由 2001 年的 38.3%上升到 2006 年的 61.4%（表附 2-46）。

表附 2-46　　2001—2006 年我国工业增长情况

	2001 年	2002 年	2003 年	2004 年	2005 年	2006 年
全部工业增加值/亿元	42 607	45 935	53 612	62 815	76 190	90 351
比上年增长/%	8.7	10.0	12.8	11.5	11.6	12.5
轻工业增加值/亿元	10 649	12 294	14 653	17 762	20 585	24 314
比上年增长/%	8.6	12.1	14.6	14.7	15.2	13.8
占工业增加值比重/%	24.99	26.76	27.33	28.28	27.02	26.91
重工业增加值/亿元	16 301	19 188	26 392	37 043	45 840	55 438
比上年增长/%	11.1	13.1	18.6	18.2	17.0	17.9
占工业增加值比重/%	38.26	41.77	49.23	58.97	60.17	61.36

数据来源：国家统计局 2001—2006 年《国民经济和社会发展统计公报》。

（3）重化工业产品高速增长

2001—2006 年天然气、粗钢、钢材、有色金属、水泥、酸碱、化学纤维、发电设备、汽车等重化工业产品年增长率都高于 GDP 和工业增加值年增长率（表附 2-47）。

表附 2-47　　2001—2006 年主要工业产品增长速度　　单位：%

	2001 年	2002 年	2003 年	2004 年	2005 年	2006 年
国内生产总值	8.3	9.1	10.0	10.1	10.2	10.7
工业	8.7	10.0	12.8	11.5	11.6	12.5
纱	15.8	11.7	15.7	13.9	11.5	20.0
布	4.7	11.2	16.2	18.8	11.9	13.5
化学纤维	21.2	17.8	19.2	20.6	13.6	21.7
原　油	1.3	1.8	1.8	2.9	2.8	1.7
天然气	11.5	7.7	7.2	18.5	20.6	18.7
发电量	9.0	11.7	15.5	14.5	12.3	13.4
粗　钢	18.0	19.7	21.9	22.7	24.6	19.7
钢　材	19.8	19.6	25.3	23.3	24.1	25.3
十种有色金属	10.5	14.5	19.1	16.4	13.2	17.2
水　泥	10.7	9.7	18.9	12.5	10.0	15.5
硫　酸	11.1	13.3	10.5	18.5	15.3	9.6
纯　碱	9.6	13.0	9.2	14.9	9.9	12.4
烧　碱	18.0	11.4	7.7	12.2	21.4	21.9
乙　烯	2.3	13.0	12.7	2.4	20.0	24.5
化　肥（折 100%）	6.2	12.1	10.8	15.2	8.6	8.0
发电设备	7.3	58.3	74.5	92.9	28.9	19.6
汽　车	9.7	38.8	36.7	14.2	12.1	27.6
其中：轿车	15.9	55.2	85.0	11.7	19.7	39.7

数据来源：国家统计局 2001—2006 年《国民经济和社会发展统计公报》。

（4）工业主要污染物排放量增长

原国家环境保护总局公布的数据显示：2001 年至 2006 年，我国工业废水、二氧化硫排放量、工业固体废物产生量年均增长率分别在 3.66%、5.81%、10.96%；工业废水、化学需氧量、氨氮、二氧化硫和烟尘排放量占总排放量比重分别在 45%、38%、30%、86%和 79%以上；2006 年情况有所好转（表附 2-48）。

（5）重化工业是工业污染物排放主要污染源

国家统计局 2006 年《国家统计年鉴》的数据显示：2005 年石油、冶金、纺织、轻工、化学、机械、建材、热电行业废水排放量占工业废水总排放量的 79.43%，废气、二氧化硫、烟尘、粉尘排放量分别占工业总排放量 94.93%、95.00%、92.72%、99.09%，固体废物排放量占工业排放总量的 65.51%（表附 2-49）。

表附 2-48　　2001—2006 年我国工业污染物排放情况

	2001 年	2002 年	2003 年	2004 年	2005 年	2006 年
工业废水排放量/亿 t	200.7	207.2	212.4	221.1	243.1	240.2
比上年增长/%	3.35	3.24	2.51	4.10	9.95	−1.19
工业废水占排放总量比重/%	46.85	47.14	46.17	45.83	46.35	44.75
工业化学需氧量排放量/万 t	607.5	584.0	511.9	509.7	554.8	541.5
比上年增长/%	−13.77	−3.87	−12.35	−0.43	8.85	−2.40
工业占总排放量比重/%	43.19	42.72	38.38	38.06	39.23	37.91
工业氨氮排放量/万 t	41.0	42.1	40.4	42.2	52.5	42.5
比上年增长/%	—	2.68	−4.04	4.46	24.41	−19.05
工业占总排放量比重/%	32.80	32.69	31.15	31.73	35.05	30.08
工业二氧化硫排放量/万 t	1 566.6	1 562.0	1 791.4	1 891.4	2 168.4	2 234.8
比上年增长/%	−2.85	−0.29	14.69	5.58	14.65	3.06
工业占总排放量比重/%	80.43	81.08	82.99	83.88	85.06	86.33
工业烟尘排放量/万 t	841.2	804.2	846.2	886.5	948.9	864.5
比上年增长/%	−11.76	−4.40	5.22	4.76	7.04	−8.89
工业占总排放量比重/%	79.43	79.41	80.69	80.96	80.25	79.40
工业固体废物产生量/万 t	88 745.7	94 509.4	100 428.4	120 030.0	134 448.9	151 541.4
比上年增长/%	8.75	6.49	6.26	19.52	12.01	12.71

数据来源：据国家环境保护总局 2000—2006 年《全国环境统计公报》数据计算。

表附 2-49　　2005 年按行业分工业污染物排放情况

行业	废水			废气				固体废物量占工业排放总量/%
	排放量占总排放量/%	排放达标量占总排放达标量/%	排放达标率/%	排放量占总排放量/%	二氧化硫排放量占总量/%	烟尘排放量占总量/%	粉尘排放量占总量/%	
工业行业总计	100.00	100.00	92.12	100.00	100.00	100.00	100.00	100.00
石油天然气开采、加工业、炼焦及核燃料	3.67	3.87	97.09	3.77	3.74	4.63	0.45	3.62
黑色、有色金属矿采选、冶炼及压延加工	11.53	11.76	93.94	26.45	11.31	10.88	34.52	37.24
纺织业、纺织制造业	8.4	8.79	96.42	1.26	1.57	1.58	0.1	1.21
皮革、毛皮、毛绒及造纸、纸制品制品业	17.81	17.73	91.72	1.79	2.29	2.95	0.02	0.54
化学原料及化学制品、医药、化纤、橡胶、塑料制品业	20.19	20.28	92.56	7.86	7.09	7.6	1.31	4.89
金属矿物制品业、设备制造业	3.35	3.49	93.94	1.78	0.79	1.24	0.5	1.94
非金属矿采选业、制品业	2.83	2.89	93.93	19.07	9.3	16.46	62.02	12.79
电力、热力的生产和供应业	11.63	12.41	98.28	32.96	58.93	47.40	0.17	3.28
合计	79.43	81.21	94.18	94.93	95.00	92.72	99.09	65.51

数据来源：据国家统计局 2006 年《国家统计年鉴》数据计算。

3．我国石油和化工工业污染防治历程

与发达国家相似，目前我国工业污染防治工作大体上经历了以下几个阶段：

第一阶段，20 世纪 70 年代以前，我国的环境保护还处于无觉醒阶段，对污染防治的认识不足。

第二阶段，1972—1981 年，处于觉醒阶段，环境保护以末端治理为主。在此期间，政府制定了一些环保政策、法规和标准；1979 年《环境保护法》的出台标志着我国的环境保护工作进入了法治阶段。由于处于集中计划体制下，污染防治工作以组织“三废”治理和综合利用为中心；责任不明确，管理体系松散，法规、标准、政策不健全；治理投资主要来自于国家财政预算。

第三阶段，从 1982 年到现在，逐步形成了“预防为主、综合治理”的环境污染防治体系，进入清洁生产阶段。政府制定了“调整不合理布局，结合技术改造，防治工业污染，开展工业‘三废’综合利用，提高‘三废’排放物处理水平和强化管理”的环保管理政策，强化管理被置于战略位置；促使工业污染控制过程从末端控制向生产全过程控制转变；工业污染控制的标准从浓度控制向浓度和总量控制相结合，大力推进总量控制转变；工业污染控制方式从点源分散治理向点源治理与集中控制相结合，以集中控制优先的转变。1992 年联合国环境与发展大会后，我国将清洁生产作为环境与发展的对策之一，2002 年出台了第一部以污染预防为专门内容的法律——《清洁生产促进法》，标志着我国可持续发展有了历史性的进步。“十五”期间和“十一五”规划中，我国进一步加大了环境污染治理的整治力度，确立了清洁生产、综合治理和循环经济的发展战略。

经过多年的环境治理，我国工业污染增长趋势有所控制，防治措施和管理队伍得到加强，基本掌握工业污染防治状况，工业污染防治资金不断增加。目前我国的石油和化工企业污染防治，处于粗放式经营、末端治理、清洁生产和综合治理、生态工业园式的循环经济等多种形式环境下。

4．我国石油和化工工业必须走“新型工业化道路”

国家明确倡导我国要走有中国特色新型工业化道路。其基本理念是“科教兴国”和“可持续发展”；基本含义是走一条“科技含量高、经济效益好、资源消耗低、环境污染少、人力资源优势得到充分发挥”，“坚持以信息化带动工业化，以工业化促进信息化”的新型工业化道路。实现新型工业化，有助于大幅度减少工业污染物产生和排放。

为此，石油和化工行业必须由大量利用引进技术转向以自主创新为主的技术供给模式，大力发展循环经济应对资源环境方面挑战变得特别紧迫和重要，实现产业结构战略调整和优化升级是解决发展过程中环境问题的根本出路，以提高经济效益和环境效益为目的的企业有

效投入至关重要，提高经济增长集约化程度势在必行，均衡发展区域经济不可忽视。

在未来相当长的一段时期内，使石油和化工工业既增产又不增污，具有一定的不确定性。走新型石油和化工工业发展之路的主要任务是：完善行业污染防治排放法规，工业污染控制要将污染防治和水环境安全管理作为工作重点，生产必须实现向资源节约型、环境友好型生产方式转变，将环境污染防治当做可持续发展的基础工作常抓不懈，摒弃“先污染、后治理”之路和发展模式，实施源头控制与全过程控制，把重视工业污染的防治转变成为企业主动的自发的自愿的行为，推行清洁化生产和循环经济成为后进优势，把当前发展和未来可持续发展衔接和统一起来，实现产业和环境的和谐发展。通过诸多石油和化工园区的建设，促进了石油和化工工业产业结构的调整和环境污染的综合防治，已取得成效，为实现新型工业化发展之路积累了经验。我国已建化工园及分布（表附 2-50）。

表附 2-50　　我国已建化工园及分布

园区名称	所在城市	行业特色	面积/km^2
江苏扬子江国际化学工业园区	江苏张家港	聚苯乙烯、涂料、造纸、信息化学品、饲料、食品添加剂等	6.64
南京化学工业园区	江苏南京	乙烯、丙烯酸酯、己内酰胺、碳一化合物	45
观山精细化学科技园	江苏南京	磺酸、对甲酚、苯甲酸	2.8
江苏省阜宁化工园	江苏阜宁		
淄博高新区	山东淄博	医药、精细化工	7.04
青岛经济技术开发区	山东青岛	石油化工	
石楼高科技化工园区	北京	精细化工	
东至香隅化工园区	东至市	醋酸	
合肥化工园区	安徽合肥		12
莆田临港化工园区	福建莆田	炭黑、丁苯橡胶、硅油	10.08
泉港石化工业园区	福建厦门	炼油、乙烯、聚乙烯、乙二醇、醋酸、醋酸乙烯、聚乙烯醇	25
厦门海沧石化区	福建厦门	聚酯切片、PX、感光材料、精细化工等	17.7
蓝星兰州新材料化工基地	甘肃兰州	PC、聚甲醛、烧碱、甲醛、双酚 A、工业硅	
虎门化工区	广东东莞	大型石化产品深加工及集散基地	19
大亚湾石化工业区	广东惠州	乙烯、苯乙烯、环氧乙烷、多元醇	27.8
茂名石化工业区	广东茂名	炼油、乙烯	43.91
汕头南区石化工业区	广东汕头	以每年 650 万 t 原油为原料，生产乙烯、丙烯、丁烯、聚酯切片、PTA 等	10
珠海临港化工园区	广东珠海	PTA、合成树脂、丙烯酸、乙丙胶、C_4、PVC 和天然气仓储	29
沧州临港化工园区	河北沧州	PVC 树脂、原盐、精制盐、酞菁颜料	100
石家庄石化区	河北石家庄	石油化工、氯碱化工、煤化工	30
大庆高新区宏伟、兴化林源化工园区	黑龙江大庆	天然气化工、精细化工、新材料	26.48
常熟国际化工园	江苏常熟	有机氯深加工、工程塑料合金和塑料专用料、生物化工和医药化工等	5
中国精细化工（常州开发区）	江苏常州	氯化苄、氯化橡胶、特种聚碳酸酯、印染助剂	30
海门青龙化工园区	江苏海门	蒽醌系列染料中间体、低毒农药	
淮安盐城化工园区	江苏淮安		8
淮南化工园区	江苏连云港		2

园区名称	所在城市	行业特色	面积/km^2
南通经济开发区化工区	江苏南通	新型合成材料、精细化工、功能性新材料	20
北新镇沿江精细化工区	江苏启东		
峰山化工园区	江苏宿迁		25
沭阳化工园区	江苏宿迁		
中国精细化工（泰兴开发区）	江苏泰兴	氯乙酸、聚丙烯酰胺、靛蓝、α-吡咯烷酮	20
射阳化工园区	江苏盐城	聚氨酯树脂、对苯二酚	10
盐城沿海化工园区	江苏盐城	精细化工、医药	10
盐城龙港化工园区	江苏盐城		
盐城双港化工园区	江苏盐城		5
陈家港化工园区	江苏盐城		
镇江国际化工园	江苏镇江	工程塑料、沥青、造纸	20
大连石油化工园区	辽宁大连	炼油、乙烯、精细化工	
抚顺精细化工园区	辽宁抚顺		
庆阳化工园区	辽宁辽阳	医药、染料中间体	2
宁阳化工园区	山东泰安		
鲁南化工园	山东滕州	木糖、木糖醇、水煤浆气化延伸	10
齐鲁化学工业区	山东淄博	C_1化工和煤造气、扩建乙烯、丙烯深加工	42.11
山西煤化工园区	山西	草酸、甲酸钠、甲酸	
山焦煤化工园	山西临汾		
榆林能源重化工基地	陕西榆林	甲醇、醋酸、煤炭、天然气	13.2
上海化工区奉贤分区	上海		
上海化学工业区	上海	乙烯、氯碱、聚氨酯、PC、聚苯乙烯、苯酚、丙酮	29.4
西部化工城	四川泸州	1,4-丁二醇、甲醇	12
天津经济开发区	天津塘沽	海洋化工、石油重化工、乙烯	20
吐鲁番石化工业区	新疆吐鲁番	甲醇、马来酐、液化气	50
萧山工业园区	浙江杭州		
鹰鹏化工园区	浙江金华		0.23
浙江化学原料药基地	浙江临海	国际化学原料药出口基地	20
宁波大榭开发区	浙江宁波	聚酯、乙烯	47
宁波化学工业区	浙江宁波	合成材料、有机原料、精细化工	56.22
宁波经济开发区	浙江宁波		0.6
衢州精细化工园区	浙江衢州	氟化工基地	0.7
浙江杭州湾精细化工园区	浙江上虞	染料、涂料、生物化工	10
马鞍三江化工园区	浙江绍兴	精细化工、生物化工、高分子化工、节能型环保化工和高档织物染整	2
桐乡化工园区	浙江桐乡		
重庆化工园区	重庆长寿	天然气化工产品、甲醇、醋酸、乙酸乙酯	28.25
重庆盐气化工园区	重庆万州		

5. 清洁化生产是石油和化工工业污染防治必由之路

联合国环境规划署和工业发展组织决定在世界范围内推行清洁生产，一些国家已把推行清洁化生产作为国策。清洁化生产以提高资源、能源利用率和减少污染物产生量为目标，从源头抓起，实行生产全过程的污染控制，把污染物最大限度地消灭在生产过程中，既有环境效益，又有经济效益，是工业污染防治的最佳模式。由于石油和化工生产无法完全避免污染的产生，最先进的生产工艺也不能避免产生污染物，因此清洁化生产与末端治理要相结合实施，清洁化生产还要与企业管理和技术改造相结合推行。末端治理与清洁生产比较见表附 2-51。

表附 2-51　　清洁化生产与末端治理的比较

比较项目	清洁化生产系统	末端治理（不含综合利用）
思考方法	污染物消除在生产过程中	污染物产生后再处理
产生时代	20 世纪 80 年代末期	20 世纪 70—80 年代
控制过程	生产与产品生命周期全过程控制	污染物达标排放控制
控制效果	比较稳定	受产污量影响处理效果
产污量	明显减少	间接可推动减少
排污量	减少	减少
资源利用率	增加	无显著变化
资源耗用	减少	增加（治理污染消耗）
产品产量	增加	无显著变化
产品成本	降低	增加（治理污染费用）
经济效益	增加	减少（用于治理污染）
治理污染费用	减少	随排放标准严格，费用增加
污染转移	无	有可能
目标对象	全社会	企业及周围环境

我国石油和化工工业清洁化生产，从 2003 年开始已进入依法全面推行的阶段。目前存在的主要问题是：各级领导特别是企业领导对清洁生产缺乏足够的重视，缺乏必要而有效的政策环境、激励机制和保障措施，缺少先进适用的技术和示范，缺乏对企业实施清洁生产的指导，缺乏信息交流和开展合作平台。

必须把清洁化生产作为创建环境友好型企业重要措施，要突出做好：对新建扩建装置进行设计优化，保证项目既增效又减污；对已经建成投产的老企业、老装置，进行全面的清洁生产审核，采取切实可行的措施加以彻底改造，淘汰落后生产能力；在制定生产和改建方案时，要充分考虑环保因素，杜绝环境污染事故的发生；要十分重视清洁生产工作示范；加大环保投入，兑现承诺，追求环保效益。

（二）国内外石油和化工工业污染排放控制

石油和化学工业是工业污染大户之一，工业污染对生态环境影响和人类健康危害大。

1. 跨国石油化工公司的污染排放控制战略

主要是：将排放污染物尽可能地减少到接近于零定为环境管理目标；把解决与环境、安全、卫生有关的问题作为经营策略中的重要内容；提高员工的环保意识，负起环保的责任，共同推动；加大环境保护的投资力度，跨国化工公司的环境保护投资力度很大，占公司投资比例很高（表附 2-52）；建立并实施国家环境质量标准体系和管理是最重要战略。

相比之下，我国环境污染治理投资总额占国内生产总值比重历年在 1.5%以下，工业污染治理投资占国内生产总值比重在 0.25%以下，占环境污染治理投资总额比重在 20%以下。工业污染治理投入与我国工业化进程很不适应（表附 2-53）。

表附 2-52　　跨国化工公司的环境保护投资力度

公司	环境保护投资
杜邦公司	11 亿～12 亿美元/a（1990—1992 年）
上海杜邦农化公司	投资的 1/4 用于环保
美国孟山都公司	占总投资的 12%
德国赫希斯特公司	2 亿马克/a，占公司总投资的 10%～15%，占生产费用的 20%
德国巴斯夫公司	5 年中在全球的环保投资达 1 850 亿马克
德国拜耳公司	20 亿马克/a 左右
英国帝国化学公司	1996 年 2 亿英镑
日本三菱公司	30 多年已投资 1 500 亿日元

数据来源：“大型跨国化工公司的环境保护战略”，中国环保技术在线，http: //www.eptec.cn/，2006-07-17。

表附 2-53　　我国环境污染治理投资

		2000 年	2001 年	2002 年	2003 年	2004 年	2005 年
国内生产总值/亿元		99 214.6	109 655.2	120 332.7	135 822.8	159 878.3	183 084.8
环境污染治理	投资总额/亿元	1 014.9	1 106.6	1 367.2	1 627.7	1 909.8	2 388.001
	占国内生产总值比重/%	1.02	1.01	1.14	1.20	1.19	1.30
工业污染治理	投资/亿元	239.4	174.5	188.4	221.8	308.1	458.2
	占国内生产总值比重/%	0.24	0.16	0.16	0.16	0.19	0.25
	占环境污染治理投资比重/%	23.59	15.77	13.78	13.63	16.13	19.19

数据来源：据国家统计局 2000—2006 年《国家统计年鉴》数据。

英国帝国化学公司（ICI）成立于 1926 年，是当今世界最大的国际性化学公司之一。在 40 多个国家和地区拥有 600 多家工厂，生产 7 大类 15 000 多种产品。该公司强化环保工作，确定了四大目标：新建厂必须执行有关国家环保法，在本土和海外建厂不得有双重环保标准，到 1995 年“三废”必须减少 50%、力争不再坑埋有害垃圾，尽可能回收“三废”。董事长对环保政策负全责，总部成立环保小组，由一位执行董事具体负责环保监督和检查，公司七大产品部门和下属单位各自定出环保标准和计划，每年上报耗能、垃圾、废气释放量等情况。为了提高环保小组素质，按不同层次人员设计出不同的学习计划。公司利用雄厚资金和技术优势，开展环保科研，拥有调查“三废”问题的“环境实验室”、调查和测定化工产品副作用的“毒性实验室”，调查新农业化工产品对生态影响的“农业化工产品实验室”，使生产和产品很少污染或无害于环境。

2．建立完整的国家环境质量标准体系

以美国为例，制定并实施的国家环境质量标准体系包括如下主要内容：基于环境基准，国家空气环境质量标准分一级标准和二级标准，针对 6 种污染物制定的标准值都与一定的取值时间相联系，日本、欧盟国家环境空气质量标准也如此（表附 2-54）。

表附 2-54　　美国、日本、欧盟国家环境空气质量标准

污染物	美国				日本		欧盟	
	初级标准		二级标准					
	浓度/（μg/m³）	平均时间	浓度/（μg/m³）	平均时间	浓度	平均时间	浓度/（μg/m³）	平均时间
SO_2	80 365	年均值 24h	最大 1 300	3h	0.04×10^{-6}	1h 24h	350/200 125 20/40	1h 24h 1a
颗粒物（PM_{10}）	150 50	24h 年均值	150 50	24h 年均值	200μg/m³ 100μg/m³	1h 24h	50 100	24h 1a
颗粒物（PM_{25}）	65 15	24h 年均值	65 15	24h 年均值				
CO	10 40	8h 1h	10 40	8h 1h	20×10^{-6} 10×10^{-6}	8h 24h		
O_3	235 157	1h 8h	235 157	1h 8h			160 120	1h 8h
NO_2	100	年平均值	100	年平均值	0.04×10^{-6}～ 0.06×10^{-6}	24h		
Pb 及其化合物	1.5	季均值	1.5	季均值				
光化学氧化剂					0.06×10^{-6}	1h		
TSP							50 100	1h 24h

美国针对固定污染源分行业（污染源种类）制定 2 类排放标准：新污染源实施标准（New Source Performance Standard，NSPS）和有害空气污染物国家排放标准（National Emission Standard For Hazardous Air Pollutants，NESHP）。到 1994 年已经发布了基本涉及重点污染源的 72 项 NSPS 排放标准；根据《清洁空气法》的规定，EPA 对 189 种有害空气污染物所涉及的 41 种污染源制定了既适用于现有也适用于新污染源的国家排放标准；不断扩充有害空气污染物（如已制定的有关金属汞、铍、无机物砷、有机物苯、氯乙烯、石棉尘等有害空气污染物）国家排放标准。

工业点源的水污染物排放标准分为："直接排放"，一般通过污染物排放标准对点源进行控制；"间接排放"，制定专门的预处理标准来进行管理。美国 1972 年颁布《清洁水法》，将

水污染物分为有毒污染物、常规污染物和非常规污染物三类，并规定任何人向水域排放污染物必须持有有关机构颁发的许可证，各州可以向 USEPA 申请批准州许可证计划、授权州管理（表附 2-55 是印第安纳州污水排放标准）。

表附 2-55　　美国印第安纳州污水排放标准与回用标准

项目	排海	灌溉	回用
pH	6.0～8.5	6.5～8.5	6.5～8.5
色度	＜100	＜100	＜100
TSS/（mg/L）	20	20	20
TDS/（mg/L）	65 000	2 100	500
油/（mg/L）	10	10	5
酚/（mg/L）	1	1	0.5
硫化物/（mg/L）	0.5	0.5	0.5
BOD_5/（mg/L）	15	15	15
COD_{Cr}/（mg/L）	50	50	100
NH_3-N/（mg/L）	50	50	50
PO_4^{3-}/（mg/L）	5	5	5

美国自 20 世纪 70 年代开始，制定和实施专门的预处理制度和标准。作为预处理法规的重要组成部分，包括排放禁令、行业预处理标准和地方预处理标准三个层次。排放禁令又分为一般性禁令和特别禁令。一般性禁令是指不允许工业用户向公共污水处理系统引入任何会导致“穿透”或“干扰”的污染物；特别禁令则规定了严重威胁工人健康和安全的不得进入公共污水处理系统污染物。美国国家环境保护局已为 32 个行业制定了适用于行业工业用户的行业预处理标准。适用于所有工业用户或重点工业用户的地方预处理标准由被授权的州政府制定。设立州内、州际控制区。现已设立 247 个州内控制区和 263 个州际控制区，州内控制区由本州管理，州际控制区由有关州成立的联合委员会管理。美国与合成氨相关的废水排放标准见表附 2-56。

表附 2-56　　美国氮肥部分产品氨氮排放标准值（以 N 计）

标准年限	产品	BPT		BAT		NSPS	
		每日最大值	逐日平均值	每日最大值	逐日平均值	每日最大值	逐日平均值
1990—1999 年①	合成氨	0.187 5	0.062 5	0.050	0.025	0.110	0.055
	尿素	1.18	0.59	0.53	0.27	0.53	0.27
	硝酸铵	0.73	0.39	0.08	0.04	0.27	0.04
1990—1999 年②	尿素	2.077 5	1.038 7	0.933 1	0.475 4	0.933 1	0.475 4
	硝酸铵	3.041 7	1.625 0	0.333 3	0.166 7	0.333 3	0.166 7

注：① 单位为 kg/t 产品；② 单位为 kg/t NH_3。

日本没有独立的合成氨等行业水污染物排放标准，各行业均执行《统一排水标准》，氮肥和磷肥类的特殊污染物氨氮执行《暂行行业排水标准》中规定的标准值（表附 2-57）。

表附 2-57　　日本氮肥行业排水标准

污染物名称	国家统一标准		行业暂行标准值	
	最高允许排放浓度/（mg/L）	日均值/（mg/L）	最高允许排放浓度/（mg/L）	日均值/（mg/L）
化学需氧量	160	120	—	—
悬浮物	200	150	—	—
氨氮	120	60	200	100
pH	向海域排水 5.0～9.0		—	—

3．国内污染物排放指标

我国化工废气污染物排放执行大气污染物综合排放标准（GB 16297—1996），主要排放指标列于表附 2-58。

表附 2-58　　化工废气主要污染物排放指标

污染物	最高允许排放浓度/（mg/m^3）
SO_2	960
NO_x	1 400
HCl	100
氟化物	90
氯气	65
颗粒物	18

我国化工废水污染物的排放除执行污水综合排放标准（GB 8978—1996）外，还有合成氨工业水污染物排放标准（GB 13458—2001），磷肥工业水污染物排放标准（GB 15580—95），烧碱、聚氯乙烯工业水污染物排放标准（GB 15581—95），石油炼制工业水污染物排放标准（GB 3551—83）和石油化工水污染物排放标准（GB 4281—84），柠檬酸工业污染物排放标准（GB 19430—2004），味精工业污染物排放标准（GB 19431—2004）和皂素工业水污染物排放标准（GB 20425—2006）等行业标准。一般化工废水污染物排放指标见表附 2-59 至表附 2-63。

表附 2-59　　化工废水第一类污染物最高允许排放浓度　　单位：mg/L

序　号	污染物	最高允许排放浓度
1	总汞	0.05
2	烷基汞	不得检出
3	总镉	0.1
4	总铬	0.5
5	六价铬	0.5
6	总砷	0.5

序　号	污染物	最高允许排放浓度
7	总铅	1.0
8	总镍	1.0
9	苯并[a]芘	0.000 03
10	总铍	0.005
11	总银	0.5
12	总α放射性	1Bq/L
13	总β放射性	10Bq/L

表附 2-60　　化工废水第二类污染物最高允许排放浓度

（1998 年 1 月 1 日后建设的单位）

污染物	适用范围	一级标准	二级标准	三级标准
pH	一切排污单位	6～9	6～9	6～9
色度（稀释倍数）	一切排污单位	50	80	—
BOD_5/（mg/L）	石油和化工工业	20	30	300
COD/（mg/L）	甜菜制糖、合成脂肪酸、染料、有机磷农药工业	100	200	1 000
	味精、酒精、医药原料药、生物制药、苎麻脱胶、皮革、化纤浆粕工业	100	300	1 000
	石油化工（包括石油炼制）	60	120	500
挥发酚/（mg/L）	一切排污单位	0.5	0.5	2.0
氨氮/（mg/L）	医药原料药、染料、石油化工工业	15	50	—
	其他排污单位	15	25	—
TOC/（mg/L）	合成脂肪酸工业	20	40	—
	其他化工单位	20	30	—

表附 2-61　　中国大型企业（尿素、硝酸铵）水污染物

最高允许排放限值（GB 13458—2001）

项目		氨氮		化学需氧量	氰化物	悬浮物	石油类	挥发酚	硫化物	pH	吨氨排水量
		一级	二级								
第一时段	mg/L	60	100	150	0.3	70	10.0	0.20	1.0	6～9	10 kg
	kg/tNH_3	0.6	1.0	1.5	0.003	0.70	0.10	0.002	0.010		
第二时段	mg/L		40	100	0.20	60	5.0	0.10	0.5		
	kg/tNH_3		0.4	1.0	0.002	0.60	0.05	0.001	0.005		

表附 2-62　　味精工业水污染物排放标准值

污染物	化学需氧量（COD_{Cr}）		五日生化需氧量（BOD_5）		悬浮物（SS）		氨氮		排水量	pH
单位	kg/t 产品	mg/L	kg/t 产品	mg/L	kg/t 产品	mg/L	kg/t 产品	mg/L	m^3/t 产品	
标准值 1	75	300	25	100	37.5	150	17.5	70	250	6～9
标准值 2	30	200	12	80	15	100	7.5	50	150	6～9

注：标准值 1，适用于 2003 年 12 月 31 日之前建设的项目；
　　标准值 2，适用于 2004 年 1 月 1 日起建设（包括改、扩建）的项目。

表附 2-63 石油化工污水综合排放标准

工业装置外排污水		1997 年前建设的	1998 年后建设的
COD/（mg/L）	一级	100	60
	二级	150	120
	三级	500	—
氨氮/（mg/L）	一级	15	15
	二级	50	50

对有毒物质排放，我国制定了《含多氯联苯废物污染控制标准》（GB 13015—91），规定多氯联苯含量标准值为 50 mg/kg。对含有害多氯联苯废物的处置：多氯联苯含量 50～500mg/kg 的有害废物允许采用安全土地填埋技术处置，或采用高温焚烧技术处置。多氯联苯含量＞500mg/kg 的有害废物及废电力电容器中用作浸渍剂的多氯联苯必须采用高温焚烧技术处置。

我国固体废弃物的处置标准有：一般工业固体废物储存、处置场污染控制标准（GB 18599—2001），危险废物储存污染控制标准（GB 18597—2001），危险废物填埋污染控制标准（GB 18598—2001）和危险废物焚烧污染控制标准（GB 18484—2001）等（表附 2-64）。

表附 2-64 危险废物焚烧炉大气污染物排放限值

序号	污染物	不同焚烧容量时允许排放浓度限值/（mg/m³）		
		≤300 kg/h	300～2 500 kg/h	≥2 500 kg/h
1	烟气黑度	林格曼一级		
2	烟尘	100	80	65
3	CO	100	80	80
4	SO_2	400	300	300
5	HF	9.0	7.0	5.0
6	HCl	100	70	60
7	氮氧化物（以 NO_2 计）	500		
8	汞及其化合物（以 Hg 计）	0.1		
9	镉及其化合物（以 Cd 计）	0.1		
10	砷、镍及其化合物（以 As+Ni 计）	1.0		
11	铅及其化合物（以 Pb 计）	1.0		
12	铬、锡、锑、铜、锰及其化合物（以 Cr+Sn+Sb+Cu+Mn 计）	4.0		
13	二噁英类	0.5 TEQ ng/m³		

4. 国家“十一五”污染控制的目标和任务

“十一五”规划提出，到 2010 年，全国主要污染物排放总量比 2005 年减少 10%。“每年节能 4%，减排 2%。”

（1）工业要求实现“增产不增污”、“增产减污”

目前石油和化学工业正处于高污染、高耗水的发展阶段，粗放型的工业增长在短期内不能得到较大改善，工业污染控制力度、工业增长模式、技术进步水平等因素，都决定了工业增产不增污具有较大的不确定性。据测算，按目前的控制水平，“十一五”末化学需氧量将增加到 1 700 万 t。要完成总量控制目标，需要新增 430 万 t 以上的削减能力，工业污染应削减化学需氧量 100 万 t 以上，占全国工业水污染负荷 65%以上的 3 200 多家工业企业都要削减 10%的化学需氧量。

（2）对工业企业实行重点监控和整治

对不能稳定达标或超总量排污的单位，要一律实行限期治理，治理期间限产、限排，逾期未完成治理任务的要责令停产整治。要加强建设项目环境管理，对超过污染物排放总量指标、超过跨界断面水质目标的地区，环保部门要暂停审批该地区新增水污染物排放总量的建设项目。集中整治化工、印染等工业园区的违法排污问题。

（3）要保障群众饮水安全

2007 年底前，完成生活饮用水地表水源保护区划定。每年要对集中式饮用水水源地开展一次水质全指标监测分析，并及时公布水质状况。2007 年年底前，要坚决取缔饮用水水源一级保护区内工业企业排污口，2008 年年底前关闭所有饮用水水源二级保护区内的直接排污口。要组织开展工业污染源普查，建立污染源台账。推行排污许可证制度，按流域总量控制要求依法发放排污许可证，实行持证排污。

（4）废气、污水和废水、有毒物质、固体废弃物污染排放达标

① 废气（CO_2、NO_x、SO_x等）排放达标。

国务院批准的两控区（酸雨最严重的地区及其周边二氧化硫排放量较大的地区）控制目标为：到 2010 年，二氧化硫排放总量控制在 2000 年排放水平以内；城市环境空气二氧化硫浓度达到国家环境质量标准，酸雨控制区降水 pH 小于 4.5 的面积比 2000 年有明显减少。

② 污水、废水（COD、BOD、TOC、氨氮、色度等）排放达标。

城市污水处理率是衡量一个国家水处理技术水平的一个重要参数。发达国家的城市污水处理率一般都在 80%以上。我国目前的城市污水处理率还不到 20%，只相当于工业化国家 20 世纪 60 年代末 70 年代初的水平。而目前，在我国水污染物排放标准体系中，对预处理标准的规定还不十分明确和完善。

③ 有毒物质（金属、汞、有机物、致癌物质等）排放达标。

为了控制重金属污染，2003 年 12 月 29 日，联合国《重金属议定书》开始生效。国外有关土地环境管理，多达几十个技术标准和指标，但目前我国只有 1995 年制定的“中国土壤质量标准”。该标准仅包括铜、锌等 8 种重金属和六六六、滴滴涕两种有机物指标，而且部分指标过于宽松，难以达到消除污染的目的。我国尚未出台土壤环境管理的国家法律，没有开展

过全国或地方的对污染土地的调查，污染土地或潜在的污染土地或地区数量不清，污染成分、程度和范围不清。

④ 固体废弃物（有毒与无毒废渣等）排放达标。

乡镇企业是中国工业固体废弃物的主要污染源，在未处理排放的工业固体废弃物中乡镇企业占据主要部分，固体废弃物的治理率和综合利用率都远低于县及县以上工业企业。

（5）制订和修订我国工业污水排放标准

国家标准化委员会会同发改委、水利部、建设部和农业部等 5 部委编制了《2005—2007年资源节约与综合利用标准发展规划》，该规划包括修订和制订与水有关的标准共 150 项，其中与石油化工取水、用水和排水相关的标准有《石油炼制工业水污染物排放标准》（GB 3551—83）、《石油化工水污染物排放标准》（GB 4281—84）、《污水综合排放标准》（GB 8978—1996）、《取水定额》（GB/T 18916.3—2002）、《石油化工给水排水水质标准》（SH 3099—2000）、《清洁生产标准》（HJ/T 125—2003）等。

《污水综合排放标准》对 1997 年前建设的生产装置与 1998 年后建设的生产装置所排放的污染物要求不同。前者指标很宽，COD 浓度大于 150mg/L，氨氮大于 15mg/L 的污水对环境造成的富营养化污染仍然较大。

（三）国内外石油和化工工业污染防治的技术及水平

进入新世纪，国际国内环境科技的发展呈现以下特点：研究手段更加先进，以长期连续观测、探测和实验资料的积累与分析为基础，环境科学诸多前沿研究与高新技术的发展融为一体；研发与应用结合更加紧密，环境科技在基础研究、高新技术研究与成果应用转化等纵深层面同时展开；研究视野更加开阔，环境科学已由传统的单一关注污染物质的环境效应和生态影响研究，转为更加关注环境与人体健康的影响研究，关注地区发展的不平衡关系，关注人与自然等人类社会发展的协调问题等；国际合作主题更加突出，重大环境问题已成为当前及今后世界各国环境科技合作与交流的主题和基点。

工业污染防治包括污染预防和污染治理：

污染预防，包括尽可能减少废弃物、在源头减少或消除废弃物的产生（总量或毒性）、为环境而设计生产工艺以及清洁生产。污染预防还包括设备或技术的改进、生产过程中生产工艺的改进、产品的重新设计和更新、为了清洁生产而进行原材料的替代，以及管理服务的改进。发达国家化工工业污染防治首先强调发展绿色化工技术，采用无废或低废的清洁生产工艺，改进生产操作控制等措施，预防污染的产生。

污染治理，在一定程度上改善了环境质量，但往往将污染物从一种环境介质转移到另一种环境介质。对于无法预防的废物和污染物，发达国家尽量在生产工艺内部进行废物的循环和回收利用，只有对无法回收利用的废物采取污染控制措施进行相应的处理或处置，符合环境标准后排放。这已经成为国外化工公司控制化工生产中污染物的准则和基本方针。

1. 我国石油和化工工业污染防治技术与国外差距

“十五”期间，我国污染治理有了长足的进步。但总体上我国的工业污染防治技术，现在相当于工业化国家20世纪70年代中期水平，个别技术达到80年代初的水平，极个别的技术接近当代国际先进水平，比工业化国家要落后十几年，而且落后于我国的工业技术水平。

（1）我国与国外的先进水平相比存在多方面的差距

① 污染预防技术和清洁生产还存在较大差距。石化和化工工业相当一部分生产工艺技术落后，单位产品污染物产生量相对较大；治理废水、废气的技术和处理工艺，与发达国家相比总体上还有一定差距；尤其是水污染治理设备及集成技术差距较大，中小型企业的治理普及率和治理合格率普遍偏低。

② 石化和化工工业废水、有机废气、有害废渣预处理技术与工业化国家相比差距大。石油化工高盐、高浓度有机氯化物及难降解的有机废水尚无适用处理技术；工业发达国家采用的行之有效的高浓度、难生化的有机废水处理技术，国内均未实现产业化，至今仍依靠进口；焚烧技术的关键设备一直未得到很好的解决。

③ 综合处理水平低。如日本、瑞士等染料、农药生产大国，对染料和农药废水均采用全厂综合处理的方法，使污染物排放量减到最低，以达到彻底无害化的目的。我国的染料、农药生产的共同特点是生产规模小，废水排放量大，废水中有毒物质浓度高，出水的达标率不足。

④ 环保监控远落后于国外。国外公司普遍采用在线监测和计算机控制，水污染监测技术不断向连续化、自动化及网络化发展；而我国工业企业在线监测存在明显差距，环保处理装置与生产装置尚未达到一体化的运行控制。国内开发的在线监测仪器仪表尚未完全过关。

⑤ 环保技术管理体系不健全。与国外的差距反映在：环境技术管理相对薄弱，环境科技与环境保护需求联系不紧密；环境保护技术评估体系不健全，污染防治缺乏系统技术政策和技术支撑，决策的科技支撑能力薄弱；环境工程技术缺少技术标准、规范，污染控制技术开发前瞻性不够，环保发明专利少，解决重大环境问题的有效技术和手段明显不足；环境科技投入严重不足，环境科研基础条件建设不够，环境科技人才不足的问题依然突出，科技信息缺乏共享平台。如国外公司大多建立了HSE管理体系或ISO 14000环境管理体系，我国正在实施HSE和ISO 14000管理，只有少数国有大企业通过ISO 14000环境管理体系认证。

⑥ 生物化工技术的开发落后。欧美十分重视生物化工技术的开发，并将其作为实现可持续发展的战略目标之一。目前，欧美发达国家在生物化工技术开发方面，已取得了很大进展，广泛采用膜分离、生化处理新方法，高效菌种的开发、筛选和驯化也取得了很大进展，有多项技术实现了大规模工业化生产。

（2）污染预防技术存在较大的差距

国外通过清洁生产技术的开发和广泛应用、老厂的技术改造等措施，在化工生产污染预防方面取得了显著成就；国内不少化工企业也通过新技术、新设备应用，工艺改造，加强企业内部管理等措施，在污染预防方面取得了一定进步。

① 氮肥工业。国外对合成氨工艺研究的重点主要是简化工艺流程，针对催化剂、转化炉、氨合成塔内件等的改进及工艺的优化，新型脱碳技术在气体净化方面的广泛应用，从而进一步降低能耗，提高生产能力。

② 硫酸工业。国外大多硫酸装置采用硫黄或冶炼烟气制酸。世界上利用冶炼烟气制酸，日本是产量最大的国家，北美洲是主要生产地。国外自 20 世纪 70 年代以来，将提高 SO_2 转化率和减少 SO_2 排放作为硫酸生产技术的研发重点，成功开发的“二转二吸”新工艺，尾气中 SO_2 浓度由（2～3）$\times10^{-3}$ 降到 0.3×10^{-3} 以下，产生的废水仅为水洗法的 1/200～1/300。活性高、压降低、寿命长、强度大硫酸催化剂的开发也是国外研究的重点。与发达国家相比，我国硫酸生产主要采用中低品位的硫铁矿（含 S 35%）制酸，还有不少厂家采用“一转一吸”工艺或水洗净化工艺，尾气中 SO_2 浓度高，有大量的废水产生，废水中砷、氟、重金属含量高。

③ 氯碱工业。烧碱的生产方法，美国以隔膜法为主，使氯碱所需能耗降低 25%，减少了作业工人与石棉的接触和石棉在空气暴露；西欧以水银法为主；日本主要采用离子膜法，是世界公认的最经济最先进的氯碱生产技术，无汞和石棉污染，综合能耗比隔膜法低 30%，比水银法低 20%～25%。目前我国烧碱生产有离子膜法、隔膜法，其中，还有不少厂家采用能耗高、污染重、对人身有害、国外早已淘汰石墨阳极、石棉隔膜法。发达国家制烧碱，盐耗一般在 1.5t/t 烧碱以下，每吨烧碱产生 15kg 盐泥；我国盐耗一般在 1.55～1.60t/t 烧碱，甚至有些厂高达 1.67～1.76t/t 烧碱，产生 40～50kg/t 烧碱盐泥。我国离子膜法烧碱的平均电耗比国外先进水平高 17%～43%，所用的离子膜需全部进口。目前发达国家氯碱企业生产聚氯乙烯基本上采用乙烯氧氯化工艺，而国内大多数企业仍采用国外早已淘汰的电石乙炔法工艺，产生大量的电石渣；同时，用到的氯化汞—活性炭催化剂，氯化汞易挥发，毒性大，遇光或暴露于空气中易分解，是危害较大的污染源。电石渣浆废水不仅含有难以处理的乙炔气体、硫离子，而且 pH 值高，水质、水量具有随机性和多变性，被认为是处理难度较大、治理成本高的一类废水。

④ 铬盐行业。发达国家铬盐生产均采用大型化，集中管理；美、德等国多采用无钙焙烧工艺。我国铬盐生产企业规模小，生产基本上采用有钙焙烧工艺；生产中有大量的废水、废气、废渣排放，废渣中的六价铬离子是致癌物质，对环境污染严重。

⑤ 基础有机化工生产。国外以银催化剂和铁催化剂采用甲醇法生产甲醛，以低压法生产甲醇，以甲醇羰基化法生产醋酸，以异丙苯氧化联产丙酮法生产苯酚，混酸绝热硝化制硝基

苯生产工艺，酯交换法、甲醇一氧化碳羰基化等非光气法合成碳酸二甲酯等新技术，具有投资小、设备少、成本低、消耗定额低、产品纯度高，并有效地利用了生产废气等特点，已实现了工业化。国内也进行了这方面的研究，并取得了初步成果，如开发了固体乙醛酸清洁生产新工艺、环己烷仿生催化氧化制备环己酮技术、羟基乙腈法甘氨酸清浩生产工艺等，但总体上与国外有差距，清洁生产新技术依赖引进技术。

⑥ 染料行业。我国除催化加氢制苯胺、非汞法制 1-氨基蒽醌、硝基甲苯异构物连续精馏等少数技术达到国际水平外，染料中间体中主要单元反应，如磺化、碱熔硝化、还原、氧化、氯化等技术均落后于国外先进技术。发达国家多数采用加氢还原，SO_3 磺化；我国只有少数品种采用加氢还原，多数还采用硫化碱或铁粉还原，原料消耗多，“三废”量大；多数磺化工艺采用浓硫酸或发烟硫酸磺化，酸利用率低，产生大量的废酸。

⑦ 农药行业。我国农药与国外的差距主要是生产水平不高，合成收率低，大量的原料、中间体甚至产品转为“三废”，造成严重的污染。

（3）污染治理技术有差距

① 氮肥行业。国内大型尿素厂的尿素解吸液基本得到了治理，但总体的治理技术和管理水平与国外有较大的差距。中小型企业的治理普及率和治理合格率普遍偏低。尿素粉尘由于我国尿素造粒塔的喷头质量达不到国外先进水平而偏高。

② 硝酸行业。产生的主要污染物是含氮氧化物的棕黄色尾气，俗称“黄龙”。国外硝酸尾气治理技术有氨选择性催化还原法、非选择性催化还原法、分子筛吸附法、硝酸吸收法（CDL/vitok 法）、尿素吸收法（Musar 法）和延长吸收法（GP 法）等。从发展趋势看，大部分新建厂采用法国 GP 公司双加压硝酸技术，该工艺排放尾气不须治理，浓度可达 200×10^{-6} 以下。我国稀硝酸生产装置绝大多数只相当于发达国家 20 世纪五六十年代的水平，氮氧化物吸收率低，未经治理的硝酸尾气中氮氧化物浓度一般为（2 000～5 000）$\times10^{-6}$。虽然我国对大部分硝酸生产的尾气进行了治理，但效果较差。

③ 氯碱行业。国外氯乙烯生产采用氧氯化法，生产装置产生的废气和蒸馏残液进行焚烧处理，含氯残液和废气焚烧处理后，制备 30%浓度的盐酸。我国因石油资源短缺，电石法聚氯乙烯生产将会在相当长的时间内存在。目前改进的工作主要集中于解决汞催化剂的污染、回收利用氯乙烯单体尾气、降低能耗及节省资源等方面。

④ 染料和农药行业。日本、瑞士等国是染料、农药的生产大国，对染料和农药废水均采用全厂综合处理的方法。使污染物排放量减到最低。如瑞士汽巴—嘉基公司 80%的有机污染物废水采用生化处理，其余难生物降解的废水进行高温湿式氧化预处理，再进行生化处理。日本三井东压化学株式会社等几大农药公司，把难生物降解或高浓度的农药染料废水进行焚烧。我国的染料、农药生产的共同特点是生产规模小，废水排放量大，废水中有毒物质浓度高，属难生物降解的有机废水，治理难度大。

2．国外水污染防治三种模式和废水三级处理

（1）国外水污染防治三种模式

日本的强制性水污染防治模式，是强化对水源排放物的取样检查与控制；提高排放污水的处理与利用率，推行中水回用，间歇式充氧污水净化技术较为普及。美国流域性生态治理模式（密西西比河流域治理），是将生态环境建设与经济建设相结合，恢复源头生态环境，集中成片地对重点区域或地段进行生态保护与建设。欧洲的防止面源污染治理模式（莱茵河污染治理），是多个委员会的监管（不少是纯民间组织），把对水质最敏感企业、易造成污染的化工企业都组织进来对话和沟通，把重点放到面源污染防治上。

（2）国外石油化工（包括炼油）废水治理

行之有效的三级废水处理技术比较成熟并广泛应用。国外炼油厂一般根据废水性质确定所采用的处理工艺。表附 2-65 和表附 2-66 是在国外炼油厂得到广泛应用的废水一级、二级处理的常用方法，表附 2-67 是国外采用不同工艺的不同组合处理二级污水，使水质符合回用要求的废水三级处理技术的研究结果。含硫废水处理主要采用蒸汽气提法、空气氧化法和吸收—气提法。一系列新型废水处理技术得到开发应用。开发石油化工企业高浓度及难生物降解废水处理新技术受到重视，继续努力提高水平，厌氧生物法在石油化工废水治理中日益推广应用。已形成了包括产品制造、技术服务和系统建设水处理工业。发达国家自 20 世纪 60 年代初开始普遍实施污水回用，美国是世界上最早开展污水回用的国家之一；日本 1962 年开始污水回用技术开发，70 年代初见规模。

表附 2-65　　炼油厂常用的废水一级处理工艺技术

序号	处理方法	作用
1	格栅	去除杂物
2	沉砂	去除悬浮颗粒物
3	均质	均衡不同水质的废水
4	中和	调节废水 pH 值
5	油水分离（API、CPI）	分离浮油
6	气浮或聚结	分离分散油及微细悬浮物

表附 2-66　　炼油厂常用的废水二级处理工艺技术

序号	处理方法	作用
1	活性污泥法	微生物降解有机物及氨氮
2	生物膜法	微生物降解有机物及氨氮
3	氧化沟法	微生物降解有机物及氨氮

表附 2-67　　不同单元组合工艺对外排污水处理的效果

处理工艺	深度处理工艺	出水水质/（mg/L）						
		SS	BOD	COD	T-N	T-P	浊度	色度
	无	20～80	20～30	40～110	20～80	6～15	5～20	15～80
活性污泥法	过滤	5～10	5～10	10～70	15～35	4～12	0.3～5	15～60
	过滤+炭柱	<3	<1	5～15	15～30	4～12	0.3～5	5
	混凝沉淀	<5	5～10	40～70	15～30	1～2	10	10～30
	混凝沉淀+过滤	<1	<5	30～60	2～10	1	0.1～1	10～30
	混凝沉淀+过滤+氨解析	<1	<5	30～60	2～10	1	0.1～1	10～30
	混凝沉淀+过滤+氨解析+炭柱	<1	<5	1～15	2～10	1	0.1～1	<5
生物滤池	无	20～40	15～35	40～100	20～60	6～15	5～15	15～80
	过滤	10～20	10～20	30～70	15～35	6～15	<10	15～60
	曝气+沉淀+过滤	5～10	5～10	30～60	15～35	4～12	0.5～5	15～60

3. 国内污水处理及水污染防治技术

与发达国家相比，我国治理水污染的技术和处理工艺还存在一定差距，尤其是水污染治理设备及集成技术差距较大。

（1）含油废水处理技术比较成熟并广泛应用

油田废水，采用除油、混凝、沉降、过滤等污染处理措施回用。炼油厂的排水系统一般分为不含油（含盐废水）废水、含油废水、工艺废水及生活废水分流治理。浮油使用重力法分离；乳化油使用加热、酸化和投加破乳剂、混凝、浮选、电絮凝等方法分离；溶解油用吸附法分离；含硫废水广泛应用蒸汽气提法，预处理后再进入污水处理厂处理；含酚浓度较高废水使用溶剂萃取法等预处理，再进行生化处理。我国十余个炼化企业采用“BAF+氧化+过滤”组合工艺对二级炼化污水进行处理，可满足回用循环水要求。炼化企业在 “老三套”（隔油+浮选+生化）污水处理基础上进行不同处理工艺改造，形成了“预除油+隔油+二级气浮+三级生化”的处理工艺，使 33 家企业总排出的 2.97 亿 t 废水基本达到国家环保排放标准，其中各项指标都达到国家炼油污水环保排放一级、二级和三级标准的污水分别占 33%、42%和 21%，总达标率为 96%，高于其他工业企业。但从技术深度、自动化程度、设备质量及稳定性等方面来看，先进国家的水平明显高于国内。

（2）高浓度及难生物降解废水处理技术与国外有差距

难生物降解有机废水处理技术研究开发已见成效，石油化工企业在生产过程中排出的高浓度废水，生物降解性较好地采用厌氧生物法处理，对生物降解过程有抑制作用或不能生物降解的则采用化学或物理方法处理。研究开发了一系列新型催化剂、生物反应器和超滤膜系统装置，分别适用于不同性质的难降解有机废水的处理，完成了高新生物处理技术与关键设备的研究与开发，小型化、车载型催化湿式氧化处理装置已进行工业化应用。与工业发达国家差距主要表现在：

① 工业发达国家采用的催化氧化法及湿式氧化、低温湿式氧化法等行之有效的技术，国内均未实现产业化，至今仍依靠进口。

② 国外普遍应用的高浓度有机废水（COD＞40 000 mg/L）和废液，难生化处理、有毒有害的污染物的焚烧技术，我国对这一技术的关键设备如喷嘴、泵及炉体内的防腐、防结焦等问题，一直未得到很好的解决，用于化工废物焚烧的大型焚烧设备，仍属空白。

③ 国际上非常重视生化处理的高效菌种的开发、筛选、驯化和应用。我国化工环保行业受资金的限制，高效菌种的研究开发工作少，为解决污水 COD 达标问题，不得不耗费大量的资金用来购买国外高效菌种，对其应用中存在的如菌种变异等问题没有资金和力量加以研究和解决，因而无法鉴定和推广。

④ 制药工业（如高浓度硫酸根）废水、含铬废水处理没有根本解决。

（3）水处理剂与先进国家相比有明显差距

我国自行研制开发的水处理剂可基本满足需求。品种主要有：有机膦酸盐和聚羧酸两类水处理阻垢剂，采用了铬酸盐、磷酸盐、硫酸锌、硅酸盐、钼酸盐、钨酸盐和有机膦酸盐配方的缓蚀剂，氧化型（主要是氯及其制品）和非氧化型（主要是季铵盐）两类杀菌灭藻剂，仍具有较大市场的低分子无机凝聚剂、新型无机高分子凝聚剂，正开发的复合型无机高分子凝聚剂和合成高分子絮凝剂、天然高分子改性絮凝剂、微生物絮凝剂、多功能水处理剂 4 类有机絮凝剂，包括配套的预膜剂、清洗剂和消泡剂等循环冷却水处理剂。但我国水处理剂与先进国家相比有明显差距，表现为：水处理剂工业发展历史较短，基础薄弱，整体技术比较落后；水处理剂的产量低、产值不高，缺少系列产品和专用品种；生产厂家普遍经营规模小，整体产品质量得不到保证，有的产品质量有待提高；产品我国自行研制的少，仿制或依据国外专利研制多；应用与技术服务，还不能满足各种污水处理的要求。

（4）生物化工技术的开发

国内厌氧生物法在石油化工废水治理中日益推广应用；高效菌种进行研究应用少；染料、农药废水治理采用生化处理，但出水的达标率不足；膜技术可用于印染废水的深度处理，但是膜价格贵、运行成本高。利用光化学催化、特殊菌种、特效试剂、超声波、微波、超临界态、等离子态、高温高压湿法氧化等新型技术处理废水国内外都有许多的研究。已开发的废（污）水生物处理工艺技术主要有：

① 生物脱氮除磷工艺可以去除氮磷等无机营养物；

② 厌氧生物技术可以处理含高浓度有机物的工业废水；

③ 厌氧与好氧相结合的生物处理工艺对难降解有机物有良好的处理效果；

④ 通过微生物培养驯化及遗传工程的应用，难降解的有机物将不难降解；

⑤ 采用各种填料或陶粒等生物膜法处理工艺，可以处理微污染水源水；

⑥ 废水生物处理技术与化学和物化处理工艺结合，可满足废水回用要求。

4. 国外大气污染防治技术

总体上说，国外目前针对石油化工有机废气所采用的技术具有较强的实用性，处理后的废气基本上达到了规定的排放标准，并较注重是否能够产生二次污染问题，装置的自控水平比较高，主体设备材质档次较高，在设计上强调了耐用、安全等因素。概括而言，日本石油化工有机废气的治理主要有以下几种工艺。

常用的油气回收方法为冷冻法及吸收法，两者都有较多的应用。含酸雾、油雾废气大多采用吸附、纤维捕集过滤工艺处理。含二氧化硫烟气根据不同的情况选择钙法、镁法、双碱法、海水法及炉内喷钙法等，普遍存在腐蚀、脱硫副产物利用问题。对于含有机物浓度较高的废气适合采用催化燃烧技术，含有机物的储罐呼吸气体采用就地活性炭吸附的方式处理。大部分污水处理场曝气池产生的废气采用生物脱臭或活性炭吸附工艺处理。含硫化氢气体在国外大部分炼油厂采用克劳斯制硫黄工艺。

发达国家对染料、农药行业的废气控制严格，对臭气的治理尤为重视；除生产过程采用密闭循环技术外，对散逸的臭气收集后集中处理。包含 NO_x、SO_2、P、As、PH_3、CO、HF、C_2HCl_3、$C_2H_3Cl_3$ 等污染物的有毒气体用现代吸附分离技术是近年发展较快的一项新技术。按照再生方式的差异常分为变压吸附法（Pressure Swing Adsorption，PSA）和变温吸附法（Temperature Swing Adsorption，TSA）或变温变压吸附法（PTSA）。吸附分离技术采用的吸附剂通常为活性炭、硅胶、氧化铝等常规吸附剂，或在吸附剂上附载不同贵金属的专用吸附剂，或者是开发不同孔径、不同微孔容积的专用吸附剂。

另外，许多发达国家早已把大气气溶胶的环境标准由总悬浮颗粒物（TSP，＜100μm）控制改变为对人体健康危害更大的 PM_{10}（又称为可吸入颗粒物或 IP，＜10μm），并对 PM_{10} 的污染现状、来源、环境影响、健康影响和控制对策等问题进行了一系列深入的调查研究。

5. 我国大气污染防治技术

提高能源效率和节能、洁净煤技术、开发新能源和可再生能源、机动车污染控制以及工业污染防治等是大气污染防治主要方面。机动车污染控制、防治是城市大气污染防治重点。在有机废气、恶臭处理，机动车尾气净化，烟气脱硫、脱硝这些方面，目前仍是国内比较薄弱的领域。

（1）控制 SO_2 排放

工艺按其在燃烧过程中所处位置可分为燃烧前、燃烧中和燃烧后脱硫三种。目前，湿法脱硫技术共占全世界烟气脱硫 FGD 装置总量的 85%左右，其中石灰石膏法约占 36.7%，其他湿法脱硫技术约占 48.3%。我国从“八五”到“十五”自主研究开发的一批脱硫技术完善化、工程配套及工业应用都取得了重要进展。半干法脱硫技术是我国开发的具有中国自主知识产权的烟气脱硫技术。同时，从国外引进了一批先进的除硫技术和设备，并正在逐步国产化。控制 SO_2 排放以烟气脱硫为主，通过技术引进和自主开发，我国已有石灰石—石膏湿法、喷雾干燥法、炉内喷钙等十多种工艺的脱硫装置在商业化运行或进行了工业示范，但普遍存在腐蚀、脱硫副产物利用问题。石化的原有自备热电站基本没有脱硫设施，废气的治理只限于烃和硫化氢的回收。

（2）NO_x 排放控制

技术大致可分为改进燃烧技术减少 NO_x 的产生和烟气中去除 NO_x 二类。在烟气脱氮方面，研究开发仅局限于采用空气分级燃烧、燃料分级燃烧等低 NO_x 燃烧技术、燃烧固硫技术中附带削减 NO_x 等。烟气脱硝技术中选择性催化还原法（SCR 法）因脱硝效率高、工艺成熟等优势已成为目前国际上的主流技术，也是我国重点推广的技术。石化工业基本上除对 NO_x 高空排放外，没有采取处理措施。等离子体法是 20 世纪 70 年代发展起来的同时脱硫脱硝技术，具有较高脱硫脱硝率（大于 90%），国外已建了 1 000m^3/h 以上的各种等离子体装置多套。

（3）除尘技术

我国已经研究并开发了多种实用有效的技术，其中静电除尘（除尘效率达 96%）仅占总数的 12%。电除尘和布袋除尘技术与设备有了很大提高，已具有先进技术、成熟工艺、良好的业绩，处于国际先进甚至领先水平，只是部分关键部件尚需进口，设备运行不稳定，控制性能差。

（4）有机废气、恶臭处理

有机废气、恶臭处理，机动车尾气净化等方面目前仍是国内比较薄弱的领域。石化对于含有机物浓度较高的废气适合采用催化燃烧的技术，含有机物的储罐呼吸气体采用就地活性炭吸附的方式处理，但应用有限；一些有机废气实行高空排放，尚无处理设施。气体吸附分离技术可用于硝酸生产尾气、烟道气等各种工业废气中的 NO_x 吸附法回收治理，净化、脱除废气中的 SO_2，含三氯乙烯、三氯乙烷、黄磷等尾气、卤代烃排放废气、含高沸点有机物尾气、含氟排放废气的净化，排放气中一氧化碳的脱除、净化；或从含 CO_2 浓度较高的排放废气中回收 CO_2 等。

6. 土地污染的防治技术

目前，世界上许多国家十分流行采用不同容器、不同颜色的或特定的收集器和收集袋等进行固体废物的分类收集，以提高处理效果和经济效益；正致力于固体废物资源化的实践与研究。

（1）固体废物的循环利用和综合利用

我国固体废物综合利用方式，目前主要有六种：筑路，代替部分原料，用做肥料，外售，用做燃料，回收。遵循环境上无害性、经济上效益性和技术上可行性的原则，我国正使固体废物资源化利用朝着环境效益、经济效益和社会效益“三同步”的方向发展，取得了初步成效；如硫化胶粉的生产、应用和推广已被越来越多的使用厂家所接受，胶粉的应用技术和范围发展迅速。但我国固体废物资源化利用程度不到 20%。固体废弃物的综合利用存在的问题是，技术水平较低，有些项目未经专门的环境影响评估，存在二次污染的潜在危害，还有许多尚待填补的技术空白，技术设备落后等。

（2）固体废弃物的处理

固体废弃物的处理通常是指采用物理、化学、生物、物化及生化方法把固体废物转化为适于运输、储存、利用或处置的过程。一般来说，经过破碎、压缩后的固体废物体积可缩小 4/5，而且不会造成污染。固体废物经焚化后的残灰，仅为原体积的 1/20。我国对固体废物的填埋处理主要是“土葬”和“水葬”两种。

7. 淘汰落后的生产力和生产设备

除国家履行国际公约总体计划外，根据《促进产业结构调整暂行规定》、《“十一五”化学工业科技发展纲要》等要求，应禁止和限制发展的工艺及设备列于表附 2-68。

表附 2-68　　淘汰落后的生产力和生产设备

项　目	原　因	目标
小于 1 万 t 电石炉和敞开式电石炉及排放不达标的电石炉	能耗高，有大量粉尘排出	禁止
硫酸“一转一吸”、水洗流程	有大量的酸雾、污水产生	禁止
石墨阳极电解槽隔膜法烧碱生产	能耗高、污染重	禁止
工业小锅炉	不便于废气治理	禁止
年生产能力小于 4 万 t 的硫铁矿制酸		禁止
铁粉还原法工艺		禁止
年产 1 000t 以下黄磷生产线		禁止
生产氰化钠的氨钠法及氰熔体工艺		禁止
多氯联苯（农药）		禁止
除草醚（农药）		禁止
杀虫脒（农药）		禁止
氯丹（农药）		禁止
七氯（农药）		禁止
毒鼠强（农药）		禁止
氟乙酸钠（农药）		禁止
二溴氯丙烷（农药）		禁止
治螟磷（农药）		禁止
磷胺（农药）		禁止
甘氟、毒鼠硅		禁止
氟乙酰胺（农药）		禁止
107 涂料		禁止
改性淀粉涂料		禁止
改性纤维涂料		禁止

项 目	原 因	目标
聚乙烯醇水玻璃内墙涂料（106 内墙涂料）		禁止
多彩内墙涂料（树脂以硝化纤维素为主，溶剂以二甲苯为主的 O/W 型涂料）		禁止
氯乙烯-偏氯乙烯共聚乳液外墙涂料		禁止
焦油型聚氨酯防水涂料		禁止
水性聚氯乙烯焦油防水涂料		禁止
聚乙烯醇及其缩醛类内外墙涂料		禁止
聚醋酸乙烯乳液类（含 EVA 乳液）外墙涂料		禁止
聚氯乙烯建筑防水接缝材料（焦油型）		禁止
联苯胺和联苯胺型偶氮染料		禁止
100t/a 以下皂素（含水解物）生产装置		禁止
盐酸酸解法皂素生产工艺及污染物排放不能达标的皂素生产装置		禁止
8 万 t/a 及以上、对副产的全部四氯化碳没有配套处置设施的甲烷氯化物生产项目		限制
浓硫酸或发烟硫酸磺化工艺	有大量含有机物的废酸产生，腐蚀性强，收率低	限制
光气法合成异氰酸酯及聚碳酸酯工艺	光气有毒，有大量含有机物的 HCl 气产生	限制
电石生产装置		限制
常压法及综合法硝酸装置		限制
硫酸法钛白粉生产线（产品质量达到国际标准，废酸、亚铁能够综合利用，并实现达标排放的除外）	废物排放量大，而且排放的“三废”对环境污染相当严重	限制
铬盐有钙生产工艺	有大量有毒废渣产生	限制
10 万 t/a 硫铁矿制酸装置		限制
新建 20 万 t/a 以下硫黄制酸装置		限制
以滴滴涕为原料的生产三氯杀螨醇项目		限制
以六氯苯为原料的生产五氯酚钠项目		限制
林丹生产项目		限制
300t/a 以下皂素（含水解物）生产装置（综合利用除外）		限制
电石法聚氯乙烯 8 万 t 以下装置		限制
100 万 t/a 以下氨碱装置		限制
30 万 t 以下联碱装置		限制
高毒农药（甲胺磷、对硫磷、甲基对硫磷、久效磷、氧化乐果、水胺硫磷、甲基异柳磷、甲拌磷、甲基硫环磷、乙基硫环磷、特丁磷、杀扑磷、溴甲烷、灭多威、涕灭威、克百威、磷化锌、敌鼠钠、敌鼠酮、杀鼠灵、杀鼠醚、溴敌隆、溴鼠灵）		限制
四氯化碳项目		限制
10 万 t/a 以下己内酰胺装置		限制
生产能力 5 000t/a 以下电解二氧化锰生产线		限制
20 万 t/a 以下乙烯法醋酸装置、15 万 t/a 以下甲醇羰基法醋酸装置		限制
15 万 t/a 以下烧碱装置		限制
2 万 t/a 以下氢氧化钾装置		限制
单套 1 万 t/a 以下无水氟化氢（HF）生产装置（配套自用和电子高纯氟化氢的除外）		限制
单套反应釜 6 000t/a 以下、后处理 3 万 t/a 以下的 F22 生产装置（作为原料进行深加工除外）		限制

项　目	原　因	目标
2 万 t/a 以下的（甲基）有机硅单体生产装置		限制
1 000t/a 以下铅铬黄生产线		限制
5 000t/a 氧化铁红颜料装置		限制
甲醚菊酯和戊菊酯等	高毒、高残留	限制
8 万 t/a 以下的甲烷氯化物生产项目（不包括为有机硅配套的一氯甲烷生产项目）		限制
维生素 C 原料项目		限制
青霉素原料药项目		限制

8．开发应用新技术、新设备

除《国家鼓励发展的环境保护技术目录（2007 年度）》、《国家先进污染防治示范技术名录（2007 年度）》等要求的相关新技术、新设备外，还应对表附 2-69 中列出的新技术、新设备的开发应用给予鼓励和政策优惠。

表附 2-69　　鼓励开发应用的新技术和新设备

名称	用途	应用实例	成效
渗透汽化膜分离技术	替代传统的恒沸蒸馏和萃取精馏		节能 1/3～1/2；运行费用不到一半
热泵蒸馏工艺		丙烯-丙烷精馏	节能 80%以上
制碱工业废碱渣的物理和化学改性技术	制备生态环境改良剂		废物得到经济的利用
固体酸催化技术	取代 $AlCl_3$、HF、H_2SO_4 等		无废酸，选择性高
非光气法合成异氰酸酯及聚碳酸酯技术	取代剧毒光气		绿色化工
绝热消化技术	取代混酸硝化工艺	苯硝化制硝基苯	产生大量废硫酸，腐蚀设备、污染环境以及增加后处理废酸液的额外费用等
催化加氢技术	取代硫化碱或铁粉还原剂	硝基苯加氢制苯胺；邻氨基苯甲醚合成	无废水、废渣
SO_3 磺化技术	取代浓硫酸或发烟硫酸磺化工艺		无废酸、无腐蚀性，收率高
分子蒸发器	用于热敏物质的分离		产品的收率和纯度高，残液少
合成氨变换气双甲新工艺	代替铜洗工艺		节约铜、冰醋酸、液氨等物耗和蒸汽耗量，同时减少和消除两个污染源：① 消除了铜洗液造成的水体污染；② 副产甲醇，消除了铜洗再生气放空污染
乙烯氧氯化法生产 PVC	取代电石法		能耗低，“三废”少；同时压缩重污染电石装置的产量
环戊烷、戊烷等聚氨酯发泡剂；超临界二氧化碳作苯乙烯泡沫塑料的发泡剂	代替有害的氟利昂		无毒、无害

名称	用途	应用实例	成效
洁净燃烧技术如循环流化床（CFB）燃烧技术、水煤浆洁净燃烧技术等			更有效地提高燃烧效率，降低 SO_2 和 NO_x 的排放
氯化法钛白粉生产			
湿法磷酸	替代热法磷酸		成本较热法磷酸低 26%，能耗低，污染小
催化精馏技术及设备	替代传统的精馏分离技术		高效，节能
分子蒸馏技术			高效，节能，副产物少
环境友好型农药新品种，如氯氰菊酯、氰戊菊酯、甲氰菊酯、胺菊酯、丙烯菊酯、氯菊酯等			高效、低毒、低残留

（四）石油和化工工业污染防治相关的政策、法规

1．国外控制污染排放政策、法规

（1）国际环境法发展的历史

纵观国际环境法发展的历史，大致可分为：萌芽期、初步成长期、蓬勃发展期、成熟期、联合国环境与发展大会（UNCED）五个阶段。

1992 年 6 月 3—14 日，有 183 个国家和 70 个国际组织的代表、118 位国家元首或政府首脑出席的联合国环境与发展大会在巴西里约热内卢举行，大会通过了《关于环境与发展的里约宣言》、《21 世纪议程》和《关于森林问题的原则声明》；153 个国家签署了《气候变化框架公约》和《生物多样性公约》。这是联合国成立以来规模最大、级别最高、影响深远的一次“国际绿色会议”，是人类转换发展模式和开拓现代文明的一个重要里程碑。

1993 年 6 月国际标准化组织（ISO）设立了环境管理技术委员会（ISO-TC207），负责制订环境管理国际标准 ISO 14000。1996 年 ISO 中央秘书处颁布了以 ISO 为龙头的 5 个标准（ISO 14001，ISO 14004，ISO14010，ISO 14011，ISO 14012），到目前为止共颁布了 10 个标准，鼓励企业建立环境管理体系，取得国际标准的认证。

2000 年 9 月世界各国元首和政府首脑聚集联合国纽约总部共同签署《联合国千年宣言》，2002 年 9 月世界各国首脑齐聚约翰内斯堡发表《可持续发展宣言》，深化了人类对可持续发展的认识，确认环境保护、经济发展和社会进步是可持续发展的三座基石，保护环境是各国政府的共同责任。

（2）美国环境防治政策

美国 1969 年的《国家环境政策法》产生了战略环评制度。在市场经济机制下，美国采用经济手段解决工业污染，包括政府设立环境基金，对企业从事有利于环境保护的活动予以

10%～15%资助；减免税收，对大气污染控制设备有 5 年加速折旧；规定排污许可证制度和押金/返还制度；制定包含 189 种有害空气污染物及排放这些污染物的污染源的名单；制定出主要的污染源采用“最大可达到的控制技术”（MACT），而地区性的污染源则可采用“一般可达到的控制技术”（GACT）标准；制定超前标准，为企业在制定发展政策时增加了一个环境参照系；实施清洁生产和源头控制，加强了预防措施。1976 年通过了《资源保护和回收法》（1984 年修订）。此后，制定了《清洁空气法（修订案）》（1990 年）；《污染预防法》（1990 年）、《清洁水法》（2002 年）及《有毒物质控制法》等法律法规。美国对水资源和防止水污染实行联邦政府和州政府两级管理体制，联邦政府颁布了《供水法》、《水污染防治法》、《水资源开发法》等 30 多部法律，同时建立了用水审计和水权制度，收到了显著的节水减排成效，使总取水量在 20 世纪 80 年代前期出现零增长，80 年代后期出现负增长，2003 年总取水量由 1975 年的 5 800 亿 t 减少到 4 670 亿 t，减幅达 19.5%。

（3）欧盟环境防治政策

20 世纪 80 年代中期，欧洲一些国家也像美国一样，将环保政策的重点转向预防为主，规定战略环评。欧共体于 1993 年 7 月正式推出欧洲环境标志。正在讨论的“欧洲清洁空气”计划，实行臭氧污染通报制度，大幅度降低了可吸入颗粒物 PM_{10} 和 $PM_{2.5}$ 的控制标准值。芬兰、荷兰、瑞典、挪威、丹麦、德国、意大利等已经制定并在实施碳税。

德国是世界上最早实施循环经济的国家之一，其循环经济法制建设也走在世界的前列。早在 1972 年就制定实施了《废弃物处理法》，1986 年将《废弃物处理法》修改为《废弃物限制处理法》；1986 年颁布《垃圾法》，目的是避免和减少垃圾产生，提高废弃物利用率。1991 年，德国首次按照从资源到产品再到资源的循环经济思路制定了《包装废弃物处理法》（该法分别于 2000 年和 2001 年两次修订）。1994 年公布了发展循环经济的《循环经济和废物处置法》，于 1998 年 8 月做了修改。德国政府对有关环保的新技术、新设备、新产品的开发和应用给予 20%以上的税收优惠；成立专门机构，采取措施扶持清洁生产，为企业采用清洁技术提供咨询。此外，德国是世界上第一个建立绿色标志的国家。

法国在 20 世纪 50 年代以后，先后制定了大量的环境保护法律，如《水资源法》、《大气与气味污染法》、《废弃物与资源回收法》等。从 90 年代初开始编撰法国历史上第一部环境法典，1998 年 5 月《环境法典》正式颁布。它是法国多年来环境保护法律法规的集大成之作，涵盖了所有的环境保护领域，如规定了大气、水体、噪声和固体废弃物等的污染防治以及自然资源保护等；也重申了法国所有重要的环境管理制度，如环境影响评价、公众参与、环境信息的调查与使用、许可证管理、总量控制、废弃物的回收处理等。

（4）英国环境防治政策

早在 1875 年，英国就制定了与环境保护相关的《公共健康法》；1863 年国会通过立法建立了第一个环境监察机构；1906 年英国颁布《制碱法》。英国是世界上最早实施清洁生产立法的国家之一。1956 年出台了《大气清洁法》；1972 年制定了世界上第一部控制危险废物的法律——《有毒废物处置法》；紧接着在 1974 年又制定了一部专门控制污染的法律《污染预防法》及《烟气排放法》；1990 年颁布了《环境保护法》。目前，英国正在施行的清洁生产和环境保护法律法规主要有《污染预防法》（2001 年）、《水资源法》、《废弃物管理法》等 10 余部。

（5）日本的环境防治政策

日本的环境管理体系以《环境基本法》为基础，主要由环境标准、环境影响评价制度、环境监督和环境经济政策 4 部分组成。环境标准规定了各种污染物排放的限值以及环境标准，是需要达到的环境目标；环境影响评价的目的是将环境问题从产生的源头上解决，是实现环境目标的桥梁；环境监督是实现环境目标的重要保障；环境经济政策是更有效地达到环境目标的重要手段。

日本于 1967 年通过了《公害对策基本法》；1970 年召开了“公害国会”，一次就制定和修改了《大气污染防治法》、《水污染防治法》、《公害纠纷处理法》、《公害对策基本法》、《废弃物处理和清扫法》等 14 部环境保护法律。1971 年又制定了《自然环境保全法》、《恶臭防治法》等重要法律。1991 年制定《关于促进利用再生资源的法律》；1992 年起草《能源保护和促进回收法》；1993 年颁布了全新的《环境基本法》；1997 年颁布《容器包装再利用法》；2000 年颁布《循环型社会促进基本法》，将整个社会活动纳入循环经济轨道。日本促进循环经济发展的法律可以分为三个层面：一是基本法，即《循环型社会促进基本法》；二是综合性的法律，包括《废弃物处理法》、《资源有效利用促进法》；三是专项法，包括《容器和包装物的分类收集与循环法》、《可循环性食品资源循环法》、《多氯联苯废弃物妥善处置特别措施法》等。另外推出“生态标志”，在 2004 年 11 月日本环境省已提出了《环境税的具体方案》。

（6）温室气体的排放控制

很多国家近几年来把温室气体的排放控制也纳入环境污染防治法的调整范围。主要表现是：通过法案把二氧化碳作为大气污染物质对待；建立了与汽车和工业企业排放二氧化碳有关的环境税费制度，至今几乎所有的欧盟国家都已经开征碳税，日本也正在考虑对温室气体的排放征税；建立温室气体排放交易制度；欧盟还规定了对违反排放二氧化碳规定的严厉处罚措施。

为促进发展中国家的可持续发展和为实现公约的最终目标作出贡献，及协助发达国家缔约方实现其温室气体减限排承诺，《京都议定书》还确定了清洁发展机制（CDM）。通过参与 CDM 项目，发达国家的政府可以获得项目产生的全部或者部分经核证的减排量，并用于履行其在《京都议定书》下的温室气体减限排义务。对于发达国家的企业而言，获得的核准的减排量（CERs）可以用于履行其在国内的温室气体减限排义务，也可以在相关的市场上出售获得经济收益。对于发展中国家而言，通过参加 CDM 项目合作可以获得额外的资金和/或先进的环境友好技术，从而可以促进本国的可持续发展。

2. 国内污染防治政策、法规

我国政府把环境保护作为基本国策之一予以高度重视。为严格执行法律，国务院及有关行政主管部门制定了一系列相应的法规、政策。

（1）环境保护法律体系基本建立

自 1949 年新中国成立以来，在法制建设方面全国人民代表大会及其常务委员会制定了环境保护法律 9 部、自然资源保护法律 15 部。人大与国务院相继颁布了《关于环境保护若干问题的决定》、《固体废物污染环境防治法》、《中华人民共和国大气污染防治法》、《中华人民共和国水污染防治法》、《建设项目环境保护管理条例》、《中华人民共和国清洁生产促进法》及《中华人民共和国环境影响评价法》等重大法律法规。我国环境保护法律法规体系包括：国家法中关于环境保护的规定，环境保护基础法，环境保护专项法，环境保护行政法规，环境保护资源法，环境保护部门规章，环境保护地方性法规和地方政府规章，环境标准，加入的环境保护国际条约，并不断修订、颁布一些新环保法规。

据不完全统计，目前与石油和化工工业有关的国家环境保护法律 20 项，主要环境保护行政法规 42 项，主要环境保护规章 28 项。

“我国环境立法虽多，但管用的少，很多法律条文似乎还停留在理想主义层面”。现行环境法制存在的不足表现在：环境法律体系尚不完备，存在着一些重要的立法空白；环境管理制度不适应需要，一些制度缺少法律依据；与环境法律配套的标准、政策滞后；缺少约束地方政府行为的环境法律；环境损害赔偿尚无法律依据；环境法律法规中的处罚力度弱，违法成本低，守法、执法成本高，取证、举证、执行难。

（2）明确提出“环境质量”的要求

《中华人民共和国国民经济和社会发展第十一个五年规划纲要》要求，在“十一五”时期，要在“经济增长中降低消耗，基本遏制生态环境的恶化”；“有效控制污染物排放，尽快改善重点流域、重点区域和重点城市的环境质量”；“各地区要切实承担对所辖地区环境质量的责任”；“实行环境质量公告和企业环保信息公开制度”。“环境质量”要求的提出，作为质量理念的新拓展，是与我国当前经济发展所面临的严峻环境形势分不开的，有着重要的现实意义和长远意义。

（3）建立起相对完善的环境管理体系

经过 30 多年的发展，自 1979 年颁布《中华人民共和国环境保护法（试行）》以来，我国先后制定了海洋环境保护、水污染防治、大气污染防治、固体废物污染防治、环境噪声污染防治等多部法律，与电磁辐射、空气质量标准等共同构成了具有我国特色的环境管理法律、法规体系。制定或修订了 17 项水污染防治专门法律、行政法规，发布了 21 项水环境保护标准。制定了《清洁生产促进法》等 5 部新的法律。目前我国虽然已经形成并建立起相对完善的一整套以环境政策、环境法律、行政规章和环境标准为主要内容的环境管理体系，但是多年来由于我国环境管理中对技术管理未能引起足够的重视，系统、科学的环境技术管理体系尚未建成。

（4）环境保护与国际接轨

实行改革、开放政策以来，我国把可持续发展既视作挑战，更作为机遇，环境保护与国际接轨。继 UNCED 之后，我国已参加了《联合国气候变化框架公约》、《京都议定书》、《关于消耗臭氧层物质的蒙特利尔议定书》、《关于在国际贸易中对某些危险化学品和农药采用事先知情同意程序的鹿特丹公约》、《关于持久性有机污染物的斯德哥尔摩公约》等 50 多项涉及环境保护的国际条约，并积极履行这些条约规定的义务。我国政府批准了《我国逐步淘汰消耗臭氧层物质的国家方案》，相继颁布了 100 多项有关保护臭氧层的政策和措施，顺利完成了《蒙特利尔议定书》规定的阶段性削减指标。组织编制了涉及 70 多个领域的《中国 21 世纪议程》，履行《里约环境与发展宣言》责任和义务，在有关实施环境可持续发展方面制定了一系列对策、方案和计划。

（5）国家和地方环境保护标准体系逐步完善

1999 年 1 月 5 日国家环境保护总局发布施行了《环境标准管理办法》。我国已建立的国家环境保护标准主要有：环境基础标准和环境质量标准，包括浓度标准和总量标准两类的污染物排放（控制）标准，国家环境影响评价标准，地方环境质量标准和地方污染物排放标准。实行综合标准与行业标准相结合，但二者不交叉，及排放标准时限制与分级的环境标准体系。

据不完全统计，目前与石油和化工工业有关的国家环境标准计有：环境基础标准 5 项，环境质量标准 23 项，污染物排放标准 93 项，环境影响评价标准 22 项，已被替代标准 65 项，环保产业政策文件 36 项，其中法规、部门规章和文件 18 项，技术政策和指南 18 项。

从 1998 年 1 月起开始执行 GB 8978—96《污水综合排放标准》。现行水污染物排放标准体系，仍以浓度指标为主，地方和行业性水污染物排放标准较少，与行业特性排放相关的控制指标限值较少。《大气污染物综合排放标准》（GB 16297—1996）公布实施后，取代了《工业“三废”排放标准》（GB J4—73）中的废气部分及有关行业性国家排放标准，设置三类指标，排放速率按现有污染源分为 1、2、3 类区，新污染源分为 2、3 类区，将飘尘（相当于 PM_{10}）改称为可吸入颗粒物（IP），并列为正式标准。

《国家环境保护标准制修订工作管理办法》自 2006 年 8 月 23 日起施行，根据规划，“十一五”期间计划制修订近 1 400 项标准，完成 120 多项重要环保技术法规（环境质量标准和污染物排放标准）制定工作。目前，环境保护标准最主要的问题是，标准编制和管理工作不透明、规范化程度低、随意性大、质量保证机制不健全、工作程序不严密、管理技术支持力量薄弱等。

（6）环境监督管理体制改革不断深入

不断加强环境执法检查和行政执法，发布施行了《环境保护行政处罚办法》。详见附件七。完善环境保护监督管理机构，建立了全国环境保护部际联席会议制度，环境监察执法机构得到加强，成立了环境应急与事故调查中心。发布并实施《建设项目环境保护管理条例》，明确提出环境影响评价和建设项目“三同时”制度。《排污费征收使用管理条例》正式施行，完善环境收费政策，扩大了排污费征收对象，改进了排污收费。分三个阶段削减有毒农药的使用，制定农药行业污染物排放标准体系。促进清洁生产，颁布《中华人民共和国清洁生产促进法》，陆续制定和发布了《清洁生产技术导向目录》、《关于加快推行清洁生产的意见》等。

（7）节能减排作为国家发展战略受到高度重视

国务院成立了由温家宝总理任组长的节能减排工作领导小组、应对气候变化及节能减排工作领导小组。发布了《节能减排综合性工作方案》。明确了 10 个方面工作方案，提出了 40 多条重大政策措施和多项具体目标，建立政府节能减排工作问责制和“一票否决”制；将大力发展可再生能源作为能源结构调整的主题，发展循环经济作为节能减排的核心议题，组织编制包括化工在内重点行业循环经济推进计划。

3. 国外环境技术管理体系值得我国借鉴

（1）完整成熟的美国环境技术管理体系

美国的环境技术管理体系主要包括环境技术政策的制定（法律法规的一部分）、发布最佳污染防治技术导则或指南、最佳污染防治技术的评估筛选系统、新技术的示范推广等内容。

环境技术政策是美国法律法规的重要组成部分。美国清洁水法（CWA）中技术政策分为两类：一类针对常规污染物，分别给出最佳可行控制技术（BPT）和最佳常规污染物控制技术（BCT），是现有企业在经济上能承受的最低控制水平和可行技术；另一类针对毒性污染物，分别给出最佳经济可行技术（BAT）和现有最佳示范技术（BADT），是能够最大限度地减少排放量并已经实践验证过的最佳可用技术、工艺、方法和其他措施。

美国发布的污染防治技术导则有丰富技术内容。最佳污染防治技术的评估筛选与环境标准制（修）订密不可分，所规定的经济指标与环境效益是排放限值标准制（修）订的技术依据。

美国排放标准可分为：直接排放源执行的、公共处理设施执行的、间接排放源（排入城市污水处理厂）执行的三类排放限值；其中，直接排放源排放限值按照不同控制技术及污染物的特性，对现有污染源、新污染源分别规定了以 BPT、BCT、BAT 为基础的排放限值。截止到 1994 年美国国家环境保护局共制定了 52 个行业的出水排放限值标准。

美国环境技术创新研究和示范推广具有较为成熟的经验。产学研联合体的建立，使研究成果直接与生产结合，快速得到验证；创立独立的环境技术评估制度（ETV），大大加快环境新技术进入市场的速度；采用减税、投资补贴、价格优惠等经济激励措施，促进环境技术发展和经济竞争力；各州越来越多地使用绿色税收和绿色收费，将税收与环保表现挂钩，促进环境保护。

（2）欧盟综合环境技术管理体系

欧盟的环境技术管理，主要是根据欧盟综合污染防治（Integrated Pollution Prevention and Control，IPPC）指令 96/61/CE 的规定，以采用最佳可用技术（BAT）作为对整个环境进行高水平保护的重要工具。将各类污染对环境的影响综合起来考虑，建立了一个综合性的许可证制度。它已成为欧盟环境法规的核心内容。欧盟涉及环保的技术法规已有 150 余项，均以指令形式由部长理事会发布，各成员国需在规定时间内（可依各自的方式）实施。相当于美国技术导则的最佳可行技术指南（BAT），由欧盟委员会工作小组，各成员国的权威部门和专家共同起草，区别在于它只给出了当前条件下最佳的可行技术。欧盟 BAT 体系覆盖范围广，包含各部门、各类工业生产的工艺，存在的环境问题，问题产生的环节、原因及控制措施，在目前条件下不同工艺、不同控制技术下的最佳可行技术，并且给出应用这种技术可能达到的污染物排放量和资源消耗量水平。但只是鼓励采用的非强制性文件，只起指导作用，允许各国针对不同企业分别确定排放标准，自成体系。

（3）欧美环境技术管理体系值得我国借鉴

欧美环境技术管理体系的启示是：将环境技术管理与环境法规密切结合，作为环境管理的有机组成部分，环境行政法规规定污染者的法律责任和政府的执法职责，而环境技术政策则给出污染源在当前条件下技术上应做到的程度与水平，最终反映在污染物的排放控制都是以技术为基础，以现实可行的技术保证污染控制的可行；给出的环境技术文件包含了相当丰富的内容，其在环境管理上的作用，不只反映在最终的污染物排放限值上，而是体现了对整个生产过程的控制，被法律法规所引用因而带有强制性特点；环境技术政策基本覆盖了污染排放的各个主要行业，形成了完整的体系，并已成为环境管理的一项经常性基础工作，不断完善和更新，充分利用了科技进步的新成果；为了保证技术政策的正确可靠，对污染源的技术评估以费用—效益分析方法为主，根据不同污染物排放所能采用的控制方法，采用定量与定性相结合的方法进行评价；十分重视环保技术推广与技术创新，美国的环境技术关注焦点和新举措着眼于技术创新及对创新技术的评价，欧盟通过制订环境技术行动计划（ETAP），吸引更多的私有和公共投资用于环境技术的开发和示范应用，已经制订了“研究、技术开发和展示”第七个框架计划（2006—2010 年）。

4. 建立我国环境技术管理体系十分必要

环境技术管理体系是通过制定行业污染防治技术政策、治理技术标准和技术规程等方法和手段对行业发展方向、采用技术路线、生产工艺进行引导，对治理技术进行规范，并通过技术评估系统对污染防治技术的先进性、经济性和可达性等进行评价，以协调技术、经济与环境保护的关系，保证环境管理法规制度的有效实施。环境技术管理体系是污染防治的基础，是环境管理和监督执法的技术依据。

（1）我国环境技术管理的形成和发展晚于欧美

“八五”期间重点在污染防治技术的开发上，成立了“国家环境保护局最佳实用技术评审委员会和推广办公室”。1992—2003 年推荐、评审了一大批环境保护实用技术。“九五”期间开始制订污染防治技术政策。“十五”期间开始组织制订污染防治技术政策，先后发布了 17 项污染防治技术政策，12 项技术，制（修）订了 57 项环境保护产品技术要求和 36 项环境标志产品技术要求。我国在环境技术管理方面已经开展的工作有限。

（2）我国现行环境技术管理体系与国外存在较大的差距

① 环境技术管理相对薄弱。尚未形成完整的、科学的、系统的环境技术管理体系，现行环境技术管理体系还不能为环境管理提供有效的技术支撑，远不能满足不断提高的环境管理要求。

② 环境保护技术评估体系不健全。缺乏科学的评估方法和评价标准，受专家的主观影响较大，缺乏最佳实用技术，评选工作与环境保护整体战略相脱节，环境新技术和引进技术的推广缺乏科学的指导，尚未形成全过程环境技术管理。

③ 污染防治缺乏系统技术政策和技术支撑。制定的污染防治技术政策在种类和数量上明显不足，一些重污染和迅速发展行业缺失行业污染防治技术政策、标准，污染防治技术政策编制时效性差；制定的技术政策内容指导企业污染防治实践能力弱。

④ 环境工程技术缺少技术标准、规范。对于环保设施的设计标准、技术规范和竣工验收、建设管理尚未形成完整的、系统的体系，也没有相应的方案设计和工程设计审查规范；对污染控制技术、环境工程、工艺参数的选择随意性大，往往由于工程和设备质量差、不配套，导致很多污染治理项目效果不佳、运行不稳定，不能满足长期连续运行的要求。

⑤ 污染控制技术开发前瞻性不够。缺乏科学的环境污染控制技术对环境影响的评估，不少环评对污染控制技术在项目中的合理性、技术创新性、先进性、达标性和经济性判断，缺少技术政策支持和科学评判，难以达到污染控制要求和技术可行的统一，从而影响了对污染源控制的有效性。

5. 应对《京都议定书》约束要早抓

《京都议定书》首次以法规形式规定了具体的、具有法律约束力的温室气体减排目标。与 1990 年相比各发达国家从 2008 年到 2012 年必须完成的削减目标是：欧盟 8%、美国 7%、日本 6%、加拿大 6%、东欧各国 5%～8%；新西兰、俄罗斯和乌克兰排放量稳定在 1990 年水平上。同时引入清洁发展机制（CDM）、排放贸易（ET）和联合履约（JI）3 个灵活机制。

（1）全球气候变暖是当今世界必须解决的重大环境问题

地球温室效应加剧的后果是：二氧化碳等有害气体会导致地面和低层大气温度逐渐升高（据预测，到 2030 年地球年平均气温将比现在升高 1.5～4.5℃）。地球气温升高会引起海水变暖和膨胀，两极主要是南极冰层融化，从而会导致全球海平面上升，会使世界性生态环境危机、食物危机和人口危机更加严重；会导致土壤盐渍化、水土流失、沙漠化、崩塌、滑坡、泥石流、冻土层不均匀沉陷等地质灾害。由此可见，地球温室效应加剧的后果将是全球性和长期性的。防治地球温室效应，应该是全人类当务之急。

（2）形成的共识

虽然国际社会对气候变暖的程度、成因、主要责任以及解决问题的路径方面还存在不同看法，但是主流观点已至少形成四点共识：一是全球气候变暖已是一个不争的事实；二是气候变暖对自然生态环境和人类生存和发展的环境已产生了严重的后果；三是气候变化的原因除了自然因素影响以外，与人类的活动，特别是使用化石燃料过程中排放二氧化碳的幅度密切相关；四是气候无国界，气候变暖是人类共同面临的挑战，需要国际社会共同应对。防治地球温室效应，主要有“限制”与“适应”两种途径可供采用。

（3）温室效应对我国的影响

近百年来，我国年平均气温升高了 0.5～0.8℃，略高于同期全球增温平均值，近 50 年来变暖迹象尤其明显。据我国有关专家初步估算，1994—2004 年我国温室气体排放总量的年均增长率约为 4%，二氧化碳排放量在温室气体排放总量中所占的比重由 1994 年的 76%上升到 2004 年的 83%；我国未来的气候变暖趋势将进一步加剧。与 2000 年相比，2020 年我国年平均气温将升高 1.3～2.1℃，2050 年将升高 2.3～3.3℃。据国际能源机构最新统计，2004 年我国化石燃料燃烧人均二氧化碳的排放量仅为世界平均水平的 87%、经合组织国家的 33%。从 1990 年到 2004 年 15 年间，单位 GDP 每增长 1%，世界平均二氧化碳排放要增长 0.6%，但是我国仅仅增长 0.38%。

（4）我国为减缓全球气候变化作出的贡献

① 调整经济结构，推进技术进步，提高能源利用效率。我国单位 GDP 化石燃料燃烧二氧化碳排放强度，2004 年比 1990 年下降了 49.5%，而同期世界平均水平只下降了 12.6%，经合组织国家下降了 16.1%。按每吨标准煤排放二氧化碳 2.277t，环比法计算，1991—2005 年的 15 年间，我国相当于减少约 18 亿 t 的二氧化碳排放。② 发展低碳能源和可再生能源。2005 年我国可再生能源利用量已经达到 1.66 亿 t 标准煤（包括大水电），占能源消费总量的 7.5%左右，相当于减排 3.8 亿 t 二氧化碳。③ 大力开展植树造林，加强生态建设和保护。据第六次全国森林资源清查，我国人工造林蓄积量 15.05 亿 m^3，人工林面积居世界第一；全国森林覆盖率 2005 年增加到 18.21%；据专家估算，1980—2005 年我国造林活动累计净吸收约 51 亿 t 二氧化碳。④ 实施计划生育，有效控制人口增长。2005 年我国人口出生率为 12.40‰，自然

增长率为 5.89‰，按照国际能源机构统计的全球人均排放水平估算，我国仅 2005 年一年就相当于减少二氧化碳排放约 13 亿 t。⑤ 加强了应对气候变化相关法律、法规和政策措施的制定，进一步完善了相关体制和机构建设，高度重视气候变化研究及能力建设，加大气候变化教育与宣传力度。

（5）我国与气候变化相关的基本国情

① 气候条件差，自然灾害较重。② 生态环境脆弱，2005 年我国土地荒漠化面积约为 263 万 km^2，已经占到整个国土面积的 27.4%。③ 能源结构以煤为主，2005 年我国的一次能源生产量和消费量煤炭所占的比重分别高达 76.4%和 68.9%。④ 人口多，城镇化水平低，2005 年底我国约有 7.5 亿的庞大人口生活在农村，城镇人口占全国总人口的比例只有 43.0%，低于世界平均水平。⑤ 总体经济发展水平较低，2005 年我国人均 GDP 约为 1 714 美元（按当年汇率计算，下同），仅为世界人均水平的 1/4 左右；地区之间的经济发展水平差距较大，西部地区的人均 GDP 仅为东部地区人均 GDP 的 39.5%，农村居民人均纯收入仅为城镇居民收入水平的 31.0%。

（6）我国应对气候变化国家方案

1992 年我国签署《联合国气候变化框架公约》，1993 年批准了这一公约。1998 年我国签署《京都议定书》，2002 年核准了这一议定书。我国将坚持认真履约，坚持贯彻“共同但有区别的责任”原则，把握适应与减缓气候变化的平衡。当前，我国的温室气体排放总量居世界第二位，预计到 2020 年左右，我国的温室气体净排放量将赶上美国。

我国在未来履约上存在的巨大障碍在于：我国是全球经济发展最迅速、人口最多的国家，单位 GDP CO_2 排放量高，是世界上少数几个能源结构以煤为主的国家，燃煤引起的 CO_2 排放量比使用石油、天然气分别高出 36%和 61%左右，温室气体的排放将快速增长，使我国控制 CO_2 排放的前景不容乐观。但温室气体的减排潜力很大。

由国家发改委会同 17 个部门历时两年，研究制定完成的《我国应对气候变化国家方案》已于 2007 年 6 月 4 日正式发布实施。《方案》提出我国应对气候变化的总体目标是：强化能源供应行业的相关政策措施，控制温室气体排放取得明显成效，适应气候变化的能力不断增强，气候变化相关的科技与研究水平取得新的进展，公众的气候变化意识得到较大提高，气候变化领域的机构和体制建设得到进一步加强。

（7）CDM 在我国的市场潜力

我国是温室气体排放大国，CDM 在我国具有巨大的市场潜力，因而对发达国家和跨国公司具有极大的吸引力。2005 年我国与欧盟确定了“中欧气候变化伙伴关系”，美国、加拿大、日本等国也积极与我国进行 CDM 项目合作。截至 2007 年 6 月，中国政府已批准 CDM 项目 524 个。中国石化扬子石化公司、南京净之杰固体废物处理有限公司、中石油新疆石油管理局、中国石油新疆油田分公司、中国石油独山子石化分公司、中国石油克拉玛依石化分公司等都与欧盟签订了“自愿减排”协议。今后，我国的化工企业应充分利用 CDM 带来的机遇，通过与发达国家的 CDM 项目合作，在实现技术水平提升和节能减排的同时，产生可观的经济效益。

（五）化工工业污染防治的措施及效果

1．发达国家防治的措施及效果

20 世纪 70 年代以后，西方发达国家下决心解决环境污染问题，一方面加强环境立法；另一方面加大环境治理资金的投入。在环境治理过程中，坚持预防为主、综合防治的政策，采取了一系列有效的环境污染防治措施，至 90 年代，环境得到了明显的改善。

法国，1994 年烟气、粉尘的排放总量比 1980 年减少了 54%，CO_2 的排放量下降了 72%，氮氧化物的排放总量降低了 17%，工业排放的各种主要水污染物（COD，SS 和有毒微量污染物）下降了近 50%，这些污染物的去除率上升到 70%以上，SS 的去除率已超过 90%。英国化学工业，1990—1998 年，27 种危险化学物质的排放量削减了 96%。意大利化学工业，1989—1999 年，水中 COD 排放量减少大约 45%，NH_3-N 排放量由 5 730t 减少到 2 310t，重金属排放量由 58t 减少到 23t。其他国家如德国、荷兰、丹麦等在环境污染防治方面也取得了显著成就。德国巴斯夫公司路得维希化工企业，公司所用蒸汽 2/3 是利用废物焚烧产生废热提供的。

美国，1988—1998 年，化工排放的危险物质排放量占全部工业的比例已经由 31%减少到 10%，其中无机化工行业削减 27%，有机化学品行业削减 25%，农用化学品行业削减 21%。在此期间美国化学工业产值增长了 35%以上。而加拿大化工公司，1997—1998 年，15 种化学物质的排放量削减了 37%，比 1992 年排放量减少了 73%。杜邦公司在田纳西州查塔努加（Chat-tanaga）的尼龙装置经过工艺革新，原材料制成产品和副产品的转化率高达 99.8%，只有 0.2%的废弃物通过处理后排放。

日本化学工业，1995—1998 年，12 种空气污染物排放量削减了 35%，其中乙醛、三氯乙烯和甲醛的排放量削减了 50%以上，COD 排放量显著下降，并始终保持在较低水平。

2．国内防治的措施及效果

我国自 20 世纪 80 年代以来，逐渐认识到环境污染的严重性，建立了一系列环境管理的法律、法规，并加大了环境保护资金的投入。经过几十年的治理，我国环境污染问题虽没有得到根本的解决，但总的形势有所好转，主要污染物的增长速率有所下降或呈负增长。如我国农药行业采取的预防措施有：

① 农药中间体及原药生产逐步实现大型化、集团化。淘汰一大批原料消耗高、收率低、

污染严重的中小企业。许多制药厂产生的废水中含有的乙腈、DMF（二甲基甲酰胺）在制药工业得到广泛的利用。

② 对重点骨干企业强化技术改造措施，开发和采用无废少废工艺。如混灭威农药生产，采用甲胺甲酰氯热法替代原来的氯甲酸酯冷法旧工艺，使有毒废气排放量减少 70%。

③ 改造五氧化二磷、三氯硫磷、甲（乙）基氯化物、亚磷酸三甲酯等重要原料和中间体的生产工艺，降低原药合成的原材料消耗，减少污染物的排放量。

④ 采用剧毒物质做原料和中间体的农药品种，把这些剧毒物质储存减少到最低限度，建立可靠的安全报警装置和防范、应急措施。

⑤ 采用碱性水解、湿式氧化法、树脂吸附、溶剂萃取和铁床微电解等农药生产废水的预处理技术，预处理后再经生化处理可达标或接近达标排放（表附 2-70）。

表附 2-70　　农药行业“三废”的回收、处理

农　药	回　收	处　理
废水		
甲胺磷废水	回收精胺、甲醇和氨	回收后废水经水解－生化或水解－厌氧－好氧处理可达标排放
多菌灵农药及中间体生产废水	含硝基苯和苯胺类物质，可生化性差，先回收邻苯二胺	再经凝聚－吸附－生物接触氧化处理
抗蚜威高浓度农药废水	经萃取、精馏等预处理后，分别回收三乙酯、甲醇及甲基嘧醇后	回收预处理后生化处理
废气		
光气（生产杀虫脒、速灭威、甲苯二异氰酸酯及苯甲酰氯等农药的原料）		吸收－催化分解－碱解工艺
氯化氢废气（敌百虫、对硫磷、敌敌畏、氧化乐果等生产中产生）	（1）冷凝法回收盐酸；（2）低浓度废气，水吸收法，可回收 15%～30%的盐酸	
氯废气	湿法，一般有中和法和氧化法还原法。吸收剂是 NaOH 溶液或者以氯化亚铁为吸收剂，制取 $FeCl_3$	
含硫氢废气	（1）空气混合燃烧，在催化剂作用下转化成硫黄；（2）采用不同碱性溶液吸收，制取硫脲、乙硫醇；（3）与甲醇反应还可制取二甲基亚砜	烧碱溶液吸收
氯甲（乙）烷	冷凝－干燥－压缩工艺、碳纤维吸附	
废渣		
甲基对硫磷盐渣、多菌灵氰胺化渣、中性油渣、酚渣等废渣液	采用蒸馏、萃取技术进行回收	焚烧处理或妥善堆存

如青海制药集团公司针对排放废水污染浓度大、水量小的特点，采用炉渣—活性炭吸附来处理制药废水，处理后废水得到大幅度削减，效果显著。新昌制药厂采用 CAF 涡凹气浮装置对制药废水进行预处理，在适当的药剂配合下，COD_{Cr} 的平均去除率可在 25%左右。武汉健民药业公司中药提取废水作为燃煤锅炉水膜除尘用水，通过高温的裂解及粉煤灰的吸附性

去除污染物，出水水质完全可以达到一级标准。

三、工业污染防治的发展趋势

（一）石油和化工工业污染防治的总趋势

1. 全球环境保护的总趋势

环境问题已超越国界，发展成为国际环境问题。一国的环境问题将同全球性的环境问题相联系。法律仍将是环境保护的强有力武器，法律的制定将加快步伐、执行将加大力度。发达国家仍将掌握绝大多数成熟可行的环境保护技术，并将污染严重的落后工业生产项目向发展中国家转移。注意力主要集中在温室效应、臭氧层破坏和酸雨三大问题上。在科学发展观的统领下经济可持续发展模式受到关注，社会经济将向“资源消耗少、环境污染小、经济效益高”的“绿色经济”、“和谐型经济”、“生态盈余”转变。

目前，西方发达国家工业污染防治已发展到较高阶段，如欧盟已从单个污染源治理到区域、流域治理，从单一的治理措施到综合污染防治，其发展方向侧重于最佳可获得技术（BAT）、综合污染防治（IPPC）、可持续能源等新策略的发展和制定更严格的污染物排放标准。与之相比，我国的工业污染治理还处在 IPPC 和 BAT 的前期阶段，目前污染防治的重点仍是对单个污染源的治理。

2. GDP 需要与环境负荷目标关联

要协调统一经济与环境的目标和效益，要努力实现能源与环境的协调发展，污染控制与国民经济的发展要一起规划，要采取跨部门、属地化的办法强制进行生态恢复和生态保护，要积极推动、不断完善绿色 GDP 核算。要求企业必须重视经济效益与环境的关系，在不增加环境负荷的前提下，实现经济效益的稳步增长。

绿色国民经济核算（简称绿色 GDP 核算）是指从传统 GDP 中扣除自然资源耗减成本和环境退化成本（环境污染和生态破坏）的核算体系，能够更为真实地衡量经济发展成果。绿色 GDP 核算研究意义深远，研究结果令人注目；但绿色 GDP 核算的难题不少，需要积极推动、不断完善。2006 年 9 月 7 日发布的首份基于全国 31 个省份和 41 个部门的《中国绿色国民经济核算研究报告 2004》，主要研究结果：2004 年全国因环境污染造成的经济损失为 5 118 亿元，占当年 GDP 的 3.05%；虚拟治理成本占当年 GDP 的 1.8%。换算为环保投资大约为 1 万亿元人民币。《江苏省绿色 GDP 研究报告》表明，该省的绿色 GDP 比传统 GDP 下降了近 8 个百分点。

3．提高工业污染治理效率，推进污染防治市场化运行

目前，我国化工工业的污染防治是以单个企业的污染治理为主，要求企业个体的污染物排放实现达标排放和总量控制，一些大型及部分中型企业初步达到了污染防治的要求，而小型及部分中型企业还没有进行污染防治或建有环保装置却不能正常运行，部分区域如技术开发区、工业园等进行综合污染防治少。

今后环境污染防治的重心将逐步由单个污染源控制转到区域、流域综合治理。尤其是要加强水环境保护，实施社会化管理。目前一些企业、地区工业废水治理投资年均增长率远高于工业废水处理量年均增长率和达标排放率年均增长率，大量中小企业分散治理。要改变污染治理效率低下的状况，挖掘污染集中治理潜力。据浙江省环保局的不完全统计，企业污染治理设施专业化运营后的达标排放率可达 70%～80%，有的可达到 90%以上，同企业自己运营相比，达标率提高了 30%～50%，运营成本节约 10%～20%。因此，要污染治理市场化，发展多元化市场化模式（如委托治理或集中治理实践模式），因地制宜治理工业污染。

4．体现循环经济，工业用水回用是污水循环利用重点

在进行防治污染的同时，加强废物的循环回用和综合利用，可节约资源和能源，产生额外的经济效益，同时还能保护环境。今后，不仅在企业内部实施废物的循环利用，还要以生态工业园为载体，实现企业间、行业间的资源、能源的合理配置和废物的综合利用。开发由替代技术、减量技术、再利用技术、再资源化技术、系统优化技术和共生链接技术构成的循环经济支撑技术体系，是实现循环经济的重要内容。

对一个城市，特别是以工业为主的大城市而言，工业用水量占用水总量的 79%以上。工业用水的水质要求既需要高质量的，也需要一些质量较低的（例如大量的冷却用水）。污水经污水处理厂处理后可直接回用和间接回用。直接回用，回用于工业，可以大幅度降低水耗，减少污水外排，降低企业的生产成本；回用于农田灌溉，可缓解地区水资源短缺，控制地下水位下降，防止地面沉降；回用于城市，杂用范围极广。发展污水回用技术趋势是：集中处理与分散处理相结合，污水处理和水资源回收相结合，强化组合常规污水处理工艺与高效低耗新处理技术应用相结合。间接回用，是将水的社会循环与自然循环有机结合，从水域的整体进行科学规划和管理。

5．加大清洁技术、绿色化学技术的开发和应用力度

石油和化工企业是环境污染的主要源头，环境污染物种类繁多，许多物质需要通过复杂的工序才能进行处理，运行成本高，治理效果也不理想，仅通过末端治理并不能从根本上解决环境污染问题，同时还增加了企业的经营成本。要实现从源头控制污染物的产生，将污染

物减少或消灭在生产过程中，开发和应用新型治理技术、清洁技术、绿色化学技术及其集成技术是解决污染问题的根本途径。

重视清洁技术、绿色化学技术的开发和应用，不仅可降低末端治理的投资和运行成本，还可提高资源、能源的利用率，并产生显著的经济效益。随着环保政策的进一步完善和治理工作的不断深入，有关污染物排放要求将更加严格，企业只有不断开发和应用新的治理技术、清洁技术、绿色化学技术才能适应新形势的要求。

6. 与建立环境技术管理体系结合，进行企业管理制度创新

企业的经济和环境管理一体化成为企业管理的必然。ISO 14000 环境管理体系作为一种操作层次的、具体的、界面很明确的管理手段，是集近年来世界环境管理领域的最新经验与实践于一体的先进体系，它主要通过建立、实施一套环境管理体系，达到持续改进、预防污染的目的。企业一旦建立起符合 ISO 14000 环境管理体系，并经过权威部门认证，不仅可以向外界表明自己的承诺和良好的环境形象，而且是从企业内部开始实现一种全过程科学管理的系统行为。因此，二者的结合是必然趋势，也是对清洁生产持续实施的支持和清洁生产思想具体内容的不断丰富。

（二）石油和化工工业污染防治的技术趋向

新型清洁能源与可再生能源、新材料合成技术等高新技术开发，以及许多先进的环保型新生产工艺的采用和推广，必将使污染物的排放在整体上呈减少趋势。但新技术对环境的影响如何，往往需要经过相当长的一段时间才能显现。

1. 清洁生产和清洁化处理

新形势下做好石油和化工工业清洁生产工作，必须以科学发展观为指导，坚持以企业为主体，强化政策引导和激励，逐步形成企业自觉实施清洁生产的机制。推动清洁生产要常抓不懈，坚持抓，抓重点。实施清洁生产要讲求实效，重实际，重审核。推广清洁生产要有技术指导，国家自 2000 年以来，对石化、化工等重点行业已分三批共发布 141 项清洁生产技术，国家发展和改革委员会已发布纯碱、氮肥、发酵、铬盐、磷肥、硫酸、轮胎、制革、烧碱、聚氯乙烯、印染行业和涂料制造业清洁生产评价指标体系。要组织开展清洁生产审核，定方案，搞示范。目前研究的方向主要表现在以下几个方面。

（1）工艺革新

在老生产工艺的基础上开发低废少废新工艺，一直是国内外清洁技术开发的重点。通过新型反应器、新型高效催化剂及新型节能设备的开发和应用，环境友好化工原料和溶剂的采用，工艺过程的系统优化和集成技术的应用等途径，可开发出各种低废少废新生产工艺。如

淘汰在生产过程中会产生大量废硫酸，腐蚀设备、污染环境的传统的液相硝化生产硝基苯工艺，采用绝热硝化新工艺，固体酸催化剂取代浓硫酸催化剂，开发气相催化硝化生产硝基苯工艺；将三步法合成苯酚改为苯一步法合成苯酚的膜法催化工艺；研究开发双氧水氧化合成环氧丙烷，正丁烷法生产顺酐，非光气法合成聚碳酸酯、MDI 和 TDI，异丙苯氧化法合成苯酚/丙酮，醋酸丙烯酯法合成环氧氯丙烷，异丁烯氧化法合成甲基丙烯酸甲酯，氧气直接氧化法生产环氧乙烷，邻二甲苯氧化法合成苯酐，硝基苯催化加氢合成苯胺等多种有机原料和中间体的清洁工艺等。

（2）绿色化学技术

绿色化学是 20 世纪末崛起的一门新兴学科，相对于传统化学，它是未来化工发展的主要方向之一，是当今国际化学学科的研究前沿。绿色化学是从源头解决化工环境污染的根本途径，其发展趋势表现在：

① 开发原子经济性反应，如钛硅分子筛催化苯酚羟基化制苯二酚、环己酮氨氧化制环己酮肟等。

② 采用无毒、无害的原料，如以二氧化碳、甲醇替代剧毒光气和硫酸二甲酯做原料直接合成法生产碳酸二甲酯（DMC）。

③ 开发环境友好催化剂，如从分子筛、杂多酸、酸性黏土、超强酸等新催化材料中大力开发可循环的固体酸催化剂代替腐蚀严重、危害人身、产生废渣、污染环境的氢氟酸、硫酸、三氯化铝等液体酸作催化剂。

④ 开发膜催化技术，如将催化材料制成膜反应器或将催化剂置于膜反应器中，在芳烃加氢、丙烷脱氢环化、丙烯氧化制丙烯醛等许多领域应用。

⑤ 将酶催化剂用于化学合成，如将酶催化反应广泛应用于合成医药、香料、食品添加剂、农用化学品和功能高分子材料等。

⑥ 采用无毒无害的溶剂，水是无毒无害的廉价溶剂，用水作溶剂具有其独特的优越性，近年来得到高度重视，作为溶剂已开发成功水溶剂涂料等；超临界（T=304K，P_C=7.4MPa）CO_2、离子液体也得到高度重视。

⑦ 用物理方法促进化学反应，如采用微波、超声波、光、等离子体、激光、磁等技术，可使某些氧化和还原效率有突破性的提高；采用电化学合成技术合成己二腈、丁二酸、乙基香兰素等产品。

⑧ 开发环境友好产品，如开发保护大气臭氧层的氟氯烃代用品和防止“白色污染”的生物降解塑料—聚乳酸等。

（3）用生物化学技术发展生物化工产品

利用可再生资源代替当前广泛使用的化石燃料，通过生物化学技术生产化学品，是保护环境的一个长远的发展方向。目前，相关的研究主要集中在农业生物质（生物原料，Biomass）

和二氧化碳利用等。已工业化的生物化工产品有糠醛、多聚乳酸、乙醇、生物柴油、聚羟基烷基酯（PHA）生物聚酯、1,3-丙二醇等。正开发以淀粉和纤维素制取的葡萄糖为原料制备己二酸，由大豆和其他可再生材料生产胶黏剂和密封剂、生物制氢等。

2．工业废水处理及水污染防治技术趋向

（1）工业废水污染防治

石油和化工工业由于生产的多样性，产生的废水水质复杂、水质变化大，排水的边界条件各有不同。水污染防治基本原则是要有针对性，工业废水处理应注重预处理。石油和化工工业污水中的重金属、有毒有机污染物多，要加强水污染物对人体健康影响的研究，为加快制定适合我国国情的纯净水标准建立科学基础。实现污水净化再利用—污水资源化是水体污染防治的重要措施之一。如中国石化湛江东兴炼油厂低浓度污水适度处理后全部回用，镇海炼油污水适度处理后回用率 90%以上，使加工吨原油取水和排污水分别达到 0.5t 和 0.2t 以下的国际先进水平。

（2）石油化工工业废水治理技术

当前，石油化工（包括炼油）废水治理技术的发展注重于加强预处理，提高二级处理，配套后处理三方面。寻求一种高效、低耗、可再生利用的污水生物处理技术已成为当前的研究热点。采用传统的物理化学方法处理污水尽管取得了巨大进展，但仍存在投资大、运行成本高、容易产生二次污染等问题，新兴的生物技术可能是解决这些问题的一个有效途径。

石化废水处理的发展趋势主要表现在油水分离、现代生物处理技术以及废水的深度处理。在国内，目前石化废水处理工艺基本上还是隔油－浮选－生化（俗称老三套工艺），该工艺流程在石化废水处理上发挥了重要作用。近年来，针对特殊废水预处理、老三套工艺技术的改进和完善以及废水深度处理都有很多新工艺技术的采用。

石油化工（包括炼油）废水多样性，要求多样化治理技术。包括石油钻采和海洋石油企业污废钻井液、钻井废水、采油污水、稠油污水、含盐采出水，以及炼油与石化生产中含油污水、脱盐脱钙、碱渣、高氨氮含量、含酚废水等的处理与各类水处理剂的开发应用，生物脱氮、降低污水中的化学需氧量技术。

① 油水分离技术。目前的油水分离技术大多数为敞开式装置，所处理的油珠直径大于 30μm，随着加工原油品种的多样化，处理效果越发无法满足要求，并且恶臭污染比较严重。发展趋势是：对乳化液进行分离和预处理，装置密闭化；研制开发有机高分子絮凝剂是方向，已成为当务之急。磁絮凝技术、微波分离技术较传统分离技术有明显优势。

② 高浓度难降解废水处理。石油化工、化学制药、染料等行业排放的高浓度难降解废水污染物浓度高，含盐量高、pH 值低、色度深、可生化性差、毒性大，对生态环境和人体健康有较大危害，并且用传统处理工艺处理效果差，已成为近年来水处理工作中的一个难点和研

究热点。美国 J.A.Karoly 等开发循环蒸发—气相催化氧化法处理炼油厂高浓度废水的技术，特别适合于可回收固体（或高浓度）无机副产物的场合。高氨氮、低碳源废水的生物脱氮，主要开发了短程硝化-反硝化脱氮工艺、厌氧氨氧化、半硝化-厌氧氨氧化工艺。含酚废水处理，有萃取分离、生化、吸附、臭氧等脱酚方法。尿素解析废液处理成为重点治理项目，而含磷废水处理和治理难度大。

（3）工业废水处理共性技术

① 生物处理。主要是将有益菌有机地集合在一起的有效微生物群技术，将游离微生物定位于限定的空间区域内的固定化微生物技术，增加使用生物处理与沉降有机地结合起来的先进固定膜技术，以及将均质、生物处理及沉降步骤集合起来，处理小水量、高浓度有机废水的 SBR 工艺和氧化沟技术和纯氧曝气技术等得到开发应用。

② 催化氧化处理难降解废水。催化氧化法是对传统的化学氧化法的改进与强化，根据使用外加手段的不同，常用的催化氧化方法有光催化氧化、湿式催化氧化和常温常压下催化氧化三大类。超临界水氧化技术（SCWO）是一种能彻底破坏有机污染物结构的新型氧化技术，因超临界水对有机物和氧气有极大的溶解度，所以，SCWO 过程对有机物有很强的降解能力。

③ 固定化藻类细胞去除污水中氮、磷。该技术涉及藻类细胞除污机理，藻类细胞固定化，固定化藻类细胞处理污水技术研究。但目前尚处于实验阶段，大规模应用仍存在一些问题。

④ 有机废水的处理技术。包含高浓度有机废水的厌氧生物处理技术（主要是厌氧反应器），超临界水氧化法处理有机废水和废渣技术，难降解有机工业废水高新生物处理技术（主要是生物反应器）。

⑤ 含芳香族硝基化合物废水处理技术。这类化合物的生产量日益增大，产生的废水量也相应增加，具有毒性大、难降解的特点。目前，国内外对芳香族硝基化合物废水的主要处理方法有：物理的、生化的以及生化物化组合法。物理方法处理已经在工程中广泛应用，技术发展也日益更新；化学方法处理成本较高，具有良好的处理效果，有广阔的应用前景；生物方法使废水的生物降解成为可能，因运行成本低，也是主要发展方向。新型技术的兴起，如各种纳米技术、等离子体处理废水技术，为高浓度芳香族硝基化合物废水的治理提供了更大的空间。

⑥ 活性炭再生。活性炭在水处理运行中使用量大，其费用往往占运行成本的 30%～45%，将用过的“饱和炭”进行再生具有显著的经济价值。其再生工艺分为：用于水处理的饱和活性炭的低温和高温加热再生法，加热再生装置目前国内外使用较多的有多层式、回转式、流化床式、移动床式等多种形式；对于高浓度、低沸点的有机物吸附质，首先考虑药剂洗脱的化学法；生物再生法仅适用于吸附易被微生物分解的有机物的“饱和炭”，而且分解反应必须彻底；通常用于再生粉末活性炭的有湿式氧化法；放电高温加热再生法是一种与传统高温加热再生方法完全不同的再生方法，具有一系列优点，是一种值得推广的活性炭再生装置；电

解氧化法尚未见在实践中应用。

⑦ 水处理剂。主要是改进老工艺，以降低消耗，提高质量，减少自身生产的污染；根据用户需要，研究无磷或少磷的水处理配方，研究可以进行计算机控制的能在线测定浓度的水处理剂及其应用技术，研究苛刻条件下有特殊要求的水处理剂，研究海水代用淡水作冷却水的水处理剂，研究天然或半天然的生物絮凝剂。

⑧ 工业节水技术。节水是减污减排重要措施之一。当前需要重点发展和应用的工业节水技术包括用水重复利用技术、冷却节水技术、热力和工艺系统节水技术、洗涤节水技术、工业给水和废水处理节水技术、非常规水资源利用技术、工业输用水管网与设备的防漏和快速堵漏修复技术、工业用水计量管理技术、重点节水工艺或清洁生产工艺等。

⑨ 污水回用。污水回用途径需要废水深度处理技术。目前新兴的一种处理流程为：二级处理后接微滤（MF）、反渗透（RO）和紫外线消毒（UV）。MF 可很大范围地去除颗粒物质；RO 可广泛去除有机物和无机物，特别是去除离子，像 NO_3^-、Cl^-及金属离子等；UV 消毒则可免除致病菌侵袭。膜生物反应器技术是以置于反应器外部或浸没在反应器内部的生物膜取代传统的二沉池，生产的出水可用于许多回用目的。

⑩ 建设环保型的污水处理厂。污水处理厂的构筑物由于污水、污泥本身的臭气在工艺流程中释放出来，给工作环境和周边环境带来一定程度的污染，因此 21 世纪污水处理厂要消除自身污染问题。采用低噪声的鼓风系统，采用污泥减量化技术，采用填埋处置工艺，要防止污泥废液污染地下水，需将废液进行处理方可排放。采用污泥干燥焚烧工艺并将有毒害气体进行处理，防止有毒有害气体污染大气。

目前废水生物处理技术的主要发展趋势是多种技术组合为一体的新技术、新工艺，如同步脱氮除磷好氧颗粒污泥技术、电-生物耦合技术、吸附-生物再生工艺、生物吸附技术，以及利用光、声、电与高效生物处理技术相结合处理高浓度有毒有害难降解有机废水的新型物化-生物处理组合工艺技术，如光催化氧化-生物处理新技术、电化学高级氧化-高效生物处理技术、超声波预处理-高效生物处理技术、湿式催化氧化-高效生物处理技术以及辐射分解生物处理组合工艺等。

3．废气治理技术趋向

（1）挥发性有机物和臭味的处理

目前常规的 VOC 污染控制方法有燃烧法、吸收法、吸附法、冷凝法、电晕法等。吸附解吸催化燃烧法处理 VOC 是目前比较成熟的方法，在国内外均已有工业应用；但也存在投资大、维修不便、催化剂容易中毒等缺点。生物法处理 VOC 废气是 20 世纪 80 年代开发的新技术，目前国外的生物法以生物滤池系统使用较多，德国和荷兰越来越多地采用生物过滤法控制工业生产过程中产生的挥发性有机物和有毒气体。我国在这方面的研究还处于起步阶段。美国

1990 年通过的清洁空气法修正案严格限制了 189 种危险空气污染物（其中 70%是挥发性有机物）的排放，这促进了包括生物过滤法在内的废气控制技术的研究应用和大规模生物过滤装置的建立。脉冲电晕放电法治理有机废气、催化降解 VOC 被认为是有开发潜能和广阔应用前景的方法。

石化污水处理场散发的废气大致分为两大类：一类以隔油池、浮选池散发气体为代表，其废气气量和污染物浓度波动范围大，所含挥发性有机物浓度高达数千到数万 mg/m^3，毒性大，不慎吸入易发生急性中毒事件；另一类以曝气池、污泥浓缩池散发气体为代表，废气气量大，含数十到数百 mg/m^3 的硫化物和苯系物等，恶臭气味严重。国内有清华大学开发的挥发性有机物和臭味的生物过滤处理方法、中国石化抚顺石油化工研究院开发的石化污水场臭气催化燃烧技术已完成工业化试验。

（2）烟气脱硫脱硝技术

目前，国内外采用的燃煤电厂烟气脱硫技术有：

世界上最成熟的湿式石灰石（石灰）—石膏法，采用石灰石或石膏作脱硫吸收剂，脱硫石膏经脱水装置脱水后回收或抛弃，脱硫吸收剂的利用率很高；但脱硫后的石膏出路有待落实解决。

炉内喷钙加尾部烟气增湿活化法，是在炉内喷钙脱硫工艺的基础上，在锅炉尾部增设了烟气增湿活化反应器，以提高脱硫效率；但脱硫过程对吸收剂的利用率很低，脱硫副产物以不稳定的亚硫酸钙为主，综合利用受到影响。

烟气循环流化床法，采用干态的消石灰粉作为吸收剂，被分离出来的固体颗粒反复循环，故吸收剂利用率较高，但其仅适用于新建锅炉，而且投资较高。

海水洗涤法，是利用海水的碱度达到脱除烟气中的二氧化硫的一种脱硫方法。是最近几年才发展起来的新技术。

国家烟气脱硫工程技术研究中心对多种烟气脱硫脱硝技术进行了研究开发，主要包括：世界上最成熟的石灰石/石膏湿法烟气脱硫技术，磷铵肥法（Phosphate Ammoniate Fertilizer Process，PAFP）烟气脱硫技术，活性炭纤维法（Activated Carbon Fiber Process，ACFP）烟气脱硫技术，软锰矿法烟气脱硫资源化技术，电子束氨法烟气脱硫脱硝技术（CAEB-EPS 技术），脉冲电晕放电等离子体烟气脱硫脱硝技术等。

液柱喷射烟气脱硫系统广泛适用于化肥、化工等行业的各种规模的含硫烟气脱硫净化工程。尚在试验阶段的再生式脱除 SO_2 和 NO_x 的化学技术，为一种干式吸附再生工艺，可脱除 97%的 SO_2 和 70%的 NO_x；干式循环流化床烟气脱硫技术，气体净化与除尘一体化，将酸性气体、细颗粒同时脱除，是一种高效率的烟气脱硫技术。同时净化 NO_x 和 SO_2 的过程是一种脱硫脱氮一体化技术，不少国家和大型企业正在研究，并取得了较大进展。等离子体烟气脱硫脱硝技术是一种高效率、低成本，不产生废水废渣，脱硫率可达 90%以上，脱硝率达 80%

或更高的新方法，也是国际上公认的最有前途的新一代脱硫脱硝技术。

（3）有机气相污染物治理技术

挥发性有机物是石油化工行业的特征污染物。有机气相污染物的来源主要有固定源和移动源两种。移动源主要有汽车、轮船和飞机等以石油产品为燃料的交通工具的排放气；固定源的种类极多，主要为石油化工工艺过程和储存设备等的排出物及各种使用有机溶剂的场合，如丙烯腈生产尾气、PTA 生产氧化尾气等。

有机气相污染物治理的方法主要有两类：一类是回收法，另一类是消除法。回收法主要有：采用活性炭、硅胶、沸石分子筛、活性氧化铝等吸附剂的吸附法、变压吸附法，采用低挥发或不挥发溶剂的吸收法，冷凝法及膜分离技术等。消除法有：直接燃烧法（火焰燃烧法），热氧化法，用铂、钯等贵金属催化剂及过渡金属氧化物催化剂的催化燃烧，用 WO_3、TiO_2、CdS、ZnS、ZnO、Fe_2O_3、CdSe 等具有多相光催化性能的半导体光催化，生物氧化法，离子体法，紫外光催化氧化法及其集成技术。

西方发达国家用于油气处理的工业化方法有：冷凝回收法、吸附回收法、吸收回收法等。在中石化，对这些方法的研究已达到中型试验装置的规模。目前，国内大多数丙烯腈装置尾气都在高空排放；中日共同建设的“丙烯腈装置尾气废液焚烧余热回收项目” 已于 2003 年在安庆石化投产运行。PTA 装置尾气，目前国内普遍采用水洗＋活性炭吸附的尾气处理工艺，从应用情况看不够理想。

（4）催化裂化再生烟气二氧化硫排放控制

随着含硫原油加工比例和渣油掺炼比例的提高，SO_2 排放标准修订得更加严格，催化裂化装置（FCCU）普遍存在 SO_2 排放浓度超标现象。控制催化裂化装置 SO_2 排放的技术有原料油预加氢、硫转移催化剂和烟气脱硫，在美国、欧洲和日本，各有数十套装置采用。NPRA 年会的一篇论文认为，原料油预加氢费用昂贵，硫转移催化剂仅适用于加工 0.12%～0.5%硫含量原料油的 FCCU，湿式洗涤烟气脱硫则适用于加工 0.25%～3%硫含量原料油的 FCCU；Exxon 公司的湿式洗涤烟气脱硫工艺（WGS），被美国国家环境保护局（EPA）确定为经过实证的最佳技术（BDT），烟气中的 SO_2 脱除率达到 94%～97%。国内，从 20 世纪 80 年代即开始研究硫转移催化剂，曾开展过硫转移催化剂的工业应用试验。从 90 年代初开始 FCC 烟气脱硫研究，先后研究过海水洗涤、氢氧化镁浆液洗涤烟气脱硫技术。

（5）除尘技术

发达国家的除尘装置正逐渐引入现代电子技术，电除尘装置的开发正在向脉冲电荷技术发展。目前在各类除尘器中，旋风除尘器已能清除 10～100μm 的粉末；袋式除尘器的发展不再限于解决过滤器的堵塞问题，而是使用寿命长、维护费用少的适用技术和机械，滤布开发的重点是在高温下耐酸碱、强度好的材料，如目前正在使用的玻璃纤维毛毡、聚四氟乙烯纤维、不锈钢纤维等材料。为了提高对微粒的控制和捕集高比电阻的粉尘，日本开发了超高压宽间距除尘器、双区电除尘器；美国则应用蒸汽除尘器、三电极板电除尘器、带屏蔽网电除尘器等。此外，一些新的除尘技术正处在研究和试验阶段，如声波辅助清灰、微粒凝聚技术、高压蒸汽喷射、带电湿式除尘和复合式除尘等。

4．石化工业固体废物治理技术趋向

在石油化工生产过程中，除了产生废水废气等污染物外，还产生大量的固体污染物，例如，废催化剂、钻井泥浆、废碱液、废酸液、含油污泥、化工废渣等。固体废物是“三废”中最难处置的一种，因为它含有的成分相当复杂，其物理性状也千变万化，要达到“无害化、减量化、资源化”目标会遇到相当大的麻烦。一般防治固体废物污染方法首先是控制其产生量，其次是开展综合利用。对于实在不能利用的，目前主要采用的处理方法包括压实、破碎、分选、固化、焚烧、生物处理等，然后再填埋和沉海。

（1）废催化剂处理

国外含金属废催化剂的回收和处理已形成产业，并且处理规模大，回收效率高。而我国石化行业的废催化剂主要来自催化裂化、加氢精制、加氢裂化、重油加氢、催化重整及化工废催化剂。含金属催化剂虽然由催化剂供应商回收钼、镍、铂、钯等，但远没有形成产业，规模小，回收过程中污染严重。石化行业废催化剂的主要问题是催化裂化（FCCU）废催化剂的处理和利用。

（2）钻井泥浆的现状分析和处理

钻井液处理剂中的有机处理剂多数是高分子化合物，其分子结构复杂，品种繁多，是钻井泥浆所含的主要污染物。由于种类多，加上钻井过程中不同物质的溶入、循环，使得钻井后的废弃泥浆稳定性好，有机污染物高，难以处理。废钻井泥浆治理在国内外从两个方面进行各种研究工作，一方面是开发新的、高效、低毒的处理剂，另一方面是治理，包括综合利用和污染治理。

（3）含油污泥的处理现状及对策

在处理石化行业的含油污水过程中，产生大量含油污泥，主要是池底泥、浮渣和剩余活性污泥以及油罐底泥，主要由固体物、油及水组成。由于乳化严重，采用常规方法难以将其分离。国外利用生物法、热解吸法、溶剂萃取法、焚烧法及经预处理后送焦化等方法被广泛研究。由于“三泥”含油量低，含水高，焚烧时必须另外添加燃料油，能耗高，致使焚烧装置处于闲置状态。在美国用土地处置设施法处理三泥，经济上合算，但对地下水和周边环境产生的二次污染问题比较严重。在将炼油厂含油污泥（为 K048～K052）规定为危险废物以后，美国《资源保护和回收法》（RCRA）的修正案规定在土地处置前必须加以无害化处理。抚顺石油化工研究院针对我国实际情况，本着综合利用化害为利的原则开发了热萃取脱水法处理含油污泥技术，最终实现了含油污泥的无害化处理。

末端处理在目前至少还是作为减少“三废”排放的主要手段，但已出现了处理重心前移，组合流程增加，处理与回收并重的趋势，“三废”处理装置和设施本身在不断改进，性能在不断趋向完善。

5. 无害化处理

发达国家对化工有害废弃物的排放控制很严，普遍把研究和技术开发置于优先地位，首先尽量减少废弃物的发生量，其次对产生的废弃物加以充分循环利用，最后才是处理或处置。无法回收的废弃物通过焚烧、热解、化学氧化等方式，改变其中有害物质的性质，使其转化成无毒无害物质或易治理的物质；其他采用目前技术还无法处理的固废则进行深埋处理。与发达国家相比，我国化工有毒废弃物处理的水平还存在较大的差距。今后要侧重于：开发高附加值的固废物回收利用技术；对含有机氯等有毒有机物的废液实行集中治理；对无法处理的固体废物实行定点深埋处理，并进行环境影响评价。

（1）污水净化再利用

目前研究最多和最有应用前景的是TiO_2纳米光催化剂，具有有机物光催化降解功能的TiO_2薄膜。具有高效的除磷脱氮特点水质净化生态工程技术在欧洲、日本、美国等发达国家已得到应用。污染水的深度净化新技术改进的主要目标是：提高出水水质，降低浊度和有机物，尤其是降低传统工艺不能有效去除的溶解性有机物（DOC）的含量，降低消毒副产物，强化传统工艺中各个工序的处理效果，增加预处理和深度处理工艺。国际上正在推广使用反渗透设备与电去离子净水设备的组合水处理系统，该技术又称为“填充床电渗析净水技术”（Electrodeionization 或 Continuous Deionization，EDI 或 CDI）。气泡循环流动型污水处理与回用膜分离装置，提供了一种新型膜分离装置的制造工艺，完全使用物理方法进行分离，避免了常规水处理过程大量使用化学药剂带来的二次污染，提高了设备处理能力和过程稳定性，运行成本明显降低。

当今污水处理研究的热点是污泥处理。污水处理厂污泥处置是一个大问题，但目前国内外还没有成功的技术研究报道。污泥利用和处理前一般要进行浓缩，根据不同的处置方法，通常还要进行稳定（基本方法是厌氧消化产生沼气）、调理、脱水甚至消毒等过程。污泥的最终处置主要是根据一定的环境要求和经济条件，部分或全部加以利用，用做农业肥料（应进行灭菌处理），也可以用做建筑材料，最终排入大海或埋入土壤中。新型多孔微生物载体废水处理技术是解决传统生物处理技术棘手的剩余污泥问题的途径之一。

（2）废气净化技术

复合多种脱硫除尘机制的脱硫除尘一体设备，除用于锅炉烟气脱硫除尘外，还可用于化工等行业的除尘净化。纳米二氧化钛等离子体放电催化空气净化技术，是空气净化中最有前景的技术之一。光催化技术不仅可以完全净化空气中的有机污染物，同时还具有很强的广谱杀菌性能，在小环境的净化上显示出重要的应用前景。目前针对橡胶等行业所产生的细小颗粒粉尘的治理仍是世界范围内的难题，开发研制能连续处理大流量、细小颗粒粉尘尾气的高效消烟除尘（必要时增加脱硫功能）工业设备是产生细小颗粒粉尘排放企业的急需。挥发性有机物（VOCs）及恶臭气体采用生物净化方法，用固定化微生物可处理含有苯、甲苯、氯苯、低级脂肪烃、醇、醛、酮等挥发性有机物的有机废气以及含有硫化氢、氨、硫醇、硫醚等的恶臭气体，净化处理工艺的核心为生物过滤塔。

（3）纯碱生产污染控制技术

氨碱法纯碱企业所产生的固体废物量大，综合利用途径有限，渣场集中堆存仍是国内各企业采取的唯一有效处置方法，但占用大量土地资源。废液和废水集中回收难度较大，除部分经处理氨氮回收后综合利用生产氯化钙、再制盐外，多数澄清后排海入河。生产过程中纯碱粉尘，石灰粉尘均采用布袋除尘器进行处理，需要解决滤袋黏结和滤袋使用寿命问题；行业中对氯化铵粉尘的治理多采用文氏洗涤器等湿式除尘设备；氨浓度较高含氨工艺尾气一般采用净氨器洗涤。

6．推动行业循环经济工作的开展

一方面收集汇编循环经济支撑技术，氯碱、磷肥、硫酸、橡胶、电石等重点行业先后召开了循环经济工作会，《石油和化工行业循环经济现场交流会经验材料汇编》收集了 36 家企业 150 多项循环经济支撑技术，其中，有 74 项技术被评为国家重点行业循环经济支撑技术。针对行业制约循环经济发展的热点、难点等问题，提出了一批示范项目。另一方面开展资源综合再利用技术开发研究，处理重心前移，组合流程增加，如被广泛应用于聚氨酯合成革的生产、腈纶纤维抽丝、药品精制的化工溶剂二甲基甲酰胺（DMF）回收技术；废旧塑料（工业塑料垃圾、民用塑料废弃物）和木粉生产木塑复合材料技术；废轮胎制备燃油和炭黑填料（可作为高性能铺路材料及橡胶填料使用）技术；维尼纶生产装置的回收高纯醋酸甲酯提纯技术；制药、化工等部门离子交换树脂的电再生技术；生物源农药等。

（三）石油和化工工业污染防治的成本

1．环境污染造成的经济损失

《北京市绿色国民经济核算研究报告 2004》表明，环境污染损失成本、环境污染治理成本，主要是大气污染；大气污染物排放中，工业是主要来源；而工业排放里，化学原料及化学制品制造业、石油加工及炼焦业是主要行业（表附 2-71，表附 2-72）。

表附 2-71　　2004 年北京市环境污染损失

	环境污染损失成本/亿元	占当年 GDP 比例/%
大气污染	95.25	1.56
水污染	21.20	0.35
固废污染堆放	0.07	0.01
环境污染损失	116.52	1.92

表附 2-72　　2004 年北京市环境污染治理成本

	治理成本/亿元	占治理成本比例/%
污染物的治理总成本	82.66	GDP 的扣减指数为 1.36
其中：环境污染虚拟治理	29.19	占治理总成本 35.3
实际治理成本	53.47	占治理总成本 64.7
大气污染实际治理成本	39.82	占实际治理成本 74.5
大气污染虚拟治理成本	17.58	占总虚拟治理成本 60.2

2．末端治理成本分析

末端治理的投资和运行成本一般都相当大，这也是目前不少企业尤其是中小化工企业未能进行污染治理的主要原因。

（1）城市污水处理需要的投资

据建设部城市水资源中心主任、研究员邵益生 2000 年研究成果，预计到 2010 年、2030 年和 2050 年，全国城市的污水排放量将分别增加到 640 亿 m^3、850 亿 m^3 和 1 080 亿 m^3；如果要保护城市水资源并逐步改善水环境，城市污水处理率至少要分别达到 50%、80%和 95%；其累计投资至少需要 1.2 万亿元。

（2）炼油厂废水处理成本

低浓度废水处理成本较低，高浓度废水处理成本较高，国内外处理成本相差不大。如国外炼油厂采用生化工艺处理炼油废水的运行成本在 5 元/t 左右，中国石化采用“老三套”工艺处理炼油废水的运行成本约 4 元/t。对特殊的高浓度废水处理成本较高，如采用汽提法处理高氨氮废水，每吨废水的处理成本在 40 元左右，对碱渣废水处理的运行成本一般在 120 元/t。

（3）化工污水处理场投资及运行费用

由于废水水质、处理工艺流程及基础设施情况不同，据统计：每小时处理 1t 水需要基建投资 2 万～6 万元，处理 1t 化工废水需要 1～4 元，而去除 1kgCOD 则往往需要 2～6 元（表附 2-73）。给水净水处理改造，单位水量 1m^3 改造费用为 20～25 元，运转费用需增加 0.03～0.05 元/m^3；采用活性炭吸附技术每处理 1 m^3/d 水的投资将在 80～100 元，运转费将增加 0.15 元/ m^3 左右；生物预处理技术仅需增加费用 0.09 元/ m^3，但每天每立方米投资在 100～120 元。

表附 2-73 几个化工污水处理场投资及运行费用

污水处理场名称	处理水量/（t/h）	基建投资/万元	运行费用/（万元/a）
吉化公司污水处理场一期	8 000	7 000	2 500
二期（增加脱 N 工艺）	10 000	20 000～25 000	—
太原化学工业公司	2 500	5 000	1 000
锦西化工总厂	700	2 560	450
燕化公司乙烯污水处理场	2 500	15 000	—
西区，化工污水场	2 200	—	5 000
北京染料厂	300	1 200	300

（4）SO_2 减排技术的费用

图附 2-5 为各种 SO_2 减排技术的费用比较。国家环保总局 2004 年 4 月 22 日称，“十五”计划安排的 279 个重点二氧化硫治理项目投资 409.5 亿元，可削减二氧化硫 303.7 万 t/a，年削减 1 万 t 二氧化硫平均投资 1.35 万元/万 t。

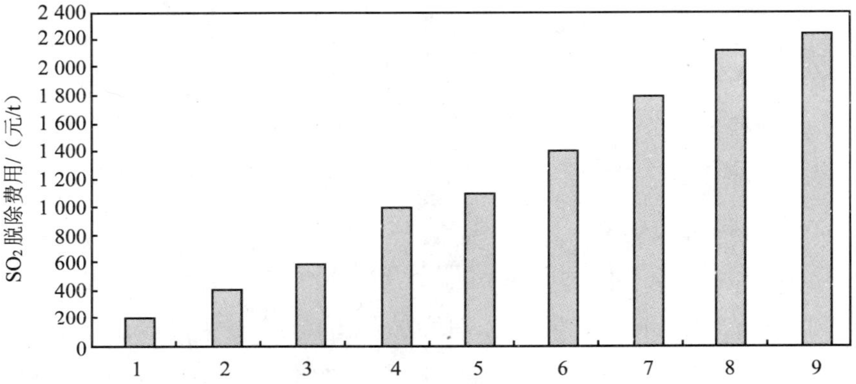

1—替/换烧低硫煤；2—替/换烧洗精煤；3—民用炉灶改用清洁燃料；4—安装烟气脱硫装置；5—工业锅炉改用天然气；6—安装洗涤器；7—CFBC；8—PFBC；9—IGCC

图附 2-5 各种二氧化硫减排技术的费用比较

3. 达标与总量控制成本分析

（1）对中国环境保护投入机制的反思

环保专家的研究表明，水污染造成的直接经济损失与治理经费之比至少是 1∶10。在环保投资中，来自政府的投入是至关重要的。政府的环境保护投入具有特殊的强制、引导、平衡作用，可保证各类主体履行环保投入的职责，引导社会资金进入环保领域，平衡区域间的差异。目前政府投入不足，“八五”、“九五”和“十五”期间，环境保护投资只占同期 GDP 的 0.74%、0.88%和 0.99%。环境监管不力的原因之一也是资金得不到保障，环境执法严重依赖于当地的财政状况和对环保的重视程度。存在的问题是：已投入的资金使用效率低下，资金投向不符合污染治理的需要，环保设施未能充分发挥效益；环境保护缺乏稳定的资金来源，财政支出体系没有统一、独立的环境保护支出科目，没有根据经济发展的速度和规模考虑环境保护的资金需求；没有充分调动市场资金，民间环保投资的积极性没有得到很好的调动；排污收费过低，企业没有动力进行污染的削减和治理投资。

（2）预防环境风险需要增加投资

松花江事件后启动的全国化工石化项目环境风险排查，排查了 7 555 个项目，需要新增环境风险投资 140.5 亿元，占项目总投资 1 051.5 亿元的 13.4%（表附 2-74）。

表附 2-74　　环境风险排查后增加的投资

总投资/亿元		10 151.5	排查后增加的投资/亿元	140.5
环境敏感区域项目数量/个	人口密集区（5km 内有城镇）	2 489	江、河、湖、海、水库沿岸	1 354
	饮用水水源保护区上游（10km）	280	畜牧区、渔业水域	32
	风景名胜区附近	10	大江大河干流	535
	自然保护区附近	37	一级支流	275
	交通干线附近	977	三峡库区	86
			南水北调水源地及沿线	100

（3）必须建立公共环境财政支持环境治理

落实“十一五”环境保护目标，必须建立公共环境财政治理环境。要明确投资主体的责任，落实环境保护投资目标；建立独立、稳定的环境财政支出科目；环境相关的政府定价应该充分考虑环境保护目标和要求，发挥政府定价、引导市场的职能；实施“绿化”税收制度。

（4）中国石化治污需要的投资

据“十五”期间估算，中国石化有规模电站 19 家，均无烟气脱硫设施，如果保持现有燃煤含硫率，则至少 4 家需要建设烟气脱硫设施，按 20 台锅炉，每台脱硫设施投资按 5 000 万元计算，需要投资 10 亿元；还有 3 800 万 t 废水清污分流，污水分治，需要投资 4.8 亿元；固体废弃物储存量为 158 万 t，按照治理每吨需 500 元计算，需要处置处理费用 7.9 亿元；三部分合计治污需要的投资大约 23 亿元。

4．新技术、新设备开发投入和效益举例

（1）处理低浓度的有机气体和臭气

挥发性有机物（VOCs）及恶臭气体的生物净化法的一次性投资是燃烧法的 1/3、吸附法的 1/8～1/5、化学吸收法的 1/3 左右；运行费用是燃烧法的 1/20、吸附法的 1/10、化学吸收法的 1/15。

（2）烟气脱硫

液柱喷射烟气脱硫系统，投资费用比国外同类技术便宜 1/3～1/2；运行费用，通常脱硫成本为 0.5～1.0 元/kg 二氧化硫；干式循环流化床烟气脱硫技术，脱硫成本为 0.5～1.0 元/kg 二氧化硫。

（3）水质净化

水质净化生态工程技术在处理生活污水时，投资费用是活性污泥工艺的 1/7～1/3、氧化沟工艺的 1/4～1/2、膜生物反应器技术的 1/15～1/10，运行费用为 0.02～0.04 元/m^3，远低于其他工艺；因新污水处理技术不产剩余污泥，按我国污水的年排放总量 415 亿 t 计，全国有 50% 的未处理的污水处理系统采用此项新技术，将节省污泥处理费用 88.2 亿元。

（4）染料工业废水综合治理

染料工业废水综合治理技术，按一般染料中间体出厂价 1 万～3 万元/t，而排出的废水 COD 为 10 000～30 000mg/L，可回收的有机物为 5～20g/L，则增产值 50～150 元/t；而萃取浓缩过程药剂消耗和浓缩液回用的费用约 40 元/t，故处理每吨废水综合治理的收益大于 10 元/t 废水。

5. 开展清洁生产审核减污增效案例

（1）中国—挪威合作项目

中国—挪威合作项目，通过清洁生产审核，对北京化工三厂等 15 家企业共产生 339 项废物削减方案。其中包括，改善企业内部管理方案 135 项，废物循环利用方案 47 项，原材料改进方案 31 项，技术改进或设备更新法方案 122 项以及 4 项其他方案。企业共实施了 158 项基本没有硬件投入的无费和低费方案，年削减污水排放 11 万 t、COD 排放 370t 和固体废弃物 18t，年节省资金 1 334 万元人民币。另外，109 项废物削减方案实施，预计每年可节省资金 4 874 万元人民币，同时增加削减废水排放 23 万 t、COD 排放 600t 以及固体废物 24t。

（2）中国石化集团公司清洁生产审核

中国石化集团公司自 1995 年以来，开展了一系列清洁生产审核活动，取得了较好的环境效益和经济效益。通过两批示范装置清洁生产审核，各示范装置实现了节能、降耗、减污和增效（表附 2-75）。

表附 2-75　中国石化集团清洁生产审核示范成效

	第一批	第二批	两批合计
清洁生产示范装置/套	24	21	45
筛选清洁生产方案/个	451	368	819
无费、低费方案	—	—	593
减少污水排放量/（万 t/a）	226（－30%）	228	454
减少废水中污染物 COD_{Cr}/（t/a）	2862（－13%）	3 376	6 238

	第一批	第二批	两批合计
减少废气排放量/（m^3/a）	28 587（−15%）	26 218	54 805
减少固体废弃物/（t/a）	2 888（−28%）	3 481	6 369
投入资金/万元	—	—	245 060
年获经济效益/万元	18 800	—	36 464
无费、低费方案的投资/万元	—	—	333
无费、低费方案的效益/万元	—	—	14 964

6. 炼油企业生产低硫车用燃料改造经济性分析

以中石化为例。车用燃油低硫化，由于汽、柴油硫含量在现基础上要求不断降低，需要新建和扩建生产装置，同时需要调整炼厂加工流程。中石化属下 20 个炼厂，“十五”期间，汽油和车用柴油质量升级达到国Ⅱ标准（硫含量 500μg/g），累计投入 82.3 亿元；为汽油再全部达到国Ⅲ标准（硫含量 150μg/g）需要再增加投入 24.1 亿元，车用柴油再升级到国Ⅲ（硫含量 350μg/g），又需要增加投入 17.3 亿元。车用汽、柴油升级到国Ⅲ累计需要投入（不包括 1 000 万元以下的技术改造投资）116 亿～124 亿元。由于装置复杂性增加，加工流程延长，炼厂综合商品率将有所降低，自用率和加工损失率有所增加，吨油利润因此将减少 66.3 元/加工吨，按照全部加工量 1.44 亿 t 考虑，将减少利润 95.7 亿元。中石化炼厂车用汽、柴油升级到国Ⅲ标准改造投资和减少利润合计达 210 亿～220 亿元。

（四）化工工业污染防治的目标趋势

1. 国际公约和新法规

欧盟委员会 2006 年就欧盟地区地表水污染物控制提出立法建议，以保护动植物和人类健康。如此项立法获得通过，欧盟成员国从 2025 年起将禁止向水中排放任何重点有害物质。地表水污染物控制条例是欧盟水系立法的一部分。地下水保护条例已经出台，正在通过批准程序。欧盟水系立法的目标是在 2015 年前整体水系达到清洁标准。

欧盟正在通过其“关于化学品注册、评估、许可和限制”（简称 REACH）的法案推动绿色化学进程，该法案于 2007 年年初执行。这是前 20 多年来化学工业环境法规最大的变化。REACH 法案涉及的化工产品达 3 万多种，涉及的制成品多达 500 万种，核定的潜在危险性化学品约达 100 种。

美国最近已通过绿色化学研究与发展法，这将有益于推动当今化学产品的替代生产。2007 年 6 月 20 日，美国 EPA 宣布拟修订除草剂毒草胺（propachlor）的联邦现行法规。该法规的拟生效日期为 2007 年 8 月 13 日。

2007 年“中国履行斯德哥尔摩公约国家实施计划”正式启动，总体目标包括，到 2009

年，基本消除氯丹、灭蚁灵和滴滴涕的生产、使用和进出口；努力消除 9 种杀虫剂 POPs 的生产、使用和进出口。到 2015 年，基本控制二噁英排放的增长趋势。在 2015 年前，推动产业结构调整、淘汰落后生产工艺和产品，以最有效的方式，预防、削减和淘汰持久性有机污染物污染。

2．大型跨国石油和化工公司的环境保护战略

世界上 70%以上的化工产品和化工科研成果出自跨国化工公司。自 20 世纪 90 年代以来，面对日益严峻的环保压力，各跨国化工公司纷纷行动起来，逐渐建立和完善了自己的环境保护战略，不断加大环境保护的投入，在资源的开发利用、污染预防、污染治理和开发具有环保性能的新产品等方面作出了贡献，为改变化学工业的公众形象起到了示范作用。大型跨国化工公司的环境保护战略主要包含以下几个方面。

（1）建立和健全环境管理体制

大型跨国化工公司将环保部门列为公司的决策机构之一；在主要决策者中有专人负责环保和安全工作，在最高管理层和各分公司中建立环境安全部门，从而形成自上至下的环保管理体制。例如：

美国杜邦公司于 1992 年革新了环境管理体制，在公司董事会下设环境政策委员会和环境领导委员会；环境政策委员会由 5 名外部董事和 1 名公司内部副主席组成，负责监督环境政策的执行；环境领导委员会负责制订公司安全、卫生、环境政策、工作目标和环境质量指标，指导公司的环境计划。陶氏化学公司在董事会下设环境、卫生及健康委员会，是其八大决策机构之一。3M 公司设立了一个专门负责环境问题的部门。

大型跨国化工公司在完善环境管理体制的过程中，不仅按 ISO 14000 改进环保工作、加强环境的监测和控制，还建立了健康、安全和环境（HSE）管理体系，并将“责任关怀”（Responsible Care，RC）作为企业环保工作的基础。例如：

壳牌公司是国际上最早尝试推行 HSE 管理的公司之一，1991 年发布了健康、安全、环境方针指南（HSE）；1992 年形成安全管理体系（SMs）；1994 年 9 月 HSE 委员会正式颁发了“健康、安全和环境管理体系导则”，正式发布了 HSE 管理体系；目前壳牌公司已经形成了适合多层次跨国经营的 HSE 管理体系模式。

埃克森美孚公司所采取的 HSE 管理体系是整体运作管理体系（Operation Integrity Management System，OIMS），OIMS 的 4 项指导原则是：安全原则、健康原则、环保原则和产品安全原则。

BP 公司把环保理念作为公司核心价值观之一，生产经营过程的每一个环节都充分考虑环保；BP 公司的 HSE 基本理念是：不发生事故，不造成人员伤害，不破坏环境。

雪佛龙公司 HSE 管理体系的重要特色是“环境和社会影响评估（Environment & Social

Impact Assessments，ESIA）”，ESIA 程序用于预测和评价新项目的潜在环保风险，以及项目公司如何采取管理措施来削减和控制危害。

巴斯夫公司要求公司的所有成员都必须接受安全、健康和环保方面的培训，公司的环境、安全和健康审查组负责人对“责任关怀”的实施进行检查，公司的目标之一是使它的工厂成为当地安全、健康和环保管理的楷模。

拜耳公司要求公司的每一位员工都必须按照“责任关怀”的全球通则行事，产品必须符合“责任关怀”和可持续发展的原则。

（2）制订环境管理目标

大型跨国化工公司在实施 ISO 14000 及“责任关怀”的同时，根据企业具体工作情况相继制订了各自的环境管理目标。

如杜邦公司在 1994 年设定了“零目标”，务求在 21 世纪实现工伤、职业病及环保事故的零纪录。3M 公司计划在 2000 年前将排放到空气、水和土壤中的所有污染物削减 90%，最终的目标是尽可能地将排放物减少到接近于零。

三菱化学公司承诺：在化学品的制造、销售到消费后处理的全过程中都要自觉负起责任，将废料和有毒化学品的排放降到最小程度，促进资源和能源节约，全面防止伤害事件和工业事故，逐步实施公开监测评议。

道化学公司公开了 2015 年要达到的环境目标：以 2005 年为基线，至 2015 年将降低 75% 的环境、健康和安全指标数；尽量减少生产事故，没有死亡事故，减少泄漏和安全隐患；还承诺将能效提高 25%，每年削减温室气体排放 2.5%。

陶氏化学公司也公布了到 2015 年的可持续发展目标，其中包括能源利用效率提高 25%，温室气体年均减排 2.5%。

美国 Alcoa 公司、BP 美国公司、开特皮勒公司、Duka 能源公司、杜邦公司、FPL 集团、GE 公司、Lehman 兄弟公司、PG&E 公司和 PNM 资源公司，以及环境安全机构、天然资源安全委员会、全球气候变化 Pew 中心和世界资源学会等 10 家公司和 4 家环境集团联手推动温室气体减排，2007 年共同拟订协议，承诺在 5 年内将温室气体控制在目前排放水平的 100%～105%；10 年内降至目前排放水平的 90%～100%；15 年内降至目前排放水平的 70%～90%；至 2050 年，这些公司将降低排放至现在水平的 60%～80%。

（3）制订环境管理措施

大型跨国化工公司为实现环保目标和对健康、安全和环境管理的承诺，结合各自企业的实际情况，制订了具体的环保措施。

① 提高员工的环保意识。杜邦公司动员全体员工不惜动用一切人力、物力和资源负起对安全、卫生和环保的责任，将安全、卫生、环保意识纳入企业活动中；杜邦公司于 1990 年设立了“杜邦环保杯”，每年举行 1 次活动，以鼓励全球员工全力投入环保运动。陶氏化学公司

1986 年制订了一项减少废物奖励计划，在公司内部从上到下灌输减少废物思想，鼓励全体职工提出合理化建议，并用公司股票奖励那些提出成功革新项目的职工。

② 加大环保投资力度。大型跨国化工公司环保投资，主要用于环保设备的更新，新产品、新工艺和污染治理技术的开发等方面。大型跨国化工公司研发费用占总收入的比例一般都在3%～7%。如拜耳公司的研发费用占总收入的比例近几年为 7%～8.5%，陶氏化学为 3.5%，巴斯夫为 3.1%，杜邦为 5%～5.5%。道化学公司的研究开发经费占其年销售额的 4.5%，罗纳·普朗克公司高达 9.8%（表附 2-5）。

③ 提高废物的综合利用水平。大型跨国化工公司将废物减量化和再资源化列为环境管理的重点。杜邦公司投入了大量人力物力开发废塑料的回收利用技术，如开发的“甲醇分解”工艺，可将废聚对苯二甲酸乙二醇酯（PET）软饮料瓶解聚，生成二甲基对苯二甲酸酯和乙二醇，用来重新制造 PET。拜耳公司在勒沃库森的橡胶产品工厂，采用了压力渗透工艺过程，使废料减少了 90%，所有废水都被回收并在聚合过程循环使用。陶氏化学公司努力开发废物再生利用技术，如回收低密度聚乙烯软包装材料，回收的聚乙烯与木质纤维混合后可作建筑工业用复合材料等。

④ 全面推行清洁生产，重视环境友好新产品、新技术的开发。开发具有环保性能的新产品、新工艺和推行清洁生产一直是大型跨国化工公司实现可持续发展战略的重点。如杜邦公司积极开发用谷物（玉米等）生产高质量的聚酯材料，用生物技术开发保护农作物的化学品。帝国化学公司的两大环境保护课题是，开发含氯氟烃代替物及生物降解塑料。拜耳公司在布伦斯比特尔建成 1 套用萘合成染料中间体 H 酸的新装置，由于采用新工艺，使原料萘、硝酸、碳酸镉的消耗减少 20%，废水量减少 70%。三菱化学公司将降低能量消耗的新工艺作为研究开发的方向，已经开发了替代高温高压化学反应的生物反应工艺。

⑤ 重视替代能源和可再生能源的开发应用。如英荷壳牌公司成立了壳牌可再生能源公司，BP 公司加快了对太阳能的研究利用。壳牌、道达尔与芬兰奈思特公司正在加紧建设生物柴油提炼厂，壳牌、雪佛龙、萨索尔、康菲等公司近几年加快发展 GTL（天然气合成油）。

四、我国石油和化工工业污染防治的思路和目标

（一）贯彻落实国家环境保护战略

“十一五”国家规划目标是：单位 GDP 能耗、温室气体排放强度以年 4%的速度降低，SO_2、COD 等主要污染物排放总量以年 2%的速率减少，单位工业增加值用水量以 6%的速度降低，森林覆盖率以年 0.36%的速度递增。已经确定的五大环保重点任务是：以饮水安全和重点流域治理为重点，加强水污染防治；以 113 个城市为重点，深化城市环境综合整治工作；以酸

雨防治为重点，推进大气污染防治；把防治土壤污染提上重要议程；保护优先，搞好生态保护。国家环境保护战略目标和任务必须在石油和化工工业得以贯彻落实。

1. 优先狠抓水污染防治工作的落实

“十一五”时期水污染防治首当其冲，国家做好水污染防治工作方针是：坚持保护环境与经济增长并重；坚持预防为主、防治结合，控制污染物排放总量；坚持全面推进、突出重点；坚持远近结合、标本兼治。

（1）要严格控制污染物排放总量

石油和化工行业要结合当前控制固定资产投资规模和解决部分行业产能过剩等问题，突出抓好“四件事”：加快淘汰一批污染严重的企业和耗水高、污染重的生产能力；着力改造一批企业，以降低水耗、减少水污染排放、节约和循环利用水资源；监管水污染负荷占全国工业水污染负荷 65%以上的 3 200 多家重点企业，在今后五年内削减 10%或更多的化学需氧量；限期治理一批达不到国家或地方排放标准、达不到排污总量控制要求的企业。

（2）要继续抓好重点流域水污染防治

沿水流域石油和化工企业多，要配合国家“十一五”期间对“三河三湖”及松花江、黄河、“一市（北京市）”、“一海（渤海）”、“两库（三峡与小浪底水库库区及上游地区）”、南水北调水源地及沿线等流域重点治理，实现达标排放、污染物总量减排。

（3）要加快工业污水处理设施建设

石油和化工行业要加快污水处理厂、固体污染物处理场及配套设施建设，为到 2010 年全国设市地区城市污水处理率不低于 70%，吸引社会资金参与水污染防治，推进城镇污水处理设施建设与运营市场化，所有城镇都要开征污水处理费，并逐步提高收费标准等国家目标落实，未雨绸缪。

（4）要坚决防范水环境安全事故

石油和化工企业极大多是事故防范重点。要加强对重点企业、危险化学品储存设施等的环境隐患排查和整改，加强危险化学品运输管理，对重点部位实施实时监控，降低环境安全风险，切实抓好水环境安全事故防范工作。

（5）要优化经济布局来改善水环境质量

各地石油和化工产业发展和生产力布局，都要以水的承载能力为基点。在重点开发区域，保持水资源环境不被破坏是一切开发的前提。必须从源头上控制水污染排放总量，调动上下游地区共同保护和监督水环境的积极性，兼顾地表水和地下水的保护，改善全流域水环境质量。

（6）要切实保障饮用水安全

国家正在抓紧编制饮用水安全保障、饮用水水源地环境保护规划，依法划定和科学调整饮用水水源保护区，开展专项整治。石油和化工企业要把严格控制向江河湖、库区及上游、重要河口海湾地区排污作为污染治理的重点，严格控制主要粮食生产和菜篮子基地的污水灌溉，合理使用农药、化肥。

2. 加快推动工业污染防治战略转变

为了实现全面小康社会的发展目标和落实科学发展观，必须选择正确的环境与经济发展战略。

（1）实现环境保护三个转变

温家宝总理 2006 年 4 月 17 日在第六次全国环境保护大会上的讲话指出，做好新形势下的环保工作，关键是要加快实现三个转变：一是从重经济增长轻环境保护转变为保护环境与经济增长并重，在保护环境中求发展；二是从环境保护滞后于经济发展转变为环境保护和经济发展同步，做到不欠新账，多还旧账，改变先污染后治理、边治理边破坏的状况；三是从主要用行政办法保护环境转变为综合运用法律、经济、技术和必要的行政办法解决环境问题，自觉遵循经济规律和自然规律，提高环境保护工作水平。

（2）继续推动工业污染防治实施四个转变

2006 年 6 月国务院新闻办公室发布的《我国的环境保护（1996—2005）》指出：与过去相比，我国工业污染防治战略目前正在发生重大变化和实施四个转变：① 逐步从末端治理向源头和全过程控制转变，重点是对高能耗、高物耗、高污染产业如氮肥、磷肥、氯碱、三酸（硫酸、磷酸、硝酸）、电石等的控制以及对农药、医药等行业难降解有机废水的治理；同时，进一步加强对中小化工企业的整治。② 从浓度控制向总量和浓度控制相结合转变，重点是研究环境负荷与经济的关系，确定适宜的总量控制，将经济效益和环境效益并重。③ 从点源治理向流域和区域综合治理转变，在治理方式上着重集中控制与分散治理相结合。④ 从简单的企业治理向调整产业结构、清洁生产和发展循环经济转变。过去一段时间，实施四个转变将有效增强工业污染防治力度和效果。

3. 采取切实措施实现污染防治重大转变

加快实现环境保护的“历史性转变”，必须采取严格的措施全面控制环境污染和减缓生态破坏趋势。

（1）从侧重污染的末端治理转变为源头污染控制

污染预防，源头减污减排对环境保护至关重要。一些石化企业采用后期雨水和初期雨水清污分流，高浓度污水和低浓度污水的分流分治，提高含硫污水汽提处理的效率并加大回用的比例，对装置排污进行适当预处理，强化了源头的分级控制，大大减轻了污水处理、脱硫和氨氮负的负荷，提高了外排达标率，减少了污染物的排放量。采取以上措施一些石化企业污水处理场进水油含量可以由 500mg/L 以上控制在 300mg/L 以下，有的可以达到 100mg/L 以下；COD 浓度可以由 1 000mg/L 以上控制在 800mg/L 以下。

（2）在排放控制上从侧重浓度控制转变为浓度与总量控制相结合

中石化集团实施全过程污染控制，全面推行清洁生产，统一经济效益与环保效益，取得了明显的成效。2005 年与 2000 年相比，在工业总产值（1990 年不变价）增加 39.9%的情况下，外排 COD 量减少 29.2%，外排废水达标率达到 95.0%以上，工业取水量减少 27.3%，工业水重复利用率提高了 8.12 个百分点，加工吨原油取水量降低了 42.9%，万元产值排 COD 量和取水量分别下降了 50%；2005 年与 1998 年相比，原油、天然气、炼油综合商品率分别提高 0.55 个、4.49 个、1.61 个百分点，轻油、乙烯收率分别提高 5.45 个、1.44 个百分点，石油化工企业石油加工损失率降低 26.5%。

（3）着重集中控制与分散治理相结合，从点源治理向综合治理转变

要建立企业与政府互动政策、监管机制，推广化工园区产业高度集聚、能源有效利用、排放集中治理的先进生产方式，发挥其示范和引导作用。废气治理要由以前的表观治理（减少冒黑烟），发展到废气中污染物全面治理以至回收有用资源。在有条件的情况下，实现集中供汽，减少烟气排放口，回收可燃气体。通过加氢工艺脱除油品中的硫、氮，提高产品质量，减少燃料燃烧过程中硫排放，并回收其中的硫黄。控制油气、废气无组织排放。重视废碱渣、生产装置使用过的废催化剂、污水处理场“三泥”和原油罐的清罐底泥、塔器中的废填料以及生产过程中的副产物等治理。

（4）从简单的企业治理向调整产业结构、清洁生产和发展循环经济转变

石油和化工工业要加快产业结构调整，包括：优化生产结构，鼓励能耗、物耗、“三废”排放低的石化企业进行规模化技术改造；通过技术创新，逐步形成我国石化工业的核心技术，改造和提升石化生产工艺技术达到或接近国际先进水平；调整装置结构、产品结构，提高产品质量，逐步缩小与国外产品的质量差距，生产环境友好产品。要通过加强环境管理审计，建立科学的管理体制，促进我国石油和化工工业向新的技术基础转移；并在此基础上逐步建立我国石油和化工工业资源节约型生态保护型工业生产体系。要把推行清洁生产和发展循环经济当做一次工业企业的全面改造，通过清洁生产和发展循环经济示范，筛选出一批实用技术，尽快推广应用，并准备把成熟的清洁生产和循环利用实用技术，纳入相应的环境技术管理规范之中，落实到工程设计中去，从设计源头做好。

4. 坚定不移地做好建设项目的环保“三同时”

环保“三同时”建设，首先要在项目设计阶段实施。应将各项环境保护要求和标准，具体化地落实到各个专业设计内容中去，使整个设计能够体现环境保护的总目标，要严把项目验收和运行管理“三同时”监管关，对不履行“三同时”的，要立即责令停产整顿、限期改

正。应按行业或工业领域，建立由污染控制技术政策、技术导则、工程技术规范体系、技术评估制度、示范与推广机制和环境技术发展报告组成的国家环境技术管理体系。要抓重点工业、重点企业、重点项目“三同时”，石油和化工企业污染源是治理的重点，中小企业也是治理的难点。要抓紧建立和完善科学的企业污染减排指标、监测和考核体系；要加快安装自动监控装置，分层次对重点污染源进行动态管理，开展处理设施运行评估；要加快重点企业的治污进程，要对排放污染物超标的、逾期未完成治理任务的企业一律实行停产整治，不能做到稳定达标排放的企业实行限期治理、限产、限排，对虽能达标排放但未按期完成减排任务的企业要实行清洁生产审核和技术改造。

（二）总体思路

1. 加速经济增长模式的转变是污染防治最重要的前提

（1）经济增长方式的转变需要从生产、消费、贸易三方面共同推动

按照经济学，经济增长模式由生产、消费与贸易三部分构成。转变经济增长模式，必须从这三个方面共同转变，而不仅仅是生产模式的转变。我国生产力要素的基本状况是，“人力资源丰富，自然资源短缺，生态环境脆弱”，在这样的条件下，经济粗放的增长模式无益于经济可持续发展。要想减缓生态环境压力，就必须改变目前的经济增长模式。生产环节对污染物的贡献来自经济总量、经济结构和经济效率，实现污染控制目标需要在三者之间寻求平衡。总量控制是环境保护的要求，结构调整利于污染物的减排，提高效率可挖掘污染物削减潜力。要调整进出口贸易，改变贸易价值量顺差而贸易的生态环境逆差的状况，限制高能耗、高污染生产的产品出口和技术进口。

（2）经济增长方式的转变需要突出战略重点

我国石油和化工工业要加快推进从粗放增长到集约增长的转变，主要是着眼于四个方面的战略重点：第一是加强自主创新能力，建设技术创新石油和化工工业体系，形成自主核心技术；第二是要发展先进工艺设备制造业，推进石油和化工生产工艺、设备的优化升级；第三是加快信息化的发展，提高自动监测、控制水平；第四是要实现产品质量全面升级，加速淘汰落后产能和产品。

（3）经济增长方式的转变势必缩小传统经济增长模式的生存空间

由于石油、天然气等原材料价格的飙升，国际的高油价，国际贸易壁垒和技术限制，与国外大跨国公司之间的激烈竞争，环境保护投入增高，迫使石油和化工企业的生产成本不断上升，原本可以通过价格途径传递的压力被强制在企业内部消化，传统高投资、高消耗、高污染的经济增长模式的生存空间正在日渐萎缩，对企业将造成巨大的生存压力，反之又成为鞭策转变经济增长模式的动力。

（4）转变经济增长模式重要前提是要消除体制障碍

转变经济增长模式涉及石油和化工产品价格体系、税收政策、流通体系、考核制度、消费模式、服务方式等改革调整，建立既拉动内需又环境友好的经济运行体系。

2. 深入推进石油和化工产业循环经济试点是污染防治的有效途径

国务院副总理曾培炎 2007 年 1 月在“加快发展循环经济，努力实现可持续发展”报告指出，发展循环经济，是调整经济结构、转变增长方式的重要战略举措，是缓解资源环境瓶颈制约的根本途径，是提高经济效益的重要手段。循环经济把发展经济与节约资源、保护环境结合起来，要求更高，效果和效益更好。

（1）落实 2010 年循环经济发展目标

国家“十一五”规划纲要和国务院关于发展循环经济的若干意见，已作出了明确规定，主要是：在减量化方面，单位国内生产总值能耗下降 20%左右，单位工业增加值用水量下降 30%；在再利用、资源化方面，汽车零部件等产品再制造达到一定规模，矿产资源综合利用率提高 5 个百分点，工业固体废物综合利用率提高到 60%；在无害化方面，主要污染物排放总量减少 10%，城市污水处理率不低于 70%，城市生活垃圾无害化处理率不低于 60%；在体制机制方面，循环经济法律法规体系、政策支持体系、技术创新体系和激励约束机制比较完善。

（2）抓好循环经济试点

为实现循环经济发展目标，继续抓好石油和化工工业循环经济试点。为此，要拓宽资金来源渠道，使更多的资金投入到石油和化工循环经济的研究和开发上；提高技术创新能力，通过实施循环经济，在技术研发与应用方面实现跨越式发展；通过技术扩散与应用创新，弥补环境污染防治技术在地区、行业、企业之间的差距；实现循环经济还应考虑效率问题，要为发展循环经济创造好的环境，从生产、建设、储运和消费等各个环节推进行业循环经济试点，将发展循环经济作为化工、石化企业发展规划的重要指导原则，倡导绿色加工、废物深度处理和再生利用，加快技术研究和系统集成，确保环保绩效持续改进。

3. 加快技术研发是污染防治的重要支撑

针对我国环境保护还处于初级阶段的现实，一方面应着重发展急需的、实用的、适合国情的污染防治技术；另一方面应开发对污染防治有共性的关键技术及重大技术装备，加快产业化示范和推广。目前，在这方面还有许多不适应的地方。

（1）环保技术发展与创新存在问题和困难不少

环境保护领域的技术发展与创新存在的问题突出表现在：污染防治技术储备严重不足，企业污染治理技术水平普遍不高；环境监测和执法的基础能力和技术支撑薄弱，标准与检测方法研究缺失；污染治理科技队伍与投入严重不足，水平不高；环境管理和环境科技严重脱节，基础条件落后。

（2）环保科技的具体发展目标不够落实

对于大气污染防治，应研究和开发适合我国国情的脱硫和除尘技术并形成产业化，开发实用有效的脱氮技术和机动车污染防治技术，研究重点城市大气污染的特征、形成机制和污染源，提出解决的策略；对于水污染防治，应开发高效低耗的污水处理集成技术、工艺与成套设备并形成产业化能力，开发节水减污清洁生产技术和难处理工业废水的综合治理技术及工艺并建立示范，建立水工业科技咨询与服务体系；对于固体废弃物，应开发填埋气利用的技术、设备和材料，开发环境安全的焚烧技术及低成本堆肥技术，发展可环境降解塑料的生产技术和经济的塑料化学回收技术，开发危险废物集中处理、资源化技术与设备，建立集成处理示范和危险废物区域处理中心等。在这些方面，都还有大量工作需做。

（3）调整国家污染物排放标准体系刻不容缓

调整国家污染物尤其是水排放标准体系，虽然是一项复杂系统工程，但势在必行。国家污染物排放标准，应以不同行业的清洁生产工艺、污染物产生量水平及经济可行的污染物处理技术等因素为依据，制订单一排放限值，以利推进总量控制。可分行业，甚至按工艺类型、产品种类制订污染物排放标准，增加重点行业污染物排放标准的数量。需要加强地方污染物排放标准的制订力度。从浓度标准逐步过渡到以负荷排放标准为主，规定日、月或年均排放限值，控制浓度难以避免以稀释方式达标的行为，难以有效地控制进入水环境的水污染物总量，难以客观准确地评价企业的排污行为。排放标准要强调以经济可行的处理技术为依据。污染物排放标准要体现时效性，应有超前性。污染物排放标准要包含合理的污染控制项目。

（4）环境科技要与市场充分接轨

环境污染治理技术绝大部分的研究都应从市场出发，成果有自己的市场需求，也有可观的效益。如水处理剂目前面临的主要问题是推广速度跟不上形势需求，需要加大推广力度；推广污水回用作冷却水的水处理技术和药剂，对于节约用水、减少水污染都有很大的效益，是现阶段的重点；由于水处理剂多为水剂，规模效应不太明显，宜建立为数不多的基本药剂工厂，配以大量可合成药剂，进行复配生产，分散就地服务。

4. 完善政策措施和协调机制是污染防治重要保证

（1）改革现有税收价格体系

现行税收价格体系对环境有很多负面影响。在生产、消费与贸易三个领域没有构建与之相对应的税收价格体系，带来了资源低效使用、环境成本没有内部化、造成环境污染等问题。生产要素价格被人为压低，不能调动企业治污减排、控制污染积极性是资源浪费和环境恶化的主因。改革现有税收价格体系的必要性还反映在从源头上解决环境问题，以减少环境管理的行政成本。

（2）完善促进产业结构调整的政策措施

可由三方面着手：完善可持续生产税收定价体系，纠正水资源、能源、土地、环境容量等基本生产要素的市场扭曲，向造成环境负面影响的这些要素征收生态环境税；完善可持续消费的税收定价体系，逐步改变从向生产者收税转为同时向消费者征税的税收结构，向对资源环境有重大负面影响的消费品征收资源环境税；完善可持续贸易的税收定价体系，逐步减少资源、能源密集产品出口的增值税退税，对资源环境有重大影响的行业产品出口，可考虑征收出口环节资源环境税。

（3）加强环保“三大体系”建设

要通过加强污染源监测、环境执法、统计能力“三大体系”的建设投入，为全面完成主要污染物减排监测、执法和统计创造条件，全面提升环保系统监管执法能力。这三方面都离不开科技人才培养和环保队伍建设。应集中人力、物力和资金，推动“产学研”结合，培养环保科技人才。鼓励有条件的高等院校和科研院所与企业联办技术中心、中试基地，或通过联营、投资、参股等多种形式实现与企业的联合，形成多方参与、利益共享、风险共担的产学研合作机制，加速环保技术管理体系建设。

（三）主要目标

1. 国家“十一五”主要污染物排放总量减少目标

“十一五”规划纲要中关于环境保护方面，对工业污染要求目标是：主要污染物排放总量减少 10%（约束性指标）；工业污水排放量控制在 1997 年或 2000 年的水平；单位工业增加值用水量降低 30%（约束性指标）；工业固体废物综合利用率 2010 年达到 60%，年均增长 4.2%（预期性指标）；推进钢铁、有色、化工、建材等行业二氧化硫综合治理，实现“增长不增污”、“增长减污”。“十一五”期间全国化学需氧量、二氧化硫排放总量控制计划见表附 2-76 和表附 2-77。中央经济工作会议已经明确的目标是：2007 年二氧化硫总量削减要完成 2%的任务，二氧化硫排放量要控制在 2 558 万 t。

国务院授权新华社发布《节能减排综合性工作方案》明确的我国减排的目标任务见表附 2-78。

表附 2-76 “十一五”期间全国化学需氧量排放总量控制计划表 单位：万 t

省 份	2005 年排放量	2010 年控制量	2010 年比 2005 年/%
北 京	11.6	9.9	－14.7
天 津	14.6	13.2	－9.6
河 北	66.1	56.1	－15.1

省　份	2005 年排放量	2010 年控制量	2010 年比 2005 年/%
山　西	38.7	33.6	−13.2
内蒙古	29.7	27.7	−6.7
辽　宁	64.4	56.1	−12.9
其中：大连	6.01	5.05	−16.0
吉　林	40.7	36.5	−10.3
黑龙江	50.4	45.2	−10.3
上　海	30.4	25.9	−14.8
江　苏	96.6	82.0	−15.1
浙　江	59.5	50.5	−15.1
其中：宁波	5.22	4.44	−14.9
安　徽	44.4	41.5	−6.5
福　建	39.4	37.5	−4.8
其中：厦门	5.56	4.94	−11.2
江　西	45.7	43.4	−5.0
山　东	77.0	65.5	−14.9
其中：青岛	5.79	4.75	−18.0
河　南	72.1	64.3	−10.8
湖　北	61.6	58.5	−5.0
湖　南	89.5	80.5	−10.1
广　东	105.8	89.9	−15.0
其中：深圳	5.59	4.47	−20.0
广　西	107.0	94.0	−12.1
海　南	9.5	9.5	0
重　庆	26.9	23.9	−11.2
四　川	78.3	74.4	−5.0
贵　州	22.6	21.0	−7.1
云　南	28.5	27.1	−4.9
西　藏	1.4	1.4	0
陕　西	35.0	31.5	−10.0
甘　肃	18.2	16.8	−7.7
青　海	7.2	7.2	0
宁　夏	14.3	12.2	−14.7
新　疆	27.1	27.1	0
其中：新疆生产建设兵团	1.43	1.43	0
总　计	1 414.2	1 263.9	−10.6

备注：

1. 全国化学需氧量削减 10%的总量控制目标为 1 272.8 万 t，实际分配给各省 1 263.9 万 t，国家预留 8.9 万 t，用于化学需氧量排污权有偿分配和交易试点工作。

2. 新疆生产建设兵团化学需氧量排放量不包括兵团所属各地生活来源及农八师（石河子市）化学需氧量排放量。

数据来源：国务院关于“十一五”期间全国主要污染物排放总量控制计划的批复，国函[2006]70 号，2006-08-05。

表附 2-77　　“十一五”期间全国二氧化硫排放总量控制计划表　　单位：万 t

省　份	2005 年排放量	2010 年		2010 年比 2005 年/%
		控制量	其中：电力	
北　京	19.1	15.2	5.0	−20.4
天　津	26.5	24.0	13.1	−9.4
河　北	149.6	127.1	48.1	−15.0
山　西	151.6	130.4	59.3	−14.0
内蒙古	145.6	140.0	68.7	−3.8
辽　宁	119.7	105.3	37.2	−12.0
其中：大连	11.89	10.11	3.54	−15.0
吉　林	38.2	36.4	18.2	−4.7
黑龙江	50.8	49.8	33.3	−2.0
上　海	51.3	38.0	13.4	−25.9
江　苏	137.3	112.6	55.0	−18.0
浙　江	86.0	73.1	41.9	−15.0
其中：宁波	21.33	11.12	7.78	−47.9
安　徽	57.1	54.8	35.7	−4.0
福　建	46.1	42.4	17.3	−8.0
其中：厦门	6.77	4.93	2.17	−27.2
江　西	61.3	57.0	19.9	−7.0
山　东	200.3	160.2	75.7	−20.0
其中：青岛	15.54	11.45	4.86	−26.3
河　南	162.5	139.7	73.8	−14.0
湖　北	71.7	66.1	31.0	−7.8
湖　南	91.9	83.6	19.6	−9.0
广　东	129.4	110.0	55.4	−15.0
其中：深圳	4.35	3.48	2.78	−20.0
广　西	102.3	92.2	21.0	−9.9
海　南	2.2	2.2	1.6	0
重　庆	83.7	73.7	17.6	−11.9
四　川	129.9	114.4	39.5	−11.9
贵　州	135.8	115.4	35.8	−15.0
云　南	52.2	50.1	25.3	−4.0
西　藏	0.2	0.2	0.1	0
陕　西	92.2	81.1	31.2	−12.0
甘　肃	56.3	56.3	19.0	0
青　海	12.4	12.4	6.2	0
宁　夏	34.3	31.1	16.2	−9.3
新　疆	51.9	51.9	16.6	0
其中：新疆生产建设兵团	1.66	1.66	0.66	0
合　计	2 549.4	2 246.7	951.7	−11.9

备注：

1. 全国二氧化硫排放量削减 10%的总量控制目标为 2 294.4 万 t，实际分配给各省 2 246.7 万 t，国家预留 47.7 万 t，用于二氧化硫排污权有偿分配和排污权交易试点工作。

2. 新疆生产建设兵团二氧化硫排放量不包括兵团所属各地生活来源及农八师（石河子市）的二氧化硫排放量。

数据来源：国务院关于“十一五”期间全国主要污染物排放总量控制计划的批复，国函[2006]70 号，2006-08-05。

表附 2-78　　“十一五”期间全国二氧化硫与化学需氧量排放总量控制目标

	二氧化硫/万 t	化学需氧量/万 t
2007 年减排	40	62
“十一五”减排	240	138
2010 年全国排放总量	2 295（2 545）	1 273（1 411）
污染物排放总量与 2005 年比较	−10%	−10%
按预测 2010 年对 2005 年排放	+70%	+%

2. 落实中央企业节能减排工作目标

据新华网北京 8 月 29 日电，国有资产监督管理委员会副主任黄淑和 29 日说，中央企业节能减排工作目标已经确定：到“十一五”期末，中央企业要确保完成主要污染物排放总量减少 10%，其中石油石化、冶金、电力、交通运输、化工、煤炭、建材等重点行业，要力争到 2009 年末，提前完成上述目标。同时，国资委确定的 30 家“重点型”中央企业，各项主要生产经营业务的能耗、水耗、污染物排放指标全部达到历史最好水平，其中三分之一以上的企业接近或达到国际先进水平。

（1）节能减排分解目标

按照以上目标，结合中央企业第二任期经营业绩考核，2007—2009 年第二任期的节能减排分解目标见表附 2-79。

表附 2-79　　五个重点行业节能减排目标　　单位：%

	与 2005 年比较		
	万元增加值能耗	二氧化硫排放量	化学需氧量排放量
石油石化行业	−16	−9.3	−8.4
化工行业	−16	−8	−8
钢铁行业	−16	−16	−23
有色行业	−16	−8	−8
建材行业	−16	−15	−6

（2）按照节能减排情况将中央企业划分为三类

国务院国资委拟按照节能减排情况将中央企业划分为三类，第一类是“重点型”企业（共 30 家），第二类是“关注类”企业（共 66 家），第三类是“一般性”企业（共 58 家），纳入中央企业负责人第二任期经营业绩不同量化的考核责任书之中。

3. 中国石化“十一五”规划目标

（1）总体环保目标

① 建设项目环保“三同时”执行合格率达到 100%。有 30%的企业成为清洁生产示范企

业，60%的生产装置通过一轮清洁生产审核。2010 年比 2005 年，外排 COD 总量减少 15%，SO_2 排放总量减少 10%，固体废弃物利用和无害化处理达到 97%。

② 炼化企业加工吨原油平均耗新水达到 0.5m³/t 原油，排污水 0.2m³/t 原油；水重复利用率达到 97%；外排污水全部合格且回用率达到 75%；循环水浓缩倍数平均达到 4.5，80%以上的循环水系统采用低磷锌环保型水处理剂处理。

③ 烟气中二氧化硫浓度全部达到《火电厂大气污染排放标准》，排放总量低于地区要求；对产生恶臭的气体进行无味无害化处理，合格率达到 100%。

④ 对产生的所有“三泥”实现无害化处理；在炼油中消除产生碱渣工艺。

⑤ 在总结清洁生产示范企业项目的基础上，制订创建清洁生产企业的实施计划，力争到 2008 年有 60%的企业成为清洁生产企业（表附 2-80）。

表附 2-80 中国石化 2010 年和 2020 年的总体环保目标

项目名称	单位	2005 年	2010 年	2015 年	2020 年
外排污水合格率	%	＞94	＞95	＞96	＞97
万元产值排 COD 量	kg/万元	＜3.5	＜3.0	—	—
加工吨原油取水量	t/t	＜1.5	＜1.2	＜1.1	＜1.0
污水排放量	t/t	—	＜0.8	＜0.6	＜0.5
有控废气达标率	%	＞95	＞96	＞97	＞98
固体废弃物处理利用率	%	＞95	＞96	＞98	100

（2）分目标

分目标见表附 2-81 至表附 2-85。

表附 2-81 2010 年石油勘探开发部分环保目标

指标	2005 年	2010 年
1. 采油（气）废水全面达标率	≥90%	≥92%
2. 采油（气）废水回注率	≥92%	≥93%
3. 钻井废弃泥浆无害化（处置）率	≥80%	≥82%
4. 有毒有害固体废弃物处置率	100%	100%

表附 2-82 2010 年石油炼制部分环保目标

指标	2005 年	2010 年
1. 外排废水综合合格率	＞90%	＞93%
2. 万元产值排放 COD 量	＜5.3kg	＜5.0kg
3. 加工 1t 原油废水排放量	＜1.36t	＜1.2t
4. 有控制废气达标率	＞95%	＞96%
5. 固体废弃物综合利用率	＞95%	＞96%

表附 2-83　　2010 年石油化工部分环保目标

指标	2005 年	2010 年
1. 外排废水综合合格率	＞90%	＞93%
2. 万元产值排放 COD 量	＜5.4kg	＜5.1kg
3. 工业废气处理率	＞90%	＞93%
4. 废渣处理处置率	＞90%	＞92%

表附 2-84　　2010 年石化电站部分环保目标

指标	2005 年	2010 年
1. 外排废水综合合格率	＞93%	＞95%
2. 二氧化硫排放量削减率	＞10%	＞30%
3. 粉煤灰处置利用率	＞95%	＞96%

表附 2-85　　2010 年油品储运和销售部分环保目标

指标	2005 年	2010 年
1. 外排废水处理率	＞85%	＞90%
2. 油气达标率（指采用实用技术）	＞80%	＞85%

4．化工工业污染防治的主要目标

化工工业污染防治的主要目标见表附 2-86。

表附 2-86　　化工工业污染防治的主要目标

项　目		目　标		
		2010 年	2015 年	2020 年
主要污染物排放总量减排率/%		10	20	30
废气	燃烧废气和工艺废气达标率/%	95	100	100
	万元产值二氧化碳排放量减少率/%	10	30	60
	二氧化硫排放量减排率/%	8	20	30
水	加工吨原料新鲜水量减少率/%	20	40	50
	单位工业增加值用水量降低率/%	30	40	50
	工业污水排放量减少率/%	10	20	30
	外排污水综合合格率/%	95	100	100
	污水回用率/%	90	92	95
化学耗氧量	COD 排放总量减排率/%	8	20	30
	万元产值 COD 排放量减少率/%	30	50	70
固体废物	减排率/%	10	20	30
	综合利用率/%	70	90	95

5．建设环境技术管理体系具有重大的战略意义

我国现行的环境技术管理仍停留在粗放型的行政管理层面，建立健全的、以技术政策、

技术导则、技术规范、技术评估和技术推广、示范为主要内容的我国环境技术管理体系，对污染防治具有重大的战略意义。

（1）目标和指导思想

① 目标。全面落实科学发展观，建立起与我国环境管理政策要求相适应的健全的环境技术管理体系，以解决环境管理制度实施缺乏技术支撑问题，提高环境管理科学性、有效性，促进我国环境管理方式的历史性转变。

② 指导思想。建立起以污染防治最佳可行技术（BAT）导则、污染防治技术政策和环境工程技术规范，以及相应的环境技术评价制度和示范与推广机制为核心内容的国家环境技术管理体系；增强环保技术管理的科学性、系统性和规范性，促进环境科技创新，引导环保产业的发展，扶持企业积极开发具有自主知识产权的核心技术和环保技术；为环境管理、标准制（修）订和实施、技术评估、环境执法和监督、保证污染源稳定达标排放和污染物总量削减，最终实现环境目标提供可靠技术支撑和保障。

（2）构建原则

与环境管理制度紧密衔接。根据环境管理各环节的技术需求，构建环境技术管理体系。围绕环境保护重点工作和目标，按照国家行业分类，结合行业发展和污染物排放状况，分期分批实施。技术体系以最佳可行技术导则为核心。对环境工程技术选择、工程设计、“三同时”建设、验收和环保设施运行管理等各个污染控制过程提供污染防治全过程技术管理支持。构建符合国情的科学的技术评估和推广体系，促进新技术利用，提高污染防治技术和装备整体水平。在全面剖析欧、美等发达国家在环境技术管理制度建设、污染防治最佳可行技术筛选和编制方面的成功经验基础上，消化吸收，构建适合国情的环境技术管理体系。

（3）基本框架

建立系统、科学的环境技术管理体系，主要包括：污染防治最佳可行技术（BAT）导则，科学的评估方法和评价标准，环境保护技术政策及指南，环境工程技术规范，环境技术示范与推广机制五部分。

① 编制发布石化、化工行业污染防治最佳可行技术（BAT）导则。依据国家环境法规和污染物排放标准，按行业或重点污染源对污染防治全过程所应采用的清洁生产工艺、达标排放的污染控制技术和工艺方法等作出技术规定。

② 完善环境技术评估制度的建设。在制定环境技术评估规范或章程基础上规范评估行为，建立以第三方评估、验证为主的环境技术评估新机制。按科学的评估方法和评价标准，使评审工作在很大程度上摆脱受专家学识、经验、行为、判断和行政制约机制的影响。

③ 制订环境保护技术政策。吸纳欧美日环境保护技术政策的优点，根据我国经济技术发展水平、发展趋势以及环境保护工作需要，针对污染严重的行业或企业，提出指导性技术原则和技术路线；作为制订环境污染防治工作的技术指南、环境标准、实施环境管理、审批环

境影响评价文件或限期治理方案、企业选择清洁生产工艺和污染控制技术的技术依据。充分体现技术、地域、经济情况等特殊性，使其更具指导性和社会性，指导环境技术的应用。

④ 使环境工程技术规范化。包括治理工艺、污染源治理工程、污染治理设施验收、运行管理全过程的技术规范等，对污染防治的全过程进行技术指导。

⑤ 建立环境技术示范与推广机制。要配合污染防治最佳可行技术，进行先进成熟技术、创新技术和引进消化技术等的示范，定期发布《国家先进污染防治示范技术目录》和《国家鼓励发展的环境技术目录》，引导环保技术和产业的发展。

（4）保障措施

① 建立环保技术管理体系长效机制。从管理体制、组织机构和人员配备上实现环境技术监督管理到位。通过加大对环保管理机构的建设，加大对环保管理人员的培训和考核，建立稳定的环保技术管理体系。

② 全面推行清洁生产或清洁生产审核。从项目的立项、方案选择、评估、设计、施工和验收，到原料选择、工艺操作，培训、宣传和教育，开展全方位的清洁生产或清洁生产审核，并将此纳入对企业的年度经济责任制考核中。

③ 完善环境风险预警。鉴于石化生产规模的扩大和产业链的延伸，环境灾害风险增大，近海、内河和湖泊是目前最有可能发生环境灾害的敏感区域，要逐步安排开展上述区域的环境风险评价，完善措施，修订事故处理预案。

④ 加强技术开发与技术攻关。加大科研资金的投入和加强科研力量，是提高污染防治水平重要因素。在科研经费、科研课题立项等方面应向污染防治倾斜，保证环保科研资金的投入比例不低于整个科研经费的5%。

⑤ 加强人才队伍建设。为保证环境技术管理体系的建设和执行，建立环保科研队伍、加强环保执法队伍，提高队伍整体水平和执法水平。

（四）关键技术与共性问题

1．清洁生产技术的开发和应用

① 优先开发石油与化工重点产品清洁生产工艺及资源化综合利用技术；

② 加强生产清洁产品（清洁燃料、低毒农药等）技术的开发和推广应用，如使用无毒、低毒的环境友好钻井泥浆代替有毒泥浆，用空冷取代循环水冷却；

③ 开展利用生物技术的研究；

④ 结合高硫原油加工基地的建设，重点研究废水、废气脱硫技术；

⑤ 形成一批具有自主知识产权的清洁生产技术。

2．从源头起全过程质量管理控制

① 开展油田和炼化清洁生产审核方法和量化指标系统研究；
② 开展石油与化工重点生产区块环境风险评估；
③ 开展环境影响回顾评价（后评估）方法和环境补偿评估技术研究。

3．“三废”的综合利用和循环经济理念应用

① 继续发展新型除油工艺、材料及设备；
② 重点发展净化水回用技术；
③ 发展防治恶臭污染物技术；
④ 加快开发二氧化硫排放总量控制技术；
⑤ 开发石油与化工固体废物的综合利用技术；
⑥ 强制淘汰污染严重的工艺装置和化工产品；
⑦ 治理污染严重的重点生产装置和重点企业技术；
⑧ 加快开发环境友好化工产品、自然降解高分子材料；
⑨ 建立中小型化工企业化工园区。

4．污水处理和循环回用

① 针对不同类型的废水特点研究相应的达标处理技术；

② 发展废水替代新鲜水进行污水回用技术，开发排放废水回用于循环冷却水系统的废水深度处理技术，开展微孔过滤、吸附、膜生物反应器技术研究，处理蒸汽冷凝水、循环冷却水场排污水、脱硫净化水及污水的深度净化，将上述废水回用，并建立水回用的工业化示范系统；

③ 开展给排水系统划分的研究工作，制定合理的水质内控指标；

④ 研究对石油化工高浓度、难降解的有机废水预处理技术，如湿式催化氧化技术；

⑤ 开发氨氮废水处理技术与回收利用技术；

⑥ 开发经济有效的废水预处理、深度处理技术、回用技术和集成技术，提高工业用水重复利用率；

⑦ 进一步完善行之有效的废水生物处理技术，如生物膜法好氧、兼氧、厌氧及其组合处理有机废水，低剂量粉末活性炭处理有机废水，膜过滤－接触氧化法处理环氧废水，生物膜法及活性污泥法氧化沟等技术；

⑧ 开发新的生物技术，核心技术在于开发生物反应器和优势菌种；如开发生物技术与膜分离技术相结合的新型反应器，新型一体化生化反应器（如深层完全生化反应器）；

⑨ 实施废水处理流程优化和操作自动化，进行处理流程、单元过程和工艺参数的优化。

5. 硫、氮化物减排和硫回收利用

① 开发性能赶上国外的脱硫催化剂、助催化剂；

② 开发减少 NO_x 排放的助催化剂；

③ 硫黄回收技术；

④ 开发硫（氧）化物减排新技术。

6. 废气污染防治技术

① 再生烟气、加热炉气、工艺排气及电站排气中二氧化硫和氮氧化物处理技术；

② 石油与化工恶臭物质的防治技术和综合治理开发，包括催化氧化、生物脱臭、活性炭吸附及臭氧氧化、生物滴滤在内的生物脱臭技术，新型吸附脱臭材料（催化活性炭、活性炭纤维等）及新型吸附脱臭工艺（如旋转吸附床）等；

③ 研究石油与化工废气处理与回收综合利用技术，加快油气回收和 PTA 等尾气治理研究；熄灭火炬；应用膜分离和深冷工艺，催化燃烧和生物氧化处理工艺；

④ 完善石油加油站、油库密闭装卸系统，采用油气密闭集输工艺，使用浮顶罐储存和密闭装卸工艺，开发油气回收新工艺；

⑤ 鉴于我国催化裂化（FCCU）烟气 SO_2 超标排放的严重性，在重视原料油加氢脱硫技术、硫转移催化剂开发应用的同时，加快催化裂化再生烟气脱硫技术开发；

⑥ 含硫酸性气体的处理技术，如完善 Claus 硫回收工艺，利用含硫酸性气制取硫酸（如 Haldor Topsφe A/S 公司 WAS 专利技术）；

⑦ 改进投资大、原料消耗高、操作费用大、副产品难以利用的石膏/石灰石烟气脱硫技术，发展海水洗涤脱硫技术。

7. 固体废弃物处理和有效利用

① 废弃钻井泥浆（包括海上钻井）及施工作业废液无害化处理技术；建立钻井废液毒性评价系统，发展无毒和低毒及可生物降解的钻井液，处理或回用废钻井液（含岩屑）；

② 研究污水处理场油泥（包括罐底泥）、浮渣和剩余活性污泥（简称“三泥”）处理的组合技术；含油泥砂的再资源化利用技术；

③ 完善和改进缓和湿式氧化（WAO）一间歇式生物反应器（SBR）处理碱渣的联合工艺，形成专有成套技术；

④ 开发研究炼油、化工产品分离精制过程中产生的残渣（液）的处理和综合利用技术；研究开发炼油和石油化工企业的“三泥”（隔油池和罐底油泥、浮选池浮渣、曝气池剩余活性

污泥）经济实用的无害化技术，如作为焦化装置冷焦水，或将油泥浮渣脱水后，送焦化装置作为进料处理；

⑤ 炼油废催化剂中贵重金属回收、综合利用及无害化处理技术；

⑥ 炼厂碱渣、酸渣（烷基化废酸）的治理和利用；

⑦ 重金属的回收及对重金属和难降解有机污染物的无害化处理；

⑧ 固体废弃物生产高附加值产品新技术的开发；

⑨ 可燃性有机废物的焚烧处理技术。

8．生物技术的开发和应用

① 完全混合式加速曝气池的改造；

② 间歇式或循环式活性污泥法（SBR）应用及改造；

③ 带选择器的活性污泥法应用；

④ 同时进行脱磷和脱氮生物处理系统；

⑤ 工程菌在废水处理中的应用；

⑥ 活性生物滤池应用；

⑦ 好氧生物流化床高效废水生物处理工艺；

⑧ 二级处理废水的后处理技术；

⑨ 利用微生物处理地面溢油技术。

9．环保装备和产品开发

① 移动组合式泥浆集输、处理设备；

② 环境友好泥浆和驱油剂；

③ 油泥（砂）、钻井泥浆、作业废液现场固化、处理设备；

④ 催化氧化及还原催化剂的开发与研制；

⑤ 废气中二氧化硫、废水中石油烃在线连续监测仪器；

⑥ 用于油品储运、油库及加油站油气处理及回收的成套设备；

⑦ 开发新型低成本、高处理效率废水，废气处理设备等。

10．环境保护和排放标准研究

① 修订及制定行业环保排放标准；

② 修订行业外排污水水质标准；

③ 制定回用污水水质标准；

④ 制定环境恶臭排放标准；

⑤ 制定无害化处理标准；

⑥ 制定清洁生产工艺标准。

11．重点污染防治示范工程

（1）石油勘探开发部分

① 油田矿场固体废物无害化处理与综合利用示范工程；

② 钻井全过程环境友好示范工程；

③ 采油污水外排达标处理示范工程；

④ 作业废液处理示范工程。

（2）石油炼制部分

① 污水处理系统完善改造项目（中国石化武汉、金陵分公司）；

② 节水和污水回用示范工程（中国石化镇海、九江分公司）；

③ 恶臭气体治理示范工程（中国石化金陵、高桥、天津分公司）；

④ 干气综合利用示范工程（中国石化燕山、茂名分公司）。

（3）石油化工部分

废水的深度处理及回用示范过程（中国石化洛阳化纤、天津石化、齐鲁石化分公司）。

（4）电站部分

烟气脱硫脱氮和除尘示范工程（中国石化齐鲁石化、上海石化分公司）。

（5）油品储运和销售部分

油气回收示范工程（中国石化北京石油公司）。

（五）汽车尾气治理

随着我国汽车工业的发展以及在用汽车保有量的迅速增加和城市化进程的加快，我国一些大城市的大气污染类型正在由煤烟型向混合型或机动车污染型转化，如不能有效控制机动车污染，将给大气环境与大众健康带来巨大的危害。汽车尾气所产生的大气污染及其治理问题已经成为摆在我们面前的一个十分紧迫的问题。

1．机动车尾气污染物及其危害

（1）机动车尾气污染物

机动车排放的尾气中，充满了一氧化碳（占 70%）、碳氢化合物、氮氧化物和细粒子，机动车大量排放的 NO_x 和挥发性有机有毒物（VOCs）是生成 O_3 和形成光化学污染最主要的前体物，NO_x 经过一系列的光化学反应能生成硝酸盐气溶胶。国家环保总局局长周生贤 2006 年 6 月在天津召开的全国大气污染防治工作会议上指出，机动车尾气排放已经成为大城市空气污染的重要来源，其中氮氧化物排放量已占总量的 50%，一氧化碳占 85%。

（2）我国机动车排气污染特点

国家环境保护总局组织了典型在用轻型车、重型柴油发动机和摩托车排放因子（单车行驶单位里程向大气排放污染物数量的实测统计平均值）的试验检测，其结果见表附 2-87。我国机动车污染程度高，主要原因是汽车设计落后，尾气排放标准不够完善，燃料性能差。

表附 2-87　　中美汽车排放因子对比

车型	平均基本排放因子/（g/km）			
	中国		美国	
	CO	NO_x	CO	NO_x
轿车	43.0	1.3	3.1	0.4
微型车	25.3	2.1	3.1	0.4
吉普车	33.5	3.2	3.1	0.4
中型车	51.7	4.6	8	1.2

2．汽油车尾气污染控制

（1）排放法规

逐步提高新车排放标准是控制机动车排放污染的根本措施之一，这也是国际社会的成功经验和通行做法。目前世界上机动车排放法规主要有三个体系，即欧洲、美国和日本的排放法规体系。欧盟于 2000 年 1 月 1 日实施欧Ⅲ标准，2005 年 1 月 1 日实施欧Ⅳ标准，计划 2010 年实施欧Ⅴ标准。我国参照执行欧洲相关标准的时间迟了 7～10 年。我国参照欧洲标准体系制定的机动车排放标准称作“国Ⅲ标准”。2003 年 1 月 1 日起实施 GB 14762—2002、GB 18285—2005 等五项排放标准，2005 年 7 月 1 日起实施汽车排气污染物排放限值及测量方法新标准 GB 3847—2005，2007 年 7 月 1 日起实施 GB 18352.3—2005 等五项排放新标准和 GB 17691—2005 新排放限值及测量方式标准。

（2）国Ⅲ排放标准 GB 18352.3—2005 将在全国范围内开始实施

国家环保总局有关负责人 2007 年 6 月 29 日向媒体宣布，相当于欧Ⅲ标准的国家机动车污染物排放标准第三阶段限值（GB 18352.3—2005，以下简称国Ⅲ标准）将在全国范围内开始实施。我国将于 2008 年 1 月 1 日和 7 月 1 日起在全国范围内分别对重型车和轻型车的新车上牌执行国Ⅲ标准。北京（自 2005 年 12 月 30 日起）和广州经国务院批准，已经提前实施国Ⅲ排放标准。国Ⅲ标准同国Ⅱ标准相比，其排放控制增加了加装车载排放诊断（On Board Diagnostics，OBD）系统及其功能要求三项检测项目，加严了排放限值（尾气污染物质排放比国Ⅱ标准减少 30%～50%），改变了Ⅰ型试验和Ⅳ型试验的试验规程。

3. 柴油机尾气污染控制

柴油车主要排放控制的重点是氮氧化物（NO_x）和颗粒污染物。我国柴油汽车污染物排放当前执行标准相当于欧洲第二阶段排放控制水平，到 2008 年力争达到相当于欧洲第三阶段排放控制水平，2010 年之后争取与国际排放控制水平接轨。为此，柴油车及车用柴油机生产企业应积极研究并采用先进的发动机制造技术和排放控制技术，建立产品排放性能和耐久性的控制，完善和加强在用柴油车的排放控制，油品制造企业要生产优质、低硫的车用柴油。

4. 关于机动车用燃油质量

（1）提高燃油质量意义

清洁燃油对于各种车辆的排放控制效果都有着极为重要的影响。从国Ⅱ标准到国Ⅲ标准对燃油成分的限值要求发生了较大变化，其中最主要的是燃油中的含硫量大幅度降低，分别将柴油中的含硫量从 2 000mg/L 降低到 500mg/L，将汽油中的含硫量从 500mg/L 降低到 150 mg/L。

（2）关于机动车用燃油对环境影响

车用燃油硫含量会对发动机排放和尾气三效催化转化器的效率产生有害影响，遇水后生成酸性物质会腐蚀发动机。据欧洲研究，轻负荷柴油车用柴油硫含量由 3 000μg/g 减少至 500μg/g，总颗粒污染物可减少 9%；当柴油中硫含量从 500μg/g 降到 30μg/g 时，可减少颗粒排放 7%，甚至降低 9%。因此，汽、柴油对硫含量的要求越来越严格，低硫和超低硫已成为不可逆转的趋势。

（3）车用燃油硫含量标准

降低硫含量是发达国家汽、柴油质量不断升级的重点。美国国家环境保护局（EPA）要求全美炼厂汽油平均硫含量 2004 年降至 30μg/g，道路柴油硫含量到 2006 年降至 15μg/g。欧洲计划 2009 年 1 月 1 日起全部汽油硫含量降至 10μg/g，柴油硫含量也降至 10μg/g。日本要求 2005 年汽、柴油硫含量降到 50μg/g，2008 年汽、柴油硫含量小于 10μg/g（表附 2-88 和表附 2-89）。

我国汽、柴油质量标准是参照欧洲标准制订的。现汽油（2006 年 12 月 16 日起实施国家标准 GB 17930—2006）和城市车用柴油（2003 年 10 月 1 日起实施国家标准 GB/T 19147—2003）的硫含量均要求小于 500μg/g。北京市执行地方标准 DB 11/238—2004 和 DB 11/239—2004，要求 2005 年 7 月 1 日起汽油硫含量小于 150μg/g，车用柴油硫含量降至 350μg/g 以下，车用汽、柴油质量相当于达到欧Ⅲ标准（EN228－1999 和 EN590－1999）。2006 年 12 月 6 日国家发布实施车用汽油新国家标准 GB 17930—2006，要求 2009 年 12 月 31 日以后车用汽油的硫含量都达到小于 150μg/g。车用柴油推荐性国家标准 GB/T 19147—2003 正在修订为强制性国家标准，车用柴油硫含量将降到 350μg/g。北京市 2008 年开始执行车用汽、柴油硫含量降到 50μg/g 的地方标准。我国车用汽油、柴油国家标准硫含量指标见表附 2-90 和表附 2-91。

表附 2-88　　欧洲汽、柴油硫含量质量标准

实施时间	1993 年	1998 年	2000 年	2005 年	2009 年
排放标准	欧Ⅰ	欧Ⅱ	欧Ⅲ	欧Ⅳ	欧Ⅴ
汽油硫含量/%（质量分数），≤	0.10	0.05	0.015	0.005	0.001
柴油硫含量/%（质量分数），≤	0.2	0.05	0.035	0.005	0.001

表附 2-89　　到 2010 年世界车用汽、柴油硫含量发展趋势

国家和地区	硫含量/（μg/g）	
	汽油	车用柴油
美国	10～30	15
加拿大	10～30	15
西欧	10	10
亚太地区	30～300	50～100
拉美地区	300～500	300～500
中东/非洲	300～500	300～500

表附 2-90　　我国车用汽油国家标准硫含量指标　　单位：%（质量分数）

汽油牌号	90#	93#	95#	97#
GB 17930—1999	≤0.10（京、沪、穗三市 0.08）			—
GB 17930—2006（Ⅱ）	≤0.05		—	≤0.05
GB 17930—2006（Ⅲ）	≤0.015		—	≤0.015

表附 2-91　　我国轻柴油与车用柴油国家标准硫含量指标　　单位：%（质量分数）

柴油牌号	10	5	0	−10	−20	−35	−50
GB 252—2000（轻柴油）	≤0.2						
GB/T 19147—2003（车用柴油）	≤0.05						

（4）我国车用燃油质量现况

我国汽、柴油产品硫含量完全可达到现行国家标准。但我国汽、柴油产品质量标准和硫含量，与国外先进水平比仍有差距，落后 5 年左右。近几年国家对生产和流通领域的车用汽、柴油进行了质量监督抽检，结果见表附 2-92 至表附 2-94。现在我国炼厂全部具备生产硫含量小于 500μg/g 汽油的能力，部分企业（如燕山、高桥和镇海等）具备生产硫含量小于 150μg/g 汽油的能力。2006 年上半年燕山石化开始向北京市公交系统提供相当于欧Ⅳ质量标准的柴油。

表附 2-92 近几年汽油硫含量国家抽检结果

抽检年份（范围）	国家标准，硫含量/%（质量分数），≤	抽检样品批次数	硫含量/%（质量分数）		
			平均	最高	最低
2000（全国）	0.10	32	0.021	0.072	0.003
2001（京沪穗）	0.08	60	0.013	0.036	0.002
2003（全国）	0.08	100	0.021	0.090	0.002
2004（全国）	0.08	93	0.025	0.068	—
2005（中石化）	0.05	99	0.027	0.050	0.005
2006（中石化）	0.05	45	0.024	0.049	0.005

表附 2-93 近几年柴油硫含量国家抽检结果 单位：%（质量分数）

抽检年份	国家标准硫含量≤	硫含量		
		平均	最高	最低
2001	0.20	0.21	0.43	—
2002	0.20	0.111	0.190	0.035
2003	0.20	0.118	0.25	0.002

表附 2-94 近二年柴油硫含量中石化北京市抽检结果 单位：%（质量分数）

抽检年份	国家/北京标准硫含量≤	硫含量		
		平均	最高	最低
2004（北京）	0.20	0.055	0.171	0.017
2006（北京）	0.05/0.035	0.026	0.031	0.021

5. 机动车用燃油低硫化技术及政策

（1）发达国家车用燃油低硫化政策

针对汽、柴油低硫化的技术对策，主要是大幅度增长加氢装置能力。据美国《Oil & Gas Journal》，2007 年较 2000 年世界一些国家炼油加氢能力增长情况见表附 2-95。据 EIA 和 IEA 预测，今后 15 年内全球加氢能力还将进一步增长（图附 2-6）。

表附 2-95 世界一些国家原油加工能力和加氢能力增长情况 单位：%

（2007 年与 2000 年比较）

国家	原油加工能力	加氢处理	加氢裂化	加氢能力合计
美国	4.42	25.78	6.53	23.40
日本	−6.42	3.39	9.94	3.65
韩国	17.68	10.09	16.82	17.68
德国	6.24	25.51	58.12	27.87
印度	21.41	107.48	1.11	71.25
意大利	−0.14	5.73	35.80	10.84
加拿大	6.78	43.03	−12.73	28.95
沙特	22.51	0.02	0	0.02
世界	4.44	17.32	18.91	17.48

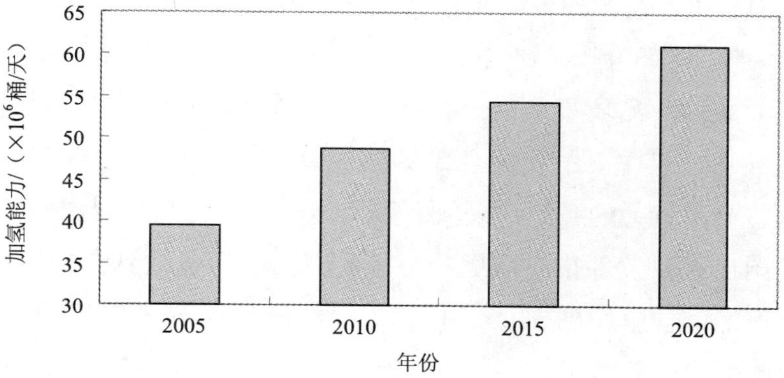

图附 2-6 今后 15 年内全球加氢能力

为满足质量的要求，各国投入大量资金，并采取税收、贷款优惠政策。据美国国家环境保护局估计，实施 2006 年超低硫道路柴油标准（硫含量＜15μg/g），生产和分销成本增加 17.8 美元/t。按美国国家石油委员会估计，将汽油硫含量由 340μg/g 降到 170μg/g，建设脱硫设施约需要投资 30 亿美元，如果硫含量再降低到 30～40μg/g，则需要再投资 60 亿美元。美国《Hydrocarbon Processing》2006 年 2 月号报道，为了满足 2000 年以后含硫量不大于 50μg/g 的要求，欧盟炼油厂投入了 29 亿～35 亿欧元；为满足硫含量不大于 10μg/g 的要求，还需要投入 67 亿～75 亿欧元。除了这两笔投资外，为满足 2000—2010 年增加的需求量和产品规格中其他指标要求，炼油厂还要投入 73 亿欧元，为了加工更重质的原油可能还要增加 88 亿欧元。国外税收、贷款政策优惠主要体现在：燃油税优惠和返还、进口设备返还关税、优惠相关投资的税收，无息或者低息贷款，放宽贷款条件，财政补贴等。

（2）我国车用燃油低硫化技术现状

炼油企业车用燃油生产技术与原油性质密切相关。世界开采和加工的原油总的趋势是变劣变重，含硫和高硫原油比例在增加（图附 2-7）。

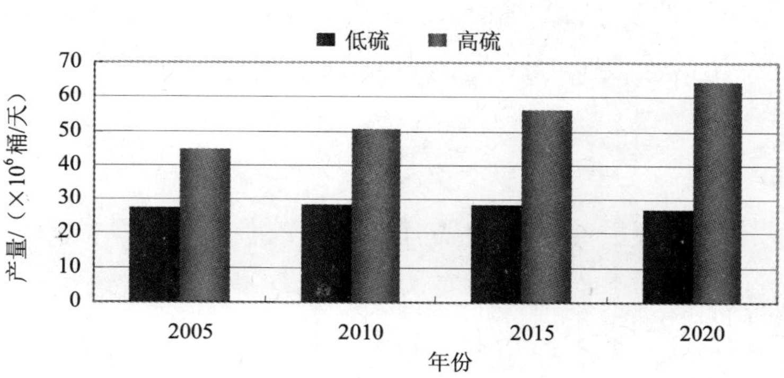

图附 2-7 世界高硫原油产量增长趋势

我国进口原油中含硫与高硫原油、重质与劣质原油比例在逐年增加（2006 年我国石化进口的高硫重质原油大约 4 800 万 t，比 2005 年增长 13.5%）。在原油变劣变重、硫含量增加的前提下，要提高汽、柴油产品质量，由于我国加工重质含硫/高硫原油的炼油能力不足，对炼油厂需进行适应性改造，最主要的是配备足够的加氢精制、加氢处理和加氢裂化能力，还需要应对含硫原油对装置和设备的腐蚀，采取有效措施脱硫和提高硫回收率。

总的来看，我国已经开发并推广应用了可满足汽油硫含量达到 150μg/g 技术，正在开发并工业应用可满足汽油硫含量达到 50μg/g 技术，已经在开发汽油硫含量达到 10μg/g 的技术。降低柴油硫含量比降低汽油硫含量容易一些。为生产硫含量降到 350μg/g（质量满足欧Ⅲ标准）或 50μg/g（质量满足欧Ⅳ标准）的低硫标准的柴油，我国已自主开发并推广应用了多项柴油加氢新技术。但全部炼厂实施降低汽柴油硫含量的技术改造，需要大量资金和改造时间。

石化企业正结合不同原油资源，因厂制宜，开展不同方案技术经济评估，计划在“十一五”期间分步实施。中国石化已经成立国Ⅲ标准（硫含量相当于欧Ⅲ标准）汽油产品质量升级工作组，对所属 35 家炼油企业逐一摸底，研究确定各企业的质量升级方案。目标是投资 300 亿元以上，将汽油硫含量降低到 150μg/g 以下，并供应满足国Ⅲ排放标准的车用柴油。预计到 2009 年，符合国Ⅲ标准的汽油将占汽油产量的 73.8%，符合国Ⅳ标准的占 26.2%；符合国Ⅲ标准的车用柴油将占全部柴油的 45%。

6．控制我国机动车污染的对策

除了加强机动车管理，改进汽车设计和改善燃料结构等针对机动车本身的解决方案外，还必须从整个交通体系的调整入手，大力发展公共交通，完善综合运输体系，发展低耗能、少污染的运输方式，加强各种运输方式的协调合作。

（1）调整交通运输结构

为了保证既满足居民的需要，又控制机动车的保有量，进行合理的城市规划，即调整交通运输结构是最有效的途径之一。各种研究报告指出，在居住密度比较高以及工作和住所比较平衡的城市，人们外出的次数少、行程短，可以更多地步行或骑车，应优先发展公共交通，特别是轨道交通。

（2）生产清洁油品

车用燃料对车辆排放有很大影响，故要有计划地改善燃油品质。改善油品质量的措施还包括使用发动机清净剂，开发使用一些低污染的碳氢化合物清洁燃料，包括液化石油气（LPG）、液化天然气（LNG）、燃料乙醇和生物沼气等。

（3）生产消费清洁汽车

在使用汽车过程中，会产生废气对环境造成污染；汽车在维修保养过程中，如洗车、换机油、蓄电池等如处理不当也会对环境造成污染；在汽车生产过程中，会产生大量的废水、废气、废渣等有害物质。解决传统汽车尾气污染问题，减少和控制汽车的污染排放，机内净化控制技术和机外净化是汽车排放控制技术的主要方法之一。催化转化技术是目前应用比较广泛，且技术比较成熟的方法。我国已攻克了催化净化器产业化关键技术和柴油机颗粒物排放净化技术。开发新能源汽车（如电动汽车）将有利于汽车减排。

（4）实施更加严格的配套法规和标准

实施更加严格的机动车尾气排放标准、加强在用车的监督管理均可以减轻日益增加的汽车对空气质量的影响。按照我国 2010 年环境质量总体目标要求，有关部门已提出了下一阶段不同车型的排放标准建议。预计这套标准将采用电控燃油喷射、三元催化转化器、废气再循环等多项先进的污染控制技术。它不仅有助于降低污染、改善大气环境，而且可以引导和促进我国汽车工业的健康发展。

（5）发展公共交通车

按照“公交优先”的策略，发展以公共交通工具组成的公共交通系统，不仅可降低机动车尾气排放，还将使未来油料的消耗大幅度降低。有人测算，按目前价格，我国到 2020 年时，“公交优先”策略将只需要 300 亿美元的汽油和柴油消耗，而在以私人机动车为基础的策略下，汽油和柴油总消耗将达到 870 亿美元。因此，大力发展公共汽车可以避免汽车对油料过大的需求，并有效控制机动车尾气排放产生的城市大气污染。

五、石油和化工污染防治的对策和措施

（一）国家强化依法行政

1．健全法制重执行

不断构建、完善有关环保的法律法规、污染物排放标准、环境技术管理三大体系。同时，要清理、修订现行环保相关的法规、政策、排放标准，减少法规、政策间的不协调、交叉和矛盾的现象。应对市场经济转变，确定与国际惯例接轨或协调一致的方案。健全国家执法体系和激励机制，引入全面的环境财税改革，通过环境成本全部内部化，改变目前环保治理体制“执法和守法成本高、违法成本低，依法取证难”，“管得住立不住，立得住管不住”的现状。综合运用法律法规、税收和补贴财政、自愿或行政协商协议等手段实现环保目标。

2．完善政策讲效益

尽快制定和实施鼓励资源、能源利用、工业污染防治和促进发展循环经济的政策，加大对工业污染防治的共性关键技术和前沿技术的国家科技投入，推动各类节能、减排技术的开

发和应用。环境政策的目标是：在保证全面实现小康社会和保障国家能源安全的前提下，最大程度地降低环境成本，保护公众健康和良好的自然环境。要制定比较有效和可行的政策，通过政府驱动、公众参与、总量控制、排污交易四个方面推动环境友好发展战略，同时工业污染防治必须采用经济手段。

3. 落实责任严考核

切实落实工业行业污染防治的政府管理职能和各方职责，将环保指标作为干部业绩考核的重要指标。未来所有石油和化工生产部门都需要采纳国际环境惯例，企业应该承担足够的社会责任。继续努力使众多石油和化工企业与国际认可的环境管理认证（如 ISO 14001）接轨。推行绿色 GDP 核算，实现经济发展与环境保护同时考核。

4. 强化监管靠科学

有适应性、针对性的管理是实施环境保护综合措施的重要手段。治污首先要摸清污染的家底，严格环保监测要求，规范环保统计。为真实地反映工业污染产生的情况，提高统计数据的可靠性，建议尽快加强环保监测力量和自动在线连续监测手段，完善工业污染排污监测；在各生产部门建立环保国家档案。环保缺失数据以及缺乏有意义的数据分析是目前必须解决的问题。对污染严重的地域、各种重要污染源，最好设立一个专门机构长期跟踪监测。

5. 淘汰落后要立法

尽快制定具体的法规、标准和方案，出台相应的淘汰落后生产能力的补偿和扶持政策，落实淘汰落后的时间表，加速限期淘汰工业各行业能耗高、污染物排放量大的落后生产能力、工艺、装备和产品。对不重视的企业加大处罚力度或关、停、改造等。要依法关停一批生产工艺落后的小化肥、小化工、小炼油等高污染、高能耗的“低、小、散”企业。依法淘汰炼油能力 100 万 t/a 以下的炼油厂，高污染的有机磷农药生产。

（二）行业加快结构调整

1. 依靠科技重创新

针对行业发展的全局性、综合性、系统性、超前性的问题，及时开展可持续发展的行业技术发展方向和技术路线创新研究、节能减排的潜力和措施研究、温室气体减排的研究等，尤其是要加强宏观性、基础性和前瞻性研究，为行业的发展提供技术支撑。更加关注创新，加快创新，使创新对行业环境污染防治发挥重要作用。把生物技术在污染防治中应用作为支持环保技术创新的一部分。对新技术也要进行适当的环境评价。逐步建立符合国情的完整的环保技术管理体系。

2．清洁生产长坚持

石油和化工企业的清洁生产实践证明，清洁生产无疑为削减污染物产生与排放创造了条件和机会。各地区、各企业要结合本地区、本行业实际情况制定清洁生产推行规划。清洁生产审核是对企业从原料、生产工艺、设备、治理及综合利用的全过程控制的审核，是要提出“节能、降耗、减污”的方案并给予实施。要把推行清洁生产审核作为石油和化工工业污染防治的一项战略措施，摆上案头，常抓不懈，长期坚持。可委托行业权威机构或中介组织对清洁生产审核进行前期培训，切实加强和加快对企业实施清洁生产强制性审核，继续开展清洁生产培训、交流。

3．调整结构跨大步

产业结构调整进展缓慢，是我国节能减排目标难以实现的重要因素之一。要积极开展行业总体发展规划及各专项规划编制工作，贯彻中央提出的科学发展观、构建和谐社会、建设资源节约型和环境友好型社会等一系列新理念。完成从“末端治理”、“生产过程控制”向“源头防治”过渡，规范和引导企业严格执行国家相关产业政策，采用“基地化、大型化、一体化、专业化”的发展模式，以资源最优化、产品市场化、投资节约化和效益最佳化为原则，调整石化工业的结构，实现经济规模，提高产业集中度，促进企业集群化经营目标的实现。要从生产、消费、贸易三方面共同推动经济增长方式的转变。化工行业要以整合合成氨、氯碱、电石、黄磷、纯碱等高能耗行业，染料、农药、铬盐等高污染行业为调整重点。提高准入门槛，整治“多、小、散、乱”的产业结构和格局。

4．节能减排同时抓

应当确立长远目标，把环保技术与石油和化工行业各环节有关的资源节约和低成本利用技术结合，在大力提高资源使用效率的同时，消除或降低污染物产生，而不是以高的代价清除和控制各类工业污染。抓减排同时抓节能，既要加强资源有效开发利用，提高资源利用效率，积极开展“三废”的综合利用，推动各类节能减排新技术的开发和应用，又要把资源、能源、环境领域关键技术的发展和突破放在优先发展的战略地位，优先研究和突破一批制约石油和化工工业节能减排的关键共性技术和前沿技术，积极组织重大节能减排技术在全行业的推广。将节能减排的理念、指标、制度以及行业监管职责等通过法制化的形式予以确定。积极探索综合运用价格、财税、信贷等经济手段，推进行业低成本节能减排措施落到实处。

（三）企业抓紧“双赢”规划

1．筹措资金大投入

环境污染防治从基础研究到市场化运作，都需要通过企业自身并向政府、国内和国际等资金来源进行多渠道资金筹措。在生产过程中加入环境保护的措施，必然会提高生产成本；在生产过程中减少污染，就要更新设备，改造生产工序，同样会提高生产成本。企业要转变观念，加大对环境保护和绿色科技的资金投入。

2．技术创新放优先

经济发展的同时产生的环境制约，很大一部分是来源于技术的落后，清洁生产、绿色产品的开发、废弃物的再回收利用等问题的解决都要创新技术。技术创新对环境保护起着不可替代的重要作用。应该整合国内石油和化工工业企业的研发力量，建立服务于全行业的工业清洁技术研发平台，发展拥有自主知识产权的技术，注重设备国产化。

3．突出防治抓重点

开展清洁生产审核，实施环境技术管理，编写技术指南引导，总结实用技术推广，成立专家队伍指导，制定生产达标标准，创建示范企业应是企业在实施污染防治中面临的一个重点任务，需要有一个相对准确的、具有时段性的统一规划。

4．完善机制强推进

在环境保护中通过市场推进是达到保护环境的一条重要经验。要建立激励约束机制强力推进。如实施内部排污计费，把污染治理费用和排污费用分解落实到排污单位进行考核。通过市场对市场主体的利益进行调整，将企业行为引向保护环境的可持续发展的道路。

5．车用燃油低硫化建议

国外炼厂车用燃油低硫化所采取的措施，主要是通过分阶段改造炼油装置来进行。对我国炼油厂生产低硫化车用燃油建议如下。

（1）统筹规划，分步实施

统筹环保法规、车用燃油标准，逐步与国际接轨。车用燃油低硫化迫使炼油厂装置升级改造或新建要有长远考虑。生产规划要与原油资源、加工流程和装置改造相结合。前期阶段的装置建设或升级改造要为后续车用燃油产品质量全面升级创造条件，分阶段实施规划目标。

（2）因厂制宜，优选方案

车用燃油低硫化，不只是降低硫含量，更要考虑油品质量全面升级问题以及生产过程清洁化问题。要全盘综合考虑一座炼厂或附近数座炼厂的油品市场及质量升级问题，有针对性地精心选择合理技术路线和工艺流程，以尽可能低的投资成本达到油品质量升级要求。

（3）国情出发，灵活适应

要在现有工艺装置的基础上，根据原油供应市场的变化，产品需求和规格标准的变化，按市场的供求，注重炼厂加工原料劣质化、重质化趋向，提高炼厂加工含硫/高硫原油的适应性；调整炼油厂工艺装置结构，要着眼于工艺和设备的瓶颈制约，采用新工艺、新技术和工艺组合，要最大限度地减少新设备安装和改动。

（4）严格法规，政策扶持

制订车用燃油低硫化产品标准，确定标准实施和执行时间，必须与我国环保法规、汽车尾气排放法规、汽车、炼油产业发展相辅相成，成立政府机构主导的协调机构，从我国国情出发，兼顾各方利益和承受能力，促进汽车、燃料和环保相关领域和谐发展。

（5）落实资源，重视替代

能源节约和环境保护致使生物质液体燃料越来越受重视。生物质液体燃料，主要是燃料乙醇和生物柴油，对车用石油燃料的部分替代，尽管受资源、技术和经济因素制约，可作为降低车用燃料硫含量措施之一。但生产燃料乙醇原料要以非粮为主，生产生物柴油原料要以非食用油为主，不与粮油争地，资源要合理分配、合理利用、合理规划，技术要成熟，对生物质液体燃料生产和消费，包括能源、环境与经济性，要开展全生命周期的研究，要先行应用示范，并完善标准和政策。

（四）社会倡导环保意识

1．加强宣传，公众参与

要利用各种宣传工具，如广播、电视、报刊、互联网等媒体加大对《大气污染防治法》、《水污染防治法》、《固体废物污染环境防治法》、《清洁生产促进法》、《安全生产法》和《环保法》等法律、法规的宣传力度，普及清洁生产知识，树立循环经济理念，提防国外转嫁环境污染，消费方式要根据中国国情，使污染防治深入人心，使每个人都自觉参与到保护环境之中去。

2．以防为主，防治结合

环境的破坏，尤其是生态环境的破坏，已经被证实是难以恢复的。一个地区的生态平衡一旦遭到破坏，是几十年甚至几百年都修复不了的。环境污染，危害健康，危及生存。因此环境防治，必须以防为主，防治结合。

3. 鼓励先进，遏制落后

对于排污不达标的企业、不符合国家环保政策的企业，依法采取措施限期进行治理整顿，保护守法企业的利益。对社会贡献大、排污达标的企业应鼓励其发展，给予相应的优先发展的机会。对于能够明显减少排污的治理项目，应在投资、成本、税收等方面给予政策支持，建立资金支持的渠道。

4. 加强教育，自我约束

公民素质提高之后，环保意识慢慢就提高了。一般来说，教育程度越高的人，环保意识越强。要提高公民受教育程度，提高干部整体素质，提高企业自律能力，提高全民环保意识；让大家意识到环保问题的重要性，环境污染的严重性，污染治理的紧迫性，污染防治事关全局，事关落实科学发展观，事关和谐社会建设。

（五）筹建国家与石油和化工工业污染防治研究中心

国家与石油和化工工业污染防治研究中心，可在中国石油和化学工业协会环保办公室指导下，在中国化工防治污染技术协会会员单位和化工企业中组建，加强其工作任务与职能。

1. 开展调查研究

定期编制公布石油和化工工业有关污染物品名录，土地、水和生物多样性问题，发布国家和地方环境指标及实现指标进展状况的可信的报告，为政府决策提供依据，并作为国家、行业环境决策机构的一部分。

2. 开展技术咨询服务

该中心应当定期从各级政府、各部门获取信息。为应对工业污染问题，为企业提供石油和化工工业污染防治、环评、设计、监测等技术咨询；举办石油和化工工业污染防治技术、清洁生产、ISO 14000、环评、监测、统计培训班。

3. 组织信息交流

组织石油和化工行业推行清洁生产、“三废”治理、综合利用、环保科研、设计、环保设备、产品生产等技术成果与环境科学管理和技术的经验交流，举行石油和化工行业环保信息发布会。

4. 开展环评研究

开展国家、重点区域、重点领域的生态环境承载能力研究，为各类战略环评与规划环评提供基础和关键信息的支持，为战略环评工作的推广提供必需的技术支持，形成较为完善的环评技术体系，组织各种评估。

5. 科技开发、技术推广

汇集科技开发课题，沟通企业与科研单位供需联系，组织污染防治技术开发招标，开展技术难题攻关。组织对“三废”治理、综合利用技术、环保科研设计成果、实用环保设备、药剂等环保产品和环境科学管理经验的推广。

6. 扶持环保产业

围绕化工环境保护工作的需要，组织开展科研、设计及设备制造成果在同行业中示范工程及推广应用，帮助解决一些污染治理和综合利用的技术及设备问题。

7. 中介服务

在科研、设计、制造企业之间，开展环保管理、环境评估、环境检测、资质审查、技术咨询等环保业务中介服务。

8. 组织国际交流与合作

做好外引内联。组织国外公司来华进行环保技术交流，协助国际环境保护组织来华访问考察和学术交流；组织国内企业对外交流与考察，帮助企业引进、消化国外先进环保技术，争取国外贷款；组织环保新技术的出口。

9. 环保宣传、教育

编辑出版化工污染防治技术刊物和环保信息资料，宣传国家有关环保的方针、政策，普及环保知识，引导化工污染防治和环保产业的发展。

10. 培训工业污染防治人才

（六）对国家有关环保政策措施具体建议

1. 制定符合国情和更加科学的环保标准

环保标准制定必须从中国的国情出发，依据环境质量要求，有科学和试验依据，坚持按促进经济治污、促进清洁生产、鼓励科技创新、经济能力最低要求和最佳可用技术原则制（修）订排放标准；区别已实现达标企业和未达标企业、区分新老企业、不同地域的不同情况，针对不同行业、不同产品，有区别地细化环保标准体系。除了国家颁布、制定的通用能源及污染排放标准之外，亟待制定或修订一批行业关键节能减排的标准。

2. 继续推进绿色 GDP

建立绿色 GDP 评价指标体系，建立绿色 GDP 统计方法和统计队伍，将绿色 GDP 纳入地区经济社会发展规划和计划，建立绩效考核制度，开展区域环评和相关研究，继续推进绿色 GDP 核算。地区经济、工业经济发展规模、发展速度要与环境容量、环境可承载能力相适应，考虑到对生态平衡影响，抓紧实施地区性、流域性和工业行业规划环评。

3. 制定奖罚分明的合理排污收费办法

改革现行的排污收费制度。对排污收费的目的、作用进行重新定位，并将排污收费制度与推进资源性产品价格改革、建立和完善生态补偿责任机制等结合起来统筹改革；在改革的过渡期，应采取对于达标排放不收取费用或减免收费，对于超标排放加倍收取或阶梯收费的收费方式，建立合理的排污收费使用办法，加强排污收费的管理。公布企业的排污状况和收费数额，建立合理的排污收费使用办法，确保排污费能够专项用于污染治理，对污染防治好的企业应给予奖励和表扬，对不重视环保的企业也要加大处罚力度。排污费应专项返回支持投资环保设施，形成良性循环。对于排污收费与排污情况不符地区，要追究责任。

4. 鼓励先进，遏制落后，实现经济发展与环境保护统一规划

首先要加大执法检查力度，对于排污不达标的企业、不符合国家产业政策的企业，依法采取措施坚决进行治理整顿，保护守法企业的利益；对社会贡献大、排污达标的企业应鼓励其发展，给予相应的排污总量指标和优先发展的机会；对于能够明显减少排污的企业，应在投资、成本、税收等方面给予政策支持。充分调动企业排污达标的积极性。实现经济发展与环境保护统一规划，实行经济效益与环境效益的统筹兼顾。

5. 组织开展建立行业环境技术管理体系试点

以国有大型企业、有技术创新能力、实施清洁生产技术、建立清洁生产评价指标体系、达标排放和污染物总量削减为基础，开展建立行业环境技术管理体系试点，包括技术评价、经济评价、环境评价、社会效益评价、市场评价、有关政策法规评价等。

6. 充分利用中央直属企业的监管能力

中国石化、中国石油、海洋石油等特大型企业，多年来守法经营，形成了一套比较完善的接近实际的环保管理体系，在工业污染防治中起到了积极的作用。建议对于国资委管辖的中央企业：一是保留对于建设项目或者一定限额（如投资大于 2 亿元）的项目环境影响评价的预审职能；二是自主开展清洁生产审核的职能；三是排污费集中收缴、管理使用的职能；四是发挥环保技术管理的先导和示范作用。

7. 开展生态工业园区示范建设

地区经济要由传统的经济开发区和高新技术开发区，经过工业园区往生态工业园区方向发展。生态工业园区，在企业层面要推进资源节约和高效利用，减少污染物的产生和排放；在园区层面要完善生态工业网络构建，促进产业结构形成生态保护产业链，促进循环经济发展，实现废物集中处理、再利用和资源化、产业集群化。要改变各自解决的观念，无论是污染物的再生回用，还是其资源化应用，要进行区域内集中处理。

8. 建立专门的中小企业管理机构

在环境污染治理过程中，对中小型企业采取“一刀切”的行政手段，并不利于工业可持续稳定的发展。建立专门的中小企业管理机构，改变目前中小企业由国家发改委工业司、农业部乡镇企业管理局、工商行政管理局、工商联、国家科委等部门多头领导的局面。其主要职责是：协调和指导中小企业的发展，提供税收优惠、资金帮助，政策、法律咨询，信息、资信评估、人才培养、投融资、市场开发和国内外技术交流等社会化服务，促进中小型化工企业及环境整治局面尽快改观。

参考文献

[1] 美国《财富》杂志公布全球企业 500 强最新排行榜. 新华网，http：//www.sina.com.cn，2007-07-12.

[2] 宋维平. 2007 年上半年石油和化工行业经济运行分析. 中国行业研究网，http：//www.chinairn.com/，2007-08-20.

[3] 宋维平，姚耀富. 全国石油和化工业强劲增长. 中国石化，2007，4：18-22.

[4] 王律先. 2006 年全国农药生产回顾及 2007 年展望.中国农药，2007：43-56.

[5] 中国石油和化学工业协会. 中国石油和化学工业经济运行 2006 年回顾及 2007 年展望.国际石油经济，2007，2：37-42.

[6] 2007 年上半年石油和化工行业经济运行分析. 中国行业研究网，http：//www.chinairn.com. 2007-08-20.

[7] 李军湘. 化工污染及其防治的发展趋势.内蒙古石油化工，2006，1：33-34.

[8] 杜利成，宋开平. 化工生产的污染及其防治.成都师专学报，2000，4：46-52.

[9] 张岩男.当前化工行业面临的环保形势及对策.中国涂料，2006，21（6）：1-5.

[10] 新华社. 环保总局和国土资源部进行全国土壤污染状况调查. 中央政府门户网站，http：//www.gov.cn，2006-07-18.

[11] 环保总局公布全国化工石化项目环境风险排查结果. 我国 45%化工石化建设项目存在重大环境风险. 环保总局网站，http：//www.sepa.gov.cn/，中国网，2006-07-11.

[12] 环保总局公布全国化工石化项目环境风险排查结果. 环保总局网站 中央政府门户网站 http：//www.gov.cn，2006-07-11.

[13] 田雨，周婷玉. 2006 年中国水污染物排放总量明显超过环境容量.新华网，http：//news.xinhuanet.com/，2006-12-26.

[14] 国家环境保护总局局长周生贤. 关于当前水环境形势和水污染防治工作的报告——2006 年 12 月 26 日在第十届全国人民代表大会常务委员会第二十五次会议上，http：//www.yn.gov.cn/yunnan，china/.

[15] 胡涛. 水体污染及其防治，http：//www.bashusong.blog.china.com.cn/，2007-01-01.

[16] 国家工业污染源调查办公室. 全国工业污染源调查评价与研究（总论）.北京：中国环境科学出版社，1990：184-199.

[17] 王泰，张祖麟，黄俊，等. 海河与渤海湾水体中溶解态多氯联苯和有机氯农药污染状况调查.环境科学，2007，28（4）：730-735.

[18] 张觐桐. 化学工业节水应采取的技术与工艺.中国石油和化工经济分析，2005，15：48-50.

[19] 工业化进入中期阶段 六大矛盾待解. 中国经济时报，中国网，http：//www.china.com.cn/ ，2005-12-30.

[20] 最新清洁生产与清洁生产标准实施手册，合肥：安徽文化音像出版社，2003.

[21] 大型跨国化工公司的环境保护战略. 中国环保技术在线，http：//www.eptec.cn/，2006-07-17.

[22] 梅雪芹. 工业革命以来西方主要国家环境污染与治理的历史考察.世界历史，2000，6：20-28.

[23] 单单. 发达国家实践循环经济的成功经验及对我国的有益启示.江苏对外经贸论坛，2007，1：103-106.

[24] 韦连喜. 我国环境管理发展历程的回顾与反思.河南城建高等学报，1997，6（3）：20-22.

[25] 赵家荣. 我国推行清洁生产的回顾与展望.中国经贸导报，2003，5：24-25.

[26] 周扬胜，安华. 美国的环境标准.中国环境标准网，http：//www.es.org.cn/.

[27] 中国 WTO/TBT-SPS 国家通报咨询中心. 美国颁布有害空气污染物国家排放标准，http：//www.gsiic.com/，2005-09-05.

[28] 中国 WTO/TBT-SPS 国家通报咨询中心. 美国提议对六个国家危险性空气污染物拟定排放标准，2007-05-25.

[29] 薛志钢，郝吉明，陈复，柴发合. 国外大气污染控制经验. 重庆环境科学，2003，25（11）：159-161.

[30] EPA. National Ambient Air Quality Standards（NAAQS），1997.

[31] 薛祖源. 国外大气污染防控一斑.中国环保产业，2003，9：37-38.

[32] 许春丽，李保新. 日本大气污染的控制对策及现状.环境科学动态，2001，3：33-36.

[33] 李浩，奚旦立，唐振华，等. 英国大气污染控制及行动措施.干旱环境监测，2005，19（1）：29-32.

[34] 李宇军. 中外合成氨工业水污染物排放标准探讨.化肥工业，2001，28（2）：5-7.

[35] 熊丽萍，章家立，刘棉玲，等. 绿色化学化工的研究进展.华东交通大学学报，2003，20（5）：126-130.

[36] 张淑群，廖培成. 国外化学工业的少废无废技术——Ⅱ国外氮肥工业的少废无废技术.化工进展，1994，4：25-31.

[37] 黄江南，余莹. 氮肥生产污染及其清洁生产的探讨.江西化工，2006，4：67-68.

[38] 张淑群，廖培成. 国外化学工业的少废无废技术——Ⅲ国外硫酸工业的少废无废技术.化工进展，1994，5：24-29.

[39] 王庆生，梁载祺. 国内外化学工业生产技术与污染治理水平的比较. 化工环保，1994，14（6）：332-339.

[40] 梁伯庆. 法国的化工清洁生产和污染防治技术.化工环保，1995，15（5）：295-301.

[41] 张大威. 铬盐清洁生产新工艺通过鉴定.铬盐工业，2005，1：71.

[42] 梅海军，李霞，张大威，等. 浅析铬盐清洁生产技术“无钙焙烧法”的优势.铬盐工业，2005，1：1-12.

[43] 张淑群，廖培成. 国外化学工业的少废无废技术Ⅳ——国外基本有机合成工业的少废无废技术.化工进展，1995，4：32-43；异丙苯清洁生产成套技术. 国内外化工简讯，河南化工，2006，23（2）：47.

[44] 钱伯章. 绿色精细化工的新进展. 精细化工原料及中间体，2005，11：8-11；

[45] 王光明. 绿色精细化工原料的新进展.化学工程师，2005，112（11）：43-46.

[46] 单单. 发达国家如何发展循环经济.粤港澳市场与价格，2007，2：29-32.

[47] 孙佑海. 国外循环经济立法的现状和借鉴.中国环境报，2005-11-10.

[48] 何劲. 关于企业清洁生产研究的文献综述.科技进步与对策，2006，6：178-180.

[49] 国家经贸委考察团. 对加拿大、美国清洁生产立法的考察.中国经贸导刊，2002，18： 42-44.

[50] 游达明，董忠云. 基于环境资源的绿色技术创新思考.科技进步与对策，2001，8：53-54.

[51] 蒋丹整编. 国际清洁生产典范.经贸导刊，2003，2：57.

[52] 郭春霞. 管窥英国清洁生产立法.企业技术进步，2007，4：39.

[53] 梅雪芹. 工业革命以来英国城市大气污染及防治措施研究.北京师范大学学报：人文社会科学版，2001，2：118-125.

[54] 国家经贸委法规司，资源司. 英国、挪威清洁生产立法考察报告.中国经贸导刊，2001，14：32-33.

[55] 全球加快推动绿色化学品生产. 精细石油化工进展国内外动态，2006，7（11）：53-54.

[56] 王光明. 绿色精细化工原料的新进展.化学工程师，2005，112（11）：43-46.

[57] 博章. 绿色精细化工的新进展.中国石油和化工，2005，1：49-52.

[58] 熊丽萍，章家立，刘棉玲，等. 绿色化学化工的研究进展.华东交通大学学报，2003，20（5）：126-130.

[59] 清华大学科技开发部. 水质净化生态工程技术.中小企业鞍山网，http：//www.xy.smeas.gov.cn/，2005-8-4.

[60] 胡晨钟. 国内外治理水污染的经验.今日湖北网，http：//www.hubeitoday.com.cn/，2006-10-28.

[61] 张所续. 日本水污染防治措施借鉴，http：//www.calre.net.cn/.

[62] 郭焕庭. 国外流域水污染治理经验对我国的启示. 环境保护，2001（8）.

[63] 14 种工业废水的水处理方法汇总. 水世界. 中国城镇水网论坛， http：//www.chinacitywater.org/，2007-11-02.

[64] 杨志赞. 高浓度难降解苯环类有机废水处理的研究与应用.海川化工论坛网，http：//www.hcbbs.com/，2007-09-25.
[65] 贺启环，方华，张勇. 二氧化氯催化氧化处理难降解废水技术研究进展. 环境污染治理技术与设备，2002（9）.
[66] 严瑞瑄，胡宇，纪永亮，等. 我国水处理剂的现状及发展战略.中华环保互联网，http: //www.chinaep.net/，2006-09-13.
[67] 齐慧敏，林大泉，刘银乾，等. 日本石油化工废气治理状况. 中国环保技术在线，http：//www.eptec.cn/，2006-07-17.
[68] 关于化学工业中废气污染的报告，http：//218.4.45.226/，2005-03-21.
[69] 哈尔滨工业大学燃烧工程研究所烟气污染控制研究组. 烟气脱硫脱硝技术介绍，http：//www.combust.cn/，2005-09-29.
[70] 李俊华，陈建军，郝吉明. 控制大气污染化工技术的研究进展. 化工进展，2005，24（7）：703-709.
[71] 侯梅芳. 有机气相污染物治理技术进展.中国环保技术在线，http：//www.eptec.cn/，2006-07-17.
[72] 赵海红，谢国勇. 燃煤烟气 SO_x/NO_x 污染控制技术.化学工业与工程技术，2004，25（1）：26-29.
[73] 固体废物处理. http：//www.zhidao.baidu.com/.
[74] 固体废弃物的处理. 中国环保技术在线，http：//www.eptec.cn/l，2006-07-17.
[75] 关于征求《"十一五"国家环境技术管理体系建设规划（征求意见稿）》意见的函，环办函[2007]234 号，国家环境保护总局，http：//www.zhb.gov.cn/，2007-04-06.
[76] 中国应对气候变化国家方案. 发展改革委网站，2007-06-04，科技日报，2007-06-06.
[77] 第一份绿色 GDP 研究报告发布，http：//www.finance.people.com.cn/.
[78] 开展我省绿色 GDP 研究的建议. 河北经济信息网，http：//www.hebei.net.cn/，2004-11-02；
[79] 绿色 GDP 研究未终止 "绿色考核"还在探索. 国际在线新闻中心，http：//www.cri.cn，2007-10-10.
[80] 《中国绿色国民经济核算研究报告 2004》简评，http：//www.blog.sina.com.cn/，2007-06-25.
[81] 炼油厂外排污水直接回用于循环水工业运行. 水处理中国，http：//www.shuichuli.org.cn/；环保工程，http：//www.51ehs.com/，2005-11-01；水世界. 中国城镇水网论坛，http：//www.chinacitywater.org/，2006-12-08.
[82] 王建新，陆娅楠. 首个绿色 GDP 核算报告：北京一年因污染损失 116 亿.人民日报，中国网，http: //www.gzii.gov.cn/，2007-02-28.
[83] 清洁生产与末端治理的比较. 新疆环境保护局信息中心，http：//www.xjepb.gov.cn/，2004-09-06.
[84] 清华大学. 挥发性有机物（VOCs）及恶臭气体的生物净化技术.山东科技信息网，http：//www.sdsti.net.cn/；沈阳市科技信息网，http：//www.syscg.gov.cn/，2004-06-07.
[85] 自主知识产权的可资源化烟气脱硫技术开发成功. 科技部门户网站，http：//www.most.gov.cn/，2006-09-29.
[86] 染料工业废水综合治理技术与工艺. 中国中小企业鞍山网，http：//www.assme.com.cn/，2007-03-14.
[87] 金建英，宋学颖. 固体废弃物的综合处理与资源化.辽宁工程技术大学学报，2004，23（2）：283-285.
[88] 李俊华，陈建军，郝吉明. 控制大气污染化工技术的研究进展.化工进展，2005，24（7）：703-709.
[89] 赵海红，谢国勇. 燃煤烟气 SO_x/NO_x 污染控制技术. 化学工业与工程技术，2004，25（1）：26-29.
[90] 世界银行中国环境支援项目"推进清洁生产"（B—4 子项目）. 清洁生产网，http：//www.chinacp.com/；中国环

保网，http：//www.chinaenvironment.com/，2000-01-01.

[91] 部分省（市）清洁生产工作座谈会交流材料之八. 中石化集团实施全过程污染控制、全面推行清洁生产，http：//www.sdpc.gov.cn/，2006-12-01.

[92] 国家环境保护总局."十一五"规划纲要中关于环境保护方面的内容摘要. 国家发改委网站， http：//www.bm.cei.gov.cn/，2006-12-14.

[93] 温家宝总理在第六次全国环境保护大会上的讲话摘要. 全面落实科学发展观 加快建设环境友好型社会.新华网，2006-04-17.

[94] 中华人民共和国国务院新闻办公室. 中国的环境保护（1996－2005）.中国政府网，http：//www.gov.cn/，2006-06.

[95] 中华人民共和国国务院新闻办公室.《中国的环境保护（1996—2005）》白皮书，中国网，http：//www.china.org.cn/，2006-06-05.

[96] 中共中央政治局委员、国务院副总理曾培炎. 加快发展循环经济 努力实现可持续发展.国务院办公厅，中央政府门户网站，www.gov.cn，2007-02-15.

[97] 国务院关于"十一五"期间全国主要污染物排放总量控制计划的批复.国函[2006]70号，国务院，http：//www.gov.cn/，2006-08-05.

[98] 国务院关于印发节能减排综合性工作方案的通知，人民网，人民日报，http：//energy.people.com.cn/，2007-06-04；http：//www.sina.com.cn，2007-06-11.

[99] 国资委确定中央企业节能减排目标. 新华网， http：//www.sina.com.cn，2007-08-29.

[100] 关于发布《机动车排放污染防治技术政策》的通知、关于机动车排放因子的通知. 国家环境保护总局网站，http：//www.zhb.gov.cn/，1999-05-28.

[101] 发布五项国家机动车污染物排放标准参考材料. 中国工业可持续发展网，http：//www.csid.com.cn/，2005-04-26.

[102] 国资委：节能减排纳入央企第二任期业绩考核. 中国新闻网，http：//www.sina.com.cn，2007-08-29.

[103] 柴油车排放污染防治技术政策. 广东环境保护，http：//www.gdepb.gov.cn/，2005-10-13.

[104] 国家环保总局宣布实施国家第三阶段轻型车排放标准. 国家环保总局网站，2007-07-03.

[105] 石油工业废水污染监理. 中国环保热线，http：//www.12369.gov.cn/。Jonssona and Aoyama，2007；Cid，et al.，2007.

[106] 石油化学工业废气污染简介. 中国环保技术在线，http：//www.eptec.cn/，2006-07-17.

[107] 固体废物污染现场监理. 中国环保热线，http：//www.12369.gov.cn/.

[108] 石油化学工业固废的污染. 中国环保热线，http：//www.12369.gov.cn/.

[109] 化学工业废气污染简介. 中国环保热线，http：// www.12369.gov.cn/.

[110] 化工废水污染监理. 中国环保热线，http：//www.12369.gov.cn/.

[111] 化学工业固废的污染. 中国环保热线，http：//www.12369.gov.cn/.

[112] 发达国家环保产业发展经验及其对我们的启示，http：//www.jtzx.net.cn/，2004-03-15.

[113] 聂永丰，等."三废"处理工程技术手册：固体废物卷. 北京：化学工业出版社，2001.

[114] 梅雪芹. 工业革命以来西方主要国家环境污染与治理的历史考察.国学网，http：//www.economy.guoxue.com/

article.php/，2005-08-22.

[115] 韦连喜. 我国环境管理发展历程的回顾与反思. 河南城建高等专科学校学报，1997，6（3）：20-22.

[116] 国家发改委赵家荣. 我国推行清洁生产的回顾与展望. 产业与环境，2003 年 S1 期，http：//xmxh.smexm.gov.cn/，2005-06.

[117] 许秋塘. 我国精细化工的现状与发展展望.上海化工，2005（9）.

[118] 顾宗勤. 化学工业“十一五”发展思路.中国化工报，2006-04-30.

[119] 京沪高速公路淮安段液氯泄漏事故性质及责任认定. 新华网，www.XINHUANET.com，2005-04-12.

[120] 重庆垫江化工厂爆炸 1 死 3 伤近六千学生疏散. 中国新闻网，2005-11-24.

[121] 暗访天津西堤头镇：工业污染致 120 多人患癌. 中国质量万里行杂志社，中华网新闻，http：//news.china.com/，2005-03-01.

[122] 顾强，李亚东. 江苏癌症村调查：井水不能喝睡觉要捂口鼻.江南时报，2004-04-26；浙江台州污染调查：鱼米之乡缘何成癌症多发村. 南京《周末》，http：//www.sina.com.cn，2004-09-22.

[123] 国务院应急管理办公室. 重庆开县井喷事故.中央政府门户网站，www.gov.cn，2005-08-09.

[124] 大祸这样酿成—四川沱江特大污染事故调查. 新华网，2004-04-05.

[125] 吉林石化公司爆炸已确认造成五人死亡一人失踪. 新华网，2005-11-14.

[126] 国家安全生产监督管理局. 关于江苏省盐城市射阳县盐城氟源化工有限公司临海分公司“7·28”爆炸事故的通报. 安委办[2006]30 号.

[127] 江苏石化工业总体规模持续扩大 运行质量显著提升. 江苏省统计局，http：//www.economy.jschina.com.cn/，2006-12-05.

[128] 刘春发. 日本环境税的现状.中国财经信息资料，2007，8：46-48.

[129] 刘圣勇，袁超，蒋国良，等. 全球性大气污染的现状及对策.河南农业大学学报，2003，37（1）：74-77.

[130] 环保总局，统计局，发展改革委公布. 上半年主要污染物减排状况. http：//www.zhb.gov.cn/，2007-08-21.

[131] 胡琳琳. 中国环境保护法的发展历程及其影响.岱宗学刊，2005，9（3）：77-79.

[132] 王世娟. 关于欧盟化学品新政策对石化企业质量工作影响的思考.中国石油和化工标准与质量，2007，1：49-50.

[133] 孙健. 欧盟：清洁发展机制项目主导减排市场.经济日报，2007-06-22.

[134] 国际清洁生产进展，http：//www.zhb.gov.cn/，2004-04-08.

[135] 吕富润，杨再鹏，张全兴，等. 面向 21 世纪的化工环保.化工进展，1995，5：1-4.

[136] 国外化学工业可持续发展战略. 中国化工信息，2001-12-20.

[137] 刘建兰，陈亚萍，张东明. 简论 21 世纪化学工业的发展趋势.化工时刊，2000，12：28-31.

[138] 马文鑫，陈卫中，任建军，等. 制药废水预处理技术探索.环境污染与防治，2001，23（2）：87-89.

[139] 丁立，周荣琪，段占庭. 制药废液中回收乙腈与 DMF.精细化工，2000，17（3）：140-142.

[140] 殷福才. 欧盟工业污染防治政策的发展趋势.环境科学动态，2003，1：4-6.

[141] 石磊，钱易. 国际推行清洁生产的发展趋势.中国人口·资源与环境，2002，12（1）：64-67.

[142] 李双妹，韩红梅. 化工生产与环境保护新途径探究.科教文汇，2007，3：193.

[143] 金涌. 发展循环经济关键要在支撑技术体系上下功夫.中国矿业网，2007.

[144] 潘一，杨双，徐霖春. 绿色化学的研究现状及进展.化学工业与工程技术，2005，26（5）：26-28.

[145] 谭井坤，韩雪冬，李钟模. 中国绿色化学开发研究现状综述.化工矿产地质，2002，24（3）：157-161.

[146] 魏国峰，王硕，赵阳. 绿色合成技术的研究进展及其应用. 化工科技， 2006，14（6）：69-73.

[147] 何志海，赖绍安. 绿色化学技术的现状与研究进展简介.广东轻工职业技术学院学报，2006，5（4）：8-10.

[148] 朱明乔，谢方友，吴廷华. 绿色化学与技术在化学工业中的应用.化工生产与技术，2002，9（4）：27-30.

[149] 彭延庆，宋恭华. 绿色有机化学合成新技术.世界农药，2002，24（4）：1-5；2002，24（5）：1-3.

[150] 贺红武，任青云，刘小口. 绿色化学研究进展及前景.农药研究与应用，2007，11（1）：1-8.

[151] 王立久. 我国工业固体废弃物的高技术研究进展.世界科技研究与发展，2004，26（1）：17-24.

[152] 胡燕荣. 化工固体废物的综合利用.污染防治技术，2003，16（1）：37-39.

[153] 全球加快推动绿色化学品生产. 国内外动态，精细石油化工进展，2006，7（11）：53-54.

[154] 匡跃平. 大型跨国化工公司的环境保护战略. 化工环保，2000，20（2）：14-17；2000，20（3）：18-20.

[155] 赵旭，董立. 借鉴篇：跨国公司 HSE 管理体系完整丰富，中国石油和化工，2007，13：18-22.

[156] 龙学著. 世界著名化学公司的环境安全与健康管理，上海化工，2000，5：4.

[157] 匡跃平. 杜邦的可持续发展之道. 现代化工，2004，24（12）：55-59.

[158] 朱和. 新世纪以来国外大石油化工公司经营发展战略的新变化及其启示.当代石油石化，2005，13（9）：13-20.

[159] 钱伯章. 国外石油石化公司面向新世纪的发展战略.石油化工技术经济，2001，17（6）：38-44.

[160] 曾祥根. 硝酸行业清洁生产技术研究探讨.化工设计通讯，2002，28（3）：52-55.

[161] 张慧明，王娟. 燃煤工业锅炉 SO_2 污染防治技术的选择及评价.电力环境保护，2006，22（2）：8-11.

[162] 钱伯章. 达商节能专辑（1）. 达商能源网，2006-11-16.

[163] 朱校斌. 化学工业废弃物综合治理及资源化利用.科学中国人，2005，10：52-53.

[164] 李 军. 对化学工业推行清洁生产的建议.山西建筑，2007，33（12）：342-343.

[165] 曹晓群，张成金，刘爱军，等. 邻氨基苯甲醚的清洁生产工艺.化工环保，2005，25（6）：494.

[166] 卢立义，何文军，卢文奎. 替代化工污染项目的清洁生产技术.城市环境与城市生态，2003，16（6）：57-59.

[167] 游达明，董忠云. 基于环境资源的绿色技术创新思考.科技进步与对策，2001，8：53-54.

[168] 张新建. 观念的冲击——借鉴跨国公司的可持续发展观.经济导刊，2007，3：30-33.

[169] 许秋塘. 我国精细化工的现状与发展展望（下）.上海化工，2005，30（9）：1-6.

附篇三　电力与动力工业污染防治战略研究

负责人：

徐旭常

专家组成员：

王志轩　潘　荔　石丽娜

执笔人：

潘　荔　石丽娜

附篇三

电力与动力工业污染防治战略研究

一、电力工业污染防治的重要性和紧迫性

（一）电力工业在我国国民经济中的地位及发展状况

改革开放以来，在党中央、国务院的正确领导下，全国电力工业在得到快速发展的同时，技术和管理水平不断进步，污染物控制水平不断提高，节能降耗能力不断增强，为国民经济的持续、健康发展以及降低能源强度作出了重要贡献。

1. 电力供应能力持续增强

从电源建设和发电量看，我国电力工业发电装机和发电量分别从 1949 年的只有 185 万 kW 和 43 亿 kW·h，居世界第 25 位和第 21 位，发展到 1978 年的 5 712 万 kW 和 2 566 亿 kW·h，跃居世界第 8 位和第 7 位。1987 年装机容量迈上 1 亿 kW，1995 年和 2000 年分别跨过 2 亿 kW 和 3 亿 kW，2004 年达到 4.39 亿 kW，2005 年达到 5.17 亿 kW，2006 年达到 6.24 亿 kW，2007 年达到 7.18 亿 kW。与改革开放初期相比，发电装机容量和发电量都增长了 11 倍。自 1996 年起，我国发电装机和发电量一直位居世界第二位。1978—2007 年全国发电装机容量和发电量增长情况见图附 3-1。

输电线路和变电设备快速发展。截至 2007 年年底，全国 35kV 及以上输电线路回路长度达到 110.63 万 km，同比增长 7.5%；35kV 及以上变电设备容量达到 24.24 亿 kVA，同比增长 15.3%。

西电东送和南北互济能力有所提高。截至 2007 年年底，全国“西电东送”北、中、南通道总输送能力已经达到 4 750 万 kW，进一步增加了西部电力送达东部负荷中心的电量以及东、中、西部地区之间快速灵活的调剂电量，为实现我国东中西部经济平稳协调快速发展起到了能源支撑的关键作用。

“户户通电”工程取得显著成果。目前，除西藏、青海和新疆因地域、地形、经济等多种

原因，行政村通电率较低外，其他省区行政村通电率都达到99%以上。

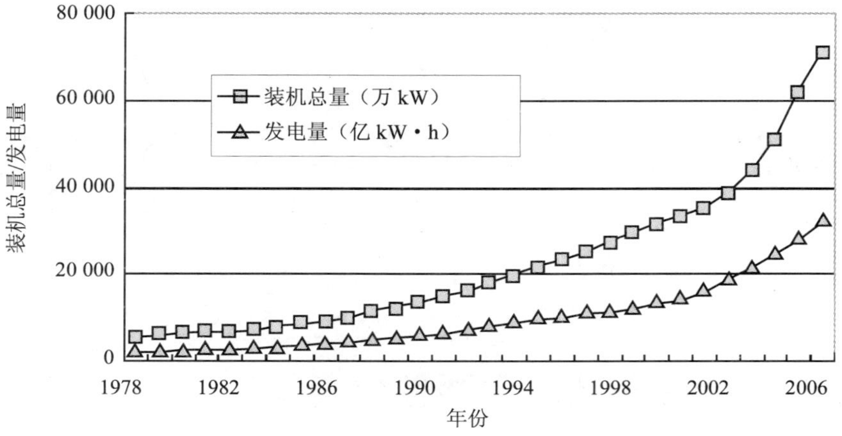

图附 3-1　1978—2007 年全国发电装机及发电量增长情况

2．电源结构得到明显改善

1978 年以来，我国电源构成由开始的火电和水电，发展为以煤电为主，水电、核电、风电、可再生能源发电等多元发展的格局。我国发电装机构成变化情况见图附 3-2，发电量构成变化情况见图附 3-3。

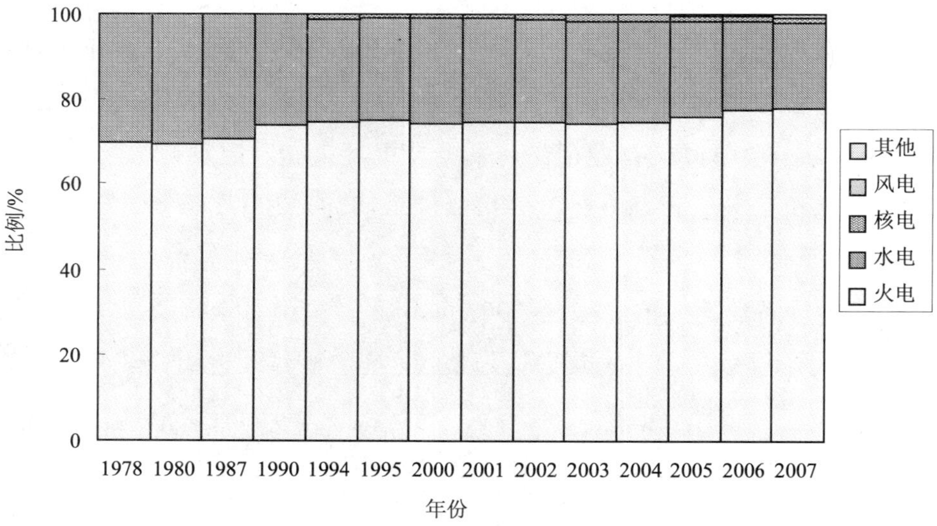

图附 3-2　我国发电装机构成变化情况

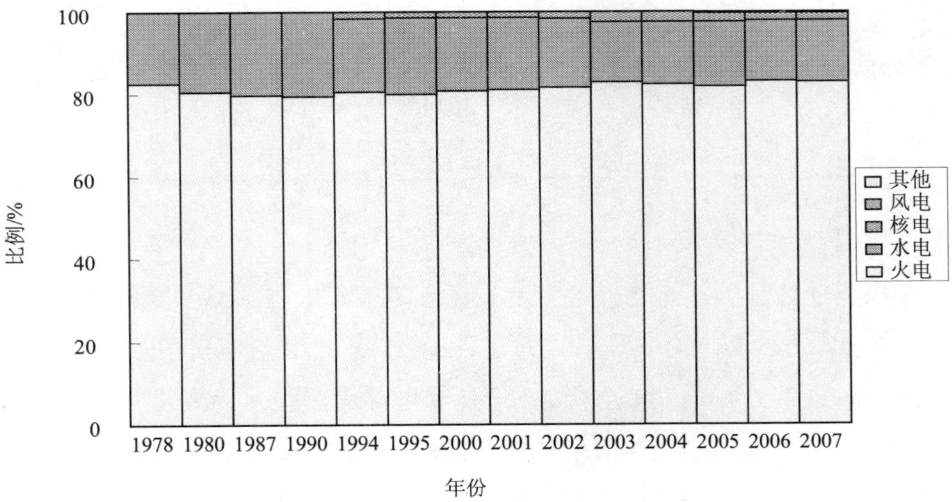

图附 3-3　我国发电量构成变化情况

（1）火电建设进入了大机组、大容量、高参数阶段

我国近十多年来新投产的机组，以大容量、高参数的大机组为主，具有节煤、节水、低排放等特点。30 万 kW、60 万 kW 火电机组已成为主力机型并逐步向 100 万 kW 级发展。通过技术引进，目前我国电站设备已基本接近世界先进水平；火电机组的参数逐步向超（超）临界方向发展。2007 年，华电邹县电厂 8#机组、华能玉环电厂 3#、4#机组、国电泰州电厂 1#机组，4 台百万千瓦超超临界火电机组相继投运，使得全国百万千瓦超超临界火电机组的数量达到 7 台；全国首台 60 万 kW 超超临界机组——华能营口电厂 1#机组投产。超超临界机组在国内的相继投产，标志着我国已经成功掌握世界先进的火力发电技术，电力工业已经开始进入“超超临界”时代。

截至 2006 年年底，全国共有装机容量 100 万 kW 及以上火电厂 164 座，装机容量 23 327.7 万 kW。2006 年全国统计调查范围内火电机组容量等级结构见表附 3-1。

表附 3-1　　2006 年全国统计调查范围内火电机组容量等级结构情况

指 标 分 类		计算单位	火电机组合计	占统计调查范围内火电机组比重/%
6 000kW 及以上机组	合　计	台	6 243	100
		万 kW	44 711.62	
60 万 kW 及以上	小　计	台	132	18.42
		万 kW	8 234.7	
30 万至不足 60 万 kW	小　计	台	508	36.25
		万 kW	16 208.5	
20 万至不足 30 万 kW	小　计	台	241	11.11
		万 kW	4 966	

指标分类		计算单位	火电机组合计	占统计调查范围内火电机组比重/%
10 万至不足 20 万 kW	小计	台	558	15.45
		万 kW	6 909.64	
不足 10 万 kW	小计	台	4 804	18.77
		万 kW	8 392.77	

（2）水力发电得到快速发展

我国水电建设以浙江新安江水电站为起点，随着刘家峡、龙羊峡、葛洲坝、岩滩、李家峡、二滩、广州抽水蓄能、三峡、公伯峡等电站的建成投产，水电装机容量由 1978 年的 1 728 万 kW 增加到 2007 年的 14 823 万 kW，增长了 7.6 倍，居世界第一。水力发电量由 446 亿 kW・h 增加到 4 714 亿 kW・h，增长了近 10 倍。1978—2007 年全国水力发电的发展情况见图附 3-4。2006 年全国统计调查范围内水电机组容量等级结构见表附 3-2。

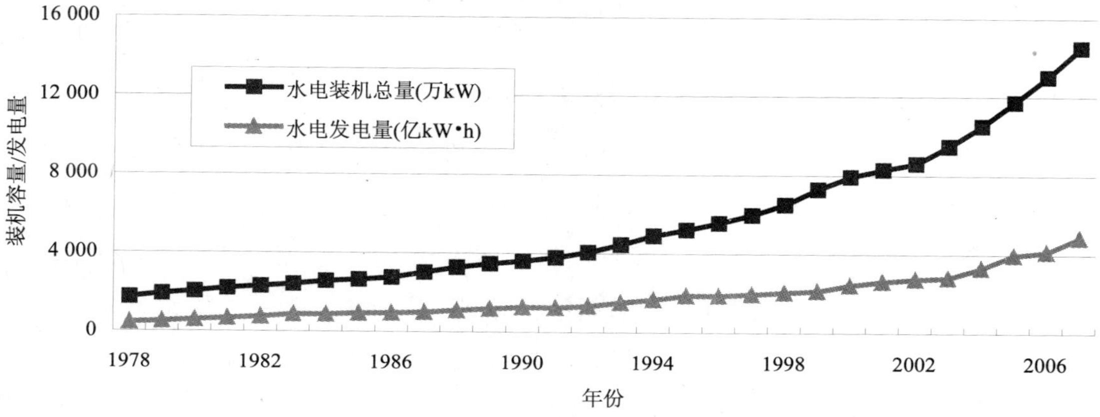

图附 3-4 1978—2007 年全国水力发电的发展情况

表附 3-2 2006 年全国统计调查范围内水电机组容量等级结构情况

指标分类		计算单位	水电机组合计	占统计调查范围内水电机组比重/%
6 000kW 及以上机组	合计	台	1 936	100
		万 kW	9 645.57	
60 万 kW 及以上	小计	台	14	10.2
		万 kW	980	
30 万至不足 60 万 kW	小计	台	61	21.1
		万 kW	2 032	
20 万至不足 30 万 kW	小计	台	61	14.2
		万 kW	1 371.13	
10 万至不足 20 万 kW	小计	台	126	17.6
		万 kW	1 696.44	
不足 10 万 kW	小计	台	1 674	37.0
		万 kW	3 566.30	

（3）核电建设得到适当发展

1994 年，装机容量为 30 万 kW 的秦山核电站和装机容量为 180 万 kW 的大亚湾核电站相继投产，结束了我国大陆无核电的历史。截至 2007 年，我国核电装机容量已达 885 万 kW，占总装机容量的 1.2%。

（4）积极开发利用新能源和可再生能源发电

截至 2007 年年底，全国并网生产的风电装机总容量为 420 万 kW，约占总容量的 0.6%，同比增长 102.5%。2007 年一年的风电发展规模相当于 2007 年之前所有年份风电装机容量的总和。中国国电集团公司、中国大唐集团公司的风电装机容量分别突破 150 万 kW 和 100 万 kW，内蒙古自治区成为全国首个风电装机容量突破百万千瓦的省份。风电在建规模预计在 300 万 kW 以上，我国已成为世界上风电发展速度最快的国家。我国历年风电装机情况见图附 3-5。

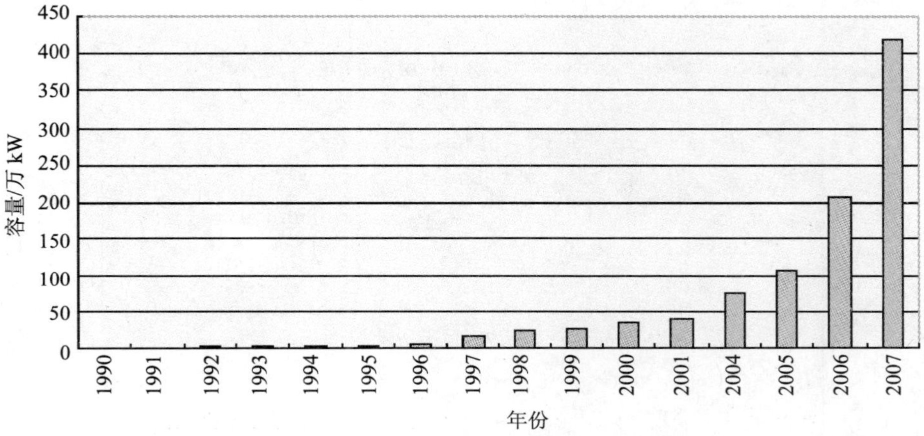

图附 3-5　我国历年风电装机情况

截至 2007 年年底，全国已正式投运的生物质能发电设备容量将近 25 万 kW，分布在山东、江苏、吉林、河北、黑龙江、河南等省。

（二）电力工业面临的环境形势和任务

1. 节能降耗情况

通过电源结构调整，陆续关停纯凝汽式燃煤小机组和老、小燃油机组，大批清洁、高效、环保机组陆续投产发电，以及加强节能管理，电力生产输送环节能源利用效率继续提高，电力行业节能降耗取得持续进步。1980 年到 2007 年，供电标准煤耗逐年下降，从 448g/（kW·h）下降到 356g/（kW·h），降低了 92g/（kW·h），相当于累计节约标准煤 9 000 多万 t；发电厂用电率由 1992 年的最高值 7%（1980 年的厂用电率为 6.44，1980—2007 年发电厂用电率最高值为 1992 年的 7%）下降到 5.83%，减少了 1.17 个百分点；电网输电线损率由 8.93%降为

6.97%，减少了 1.96 个百分点。1980—2007 年电力行业节能降耗情况见图附 3-6、图附 3-7。2007 年全国部分电力集团公司供电煤耗及先进机组能效指标情况见表附 3-3、表附 3-4。

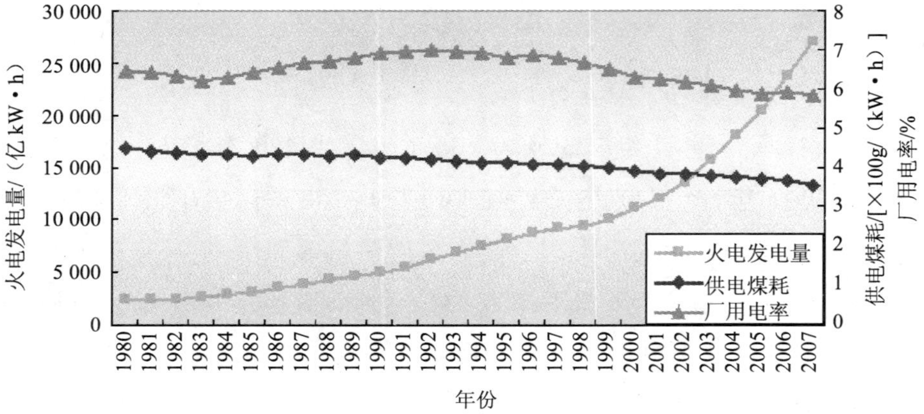

图附 3-6 1980—2007 年火电厂供电煤耗及厂用电率变化情况

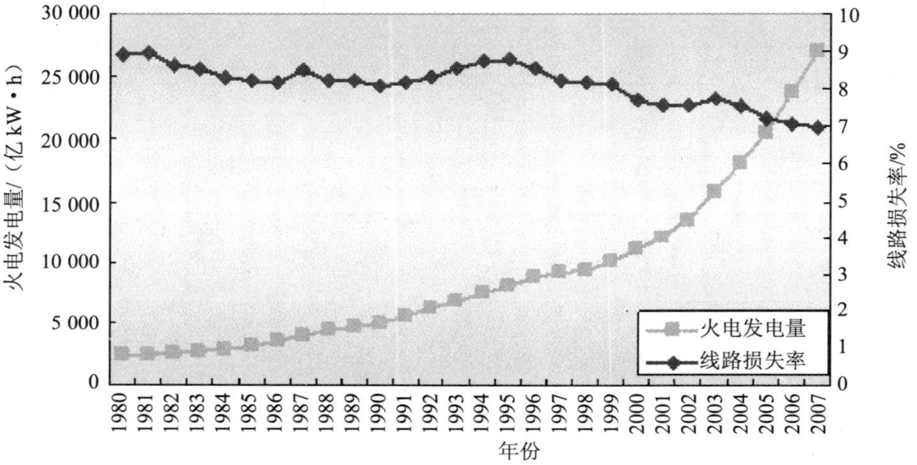

图附 3-7 1980—2007 年火电厂线损率变化情况

表附 3-3 2007 年全国部分发电集团公司供电煤耗一览表

集团名称	中国华能集团公司	中国大唐集团公司	中国华电集团公司	中国国电集团公司	中国电力投资集团公司
供电煤耗/[g/（kW·h）]	337	343	347	348	358
低于全国平均水平/[g/（kW·h）]	19	13	9	8	−2
集团名称	中国神华能源股份有限公司	广东省粤电集团公司	浙江省能源集团公司	国家开发投资公司	华润电力控股公司
供电煤耗/[g/（kW·h）]	330	340	331	339	320
低于全国平均水平/[g/（kW·h）]	26	16	25	17	36

集团名称	贵州金元集团股份有限公司	山东鲁能发展集团公司	北京能源投资（集团）公司	河南投资集团公司	河北省建设投资公司
供电煤耗/[g/（kW·h）]	346	341	331	360	343
低于全国平均水平/[g/（kW·h）]	10	15	25	−4	13

表附 3-4　　2007 年先进机组能效指标一览表

机组类型	机组所属企业（无标注均为纯凝机组）	总容量/万 kW	机组编号	机组投运时间	机组能效		备　注
					供电煤耗/[g/（kW·h）]	生产厂用电率/%	
超临界机组	上海外高桥第二发电有限责任公司	2×90	6 号	2004 年	297.84	3.16	进口机组，开式冷却，1 台电泵，有脱硫
	华能石洞口第二电厂	2×60	2 号	1992 年	303.55	3.13	进口机组，开式冷却，1 台电泵，无脱硫
	华能沁北发电有限责任公司	2×60	2 号	2004 年	304.66	4.09	国产机组，闭式冷却，1 台电泵，有脱硫
	华能伊敏电厂	2×50	1 号	1998 年	323.36	4.8	俄制进口，闭式冷却，1 台电泵，无脱硫
	华能南京电厂	2×32	1 号	1994 年	324.91	4.57	俄制进口，开式冷却，1 台电泵，无脱硫
亚临界机组	粤电珠海电厂	2×70	2 号	2000 年	315.53	4.96	进口机组，开式冷却，1 台电泵，无脱硫
	国华粤电台山电厂	5×60	5 号	2006 年	316	5.44	国产机组，开式冷却，1 台电泵，有脱硫
	华能福州电厂	4×35	3 号	1999 年	304.29	3.14	进口机组，开式冷却，1 台电泵，无脱硫
	深圳妈湾电厂	6×30	6 号	2003 年	316.6	5.08	国产机组，开式冷却，1 台电泵，有脱硫
	天津华能杨柳青热电有限责任公司（供热机组）	2×30	6 号	1999 年	312.96	4.84	国产机组，闭式冷却，1 台电泵，有脱硫

注：数据来源于中国电力企业联合会全国发电机组技术协作会。

2．主要污染物控制情况

（1）烟尘

“十五”期间，全国 6 000kW 及以上燃煤电厂平均除尘效率由 98%提高到 98.5%以上。新投产的燃煤机组中，大部分机组是按标态烟尘排放浓度 50mg/m^3（为目前国际最低的排放浓度限值）或更低值设计和建造，达到了国际先进水平。同时，除尘技术也取得了历史性突破，一批燃煤电厂装设了布袋除尘器。国内最大的单机 30 万 kW 级机组配套的布袋除尘器已投入商业运行。尽管火电装机容量由 1980 年的 4 555 万 kW 增加到 2007 年的 5.54 亿 kW，增长了 11 倍，但烟尘排放量在近 20 多年来基本持平，且略有下降，由 1980 年的 399 万 t 下降到 2007 年的 350 万 t。

2007 年，新建燃煤电厂全部采用高效除尘技术，除尘器效率平均在 99.5%以上。与上年相比，2007 年全国火电装机容量增加 14.9%，火力发电量增加 14.6%，烟尘排放绩效 1.3g/kW·h，比上年下降 0.3g/kW·h；烟尘排放总量 350 万 t，比上年下降 9.5%。

尽管火电厂烟尘控制技术水平逐年提高，但电煤质量不容乐观，燃煤平均灰分逐年提高，2007 年达到 27%，比上年提高 0.1 个百分点。美国目前电煤平均灰分 9%。同时，需要说明的是，提高城市环境空气质量，降低可吸入颗粒物，控制城市面源污染是关键。

（2）二氧化硫

① 二氧化硫排放与控制情况。

“十五”以来，电力企业加大了二氧化硫治理力度。“十五”期间，通过采取燃用低硫煤、关停小火电机组、节能降耗和推进烟气脱硫等综合措施，二氧化硫排放控制取得了突破性进展，共减排二氧化硫约 243 万 t。进入“十一五”以来，火电厂烟气脱硫装置建设速度加快。截至 2007 年年底，全国火电厂烟气脱硫机组容量约 2.7 亿 kW，约占全国燃煤机组容量的 50%，与 2000 年相比，增长了约 53 倍，超过美国（美国 2005 年的脱硫机组容量约 1.02 亿 kW，占其全部煤电机组容量的 31.5%）。

2007 年，全国二氧化硫排放 2 468.1 万 t，比 2006 年下降 4.66%，是近年来全国二氧化硫年排放总量首次出现下降。全国电力二氧化硫排放量也出现历史性转折，比 2006 年降低 9.1%。根据中国电力企业联合会统计分析，2007 年电力二氧化硫排放量 1 200 万 t，占全国二氧化硫排放总量的比例由 2006 年的 52.1%下降到 48.6%；二氧化硫排放绩效（即单位发电量二氧化硫排放量）由 2006 年的 5.7g/kW·h 下降到 4.4g/kW·h，降低 1.3g/kW·h（美国 2005 年燃煤电厂二氧化硫排放绩效值为 5.14g/kW·h）。1990—2007 年全国及电力二氧化硫排放情况见图附 3-8。

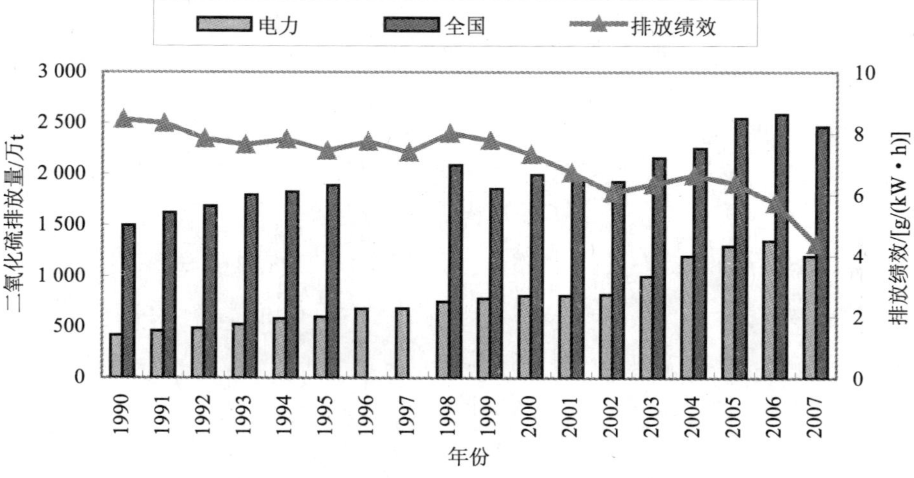

注：全国二氧化硫排放量为全国环境状况公报数据，电力二氧化硫排放量为电力行业统计分析数据。

图附 3-8　1990—2007 年全国及电力二氧化硫排放情况

② 二氧化硫排放对环境质量和酸雨的影响。

“十五”以来，在二氧化硫排放量增长较快的情况下，环境质量的变化相对平稳。2006年全国环境质量状况公告显示，与2005年相比（可比城市），2006年城市空气质量达到或优于二级的城市比例增加4.7个百分点；劣于三级的城市比例减少2.1个百分点。城市空气质量持续改善。颗粒物仍是显著影响城市空气质量的首要污染物（图附3-9）。

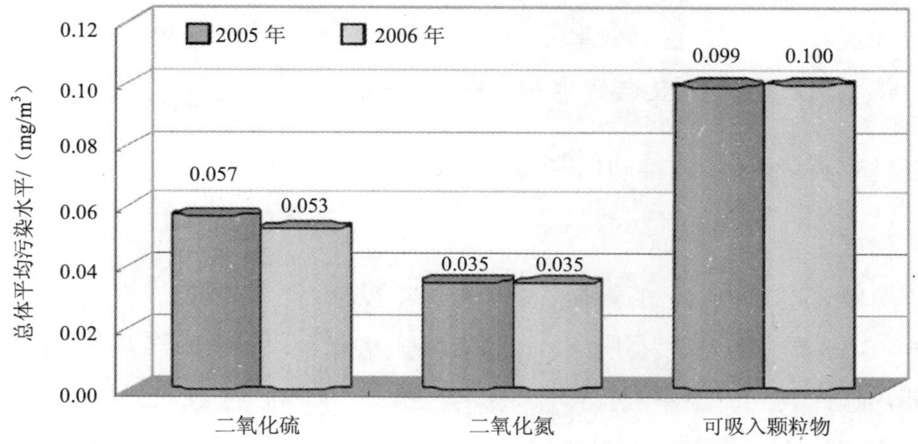

图附3-9　重点城市主要大气污染物年均浓度

从环境质量变化趋势看，“十五”末与“十五”初相比，环境质量总体好转，颗粒物是主要污染物；二氧化硫排放总量是明显升高的，但二氧化硫环境质量总体持平，在城市略有好转；酸雨范围基本稳定，污染程度有所加重。单从环境空气质量看，二氧化硫排放总量与环境中二氧化硫的浓度并不呈线性关系。如1990年，美国SO_2排放总量约2 148万t，其中电力SO_2排放约占75%，美国全国火电厂的烟气脱硫容量仅为0.69亿kW，占煤电机组容量的20.9%，但美国的环境空气中SO_2浓度是全部达标的。

控制电力二氧化硫排放主要是解决酸雨的问题，要解决城市环境空气SO_2地面浓度问题，重点还是要控制面源的SO_2排放。

（3）氮氧化物

相对于我国火电的总装机容量和总发电量而言，NO_x排放量的增加速率明显小于我国总发电量、总装机容量增长率，火电的单位发电量的NO_x排放水平总体呈逐步下降趋势。根据1990—2002年火电机组NO_x排放分析，同期火电机组发电量增加2.71倍，NO_x排放增加2.35倍，绩效指标降低13.5%［1990年为4.62g/（kW·h），2002年为4.00g/（kW·h）］。燃烧低挥发分煤（贫煤、无烟煤）平均绩效指标比燃烧烟煤（低挥发分烟煤、高挥发分烟煤两类）高16%。

20世纪80年代中后期，我国在引进大容量燃煤发电机组的同时，也引进了锅炉低NO_x

燃烧器的制造技术，并在大型火电机组上采用。在此基础上，结合中国煤质、制粉系统特点，开发了低 NO_x 燃烧系统。

目前，所有新建大型燃煤机组都按要求同步采用了低氮氧化物燃烧方式，并在环境敏感地区开始建设烟气脱硝装置；一批现有电厂结合技术改造安装了低氮氧化物燃烧器。除无烟煤、贫煤外，采用低 NO_x 燃烧方式的火电厂基本上能做到达标排放。截至 2006 年年底，原国家环保总局已核准火电厂烟气脱硝装置约 5 000 万 kW。已投运或在建的脱硝机组多数采用选择性催化还原（SCR）工艺，脱硝效率在 50%～85%之间。在 60 万 kW 机组上装设的 SCR 装置已经运行多年，国产化的 SCR 装置也在单机 60 万 kW 机组上投运。

3. 温室气体与其他污染物控制情况

（1）二氧化碳

据世界资源研究所（WRI）的数据，自 1850 年以来，全球累积排放了 1.1 万亿 t 二氧化碳（截至 2004 年，不包括土地利用数据），尤其是 1950 年以后全球温室气体排放量进入了一个快速增长期，在此期间的温室气体排放量占历史累积排放量的 80.45%。发达国家和发展中国家对全球温室气体浓度升高的贡献差别也较大，1900 年发达国家的温室气体排放量是发展中国家温度气体排放量的 96.3 倍，1950 年为 13.7 倍。进入 20 世纪 80 年代，发达国家的排放量基本为发展中国家的 3 倍，进入 20 世纪 90 年代后，逐步稳定在 1.6 倍。

根据《中华人民共和国气候变化初始国家信息通报》，1994 年中国温室气体排放总量为 40.6 亿 t 二氧化碳当量（扣除碳汇后的净排放量为 36.5 亿 t 二氧化碳当量），其中二氧化碳排放量为 30.7 亿 t，甲烷为 7.3 亿 t 二氧化碳当量，一氧化二氮为 2.6 亿 t 二氧化碳当量。据中国有关专家初步估算，2004 年中国温室气体排放总量约为 61 亿 t 二氧化碳当量（扣除碳汇后的净排放量约为 56 亿 t 二氧化碳当量），其中二氧化碳排放量约为 50.7 亿 t，甲烷约为 7.2 亿 t 二氧化碳当量，一氧化二氮约为 3.3 亿 t 二氧化碳当量。从 1994 年到 2004 年，中国温室气体排放总量的年均增长率约为 4%，二氧化碳排放量在温室气体排放总量中所占的比重由 1994 年的 76%上升到 2004 年的 83%。

中国温室气体历史排放量很低，且人均排放一直低于世界平均水平。根据世界资源研究所的研究结果，1950 年中国化石燃料燃烧二氧化碳排放量为 7 900 万 t，仅占当时世界总排放量的 1.31%；1950—2002 年中国化石燃料燃烧二氧化碳累计排放量占世界同期的 9.33%，人均累计二氧化碳排放量 61.7t，居世界第 92 位。根据国际能源机构的统计，2004 年中国化石燃料燃烧人均二氧化碳排放量为 3.65t，相当于世界平均水平的 87%、经济合作与发展组织国家的 33%。

在经济社会稳步发展的同时，中国单位国内生产总值（GDP）的二氧化碳排放强度总体呈下降趋势。根据国际能源机构的统计数据，1990 年中国单位 GDP 化石燃料燃烧二氧化碳排放强度为 5.47kgCO_2/美元（2000 年价），2004 年下降为 2.76kgCO_2/美元，下降了 49.5%，而同期世界平均水平只下降了 12.6%，经济合作与发展组织国家下降了 16.1%。

我国二氧化碳排放的主要特点是尽管二氧化碳排放总量大，但累计排放量少，人均排放量很低；尽管 GDP 的碳排放强度比较高，但近 20 年来下降的速度很快，而且今后仍呈继续下降的趋势。

虽然《京都议定书》未对发展中国家规定减排温室气体的义务，但我国政府仍然高度重视二氧化碳的减排，提出了树立科学发展观和构建和谐社会的重大战略思想，加快建设资源节约型、环境友好型社会，并从国情出发，制定了一系列有利于二氧化碳减排的法规、政策、措施，并在《国民经济和社会发展第十一个五年规划纲要》中提出“单位 GDP 能耗降低 20%”的目标。

目前，电力行业减排二氧化碳的主要措施是调整能源结构（如有序开发水电，积极推进核电，鼓励可再生能源等）和节能降耗（如上大压小、提高电站热效率、节能发电调度等）。另外，电力行业根据国家要求，在积极开展各项节能降耗工作的同时，有效开展 CDM 项目工作。截至 2008 年 5 月 13 日，我国已批准 CDM 项目 1 295 个，年减排潜力 2.75 亿 t 二氧化碳当量。其中，216 个项目得到联合国清洁发展机制执行理事会（EB）注册。在批准的 1 295 个项目中，电力行业项目数占 90%以上，年减排潜力 1.66 亿 t 二氧化碳当量。其中，水电项目 676 个，占全部 CDM 项目数的 52.2%，年减排潜力 0.66 亿 t 二氧化碳当量；风电项目 190 个，占全部 CDM 项目数的 14.7%，年减排潜力 0.2 亿 t 二氧化碳当量。

（2）超细颗粒物（$PM_{2.5}$）

目前，电厂安装的除尘、脱硫、脱硝装置很难有效去除燃煤产生的超细颗粒物（$PM_{2.5}$），这些细颗粒物能进入人体呼吸道且能长期飘浮于空气中，对人体健康危害极大。美国在 1997 年颁布了 $PM_{2.5}$ 的空气质量标准，规定年均值为 15μg/m^3，日均值为 65μg/m^3。我国目前还没有关于 $PM_{2.5}$ 的排放标准。

我国针对燃煤排放 $PM_{2.5}$ 的生成、变化、排放及控制的研究不多。目前，国内一些研究机构正在针对火电厂 $PM_{2.5}$ 的排放和转化规律、分布特征及捕集规律、重金属的含量分布和迁移规律、$PM_{2.5}$ 的控制等开展研究工作。美国和一些欧洲国家开展的研究主要涉及 $PM_{2.5}$ 质量浓度的时空分布，排放清单、排放特征谱，源解析，$PM_{2.5}$ 对大气能见度和人体健康影响等。

（3）重金属

燃煤电厂重金属污染主要是汞（Hg）、硒（Se）和砷（As）污染。

① 汞。

目前，燃煤烟气中重金属的去除集中在汞的排放管理和控制上。Streets 等人对中国 1999 年汞的排放量进行了研究估算，他们的估算结果是：总汞排放量 535.8t，其中 $Hg^0$299.3t，Hg^{2+}171.9t，Hg_p64.7t，电厂的汞排放量约为 68t，占全国总汞排放量的 12.7%。总汞排放的组成部分见表附 3-5。

表附 3-5　　1999 年中国总汞排放量情况一览表（Streets 等人估算）①

排放源	排放量/t	比例/%
有色金属冶炼	242.2	45.2
其中：锌冶炼	147.3	27.5
金冶炼	44.5	8.3
铅冶炼	40.2	7.5
铜冶炼	10.2	1.9
煤燃烧	202.5	37.8
其中：工业使用	103.4	19.3
电　厂	68.0	12.7
民　用	19.8	3.7
其　他	11.3	2.1
电池和荧光灯生产	24.1	4.5
水泥生产	22.5	4.2
汞矿的开采	8.6	1.6
生物燃料	8.0	1.5
其他	27.9	5.2
总量	535.8	100

有研究表明，1999 年以来，尤其是在 2003—2004 年我国汞的排放有增加的趋势，这主要是由于燃煤消费和工业生产的持续性增长。初步估计 2001 年排放量在 575t，2004 年达到 750t。

燃煤中汞的控制方法分为三种：燃烧前控制，燃烧中控制和燃烧后控制。燃烧前控制主要包括洗煤技术和化学脱硫过程，燃烧中控制主要通过改变燃烧工况和在炉膛中喷入固体吸附剂，燃烧后控制主要是利用活性炭、飞灰、钙基吸收剂以及一些新型吸收剂来减少汞的排放。目前燃煤烟气中汞的控制技术还处于起步阶段，还没有专门针对脱汞的成熟技术，主要利用现有烟气控制设备脱汞。有研究发现，袋式除尘加湿法脱硫对汞有较高的去除效率。

现有烟气污染控制方法脱汞的平均效率见表附 3-6，经济性比较见表附 3-7。

表附 3-6　　现有烟气污染控制方法脱汞的平均效率②

烟气污染控制技术	平均汞去除率/%
冷态静电除尘器	27
冷态静电除尘器 + 湿法烟气脱硫系统	49
热态静电除尘器	4
袋式除尘器	58
文丘里颗粒除尘器	18
半干法+ 袋式除尘器	38
热态静电除尘器 + 湿法烟气脱硫系统	26
袋式除尘器 + 湿法烟气脱硫系统	88
半干法 + 冷态静电除尘器	18

① David G. Streets，Jiming Hao，Ye Wu，et al. Anthropogenic mercury emissions in China. Atmospheric Environment，2005，39（40）：7789-7806.
② 美国电力研究院（EPRI）2000 年数据.

表附 3-7　　不同重金属污染控制技术的经济性比较

技术名称	袋式除尘器 + 湿法烟气脱硫系统	袋式除尘器	冷态静电除尘器
单位成本/（元/kW）	264	64	70
运行费用（固定成本+变动成本）/[元/（kW·h）]	0.018	0.002 4	0.002 4
国际上技术现状及发展预测	起步阶段	起步阶段	起步阶段
国内自有或引进及消化吸收情况	起步阶段	起步阶段	起步阶段
综合评价	不成熟	不成熟	不成熟

② 其他重金属。

砷在煤中的主要载体是黄铁矿，砷虽然是煤中最有害的元素之一，但是多数煤中砷含量并不高。如果在燃烧前采用选煤技术则可以较容易去除黄铁矿，达到控制砷的目的。

硒的挥发性强，燃煤排放的硒是大气中硒的重要来源。含硒黄铁矿和其他硫化物易风化，释放出硒。在大量燃煤地区产生局部硒污染是很有可能的。但是目前，硒对环境造成危害的报道并不多。

除汞、硒、砷外，燃煤烟气中还含有大量的其他微量重金属元素。其中对大气环境污染比较严重的铬（Cr）、镉（Cd）、铅（Pb）、铍（Be）、镍（Ni）等重金属的研究还很少，也未见排放量报道。

（三）电力工业污染防治的重要性和紧迫性

1．“十一五”末二氧化硫控制目标

《国民经济和社会发展第十一个五年规划纲要》提出的约束性指标要求：到 2010 年，单位 GDP 能耗降低 20%、二氧化硫排放总量削减 10%。

根据国务院批复的《关于“十一五”期间全国主要污染物排放总量控制计划》，到 2010 年，全国二氧化硫排放总量控制目标为 2 294.4 万 t，其中，电力为 951.7 万 t。

国务院《关于印发节能减排综合性工作方案的通知》（国发[2007]15 号）要求：推动燃煤电厂二氧化硫治理，形成削减二氧化硫能力 590 万 t。

《电力工业发展“十一五”规划》提出，到 2010 年，燃煤电厂每千瓦时二氧化硫排放量 2.7g，达到国际先进水平。

2．电力工业发展面临的节能减排形势

（1）电力发展水平仍然较低，发展仍然是首要任务

尽管我国的电力工业取得了长足的发展，但从人均来讲仍然处于较低水平。2006 年，我国的人均电力装机容量仅为 0.47kW，人均用电量约 2 149kW·h，人均生活用电量仅为

246kW·h。从人均电力装机水平来看，大致相当于美国的 1/7，日本的 1/4，韩国的 1/3。我国正处在工业化过程，电力工业的持续较快速发展是经济和社会全面协调和谐发展的必然要求，发展仍然是我国电力工业的首要任务。

（2）不断增长的电力需求与环境、资源矛盾在较长时期内仍然突出

我国以煤炭为主的能源格局在短时期内不会改变，以煤电为主的电力工业结构格局在未来二三十年内也不会改变。一方面，电力发展受着煤炭资源分布、开采、运输和水资源的制约，另一方面，燃煤产生的大气污染物的控制任务仍然十分艰巨。在烟尘、二氧化硫、氮氧化物逐步得到控制之后，烟气中的重金属等污染物的控制将会提到议事日程，而对电力工业影响最大的二氧化碳的排放将是制约电力工业发展的最大障碍。资源和环境的压力，不仅直接影响到电力工业的发展，也必然对国民经济的总体平衡产生重要影响。节能减排是电力工业发展的永恒主题。

二、工业锅炉污染防治

我国除电力工业以外的热能动力（取暖、企业供热、工艺用热、部分动力）主要依靠工业锅炉和工业炉。目前我国工业锅炉的拥有量超过 53 万台，总装机量 125 万蒸 t/h，总热功率达到 840GW，其中燃煤锅炉的容量占 90%，用于生产占 54.8%，用于生活及取暖占 45.2%，年消耗原煤 3.5 亿～3.8 亿 t，占全国煤炭消费总量的 1/4 以上。

燃煤工业锅炉中蒸发量≥20t/h 的不到 20%，≤1t/h 占 5%，2～10t/h 占 75%，容量小而分散，难以管理。

由于小锅炉的单位锅炉蒸发量的烟气脱硫的费用远大于大锅炉，燃煤工业锅炉难以实施烟气脱硫。搞了 30 年的小锅炉简易烟气脱硫仍不能推广应用。目前，燃煤工业锅炉排放 SO_2 约 600 万 t/a，约占全国 SO_2 排放的 1/3。部分容量较大的燃煤工业锅炉采用了除尘效率不高（75%～85%）的旋风除尘器，多管式除尘器和湿法除尘器，更多的容量小的锅炉多未装除尘器。燃煤工业锅炉平均标态烟尘排放 300～400mg/m^3，排放烟尘 380 万 t/a，约占全国烟尘排放的 1/3。CO_2 排放 6.7 亿 t/a，地面灰渣 8 700 万 t/a。随着我国经济的稳定持续发展，燃煤工业锅炉仍然保持着不断增长的态势，给我国的煤炭生产和供应，环境保护带来巨大的挑战。

目前，我国燃煤工业锅炉中链条炉占 65%，往复炉排炉占 20%，固定炉排炉占 10%，循环流化床占 3%～5%。层燃锅炉是我国燃煤工业锅炉的主体。虽然我国层燃锅炉的设计制造水平已逐步接近国际先进水平，但是由于锅炉用煤的生产、管理、供应体系落后，以及对运行人员培训不足，使锅炉的实际运行效率大幅度降低，造成大量的能源浪费和环境污染。在我国，新安装的层燃锅炉（绝大多数是链条锅炉）在技术人员的组织下，按设计的煤种和煤的颗粒度准备好煤炭，测试的效率一般都能达到设计效率（80%以上）。但是在实际使用中，

我国层燃锅炉的用煤基本上都是煤矿生产的散煤（原煤），含灰量很高，煤末比例过大，再加上锅炉运行工人接受的培训普遍不足，致使多数锅炉的实际运行效率只有 60%～65%，甚至更低，由此造成每年至少浪费煤炭 6 000 万 t，多生成二氧化硫 50 万～60 万 t，烟尘 60 万～80 万 t，还排放了大量的汞等重金属微粒。煤炭资源、经济和环境损失巨大。

虽然我国已经用了 30 多年时间，动员各级节煤办公室，动用了几十亿元节煤改造资金，在锅炉技术改进上取得了很大进展，但是在提高燃煤工业锅炉效率、降低环境污染方面的收效还是不大。

如果用清洁燃料代替煤炭燃烧，只有北京、上海等少数城市才能大量使用昂贵和稀少的天然气或石油，大部分城市还要依靠煤炭。天然气替代环境效果好，但运行成本高。

改变所用燃料的成本比价如下：

烧散煤（原煤）：筛分洗选煤：固硫型煤：水煤浆：重油：天然气

1　:　1.1　:　1.2　:　1.45　:　2.3　:　3.1

最经济和有效的办法是对工业锅炉所用的商品动力煤进行筛分和洗选。根据分析，以往的工作主要着重在锅炉技术改进上，其实更为重要的是从根本上改善我国燃煤工业锅炉的煤炭生产、管理和供应体系，这是最经济的大幅度提高燃煤工业锅炉效率，节约煤炭，降低环境污染的最佳途径。改善工业锅炉煤炭生产、管理和供应体系，就可以在已有的燃煤工业锅炉技术和设备条件下，提高锅炉效率 8%～12%，减少黑烟及二氧化硫、氮氧化物的排放。同时，还可带来增加煤炭行业就业、提高煤矿终端产品附加值、降低工业锅炉运行成本的社会效益和经济效益。

实际应用中，链条炉多用高灰的原煤（或称散煤）。原煤平均含灰＞28%。＜3mm 的末煤达 45%～65%，粒度＞10mm 的仅占 15%～30%。

燃煤工业锅炉、工业炉和民用炉灶应改为燃用筛选后的小块（6～25mm）、低灰（含灰＜10%）、低硫（含硫＜0.8%）的煤。使用小块煤可以提高燃烧效率 10%，并减少过量用风和排烟热损失。使全国消耗原煤总量约 27%的 50 多万台燃煤工业锅炉的热效率从现在的 65%提高到 75%，年节约原煤 6 000 万 t（标准煤 4 300 万 t），并可大幅度减少污染排放。燃煤工业锅炉的平均节煤相当于 10%/0.65=15%，减少污染排放也是 15%。但是目前我国动力用煤筛分、洗选率很低，远远落后于欧美各先进国家。我国燃煤工业锅炉热效率低下、浪费和污染严重的原因主要不是设备不先进，而是烧高灰原煤。

减少运输量：目前我国动力原煤入洗率低，加工回收率低，入选率不足 30%，造成大量无效运输（原煤中含矸量平均 20%左右），浪费运力。电力行业和工业锅炉应尽量燃用洗选后的低灰煤。

减轻大气污染：可明显减少大气中的颗粒物、SO_2 和汞等有毒物。硫、汞等大部赋存在矸石中，洗煤能去除 1/4～1/3，并有利于减少城市煤灰垃圾处理量。燃用筛分、洗选煤是工

业锅炉减少 SO_2 和汞排放的低费用的最有效办法。用筛分、洗选后的优质煤（煤的硫分＜0.8%）替代原煤燃烧的经济性最佳，除了可以提高锅炉效率约 10%之外，还可减少 SO_2 排放的成本，在 400 元/t SO_2 以下。有条件的部分城市可应用型煤。型煤脱硫效果较好，但价格较高，减排成本在 700 元/tSO_2 左右。有效的小锅炉的烟气脱硫成本就更高了。

三、国内外电力工业污染防治比较

（一）我国与国外法规对比分析

从 20 世纪 70 年代以来，许多国家的政府发展了建立在污染者付费原则基础上的污染控制计划。按照这个原则，“污染者应当承担由政府决定的控制污染措施的费用，以使得环境处于可以接受的状态”。在许多国家，这个原则被体现在让污染者按照他们排放的污染物数量付费等措施中，但每个国家的具体措施与目的却不尽相同。

1. 美国

美国的环境管理主要依靠两个手段。一是经济手段，二是法律手段。法律手段和经济手段相辅相成，法律是经济手段的依据，也是经济手段得以实现的保证，经济制裁是法律实施的重要内容。因此，防污染法规是实现一切防控污染措施的先决条件和重要保证。美国制定了 100 多种法规，涉及水、气、渣、声、有毒物、自然保护等，形成了一个严格的全方位防污染法规。[①]其中与大气污染关系最为密切、最早出台的较为系统的法规是 1970 年的《清洁大气法》，该法于 1977 年和 1990 年进行过重大修改。立法的主要目的是达到国家环境空气质量标准（NAAQs）。美国 1990 年《清洁大气法修正案》中的主要规定有[②]：

- 空气质量控制区。

《清洁大气法》要求美国国家环境保护局局长划定空气质量控制区。全国被划分为 247 个空气质量控制区。空气质量控制区的界限可与行政边界不一致。除州内空气质量控制区外，美国国家环境保护局局长还有权划定州际的空气质量控制区。州际空气质量控制区的污染问题由有关州政府联合组建的州际空气污染控制机关管理。

- 州实施计划。

《清洁大气法》要求各州必须在国家空气质量标准颁布后 9 个月内，向美国国家环境保护局呈报该州内各空气质量控制区的国家空气质量标准实施计划。州实施计划由美国国家环境保护局在 4 个月内完成审查，作出批准或不批准的决定。州实施计划包括：空气质量控制区的达

① 王志轩，等. 火电二氧化硫环境影响与控制对策. 北京：中国环境科学出版社，2002：102.
② 火电厂大气污染物排放综合控制技术优化方案及发展战略研究，第四章.

标计划和时间表，为达到和保持初级和二级标准所必需的排放限制及其他措施，为监测和分析空气质量数据所必需的设备、方法和程序，固定污染源的改造、建设和运转方案，定期检查和测试机动车遵守排放限制的情况，在未达标区实行重大固定污染源建设许可证制度等内容。

- 许可证。

1990 年前的《清洁大气法》只要求新污染源领取许可证。1990 年的修正案要求各州在 1991 年后必须按照美国国家环境保护局有关许可证条例的规定，制定和实施包括所有空气污染源的许可证规划，目的是把适应于每一污染源的所有联邦和州的管理规定都纳入一个许可文件中。污染源可以在美国国家环境保护局认可州许可证规划之后的一年中，提交许可证申请，许可证由州有关当局发放，但美国国家环境保护局有权审查。为了满足许可证规定的要求，污染源必须安装排放控制装置和监测排放的系统。

- 二氧化硫排放的配额和交易。

1990 年《清洁大气法修正案》规定了二氧化硫排放许可证和排污交易制度，其目标分两个阶段实施，到 2010 年使主要电站二氧化硫排放量比 1980 年排放量减少 1 000 万 t，并有效地降低二氧化硫减排费用。主要控制对象是电站，纳入控制规划的电站按原有的排放量得到一定数量的排放配额，每年的排放量不得超过这一年的配额。美国国家环境保护局每年拍卖一定数量的配额，配额可以买卖和储蓄。

- 流动污染源。

1990 年《清洁大气法修正案》规定了更加严格的流动污染源排放标准，要求汽车制造商削减汽车尾气排放的碳氢化合物和氮氧化物。规定 1994 年卖出车辆的 40%要达到这一标准，1996 年卖出车辆的 100%要达到这一标准。同时规定从 2003 年开始流动污染源的上述污染物排放要进一步削减 50%。同上述标准配套，修正案规定了两个与燃油有关的规划。

2. 日本

日本有相当完备的污染控制法律体系，《大气污染防制法》就总量控制、限制燃料使用、控制机动车污染、改善命令、应急措施等方面作了规定①。

- 总量控制。

企业集中，仅仅依据硫氧化物等烟尘排放基准很难达到大气环境质量标准，为此内阁政令确定“指定地区”。该地区都道府县知事应制定降低有关企业污染物排放量的计划，规定排放总量控制基准，即特定企业烟尘排放设施排入大气的烟尘总量的最高允许限度。烟尘总量的降低计划包括烟尘排放总量和降低指标、完成计划的时限和方法。

- 限制燃料使用。

对硫氧化物排放设施集中，因季节性燃料使用可能造成严重硫氧化物污染的地区，都道

① 火电厂大气污染物排放综合控制技术优化方案及发展战略研究，第四章.

府县知事依照环境省长官的规定，制定燃料使用的基准，限期、限地域地实施限制燃料使用的措施。

- 控制机动车污染。

环境省长官规定机动车在行驶过程中产生和排入大气的废气的最高允许量，运输省大臣为确保这一允许量得到实施，依据道路车辆运输法对机动车的构造等规定技术基准，规定禁止不符合这一技术基准的机动车投入运行。都道府县应在交叉路口等交通量大的地点测定废气浓度，必要时可以向都道府县公安委员会提出采取限制交通的请求。

- 改善命令。

在烟尘排放者排放的烟尘量或浓度不符合排放标准的场合下，都道府县知事可以命令排放者限期改善公害发生设施的构造、使用方法、烟尘处理方法，或者命令临时停止使用该设施。

- 应急措施。

在大气污染严重，出现对人体健康或生活环境造成危害的可能时，都道府县知事可以发出注意警报，普遍告知公众，号召企业减少烟尘排放量，要求汽车使用者协助自觉停止驾驶车辆。

3. 中国

中国《大气污染防治法》于 2000 年 4 月 29 日由第九届全国人民代表大会常务委员会第十五次会议通过，自 2000 年 9 月 1 日起施行。

该法共七章六十六条，对大气污染防治的监督管理体制、主要的法律制度、防治燃烧产生的大气污染、防治机动车船排放污染以及防治废气、尘和恶臭污染的主要措施、法律责任等均做了较为明确、具体的规定。其重要的制度有①：

- 大气污染物排放总量控制和许可证制度。

这是防治大气污染的一项重要制度，也是 2000 年修订《大气污染防治法》时新确立的法律规范。提出建立这项制度的意图在于，当前在我国许多人口和工业集中的地区，由于大气质量已经很差，即使污染源实现浓度达标排放，也不能遏制大气质量的继续恶化，因此，推行大气污染物排放总量控制势在必行。

在《大气污染防治法》中首先规定，国家采取措施，有计划地控制或者逐步削减各地方主要大气污染物的排放总量；地方各级人民政府对本辖区的大气环境质量负责，制定规划，采取措施，使本辖区的大气环境质量达到规定的标准；同时规定，国务院和省、自治区、直辖市人民政府对尚未达到规定的大气环境质量标准的区域和国务院批准划定的酸雨控制区、二氧化硫污染控制区，可以划定为主要大气污染物排放总量控制区。并且进一步明确，主要

---

① 《大气污染防治法》解读. http://www.lrn.cn/policy/policyanalyse/200707/t20070713_130517.htm.

大气污染物排放总量控制的具体办法由国务院规定。

在这个基础上，《大气污染防治法》中又规定，大气污染物总量控制区内有关地方人民政府依照国务院规定的条件和程序，按照公开、公平、公正的原则，核定企业事业单位的主要大气污染物排放总量，核发主要大气污染物排放许可证。对于有大气污染物总量控制任务的企业事业单位，《大气污染防治法》则要求必须按照核定的主要大气污染物排放总量和许可证规定的条件排放污染物。

- 污染物排放超标违法制度。

该法对大气环境质量标准的制定、大气污染物排放标准的制定作出了规定，同时该法率先于其他环境污染防治法律明确了“达标排放、超标违法”的法律地位，规定：向大气排放污染物的浓度不得超过国家和地方规定的排放标准。超标排放的，应限期治理，并被处一万元以上十万元以下的罚款。

- 排污收费制度。

征收排污费制度的实质是排污者由于向大气排放了污染物，对大气环境造成了损害，应当承担一定的补偿责任，征收排污费就是进行这种补偿的一种形式。这种制度，一是体现了污染者负担的原则；二是实行这种制度可以有效地促使污染者积极治理污染，所以它也是推行大气环境保护的一种必要手段。因此，在《大气污染防治法》中作出如下一些规定：① 国家实行按照向大气排放污染物的种类和数量征收排污费的制度，这是从法律上确立了这项制度。② 根据加强大气污染防治的要求和国家的经济、技术条件合理地制定排污费的征收标准。③ 征收排污费必须遵守国家规定的标准，具体办法和实施步骤由国务院规定。④ 征收的排污费一律上缴财政，按照国务院的规定用于大气污染防治，不得挪作他用，并由审计机关依法实施审计监督。

除了上述三项主要内容外，《大气污染防治法》还有以下重要内容：建设项目的环境影响评价和污染防治设施验收、特别区域保护、大气污染防治重点城市划定、酸雨控制区或者二氧化硫污染控制区划定、落后生产工艺和设备淘汰、现场检查、大气环境质量状况公报等制度。

（二）我国与国外排放标准对比分析

1．二氧化硫

（1）二氧化硫环境质量标准

不同国家的二氧化硫环境标准见表附 3-8。

表附 3-8　　不同国家的二氧化硫环境标准　　单位：mg/m³

国家、地区或组织		1h 均值	24h 均值	年几何均值	
美国联邦			0.365	0.080	1.300（3h 均值）
加利福尼亚州		0.715	0.143		
世界卫生组织		0.350	0.125	0.050	0.500（10min 均值）
意大利		0.25（98%一年中的小时平均值）	0.08（一年内日均值中值）	0.13（冬季 10 月 1 日至 3 月 31 日日平均值中值）	
日本		每天 SO_2 的小时平均值应在 0.04×10^{-6}（相当于 0.114 4 mg/m³）以下，时值在 0.1×10^{-6}（相当于 0.286 mg/m³）以下			
		1 h 均值	日均值	年均值	
中国	一级标准*	0.15	0.05	0.02	
	二级标准*	0.50	0.15	0.06	
	三级标准*	0.70	0.25	0.10	

注：*根据《环境空气质量标准》(GB 3095—1996)，我国环境空气质量功能区分为三类，一类区为自然保护区、风景名胜区和其他需要特殊保护的地区；二类区为城镇规划中确定的居住区、商业交通居民混合区、文化区、一般工业区和农村地区；三类区为特定工业区。相对应的区域分别执行一、二、三级标准。

美国、意大利二氧化硫环境标准来源于：王志轩，等. 火电二氧化硫环境影响与控制对策. 北京：中国环境科学出版社，2002：103，207；中国环境控制质量标准来源于《环境空气质量标准》(GB 3095—1996)。

（2）燃煤锅炉二氧化硫排放标准

① 美国。

表附 3-9 为美国燃煤锅炉 SO_2 的排放标准，从表附 3-9 中可见，美国发电机组二氧化硫排放标准值介于 740～1 480mg/m³，同时有脱硫效率要求，另外，还有总量控制的要求。

表附 3-9　　美国发电机组 SO_2 排放标准

型号	装置类型	排放标准
＞73MW	1971 年 8 月 17 日至 1978 年 9 月 18 日新建的发电机组	1.2 lb/Mbtu（1 480mg/m³）
	1978 年 9 月 18 日以后新建的发电机组（90%脱硫效率）	1.2 lb/Mbtu（1 480mg/m³）
	1978 年 9 月 18 日以后新建的发电机组（70%～90%脱硫效率）	0.6～1.2 lb/Mbtu（740～1 480mg/m³）
	如果控制后的排放水平低于 260g/GJ，要求最大的脱硫效率为 70%	0.6 lb/Mbtu（740mg/m³）

资料来源：王志轩，等. 火电二氧化硫环境影响与控制对策. 北京：中国环境科学出版社，2002：212。

② 日本。

日本 1968 年开始采用 K 值控制，因此其 SO_2 排放标准因电厂所在位置和烟囱高度不同而相差很大。表附 3-10 为日本燃煤锅炉 SO_2 排放标准。

表附 3-10 日本燃煤锅炉 SO_2 排放标准

装置类型	排放标准
原有和新建装置	根据国家定义公式分别确定（170～860mg/m³）： $Q=K\times10^{-3}\times H_e^2$ H_e——烟囱有效高度，m； Q——SO_2的允许排放量，m³/h； K——地区系数，根据各地区的污染程度、地理情况而定，m/h。

资料来源：郝吉明，等. 燃煤电厂二氧化硫污染控制技术手册：456。

③ 欧盟。

图附 3-10 为欧盟燃煤锅炉 SO_2 排放标准。

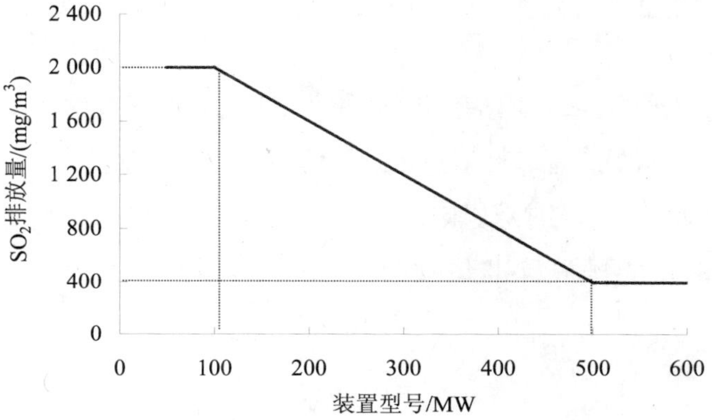

资料来源：200180EC，欧盟大型燃烧装置污染物排放标准。

图附 3-10 欧盟燃煤锅炉 SO_2 排放标准

④ 中国。

《火电厂大气污染物排放标准》（GB 13223—2003）分三个时段对不同时期的火电厂建设项目分别规定了排放控制要求：

1996 年 12 月 31 日前建成投产或通过建设项目环境影响报告书审批的新建、扩建、改建或电厂建设项目，执行第 1 时段排放控制要求。

1997 年 1 月 1 日起至本标准实施前通过建设项目环境影响报告书审批的新建、扩建、改建或电厂建设项目，执行第 2 时段排放控制要求。

自 2004 年 1 月 1 日起，通过建设项目环境影响报告书审批的新建、扩建、改建火电厂建设项目（含在第 2 时段中通过环境影响报告书审批的新建、扩建、改建火电厂建设项目，自批准之日起满 5 年，在本标准实施前尚未开工建设的火电厂建设项目），执行第 3 时段排放控制要求。

各时段火力发电锅炉 SO_2 最高允许排放浓度见表附 3-11。

表附 3-11 火力发电锅炉 SO_2 最高允许排放浓度 单位：mg/m^3

时段	第 1 时段		第 2 时段		第 3 时段
实施时间	2005 年 1 月 1 日	2010 年 1 月 1 日	2005 年 1 月 1 日	2010 年 1 月 1 日	2004 年 1 月 1 日
燃煤锅炉及燃油锅炉	2100[1)]	1200[1)]	2100 1200[2)]	400 1200[2)]	400 800[3)] 1200[4)]

注：1. 该限值为全厂第 1 时段火力发电锅炉平均值。
2. 在本标准实施前，环境影响报告书已经批复的脱硫机组，以及位于西部非两控区的燃用特低硫煤（入炉燃煤收到基硫分小于 0.5%）的坑口电厂锅炉执行该限值。
3. 以煤矸石等为主要燃料（入炉燃料收到基低位发热量小于等于 12 550kJ/kg）的资源综合利用火力发电锅炉执行该限值。
4. 位于西部非两控区的燃用特低硫煤（入炉燃煤收到基硫分小于 0.5%）的坑口电厂锅炉执行该限值。

根据我国法律规定，省级地方政府可以制定严于国家排放标准的排放限值。北京市 2002 年颁布了《北京市锅炉污染物综合排放标准》（DB 11/139—2002），根据要求，火电厂燃煤锅炉自 2005 年 11 月 1 日起，SO_2 的排放限值为 $100mg/m^3$，大大严于国家排放标准。

总体来看，中国 SO_2 的排放标准与欧盟的标准基本持平，总体偏严；与美国标准相比总体持平。

2. 氮氧化物

（1）氮氧化物环境质量标准

部分国家（组织）氮氧化物环境质量标准见表附 3-12。

表附 3-12 不同国家（组织）的氮氧化物环境质量标准 单位：mg/m^3

国家/组织		小时均值	日均值	年均值
欧共体			0.35	0.05
加拿大				0.06
美国			0.25	0.10
前苏联			0.085（NO_2）	
前西德		0.30	0.08	
世界卫生组织		0.40	0.15	
澳大利亚		0.32		
日本			0.12（NO_2）	
中国*	一级标准	0.12	0.08	0.04
	二级标准 三级标准	0.24	0.12	0.08

注：*中国为 NO_2。
中国氮氧化物环境标准来源于：2000 年发布的《环境空气质量标准》（GB 3095—1996）修改版。

由表附 3-12 可见，从小时均值比较，我国标准严于其他国家；从日均值比较，我国标准严于欧盟、美国，与世界卫生组织持平；从年均值比较，我国标准与美国持平，略宽于欧盟和加拿大。总的来看，我国的 NO_x 环境质量标准比发达国家和世界卫生组织标准要严。

（2）燃煤锅炉氮氧化物排放标准

① 欧盟。

欧盟《大型燃烧装置大气污染物排放标准》（2001/80/EC）见表附 3-13。

表附 3-13 欧盟《大型燃烧装置大气污染物排放标准》（2001/80/EC）（新建或现有机组）

燃料类型	限值/（mg/m^3）
固态 50～500MW	600；（从 2016 年 7 月 1 日起仍为 600）
＞500MW	500；（从 2016 年 7 月 1 日起为 200）
偏远地区	650；1 300（挥发分＜10%）
液态：50～500MW	450
＞500MW	400
偏远地区	450
气态：50～500MW	300
＞500MW	200
偏远地区	350

注：（1）以 NO_2 计算，固体燃料 O_2 含量 6%；液体和气体燃料为 3%。

（2）到 2015 年 12 月 31 日如果额定热输入大于 500MW，且自 2008 年每年运行不超过 2 000h，排放限值则为 600mg/m³；国有电厂的限值为 600mg/m³；此类电厂到 2016 年 1 月 1 日止，如果运行时间每年不超过 1 500h，则 NO_x 排放（以 NO_2 计算）限值为 450mg/m³。

（3）如果机组在 2001 年 1 月 1 日投产，在 2018 年 1 月 1 日还在运行，而且其固体燃料的挥发分＜10%，则其排放限值为 1 200mg/m³。

欧盟《大型燃烧装置大气污染物排放标准》（2001/80/EC）规定了欧盟各成员国大型燃烧装置必须达到的最低排放标准，成员国可以根据自己的情况制定更为严格的排放要求。事实上许多欧洲国家现行标准比欧盟的标准要严格。如德国在 1983 年颁布的《联邦污染物防治法》第 13 条规定了电厂 NO_x 排放标准，在 1984 年的环境部长会议上，根据当时技术水平决定控制 NO_x，并对电厂 NO_x 排放标准进行修改，排放标准如表附 3-14 所示。

② 中国。

《火电厂大气污染物排放标准》（GB 13223—2003），按燃烧挥发分不同分三个时段对火电厂 NO_x 最高允许排放浓度提出了排放限值要求。同时规定第 3 时段火力发电锅炉需预留烟气脱除 NO_x 装置空间。液态排渣煤粉炉执行 V_{daf}＜10%的 NO_x 排放浓度限值。火力发电锅炉及燃气轮机组 NO_x 最高允许排放浓度见表附 3-15。

北京市燃煤锅炉氮氧化物执行《北京市锅炉污染物综合排放标准》（DB 11/139—2002），即自 2005 年 11 月 1 日起，NO_x 的排放限值为 250mg/m³，大大严于国家排放标准。

不同国家排放标准的体系不同、方法不同、条件不同，虽然标准间不能简单地进行比较，但从总体看，我国 NO_x 排放标准与世界大部分发达国家 20 世纪 90 年代的标准基本持平。除极个别的国家外，我国新建电厂排放标准可以说与发达国家基本接近。

表附 3-14　　德国电厂 NO_x 排放标准

电厂类型	燃料类型	标准	
		《联邦污染物防治法》第 13 条（13. BImSchV1）	环境部长会议（UNK）（1984-08-05）
新建电厂	固体	800	200
	（液态排渣炉）	1 800	200
	液体	450	150
	气体	350	100
原有电厂	固体	1 000	200
	（固态排渣炉）	1 300	200
	（液态排渣炉）	2 000	200
	液体	700	150
	气体	500	100

表附 3-15　　火力发电锅炉及燃气轮机组 NO_x 最高允许排放浓度　　单位：mg/m^3

时段		第 1 时段	第 2 时段	第 3 时段
实施时间		2005 年 1 月 1 日	2005 年 1 月 1 日	2004 年 1 月 1 日
燃煤锅炉	$V_{daf}<10\%$	1 500	1 300	1 100
	$10\% \leq V_{daf} \leq 20\%$	1 100	650	650
	$V_{daf}>20\%$			450
燃油锅炉		650	400	200
燃气轮机组	燃油			150
	燃气			80

（三）我国与国外环境经济政策的对比分析

典型国家环境经济政策见表附 3-16。

表附 3-16　　典型国家控制 SO_2 的环境经济政策一览表①

国家	环境经济政策
美国	达标运行，即守法不交费；超标排放违法，交费或监禁。如早期的《清洁大气法》规定：判处罚金的额度以违法行为持续的天数计算，最低额 2 500 美元，最高额 25 000 美元，或判处一年以下监禁，或两者并处。1990 年的《清洁大气法》规定：超标排放企业经许可才能运行，并要无任何条件地缴纳超标排放罚金，以 1990 年为例，每超标排放 1 tSO_2 需缴纳 2 000 美元（按消费价格指数逐年调整），费用交入国库
日本	20 世纪 70 年代以后，日本开始对主要的排放 SO_2 固定源收费，收来的资金主要用于向空气污染受害者（已患慢性支气管炎、哮喘和肺气肿）支付赔偿费。收费的基本定额是按年度赔偿预算除以上一年 SO_2 排放总量确定的，不同地区用因子 1～9 进行调整。如 1974 年和 1977 年最高收费标准分别为每排放 $1m^3SO_2$ 收费 0.08 美元和 1.05 美元。收费标准每年都要修改，1999 年的收费标准为在污染严重的城市 3 500～7 000 美元/t，在非污染区大约 350 美元/t
德国	德国标准与法规的出台，对老企业都有一个过渡期，在过渡期内企业可以超标运行，且不交费，但过渡期一结束，企业就必须达标才可运行，否则必须停运
英国	未见有排污收费或超标罚款的报道

① 国家电力公司电力环境保护研究所.国外大气污染物控制法规与标准及环境经济政策，2000.

1. 排污交易

（1）美国

美国电力行业排放的 SO_2 和 NO_x 分别占全国排放总量的 2/3 和 1/4，是酸雨污染物主要排放源。为控制和减缓酸雨危害，美国国会于 1990 年制订了酸雨防治计划，要求主要的电力企业减排 SO_2 和 NO_x。其中，SO_2 的减排量目标为 1 000 万 t，NO_x 的减排量目标为 200 万 t，总体排放水平保持在 1980 年的排放水平以下。

SO_2 减排规划分两期执行。第一期从 1995 年开始在 263 台机组、110 个电厂实施。后来又增加了 182 台机组，机组总数达到 445 台，遍及美国东部和中西部地区的电力企业。第二期从 2000 年开始在所有装机容量大于 25MW 的机组实施，当时涉及的机组总数达到 2 000 多台。到 2001 年底，所涉及的机组总数达到 2 445 台。第一期分配的量是以 1.2lb（磅）①/MBtu（即每输入 100 万英热单位的热量允许排放 1.2lb）来计算的；第二期则为 0.6lb/MBtu。需要说明的是，不管企业如何交易，企业不能超过排放标准，即不能超过 1.2lb/MBtu。在第二阶段的电厂，虽然分配指标为 0.6lb/MBtu，但只要有指标其排放可以超过 0.6lb/MBtu。

NO_x 减排规划也分两期执行。第一期从 1996 年开始，在 170 台锅炉上实施。要求煤粉锅炉年均 NO_x 排放浓度不得超过 0.5lb/MBtu，四角喷燃锅炉年均 NO_x 排放浓度不得超过 0.45lb/MBtu。第二期从 2000 年开始，要求达到的排放标准更加严格。

实施排污交易后，美国的二氧化硫减排效果很好。美国 1990 年装机容量 7.8 亿 kW，煤电装机大约 4.2 亿 kW。1990 年美国全国火电厂的烟气脱硫容量仅为 0.72 亿 kW，占煤电机组容量的 17.3%，但美国的环境空气中 SO_2 浓度是全部达标的。1990 年美国 SO_2 排放总量约 2 000 万 t，其中电力 SO_2 排放占 75%，这充分说明控制低矮源 SO_2 的排放在环境空气 SO_2 达标中的重要作用。控制火电厂的 SO_2 排放主要目的是为控制酸雨，要想使城市环境空气 SO_2 地面浓度下降，重点还是要控制低矮源 SO_2 的排放。1998 年美国火电厂的烟气脱硫容量达到 0.99 亿 kW，目前的烟气脱硫容量也只有 1 亿多 kW。如此少的烟气脱硫容量不仅实现了环境空气 SO_2 的达标，而且有效地控制了酸雨。由于美国在除夏威夷、阿拉斯加州的全国范围内推行了排污权交易政策，使得火电厂的烟气脱硫主要在高硫煤的电厂实施，因而烟气脱硫容量并不像想象的那么高，但全国电力 SO_2 排放量却有效地大幅度减少，酸雨得到有效控制。

① 二氧化硫初始排放权的分配。

分配排放权时有两种代表性观点：一是承认现实的排放状况；二是从公平出发，每人都可以分配到二氧化硫排放指标。在美国是两种思路妥协的中间状态，即承认现实，但不鼓励历史上不采取减排措施的行为。在承认现实的状态下，减去应当采取措施的部分，即为初始排放权分配的依据。

---

① 1Btu=1 055.06J；1lb（磅）=0.453 59kg。

新建机组没有分配总量指标，所需指标必须从市场上购买。美国国家环境保护局每年年初确定指标，从有排放权企业的指标中强行拿出 2.8%进行拍卖，卖后的钱还给企业。一是防止有些企业有指标也不卖的情况；二是拍卖是在年初进行的，为全年可能交易的价格提供指导。由于新建机组一般都要求配备烟气脱硫（FGD）设备，脱硫效率一般在 95%左右，需要购买的总量指标不多。

美国酸雨计划的特点是，减排总目标是定死的，但每个发电厂、机组的发电量不一样，正是灵活交易的基础。原始分配的设计非常艰难，不可能设计出每个人都满意的方案。所有交易过程中的问题，最困难的是初始排放权的分配过程，这是一个不可能完全公平的过程，而是大多数认同由政府决定。

② 排放权交易方式及价格。

机组在不超过排放标准但超过总量控制要求时，可以从市场上购买一定的指标来满足总量控制要求。企业也可以通过安装 FGD 或烟气脱硝（SCR）设备来减排 SO_2 或 NO_x。超额减排后剩余的排放指标，企业可在市场上出售或者存入相关银行，用于未来发展之需。

交易一般在企业和企业间进行，并不一定要通过中间环节。企业间达成的排放权交易，得到美国国家环境保护局（EPA）的确认和备案，并将交易结果登记在 EPA 总量控制数据库中。环保局在交易过程中只起核定和记账作用，因为账户在环保局，环保局不干预企业的交易行为。

③ 相关处罚措施。

在每年年底前 60 天的宽限期内，仍不能满足当年总量控制要求的企业，超总量指标排放的部分，一方面将受到 2 000 美元/t 的处罚，同时还将扣减下一年度的总量指标。

凡是向 EPA 上报数据不准确、不全面的企业将受到处罚，企业授权代表则将受到刑事处罚。

④ 奖励措施。

美国在第二阶段分配总量指标时，对以下性质的企业分配了额外的“奖励配额”。

能源效率高的企业：10 年期限（2000—2009 年）的配额分配给某些能源效率高的电厂。例如，第一阶段某些 SO_2 排放率低于 1lb/MBtu 的机组或自 1980 年降低了 60%甚至更高排放率的机组；排污率低于 0.8 lb/MBtu 或 1985 年排放率低于 2.5 lb/MBtu 的机组。

可再生能源企业：在 2000—2009 年期间，对于采用美国能源部和环保局规定的可再生能源的机组，其每减排 1t SO_2 都将获得配额的奖励。每年有 3 万个配额用于奖励，这些配额将在第二阶段直接从总量中减去。

早期实施者：第一阶段和第二阶段中先采取减排措施的机组或 1980—1987 年有很好的燃煤使用削减信誉的机组可以获得额外的配额。

通过技术措施减排效果明显者：对于通过采用燃烧后处理系统实现了连续削减 90%二氧化硫排放量的第一阶段机组可以申请两年的额外期限，并从环保局获得配额奖励。

⑤ 美国没有实行排污交费制度，部分州在下发排污许可证时，收取一定的手续费，最多不超过 5 400 美元（每吨 1.8 美元，最多不超过 3 000t）。

（2）中国[①]

2005 年 12 月 3 日，国务院颁布了《关于落实科学发展观　加强环境保护的决定》（以下简称《决定》)。《决定》第二十四条“运用市场机制推进污染治理”中提出：“有条件的地区和单位可实行二氧化硫等排污交易”。这是第一次将二氧化硫排污权交易写入国务院的正式文件之中，也可以说二氧化硫排污权交易在一定程度上得到了法律层面的认可，对经济地控制我国二氧化硫排放，尤其是电力二氧化硫排放是一个重要的举措。

2001 年 9 月，南通天生港发电有限公司与南京醋酸纤维有限公司签订协议，卖方有偿转让 1 800t 二氧化硫的排污权，供买方在今后 6 年内使用，开创了我国以“排污权”形式交易的先河。2002 年 3 月，国家环保总局与美国环保协会一起，在山东、山西、江苏、河南、上海、天津、柳州七省市以及中国华能集团公司开展“推动中国二氧化硫排放总量控制及排污权交易政策实施的研究项目”。从 2004 年起，美国环保协会与中国电力企业联合会等单位，进一步研究了中国的火电厂法律、法规情况，定量分析预测了在中国火电厂实施二氧化硫排污权交易的效果。主要成绩如下：

① 通过示范工作使环境资源有价的观点深入人心，提高了二氧化硫减排的积极性，推进了企业和环保部门共同参与环保决策新机制的建立。

② 深刻认识到市场手段是经济地控制区域污染的有效措施，促进了污染控制新方法的建立。

③ 初步提出了一个在电力行业实施二氧化硫排放总量控制的指标分配方法。

④ 初步提出了一个基于排污权交易理论的总量控制管理和技术支持体系。

⑤ 促进了排污权交易在立法上的重大突破，中国地方第一部二氧化硫排污权交易管理办法即《江苏省电力行业二氧化硫排污权交易管理暂行办法》出台，为国家制定排污权交易的法律规章提供了管理实践基础。

⑥ 完成了数项二氧化硫排污权交易案例，首次实现跨地域二氧化硫排污权交易。

⑦ 定量分析预测了在中国实施二氧化硫排污权交易，将会带来的减排效果和减排成本降低的情况，为排污权交易的大范围推广奠定了坚实的环境和经济基础。

如同美国一样，在我国全国范围内实施排污权交易，燃煤电厂 SO_2 浓度排放标准不应过严。通过实施总量控制，燃低硫煤电厂（不论是新建电厂，还是现有电厂）不需要进行烟气脱硫，排污指标不足部分可在交易市场上进行购买；燃高硫煤电厂，不能满足排放标准必须采取脱硫措施，脱除后的富余排污指标又可在交易市场上卖出，获得部分经济效益以补偿其脱硫成本，从而使烟气脱硫装置主要安装在燃高硫煤的大机组上。在实现同等环境效果的前

① 中国电力企业联合会. “十一五”中国重大环境经济政策研究.

提下，投资及烟气脱硫的运行费用可下降一半，仅在长三角地区就可节省静态投资 400 亿～500 亿元，节约年运行费用 150 亿～200 亿元。

除了二氧化硫排污权交易外，我国也有部分省市开始实施以高效大机组替代能耗较高机组发电的工作，即开展发电权交易。比如，江苏省电力公司通过开展发电权交易，2006 年实现替代发电 62 亿 kW • h，节约原煤约 40 万 t，减少 SO_2 排放约 6 000t。为进一步加强节能降耗力度，2006 年 12 月，南京电监办、省经贸委又联合颁发了《关于 2007 年江苏电网实行节能经济调度实施替代发电工作指导意见》，明确要求 20 万 kW 及以下非供热统调机组必须拿出一半以上的计划电量进行发电权交易，并且根据煤价变动和煤耗情况，适时公布各类机组发电燃料成本供报价参考。江苏省电力公司相应制定了实施细则，积极组织年度和月度相结合的发电权交易，优化、规范并拓展交易范围。2008 年已成交年度电量替代 44 亿 kW • h、前 4 个月交易替代 35 亿 kW •h 和厂内替代 26 亿 kW •h。力争全年完成替代电量 200 亿 kW •h，实现节约原煤 130 万 t、减少 SO_2 排放 2 万 t 的目标。

2. 排污收费

（1）日本[①]

在日本各种法律中的环境部分，大致包含两部分内容，一是公害发生后的补偿部分，二是为防止公害而制定的排放标准，总体上看，是用惩罚的形式防止公害的发生，用标准作为判断的基准。1973 年日本颁布了《公害健康危害补偿法》，通过法律手段对受害者进行认定，使补偿制度得以健全。《公害健康危害补偿法》的颁布实施，标志着日本电力企业 SO_2 排污交费的开始。污染收费的依据是根据燃料的含硫量和烟气脱硫量对排放量的估算（不是直接测量）后算出的，不过只对主要污染设备才进行收费。主要污染设备因地区不同而不同，一般指烟气最大排放量大于 5 000 或 10 000m³/h，这些设备的 SO_2 排放量约占总量的 90%。收来的资金主要用于向空气污染受害者（已患慢性支气管炎、哮喘和肺气肿）支付赔偿费。需要指出的是，征收的 SO_2 排污费只能负担赔偿开支的 80%，其余 20%则按机动车辆征收。SO_2 排污收费的基本定额是按年度赔偿预算除以 SO_2 的年排放总量确定的（根据上 SO_2 排污一年的排放量）。这种定额可以根据排污企业的地理位置用因子 1～9 进行调整（表附 3-17）。

表附 3-17　　日本 SO_2 排污收费定额　　单位：日元/m³ SO_2

年份	基本定额（1）	规定的最高定额[（1）×9]	折合美元
1974	1.76	15.84	0.08
1975	8.59	77.31	0.38
1976	23.33	209.97	1.05
1977	42.59	383.31	

① 王志轩，等. 火电二氧化硫环境影响与控制对策. 北京：中国环境科学出版社，2002：119.

至 1976 年收到的 SO_2 排污资金为 330 亿日元（约为 1.65 亿美元），平均每个企业 500 万日元（约 25 000 美元）。SO_2 排污收费使每个企业都认识到，污染越轻，所付污染费就越少，对企业进行污染治理、减少 SO_2 排放产生了刺激作用。在此之后经国家、地方和企业的共同努力，SO_2 排放得到了根本改善。1987 年日本解除了所有的大气污染指定地区，也再没有认定新的公害者。但是 SO_2 排污收费的政策却一直沿用，而且收费标准每年都要修改。如 1999 年在污染严重的城市收费标准为 3 500～7 000 美元/tSO_2，在非污染地区大约 350 美元/t SO_2。不过是否有脱硫装置，只要排放 SO_2 就得交费。

（2）中国

排污收费规定是我国的主要鼓励、引导性规定。它是通过强制性的排污收费引导企业在排放标准之内，进一步减排污染物。排污收费之所以是引导性规定，是相对于超标违法而言的，2000 年修订的《大气污染防治法》取消了原大气法规定的超标收费，代之以按污染物的种类和浓度收费，就是因为超标是违法行为，不能通过收费使之排放合法化。《大气污染防治法》第四十八条规定：违反本法规定，向大气排放污染物超过国家和地方规定排放标准的，应当限期治理，并由所在地县级以上地方人民政府环境保护行政主管部门处一万元以上十万元以下罚款。限期治理的决定权限和违反限期治理要求的行政处罚由国务院规定。《国家环境保护“十五”计划》也明确提出了要“提高二氧化硫收费标准，以调动企业脱硫积极性”。

《大气污染防治法》第十四条规定：国家实行按照向大气排放污染物的种类和数量征收排污费的制度，根据加强大气污染防治的要求和国家的经济、技术条件合理制定排污费的征收标准。根据《大气污染防治法》制定的《排污费征收使用管理条例》，规定了排污收费和管理、处罚的具体办法。根据《条例》配套的《排污费征收标准管理办法》规定了二氧化硫的排污费征收标准和计算方法。其中规定：废气排污费按排污者排放污染物的种类、数量以污染当量计算征收，每一污染当量征收标准为 0.6 元。其中二氧化硫排污费，第一年每一污染当量征收标准为 0.2 元，第二年（2004 年 7 月 1 日起）每一污染当量征收标准为 0.4 元，第三年（2005 年 7 月 1 日起）达到与其他大气污染物相同的征收标准，即每一污染当量征收标准为 0.6 元。

《排污费资金收缴使用管理办法》则规定了排污费的收缴使用办法。其中第二条规定：排污费资金纳入财政预算，作为环境保护专项资金管理，全部专项用于环境污染防治，任何单位和个人不得截留、挤占或者挪作他用。第五条规定：排污费按月或者按季属地化收缴。装机容量 30 万 kW 以上的电力企业的二氧化硫排污费，由省、自治区、直辖市人民政府环境保护行政主管部门核定和收缴，其他排污费由县级或市级地方人民政府环境保护行政主管部门核定和收缴。

（四）我国与国外污染控制技术的对比分析

目前，我国二氧化硫控制以烟气脱硫为主，通过技术引进和自主开发，我国已有石灰石-石膏湿法、喷雾干燥法、炉内喷钙等十多种工艺的脱硫装置在商业化运行或进行了工业示范。在 10 万 kW 级及以上脱硫机组中，脱硫方法以石灰石-石膏湿法为主，约占 88%；此外还有海水法、烟气循环流化床法等。2006 年年底前 10 万 kW 及以上机组烟气脱硫方法分布情况见图附 3-11。

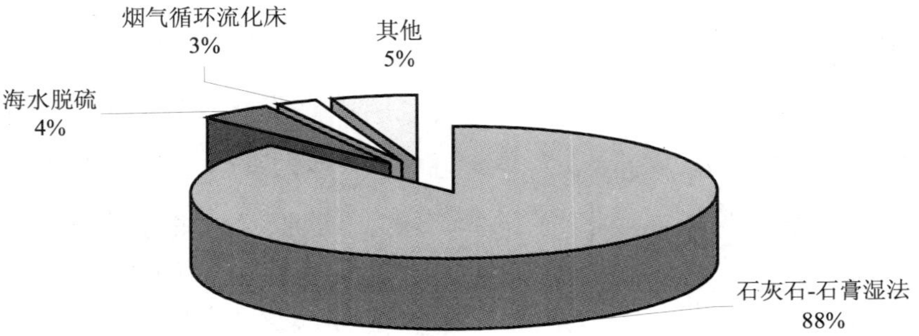

图附 3-11　2006 年年底前 10 万 kW 及以上机组烟气脱硫方法分布情况

图附 3-12 与表附 3-18 为日本和美国减排二氧化硫的措施。从日本削减二氧化硫的做法看，在初期主要是通过产业结构调整，后期仍是多种措施并举。在结构调整、节能降耗、控制其他行业的二氧化硫排放的效果上，我国与发达国家还有较大差距，而且排污交易有很大空间。

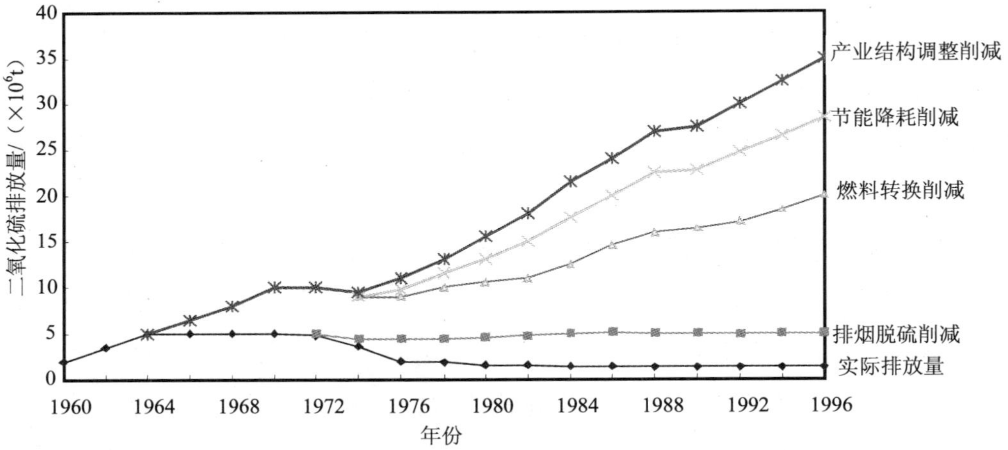

图附 3-12　日本减排二氧化硫的各种措施效果

表附 3-18　　美国超标机组采取的达标方法

项目	机组台数	容量/MW	1995 年与 1985 年相比排放削减份额/%
更换燃料	136	47 280	59
FGD	27	14 101	28
获得排放权	83	24 395	9
退役	7	1 342	2
其他	8	1 871	2
总计	261	88 989	100

（五）污染控制水平对比分析

部分国家电力二氧化硫占全国排放总量的比例见表附 3-19。

表附 3-19　　部分国家电力二氧化硫占全国排放总量的份额

国家	1970 年	1980 年	1988 年	1990 年	2001 年	2004 年
英国	45.00%			73.00%		
德国	50.90%	67.20%				
美国		65.40%	74.40%		66.25%	
中国				28.00%		53.22%

中国与美国电煤煤质变化情况对比见图附 3-13、图附 3-14。

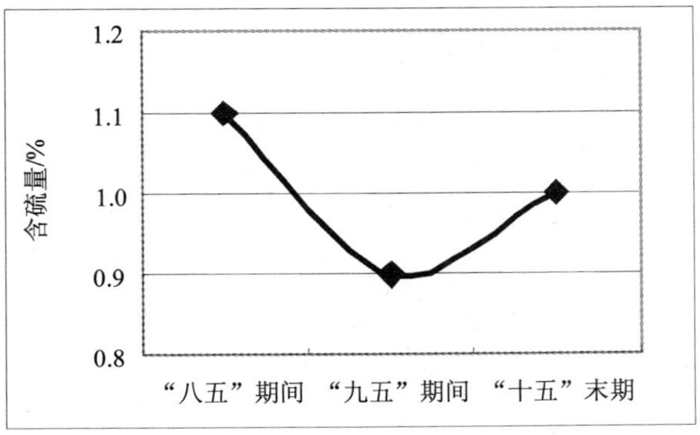

图附 3-13　中国电煤含硫量变化情况

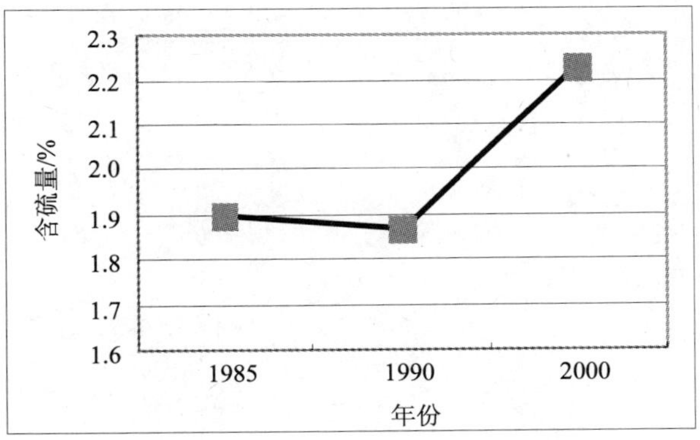

图附 3-14　美国电煤含硫量变化情况

与 2001 年相比，我国 2004 年电煤收到基热值下降 11%，灰分、硫分分别上升 17%、15%。从图附 3-15 比较可以看出美国的平均含硫量要大于中国一倍左右。

中美脱硫机组燃煤含硫量情况对比见图附 3-15，脱硫效率对比见图附 3-16，排放绩效见图附 3-17。

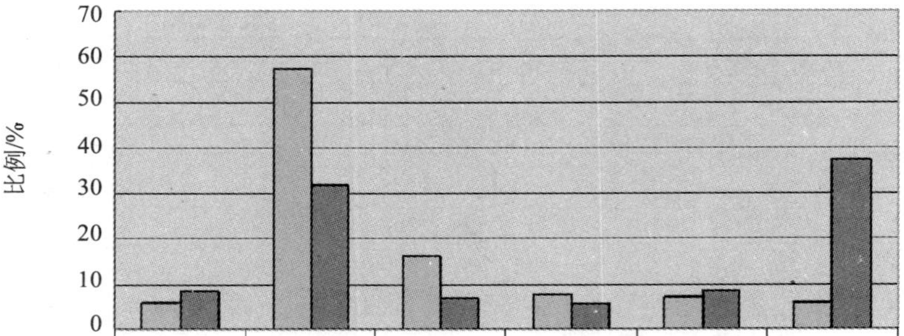

	≤0.5	0.51～1.0	1.01～1.5	1.51～2.0	2.01～3.0	>3
中国	5.8	57.3	16.2	7.5	7.2	6
美国	8.2	31.9	6.5	5.6	8.4	37.3

含硫量/%

注：美国为 2000 年数据。

中国脱硫机组燃煤含硫量：1.23%。

美国脱硫机组燃煤含硫量：2.26%。

图附 3-15 中美脱硫机组燃煤含硫量情况对比

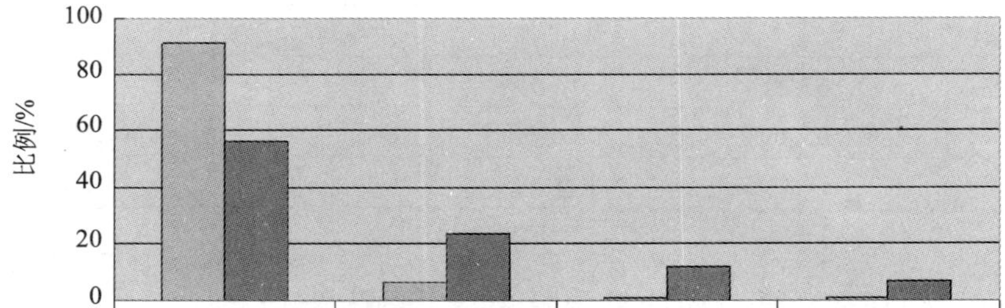

	≥90%	80%≤*<90%	70%≤*<80%	<70%
中国	91.1	6.3	1.3	1.3
美国	56.8	23.6	11.7	7.4

脱硫效率/%

注：美国为 2000 年数据。

中国脱硫机组平均脱硫效率：92.5%。

美国脱硫机组平均脱硫效率：86.6%。

图附 3-16 中美脱硫机组脱硫效率对比

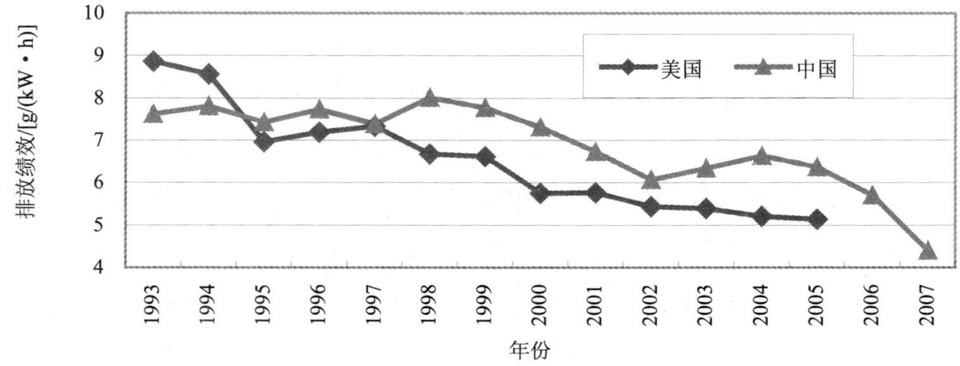

图附 3-17 中美二氧化硫排放绩效对比

（六）我国大气污染物控制存在的主要问题

1. 电力工业的资源消耗水平和环境保护水平不论与自身的潜力比还是与国际先进水平比都有一定差距

虽然电力工业的结构调整不断取得进步、技术装备水平不断提高、污染控制的能力不断增强，但是与世界先进水平比，仍然有较大差距。煤电比重过高、核电及可再生能源等比例过低、机组平均容量偏小、热电（冷）联产比例小、污染治理设施的稳定运行效果差等问题仍然是困扰电力工业可持续发展的主要问题。

2. 电力行业的节能减排管理能力不足

虽然近几年电力体制改革取得了举世瞩目的成绩，但实事求是地讲，电力节能减排的管理能力有所下降，已经难以适应国家节能减排的要求。体制改革前，电力节能和环保的行业管理和监督职责主要由电力部（后国家电力公司）行使；体制改革后，原电力行业的环保和节能行业管理体系、监测监督体系解体，但新的体制还未完善。虽然电力行业节能减排和环境保护管理职能由政府宏观调控部门管理，中国电力企业联合会也成立了专门的环境和资源管理部门配合有关政府部门做了大量工作，但从实际效果看，与改革前相比，节能减排的基础工作薄弱，研究工作大为滞后，节能环保管理及监管职能实际上处于缺位状态。

3. 运用市场手段促进节能减排的力度不够

我国节能减排工作是通过法制、行政命令和市场激励手段相结合的方式推进，其中起主导作用的是通过各级政府和政府部门颁发的行政命令型文件。例如，涉及对火电厂二氧化硫控制的文件，仅国家和部委层面就颁布有几十个，对二氧化硫的控制有浓度、排放速率、总量、脱硫效率要求等。由于文件较多，法规和文件间，不同部门的文件间的重复、矛盾、交叉问题时有发生。虽然以行政命令为主的管理方式在市场经济转型过程中对节能减排能起到重要效果，但是，行政成本过大，工作效率较低，“一刀切”的要求造成的浪费现象还比较严重。例如，一方面，高硫煤电厂脱硫的进展缓慢；另一方面，对在西部有足够环境容量地区建设的电厂，燃煤含硫量低于 0.3%以下的电厂也要求装设高效脱硫装置。在环境容量完全可以满足的条件下，对特低硫煤的脱硫，不但起不到良好的环境效果，而且由于脱硫装置要消耗大量能源、水资源，每公斤二氧化硫排放量控制成本比中高硫煤要高数倍甚至数十倍，造成了资金、能源的极大浪费，还要让老百姓承受脱硫电价，实为得不偿失。根据美国的经验，有专家测算，在确定的二氧化硫减排目标下，通过政府强制安装脱硫装置总成本是 38.3 亿美元，而完全市场竞争为 14.7 亿美元，限制交易是 25.9 亿美元。

四、电力工业污染防治的发展趋势

（一）技术发展方向

1. 发电技术

在世界范围内，电力技术的发展正在向高效率、环保型的方向迈进，代表性的技术有超临界和超超临界技术、联合循环发电技术、流化床技术等洁净燃烧技术，以及以风能、生物质能为代表的可再生能源发电技术等。各种分析表明，在发电用一次能源的构成中，以煤为主的局面在相当长的时间内不会改变。为保持煤电的经济性及环保性，最为成熟的技术应为超临界大容量机组。此外，整体煤气化联合循环技术及增压流化床联合循环技术作为示范性的环保型新型高效发电技术，将在以后的煤电领域发挥更大的作用。

（1）洁净燃烧与发电技术

① 超临界（SC）及超超临界（USC）发电技术。

超临界机组是指主蒸汽压力大于水的临界压力（22.12MPa）的机组，属于高参数、高效率、低煤耗的机种。超临界机组可分为 2 个层次：a. 常规超临界参数机组，其主蒸汽压力一般为 24MPa 左右，主蒸汽和再热蒸汽温度为 540～560℃。例如，我国东锅和哈汽与日本三菱公司以合作生产方式为河南沁北电厂提供了 2 台 60 万 kW 超临界机组；蒸汽参数 24.2MPa、566℃/566℃及 24.2MPa、538℃/566℃，运行情况良好。b. 高效超临界机组，通常也称为超超临界机组或高参数超临界机组，其主蒸汽压力为 25～35MPa 及以上，主蒸汽和再热蒸汽温度为 580℃及以上，是技术水平、机组效率更高的火电设备。理论和实践证明，常规超临界机组的效率可比亚临界机组高 2%左右，而对于高效超临界机组，其效率可比常规超临界机组再提高 4%左右。常规高压和亚临界机组的供电效率在 35%左右，超临界机组的供电效率可达到 40%以上，而超超临界机组的供电效率可达到 45%以上。

通过技术引进，目前我国电站设备已达到 20 世纪 90 年代国际水平，火电机组的参数从亚临界逐步向超（超）临界方向发展，机组容量从 30 万 kW 级逐步向 60 万 kW、100 万 kW 级发展；已掌握了超临界 60 万 kW 级火电机组的设计、施工、调试和运行技术，基本掌握了 100 万 kW 级超超临界机组设计技术。2005 年，以三大动力集团为主，依托相关科研院所、设计院等，通过引进开发和自主研发，开展了 60 万 kW 级超临界和 100 万 kW 级超超临界机组系统优化设计及其运行性能的研究；超超临界火电机组关键材料性能分析及评估的研究；轴系稳定性及控制系统等关键技术研究；大型超（超）临界火电机组汽水品质有效控制技术的研究；超超临界机组的容量参数匹配、结构选型、设备配套、运行及维护技术、控制技术的研究，以及材料焊接与重要辅机等关键技术的研究。部分研究成果已经应用到 60 万～100 万 kW 超（超）临界新设备上。

2006 年 11 月 28 日，国内第一台国产百万千瓦超超临界电站项目华能玉环电厂 1#机组投产运行，2006 年 12 月 30 日，2#机组顺利完成 168 h 满负荷试运行。至此，我国第一个国产百万千瓦超超临界电站项目——华能玉环电厂一期工程比计划工期提前 8 个月投入商业运行。机组主蒸汽压力达到 26.25MPa，主蒸汽和再热蒸汽温度达到 600℃，机组热效率高达 45%以上，供电煤耗设计值为 285.6g/kW • h，比 2005 年全国平均水平低 84.4g/kW • h，达到了国际先进水平，是目前国内单机容量最大、运行参数和效率最高的燃煤发电机组。该工程同步建设脱硫装置，脱硫效率为 95%，二氧化硫排放量为 0.134g/kW • h；工程设有除尘效率 99.7%的静电除尘器，使烟尘排放量达到 0.114 g/kW • h；采用低氮燃烧技术，氮氧化物排放量为 1.09g/kW • h，低于全国单位发电量污染物排放平均水平。2007 年 11 月，3#、4#机二台国产百万千瓦超超临界机组相继投产。玉环电厂 4×1 000MW 全部投入商业运行。

2006 年 12 月 4 日和 2007 年 7 月 5 日，华电国际邹县发电厂百万千瓦超超临界 7#、8#机组顺利完成 168h 满负荷试运行。该工程发电煤耗设计值为 272.9g/kW • h，二氧化硫排放绩效 0.4g/kW • h，是国家“863”计划依托项目和“十一五”重点建设工程，是引进超超临界技术建设的大容量、高参数、环保型机组的里程碑工程。

2007 年 12 月 6 日，国电泰州发电有限公司一期工程百万千瓦超超临界#1 燃煤机组通过 168 h 满负荷运行，正式投产发电。国电泰州电厂一期工程是国家和江苏省“十一五”重点建设项目，是国电集团公司和江苏省首台百万级火电机组。该工程供电标准煤耗设计值为 292g/kW • h，除尘效率可达 99.7%，脱硫效率达到 97%。

2007 年 8 月 31 日，华能营口电厂二期 3 号 60 万 kW 超超临界燃煤发电机组通过 168h 试运行，是国内首台国产 60 万 kW 超超临界燃煤机组；10 月 14 日，#4 机组也顺利通过 168h 试运行，这标志着总装机容量 120 万 kW 的华能营口电厂二期两台 60 万 kW 超超临界机组工程全面建成投产。

国电宁波北仑发电厂两台 100 万 kW 超超临界燃煤机组工程，已于 2006 年 7 月获得国家发改委核准，2009 年投产。

目前国际上超超临界机组发电效率可达 45%～47%，可比亚临界机组高 6 个百分点左右，比常规超临界机组高 4 个百分点左右。而目前 PFBC 机组效率一般在 38%～41%，IGCC 机组效率一般在 42%～45%。因此，发展超超临界机组有利于节能减排。

② 整体煤气化联合循环（IGCC）发电技术。

IGCC 电站主要由气化、煤气净化、动力装置、空分系统四个岛组成。煤（以水煤浆或干煤粉的形式）进入气化装置，在气化装置中与气化介质（蒸汽、氧或空气）发生气化过程，生成的煤气进入净化系统，煤气中的颗粒、硫、汞等污染成分被分离出来，净化后的煤气进入燃气轮机的燃烧室中燃烧并做功，拖动发电机；从燃气轮机排出的高温气体进入余热锅炉，产生的蒸汽推动汽轮机发电机组。IGCC 电站的特点包括：污染物排放量小；系统能量利用率高；生成的二氧化碳由于浓度较高，易于进行进一步处理。在污染物排放方面，最新的 IGCC 技术可将排放气体中的二氧化硫、氮氧化物、一氧化碳的浓度降到 3×10^{-6} 以下；颗粒物经过处理降到可忽略的程度；汞等其他有害物质可以经过活性炭处理；炉渣可以得到利用。IGCC 流程示意见图附 3-18。

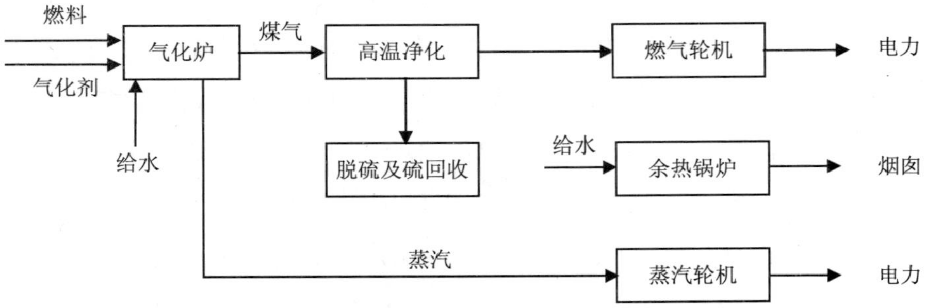

图附 3-18　IGCC 流程示意图

国外对 IGCC 发电技术的开发和研究始于 20 世纪 70 年代。1984 年，在美国建成了世界上第一座具有商业化规模的 IGCC 试验电站——冷水（Cool-Water）电站，在证实了 IGCC 发电技术的可行，并取得了有关试验数据后，该装置停运。进入 90 年代以来，在美国和欧洲陆续投产了四座具有一定规模（250～300MW）的 IGCC 示范电站，通过几年的调试和改进，目前已初步趋于成熟。

作为 IGCC 发电技术中的关键技术——煤气化工艺，根据物料气化过程中的运动方式划分，可分为固定床、流化床和喷流床（亦称气流床）；按气化剂的型式划分，可分为氧气气化和空气气化；按进料方式划分，可分为湿法和干法进料。目前已投运的大容量 IGCC 电站均采用喷流床、氧气气化、湿法和干法加料方式。

IGCC 发电技术优越的环保性能，良好的节能、节水效果和大型化的发展趋势完全符合我国的能源结构和电力工业的发展趋势，符合可持续发展的战略。目前，我国 IGCC 建设已步入实际操作阶段。

2003 年 12 月 29 日，山东烟台洁净煤示范电站有限责任公司正式成立，将建设全国第一座具有当今世界先进水平的 IGCC 示范电站，规模为 1 台 30 万 kW 或 40 万 kW 发电机组，所用技术是 21 世纪最先进全球洁净煤发电技术。

2006 年 6 月 9 日，天津大唐国际盘山发电公司 IGCC 热电建设项目在天津大港区委举行合作开发意向书签字仪式，这标志着该项目正式步入运行轨道。

2006 年 6 月 14 日，神华集团与浙江省温州市政府签署了开发煤基多联产 IGCC 项目的“合作框架协议”。计划在洞头建设洁净煤发电项目，计划工期 3～5 年。

2006 年 6 月 15—16 日，国家发改委能源局在北京召开了“整体煤气化联合循环发电技术（IGCC）研讨会”，推动我国洁净煤发电技术的发展，对 IGCC 发电技术发展具有里程碑的意义。同时国家发改委正在抓紧研究推进 IGCC 技术开发、设备研制、技术合作和示范电站的建设问题。

2006 年 9 月 1 日，天津市政府和华能集团签署了建设绿色煤电 IGCC 示范项目合作框架协议，开始筹备建设具有自主知识产权的 25 万 kW 级 IGCC 发电项目。

③ 循环流化床燃烧（CFBC）技术。

由于循环流化床锅炉独特的燃烧方式，与其他锅炉比较具有以下优点：一是燃烧效率高。燃料在炉内进行多次循环，反复燃烧，停留时间比煤粉炉长，且颗粒与气体的相对运动速度较大，可以获得良好的气固两相传热传质效果，因而具有很高的燃烧效率，一般可达到 97%～98%。二是低污染排放。循环流化床锅炉 850～900℃的燃烧温度正是以石灰石作为脱硫剂的脱硫反应的最佳温度区段，在燃烧时向炉内加入适量的石灰石，能得到 90%以上的 SO_2 的脱硫率。另外，较低的燃烧温度以及燃烧空气分级送入炉膛，能有效地控制 NO_x 的生成量，NO_x 的生成比常规煤粉炉减少 90%以上。但是，低温燃烧虽然提高了脱硫率和降低了 NO_x 的生成排放，同时也使 N_2O 的生成排放大为提高，循环流化床锅炉的 N_2O 排放远比常规 PC 炉（煤粉炉）高，通常为 30×10^{-6}～250×10^{-6}，约比 PC 炉大 50 倍。N_2O 俗称笑气，对人体有害，同时在大气中易被氧化成 NO，破坏臭氧层。三是燃料适应性广。由于循环流化锅炉燃烧温度低，一般 850～900℃，不受固体燃料灰熔点温度的制约，另外，由于采用流化态和再循环床式燃烧，炉内蓄热量大，燃料易着火，因此这种炉型能适应煤矸石、烟煤、无烟煤、泥煤、石油焦、纸渣、木屑、垃圾等几乎所有的固体燃料。四是负荷变化适应性强。循环流化床锅炉蓄热量大，炉内存有大量的 850～900℃的固体颗粒，燃料在炉内处于强烈紊流燃烧状态，负荷适应性强。一般其不投油最低稳燃负荷可达 30%。

关于灰渣综合利用。传统理论认为，循环流化床锅炉的灰渣未经高温熔融过程，灰渣活性好，灰渣中含有较高的无水石膏，有利于做水泥掺和料或其他建筑材料。但经过更深入的研究，CFB 锅炉的脱硫灰与普通粉煤灰比较，灰渣粒度较大，未燃碳含量较高，烧失量和 SO_3 含量也较高，FAS（Fe_2O_3，Al_2O_3，SiO_2）含量过低，这些因素使 CFB 锅炉的脱硫灰不能满足水泥制造的要求，也限制了作为回填材料或作为水泥中矿物质掺合剂的材料使用。目前，CFB 锅炉的脱硫灰在建筑用烧结砖、陶粒、农业用灰、园艺栽培用的灰渣制品等方面的应用取得了一定的进展。

2006 年 4 月 17 日，四川白马 1×30 万 kWCFB 发电机组正式投入商业运行。该工程是根据《中国洁净煤技术“九五”计划和 2010 年发展纲要》，采用技贸结合引进大型 CFB 锅炉技术的示范工程。该工程引进的是 GEC-ALSTOM 公司的一台 1 025t/h 的常压循环流化床锅炉及相应的关键设备，配套一台国产 30 万 kW 汽轮发电机组。它标志着我国第一台 30 万 kWCFB 机组由建设转向生产，由试运行进入商业运行阶段，标志着我国引进消化国外先进技术基本取得成功。

2006 年 6 月 28 日，大唐国际红河发电有限责任公司开远电厂 2×30 万 kWCFB 锅炉 1# 燃煤发电机组正式投产发电；8 月 28 日，2#燃煤发电机组顺利通过 168 h 满负荷试运行，并正式投入商业运行。开远电厂 2×30 万 kW 循环流化床锅炉是吸收国外技术并由哈尔滨锅炉厂生产的烧褐煤的循环流化床锅炉，是我国首个正式投入商业运营的国产化 30 万 kWCFB 锅炉电站。开远电厂 2×30 万 kW 工程是国家"西电东送"战略部署和《云南电力发展"十五"计划和 2015 年远景规划》的重点火电建设项目之一，也是国家发改委确定的第一个国产化项目。开远电厂的投产，对加快大型 CFB 锅炉的国产化进程，推动电力技术升级，促进电力工业可持续发展具有十分重要的意义，为进一步推广和应用洁净煤发电技术积累了宝贵经验。

秦皇岛市发电有限责任公司三期工程是 CFB 锅炉国产化的首批示范性项目，引进法国阿尔斯通循环流化床燃烧技术，安装两台 30 万 kW 国产供热发电机组。2006 年 11 月 28 日，秦皇岛市发电有限责任公司三期#5 机组完成 168h 整体试运移交生产。这是华北电网首台正式投产发电的大型 CFB 机组。

上海市锅炉厂生产的小龙潭电厂 2×30 万 kW 循环流化床锅炉计划 2007 年投产。

2006 年 11 月 16 日，江西分宜发电有限责任公司举行国产首台具有全部自主知识产权的 33 万 kWCFB 锅炉机组奠基典礼。

2006 年 12 月 29 日在银川通过了国电大武口发电厂 2×30 万 kWCFB 机组扩建工程（煤矸石电厂）可行性研究报告。此项目是中国国电集团公司积极响应国家"大力发展循环经济，建设节约型社会"号召，计划在"十一五"期间核准和开工建设的项目之一，同时，也被宁夏回族自治区确定为"十一五"规划的高新技术重点推广项目。

④ 燃烧蒸汽联合循环技术。

从 20 世纪 50 年代开始，燃气轮机发电技术逐渐得到了应用，但是，由于当时的单机容量小、热效率低的原因，在电力系统中只能将它作为备用电源和调峰机组。

从 20 世纪 80 年代以后，燃气轮机的单机容量和热效率有了很大的提高，特别是燃气蒸汽联合循环发电技术的成熟和不断发展，以及世界范围内天然气资源的进一步开发，使燃气轮机发电机组在电力系统中的作用有了根本的转变，它不仅可以作为紧急备用电源和调峰机组，而且还能够承担基本负荷和中间负荷。

世界上近期大量投入商业运行的发电用燃气轮机单机容量约 260MW，燃气初温约 1 300℃，联合循环机组（1 拖 1）容量约 390MW，电厂热效率约 57%。联合循环发电技术还在不断地向前发展，美国 GE 公司生产的第一台 109H 型联合循环机组 2002 年投产，其功率为 480MW，电厂热效率达 60%。

在 20 世纪 60 年代，国内的一些制造厂曾经着手研制燃气轮机，并且仿制国外一些小容量的机组。在 70 年代末期，由于种种原因，大部分制造厂停止了对燃气轮机的研制，只有南京汽轮机厂继续开展这一工作。80 年代开始，南汽与美国 GE 公司合作生产 6B 系列燃气轮机，其中的主要部件仍然需要进口。在燃气轮机的设计、制造技术上国内与国外差距是较大的，还远远没有达到可以独立自主开发制造的程度。

利用天然气资源，推广应用联合循环发电技术，可以最有效、最迅速地提高电厂热效率，减小电力工业对环境的影响。同时，对优化电源结构，提高电网的调峰能力，改善电网运行的可靠性、灵活性和经济性也大有好处。天然气联合循环电厂要在竞争上网的环境中具有生命力，则必须达到与脱硫燃煤机组相当的竞争能力。因此，制定合理的天然气价格，对天然气联合循环技术的推广应用是至关重要的。

联合循环技术已相当成熟，在世界上得到了广泛的应用，并且还在不断地向前发展。我国对联合循环发电设备除了大型燃气轮机以外都已经具备了设计、制造能力，只是缺少经验，通过与外方合作生产几套后，完全可以实现国产化。

⑤ 大型汽轮机凝结器空冷技术。

进入 21 世纪，我国大型汽轮机凝结器空冷技术，特别是直接空冷技术的应用发展迅速。2005 年 4 月国电大同 2×60 万 kW 直接空冷机组工程投产，这是国内 60 万 kW 机组首次采用直接空冷技术。目前，我国 30 万 kW 及以上直接空冷机组容量超过 1 000 万 kW。直接空冷技术在我国大型燃煤电站的应用情况见表附 3-20。

表附 3-20　全国部分大型燃煤电站直接空冷技术应用情况一览表

序号	电厂名称	电厂所在省区	机组构成（台×万 kW）	投产时间
1	大唐国际云岗热电公司一期	山西	2×22	2003 年
2	漳山发电公司一期	山西	2×30	2004 年
3	华能榆社电厂二期	山西	2×30	2004 年
4	国电电力大同发电有限公司 7#、8#	山西	2×60	2005 年
5	兆光发电公司一期	山西	2×30	2005 年
6	古交电厂一期	山西	2×30	2005 年
7	蒲光发电厂	山西	2×30	2006 年
8	武乡和信电厂	山西	2×60	2006 年、2007 年
9	太原第二热电厂 10#、11#	山西	2×30	2006 年、2007 年
10	大唐国际托克托发电公司三、四期	内蒙古	4×60	2005 年、2006 年
11	乌拉山电厂三期扩建	内蒙古	2×30	2006 年
12	上都电厂一期	内蒙古	2×60	2006 年
13	包头第二热电厂	内蒙古	1×30	2006 年
14	达拉特电厂四期 1#	内蒙古	1×60	2006 年
15	国电龙山发电有限公司 1#	河北	1×60	2007 年

（2）可再生能源发电技术

① 风力发电。

“十五”期间，我国的并网风电得到迅速发展。据中国电力企业联合会统计，截至 2006 年年底，全国投入生产运行的风电装机总容量为 203.77 万 kW，共有 59 座装机容量 6 000kW 及以上。

2005 年 11 月 9 日，拥有自主知识产权的国内最大功率 1 500kW 水冷式双馈风力发电机在中国北车集团永济电机厂研制成功，标志着我国已具备了自主研制国际主流机型用双馈发电机的能力。此次研制成功的 1 500kW 水冷式双馈风力发电机，具有散热好、噪声低、材料利用率高等优点，可以适应我国不同风场的风能条件。

2005 年年底，由中科院广州能源研究所等单位共同研发的“全永磁悬浮风力发电技术”在广州通过技术鉴定，这项原始创新技术成果，可以做到“轻风启动、微风发电”，比传统风力发电设备需要的风速大为下降，使以前不能发电的风能可以利用，比传统风力发电机的风力发电量提高 20%左右，并能为风电市场平均节省 15%的投资，同时使风电市场运行成本下降 50%左右。

② 秸秆发电。

根据国家发展和改革委员会最新统计，截至 2006 年年底，全国在建秸秆发电项目装机总量 120 万 kW，分布在山东、吉林、江苏、河南、黑龙江、辽宁和新疆等地。国能单县、中节能宿迁和国能威县三座秸秆直燃发电站已投产发电。

华电国际电力股份有限公司与龙基电力公司共同投资的山东十里泉发电厂 5#机组（14 万 kW）秸秆发电项目是我国首台秸秆和煤粉混燃发电项目，每年可利用 10.5 万 t 秸秆，相当于 7.56 万 t 标准煤；每年可少排放二氧化硫 1 500t。该项目引进丹麦 BWE 公司的秸秆发电技术，于 2005 年 5 月开始建设，2005 年 12 月 16 日竣工投产，标志着我国生物质发电技术取得了新的重大进展。

2006 年 12 月 1 日，我国第一座国家级生物发电示范项目——国能单县生物发电有限公司秸秆直燃发电项目投产发电。该项目引进丹麦 BWE 公司秸秆燃烧发电技术，采用循环流化床燃烧方式燃烧秸秆进行发电，是被国家发改委核准的第一座秸秆直燃发电示范项目。该项目以棉花秸秆和林业废弃物为燃料，装机容量 2.5 万 kW，年发电量约 1.6 亿 kW·h，每年可减少二氧化碳排放 10 万 t。

2006 年 12 月 20 日，中节能宿迁秸秆直燃发电示范项目投入运行，这是我国第一条全部利用国产技术的秸秆发电示范项目，拥有完全自主创新技术。总装机容量 2×1.2 万 kW。

2006 年 12 月 28 日，国能威县生物质发电工程并网发电。该项目装机容量 2.4 万 kW，年发电量 1.6 亿 kW·h，采用世界领先水平的丹麦木质燃料锅炉技术。项目投产后，年消耗秸秆 15 万～20 万 t，为当地农民增加收入 4 000 万元，每年可减少二氧化碳排放 10 万 t。

2. 污染物控制技术

（1）除尘技术

燃煤锅炉烟气除尘技术经历了水膜除尘、布袋除尘到电除尘的过程。从 20 世纪 80 年代开始，我国就在部分电厂就布袋除尘器处理锅炉尾部烟气进行了尝试，由于受当时工艺水平的限制，滤料质量不过关，滤袋易破损，并且国内外都缺少价格合理、耐高温、能适用于燃煤锅炉烟气除尘的材料，导致除尘效率低，换袋频繁，加之工作条件差，致使布袋除尘器没有得到推广应用。国外在火电厂采用布袋除尘器较早，据了解，美国、加拿大、澳大利亚及欧洲等地的一些火电厂采用了布袋除尘器，其效率高达 99.9%。当时由于国内环保要求不高，国外火电厂采用布袋除尘器也不是很多，因此，在引进火电厂设备时大多数引进了静电除尘器，而没有引进布袋除尘器。到目前为止，电力行业采用静电除尘器的锅炉容量占总容量的 95%以上。

随着国家环保要求的日益提高和电除尘器的广泛运用，其弱点也逐渐暴露出来。首先，电除尘器的除尘效率得不到保证。电除尘器运行初期，除尘效率基本能达到 99%，但由于电厂燃煤品种的变化以及电除尘器结构及工作原理的局限，随着运行时间的延续，电除尘器内部组件变形、积灰引起电场变化，除尘效果一路下降，排放严重超标，成为电厂的一块心病。其次，电除尘器的运行综合费用高。最后，电除尘器运行一个周期后，内部结构变形、损坏严重，为保证正常运行，电厂不得不经常对电除尘器进行维修。维修投入的人力、物力及检修停产带来的损失对电厂来说不是一个小数。最后，电除尘自身耗电更是被形象地比喻为电老虎。

目前，随着布袋除尘器滤料等配套件生产技术的日益提高，原来布袋除尘器在燃煤锅炉烟气除尘运用中失败的因素，都得到了解决。特别是离线检修技术的成功运用，使得脉冲袋式除尘器在锅炉除尘技术中的运用得到有力的支持。根据当前形势，静电除尘器改造为布袋除尘器已经势在必行。

以下为布袋除尘器和电除尘器的经济和技术状况的比较。

① 布袋除尘器和电除尘器性能对比。

袋式除尘器优点：a. 除尘效率高，可以永久保证粉尘排放浓度在 50mg/m^3 以下；b. 单元组合形式，内部结构简单、附属设备少，投资省，技术要求也没有电除尘器那样高，无须专设操作工；c. 能捕集比电阻高，因而电除尘难以回收的粉尘；d. 袋式除尘器性能稳定可靠，对发电负荷变化适应性好，运行管理简便，特别适宜捕集细微而干燥的粉尘，所收的干尘便于处理和回收利用；e. 能实现不停机检修，即离线检修；f. 除尘器占地面积较小，并能按场地要求作专门设计；g. 自动化程度较高，对除尘系统所有设备均设有检测报警功能，对操作人员要求较低，操作维护人员的劳动强度较低。

其主要缺点是：a. 袋式除尘器用于净化含有油雾、水雾及黏结性强的粉尘时对滤料有相应要求；b. 袋式除尘器净化有爆炸危险或带有火花的含尘气体时需要防爆措施；c. 用于处理相对湿度高的含尘气体时，需要采取保温措施（特别是冬天），以免因结露而造成“糊袋”；当用于净化有腐蚀性气体时，需要选用适宜的耐腐蚀滤料；用于处理高温烟气需要采取降温措施，将烟温降到滤袋长期运转所能承受的温度以下，并尽可能采用耐高温的滤料。

电除尘器的优点：a. 初期除尘效率能达到 99%，能捕集 1μm 以下的细微粉尘，但从经济方面考虑，一般控制一个合理的除尘效率；b. 处理烟气量大，可用于高温（可高达 500℃）、高压和高湿（相对湿度可达 100%）的场合，能连续运转，并能实现自动化；c. 具有低阻的特点，电除尘器压力损失仅 100～200Pa。

其主要缺点是：a. 设备庞大，耗钢多，需高压变电和整流设备，通常高压供电设备的输出峰值电压为 70～100kV，故投资高；b. 制造、安装和管理的技术水平要求较高；c. 除尘效率受粉尘比电阻影响大，一般对比电阻小于 10^4～$10^5\Omega\cdot cm$ 或大于 10^{10}～$10^{11}\Omega\cdot cm$ 的粉尘，若不采取一定措施，除尘效率将受到影响；d. 对初始浓度大于 $30g/cm^3$ 的含尘气体需设置预处理装置；e. 不具备离线检修功能，一旦设备出现故障，或者带病运行，或者只能停炉检修。

布袋除尘器和电除尘器性能对比见表附 3-21。

表附 3-21　布袋除尘器和电除尘器性能对比表

布袋除尘器		电除尘器	
1	除尘效率高≥99.99%	1	除尘效率 98%（最好状况 99%）
2	捕集的粉尘不受比电阻值影响	2	粉尘比电阻值对捕集效率影响大
3	技术结构简单	3	技术结构复杂
4	布袋除尘器的性能运行稳定可靠	4	电除尘器运行过程中芒刺线易脱落、机械振打故障率高
5	布袋除尘器对负荷变化适应性好，运行管理简便	5	电除尘器对负荷变化适应性差，运行管理复杂
6	一次性投资低于电除尘器	6	一次性投资费用高于布袋除尘器（因需高压变电和整流设备）
7	布袋除尘器的滤布已有耐高温、防水防油的产品，适应大烟气量锅炉除尘方面的使用	7	对阳极板与芒刺线之间的间距要求很严，由于温度、风速等原因影响变形、芒刺线脱落，除尘效率将降低
8	布袋除尘器的附属件已过关，运行全部由 PLC 控制	8	电除尘的振打锤及受打击部位易损坏和变形，振打电机易坏
9	能净化有爆炸危险的或带有大火花的含尘气体，现已在冶金高炉煤气净化中大量使用，滤袋现已具有防静电滤料	9	对净化有爆炸危险的含尘气体，结构比布袋复杂
10	具备离线检修功能	10	停炉检修

② 布袋除尘器和电除尘器运行可靠性对比。

布袋除尘器：a. 能长期保证＜$50mg/m^3$ 的粉尘排放浓度。不受入口粉尘浓度、比电阻的影响；b. 主要配套件——滤料的使用寿命达 30 000h 以上；c. 主要配套件——电磁脉冲阀的使用寿命达 100 万次以上；d. 所有运转设备均设检测报警装置，能在第一时间发现故障并报警；e. 主要维护工作——滤袋更换仅需两人就能执行；f. 利用离线功能实现检修、维护，不影响锅炉的正常运行；g. 在北方严寒条件下，对除尘器压缩空气喷吹系统及本体采用了严格的加温、保温措施，避免了结露的可能。

电除尘器：a. 投运初期可保持正常运行，并达到预期的除尘效率。但受入口烟气状况的影响。由于燃料的灰分及硫分的影响，电除尘器的除尘效率将受到严重的影响；b. 运行一段时间后，电极可能发生变形，引起电场变化，除尘效率因而降低；c. 维护、检修只能在停炉后才能实现。

③ 布袋除尘器和电除尘器维护方便性对比。

布袋除尘器：a. 一旦发生故障，能及时从控制系统获得报警及指示；b. 故障仓室能离线（锅炉保持正常运行）进行维护检修；c. 故障检修均在机外执行，无须进入除尘器内部；d. 日常维护中对破损滤袋能进行封闭措施（滤袋破损率在 5%以下时），以便进一步减少日常工作量。

电除尘器：a. 由于电除尘器不具备离线检修功能，一旦发生故障，只能停炉检修，否则只能带病运行；b. 检修时员工需进入除尘器内部，工作环境恶劣；c. 除尘器内部装置损坏程度及位置完全依靠人力完成检查工作，检修劳动强度大。

④ 布袋除尘器和电除尘器经济性对比。

静电除尘器常用的是四电场电除尘器和五电场电除尘器，加上布袋除尘器，这三种设备在都可以达到高除尘效率的条件下，经济耗费是选用哪种设备的重要指标。下面以江苏某 2×135 MW 电厂的 2×440 t/h 的燃煤锅炉为例，分别从设备总价、主要运行及维护费用、粉尘排污费用等方面对三种除尘器进行比较。

- 四电场电除尘器。

四电场电除尘器设备总价格 805 万元；设备总价中包括电除尘器设备费用、运杂费、安装费、技术服务费、变压器及配套电器费 45 万元。

主要运行及维护费：主要为设备耗电费用（包括高压整流装置、振打部分、绝缘子加热等），正常运行时功率约 700kW；按年运行 5 000h，每千瓦时按 0.32 元计，四电场年耗电费用 112 万元。其他部件的维护费用约每年 2 万元。

粉尘排污费用：按照新的排污收费标准计算（0.60 元/污染当量数烟尘收费），以年运行 5 000h 计，四电场电除尘效率 99.7%，每台炉每小时排放烟尘 90.78 kg，每台炉每年排放烟尘 453.9t，年收费 8.17 万元。

- 五电场电除尘器。

五电场电除尘器设备总价格 1 010 万元；设备总价中包括电除尘器设备费用、运杂费、安装费、技术服务费、变压器及配套电器费 56 万元。

主要运行及维护费：主要为设备耗电费用（包括高压整流装置、振打部分、绝缘子加热等），正常运行时功率约 875kW；按年运行 5 000h，每千瓦时按 0.32 元计，五电场年耗电费用 140 万元。其他部件的维护费用约每年 3 万元。

粉尘排污费用：按照新的排污收费标准计算（0.60 元/污染当量数烟尘收费），以年运行 5 000h 计，五电场电除尘效率 99.8%，每台炉每小时排放烟尘 60.52 kg，每台炉每年排放烟尘 302.6t，年收费 5.45 万元。

- 布袋除尘器。

布袋除尘器设备总价格 793 万元；设备总价中包括布袋除尘器设备费用、运杂费、安装费、技术服务费、增加的压缩空气系统设备及建安费 15 万元，不包括因布袋除尘器本体阻力大，造成引风机选型增大，每台设备价格增加 37 万元，每台炉合计 74 万元。

主要运行及维护费：因布袋除尘器本体阻力较大（1 200Pa），造成每台风机轴功率增加约 200kW，每台炉增加约 400 kW；布袋反吹时需耗用压缩空气 $5m^3/min$，约需功率 40kW，总计每台炉需电功率 440 kW，按年运行 5 000h，每千瓦时按 0.32 元计，布袋除尘器年耗电费用 70.4 万元。另外，布袋按 3 年寿命计算，年更换布袋费用为 83 万元。更换布袋费用及年耗电费用两项合计每台炉 153.4 万元。

粉尘排污费用：按照新的排污收费标准计算（0.60 元/污染当量数烟尘收费），以年运行 5 000h 计，布袋除尘器除尘效率 99.99%，每台炉每小时排放烟尘 3.03 kg，每台炉每年排放烟尘 15.13t，年收费 0.27 万元。

不同烟尘控制（主流）技术的经济比较见表附 3-22。从大体上可以看出，布袋除尘设备在这几个经济指标上有明显的优势，采用布袋除尘器是比较经济的。

表附 3-22 不同烟尘污染控制（主流）技术的经济比较

技术名称	四电场电除尘器	五电场电除尘器	布袋除尘器
单位成本/（元/kW）	60	74	64
运行费用（固定成本＋变动成本/[元/（kW・h）]	0.002 4	0.003 0	0.002 4
二次污染控制因素	设备老化程度，煤种、粉尘特性，矿物含量，含硫量等	设备老化程度，煤种、粉尘特性，矿物含量，含硫量等	粉尘的湿度、温度和黏性
国际上技术现状及发展预测	有被替代的趋势	有被替代的趋势	应用普遍
国内自有或引进及消化吸收情况	引进，消化并自产	引进，消化并自产	引进
综合评价	成熟	成熟	成熟，先进

从技术角度和经济角度看，采用大型布袋除尘器要比电除尘器更合理，能提高除尘效率，减少污染，烟尘排放浓度可小于 $50mg/m^3$。

⑤ 静电袋式复合除尘技术。

由于静电除尘与布袋除尘技术各有优势，且均为高效除尘技术，因而国外已开始将静电袋式复合除尘器应用于燃煤电厂。我国在这方面的研究工作起步较晚，要将该技术应用于实际燃煤电厂，仍需解决以下问题：① 静电除尘单元和袋式除尘单元之间的结合形式、结合间烟气分配的均匀性问题。气流的均匀性既影响静电除尘单元的除尘效率，又影响袋式除尘单元中布袋的寿命。在大型静电除尘器内烟气通常为水平流动方式，而袋式除尘器传统的进气方式为下进气。因此，需采取适当的布风措施，既满足烟气在静电除尘单元和袋式除尘单元都能均匀分布，又尽量减少压力损失。② 静电除尘单元和袋式除尘单元运行技术参数的合理选择问题。复合除尘器内的运行条件等都发生很大改变，因此，除尘器的运行参数也要做相应调整，特别是袋式除尘单元的喷吹压力、清灰周期等参数需重新选择。

（2）脱硫技术

国内外目前普遍采用的脱硫方法可分为煤燃烧前脱硫、燃烧中脱硫和燃烧后烟气脱硫三大类。

燃烧前的脱硫包括洗煤、煤气化、液化以及利用机械、电磁等物理技术对煤进行脱硫。燃烧前的物理方法脱硫只能脱去煤中部分的硫（主要是无机硫），不能从根本上解决二氧化硫对大气的污染问题。曾经引起广泛重视并开展研究的生物脱硫技术，由于占地太大，无法实现大批量机械化连续生产，因而无实用价值。

燃烧中脱硫主要包括炉内喷钙、流化床添加石灰石等。流化床添加石灰石脱硫技术本身具有良好的脱硫效果，国外近年来发展很快并已实现工业应用。国内由于环保意识不强，措施不力，再加上经济原因，该脱硫技术并未真正付诸实用。炉内喷钙工艺早在 20 世纪 60 年代就已经开始研究，但由于脱硫效率不高，一直未能得到广泛应用。进入 20 世纪 80 年代后，在炉内喷钙工艺基础上，美国开发了脱硫效率大为提高的 LIMB 工艺，芬兰的 Tampella 公司开发成功了 LIFAC 工艺，这些技术现在都已得到了推广应用。

燃烧后烟气脱硫是目前控制燃煤电厂 SO_2 气体排放最有效和应用最广的技术。20 世纪 60 年代后期以来，烟气脱硫技术发展迅速，从发表的文献统计，其工艺有 213 种之多，但这些方法大多处于实验室阶段或小规模试验阶段。

烟气脱硫技术按其脱硫方式以及脱硫反应产物的形态可分为湿法、干法及半干法三大类。不同类别的特点及代表性工艺见表附 3-23。

我国二氧化硫控制以烟气脱硫为主，通过技术引进和自主开发，我国已有石灰石-石膏湿法、喷雾干燥法、炉内喷钙等十多种工艺的脱硫装置在商业化运行或进行了工业示范。到目前为止，石灰石-石膏湿法烟气脱硫仍是世界上的主流烟气脱硫技术。据统计，我国火电厂烟气脱硫 90%以上采取石灰石-石膏湿法烟气脱硫技术。

几种典型脱硫工艺评价见表附 3-24。

表附 3-23　　　　三类烟气脱硫技术的主要特点

项目	代表性工艺	主　要　特　点
湿法烟气脱硫技术（WFGD）	湿式石灰石-石膏洗涤工艺（L/GFGD）	脱硫反应速度快；脱硫吸收与产物生成均在中低温状态下进行；脱硫效率高。但设备较为复杂，并普遍存在腐蚀严重，运行维护费用高及造成二次污染等问题
干法烟气脱硫技术（DFGD）	炉内喷钙炉后增湿活化脱硫技术（LIFAC）	固体吸收吸附剂在干态下与 SO_2 反应，并在干态下处理或再生脱硫剂；烟气在脱硫过程中无明显降温，利于排放后扩散；无废液二次污染。但反应速度慢，脱硫效率及脱硫利用率低
半干法烟气脱硫技术（SDFGD）	旋转喷雾干燥技术（SDA）	脱硫剂一般在湿态下脱硫、干态下处理或再生；也有在干态下脱硫、湿态下处理脱硫产物的半干法工艺。半干法工艺兼有 WFGD 技术和 DFGD 技术的某些特点

表附 3-24　　　　烟气脱硫技术综合评价

项目	湿式石灰石-石膏法	简易石灰石-石膏法	旋转喷雾法	炉内喷钙尾部增湿法	海水脱硫	电子束脱硫
	＞1.5	＞1.5	1～2	＜2	＜2	＜5
脱硫效率/%	＞90	＞80	70～80	60～85	＞90	80
Ca/S①	1.01～1.02	1.01～1.02	1.5～2.0	2.0～3.0	—	—
电耗占总发电量比例/%	1.5～2	1	1	＜0.5		
设备占地面积	大	较小	较大	小	大	较大
结垢、堵塞	有	有	有	有	无	无
灰渣状态	湿	湿	干	干	—	干
运行费用	高	较高	较高	较低	较低	较高（但副产物为氮肥）
烟气再热	需再热	需再热	不需再热	不需再热	需再热	不需再热
脱硫副产品	脱硫渣为 $CaSO_4$ 及少量烟尘，送灰场堆放或制成石膏板做建材	脱硫渣为 $CaSO_4$ 及少量烟尘，送灰场堆放或制成石膏板做建材	脱硫渣为 $CaSO_4$、$CaSO_3$、$Ca(OH)_2$ 和尘的混合物，送灰场堆放，目前尚不能利用	脱硫渣为尘、$CaSO_4$、$CaSO_3$、CaO 的混合物，送灰场堆放，目前尚不能利用	无	脱硫副产品为 $(NH_4)_2SO_4$ 和 NH_4NO_3 可直接做化肥
推广应用前景	燃用高中硫煤锅炉，当地有石灰石	燃用高中硫煤锅炉，当地有石灰石	燃用中低硫煤锅炉	燃用中、低硫煤锅炉	燃用中低硫煤锅炉	燃用高、中、低硫煤锅炉
技术成熟程度	国内通引进已商业化	国内已引进并进行中试	国内已引进	国内已进行工业示范	国内已进行工业示范	国内已引进
钙利用率②/%	＞90	＞90	40～50	35～40	—	—

注：① Ca/S=进入脱硫系统的钙基吸收剂（折合成 CaO）摩尔数/进入脱硫系统中 SO_2 摩尔数；
② 钙利用率=脱硫率/钙硫比。

湿式石灰石-石膏法脱硫工艺因脱硫效率高、工艺成熟，已成为国内外的主流技术，更适合于大型燃煤电站的烟气脱硫。

（3）氮氧化物控制技术

在火电厂 NO_x 生成物中，通常燃料型 NO_x（即由燃料中的 N 元素通过燃烧转化的 NO_x）

占 60%～80%，热力型 NO_x（高温下空气中的氮气与氧气反应生成的 NO_x）占 20%～30%。影响 NO_x 排放的因素有：燃料的含氮量、挥发分、燃烧采用的过剩空气系数、燃料与空气的混合程度、火焰温度以及在该温度下停留的时间等。相对于 NO_x 的生成机理和影响因素，控制火电厂 NO_x 排放的方法有两大类：一类为低 NO_x 燃烧技术，在燃烧过程中控制 NO_x 的生成；另一类是烟气脱硝技术，从烟气中脱除生成的 NO_x。NO_x 控制技术在电厂中的应用见图附 3-19。

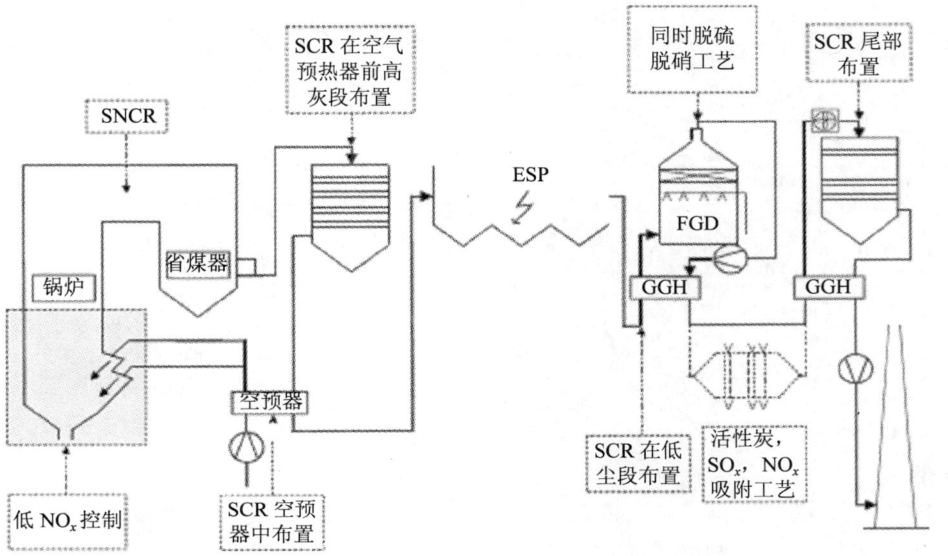

图附 3-19　不同 NO_x 控制技术在火电厂中的应用

（4）低 NO_x 燃烧技术

基于我国的基本国情，低 NO_x 燃烧是目前普遍采用的控制火电厂 NO_x 生成及排放的主要手段。其中，以低 NO_x 燃烧器（LNB）、空气分级技术、燃料分级燃烧（再燃）为主。LNB 主要是在实现稳燃的基础上，在燃烧器喷口附近组织合理的气固流动场和温度场，使煤粉的挥发分在着火燃烧前释放出来，在高温还原性气氛下抑制 NO_x 的生成或者将生成的 NO_x 还原成 N_2。空气分级主要是将初始进入炉膛的煤粉组织在一个低过量空气的还原气氛下燃烧，从而抑制燃料 N 的氧化；燃料分级（再燃）的基本原理是利用再燃燃料组织一个低过量空气的还原气氛，将已生成的 NO_x 进行还原。除以上三种控制技术外，低 NO_x 燃烧还包括低过剩空气系数运行、降低空气预热温度、浓淡燃烧器燃烧、炉膛内烟气再循环、部分燃烧器退出运行、带烟气再循环的空气分级燃烧器。低 NO_x 控制技术与控制效果比较见表附 3-25、表附 3-26。

20 世纪 80 年代中后期，我国在引进大容量燃煤发电机组的同时，就引进了锅炉低 NO_x 燃烧器的制造技术，并在大型火电机组上采用。在此基础上，结合我国煤质、制粉系统特点，开发了低 NO_x 燃烧系统。尤其是《火电厂大气污染物排放标准》（GB 13223—2003）的颁布实施，加快了低 NO_x 燃烧技术在国内的研究与推广，并具有了符合国情的低 NO_x 燃烧技术。目前低 NO_x 燃烧技术在我国火电厂中已得到较为普遍的应用。

表附 3-25　　低 NO_x 控制技术原理比较

控制技术		适用对象	热力型 NO_x				燃料型 NO_x		应用难度	应考虑的问题			
			控制原理			影响程度	控制原理/降低 O_2	影响程度		热效率下降	出力下降	粉尘增加	系统复杂化
			火焰温度下降	降低 O_2	缩短停留时间								
空气分级燃烧		都适用	▪	■		■	▪	■	·			■	
燃料分级燃烧		大中型	▪	■		■	▪	■	·			■	
低过剩空气系数		都适用	■	■	■	·	■	■	■	▪		·	
烟气再循环		大中型	■		▪	■		▪	·	·	·		·
浓淡偏差燃烧		两个喷口以上	■	■		▪	▪	▪	▪			·	
低氮氧化物燃烧器	阶段燃烧	大中型	■	■		■	▪	■	▪			▪	
	浓淡燃烧	都适用	■			■	▪	■	▪			▪	
	自身再循环	中小型		■	▪	▪		▪	▪				

资料来源：苏亚欣.燃煤氮氧化物排放控制技术. 北京：化学工业出版社，2005：102.

注：控制原理 ■ 关系密切　▪ 有关系

影响程度 ■ 高　▪ 中等　· 因设施类型而异

应用难度 ■ 可维持现状　▪ 要稍加修改　· 要翻新改造

考虑问题 ■ 关系密切　▪ 有关系　· 能获得改进

表附 3-26　　低 NO_x 技术控制效果比较

技术名称	效果	优点	缺点
空气分级燃烧（OFA）	最多 30%	投资低 有运行经验	并不是对所有炉膛都适用，有可能引起炉内腐蚀和结渣，并降低燃烧效率
低投入运行的燃烧器数目	15%～30%	投资低 易于锅炉改造 有运行经验	有引起炉内腐蚀和结渣的可能，并导致飞灰含碳量增加
燃料分级燃烧（再燃）	可达到 50%	适用于新的和改造现有锅炉 可减少已形成的 NO_x 中等投资	可能需要二次燃料，可能导致飞灰含碳量增加，运行经验较少。国内外研究热点
低氧燃烧	根据原来运行条件，最多降低 20%	投资最少 有运行经验	导致飞灰含碳量增加
烟气再循环（FGR）	最多 20%	能改善混合和燃烧 中等投资	增加再循环风机，使用不广泛
低 NO_x 燃烧器（LNB）	与空气分级燃烧合用时可达 60%	适用于新的和改装的锅炉 中等投资 有运行经验	结构比常规燃烧器复杂，有可能引起炉膛结渣和腐蚀，并降低燃烧效率

资料来源：苏亚欣. 燃煤氮氧化物排放控制技术. 北京：化学工业出版社，2005：103.

（5）烟气脱硝技术

烟气脱硝技术包括干法烟气脱硝技术和湿法烟气脱硝技术。干法脱硝技术主要有：选择性催化还原法（SCR）、选择性非催化还原法（SNCR）、SNCR/SCR 联合脱硝法、电子束照射法和活性炭联合脱硫脱硝法。湿法烟气脱硝技术主要有：一种是利用火电厂锅炉已安装的烟气脱硫装置，进行适当调整来达到脱硝的目的；另一种是单纯的湿法洗涤脱硝，其原理是先将 NO 氧化为 NO_2，再用液体进行吸收，这种湿法脱硝效率很高，但系统复杂，用水量大，且存在水污染，因此在火电厂锅炉上很少使用。

SCR 工艺是目前商业应用最为广泛的烟气脱硝技术，其原理是在催化剂存在的情况下，通过向反应器内喷入脱硝反应剂氨或者尿素等脱硝反应剂，将 NO_x 还原为 N_2。此工艺反应温度较低（300～450℃）可将还原剂喷入锅炉尾部烟道内，脱硝效率可达 90%以上。SCR 装置主要由脱硝反应剂制备系统、反应器本体和氨水喷淋装置组成。SCR 烟气脱硝技术与石灰石-石膏湿法烟气脱硫技术对比见表附 3-27。

表附 3-27　SCR 烟气脱硝与石灰石-石膏烟气脱硫技术对比

项目	烟气脱硝（SCR）	烟气脱硫（石灰石-石膏湿法）
化学本质	催化-还原	吸收-中和
系统组成	少，只有 2 个子系统	多，一般有 5～7 个子系统
主流设备	干式，SCR 反应器	湿式，洗涤吸收塔
操作温度/℃	300～400	45～50
还原剂/吸收剂	氨	石灰石
副产品	N_2	石膏
单位投资/（元/kW）	100～150	200
运行成本/[元/t（NO_x或 SO_2）]	2 000 以上	约 1 000

资料来源：杨飏. 氮氧化物减排技术与烟气脱硝工程. 北京：冶金工业出版社，2007.

SNCR 工艺原理是在高温条件下，由氨或其他还原剂与 NO_x 反应生成 N_2 和水，此工艺受温度限制较大，最佳温度为 950℃左右，温度高或低都会影响脱硝效率。该工艺存在的问题是：由于温度随锅炉负荷和运行周期而变化及锅炉中 NO_x 浓度的不规则性，使该工艺应用时变得较复杂。在同等脱硝效率的情况下，该工艺的 NH_3 耗量高于 SCR 工艺，从而使 NH_3 的逃逸量增加。到目前为止，全世界大约有 300 套 SNCR 装置应用于火电厂锅炉、工业锅炉等其他燃烧装置。

SNCR/SCR 组合技术工艺是 20 世纪 90 年代后期研发成功的，已成熟应用于大型燃煤机组。该技术适合新建大型机组，同时也适用于场地狭窄的老厂改造，脱硝效率最高可达 90%。该技术是将炉内脱硝 SNCR 法及炉后脱硝 SCR 法串连成一个系统，用 SNCR 法炉内脱硝后的余氨再进入 SCR 的催化反应器进行脱硝。安全的还原剂为尿素，可省去喷氨系统。

活性炭法（AC）是利用活性炭特有的大比表面积、多空隙进行脱硝。烟气经除尘器后在

90～150℃下进入炭床（热烟气需喷水冷却）进行吸附。优点是吸附容量大，吸附和催化过程动力学过程快，可再生，机械稳定性高。缺点是易形成热点和着火问题，且设备的体积大。

除以上的四种比较流行的工艺外，还有 SNO_x/$DESONO_x$ 法。丹麦的 SNO_x 法和德国的 $DESONO_x$ 法是用于催化剂联合脱硫脱硝的两种方法，从除尘器出来的烟气进入 SCR 催化反应器进行 NO_x 还原，这一点同 SCR 方法相似，再将烟气加热到 400～420℃，送入 SO_2 催化反应器，使 SO_2 氧化成 SO_3。在换热器中 SO_3 与水汽结合成为硫酸，并进一步浓缩为商用硫酸。两法的基本原理相同，区别在于氧化和还原催化剂是布置在单独的反应器（SNO_x）还是联合反应器（$DESONO_x$）里，因为脱硫和脱硝的运行温度不同，单独的反应器可以单独调节各自在最佳温度下运行，而在联合反应器中，则是由技术制造商本身开发了一种特别的高温催化还原剂来进行联合脱硫脱硝。各种脱硝工艺特性参数对照见表附 3-28。

表附 3-28　　部分烟气脱硝工艺特性参数对照

脱硝工艺	药剂	NO_x/%	温度范围/℃	NH_3 逃逸/（$\times10^{-6}$）	在改造机组上的应用	备注
SCR（高粉尘侧尾部烟气侧）	NH_3	＞80	350～420 300～400	催化剂按＜5 设计	受空间限制否则容易	较高的投资和空间要求 使用的催化剂问题 在尾气后布置的烟气再热系统
SNCR	NH_3，氨水尿素及其他药品	高达 60	850～1 100	＜15		投资适当通过增大湿度窗口 效率取决于温度分布和构造 使用尿素时 N_2O 生成较高（85μL/L）
活性炭工艺	NH_3	高达 90	90～150		受空间限制否则容易	炭用于吸附和 SO_2 的还原剂 投资相对较高 活性炭的过热
$NESONO_x$/SNO_x	NH_3	高达 90	380～460	氨逃逸在 SO_2 转换器中被氧化	容易	NO_x 的脱除率必须保持在 90%～95% 一部分 NO_x 在 SO_2 的转换器中被高效氧化成 NO_2，浓度较高时成褐色 在 $DESONO_x$ 工艺中另外脱除 HCl 和 HF

总之，SCR 法因脱硝效率高、工艺成熟等优势已成为目前国际上的主流技术，也是我国重点推广的技术，必将得到广泛的应用。

3．筛分和洗选煤技术

对商品动力煤进行筛分和洗选，是目前燃煤工业锅炉节能减排的有效途径之一。改善工业锅炉煤炭生产、管理和供应体系，就可以在已有的燃煤工业锅炉技术和设备条件下，提高锅炉效率 8%～12%，减少黑烟及二氧化硫、氮氧化物的排放。同时，还可带来增加煤炭行业就业、提高煤矿终端产品附加值、降低工业锅炉运行成本的社会效益和经济效益。

实际应用中，链条炉多用高灰的原煤（或称散煤）。原煤平均含灰＞28%。＜3mm 的末煤达 45%～65%，粒度＞10mm 的仅占 15%～30%。

燃煤工业锅炉、工业炉和民用炉灶应改为燃用筛选后的小块（6～25mm）、低灰（含灰＜12%）、低硫（含硫＜0.8%）的煤。使用小块煤可以提高燃烧效率 10%，并减少过量用风和排烟热损失。使全国消耗原煤总量约 27%的 50 多万台燃煤工业锅炉的热效率从现在的 65%提高到 75%，年节约原煤 6 000 万 t（标准煤 4 300 万 t），并可大幅度减少污染排放。燃煤工业锅炉的平均节煤相当于 10%/0.65=15%，减少污染排放也是 15%。但是目前我国动力用煤筛分、洗选率很低，远远落后于欧美各先进国家。我国燃煤工业锅炉热效率低下、浪费和污染严重的原因主要不是设备不先进，而是烧高灰原煤。

目前我国动力原煤入洗率低，加工回收率低，入选率不足 30%，造成大量无效运输（原煤中含矸量平均 20%左右），浪费运力。燃煤电力行业和工业锅炉应尽量燃用洗选后的低灰煤，以减少运输量。

燃用筛分、洗选煤可明显减少大气中的颗粒物、SO_2 和汞等有毒物。硫、汞等大部分存在煤矸石中，洗煤能去除 1/3～1/4，并有利于减少城市煤灰垃圾处理量。燃用筛分、洗选煤是燃煤工业锅炉减少 SO_2 和汞排放的低费用的、最有效办法。用筛分、洗选后的优质煤（煤的硫分＜0.8%）替代原煤燃烧的经济性最佳，除了可以提高锅炉效率约 10%之外，减少 SO_2 排放的成本最低，在 400 元/t SO_2 以下。有条件的部分城市可应用型煤。型煤脱硫效果较好，但价格较高，减排成本在 700 元/tSO_2 左右。有效的小锅炉的烟气脱硫成本就更高了。

（二）相关法规发展趋势

1. 能源法（正在起草中）

经国务院批准，国家能源办会同有关部门负责组织实施能源法起草工作。能源法将解决能源开发利用的六大问题：保障国家能源安全和经济安全，促进能源节约和环境保护，优化能源结构和促进经济增长方式转变，促进能源管理体制改革、规范政府行为，确定能源市场准入及竞争规则、优化投资结构，推动能源技术创新与革命。

2. 电力法规、政策

（1）电力法规

① 电力法的修订。

现行《电力法》是 1995 年 12 月 28 日由第八届全国人大常委会第十七次会议通过，自 1996 年 4 月 1 日起施行。10 余年来，《电力法》对保障和促进电力事业持续、快速、健康发展，保障电网安全稳定运行，满足国民经济和社会发展用电需求发挥了积极作用，有力地促进了电力的改革与发展。但由于社会、经济形势的变化，特别是2002年底国家实施电力体制改革、开展电力市场监管以后，《电力法》在实施过程中遇到了许多新问题，亟待修改。2003 年 4月，《电力法》修订列入国务院立法计划，明确由国家发展和改革委员会与国家电力监管委员会共同负责。目前，有关修订工作正在进行中。

② 行政法规。

目前中国电力行政法规及与之相配套的行政法规共有 9 项，分别为《电力设施保护条例》（1987 年发布、1998 年修订）、《铺设海底电缆管道管理规定》（1989 年发布）、《大中型水利水电工程建设征地补偿和移民安置条例》（1991 年发布）、《水库大坝安全管理条例》（1991 年发布）、《电网调度管理条例》（1993 年发布）、《核电厂核事故应急管理条例》（1993 年发布）、《电力供应与使用条例》（1996 年发布）、《长江三峡工程建设移民条例》（1993 年发布、2001 年修订）、《电网监管条例》（2005 年发布）。

《电力监管条例》的发布标志着我国电力市场化改革取得了一个实质性进展。该条例的颁布实施既是国家推行依法行政在电力行业的具体体现，也是我国电力法制化管理的一个突破。该条例不仅为新的电力管理体制的有序运作提供了法规依据，也为现行《电力法》及其配套法规《电网调度管理条例》和《电力供应与使用条例》等的尽快修订铺平了道路。

③ 部门规章。

目前由国家相关主管部门制定的涉及电力领域的部门规章较多，内容涉及电力市场、电价与电费、电力监管、电力建设征地等方面，基本覆盖了电力领域的各类业务活动。其中，涉及电力市场的部门规章有《电力业务许可证管理规定》（2005 年）、《电力市场运营基本规则》（2005 年）、《电力市场监管办法》（2005 年）、《电力市场技术支持系统功能规范（试行）》（2003 年）；调整电价的部门规章有《国家发展改革委关于印发电价改革实施办法的通知》（附：《上网电价管理暂行办法》、《输配电价管理暂行办法》、《销售电价管理暂行办法》）（2005 年）、《国家发展和改革委员会关于继续实行差别电价政策有关问题的通知》（2005 年）；有关电力监管的部门规章有《电力监管信息公开办法》（2005 年）、《电网调度管理条例实施办法》（1994 年）、《供用电监督管理办法》（1996 年）、《供电营业区划分及管理办法》（1996 年）；涉及配售电与用电的部门规章有《用电检查管理办法》（1996 年）、《居民用户家用电器损坏处理办法》（1996 年）、《供电营业规则》（1996 年）、《〈供电营业区划分及管理办法〉补充规定》（1997 年）；规范电力设施保护的部门规章有《电力设施保护条例实施细则》（1999 年）等。

（2）与电力有关的法规

2005 年 2 月，第十届全国人大常委会第十四次会议通过了《中华人民共和国可再生能源法》（以下简称《可再生能源法》）。《可再生能源法》明确了发展可再生能源的目的和适用法律规定的可再生能源的范围，确定了国家、企业、社会的责任和义务，确立了可再生能源发展的体制和总量目标制度、并网发电审批和全额收购制度、上网电价与费用分摊制度以及激励措施等。根据《可再生能源法》的要求，国家有关部门已出台了部分配套的规定，如《可再生能源产业发展指导目录》、《可再生能源发电价格和费用分摊管理试行办法》、《可再生能源发电有关管理规定》等。

除《可再生能源法》外，目前，在我国已颁布的法律中，还有一批法律与电力有密切关系，包括《中华人民共和国节约能源法》（1997 年）、《中华人民共和国安全生产法》（2002 年）、《中华人民共和国清洁生产促进法》（2002 年），《中华人民共和国煤炭法》（1996 年）、《中华人民共和国水法》（2002 年）《中华人民共和国土地管理法》（2004 年修正）、《中华人民共和国森林法》（1998 年修正）、《中华人民共和国环境保护法》（1989 年）、《中华人民共和国大气污染防治法》（2000 年修订）、《中华人民共和国水污染防治法》（1996 年修改）、《中华人民共和国环境噪声污染防治法》（1996 年）、《中华人民共和国水土保持法》（1991 年）、《中华人民共和国固体废物污染环境防治法》（2004 年修订）、《中华人民共和国环境影响评价法》（2002 年）、《中华人民共和国海洋环境保护法》（1999 年修订）等。

2006 年 3 月 14 日，第十届全国人民代表大会第四次会议批准《中华人民共和国国民经济和社会发展第十一个五年规划纲要》，对电力的发展也有深远的影响。

3．与环保相关的法规、政策

十多年以来，尤其是“十五”期间，出台了一系列与火电厂大气污染物控制相关的法律、法规、政策和文件，同时，还有正在制（修）订和完善的有关法规、文件。附表中列出了我国控制火电厂二氧化硫排放的法规、政策、规划概况。

4．电力产业政策

国家发改委委托中电联起草的电力产业政策经过三年多的反复讨论，2006 年已经报审稿报国家发改委，预计将报送国务院审批。

（1）电力产业政策的总体要求

① 合理确定电力发展规模，切实控制不合理需求，使电力发展速度与经济社会发展相适应。

② 调整电源结构，大力开发水电，优化发展煤电，积极推进核电，适度发展天然气发电，鼓励新能源发电。

③ 坚持建设与节约并重，把节约用电放在优先位置，加强电力需求侧管理，提高资源利用效率。

④ 加强电网建设，推进西电东送、南北互济、全国联网，实现更大范围的资源优化配置。

⑤ 大力推进技术进步和产业升级，提高关键设备制造和供应能力。

⑥ 鼓励清洁发电，加强生态和环境保护。

⑦ 深化电力体制改革，完善法律法规和产业政策，强化规范管理，严格执法监督。

⑧ 切实加强电源、电网安全工作，进一步完善安全责任体系和电力保障应急机制，确保电力系统安全。

（2）调整电力产业结构的具体要求

2005 年 12 月 21 日，国务院发布《促进产业结构调整暂行规定》（国发[2005]40 号）。2005 年 2 月 22 日出台了《国务院办公厅关于电站项目清理及近期建设安排有关工作的通知》（国办发[2005]8 号）（以下简称《通知》），《通知》就电站项目清理和近期建设安排有关工作进行了明确的部署。这些文件提出了调整电力产业结构的具体要求：

① 调整电力产业结构要求坚持节约优先、立足国内、煤为基础、多元发展，优化能源结构，构筑稳定、经济、清洁的能源供应体系。

② 合理安排电站建设规模，调整优化电源结构。以大型高效机组为重点优化发展煤电，在生态保护基础上有序开发水电，积极发展核电，鼓励煤电联营。加快发展风能、太阳能、生物质能等。优先支持对经济发展、结构调整和技术进步有重大促进作用的关键性电力项目，鼓励建设大型煤矿坑口电厂、超超临界电厂和热电联产、煤矸石等低热值燃料综合利用电厂；指导督促电源项目建设大省制定“以大代小”规划，在确保关停小燃煤、燃油发电机组的前提下，安排建设等容量高效、环保电站。

③ 继续做好电站项目清理后续工作，坚决制止违规建设电站现象，促进电力建设稳定均衡发展。

④ 加强电网建设，优化电网结构，扩大西电东送规模。

国家发展改委为了贯彻落实国务院发布的《促进产业结构调整暂行规定》而发布的《产业结构调整指导目录》（以下简称《指导目录》），对包括电力行业在内的 20 多个行业的鼓励类、限制类和淘汰类项目进行了分类说明。

五、我国电力工业污染防治的思路和目标

（一）指导思想

以科学发展观、构建和谐社会的要求为指导，以《国民经济和社会发展第十一个五年规划纲要》（以下简称《纲要》）提出的与电力行业紧密相关的约束性指标即能耗和二氧化硫排放总量为重点，根据现行法律法规及相关规定，建立电力工业污染防治战略体系，加强电力工业污染防治。

（二）主要目标

1．烟尘

2010 年，燃煤电厂每千瓦时烟尘排放量控制在 1.2g；烟尘年排放量控制在 300 万 t 以内。

2．二氧化硫

根据《纲要》及《节能减排综合性工作方案》等的要求，据有关专家预测分析，到 2010 年，全国电力二氧化硫排放量预计可控制在 862 万 t，在 2005 年的基础上减少 33.7%；全国燃煤电厂二氧化硫排放绩效指标由 2005 年的 6.4g/kW・h 下降到 2.7g/kW・h，下降 57.8%；全国烟气脱硫机组投运及在建容量将达到 3.8 亿 kW（不包括循环流化床锅炉），占“十一五”末煤电装机总量的 64.0%，远远高于美国 2005 年水平。火电厂二氧化硫的排放量将在 2006 年达到历史最高点后，逐年下降，完全能够达到“十一五”国家规定的总量控制要求。

“十一五”期间电力二氧化硫排放总量年际变化预测见图附 3-20。

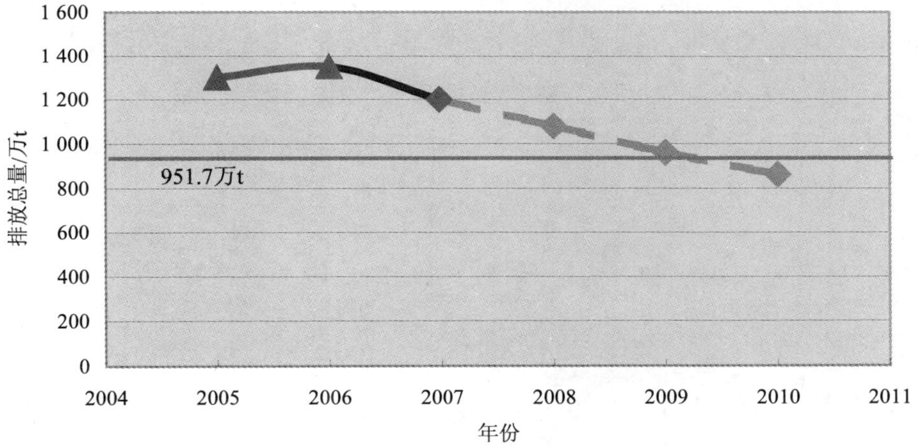

图附 3-20 “十一五”期间电力二氧化硫排放总量年际变化预测

六、措施和建议

1．加强法制建设，强化依法管理

根据科学发展观的要求和市场经济发展的要求，不断完善有关电力环保与资源节约方面的法律、法规，将节能减排的理念、指标、制度以及行业监管职责等通过法制化的形式予以确定。同时，要清理、整顿现行环保相关的法规政策，减少法规政策间的不协调、交叉和矛盾的现象，建议强制性的污染物排放标准以法规形式颁布。

科学制（修）订污染物排放标准。依据环境质量要求，经济能力和最佳可用技术原则制定火电厂排放标准；国家排放标准制定应坚持区分新老企业、区分不同地域、促进经济治污、促进清洁生产、鼓励科技创新、最低要求的原则；鼓励发电企业依法自主选择多种治理措施，努力降低治理成本。

要切实落实电力行业节能减排的政府管理职能和各方职责，完善执法体系，恢复和完善行业监测、监督体系，加强依法监督和管理。

2．加强能源战略和电力发展规划工作，积极推进电力结构调整

根据电力工业的特点，控制大气污染排放最有效的措施是调整电力结构。长期以来，我国能源结构以煤为主，发电装机中 75%以上是煤电，核电和可再生能源发电比重过低。在煤电机组中，能耗高、污染重的小火电机组比重过高。因此，要坚定不移地大力调整电源结构。首先，要在保护生态的前提下有序开发水电，随着水电可开发容量的逐步减少，比重虽然不会提高，但是在近阶段水电总量的不断增加，是最为有效的节能减排的措施之一；大力发展以风能为主的可再生能源发电；积极推进核电建设；不断提高煤电发电效率和清洁利用，大力开展“上大压小”，提高热电（冷）联产的比例，坚决查处虚假的综合利用煤矸石发电厂。通过强有力的规划手段，在不断优化电力结构的同时，加大对现有电厂节能减排和电网降损的技术改造，使存量部分也不断优化。

3．进一步完善节能减排机制，通过市场经济机制促进节能减排

按照国务院电力体制改革方案确定的方向和目标，坚定不移地加快推进市场化机制的发展，充分发挥以市场为基础的节能新机制，积极探索综合运用价格、财税、信贷等的经济手段，推进低成本节能减排措施。例如改进发电调度方式，加快电力市场建设，推进排污权交易和发电权交易等。通过改革，促进贯彻落实能源发展战略，使电力发展在节约的前提下，基本满足国民经济和社会发展需要，电力结构调整取得明显进展，效率接近 20 世纪末国际先进水平，形成有国际竞争力的电力设计、制造、建设和运营管理体系。

加快实施二氧化硫排污权交易政策的推进。首先在燃用高硫煤的电厂进行烟气脱硫，对于特低硫煤（硫含量小于 0.5%）的电厂实施烟气脱硫不论是政府还是企业都应当慎重决策。在满足环境质量要求的前提下，可以允许在电力行业内部、区域或全国范围内进行总量平衡，即通过异地削减达到总量控制要求，以最经济的代价达到控制二氧化硫排放总量的目的，并避免特低硫煤脱硫的不经济性问题。

改革现行的排污收费制度。对排污收费的目的、作用进行重新定位，并将排污收费制度

与推进资源性产品价格改革、建立和完善生态补偿责任机制等结合起来统筹改革；在改革的过渡期，应采取对于达标排放不收取费用，对于超标排放加倍收费或阶梯收费办法。

4. 加强节能减排的科学研究与技术开发能力

大气污染控制是一项庞大的系统工程，科学研究是其坚实的基础。电力体制改革后，行业节能减排管理体系、监测监督体系解体，相关研究机构分别划归、重组为电网、发电企业集团内部科技企业。虽然在一定程度上增加了某些企业针对自身的科研能力和技术开发能力，但总体来说，针对电力行业发展的全局性、综合性、系统性、及时性的研究能力大为削弱。例如电力可持续发展的宏观政策和战略规划研究，技术发展方向和技术路线研究，电力节能减排的潜力、机制、措施研究，应对全球温室气体减排压力及措施的研究等不能适应形势发展的要求，难以为电力工业的发展、改革、监管决策提供可靠支撑。应加强以节能减排为核心的电力发展的综合性研究工作，尤其是宏观性、基础性和前瞻性研究，加强对国际上电力发展和节能减排情况的跟踪。

5. 尽快确定火电厂氮氧化物控制的技术路线建议

在二氧化硫得到控制之后，燃煤电厂氮氧化物的控制应加快步伐。首先要尽快制定并发布火电厂氮氧化物污染防治技术政策，以对燃煤火电厂氮氧化物在“十一五”末、“十二五”期间进行有效的防治做好准备。

① 鉴于国际烟气脱硝技术的发展趋势和各种烟气脱硝技术的特点，综合考虑我国的技术经济发展水平和电力企业的承受能力，优先采用低 NO_x 燃烧技术（包括低过剩空气系数运行、降低空气预热温度、浓淡燃烧器燃烧、炉膛内烟气再循环、部分燃烧器退出运行、分次送风、空气分级低氮燃烧器、带烟气再循环的空气分级燃烧器、空气/燃料分级低氮燃烧器等）。在新建机组上采用低 NO_x 燃烧技术，并对老机组进行低 NO_x 燃烧技术改造。继续研究和优化脱硝效率更高、经济性更好的低 NO_x 燃烧技术，为大型火力发电机组提供新一代燃烧技术，也为 SCR 和 SNCR 技术的应用提供配套技术。

② 根据排放标准、机组情况、煤质、场地、运行人员技术水平等条件，因地制宜选用烟气脱硝技术。一般情况下，位于北京、上海等经济发达、环保排放指标较严格的城市和有污染治理经济承受能力的电厂应用 SCR 法，新建机组重点考虑采用 SCR 法，也可以考虑使用 SCR/SNCR 法，老机组（前提考虑机组寿命）改造重点考虑选用 SNCR 法，同时考虑利用低 NO_x 燃烧方式的协同脱硝作用。

③ 新、扩、改建煤粉锅炉，需要预留脱硝装置空间时，一般情况下按 SCR 方法预留空间。

④ 积极推进成熟的资源回收型、具有经济性的脱硫、脱硝一体化技术。

6. 开展改善燃煤工业锅炉的煤炭生产、管理和供应体系的系统示范项目

系统示范项目的目的是全面评价改善燃煤工业锅炉煤炭体系的可行性和具体途径，包括技术评价、经济评价、环境评价、社会效益评价、市场评价、有关政策法规评价等，为建立新的适合我国市场经济需要的燃煤工业锅炉的煤炭生产、管理和供应体系提供经验。

7. 继续支持发展拥有自主知识产权的脱硫、脱硝技术

支持烟气脱硫、脱硝关键技术与设备国产化示范项目，尽快形成更多的拥有自主知识产权的烟气脱硫工艺技术。进一步提高烟气脱硫工艺技术与设备国产化水平，提高环保装备制造企业的自主创新能力，推进重大环保技术装备的自主制造。对由于技术或加工制造能力原因致使目前尚不能国产化的脱硫专用设备，在技术引进的基础上，有计划、有重点地扶持科研设计单位、设备制造商或脱硫工程公司联合开发，并在资金和项目上予以一定支持。制定和完善相关制造标准，加强对国产化脱硫专用设备的质量监督和性能检测以及脱硫设施的后评估工作，不断总结经验，确保设备的可靠性。

通过示范工程，引进、消化吸收国外烟气脱硝技术的特点、运行性能、系统工艺、设备要求等，并在此基础上，针对我国的能源结构、锅炉类型和燃烧特性，结合我国环境治理政策，研究开发出适合我国国情的、具有自主知识产权的烟气脱硝技术。为烟气脱硝技术的国产化、产业化和大规模应用奠定基础。同时利用示范工程，可以取得烟气脱硝的技术指标、参数选取和机组匹配等科学依据，从而建立我国的烟气脱硝工程标准体系。

在脱硫技术的引进中，关键设备的国产化相对滞后。在脱硫建设规模急剧增加的今天，关键设备仍需要进口。对脱硝工作就应该以 SO_2 控制历史为鉴，加快脱硝设备的国产化进程。

8. 充分发挥行业自律作用，推进企业管理创新

加强电力行业自律管理，明确行业协会在节能减排工作中的作用和职责，充分发挥自律、监督及政府和企业的桥梁作用，建立行业节能减排自律机制；参与相关法规、政策制（修）订，建立和完善电力行业节能降耗、清洁生产指标和标准体系，制定相关技术标准、规范；建立和完善资源节约信息统计、分析及发布制度，开展行业节能减排对标活动；加强培训、宣传力度等，促进行业节能减排工作不断进步。广大电力企业作为节能减排的主体，要通过推进企业管理创新、技术创新，提高法规、政策、技术水平，促进企业依法治理污染，完成节能减排目标和任务。

附表

火电厂二氧化硫控制法规政策目录一览表

序号	性质	类型	名称	制定/颁布机关	文号	颁布时间	实施时间
1	法律		中华人民共和国电力法	第八届全国人大常委会第十七次会议	主席令第 60 号	1995-12-28	1996-04-01
2	法律		中华人民共和国大气污染防治法	第九届全国人大常委会第十五次会议	主席令第 32 号	2000-04-29	2000-09-01
3	法律		中华人民共和国环境保护法	第七届全国人大常委会第十一次会议	主席令第 22 号	1989-12-26	1989-12-26
4	法律		中华人民共和国环境影响评价法	第九届全国人大常委会第三十次会议	主席令第 77 号	2002-10-28	2003-09-01
5	法律		中华人民共和国清洁生产促进法	第九届全国人大常委会第二十八次会议	主席令第 72 号	2002-06-29	2003-01-01
6	法律		中华人民共和国标准化法	第七届全国人大常委会第五次会议	主席令第 11 号	1988-12-29	1989-04-01
7	纲要	综合	国民经济和社会发展第十一个五年规划纲要	第十届全国人大第四次会议		2006-03-14	
8	标准规范	排放标准	火电厂大气污染物排放标准	国家环保总局与国家质量监督检验检疫总局	GB 13223—2003	2003-12-23	2004-01-01
9	行政法规及国务院文件	循环经济	国务院关于加快发展循环经济的若干意见	国务院	国发[2005]22 号	2005-07-02	
10	行政法规及国务院文件	综合	关于落实科学发展观　加强环境保护的决定	国务院	国发[2005]39 号	2005-12-03	
11	行政法规及国务院文件	综合	国务院关于印发节能减排综合性工作方案的通知	国务院	国发[2007]15 号	2007-05-23	
12	行政法规及国务院文件	产业结构调整	国务院关于发布实施《促进产业结构调整暂行规定》的决定	国务院	国发[2005]40 号	2005-12-02	
13	行政法规及国务院文件	产业结构调整	国务院关于加快推进产能过剩行业结构调整的通知	国务院	国发[2006]11 号	2006-03-12	
14	文件	产业结构调整	国家发展改革委关于防止高耗能行业重新盲目扩张的通知	国家发改委	发改运行[2006]1332 号	2006-07-05	
15	文件	产业结构调整	国家发展改革委关于加快推进产业结构调整遏制高耗能行业再度盲目扩张的紧急通知	国家发改委	发改运行[2007]933 号	2007-04-29	
16	行政法规及国务院文件	产业结构调整	国务院批转发展改革委、能源办关于加快关停小火电机组若干意见的通知	国务院	国发[2007]2 号	2007-01-20	

序号	性质	类型	名称	制定/颁布机关	文号	颁布时间	实施时间
17	行政法规及国务院文件	环评与竣工验收	建设项目环境保护管理条例	国务院	1998年第253号令	1998-11-29	1998-11-29
18	行政法规及国务院文件	监测监管	电力监管条例	国务院	2005年第432号令	2005-02-15	2005-05-01
19	行政法规及国务院文件	总量控制	关于酸雨控制区和二氧化硫污染控制区有关问题的批复	国务院	国函[1998]5号	1998-01-12	
20	行政法规及国务院文件	总量控制	关于“十一五”期间全国主要污染物排放总量控制计划的批复	国务院	国函[2006]70号	2006-08-05	
21	行政法规及国务院文件	排污收费	排污费征收使用管理条例	国务院	2003年第369号令	2003-01-02	2003-07-01
22	行政法规及国务院文件	电价	国务院办公厅转发发展改革委关于完善差别电价政策意见的通知	国务院	国办发[2006]77号	2006-09-17	
23	行政法规及国务院文件	清洁生产	国务院办公厅转发发展改革委等部门关于加快推行清洁生产意见的通知	国务院	国办发[2003]100号	2003-12-17	
24	部门规章	产业结构调整	产业结构调整指导目录（2005年本）	国家发改委	2005年第40号令	2005-12-02	
25	部门规章	清洁生产	清洁生产审核暂行办法	国家发改委、国家环保总局	2004年第16号令	2004-08-16	2004-10-01
26	部门规章	排污收费	排污费征收标准管理办法	国家计委、财政部、环保总局、经贸委	2003年第31号令	2003-02-28	2003-07-01
27	文件	鼓励政策	国家鼓励发展的资源节约综合利用和环境保护技术	国家发改委	2005年第65号公告	2005-10-28	
28	文件	清洁生产	国家重点行业清洁生产技术导向目录（第三批）	国家发改委、国家环保总局	2006年第86号公告	2006-11-27	
29	文件	产业化	关于印发加快火电厂烟气脱硫产业化发展的若干意见的通知	国家发改委	发改环资[2005]757号	2005-05-10	
30	规划	综合	关于印发现有燃煤电厂二氧化硫治理“十一五”规划的通知	国家发改委、国家环保总局	发改环资[2007]592号	2007-03-19	
31	文件	产业化	关于开展火电厂烟气脱硫特许经营试点工作的通知	国家发改委、国家环保总局	发改办环资[2007]1570号	2007-07-10	
32	文件	环评与竣工验收	关于燃煤电站项目规划和建设有关要求的通知	国家发改委	发改能源[2004]864号	2004-06-16	
33	文件	产业结构调整	关于加快电力工业结构调整促进健康有序发展有关工作的通知	国家发改委、国土资源部、铁道部、交通部、水利部、国家环保总局	发改能源[2006]661号	2006-04-18	
34	文件	循环经济	关于组织开展循环经济试点（第一批）工作的通知	国家发改委、国家环保总局、科技部、财政部、商务部、国家统计局	发改环资[2005]2199号	2005-10-27	

序号	性质	类型	名称	制定/颁布机关	文号	颁布时间	实施时间
35	文件	电价	关于疏导华北、南方、华中、华东电网电价矛盾有关问题的通知	国家发改委	发改价格[2004]1036～1039号	2004-06-08	
36	文件	电价	关于印发电价改革实施办法的通知	国家发改委	发改价格[2005]514号	2005-03-28	
37	文件	清洁生产	火电行业清洁生产评价指标体系（试行）	国家发改委	2007年第24号公告	2007-04-23	
38	文件	鼓励政策	当前国家鼓励发展的环保产业设备（产品）目录（2007年修订）	国家发改委	2007年第27号公告	2007-04-30	
39	文件	电价	关于规范电价管理有关问题的通知	国家计委	计价格[2001]701号	2001-04-23	
40	文件	鼓励政策	关于对洁净煤技术发电示范工程项目实行优惠政策的通知	国家计委	计基础[2001]1370	2001-07-25	
41	文件	电价	关于印发《燃煤发电机组脱硫电价及脱硫设施运行管理办法》（试行）的通知	国家发改委、国家环保总局	发改价格[2007]1176号	2007-05-29	
42	文件	电价	关于坚决贯彻执行差别电价政策禁止自行出台优惠电价的通知	国家发改委、国家电监会	发改价格[2007]773号	2007-04-09	
43	文件	环评与竣工验收	关于规范环境影响咨询收费有关问题的通知	国家计委、国家环保总局	计价格[2002]125号	2002-01-31	
44	部门规章	环评与竣工验收	建设项目环境影响评价文件审批程序规定	国家环保总局	2005年第29号令	2005-11-23	2006-01-01
45	部门规章	环评与竣工验收	建设项目竣工环境保护验收管理办法	国家环保总局	2001年第13号令	2001-12-27	2002-02-01
46	文件	总量控制	关于印发酸雨控制区和二氧化硫污染控制区划分方案的通知	国家环保总局	环发[1998]86号	1998-02-06	
47	文件	产业化	燃煤二氧化硫排放污染防治技术政策	国家环保总局、国家经贸委、科技部	环发[2002]26号	2002-01-30	2002-01-30
48	文件	总量控制	关于印发大气污染防治重点城市划定方案的通知	国家环保总局	环发[2002]164号	2002-12-03	
49	文件	总量控制	关于加强燃煤电厂二氧化硫污染防治工作的通知	国家环保总局、国家发改委	环发[2003]159号	2003-09-15	
50	文件	排污收费	关于排污费征收核定有关问题的通知	国家环保总局	环发[2003]187号	2003-11-26	
51	文件	排污收费	关于排污费征收核定有关工作的通知	国家环保总局	环发[2003]64号	2003-04-15	
52	文件	总量控制	关于印发《二氧化硫总量分配指导意见》的通知	国家环保总局	环发[2006]182号	2006-11-09	
53	文件	鼓励政策	关于印发《国家先进污染防治技术示范名录》（2007年度）和《国家鼓励发展的环境保护技术目录》（2007年度）的通知	国家环保总局	环发[2007]105号	2007-07-05	

序号	性质	类型	名称	制定/颁布机关	文号	颁布时间	实施时间
54	文件	总量控制	关于贯彻落实《关于加强燃煤电厂二氧化硫污染防治工作的通知》的通知	国家环保总局	环办[2003]102 号	2004-10-30	
55	文件	排污许可	关于开展排污许可证试点工作的通知	国家环保总局	环函[2004]5 号	2004-01-02	2004-07
56	文件	总量控制	关于开展“推动中国二氧化硫排放总量控制及排污政策实施的研究项目”示范工作的通知	国家环保总局	环办函[2002]51 号	2002-03-01	
57	文件	排污许可	排污许可证条例（征求意见稿）	国家环保总局	环办函[2004]439 号	2004-07-14	2004-07-14
58	文件	循环经济	国家环保总局关于推进循环经济发展的指导意见	国家环保总局	环发[2005]114 号	2005-10-10	
59	部门规章	监测监管	污染源自动监控管理办法	国家环保总局	2005 年第 28 号令	2005-09-19	2005-11-01
60	部门规章	监测监管	环境监测管理办法	国家环保总局	2007 年第 39 号令	2007-07-25	2007-09-01
61	部门规章	排污收费	排污费资金收缴使用管理办法	财政部、国家环保总局	2003 年第 17 号令	2003-03-20	2003-07-01
62	文件	排污收费	关于减免及缓缴排污费有关问题的通知	财政部、国家发改委、国家环保总局	财综[2003]38 号	2003-06-03	2003-07-01
63	文件	排污收费	关于加强排污费征收使用管理的通知	财政部、国家环保总局	财建[2000]438 号	2000-10-20	
64	文件	排污收费	关于排污费收缴有关问题的通知	财政部、中国人民银行、国家环保总局	财建[2003]284 号	2003-06-30	2003-07-01
65	文件	排污收费	关于印发《关于环保部门实行收支两条线管理后经费安排的实施办法》的通知	财政部、国家环保总局	财建[2003]64 号	2003-04-08	2003-07-01
66	文件	鼓励政策	关于印发《中央环境保护专项资金项目申报指南（2006—2010 年）》的通知	财政部、环保总局	财建[2006]318 号	2006-06-20	
67	文件	清洁生产	关于印发《中央补助地方清洁生产专项资金使用管理办法》的通知	财政部	财建[2004]343 号	2004-10-13	2004-10-13
68	文件	鼓励政策	关于部分资源综合利用及其他产品增值税政策问题的通知	财政部、国家税务总局	财税[2001]198 号	2001-12-01	
69	文件	鼓励政策	关于部分资源综合利用产品增值税政策的补充通知	财政部、国家税务总局	财税[2004]25 号	2004-02-04	2004-01-01
70	文件	产业化	火电厂烟气脱硫关键技术与设备国产化规划要点	国家经贸委	国经贸资源[2000]156 号	2000-02-21	
71	文件	产业化	关于加快发展环保产业的意见	国家经贸委、计委等 14 个委部局	国经贸资源[2001]517 号	2001-05-31	

序号	性质	类型	名称	制定/颁布机关	文号	颁布时间	实施时间
72	文件	产业政策	关于印发《国家产业技术政策》的通知	国家经贸委、财政部、科学技术部、国家税务总局	国经贸技术[2002]444号	2002-06-21	
73	文件	产业化	火电厂烟气脱硫工程后评估管理暂行办法	中国电力企业联合会	中电联行环[2006]15号	2006-02-28	
74	标准规范	产业化	火力发电厂烟气脱硫设计技术规程	国家发改委	DL/T 5196—2004	2004-10-20	2005-04-01
75	标准规范	监测监管	燃煤电厂烟气排放连续监测系统技术条件	国家发改委	DL/T 960—2005	2005-02-14	2005-06-01
76	标准规范	产业化	石灰石-石膏湿法烟气脱硫装置性能验收试验规范	国家发改委	DL/T 998—2006	2006-05-06	2006-10-01
77	标准规范	环评与竣工验收	火电厂建设项目环境影响报告书编制规范	国家环保局、电力工业部	HJ/T 13—1996	1996-04-26	1996-06-01
78	标准规范	监测监管	固定污染源烟气排放连续监测技术规范	国家环保总局	HJ/T 75—2007	2007-07-12	2007-08-01
79	标准规范	监测监管	固定污染源烟气排放连续监测系统技术要求及检测方法（试行）	国家环保总局	HJ/T 76—2007	2007-07-12	2007-08-01
80	标准规范	产业化	火电厂烟气脱硫工程技术规范　烟气循环流化床法	国家环保总局	HJ/T 178—2005	2005-06-24	2005-10-01
81	标准规范	产业化	火电厂烟气脱硫工程技术规范　石灰石/石灰-石膏法	国家环保总局	HJ/T 179—2005	2005-06-24	2005-10-01
82	标准规范	环评与竣工验收	建设项目竣工环境保护验收技术规范　火力发电厂	国家环保总局	HJ/T 255—2006	2006-03-09	2006-05-01

附篇四　建材工业污染防治战略研究

负责人：

顾真安

专家组成员：

徐德龙　周鸿锦　于小兰　李　辉　张继军

执笔人：

周鸿锦

附篇四

建材工业污染防治战略研究

建材工业是重要基础原材料工业，建筑材料是目前不可或缺的基础原材料。2007 年，我国规模以上建材工业增加值 4 042 亿元，占规模以上工业增加值的 3.5%。2007 年全社会固定资产投资 13.73 万亿元，其中建筑安装工程 8.35 万亿元，需要建筑材料约 2.8 万亿元，其中 1 万多亿元由建材工业生产提供。

建材工业其中主要行业又是高能耗、高污染行业。2007 年建材工业能源消耗总量 1.93 亿 t 标准煤，消耗煤炭 2.1 亿 t，消耗电力 1 796 亿 kW · h，消耗燃料油 448 万 t，消耗天然气 30 亿 m^3。2007 年建材工业煤炭消耗量占全国煤炭消耗总量的 8.1%，电力消耗量占全国电力消费总量的 5.5%，燃料油消耗量占全国燃料油消费总量的 11%，天然气消耗量占全国天然气消费总量的 4.3%，能耗总量占全国能源消费总量的 8.8%，占全部工业能源消耗总量的 12.3%，列黑色冶金和化学工业之后居第三位。2007 年建材工业万元增加值综合能耗 4.88t 标准煤（按 2005 年价格计算），是工业部门单位工业增加值能耗的 2.3 倍，万元国内生产总值能源消耗的 4.2 倍。

建材工业污染主要是大气污染物排放，2007 年建材工业废气排放总量 6.28 万亿 m^3，占全国工业废气排放总量的 16.2%，位于火力发电和黑色冶金之后列第三位（图附 4-1）。

2007 年建材工业二氧化碳排放 9.5 亿 t，其中燃料燃烧过程排放 4.6 亿 t，占 48.4%；碳酸盐分解过程排放 4.9 亿 t，占 51.6%。煤炭燃烧和水泥熟料生产碳酸盐分解是建材工业两大主要二氧化碳排放源。2007 年建材工业煤炭燃烧排放二氧化碳 4.2 亿 t，占建材工业二氧化碳排放总量的 44.6%；建材行业内企业水泥熟料生产碳酸盐分解排放二氧化碳 4.5 亿 t，占建材工业二氧化碳排放总量的 47.3%。水泥熟料和石灰生产过程中碳酸盐分解是我国最大的非能源二氧化碳排放源。

建材工业和其中的水泥制造业是我国最大的烟粉尘排放源，2007 年建材工业烟粉尘排放 553 万 t，占全国工业烟粉尘排放总量的 37.62%（图附 4-2）；二氧化硫排放 170 万 t，占全国工业二氧化硫排放总量的 7.94%，位于火力发电之后列第二位（图附 4-3）。

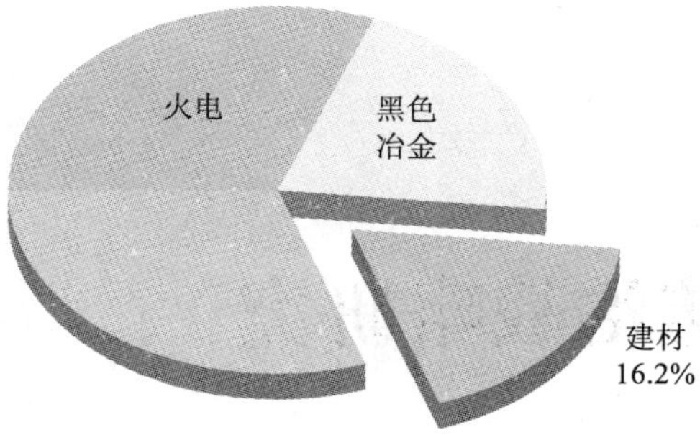

图附 4-1　建材工业废气排放量占全国工业废气排放总量的 16.2%

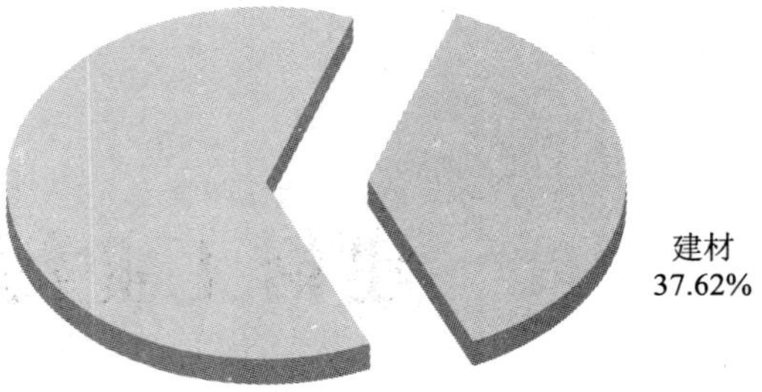

图附 4-2　建材工业烟粉尘排放量占全国工业烟粉尘排放总量的 37.62%

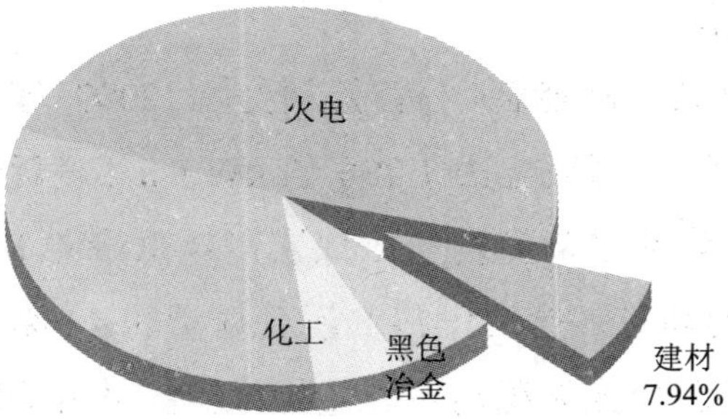

图附 4-3　建材工业二氧化硫排放量占全国工业二氧化硫排放总量的 7.94%

“十一五”时期大气环境污染物监测增加了氮氧化物指标，2007 年建材工业氮氧化物排放 94.6 万 t。

2007 年建材工业用水总量 28.73 亿 t，比上年增长 10.2%；废水排放 3.83 亿 t，比上年下降 7.7%。建材工业废水排放占全国工业废水排放总量的 1.7%。工业用水重复利用率 72.54%，比上年提高 2.41 个百分点，比全国工业平均水平低 10.5 个百分点；废水达标排放率 91.03%，比上年下降 1.55 个百分点，比全国工业平均水平高 0.6 个百分点。

建材工业既是废气排放大户，又是消纳吸收固体废物的主要行业，是循环经济中最重要和不可缺少的环节。建材工业中的水泥、砖瓦及建筑砌块、轻质建材等制造行业消纳利用废渣、粉煤灰、煤矸石等固体废物。随着火电行业脱硫技术的推广普及，其脱硫过程中的副产品——脱硫石膏正是由水泥、轻质建材等建材行业消化利用。另外，水泥工业在焚烧处理工业和生活垃圾方面有广阔的发展前景。

一、建材工业主要行业废气排污现状

建材工业 93%的能源消耗集中在水泥、建筑卫生陶瓷、平板玻璃、水泥制品、砖瓦及建筑砌块、石灰六个行业。其中水泥制造业占 73.6%（图附 4-4）。水泥制品生产过程能耗并不高，因部分水泥制品企业生产水泥，使水泥制品业能耗总量及烟粉尘排放偏高（图附 4-5 至图附 4-9）。

2007 年建材工业主要行业能源消耗总量和主要能源消耗见表附 4-1；2007 年建材工业主要行业废气排放总量和二氧化硫、烟粉尘、氮氧化物排放量见表附 4-2。

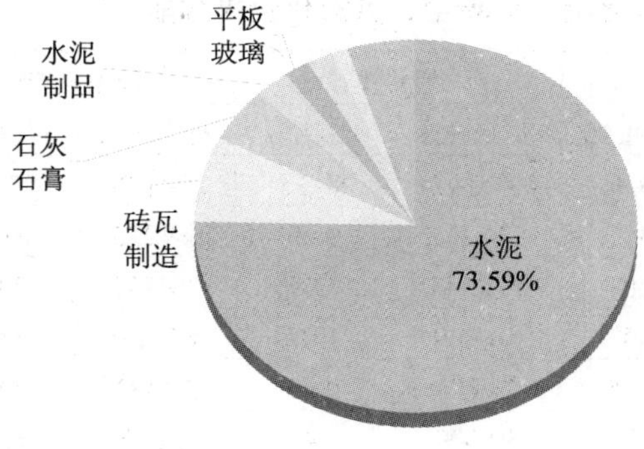

图附 4-4 建材工业能耗总量行业构成

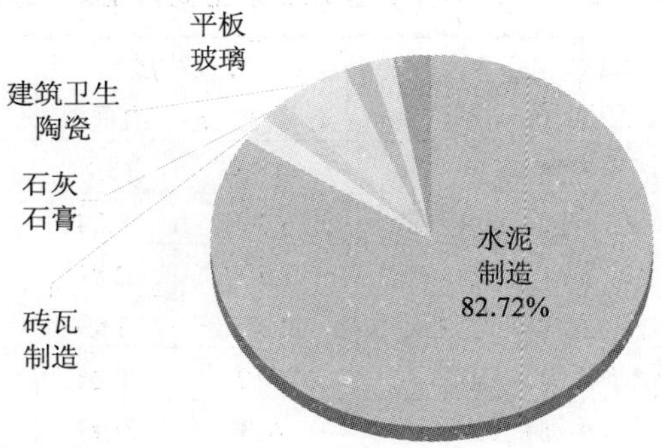

图附 4-5 建材工业煤炭消耗行业构成

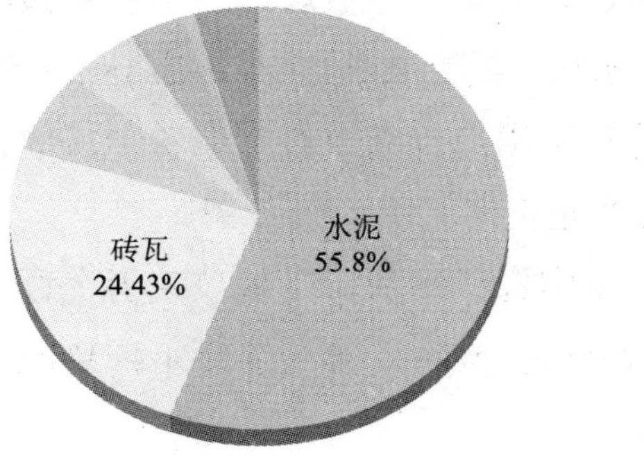

图附 4-6 建材工业主要行业二氧化硫排放比重

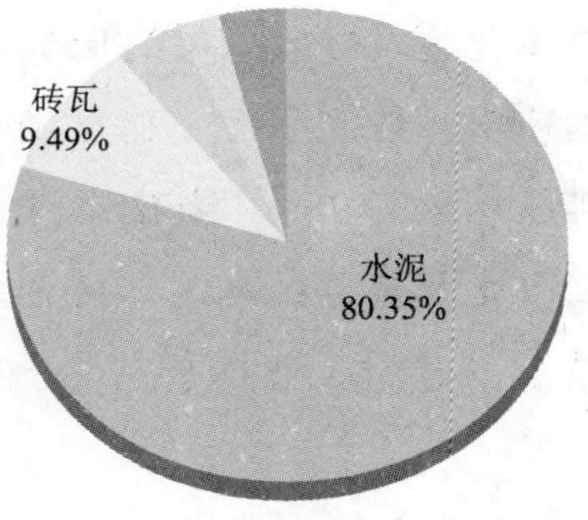

图附 4-7 建材工业主要行业烟粉尘排放比重

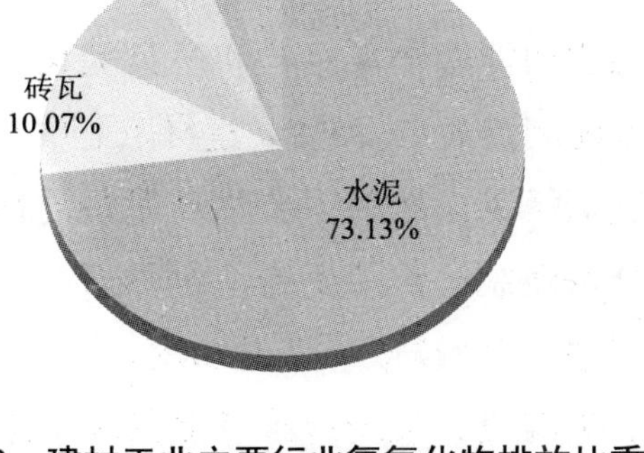

图附 4-8 建材工业主要行业氮氧化物排放比重

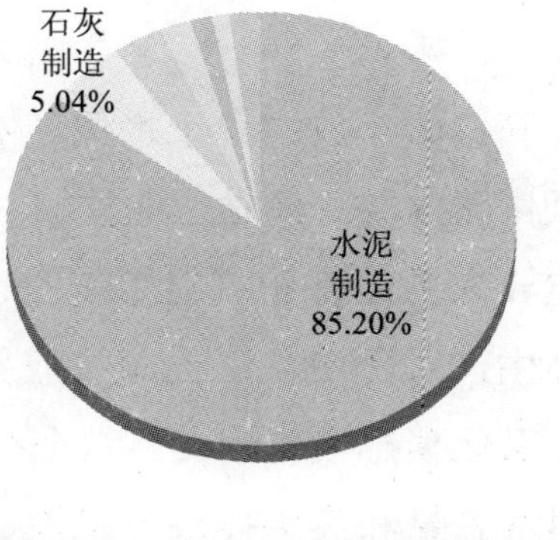

图附 4-9 建材工业主要行业二氧化碳排放比重

表附 4-1　　2007 年建材工业主要行业能源消耗总量和主要能源消耗

主要行业	能源消耗		煤炭		燃料油		天然气	
	总量/万 t 标准煤	比重/%	消耗量/万 t	比重/%	消耗量/万 t	比重/%	消耗量/亿 m^3	比重/%
水泥制造	14 191	73.59	17 411	82.72	0.59	0.13	0.33	1.10
砖瓦及建筑砌块制造	426	2.12	474	2.25	0.39	0.09	0.08	0.27
石灰、石膏开采和制造	409	2.13	474	2.25	0.76	0.17	0.05	0.17
建筑卫生陶瓷制品	1 574	8.21	1 208	5.74	156.02	34.81	11.54	38.39
平板玻璃制造	915	4.76	444	2.11	248.31	55.40	6.14	20.43
水泥制品	485	2.53	368	1.75	9.00	2.01	0.05	0.17

表附 4-2　　2007 年建材工业主要行业废气排放总量和二氧化硫、烟粉尘、氮氧化物排放量

主要行业	废气排放		二氧化硫		烟粉尘		氮氧化物	
	总量/亿 m^3	比重/%	排放量/t	比重/%	排放量/t	比重/%	排放量/t	比重/%
水泥制造	51 356	81.78	948 318	55.80	4 440 421	80.35	684 778	73.13
砖瓦及建筑砌块制造	3 288	5.24	415 164	24.43	524 312	9.49	94 273	10.07
石灰、石膏开采和制造	1 800	2.87	79 383	4.67	201 711	3.65	19 434	2.08
建筑卫生陶瓷制品	2 253	3.59	109 904	6.47	58 909	1.07	65 380	6.98
平板玻璃制造	779	1.24	60 386	3.55	21 875	0.40	36 483	3.90
水泥制品	613	0.98	14 141	0.83	80 309	1.45	6 052	0.65

废气排放：水泥、砖瓦及建筑砌块、建筑卫生陶瓷、石灰、平板玻璃五个行业废气排放占建材工业废气排放总量的 95%，其中水泥制造业占 82%，砖瓦及建筑砌块制造业占 5%。

烟粉尘排放：水泥、砖瓦及建筑砌块、石灰、建筑卫生陶瓷四个行业烟粉尘排放占建材工业排放总量的 96%，其中水泥制造业占 80%，砖瓦及建筑砌块制造业占 9%。

二氧化硫排放：水泥、砖瓦及建筑砌块、建筑卫生陶瓷、石灰、平板玻璃五个行业二氧化硫排放占建材工业排放总量的 95%，其中水泥制造业占 56%，砖瓦及建筑砌块制造业占 24%。

氮氧化物排放：水泥、砖瓦及建筑砌块、建筑卫生陶瓷、平板玻璃、石灰五个行业氮氧化物排放占建材工业排放总量的 96%，其中水泥制造业占 73%，砖瓦及建筑砌块制造业占 10%。

二氧化碳排放：由于水泥和石灰制造业以煤炭为主的能源消耗结构和产品的化学成分，其二氧化碳排放占建材工业排放总量的 90%，其中水泥制造业占 85%。建材工业中二氧化碳排放量较大的还有建筑卫生陶瓷、平板玻璃和砖瓦制造等以窑炉为主要生产设备的行业。水泥制品生产过程中二氧化碳排放并不多，但由于部分水泥制品企业生产水泥熟料，故水泥制品业二氧化碳排放也较大。六个行业二氧化碳排放占建材工业排放总量的 98%。

用水总量和废水排放：水泥、平板玻璃、建筑卫生陶瓷、玻璃纤维及制品和增强塑料、建筑用石开采与加工、砖瓦及建筑砌块、水泥制品、轻质建材、石灰等行业用水占建材工业

用水总量的 92.6%，其中水泥制造业占 59%，平板玻璃制造业占 18%。建材工业 88%的废水排放集中在水泥、平板玻璃、建筑用石开采与加工、建筑卫生陶瓷、玻璃纤维及制品和增强塑料、砖瓦及建筑砌块、石灰、水泥制品、石墨滑石采选等行业，其中水泥制造业占 48%，平板玻璃制造业占 13%。

（一）水泥制造业废气及主要污染物排放

水泥制造业目前有窑炉 1 万多座，2007 年全国水泥熟料产量 9.57 亿 t，水泥产量 13.61 亿 t；水泥制造业能源消耗总量 1.42 亿 t 标准煤，消耗煤炭 1.74 亿 t，消耗电力 1 186 亿 kW·h；水泥制造业废气排放总量 5.14 万亿 m^3，二氧化硫排放量 94.83 万 t，烟粉尘排放量 444 万 t，氮氧化物排放量 68.48 万 t。

水泥制造业能源消耗总量占建材工业能耗总量的 73.6%，煤炭消耗量占建材工业煤炭消耗总量的 82.7%，电力消耗量占建材工业电力消耗总量的 68.67%。2007 年水泥制造业万元增加值综合能耗 11.76t 标准煤，是工业部门单位工业增加值能耗的 6 倍，建材工业万元增加值综合能耗的 2 倍。水泥制造是典型的高能耗、高污染行业，废气排放总量占建材工业废气排放总量的 81.78%，占全国工业废气排放总量的 15%，在全国工业行业废气排放总量中，水泥工业位于火力发电和黑色冶金之后列第三位；二氧化硫排放量占建材工业二氧化硫排放总量的 55.8%，占全国工业二氧化硫排放总量的 4.8%，位于火力发电、黑色冶金、化学工业之后列第四位；烟粉尘排放量占建材工业烟粉尘排放总量的 80.4%，占全国工业烟、粉尘排放总量的 30%，水泥制造烟、粉尘排放量居全国工业行业烟、粉尘排放量首位。

（二）砖瓦及建筑砌块制造业废气及主要污染物排放

2007 年砖瓦及建筑砌块制造业能源消耗总量 426 万 t 标准煤，消耗煤炭 474 万 t。废气排放总量 3 288 亿 m^3，占建材工业废气排放总量的 5.24%；二氧化硫排放量 41.52 万 t，占建材工业二氧化硫排放总量的 24.43%；烟、粉尘排放量 52.43 万 t，占建材工业烟、粉尘排放总量的 9.49%；氮氧化物排放量 9.43 万 t，占建材工业氮氧化物排放总量的 10.07%。砖瓦及建筑砌块制造业的废气排放总量及二氧化硫、烟粉尘和氮氧化物排放量在建材工业中都在水泥制造之后居第二位。

（三）建材工业其他主要行业废气及主要污染物排放

1. 石灰石、石膏开采和石灰、石膏制造业废气及主要污染物排放

2007 年石灰石、石膏开采和石灰、石膏制造业能源消耗总量 409 万 t 标准煤，消耗煤炭 474 万 t。废气排放总量 1 800 亿 m^3，占建材工业废气排放总量的 2.87%；二氧化硫排放量 7.94

万 t，占建材工业二氧化硫排放总量的 4.67%；烟、粉尘排放量 20.17 万 t，占建材工业烟、粉尘排放总量的 3.65%；氮氧化物排放量 1.94 万 t，占建材工业氮氧化物排放总量的 2.08%。

2. 建筑卫生陶瓷制品业废气及主要污染物排放

2007 年全国陶瓷砖产量 56 亿 m^2，卫生陶瓷产量 1.59 亿件，建筑卫生陶瓷制品业能源消耗总量 1 574 万 t 标准煤，消耗煤炭 1 208 万 t，消耗燃料油 156 万 t，消耗天然气 11.54 亿 m^3。废气排放总量 2 253 亿 m^3，占建材工业废气排放总量的 3.59%；二氧化硫排放量 10.99 万 t，占建材工业二氧化硫排放总量的 6.47%；烟、粉尘排放量 5.89 万 t，占建材工业烟、粉尘排放总量的 1.07%；氮氧化物排放量 6.53 万 t，占建材工业氮氧化物排放总量的 6.98%。

3. 平板玻璃制造业废气及主要污染物排放

2007 年全国平板玻璃产量 5.53 亿重量箱，平板玻璃制造业能源消耗总量 915 万 t 标准煤，消耗煤炭 444 万 t，消耗燃料油 248 万 t，消耗天然气 6.14 亿 m^3。废气排放总量 779 亿 m^3，占建材工业废气排放总量的 1.24%；二氧化硫排放量 6.03 万 t，占建材工业二氧化硫排放总量的 3.55%；烟粉尘排放量 2.19 万 t，占建材工业烟粉尘排放总量的 0.4%；氮氧化物排放量 3.65 万 t，占建材工业氮氧化物排放总量的 3.9%。

二、建材工业的固体废物利用

“十五”时期建材工业固体废物累计利用量 14.41 亿 t，年平均增长率 18.49%。2006 年和 2007 年建材工业固体废物利用量分别达到 4.81 亿 t 和 5.56 亿 t（图附 4-10，表附 4-3）。

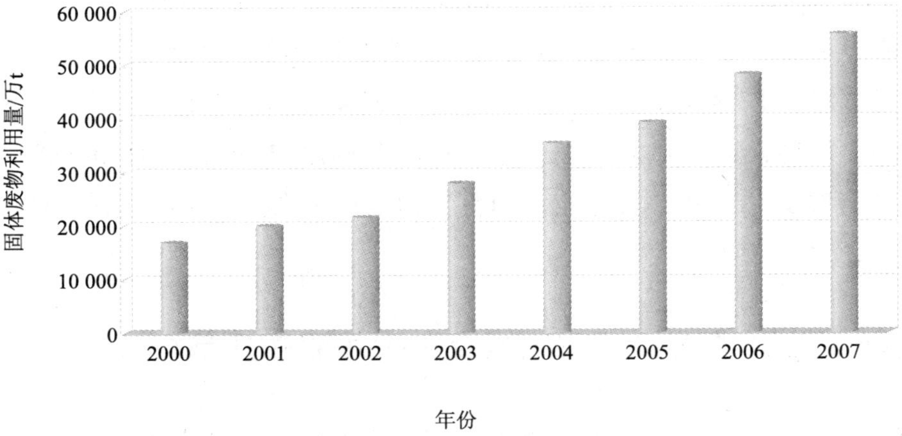

图附 4-10　建材工业固体废物利用量

表附 4-3　　建材工业固体废物利用量

年份	利用量/万 t	增长率/%	年份	利用量/万 t	增长率/%
2000	16 835	8.37	2004	35 424	26.77
2001	19 930	18.38	2005	39 245	10.79
2002	21 556	8.16	2006	48 117	22.61
2003	27 944	29.63	2007	55 643	15.64

目前建材工业利用的固体废物主要是废渣、粉煤灰、煤矸石及工业建筑垃圾，占建材工业利用固体废物总量的 98%（图附 4-11）。2007 年建材工业利用废渣 2.14 亿 t，占建材工业利用固体废物总量的 38.58%；利用粉煤灰 1.3 亿 t，占建材工业利用固体废物总量的 23.45%；利用煤矸石 1.14 亿 t，占建材工业利用固体废物总量的 20.50%；利用烟尘、脱硫石膏、污泥等工业垃圾 8 694 万 t，占建材工业利用固体废物总量的 15.62%（表附 4-4）。

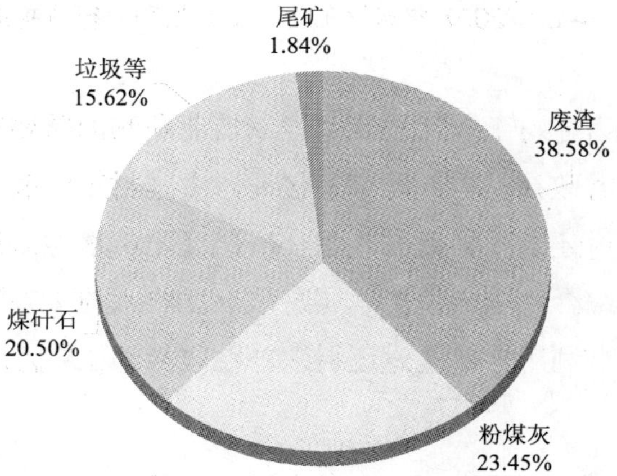

图附 4-11　2007 年建材工业固体废物利用构成

表附 4-4　　2007 年建材工业利用的主要固体废物

种　类	利用量/万 t	构成/%
废　渣	21 465	38.58
粉煤灰	13 049	23.45
煤矸石	11 409	20.50
垃圾等	8 694	15.62
尾　矿	1 024	1.84

水泥、砖瓦及建筑砌块制造业是建材工业的两个废气排放大户，同时又是固体废物利用主要行业，水泥、砖瓦及建筑砌块制造业固体废物利用量占建材工业固体废物利用总量的 95%。2007 年水泥制造业利用固体废物 3.41 亿 t，占建材工业利用固体废物总量的 61.32%；砖瓦及建筑砌块制造业利用固体废物 1.9 亿 t，占建材工业利用固体废物总量的 34.09%（图附 4-12）。

砖瓦及建筑砌块制造业利用的工业固体废物粉煤灰、煤矸石等既是原料，又是节约替代的燃料，而目前水泥制造业利用的固体废物主要是用作添加混合材，燃料替代利用的工业废料和生活垃圾所占比重还很少。2007 年建材工业燃烧消耗煤矸石 698 万 t，其中水泥制造业消耗 533 万 t；焚烧工业废料和城市固体垃圾 30 万 t，其中水泥制造业消耗 120 万 t。2007 年建材工业利用固体废物节约替代能源消耗总量 279 万 t 标准煤，其中水泥制造业 206 万 t。

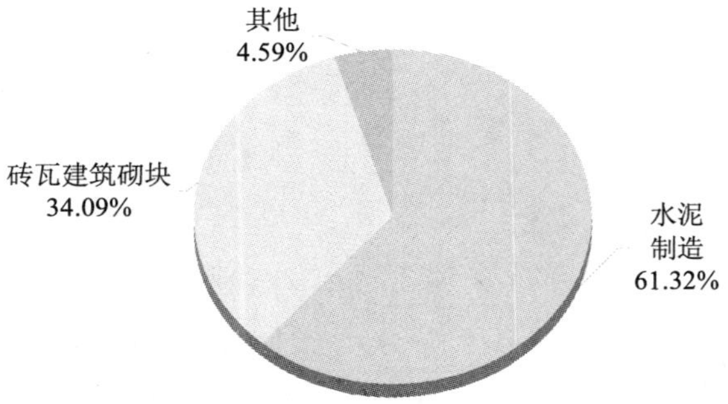

图附 4-12　2007 年建材工业固体废物利用行业构成

固体废物利用收入已成为建材工业特别是水泥制造业利润的重要来源。2007 年建材工业固体废物综合利用增值税返还财政补贴收入约 75 亿元，占建材工业利润总额的 10%。水泥制造业固体废物综合利用增值税返还财政补贴收入约 60 亿元，占水泥制造业利润总额 25%；砖瓦及建筑砌块制造业固体废物综合利用增值税返还财政补贴收入约 1.7 亿元，占利润总额的 5%；轻质建材制造业固体废物综合利用增值税返还财政补贴收入约 1.7 亿元，占利润总额的 10%。

三、国内外废气及主要污染物排放水平比较

通过对国内外大气污染物排放标准比较，我国建材企业现行的大气污染物排放标准并不比国际水平低，部分建材企业和部分地区建材企业整体水平已达到国际先进水平。由于我国建材企业众多，企业之间、地区之间大气污染物排放水平差距巨大，有相当数量企业达不到大气污染物排放标准（表附 4-5 至表附 4-8）。

表附 4-5　　建材工业二氧化硫达标排放率　　单位：%

年份	建材工业	水泥制造	砖瓦制造	石灰石膏	建筑卫生瓷陶	平板玻璃
2001	34.34	38.23	19.55	15.44	31.93	61.49
2002	47.40	54.28	30.61	29.06	25.44	86.26
2003	60.22	64.74	43.02	66.69	64.40	86.64
2004	64.78	68.74	53.47	41.85	63.91	86.44
2005	71.70	74.80	64.11	59.22	70.52	91.50
2006	77.80	80.14	68.88	91.93	80.17	82.44
2007	81.36	85.46	70.12	90.32	85.30	88.32

表附 4-6 建材工业烟粉尘达标排放率 单位：%

年份	建材工业	水泥制造	砖瓦制造	石灰石膏	建筑卫生陶瓷	平板玻璃
2001	46.44	48.89	30.97	26.46	46.74	67.78
2002	58.61	61.44	40.03	47.37	42.23	71.82
2003	66.16	69.52	53.53	50.08	53.24	78.05
2004	71.80	74.77	58.98	43.83	58.72	84.38
2005	77.14	79.01	64.87	65.36	70.34	87.18
2006	83.66	85.22	76.62	79.22	72.38	87.22
2007	86.83	89.37	73.67	81.40	78.37	89.51

表附 4-7 建材工业氮氧化物达标排放率 单位：%

年份	建材工业	水泥制造	砖瓦制造	石灰石膏	建筑卫生陶瓷	平板玻璃
2006	71.82	73.92	51.32	44.22	88.72	74.91
2007	78.68	80.42	59.78	77.33	91.10	77.28

表附 4-8 建材企业执行大气污染物排放标准限值与国外标准比较 单位：mg/m^3

国内外标准	二氧化硫	颗粒物
德国《空气质量控制技术规范》	30	50
英国（浓硫酸）	3 432	
巴西	5 200	
韩国		300
马来西亚		400
澳大利亚		250
法国（按灰分定）		350～500
我国建材企业执行标准：		
GB 4915—2004《水泥工业大气污染物排放标准》2006 年 7 月 1 日限值	400	250
2010 年 1 月 1 日限值	200	130
GB 16297—1996《大气污染物综合排放标准》		
1997 年 1 月 1 日以前现有污染源	700	150
玻璃棉尘、石英粉尘、矿渣棉尘		80
1997 年 1 月 1 日以后新污染源	550	120
玻璃棉尘、石英粉尘、矿渣棉尘		60
GB 9078—1996《工业炉窑大气污染物排放标准》1997 年 1 月 1 日安装炉窑		
非金属熔化、冶炼炉 一级		100
非金属熔化、冶炼炉 二级		250
非金属熔化、冶炼炉 三级		400
非金属加热炉、非金属热处理炉 一级		100
非金属加热炉、非金属热处理炉 二级		300
非金属加热炉、非金属热处理炉 三级		350
干燥炉、窑 一级		100
干燥炉、窑 二级		250
干燥炉、窑 三级		350
非金属焙（煅）烧炉窑（耐火材料窑）一级		100
非金属焙（煅）烧炉窑（耐火材料窑）二级		300

国内外标准	二氧化硫	颗粒物
非金属焙（煅）烧炉窑（耐火材料窑）三级		400
石灰窑 一级		100
石灰窑 二级		250
石灰窑 三级		400
陶瓷、搪瓷、砖瓦窑—隧道窑 一级		100
陶瓷、搪瓷、砖瓦窑—隧道窑 二级		250
陶瓷、搪瓷、砖瓦窑—隧道窑 三级		400
陶瓷、搪瓷、砖瓦窑—其他窑 一级		100
陶瓷、搪瓷、砖瓦窑—其他窑 二级		300
陶瓷、搪瓷、砖瓦窑—其他窑 三级		500
GB 9078—1996《工业炉窑大气污染物排放标准》1997 年 1 月 1 日以后安装		
非金属熔化、冶炼炉 一级		禁排
非金属熔化、冶炼炉 二级		200
非金属熔化、冶炼炉 三级		300
非金属加热炉、非金属热处理炉 一级		50
非金属加热炉、非金属热处理炉 二级		200
非金属加热炉、非金属热处理炉 三级		300
干燥炉、窑 一级		禁排
干燥炉、窑 二级		200
干燥炉、窑 三级		300
非金属焙（煅）烧炉窑（耐火材料窑）一级		禁排
非金属焙（煅）烧炉窑（耐火材料窑）二级		200
非金属焙（煅）烧炉窑（耐火材料窑）三级		300
石灰窑 一级		禁排
石灰窑 二级		200
石灰窑 三级		350
陶瓷、搪瓷、砖瓦窑—隧道窑 一级		禁排
陶瓷、搪瓷、砖瓦窑—隧道窑 二级		200
陶瓷、搪瓷、砖瓦窑—隧道窑 三级		300
陶瓷、搪瓷、砖瓦窑—其他窑 一级		禁排
陶瓷、搪瓷、砖瓦窑—其他窑 二级		200
陶瓷、搪瓷、砖瓦窑—其他窑 三级		400

四、建材工业大气污染物排放强度下降

2007 年建材工业单位产品能耗和污染物排放强度继续下降，抑制了能源消耗和大气污染物排放随着生产量的过快增长。

2007 年建材工业增加值按可比价格计算比上年增长 28.52%，是 2000 年以来最快增长速度。2002 年以来，建材工业能耗总量和废气排放总量都低于生产总量增长速度。2007 年由于生产总量的快速增长，建材工业能耗总量和废气排放总量增长幅度回升，但仍远低于生产量增长率（图附 4-13）。

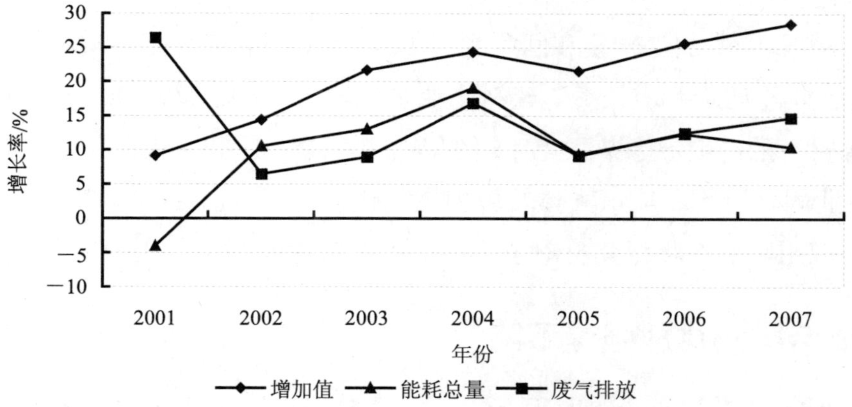

图附 4-13　建材工业增加值和能耗总量、废气排放总量增长率

（一）单位产品能耗下降

2007 年建材工业万元增加值综合能耗 4.88t 标准煤（建材工业增加值按 2005 年价格计算，下同），比“十五”末期的 2005 年下降 23.34%。“十五”时期建材工业万元增加值综合能耗下降 32.38%，年平均下降 7.53%，“十一五”时期前两年建材工业万元增加值综合能耗下降幅度超过“十五”时期年平均水平（图附 4-14）。

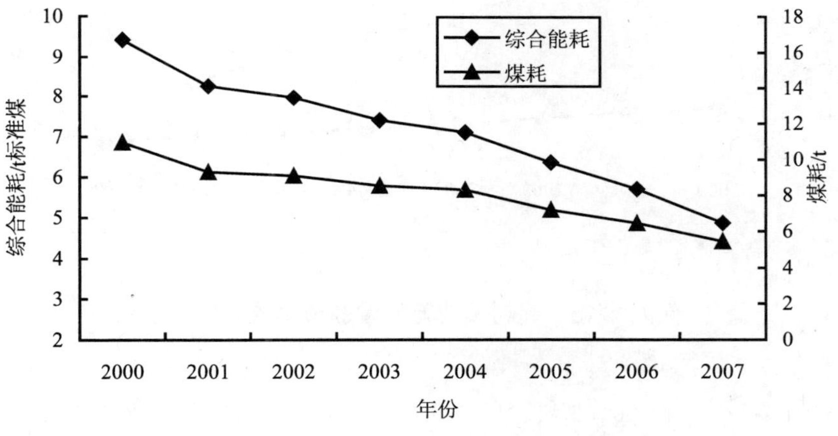

图附 4-14　建材工业万元增加值综合能耗

2007 年建材工业万元增加值煤耗 6.46t，比上年减少 1t，下降幅度 15.51%；万元增加值电耗 4 653kW・h，比上年减少 403kW・h，下降幅度为 7.79%。

在建材工业消耗的主要能源中：2007 年煤炭消耗量比上年增长 8.6%，燃料油下降 7%，天然气增长 35.7%，柴油增长 12%，电力增长 18.3%。由于近两年燃料油价格大幅度上涨，部分建材企业改烧燃料油为烧煤或天然气，建材工业燃料油消耗比重下降。由于建材企业环保意识的增强和环保投入的加大，建材工业能源消耗中洗煤、天然气等清洁能源比重增大，电力消耗量增长速度高于能耗总量增长速度。

2007 年建材工业能源加工转换和回收利用 324 万 t 标准煤，比上年增长 70.4%，远远高于 2007 年建材工业能耗总量增长率。建材企业余热发电 59 亿 kW·h，比上年增长 44.3%，其中不增加能源投入的纯低温余热发电 15 亿 kW·h。建材工业全年余热利用节约生产能耗 60 万 t 标准煤。工业固体废物和城市固体垃圾燃烧替代节约能源消耗总量 279 万 t 标准煤。节能降耗技术的推广应用，已在降低建材单位产品能耗过程中发挥了作用。

（二）主要污染物排放强度下降

由于建材主要行业以窑业为主的工艺特征，建材工业的废气和二氧化碳排放随生产量增加呈刚性增长，废气和二氧化碳减排主要靠建材工业的产业结构调整。而烟尘和粉尘、二氧化硫、氮氧化物等大气污染物排放强度的降低，则有赖于工艺结构调整和技术进步。2007 年建材工业烟粉尘和二氧化硫排放总量双下降（图附 4-15）。

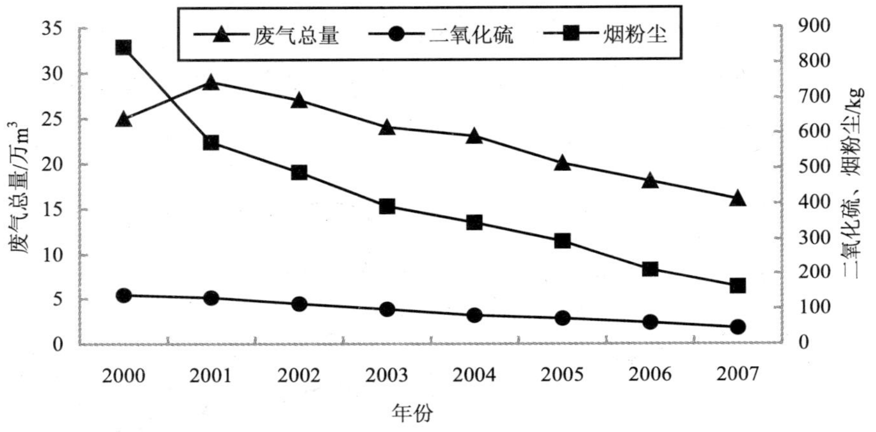

图附 4-15　建材工业万元增加值排放大气污染物

在建材工业生产和能耗总量增长的推动下，2007 年建材工业废气排放总量比上年增长 14.76%。建材工业万元增加值排放废气 16 万 m^3，比上年减少 2 万 m^3，下降幅度为 10.71%。“十五”时期建材工业万元增加值废气总量排放强度下降 32.38%，年平均下降 4.03%。2007 年建材工业万元增加值废气总量排放强度下降幅度均过“十五”时期年平均水平。

2007 年建材工业烟粉尘排放比上年下降 1.59%，万元增加值排放烟粉尘 143kg，比上年减少 67kg，下降幅度为 32.04%。1998 年建材工业烟粉尘年排放量高达 1 273 万 t，1998—2003 年建材工业烟粉尘排放持续五年连续下降，2000 年烟粉尘年排放量 879 万 t，2003 年降到最低点 621 万 t。这一时期建材工业烟粉尘排放下降与当时的环保形势压力有关，许多建材企业在这一时期添置了收尘设备，建材工业五年间增加收尘设备 2 万多台套。收尘设备增加以后，设备的正常运转和运行效率就成为降低污染物排放的关键。2003 年以后，由于生产量的快速增长，建材工业烟粉尘排放量反弹，2005 年建材工业烟粉尘排放达到 702 万 t。2006 年建材工业烟粉尘排放实现三年来的首次下降，首先是由于中央节能减排的宏观调控政策，各级政府的淘汰落后生产能力和环境治理力度；其次也与广大建材企业的努力分不开。2006 年建材全行业烟粉尘达标排放率首次突破 80%，达到 83.66%，比上年提高 6.52 个百分点。增加幅度之大，也是 2003 年以来的第一次。2007 年建材工业烟粉尘排放总量和排放强度在上年大幅度下降基础上又有所下降。2007 年建材工业烟粉尘达标排放率达到 86.83%，比上年提高 3.19 个百分点（图附 4-16）。

2007 年建材工业二氧化硫排放比上年下降 3.8%，建材工业生产量增长幅度上升 3 个百分点，而二氧化硫排放下降 3 个百分点。万元增加值排放二氧化硫 44kg，比上年减少 15kg，下降幅度 25.18%。2007 年建材工业二氧化硫达标排放率 81.36%，比上年提高 3.56 个百分点（图附 4-17）。

2007 年建材工业万元增加值二氧化硫和烟粉尘排放强度下降幅度均超过“十五”时期年平均水平。2007 年建材工业万元增加值排放氮氧化物 24kg，比上年减少 4kg，下降幅度为 12.77%；氮氧化物达标排放率 78.68%，比上年提高 6.86 个百分点。

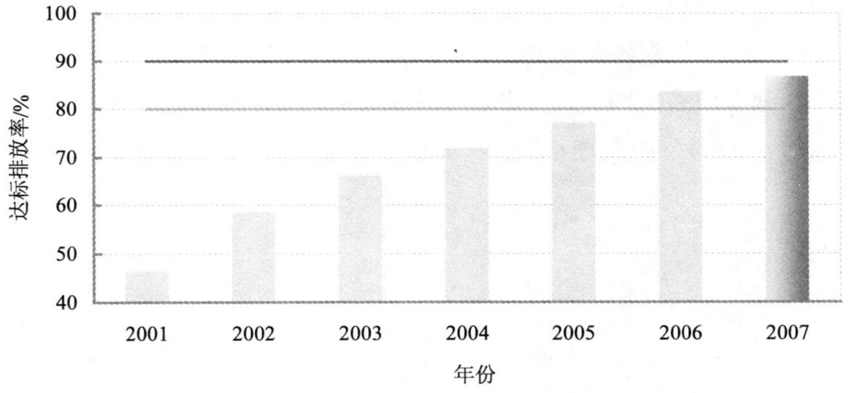

图附 4-16 建材工业烟粉尘达标排放率

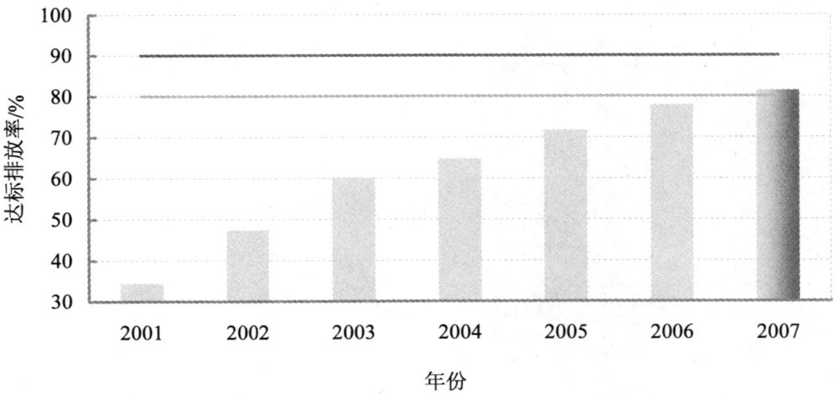

图附 4-17 建材工业二氧化硫达标排放率

（三）主要产品单位能耗和污染物排放强度

2006 年建材主要产品单位能耗和污染物排放强度下降。

1. 水泥

水泥产品单位能耗下降：无论从水泥或是水泥熟料综合能耗来看，2006 年水泥产品单位能耗的确比 2005 年下降。吨水泥熟料综合能耗 142kg 标准煤，比上年减少 6kg 标准煤，降低幅度为 4.01%；吨水泥综合能耗 120kg 标准煤，比上年减少 7kg 标准煤，降低幅度为 5.24%。

2006 年建材企业原煤年平均购进价格每吨达到 362 元，比 2003 年上涨 140 元；电力年平均购进价格每度电 0.57 元，比 2003 年上涨 5 分。能源价格上涨特别是原煤价格上涨加速了水泥企业关停高耗能生产设备的步伐，促进了节能降耗管理。2006 年水泥产品单位煤耗和电耗均比 2005 年下降。吨水泥熟料烧成标准煤耗 130kg 标准煤，比上年减少 7kg 标准煤，降低幅度为 5.17%；吨水泥电耗 92kW • h，比上年减少 3kW • h，降低幅度为 2.67%。

2006 年水泥生产因产品单位能耗下降减少煤炭消耗 700 万 t，减少电力消耗 20 亿 kW • h，减少能源消耗总量 600 万 t 标准煤。

水泥产品主要大气污染物排放强度下降：2006 年全国吨水泥排放烟粉尘平均水平 3.72kg，比上年下降 1kg，下降幅度 21%，比 2000 年下降 45.5%。因烟粉尘排放强度下降，2006 年全国水泥生产减少烟粉尘排放 124 万 t（图附 4-18）。

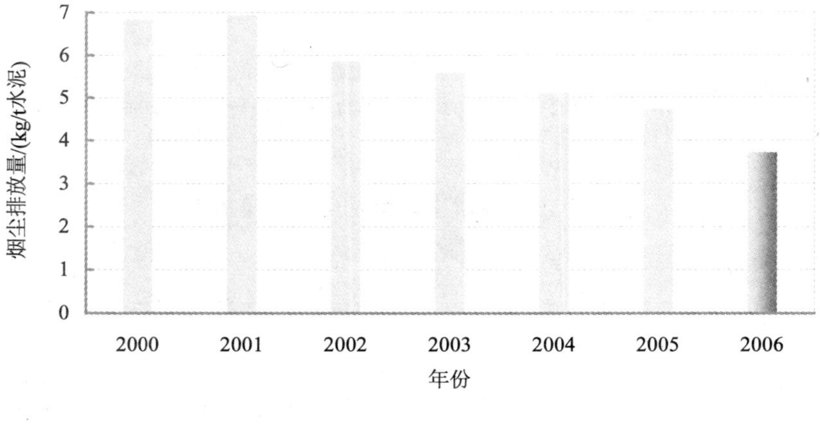

图附 4-18 吨水泥排放烟粉尘

2006 年全国吨水泥熟料排放二氧化硫平均水平 1.15kg，比上年下降 0.24kg，下降幅度为 17%，比 2000 年下降 46%（图附 4-19）。全国吨水泥熟料二氧化硫平均排放水平已达到 2004 年版《水泥工业大气污染物排放标准》2006 年限制标准。

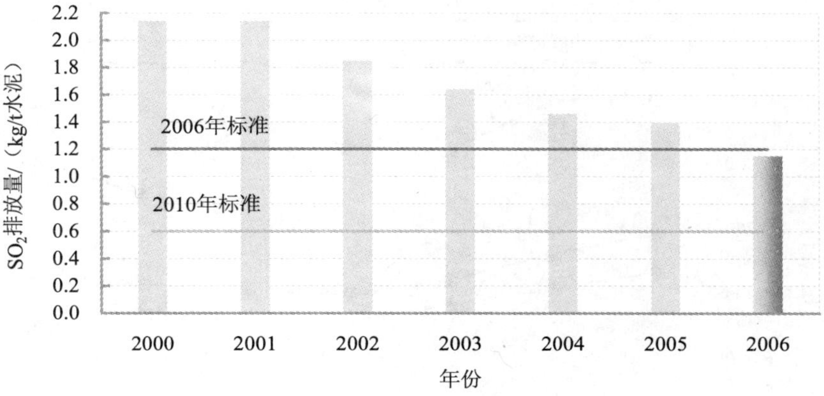

图附 4-19　吨水泥熟料排放二氧化硫

2006 年大气环境污染物监测增加了氮氧化物指标，全国吨水泥熟料排放氮氧化物平均水平 0.9kg。

2006 年全国吨水泥熟料排放二氧化碳平均水平 920kg，比上年下降 22kg，下降幅度为 2.32%。

水泥熟料生产过程二氧化碳、二氧化硫、氮氧化物减排主要是工艺结构调整和单位产品煤耗的下降，2006 年因各种生产工艺单位产品煤耗下降和新型干法工艺比重的提升，吨水泥熟料烧成标准煤耗下降，水泥熟料生产减少二氧化碳排放 1 900 万 t，减少二氧化硫排放 21 万 t。

2．平板玻璃

平板玻璃综合能耗首次降至每重量箱 20kg 标准煤以内。2006 年每重量箱平板玻璃综合能耗 19.22kg 标准煤，比上年减少 1.05kg，降低幅度为 5.19%；每重量箱平板玻璃耗电 7.56kW·h，比上年减少 0.18kW·h，降低幅度为 2.39%。

平板玻璃熔化热耗水平取决于技术、生产工艺、燃料品种和生产规模，也与企业生产经营状况密切相关。近两年部分大型平板玻璃企业集团生产经营不正常，有些企业在燃料品种转换过程中热耗波动，使平板玻璃熔化热耗呈不稳定波动（图附 4-20）。

2006 年平板玻璃熔化热耗每千克玻璃液平均 8 353kJ，比上年下降 0.3%。在平板玻璃生产中，占平板玻璃产量 54%、浮法玻璃产量 66%的生产线使用燃料油，浮法玻璃燃料油熔化热耗平均 7 020kJ，比上年下降 6.7%；占平板玻璃产量 36%的生产线使用煤炭，平板玻璃煤炭熔化热耗平均 12 161kJ，比上年上升 9.7%；占平板玻璃产量 9%的生产线使用天然气、煤焦油或原油，其中平板玻璃天然气熔化热耗平均 10 463kJ，比上年下降 20.7%（表附 4-9）。

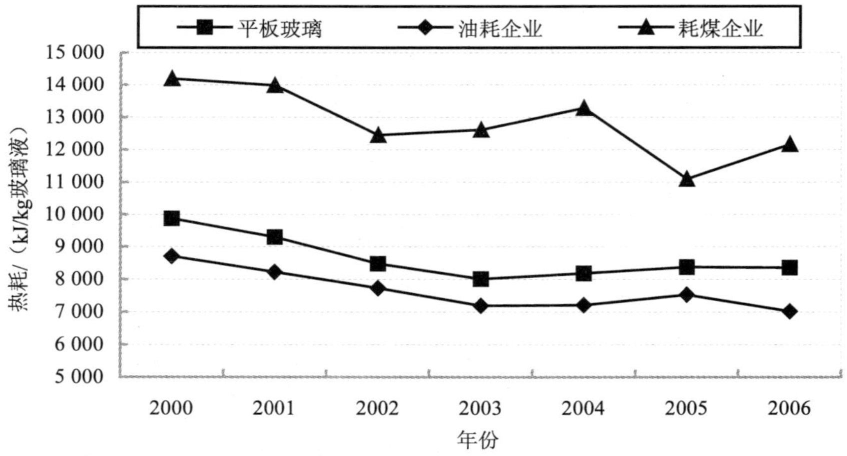

图附 4-20　平板玻璃熔化热耗

表附 4-9　　2006 年平板玻璃熔化热耗

燃料种类	每千克玻璃液熔化热耗	
	指标值/（kJ/kg 玻璃液）	增长率/%
平均水平	8 353	−0.25
浮法玻璃耗燃料油	7 020	−6.74
平板玻璃耗煤	12 161	9.67
平板玻璃耗天然气	10 463	−20.72

单位产品污染物排放强度下降。我国平板玻璃制造业经过“十五”时期的治理，单位产品水耗和主要污染物排放水平已大大降低。2006 年每重量箱平板玻璃耗新水 0.136t，比上年下降 11.11%，比 2000 年下降 48%；排放废水 0.101t，比上年下降 12.17%，比 2000 年下降 48%；排放二氧化硫 136g，比上年下降 16.05%，比 2000 年下降 47%；排放烟粉尘 59g，比上年下降 11.94%，比 2000 年下降 37%。2006 年每重量箱平板玻璃排放氮氧化物 83g（图附 4-21，图附 4-22）。

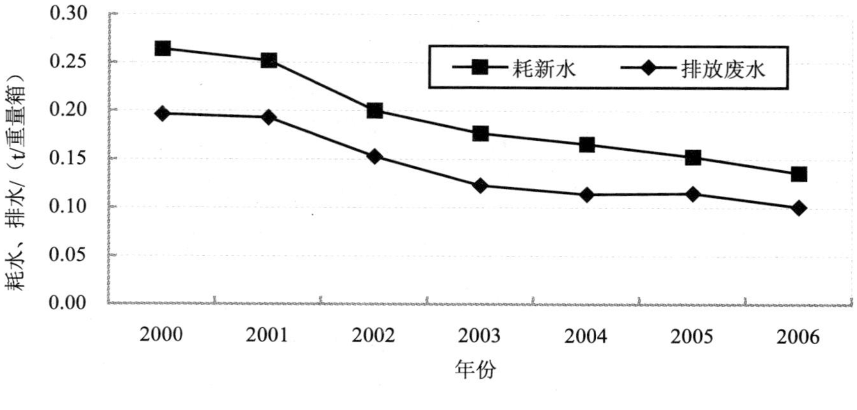

图附 4-21　每重量箱平板玻璃耗新水和排放废水

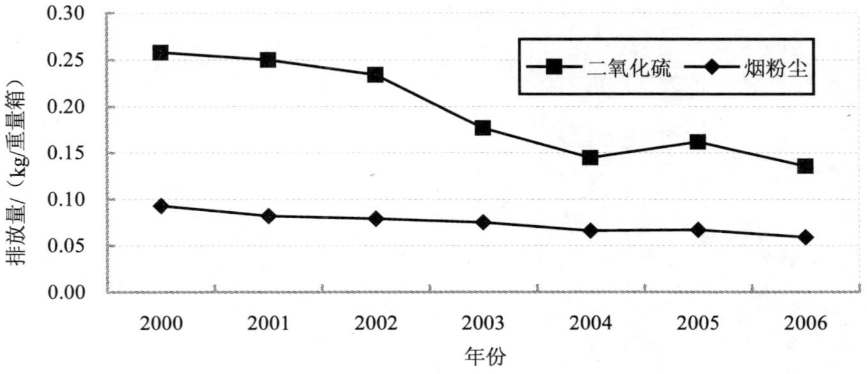

图附 4-22　每重量箱平板玻璃排放二氧化硫和烟粉尘

3. 砖

根据 2002—2006 年对 700 多家砖瓦企业能源消耗情况的连续观察，2006 年规模以上企业每万块砖综合能耗 381kg 标准煤，综合电耗 107kW・h，煤耗 471kg。

免烧砖的出现，使砖单位产品能耗大幅度下降。根据 2004 年全国第一次经济普查对 4 万多家砖瓦企业能耗情况的分析，规模以上企业每万块砖综合能耗 450kg 标准煤，比规模以下企业低 70kg 标准煤；综合电耗 141kW・h，比规模以下企业高 47kW・h；煤耗 594kg，比规模以下企业低 105kg（图附 4-23）。

砖主要大气污染物排放强度大幅度下降。2006 年每万块砖排放氮氧化物 2.06kg；排放二氧化硫 7.42kg，比上年下降 10.64%，比 2000 年下降 39%；排放烟粉尘 15.35kg，比上年下降 15.69%，比 2000 年下降 28%（图附 4-24）。

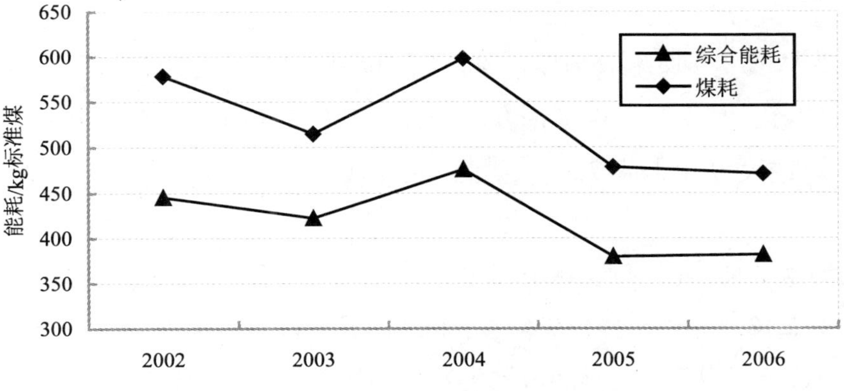

图附 4-23　每万块砖综合能耗和煤耗

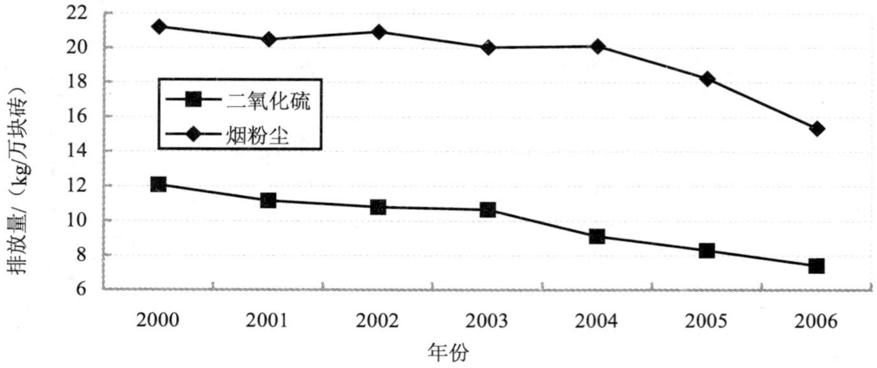

图附 4-24 每万块砖排放二氧化硫和烟粉尘

4. 陶瓷砖

2006 年每平方米陶瓷砖综合能耗 2.86kg 标准煤，综合电耗 2.14kW・h。陶瓷砖单位产品电耗已趋于稳定，燃料消耗呈多样性，近年来陶瓷砖单位产品消耗煤、燃料油、天然气、柴油、液化石油气都有较大幅度下降（图附 4-25）。

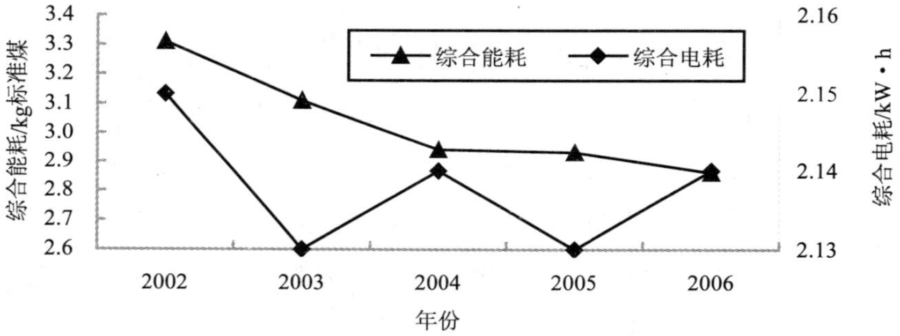

图附 4-25 每平方米陶瓷砖综合能耗和电耗

陶瓷砖主要大气污染物排放强度下降，特别是其中二氧化硫排放强度因热耗降低和使用清洁燃料下降幅度较大。2006 年每平方米陶瓷砖排放氮氧化物 15g；排放二氧化硫 26g，比上年下降 3.7%，比 2000 年下降 28%；排放烟粉尘 17g，比上年下降 19%，比 2000 年下降 15%（图附 4-26）。

2006 年我国陶瓷砖产量已达 48.19 亿 m^2，其中出口 5.44 亿 m^2，占 11%；卫生陶瓷 1.31 亿件，其中出口 5 106 万件，占 39%。对于建筑卫生陶瓷制造业而言，节能减排的关键已不是扩大生产规模降低单位产品能耗和污染物排放强度，而是应该以有限的资源获取更大的经济利益。我们消耗了众多宝贵的能源和高岭土资源，污染了环境，年出口创汇不过区区 18 亿美元。国内一些外商投资企业，走的是品牌路线，消耗的燃料是天然气或燃料油，生产的产品数量比不上国内其他大型企业，单位产品能耗也相对较高，但陶瓷砖出口价格却是国内其他企业的 4 倍，陶瓷砖年产量不足 1 000 万 m^2 的企业利润总额却与年产 2 000 万 m^2 以上的企业相当。外资企业卫生陶瓷出口价格是国内其他企业的 3 倍，卫生陶瓷产量只有几十万件的企业利润总额却与年产几百万件的企业相当。

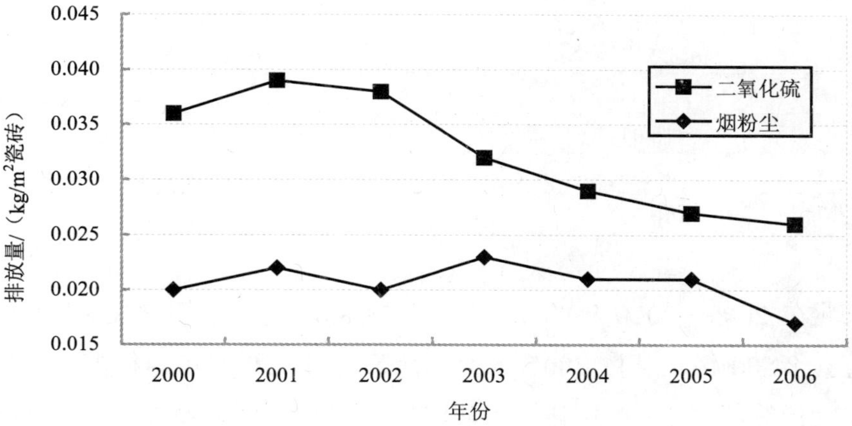

图附 4-26　每平方米陶瓷砖排放二氧化硫和烟粉尘

五、建材工业大气污染控制

现阶段建材工业主要还是受全社会固定资产投资拉动。“十五”时期全社会固定资产投资增长速度每增加 1 个百分点，建材工业增加值增长率增加 0.83 个百分点。预计到 2020 年我国固定资产投资仍将维持较大规模，因投资规模的扩大，增长速度将有所降低。随着投资中技术装备比重的提高，建筑安装工程费用比重下降，全社会固定资产投资对建材工业的驱动作用将会减弱（图附 4-27 和表附 4-10）。

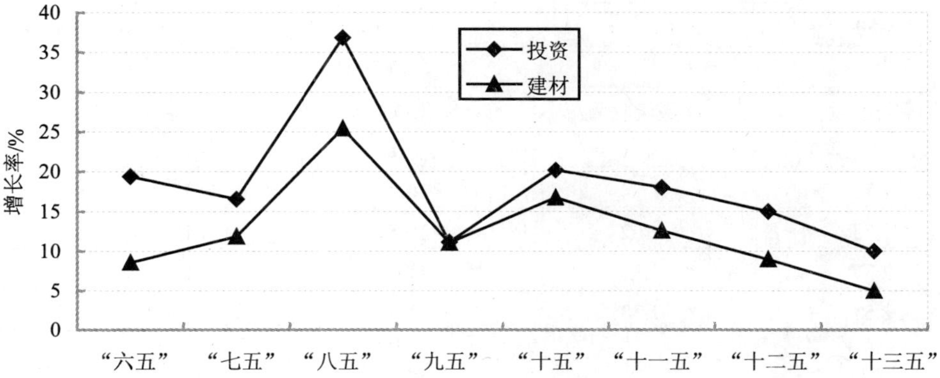

图附 4-27　全社会固定资产投资完成额和建材工业增加值增长率

表附 4-10　　建材工业增长预计

时期	全社会固定资产投资年平均增长率/%	建材工业增加值年平均增长率/%	建材工业增长弹性系数
“六五”时期	19.40	8.58	0.44
“七五”时期	16.53	11.86	0.72
“八五”时期	36.89	25.43	0.69
“九五”时期	11.16	11.08	0.99
“十五”时期	20.17	16.72	0.83
预计：			
“十一五”	18.00	12.60	0.70
“十二五”	15.00	9.00	0.60
“十三五”	10.00	5.00	0.50

如果建材工业在 2005—2020 年的 15 年中保持 8.8%的年平均增长速度，到 2020 年建材工业增加值将达到 8 500 亿元（按 2005 年价格计算）。按 2005 年建材工业单位产品能耗和大气污染物排放强度计算，到 2020 年建材工业能源消耗总量将达到 5.4 亿 t 标准煤，煤炭消耗量 6.1 亿 t，废气排放总量将达到 17 万亿 m^3，二氧化硫排放量 600 万 t，烟粉尘排放量 2 500 万 t。显然，届时资源与环境都无法承受建材工业的消耗和污染排放。

建材工业应继续推进产业结构调整，严格实施环保标准，大力推广节能减排新技术与装备。建材工业能耗总量和废气污染物排放增长率应低于生产量增长速度，单位产品能耗和主要污染物排放强度逐步降低，控制目标见表附 4-11。

表附 4-11　　建材工业能耗和大气污染物排放控制目标

年份	建材工业增加值（按2005年价格计算）/亿元	万元增加值			每万元增加值排放			
		综合能耗/t 标煤	降低幅度/%	煤耗/t	二氧化硫/kg	降低幅度/%	烟粉尘 kg	降低幅度/%
2005	2 389	6.37		7.18	70.97		293.71	
2010	4 300	4.46	−30	4.67	42.58	−40	176.23	−40
2015	6 650	3.57	−20	3.50	25.55	−40	105.74	−40
2020	8 500	3.03	−15	2.80	17.88	−30	63.44	−40

年份	总量控制目标				
	能耗总量/（亿 t 标准煤）	煤炭消耗量/亿 t	二氧化碳排放/亿 t	二氧化硫排放/万 t	烟粉尘排放量/万 t
2005	1.75	1.94	10.0	170	702
2010	1.93	2.02	10.5	180	760
2015	2.37	2.33	11.0	170	700
2020	2.57	2.38	11.5	150	540

2010 年：部分地区废气主要污染物排放量下降，建材工业主要污染物排放量增长低于生产量增长。

2015 年：部分地区废气排放总量下降，建材工业废气主要污染物排放量下降。

2020 年：建材工业主要污染物排放量继续下降。

实现建材工业节能减排，根本问题是发展问题，是转变建材工业增长方式的问题。通过产业结构、工艺结构的调整和地区间资源的优化配置，达到建材工业又好又快发展的目标。

（一）建材工业产业结构调整

将高耗能高污染的帽子戴在整个建材工业头上是不公正的，建材工业是门类繁多的行业，各行业之间能耗和污染物排放水平相差悬殊，2006 年占建材工业生产总量 42%的行业万元增加值综合能耗低于全国工业平均水平。“十五”时期技术玻璃、玻璃纤维及制品、增强塑料、水泥制品、建筑用石等低能耗低排放深加工产品快速增长，建材工业产业链得以延伸，产品价值和使用价值得以拓展，水泥、砖瓦、石灰、建筑卫生陶瓷、平板玻璃等传统行业虽然也在增长，但增长速度远低于低能耗行业，增加值比重下降了 10 个百分点。2007 年建材工业中高耗能行业比重继续下降，低能耗行业比重比 2005 年又上升了 3.4 个百分点（图附 4-28）。

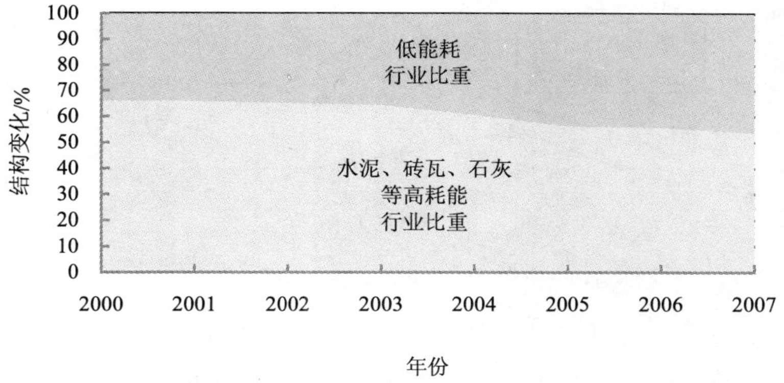

图附 4-28　建材工业行业结构变化

建材工业中的万元增加值综合能耗，水泥制造业为 11.76t 标准煤，平板玻璃制造为 6.86t 标准煤，石灰石石膏开采和石灰石膏制造为 3.68t 标准煤，砖瓦及建筑砌块制造为 2.81t 标准煤，建筑卫生陶瓷为 3.09t 标准煤。万元增加值二氧化硫排放强度：水泥制造为 80kg，砖瓦及建筑砌块制造高达 279kg，石灰石石膏开采和石灰石膏制造为 72kg，平板玻璃制造为 49kg，建筑卫生陶瓷为 22kg。万元增加值烟粉尘排放强度：水泥制造为 375kg，砖瓦及建筑砌块制造为 352kg，石灰石石膏开采和石灰石膏制造为 183kg，平板玻璃和建筑卫生陶瓷分别为 18kg

和 12kg（图附 4-29）。2005 年水泥等五个高耗能高污染行业占建材工业增加值的 56%，如果到“十一五”末期建材工业能将高耗能高污染行业比重降到 50%以内，即使在高耗能高污染行业单位产品能耗和污染物排放强度不变的情况下，建材工业万元增加值综合能耗都能比 2005 年下降 12%，二氧化硫排放强度下降 9%，烟粉尘排放强度下降 8%（图附 4-30）。

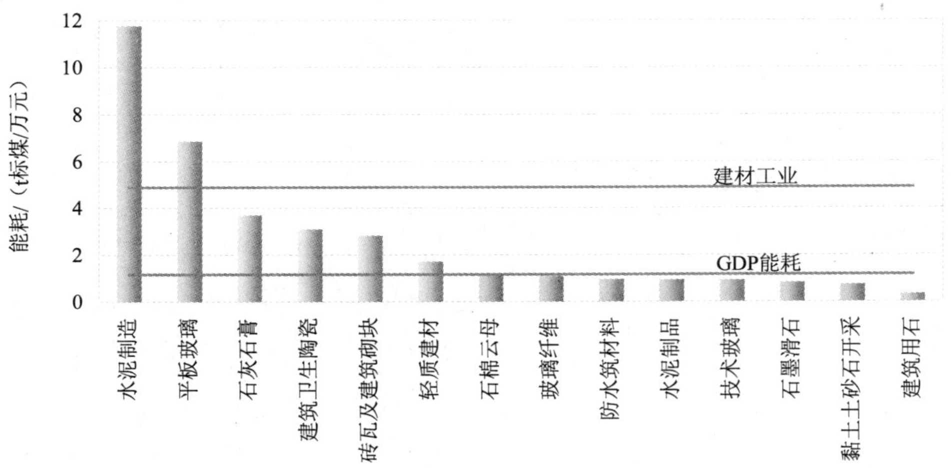

图附 4-29　2007 年建材工业主要行业万元增加值综合能耗比较

（按 2005 年价格计算）

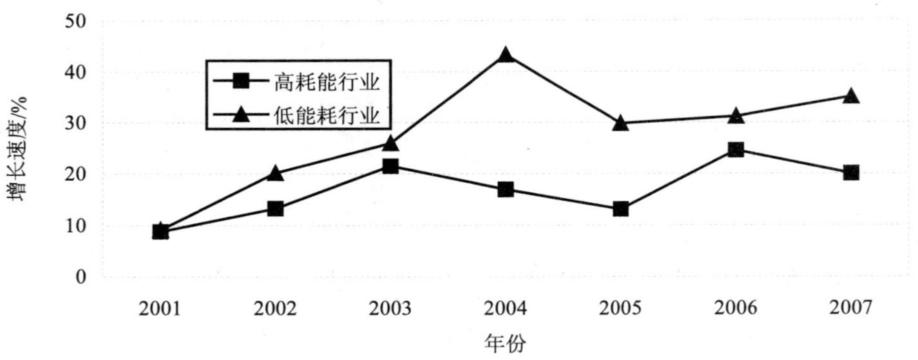

图附 4-30　建材工业工业增加值增长速度比较

2007 年水泥制品、建筑用石、玻璃纤维、技术玻璃等行业万元增加值综合能耗都低于万元国内生产总值能源消耗，二氧化硫和烟粉尘排放强度也远低于工业部门平均水平。发展低能耗、低污染、高附加值产业，既能满足国民经济发展和提高人民生活水平的需求，又能提高建材及非金属矿产品的附加值，提升建材工业整体技术水平，降低建材工业单位产品综合能耗和污染物排放强度（图附 4-31，图附 4-32）。建材工业主要行业比重和综合能耗，大气污染物排放强度对比见表附 4-12。

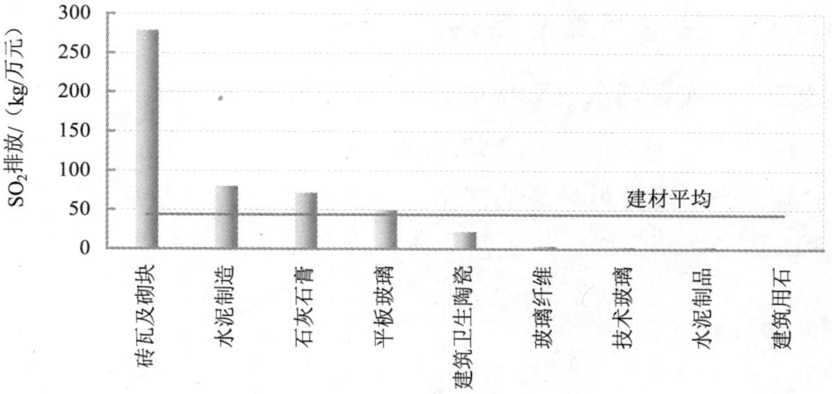

图附 4-31　2007 年建材工业主要行业每万元增加值二氧化硫排放强度比较

（按 2005 年价格计算）

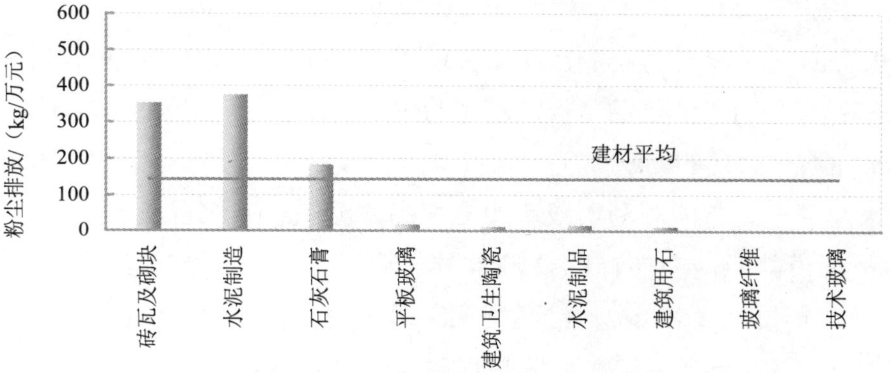

图附 4-32　2007 年建材工业主要行业每万元增加值烟粉尘排放强度比较

（按 2005 年价格计算）

表附 4-12　　建材工业主要行业比重和综合能耗、大气污染物排放强度对比

行业名称	工业增加值比重/%			2007 年每万元建材工业增加值		
	2000 年	2005 年	2007 年	综合能耗/（t 标准煤）	排放二氧化硫/kg	排放烟粉尘/kg
水泥制造	42.06	34.40	30.61	11.76	80.20	375.54
平板玻璃	5.47	3.45	3.18	6.86	49.16	17.81
石灰石石膏开采和石灰石膏制造	2.38	2.49	2.86	3.68	71.82	182.50
砖瓦及建筑砌块	5.76	3.38	3.86	2.81	278.67	351.93
建筑卫生陶瓷	10.37	12.64	13.06	3.09	21.79	11.68
玻璃纤维及制品和增强塑料	4.12	5.24	5.67	1.08	3.40	1.99
水泥制品	9.38	12.60	13.10	0.92	2.79	15.87
技术玻璃	1.82	3.33	4.14	0.91	2.19	0.21
建筑用石开采与加工	5.85	8.24	8.50	0.32	0.37	11.96

注：工业增加值按 2005 年价格计算。

（二）提升建材产品生产工艺结构

近十年来建材工业技术管理水平取得很大进步，部分企业和地区单位产品能耗及主要污染物排放强度已达到或接近国际同行业先进水平。但建材工业中还存在着大量高能耗高污染落后生产工艺，水泥生产中还有近半数的立窑，平板玻璃生产中还有 15%左右的小平拉生产线。加速淘汰高能耗高污染的落后生产工艺，是建材工业节能减排的重要途径。

1. 能源利用效率比较

我国目前水泥、平板玻璃主要生产工艺之间的能源利用效率存在明显差异。水泥生产：2006 年新型干法水泥生产工艺吨水泥熟料综合能耗 128kg 标准煤，是立窑生产工艺的 85.6%；吨水泥熟料综合电耗 71kW • h，是立窑的 86%；每千克水泥熟料烧成热耗 3 477kJ，是立窑的 84.9%。平板玻璃生产：2006 年每重量箱浮法玻璃综合能耗 17.8kg 标准煤，只有普通玻璃的 69%；在使用煤炭的平板玻璃企业中，浮法玻璃平均熔化热耗 10 298kJ，只有普通玻璃平均熔化热耗的 73%；在使用天然气的平板玻璃企业中，2006 年浮法玻璃平均熔化热耗 8 874kJ，只有普通玻璃平均熔化热耗的 44%。

新型干法水泥生产工艺能源利用效率比立窑高，浮法玻璃比普通玻璃高，除工艺方面原因外，重要的是规模效应。在同样的技术水平和管理水平下，熔窑规模越大，单位产品燃料消耗越低。2006 年日产 4 000t 以上新型干法每千克水泥熟料烧成热耗平均 3 358 kJ，是日产 2 000t 窑型的 95.7%，日产 1 500t 窑型的 87%（图附 4-33）。从浮法玻璃燃料油熔化热耗来看，年产量在 300 万重量箱以上企业（以下简称大型浮法）平均熔化热耗 6 654kJ，只有年产量在 300 万重量箱以下企业（以下简称中小浮法）平均熔化热耗的 76%（图附 4-34）。

水泥平板玻璃的纯低温余热发电，平板玻璃的富氧燃烧和纯氧燃烧以及熔窑保温等节能减排技术的应用，能大大提高燃料利用效率，减少大气污染物排放。然而节能减排技术的推广应用同样要以一定的企业规模为前提，否则企业在成本上是不划算的。

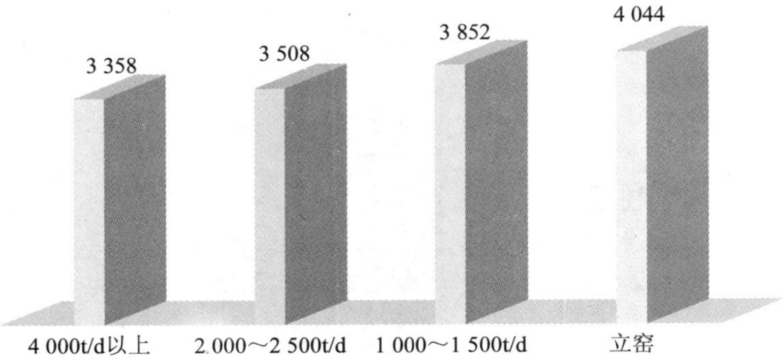

图附 4-33　2006 年水泥熟料烧成热耗比较（kJ/kg）

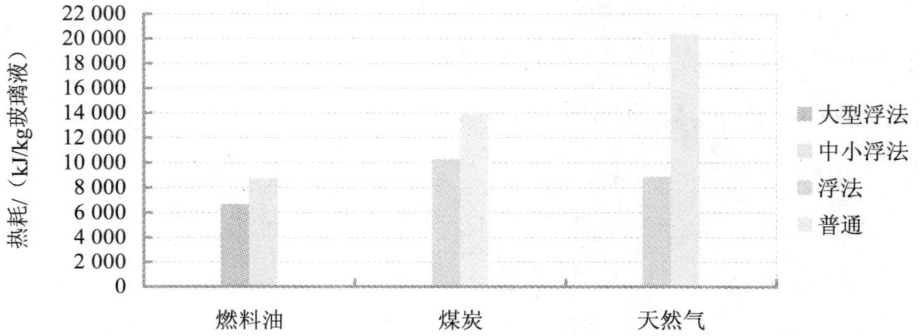

图附 4-34 2006 年平板玻璃熔化热耗比较

水泥平板玻璃单位产品能耗的降低主要原因是工艺结构的提升和生产规模的扩大。2000—2006 年，水泥熟料生产新型干法比重提高约 28 个百分点，年产 120 万 t 以上企业产量比重提高约 24 个百分点，水泥熟料烧成热耗下降 16%；浮法玻璃生产工艺比重提高 11 个百分点，大型浮法平板玻璃产量比重提高 24 个百分点，平板玻璃熔化热耗下降 15%。

某一生产工艺单位产品能耗的降低有赖于技术进步，若无重大技术突破难以有质的飞跃。而提升产品生产工艺结构，淘汰落后生产能力，扶植大型企业集团的发展，能迅速改变我国建材工业生产的落后面貌。我国目前部分外商投资企业引进设备每千克水泥熟料烧成热耗在 3 000kJ 左右，而占新型干法水泥熟料产量半数以上企业烧成热耗在 4 200kJ 以上，半数以上立窑企业烧成热耗在 3 300kJ 以上。平板玻璃企业中已有部分企业熔化热耗低于 6 000kJ，但大多数浮法玻璃企业熔化热耗仍高于 7 000kJ，至于占平板玻璃产量近五分之一的普通玻璃企业，大多数企业熔化热耗高于 13 000kJ。从生产集中度来看，80%的水泥熟料生产企业年产量在 20 万 t 以下，70 多家浮法玻璃企业中，仍有近半数企业年生产规模在 300 万重量箱以下。当前水泥及平板玻璃主要生产工艺之间、生产规模之间能源利用效率的差别，既是客观存在，也正是迅速提高我国水泥平板玻璃能源利用效率的切入点。水泥平板玻璃节能减排的关键在于淘汰落后生产能力和提高企业生产规模。

2. 污染物排放强度比较

水泥平板玻璃各生产工艺之间、各企业规模之间的污染物排放水平存在巨大差异。

（1）二氧化硫排放

水泥熟料生产过程本身就是二氧化硫的脱硫过程，而新型干法生产工艺的二氧化硫去除效率高于立窑生产工艺。水泥熟料生产过程中产生的二氧化硫主要来自含硫的煤在窑内燃烧以及煅烧熟料时生料带入的硫。在预分解窑中，燃料带入的大部分硫进入烟气中，由于烟气中含有大量的氧化钙粉尘和燃烧过程挥发出来的氧化钾和氧化钠，烟气中二氧化硫很大部分与之反应生成硫酸盐或亚硫酸盐，并随着烟气温度的下降，凝结并附着于粉尘的表面，被窑尾收尘器收集下来。因此，预分解窑本身就是一个高效的脱硫装置。而立窑生产工艺，因料球对二氧化硫的吸收作用稍差，燃烧时氧化钾和氧化钠的挥发也略低，因此立窑烟气中的二氧化硫含量比预分解窑高。立窑煅烧普通生料时，若使用目前推广的复合矿化剂（萤石+石膏）配制生料，常使二氧化硫的排放超标。再加上立窑生产工艺与新型干法生产工艺在单位产品煤炭消耗水平方面的差距，立窑企业的二氧化硫排放强度远高于新型干法生产企业。据近三年对预分解窑和立窑两种生产工艺的监测结果，2006 年新型干法生产工艺吨水泥熟料排放二氧化硫平均水平为 0.62kg，立窑平均水平为 1.68kg，立窑生产工艺二氧化硫排放强度是新型干法生产工艺的 2.7 倍。日产 4 000t 以上新型干法吨水泥熟料排放二氧化硫平均水平为 0.49kg，已达到 2004 年版《水泥工业大气污染物排放标准》2010 年限制标准，是日产 2 000t 窑型平均排放水平的 56%，日产 1 000t 窑型的 43%（图附 4-35）。

由于中小浮法、普通玻璃与大型浮法玻璃在能源利用效率方面的差距，中小浮法和普通玻璃的二氧化硫排放强度远高于大型浮法。2006 年每重量箱浮法玻璃排放二氧化硫 113g，普通玻璃 394g，普通玻璃二氧化硫排放强度是浮法玻璃的 3.5 倍。大型浮法每重量箱玻璃排放二氧化硫 102g，只有中小浮法的 63%，普通玻璃的 26%（图附 4-36）。

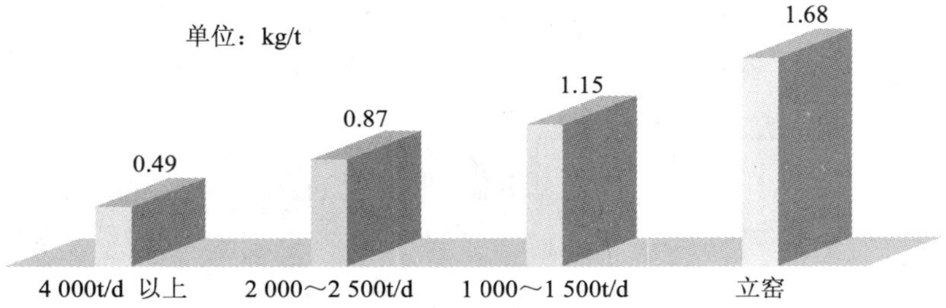

图附 4-35　2006 年吨水泥熟料排放二氧化硫强度对比

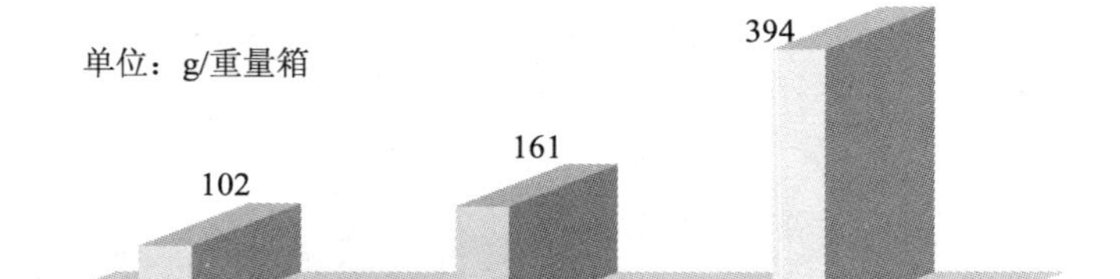

图附 4-36　2006 年每重量箱平板玻璃排放二氧化硫强度对比

（2）氮氧化物排放

由于单位产品煤炭消耗水平方面的差距，立窑企业的氮氧化物排放强度也比新型干法生产企业高。2006 年新型干法生产工艺吨水泥熟料排放氮氧化物平均水平为 0.81kg，立窑平均水平为 1.04kg，立窑生产工艺氮氧化物排放强度是新型干法生产工艺的 1.3 倍。日产 4 000t 以上新型干法吨水泥熟料排放氮氧化物平均水平为 0.7kg，是日产 2 000t 窑型平均排放水平的 80%，日产 1 000t 窑型的 49%（图附 4-37）。

由于所消耗燃料的不同以及热耗水平差距，普通玻璃与浮法玻璃氮氧化物排放强度差距更大。2006 年每重量箱浮法玻璃排放氮氧化物 69g，普通玻璃 215g，普通玻璃氮氧化物排放强度是浮法玻璃的 3.1 倍。大型浮法每重量箱玻璃排放氮氧化物 62g，只有中小浮法的 64%，普通玻璃的 29%（图附 4-38）。

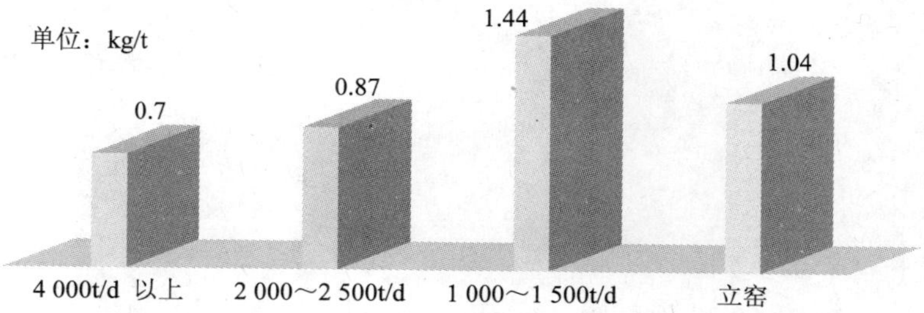

图附 4-37　2006 年吨水泥熟料排放氮氧化物强度对比

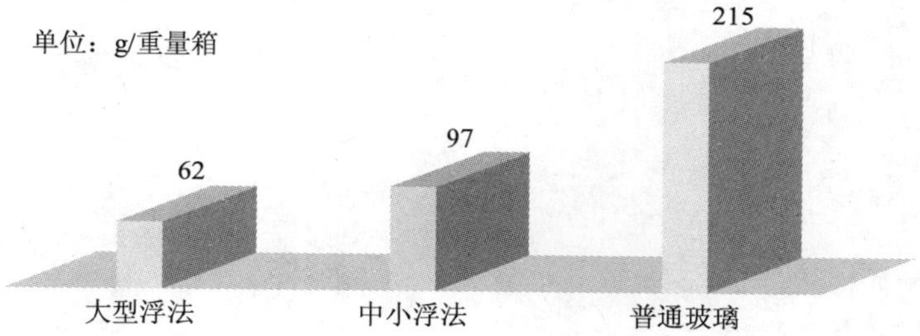

图附 4-38　2006 年每重量箱平板玻璃排放氮氧化物强度对比

（3）烟粉尘排放

水泥企业的烟粉尘排放取决于收尘设备的投入，取决于收尘设备的运行效率和管理水平。公正地说，水泥生产过程中烟粉尘排放量与生产工艺、企业规模并无直接关系，但从对水泥企业的监测情况来看，大型水泥企业烟粉尘去除率达到 95%以上，远高于中小水泥企业除尘水平。由于环保投入与生产规模费用比例，水泥生产过程中烟粉尘排放水平与企业规模呈反比关系。

2006 年年产 120 万 t 以上水泥厂吨水泥排放烟粉尘 1.81kg，年产 20 万 t 以下水泥厂吨水泥排放烟粉尘 7.02kg，小型企业吨水泥烟粉尘排放强度是大型企业的 3.9 倍（图附 4-39）。

2006 年年产 100 万 t 以上水泥粉磨站吨水泥排放烟粉尘 0.27kg，年产 20 万 t 以下水泥粉磨站吨水泥排放烟粉尘 4.99kg，小型水泥粉磨站吨水泥烟粉尘排放强度是大型水泥粉磨站的

18 倍（图附 4-40）。

2006 年在水泥熟料厂中，新型干法工艺生产企业吨水泥熟料排放烟粉尘 2.01kg，而立窑工艺为 4.35kg，立窑工艺生产企业吨水泥熟料烟粉尘排放强度是新型干法工艺生产企业的 2.2 倍。

2006 年每重量箱排放烟粉尘浮法玻璃为 26g，普通玻璃为 457g，普通玻璃烟粉尘排放强度是浮法玻璃的 18 倍。大型浮法每重量箱玻璃排放烟粉尘 18g，只有中小浮法的 30%，普通玻璃的 8%。平板玻璃生产中 80%的烟粉尘是普通玻璃企业排放的。

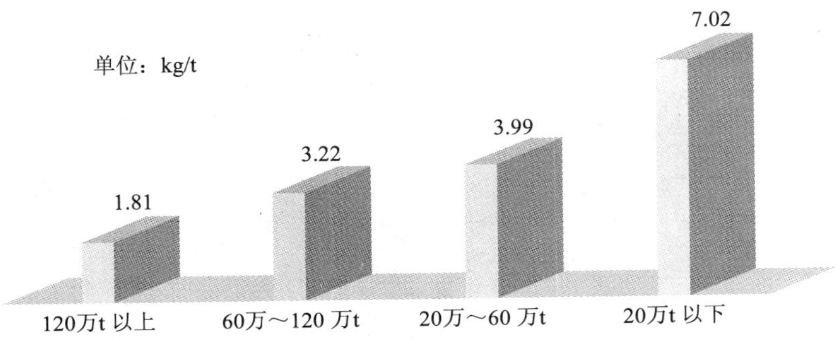

图附 4-39　2006 年水泥厂吨水泥排放烟粉尘强度对比

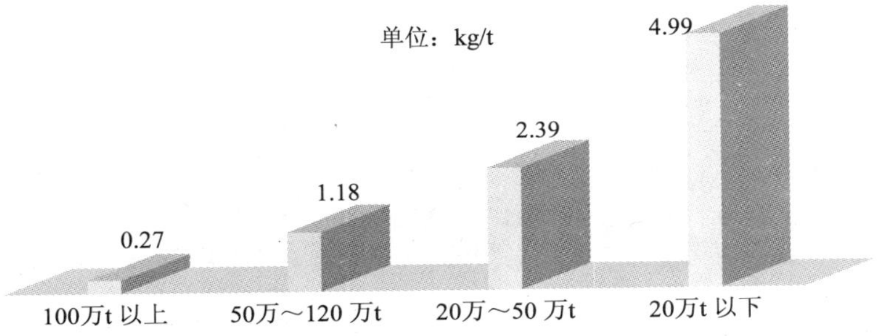

图附 4-40　2006 年水泥粉磨站吨水泥排放烟粉尘强度对比

（4）平板玻璃耗水和废水排放

2006 年每重量箱普通玻璃耗新水 355kg，是浮法玻璃的 3 倍；普通玻璃用水重复利用率 82.63%，比浮法玻璃低 7.88 个百分点；每重量箱普通玻璃排放废水 252kg，是浮法玻璃的 2.8 倍。2006 年普通玻璃产量只占平板玻璃总产量的 18.2%，新水消耗却占平板玻璃新水消耗总量的 40%，废水排放占 38%。不同企业规模之间水耗和废水排放也有较大差距。大型浮法每重量箱玻璃耗新水 103kg，只有中小浮法的 60%；大型浮法用水重复利用率 91.94%，比中小浮法高 8.68 个百分点；每重量箱玻璃排放废水 82kg，只有中小浮法的 67%。2006 年每重量箱平板玻璃排放烟粉尘强度对比见图附 4-41。

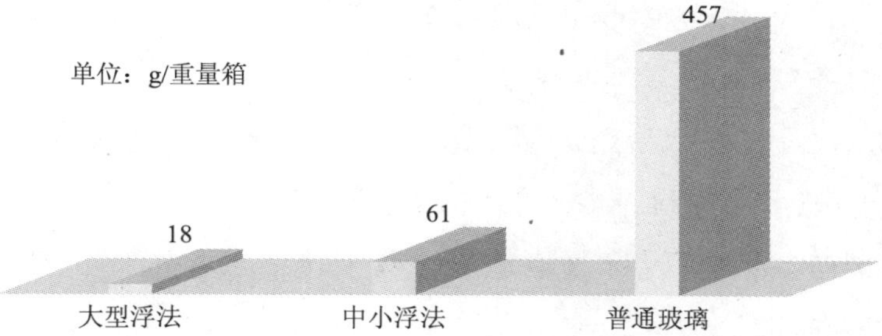

图附 4-41 2006 年每重量箱平板玻璃排放烟粉尘强度对比

（三）优化建材工业地区产业布局

全国各地区之间经济发展水平不平衡，各地区建材工业的单位产品能耗和污染物排放水平也存在巨大差距。

1. 各地区吨水泥熟料烧成标准煤耗

各地区水泥单位产品能耗水平不仅与各地区的技术管理水平有关，更重要的是取决于各地区水泥熟料生产的新型干法比例。2006 年江苏、安徽、浙江三省吨水泥熟料烧成标准煤耗已低于 120kg，其中江苏新型干法和立窑烧成煤耗都很低，新型干法和外商投资企业比例也高，吨水泥熟料烧成标准煤耗 106kg，新型干法只有 102kg。迫于煤炭价格上涨的压力，广东、山东两个水泥生产大省熟料烧成煤耗下降较快，烧成煤耗低于全国平均水平。河南、湖北、河北等水泥生产大省吨水泥熟料烧成标准煤耗高于全国平均水平。四川拥有先进的引进设备生产线，新型干法吨水泥熟料烧成标准煤耗是全国最低水平，但该省水泥熟料新型干法比例只有 15%，全省平均吨水泥熟料烧成标准煤耗在 150kg 以上。青海、新疆等西部地区，煤炭价格相对低廉，能源成本压力小，技术管理水平落后，吨水泥熟料烧成标准煤耗在 160kg 以上（图附 4-42）。

2. 各地区水泥熟料二氧化硫排放

各地区吨水泥熟料二氧化硫排放强度与各地区水泥企业使用的煤炭、生料的含硫量有关，与各地区水泥生产工艺构成有关，与各地区水泥熟料烧成煤耗水平有关，也与各地区的经济发展水平、地方政府环保标准执行力度有关。上海、北京、海南、浙江、安徽、西藏和山东的吨水泥熟料排放二氧化硫已低于 0.6kg，率先达到《水泥工业大气污染物排放标准》2010 年限定值。特别是海南、浙江和山东三省 2006 年吨水泥熟料排放二氧化硫强度大幅度下降，进入水泥工业二氧化硫减排先进行列。

黑龙江、吉林、天津、江苏、宁夏、广东、福建、河南、河北、湖北和新疆十一个省（区市）的吨水泥熟料排放二氧化硫低于 1.2kg，达到《水泥工业大气污染物排放标准》2006 年限定值。其中包括广东、河南、河北和湖北等水泥生产大省以及吉林、福建等水泥熟料生产快速增长地区。

重庆、广西、湖南、内蒙古、江西、陕西、四川、山西、云南、辽宁、青海、贵州和甘肃十三个省（区市）的吨水泥熟料排放二氧化硫高于 1.2kg，达不到 2004 年版《水泥工业大气污染物排放标准》中的二氧化硫排放限定值。其中包括水泥生产大省四川和广西、湖南、江西等水泥熟料生产快速增长地区。吨水泥熟料二氧化硫排放超标省（区市）全部都在中西部地区，重庆、广西、湖南、江西、四川、云南、贵州在酸雨控制区。重庆、广西、湖南、内蒙古、江西、陕西水泥企业的二氧化硫排放平均强度连《大气污染物综合排放标准》都达不到，这六个省（区市）水泥制造业二氧化硫排放量占水泥制造业排放总量的 38%，其中重庆、广西两区（市）占 19%。如果全国水泥企业二氧化硫都能做到达标排放，水泥熟料生产将减少二氧化硫排放 28%。

2006 年海南、浙江、山西、广东、河北、甘肃、黑龙江、江苏、新疆、山东、福建、广西和重庆十三省（区市）水泥制造业二氧化硫排放量下降（图附 4-43）。

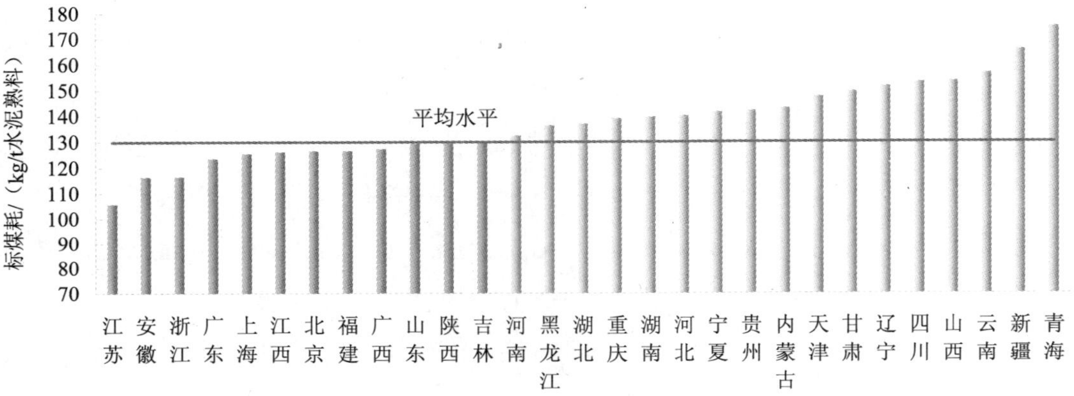

注：港、澳、台，及海南、西藏数据暂缺。

图附 4-42　2006 年全国各省（区市）吨水泥熟料烧成标准煤耗比较

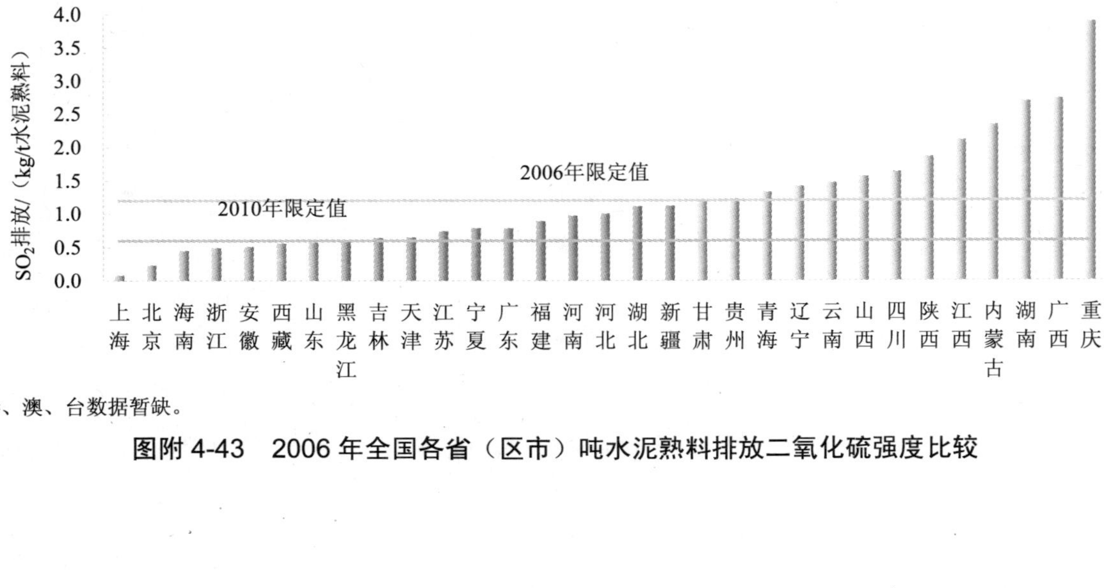

注：港、澳、台数据暂缺。

图附 4-43　2006 年全国各省（区市）吨水泥熟料排放二氧化硫强度比较

3. 各地区水泥单位产品烟粉尘排放

各地区水泥制造业烟粉尘排放应该和水泥或水泥熟料产量成正比。安徽是水泥熟料输出省份，水泥产量在全国省区市中列第十位，水泥熟料产量列第五位，水泥熟料与水泥产量比例高达 139%，水泥熟料生产过程在本地区留下较多烟粉尘。而湖南水泥产量与安徽相当，水泥熟料产量只有安徽的一半，水泥制造业烟粉尘排放量却比安徽高 69%，全省水泥制造业烟粉尘排放量高达 61 万 t，居全国水泥制造业烟粉尘排放第一位。湖南水泥生产烟粉尘的高排放是因为单位产品排放强度是全国平均水平的 3 倍，吨水泥排放烟粉尘高达 11.87kg，烟粉尘去除率只有 71%，比水泥制造业平均水平低 19 个百分点。水泥单位产品烟粉尘排放高于全国平均水平的有湖南、新疆、青海、江西、陕西、黑龙江、重庆、内蒙古、广西、山西、辽宁、河南、甘肃和四川，其中除了辽宁以外全部处于中西部地区，水泥生产大省河南、四川也在其中之列。水泥生产大省广东、浙江、山东、江苏、河北、湖北水泥单位产品烟粉尘排放强度较低，近年来这些省份水泥生产烟粉尘排放量大幅度下降，为建材工业大气污染物减排作出了贡献。2006 年全国各省区市水泥制造业二氧化硫排放情况见表附 4-13

表附 4-13　　2006 年全国各省区市水泥制造业二氧化硫排放情况分析表

地区名称	吨水泥熟料排放二氧化硫/(kg/t)	水泥制造业二氧化硫排放量/t	水泥熟料产量/万 t	新型干法比例/%	水泥制造业煤炭消耗量/万 t	吨水泥熟料烧成标准煤耗/(kg/t)
全国	1.15	1 058 318	87 328	46.01	16 310	130
吨水泥熟料排放二氧化硫达到《水泥工业大气污染物排放标准》2010 年限值地区						
上海	0.08	337	188	100.00	32	125
北京	0.23	1 232	880	89.81	157	127
海南	0.45	2 081	446	66.64	57	102
浙江	0.49	34 373	6 957	78.41	1 113	116
安徽	0.51	36 119	6 364	80.60	1 104	116
西藏	0.56	683	117	65.00	21	
山东	0.57	54 712	10 294	37.95	1 964	129
吨水泥熟料排放二氧化硫达到《水泥工业大气污染物排放标准》2006 年限值地区						
黑龙江	0.62	8 881	1 085	48.19	193	136
吉林	0.64	12 042	1 585	79.32	330	130
天津	0.65	1 398	242	77.17	63	147
江苏	0.74	49 496	6 481	58.37	1 031	106
宁夏	0.79	4 584	556	58.50	110	141
广东	0.79	51 681	8 262	33.42	1 295	124
福建	0.89	24 083	2 594	22.22	418	127
河南	0.97	46 103	5 056	28.72	888	132
河北	1.00	45 488	4 698	50.49	878	140
湖北	1.11	48 892	3 233	52.08	748	137
新疆	1.12	11 045	959	22.41	285	166

地区名称	吨水泥熟料排放二氧化硫/（kg/t）	水泥制造业二氧化硫排放量/t	水泥熟料产量/万t	新型干法比例/%	水泥制造业煤炭消耗量/万t	吨水泥熟料烧成标准煤耗/（kg/t）
吨水泥熟料排放二氧化硫超出《水泥工业大气污染物排放标准》限值地区						
甘　肃	1.21	13 436	1 162	60.19	213	149
贵　州	1.22	17 231	1 532	14.62	271	142
青　海	1.32	4 257	278	35.58	65	174
辽　宁	1.41	32 718	1 931	41.44	430	151
云　南	1.46	35 064	2 517	28.65	610	157
山　西	1.56	23 370	1 743	25.77	263	153
四　川	1.63	93 588	3 658	14.98	848	153
重污染地区						
陕　西	1.86	42 575	2 025	45.69	382	129
江　西	2.11	46 095	2 920	54.97	552	126
内蒙古	2.34	27 596	1 407	47.49	360	143
湖　南	2.69	89 465	3 225	17.58	658	140
广　西	2.73	109 209	2 861	40.75	583	127
重　庆	3.89	90 485	2 074	35.34	391	139

注：港、澳、台数据暂缺。

2006 年上海、天津、北京、浙江、吉林五省市水泥制造业烟粉尘去除率达到 95%以上，其中上海、天津、北京三个直辖市达到 99%。各地区水泥单位产品烟粉尘排放强度的差异不仅反映各地区水泥生产结构，也折射出各地区地方政府环境保护力度。如果全国各省区市水泥制造业烟粉尘去除率都能达到 95%，全国水泥生产能减少烟粉尘排放 50%（图附 4-44 至图附 4-46）。

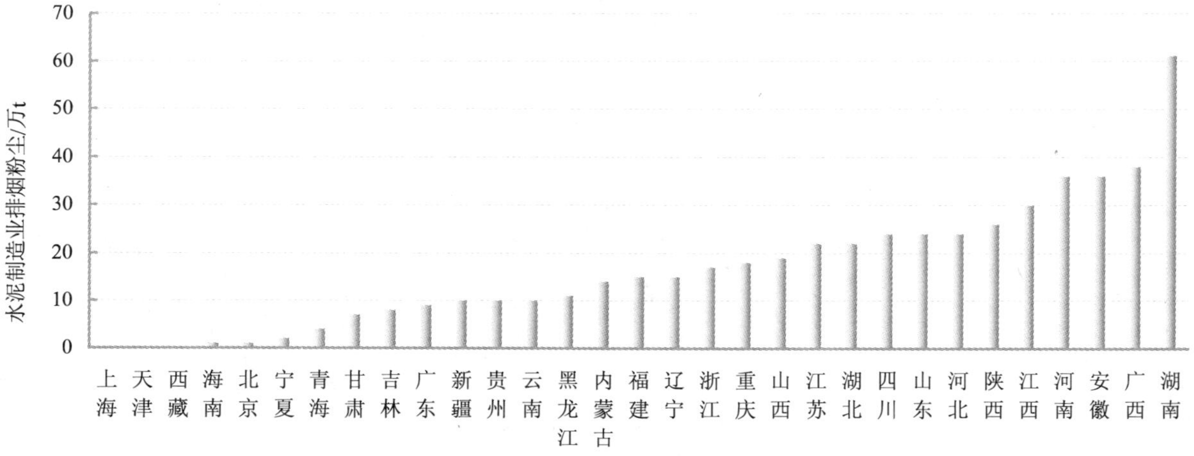

注：港、澳、台数据暂缺。

图附 4-44　2006 年全国各省区市水泥制造业烟粉尘排放量

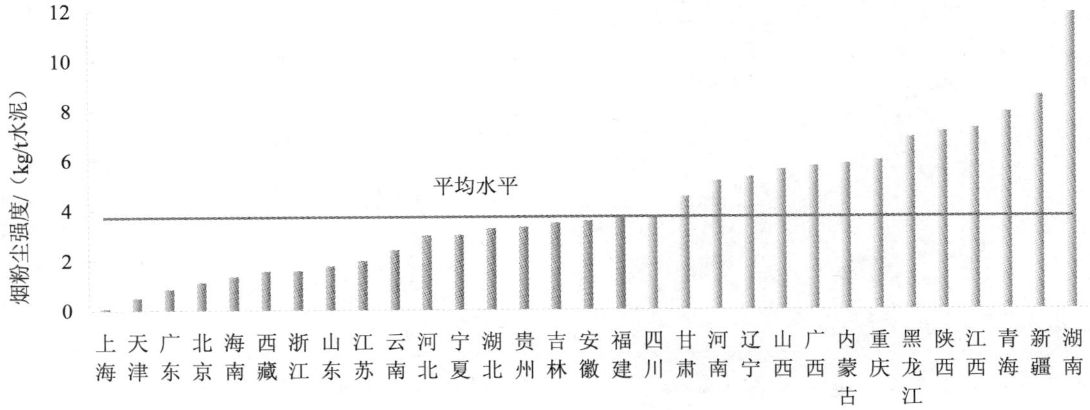

注：港、澳、台数据暂缺。

图附 4-45　2006 年全国各省区市水泥厂吨水泥烟粉尘排放强度比较

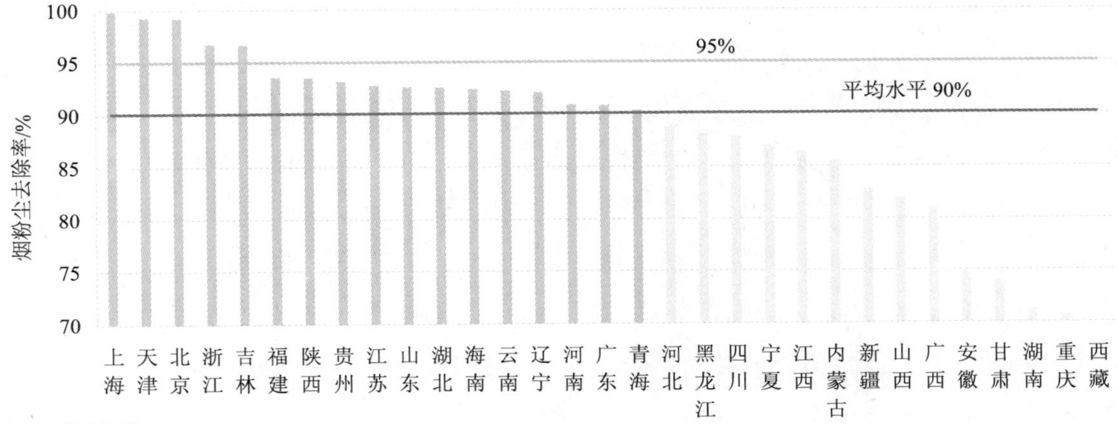

注：港、澳、台数据暂缺。

图附 4-46　2006 年全国各省区市水泥制造业烟粉尘去除率

4．长三角地区建材工业主要大气污染物排放整体减排

2006 年建材工业最引人注目的莫过于长三角地区建材工业主要大气污染物排放整体减排。

2006 年江苏、浙江建材工业二氧化硫排放分别下降 20.1%、8.6%，上海、安徽分别增长 57.5%、48.4%，合并计算整体下降 2.2%；烟粉尘排放江苏、浙江分别下降 21.6%、13.1%，上海、安徽分别增长 21.9%、12.7%，合并计算整体下降 5.8%。长三角地区是我国最大的水泥生产和消费地，2006 年上海、江苏、浙江及安徽皖南的芜湖、铜陵、安庆、宣城、池州等市的水泥熟料产量 1.84 亿 t，占全国总量的 21%；水泥产量 2.4 亿 t，占全国总量的 19.4%；水泥制造业能源消耗总量 2 450 万 t 标准煤，占水泥制造业能耗总量的 18.7%；煤炭消耗总量 3 024 万 t，占水泥制造业煤炭消耗总量的 18.5%。二氧化硫和烟粉尘分别占建材工业排放总量的 10%。长三角地区建材工业主要大气污染物排放下降对建材工业节能减排具有重要意义（表附 4-14）。

表附 4-14　　2006 年长三角地区建材工业主要大气污染物排放

地　区	二氧化硫排放量/万 t	增长率/%	烟粉尘排放量/万 t	增长率/%
合　计	19.11	−2.17	88.42	−5.77
上　海	0.23	57.49	0.09	21.86
江　苏	7.10	−20.11	26.18	−21.60
浙　江	6.09	−8.63	19.79	−13.14
安　徽	5.68	48.43	42.36	12.71

近年来水泥熟料作为商品广泛进入市场，水泥生产向专业化和社会化方向发展。2006 年末全国有水泥粉磨站 1 130 家，水泥产量 2.21 亿 t，占全国水泥产量的 17.9%。年生产能力在 50 万 t 以上粉磨站 95%集中在东、中部地区的大城市周围。以上海为中心的长江三角洲地区粉磨站生产能力占 50 万 t 以上粉磨站生产能力 44%，山东城市群占 15%，京津唐、珠江三角洲地区分别占 5%，福州、南昌、郑州、武汉也兴建了大型水泥粉磨站。在 3 600 多家熟料生产企业中，纯熟料厂 108 家，占水泥熟料总量的 8%。水泥厂大量出售熟料，水泥生产的两个阶段——熟料烧成和水泥粉磨分离，使水泥工业地区分布发生深刻变化。在无资源、有水泥市场需求的大中城市兴建粉磨站，使水泥生产贴近市场；在资源丰富、交通便利的地区形成熟料生产基地。在水泥生产过程中 80%以上的能耗和几乎全部煤耗发生在熟料烧成阶段，大部分二氧化碳、二氧化硫和烟粉尘排放也主要产生于熟料烧成阶段。熟料烧成和水泥粉磨分离使水泥生产过程中的能耗和大气污染物转移成为可能。

近年来因立窑生产线的淘汰，江苏、浙江两省水泥熟料生产萎缩，而两省的水泥产量仍在增长。上海、江苏、浙江淘汰落后生产能力后的水泥熟料缺口由长江沿岸的安徽、江西和湖北的水泥企业弥补。安徽皖南地区的芜湖、铜陵、安庆、宣城、池州依托资源优势和长江黄金水道之便利，2006 年水泥熟料产量 4 721 万 t，输出 3 500 多万 t，其中近 2 000 万 t 输往沪苏浙地区。可以说是安徽皖南地区的先进生产力替换了江浙两省的水泥落后生产能力。

长三角地区水泥熟料的生产转移有其资源和经济原因。水泥运输半径取决于产地生产成本和消费地价格的落差，当水泥熟料烧成和水泥粉磨分离，生产专业化、社会化程度提高，产地生产成本和消费地价格有巨大落差时，水泥和水泥熟料销售将突破原有运输半径。2004 年以来，上海、江苏、浙江水泥企业原煤购进价格持续在高价位运行，江苏、浙江两省水泥企业原煤购进价格平均在每吨 550 元波动，平均每吨比周边的皖南地区和江西省高 80～130 元。由于经济发展水平较高，上海和江苏、浙江水泥企业的人均年工资福利费远远高于周边地区。2006 年上海水泥企业人均年工资福利费已达到 2.9 万元，浙江和江苏也分别达到 2 万元和 1.6 万元，江苏和浙江水泥企业人均年工资福利费比周边的皖南地区和江西省高出 4 000～

6 000 元。综合计算，江苏和浙江水泥企业吨水泥成本比周边地区高 20～25 元。近年来浙江水泥资本纷纷北上在安徽、江西、陕西、青海、辽宁、黑龙江等地投资建厂，兰丰、上峰、三狮等浙江大型水泥企业（集团）在江西九江、安徽铜陵和宣城建立大型水泥熟料和水泥供应基地。上海水泥工业日趋萎缩，目前只剩下几家大型水泥厂和水泥粉磨站，江苏、浙江水泥历经 2004 年前后的高速发展后已趋于停滞。安徽水泥熟料输往沪苏浙地区，使长三角地区水泥工业形成了一个整体，在整个流域实现资源优化组合。

水泥熟料生产转移是水泥生产专业化、社会化的必然结果，是大型水泥企业集团活动的结果。皖南地区水泥熟料生产过程中新型干法比例已达 96.57%，安徽海螺和浙江的三狮、上峰、桐星四大水泥企业集团控制了该地区熟料生产的 90%。皖南地区水泥企业吨水泥熟料烧成标准煤耗低于 110kg，远远低于全国平均水平；吨水泥熟料排放二氧化硫 0.5kg，已率先达到《水泥工业大气污染物排放标准》2010 年限定值。只要严格执行国家产业政策和环保标准，将皖南地区废气污染物控制在现有水平是可以做到的。江苏、浙江两省如能顺应当前水泥工业发展趋势，继续淘汰落后生产能力，禁止在没有石灰石资源的地区兴建新生产线，制定和实施高于《水泥工业大气污染物排放标准》的地方标准。在长三角地区这个最大的水泥生产和消费地，水泥工业节能减排是完全可以实现的。珠三角、环渤海等经济发达地区水泥工业也出现了类似长三角地区的现象，当地政府主管部门只要遵循经济规律，严格实施环保标准，水泥工业主要废气污染物减排是有可能做到的。

5．小平拉玻璃，困扰平板玻璃产业结构的老大难问题

为数众多的小平拉玻璃企业一直是困扰平板玻璃制造业结构调整的老大难问题。普通玻璃产量只占平板玻璃总产量的 18%，新水消耗却占平板玻璃新水消耗总量的 40%；废水排放占 38%；二氧化硫排放占 44%；氮氧化物排放占 41%；烟粉尘排放更是惊人，占 80%。

小平拉玻璃企业的生存有其深刻的经济原因。2006 年平板玻璃制造业从业人员人均月收入 1 440 元，小平拉玻璃企业从业人员人均月收入只有平板玻璃制造业平均水平的 40%～80%，低廉的人工成本和几乎为零的环保成本使小平拉玻璃价格远低于浮法玻璃价格。想通过浮法玻璃的发展挤压，完全依靠市场调节淘汰平板玻璃落后生产能力是不可能的。平板玻璃落后生产能力必须由地方政府加大环境治理，通过环保、行政手段淘汰。

（四）大力推广节能减排新技术

要实现建材工业的节能减排，必须有先进的科学技术支撑。建材工业应在建筑节能产品的制造和应用、预热高效利用、高效节能粉磨技术与装备、高效除尘及有害气体减排与装备等方面尽快取得突破和推广。

水泥工业应大力推广新型干法水泥窑外分解技术，淘汰立窑等落后生产工艺，积极推广

高效节能的粉体工程技术，采用先进的破碎、粉磨、输送装备，要优化工厂内物流设计，降低系统运行电耗，大力推广水泥纯低温余热发电技术。

砖瓦工业烧结材料应减少外燃煤，提高煤矸石、炉底渣、烟道灰、粉煤灰等掺加量，积极推广节能利废、满足建筑节能要求的烧结空心制品、粉煤灰蒸压加气混凝土等新型墙体材料产品，逐步禁止生产和使用实心黏土砖。

建筑卫生陶瓷工业要淘汰倒焰窑、推板窑、多孔窑、烧煤明焰隧道窑、隔焰隧道窑、匣钵装卫生陶瓷隧道窑等落后生产工艺，推广辊道窑技术，采用洁净气体燃料烧成工艺。

平板玻璃工业应推广炉窑全保温技术、富氧燃烧和全氧燃烧等先进技术，推广使用玻璃熔窑脱硫技术。

统计数据加工整理说明

1. 建材工业“三废”排放

建材工业“三废”排放根据中国环境监测总站重点调查单位统计数据整理。重点调查单位是环境监测站筛选出的排污量占各地区排污总量 85%以上的工业企业单位。2006 年建材环境重点调查单位 10 431 家，其中水泥企业 4 387 家，砖瓦及建筑砌块企业 2 788 家。对其他企业以重点调查单位的排污总量作为对比基数，采取“比率估算”的方法，估算出非重点调查单位的排污量。重点调查单位与非重点调查单位估算数据相加，为建材工业污染排放总量。

环境统计计算“三废”及所含污染物排放主要采用实测、物料衡算及排放系数三种方法。

实测法是通过监测手段或国家有关部门认定的连续计量设施，测量废气、废水的流速、流量和污水及废气中污染物的浓度，用环保部门认可的测量数据计算各种污染物质排放总量。实测法基础数据主要来自环境监测站。环保监测要求采样时间和频率一年监测 2～4 次，每次间隔时间不得少于 1 个月。

物料衡算法是对生产过程使用的物料情况进行定量分析的一种方法，通过生产过程中的投入和产出物质的质量守恒原理计算污染物排放量。

排放系数法是利用实测或物料衡算法获得的数据，计算在正常技术经济和管理条件下生产单位所产生（或排放）的污染物平均值，以平均值和生产量计算污染物排放量。在确定排放系数时，环保监测管理要求原则上不得使用设备设计值，要求进行实测。

2. 建材工业能源消耗

建材工业能源消耗根据国家统计局《工业企业能源购进、消费与库存》统计数据整理，2006

年建材工业能源消耗统计调查单位 18 720 家。能源消耗统计品种包括原煤、洗精煤、天然气、燃料油、柴油、电力等。

3. 水泥、平板玻璃单位产品能源消耗

水泥、平板玻璃单位产品能源消耗根据国家统计局《主要耗能工业企业单位产品能源消耗情况》统计数据审核整理。2006 年选取水泥企业样本 2 329 个，平板玻璃企业 92 个，调查样本企业水泥熟料产量占全国总量的 77.37%，预分解熟料产量占 87.8%，水泥产量占 66.81%，平板玻璃产量占全国总量的 79.15%，浮法玻璃产量占 89.32%，普通玻璃产量占 33.44%。

4. 建材工业生产总量

建材工业增加值和水泥、平板玻璃、陶瓷砖、卫生陶瓷、砖瓦等主要产品产量采用中国建筑材料联合会统计数据。建材工业增加值统计范围为规模以上工业企业，2006 年建材工业规模以上企业 18 351 家。主要产品产量统计范围为全社会。

附篇五　轻工业污染防治战略研究

（主要围绕造纸、皮革和食品加工等）

负责人：

陈克复

专家组成员：

段镇基　伦世仪　胡　楠　陈　坚　石　碧　罗莎莎

总执笔人：

陈克复

各部分执笔人：

陈克复（造纸）

陈坚（食品）

石碧（皮革）

罗莎莎（其他）

附篇五

轻工业污染防治战略研究

一、轻工业在国民经济中的地位及污染防治的紧迫性

（一）轻工业在我国国民经济中的地位

我国轻工业以消费业为主体，是国民经济的重要产业，承担着提高人民生活质量、繁荣国内外市场、积累建设资金、吸纳人员就业和促进国民经济增长的重要任务。经过改革开放20 多年的快速发展，轻工业已经是涵盖第一、二和三产业的全局性和战略性产业，成为国民经济的重要组成部分和支柱产业，在国民经济和社会发展中占有举足轻重的地位。2006 年，轻工业总产值完成 58 890.35 亿元，约占全国制造业总产值的 23%；对外贸易额 2 852 亿美元，出口额 2 279.7 亿美元，约占全国出口总值的 25%；实现利税 4 534.58 亿元，约占全国制造业利税总额的 20%；而且，在全国工业总产值、总对外贸易额及出口值、总利税中所占的比例将越来越大。

轻工业是近四十种行业的总称，其中食品工业、造纸工业、皮革工业等是与“资源与环境”问题密切相关的最重要的轻工业，并均是以农、牧、渔、林业产品为主要原料进行加工的，是人类的生命工业，与人类的物质生活需要密切相关，是一个国家、一个民族的文明程度、经济发展水平和人民生活质量的重要标志。

“十五”时期，食品工业从容应对加入世界贸易组织后的新变化，呈现出快速发展的势头，总产值年增长率接近 20%，产品销售收入和利税总额年增长率均达 17%。2005 年全国国有及规模以上食品企业，累计完成工业总产值 20 344.83 亿元，占全国工业份额的 8.15%，比上年同期增长 26.85%，比 2000 年增长 97.2%；食品企业完成工业增加值达 6 299.95 亿元，比上年同期增长 18.08%，比 2000 年增长 87.8%；增速高出全国工业平均水平 1.64 个百分点，占全国工业经济份额的 9.48%。同时，全行业完成销售收入 19 899.94 亿元，比上年增长 26.78%，比 2000 年增长 91.9%；全行业实现利税总额 3 365.26 亿元，占全国工业的 13.29%，其中实现利润 1 234.68 亿元，比上年同期增长 30%。食品工业人均利税 7.43 万元，比上年增加 0.84 万

元；人均工业总产值 44.90 万元，比上年增加 6.69 万元。食品工业已成为国民经济发展中增长最快、最具活力的产业之一。

我国造纸工业 2006 年生产纸和纸板 6 500 万 t，较上年增长 16%；年销售收入 500 万元以上造纸企业 3 388 家，资产总计 3 617 亿元，较上年增长 12%；工业总产值 3 119 亿元，较上年增长 19%；主营业务收入 3 038 亿元，较上年增长 19.3%；利税总额 271.0 亿元，较上年增长 20.34%；利润总额 151 亿元，较上年增长 22.56%。

2002—2006 年，我国皮革、毛皮及其制品工业的产值增长 141%，销售收入增长 159%，利税总额增长 99%，出口增长 160%，呈快速发展趋势。2006 年，我国皮革、毛皮及其制品行业年产值 500 万元规模以上企业生产各类皮革 7.2 亿 m^2，约占世界总产量的 25%；生产皮鞋 30 亿双，占世界总产量的 53%；完成工业总产值 3 852 亿元，销售收入 3 632 亿元，利税总额 159 亿元；皮革及其制品出口金额 390 亿美元（进口金额 77 亿美元），出口额连续四年居轻工行业第一，占世界皮革贸易的 1/4。因此，皮革工业是我国轻工行业的支柱产业之一，在我国国民经济建设和出口创汇中正发挥着越来越重要的作用。

轻工业对国民经济的重大作用还具体表现在：

第一，轻工业关联一、二和三产业。轻工业中有的行业原料来源于第一产业，其发展可以为第一产业提供广阔的市场，能够维护和增加第一产业产品的市场价值和附加值，对第一产业具有很大的拉动作用；轻工业又属第二产业，在自身发展的同时，还能带动化工、材料、轻工机械、仪器仪表、包装等多种产业的发展；轻工业的产品需要流通、运输、消费，从而拉动了第三产业的发展。可见，轻工业与一、二和三产业关联度都很强。

第二，轻工业关系着国计民生，是一个既古老，又永恒不衰的长青产业群。轻工业的迅速发展为改善和提高我国人民的生活水平作出了贡献。20 年来，轻工业主要产品、产量大幅度增长，品种增加，质量不断提高，既丰富了城乡市场，满足了人民生活水平不断提高的需要，又为国家创新外汇工作作出重大贡献，并关系到整个民族的素质和精神文明程度。

第三，轻工业在解决“三农”问题中的作用日益突出，是推进社会主义新农村建设的重要产业。轻工业与我国农村经济的发展密切相关。轻工业的发展，为农业和农民提供了广阔的市场空间，吸纳农村劳动力就业，促进农村经济发展和农民增收。例如通过发展食品工业，可带动农业产业结构调整，推动农业产业化进程，扩大农民就业机会，增加农产品附加价值，有助于农民增收，可以为新农村建设、农民增收提供有力的产业支撑。

（二）轻工业污染防治面临的形势及可持续发展的紧迫性

我国轻工业在产生巨大经济、社会效益的同时，也在资源的消耗和对环境污染方面存在较严重的问题，发展至今，很多企业仍未摆脱高投入、高消耗、高污染、低产出的经营状况。

轻工业的“三废”，尤其是废水对生态环境的威胁仍较严重。轻工业所排放的废水，已接近全国工业废水总排放量的40%，废水中COD排放量超过一半。

例如食品工业，生产每吨食糖需用甜菜或甘蔗 9～10t，每吨酒精需用粮食 3.0～3.3t，每吨味精需用淀粉 3～4t，每吨淀粉需用玉米 1.7～1.9t，等等，大量未进入产品的原料（30%～50%）最后成为副产物和废弃物。因此，随着食品工业产量的增加，消耗的农产品量增加，产生的副产物和废弃物量也相应增加。这些副产物大多是富含营养物质的饲料，如果合理利用，可节约资源并促进农副业的发展。另外，食品加工业的用水量很大，产生大量废水。例如，生产每吨糖耗水 150t，每吨啤酒耗水 35t，每吨罐头耗水 100t，每吨味精耗水 1 000t，每吨饮料耗水 100t，每吨酒精耗水 200t 等。2005 年食品发酵工业生产过程中产生的废水量每年达 40 亿 t，约占全国工业废水排放总量的 18%；COD 排放量为 98.6 万 t，约占全国工业排放总量的 20%。

又如造纸工业，2005 年我国造纸工业用水总量为 76.7 亿 t（其中新鲜水量 42.5 亿 t），万元工业产值新鲜水用量为 183.0t，废水排放量为 36.7 亿 t，占全国工业废水总排放量的 17%；排放废水化学需氧量（COD）为 159.7 万 t，占全国工业 COD 总排放量的 32.4%。可以看出，我国造纸工业在“资源与环境”方面也存在着突出的问题，是节能减排的重点行业。

皮革工业的污染主要产生于制革过程。我国现有规模以上制革企业 2 900 余个，2005 年排放废水 1.2 亿 t，排放废水中 COD 为 25 万 t，总铬 6 000t，硫化物 1 万 t，悬浮物 15 万 t。采用现行工业技术，每加工 1t 原料皮，耗水 80～90m^3、消耗各类化工材料 500kg，最终仅得到 250kg 成品革，排放 80～90m^3 废水、300～400kg 废皮屑和 100～150kg 污泥等固体废弃物，排放 COD 235～250kg，$BOD_5$100kg。因此，可以看出制革工业也是排污量较大，资源浪费较严重的工业。

轻工业所产生废水中，有的含有大量的有机物质和悬浮性物质，虽无毒性，但易腐败；有的具有可吸附有机氯化物，含有毒性物质，而且可吸附氯化物并难以降解。如这些废水未经处理排入水体，会迅速消耗水体中的溶解氧，造成水体缺氧，引起鱼类和其他水生生物死亡；也会促使水底有机质厌氧分解，产生臭气，恶化水质，污染环境。若将废水引入农田进行灌溉，会影响农业果实的食用，并污染地下水源。此外，废水中存在的有毒物质及致病菌将传播疾病，危害人体健康。因此，轻工业废水必须进行处理以达标排放。

从上面可以看出，轻工业污染防治所面临的形势是严峻的，必须早日按照十六大的要求，坚持以信息化带动工业化，以工业化促进信息化，走出一条科技含量高、经济效益好、资源消耗低、环境污染少、人力资源优势得到充分发挥的可持续化发展的新型工业化之路。我国轻工业污染防治更要逐步实现由末端处理向生产过程控制的战略转移，推行既能提高经济效益，又具有良好的环境效益的现代化工业发展基本模式——清洁生产，它是实现我国轻工业可持续发展的根本途径。

第一，可持续发展式的轻工业污染防治是缓解资源约束矛盾的根本出路。实现清洁生产，既可节省原料、电耗、水耗，也可充分利用废弃资源，实现循环经济生产模式。

第二，可持续发展式的轻工业污染防治是从根本上减轻环境污染的有效途径之一。大力发展循环经济，推行清洁生产，可将经济社会活动对自然资源的需求和生态环境的影响降低到最小程度，以最少的资源消耗、最小的环境代价实现经济的可持续增长，从根本上解决经济发展与环境保护之间的矛盾，走出一条生产发展、生活富裕、生态良好的文明发展道路，这对于轻工业尤为重要。

第三，可持续发展式的轻工业污染防治是提高经济效益的重要措施。我国轻工资源利用效率与国际水平相比较低，成为企业成本高、经济效益差的一个重要原因。

第四，可持续发展式的轻工业污染防治是以人为本，促进人与自然和谐发展的本质要求。轻工业传统的高消耗的增长方式，向自然过度索取，导致生态退化和自然灾害增多，给人类的健康带来了极大的损害。我国轻工业必须大力发展循环经济，搞好资源节约和综合利用，加强生态和环境保护，走出一条科技含量高、经济效益好、资源消耗低、环境污染少、人力资源优势得到充分发挥的新型食品工业化道路，以最少的资源消耗、最小的环境代价实现经济社会的可持续增长。

由于轻工业对资源的依赖及对环境的污染情况，可以看出我国轻工业污染防治的紧迫性。

二、我国轻工业对环境的污染及防治的现状

近年来我国轻工业技术上有了长足发展，生产成本不断下降，经济效益不断增加，但环境污染问题仍然成为轻工业生产发展的制约因素。轻工业是全国水源污染大户之一，废水排放量，食品第一，造纸第二；废水中 COD 排放量，造纸第一，食品第二，特别是食品工业中的酿酒和味精行业。

（一）污染状况

轻工业废气污染不严重，主要是废水污染和固体废弃物的污染。

1. 我国食品工业对环境的污染

食品的污染源主要为原料粉碎车间、污水处理厂厌氧发酵反应器和锅炉。排放的污染物主要有粉尘、恶臭污染物硫化氢（H_2S）以及锅炉产生的烟尘和二氧化硫（SO_2）。这些废气通过现有的脱硫工艺、设备密封、机械排风等措施均可解决。

食品工业的主要固体废弃物，包括各类酿造业产生的废弃生物质、腐烂的果壳、发酵糟

渣、废弃活性炭、硫酸钙等；食品加工业产生的腐败的肉、食品、乳品、鱼、蛋、油渣、食品包装物、霉变的烟草等；农产品加工业产生的农业废弃生物质、谷物、蔬菜、水果、粮油加工下脚料等。食品工业基本以粮食、谷类及其他农产品为原料，废弃物本无害性，但废弃就有害，回收就是宝。因此，废渣基本上都可以综合利用，对环境不造成危害。

废水的污染是食品工业对环境污染的主要问题，每年所排放的废水量在轻工业中排第一。部分高浓度有机废水没有处理就直接排入江河，不仅严重污染环境，还将宝贵的资源当成废物扔掉。高浓度废水排入水体后导致水体溶解氧降低，引起水质恶化，影响水体生态环境，给我国已十分脆弱的环境带来了巨大的压力。

食品工业包括肉类加工、水产加工、乳品加工、罐头生产、禽蛋、蔬菜加工、酿造（啤酒、酒精）、豆制品加工、制糖、味精工业等多种类型的工业。食品工业废水主要来自原料洗涤、生产加工过程、设备和地面的清洗等。由于食品工业所用原料广泛，产品种类繁多，因此，各工业部门所产生的废水在水质、水量方面差异很大，但也有共同特点，就是含有大量的有机物质和悬浮性物质，无毒性，易腐败。由于食品工业所用的原料大多数为人体能消化吸收的有机类物质，因此，食品工业废水的可生化性一般都较好。

食品工业废水中的主要污染物有：①漂浮在废水中的固体物质，如菜叶、果皮、鱼鳞、碎肉等；②悬浮在废水中的油脂、蛋白质、淀粉、胶体物等；③溶解在废水中的油脂、蛋白质、淀粉、胶体物等；④来自原料挟带的泥沙等；⑤可能存在的致病菌等。食品工业废水的主要水质指标有：BOD_5，COD，SS，TKN，NH_3-N 等。各类工业因其原料、产品、加工工艺不同，污染物浓度相差悬殊。例如，BOD_5 低可至 100 mg/L，高可达 100 000 mg/L；SS 低可至零，高可达 120 000 mg/L，pH 值的范围为 3.5～11.0；无机营养物（N，P），有的缺乏，有的却含量过高，等等。

目前，我国对肉类加工、糖果、罐头、饮料、酿酒等生产过程产生的废水的处理技术已趋于成熟。但是，对发酵行业的废水治理有待进一步探索。这方面面临的主要困难是：某些发酵行业（例如味精、酒精蒸馏等）的废水污染物浓度高，总氮（TN）和硫酸盐（SO_4^{2-}）均高，因而处理装置的投资高，占地面积大，而且运行结果很难达到国家排放标准。

下面以味精行业为例进一步介绍食品工业对我国环境的污染状况。

废水是味精行业治理的难点，由于味精生产废水具有“五高一低”——高 COD、高 BOD_5、高 NH_3-N、高菌体含量、高 Cl^-和 pH 值（1.5～3.2）低（酸性强）的特点，使其处理难度很大。近年来，味精生产厂家为降低生产成本，纷纷改用硫酸调等电点，致使生产废水中增加了高浓度的硫酸盐，这又给比较成熟的厌氧处理工艺带来新的困难。各种味精废水的主要特性见表附 5-1。

表附 5-1　　各种味精废水的主要性质

废水名称	pH	COD_{Cr}/（×10^4mg/L）	BOD_5/（×10^4mg/L）	TSS/（×10^4mg/L）	NH_3-N/（×10^4mg/L）	SO_4^{2-}/%	残留谷氨酸/%
等电离交	1.5	3.5～4.0	1.5	0.9～1.2		3.26	0.1～0.2
冷冻等电	3.2	4.5～6.0	2.2	1.3	0.4～0.6		1.4
离交聚晶	1.5	2.5～3.0	1.2	0.7～0.8		3.32	0.1
甜菜糖蜜	3.2	6.5		1.4～1.5			1. 4

味精废水主要是生产工艺污水，包括来自于玉米清洗、味精精制、复合肥蒸发浓缩、设备清洗等工序排放的低浓度有机污水，以及玉米浸泡、谷氨酸发酵等工序排放的高浓度有机污水。根据水污染源类比调查监测，悬浮物（SS）以玉米清洗和发酵提取过程为最高，可达 2 500 mg/L；化学耗氧量（COD_{Cr}）和生化需氧量（BOD_5）以发酵提取过程为最高，分别可达 30 000 mg/L 和 14 000 mg/L；玉米浸泡和发酵提取的 pH 较低，为 4.0～4.5。此外，发酵提取产生的污水中氨氮和硫酸盐（SO_4^{2-}）含量也较高。基于该工艺的预测还表明，年产量为 5 万 t 味精的企业，总废水排放量可达 1.1×10^6 m^3/a。其中发酵提取阶段排出的废水量最多，达 525 600 m^3/a。又由于这一阶段排出的污染物浓度最高，相应地，排放的污染物在数量上也最多，其中 SS、COD_{Cr} 和 BOD_5 分别为 1 576.8 t/a、13 140 t/a 和 6 307.2 t/a，远远大于其他工艺过程排放的污染物数量。

目前正常生产的味精企业约 50 家，其中 2 万 t 以上的企业 12 家，其产量占到全行业的 93.5%，每吨味精用玉米 2.5t，耗水约 150 m^3，耗电约 1 000 kW・h。2006 年全国味精产量 170 万 t，消耗玉米 425 万 t、消耗水 2.4 亿 m^3、用电 16.5 万 kW・h。在生产过程中排出的高浓度有机废水 COD 浓度 4 万～5 万 mg/L，属于高污染源。每吨味精排放高浓度有机废水约 15t，产生 COD 约 600kg，年产生 COD 高达 15.4 万 t 左右。

2. 我国造纸工业对环境污染的状况

造纸工业的废水污染特性主要来源于制浆过程，而不同的制浆方法其产生的废水污染特性不同，对环境的污染程度各异。

（1）化学法制浆废液的污染特性

化学法制浆废液主要来源于以下三个方面：

① 蒸煮工段的废液，即碱法蒸煮产生的黑液和酸法蒸煮产生的红液。

我国除个别造纸厂外，绝大部分制浆造纸厂采用碱法蒸煮，所排放的黑液中的固形物有两个来源，一是作为蒸煮液加进去的无机物，二是蒸煮过程中从原料里溶解出来的木素等有机物，是造成废液中 COD_{Cr} 和 BOD_5 值高的主要污染源。

回收黑液中化学药品和热能的碱回收系统被认为是目前解决黑液污染的唯一可靠方法。对于木浆来说，已经有很成熟的技术及成套设备。目前木浆厂碱回收系统运行较好，其黑液提取率和碱回收率均较高。但对于非木浆来说，由于草浆强度低，过滤性差，加上黑液的硅干扰及本身特性，使黑液较难提取。黑液浓度低，蒸发所需要的能耗就较大，浓度稍微升高，黑液黏度就很大，给输送与蒸发带来困难。因此非木浆厂的碱回收仍存在一些问题。尽管我国不少非木浆厂对制浆黑液碱回收系统的运作已取得相当丰富的经验，多数碱回收系统已实现了正常运行，但如实现不了黑液增浓降黏的中高浓度输送，逐步解决所存在的技术问题，黑液的污染还是存在的。

据 2004 年中国造纸年鉴统计数据，我国造纸工业有碱回收系统的制浆企业 70 家，其中木浆厂 24 家，竹浆厂 8 家，麦草浆厂 21 家，芦苇芒秆浆厂 9 家，蔗渣浆厂 7 家，另有桑树浆厂 1 家。对木浆厂的碱回收系统，黑液提取率 95%以上，碱回收率一般在 85%以上。有些先进的企业，碱回收率已达到 95%以上，但对于非木浆厂除竹浆厂外的碱回收系统，其黑液回收率在 85%以上，碱回收率就更低，在 70%以上，个别的还在 70%以下。这说明，在当时的情况，设置有碱回收系统的制浆厂，虽然已基本改善了黑液的污染，但仍有 5%～15%的黑液、15%～30%的碱进入废水系统。

② 氯漂白的废液污染物。

制浆造纸厂第二个严重污染源是用氯作为漂白剂漂白制浆所产生的废液排放造成的污染。多数中小型制浆生产线仍采用低浓 CEH（氯化—碱处理—次氯酸盐漂白）三段漂白，其废液中不但含有的 COD 和 BOD 值高，而且还含有可吸附有机氯化物，具有如二噁英这样的毒性物质，虽然就污染量来说，氯漂白废液远少于蒸煮黑液，但由于氯漂白废液中存在有毒有害物质，更引起人们的高度重视。据调查，虽然国家发改委规定产能在 3.4 万 t 以下的草浆制浆厂 2007 年底前关闭，但产能 3.4 万 t 以上的制浆厂不少仍采用 CEH 漂白。

我们调查并检测了我国部分造纸企业采用低浓 CEH 三段漂白的废液中可吸附有机氯化物（Absorbable Organic Halogens，AOX）含量的严重情况，在所排放的废水中，AOX 发生量每吨浆最高达到 9.5kg，一般都在 4kg 以上的范围，远超过国家 2.7kg/t 浆的标准（参考标准），更超过国际的任何一级别标准（一般在 0.5kg/t 浆）。由于 AOX 对人体健康的影响以及其不可降解性，可以认为氯漂白废液是对水环境污染严重的主要根源。

③ 无元素氯漂白（ECF）废水的污染特性。

色度是废水的第一特性。纸浆在碱处理及碱性条件下漂白，尽管废水中的可吸附有机氯化物含量已大为减少，可达到国家标准，但同样使无元素氯漂白废水具有较高色度。

废水中化学耗氧量（COD）负荷在 30kg/t 浆到 60kg/t 浆的范围内，废水中总有机碳（TOC）是反映废水中可氧化的或不可氧化的所有有机化合物中总碳的含量，无元素氯漂白废水的 TOC 含量同样是较高的，达到 20～30kg/t 浆的程度。

④ 全无氯漂白废水的特性。

纸浆如实施全无氯漂白（TCF），已不存在产生 AOX 及 TOC 的条件，故漂白废水中不存在 AOX 及 TOC，因此可以认为 TCF 漂白是最先进的清洁漂白。但 COD 及 BOD 负荷仍然存在。一般条件下，COD 负荷为 30～100kg/t 浆，BOD 负荷为 10～40kg/t 浆。

⑤ 制浆造纸过程其他工段废水的污染。

与蒸煮黑液和氯漂白废液的污染相比，其他工段的废水或滤液的污染，并不严重，但不处理，对环境也会造成污染。通过实施逆流洗涤、封闭筛选、造纸机白水回用等技术，使这些操作单元的废水或滤液已大为减少。但蒸煮锅冷凝水、蒸发器冷凝水以及泄漏废水，通常占全厂总 BOD 负荷的 1/3。

为了减少漂白废水排放量，减少含氯漂白中 AOX 的产生量，造纸工业应提倡并实施无元素氯漂白（ECF）或全无氯漂白（TCF），按我国制浆造纸企业的实际情况，不管实施无元素氯漂白还是实施全无氯漂白都符合造纸工业经济利益。

（2）废纸制浆废水的污染状况

随着造纸工业对纤维需求量的日益增长和对环境保护要求的提高，废纸作为一种方便、经济、易处理、少污染的纤维原料，已越来越多地为造纸企业所使用。2006 年，我国废纸浆占全纸浆的 56%。

废纸制浆废水的物化特性与化学法制浆废水相比有很大的不同。废纸制浆废水因废纸种类、来源、处理工艺、脱墨工艺不同，其实际排出的废水特性差异较大，无化学脱墨的制浆所产生的废水远比化学脱墨制浆废水的污染负荷低。

废纸脱墨车间所排出的废水色度高，悬浮物含量高，含有重金属及印刷油墨中溶出的胶体性有毒物质，COD 浓度也较高。无脱墨工艺的废纸制浆废水其 COD 要低得多，但二者的废水中悬浮物含量均很高，一般达到 1 000kg/L，主要来自废纸中的细水纤维、填料、涂料、油墨等。

不管是废纸脱墨制浆还是无脱墨制浆，所产生的废水尽管污染负荷轻，也均需要严格处理，如不处理就直排，同样污染水环境。

（3）高得率制浆废水的污染状况

高得率制浆方法的纤维原料利用率高，对环境污染少，成浆质量较好且能广泛用于含机械浆的纸、不含机械浆的纸、多层纸板、生活用纸、绒毛浆及其他特种用纸，因此发展迅速。

从对环境污染的状况考虑，高得率制浆的特点，第一是废水排放量少，通常为 20～30m^3/t 浆，比化学法制浆废水要少一半以上；第二是不产生 AOX。高得率制浆废水中 COD 和 BOD 含量与化学浆制浆方法比较并没有减少，一般 BOD_5 在 20～100kg/t 浆范围，COD 在 60～250kg/t 浆范围，仍然很高。高得率制浆废水也不能直接排放，必须经过处理达标后排放。还有其他方面的废水，均与上述废水比较其污染负荷要轻得多。

据报道，我国造纸工业 2005 年所排放的 36.7 亿 t 废水中，已有 33.6 亿 t 废水属于达标排放，达标率达 91.6%，已接近全国工业废水排放的平均达标率（92.1%）。

3. 我国皮革工业对环境污染的状况

制革污水不仅量大，而且浓度高、成分复杂，其中含有大量石灰、硫化物、铬盐、氨氮、染料、蛋白质、中性盐、油脂、毛及皮渣等对环境有害的物质，是一种较难治理的工业废水。表附 5-2 是制革综合废水水质统计情况。

表附 5-2　　制革综合废水水质　　单位：mg/L

加工品种	pH 值	COD_{Cr}	BOD_5	总 Cr	SS	S^{2-}	氨氮
猪皮	10～11	2 000～3 800	1 000～1 800	40～60	3 000～4 500	60～90	150～250
羊皮	10	2 000～3 000	800～1 500	20～50	1 500～3 500	40～100	150～250
牛皮	10～10.5	2 500～4 000	1 000～2 000	60～80	2 000～4 000	100～150	150～250

而且制革污水成分随原料皮种类、工艺流程和产品结构等有较大变化，成分与含量随时间有很大波动，进一步增加了废水治理难度。从技术角度讲，制革废水是可以治理的，但处理费用较高（5～8 元/t），会使生产成本明显提高。因此目前的实际情况是，除少数环保意识较强、经济效益好的大型企业外，多数企业只是将废水作一定程度的处理后即排放（未达到排放标准），有相当一部分中小企业存在废水未经处理即排放的情况。

制革工业产生的主要污染物及其危害表现在：

（1）铬污染

制革鞣制采用的是三价铬（Cr^{3+}）。不仅铬鞣废液中会残留 Cr^{3+}，而且复鞣和染色过程也会因为部分铬脱鞣而进入废液。这些铬以溶解状态排放出来，在环境中会以氢氧化铬的形式沉淀、积累。三价铬对鱼类有毒性，会影响鱼的食物链，也会阻碍植物的光合作用。在酸性环境或有氧化性物质存在时，三价铬容易转变成六价铬（Cr^{6+}）。这种转变在自然环境中甚至在皮革中都有可能发生。六价铬化合物是世界卫生组织首批确认的致癌物之一，具有致癌、致突变作用，对人体的肝、肾、呼吸系统和消化系统都有严重危害性。因此皮革废水及皮革产品中六价铬问题一直为行业所关注，并被作为评价生态皮革的重要指标之一。事实上控制六价铬的产生是皮革工业需要特别主要的问题，2002 年中国皮革协会组织国内制革企业抽样检测，发现有 1/3 的产品中六价铬超出欧盟标准。

（2）硫化物（S^{2-}）污染

制革废液中的 S^{2-}产生于硫化钠脱毛过程。在碱性条件下硫化物主要以溶解态存在，但当 pH 低于 9.5 时，会形成硫化氢气体，其毒性与氰化氢相当，对神经系统、眼角膜危害很大。低浓度时会使人头痛、恶心，较高浓度时致人失去知觉、死亡。硫化氢气体易溶解形成弱酸溶液，具有很强的腐蚀性。若排放到地表，即使在很低的浓度下，也会使淡水鱼无法存活，导致农作物枯萎。

（3）中性盐污染

制革排放的中性盐主要有两类——氯化物和硫酸盐。氯化钠（NaCl）主要产生于原料皮的保藏（原料皮含盐 20%～30%）和制革浸酸工艺（使用皮中 8%食盐）。硫酸盐主要来自于工艺过程中使用的硫酸，以及大量含有硫酸盐的皮革化工材料。中性盐溶于水且稳定，很难通过常规废水处理方法除去。大量的中性盐进入地表水，会影响饮用水水质，对地表水中的植物、鱼类的生存产生较大危害。盐碱水长期灌溉农田，会造成农田盐碱化，使土质板结，导致农业减产。废液中的硫酸盐还有可能被厌氧菌降解产生硫化氢。

（4）有机物污染

制革废水中的大量有机物产生于溶解的毛、蛋白质和油脂，以及大量使用的有机复鞣剂、加脂剂、染料、助剂等，形成高化学需氧量（COD）和生物需氧量（BOD），其中部分有机物如酚以及染料中的胺类化合物等对人畜健康构成危害。

（5）氨氮污染

制革废水中的氨氮含量较高，可生化性差，是制革废水处理的难点之一。在制革废液中有不同形式的含氮物质，主要来源于制革脱灰、软化过程使用的无机铵盐和脱毛过程中毛等蛋白成分降解所产生的有机含氮化合物。废水中氨氮过高，将导致水体富营养化。

（6）挥发性有机化合物污染

制革整饰所用材料中通常含有一定量的挥发性有机化合物（Volatile Organic Compounds，VOC），长期吸入，会对人体造成危害。皮革生产中产生的挥发性有机化合物以游离甲醛的危害最大。甲醛对人的中枢神经系统影响明显，有刺激、致敏和致突变作用，并能与空气中的离子反应生成致癌物——二氯甲基醚。欧盟规定生态皮革所用涂饰材料中的 VOC 低于 130g/m^3，生态皮革中所含游离甲醛含量必须低于 150mg/kg，我国许多皮革产品尚达不到这些要求。

（7）固体废弃物及污泥

为了获得厚度、质地均匀的皮革产品，生产过程中必须实施多次去肉、片皮、削匀、修边等操作。因此，所加工的原料皮有 30%～40%转变为废皮屑，既是资源的巨大浪费，也形成庞大的固体废弃物。特别是铬鞣以后产生的固体废弃物，其生物降解较困难。

由于制革废水中含大量悬浮物，废水经物理、化学法处理后会产生大量的污泥。每加工 1 t 原料皮，会产生 100～150kg 污泥，其中含蛋白质及降解物、石灰、硫化物、铬、无机盐等。目前主要采用填埋方式处理，可能导致有害物质渗入地下水。

（二）国家规定的用于轻工业的污染排放指标

我国现已颁布并执行的国家污染物排放标准包括综合性标准（如：GB 8978—1996《污水综合排放标准》）与行业污染物排放标准（如：《啤酒工业污染物排放标准》、《造纸工业水污染物排放标准》、《味精工业污染物排放标准》等）两大类。按照国家综合排放标准与国家行业排放标准不交叉执行的原则，轻工业中有行业标准的执行各自的行业标准，没有行业标准的执行综合性标准。

行业污染物排放标准是针对各个不同行业的。例如我国味精行业污染物的排放执行 2004 年 1 月 18 日发布、2004 年 4 月 1 日施行的《GB 19431—2004 味精工业污染物排放标准》。2003 年 12 月 31 日之前建设的味精生产企业，从标准实施之日起，执行的水污染物排放的标准与 2004 年 1 月 1 日起建设（包括改、扩建）的项目所执行的排放标准是不同的，如表附 5-3、表附 5-4 所示。

表附 5-3　　味精工业水污染排放标准值

（2003 年 12 月 31 日之前建设的项目）

污染物项目	化学需氧量（COD_{Cr}）		五日生化需氧量（BOD_5）		悬浮物（SS）		氨氮		排水量	pH 值
	kg/t 产品	mg/L	kg/t 产品	mg/L	kg/t 产品	mg/L	kg/t 产品	mg/L	m^3/t 产品	
标准值	75	300	25	100	37.5	150	17.5	70	250	6～9

注：产品为味精。

表附 5-4　　味精工业水污染排放标准值

［2004 年 1 月 1 日起建设（包括改、扩建）的项目］

污染物项目	化学需氧量（COD_{Cr}）		五日生化需氧量（BOD_5）		悬浮物（SS）		氨氮		排水量	pH 值
	kg/t 产品	mg/L	kg/t 产品	mg/L	kg/t 产品	mg/L	kg/t 产品	mg/L	m^3/t 产品	
标准值	30	200	12	80	15	100	7.5	50	150	6～9

注：产品为味精。

《味精工业污染物排放标准》主要有以下特点：①适用于味精工业企业水污染物、大气污染物排放管理，噪声污染控制和固体废弃物处理处置的管理；②以味精工业清洁生产工艺及治理技术为依据，确定味精工业企业水污染物排放标准值；③现有排放源分时间段规定水污染物排放标准值；④本标准中水污染物排放标准不分级。

随着我国工业的快速发展和环境保护法制的健全，国家正加速制定针对各个行业的污染物排放标准。正在制定和讨论的还有《发酵酒精和白酒工业污染物排放标准》、《制糖工业污染物排放标准及测量方法》、《淀粉工业水污染物排放标准》、《皮革工业水污染物排放标准》等。

对造纸工业，我国执行的水污染物排放标准值如表附 5-5 所示。

表附 5-5　　造纸废水污染物排放标准

项目	单位	制浆、制浆造纸				造纸
		本色木浆	漂白木浆	本色非木浆	漂白非木浆	
排水量	m^3/t 产品	150	220	100	300	60
生化需氧量	m^3/t 产品	10.5	15.4	10	30	3.6
BOD_5	mg/L	70	70	100	100	60
化学需氧量	m^3/t 产品	52.5	88	40	135	6
COD_{Cr}	mg/L	350	400	400	450	100
悬浮物	kg/t 产品	15	22	10	30	6
SS	mg/L	100	100	100	100	100
可吸附有机卤化物	kg/t 产品		2.64		2.70	
AOX	mg/L		12		9	
pH 值		6～9	6～9	6～9	6～9	6～9

注：AOX 为参考指标。

对皮革工业，原国家环保局曾在 1983 年和 1988 年先后颁布了《制革工业水污染物排放标准》（GB 3549—1983）和《污水综合排放标准（皮革工业）》（GB 8978—1988）。这两个标准的污染物排放指标相对宽松。1996 年，由全国统一的《废水综合排放标准》（GB 8978—1996）代替了 GB 3549—1983 和 GB 8978—1988。即目前制革排放废水中的污染含量指标与其他工业废水相同。对于制革工业而言，涉及的主要污染物及其指标如表附 5-6 所示。

表附 5-6　　制革废水主要污染物排放指标　　单位：mg/L

污染物	一级标准	二级标准	三级标准
总铬	1.5（车间出口取样）		
六价铬	0.5（车间出口取样）		
pH	6～9	6～9	6～9
色度（稀释倍数）	50	80	—
悬浮物（SS）	70	150	400
BOD_5	20	30	300
COD	100	150	500
硫化物	1.0	1.0	1.0
氨氮	15	25	—
甲醛	1.0	2.0	5.0
动植物油	10	15	100
苯胺类	1.0	2.0	5.0
苯酚	0.3	0.4	1.0
五氯酚及五氯酚钠（以五氯酚计）	5.0	8.0	10
阴离子表面活性剂（LAS）	5.0	10	20
总有机碳（TOC）	20	30	—
最高允许排水量	盐湿猪皮：60 m^3/t（原皮）；牛干皮：100 m^3/t（原皮）；羊干皮：150 m^3/t（原皮）		

（三）目前我国所采用的治理技术及水平

1. 目前所采用的废水处理技术及水平

还是以食品工业、造纸工业、皮革工业为例说明目前我国轻工业所采用的废水处理技术及水平。

食品工业、造纸工业、皮革工业常用的废水处理方法有物理法、物理化学法、生物化学法和化学法。

物理法（也称机械法）主要是利用物理原理和机械作用，对废水进行治理，其中包括沉淀、均衡调节、过滤及离心分离等方法。常用的物理化学处理方法有吸附、浮选、电渗析、反渗透和超过滤等。化学处理方法是利用物质之间的化学反应进行工业废水处理的方法，分为中和法、化学絮凝法和氧化还原法三种。生物化学处理方法简称生化法，是利用在自然界大量存在的各种微生物来分解污水中的有机物质。根据生化处理过程中起主要作用的微生物种类的不同，生化处理可分为好氧生物处理和厌氧生物处理两大类。

（1）食品工业

以谷氨酸/味精行业为例详述我国食品工业的废水治理技术及水平。

① 治理技术。

近年来，围绕着味精废水的治理，国内许多味精厂和有关科研单位通力合作，提出了一些有价值的废水治理技术和方法。目前，处理味精废水的常见方法有以下几种。

a. 物理处理法。

物理处理法在味精废水处理中主要作为预处理，为后续处理构筑物创造条件。有时也可作为处理的主体工艺，例如蒸发浓缩法、膜分离工艺等。

- 离心分离和蒸发浓缩法。

机械分离技术是利用废水中有机物质与水的比重差，通过离心达到固液分离。目前通常采用进口碟片离心机进行高速离心分离菌体。该法多与蒸发浓缩法一起使用，以回收味精废水中的蛋白饲料。该技术在西方一些发达国家已有成套设备，即通过离心分离把废液分离成滤液和滤渣，再通过多效负压蒸发器把滤液浓缩到含水率为 45%左右，蒸发器的二次蒸气通过压缩后再作为蒸发器的热源。冷凝水用于进料的预热并回用于生产，将滤渣和滤液浓缩后的固体经造粒、烘干、筛选，最终做成成品肥料。例如上海天厨味精厂从 1999 年采用该工艺投入运行以来，取得了良好的环境效益和经济效益。其中，废水中各种污染物去除率分别为：COD_{Cr} 79.24%，BOD_5 91.2%，SS 71.58%，油 6.64%，NH_3-N 85.51%。福州味精厂采用该工艺，可得到粗蛋白 75%以上、含粗脂肪 3%～4%、灰分＜5%的饲料蛋白。但该法的不足之处也是比较明显的，它一次性投资很大，并且加热蒸发工艺和干燥工艺都需消耗很大的能量，使单位体积废水的处理成本偏高，同时在处理过程中还需加防垢剂，并定期除垢以降低能耗，维护管理比较麻烦。

- 膜分离工艺。

目前，用于味精废水处理的膜分离工艺主要为超滤，该技术可以去除废水中的一部分COD，并浓缩回收蛋白质等有用物质。例如用超级滤膜处理味精厂发酵母液，可将母液中的菌体及蛋白质与营养物质从母液中分离并浓缩，作为动物饲料，滤液的污染负荷可降低 50%以上。广州味精厂与法国奥桑公司合资引进了超滤技术并投入运行，效果良好。还有学者提出亚超滤分离概念。其膜孔尺寸在 800～1 000 nm，用于截留味精废水中的菌体。

膜分离工艺在味精生产部门很容易清洁生产，即在生产过程中实现无废和少废，降低能耗，不但能避免污染环境，而且能充分利用废液中有用物质。但采用该工艺一次性投资大，单位体积废水处理成本较高，膜分离设备还存在透过速度慢、使用寿命短等一系列问题。而且处理水量不大，仅适合于处理废水量小、滤渣回收价值高的味精废水。

- 脱盐处理。

日本有报道，将谷氨酸母液采用浓缩或者透析的方式除去其中的盐分后，用作畜类饲料添加剂。其中可消化的粗蛋白为 16.8%，营养物质为 30.4%。

b. 化学处理法。

味精废水处理中所采用的化学处理法主要为絮凝法，此外还有中和法、加热沉淀法、离子交换和电渗析等。

- 絮凝法。

絮凝法不能单独使用，必须和物理处理工艺的沉淀法或气浮法结合使用，构成絮凝沉淀或絮凝气浮。絮凝法是目前味精废水处理的主要方法之一。

实际应用较多的主要是化学絮凝。在味精废水中加入各种混凝剂和助凝剂混合絮凝、分离（沉淀或气浮），可以得到粗蛋白含量为 30%～50%的菌体蛋白，去除 16%～30%的 COD。但是，常用的铝系、铁系无机混凝剂适应的 pH 值多在 6.0 以上，对酸性较高的味精废水处理效果不佳。同时，铝盐具有一定的毒性，会影响人类健康；铁盐对金属有腐蚀作用，还会造成处理后出水带有颜色，铁的浓度过高，也会影响人类健康和生态环境。一些人工合成的有机高分子絮凝剂，如聚丙烯酰胺等，虽然有较好的絮凝性能，但它们不仅价格较高、使用麻烦，而且其单体毒性越来越受到人们的关注。

相比之下，由微生物产生的有絮凝效果的代谢产物——微生物絮凝剂对人体无害，而且可以被生物降解，无二次污染，使用安全、方便，尤其适用于高浓度味精废水的处理及有用物质的回收。由武汉城市建设学院研究开发的微生物絮凝剂普鲁兰，用于味精废水的预处理，浊度去除 99%以上，COD_{Cr} 去除达 30%～40%，蛋白质回收率达 86.9%。

絮凝沉淀可作为生物处理工艺的预处理工艺，也可作为生物处理工艺后的深度处理工艺。

其特点是基建费低、处理效果好、操作管理简便，可以间歇或连续操作，并且可回收利用有用副产品、降低生物处理设施的负荷、稳定生物处理工艺的处理效果。

- 中和法。

由于味精废水往往具有较强的酸碱性，若不加处理就大量排放，势必会改变水体的 pH 值，从而污染环境、影响农作物生长、危害渔业生产；如果对其不作任何预处理就进入主体处理单元，则不仅腐蚀管道、设备，缩短其使用寿命，而且很大程度上能影响主体工艺作用的发挥。

对于酸性很强的味精废水，一般工厂采用液碱中和。为了降低中和费用，也有用 $Ca(OH)_2$ 或重质碳酸碱中和，同时去除一部分 SO_4^{2-}，并回收石膏产品，此法也存在很多问题，如石灰、碳酸钙中和用量大，给工厂增加了运输、储存等困难；石膏的出路问题也还需进一步研究；废水处理工序冗长复杂；能耗居高不下等。

中和法一般作为主体处理工艺的预处理工艺。

- 加热沉淀法。

味精废水经加热杀死谷氨酸菌体，使菌体蛋白质变性后絮凝沉降，过滤后可回收粗蛋白含量＞50%的菌体蛋白。但目前尚不能连续生产，能量消耗很大。

c. 生物处理法。

味精废水有机物浓度高，BOD_5/COD 高，可生化性好。同时，生物处理法到目前为止已发展得比较完善，且形式多样、适应性强。因此，国内外大多采用该法作为主体工艺。一般分为好氧生物处理法和厌氧生物处理法两大类。

- 好氧生物处理。

目前国内研究较多的味精废水的好氧生物处理技术有：活性污泥法、生物转盘法和生物接触氧化法。近年来科研人员研制出一些新的高效的好氧生物处理工艺来处理高浓度味精废水，如深井曝气法等。现在，欧美已将此工艺用于处理高浓度味精有机废水。

由于味精废水有机物浓度高，故采用好氧生物处理时，往往要将进水稀释 10 倍至上百倍，很不经济；如不将进水稀释，由于有机物浓度高，反应器的停留时间长，反应器的体积与占地面积大，一次性投资较大。另外，采用好氧生物处理后的污泥，具有含水率高、污泥量大、不易脱水等缺点。由于好氧生物处理一般更适合于处理低浓度有机废水，所以该法往往作为味精废水的终处理，以保证处理水达标。

- 厌氧生物处理。

厌氧法生物处理适用于处理高浓度有机废水，具有容积负荷高、处理效果稳定、耐冲击负荷、所需营养物少、产泥量少、投资省、能耗小等优点，且可以回收能量，具有一定的经济效益。

目前，厌氧处理设备一般有厌氧滤池、升流式厌氧污泥床、厌氧流化床等。

厌氧滤池（AF）。

厌氧滤池是由美国斯坦福大学 Young 和 McCarty 首先研制的，该装置中填满了砂砾、卵石、塑料或纤维等填料，厌氧微生物附着在填料巨大的表面上，可维持较高的生物量和较高的 SRT，一般为升流式。加拿大国家科学院的 VandenBerg 和 Lentz 研制了一种下流式厌氧滤池，称为下行式固定膜反应器（DSFF）。在加拿大、法国等国家，DSFF 反应器已商业应用，反应器的容积为 40～13 000 m^3，并已成功处理奶酪废水、糖厂废水和味精废水。

升流式厌氧污泥床（UASB）。

UASB 反应器是荷兰 Wageningen 农业大学的 Lettinga 教授等在厌氧滤池的基础上发展起来的。

1973—1977 年，在 Wageningen 农业大学和 Delft 大学的帮助下，荷兰 CSM 甜菜糖业公司先后进行了 6 m^3、30 m^3 和 200 m^3 容积的半生产性和生产性装置的试验研究。其后，荷兰、西德、比利时和美国的研究者用 UASB 装置处理味精废水，取得了满意的效果。目前，我国也有许多味精生产企业将该技术引进到味精废水处理中。如河南周口莲花味精厂已建成 1 700 m^3 UASB 反应系统，1994 年投入运行，在进水平均浓度为 COD 8 000 mg/L 时，COD 去除率达到 80%以上。太原理工大学研究改进 UASB 处理味精-卡那霉素混合废水，COD 去除率达到 70%～80%。

两相厌氧消化（TPAD）。

两相厌氧消化是根据厌氧发酵分为水解与发酵、产氢产酸和产甲烷三阶段过程而开发的。它具有提高容积负荷率、减少反应器体积、降低造价、提高厌氧消化效率、运行稳定、抗冲击能力强的优点。国外 20 世纪七八十年代对其有了初步研究并对味精废水的处理有一些应用。1982 年初，中国科学院广州能源研究所采用该法处理糖蜜酒精废液获得成功，同年 4 月，用该法处理味精废水也获得了成功。

采用厌氧法处理高浓度有机废水，虽然具有处理能耗和投资运行费用低、去除率高的优点，但出水不能完全达标，因此，在处理味精废水时常常采用厌氧-好氧组合法。例如河南周口莲花味精厂废水即采用了“UASB—接触氧化法”处理工艺，1994 年设施正常运行以来，效果良好，出水达标排放。

- 其他生物处理法。

鉴于味精废水的水质特点，到目前为止，用于味精废水处理的微生物不再局限于好氧处理中起主要作用的一般细菌、霉菌等，以及厌氧处理中起主要作用的酸性腐化菌和甲烷菌等，并且治理思想也不再局限于废水的单纯处理，而是考虑到有用物质的回收和再利用。目前已有通过培养单细胞蛋白质来处理味精废水和藻-菌共生法处理味精废水的实例。

饲料酵母法。

味精工业排出的高浓度废水的主要成分是糖类、蛋白质和脂肪，利用现代生物技术可以对其进行综合利用。如生产饲料酵母等单细胞蛋白（SCP），这种单细胞蛋白中氨基酸组分齐全，富含多种维生素，具有很高的营养价值，若用作饲料喂养家畜、家禽，可以明显提高产奶、产蛋量，并且通过提取生物饲料酵母后，废液中的 SS 可降低 90%以上，COD 和 BOD_5 均能降低 50%～60%。自 20 世纪 80 年代以来，我国有些味精厂以废液生产单细胞蛋白，陆续在江苏、河南、福建等省市建立了数个饲料酵母厂。

以饲料酵母法处理高浓度有机废水，同时生产 SCP 是废水资源化处理的重要途径之一，但由于相应的设备投资、运行费用和生产成本居高不下，影响了该项技术的推广。

藻-菌共生法。

味精废水经过厌氧处理后，可以采用藻-菌共生法进一步处理。废水中的有机物质在细菌的作用下分解为简单的无机物如 CO_2、H_2O、NO_3^-、SO_4^{2-}、NH_3、PO_4^{3-}等并释放出能量。水中的藻类通过新陈代谢吸收 CO_2、H_2O、NO_3^-、PO_4^{3-}等物质并放出 O_2，从而达到去除废水中有机物，增加水体溶解氧的目的。

② 目前废水的治理水平。

对于味精发酵废液，如何选择合适的处理技术，组合成一套经济、有效的处理方案，是味精生产厂家所关心的问题。从总体上来说，味精废水处理一般包括两大部分：预处理（如饲料酵母法、发酵废液提取菌体蛋白等）和后续处理（如生物处理、物化处理）。在预处理中，提取菌体蛋白的方法目前应用较多的是利用高分子有机絮凝剂来絮凝沉降提取菌体蛋白，通过分离菌体可去除 30%左右的 COD，但由于所产饲料蛋白的质量较差需考虑销路，超滤也得到应用，但膜污染严重；在后续处理中，生物技术较为成熟，但设备投资大、占地大、运行维护费用较高，还普遍带来以下问题：几乎都有 $CaSO_4$ 沉淀产生，尚需找出路，同时，污泥产出的处理是一个大难题，绝不是一句做肥料就算找到了出路，据悉，迄今为止全国在产的几十家味精厂，除部分厂家达到或接近达标排放外，仍有不少厂家废水未经任何处理就直接排放。

a. 生化处理技术水平。

周口味精厂 1992 年与河南省能源研究所合作建成了 117 m^3 UASB 厌氧处理中型示范工程，经过两年多的运行，厌氧污泥充分颗粒化，COD 去除率达 90%左右，处理淀粉、制糖混合废水水质基本达到国家排放标准。1994 年又建成了 1 700 m^3（4×425 m^3）UASB 厌氧沼气工程，1997 年又有两套厌氧处理工程投入运行，厌氧处理废水工程的总容积已达 5 500 m^3，取得了很好的运行效果。

周口味精厂在味精废水处理工艺中也采用了 SBR 工艺。莲花集团污水处理厂采用 8 个 SBR 池，处理污水量可达 7 450 t/d。SBR 工艺是一种间歇式的生化处理方法，具有造价低、运行方式灵活、耐冲击负荷和处理效果好等特点。2002 年河北梅花味精集团采取厌氧、好氧的生化工艺处理味精生产过程中的低浓度废水，可将废水中的 COD 含量降低到 200 mg/L

以下。

b. 物化处理技术水平。

杭州味精厂经过研究探索出活化非金属矿粉絮凝生化处理法，用非金属矿粉作菌体蛋白絮凝的载体，适合作饲料添加剂。上海天厨味精厂将发酵液预处理后，用进口碟片离心机进行高速离心分离菌体，所得菌体 SCP 质量好，粗蛋白高达 75%，含 16 种氨基酸，可作为高效价廉蛋白饲料添加剂，代替进口鱼粉，但谷氨酸菌体小，普通离心机不能分离，必须用高速离心方法，目前高速离心机尚依赖进口，投资巨大，运行能耗也高。

c. 排入城市污水管网，集中处理。

福州味精厂根据当地环保部门的要求，将高浓度有机废水絮凝取出菌体，调 pH 至中性，并去除部分硫酸根，排入城市污水管统一处理。这条治污路线，对于地处城区，并具备上述条件的味精厂，不失为最佳的选择。

上述味精废水的处理与其他工业污水处理技术相似，出发点是“治”，即属于对产品生产过程所产生的废水采用各种技术进行治理，以求排放废水达到对环境无害的技术标准的末端治理技术，从技术角度而言，末端治理技术的开发难度不亚于生产工艺技术的开发，而更大的问题是经济问题，有的运行费用高达 20 元/t，末端治理技术的少量产出，加上资源不能回收利用，难以抵消工程建设的资金投入和日常昂贵的运行费用，生产规模越大越难以承受，同时，整个处理过程中产生大量的氨气和硫酸钙，造成环境二次污染，因此尽管污水治理从来没有停止过，但实际的污染几乎和生产规模同步增长，随着生产规模的扩张，高浓度有机废水的污染程度愈演愈烈。

（2）造纸工业

对造纸工业，以制浆废水处理为例讨论我国的治理方法和水平。

我国有制浆生产线的造纸厂均有废水处理站，目前已使制浆废水处理站成为现代造纸厂必不可少的组成部分，其常用的处理方法有：

① 物理化学法。

重力沉降法、气浮法及筛滤法，利用这三种简明的方法分离废水中杂物。

混凝法。采用添加絮凝剂与助凝剂的方法，使废水中溶解性的胶体或木质素、糖类大分子物质等污物颗粒变大，同时提高其疏水性，创造与水分离的条件。

调解酸碱度法。通过调解酸碱度来使可溶解性污物成为难溶性物质而达到分离目的。

化学氧化法。对于含有发色物质、毒性物质及好氧物质的制浆废水，通过某一种化学氧化剂，破坏发色基因，或降解有毒污物，或氧化降解好氧物质，而达到脱色、消除有毒物质和减少好氧物质的目的。

吸附法及膜分离法。吸附法与膜分离法也常用于造纸厂的某些特定制浆废水，如色度较大，有机物、胶体物较多。

② 生物处理法。

生物处理法是制浆废水处理的最高阶级，分好氧化生物处理、厌氧化生物处理及厌氧-好氧法生物处理。好氧生物法包括氧化塘、曝气稳定塘、活性污泥法、纯氧曝气活性污泥法、生物滴滤池等，都是利用混合微生物群体来转化溶解性有机物成为新的细胞物质，通过微生物使废水中有机物发生氧化分解作用。

上述方法，应用于废纸（脱墨）制浆废水的处理，应用于高得率制浆废水的处理，均可使废水达标排放，消除制浆废水对水环境的污染。对化学法制浆如果只生产本色浆，包括蒸煮、洗涤、筛选等工序，可以做到很少废水排出厂外，例如福建青州纸厂新建化学法本色浆制浆生产线，废水排放量为 0～3m^3/t 浆，所排出的废水通过上述方法处理均实现达标排放。可以认为，上述方法对一般常规的制浆废水处理，已经不是什么问题了。

但是，制浆漂白车间的情况有所不同，即化学法生产漂白浆的制浆废水必须采用其他方法进行深度处理。采用哪种类型的漂白技术方法也很重要，如果已经实现全无氯漂白新技术，由于废水中不存在 AOX，则漂白废水与制浆蒸煮废液一样可以进入碱回收系统处理，那也没有什么问题了。目前，由陈克复院士主持研发的我国造纸工业第一条具有中浓全无氯清洁漂白技术的年产 6 万 t 麦草浆生产线已于 2008 年初建成投产，专家认为这是今后我国实现制浆漂白清洁生产的关键技术之一。

如果采用了氯漂白或无元素氯漂白过程，则漂白废水中的有机氯化物还必须在废水处理站中添加新技术操作单元进行深度处理：

a. 超滤法。

超滤可以去除废水中 50%～98%的可吸附有机氯化物（AOX）。对于某些低分子氯苯酚类有机化合物，是 AOX 中最毒的组分，超滤的效率不高，但超滤后接着进行生物处理（如厌氧处理），同样可除去 90%的 AOX。

b. 化学沉降法。

某些物质如铁盐、铝盐能使有机氯化物沉降得以除去 AOX，可使氯化漂白废水的 AOX 去除率达到 85%，故可以采用化学沉降法除去含氯漂白废水中的 AOX。

c. 碱性水解法。

碱性水解法是利用各种碱性化合物与氯化木素反应，促使废水中 AOX 降低的方法。例如 NaOH 或 $Ca(OH)_2$ 具有降低 AOX 的作用，另外，Na_2S、NaOH 和 $Ca(OH)_2$ 组合也具有降低 AOX 的作用。

我国造纸工业制浆废水的达标排放率已达到 91.6%，但仍有 8.4%没有达标排放，说明我国造纸工业制浆废水处理状况或处理水平与国外先进国家比较仍存在明显的差异。

据调查，我国大型新闻纸厂均以废纸为原料，采用废纸脱墨制浆，其废水的处理水平已达到国际先进水平，处理后排放的废水已远超过国家规定标准。例如制浆废水特征一般为：

COD_{Cr} 5 500mg/L，BOD_5 900mg/L，SS 5 000mg/L，不存在可吸附有机氯化物 AOX。

采用处理方法：一级处理——气浮法、混凝法；二级处理——活性污泥处理（好氧生物法）；三级处理——化学氧化法。

最终经三级处理后，所排放废水 COD_{Cr}80mg/L，$BOD_5$10mg/L，SS15 mg/L，对水体不会产生污染，与原废水特性相比，污染物去除率分别达 98.5%、99%、99.7%。可以看出，这是先进的制浆造纸企业。

从反面角度来看，我国部分以麦秆为原料的制浆厂，仍然不听从国家发改委的指导，至今还采用传统的低浓 CEH（氯化—碱处理—次氯酸盐漂白）三段漂白方法，虽然经过处理，废水的污染负荷仍较重，并存在大量的 AOX。例如处理前废水一般特征为：COD 2 000～3 000 mg/L，BOD_5 500～600 mg/L，SS 700～850 mg/L，AOX 70 mg/L。

处理方法：对这种较难处理的综合性废水，这些企业都采用常规处理方法，即一级处理法，筛滤法—混凝沉淀法—气浮法。

处理后排放的废水特征为：COD 450 mg/L，BOD 100 mg/L，SS 100mg/L，AOX68 mg/L。污染物去除率分别为 82%、82%、87%、2.86%。可以看出，这是目前较差的废水排放状况。

（3）皮革工业

目前我国制革行业采用的污染治理技术包括末端治理技术和在生产过程中削减污染的技术，以末端治理为主。从技术水平角度看，我国所采用的污染治理技术与国外先进水平尚有差距；同时，我国的污染治理技术尚不够完善，对部分污染物（如氨氮、石灰、中性盐）缺乏治理技术。但与国外先进技术相比，我国采用的治理技术运行成本较低，比较符合我国国情。

目前，我国制革行业主要采用末端处理的方法防治制革污染，即对综合废水进行物化-生物处理。生物处理包括曝气池、氧化沟处理。由于制革废水中中性盐含量较高，且含铬和 S^{2-}，活性污泥微生物的活性会受到一定程度抑制，因此常采用二级生化处理。

应该说，在设计合理、管理正常的情况下，我国目前采用的综合废水处理技术可以使排放废水中主要污染物指标（如 COD、BOD、SS 等）达到国家排放标准。但个别指标（如氨氮）较难达到排放标准。另一个问题是，对制革废水进行处理后，会产生大量污泥。由于污泥中含铬、硫和大量中性盐，脱水后的处置比较困难。

2. 清洁生产和资源综合利用技术

第二次全国工业污染防治会议确定，我国工业污染防治将逐步实现由末端处理向生产过程控制的战略转移，推行既能提高经济效益，又具有良好的环境效益的现代化工业发展基本模式——清洁生产，它是国内外工业发展总结出来的成功经验，也是实现我国工业可持续发展的根本途径。下面仍以食品工业、造纸工业、皮革工业为例说明我国轻工业清洁生产及资源综合利用的状况。

（1）食品工业清洁生产及资源综合利用技术

随着味精行业的快速发展，国家对环境保护的要求越来越严格，再加上我国水资源日益短缺，对发酵工业产生的中水进行合理有效的循环再利用，是发酵行业合理用水和节约水资源的唯一出路。只有彻底解决了废水深度治理与回用等问题，发酵工业的清洁生产才算真正解决，从而也能实现物料清洁生产，水的清洁利用，形成一个完整的闭路循环利用圈。

① 蒸发浓缩制复合肥。

味精废水制作复合肥有两种方法，一种是先提取谷氨酸后母液蒸发浓缩成硫酸肥料（闭路循环），另一种是发酵液先浓缩提取谷氨酸，母液再浓缩制复合肥料。随着发酵产酸提高，浓缩比降低，能耗下降，且复合肥料市场量较大，治理相对彻底，有一定的经济效益。

山东菱花味精厂采用如下工艺实现味精清洁生产工艺流程。首先离交尾液废水中投加4/10 000的聚丙烯酸钠作为主要絮凝剂，使菌体絮凝，通过气浮除菌，COD_{Cr}由35 000 mg/L 降为 20 000 mg/L，得菌体蛋白（饲料蛋白）；除去菌体的清母液经四效蒸发系统进行浓缩，得到结晶硫酸铵（肥料）；硫酸铵结晶母液进行焦谷氨酸开环水解操作和过滤，滤渣（有机肥）排出闭路循环圈；最终得到的富含谷氨酸的酸性浓缩液经活性炭脱色，富含谷氨酸的酸性脱色液替代硫酸，调节下一批次发酵液等电结晶，物料构成闭路循环，实现浓污水的全部综合利用。该工艺不仅杜绝了二次污染，而且变废为宝，获得菌体蛋白、硫酸铵和脱盐液 3 种产品；其冷凝水（60～80℃）可循环作为工艺用水，实现浓污水的零排放。

2002 年，河北梅花味精集团采用国内先进的生产设备、技术和工艺，用味精高浓度有机废水，经过四效蒸发、浓缩、喷浆、造粒，生产出了外形美观、颗粒均匀、质量上乘的富含有机质、氨基酸、氮、磷、钾的有机复合肥料。经过国内专业机构检测后，产品质量达到了高效优质绿色有机肥的标准。现在复合肥日处理高浓度废水 1 000 m^3，日生产复合肥 80 多 t，产品供不应求。经过生产复合肥处理后排出的冷凝水，COD 的含量已经降到 2 000 mg/L 以下。将其再经过污水处理厂处理后，COD 的含量可降低到 200 mg/L 左右，完全达到了国家排放的标准。

河南莲花集团在污水治理过程中，废物资源化主要产品有沼气、菌体蛋白和复合肥等。他们的治污路线是先将高浓度有机废水絮凝提取出菌体，然后将废水浓缩，喷雾干燥制成复合肥料，相关车间污水进入厌氧、好氧生化处理达标排放。目前采用蒸发浓缩路线的工厂还有广州奥桑味精食品有限公司、四川飞亚、福建侨丹等味精厂，低浓度废水经厌氧-好氧生化处理达标排放。

② 联产饲料酵母的好氧处理工艺。

利用味精生产过程中产生的废水、废渣生产饲料酵母，其培养基中含有丰富的碳源、氮源、无机盐、微量元素及少量生物素、维生素等生长因子，在发酵培养过程中酵母菌从培养基中吸取营养物质，能良好地生长繁殖，其加工工艺可以充分保证酵母的营养性，更有利于畜禽饲养中吸收。具体为：高浓度有机废水先培养酵母，再作絮凝处理，然后将酵母和谷氨酸菌体一同取出，废水除硫酸根，脱氨，同时吸收氨并利用，配入相关车间污水进行好氧处理，达标排放。该技术早在 20 世纪 80 年代由轻工部食品发酵工业研究所完成实验研究，并应用于生产，已经成熟，设备定型，由初期的间歇发酵变为连续发酵，大大提高了生产效率，且节约了能耗。有许多研究所和味精生产企业掌握了该项技术。食品发酵所采用一次酵母培养，然后分离液好氧处理，获得了较好的处理效果和经济效益。

③ 基于无机澄清剂的味精清洁生产工艺。

针对味精废水中污染物产生的源头，提出一种谷氨酸提取清洁生产工艺路线。该工艺首先以新型无机澄清剂对味精发酵进行澄清处理，再以功能高分子材料改性而成的固体酸代替无机强酸调节发酵液等电点、提取谷氨酸，同时降低等电点母液中 NH_3-N 浓度。

此清洁生产工艺排出的废水主要污染物浓度 COD_{Cr} 为 20 000～22 000 mg/L，NH_3-N 为 800～1 000 mg/L，非常适合于厌氧-好氧生物处理，处理后水质可全面达到 GB 8978—1996《污水综合排放标准》中一级标准，即 COD_{Cr} 为 100 mg/L，BOD_5 为 30 mg/L，NH_3-N 为 15 mg/L。

（2）造纸工业清洁生产技术及资源综合利用水平

目前阻碍我国造纸工业发展的主要瓶颈为：制浆造纸原料不足，特别是木材原料不足；制浆造纸机械与设备的国产装备水平低，特别是造纸机关键设备的技术水平低；清洁生产技术与装备的研发与实施能力不足，对环境的污染还较严重；对提高造纸产品质量和开发造纸新品种有重要作用的化学品，特别是用于关键特种纸的专用化学品，其质量不高，品种不多，促使我国部分关键特种纸或重要化学品还依赖国外。

事实上，上述几个瓶颈都是资源与环境的问题，而且相互关联、相互作用，都可认为是造纸工业清洁生产与资源综合利用中正在解决或急需解决的问题。下面所讨论的技术都是围绕解决这四大瓶颈的关键技术。

① 林纸一体化工程的相关技术。

我国造纸工业可持续发展面临的最大制约因素是纤维原料供给不足，我国进口商品木浆数量从 1995 年的 82 万 t 增长到 2006 年的 796 万 t。2006 年，进口造纸纤维（包括商品木浆和废纸）的总量已达 2 758 万 t，占我国造纸工业总原料消耗的 46%，而国内自制的木浆才 526 万 t，占 8.7%。纤维原料的匮乏不仅制约了产业的良性发展，而且形成对境外资源的高度依赖，清洁生产技术的实施、产业安全和产业竞争力无有效保障条件。因此，我国必须坚持林纸结合，走林纸一体化的道路，尽快实现林纸一体化工程的相关技术。

高得率制浆技术是节约原料、充分利用木材资源的先进技术（其得率达 80%以上，而化学法制浆得率在 45%～50%），特别是生产文化用纸、新闻纸以及生活用纸、特种纸的碱性过氧化氢机械浆（APMP）、漂白化学热磨机械浆（BCTMP）及碱性过氧化氢漂白机械浆（PRC）

是更为先进的关键技术。

以速生丰产林特别是桉木、杨木为原料制高得率浆生产新闻纸和文化用纸是国内外公认的技术路线，但在我国还必须解决如下关键技术与装备：

a. 高得率制浆工艺技术。

我国目前有几家大型造纸企业已引进国外 APMP、PRC 及 BCTMP 技术与装备，但这是国外的技术，受专利保护。国内有不少企业使用国内这几方面的技术，但产能小，技术过程中仍存在各种问题。因此国内为了实现这一技术的大产能工业化，继续进行这一技术的创新性研究，并在继续进行工程实践：

木片浸渍处理技术。以提高得率、降低能耗、改善成浆性能为目标。

高效节能磨浆、高效降耗漂白技术。

高得率的光学稳定性技术，保持纸浆质量。

速生林高得率浆的抄造技术，包括提高滤水性、成形性、湿部化学行为、干燥性、压干性、涂布加工性、成纸光学性能等物理性能的相关技术。

b. 高得率制浆的装备技术。

通过多年的实践、探索以及消化吸收学习引进的装备技术，确定其关键装备主要为挤压撕裂机、高浓盘磨机、压榨脱水机、高浓漂白反应塔以及相应自控系统。目前，除盘磨机（磨浆机）外，其他设备国内均可通过进一步研发后生产制造。因此其关键技术设备盘磨机是国内目前创新研究的重点。如果国内能研制出年产能 10 万 t 以上的盘磨机，就为实现大产能高得率制浆生产创造了条件。重点技术为：盘片纹理的技术；磨盘材料特别是盘片材料；研制盘磨机磨浆系统 DCS 的自控技术；大型磨浆机盘片的动平衡技术；大型磨浆机的加工技术。

② 实施废纸回收管理制度及废纸（脱墨）制浆造纸相关技术。

2006 年我国生产废纸（脱墨）浆 3 380 万 t，占纸浆生产总量的 56%，这也是我国造纸工业循环经济的最典型实践。但在这 3 380 万 t 废纸浆中，国内废纸浆才 1 810 万 t，占 54%，另 1 570 万 t 依靠进口废纸原料。这就产生了一个怪现象，作为世界造纸第二消耗大国，废纸原料还主要依靠进口，国内废纸回收率远达不到国外其他国家的废纸回收率。近几年我国废纸回收率只有 25%～29%，相比之下，美国的废纸回收率在 50%以上，日本为 78%，德国为 83%，芬兰 90%以上。可以认为，我国废纸回收系统不畅，存在公共教育、管理及质量保证等问题。因此必须建立国内废纸回收管理机制，解决废纸回收过程的管理问题，这不但是循环经济的实践，节省造纸原料资源，也可节省大量外汇（按每吨废纸 150 美元最低购买价计算，每年可节省 25 亿美元以上）。

a. 实施废纸回收制度，主要着重下列几个方面。

建立废纸回收的循环经济理念的宣传机制。如学校教育、媒体公共广告、社区宣传。

建立废纸回收系统的管理保证体系。如收集点的分布，回收点的管理，运输系统的管理，国内废纸应用企业的鼓励政策等。

建立国内废纸质量的监控系统，实现“回收站—质量监测站—废纸制浆企业”三者的有机结合。

b. 高效、高质地利用废纸纤维，还必须实施废纸（脱墨）制浆的低耗高能相关技术，根据国内目前的技术状况，必须实施下列关键技术。

废纸高效脱墨工艺技术及脱墨装备技术。

废纸高效脱墨是废纸制浆过程的关键技术，大型高效脱墨装备目前依靠进口，并受国外专利保护。国内必须研制具有自主知识产权的大型高效脱墨技术。

废纸浆的漂白机理研究及高效漂白装备的研制。

如何提高废纸浆的漂白增值目前仍是一个难题。要想在不增加漂白化学品条件下，提高白度和不损害纤维强度，以及相应的漂白装备，必须实施高均匀度的高剪切高浓混合技术及高浓卸料技术。

废纸纤维质量的检测与监控系统。

废纸制浆是循环经济的典型模式，废纸制浆抄纸，经使用后又成废纸，无穷反复，纤维品质随循环次数的提高而降低。而在特定废纸中，各纤维的循环次数不同，纤维种类也不同，因此，废纸是各种类、各种品质的纤维集合体，而且还是含有不同化学助剂的纤维体，这样，检测废纸纤维品质与监控废纸质量的技术就是关键问题。

③ 制浆造纸过程的清洁生产关键技术。

a. 快速置换加热间歇蒸煮技术（RDH）。

在 RDH 操作过程中，由于几度快速置换加热和热交换，因此大幅度节约了蒸汽，其节约幅度高达 70%～80%。

b. 横管式连续蒸煮技术。

横管式连续蒸煮技术属于高温快速的蒸煮技术，蒸煮周期短，适合于各种原料，特别可用于非木浆，因此，也实现了非木浆的节能降耗蒸煮技术。

c. 中浓纸浆少污染漂白技术。

中浓纸浆少污染漂白技术用于非木浆，实现了非木浆的最新漂白技术，彻底消除了传统的老三段漂白方法，减少了传统漂白方法的严重污染。中浓纸浆少污染漂白方法包括：中浓纸浆氧脱木素、中浓纸浆过氧化氢漂白，目前正在国内推广。

④ 直接减少水耗和能耗的关键技术。

a. 中浓技术。

中浓技术是纸浆浓度由 6%以下的低浓过程提高 8%～15%的中浓过程，即在中浓条件下实现输送、混合、漂白、筛选。

我国著名造纸专家余贻骥 2003 年再次提出：中浓技术的巨大节水、节能效益是值得我国造纸工业进一步发展的。

我国造纸工业大型制浆企业均已实施中浓技术过程，但还有部分中小型制浆企业没有实施中浓技术。

b. 封闭筛选技术。

可节水 50%，筛选废水回用率近 100%。

c. 造纸机白水回用技术。

造纸机运行过程中产生的白水回收用于制浆系统，部分经过处理后回用于抄造系统，可使吨纸用水量和纤维流失量大幅度降低，节约纤维资源，降低水耗。

d. 制浆漂白过程逆流洗涤技术。

碱性条件下漂白系统的各段洗涤水可实施逆流洗涤，最后送入碱回收系统，减少制浆漂白系统的废水排出量，减少废水处理量。

e. 废水回用技术。

以废纸为原料，非脱墨制浆并生产瓦楞纸箱板纸等企业，可实施废水回用技术，废水在经适当处理后再回用于制浆，可实现“零排放”，使生产每吨纸用水量达到 $5m^3$ 以上。

国外已有不少同类造纸企业宣布实现了“零排放”，国内有部分同类造纸企业也宣布实现了“零排放”。

⑤ 使用对环境友好的造纸专用化学品的相关技术。

制浆造纸工艺的发展离不开化学品，特别是受造纸原料紧缺，废纸回收制浆的比例不断增加，环保要求的不断严格，加上新型特种纸的需求和发展，造纸设备的大型化、高速化，纸与纸板品种的多样化与高档化等影响，制浆造纸工业对化学品的依赖性正在迅速加强。

因此，必须研制与使用对环境友好的造纸专用化学品，特别是制浆造纸工业急需的或需求量大的高档化学品。

a. 在制浆过程中应用造纸化学品，具有提高质量、减少污染、提高纤维得率、降低消耗的重大作用：

蒸煮助剂：树脂脱除的阴离子和非离子表面活性剂；

废纸脱墨剂：主要为表面活性剂的复合配方产品，根据不同废纸种类和油墨种类，有不同的工艺配方；

树脂障碍控制剂。

b. 在造纸湿部中应用造纸化学品。使纸页成形中获得相应性能，可以提高纸页品质，减少纤维流失：

施胶剂；

变性淀粉：主要有阳离子淀粉、两性及多元变性淀粉、磷酸酯淀粉等；

水溶性高分子聚合物：用作增强剂、助留助滤剂，如聚丙烯酰胺；

功能性化学品：湿强剂、柔软剂、阻燃剂、抗静电剂、防油防水剂。

c. 在表面施胶剂与涂布专用化学品：

黏合剂，功能性添加剂，涂布助剂如抗水剂、润滑剂、防腐剂等。

上述化学品的应用在要求品质优良而价格适当之外，更要求对环境友好，不产生二次污染。

⑥ 碱回收技术。

回收黑液中化学药品和热能的碱回收系统被认为是目前解决黑液污染的唯一可靠方法。对于木浆来说，已经有很成熟的技术及成套设备。目前木浆厂碱回收系统运行较好，其黑液提取率和碱回收率均较高。但对于非木浆来说，由于草浆强度低，过滤性能差，加上黑液的硅干扰及本身特性，使黑液较难提取，黑液浓度低，蒸发所需要的能耗就较大，给输送和蒸发带来困难。因此非木浆厂的碱回收仍存在一些问题。但我国不少非木浆厂对制浆黑液碱回收系统的运作已取得了丰富的经验，多数非木浆厂碱回收系统已经实现正常运行。实践证明，只要逐步解决所存在的技术问题，非木浆制浆黑液的污染问题同样可以解决。

（3）皮革工业清洁生产技术及资源综合利用技术

① 废液体循环利用技术。

针对制革过程污染最严重的脱毛、复灰和铬鞣工序废水，国内开发了废液分流、适当调节后循环利用的技术，循环使用次数可达 10～20 次。20 世纪 90 年代，我国有 20%～30%制革企业采用过这类技术。工程应用实践表明，采用这些技术可以使硫化物、石灰和铬的排放量降低 70%～80%，而且综合废水的处理更容易。但采用这些技术要求过程管理较严格，否则会对皮革产品的质量产生负面影响。目前我国完全或部分采用这类技术的制革企业不到 10%。

② 酶脱毛及低硫化物脱毛技术。

我国是最早在猪皮革生产中推广酶法脱毛技术的国家。酶脱毛技术的最大优点是可以消除硫化物污染，不足是对技术、管理和经验要求较高，否则可能出现质量事故，同时酶脱毛技术的成本比硫化钠脱毛高。20 世纪 70—90 年代我国有 50%以上猪皮制革企业不同程度应用了酶脱毛技术，但在牛皮革生产中，由于酶的渗透慢、小毛难脱出等问题，很少应用酶脱毛技术。为了降低成本、方便操纵、减少质量事故，目前我国更多的制革企业是采用酶助少硫脱毛技术，可以使硫化钠的用量减少 30%～50%。

③ 无盐浸酸技术。

传统制革过程的浸酸工艺需要采用 8%左右的氯化钠，是产生中性盐污染的主要原因之一。目前我国 20%～30%的制革企业采用了无盐浸酸技术，即用能够抑制裸皮膨胀的有机酸代替硫酸-氯化钠完成浸酸操作，从而减少制革生产的中性盐污染。所采用的有机酸产品主要由国外公司生产。

④ 降低铬排放的技术。

除了铬鞣液循环利用技术以外，我国制革企业还采用高吸收技术来提高铬的利用率，从而减少废水中的铬含量。20 世纪 90 年代我国即开发了 PCPA 等含多官能基的聚合物铬鞣助剂，在此基础上我国又开发了醛酸鞣剂等多种高吸收铬鞣助剂。采用这些助剂，可以使铬的利用率从传统工艺的 65%～75%提高到 90%以上，显著减少铬排放。

⑤ 染整工序高吸收技术。

近 10 年来，我国开发了多种能够提高染料、加脂剂、复鞣剂等皮革化工材料的吸收利用率的化学助剂，并得到广泛应用，使染整工序使用的有机材料的吸收利用率一般能达到 90%左右，从而降低废水的色度、COD 和 BOD 值。

⑥ 制革废弃皮胶原（固废）利用技术。

我国在这方面开展了较系统的研究开发工作，形成了多项专利技术，利用制革边角余料制造明胶、胶原蛋白和多肽已经产业化。但由于原材料来源问题，相关产品的卫生性受到越来越多的质疑。

（四）我国目前为轻工业环境污染防治所提出的政策法规

目前我国规定的用于轻工业的污染排放标准如表附 5-7～表附 5-12 所示。

表附 5-7　　水环境保护标准

标准编号	标准名称	实施日期
GB 19821—2005	啤酒工业污染物排放标准	2006-01-01
GB 19430—2004	柠檬酸工业污染物排放标准	2004-04-01
GB 19431—2004	味精工业污染物排放标准	2004-04-01
GB 18596—2001	畜禽养殖业污染物排放标准	2003-01-01
GB 8978—1996	废水综合排放标准	1998-01-01
GB 13457—92	肉类加工工业水污染物排放标准	1992-07-01
GW PB2—1999	造纸工业水污染物排放标准	2001-01-01
GB/T 18916.5—2002	造纸产品取水定额指标	2005-01-01

表附 5-8　　大气环境保护标准

标准编号	标准名称	实施日期
GB 18483—2001	饮食业油烟排放标准（试行）	2002-01-01
GB 16297—1996	大气污染物综合排放标准	1997-01-01
GB 14554—93	恶臭污染物排放标准	1994-01-15

表附 5-9 土壤环境保护标准

标 准 编 号	标 准 名 称	实施日期
HJ 332—2006	食用农产品产地环境质量评价标准	2007-02-01
HJ 333—2006	温室蔬菜产地环境质量评价标准	2007-02-01

表附 5-10 固体废物环境标准

标 准 编 号	标 准 名 称	实施日期
GB 16487.1—2005	进口可用作原料的固体废物环境保护控制标准—骨废料	2006-02-01
GB 18599—2001	一般工业固体废物贮存、处置场污染控制标准	2002-07-01
公告 2006 年 第 11 号	固体废物鉴别导则（试行）	2006-04-01

表附 5-11 生态环境保护标准

标 准 编 号	标 准 名 称	实施日期
HJ/T 192—2006	生态环境状况评价技术规范（试行）	2006-05-01
HJ 332—2006	食用农产品产地环境质量评价标准	2007-02-01
HJ 333—2006	温室蔬菜产地环境质量评价标准	2007-02-01
HJ/T 81—2001	畜禽养殖业污染防治技术规范	2002-04-01
HJ/T 80—2001	有机食品技术规范	2002-04-01

表附 5-12 其他环境保护标准

标 准 编 号	标 准 名 称	实施日期
HJ/T 183—2006	清洁生产标准　啤酒制造业	2006-10-01
HJ/T 184—2006	清洁生产标准　食用植物油工业（豆油和豆粕）	2006-10-01
HJ/T 186—2006	清洁生产标准　甘蔗制糖业	2006-10-01
HJ/T 316—2006	清洁生产标准　乳制品制造业（纯牛乳及全脂乳粉）	2007-02-01
HT/T182—2006	清洁生产标准　造纸工业	2006-10-01
HJ/T316—2006	清洁生产标准　皮革工业	2007-02-01

（五）我国轻工业对国家政策法规的执行情况

通过对食品工业、造纸工业、皮革工业的案例介绍来说明我国轻工业对国家政策法规的执行情况。

1. 食品工业的情况

（1）上海天厨味精厂

上海天厨味精厂开发的“浓缩等电综合利用项目”于 1994 年投入运行，是当前味精行业综合利用和环境治理的大型生产装置中经过较长时间运转考验、经济效益和环境效益较好的成功范例之一。1995 年 1—5 月投产结果表明，谷氨酸收率从 74%提高到 80%以上，制取的蛋白饲料粗蛋白含量大于 75%，废水中 COD_{Cr} 去除率为 79.24%，BOD_5 去除率为 91.2%，环境效益和经济效益良好。

（2）山东莒南味精厂

① 企业基本情况。

该厂用水是市政水，年味精产量在 8 万 t 左右，发酵液体积 1 400～1 560 m³/d，提取收率 95%，高流分体积 900～950 m³/d，高流分含量 5～6 g/d。工厂对废水采用分头治理的办法，即先治理高浓度的，再治理中、低浓度的，以实现达标排放，每年要缴纳排污费 30 万元。

② 高浓度有机废水治理。

该厂也是采用生产有机肥的办法来治理高浓度有机废水的，每天处理的离交母液大概在 2 400 t 左右，生产工艺如图附 5-1 所示：

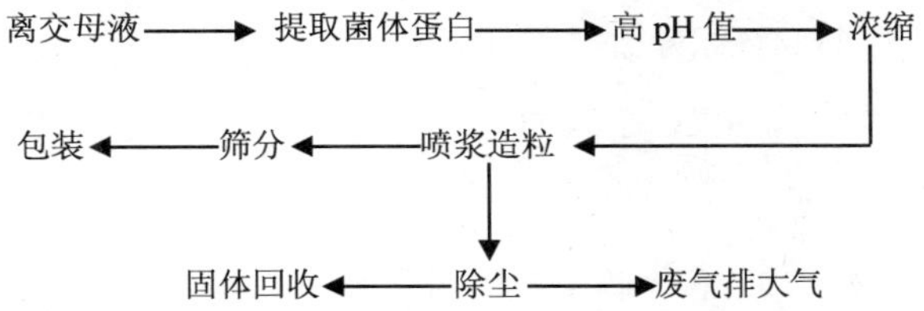

图附 5-1 莒南味精厂废水处理流程

整个生产工艺比较简单，主要就是浓缩和喷浆造粒。在浓缩之前先将 pH 调到 4，然后浓缩，浓缩是在四效蒸发器中完成的，浓缩使来料浓度由 6～7 波美增至 27 波美，然后进行喷浆造粒，制成含水量在 1%以下的固态颗粒。

该厂利用高浓度有机废水生产有机肥的规模比较大，日产约 300 t，使用的主要设备有：浓缩装置 2 套是四效蒸发器，蒸发量分别为 60 t/h 和 30 t/h，占地面积 600 m²；三套喷浆造粒系统，占地面积 2 000 m²。几项主要技术指标是：蒸汽耗量 0.25 t/t 水，浓缩循环水量 1 300 t/h，耗煤量 60 t/d，耗电量 34 000 kW・h/d，产品含氮量为 16%。

该厂有机肥年产量在 8 万 t 左右，卖价 650 元/t，每吨可获利 100 元左右，年创利 800 多万元，再加上销售菌体蛋白的利润，该厂处理高浓度有机废水，通过提取菌体蛋白，用废水生产有机肥，年可创利 1 000 多万元。由于成本相对其他肥料厂家来讲较低，因此有机肥市场销售势头很好，在旺季供不应求，很受农民朋友的欢迎，在淡季，就多数存放于仓库，待旺季销售。

③ 中、低浓度废水的治理。

该厂处理中、低浓度废水采用的是国内较为常见的生化法。生化池占地面积为 3 000 m²，总容积有 15 000 m³，每天处理水量在 4 000 t 左右，主要是来自浓缩装置的冷凝水（2 000 t/d、COD 800 mg/L）、车间的冲地面水（500 t/d、COD 400～600 mg/L）、离交洗柱水（400 t/d），进水 COD 浓度平均在 800～1 000 mg/L，在生化池中经过一级曝气和二级曝气，沉降后排入市政管网，出口 COD 浓度平均在 300 mg/L 以下，达到接管标准。

在处理过程中产生的污泥一部分作为菌种回用，一部分被当地农民收走用做肥料；在曝气过程中还会产生一些有刺激性气味的气体，对环境造成一定程度的污染。由于该厂生化法处理的对象主要是 COD，因此该厂废水中的氨氮浓度仍然比较高，平均在 300 mg/L 左右，离排放标准 80 mg/L 还相差很多。

④ 在污染治理过程中存在的问题。

一是二次污染问题。首先浓缩过程中的冷凝水 COD 浓度比较高，在 800～1 000 mg/L，排入生化池中，增加了处理的数量和难度；其次在喷浆造粒过程中产生大量的有刺激性气味的气体，虽然尚未发现含有有毒有害物质，但对环境造成污染还是事实，严重影响了当地居民的生活。

二是投资较大。该厂环保系统的资金投入达到了 3 000 万元，其中用于四效蒸发器、喷浆造粒装置等主要设备的费用为 1 200 多万元。环保系统占地 20 000 m^2，可能随着规模的扩大还需继续征地，征地费用每亩 15 万元，这在一个县城来讲已经是一个很高的价格了。系统运行耗电量很高，达到 34 000 kW·h/d，但对于这个问题该厂通过建自备电厂解决。

从以上可以看出，莒南味精厂已投入了大量的人力、物力和财力，用于治理污染，也确实达到了预期的目标，不但实现了废水的达标排放（氨氮除外），而且也取得了巨大的经济效益（菌体蛋白和有机肥年创利 1 000 多万元），这也充分证明了走综合利用之路来治理污染对企业来说是最好的选择。莒南味精厂虽然在治理二次污染和氨氮方面还存在问题，但随着科学技术的进步，可以相信若假以时日，这些问题一定会得到解决。

（3）铃兰味精厂

铃兰味精厂年产味精 4 万 t，发酵液体积 800 m^3/d，提取收率 98%，高流分体积 300 m^3/d，高流分含量 7.0～7.2 g/d，pH 值为 7。治理废水污染采用的也是分头治理的办法。

由于地处山东省文登市（该市为环保模范城市），当地环保治理要求比较严格，该厂前前后后已投入了 7 000 多万元用于污染治理，但废水 COD 仅实现达到三级标准排放，即低于 1 000 mg/L，氨氮低于 80 mg/L。和莒南味精厂一样，该厂也存在着在喷浆制粒过程中产生大量废气的二次污染问题，而且成为当地环保部门关注的重点对象。

治理高浓度有机废水从工艺和方法来看，铃兰和莒南基本上是一样的，也是生产肥料，只是相对来说规模小了，而且基本上不提取菌体蛋白。生产用浓缩装置只有 1 套四效蒸发器，蒸发量为 45 t/h，占地面积 200 m^2，二套喷浆造粒系统，占地面积 1 600 m^2。主要技术指标是：蒸汽耗量 0.27 t/t 水，浓缩循环水量 650 t/h，耗煤量 30 t/d。肥料成品有两种规格，第一种是总氮≥16%，氨基酸≥10%，有机物质≥80%；第二种是总养分≥25%，有机物质≥5%的硫酸钾肥，产品在市场上销量很好，旺季也是供不应求，且已开始用国家标准约束自己的生产行为。肥料卖价第一种为 650 元/t，第二种为 850 元/t，每吨盈利不到 100 元。

中、低浓度废水的治理也是采用生化法，每天达到 6 000 t，生化池占地面积 1 600 m^2，总容积 8 000 m^3，进水 COD 浓度 1 500～2 000 mg/L，处理之后 COD 浓度在 500 mg/L 左右，达到国家三级排放标准；氨氮浓度 20～30 mg/L，达到排放标准。

（4）河北霸州味精厂

① 企业现状。

霸州味精厂配套建了一个装机 2.4 万 kW 的电厂，每小时可提供 210 t 压力为 5 kg 左右的过饱和蒸汽和 1.9 万 kW·h 的电；为实现味精废水达到 COD≤300 mg/L、pH 7 左右的标准，霸州味精厂在味精高浓度有机废水提完菌体蛋白后又经过蒸发制成了有机复合肥，确保了味精废水排放。

② 味精废水治理状况。

霸州味精厂采用常温絮凝的方法提取菌体蛋白，经提取菌体蛋白后的高浓度有机废水 pH 4.0 左右，将 pH 4.0 左右的高浓度有机废水加液氨和精制碱洗柱水调节 pH 至 4.0～4.8 之间；将 pH 4.0～4.8 之间的高浓度有机废水经过四效蒸发器由 5 波美浓缩到 22～25 波美后进喷浆造粒机造粒。

霸州味精厂由于复合肥工艺的生产能力与味精生产能力不配套，所以该厂有占地 900 m^2 左右的高浓度有机废水的蓄水池。霸州味精厂生产复合肥的主要设备有浓缩设备、热风炉、喷浆造粒设备（150 m^3）、两台风压机（10 m^3）、包装设备等。

霸州味精厂的复合肥设备共需要 55 名操作人员（含三名领导）。这套设备每小时耗蒸汽（5～6 kg 压力）10t、耗风 20 m^3（8 kg 压力）。生产出的复合肥的成本 400 元/t，出厂价格为 600 元/t。通过这项工程，霸州味精厂的高浓度有机废水实现了达标排放，因此，霸州味精厂的环保排污费为每年 10 万元左右。

2．造纸工业情况

（1）泰格林纸集团公司

在人们的印象当中，传统的造纸企业污染大、消耗大。而泰格林纸集团公司的实践已经向人们证明：造纸业同样可以做到清洁、低耗的生产。

比如在制浆方面，泰格林纸集团目前拥有一条 APMP 制浆生产线和一条 PRC-APMP 制浆生产线。这两条制浆生产线都是得率高、污染排放低，无硫化物产生的清洁工艺制浆生产线。前一条制浆得率达 90%以上，清水耗量为 20m^3/t 浆。生产过程中所产生的污染负荷比传统的化学制浆工艺低 70%～80%，水耗低 80%～90%。而后一条则得率更高，消耗更少，质量更佳，经济效益和环保效益更显著。泰格林纸集团“意大利 APMP 新工艺制浆及其应用”荣获 2003 年国家科技进步二等奖，该技术的研究和成功实施，在取得明显经济效益的同时，减少了制浆污染负荷，具有显著的经济效益、社会效益和生态效益。

泰格林纸集团公司装备的纸机和制浆装备，历经技术改造和引入全新的设备管理理念，一直都保持较好的运行状态，自动化程度高，成纸率高，生产效率高，资源使用效率高。先进的装备和技术支撑起安全低耗的生产，在生产车间根本看不到传统企业中的“跑冒滴漏”现象。

高效率支撑着高效益，泰格林纸集团依靠先进技术和先进装备，有效地解决了传统造纸企业清洁、低耗生产的难题，已经完成了传统造纸工业向现代化朝阳产业的突围。可以说，这种运作模式探索出了一条环保设备高投入与生产效益高产出的可持续发展之路。

① 综合节水攻关。

基于对“少用水”的认识，1999 年始，泰格林纸每年开展节水攻关与节水管理。通过节水管理实现了产量增加，工业新鲜水用量反而下降的巨大成就。岳纸造纸基地从 1999 年产能 7 万 t，用水量 11 万 t/d，发展到现在产能 42 万 t，用水量 7 万 t/d。如果没有采取节水措施，依照目前的产能，每天将增加成本数十万元。为进一步降低生产过程中产生的污染物和节约水资源，又投入 8 500 万元，实施综合节水工程，用国际先进技术对老制浆系统进行改造，用于降低用水量，降低排污负荷。2006 年 7 月工程完工后，在产能继续增加的情况下，用水量继续降低，而污染负荷也进一步降低。

② 废水治理。

对化学制浆黑液的治理，就岳阳生产区来说，泰格林纸集团配套了碱回收装置，累计投资了近亿元，相继建设了 100t 和 180t 碱炉及配套系统，历经配套技术改造，碱回收产量已上升到 120t/d 以上。碱回收系统的建立，每年可减少向长江排放 1.5 万 t 碱，相当于少排 COD6 万 t/a，大大减轻了对长江水体的污染。而沅江纸业和湘江纸业也都相应建设了全新的碱回收系统。

泰格林纸集团公司在三个生产基地投资新建了四座综合性污水处理站，总处理能力 15 万 m^3/d。目前这些处理站处理的废水，完全达标排放。

③ 造纸废水循环利用。

为了达到既节约水资源又避免水体污染的目的，泰格林纸集团运用循环经济原理，对造纸白水进行了治理，白水通过车间内部回收处理后，纤维流失大量降低，污染物被大量去除，试验结果表明 SS 平均去除率达 98%以上，白水回用率达 80%。与此同时，由于车间内部白水回用率提高，外排废水量也相对减少，水耗下降。

④ 综合利用粉煤灰。

泰格林纸集团投资 2 000 多万元建设粉煤灰综合利用工程，化废为宝，将工业废弃物粉煤灰通过配制法生产粉煤灰硅酸盐水泥，年生产能力达到 30 万 t，年综合利用粉煤灰 12 万 t，年创经济效益 300 万元。既有效解决了企业的粉煤灰出炉问题，又获得了收益。

⑤ 积极启动生物质发电供热工程。

泰格林纸集团是一个草、木两浆兼备的大型制浆造纸企业，随着企业的飞速发展，固体废弃物的产生量几乎同步增长。这些固体废弃物中的树皮、芦苇渣、锯木屑和生物污泥等年生产量近 20 万 t，它们绝大部分是可燃的生物质，如将其堆存或填埋，不仅占用大量土地，而且还可能造成二次污染。为此公司已计划投资建立一套具有国际先进水平的生物质发电系统，所产热能及电力供企业内部使用。这个项目将不但能缓解公司用电用气紧张，而且能缓解对燃料煤的需求压力，又能减少固体废弃物的排放，属于一举三得的项目。

⑥ 制浆黑液资源化处理，回收木质素磺酸盐改为复合肥。

目前，我国有相当部分的普通纸张是以草类原料生产的。草类原料主要由纤维素、木质素和聚糖类物质组成，造纸仅用去了其中的纤维素，而余下的成分在制浆蒸煮时与加入的碱一起进入废液中，既浪费了大量资源、又造成严重环境污染。泰格林纸集团组织技术力量，开展了黑液资源化处理回收木质素磺酸盐技术研究，该课题研究采取物理和化学的手段，回收黑液中木质素，而使制浆废水得到治理。回收的木质素经磺化改性生产生态有机复合肥和土壤改良剂，开发意杨专用复合肥等，用于“哺苇育林”。

⑦ 发展废纸制浆造纸。

谈到“循环经济”，不可能不说到废纸回收。利用回收纤维造纸，可以大大减少林木、水、电消耗和污染物排放。据专家介绍，回收 1t 废纸能生产 0.8t 再生造纸纤维，可以少砍 17 棵大树，节省 3m^3 的垃圾填埋场空间，还可以节约一倍以上的造纸能源，35%的水资源。废纸被美称为城市中的森林资源，因为无论是废旧的报纸、书刊纸、办公用纸，还是牛皮纸、纸匣、瓦楞纸等，都是宝贵的纤维原料。用废纸造纸，能耗低、环保处理费低、单位原料成本低、环境污染少，人们把利用回收纤维生产的纸/纸板称为绿色产品。

泰格林纸集团引进一条世界先进水平的日产 300t/d 废纸脱墨浆生产线。通过技术改造，目前该生产线的生产已超过设计能力，达到 480t/d，年使用废纸量超过 15 万 t。废纸回收利用已成为泰格林纸集团“生态循环经济产业链”中十分重要的一环。

该公司通过采用新工艺、新设备、新材料，从工艺流程、技术革新、设备管理、节能降耗、资源利用等全方位入手，对生产过程中的消耗、排污进行全程控制，已经找到并被成功实施的“循环经济产业链”，把清洁生产、资源综合利用、生态设计和可持续发展融为一体，不仅没有影响企业的产值和利润，相反大大促进了企业的发展；既保护了日益稀缺的环境资源，又提高了环境资源的配置效率，且降低了生产成本，又开拓了新的盈利空间，完成了一举多赢的企业良性发展格局。

（2）太阳纸业股份有限公司

多年来，太阳纸业以循环经济的理论指导企业科学发展，坚持资源“开发与节约并举，把节约放在首位”的方针，以“效益”和“环境”的双重优化为目标，重新审视和改造传统产业，运用生态学规律，把经济活动重新构组成一个“资源—产品—再生资源”的反馈式流程和“低开采、高利用、低排放”的循环利用模式，使得经济系统和谐地纳入到自然生态系统地循环过程中，从而实现经济活动的生态化。太阳纸业被确定为山东省第一批循环经济试点企业和山东省环境友好企业。

① 以污染资源化治理的思路，大力推行清洁生产。

企业要超常规发展只有发挥自身的优势，走循环产业之路，由注重生产数量、质量、效益向环保型转变，由单个产品向创新多方面产品产业链转变，发展循环经济是企业实现可持续发展的必由之路，太阳纸业已累计投入 7 亿多元用于循环经济、环保工程和环保技术研发，彻底地解决了制浆造纸业的环保问题，同时变废为宝，最大限度地提高了资源利用率，完成了清洁生产审核和循环经济规划论证。利用发展循环经济的思路，建起了黑液碱回收处理、白水回收、中段水处理等污水处理系统。黑液碱回收处理由一套 100t/d 和一套 260t/d 碱回收系统组成，通过蒸发、燃烧、苛化等工序在处理高浓污染物的同时，回收大量烧碱和热量回用于麦草制浆生产。纸机白水通过气浮水处理设施、砂滤系统和白水回收系统后，全部回用于制浆和碎浆系统，现在太阳纸业只有在纸机的流浆箱、网部喷淋水和苛化化工原料等部位使用清水，其余全部使用回用水，实现了白水的封闭循环，水的重复利用率达到 95%以上。生产废水经过中段水处理系统“物化—生化—三级处理”后，各项指标远远低于国家和地方排放标准，为下一步配合国家南水北调工程和实施水资源化奠定了良好基础。

环保的改善，促进了公司原料结构、产品结构的调整，加快了太阳纸业高科技、循环经济发展的进程。

② 不断强化管理和技术进步，提高资源能源利用率。

技术创新是企业进步的源泉，太阳纸业致力于现代造纸工业制浆造纸技术与生态科技理论研究与产业实践，建立起了以企业为主体，产—学—研一体化的技术创新体系和清洁生产、循环经济运行机制，使循环经济、节能降耗思想贯穿整个生产过程，渗入到生产的方方面面。

在生产中，积极向传统制浆工艺发起挑战，革新传统造纸技术，通过开发高强度、高得率、低污染的制浆生产技术，发展高质量、低消耗、高效率的造纸生产技术，全面优化了太阳纸业的技术结构。麦草制浆系统由干法备料改为干湿法联合备料和连蒸连煮方式，提高了原料进料质量，减少了化学品消耗，提高粗浆得率，碱单耗降低约 5%，汽单耗降低约 3%，漂白浆利用率可提高 2.0%～2.5%。在抄纸工艺上，对网部实施改造，调整原料配比，引入最先进的双元、三元助留助滤技术，提高留着率，大大提高了纤维利用率，由原来不足 100%提高至现在的 124%，每年可节约纤维原料 24 万 t。

麦草制浆生产过程中产生的大量麦糠原来的处理方式是外运填埋，既浪费资源又造成污染，太阳纸业于 2001 年和 2002 年投资近 500 万元新上两台 10t/h 麦糠燃烧炉，将麦糠全部烧掉，产生的蒸汽回用于生产，每年可烧麦糠 6 万多 t，年产蒸汽 12.7 万 t，年节约外运费 107.8 万元，年累计节约资金 1 000 余万元。

在每套水处理设施前都增设纤维回收装置，大大降低废水的悬浮物，降低了污水处理成本，而且通过对回收纤维的回用提高了生产车间的利用率，每年可增加效益 1 200 余万元。

太阳纸业在节水工作上常抓不懈，积极采用新技术、新设备，从技术革新、设备管理、资源利用等全方位入手，以水平衡测试为依托，实施节水技术改造，走科学化节水之路。2001 年和 2002 年合计节水 561 万 t，2003 年节水 1 055 万 t，2004 年节水 700 万 t，2005 年节水近 100 万 t，水的重复利用率由最初的 40%提高到现在的 95%以上。目前，包装纸板吨纸耗水稳定在 $10m^3$ 以下，文化用纸吨浆耗水 60 m^3，吨纸耗水在 10 m^3 左右，均为国内领先水平。太阳纸业 2004 年新上年产 20 万 t 高档信息用纸耗水已降到 7 m^3 以下，达到国际先进水平，逐步与国际先进节水技术接轨。在节约用水的同时，太阳纸业逐渐认识到蒸汽冷凝水回收的必要性和重大意义，积极与北京、重庆等冷凝水回收专业研究院所合作，设计回收方案，对老生产线实施改造，增设回收设施，对新上生产线直接设计回收设施，使该公司原冷凝水回收几乎空白的局面得到了极大改善，除个别小机台回收效果较差外，现在冷凝水回收率达到近 70%，按冷凝水水价 4.0 元/t 计算，每年可增加经济效益 761 万元。

③ 在节能减排方面的具体工作。

首先，积极做好节能宣传工作，营造浓厚的节约氛围，形成符合循环经济理念的企业文化和资源节约型的生产、消费方式，倡导节约文明，提高员工的资源意识、节约意识和环境意识；加大投资力度，积极采用资源节约先进适用技术，淘汰落后生产工艺、设备和产品，降低生产和使用过程中的资源消耗和环境污染；开展清洁生产审核，优化生产工艺，真正做到从源头上提高资源利用率，实现公司各环节废弃物的循环利用。

其次，坚持“减量化、再利用、资源化”的原则和要求，加大对生产车间能耗考核力度，充分利用经济杠杆的作用，降低产品能耗、水等资源消耗，做到了各种废弃物的循环利用，实现经济效益、环境效益和社会效益的统一。积极开发探索利用污泥生产三倍体毛白杨专用复合肥，同时，加快利用造纸污泥生产高强度包装板项目的批量生产，以节约木材用量；加大热电粉煤灰回用力度，制造新型墙砖和水泥等新型建材。

最后，在节水、降水耗方面，继续加大投资力度，做好废水资源化工作，在废水深度处理、综合利用方面多研究、探索。首先将南厂区废水深度处理后，满足自身回用，其余全部回用至北厂区替代浅水，关闭南厂区排放口；北厂区废水深度处理后 80%回用于生产，其余部分高浓废水利用湿地建设、自然氧化处理，达到农灌和林灌标准，进行三倍体毛白杨林地的灌溉，形成“以林促纸、以林治水、林纸结合”的循环经济新格局。

3. 皮革工业情况

随着企业环保意识的增强及各级政府环保执法力度的提高，我国多数制革企业充分认识到，实施污染防治战略是行业持续发展的前提。目前，我国 50%以上大型制革企业基本能达到多数时间废水达标排放（含排入二级废水处理厂的废水）。一些制革企业高度重视开发和实施清洁生产技术，从源头上削减污染。例如，浙江平湖制革厂、温州伟硕皮业有限公司、四川岚牌制革厂等推广应用了无硫化物和石灰的脱毛浸碱技术，使制革废水中不含硫化物和石灰，氨氮含量从 200～300mg/L 降至 40～50mg/L，污泥量减少 80%～90%，水用量减少 30%；浙江明新皮业有限公司等采用了无铬鞣制技术，消除了制革过程的铬污染，并使产品档次提高。这些实例对我国皮革行业推广清洁技术、实施源头治理战略具有示范作用。

目前虽然我国皮革行业在污染防治和减排方面已有长足进步，但在执行国家政策法规上尚存在以下问题：

① 尚有一部分制革企业（主要是中小企业）不具备基本的污染治理条件和必要的治理设施。这部分企业的存在一方面是执法力度不够，另一方面是受到地方保护主义的庇护；也有一些企业干脆采用不断迁移的方法来躲避环保问题，当因为环保问题在一个地方无法继续生产时，就迁移到环保管理更宽松的地方继续生产。

② 由于我国制革工业目前主要采用末端处理的方法治理污染，治理成本较高。因此，虽然目前我国多数制革企业建设了废水处理设施，但相当一部分企业并未保证废水排放长期达标，一部分企业建立废水处理设施主要是为了对付检查，废水不达标排放甚至偷排现象经常发生。这与执法力度不够，守法成本高、违法成本低有关。

③ 虽然我国有《污水综合排放标准》(GB 8978—1996)，但与许多工业行业一样，多数地方环保部门在评价制革行业排放的废水是否达标时，只采用了部分污染物指标，如 COD、BOD、氨氮等主要污染物指标，因而被认为达标的废水可能并未完全达到国家《污水综合排放标准》指标。

④ 目前的排放标准中，对制革工业产生的固体废弃物、污泥等尚无指标，而这些污染物对环境的危害不可忽视。例如：

2003 年以前，由于环保意识薄弱、地方保护主义、执法力度不够等原因，我国制革企业在执行国家环保政策法规方面存在不少问题。实际对废水实施处理的企业不足 50%，能长期达标排放的企业不足 20%。许多中小型企业存在着较严重的不达标排放和偷排现象，在一些中小制革企业集中地区，地表水和地下水污染现象十分严重。其典型实例有：

——温州水头镇曾经是我国最大的猪皮革生产基地，猪皮革年产量达 1.2 亿张，占全世界的四分之一，制革业总产值近 40 亿元。但该基地日排制革水 8 万 t，这些废水基本未经处理即排放，严重污染了鳌江中下游水域。1992 年，鳌江水系属于二类水质，1994 年降到四类，1995 年之后发展到劣五类。水头镇因制革污染造成当地农田作物几乎颗粒无收，生活用水的污染更是严重危害着居民的身心健康，甚至出现当地青年征兵体检很少有人合格的现象。因此，水头制革业被原国家环保总局列为重点查处的十大环境违法典型案件之一。

——处于淮河流域的河南项城市丁集镇，是远近闻名的“中原皮都”，但也成为世人关注的“污染重镇”。该镇曾有 400 多家小皮革加工厂，其制革废水导致淮河的二级支流——谷河的严重污染，附近的村落到了无水可用的程度。2004 年 6 月被全部要求关闭或停产整顿。

——2003 年国家环保总局公布的六大违法排污典型案件中，河北省蠡县、辛集市、无极县小制革污染案名列其中，被勒令停产治污。

——2004 年 5 月四川省公布了 32 家污染岷江、沱江、嘉陵江流域的省控限期治理企业，其中皮革企业占了 5 家（要求 2004 年 12 月 31 日强制达到一级排放标准）。

三、国外轻工业污染防治的状况

（一）国外轻工业污染防治现状

1. 食品工业的防治现状

世界发达国家对食品工业污染防治非常重视，而且都着眼于综合治理。还是以味精工业为例，近年来，国外对于味精污水的综合治理很重视，日本、韩国、印度尼西亚、欧美不少国家已有研究和实施。国外对于味精废水，大多已从生化处理转向浓缩处理、综合治理的道路，其主要特征为将味精废水浓缩成高蛋白饲料，实现味精废水零排放，欧洲共同体及德国环保法规定发酵工业废水必须浓缩处理。毫无疑问，用浓缩的方法处理味精废水比较彻底，可以做到零排放，实现味精行业清洁生产，但因蒸发浓缩耗能大，不适合我国国情，较难推广。

2. 造纸工业的防治现状

国外造纸工业先进国家，特别是美国、北欧各国，均对造纸工业的环境污染防治问题非常重视，控制也相当严格，均制定了造纸工业相关的环境污染防治法律法规，对废水、废气、固废等的排放都制定了明确的标准，并相应制定了违反法律法规政府所采取的处理规定。

在 20 世纪 90 年代以前，国外造纸工业先进国家都针对造纸工业的实际情况，制定了相应指导方针、政策、防治措施等法律法规，当时均属于强制执行。近几年有的国家又根据对环保的严格要求，进行了修改、增补，并补充了“基于经济上可实现的最有用的制浆造纸工业综合污染防治与控制技术”指导政策。从调查情况看，各企业都严格执行国家相关法律法规（如违反，政府处理相当严格），并以政府颁布的指导政策为准绳，均取得了相当好的效果。

3. 皮革工业的防治现状

虽然以中国为代表的亚洲国家已成为世界皮革的主产区，但欧美发达国家的皮革产量仍占世界总产量的 37%～38%，亚洲国家中，日本和韩国等环保要求较高的国家仍有数十家规模较大的制革企业。欧美国家、日本和韩国的制革工业在污染防治方面普遍达到了相关国家的环保要求。这些国家采用过程控制和末端治理并重的方式治理污染。而对废水的末端治理采用了三种模式：一是企业单独治理（一般是规模很大的企业）；二是将制革企业集中在一个区域，由专业公司对废水进行集中处理（企业按排放量及污染物负荷交费），如韩国制革业即采用这类方式；三是将制革厂建在化工园区内，由专业公司对废水进行集中处理，一些制革企业较少的国家（如捷克）即采用这类方式。

（二）国外轻工业污染防治的技术水平

1．食品工业

日本利用膜技术、生物工程技术、电子技术等复合技术，处理食品工业废水，获得很大成效。现介绍几种主要处理方法。

（1）低糖液废水的有效利用

制淀粉糖时，在精制工序中有含 1%的低糖废水，还有糖液上离子交换柱后又有树脂再生的废水。用精密过滤膜（MF）和反渗透膜（RO）处理低糖废水，分成浓缩液和透过液，浓缩液与树脂再生废水混合进行固定化甲烷菌发酵，回收的甲烷气可作能源。透过液的水质良好，可以返回作工业用水。

（2）从玉米浸渍水中回收有机酸

选用 UF 膜（超过滤膜），可从玉米浸渍水中回收植酸钙镁，经精制得到高质量的植酸，经回收植酸钙镁的残液中，可用分离分子量小的反渗透膜分离回收废水中的乳酸、氨基酸、蛋白质、无机盐。

（3）糖水的回收

砂糖精制时的洗糖废水中含有残糖。将这种洗糖废水用功能性膜及生物反应器组合技术处理，可得到高质量的糖蜜，可作培养酵母和生产氨基酸的发酵原料，经发酵后的废水则容易处理，因其难分解性物质和不纯物质大大减少。

（4）酵母废水脱色及水循环利用

生产酵母后的废水，经离心分离处理，除去悬浊物质后，用高分子膜脱色，或用分解蛋白黑素的琼脂分解菌 Pseudomonas 属菌体固定化，脱色率最高可达 45%。另外用高效固定床好气性处理废水，可将污染程度轻的酵母生产废水处理到工业生产用水的纯度。

（5）制馅废水回收有用物质

从食品制馅废水中，采用膜技术可从中回收有价值的物质——呈味氨基酸及抗氧化物质。另外采用多孔陶瓷高温固定嫌气菌处理该废水，BOD 处理负荷比采用不固定的中温浮游嫌气菌处理提高 5 倍，比采用多孔陶瓷中温固定嫌氧菌处理废水的 BOD 负荷提高 2.5 倍。

（6）从食肉加工废水中回收蛋白质

用 UF 膜处理食肉加工废水，可回收得到浓缩至 20%的蛋白质，将该浓缩液经冻结、喷雾干燥或低温加热等处理，蛋白质仍保持其凝胶性，可作食品素材用于改善风味及质地。将该浓缩蛋白质用酶分解后，可作微生物培养基。

（7）从酱油洗涤滤布水中回收氨基酸

采用反渗透膜或荷电膜可从清洗压榨酱油滤布的废水中得到含氨基酸的浓缩液。反渗透膜采用 NTR-1597-P18A，膜面积 12.8 m^2，操作压力 40 kg/cm^2，也可得到浓缩 2.6 倍的氨基酸，可作酵母培养基。还有在膜外表面及细孔表面导入具四级或三级氨基交联构造的各种荷电膜，可选择分离回收清洗酱油滤布液中的氨基酸。

（8）从水产废水中回收蛋白质及水的再利用

采用膜技术可从水产加工废水中回收蛋白质，并达到水的再利用。例如对鳕鱼糜废水采用精密膜（MF）及反渗透膜（RO）二级处理，能将废水变为清净水，效果良好。用 RO 处理可得到相对分子量 2 万以下的水溶性蛋白质等的浓缩液。

（9）含硫酸盐的食品废水嫌氧处理技术

采用二相式嫌氧处理，能有效地处理含硫酸盐的食品废水。第一相，废水中的有机物通过硫酸还原性细菌为主的嫌氧微生物分解为醋酸，其中溶存 H_2S，在脱硫槽中气化除去。第二相，提高甲烷生成细菌的活性，回收得到高纯度甲烷气。

（10）陶瓷膜处理综合废水

用活性污泥为主的微生物处理废水。当发酵中微生物异常时，因比重轻会上浮，污泥难分离。用耐久性、清洗性优良的陶瓷膜分离装置比采用高分子膜易管理，将它与生物反应瓷配合应用于各种废水处理，可以更省能、更经济。

（11）味精工业废水的处理水平

日本学者吉村实报道谷氨酸母液经过浓缩脱盐或透析脱盐后用做畜类饲料添加剂，LD_{50} 为 36 g/kg 体重，可消化粗蛋白和可消化营养物质分别为 16.8%和 30.4%。但由于处理废水量大，一个年产万吨的味精厂，每日要浓缩处理的废水量在 400 m^3 左右，要消耗大量的能量，同时还需引进国外先进节能的多效蒸发器，一次性投资大，国内多数厂家尚无此经济实力，在能源日益紧张的今天，尤其不适合我国国情，难以推广应用。

在日本协和发酵工业公司的防腐工场，首先用碟片高速离心机将发酵液中的菌体分出，分离的菌体制成饲料，清液蒸发浓缩 1 倍，然后经过等电点提取，母液再蒸发浓缩制备颗粒有机肥。但该工艺的关键是发酵液离心前要加热杀死菌体（防止噬菌体增殖），离心过程重液部分还要注水清洗回收谷氨酸，离心清液的最终体积要膨胀 10%～20%，需配用节能的蒸发浓缩装置，该设备需进口，一次性投资大，同时生产的肥料量大，价格低，需考虑销路。

法国奥桑公司的专利为制备结晶的谷氨酸及其盐的方法。将发酵液超滤后得到的滤液和残留产物（菌体）的洗滤液浓缩，菌体用酸水解，已水解的菌体过滤及将部分过滤后的酸液调节已浓缩的除菌发酵液，使谷氨酸等电结晶，进一步获得结晶母液，谷氨酸晶体进行提纯、精制，最终得到谷氨酸单钠盐与商品肥料。

韩国味元公司一个年产 3 万 t 的味精厂，以糖蜜为原料，发酵液浓缩 2～3 倍，等电提取谷氨酸，母液加石灰拌料中和，调节 pH，然后加氨水，增加含氮量，即成商品有机肥，有较好的社会效益和经济效益。

2. 造纸工业

国外造纸工业先进国家造纸原料以木材为主，废纸为辅，木材原料制浆碱回收技术已经相当成熟，碱回收率达 98%，一般在 95%以上，蒸煮废液对环境的污染问题已经解决。而废纸制浆属于少污染制浆，对不存在有毒有害物质的废水、制浆废水采用常规生化技术即可满足政策法规的严格要求。

① 制浆造纸过程采用了先进技术，大幅度减少了废水的排放及废水中污染物质的含量，所采用的主要技术有：快速置换加热蒸煮技术（RDH cooking）；紧凑型连续蒸煮技术（Compact cooking）；中高浓制浆无元素氯漂白技术；中高浓制浆全无氯漂白技术；造纸机的白水回用技术；逆流洗涤技术；封闭筛选技术；高速全自动控制抄纸（纸板）技术；漂白化学热磨机械浆、碱性过氧化氢机械浆及碱性过氧化氢漂白机械浆等高得率制浆技术。

② 制浆造纸废水的深度处理，使废水可回用于制浆造纸工艺过程，所排放废水达到国家严格要求的排放标准，以废纸（未脱墨）作为原料生产包装用纸、瓦楞纸的纸厂基本上实现了“零排放”，其他制浆造纸工艺方法的用水量只相当于我国同类工艺方法平均用水量的 1/2～1/3，真正实现了少用水、少排放、少污染的“三少”要求。

例如：美国造纸工业，化学木浆新闻纸的浆纸生产系统，用水量 50～60m^3/t 纸，脱墨废纸新闻纸用水量 20m^3/t 纸，抄造文化用纸用水量 10～20m^3/t 纸。而瑞典造纸工业就更少，抄造文化用纸只需 5～15m^3/t 纸。对上述这些生产工艺，我国相同生产工艺按国家定额指标就分别为（A 级）110m^3/t 纸，50m^3/t 纸，35m^3/t 纸，分别为美国的 2 倍以上，如执行 B 级，在 3 倍以上。

3. 皮革工业

发达国家皮革行业的污染治理技术水平总体上高于我国。主要体现在以下方面：①注意源头控制和末端治理并重，治理较彻底，而我国仍然以末端治理为主；②在废水处理上采用了更多的高新技术，使处理效率更高；③我国目前主要保证 COD 和 BOD 达标，发达国家对污染成分的治理更系统和全面，如包括氨氮、甲醛、重金属、表面活性剂等；④有专业的污染治理队伍，技术管理严格，注重清洁生产审核等过程管理，而我国在这方面较薄弱。国外采用的主要技术包括：

（1）末端治理技术

在传统物化-生物处理基础上，近年来发达国家还不同程度地采用了曝气生物滤池、膜技术、膜生物反应器、生物吸附等生物处理单元及其组合，同时不断开发和使用了高效微生物菌剂，提高了污染物治理效率。还有一些国家采用吹脱、吸附等特殊技术来除去氨氮等难降解污染物。同时，发达国家一般都采用了对铬鞣工序废水实施分流和单独处理的技术路线，有利于进一步提高综合废水的处理效率。

但发达国家制革废水处理成本明显高于我国，如韩国、日本处理制革污水的固定投资需1.5万元/t，日常运行费达14～20元/t，我国的固定投资一般在1万元/t以下，日常运行费5～8元/t。

（2）在生产过程中削减污染的技术

① 保毛脱毛技术。即通过控制碱、石灰和硫化物的用量及使用顺序，在脱毛时避免毛干被溶解，从而可以大幅度降低制革生产的COD排放，也使废液中氨氮的含量降低。近年来，还广泛使用低硫-酶法保毛脱毛技术，在降低COD排放的同时，可以减少硫化碱用量50%。

② 控制铬污染的技术。发达国家的绝大多数制革企业都对铬鞣废液实施了分流和单独处理。一部分企业对铬鞣废液适当调整后循环利用，由于国外的铬鞣废液循环利用设备已经产业化，使用较方便，采用的企业比例较高，如日本的制革企业多数采用这一技术来减少铬排放。也有一部分企业对废液中的铬采取沉淀回收利用的方法。

国外也采用高吸收技术减少铬排放。较常使用的方法是在铬鞣剂制备过程中加入多羧基类铬配合物，从而来提高铬的吸收利用率，减少废水中的铬含量，如德国拜耳公司的Baychrom CH铬鞣剂、巴斯夫公司的Chromitan FMS铬鞣剂等。其优点是操纵简便。

③ 减少氨氮排放的技术。一是采用酶制剂或化学助剂与石灰协同完成浸灰过程，使石灰的用量从8%减少至4%～5%，从而可以减少脱灰时铵盐的用量；二是采用非铵盐脱灰剂（无机酸与低分子量有机酸配合）进行脱灰。20世纪90年代，一些欧洲国家的制革企业（如法国的Pechdo制革厂）开始使用CO_2脱灰法，以避免使用铵盐，可减少40%的氨氮排放。目前一些制革企业在加工厚度较薄的原料皮时使用CO_2脱灰技术。

④ 从化工材料的使用上控制污染排放。发达国家高度重视制革过程所采用的皮革化工材料的环境友好性，并将其作为从源头控制污染物排放的重要技术手段。一是注重采用可生物降解的化工材料，避免使用难生物降解的化工材料（如烷基磺酰氯、氯化石蜡等类型的加脂剂），从而可以通过废水处理厂的生化处理高效率地降低综合废水的COD含量。二是避免使用含有环境危害较大的化学成分的皮革化工材料，如含甲醛、游离苯酚、五氯酚、壬基酚表面活性剂、致癌偶氮化合物的皮革化工材料。这类源头防治技术十分有效，我国这方面的工

作尚较薄弱。

（三）国外轻工业环境污染防治的政策法规

1．食品工业

对环境污染日趋严重、资源日趋短缺的局面，工业发达国家在对其经济发展过程进行反思的基础上，认识到不改变长期沿用的大量消耗资源和能源来推动经济增长的传统模式，单靠一些补救的环境保护措施，是不能从根本上解决环境问题的，因此都推出了一系列促进循环经济发展的政策，很多国家甚至通过立法的方式加以推进。

（1）美国

美国国会 1990 年 10 月通过了《污染预防法》，把污染预防作为美国的国家政策，取代了长期采用的末端处理的污染控制政策，要求工业企业通过源削减，包括设备与技术改造、工艺流程改进、产品重新设计、原材料替代以及促进生产各环节的内部管理，减少污染物的排放，并在组织、技术、宏观政策和资金方面做了具体的安排。

（2）欧盟

在污染防治的政策措施方面，欧盟国家已经超越了区域、流域的治理阶段。在欧盟国家，基本上不存在哪个区域或流域严重污染问题。欧盟国家基本上不再提及区域流域治理，而着重探讨工业污染防治的新策略，即真正的综合污染防治（IPPC）和最佳可获得技术（BAT）。尽管这两项措施已被提出多年，但对它们的概念、内涵，以及由此而引出的相关政策措施一直在不断地更新、丰富和发展。

① 最佳可获得技术（BAT）。

欧盟颁布的综合污染防治指令（DIRECTIVE 96/61/EC）对最佳可获得技术（BAT）作了比较完整的定义：最佳（Best）是指从总体上最有效地达到环境保护的较高水平；可获得（Available）是指在相关的工业部门，经济和技术上可行的、发展到一定应用规模的（技术）；技术（Techniques）既包括应用的工艺又含有设计、建造、维护、运行和退役等的措施和方法。

为了便于推广 BAT，欧盟除了制定“指令”外，还相继出台了一系列参考文件，以对成员国应用 BAT 的企业进行指导，参考文件中详细规定了应用 BAT 的方法和措施，例如，企业应用 BAT 的步骤一般是先审查与主要环境问题有关的设施现状；鉴别为达到“最佳”效果而使用的技术；对可应用技术的经济和技术条件进行评估；最后选定符合 BAT 要求的技术。欧盟颁布的综合污染防治指令（DIRECTIVE 96/61/EC）是指导成员国应用 BAT 的框架性文件。作为最佳可获得技术，毫无疑问应该加以推广和应用，特别是在工业污染防治中，成员国政府有关部门都按照“指令”的要求极力推广最佳可获得技术，鼓励企业应用最佳可获得技术来控制污染，取得了一定成效。当然在实际操作过程中，由于种种原因，其结果不尽相同。为了检验实施 BAT 的效果，欧洲未来技术研究所对此进行了专门研究。

② 综合污染防治（IPPC）。

综合污染防治是环境保护工作的一项重要举措，目前在环境污染控制的许多领域都有应用。欧盟 1996 年颁布了综合污染防治指令并专门成立了综合污染防治局（EIPPCB），以此推动各国在制定工业污染防治政策时，充分考虑综合途径。为了贯彻落实该“指令”，欧盟成员国都制订了实施 IPPC 的计划，例如，英国计划在 2000 年至 2007 年间在 48 个行业分批分期实施 IPPC，到 2007 年 11 月前，将批准安装 8 000 套有关设施。由于 IPPC 的实施需要指令和义务相结合，要把这一指令变为工业企业的自觉行动，需要相应的措施与之配套。欧盟综合污染防治局正试图开展 IPPC 认证，像清洁生产和环境管理体系认证那样，实施 IPPC 的企业将获得相应的资格证书。

③ 可持续能源（SE）。

为了减少能源危机的冲击，提倡可持续能源是必然的。欧盟正在研制的有关政策主要包括：增强能源的利用效率，开发和使用新的和可更新能源的资源，欧洲能源供应的自给性，更加相互密切和更加有效的成本政策，电力和天然气单一市场的竞争政策等。此外，欧盟正在对与工业污染防治有关的政策进行研究，如污染物排放与空气质量控制，在未来的 10 年里，将着重三方面的研究：第一，研制新的空气质量标准，包括 SO、NO、CO、重金属、二噁英和苯等的排放和质量标准。新的标准一旦颁布，所有的工业点源都必须执行。第二，在空气污染立法和相关政策的制定方面，将启动一项广泛的、综合的和互动的工作框架。第三，继续寻求排放和空气污染对人体健康影响的科学证据，以对排放许可进行评价。必要时将重新审查许可限值和指南。

欧盟中的德国，1972 年就制定了废弃物排放后的末端处理法，1986 年颁布《废弃物限制及废弃物处理法》，发展方向从“怎样处理废弃物”的观点提高到了“怎样避免废弃物的产生”。1991 年通过了《包装条例》，要求将各类包装物的回收规定为国民义务。1996 年提出了新的循环经济与废弃物管理法，把废弃物处理提高到发展循环经济的高度，并建立系统配套的法规体系。

（3）日本

日本从 20 世纪五六十年代的“公害领先国”转变为现在的“公害防治先进国”，主要得益于其日益完善的环境管理体系。日本的环境管理体系以《环境基本法》为基础，主要由环境标准、环境影响评价制度、环境监督和环境经济政策 4 部分组成。环境标准规定了各种污染物排放的限值以及环境标准，是需要达到的环境目标；环境影响评价的目的是将环境问题从产生的源头上解决，是实现环境目标的桥梁；环境监督是实现环境目标的重要保障；环境经济政策是更有效地达到环境目标的重要手段。

日本的环境经济政策包括：

① 罚款：《大气污染控制法》规定，都、道、府、县知事可以规定比国家规定的排放标

准更加严格的标准，如违反排放标准，判处 6 个月以下的徒刑或 10 万日元以下的罚金。

② 污染者付费：这项措施是要求环境污染者承担环境治理和补偿损害的责任，将环境的外部费用内部化。日本《关于公害造成健康受害者补偿法》规定，在特定地区发生损害居民健康的公害时，受害者可以获得疗养费和残废赔偿费，并安排恢复健康工作等。污染肇事者必须承担受污染环境的恢复成本以及对污染受害人进行补偿。

③ 经济资助：根据日本区域污染控制计划，日本政府对安装的环境监测设备给予补贴，补贴额度大约是设备投资的一半。为了支持企业进行环境治理，从 20 世纪 70 年代起日本开始实施"软银贷款计划"：根据企业规模、设备类别、出资形式（合资或独资）对企业环境投资提供在贷款利率、贷款比例以及还贷期限方面都很有吸引力的优惠贷款。一般来说，对大型企业的环境贷款利率比银行长期贷款利率低 1%～2%，对中小型企业的环境贷款利率比银行长期贷款利率低 2%～3%。"软银贷款计划"在日本实施 K 值标准和污染物排放总量控制、帮助企业满足日益严格的环境标准的过程中起到了降低成本的积极作用。

日本在循环经济法规方面，于 1991 年制定了关于《促进利用再生资源的法律》，其目的为减少废弃物，促进再生利用以及确保废弃物的适当处理。1997 年又制定颁布了《容器包装再利用法》，建立起了相互呼应的循环经济法规。

2. 造纸工业

国外造纸工业先进国家的政府对造纸工业污染物的排放标准相当严格。加拿大的相关法律分为联邦国家法规和省法规，国家法规主要有制浆造纸污染法规、制浆造纸氯化物法规、制浆造纸消泡和木片法则三项，各个省在国家法规的指导下根据本省的具体情况制定相应的省属法规。这一点与我国有不同之处，我国多少年来不管是西部地区、还是沿海地区都统一一个标准，近两年来各大城市和沿海地区才颁布了更为严格的符合当地实际要求的水污染排放标准。

美国对制浆造纸工业进行了分类，对有害气体排放、废水排放、废水种类及来源等都制定了法规，也颁布了相应的污染防治技术指导文件。

例如，美国于 2000 年 5 月针对制浆厂、造纸厂及纸板厂颁布了《Permit Guidance Document》，文件中按照不同类型的制浆、造纸生产过程，明文规定了废水中 COD、BOD、AOX、TSS 等的排放量，这些规定的排放量相对于我国来说，是非常先进的，也是非常严格的，例如 AOX（可吸附有机氯化物），不管是哪类技术环节，其每天最高排放量不超过 0.476kg/t 浆，每月平均排放量不超过 0.272kg/t 浆，年平均排放量不超过 0.208kg/t 浆。而我国目前仅作为参考标准指标，而且其标准对草浆和木浆分别为 2.7kg/t 浆和 2.6kg/t 浆，与美国相比相差 10 倍，还不必马上执行。这就使得我国某些制浆造纸厂所排放的 AOX 远超过 2.7kg/t 浆的数值，甚至存在达到 7kg/t 浆的制浆企业。AOX 属于有毒物质，有的属于致癌物质，如不严控，环保问题永远难以解决。

具体到国外制浆造纸厂的污染防治情况，可以加拿大的阿尔伯塔（Alberta）新闻纸公司为例，该公司通过采用 EMCC 扩展蒸煮、氧脱木素加无元素氯漂白先进技术、废水采用二级深化处理、定位监控等一系列最有效的技术，基本上实现了零排放，因而成为北美和世界上最清洁的纸浆厂之一，成为其他纸浆厂学习的模范厂。

当然像阿尔伯塔新闻纸公司是特殊的企业，但美国、加拿大、北欧所有纸浆厂、纸厂、板纸厂等造纸企业均严格执行国家标准。当然，如不执行，在这些环保要求严格的国家，是无法生存的。

3. 皮革工业

发达国家没有为皮革行业专门制定废水污染物排放指标，即要求执行国家或地区统一的工业废水排放标准。

但发达国家近 10 余年来颁布了一系列涉及皮革产品污染物限量的标准，既防止产品对人体的危害，也是皮革及其制品生产过程污染防治的重要措施。例如，欧盟公布的 2002/61/EC 和 2003/3/EC 指令中，要求生态革中甲醛的限量为 75mg/kg（直接与皮肤接触的产品）和 150 mg/kg（一般产品），六价铬的限量为 5 mg/kg，五氯苯酚（PCP）的限量为 5 mg/kg，挥发性有机化合物（VOC）的限量为 130g/m^3；德国 SG 标准规定皮革中禁用偶氮染料含量低于 30mg/kg。

近年来，我国皮革及制品因未达到这些污染物限量指标，出口欧美国家时发生了多起退货、索赔事件。浙江、四川多家猪皮服装革生产企业因产品中偶氮染料含量超标，退货索赔损失达 1 亿多元；深圳出入境检验检疫局的统计表明，欧盟执行这些限量标准后，2004 年 1—5 月广东对欧盟出口的皮革手套和皮革服装降幅分别高达 69.1%和 61.2%。

四、轻工业环境污染防治技术的发展趋势

在节能减排与环境保护方面，要在节能降耗等清洁生产技术上取得突破，促进轻工行业生产方式优化，重点加强水污染的控制、治理技术，在轻工重点行业建立循环经济发展模式。为了转变经济增长方式，在轻工一些主要行业如制浆造纸、皮革、食品等行业，要大力研发和采用节约资源、保护环境的清洁生产和循环经济技术，在食品发酵、洗涤剂、化妆品等行业要积极研发生物技术等。

为认真贯彻中央“建设资源节约型、环境友好型社会和创新型国家”精神，全面落实轻工业“十一五”节能、减排目标，中轻联在去年第四季度组织相关协会共同组成三个调研组，分别到东、中、西部的一些省区市，对造纸、食品、皮革、塑料、家电、照明、陶瓷、玻璃、家具、五金等十几个行业，着重进行了关于“建设资源节约型、环境友好型社会和创新型国家”方面的专题调研，在此次调研成果的基础上，向温总理反映了轻工行业在建设资源节约

型、环境友好型社会和创新型国家方面的基本情况、存在问题，并提出了政策建议，温总理很快做出批示。发改委在接到批示后，抓紧进行研究，认为所提许多意见和建议值得重视，目前中轻联正配合发改委有关司局积极开展工作。在这项工作中，科技是一支重要的力量。

（一）食品工业

1. 海绵活性污泥装置

京都水研株式会社制成的海绵活性污泥装置是以合成树膜网状体作为载体，使活性污泥槽中的微生物凝集附着，保持于空气气泡中以净化废水的装置，通过特殊海绵使活性污泥保持形成巨大粒子。利用此装置可比现行方法降低设备费，节省安装面积，剩余污泥少，受到食品工业企业的好评。在微生物槽中，同时进行海绵内部的厌氧处理和外部的好氧处理，可实现高浓度废水处理。

2. 利用酵母的高浓度废水处理装置

日本西原环境卫生研究所的“胶木循环装置”最适用于水量变动大、含油分多的食品工业废水处理。该装置是在含有大量酵母菌的线团状小颗粒固定化的酵母槽中进行处理，通过废水处理生成的剩余酵母可循环使用。适用于 BOD 1 000 mg/L 以上高浓度有机废水，而且可以处理含碳水化合物和脂肪、蛋白质类废水，BOD、COD、SS 等的去除率在 99%左右。

3. 味精工业污染防治新技术

通过清洁生产及资源化技术，对发酵高浓度有机酸性废液中的各种营养物质回收利用，联产菌体蛋白、硫酸铵、复混肥、有价值化学品、能源等有用物质，实现“资源—产品—再生资源—再生产品”的经济增长方式，达到经济、社会、环境协调发展的要求，实现废弃物的高值化，增加工业产值是味精工业高浓度废液资源化处理技术发展的目标，从而真正实现零排放，节约水资源。现对国内外出现的、可用于味精工业环境污染治理的新技术进行详细介绍。

（1）膜基吸收技术与味精高氨氮废水的资源化

膜基吸收技术具有设备简单、能耗低、效率高、处理效果好、操作方便、pH 适用范围广等特点。

膜技术的 NH_3 最高回收率在 98%以上，回收浓度可达 30%，回收物可以回用于工业生产，并且处理费用低。采用膜基吸收技术回收味精工业高浓度氨氮废水中的氨，出水回用于发酵前段工业，可从真正意义上实现其资源化。

通过对用膜吸收技术回收废水中 NH_3 的工艺和设备研究，取得为实现工业化所需的工艺操作和设备制造参数，可使我国的高浓度氨氮废水的资源化技术跃上一个新台阶。

（2）厌氧-发酵耦合技术与食品工业废渣的资源化

食品工业废渣厌氧发酵过程中会产生很多有机酸，如乙酸、丁酸、乳酸等，它们可作为发酵工业原料生产高附加值的发酵产品，或作为化工原料合成其他产品。因此有人提出食品废弃物两阶段发酵法生产高附加值生物活性产品的新思路，即在第一阶段，控制食品废弃物厌氧消化过程停留在产酸阶段，利用混合厌氧微生物菌群将其中的有机物厌氧发酵定向酸化转化为乙酸、丁酸、乳酸等少数几种挥发性脂肪酸（VFA）产品，实现废弃物的粗加工过程；第二阶段，采用筛选得到的高产菌株以有机酸为底物，发酵生产得到生物活性产品，实现食品废弃物的精加工过程。这一技术包含下列几方面的技术：

① 有机废弃物定向酸化及有机酸的生物合成技术；

② 废弃物厌氧酸化生产有机酸，再利用这些有机酸为底物生产高附加值产品；

③ 利用耦合技术将厌氧酸化产生的有机酸合成或转化为高附加值的生物活性产品。

（3）微生物燃料电池技术与食品工业废水的能源化

在谷氨酸发酵制取过程中只有约 3/5（60%）的原料转化为味精及副产品，而 2/5 的原料以蛋白质、脂肪、碳水化合物、纤维素等废弃物的形式进入废液中，其 COD 浓度高达 20 000～80 000 mg/L，如果仅仅处理而不回收将是巨大的有机资源浪费。这包括下列技术：添加介体的微生物燃料电池，无介体微生物燃料电池，以及无质子交换膜的微生物燃料电池。

（4）发酵制氢技术与味精工业高浓度有机废水的能源化（略）

4．要实施我国有关味精工业污染防治的专利技术

我国已具有 12 项味精工业污染防治的专利（表附 5-13），对食品工业的污染防治将具有重要作用。

表附 5-13　　味精工业污染防治的专利

专利号/申请号	专 利 名 称
02112088.9	利用味精发酵废液中的菌体生产核糖核酸的生产方法
03103262.1	味精高浓度废液转化为饲料蛋白的工艺
02104287.X	味精副产物生产氨基酸有机无机肥及其生产方法
96104468.3	味精生产废液的处理方法及设备
95119267.1	发酵废液中提取菌体蛋白的方法
96104468.3	味精生产废液的处理方法及设备
96120065.0	从味精生产的离子交换洗脱液中回收丙氨酸的方法
96118305.5	冷法絮凝提取味精废液中单细胞蛋白质的方法
96102400.3	发酵液或发酵废液中提取菌体蛋白的方法
96116404.2	一种从发酵液中提取谷氨酸的新方法
97105691.9	一种谷氨酸生产废液中菌体蛋白的提取工艺
88105856.4	用于废水处理的载体及方法

（二）造纸工业

为了推动我国造纸工业的发展，就必须提高造纸行业的自主创新能力，构建造纸科技创新体系。实施节能降耗、防止污染的新技术。

1. 实施林纸一体化工程的技术

高得率制浆技术是节约原料，充分利用木材资源的先进技术，得率是化学法制浆的两倍，特别可用于生产文化用纸、新闻纸以及生活用纸、特种纸。因此，必须实施：

① 碱性过氧化氢机械浆（APMP）制浆技术；

② 漂白化学热磨机械浆（BCTMP）制浆技术；

③ 碱性过氧化氢漂白机械浆（PRC-APMP）制浆技术。

不仅要实施上述制浆技术的工艺技术，更要研制装备技术，特别要研制与实施非木浆原料的 APMP、BCTMP、PRC-APMP 制浆技术。这是我国造纸工业环境污染防治今后要发展的新技术之一。

2. 建立非木原料特别是农业秸秆制浆清洁生产技术与装备

多年来，以非木原料特别是农业秸秆制浆造纸是我国造纸工业的特色，既节约了大量木材资源，缓解了造纸原料的紧缺，又充分利用了农业废弃秸秆，是实践循环经济的典型范例。2005 年我国生产非木浆 1 245 万 t，占纸浆总消耗量的 24%。

据相关部门预测，我国每年有 4.8 亿 t 可利用的农业秸秆，故原料资源丰富。农业秸秆用于制浆造纸，尽管我国已积累了多年经验，但仍有多项科技难题没有攻克，造成非木原料（特别是农业秸秆，也称草类原料）制浆仍存在污染问题，使各级主管部门谈“草”色变。因此必须建立农业秸秆制浆清洁生产技术与设备的创新平台，解决目前仍存在的技术难题，实践我国这一具有丰富原料资源也具有丰富经验的循环经济典型模式。研制与实施下列有关非木原料制浆新技术也是造纸工业今后的发展趋势。

（1）实现无污染或少污染的植物组分分离过程技术与装备技术

这一技术路线可回避草类原料制浆投资大、碱回收系统回收率低而造成污染的技术难题。解决这一技术难题在于有机酸的回收技术与装备的研制。

（2）除硅工艺技术与装备技术

草类原料含硅量大，引起制浆黑液的流动性差，蒸发浓度低，设备内表面及管内壁结垢，因而使碱回收系统难以实现高效、节能、降耗及减少污染。如除硅技术研发成功，也将为我国充分利用农业秸秆制浆的清洁生产创造有利条件。

（3）草浆的快速置换热回收蒸煮过程技术与装备技术

快速置换热回收蒸煮技术的特点也是节能、减污（减少蒸汽用量 35%以上，消除热喷放造成的大气污染），国外已成功地应用于木浆生产，如经过创新成功应用于草浆，同样将推动我国农业秸秆制浆造纸的持续发展。

（4）中浓草浆少污染漂白工艺技术与装备技术

实现草浆的最新漂白技术，彻底消除传统 CEH 三段漂白废水对环境的污染。中浓氧漂白、中浓过氧化氢漂白、中浓二氧化氯漂白的工艺技术国内已研制成功，目前阻碍发展的是大产能中浓纸浆输送装置和二氧化氯发生器，是我国亟待研发的关键设备。

（5）草浆纤维品质的增强工艺技术与装备技术

草浆的纤维品质不如木浆的纤维品质好，但是如通过物理增强处理，将会大幅度提高草浆纤维品质，同样可抄造高档纸品。

3．现代高速造纸机的研制与应用

我国造纸设备制造水平同发达国家比较，在技术装备整体水平上存在着 15～20 年的较大差距，特别是造纸机。造纸设备制造水平的落后主要表现在：技术创新能力大，自主知识产权少；产品机电一体化及自动化水平低；不注重清洁生产，存在资源消耗特别是水耗、电耗大。造纸设备制造水平的落后制约着我国造纸工业的发展。

我国现有 3 500 家造纸厂，各类造纸机过万台，其中 70 多台是全机从国外引进或关键技术装备引进国内设备配套，但引进价格极为昂贵，如年产 20 万 t 文化纸机引进价格达 8 000 万美元，2006 年年产 40 万 t 新闻纸机引进价格为 1.3 亿欧元，可以认为我国绝大多数造纸厂没有这一经济实力。加上国外先进技术具有专利权，从而更加限制了我国造纸工业的发展。因此，我国必须建立现代高速造纸机的科技创新体系，从速研发车速在 1 200～1 500m/min 的现代造纸机，实现我国造纸机技术的跨越式发展，达到接近国际先进水平。这一科技创新体系的内容也已明确列入《国家中长期科技发展纲要》“5.制造业领域”之“（28）流程工业的绿色化、自动化及装备”中。研制并在国内广泛应用高速造纸机，是我国造纸工业节能减排所要实施的关键技术。解决下面几项技术是研制高速造纸机的关键。

（1）白水稀释可控流浆箱的研制

目前常规的流浆箱已适应不了高速造纸机的需要，实践证明只有水稀释可控流浆箱才能适应车速 1 500m/min 或以上的高速纸机。为了提高创新难度，并有别于国外技术，国内应以白水稀释可控流浆箱为创新点，其关键技术包括稀释白水的加入调节单元、湍流发生器和控制调节系统软件的设计。

（2）夹网（双网）脱水成形器（装备）的研制

高速运行下的造纸机脱水成形器在工艺技术、机械自动控制等方面将是最新技术，我国目前已具备了研制与实施这一关键技术的条件。

（3）宽压区压榨技术装备的研制

常规压榨系统同样适应不了高速造纸机的需要，只有宽压区压榨（压区宽度为常规压区的 8～10 倍）才能适应高速造纸机的需要。其中高效节能的靴式压榨技术就是宽压区压榨的典型模式。

（4）DCS、QCS 控制系统

对高速造纸机，静态精度达 0.01%左右，因此控制系统的控制精度和动态相应应达到很高的要求，除了硬件配置外，控制模式和方法更应符合或贴近生产实际，更加具有独创性和专业性，其研制内容包括：DCS 自控系统，张力控制，温度检测与控制，压力的检测与控制，断纸控制，自动引纸，自动闭网与压辊，湿度的检测与控制等。

经过考察论证，上述几方面的难点或关键技术如能通过创新解决，其他技术装备或配套装备的研制目前国内较易实现。建立创新体系攻克研制现代高速造纸机的上述四大难点，我国造纸机技术水平将可实现跨越性发展。

4．节能减排的废纸（脱墨）制浆造纸技术

有了废纸原料，要想高效、高质地利用废纸纤维，还必须实施节能减排的废纸（脱墨）制浆的技术。根据国内目前的技术状况，必须解决下列关键技术：

（1）脱墨装备技术的研制与应用

废纸高效脱墨是废纸制浆过程的关键技术，大型高效脱墨装备目前依靠进口，并受国外专利保护。研制具有自主知识产权的大型高效脱墨装备是创新的目标。

（2）废纸浆的高浓漂白装备技术的研制与应用

如何提高废纸浆的漂白增值目前仍是一个难题。如何在不增加漂白化学品的条件下，提高白度和不损害纤维强度，以及相应的漂白装备，特别是高均匀度的高剪切高浓混合器、高浓卸料器是创新的重点。

（3）废纸纤维质量的检测与监控系统

废纸制浆抄纸，经使用后又成废纸，无穷反复，纤维品质随循环次数的提高而降低。而在特定废纸中，各纤维的循环次数不同，纤维种类也不同，因此，废纸是各种类、各种品质的纤维集合体，而且还是含有不同化学助剂的纤维体，这样，检测废纸纤维品质与监控废纸质量就成为关键问题。

由于废纸制浆造纸是我国造纸工业循环经济的典型实践，加上造纸原料紧缺的压力越来越大，因此，节能减排的废纸制浆造纸技术与装备将是今后的发展方向。

（三）皮革工业

1．末端治理技术

（1）厌氧处理技术

随着厌氧滤器（Anaerobic Filter，AF）、上流式厌氧污泥床（Up-flow Anaerobic Sludge Bed，UASB）等技术的发明，高速厌氧反应器得以发展。高速厌氧处理技术大大提高了反应器的负荷和处理效率，使废水在反应器内的停留时间缩短，反应器的容积大大缩小，从而很有利于厌氧技术在废水处理中的应用。目前，厌氧处理技术已经应用于食品、酿造、发酵行业。过去的 10 年中，在联合国工发组织的支持下，我国与荷兰合作开展了制革废水厌氧处理技术研究，已经开发了工业应用规模的制革废水厌氧处理系统和硫回收装置，反应器负荷达到 8～10kgCOD/（$m^3 \cdot d$），废水中主要污染物（COD）的去除率达到 70%以上。

（2）厌氧—好氧处理技术

将目前采用的好氧处理技术与厌氧处理技术集成，并合理组合膜生物反应器（MBR）、曝气生物滤池（BAF）等单元技术，形成好氧—厌氧处理技术，无疑可以大大提高制革废水的处理效率，并为中水回用/废水再生利用创造条件。这类技术国内外都正处于开发和工业试验过程中，3～5 年内可望形成工业应用。

2．源头防治技术

（1）减少盐污染的原料皮保藏技术

传统原料皮保藏方法需要使用皮重 25%～30%的食盐，这些食盐在制革生产过程中进入废水，不仅是难治理的污染成分，也影响废水处理效率和中水回用。冷冻保藏的方法可以完全解决这一问题，但该技术运行费用较高且存在长途运输困难等问题，目前只有少量平均气温较低、领土较小的西方国家在一定程度上采用了这种方法。

采用鲜皮制革是另一种解决食盐污染问题的有效方法，其关键不是技术问题，而是产业链的协调、管理和法规问题，它要求将制革企业建在屠宰企业的附近，或在屠宰厂附近建立初加工厂，将原皮加工成酸皮或蓝皮后销售到制革厂，由制革厂根据市场需要进行后加工。这种模式实际上一直或多或少地存在（包括酸皮和蓝皮的进出口），能否广泛推行的关键是有无政策法规上的要求。

此外，采用硅酸盐作原料皮防腐剂正在欧洲国家推广应用。应用结果表明，这种防腐技术不会影响皮革产品的质量，其对环境污染程度很低。

（2）无硫化物和石灰的脱毛浸碱技术

该技术由我国科技人员开发成功，是目前比较好的能够较全面地减少制革准备工段污染的组合技术。该技术包括原料皮浸水、脱毛、碱膨胀等工序的变革。浸水时，采用复合酶（蛋白酶、蛋白多糖酶、碱性脂肪酶）及具有酶激活作用的非离子表面活性剂，在完成浸水的同时，为无硫脱毛、无石灰分散胶原纤维创造条件；采用蛋白多糖酶、蛋白酶（含胶原蛋白酶）、尿素、脱毛助剂构成的生物-化学复合脱毛系统在转鼓中完成保毛脱毛；采用尿素-水杨酸缩合物与 NaOH 构成的缓冲体系（pH 11～12）及碱性蛋白酶（低活性状态）完成裸皮的膨胀和分散纤维。

该技术的优点是从源头消除了硫化物和石灰的污染，而且由于完全不使用石灰，省去了传统工艺中产生氨氮的脱灰工序，综合废水中氨氮含量从 150～250mg/L 降至 40～50mg/L，准备工段水用量减少 30%，制革污泥减少 80%左右。目前，与该技术配套的所有化工和生化助剂已在我国实现工业生产，该技术已在我国 5 个大中型制革企业推广应用，并有多家企业正积极开展工业试验。

（3）无铬鞣制技术

无铬鞣制技术可以从根本上消除制革生产的铬污染，而且其产品也越来越受到国内外市场的青睐。发达国家近年开发的无铬皮革鞣制技术主要有两类，一是基于植物鞣剂与有机交联剂的结合鞣制技术（T_s=90～100℃），主要用于生产高档汽车坐套革；二是以多羟基磷盐为主要鞣剂的鞣制技术（T_s=85～90℃），主要用于生产高档服装、手套革。同时也开发了与这些无铬鞣制技术配套的后整理化工材料。

近年来，我国科技工作者也开发了一系列具有自主知识产权的无铬鞣制技术，其中最有应用前景的技术有 2 类：

第一类是“高湿热稳定性无铬皮革鞣制技术”。该技术也是基于植物鞣剂与有机交联剂的结合鞣法，但由于采用了新的预处理和交联技术，使鞣制过程加快、革的湿热稳定性提高（T_s=105～115℃）。同时，从工艺平衡的角度，已经开发了与该无铬鞣制技术配套的系列关键化工材料及应用技术（包括克服松面和调整色泽的复鞣技术；防止后整理过程脱鞣并赋予皮革防霉、阻燃性能的复鞣技术；改善了皮革染料、加脂剂性能的技术等），从而使这类无铬鞣制技术具有广泛适用性。目前我国已经有猪、牛、羊皮制革企业完成了这类技术的工业性试验并实际应用，如浙江明新皮业有限公司用该技术生产的无铬汽车用革已经成为福特、日产、菲亚特等汽车厂的指定配套产品。

第二类是“非铬金属鞣制技术”，是一种采用 Al、Zr、Ti 等多种金属离子的无机结合鞣制技术。与国内外已有同类鞣制技术不同的是，该技术开发了与非铬金属离子有适度配位能力的有机配体，使 Al、Zr 等金属离子的沉淀/结合点≥pH4.5，从而使鞣制后的皮革在物性和表面细致度方面与铬鞣革很接近。该技术的突出优点是不必对鞣前处理和后整理技术作调整，因而企业容易接受。目前，中试已经证明该技术切实可行，配套鞣剂已经完成工业生产试验。

（4）废弃皮胶原转化利用技术

有两种新的制革废皮、革屑资源化利用技术值得关注和推广应用：

一是将废皮、革屑适当粉碎/水解后与聚氨酯、聚乙烯醇等聚合物复合（不仅仅是黏合）制备具有天然皮革属性的重组皮革产品。德国已经开发了这类技术并制造了配套设备（在 PU 革生产设备基础上改进），我国已有企业引进了这一技术。但目前的产品性能与天然皮革尚有明显差距，主要是柔软度和撕裂强度不如天然皮革。目前，我国已有研究机构与企业合作更深入系统地开展这方面的研究工作，可望在 2～3 年内开发出兼具天然皮革和合成革特点的重组皮革产品。

二是利用废皮屑生产吸附材料。这是我国学者开发的具有自主知识产权的新技术。将皮屑适当调整 pH、干燥、粉碎后制得胶原纤维，将铁、铝、锆等固载在胶原纤维上即获得对水体中氟、磷、砷、染料、微生物有高吸附容量的固载金属离子吸附材料；通过胶原纤维-单宁-醛反应，将植物单宁固载在胶原纤维上即获得对水体中重金属离子铅、镉、汞、铬、钯、铀等有高吸附容量的固化单宁吸附材料。这两类材料已用于含重金属、砷等废水的治理和药物中砷的脱除。通过进一步开发其应用领域（包括在制革废水处理中的应用），这类技术可以较大规模地转化和利用制革固体废弃物，实现以废治废。

3．防治技术的成本分析，以及降低技术成本的新措施的分析

① 从末端治理角度看，要使传统制革过程产生的废水达标排放，其处理费用大约是产值的 2%。如果采用先进的厌氧—好氧处理技术，处理成本会提高 50%，即处理费用会达到产值的 3%。因此，采用先进的处理技术时，应该利用其处理后的废水更清洁的特点，尽量实施中水回用方案，以降低综合费用。此外，如果采用废水集中治理的方式，处理成本会进一步降低。

② 对于无硫化物和石灰的脱毛浸碱技术，应用企业已经对成本作过评估。生产过程化工材料的费用提高 3%左右，但工艺缩短、能耗降低、水用量减少节约的费用与材料成本的提高刚好抵消。而采用这一技术后，废水中不含硫化物和石灰，氨氮含量显著降低，废水治理费用降低，污泥处理量减少。因此，该技术在降低污染的同时，也会降低综合成本。

③ 目前，各种无铬鞣制技术的生产成本都高于传统的铬鞣技术，与此同时，无革皮革的后整理工序成本也相对较高。因此，采用无铬鞣制技术生产皮革时，成本一般会提高 15%左右。但是，无铬皮革的销售价一般比铬鞣革高 30%以上，因此生产高质量的无铬皮革企业的经济效益会提高。值得说明的是，由于企业技术水平、传统习惯、市场需求、消费水平等原因，在未来 10 年内，我国能够采用无铬鞣制技术的制革企业可能不会超过 50%。

④ 利用废弃皮胶原生产重组皮革、环保材料时，由于主要原材料（废皮、革屑）的价格很低，鞣前皮屑和蓝革屑一般为 800～1 400 元/t，染整理后的革屑价格为零，因此生产成本低，产品利润空间较大。生产食品、医药用吸附材料以及贵金属回收材料，需要以鞣前皮屑为原料，由于产品价格可达 10 000～50 000 元/t，生产成本相对很低。

特别值得指出的是，降低污染防治技术成本最有效的措施是采用合理的污染防治集成技

术。即制革企业根据自身产品结构特点，在清洁生产审核的基础上，有针对性地选择一系列相互匹配的防治技术，通过绿色产业链设计，形成综合成本较低的全过程清洁生产技术。例如，可以将无硫化物和石灰的脱毛浸碱技术、先进的废水处理技术、中水回用技术、废弃皮胶原利用技术集成应用。无硫化物和石灰的脱毛浸碱技术使废水中的污染负荷显著降低，为提高废水处理效率、降低处理成本提供条件，而废水的有效处理又为实现中水回用创造了条件，同时不含硫化物和石灰的皮屑也可以实现更有价值的转化利用。因此，采用污染防治集成技术，在使污染得到更好的治理的同时，还可能降低综合成本。

五、轻工业环境污染防治的发展目标

根据轻工业联合会的决定，将加大造纸、酒精、味精、柠檬酸等行业落后生产能力淘汰力度，“十一五”期间实现减排化学需氧量（COD）138 万 t，今年实现减排 COD62 万 t。

轻工行业涉及可持续发展的循环经济试点较多，造纸、制糖行业都有较成功的循环经济样板模式，轻工行业将宣传、倡导这些先进企业，组织造纸、发酵行业关键技术攻关工作，推广成功经验与先进技术，大力推动新技术、新产品在行业中的广泛应用，以此促进实现全行业的节能降耗、节水减排目标和任务。

（一）食品工业

2010 年目标：食品工业可持续发展能力得到增强。全国食品工业“三废”排放达标率 80%以上，单位产值能耗降低 20%，单位工业增加值用水量降低 30%，固体废物综合利用率达到 80%以上，主要污染物排放总量减少 10%。

2015 年目标：食品工业可持续发展能力进一步增强。全国食品工业“三废”排放达到国家规定的指标范围。在 2010 年基础上，单位产值能耗降低 20%，单位工业增加值用水量降低 30%，主要污染物排放总量减少 10%，固体废物综合利用率达到 85%以上。

2020 年目标：食品工业实现循环经济和可持续发展。食品工业“三废”排放达到国家规定的指标范围。在 2015 年基础上，单位产值能耗降低 20%，单位工业增加值用水量降低 20%，主要污染物排放总量减少 10%，固体废物综合利用率达到 90%以上。

（二）造纸工业

从现在开始，就要严格执行《环境保护法》、《水污染防治法》、《环境影响评价法》、《清洁生产促进法》等法律法规，坚持预防为主、综合治理方针，增强造纸行业的环境保护意识和造纸企业的社会责任感，健全环境监管机制，加大环境保护执法力度，完善污染治理措施，适时修订《造纸产业水污染物排放标准》，严格控制污染物排放，建设环境友好型造纸产业。

1. 2010年的目标

① 到2010年，重复用水率达到50%，造纸工业吨产品平均取水量由2005年的103m^3降到80m^3，减少22.3%，万元工业产值用新鲜水量为150t。

② 综合平均能耗（标煤）由2005年的1.38t降到1.10t，减少20.3%。

③ 实现造纸工业全行业污染物达标排放，废水排放量不超过35亿t，化学需氧量（COD）排放总量由2005年的159.7万t减到140万t，减少12.5%，实现增产减排的目标。

2. 2015年奋斗目标

① 到2015年，用水总量少于2010年的总用水量，同样实现增产不增加用水，吨产品平均取水量由2010年的80m^3降到70m^3，万元工业产值用新鲜水量为140t。

② 继续保持吨浆纸综合平均能耗（标煤）不超过2010年的水平（国际上先进水平为吨浆纸综合能耗0.9～1.2t煤）。

③ 继续保持造纸工业全行业废水达标排放，废水排放量不超过30亿t。化学需氧量（COD）排放不超过125万t，与2010年相比减少12%，同样实现增产减排的目标。

3. 2020年奋斗目标

① 同样实现增产不增加用水，吨产品平均取水量降到55m^3，达到国际先进水平。重复用水率达到60%，万元工业产值用新鲜水量为120～130t。

② 吨浆纸综合平均能耗（标煤）达到1.0t的水平（预计到时国际先进水平吨浆纸综合能耗将由0.9～1.2t煤降为0.8～0.9t煤）。

③ 废水排放量为25亿t，按严格的排放标准100%达标排放。化学需氧量（COD）排放不超过100万t。

（三）皮革工业

1. 2010年目标

（1）主要目标

根据国家“十五”规划纲要提出的节能减排约束指标，中国皮革协会制定了本行业相应的“十五”期间节能减排指标，即能源消耗降低20%，主要污染物排放总量减少10%。

根据皮革工业的特点，我们认为，皮革工业不属于高耗能行业，而且从目前的加工技术和装备情况看，在短期内大幅度降低能耗的可能性不大。“十五”期间，重点应放在污染治理上，确保实现主要污染物排放总量减少10%的目标。

（2）战略重点

加强行业环保意识，规范行业发展模式，基本形成能促进行业污染治理的政策法规体系。包括完成国家下达的“制革、毛皮工业污染源产排污系数核算”研究工作，编制并推广实施《制革及毛皮加工工业污染物排放标准》、《制革行业清洁生产评价指标体系》；配合国家发改委完成《制革企业准入标准》的制定工作，并推行实施。

（3）关键技术

不排放 S^{2-} 的脱毛技术、无石灰浸碱技术、无盐浸酸技术、无铬鞣制技术、皮化材料高吸收技术等源头防治技术进一步完善、成熟，在 50%以上制革企业广泛采用；70%以上制革企业采用行之有效的废水处理技术，实现废水长年达标排放；20%～30%制革企业的中水回用率达到 50%～60%。形成 3～5 个制革清洁生产示范工程。

2．2015 年目标

形成较系统的污染治理政策法规体系，并已经在行业切实执行。不符合《制革企业准入标准》的制革企业被全部取缔，制革行业的环境污染问题得到全面控制。

污染较严重的传统过程技术基本被“十五”期间形成的清洁技术取代；广泛采用易生物降解皮革化工材料，基本取缔污染严重、难生物降解皮革化工材料的使用；90%以上制革企业采用先进高效的废水处理技术，实现废水长年达标排放；广泛使用膜技术回收废水中的中性盐，50%以上企业的中水回用率达到 60%～65%。

3．2020 年目标

形成多个制革生产集中区，废水集中处理程度达到 80%～90%，制革废水全部达标排放，其中 70%～80%废水达到国家一级排放标准，废水治理费用不高于产值的 2.5%。

Y-型转鼓等节能设备在制革企业广泛使用；浸水—脱脂—脱毛—浸碱、软化—浸酸—鞣制—中和、复鞣—染色—加脂等一体化工艺被制革企业采用。与目前的工艺技术相比，制革过程时间缩短 30%～40%，用水量减少 40%～50%，能耗降低 30%～40%。

形成多项先进实用的制革固体废弃转化利用技术，原料皮的利用率达到 95%以上。皮革行业成为低能耗、低排放、可持续发展的行业。

六、对我国轻工业污染防治工作的建议

（1）实行污染物排放分配合理的严格的总量控制，新建企业要实行严格的审批制度（准入制度）

轻工各行业在国内布局不同，发展程度不一样，故要实行污染物排放分配合理的严格的

总量控制。对新建企业要实行严格审批制度，特别是审批其清洁生产技术，对一些污染较大的企业要强行实行技术改造。

（2）制定符合国情和更加科学的环保标准，并要在各法规上保证行业能严格执行国家污染物排放标准

要进行认真的调查研究，制定符合国情的更为科学的环保标准，可以认为目前需要制定更为严格的环保法规，以便可更为严格地控制工业污染物的排放。轻工业更要遵循可持续发展的战略，走出一条以保护资源与环境为目标的全新的发展道路。

（3）加大对污染防治的投资，加强污染治理技术的产业化

据估计，轻工业用于污染防治的投资占生产总值的比例很少，应提高这一比例，使轻工业具有足够的经费进行污染治理技术的产业化及废水、废气、固废处理系统的建立。也希望国家各部委要考虑到轻工业在资源与环境问题上的严重性，能给予更大的支持。

（4）建立服务于全行业的清洁技术研发平台

我国轻工业工程技术人员缺乏技术支撑条件，自主开发清洁技术的能力较弱。同时清洁技术往往属于共性技术，企业自身往往不会在这些技术的开发和工程转化上做太大的投入。因此应该整合国内的研发力量，建立服务于全行业的轻工业清洁技术研发平台（如国家工程实验室），源源不断地为我国轻工产业开发和提供具有自主知识产权的清洁生产关键共性技术，不断提高行业的污染防治能力和持续创新能力。

（5）制定奖罚分明的合理执法制度，对污染防治好的企业应给予奖励和表扬，对不重视环保的企业也要加大处罚力度

轻工行业是产生污染较多的行业，目前虽已进行治理，但是还很不彻底和完善。随着生产的发展这个问题越来越严重。建议国家还需继续加大力度给予重视和支持。对重视环保并防治好的企业，政府要给予一定的财力支持。可通过召开现场会、交流会，由治理较好的企业介绍经验，以带动其他企业。对不重视的企业加大处罚力度，如关、停、改造、加大处罚经费等。

（6）充分发挥行业协会及技术专家的作用

行业协会对企业生产、环保的情况比较了解。协会有一批高级管理人员和专家，具备对行业实行管理和监督能力的条件。

在环保方面，可由行业协会组织行业专家和环保专家，定期或不定期地到实地进行检查和指导，对已经生产的企业，如废水未达标排放，视情况给予处罚（可具体制定细则）；对拟建新厂要求达到一定规模，建厂必须做到“三同时”。将检查的结果汇总后，报送国家环保部等部门，审定是否发给“特殊产品生产许可证”或“市场准入证”。

附篇六　纺织印染工业污染防治战略研究

（主要围绕纺织印染等）

负责人：

周　翔

专家组成员：

卢润秋　李金宝　奚旦立　沈安京　武祥珊　曹学军　屠天民　赵炯心

何瑾馨　赵　敏　闵　洁　王建庆　阎克路　蔡再生　王　璐　毛志平

执笔人：

毛志平

附篇六

纺织印染工业污染防治战略研究

一、概述

中国是世界上最大的纺织品生产国和出口国，从1994年起，我国主要纺织产品，如棉纱、棉布、呢绒、丝织品、化纤和服装生产量均居世界首位。目前约有12万家纺织印染企业，是全国32个行业中的第三大行业。长期以来，纺织工业在积累资金、繁荣市场、出口创汇、扩大就业、增加农民收入、提高城镇化水平、带动相关产业和促进区域经济发展等方面发挥了重要的作用。随着欧美国家对我国纺织品市场开放程度的增加和我国内需市场增大，纺织印染工业将更显示出它在经济建设和社会发展中的重要地位。

2006年我国纤维加工量为3 000万t，2007年纤维加工量达到了3 600万t，约占当年世界纤维加工量的40%，印染布产量达到了485.7亿m。2007年纺织品服装出口额1 756亿美元，占全国出口额的14.4%。纺织印染工业是我国少有的优势产业之一。

更为重要的是，我国目前纺织工业从业人数约2 000万人，在全国工业规模以上企业中，纺织工业从业人数占14%以上；纺织工业使用国产天然纤维约800万t，事关1亿农民的生计。纺织工业在解决就业、增加农民收入、维护社会稳定方面地位重要。

纺织工业是高耗水、高能耗、高排污的行业。与国外先进水平相比，我国纺织印染工业存在单位产品资源消耗量大、废水排放量高、废水中污染物含量高等问题。近年来，虽然纺织印染工业在节水减排方面做了大量工作，但随着行业的持续快速发展，资源消耗总量和污染物排放总量仍然不断增加。同时，资源消耗及污染治理带来的高成本严重削弱了企业的竞争力，这已成为制约纺织印染行业健康、可持续发展的瓶颈。

二、形势判断和未来趋势

（一）“十五”以来纺织印染工业的发展

“十五”以来纺织印染工业的发展状况，可从“十五”期间和 2006 年纺织工业主要经济指标的具体数据来说明。“十五”期间，我国纺织印染工业按照走新型工业化道路的要求，依靠科技进步，坚持市场化改革方向，推进结构调整和产业升级，保持了快速、稳定的增长，市场活力得到充分发挥，国际竞争力和可持续发展能力进一步增强。

1. 生产持续全面快速增长

2000 年以来纺织工业纤维加工量、主要产品产量及主要经济指标如表附 6-1 所示。

印染行业是纺织工业的重要组成部分，2000 年以来逐年稳步快速发展，规模以上企业主要经济指标如表附 6-2 所示。

表附 6-1　　2000 年以来纺织工业主要经济指标

	2000 年	2001 年	2002 年	2003 年	2004 年	2005 年	2006 年	2000—2006 年均增长/%	2007 年
规模以上企业数/户	19 364	21 411	23 600	25 832	29 831	35 978	39 422	12.6	44 232（1—11 月）
工业总产值/亿元	8 895	9 326	10 709	12 938	16 679	20 632	25 017	18.8	27 888（1—11 月）
占全国工业总产值的比值/%	11.67	9.77	9.66	9.09	8.26	8.20	7.50	—	—
工业增加值/亿元	2 216	2 321	2 649	3 177	3 990	4 990	6 340	19.2	/
利润总额/亿元	295	268	336	444	514	690	883	20.1	1 063（1—11 月）
劳动生产率/[万元/（人·a）]	3.0	3.0	3.4	3.9	4.5	5.1	6.2	12.9	7.4（1—11 月）
纤维加工量/万 t	1 360	1 500	1 750	2 007	2 416	2 690	3 000	14.1	3 600
纱/万 t	660	760	850	984	1 120	1 440	1 749	17.7	1 996
化纤/万 t	695	841	991	1 181	1 424	1 629	2 025	19.6	2 389
印染布/亿 m	158.7	178.9	211.6	251.8	301.6	362.2	430.3	18.3	485.8

资料来源：中国纺织工业协会统计中心。

表附 6-2　　2000 年以来规模以上印染企业主要经济指标

	2000 年	2001 年	2002 年	2003 年	2004 年	2005 年	2006 年	2000—2006 年均增长/%	2007 年（1—11 月）
规模以上企业数/户	858	965	1 067	1 229	1 417	1 778	1 948	14.7	2 064
从业人数/万人	26.8	28.7	29.7	35.5	39.1	43.1	45.5	9.3	47.7
产量/亿 m	158.7	178.9	211.6	251.8	301.6	362.2	430.3	18.3	437.4
工业总产值/亿元	551.3	661.7	741.3	940.4	1 117.3	1 397.1	1 675.0	20.3	1 715.6
销售收入/亿元	513.3	612.0	694.5	900.7	1 087.1	1 345.7	1 606.1	21.1	—
利润总额/亿元	13.5	15.2	18.5	30.3	30.7	41.5	53.7	25.9	58.0
工业增加值/亿元	113.5	145.4	163.6	216.7	—	—	—	24.0	—
劳动生产率/[万元/（人·a）]	4.2	5.1	5.5	6.1	—	—	—	13.0	—
出口交货值/亿元	242.3	287.5	322.6	378.9	429.1	457.8	499.4	12.9	—

资料来源：中国纺织工业协会统计中心。

从表附 6-1 数据可以看出，纺织印染工业自 2000 年以来主要经济指标增长速率高于同期国内 GDP 的增长速率，特别是利润总额和工业增加值，2000—2006 年均增长速率分别达到 20.1%和 19.2%。

由表附 6-2 可知，印染行业的主要经济指标增长速率高于纺织全行业的增长速率，特别是利润总额和工业增加值，年均增长速率分别达到 25.9%和 24.0%，而纺织全行业的增速分别是 20.1%和 19.2%（表附 6-1），说明印染行业自 2000 年以来实现了又好又快的发展。还有，印染行业总产值增速大于出口交货值增速，出口交货值占工业总产值比重逐年下降，说明我国印染产品内需市场消费持续增长，纺织印染产品出口依存度逐年下降。再从印染行业 2000—2006 年销售收入年均增速和产量年均增速来看，前者比后者高 2.8 个百分点，说明我国印染行业产品品质不断提高，增强了行业竞争力。

2. 出口保持持续较快增长

2000 年以来，有关我国纺织品服装出口状况的数据见表附 6-3。

表附 6-3　　2000 年以来我国纺织品服装出口情况

	2000 年	2001 年	2002 年	2003 年	2004 年	2005 年	2006 年	2007 年
出口总额/亿美元	521	533	618	805	974	1 175	1 471	1 756
同比增加/%	19.0	2.3	15.9	27.2	21.0	20.6	25.1	19.1
一般贸易出口比重/%	55.5	56.9	62.5	66.5	67.7	—	72.0	—
纺织出口占全球纺织贸易的比重/%	14.6	15.7	17.4	20.4	22.1	24.0	—	—

资料来源：中国纺织工业协会统计中心。

从表附 6-3 可以看出，我国纺织品服装 2007 年出口总额为 1 756 亿美元，比 2000 年的 521 亿美元增长了 237%，年均增长 19.2%；我国纺织工业出口占全球纺织贸易额的比重从 2000 年的 14.6%上升到 2005 年的 24.0%。贸易顺差从 2000 年的 392 亿美元增长到 2005 年的 1 004 亿美元，年均增速 20.7%。2006 年出口总额增加到 1 471 亿美元，贸易顺差 1 290.3 亿美元（纺织品和服装总额），2007 年出口总额为 1 756 亿美元，贸易顺差 1 435 亿美元。以上数据表明从 2000 年至 2007 年我国纺织品服装出口呈现快速增长趋势。

进一步审视印染产品的进出口状况，2000 年以来反映主要印染产品进、出口情况的数据见表附 6-4。

表附 6-4　　2000 年以来主要印染产品进出口情况　　单位：亿 m、亿美元

	2000 年		2001 年		2002 年		2003 年		2004 年		2005 年		2006 年		2007 年（1—11 月）	
	数量	金额	数量	金额	数量	金额	数量	金额	数量	金额	数量	金额	数量	金额	数量	金额
出口数量及金额	38.0	28.5	43.5	25.3	55.8	40.4	103.8	84.8	86.7	70.5	93.1	75.9	113.7	94.8	106	93.7
出口平均单价/（美元/m）	0.75		0.58		0.72		0.81		0.82		0.82		0.83		0.88	
进口数量及金额	35.7	37.7	34.0	34.8	34.0	32.7	33.2	34.3	32.4	36.2	29.8	35.2	28.3	34.9	23.5	30.6
进口平均单价/（美元/m）	1.06		1.02		0.96		1.03		1.12		1.18		1.24		1.31	

资料来源：中国海关。

从表附 6-4 所列数据可以看出，2000—2006 年主要印染产品出口数量从 38.0 亿 m 增加到 113.7 亿 m，年均增速 28.46%；出口金额从 28.5 亿美元增加到 94.8 亿美元，年均增速 33.23%。出口平均单价从 2000 年的 0.75 美元/m 增加到 2007 年（1—11 月）的 0.88 美元/m。印染产品出口数量增大和产品平均单价提高，反映我国印染行业技术水平的提高。

在出口快速增长的同时，主要印染产品进口数量呈逐年减少的趋势，从 2000 年的 35.7 亿 m 减少到 2006 年的 28.3 亿 m，年均递减 3.76%。进口金额维持在 35 亿美元左右。进出口贸易顺差从负值增加到 59.9 亿美元，表明我国印染产品为出口创汇作出了重要贡献。

3. 技术和装备水平快速提高

“十五”期间，纺织印染工业开展了大规模技术改造，并增加对先进装备的投资。通过国内装备制造技术的升级和引进国际先进装备，纺织印染行业装备和技术水平明显提高。五年中，共进口国外先进设备 189 亿美元，占全行业设备投资总额的 50%，同期国产成套设备基本达到 20 世纪 90 年代国际水平；2004 年，棉纺行业中国际先进水平的装备比重已达到 50%，比“十五”初期提高 20 个百分点。精梳纱、无结头纱、无梭布的比重分别从 20%、40%、21%

提高到 2005 年的 25%、55%和 53%。

2001—2005 年，印染行业用于引进国外先进染整设备的投资 33 亿美元。我国现有 3 000 条左右的印染生产线，已有 50%左右达到 20 世纪 90 年代国际先进水平，其主要特点是小浴比、短流程，节能、节水、降耗、环保。

4. 纺织品服装内需市场持续增长

据统计，2000 年到 2005 年城镇和农村居民人均衣着类消费按照可比价格计算年均增长率分别为 11.9%和 8.0%。同期我国城镇人均衣着纤维消费量增加 75.3%；农村人均衣着纤维消费量增加 46.9%。按照预期目标，2010 年人均国内生产总值比 2000 年翻一番，那么“十五”后的 5 年国内人均衣着类纤维消费量仍将保持较快增加。

同时，家用纺织品随着城镇化进程的不断加快和旅游业的较快发展需求持续增长。据统计城市化水平每提高一个百分点，新增城市人口约为 1 500 万，从 2000 年到 2005 年，我国城镇化率从 36%增加到 43%，提高了 7 个百分点，“十一五”期间我国城镇化建设速度加快，家用纺织品需求总量将大幅增长。

我国汽车、建筑、卫生、水利、农业、交通、能源等相关产业的发展，将带动产业用纺织品消费的增长，预计 2010 年产业用纺织品纤维消费量将比 2005 年增加 200 多万 t。预计 2010 年，我国人均纤维消费量将从 2005 年的 13kg 增加到 18kg，接近目前发达国家的人均消费水平。

国内市场需求的稳步增长，已成为中国印染业发展的原动力。2000—2005 年，印染产品内需比重从 55%增加到 66.5%，2006 年，全国规模以上的印染企业产品内销占到 70.1%，比 2005 年增长了 3.6 个百分点，说明我国印染产品内需市场消费保持快速增长。

5. “十一五”期间纺织印染工业仍将维持较快速度的发展

从上述实事状况、发展趋势和纺织印染工业的“十一五”发展规划，可以预期“十一五”期间纺织印染工业仍将维持较快速度的发展。

纺织印染工业是我国在世界范畴内少有的优势产业之一，目前行业直接从业人员达到 2 000 多万，还有约 1 亿农民为纺织印染工业提供棉花、羊毛、蚕丝等原材料，纺织印染工业的发展关系到我国近 10%人口的生计。随着我国经济社会的发展和社会消费能力的提高，国内市场对纺织品的需求量必然会有更大幅度的增长。

纺织工业及印染行业“十一五”规划纲要中分别制定了纺织工业及印染行业“十一五”发展的规模目标，见表附 6-5 和表附 6-6。从表附 6-5、表附 6-6 可以看出，无论是纤维加工量或印染布产量、销售产值或工业总产值还是人均纤维消费量，规划中都有较高速度增长。

表附 6-5　　2010 年纺织工业总体规模目标

指标	2005 年	2010 年	年均增长/%	属性
纤维加工总量/万 t	2 690	3 600	6.0	预期性
人均纤维消费量/kg	13	18	6.7	预期性
劳动生产率/[万元/(人・a)]	5.11	8.50	10.7	预期性
销售产值/亿元	33 000	60 000	12.7	预期性
纺织品服装出口/亿美元	1 175	1 800	9.0	预期性
从业人数/万人	1 960	2 300	3.3	预期性
主要产品产量/万 t	化纤：1 629	化纤：2 400	化纤：8	预期性
	纱：1 440	纱：1 850	纱：5	

资料来源：中国纺织工业“十一五”规划纲要。

表附 6-6　　2010 年印染行业的总体规模目标

目标项目	印染布产量/亿 m		工业总产值/亿元		出口创汇/亿美元	就业人口/万人	劳动生产率/[万元/(人・a)]
	全社会	规模企业	全社会	规模企业			
目标值	670	510	2 346	1 805	135	62	12
平均增速/%	—	9	—	16	8	—	12

资料来源：中国印染行业“十一五”规划纲要。

（二）纺织印染工业废水排放量大，环境压力较大

1. 纺织印染工业废水排放量大

表附 6-1，表附 6-2 和表附 6-7 数据说明，2000 年以来，纺织印染工业在迅速发展的同时，环境压力也愈益突出。纺织印染行业排放的印染废水是我国工业系统中重点污染源之一。

根据国家统计局发布的数据，2001—2006 年纺织印染工业年废水排放量及占全国废水排放量的比重见表附 6-7。

由表附 6-7 的数据可以看出，自 2001 年以来，全国工业废水排放总量的年均增长率为 0.57%，2005 年出现拐点，但纺织工业废水排放量在过去 6 年中的年均增长率高达 9.03%，纺织印染工业废水排放量在全国工业废水排放总量中所占比重是逐年提高的。其中 2006 年纺织印染废水的排放量为 19.8 亿 t，居全国各行业第 4 位（前 3 位依次是造纸及纸制品业，37.4 亿 t；化学原料及化学制品制造业，33.6 亿 t；电力、热力的生产和供应业，21.7 亿 t；第 5 位是黑色金属冶炼及压延加工业，15.7 亿 t）。2007 年全国第一次污染源产排污系数调查结果显示，印染废水年排放总量可能会达到 23 亿～30 亿 t。

表附 6-7 2001—2006 年纺织印染工业废水排放状况

	2001 年	2002 年	2003 年	2004 年	2005 年	2006 年	年均增长/%
全国工业废水排放总量/万 t	2 026 282	2 071 885	2 122 527	2 211 424	2 159 779	2 080 440	0.57
纺织印染工业废水排放量/万 t	128 974	132 208	141 264	153 875	172 232	197 934	9.03
占全国工业废水总排放量比率/%	6.37	6.38	6.66	6.96	7.97	9.5	—
纺织印染工业废水排放达标率/%	91.64	93.73	93.05	94.96	96.36	92.48	—

资料来源：国家统计局。

2. 废水中污染物含量持续增加

除废水排放量持续增加外，废水中的污染物含量也呈逐年增加的趋势。由于纺织印染工业原材料、化学品品种繁多，更新速率加快，使纺织工业废水成分复杂，处理困难。例如，涤纶织物的碱减量废水浓度（COD）高达 2 万～8 万 mg/L，一般来讲，碱减量废水量只占涤纶印染加工企业废水总量的 5%左右，而 COD 负荷却高达 55%～65%。碱减量废水中主要污染物对苯二甲酸属难降解物，不论生化法或混凝沉淀法均难以处理，同时对苯二甲酸又是重要化工原料，每年有几十万吨流入地下水而造成大量浪费。近年来开发的“海岛丝”纤维，环境污染比碱减量更为严重。还有，由于织造速度提高，使棉纱上浆率由 6%～7%提高到 11%～13%，退浆废水中 COD 浓度高达 3 万～6 万 mg/L。并且为了提高浆膜的品质，现在多采用 PVA（20%左右）、淀粉（55%左右）和丙烯酸树脂混合浆，使退浆难度增大，浆料难以回收。PVA 等合成聚合物分子量的增大，严重降低了退浆废水的生化处理性能，如以往使用的 PVA 相对分子质量在 7 000 左右，现在所用的 PVA 相对分子质量高达 70 000～90 000，属于极难降解物质。

总体来看，在 20 世纪 80 年代，印染企业混合总废水 COD 约 800 mg/L， 90 年代约为 1 000 mg/L，2000 年后约为 1 500 mg/L，2007 年约为 2 000～3 000mg/L，个别企业废水中的 COD 甚至达到了 4 000 mg/L。2006 年纺织工业 COD 排放总量为 42.41 万 t，占全国的 8.6%。印染行业 COD 排放总量为 33.93 万 t，印染行业前处理废水的 COD 值约占印染行业 COD 排放总量的 60%，约为 20.36 万 t。

（三）节能减排降耗是纺织印染工业可持续发展的根本

1. 可持续发展

“可持续发展”的概念，最先于 1972 年在斯德哥尔摩举行的联合国人类环境会议上正式讨论。1987 年 4 月 27 日，世界环境与发展委员会发表了题为《我们共同的未来》的报告，提出了“可持续发展”的战略思想，确定了“可持续发展”的概念。所谓可持续发展，就是既满足当代人的需求，又不对后代人满足其需求的能力构成危害的发展。

1992 年 6 月联合国环境与发展大会通过的《里约环境宣言》强调，为了实现可持续发展，环境保护工作应是发展进程整体的一个组成部分，并将可持续发展定义为“既满足当代人需求又不危及后代人满足其需求能力的发展”。由此可见环境保护对可持续发展的重要性。

鉴于传统经济发展模式的弊端和教训，可持续发展战略的核心思想是在经济发展的同时注重保护资源和改善环境，使经济发展能够持续下去。可持续发展理论把环境保护作为极力追求和实现的最基本目的之一，是把经济增长和环境保护的矛盾转变为发展中的协调统一。环境保护是生产力健康发展和经济不断繁荣的必不可少的条件。

纺织印染加工过程是以水作为加工介质的，能耗、水耗量大，废水排放量多，废水中污染物含量高，与可持续发展的要求存在一定距离。降低水耗、能耗和污染物排放是纺织印染工业可持续发展的要素。

2. 纺织工业“十一五”发展规划纲要明确节能降耗减排指标

为建立健全纺织企业社会责任体系，规范行业市场竞争秩序，促进纺织工业实现全面、协调、可持续发展，纺织工业“十一五”发展规划纲要除明确产业发展规模外，还明确了纺织工业节能减排降耗指标（表附 6-8）。

表附 6-8　　2010 年纺织工业节能降耗减排指标

指标	2010 年	属性
节能指标	吨纤维耗电量比 2005 年降低 10%	约束性
降耗指标	单位产值的纤维使用量比 2005 年降低 20%，吨纤维耗水量比 2005 年降低 20%	约束性
环保指标	单位产值的污水排放量比 2005 年降低 22%	约束性

三、突出矛盾和问题分析

（一）常规产品恶性竞争，加工费用低

纺织印染企业普遍规模较小，企业人才储备差，缺乏自主创新能力，企业产品技术含量不高，缺乏特色产品和品牌。由于独立创新的风险大，企业不愿投入资金独立创新，业内模仿、跟风现象严重，一旦哪家企业产品走俏市场，另外的企业则立即模仿、复制，抢占单一市场，随之而来的是低水平的价格战。

企业在产品价格、数量、交货期等方面的无序竞争，尤其是价格与利润的向下竞争，直接导致行业竞争层次和水平低下。部分企业为了获取低价竞争的优势，为了企业生存，不得不偷工减料，采取低质低价化学品。恶性竞争的结果不仅造成产品附加值和企业效益的下滑，影响了行业整体水平的提升，更为严重的是低质低价化学品的使用使水资源和能源使用量及污染物排放量增加。

（二）生产经营成本不断提高

纺织印染工业生产经营成本的上升主要体现在以下几个方面：①能源、染化料助剂价格的大幅提高，人民币升值及出口退税政策的调整，使企业承受了很大的生产成本；②排放标准要求越来越高，处理成本增加，导致环保成本上升；③新劳动法的实施，使劳动力成本上升；④人们的消费向时尚化、个性化发展，相应地对纺织品提出了小批量、多品种和变化快的要求，导致企业订单量减小，增加了企业的生产成本。

一方面是企业生产经营成本的上升，另一方面是恶性竞争导致的加工费用低，使企业利润空间大大压缩，超过20%的企业处于亏损经营状态，企业污水偷排现象较为严重。

（三）产能过于集中，区域布局不合理

对纺织印染工业而言，污染较重的是染整行业。印染行业主要集中在沿海的浙江、江苏、广东、山东、福建 5 省，就印染总量而言，上述 5 省的印染量占全国的近 90%。2006 年上述 5 省印染布产量及分别占全国总产量的比重见表附 6-9。

表附 6-9 2006 年主要省市印染布生产情况

产地	浙江	江苏	广东	山东	福建	5 省合计	全国
产量/亿 m	226.6	59.9	32.1	41.3	29.2	389.1	430.3
占全国比重/%	52.7	13.9	7.5	9.6	6.8	90.4	100

上述地区印染布的产能还在快速发展，由于产能过于集中，污染物排放总量较大。例如绍兴县每天排放的印染废水达到 100 万 t，江苏某地 4km^2 内有 40 家印染厂，因此局部地区污染物排放总量超过环境承受能力，加上政策和管理上的一些问题，使局部地区污染严重。

在韩国釜山、日本大阪、意大利米兰等地，尽管染整企业较为集中，印染废水相对较大，但一般每天只产生几千吨到几万吨纺织印染废水，而其城市污水处理厂往往日处理能力在几十万吨、近百万吨，因此这些地区只要求对印染废水预处理到一定水平，即可排入城市污水处理厂进行处理，不会对周围环境造成危害。

（四）环保压力越来越大，企业危机感增强

1．产品环保要求越来越高

市场对纺织品生态性能和环境保护的要求越来越高，生态性能已经成为国际贸易中必须考察的内容。欧盟的 Oeko-Tex® standard 100、200、1000 文件和 REACH 规则以及 Eco-Lable 对我国纺织印染行业影响很大。

（1）Oeko-Tex®

Oeko-Tex® standard 100 由国际纺织生态学研究检测协会（International Association for Research and Testing in the Field of Textile Ecology）公布，规定纺织品（含服装）所含有害物质的限量标准。设计了 Oeko-Tex® standard 100 标记，有一种文字和多种文字两种。该协会对 Oeko-Tex® standard 100 的限制和标准有修订。

Oeko-Tex® standard 200 由国际纺织生态学研究检测协会公布，主要是纺织品、服装等物品上有害物质的测定方法，现有 14 项。

Oeko-Tex® standard 1000 由国际生态纺织品评价协会（International Association for the Assessment of Environmentally Friendly Textiles）公布，目标是对企业的生产场合和产品作环境绩效的评价。经审计符合文件规定的要求，发给标签。标签分生产场合和产品两种。产品得到该标签的前提是已通过 Oeko-Tex® standard 100 的鉴定。

（2）REACH 规则

2007 年 5 月 29 日欧盟公布了 REACH（Registration，Evaluation，and Authorisation and Restriction of Chemicals，化学品注册、评估和许可及限制）规则。2007 年 6 月 1 日 REACH 规则开始生效。这个规则起始于欧洲委员会 2001 年 2 月 7 日出台的《未来化学品战略》白皮书，目的是保护人类健康和防止化学品对环境的破坏。是至今对化学品最复杂和最严厉的规则。2008 年 6 月初，欧洲化学品管理局开始运转 REACH 的两个重点方面，即新化学品注册和当前在用化学品预注册（分阶段），进入实质性操作。

REACH 规则规定染料及化学品制造商、进口商和他们的顾主（下游用户），要作一系列关于最终产品中所用化学品安全性的声明和评估。REACH 规则针对所有化学品，每一个化学品都要有一份安全数据一览表（safety-data sheet）；Oeko-Tex® standard 100 则针对纺织成品上的有害物质。无论是 Oeko-Tex® standard 100 还是 REACH 规则，都对纺织工业中的染整加工带来很大的挑战。换言之，面对生态纺织品，染整加工是纺织工业生产链中任务最重的环节。

根据 REACH 规则的规定，欧盟委员会和欧洲化学品管理局（ECHA）将用 11 年的时间来实施这一计划，起止时间为 2006—2016 年。其时间执行表见表附 6-10。

表附 6-10　　REACH 规则实施计划

年份	名称	描述
2003—2005	过渡期	在该阶段，在委员会采用后进行工作直到规则生效，为在规则生效时有效和高效率地直接对新化学品进行立法管理，采用不同的预备措施
2006—2007	转换期（18 个月）	法规草案（第 131 条）预见到委员会在规则生效期间要代行完成管理局的职责直到这些职责完全过渡到管理局。在收到管理局执行主席表明管理局已经完成规则设定职责通知的两个月内，或规则生效（无论哪一个更早一些）18 个月内，委员会向管理局移交这些职责
2008—2016	管理局正常运作	根据法规第 73 条，管理局成为运行 REACH 制度的中心

（3）Eco-Lable

Eco-Lable 由欧盟委员会于 1992 年建立，属于政府行为。该体系建立的主要目的是推动欧盟各类产品的生产厂家进一步提高自己的生态保护意识，使其生产过程和最终产品都能符合生态标准。该体系涉及纺织品服装等 19 类产品。

目前，申请加贴 Eco-Lable 标签纯属生产厂家的自愿行为。由于该标签在纺织品服装领域发展得比较早，并且欧盟通过生态服装展等活动在该领域的宣传工作也做得比较到位，因此目前 Eco-Lable 在纺织服装领域的发展也最好。据统计，目前获得该标签的各类欧盟企业以纺织服装类最多，在纺织服装类企业中又以来自丹麦和法国的居多。

Eco-Lable 对纺织品原材料、纺织品生产加工过程及产品本身都提出绿色、环保要求。

根据欧盟理事会第 1980/2000 号法规所规定的程序，我国企业也可以根据自身情况向出口欧盟目的国的有关机构申请 Eco-Lable。

2. 纺织印染企业污染物排放标准越来越严

（1）1992 年版“纺织印染工业水污染物排放标准”指标要求低

2008 年以前，我国只有《纺织染整工业水污染物排放标准》（GB 4287—92）规定了纺织印染工业废水的排放要求，共规定了化学需氧量（COD）、生化需氧量（BOD_5）、色度、pH 值、悬浮物、氨氮、硫化物、六价铬、铜、苯胺类、二氧化氯 11 项指标。

该标准要求，1989 年 1 月 1 日之前立项的纺织印染工业建设项目及其建成投产的企业，污染物排放按照表附 6-11 执行。

表附 6-11　　1989 年 1 月 1 日之前立项建设的纺织印染企业排放标准

分级	最高允许排水量/（m^3/百米布）	最高允许排放浓度/（mg/L）									
		生化需氧量（BOD_5）	化学需氧量（COD_{Cr}）	色度（稀释倍数）	pH 值	悬浮物	氨氮	硫化物	六价铬	铜	苯胺类
Ⅰ级	2.5	60	180	80	6～9	100	25	1.0	0.5	0.5	2.0
Ⅱ级		80	240	160	6～9	150	40	2.0	0.5	1.0	3.0
Ⅲ级		300	500	—	6～9	400	—	2.0	0.5	2.0	5.0

1989 年 1 月 1 日至 1992 年 6 月 30 日之间立项建设的纺织印染企业执行表附 6-12 的标准。

表附 6-12　　1989 年 1 月 1 日—1992 年 6 月 30 之间立项建设的纺织印染企业排放标准

分级	最高允许排水量/（m^3/百米布）	最高允许排放浓度/（mg/L）									
		生化需氧量（BOD_5）	化学需氧量（COD_{Cr}）	色度（稀释倍数）	pH 值	悬浮物	氨氮	硫化物	六价铬	铜	苯胺类
Ⅰ级	2.5	30	100	50	6～9	70	15	1.0	0.5	0.5	1.0
Ⅱ级		60	180	100	6～9	150	25	1.0	0.5	1.0	2.0
Ⅲ级		300	500	—	6～9	400	—	2.0	0.5	2.0	5.0

1992 年 7 月 1 日后立项建设的纺织印染企业，执行表附 6-13 的规定。

表附 6-13　　1992 年 7 月 1 日之后立项建设的纺织印染企业排放标准

分级	最高允许排水量/（m^3/百米布）		最高允许排放浓度/（mg/L）										
	缺水区	丰水区	生化需氧量（BOD_5）	化学需氧量（COD_{Cr}）	色度（稀释倍数）	pH 值	悬浮物	氨氮	硫化物	六价铬	铜	苯胺类	二氧化氯
Ⅰ级	2.2	2.5	25	100	40	6～9	70	15	1.0	0.5	0.5	1.0	0.5
Ⅱ级			40	180	80	6～9	100	25	1.0	0.5	1.0	2.0	0.5
Ⅲ级			300	500	—	6～9	400	—	2.0	0.5	2.0	5.0	0.5

该标准要求相对偏低，对目前的企业缺乏约束作用。随着纺织印染工业废水排放的环境负荷越来越重，国家对该标准进行了修订。

（2）“纺织印染工业水污染物排放标准”修订版指标严格

由于《纺织染整工业水污染物排放标准》（GB 4287—92）要求低，2007 年国家环保总局对该标准进行了修订，2008 年形成征求意见稿，修改后的标准规定，在普通地区，水污染物的排放限值具体指标如表附 6-14 和表附 6-15 所示。在国土开发密度已经较高、环境承载能力开始减弱，或环境容量较小、生态环境脆弱，容易发生严重环境污染问题而需要采取特别保护措施的地区，应严格控制企业的污染物排放行为，在上述地区的企业执行表附 6-16 规定的水污染物特别排放限值。欧美部分发达国家纺织印染工业污染物排放标准见表附 6-17。

表附 6-14　　现有纺织印染企业水污染物排放限值　　单位：mg/L，pH、色度除外

序号	污染物项目	排放限值	污染物排放监控位置
1	pH 值	6～9	企业污水处理设施总排放口
2	化学需氧量	100	企业污水处理设施总排放口
3	生化需氧量	25	企业污水处理设施总排放口
4	悬浮物	70	企业污水处理设施总排放口
5	色度（稀释倍数）	80	企业污水处理设施总排放口

序号	污染物项目	排放限值	污染物排放监控位置
6	氨氮	15	企业污水处理设施总排放口
7	总氮	20	企业污水处理设施总排放口
8	总磷	1.0	企业污水处理设施总排放口
9	二氧化氯	0.5	企业污水处理设施总排放口
10	硫化物	1.0	企业污水处理设施总排放口
11	六价铬	0.5	企业污水处理设施总排放口
12	苯胺类	1.0	企业污水处理设施总排放口
单位产品基准排水量/（m^3/t 产品）		250 (1)	排水量计量位置与污染物排放监控位置相同

注（1）：织物的重量与织物的长度、幅宽、厚度有关，可按照 FZ/T 01002—91 中附录 B 的规定进行折算。

表附 6-15　　新建纺织印染企业水污染物排放限值　　单位：mg/L，pH、色度除外

序号	污染物项目	排放限值	污染物排放监控位置
1	pH 值	6～9	企业污水处理设施总排放口
2	化学需氧量	80	企业污水处理设施总排放口
3	生化需氧量	20	企业污水处理设施总排放口
4	悬浮物	60	企业污水处理设施总排放口
5	色度（稀释倍数）	60	企业污水处理设施总排放口
6	氨氮	12	企业污水处理设施总排放口
7	总氮	15	企业污水处理设施总排放口
8	总磷	0.5	企业污水处理设施总排放口
9	二氧化氯	0.5	企业污水处理设施总排放口
10	硫化物	不得检出	企业污水处理设施总排放口
11	六价铬	不得检出	企业污水处理设施总排放口
12	苯胺类	不得检出	企业污水处理设施总排放口
单位产品基准排水量/（m^3/t 产品）		210 (1)	排水量计量位置与污染物排放监控位置相同

注（1）：织物的重量与织物的长度、幅宽、厚度有关，可按照 FZ/T 01002—91 中附录 B 的规定进行折算。

表附 6-16　　特殊地区现有和新建纺织染整企业水污染物特别排放限值

单位：mg/L，pH、色度除外

序号	污染物项目	排放限值	污染物排放监控位置
1	pH 值	6～9	企业污水处理设施总排放口
2	化学需氧量	60	企业污水处理设施总排放口
3	生化需氧量	15	企业污水处理设施总排放口
4	悬浮物	20	企业污水处理设施总排放口
5	色度（稀释倍数）	40	企业污水处理设施总排放口
6	氨氮	10	企业污水处理设施总排放口
7	总氮	12	企业污水处理设施总排放口
8	总磷	0.3	企业污水处理设施总排放口
9	二氧化氯	不得检出	企业污水处理设施总排放口

序号	污染物项目	排放限值	污染物排放监控位置
10	硫化物	不得检出	企业污水处理设施总排放口
11	六价铬	不得检出	企业污水处理设施总排放口
12	苯胺类	不得检出	企业污水处理设施总排放口
单位产品基准排水量/（m^3/t 产品）		210 [1]	排水量计量位置与污染物排放监控位置相同

注（1）：织物的重量与织物的长度、幅宽、厚度有关，可按照 FZ/T 01002—91 中附录 B 的规定进行折算。

表附 6-17　　国外纺织染整工业水污染物排放标准　　单位：mg/L

	国内外相关标准	COD_{Cr}	BOD_5	悬浮物	总氮	总磷	氨氮	亚硫酸盐	色度	硫化物	苯酚	总铬
日本 [1]	国家标准	120	120	150	60	8					5	2
	琵琶湖标准　现有企业	30	20	70	8	0.8						
	琵琶湖标准　新建企业	20	15	70	8	0.5					1	0.1
德国 [2]	纺织制造和织物整理	160	25		20	2	10	1		1		0.5
	洗毛厂	150	10		30	2						
欧盟 [3]	一般地区	125	25	35								
	敏感地区	125	25	35	10	1						
	BAT 排放现状	12～250	1～18	10～20		0.2～1.5						0.004～0.05
美国 [4]（BPT 标准）	洗毛废水	140	10	30							0.1	0.1
	整理废水	160	20	35							0.14	0.14
	织物整理废水	60	5	20							0.1	0.1

注：

（1）National Effluent Standards，见 http：//www.env.go.jp/en/water/wq/nes.html。
适用于排水量 1 000m^3/d 以上的企业，见《滋贺县琵琶湖环境保全施策》，中山直编著．北京：日本国际协力机构（JICA），2004：33-35。

（2）见 Ordinance on Requirements for the Discharge of Waste Water into Waters，Federal Ministry for the Environment，Nature Conservation and Nuclear Safety，Germany；
Appendix 38一纺织制造和织物整理的废水排放标准和 Appendix 57一洗毛厂的废水排放标准。

（3）见欧盟指令《Council Directive of 21 May 1991，concerning urban waste water treatment》（91/271/EEC）；
见 Reference document on Best Available Techniques for the Manufacture of Organic Fine Chemicals，European Commission，Integrated Pollution Prevention and Control。

（4）美国为 kg/kkg 产品排放标准，采用平均排水量 1 000m^3/t。见 Part 410—Textile Mills Point Source Category，Code of Federal Regulations。美国国家环境保护局公布的最佳实用技术（BPT），应用 NSPS 治理洗毛废水、毛整理废水和织物整理废水排放状况。
其中，洗毛废水：COD_{Cr}138kg/kkg 羊毛，$BOD_5$10.6 kg/kkg 羊毛，悬浮物 32.2 kg/kkg 羊毛，苯酚 0.10 kg/kkg 羊毛，总铬 0.10 kg/kkg 羊毛；
整理废水：COD_{Cr}163kg/kkg 纤维，$BOD_5$22.4kg/kkg 纤维，悬浮物 35.2 kg/kkg 纤维，苯酚 0.14 kg/kkg 纤维，总铬 0.14 kg/kkg 纤维；
织物整理废水：COD_{Cr}60kg/kkg 产品，$BOD_5$5 kg/t 产品，悬浮物 21.8 kg/kkg 产品，苯酚 0.10 kg/kkg 产品，总铬 0.10 kg/kkg 产品。

分析表附 6-14、表附 6-15、表附 6-16 和表附 6-17 中的数据，可以发现我们的排放标准，特别是特殊地区的排放标准，已经超过部分欧美国家的标准。但欧美标准除规定了废水中污染物排放标准外，还有一些其他特殊的规定，例如，《德国水污染物排放标准》附录 38，除规定德国纺织制造和织物整理企业废水排放点的排放标准外（表附 6-17），对产污点的废水也有要求，产污点的废水中不可含有：有机氯化物、含氯漂白物（亚氯酸钠除外）、游离氯、砷、汞以及它们的混合物、烷基酚（APEO）化合物、含 Cr^{6+}化合物、EDTA、DTPA 和磷酸酯及具有累积作用的染化料、助剂等。对于洗毛厂产污点废水要求不可含有氯和产氯化合物，这一要求被认为是可以提供证明没有使用氯和产氯化合物。美国对各种不同的纺织印染企业如毛型印染企业、棉型印染企业、无纺布企业等都有不同的规定。在这一点上，我们的排放标准不如欧美发达国家科学合理。

其实在目前，我国的纺织印染企业的水污染物排放标准并非越严越好，特殊地区的纺织印染企业水污染物的排放标准太过严厉，必然导致部分企业向中西部转移，由于中西部经济基础、治理技术等方面存在差距，纺织印染企业的西移将加重我国环境的污染。

四、战略指导思想

（一）确立“可持续发展”战略，明确环境保护和节能减排目标

1. 中国 21 世纪初可持续发展行动纲要

1996 年 3 月第八届全国人民代表大会第四次会议批准的《国民经济和社会发展“九五”计划和 2010 年远景目标纲要》，把可持续发展作为一条重要的指导方针和战略目标，并明确作出了中国今后在经济和社会发展中实施可持续发展战略的重大决策，还具体提出了可持续发展各领域的阶段目标。

2003 年，在国家发展和改革委员会、科学技术部以及相关部门的大力推动下，我国成立了由多部门组成的全国推进可持续发展战略领导小组，编制了《中国 21 世纪初可持续发展行动纲要》。这是进一步推进我国可持续发展的重要政策文件。根据纲要，我国在经济发展、社会发展、资源保护、生态保护、环境保护、能力建设六大领域推进可持续发展。

2. 中国节水、节能技术政策大纲

2005 年 4 月 21 日，国家发展改革委、科技部、水利部、农业部联合发布《中国节水技术政策大纲》。《大纲》以 2010 年前推行的节水技术、工艺和设备为主，相应考虑中长期的节水技术。

2006 年 9 月，国家发展和改革委员会、科学技术部发布《中国节能技术政策大纲》（征求意见稿）。《大纲》从我国实际情况出发，根据节能技术的成熟程度、成本和节能潜力，采用“研究、开发”，“发展、推广”，“限制、淘汰、禁止”等措施，规范节能技术政策。《大纲》以 2010 年前推行的节能技术为主，相应考虑中长期节能技术的研发。

3. 纺织工业“十一五”发展纲要

《全国纺织工业“十一五”发展纲要》中，将节能降耗作为行业发展目标，明确提出：到“十一五”末，低效率、高能耗、高污染的低水平初加工能力要得到有效限制和淘汰，节能降耗、环境保护取得实质性进展。

该纲要提出的十一项发展指标中，有三项约束性指标，全部为环境和能源指标。

节能指标：吨纤维耗电量比 2005 年降低 10%。

降耗指标：单位产值的纤维使用量比2005年降低20%；吨纤维耗水量比2005年降低20%。

环保指标：单位产值的污水排放量比 2005 年降低 22%。

4. 印染行业准入条件

2007 年国家发展和改革委员会制定《印染行业准入条件》，从区域布局、技术装备水平与质量管理、能源资源利用水平、污染物治理、监督管理等方面对新建印染行业进行规范，并规定现有印染企业必须通过技术改造等手段，在 2010 年达到准入条件的要求。

（二）利用法律手段规范企业行为，促进节能降耗减排工作

“九五”以来，我国政府通过颁布法律、出台政策、制定标准等各种方法，来规范企业减污治污的生产行为，促进节能降耗减排工作。据统计，国家先后颁布了《中华人民共和国清洁生产促进法》等 14 部环境保护法律法规，发布与纺织印染相关的环境保护标准 139 项。这些法律文件的颁布，把环境保护、防治污染提高到法定行为的高度，成为企业和公民的行为规范，使环境治理和保护成为法定义务。

除了法律文件外，国家有关部门还分别通过推广清洁生产技术、调整产业结构、发布节能产品目录、强化项目环境评价、实施污染物排放许可证制度和有偿排放，以及加大违法、违规排放的行政处罚力度，促进节能降耗减排工作。据统计，国家各有关部门制定和发布的环境保护、节能降耗减排政策有：

① 建设项目的环境影响评价。

② 固定资产投资项目节能评估和审查。

③ 加快推进产能过剩行业结构调整，推广国家先进污染防治示范技术和国家鼓励发展的环境保护技术。

④ 实行污染物排放许可证管理办法，用经济手段进行强化管理。

（三）开展清洁生产审核，变末端治理为源头防治

全国人大常委会 2002 年 6 月 29 日发布并实施了《中华人民共和国清洁生产促进法》，

鼓励行业和企业采用先进技术和加工装置，降低能耗、水耗和污染物的排放。

2004 年 8 月 16 日，国家发展和改革委员会和国家环境保护总局颁布《清洁生产审核暂行办法》，规定对国内所有从事生产和服务活动的单位开展清洁生产审核，按照一定程序，对生产和服务过程进行调查和诊断，找出能耗高、物耗高、污染重的原因，提出减少有毒有害物料的使用、产生，降低能耗、物耗以及废物产生的方案，进而选定技术经济及环境可行的清洁生产方案。

1. 促进纺织印染废水治理技术的发展

（1）制定印染废水治理的技术路线

2001 年由国家环境保护总局和国家发展和改革委员会联合发布了印染废水处理的技术路线，用于指导我国印染行业的废水治理。该技术路线根据印染废水的特性，总结我国印染行业近 30 年来废水治理的经验，经过技术比较后提出，符合我国印染行业实际状况。

该技术路线首先对印染废水进行预处理，然后再采用以生物治理为主、以物化处理为辅的综合治理路线，这也符合印染行业实际情况。该路线适宜各类印染废水治理，根据纤维种类，所使用染料和助剂品种，其流程中各单元的设计参数可以不尽相同。在选择合理设计参数的情况下，上述的治理流程可满足国家纺织染整污水排放标准 COD≤100 mg/L，色度≤50（倍）的要求。

该项技术路线在“十五”期间得到推广应用，并将在“十一五”期间继续指导印染行业废水治理。

（2）废水再回用的研究与应用

由于纺织品的印染加工是以湿法加工为主，水作为媒介参与生产过程，水质优劣直接影响产品品质。为了节约用水，除了尽量降低产品加工过程中的用水量以外，还必须增加中水回用，实现废水资源化利用。

提高废水处理后回用比例，较好的方法是废水先进行清浊分流，对轻污染废水进行深度回用处理，从技术和经济上均较合理。

（3）印染工业园区废水集中处理及生态园区示范建设

① 印染工业园区。

近几年，很多城市在进行规划改造时，将印染企业进行整体规划，集中搬迁建设，并对各企业排放的废水进行统一规划，统一治理，采用较完整的治理工艺和实用先进的设备和仪器，并用较高素质的运行管理人员，以保证系统稳定实现达标排放。废水实行集中化运营管理后可通过网络平台与环保部门联网，从而加强监督管理。

② 生态工业园区。

根据 2006 年国家环境保护总局发布的《综合类生态工业园区标准（试行）》（HJ/T 274—2006）、《行业类生态工业园区标准（试行）》（HJ/T 273—2006）和《静脉产业类生态工业园区标准（试行）》（HJ/T 275—2006），遵循循环经济的理念，我国将由传统的经济开发区和高新技术开发区经过工业园区发展到生态工业园区。生态工业园区强调经济、环境和社会功能的协调和共进，是社会层面推进循环经济的基础，真正体现了以环境优化经济增长。

生态工业园区有以下特点：

- 在企业层面推进资源节约和高效利用，减少污染物的产生和排放；
- 在园区层面完善生态工业网络构建，促进产业结构生态化；
- 通过静脉产业类生态工业园区创建，实现废物再利用和资源化产业集群化。

2. 印染产品废水排放标准的分类制定

对于纺织印染加工过程的废水治理，除国家《污水综合排放标准》（GB 8978—1996）外，纺织印染行业也有《纺织染整工业水污染物排放标准》（GB 4287—1992），该标准对各类纺织印染产品废水排放均采用同一标准。但该标准由于制定时间较早，其各项指标不如《污水综合排放标准》严格。

为了适应形势发展的需要，保证环境质量的不断改善，加强监督管理，国家环境保护总局已于 2005 年下达细化现有工业行业排放标准的任务，对纺织印染行业，须将原来的《纺织染整工业水污染物排放标准》（GB 4287—1992），按使用原料和生产工艺细分为棉纺印染行业、毛纺染整行业（含洗毛业）、丝绸印染行业、麻纺印染行业（含麻脱胶业）四个排放标准。标准中将包括产品的生产过程、清洁生产工艺、废水来源、水质水量、治理的工艺技术路线、治理单元的具体设计参数、技术经济分析及污泥的处理与处置等内容。该标准的制定将有利于行业建设项目的环境影响评价、企业发展规划、区域发展规划的制定以及监督部门的监督、考核等，可操作性较强。各地根据实际情况，也有相应的标准发布。

（四）加强法制，科学规划产业布局

1. 加强宣传和培训，树立环境保护人人有责的理念

国家《宪法》明确规定：“国家保护和改善生活环境和生态环境，防治污染和其他公害。”自 1949 年新中国成立以来，全国人民代表大会及其常务委员会制定了环境保护法律 9 部、自然资源保护法律 15 部。

1996 年以来，国家制定或修订了包括水污染防治、海洋环境保护、大气污染防治、环境噪声污染防治、固体废物污染环境防治、环境影响评价、放射性污染防治等环境保护法律，以及水、清洁生产、可再生能源、农业、草原和畜牧等与环境保护关系密切的法律；国务院制定或修订了《建设项目环境保护管理条例》、《水污染防治法实施细则》、《危险化学品安全管理条例》、《排污费征收使用管理条例》、《危险废物经营许可证管理办法》、《野生植物保护

条例》、《农业转基因生物安全管理条例》等 50 余项行政法规；发布了《关于落实科学发展观加强环境保护的决定》、《关于加快发展循环经济的若干意见》、《关于做好建设资源节约型社会近期工作的通知》等法规性文件。国务院有关部门、地方人民代表大会和地方人民政府依照职权，为实施国家环境保护法律和行政法规，制定和颁布了规章和地方法规 660 余件。

已建立国家和地方环境保护标准体系。国家环境保护标准包括国家环境质量标准、国家污染物排放（控制）标准、国家环境标准样品标准及其他国家环境保护标准；地方环境保护标准包括地方环境质量标准和地方污染物排放标准。截至 2005 年底，国家颁布了 800 余项国家环境保护标准，北京、上海、山东、河南等省（市）共制定了 30 余项环境保护地方标准。

为加强环保宣传教育，国家制定《全国环境宣传教育行动纲要（1996—2010 年）》和《2001—2005 年全国环境宣传教育工作纲要》。2001 年开始实施的第四个五年普法规划，把环境保护法律法规的宣传教育作为全民法制宣传教育的重要内容，并把环境保护法律法规纳入年度法制教育计划。近年来国家发布的环境保护法规见表附 6-18。

表附 6-18　　近年来国家发布的环境保护法规

序号	法规名称	颁布时间	实施时间	颁布机关	备注
1	中华人民共和国环境保护法	1989-12-26	1989-12-26	全国人大常委会	
2	中华人民共和国清洁生产促进法	2002-06-29	2003-01-01	全国人大常委会	
3	中华人民共和国环境影响评价法	2002-10-28	2003-09-01	全国人大常委会	
4	中华人民共和国水污染防治法（1996 年修正）	1984-05-11	1984-11-01	全国人大常委会	修改时间：1996-05-15
5	中华人民共和国节约能源法	1997-11-01	1998-01-01	全国人大常委会	
6	中华人民共和国固体废物污染环境防治法	1995-10-30	1996-04-01	全国人大常委会	
7	中华人民共和国水法	2002-08-29	2002-10-01	全国人大常委会	
8	中华人民共和国海洋环境保护法	1999-12-25	2000-04-01	全国人大常委会	
9	中华人民共和国大气污染防治法	2000-04-29	2000-09-01	全国人大常委会	
10	中华人民共和国环境噪声污染防治法	1996-10-29	1997-03-01	全国人大常委会	
11	中华人民共和国防治陆源污染物污染损害海洋环境管理条例	1990-05-25	1990-08-01	国务院	
12	中华人民共和国水污染防治法实施细则	2000-03-20	2000-03-20	国务院	
13	淮河流域水污染防治暂行条例	1995-08-08	1995-08-08	国务院	
14	中华人民共和国资源税暂行条例		1994-01-01	国务院	[1993]139 号

对于纺织工业，结合本行业的特点组织职工学习国家的有关法律和法规；举办绿色纺织工业论坛、纺织工业环境文化节等系列活动，进行环境知识培训，引导本行业的职工参与讨论环境问题，形成“人人参与、共创绿色家园”的社会氛围。

2. 严格执行法律、法规

近年来，国家连续对环境保护、大气污染防治、水污染防治、固体废物污染环境防治等法律实施情况进行检查，推动重点地区污染治理。国家刑法还对破坏环境资源罪有专门规定。国家颁布《环境保护违法违纪行为处分暂行规定》，建立起环境保护行政执法责任制度，并连续三年开展整治违法排污企业、保障公民健康环保专项行动，依法查处 7.5 万多起环境违法案件，取缔关闭违法排污企业 1.6 万家，对 1 万多个环境污染问题实行挂牌督办。国家还开展矿山生态环境保护和海洋环境保护专项执法检查，依法处理多起违法行为。

对于纺织行业应结合行业特点，在污水排放、有机废气和固体废弃物处理等方面加大监管和执法力度。

3. 科学规划、合理布局

利用纺织印染工业结构调整的契机，根据资源、能源状况和市场需求情况，科学规划纺织印染工业的发展。在缺水地区要严格限制印染企业的建设，在水源相对充足的地方建设印染企业，鼓励建设相对集中的印染或化工园区，集中供热、集中“三废”处理。根据环境承载能力的要求，方圆 50km 范围内，新建印染企业总生产能力不宜超过 10 亿 m（梭织物）或 20 万 t（针织布或纱线）。

五、重大战略任务、目标、措施及建议

（一）加快纺织印染清洁生产技术开发及推广

随着科技的进步，人们逐渐认识到，单纯依靠末端治理不能解决纺织印染工业对环境的污染问题，通过清洁生产技术的采用，逐步减少末端治理的负担成为趋势。

1. 生态纺织品

随着社会的发展和公众环保意识的增强，纺织品的安全性和纺织品生产过程所造成的环境污染问题越来越得到公众的重视。从 20 世纪 70 年代美国就开始关注纺织工业对环境的危害，80 年代美国联邦政府相继制定了一系列环境法规，对工业界的环境问题进行规范。在 80 年代，欧洲普遍认识到环境污染会对人类健康带来影响，1989 年奥地利维也纳纺织研究院的 W. Herzog 建立了一套测定纺织品上有害物质的标准，颁布了第一部关于纺织生态学的标准——奥地利纺织标准 ÖTN100，该标准首次规定了纺织品上有害物质的测试规范和极限值。1992 年 W. Herzog 与德国海恩斯坦研究院的 J. Mecheels 合作，将 ÖTN100 转变为 Oeko-Tex®standard 100，该标准的颁布标志着纺织生态学的诞生。

纺织生态学主要包括纺织品生产生态学、纺织品消费生态学和纺织品处理生态学三部分，是研究纺织品在生产、消费、废弃整个过程中对人类和自然环境影响的学科。

具体来讲，纺织生态学的研究重点有以下几个方面：

- 生态纤维的研究；
- 纺织品生态加工技术的研究；
- 加工过程对人和生态环境影响的研究；
- 废弃纺织品处理生态学的研究；
- 纺织生态学的理论与标准研究。

根据纺织生态学的定义，纺织品具有生态性（即生态纺织品）必须符合四个基本前提和四个基本环节。

四个基本前提是：

- 资源可再生，可重复利用；
- 生产过程对环境无污染；
- 在穿着和使用过程中对人体没有危害；
- 废弃后能在自然环境中降解，不会对环境构成污染。

四个基本环节是：

- 纺织纤维的种植（或生产）是生态性的；
- 纺纱、织布必须利用生态加工技术；
- 漂染、印花和整理必须是生态（或环保）加工技术；
- 服装加工过程必须注重清洁生产管理。

片面强调其中的某一方面，不能代表纺织品真正具有生态性，只有同时满足上述四个基本前提和四个基本环节，生产出来的纺织品才称得上是生态纺织品（或绿色纺织品、环保纺织品）。

2. 纺织印染清洁生产技术

为使纺织品符合生态纺织品的要求，纺织品的清洁生产技术的研究开发、推广应用至关重要。要研究开发及需推广应用的纺织印染行业主要清洁生产技术有：

（1）前处理技术

① 可溶性淀粉经纱上浆技术。

由于织造速度提高，使棉纱上浆率由 6%～7%提高到 11%～13%，退浆废水中 COD_{Cr} 浓度高达 3 万～6 万 mg/L。并且，为了提高浆膜的品质，现在多采用 PVA（20%左右）、淀粉（55%左右）和丙烯酸树脂混合浆，使退浆难度增大，浆料难以回收。另外由于合成聚合物的相对分子量越来越高，使废水处理难度也大大提高。

为了降低退浆工序的能耗和对环境的污染，可溶性淀粉经纱上浆技术的开发是关键。重点是通过分子设计，在保证淀粉浆膜品质的基础上，赋予淀粉适当的水溶性，能够在热水中完成退浆。

② 生物酶技术用于麻脱胶、棉前处理。

随着生物技术的发展，棉织物酶退浆和麻的酶脱胶等前处理工艺技术在纺织工业界得到广泛的应用。与碱的前处理相比，酶的前处理用水少（约为碱处理的一半），处理液中的污染物少（其废水中 COD、BOD 值比碱处理少 50%～75%），并且节约了蒸汽和用水量，降低了废水处理负担。

酶用于纤维素纤维织物的精炼，精炼后织物的吸水性略差一些，并且对棉籽壳等杂质的去除效果差，生物酶精炼工艺尚未推广应用。

③ 高效短流程前处理技术。

织物前处理工序在染整生产过程中是个基础工序，它对稳定和提高后道工序（染色、印花等）的产品质量起着重要作用。由于前处理工序的能耗在纺织品印染加工总能耗中所占比例接近 50%，同时该工序产生的污水对环境污染的影响很大，研究开发高效低耗的短流程前处理清洁生产新工艺对纺织印染工业的节能降耗作用重要。

高效短流程前处理技术的关键是生物酶类等高效前处理化学用剂、精密自动控制装备和新型生产工艺。

（2）染色与印花技术

① 高上染率高固色率活性染料染色技术。

活性染料由于其色泽鲜艳、色谱齐全、染色牢度高等优点，被广泛应用于纤维素纤维等织物的染色。但由于活性染料的吸尽率不高、固色率也不高，使活性染料的利用率只有 40%～65%。为洗除织物上未固色的染料，要耗费大量的水资源，大量未被利用的染料增加废水中的 COD，使废水难以处理。

提高活性染料的上染率和固色率，可显著降低活性染料染色废水中的 COD，节约大量的洗涤用水。提高活性染料上染率的主要措施是增大活性染料的分子结构，增加染料分子与纤维素纤维的亲和力。提高活性染料固色率的方法主要是增加活性染料中的活性剂含量和引入新的活性剂等。

② 湿短蒸染色技术。

活性染料的短流程湿蒸染色技术就是采用湿蒸工艺，对纯棉或以棉为主的多组分织物进行染色的方法。湿蒸染色法是一种新的染色方法，染色时间只有 2min。与活性染料常规轧蒸工艺相比，其固色率提高 10%～20%，节约染料 13%左右；同时节省能源 15%以上，正品率可提高 5%～10%。由于固色率的提高，可节约洗涤用水。

③ 冷轧堆染色技术。

冷轧堆染色是指织物在低温下通过浸轧染液和碱液，利用轧辊压轧使染液吸附在纯棉织物纤维表面，然后进行打卷堆置，在室温下堆置一定时间（键合时间）并缓慢转动，使之完成染料的吸附、扩散和固色过程，最后水洗完成上染的染色方式。

冷轧堆染色技术的优点是设备简单，投资少，占地面积小，生产效率高，上染、固色都在室温下完成，固色率高，水解染料少，清洗容易，可大大节约水、气能源，缓解污水脱色压力，并且染料的渗透性都极佳，产品色光更纯正。该技术的缺点是用于轻薄织物的染色时尚存在接头印等问题，在轻薄织物的染色中还未得到推广。

④ 超临界二氧化碳流体染色。

超临界流体染色由德国科学家首先提出并进行研究，随后美国、日本、韩国等国家以及我国大陆和台湾地区都投入了大量的人力和经费进行这方面的研究。超临界流体染色技术用于分散染料染涤纶等合成纤维，上染速率快，匀染、透染和重现性好，染色过程短。该技术最大的特点是无水加工和零排放：染色过程不用水，无废水排放，CO_2 气体和染料可以循环利用。超临界流体染色被认为是极具发展前途的未来加工模式。

⑤ 高品质涂料染色、印花。

涂料染色和印花由于其对纤维无选择性及其工艺简短、拼色方便、节能节水、低成本等优点，被广泛用于棉、麻、丝及其混纺织物，用于替代原有的活性、直接、还原、分散等染料染色流程长、消耗大、染化料成本高的传统染色工艺。在旅游用品、装饰用布、家具织物、工业用布、水洗、砂洗服装布、线带织物等方面有广阔市场。

影响涂料染色和印花最重要因素是黏合剂品质。黏合剂的品质决定着产品的色牢度、织物手感、设备黏辊等问题。

⑥ 喷墨印花、静电印花。

a. 喷墨印花。

20 世纪 90 年代中后期以来，荷兰、瑞士、日本、美国、意大利、中国等国家的一些印染机械企业将信息网络技术、CAD 技术、精密机械技术、精细化工技术等相关高新技术应用到纺织机械领域，开发了机电一体化印花技术——数码喷墨印花技术，这是一次纺织印染技术的革命。喷墨印花技术的主要优点有：a）印花精度高；b）无须制板、批量灵活、交货速度快；c）易实现电子商务；d）无染料和助剂的废弃和浪费，无污水排放；e）占地面积小，生产场地投资小。

数码喷墨印花作为一种新技术，其印花速度低和生产成本高是制约其发展的两个最主要的因素。

b. 静电印花。

静电印花技术是日本京都、理光等四家公司共同研制的 21 世纪的印花技术。静电电子印花具有效率高、流程短、成本低、环境污染小等优点，是生态纺织品印花首选的印花方法。与喷墨印花相比，静电印花装置不使用喷嘴，运转率比喷射印花高 20%以上，清晰度为 720 dpi，生产速度是喷墨印花机的 50 倍，而每平方米所需染料、油墨的价格则为喷墨印花的 1/200，被誉为日本 21 世纪新型印花装置的代表，它将带来 21 世纪全球印花工艺的极大变革。

⑦ 微胶囊染色技术。

微胶囊分散染料染色属于低污染排放染色技术，是由我国开发的具有自主知识产权的技术，目前正在进行产业化实验。该技术将分散染料包覆在微胶囊中，利用微胶囊结构，在水中控制释放分散染料，实现涤纶织物的“饥饿”染色，可免除涤纶纤维织物染色后的还原清洗过程，实现节水、节能 50%以上。染色后废水经简单过滤便澄清透明，COD 小于 100mg/L，可作为中水直接回用。

（3）功能整理技术

① 超低甲醛、无甲醛功能整理技术。

纺织品的耐久压烫功能整理是纺织品上甲醛的主要来源，目前国内外市场用于纺织品耐久压烫整理的主要助剂是低甲醛或超低甲醛树脂整理剂，如醚化 2D 树脂。由于纺织品上的甲醛对消费者存在潜在致癌的危害，世界各国都制定标准限定纺织品服装上的甲醛含量。

随着市场上对棉织物的无甲醛耐久压烫整理技术需求的增长，无甲醛整理剂已开始在工业界应用。这些整理剂主要有乙二醛-酰胺类化合物、多元羧酸类化合物、双羟乙基砜类化合物、环氧类化合物等；其中乙二醛-酰胺类化合物、多元羧酸类化合物和双羟乙基砜类化合物整理棉织物可以获得良好的耐久压烫性能。

② 微、纳米材料功能整理技术。

目前纺织品的功能整理基本都是采用有机化合物，而利用无机微、纳米材料代替有机化合物，赋予纺织品特殊的功能性，具有用量少、对环境危害少等优点，是目前的主要发展方向之一。

目前，国内外已利用有关的纳米微粒，使之稳定地分散在涤纶或其他合纤的纺丝液中，然后纺出功能合成纤维。

在印染和后整理方面，则采用涂层、浸轧或溶胶-凝胶、在位生长等方法，将无机微、纳米材料施加在纤维表面，使天然纤维或普通化纤也具有不同的功能性，如抗菌、防臭和消臭、防紫外线、远红外反射或吸收红外线、电磁屏蔽、拒水拒油等。其中溶胶-凝胶技术和在位生长技术是未来的发展方向。

（4）等离子体、激光、紫外光等物理方法的应用

① 等离子体的应用。

近年来等离子体技术在纺织印染行业上的应用迅速发展。等离子体技术有低温等离子体技术和常压等离子体技术两种。低温等离子体技术在纺织印染行业的应用是 21 世纪染整技术发展的主要方向之一，是一种快速、简便、节水、节能、无公害的处理工艺，可以应用于纺织品的抗静电、阻燃、拒水拒油、抗菌及其他功能性整理。

大气压（常压）下辉光放电（APGD）和介质阻挡放电（DBD）可以在大气压下产生高

能高密度均匀低温等离子体，与真空条件下的辉光放电等离子体技术相比，能够在常压下连续化对纺织品进行改性处理，经济性好，因此成为目前国际国内在这一领域的研究热点。常压等离子体技术目前还存在大容量的 RF 高电压电源制备和放电条件的稳定与均匀等问题，目前处于研究攻关阶段。

② 激光。

激光作为高强度、高相干性的高能射线，用于纺织品的辐射处理，不仅可以改变纤维的表面形态结构、化学结构，提高纤维吸附染料的能力，达到增深、增艳的效果，而且还可以直接用于印花获得花纹，是一种不用水或少用水的纺织品物理加工技术。应重点开发紫外固体激光器，制备高效率、低加工成本的激光处理装备。

③ 准分子紫外光源对纺织品表面进行改性。

准分子紫外光源是一种新型高强度非相干性单色紫外光源，与常规的紫外光源相比较，准分子紫外光源的强度是前者的数十倍，发射光谱是带宽为 10nm 的狭谱带，可制成高效率低成本的纺织品连续化无水处理设备，实现纺织品的无水加工，该技术的处理成本和技术耗费低。

（5）加工过程精密控制技术

推广应用计算机，进行纺织品的“一次准确”湿加工，优化纺织品湿加工工艺，有望大大提高纺织品湿加工水平，最终实行智能化染整加工。

计算机在纺织品湿加工中的应用主要包括以下几个方面：①计算机测配色系统的应用；②染化助剂的自动称量、配制和输送；③印染生产的在线自动检测控制技术；④染色工厂（车间）中央计算机控制系统。

上述加工过程精密控制技术的实施，可提升纺织印染加工织物的品质，降低水、能源等资源消耗，减少污染物的排放。

（6）符合生态要求化学加工用剂的研发

为了顺应国际化的环保趋势，国内外的染整工作者都致力于研究环保型的染料和助剂。开发新化学品主要着眼于符合 Oeko-Tex® standard 100 的环保和生态要求：不含致癌芳香胺和不会裂解产生致癌芳香胺、不含过敏性染料、不含超标的重金属、不含超标的甲醛、不含可吸附有机卤化物、不易产生环境污染或低“三废”等。

（二）主要目标

1. 2010 年

到 2010 年，生物酶技术能够在纺织印染工业中得到广泛应用，染色和其他化学加工过程能够实现精密控制，新型节水、节能设备得到更多的应用，涂料染色和印花技术在染色印花产品中的比例增加，冷轧堆染色技术、物理加工技术得到更好的开发。到 2010 年，中水回用比例达到 20%，与 2005 年相比，万元增加值能耗降低 20%、水耗降低 30%、污染物排放量降低 20%。

2. 2015 年

到 2015 年，可溶性淀粉上浆技术得到应用，染色等湿加工过程中的精密控制技术得到推广应用，新型密闭印染设备得到推广，涂料染色和印花产品得到进一步提高，冷轧堆、物理加工等技术得到应用。中水回用率达到 25%～30%，与 2010 年相比，万元增加值能耗降低 20%、水耗降低 20%、污染物排放量降低 20%。

3. 2020 年

上述节能节水降耗新技术得到广泛应用，无水、少水染色和印花技术得到产业化应用，激光等物理加工技术得到产业化应用。万元增加值能耗、水耗和污染物排放量降低至现在水平的 40%～50%。

4. 2050 年

纺织印染加工过程的主要原材料可再生利用，所用化学品可循环使用，废水的排放量降低至目前的 20%～30%水平，部分先进企业向零排放方向发展。

（三）措施和建议

① 纺织印染行业是我国在国际上最具影响力的行业，希望政府加强对纺织印染行业的支持和投入力度，支持清洁生产新技术和先进装备的研究；

② 通过行业准入条件的制定等手段，政府引导纺织印染行业向生产高端产品的方向发展，制止低水平恶性竞争；

③ 提高公众环境保护意识，强化社会监督（民众和媒体监督），使企业的生产行为置于严格的社会监督之中，养成自觉遵守法律、法规的行为习惯；

④ 国家要加强执法力度，对污染严重超标、执行环境保护法规不力的行为进行严厉查处直至关闭企业；

⑤ 充分发挥行业协会和国家染整工程技术研究中心的作用，加强对新设备、新工艺的研究，通过建立典型示范生产线，引导行业的技术进步；

⑥ 利用纺织印染工业结构调整的契机，根据资源、能源状况和市场需求情况，科学规划纺织印染工业的发展。在缺水地区要严格限制印染企业的建设，在水源相对充足的地方建设印染企业，鼓励建设相对集中的印染或化工园区，集中供热、集中“三废”处理。根据环境

承载能力的要求，方圆 50km 范围内，新建印染企业总生产能力不宜超过 10 亿 m（梭织物）或 20 万 t（针织布或纱线）；

⑦ 从世界范围看，在纺织品的生产到销售整个产业链中，我国纺织印染加工业主要集中在生产这个环节上，还没有进入产品的销售链中，缺乏产品定价的话语权，中国纺织印染工业应该力争进入产品的销售链中并起主导作用。

附篇七　机械工业污染防治战略研究

负责人：

柳百成

专家组成员：

林尚扬　潘健生　王玉明　李敏贤　黄天佑　徐跃明　徐兴宝　范宏义

执笔人：

李敏贤　黄天佑　徐兴宝　范宏义

附篇七

机械工业污染防治战略研究

一、机械工业污染防治的重要性和紧迫性

党的十七大明确提出了“增强发展协调性，努力实现经济又好又快发展。转变发展方式取得重大进展，在优化结构、提高效益、降低消耗、保护环境的基础上，实现人均国内生产总值到 2020 年比 2000 年翻两番”的奋斗目标。在这一新的历史时期，机械工业的地位与作用更为重要。党的十七大也明确提出“建设生态文明，基本形成节约能源资源和保护生态环境的产业结构、增长方式、消费模式。循环经济形成较大规模，可再生能源比重显著上升。主要污染物排放得到有效控制，生态环境质量明显改善。生态文明观念在全社会牢固树立”。机械工业的污染防治任务十分繁重。

（一）机械工业在国民经济中占有重要地位

1. 机械工业是国民经济的支柱产业

我国机械工业近年来取得了飞速的发展。国际上通常认为：当一个产业的增加值超过国内生产总值的 5%即为支柱产业。我国机械工业长期以来高于此值，2006 年我国机械工业的工业增加值占同期国内生产总值（GDP）的 6.86%。

在 2006 年快速发展的基础上，2007 年机械工业又得到了进一步的发展。2007 年统计数字见表附 7-1。

表附 7-1　　机械工业 2007 年统计数（中国机械工业联合会提供）

机械工业	2007 年	同比增长/%	说 明
工业总产值	73 040.48 亿元	32.03	2007 年总产值增速比上年提高 1.97 个百分点，创近年新高； 机械工业已连续五年达到 20%以上的增长速度
销售产值	71 338.93 亿元	31.86	工业销售产值增速比上年提高 2.13 个百分点； 生产、销售首次双双突破 7 万亿元

机械工业	2007 年	同比增长/%	说 明
新产品产值	14 495.56 亿元	37.32	增速不仅处于高位增长，而且明显快于同期工业总产值增速 5.29 个百分点。 新产品产值率也有一定提高，由上年 19.05%提高到 19.85%
机械进出口总额	3 616.89 亿美元	30.77	高出全国外贸进出口增长（23.5%）7.27 个百分点； 实现贸易顺差 241.41 亿美元； 占全国贸易额 21 738.33 亿美元的 16.6%
其中进口	1 687.74 亿美元	20.84	占全国进口额 9 558.18 亿美元的 17.6%
其中出口	1 929.15 亿美元	40.9	占全国出口额 12 180.15 亿美元的 15.8%

从表附 7-1 数字可以看出，我国机械工业的总产值、销售产值、新产品产值、进出口总额都在我国有着重要地位。

机械工业在经历连续六年高速增长后，2007 年生产销售持续、稳步、高速增长。全行业完成工业总产值 73 040.48 亿元，同比增长 32.03%。完成销售产值 71 338.93 亿元，同比增长 31.86%。2007 年总产值增速比上年提高 1.97 个百分点，创近年新高。工业销售产值增速比上年提高 2.13 个百分点。在产、销高速增长的同时，生产、销售首次双双突破 7 万亿元，生产增速创近年新高。

2007 年全行业完成新产品产值 14 495.56 亿元，同比增长 37.32%，增速不仅处于高位增长而且明显快于同期工业总产值增速 5.29 个百分点。同时新产品产值率也有一定提高，由上年 19.05%提高到 19.85%，提高了 0.8 个百分点，其中汽车行业最为突出，新产品产值率为 35.51%。从贡献率上看，对新产品产值增长贡献较高的行业仍然是汽车行业，贡献率达 52.34%，表明机械工业在产品技术升级、结构优化上取得了一定进展。

从行业看，2007 年机械工业十二个行业生产全部以两位数同步快速增长。与上年同期比增速在 30%以上的有七个行业，工程机械和机床工具两大行业增长最快，分别为 42.91%和 36.89%，增速位居前列。特别是工程机械行业在上年较高增长的基础上，2007 年又提高 5.77 个百分点，表现尤为突出。但农机行业回落较大，回落 2.41 个百分点，且总产值增速低于机械工业平均水平 10.9 个百分点。

在主要机械产品中，在统计的 95 种主要产品中，累计同比增长的有 82 种产品，占全部上报产品品种的 86.32%；以两位数增长的产品有 77 种，占全部上报产品的 81.05%；65 种产品创 2000 年以来产量新高，占全部上报产品的 68.42%。

2007 年机床市场空前繁荣，较高档次的数控机床需求量不断上升，数控金属切削机床同比增长 32.57%；普通类金属切削机床产品增幅 11.67%，数控金属成形机床增长也高于普通金属成形机床 44.55 个百分点。

在 2007 年统计的六种工程机械类产品中，叉车、水泥专用设备和挖掘机，同比分别增长 41.14%、51.67%和 31.01%，产量分别创近年新高。

2007 年共生产汽车 888.24 万辆，同比增长 22.02%。其中轿车同比增长 23.99%，增速比上年回落 15.69 个百分点，载货汽车和公路客车同比分别增长 29.10%和 16.89%。从各种车辆增速看轿车是增速提高较快的车型，同时，轿车在汽车产量中的比重不断提高，由上年的 53.15%提高到 2007 年的 54.01%，载货汽车和公路客车占汽车的比重逐年减少。

发电设备产量继续创历史新高，登上 1.3 亿 kW 的台阶。从发电设备分类看，在火电产量增速减缓的同时，水电设备增长速度明显加快，水轮发电机组同比增长 46.32%，汽轮发电机同比增长 3.73%。另外，2007 年输变电设备增速加快，其中变压器增长 20.65%、低压开关板增长 25.76%。

2007 年石化通用类产品均有一定增长，特别是为石油化工、核电等行业需要的多种大型气体压缩机、阀门、风机等产品得到了较快增长，2007 年同比增幅均保持 20%以上。同时，2007 年制冷空调设备也得到了较快增长，同比增长 37.95%。更为突出的是，国内环境污染防治设备类产品普遍看好，其中固体废弃物处理设备和大气污染设备需求量较大，2007 年同比分别增长 53.66%和 28.80%。

我国机械出口产品实现了由金属制品及零星产品为主转向技术含量高和附加值高的机电产品、成套设备的历史性转变，已经向包括美国在内的数十个国家出口了各类成套设备，其中包括 300MW 成套火电设备及核电设备、大型水电设备、千万吨级露天矿成套设备、地下铁道成套设备、30 万吨级油轮及散货轮等；在总量中 50%以上的是高新技术产品。

2．机械工业为国民经济提供优质、高效、清洁基础制造技术

以铸造、塑性加工、焊接、热处理、电镀为代表的材料成形与改性加工技术是国民经济的基础制造技术，它所提供的产品零件具有精密化、轻量化、高质量和高精度、形状复杂、生产效率高的特点，同时又能做到材料和能源消耗少、污染低，节约资源和能源，是一种可持续发展的技术。它对我国国民经济的发展和国防力量的增长起着重要作用。

先进成形与改性制造技术大大减少了机械加工余量，做到少加工或不加工，金属材料利用率有很大提高；热处理和表面改性可以提高材料内在质量、大幅度提高其性能，从而减轻产品的重量，节约资源，节约能源；随着先进成形与改性制造技术的发展，相应的设备、工艺改进发展和自动化水平的提高，噪声减少、生产过程工艺材料消耗减少、有害气体排放减少、工人劳动强度减轻。

在汽车、石化、钢铁、电力、造船、纺织、装备制造等产业中，铸件都占有较大的比重。铸件一般占整个重量的 50%～70%；全世界钢材的 75%要进行塑性加工，65%的钢材要用焊接得以成形，80%以上的零件需经过热处理提高其性能；汽车重量的 65%以上仍由钢材、铝合金、铸铁等材料通过铸造、塑性加工、焊接、热处理等加工方法而成形。

铸造是制造业的基础，也是国民经济的基础产业，各行业都离不开铸件，从汽车、机床，到航空、航天、国防以及人们的日常生活等都需要铸件。汽车中铸件重量占整车重量的 19%

（轿车）～23%（卡车）；手机、笔记本计算机和许多照相机、录像机的壳体都是铝镁轻合金铸件。2003 年全球生产的 3 000 万台笔记本电脑中，采用塑胶机壳的比例达 75%，使用镁合金的比例仅 25%，但 2004 年笔记本电脑采用镁合金压铸机壳的比例已增至 50%以上。在国防建设中，各种现代化的武器也同样离不开铸件，从枪炮、艇船到作战飞机，铸件对武器的性能起到至关重要的作用。20 世纪末到 21 世纪初，随着国民经济的高速发展，我国铸造业也迅猛发展，各类铸件的产量都持续增长，铸件总产量到 2007 年底已连续 7 年居世界首位。2007 年我国铸件总产量已达 3 127 万 t，占世界产量的三分之一。超过居世界第二、三、四位的美国、俄罗斯、印度年产量的总和（2 379 万 t）。中国铸件产量在 2007 年增长 11%，在过去的 5 年里，增长了 92%。我国铸件出口数量呈逐年递升趋势，目前每年铸件出口总量占铸件总产量的 1/10 左右。

我国也是世界塑性成形的第一大国，我国锻造、冲压、零件轧制成形超过 2 000 万 t。我国生产大型锻件的能力和已拥有自由锻造水压机的数量、压力等级及大型锻件生产能力等均已跨入世界大型锻件生产大国之列。通过技术引进、技术改造和科技创新，我国大型锻件的生产技术水平大大提高，能提供如 300MW 核电机组及火电机组成套锻件，轧钢设备用锻件等大型锻件，已具备走向国际市场的能力。

我国 2007 年钢产量达到 4.89 亿 t，成为世界最大的钢生产与消费国。而焊接结构的用钢量，我国近年来保持为钢产量的 37%，也突破 1.8 亿 t，相当于美国或日本一年的钢产量，成为世界上最大的焊接钢结构制造国。

我国每年钢材热处理的总重量约为全国钢材总产量的 30%，年实际热处理生产量超过 1 亿 t。我国现有热处理厂点约 2 万家，主要分布在机械和钢铁行业中。

电镀广泛应用于机械、电子、仪器仪表、轻工、航空航天、船舶、军工、建筑等诸多领域，是国民经济建设中不可或缺的一个重要组成部分。对主机产品质量的提高起着重要的促进作用，其特有的装饰性、防护性及多样的功能性能赋予产品市场需求的多种功能，提高产品的附加值，适应工业应用的要求和满足人们日常生活的需要，在激烈的市场竞争中其作用尤为重要。目前全国拥有近 20 000 个电镀厂点，从业人数约 100 万人，年电镀加工面积约 3 亿～4 亿 m^2，产值 300 亿～400 亿元。

（二）机械工业污染防治面临的形势十分严峻

1. 机械工业“高消耗、高排放、低效率”的问题仍十分突出

我国环境污染的 70%是由工业生产造成的，而工业污染物中的大部分是由各种工艺装备或各类机电产品在生产运行中产生的。机械工业是耗能、耗材和排污大户，特别是金属热加工行业，包括铸造、锻压、热处理、焊接、电镀等行业在生产过程消耗大量材料和能源，排

放大量污染。我国机械工业单位产值的能耗为工业发达国家的 4 倍，而金属热加工耗能又占机械工业耗能总量的 70%以上，单位产值的耗钢量也为工业发达国家的 1.3～1.5 倍。机械工业所产生的废物种类多、数量大，比较突出的有铸造产生的废旧型砂、热处理产生的盐浴炉渣和废气、电镀和涂装及热处理等产生的废水、各种热加工产生的废气等“三废”和各种污染。

我国是一个机械制造大国，但不是一个强国，在制造过程中对环境的污染程度与工业发达国家相比，还存在较大的差距。我国机械工业能耗高、资源消费大、污染环境严重、劳动保护薄弱和环境治理差，这与可持续性发展的方针是不相符的。机械工业污染防治面临的形势十分严峻，机械制造过程，特别是热加工过程，总体来说是资源消费密集型行业，粗放型的经济增长方式尚未根本转变，“高消耗、高排放、低效率”的问题仍十分突出。

2. 材料成形与改性行业污染尤为严重

我国是铸造生产大国，目前，许多铸造企业，特别是乡镇、小铸造企业，作业环境差，操作间粉尘浓度、废气中有害成分严重超标，没有任何劳动保护和环境保护措施。虽然国家劳动保护和环境保护法都有明文规定，但贯彻、执行存在较大差距。铸造行业耗能占机械工业总耗能的 25%～30%。铸造行业既是耗能大户，也是污染大户。据统计，我国每生产 1t 合格铸件，大约要排放粉尘 50kg，废气 1 000～2 000m^3，废砂 0.5～1.0 t，废渣 300kg。整个铸造行业每年排放污染物总量约为：粉尘 1 000 万 t，废气 200 亿～400 亿 m^3，废砂 2 000 万 t，废渣 600 万 t。有的工业发达国家生产 1t 合格铸件的“三废”排放量不到我国的 1/10，铸造厂用于环保投资占整个铸造厂设备投资的 20%～30%，而我国只占 5%～8%。

我国焊接材料的产量在近十年内有了飞速的增长，其产量从 1996 年的 63 万 t 增长至 2006 年的 292 万 t，已跃居世界首位。根据各种焊材（药芯焊丝、焊条、实心焊丝）的发尘量计算，每年的焊接粉尘将达到 3 万 t，车间空气中的六价铬含量一般也会超过 5μg/m^3 的水平。目前我国不锈钢的消耗量日益增多，从冶炼到切割、焊接，六价铬的数量也随之增多，控制环境中六价铬的浓度和防范六价铬引起的职业病已提到日程上来，引起各方面的重视。

我国每年钢材热处理的总重量（包括同一种材料施行多种热处理工艺的热处理重量的叠加）约为全国钢材总产量的 30%，年实际热处理生产量超过 1 亿 t。我国现有热处理厂点约为 2 万家，主要分布在机械和钢铁行业中。拥有各类热处理加热设备总数约为 25 万台。其中热处理电加热炉（90%左右在机械行业中使用）20 余万台，年实际热处理生产量 2 500 万～3 000 万 t，装机容量约为 1 500 万 kW，耗电总量约为 200 亿 kW·h；热处理燃料炉（大部分在冶金、锻造和铸造行业中使用）中燃煤炉约为 1 万台，每年耗煤约 150 万 t；燃油炉、燃气炉 5 000 余台，每年消耗燃油 100 余万 t，每年消耗燃气和液化气约 400 亿 m^3。在我国机械行业中，用于热处理生产所消耗的电能占全行业的 30%左右，同样在钢铁行业中热处理生产所占能耗也有不小比例。热处理是工业生产中耗能大户，有“电老虎”之称，同时也排放废气、废水、油蒸汽污染。

电镀行业是一个产生污染的行业，电镀生产过程中要排放大量的污染物，如酸、碱、氰化物、六价铬、多种重金属离子、各种阴离子等。如果不经处理或处理不达标，将会严重污染水源、毒害土壤、危害人们身体健康。长期以来，电镀行业存在着管理不规范，布局不合理，市场竞争无序，“散、乱、小”和环境污染严重的状况。

（三）机械工业持续发展与环境的矛盾

我国国民经济的进一步发展，使机械工业获得了很好的发展机遇。机械制造过程中，会产生一定的污染，特别是当前在机械工业的发展中，还存在着某种程度上以牺牲能源、牺牲环境和依靠廉价的劳动力取得发展的现象，因而机械工业的持续发展必将带来与环境的矛盾。必须很好地解决在机械工业发展中对环境带来的污染，为国民经济总体可持续发展创造良好的条件。

1. 机械工业主要污染源分析

机械工业的主要污染源来自如下方面：一是金属加工过程：如铸造、锻压、焊接、热处理、表面保护等成形与改性生产过程（属重点污染源）以及切削加工、磨削加工、清洗、包装等其他加工过程；二是机电产品：如工业锅炉、汽车、柴油机、锻压机械、木工机械、风机、泵、压缩机、电机、家用电器等。本项研究报告着重分析在制造过程中对环境的污染，其中又以成形与改性加工过程中的污染为主。

金属成形与改性加工过程产生的废物形式，主要有以下六种：

- 有害气体：SO_2、H_2S、CO、NO_x、HF、O_3；
- 烟尘、粉尘、锰尘；
- 废渣：熔炼炉渣、浇注废渣、热处理熔渣、焊接废渣、电镀废渣、锻造氧化皮等；
- 废水：电镀含 CN、Cr^{6+}、Cd^{2+}、Ba^{2+}、Cl^{-}、SO_4^{2-}、NO_3^{-}等废水，工业炉窑冷却废水、切削液、清洗液、涂装废水、热处理清洗废水等；
- 噪声：机械噪声、电磁鼓噪声、空气动力噪声等；
- 其他：包括光、热辐射、电磁辐射、放射性等物理污染。

机械工业六个基础工艺污染物产生和排放特征见表附 7-2。污染物形式及产生的过程见表附 7-3。

表附 7-2　　六个基础工艺污染物产生和排放特征

<table>
<tr><th rowspan="2">类别</th><th rowspan="2" colspan="2">污染因子
典型工艺</th><th colspan="5">工业废水</th><th colspan="4">工业废气</th><th rowspan="2">危险废物</th><th rowspan="2">重点影响环节</th></tr>
<tr><th>废水量</th><th>COD</th><th>石油类</th><th>六价铬</th><th>氰化物</th><th>窑炉废气</th><th>工艺废气</th><th>烟尘</th><th>工业粉尘</th></tr>
<tr><td rowspan="8">铸造</td><td rowspan="3">铸钢件</td><td>电弧炉熔化
水玻璃砂造型</td><td rowspan="2">++</td><td rowspan="2">++</td><td rowspan="2">++</td><td rowspan="3">/</td><td rowspan="3">/</td><td>++++</td><td rowspan="2">++</td><td>++++</td><td>++++</td><td rowspan="3">+</td><td rowspan="3">①窑炉种类（电弧炉、感应炉）；
②铸型种类：砂型（水玻璃、黏土、树脂）、熔模
水玻璃砂是否酯硬化；熔模是硅熔胶还是水玻璃</td></tr>
<tr><td>感应炉熔化
树脂砂造型</td><td rowspan="2">++</td><td>++</td><td>+++</td></tr>
<tr><td>感应炉熔化
熔模铸造</td><td>+++</td><td>++</td><td>+++</td><td>+++</td><td></td><td>++++</td></tr>
<tr><td rowspan="3">铸铁件</td><td>冲天炉熔化
黏土砂造型</td><td rowspan="3">++</td><td rowspan="3">++</td><td rowspan="3">++</td><td rowspan="3">/</td><td rowspan="3">/</td><td>++++</td><td rowspan="3">++</td><td>++++</td><td rowspan="2">++++</td><td rowspan="3">+</td><td rowspan="3">①窑炉种类（冲天炉、感应炉）；
②铸型种类（黏土砂型、树脂砂型、离心金属型）</td></tr>
<tr><td>感应炉熔化
黏土砂造型</td><td>++</td><td>++</td></tr>
<tr><td>冲天炉熔化
树脂砂造型</td><td>++++</td><td>++++</td><td>+++</td></tr>
<tr><td rowspan="2">铸铝件</td><td>压铸/低压/
金属型</td><td>++</td><td>+++</td><td>+++</td><td rowspan="2">/</td><td rowspan="2">/</td><td rowspan="2">+++</td><td>+</td><td rowspan="2">+++</td><td rowspan="2">+</td><td rowspan="2">+</td><td rowspan="2">①窑炉种类（燃气/感应炉、燃煤/焦炭炉）；
②铸型种类（金属型、砂型）</td></tr>
<tr><td>黏土砂造型</td><td>++</td><td>++</td><td>++</td><td>++</td></tr>
<tr><td rowspan="4">电镀及转化膜</td><td colspan="2">电镀铬</td><td rowspan="4">++++</td><td rowspan="4">+++</td><td rowspan="4">++</td><td>++++</td><td rowspan="3">++</td><td rowspan="4">/</td><td rowspan="4">++++</td><td rowspan="4">/</td><td rowspan="4">/</td><td rowspan="4">++++</td><td rowspan="4">①电镀首先注意镀种（镀何种金属）；
②是有氰电镀还是无氰电镀；
③转化膜的种类（阳极氧化、化学氧化、发蓝等）</td></tr>
<tr><td colspan="2">电镀锌（铬钝化）</td><td>++</td></tr>
<tr><td colspan="2">电镀铜、镍等</td><td></td></tr>
<tr><td colspan="2">转化膜（阳极、化学）</td><td>+</td><td></td></tr>
<tr><td rowspan="2">锻造</td><td colspan="2">煤（焦炭）、
重油加热、锤锻
（蒸气、空气）</td><td rowspan="2">++</td><td rowspan="2">++</td><td rowspan="2">++</td><td rowspan="2">/</td><td rowspan="2">/</td><td>+++</td><td rowspan="2">+++</td><td>+++</td><td rowspan="2">++</td><td rowspan="2">+</td><td rowspan="2">①锻坯加热窑炉种类（煤、重油、天然气、电、感应圈）；
②锤锻还是机锻；
③锻后处理（酸洗、喷丸）</td></tr>
<tr><td colspan="2">气、电加热压力机锻</td><td>++</td><td>+</td></tr>
<tr><td rowspan="4">热处理</td><td colspan="2">整体热处理（淬火、回火、正火、退火）</td><td>++</td><td rowspan="4">++</td><td rowspan="4">++</td><td rowspan="4">/</td><td rowspan="2">/</td><td rowspan="3">++</td><td rowspan="4">++</td><td rowspan="3">++</td><td rowspan="4">+</td><td>+</td><td rowspan="4">①窑炉种类（煤、气、电，敞开或封闭）；加热介质（盐浴、可控气氛）；
②淬火介质（油、水、盐浴）</td></tr>
<tr><td colspan="2">中性盐浴淬火</td><td rowspan="2">+++</td><td rowspan="2">++++</td></tr>
<tr><td colspan="2">活性盐浴表面
热处理</td><td>+</td></tr>
<tr><td colspan="2">气体表面热处理</td><td>+</td><td>/</td><td>+</td><td>+</td><td>+</td></tr>
<tr><td rowspan="2">涂装</td><td colspan="2">溶剂型涂装</td><td>++++</td><td>++++</td><td>+++</td><td>+</td><td rowspan="2">/</td><td rowspan="2">++</td><td>++++</td><td rowspan="2">++</td><td>+</td><td>++++</td><td rowspan="2">①预处理方式（除油除锈、磷化、喷丸、打腻子）；
②涂覆方法（喷、刷、浸）</td></tr>
<tr><td colspan="2">粉末涂装</td><td>++</td><td>++</td><td>++</td><td>/</td><td>++</td><td>+++</td><td>++</td></tr>
<tr><td rowspan="2">焊接</td><td colspan="2">电弧焊/热切割</td><td>+</td><td>+</td><td>+</td><td rowspan="2">/</td><td rowspan="2">/</td><td rowspan="2">/</td><td>+++</td><td>+++</td><td>++</td><td>+</td><td rowspan="2">①焊接方法（弧焊还是压力焊）；
②焊接材料的烟气排尘性</td></tr>
<tr><td colspan="2">压力焊</td><td>+</td><td>+</td><td>+</td><td>+</td><td>+</td><td>+</td><td>+</td></tr>
</table>

注：++++十分严重；+++严重；++较严重；+轻微。

表附 7-3　污染物形式及产生的过程

生产形式	有害气体	烟尘、粉尘、废渣	废水	光、电、磁
铸造生产	● 铁水熔炼过程中，加入焦炭、生铁、低碳钢、石英石等原料，在 1 400℃高温下，大量的粉尘、有害气体排入大气； ● 主要有害气体：CO、HF、SO_2 等	● 焦炭及煤燃烧过程中释放大量的烟尘，通过烟囱排入大气； ● 含有铅、锌、镉的粉尘污染； ● 砂型、砂芯浇注后产生大量废砂及烟气； ● 冲天炉熔炼产生炉渣； ● 铸件清理、落砂过程产生大量粉尘		● 振动造型、清理等产生噪声（振动） ● 热辐射
焊接生产	● 主要有害气体：CO、NO_2、O_3 等； ● 采用 CO_2 气保焊，产生含有 CO 及少量的 N_2、O_3 气体； ● 采用氩弧焊等离子焊，产生 O_3； ● 采用碳弧气刨，产生 O_3 和 CO 等	● 手工电弧焊：产生含锰、氟烟尘； ● CO_2 气保焊产生 Fe_2O_3、SiO_2、Mn_2O 烟尘； ● 碳弧气刨烟尘中含有大量氧化铁及 1%～1.5%的铜及毒性较大和苯并芘； ● 熔炼焊剂制造产生大量含氟化物、锰、硅烟尘	● 焊丝酸洗：产生废酸； ● 焊丝镀铜：产生废水和含有毒性的废酸	● 弧光、激光 ● 焊接电磁辐射 ● 焊接、切割噪声 ● 热辐射
热处理生产	● 在工件淬火冷却和油中回火过程，产生大量的碳氢化合物、CO 和烟尘； ● 活性盐成分中含 HCl 和 HCN 等剧毒、腐蚀性气体； ● 在燃烧炉中产生 SO_x、NO、CO 等剧毒气体； ● 可控气氛热处理产生废气：CO_2、CO、CH_4、NH_3； ● 气体 NC 共渗 HCN、NO_x	● 喷砂清理工件表面，产生 SiO_2 和 Al_2O_3 粉尘； ● 煤炉的煤渣，盐浴脱氧的渣和废盐，含有剧毒的氰盐	● 废液主要有两个来源：一是淬火冷却剂，二是清洗用水； ● 排出的油中含 Fe、Cr；工件自盐中带出的 $BaCl^-$、SO_4^{2-}、NO_3^{2-}、Cr^{3+}、CN^-等有害、剧毒物质； ● 液体渗碳，含有氰盐剧毒	● 相关热处理的光辐射 ● 热辐射
表面保护生产	● 有机涂装过程产生苯雾、有机物气体； ● 电镀生产过程产生有害气雾	● 喷涂、喷砂过程产生高噪声、粉尘、Ar、N_2 等	● 电镀过程产生的废水含有 CN^-、Cr^{6+}、N_2 及 Cd 等，对环境、对人体危害严重	

2. 铸造生产的污染

铸造工业的主要污染见图附 7-1，污染危害见图附 7-2。

- 铸造工业污染
  - 空气
    - 工作场地
      - 有害气体——CO、CO_2、NO_2、SO_2、丙烯醛、甲醛、氨等
      - 有害蒸气——铅蒸气、苯、甲苯、锌等
      - 烟尘——氧化锌、PbO 烟尘等
      - 雾——含苯漆雾等
      - 噪声(振动)——振动造型、清理等
    - 大气排放——熔炼烟、尘、气、有害气体排放，噪声，热辐射等
  - 废弃物
    - 废旧物、废砂
    - 炉渣
    - 集尘器捕集粉尘及垃圾等
  - 水污染——含油、含砂泥排水，液态废弃物等

图附 7-1　铸造工业主要污染

- 污染危害
  - 劳动环境
    - 粉尘——矽肺病
    - 有害气体——头痛、恶心、肺气肿、呼吸困难、头晕、致死
    - 噪声——耳聋、高血压、烦躁、失聪、神经衰弱
    - 热辐射——血循环加速、心跳加快、体力疲惫、热烤、休克
    - 烟尘——刺激眼、鼻
  - 社会公害
    - 空气污染——冲天炉等熔炼黑烟、飞灰、粉尘、SO_2等有害气体，热源，噪声等
    - 废旧物——大量废旧砂、炉渣等
    - 水污染

图附 7-2　铸造工业污染的危害

不管是砂型铸造，还是熔模铸造、压铸、重力金属型铸造等其他铸造方法，生产过程中都不同程度地产生一些废弃物。当前所有铸件产量中 70%～80%是采用砂型铸造的，以下着重分析砂型铸造过程产生的废弃物。

（1）废砂

铸造业所用的砂型主要包括黏土砂型、水玻璃砂型和有机黏结剂自硬砂型。我国采用砂型铸造的铸件在 1 800 万 t 以上，循环用砂量高达 2 000 万 t。黏土砂和有机黏结剂砂旧砂的回用率一般可达 80%～90%，循环旧砂的 10%～20%要不断废弃，水玻璃砂的回用率要低得多，有些工厂甚至不回用。即使以旧砂废弃率为 10%计算，全国一年废弃的旧砂就有 2 000 万 t 以上。现在，我国大多数铸造企业仍然是将废砂运到郊区、偏僻地方堆积、倒掉，这将对自然环境造成长期污染。

（2）冲天炉烟气和粉尘

若以生产铸铁件 2 000 万 t 计，其中 90%以上是采用对炉气不加治理的小型或短炉龄冲天炉熔化的，产量约为 1 800 万 t。按当前这类铸造厂的平均数据计算，综合考虑工艺出品率和废品率等因素，成品率以 60%计则共需铁水 3 000 万 t。总焦铁比取 1∶6.5，则需消耗铸造焦

炭约 460 万 t；送入冲天炉的空气量（700～900 m^3/t）约为 240 亿 m^3，即 2 950 万 t（空气密度取 1 230 g/m^3）；由于石灰石熔剂分解和产生粉尘，冲天炉排放的炉气一般比送入的空气量多 12%左右，故炉气排放量 268.8 亿 m^3，约为 3 300 万 t（800～1 000 m^3/t）。在冲天炉炉气中，CO_2 通常占 20%左右（～300g/m^3），约为 660 万 t；CO 平均占 11%（～120 g/m^3），约为 360 万 t；平均含灰尘量约占铁水熔化量的 1.17%（800～1 000 m^3/t，其中烟尘～13 g/m^3 或～15kg/t），故向大气中散发的灰尘量约为 39 万 t；SO_x 的含量，因所用焦炭的含硫量不同而有较大的差别，总体而言约占铁水熔化量的 0.4%（～600mg/m^3），则向大气排放 SO_x 量约为 12 万 t；HF（～500 mg/m^3）排放量约为 10 万 t。

产生大量烟气和粉尘。烟气中气体主要成分是 SO_2、CO_2、CO、NO_x 等，烟气中粉尘的主要组成是冶金烟尘、碳素烟尘和灰尘。

冲天炉烟尘弥散至环境中，大颗粒粉尘除直接危害现场人员外，遇到风雨会形成二次污染；小颗粒粉尘污染范围更大，除加剧设备、仪器磨损外，严重的是通过口、鼻的吸入而损害人体健康。

（3）冲天炉的炉渣

冲天炉熔化过程会产生一定量的炉渣，一般酸性冲天炉产生的炉渣为铁水量的 5%～10%，大型水冷冲天炉为 1%～3%，碱性冲天炉为 15%～30%。所以，炉渣的处理是铸铁生产企业的一个主要任务。目前一般企业的做法是扔掉，污染环境。

（4）有机黏结剂制芯、造型及浇注时的废气和有害气体

用有机黏结剂制芯或造型，会散发出游离甲醛、游离酚、三乙胺等有害气体；砂型（包括煤粉湿型砂和消失模、树脂自硬砂等）浇注后还会产生 CO、CO_2、甲苯等有害气体，操作工人长期吸入会严重损害身体健康。

（5）砂处理系统和落砂、铸件清理过程的粉尘

黏土砂砂处理系统（包括落砂工部）是铸造车间主要的污染源之一，主要造成粉尘污染。干旧砂在运输过程中到处飞扬，使工人长期处于高粉尘的作业环境。一些小型企业铸造车间根本没有除尘设备，粉尘含量甚至超过国家标准的许多倍，工人得矽肺病的比例很高。

3. 焊接生产的污染

焊接生产过程产生的污染主要来自三个环节，一是焊接材料制造过程中产生的污染，如焊丝酸洗产生废酸、焊丝镀钢产生废水和含有毒性的废酸；二是焊接前准备和焊后处理过程产生的污染；三是施焊过程产生的污染。如手工电弧焊现场产生含锰、氟的烟尘量一般均达每立方米数十到数百毫克。在船舱或容器、管道内焊接时，烟尘高达每立方米五六百毫克。即使在露天焊接烟尘也达每立方米十几毫克（美国等国标为＜5mg/m^3）。熔炼埋弧焊用的焊剂，排放出大量的含锰、硅、氟化物的烟尘，严重影响操作者的身体健康，也影响周边地区

农作物的生长。碳弧焊接气烟尘中含大量氧化铁及 1%～1.5%的铜及毒性较大的苯并芘。焊接过程中产生 O_3 和 CO、NO_2、N_2 等。

在焊接及相关工艺过程中产生的影响操作人员健康的有害物质及环境的污染物存在形式如下：

① 焊接及相关工艺过程中会产生形式为气态和/或颗粒状态的有害物质以微小的固体颗粒弥散在空气中。其主要来源于：填充材料、母材、保护气体、药皮涂层、污染物、周围的空气，以及由于电弧或火焰的高温下的物理和化学过程，如蒸发、凝聚、氧化、分解、热解、燃烧。其尺寸达到或小于 100μm 时，通过嘴和鼻的吸入而进入人体内；其尺寸在 10μm 以下时，能渗入人体的肺泡内。

② 电磁场和电磁波作为一种物质形态主要用场强分布、频率、波长、波形、功率密度和作用时间等参数描述。当电磁波频率约在 100kHz 以下（＜100kHz）时对人体的作用主要以感应或传导的方式进行。在这一频段中，感应电流和电场可以直接刺激神经和肌肉并引起神经和肌肉的痉挛和颤动，但并不发热。该频段电磁场之所以能够产生显著的生物效应，是因为心电、脑电和肌电（及衍生的磁）节律都落在此范围内，容易产生相干的和协同的频率效应。当感应电流密度过高时会引起电击刺激并可能造成心脏、大脑的永久性损伤。

焊接的主要有害因素和职业危害见表附 7-4。

表附 7-4　　焊接的主要有害因素和职业危害

主要有害因素	多见职业危害
电焊烟尘、电弧光辐射	呼吸系统疾病：焊工尘肺、气管炎、急性肺水肿等。尤其应重视的是焊接及相关工艺过程中氧化镍，某些六价铬化物，镉，钴，铍及它们的化合物，是致癌物质。锰中毒
有毒气体（HF、O_3、NO_2、CO 等）	眼睛疾病：电光性眼炎、红外线白内障、电焊晃眼
焊接放射性（α、β、γ 射线）	皮肤疾病：皮炎、红斑、小水泡
高频电磁辐射	慢性中毒：CO 中毒、焊工金属烟热
噪声	血液疾病
热辐射、强迫体位	腰肌劳损

表中所列各类因素可分为物理性和化学性有害因素两大类，其中电焊烟尘和有毒气体属于化学性有害因素，其余为物理性有害因素。

焊接对工人健康以及对环境的污染源中以焊接烟尘最为严重。在熔化焊接过程中，会释放出大量的有害气体和氧化物粉尘，人体短期吸入高浓度粉尘，或长期吸入一般质量浓度（10 mg/m^3 以上）的焊接粉尘，可引起焊接尘肺；吸入可溶性化合物，可引起肺炎和血液系统疾病。目前尚无特效治疗法。世界各国对焊接烟尘都十分重视，不少国家都制定了焊接工作区有害物质极限允许浓度。

4．热处理生产的污染

热处理生产在工件淬火冷却和油中回火过程，产生大量的 C_mH_n、CO 和烟尘。活性盐成分中含 HCl 和 HCN 等剧毒、腐蚀性气体。喷沙清理工件表面，产生 SiO_2 和 Al_2O_3、粉尘。煤炉的煤渣、盐浴脱氧的渣和废盐，均含有剧毒的盐。热处理中的废液主要有两个来源：一是淬火冷却剂，二是清洗用水。其中排出的油中含 Fe、Cr；工件自盐中带出的 Ba^{2+}、SO_4^-、NO_3^-、$C1^-$、CN^-等有害、剧毒物质。液体渗碳中含有氰盐剧毒。

热处理生产过程中排出的废气、废水、废渣、粉尘、噪声和电磁辐射使作业场所和周围环境、大气、水质等产生污染。具体是：

（1）对大气的污染

① 燃料的燃烧。

目前我国许多中小企业，特别是乡镇企业进行铸、锻件正火、退火热处理时，为了降低成本，使用燃煤反射炉。在钢铁、铸锻和重型机械行业中，普遍采用油、煤气和液化气等作为燃料对钢材进行热处理，处理吨位极大，加热时需要燃烧大量燃料。各种燃料在加热炉中燃烧时产生的烟尘、CO_2、SO_2 和 NO_2 等污染物，对大气造成的污染非常严重。可以粗略估计，如每年热处理 1 亿 t 钢铁量，向大气排放的废气将超过 5 000 亿 m^3（钢铁工业 2005 年废气排放量为 57 134 亿 m^3，占全国比重 21%）。

② 气体化学热处理气氛。

工件在进行气体化学热处理时，为了制备和应用吸（放）热型、氨分解和氨燃烧气氛等，每年消耗的甲醇、丙烷、煤油等有机化合物超过 30 万 t。这些有机化合物在炉内分解后排出 CO_2、CO、NH_3、HCN 等有毒有害气体污染环境。

③ 油中淬火和回火。

工件在油中淬火和回火时，由于油的蒸发和局部燃烧，会产生大量的 C_mH_n、CO 和烟尘，污染操作场所和大气。据粗略估计，全国年消耗淬火和回火油为 3 万余 t，其中将近 1 万 t 会转化为 C_mH_n、炭黑和烟尘。另外，工件在热处理前或油中淬火后未经清洗就装炉加热，也会使工件表面的油脂蒸发和燃烧形成大量烟气，污染环境。

④ 盐浴蒸发和盐渣。

全国盐浴炉约 3 万台，其中年消耗 NaCl、$BaCl_2$ 等中性盐 8 万 t 以上，NaCN、KCN 等活性盐 1 500t。这些盐在高温下长期加热，部分蒸发为盐蒸气散发于空气中，其余变成有毒盐渣。等温淬火槽中使用的硝酸盐和亚硝酸盐加热后同样产生腐蚀性、毒性气体。年消耗量不亚于中性盐。

⑤ 清洗液的蒸发。

采用热碱水和洗涤剂清洗工件对大气产生一定污染。特别是酸浸法除锈，大量强腐蚀气体散布到大气中，严重污染环境，一些乡镇企业仍在使用。

⑥ 粉尘。

热处理粉尘的污染主要来自：a. 喷砂和喷丸粉尘。为了去除氧化皮清洁工件表面，喷砂和喷丸是许多工厂常用的方法。全国机械制造厂估计有 5 000 余台喷砂设备，其中 70%是干法喷砂，每年要产生 1 万余 t 的 SiO_2 和 Al_2O_3 粉尘。除部分粉尘能被收集和沉淀外，有很大部分散落在工作场地和成为飘尘散布到大气中，使操作人员和附近居民受到硅肺病的威胁，并使大气受到污染。b. 炉膛耐火材料特别是低质量的耐火纤维使用后严重粉化，飘散于空气中，损害操作者的健康。

（2）对水质的污染

热处理生产中对水质的污染来源：

① 目前我国热处理行业广泛采用油作为淬火冷却介质，估计全年用油量超过 3 万 t，其中 1/3 因老化而排放，这些老化的油中含有来自工件表面脱落的金属氧化物以及工件淬火时从盐中带出的 $BaCl_2$、HCN 等有害和剧毒物质。

② 含盐（尤其是含剧毒氰盐）的水和水基淬火冷却介质的排放。

③ 含油脂和盐的清洗废液未经处理排放。

④ 未经处理的盐渣和废盐，随意放置和埋藏，造成水质污染。其中 $BaCl_2$ 等有毒性盐年消耗量约 8 万 t，盐渣和废盐达 7 万多吨；NaCN 年消耗量约超过 1 500t，盐渣和废盐更是剧毒物品。近年来，随着汽车工业的发展，低温液体硫氮碳共渗和氮碳共渗（QPQ）工艺发展较快，其盐浴中含剧毒的 CN^- 约为 1%，有毒的盐渣处理不当都会污染水质。

⑤ 聚合物水溶液自然降解缓慢也会对环境生产不利影响。

⑥ 发黑（发蓝）或磷化的废液体直接排放。

⑦ 等温淬火与分级淬火的硝酸盐与亚硝酸盐，大量的碱性物质、磷化物。

（3）噪声

噪声来源于油和煤气的燃烧器、气动设备、压缩机和机械式真空泵、车间局部抽风的大风量风机、中频发电机、喷砂机、喷丸机。其中燃烧器、压缩机、真空泵最为明显，声强大，持续时间长，经常使作业点的噪声达到 90dB 甚至 100dB。

（4）电磁辐射

我国现有感应电源设备在 1 万台以上，频率范围为 250～8 000Hz、2×10^4～10^5Hz、2×10^5～5×10^5Hz、10^6 Hz 以上、电子管高频电源功率 5～500kW，发电机和晶闸管逆变器 15～1 000 kW。由于国家对高频电磁辐射有较严格的规定，必须安装屏蔽设施，使危害明显减少。

5．电镀生产的污染

（1）电镀行业与环境资源

就工艺技术而言，电镀主要有：单金属电镀层如镀锌、镀铜、镀镍、镀铬、镀锡、镀银、镀金、镀铅、镀镉等；合金镀层主要有铜-锡、铜-锌、锌-镍、锌-铁、镍-磷、锡-钴、铅-锡等；复合镀层（一般以镍、镍基合金为基质金属）。单金属电镀是大多数电镀企业主要采用的工艺，其中使用最多的是镀锌、镀铜、镀镍、镀铬（锌占 45%～50%，铜、镍、铬占 30%）。据估计，全国每年的电镀产量为 3 亿～4 亿 m^2，对这些金属资源的消耗是相当大的。

电镀工业需要在有电源的条件下才能进行生产，部分电镀工艺还需要在加温或降温条件下进行，这样就需要耗费大量的能源。

电镀工业还是一个耗水大户，据估计，每年电镀耗水都在亿吨以上。

（2）电镀行业与环境污染

由于电镀行业使用了大量强酸、强碱、重金属溶液，甚至包括镉、氰化物、铬酐等有毒有害化学品，在工艺过程中排放了污染环境和危害人类健康的废水、废气和废渣，已成为一个重污染行业。我国电镀行业每年排放大量的污染物，包括 4 亿 t 含重金属的废水、5 万 t 固体废物、3 000 亿 m^3 酸性废气。其中主要有：

① 各种杂质金属离子的污染：电镀液中存在有各种杂质金属离子，含量在 10mg/m^3 以下；

② 有机杂质的污染：主要来源于化工原料、添加剂（如光亮剂）的分解积累，产生有害气雾；

③ 电镀清洗废水的污染：电镀生产中所排放的有污染的废水 90%是由清洗镀前、镀后的工件所产生的，其中含有的 CN^-、Cr^{6+}、Cd^{2+}等对环境、人体危害严重。

二、国内外机械工业污染防治现状比较、差距与问题

（一）国外机械工业污染防治现状

1．国外对机械工业污染防治的主要做法

工业发达国家的机械工业在发展过程中同样走过工业严重污染的时期，特别在 20 世纪 60 年代之前，污染问题还是相当严重的。随着这些国家的工业化水平和生活水平的提高，对环境的要求也越来越高，对污染控制的要求也越来越严格。近 20～30 年来，开始逐渐将高污染行业大部分转移到中国等发展中国家，在这些国家仍然保留的机械工业企业则进一步加强了环保治理。工业发达国家对机械工业污染防治的主要做法是：

（1）制定相关劳动安全卫生法律，从法律上保障环境与劳动者的安全

早在 20 世纪 70 年代，一些工业发达国家和地区，为了更有效地保护劳动者安全、健康和福利，创造一个尽可能好的工作环境和劳动条件，加强政府对雇主为雇员提供的工作和工作场所的监督，先后立法，把职业安全卫生工作纳入了法律轨道。1970 年 12 月美国在世界上第一个颁布《职业安全卫生法》，日本于 1972 年以法律 57 号公布了《日本劳动安全卫生法》，英国于 1974 年 4 月—1975 年 7 月分 3 批公布了《英国劳动安全卫生法》，前苏联也以其《劳动法原则》为依据，形成了较为完善的劳动安全标准体系，这其中涉及大量翔实的铸造、焊接、热处理生产作业卫生安全法规。这些法规具有综合性强、适用范围广的特点，大多从标准化工作开始，具体操作过程中具有极强的技术性，为了保证这些法规的实施，各国都建立了强有力的制约机制，主要是国家通过行政手段管理职业安全卫生活动，并在立法实践中，进行了大量的修订和完善，形成了独立的法律体系。

（2）制定相关环保标准，并按“排污者付费原则”，严格执行

国外十分重视相关标准的制定。其中，1996 年 ISO14001 环境管理标准体系的发布，被公认为是国际标准化组织的又一重大行动，仅一年时间全世界就有 1 491 家企业通过认证。OHSAS18001 职业健康与安全管理标准体系也产生了十分重要的影响。

工业发达国家在如何治理机械工业对环境带来的污染方面制定了一系列的原则。如德国很早就施行了“排污者付费原则”，它是通过市场经济原则解决污染问题的工具。基于这一原则，谁造成污染，谁就必须负责承担环境负担成本。由此调动了人们开发那些有利于环保、同时成本低廉的技术的主动性和创造性。无论老厂还是新厂，都毫不例外地达到环保标准。

（3）重视制造技术对劳动者的危害、对环境的污染的研究

工业发达国家对机械工业中制造技术所带来的污染，特别是对劳动者的危害给予极大的重视。例如，针对焊接烟尘对焊工的影响的研究，最早开始于 20 世纪 30 年代。1936 年对焊工进行了胸部 X 射线透视，发现了尘肺，确定焊接烟尘可能导致尘肺。1941 年提出了低氢型焊条的危害，提出对工作环境进行通风换气以改善工作条件。50 年代日本对动物进行了焊接烟尘吸入实验，认为低氢型焊条烟尘产生的症状与金属热类似，发现产生这种危险的来源是焊接烟尘而不是气体。1965 年日本佐野发现焊接及碳弧气刨烟尘可导致焊工肺部组织的纤维增生，造成不可逆病变。

（4）发展清洁生产新技术，研究和推广无污染、少污染技术

传统的工业污染控制战略，着眼于生产过程的末端处理，即仅着眼于将生产过程中排放的污染物作无害化处理，使其达到污染物排放标准，尽可能减少排放时对人体和环境造成的危害，其排放的标准是以污染物的浓度高低为基础，没有考虑到污染的总量对整个生态系统可能产生的长期的积累造成的不可逆转的潜在危害，所以未能达到有效的保护环境的目的，结果造成污染物在不同介质之间的转移。如废气中的污染物转入废水，废水中的污染物转入

废渣，废渣堆放、填埋，若处理不善仍将逸入大气和水中。

国外工业发达国家重视清洁生产新技术的研究和推广，清洁成形与改性制造技术可在生产的各个环节采用无毒无害的原材料、清洁的能源、高效、节能、降耗、减污的先进制造工艺与装备。对在少、无污染成形及改性技术无法实现的情况下产生的“三废”进行严格的处理—回收—利用，有效地保护生态环境。

（5）从长远着想，制定规划，明确机械工业消除、减少环境污染的目标

为了配合美国“未来生产技术”计划的实现，由美国能源部工业技术局、金属学会热处理学会和热处理协会 1996 年 2 月召集 20 名热处理专业厂、全能厂、设备厂专家和领导讨论并提出了美国热处理 2020 年设想和目标，于 1997 年由 17 名专家组成的热处理学会研发委员会提出了热处理技术发展路线图初稿，提出了设备、筑炉材料，工艺与被处理材料，能源与环境，公益四个方面的 70 余项重点研发项目。2004 年公布了“美国 2004 年热处理技术路线图 HTS 修订稿”。该路线图提出 2020 年美国热处理生产技术发展目标。“美国 2002 年热处理发展路线图”反映了美国等先进的工业国家对热处理生产环境保护的高度重视，值得我国借鉴。

2. 国外铸造行业污染治理

世界上发达国家（美国、日本、德国等）铸造工业污染问题同样走过工业严重污染的时期，近 20～30 年来，开始逐渐将铸造这样的高污染行业大部分转移到发展中国家，而对本土仍然保留的数量越来越少的铸造企业则进一步加强环保治理。

（1）循环经济与固体废物法已成为基本的法律

工业发达国家打出了“结束用过就扔的社会，开始循环经济”的旗号。它使得任何一件商品的制造商必须为该商品的整个生命周期负责。铸造旧砂再生在欧洲早已是十分成熟并广泛应用的技术，该项技术已发展到不仅仅满足环境保护的要求，同时在改善造型、制芯材料工艺性能，降低铸件生产成本方面也收到了很好的效果。旧砂再生方法有热法、机械法和二者混合法。特别是通过混合法再生的黏土树脂混合砂，可以用于生产覆膜砂，在欧洲 80%的芯砂和几乎 100%的树脂砂都是用再生砂替代的。

（2）加强工业污染的减排与控制

例如，德国的大多数铸造厂，无论是老厂还是新厂，工艺设备密闭性都是很好的。其中铸件落砂、冷却、型砂的送、回系统，还包括除尘器下来的干粉尘，都是全封闭的。也有铸件从开箱直至进入清理全过程封闭输送。多层结构厂房钢结构平台，均以栅格或钢板网制作，这样可以避免灰尘的存积，消除了清扫过程的二次、三次扬尘。供风排风的平衡是科学合理地组织厂房气流，消除外部不定因素干扰，获得良好稳定作业环境的重要条件。机械供排风之比，某种程度反映了作业环境的稳定性程度。供排风之比小，则作业环境好坏的波动性大；

供排风之比大，则作业环境的稳定性相对要好。目前国内对这一问题的重视程度远远不够。

（3）国外铸造厂的污染防治重点

国外对于铸造厂的污染防治主要集中在冲天炉烟气处理、旧砂再生、车间除尘等几个方面。

① 德国的情况。

德国 KESSLERLUCH 环境空气净化技术公司曾承包过不少大型发电厂的环境净化工程项目。其所属试验室能以多种污染源的气流状态，在不同结构形式的吸尘罩上进行试验，根据结果修改原参数并确定出最佳吸尘罩形式，并将研究成果应用于公司承接的多种行业污染防治工程中。公司开发部可根据用户现场的实际情况进行经验设计，有时还要制作模型进行测试和修正、对烟雾气体及粉尘等污染物取样测定比较。当前，已将高精度计算机模拟设计与试验法同时并用，以确定最佳的设计方案为用户提供更有效的服务。在铸造行业，该公司已为用户设计了包括清理、落砂、砂处理及浇注工部在内的除尘抽气系统及冲天炉除尘系统等。

在德国的一些除尘除气设备生产厂中，有的厂家仅是一二百人的小型企业，但其产品品种齐全、服务面广、技术水平较高。如 HANDTE 除尘除气器成套公司，仅有员工 250 人，主要生产空气过滤设备的主体部分。生产的过滤器分干式与湿式两类，其业务范围十分广泛。就铸造行业而言，曾分别为一铝合金浇注工部及一铸钢车间设计了气体处理量为 2×8 万 m^3 及 1×8 万 m^3 的净化系统，并承包了铸造厂熔化、浇注、造型等工部多项成套除尘系统的设计。

在德国的一些铸造厂中，普遍使用多种结构形式的滤筒式除尘器，它似乎已成为布袋式除尘器的换代产品。它与传统的袋式除尘器相比，具有更换滤芯方便、使用寿命长和除尘效率高的特点。一个通常外形尺寸为 350mm×600mm 的褶皱滤筒，其过滤面积可高达 23.75 m^3，从而可使滤筒式除尘器的体积大为缩小。

② 旧砂热法再生成套设备应用的典型实例。

包括英国在内的一些欧洲国家对铸造废旧砂的排放管理十分严格，排放费用昂贵，迫使不少工厂对旧砂进行再生回用，从而尽量减少铸造废弃物对环境造成的污染。

英国理查德（Richard）设备公司是生产树脂砂热法再生成套设备的著名企业。该公司认为，铸型在浇注有色金属件、铸铁件及铸钢件时，因旧砂烧结的温度不一样，用机械法再生旧砂其再生率大致分别为 90%、80%及 70%；当采用热法再生则可将再生率再提高 10%～20%。在英国，一套树脂砂旧砂热法再生成套设备，大约需要运转两年的时间可收回成本。近些年来，使用从澳大利亚进口的锆砂较多，其旧砂无法采用机械法再生处理，而采用热法再生处理后，再生砂的质量比新砂还好。该铸造厂采用锆砂为原砂，以三乙胺冷芯盒法工艺生产外形尺寸为 600mm×400mm×300mm 的 6V 轿车铝质汽缸体铸件。旧砂再生设备生产率 10.5t/h。采用天然气燃烧加热，热气流温度 900℃左右，旧砂加热温度 710℃。再生砂几乎全部回用，甚至收集起来仅占再生砂总量 1%的粉尘也外销。据介绍，英国现已有 35 家铸造企业采用这种热法再生工艺对旧砂进行再生处理，节省了锆砂的消耗，降低了废旧砂排弃对环境所造成的污染。

③ 铸造厂集装箱式封闭铸造车间。

美国福特汽车公司设在英国的大型铸造厂早在 1890 年就开始从事铸件的生产。为了防治和防治铸造厂对大气环境造成污染，车间厂房建成远眺如同一个个封闭式大集装箱，即使车间内有粉尘和噪声等污染，对大气和周围环境的影响也很小。对车间内的各种污染亦采取相应的措施加以限制和解决。如规定造型机的振动噪声不得高于 85dB；对于个别造型线和铸件清理线噪声超标的，则就近设置隔声室，以让操作者在其内控制与操作仪器仪表，并通过视野宽阔的玻璃窗观察生产现场的工作状况。熔化工部采用电炉熔化，排放的烟尘均经过严格有效的处理。铸造厂由于采用来自远郊热电厂集中提供的清洁而低污染的动力源与热源，工厂四周亦是少污染的净地与天空。

④ 通过多种措施，实现铸造厂零废物排放。

美国瓦特门工业公司（Waterman），是一个有 80 年历史的铸造厂，位于美国加利福尼亚州的爱克赛特（Exeter），用冲天炉生产铸铁阀门件。一直到 1989 年，每天都要排放到废料场 10t 废料，主要包括废砂、炉渣、炉灰、粉尘及细焦炭末及其他开仓及清理下来的杂物。早在 1989 年，鉴于国家采取更严格的环境污染标准，该厂即决策放弃向排放场排放的计划，实施零废物生产的措施，逐步降低、有可能的话在源头上减免废物产生。厂方相信能把它们转化成有用的生产材料和可以出售的产品。为达到这一目标，该厂采取了三方面的努力：a. 建立处理工艺和程序，在源头上避免和减少废弃物。b. 避免或减少生产中使用原材料和包装用材料及产生废料。c. 将废物转变成有用的生产材料和可出售的产品。通过铸造厂从这三方面的努力，取得了好的效果。

3．国外焊接行业污染治理

国外对焊接污染研究开始得比我国早，处理技术相对先进、成熟。

焊接污染以烟尘为最严重。世界各国对焊接烟尘都十分重视，不少国家都制定了焊接工作区有害物质极限允许浓度。

焊接烟尘的研究最早开始于 20 世纪 30 年代，有人发现镀锌钢板焊接时会患有金属热症状。关于焊接烟尘的研究，在 40 年代后半期开始活跃起来。对于低氢型焊条烟尘的分析及其对健康影响的研究是 60 年代焊接劳动卫生的一项主要工作。近几年研究者对焊接烟尘的危害也进行了大量的研究。美国哈佛大学的 James M. Atonini 发现焊接后 30 分钟内烟尘对白鼠危害要比 1 小时后的烟尘大很多。随着焊丝的使用量越来越大，焊丝产生烟尘的危害也引起人们的注意。英国研究者通过对焊丝中添加还原性相对较弱的金属以减少烟尘中铬产生的危害。英国的 John H. Dennis 和 Peter J. Hewitt 等人提出了可以对直流反接和射流或短路过渡模式下的金属气体保护焊的发尘量进行预测的模型。

据估计，目前全世界焊接工作的从业人员超过 100 万人，而且还在继续增加。焊接烟尘给人体带来的危害是比较严重的，人们对焊接过程产生的有害物质对焊工身体健康的影响越来越关注。流行病学的研究显示，焊工为呼吸道疾病的高发人群，报道的疾病涉及呼吸道受刺激、支气管炎、金属热、肺炎、呼吸功能改变及癌症等。近二三十年来，人们的研究重点已移向了焊接烟尘对人体健康影响的长期效应上。Cr^{6+}及 Ni 在其他行业中已被证实是致癌的，作为焊接烟尘的组分，流行病学的研究显示，从事低碳钢、不锈钢焊接的工人患癌症（主要是肺癌）的风险比对照人群高 30%，它们对人体健康影响的长期效应仍在研究中。美国 OSHA（the Occupational Safety and Health Administration，职业安全与卫生监管局）及 ACGIH（the American Conference of Governmental Industrial Hygienists，美国政府工业卫生专家协会）已建议大大降低焊接烟尘中 Ni、Mn 及 Cr^{6+}的容许极限。这一容许浓度的降低更加促进了全世界各地焊接工作者对焊接烟尘问题的研究。

焊接烟尘严重影响焊工的身体健康，致使一些国家相继进行了低尘低毒焊条和烟尘净化排除设备的研制，及相关限制生产环境焊接烟尘浓度的标准和法规的制定。日本是最先提出研制低害焊条的国家，其在低烟尘焊条的研制方面处于世界领先地位。日本神钢推出的第一代所谓低尘无毒害焊条 LMB 系列，由于工艺性能比同类焊条差没有推广使用。此后，日本又推出了新一代低尘焊条，使用性能与同类焊条接近，如神钢的 ZERODE 系列和日铁的 EX 系列焊条。由于售价比同类焊条高 10%～20%，特别是近年来日本大力开发应用高效率的焊丝，焊条产量只占整个焊接材料的百分之十几，每年只生产几万吨，所以使得新一代低烟尘焊条未得到大范围的使用。日本焊接业在 1999 年总结 20 世纪、展望 21 世纪的焊接技术时，再一次提出应推广使用低尘焊条。德国等国家基本是在传统配方的基础上，在不影响焊条工艺性能的条件下，尽量降低焊条的发尘量，但降尘的效果不是特别明显。美国、德国等国家在焊接车间烟尘治理方面做了大量的研究工作，发明了各种净化排除烟尘设备如呼吸保护器、净化呼吸头罩、烟尘收集器等，设计了多种通风方案以及大型的除尘系统如美国的 Trunkline 系列。但这些措施没有从根本上解决烟尘的问题，必须从焊接材料本身入手，控制焊接烟尘的数量，包括如何减少烟尘的数量，或把烟尘转化为无害的物质。

4. 国外热处理行业污染治理

先进工业国家对热处理污染治理非常重视。美国能源部认为“热处理企业是重要的能源用户，对制造业有实质性影响”，为了配合美国“未来生产技术”计划的实现，由美国能源部工业技术局、金属学会热处理学会和热处理协会 1996 年 2 月召集 20 名热处理专业厂、全能厂、设备厂专家和领导讨论并提出了美国热处理 2020 年设想和目标，1997 年由 17 名专家组成的热处理学会研发委员会提出了热处理技术发展路线图初稿并提出设备、筑炉材料，工艺与被处理材料，能源与环境，公益四个方面的70余项重点研发项目。2004年公布了“美国2004年热处理技术路线图HTS修订稿”。该路线图提出2020年美国热处理生产技术发展目标是：

能源消耗减少 80%；工艺周期缩短 50%；生产成本降低 75%；热处理畸变超差为 0；热处理件质量分散度为 0；热处理炉子寿命提高 10 倍；热处理价格降低 50%；热处理生产对环境的影响是 0。

为实现路线图目标和完成众多的重点研发项目，美国金属学会热处理学会采取了：①成立热处理技术研发中心；②鼓励和组织全行业企业参与研发两项措施，建立“热处理高新技术中心”和“热加工技术中心”。其中热处理高新技术中心由国家能源部和其他方面提供研究资金。主要研究方向是降低能耗，减少污染，减少废品和返修品，控制生产成本以及全面促进热处理行业繁荣。

关于节能和环保的研发方面在路线图中强调了如下项目：

（1）能源方面

由于燃料炉在热处理加热中被广泛应用（占热处理加热炉能量消耗的 90%左右），节能潜力很大，路线图中提出需要研发的项目有：①废热的收集和利用；②高温热回收技术；③高效热传导的加热技术和设备的开发，如能提高传热速度的等离子加热；④提高热效率的富氧燃烧技术，如流体薄膜技术等；另外还有开发高温气体循环系统，改善加热炉效率，如冲击加热法；积累热、电与热处理协调的先进技术；回收加热炉气氛的方法；局部加热和表面淬火的节能新工艺；热处理设备设计的标准化等。

（2）环保方面

①减少 CO、CO_2、NO_x 的燃烧技术和后处理技术；②清洗液的消除、减少和回收利用，废油和其他淬火介质的管理以及废料的再生利用；③代替盐和油淬火的廉价方法；④用于低、中合金钢件的廉价气冷淬火技术；⑤可完全清除工件油迹的高效清洗技术等。

“美国 2002 年热处理发展路线图”反映了美国等先进的工业国家对热处理生产环境保护的高度重视，值得我国借鉴。

5. 国外电镀行业污染治理

在美国，大多数环境控制技术都是由环境保护局（EPA）来决定的。EPA 成立于 1970 年，通过颁布一系列法律和规定，监督人类行为对环境的影响。电镀与金属精饰控制规定包含在美国联邦法令号（CFR）第 40 项，第 413 和第 433 部分。除了那些不直接排放污染物的加工车间和独立的印制电路板生产商外，金属精饰控制规定涵盖了电镀与金属精饰行业的所有部门。

美国常规电镀废水处理技术是：将金属离子转化为氢氧化物沉淀、浓缩为固态污泥饼进行分离，氰化物等污染物通过氧化反应进行破坏，可以通过使用次氯酸或臭氧等强氧化剂来达到以上目的。氧化态的金属如 Cr^{6+}，将它还原成易形成不溶性氢氧化物的状态。在使用螯合剂的情况下，金属在碱性环境中的溶解度非常高，达不到排放标准，需要使用特殊技术来降低金属浓度。这些技术包括将金属变为硫化物沉淀以及离子交换技术。

通常通过电沉积浓缩溶液来进行金属回收，虽然试图将电解回收扩大到较稀的溶液，然而离子交换被视为更为有效的金属回收方法。美国 Brown 等人提出了结合两种技术来去除金属污染物的废物处置系统。零排放技术能实现消除对环境不利影响的梦想，已经有了零排放的技术，实施的主要障碍是投入成本。

有效降低处理费用的方法是减少电镀过程用水的总量。简单实用技术如：为防治泄漏而在进水管线上安装带有自闭阀的防虹吸装置、使用多级逆流漂洗减少清洗水量、使用喷淋清洗、防止不必要的稀释、废水的再生使用、尽可能的干法清洗等。美国环境保护局的文献中全面描述了消除或明显减少排入环境污染物的技术，包括消除或减少氰化物在电镀中的使用（氰化钠与氰化钾经常用于镀铜、锌、镉、银、金以及黄铜、青铜、铜锡锌等合金镀液），替代技术，包括如碱性无氰镀铜、锌合金电镀、等离子沉积、热涂覆等新型环境无害的合金处理等技术。

（二）国内机械工业污染防治现状与差距

我国对于工业污染防治，多年来给予了充分的重视。特别是从 20 世纪 80 年代以后，机械工业从末端治理、综合利用逐渐转向削减污染源，推行清洁生产，主要反映在下列几方面：

1．重视产业结构的调整，推行清洁生产

我国在最近的十多年来，推行清洁生产。结合产业结构调整，提倡循环经济发展模式，采用高新适用技术改造传统产业，支持企业通过技术改造，节能降耗，综合利用，实行污染全过程控制，减少生产过程中的污染物排放。

1996 年 8 月，国务院颁布了《关于环境保护若干问题的决定》，明确规定所有大、中、小型新建、扩建、改建和技术改造项目，要提高技术起点，采用能耗物耗小、污染物排放量少的清洁生产工艺。1997 年 4 月，国家环保总局制定并发布了《关于推广清洁生产的若干意见》，要求地方环境保护主管部门将清洁生产纳入已有的环境管理政策中，以便更深入地促进清洁生产。为指导企业开展清洁生产工作，国家环保总局还会同有关工业部门编制了《企业清洁生产审计手册》以及电镀、造纸、有机化工、纺织等行业的清洁生产审计指南。1999 年 5 月，国家经贸委发布了《关于实施清洁生产示范试点的通知》，与此同时，许多省市也制定和颁布了地方性的清洁生产政策和法规。清洁生产对推动我国可持续发展及环境保护发挥了很大的作用。在企业示范、培训、机构建设、法制建设方面取得了重要进展。如在法制建设方面相继颁布了《中华人民共和国固体废物污染环境防治法》、《中华人民共和国大气

污染防治法》、《中华人民共和国水污染防治法》、《建设项目环境保护管理条例》、《关于国有企业改革若干问题的重大决定》（中共中央十五届四中全会）。1999 年，全国人大环境与资源保护委员会将《清洁生产法》的制定列入立法计划。2002 年 6 月 29 日通过《中华人民共和国清洁生产促进法》及《中华人民共和国环境影响评价法》。

机械行业多年来也十分重视清洁生产。原机械工业部在《机械、汽车“九五”科技发展规划》中，为国民经济重大工程项目提供的 50 项成套技术装备及其关键技术，其中有三分之二的项目贯穿了清洁生产的思想。同时明确设立“热加工清洁生产技术”作为关键技术。明确机械工业的金属热加工清洁生产目标为：改变过去传统的高消耗、单目标、单方向的生产模式，向合理投入、适当消耗、深入加工、多目标、多方向的模式转变；研究开发典型行业的清洁生产技术，提高生产效率，降低单位产值的材料和能源消耗；推行清洁生产审核、无废、少废工艺，达到节能、降耗、减污的要求；并采用生产全过程控制，实现污染的最低程度排放，同时改善劳动条件等。

在中国机械工业联合会制定的“十五”、“十一五”机械工业科技发展计划中，所提出的机械工业科技发展的重点任务以及重点发展项目建议均包括了发展清洁生产以及发展清洁产品的思想。

从 20 世纪 80 年代以来，原机械工业部对企业规模小、技术水平低、污染较为严重的行业，如锻压、铸造、热处理和电镀四个行业进行了专业化调整，减少了分散性，提高了集约化程度，降低了能耗、物耗，提高了经济效益，减少了污染物排放量，产生了较好效果。

改革开放以前，我国的电镀工业比较落后，基本以手工线和半自动线为主，电镀“三废”有效治理率很低。“六五”、“七五”期间，国家曾投入 1.2 亿元人民币对 47 个主要工业城市的专业电镀厂进行专业化改造，使电镀装备和“三废”治理水平大大提高，主要工业城市的电镀专业化水平提高到 40%。但由于电镀企业投资相对较少，上马快，乡镇电镀企业急剧发展，致使电镀生产能力过剩的问题十分突出，有些城市的电镀企业的设备利用率仅为 60%左右，“三废”治理率约 50%，而乡镇电镀厂的“三废”治理率不超过 25%。进入 20 世纪 90 年代，特别是 21 世纪以来，我国电镀行业已走出低谷，由于电镀加工给产品带来的装饰性与功能性，以及工艺的不断改进与适应范围的扩大，特别是随着世界制造业中心向我国转移，我国周边地区的电镀加工向我国沿海地区扩散，电镀行业已成为我国国民经济发展过程中的一个不可缺少，也是不可替代，具有上升趋势的发展型行业。它已形成了一个较为庞大的、稳定的行业，但它又是一个污染、耗水、耗能、耗金属材料与化工材料的一个行业，因此国家把电镀企业纳入强制性实行清洁生产审核的企业，并通过建设电镀工业园等手段，使电镀“三废”得到有效治理。

2. 发展并推广应用节能节材及少、无污染成形与改性技术

机械行业长期以来重视发展并推广应用节能节材及少、无污染成形与改性技术。如在金属热加工方面，研究和推广的无污染、少污染技术有：用于铸造生产的新型无毒硬化制芯材料和工艺装备、少砂、无砂铸造工艺，型砂再生回用技术；用于锻压生产的精锻、精冲、冷温挤、超塑成型等节能节材技术；用于热处理生产的无污染硫－碳－氮共渗新工艺，真空热处理技术；用于焊接生产的焊接锰尘综合治理回收技术，无污染（少污染）焊接工艺，烧结焊剂制造技术；用于表面保护的无氰电镀，电镀无污染排放与贵金属回收，喷漆室漆雾治理和回收等技术。

我国在推行清洁焊接成形技术方面开展了许多工作，主要是：发展低烟尘、低毒、高效率的焊接材料。研究新一代低烟尘、高效率的绿色焊接材料是我国可持续发展战略对焊接工作者提出的新课题，对于这一课题的研究在工业发达国家也刚刚起步，我国目前已有科研单位开展这方面的研究。焊接烟尘、触电、辐射、高处坠落、灼伤等有害因素容易引起人们的注视，而现在焊接生产中的电磁污染更不能被忽略。其中，高次谐波对电网的污染、高频对其他用电设备的干扰、电磁场对焊工的影响应引起充分重视。在开发高效率、低谐波、少电磁污染、自动控制的智能型绿色焊接设备方面已经开展了不少工作。IGBT 逆变电源和 PWM 脉宽调制技术、三相功率因素校正、带相间变压器的多相焊接电源、电路仿真研究、软开关技术、自适应等现代控制方法在焊接设备中应用，势必为降低电磁污染起到重要作用。我国已将产品的电磁兼容性 EMC 纳入了国家强制性产品认证范围，在国际上，未经 EMC 检测的电子、电器产品，已禁止在欧共体市场销售。成都电气检验所与北京工业大学正在联合开展电焊机电磁兼容性测试设备的研究。对电焊机的电磁兼容性认证是今后 5 年内应解决的问题。

一些大型国有企业，如中石油、中石化、中国天然气公司推行 QHSE 管理体系，认真开展过程识别与分析危害因素识别与评价和环境因素识别与评价工作，为项目的顺利进行和焊接人员的安全健康提供了条件。哈尔滨锅炉厂等改进焊接工艺，提高焊接过程机械化、自动化程度，减少焊接污染源，改善通风除尘设备，降低作业环境尘、毒浓度，对电焊作业人员定期进行健康检查等，使作业场所有害物质控制达标率明显提高，尘肺及锰中毒发病率显著降低，职工因职业病所花销的费用明显降低。

我国热处理起源于 20 世纪 40 年代，采用极其落后的作坊式的生产方式。50 年代开始引进苏联三四十年代水平热处理设备。热处理行业普遍采用以钡盐（如 $BaCl_2$ 等）作为高、中温加热介质的盐浴炉，氰盐（如 KCN、NaCN 等）作为液体渗碳、碳氮共渗、碳氮硼共渗介质的盐浴炉，硝盐（$NaNO_2$、KNO_3 等）作为等温、分级淬火和回火加热介质的盐浴炉。这类盐浴加热设备对环境污染极其严重。60 年代开始气体渗碳、碳氮共渗等逐步代替剧毒的液体介质，70 年代开始逐步采用离子氮化、感应加热、真空加热等工艺，使操作环境有所改善。

80 年代以后，我国实行改革开放政策，热处理行业出现两极分化。一方面，少数大中企业引进国外先进技术和装备的同时，提倡国产化和技术创新，如碳势可控的密封箱式炉、冷壁式真空热处理炉、离子氮化炉等设备开始逐步由少数专业厂制造和供应市场，热处理生产场所的环境得到进一步改善。另一方面，由于文化大革命结束后生产力的空前解放，工业生产的迅速发展使原有的热处理生产规模不能满足需要，民营、乡办热处理专业厂纷纷建立起来，这些企业良莠不齐，多数为了追求眼前的经济利益，以最少的投入，采用最简陋的设备，进行作坊式的管理，以换取最大的利润，其后果是热处理技术和管理水平倒退，热处理生产污染日趋严重。

进入新世纪，环境保护工作得到国家的高度重视，不少有识之士曾极力呼吁发展“绿色热处理”技术，并积极开展清洁热处理技术的研发工作。低能耗、少污染的热处理设备和工艺，如可控气氛热处理、真空热处理、表面改性、复合热处理、控制冷却等在大城市和国家重点骨干企业中应用逐步扩大，热处理环保工作在行业内取得了一定的进展。但在占有热处理生产总量比重很大的中小企业，特别是乡镇企业，热处理生产污染仍在继续扩大中。

50 多年来，在我国的制造业中始终存在着重“冷”轻“热”的严重倾向，热处理生产技术的发展非常缓慢，热处理装备和工艺水平与先进工业国家相比差距 30 年，以致机械产品的性能低、重量重。已成为我国发展现代先进制造业的“瓶颈”。热处理行业能耗大，环境污染严重，已成为广大热处理工作者的共识，环境保护工作步履维艰。

我国电镀工业始于 20 世纪初，经过几代人的不懈努力，从单一的装饰性、防护—装饰性，到现在的多功能性，从最开始的几个小作坊，发展到现在的电镀大国，已成为国民经济发展不可或缺的重要组成部分。我国广大电镀工作者在节能减排，保护环境，推广电镀清洁生产成形技术方面做了许多工作，主要是大力推广无氰电镀和替代技术。

从 20 世纪 70 年代开始，全国掀起了无氰电镀开发应用的高潮。如当时占电镀总量一半的镀锌工艺采用的是剧毒高氰电镀工艺，研发出的碱性锌酸盐镀锌、氯化物镀锌，部分代替氰化物镀锌，后来经过不断完善，目前基本淘汰了氰化物镀锌工艺。焦磷酸盐镀铜也部分取代了氰化镀铜，近年研发的无氰碱性镀铜更是取代氰化镀铜的方向，硫酸盐酸性镀铜的成功研发和推广应用，极大地减少了氰化镀铜的使用。无氰镀银工艺也一直在研制中，但大规模应用还需进一步完善。六价铬镀铬一直是传统、应用较广的工艺，但六价铬是一种剧毒致癌物质，为了尽量降低其毒性，该工艺经历了从高浓度到低浓度，从普通镀铬到快速镀铬的发展过程，近年开发的三价铬镀铬工艺，在替代六价铬装饰性镀铬上已取得突破；化学镀镍—磷合金和近年研发的电镀镍—钨复合镀层已能取代六价铬功能性镀铬；镀锌层的三价铬钝化和无铬钝化已能替代六价铬钝化。镉和铅的毒性很大，受到世界各国的高度重视，目前电镀锌镍、锌钴合金在很大范围内代替了镀镉层，电镀纯锡、锡铋等合金也正在代替电镀铅锡合金。

3．重视相关标准的制定

我国十分重视应用标准手段防治机械工业的污染。各行业都相应颁发了有关的污染防治有关标准。如电镀行业有国家环境保护总局发布的《清洁生产标准 电镀行业》（HJ/T 314—2006，2007-02-01 实施）；《污水综合排放标准》（GB 8978—1996）；《大气污染物综合排放标准》（GB 16297—1996）；国家环境保护总局、国家质量监督检验检疫总局 2005 年制定的《 电镀行业污染物排放标准（征求意见稿）》。

我国也十分重视国际相关标准的作用，积极转化、应用。1996 年 ISO14001 环境管理标准的发布，被公认为是国际标准化组织的又一重大行动，仅一年时间全世界就有 1 491 家企业通过认证。同年，我国技术监督局将其等同转换为 GB/T 24001—1996 国家标准正式发布，该标准对热加工过程中的环境因素、识别范围、评价方法、因素评价、控制情况进行了详细的规定和说明，使热加工过程所涉及的环境因素通过相应的管理措施加以预防，以减轻或消除对环境的不良影响。2001 年 7 月，国家认监委（CNCA）和国家标准管理委员会，参照国际标准 OHSAS18001 和 OHSAS18002，制定了国家标准 GB/T 28001《职业健康安全管理体系规范》和 GB/T 28002《职业健康安全管理体制体系指南》，这对我国企业改进和完善职业健康安全管理手段，树立企业形象，增加国际竞争力具有重要意义。

但是关于污染物排放标准还不健全，如目前我国没有专门的铸造企业污染排放标准，采用的都是相关标准，主要有：《城市区域环境噪声标准》（GB 3096—93），《工业企业厂界噪声标准》（GB 12348—90），《环境空气质量标准》（GB 3095—1996），《大气污染物综合排放标准》（GB 16297—1996），《工业炉窑大气污染物排放标准》（GB 9078—1996），《污水综合排放标准》（GB 8978—1996），《一般工业固体废物贮存、处置场污染控制标准》（GB 18599—2001），《机械工业职业安全卫生设计规范》（JBJ 18—2000），《室内空气质量标准》（GB/T 18883—2002），《高温作业允许持续接触热时间限值》（68935）等。

4．重视制定政策，加强执行力度

美国、德国和日本这些成形与改性工业发达、先进的国家都有相关的政策和法规，一方面限制污染和排放；另一方面鼓励企业积极治理。而我国目前还缺乏专门的成形与改性工业污染治理政策、法规。因此急需出台相关政策，特别是由于成形与改性企业效益普遍较差，难以投入更大的资金进行环保技术和设备的投入，所以更需要政府在资金、税收等方面制定特殊政策加以支持。

我国颁布了一系列有关工业污染防治的政策、法规。涉及电镀工业污染防治的有关政策、法规如：《中华人民共和国清洁生产促进法》自 2003 年 1 月 1 日起施行；《中华人民共和国固体废物污染环境防治法》自 2005 年 4 月 1 日起施行；国家发展和改革委员会令 2005 年第

40 号《产业结构调整指导目录（2005 年本）》，2007 年 12 月 18 日，国家发改委修订、发布了《产业结构调整指导目录（2007 年本）》。

5. 研究与开发清洁机械产品

机械工业除在制造过程中减少对环境的污染外，同时还十分重视产品对环境的污染，大力研究与开发清洁机械产品。

在汽车制造领域，由于近几年来环境保护形势发展的需要，颁布了相关政策，采取了许多措施，清洁产品开发也取得了一定突破，通过改进发动机结构和燃烧方式，选用清洁燃料并采取汽车尾气净化消声器，以降低汽车尾气的浓度和噪声。清洁汽车行动计划的总体目标是：围绕降低汽车排放，以高新技术的开发、应用、推广为依托，通过试点示范、综合治理，尽快从根本上遏制汽车污染日益加剧的势头，使主要城市的空气质量有明显改善，实现空气净化工程的总体目标。清洁汽车计划的主要行动包括：①大力推广代用燃料汽车；②加快燃油汽车的清洁化进程；③积极开展电动汽车项目的组织和实施；④试点示范，在一批有代表性的城市进行清洁汽车行动的试点示范工作。

我国工业锅炉行业对节能和环保日益重视。主要通过改进燃烧方式和锅炉结构，加装除尘净化装置，改进燃烧等，减少锅炉烟尘排放，降低环境污染。工业锅炉的型煤燃烧，分层燃烧技术日趋成熟。各企业重视新产品开发和产品结构的改进，以提高对煤的适应性和产品的热效率。

6. 我国机械工业污染防治还存在较大差距

我国虽然在防治机械工业的污染方面做了许多工作，但是与国外工业发达国家相比仍然存在较大的差距。以铸造行业为例：我国铸件产量已连续 7 年居世界第一，并以平均每年 11% 的速度增长。2006 年铸件产量 2 800 多万 t，但其中 1 800 万 t 铸铁件是由小型或短炉龄冲天炉熔炼浇铸的，平均能源利用率仅为 20%～30%，炉气烟尘自由排放。行业年排粉尘 1 000 万 t，废气 200 亿～400 亿 m^3，污染严重。

我国铸造冲天炉的节能减排改造工作一直进展缓慢，企业对此投资仅占其设备投资的 5%～8%，仅相当于工业发达国家的 1/4。造成这种状况的原因：一是缺乏实用有效的国产新技术、新工艺、新设备，国外引进价格过高；二是节能减排的投入将显著增加铸件成本，企业缺乏积极性；三是铸造企业布点分散，规模均不大，整个行业又隶属于机械大行业，未列为节能减排重点，冲天炉的改造未列入国家重点节能减排工程，社会重视与支持力度不足，行业节能减排的压力与动力也不足。

我国以每万元 GDP 能耗作为衡量生产过程的能耗指标。我国机械制造行业的万元 GDP 能耗为 0.18t 标煤/万元，而铸造行业约为 0.8t 标煤/万元，铸造业是机械制造业中的高耗能行业。表附 7-5 是一些国家平均生产每吨铸件的能耗，从表中也可以看出我国每吨铸件的能耗比日本、德国、美国高出 1 倍多，比英国也高出一半以上，所以铸造企业必须强力推行节能降耗。

表附 7-5　一些国家平均生产每吨铸件的能耗

国家	日本	德国	美国	英国	中国
能耗 kg 标煤/t	334	356	364	536	830

（三）机械工业污染防治存在问题

1．部分企业对环境污染仍然重视不够

改革开放以来，我国经济建设发生了许多可喜的变化。外资、合资和民营企业逐渐兴起，并在国民经济建设中扮演重要角色，一些大型国有企业转制和功能减弱，在多种经济体制并存的情况下，很多企业坚持科学化、现代化管理，重视环境和劳动者健康。但这其中仍有一些企业，只以追求经济效益的最大化为目的，对人的关怀、对环境的重视程度不够，造成某些地区的环境、健康与安全情况不容乐观。不少经营者受经济利益的驱动，为了降低企业的生产成本，获取短期的经济利益，漠视国家法制，采用落后、淘汰、污染严重的设备进行生产，并将污染物随意排放，引起环境的严重污染。

近些年，随着国家对环境保护的重视，城市在环保管理上相对严格，城市居民生活区、旅游风景区等不准设立电镀厂点。相当一部分电镀厂点向近郊或农村转移，一些地方已建立或准备建立电镀园区集中管理，对电镀行业进行了整顿和整体规划，引导和规范电镀行业健康发展。在电镀行业，部分电镀企业治理设施完备，运转正常，排放达标，这些企业环保意识很强，管理水平较高，企业经济效益较好，在治理水平和设施上投入较大，但是，这类企业在各地所占比例差距较大。经济发达、当地政府有关部门监督有力的中心城市，这类企业在 70%以上；经济相对落后的城市，这类企业只占 40%～50%；在相当一部分乡镇，这类企业所占比例就很少。部分企业有治理设施，但运转不正常，排放不达标或偷排。还有部分企业无治理设施，任意排放，这类企业缺乏环保意识，片面追求经济利益，生产工艺极为落后，多为一些无证经营的电镀作坊，他们采取与执法人员“捉迷藏”的方式，逃避检查。这类企业在有些地区还存在一定的数量。

2．企业规模小、技术水平低、污染较为严重的结构性矛盾仍然存在

我国热加工行业普遍存在着企业数量多、规模小、技术水平低、污染较为严重的结构性矛盾。我国铸造厂数量太多，规模过小。据取样调查及测算，全国铸造企业共有 26 000 家左右。由于厂点多，而且小厂占大多数，所以平均规模小，全国平均每厂年产量仅为 760t 左右，

远达不到经济规模。在全国众多的铸造厂中，技术和生产水平相差悬殊，呈金字塔形状，即水平高的只占极少数，多数还处于 20 世纪四五十年代的水平。因而，中低档铸件竞争激烈，而能做高档复杂铸件的工厂却为数不多。近五年来，这一状况有了较快的改善。企业的生产率有了一定的提高。但是仍然处于落后的状态。表附 7-6 列出了 2005 年一些国家各类铸件的产量、生产企业数和平均每一企业的年产量的对比情况。从表附 7-6 中可以看出，我国铸造厂的平均年产量只有美国的 1/10，德国的 1/9。以 2007 年世界主要铸造产量国家的生产率相比较，排在 2007 年铸件产量前十位的国家中，按每个铸造厂的平均产量（生产率）排列顺序是：1 德国（9 799t）；2 美国（5 548t）；3 法国（5 128t）；4 俄罗斯（4 727t）；5 日本（4 089t）；6 意大利（2 332t）；7 巴西（2 315t）；8 韩国（2 313t）；9 印度（1 707t）；10 中国（1 202t）。中国处于最后一位。

所以，从节约能耗与防治污染的角度出发，必须淘汰一大批规模小、工艺落后的铸造厂。

表附 7-6　　2005 年一些国家各类铸件的产量、生产企业数和平均每一企业的年产量

国家	铸铁件			铸钢件			有色合金铸件		
	产量/t	生产企业数	平均每一企业的年产量/t	产量/t	生产企业数	平均每一企业的年产量/t	产量/t	生产企业数	平均每一企业的年产量/t
美国	8 774 289	619	14 175	1 287 295	262	4 913	2 834 949	1 499	1 891
日本	4 759 795	457	10 415	276 589	78	3 549	1 619 461	1 173	1 381
德国	4 009 005	212	18 910	200 409	53	3 781	898 593	365	2 462
法国	1 855 600	115	16 136	113 700	38	2 992	350 236	352	995
意大利	1 444 300	180	8 024	73 324	27	2 716	1 023 900	870	1 177
英国	905 000	218	4 151	112 000	46	2 435	244 000	216	1 130
中国	18 656 845	17 000	1 097	3 224 374	4 700	686	2 539 986	4 300	591

我国现有锻造厂点 14 000 余家。其中骨干锻造厂约 320 个，锻件的产量占全国锻件产量的 90%以上。工艺和锻造设备较完整的锻造厂和车间约 7 000 个（大多建于计划经济时期）。乡镇锻造厂点有 7 000 余家，其特点是生产规模小，起点低，专业水平低。

我国制造业中以焊接为主要工艺技术的企业约有 7 000 家，其中特大型、大型和中型企业约占 1/3，它们的焊接机械化/自动化情况明显要好于众多的小型企业，2/3 的以焊接为主要工艺技术的企业，规模小，生产效率低，对焊接过程污染的排放没有经过很好的处理，对环境的污染大。

我国现有热处理厂点 2 万余家，主要分布在钢铁和机械行业中。拥有各类热处理加热设备总数约为 25 万台。其中热处理电加热炉（其中 90%左右在机械行业中使用）为 20 余万台，热处理燃料炉中燃煤炉约为 1 万台，每年耗煤约 150 万 t；燃油炉、燃气炉 5 000 余台。受我国制造业传统观念重视产品、轻视工艺（热处理）影响，热处理生产和管理总体水平低，装备质量差，技术改造资金缺乏；企业生产设备较陈旧，环境污染严重。我国热处理行业全员劳动生产率为发达国家的 1/23，更严重的是许多重要产品的关键零部件的使用寿命和可靠性只及国外产品的几分之一甚至十几分之一。我国热处理的年营业额只有美国的 1/25，但是总能耗却比美国高出 40%。

在材料成形加工行业中，无论是污染物的再生回用，还是其资源化应用，都需要杂物、化学覆裹物的预处理，由此需要整套的机械设备、较为复杂的工艺技术和较大的初期投资。上述结构性矛盾使得一些成形制造企业，尤其是中小企业对污染物的治理应用怯而止步，导致至今仍困扰着不少成形制造企业和环保部门。

3. 缺少相关行业的准入制度

造成我国热加工行业企业数量多、规模小、技术水平低、污染较为严重的结构性矛盾的一个重要原因是，我国对热加工企业的发展还缺乏相应的措施来抑制盲目扩张，制止低水平重复建设，依法淘汰落后工艺技术，关闭破坏资源、污染环境和不具备安全生产条件的企业的力度不够。需要依照《中华人民共和国清洁生产促进法》，按照有利调整结构、有效竞争、降低能耗、保护环境和安全生产的原则，提出行业准入条件，实现商品化、专业化、规模化的目标。制定所有材料成形加工企业必须具备条件的准入制度，强制淘汰一批耗能大、污染严重、产品质量差、规模小的企业，改变行业的落后面貌。这将有利于中国材料成形加工行业由成形制造生产大国发展为成形制造生产强国。

4. “出口产品，进口污染”、“污染转移”现象日趋严重，应以为警戒

随着国内外经济格局的不断调整，“出口产品，进口污染”、“污染转移”已日趋严重。表现在：

（1）“出口产品，进口污染”

为了避免热处理、电镀等生产的污染，工业先进的国家将需要进行热处理、电镀加工的零件转移到发展中国家加工。近年来我国大量承接发达国家的汽车零配件生产任务，其后果是汽车零配件出口增加了，但是将热处理、电镀生产污染由国外转移向国内，同时，将污染严重的零件热处理工艺转移到国内加工后，外商从中获取更丰厚的利润。这些现象值得有关部门引起重视。

（2）“污染转移”

在国内热处理、电镀生产由大城市向城市边缘地区或乡镇转移的现象也值得重视。如根据上海市 2006 年热处理行业的统计报告，2000 年全市热处理厂点为 463 家，职工 11 000 人，热处理设备 6 000 余台，装机容量 45 万 kW，热处理工件量 20 万～30 万 t（全国热处理工件量约 1 300 万 t）。2006 年全市热处理厂点为 414 家，职工 6 528 人，热处理设备 4 500 余台，装机容量 45 万 kW，热处理工件量 50 余万 t。2006 年与 2000 年比较，2006 年上海市热处理

厂点、职工人数、热处理设备、装机容量均下降，年热处理量的增数也不大，这与上海市近年来制造业迅速发展不相称，其重要原因之一是热处理、电镀加工向城市边缘地区或乡镇转移的结果，应该说上海市的热处理水平提高了，污染减少了，但被转移的地区污染增加了。江苏省南京市和无锡市 2001 年的热处理厂点为 90 家，现在增至 170 家（实际超过这一数量），设备和产量均相应增加 1 倍以上。据反映，这些厂点中 90%为采用能耗大，并对环境污染较大的热处理工艺和设备，如盐浴加热炉和老电阻箱式炉等。由此可知，热处理生产地区转移的结果是污染量的增加。

5. 行业能源及污染排放标准仍然不够健全

机械行业的企业污染排放标准还不健全，目前我国没有专门的铸造企业污染排放标准，采用的都是相关标准，除了国家颁布、制定的通用能源及污染排放标准之外，亟待制定或修订一批制造基础技术的行业节能减排的标准。为了保证产品质量，避免企业间的低价无序竞争，同时保证清洁生产工艺的推广应用，必须加强标准化和质量监督。

由于我国的环境保护工作起步较晚，对于已经制定的部分法规偏重于劳动保护，对环境的保护考虑不周，法规条款有待进一步修改和完善。如《热处理车间空气中有害物质的限值》标准中，有害物质浓度的允许值测量地点仅在“观察、操作、管理生产过程中经常或定时停留的地点”，按此原则，实际测量点通常在距离炉子 1m 附近，这种方法有局限性。气体化学热处理时炉中的有害气体是从排气管释放的，盐浴加热时有害气体从盐浴液面的上方排出，这些部位都不在标准规定的测量范围内，但有害物质浓度往往超过标准中规定的测量部位的浓度几百倍，甚至更高，对大气产生严重的污染。欧盟、美国等严格规定将废气回收，进行处理，达标后排入大气，超标时立即自动报警，避免有害废气对环境的污染。

6. 法规不够健全，执法依据不足，有法不依，执法不严

我国在污染防治方面法规不够健全，执法依据不足，有法不依，执法不严，不利于环境保护管理工作开展。我国关于环境保护的法规正在逐步完善，热加工行业的环境保护法规和有关标准也在逐步制定中，但远不能满足形势发展的需要。与国外先进工业国家相比，差距甚远。如美国、日本、德国等实施有害废弃物管理起步较早，于 20 世纪 70 年代相继制定了废弃物的法规，其内容包括有害废弃物的定义、鉴别和分类表，并对其产生、运输、处理、储存和处置等各个环节实行了全面管理。美国 1976 年资源保护与回收法（RCRA）是目前世界上比较详细和完整的一部有关固体废弃物的法规。而我国目前尚没有统一的有害固体废弃物的鉴别标准，而热加工行业如热处理盐浴固体废物污染控制标准，国内仍是空白。

不少经营者受经济利益的驱动，为了降低企业的生产成本，获取短期的经济利益，漠视国家法制，采用落后、淘汰、污染严重的热处理设备进行生产，并将污染物随意排放，造成

环境的严重污染。

以工具制造业为例，机床切削刀刃具的热处理若采用传统的方法，工件的加热、淬火和回火均在不同的盐浴炉中进行，最后采用碱水溶液清洗。在生产过程中，盐浴加热后从熔盐中挥发于空气中的盐蒸气和产生的盐渣、热处理后工件清洗产生的废水均具有强烈的毒性。国家早有明文规定，淘汰这种落后的对环境污染严重的热处理方法，用清洁的热处理方法替代。但恰恰相反，这种被国家强制淘汰的热处理方法在我国沿海的一些中小城市和乡镇企业中还在使用并在扩大中。如江苏省丹阳地区有“刀具城”之称，该地区大小工具制造厂不少于 20 家。若以其中的一家大型企业为例：该企业年生产刀具数量近 1 亿支（高速钢钻头为该厂的主要产品），大部分出口，同时为外商进行热处理代加工，年创汇约 2 亿美元。该厂有 10 条盐浴加热的生产线在运行，包括盐浴炉共 40 台，其中 100%$BaCl_2$作介质，加热温度为 1 250℃左右的盐浴炉 10 台。统计得知，每天两班制生产，全年消耗有毒盐约 25t（其中剧毒的 $BaCl_2$ 年消耗为 10 多 t），均变成有毒害的盐蒸气和盐渣，另外清洗后的废盐水溶液约 6 000t。这些污染物不作任何处理，随意排放，严重污染周边环境，竟然无人过问。很难想象，该地区 20 多家企业每天排放的有毒废弃物长期累积将会对环境造成怎样的恶劣影响！

又如为了确保锉刀和手工锯条的质量，将其在氰盐浴中渗碳或碳氮共渗的陈旧的热处理工艺至今还在使用。国外大部分国家已经不采用这种工艺，有些国家目前即使仍允许少量使用，但严格控制对废盐渣和废水的无害化处理和排放。我国热处理行业已有规定禁止使用氰盐浴，但在乡镇和城市农村接合部从事热处理加工的民营企业仍使用氰盐进行渗碳和碳氮共渗，而且随意倾倒剧毒废盐渣和排放废水现象非常严重。

（四）防治的措施及效果

我国在机械制造行业的污染防治方面多年来开展了不少工作，也取得了很好的成绩，取得了不少成功的经验。

1. 积极采用先进绿色制造技术，是减少成形加工行业污染的重要手段

（1）采用国内研发生产的冲天炉节能减排先进技术和设备

我国铸造行业冲天炉生产能耗居高不下，污染物排放严重，直接影响到全国“十一五”节能减排任务的完成，急需治理改造。采用国内研发生产的冲天炉节能减排先进技术和设备，对铸造行业的冲天炉实施全面的改造，总焦铁比改造后按 1∶9 计算，可降低冲天炉生产能耗 28%，即每年节省焦炭约 128 万 t，少用空气 67.2 亿 m^3，仅节焦一项即可年减排粉尘约 11 万 t、CO_2 约 185 万 t、CO 约 101 万 t、SO_x 约 3.4 万 t、HF 约 2.8 万 t，节能减排效果非常显著，对全国“十一五”期间节能减排任务的完成，将会产生重要的作用。

目前采用此项技术装备运行后，仍按年需铁水 3 000 万 t 计，则炉气年排放量约为 193.5

亿 m^3。以冲天炉生产粉尘排放浓度为 500mg/m^3，改造后按 30mg/m^3 计算，每年可减少向大气排尘 9.1 万 t；冲天炉生产二氧化硫自由排放浓度取 500mg/m^3，改造后按 20 mg/m^3 计算，每年可减少向大气排 SO_x 9.3 万 t。另外再配置应用当今已成熟的富氧送风技术和炉外热风等技术，中国铸造行业冲天炉的节能减排总量将会进一步增加。

（2）对重点城市进行示范应用

2007 年北京市铸锻协会选择一些企业进行冲天炉节能减排新技术与设备的应用试点，取得了成功。经实测，采用该项新技术与新型冲天炉可降低焦炭消耗 15%～30%，粉尘排放从 510mg/m^3 降到 30mg/m^3，二氧化硫排放从 600mg/m^3 降到 20mg/m^3，分别降低了 94%与 97%。因节能与减排可同时实现，企业的资金投入在当年即可通过节能而收回，此后可连年增收，大大提高了企业节能减排的积极性。

（3）从源头上减少污染物

锌酸盐镀锌、氯化物镀锌、硫酸盐镀锌取代氰化物镀锌工艺，镀锌层低铬（六价）、无铬（六价）钝化工艺取代铬（六价）钝化工艺，电镀镍钨合金、化学镀镍磷合金代替镀硬铬，电镀锌镍、锌钴合金代替镀镉，电镀纯锡、锡铋等合金代替电镀铅锡合金，无氰镀铜、无氰镀贵金属、三价铬镀铬工艺，逆流清洗代替直流清洗，槽边回收等，这些工艺技术中绝大部分能够满足生产要求，并已获得应用，从源头上减少了污染物的产生。

2. 研究开发推广节能新材料、新工艺，是发展清洁生产的最重要环节

在加强理论研究的基础上，对传统的成形与改性技术工艺进行改革。如热处理时取消或缩短结构钢的加热保温时间；采用高温快速升温的加热方式；提高渗碳温度；合理确定渗碳层深度；亚共析钢采取两相区加热淬火；用感应加热淬火代替渗碳淬火；碳氮共渗代替渗碳；用低温（铁素状态）化学热处理代替高温（奥体状态）化学热处理；取消和简化热处理工序，推广非调质钢等。采用锻造余热退火、淬火。钢材在塑性变形过程中，控形与控性相结合，既改善性能，又节约能源，减少污染，有很高的推广价值。

如宝钢某分公司将汽车钢板等材料改变原来的传统热处理工艺，将退火温度降低到极限温度 850℃以下。2007 年 1～7 月，每吨钢材按新工艺处理后节约能源 144kg 标煤/t，热处理 23 万 t 钢材可节约资金 200 多万元，收效甚大。

3. 采用多种末端治理技术，控制污染物排放，仍然是必要的手段

成形与改性技术仍然会排放一定的污染物，因而对工艺所产生的“三废”进行末端处理，进行严格的治理、回收、再利用仍然是十分必要的手段。包括：废弃物转化处理过程和排放物削减过程。

电镀废水的治理在国内外普遍受到重视，已研制出多种治理技术，通过将有毒治理为无

毒、有害转化为无害、回收贵重金属、水循环使用等措施消除和减少重金属的排放量。这些技术包括化学沉淀法（中和沉淀法、硫化物沉淀法、重金属离子捕捉剂法）、氧化还原法（化学还原法、铁氧体法、电解法）、吸附法、膜分离法、离子交换处理法、生物处理法（生物絮凝法、生物吸附法、生物化学法）等处理技术，使用这些成熟技术能够达标排放。

控制电镀废气的最有效的方法是使生产过程中不产生废气或降低废气的逸出量。在镀槽中加入酸碱雾抑制剂，利用表面活性剂的发泡性可达到抑制酸碱雾的效果。目前，酸性废气的处理技术也较成熟，即通过收集系统收集后，采用吸收塔（湍流塔、筛板塔、填料塔等），进行洗涤净化，在操作维护良好的状况下，满足排放标准要求。

4．按照系统工程方法，从多方面综合治理，取得减少污染的好效果

以电镀行业为例，多方面政策措施齐下取得减少污染的好效果，主要是：①国家制定和实施了正确的产业政策，如限期淘汰含氰电镀，电子产品中限制和禁止使用铅、汞、镉、六价铬等有毒有害物质，通过产业结构调整，减少环境污染；②国家和地方对电镀行业的发展进行整体规划，对电镀厂点进行全面整顿；③大力推广使用各种无废少废、节水节能的新技术、新工艺、新设备；④对电镀企业开展清洁生产审核，从源头上削减污染，提高资源利用率，节约能源，走清洁生产可持续发展之路；⑤建立电镀工业园区，通过合理规划、合理选址，将电镀厂点（特殊产品的配套加工除外）集中在工业园区生产，集中管理、集中治污，从根本上解决不达标排放、偷排等现象，由分散治理向集中控制转化，走社会化控制污染的道路。

这些措施使电镀行业的污染状况得到了很大的改善，如进一步加大力度，有望摘掉电镀污染大户的帽子。

以广西玉柴机器股份有限公司铸造厂为例，采取以下综合污染治理措施，取得了满意的效果：

（1）使用含硫低的焦炭作为炉料，减少冲天炉的污染

该铸造厂扩大了冲天炉的吨位，原来的铸造机体熔炉为 3t，经过技术改造为 7t。利用循环冷却水方法。由于原炉料焦炭含硫量较高，而且也不能充分燃烧，致使烟气带走大量未完全燃烧的炭黑，这样不仅仅是浪费资源，同时硫化物易形成酸雨，对人体、动植物均有很大影响，带来了严重的环境污染。通过技术改造，使用含硫低的焦炭作为炉料，从而解决了生产能力和多年来存在的环境污染问题。从经济效益分析：每吨铁水节约成本 15 元，免交烟尘超标排污费 45 元/t 铁水，烟尘的排放达到国家排放标准。

（2）采用机械振击落砂，改善作业环境

铸造由手工清砂向机械振击落砂过渡，清理落砂原来采用手工清砂法，需大量的人力，清得又不干净，同时工场灰尘滚滚，污染环境。技改后实行机械振击落砂，振动频率控制好，

这样既能确保产品质量，又可改善作业环境。毛坯振击周围用钢板、石棉密闭起来，把振击产生的烟尘收集到除尘装置中，使外排烟尘得到充分的收集。

（3）铸件披缝由手工打磨改用机械磨削清铲

铸件披缝的清除，随着机械化程度的提高，由原来的手工打磨上升到机械磨削清铲，铸件磨削平整，对磨削产生的铁、尘、SiO_2 粉尘进行收集除尘，这样，既可以提高毛坯的质量，又可以把粉尘清除，避免污染工场周围的环境。

（4）干法通风除尘

近 10 多年来，铸造车间先后设计制造安装与使用了一系列烟尘、粉尘、毒物、噪声的处理设施设备，其中有布袋反吹风除尘器、布袋双侧反吹风除尘器、脉冲布袋除尘器、机械振动除尘器、旋风除尘器、单机除尘器、厢式除尘器、湿式除尘器、冲激式除尘、自激式除尘、水箱式除尘、滤筒式、砂轮除尘等。上述项目的投入生产，有效地控制了粉尘排放总量，职工作业环境也得到了明显的改善。

（5）湿法除尘

利用水作为吸收液，把粉尘吸收，从而达到除尘的目的，其中采用此收尘方式的有：混砂机上方的自激式除尘、振动落砂机上方的冲激式除尘、清铲线的水箱式组合除尘等。这些除尘设备设施的使用，有效地改善了车间的作业环境。

（6）组合除尘

利用几种不同类型的除尘器进行有效组合，从而达到提高除尘效率，净化生产现场的目的。

（7）铸造废水

对除尘废水实行三级静止沉淀，打捞污泥后废水排入总公司废水处理站，对冲天冷却水则采用循环回用，定期打捞废物的方法。做到外排废水污度降低，有效地控制了排入公司主水管的沉积物。

（8）噪声治理

对造型主机产生的脉冲噪声，实行三级消声、吸声治理，效果明显；振砂机噪声采用消声切断传声渠道实施吸声治理法，抛丸机噪声采用隔绝噪声法治理。这些方法的实施，收效极大，达到国家排放标准。保障了生产现场能听度，确保员工的身心健康。

（9）固体废物处理

冲天炉炉渣外卖，供再次利用，废泥芯、型砂等运到玉林市垃圾处理场，实行填埋与焚烧。

（10）环保目标管理

环保目标与环保方针：环保目标指一定时期内，环保各项管理活动所需达到的预期程度，环保方针指为实现环保目标而采取的主要对策和措施，包括总方针、具体目标、主要对策和过程。公司、工厂通过制定环保目标，通行行政攻关的管理，把铸造生产现场的粉尘进行有效控制，达标排放，避免对环境造成污染，同时提高作业现场的环境质量，防治职业病的发生。

（11）自我防护保健康

加强员工的自我防护能力，戴口罩、手套、穿工作服，正确穿戴劳保用品，爱护通风、除尘设备设施，地面上常浇水，加强对现有环保设备设施的维护，充分发挥它们的通风除尘功能，力争把生产现场的粉尘降到最低状态。

（12）环境监测与每年身体健康检查

如果没有监测，环境管理和治理就没有依据，实现环境目标是不可能的。身体定期检查是针对职工矽肺的早期诊断与治疗而采取的重要措施，对预防职业病发生与发展具有重大意义。

三、机械工业污染防治的发展趋势

（一）机械工业污染防治的趋势

1. 大力实施“4R”发展战略

“4R”（减量化－Reduce、再利用－Reuse、再循环－Recycle 及再制造－Re-manufacture）是制造技术的发展趋势，是循环经济的方向。在“4R”中，减量化要求各项社会活动减少资源和能源的使用量，减少废弃物排放；再利用要求那些可直接利用或经简单处理即可利用的零部件或原材料再次应用；再循环要求将一道工序或一次使用后产生的废物作为下一道工序或下一次使用的原料，如将钢渣处理成矿渣水泥，形成资源循环的“生态链”；再制造要求在基本不改变旧设备零件的形状和材质的情况下，通过运用高技术进行再加工，利用废旧产品中的原材料、能源、劳动付出等附加值，使其性能达到或超过新品，达到节能、节材、环保的目标。机械工业污染防治的一个重要趋势就是实施“4R”。在成形技术中，优质、精密、高效、清洁成形与改性技术就是贯穿了“4R”的原则的新型制造技术。“4R”原则示意图见图附 7-3。

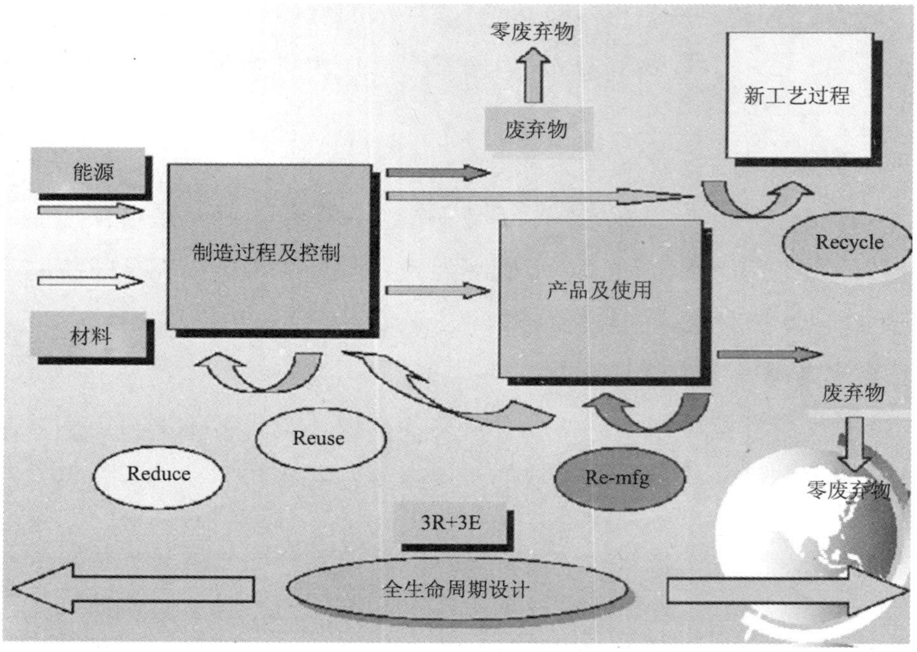

图附 7-3　节约型制造的基本原则——减量化、再利用、再循环及再制造

2. 转变末端治理为对生产全过程控制

发达国家在 20 世纪 60 年代和 70 年代初，由于经济快速发展，忽视对工业污染的防治，致使环境污染问题日益严重，公害事件不断发生，如日本的水俣病事件，对人体健康造成极大危害，生态环境受到严重破坏，社会反映非常强烈。环境问题逐渐引起各国政府的极大关注，并采取了相应的环保措施和对策。例如增大环保投资、建设污染控制和处理设施、制定污染物排放标准、实行环境立法等，以控制和改善环境污染问题，取得了一定的成绩。

但是通过十多年的实践发现：这种仅着眼于控制排污口（末端），使排放的污染物通过治理达标排放的办法，虽在一定时期内或在局部地区起到一定的作用，但并未从根本上解决工业污染问题。其原因在于：

① 对工业生产所排污染物的种类检测越来越多，规定控制的污染物（特别是有毒有害污染物）的排放标准也越来越严格，为达到排放的要求，企业要花费大量的资金，大大提高了治理费用，即使如此，一些要求还难以达到。

② 治理污染实质上很难达到彻底消除污染的目的。因为一般末端治理污染的办法是先通过必要的预处理，再进行生化处理后排放。而有些污染物是不能生物降解的污染物，只是稀释排放，不仅污染环境，甚至有的治理不当还会造成二次污染；有的治理只是将污染物转移，废气变废水，废水变废渣，废渣堆放填埋，污染土壤和地下水，形成恶性循环，破坏生态环境。

③ 只着眼于末端处理的办法，不仅需要投资，而且使一些可以回收的资源（包含未反应的原料）得不到有效的回收利用而流失，致使企业原材料消耗增高，产品成本增加，经济效益下降，从而影响企业治理污染的积极性和主动性。

④ 实践证明：预防优于治理。根据日本环境厅 1991 年的报告，从经济上计算，在污染前采取防治对策比在污染后采取措施治理更为节省。例如就整个日本的硫氧化物造成的大气污染而言，排放后不采取对策所产生的受害金额是现在预防这种危害所需费用的 10 倍。以水俣病而言，其推算结果则为 100 倍。可见两者之差极其悬殊。

因此，发达国家通过治理污染的实践，逐步认识到防治工业污染不能只依靠治理排污口（末端）的污染，而要从根本上解决工业污染问题，必须以“预防为主”，将污染物消除在生产过程之中，实行工业生产全过程控制。自 20 世纪 70 年代末期以来，不少发达国家的政府和各大企业集团（公司）都纷纷研究开发和采用清洁工艺（少废无废技术），开辟污染预防的新途径，把推行清洁生产作为经济和环境协调发展的一项战略措施。

以我国电镀工业为例。重要的趋势是：由重视电镀工业污染的末端治理转变为对电镀工业生产全过程控制。通过采用先进的工艺技术与设备、改善管理、综合利用等措施，积极推广应用低浓度、低温、低毒、无毒电镀工艺，采用逆流漂洗、槽边回收、循环水、零排放（微排放）等技术，从源头上削减污染，提高资源利用效率，减少或避免电镀过程中污染物的产生和排放。

3．积极推进清洁生产制造新技术，消除对环境的污染

依照转变末端治理为对生产全过程控制的原则，即体现“4R”的原则，机械工业污染排放治理的一个重要趋势是积极推进清洁生产制造新技术来消除对环境的污染。机械制造清洁生产新技术有下列特点：

① 尽可能地减少能源的消耗和节约原材料。例如采用自动焊接方法取代手工电弧焊，提高生产率、节能，避免浪费废弃的焊条头；采用压铸等新型铸造技术来取代砂型铸造，节约能源，节约原材料。提高热处理和表面改性的技术水平，做到零件“一顶几”，大幅度降低原材料的消耗和实现汽车轻量化、降低机械产品使用过程的污染。

② 尽可能地不使用有毒有害的物质，而用无毒低毒的物质来代替，最终淘汰有毒物质。例如采用离子氮化、感应加热、真空加热等工艺，使操作环境有所改善；采用淘汰含铅钎料，研制新型无铅钎料。

③ 尽可能地减少有毒有害物质的排放，降低粉尘和废弃物的数量和毒性。例如研制并推广使用低烟尘、低毒的焊接消耗材料，减少烟尘排放量；采用气体渗碳、碳氮共渗等逐步代替剧毒的液体介质。

④ 在技术和经济可能的情况下，尽量使用可再生能源。

⑤ 产品要设计成在其使用终结后，可降解为无害产物，或者可以循环再利用。例如报废的钎焊电路板钎料的重复利用。

4．以系统工程方式解决机械工业的污染

机械工业的污染防治是一项涉及多方面的工作。一个重要趋势是按照系统工程的方法全面地防治污染。加强国家的策划、法规、政策制定与执行，提高行业的结构和技术装备水平，提高企业管理、职工素质水平，以系统工程方式解决机械工业的污染。改变传统的资源高消耗、粗放经营的生产模式，推行无废、少废工艺，实行生产全过程控制污染，使污染物的产生量和排放量最小，以达到高效、节能、降耗、减污的清洁生产目标。

（二）机械工业污染防治的新技术

1．铸造工业污染防治的新技术

铸造工业污染防治新技术主要体现在以下几方面：

（1）旧砂在铸造厂内的再生利用

由于废砂的排放费用越来越昂贵，加上环保法规的严格限制，国外的铸造很重视旧砂的再生和综合利用。我国一汽铸造公司、东风汽车公司铸造一厂分别在 2005 年 1 月和 2006 年 11 月成功建成了铸造废砂再生生产线，处理对象是排放的湿型砂，采用热法再生原理，将湿型砂中的有机物烧去，同时对砂粒利用专用设备进行擦磨，去除砂粒表面的黏土烧结膜。该法再生的砂子可用作芯砂，每年可处理的铸造废砂分别为 6 000t 和 20 000t。

（2）废弃物的资源化再利用

废砂、炉渣等可用来制砖、铺沥青路面、生产水泥和其他一些建筑材料，有很好的环保效果和经济利益。未被处理的铸造厂的废砂、粉尘，国外一般进行深埋处理，不允许随意排放，但其成本也是非常可观的。在美国，铸造行业用砂年消耗量在 500 万 t 左右，铸造用后的旧砂用于高速公路路基材料。

将冲天炉铸造生产中产生的焦炭粉成型，可生产出强度高、发热量高、成本低廉的型焦产品。

（3）开发和利用环保型铸造用黏结剂

例如德国 Laempe 公司开发的 Beach-BOX 芯砂无机黏结剂，该黏结剂是含有多种矿物质的流体，只要加入 2.5%的水即可重复使用多次而无须再加新的黏结剂，这就意味着在生产中每批最大黏结剂加入量仅为 1.6%。通过除水而导致黏结剂组分的化学反应而硬化，可使用时间无限制，但相对湿度不应超过 70%，混制好的砂密封好可长期储存。

意大利的 FA 公司和 MEG 公司的黏结剂可用于铝合金。在制芯、储存和浇注过程中均不

发气，是环境友好的新型黏结剂。在制芯、储存及浇注时均无树脂类黏结剂可能引起的环境问题。

我国一些铸造材料厂也正在开发一些无污染、少污染的铸造材料。

2. 焊接工业污染防治新技术

（1）推广高效节能节材的焊接电源

从电焊机的设计着手，采用节省铜材料、节能的先进设计方案，并在电焊机的设计时就考虑到产品报废回收时能否循环利用问题。近年来，逆变焊机由于有节铜、节能、高效的优点而受到重视。

（2）加紧无铅钎料的研制和推广

目前全球电子行业用钎料每年消耗的铅约为 20 000 t，大约占世界铅年总产量的 5%。铅和铅的化合物已被环境保护机构（EPA）列入前 17 种对人体和环境危害最大的化学物质之一。铅的毒性在于它是不可分解的金属，并且一旦被人体摄取会在人体中聚集而不能被排出，对人体产生严重毒害作用。铅与人体内蛋白质会强烈结合而抑制人体正常的生理功能，造成神经系统和代谢紊乱，使神经和生理反应迟钝，改变感知和行为能力，减少血色素而造成贫血以及高血压。同时铅的废弃物会污染土壤，渗入地下水，从而对生态构成威胁。在电子工业中，对电子组装产品废弃物的主要处理措施是填埋于固体废弃物垃圾场。尽管目前还没有科学的数据和研究来说明铅是如何从废弃电子产品进入地下水和动物及人体食物链的，但是已有的资料表明这个过程与 CO 和 CO_2 的存在产生 $PbCO_3$ 并分解出 PbO 有关。人们期待着工厂提高铅的回收率。但是，电子产品中回收铅受到极大限制，除了技术经济上的原因外，还由于回收铅产生的 α 粒子放射远高于原始铅。而 α 粒子放射会使软件出错，因此其再次使用时会对集成电路的性能产生有害作用。

20 世纪 90 年代起无铅钎料的研发成为业界的关注热点。国际上相继组织了多次大型的研发活动。早期的研发计划集中于确定新型合金成分、多元相图研究和润湿性、强度等基本性能考察。后期的研发计划主要集中于五种合金系列：SnCu、SnAg、SnAgCu、SnAgCuSb 和 SnAgBi，并深入探讨其疲劳性能、生产行为和工艺优化。

目前已有多种无铅钎料面世，但还没有一种能够为 Sn-Pb 钎料的直接替代提供全面的解决方案。最吸引人的无铅钎料如下：

Sn-Ag-Bi 系列合金。钎料熔化温度范围在 210℃附近，强度较高，钎焊工艺性较好，可靠性较高，但延升率较差，导致轧制焊丝困难。对用表面封装工艺获得的产品，疲劳寿命长，但对于插孔工艺连接的产品件，存在焊脚开裂。原因是 Bi 的存在导致接头失效。同时，Bi、Ag 也将使钎料的成本上升。

Sn-Ag-Cu 系列合金。钎料熔化温度范围在 217℃附近，熔点偏高，有良好的延展性，外观光亮，但强度偏低，其疲劳寿命亦较低。

Sn-Bi-Zn 系列合金。钎料的熔化温度范围在 188～198℃附近，最有希望达到锡铅钎料的共晶温度，其成本低，有较高的强度，但塑性差，加工性能差。SnBiZn 钎料的一个致命缺点在于 Zn 的氧化及由此带来的钎料抗腐蚀性差，氧化皮、焊膏的保存保质问题。

（3）低烟尘、低毒、高效率的焊接材料

研究新一代低烟尘、高效率的绿色焊接材料是我国可持续发展战略对焊接工作者提出的新课题，对于这一课题的研究在工业发达国家也刚刚起步，我国目前已有科研单位在开展这方面的研究。到 2001 年我国的焊接材料年产量位于世界第一，为 120 万 t，其中近 80%为手工电焊条。0.5%～1%的焊条焊接材料在焊接过程中转变成烟尘排放到大气中，造成大气的污染。如果新一代低烟尘、高效率的焊接材料使我国的焊接材料的烟尘排放减少 50%，按照现在的生产能力，每年可以少向大气排放约 5 000 t 烟尘。

3. 热处理工业清洁、节能、精密、高效的热处理技术

金属制品的退火、正火、淬火、回火及表面淬火、渗碳、渗氮等都是最常用的热处理工艺，处理量大，覆盖面广。传统的加热介质多数是空气或熔盐，采用油作冷却介质，这种热处理方法对环境的污染非常严重，必须限制使用并尽早淘汰，取而代之研究推广清洁节能精密高效的热处理技术，使热处理生产环境得到明显的改善，实现预定的污染防治目标。

（1）真空热处理技术

真空加热是将工件置于正常大气压以下的负压空间加热方法。热处理加热用的最高真空度一般不超过 10^{-5}Pa。真空加热不仅能防治工件的氧化和脱碳，而且具有脱脂、脱气、净化表面和变形少的特点。工件在真空炉渗碳或碳氮共渗以后进行高压气淬，不仅能缩短工期，还能获得优良的性能，所以它是理想的清洁热处理技术，可以逐步取代可控制气氛热处理技术。现已广泛应用于模具、汽车零件等的热处理。工业先进国家的真空热处理设备约占据热处理设备总拥有量的 15%～20%。而我国小于 5%。目前国内已有的几十家真空设备制造厂与国际先进水平相比差距甚远，不能满足生产的需要，而进口设备价格昂贵，只能望而却步。因此研发生产需要的，高质量的、价格低廉的热处理真空设备是当务之急。

（2）离子渗氮和离子渗碳技术

离子渗氮和离子渗碳是将置于低压容器内的工件在辉光放电的作用下，由带电粒子轰击工件表面，使其温度升高，实现所需原子渗入表层的化学热处理方法。与常规的化学热处理相比，其特点是渗速快、工件变形小、易控制，热效率高、节约能源，而且无烟雾、废气污染，是清洁热处理。

（3）感应加热热处理技术

感应加热是利用电磁感应的原理，使工件表面生产涡流而被加热。其特点是加热速度快、

易控制，工件表面氧化、脱碳少，节约能源、污染少（安装屏蔽设施，可以防治高频电磁辐射对人体的影响）。感应加热技术在汽车、机床等零件热处理中已获得广泛应用。感应加热技术是清洁热处理技术。

（4）激光束、电子束、离子束表面技术与表面改性技术（表面淬火、重熔、涂层）是清洁热处理技术

（5）金属镀层技术

刷镀技术、热喷镀技术、离子镀渗技术是清洁的表面强化技术。

（6）热处理计算机模拟与智能化技术

在热处理全过程中每一环节都做到有效控制，实现产品"零"缺陷，保证机械产品的精密、可靠、节能、环保和低成本。但在传统的热处理技术中，凭经验或孤立地应用某一学科的知识作定性估计，以致工艺规范的编写和工艺要求的制定都存在不同程度的盲目性质，导致质量不稳定、产品使用寿命低、可靠性差、设计不合理、浪费材料、控制不当引起对环境污染等。摆脱依赖于经验的"技艺型"状态，向知识密集型的工程技术转化，热处理信息化是热处理技术实现跨越式发展的必由之路。应用热处理计算机辅助技术，进行计算机模拟和虚拟生产，以实现热处理计算机智能化控制。"美国 2020 年热处理技术路线图"中，将信息技术应用于合金的均匀化-扩散过程模拟、加热冷却时奥氏转变模拟、热处理工艺整体模型化和模拟、冲压过程的模拟以及焊接热影响区的模拟等，对计算机模拟的重视可见一斑。

我国上海交通大学对热处理计算机模拟技术的基础研究和应用研究方面都已有一定积累，并在生产应用中取得成效。例如取代油、硝盐、聚合物淬火介质智能型清洁淬火技术，显著缩短加热时间的加热过程优化技术，取代氮碳共渗的短时渗氮技术等。但推广应用遇到不少障碍，需要领导部门的支持和帮助。计算机模拟与智能化技术是我国发展清洁、节能、精密、高效的热处理工业不可或缺的技术。

4．电镀工业污染防治新技术

（1）电镀工艺

近年发展并获得推广应用的防治污染的电镀新技术有：无铬（六价）钝化工艺，电镀镍钨合金代替镀硬铬，三价铬镀铬，电镀锌镍、锌钴合金代替镀镉，电镀纯锡、锡铋等合金代替电镀铅锡合金，无氰镀铜等。

（2）"三废"治理

近几年研究成功的微生物处理电镀污水技术，处理后水质能达到工业废水排放要求，是一种很有发展前途的治理方法；已开发的高效高分子重金属捕集剂，能处理电镀污水中的铜、汞、镍、铬、锌、镉、铅、砷等，达到捕集去除效果，操作简便；膜法电镀漂洗水闭路循环

技术，能达到回收电镀漂洗水中的贵金属和水资源，实现闭路循环。

（三）防治与成本的趋势

1. 发展生产，消化由于污染防治的投入带来的成本增加

热加工企业的污染防治需要设备、技术和经费的投入，一般会或多或少增加企业的生产成本，但是为了社会和全体员工的身心健康，这些投入是必需的，也是一种责任。企业管理者应该从提高产品质量、提高管理水平等方面以生产更多、更好的产品来提高企业的经济效益，消化由于污染防治的投入带来的成本增加。

2. 采用成形与改性新技术不仅可以大幅度降低环境污染，还可以降低生产成本，提高产品附加值

例如采取数值模拟技术，在数值模拟阶段可以达到零污染，由于数值模拟可以大幅度减少反复试验以及试生产，可以降低产品的废品率，同时通过数值模拟，可以提高产品质量，提高了产品的附加值。

污染的防治措施有时不但可以达到减少污染的目的，同时还可以降低生产成本。例如东风汽车公司铸造一厂将生产汽车发动机缸盖铸件的树脂砂旧砂用热法再生设备系统进行再生，然后 95%以上的旧砂再回到生产线上用于混制树脂砂、造型。这样处理后的旧砂不但比新原砂性能好，成本也比从东北购进的原砂每吨便宜 100 元，既解决了旧砂的回用问题，又取得了良好的经济效益。

3. 加大环保立法和执法力度以及污染处罚力度，可提高污染治理的动力

过去，由于电镀工业技术、装备及管理水平等不高，加上环保意识淡薄，法制观念不强，执法力度欠严，造成了“守法成本高、违法成本低”的不良局面。这些年来，加强了环保立法和执法力度，特别是《中华人民共和国清洁生产促进法》颁布实施后，电镀行业已成为强制实行清洁生产审核的行业，电镀工业污染防治从侧重污染的末端治理转变为工业生产全过程控制，在污染物排放控制上由重浓度控制转变为浓度控制与总量控制相结合。通过不断研发和推广低毒、无毒、低浓度，漂洗水循环使用等新工艺，不仅节约了水、电、能源、原材料，而且从源头上控制了污染源，降低了治理成本。今后，随着新技术、新设备的不断研发，管理水平和人员素质的不断提高，以及污染处罚力度的加大，实施清洁生产的电镀企业的生产成本和污染防治成本将会降低，更具有竞争力。

四、我国机械工业污染防治的战略重点、目标和关键技术

（一）战略重点

1. 重点对材料成形与改性行业开展污染防治

以铸造、焊接、热处理、电镀为代表的材料成形加工与改性技术是国民经济的基础制造技术，但同时也是机械工业中的污染排放大户。机械工业污染治理的重点是材料成形与改性技术行业。

2. 调整行业结构，应用新技术，对生产全过程控制治理污染

调整行业结构：我国成形与改性加工行业普遍存在着企业数量多、规模小、技术水平低、污染较为严重的结构性矛盾。需重点淘汰一大批规模小、工艺落后的生产厂家，改善行业结构，提高技术装备水平。

应用新技术：清洁成形与改性新技术不仅使污染得到控制、废物得以减少，而且在产品热加工过程中的各个阶段以尽可能小的环境代价和最少的能源、资源消耗，获取最大的经济发展效益，符合可持续发展的要求。需重点发展成形与改性新技术。

对生产全过程控制治理污染：传统的生产过程的末端处理，没有考虑到污染的总量对整个生态系统可能产生的长期的积累造成的不可逆转的潜在危害，结果造成污染物在不同介质之间的转移。需重点开展生产全过程控制污染治理。

（二）主要目标

1. 清洁生产技术开发与应用取得快速发展

通过各种渠道的支持，积极开发清洁生产新技术，在成形与改性行业得到广泛的应用。采用高新适用技术改造传统产业，支持企业通过技术改造，节能降耗，综合利用，实行污染全过程控制，促进污染控制。

2. 成形与改性加工行业污染物的排放得到较好控制

大力发展“三废”治理及综合利用技术，大力减少成形加工行业污染物烟尘、CO_2、SO_2和 NO_x 等的排放。

3．行业结构得到进一步改善

综合运用法律、经济和行政手段，结合国家工业生产总量调控目标，关闭产品质量低劣、浪费资源、污染严重、危害人民健康的企业，淘汰落后设备、技术和工艺。淘汰污染严重的落后生产能力。在有条件的地区，建立铸造、热处理、电镀工业园区。使行业结构得到进一步的改善。

综合实现目标：到 2015 年，所有的热加工企业的排放标准符合国家相关标准，2020 年基本上杜绝热加工污染源，实现清洁生产。

（三）关键技术

机械工业污染防治关键技术的选择原则：一是发展、推广应用节能节材及少、无污染成形与改性技术，减少传统成形与改性技术对环境的污染以保护和创造适合生态优良环境；二是创新发展新型洁净近净成形与改性技术，使得成形与改性过程污染最小，也使得所生产的产品更为节约材料、减少污染；三是对不可避免的污染采取积极、有效的“三废”治理及综合利用技术。

按照上述原则，选择下列三项关键技术。

1．节能节材及少、无污染成形与改性技术

（1）技术概述

节能节材及少、无污染成形与改性技术是一种对传统成形与改性技术进行革新，以达到节能节材及少、无污染，保护和创造适合生态优良环境的先进技术。它发展以先进性与环境协调性为目标的节能、节材、无污染成形与改性的先进制造技术，替代能耗高、材料利用率低、有害排放等的成形与改性制造技术，为实现国民经济持续、健康发展打下良好的基础。该项技术包括：采用无毒无害的原材料，淘汰和替代有害的原材料；提高原材料的利用率；使用清洁能源，提高能源利用率；采用高效、节能、降耗、减污的工艺与设备；减少对职工险情的暴露。

（2）关键技术

① 铸造企业节能减排关键技术。主要有：a. 采用长炉龄冲天炉；b. 环保型黏结剂的开发和应用；c. 无毒轻合金熔体处理剂的开发、应用；d. 旧砂（水玻璃砂、黏土砂和树脂砂）再生技术；e. 低毒或无毒 CO_2 硬化的树脂砂高效制芯技术。

② 少、无污染焊接技术。主要有：a. 少、无飞溅的 CO_2 气保焊电源；b. 无毒焊丝镀铜技术；c. 水下电弧喷涂工艺及设备的开发与研究；d. 节能型超音速火焰喷涂技术。

③ 清洁热处理技术。主要有：a. 真空渗碳与真空渗氮；b. 智能化淬火清洁生产技术；c. 高

效清洁燃烧技术；d. 清洁的清洗技术。

④ 少、无污染电镀技术。a. 操作简单，性能优异，质量稳定的无毒、低毒电镀工艺，节能、节材电镀工艺；b. 低污染节能自泳涂装技术。

2. 新型洁净近净成形与改性技术

（1）技术概述

洁净近净成形与改性技术是指零件成形后，仅需少量加工或不再加工就可以用作机械构件的成形技术。它是建立在新材料、新能源、机电一体化、精密模具技术、计算机技术、自动化技术、数值分析和模拟技术等多学科高新技术成果基础上，应用高新技术，特别是信息技术、数字化新技术，改造传统的毛坯成形技术；使之由粗糙成形变为优质、高效、高精度、轻量化、低成本的成形技术。它使得成形的机械构件具有精确的外形，高的尺寸精度、形位精度和好的表面粗糙度。该项技术除本身具有少、无污染，最大程度地节约能源、材料的特点外，其最大的特点是所生产的产品在外形上最大程度地接近最终产品外形，在质量上更为优良，使得整体上更大程度地节约材料、节约能源、减少污染。该项技术包括洁净铸造成形、精确塑性成形、精确连接、精密热处理改性、表面改性等专业领域，并且是新工艺、新装备、新材料以及各项新技术成果的综合集成技术。

（2）关键技术

① 近净成形新技术及其产业化。针对上述方向中企业急需且覆盖面广的新技术和共性技术开展研究，提供新工艺、新方法、新装备，积累完善的技术数据，并达到实用化。主要有：a. 近净形、无缺陷铸造技术；b. 精确塑性成形技术；c. 优质高效连接技术；d. 精确热处理技术；e. 新型复合成形与改性技术；f. 大型工件和关键件成形与改性技术；g. 快速成形与制造技术；h. 重新制造技术；i. 模具技术。

② 表面强化及复合表面技术。根据设备的结构、载荷和服役环境三大因素，研究耐磨、耐蚀及特殊性能要求的表面强化及复合表面技术。研究重点是复合表面技术，如堆焊与激光表面处理的复合、热喷涂与高能束表面处理的复合、热喷涂与电刷镀的复合、多种膜层技术的复合等。

③ 近净成形工艺模拟分析和优化。研究解决成形工艺模拟的关键技术，使三维模拟软件完善化、成熟化、商品化，为洁净减形提供优化的工艺参数。

④ 近净成形生产线用机械手和机器人。研究洁净成形生产线所需典型（锻压、冲压、压铸、焊接等）机械手和机器人，使之达到系列化、成熟化，满足生产线建设的需要。

⑤ 近净成形自动生产线和柔性生产线建线技术。以工艺技术为核心研究掌握洁净成形自动生产线建线技术，侧重研究生产线控制和在线检测技术，做到能根据企业生产纲领和可能提供的资金，建设不同机械化、自动化程度的生产线，也要根据发展的需要，建设部分柔性

生产线。

⑥ 生产过程的质量控制技术。通过在线智能控制技术、无损检测技术和统计过程控制技术的研究应用，达到对洁净成形的全过程质量控制，从而保证最终产品质量。

⑦ 洁净成形技术的虚拟制造和网络制造技术。针对本行业中小企业多，国内企业技术水平低的特点，与协会、学会、生产力促进中心紧密结合，建立虚拟制造和网络制造系统。

3. 成形及改性技术“三废”治理及综合利用技术

（1）技术概述

在少、无污染或低害、无害成形及改性技术以及洁净成形技术还不能全面实现的情况下，成形与改性技术仍然会排放一定的污染物，因而对污染所产生的“三废”进行末端处理，进行严格的治理、回收、再利用仍然是十分必要的手段。包括废弃物转化处理过程和排放物削减过程。如成形过程的废气利用与污染治理，废砂的循环再利用，改性技术过程的废水、废气循环利用与治理，固体废弃物的回收与处理等。

（2）关键技术

① 冲天炉、感应炉等金属熔炼设备的消烟除尘技术。

② 砂处理、落砂、清理等工部的先进除尘技术。

③ 有机黏结剂砂芯、砂型浇注后废气的处理、达标排放技术。

④ 铸造厂废弃物的再利用（用于制砖、水泥、修路等）。

⑤ 冲天炉尾气利用的研究。高效长寿命换热器研究；流态层换热器结构初步设计；中试模拟装置设计与制造；模拟换热效果研究；换热器优化设计。

⑥ 铸造水玻璃废砂的循环利用工艺技术。针对不同工艺选用合理的再生配套设备，研究水玻璃砂废砂再生利用等关键技术。

⑦ 电镀废水及其他污水无污染处理新技术。极化小，臭氧易析出的电催化电极研究，最佳电解质，电催化制备臭氧装置研究。电镀废水中氰化物处理效果、污水杀菌效果、污水脱色效果、污水脱臭效果的研究。

⑧ 无公害真空脱脂清洗技术。无污染的真空清洗工艺及设备研究开发。

⑨ 电镀投资少、运行成本低的贵金属和水资源实现闭路循环的技术。

⑩ 电镀低成本、变废为宝、不产生二次污染的“三废”治理技术。

五、措施和建议

（一）健全行业能源及污染排放标准，制定行业准入制度

除了国家颁布、制定的通用能源及污染排放标准之外，亟待制定或修订一批制造基础技术行业的节能减排标准。如铸造用再生硅砂标准、铸造冲天炉烟尘排放标准、铸造车间粉尘排放标准、冷芯盒制芯有毒气体排放标准、冲天炉能耗评定、砂型干燥炉能耗评定、铸造企业综合能力评价标准、铸件修补技术规范、铸造废砂排放标准等铸造行业关键节能减排的标准，以及焊接行业关键节能减排的标准，热处理行业关键节能减排的标准，电镀行业关键节能减排的标准等。

成形与改性加工企业的污染治理：一要靠严格执行国家相关法令、法规；二要靠政府对行业的调整、整合，靠市场竞争的优胜劣汰，同时需要政府的政策导向。要严格执行国家的税收、环保、劳动等法规，依法淘汰落后工艺技术，关闭破坏资源、污染环境和不具备安全生产条件的企业。

为了使中国材料成形加工行业由成形制造生产大国发展为成形制造生产强国，为了引导行业健康发展，抑制盲目扩张，制止低水平重复建设，促进产业结构升级，根据《中华人民共和国清洁生产促进法》，按照有利调整结构、有效竞争、降低能耗、保护环境和安全生产的原则，提出行业准入条件，实现商品化、专业化、规模化的目标。制定所有材料成形加工企业必须具备条件的准入制度，强制淘汰一批耗能大、污染严重、铸件质量差、规模小的企业，改变行业的落后面貌。所谓“准入制度”，就是企业必须具备的基本条件，也是企业自律的文件，同时也是各级政府执行各种相关政策时（例如新上项目的审批、征地、税收、环保执法等）的一个导向意见。

建议国家发改委、工业和信息化部尽快对“在材料成形加工行业实行准入制度”课题立项，由国家发改委、工业和信息化部有关部门和中国机械工业协会及相关行业协会联合成立专门小组，研究制定准入制度的具体条款和执行办法，使这些政策尽快出台。

（二）促进企业集群化、专业化，建立热加工工业园区

在材料成形与改性加工行业中，无论是污染物的再生回用，还是其资源化应用，都需要杂物、化学覆裹物的预处理，由此需要整套的机械设备、较为复杂的工艺技术和较大的初期投资。也正是这些因素使得一些成形制造企业，尤其是中小企业对污染物的治理应用怯而止步，导致至今仍困扰着不少成形制造企业和环保部门。因而要改变观念进行集中处理，如从铸造厂家各自解决铸造废砂治理问题的观念，变为区域内集中处理，然后把再生砂返回铸造

厂家回用，把不可再生或不值得再生的铸造废砂经预处理后转至相关厂家进行资源化应用。

要彻底解决材料成形加工企业的污染、耗源问题，就应该转换厂家各自解决的观念，变为区域内集中处理。铸造、热处理、电镀行业都有同类性质问题。建议在有条件的地区建立铸造、热处理、电镀工业园区。通过合理规划、合理选址，将厂点（特殊产品的配套加工除外）集中在工业园区生产，集中管理、集中治污，从根本上解决不达标排放、偷排等现象。

（三）加大投入，大力发展、推广先进成形与改性新技术

以铸造、塑性加工、焊接、热处理为代表的材料成形与改性加工技术是国民经济的基础制造技术，它所提供的产品零件具有精密化、轻量化、高质量和高精度、形状复杂、生产效率高的特点，同时又能做到材料和能源消耗少、污染低，节约资源和能源，是一种可持续发展的技术。

应该大力研究、开发、推广应用先进材料成形与改性加工技术，建议国家在多种计划中设立有关项目，对此给予大力支持，在国家发改委、科技部等相关国家科技攻关、支撑计划中加大对高效、精密、节能、节材的绿色制造技术的支持；加大投入力度，建议设立相关基金专门用于支持高效、精密、节能、节材的绿色制造技术的开发；加强科技创新体系的建设，加强产学研联合，加大企业对先进材料成形与改性加工技术的投入与开发力度。

（四）加强质量监督，加大法律、法规的宣传和执法力度

为了保证产品质量，避免企业间的低价无序竞争，同时保证先进材料成形与改性加工技术的推广应用，必须加强标准化和质量监督。建议加强全国性和地区性的成形加工质量检测机构，定期进行检测、监督，同时加快相关质量标准的制定、修订和推广。

建议加大《环保法》、《清洁生产促进法》等法律、法规的宣传和执法力度，理顺管理体制，加强污染防治工作的全面管理和全过程管理；完善法律、法规和行业标准，并加强宣传和执法力度；将污染防治工作纳入地方各级政府部门工作考核的重点；充分发挥协会、学会的桥梁和纽带作用，调动广大科技人员的积极性和创造性，组织力量加强对污染源的治理和环保新技术的科研和推广。借助全面贯彻落实《清洁生产促进法》等相关法令的东风，加快对成形加工行业实施清洁生产强制性审核。同时可委托行业权威机构或中介组织对清洁生产审核进行前期培训，促进从源头上削减污染，提高资源利用率，节约能源，走清洁生产可持续发展之路。

参考文献

[1] 柳百成.工程前沿（第一卷）：未来的制造科学与技术. 北京：高等教育出版社，2004.12.

[2] 郝福安，张红，王耀辉，张玲. 机械工业清洁生产技术发展研究报告.2001.

[3] 机械科学研究总院. 金属制品业、通用设备制造业、专用设备制造业、交通运输设备制造业、电气机械及器材制造业行业产排污系数核算课题技术报告. 2008.1.

[4] 黄天佑. 中国铸造工业发展战略及措施. 铸造技术，2007.10.

[5] 尚俊玲，陈维平，朱权利，李元元. 中国铸造行业可持续化发展的思考. 材料导报，2007.5.

[6] 吴景峰. 清洁铸造技术在汽车铸造业的发展. 汽车工艺与材料，2002.5.

[7] 王君，董安平，孙宝德，周尧和. 面向循环经济的铸造生产与技术//第四届有色合金及特种铸造国际会议论文集. 2005.

[8] 杨丽君，田世江，刘冬梅. 我国铸造工业面临的环境保护问题及对策. 特种铸造及有色合金，2007.6.

[9] 宋永伦，沈晓勤，蒙继龙. 焊接过程中有害物质问题的研究及其进展. 焊接，2005（7）.

[10] 樊东黎，潘健生，徐跃明，佟晓辉. 中国材料工程大典（第 15 卷）：材料热处理工程. 北京：化学工业出版社，2006.

[11] Schlesinger M, Paunovic M. 现代电镀. 4 版，范宏义，等译. 北京：化学工业出版社，2006.

中国环境宏观战略研究
主要环境领域保护战略卷

（下）

中国工程院
环境保护部 编

中国环境科学出版社 · 北京

目　录

第二章
城市环境保护战略研究

专题编写单位：

清华大学

北京大学

中国社科院城市发展与环境研究所

中国科学院科技政策与管理科学研究所

中国科学院地理科学与资源研究所

中华人民共和国环境保护部环境规划院

中国城市规划设计研究院

中华人民共和国环境保护部华南环境科学研究所

中华人民共和国环境保护部

中国环境科学研究院

责任专家：

樊元生

首席专家：

贺克斌

联络员：

李　蕾

专题顾问：

钱　易　吴良镛　唐孝炎　邹德慈　郝吉明　牛文元

专题研究人员（排名不分先后）：

李　蕾　井文涌　牛凤瑞　陈　锐　董锁成　吴舜泽　李　迅　汪诚文

谢绍东　毛其智　高吉喜　许振成　冯东方　郑　艳　于　雷　余向勇

金贤锋　李　宇　李泽红

评审专家：

陈吉宁　郝吉明　王　毅　乔致奇　汪利娜

第二章
城市环境保护战略研究

一、我国城市环境问题现状

（一）工业化、城市化与城市环境问题

城市化（Urbanization，又称“城镇化”）是一个社会、经济、文化等多种因素综合发展的过程，不仅表现为人口向城市的集中，农业人口向非农业人口的转换，还表现为城市数目的增加和城市地域范围的不断推进和扩展；不仅表现为农业活动向非农业活动的转换、经济结构的优化和升级，还表现为城市生活方式、价值观念、城市文化等向农村地区的渗透、影响、扩散和传播等。

工业化是城市化最强劲和最基本的动力，工业化为城市化提供经济支持；城市化为工业化创造良好的空间依托，并通过推动基础设施建设为工业生产提供必要的环境和条件；城市化伴随着工业和服务业对 GDP 贡献的增加，导致社会财富和人均收入不断提高。因此，城市化是产业结构转变和国家创造财富的能力不断提高的过程。

1．城市化与经济发展水平的相关性

表 2-1 为世界银行公布的各国城市化率、工业化率与人均 GDP[①]。表中的城市化率是指城市人口占总人口的比重，工业化率是指工业产值占 GDP 的比重，人均 GDP 用来衡量一国的经济发展水平或收入水平。

由表 2-1 可以看出，发达的工业化国家如英国、澳大利亚、美国、加拿大、法国、德国、俄罗斯、意大利和日本，其城市化率均在 65%以上，工业化率在 20%～30%，人均 GDP 大都超过 2 万美元；除韩国这一新兴工业化国家之外，发展中国家包括巴西、墨西哥、南非、印度尼西亚、中国和印度等国，城市化水平参差不齐，基本上处于工业化前期或中期阶段，人均 GDP 较低，大都在 5 000 美元以下。

---

① 中国社科院城市发展与环境研究中心，郑艳，牛凤瑞等。Email: zhengy_rcsd@yahoo.cn Tel: 85195799.

表 2-1　　世界各国城市化率、工业化率与人均收入①

国别	人均 GDP/美元	城市化率/%	工业化率/%
日本*	40 000	66	30
美国*	38 165	81	23
英国*	27 582	90	24
加拿大*	25 562	80	30
德国*	24 592	75	30
法国*	23 899	77	21
澳大利亚*	23 372	88	28
意大利*	19 709	68	27
韩国**	13 865	81	40
俄罗斯*	11 858	73	39
墨西哥**	6 387	76	27
巴西**	3 892	83	31
南非**	3 561	59	31
中国**	1 595	40	48
印度尼西亚**	983	48	47
印度**	634	29	28

注：*为发达国家，**为发展中国家。其中，人均 GDP 为 2000 年不变价，城市化率和人均 GDP 为 2007 年数据（巴西为 2005 年数据），工业化率为 2006 年数据（部分国家为 2005 年）。

图 2-1 比较了世界 25 个国家的城市化率与收入水平。由图 2-1 可以看出，各国近 50 年的历史数据（部分国家数据序列不全）说明，城市化和经济发展水平之间存在着某种关联性，表现为随着城市化水平的提升，人均收入水平也随之提高。这是因为，城市化水平的提高，伴随着工业和服务业对 GDP 贡献的增加，而工业和服务业产值，往往比传统的农业经济高得多。因此，随着一国或一个城市开始发展附加值更高、更清洁的高技术产业或高端服务业（如微电子、金融服务业等），该地区的社会财富和人均收入会不断提高，同时环境问题也会因此得到改善（例如环保投资增加，环保意识提高）。

比较发达国家和发展中国家城市化水平的不同特点，表现为：发达国家从人均 8 000 美元以上曲线开始趋向平缓增长，表明在其城市化中后期，城市化步伐放缓，同时伴随着人均收入的持续稳定提升。从发展中国家来看，大都处于中低收入，城市化和工业化发展水平差别较大，经济发展任务还较为艰巨。

① 世界银行. 2007 年世界发展指标数据库。

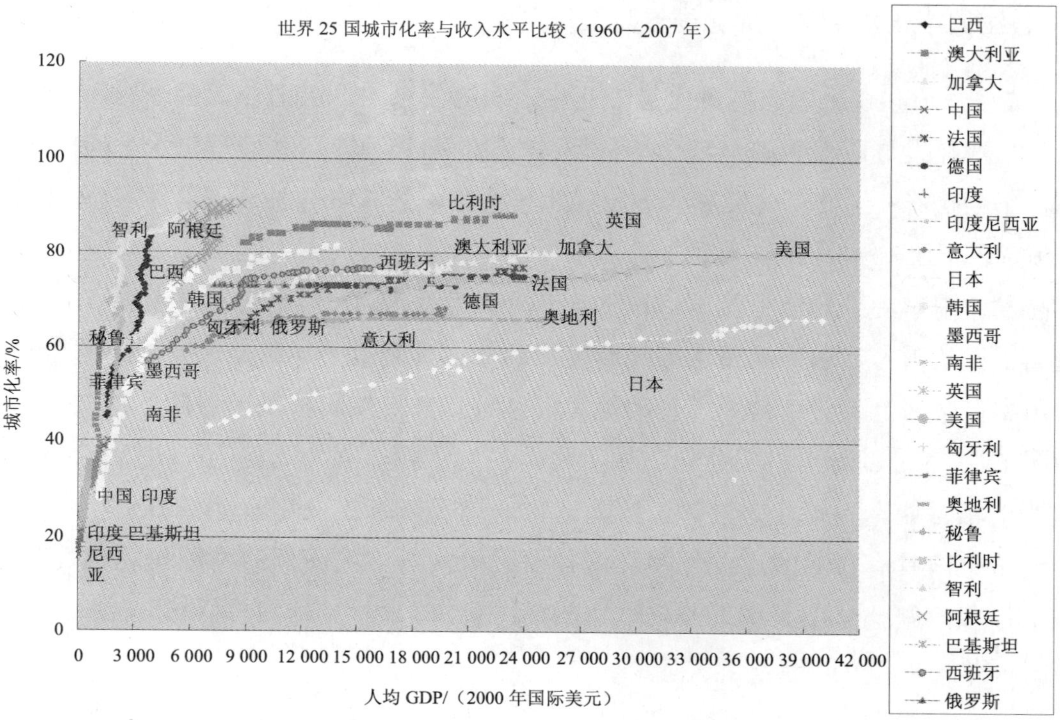

图 2-1 城市化与经济发展水平（1960—2007 年）

我国城镇化率高的地区目前主要集中于东部沿海，这里同时也是工业化和经济收入水平较高的地区，说明工业化是城镇化的推动力。

表 2-2 为我国 2003 年三大城镇密集区的基本情况。珠江三角洲、长江三角洲、京津唐这三大城市群地区，其城镇化率很高，人口密度大，人均 GDP 相对其他地区较高，第二产业和第三产业的比重都很高。

表 2-2 我国三大城镇密集区的基本情况（2003 年）

	城市人口/万人	土地面积/km	建成区面积/km^2	人口密度/（人/km^2）	GDP/亿元	第二产业增加值比重/%	第三产业增加值比重/%
珠江三角洲	3 104.4	54 751	1 535	669	11 453	49.2	43.2
长江三角洲	7 570.6	100 242	2 190	758	22 801	54.4	40.7
京津唐	3 386.22	56 421	1 845	679	8 209	44.6	49.4
合计	32 696.8	211 414	5 570	714	42 464	51.1	43
占全国比重/%	25.5	2.2			36.3	35.1	48.5

2. 各国城市化水平与工业化发展阶段的关系

图 2-2 给出了 16 个国家城市化与工业化之间的关系图。由图 2-2 可以看出，主要国家的城市化与工业化发展阶段大致呈现出一种倒 U 型的趋势，即随着城市化水平的提升，工业化水平也在不断提升；当城市化发展到一定的阶段（70%左右），工业化率开始呈现稳步下降（从 40%～50%下降到 30%以下）。

目前发达国家的工业化率基本都在 30%以下（俄罗斯稍高），而发展中国家的工业化率水平普遍高于发达国家，最高的是中国和印度尼西亚，都超过了 40%，接近 50%的水平。这与发展中国家在全球世界分工体系所处的地位及其各自的发展阶段是一致的。

由图 2-2 还可以看出，工业化与城市化是互为依赖，互为支撑的，中国正处于城市化和工业化的正相关期。中国作为世界工厂的地位，以及依靠工业化驱动城市化和经济发展的特点，决定了中国具有较高的工业化率。这种发展模式既带来高额的资源与环境发展成本，又使其城市环境问题整体上呈现工业化过程的高污染特征，也成为我国许多地区资源短缺、环境恶化的根源之一。

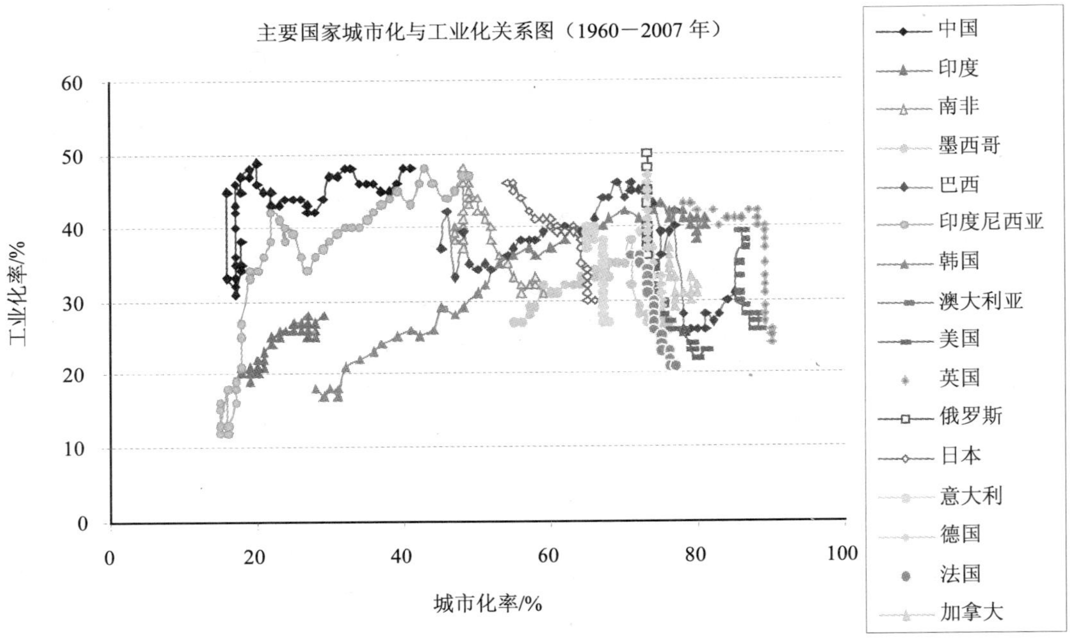

图 2-2　各国城市化与工业化的关系（1960—2007 年）

3. 工业化、城市化与经济发展的关系及其显现的环境问题

从工业革命发展到今天已经走过了两个世纪的道路。在这个发展历程中工业化在给人类创造巨大物质财富的同时也带来了诸多社会问题和环境问题。一方面随工业化进程的加快对

资源的开发利用也不断向深度和广度发展，从而由于资源过度开发而引起的系统整体失调问题的种类也越来越多、范围越来越大；另一方面工业化会导致人类的生存环境质量的降低，大量的烟尘和有害物质排放使环境受到严重污染，从而影响人类的身体健康。西方发达国家走过的是一条“先污染、后治理”的传统的工业化道路。一些新兴的工业化国家和地区在经济起飞阶段也步其后尘，而现在许多发展中国家为了改变经济落后局面又在重蹈覆辙，这就很容易让人觉得先污染，后治理是工业化发展的必然规律的结论。到目前为止，一些传统的西方经济学家认为只有在经济增长和物质水平提高的前提下人们才能超越生存需求而追求高层次的“享受”，也就是说只有在经济增长的基础上，才能有资金融入到环境治理和保护中去。这种观点是不正确的。

对于经济发展较快的发展中国家，诸如中国、印度尼西亚、韩国和泰国，他们的经历显示出，虽然在经济上取得了较快发展，但在环境质量和资源利用方面则付出了沉重的代价。许多经济发展缓慢的国家诸如加纳和尼泊尔，这些国家的经济增长虽然不快但在环境方面的损失却也相当大。中南美洲和非洲的一些国家所实施的政策甚至既没有促进经济增长同时对环境也仍造成了损坏。这三种国家从生态系统的破坏中遭受了严重的损失，包括疾病、死亡、退化的森林和水域、被污染的空气等。忽视自然资源退化后果的工业国家和发展中国家已经认识到先发展后治理的战略带来了难以弥补甚至根本不可逆转的代价。

城市化还会带来光污染、噪声污染，以及交通堵塞、住房拥挤等一系列生活环境问题。这说明城市化过程对城市化地区的生态环境产生了一些影响，但同时，城市化过程的任何一个层面又都受到生态环境不同程度的限制和约束，这种限制和约束伴随着城市化过程的每一个阶段。如果说人口的集中、用地的扩展、结构的优化、文明的扩散等构成城市化发展过程中的发展圈，那么大气环境、水环境、土壤环境、生物环境等就形成了城市化发展过程中的限制圈。整个城市化过程就是城市化的各个层面与生态环境综合协调、交互胁迫的发展过程，其实质就是上述发展圈与限制圈相互作用、相互胁迫，由低级协调共生向高级协调发展的螺旋式上升的过程。

从世界主要国家的发展阶段看，在城市化初期，城市化水平在 10%左右，城市化进入启动阶段，城市发展较为缓慢，工业产值比重低于 30%，人均 GDP 在 500 美元以下，区域整体处于农业社会状态。城市化初期的环境问题主要体现为贫困型的环境问题。

城市化中期可分为两个阶段，类似工业化前中期和中后期。在工业化前中期，其城市化率达到 30%，城市发展进入加速阶段，城市人口快速增加，城市规模扩大，人均收入水平为 3 000～5 000 美元。在工业化中后期，城市人口比重为 60%～70%时，城市化进入稳定阶段，城市人口增长趋缓；此时，工业和服务业产值所占比重达到 70%（工业产值在 30%～40%），人均 GDP 5 000～8 000 美元。城市化中期的环境问题，主要是工业化快速发展带来的生产型的环境污染问题。由于工业化带来的负面环境影响日益显著，甚至严重影响到人居环境和居民健康，城市开始注重环保基础设施的投入，进行大规模集中治理。同时，随着城市化进入稳定阶段和进入消费型社会，产业结构由工业为主转向服务业、金融和高科技产业，生态环境问题在城市发展和城市规划中开始占据重要地位。

在城市化高级阶段，城市化率平均在70%以上，城市化率保持稳步增长，人均GDP超过8 000美元，工业化率下降到30%以下，工业化发展阶段基本完成，开始进入后工业化和逆城市化阶段。这一阶段，城市环境问题在战略层面得以进行综合、全面的治理，产业结构、城市布局、社区规划、公众参与等都成为建设生态型城市的主要内容。

4. 中国的工业化、城镇化及其对环境的影响

2007 年，中国城镇化率整体水平为 44.94%。自 2005 年起，中国率先发展的特大城市上海和北京等已从工业化社会向后工业化社会过渡，2007 年的人均生产总值分别为 8 500 美元和 7 300 多美元；与此同时，贵州省 2007 年的人均生产总值仅为 6 835 元人民币。这与上面的发展阶段分析是较为一致的。即我国不同地区城市的发展差距较大，一些发达地区城市已经进入城镇化和工业化的中高级阶段，同时也存在着许多还处于初期和中期阶段的城市。

（1）我国城镇化及其对环境的影响

改革开放以后，中国城镇化进程明显加快，到1996年，城镇化水平已上升到30%，并且全国农业人口的总量也开始减少，但城镇化水平低于同等收入水平的其他国家的 15%～20%，而且受城乡分割的一整套依存性制度安排的影响，中国城镇化带有明显的路径依赖色彩。根据世界各国走向现代化的基本经验，我国要解决“三农”问题，实现工业与农业、城市与乡村发展的良性互动，必须打破城乡分割的二元格局，加快推进城镇化，相应地加快农村劳动力向非农产业和城镇转移。我国人口众多、地域辽阔，不同地区的经济发展水平和市场发育程度差异很大，伴随着乡镇企业崛起的农村工业化推动了人口就地转移的农村小城镇化，是走中国特色城镇化路径的新尝试。这种模式基本上是一个中心村就是一个小城镇，由此产生的生态问题，不可持续发展问题逐步显现出来：一是城镇布局分散，重复建设，产业结构雷同，专业化程度低因而分工协作困难，很难形成规模经济，以致城镇的不可持续发展；二是城乡贫富差距拉大导致农村很多资源得不到合理开发利用，而城市的生产能力闲置得不到发挥；三是处处建城镇大量占用农田，农村土地制度为镇办、村办企业提供廉价使用土地的便利，导致部分企业圈占可耕地，破坏了生态平衡和农业的可持续发展；四是小城镇“三废”排放分散，不易集中处理，城市垃圾的随意倾倒为城市环保带来极大困难。

目前，我国选择的是一条重视农村地区发展的农村城镇化道路，即发展中小城镇和农村非农产业，这种模式被概括为“离土不离乡”。通过发展乡镇企业，建设小城镇，使大部分农村剩余劳动力转变为非农业劳动力。总体来说，我国的小城镇发展是健康的、正常的，但在发展过程中出现了较为严重的生态破坏和环境污染问题，在一定程度上制约了农村和小城镇

经济、社会的持续发展。

① 人口城镇化的速度过快，造成小城镇发展压力过大。一个地区的城镇化水平不能仅用城市人口的比例来衡量，农村人口向小城镇转移的速度和量应以小城镇工业的吸纳能力为依据。有些地区以出售城市户口等人为方式加速农村人口向小城镇转移，造成小城镇人口过于饱和，很多人因没有工作成为城市闲散人员，给小城镇的住房、交通、社会安定带来压力，从而影响小城镇的发展。

② 小城镇建设规划和管理的水平低，土地资源浪费严重。尽管目前我国的设市城市均已编制了总体规划，但广大的新兴小城镇建设规划和管理的水平仍很低，城镇建设带有很大的随意性。有相当一批城镇的布局零乱，工业、居住、文化教育、商业交错分布，没有明显的功能分区，不仅给城镇的管理带来不便，同时也造成土地资源的严重浪费，增加了环境治理的难度；城镇的水、电、煤气、通信等基础设施布局、施工不能有效的统一，存在重复布局、施工的现象，不仅造成人力、物力和财力的巨大浪费，而且施工期的灰尘、噪声等环境问题严重影响城镇居民的生活和城镇景观。

③ 乡镇企业的环境问题。空气环境污染：乡镇企业的能源多以煤为主，而煤的燃烧利用率低，缺少净化设施，致使尾气中烟尘浓度严重超标，造成大气污染。石材加工、水泥等企业的粉尘也严重污染环境，危害工人的身体健康。水环境污染：水环境污染是乡镇企业中最严重的环境问题，多数乡镇企业为技术水平低的小造纸、制革、印染和冶炼等大耗水工业，大量的废水未经任何处理直接排入乡村河道，造成水体大面积污染。在乡镇企业较为发达的沿海地区，水体普遍黑臭，难以找到一条干净的河流，水体污染严重影响了居民生活和工厂生产。固体废物污染：乡镇企业的固体废物一般就地堆放在田边地头，废物中的有毒、有害物质在雨水的冲淋下会造成水体和土壤的污染，其影响深远。

（2）工业化及其对环境的影响

关于经济与环境关系的研究，最著名的是美国经济学家提出的环境库兹涅茨概念，环境库兹涅茨曲线是描述经济发展与环境污染水平演替关系的计量模型。它假定，如果没有一定的环境政策干预，一个国家的整体环境质量或污染水平在经济发展的初期随着国民收入的增加而恶化；当该国经济发展到较高水平，环境质量的恶化或污染水平的加剧开始保持平稳；进而随着国民收入的继续增加而逐渐好转，即环境污染变动趋势与经济发展变动趋势间呈现倒“U”型关系。这一理论假设在一定程度上揭示了工业化发展水平与环境的关系。

图 2-3 给出了中国 1978—2007 年全国产业结构的变化趋势。由图 2-3 可以看出，我国第一产业比重在迅速降低，第三产业增长很快，第二产业在高速发展过程中，传统的重化工业和加工工业对环境造成了极大破坏。我国的工业总产值的年平均增长速度 20 世纪 80 年代为 13.3%，90 年代前 5 年高达 17%，这种高速度是西方国家在工业化过程中所罕见的。这种高速度一方面使我国工业体系能在短期内建成，但是另一方面也给环境带来了巨大冲击。特别

是 80 年代以前建设的工业企业几乎没有污染控制措施，留下了巨大的环境欠账。80 年代后，法律上规定新建工业企业都要配备污染控制设施，但是投资严重不足，而且有些污染设备根本就是停而不用。同时，在工业高速增长中，传统工业仍占据绝对地位，这种低技术、低效益的工业企业必然是高消耗、高污染的，其生产方式是粗放经营的，给环境造成的压力是巨大的。工业结构的重型化，使得能源消费总量增长迅速，进一步加剧了环境污染。改革开放的 90 年代，我国走的是一条由消费需求带动、以轻工业为主导的增长道路，进入 90 年代，经济增长方式发生了重大的变化，出现了投资需求带动、重工业为主导的方式。进入 21 世纪后，这种特征越发明显，我国的经济已经具备进入重工业化阶段的发展条件。重工业是以能源和矿产品为主要原料的产业。进入重工业时代后，经济增长对能源和原材料的需求大大膨胀，从而拉动了包括石油、煤炭、电力、冶金、建材、化工等初级加工部门生产的大幅度增长，大大加剧了环境污染，特别是对水和大气的污染。从总量上看，目前我国二氧化碳排放量已成为继美国之后的第二大排放国，甲烷、一氧化二氮等温室气体的排放量也居世界前列。

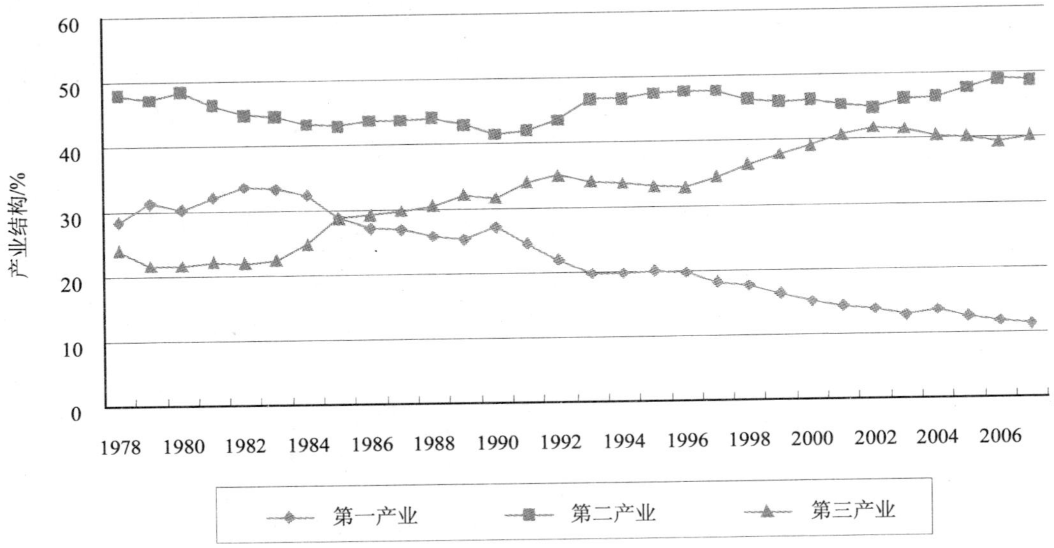

图 2-3 中国 1978—2007 年产业结构变化曲线

资料来源：国家统计局国民经济综合统计司编，新中国五十五年统计资料汇编，北京：中国统计出版社，2005.12。国家统计局编，中国统计年鉴 2008，北京：中国统计出版社，2008.9.

中国传统城镇化路径源于计划经济体制和重工业优先发展战略，重工业优先是中国城镇化制度变迁的初始条件。城镇化被锁定在低效率状态并为工农产品价格剪刀差、户籍制度、城市就业制度、农村集体经济产权制度等的共同作用所固化。这些不同的制度安排相互依存、交织和加强，迟滞了中国城镇化进程。

从人均 GDP 指标看，中国处于工业化进程中的中期第一阶段；从非农产业产值比重指标看，已越过工业化中期阶段；从非农产业就业的比重看，还未达到钱纳里模型工业化中期第一阶段；从工业结构看，中国工业化进程仍然处于重化工业比重不断提高的阶段。根据国家统计局发布的信息：中国总体处于工业化中期阶段，离完成工业化还有相当长的一段路要走。中国社科院发布的《2008 经济蓝皮书》认为 2021 年中国将实现工业化。目前，中国东部已进入工业化后期前半阶段，中部已进入工业化中期前半阶段，西部处在工业化前期最后阶段。

（二）我国城市环境问题的主要表现

1. 环境污染与生态破坏严重

（1）城市空气可吸入颗粒物和有机污染加重、呈现区域化特征并向农村和郊区蔓延

2008年全国519个城市报告了空气质量数据，有4.0%的城市达到空气质量一级标准，72.8%的城市达到国家空气质量二级标准，21.8%的城市达到三级标准，劣于三级标准的城市占1.4%，主要污染物为可吸入颗粒物。在 113 个环境保护重点城市中，2008 年空气质量达到二级标准的城市占 57.5%，三级的占 41.6%，劣于三级的占 0.9%；2006 年有 50 个城市空气质量达到国家二级标准，占 44.2%，有 55 个城市为三级，占 48.7%；有 8 个城市为劣三级，占 7.1%。重点城市二氧化硫平均浓度与 2006 年相比均有降低，二氧化氮、可吸入颗粒物浓度基本持平，城市空气质量保持稳定。影响城市空气质量的主要污染物为颗粒物，颗粒物污染较重的城市主要分布在西北、华北、中原和四川东部。

图 2-4 给出了 2002 年不同规模城市空气污染程度的比较。由图 2-4 可见，特大、超大型城市空气污染明显重于中小城市，尤以人口规模在 100 万～200 万的特大型城市空气污染最重。空气中主要污染物二氧化硫和颗粒物浓度超标的特大、超大城市比例明显高于中小城市，空气质量达标城市的比例则低于中小城市。

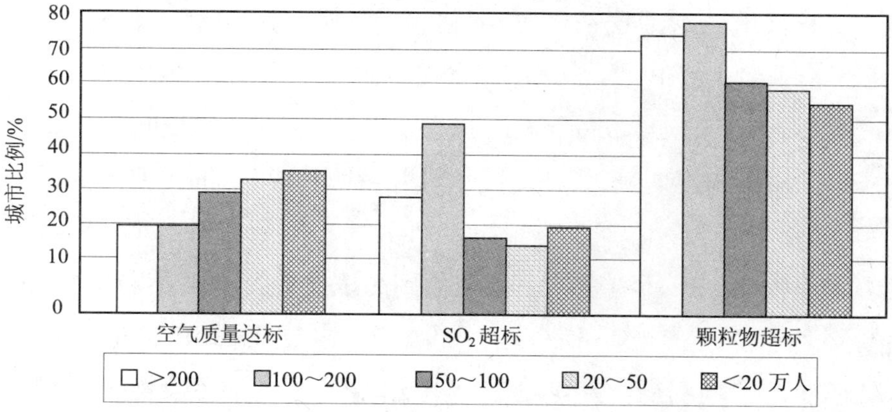

图 2-4 不同规模城市空气污染程度比较

随着经济的快速增长和城镇化进程的不断加速，我国城市大气环境呈现复合型污染，以煤为主的能源结构造成的煤烟型污染和由机动车排放引起的光化学污染共存和相互耦合，表

现出在城市和区域大气环境中细粒子和臭氧浓度升高。这些现象特别是在几个百万人口的大城市均被观测到，如北京、广州和上海等，其空气污染具有三个显著的特征：①可吸入颗粒物的浓度高，能见度显著下降；②大气氧化能力强；③呈现区域性的环境影响。

近年来，北京、上海、广州、南京、天津、石家庄、沈阳、重庆、成都、武汉、长沙、杭州、郑州、深圳、西安等，大气灰霾现象日趋严重，而且常常大面积连续出现，华北、中原、华南、华东等地区均呈现出明显的区域性特征。尤其在城镇密集地区，区域性灰霾现象更为频繁。如此严重的区域性灰霾现象，在世界其他国家和地区十分罕见。

最近几年，每当冷空气消散、气温稍有回升，灰霾就会笼罩整个珠江三角洲地区，广州、深圳、东莞、佛山等城市尤为严重。据广东省环境气象中心监测资料，广州最严重的灰霾天气主要出现在 10 月至次年 4 月。2002 年广州的灰霾天气为 85 天，2003 年增加到 98 天。2004 年 8 月以来，灰霾日数更加频繁。在灰霾天数增多的同时，灰霾的持续时间也在不断延长。2002 年时，一般一次灰霾的持续时间最多 7 天，而 2003 年一次灰霾天气最长可持续 20 天。目前以广州为中心的珠江三角洲地区是我国东部明显存在大气灰霾的区域之一，而且一年四季都比周边地区严重得多。深圳的情况更甚，2003 年深圳有霾天数共 124 天，有轻雾天数 221 天，均是 50 年来的最高记录。从 2003 年 10 月至 12 月，深圳有霾的天气为 62 天，其中 12 月份有 22 天。也就是说，整个冬季深圳市民只有 30 天没有被迫吸霾。目前，大气灰霾已经成为珠三角城市群主要的气候灾害和气象灾害之一。

城市环境空气中日益增高的细粒子浓度是灰霾天气出现的主要原因，气象条件尤其是大气边界层特征是“大气灰霾”的主要诱发因素和控制因素。形成灰霾天气的大气细粒子除来源于自然界外，更多地来自人类活动的排放，包括化石燃料形成的细粒子，机动车尾气排放的细颗粒，公路交通引起的扬尘，建筑施工造成的粉尘，还有城市与区域排放的大量气态污染物经化学反应转化成的二次细粒子。1999—2005 年对北京市大气 $PM_{2.5}$ 的浓度水平与能见度观测表明，每一个季节大气 $PM_{2.5}$ 的浓度与能见度之间显示出正相关；夏季和冬季大气 $PM_{2.5}$ 的日均质量浓度为 60～80 μg/m^3，高于美国国家空气质量标准 65μg/m^3。北京大气 $PM_{2.5}$ 的质量浓度大约占 PM_{10} 质量浓度的 63%。源贡献研究表明，$PM_{2.5}$ 的主要污染源是交通、工业和二次转化。

不仅如此，近年来在城市环境空气中还观测到高浓度的二次污染物 O_3。20 世纪 90 年代以来，北京市每年 5—10 月出现臭氧（O_3）污染，在大气中观测到了高浓度的 O_3，近年来臭氧污染超标天数和小时数均明显加重，夏季已出现以 O_3 为主要污染物的 4 级重污染日。2000 年最高小时均值高达 448 mg/m^3，超过国家二级标准一倍以上，且超过某些发达国家的报警水平。

图 2-5 给出了近十多年来在北京大学监测点观测到的环境空气中 O_3 浓度的日变化，由图可见，北京大气 O_3 的浓度峰值逐年升高，毫无疑问这是经济和人口增长带来的结果。在其他

上百万人口的大城市，如广州和上海，在居民住宅区也观测到了高浓度的大气 O_3。

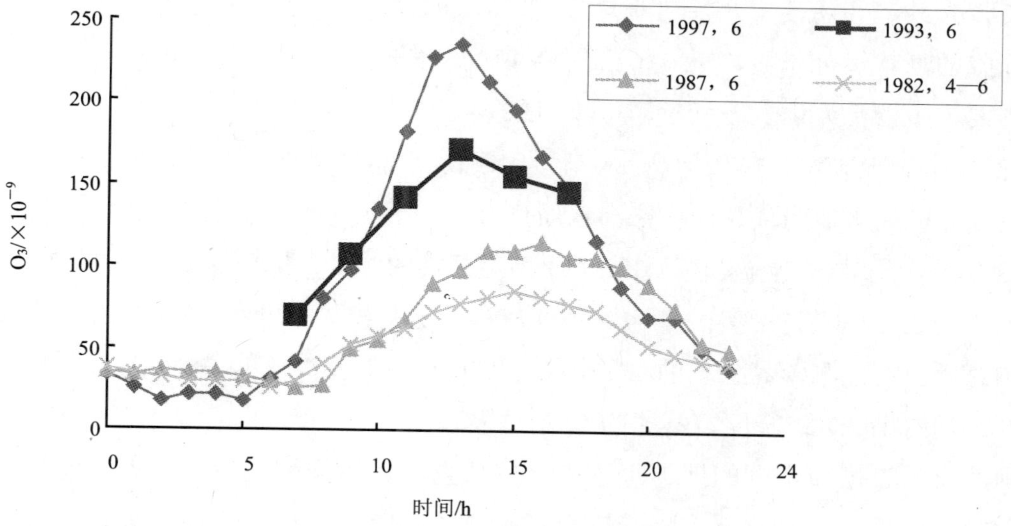

图 2-5 北京大学监测点不同年份观测的大气 O_3 浓度的日变化

2000 年 6 月和 7 月，在北京地区布设了 6 个加密监测点，连续观测了大气可吸入颗粒物和 O_3 的浓度水平。结果发现，在 6 月 21 日至 7 月 3 日发生了高 O_3 浓度污染事件，多数天的中午出现了日 O_3 浓度峰值超过 200×10^{-9} 的高值。

作为二次污染物的 O_3，伴随着一系列氧化物同时形成，如生成 •OH、HO_2•、RO•、RO_2•等大气自由基。大气中的高浓度 O_3 和自由基，将氧化一次污染物如 SO_2 和 NO_x，使其转化为二次污染物如 SO_4^{2-}和 NO_3^-。二次污染物浓度的升高，可能是日益严重的能见度下降的主要原因。

臭氧（光化学烟雾污染）主要是由燃烧等污染源排放的一次污染物 NO_x 和挥发性有机物 VOC 在太阳紫外线作用下发生一系列光化学反应而生成的。它危害植物，刺激眼睛和呼吸道，损伤儿童肺功能，影响运动员竞技状态。伴随着臭氧产生的大量二次细颗粒物造成能见度下降，看不见蓝天。臭氧还是温室气体，还会输送至下风向，造成区域污染，影响气候变化。短期和长期暴露于含有 O_3 的空气中，能够引起眼刺激、植物损坏、呼吸困难和橡胶及油漆退化。世界卫生组织建议，暴露于 75×10^{-9}～100×10^{-9} O_3 大气中不能超过一个小时。因此，减少 O_3 污染事件及其严重程度和降低大气 O_3 的浓度，就成为各国政府迫切需要关注的问题。

城市和区域性大气细粒子和 O_3 浓度升高是我国城市面临的一个新的、重大的复合型大气污染问题，但目前各个城市所发布的空气质量监测结果，均未能客观地反映出这些污染指标。因此，城市环境空气二次污染物日益严重的现象应尽快引起国家有关部门和地方各级政府的高度重视。

（2）城市水环境污染严重，以氨氮和有机物为主，饮用水水源地受富营养化影响严重

城市作为经济和生活中心，污水排放量大，加之我国城市污水处理水平普遍偏低，城市水环境面临的形势十分严峻，近 90%流经城市的河段受到严重污染，城市内湖水质较差。城市水体主要污染指标为化学需氧量、总磷和总氮。

2008 年全国地表水污染依然严重。七大水系水质总体为中度污染，浙闽区河流水质为轻度污染，西北诸河水质为优，西南诸河水质良好，湖泊（水库）富营养化问题突出。

2008 年 28 个国控重点湖（库）中，水质满足Ⅱ类的 4 个，占 14.3%；Ⅲ类的 2 个，占 7.1%；Ⅳ类的 6 个，占 21.4%；Ⅴ类的 5 个，占 17.9%；劣Ⅴ类的 11 个，占 39.3%。主要污染指标为总氮和总磷。在监测营养状态的 26 个湖（库）中，重度富营养的 1 个，占 3.8%；中度富营养的 5 个，占 19.2%；轻度富营养的 6 个，占 23.0%。

全国约有一半城市市区的地下水污染比较严重，且污染区域不断扩大。地下水的主要污染指标包括矿化度、总硬度、三氮、铁、锰和氟化物等。三氮污染在全国各城市均较突出，矿化度和总硬度超标主要分布在东北、华北、西北和西南地区，铁和锰超标主要分布在东北和南方地区。

地下水水质基本稳定，但有恶化趋势。大部分城市和地区存在一定程度的点状或面状污染。地下水超采引起的地面沉降问题有进一步加剧的趋势。在开展浅层地下水水质监测的 125 个城市中，2006 年与 2005 年相比，主要监测点地下水水质呈恶化趋势的城市有 21 个，主要分布在东北、西北、华东、中南等地区；水质基本稳定的城市有 95 个，全国各地均有分布；水质呈好转趋势的城市有 9 个，呈零星分布。

城市内湖目前污染也比较严重，著名的城市湖泊北京昆明湖 2008 年的水质为Ⅳ类，而杭州西湖、武汉东湖及济南大明湖等的水质均属于劣Ⅴ类。2006 年监测统计的 5 个城市内湖中，昆明湖（北京）为Ⅲ类水质，西湖（杭州）、东湖（武汉）、玄武湖（南京）、大明湖（济南）为劣Ⅴ类水质。主要污染指标是总氮、总磷。与 2007 年相比，昆明湖和玄武湖水质变差，其余城市内湖水质无明显变化。昆明湖为中营养状态，玄武湖、西湖、大明湖为轻度富营养状态，东湖为中度富营养状态。

城市水环境的恶化不但会对水生生态系统、城市复合生态系统、城市生态景观造成多重负面影响，更重要的是影响城市居民的饮用水安全。

（3）固体废弃物增量迅速，无害化处理率低

随着城市人口的增加和人均消费水平的提高，城市垃圾清运量逐年增加。由于垃圾等固体废弃物的无害化处理技术水平普遍偏低，垃圾等固体废弃物造成的直接和间接污染问题普遍存在。我国城市垃圾处理起步较晚，目前的无害化处理能力低下。垃圾露天堆放、露天焚烧的现象非常普遍，对其周围的土壤、水体和大气造成严重污染。目前，垃圾填埋仍是我国城市生活垃圾处理的主要途径，焚烧和堆肥处理的量相对较少。由于受到资金、管理和技术

水平等多方面条件的限制，我国许多已有的垃圾处理处置设施维持正常运行尚有困难。

全国城市生活垃圾累积堆存量 60 亿 t，占地 30 多万亩，近年来平均以每年 4.8%的速度持续增长，已使全国近 2/3 的城市陷入垃圾的包围之中。简易填埋或露天堆放在城市郊区、江河沿岸的生活垃圾，引发水源污染、水质下降、土壤污染和传染病流行等一系列问题，直接威胁着城市社会、经济的可持续发展。

另外，必须指出的是，城乡结合部的固体废物污染及其引起的生态健康问题十分突出。在快速城镇化过程中，城乡结合部成为城市与乡村生态系统输入与输出的节点，是生态系统中物质流、能流和信息流的交换中心。城乡结合部特殊的地理位置使其表现出一系列不同于城市和乡村的、独特的环境与生态问题。城市建成区越来越尖锐的人地矛盾和昂贵的垃圾处置成本，使大量的城市生活垃圾被转移到城乡结合部，给城乡结合部造成严峻的环境和生态健康问题。换言之，城乡结合部承担了本不该承担的、原属于城市的垃圾污染负担。

（4）噪声、恶臭和光污染严重

随着城市规模、人口数量、机动车保有量的增加，噪声污染已成为社会关注的热点环保问题之一。我国近三分之一的城市区域噪声处于轻度污染或中度污染状态；全国道路交通噪声强度高，影响范围大；反映道路交通影响的 4 类功能区夜间超标较严重。在我国大多数城市，环境噪声投诉率占环境投诉的 40%～50%，位居环境投诉首位，多年以来一直处于高投诉率状态，而且有继续增加的趋势，主要集中在建筑施工噪声、社会生活噪声和交通噪声。环境噪声污染严重到一定程度，易于导致群体性事件发生，我国近年在机场噪声、道路交通噪声、建筑施工噪声等方面也经常发生不同规模的群体性事件，影响社会安定，影响和谐社会建设，也在一定程度上影响了生产建设。有效的环境噪声防治是实施城市可持续发展战略的要求。在一些城市交通噪声污染已经成为阻碍城市交通发展的瓶颈之一，城市交通在向快捷通畅方向发展中，遇到的最大环境挑战之一就是交通噪声污染问题。噪声污染防治的重要措施是制定合理的土地利用和城市规划，其中包括道路和各类功能区保持一定的合理距离。居住区域和其他功能区域的声环境质量已经成为房地产使用价值的评价指标之一。环境噪声防治也直接涉及城市土地使用率和使用价值。

我国环境噪声主要来源为交通噪声、工业噪声、建筑施工噪声和社会生活噪声。根据声环境质量的调查，它们的噪声源强分别为 57.1dB(A)、55.3dB(A)、56.3dB(A)、53.7dB(A)，声源噪声级最高的是交通噪声，其次是建筑施工噪声。它们影响的面积范围分别为 17.1%、6.2%、2.1%、47.2%，影响范围最大的是社会生活噪声，其次是交通噪声。全国道路交通噪声平均等效声级低于 70 dB(A)的城市占 88.7%，环保重点城市中道路交通噪声平均等效声级低于 70dB(A)的占 93.8%。全国城市各类功能区昼间超标点次为 17.8%；夜间超标点次为 34.9%。各类功能区中 4 类功能区噪声夜间超标现象严重，此现象已持续多年未有改变。

随着人们生活水平的提高，人们的环境保护意识不断增强，对于自身的生活质量的要求也逐步提高，恶臭污染作为一种扰民和危害人体健康的污染已成为公众身边比较突出的环境问题。在一些发达国家，人们对环境投诉中恶臭的投诉比例越来越高，在美国占全部空气污染投诉的50%以上，在澳大利亚投诉的比例高达91.3%，在日本2004年对于恶臭污染的投诉达到19 657件，其中主要的恶臭污染源为野外焚烧（投诉比例23.4%）、服务业（16.4%）、个人住宅（11.6%）、畜产农业（10.14%）。天津市曾于20世纪80年代末，开展过恶臭污染投诉的信件和来访调查，主要的投诉集中在工厂（34.1%）、旱厕（28.9%）、下水道（17.1%）、垃圾（8.7%）。近年来，我国城市恶臭污染日趋严重，其投诉率日趋升高。恶臭物质种类繁多，不同类型物质分子结构中有不同的发臭基团，因而有不同气味和阈值。产生恶臭的物质有上万种，按化学成分可分为五类：含硫化合物、含氮化合物、卤素及其衍生物、部分含氧有机物和烃类。恶臭物质的来源主要有工业生产、生命活动和人类生活两方面。①工业生产：恶臭物质的主要来源是各类工厂，特别是造纸厂、制药厂、焦化厂、化工厂、食品加工厂、涂料厂、污水处理厂、染料厂、烟厂、屠宰厂等的排气。②生命活动和人类生活：人体自身产生的气味如吸烟产生的烟臭、出汗等产生的体臭，家禽家畜宠物等生物体产生的臭气，人类日常生活产生的臭气如室内下水道和便厕产生的臭气、物品发霉产生的霉臭、生活用煤气产生的气味、生活垃圾产生的气味等。对恶臭污染实行专项立法与防治，不仅是因为恶臭让人难以忍受，而且因为许多恶臭物质是有毒、甚至是极毒的，直接危害人们的健康甚至生命。同时，近年来的臭气公害事件进一步引起人们的重视。恶臭物质中对人体健康危害较大的有硫醇类、氨、硫化氢、二甲基硫、三甲胺、甲醛、苯乙烯、铬酸和酚类等。恶臭污染对人体主要有以下几个方面的危害：危害呼吸系统、危害循环系统、危害消化系统、危害内分泌系统、危害神经系统和影响精神状态。

近年来，城市更亮了，夜色更美了。“让城市亮起来”成为一句非常时尚的口号。但是，在美丽夜景之下，光污染一直被人们忽视。正处于发展阶段的各城市，在建设过程中普遍存在“越来越亮”、“你比我亮，我比你更亮”的误区。环境污染除了水污染、大气污染、噪声污染、固体废物污染这四大类污染外，还有另一种污染，绝大多数人都曾受过它的危害，而且危害正日趋严重，却往往被忽视。这就是危害人类的第五大污染：光污染。有关专家指出，这一污染源有可能成为21世纪直接影响人类身体健康的又一环境杀手。最近，意大利和美国的科研小组通过研究全球居民区和工业区光污染卫星资料后发现，全球有2/3地区的居民看不到星光灿烂的夜空，尤其在西欧和美国，高达99%的居民看不到星空。在我国，这种情况也不同程度地存在着，并有愈演愈烈之势。夜景灯光在使城市变美的同时，也给都市人的生活带来一些不利影响。

（5）片面追求城市建设规模庞大与形象新奇，忽视城市的整体协调与历史文化特色

伴随着城镇化的快速推进，始料未及的“建设性破坏”时有发生。一方面，一些传统城市、历史地区、文物古迹、风景名胜、自然遗产、非物质遗产等都因急剧的城镇化与旅游发

展频遭破坏或处于毁坏的前夕；另一方面，一些城市（包括相当多的历史文化名城城市）也在追赶时尚的过程中想方设法让城市“面目一新”，很多城市都正在进行大规模的改造，甚至在历史古城的中心地区大拆大改，既做不到全面的保护，也做不到“创造性”的继承和发展，城市宝贵的历史遗产和典型特征难以体现和发扬。特别是如北京、天津、桂林等城市建设中所呈现的一些“败笔”，令人叹惜！

在城市建设中，存在大量的“奢华”、“躁进”、“崇洋”等不良现象。误以为高楼大厦就代表着现代化，崇尚大高楼、大广场、大草地、豪宅等，甚至以西方文化为现代化的标志，简单“克隆”某些外国建筑。这种文化上的误区，流弊甚深！

“千城一面”已经并非危言耸听。很多著名城市的景象，已经越来越难以辨认，这是当今城市建设的悲剧。面临席卷而来的“强势”文化，处于“弱势”的地域文化如果没有明确的发展方向和自强意识，不能自觉地保护与发展，就会丧失固有的优良传统，失去自我的创造力和竞争力，淹没在“文化趋同”的西方大潮中。

此外，急功近利，轻视城市基本的教育功能与基础性的文化服务设施，城市发展缺乏真正的文化精神。

当前，几乎所有的城市都在进行“日新月异”的“大建设”，一味地强调“看得见”、“摸得着”的层面，对人口在城市聚集产生的经济规模效益估计过高，甚至出现“拔苗助长”的现象，城镇化被演绎成一场自上而下的、规模空前的“经济运动”和“美化运动”。即使开展一些文化活动，实际上也是“文化搭台，经济唱戏”。使城市的文化内涵受到忽视，城镇化丧失了真正的文化精神。

随着社会贫富悬殊逐渐在拉大，所谓“精英阶层”备受关注，而城市平民和农民的处境堪忧，尚需应有的关注。联合国 1999 年世界人居日的主题是“人人共有的城市”（cities for all），明确提出：要充分地发挥城市教育的作用，不但为所谓精英阶层提供发展的广阔空间，尤其要更多地关怀“弱势群体”，保证他们同样作为“城市主人”的各种权利。

在一些大中城市，虽然标志性文化设施正在崛起，各种科技文化艺术节正在不断上演，而事关长远发展的基础教育、基本生活保障的投资却仍旧相当匮乏。表现在城市的文化设施建设上，大剧院、大型会展中心的建设动辄上亿元甚至几十亿元，而与城市居民生活密切相关的公益性的文化设施，如社区级的文化馆、图书馆、体育设施、青少年活动中心、老年活动中心等，显得十分匮乏；表现在教育设施的建设上，热衷于“大学城”等的建设①，而忽视基础教育、职业教育和再就业培训，造成大量城乡富余劳动力只能从事低技能的工作，无法适应产业升级换代所需要的大量新型劳动力。同时，城市中对农民工子女上学的高门槛，又使得农民工的下一代有沦为新文盲的可能性。

城市教育功能的锐减，大大削弱了城市的教育和培训功能，不但不能体现和落实“以人

① 近几年，我国城市已建或在建的大学园区（城）有 60 余个。据调查，其中 30 个占地面积约 435km^2，平均每个园区面积 14.5 km^2。

为本”的时代精神，而且难以满足市民生活和综合素质提升的基本需求，势必会严重制约现代化进程。

2. 资源短缺与资源浪费并存

（1）水资源短缺，利用效率不高，城市严重缺水

我国人均水资源量为 2 200m^3，仅为世界人均水资源占有量的 1/4，加上水资源的时空分布极不均匀和水环境污染，使我国城市水资源问题更加突出。

首先，城市普遍缺水，生态需水被严重挤占。据统计，我国 600 多个城市中，有 300 多个城市缺水，100 多个城市严重缺水。其中，以黄、淮、海地区为代表的华北、西北城市缺水问题最为突出。这两个地区的城市生活用水、工业用水、农业用水之间的“争夺战”时有发生。城镇化使城市生活和工业用水量大幅度提升，使水资源的供给更加严峻。近年来北方部分地区降雨连年偏少，有的城市在旱季已不得不采取定时、限量供水，严重影响了工业生产和人民生活。

与此同时，我国绝大多数城市在水资源配置时没有考虑生态用水。生态缺水已导致自然生态系统服务功能降低。由于北京等大城市大量挤占生态用水量，导致海河自 20 世纪 60 年代初开始断流，潮白河、永定河非汛期基本干枯，散见的水坑已成为污水潭，天津地区湿地也所剩无几。日益严重的城市热岛效应也与生态缺水密切相关。

其次，地下水开采过量，形成大面积的地下水位下降“漏斗”。地下水位多年持续下降，水的补给资源不足，许多城市因超量开采出现了区域性地下水位下降，形成大面积的漏斗区。据统计，我国北方 10 个省市自治区，目前已形成下降“漏斗”50 余个，“漏斗”面积达 30 000km^2。全国范围内已经形成的 164 个地下水超采区，部分地区出现地面沉降、地下水位下降与海水入侵等问题。仅长江三角洲地区，过量开采地下水造成的地面沉降面积就达 8 000km^2，带来的经济损失约为 3 150 亿元。其中上海市区、江苏苏锡常地区和浙江杭嘉湖等地区，已形成 3 个区域性沉降中心，并且有连成一片的趋势。最严重的漏斗中心（无锡洛社），地下水已降到－84m。

最后，我国的用水效率很低，与水资源短缺的严峻形势很不相称。按《2000/2001 年世界发展报告》提供的数据计算，1999 年我国单位耗水量产出的 GDP 为 1.9 美元/m^3，仅为美国的 10%、日本的 4.2%、德国的 4.1%；即使按购买力平价计算，也仅相当于美国的 41.7%、日本的 23.4%、德国的 20%。当前，我国工业用水重复利用率约为 52%，远低于发达国家 80% 的水平。农业生产中仍普遍采用原始、粗放的漫灌和渠灌方式，比喷灌和滴灌分别多消耗水量 30%～70%。

（2）开发区圈占土地过多，资源局部粗放使用

首先，城市土地局部粗放使用，集中表现在新开发区浪费土地的现象十分普遍。全国大

量的新开发区是多数城市土地粗放使用的矛盾焦点，主要表现在开发区的数量过多、重复建设以及“多圈地、早圈地和盲目圈地”等方面。截至 2004 年 6 月，全国共有各级各类开发区 6 866 个，规划用地面积 3.75 万 km^2，超过了全国现有城镇建设用地 3.15 万 km^2 的总面积。通过 2004 年国土资源部和建设部的清理整改，全国共撤销各类开发区 4 813 个，占开发区总数的 70.1%，核减开发区规划用地面积 2.49 万 km^2，占原有规划面积的 64.4%。

开发区的产出效益地区差异显著。从 2002 年全国 42 个国家级高新技术开发区的单位面积产值来看，东部地区高新区每平方公里工业产值为 21.2 亿元，中部地区为 10.5 亿元，西部地区仅为 7.7 亿元，产值最低的高新区平均每平方公里工业产值仅有 3 亿元。总的看来，西部地区高新区单位面积的产出效益约为东部地区的 1/3。

开发区用地结构不合理。主要表现在不少开发区工业用地仅占全区土地面积的 20%～40%，同时，工业用地的容积率和建筑密度偏低。北京市市级开发区的建筑密度平均为 30.8%，容积率为 0.43①。而中国台湾地区、新加坡等地的出口加工区工业用地比例达 70%～80%，容积率一般为 1。同时，在一些城市的部分中心城区也存在超高密度开发，影响公共卫生等不合理现象。

其次，城市土地闲置现象大量存在。按《宪法》规定，我国城市土地属于国家所有，农村土地属于集体所有。由于城市土地和农村土地之间存在巨大的地租差异，农村集体组织具有改变土地性质的强烈冲动，农业用地向城市非农用地大量无节制转换，造成大量城市边缘区、开发区、乡镇工业园区土地低效使用，以及“征而不用，早征迟用”的土地闲置现象。据调查，在我国省级以上 900 余个开发区中，已开发面积仅占规划面积的 13.5%②。另外，采取“筑巢引凤”的方式和开发资金不到位也是造成城市土地闲置的重要原因之一。

最后，小城镇用地集约程度低，乡村建设过于分散。据统计，2002 年人口超过 200 万人的超大城市人均城市建设用地为 66.9m^2，而小城市人均城市建设用地为 84.6m^2，约为大城市的 1.26 倍，而 10 万人以下城镇人均用地更达到 200m^2。因此，从一般意义上来说，城市规模越大，城镇建设用地越趋向集约化。

我国 60%的人口居住在农村，农村居民点和乡镇企业布局分散、集聚水平较低，人均用地水平是城镇的 1.47 倍。20 世纪 90 年代，我国曾经大力促进乡村就地城镇化，扶持小城镇的发展，在客观上也造成了城镇整体土地利用效率的下降。

（3）动态与静态交通资源短缺，大城市交通拥堵

第一，大城市交通拥堵严重，制约城市经济社会发展。近年来，虽然大城市都加快了城市道路交通的建设，但交通供需矛盾依然十分尖锐，拥堵现象普遍呈现加剧的趋势，大城市中心区的行程车速仅为 20km/h 左右，交通拥堵在时间与空间上均呈现蔓延扩展之势。如南京

① 引自《北京城市总体规划（2004—2020 年）》。
② 引自《中国城镇建设用地集约利用研究报告》（2005）。

市主要道路的路段饱和度达到 0.87，上海市干道网的平均饱和度达到 0.9，广州市干道车速小于 25km/h 的道路数占到了 12.5%。北京市的调查和测算表明，公共汽车平均运营速度每下降 1km/h，相当于损失 200 部公共汽车的运力，经济损失高达 1 亿元。交通拥堵导致的效率下降，增大了运营成本，严重制约了城市经济社会的健康发展。

第二，交通结构失衡，混合交通矛盾凸显，道路资源利用不合理。当前，我国城市交通结构由于缺乏有效的引导政策和手段，呈现向个体机动交通①模式演变的趋势。私人轿车、出租车等占用道路资源较多的交通方式在通勤交通中的比重逐渐加大，不仅浪费了道路资源，加剧交通拥堵，而且也使得交通产生的尾气和噪声污染呈上升趋势②。同时随着机动化率的提高，自行车和汽车混合行驶的矛盾日益凸显。多年来，城市中仅在主要干道上提供了路段分行的“三块板”道路系统，这样就把混合交通的矛盾转移到路口，降低了路口及路段的通行能力，导致道路资源的低效使用。

第三，停车设施供需矛盾激化。随着城市中机动车数量的增多，各大城市普遍存在停车难的问题。据发达国家的经验，平均每辆车要 1.2～1.5 个停车位才能满足需要，一般露天地面停车场为 25～30m²/车，室内停车库为 30～35m²/车。而我国百辆汽车停车位数不足 35 个，因此占路停车现象非常严重。在 10 多个特大城市中，市中心区的停车位很少，只能满足实际需求的 1/2，有些城市甚至只能满足 1/4～1/6 的需求③。北京市机动车保有量超过了 300 万辆，停车位数量不足 70 万个；广州市机动车保有量 100 多万辆，停车位只有 18 万个；南京市 40 万辆机动车，停车位数量不足 7 万个。在这些停车位中，利用道路停车的数量占到近 1/3。由于较多地利用道路停车，影响了道路的正常通行，破坏了城市的总体环境。

第四，轨道交通数量规模不足，滞后于城市发展。我国大部分城市都属于用地高度集中的单中心城市，人口、城市功能高度集中，单靠地面的机动车交通已经不能承担目前的交通需求。从国外机动化高度发达的城市经验来看，必须建设足够数量规模的城市轨道交通，才能满足机动化时代的交通需求。

2002 年，全国开通的 5 个大城市的轨道交通线路总长约 257km，其中北京 94.2km，上海 64.89km，广州 36.8km，长春 14km，大连 46.7km。在总量上，还不如伦敦（408km）、东京（290km）、纽约（370km）等一个城市的地铁长。

第五，城市土地资源有限，交通供需矛盾加剧。我国大城市人均建设用地被严格限制在 100m² 以下，可用于道路交通的土地相当紧缺。2007 年，全国城市人均道路面积只有 11.4m²。与国外机动化水平较高的城市相比差距在一倍以上。如美国人口大于 25 万的城市的人均道路面积为 24.5m²，柏林人均道路面积为 21.7m²。

---

① 主要指小汽车和摩托车。

② 据研究，小轿车与公共汽车相比，以出行者个人为单位，在占用路面上高 9 倍；能耗上高 5 倍；排放 CO 高 6 倍；排放 CH 高 19 倍；排放 NO_x 高 10 倍。

③ 根据国家中长期科学和技术发展规划战略研究专题报告之十一：城镇化与城市发展科技问题研究。

城市建设用地不足使道路交通设施的扩容难度很大，也导致北京、上海、广州等特大城市开发建设的容积率居高不下，城市中心区人口密度高达每平方千米 2 万人以上。在今后 20 年，高强度、高密度的城市开发模式仍将维持，而由此产生的高强度交通需求，会使交通供需矛盾进一步恶化，迫切需要引用新的观念、新的思路、新的技术，寻求解决问题的新方案。

（4）建筑与交通能耗大，效率低，石油资源短缺

一方面伴随着我国城镇化的飞速发展，城市建筑耗能比重逐渐增大、效率低，亟待改善。建筑能耗占社会商品能源总消费量的比例不断提高，对国民经济发展和人民工作生活的影响日益突出。据统计，目前建筑能耗占社会商品能源总消费量的比例已由 1978 年的 10%上升到 25%左右[①]。而根据发达国家经验，随着我国城镇化进程的不断推进，城镇建设的高速发展，人民生活水平不断提高，建筑耗能的比例将继续提高，最终可能会达到 35%左右。因此，建筑耗能将会超越工业、交通等其他领域耗能而居能耗的首位。

另一方面，我国建筑能耗效率低下。据统计，到 2000 年底，我国能够达到建筑节能设计标准的建筑仅占全部城乡建筑总面积的 5%，占城市现有采暖居住建筑面积的 9%，绝大部分新建建筑仍是高能耗建筑。与相同气候条件的西欧或北美国家相比，我国住宅的单位采暖能耗要多 50%～100%，而且舒适性较差。北京市在执行 1995 年新节能标准后，建筑能耗大幅降低，但仍比瑞典、丹麦、芬兰等国高出近一倍。此外，与发达国家相比，城市公共建筑能耗同样居高不下。对上海办公楼进行统计后发现其平均耗能量比条件大致相当的日本办公楼高出 43.3%；清华大学对北京市 10 家大型商场进行详细测试，发现这些商场的全年空调系统运行的平均能耗比条件大致相当的日本商场高出将近 40%[②]。因此，建筑节能将成为提高全社会能源使用效率的重要任务。

另外，机动车石油需求与日俱增，城市交通发展战略急需调整。随着中国小汽车拥有率和使用率的迅猛提高，机动车石油需求量占石油总消耗量的比例呈逐年增长的趋势。2000 年，机动车燃油需求量已占全国总油耗量的 1/3。根据有关部门的预测，2010 年，2020 年和 2030 年汽车的燃料需求分别为 1.3 亿 t、2.3 亿 t 和 3.7 亿 t，分别为当年全国石油总需求的 43%、57%和 70%[③]，这表明汽车交通是造成今后中国石油需求增长的主要因素。因此，调整城市交通发展战略，从放任发展高能耗的小汽车出行方式转变到大力提倡发展低能耗的公共交通出行方式已迫在眉睫。

3．城镇化重数量规模、轻质量内涵

第一，城镇化存在重数量规模、轻质量内涵的现象。20 世纪 80 年代以来，各地撤县设

---

① 建筑能耗是指民用建筑(包括居住建筑和公共建筑以及服务业)使用过程中的能耗，主要包括采暖、空调、通风、热水供应、照明、炊事、家用电器、电梯等方面的能耗。

② 江亿. 我国建筑节能现状及技术发展趋势，2005。

③ 根据国家发改委预测。

市、撤县设区、撤乡设镇的行政建制调整，在大量乡村人口未发生职业和地域转移的情况下，在统计上“虚化”扩大了城镇的数量和城镇人口的规模，导致城镇实体地域的混乱。一些地方政府急功近利，把城镇化作为一种出政绩的“造城”运动，以开发区和城建工程为平台，大搞各种“形象工程”，搞所谓的中央商务区和高标准的行政中心等，超越了城市现有发展水平的需要。还有些城市为了加快城镇化进度，人为地推进城镇化，盲目调整行政区范围，把郊区并入城市，而城市产业并没有得到充分发展和转型。这种重数量规模、轻质量内涵的城镇化，忽视了城市产业对城镇化的支撑作用，忽视了城市内部结构的改善，结果导致资源的严重浪费，增加了进一步城镇化的成本。

第二，城乡差距过大，城乡二元化矛盾突出。目前城乡分割的二元体制依然存在，城乡差距不断扩大。城乡收入差距由 1978 年的 2.6∶1 扩大到 2003 年的 3.1∶1，城乡居民人均消费水平的差距从 1978 年的 2.9∶1 扩大到 2002 年的 3.5∶1。反映贫富差距的基尼系数指标从 1980 年的 0.33 提高到 2002 年的 0.44，超出一般的国际警戒线。在教育、文化、卫生、社会保障、科技等方面，农村与城市存在很大的差距。绝大多数农村居民未能享受到基本的公共卫生与医疗保障，占全部人口 60%的农民只消费不到 20%的医药产品和服务。在教育资源分配上，全国农村 15 岁及以上人口平均受教育年限不足 7 年，全国现有 8 500 万文盲半文盲，3/4 以上集中在西部农村、少数民族地区和国家级贫困县。

第三，“准城镇化人口”大量存在，城市内部社会二元结构凸显。目前城市中来自农村的外来人口已成为城市人口的重要组成部分。他们虽然实现了职业的转化和地域的转移或不完全转移，但缺乏身份的转变以及提升自身素质的条件，在一定时期内只能算是“准城镇化人口”①。首先，进城农民获得市民基本权利和城市社会保障的“门槛”过高，很难享受到城市提供的医疗、养老、失业保险、教育、经济适用房等社会保障和权利。其次，进城农民的基本素质不能适应市民化的转变和城市现代化的要求。根据第五次全国人口普查资料，在 1.44 亿的流动人口当中，受教育程度在初中以下的占 61.1%，即三分之二没有完成基础教育，难以成为企业实现技术进步、产业结构升级的有生力量。同时，进城农民在思想观念、行为方式和生活方式上与市民仍存在较大差距，需要进一步完成非农化和市民化的转变。在我国城镇化加速发展的时期，如果不能促使来自农村的城市外来人口尽快完成市民化过程，使其被城市所接纳，被城市文明所同化，而任其在市民之外形成一个边缘化的社会群体，那么就会产生新的“城市内部社会二元结构”，出现类似一些拉美和非洲国家所存在的“过度城市化”现象。

第四，小城镇规模偏小，功能偏弱，未能为新型工业化提供有效空间。我国建制镇的数量增加很快，1978 年至今增加了近 2 万个，取得了长足的发展。但小城镇建设存在盲目发展

① 按照我国第五次全国人口普查的口径，在城镇生活（工作）半年以上的，统计为城镇人口，但其中大部分还是流动人口，故称之为“准城市化人口”。

的趋向，总体发展水平较低，规模普遍偏小，功能偏弱，严重制约了小城镇的健康发展。根据 1997 年我国第一次农业普查资料，全国建制镇镇区规模平均只有 1 221.1 户、4 518.6 人。中西部地区建制镇的镇区规模更小。小城镇规模小造成发展空间和辐射区域狭小，对资源的聚集效应偏低，自身发展的后劲严重不足，不能够为产业发展提供良好的外部环境，更难以有效地带动周边农业地区的发展。

4．中国的城市环境问题占据了中国环境问题的主要部分

从中国 1982 年、1995 年和 2002 年城市行政辖区的区域面积变化可以看出，中国近 30 年城市行政区域空间分布发生根本改变，已由 1982 年的少量面积发展到 2002 年几乎覆盖了整个东中部地区。在某种意义上可以说，中国的城市环境问题占据了中国环境问题的主要部分。

（三）我国城镇化速度快而城市规划不能有效实施

1．我国城镇化现状和特征

改革开放以来，我国城市发展的动力机制发生了巨大变化，城镇化模式由计划经济体制下的“自上而下型”，逐步演变为社会主义市场经济体制下多元并行的发展格局。小城镇的发展促使传统的城乡二元结构发生变化。城镇化在促进市场拓展、推进新型工业化、解决农村富余劳动力出路等方面发挥了重大作用。

1978 年至 2007 年，全国城市总数由 193 个增加到 655 个。城市等级规模也发生了巨大变化，按照市区非农业人口统计，城市人口在 50 万人以上的大城市从 40 个增加到 140 个，中等城市从 60 个增加到 230 个，小城市从 93 个发展到 285 个。

人多地少、城乡区域差异大的特点，决定了我国的城镇化具有特殊的国情条件。促进城镇化的健康有序发展，引导人口有序转移，对解决“三农”问题、促进区域协调发展具有重要意义。同时，我国城镇化面临着经济全球化、信息化、机动化和资源环境压力并存的特殊时代背景，又决定了我国城镇化不可能再走先发展、后保护，先污染、后治理的道路。

城乡规划是城乡发展与建设的基本依据，是调控各项资源（包括水资源、土地资源、能源等）、保护生态环境、维护社会公平、保障公共安全和公众利益的重要公共政策。我国经济社会的快速发展对城乡规划工作提出了更高的要求，加强城乡规划工作，充分发挥城乡规划的综合调控作用，对合理高效配置空间资源，优化城镇布局，促进结构调整，实现经济又好又快发展具有重要意义，也是落实科学发展观、构建社会主义和谐社会的必然要求。

2. 改革开放后的中国城市规划实践

1949 年后，我国的城市建设取得了很大发展。城市规划工作也有了相应的发展，对配合国家的现代化建设、指导城市建设发挥了积极的作用。但是，20 世纪 60 年代至 70 年代，城市规划工作几经周折，道路很不平坦，有不少的经验和教训。

1978 年春，中央召开了第三次全国城市工作会议，总结了 30 年来正反两方面的经验和教训，提出了恢复和加强城市规划工作问题。1980 年国务院召开了全国城市规划工作会议，讨论了城市规划工作如何适应四个现代化的经济和社会发展目标，总结了城市规划在国家建设工作中的地位和作用，对在全国范围内恢复和开展城市规划工作作了部署。会议还讨论了加强城市规划法制，修订城市规划编制办法，并建议开始拟定城市规划法，充分肯定了城市规划在国家现代化建设中的地位和作用，城市规划开始走上健康发展的轨道。

20 世纪 80 年代初，城市规划工作的进程大大加快，短期几年内，90%以上的设市城市已完成了总体规划的制定和报批工作，大部分的省、自治区也完成了县城的总体规划，不少省市还对集镇、村镇进行了规划。有些制定总体规划较早的城市，由于改革开放形势带来了城市建设新的动力，已开始了调整和修正规划的工作，使城市规划工作进一步向深度和广度发展。

在绝大部分的城市和镇已制定总体规划后，规划工作的重点向两方面转移，一方面转向区域（包括市域、县域）规划；另一方面转向分区规划、近期建设规划及专业规划。上海经济区内各省进行了省域的城镇体系布局规划。国家计委国土局还组织各方面专家拟定国土规划大纲。这些宏观规划的研究和制定，对市、县域经济、社会发展各主要方面进行了综合部署，在空间地域上进行了统筹安排，使各城市今后修改调整总体规划更有依据。分区规划与详细规划的制定是根据土地有偿使用的原则和合理的功能要求，确定土地使用分区、使用性质、适用范围和环境容量，使城市规划与实施规划、城市设计、城市管理工作更紧密地衔接起来。

农村改革及乡镇工业的兴起，使小城镇有了很大发展，也为农村多余劳动力向非农业转化开辟了一条道路。关于小城镇的建设及我国城镇化的道路也引起了国内外的关注。广泛开展小城镇的城市规划，促进小城镇的经济发展和合理建设是面临的一个新课题。

沿海经济特区的规划和建设也取得了很大成绩，14 个沿海开放城市技术经济开发区的规划和建设创造了许多新的经验，适应了对外开放和国家开发东部沿海地区的战略要求。

为了适应改革开放的形势，城市规划工作本身也必然要进行相应的改革，包括观念的更新、理论的革新、编制内容方法的改革、工作方法的创新及新技术的运用、规划法制体系的建立、专业干部的培养与素质的提高，整个城市规划工作正面临着历史的新局面。

1989 年 12 月 26 日，七届全国人大常委会通过了《中华人民共和国城市规划法》，用法律形式肯定了城市规划在国家建设中的地位和作用，理顺了规划编制和管理过程中各方面关系，明确了规划的内容和方法，强调了管理的程序和权限，使城市规划具有法律赋予的权威性和严肃性，为城市规划的编制和实施提供了法律保障。这是我国城市规划建设管理进程中的一座重要里程碑，标志着我国的城市规划工作进入了法治的轨道。

进入 20 世纪 90 年代，在社会主义市场经济条件下，城市规划是国家对城市发展重要的调控手段，国务院在 1996 年就指出："切实发挥城市规划对城市土地及空间资源的调控作用，促进城市经济和社会协调发展。"（国务院[1996]18 号文，《国务院关于加强城市规划工作的通知》）。这是在社会主义市场经济条件下国家给城市规划的科学定位。城市规划正在为此而努力。市场经济发展到今天，在中国，从维护公共利益的需要来看，从实现发展的公正、公平的需要来看，城市规划又具有了国家重要公共政策的属性。

城市规划从四个方面加强了对不断升温的房地产开发的调控：城镇体系规划；城市总体规划，特别是五年的近期建设规划；详细规划，特别是控制性详细规划；城市设计，当前的重点是近期建设规划和控制性详细规划。这种调控又表现在以下几个方面：房地产开发总规模；开发的空间结构布局；具体地块的使用性质和开发强度；开发时序；具体建设项目用地和建设的控制及规划管理。

进入新世纪，中央进一步强调各类专门性规划必须服从城市规划的统一要求。温家宝总理指出："城市规划是一项全局性、综合性、战略性的工作，涉及政治、经济、文化和社会生活等各个领域。"城市规划是非常综合的规划，它关系城市发展的性质、规模、布局，关系城市发展的长远和全局。国务院 2002 年 13 号文件明确规定："城市规划关系到国民经济持续快速健康发展的全局"，"各类专门性规划必须服从城市规划的统一要求"。这是国家重要的规定。但是实行起来，并不顺利。现在，有些"条条"的部门专业规划和有些"块块"（有些开发区）的规划往往使得城市规划的综合性难以实现。

今天，科学发展观在中国的贯彻，第一层面的任务可能是国家法制建设的科学化。首先又需要国家高层对现行的法律之间存在的问题，在决策民主化、科学化的基础上，认真加以解决。

伴随着全球城市化的推进，人类在过去 100 多年对自然资源和能源的消耗，达到人类历史上空前的程度，造成全球环境的恶化。城市的环境问题，已经不再是城市本身，而是牵涉到整个地区，跨国界的乃至全球范围的环境恶化和整治。全球的城市化和中国的城镇化的发展，都已经达到或即将超越 50%的历史性的关键点。发展中国家、新兴工业国家的快速城市化，以及发达工业国家城市化的衰退，提出了整个人类的居住环境和生活方式重大变革的问题。相对较低的城市化水平可能会给中国提供结合国情发展城市政策的机会。

（四）中国城镇化进程中主要环境问题的原因分析

1．大城市地区的蔓延式开发模式严重破坏城市周边生态系统

城市空间的变化主要表现为两方面：城市建成区向外扩展，以及与此同时发生的城市内部空间的重新组合。在政策因素、经济因素和技术发展因素三个方面的作用下，中国大城市的空间变化以外部扩展为主。政策因素包括城市土地有偿使用制度的建立，促使土地批租、土地置换和企业向郊区迁移，及住房制度改革和大规模市政建设和旧房改造带来居住区的外迁；经济因素是指国内外巨额建设投资为郊区化提供了资金；技术发展因素的作用是新的交通设施和通信设施使郊区化成本大幅降低。表 2-3 显示，1990—2003 年中国 31 个超级大城市的建成区面积平均增长了近 1 倍，尤其是经济发展较快的大城市规模急剧扩张更为迅速，如北京、广州、南京、杭州等城市建成区面积扩张了 2 倍以上。很明显，中国大城市呈蔓延式扩张。

表 2-3　　1990—2003 年中国大城市建成区面积的变动情况

城市	建成区面积/km²		1990—2003 年增长比例/%	城市	建成区面积/km²		1990—2003 年增长比例/%
	1990 年	2003 年			1990 年	2003 年	
上海	250	550	120.0	鞍山	88	136	54.5
北京	397	1180	197.2	抚顺	108	118	9.3
天津	335	487	45.4	兰州	163	141	−13.5
沈阳	164	261	59.1	郑州	112	170	51.8
武汉	189	216	14.3	淄博	86	164	90.7
广州	182	608	234.1	昆明	96	185	92.7
哈尔滨	156	225	44.2	长沙	101	131	29.7
重庆	87	445	411.5	杭州	69	275	298.6
南京	129	447	246.5	南昌	65	85	30.8
西安	138	216	56.5	齐齐哈尔	102	103	1.0
大连	131	248	89.3	石家庄	85	141	65.9
成都	87	386	343.7	乌鲁木齐	64	169	164.1
长春	114	171	50.0	唐山	112	187	67.0
太原	168	177	5.4	吉林	99	163	64.6
济南	104	200	92.3	贵阳	85	128	50.6
青岛	94	146	55.3	合计	4 160	8 259	98.5

资料来源：《中国城市统计年鉴》（1991，2005）。

大城市低密度的蔓延式发展模式会加快城市周边生态系统的恶化。因为在城市周边主要是农田、绿地、林地等，它们在维持城市生态平衡和提高城市生态环境质量方面起着非常重要的作用，一旦受到破坏，就会迅速地降低城市和城市周边地区环境的承载能力和对污染的净化能力。中国正处在城镇化高速发展的时期，预计中国未来 20 年的平均城镇化速度有可能

保持在年增长 0.8 个百分点左右，每年新增城镇人口 1 500 万人以上。如何为如此大规模的城镇化提供足够的土地供给，同时解决农田保护问题、环境问题、资源问题等，将严峻地摆在大城市决策者面前。

2．“退二进三”战略将中心城市的工业污染转移到城市周边

由于历史原因，相当一部分国有工业企业布局城市主城区，随着城市的建设和发展，这些工业企业所占的地块已成为城市的黄金地块，有较高的级差地租，更适用于不同类型的商业开发。近些年，大多数大城市都在实施“退二进三”计划，工业企业退出主城区，迁往周边的工业园区。毫无疑问，这种举措对国有企业长远发展和城市的可持续发展都是有利的，企业出让黄金地块，获得高额的级差地租补偿，用于企业的技术改造、设备更新，有助于国有企业走出困境和做强做大；对城市而言，既消除了主要污染源，又为引进效率更高的第三产业创造了条件。但是，“退二进三”战略也存在明显的负面效应，它将中心城区的工业污染转移到了城市周边。虽然国家制定了比较严格的环境管理制度，如排污收费、环境影响评价、排污许可证等，但因为企业厂内污染处理成本要远高于现行排污费和超标排放费的标准，这些制度对企业减少污染排放量和自觉处理污染排放没有形成有效的激励作用。因而，出现了污染排放量在不断增长，而工业企业污染设备运行效率却达不到 50%的现象。

3．生活源成为城市环境问题产生的主要因素

改革开放以来，随着城镇化进程的加快，城市人口呈急剧增长的趋势。城市人口的增长率大大高于全国总人口的增长率。城镇化率从 1978 年的 17.92%增加到了 2007 年的 44.94%，在 30 年内增长了 27.02 个百分点，平均增长率每年是 0.90 个百分点；其中从 1998 年至 2007 年的平均增长率为 1.30%。在未来的十余年内，如果按照城镇化率继续以每年 1 个百分点左右增长，到 2020 年，我国的城镇化率将达到 55%～60%。如果按照 2020 年我国 14.5 亿人口来计算，城市人口将超过 8 亿人，即城市人口将在 2007 年 5.94 亿人的水平上再增加 2 亿多人，相当于要制造 20 多个规模像广州这样的 1 000 万人口大城市。城镇化进程加快的直接后果是未来我国城市将面临更为巨大的人口压力。

随着人口的增长和人民生活水平的提高，城市人口所占用的各类资源和产品总量将大幅度提高，传统消费观念下人们对物质需求的增加还将进一步提高城市人口占用各类资源和产品的总量，其结果不可避免地会造成城市资源、能源的短缺，如城市水资源的短缺问题将更为严重。

同时，城市人口的大幅度增加将直接造成城市生活污水、垃圾等废弃物产生量的增加。如果按 2003 年人均生活污水和垃圾排放量分别为 47.6t/（人·a）和 0.87 t/（人·a）计算，到 2020 年城市生活污水排放量和垃圾排放量将分别增加 140 亿～190 亿 t 和 8 700 万～11 600

万 t。事实上，1999 年我国城市生活污水的排放量就已经超过了工业污水排放量，成为城市水污染的第一贡献者。在快速城镇化的前提下要改善城市环境，必将对城市环境基础设施建设提出更高的要求。

由上述分析可见，城镇化快速发展必将使我国城市环境问题产生根本性的变化，生活源将替代工业源而成为城市环境问题的第一贡献者，消费行为和生活方式对城市环境将产生更大的影响。同时，城市环境问题从形式到内容也将发生相应的变化。

4. 水资源短缺与水环境问题成为城市发展的重要制约因素

目前，我国很多城市都面临水资源短缺问题。2004 年统计数据显示：2004 年我国人均水资源 2 040m^3，比上年下降 4.0%。全年总用水量 5 500 亿 m^3，比上年增长 3.4%。其中，生活用水增长 2.2%，工业用水增长 2.8%，农业用水增长 3.8%。全国人均用水量为 423m^3，增长 3.0%。为了满足不断增长的水需求，许多城市只得采取超采地下水的办法，结果导致地下水位持续下降，地面下沉，环境地质灾害的危险大增。国土资源部南京地质矿产研究所近日发布的一份报告显示，由于长期过度开采地下水，长三角地面沉降大于 200 mm 的范围近 1 万 km^2。苏州、无锡、常州（苏锡常）地区的地面下沉已经造成非常大的危害，据估算，长三角地区因地面沉降所造成的直接和间接损失已经达到 3 150 亿元。随着城镇化进程的加快，城市对水的需求将不断增长，由水资源短缺引起的地下水超采和地面沉降等环境问题有进一步加剧的趋势。

另外，水资源的污染又不断加剧，并导致污染型缺水城市的增加。据 2006 年环境状况公报显示，2006 年度七大水系 408 个重点监测断面中，46%的断面满足Ⅰ～Ⅲ类水质要求，28%的断面属Ⅳ、Ⅴ类水质，26%的断面属劣Ⅴ类水质。其中七大水系监测的 98 个国控断面中，Ⅰ～Ⅲ类水质断面占 43%，Ⅳ、Ⅴ类水质断面占 31%，劣Ⅴ类水质断面占 26%。城市内湖水质较差，主要污染指标是总氮和总磷。昆明湖为中营养状态，玄武湖、西湖、大明湖为轻度富营养状态，东湖为中度富营养状态。

由上述可见，未来我国城市的发展将进一步受到水资源短缺和水质恶化等环境问题的制约。为确保城镇化进程的顺利发展，必须通过加大规划水资源力度，加强水资源统一管理，推进节水型社会建设，合理开发水资源，加强水污染防治等手段和措施，保护和改善城市水环境。

5. 城市土地利用导致多种环境问题

首先，城市的扩张会占用大量耕地，据 1997 年国家土地管理局的有关统计，仅 1986—1995 年全国城市占用耕地就达 2 960 万亩，其中当时 31 个特大城市和大城市的市区用地规模平均扩大了 50.2%，有些中小城市的用地规模甚至成倍增长。根据近期土地利用变更调查结果，2003

年全国耕种的耕地面积为 12 339.22 万 hm^2，人均耕地已由上年的 0.098 hm^2 降为 0.095 hm^2，不足世界人均耕地的一半。城市用地规模的扩张，是城市发展对土地资源的正常需求，但是耕地的大量减少，会危及国家的粮食安全问题，是城镇化过程中不能回避的问题之一。

其次，城市环境问题呈现边缘化的趋势。根据我国城市功能布局和经济结构调整，以及城市环境保护的需要，城市工业不断向城市周边和中小城市转移，其结果是造成工业污染向城乡结合部甚至是农村的转移，在中心城市的环境压力减轻，环境质量有所改善的同时，周边地区和中小城市的环境问题将有加剧的趋势。同时，城镇化往往会带动城市周边地区的经济以为城市提供蔬菜、畜禽等服务为发展导向，由此会产生农药、化肥等面源污染，这也是城市环境问题边缘化的表现。

最后，在城市规划、建设、管理过程中的土地开发利用普遍存在粗放性的问题。城市建设中不合理的土地开发利用，会降低城市的生态适应力。一般说来，城市土地利用的开发强度具有从城市中心区向外围递减的趋势。但是随着城市的不断发展，如果不顾用地空间，特别是中心区黄金地段的最大允许承载能力和环境容量，一味地追求商业利益或迎合开发商的不合理要求，则会造成城市土地开发利用梯度的恶性发展。在城市建设中，由于地面硬化改变近地面气流场，会强化城市的热岛效应，同时地表的不透水面积率与地表径流的增大也会产生在水文方面的负面影响。同时土地开发密度过大还会造成城市中心区严重缺乏开阔自由空间和城市绿地，最终导致“城市荒漠”的出现和环境质量的全面恶化。这些城市建设中的不合理现象会使城市防灾能力日益脆弱。一旦遇到突发事件，成灾概率会大大增加。

因此，城市扩张以及不合理的土地利用都会给城市的发展带来很多环境问题，如果不能正确处理，不仅会降低城市本身的生态环境功能，而且将会加深城市与周边地区、城市与农村之间在环境问题上的矛盾，进而制约城市的可持续发展，对此必须引起高度重视。

6．城市环境基础设施建设相当薄弱

近 10 年来，我国城市生活污水排放量每年以 5%的速度递增，2006 年全国城市生活污水排放量 286.7 亿 t，占全国污水排放总量的 53.2%，同样城市生活垃圾产生量近年来以 5%～8%的速度增加。按照中国城镇化的发展战略，未来几十年内中国的城镇化率要达到 50%～60%，城市人口将比现在增长近 1 倍，城市生活污水和垃圾的产生量也很可能会成倍地增长，要保证城市环境质量，满足人们对生活质量的需求，就必须加大对环境基础设施的投资力度，加快城市基础设施的建设步伐。

然而，我国城市环境基础设施建设相当薄弱，欠账很多，特别是生活污水集中处理、生活垃圾无害化处理和危险废物处置能力尤显不足。根据 2004 年“城考”的 500 个城市的统计结果，全国城市生活污水处理率平均仅为 32.33%，有 193 个（约 40%）城市的生活污水集中处理率为零；全国城市生活垃圾无害化处理率平均为 57.76%，有 160 个（约 30%）城市的生

活垃圾无害化处理率为零。全国危险废物集中处理率（特指医疗垃圾集中处理率）平均为60.44%，有155个（约30%）城市的危险废物集中处理率为零。

由于城市污染物处理率低，大量未经处理的污水直接排入城市周边的溪流、河流和湖泊，污染了地面和地下水质；未经处理的城市固体废弃物基本上是填埋甚至堆放在城市周边地区，完全不符合卫生填埋的要求，其渗透液污染了周围的地下和地表水源，其危害更是长远的。

7. 城市化与人口增长不断加剧城市的环境压力

世界城市化发展的规律表明，一个国家或地区的城市化水平达到30%左右时，城市化进程将进入快速发展阶段，这是一个不可逆转的客观规律。世界银行对全球133个国家的统计资料表明，当人均国内生产总值从700美元提高到1 000～1 500美元时，城市化进程明显加快，城市化水平将达到40%～60%。

中国自改革开放以来，城镇化也进入快速发展时期，城镇化水平显著提高。2007年我国共有设市城市655个，其中直辖市4个，副省级城市（计划单列市）15个，地级市267个，县级市369个。全国13.2亿人口中有2.1亿为在城镇地区流动的农民工。据建设部统计，至2006年末，全国设市城市656个，据655个城市汇总（不含广东阳江市），城市城区人口3.41亿人，暂住人口0.46亿人，城区建成区面积3.43万km^2。建成区的人口密度为9 942人/km^2，城镇化水平不断提高，进入快速增长期。

二、国内外城市环境保护的主要经验与教训

（一）现代城市环境问题的历史回顾

1. 世界城市环境问题的主要发展阶段

在世界城市历史进程中，工业化是推动城市化的最显著动力。西方国家城市在发展过程中都经历了大致相似的发展历程。对现代城市发展过程中出现的各种环境问题进行历史考察，可以发现，城市环境问题伴随着工业化和城市化的整个过程，并且在工业化的不同时期具有不同的表现形式。本质上看，工业化进程带来的土地利用的巨大变化、大规模的资源开发和能源消耗，是造成现代城市环境问题的驱动因素和直接根源。按照城市化和工业化发展的阶段特征，能够梳理出现代城市环境问题产生、发展和演变的基本脉络。

（1）工业化初期的城市环境问题

在工业化的初级阶段，城市规模较小，这一阶段的环境问题可以归结为贫困型的环境问题和生产型的环境问题。

贫困型的环境问题来自前工业化时代以开发和索取自然资源为主要特征的发展模式，例如一些地区从农业中获取资源和生计，对当地自然资源的过度依赖和过度开发造成生态退化。生产型的环境问题则与工业化生产方式密切相关，一些中小城镇借助其资源禀赋和地理优势，以城市为中心开始发展传统产业，现代许多大城市如芝加哥、底特律等工业城市都是这样发展起来的。工业化初期主要表现为常规性的环境问题，如燃煤引起的粉尘污染、化肥和农药引起的水体污染，以及城市垃圾造成的固体废弃物污染，交通噪声污染等。在这一时期，由于社会财富尚处于积累阶段，经济发展和脱离贫困的诉求较高，加之缺乏公共管理经验，城市管理者往往忽略城市公共基础设施的建设，居住环境、污水处理、公共卫生等的投入不足，造成城市生活环境恶化、疾病流行，影响居民健康。

（2）工业化中期的城市环境问题

这一时期城市规模迅速扩大，出现了许多大城市和特大城市。这一阶段除了生产型的环境问题，消费型的环境问题也开始凸显。一方面，汽车和飞机等现代交通工具大量普及，加剧了废气、粉尘等污染物和噪声污染；另一方面，随着建筑、交通等城市基础设施建设的推进，城市消费水平不断提升，能源消费迅速增加。随着城市成为工业化基地，城市扩展速度加快，城市能源消耗也迅速增加，环境污染日益严重，生态环境问题集中出现，健康损害问题日益突出，资源短缺和城市承载力问题开始受到关注。20 世纪出现了全球十大环境污染事件①，其中绝大部分是工业污染导致的。在此期间，城市发展导致的环境污染、生态恶化使得社会公众对环境问题的关注程度不断提高，公众参与环境保护的意识不断提升，并注重通过法律途径来维护其环境权利。

（3）工业化高级阶段的城市环境问题

城市管理者意识到环境问题的复杂性，开始进行城市环境的综合治理，城市规划成为指导城市可持续发展的重要手段。工业化推动的产业结构升级，使得城市开始转向更清洁的更高附加值的产业（如技术服务业、金融保险业、微电子业、旅游业、贸易、生态农业等）。社会财富的积累，使得更大规模的环境投入和治理成为可能。各利益相关方共同参与环境保护的决策过程，企业、非政府机构、社区和居民个体在城市环境保护、管理和监督中都发挥着日益积极的作用。

此外，随着经济全球化的发展，环境问题开始超越地理范围的限制，逐渐走向全球化。一些区域和全球性的环境问题受到广泛的关注，如气候变化、生物多样性、海洋资源保护等。这一阶段的城市管理者开始反思城市发展的模式，注重城市的宜居性和个性特色，积极推动生态城市、绿色城市、紧凑型城市、低碳城市等的探索与实践。

---

① 1930 年马斯河谷烟雾事件，1943 年洛杉矶光化学烟雾事件，1948 年美国宾夕法尼亚的多诺拉烟雾事件，1953－1956 年的日本水俣病事件，1955－1972 年的日本富山的骨痛病事件，1968 年的日本米糠油事件，1984 年的印度博帕尔事件，1986 年切尔诺贝利核泄漏事件，1986 年的剧毒物污染莱茵河事件等。

2. 不同类型城市的环境问题

城市发展和环境问题相伴而生，解决城市环境问题也需要从城市可持续发展的视角去探讨。参照国际上不同发展水平城市的经验与教训，分析我国不同类型城市存在的问题及其根源，有助于为解决中国城市的环保问题提供有益的思路与建议。

由于城市人口规模、发展模式、资源禀赋不同，全球不同类型城市各自面临的环境问题也有不同。

（1）中小城市

许多发达国家的中小城市已经发展得较为完善，由于具有较好的资源和环境优势，许多小城镇拥有比大城市更为健康舒适的人居环境，吸引了人才及其他资源的聚集。发达国家发展较好的小城市一般都因为历史传统和自然条件等优势发展了相应的特色产业，如欧洲历史悠久的旅游城镇，美国的科技城镇等。20 世纪中期以后，由于交通和通信的技术进步，发达国家如欧洲的德国、荷兰、奥地利等国家小城镇发展迅速，美国一些大城市周边的卫星城镇也发展很快。

（2）大/特大城市

无论是发达国家还是发展中国家，人口和经济要素向大城市集中都是城市化过程中的一个重要现象。1800 年，世界上只有一个超过 100 万人口的城市，20 世纪 90 年代有 94 个城市的人口超过了 200 万人。人口与资源的高度集聚在带来集聚效应和规模经济的同时，也带来了空气污染、交通拥挤、热岛效应、水资源短缺、疫病流行等环境问题，如洛杉矶、伦敦、曼谷、孟买等都出现过类似的问题。据研究，SARS、禽流感等疫病的暴发与流行与人类居住过度密集有关。近年来，各国在强调提升大都市的全球竞争力的同时，也都在试图控制大都市过度集聚发展而引起的诸多社会与环境问题。

（3）城市群

城市群，指在特定地域范围内以一个或两个超大或特大城市作为核心，构成的一个相对完整的城市“集合体”。目前全球有六大城市群，包括美国以纽约为核心的东北部大西洋沿岸城市带，北美五大湖城市带，日本太平洋沿岸城市带，欧洲西北部城市带，英国以伦敦为核心的城市带和中国以上海为核心的长三角城市带，这些城市群被认为对世界经济具有重要影响力①。

近些年来，城市群发展带来的区域环境问题也受到关注。历史上北美五大湖城市带、日本太平洋沿岸城市带、欧洲西北部城市带等，先后都出现过空气污染扩散、酸雨、跨流域污

① 其中，长三角城市群是中国城市化发展最快的地区，由苏浙沪毗邻地区的 15 个城市组成，平均城市化水平超过 60%，人口密度 890 人/km^2，形成了以特大城市、中小城市和小城镇构成的层级明显的城镇体系；区域人口与土地面积分别占全国的 6.6 %和 1 % ，GDP 总量占全国的 17 %，进出口总额占全国的 1/3，人均 GDP 达到 5.4 万元（2008 年）。

染等环境问题。城市群环境问题具有复合型和复杂性，由于超越了单一城市的地理范围及以城市为中心的行政管理区域，增加了环境监测和治理方面的难度。我国的城市群还处于初期的发展阶段，但是区域环境污染问题已经日益显现。

（4）资源型城市

资源型城市是指依托资源开发而兴建或者发展起来的城市。由于产业结构特点，资源型城市特别是一些矿产采掘型城市，在为社会提供大量资源型产品的同时，也在大量消耗着钢材、煤炭、水泥、水资源等多种资源。资源型城市除了一般城市所具有的“三废”污染以外，还存在一些特殊的生态环境问题，如地面沉陷，植被破坏，固体废弃物堆积，水资源和空气污染不断加剧等，这些问题导致人居环境恶化，公众健康和人身财产安全受到严重威胁，由于资源型城市在发展过程中造成的环境破坏和生态问题尤为严重，在转型时需要给予特别的关注。国外资源型城市的转型大致有三种情况，如德国鲁尔区的传统产业改造、美国匹兹堡的城市复兴、法国洛林地区的工业结构转型等。我国现有资源型城市 100 多个，许多城市由于耗竭式开发带来了发展危机和生态危机。因此，资源型城市的发展必须注重经济利益和环境利益的协调一致，在城市规划中加强环境基础设施建设和生态修复的内容。

3. 中外城市环境保护的发展特征

20 世纪 70 年代以后，全球化和信息产业推动西方社会经济进入了一个新的发展阶段，其中，绿色环境浪潮的兴起推动了城市环境保护的迅速发展。这一时期的城市环境保护具有一些显著的特点。

在理论层面，城市环保理念从“浅绿”发展到“深绿”。即从单纯关注城市环境问题的影响和危害发展到探究城市环境问题产生的深层次原因，从重视技术手段转变为重视制度和文化层面，从以人为中心的环境保护转变为关注生态系统健康发展的生态整体主义，从关注生产过程到关注生活与消费方式的改变等。

在实践层面，城市环境保护深入公共决策过程，并日益成为社会公众的自觉行动。受到 20 世纪 70 年代后群众性环境保护运动的推动，城市管理者也开始积极行动起来，由片面关注经济发展转为注重社会、经济与环境的整体可持续发展，由被动保护转为主动保护，由技术导向的污染治理转为政策立法导向的环境治理（Environmental Governance），由单一的政府治理发展到企业、公众、公共部门等各种利益相关方广泛参与等。目前，在许多西方国家，政府已经逐渐成为环境可持续发展的主导者。

第二次世界大战以后，世界大城市的规模和数量迅速增长，在经济社会中的作用日益突出，出现了多个大都市连绵带，也出现了一些全球性的城市。由于大城市具有更大的集聚效应，更大的辐射范围，因而带来更多的发展机会和更大的社会财富创造能力。近些年来世界城市发展呈现两个趋势。一个发展趋势是，大城市具有显著的集聚效应。表现为，一方面，大城市占总人口的比重越来越大；另一方面，大城市的增长速度越来越快，表现为城市人口规模越大，GDP 也越高。根据 2005 年经济总量（地区 GDP）排名世界前 150 位的城市统计，其中 2/3 的城市其人口规模也居于世界前列。另一个发展趋势是，发达国家的城市规模在减小，而发展中国家的城市却越来越大。发展中国家集中了世界城市人口的 60%，其中有一半以上的人口居住在百万以上人口的特大城市。

与世界城市相比较，中国的城市发展具有一些共性因素，也具有一些独特之处。共性因素是指，在世界城市发展过程中出现的工业污染、能源消耗、交通拥挤、人居环境恶化等城市发展问题，在我国不同的城市或多或少都有体现，尤其是人口和城市规模超大的特大城市（如北京、上海、广州等），或者是一些传统的工业城市和资源型城市，环境问题较为突出。

中国城市发展的特殊之处在于其“二元化”特征，世界城市在不同发展阶段所具有的一些典型特征在我国一些城市往往同时呈现。一方面，与发达国家城市类似，经历了先污染后治理的发展阶段，表现为以北京、上海、广州等发达城市为代表的复合型、压缩型的环境污染问题；另一方面，与发展中国家城市类似，由于不合理的城市规划和城市发展理念带来的“城市病”和城乡二元差异，主要表现为城中村和城郊结合部的生态环境问题。

在改革开放之后，中国许多城市在短短 30 年间完成了许多发达国家城市需要上百年才能完成的财富积累和城市建设过程，北京、上海、深圳等发达城市的人均 GDP 已经达到 8 000～10 000 美元，接近许多发达国家城市的发展水平。但是，在城市基础设施建设，尤其是城乡环境基础设施建设方面，许多城市的发展水平依然还处于发展中国家阶段。在推动城市环境保护和可持续发展方面，国外城市有许多好的经验，也有一些历史教训，值得我国城市认真思考和借鉴。

需要指出的是，由于各国城市在发展模式、资源禀赋、发展阶段、社会制度、文化背景等诸多方面的差异，简单的归类比较和经验借鉴是有局限性的。事实上，不论是发达国家城市，还是发展中国家城市，都具有一些很好的经验可以借鉴。举例而言，在解决城市公共交通方面，既有以“公交优先”为特点的“首尔模式”与“芝加哥模式”，也有“城市公共交通一体化”的巴西“库里蒂巴模式”。因此，对具体的环境问题而言，可以尝试从不同的案例之中归纳出一些具有可行性的技术手段、管理经验和操作方法，为中国的城市发展提供有意义的借鉴。

（二）发达国家城市环境保护的经验与教训

1. 发达国家城市环境保护的历史经验

（1）将城市环境保护纳入城市整体规划

城市化过程不可能自动解决城市环境问题和社会问题，需要通过政策和规划来增进城市的整体可持续性。城市规划起源于工业革命之后，工业化和人口集聚产生的环境问题使人们开始关注并思考怎样布局城市居住空间和协调各类活动。英国最早将城市规划列为政府管理职能。事实上，从规划和战略层面解决城市环境问题，已经是西方许多国家选择的道路。

许多发达国家城市借助政策和立法推动城市环境保护，具有一些值得我们参考的成功经验，例如：①城市规划与城市长远发展战略相结合，突出战略环境影响评价的法律地位以保证规划的有效实施；②在制定城市规划时，综合考虑交通、运输、电力、通信、供排水、供水、污水处理、废弃物回收等基础设施的统一规划，尤其是对于公共服务和环境基础设施的投入与建设应有前瞻性；③欧洲一些城市由于多中心分散式格局淡化了城市功能分区，在城市规划时将工商业、居住区和行政区域混合布局，缩短了居民就业与居住的空间距离，既减轻了城市交通压力，又增进了社区活力，而且也保障了良好的人居环境质量。举例而言，巴黎新城建设中，由于在居住社区、公共交通、环境保护、公共服务基础设施等方面的合理规划与设计，使得巴黎周边城镇拥有优美的生态景观和便利的生活环境。新加坡城市规划中设有“绿色和蓝色规划”，充分利用水体和绿地系统提高城市居住环境质量，确保在城市化进程飞速发展的同时，新加坡仍拥有清洁舒适的人居环境。

（2）以人为本的生态城市设计理念

为了探索一条环境可持续的城市发展道路，各国从城市规划、建设目标和城市管理思路等多个方面进行努力，先后开展了“生态城市”、“绿色城市”、“宜居城市”、“低碳城市”积极实践。生态城市是指生态健康的城市，基于生态安全、生态卫生、生态产业代谢、生态景观的整合、生态文化和生态意识培养等层面实施以人为本的城市规划。绿色城市概念是从绿色能源、绿色建筑、绿色社区等角度对生态城市的进一步发展和深化。宜居城市是从人居环境和生活品质角度提出的城市建设理念。低碳城市则是在应对气候变化背景下提出的概念，倡导低碳排放的生产方式和生活方式。这些概念本质上都体现了以生态城市为核心的设计理念。

在可持续发展思潮的影响下，许多发达国家城市利用生态城市设计、城市景观规划等手段改善城市人居环境和生态环境，取得了很好的效果。例如，西欧的一些城市积极推广生态建筑和绿色能源，虽然采用的生态建筑成本较高，但是因为在设计中采取了节能材料，并充分利用当地的风能、太阳能、地热等绿色能源及空间视觉景观等生态资源，每年可以节省大量的建筑能耗，同时又具有很好的舒适度。日本北九州市从 20 世纪 90 年代开始以减少垃圾、实现循环型社会为主要内容的生态城市建设，提出了“废弃物排放为零”的生态城市建设构想，具体规划包括环境产业建设、环境新技术开发、社会综合开发等。

（3）紧凑集约型的城市发展趋势

城市过于集聚或过于分散的空间布局都不利于城市的可持续发展。城市人口过密会造成人居环境质量恶化；城市建筑物和人口过于分散布局，则会影响资源利用效率。从城市密集程度及其集聚效益上看，西方城市化发展模式，一种是以欧盟国家城市为代表的紧凑型，在有限的城市空间布置较高密度的产业和人口，能够节约城市建设用地，提高土地的配置效率；另一种是以美国城市为代表的松散型，城市的人口密度小，占地面积大，其相应的交通出行成本、能源消耗较高。

20 世纪 90 年代以来，欧洲城市采用的紧凑型城市发展理念被认为是一种可持续的城市空间形态。以伦敦城市圈为例，在建设过程中坚持了始终如一的基本指导思想，针对二战后城市重建、人口快速增长和小汽车日益普及导致的郊区化现象，伦敦采取设置环城绿带和建设新城的城市规划政策，较为成功地遏制了大城市的无序蔓延。针对放任蔓延式的城市增长带来的日益严重的生态环境问题和社会问题，美国社会也开始反思。90 年代，美国一些城市开始反思蔓延式城市增长带来的生态与社会问题提出了“精明增长”（Smart Growth）的发展模式，提倡城市发展应当优先考虑既有城区的再开发而不是占用农田的新开发，采取公共交通主导的紧凑集约方式而不是私人小汽车主导的无序蔓延方式，目的是在提高土地利用效率的基础上控制城市扩张、保护生态环境，以实现高效、集约的城市发展。

（4）城市中心区域与周边城镇的协同发展

发达国家注重城市规模与经济发展水平的协调一致，避免以过度的环境和资源消耗为代价换取城市的发展。一些国家比较注重城市和乡村的协同健康发展，取得了较好的效果。20 世纪 60 年代巴黎在城市外围建设新城时充分利用了周边的小城镇，以分散日益集中的人口和产业，实现多中心的城市格局。日本在关注三大都市圈发展的同时注重农村的协调发展，一是注重提高农村中非农产业的比重，使小城镇获得较快发展，二是提高全民受教育程度，使农村移民具有在城市就业的能力。70—80 年代，韩国在产业布局和基础设施投资方面，采取了城市优先于农村、大城市优先于中小城市的发展政策，导致首尔和首都圈人口迅速增长，城乡差距扩大。为了解决首尔和首都圈的过度集聚，韩国实施了地方都市圈战略，推动地方与首都圈经济协调发展，并通过“新农村运动”实践在工业化和城市化过程中同步推进农村现代化的探索，基本消除了城乡之间的发展差距。

拉美和非洲一些国家城市人口过度增长导致“城市病”的教训，也从反面印证了发展中国家城市的健康发展离不开城乡的协调发展。对于中国的城镇化而言，应关注弱势群体的利益和需求，避免发达的城市地区向周边区域转嫁环境风险和污染；要通过加强环境基础设施建设，实现城乡自然生态和社会经济系统的协调发展。

（5）利用城市规划促进城市更新改造

旧城改造是根据城市发展的需要，在城市老化地区实施的有计划的城市改造建设，包括再开发、修复、保护三个方面。20 世纪 70 年代中期，《英国大都市计划》提出了“城市复兴”的概念，以回应二战后城市重建和大规模改造带来的各种城市环境和社会问题。欧洲城市的旧城改造在考虑经济因素的同时，还考虑了历史传统、人文关怀，及城市生态环境和景观等因素。例如新城市主义倡导“以人为中心”的设计思想，以现代需求改造旧城市中心，使之衍生出符合当代人需求的新功能。典型案例是美国巴尔迪摩，费城“社会山”，及英国道克兰地区等的更新改造。在推行旧城改造时，许多发达国家城市都把改善市政基础设施和居住环境质量作为城市改造的中心内容。例如，德国在城乡规划和城市建设中十分注重生态平衡和环境保护，在城市规划中除了有土地利用规划、建筑规划外，还包含有绿化规划。

此外，基于城市群和地区的发展，90 年代以来欧洲国家城市在规划实践中还提出了区域规划和区域复兴的概念。区域规划是为了提升经济地域的竞争力，区域复兴则是为了重振经济衰退地区的活力。在区域规划方面，1992 年的大巴黎地区规划，2002 年的大伦敦发展战略规划及 1996 年的第三次纽约区域规划等都强调了在更大的范围内加强经济地域的整体联系，以实现共同繁荣、社会公平与环境改良的目的。在区域复兴方面，英国政府于 2000 年提出了“第二次现代化”的概念，重点推进了利物浦、格拉斯哥等传统产业地带的发展和转型，取得了成功。这些理论和实践对于我国的旧城改造和老工业基地改造具有借鉴意义。

（6）政府引导各利益相关方广泛参与城市环境治理机制

城市环境治理是指如何进行城市环境问题决策，以及由谁来决策的过程。城市环境治理的主体可以是政府部门，也可以是其他公共和私人机构。西方社会的环境治理更为注重多个利益相关方的共同参与，许多发达国家城市的经验表明，政府引导下的公众参与是实现城市可持续发展的关键环节。在德国，节约能源不仅是政府和环境部门的任务，也是全社会广泛参与的工作。在西方发达国家，环境经济政策被认为是推动环境保护最有效的手段，也是指导私人部门和社会公众参与环境保护的有效手段。发达国家城市采取的环境政策主要包括：行政管制、经济手段、环境协议、政府信息公开、环境标志、政府绿色采购等形式。在经济激励方面，许多城市借助多种途径提升环境管理能力，包括对企业和个人征收资源税、污染收费、企业环境信息公开等。例如，欧盟一些城市很早就对燃料、环境不友好产品和包装物征收环境税，一些北欧城市在 20 世纪 90 年代就实施了碳税，从而有效地约束了企业污染和消费者的奢侈浪费行为。

此外，发达国家城市在环境治理过程中还有许多好的理论和实践。例如，重视技术进步和科技开发对于推动环境保护的重要作用，利用多种环境政策手段进行综合环境治理，通过市场导向发展资源节约型和环境友好型产业，以实现经济效益和环境效益的双赢等。西方发达国家城市为了弥补环境投入的不足，通过环保产业优惠政策、资源使用税、清洁发展机制、生态补偿机制等多种政策手段和市场化途径增加城市环境保护投入。中国在环境治理过程中，可以通过引入市场途径，广泛吸引全球资金，拓宽环境投入的融资渠道。

2. 发达国家城市环境保护的主要教训

(1) 城市工业化过程中曾陷入先污染后治理的弯路

工业化在推动了现代城市迅速发展的同时，也给许多城市带来了严重的环境污染。发达国家走过的是先污染后治理的道路，表现为一条倒 U 型的曲线。环境库兹涅茨曲线揭示了经济增长与环境污染之间的关系，隐藏在曲线背后的就是“先污染、后治理”的经济增长模式。以日本城市环境问题的发展和治理阶段为例，第一阶段是经济发展优先，主题是经济恢复与发展。20 世纪 60 年代开始，由于实行高速增长战略，能源消耗量大增，公害问题开始引起人们的重视，特别是水俣病等三大公害病的出现，使一些城市逐步认识到“经济发展不能以牺牲环境作代价”。第二阶段是环境与经济并重时期，一系列缓解污染政策的实施，使日本城市环境状况有所改善。进入 80 年代，许多城市因为高技术污染、化学物质污染又产生了新的公害问题。90 年代日本城市环境管理发生了理念上的变革，通过实施《环境基本法》、《节能法》、《再循环法》等，许多城市确立了可持续发展优先和循环型社会的原则，再加上持续大量的资金与技术投入，使得城市环境问题得到了改善。

由于污染方式、资源条件和国际经济环境已经大为不同，发展中国家城市已经不可能再走发达国家的老路，建立在高能耗高排放基础上的经济增长，很容易接近或者超过资源和环境的临界点，危及城市可持续发展，甚至引发严重的生态和环境灾害。如果经济起飞阶段造成严重的环境污染和资源枯竭，那么可能需要很长时间和很高成本才能恢复。我国许多城市正处于社会经济转型时期，面对日益恶化的城市环境和资源匮乏，更应当未雨绸缪，关注资源环境对城市未来发展的约束。

(2) 城市高度集聚带来的社会和环境问题

大城市和城市群的空间集聚，能够实现较高的资源配置效率，对于人多地少和资源匮乏的国家，可以以较小的社会和环境代价获得较大的发展成果。例如日本、韩国等亚洲国家都较为成功地利用大城市和都市群的聚集效应带动了地区经济发展。但是，从另一方面看，这种人口与资源高度集聚的增长模式也带来了弊端。与发达国家城市相比，中国许多大城市如北京、上海、广州等由于圈层式和摊大饼式的城市空间格局，导致中心城区人口密度过高，甚至数倍于东京、伦敦、巴黎等国际大都市。与人口过度集中相联系的就是城市拥挤、居住成本上升、空气污染、水资源短缺、热岛效应、疾病流行等城市环境问题，此外，还会导致城市运行的低效率和房地产价格的居高不下。

目前世界城市化的趋势是：发达国家的城市规模在减小，而发展中国家的一些城市却越来越大。发展中国家集中了世界城市人口的 60%，其中有一半以上的人口居住在百万以上人口的特大城市。发展中国家的许多大城市出现了过度城市化和滞后城市化现象，并因此造成了许多社会和环境问题。过度城市化（over-urbanization）又称超前城市化，是指城市化水平明显超过工业化和经济发展水平。南美和南亚等发展中国家的大城市（如巴西的圣保罗市，墨西哥的墨西哥城，印度的孟买等）是“过度城市化”的典型代表，其基本特征是农村劳动力大量涌入，在城市周边出现许多由外来人口聚集而成的城乡连绵区域，其中普遍存在就业不足、基础设施落后、公共设施匮乏和生活环境恶化等一系列严重的“城市病”，导致“贫困的城市化”。滞后城市化（under-urbanization）是指城市化进程落后于工业化进程和经济发展水平。原因主要是政府为了避免城乡对立和“城市病”的发生，采取种种措施来限制城市化的发展，结果不仅使城市的集聚效益和规模效益得不到很好的发挥，而且还引发了诸如工业乡土化、农业副业化、离农人口“两栖化”和城镇发展无序化等“农村病”现象。从城市化与产业结构的关系看，整体上我国城市化明显滞后于工业化，尤其是在改革开放之前尤为典型。

中国特殊的国情与发展阶段决定了中国城市化进程的复杂性，表现为：中国的城市化水平与国民经济发展水平和工业化的发展很不协调，处于相对滞后的状态，状况导致城乡发展差距日益扩大，公共资源和公共服务过于集中在城市地区，农村流动人口“半城市化”问题日益凸显。此外，城市人口密集，城市规划和环境基础设施滞后，导致城市环境问题和城市灾害频发。这些社会与环境问题都需要在城市发展中予以关注。

（3）基础设施投入不足加剧城市环境问题

西方发达国家的发展表明，城市基础设施是提升人居环境和生活质量的物质基础，环境设施的投入水平与城市环境质量息息相关。环境基础设施与交通、电力、水利等城市生命线工程一样，都是城市基础设施的重要组成部分。联合国建议发展中国家的城市基础设施投入应该占到其 GDP 的 3%～5%。中国许多城市的基础设施投入水平跟不上城市发展的步伐，环境基础设施更是一直受到忽视。根据 2008 年度《国家城市环境管理和综合整治年度报告》指出，中国城市环境基础设施建设严重滞后于城市化速度。近 10 年来，我国城市生活污水排放量及生活垃圾产生量以每年 5%以上的速度增加，但全国城市生活污水集中处理率不足 60%，许多城市的垃圾处理能力不足，设施运行效率低下。实际上，除了环保重点城市之外，中国许多城市在垃圾处理、污染监测、水资源保护等方面的基础设施能力还远未能满足实际需要。一些发达国家的环保投入占 GDP 的比重为 2%～3%，我国由于城市发展水平参差不齐，不同城市之间差异较大，例如，北京、上海等发达城市的投入比重远高于大多数城市，即使如此，在这些城市内部仍然存在着资源分布不均衡的问题，表现为环境基础设施主要投向城市中心城区，周边区县及城乡结合部的环境基础设施较为滞后。此外，城市环境保护需要大量的资金支持，会占用当前的经济发展资金和资源，在一定程度上限制城市的现阶段发展。这也是发展中国家城市不得不面对的发展与环境治理需求的两难选择。

（4）对新型及未来城市环境问题的预防不足

除了一些传统的常规环境问题之外，伴随着城市发展还会逐渐出现一些新的环境问题。

我国城市发展应该汲取国外城市在发展过程中遇到的问题和经验教训，提前预防可能出现的问题，防患于未然。目前，由于全球化和全球气候与环境变化的影响，国内外许多城市已经出现或正在逐渐凸显的新的环境问题主要有：城市热岛效应、城市气象灾害、电磁波污染、电子废弃物污染等。此外，影响较大且日益受到关注的是城市极端气象灾害及城市应对气候变化的问题。

目前全球增长最快的城市大多分布在发展中国家，由于缺乏技术和基础设施，在全球气候与环境变化的背景下，许多城市可能面临更大的能源与环境挑战。一方面，全球面临的气候与环境风险正在呈现日益增加的态势。近 100 年来，全球年平均气温上升了 0.7℃，而大城市的平均气温上升了 2～3℃。气候变化和热岛效应不仅加剧城市的水资源短缺、空气污染、能源危机，还会引发城市疫病，引发城市气象灾害。近些年来，气候变化导致极端天气事件的发生频率和强度增加，中国许多城市已经屡受其害。国家减灾中心评选的 2007 年全国 10 大自然灾害，其中 9 项都是洪涝、暴雨、风暴潮等极端天气事件导致的。另一方面，伴随着近些年中国城镇化的快速发展，城市人口和经济总量快速增长，使得城市抵御自然灾害的脆弱性加大。城市是人口和建筑物密集地区，一旦遭受灾害侵袭，人员和财产损失尤为巨大。经济合作组织（OECD）的研究表明，如果对全球暴露于洪水风险中的沿海城市按照人口和社会资产排序，中国的广州、上海、天津、宁波等城市均位列风险最大的前 20 个城市之中[①]。对此，需要借鉴发达国家的相关经验，从城市规划和灾害管理的角度，提升城市应对各种环境风险的能力，减少城市灾害和环境问题对城市经济与社会发展带来的潜在威胁。

综上所述，中国城市在发展过程中，应当根据其不同的自然资源禀赋和社会经济发展水平，借鉴世界城市的经验，寻找适合自身发展的模式和道路。包括借助国内外合作推动我国生态城市建设，发展循环经济，将环境保护纳入城市整体规划，积极发展资源节约型和环境友好型产业，实施应对气候变化的城市能源战略，增强社会公众的环境保护与参与意识等，对于我国城市的可持续发展都具有深远的意义。

（三）中国城市环境保护的经验与教训

城市在当代中国经济、社会和环境中占有重要地位。中国超过 40%的人口、50%的国民收入、70%的 GDP、80%的国家税收、85%的第三产业增加值集中在城市，主要污染物 70%在城市产生和排放。因此，城市一直是环境保护的重点。经过 30 多年的实践和探索，中国已经形成了一套具有中国特色的城市环境管理模式，积累了一些经验，同时也有一些教训，概括如下。

① Nicholls R J，et al. Ranking of the world's cities most exposed to coastal flooding today and in the future. Executive Summary，OECD，2007.

1. 中国城市环境保护的主要经验

（1）为避免先污染后治理的弯路采取了一系列环保措施，取得了一定进展

中国政府一贯将城市环境保护作为环境保护工作的重点，城市环境管理工作伴随整个环境保护事业的发展走过了 30 多年的历程。1973 年以来，在中国城市经济发展的不同阶段，中国城市环境保护经历工业污染的点源治理、污染综合防治、城市环境综合整治和生态建设与环境质量全面改善四个发展阶段。可以认为，中国在城市环境保护问题上充分认识到不能走发达国家先污染后治理的老路，拥有先进的理念，避免了城市环境的急剧恶化。

1973—1978 年主要是工业点源治理阶段，集中于控制大气污染、工业“三废”综合利用和主要污染物的净化处理；1979—1983 年期间进入污染综合防治阶段，主要在城区开展污染综合防治工作，一些城市区域的污染治理初见成效；1984—2000 年为城市环境综合整治阶段，主要实施城市环境综合整治和城市环境综合整治定量考核，把工业污染防治与城市基础设施建设有机结合起来，由单纯治理向调整产业结构和城市布局转变；2000 年以来大力提倡生态建设与环境质量全面改善，城市步入生态建设与环境质量全面改善的新阶段，并向着创建国家环境保护模范城市、探索生态型城市和提升城市可持续发展能力等方向不断迈进。经过 30 多年的努力，中国城市环境保护工作取得了巨大成就。在城市人口不断增加和经济持续快速增长的情况下，基本遏制了环境污染加剧的趋势。

（2）逐步形成和发展了中国的城市环境管理制度

经过 30 多年的实践和探索，中国逐渐形成了具有中国特色的城市环境管理制度，已建立环境保护目标责任制、城市环境综合整治定量考核、创建环境保护模范城市（创模）和城市空气质量报告制度。

① 环境保护目标责任制：地方各级人民政府，应当对本辖区的环境质量负责，采取措施改善环境质量。以签订责任书的形式，具体规定省长、市长、县长在任期内的环境目标和任务。

② 城市环境综合整治与城市环境综合整治定量考核：城市环境综合整治是指在城市政府的统一领导下，通过法律、经济、行政和技术等手段，达到保护和改善城市环境的目的，主要内容涉及城市工业污染防治、城市基础设施建设和城市环境管理三个方面。国家环境保护局于 1989 年开始在全国重点城市实施城市环境综合整治定量考核制度，考核以量化的环境质量、污染防治和城市建设指标体系综合评价市政府在城市环境综合整治方面的工作。考核工作由各级环境部门实施，年度考核结果通过报刊、年鉴等各种媒体向社会公布。国家环保部负责考核 113 个国家环境保护重点城市，除在主要媒体公布考核结果以外，自 2002 年起发布国家环境保护重点城市环境管理和综合整治年度报告。

③ 创建环境保护模范城市：1997 年，国家环境保护局在全国开展了创建环境保护模范

城市的活动，目的是引导城市政府在城市经济高速发展的同时，走可持续发展道路，不断改善城市环境，建设生态型城市。1997 年至今，全国已有 67 个城市和 5 个直辖市城区被授予国家环境保护模范城市（城区）的称号，其中：直辖市 1 个；省会城市 8 个（全国共 27 个省会城市）；地级市 30 个（全国共 268 个地级市）；县级市 25 个（全国共 370 个县级市）；直辖市城区 5 个（全国 4 个直辖市共 62 个城区）。另外还有 100 多个城市提出“创模”申请正在创建模范城市。目前，模范城市和正在“创模”城市占我国设市城市总数的 25%，其中模范城市占城市总数的 10%。

“创模”是一项有中国特色的环境保护制度，在城市内调动了政府主要领导抓环保的积极性，在城市间起到了典型示范引导作用，是促进环保工作的重要抓手。与发达国家相比，我国的环境保护法律法规体系虽然比较健全，但是由于体制、机制和处罚手段弱等诸多原因，整个社会的环境守法意识不强，面对经济发展和环境保护的矛盾，政府或领导干预环保执法的情况普遍存在。“人”，特别是“一把手”和政府的环境意识对一个地方的环保工作的好坏起着决定性的作用。“创模”政策抓住了“人”和政府这个核心，采取政策引导、自愿参与，荣誉激励，督促改进，形成长效机制等政策措施，肯定领导和政府的绿色政绩，受到了各级政府和领导的认同。在党中央、国务院提出落实科学发展观、树立正确的政绩观和建设生态文明的大政治背景下，“创模”所肯定的绿色政绩无论是对城市政府还是领导个人都有积极的激励作用，符合中国的国情和时代的要求。10 年实践证明，“创模”真正调动了各级政府和领导加强环保工作的积极性，提高了政府和领导的环境保护意识，“创模”已经成为各级城市政府落实科学发展观和践行绿色政绩观的重要载体和抓手，开创了具有中国特色的城市环境保护道路。

④ 城市空气质量报告制度：该项制度是向公众报告本地空气污染指数，反映城市大气污染程度。1997 年首先在北京、上海、重庆、大连、厦门等 13 个重点城市开始发布城市空气污染周报。2000 年开始在中央电视台和各大报纸发布全国 40 个重点城市的空气质量日报。目前，113 个国家环境保护重点城市全部实施了空气质量报告制度，并有部分城市开展了空气环境质量预报工作。它对提高公众环境意识，加强环境监督，改善城市环境起到了积极的作用。

（3）一批城市形成了具有自身特点的环保工作模式

为解决我国城镇化进程中环境保护与经济发展的突出矛盾，各地方政府部门积极响应中央的号召，通过创建全国卫生城市、全国环境保护模范城市，使得城市在经济持续发展的同时环境质量得到改善、资源得到合理利用、基础设施更加健全，取得了良好的经济、社会和环境效益。在此过程中，一些城市努力探索新形势下城市环境保护的管理策略，并形成了具有自身特点的环境保护工作模式。

例如，江苏淮安市。市委市政府把国家环保模范城市建设作为全面落实科学发展观的重要抓手；作为促进城乡全面协调发展的有效途径；作为全面实现小康的重要目标；作为广大人民群众可以共享的珍贵资源。建立了七个机制：组织协调机制、公众参与机制、环保投入机制、承诺忏悔机制、责任传递机制、督查督办机制、考核奖惩机制；一条道路：经济次发达地区，落实科学发展观，坚持环保优先、后发先治，实现穿越式可持续发展之路。

又如，甘肃嘉峪关市在城市建设与环境保护方面，十分重视城市基础设施建设和环境保护工作。近年来，完成了东湖景区二期绿化、森林公园二期绿化、312 国道景观带基础设施建设和葡萄园、养殖园、种植园绿化任务。在东湖景区、雄关广场、诚信广场、街心转盘实施了立体绿化、图案绿化，沿新华路、建设路、雄关路点缀了花盆，使城区绿化美化工作实现了新的突破。先后改造了新华路、建设路、五一路、胜利路等的行道树，建成和扩大了广场、街区、小游园和许多街头绿地。完成了机场路至飞机场、魏晋墓、城北防护林带等工程，形成了一个总长 64km 首尾相接的城市绿化防护圈。在道路改扩方面，注重供水、排水、电力、通信、供热、路面、路灯、绿化八配套，彻底改善了城市的基础设施和市容市貌，使城市面貌发生了质的飞跃。先后在各路段安装了新型节能、造型各异，又能体现出现代化城市魅力的城市照明设施。相继建成了饮水工程、城市生活污水处理、城市生活垃圾管理、民用煤气扩建、集中供热、城乡电网改造、城市道路拓宽改造等工程。目前，城市生活污水集中处理率为 72.85%；生活垃圾无害化处理率达 100%；建成区绿化覆盖率已达到 31.52%；工业废水排放达标率为 99.63%；城市气化率为 100%。在污染控制方面，重点治理了酒钢公司的炼铁一工序的高炉出铁场、原料上料系统的粉尘无组织排放；此外还对大友公司、嘉峪关水泥厂、祁峰公司、祁源化工公司的粉尘排放进行了治理。因此，尽管嘉峪关市环境恶劣、生态脆弱、自然条件艰苦，但经过近年来城市基础设施的改造和加大对环境保护的投入，如今的嘉峪关市城市面貌焕然一新，城市建设和规划布局吸取了国际先进理念，城市整洁、干净，城市空气质量很好，调研期间天天是蓝天白云。

嘉峪关市的经验：一是加强领导，建立高效有序的工作机制。构建起市委、市政府组织部署，环保部门统一监督，有关部门密切协作，全社会广泛参与的机制。二是以人为本，突出重点，整体推进。以建设城市生活污水处理厂、城市生活垃圾处理场等城市环境基础设施及治理钢铁集团公司等重点污染源为重点，以点带面，全面推进工作。三是强化法制建设，加大环境监管力度。积极制定各种环境管理制度，设立“12369”环境举报专线电话，使环境执法工作正规化、法制化，对城市环境进行有效监管。四是大力开展环保宣传教育活动，积极提高公众环保素质，使市民的环保意识得到不断提高。

2．中国城市环境保护的主要教训

（1）没能从根本上扭转地方政府单纯追求 GDP 政绩的倾向

传统发展观将发展单纯归结为物质产品的积累，偏重于物质财富的增长而忽视人的全面发展，简单地把经济发展理解为经济增长，而忽视社会的全面进步。我国虽然已经开始建立科学决策机制，明确了各级政府的环境责任，许多地方政府也不断加强了环保工作，但是引领科学发展的干部考核机制仍然不完善，决策失误和行政干预环境执法的现象仍然存在。相当一部分城市仍然没有摆脱资源高消耗、环境重污染、偏离国情的粗放型发展模式。

尽管党的十六届三中全会就提出了“以人为本、全面协调”可持续的科学发展观，但科学发展观从认识到形成相应的法律、政策和实施机制还有一个过程，全面协调可持续的科学发展观要成为广泛的社会共识尚待时日。相当一部分地区和相当数量的干部对科学发展观的认识还很不到位，不根据本地区的条件和实际情况，仍然盲目热衷于上大项目，搞大发展。对于城市经济与环境保护的协调发展仍然流于形式，未能充分实施，更多停留于理念，因此在国际上出现中国有先进的理念，失败的实践的看法。大量城市的考察团出访世界各国，但落实到地方的实际改革十分有限。

因此，我国城镇化进程远未形成经济推动力、资源供给力和环境承载力“合力平衡、量力而行”的发展格局，其中环境承载力的约束作用最为薄弱。

（2）城市建设过程中的政府体制改革亟待深化

一是政府职能转变还未完全到位。政府目前仍然对资源的配置发挥相当大的作用，往往造成对市场的不当干预。

二是政府部门之间的关系还没有理顺。从“条条”看，对于特定事务的管理分散在各个职能部门，导致若干政策在执行过程中缺乏协调与配合。从“块块”看，地方发展主体的确定调动了地区发展的积极性，但也使地区间竞争愈演愈烈，缺乏分工协调。

三是缺乏监督制约机制。实现对权力的有效制约与监督，是我国政治体制改革的一项重要内容。党的十七大报告提出，要“完善制约和监督机制，保证人民赋予的权力始终用来为人民谋利益”。如果把权力比作一架马车的话，人民民主、事务公开、权力划分和制度保障就是车之四轮，只有坚持四轮联动，协调共进，才能实现对权力的有效制约和监督，确保这驾马车在正确的轨道上前进。因此，要建立民主监督制度，以民制权；建立独立的监督制度，依法制权；建立平衡制约机制，以权制权。

（3）城市环境问题的解决注重城区而忽视区域协调控制

如前所述，大城市低密度开发模式严重破坏城市周边生态系统，“退二进三”战略将中心城市的工业污染转移到城市周边，城市环境基础设施建设薄弱迫使周边地区更多地承担来自中心城区的各种污染。城乡一体化的区域协调发展理念与实践严重滞后。

中国城市环境保护所建立和形成的制度，几乎仅是针对城市中心区域的污染控制，注重局部污染的控制，而忽略了对整个城市区域污染的控制，因此导致城区环境质量优于城市近郊区，并出现区域污染的现象。

（4）环境基础设施建设严重滞后于城镇化

我国财政收入大幅度增长，环保投入也逐年增加，环境建设和能力建设得到一定加强，但是仍然没有建立有利于科学发展和环境保护的财税机制，事权不明，环保投入资金不足、效率低下，环境基础设施长期滞后。

与快速增长的经济相比，与人民生活水平日益提高的需求相比，城镇化滞后于工业化，城市环境基础设施建设严重滞后于城镇化进程，这是我国许多地区城镇化过程存在的普遍现象。根据 2005 年《全国城市环境综合整治和环境管理年度报告》，全国 500 多个城市中，生活污水集中处理率平均为 29.44%，城市生活污水集中处理率为零的城市有 178 个，占城市总数的 34.84%；生活垃圾无害化处理率平均为 59.71%（如果按照真正对垃圾渗滤液进行妥善处理的情况统计，估计 10%都不到），生活垃圾无害化处理率为零的城市有 130 个，占 25.59%。地级以上城市（含）危险废物集中处理率为零的城市有 80 个（特指建成医疗废物集中处置装置）。其中黑龙江、吉林、辽宁、江西、贵州、安徽、新疆、广西、云南、甘肃、内蒙古、陕西等省（区）的城市环境基础设施建设相对落后，尤其是中小城市、县级市环境基础设施建设更加滞后。

（5）城市规划在保护和预防城市环境问题方面未能发挥应有的作用

我国现行的城乡规划工作主要包括“谋、断、行、督”四个部分，即由规划编制单位、政府决策机构、政府管理部门、人大和社会媒体等分别承担参谋、决策、执行和监督职能，各部分之间既有分工，又互相制约。在“谋、断、行、督”方面存在的问题如下：

区域化规划或协调机制不健全，传统的大而全、小而全思想仍占上风。一些规划部门仍拘泥于“城市规划”的旧框框，忽视了城市与周边城镇的协调发展，这种“只见单个城市，不见区域城市群”的传统思维，使城市发展的良性循环受到破坏。

开发区规划建设与城市总体规划脱节，自成体系。各类开发区、大学城、科技园、软件园、旅游度假村等可以独立进行规划，肢解了城市的总体规划，给城市的长远健康发展埋下了隐患。

城乡规划体制分割，城郊结合部建设混乱。城市郊区的规划管理缺乏具体细则，在规划编制过程中往往将城郊顷合部视为空白地带。实际工作中，由于规划部门与土地管理部门分而治之，使得城郊结合部成了“两不管”的脏、乱、差地带，形成严重的“城市郊区病”。

城市规划对城市发展的调控能力减弱。一方面是许多城市总体规划尚未到期，但城市建设规模已经完全突破原定的框框，许多城市为期 20 年的规划指标在几年之内就已经完成或被突破；另一方面是总体规划的实施进程滞后于规划的期限。基础设施不能合理布局和相互衔接，城市公共服务水平提高较慢。

城市建设时序混乱，城市基础设施严重不足和重复建设浪费并存。房子成批盖起来了，但道路、供水、排水、供热等基础设施严重短缺，这种先盖房后修路、再修下水道的错误建设时序，造成污水横流，建筑垃圾遍地，绿地大量被占用，城市的生活环境质量持续下降。

规划监督约束机构软弱，违法建筑严重泛滥。我国许多城市都不同程度地存在违法建筑的蔓延现象。尤其是城乡结合部，集体土地未经征用就进行开发建设，再加上与腐败现象相勾结的城郊“圈地风”，造成违法建设呈愈演愈烈之势。

（四）中国城乡规划的主要经验

1. 以科学发展观统筹城乡发展，建立统一的城乡规划体系

在具体的制度规约上，需要明确所有的建设活动应限于城乡居民点的规划区范围以内，在规划区以外原则上禁止除基础设施之外的非农建设活动；在规划区范围以内，也并非是所有的用地都用于各项建设，也需要划定相应的禁建区，包括基本农田、生态保护或生态敏感区、文化遗产保护区、环境保护用地、水源保护地、地质灾害区等，保证规划区内的生态环境质量和公共安全，促使各项设施相对集中，提高运行效率，切实有效地避免零星式的开发和“遍地开花”式的建设，从而更好地保护基本农田和耕地。

2. 适应立法的阶段性特点，逐步完善城乡规划法律制度

城镇化的发展是一项长期的历史过程。因此，城乡规划法律制度应与时俱进，根据不同发展阶段的特点制定相应的规则。针对当前我国社会经济体制和城镇化发展的特点及出现的问题，现行的城乡规划法律制度有必要在以下方面重点加强。第一，建立统一的城乡规划体系应当成为立法的基本前提；第二，建立完善的公众参与规划制度，以适应保护公众利益和规划社会化发展趋势的需要；第三，针对近年来城乡规划工作中出现的随意、频繁变更规划的现象和由此导致的擅自扩大建设规模、滥占耕地和盲目圈地等问题，要调整规划的编制和修订制度，保证规划的严肃性；第四，针对地方政府在规划管理中不依据法定规划行使行政权力的行为，要注意建立上级机关的规划监督制约机制，并需要与对违法行为进行法律追究的制度相结合；第五，为了保证规划的科学性和严肃性，规范规划机构和个人参与城乡规划的行为，有必要建立规划编制单位资质和注册规划师制度。

3. 规定城乡规划的强制性内容，保障社会和公共利益

在我国，城乡规划是国家调控和引导城镇化进程的重要公共政策的组成部分，是国家为纠正市场失效，弥补市场的缺陷，保护社会公共利益不受到市场消极面冲击而进行有效干预的重要手段之一。因此，城乡规划一方面需要维护市场秩序，支持正当的利益追求；另一方面则需要承担起合理配置公共资源、切实保障公共利益的责任。

针对我国城镇化快速发展过程中的特点，城乡规划编制和管理的重点，应由确定开发建

设项目转变为对各类脆弱资源和公共利益的有效保护以及关键基础设施的合理布局。在对绿地系统、历史文化保护区和历史街区、水系、道路交通、主要基础设施和公共服务设施等内容进行严格界定的基础上，实行强制性的规定，并且不得随意修改和调整。同时，城乡规划应坚持以人为本的原则，以建设和谐社会为目标，维护社会公平、保障公共安全，协调好城乡各项建设和城市公共利益之间的关系。城乡空间布局和建设应在保证科学性与合理性的基础上，尊重和保护居民的利益，防止大拆大建，解决好关系居民切身利益的人居环境问题，不断提高人民群众的生活质量。

4．提高城乡规划编制的科学性，引导城镇化的健康发展

城乡规划制定制度与城乡规划技术法规体系要随法律的完善进一步修改完善。第一，将全面建设小康社会的目标和科学发展观、城乡协调、可持续发展、建设和谐社会以及社会主义新农村建设等理念作为城乡规划体系建设的指导思想和具体行动的原则，并将这些理念落实到规划控制的具体要素上；第二，要按照“政府组织、专家领衔、部门合作、公众参与、科学决策”的要求，改进规划编制工作方式，提高规划编制的质量与水平；第三，要加强规划的审查和审批制度，健全规划决策机制，完善决策程序。针对当前地方政府自由裁量权过大等问题，推进地方各级城乡规划委员会制度的建立，增强规划师的发言权和完善决策者责任追究制度；第四，加强对城乡规划的行业管理和建设，严格管理规划编制机构，逐步实行职业规划师制度，更应注意对规划机构和人员参与城乡规划的行为进行规范；第五，推进先进的科学技术例如地理信息系统（GIS）、全球定位系统（GPS）、遥感（RS）等新技术在城乡规划中的运用，提高规划编制工作中分析研究的准确性，加强对规划实施的动态监测；第六，建立规划公示和听证会等制度，加大公众参与城乡规划的力度，通过强化城乡规划的民主性来提高城乡规划的科学性；第七，进一步加强和完善地方人民代表大会及其常务委员会对规划编制、实施的监督，保证城乡规划的全面、有效实施。

综上所述，中国面对 21 世纪新的发展形势，应有针对性地规划建设资源节约型和环境友好型城市。城乡发展要走节约资源、保护环境的集约化道路，坚持节流、开源、保护并重的原则。合理安排工业布局和结构调整，大力发展循环经济。保护好城乡水源地和备用水源地，提高水资源利用效率，建设节水型社会。逐步推广使用清洁能源，推进工业、交通和建筑节能。坚持经济建设、城乡建设与环境建设同步规划，严格按照规划提出的各类环保标准限期达标。加强城乡综合环境治理，加大环境保护执法力度，提高污水处理率和垃圾无害化处理率，切实改善环境质量，促进城乡可持续发展。

同时，要坚持以人为本，切实改善城乡人居环境，创建宜居环境。统筹安排关系人民群众切身利益的教育、医疗、文化、体育等城乡公共服务设施的规划布局和建设，逐步实现公共服务在城乡间的均衡化。将廉租住房、经济适用住房和中低价位、中小户型普通商品住房的建设目标纳入近期建设规划，确保城市廉租住房和经济适用住房用地的分期供给规模、区位布局和相关资金投入。根据城乡的实际需要与可能，稳步推进城市危旧房改造，改善农村人居环境，不断提高城乡居住和生活质量。

三、未来中国城市面临的环境问题

（一）中国城镇化发展趋势

中国的基本国情和发展中面临的深层次矛盾，决定了中国城镇化道路的独特性。20 世纪 90 年代后期以来，中央相继提出了“加快推进城镇化”、“积极推进城镇化”和“推进健康城镇化”等战略思想。2007 年召开的党的十七大上，中国特色城镇化道路进一步得到明确，大会提出要坚持“走中国特色城镇化道路，按照统筹城乡、布局合理、节约土地、功能完善、以大带小的原则，促进大中小城市和小城镇协调发展”。

1. 中国城镇化水平发展预测

衡量城市发展的基本指标是城市化水平。西方发达国家城市化的历史告诉我们：城市化率从 30%提高到 70%，是城市化加速发展的时期。西欧城市化率从 30%上升到 70%用了大约 180 年的时间，美国用了 100 年时间，日本用了大约 50 年。从我国目前的城镇化发展速度来看，我们达到 70%将会用更加少的时间。

图 2-6 给出了中国 1949—2007 年的城镇化水平变化过程。中国在 1949 年的城镇化率为 10.65%；1978 年的城镇化率为 17.92%；至 2008 年，全国城镇化率已达 45.68%，“十二五”期间城镇化率还将超过 50%，中国城镇化将从以量的增长为主转向量的积累和质的提高并重方向发展。1978 年以来，我国城镇化率年均提高 0.9 个百分点，是世界同期城市化速度的 2 倍。2008 年，中国共有城镇人口 60 667 万人，比 1978 年增加了 43 422 万人。城镇化已经成为推动我国经济社会发展，特别是解决“三农”问题的重要途径之一。参照世界收入类别国家 GNI（国民总收入）与城市化水平的关系，我国目前的城镇化进程与经济发展水平大体相当。

根据目前的发展态势，中国 2010 年的城镇化率为 47%～48%；预计至 2030 年前后，中国的城镇化进程将达到世界的平均水平。根据联合国 2008 年 2 月的报告预测，中国 2050 年的城镇化水平将为 70%左右。

2006 年 12 月，国务院办公厅印发《人口发展“十一五”和 2020 年规划》（国办发[2006]107 号）。规划提出“十一五”时期人口发展目标：人口总量控制在 13.6 亿人以内，城镇化率达到 47%左右；2020 年人口发展目标：人口总量控制在 14.5 亿人左右。

2007 年 12 月，国家社会科学基金重点课题《有中国特色的城镇化道路研究》的成果发布会。课题指出，中国城镇化率在2010年达到50%左右，实现初步城镇化；2020年达到60%，实现基本城镇化；2050年达到75%，实现高度城镇化。

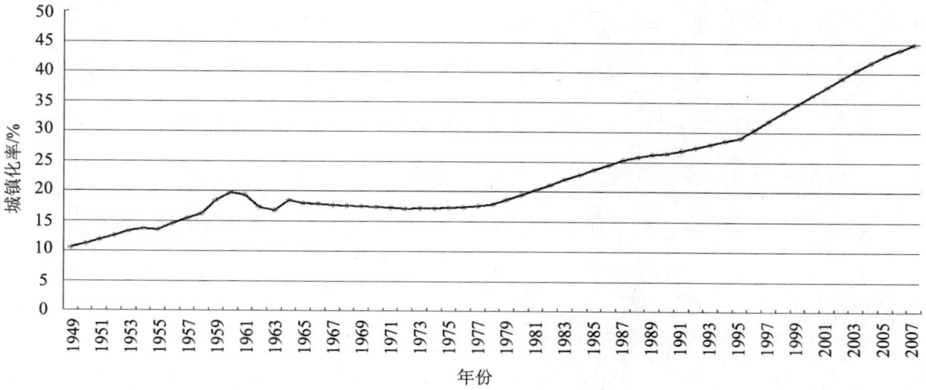

图 2-6 中国城镇化的发展态势

未来二十年是我国发展的战略机遇期，我国城镇化在工业化的持续推动下，将在较长一段时期内，维持一定的发展势头①。根据对我国经济发展与城镇化关系的初步分析，考虑到资源、就业及其他各种制约因素，未来若干年（至 2020 年），我国城镇化率的年均增加值大致可保持在 0.8 到 1 个百分点左右，城镇人口增长 3 亿左右，城镇化水平将达到 55%～60%之间。届时，我国将由以农村人口占多数的社会转变为以城镇人口占多数的城市型社会。21 世纪中期，当我国建成为中等发达的现代化国家时，城镇化率可达到 70%左右（相当于美国上世纪 70 年代水平），城镇总人口将超过 10 亿，成为一个高度城镇化的国家，其经济实力、科技水平、文化影响力将在很大程度上影响世界政治经济的大格局。

由上述我国城镇化和经济发展水平数据可见，我国的城镇化已进入快速发展时期，城市将在我国经济发展中发挥更大的作用，城市的人口将进一步增加。城市人口的增加将使城市人口所占用和消费的各类资源和产品总量也将大幅度提高，给原本趋紧的城市资源、环境供给带来更大的压力，并将进一步加剧城市水资源短缺，生活污水、垃圾等废弃物产生量的大幅度增加。

2. 中国城镇规模发展预测

1949 年中国大陆城市 132 个，城镇人口 5 767 万人；改革开放之初的 1978 年，全国城市达到 193 个，城镇人口 17 245 万人；至 2008 年，全国城市 655 个，城镇人口 60 667 万人。城镇规模等级结构逐步发展和完善，按照市区非农业人口统计，全国现有 200 万以上人口的城市 22 个，100 万～200 万人口的城市 33 个，50 万～100 万人口的城市 85 个，20 万～50 万

① 中国工程院城市化项目组：“我国城市化进程中的可持续发展战略研究”综合报告，2005 年 6 月。

人口的城市 230 个，市区非农业人口在 20 万以下的城市共 285 个。根据 2006 年末统计数据，全国设市城市的建成区面积共 33 660 km^2，城市每平方公里人口密度 2 238 人；城市实有房屋建筑面积 174.5 亿 m^2，其中住宅建筑面积 112.9 亿 m^2。

根据“城乡统筹、区域协调、功能完善、集约发展、社会和谐、安全高效、文化昌盛、人居环境良好”的城镇发展策略，优化城镇空间布局，合理控制人口规模，控制城镇建设用地的总量和增长速度。2010 年全国总人口约为 13.6 亿，城镇人口约为 6.3 亿人左右；预计 2020 年全国总人口约为 14.5 亿，城镇人口达到 8.1～8.4 亿人。2011 年至 2020 年，城镇建设用地年均增长速度控制在 3%以下，2020 年城镇建设用地控制在 11.08 万 km^2 以下。

3．中国城镇空间体系发展预测

在我国城镇化过程中，通过城市发展战略和城乡规划的科学制定和实施，我国城镇和区域性空间布局逐步形成了具有自身特色的空间布局与城市结构。目前，特大城市占城市总数的 8.85%，大城市占 12.52%，中等城市和小城市各占 35.42%和 43.21%。2009 年，为了培育更多的区域经济增长极，提高国家综合国力和国际竞争力，推进区域合作和提升对外开放能力，打破区域之间的行政藩篱和壁垒，探索区域协调发展和综合管理的新模式，促进形成东西互动的区域发展格局和产业布局，国务院连续审批和发布了 12 个区域规划和区域性政策文件[①]，其数量之多、发布时间之密集、影响范围之广前所未有，体现出党中央和国务院对促进区域协调发展，缩小两极差距过大问题的高度关注。

总的来看，我国以大城市为中心、中小城市为骨干、小城镇为基础的多层次的城市体系已经初具雏形。目前全国已形成长三角、京津冀、珠三角三大城镇密集地区，以及辽中南、中原、武汉、长株潭、成渝、闽东南、山东半岛、关中——天水、北部湾、皖江城市带等城镇群。这种以一个或多个城市为核心、多个城镇共同组成的城镇群已成为各地重要的经济增长极，对城乡和区域发展发挥了重要的辐射带动作用。“十一五”末，长三角、京津冀和珠三角三大重点城镇密集地区，以不足 3%的国土面积，聚集了全国 14%的人口，创造的国内生产总值占全国的 42%，实际利用外资占全国的 79%，成为加速国家现代化进程、缩小中国与发达国家经济技术水平差距的重点区域。

我国城市目前主要集中分布在东部沿海地区，而中、西部地区城市分布相对稀疏。东部地区特大城市为中心的城市密集区和城市群已初步显现，而在西部，由于人口密度和经济社会发展水平较低，生态环境脆弱，城市化水平较低。未来一段时期内，应当因地制宜组织多样化的城镇体系，引导城镇群协调发展；以城镇群为核心，以促进区域协作的主要城镇联系通道为骨架，以重要的中心城市为节点，形成“多元、多极、网络化”的城镇空间格局。根

① 涉及的区域包括珠江三角洲地区、海峡西岸经济区、关中——天水经济区、辽宁沿海经济带、横琴总体发展规划、江苏沿海地区、图们江区域、中部地区崛起、黄河三角洲高效生态经济区、鄱阳湖生态经济区、甘肃省循环经济规划和海南国际旅游岛等。

据各地经济社会发展水平、区位特点、人口密度、资源禀赋和环境基础，按照经济结构调整的要求，组织有利于各地经济、社会、环境协调、可持续发展的多样化的城镇体系。同时，发挥城镇群辐射和带动区域发展的核心作用，提高京津冀、长江三角洲、珠江三角洲三个重点城镇群参与国际竞争的综合能力，加强城镇群之间的经济联系，促进区域互动、协调发展。

按照鼓励东部地区率先发展的要求，提升城镇化质量。加快京津冀、长江三角洲、珠江三角洲三个重点城镇群的发展和资源整合，闽东南、山东半岛、北部湾等城镇群将提高参与国际竞争的能力。引导产业和人口向大城市周边的中小城市、小城镇转移和适度集聚，与中心城市形成网络状的城镇空间体系，防止中心城市人口和功能的过度集聚。

按照促进中部地区崛起的要求，加大对中部地区基础设施建设的扶持力度，提升和改善发展条件，引导人口就地城镇化；吸引农村富余劳动力就地转移。大力培育中原、武汉、长株潭城镇群和区域中心城市，提高城镇群的人口吸纳能力。加强以省会为主体的中心城市建设，完善城市功能，增强辐射带动能力。加大对县城、中心镇基础设施建设的支持力度，促进小城镇支农产业发展，推动农业产业化进程。

按照推进西部大开发的要求，推行生态环境保护优先的集中式城镇化发展战略。加强和完善区域和省域中心城市的综合功能，成渝、关中——天水城镇群将带动区域经济发展。重点发展县城、工贸和旅游型小城镇。按照国家制定的相关政策，引导生态脆弱地区人口合理布局和有序转移，保障生态移民工程的实施。

按照振兴东北地区等老工业基地的要求，提升城市的综合服务功能，加快棚户区改造，建立资源枯竭型城市接续产业援助机制，增强城市吸纳就业的能力，促进老工业基地和资源型城市的经济转型和产业振兴。加强东北与东北亚各国、环渤海地区以及东北地区内部的交通通道建设，加快口岸城市和港口城市发展，促进沿边开放和沿海开放。增强区域中心城市的联系，完善区域城镇网络，辽中南、哈大齐城镇群集聚作用进一步加强，提升城市对农林牧地区和能源矿产地区的辐射带动能力。

（二）中国城市环境问题发展的原因分析

1．快速城镇化带来的结构性变革

改革开放以来，中国进入快速城镇化的历史进程。长期的城镇化快速增长，将推进城市与区域人口结构、资源结构、产业结构和消费结构的重要变革，进而整体影响城乡环境发展的战略导向和区域格局。

建设资源节约、环境友好、居住适宜、运行安全、经济健康发展和民生持续改善的可持续城市，促进城市在生产、流通、消费、环境治理和生态保育等领域的可持续发展，是协调区域经济、社会、环境的重要发展模式，也是国家《城乡规划法》的基本要求。在国家战略层面应以 11 大城市群为核心，系统推进城镇化进程中的城市规划、清洁生产、绿色消费、环境治理等核心领域的技术经济政策制定与落实；在区域规划层面进一步明确主体功能区规划下的城市环境保护分类指导原则；在城乡社区层面应大力倡导生产和消费的可持续转型趋势，完善有利于节约能源资源和保护生态环境的可持续发展体制机制，开发和推广节约、替代、循环利用和治理污染的先进适用技术，构建城市宜居环境及和谐城乡格局。

2. 城乡分离和社会分化加剧环境恶化

中国的城乡分离和社会分化，已成为影响未来全局发展和实现社会和谐的核心问题。城市作为国家现代化进程的重要空间组织形式，其地理空间、经济空间与运行体征的协同发展与否，是整合行政区划、产业布局和社会结构要素禀赋，制定改变城乡二元结构的政策路线图的关键。今后十年，中国将迎来城镇化、市场化、国际化和现代化的加速期，也是瓶颈约束期、社会转型期和综合风险高企的重要时期。

中国各类城市虽特色优势明显，发展潜势强劲，但由于区域壁垒和行政藩篱导致经济、科技难以实现优势互补；经济快速发展导致生态环境不断恶化、资源能源日益匮乏，可持续发展受到严重制约；城区、乡镇和社区基础设施、环境保护、住房、治安、社会保障、义务教育、医疗等要素配置失衡，导致城乡分离和社会分化的空间分异趋势进一步加剧。因此，提高中国城市环境发展与管理水平，建立环境良治的综合管理架构，是构建社会主义和谐社会和全面建设小康社会的重要基础性工作。

（三）中国城市未来环境问题的表现形式

1. 城镇化加剧城市生态环境失衡

目前中国城市建设占全国 GDP 的 70%和国家财政收入的 80%。中国将于 2010 年有接近 200 座城市的居民达到 100 万人或更多。据联合国估计，到 2050 年每 10 个中国人将有 7 个住在城市。

每增加 1%的全国城镇化率（居住在城市的人口比例），中国必须增加 3 亿～4 亿 m^2 的住房，消费 1 800km^2 土地，开发出 64 000 万 kW 的能源和花费约 2 600 亿～2 700 亿元人民币（350 亿美元）的资金；每年要处理污水 11.4 亿 m^3。

根据国民经济和社会发展“十一五”规划要求，建设部提出“十一五”城镇水务发展目标和主要任务①，即 2007 年年底前基本完成对运行超过 50 年的及老城区严重漏损的供水管网改造工作；到 2010 年，全国城市供水普及率不低于 95%；设市城市和县城所在的建制镇均应规划建设污水集中处理设施，全国设市城市污水处理率不低于 70%，缺水城市再生水利用率

① 建设部副部长仇保兴就第五届世界水大会答记者问. http://www.gov.cn/zhibo11/wzsl.htm.

达到 20%以上；所有城市都要建立符合标准的生活垃圾处理设施，设市城市无害化处理率不低于 60%。

与此同时，为了提高城市居民的生活质量，中国政府需要解决住房短缺问题、兴建文化、体育、商业等公共服务设施，以及道路、公园、水库、污水处理厂、垃圾处理等公共环境设施。大城市规模扩展导致中心城区生产、生活所产生的污水、垃圾、工业废气等污染向周边地区转移。由于城市环境基础设施建设仍相当薄弱，生活污水集中处理、生活垃圾无害化处理和危险废物处置能力尤显不足。城市污染物处理率低，导致大量未经处理的污水直接排入城市周边的溪流、河流和湖泊，污染了地面和地下水质；未经处理的城市固体废弃物填埋甚至堆放在城市周边地区，其渗透液污染了周围的地下和地表水源。大城市的蔓延式扩张和低密发展模式加快城市周边的农田、绿地、林地等生态系统恶化，迅速降低城市和城市周边地区环境承载能力、污染净化能力和城市生态平衡维持能力，导致“城市热岛”、“城市荒漠”等问题凸显。

对中国城市未来发展预测：预计 2030 年，从规模上来看，城镇化率达到 60%，城市人口达 10 亿人左右。到 2030 年，假设城镇化率达到 60%左右，城市生活污水和垃圾产生量将比 2000 年分别增长 1.5～2 倍。

2. 中国城市环境问题将日益呈现复杂性和综合性趋势

（1）呈现出以细粒子/灰霾—臭氧为特征的大气复合型污染

中国的经济增长和快速的城镇化进程，引起了更多的能源消耗，导致 SO_2、NO_x 挥发性有机化合物（VOCs）、TSP 和其他污染物排放量的增加。这些一次污染物不仅在空气中扩散并迁移到其他周边区域，而且它们还能在大气中发生光化学反应产生二次污染物。在紫外线的辐射下，NO_x 和 VOCs 将发生化学反应形成光化学烟雾。气相中的 SO_2、NO_x 和 VOCs 便能够转化成为细的颗粒物（$<PM_{2.5}$），它们具有较大的比表面积，并能够在颗粒物表面上进一步发生催化氧化反应。显然，污染物之间的反应将变得更加复杂，所生成的二次污染物在大气中逐渐积累，致使空气质量恶化。

同时，污染源排放和大气中生成的颗粒物细粒子也会对大气化学进程产生作用。由于颗粒物细粒子粒径小、表面积大，为大气中的化学反应提供了良好的反应床。同时，气溶胶中的某些化学成分，如微量金属元素对大气中许多化学反应都有催化作用，进而加速了污染物的反应速率和去除速率。高浓度的细粒子还可显著地影响太阳辐射，进而影响大气中一些重要反应的光解速率，从而影响大气化学过程。

复合型大气污染随着排放源、氧化剂水平和气象条件的变化，表现出明显的季节变化、日变化和空间变化。例如燃煤排放主要集中在冬季采暖期，机动车尾气污染形成的光化学烟雾在夏季最活跃，而春季沙尘暴使得颗粒物的浓度剧增。因此，二氧化硫、氮氧化物、碳氢化合物等一次污染物及臭氧、颗粒物细粒子及其化学组分等二次污染物表现出复杂的反应机制和时空变化。

这些污染现象及其时空变化特征，近年来在几个上百万人口的大城市均被观测到，如北京、广州和上海等，其空气污染具有四个显著的特征：①一次污染物、大气氧化剂和气溶胶细粒子成为城市大气的主要污染物；②高浓度的气溶胶细粒子使城市大气能见度下降；③大气氧化能力不断增强，气溶胶细粒子中 SO_4^{2-}、NO_3^-和有机碳浓度较高；④以城市为中心，形成区域性大气污染。

复合型大气污染是目前北京市和其他快速发展中城市大气污染的共同特征。它是在我国尚未解决燃煤造成的二氧化硫和 TSP（总悬浮颗粒物）污染的前提下，随城镇化进程加快、机动车保有量快速增长，在光化学污染日趋严重的形势下产生的新型大气污染，具有明显的经济发展阶段的特色。我国城市地区出现的如此大规模、综合性的复合大气污染问题在全球并不多见，将成为我国未来社会经济发展的巨大压力，这些问题具有独特的科学研究价值，已引起国内外学术界的广泛关注。

我国东部整体区域性大气污染将继续加重。随着中西部地区和东北老工业基地的开发和迅速崛起，在长株潭地区、中原城市群、辽宁中部城市群、晋陕蒙能源重化工基地以及成渝地区等城市密度大、能源消费集中的地区将出现区域性复合大气污染。

预计未来 10 年，城市大气污染暴露人口（PEP）将达 4 亿多，而且大部分集中在中小城镇地区。

（2）有机物、重金属以及氮磷等共存并联合作用水体复合污染

从 20 世纪 80 年代之后我国经济进入高速发展阶段，发达国家近百年、分阶段出现的水环境污染问题，在我国发达地区短短二三十年集中体现和暴发，COD、BOD_5、氨氮、总氮、总磷、重金属、大肠杆菌、POPs 等排放量不断上升，结构型、复合型和流域型污染逐渐显现。据统计，2005 年全国废水排放总量 524.5 亿 t，比上年增加 8.7%，全年曾有 2 163 万人口、1 969 万头大牲畜发生临时性饮水困难。2006 年化学需氧量排放总量 1 431.3 万 t，同比增加 1.2%，2007 年上半年同比增长 0.24%，排放总量 691.3 万 t。水环境治理速度赶不上污染速度，始终未能从总体上遏制住水环境逐步恶化的局面，形势严峻，并危及饮用水安全、公众健康、影响国民经济持续稳定发展并引起跨界流域水环境问题纠纷。

快速城镇化是导致城市水体日益严重污染的根本原因。从 1985—2007 年，我国城镇化率从 23.7%上升到了 44.94%，特别是 1991 年后，城镇化率平均每年增加 1.1%；城镇人口数从 1985 年的 2.5 亿人增加到 2006 年的 5.9 亿人，增加了 2 倍多。研究表明，一个城市人口的用水量和污染物排放量是一个农村人口的 2～3 倍，城市人口生活水平的提高，公共饮食、服务行业的增加使城市生活污染物排放的数量和种类较人口数量的变化要大。很多研究已表明，农业面源会导致水体氮、磷等营养物超标，而氮和磷及其化合物是产生富营养化的主要营养

物质，特别是磷。因此，农业面源对湖库的富营养化贡献率不容忽视，同时也是导致江河水质污染加重的主要原因。

未来 15 年我国人口将继续增加，经济总量将再翻两番，资源、能源消耗持续增长，环境保护面临的压力越来越大。预计未来我国城市水体污染将呈现以有机物、重金属以及氮磷等共存并联合作用的水体复合型污染，将面临水资源短缺和水质型缺水双重危机，风险日趋增加，对饮用水安全、人体健康、经济发展、社会稳定乃至国家安全的影响更加深远，将成为制约我国和平崛起的重大瓶颈。

（3）呈现以有机污染物—重金属共存的土壤复合型污染

对于城市土壤，将呈现出重金属—重金属、有机污染物—有机污染物、有机污染物—重金属为特征的复合型污染。城市污水处理厂的污泥，城市生活垃圾以及工业废水等造成的污染大都为有机—无机复合污染。复合污染在土壤中发生吸附行为、化学作用、微生物过程等交互作用，对城市土壤的特性，污染物质迁移转化，土壤污染的修复等产生影响。

（4）城市固体废物污染加剧

城市集中了大多数支撑和推动国民经济发展的工业生产，在工业生产过程中无疑会产生数量巨大的各种各样的工业垃圾和废物。据估算，一个 80 万～100 万人口的中等城市在平常季节（非西瓜之类瓜果上市的季节），每天产生的生活垃圾一般可达近千吨，一个 100 万以上人口的大城市每天产生的垃圾可达数千吨。我国工业固体废物的产生量和堆存量以平均每年 2 000 万 t 的速度增长。

城市垃圾、废物大都未经表面泥土覆盖和预防渗滤液下渗等处理，直接运至近郊作填埋处理，导致渗滤液下渗污染地下水和填埋表面的生物效应。城市固体废物中相当部分为市民厨房垃圾、蔬菜加工废弃物、纸张包装废弃物、树木落叶残草和工业有机废弃物，经微生物发酵分解，产生 CO_2、H_2O、NH_3、CH_4、H_2S 等产物，大大降低了填埋场及其附近的空气质量，进而滋生鼠害蚊虫，污染破坏环境卫生和传播疾病。

3. 呈现出多介质、多界面复合污染

多介质多界面体系，既包括固体部分——土壤矿物质和有机质，又包含液体部分——间隙水、地下水和地表径流，同时还包含各种植物及微生物，并与大气相连。污染物在不同介质中的分布及存在形态、在不同界面间的迁移机制、各种（化学的、物理的和生物的、均相的和非均相的）转化反应，这些过程往往涉及非线性、非平衡过程及界面效应。

复合污染在多介质多界面中的环境行为，是当前中国城市环境领域呈现的新型污染问题。应加强以下方面的科学研究：区域典型污染物的源解析及其复合污染特征；区域复合污染的多界面过程及多介质传输机制；流域与近海复合污染的生态毒理效应和健康风险；区域复合污染控制途径及生态修复原理；区域生态风险评价、预警方法及调控策略。

由多种污染物组成的复合污染体系表现出的环境行为与各污染物单独存在时的环境行为有一定的差别。土壤污染是当前人类面临的一个极为重要的、全球性的环境问题之一。对于土壤，复合污染也普遍存在。污染物质在土壤中的作用不仅包含物理的和化学的过程，同时也包含生物过程。

四、中国城市环境保护的发展目标

（一）依据和原则

1. 依据

基于对发达国家工业化进程中城市环境污染与治理经验教训的总结和借鉴，针对我国社会主义初期阶段和未来城市环境问题，贯彻科学发展观和党的十七大关于“走中国特色城镇化道路，促进大中小城市和小城镇协调发展。形成辐射作用大的城市群，培育新的经济增长极”，以及“建设生态文明”，“坚持节约资源和保护环境的基本国策”，“建设资源节约型、环境友好型社会”等国家战略，面向我国现代化建设宏伟目标，分别从城市污染控制及环境保护、城市人居环境适宜度、城市生态建设等方面制定我国城市环境保护总体战略目标。同时，充分考虑不同城市在城镇化、工业化和环境保护方面的差异性，制定针对性强、分类指导我国不同类型城市的环境保护目标。环境保护目标的时序主要是中长期，在保持我国环境保护工作和战略的连续性兼顾近期目标的同时展望长远目标。

2. 原则

（1）生态文明原则

贯彻十七大提出的生态文明战略，在城镇化、工业化和城市环境保护全过程以及城市环境目标中坚持生态文明原则，建设生态社区、生态城镇和生态城市。

（2）系统协调原则

坚持科学发展观，系统协调城市资源、环境、生态与社会经济关系，统筹城乡发展和环境关系，城市和区域之间的关系。

（3）宜居性原则

坚持以人为本，关爱生命，满足居民在经济、社会、环境各方面的多样化需求，制定宜居城市环境保护目标，建设宜居城市。

（4）分类引导原则

根据不同类型城市在资源承载力、生态环境问题和社会经济发展水平等方面的差异性，制定因地制宜、分类引导的城市环境保护战略目标。

3．目标设定思路

借鉴发达国家在工业化和城市化发展中城市环境问题的一般规律，立足我国城市实际情况，在划分不同城市类型、分析其工业化和城镇化发展进程及环境保护现状的基础上，以可持续发展战略和科学发展观为指导，遵循城市环境问题一般规律，结合各类城市发展趋势制定有针对性、差异化的环境保护目标，充分发挥我国城市环境保护的后发优势，努力实现城市环境保护的穿越式发展。

发达国家城市环境问题的一般规律：工业化和城市化是城市环境问题的重要根源；工业化和城市化发展各阶段环境问题呈现出一般性变化规律；城市环境问题在工业化中期集中出现；不同类型城市环境问题具体表现不同。

我国城市发展实际情况：整体处于工业化发展中期，城镇化处于中期加速阶段；城市的工业化和城镇化进程差距明显，生态环境问题和相应的治理保护能力差异显著；随着全面小康社会的推进和和谐社会的建设，城市间差距将逐步缩小；城市环境治理和保护具有后发优势。

（二）城市环境保护总体目标

污染物超标超量排放，资源和能源低效、过度利用，气候问题等是中国城市可持续发展的严重障碍。遵循建设生态文明的国家战略方针，中国城市环境保护必须坚决贯彻节能减排战略，严格保护城市环境。

2020 年，与全面实现小康社会的发展目标相适应，实现城市环境污染的源头治理，从根本上遏制生态环境恶化趋势，主要污染物排放得到有效控制，城市环境质量和生态状况明显改善；资源和能源的使用效率显著提高，能源节约效果显著；城市环境管理协调机制、城市环境预警与污染事件应急机制、生态环境补偿机制逐步完善，环境管理水平显著提升；以循环经济支撑的生态城市达到相当比例，条件较好的城市或城市群率先建设资源节约型、环境友好型社会，生态文明观念在全社会牢固树立。作为负责任的大国积极参与全球气候变化问题上的国际合作。

2030 年，城市污染物排放总量得到全面控制，应对环境危机、解决环境问题的能力显著增强，较大比例城市建设资源节约型、环境友好性社会，城市环境质量和生态状况全面改善，人居环境显著提升，基本实现城市环境的良性循环。

2050 年，全国城市普遍以循环经济为支撑，污染物排放总量和浓度均控制在区域可承受范围之内，大部分城市产业结构、经济增长方式、消费模式符合“资源节约型、环境友好型”社会建设战略要求，城市生态系统高度稳定，生态文明建设成绩显著。

1．城市大气、水体、固体废弃物、声环境质量目标

（1）大气环境质量目标

2008 年，全国 519 个报告空气质量的城市中，空气质量达到和超过国家二级标准的城市数量比重达到 76.8%，劣于三级的比重下降至 1.4%①，城市空气质量相比 2001 年有所好转，但我国城市空气污染问题依然严重。为保证城市的可持续发展，必须实现城市大气环境质量的逐步改善。

2020 年，大部分城市大气环境质量总体良好，相比"十一五"末期改善明显。脱硫装置和除尘装置得以推广，机动车尾气处理方面采取有效措施，清洁能源成为城市能源的主要组成部分，温室气体排放总量增速得到有效控制。80%的城市空气质量达到和好于二级的天数占全年的比例超过 80%，基本消除可吸入颗粒物污染劣于三级的情况。

2030 年，大气环境质量达到良好标准的城市比重稳中有升，相当比例的重点城市达到优标准。脱硫装置和除尘装置基本普及，废气排放总量下降，重点城市温室气体排放削减明显，清洁能源使用比重进一步提高。85%以上的城市空气环境质量达到和好于二级的天数占全年的比例超过 80%，相当比例的城市空气环境质量达到一级的天数争取超过 180 天，消耗臭氧层物质的生产基本淘汰。

2050 年，基本实现所有城市大气环境质量达到良好标准，相当比例城市达到优质标准。废气排放总量明显下降，温室气体特别是二氧化碳排放总量减少，清洁能源使用率超过八成。95%以上的城市空气环境质量达到和好于二级的天数占全年的比例超过 80%，更多城市空气质量一级的天数达到 180 天，机动车尾气基本实现全面达标排放。

（2）水体环境质量目标

2008 年，全国城镇污水处理率为 66%；2007 年，仍有 162 个城市的生活污水未经二级处理且未达到排放标准，其中地级及地级以上城市 46 个②。大部分城市河段受到不同程度污染，400 多座城市缺水，水质性缺水突出。部分城市地下水水质呈恶化趋势。治理水污染，改善水环境已成为城市发展中刻不容缓的紧迫任务。

2020 年，水环境总体好转，用水安全得到有效保障。废水排放总量基本得到控制，消除城市生活污水集中处理率为零的现象，城市污水处理设施有效运行，处理能力与废水排放量之间进一步平衡，工业用水重复利用率明显提高。80%以上的城市集中饮用水水源地水质达标（水量 80%达标，全文同），其中重点城市水质达标率达到 90%以上，限制沿海城市废水直排入海，海洋生态系统功能逐步恢复。

2030 年，水环境质量明显好转，重点城市水环境质量达到生态城市标准。城市废水排放

① 数据来源：《2008 中国环境状况公报》。
② 数据来源：《2007 年全国城市环境管理与综合整治年度报告》。

总量有所减少，城市污水管网及污水处理设施的规模和空间布局合理，工业用水重复利用率达到发达国家 2000 年的水平。90%以上的城市集中饮用水水源地水质达标，消除城市内的劣五类水，沿海城市直排企业污水全面达标排放，海洋生态系统功能进一步恢复。

2050 年，水环境质量稳定改善，相当比例城市水环境质量达到生态城市标准。城市废水排放总量进一步减少，污水处理设施处理能力能够满足需求，工业用水重复利用率达到世界先进水平。基本实现所有城市集中饮用水水源地水质全面达标，近岸海域海水水质明显改善，生态系统功能完善。

（3）固体废弃物污染控制和环境保护目标

目前，城市固体废弃物产生量快速增加与处理和回收再利用能力间的矛盾突出，未经处理的固体废弃物对土壤和地下水二次污染。控制城市固体废弃物污染应在提高固体废弃物处理率的同时提高处理质量，消灭“无害化”处理后仍有害的情况，注重废弃物的资源化利用。

2020 年，垃圾围城问题有效缓解，固体废弃物资源化初具规模。固体废弃物处理设施建设滞后问题基本解决，所有城市具备生活垃圾无害化处理能力，固体废弃物收集处理利用系统初步建立。城镇生活垃圾无害化处理率达到 70%，工业固体废弃物综合利用率达到 70%，全部危险废弃物得到适当处置。

2030 年，垃圾围城问题明显改善，固体废弃物资源化水平显著提高。固体废弃物产生量得到控制，处理设施基本满足需求，无害化处理水平明显提高，收集处理利用系统进一步完善。80%的城市生活垃圾得到无害化处理，80%的工业固体废弃物得以综合利用。

2050 年，基本解决垃圾围城问题，固体废弃物收集处理利用系统完善。固体废弃物处理设施满足城市可持续发展需要。城市生活垃圾无害化处理率达到 90%，工业固体废弃物综合利用率达到 90%以上，基本消除垃圾围城的现象。

（4）声环境质量目标

良好的声环境是居民生活质量全面提升的重要体现。

2020 年，城市声环境质量总体良好，主要噪声源得到有效管理和控制。区域环境噪声平均值达到较好标准的城市比例达到 75%以上。

2030 年，城市声环境稳定改善，噪声源得到全面的管理和控制，居民享有较为安静的生活和工作环境。相比 2020 年，区域噪声平均值达到较好标准的城市比重明显提升。

2050 年，大部分城市声环境按功能区达标，城市居民享有静谧的环境。

2. 城市环境保护投资与环境管理目标

（1）环境保护投资力度逐步提高，环保产业发展不断推进

与发达国家相比，我国城市环境保护投资力度总体偏低且城市间差距较大，环保产业化程度不高。有效提高环境保护投资力度、积极推进环境保护产业化将是城市发展的重要保证。

2020 年，城市环境保护投入力度逐步提高并与全面小康目标实现相适应。环保投入资金来源多样化，市场化、产业化趋势明显。城市环境保护平均投资指数达到目前发达国家的平均水平，环保基础设施运行率显著提高，处理水平全面达到排放标准。

2030 年，城市环境保护投资进一步提高，在实现城市环境水平进一步改善目标的同时初步实现城乡环保投入联动。环境保护投入机制基本完善，环境保护产业化水平较高。环保基础设施运行良好，监管体系完善。

2050 年，城市环境保护投资力度稳步提升，环保产业成为优势产业之一，环保基础设施满足生态城市发展要求。

（2）环境管理水平明显提高，环保理念与意识深化

2020 年，环境保护目标责任基本落实，公众参与积极性明显提高。环境指标普遍纳入党政干部政绩考核体系，上层对经济和环境共同发展目标关注度显著提升。独立的环保机构初具规模，大部分城市有效开展环保教育，环保理念在公众中初步树立。规范执行项目环境影响评价，确保“三同时”的实际执行率。

2030 年，经济和环境目标在决策中并重，环保机构和公众成为环保监督的主体。政府为引导、企业为主体、公众为监督的环保管理体系基本形成，环保教育普遍开展，生态文明观念逐步深入。全面严格执行“三同时”，环保设施普遍有效运行。

2050 年，环保优先得到积极贯彻，生态文明观念深入人心。环保管理体系完善，管理水平处于世界前列。

3. 城市人居环境适宜度发展目标

人居环境适宜度是城市环境保护目标中的组成部分，改革开放 30 年我国有些城市在人居环境适宜度上提高，但整体水平偏低。城市经济发展水平与发达国家城市相比明显偏低、贫富差距过大且呈扩大趋势、基础设施（如道路、住房、卫生设施等）人均拥有率偏低等是我国城市发展过程中必须面对和解决的问题。城市人居环境建设水平区域差别较大是必须引起重视的问题。

鉴于城市规模和发展程度不同，适宜度标准主要借鉴生态县、生态市标准中的经济、社会等指标，主要包括中等发达的经济发展水平、社会进步水平、健全的基础设施等。中国城市各阶段人居环境适宜度目标如下。

2020 年，超过半数的城市达到人居适宜度标准，且城市内和城市间差距扩大趋势得到控制。

2030 年，超过 60%的城市达到人居适宜度标准，差距有所缩小。

2050 年，超过 80%的城市达到人居适宜度目标，差距缩小明显。

（三）城市生态建设与生态城市发展目标

城市是自然、经济、社会三者合一的复合系统，由于人的干预程度较大，与自然生态系统相比，城市物种多样性相对贫乏，能量流动和物质循环的方式、途径发生变化，对其他生态系统的依赖性较强，自我调节能力差，城市生态系统显得特别脆弱。可持续的发展战略要求城市在发展中注重生态保护，加强城市生态建设，提高城市的自我调节能力。

1．城市生态建设目标

近年来我国城镇化进程越来越快，城市生态保护和建设被忽视，造成城市物种多样性贫乏，人均公共绿地面积不足等问题。2007 年年末，我国城镇绿化覆盖率仅为 35.3%，建成区绿地率仅为 31.3%[①]，远落后于发达国家。未来城市生态建设目标是：

2020 年，生态建设明显改善，城市生态系统基本稳定。物种多样性指数和综合物种指数普遍提高，建成区绿地率达到 40%，城市受保护地区面积占城市总面积比重超过 12%。

2030 年，生态建设与经济发展同步，生态系统稳定性进一步增强。物种多样性恢复明显，建成区绿化覆盖率和保护地区面积比重稳中有升。

2050 年，生态建设优先，城市生态系统高度稳定。建成区绿化覆盖率和城市受保护地区比重保持合理的程度。

2．生态城市建设目标

生态城市是城市生态化发展的目标，是社会和谐、经济高效、生态良性循环的人类居住区形式，也是自然、城市与人融为有机整体的互惠共生的结构体系。加拿大的温哥华、巴西的库里提巴和新西兰的韦塔科尔等城市，在生态城市建设的许多前沿领域已取得了巨大的进展。在国家政策的引导下，大连、广州、成都在生态城的建设上也取得了可喜进展。

党的十七大报告提出了我国生态文明的战略："建设生态文明，基本形成节约能源资源和保护生态环境的产业结构、增长方式、消费模式。循环经济形成较大规模，可再生能源比重显著上升。主要污染物排放得到有效控制，生态环境质量明显改善。生态文明观念在全社会牢固树立。"根据这一战略部署，要大力发展以循环经济为支撑的生态城市，分阶段推进生态城市建设。

2020 年，相当比例城市达到生态城市标准，且循环经济体系基本完善。

2030 年，半数左右城市达到生态城市标准，循环经济体系进一步完善。

2050 年，六成左右城市达到生态城市标准，循环经济体系高度完善。

---

① 数据来源：《2008 年中国统计年鉴》。

生态城市建设要借鉴联合国关于生态城市的 6 项评价标准：有战略规划和生态学理论做指导、工业产品是绿色产品，提倡封闭式循环工艺系统、走有机农业的道路，居住区标准以提高人的寿命为原则、文化历史古迹要保护好，自然资源不能破坏，处理好保护与发展的关系、把自然引入城市等标准，遵循国家颁布的生态城市标准。

（四）不同类型城市环境保护目标设定思路与城市类型划分

1．目标设定思路

考虑到不同类型城市所在区域资源承载力、生态环境容量以及社会经济发展水平的不同，从人口和经济发展角度将目前全国所有城市划分为不同类型城市，分析其工业化和城镇化发展进程及环境保护的现状；以可持续发展战略和科学发展观为指导，遵循城市环境问题一般规律，结合各类城市发展趋势制定具有针对性、差异化的环境保护目标；充分发挥后发优势，努力实现城市环境保护的穿越式发展。随着小康社会全面实现和和谐社会逐步推进，不同城市间的发展差距将逐步缩小，并将于 2030 年左右基本形成大而强、小而强两类城市并存的局面。依据不同城市实际情况及其发展趋势，在分类制定各类城市环保目标时应遵循“近中期合理拉开差距、远期逐步趋于一致”的原则。

2．中国城市类型的划分及其环境保护现状与环境问题发展趋向

从人口和经济发展角度，初步将全国所有城市分为大而强、大而弱、小而强、小而弱、资源型城市以及城市群六个类别。之后，按照全市人均 GDP 和全市年末总人口两类指标对中国城市进行分类，以全市年末总人口为横坐标，以全市人均 GDP 为纵坐标，得到图 2-7 所示中国各城市类型 GDP 与总人口间的关系图。

（1）大而强城市

环保现状：基本处于城镇化的后期、工业化的后期甚至是后工业化阶段，综合环境治理得以展开。但经济优先的发展思路尚未完全改变，工业化推进对产业结构升级贡献不足；生产型和消费型环境问题并存突出；环境保护对周边的带动效应不明显。

环境问题趋向：随着后工业化阶段来临，消费型环境问题逐步凸显，新环境问题出现的可能性增大。

（2）大而弱城市

环保现状：一般处于城镇化的中期初始阶段、工业化的中期初始阶段甚至是初期，贫困型环境问题和生产型环境问题突出；产业结构不尽合理、优化调整滞后；环境保护投入特别是环保基础设施投入严重滞后且城乡分布严重不均衡。

环境问题趋向：针对城镇化进程的加速和工业化的逐步深入，需要重点应对城市规模和

工业规模同时扩张可能带来的环境问题。

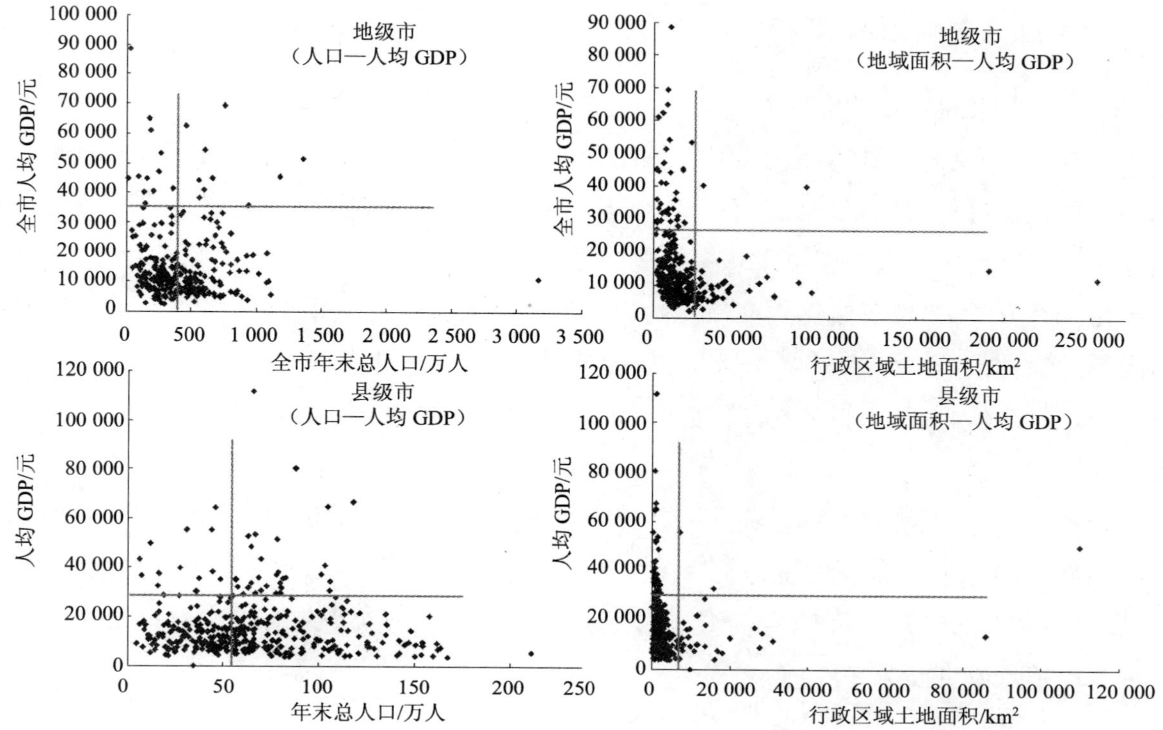

图 2-7　我国各类型城市人口与 GDP 之间的关系

（3）小而强城市

环保现状：一般处于城镇化的中期加速阶段、工业化的后期阶段，环境现状相对较好，环境保护能力强，但生产型和消费型环境问题仍然并存，与发达国家小城镇的水平尚有不小差距。

环境问题趋向：进一步发展中面临着城市规模快速扩大、人口快速增加带来的环境状况下降的压力。

（4）小而弱城市

环保现状：一般处于城镇化的初期阶段或中期的初始加速阶段、工业化的初期阶段，经济发展需求强烈，但环境保护投入不足，贫困型环境问题和早期的生产型环境问题。

环保问题趋向：快速城镇化下城市规模的扩大和强烈的经济发展要求对城市环境保护形成较大压力。

（五）不同类型城市环境保护目标

1. 大而强城市环境保护目标

大而强城市不同阶段环境保护发展总目标为：

2020 年，产业结构清洁化、高附加值化特征明显；环保技术创新水平提高，实现从末端治理向全程监控的转变；循环经济体系初步构建，生产型环境问题得到有效治理；城市与周边地区生态环境基本协调，城市生态系统稳定性显著提高。

2030 年，基本普及清洁化生产，高附加值产业成为城市的主要支柱产业；循环经济体系基本成熟；绿色消费意识普及，消费型环境问题得到有效治理；城乡环境保护统筹协调，城市与周边地区环境保护合作体系成熟完善；生态建设适当优先于经济发展，城市生态系统稳中有升。

2050 年，循环经济体系成熟完善，经济发展与环境保护有效协调；具备较强的应对和解决新环境问题的能力；城乡环境保护高度均衡，城市与周边地区生态环境保护高度协调，互利互惠；生态建设先行，城市生态系统高度稳定，大部分城市实现生态城市建设目标。

（1）大而强城市宜居环境建设

① 产业结构不断优化，循环经济逐步推进。

2020 年，大而强城市全部达到中等发达的经济水平，产业结构清洁化、高附加值化特征明显，基础设施建设基本符合城市发展要求；环保技术创新提高，循环经济体系初步构建。

2030 年，经济增长平稳，基本普及清洁化生产，高附加值产业成为城市的主要支柱产业，基础设施建设与城市发展同步；循环经济体系基本成熟，绿色消费流行。

2050 年，经济保持健康发展，基础设施建设适度超前于城市发展需求；循环体系成熟完善。

② 社会贫富差距缩小，环保教育逐步普及。

2020 年，居民生活水平超过小康社会标准，贫富差距扩大情况得到控制，环保教育得以在学校和社会中基本普及。弱势群体生活得到有效保障。

2030 年，社会贫富差距进一步缩小，环保教育得以普及。

2050 年，共同富裕现象初现，环保意识深入人心。

（2）大而强城市污染控制与环境保护

① 结构调整和技术进步双管齐下，全面实现节能减排任务。

依靠已有的经济实力和技术基础，结合城市总体发展目标，围绕可持续发展战略，积极调整产业结构并鼓励技术创新和技术改造，在培养核心竞争力的同时，超额完成“十一五”规划所要求的节能减排任务。尤其是大而强城市中的工业城市，在依托国家和地方倾斜政策的基础上应积极遏制污染恶化趋势。

② 环境与经济逐步协调，具备可持续发展的良好环境基础。

2020 年，大而强城市大气环境质量明显好转，总体水平达到良好。脱硫装置和除尘装置得到普及，清洁能源成为能源结构中的主体，废气排放量增长速度得到控制。80%以上的城市空气环境质量达到和好于二级的天数占全年的比例达到 80%，所有燃煤电厂二氧化硫均达标排放，机动车尾气污染得到有效治理。

水环境质量好转显著，废水总量排放增长率得以放缓。污水处理设施规模、布局基本合理，85%的城市集中饮用水水源地水质达标，沿海城市近海海域海水质量良好。

率先建立较为完善的垃圾收集处理系统，固体废弃物资源化达到一定水平，垃圾围城问题得以遏制。城市生活垃圾无害化处理率达到 75%，工业固体废弃物综合利用率达到 75%左右，危险废弃物得到妥善处理。

声环境质量改善明显，区域环境噪声平均值达到较好标准的城市比重超过 85%。

2030 年，绝大部分大而强城市大气环境质量良好，部分城市达到优级水平。废气排放总量争取有所减少，清洁能源的比重进一步提高。90%的城市空气环境质量达到和好于二级的天数占全年的比例达到 80%以上，部分城市空气环境质量达到一级的天数超过 180 天，机动车尾气排放基本达标。

城市水环境全面好转，废水总量排放进一步得到控制。污水处理设施规模、布局合理，超过 98%的城市集中饮用水水源地水质达标，消灭五类水，沿海城市近海海域海水质量显著提升。

垃圾收集处理系统进一步完善，固体废弃物资源化达到发达国家 2000 年的水平，垃圾围城问题有所改善。固体废弃物产生量有所减少。85%的城市生活垃圾实施无害化处理，80%以上的工业固体废弃物得到综合利用。

声环境质量显著改善，总体实现按功能区达标。区域噪声平均值达到较好水平的城市比重达到 95%，其中有较大比例的重点城市声环境达到好的标准。

2050 年，所有大而强城市大气环境质量达到良好标准，有较大比例城市达到优质标准。废气排放总量特别是二氧化碳等温室气体排放总量明显减少，清洁能源使用率达到发达国家的平均水平。

水环境质量持续改善，废水总量排放得以减少。污水处理设施规模、布局进一步合理，城市集中饮用水水源地全面达标，四类水比重减少，近岸海域生态系统功能完善。

垃圾收集处理系统优化提高，资源化水平达到国际先进水平，基本解决垃圾围城问题。

所有大而强城市声环境按功能区达标。

③ 环境保护优势产业逐步培育，项目环境评价规范严格。

大而强城市较发达的经济水平使得其环境保护投资指数与发达国家相差不多，但环境保护产业化发展程度有待提高。

2020 年，城市环保投资指数超过目前发达国家的平均水平，环境保护产业具备良好的投资环境，产业化发展状况良好。环保投资实现从末端治理向全过程监控的转变，环保基础设施基本完善。项目环境评价执行规范度明显提高。

2030 年，环保投资指数进一步提高，环保投入机制完善，投入主体多元化。环保产业结构完善并形成相当规模。

2050 年，环保产业发展成熟，并成为大而强城市的优势产业。环境保护投入基本满足城市可持续发展的需要，具备一定的解决新环境问题的能力。

（3）大而强城市生态建设

2020 年，大而强城市生态系统稳定性得到较大程度恢复，生态建设效果初显。建成区绿地率达到 40%左右，城市受保护地区面积达到 14%左右。

2030 年，生态建设适当优先于经济发展，城市生态系统稳定性稳中有升。建成区绿化覆盖率和城市受保护地区面积有所提高，物种多样性恢复明显。

2050 年，生态建设先行，城市生态系统高度稳定。建成区绿化覆盖率、人均公共绿地面积和受保护地区所占比例保持稳定。

2．大而弱城市环境保护目标

阜阳、贵港等城市的经济发展相对于人口来说规模偏小，人均经济总量远远低于全国大城市的平均水平。该类城市的环境保护目标为：

2020 年，大而弱城市以环境换发展的情况得以改变，环保基础设施基本满足城市发展需求；贫困型环境问题和生产型环境问题并重共治；环境保护纳入城乡一体化规划；城市生态系统稳定性提高。

2030 年，实现由大而弱城市向大而强城市的转变，该阶段及 2050 年环保发展目标同大而强城市。

（1）大而弱城市宜居环境建设

① 努力谋求经济增长，保障基础设施建设。

较强的经济基础是环境保护的重要基础，大而弱城市应积极谋求经济的快速发展，在找准自身比较优势的基础上围绕又好又快的经济发展目标，适时、有序地调整产业结构。

2020 年，经济发展趋势好转，产业体系基本完善，基础设施建设滞后问题明显缓解，环保基础设施基本满足城市发展需求。

② 教育投入明显提高，环保意识显著提升。

人力资本的欠缺是大而弱城市发展中的重要瓶颈，也是收入水平和环保意识不高的客观原因。应切实加强包括环保教育在内的教育水平。

2020 年，12 年制义务教育基本普及，高等教育入学率显著提高，环保教育在学校内得以普及，居民生活达到小康水平。

（2）大而弱城市污染控制与环境保护

① 经济增长质量提升，“三高”产业盲目引进和重复建设问题明显改善。

加强技术改造，逐步淘汰落后生产设备，提高经济增长质量并保证完成“十一五”规划所要求的节能减排指标。改变牺牲生态环境盲目追求经济增长的老路，限制高污染、高能耗产业引进和重复建设，在发展中坚持环境优先的理念。

② 环境质量逐步改善，避免经济发展中的环境污染加剧。

2020 年，大而弱城市大气环境质量明显好转。脱硫装置和除尘装置基本得到推广，清洁能源使用比重超过五成，废气排放总量增速放缓。75%的城市空气环境质量达到和好于二级的天数占全年天数的比例达到 80%以上，逐步淘汰不达标机动车辆。

污水处理设施建设滞后问题在较大程度上得到解决，水环境质量初步好转。消除生活污水处理率为零的城市，集中饮用水水源地水质达标率达到 75%。

固体废弃物处理能力明显提高，废弃物中较易回收资源得到有效利用，固体废弃物产生量增速减缓。普遍建有垃圾无害化处理设施，生活垃圾无害化处理率达到 60%，工业固体废弃物利用率超过 65%，危险废弃物处置利用率达到 95%以上。

噪声源控制和管理成效明显，大部分城市声环境质量良好。区域噪声平均值达到较好标准的城市所占比例达到 75%。

③ 环境保护基础设施趋于完善，环境日常监管力度加强。

大而弱城市的环保基础设施滞后环保需求较多，应在逐步改善环境管理的同时重视环境保护投资的提高。

2020 年，环境保护投资能保证环保基础设施的顺利建设，其设计、建设、运行得到有效监督。项目建设环境评价规范严格。

（3）大而弱城市生态建设

2020 年，大而弱城市生态系统物种多样性恢复良好，生态稳定性明显提高。建成区绿地率达到 35%以上，城市受保护地区面积达到 12%。

3. 小而强城市环境保护目标

小而强的城市如江阴、威海、绍兴、昆山等，经济发展水平较高、基础设施建设相对完善，城市环境总体上好于大而强城市。小而强城市不同阶段环境保护发展总目标为：

2020 年，实现高水平清洁化生产，循环经济体系健全；环保技术创新与引进并重，产业化水平提高；生产型环境问题基本解决，消费型环境问题得到有效解决；生态建设优先于经济发展，初步建成宜居型城市。

2030 年，清洁生产全面普及，循环经济体系完善成熟，环境保护与产业结构优化调整互促互进；有效带动乡村环境保护，城市与周边地区环境保护协同共进；城市宜居水平显著提高，生态系统高度稳定；生态环境建设成为经济发展规划的依据，基本实现生态城市建设目标。

2050 年，生态环境与产业经济高度协调，成为城市发展的双重驱动力；达到世界先进水平的宜居型中小城市目标。

（1）经济平稳增长，城市宜居水平不断提高

小而强城市较强的经济发展水平和较少的城市人口使其一定程度上比大而强城市具有更好地建设宜居城市的条件。除了工业化程度高的城市外，一般都具有建设宜居城市的能力和潜力。除率先达到中等发达的经济水平外，小而强城市应努力建设宜居城市。

2020 年，大部分小而强城市经济发展超过中等发达水平，产业结构合理，实现高水平清洁化生产，基础设施较为完善；循环经济体系健全，环保技术产业化水平高；贫富差距扩大化趋缓，环保教育得到普及。

2030 年，所有小而强城市经济发展超过中等发达水平，某些城市达到发达水平，清洁生产全面普及，基础设施完善；循环经济体系完善成熟；居民生活舒适，贫富差距缩小，环保意识牢固树立。

2050 年，相当比例的城市经济发展达到发达水平，产业结构符合可持续发展要求，基础设施发展适度超前；居民福利水平高，生态观念深入人心。

（2）小而强城市污染控制与环境保护

① 拓宽技术引进渠道，培育本地创新能力，发挥技术进步在节能减排中的作用。

与大而强城市相比，小而强城市在技术创新能力方面相对不足，而节能减排、环境保护中技术进步的作用应是第一位的。在优化调整产业结构的同时，应针对本地的技术需求拓宽技术引进渠道，加强与技术源地的合作交流，培育本地的创新能力，构建本地技术创新网络体系，为企业核心竞争力提供技术支撑，保证超额完成国家规定的节能减排任务。

② 环境先行逐步深入，争取环境与经济高度协调。

“十一五”末，全面监测主要污染物，并逐步扩大监测污染物种类。

2020 年，大部分小而强城市大气环境良好，部分城市达到优级水平。脱硫装置和除尘装置全面普及，机动车尾气处理装置基本普及，广泛使用清洁能源。85%以上的城市空气环境质量达到和好于二级的天数占全年天数的比例达到 80%，部分城市达到一级水平的天数比例超过 180 天。

水环境质量明显好转，废水排放总量增长得到有效控制。污水处理设施规模、布局较为合理，城市集中饮用水水源地水质基本全面达标，基本消除五类水，近海海域水质良好。

垃圾收集处理系统健全，固体废弃物资源化水平达到国内先进水平，垃圾围城问题明显

改善。城市生活垃圾处理率和工业固体废弃物综合利用率均达到 80%，全面处理危险废弃物。

声环境质量总体良好，居民拥有较为安静的生活和工作环境。90%的城市区域噪声平均值达到较好标准。

2030 年，绝大部分小而强城市大气环境质量良好，相当比例城市达到优级水平。废气排放总量开始减少，清洁能源成为绝对主体。95%以上的城市空气环境质量达到和好于二级的天数占全年天数的比例达到 80%，相当比例的城市空气质量达到一级水平的天数超过 180 天。

城市水环境全面好转，废水排放总量有所下降。污水处理设施建设能较好地满足城市发展需要。所有城市集中饮用水水源地水质全面达标，近岸海域生态系统完善。

固体废弃物处理水平显著提高，资源化水平达到发达国家的平均水平，垃圾围城问题得以初步解决。生活垃圾无害化处理率达到 90%，工业固体废弃物综合利用率达到 90%。

城市居民拥有幽静的生活环境，城市声环境基本实现按功能区达标。

2050 年，小而强城市基本拥有清洁的大气环境。普及清洁能源，大部分城市达到一级空气质量水平。

水环境质量稳定改善，废水排放总量明显下降。城市生活污水集中处理率达到 90%以上，近岸海域生态系统功能完善。

固体废弃物回收处理系统高度完善，资源回收水平达到国际先进水平，基本消除垃圾围城现象。

所有城市声环境按功能区达标，较大比例城市声环境达到好的标准。

③ 环保投资稳定在高水平，实现环境、经济、社会综合效益。

2020 年，合理完善城市环保基础设施，环保投资重点逐步转向高新技术开发、应用和全过程环境管理与监控。环保产业发展程度较高，投入机制基本完善。

2030 年，环保投资水平与发达国家保持一致，环保产业有力推进本地环境与经济的协调发展，循环经济建设成就明显。

2050 年，环保投资符合城市循环经济发展要求，环保产业的环境与经济效益明显，环保产业成为城市经济的有力增长点。

（3）小而强城市生态建设

2020 年，小而强城市的生态建设开始优先于经济发展，生态系统较为稳定。建成区绿地率达到 45%左右，城市受保护地区面积达到 15%，多样性物种指数和综合物种指数显著提高。

2030 年，生态建设成为经济发展规划的制定依据，城市生态系统高度稳定。

2050 年，城市生态系统实现可持续发展。

4．小而弱城市环境保护目标

像定西等小而弱的城市，人均国内生产总值不足 5 000 元，人民生活水平低下。该类城市的环境保护总目标是：

2020 年，以全面清洁生态目标为导向，积极承接和发展符合环境保护要求的产业与投资；基础设施滞后问题有效缓解；基本解决贫困型环境问题，预防治理生产型问题；有效防治城市无序扩张，城乡环保投入差距缩小；生态系统稳定性较高。

2030 年，实现从小而弱城市向小而强城市的转变，该阶段及 2050 年环保发展目标同小而强城市。

（1）小而弱城市宜居环境建设

① 努力发展经济，提高基础设施水平。

在保持生态环境质量的同时努力发展经济是小而弱城市的第一要务。

2020 年，以清洁化目标为导向，积极承接和发展符合环境保护要求的产业与投资，具备稳定的经济增长点，第三产业产值比重明显提高；基础设施建设较好填补以前欠账，环保基础设施滞后问题有效缓解。

② 居民素质教育得以加强，生活水平提高明显。

2020 年，12 年制义务教育基本普及，高素质人才本地培育率明显提高，环保教育基本普及，生活水平达到小康水平。

（2）小而弱城市污染控制和环境保护

① 合理产业引进与建设，避免重蹈“先污染后治理”覆辙。

对于小而弱城市，经济增长和环境保护两者不可偏废，不应以经济增长是环境保护的重要基础或其他借口为由盲目引进和建设高污染、高能耗产业。严格执行国家有关的产业政策和环境保护政策，努力完成国家的节能减排任务，力求避免在发展道路上重蹈“先污染后治理”的覆辙。

② 环境与经济两腿迈进，不牺牲环境发展经济。

2020 年，小而弱城市大气环境质量有所好转。脱硫装置和除尘装置得到广泛使用，清洁能源使用占据半壁江山。80%左右的城市的空气质量达到和超过二级，机动车尾气超标排放得到有效治理。

消除生活污水处理率为零的现象，水环境质量初步好转。集中饮用水水源地水质达标率超过 75%。

固体废弃物处理能力普遍提高，所有城市生活垃圾处理率为零。生活垃圾无害化处理率和工业固体废弃物处理利用率均超过 65%，绝大部分危险废弃物得到合理处置。

噪声源治理成效明显，声环境质量显著改善。四分之三的城市区域噪声平均值达到较好水平。

③ 环保基础设施投入水平不断提高，环境管理水平逐步提升。

与大而弱城市相似，小而弱城市环保投入能力有限，环保基础设施建设不足。

2020 年，环保投资能满足相应的环保基础设施建设需求，历史欠账得以逐步还清。环境管理水平明显提高，项目环评得以严格、规范执行。

（3）小而弱城市生态建设

2020 年，物种多样性指数保持并提高，生态系统稳定性不降低。建成区绿地率达到 38%，城市受保护地区面积达到 13%以上。

5. 城市群环境保护目标

城市群地区经济相对发达，拥有较高的城镇化水平和工业化水平，环境保护能力强、综合治理开展相对较早。但密集的经济活动也造成资源短缺、污染加剧、与周边区域环境矛盾突出等问题。由于缺乏有效的沟通、协作机制，城市间环境保护协调互动不足，效率偏低。

着力应对城市群内城市向工业化后期和后工业阶段演进过程中可能出现的环境问题，注重解决城市之间、城市与周边区域间环境保护的协调互动。

依据现有的发展水平和环境保护力度，沿海城市群与中西部城市群存在较大的差距，这要求城市群环境保护发展目标设置上也应体现“近中期合理拉开差距、中远期逐步趋于一致”的客观要求。

（1）沿海三大城市群环境保护目标

我国东部沿海地区长三角、珠三角和京津冀三大城市群是我国沿海经济最发达的区域，但是随着经济规模和人口的不断增长，土地、水、能源等资源短缺，环境污染日趋严重，尤其是城市群与周边区域生态环境和海洋生态环境之间的矛盾不断加剧，未来我国东部地区城市群的发展必须协调上述矛盾，确立以下目标。

2020 年，环境污染实现源头治理；城市间环境污染监测网络完善，环保政策与基础设施协调优化；基本构建大循环经济体系；实现城市群与周边区域生态环境的统筹协调，在条件优越的城市率先实现生态城市建设目标。

2030 年，城市间环境保护统筹协调，城市群社会经济发展与环境保护形成良性循环；城市群整体基本实现生态城市建设目标，并带动周边地区基本实现可持续发展。

2050 年，城市群内部及周边地区环境保护高度协调，整体环境实现良性循环，实现城市群经济发展与环境良性循环的可持续。

（2）中西部城市群环境保护目标

我国中西部武汉城市群、长株潭城市群、成渝城市群等是中西部经济最发达区域。作为区域经济发展极，经济规模和人口不断扩张，环境污染日趋严重，尤其是城市群与长江、黄河等江河生态环境之间的矛盾不断加剧，中西部城市群的环境污染不仅对中西部自身尤其对西部地区脆弱敏感的生态环境是一大威胁，而且会严重影响东部和下游地区的生态环境。

中西部城市群各阶段环境保护总目标为：

2020 年，各城市环保基础设施完善，城市群污染排放全面达标；条件较好的城市形成资源节约型、环境友好型的循环经济体系；城市群与周边区域环境矛盾基本解决，部分城市实现生态城市建设目标。

2030 年，城市群及周边区域生态环境基本恢复；城市群环境保护协调机制完善；多数城市形成循环经济体系，相当比例达到生态城市水平。

2050 年，缩小与沿海城市群的发展差距，环境保护目标提高至与沿海城市群一样的目标。

（六）合理确定国内城镇化集中发展的区域

长三角、珠三角、京津冀都市圈是我国国际化的重要载体和带动全国经济发展的核心区域。在快速城镇化中，大城市、特大城市地区所表现出来的强大活力使我国许多地方政府热衷于发展本地的“国际大都市”。但由于受自然条件、资源环境承载力、人口分布、现有大城市布局等因素的制约，我国相当一部分地区并不适合发展为“国际大都市”。

1. 自然条件恶劣地区

包括地质灾害（滑坡、崩塌；泥石流；冻融、地面沉降）频发区、土壤侵蚀严重区（剧烈风力侵蚀、极强度风力侵蚀、强度冻融侵蚀）和地形条件不利区（坡度大于 15°地区）。主要分布于西藏、新疆、青海、甘肃、四川、重庆、内蒙古等省区市境内以及中、东部省市部分地区。

2. 重要生态功能区

包括生物多样性保护区、水源涵养区、水土保持区、防风固沙区、洪水调蓄区等区域，如三江源生态保护区、三江平原湿地生物多样性保护重要区、长江源水源涵养重要区、黄土高原丘陵沟壑土壤保持重要区、三峡库区土壤保持重要区、黑河中上游防风固沙重要区、松嫩平原湿地洪水调蓄重要区等。这些地区主要为维护流域、区域生态安全和生态平衡，促进社会经济持续健康发展发挥主导作用的生态功能。布局建设用地需求大、经济活动频繁的大城市和特大城市容易侵占生态功能用地，影响全国环境保护战略的整体部署与实施。

3. 生态环境敏感地区

包括主要分布于西南地区的冻融侵蚀及敏感区，主要分布于西北、内蒙古等地区的盐渍、沙漠敏感区，主要分布于黄土高原的水土流失极敏感区等。在这些区域布局人类活动强度大且高度密集的大城市或特大城市极其容易打破当地的生态平衡，难以实现城市和环境的协调。

4. 水资源严重短缺地区

水资源是 21 世纪影响人类发展的战略资源之一，也是城市建设与发展不可或缺的必要因素。大城市或特大城市庞大的人口、产业需要充足的水资源来维持生存和运转，水资源严重短缺的西北部干旱区一般不宜布局大城市或特大城市。强行布局将加剧当地的水资源短缺程度，导致地下水过度开采进而形成地下漏斗、地面下沉等一系列环境问题，影响城市居民生活质量。

5. 人口密度不高、缺乏优势产业支撑的地区

一定人口的聚集和优势产业的布局是大城市、特大城市发展的必要条件。人口密度过低不利于形成一定规模的需求，缺乏优势产业支撑难以为城市提供持续发展的动力。因此，大城市和特大城市不宜布局在人口密度不高、缺乏优势产业发展潜力的地区。

6. 大城市、特大城市的邻近地区

城市不仅需要一定的腹地用于支持其经济的发展，也需要一定的空间保障其生态环境容量和承载力，且这种空间一般与城市的规模呈正向关系。在已有大城市、特大城市的邻近地区布局大城市和特大城市不仅会形成激烈的竞争，也会加剧城市发展中的生态环境问题。

五、中国城市环境保护发展战略与对策

（一）指导思想

（1）以区域环境承载力为硬约束，协调城市人口—资源—环境的可持续发展。
（2）坚持生产消费要绿色、空间布局要有序、设施建设要同步、管理体系要综合的战略。
（3）体现分类指导、规划先行、责任到位和公众参与的理念和执行框架。
（4）重视解决和预防城乡结合部的环境问题。

（二）五大战略任务

1. 推行可持续发展模式，促进资源能源节约

考虑城市所属区域资源环境特性，并基于主体功能区划的要求，明确城市发展定位，从而合理控制城市规模。一是要避免单个城市规模过大导致的环境问题，二是要避免城市布局过分集中形成城市连绵带导致的格局性环境问题。

改善城市机体运行的能流和物流，重点从工农业生产和日常消费，尤其是从建筑开发和交通运输领域，重新审视小汽车和住房消费政策，不能简单地模仿发达国家的城市发展模式。减少不合理能源资源消耗，在城市规模已定的条件下，尽可能减轻城市对所在区域的环境压力。

2. 优化城市规划体系，并突出环境导向和责任到位

改善城市内部空间格局，避免工业区、商业区和生活区混杂布局，对于典型的高污染行业，原则上严禁在城市市区布局建设。大力推进工业进园区，逐步实现新建项目的全部圈区管理，并先行建设污染治理基础设施。

将乡村纳入规划，用城市资金、技术和人才等优势，统筹城乡的污染防治，改善城市周边地区尤其是城乡结合部的环境质量。同时也要避免城市恶性扩张以及不合理的土地利用给城市与周边地区带来污染。

明确各级城市人民政府是环保第一责任主体，并建立包括污染减排、环境质量改善，绿色 GDP 指标在内的环境导向官员政绩考核体系。将环境保护指标作为约束性指标，并且在环境质量严重恶化的城市严格实行环境保护“一票否决”和末位淘汰制度。

在规划“谋断行督”（编制—决策—执行—监管）全过程环节上，切实落实规划的法律地位。

3. 与城市发展相适应，大力提高环境基础设施处理能力和运营水平

各级城市政府应发挥主导作用，将环境基础设施列为最优先的公共财政投入领域，采取多元化的投资渠道，加快包括生活污水集中处理、生活垃圾无害化处理和危险废物医疗废物处理处置设施在内的环境保护基础设施建设。

提高基础设施运营水平与提高处理能力并重，推进合理收费，提倡多种运营方式，加强运营监管，确保基础设施持续稳定发挥环境效益。

对于条件不便的中小城镇，可以考虑合理利用城市环境基础设施（如生活垃圾村收集—镇转移—县市处理模式），共同推进城乡污水和垃圾处理水平的提高。

4. 提升环境管理能力，强化分类指导

强化城市环境管理的分类指导，出台针对不同类型城市环境管理的分类指导意见。

给西部城市留出发展的环境空间，提高东部发达地区城市的环境保护要求、逐步实施环境优先的发展战略。

大城市突出解决机动车污染、环境基础设施建设、城市生态功能恢复等问题，强调城市合理规划和布局，且要利用城市交通系统带动郊区和城市农村的环境保护工作。中小城镇要

加大工业和农业的污染控制，加快城市基础设施建设，促进城乡协调发展。

对资源型城市，要实现两个根本性转变，更新产业结构，发展多元化经济，实施生态重建，改变处于危机状态的生态环境。

5. 打造城市自然生态系统，发挥自然调节修复机制

倾力打造“蓝色”城市，构筑城市生态框架，保护好城市水源地、城市生态廊道等城市生态系统敏感点。加强城市河湖水系治理，增加生态环境用水，维持自然生态功能；建设公园绿地、环城绿化带、社区居住区绿地、企业绿地和风景林地，围绕城市交通干线和城市水系等建设绿色走廊。

倾力打造“绿色”城市，增强城市中自然生态系统的抗干扰和自我修复能力。实施城市生物多样性策略，利用生态系统调节机制，增加自然生态系统的承载能力和环境容量。通过建设“绿色”城市结构，疏通城市自然系统的物流、能流、信息流，改善城市生态要素间的功能耦合网络关系，扩大生物多样性的保存能力和环境承载容量，藉此提高以光合作用为核心的自然生产力和对城市废弃物的降解。

（三）七项战略措施

1. 严格控制城市规模不合理扩张和城市布局不合理

东部要积极构建城市群、城市带，充分发挥中心城市的作用，形成大中小城市功能有机组合、联系紧密的网络型城市体系；中部要发挥大城市和中等城市的综合带动作用，以产业带动城镇化的健康发展；西部要更大程度地发挥大城市的核心带动作用，发挥城市的综合效益，促进中等城市的发展。

小城镇要有重点地发展，首先发展县城和一部分有发展条件的建制镇，使其融入区域城镇体系，发挥其对广大农村地区的带动作用和对中心城市的支撑作用，纠正片面强调拉大城镇框架、增加城镇人口数量的误区，严格限制“城不城、乡不乡”的“沿路开发”模式，而代之以“组团式”的沿交通轴线开发。

2. 构建绿色生产消费体系

加快用高新技术改造传统产业，推广和使用各种新技术、新工艺、新设备，制定奖惩制度，引导企业推行清洁生产甚至零排放工艺，构建静脉工业体系，提高资源能源利用效率，并改善郊区农业种植模式，提高农业资源利用率。积极推进污水、垃圾减量化、资源化、产业化。配套中水回用管网，开发中水消费市场。构建垃圾分类收集与分类处理回收的配套系统。

引导绿色消费模式，促进循环型城市建设。宣传绿色消费理念，推行环境标志和绿色产品认证，促进绿色产品生产。以政府投入为引导，采用减（免）税、消费者直接补贴等激励手段，推进节能减排型产品的生产和消费。采用综合财税手段，大力推进绿色能源、绿色工艺、绿色产品、绿色交通、绿色建筑的使用和推广。政府应首先在政府建筑和公务活动中率先使用。加强政府决策者的环保意识。加大绿色产品政府采购力度，提出政府绿色采购、节能建筑、节水减排等比例要求和奖惩政策。

3. 规划先行和严格实施规划并重

改变一任领导一轮规划、书记市长是城市总规划师的短期多变现象。建议城市基础性环境规划和城市规划由人大审批，向社会发布，保持其稳定和严肃性。

严格执行《规划环评条例》，将包括城乡规划在内的各类相关规划强制纳入战略环境影响评价范畴，从法律层面上明确规划环评的地位。

开展试点，并逐步推行城市中长期环境规划编制和立法工作，研究资源环境承载力大小、布局，决定城市发展方向、规模、总量、布局、敏感点，作为经济社会发展等的基础性、先导性、长期性约束条件。

4. 保证环保资金充足到位

改革和调整财税体制和政策，建立中央与地方财权与事权相对称的财税体制。国家通过完善转移支付制度，减少财政管理层次，提高行政效率和资金使用效益，优先满足环境保护规划的重点任务与工程措施投资资金需求，重点解决低级别城市资金缺口。

明确政府资金投入主体责任，政府首先应保证每年环境保护资金投入不低于一定底线，在此基础上，多渠道筹措短缺资金。试点利用发行市政环境债券，完善各种环境保护补贴制度，如补助金、长期低息贷款、减免税等，以及环境保护押金制度；探索建立适合公共设施建设的融资模式，合理发挥公共资金的作用，用有限的公共资本金吸引社会资金、商业性资金参与城市的发展建设。

5. 强化“示范”与“警示”制度，促进部门联动和区域联动

按照“抓两头，带中间”的中国城市环境管理思路，强化城市环境综合整治，继续推进“城考”和“创模”工作，树立建设资源节约型和环境友好型城市典范，同时加大对环境管理落后城市的曝光力度，落实地方政府环境目标责任制和责任追究制度。

开展风险源监管及污染事故应急技术研究，提高技术支撑能力；建立城市群环境信息共享渠道，建立健全城市群之间环境保护合作协调机制，包括跨界信息通报、联合监测、预警联动等机制；建立环境风险源动态管理与监控系统，并协同基础设施，共同防范及应对重大

污染事故。建设区域间的联合预警预报体系，以有毒有机污染物和重大环境风险事故为主要管理对象，对重大区域性污染源信息实施联合通报；开展城市环境风险区划试点，加强环境监管，全力避免污染事故、环境安全事故发生。

6．确立城市环境信息公开制度，促进公众参与和部门协调

充分依托城市信息交流和共享平台，建立健全环境信息发布制度、环境污染举报制度等。通过公众参与机制，建立政府与媒体之间的良性互动；拓宽公众参与环境保护的渠道，保障公众的环境知情权、监督权，通过公众反馈提高环保决策的准确性和执行的有效性，扩大民主的程度，让越来越多的城市居民参与建设城市，监督城市管理。

7．加强环境问题前瞻性研究，重视人体健康

加强城市噪声、光污染、恶臭、臭氧等综合防治，控制现有的并预防新型的城市环境问题。

加强环境与健康相互关系的研究，启动健康城市的基础性研究，逐步防治因环境污染因素导致的城市病，将污染防治目标从保护环境逐步转移到保护人体健康。鼓励各地结合各自实际开展新型城市环境问题的研究、监测、预防、综合防治工作。

参考文献

[1] 中国共产党第十七次全国代表大会报告. 北京：人民出版社，2007.

[2] 中华人民共和国国民经济和社会发展第十一个五年规划纲要. 北京：人民出版社，2006.

[3] 中共中央关于构建社会主义和谐社会若干重大问题的决定. 北京：人民出版社，2006.

[4] 《中共中央关于制定国民经济和社会发展第十一个五年规划的建议》辅导读本. 北京：人民出版社，2005.

[5] 国家环境保护部. 国家环境保护“十一五”规划. 北京：中国环境科学出版社，2008.

[6] 国务院关于落实科学发展观加强环境保护的决定. 北京：中国法制出版社，2005.

[7] 邹首民，王金南，洪亚雄. 国家“十一五”环境保护规划研究报告. 北京：中国环境科学出版社，2006.

[8] 中国环境保护部. “十一五”国家环保模范城市考核指标及其实施细则（修订）. 2007，http：//www. zhb. gov. cn/info/bgw/bbgtwj/200809/t20080925_129380. htm.

[9] 中国科学院. 2006 中国可持续发展战略报告. 北京：中国经济出版社，2006.

[10] 国家环境保护局. 生态县、生态市、生态省建设指标（修订稿）. 2007，http：//www. zhb. gov. cn/info/gw/huanfa/200801/t20080114_116248. htm.

[11] 国家环境保护局. 中华人民共和国国家标准：国家环境空气质量标准 GB 3095—1996. 北京：中国环境科学出版社，1996.

[12] 国家环保局. 中华人民共和国国家标准：地表水环境质量标准 GB 3838—2002. 北京：中国环境科学出版社，2003.
[13] 国家技术监督局. 中华人民共和国国家标准：地下水质量标准 GB/T 14848—93. 北京：中国环境科学出版社，1994.
[14] 国家环境保护局. 中华人民共和国国家标准：海水水质标准 GB 3097—1997. 北京：中国环境科学出版社，2004.
[15] 国家环境保护局. 中华人民共和国国家标准：污水综合排放标准 GB 8978—1996. 北京：中国环境科学出版社，1996.
[16] 国家环境保护部. 中华人民共和国国家标准：城市区域噪声标准 GB 3096—2008. 北京：中国环境科学出版社，2008.
[17] 中国环境规划院，等. 珠江三角洲环境保护规划纲要 2004—2020 年. 北京：中国环境科学出版社，2005.

第三章
新时期中国农村环境保护战略研究

专题承担单位：

中国农业大学
环境保护部环境规划院
北京大学
农业部农村经济政策研究中心
中国社会科学院农村发展研究所
环境保护部南京环境科学研究所
北京市农林科学研究院
农业部畜牧环境监测中心
中农产化（北京）工程规划设计研究所
江苏工学院
北京中安质环技术评价中心

责任专家：

万本太

首席专家：

吴文良　蔡道基

专题研究人员：

高奎江　张　征　王明新　李　季　郭岩彬　张惠远　王夏晖　栾胜基
黄　艺　李文龙　宋洪远　徐　雪　王　欧　李　周　孙若梅　李　远

陈和东　石利利　孔德洋　刘宝存　赵同科　李新荣　刘成国　刘　莉

评审专家：

陈吉宁　李仁涵　朱广庆　张象枢　梅旭荣　陈　阜

联络员：

董　丹

第三章 新时期中国农村环境保护战略研究

我国是农业大国，农村地域广阔、人口众多，农村环境保护事关广大农民的切身利益，事关全国人民的福祉，事关国家的可持续发展。加强农村环境保护是建设生态文明的必然要求，改变农村环保落后状况是统筹城乡发展的重要任务，解决危害农民健康的环境问题是改善和保障民生的迫切需要。

农村环境保护战略是国家整体经济社会发展和国家生态安全战略布局中重要的基础性和支撑性战略，是国家环境保护总体战略中的核心战略之一，是国家新农村建设不可缺失的重要组成部分。该战略关系到国家未来环境的整体走势，关系到广大人民群众的切身利益，关系到我国生态文明的建设进程，担负着保护农民群众身体健康、保障城乡居民食品安全、促进农业农村可持续发展和构建和谐社会的重大历史任务。中国农村环境保护战略的制定将为今后农村环境保护工作指明方向。

一、中国农村环境保护形势

（一）中国农村环境保护现状

1. 农村环境污染严重

当前我国农村点源污染与面源污染共存，生活污染和工业污染叠加，各种新旧污染相互交织，工业及城市污染向农村转移，危害群众健康，制约经济发展，影响社会稳定，已成为我国农村经济社会可持续发展的制约因素。

化肥污染。近 20 年来，我国化肥施用量平均每年以 157 万 t 的速度递增，化肥施用总量由 1984 年的 1 482 万 t 增加到 2005 年的 4 766 万 t，居世界第一位。每公顷耕地化肥施用量达到 390kg，居世界中上水平①。从肥料使用情况看，有机肥料开发利用不够，化肥施用比例不尽合理。通过农田排放的氮磷和通过农田渗漏进入地下水的氮以及从农田排放到大气中的

① 数据主要引自 2006 年举办的“中国环境资源与农业政策国际研讨会”上农业部种植管理司公布的相关资料。

N_2O、NO_x、NH_3 等，已成为水体和大气的污染源之一。随着化肥施用量的增加对土壤产生了很多不利影响，以下方面表现突出：一是增加了土壤重金属与有毒元素；二是导致土壤硝酸盐积累；三是破坏土壤结构，促进土壤酸化；四是降低土壤微生物活动。以上结果会改变土壤性状，降低土壤肥力，影响作物产量，进而造成追施化肥的恶性循环。同时，化肥流失加剧了湖泊和海洋等水体的富营养化，造成地下水和蔬菜中硝态氮含量超标，影响土壤自净能力。

农药污染。农药的环境问题：一方面表现为农药在土壤、地下水及地表水等环境介质中的持久性残留；另一方面表现为对环境生物（包括水生生物、陆生生物和土壤生物等）产生危害影响，从而严重危害生物多样性。全国农药使用量近年保持在 25 万～26 万 t/a 左右（折纯量），各种制剂约 130 多万 t，居世界第一位。农药使用量长期居高不下的原因主要源自我国农药使用的巨大需求以及管理不到位造成的过量施用。部分地区农药污染状况调查研究表明，由于农药的大量使用，部分地区地下水已受到农药污染，虽总体地下水农药浓度较低，但农药一旦对地下水造成污染，将产生持久性危害影响，农药对地下水污染仍应引起高度重视。农药的大量使用对我国的环境生物也造成严重危害。研究表明，我国农村当地鸟类的种类和数量均较以前明显减少甚至绝迹。我国鸟类数量急剧下降，与大量使用农药有关。农药使用也对土壤生物产生严重危害影响，农村地区普遍反映广泛“使用农药，土壤中蚯蚓明显减少，一般农田里很少见到蚯蚓，而以前蚯蚓比较多，土壤也比现在疏松”。除草剂使用对后茬作物产生污染危害已成为日益严重的农业环境问题，由于土壤农药污染，残留在土壤中的农药对下茬作物危害的事故经常发生。

农膜污染。由于设施农业的普及，农膜污染也在加剧。农膜属于高分子化合物，其降解周期一般为 200～300 年，并且易破碎，不易清除。近 20 年来，我国的地膜用量和覆盖面积已居世界首位。2003 年地膜用量超过 60 万 t，在发达地区尤甚。我国目前采用地膜覆盖栽培的农田中，普遍存在着地膜残留问题，每年地膜残留量高达 45 万 t[①]。据浙江省环保局的调查，被调查区地膜平均残留量为 3.78t/km^2，造成减产损失达到产值的 1/5 左右，宁夏回族自治区受残膜污染的农田占总数的 8.2%，并以年均 23%的速度增长，平均每亩残留量为 2.3kg。从北京、黑龙江和石河子等地调查发现，30cm 深的耕作层内，每亩地膜残留量少则 5～8kg，多者 10kg。1998 年据对新疆的调查表明，被调查区农膜平均残留量为 2.52kg/亩，最高达 17.9kg/亩。

农业固体废弃物污染。农业固体废弃物主要是植物秸秆和蔬菜废物。植物秸秆等废弃物每年的产生量十分巨大，其中大部分没有得到充分利用。虽然各类作物的废弃物产生量不同，但一般认为任何干的农产品中 25%的物质是废弃物。传统基本用于肥料或燃料的蔬菜和植物秸秆，由于生产方式的变革和劳力、成本、体制等一系列原因，其利用率已大幅度降低，农民将其直接丢弃在田间地头，或放火焚烧或任其腐烂，不仅造成资源浪费，而且严重污染环

① 数据主要引自国家环境保护总局 2007 年《国家农村环境污染防治规划（2007—2020）》相关文献。

境。通过收集各省农业统计年鉴数据进行产污单元估算，2001 年中国秸秆产生量为 7.14 亿 t，主要分布在黑龙江、河北、山东、河南、江苏、安徽、湖北、湖南和四川 9 省，9 省每年的秸秆产生量均超过 3 600 万 t 以上，9 省秸秆产生总量占中国秸秆产生量的 59.5%。根据清华大学的估算，2001 年中国农田废弃物 COD、TN、TP 的流失总量分别为 245 万 t，109 万 t 和 12 万 t。秸秆产生量最大的省份都面临着严重的农田固体废弃物流失的问题。

畜禽养殖污染。全国畜禽粪便年产生量约 17.3 亿 t，是工业废物的 2.7 倍。其中各种污染成分的年产生量，氮约为 1 597 万 t；磷约为 363 万 t；COD 约为 6 400 万 t，已经接近工业废水［ρ（COD）≤100mg/L］；BOD 约为 5 400 万 t。畜禽粪便进入水体流失率高达 25%～30%，COD 排放总量及粪便中的氮、磷流失量已经超过化肥[①]。部分地区如北京、上海、山东、河南、湖南、广东、广西等地已经呈现出严重或接近严重的环境压力水平。近 15 年来，中国畜禽养殖业污染物的流失量呈持续上升趋势，但由于畜禽养殖结构的变化，与总氮和 COD 的增长率相比，总磷流失量的增加幅度相对要小。进一步分析表明，近年来畜禽养殖业污染物流失量的 COD、TN、TP 比值基本维持在 19∶10∶1 的水平，与污染物生物处理过程所需要的 100∶5∶1 比例相比，有机物和总氮应是畜禽养殖业的重点控制污染物。

水产养殖污染。随着水产养殖业不断发展壮大，养殖密度及养殖产量不断提高，一些问题也随之出现。首先，在我国养殖业大多为静水塘养环境下，高密度养殖造成大量的水产动物排泄物、残余饵料、消毒药剂等有机物沉淀水底，有机物被分解释放大量有害物质，使养殖水质环境恶化；其次，养殖密度增加，水体环境恶化，养殖病害也日益加剧，许多病害已经严重威胁养殖效益；最后，面对加剧的养殖病害，消毒剂、杀菌剂和化学药物的大量使用又带来了病菌的抗药性及药物残留等问题，最终威胁到人类健康。因此，如何有效控制水产养殖污染的产生是防治水体污染的一个关键性问题。

农村居民聚居点生活污染。农村生活污水和固体废弃物成为了我国农业非点源污染中一个主要污染来源。由于我国农村基础设施比较落后，普遍缺乏基本的排水和垃圾清运处理系统，受传统生活习惯等因素的影响，随着农村经济的快速发展，农村生活产生的污水和垃圾日益增多。小城镇和农村聚居点的生活污染物因为基础设施和管制的缺失一般直接排入周边环境中，造成严重的“脏、乱、差”现象。大多数村镇没有无害化垃圾填埋场，大部分垃圾未经处理，直接堆放在田头、路旁，甚至抛掷到沟渠、水塘，造成河流淤积，污染水体，影响环境卫生和农村景观。绝大部分生活污水未经处理直接渗入地下或直排沟渠、水塘，使农村聚居点周围的环境质量严重恶化。

据测算，全国农村每年产生生活垃圾约 2.8 亿 t，生活污水约 90 多亿 t，人粪尿年产生量为 2.6 亿 t，绝大多数没有处理，生活污水和垃圾随意倾倒、随地丢放、随意排放（吴晓青，2007）。根据 2000 年滇池流域非点源污染控制示范小区的调查结果，农村人均日排放生活垃

① 数据引自中国环境科学研究院《农业固体废物污染控制技术规范（2008）》编制说明。

圾已达 0.34kg（清华大学环境科学与工程系，2001）。与此同时，随着农村生活水平的逐步提高，传统的农业生产中固体废弃物的再利用方式逐步弱化，大量蔬菜、秸秆等生产废物与生活垃圾随意堆放，在暴雨的冲刷下大量的污染物随渗滤液排入水体。另外，由于中国农村和村镇有沿河沿湖岸堆放垃圾的习惯，这些垃圾在发生暴雨时会被直接冲入河道，其中以玻璃瓶、饮料罐和不可降解的薄膜塑料袋为主的无机成分的增加尤为显著，从而形成更直接、危害更大的非点源污染。

2．城市污染向农村转移态势加剧

农村工矿污染突出。乡镇企业布局分散，工艺落后，绝大部分没有污染治理设施，造成严重的环境污染。城市工业污染“上山下乡”现象加剧，全国因城市和工业固体废弃物堆存而被占用和毁损的农田面积已超过 13.33 万 hm^2（200 万亩）。受乡村自然经济的深刻影响，农村工业化实际上是一种以低技术含量的粗放经营为特征、以牺牲环境为代价的反积聚效应的工业化，村村点火、户户冒烟，造成污染治理困难。目前，我国乡镇企业废水 COD 和固体废物等主要污染物排放量已占工业污染物排放总量的 50%以上，而且乡镇企业布局不合理，污染物处理率也显著低于工业污染物平均处理率。

城市工业污染向农村转移趋势加剧，一些城郊结合部成为城市生活垃圾及工业废渣的堆放地。目前全国受污染的耕地约有 1 000 万 hm^2（1.5 亿亩），污水灌溉污染耕地 216.67 万 hm^2（3 250 万亩），固体废弃物堆存占地和毁田 13.33 万 hm^2（200 万亩），合计约占耕地总面积的 1/10 以上，其中多数集中在经济较发达的地区①。由于污水灌溉、堆置固体废弃物，农村地区承受了大量工业污染转移，农村土壤的重金属污染已经延伸到了食品污染。此外，大量掠夺式的采石开矿、挖河取沙、毁田取土、陡坡垦殖、围湖造田、毁林开荒等行为，使很多生态系统功能遭到严重损害。土壤污染程度加剧，严重影响食品安全，威胁人体健康，威胁国家生态安全。

3．农村环境保护工作基础较差

目前的环境管理体系及农技推广体系难以应对污染问题。我国的农村现代化进程有两个明显的特点：一是工业优先增长和依托工业的现代化农业快速发展，二是居民在空间分布上迅速集中。这使农村的产业结构从自然和谐型转变成自然危害型，农村原有的具有强大环境自净能力的自然循环系统被破坏，原本可以自然消纳的生活污染物因超出环境自净能力成害。而我国对农村环境的管理体系又是最薄弱的，无法应对当前农村环境污染的发展形势。

大多数基层环保机构经费紧张，监测设备陈旧落后。目前，我国最基层的环保机构是县一级环保机构，大多数乡镇没有环保机构或环保员，存在污染事故无人管、环保咨询无处问

① 数据引自周生贤在全国土壤污染状况调查及污染防治专项工作视频会议上的讲话，2006，7。

的现象。乡镇一级政府对辖区环境质量负责的法定职能很难履行，环境监测和环境监察工作尚未覆盖广大农村地区。根据 2005 年全国环境统计公报，全国县级环保局、监测站、监察机构实有人数仅为 106 339 人，实施农村环境污染监管的力量严重不足。

农村环境统计体系不健全。我国的环境管理体系是建立在城市和重要点源污染防治上的，对农村环境统计体系建设重视不够，导致目前无法获得农村污染状况的相对准确的数据，给农村环境保护各项工作的开展带来影响。

农村环保法规体系亟待完善。农村环保法规体系呈现以下特点：环境立法缺位、农村环境管理制度匮乏、环境保护职责权限分割并与污染的性质不匹配、基本没有形成环境监测和统计工作体系。在目前整个环境立法体系中，仅有的一些农村环境保护相关要求也是分散在各类法规中，没有形成系统性、综合性的专门法规，现有的法规内容真正能够对农村环境保护工作起到指导作用的也很有限。《中华人民共和国环境保护法》对农业环境保护虽有涉及，但很简单，而且未能将农村环境、农业环境和农业自然资源保护统一起来；《中华人民共和国农业法》仅对农业资源和农业环境保护作了原则性一般规定，未直接涉及农村环境保护内容。农村环境立法存在诸多空白。我国目前的诸多环境法规，如畜禽养殖污染、面源污染、土壤污染等方面的相关立法尚处于空白，现行法律中的一些相关规定针对性和可操作性不强，对农村环境管理和污染治理的具体困难考虑不够，给农村环保执法和农村环境问题的解决造成了一定的困难。缺乏对农业和农村自然资源核算制度，资源家底不清，对自然资源的利用动态缺乏真实的了解。

农村环境保护管理政策、标准缺失较多。我国环境保护政策主要关注城市和工业领域的污染问题，在控制农村污染方面还存在较多空白。我国现行的国家和地方两级水环境质量标准、污水排放标准等，基本是针对点源污染制定的，农村面源污染还没有纳入议程。建设项目环境影响评价中忽视对农业生态环境影响的预测和评价。现行颁布的《建设项目环境管理条例》和《环境影响评价技术导则》中没有提及对农业生态环境的影响预测和评价。另外，农业环境标准不完善，例如，1995 年国家曾颁布了土壤环境质量标准，但该标准过分强调统一，不能满足我国土壤多样化特点，缺乏可操作性。在“三河三湖”等重点流域和区域水污染防治规划中，已涉及农业面源污染，但尚未提出具体的政策措施。对于发展有机食品、推动有机肥生产和使用等环境友好农业生产方式，还没有制定相关的扶持引导政策。

农村环保投入严重不足。长期以来，由于受历史的局限和经济条件的制约，基层政府提供环保基础设施等公共服务的能力非常薄弱，加之缺乏有效的公共服务投融资机制和政策，农村环保基础设施建设总体上处于空白状态，许多农村地区成为污染治理的盲区和死角。环保投资水平是削减污染物总量、改善环境质量的第一动力源和主导力量。国际经验表明，解决环境污染问题，需要巨额的资金投入。环保投入占国内生产总值（GDP）的比例，达到 1%～1.5%可以基本控制污染；达到 2%～3%可以逐步改善环境。我国环境保护总投入总体不足，农村环保投资更是严重不足。

农村环保缺乏固定的投资渠道和明确的投入政策。绝大多数市（县）农村环保投入均为空白，对农民排放的生活污水、生活垃圾和农业面源污染控制等，没有固定的治理资金来源和扶持政策。全国绝大部分乡镇基本未建污水处理厂，生活污水直接外排，“脏、乱、差”现象非常突出，而且这种基础设施落后于经济和城镇化发展水平的现象，不仅没有随着经济水平的提高而改善，而且还有继续扩大的趋势。

4．农民文化水平较低，传统生活陋习难改

农村地区经济增长方式粗放。农村工矿企业大多规模小，布局分散，工艺落后，耗能高，污染严重，缺乏有效的污染治理设施。大部分地区农村工业化实际上是一种以低技术含量的粗放经营为特征、以牺牲环境为代价的工业化。种植业越来越依赖于大量化学品投入增加以获得较高产量，而化肥利用率始终维持在 30%左右，使用量越高，流失量就越多。在传统生产方式没有改变的情况下，农村经济转向集约化发展，对环境产生一定的负面影响。经济活动的规模加大，对原材料需求量猛增，导致自然资源的消耗加速，污染严重。

农村落后的生活方式亟待扭转。在广大农村地区，“污水乱泼、垃圾乱倒、粪土乱堆、柴草乱垛、畜禽乱跑”、“室内现代化，室外脏乱差”现象还较为普遍。由于农业生产的产业特点，造成农业生产的产值收益低于其他产业，以农业为生的农民的平均收益也低于从事其他产业的平均收益。而大量农村剩余劳动力向城市转移的同时，使得农民的生产习性和生活习惯也发生了改变。目前许多农村基本不用或很少使用有机肥，本来可以用做能源、肥源等生物资源，变成了极难处理的污染源。目前农村使用液化气和煤炭作燃料已相当普遍，大量秸秆被露天焚烧或推入水体中。另外，随着生活水平的提高，大量带包装袋的消费品进入农村地区，如各类电器、食品的包装材料、难降解的塑料包装以及随着住房条件的改善，新增的建筑垃圾也成为农村新的污染源。

农村环境保护宣传工作十分有限。由于受人力、资金条件限制，环保宣传教育还没有真正深入到农村，一些干部、群众的环境保护意识不高，环境法制观念和依法维权意识不强，对生产、生活污染的环境危害认识不足，日常生产、生活行为缺乏必要的环境知识作指导，难以适应新农村建设的需要。

农民文化素质较低，农村环保需大力宣传。当大量的生产、生活中的现代要素被缺乏科学知识的农民使用，会产生更大的潜在环境问题。以科学技术进步为特征的现代农业要求农民综合素质不断提高，科学、合理使用现代农业生产、生活设施设备和方法，避免产生环境污染问题。由于目前宣传培训力度不够，农民知识水平有限，农业和农村现代化反而带来了新的环境问题，值得高度重视。

5. 农村面积广大、污染源分散，环境保护工作任务艰巨

中国农村面积广大，人员居住相对分散，污染治理难度巨大。农村由于拥有较多比城市更大的开敞空间和更多的生态资产，本来环境承载能力要比城市大，但由于农村以较低的经济发展水平和环境保护能力承载了较多的环境压力转移，使得农村抵御环境恶化的能力远比城市低，从而使农村环境呈现脆弱性。

同时，农村环境因素复杂，各因素的测定不易进行，各因素之间的相互关系难以有效确定，这些都是农村环境恶化不易察觉的客观原因。另外，农村环境质量局部恶化是积累性的，一般不会在宏观上立刻显现出来，经历较长时间累积，从其积累到显现有一定的滞后性，要恢复和改善也是非常困难的。

不仅如此，农村的各类环境污染也呈现出与城市污染迥异的特点。农业生产导致的面源污染具有排放主体分散、隐蔽，排污随机、不确定、不易监测等特点。这使得对面源污染的管理成本过高，因此存在着只能对受害地监测，很难监控排污源的现状。

我国长期推行城乡二元发展模式的结果，导致农村在我国社会经济体系中处于弱势地位，农村环境保护得不到政府和社会应有的关注和重视。我国的环境管理体系是建立在城市和工业污染防治上的，对农村环境污染重视不够，农村环保地位低、基础差，基本处于失控状态。地方政府对农村环境污染问题的严重性认识较晚，对其防治的重要性认识不足，在注重农村产业发展的同时对污染治理、生态环境保护工作有所忽视。同时，农村环境污染范围广，治理难度大，难以实施有效的监管和总量控制，工作进展缓慢。此外，由于城市环境监管力度不断加大，城市中的污染企业纷纷外迁转移到农村，使本来就不受重视的农村环境更加不堪重负。由于缺乏教育和受经济发展水平的限制，农民难以树立起正确的公民社会责任感和环境保护意识。

在二元分割体制下，农村的贫困状态加剧了生态环境恶化。城乡差距的持续扩大，使得农村贫困状态更加突出，农村面临着巨大的生存压力和改善生活的动力，无力顾及生态破坏和环境污染。在缺少人力资本和适当发展途径的情况下，很多农村地区不得不走高污染、高消耗的发展道路，造成一系列的生态环境问题，而环境质量的下降又制约了农民脱贫致富，使农村经济发展和环境保护陷入恶性循环之中。

6. 农村环境保护科技支撑薄弱

农村环境保护科学研究起步晚，基础薄弱。我国农村环境保护研究工作大多始于 20 世纪 80 年代，起步较晚，整体上远远落后于发达国家。缺乏成熟的理论研究基础，面源控制政策研究与国家整体水平环境保护要求相脱节，很多基础层面的科学问题尚不清楚，系统的科学理论与总体治理思路尚未建立。规范化、标准化的农村环境国家监测网络还未形成，基础数

据不清楚，信息资料的区域性、实用性相对较差。实践中缺乏科学的技术路线和一体化防治技术的支撑，源头控制特别是过程控制少。

农村环境保护实用技术缺乏。由于多种因素，农村环境保护工作尚未建立起配套的科学技术支撑体系。农村环境保护多是直接套用城市环境保护的办法，很少重视农村环境保护的科技创新，致使农村环保适用技术的开发和推广成为开展农村环境保护工作的薄弱环节。各级政府和科技界在农业污染防治方面已经开展了大量的工作，启动了生态家园富民工程，在“生态农业技术体系研究与示范”、“滇池水污染治理”和“太湖水污染治理”等重大科技专项中均涉及农田面源污染控制内容，也取得了一定的技术成果，但这些技术操作相对繁琐，缺乏相应替代产品和操作规程，推广应用存在一定困难。

（二）中国农村主要环境问题

1．水环境恶化趋势总体加剧，农村饮用水安全得不到保障

随着我国经济社会的发展，人口规模的不断扩大，排入江河湖库的废污水不断增加。从全国情况看，水污染态势呈总体恶化趋势，形势严峻。水污染正从东部向西部发展，从支流向干流延伸，从城市向农村蔓延，从地表向地下渗透，从区域向流域扩散，农村水环境特别是饮水安全面临巨大压力。农村饮用水安全是反映农村社会、经济发展和居民生活质量的重要标志。近年来，虽然国家投入了大量资金解决农村饮用水问题，农村的供水方式和供水能力也取得了一定进步，但农村饮用水供水水质卫生问题仍没有得到明显改观，农村用水的保障优先性低于城市和工业用水，水源性缺水和水质性缺水并存。

农村供水设施严重不足，供水保证率低。截至 2006 年年底，我国靠自来水供水的农村人口为 5.82 亿人，占农村总人口的 61.12%；手压机井供水的农村人口为 1.84 亿人，占农村总人口的 19.35%；雨水收集供水的农村人口为 0.15 亿人，占农村总人口的 1.58%；其他初级改水形式供水的农村人口为 0.86 亿人，占农村总人口的 9.04%[①]。农村供水设施严重不足，许多地区农户采用分散式供水或直接抽取浅层地下水饮用，有的边远山区农民直接饮用地表水。

有害物质超标和水质污染严重。全国仍有 3 亿多农村人口饮水达不到安全标准，其中因污染造成饮用水不安全人口达 9 000 多万人。有相当比例的农村饮用水水源地没有得到有效保护，水源地周边污染源得不到有效治理，监测监管能力薄弱。在一些地区，饮用水水源地的保护方式还非常粗放，只是简单地划出一个保护范围，污染源治理、水质监测等配套措施缺乏。氟超标、苦咸水、细菌超标等问题也较为严重。据初步估计，目前全国仍有 6 300 多万人饮用高含氟水，3 800 多万人饮用苦咸水，饮水含氟量大于 2mg/L 的人口约占病区总人口的 40%。2006 年农村饮用水与环境卫生现状调查初步结果显示，目前我国农村饮用水水质不

① 引自《2006 年中国环境状况公报》。

合格率为 43%，如果执行新的《生活饮用水卫生标准》（GB 5749—2006），水质不达标的比例会更高。对 234 个农村供水站的饮用水卫生监测表明，其细菌指标合格率仅为 8.81%。京、津、唐地区 69 个乡镇地下水和饮用水取样分析表明，硝酸盐含量超过饮用水标准的占一半以上。

饮水不安全导致一些农村地区疾病流行。据调查，我国一些沿江农村地区，由于受大量工业污水和生活污水的污染，出现了“癌症高发村”。因饮用水问题，一些农村地区出现了斑牙病、结石、皮肤病等疾病。

2．面临粮食安全保障压力，农业化学品使用量居高不下

农业化学品使用量大，利用率低。在未来一段时期内，我国人口将持续增长，粮食安全保障日显重要。在目前生产方式下，为维持一定的粮食产量，最主要的途径就是使用大量的农业化学品。我国是世界上化肥、农药使用量最大的国家。据统计，我国化肥和农药年施用量分别达 4 700 万 t 和 130 多万 t，而利用率仅为 30%左右，流失的化肥和农药造成了地表水富营养化和地下水污染。化肥流失加剧了湖泊和海洋等水体的富营养化，造成地下水和蔬菜中硝态氮含量超标，影响土壤自净能力。农业面源污染对人类健康的影响不容忽视，据调查，累积于饮用水水源特别是井水中的化肥氮磷和农药至少对 13 个省份、数以百万计居民的健康构成威胁。

湖泊富营养化是农业面源污染引起的主要环境问题之一。中国目前有 2 万多个天然湖泊，总面积 83 520km^2，各类天然湿地面积 38.48 万 km^2，约占国土总面积的 4%[①]。据 2000 年对全国 131 个湖泊的营养程度评价表明，61 个湖泊富营养化（占被调查湖泊数的 51.2%，面积占 42.3%），54 个湖泊中度营养化（占被调查湖泊数的 41.2%，面积占 43.1%）。大型淡水湖泊和城市湖泊均为中度污染，75%以上的湖泊富营养化加剧，特别是在长江中下游和云贵高原的湖泊。

3．生活污染严重影响村镇环境卫生和人体健康

农村生活污水得不到有效处理。随着城市化进程的加快，小城镇和乡村聚居点人口迅速增加，城市化倾向日趋明显。但与城市相对规范的规划、较完善的基础设施相比，小城镇和乡村聚居点在这些方面明显落后，绝大部分村镇的生活污水未经处理而直接排入河道，成为农村水污染的主要来源。据测算，全国农村每年产生生活污水 90 多亿 t。我国目前近 4 万个建制镇和集镇绝大部分没有集中的污水处理设施，300 多万个村庄的生活污水大部分未经处理，南方河网密集地区就近排入到自然水体中，北方干旱地区通过沟渠排放，经自然降解后渗入到地下。

村庄生活垃圾收运、处理设施建设滞后。初步测算，全国农村每年生活污水产生量 90 多

① 根据国家统计局 2007 年统计数据整理。

亿 t，生活垃圾约 2.8 亿 t[①]。多数村庄垃圾随意堆放，严重污染了水系、土壤和空气以及人居环境。据有关调研结果，四川省乡镇生活垃圾无害化处理率仅为 5.05%；河南省淮河流域及南水北调沿线区域的 15 个市农村生活垃圾处理率不足 40%；即使在经济较发达的江苏省，苏中、苏北地区建设垃圾转运站的乡镇不足一半。国家对农村污水和垃圾治理既没有专项资金支持，也缺乏系统的政策引导，同时缺乏符合农村实际的污水和垃圾处理适宜技术和标准规范。部分地方政府虽然开展了一些试点示范项目，但规模还很有限。由于缺乏约束机制，小城镇建设中形象工程优先，污水垃圾处理设施建设滞后的现象比较普遍。

排泄物处理不当对人体健康构成威胁。据统计，目前我国农村人口的排泄物年产生量为 2.6 亿 t，无害化卫生厕所普及率则仅为 32.31%，有 1.8 亿多 t 未进行无害化处理。大部分农户没有进行改厕，未经无害化处理的排泄物随着雨水进入了水体环境，是造成农村饮用水微生物指标严重超标的主要原因，这大大增加了肠道传染病、寄生虫病和人畜共患疾病发生和流行的风险，严重影响了农村群众的身体健康。据调查，蛔虫感染在西方发达国家已经接近绝迹，而在我国感染人次竟高达 5 亿多人，其中绝大多数是农村人口。

4. 畜禽养殖业成为农村重要污染来源

畜禽养殖污染治理设施建设普遍滞后。近年来，我国集约化畜禽养殖蓬勃发展，畜禽养殖废弃物产生量逐年增加，造成的污染日益严重。我国畜禽养殖业污染主要存在的问题有：①畜禽废弃物产生量大。据国家环保总局 2000 年对全国 23 个规模化畜禽养殖集中省、市的调查显示，我国畜禽养殖废弃物产生量约为 30 亿 t/a，是工业固体废物的 2 倍多。②畜禽废弃物污染严重。据调查，80%以上的养殖场都没有综合利用和污水治理设施，已经成为农村污染的重要来源。③严重威胁和影响了大中城市的区域环境质量。养殖废弃物处理不当，不仅会带来地表水的有机污染和富营养化，还会产生大气恶臭污染甚至地下水污染，畜禽粪便中所含病原体会威胁人群健康。

养殖业规模缺乏控制和布局不当问题突出。一些地区可利用的环境容量小，没有足够的耕地消纳畜禽粪便，生产地点离人的聚居点很近或处于同一个水循环体系中，加之其规模和布局没有得到有效控制，没有注意避开人口聚居区和生态敏感区，造成畜禽粪便还田的比例低、危害直接。在一些地区，畜禽养殖污染成为水环境恶化的重要原因。据有关研究，太湖富营养化的养殖业污染负荷贡献比例为 23%，而在黄浦江、杭州湾的贡献比例则分别高达 36%和 35%。

5. 工矿和城市污染向农村加速蔓延

乡镇企业布局分散，普遍缺乏必要的污染治理设施。据农业部的统计数据，目前我国有

① 引自《中国环境与发展回顾与展望》，中国环境与发展回顾与展望课题组，中国环境与发展国际合作委员会，2008。

4 000 余万家乡镇企业，这些乡镇企业多数分布在广大农村地区，绝大多数还停留在粗放型的经济增长模式上，追求短期经济利益，缺乏统筹规划。目前，我国乡镇企业废水 COD 和固体废物等主要污染物排放量已占工业污染物排放总量的 50%以上，而且乡镇企业布局不合理，污染物处理率也显著低于工业污染物平均处理率。现有的乡镇企业废水、废气、废渣等污染物排放总量很大，远远大于环境承载能力。有的乡镇企业受经济利益的驱使，虽有治污设施，但长期闲置，没有正常运行，废水不经处理，直接入河；有的企业甚至私设排污口，偷排现象严重；不少锅炉、窑炉、生活大灶烟尘超标严重。同时由于经营者的短期行为，使一些污染问题旧账未还，又欠新账，不少企业想方设法应付环保部门检查，污染治理一直不能到位。农村地区资源开发活动缺乏有效监管，生态破坏严重。据有关调查结果，从 2000 年至 2005 年，仅贵州省因采矿业排放污染物而使农作物受害面积累计达 956.8hm^2，土壤污染面积 853.8km^2。

城市、工业、旅游等外来污染向农村加速转移。从目前污染转移的情况来看，主要包括三类：一是城市污染向农村转移；二是境外工业污染向农村转移；三是旅游污染向农村转移。近些年来，由于城市普遍加强了环保建设与监管，许多污染企业无法在城市立足，便搬出中心城区，搬向郊区和农村，造成工业污染的转移。一些城郊地区已成为城市生活垃圾及工业废渣的堆放地，全国因固体废弃物堆存而被占用和毁损的农田面积已超过 200 万亩。由于工业生产需要各种原料，很多原料性污染也伴随着企业的转移，从外地甚至境外转移到农村。此外，由于乡村旅游的兴起，旅游相关产业的飞速发展所带来的生活污染和交通污染，人文景观和娱乐设施开发所造成的生态破坏，也给作为旅游目的地的农村带来了沉重的污染负荷。

6．土壤环境恶化严重威胁食品安全

土壤污染总体形势严峻。由于长期过量、不合理地使用化学肥料、农药、农膜以及污水灌溉，使污染物在土壤中大量残留，直接影响土壤生态系统的结构和功能，使生物种群结构发生改变，生物多样性减少，土壤生产力下降，土壤理化性质恶化，影响作物生长，造成农作物减产和农产品质量下降，对生态环境、食品安全和农业可持续发展构成威胁，土壤污染形势严峻。近 20 年来，我国农用塑料使用量猛增，特别是地膜的用量和覆盖面积已居世界首位。目前平均每年有 45 万 t 地膜残留于土壤中。由于农膜很难降解，影响土壤通气和水肥传导，造成粮食减产。据不完全调查，目前全国受污染的耕地约有 1 000 万 hm^2（1.5 亿亩），占耕地总面积的 1/10 以上，其中多数集中在经济较发达地区。

土壤污染对农产品生产环境构成威胁。土壤污染带来严重后果：一是影响耕地质量，造成直接经济损失。二是影响食品安全，威胁人体健康。三是影响农产品出口，降低国际竞争力。目前，集约化农田农药、兽药残留，硝酸盐污染、重金属富集与农膜残留等，较为普遍，严重影响了我国农产品质量安全。2005 年 4 月，农业部组织有关质检机构对我国 37 个城市

蔬菜农药残留状况的监测结果表明，52 种蔬菜 3 845 个样品中，农药残留超标样品 318 个，超标率为 8.3%。频繁过量施用氮肥，导致蔬菜中硝酸盐含量严重超标，某些磷肥含氟、镉和砷等有害物质，增加了蔬菜、粮食中氟和重金属含量。由于土壤污染具有累积性、滞后性、不可逆性的特点，治理难度大、成本高、周期长，将长期影响经济社会的发展。土壤污染问题已经成为影响群众身体健康、损害群众利益、威胁农产品安全的重要因素。

（三）中国农村环境发展趋势分析

中国农村环境问题不是一个孤立的农村问题，而是一系列综合问题的反映。因此，在分析中国农村环境的发展趋势时，必须从更宽广的视野、更宏观的角度来认识农村环境问题的影响因素。本研究认为对今后我国农村环境能够造成重大影响的宏观因素主要有五大方面：①人口增加造成的日益增长的粮食刚性需求；②城乡一体化以及城市化进程的速度；③能源短缺，特别是石油短缺造成的农业投入改变；④农业生产组织形式和制度变化造成的农业生产方式的改变；⑤技术进步推动农业生产方式和农民生活方式的改变。

1．农村环境面临人口增长对粮食巨大需求的挑战

人口增加造成的日益增长的粮食需求直接影响着农业在土地上的生产投入强度，投入的化肥、农药、地膜以及规模化养殖进而对土地、水资源环境、空气造成严重影响。这是直接来源于农业的污染。从目前的预测来看，我国将在 2020 年人口达到 13 亿～14 亿人，2030—2040 年达到人口高峰，约为 15 亿～16 亿人，此后逐步下降。根据国家统计局提出的我国粮食消费标准和农业部等有关部门的研究，2010 年我国达到小康水平时，人均粮食年需求量应为 420kg，全国粮食年需求总量为 5.88 亿 t；2030 年人均粮食年需求量应为 440kg，全国粮食年需求总量为 7.04 亿 t。粮食生产总量取决于耕地数量、播面单产（粮食总产量与粮食播种总面积之比）、复种指数和天气。根据我国的农业生产发展状况，到 2010 年和 2030 年，如果我国粮食完全自给，需要耕地数量分别为 1.28 亿 hm^2（19.2 亿亩）和 1.298 亿 hm^2（19.47 亿亩）；如果实现 1996 年我国政府发布的《中国的粮食问题》白皮书中确定的粮食 95%的自给目标，则需要耕地分别为 1.216 亿 hm^2（18.24 亿亩）和 1.233 亿 hm^2（18.5 亿亩）。目前，我国耕地只有 1.218 亿 hm^2（18.27 亿亩），人均仅有 0.092hm^2（1.38 亩），这意味着要增加我国的粮食产量必须提高单位面积的产量，加大对单位土地的投入，同时也意味着，如果不考虑技术进步的影响，目前的土地投入强度在可预期的 20～30 年内不会下降。因此，农业生产本身带来的农业污染在可预见的将来依然会呈现高位运行态势。

2．城市化进程加快逐步加大农村环境承受的压力

改革开放以来，中国的城市化快速起飞，到 1998 年跃过 30%，2006 年达到 43.9%。但今

天世界发达国家的平均城市化率是 75%，西欧大概是 85%，日本是 77%，美国是 75%。2007 年我国城镇化率为 44.9%，城镇居民达到 5.94 亿人，农民为 7.22 亿人。近年来每年提高 1.3%～1.4%，城镇化进程加快。但如果按照户籍算，农业户口还有 9.5 亿人。也就是说，目前农业人口的转移还基本是迁徙式的转移，并没有完全在城市扎根。这样，城市化进程的加快就有可能带来两方面的影响，一是城市化将带来农村地区人们生活方式的升级和改变，加大农村居民生活污染的排放强度；二是城市化进程的加快将增大城市污染向农村转移的压力。此外，随着城市化的推进，城市和农村的联动效应越来越明显，城市污染在城市与农村之间的转移对农村环境也造成了越来越大的压力。因此，农村环境在城市化和城镇化加快的背景下，其所承受的压力是越来越大的。

3. 石油和粮食价格长期上涨趋势使农村环境不确定性增加

从长期来看，国际石油价格是不断攀升的，这不仅刺激了粮食的能源化利用，而且增加了粮食运输成本，全球粮食贸易地理格局正在改变，局部地区粮食供求失衡状况逐步加剧。目前国际粮食市场发生重大变化。全球粮食供求关系偏紧，粮食库存不断下降，总体粮价持续上涨。这在一定程度上造成了我国在国家粮食和石油市场上的价格洼地，刺激了粮食出口，从而更加重了我国对粮食的需求。石油价格的攀升导致农业生产资料的价格上涨，降低了农民对土地的投入热情；而如果上涨的粮食价格能够在农民和销售商之间进行合理分配，则价格上涨又会增加农户对农业生产的投入。从这个方面讲，石油价格和粮食价格的双重上涨对农村环境压力的影响是不确定的。

4. 技术进步和农业生产组织方式转变带来积极因素

技术进步将在一定程度上减轻我国农村环境污染的压力。2006 年全国农药总产量再次持续增加，总产量达 129.6 万 t（折纯），同比增长 20.2%①，达到历史新高，居世界第一位。而测土配方施肥在我国近几年才开始加大规模，显示成效。此外，对于无污染的生物农药发展也较为缓慢，我国生物农药业至今已有 40 多年的历史，但始终未能形成规模产业。虽然农业部成立了绿色食品发展中心，环境保护部成立了有机农业食品发展中心，一些省市也已公布了在蔬菜瓜果上禁用的剧毒、高毒化学农药名单，但迄今没有国家统一的有关禁用限用剧毒、高毒、高残留化学农药的法规，也没有一个倡导和支持大力发展生物农药的中长期发展规划。

我国农业生产目前面临组织方式转变，发展农业专业合作经济组织和土地集中集约经营逐步成为农业生产发展的方向。根据农业部农村经济体制与经营管理司统计，目前全国建立了 15 万个比较规范的农民专业合作经济组织，其中包括各种形式的专业协会、专业合作社和

① 引自全国农药工业协会 2007 年 4 月发布的相关报告。

股份合作社，带动农民 2 363 万户[①]。这种农业生产方式的转变，将有效地加强农业生产的管理，对农业污染会产生一定抑制作用。由于目前所带动农户有限，还没有成为我国农村的主流生产方式，因此，对农业污染的抑制作用依然有限。

5．城乡居民生活方式转变增强农村污染联动效应

根据联合国粮食及农业组织 2008 年 1 月的数据，中国 2007 年的人均肉类消耗量为 54kg，且转化率较高的猪肉和鸡肉比例大（猪肉占 64%，禽肉 20%），耗粮多的牛肉仅占总肉类消耗量的 10%。在牛奶消耗方面，2005 年发达国家人均年消费量为 268kg，而中国同期仅为 21.7kg，还不到美国人均数值（266kg）的 1/10。在粮食消费量上，2007 年美国人均谷物消费量为 1 046kg，而中国这一数值不到 400kg。这说明，随着居民生活水平的提高，我国对粮食消耗的增长空间还是较大的。此外，截至 2007 年年底，全国机动车保有量为 1.59 亿辆。其中，汽车 5 696 万辆，挂车 86 万辆，上道路行驶的拖拉机 1 482 万辆。而且机动车与 2006 年相比增长 10.02%。机动车数量的激增必将会对农村地区的能源、资源与环境造成进一步的冲击。城乡居民生活方式的转变不但增加了对我国粮食的需求压力，同时也增加了城乡联动的环境污染压力。

综上所述，粮食的刚性需求不但不会减弱，而且压力会越来越大；我国城市化进程的加快将更加促进城乡之间的环境污染联动，增加对农村的环境压力；城乡居民生活方式的改变也将进一步增加农村的环境承载压力。而目前我国技术进步还未能有效冲抵其他因素所带来的农村环境压力。所以，总体来讲，加重农村环境污染的因素强度在增加，减弱农村环境污染的因素强度不足。从今后一个时期判断，特别是在我国人口达到 16 亿峰值的 2030—2040 年前，如果不采取相应举措，我国农村环境污染将呈现一个逐步加重的态势。

二、国内外农村环境保护的经验总结

（一）国外农村环境保护主要策略[②]

世界各国采用了一系列针对农村环境污染的政策手段，并在不同程度上控制了各国农村污染的恶化趋势。这些政策手段包括：

- 立法或强制性手段。包括各种许可证、标准等。一般认为当需要一个确定的结果和控制目标，将风险减少到最小时，强制性手段是最优先的选择。另外，其他三种手段的实施也必须要有相应的立法和强制性手段来保障。

① 转引自中华合作总社相关文献。
② 为保证报告的完整性，本部分主要全面参照了钱易、陈吉宁主编的《农村环境污染的系统分析和综合治理》（中国农业出版社，2008）第四章农业和农村环保污染治理的国际经验，特予说明并致谢。

- 自愿性手段。例如政府支持的农业环境计划或行业牵头的产品保证机制，鼓励人们采取对环境友好的行为。在以下 4 种情况下，自愿性手段被视为最好的选择，即①一小部分市场行为人的行动就可以保证行为的改变；②环境影响的规模和地方特征达不到要通过国家立法或经济手段来干预的程度；③法规和经济手段的监督和执行很困难，可信度不高；④难以设计一个有效控制环境污染的法规或经济手段。自愿性手段往往通过推行各项农业环境计划来进行，参与这些主动行为可能会得到补偿，也可能得不到补偿。
- 信息手段。包括全国性教育计划和针对农户制定的一对一的建议等。提供第三方建议和/或技术支持，提高环境意识，提供改变行为的信息支持。
- 基于市场（或经济）手段。即利用税收或补贴政策刺激或鼓励企业和个人改变自身对环境不友好的行为。主要有污染费、用户费、产品或投入费、创造市场、补贴赠款、税收减免等多种形式。

必须指出，农业和农村污染控制的政策手段选择不能一概而论，而应根据各国的实际进行选择。各国污染类型、污染程度和治理优先性的不同会导致不同的政策选择。例如，荷兰进行农业污染控制较多采取强制性手段，而法国则主要采取建议、协调、推广和补贴扶持的自愿行为，但大多数国家都采取混合手段，将上述几种工具结合在一起使用。

1. 强制性手段

如果管理者需要一个相对高度确定的政策结果，该结果在时间和实质上不能有太多弹性时，就会采纳强制性政策手段。强制性政策手段一般是由国家立法或者政府部门制定和实施的，农业污染的管理一般都由环境部门和农业部门共同进行。

（1）欧洲农业污染控制的强制性手段

欧洲农业污染的制度框架是建立在欧盟委员会（European Commission，EC）一系列的高级相关指令上的，这些框架性的指令或者间接或者明确地要求各成员国制定相应的制度措施来进行非点源污染控制。

水框架指令（the Water Framework Directive，WFD，2000/60/EC）是迄今为止水立法里最重要的一个文件，它的目标是成员国所有的内陆水和海滨水在 2015 年之前都达到“良好的生态状况”，该指令迫使欧盟成员国在《水框架指令》规定的所有流域设立并达到良好生态状况的水质目标，并通过识别现有基本的和辅助的措施来控制点源污染和非点源污染。这个指令中还对相关程序进行了规定，包括：对受控水体的识别和分类，整理支持水质状况报告的数据（包括判断附加的监测数据需求），制定水体环境目标，评估水体主要人为压力的类型和范围，以及制定和执行基本及辅助措施以实现环境目标。该指令在欧盟各成员国刚开始实施，因此执行经验较少，而且它还没有囊括综合流域管理计划的内容。但是，由于欧洲面临着严重的农业非点源污染问题，该指令在不久将对欧洲农民产生深刻影响。

硝酸盐指令（The Nitrates Directive，91/676/EEC）于 1991 年通过，旨在解决欧洲当时最受争议的非点源问题，即农业产生的硝酸盐对地下水的长期和大范围的污染问题。该指令要求各成员国在全国范围内或者在硝酸盐敏感区（Nitrate Vulnerable Zones，NVZs）实施农业行动计划。硝酸盐指令根据各国农业污染的程度有不同要求。以荷兰为例，荷兰畜禽生产尤其规模化畜禽生产十分发达，每公顷土地产生粪便量欧洲最高。因此，硝酸盐指令将荷兰全部领土都视为硝酸盐敏感区，并对荷兰农民粪便的生产和使用进行十年以上的严厉控制。比利时、德国和丹麦的情况也类似。硝酸盐指令的行动计划提倡采用最佳实践来使用和贮存化肥和粪肥，并在“保护水资源，提倡良好农业实践规范”的基础上，提出了由英国政府 1991 年颁布的 96 页的综合性技术指南。硝酸盐指令规定从 2002 年 12 月 19 日起硝酸盐敏感区的农民必须实施养分管理计划，并鼓励硝酸盐敏感区之外的农民自愿采纳该计划。其内容包括评估各种农作物所需的氮肥量，预计农作物的氮吸收量，评估和预计土壤有机物质、农作物上季残留和有机肥施用带来的氮投入。

污染预防和控制综合指令（The Integrated Pollution Prevention and Control Directive，96/61/EEC）是根据 1996 年的污染预防和控制综合指令（Integrated Pollution Prevention and Control，IPCC）提出的。该指令提出了某些种类的产业设施的要求清单，同时要求操作者和立法者对设施可能造成的污染和消耗进行综合全面的考察。这些经营包括猪和家禽的规模化饲养（定义为多于 4 万只家禽，2 000 头猪或 750 头牛）。指令规定，经营者在任何设施启动前必须提交各种材料并获得许可证。这些材料必须证明设施产生的污染和废物产生受到最大程度限制，事故可以避免或影响可以最小化，设施的关闭不会导致残留物污染，能源有效利用，而且应用了“最适宜技术”（Best Available Techniques，BAT）。为此，欧盟委员会建立了一个与最适宜技术相关的信息交流论坛（IEF），该论坛每年发放一系列关于最适宜技术的材料，为发证机构在审核具体的申请许可时提供信息参考。该论坛也发布了“有关家禽和猪饲养的最佳适宜技术”，它涵盖了欧盟迄今家禽规模饲养的最新信息，而且尤其侧重粪便管理规划的最适宜技术，包括影响粪便质量和构成的饲养策略、粪便运输方法、粪便的贮存和处理技术以及施肥技术。

产品禁令。大多数欧盟国家采用了产品登记计划，立法禁止某些物质的使用。这些法律禁令主要控制杀虫剂特定活性成分（植物保护产品指令，91/414/EEC；COPR，1986），近期开始控制生物灭杀剂（灭杀产品指令，98/08/EEC）和兽药产品（指令 81/851//EEC）。虽然欧盟采取了一些行动限制镉在化肥产品中的含量，但是现有法令中还没有任何营养物源被禁止。

（2）美国农业污染控制的强制性手段

《清洁水法》（Clean Water Act，CWA）是美国水污染物控制的基础法案。它始于 1972 年《联邦水污染控制法》修订案的颁布，并于 1977 年进行了一次修订，该法授权美国国家环境保护局（U.S. Environmental Protection Agency，USEPA）实施各项污染控制计划，如设定工业废水标准，宣布任何个人在未得到许可的情况下从任何点源向可航行的水体里排放污染物为违法行为等。1987 年，由于农业污染的水质影响日益严重，国会修订了 CWA，为非点源控制提供一个国家层次上的实施框架。根据 1987 年水质保护法案的修订版本，国会修改了 101 条款，在“目标及政策声明”部分增加了以下的基本原则：“迅速发展和实施非点源污染的控制计划，通过对点源污染和非点源污染进行双重控制，使清洁水法案的最终目标得以实现，是国家的基本政策。”更重要的是，国会还启动了 1987 年水质保护法案的 319 条款，建立了控制非点源的国家计划。根据 319 条款的规定，美国各州和辖属地区应首先对当地非点源问题做出评估，并制定和实施非点源控制与实施计划。非点源评估报告旨在识别需要进行管理的水域，识别非点源的严重影响并对影响进行分类，识别解决问题的现有计划和机构体制。非点源控制与实施计划将针对所发现的问题提供最恰当的管理方法、措施和援助计划，包括制定有年终目标的工作时间表，职责分配，建立职权机构以及资金援助。各州非点源评估报告和控制与实施计划完成后需提交 USEPA 审核，并由其酌情给各管理计划（或部分计划）拨款。2002 年，美国国家环境保护局大约有 2.3 亿美元用于非点源污染管理和控制。

最大日负荷（Total Maximum Daily Load，TMDL）计划。该计划是为了保证 CWA 目标实现而制定的，它决定国家水体污染的预算。最大日负荷是“分配给点源和非点源及自然本底所能承担的个体污染物质总量”，不超过最大日负荷的污染物排放不会超过水体吸收污染物质的负荷能力（承受能力）。TMDL 必须考虑到季节变化因素并留有一个安全临界值（Margin of Safty，MOS）以解决分析不确定性的问题。USEPA 负责监督 TMDL 实施计划的执行，并负责检查和审核各州提交的州内敏感或易损水域的 TMDL。各州提交的 TMDL 将通过颁发许可（针对点源污染）和水质管理计划（针对非点源）进行实施。如果 USEPA 不同意某一个州提交的 TMDL，就要自己为该水体建立一个 TMDL。2001 年和 2002 年两年，美国在现有的 TMDL 规则框架下批准和建立了 5 000 个 TMDL。1999—2002 年被批准或建立的 TMDL 每年都在持续稳定地增长，1999 年 USEPA 仅批准通过了 500 个 TDML，2002 年则批准建立了 5 000 个 TMDL。

2000 年 7 月，USEPA 发布了扩展和加强 TMDL 的新法规，旨在控制非点源污染。过去几年围绕 TMDL 也有很多争议，包括农业领域的一些重要问题。USEPA 和美国农业部（U.S. Department of Agriculture，USDA）已经在不同场合审议和讨论了相关法规，并达成共识，即自愿性的和激励的手段是解决非点源污染的最佳办法，提倡农民们通过联邦水土保持计划或者自发改善水质。另外，如果农民主动对水土保持实践进行投资以改善水质，今后的资金弥补战略的“污染核算”应该考虑这些投资。虽然 TMDL 还有很多争议，但水质改善实施计划将继续进行。目前 USEPA 正和各州一起制定养分（氮肥和磷酸盐肥）以及浑浊度的标准，这些标准最终将对河流、湖泊、水库和湿地发现的每一种营养物进行定量限制。

动物集中饲养计划规定（Concentrated Animals Feeding Operations，CAFOs）指大规模的（1 000 或 1 000 个以上的动物单位）牲畜饲养活动（如猪、牛、奶牛、羊和家禽），且动物、饲料、废物和生产活动都集中在一个小区域内。2002 年 12 月，USEPA 与 USDA 联合通过了一个标准，强制性要求所有的动物集中饲养场必须获得许可证方可经营，且必须实施养分管理计划来控制污染物排放。养分管理计划将根据动物集中饲养场的环境识别管理措施，以保证恰当、有效地进行粪便和废水的管理，包括排污限制。

《农村清洁水实施计划》是 CWA 针对农业的一个附加条款。该实施计划根据 1977 年 CWA 对 1972 年联邦水污染控制法案第 208 条款的修订制定的。但是直到 1980 年《农业拨款法》颁布，农村清洁水实施计划才得到资金。农村清洁水实施计划由农业服务局监督管理，其目的是为土地所有者实施最好的管理措施提供资金援助，以控制农业化学物和动物废弃物流入河流或封闭的水域，改善水质。

国家河口实施计划（清洁水法案 320 条款）。USEPA 同时负责 CWA 320 条款下国家河口实施计划的执行。该计划侧重控制地理位置重要的河口水域的点源和非点源污染。在该计划中，USEPA 协助各州区域和当地政府开发和实施综合性保护和管理计划，该计划会推荐恢复河口水质、鱼类种群和水体其他用途的优先行动。

《联邦杀虫剂、杀真菌剂和灭鼠剂法（Federal Insecticide，Fungicide，and Rodenticide Act，FIFRA）》下的《杀虫剂计划》是 USEPA 负责的另一个控制非点源的实施计划。该计划授权 USEPA 控制可能对地下水和地表水造成污染的杀虫剂。FIFRA 要求杀虫剂要登记并贴上含有可施用的最高量、使用用途限制和是否归类于“限制使用”杀虫剂（即只有受过喷洒有毒化学物专业培训的持证人员才可使用）等内容的标签。

海岸非点源污染控制计划。1990 年 11 月，美国国会颁布了《海岸区域法重新授权修订案（Coastal Zone Act Reauthorization Amendments，CZARA）》，旨在解决一些包括非点源在内的污染对海岸水造成危害等广受关注的问题。为了更有针对性地解决 NSP 对海岸水质造成的负面影响，美国国会又颁布了 6217 条款，即“保护海岸水域”（编制在 16 U.S.C.1455b 条款中）。6217 条款规定每个海岸区域管理计划被批准的州都必须开发一个“海岸非点源控制计划”，并提交给 EPA 和国家海洋和大气管理局（National Oceanic and Atmospheric Administration，NOAA）待批。该计划的目的在于“与其他州和地方政府一起开发和执行非点源污染控制和管理方案，以恢复和保护海岸水体”。

2. 自愿性手段

综合美国和欧洲的经验，农业污染控制的自愿性手段一般采取以下几种形式：

（1）农业环境协议

欧盟 2078/92 规定（农业—环境）和 1257/1999 规定（农村发展）以及 1992 年 5 月开始

实行的农业共同政策（Common Agricultural Policy，CAP），为农民提供了一个激励机制，鼓励农民推行“农业环境协议”计划，在土地上开展对环境有益的活动。另外，农业环境法规同时提供培训和项目示范，推广各种环保技术和良好的农业实践。地方和国家政府以地方分权的形式管理这些计划，并由欧盟委员会决定是否对每个计划拨款。

这个计划成功的核心是农业环境协议概念的建立。通过该协议农民提供的超出良好农业实践的环境服务所付出的代价会得到补偿。因此，他们付出的额外成本以及损失收入都会得到补偿。

农业环境协议的主要要素和特点包括：农民自愿签署协议，提供专门的环境服务（服务项目包括“菜单性质”到“一揽子性质”），但承诺内容不仅限于采用良好农业实践；措施只适用于指定的农用土地（“整个农场”或为农民指定的区域），补偿包括农民的收入损失、附加成本和其他必要的奖励。

到 1998 年，全欧洲 1/7 的农民已经接受了农业环境合同，覆盖了欧盟农田面积的 20%以上。1998 年由欧洲委员会实施对欧洲所有大型计划的回顾表明，农业环境计划的效果积极，并已产生了显著的环境效益。该计划对营养物投入的限制导致氮肥施用的大幅减少和施肥技术的改善；由于低劳动密集型活动被高劳动密集型活动所取代，导致某些地区就业增长。该计划提高了边远区域农民的收入，而且在这些地区连续耕作也显著改善了环境，然而，收入效应在赢利好和集约化的农场地区不那么明显。计划实施对改变农民和公众意识方面有一定影响。越来越多的人认识到，农业活动并不是与保护环境相悖的，而是解决环境问题的一个关键部分。从该计划对农业的影响看，有证据表明：集约化农场区域产量有显著减少，边远地区环境保护的相关措施的实施促进了生产稳定。但在很多情况下对农业的影响并没有被充分估计。

（2）良好农业实践规范

欧盟已经对许多农业活动制定了农业污染控制的良好农业实践规范（Codes of Good Agricultural Practice，CoGAP）。尽管这些规范的主要目的是为自愿性行动提供辅助咨询和帮助，但它们也经常作为特定区域（如硝酸盐敏感区）的强制性措施。

在英国，除了上述的《水资源保护的良好农业实践规范》外，英国环境、粮食和农村事务部（Department for Environment，Food and Rural Affairs，DEFRA）还发布了很多技术指南，包括一系列题为“管理畜禽养殖场粪便”的指南和《农业和园艺废物管理规范》。《农作物和花卉的施肥建议》是一项国家标准，帮助农民评估土地可施用的最大化肥量。所有文件都可以在 DEFRA 的网站上获得。

法国国家农业发展协会 1991 年资助开发了名为 Ferti-Mieux 养分计划咨询工具，旨在鼓励种植和畜禽养殖场主采用减少硝酸盐和磷酸盐污染的最佳实践，遵守计划的种植和养殖场会得到一个 Ferti-Mieux 标识。

瑞典地方志愿群体（通常由当地农民协会组织）开展自发的“安全杀虫剂使用”活动。他们提供咨询和信息服务并帮助农民完成规定的义务。比如，所有使用杀虫剂的农民必须按规定计算施药地点和邻近水域之间的缓冲带。计算的公式是固定的，但是农民必须计算外部因素的影响，如风向等，志愿群体为农民计算提供相关指南和信息建议。

荷兰农民最近与水质管理部门合作开发一系列的措施减少花茎培育对水造成的污染。其中双方认可的最重要的一项措施是沿水道设立 1.5m 宽的无花茎地带。这些措施起初是自愿性的，但是该计划经花茎培育者的同意后纳入了《水污染法》排放许可体系。

（3）产品保证计划

农民们日渐意识到生产的食品要符合消费者需求。为了实现该目标，欧盟国家有机农业飞速发展（目前该产业由欧盟严格管理），还出现了各种由行业牵头的产品保证计划。比如，英国有许多针对不同类型农业的“红色拖拉机”质量保证计划，这些计划虽然主要目的在于确保食品安全和动物福利，但是也包括了环境方面的要求。荷兰设立了“环境影响分（Environmental Impact Points，EIP）”评估杀虫剂使用对环境的影响。环境影响分根据杀虫剂使用对水、土壤和地下水的危害，施药方法、时间和剂量来评定。它还用来评估是否同意给这些农产品贴上 Agromilieukeur 的绿色标签。

尽管目前欧洲的各类计划对减少非点源污染的影响很小，但对农业和作物选择决策产生了巨大影响（有时其影响力超过了法令本身）。然而，有批评认为这些计划（比如英国的红色拖拉机计划）执行的管理成本太高。另外，转变耕作制度或作物/土壤的管理方法来迎合食品零售商的特别的小规模要求会带来市场风险，尤其对某种食品需求变化是因为“时尚”的情况下。

（4）星农（AgSTAR）动物集中养殖（CAFOs）计划

动物养殖场（Animal Feeding Operations，AFOs）是小范围内集中动物、饲料、废物和生产的操作运营的畜禽饲养活动，例如猪、牛、奶牛、羊和家禽的饲养场。这类动物饲养的主要方式是喂养而非放养。饲养场排放的动物粪便和废水会影响附近的水域，可能会严重威胁水质和公共卫生安全，大型设施排放的动物粪便和废水相当于一个中等规模城市排放的生物废物量。美国有大约 450 000 个饲养场。

集中式动物饲养场（CAFOs）是饲养 1 000 个以上动物单位的大型动物饲养场。集中式动物饲养场内大量动物对环境的影响日益成为 USEPA 和拥有 CAFOs 的 26 个州政府的关注点。星农（AgSTAR）计划是由 USEPA、USDA 和美国能源部联合资助针对 CAFOs 的自愿性计划，旨在鼓励 CAFOs 使用甲烷（沼气）回收技术管理液态和浆状粪便以减少温室气体（甲烷），实现环境效益，如臭气控制和养分管理等。AgSTAR 计划为畜禽饲养者提供重要的工具、指南和方法，帮助他们综合评估用于畜禽生产设施的各种沼气技术。

参加 AgSTAR 计划的农场和工业组织通过签署谅解备忘录成为 AgSTAR 的合作伙伴和同

盟。有些情况下这些合作伙伴和同盟可以得到直接的技术援助。另外，AgSTAR 具有推广和教育功能，例如专家讲解，组织培训和展览。AgSTAR 根据养殖场的技术选择、运营能力和财务状况，为他们提供商务和环境决策的重要信息。

1996 年至 1998 年 6 月，AgSTAR 帮助建立了 7 个规模化养殖场的消化池，改善了农场的环境效益，包括 3 个外界温度控制的处理池和四个热栓塞流动消化池。这些项目的直接现金收益包括发电和产热，非现金收益包括沼气排放的降低，臭气控制，有机氮矿物化，草籽的清除，病原体的减少，以及通过粪便的分解来增加泵汲率。

除 AgSTAR 计划外，2002 年 12 月 USEPA 与 USDA 合作制定并通过了一项法规。该法规规定所有 CAFOs 必须获得许可并执行养分管理计划以控制养分排放。要求养分管理计划需识别针对 CAFOs 的措施，以确保恰当有效地管理粪便和废水，满足排放要求。

（5）最佳管理实践

BMPs（Best Management Practices，BMPs）是为减少环境损害最有效和最经济的单个或多个管理实践（如养分核算，循环放牧，保护耕地）和工程实践（如废物池、沉淀池、梯田、引流、栅栏、植树）的组合，它通常不仅仅关注一种污染物。而且，最佳管理实践的推广往往与技术援助、制度、费用分摊和奖励结合在一起。

3. 信息手段

大多数国家的经验表明：在执行自愿或强制的农业污染控制措施时，必须给农民提供有针对性的建议。许多国家认为，从长期可持续发展看，农业污染控制措施的主要利益来自利用改革、意识、教育和建议对农民进行行为激励，而非个别措施的影响。与直接规制或财政刺激相比，增加农民的信息意识水平从长远看可能是农业污染控制的一个较经济的方法。

从规模上看，信息服务包括全国性教育计划和针对农户制定的一对一的建议。它们通常包括一些规定的咨询工具，并将其作为提供建议和农场评估的基础。而且这些反映计算或决策复杂性的工具日益以软件而非纸文件为基础。从范围上看，信息服务包括简单的环境意识教育软件，也包括为养分管理计划、害虫防治和产品药剂选择提供决策支持的复杂软件。最新开发的软件已将地理信息系统数据和环境归宿模型技术纳入其中可进行景观风险评估。欧洲和美国现有的个别计划和咨询服务难以计数，很难作全面介绍，这里给出一些实例，以及获得进一步的信息的途径。

（1）美国的顾问和信息服务

美国国家环境保护局：环保局（USEPA）网址提供了许多与农业非点源污染和农业相关的信息和教育资源网站（http：//www.epa.gov/owow/nps/agricuture.html）。内容包括大量农业 BMPs 监测、土地保护实践、化肥和杀虫剂管理、土壤侵蚀控制、养殖活动管理、残留物管理、流域恢复的手册、指南和标准。另外，USEPA 还出版了一系列农业非点源污染宣传册，帮助公众了解社区内非点源污染的管理。

国家农业援助中心（National Agriculture Compliance Assistance Centre，NACAC）：该中心是 USEPA 在 USDA 的支持下建立的，是一个有价值的信息源，有大量农业环境管理要求的相关信息。援助中心通过网页和其他渠道为管理提供综合的、易于理解的信息，例如，一些常识、保护环境且对农业友好的灵活方法。中心也提供污染削减和污染预防技术应用的信息。农业中心提供的各类信息包括：杀虫剂、动物废物管理、地下水和地表水、储水池/防漏系统以及固体/危险废物。农业中心也支持地方和州管理机构，为当地农业社团提供援助。

国家农业图书馆（The National Agricultural Library，NAL）：国家农业图书馆是美国农业部农业研究局的一部分，是美国四个国家图书馆之一。农业图书馆是农业和相关信息的国际中心。USDA 的网址提供了获取国家图书馆和其他相关机构资源的途径，所需服务可以以电话、书面或通过国际互联网的形式进行申请。图书馆拥有大量有关农业污染和相关问题的信息资料。

美国农业部州合作研究、教育和推广服务（Co-operative State Research，Education and Extension Service，CRSEES）：美国农业部（USDA）的 CSREES 由一个广泛的研究计划（与美国许多大学合作）和自然保护局（Natural Resources Conservation Service，NRCS）开展的推广服务组成。后者的活动主要涉及一系列与农业污染相关的领域，例如，畜禽粪便管理和动物集中养殖场（CAFOs）。另外，他们还有一个外国农业服务队伍，提供国际技术援助和培训计划。

各州教育和信息服务：各州的信息和教育计划主要为土地拥有者提供信息，促进良好环境管理实践（如农场 BMPs 的安装）的应用。这些教育战略重视与农场主的合作，推广服务的专业人员利用相关研究成果教人们分析信息，识别问题，分析解决问题的方法，以及如何获得相关资源。这些信息和教育战略通常包括通过邮件、传单、时事通信和媒体向大众传播信息的交流计划，以及一对一的技术转让，如参观农场、单个农场试验和单个农场主的咨询。

（2）欧盟的顾问和信息服务

欧盟的顾问和信息服务比较有代表性的是 DEFRA，它提供了许多获取农业和非点源污染相关信息的途径。包括：

① 营养物污染：包括与 1991 年硝酸盐指令 676（91/676/EC）相关指南和有关英国的行动计划方面的信息；与附属区域相关的联系信息；并提供大量补充文献和对硝酸盐指令的电子链接。

② 良好农业实践规范：规范指导农民采取污染减少和土壤保护措施。规范描述了不同农业污染源引起的污染风险，规范副本可以从 DEFRA 免费获取（联系信息可以从网站上获取）。

③ 农业非点源污染战略回顾：读者可以获得与战略回顾相关的一系列文件，它由减少英国农业非点源污染的行动计划构成。包括：一个利益相关者的讨论稿；一个关于减少农业非

点源污染的政策手段的报告；一个解决农业非点源污染控制进展测量和监测的文献；一个回顾其他国家非点源污染治理的政策手段和成功经验的论文；一个评估农民利用的氮磷非点源污染减少措施效果的报告。

④ 畜禽粪便管理：帮助农民最大限度地利用动物粪便作为植物养分来源和土壤改良剂，3 个畜禽粪便管理的一系列小册子可以“pdf”文件形式获得。

⑤ 农田废物管理：DEFRA 已经启动了一些农民教育的计划，教给他们减少污染风险的方法，并让他们了解粪便的肥料价值。DEFRA 委托农业发展与咨询服务处（ADAS）每年执行计划，为英国选定流域的农民准备农田管理计划时提供免费服务。这些计划鼓励农民管理动物粪便还田，管理泥浆和污水，避免径流进入地表或地下水。“农田废物管理计划”主要目的在于最小化水污染引起的风险，帮助农民识别不能施撒粪肥（以及其他肥料和投入）的地区、在冬季和夏季最适合施用有机粪肥的地区，以及需要农民施用畜禽有机粪肥以避免营养物过度消耗的地区。这些计划目的在于鼓励农民减少粪便还田对地表水和地下水的污染风险。DEFRA 还通过各种传单和宣传册在全国范围内推行这些计划。

4．基于市场的手段（经济手段）

经济或基于市场手段（Market-based Instruments，MBIs）是对规制手段的一个以市场为基础的替代方法，是一种通过在价格中考虑环境损害对环境服务价格的影响改变个体和公司价格信号的金融机制。近 25 年来，经济手段作为规制手段的替代方法越来越广泛地被欧洲和美国采用，并取得了很好效果。

（1）污染费/税

污染费是对易测量和监测的排污单元征收的费用。污染费通常被用于支持规制手段（例如控制污水排放、空气排放和噪声排放），收费水平要设立在能够反映环境损害费用和污染削减平均费用的水平上。理论上讲，在这个水平上的环境损害费用（或“外部性”）可以通过市场内部化，污染者可以对价格信号作出灵活回应。减排成本较低的污染者可以投资生产工艺或减排设备（如污水处理厂），减排成本高的污染者可以选择对污染付费而继续污染。污染费比较适用于不同生产者的边际成本变化较大（如在有大量使用不同工艺且规模不同的生产者的情况下）、污染单元易于测量和核实、环境机构具有相应监测能力和收费能力的情况。由于农业非点源不易监测，污染来源和污染路径不同对不同水体影响不同，即边际损害和污染治理成本难以核算，其管理中较少直接使用污染费。

但是，荷兰和丹麦进行养分管理时就使用了污染费。荷兰对超过标准的氮或磷损失征费，损失标准则由每年的养分管理计划确定（如荷兰 MINAS 体系），丹麦对氮施用超过养分平衡计划标准的农民进行惩罚性收费。另外，瑞典 1986 年制定了一个基于每公顷杀虫剂量的征费制度，但该制度由于管理费用和对正常剂量定义等问题于 1992 年年底被淘汰。

另一种污染费是管理费，例如对高毒性污染产品的许可费或注册费。这种方法被有效地用于有毒化学药品进口的注册，但收费目的大多是为了增加收入而不是改变生产行为。在农业非点源领域，仅比利时在畜禽养殖污染的控制时利用管理费，所征收入用于处置贮粪池中的粪便。

（2）用户费/税

用户费/税是对相关服务支付的价格，例如安装集水、水处理和配水系统的成本费及它们的运行费。欧洲、美国、澳大利亚、日本和东南亚都征收水费，理论上这部分费用应包括一部分环境损害费，但实际上很少有国家的水费包括这部分。许多欧洲国家个人、农场主和企业支付的污水排放费实际上也不能补偿处理厂的成本，污水处理厂的运营主要通过国家补贴实现。

用户费有各种形式，例如专利费、许可费、采伐费（对于森林）、特许权（对于矿山、石油和天然气），和入场费（如对国家公园）等，这些形式主要用于自然资源开发管理。

前民主德国 1968 年实行了土地使用费，政府根据土地质量和土地利用形式按亩征收固定费用，但由于缴纳的费用不能有效利用，土地使用费在 10 年后废除。

（3）产品税/费

在农业污染管理中，最常用也最适用的经济手段是产品税/费。产品税是附加到与污染密切相关的生产投入（如化肥和杀虫剂）或最终产品的税或费用。理论上，产品税应反映环境损害的成本，并通过价格信号使消费者可以区分产品对环境有益还是有害。例如，在欧洲利用产品税有效地控制了含铅汽油的使用。

产品税是消费税的一种，可以充分利用世界各国完备的税收系统，可以有效用于使用量非常大的产品，并产生大量税收收入。对政府而言，产品税也比较容易管理，因为批发商和零售商可以代表政府以增值税（VAT）的形式征收产品税。但是产品税会对经济和消费者产生深刻影响，因此在使用之前必须对征税比例、覆盖范围、税基、管理问题和产品的价格弹性进行评估，以探求产品税的影响。许多国家在农业非点源污染管理中使用产品税，例如瑞典、丹麦和荷兰开始对氮磷钾肥料征税，比利时对进出硝酸盐易敏感区的粪便进行征税。美国是提倡自由市场的国家，政府较不倾向于利用税费的手段进行环境管理，没有化肥税。但 2000—2001 年间美国能源价格上涨提高了氮肥价格，导致当年土地种植面积减少和产出下降。

目前，瑞典、荷兰、芬兰、比利时和丹麦 5 个欧盟成员国已开始征收杀虫剂税。对丹麦征收除草剂税、杀真菌剂税和生长调节剂税的评价显示：较高的征税比例（零售价的 3%）会导致这类产品销售额下降 8%～10%。瑞典的杀虫剂税是杀虫剂使用削减综合计划的一部分，因此其效果比较难以单独进行评估。但是，瑞典将征收杀虫剂税纳入国家杀虫剂使用削减计划后，1986—1990 年间杀虫剂使用减少了一半。而瑞典环保机构认为杀虫剂税税率太低不足以对使用者的行为产生直接影响，有学者认为计划的成功更多归功于杀虫剂计划中的顾问服务、研究和开发。但杀虫剂税在削减计划筹措资金过程中起了非常重要的作用，并为其他措施实施提供了支持。

（4）创建市场——可交易的许可

创建市场在于通过可市场化或可交易的许可，以更低的成本实现预期污染削减目标。这种方法最初广泛用于气体减排，最成功的例子是美国电力生产部门的硫排放。在新西兰，交易许可也被成功地用于减少对自然资源的过度开发，如捕鱼配额交易。美国的新立法正在促进交易许可用于水质管理。由于排污权交易有一个潜在的交易者上限，并需要较好的监测基础，所以它比较不适用于污染者众多、监测困难的农业非点源污染的管理。但是欧美各国仍在尝试将该手段应用于农业非点源污染控制。荷兰在猪和奶牛厂引起严重氮问题的地区针对个体农场建立了两种不同的粪便和动物生产配额，它要求产生过量粪便的养殖场将这部分粪便运送到一个国家粪便储蓄银行，在该银行将过量粪便重新分配到国内的其他地方。但是，在动物粪便输送之前，农场主需要签订一个粪便处置合同，该合同与养分平衡相联系。农场之间可以进行粪便配额的交易。

公共农业政策（Common Agriculture Policy，CAP）要求农业部对整个欧盟地区的畜禽数量实行配额制度，这有效地限制了绵羊、牛和猪的数量。农民可将此政策作为共享动物生产资金的一种方式。在大多数国家，这些配额不是官方交易而是与土地一起交易。但是，荷兰1990 年到 1994 年间每年都在削减畜禽配额，从 1994 年开始，荷兰畜禽配额可以交易以鼓励极度敏感区的养殖场放弃畜禽生产。现在，如果一个农场主退休或出卖一个非家庭所有的农场，他必须将畜禽生产权归还给政府，政府为其放弃畜禽生产提供重建资金。

丹麦几乎所有农场主（大约 65 000）都有自己的年度养分计划，这些计划决定农场主的农田氮配额。丹麦总的氮配额逐年下降，到 2002 年氮配额仅为 1998 年水平的 60%～70%。尽管到 2002 年氮配额仍动态削减，但 96%的农场主没有充分利用他们的配额。因此从这年开始，政府允许农场主将氮配额出售给政府 5 年，也可以在优化作物结构的前提下购买配额。

2003 年 USEPA 发布了水质交易政策（USEPA，2003）。以流域为基础的交易是一项相对较新的政策，用来清除水体中对人体和动物健康造成有害影响或妨碍水体公共使用功能（如钓鱼和划船）的高浓度污染物。交易旨在通过创新性的市场手段以较低的成本获得与传统规制手段同样的水质改善目标。在切萨皮克湾、密歇根和西南太平洋的博伊西地区，目前的交易主要集中在营养物上，计划正在试图将农场主纳入其中。

（5）补贴

通过提供进行可持续发展实践的资金，或者提供获取资金的机会，补贴和赠款可以帮助弱势部门实现环境目标。赠款通常作为规制手段的补偿，而且它在设计和执行上比环境税更简单，因此更受农场主欢迎。

国际经验表明，大多数国家都有为准备加入非点源污染控制计划的农民提供财政支持的政策，赠款是非点源污染中最广泛采用的一个经济手段。许多计划都属于广义的农业环境类型，由此农民能够从一系列 BMPs 中选择适合农场需求的类型（如美国最佳管理实践），一些计划（如爱尔兰农业环境保护计划）需要农民采取种植生产实践要求的所有措施才能获得赠款。

补贴有直接补贴、税收减免、赠款、成本分担等多种形式。批评者认为，首先补贴不符合污染者付费原则，除非农民不仅能解决自身污染问题，还能带来额外的环境或社会收益；其次，税收要占用利用正常税收或具体环境税如杀虫剂税和化肥税获取的资金；最后，对生产者已经太多的部门，赠款可能吸引新的生产者，或者给全成本内在化提供负激励，并将这种不经济性转嫁给消费者。一部分欧洲的学者认为，欧洲共同农业政策下基于生产的补贴赠款是农业生产集约化和非点源污染产生的主要驱动力。

欧洲和美国的赠款由政府直接付给农民。欧盟每个成员国都依据欧盟的《农业环境法》的要求，给农民提供解决农业污染问题的赠款。农民签署了定期环境服务协议即可以获得赠款，协议签署是自愿的，但农民承诺的义务不仅限于良好农业实践。赠款可以弥补因采纳良好农业实践导致的收入减少和成本，而且不同生产实践有不同级别成本分摊方式。重建赠款可以鼓励农民放弃耕种（根据生产实践有效性和农民承担的费用）。重建赠款还可用于鼓励农民放弃农业，以减少敏感地区的污染，例如荷兰敏感地区退休的农场主被迫将生产配额出售给政府。一些国家的农业环境计划采取了具体措施补偿农民对农业污染控制活动的高昂投资。这些赠款通常只用于硝酸盐最敏感的地区。例如，英国的农田废弃物赠款计划为硝酸盐敏感区（Nitrate Vulnerable Zones，NVZs）的农业改良活动提供 25%的资本；法国为粪便贮存设施和农业污染控制计划（The Agricultural Pollution Control Programme，PMPOA 计划）下的粪便管理提供补贴，该计划以五年土地管理合同为基础；在荷兰，大规模的粪便加工可以获得投资补贴，以及基于环境改善系统的绩效补贴。丹麦为很多农业实践提供赠款，例如减少氮的施用（化肥削减到农作物需求量的 60%）和永久绿地环境管理等，但不包括永久牧场管理和指定农业敏感区域（SAAs）的排水改造。

在美国，农民可以从美国农业部（USDA）获得管理农业非点源污染的援助。1985 年 USDA 的《农业法》中有大量赠款计划，它对美国所有的农业计划进行管理。美国《清洁水法（CWA）》第 319 款也为非点源污染计划执行提供赠款，分担示范项目、教育以及农场主信息共享的成本。这些自愿计划始于 1990 年，开始启动时预算经费不到 10 亿美元，到 2002 年经费已稳步增长到 24 亿美元。美国一些水质问题比较敏感的州，如切萨皮克湾周边州，已经对自愿采用 BMPs 的农民给予补贴。

德国也建立了补偿制度，将削减非点源的其他收益以补贴的形式支付给农民，除州或欧盟资助的农业环境准备金外，《联邦水法（2000 年修改稿）》还将 10%的土地面积指定为水保护区（Water Protection Area，WPA），根据该法的要求，该地区采用 BMPs 的农民可以获得水务公司的补偿。

税收减免也是一种常见的资金援助形式，它包括税收抵免、免税或加速折旧或成本较高项目的补贴等。欧洲对农民直接的税收减免并不常见，因为小型农场中许多利润微薄，原本就几乎不纳税。而且农民认为申请税收减免比申请赠款的程序复杂因此不愿意申请。荷兰农田重新分配过程中的税收减免负担项目是较少的例外之一，该项目旨在鼓励畜禽养殖场从硝酸盐敏感区迁移到非集中畜禽养殖区。美国的税收抵免是税收激励计划的核心部分，主要提供给集约化养殖区域的农民。在北欧，税收激励被广泛用于鼓励环保产业的发展，而瑞典则用于粪便加工厂的技术和市场开发。与补贴一样，政府与税收激励相关的主要问题是如何弥补损失税收中不可避免的费用。切萨皮克湾的经验也表明：必须慎重考虑给予采用不同 BMPs 的农场主多大比例的赠款。一些实践的净成本非常低，或者实际上会增加农民的收益（如养分管理计划和化肥管理）。对这些实践，补贴水平应该相对较低，而对资本成本较高的措施，例如粪便运输或者处理措施，补贴水平应该比较高。

（6）交互执行

国际经验回顾表明，大多数农业非点源问题严重的国家使用能够彼此加强的，集规制、经济手段、信息措施于一体的一揽子政策。丹麦使用一揽子政策手段，包括不同工具之间的“交互执行”。如农场主如果执行了“自愿性”的养分管理计划就不用支付高昂的化肥税。一旦计划被提交，它就具有法律意义，并且允许其他经济手段以可交易的养分许可的形式运行，通过该手段农民可以把养分许可回卖给政府。此外，1998 年《水供应法》允许管理机构指定饮用水敏感区，并对农场生产活动受补偿的购买活动进行限制。提交养分管理计划失败将导致农民得到欧盟《共同农业政策》的拨款减少。

交互执行将是 2003 年开始的欧洲未来《共同农业政策》的特征。它可能要求农场主执行一定数量的环境措施，包括非点源污染管理实践，才能使产品和畜禽符合补贴要求。对畜禽养殖活动，这些环境措施包括为减少排放对粪便最小储存量、农田粪便施撒和动物圈厩标准的要求。

（二）中国农村环境保护空缺分析

目前，农村环境污染是发达国家和发展中国家共同关心的一个重要问题。早在 20 世纪 60 年代中期，美国和欧盟就已经开始了控制农业源污染的相关研究和管理活动，目前农业污染控制也成为美国和欧盟环境管理的主要内容之一，它们积累的大量经验对于农业污染管理刚刚起步的中国具有重要的借鉴意义。与这些发达国家相比较，中国农村环境保护工作空缺与不足之处主要体现在以下四个方面。

1．法律法规及政策标准不健全

许多发达国家在进行资源环境保护时，都会出台相应的法律法规，为生态环境建设提供制度支持。例如美国各地农地、水等自然资源保护的实践证明，生态环境保护各项法律和计划的实施使生态保护收到了良好的效果。特别是美国联邦政府于 1985 年修订的《农业法》中制定的“农地保护计划”，大规模地实施退耕还草、退耕植树或休耕；到 1990 年共将 1.18 亿英亩（1 英亩=4 046.86m^2）的农地纳入，发挥了巨大的生态效益和经济效益。综观国外畜禽养殖业的发展，为了保护农村环境，也都有一系列的法律法规体系做支撑。亚洲的日本由于人口稠密，并于 20 世纪 70 年代发生了严重的“畜产公害”，因此畜禽污染的立法最多，先后制定了 7 个与畜禽污染管理控制相关的法律，其中直接相关的有《废弃物处理与清除法》、《防止水污染法》和《恶臭防止法》；美国联邦水污染法中的规定侧重于畜禽场院建设管理，其污水无论排入自身贮粪池，还是排入流经本场的水体，均需得到许可；此外，德国规定畜禽粪便不经处理不得排入地下水源或地面；挪威为了防止畜禽污水污染水资源，1970 年颁发《水污染法》，环保部于 1973 年、1977 年、1980 年又发布了许多法规，规定在封冻和雪覆盖的土地上禁止倾倒任何牲畜粪肥，禁止畜禽污水排入河流；丹麦为了减少粪便污染，规定根据每公顷土地可容纳的粪便量，确定畜禽最高密度指标；施入裸露土地上的粪肥必须在施用后 12h 内犁入土壤中，在冻土或被雪覆盖的土地上不得施用粪便；每个农场的贮粪能力要达到贮纳 9 个月的产粪量。总之，国外环境保护的法律法规健全而又翔实，可操作性强，执法手段先进而有效，加上国民的守法意识较强，所以，执行起来容易到位。

而我国的立法落后于生态保护和建设的发展，对农村许多环境新问题和生态保护方式缺乏有效的法律支持；相对于国外的一系列环保策略我们现有的农村政策显得极其单调和薄弱。此外，一些重要法规对生态环境保护和补偿的规范不到位，尤其是缺乏一些基于市场的信息与环境经济政策和手段。例如，《中华人民共和国水法》规定了水资源的有偿使用制度和水资源费的征用制度，各地也制定了相应的水资源费管理条例，但大多没有将水资源保护补偿、水土保持纳入水资源费的使用项目。总之，在农村环境保护立法及政策方面，我国目前与发达国家相比差距极大，还有一段很长的路要走。

2．基础研究及技术推广能力薄弱

农村环境保护工作应是一项综合、系统的工程，要使其长期、可持续地开展，不但要有宏观层面上的政策支持，还要有相应的技术体系和监督管理体系，而环境友好型科研技术体系的出台是生态补偿的重要组成部分。在环境治理方面，许多发达国家的基础研究工作非常细致，技术推广体系也比较发达，如加拿大一个县级政府部门为保护地下水、控制农业面源污染而颁布农田使用流质厩肥的条例。根据水文地质条件、土地利用类型、土壤物理性状，特别是土壤的排水性，明确划定全县允许使用流质厩肥的农田和草地范围；近年来德国各个州政府为减少农业面源污染，陆续颁布了一系列有利于环境安全和农业可持续发展的限定性和推荐性农业生产技术标准。而我国幅员辽阔，各地自然地理、社会经济状况往往存在较大差异，更需要加强基础研究，从实际出发、因地制宜研究、推广各类农村环保实用技术。因此，我国在今后的生态环境保护方面除了提供直接的资金支持以外，还应加大生态保护的基础科研力度，建立适合中国农村条件特别是各地农民不同经营方式的环保型农业技术推广服务体系，促进农业生态环境的保护。

3．缺乏有效的监督管理机制

有效的监督机制对执行环境法规有着重要作用。欧美对生态环境保护的监督管理是十分严格的。美国在实施“保护计划”的区域内，如果农户不参加“保护计划”，政府则取消农户享受农业扶持及参加联邦农业部“农产品计划”的资格。1996 年“保护计划”为期 10 年的保护期过后，部分休耕的耕地要想重新种植农作物，必须严格遵守 1985 年及 1990 年修改后的农业法中有关耕地保护的条款，否则，就取消其“农产品计划”；而那些已经退耕还林还草的耕地，则永久性地退出农作物种植领域。发达国家对各项农业环境技术标准执行情况的监督主要通过政府专项拨款，依托当地的农业科研和技术推广部门代行这一职能。中国目前在环境治理方面无论是在重要的水源保护区，还是水体污染已很严重的流域和高污染风险地，均无源头控制的监督体系和相应的奖惩措施，对农民和农村农资供销专业户不规范的生产、经营行为缺乏指导和监督。为此除应加强农村基层专职环保机构设置和管理外，还应依托流域管理部门和农村农业技术推广体系，建立源头控制的监督机制和体系。在水体污染严重的流域和高污染风险地区，通过国家地方共同投资方式，采用“绿箱”政策，试行水源涵养地、水源保护区的限定性农业生产技术标准，鼓励和推动环境友好的替代技术和限定性农业生产技术标准的广泛应用，对造成严重环境影响的不规范生产行为实施相应的惩罚措施。

4．环境保护与政策措施一体化难以实现

纵观发达国家发展的道路，以化肥、农药为主的现代投入品的大量使用以及不当的农业生产方式往往导致土地质量退化（沙化、盐渍化、水土流失、土壤污染等）、耕地锐减而引发一系列农业环境问题。过去农业环境问题的产生主要是由高投入、高产出、高能耗的生产方式带来的，是靠对自然资源的掠夺和环境的破坏带来的，是不可持续的。大量化肥、农药等生产要素的使用，对森林的破坏和耕地的大量开垦等，虽然在短时期内给农业生产带来了效益，但也产生了不可逆转的环境问题。虽然也采取了各种措施进行环境治理与改善，但是“先污染、后治理”并不能完全消除环境污染带来的负面影响。因此改变农业生产方式，实现农业环境保护与环境政策一体化是保护农业环境的关键。所谓一体化的环境政策即要求人们在

制定和实施有关社会经济政策的早期就对环境问题加以考虑。经济政策在制定过程中一定要进行环境影响评价。对于经济政策的环境影响评价主要有环境成本分析、环境效果分析和环境费用负担分析等政策可行性评价。任何一项经济政策只有通过事先充分的环境评估并取得良好评价后才能实施，如果不进行环境风险评估或采取不负责任的评估态度，一旦实施起来，其产生的环境后果将是非常严重和不可逆转的。日本过去在发展化学工业中产生的汞污染和人体中毒事件虽然得到圆满解决，但至今在国民心中留有余悸。日本不仅颁布了“环境影响评价法”，而且严格执法并对违法事件进行严肃处理。欧盟在环境影响评价方面建立了“欧盟环境管理和审计体系”和“公共与个人项目对环境影响的评估体系”，前者监督工业活动对环境的影响，后者评价城镇设计规划对环境的影响，这一评价对城镇设计规划最终是否被采纳有直接的影响。我国于 2003 年颁布实施了《环境影响评价法》，但目前还仅限于对建设项目以及部分专业规划进行环境影响评价，而且规划环评才刚刚起步，政策环评尤其对一些重大农村经济政策的环境评估尚缺乏法律依据，有待于进一步完善和提高，这已经成为大势所趋。

三、新时期中国农村环境保护战略

（一）战略方针

未来一段时期，我国社会经济将进一步快速发展，农村环境压力持续上升，新时期中国农村环境保护工作必须站在新的历史起点，着眼农村环保工作发展的长远需求，采取“重点推进，内治外防”的总体方针，在科学发展观指导下，按照建设资源节约型和环境友好型社会的要求，坚持以人为本、城乡统筹，把农村环境保护与改善农村人居环境、保障人体健康、促进农业可持续发展结合起来，切实抓好源头控制、过程管理、末端废弃物资源化利用，着力实施“清洁水源、清洁家园、清洁田园”的“三清”战略，为全面建设小康社会提供环境安全保障。

“重点推进”：对重点流域、区域和问题突出地区开展集中整治，实施“以奖促治”，着力解决危害农民群众身体健康、威胁城乡居民食品安全、影响农业农村可持续发展的突出环境问题。

“内治外防”：以村镇生活污水和垃圾治理、畜禽养殖污染防治、土壤和面源污染治理为重点，开展农村内源污染治理；以防止城市和工业污染转移、防止农村饮用水水源遭受污染为重点，严控农村外来污染。

（二）战略目标

1. 总体目标

建立农村环境污染长效防控机制，解决城乡环境保护“二元结构”问题，农村环境基础设施健全完善，文明健康、环境友好的生产生活方式推广普及，自然和谐的村镇人居环境不断改善，农村居民人体健康得到稳定保障，农村生态文明牢固树立，农村地区经济社会和环境全面、协调、可持续发展。

2. 阶段目标

从现阶段至 21 世纪中叶，我国农村环境保护宏观战略按照三个阶段逐步实施，各阶段目标为：

到 2020 年，农村环境质量恶化趋势得到初步遏制，环境问题突出、严重危害群众健康的村镇基本得到治理，部分地区农村环境质量获得改善。农村环保基础工作得到加强，村镇生活污水和生活垃圾收集处理体系逐步建立健全，农村环境保护法律法规得到完善，生态环境意识深入人心，城乡环境保护“二元结构”问题得到缓解，全国农村环境面貌明显改观。农村人口基本实现饮水安全，大部分农村生活污水、生活垃圾和农业废弃物得到有效处理和利用，农村卫生厕所普及率和种植业测土配方施肥与病虫害综合防治率达到 80%。

到 2030 年，农村环境质量恶化趋势得到遏制，大部分农村环境质量获得改善和提高。城乡环保一体化格局基本形成，村镇环境基础设施健全完善，农村地区落后的生产生活方式发生根本转变。农村人口全部实现饮水安全，绝大部分农村生活污水、生活垃圾和农业废弃物得到有效处理和利用，农村居民全部使用上卫生厕所，种植业全部实现测土配方施肥与病虫害综合防治。

到 2050 年，农村环境质量全面改善，人与自然高度和谐，农村生态文明牢固树立，国家粮食安全、食品安全、环境安全得到有效保障，农村经济、社会、环境协调发展。

（三）战略重点与主要任务

围绕农村环境保护战略目标，在今后 20 年左右时间重点实施以下 6 大任务：

1. 重点推进“以奖促治、以奖代补”

尽快制定发布《全国村庄环境综合整治规划》。按照全国农村环境保护工作会议有关要求，稳步推进农村环境综合整治。研究制定《全国村庄环境综合整治规划》，统筹安排“以奖促治”治理项目布局、治理任务和资金安排。尽快研究制定《村庄环境综合整治技术规范》。

对问题突出村庄开展集中治理，实施“以奖促治”。优先支持位于重点流域和区域、存在群众反映强烈和社会各界高度关注的农村环境问题、经过治理在短期内能够取得成效的村庄。重点开展村庄饮水环境安全保障、畜禽养殖污染治理、生活污水和垃圾处理、历史遗留的工矿企业污染治理。对不同类型、不同地区的农村环境污染治理，要引导发展适合不同区域特点的农村环保措施，并使中央专项资金向问题突出和经济欠发达的地区倾斜。力争每年完成1 000个左右污染问题突出村庄的治理任务，到2012年使1%左右的村庄得到治理。

对通过生态建设取得良好成效的村镇，实施“以奖代补”。进一步深化环境优美乡镇、生态村建设工作，完善工作机制，发挥示范作用。对经过建设达到相关标准的村镇，实行“以奖代补”。加强农村自然生态保护，坚持生态保护与治理并重，强化农村地区资源开发监管，严格控制土地退化，保护农村地区生物多样性，营造人与自然和谐的农村生态环境。大力发展农村生态经济，结合各地优势资源，发展农村生态产业，以环境保护优化经济增长，稳定就业，提高农民生活水平。

2. 养殖业污染防治

科学划分畜禽养殖区域。根据《畜禽养殖污染防治管理办法》及《畜禽养殖业污染防治技术规范》，对畜禽养殖业发展进行合理规划布局，科学划定畜禽养殖禁养区、限养区、宜养区。禁养区内不得新建畜禽养殖场，已建立的畜禽养殖场要限期搬迁或关闭。限养区内要严格控制畜禽养殖场的规模和数量。宜养区内新建、扩建、改建畜禽养殖场，要严格执行环境保护相关制度，并逐步减少小型畜禽养殖场的数量。

加强畜禽养殖废弃物综合利用。重点在中西部的四川、河南、湖南、湖北、江西、广西，东部的山东、广东、浙江、福建、辽宁等畜禽养殖废弃物产生量较高的地区，加强畜禽养殖废弃物的综合利用。优先支持位于人口比较集中地区、重点流域和区域的规模化畜禽养殖场，建设废弃物综合利用与污染治理设施。鼓励建设生态养殖场和养殖小区，通过发展沼气、生产有机肥和无害化畜禽粪便还田等综合利用方式，治理规模化畜禽养殖污染，实现养殖废弃物的减量化、资源化、无害化。对不能达标排放的规模化畜禽养殖场实行限期治理，逾期未完成治理任务的，责令其停产整治。筛选推广一批适用的畜禽养殖污染防治和废弃物综合利用技术。把畜禽养殖业发展与绿色食品、有机食品生产基地建设结合起来，遵循“以地定畜、种养结合”的原则，形成生态养殖—沼气—有机肥料—种植的循环经济模式。

加强水产养殖业环境保护。开展水产养殖污染状况调查，根据水体承载能力，确定水产养殖方式，控制水库、湖泊网箱养殖规模。加强水产养殖污染的监管，严格执行《饮用水水源污染防治管理条例》的有关规定，禁止在饮用水水源一级、二级保护区水体内进行水产养殖；禁止在饮用水水源准保护区水体内进行网箱养殖、肥水养殖。加强水产养殖污染治理技术的研究，积极推广生态水产养殖技术。加强水生动植物的入境管理，保护我国水生生物多样性。

3．种植业污染防治

加强农用化学品环境安全管理。加强农村面源污染控制最佳可行模式的评价和筛选，引导农民科学施肥，大力推广测土配方施肥技术，在粮食主产区和重点流域要尽快普及。优化肥料结构，加快发展适合不同土壤、不同作物的专用肥、缓释肥。积极推行水、肥综合管理技术，提高农业水、肥利用效率。引导和鼓励农民使用生物农药或高效、低毒、低残留农药，推广病虫草害综合防治、生物防治和精准施药等技术。限制销售高毒性、高残留农药，提高施药技术水平，建立健全农药生产和使用的废弃物回收及无害化处置体系。

开展农村面源污染防治示范。重点在河北、河南、黑龙江、吉林、辽宁、湖北、湖南、江苏、江西、内蒙古、山东、四川、安徽等我国粮食主产区及水污染治理重点流域和区域，开展农村面源污染综合治理的试点、示范。在示范区内，开展小流域综合治理，控制水土流失；根据农业发展总体布局，依据不同地区的污染特征和经济条件，探索作物秸秆、废弃农膜等的资源化利用途径；发展节水农业和生态农业，促进农业资源节约，发展农业循环经济；对面源污染防治最佳可行技术进行示范。

4．村镇生活污染防治

保障农村饮用水水源地环境安全。要优先划定人口比较密集的村镇集中式饮用水水源保护区。把水源保护区与各级各类保护区建设结合起来，明确保护目标和管理责任。建立全国农村水源地水质监测和评价网络，及时掌握水源水质变化情况。积极提升县级环保部门对饮用水水源水质常规指标的监测能力。健全饮用水水源安全预警制度，制订突发污染事故的应急预案。定期开展饮用水水源地环境保护专项执法检查。重点推动饮用水环境安全受到严重威胁地区，以及重点流域和区域的饮用水水源地专项治理工作。

加强农村垃圾收集与处理。要因地制宜处理农村生活垃圾，逐步提高垃圾无害化处理水平。对于城市和县城周边的村庄，可采用“户分类、村收集、镇（乡）中转、县（市）处理”的模式，统筹处理生活垃圾；对于边远山区、海岛等交通不便的村庄，可采用“统一收集，就地分类，综合处理”的模式。要加强对农村地区电子废弃物、有毒有害废弃物的分类、回收与处置。

综合处理农村生活污水。加强海河、辽河、淮河、太湖、滇池、巢湖、松花江、三峡库区及其上游、南水北调水源地及沿线、黄河小浪底库区及上游等水污染治理重点流域和区域，特别是饮用水水源地上游地区的农村生活污水的收集与处理。逐步推进县域污水处理设施的统一规划、统一建设、统一管理。在人口集中、经济发达、排污量大、污染比较严重的村镇，应建设污水集中处理设施；位于城市污水处理厂合理范围内的村镇，污水可纳入城市污水收集管网，统一处理。对居住比较分散、经济条件较差村庄的生活污水，可采用净化沼气池、小型人工湿地等低成本、易管理的方式进行分散处理。应将农村净化沼气池建设与改厕、改厨、改圈相结合，逐步提高农村生活污水综合处理率。

推广农村清洁能源。因地制宜，建设不同类型的农村清洁能源工程，逐步改善农村能源结构。大力发展农村沼气，综合利用作物秸秆，推广“四位（沼气池、畜禽舍、厕所、日光温室）一体”等能源生态模式。在农户分散养殖畜禽的区域，以村为实施单元，集中连片推广“一池三改”户用沼气工程；在靠近规模化畜禽养殖场、料源充足、交通方便的地区，推广应用以畜禽粪便为主的沼气工程；在秸秆资源较丰富的农村聚居区，推行秸秆机械化还田、秸秆气化集中供热或发电工程，积极扶持秸秆收购企业和综合利用产业发展。

5. 防止城镇和工业污染向农村转移

优化农村地区工业发展布局与产业结构。重点在山东、浙江、江苏、广东、湖南、河南、安徽、河北等农村工业集聚分布的中东部地区，强化农村地区工业污染防治工作。科学规划区域产业发展布局，严格限制在饮用水水源保护区上游建设污染严重的化工、造纸、印染等类企业。积极推进农村工业发展规划的环境影响评价，通过规划环境影响评价促进企业的合理布局。把农村工业的发展同小城镇的规划建设结合起来，引导企业适当集中，对污染实行集中控制。优化农村产业结构，鼓励发展无污染、少污染的行业和产品，严格控制重污染的行业和产品的发展。在贵州、四川、甘肃、山西、陕西、内蒙古等矿产资源开发规模较大的地区，加强农村地区矿山污染治理与生态恢复，改善矿区生态环境质量。

严格环境监管，防止污染向农村地区转移。加大农村工业企业污染监管和治理力度，禁止工业固体废物、危险废物、城镇垃圾及其他污染物从城市向农村地区转移，禁止污染严重的企业向西部和落后农村地区转移。提高农村地区工业企业准入门槛，严格执行国家产业政策和环保标准，淘汰污染严重和落后的生产项目、工艺、设备，防止“十五小”和“新五小”等在农村地区死灰复燃。以造纸、酿造、化工、纺织、印染行业为重点，加大农村工业污染治理和技术改造力度。工业企业要严格执行污染物排放标准和总量控制制度。

6. 实施农村环境基础调查

全国农业污染源普查。按照《第一次全国污染源普查方案》和《全国农业污染源普查技术规定》的要求，摸清全国种植业、养殖业和重点流域农村生活污染源情况，为种植业和养殖业污染防治提供基本依据。

全国土壤污染状况调查。按照《全国土壤现状调查及污染防治专项总体实施方案》要求，各地要确保完成土壤样品采集、分析测试、质量评价等工作，优先完成长江三角洲、珠江三角洲、环渤海地区、东北老工业基地、成渝平原、渭河平原以及主要矿产资源开采地区等重点区域的调查工作。结合土壤污染状况调查，开展农产品产地环境状况调查工作。

农村饮用水水源地环境状况调查。优先在饮用水环境安全得不到保障、对当地群众身体健康构成严重威胁的地区开展调查，重点是摸清乡镇集中式饮用水水源地环境状况，逐步扩展到分散式农村饮用水水源地，实现农村饮用水水源地环境状况的系统评估。

农村环境质量调查。制定农村环境质量调查技术规范、农村环境质量评价指标体系。近期，优先在江浙经济发达地区、中部农村人口稠密区、西部山区等选择典型地区，进行试点，逐步扩大调查范围，力争 2015 年左右完成全国农村环境质量调查工作。

农村环境监管能力调查。针对农村环境监管和能力薄弱的实际情况，建议国家设立专项资金首先开展农村地区环境监管能力调查工作，重点调查内容包括地方农村环保法规制度发布情况、乡镇环保机构和人员情况等。

（四）战略实施计划

1．分步实施

根据农村环境保护面临的主要问题、现有基础及到 2050 年的总体目标，各项战略与任务按照如下四个阶段推进实施：

第一阶段（2009—2012 年），重点推进“以奖促治”阶段。具体实施内容包括：集中治理污染问题突出地区的农村环境问题，保障人体健康；开展土壤污染状况调查、农业污染源普查、农村饮用水水源地环境状况调查等基础调查工作；起草土壤污染防治法、畜禽养殖污染防治条例等法律法规。

第二阶段（2013—2020 年），重点领域与重点地区治理阶段。具体实施内容包括：重点开展种植业和养殖业污染治理；在重点流域、重点区域全面落实农村环境综合整治各项任务措施，并力争在部分地区率先取得明显成效；继续制定完善农村环保法律、法规、政策及标准。

第三阶段（2021—2030 年），全面推进农村环境综合治理阶段。具体实施内容包括：在典型示范、重点地区（流域）治理基础上，在全国范围内全面推进农村环境综合治理，全面改善农村环境质量，实现城乡环保一体化发展。

第四阶段（2031—2050 年），农村环境质量持续提升阶段。建立城乡环境保护长效机制，特别是在城乡地区全面推进生态文明理念，使农村环境质量稳定维持在较好状况。

2．分区实施

（1）战略实施分区

以地理区位、自然条件、社会经济发展水平、主要的环境问题等因子为主要依据，划分出 7 个农村环境保护战略分区：

① 东北地区，包括黑龙江、吉林、辽宁；

② 华北地区，包括北京、天津、河北、山东、河南；

③ 长江中下游地区，包括江苏、江西、上海、浙江、安徽、湖南和湖北；

④ 东南沿海地区，包括广东、广西、海南、福建、台湾及港澳地区；

⑤ 西南地区，包括云南、贵州、四川和重庆；

⑥ 黄河中游地区，包括山西、陕西、甘肃和宁夏；

⑦ 西北与青藏农牧区，包括新疆、内蒙古、西藏和青海。

（2）分区战略重点

东北地区。辽河、松花江流域的农村饮用水水源地环境保护、生活污水与垃圾处理、规模化畜禽养殖污染防治；推进老工业基地产业结构调整，优化农村工业发展布局；黑土地退化与荒漠化防治；森林资源的合理开发和保护；发展绿色、有机农产品生产。

华北地区。海河流域、南水北调沿线地区的农村饮用水水源地污染防治、村镇生活污染治理、规模化畜禽养殖废弃物综合利用；农村地表、地下水资源合理开发与利用；草场退化、土壤沙化防治，风沙源区生态保护；农村面源污染与水体富营养化控制；乡镇企业污染防治。

长江中下游地区。巢湖、太湖、淮河流域农村饮水安全保障、规模化畜禽养殖污染防治、村镇生活污水与垃圾收集处理；乡镇企业污染防治；水土流失治理与生物多样性保护；农村地表水及河口港湾水域污染控制。

东南沿海地区。珠江流域农村饮用水水源保护、农村生活污水与垃圾处理、规模化畜禽养殖污染防治；土壤持久性有机污染物、重金属污染治理；渔业资源保护与水生生态系统功能恢复；农村面源污染与水体富营养化控制。

西南地区。滇池流域农村饮用水水源地环境保护、村镇环保基础设施建设；水土流失、石漠化和沙漠化治理与生态恢复；农村清洁能源推广；畜禽养殖污染防治与废弃物综合利用；森林资源的合理开发和保护；生物多样性保护；发展绿色、有机农产品生产。

黄河中游地区。黄河中游地区农村饮用水安全保障、农村生活污染防治、规模化畜禽养殖污染防治；水土流失治理；农村地表、地下水资源合理开发与利用；土地荒漠化、盐渍化治理。

西北与青藏农牧区。农牧区饮用水水源地环境保护；农村清洁能源推广；畜牧业生态环境保护；草场退化治理；土壤侵蚀及土地荒漠化治理；生物多样性与湿地保护；发展绿色、有机农产品生产。

（五）战略对策

1. 健全完善农村环保法规和政策

建立健全农村环保法律和法规。抓紧研究、完善有关土壤污染防治、畜禽养殖污染防治、饮用水水源地污染防治、秸秆禁烧和综合利用、外来有害入侵物种环境安全管理等农村环境保护方面的法律法规。

制定完善农村环保政策和标准。围绕“以奖促治”工作，开展配套政策、规划的研究和制定工作，及时总结各项措施执行情况和各地经验教训，真正把这项政策落到实处，让农民得到实惠。按照地域特点，研究制定村镇生活污水、垃圾处理及设施建设的政策、标准和规范，逐步建立农村生活污染治理设施的投入和运行机制。对北方农业生产高度集约化地区、重要饮用水水源地、南水北调沿线、重要湖泊水域和南方河网地区等水环境敏感地区，制定并颁布污染物排放及治理技术标准。完善区域限批、城乡生态补偿政策。

2. 建立农村环保稳定投入机制

近期，实施“以奖代补”，对危害农民群众健康的突出环境问题集中投入，重点支持村庄饮水环境安全保障、畜禽养殖污染治理、生活污水和垃圾处理、历史遗留的工矿企业污染治理项目，力求取得实效。实施“以奖代补”，引导各地加大农村生态建设力度，不断提高村镇环境质量和管理水平。

积极拓展资金渠道，逐步建立政府、企业、社会多元化投入机制。排污费等专项资金应安排一定比例用于农村环境保护。地方各级政府应在本级预算中安排一定资金用于农村环境保护。加强投入资金的制度安排。引导和鼓励社会资金参与农村环境保护。各级地方政府应积极组织和引导当地群众，参与到农村环境保护项目的建设和实施中。

3. 实施农村环境综合整治目标责任制

加强对地方各级政府实施农村环境综合整治的目标考核，推动各级政府把农村环保工作纳入重要日程。重点考核当地政府是否建立了农村环保工作领导小组，统筹协调农村环境综合整治，把“以工补农，以城带乡”政策落到实处；是否建立了农村环保专项资金，建立农村环保投入长效机制；是否编制农村环境综合整治规划，明确农村环保目标、任务和措施；是否加强了农村环保能力建设，建立基层环保机构和队伍。近期，选择部分省会城市和计划单列市开展试点。

4. 大力加强农村环保实用技术研究与推广

加强适合区域特点的农村环保实用技术研究。针对农村地区的实际情况，研究适合南方湿润区与北方干旱区、山区与平原、内陆与滨海、经济发达与欠发达、居住分散和相对集中等不同自然、经济社会条件下的农村环保实用技术，逐步提高技术应用的实效性。

推广成功经验与技术模式。通过专题培训、试点示范等方式，重点推广人畜粪便和生活污水的处理技术、农作物秸秆的综合利用技术、畜禽粪便堆肥和生产有机肥技术、垃圾分类与资源化处置技术等。

5. 积极推广农村生态产业

发展生态农业模式。结合农业产业结构调整，改变农业粗放型生产模式，大力发展农业循环经济、有机农业、替代农业等可持续农业。加大对有机农业的扶持力度，完善有机食品认证制度。在粮食、蔬菜、畜产品生产过程中，全面推行农业清洁生产，严格限制化肥、农药、添加剂的使用。推广有机肥施用，综合防治病虫草害。大力发展以沼气为纽带的生态农业，推广“猪—沼—果”、“四位（沼气池、畜禽舍、厕所、日光温室）一体” 等模式。

构建农村生态工业体系。加快建立资源节约、环境友好型农村工业经济体系，优化农村传统工业结构和产业布局，以产业集聚为手段推动农村工业园区建设，加强配套污染治理设施建设，严格控制排污总量。积极推进农村工业企业清洁生产，淘汰落后生产工艺，从源头削减污染物排放。

推动农村生态旅游。充分认识农村生态旅游在经济、社会、环境、文化等方面的综合价值，推动传统农业向多功能农业转变。在调查研究和科学评估基础上，选择农业旅游资源丰富、交通与经济条件较好的地区，建设生态旅游基地。加强旅游农区的环境管理，将游客对自然环境的破坏降到最小。

6. 深入开展农村生态示范建设

通过“以奖代补”鼓励政策，引导和推动一批村镇通过创建活动率先达到小康社会目标的要求。一是切实抓好农村环境保护规划。抓紧制定和实施农村环境保护规划，与社会主义新农村建设紧密结合，与农民生产生活方式转变紧密结合，与当地村庄建设规划紧密结合，统筹推进实施。二是继续推进农村系列生态创建。进一步深化环境优美乡镇、生态村创建工作，完善工作机制，发挥示范作用。三是加强自然生态保护。坚持生态保护与治理并重，加强农村地区资源开发监管，严格控制土地退化，保护农村地区生物多样性，营造人与自然和谐的农村生态环境。四是大力发展农村生态经济。结合各地优势资源，发展农村生态产业，以环境保护优化经济增长，提高农民生活水平。

7．强化农村环境监管能力建设

建立和完善农村环境监测体系。按照《全国环境监测站建设标准》，有序推进县级监测站的常规监测能力建设。研究制定农村环境质量监测、统计、评价标准和方法，开展农村环境质量评价工作，定期公布全国和区域农村环境状况。加强农村饮用水水源地、自然保护区基本农田等重点区域的环境质量监测。加强危险化学品、危险废物、放射性废物监管，防范环境风险。督促各级政府和重点企业制定突发环境事件应急预案，配备必要应急设施，提高农村地区突发环境事件的应急处置能力。

建设农村环境执法监督体系。按照《全国环境监察标准化建设标准》，加快县级环境监察机构标准化建设，提高机动性执法、现场取证、通信联络、信息处理、快速反应等配套执法能力，重点对中西部地区予以支持。强化农村地区环境监管和准入，禁止不符合区域功能定位和发展方向、不符合国家产业政策的项目在农村地区立项。严格建设项目环境管理，依法执行环境影响评价和“三同时”等环境管理制度。对造成农村生态破坏与环境污染的违法行为，严肃查处。加强环境安全检查，重点排查沿江沿河和人口密集区的石油、化工、冶炼等企业，消除环境隐患。

改善农村环境管理基础设施和条件。省、市级环保部门应有专人负责农村环境保护工作，县级环保部门要加强对辖区内村镇环境保护的监管能力建设，做到职能到位、人员到位、基本工作条件到位。加大农村基层环保管理干部和技术人员培训力度。

8．开展农村环保宣传教育

结合社会主义新农村建设，加大农村环保宣传教育投入，健全宣教基础设施，提高群众的环境意识，引导广大农民自觉培养健康文明的生产、生活、消费方式。及时报道先进典型和成功经验，调动农民群众参与农村环境保护的积极性和主动性。在中小学开展环境保护教育，组织开展环境保护实践。组织开展各级领导干部、企业负责人和农民群众的环境保护知识和技能培训活动，提高农民参与农村环境保护的能力。广泛听取农民对涉及自身环境权益的发展规划和建设项目的意见，尊重农民的环境知情权、参与权和监督权，维护农民的环境权益。

农业、农村、农民问题关系党和国家事业发展全局，农村环境保护是决定我国农村未来环境走势、农业未来生产能力、农民未来生活面貌的重大战略性环节。农村环境保护的物质基础仍然薄弱，必须要大力加强；农村环境保护的体制机制仍然缺失，必须要大力创新；农村环境保护的群众意识仍然滞后，必须要大力引导。

四、重大政策建议

（一）推动农村环境保护的基础性支撑配套体系建设

1. 建立农业农村环境监测预警体系

加大农业农村环境监测预警体系建设力度，尽快完善省级农业农村监测站，在此基础上建设地市级和县级农业环境监测站，逐步建成省、市、县三级农村污染监测网。同时，建立健全现有的农业环境监测网络，建立起完善的农业农村污染动态监测网络体系。建立农业农村生产环境数据信息平台，为农业生产、农业技术推广创建基础性的信息交流途径，为农业生产、食品安全提供环境预警服务。

2. 开展农业农村污染的基础性调查与监测

重点开展农业污染源普查、土壤污染调查和农村饮用水水源地环境状况调查。摸清不同污染源排放规律和对环境污染指标的贡献率等污染底数，土壤污染对农业生产能力和食品安全的影响幅度和大小，及时准确地掌握农村污染状况和变化趋势，为制定科学可行的污染控制措施提供依据。

3. 开展农业农村污染防治技术研究

积极开展农业农村污染防治技术研究与示范。鼓励支持新型农业技术的基础性研究和前期开发。总结适宜不同农业耕作类型地区的污染防治技术和模式，优先在农业高度集约地区、重要饮用水水源地、南水北调东中线沿线、重要湖泊和南方河网地区等水环境敏感区域启动农业污染防治技术示范。对于新型的生态农业生产模式和科学技术要加大示范园区建设，促进相应的区域性规模推广。

（二）创立新型农村环境保护体制机制

1. 加强农村环境保护专项法律法规的研究与制订

尽快制订《农业清洁生产条例》，引导地方出台地方性法律法规，从源头上防范农业面源污染的发生。修改和制定农业面源污染、农村生活污染和农村饮用水污染防治的相关标准、技术规范和操作规程，对相关限制性开发的主体功能区、主要农业生产区、重要饮用水水源地、重要湖泊水域和南方河网地区，要制定并颁布限定性的农业技术标准和管理规程。同时，建立健全执法队伍，规范执法程序和依据，强化农业环保机构的管理职能，加大对农业环境污染的处理力度，切实保障农民合法权益。

2．建立城乡一体化的环境保护体制机制

统筹兼顾、协同推进城乡环境保护，把农村环境保护摆上与城市环境保护同等重要的地位，促进城乡环境质量全面改善。完善城乡一体的环境保护与建设管理体制，形成全覆盖、网络化的环境保护省、市、县三级监管体系。严格执行建设项目环评，推进战略环评规划。加强对大气、土壤、水环境的城乡一体化综合整治，着力推进以饮用水水源保护、垃圾及污水集中处理、土壤污染防治为重点的城乡生态环境建设。加强城乡污水处理、水资源利用与保护设施、防洪设施等的整体协调，推进城乡之间、区域之间环境保护基础设施共建共享，形成城乡一体的生态环境综合保护与建设新格局。

3．进行农村环境保护的市场化制度创新

开展“农村—城市环境产权挂钩”试点。探索制订城市—农村排污权交易政策，农村向城市企业有偿出让排污权，争取在试验区开展排污权交易试点，建立全国排污权交易市场，采取招标、拍卖或政府定价方式有偿出让排污权。

建立污染企业环境治理和生态恢复的责任机制，强制在农村生产的企业从销售收入中提取一定比例资金用于农村环境的恢复和生态补偿，逐步使企业合理负担其开发过程中实际发生的各种成本，形成“完全成本价格”。

把环境容量作为农村环境准入的必要条件，无容量或容量不清的禁止审批或者实行区域流域限批。划定基本生态控制线，将农村饮用水水源保护区、自然保护区、湿地、重要生态功能区等敏感区域纳入农村生态环境控制线范畴，实行最严格的环境保护措施，除公用设施外禁止各类产生污染的开发活动。

进行区域性的城市—农村环境补偿机制建设试点。在一定区域范围内实行跨市、县的环境补偿和财政转移支付；局部地区不同行业、不同生态要素或自然资源开发单位之间进行环境补偿。

（三）推进落实“以奖促治”政策，加大国家财政专项支持力度

按照全国农村环境保护会议工作部署，中央财政逐年安排“以奖促治”资金，用于解决严重危害农村居民健康、群众反映强烈的突出污染问题，并与其他部门已有农村环境保护相关资金形成整体效应，使农村地区环境质量逐步得到改善。

1．突出重点问题和重点地区，优先予以支持

在项目类型上，“以奖促治”资金重点支持村庄饮用水水源地环境保护、畜禽养殖污染治理、生活污水和垃圾处理、历史遗留的乡镇工矿企业污染治理、土壤污染防治等与农村环境状况密切相关的治理项目。在资金安排上，对“三河三湖”、“一江一库”重点流域和区域以及国家重点扶持地区予以倾斜。

2．分类指导，点面结合，有序推进治理工作

通过“以奖促治”，引导各地结合自身实际，按照自然生态环境条件和经济社会发展水平，发展适合不同区域特点的农村环保措施，并优先针对群众反映强烈、环境问题突出的村庄，以及位于重点城市周边地区、国家重点治理流域和区域范围内的村庄，分清轻重缓急，逐步开展治理工作。

3．明确职责，加强监管，建立“以奖促治”长效机制

地方政府是“以奖促治”项目的责任主体，要加强“以奖促治”项目的组织领导，完善政策措施，落实目标责任。环保部门要加强对“以奖促治”项目实施的统一监管和指导协调。各有关部门要加强协调配合，提高管理效率，形成工作合力。抓紧研究制订“以奖促治”项目及资金管理办法，规范资金管理，提高资金使用效益。尽快编制实施《全国村庄环境综合整治规划》，确定重点支持的村庄范围、治理内容和资金需求，为资金安排提供依据。以“以奖促治”工作为契机，逐步加大农村环境保护投入，推动建立政府、企业、社会多元化投入机制。

（四）实施农村环保安康行动，扩大“三清”工程实施范围

1．探索建立乡村环境社会化管理服务体系

引导建立乡村公共服务机构和有效运转机制。通过政策推动、项目引导，建立以村为基本单位、农户为基本服务对象、乡村公共服务机构为主体的农村社会化服务体系。积极探索建立乡村社区物业化、契约化管理服务模式，引入市场机制，将秸秆、粪便、垃圾等废弃物资源化利用和环境污染治理市场化，与治理者的收益挂钩；通过机制带动，鼓励企业、各类合作经济组织和农民的广泛参与。

2．进一步扩大“三清”工程实施范围

加速推进“三清”工程实施区域范围和试点数量。突出抓好农村饮水安全，加大饮用水

水源保护和监管力度，加快解决部分农村人口饮水安全和身体健康的问题，建设清洁水源。着力防治工农业生产污染，严格工矿企业环境准入和达标排放，强化节能减排，加大畜禽和水产养殖污染治理力度，加强土壤污染和农业面源污染防治，建设清洁田园。稳步推进农村环境综合整治，大力开展农村生活污水和垃圾治理，集中整治危害严重的村镇环境问题，积极推进生态示范创建，建设清洁家园。

（五）适时推出“现代生态新村建设”战略

新形势下的农村生态环境保护工作应以生态化的管理理念，完善农村环境基础建设；以健全的资金投入渠道，加强农村聚居区的环境建设；以适宜的产业政策，促进乡镇企业合理优化；以先进的生态农业技术，改善耕地的环境质量，提高农产品的安全性能。最终形成一个以现代农业、优美自然风光为家园的生态良性循环、人与自然和谐共处的新农村。

1．建立农村环境保护与村庄建设发展一体规划制度

在推广农村建设规划的基础上，有条件的地方逐步建立农村环境保护与村庄建设发展的一体规划制度。将农村环境规划纳入到村庄整体发展中来，对采用一体规划的村庄实行生态环境补贴奖励。强化乡村环境发展规划的执行，逐步建立农村规划监督管理体制机制，建立听证、公示等公众参与的规划编制、评估和监督的制度体系。

2．建立农村环境生态星级认证制度

推动建立农村环境生态认证评价标准体系，在有条件的地区开展农村环境生态星级认证制度试点。以评促建，将农村环境生态等级与项目投放资金挂钩，鼓励乡村进行自发的环境整治、土地整理、村庄改造。加大对节能型、环保型的生产、生活基础设施的投入支持力度，增加补贴范围，推进资源节约型和环境友好型的新农村建设。

3．实施“现代生态新村”建设

由环保部牵头，会同相关部委开展“现代生态新村”建设试点。建议对参与“现代生态新村”建设试点的农村由政府提供相关的农村建设改造的环境保护补贴，同时，引入社会资本进行多元化运作。主要可采取以下措施：一是农房改造景观化，按照宜散则散、宜聚则聚的原则，保持乡村原生态改造农房，采取“农户出资，政府补贴”的方式进行改造。二是基础设施城市化。以城市道路、污水处理、天然气等生活设施标准，完善乡村基础建设。三是配套设施现代化。四是景观打造生态化，保护湿地，新建绿地，保护原生植被等。五是开发土地集约化。打造“中国传统文化与现代文明交相辉映，民间风俗与现代生活方式水乳交融”的新型农村。

第四章
中国环境与健康战略研究

责任专家：

赵英民

首席专家：

魏复盛

核心专家：

冯东方　宛　悦　苏　杨　白雪涛　尚　琪　王先良　马文军

参与人员：

王列军　李　屹　段小丽

业务指导：

王明良

第四章
中国环境与健康战略研究

引　言

经过 30 年的迅猛发展，我国工业化已步入中期阶段，由于粗放型的经济增长方式，发达国家上百年工业化过程中分阶段出现的环境问题在我国已经集中出现，工业化进程产生的环境污染对我国人群健康威胁的问题已经显现，正处于“局部性”阶段，如果不在此阶段采取积极应对措施，环境污染对健康的影响存在扩大成为大范围、地区性问题的可能。随着社会的发展、进步，及全民环保意识和维权意识的提高，国际国内社会对我国环境与健康问题的关注度日益增高。环境与健康问题应对不当易成为引发社会问题和政治问题的导火索，也会成为评判环境保护工作成败的核心指标，因此国家要以主动应对的姿态来加强环境与健康工作。

为此，在中国环境宏观战略研究中专门设立了“中国环境与健康战略研究”专题，力求通过系统分析中国环境与健康问题的历史与现状，探寻环境与健康管理水平与社会经济发展不协调的原因，剖析世界主要国家和地区在应对环境污染导致健康问题方面的经验和教训，在充分考虑国情的前提下，提出与我国未来社会、经济与环境发展相适应的环境与健康工作调整思路。本研究是新中国成立以来，对我国环境与健康工作进行的首次系统性梳理与分析。有助于了解中国环境与健康问题全貌，为更有效地做好环境保护工作、维护人民群众身体健康，促进环境效益、经济效益、社会效益的协调统一作出贡献，对关心和研究中国环境保护事业的各界人士来说具有重要参考价值。

一、我国人群健康的环境污染影响分析

保护人民身体健康是环境保护工作的重要出发点和落脚点之一。环境与健康工作关系到国家当前利益与长远利益的协调。认真研究、切实把握当前环境与健康问题的基本特点和趋势，掌握其内在规律，对妥善解决环境保护与人民身体健康、经济协调发展问题具有重大的现实意义，是关系我国社会经济发展全局的一项重大战略任务。

（一）研究范畴

1. 对环境与健康问题的界定

（1）世界卫生组织（WHO）定义

WHO（2008）认为[①]，环境与健康问题涉及人以外的所有物理、化学和生物因素，以及影响行为的一切相关因素，它包括评估和控制可能影响健康的那些环境因素，并以预防疾病和创造有益健康的环境为目标。该定义不包括与环境无关的行为，以及涉及社会和文化环境的行为和遗传学。

（2）环境与健康问题的广义和狭义之分

按环境是否受人类活动的影响，环境分为原生环境[②]和次生环境[③]（陈学敏，2004）。因此，虽然环境与健康问题以人类为核心，但研究范畴又有广义和狭义之分。从广义上讲，环境与健康问题是研究和探讨人类生存的原生环境和次生环境与人类健康间的相互关系；从狭义上讲，以次生环境为主要关注对象，研究和探讨环境污染与人群健康间的关系。

（3）环境与健康问题的传统与现代之分

受经济发展水平影响，环境与健康问题又有传统与现代之分（Claeson M，Klees R，Lvovsky K，etc.，2003；苏志，2004）。传统环境与健康问题与贫困和发展不足有关，如缺乏安全的饮水，社区和家庭环境卫生基础设施不足，食物的微生物污染，使用燃煤和传统生物燃料（秸秆等）取暖和做饭造成的室内空气污染，生活垃圾等固体废物处置不当，农业和家庭式小作坊的职业危害，自然灾害（如洪水、干旱和地震等）带来的环境灾害对人类健康的危害。现代环境与健康问题与经济发展过程中忽视可持续发展、不注重环境保护有关，如由于人口过度集中、工业化、精细农业造成的水污染，由于工业化、机动车增多和火力发电带来的城市

① Environmental health addresses all the physical，chemical，and biological factors external to a person，and all the related factors impacting behaviours. It encompasses the assessment and control of those environmental factors that can potentially affect health. It is targeted towards preventing disease and creating health-supportive environments. This definition excludes behaviour not related to environment，as well as behaviour related to the social and cultural environment，and genetics.（WHO，2008）

② 原生环境指自然环境，包括大气圈、水圈、土壤岩石圈和生物圈。

③ 次生环境指人为活动影响下形成的环境。

大气污染，工业固体废物和有害废弃物大量聚集，新的工农业技术带来的新化学污染和放射性危害，新传染病的出现和老传染病的再流行，滥伐森林、土地退化等造成的地区和区域性生态环境恶化，人类活动造成的全球气候变化、臭氧层空洞以及污染物越境转移等。

2．工业化进程产生的环境化学性污染对健康的影响是本研究的重点

本专题从加强国内环境与健康管理和应对环境污染对人群健康危害的实际需要出发，重点关注我国工业化进程中带来的现代环境与健康问题，并侧重于应对环境化学性污染对人体健康的影响，提出国家中、长期环境与健康发展战略、应对策略和措施。

（1）公众高度关注工业化进程产生的环境污染对健康的威胁问题

我国工业化起步于20世纪60年代前后，加速发展于80年代，依靠粗放型经济增长方式，经过30年的迅猛发展，步入了工业化中期阶段，发达国家上百年工业化过程中分阶段出现的环境问题在我国已经集中出现，其对人群健康的威胁已经显现。我国现有环境流行病学调查发现，我国大气污染与居民死亡率、就诊率和入院率的增加呈正相关（Xu XP，Dockery DW，Christiani DC，et al.，1995；Wong TW，Lau TS，Yu TS，et al.，1999；Xu Z，Yu D，Xu X，et al.，2000；阚海东，陈秉衡，2002；戴海夏，宋伟民，高翔，2004；张燕萍，张志琴，张晓萍，2008）；江苏启东县肝癌、淮安上消化道癌、河南安阳县食管癌等癌症高发区，居民消化道恶性肿瘤高发与水污染存在着高度相关性（苏德隆，1980；闵茂中，徐耀初，王湘云等，1996；杨琰，蔡鹤生，刘存富等，2002）；污灌区土壤污染严重，常住居民的死亡率、癌症死亡率高于对照区居民（王福琳，许百全，丁恬等，1998）。

科学研究显示，环境污染越严重，环境质量越差的地区，人们患病的几率和风险越高，公众对自身健康关切度越大。2006年，覆盖中国7个地区，28个城市4 482名居民的环保民生指数调查显示，63%认为现阶段我国环境问题非常严重和比较严重，86%认同环境污染对现代人的健康造成了很大影响，39%认为环境污染给本人和家人健康造成了很大或较大影响，公众最关心土壤、水源的不洁和大量化学肥料、农药的使用对食品安全的影响（中国环境文化促进会，2007）。

公众对环境污染危害健康的忧虑是导致环境纠纷的一个重要因素。中国环境科学学会（2007）对2004年至2006年原国家环保总局的107例环境纠纷[①]案例进行分析后发现，环境纠纷主要分布在长三角和珠三角等经济发达地区、东北老工业地区以及加速发展中的中西部地区（如河北、河南、贵州等地）；分析案例中的54例涉及健康损害问题，其中44例由生产排污引起：大气污染、水污染、噪声和振动是引发纠纷的主要污染类型，44例中有37例涉及废气排放、22例涉及废水排放、14例涉及噪声振动；化工、矿山及冶炼、水泥厂、炼焦等

① 该研究中环境纠纷指基于环境污染引起的环境法定主体之间就其环境权利和义务而产生的争议，主体可以是个人或单位，纠纷可在个人之间、单位之间以及个人与单位之间发生。

企业是引发纠纷的主要污染源。

（2）我国环境化学性污染存在重大健康隐患

化学品是现代社会不可缺少的生产资料和消费品，但其误用、滥用，化学事故或处理处置不当，均会对人类健康和生态环境产生不利影响。目前世界上大约有 700 万种化学物质，其中常用化学物质超过 7 万种，并且每年还有 1 000 多种新的化学物质问世。我国是世界化学品生产和消费大国。截至 2005 年，我国生产或者进口的化学物质已达 45 000 多种（胡健信，2007），它们来自农药、工业产品、药品等以及这些物质的副产物。有些化学品对人和动物的危害性是已知的，美国国家职业安全与卫生研究所有毒物质登记处所登记的 37 860 种化学物质中，585 种注释有致畸性；国际癌症研究机构指出，目前经过动物致癌实验的 7 000 多种化学物质中 1 700 多种为阳性结果（杨克敌，2007）。但是，大多数化学品对人体健康的作用尚未研究。

我国化学品管理与发达国家存在很大的差距，某些化工行业和企业，特别是大量中小企业的生产工艺技术及化学品风险管理水平明显落后于发达国家，导致有毒有害化学品滥用、废物无序排放。局部调查显示，我国环境化学性污染形势严峻，对健康构成威胁。2006 年全国重点城市集中式饮用水水源地监测调查报告，我国各流域均存在一定微量浓度水平的有毒有害有机污染物污染，部分城市集中式饮用水水源地存在一定程度的微量有毒有害有机污染物污染，132 种检出有机物中有 103 种属于国内或国外优先控制污染物，邻苯二甲酸酯类、卤代烃类、多环芳烃类、有机氯农药检出率较高，主要来源于工业企业生产（中国环境监测总站，2006）。长时间、低剂量暴露于环境化学污染物可对人群带来慢性健康损害。淮河流域肿瘤流行病学调查在流域部分地区饮水中检测出艾氏剂、丁草胺等农药和苯并[*a*]芘、三氯苯等工业企业污染物，发现污染企业分布与淮河流域恶性肿瘤高死亡地区分布一致，提示当地水环境污染与癌症高发存在一定的关系（中国疾病预防控制中心，2006）。

随着经济和医学发展，我国传统环境与健康问题得到有效控制，积极应对环境化学性污染对人群健康的威胁已成为我国经济发展和社会进步的必然要求和紧迫任务。一方面，我国使用的化学品种类正以每年申报 100 余种新化学物质的速度增长（胡健信，2007），凸显我国加强化学品环境与健康风险管理的紧迫性；另一方面，我们对全国有毒有害化学品种类和环境浓度水平，污染的主要行业、来源、排放总量、污染负荷和污染物环境分布还不掌握，对现有化学品对人体健康影响研究的深度和广度还有待加强。目前这种状况，既给我们从时间和空间上预测我国环境化学性污染可能导致人群健康损害带来困难，也促使我们必须下决心从现在开始，抓紧时间，科学规划，认真落实，努力逐步克服目前环境与健康技术支撑力度严重不足给管理工作带来的高难度挑战。

（二）我国人群总体健康状况

新中国成立以来，随着社会经济发展和科学进步，我国人民健康水平不断提高，婴儿死亡率和孕产妇死亡率大幅下降，人均期望寿命由新中国成立前的 35 岁升至 2006 年的 73 岁（卫生部，2008a），接近国际上公认的以 75 岁为基本现代化的标准。与此同时，我国疾病模式发生了明显的变化，死因谱和病因谱均显示慢性非感染性疾病已取代传染性疾病成为城乡居民主导疾病，但城乡疾病模式的转变尚存在不均衡性。农村人群呼吸系统、消化系统、泌尿系统等与生活环境、卫生条件、生活习惯有密切关系的感染性疾病患病率下降不明显，农村人群将在一定时期内面临感染性疾病和慢性非感染性疾病的双重威胁。

1. 死因谱的变化

总死亡率下降，传染病死亡率大幅下降，恶性肿瘤、心脑血管疾病和呼吸系统死亡率显著高于其他疾病。根据卫生统计数据（卫生部，2007），新中国成立以来，我国人群总死亡率已由 1949 年的 20‰下降到了 2007 年的 6.93‰（图 4-1），传染病死亡率大幅下降（图 4-2），恶性肿瘤、心脑血管疾病和呼吸系统死亡率显著高于其他疾病死亡率，且恶性肿瘤死亡率一直呈持续快速上升趋势（表 4-1）。城乡居民死亡率存在差异，农村居民肺结核、呼吸系统疾病、消化系统疾病等感染性疾病、脑血管病以及损伤、中毒死亡率高于城市，城市居民恶性肿瘤、心脏病和内分泌、营养疾病死亡率高于农村（表 4-1）。

传染病死因顺位大幅后移，恶性肿瘤和脑血管病分别位居死因顺位第一位和第二位。由于天花被消灭，鼠疫、霍乱等烈性传染病及其他严重危害人民健康的传染病、寄生虫病被有效控制，传染病死因顺位大幅后移，已从新中国建立前后的第一位转而淡出前十位；而恶性肿瘤、脑血管病、心脏病、呼吸系统疾病、损伤和中毒死因顺位上升，位居我国全人群死因前五位，目前我国城乡居民第一、第二死因顺位均为恶性肿瘤和脑血管病（表 4-2）。

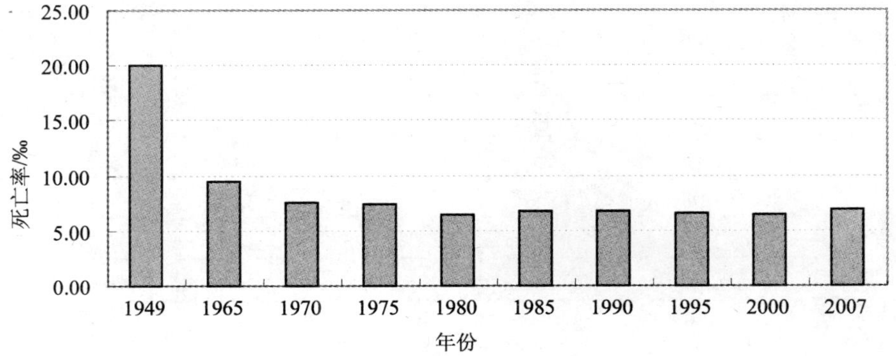

数据来源：卫生部，2007。

图 4-1　中国人群总死亡率变化（1949—2007 年）

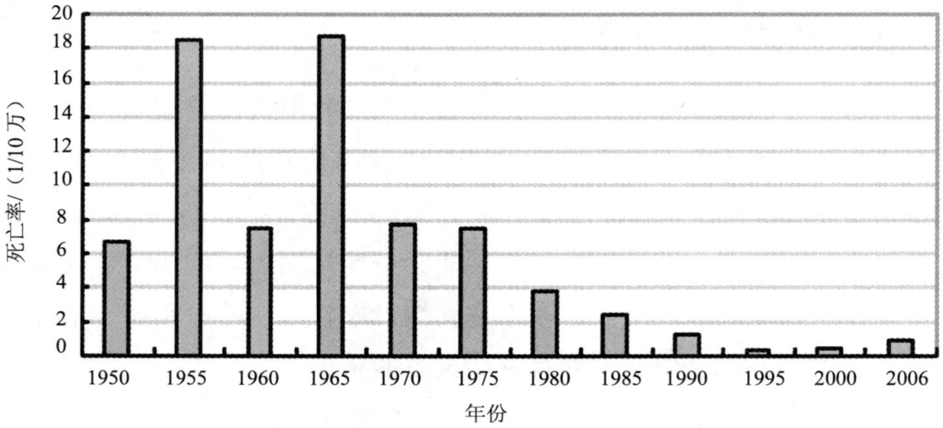

注：1990 年以前报告的传染病为 19 种，1990—1995 年为 24 种；1996—2002 年为 26 种，2003 至今为 27 种（卫生部，2007）。

图 4-2　中国甲、乙类传染病死亡率变化趋势（1950—2006 年）

表 4-1　　1990—2006 年中国城乡居民主要疾病死亡率变化

疾病	城市			农村		
	1990 年（×10⁻⁵）	2006 年（×10⁻⁵）	2006 年/1990 年/%	1990 年（×10⁻⁵）	2006 年（×10⁻⁵）	2006 年/1990 年/%
传染病（不含肺结核）	13.44	4.24	−68.45	23.20	3.59	−84.53
肺结核	7.03	1.92	−72.69	11.88	2.70	−77.27
寄生虫病	0.39	0.30	−23.08	1.31	0.05	−96.18
恶性肿瘤	128.03	144.57	12.92	112.36	130.23	15.90
心脏病	92.53	93.69	1.25	69.60	71.84	3.22
脑血管病	121.84	90.72	−25.54	103.93	105.48	1.49
呼吸系病	92.18	69.29	−24.83	159.67	84.94	−46.80
消化系病	23.53	15.61	−33.66	32.20	17.00	−47.20
损伤和中毒	40.43	32.36	−19.96	68.48	46.12	−32.65
内分泌、营养	10.19	17.59	72.62	5.41	8.16	50.83
泌尿、生殖系病	9.26	7.28	−21.38	9.51	6.65	−30.07
新生儿病	8.81	2.74	−68.90	16.17	3.91	−75.82
精神病	6.30	3.44	−45.40	5.42	3.77	−30.44
先天异常	5.45	2.05	−62.39	6.03	2.20	−63.52
神经系病	4.99	4.95	−0.80	3.60	4.16	15.56
血液和造血器官疾病	1.47	1.44	−2.04	1.28	0.79	−38.28
妊娠、分娩和产褥期并发症	0.29	0.23	−20.69	1.06	0.27	−74.53

数据来源：卫生部，2007。

表 4-2　　1995 年和 2006 年我国城乡前十位疾病死因及构成比

死因顺位	1995 年		2006 年	
	死因	构成/%	死因	构成/%
城　市				
1	脑血管病	22.18	恶性肿瘤	27.25
2	恶性肿瘤	21.85	脑血管病	17.66
3	呼吸系病	15.73	心脏病	17.10
4	心脏病	15.31	呼吸系病	13.06
5	消化系病	6.90	损伤及中毒	6.10
6	损伤及中毒	3.31	内分泌营养和代谢疾病	3.32
7	内分泌营养和代谢疾病	2.34	消化系病	2.94
8	泌尿、生殖系病	1.56	泌尿、生殖系病	1.37
9	精神障碍	1.22	神经系病	0.93
10	神经系病	0.86	精神障碍	0.65
合计		91.26		90.41
农　村				
1	呼吸系病	26.23	恶性肿瘤	25.14
2	恶性肿瘤	17.25	脑血管病	20.36
3	脑血管病	16.73	呼吸系病	16.40
4	损伤和中毒	11.26	心脏病	13.87
5	心脏病	9.60	损伤及中毒	8.90
6	消化系病	4.67	消化系病	3.28
7	新生儿病	1.86	内分泌营养和代谢疾病	1.57
8	肺结核	1.58	泌尿、生殖系病	1.28
9	泌尿、生殖系病	1.31	神经系病	0.80
10	传染病（肺结核除外）	1.27	精神障碍	0.73
合计		91.76		92.32

数据来源：国家统计局，2007。

2．病因谱的变化

我国人群患病率总体呈下降趋势，传染病发病率显著下降。卫生部统计资料（卫生部，2007）及第三次全国卫生服务总调查数据显示（卫生部统计信息中心，2004），我国城乡居民患病情况、主要疾病患病情况及位次变化与死因变化之间存在变化趋势的一致性。首先是我国患病率总体呈下降趋势，但城乡存在差异（图 4-3、图 4-4），与城市居民不同，1993 年至 2003 年，农村居民两周患病率①持续上升，上升了 8.81%；其次是传染病发病率、患病率显著下降，我国 2006 年传染病发病率与 1970 年相比下降了 96.22%（图 4-5），与 1993 年相比两周患病率下降了 53.70%（表 4-3）、慢性病患病率②下降了 49.06%（表 4-4）。

① 两周患病率：国家卫生服务调查主要从医疗卫生服务需要的角度判断被调查者对疾病的自身感受，具体为：一是自觉不适，去医疗卫生单位就诊治疗；二是自觉不适，未去医疗单位诊治，但自服药物或采取一些辅助治疗；三是自觉身体不适未去就诊治疗，也未采取自服药物或辅助疗法，但因身体不适休工、休学或卧床一天及以上者。调查通过询问调查前两周内被调查者患病情况来估算患病率，表示为每千名调查居民中两周内患病例数（或人次数），两周患病情况包括两周内发生的急性病、急性病两周前发生延续到两周内、慢性病持续到两周内三种。

② 慢性病患病率：国家卫生服务调查通过询问被调查者在调查前半年内有经过医务人员明确诊断的各类慢性疾病，包括：慢性感染性疾病和慢性非感染性疾病，或半年以前经医生诊断有慢性病并在调查前半年内时有发作同时采取了治疗措施如服药、理疗等，表示为调查前半年内患病例数（一个人最多可填三种疾病）与调查总人数之比。

慢性非感染性疾病在病因谱中的位次和重要性不断增加。呼吸系统、消化系统和循环系统疾病是当前城乡居民的常见病和多发病（表 4-3、表 4-4），但城乡患病情况存在一定的差异（图 4-6、图 4-7）。第三次国家卫生服务总调查显示，与 1993 年相比，2003 年城市居民呼吸系统、消化系统、传染性疾病、皮肤病等感染性疾病患病率明显下降（两周患病率下降幅度分别为 41.11%、36.10%、60.87%和 66.00%），循环系统疾病、内分泌与营养代谢疾病患病率明显增加（两周患病率上升幅度分别为 74.52%和 126.47%），其中高血压、脑血管病和糖尿病已成为城市居民的常见病和多发病；农村居民常见病、多发病仍以感染性疾病为主，虽然农村地区传染病患病率明显下降（两周患病率下降了 52.63%），但呼吸系统、消化系统和泌尿系统等感染性疾病下降趋势不明显（呼吸系统两周患病率下降幅度为 10.10%，消化系统和泌尿系统分别上升了 1.83%和 34.15%），同时，循环系统疾病、内分泌与营养代谢疾病及损伤和中毒患病率明显增加（如两周患病率上升幅度分别为 74.52%、126.47%和 50.00%），农村居民仍将在今后一定时期内面临感染性疾病和慢性疾病的双重威胁。

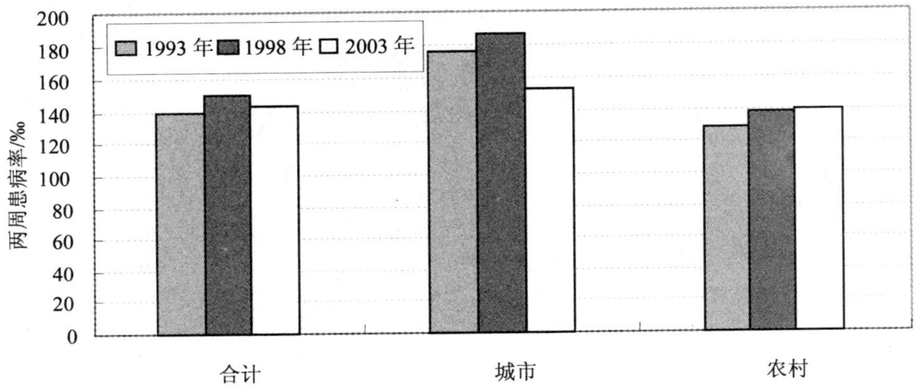

数据来源：卫生部统计信息中心，2004。

图 4-3 我国居民两周患病率变化情况

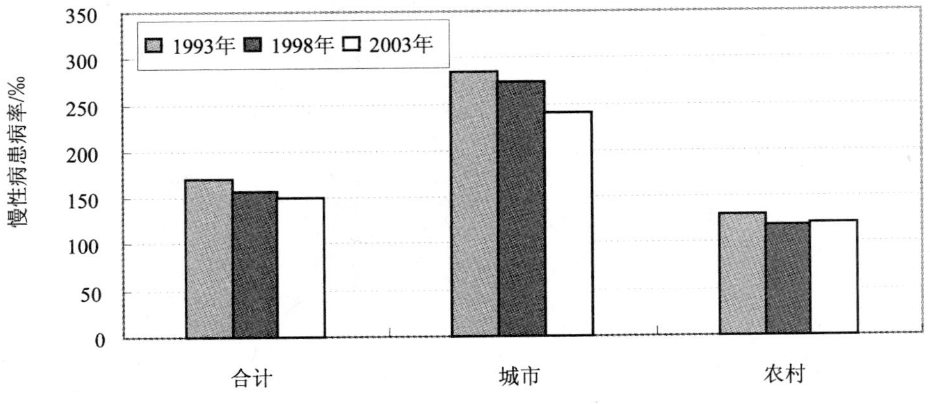

数据来源：卫生部统计信息中心，2004。

图 4-4 我国居民慢性病患病率变化情况

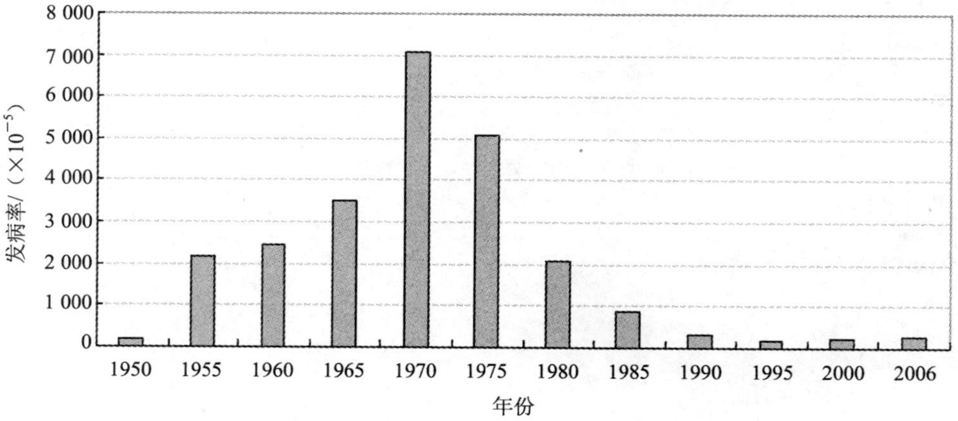

注：1. 随着中国卫生防疫站的建立和疫情报告制度的逐步健全，甲、乙类传染病的总报告率在 1970 年达到高峰（王声湧，曾光，徐昌，张经坤，2000）；

2. 1990 年以前报告的传染病为 19 种，1990—1995 年为 24 种，1996—2002 年为 26 种，2003 至今为 27 种。

数据来源：卫生部，2007。

图 4-5　中国甲、乙类传染病发病率变化趋势（1950—2006 年）

表 4-3　我国城乡居民主要疾病两周患病率　单位：‰

疾病分类	合计		城市		农村	
	1993 年	2003 年	1993 年	2003 年	1993 年	2003 年
呼吸系统	64.9	52.6	72.0	42.4	62.4	56.1
循环系统	11.1	24.4	25.9	45.2	6.1	17.2
消化系统	23.3	21.1	27.7	17.7	21.9	22.3
肌肉骨骼	9.5	14.7	12.5	16.3	8.5	14.2
损伤中毒	4.3	5.7	4.7	4.0	4.2	6.3
泌尿生殖	4.4	5.2	5.3	4.4	4.1	5.5
神经系统	3.4	3.5	3.8	3.4	3.3	3.5
内分泌、营养	1.3	3.1	3.4	7.7	0.6	1.6
传染病	5.4	2.5	4.6	1.8	5.7	2.7
皮肤皮下	3.6	1.9	5.0	1.7	3.1	2.0
疾病总计	140.1	143.0	175.2	153.2	128.2	139.5

数据来源：卫生部统计信息中心，2004。

表 4-4　我国城乡居民主要疾病慢性病患病率　单位：‰

疾病分类	合计		城市		农村	
	1993 年	2003 年	1993 年	2003 年	1993 年	2003 年
循环系统	31.4	50.0	78.6	105.8	15.5	30.8
消化系统	36.5	25.5	49.0	28.2	19.8	24.6
肌肉骨骼	25.5	23.1	38.4	29.8	21.2	20.8
呼吸系统	22.7	15.5	31.3	19.1	19.8	14.2
泌尿生殖	8.3	8.4	12.9	10.1	6.8	7.8
内分泌、营养	3.1	7.5	8.7	20.3	1.3	3.1

疾病分类	合计		城市		农村	
	1993 年	2003 年	1993 年	2003 年	1993 年	2003 年
神经系统	5.5	3.9	6.4	4.6	5.3	3.7
眼及附属	3.4	2.8	6.7	4.6	2.3	2.1
传染病	5.3	2.7	5.2	2.4	5.4	2.8
损伤中毒	1.3	2.1	2.0	2.4	1.1	2.0
疾病总计	169.8	151.1	285.8	239.6	130.7	120.5

数据来源：卫生部统计信息中心，2004。

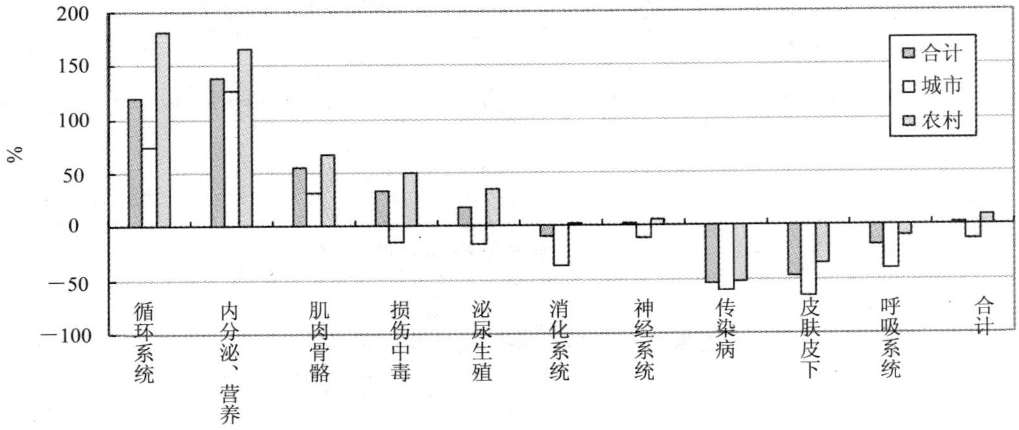

数据来源：卫生部统计信息中心，2004。

图 4-6　我国城乡居民两周患病情况（1993—2003 年）

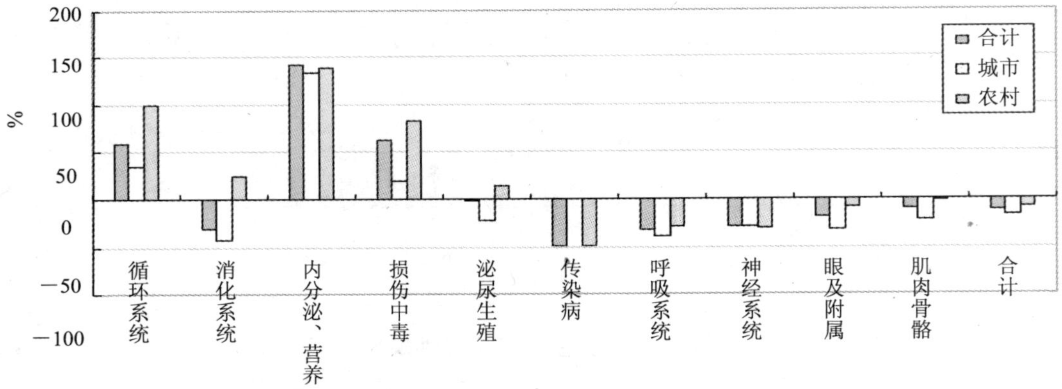

数据来源：卫生部统计信息中心，2004。

图 4-7　我国城乡居民慢性病患病情况（1993—2003 年）

（三）环境因素对人群健康的影响

1. 人群健康受人口因素和非人口因素的综合作用

影响人类健康的因素分为人口因素①和非人口因素②，二者对人群健康水平贡献因时间和病种而异（杨功焕，2004）。

结合我国 1953 年、1964 年、1982 年、1990 年和 2000 年人口普查数据，分解不同阶段死亡率变化影响因素显示，20 世纪 50 年代至 70 年代中是中国人群总死亡水平快速下降阶段，这期间人口结构没有发生改变，非人口因素对人群死亡率下降起主要作用；20 世纪 70 年代中期至 90 年代是死亡率缓慢下降阶段，40 岁以上人口比例增加，但依然是非人口因素的作用促使死亡率继续下降；20 世纪 90 年代以来，人口因素抵消了使死亡率下降的非人口因素的正性作用，我国人口死亡率水平处于平稳阶段（图 4-8）。

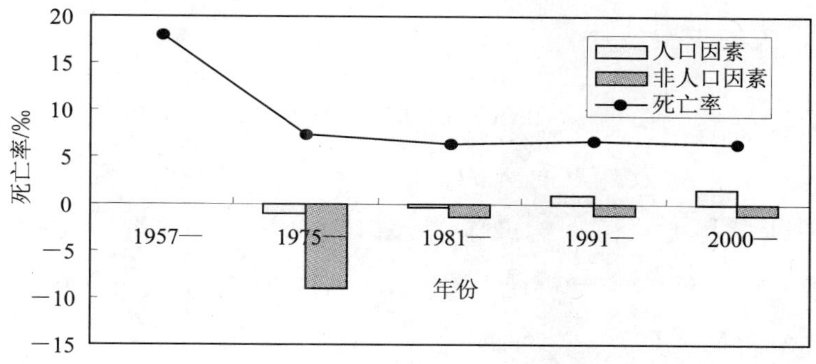

引自：杨功焕，2004。

图 4-8　人口因素和非人口因素对我国人口死亡水平变化的影响

按疾病类别看（图 4-9），非人口因素是影响我国感染性疾病和母婴死亡率下降、城市人群该类疾病死亡率低于农村的主导因素，贡献率分别为 80.88%和 98.82%；人口因素是我国慢性非感染性疾病死亡率上升以及使城市人群该类疾病死亡率高于农村的主导因素，作用分别为 85.21%和 61.32%。

① 人口因素：指人口年龄构成变化。20 世纪末，中国 60 岁以上老年人口占总人口的比例超过 10%。按照国际通行标准，中国人口年龄结构已开始进入老龄化阶段。进入 21 世纪后，中国人口老龄化速度加快。2005 年底，中国 60 岁以上老年人口近 1.44 亿，占总人口的比例达 11%。中国老年人口正以年均约 3%的速度增长（国务院新闻办公室，2006）。

② 非人口因素：除人口因素以外的因素均为非人口因素。考虑到人群生物遗传因素相对衡定，非人口因素主要包括社会经济因素、医疗卫生服务因素、环境因素和人们的行为因素。非人口因素对疾病死亡率的影响，既包括影响发病率，也包括影响病死率的因素。与发病率有关的行为和环境因素，以及与病死率有关的求医行为、医疗卫生服务质量和覆盖范围构成了非人口因素的主要内容。

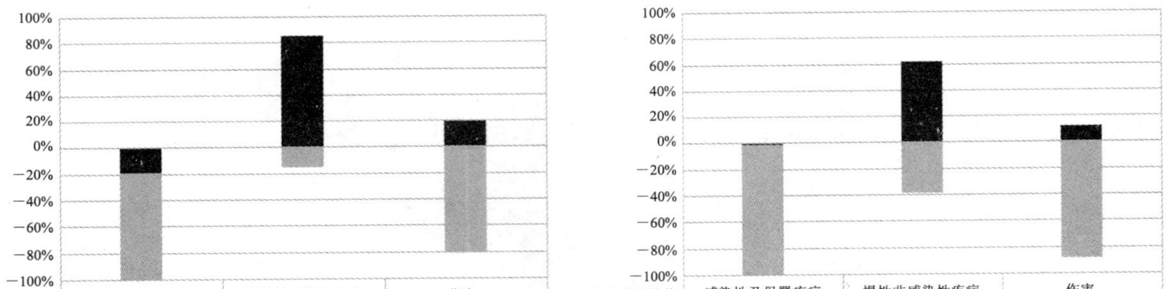

死亡率变化值	感染性及母婴疾病	慢性非感染性疾病	伤害
非人口因素	-25.55×10^{-5}	-13.79×10^{-5}	-10.55×10^{-5}
人口因素	-6.04×10^{-5}	79.47×10^{-5}	2.63×10^{-5}

全国（1991—2000 年）

死亡率变化值	感染性及母婴疾病	慢性非感染性疾病	伤害
非人口因素	-23.41×10^{-5}	-42.16×10^{-5}	-32.7×10^{-5}
人口因素	-0.28×10^{-5}	66.84×10^{-5}	4.7×10^{-5}

城乡（2000 年）

引自：杨功焕，2004。

图 4-9　全国疾病监测系统人群不同类别疾病死亡率差异影响因素分解

2. 与环境因素相关的主要疾病

人群疾病模式的转变受人口因素和非人口因素的综合影响，包括影响人群发病率和病死率的各种因素，其中：与人群发病率有关的生活方式和环境因素，与人群病死率有关的求医行为、医疗卫生服务质量和覆盖范围构成了非人口因素的主要内容。尽管环境因素仅是影响人群健康的诸多因素之一，但综合分析已有研究，WHO 认为环境因素对人体健康影响的重要性不容忽视。

WHO（2006）研究了《2004 年世界卫生报告》所涉 102 类主要疾病、疾病组别和伤害，发现其中 85 类的疾病负担与环境因素有关，但具体归因于环境因素的比例差别很大，图 4-10 列出了 WHO 认为在疾病总负担中环境因素产生最大影响的 24 种疾病[①]。在全球范围，估计 24%的疾病负担（失能调整寿命年，DALY）和 23%的早逝可归因于环境因素；在 0～14 岁的儿童中，可归因于环境因素的死亡比例高达 36%。各类疾病状况的环境归因分析结果因各地区环境风险和享有卫生保健的机会不同还会有所差异。例如，发展中地区人群全部死亡的 25%可归因于环境原因，而在发达地区，只有 17%的死亡是出于环境原因。

尽管目前尚无针对我国环境与健康问题开展的一个类似 WHO 所作的全面、系统性研究，但考虑到我国不同地区人群疾病模式转变发展明显表现出不均衡性，大城市居民疾病模式趋向发达国家，而经济较不发达地区，特别是中国贫困地区的居民疾病模式更接近不发达国家的现实情况，WHO 的研究结果仍可作为我们认识和分析我国环境与健康问题的参考。

① WHO 研究报告所关注的环境因素要比本研究所关注的范畴更为广泛。

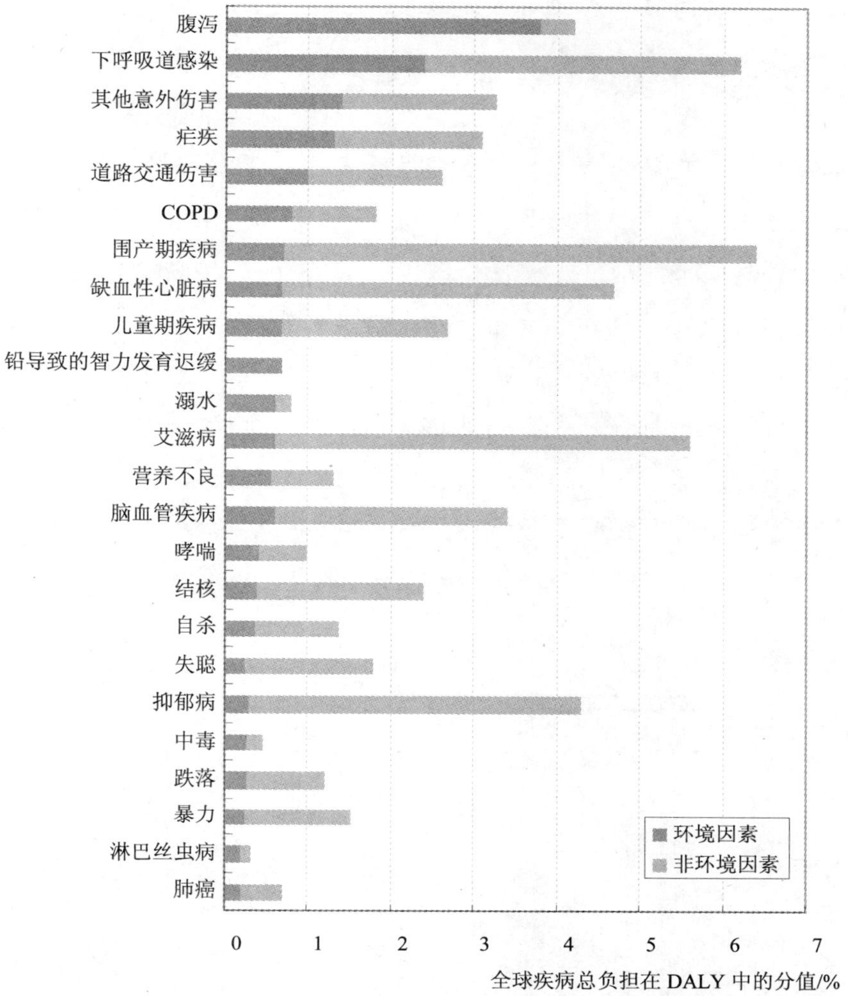

注：DALY 为失能调整寿命年，为死亡和残疾的加权平均数；COPD 为慢性阻塞性肺部疾患；铅导致的智力发育迟缓见 WHO 2002 年疾病清单定义，可检索 www.who.int/evidence；对每种疾病，绿色和蓝色部分总和为该种疾病的总负担。
资料来源：图表引自 WHO，2006。

图 4-10 受环境因素影响较大的主要疾病

（四）环境污染已成为影响人群健康的重要危险因素之一

1．与环境污染相关疾病呈上升趋势，环境污染健康风险较高

尽管我国人群总体死亡率和患病率呈持续下降趋势，传染性疾病死亡率和患病率大幅下降，但值得注意的是一些与环境污染相关疾病的死亡率或患病率持续上升，环境污染的健康风险较高。WHO 报告提到与环境风险因素有关的 85 类疾病中，恶性肿瘤、出生缺陷、儿童哮喘及儿童铅中毒是当前国际国内社会普遍关注的问题。

（1）恶性肿瘤患病率和死亡率持续上升

恶性肿瘤潜伏期较长，加之目前缺乏有效的肿瘤筛查技术和早诊方法，多数患者就诊时

已属晚期，要想准确掌握癌症发病率和患病率情况难度颇大。但近年来恶性肿瘤死亡率和住院率持续升高，提示要高度警示我国存在恶性肿瘤患者持续增加的可能性，而且死亡率和住院率所反映的情况很可能仅为冰山的一角，需要我们及早考虑应对措施。

我国人群恶性肿瘤死亡率一直呈持续快速上升趋势。根据三次全国恶性肿瘤死亡抽样回顾调查，21 世纪初死亡率为 20 世纪 70 年代初的 1.6 倍（卫生部，2008a，图 4-11）。我国肿瘤死亡模式变化趋势有三个特征（卫生部，2008a，2008b）：一是食管癌、胃癌、宫颈癌、鼻咽癌的死亡构成呈明显下降趋势，宫颈癌下降幅度最大；二是与生态环境、生活方式有关的肺癌、肝癌、结直肠癌、乳腺癌的死亡构成呈明显上升趋势，城市居民肺癌死亡率高于农村，胃癌和肝癌死亡率低于农村居民；三是从城乡前十位恶性肿瘤死亡率来看，过去 30 年间，肺癌死亡率由 7.09/10 万上升到 30.83/10 万，在所有恶性肿瘤死亡率中上升幅度最大，约为 3.35 倍，肺癌在癌症死因中的构成比已由 20 世纪 70 年代的第四位跃居 21 世纪初的第一位，占全部恶性肿瘤死亡的 23%（表 4-5）。此外，值得注意的是，尽管肝癌和胃癌死亡构成下降，但其死亡率仍呈持续上升趋势。

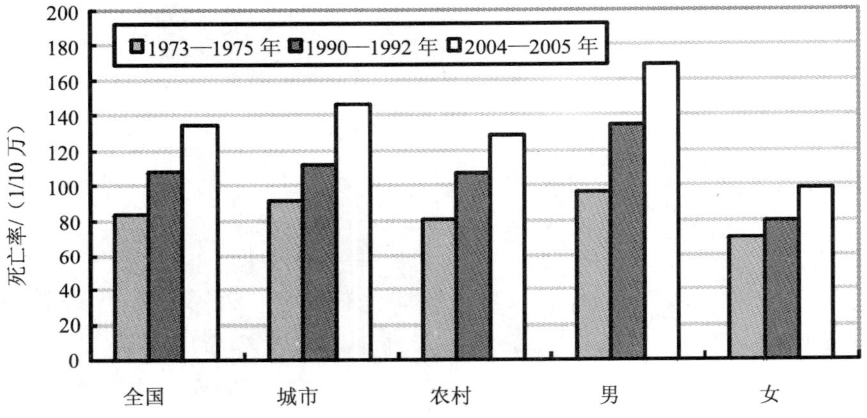

数据来源：卫生部，2008a。

图 4-11 三次全国恶性肿瘤死亡抽样回顾调查的恶性肿瘤死亡率变化情况

我国人群恶性肿瘤住院率持续上升。关于肿瘤患病率数据，我国全国疾病监测系统与全国卫生服务总调查显示的数据存在不一致性。全国疾病监测系统 2002 年数据显示，我国肿瘤患病率为 4.61‰[①]（杨功焕，2004），排在第 13 位；而 2003 年第三次全国卫生服务总调查数据显示，无论是两周患病率还是慢性病患病率，肿瘤未进入前 15 种疾病，患病率分别低于 1.8‰ 和 1.5‰，且仅子宫良性肿瘤进入了前 15 种住院疾病，排在第 14 位（卫生部统计信息中心，2004）。出现这种情况一方面可能与调查方法和调查目标人群不同有关，另一方面可能与当前缺乏有效的肿瘤筛查技术和早期诊断方法有重要关系，目前，仅乳腺癌、宫颈癌具备了公认

① 来自全国疾病监测系统行为危险因素调查，调查对象自我报告过去 30 天影响身体健康的一种主要疾病。

的有效筛查技术和成熟早诊方法。但调查显示，近年来恶性肿瘤住院率持续升高，与 1993 年相比，2003 年我国居民恶性肿瘤住院率上升了 120.00%，其中城市上升 155.56%，农村上升 133.33%（图 4-12）。

表 4-5 我国前十位恶性肿瘤死因顺位及死因构成变化

顺位	合计								
	1973—1975 年			1990—1992 年			2004—2005 年		
	疾病	死亡率/（1/10 万）	构成/%	疾病	死亡率/（1/10 万）	构成/%	疾病	死亡率/（1/10 万）	构成/%
1	胃癌	19.54	23.36	胃癌	25.16	23.24	肺癌	30.83	22.87
2	食管癌	18.83	22.51	肝癌	20.37	18.82	肝癌	26.26	19.48
3	肝癌	12.54	14.99	肺癌	17.54	16.20	胃癌	24.71	18.33
4	肺癌	7.09	8.48	食管癌	17.38	16.05	食管癌	15.21	11.28
5	子宫颈癌	5.23	6.25	结直肠癌	5.30	4.90	结直肠癌	7.25	5.38
6	结直肠癌	4.60	5.50	白血病	3.64	3.36	白血病	3.84	2.85
7	白血病	2.72	3.25	子宫颈癌	1.89	1.75	脑瘤	3.13	2.32
8	鼻咽癌	2.32	2.77	鼻咽癌	1.74	1.61	女性乳腺癌	2.90	2.15
9	女性乳腺癌	1.65	1.97	女性乳腺癌	1.72	1.59	胰腺癌	2.62	1.94
10	—			—			骨癌	1.70	22.87
顺位	城市								
	1973—1975 年			1990—1992 年			2004—2005 年		
	疾病	死亡率/（1/10 万）	构成/%	疾病	死亡率/（1/10 万）	构成/%	疾病	死亡率/（1/10 万）	构成/%
1	胃癌	20.19	21.99	肺癌	27.50	24.43	肺癌	40.98	27.96
2	肝癌	14.05	15.31	肝癌	19.50	17.32	肝癌	24.93	17.01
3	食管癌	13.59	14.80	胃癌	19.44	17.27	胃癌	22.97	15.67
4	肺癌	12.61	13.74	食管癌	9.62	8.55	食管癌	10.97	7.48
5	子宫颈癌	5.81	6.33	结直肠癌	6.98	6.20	结直肠癌	9.78	6.67
6	结直肠癌	5.29	5.76	白血病	3.66	3.25	胰腺癌	4.44	3.03
7	白血病	3.17	3.45	女性乳腺癌	2.56	2.27	白血病	4.17	2.85
8	鼻咽癌	2.60	2.83	鼻咽癌	1.93	1.71	女性乳腺癌	3.98	2.72
9	女性乳腺癌	2.17	2.36	子宫颈癌	1.58	1.40	脑瘤	3.27	2.23
10							胆囊癌	2.13	1.45
顺位	农村								
	1973—1975 年			1990—1992 年			2004—2005 年		
	疾病	死亡率/（1/10 万）	构成/%	疾病	死亡率/（1/10 万）	构成/%	疾病	死亡率/（1/10 万）	构成/%
1	食管癌	20.81	25.76	胃癌	27.16	25.44	肝癌	26.93	20.94
2	胃癌	19.18	23.74	肝癌	20.67	19.36	肺癌	25.71	19.99
3	肝癌	12.02	14.88	食管癌	20.10	18.83	胃癌	25.58	19.89
4	肺癌	5.13	6.35	肺癌	14.05	13.16	食管癌	17.34	13.48
5	子宫颈癌	5.05	6.25	结直肠癌	4.72	4.42	结直肠癌	5.96	4.63
6	结直肠癌	4.35	5.38	白血病	3.63	3.40	白血病	3.68	2.86
7	白血病	2.55	3.16	子宫颈癌	2.00	1.87	脑瘤	2.80	2.18
8	鼻咽癌	2.22	2.75	鼻咽癌	1.67	1.56	女性乳腺癌	2.35	1.83
9	女性乳腺癌	1.45	1.79	女性乳腺癌	1.42	1.33	胰腺癌	1.70	1.32
10							骨癌	1.61	1.25

数据来源：三次全国恶性肿瘤死亡抽样回顾调查（卫生部，2008a）。

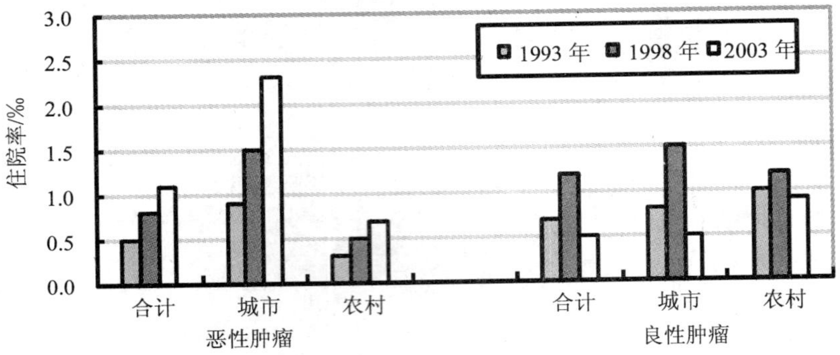

数据来源：卫生部统计信息中心，2004。

图 4-12 我国城乡居民肿瘤住院情况（1993—2003 年）

人口老龄化因素不足以解释我国人群恶性肿瘤死亡率持续上升的现象。全国疾病监测系统数据显示（杨功焕，2004）：58%人口因素和 42%非人口因素导致了肿瘤总死亡率的上升，59%人口因素和 41%非人口因素的综合作用使城市人群肿瘤死亡率高于农村人群。人口因素和非人口因素对不同肿瘤作用不尽相同，其中：非人口因素对肺癌、肝癌、白血病死亡率的上升作用分别达 63%、55%和 59%，对胃癌死亡率变化的影响十分微弱；非人口因素对城市人群肺癌死亡率高于农村人群的作用为 78%；对肝癌而言，人口因素使城市人群肝癌死亡率高于农村，非人口因素则使城市低于农村，两相抵消，城市和农村肝癌死亡率无较大差异；城市人群胃癌死亡率低于农村是非人口因素的作用（图 4-13）。

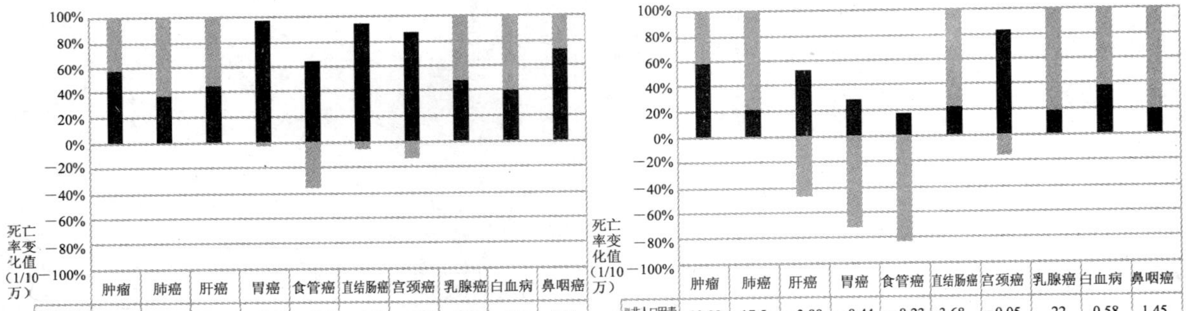

死亡率变化值（1/10万）	肿瘤	肺癌	肝癌	胃癌	食管癌	直结肠癌	宫颈癌	乳腺癌	白血病	鼻咽癌
非人口因素	11.77	5.74	3.71	−0.09	−1.09	−0.05	−0.03	0.3	0.32	0.11
人口因素	16.24	3.41	3.09	3.5	2	0.89	0.21	0.28	0.22	0.3

全国（1991—2000 年）

死亡率变化值（1/10万）	肿瘤	肺癌	肝癌	胃癌	食管癌	直结肠癌	宫颈癌	乳腺癌	白血病	鼻咽癌
非人口因素	13.93	17.5	−3.88	−8.44	−8.23	3.68	−0.05	22	0.58	1.45
人口因素	20.44	5.04	4.4	3.46	1.77	1.12	0.26	0.51	0.37	0.36

城乡（2000 年）

引自：杨功焕，2004。

图 4-13 全国疾病监测系统人群不同类别肿瘤死亡率差异影响因素分解

（2）出生缺陷发生率持续上升

我国出生缺陷发生率逐年上升，已成为婴儿死亡的最主要原因。全世界每年约诞生 500

万出生缺陷儿，85%在发展中国家，我国约占 20%。我国是世界上出生缺陷的高发国家之一，每年出生缺陷儿总数高达 80 万～120 万，占每年出生人口总数的 40‰～60‰（卫生部，2002）。全国妇幼卫生监测办公室统计资料显示（2008），从 1996 年至 2007 年，我国出生缺陷发生率呈逐年上升趋势，且农村发生率高于城市；一些重大出生缺陷，如先天性心脏病、多指（趾）的发生率持续上升（图 4-14、图 4-15）；2007 年全国出生缺陷总发生率为 147.94/万，因出生缺陷导致的婴儿死亡占 19.2%，为历年最高，成为婴儿死亡最主要的原因。专家认为，我国监测所得出生缺陷发生率数据明显偏低，一是由于出生缺陷监测对象偏重于城市地区、诊断水平还不高；二是国外研究表明，在发展中国家，严重遗传性疾病和出生缺陷到 5 岁时的累积发生率可达到 78.6‰，但在出生时仅仅能发现 27.6‰（郑晓瑛，2006），而我国目前的监测数据仅为婴儿期（1 岁以内儿童）的监测数据。

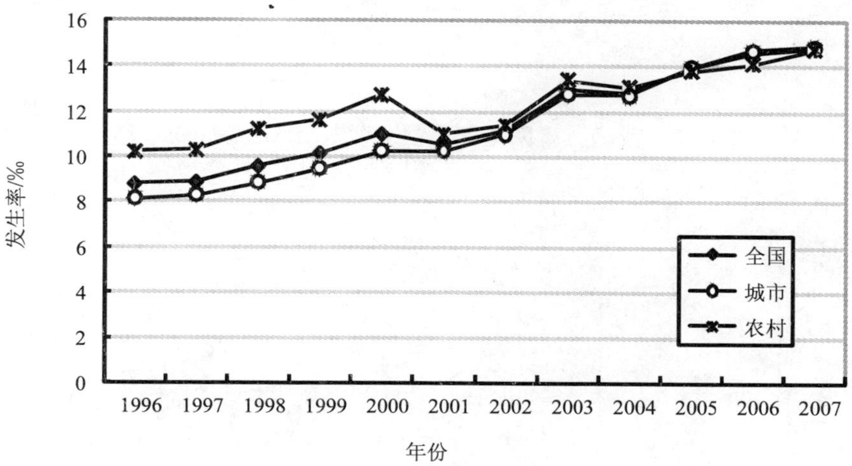

数据来源：全国妇幼卫生监测办公室，2008。

图 4-14　我国出生缺陷发生情况（1996—2007 年）

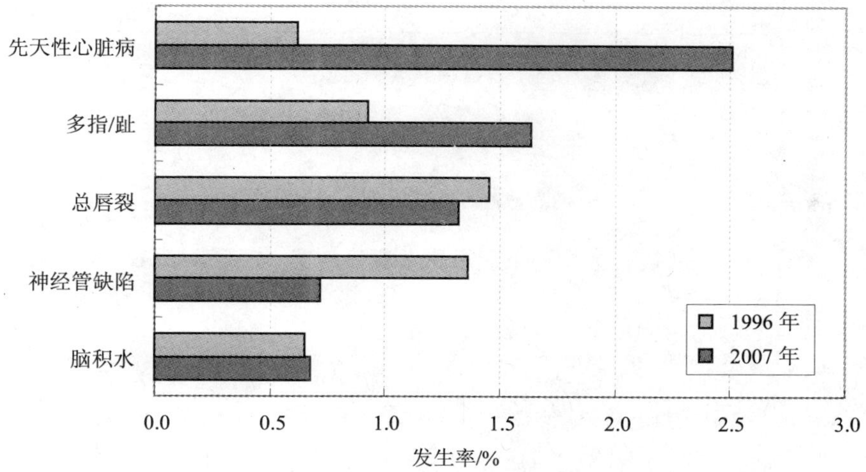

数据来源：全国妇幼卫生监测办公室，2008。

图 4-15　我国前五位出生缺陷发生率顺位变化情况（1996—2007 年）

尿道下裂发生率持续上升。有研究认为尿道下裂的发生与环境类激素污染有关（Skakkeback N. E.，2002）。虽然目前我国尿道下裂发生率明显低于发达国家（图 4-16），但已呈持续上升趋势，总体表现为城市发生率高于农村，沿海高于内地和边远地区（图 4-17）。

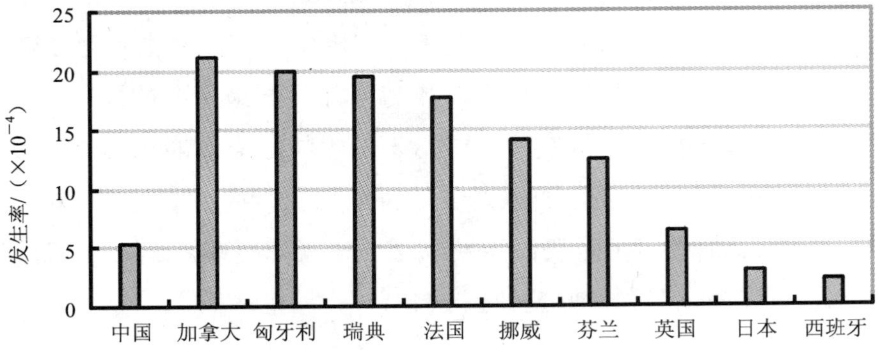

引自：朱军，2008。

图 4-16　我国儿童尿道下裂发生率与发达国家情况比较

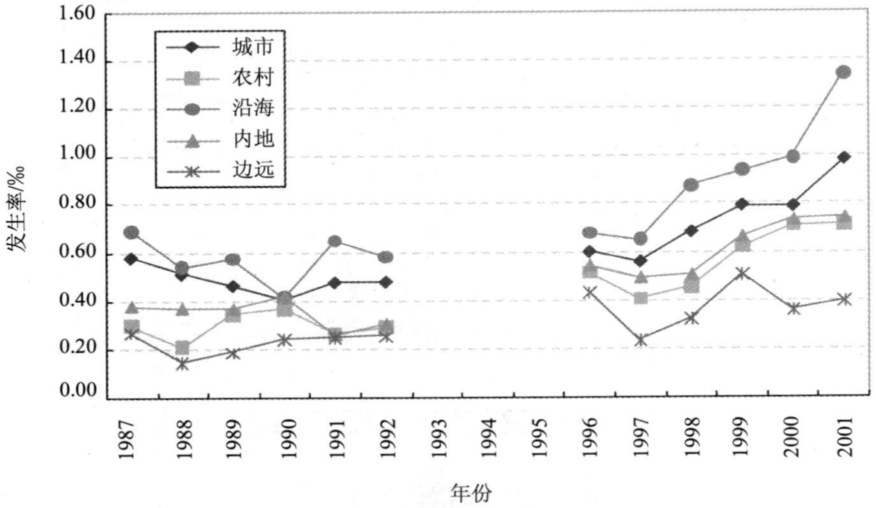

引自：吴艳乔，代礼，王艳萍等（2005）；1993—1995 年数据缺失。

图 4-17　我国儿童尿道下裂发生率变化情况（1987—2001 年）

（3）城市儿童哮喘患病率持续上升

我国 1990 年、2000 年两次 0～14 岁城市儿童哮喘调查结果显示（陈育智，2004，2006），我国城市儿童哮喘患病率 1990 年为 0.91%，2000 年为 1.50%，10 年间上升了 60%（图 4-18）；从地域分布看，人口稀少的高原地区儿童哮喘患病率明显低于其他城市，而人口密度高的重庆、上海高于其他城市（图 4-19）。

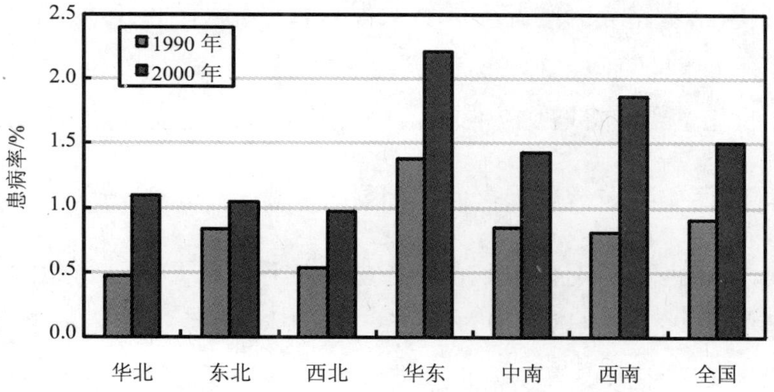

图 4-18　我国 0～14 岁城市儿童哮喘患病率情况

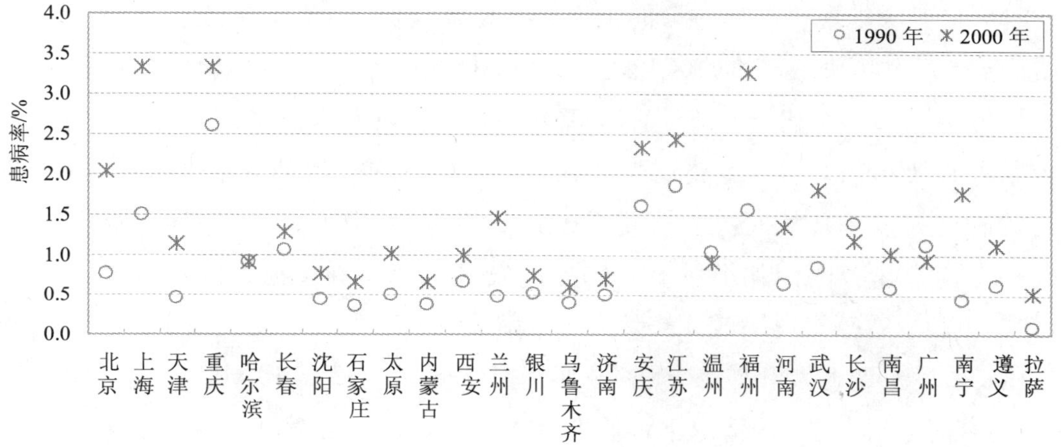

图 4-19　我国 31 个省市 40 万 0～14 岁城市儿童哮喘患病率情况

（4）城市儿童铅中毒[①]风险远高于发达国家

我国 1998 年 19 个城市 6 502 名 3～5 岁儿童血铅水平调查结果显示（戚其平，杨艳伟，姚孝元等，2002），被调查儿童血铅均值为 88.3μg/L；29.91%儿童血铅大于 100μg/L（我国儿童高铅血症诊断标准为大于 100μg/L），铅中毒儿童占 1.97%（我国儿童铅中毒诊断标准为≥200μg/L）。2005 年 15 个城市 17 141 名 0～6 岁儿童血铅水平调查显示（张帅明，戴耀华，谢晓桦等，2005），被调查儿童血铅均值为 59.5μg/L，3 岁、4 岁、5 岁组儿童血铅平均值分别为 57.6μg/L、58.51μg/L 和 60.9μg/L，10.45%儿童血铅水平大于 100μg/L，铅中毒儿童占 0.62%。我国自 2000 年开始在全国范围内禁用含铅汽油，尽管 2005 年调查显示儿童血铅水平与 1998 年相比有显著下降，但依然明显高于美国 36.0μg/L 和加拿大 15.7μg/L 的儿童血铅水平（王舜

① 根据卫生部《儿童高铅血症和铅中毒预防指南》及《儿童高铅血症和铅中毒分级和处理原则（试行）》（卫妇社发[2006]51 号），儿童高铅血症和铅中毒要依据儿童静脉血铅水平进行诊断。高铅血症：连续两次静脉血铅水平为 100～199μg/L；铅中毒：连续两次静脉血铅水平等于或高于 200μg/L；轻度铅中毒：血铅水平为 200～249μg/L；中度铅中毒：血铅水平为 250～449μg/L；重度铅中毒：血铅水平等于或高于 450μg/L。根据《职业性慢性铅中毒诊断标准》（GBZ 37—2002），成人血铅大于 400μg/L 者为观察对象；大于 600μg/L，结合其他生理生化指标或临床症状可诊断为铅中毒。

钦，张金良，2004）。铅暴露会影响儿童的智力发育，儿童期血铅每增加 100μg/L，认知能力可降低 2～3 个 IQ 得分（杨克敌，2003）。儿童人群平均 IQ 减少 10 点，意味着依靠社会照顾，不能接受正常教育的儿童数量将增加 7 倍多，同时社会天才儿童数量将减少 7 倍多。

2. 局部地区环境污染导致健康损害问题凸显

改革开放以来，我国经济快速增长，人民生活水平日益提高。与此同时，由于粗放型经济增长模式没有根本改变，环境污染形势严峻。在我国人群总体健康水平大幅提高的形势下，存在着与环境污染相关疾病患病率及死亡率持续升高的现象，一些地区局部环境污染相关健康损害问题凸显，提示我们要高度警惕人群总体健康明显改善的成绩下面所隐藏的危机。

（1）淮河流域部分地区癌症高发与水环境污染有一定关系

近年，一些流域出现“癌症村”的报道频繁见诸媒体，淮河流域更是媒体关注的焦点。淮河流域是我国水系污染最严重的区域之一。“50 年代淘米洗菜，60 年代洗衣灌溉，70 年代水质变坏，80 年代鱼虾绝代，90 年代身心受害”成了淮河流域遭受污染的真实写照。中国疾病预防控制中心（2006）组织专题调查研究后认为，淮河支流部分地区确实存在“癌症村”现象，恶性肿瘤高发与环境污染有一定关系，其表现为：一是在河南沈丘沿沙颍河一带以及安徽埇桥奎河沿岸存在消化道肿瘤和肺癌高发区，存在肿瘤死亡的村落聚集性。与当地 1973—1975 年肿瘤普查资料比较，排除人口老龄化因素，发现历史上属于恶性肿瘤低发区的河南沈丘和安徽埇桥调查人群肺癌、肝癌死亡率上升幅度显著高于全国平均上升幅度①，在我国食道癌和胃癌呈下降趋势的情况下，研究区人群食道癌和胃癌死亡率呈显著上升趋势。二是除与直系家属患相应恶性肿瘤情况分布一致外，其他如吸烟、酗酒、霉变食品的摄入、乙肝病毒和胃幽门螺杆菌等危险因素不能解释研究区和对照区人群恶性肿瘤死亡的巨大差异。三是研究区内环境污染严重。研究区内近 20 年来有大量排放企业存在，排污企业数量和生产规模与肿瘤高发区分布基本一致；研究区大部分河流水质为Ⅴ类或劣Ⅴ类，饮用水水质检测出苯并[*a*]芘和三氯苯等致癌物。淮河流域部分地区人群癌症高发问题警示我们水环境污染很可能是影响我国农村局部地区人群消化道肿瘤高发的重要危险因素之一。

（2）呼吸系统疾病和肺癌高发与大气污染相关

大气污染是我国城市地区面临的一个主要环境问题，实现改善大气环境质量、保护人体健康的承诺曾给我国成功举办奥运会带来巨大的压力。我国有关大气污染对健康的影响研究较多，也取得了与国际上一致的研究结果，即大气污染与人群死亡率、肺癌死亡率、就诊率和入院率的增加呈正相关。关于大气污染与肺癌的关系，我国曾于 1980—1981 年开展了 26 个城市大气污染与人群健康横断面调查（卫生部卫生防疫司，1984），调查发现人群肺癌死亡

① 与 2000 年全国 5 岁以上农村人群年龄标化恶性肿瘤死亡率 120.9/10 万相比，河南沈丘研究区人群恶性肿瘤超额死亡率为 184/10 万，安徽埇桥研究区为 139/10 万。

率高低分布与26个城市市区大气污染物（颗粒物、二氧化硫、苯并[*a*]芘）污染程度呈现较好的一致性。肺癌已位居我国城市人群恶性肿瘤死亡首位。尽管当前已明确吸烟是导致肺癌的首要危险因素，但在吸烟者比例相近的情况下发现，城市越大，肺癌死亡率越高，农村则较低，这是无法用吸烟、人口老龄化等危险因素来解释的现象。大气污染对人群肺癌超额死亡的影响在2002年美国癌症协会完成的队列研究中得到了进一步的肯定（Pope Ⅲ，Burnett RT，Thun MJ，et al.，2002）。

（3）出生缺陷高发与环境污染的关系亟待关注

国际上关于环境污染与出生缺陷关系的研究较多，一些研究取得了环境污染与出生缺陷高发之间存在相关性的证据（Ritz B，Yu F，Fruin S，et al.，2002；Srám RJ，Binková B，Dejmek J，et al.，2005；Torres-Sánchez L，Rothenberg SJ，Schnaas L，et al.，2007）。目前，我国相关研究案例甚少。山西出生缺陷发生率一直高居全国各省、市、自治区之首（山西省统计局，2007）。我国新生儿出生缺陷总发生率为 9.96‰，山西省新生儿出生缺陷发生率为 17.94‰，是全国平均水平的 1.8 倍。山西全省出生缺陷发生呈北高南低的地理分布，高发区分布在吕梁、太行、中条山脉走向的地带，山区高于平川。吕梁山区是山西最为集中的煤炭产地之一，挖煤炼焦产生的环境污染非常严重。山西省 1978—1980 年 48 381 例出生婴儿调查发现先天畸形发病率为 27.52‰，在太原、大同、长治等工业集中的城市、工业区和受污染的郊区婴儿先天畸形发病率高于城市居民区及邻近区县（杨克敌，2003）。1994 年，山西省对八大煤矿矿区新生儿出生缺陷调查结果显示，其出生缺陷发生率在44.6‰以上（山西省统计局，2007）。虽然出生缺陷的发生是多种因素共同作用的结果，与家族遗传、饮食习惯、营养状况、经济水平、健康意识等有关，但山西省出生缺陷高发与环境污染的关系需要引起关注。

（4）重金属污染导致人体机能损害

甘肃徽县企业铅污染导致人群铅中毒重大环境事件。徽县有色金属冶炼公司自 1996 年建成，其环保设施一直未按环评要求落实，2003 年扩建为 5 000t/a 时也未办理评价手续，甚至采用的是国家明令淘汰的烧结锅炼铅工艺。由于长期超标排放，导致厂区周边 400m 范围内的土壤，已全部被铅污染。根据中国疾控中心职业卫生与中毒控制所检测报告，甘肃省徽县送检的 153 人份静脉血样中，血铅含量在 100～199μg/L 的 21 人，血铅含量在 200～249μg/L 的 39 人，血铅含量在 250～449μg/L 的 61 人，血铅含量在 450μg/L 以上的 1 人。中、重度铅中毒全部为 14 岁以下儿童，共 62 人；在送检的成人静脉血样中，没有发现中毒情况。按照卫生部和甘肃省卫生厅联合专家组制订的方案及《徽县血铅超标人员治疗工作实施意见》，对确诊为中、重度铅中毒人员实施了驱铅治疗。在已进行血铅筛查的 1 789 人中，有 620 名儿童的血铅水平在 100μg/L 以上，43 名成人的血铅水平在 400μg/L 以上，这些人已被列为观察对象。由于当地村民和冶炼厂沟通不畅，加上缺乏对铅中毒的科学认识，造成各种可怕的传言流传，引发了一系列村民与地方政府间的冲突与不信任。监察部与原国家环保总局将这次铅污染造成村民血铅水平异常问题定性为特别重大环境事件。

江西大余镉污染区人群肾功能损害严重。中国工业化镉污染始于 20 世纪 60 年代前后，受镉污染的地区涉及 11 个省、市的 25 个地区。农田污染面积 20 多万亩，污染区稻米中的镉含量在 1.13～5.14mg/kg（国家卫生标准为≤0.2mg/kg）（杜瑜，尚琪，2006），严重超标，这样的暴露水平全球罕见，远高于日本发生痛痛病时当地的米镉 0.50～1.0 mg/kg 的平均水平（Fukushima M，Ishizaki A，Sakamoto M，et al.，1973）。目前我国仅在少数镉污染区进行过人群健康危害的调查，在江西大余开展的调查从 1985 年起断续开展至 2006 年。2006 年调查发现：污染区米镉含量均值达到 0.59mg/kg，超过国家卫生标准；有 1/3 家庭食用镉含量≥1.0mg/kg 的米；长时间镉慢性暴露导致镉污染区人群肾功能损伤指标显著高于对照区人群，尿镉、尿 NAG 酶和尿β_2-微球蛋白指标分别为对照区人群 8.25 倍、1.88 倍和 16.22 倍；镉污染对女性肾脏损害尤为明显。尽管目前该地区未发现痛痛病临床体征和相关病例，但调查结果提示，土壤重金属污染长时间难以消除，如果不采取有效干预措施，土壤重金属将通过食物链进入人体，对居民健康造成慢性损害。而且，我国其他镉污染区人群可能存在与江西大余地区类似的人体机能损伤。

（5）重大环境污染事故威胁人体健康与生命安全

湖南岳阳县水源砷污染，8 万人面临饮水困难。2006 年 9 月 8 日，湖南岳阳市环境监测中心站对岳阳县城饮用水水源新墙河水质进行例行监测时，发现该县自来水取水口水体砷超标 10 倍左右。原国家环保总局工作组会同湖南省环保局调查查明，造成新墙河砷污染的是新墙河上游临湘市浩源化工公司（硫酸厂）和桃林铅锌矿化工厂等非法排污企业。浩源化工公司和桃林铅锌矿化工厂，均未进行环评审批，也没有任何污染治理设施，废水未经任何处理，将超过国家标准 1 000 多倍的高浓度含砷废水直接排入新墙河，每月分别直接排放废水近 5 万 t 和 280t。由于被污染的水源是岳阳县人民饮用水取水口，当地政府于 8 日晚 22 时 30 分起在电视中滚动发布公告，通知群众不能饮用自来水。同时，安排 20 余台消防车向居民提供饮用水。事发后，岳阳县人民医院、县中心医院紧急启动医疗救助预案，并将医院的电话向社会公布，以方便市民随时咨询遇到的各种健康问题。经过启动应急供水方案、开闸放水以及岳阳水厂采取加石灰、加絮凝剂、用活性炭过滤等方法处理后，使出水水质砷含量符合生活饮用水水源水质标准，当地政府于 12 日晚 23 时恢复了岳阳县正常供水。该事件造成县城停水数天、8 万人面临饮水困难。虽然当地群众未出现砷中毒病例，但砷是剧毒化学品，如防范措施不及时，其对人体健康的危害难以想象。

二、我国环境污染对人群健康的影响及发展趋势

随着我国经济、科学技术和教育水平的不断进步，国家基础卫生设施、医疗卫生服务、

人群营养状况、吸烟、饮酒等许多影响人群健康的危险因素逐步得到改善，人群总体健康水平大幅提高。同时，由于快速工业化进程所导致的严峻环境污染形势没能得到根本遏制，环境污染对人群健康影响的作用逐步增强，与环境污染密切相关的疾病，如恶性肿瘤、呼吸系统疾病和出生缺陷等问题凸显。未来，我国人口将继续增加，经济总量不断上升，资源、能源消耗持续增长，环境保护面临的压力越来越大，环境污染引发的人群健康问题也将越来越突出。

（一）环境污染对人群健康的影响

1．水环境污染是威胁农村地区人群身体健康的重要危险因素之一

（1）我国水环境污染已呈现常态和引发全流域环境生态恶化的趋势

水环境作为工农业生产的主要排污场所，污染物种类多，并含有多种高毒、高致癌、致畸污染物。我国水污染及其人群健康危害目前已受到全社会的高度关注，也是媒体报道的热点之一。水污染所引发的环境污染事件多于大气污染事件（图 4-20），受影响人群数量高于其他环境介质污染所影响人群的数量，对社会正常的经济和生活活动影响较大，群众反映也较强烈。2007 年，国家环保总局组织 6 个检查组分赴黄河、长江、淮河以及海河流域调查流域污染现状，最终得出的结论令人震惊：四大流域的整体污染现状已经成为常态。水污染全流域性常态持续存在的后果将是引发全流域的环境生态的恶化。

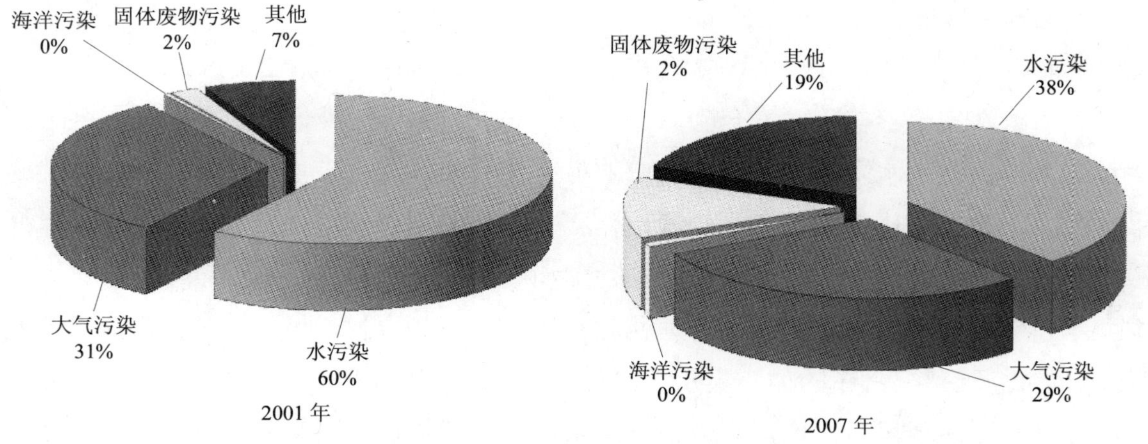

数据来源：原国家环保总局，2001，2007。

图 4-20　近年我国突发环境污染事件情况

我国水环境质量监测数据显示（环境保护部，2008a），我国地表水污染形势严峻，2007 年，七大水系总体为中度污染，珠江、长江总体水质良好，松花江为轻度污染，黄河和淮河为中度污染，海河和辽河为重度污染；重点湖泊中太湖、滇池为劣Ⅴ类水质，巢湖为Ⅴ类水

质。目前，流经我国城市的90%河段受到污染（原国家环保总局，2005）。2006 年，我国 113 个重点城市的 382 个饮用水水源地水质达标率为 72.3%（原国家环保总局，2007）。

我国地下水污染严重，2007 年全国 189 个城市地下水水质监测资料显示，监测区主要监测地点的地下水水质以良好～较差级为主，全国地下水水质呈下降态势的地区主要集中在华北、东北和西北地区，水质呈好转态势的地区仅零星分布（环境保护部，2008a）。国家地质调查局调查的全国 185 个城市的 253 个主要地下水开采地段中，污染趋势加重的占 25%。我国东部地区地下水迅速恶化的城市有：齐齐哈尔、佳木斯、哈尔滨、牡丹江、沈阳、鞍山、烟台、潍坊、济南、济宁、郑州、合肥、上海、嘉兴、杭州、宁波、金华、温州、福州等。我国中西部地区地下水水质迅速恶化的有：太原、西安、宝鸡、兰州、陇西、天水等城市（吴立进，赵坤奇，2007）。

我国水环境污染主要呈现为有机化学物污染。据 WHO 报道，现查明全世界水体中可检查出 2 221 种化学物质，其中饮用水中有害的有机污染物 765 种，经鉴定确认其中致癌物 20 种、可疑致癌物 23 种、致突变物 56 种、促癌剂 18 种。在我国主要饮用水水源中，黄浦江江水中曾检出有机物 700 多种，松花江吉林段检出有机物 317 种，福建闽江检出有机物 100 多种，武汉东湖水检出有机物 102 种，重庆水源中检出有机污染物 101 种，主要为具有生殖毒性的内分泌干扰物（金银龙，2007）。这些污染物在水体中不易降解，难以被常规水处理工艺去除，在环境中可生物性富积，大部分本身具有毒性，部分具有“致癌、致畸、致突变”作用，构成了对人体健康的潜在威胁。

（2）农村地区饮用水安全问题突出

我国目前共有 60 多万个行政村、250 多万个自然村，居住生活着 2 亿多农户、近 8 亿人口。8 亿人口饮水安全存在重大安全隐患：一是一些农村靠近工业区，工厂排放的废水经过多种途径进入村民饮用水水源，工厂废气中的有害物质通过降雨直接沉降等多种方式也进入饮用水水源。二是农用化学品使用不合理，化肥、农药的不合理施用及其流失造成了严重的水体污染。三是大量的畜禽粪便没有很好地处理和利用，随意排放，造成地表水和地下水污染严重。四是农业固体废弃物未得到合理回收和利用。五是农村环境卫生状况堪忧，建设部 2005 年组织对全国部分村庄的调查显示，96%的村庄没有排水沟渠和污水处理系统；89%的村庄将垃圾堆放在房前屋后、坑边路旁，甚至水源地、泄洪道、村内外池塘，无人负责垃圾收集与处理。六是农村自来水普及率不高，相比城市自来水普及率达到 96%，农村自来水普及率仅为 34%（卫生部统计信息中心，2004）。水利部、卫生部和发展改革委的调查已知我国有 3.23 亿农村人口面临水量不足、高氟、高砷、苦咸水、污染和血吸虫等水质问题（李代鑫，杨广欣，2006）。七是农村供排水设施建设与运营缺乏稳定可靠的资金来源，小城镇通常以财政、土地收入、配套费等资金来源为支撑，而在村庄，则以国家部分专项补助资金和农村集体经济以及农民自筹资金为主，缺乏可靠的资金来源。八是农村饮用水水源水质监测还是空白，底数不清。

（3）水环境生物性污染仍然是引起人群水传疾病暴发的危险因素

我国城乡粪便污水处理的无害化程度低，水体生物性污染广泛存在。我国农村地区介水传染病时有发生，主要是由于基础卫生设施不足造成饮用水生物污染。2006 年 8 月至 2007 年 11 月，全国爱卫会、卫生部联合组织开展首次全国农村饮用水与环境卫生现状调查，以 2006 年公布执行的《农村实施〈生活饮用水卫生标准〉规则》作为饮用水水质评价标准，调查发现，调查水样中未达到基本卫生安全的超标率是 44.36%；地面水超标率为 40.44%，地下水超标率为 45.94%；集中式供水超标率为 40.83%，其中近 3 年中央投资建设水厂超标率为 38.99%，分散式供水超标率为 47.73%。农村饮用水中因细菌总数和总大肠菌群所引起的水质超标率为 25.92%；农村饮用水消毒率比较低，集中式供水中有消毒设备的仅占 29.18%，分散式供水基本是直接采用原水。贵州省伤寒、副伤寒等发病率居全国前列，其中七成原因是饮用水受污染引起的。2002—2005 年，云南省共报告肠道传染病暴发疫情 96 起，92.71%的疫情发生在农村地区，主要是水源受到致病菌污染所导致的经水传播型暴发，以细菌性痢疾为最多，其次为感染性腹泻、伤寒、副伤寒和甲型肝炎（黄玉芬，2007）。尽管目前介水传染病发病率和死亡率与以往相比已明显减少，但在当前以至今后相当长的时间内水体生物性污染仍然是影响健康的主要问题，尤其是在我国广大西部农村地区，感染性疾病仍然是当地 5 岁以下儿童死亡的主要因素之一。

（4）水环境化学性污染是我国农村地区人群消化道恶性肿瘤高发的重要危险因素之一

淮河流域部分地区癌症高发问题是关于水环境污染与人群健康问题的较大规模调查内容之一，调查认为流域部分地区居民消化道肿瘤高发与水环境污染存在一定关系（中国疾病预防控制中心，2006）。除此之外，我国尚有一些有关水污染与癌症高发问题的小规模研究。这些不同地区的研究均提示我们，水环境化学性污染是影响广大农村人群消化道恶性肿瘤高发的一个需要引起重视的危险因素。

福建省 11 个县饮用水水质与胃癌死亡率的关系研究中，结合该地区饮用水水质调查和全死因回顾性调查分析后发现，胃癌高发区水质有机物污染指标（氨氮、亚硝酸盐氮、硝酸盐氮、硫酸盐、氯化物、耗氧量等）及重金属（铅、汞）污染物含量明显高于中低发区，研究认为该地区饮用水受有机物污染是引起胃癌高发不可忽视的重要因素（王志强，陈昱，林育纯等，1997）。

粤北某农村地区居民饮用水水质污染与该地肿瘤高发的相关性研究中，通过调查家庭饮用井水的水质和全部人口死亡构成及死因分析发现，研究区饮用水中重金属铅、砷、汞元素含量明显高于对照区；农村居民 5 年死亡率研究区和对照区分别为 3.09% 和 1.55%；死因构成中研究区人群肿瘤死亡占 57.8%，其中食道癌占 31.3%，而对照区肿瘤占 20%。研究认为研究区周边矿山废水已污染附近农村居民饮用水，并与该村人群的肿瘤高死亡率具有一定的相关性（余新华，卢志坚，2005）。

广东省韶关翁源县上坝村为消化道恶性肿瘤高发区之一。1984—2001 年，该村居民中死于消化道肿瘤者占死亡人数的 51%。为了探讨该地区的疾病发生原因，研究人员通过实地考察、采集各种样品，以期分离出相关的致癌物质；在肿瘤死亡病例中随机抽查 100 例进行回顾性问卷调查，了解人群的家族史、生活习惯、饮食习惯等方面的情况。调查发现，大宝山矿区选矿水污染饮用水致使上坝村不同河段的河水与农田土壤里多种重金属的含量均严重超标，影响到稻谷的质量和产量以及人体的健康，当地人群消化道癌症高发病与饮用水污染的联系难以排除（刘奕生，高怡，王康玮等，2005）。

2．大气环境污染是危害城市人群健康的重要危险因素之一

（1）大气污染是我国城市地区面临的主要环境问题

我国环境质量报告书提供的数据显示，近年我国城市大气环境质量状况逐步好转，但部分城市污染仍然严重。多年来，颗粒物和二氧化硫（SO_2）一直是影响我国城市大气环境质量的主要污染物。我国城市大气中颗粒物污染较重，地级及以上城市 SO_2 污染较重，部分大城市的 NO_2 浓度相对较高（表 4-6）。

表 4-6　　2007 年我国 PM_{10}、SO_2 和 NO_2 浓度分级城市比例

主要污染物年均浓度级别		县级城市	地级及以上城市	全国城市
PM_{10}	一级城市比例/%（PM_{10}≤0.04mg/m^3）	8.6	4.7	6.1
	二级城市比例/%（0.04mg/m^3＜PM_{10}≤0.1mg/m^3）	77.5	68.7	72.0
	三级城市比例/%（0.1mg/m^3＜PM_{10}≤0.15mg/m^3）	11.8	25.3	20.3
	劣三级城市比例/%（PM_{10}＞0.15mg/m^3）	2.1	1.3	1.6
SO_2	一级城市比例/%（SO_2≤0.02mg/m^3）	34.1	20.2	26.0
	二级城市比例/%（0.02mg/m^3＜SO_2≤0.06mg/m^3）	60.7	58.9	59.6
	三级城市比例/%（0.06mg/m^3＜SO_2≤0.1mg/m^3）	5.2	19.7	13.7
	劣三级城市比例/%（SO_2＞0.1mg/m^3）	0.0	1.2	0.7
NO_2	一级城市比例/%（NO_2≤0.04mg/m^3）	92.1	86.9	89.0
	二级城市比例/%（0.04mg/m^3＜NO_2≤0.08mg/m^3）	7.9	13.2	11.0

引自：环境保护部，2008b。

我国城市大气中颗粒物污染较重。2007 年，全国 21.9%的城市可吸入颗粒物（PM_{10}）年均浓度超过二级标准（其中劣于三级标准的城市占 1.6%）。颗粒物污染较为严重的城市主要分布在青海、新疆、宁夏、浙江、四川、北京、江苏、湖北、内蒙古、陕西、甘肃、辽宁、湖南、河北、山西、山东、河南、重庆等省市区。与此同时，近年来我国许多地区灰霾天气频繁出现，特别是黄淮海地区、长江河谷、四川盆地和珠江三角洲地区等区域这种现象十分频繁。灰霾的本质是特定气候条件下的细粒子气溶胶污染。我国目前尚无 $PM_{2.5}$ 空气质量标

准，一些零散小规模调查显示北京、广州、上海等城市的 $PM_{2.5}$ 年平均浓度在 60～110μg/m³ 不等（陈旸，王宇骏，邢琪，1999；吴国平，胡伟，滕恩江，1999；戴海夏，宋伟民，高翔，2004；杨轶戬，宋宏，任铁玲，2007；崔蓉，郭新彪，邓芙蓉，2008），远远高于 WHO《全球空气质量指南》$PM_{2.5}$ 年平均浓度 10μg/m³ 指导值和美国大气质量标准 $PM_{2.5}$ 年平均浓度 15μg/m³ 的标准值。

地级及以上城市 SO_2 污染较重。2007 年，14.4%的城市 SO_2 年均浓度超过二级标准（其中劣于三级标准的城市占 0.7%）。全国地级及以上城市的超标比例为 20.9%，县级为 5.2%。二氧化硫污染严重的城市主要分布在山西、贵州、内蒙古、云南、重庆、湖南、河北、新疆、广西、甘肃、安徽、河南、辽宁、陕西、浙江、江苏和天津等省市区。

部分大城市的 NO_2 浓度相对较高。相比颗粒物和 SO_2，我国城市 NO_2 污染尚不严重。2007 年，全国城市 NO_2 的年均浓度均达二级标准（其中 89.04%的城市达到一级），NO_2 浓度相对较高的城市分布在新疆、北京、广东、浙江、江苏、上海等省市区的大城市。随着我国城市机动车辆的迅速增加，机动车废气排放量加大，北京、上海等大城市大气污染类型已由单纯的煤烟型污染向煤烟污染和机动车尾气混合型发展，未来我国城市 NO_2 污染会逐步增加。

大城市居民面临较高的健康风险。2007 年，全国空气质量达标的城市人口比例为 55.3%。其中在 10 万以下、10 万～50 万、50 万～100 万、100 万以上人口的城市中，达标城市的人口比例依次降低，分别为 82.3%、72.3%、62.8%、48.3%。达标城市数的比例也基本类似（图 4-21）。

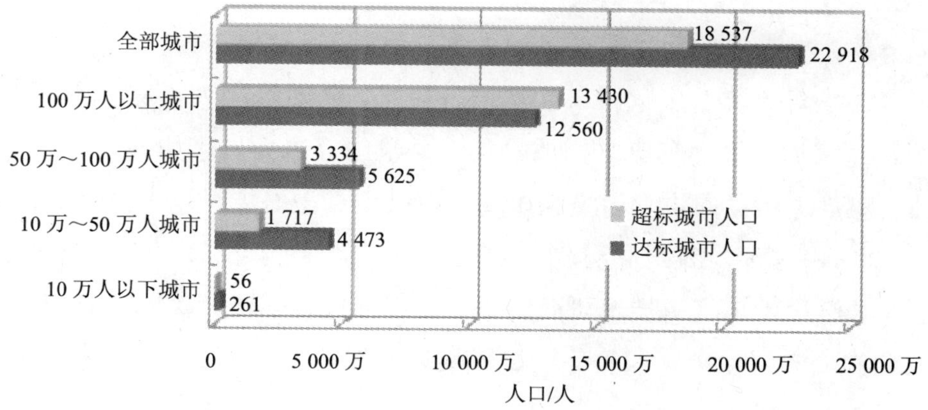

引自：环境保护部，2008b。

图 4-21 不同规模城市的达标城市人口比例

（2）大气污染是推高城市人群早死、肺癌死亡和呼吸系统患病的一个重要危险因素

我国研究显示，大气污染物可对人群早死、呼吸系统患病的增加、人体免疫力的降低产生重要影响。20 世纪 90 年代以来，我国北京、沈阳、上海、太原等城市分别研究了大气颗

粒物污染对人群健康的影响。北京市大气污染与居民死亡研究发现，在控制了温度、湿度、季节变化等可能的混杂因素后，大气总悬浮颗粒物（TSP）浓度每增加一倍，人群肺心病死亡率增加 8.0%（高军，徐希平，陈育德等，1993）。沈阳研究发现，TSP 浓度每增加 50μg/m^3，人群心血管疾病死亡率会增加 1.22%，而 65 岁以上人群则会增加 4.27%，老年人群是大气颗粒物污染相关心血管疾病死亡的高危人群（王慧文，林刚，潘秀丹等，2003）。上海市大气污染物（PM_{10}、SO_2、NO_2）与人群死亡关系研究发现，大气 PM_{10} 平均浓度每增加 10μg/m^3 时，心血管疾病的死亡率会增加 0.4%，该研究同时发现气态污染物（SO_2、NO_2）亦与居民心血管疾病死亡率变化呈现相关性（阚海东，陈秉衡，贾健，2003）。太原市煤烟型大气污染对小学生和成人的呼吸系统，特别是对小学生的肺功能、哮喘的发生等已产生一定程度的影响，燃煤引起的 $lnSO_2$、lnTSP、$lnPM_{10}$、$lnPM_{2.5}$ 每增加一个单位，成人呼吸系统症状及慢性阻塞性肺部疾患（COPD）的危险性分别增加 1.4 倍和 1.3 倍、1.7 倍和 1.5 倍、1.7 倍和 1.5 倍、1.8 倍和 1.7 倍；大气综合污染指数增加一个单位，小学生患哮喘的危险性增加 3.98 倍；中、重度污染区小学生的非特异免疫指标和体液免疫指标均显著低于相对清洁区（金银龙，何公理，刘凡等，2002）。

大气污染对我国人群肺癌死亡率上升的作用不容忽视。我国肺癌死亡率分布具有明显的地理差异，肺癌高死亡区主要为城市地区，几乎所有省的大城市监测区都属于肺癌死亡高发区，其中哈尔滨、大连、上海、青岛和广州肺癌死亡率均在 50/10 万以上；分性别研究肺癌死亡率的地区差异，发现大多数男性肺癌死亡率高的地区，女性肺癌死亡率也高（杨功焕，2004）。总体上，我国肺癌死亡率出现由北向南、由东向西逐步下降的趋势，与大气环境污染程度分布基本一致。

机动车尾气污染对人群健康危害风险进一步加大。随着我国城市家用小轿车的普及，城市机动车辆的迅速增加，机动车废气排放量加大。我国许多大城市如北京、上海，大气污染类型已由单纯的煤烟型污染向煤烟污染和机动车尾气混合型发展，以上海为例，1996 年，汽车排放的 CO、非甲烷总烃、NO_x 量分别占大气污染物总量的 86%、96%、56%（国务院发展研究中心，清华大学，中国汽车技术研究中心，中国环境科学研究院，2001）。机动车尾气中主要含有细颗粒物、一氧化碳、氮氧化物、烃类以及铅化合物等。长期和短期的机动车尾气暴露和心肺疾病的发病率、死亡率以及亚临床症状相关。交警体检可发现碳氧血红蛋白百分比在执勤时明显增高，甚至超过 WHO 要求的暴露限值；亦可发现高血压、神经衰弱、慢性结膜炎、慢性咽炎等检出率高于对照人群，并发现交警有铅的蓄积。机动车尾气中排放的铅也是儿童铅中毒的重要来源之一。机动车尾气中排出的 NO_x 等污染物在一定条件下可形成光化学烟雾，我国研究显示，大气中臭氧（光化学烟雾事件的代表污染物）浓度每升高 10μg/m^3，人群总死亡率、心血管死亡率和呼吸系统死亡率将分别升高 0.45%、0.53%和 0.35%（Zhang Y，Huang W，London SJ，et al.，2006）。

3. 我国土壤污染形势严峻对人群健康构成严重威胁

（1）土壤污染总体形势相当严峻

2001 年，环境保护部组织开展了《典型区域土壤环境质量状况探查研究》项目，调查范围涉及广东、江苏、浙江、河北和辽宁大连 5 个省、市，涉及了我国最具代表性的经济快速发展地区——珠江三角洲、长江三角洲和环渤海地区。我国土壤污染呈如下特点：

近 20 年来，区域土壤环境质量出现下降趋势，局部地区土壤污染在加剧。造成土壤污染因素复杂多样，既有工业污染，也有农业污染、生活污染和交通污染；既有大气污染型，也有水污染型和固废污染型等。农用化学品高强度投入、集约化程度高的蔬菜地、水果产地，其土壤污染发生几率高于一般农田（水稻田）。污水灌溉区、排污企业周围、公路两侧、城郊结合部等的土壤环境污染问题严重。

土壤复合污染明显增加。重金属污染问题依然存在，同时又出现了诸多有机污染物问题。对照我国现行《土壤环境质量标准》（GB 15618—1995）的二级标准值，超标现象比较集中的元素依次为镉、汞、铜、砷、镍。污灌区土壤中铬、汞、镉、铅和砷在土壤中已出现不同程度的积累，其中镉超过了国家土壤环境质量标准的二级标准和绿色食品产地的土壤环境质量标准。对照我国食品卫生标准或农产品安全标准，不仅污灌区农作物存在不同程度的重金属污染现象，不同地区农产品（蔬菜、水果、水稻）也普遍存在不同程度的重金属超标现象。调查地区土壤中有机氯污染比较普遍，六六六和滴滴涕农药残留检出率 95%以上；某些调查区土壤样品中均不同程度地检测到 16 种多环芳烃类有机物。在广东、江苏、浙江等地区土壤中，除重金属污染物外，农用化学品（农药、化肥、农膜、稀土元素）、环境难降解有机污染物（多氯联苯类、多环芳烃类、二噁英类物质）、放射性物质等已成为土壤主要的有毒有害污染物。我国土壤污染呈现从单一污染扩展到复合污染，从有毒有害污染发展至有毒有害污染与 N、P 营养污染的交叉，形成点源与面源污染共存，生活污染、农业污染和工业污染叠加，各种新旧污染与二次污染相互复合或混合的态势。

（2）土壤污染危及食品安全，对人群健康危害隐蔽强

土壤污染危及食品安全。据不完全调查，目前全国受污染的耕地约有 1.5 亿亩，污水灌溉污染耕地 3 250 万亩，固体废弃物堆存占地和毁田 200 万亩，合计占耕地总面积的 1/10 以上，其中多数集中在经济较发达的地区；据估算，全国每年因重金属污染的粮食达 1 200 万 t（原国家环保总局，2006）。

土壤污染对人群健康危害隐蔽强。土壤污染具有隐蔽性、潜伏性和长期性，其通过动植物的食物链系统的富集、浓缩，最终进入人体，因而其对人群健康危害不易察觉。土壤一旦污染，并超过其本身的自净能力（对无机化学元素污染物无自净能力），则难以恢复和修复，会对人群健康构成长时间的严重威胁。已知我国矿山性污染区主要在南方的江西、湖南、广

东、湖北、贵州、云南和北方的甘肃、内蒙古等地，冶炼厂污染区分布在浙江、上海、甘肃、辽宁、广东、湖南、湖北、内蒙古、河南、湖北等地，除少数因城市化而消失外，多数污染区的污染活动仍在持续。在部分污染区，有些重金属，如镉的人群累积暴露水平已达到日本发生公害病的剂量范围，污染区人群身体机能损害十分严重。我国土壤环境污染重，持续时间长，人体暴露水平高，其对居民健康的影响，多为间接的长期的慢性危害，未来加强环境和健康风险管理需要重视大规模的环境流行病学调查和长期跟踪监测。

（3）土壤污染区人群健康状况不容乐观

相比大气污染和水污染，我国土壤污染与健康的关系研究较少，有限的研究结果发现土壤污染区人群总死亡率、癌症死亡率、脂质代谢紊乱疾病患病率较高，人体机能受损情况严重。济南小清河污灌区长住居民血液、唾液与尿液中的免疫球蛋白均低于非污灌区居民，污灌区居民标化死亡率、标化癌症死亡率分别为0.67%和0.16%，显著高于对照区居民的0.55%和0.07%（王福琳，许百全，丁恬等，1998）；江西大余县钨矿开采排放含镉废水污染周边土壤，稻田土壤、大米和蔬菜含镉量均超过最大允许值，当地居民血镉、尿镉和发镉值分别为对照区居民的9.0倍、3.7倍和3.0倍，肾小管重吸收功能受损（赖宝春，1995）；云南个旧砷污染区由尾砂坝的溃堤而引发，当地暴露人群砷中毒的发生率已达到10.4%，最小砷中毒病例发生年龄组为15～20岁（尚琪，2002）；锦州某铁合金厂生产过程中产生的铬污染周边农田和菜地，污染区居民头发中的铬含量明显高于非污染区，两地区的食品结构、饮食习惯、摄入食品的量等没有明显的差异，污染区人群高血压病、冠心病、高脂血症和高胆固醇等脂质代谢紊乱类疾病患病率分别为13.8%、1.3%、17.8%和7.8%，显著高于非污染区的6.2%、0%、6.0%和4.0%（塞冬，敖拉哈，王贵琛等，2008）；长江三角洲某地区由于较长历史的露天拆卸废旧变压器、电子洋垃圾及焚烧废弃电缆电线，当地局部农田土壤表现出较高的二噁英类化合物积累，经稻米—蔬菜、稻米—蔬菜—鱼腥草、稻米—蔬菜—鱼腥草—鸡肉三条暴露途径至人体的日允许摄入量（TDI）分别超过WHO制定的TDI标准最大值的16.9倍、18.0倍及20.9倍，对当地居民的健康构成风险（骆永明等，2006）。

4．新型环境污染物的健康损害问题

环境内分泌干扰物（EEDs）、持久性有机污染物（POPs）以及新材料和新化学污染物的健康问题正在成为全球环境保护的热点，但我国在这方面的调查、研究工作起步较晚，大规模、深入的流行病学研究资料尚缺乏，相关工作亟待加强。

（1）EEDs对人群健康的影响

EEDs对人类最明显的危害是使生殖机能下降。目前，已被证实或怀疑为EEDs的化学物多达150种以上。2000年，长江流域某市饮用水雌激素污染物初步调查发现（田怀军，2004），水源水中有机污染物100多种，出厂水中80多种，其中作为可疑雌激素物质的邻苯二甲酸二

（2-甲基丙基）酯、邻苯二甲酸二丁酯检出率分别为 100%和 90%。国家人口和计划生育委员会科学技术研究所曾对 1981—1996 年公开发表的，来源于北京、上海、天津等地区 39 个市县、256 份文献共 11 726 人的精子分析数据进行研究，发现 16 年间我国男性精液精子密度降幅达 40%以上，其后四年的前瞻性断面评价性研究进一步显示，我国男性的精液质量正以每年 1%的速度下降，降低的趋势具有低龄化倾向，表现为年龄越小精液质量越不佳的趋势，该研究提请人们要高度注意人群 EEDs 低剂量、长期暴露的蓄积作用（张树成，王弘毅，王介东，1999；张树成，贺斌，王弘毅等，2003）。此外，国外研究认为 EEDs 不仅与乳腺癌、卵巢癌、睾丸癌和前列腺癌等激素依赖性肿瘤的发生密切相关，与儿童期肿瘤也有关系。

（2）POPs 对人群健康的影响

POPs 是一类具有持久性、易于生物富集、对人和生物具有毒性的有机污染物质，已经成为全球环境与健康和食品卫生安全体系面临的重大研究课题。POPs 通过食物链进入人体，在脂肪组织、胚胎和肝脏等器官中蓄积，对人体具有免疫毒性、内分泌毒性、生殖发育影响和致癌性。生产过程、生活燃烧中排放的二噁英和呋喃在我国广泛存在，在南方血吸虫病流行的江苏、江西、湖南、湖北、广西、广东、河南等省市，属 POPs 一种的五氯酚钠作为杀螺剂仍在大面积、高剂量地使用。有研究发现，人免疫系统功能下降与婴儿出生前和出生后暴露于多氯联苯（PCBs）和二噁英（PCDDs）的程度有关；在母体接触 POPs 易致婴儿智力发育受损；女性乳腺癌和子宫内膜异位症以及男性的睾丸癌、前列腺疾病与接触 POPs 有关。此外，许多 POPs 能干扰机体内分泌系统的结构和功能而产生各种毒性效应。

（3）新材料和新化学物污染的潜在人群健康危害

随着科技的发展，新材料和新化学物的应用也越来越多。有许多新材料和新化学物质都已显示出明显的健康危害和广泛的环境存在，如纳米材料的大气污染问题，以全氟辛酸胺（PFOA）和全氟辛烷磺酸（PFOS）为代表的氟化有机物（FOCs），五溴双酚醚（PBDE）等具有 POPs 特性的水与土壤的新环境污染物。这些物质材料的人群健康危害研究目前均处于空白状况，其对人群的慢性健康危害也无从谈起。但从毒理学的研究中已发现这些新材料和新物质均具有较严重的健康隐患，如引起试验动物的中枢神经系统毒性、甲状腺毒性、胚胎毒性、遗传毒性、发育毒性、雄性动物生殖细胞毒性等，需要给予密切的关注与重视。我国还缺乏建立在人群健康危险评价基础上的系统性的新材料和新物质的环境准入制度，这类环境污染物将会对我国环境与健康工作形成新的挑战。

（二）我国环境与健康问题基本特点

与发达国家不同，我国的环境与健康问题表现为环境污染浓度高，暴露人口众多，暴露时间长，暴露途径复杂多样，历史累积污染问题的健康影响难以短期消除，城乡差异显著等特点。在传统型环境与健康问题没有得到完全解决的情况下，又出现现代环境与健康问题日趋严重的局面。具体表现为。

1．总体环境质量没有明显改善，局部地区环境质量出现恶化

我国的环境污染并没有随着经济的快速发展得到有效遏制，主要污染物排放持续增加。根据环境保护部历年发布的《中国环境状况公报》与《环境统计公报》数字，我国环境污染物排放量总体呈持续增加态势，其中：废水排放总量由1989年的354亿t上升到2007年的556.8亿t，增加了57.3%。工业二氧化硫排放量由1991年的1 622万t逐年增加，近三年稳定在2 234万t左右，增加了13.8%。工业固体废弃物的排放呈现稳步降低，但储存量从1995年起保持在2.2亿～3亿t，较1989年有明显的增加（表4-7）。上述情况导致我国总体环境质量没有明显改善，并呈现局部地区环境质量恶化、已知环境污染区的环境污染有持续发展的趋势。

表4-7　我国环境污染物排放情况（1989—2007）

年份	废水排放总量/亿t	工业二氧化硫排放量/万t	工业固体废物排放量/万t	工业固体废物储存量/万t
1989	354	—	—	16 000
1990	—	—	5 000	—
1991	336.2	1 622	3 000	—
1992	366.5	1 685	3 000	—
1993	355.6	1 795	2 000	—
1994	365.3	1 825	1 900	—
1995	373	1 891	2 242	24 779
1996	205.9	1 852	1 690	26 364
1997	—	1 852	18 412	29 912
1998	395.3	1 593	7 048	27 546
1999	401.1	1 460.1	3 880.5	26 294.8
2000	415.2	1 612.5	3 183.1	28 921.2
2001	428.4	1 566.6	2 893.8	30 166.4
2002	439.5	1 562	2 635.2	30 039.5
2003	460	1 791.4	1 940.9	27 667.2
2004	482.4	1 891.4	1 762	26 011.9
2005	524.5	2 168.4	1 654.7	27 876
2006	536.8	2 234.8	1 302.1	22 398.1
2007	556.8	2 140	1 196.7	24 119

注：1. 资料来源：环境统计公报1996—2008；中国环境状况公报1989—1994；
2. 数据不含乡镇工业数据。

2．复合型污染严重，污染范围广，暴露人口众多

因历史的原因，我国工业布局缺乏科学的规划，常常是在一个区域分布多种污染物排放企业，加之乡镇企业生产的快速多变，加剧了我国环境污染的复杂性。而现行的环境监测体

系所监测的污染物指标相对于排放的污染物而言是少之又少，对监测指标之外的环境污染物排放很难起到有效的控制。例如：我国大气监测指标为二氧化硫、二氧化氮、可吸入颗粒物和总悬浮颗粒物四项，并以此衡量各城市的大气环境质量。但对以有机化学物排放为主要污染物的地区和城市，大气中的有害污染物，如强致癌物苯并[*a*]芘，就很难起到监督的作用。山西临汾地区炼焦排放的烟尘中就含有高浓度的强致癌物苯并[*a*]芘，目前已知的人群健康危害是当地出生缺陷明显高于全国其他地区。经过多年的发展，我国已经建成遍布全国的石油化工企业，并已形成一些以石化产业为核心的中小型城市，如黑龙江大庆市、广东茂名市，上海金山区等。这些地区每日的环境污染物排放物多以有机化学物质为主，以目前的大气监测指标衡量，当地的大气质量始终会是优级。当前，不考虑流动人口，暴露于大气污染的地级以上城市人口约为 1.85 亿人（图 4-21）；8 亿农民面临饮用水安全问题。上述情况给确定区域主要污染物、开展环境污染人群健康危害风险评价以及把握何时在何地会发生什么样的环境污染及其健康危害问题带来造成了极大的困难。

3．我国人群暴露途径完整且复杂多样

我国环境污染基本都发生在人群生活区域。我国工业布局多集中于人口密集的城市与地区，地面水的污染遍及我国主要经济发达与人口密集区域，尤以长三角、珠三角、环渤海等东部地区污染严重。我国的采矿业和有色金属冶炼是农田污染的另一个主要来源，采矿废水与尾砂污染矿区下游农田的灌溉水系，有色金属冶炼污染周边环境，在全国形成不同规模的污染区。而目前我国农村各地的环境污染区依然以种植粮食作物为主，通过农产品的消费，形成了当地人群对污染物的暴露。我国人群对环境污染物具有完整的暴露途径及暴露途径的复杂多样性是其他国家开展环境与健康管理较少遇见的情况。

4．人群污染物暴露水平高

我国工业化起步于 20 世纪 60 年代，发展已近 50 年，环境污染持续时间长，人群暴露水平高。在大气污染方面，2007 年世界银行发布的世界环境指标显示，我国城市大气 PM_{10} 污染水平显著高于发达国家及一些亚洲国家（表 4-8）。在水环境污染方面，有关研究文献显示，与其他国家相比，我国部分河流水体中重金属浓度及底泥中有机污染物浓度较高（表 4-9、表 4-10）。在土壤污染方面，已知我国土壤复合污染明显，重金属污染和有机污染严重，镉超标现象比较集中。有调查显示我国镉污染区稻米中的镉含量在 1.13～5.14mg/kg，超过国家卫生标准，也远高于日本发生痛痛病时当地的米镉 0.50～1.0 mg/kg 的平均水平。

表 4-8　　我国城市大气 PM_{10} 浓度与其他国家的比较　　单位：μg/m³

国家	2000 年	2001 年	2002 年	2003 年	2004 年	2005 年
中国	85	79	78	79	79	75
英国	18	18	17	17	16	16
美国	24	25	24	23	23	22
瑞士	36	34	34	35	33	31
新加坡	44	44	49	47	45	40
马来西亚	27	29	29	28	27	25
日本	34	34	34	32	31	31
韩国	47	46	45	42	40	37

表 4-9　　我国部分河流底泥中有机污染物浓度与其他国家和地区的比较　　单位：ng/g

	长江口岸	珠江水系	太湖	新加坡海岸	越南湄公河	巴西圣保罗河
PCBs	2.5～51.5	5.76～58.2	631	0.05～1.8	0.039～9.2	0.02～0.5
DDT	—		9.3	0.01～0.6	—	0.02～0.58

资料来源：Wang H，Wang CX，Wu W，et al.，2003；Wurl O，2005；Rissato SR，2006；程书波，2006；马骁轩，2007；Minh NH，2007；Doong RA，Lee SH，Lee CC，et al.，2008。

表 4-10　　我国部分水体中重金属污染浓度与其他国家的比较

水体	重金属浓度/（$\times10^{-6}$）			
	Cr	Cd	Pb	Zn
湖北东湖	0.105	0.000 48	0.039 4	0.016 5
巢湖	0.009 9	0.008		0.047 2
鄱阳湖水	—	<0.002	0.043	0.076
红枫湖水	1.27	0.87	1.58	—
松花湖	10.3	0.43	5.3	19.1
Shur River，伊朗		0.026	0.116	
Pulicat Lake，印度	1.4～11.4	0.04～0.07	2.4～3.4	—
Lake Doirani，希腊	1×10^{-3}～17×10^{-3}	0.1×10^{-3}～0.4×10^{-3}	1×10^{-3}～6×10^{-3}	6×10^{-3}～66×10^{-3}
Lake Volvi，希腊	1×10^{-3}～22×10^{-3}	0.1×10^{-3}～0.4×10^{-3}	0.3×10^{-3}～5×10^{-3}	4×10^{-3}～99×10^{-3}
Lake Koronia，希腊	1×10^{-3}～27×10^{-3}	0.1×10^{-3}～0.6×10^{-3}	1×10^{-3}～5×10^{-3}	2×10^{-3}～126×10^{-3}
Lake Megali Prespa，希腊	1×10^{-3}～19×10^{-3}	0.1×10^{-3}～0.2×10^{-3}	1×10^{-3}～12×10^{-3}	2×10^{-3}～12×10^{-3}
Lake Texoma，美国	2×10^{-3}～8×10^{-3}	2×10^{-3}～249×10^{-3}	15×10^{-3}	12×10^{-3}～246×10^{-3}
Lake Balaton，匈牙利		1×10^{-6}～5×10^{-6}	0.04×10^{-3}～0.33×10^{-3}	0.22×10^{-3}～1.9×10^{-3}

资料来源：邓书平，毕德纯，孙晓怡，2002；Anthemidis A，Zachariadis G，Voutsa D，et al.，2002；An YJ，Kampbell DH，2003；Nguyen HL，Leermakers M，Osán J，et al.，2005；涂淑玲，汪先明，2005；童军华，黄祥明，陈勇，2006；乔胜英，蒋敬业，向武等，2007；张曼华，申德君，吴晓林等，2007；Karbassi AR，Monavari SM，Nabi GhR，et al.，2008；Seralathan KK，Prabhu DB，Kui JL，et al.，2008。

5．环境污染导致健康问题的城乡差异显著

大气污染是我国城市地区、水污染和土壤污染是农村地区面临的主要环境问题，环境污染导致健康损害的城乡差异显著。统计数据显示（表 4-1，表 4-5；图 4-22，图 4-23），恶性肿瘤死亡率在我国城乡人群中总体呈显著上升趋势；农村人群呼吸系统和消化系统死亡率下降显著，仍略高于城市；城市人群神经系统疾病死亡率基本稳定，农村上升了 15.56%，但死亡率仍低于城市人群。在几种主要恶性肿瘤中，城市人群肺癌、结直肠癌死亡率持续上升并显著高于农村；肝癌、胃癌、食道癌死亡率低于农村；白血病死亡率城乡均略有上升。在出生缺陷方面（表 4-11），尿道下裂已位列城市出生缺陷第四位，但未进入农村出生缺陷前五位。

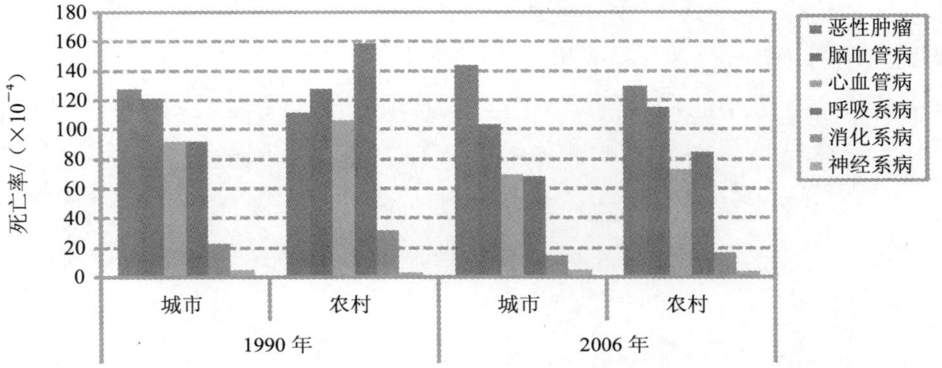

数据来源：卫生部，2007。

图 4-22　与环境污染相关主要疾病城乡死亡率差异

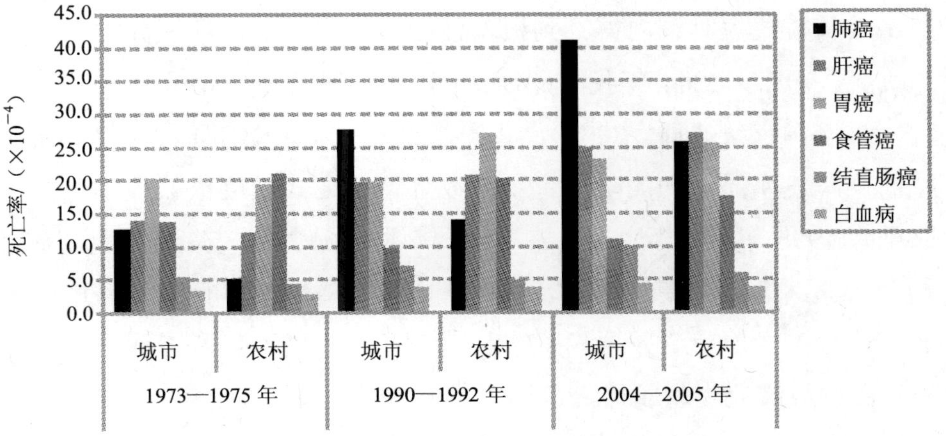

数据来源：三次全国恶性肿瘤死亡抽样回顾调查（卫生部，2008）。

图 4-23　我国城乡主要恶性肿瘤死亡率差异

表 4-11　　2007 年我国城乡出生缺陷顺位差异

	一	二	三	四	五
城市	先天性心脏病	多指/趾	总唇裂	尿道下裂	并指（趾）
农村	先天性心脏病	总唇裂	神经管缺陷	多指/趾	脑积水

引自：朱军，2008。

（三）环境与健康问题发展趋势

1．环境污染健康风险趋向逐步增强

我国环境容量日趋饱和，无论在城市还是在农村，环境污染对人群健康的威胁在相当长时间内会持续存在，人群健康风险日益增加。现阶段，我们必须高度警惕环境污染带来的健康风险正在形成“风平浪静下的激流暗涌”之势。在考察环境问题发展过程时，可以明显看到环境破坏总是从一个个小的局部开始不断扩大，很长的一个时间内，“局部性”、“区域性”是环境问题的主要特征。随着局部问题不断扩大以及局部之间的融合，环境影响也随之扩大成为大范围地区性甚至全球性问题摆在我们眼前。目前，我国环境污染对健康的影响正是处于“局部性”和“区域性”阶段。此外，从科学上讲，由于环境污染对健康的影响具有长时间、低剂量暴露、慢性发病的特点，人群健康损害症状出现多有滞后性（可多达数十年），即使从现在开始治理，也不能保证未来一段时期与环境污染相关健康损害事件不会集中显现，未来污染所致的人群健康损害问题将会更加突出。因此，我们必须以主动应对的姿态来加强环境与健康工作。

（1）环境高污染局面短期内难以得到根本性的改变

粗放式经济增长模式短时期内得不到根本性扭转决定了我国环境高污染局面短期内难以得到根本性的改变。1979—2004 年我国 GDP 平均每年递增 9.6%，而同一时期世界年平均增长速度在 3%～4%（国家统计局，2006）。我国已进入工业化中期阶段，这一阶段也是能源消耗强度和环境污染程度明显增加的阶段。我国经济增长方式过度依赖重工业化，重工业占工业总产值的比重在 1998 年后不断上升，在 2003 年达到 64.3%，与 1958 年大跃进时期相似，资源密集、能源密集、污染密集的钢铁、水泥、电解铝、煤炭等行业发展过快，进入传统工业化高能耗、高污染的“黑色”发展模式。我国工业化、城市化和国际化的快速发展，客观上推动高耗能、高排放产业快速成长。

从我国主要资源消费指标占世界总量比重来看，我国已经是第一大耗水国，第一大钢材消费国，第一大水泥消费国，第一大煤炭消费国，第二大能源消费国（中国科学院可持续发展战略研究组，2006）。我国单位 GDP 的能耗是日本的 7 倍、美国的 6 倍、印度的 2.8 倍，单位 GDP 污染排放量是发达国家平均水平的十几倍（冉永平，2005）。一方面我国经济结构不合理，依赖于粗放型经济增长方式至今未得到根本改变；另一方面污染治理速度跟不上经

济增长形势需要，给环境带来巨大压力。形容我国的环境状况，经常提到这样一句话“全国环境质量基本稳定”，但其实际内涵是我国水环境、大气环境、海洋环境仍在严重污染的状态中徘徊，是一种高污染状态下的“稳定”。到 2020 年，我国人口将继续增加，经济总量将再翻两番，资源、能源消耗持续增长，环境保护面临的压力越来越大。当前和今后一个时期，我国环境形势相当严峻，决定人群的污染暴露水平还将长期偏高，其对人体健康的威胁将长期存在，对环境污染导致健康损害这一问题我们决不能掉以轻心。

（2）城市化进程增加了环境污染暴露人口的数量和密度

当前，我国城市化增长速度在年均 1%左右，到 2020 年我国将有 2.89 亿农村人口转向城市。我国平均外出时间大于 6 个月的流动人口超过 1.27 亿，并以每年 500 万的速度递增。城市化进程加快，城市人口密集，人口流动频繁，农村劳动力向城市集中、住房和交通拥挤，生活空间缩小，不仅造成重大传染病传播的潜在危险性加大，也增加了暴露于环境污染的人口和密度。2007 年，我国地级及地级以上城市有超过 1.85 亿人口生活在污染严重（城市空气质量劣于二级）的大气环境中（图 4-21），如果计算城市常驻的流动人口，暴露于污染严重的大气环境中的人口数量将更大。

（3）人口老龄化挑战日益尖锐

人口老龄化既有养老问题，又有健康问题，还有社会问题。根据 2006 年年底全国 0.907‰人口抽样数据，我国 65 岁以上人口占总人口的 9.18%。我国在人均收入不高、社会保障和医疗保健体系不够健全、科学技术不甚发达的情况下提前进入老龄化社会。人口学家预测，2040 年我国人口将达到 14.91 亿的顶峰，65 岁以上老年人口将达到 3.12 亿，占总人口的 21.9%。研究表明，年龄每增加 10 岁，慢性病患病率增加 50%以上。老年人是一个容易患病的特殊群体，也是受环境污染影响的高危人群。我国多数老人住在农村，而现行社会保障制度未能覆盖 8 亿农村人口。未来，老年人口的上涨增加了环境污染健康风险，将进一步加重社会的疾病负担和经济负担。

2．环境与健康问题应对不当将引发社会矛盾、冲突

公平是和谐社会的一个重要目标。经过 30 年的改革开放，我国社会已进入“黄金发展时期”与“矛盾凸显时期”并存的阶段。体制转换、结构调整、社会变革，在广度上已涉及经济、政治、文化等所有领域，在深度上已触及人们切身经济利益。利益调整凸显了新的社会矛盾，就业、分配、腐败等问题成为人们关注的焦点。社会矛盾一旦遇到“导火索”，就容易暴发为大规模群体性事件，呈现出突发性、对抗激烈、社会破坏力强、处置难度大等特点。环境权益与健康权益关系人民群众的基本生存和切身经济利益，人们的环境参与权及健康权是社会公平的主要组成部分。环境与健康问题如果处理不好，很容易就会成为影响社会稳定的“导火索”。

（1）我国已经进入了环境群体性事件的多发期

目前，我国已经进入了环境群体性事件的多发期。群体性事件频发有其深刻的社会背景。绝大多数群体性事件都是由于群众切身利益受到侵犯，利益诉求长期被漠视而引发。随着环境污染的加剧以及公众维权意识的增强，近年来环境投诉呈持续上升趋势（图 4-24），1995年群众来信总数是 58 678 封，到了 2006 年，群众的来信总数已经达到了 616 122 封，11 年之间，环境信访的数量增长了 10 倍之多。信访问题如果得不到合理的解决，大多数会转化为群体性事件。近年来因环境问题引发的群体性事件正以年均 29%的速度递增，部分省份曾集中暴发，例如，2000—2004 年广东共发生群体性事件 16 523 起，其中因信访问题得不到妥善解决而诱发的群体性事件有 10 285 起，占 62.2%（杨东平，2008）。据不完全统计，由环境污染导致的纠纷中有一半涉及健康损害（中国环境科学学会，2007）。此外，2005 年召开的第三届环境纠纷处理国际研讨会上，与会的环境法律专家们指出，我国因环境污染对人体健康造成的损害事件而提起的诉讼正在逐渐增多，一方面由于环境与健康问题自身的复杂性致使因果断定困难，另一方面由于我国环境与健康工作基础薄弱，科技支撑不足导致我们对很多问题认识不清，影响了相关政策、法律和法规的制定，有关环境与健康问题的诉讼受害者很难获胜，即使获胜也得不到赔偿，容易引起社会的不满。

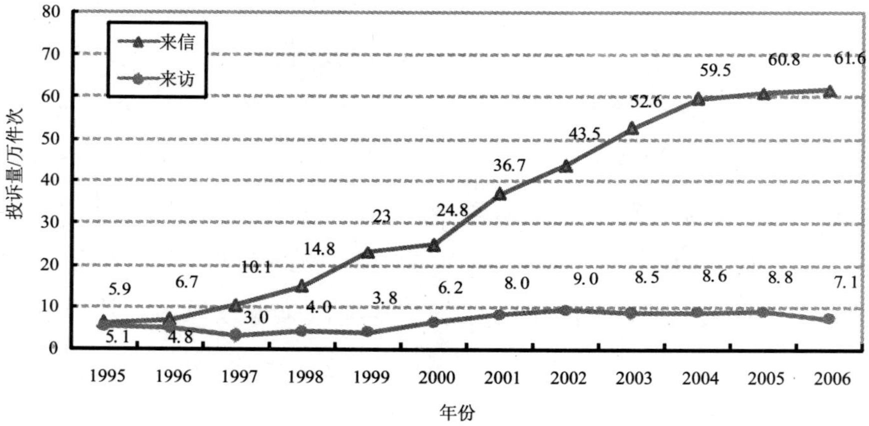

数据来源：原国家环保总局全国环境统计公报（1995—2006）。

图 4-24 我国环境投诉情况统计

（2）环境群体性事件社会危害极大

环境群体性事件具有危害性、区域性、效仿性和反复性几个特点：一是会直接给人民群众和企业造成经济损失，更重要的是群众正当的环境权益诉求可能会为极少数别有用心的人所利用，出现过激行为，严重扰乱社会秩序，破坏社会稳定。二是农村已经成为群体性事件的多发地，不少环境群体性事件和许多环境纠纷都集中发生在农村某一较小的特定区域。长期以来，对农村污染治理重视不够，没有实施环境保护城乡统筹，特别是近几年大量城市污染企业向农村转移，农村污染治理体系、医疗保障体系、社会保障体系尚未建立，环境污染日益严重，给农业生产和农民生活带来了较大影响。三是网络和手机技术广泛使用，群体性事件发生后，如果政府不积极应对或拿不出科学数据进行解释，缓解人群对健康危害的焦虑，容易导致社会恐慌和无端猜测，负面效应往往会很快扩散。四是污染纠纷和相关群体性事件形成原因一般非常复杂，往往容易多次出现反复，有的一时得到平息，但时隔不久又再度暴发，而且不断升级、恶化。因此，为化解各种不利于社会稳定的因素，避免人民内部矛盾，积极防范环境污染对健康的损害、切实解决环境污染造成的健康问题，环境与健康工作必须纳入各级政府重要议事日程。

3．环境与健康问题应对不当易从社会问题发展为政治问题

（1）环境与健康问题处理不当直接影响政府的公信力

环境与健康工作关系政府公信力和权威。近年来“中国每年有 40 万人死于空气污染”、“中国水污染催生癌症村”等内容均成为西方媒体的报道热点，也被我国新闻和网络广泛转载，引起公众质疑。由于相关工作薄弱，我们拿不出有力的环境与健康调查数据给予回应和解释，长此以往，不仅影响我国环保为树立负责任大国形象做出的努力，更严重影响政府公信力和执政权威。

（2）环境与健康问题事关我国国际形象

当前，国际社会对我国的关注度日益升高，西方媒体长期以来形成了报忧不报喜、偏爱负面报道的传统，加上西方现代化已经发展到顶峰阶段，环保主义、回归自然成为一种潮流，我国环境污染对健康影响问题在他们看来就很具有新闻价值。西方媒体对我国环境问题的报道主要可以分成三类：一类体现出西方对我国环境问题的关注，有着善意提醒的目的。另一类是为了追求新闻的轰动效应，在没有掌握实际情况的条件下盲目夸大，渲染问题，跟风炒作。还有一类就是西方敌对势力刻意渲染我国环境问题，制造“中国环境威胁论”、“中国人权状况不良”等方面的言论，这些报道必然会造成别国对我国的误解、影响到我国的国际形象。西方一些敌对势力一直以我国的环境污染和人权问题给我国申奥及举办奥运会设置障碍就是很典型的一个示例。

（3）我国要避免重踏日本的老路

国际经验表明，环境与健康问题处理不当将演变成政治问题。日本环境与健康管理经历了从被动应对到主动应对的过程，其中付出了巨大的代价，广泛的公众反公害运动使环境与健康问题由社会问题发展为政治问题，威胁到执政党的领导地位。为树立政府公信力、执政形象，环境与健康工作必须纳入各级政府的议事日程，并给予高度重视。

4. 环境与健康问题应对不当影响经济的可持续发展

环境与健康问题本质上是经济发展与环境保护矛盾的产物。以牺牲环境和健康为代价的经济增长是不合理的、不可持续的。国内外专家曾经采用疾病负担法测算了 1995 年由于我国大气污染和水污染所导致的健康损害带给人民的疾病经济负担，其结果相当于当年我国国民生产总值（GDP）的 2.73%～6.74%（World Bank，1997）；用宏观经济评价模型测算，中国 2000 年室内外空气污染所导致的健康损害使同年中国 GDP 的增长下降了 0.37‰，并预测，如果不采取有效的环境对策控制空气污染，到 2020 年，由于健康损害所导致的中国 GDP 损失将达 1%（杨宏伟，宛悦，增井利彦，2007）。但是，我国现阶段还是一个发展中国家，需要帮扶的人口在 1 亿左右，其中绝对贫困人口 2 148 万，低收入人口还有 3 550 万。尤其是一些贫困地区的基础设施和社会服务功能很差，教育、医疗、卫生和文化设施等建设相对发达地区差距很大。从这个角度看，发展经济是当务之急，是提高人民生活水平、完善教育、医疗卫生和社会保障体系以及建设各项基础设施的基础。因此，如何从环境与健康角度看问题、解决问题，为努力以最小的社会成本实现可持续发展进程提供新思路；如何做好环境与健康工作，使其在促进经济与人口、资源和环境协调发展中发挥杠杆作用至关重要，是环境与健康工作意义所在。

三、我国环境与健康事业取得的成就及面临的挑战

（一）环境与健康事业发展历程

1. 发展历程

（1）艰难起步，曲折发展（新中国成立初期—20 世纪 70 年代初期）

新中国成立之初，我国环境与健康事业在艰难中起步。从环境状况看，我国自 1879 年建设第一座自来水厂到 1949 年新中国成立的 70 年间，全国仅在 72 个城市建设有自来水厂，仅供给帝国主义租界、统治阶级及大的工商业区约 962 万人饮用，广大人民多饮用未经处理的地面水或井水；城乡建设无规划，完全不符合卫生要求。从人群健康状况看，全国各地传染病和寄生虫病流行猖獗，霍乱、鼠疫、天花、白喉、麻疹等是造成人们死亡的主要原因。当时，少数医学院校虽然开设有公共卫生课程，但环境卫生专业仅占其中小部分内容；个别地区曾开展过一些环境卫生工作，但由于得不到政府的重视和支持，没有固定经费，工作难以为继。

至 20 世纪 70 年代国家环保机构成立之前，我国环境与健康工作一直由卫生部门具体负

责（在卫生系统，环境与健康被称作环境卫生并沿用至今），这期间工作重点是预防和控制生物性环境致病因素。20 世纪 50 年代初，“预防为主”卫生工作方针的确立使得以预防为核心的公共卫生事业在整个医疗卫生事业中一直处于优先地位，也为环境卫生工作的发展创造了有利条件。随着国民经济的发展，我国已逐步形成了一个完整的公共卫生体系，环境卫生是重要组成部分之一。在科研方面，环境卫生于 20 世纪 50 年代初成为了公共卫生专业的一门独立学科，1953 年在六所大学成立了公共卫生系，目前已发展到各省至少有一所大学有公共卫生学院，同时专门组建成立了国家环境卫生科研机构。20 世纪 50 年代举国上下在开展以除害灭病为中心的群众性卫生运动的基础上，提出在农村进行“两管五改”工作，即管水、管粪、改水、改厕、改畜圈、改炉灶和改造环境，解决了农村卫生问题；从 20 世纪 60 年代开始，针对大气、水体和土壤等环境因素开展了各种经常性环境卫生监督，同时对新建、改建、扩建的工厂企业的选址、设计、施工和城市建设规划开展了预防性卫生监督。通过大量的环境卫生工作，城乡卫生面貌发生根本改变，传染病得到了控制，并制定了许多环境卫生管理条例和标准，促进了社会主义建设。

尽管在新中国成立后我国环境与健康工作有了较大的发展，却历经曲折（国务院发展研究中心课题组，2005）。三年自然灾害期间，由于当时的政治、经济环境影响，初建起来的卫生防疫系统经受了第一次曲折，许多地方在机构撤并中，首当其冲地将卫生防疫站、专科防治所与卫生行政机构、医疗保健机构合并为所谓的“三合一”、“四合一”机构，使大批防疫机构工作停顿、人员流失，传染病发病率有所回升，给人民健康带来了不利的影响。直到 1962 年党中央提出“调整、巩固、充实、提高”的方针后，卫生部于 1964 年颁发了《卫生防疫站工作试行条例》并在全国贯彻实施，卫生防疫体系才又恢复到正常的发展轨道。十年文革，卫生防疫站及其他防疫防治机构被视为修正主义产物，遭到批判否定、取消、合并，卫生防疫技术人员下放、改行，我国传染病发病率大幅上升，1970 年达到了 7 061.86/10 万的历史最高值。文革期间卫生防疫工作的整体停顿导致了环境卫生工作的停滞不前。

（2）环保起步，促进发展（20 世纪 70 年代中期—80 年代末）

当人们还在关注生物性污染对健康损害问题的同时，我国工业化带来的环境污染和生态破坏日益加剧，一些地区甚至达到了触目惊心的程度。70 年代初，我国环境污染加剧，一些工业集中地区环境污染严重，直接危害了人民群众的健康。在当时社会一片混乱的状态下，周恩来总理亲自奠基环保，确立了“保护环境以预防为主，治理污染重在‘化害为利，变废为宝’”的重要思想。1973 年全国第一次环境保护会议召开，提出了“全面规划、合理布局、综合利用、化害为利、依靠群众、大家动手、保护环境、造福人民”的工作方针，会后国务院设立了临时性的环境保护领导机构和办事机构，我国环境保护工作迈出了第一步。

1979 年，我国第一部环境法——《中华人民共和国环境保护法（试行）》出台，环境保护工作从此走上法制化轨道，环境保护的法律法规体系逐步建立。在 1983 年第二次全国环境保护会议上，党和政府明确宣布环境保护是我国的一项基本国策，确立了环境保护在经济社会发展中的重要地位，提出了“经济建设、城乡建设和环境建设要同步规划、同步实施、同步发展，实现经济效益、社会效益和环境效益的统一”的战略方针。1988 年国家环保局正式成立，成为直属国务院的副部级单位①。1989 年国务院召开的第三次全国环境保护会议上把实施基本国策和同步发展方针进一步具体化，推出了“三大政策”②和“八项制度”③，将主要环境问题置于这个环境管理体系之下。20 世纪 80 年代是我国环境保护事业发展最快的时期，污染物排放没有与全国工业产值同步增长，环境质量一致保持在比较平稳的状态没有急剧恶化。

环境保护工作的起步为推动我国环境与健康事业的发展注入了新的活力，环境与健康工作重点由防治生物性污染逐步转向防治现代社会产生的、危害人民群众身体健康的物理和化学性污染，并取得了积极进展。这期间，国家组织完成了北京西郊环境质量评价研究、蓟运河污染和白洋淀污染调查、湖北鸭儿湖污染调查、渤海和黄海污染对人体健康影响调查、26 个城市大气污染对人体健康影响调查、全国饮用水水质与水性疾病调查等重大基础性调查工作；组织研究并初步阐明了第二松花江甲基汞污染对沿江渔民健康的影响；广受关注的污水灌溉对人体健康的影响研究取得了突破；国家组织修订并颁布了《生活饮用水卫生标准》和《工业企业设计卫生标准》；国家环境与健康监测加入了全球环境监测系统（GEMS），开展大气监测、水质监测、食物污染监测和生物监测。

（3）*反思进取，科学发展（20 世纪 90 年代至今）*

在国家各项环境保护工作不断取得长足发展的同时，环境与健康工作却在 20 世纪 90 年代中后期放慢了步伐，原因有三：

第一，环境保护工作的起步引发了卫生部门环境卫生工作的重大调整。爱国卫生运动依然是卫生部门的一个重要工作领域，但环境卫生总体工作内容从大环境监测调查转向小环境卫生管理，局限在室内环境污染管理、公共场所、化妆品、消毒产品卫生管理、城市集中式供水卫生监督等几个领域，不从事外部大环境的管理工作。

第二，20 世纪 90 年代开始国家疾病控制工作逐步走向市场化，国家对疾病控制系统的投入不足，全国各级疾病预防控制单位基本经费得不到保障，很多省级以下疾控单位被迫撤销了环境卫生部门建制，大力发展与市场接轨、能带来经济效益却和环境与健康主流无关的工作，以保障生存的需要。

第三，尽管自 1988 年国家环保局成立以来，国家建立并完善了各级环境保护机构和管理体系，但环境与健康工作未得到重视，直到 2005 年国家环保总局才设立了环境健康管理处（原

---

① 1998 年，国家环保局成为国务院直属正部级单位，更名国家环保总局；2008 年，国家环保总局成为国务院组成部分，更名中华人民共和国环境保护部。

② 三大政策：预防为主；谁污染，谁治理；强化环境管理。

③ 八项制度：环境影响评价；“三同时”；排污收费；环境保护目标责任制；城市环境综合整治定量考核；排污许可证；污染限期治理；污染集中控制。

环境监测与健康处）这样的专门机构，组织开展环境与健康管理工作，启动环境污染导致健康损害方面的调查和研究以满足环境保护工作的现实需要。

上述情况导致近十多年来我国环境与健康工作缺乏总体部署和经费保障，人员逐步散失，零散的调查研究，既不成系统也没有规模，不仅无法回答社会普遍关注的环境污染到底对健康造成了哪些和多大的损害等热点问题，更无从谈起对国家环境保护事业发展的导向和支撑作用。

自环境保护部主动抓环境与健康工作以来，我国环境与健康工作从实质上出现了环保和卫生两个归口管理部门，部门职责和工作重点的明确对提高工作绩效至关重要。环保部门工作重点是要贯彻落实“预防为主、源头控制”的重要思想，将健康风险管理纳入各项环境保护政策和制度建设当中去，不断加强能力建设，以达到维护人体健康的根本目的。环境与健康工作需要多部门协作，共同完成。一是环境与健康是一门建立在环境科学和医学科学基础上的交叉学科，环保和卫生部门各有资源优势；二是我国现有体制造成环境与健康领域的工作和研究任务分属多个部门，以饮用水为例：环保部门负责饮用水水源地水环境质量，建设部门负责饮用水管网建设，卫生部门负责末梢水的监督监测，任何部门协调、衔接不好及资源不能共享情况的存在，均能造成管理缺失。

认识到环境与健康管理工作存在的问题，为发挥部门优势，共同做好环境与健康工作，环境保护部和卫生部开始密切协作。2007 年，两部委建立了环境与健康工作协作机制，共同牵头、联合十六个部委局成立了国家环境与健康领导小组，制定并颁布了指导我国环境与健康工作科学发展的第一个纲领性文件《国家环境与健康行动计划（2007—2015）》，同年，为长远系统规划我国环境与健康事业发展目标，也为环境保护工作的发展提供新思路，环境保护部启动了中国环境宏观战略研究并在其中设置了“国家环境与健康宏观战略研究”专题。上述工作为开辟我国环境与健康工作新局面奠定了基础。

2．推动环境与健康事业向前发展的三大转变

（1）认识上的转变

这个转变经历了由浅入深、由片面到全面的过程。1956 年在日本水俣湾附近发生了震惊世界的“水俣病”，使人们认识到工业化过程中产生的环境污染对人们生活和健康的危害。20 世纪 60 年代，世界上不少国家把环境问题提到了议事日程，而我国在“左”的政治气氛影响下，环境问题不仅没有得到应有的重视，还在“大跃进”和文化大革命中造成了两次生态环境的大破坏。但是当时国人环境保护概念还没有形成，对环境保护的理解就是打扫卫生，清理厕所，处置垃圾。1972 年春天发生的官厅水库污染鱼导致市民中毒事件以及同年 6 月联合国环发大会的召开，使政府越来越意识到环境问题的严重性，并发现当时我国由于工业化进程导致的环境污染形势已经十分严峻，如果不注意，也可能会出现类似日本发生公害病的问

题。可以说，环境与健康问题成就了我国环境保护事业的起步，而环保的发展也为环境与健康工作开拓新领域、锻炼队伍和学科发展创造了条件。近 30 年来，全社会保护环境、维护健康的意识日益提高，越来越多的人关心环保、参与环保，而且关注范围更由区域问题扩大到全球问题。政府和公众认识上的转变是促进环境与健康事业发展的重要因素。

（2）战略思想上的转变

1992 年联合国环发大会后，“实行可持续发展战略、转变传统发展模式”被列为环境与发展十大对策之首；1997 年，国家把“可持续发展”上升为国家发展战略，成为经济和社会的指导方针。近年来，中央确立了科学发展观、建设资源节约型和环境友好型社会、建设和谐社会等重要指导思想，明确要实现在发展中解决环境问题，其中重要任务之一就是要逐步解决危害人民群众身体健康的重大环境问题。环境保护进入国家政治经济社会生活的主干线、主战场，也使得环境与健康成为可持续发展的重要内容，要求将环境、健康与社会经济发展统筹结合，这为环境与健康事业提供了大舞台和前所未有的发展机遇。

（3）管理思想上的转变

新中国成立 50 多年来，环保部门和卫生部门均分别形成了环境保护法律法规和标准体系、卫生法律法规和标准体系，各自在保护环境、维护人体健康方面发挥了重要作用。但由于体制机制的原因，这两套体系形成过程中环保和卫生两个部门未能把环境、健康两个要素有机结合进行充分的合作，导致两套体系看似密切相关实则缺乏有效的衔接和连贯性。有鉴于此，《国家环境与健康行动计划（2007—2015）》在基本原则中强调了“部门合作”和“统筹安排”，以实现“完善环境与健康工作的法律、管理和科技支撑，控制有害环境因素及其健康影响，减少环境相关性疾病发生，维护公众健康，促进国家‘十一五’规划纲要中提出的约束性指标和联合国千年发展目标的实现，保障经济社会持续协调发展”的总体目标。应该说，《国家环境与健康行动计划（2007—2015）》的颁布为提升我国环境与健康工作管理水平拓展了新思路。

（二）环境与健康事业取得的成就

1. 初步建立了环境与健康管理体制

新中国成立初期，为有效应对严重威胁人民健康的烈性传染病和寄生虫病，国家确立了以卫生部门为主导的管理体制，这是针对当时社会经济和政治体制的基本构架和环境与健康管理工作的实际需求而制定的切合实际的体制安排。实践也证明，在这种体制安排下，环境与健康工作取得了巨大的成绩，严重威胁人民群众健康的各类传染性和寄生性疾病得到了有效的控制。

随着我国社会经济的发展和政治体制的变革，环境与健康的管理体系也发生了巨大的变化。由于人为次生环境问题对人类生产、生活及社会经济发展的影响日益加大，环境保护受到了更多的关注，国家专门成立了环境保护机构具体从事有关环境保护的管理事务，在环境与健康事务中实际上发挥着“预防”的作用。随着环境问题的日益严峻和国家对环保工作重视程度的提高，国家环境保护机构经过多年的发展于 2008 年成为国务院的组成部门——环境保护部。与此同时，卫生部门仍旧在公共卫生监督与疾病防治等多方面发挥着与环保部门不同的作用。

虽然国家目前在环境与健康行政管理体制上尚无环境与健康事务政府职能的明确划分，但实际上环保和卫生之间已经形成了一个主体责任相对明确的管理体制，即环保部门更侧重于影响健康的各类污染问题的防治，卫生部门更侧重于对各类污染所致疾病的防控和救治。两部门为加强在环境与健康工作中的协作和相互支持，于 2007 年建立了两部委环境与健康工作协作机制。

2．控制了严重威胁人民健康与生命安全的传染病和寄生虫病

新中国成立以来，在“预防为主”方针指引下，环境与健康工作致力于改善城乡环境，通过建立机构、培养队伍、制定标准和条例、加强宣传教育等一系列有效措施，结合爱国卫生运动，取得的突出成就之一是一些严重威胁人民健康的烈性传染病和寄生虫病被控制或被消灭，改变了死因构成，延长了人群期望寿命（王声湧，曾光，徐昌等，2000；卫生部，2008a）。

在传染病方面，各类传染病总发病率从 1955 年的 2 139.69/10 万下降到 2007 年的 272.39/10 万，其中：1957 年基本上控制了鼠疫的发生；1961 年后再无天花病例发生，WHO 检查证实我国已消灭了天花；霍乱发病率由 1980 年的 4.16/10 万下降到 2007 年的 0.01/10 万；麻疹发病率从 1955 年的 701.23/10 万下降到 2007 年的 8.29/10 万。

在寄生虫病方面，50 年来危害严重的血吸虫、疟疾、黑热病、丝虫病和钩虫病五大寄生虫病的防治成绩举世瞩目，其中：血吸虫病曾流行于南方 12 个省 400 个县，感染人数高达 1 200 万，目前有 5 个省消灭了血吸虫病，61.5%的流行县、市达到传播阻断或控制的标准，感染人数 1989 年为 163.8 万，2007 年为 51.6 万；全国疟疾发病率从 1955 年的 1 027.73/10 万下降到 2006 年的 4.60/10 万；经卫生部组织核查，已有 15 个省（市区）基本消灭了丝虫病；1950 年调查确定全国 665 个县、市有黑热病，到 50 年代末，鲁、苏、皖、豫、冀、陕等主要流行省基本上消灭了黑热病；各地还开展对钩虫病等肠道线虫病、华支睾吸虫病、肺吸虫病以及囊虫病的综合防治，人群的寄生虫感染率显著降低。

3．环境与健康相关标准种类日益丰富

（1）环保标准

我国的环境保护标准与环境保护事业同时起步。自 1973 年制定第一个排放标准——《工

业“三废”排放试行标准》（GBJ 4—73）以来，我国环境保护标准制订工作已经历了30多年的发展历程。环境保护标准经历了产生、发展、完善的历程，标准的数量不断增加，标准的种类日益丰富，标准的地位显著提高。我国环境保护标准体系由国家和地方两级构成。国家级环境保护标准包括环境质量标准、污染物排放（控制）标准、标准样品、环境保护行业标准及其他国家环境保护标准。目前，国家级环境保护标准已有20多个门类，标准的内容涉及环境质量管理与评价、污染源监控、生态保护、核安全、环境监测、建设项目管理、清洁生产、循环经济、环境保护产品和工程、环境信息等方面，初步形成了新时期国家环境保护标准的体系框架。自2005年起，每年发布的环保标准数量都在100项以上，截至目前，现行国家级环境保护标准数量已经超过1 000项。

（2）卫生标准

1982年以前，我国仅有2类国家环境卫生标准，分别是《工业企业设计卫生标准》（JT 36—79）和《生活饮用水卫生标准》（TJ 20—76）。随着环境卫生工作重点的转移，我国环境卫生标准迅速增加，到2008年，正式发布施行的环境卫生标准（国标）种类已达13大类150多项，标准内容涉及：公共场所卫生标准类、日用化学品（包括化妆品）卫生标准类、生活饮用水和水源水卫生标准类、饮用水卫生安全产品的卫生标准类、室内空气卫生标准类、工业企业卫生防护距离标准类、住宅卫生标准类、医院污水排放标准类、土壤和固体废弃物卫生标准类、环境医学预评价技术规范、生物监测、环境射频辐射卫生标准类及环境污染所致健康危害区判定标准类。

4. 信息化管理步伐加快

（1）环境监测网络

我国目前已有2 399个环境监测站，环境空气监测点位数3 033个，地表水水质监测断面8 348个，近岸海域监测点位622个，312个城市开展了饮用水水源地水质监测，对36 873家重点企业开展了污染源监督性监测，全国监测人员近5万人。环保部门定期编写水质、空气、重点城市集中式饮用水水源地、酸沉降、沙尘暴等各类环境质量监测报告。近年来，随着各类突发性环境污染事故的频繁发生，环保应急监测技术支持系统得到加强，很多省市针对本地实际情况，建立了危险源数据库和地理信息系统。

（2）疾病监测网络

我国已建成世界最大的公共卫生监测系统。2004年初正式启动的疫情及突发公共卫生事件的网络直报系统，覆盖包括乡镇卫生院在内的全国所有卫生医疗机构，全国93.5%的县以上医疗卫生机构和70.3%的乡镇卫生院均实现了疫情和突发公共卫生事件网络直报。除疫情和突发公共卫生事件信息管理外，我国还实现了对出生监测、死因监测、健康危害因素监测、儿童免疫接种等重要公共卫生数据的实时管理，疾病控制和应急反应能力明显提高。

5. 取得多项重大科研成果

（1）26 城市大气污染与人体健康关系研究

该研究由卫生部组织实施，是新中国成立以来我国首次统一设计、统一采样设备、统一检验方法，环境监测数据与居民健康同步进行的大规模环境流行病学调查，研究获 1986 年度卫生部重大医药卫生成果乙等奖。1975—1979 年，中国医学科学院卫生研究所为调查的启动进行了大量技术准备和培训工作；1979 年，"26 城市大气污染与健康关系科研协作组"成立，于 1980—1981 年开展调查；共有 46 个专业科研机构、高等医学院校和卫生防疫站参加了该项工作，调查总人口为 7 550 万。调查内容包括：人口资料、健康状况、生活行为习惯、总悬浮颗粒物、二氧化硫浓度、苯并[*a*]芘浓度。研究结论为：①燃煤引起的煤烟型污染是我国城市大气污染的原因；②恶性肿瘤尤其是肺癌是城市居民的主要死因；③居民肺癌死亡率分布与 26 个城市市区大气污染程度一致；④工业化和城市化导致大气污染严重程度与肺癌死亡分布的一致。该研究的意义在于初步掌握了我国有代表性城市大气污染现状与居民死亡水平关系，对人群肺癌发病危险因素进行了初步探讨，积累了我国有代表性城市大气污染水平、居民健康水平基本资料，为探讨大气污染与人体健康之间关系、大气污染防治措施效果评价、制定我国大气环境质量标准提供了重要的科学依据（卫生部卫生防疫司，1984；戚其平，2004）。

（2）渤海、黄海污染对人体健康影响的调查研究

该研究为 1978 年国家科学技术重点项目第 66 项，获卫生部 1982 年度科技进步甲等奖（郑乃彤，1998；戚其平，2004）。根据国务院发（1977）128 号文关于渤海、黄海污染的指示精神，中国医学科学院卫生研究所与辽宁、天津、河北、山东、江苏五省有关单位组成"调查渤海、黄海污染对人体健康影响科研协作组"，于 1978—1980 年开展了历时三年的调查。根据协作组制定的统一调查提纲和调查方法，渤海、黄海共布设 36 个观测点，近 128 万人口渔民和邻近农民参加了调查，调查内容包括：人口构成、学龄儿童身体发育状况、慢性病患病率及四年死因回顾调查等；对人发 6 849 份、人尿 541 份、海产品 1 572 份、海水 329 份、粮食 265 份、饮水 255 份分别进行了汞、砷、铅、镉、DDT、六六六等主要污染物检测；对人体脂肪 160 份和人乳 249 份进行了有机氯化合物检测；进行了生物材料中总汞、甲基汞、石油等测定方法，鱼类对甲基汞富集作用、甲基汞致畸作用，渔民重金属摄入量与染色体畸变和免疫水平等专题研究。调查主要结论为：①渤海、黄海沿岸水域已受到石油、汞、砷、铅、镉等污染，其中渤海湾的石油、锦州湾的镉、大连湾的砷、胶州湾的铬污染最为突出；②沿海渔民头发中汞、砷、铅、镉等含量高于邻近地区的农民，以汞最为显著，但渔民汞每天摄入量未超过 FAO/WHO 规定的水平；③恶性肿瘤死亡率占渤海、黄海沿岸渔民全死因第一位（101.67/10 万），农民第三位（82.94/10 万），且黄海沿岸渔民恶性肿瘤死亡年龄组呈年轻化趋势。此项研究为国家制定海洋环境保护规划提供了重要的科学依据。

（3）全国生活饮用水水质与水性疾病调查研究

该研究为卫生部 1982 年《全国重点科研项目》第 147 项，获 1989 年国家科技进步一等奖（戚其平，2004）。1983 年全国爱卫会和卫生部联合发布（83）中爱卫字第 7 号文件通知全国各省、自治区和直辖市开展饮用水水质普查工作，中国预防医学科学院环境卫生监测所和环境卫生与卫生工程研究所承担技术牵头任务，制定全国统一调查方案，于 1983—1988 年开始了历时六年的调查工作。全国共布设采样点 29 000 余处，采样 83 000 余个，每个水样均进行理化和微生物检验，检验项目为 6 类 16 项，有效数据约 100 万个。调查内容包括：水样水源类型、取水方式、代表人口、环境状况、人群疾病资料等。该研究进行过程中培训了 13 万余名技术人员，加强了 900 个水质化验室。研究产出为：①查明了当时全国生活饮用水水源类型、供水方式、水处理状况；②建立了全国饮用水水质数据库；③编辑了大型饮用水地图集。该研究的重要意义在于提供了一份重要的国情资料，为发现饮用水与肠道传染病、消化道肿瘤、心血管疾病以及多种地方病相关关系提供了依据，为建设、水利、水文地质、环保等部门业务工作及军队设防提供了重要的科学依据。

（4）松花江甲基汞污染综合防治与对策研究

吉林市是我国化工城市之一，自 20 世纪 50 年代末，吉林化学工业公司向松花江水体排放了大量含汞废水，松花江水体严重的汞污染威胁了沿江人民身体健康。松花江水系保护领导小组与吉、黑两省人民政府，组织流域内有关科研、环保、卫生、高等院校和企业部门，开展了研究工作，研究成果有力地描述了切断汞污染源前松花江水体中汞与甲基汞污染的基本情况。1982 年，国家投巨资改造了吉化公司旧生产工艺，切断了汞源，结束了向松花江排汞的历史。但沉积在江中的近百吨汞，构成了新的次生汞污染源，在微生物作用下，进行着甲基化并转化为甲基汞，仍然威胁着沿江人民的身体健康，开展甲基汞综合防治工作十分必要。1986 年，黑龙江省人民政府、吉林省人民政府、松花江水系保护领导小组呈报国务院《关于请求国家组织开展松花江沿岸慢性甲基汞中毒综合防治的报告》（黑政发[1986]40 号），据此，国务院环境保护委员会（87）国环字第 021 号文确定了“松花江甲基汞污染综合防治与对策研究”课题，要求通过调查和研究，查清松花江甲基汞污染危害的程度及范围，并提出防治对策，保护沿江人民及子孙后代的身体健康。我国松花江甲基汞污染防治与标准研究于 1988 年至 1993 年进行，历时五年。期间，国家环境保护局于 1991 年又下达了“地面水甲基汞环境质量标准研究”课题，要求回答松花江水甲基汞含量宜控制在什么程度。

该调查研究从环境和医学两个部分进行（林秀武，1995；刘永懋，王稔华，崔平阳，1998；戚其平，2004）：环境部分研究内容包括松花江汞与甲基汞污染现状监测与评价、松花江汞与甲基汞污染现状成因分析、松花江甲基汞污染特征及对生态环境危害的研究、松花江汞与甲基汞污染趋势预测、松花江汞与甲基汞污染综合防治措施与对策；医学部分研究内容包括：渔民生活习惯、汞和甲基汞对沿江人民健康的影响程度和范围，调查涉及 8 个县市、46 个村镇、147 个村屯。采集人发 3 793 份，对沿江 1 587 名重点人群进行了神经、眼、耳鼻喉专科临床诊查；对高汞蓄积者（发汞超过 10μg/g，或发甲基汞大于 5μg/g 者）由卫生部甲基汞中毒诊断小组会诊。研究产出为：①查明了松花江甲基汞污染来源为工业污染；②对松花江水体、鱼体、沉积物中的汞和甲基汞污染状况进行了综合评价和预测；③提出了松花江流域汞和甲基汞的环境背景值，包括：水、土壤、鱼体和人发；④明确了松花江汞污染中毒人群主要是渔民，中毒者汞摄入主要来自食鱼，鱼体内的汞约 67%为甲基汞，危害更为严重；⑤明确了甲基汞对人体健康的影响状况，在接受住院检查的 1 338 名渔民中，19 名头发总汞超过 10μg/g、甲基汞含量超过 5μg/g 并伴有阳性体征，其中 2 名诊断为“慢性甲基汞中毒”，3 名诊断为“观察对象”，其余 14 名为“甲基汞吸收”；⑥在调查研究基础上，按国家地表水环境质量标准（GB 3838—88）的分类原则，根据使用目的，提出了我国地表水甲基汞环境质量标准建议值①。

我国松花江甲基汞污染防治与标准研究的多学科、跨流域、大规模、长时间、综合性和系统性为世界罕见：积累了大量的松花江水域底质、鱼类、江水等监测数据；对汞在环境中的迁移转化规律及甲基化作用进行了系统研究；对汞和甲基汞在生态食物链中的积累及生态效应做了较深入的探讨；在重点江段关于人体健康影响方面的研究取得了流行病学、毒理学、临床医学、病理学等大量研究成果；可以说，该项研究为松花江环境、生态治理及人群健康防治提供了坚实的科学保障。

（5）环境镉污染健康危害区判定标准研究

环境镉污染引起痛痛病在世界上得到极大关注，但人群对镉慢性毒性的反应因种族、经济条件、地理环境、饮食和生活习惯等因素的影响很可能有所不同。因此，结合国情研究人群环境镉暴露的健康影响，对于预测和预防环境镉污染对人群健康的危害具有重要意义。我国环境中存在着相当程度的镉污染，已报道的镉污染区有 20 余处。江西大余镉污染自 1960 年开始，中国预防医学科学院环境卫生与卫生工程研究于 1985 年在该地区开展了环境流行病学研究，研究涉及年龄 25 岁以上常住居民 555 人，研究内容包括：当地环境镉污染状况、农产品含镉量，结合膳食营养调查确定镉摄入途径、当地人群健康状况、镉暴露剂量—反应关系、镉中毒检测指标等（尚琪，蔡诗文，1993；蔡诗文，王京京，尚琪等，1994；蔡诗文，岳麟，袁一敖等，1994）。研究发现：污染区人群 25 年累积平均镉摄入量为 3 422mg，超过国际化学物质安全规划（IPCS）以镉累计摄入量 2 000mg 作为镉中毒效应的阈值；研究未发现该地区出现“痛痛病”患者，但镉污染区人群出现早期肾功能损害表现，人群尿 β_2-微球蛋白最大值为 464μg/g 肌酐、均值为 302μg/g 肌酐，明显超过对照区 104μg/g 肌酐，但低于日本痛痛病患者β_2-微球蛋白值（16 000μg/g 肌酐以上）。基于上述研究，卫生部制定了我国《环境

① 该研究提出的地表水环境质量标准建议值为：Ⅰ类水为 1.0×10^{-6}mg/L 以下，Ⅱ类和Ⅲ类水为 1.0×10^{-6}mg/L，Ⅳ类和Ⅴ类水为 5.0×10^{-6}mg/L。国家地表水环境质量标准（GHZB 1—1999）中规定，地表水Ⅰ、Ⅱ、Ⅲ类水域甲基汞限值为 1.0×10^{-6}mg/L。国家地表水环境质量标准（GB 3838—2002）中规定，集中式生活饮用水地表水源地甲基汞标准限值为 1.0×10^{-6}mg/L。

镉污染健康危害区判定标准》（GB/T 17221—1998），提出了环境镉污染健康危害区的判定原则、观察对象、健康危害指标及其联合反应率的判定值，当污染区受检者中尿镉、尿 β_2-微球蛋白、尿 NAG 酶联合反应率例数达到 10%时可以判断污染区镉已构成对当地人群的慢性早期健康危害。

（6）环境砷污染致居民慢性砷中毒病区判定标准研究

砷是我国最常见的污染物之一，随着工农业的发展，砷化合物的生产发展和广泛利用，导致砷对环境的污染日趋严重，一些厂矿砷污染已经影响了居民的健康。北京医科大学于 1994 年选择石门雄黄矿，针对附近地区砷环境污染状况、居民的砷暴露量、居民的健康状况以及暴露—反应关系进行了调查（王振刚，何海燕，严于伦等，1999），涉及矿区周边 4 个村子 840 人。调查发现：当地饮水、食物、蔬菜含砷量大部分超过国家卫生标准；当地居民慢性砷中毒的原因主要是由于当地雄黄矿排放的洗矿水进入居民饮用水水源地，通过饮水和食物进入人体而引起的；砷暴露水平与患病率存在明显关联，慢性砷中毒患病率分布特点是距离雄黄矿越近患病率越高，年龄越大患病率越高。研究提出在判断某个地区是否因工业砷污染导致的慢性砷中毒地区时，应考虑三方面的问题，一是存在工业砷污染源和环境污染，二是当地居民体内砷负荷增加，三是当地居民中存在典型慢性砷中毒病人，并且达到一定的患病率。该研究充分考虑到环境污染物进入机体到引起疾病发生全过程，为评估环境污染物健康损害提出新的思路。根据上述研究，卫生部制定了我国《环境砷污染致居民慢性砷中毒病区判定标准》（WS/T 183—1999），排除职业性和地球化学性砷暴露，慢性砷中毒病区的判定标准为：①该地环境中（空气、饮用水、食品、土壤等）单项或多项砷含量超过卫生标准（见 GB 5749 和 TJ 36—79 等），并能确定有排放砷的工业污染源，或曾有排放砷的工业污染源；②当地定居人群头发砷含量均值超过对照人群头发砷含量均值+2 倍标准差；③当地定居人群中有典型慢性砷中毒病例，患病率为 5%～10%时定为轻病区，10%～30%为中病区，＞30%为重病区。

6. 公众环境保护意识不断增强

国家始终把不断提高全民族环境意识和健康水平作为一项基本任务，除在高等院校设立环境专业和环境卫生专业外，环保部门和卫生部门均十分注意加强公众环境保护教育和健康促进活动，开展了形式多样的寓教于乐的活动，动员社会力量，初步形成了社会各界密切协作的环保、卫生宣传网络，打造了如《中国环境报》、《健康报》、《环境保护》杂志、《环境与健康》杂志等一系列宣传品牌，全民环境保护意识不断提高。

（三）环境与健康管理的现状与经验

1. 环境与健康管理工作现状

目前，环境保护部和卫生部均设立专门机构负责环境与健康管理工作，但部门重点和组织结构有着较大差异。

（1）环保部门的环境与健康管理现状

环境保护部环境与健康管理工作主要由科技标准司下设的环境健康管理处具体负责，工作重心是加强“环境与健康管理”能力建设，通过基础调查和研究掌握我国环境与健康问题特点与发展趋势，基于污染物对人体健康风险评价确定优先环境管理目标并将其纳入环境管理制度建设中，不断充实和完善相关环境保护政策、法律、法规和标准。环境保护部环境与健康管理工作始于2005年，目前尚未形成从中央到地方的工作网络。环保系统省以下厅（局）无相应部门设置和相关专业背景的管理人员；中国环境科学研究院是环境保护部直属技术支持单位，环境与健康工作的科研队伍刚刚组建；地方环境科学研究院有环境与健康背景的科研人员较少。为加强环境与健康技术支撑能力，环境保护部在华中科技大学和中国辐射防护研究院建立了“国家环境保护环境与健康重点实验室”。

（2）卫生部门的环境与健康管理现状

卫生部的环境与健康管理工作由食品安全综合协调与卫生监督局下设的环境卫生监督管理处负责。我国的环境与健康管理工作在相当长的历史时期内主要由卫生部门承担，在大环境监测工作由卫生部移至环境保护部后，卫生部工作重点逐步转移到城市饮水和涉水产品、化妆品、公共场所卫生监测评价方面。卫生系统已建立了从中央到地方的疾病监测与防治的工作网络，省以下卫生厅（局）均有对口部门和专业管理人员负责环境卫生管理工作；中国疾病预防控制中心是卫生部直属技术支持单位，其下有省、市、县等各级疾病预防控制中心，各级疾控中心存在密切的业务领导关系。地方各级疾病预防控制中心环境卫生科负责开展环境卫生工作，但由于机构改革及发展市场经济的影响，目前许多地方的环境卫生科已不存在，专业技术人员分散到其他业务科室，环境卫生工作力度整体下降。

（3）环境与健康管理的协作机制

环保和卫生是环境与健康工作的核心部门，两部门各有优势，为整合资源，实现优势互补，两部委于2007年年初建立了环境与健康工作协作机制，机制组织结构包括：环境与健康工作领导小组、联合办公室、专家咨询委员会、主题工作组四个层面。其中：环境与健康工作领导小组负责研究拟出台或需进行重大调整的环境与健康工作宏观管理政策，指导环境与健康工作的发展，领导小组采取双组长制，组长由两部委分管领导担任，成员由相关业务司局司局级领导担任；环境与健康工作联合办公室采取双办公室制，负责环境与健康相关工作的运转和协调，分别设在环境保护部和卫生部相应处室，办公室主任分别由两部门主管环境与健康工作的处级领导担任。

2. 环境与健康事业发展的成功经验

总结我国环境与健康事业发展历程及所取得的成就，有三条经验值得继承和发扬：

（1）社会经济的发展是环境与健康事业发展的基础

从环境与健康事业发展的历程可以看到，环境与健康事业在不同时期有着不同的中心任务，解放初期至 20 世纪 70 年代初期，以大力控制严重危害人民健康的传染病为中心；20 世纪 70 年代中期开始逐步向以解决工业污染带来的健康问题转移，当前更加关注工业化和城市产生的化学性污染对人体健康的影响。这种变化既体现了环境与健康问题自身的需求，更反映出了社会经济发展对环境与健康工作的影响和支撑。实践也证明，环境与健康工作要与社会经济发展的需要紧密结合才能取得长足进步。

（2）“预防为主”是环境与健康工作的基本原则

环境与健康工作纷繁复杂，仅从末端出发，即控制和治疗疾病的角度出发是无法彻底解决环境问题带来的健康损害的，必须从预防或降低直接影响人体健康的环境问题入手，才能从根本上减少环境因素导致疾病的产生，降低此类疾病带来的社会经济负担。解放初期一些严重危害人体健康的传染性疾病的彻底解决和消除，都体现了“预防为主”这项基本原则。对于拥有 13 亿人口的发展中大国而言，坚持贯彻落实预防为主的方针，是经济、有效地开展环境与健康工作，实现保护环境，维护群众环境与健康权益，提高人民健康水平工作目标的重要前提。

（3）多方协作和支持是环境与健康事业的重要支撑

环境与健康工作具有量大面广的特点，许多工作需要各级政府和部门的协作，需要由从中央到地方各级相关单位共同完成，只有调动多方面的积极性，才可以在有限的资金和时间内完成大规模的科学调查和研究，这是国外环境与健康工作所望尘莫及的。环境与健康事业发展的历程也证明，只有充分调动各方的积极性，开展有效的协作和支持，才能将环境与健康工作做好，这也是环境与健康事业发展的重要基石。环境与健康工作本身还具有广泛的社会性，群众的支持与配合是环境与健康事业在各个历史时期创造业绩的基本保障。

（四）当前环境与健康管理工作中存在的问题

我国环境与健康事业在一穷二白的基础上起步，正在不断地发展壮大。但与发达国家相比，我国环境与健康管理工作仍处在一个较低的水平，工作基础还很薄弱，技术支撑体系仍不完善。加之 20 世纪 90 年代中期以来机构改革和发展市场经济的影响，近十多年来相关工作进展远不能满足经济社会发展的需要。当前我国环境与健康管理工作主要存在以下三方面问题：一是国家环境与健康工作缺乏统筹的行政管理体制，二是应对和解决重大环境与健康问题能力薄弱，三是提供公共服务能力不足。

1. 现行行政管理体制不适应环境与健康事业发展的需要

（1）政府管理职能缺位制约环境与健康事业的发展

国家在应对环境与健康问题上取得了举世瞩目的成绩，在经济长期快速增长，资源、能源消耗巨大，城市化进程不断加快和资源环境矛盾十分突出的大的历史背景下，通过加强环境保护，环境整体形势未出现急剧恶化情况，局部地区的环境还有所改善；医疗和卫生防疫工作的加强，使得传染病得到了有效的控制，人口期望寿命提高，婴儿死亡率和孕产妇死亡率下降，公共卫生服务水平大大提高。

但是，我们也应清醒地看到，随着环境与健康管理工作职能的分割，环境与健康管理工作涉及的职能部门越来越多，但管理职能却越来越不清晰。目前，国家对环境与健康工作的部门职能分工尚无明确的说法和定位①，造成环境与健康管理政府职能的缺位，出现了大家都来管又都管不好的局面，制约了环境与健康事业的发展。事实上，无论是环保部门还是卫生部门，环境与健康工作都是比较边缘化的一项工作，还未受到应有的重视。目前这种环境与健康的管理现状根本无法满足当前十分严峻和复杂的环境与健康管理工作的需求，急需变革。

（2）环境与健康工作与环境保护工作和卫生工作的主流脱节

保护人体健康是环境保护事业的出发点和落脚点之一，环境与健康工作必须和环境保护紧密结合才能发挥重要作用。从根本上讲，环境保护的目的和宗旨就是要为了维护人民群众的健康权益，促进社会和谐发展。因此，《中华人民共和国环境保护法》第一章总则的第一条明确规定："为保护和改善生活环境与生态环境，防治污染和其他公害，保障人体健康，促进社会主义现代化建设的发展，制定本法。"当年环境保护部门的确立，也与环境污染的加剧和污染造成的人体健康损害事件之间存在密切的关系。事实上，国家环保机构在成立之初所开展的很多工作也是紧紧围绕污染防治、改善生态环境、保障人体健康而进行的。

但是，随着我国工业化、城市化进程的不断加快，环境污染和生态破坏问题日益突出，污染控制问题越来越受到重视，COD 和 SO_2 的减排工作更成为整个环境保护工作的重中之重。但是，一些对人体健康具有更大威胁，并且污染也十分严重的污染物质并未列为环境保护的重点，长此以往将使环境保护工作发生异化，偏离环境保护的根本目的和宗旨。必须加以纠正，实现环境保护目标和宗旨的回归。同时，卫生部门现有的环境卫生工作模式和机制也不能满足当前环境与健康管理工作的需求，疾病监测网络不能对环境污染导致人体健康损害实施有效监控，近年开展的城市饮水和涉水产品、化妆品、公共场所卫生监测评价等工作也游离于主流环境与健康工作之外。

① 在环保部的“三定”方案中没有环境与健康管理的具体职能，卫生部的相关政府职能也不清晰。

在环境压力日益严峻的情况下，环境与健康工作与环境保护工作和卫生工作的脱节严重影响了环境与健康事业的发展，存在环境与健康工作缺少中长期发展规划，管理和技术支撑能力严重不足，常规环境与健康调查和监测缺乏工作经费保障等诸多问题。

（3）相关政府部门职责不清，协作机制难落实

环境与健康问题是一项跨领域的综合性工作，涉及相关部门较多，部门间协作应对必须责、权、利分明。2007 年刚刚颁布的由 18 个部委局共同签署的《国家环境与健康行动计划（2007—2015）》（以下简称《行动计划》）面临政策协调的尴尬。既然叫“国家行动计划”，本应有两个含义：一是要解决各部委职能交叉或空白造成的问题无人管、管不好现象，形成统一行动态势；二是要有落实措施，即各部门不仅要在机构“三定”职能内有所作为，而且要在面对环境与健康这一“新问题”时形成一呼百应、相关部门按照牵头部门的指示采取成龙配套的协调行动的局面。但是，在这样一个服务国家全局利益、需要相关部门形成新的配合格局的文件中，相关部门职责都是在原有职能内各司其职，作为国家行动要在交叉、空白领域落实的任务没有明确部门责任。环保和卫生虽然是制定《行动计划》的牵头部门，但部委职责决定了其协调相关部委能力有限，部门间资源共享、信息交换、统一信息发布和监测网络整合等重大问题不是凭借《行动计划》就能够解决的，需要建立更高层面的管理和协调机制，如：环境保护部统一发布国家环境综合性报告和重大环境信息这一问题是经全国人大讨论批准在国务院“三定”方案明确下来才得以解决；应对气候变化这项涉及多部门协作的工作也是由于国务院明确由发展改革委牵头负责，发展改革委才得以顺利组织实施。此外，在环境与健康工作缺乏国家统筹管理和协调机制的情况下，环境与健康工作未纳入地方政府经济发展规划，监管机制无法建立，该项工作难以在地方层面推动，实际工作就出现了一些地方政府部门对环境与健康调查工作态度消极，甚至抵触的情况。

2. 应对环境污染导致健康损害事件及重大环境与健康问题能力薄弱

（1）健康风险管理未与环境管理制度建设紧密结合

首先，虽然保护人体健康被作为现有环境政策法律法规中的一个重要原则，但现行环境管理制度建设大多缺乏与健康问题的衔接，具体条款和措施制定中并未真正体现出以保护人体健康为最终目标的政策宗旨，如：环境目标责任制、总量控制、环境准入制度、优先控制污染物筛选、环境监测体系建设、环境影响评价制度中缺少针对那些对人体健康具有重大危害污染物的考虑和管理措施，环境管理的重点主要侧重于对一些常规污染物的控制。其次，现行环境污染事故和环境纠纷调查与报告制度中没有对污染导致健康影响范围、程度、后续影响进行明确规定，政府部门所掌握的环境污染事故与纠纷数据对掌握我国环境污染导致健康损害情况相关支持能力有限。环境管理与健康风险管理脱节说明“预防为主”这一思想在环境管理制度建设中未能有效地贯彻落实，行政部门在环境污染导致健康损害的风险防范方

面缺乏防范意识和技术手段。

（2）现行环境标准和卫生标准存在不适用或缺失现象

首先，经过多年发展，环保系统和卫生系统均建立了各自的标准体系，但真正符合环境与健康工作需要的标准体系尚未形成。目前污染物排放标准制度没有考虑标准对健康的影响，环境质量标准和环境卫生标准很少能像“中国松花江甲基汞污染防治与标准研究”、“环境镉污染健康危害区判定标准研究”和“环境砷污染致居民慢性砷中毒病区判定标准研究”那样，基于对我国环境与人群健康的具体情况进行深入调查研究后制定，而是照搬国外标准情况较多，由于存在人群特征、地区背景值等因素的差异，这种简单的标准“照搬”易导致实际应用过程中出现标准不适用的可能。

其次，尽管环境标准和卫生标准种类繁多，实际工作中仍存在标准缺失，影响各级政府对处置环境突发事件的正确判断，造成不必要的经济损失。如：2005 年广东北江水镉污染事件应急处理工作中，由于缺乏急性镉饮水标准而以慢性标准来衡量急性环境污染问题，采取了城市停水措施。事实上，无论采用《地表水环境质量标准》还是《生活饮用水卫生标准》，这些标准均是以慢性长期接触为基础的慢性标准值，慢性标准值要严格于急性标准值许多倍。在应急处置环境突发水污染事件时，以慢性标准为基础会夸大事件危害的严重性。事后研究表明，北江水体中镉浓度值仅为引起急性反应的浓度水平 16mg/L 的 1/16，同时沿江居民预期镉暴露剂量在已知的人体慢性暴露剂量范围内，其污染的程度还没有达到需要采取停止市政供水和实施各项降镉措施的地步（尚琪，2006）。

（3）基础性工作和前瞻性研究薄弱

首先，对当前环境与健康问题整体形势把握不足。我国自 20 世纪 90 年代以来未再开展全国性或区域大规模环境与健康调查工作，基础性、连续性的调查和监测工作也未能纳入常规工作，基础调查不足和基础数据的缺乏，使相关管理部门对我国环境污染导致人群健康损害的地区分布、健康损害程度和趋势演变等情况不能及时掌握，一是给开展环境污染相关健康风险研究和评价带来困难，难以预测环境污染对人群健康损害在何时何地可能出现；二是给识别主要环境危险因子、提出有效的应对措施带来困难；三是环境与健康问题的复杂性、长期性和隐蔽性决定其工作成效常常在短期内是无法被直观感知，缺乏长期的数据积累过程对未来开展效果评价带来困难，不利于及时调整相关政策和措施。

其次，在环境与健康科学研究方面，我国原始性创新能力不足，理论方法滞后。环境与健康是一个专业学科，有其科学理论基础和工作方法，随着社会科学的进步，环境与健康的基础理论和科学方法也需要不断地完善和发展。但近 20 多年来，我国在污染物致病机理、暴露生物标志确定与环境污染健康风险评价方面研究投入不足，环境因素对人体健康的科学研究还多以描述性的现况研究为主，分析性的病例对照或前瞻性研究较少，在解释环境因素与人群健康关系方面缺乏足够的说服力。在理论上，专业知识老化，环境卫生学的教科书已经出版到第 5 版，仍然看不到有新的进展。近年来发生的环境镉污染和铅污染事件中，我们一些专家所言的理论还是 20 多年前的知识，生物监测指标依然如故，同时对许多有害污染物根本拿不出健康危害评价的指标和分析测试技术来。既往基础理论和科学研究不足造成缺乏可行的方法与技术来解决实际问题，在当前环境污染导致健康损害群体性事件频发的情况下，由于政府难以及时拿出使人信服的科学依据来平息群众对健康担忧，经常处于被动应对局面。

3. 提供环境与健康公共服务能力不足

（1）资源共享与信息公开尚未实现

环境监测和疾病监测是环境与健康的工作基础与不可缺少的重要手段，是执行环境保护法律法规的依据。环保和卫生系统多年来积累的大量的监测数据，可为人群环境暴露评价提供资料和信息，更有助于在环境法规制定、标准制定、环境影响评价等环境监督管理工作中加强环境与健康工作。但是，由于环境监测和疾病监测系统建设彼此独立，在监测点位设置上存在不匹配情况，妨碍环境监测数据与疾病监测数据的整合利用。同时，环境与健康很多数据分散在多个部门，部门间监测数据共享和公开机制尚未建立，即使对本系统的科研人员也未充分公开，具有很多限制条件；此外，将监测数据和信息作为一种部门资源，有偿提供使用的现象也非常普遍。实际工作中，环境信息与疾病信息不能共享则不能实现通过与历史数据的比对来分析观察环境质量变化与人群健康状况的发展趋势，一是妨碍环保政策措施的调整；二是不利于作出正确的预警预测和应急反应，将环境污染导致的健康损害程度降至最低；三是影响向社会及时传递正确信息，以解答公众疑问，消除误解和谣言。

（2）现行法律法规在维护健康权益方面可操作性不强

现有法律中无直接规定环境污染致健康损害补偿纠纷解决的法律条款，使环保部门和人民法院在处理环境污染致健康损害补偿纠纷时无具体规则可循，许多事实基本相同的案件在不同的法院或不同的审判员审理时会有截然不同的判决结果；当出现民法规定与环保法规定相矛盾情况时，法院无所适从；无环境污染导致健康损害判定原则及专业鉴定技术机构导致环境污染受害者举证艰难，即使胜诉也由于无补偿标准难以获得经济上的补偿。因此，法律建设与环境与健康工作需求不协调，加上环境污染导致健康损害因果关系技术鉴定难度大，举证困难，诉讼成本高等因素，大大削弱了法律在维护公众健康权益方面的可操作性。

（3）环境与健康教育现状不能满足社会需求

公众环境与健康的知、信、行水平会直接影响到未来我国环境与健康工作推进及相关政策法规的推行，因此必须通过加强和坚持环境与健康教育工作，提高全社会的意识和参与程度，以利于环境与健康工作的顺利开展。但环境保护部科技标准司组织调研发现（2007），公众在环境与健康问题上，表现出信念先行，知识和行为水平滞后现象；多数人对环境与健康教育现状不满意，认为当前的教育缺乏力度和系统性，宣传形式单调，环境知识宣传多，环境污染对健康负面影响宣传少。产生上述问题的原因一是我国环境与健康教育没有充分利用和发挥广播电视类群众喜闻乐见的大众媒体作用，有效传播渠道不畅；二是地方缺乏环境与健康教育专业队伍；三是环境与健康教育尚缺乏理论指导，相关工作缺乏系统性和实用性。

（五）未来环境与健康事业发展面临的挑战

1. 突破传统体制机制的束缚

当前，环境与健康事业要发展，必须首先突破体制和机制的束缚。如果国家不能对环境与健康管理涉及的各个政府部门之间进行明确的分工，划定清晰的政府管理职能，环境与健康工作还将处于人人都管，又人人都管不好的局面。

2. 环境污染问题日益复杂

一是我国当前的环境污染具有复合型（即工业化、城市化污染经常同时同地呈现）和压缩型（即整个工业化过程中的污染情况在我国集中呈现）两大特征，各种环境污染问题在较短时期内相互叠加。二是随着科技的发展，新材料和新化学物质的应用越来越多，新的污染物和污染形式不断出现。有许多新材料和新化学物质都已显示出明显的健康危害，如纳米材料颗粒对大气造成污染，氟化有机物在水和土壤中长期难以降解等。这些物质材料对人体健康的危害研究目前处于空白状况，但从毒理学的研究中已发现它们具有较严重的健康隐患，需要密切关注。我国还缺乏建立在人群健康危险评价基础上的新材料和新物质的环境准入制度，在今后相当长的时段内，这类环境污染将给我国的环境健康工作带来新的挑战。

3. 监测、防控难度大

首先，人的活动范围扩大和人口流动的频繁，加大对环境与健康问题监测和控制的难度。环境污染对人体健康的影响跟人的暴露程度、暴露时间密切相关。随着人口增长、经济发展和人口流动的增加，人的活动范围和异域活动时间不断扩大，接触到有害环境介质的可能性迅速加大。这也导致了环境健康风险的加大。

其次，环境与健康监测和防控的针对性和有效性取决于科学技术的不断进步。环境污染对人群健康影响的复杂性加大了确立环境监测指标体系、污染防治目标的难度。一是环境污染物可以通过多种环境介质多渠道进入人体；二是受环境污染影响人群的反应个体差异很大，包括老、幼、病、弱、胎儿甚至具有遗传易感性的敏感人群；三是人群常处于低水平、长时间暴露状况，探索敏感而特异的反应指标较难；四是环境污染物在环境中可通过物理、化学和生物作用而发生转化、降解或形成新的污染物，也常常与其他污染物联合作用于人体，从而产生与原有污染物不同的危害。

第三，环境因素是影响人群健康诸多因素之一的现实加大了疾病防治的难度。人群健康受经济发展、人口老龄化、生活方式和行为以及环境改变的综合影响，既包括影响发病率，也包括影响病死率的因素；与发病率有关的生活方式和环境因素，与病死率有关的求医行为、医疗卫生服务质量和覆盖范围构成了非人口因素的主要内容。可以说，环境与健康领域还亟待人类进行不断的、广泛而深入的科学探索。

4．公众要求知情权呼声日益增高

随着居民收入的增加和生活水平的提高，以及健康意识的增强，人民群众对环境质量和健康水平提出了更高的要求。调查显示环境问题已经成为我国公众关注的最大焦点，86%的公众认为环境污染对健康造成了很大的伤害。但是由于我国现阶段缺乏环境污染因素对健康影响的基础调查资料，再加之部分讹传，导致公众对一些可能涉及环境污染和健康影响的项目建设反应过激，如部分地区的公众联合抵制垃圾填埋场、PX 化工生产等项目的建设等。这对政府应对环境健康事件的能力提出了严峻挑战。一方面需要缓解环境危害，另一方面也需要通过扎实的监测和研究向公众予以说明和交待，维护社会稳定。

四、应对环境与健康问题的国际经验

（一）美国：以风险管理为主导的环境与健康管理模式

1．美国应对环境与健康问题的模式

（1）以保护健康为本开展环境保护工作

美国的环境与健康管理模式一切是围绕人体健康展开的，并把人体健康保护工作放到了首位。1970 年 7 月，为适应公众对清洁环境日益增长的需求，美国把分散于农业部、健康、教育和福利部、内政部及原子能委员会、联邦放射物管理委员会、环境质量委员会等部门的环境保护职能集中在一起，成立了美国国家环保局（EPA）。EPA 代表联邦政府全面负责环境管理，是各项环境法案的执行机构，其宗旨是保护人类健康与环境。EPA 局长由当选的总统提名，经国会批准生效，直接对总统负责，主要任务是保护人类健康和自然环境。

以人体健康为本的环保理念主要体现在其有关法规和制度体系之中。例如，《清洁空气法》（CAA）是美国环境法中最为复杂和全面的法律。这一法律控制移动和固定源的空气污染排放。移动源包括机动车、建筑设备等；固定源包括工业烟囱、设备、焚化炉、工业锅炉和居民火炉等。《清洁空气法》对空气污染对健康的影响深度关切，该法律就是为了确保美国所有居民能够呼吸到足以保护公众健康的清洁空气，而且是按照最敏感个人的健康标准进行衡

量。该法律要求环保局识别合理预期的会威胁公众健康的空气污染，然后在识别这些“标准污染物”后制定一个全国环境空气质量标准。《清洁空气法》曾进行过几次修订，其中一次在1977年，在1990年又修订了一次；公众健康保护是该法大部分改进的基础。

（2）建立了分工、协作的环境与健康管理体系

美国的环境与健康管理工作由国家环境保护局（EPA）和美国卫生和公共服务部（DHHS）共同实施，但侧重点不同。EPA和DHHS在环境与健康管理方面的主要职责如下：

① EPA的主要职责包括：研究大范围环境污染现象对人体健康的影响；偏重环境污染的风险评价和管理；从事环境污染与健康的专家具有非常广泛专业背景，包括生物、化学、生态、环境、医学等，研究内容更多侧重于人体和生态系统暴露于污染物的评估，特别是进行暴露污染物的迁移转化以及对生物影响的暴露评价。EPA统领10个区域分局，而各分局则主要负责监督和管理辖区内的各州环保局对法律的执行情况，并定期向国家环境保护局汇报。EPA负责这些项目资金和基金的分配，并监督各州政府对项目和行动资金的使用情况和效率。依托于各项法规，EPA在全国范围内很好地起到了环境监督的作用，并体现了其保护人体健康的宗旨。

② DHHS的主要职责包括：侧重于环境污染所致疾病病理的形成以及疾病的预防与控制；侧重于相关疾病的预防和防治，以及对特定人群的健康保障；专家更多来自医学专业，负责针对不同的易感人群和特殊群体的环境健康效应进行信息的采集、登记等工作，并进行有针对性的研究，采取切实可行的预防措施，以确保该人群的健康。

（3）构建了完善的法律体系和制度

① 在法律条文中明确了保护人体健康的目标。

同时，美国的环境保护法律、标准等的制定都考虑了对人体健康的影响，很多科学研究项目是研究污染物或新化学品对生物和人体的影响或阈值，为出台新的标准或管理政策提供依据，出现的环境污染引起的健康损害问题主要是通过司法解决，此法律法规体系特点是：建立健全各种环境保护管理制度，依法行政或依法管理。

《清洁水法》（CWA）和《清洁空气法》（CAA）是美国的两个重要的环境卫生法，其他的补充有《安全饮用水法》、《固体废物处理法》、《毒物控制法》、《食品质量和保护法》、《资源保护和恢复法》以及《综合环境反应、赔偿和责任法》（即“超级基金”）。这些法律清楚识别了污染法规与公众健康保护之间的关系。例如，《清洁空气法》规定环保局应当设立空气质量目标，在不同水平上保护人类健康足够的安全。《清洁空气法》制定了“国家环境空气质量标准”，然后要求各州负责达标。原始标准是基于人类健康保护，包括敏感人口如儿童和老年人的健康。《安全饮用水法》中类似的标准目标是要求“不会发生对人类健康产生预期的不利影响并保证足够的安全”。《资源保护和恢复法》就认为“地下以及地表未经详细规划和管理的固体和危险废物意味着对人类健康和环境的威胁”等。

② 建立了污染物的清单和排污许可管理制度。

由于环境与健康效应关系的复杂性和不确定性，国会对 1990 年《清洁空气法》进行了修改，对以往基于危害性分析的管理模式进行了改进，确立了污染物清单管理制度，并具体指定了约 180 种危险空气污染物，要求清单上列出的所有化学品排放源必须安装空气污染控制设备，不管这种排放的本质或毒性程度如何。环保局被指定来确定各个工业领域中排放清单上化学品排放绩效最高的工厂，并且要求其他工厂在一定时间内达到同样的绩效标准。这种被称为“技术标准”的新方法证明，在减少美国的有毒空气污染方面，它比原来的“危险”管制标准更为有效。

《安全饮用水法》的目标是为了保护饮用水安全。《安全饮用水法》于 1986 年和 1996 年进行了两次修订，给予 EPA 更多的权力制定饮用水标准来控制全国饮用水污染物水平。这些标准是饮用水保护总体计划的关键组成部分，包括：饮用水水源评估和保护，水井和回收系统保护，确保由合格运营者进行水处理，以及使公众能够获取到关于其饮用水水质的信息。至 2006 年 1 月，EPA 已对 87 种水污染物制定了标准，其中 11 种是微生物，3 种是消毒剂，16 种是无机化学材料，53 种是有机化学材料，还有 4 种是放射性核素①。

③ 通过超级基金法应对污染所致相关赔偿。

美国国会于 1980 年 12 月 11 日通过《综合环境反应、赔偿和责任法》，设立了危险物质信托基金（亦称超级基金），该法也常被称为《超级基金法》。超级基金的初始基金即达 16 亿美元，1988 年更是增加到 85 亿美元。美国超级基金包括有害物质信托基金和关闭后信托基金。前者用于自然资源损伤、破坏和灭失所造成的损害赔偿；后者用于合格的有害废物处理设施关闭后，那些有害废弃物仍堆放在处理场所并造成损失时的赔偿。

美国侵权行为法将各类侵权行为所致损害囊括其中，环境污染损害也不例外。有关环境污染损害之民事责任承担适用普通法关于侵权行为责任的规定。不过美国的特点在于：受害人基于个人利益损害提起的损害之诉讼适用普通法，但如果基于公共利益提起诉讼则可以适用《美国国家环境政策法》、《清洁空气法》、《清洁水法》等环境立法。

（4）提供了有力的资金支持

环境污染与健康科研经费来源有三个主要途径，即国家公共财政支持，公益性行业协会和福利慈善基金会捐助，以及污染相关企业资助。在美国等发达国家，国家公共财政支持经费占环境污染与健康科研经费总体来源的 2/3 左右，后两者经费占 1/3 左右。国家公共财政支持经费包括全国性的财政支持和地方政府着眼于解决当地环境污染问题的经费支持。美国公益性行业协会和慈善基金会、大型企业等也给予环境与健康相关研究一定的资金支持。

（5）形成了强大的技术支撑体系

美国的环境与健康研究主要由 EPA 和 DHHS 开展，同时科研机构和院校也开展了卓有成

① 观点主要取自 B. Johnson. 2007 年.《环境政策与公共卫生》. 第 5 章：空气和水现状，187-242 页.

效的研究工作。

① 美国国家环境保护局的技术支撑体系。

EPA 在其研究与发展中心下设国家暴露研究室和国家健康与环境效应研究室开展环境与健康科学研究工作（图 4-25）。

国家暴露实验室的主要职责是开展人体对污染物暴露研究项目，其中包括人体暴露模型项目和人体暴露测量项目，旨在建立、完善、提高人体和生态系统对环境污染物暴露的检测、评价、预测方法。而国家健康和环境效应研究室则旨在揭示环境污染物对人体健康的损害机理。该研究室下设 5 个实验室，分别从基因、分子、细胞、组织水平等对环境污染物的致病机制进行研究；同时还开展了环境污染对呼吸系统、免疫系统、消化系统、神经系统、生殖系统的危害研究，如何提高环境风险评估的可靠性和降低风险评估的不确定性始终贯穿这些研究。

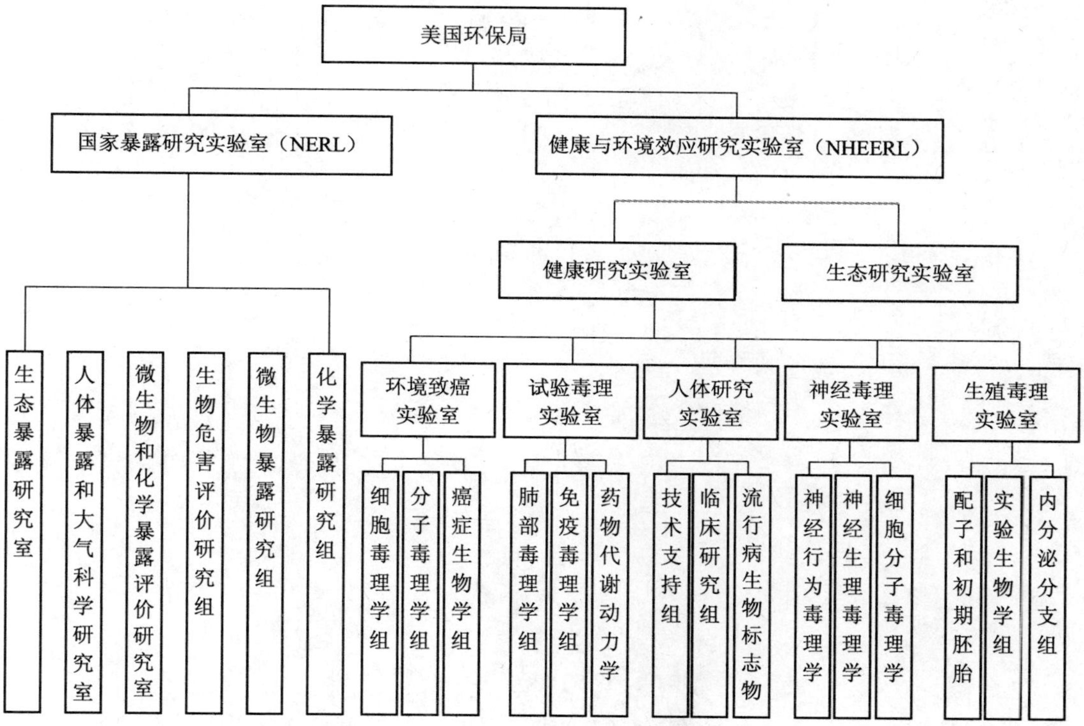

图 4-25　美国环保部门环境污染与健康组织机构

② 美国卫生部的技术支撑体系。

DHHS 下设许多环境与健康研究部门（图 4-26），研究重点放在如何预防和控制由环境污染引起的各种疾病和提高人体健康水平。在美国疾病预防与控制中心的多个公共服务部门中，国家环境健康中心（NCEH）是直接从事环境健康管理研究的二级部门。该中心与美国有毒物质和疾病登记局组成了环境健康与损伤预防协调中心。美国最大的国立卫生研究所（NIH）

设有国立环境健康研究所（NIEHS），主要工作目的是减少因环境因素引起的疾病和机能紊乱。

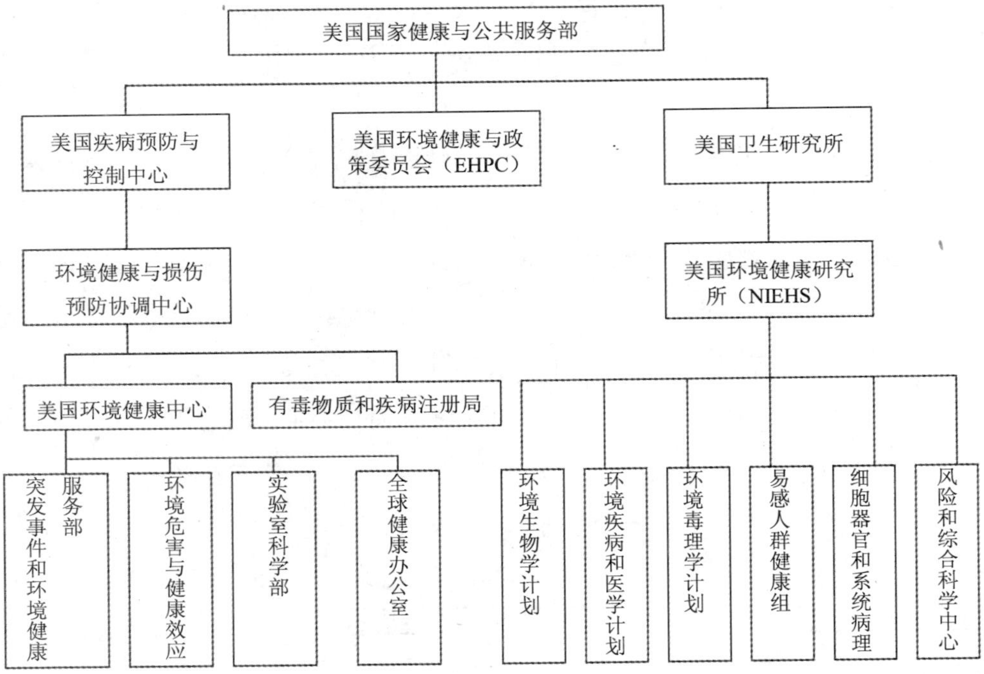

图 4-26　美国卫生部门环境污染与健康研究机构

③ 科研院校的技术支撑。

美国的科研院校也是美国环境与健康研究的主要力量。在研究领域，美国无论是政府部门还是科研院所都开展了大量有关人体健康的研究。美国的科研院所在环境污染所致健康损害机制方面开展研究。在研究的范围上，美国在保障本国人民健康的同时，也着眼于全球范围的环境污染疾病。

2. 美国模式可供借鉴的经验

（1）在环境与健康工作中切实履行以人体健康为本的原则

EPA 的各项工作都是以保护人体健康为出发点的。EPA 成立的使命就是要保护人群健康，维护自然环境（包括空气、水和土壤），并负责保障清洁水、空气和土壤等日益增长的公共需求。EPA 在多年的工作中将保护人体健康的理念有效贯穿于各项工作中，无论是在制定全国范围内环境质量标准和基准时，还是在开展科学研究的优先领域中，都将维护健康摆在了非常重要的位置，切实将维护人体健康的目标落到实处。

（2）完善的法律法规是推动环境与健康工作的重要基础

由于美国是一个地域宽广的国家，各州的自然历史地理条件、经济发展水平等都不尽相同，而联邦政府所管辖的 50 个州在行政上相对独立。无论是环境质量标准还是相关法律法规，州与州之间都存在着一定的差异。而作为联邦环保行政机构的EPA，在过去30多年来，主要是通过推动一些全国性的法律法规的实施，而逐步推进环境与健康管理工作。1970年美国国会颁布了《清洁空气法》，随后在EPA的推进下，美国国会又陆续颁布了《清洁水法》、《海洋保护、研究和庇护法》等。

（3）分工明确和相互协作的管理机制是有效开展环境与健康工作的保障

美国环境与健康工作工作主要由EPA和DHHS共同负责，两者管理职责有明确的划分，并有良好的协作关系。DHHS通过监督和调查，获取人体健康与环境相关的知识，发现异常环境与健康问题信号。基于健康部门的健康损害调研结论，DHHS等开展后续的从污染源到人体的整个环境与健康相关工作，具体包括污染源识别、污染途径识别、暴露评价、风险评估、处理对策、善后评估等。此外，DHHS还研究环境污染导致疾病的预防和控制途径，并对受害人群进行医疗服务和健康救助。EPA和DHHS通过共同支持和推动一些合作项目促进了在环境与健康问题应对中的协作和融合，实现资源共享，优势互补。

（4）预防和风险控制是实施环境与健康管理的有效手段

美国制定环境卫生法律的驱动力主要是对人类健康的关注，因为人们意识到空气、水、土壤和食品污染可以导致疾病。然而，这些法律使用的是广义的“损害”或“伤害”，它们的要求主要在于预防人群的健康危险而不是对健康或福利被污染损害的个人进行赔偿。因此，无论是基于危害评估的管理还是基于名录的污染物质排放的管理制度，其环境标准的制定都是建立在预防可能造成的人体健康损害。

美国关于环境与健康方面的法律法规和标准主要是由EPA来负责的，而不是DHHS。在制定环境质量的标准和基准时，都要进行严格的健康风险评估，保证这些标准和基准限值在对人体健康可接受的风险水平内，并对可能存在的健康风险实行风险管理。

EPA定期对这些标准和基准进行再次评估，如每5年就要对环境空气质量标准进行一次大规模的健康风险评估，评价标准是否依然适合现今的社会发展水平和人们的需求，是否依然可以保护人体健康，是否有必要进行调整。各州可以参照EPA制定的基准，根据各州的实际情况来制订本州的环境质量标准。30多年来，EPA在全国范围内，利用环境健康风险评价的工具开展风险管理，有效地预防了大量环境与健康问题的发生。

同时，污染物清单管理制度的实施，将对人体健康具有较高危害的污染物质纳入了常规的环境污染控制范畴，并要求排污者要采取治理等措施，确保列入清单的污染物质排放达到有关要求。实践证明，这一制度的实施，对防止污染问题的恶化及由此可能产生的健康危害发挥了积极的作用。

（5）司法是预防环境损害的重要手段

在美国，法庭诉讼是一种预防环境损害的重要方法。美国法律不允许公民执行刑法，传统上也限制公民妨害公众的行为。与这一背景相反，国会在几乎所有的联邦污染控制法律立法中都包含一种不寻常的执行机制：环境公民诉讼。一般来说，公民诉讼的规定允许单独的诉讼人进行两种诉讼来确保污染法律的实施：①控诉相关联邦机构在履行责任上的失职；②控诉单独的污染工厂和单位，以强迫他们服从法律规定及判定民事惩罚。这些规定不要求健康或财产损害的证据；相反允许公民对将公众健康置于危险的违法行为进行诉讼，即使没有具体的个人显示有疾病症状。

公民诉讼机关与政府执法决定以一种富有成效的方式一同扩展了国会制定的环境法的范围，为社会判断重大损害创造了一个渠道，并且通过阐明环境法中受到威胁的公共价值，帮助协调环境法规成本与效益之间的平衡。

（6）信息公开和公众参与成为促进环境与健康事业发展的重要手段

《应急计划和社区知情权法案》（1986）与《综合环境反应、补偿和责任法》（CERCLA）一起颁布，并要求企业将其危险物质排放情况向 EPA 报告，然后 EPA 再将其危险物质排放情况向公众公开。结果是每年都公布“毒物释放目录”，在网上可以查询到。市民可以对其居住地区的污染问题进行评论，对全国的某些公司的环境绩效进行检查，以及对某种排放到空气及水中的化学品属性和浓度进行调查。

“毒物释放目录”的信息公开制度在激励私营部门自愿污染减排行动中发挥了积极和显著的作用，并获得广泛好评。有一些公司采取措施减少其合法水平的排放，目的是为了降低其在数据库中的大污染者排名。“毒物释放目录”的作用是减少了至少 40%的符合报告要求的化学品排放。

《安全饮用水法》于 1996 年进行的修订也要求公共用水供应者公开饮用水中污染物属性和水平；他们须将这一信息与收费单一起交给顾客。结果是，自 1999 年 10 月开始，美国 5.5 万个地方水管理机关开始向消费者报告饮用水污染物信息，一些最大的系统在互联网上发表了其报告。

各州也在信息公开方面起了主要作用，针对污染物水平不安全的水体发布鱼类咨询信息。这些消费咨询信息建议人们限制或避免食用在该州内某些湖、河或海滨捕捞的某些品种的鱼。这些咨询信息适应于当地捕捞的鱼，有时也包括从商店或餐馆购买的鱼。关于鱼的咨询信息主要部分包括 5 种主要污染物：汞、多氯联苯、氯丹、二噁英和 DDT。

（二）日本：从被动应对到主动防控的环境与健康应对模式

1. 日本在应对环境与健康问题上的沉重教训

与美国有所不同，日本对环境健康问题的关注是迫于公害病的压力，随后对环境与健康管理制度的不断完善也是紧密围绕公害病的处理处置、损害赔偿和预防等方面来开展工作。经过 40 多年的发展，基本逐渐形成了以应对公害病推动环境与健康管理的被动发展模式。尽管这种发展模式目前已经达到了较高水平，但是付出的环境与健康损失代价很大。

（1）环境污染问题对人体健康造成了巨大伤害

由于单纯追求经济增长和复苏，忽视环境保护与人体健康，日本在经济快速增长时期曾经经历了严重的环境污染（即公害问题），并对人体健康造成了严重的损害（即公害病）。在这一时期，以熊本水俣病、新潟水俣病、富山县痛痛病、四日市哮喘病、米糠油污染事件等为代表的公害事件相继发生。另外，由于水和空气污染、汽车尾气污染、城市噪声、新干线和飞机等引起的噪声都在不同程度上影响了居民的健康与生活质量，公害问题基本上蔓延到了日本的每一个地方。当时，日本全国发起了广泛的反公害运动。

（2）公害问题曾经导致严重的政治危机

公众广泛的反公害压力使环境与健康问题从社会问题向政治问题转变，是否采取措施威胁到日本执政党的统治地位。但是由于存在发展理念有误、财团利益纠葛等多方面因素，日本中央政府对于民众的要求没有采取实质性的应对和解决措施，更多的只是采取一些消极的形式动作。

面对中央政府在公害问题上迟迟不采取行动或没有有效措施的现实，许多市民将手中选票从执政党自民党一方转送到了承诺解决环境与健康问题的反对党一方。到 1970 年，反对党控制了包括了东京、大阪、京都等大城市，管辖范围的人口占全国的 38%。当公害成为公众和社会传媒的第一热点问题时，政治家首次被卷入到运动之中。即公害从社会问题演变为政治问题，成为政界必须要考虑的议题之一。另一方面，国际社会对日本公害状况的批评也非常强烈，形成了较大的国际压力。日本政府和企业已到了必须采取果断措施的时刻，否则自民党的政治地位和企业经济秩序都将受到严重的挑战。

随着公害病导致的环境与健康问题压力逐渐加大，日本的环境与健康应对策略被迫由表面动作向切实解决问题的正确方向转变。由于反对党赢得选票的条件是许诺采取措施控制污染，所以一些地方政府率先开展了污染防治工作，并建立了具有地方特色的法规及对策体系，同时也创造了市民参与政治的机会。从 1968 年开始，三年之内，地方政府制定公害防治条例的数量从几十件增加到了 500 余件。

（3）管理缺失是造成日本公害病问题恶化的重要原因

早在 1954 年日本厚生省就设立了公害室，但由于以主管经济发展的通产省为首的有关省厅及产业界的干扰，工作很难开展；1961 年厚生省又重新设置了公害室，但实际上只有一个人负责。尽管先后出台了《工厂废水控制法》、《水质量保护法》以及《烟尘控制法》等，但并未奏效，全国各地的公害问题仍在不断恶化。到 60 年代中期，大部分的县和中央政府都没有采取有效的污染防治措施。在 1967 年以前，日本中央政府很少颁布严格的环境法规与政策，也没有实质性的环境与健康管理机构。

在公众付出了巨大的健康代价、自己付出了较大的政治代价和巨大的事后经济代价之后，政党、官僚和商界终于达成了一致，于 1970 年召开了“公害国会”，即专门讨论公害问题的国会会议，颁布了 14 部有关公害防治的法律，1974 年又颁布了一部很重要的《公害健康赔偿法》。但实际上阻力仍然存在，如《公害对策基本法》最初提出保护人民健康及生活环境的主导思想，但在受到有关方面的强烈反对之后，1970 年的法律修正案将其改为保护人民健康及生活环境要与经济稳定发展相协调的原则。

直到公害事件频频发生近 20 年之后，日本内阁才决定集中厚生省、通产省、经济计划厅等省厅的原有的公害防治部门，把有关公害法规、各省厅分别实施的公害对策和自然保护对策集中于一个新的政府机关来管理实施，日本环境厅终于诞生了。

（4）付出了沉重的经济代价

注重经济利益，忽视保护环境和维护人体健康，日本环境与健康发展历程历经曲折，代价太大。最初政党、官僚及企业界的精英们始终认为“污染是资本积累过程中的必然结果”，对产业公害采取不承认或暧昧的态度，并成为一种牢固的战略和政策，驱动着整个日本社会继续向环境恶化的方向发展。

作为日本四大环境公害之首的水俣病，自 1956 年 5 月 1 日首例“水俣病”患者被确诊后，先后有 2 265 人被确诊，11 540 人获得排污企业人均 260 万日元的一次性赔偿。排污企业从 1932 年首次排放含汞的废水，到 1968 年政府令企业停止排污行为，所造成的直接损害以及为消除损害所支付的费用高达 3 000 亿日元，而且这个数字每天还在增加。另外从 1974 年到 1990 年的河流底泥清淤工程又是另外一笔巨额支出。而对当地可能受害居民健康损害实施大规模人群调查，前后总计样本数更是达到 80 000 例。2004 年日本最高法院判决日本政府应承担导致水俣病扩大化的行政责任。目前还有 3 700 多人诉诸法律，要求政府承担损害赔偿的责任。

1991 年，日本环境厅的一个研究组对由水俣病引起的破坏的实际成本与第一时间预防疾病发生的可能成本进行了比较研究。结果是对受害者进行补偿的实际成本高达年均 126 亿美元；而如果在第一时间采取预防污染的措施防治人体健康损害的发生，其成本仅为 1.23 亿美元，还不到实际成本的 1%。日本水俣病的教训表明：与预防环境污染的成本相比，严重健康危险一旦发生要彻底解决则要付出高昂的经济代价。

2. 日本应对环境与健康问题管理模式的主要特点和经验

尽管在迈向污染防治大门之前，日本环境与健康管理模式经过了一条漫长、沉重的历程，但是日本在决定采取污染控制行动之后，很快在烟尘和 SO_2 控制上取得了令人瞩目的成就，有效控制了公害病的发生和发展，并对受害者给予了经济补偿，缓解了社会矛盾，改善了环境质量，被国际社会誉为从“公害岛国”走向污染防治的模范。

回顾日本在应对环境与健康问题上的历史和现状，其主要经验和做法主要包括以下几个方面：

（1）加强管理和干预是解决公害及公害病问题的关键

为应对严重的公害和公害病问题，日本政府于 20 世纪 70 年代开始着手建立自中央政府到地方、社区的环境与健康管理与干预系统。

① 环境厅的成立整体推动了环境与健康工作。

成立了日本环境厅 2001 年升级为环境省，并由其健康部专门开展环境与健康的管理与干预工作。环境厅成立后，在四个方面发挥了十分重要的作用：一是调整和实施法律，先后推动出台了《环境污染控制基本法》、《与污染有关的疾病救助特别措施法》、《空气污染控制法》和《水污染控制法》等重要法律法规；二是实施了污染者负担原则，以企业 SO_2 排放量来计算其承担有关公共污染防治设施建设成本和受害者赔偿金额，从而使日本从“污染者的天堂”变成了“污染者的地狱”；三是制定了严格的环境标准，有效地控制了工业污染物排放，改善了环境质量；四是推进了四大公害诉讼案胜诉，激励了全国的公害运动。

② 通过完善标准和监测来开展污染防治与健康损害预防。

《环境基本法》主要目标之一是预防环境污染。该法第 16 条清楚阐明将制定环境质量标准作为一个目标：“对于空气污染、水污染、土壤污染和噪声污染的环境状况，政府应分别建立环境质量标准——理想的保护人类健康和生活环境的措施。”为了符合这一观点，在大气环境案例中，关于二氧化硫、二氧化氮、悬浮颗粒物、光化学氧化剂以及苯的环境空气质量标准被设定为有利于保护人类健康的标准。

在这些污染物中，法律清楚设定了统一的国家标准和达标最后期限。在严重污染时期浓度极高的二氧化硫，目前的环境质量标准达标率已接近 100%。虽然在机动车尾气监测站（进行路旁监测）测量的二氧化氮达标率为 91.3%（2005），在居住区的一般监测站测量的空气质量标准达标率已高达 99.9%，但是，悬浮颗粒物、光化学氧化剂以及其他污染物还没有完全达标，因此还在对其进行进一步的测量使它们在将来能够达标。

关于水环境的环境质量标准的规定有 26 条，包括烷基汞、镉和其他导致严重健康损害的危险物质，制定了有利于保护人类健康的标准。这样关于水与人类健康的环境标准目前达标率已接近 100%。

为了达到环境质量标准，全国范围的监测活动是必不可缺的。每一个地方的政府都有责任进行监测活动。到 2005 年 3 月，日本共有 2 086 个监测站对空气污染进行测量。其中一些在某些城市和其他地区进行 24 小时监测。环境厅在网上通过“大气环境地区观测系统（AEROS）”24 小时提供关于空气污染状况的信息。关于光化学氧化剂，地方政府有一个称为“光化学污染警报”的报警系统，如果观测到高浓度氧化剂，就向社区居民发出警报让他们待在室内。

水环境质量的监测主要由地方政府在河流、湖泊和海岸进行，还包括全日本 5 487 个地点（健康类数据，2006 年 4 月—2007 年 3 月）的地下水监测。此外，中央政府和地方政府进行了调查，检测水中的非管制化学品、海洋和河流中的泥浆（沉淀物）及鱼类和贝类，以观察环境污染是否恶化。

这些环境监测的结果向公众实时和/或定期（每年）公布，为了提高监测活动的精确性，中央政府为监测员工的能力建设举办研讨会和培训班。

③ 地方配套和支持机构为环境与健康管理提供了有力的支持。

各级地方政府依据中央政府的要求，甚至先于中央政府开始了环境与健康的管理与干预工作，取得了积极的成效。按照健康、劳动和福利部执行的《社区卫生法》，各郡和直辖市政府都已成立了健康中心，为与妨害当地居民公共利益有关的总体问题提供技术援助。因此，除了医药研究所，这些健康中心成为最易为公众接近的政府机构，当公众利益受到损害或出现健康问题时，当地居民可以到这里寻求建议。事实上，在经济快速增长时期，当一个地区发生未明原因的污染问题时，健康中心在查找污染原因上起了主要作用。

即使在今天，各个地区的健康中心在健康危险管理中仍然发挥重要作用。在《社区卫生法》的基础上，如果一个地区确实发生了某种环境卫生问题，健康中心将作为初级机构为居民的紧急事务提供咨询和进行调查，并且迅速与其他相关机构取得联系。

④ 职责明确和相互协作的管理体系保证了环境与健康管理与干预工作的有效实施。

日本的环境与健康管理主要依靠日本环境省来实施完成。环境省的保健部是行使环境与健康管理职责的主要机构，其主要职责是防止化学物质导致环境污染而对环境和人体产生不良作用，以保证受害人群得到迅速和公平的救助。其主要工作包括：进行污染物（特别是化学品）对人体健康影响的风险评估；进行环境保健调查研究；负责对污染疾病的损害赔偿。

日本的卫生部门主要负责保障全民健康。包括对不良生活习惯引起的疾病、传染病的管理等。该模式有利于协调各方面的关系，便于进行管理并能集中力量解决问题，适用于环境问题并不十分复杂的国家。

⑤ 明确的资金机制保证了环境与健康工作的顺利实施。

在污染者付费原则下，消除尾气中的污染物、处理工厂排出的废水以及为达标进行的监测工作所需成本、公害病损害赔偿费用等由排放责任公司支付。但是低利率财政政策或税收减免政策等激励性措施鼓励使用特定类型的污染预防设备。

不过，环境质量监测的成本由中央政府或地方政府根据各监测站的所属权来支付。原因不明的案例中的紧急健康检查所需成本由中央政府和地方政府承担。

（2）通过建立和完善污染损害赔偿制度解决了公害病问题

① 法律基础是制度实施的基础。

针对历史上严重的公害病问题及其造成的社会矛盾和冲突，日本政府通过建立专门的赔偿制度和运作机制，很好地解决了环境与健康问题的矛盾与冲突。为解决公害病问题和防治可能产生新的公害病问题，日本先后制定了一系列法律法规，包括《关于污染导致健康损害补偿和预防法》（以下简称《补偿法》）、《污染控制公共建设工程成本分配法》、《环境污染纠纷解决法》以及《关于人类健康的环境污染犯罪惩罚法》。

1970 年日本制定了《关于污染导致的健康损害补偿〈健康损害救助法〉的特别措施法》，为公害病的受害者提供医疗补贴。1974 年该法被进一步修订成《关于与污染有关的健康损害补偿和预防法》，进一步规定了为受害者提供生活补偿。1989 年，采取了全国性行动来解决二氧化硫空气污染问题，在这一行动背景下，对《补偿法》进行的修订不只是为污染受害者提供补偿，还关注卫生和福利服务的重要性，目的是帮助污染受害者恢复健康和促进污染导致的损害预防。

基于《补偿法》的污染所致健康损害赔偿制度与《环境污染控制基本法》（1993 年以来的基本环境法）的精神相一致，目的是确保由于严重空气污染或来自商业活动的普遍水污染而使健康遭到损害的受害者得到及时和公正的保护。

②赔偿制度实质上是一种行政救助制度。

由于很难在污染者排放和受害者健康损害之间建立一种具体因果关系。日本的污染所致健康损害的赔偿制度基本上是一种行政救助制度，考虑的是民事责任问题。如果一种指定的疾病和其起因之间存在一种一般的因果关系，公共机构可以很容易证明这种疾病与污染有关，污染者必须承担对受害者补偿的成本；这种补偿不仅包括医疗费，还包括其他费用如残废救济金和受害者要求的福利服务。公共基金只负责这一制度的行政成本。

日本的污染所致健康损害赔偿制度具有以下特征：

- 它寻求提供及时、决定性和系统性的解决方案来解决由污染者排放的污染物引起的环境污染导致的健康损害案件。
- 既然污染者引起的环境污染导致的损害赔偿本来应由污染者和受害者之间自行解决，该制度考虑的是民事责任。
- 环境保护的潜在原则是预防环境污染和保持有利于保护人类健康的环境质量标准。这样，污染者须尽其最大努力来预防和控制污染。原则上，环境法规和各个行政办公室采取的其他有用措施应当抓紧进行污染预防和控制的工作。在这个意义上，如果完全符合这些法规和环境标准，这种（赔偿）制度在本质上就没有必要了。

③ 赔偿制度救助的公害病及区域是有特别限定的。

适用的疾病：那些急需救助的案件适于应用这种制度，分为两种类型：

- 非特定疾病：个人受害者与致病因素之间的因果关系不确定；
- 特定疾病：因果关系已清楚确定。

第一种疾病是由空气污染引起的呼吸系统疾病（如支气管哮喘）；不要求逐个案件阐明因果关系，因此那些特定地区患有特定疾病的人有资格获得救助。

第二种疾病是水俣病、痛痛病和慢性砷中毒。

适用的地区：按照《补偿法》，郡长或同级官员须指定进行赔偿的地区。被指定地区分为两种类型：1 类地区由于大范围和严重的空气污染而导致疾病（如支气管哮喘）发生率高；2 类地区的高疾病发生率显然与一些致病因素有关，如水俣病、痛痛病等。

1 类地区有“严重空气污染”和“空气污染导致的高疾病发生率”。例如，如果一个地区空气中的二氧化硫浓度超过 0.05×10^{-6}，呼吸道疾病症状流行超过正常情况下两到三倍。这种制度开始实施时全国 1 类地区的实际数量是 12 个；这一数字不断增长，到 1978 年增加到 41 个。

2 类地区（水俣病等）的数量是 5 个。

受害者鉴定：

1 类地区中，地方政府和市长须将那些生活或工作在指定地区一段时间且暴露于污染，患有慢性支气管炎、支气管哮喘、哮喘支气管炎、肺气肿或相关后遗症的人鉴定为受害者。1988 年，1 类地区已确认受害者数量超过 10 万名。

2 类地区中，鉴定工作需要进行医学诊断，证明受测试者患有指定类型的疾病（水俣病、痛痛病等）。5 个 2 类地区已确认受害者总数是约 3 000 名。

④ 赔偿范畴及赔偿成本负担的有关规定。

赔偿内容：除了医疗费赔偿外，赔偿还包括残废救济金、儿童抚养费、治疗补贴和葬礼补助、幸存者补偿，以及对失去家人（受害者）的幸存者的一次性补偿。

在这些经济赔偿之外，包含指定地区的郡还提供健康和福利服务，帮助已确认受害者康复、维持和提高他们的健康。具体来说，这些服务包括复原和家庭治疗指导。此外，1 类地区已确认受害者服务还包括疗养治疗和提供经济补助进行流行性感冒疫苗接种（防止呼吸道疾病恶化）。

成本负担：在“污染者付费”原则（PPP）基础上，与补偿有关的成本由污染者承担。由于确认污染源与受害者健康损害之间直接因果关系的困难（如空气污染），采用了一套分配系统确定 1 类地区污染影响地区的面积大小，与鉴定受害者的方式相同。健康损害赔偿所需资金来源不仅包括指定地区的污染者，也来自其活动可能导致污染的企业。资金预算按以下方式计算。根据大气观察和全国空气污染中二氧化硫和氮氧化物等其他数据，赔款按 8∶2 的比率在固定排放源（如工厂）和移动排放源（如汽车）之间进行计算。排放烟尘的工厂承担 80% 的赔偿成本，赔款是根据其排放的二氧化硫总量计算的。其余 20%的赔款来自移动排放源如汽车等，即汽车重量税。赔款征收和赔偿支付的工作由日本环境恢复和保护局（ERCA）——政府之外的公共机构完成。在 2 类地区案件中，已经确认了排放致病因子的设施，因此，要求建立这些设施的当事人负责所有赔偿成本。

与污染受害者有关的健康和福利服务（间接补偿）赔款的四分之一来自于中央政府，还有四分之一来自于郡和市，其余的二分之一来自污染者付费。

（3）环境纠纷解决机制在解决环境与健康问题引起的社会问题上发挥了积极的作用

除了法庭规定的污染和解决方法方面的法律和法规规定，日本还建立了环境纠纷解决制度以迅速和恰当地解决环境纠纷，这样就简化了严格的法庭程序。

市民可向市政环保部门及公共健康中心联系和咨询。环保部门提供咨询服务，进行实地调查，联系相关机构，指导和建议污染者对市民投诉做出回应。这些咨询服务是免费的。

遇到环保部门不能解决的问题，可将案件提交到郡污染检查委员会，后者是在《环境纠纷解决法》的基础上建立（1970）的郡级机构。郡委员会然后通过调解、仲裁和申请调停寻求解决方法。另外，对于涉及重大环境污染、涉及范围广、损害赔偿和因果关系调查的案件，国家水平的环境纠纷协调委员会将会通过调解、仲裁、调停和判决服务（相当于司法程序）处理这类纠纷。要求交纳申请费，但也有可能被减免。

环境纠纷协调委员会的主席和成员由首相指定并由国会批准。委员会对要求技术知识的案件进行灵活处理。委员会可以指定专家成员和就具体问题征求建议，并且可要求相关机构的合作及进行委托研究。

这种制度比通过法庭解决纠纷花的时间和成本更少。一种包括这种制度的环境卫生管理制度可起到安全阀的作用，可以在问题的萌芽阶段阻止它发展成为环境污染对人类健康损害的重大事件。

（4）公众参与是促使日本环境与健康管理模式发展的巨大动力

恶劣的环境污染情况，明确的健康损害和潜在的健康损害威胁，促使日本公众对频繁发生的公害病做出反应。受害者和部分市民进行了大规模的请愿、示威和法律诉讼运动。媒体也不断加大有关污染事故及公害运动的报道，对公众的反公害运动起到了积极的推动作用。此时的公害运动形成了全国性和跨领域的运动，日本的专家学者启迪受害者和市民，通过研究污染对健康的影响和传播研究成果，加强了市民对公害危害性的认识，加强了公众运动的正义性。通过公众的选票将环境与健康危机转化为政治危机，促使执政者最终走上了环境与健康管理的正确道路。

（5）环境与健康管理已经进入主动防控阶段

从过去的历史教训中吸取经验，日本通过严格控制污染排放，积极开展污染态势预警，从基层开始进行污染相关疾病的跟踪等手段，初步实现了对环境与健康工作的主动干预，进入了以预防为主的主动防控阶段。其主要经验和做法是从源头控制污染物质的排放，严格排放标准和环境质量标准控制，开展恶劣环境报警机制，主动防范污染可能对人体健康造成的损害。同时，通过建设循环型社会，日本正在更进一步地向着资源节约、环境友好、社会和谐的可持续道路迈进。

（三）欧盟国家应对环境与健康问题的经验和做法

1．确立优先控制战略

在欧盟环境政策中一个重要的优先性设定是主题战略，其中就包括《欧盟环境与健康战略》。这一战略代表了下一轮环境政策，其中期远景是到 2020 年左右。它设定了清楚的环境与健康目标，试图找到完成这些目标的最适合的方法。优先性是通过一系列监测和评估活动加以确认的。这种战略是基于彻底的研究和科学，在对现有政策进行深入审查和对利益相关者进行广泛的咨询之后制定的。①

综合监测和模拟基础上的优先性确认计划（COMMPS）曾经在《欧盟水框架指令》中制定了一份优先性设定清单，它在欧洲环境化学物质环境政策中起主要作用。COMMPS 过程可被视为所谓的计分法。其应用的功能关系和权重因素建立在专家判断的基础上。②

欧盟在确认相对负担或特定环境健康问题严重性方面以及对 EH 问题优先化（基于健康影响、相关成本和/或负担程度）方面主要使用下列方法，它们都是制定有效的干预策略的关键因素。然而，干预设计还要求政策制定者和计划者对特定背景或环境下的环境健康危险因素的来源和驱动力有清晰的了解。

- 疾病负担分析与环境疾病负担法（EBoD）③
- 环境退化成本分析法④
- 环境健康损害制图法⑤
- 健康影响评估（HIA）⑥
- 环境影响评估（EIA）和战略环境评估（SEA）
- 使用环境卫生指标进行监测和监督

2．推行环境健康影响评价（HIA）制度

在欧洲国家的 HIA 制度性安排中，一种主要的政策制定方法需要政府的命令/要求，需要对一次健康影响评估提交计划，需要进行健康影响评估的专家（一般来自于大学）、咨询团体或政府机构。健康影响评估已按中央或地方政府命令应用于一些政策及项目中。

例如，伦敦市长就曾要求在城市的各种开发战略中进行健康影响评估，包括交通、专项

---

① http：//engineers.ihs.com/news/eu-en-polluters-pay-faq-4-07.htm.

② http：//cat.inist.fr/？aModele=afficheN&cpsidt=13947463.

③ Prüss-Üstün A，et al. 《介绍和方法：国家和地方环境疾病负担评估》. 日内瓦，世界卫生组织，2003 年（WHO 环境疾病负担系列，第 1 卷）.

④ Sarraf M et al. 《环境退化成本——黎巴嫩和突尼斯案例》，世界银行环境部，2004 年 6 月.

⑤ Briggs D.《非洲环境健康危险制图》，WHO-AFRO，2000 年 2 月.

⑥ WHO 对健康影响评估的定义是："一种综合了程序、方法和工具，对一项政策、计划、方案或项目对人口健康潜在和无意影响以及这些影响在人口中的分布进行的系统判断。HIA 确认合适的行动来管理这些影响。"（WHO，1999）《健康影响评估——国际最佳实践原理》，IAIA，专刊系列第 5 期，2006 年 9 月。

开发、文化和经济开发。健康影响评估包含在这些战略的综合影响评估中，伦敦卫生观察局开发出了 HIA 方法和个人资格标准。荷兰政府要求在国家政策中进行健康影响评估，这一命令由国立公共卫生学院执行。

韦尔奇议会要求在其开发中进行健康影响评估，一个专门单位进行健康影响评估并将结果反馈回议会。

在斯洛文尼亚，关于其加入欧盟组织后农业政策变化对卫生产生的影响，在各个部（包括卫生与农业部）之间取得了一致意见，由卫生部与世界卫生组织（WHO）合作执行。

在瑞典，由地方机关发出进行健康影响评估的命令，由当地卫生专家执行。在挪威，健康影响评估没有形成制度，但是目前他们也对 HIA 命令的执行进行评估。实际上，市政卫生机构要求对所有领域的项目和政策计划进行健康影响评估。

3．积极推进信息公开和公众参与

1998 年 6 月 25 日在丹麦奥胡斯被采用的《联合国欧洲经济委员会关于环境事务信息公开、公众参与决策及获得公正的公约》（以下称为《奥胡斯公约》）是第一个国际性法律手段，公约规定的“现在以及将来每个人生活在一个适合于他/她的健康和富裕的环境中的权利”提供了一种基础，使公众获取信息的途径、公众参与决策及获得公正的权利得到保障。由此《奥胡斯公约》在个人权利与环境福利之间建立了一种明显和坚固的联系，从环境与健康的观点来看两者也是相关的。它还包含一条所有各方“保证环境事务中信息渠道畅通、公众得以参与决策和获得公正”的共同义务规定，目的是为了保护这种权利。这样，它就在国际环境立法中树立了一个先例。

在欧盟，欧洲委员会制定规则来确保政府当局掌握的环境信息的获取途径和传播途径，并且规定了这类信息途径的基本条件（《关于公众获取环境信息的 2003/4/EC 指令》）。由成员国进行的环境质量监测，原则上所有结果及其他信息都必须通过国家网站和欧洲环境署网页向公众公开。关于私营部门的数据公开（如工业排放数据），2000 年 7 月欧盟决定建立一种强制性欧洲污染物排放注册（EPER2000）制度，由欧洲环境署负责执行，这一制度“优先”于目前几个成员国正在制定中的国家目录。

（四）国际经验对我国环境与健康事业发展的启示

1．当前我国必须大力推进环境与健康工作

从国际环境与健康问题的发展史来看，对环境与健康管理问题的关注是社会发展到一定阶段的产物。如果关注得过早，问题还没有出现，社会经济条件、科研支撑信息、人们认知水平等还没有达到一定的程度；反之，如果关注得太晚，付出的代价太大。日本、美国等许

多发达国家环境健康相关法律法规的发展也都是随着经济社会发展到一定程度，在一些环境问题集中体现，尤其是在一些公害事件和环境污染事件的发生的基础上而逐渐发展起来的。比如 20 世纪 50 年代日本针对水俣病加强了环境健康损害鉴定和赔偿方面的工作，70 年代美国国家环境保护局在拉夫运河事件后加强了超级基金法对受害者的赔偿规定等。

当前污染形势、健康损害状况和条件储备均要求我国必须大力推进环境与健康工作。我国正处于经济发展与环境污染矛盾最为突出的时期。30 年来的经济发展在促进社会进步、改善人们生活条件的同时，也产生了一系列严重的环境污染问题。1979—2004 年中国 GDP 平均每年递增 9.6%，而同一时期世界年平均增长速度在 3%～4%（国家统计局核算司，2006）。我国已进入工业化中期阶段，这一阶段也是能源消耗强度和环境污染程度明显增加的阶段。未来 13 年，中国人口将继续增加，经济总量将再翻两番，资源、能源消耗持续增长，环境保护面临的压力越来越大。在今后相当长的一段时间内，中国环境与健康问题还有可能进一步恶化。我国因为环境污染导致的上访事件在逐年上升，幸运的是目前大规模的环境污染导致的健康损害尚未在我国发生；处于工业化的中期的中国，在经济实力、技术储备、专业人才、公众认知等方面具备了一定的条件。随着以人为本的科学发展观在我国的确立，加强环境健康工作更是成为当务之急。

2．人口和资源压力大的国家面临更为严重的环境健康问题，但完全有可能解决好

发达国家的正确应对模式说明尽管污染形势严峻，但只要思路正确，方法得当，措施有力，我国的环境与健康问题有可能得到解决。我国地域广阔、自然环境社会背景多样，人口多年稳居世界第一。30 年来的高能耗、粗排放的高速经济发展模式致使我国环境面临非常复杂的巨大污染压力。导致部分地区无水不污、无河不染，守着大河却要被迫另外买水喝。据近期启动的水污染控制重大专项资料显示，即使目前采取非常有效的治理措施，我国水环境质量改善也得等到 30 年之后。毫不夸张地说，我国当前的环境污染形势已经到了最危险的关头。纵观世界各国的发展经历，目前还没有任何一个国家做到既能实现经济快速发展，而又能保持能源等其他自然资源的消费量不增长、不对环境造成压力的。发达国家在先行的经济发展中，曾经由于不注意环境保护而产生了巨大的环境污染，导致了公害病的发生。一般而言，人口和资源压力大的国家，如日本，产生的环境健康问题相对更为严重。但是，这并不是说这些国家就无法解决这个问题，从日本的实践来看，当意识到这个问题后，迅速行动，日本从最大公害国变成了环保和可持续发展的典范，成功地处理好了环境健康问题。

因此，对我国而言，既要看到在自身人口和资源压力下，环境健康事业面临的巨大挑战，也要有信心迎接挑战，在认识自身问题和充分借鉴学习他国经验的基础上，完全有能力处理好环境健康问题。

3．我国政治制度决定国家应该担当起代表公众实施环境与健康监督管理的主体

中央政府是人民利益的忠实代表，应该按照公众要求采取保护环境和维护健康的积极政策。环境与健康问题严重威胁着公众的生命安全，影响重大而深远。在解决温饱问题的基础上，保护环境、保障健康是公众的最紧迫的需求。作为代表人民利益的中央政府应该按照公众要求采取保护环境和维护健康的积极政策。

成果共享，风险共担，环境与健康问题的产生是与人类活动或经济发展密切相关的，人类一方面从经济发展过程中享受收益，同时也不可避免地承受着不同程度的环境与健康压力。国家通过税收的方式支配经济发展的主要收益成果，其中很大一部分上缴中央政府，因此国家特别是中央政府有义务担当代表公众实施环境与健康监督管理的主体。

中央政府代表公众对国家进行管理，具有最高行政决定权和协调多部门工作的条件。与联邦制国家有所不同，中国地方省级政府虽然具有一定的自我决策权力，但是代表公众对国家进行管理，体现国家意志的还是中央政府。中央政府具有最高行政决定权和协调多部门工作的条件。对于处理涉及多方利益的环境与健康问题所必须遵循的原则，中央政府具有最高决定权。

国家应该通过建立健全环境与健康相关系列法律体现“以人体健康为本”的思想指南。环境与健康问题牵涉范围较广，与很多部门工作内容相关，单一部门的努力难以解决全部问题。同时我国的政治制度决定只有国家才有最高立法权，因此国家应该通过建立健全环境与健康相关系列法律法规，并严格实施以体现“以人体健康为本”的思想指南，约束利益各方的最终妥协，推动我国环境与健康工作的进步。

4．多部门在管理制度和目标上的协作是维护人体健康的重要保障

建立成熟的多部门分工协作机制，是顺利开展环境与健康工作的必要条件，多头并管的关键在于首先明确各自的责任与义务。环境与健康工作牵涉面广，参与部门较多。目前我国环境与健康工作主要管理部门是环境保护部门和卫生部门，另外还涉及水利部、农业部、国土资源部等。

多部门参与协调是环境与健康问题必须面对的问题。美国的环境与健康管理部门除了 EPA 外，还包括美国卫生和公共服务部（DHHS）。美国 EPA 负责关于环境与健康方面的法律法规和标准，在空气质量、水质、饮用水和食品安全方面都发挥着重要的监督和管理作用。在制定这些环境质量的标准和基准时，都要进行严格的健康风险评估，保证标准和基准限值在对人体健康可接受的风险水平内，并对可能存在的健康风险实行风险管理。此外， EPA 要定期对这些标准和基准进行再次评估，如每五年就要对环境空气质量标准进行一次大规模的健康风险评估，评价标准是否依然适合现今的社会发展水平和人们的需求，是否依然可以保护人

体健康，是否有必要进行调整。30 多年来， EPA 在全国范围内，利用环境健康风险评价的工具，将环境与健康的理念逐渐渗透到了各项环境管理中。DHHS 通过监督和调查，获取人体健康与环境相关的知识，制定用于预防疾病的国家公共健康计划和政策，研究环境污染导致疾病的预防和控制途径。

健康主管部门负责发现异常的健康损害问题，而环保部门应当成为开展环境与健康工作的主体。健康主管部门通过定期的健康调查和监测，可以及时地发现异常的人群健康损害现象，是发现环境与健康问题的起始部门。基于健康部门的健康损害调研结论，环保部门等开展后续的从污染源到人体的整个环境与健康相关工作，具体包括污染源识别、污染途径识别、暴露评价、风险评估、处理对策、善后评估等。针对部门间沟通造成的分头立项和信息系统重复建设问题，需要强化各主管部门之间的协调沟通，共同建立覆盖地方和全国的环境与健康监控系统，加紧信息系统的标准化和规范化进程，建立公开、共享的环境与健康信息体系，提高环境与健康领域的科学决策水平；对于各部门环境与健康管理的职能划分问题，应探讨部门间合作的有效形式，借助联席会议、联合监察执法、共同立项等多种形式提高管理的效率。

需要明确的是，基于保障全民健康的多部门在环境与健康管理制度和目标上的协作，不仅包括中央部门之间、中央部门与地方部门、地方政府之间的协作，还包括不同体系之间的技术部门协作和相同体系之内的技术部门协作，以及政府、技术部门、公众参与和媒体监督的协作等。环境与健康管理制度和目标的多部门协作有利于真正实现资源共享，优势互补。

5．“以人体健康为本”作为环境保护在目标确定、资源配置、法规制定和行动安排的指南

十七大报告提出要在全社会树立科学发展观，科学发展观的核心是坚持以人为本。环境保护如何坚持以人为本？环境保护的根本就在于保障全民的身体健康免受人为活动所带来的污染的影响。保护居住环境，维护人体健康应该成为我国环境保护的出发点和最终归宿。严重的环境与健康问题可能会演变为政治问题。国家各级政府应该高度重视环境与健康问题，环境与健康问题关系到公众的切身利益，良好的环境与健康管理体系和应对方针可以提高执政者的公信力，得到民众的拥护；反之，执政者的公信力会受到损害，执政能力会受到质疑。

优先保护人体健康是环境与健康工作的意义所在。从发达国家环境与健康工作的管理经验可以看出，日本、美国、欧盟等发达国家的环境保护，首先是保护人，其次是保护自然和生物。从法律和标准制订环节来看，美国的环境保护法律、标准等制定都考虑了对人体健康的影响，很多科学研究项目是研究污染物或类似新化学品对生物和人体的影响和阈值，为出台新的标准或管理政策提供依据；从对环境健康危害的结果处理来看，日本有一系列与公害救济相关的法律，从法律上保证公民受到影响后得到补偿，并有专门的管理机构和工作经费保证；俄罗斯的“环境保护优先性”原则提出，在环境管理活动中，优先保护人的生命健康，

保障居民生活、劳动和休息的良好生态环境。环保部门的一切工作应该围绕保障全民健康展开，偏离这个核心的任何工作都可能失去意义。

从我国的实践来看，“以人为本”这一指导思想还没有在环境保护领域得到完全贯彻，需要进一步从理念和行动上加以转变。坚持“以人体健康为本”，与人体健康相关的环境保护行动必须在资源配置上优先，环境标准和环境目标必须优先考虑人群健康要求。“以人体健康为本”应该成为我国未来环境保护在目标确定、资源配置、法规制定和行动安排的指南。

6．立足于保障人体健康的风险管理是环境与健康工作必须遵循的原则

根据美国等发达国家的经验，围绕健康风险评价是环保部门的最佳切入点。以人体健康风险评价为主要工具，坚持环境保护的风险决策机制，是保证环境保护工作科学决策的可行手段。建议我国环保部门开展环境健康工作时，要紧密围绕人群健康风险评价，将健康风险决策的理念和方法彻底融入我国的环境保护工作。

坚持以人群健康风险评价为基础的环境保护风险决策必须做到以下几点。首先需要在源头上识别健康损害风险，即识别人类活动带来的人体健康损害风险源，评估潜在健康损害风险源的健康损害风险值，依据健康风险评估结果指导环境污染与健康管理和决策的优先次序。其次要建立全程控制高健康损害风险的环境污染物，即在污染源环节要禁止生产和禁止使用人体健康损害高危化学品，替换使用低健康损害化学品；在生产过程中要坚持保证人体健康的清洁生产与循环利用；在末端环节要坚持着眼于保障人体健康的废物回收利用、污染处理与真正意义上的达标排放。最后在善后环节要坚持立足于人体健康损害风险最小化的管理和工作绩效再评估。

在人体健康风险评价的基础上，真正实现环境保护的科学决策。要将以人体健康风险评价为基础的风险决策贯彻到“环境监测预警”（通过健康风险评价的手段加强对现有环境监测资源和资料的深入加工分析，并加强对健康的预测预警）、“环境监督管理”（尤其是在突发性的环境污染事故中，运用健康风险评价，为环境监察和监督管理提供阻断影响健康暴露来源的依据）、“环境影响评价”（人体健康影响评价是主要内容之一）、“污染控制”（通过健康风险评价明确优先控制污染物等）、“环境宣传教育”（加强公众对环境健康的认知水平）五项工作中。

7．完善法律法规体系是高效开展环境与健康工作的必由之路

环境与健康工作涉及许多领域和许多部门，建立健全环境与健康相关法律法规是当务之急。系统全面地立足于保障全民健康的环境法律法规是国家依法行政、开展环境健康工作的力量之源，会从根本上解决环境与健康工作由人管到法治、由偶然到必然的历史性转变。从各国经验来看，相关法律法规体系的建立是环境与健康工作步入正轨的基础，也是应对环境

健康问题的重要武器。

建立有利于人体健康的环境与健康的法律法规体系，以适应可持续发展的要求。可以参考、借鉴欧洲的可持续发展原则、协调原则、污染付费原则、源头治理原则、各领域污染综合控制原则、跨界污染控制原则以及日本的污染者无过错负责原则等。在基本适用的情况下，采用全面引进和及时修正的原则，有望建立健全我国基于保障人体健康的可持续法律法规体系。特别是建立环境与健康赔偿机制和相关标准体系。以保障人群健康的污染损害赔偿法律法规来明确污染者的违法行为和赔偿义务，可以大力约束明知违法依然排污污染环境的错误行为，也是解救各级环境保护部门疲于应付突发性环境污染健康事件的根本途径。

我国环保管理标准、政策、法规应该加强与健康的衔接。相对于环境污染防治工作，我国的环境与健康工作起步较晚，现行的环境制度中尚未明确环境健康工作的要求，环境健康相关的标准、法律、法规、管理制度也比较缺乏。一些重要的环境领域尚处在无法可依的状况。比如，有毒化学品污染防治、环境污染损害赔偿、放射性污染防治、生物技术安全等重要领域。本着“预防为主、防控结合”的原则，从污染物源头控制和疾病感染途径上解决环境污染对健康的影响，需要更前端、更全面的政策法规体系支持。

8．公众参与是环境与健康工作不可缺少的组成部分

公众是环境与健康工作的直接服务对象和参与者。根据各国的发展经验来看，公众参与在环境健康管理体系中发挥着重要的作用。一方面，公众作为生产者和消费者，其行为直接影响到环境。如果公众能够认识到环境保护的重要性，并自觉采取有利于环境保护的行动，就可以大大减轻环境的压力。另一方面，公众环境保护意识越强，将更有可能运用法律武器保护自己的环境权益，污染者由于可能面临环境损害赔偿的巨大风险，将不得不从污染预防上多下工夫。从 20 世纪 60 年代起，日本环境污染受害者和部分市民进行了大规模的请愿、示威和法律诉讼运动。媒体也不断加大有关污染事故及公害运动的报道，推动此事的公害运动向全国性和跨领域的运动发展；市民不仅反对现有的产业污染，而且开始强烈反对那些具有潜在危险的工业项目的建设，如静冈县三岛、沼津、清水地区市民成功反对石油化学工业开发区的建设。

公众对所处环境和健康状况拥有知情权，公众满意与否是检验环境与健康工作的重要准则，公众支持与否是开展环境与健康工作的出发点。对于自身密切接触和赖以生存的环境的质量和周围人群的总体健康状况，有从代表公众实施管理监督的国家主体了解知情的权利；环境与健康工作成效如何，应该以大多数公众是否满意为根本准则；而公众的支持是开展环境与健康工作的基础，缺少公众的支持环境与健康工作也难以开展；公众媒体的监督还是强化政府严格执法的重要环节。可以说公众参与渗透到环境与健康工作的几乎每一个环节。应当努力提高公众的环境保护意识，在有关的环境立法中，对公众的健康权、知情权、参与权、

监督权等做出比较具体、明确的规定，推动公众参与到环境决策论证和环境监督管理中去。

五、我国环境与健康战略构想

针对目前环境与健康领域存在的问题和形势需要，必须有“全、长、大”的战略部署——全局、长远观点及在此基础上的重大举措。为此，应在对我国环境与健康问题进行基本判断的基础上明确未来工作的指导方针和优先行动，并将其体现到国家战略部署和部门战略部署中。

（一）对我国环境与健康总体形势的基本判断

总体上，我国的环境污染形势仍然十分严峻，大量人口暴露于严重污染的环境（空气、水、土壤和噪声）中，存在巨大的环境与健康风险，一些地区已经出现了比较严重的人体健康损害问题。由于缺乏全面的调研、监控和统计，目前中国环境与健康问题还不清晰，暴露出的问题也许只是冰山一角，存在很大的环境与健康隐患。同时，环境与健康管理工作仍显薄弱，环境与健康问题的预防、预警和处置等工作未能有效开展，不能满足公众对环境质量和健康安全提出的需求，一些地区甚至影响到社会的稳定和和谐。

具体而言，我国环境与健康面临的形势和挑战主要包括以下几个方面：

1. 环境污染已经成为影响人群健康的重要危险因素之一

第一，我国人群健康状况分析表明，城乡居民恶性肿瘤患病率和死亡率的显著增加、出生缺陷率的上升等人群健康问题与城乡污染和人群暴露水平密切相关。国家应对环境与健康工作给予高度重视，从消除危害、防控风险的战略思想出发，研究和解决我国的环境与健康问题。

第二，不能被我国人民总体健康水平不断提高这一表面现象所迷惑，要高度注意隐藏其中的与环境污染相关疾病呈上升趋势这一现象。过去 30 年，我国人群恶性肿瘤死亡率由 83.65/10 万上升至 134.80/10 万，其中肺癌死亡率上升幅度最大，由 7.09/10 万上升至 30.83/10 万，城乡人群肿瘤死因顺位第一位分别是肺癌和肝癌。出生缺陷发生率由 1996 年的 8.87‰上升到 2007 年的 14.79‰，尿道下裂发生率城市高于农村。

第三，我国环境污染形势严峻，已成为影响人群健康的重要危险因素之一，局部地区环境污染对健康损害问题凸显。扣除人口老龄化因素影响，发现大气污染与呼吸系统疾病和肺癌高发、水污染与消化道肿瘤高发具有高度相关性；重金属污染对人体机能损害、环境污染对出生缺陷的影响不容忽视。

2. 环境污染的健康损害已经显现并具很高的潜在风险

第一，当前，我国环境污染对健康的影响切实存在，正处于“局部性”和“区域性”阶段，如果不在此阶段采取积极应对措施，随着环境污染的持续存在和进行性发展，局部问题有不断扩大或局部之间融合的趋势，环境污染对健康的影响存在扩大成为大范围地区性问题的可能性。环境与健康问题应对不当，容易成为引发社会问题和政治问题的导火索。加强环境与健康工作，积极应对环境污染带来的健康问题因而日趋紧迫。

第二，关于环境污染对人群健康的影响，不同地区不同研究发现存在一致性：城市大气污染已成为推高城市居民各种心血管系统、呼吸系统和肺癌等疾病患病率与死亡率的一项主要危险因素；水环境污染仍是造成农村地区水传疾病的重要因素，也与农村地区消化道恶性肿瘤高发密切相关；土壤污染区常住人群死亡率、癌症死亡率、脂质代谢紊乱疾病患病率较高，人体机能受损情况严重；EEDs 污染正在威胁我国人群的生殖安全。

第三，城乡环境与健康问题存在显著的差异性。从污染和暴露的相关性分析，城市大气污染严重，暴露水平高；农村地区的水污染和土壤污染严重且暴露水平高，由此使环境污染导致健康损害的城乡差异显著。恶性肿瘤死亡率在我国城乡人群中总体呈显著上升趋势，城市人群肺癌死亡率持续上升并显著高于农村，肝癌、胃癌、食道癌等消化道癌症死亡率低于农村；农村人群呼吸系统和消化系统死亡率高于城市。

第四，我国环境污染形势难以在短期内扭转，环境与健康问题表现为环境污染浓度高，暴露人口众多，暴露时间长，暴露途径复杂多样，历史累积污染问题的健康影响难以短期消除，导致了传统型的环境健康问题没有得到解决、工业化产生引发的新型环境污染健康风险也呈日趋严重的局面。

3. 应对环境与健康问题面临的困难和挑战

第一，我国的环境污染具有复合型和压缩型等特征。相对应，我国的环境与健康问题也是传统型健康风险和现代型健康风险并存，由基础设施不足导致的“传统型”环境与健康风险还未完全解决，而主要由工业污染引起的“现代型”健康风险越来越突出，并且又面临全球变暖的挑战。

第二，环境与健康问题是科学问题，更是民生问题、社会问题，处理不好会发展成为政治问题。环境污染相关疾病通常是消耗巨大医疗费用和社会资源的疾病，关系人民切身经济利益，我国目前已进入环境群体性事件高发期，环境与健康问题处理不当对社会经济的可持续发展和国家形象危害极大。

第三，我国的环境与健康问题已经发展为民生问题、社会问题乃至政治问题。事实上，随着整个社会的发展、进步，以及全民环保意识和维权意识的提高，对环境与健康问题处理的好坏逐渐会成为评判环境保护工作成败的核心指标。

第四，目前的环境与健康事业仍是“无本之木”：由于尚未建立基础监测和调查体系，所以全面、准确的面上情况仍不能把握，具体的变化无从知晓。

第五，仍是“形合神散”：尚未形成职责明确的管理体制和分工协作、统筹协调的工作机制，相关部门在工作部署中没有把人体健康的相关目标作为其工作的终极目标。

第六，有关法律法规、标准缺失或不适用，处理环境与健康损害事件和解决重大环境与健康问题的能力薄弱，干预工作难以有效开展等。

第七，环境保护以污染物排放总量控制和重点区域的环境要素质量为指挥棒，而没有将影响人体健康的程度作为环保资源配置的指挥棒，环保工作目标没有将影响人体健康的相关污染控制放到应有位置，以致环保工作的绩效用“以人为本”的标准看来效率不高。

第八，工作环节的衔接不畅，则加大了重要工作环节力度不够的影响——不仅在于治疗不及时，更在于预防环节出现了漏洞且这种漏洞难以通过信息渠道传导到污染监测和控制上，即卫生系统无法与环保系统之间建立双向反馈机制。

（二）环境与健康战略的功能定位

基于上述对我国环境与健康问题特点的基本判断以及我国应对环境与健康问题面临的困难和挑战，有必要制定环境与健康战略，以作出相应战略部署、促进形成合理管理体制以解决国家层面和部门层面上的相关问题。

环境与健康战略，就国家层面而言是明确各级政府尤其是中央政府在这一事务中的事权，就部门层面而言是指导环保、卫生等相关部门的工作方式和工作重点。这个战略应有两个层次、三个方面的指导作用，首先是在国家管理架构和发展战略中体现环境与健康方面的问题解决诉求，其次是在环境保护事业和卫生事业中体现环境与健康方面的问题解决诉求并指导具体工作。

1. 环境与健康战略对国家发展战略和管理体制设计的作用

首先，由于加强环境与健康工作是一项重要的民生，因此这一事务必然是各级政府的重要责任，环境与健康战略必然是我国国家发展战略的重要组成部分。保护环境与健康，是促进我国经济社会可持续发展，是贯彻落实科学发展观、全面树立以人为本执政理念、加快构建社会主义和谐社会进程、切实维护最广大人民群众根本利益的基本要求和重要任务，具有综合性和全局性。

其次，考虑到环境与健康的基本国情尚未摸清（没有进行过全国范围的相关调查、没有整合全国的相关监测体系、没有长期连续的疾病与污染物关系的数据库）、相关体系尚未统筹、相关制度没有调整到“以人体健康为本”上来，还具有明显的跨区域性特点，这种政府责任在我国这样的单一制的中央集权国家（相关制度制定、财权以及相关行政资源配置上集中在中央政府）必须由中央政府作为首要责任承担者，并作出相应战略部署。

另外，我国的管理体制架构都是上行下效，如果中央政府理顺相关体系、建立相关制度、布置相关调查，地方政府就便于参照中央政府。明确中央政府在环境与健康工作中应承担的首要事权，并将"以人体健康为本"原则体现到相关工作的资源配置、目标确定、标准制定和行动安排上，正是环境与健康战略的最大用途。

2. 环境与健康战略对环境保护事业和卫生发展的作用

（1）环境与健康管理的基本特点

环境与健康工作具有涉及面广、工作环节多且衔接要求高、工作效果的反馈环节多且反馈滞后时间长等特点。具体说来，环境与健康工作的完善包括三个必要的步骤：获得信息——明确分工——有效管理。从对这三个步骤有直接联系的因素入手，可以划分出 9 个工作环节，影响健康状况的因素都通过工作环节起作用。按照"以人体健康为本"的理念，从环境污染相关疾病出发梳理这 9 个工作环节，如表 4-12 所示。从理论上说，实施全过程的环境与健康控制应该对所有的工作环节都进行"计划"。

表 4-12 环境与健康管理涉及的步骤和具体工作环节

工作归类	具体工作环节
"信息获得"（在信息获得阶段，控制信息的搜集和共享的因素）	①有关流行病和慢性病的病理特征和病源分析
	②环境监测的空间覆盖面、数据覆盖面和准确度
	③卫生信息和环境信息之间的共享和关联分析
"部门协调"（明确分工）	④根据关联分析找出的环境污染因素布置监测和治理工作（弥补漏洞或调整重点）
	⑤卫生部门引导环保部门形成预防机制并明确分工
"管理有效"	⑥有关法规、标准、制度能针对环境与健康问题的特点并体现做好环境与健康工作的要求
	⑦基层队伍执行上级指示，切实完成污染物监测、治理和治疗工作
	⑧相关污染物变化和疾病变化信息及时、准确、全面反馈到"信息获得"环节
	⑨相关疾病预防对策及时、准确、全面反馈给可能受影响大众，使其养成良好生活习惯、降低暴露水平

但我国的环境与健康管理与上述需求相比还存在巨大差距，其中的缘由不仅仅在于技术和资源上的"条块分割"（比如第①个工作环节一般由卫生系统内的临床医疗和公共卫生部门分别负责，环保系统难以共享信息资源），更在于部门协调的限制（比如第⑤个工作环节）甚至还在于与大众的沟通（比如第⑧个工作环节）。也就是说，权力技术也必须在至少环保、卫生两个部门的日常工作以及和民间的生活习惯[①]之间建立沟通的关系。其中任何一个环节衔接

① 例如，贵州的氟斑牙，是群众习惯吃用煤炉烤的玉米导致的。但这种吃玉米的习惯以及烤玉米的含氟量较高的煤都是短期内难以替代的，即使会给治理的效果带来影响，也不能直接通过禁止的办法解决这个室内污染导致的健康问题，因为对乡村社会的治理必须以个人接受治理技术和学习被治理的技术为保证。所以，与民众的沟通也是环境与健康的工作环节之一。

不畅，都会使整个工作的效果显著下降。

（2）环境与健康战略对环境保护事业和卫生发展的作用

环境与健康与环保工作和卫生工作关系最紧密，因此环境与健康战略也应分别是环保战略和卫生战略的重要内容，且作为国家战略要对其有前瞻性、总体性的指导作用。

目前，环境与健康工作还没有在环保工作中主流化，在卫生工作中也由于卫生系统职能的转型而日渐式微。根据前述对环境与健康工作的总结，可以看出无论是环保工作，还是卫生工作，都应该也可以“以人体健康为本”，在具体的工作方法上都应该也可以“预防为主”。由此，可以认为，在部门层面而言，环境与健康战略的用途包括五方面：

一是通过战略中体现的战略思想“以人体健康为本”，改变环保和卫生部门的工作理念并在相关制度建设和工作重点确定中体现出来。具体到环保部门：制度建设上，对于传统的八项环境管理制度和区域限批等新制度，应用是否体现“以人体健康为本”进行梳理，看看哪些方面有不符之处并进行调整；在确定工作重点上，可以将环保部内设的环境与健康部门作为信号部门，在部内工作中发出“以人体健康为本”的信号，使各部门工作将人体健康放到根本目标的地位，以此影响工作重点和工作优先序；具体到卫生部门：卫生部门近年来在体现“预防为主”原则上力度不够[①]，通过环境与健康战略的指导，可以将环境因素纳入部门预防体系的工作范围，从机构设置、队伍配备上体现预防角度的“以人体健康为本”，并在与环境相关的工作上与环保部门联动。

二是指导确定当前环境保护和公共卫生的重点和优先序，加强健康风险管理，优先解决危害严重且有能力解决的环境与健康问题。

三是建立以人群健康影响为主要标准的环境保护和治理成效的评估体系。

四是部署今后环境对健康影响的监测和研究，确保两个系统能联动，将流行病学调查与环境监测相关资源整合起来，共同开展长期性、大范围、周期性的环境与健康调查、监测和研究。

五是调动全社会对环境与健康问题的关注和参与，形成这一领域营利、非营利社会力量和公众广泛参与的局面，使这领域不仅能有政府力量也有市场和社会力量推动。

3. 解决环境与健康问题需要以人为本的环境与健康战略指导

解决环境与健康问题，涉及方方面面，需要环境与健康战略在不同层次上进行“全、长、大”的指导。这种指导最重要的是进行理念创新。

经济的高速发展不仅付出了巨大的资源环境代价，也付出了沉重的人体健康代价。如果仅从这方面影响的人群数量考虑，我国堪称世界上环境与健康问题最为严重的国家之一。当

① 20 世纪 80 年代以来，“预防为主”的方针实际上并没有得到贯彻。医疗服务体系日益向高端化发展，医疗保障制度的保障重点过于倾向大病，注重保障医疗费用而不是“保障健康”，没有以人体健康为本，卫生投入的绩效较差。目前对人体健康关注的也主要是个人生活方式，却对环境等对群体性健康有重要影响的社会因素重视不足，也没有积极提出干预建议。

前，我国环境与健康问题已经比较突出；未来，如果没有有力的措施，这个问题还将继续恶化，并且与缩小城乡差别、与社会稳定紧密关联。在中央提出落实科学发展观、把解决民生问题作为执政要务的背景下，对环境保护中与民生联系最密切的领域——环境与健康，其有关工作的好坏已经成为决定当前环境保护工作成效的主要因素。应对这种情况，必须从基础理念上创新。为此，借鉴国际经验①，在当前及将来较长的时间段，应把“以人体健康为本”作为环境保护领域“以人为本”的体现，环境保护的终极目的中必须把人体健康放在首位并且将“以人体健康为本”作为环境保护在资源配置、目标确定、标准制定和行动安排上的上位性指导原则，将健康效应作为环保部门工作的重要信号，将健康风险评价作为环境保护有关制度、政策、标准制定的重要基础。在环境与健康战略中，需要完整体现这一基础理念。

4. 加强环境与健康工作的良好机会

从国家总体发展角度来看，环境与健康工作是民生工作的一部分，相关大政方针必然成为这一工作的背景。若在战略制定中考虑这一背景的影响，就可以在具体工作中借力，使相关部门、相关政策都能为促进这一工作提供机遇。

（1）相关大政方针为环境与健康事业发展提供了良好的基础

对环境与健康工作最有利的背景首先体现在执政理念上。中共十六大以来，党和政府的执政理念与时俱进，确立了以人为本的科学发展观和构建和谐社会理念，相关文件中已经明确指出了环境保护中应重视人体健康相关工作。例如，《中共中央关于构建社会主义和谐社会若干重大问题的决定》提出要“加强环境治理保护，促进人与自然相和谐。以解决危害群众健康和影响可持续发展的环境问题为重点”。其后，又将基本公共服务均等化作为落实科学发展观的具体手段大力推进。2007 年后，领导干部政绩考核标准也随之作出了调整，环境相关指标被作为重要的指标纳入②，环保事业被提到前所未有的高度。同时，影响人民健康的环境污染治理开始被中央领导放到了环保事业的核心地位和优先领域。例如，中共中央总书记胡锦涛在 2003 年中央人口资源环境座谈会上明确指示：“环境保护工作，要着眼于人民喝上干净的水、呼吸清洁的空气、吃上放心的食物，在良好的环境中生产生活，坚持预防为主、防治结合，集中力量先行解决危害群众健康的突出问题。”

相关广域政策也为环境与健康工作推波助澜。基本公共服务均等化使解决环境与健康问题、构建环境与健康管理新体制和加大相关行动力度都有了良好的政策背景。在推进基本公共服务均等化中，公共财政越来越向公共服务领域倾斜，意图实现包括环境保护在内的基本

① 从发达国家环境与健康工作的管理经验可以看出，日本、美国、欧盟等发达国家的环境保护，首先是保护人，其次是保护生态。从法律和标准制订环节来看，美国的环境保护法律、标准等的制定都考虑了对人体健康的影响，很多科学研究项目是研究污染物或类似新化学品对生物和人体的影响和阈值，为出台新的标准或管理政策提供依据；从对环境与健康危害的结果处理来看，日本有一系列与公害救济相关的法律，从法律上保证公民受到影响后得到补偿，并有专门的管理机构和工作经费保证；俄罗斯的“环境保护优先性”原则提出，在环境管理活动中，优先保护人的生命健康，保障居民生活、劳动和休息的良好生态环境。

② 2007 年通过《主要污染物总量减排统计办法》、《主要污染物总量减排监测办法》、《主要污染物总量减排考核办法》（简称“三个办法”）将环境污染控制指标逐渐纳入了领导干部政绩考核体系。

公共服务均等化，这极大地有利于解决传统型环境健康风险问题。而且，不仅环保体系向农村、基层进一步覆盖，卫生体系在指导和配合环境保护方面的能力也大为加强：一方面，“非典”以来，公共卫生受到了前所未有的重视，公共卫生和农村卫生服务体系建设取得了很大进展，服务能力大大提高；另一方面，医疗卫生体制总体改革即将展开，“预防为主”的方针在卫生工作中将进一步得到体现；新农村建设与基本公共服务均等化的作用相仿，有助于改善农村环境与健康工作的措施在新农村建设中配套解决；而在主体功能区划的政策中，也考虑了人体健康角度的环境承载力，使未来我国的国土空间开发中能把环境与健康的工作需求放在前置环节；环境保护内部的一些广域政策，也已经从“信息获得”、“部门协调”、“管理有效”三方面进行了有利于解决环境与健康问题的工作部署①。

这些都为环境与健康事业的发展提供了良好的政治和政策环境，如果环境与健康工作的改革方向能与大政方针理念相同、能结合进广域政策的具体措施中，则能达成顺势而为、多方协助的效果。

（2）环境与健康工作体系整合已经展开，统筹环境与健康工作的基础将会更好

近年来，在环境与健康领域，环保和卫生部门已经采取了相关措施进行整合与协作。2005年1月，国家环保总局在科技标准司设立了专门的环境与健康监测处，进一步明确了环境与健康工作思路，以环境与健康调查、标准、立法为核心，以逐渐完善环保部门管理和技术支持体系、建立与相关部门的联合工作机制。2007年国家成立了以环保和卫生部门为核心的环境与健康工作领导小组，并制订了《国家环境与健康行动计划（2007—2015）》，提出了近期的目标和任务。这些反映了国家已经逐渐意识到统筹环境与健康工作的重要性。

（3）国家经济实力的增强为提高环境与健康公共服务提供了财力保障

环境保护在很大程度上是一种公共产品，与环境与健康相关的措施和行动也都是公共服务，这都需要财政来保障经费。近年来，我国经济持续快速发展，财政增收幅度较大，可用于改善民生问题的投入大幅增加。同时，环境保护对于经济发展的促进作用也在逐渐显现，良性循环正在建立，环境保护不再是只有经济成本没有经济收益的工作，环境保护自身的经济效益也在产生。这都为环境与健康事业的发展提供了一个良好的历史机遇。

（4）政治民主开放程度提高，为环境与健康事业发展提供了良好的外部环境

环境议题是当今各国和国际社会的重要政治议题，环保运动是现代社会最为重要的社会运动，环保群体也是各国重要的压力群体之一，环保问题具有高度的政治敏感性。可喜的是，随着我国政治民主开放程度的提高，环保问题不再是秘密问题，环保问题的信息公开程度大大提高，突发事件的处理更加透明，环境事件的问责机制也在逐渐建立。这些都为环境与健

① 2007年11月13日，国务院办公厅转发了发展改革委、农业部、建设部、卫生部、水利部、国土资源部、环保总局、林业局《关于加强农村环境保护工作的意见》（国办发[2007]63号）。其中强调全国环保系统要重点抓好以下工作：着力做好农村环境基础调查工作（其中明确在饮用水水源水质污染较重、对当地群众身体健康构成严重威胁的农村地区，要率先启动调查工作）；大力加强农村环境监督管理（其中明确要完善农村环境监测体系，建立健全监测指标体系和信息系统，加强农村饮用水水源保护区、规模化畜禽养殖场和重要农产品产地的环境监测）；要充实农村环境保护力量，保证必要的监测、执法装备、经费等工作条件（其中明确省、市、县级环保部门要设置专门农村环保机构或专职人员，有条件的县级环保部门在辖区乡（镇）要设立派出机构）。这些都显然有利于针对性地解决农村环境与健康问题。

康事业的发展提供了良好的外部环境。

（三）环境与健康战略思想、基本原则、战略目标与重点

1. 战略思想

（1）坚持以人为本的战略思想

环境与健康战略的指导思想必须与民生关联起来。民生问题有很多，而人体健康是民生之本。随着我国环境与健康形势的变化和日益严重的环境与健康损害，环境污染等环境问题成为影响人体健康的最重要因素之一。同时，十六大以来提出的“以人为本”和“改善民生”的指导思想等标志着我国发展战略和治国理念的转变，必然要求环保工作更多地将工作重点转向公共服务。这种转变，在操作中就是要强化国家意志，建立起一套以人体健康为基本出发点和根本目的的国家环境与健康管理与干预体系，逐步建立和完善国家环境与健康的预防、预警、应急和救助机制。要实现上述目标，必须采取以下战略举措，使环境保护与卫生事业转变战略重点。具体的促进方式就是：以人体健康为本，促进环境保护部门更加关注民生；统筹环保卫生事业，促进环境保护与卫生事业携手向预防为主转型。另外，确定指导思想时，应根据环境与健康战略的定位并针对目前环境与健康工作中的突出问题。为此，指导思想要与国家战略、环境和卫生部门工作部署以及公众参与结合起来。其中，要着重突出“以人体健康为本”作为环境保护工作基本指导思想，实现环境保护工作重点的转移。

（2）确立“预防为主、风险管理”的工作思路

由于环境污染健康危害的潜伏期长、累计效应等因素的影响，加上环境污染形势难以在短期内得到彻底解决，我国环境与健康未来面临的问题会更加复杂和严峻。应该如何应对和解决当前和今后面临的诸多环境与健康问题，国家需要首先确立明确的工作思路。环境与健康应对是应重点针对事后补救开展工作还是积极开展事前预防，是两种截然不同的工作思路，而这种工作思路的确定也是构建环境与健康管理体系和开展有效环境与健康管理的前提和基础。

从世界各国开展环境与健康管理的实践来看，美国、欧盟等国家主要采取的是事前预防的措施，例如，美国环境与健康管理的重点主要放在如何预防和控制环境污染及其引发的各种疾病，提高人体健康水平。日本在经历了严重的公害和公害病问题后，通过采取积极的事后救治和补偿措施，较好地解决了严重的环境与健康问题。与此同时，通过解决公害和公害病问题，日本政府也逐渐认识到了开展事前预防在环境与健康管理中的重要性，逐渐将工作的重点转向预防为主的基本思路，负责环境与健康管理工作的环境省将防止化学物质导致环境污染对环境和人体产生不良影响和保证受害人群得到迅速和公平的救助作为其开展环境与健康管理及干预工作的核心内容。

国际经验表明，事前预防是环境与健康管理与干预的根本工作思路和出发点，积极的事后救助是保护受害人权益的根本需求。从中国目前环境与健康问题的现状和未来发展趋势来看，避免环境与健康问题恶化，防范环境污染对健康造成更大损害是环境与健康工作的基本出发点和工作重点。同时，对于已经出现的环境污染导致的健康损害问题，也要积极采取综合救治和救助措施加以解决。

为此，我国环境与健康战略应确立“预防为主，防治结合”的工作思路，环境与健康管理体系的构建不仅仅是着眼于解决当前已经出现的环境与健康问题，更重要的是要通过政策、制度、技术和方法的完善和管理能力的提高，预防未来可能出现的环境与健康风险。要实现上述目标，需要特别针对可能对健康造成严重损害的污染物质进行严格的管理和控制，通过制定污染物优先控制名录，严格环境准入和相关标准体系建设，加强环境监测和污染控制，开展有效的疾病发生情况监测和跟踪等措施，防范环境与健康风险，并使已经发生的环境与健康问题得到有效控制和解决。

2. 基本原则

按照建设全面小康社会和构建社会主义和谐社会基本要求，落实科学发展观，在“以人体健康为本”原则指导下，调动各方面资源加强环境与健康的管理和研究，将维护群众健康安全、预防为主作为环境保护和卫生工作的基础和核心，集中力量先行了解、解决危害群众健康的突出环境问题，提高对环境问题造成健康损害的预警、预报、应急和处置能力，加强环境与健康相关公共服务的能力和水平，促进发展、环境、健康的和谐统一，为经济社会可持续发展提供有力保障。

在此指导思想下，与《国家环境与健康行动计划》相衔接，确定以下工作指导原则：

（1）政府主导、社会参与

环境保护和公共医疗卫生都是公益事业，要实施有效的环境与健康管理，首先要强调政府的责任，在管理体系的构建中，要强化政府部门的责任和义务，提高政府环境与健康公共服务的水平。同时，也要鼓励公众参与，建立公众参与的信息发布、决策参与的渠道和机制，并通过完善立法等手段更好地维护公众的环境与健康权益。

（2）统筹安排、部门协作

环境与健康管理工作涉及政府的多个部门，为确保政府的管理工作更加有效，需要国家（如国务院）对环境与健康工作进行统筹安排，制订国家战略和工作计划，明确工作任务和目标，确定工作重点。同时，国务院还应在明确各有关部门职责的基础上，通过建立有效的部门协调机制，加强部门工作的协调与配合，充分利用现有基础与资源，做到合理部署，加强各部门在实施环境与健康管理工作中的协作。

（3）预防优先，防控风险

贯彻预防为主的政策与理念，与逐步推进公共服务均等化等相结合，切实提高监测、基础调查与防范水平，实现源头控制。预防是防治和降低环境污染导致健康损害的关键，预防和风险管理体系建立需要有一整套完善的环境污染和健康、疾病的标准体系、准入管理制度、监测体系和信息交流的平台，需要对污染与健康效应之间建立一套响应管理体系。

3. 战略目标

战略的目标相当于法律体系中的宪法或基本法，是某一领域总的政策方向和原则，规定了这一领域所有具体政策必须遵循的上位性准则。为此，应根据长期性、战略性、全局性的要求提出笼统的若干原则性目标，并在此基础上提出工作指导目标。

（1）总体目标

① 确立总体目标的基本原则。

减少因环境因素导致的疾病负担：就是要通过环境污染治理、环境相关疾病的及早治疗等干预措施降低环境因素造成的疾病负担，这是环境与健康工作的基本目标。

识别并预防由环境因素引起的新的健康威胁：就是建立相关研究与监测机制，确保具有长期性、综合性、间接性特点的环境与健康问题能被发现并建立反馈系统指导环保和卫生工作。

加强我国在这一领域的政策制定和执行能力：就是要建立起能够适应我国环境与健康问题的统筹环境与卫生事业的新体系和新体制，根据我国国情制定出行之有效的政策措施，并保证相关政策得到顺利执行。

② 总体目标。

针对我国当前和今后环境与健康问题的基本特点，以及应对环境与健康问题面临的困难和挑战，我国环境与健康战略的总体目标是：建立一套分工明确、协调高效的管理体制和制度，采取有效干预措施，最大程度地减少因环境污染导致的健康损害。

实现上述最终目标，还需要通过一系列的具体管理目标的实现来保障：

目标 1：建立分工明确的管理体制和协调机制；

目标 2：建立环境与健康的监测和信息交换系统和机制；

目标 3：建立环境与健康的预防和风险管理机制；

目标 4：建立环境与健康的科技研发机制；

目标 5：建立环境与健康的财政资金保障机制；

目标 6：建立环境与健康的法律、法规和政策体系；

目标 7：建立环境与健康的补偿机制。

（2）阶段目标

在这些原则的基础上，根据 2006 年《中共中央关于构建社会主义和谐社会若干重大问题的决定》中的目标和 2006 年《国民经济和社会发展第十一个五年规划纲要》中的相关指标以及联合国千年发展目标，并结合《国家环境与健康行动计划（2007—2015）》（简称《行动计划》）中的既定目标，可以提出以下分阶段工作指导目标：

第一阶段（2008—2010 年）：环境与健康制度框架确立阶段

全面建立环境与健康工作协作机制，制定促进环境与健康工作协调开展的相关制度和环境污染健康危害风险评估制度；完成对现有环境与健康相关法律法规及标准的综合评估，提出法律法规及标准体系建设的需求；完成国家环境与健康现状调查及对环境与健康监测网络实施方案的研究论证；加强环境污染与健康安全评估科学研究。

第二阶段（2010—2020 年）：环境与健康工作全面展开阶段

开展环境与健康相关法律法规的研究、制定和修订工作，完善环境与健康标准体系，基本建成环境与健康监测网络和信息共享系统，有效实现环境因素与健康影响监测的整合以及监测信息共享，基本实现社会各方面参与环境与健康工作的良好局面。2010 年是“十二五”规划编制成形的时候，宏观环境战略也应于此前发布，有利于将环境与健康战略的思想和内容吸收到“十二五”规划中。这十余年也是构建和谐社会和全面建设小康社会的关键阶段，是环境与健康工作制度和政策框架基本形成的十年。这一时段，环境与健康风险将会加大，环境与健康事件的发生将会比较频繁，是集中考验政府应对能力的时段。2020 年是计划实现全面小康的重大时点，同时也是“十三五”规划完成的时候。这是对环境与健康战略进行阶段性评估的最佳时期。

第三阶段（2020—2030 年）：环境与健康工作常规化阶段

这一阶段是巩固和发展全面小康社会的十年。我国的总人口将在 2030 年前后达到 15 亿左右的峰值，资源、环境压力仍然较大，但经济增长方式已基本实现从依靠增加物质资源消耗向主要依靠科技进步、劳动者素质提高、管理创新的转变，生态环境进一步恶化的趋势基本得到遏制。环境保护事业将实现向以保护人体健康为核心任务的历史性转变。环境与健康工作全面展开，各项制度基本完善。由于环境对健康影响的滞后性，环境与健康问题仍然比较突出，但已有健全的制度和政策加以应对。环境与健康前期工作的效果将逐渐体现。

第四阶段（2030—2050 年）：环境与健康工作达到世界先进水平

这一阶段是我国基本实现现代化，迈向中等发达国家的时段。这一时期，我国的整体生态环境得到明显改善，生态文明基本建成。前 20 年环境与健康基础工作和干预措施的成效全面显现，环境与健康风险逐渐降低。环境与健康工作成为一项常规性的工作，有利于健康的人居环境作为一项基本公共服务基本实现均等化。

4. 战略重点

根据我国目前环境与健康领域面临的主要环境与健康问题和未来面临的环境与健康风险，初步确定我国环境与健康的战略重点如下：

总体而言，我国环境与健康的战略重点正处在从传统型健康风险向现代型健康风险过渡的时期，环境与健康问题具有复合型和长期性的特点，城乡环境与健康问题具有显著的差异。通过对不同环境因素造成的疾病负担的轻重和干预的经济有效性的分析，就目前情况来看，我国的环境与健康干预的战略重点在城市（包括现代化程度较高、人口较为密集的发达地区农村和城郊）的大气污染引起的现代性环境与健康风险防范和救治上；在广大的农村地区，环境与健康工作应主要针对传统型健康风险（如供水和卫生设施的改善、室内空气的改善）和现代型化学性污染物质引发的健康损害风险防范上，但对解决现代型环境与健康问题的基础工作（如建立基础调查、监测体系等）也应予以高度重视。

具体到部门工作层次，根据表 4-1 的相关分析，最紧迫的工作是搭建环保、卫生、水利等关系最密切的部门共享的环境与健康信息平台，使多方面的环境监测信息、流行病等相关病情及治疗信息能够对相关部门的科研管理机构开放，解决环境与健康工作“无本”的问题。

另外，对环保部门，环境与健康的重点干预对象应由目前的传统污染物 SO_2 和 COD 等向有机物（特别是持久性有机物）、细颗粒物（$PM_{2.5}$）、重金属等对人体健康更具危害性的污染物质扩展。在广大的农村地区，干预的重点应主要是传统型水污染的防治和保障饮水安全的生物介质、致畸、致癌和致突变等有机物的治理，在室内空气污染的防治上要解决燃料结构不合理、燃烧技术落后及通风条件差等影响农村人群健康的问题。对卫生部门，应突出预防为主，与环保部门加强环境监测与流行病学调查等的联动，加强（有的地方是恢复）基层的公共卫生队伍建设。

（四）环境与健康战略措施①

1. 完善环境与健康管理体制

在环境与健康管理中，政府应发挥主导作用，明确、清晰的管理职责是政府开展有效环境与健康管理的基础和前提。同时，社会各界的广泛参与也是监督和促进政府部门环境与健康管理工作的重要保障。

（1）环境与健康管理的责任与分工

基于目前我国环境与健康管理政府部门职能划分不清的问题，根据环境与健康问题的实际需求，结合《行动计划》中有关政府部门职能划分的意见，考虑到当前和未来大部制改革

① 采用了国合会环境与健康研究课题成果，冯东方等，2008 年。

的思路，学习借鉴国际经验，为实施有效的环境与健康管理，建议环境保护部、卫生部、国家发展与改革委员会、财政部和科技部五个核心部门的政府职能和分工如下：

① 环境保护部的职能。

环境保护部的主要政府职能是预防环境污染，避免或减少因污染导致的健康损害。为此，应将维护人体健康作为其污染防治工作的基本出发点和根本目的，并将环境与健康工作纳入环境保护工作的主流，强化其环境与健康的管理职能。在具体的职能划分上，环境保护部应组织制定污染物优先控制名录，并进一步制定和完善相应的环境标准、污染控制标准和准入制度；开展与健康损害预防密切相关的环境污染监测和监控；协同卫生部门组织开展环境与健康的预防、预警和突发环境与健康事件的应急处理；牵头并协同卫生部等部门制定环境与健康管理的政策、法规，制定环境与健康领域有关环保工作计划和中长期规划，组织开展环境与健康问题调查和研究等。

为履行政府职能，协同卫生等有关部门、指导各级地方政府开展环境与健康的管理工作，环境保护部应设立环境与健康管理的专门机构，履行职能。

地方环保部门也应该依照环境保护部的有关职能，确定地方环保部门的职责，并将组织制定地方污染物优先控制名录，完善地方环境标准、污染控制标准和准入制度；开展与健康损害预防密切相关的环境污染和环境监测和监控；协同卫生部门组织开展环境与健康的预防、预警和突发环境与健康事件的应急处理；制定环境与健康领域有关环保工作计划和中长期规划，组织开展环境与健康问题调查和研究等工作纳入各级地方环境保护工作。

② 卫生部的职能。

卫生部应重点在环境污染导致的健康损害的发现、应对及救治等环节承担并履行政府职能，应将环境污染导致疾病的防治工作纳入到国家疾病控制和卫生工作的主流中，通过研究和监控环境污染可能导致的重大健康损害，为开展环境与健康预防、预警工作提供支持。为此，卫生部门的职能主要包括组织开展与污染问题相关健康损害和疾病的监控和统计；协同环保部门组织开展环境与健康的预防、预警工作；组织对突发环境与健康事件开展紧急医疗救治；制定环境与健康管理有关卫生方面的政策、法规、标准；制订本部门的有关工作计划和中长期规划；组织开展环境与健康问题的调查和研究工作。

同样，为履行政府职能，协同环保等有关部门、指导各级地方政府开展环境与健康的管理工作，卫生部应设立环境与健康管理的专门机构，履行职能。

同时，各级地方卫生部门也应参照卫生部有关环境与健康管理职能的划分，重点在组织开展与污染问题相关健康损害和疾病的监控和统计，协同环保部门组织开展环境与健康的预防、预警工作；组织对突发环境与健康事件开展紧急医疗救治，组织开展环境与健康问题的调查和研究工作等方面履行政府职责。

③ 国家发展与改革委员会的主要职能。

国家发展与改革委员会应在协调环境保护、卫生工作与经济发展等方面发挥重要的作用。其主要职责是将环境保护部和卫生部的环境与健康工作计划和中长期规划纳入国民经济总体规划和计划中，并给予政策、项目和资金等支持；在制定地区发展规划和开发过程中，将保护环境、预防健康损害等要求纳入其中，预防环境与健康问题的产生。同时，地方政府发展与改革委员会及相关部门也应在地方国民经济发展规划中统筹考虑环境保护与卫生工作的规划和要求，避免地方经济发展中出现严重的污染问题及其对健康的不良影响。

④ 财政部的主要职能。

财政部应确保政府财政对加强环境与健康管理、干预的支持。财政部将环境与健康管理工作所需经费纳入政府经常性财政预算，对各项工作给予必要的资金支持，建立环境与健康工作的财政支持机制。同时，各级地方政府的财政部门也应给予地方环境与健康管理及干预工作必要的资金支持，并将有关预算纳入地方财政预算管理。

⑤ 科技部的主要职能。

科技部应在组织和加强环境与健康有关基础性研究和开发上发挥重要作用。其政府职能主要是组织开展环境与健康领域重大科技攻关和研究，将环境与健康效益关系（剂量-反应）、优先控制污染因子名录等研究列入国家重大科技攻关项目，给予技术、资金和人才等多方面的支持。

此外，教育、宣传和法制部门在开展全社会环境与健康促进教育、提高公众环境与健康维权意识、维护公众合法环境与健康权益等方面均应发挥积极的作用。

（2）环境与健康管理的协作机制

环境与健康管理工作是一个复杂的系统工程，不仅需要多部门的参与，更需要在各部门之间建立起一个责任分工明确、相互密切配合、思想统一、目标明确、联合行动的环境与健康管理协调机制。这是开展有效环境与健康管理的重要保障。

2005 年国家环保总局和卫生部建立了积极推进环境与健康管理工作协作机制，对加强部门交流和协作起到了促进作用。其重要成果就是共同牵头起草和发布了《行动计划》。同时，《行动计划》也就建立环境与健康的部门协作机制提出了设想，提出要建立由卫生、环保部门牵头，各相关部门共同参与的环境与健康工作小组，下设秘书机构和专家咨询委员会。但是，实践证明，这种简单地将各大部门集合在一起的协作机制的效力和发挥的作用是有限的。例如，作为一项指导国家未来环境与健康工作方向和任务的《行动计划》并没有以国务院发文的方式颁布，而最终只以部门签署，卫生部 2007 年卫监督发文的方式发布，其指导性和约束力就大打折扣。互相之间平级的管理协调机制在目前的政府管理体制下实际上难以发挥统一思想、明确目标，部门联动、密切协作的作用。

为更有效地协调各有关部门推进环境与健康工作，应在现行环保部与卫生部的健康工作协作机制的基础上，由中央政府牵头，建立各部门广泛参与的国家环境与健康管理协作机制。

此外，为促进部门之间，以及国家和地方之间更好地开展环境与健康管理的协作，学习借鉴日本等国家的经验，可采取不同政府部门之间以及中央与地方之间的公务员交流和轮岗制度，加强部门之间具体从事环境与健康管理工作人员的交流、沟通和理解，促进各部门之间，以及中央和地方之间的协作和相互支持。

（3）环境与健康管理的公众参与机制

环境与健康事务是关系百姓切身利益的大事，要做好这项工作，仅靠政府的关注和努力还不够，还需要公众的理解、参与和支持。因此，中国的环境与健康管理也需要建立公众参与机制，社会公众的参与将有利于督促政府部门更好地履行管理职能，监督企业等污染者改善其环境行为，维护公众环境权益。建立公众参与机制主要包括两方面的内容：

① 建立信息沟通机制。

政府要以公众易于获得和了解的形式在政府网站及各种新闻媒体中及时发布百姓关注的环境与健康信息，使公众能够及时、准确地掌握有关环境与健康信息。政府还应设立专门的渠道，听取和接受公众反映的环境与健康信息，特别是要建立向政府诉求解决环境与健康问题的程序和途径等。

② 研究探讨建立环境与健康领域的公益诉讼、法律援助和听证制度。

国家、团体等可代表社会公众对一些重大的环境污染导致健康损害事件提起公益诉讼，维护公众的环境与健康权益。针对弱势群体环境与健康维权难的问题，国家应给予法律援助，帮助其进行环境维权。同时，在项目审批、重大开发计划等行政审批中，应增加有关环境与健康内容的听证，了解公众意见，对社会公众普遍反对的项目和计划应谨慎审批。

2. 建立环境与健康的预防体系

环境与健康预防体系的建立是整个环境与健康管理体系建立的核心。有效的环境与健康管理不仅是要解决已经发生的环境与健康问题，更重要的是要通过建立一套环境与健康预防体系，防患于未然，避免或减少环境污染可能造成的健康危害。与事后救治和救助的管理方式相比，预防式的管理方式具有管理成本低、健康效应好和公众支持等优点。

（1）建立预防环境与健康风险的标准体系

环境与健康的标准是进行环境健康风险识别和进行环境干预的重要依据。目前中国环境与健康标准的基本情况是，一些对健康有重大危害的污染物质缺乏相应的环境标准（包括控制标准、准入标准和环境质量标准），或是一些标准已经不适应目前环境与健康管理的需求，使得现行的环境保护标准体系不能完全实现预防健康损害的目的。一些卫生标准也存在类似的问题。

根据环境与健康工作需要，结合具体国情，统筹协调和加强标准制订、修订工作，完善标准体系，特别要抓紧制定环境与健康重点领域急需的基础标准，尽快解决现有重要标准的衔接问题，支持环境与健康工作顺利开展。当前重点加强以下标准体系建设：

- 基于健康影响修订污染物排放控制标准；
- 基于健康影响修订环境质量评价标准；
- 基于健康影响修订环境监测标准；
- 基于健康影响的环境影响评价标准；
- 环境污染健康影响监测与风险评估；
- 土壤污染、电磁辐射污染控制标准等；
- 环境污染损害评价与判定标准等。

（2）建立污染物优先控制名录

随着越来越多新的化学物质被生产和使用，进入环境的化学物质也日益增多，其中许多污染物质都可能对人体健康构成极大的威胁。因此，开展环境污染导致健康损害的预防工作，首要任务是要研究并确定国家和地区的污染物优先和重点控制名录，有针对性、有重点地开展环境与健康的预防工作。

建立污染物优先控制名录，需要基于我国环境保护与卫生工作的实际情况、环境与健康领域的科学研究成果，世界各国开展环境与健康预防工作的经验等来制定。目前，中国污染物控制重点还主要是化学需氧量（COD）和二氧化硫（SO_2）等传统污染物质的控制，缺少针对人体健康影响的污染物控制体系，对开展环境与健康管理的预防工作缺乏指导。

为此，针对我国污染态势和特征，研究制定国家污染物优先控制名录，将环境污染控制的重点放在那些可能对人体健康造成极大威胁的污染物控制上，是建立环境与健康预防体系中一项十分重要的工作内容。目前，中国还没有制定污染物优先控制名录，环保部门和卫生部门应加强合作，尽早研究制定名录。同时，各级地方政府也应针对本地区环境保护与卫生工作的实际情况，研究制定本地区污染物优先控制名录，并采取有效的预防措施，防范重大健康风险。

（3）建立严格的环境准入制度

建立严格的环境准入制度也是有效开展环境污染导致健康损害预防工作的重要内容。对于那些可能对人体健康导致严重损害的污染物质要采取禁止或严格限制生产、使用和排放等管理措施。要从维护人体健康的角度研究制定禁止生产、使用和排放的化学品目录，对于严格限制生产、使用和排放的化学品要制定严格的准入标准，防止可能出现的环境污染及其造成的健康损害。

这就要求国家在制定有关产业发展政策时，要禁止国家严令生产、销售的化学物质在国内的生产，对严格限制使用的，要在环境影响评价、实时监控和健康影响跟踪监测等方面积极应对，防止此类污染物质对健康造成重大损害。

3. 建立环境与健康的监测体系

环境与健康监测是获得准确数据、及时发现问题和了解环境与健康管理工作实际效果的基础和保障，也是采取预防对策和干预措施的重要依据。目前，环境保护部门和卫生部门都已经建立了各自的监测体系和监测网络，但是现有的监测体系和网络还不是为开展环境与健康管理与干预工作服务的，需要根据国家环境与健康工作的重点部署和工作安排进行调整和完善，方能适应环境与健康管理的需求。因此，建立环境与健康的监测体系的首要任务是改造利用环保部门和卫生部门现有的监测网络和监测力量，建立支持环境与健康预防体系的环境监测和疾病监控体系及信息平台，对危害健康的重点污染源和污染物进行长期监测，掌握中国主要污染物和人体健康的动态变化趋势，建立环境与健康监测数据库，作为国家采取预防对策和干预措施的重要依据。

根据环境与健康工作实际需要，制定统一的国家监测方案和监测规范，在充分利用现有各部门相关监测网络、监测工作和监测力量的基础上，进一步加强监测设施设备和人员队伍建设，不断充实和优化监测内容，逐步建立和完善包括环境质量监测与健康影响监测的国家环境与健康监测网络，开展长期的环境与健康监测和研究，获取丰富的基础数据和成果，系统地掌握主要环境污染物水平和人群健康影响状况与发展变化趋势，为科学指导环境保护和健康保护工作提供强有力的技术支持。

环境与健康预防体系的建立首先要建立水环境与健康监测和预防体系（特别是农村水环境与健康监测、预防），大气环境与健康监测、预防体系，并逐步建立土壤环境与健康监测、预防体系。

（1）建立水环境与健康监测网络

水污染及其引发的健康损害的防治问题是中国环境与健康工作的一项重要内容。为此，要在现有水环境监测体系和饮用水卫生监测体系等监测工作基础上，结合国家水污染防治工作的总体要求和城乡饮用水安全保障的有关要求，加强对水污染及健康损害的监测工作，特别是要加强饮用水水源地水质监测。针对地方水质监测能力严重不足的问题，要特别加强水源地水质监测能力建设。

研究制定国家水环境与健康监测总体规划，科学安排设置监测站点，特别是要加强农村水环境与健康监测，制定有关监测规范，形成国家水环境与健康监测网络。

（2）建立空气污染与健康监测网络

城市空气污染对人体健康有显著的影响。开展空气污染监测就是要针对空气中直接影响居民健康及通过其他途径间接影响人体健康的重点控制污染物进行监测和跟踪，特别是要针对优先控制的污染物质开展有效的监控，掌握污染物质的动态和发展趋势。同时，要开展人群健康监测，以社区为单元，设置人群健康监测点，制定相关监测指标，监测、收集居民健康状况信息。

应研究制定国家空气污染与健康监测总体规划，在现有空气质量监测站点和常规监测工作基础上，调整或增加监测点和监测频率，完善重点控制污染物监测能力，使之与人群健康监测相匹配，形成国家空气污染与健康监测网络。

（3）建立土壤环境与健康监测网络

在土壤环境质量现状调查和土壤环境健康风险评估的基础上，根据直接影响居民健康和通过农、牧、渔业等产品间接影响人体健康的重点环境危害指标和人群暴露水平情况以及区域人口、社会和发展特征，设置典型区域土壤环境与居民健康监测点，制定国家及区域监测计划，根据监测工作需要，整合并加强现有监测资源和能力，形成国家土壤环境与健康监测网络。

（4）建立极端天气气候事件与健康监测网络

以省（自治区、直辖市）为监控单位，下设市、县监测点，对发生的极端天气气候事件所致健康危害进行实时监测、分析和评估。利用全国气象系统现有台站，建立极端天气气候事件监测网络，加强对高温热浪、洪涝、干旱、风暴、寒潮等极端天气气候事件的预报能力。整合并加强全国气象部门和卫生部门现有天气和健康监测资源和能力，建成国家级极端天气气候事件与健康监测网络。

（5）建立公共场所卫生和特定场所生物安全监测网络

根据《公共场所卫生管理条例》规定的国家公共场所监管内容，同时，针对医院、生物实验室、养殖场等特定场所存在生物污染及严重健康危害风险，结合经常性卫生监督管理工作需要，制定公共场所卫生和特定场所生物安全监测计划和方案，在重点场所设置监测点，开展场所卫生和生物安全监测，形成国家公共场所卫生和特定场所生物安全监测网络。

4. 建立环境与健康管理的风险管理与预警机制

开展环境污染导致健康损害的预防是环境与健康工作的第一道关口，也是环境与健康管理的重点，其目的是努力消除危害健康的污染物质或将那些可能对人体健康构成重大威胁的污染物质控制在安全的范围内。但是，在预防体系还未建立和完善的情况下，对健康可能有重大危害的污染物质还不能得到有效的控制，需要建立预警机制来规避健康损害。另一方面，即使是在建立了完善的预防体系的基础上，突发情况、极端天气、累计效应等也可能会发生污染对人体健康构成较大威胁的情况，也需要建立预警机制来规避健康风险。环境与健康的预警机制主要是基于环境与健康监测的数据，通过开展环境与健康风险评估，进行环境与健康风险预测，实施环境与健康风险预警，并及时采取措施，避免或降低环境污染对健康造成重大危害。

（1）建立环境与健康风险评估机制

国家应建立环境与健康风险评估机制。环保和卫生等有关部门应密切合作建立健全环境与健康风险评估制度，研究完善风险评估程序，引进改造国际环境与健康有关决策和管理服务的指南、技术和方法，根据当前环境污染与健康影响情况、现有管理政策、可用资源和防控能力等，合理确定可接受的危险度水平，科学制定国家环境与健康风险等级区划，提高对可控制环境有害因素和健康危害的预测及管理决策能力，逐步实现环境与健康风险成本控制。

（2）加强环境与健康风险预警工作

在环境与健康监测及风险评估基础上，各地环保与卫生部门应联合开展环境与健康风险预警工作，对可能发生的严重环境污染及其健康危害进行预警，提出管理与技术应对措施，实现科学决策与预防。应建立环境与健康风险预警工作机制、环境污染与健康损害报告制度及预警发布制度，完善预警和预防政策、措施及手段，努力做到早分析、早预报、早干预，防止重大环境污染与健康损害事件发生；以重点控制环境污染及其健康损害为对象，研究环境污染与健康损害响应关系，合理制定不同风险等级预警、预防和救治方案，不断提高防范重大环境与健康风险水平。

5. 完善环境与健康管理的应急机制

针对目前我国环境污染突发性事件频发的问题，应进一步完善环境与健康的应急机制，完善现有的应急处置与处理机制。根据国家有关法律、法规的规定，制定突发事件应急处置工作制度及突发事件、重大事件通报机制和环境与健康突发事件处置规范。环保与卫生等有关部门密切协作，处理环境与健康的突发事件，提高应急处置能力，实现统一应急决策，统一指导指挥，统一资源调动，统一处置行动，力求快速、有效地控制污染，减轻健康危害，及时为受害者提供医疗救治。

同时，要加强突发事件现场快速诊断和控制处理措施、技术和方法研究，加强应急队伍技术培训、技术演练和现场演习，规范应急处置行为，提高现场处置能力和水平；开展突发事件事后现场环境调查、健康影响追踪监测及应急处置效果评估，指导现场环境修复和健康损害预防救治工作，促进应急处置预案、物资设备保障以及管理制度和决策的进一步完善。

此外，要进一步完善突发环境事件导致健康损害救助机制，对环境污染导致的健康损害给予及时有效的疾病防控指导，防止损害发展，降低损害负担，切实维护受害人生命健康权益。

6. 加强环境与健康管理的技术支撑体系建设

针对目前我国环境与健康管理有关科研基础薄弱等问题，应加强科技支撑能力建设，进一步完善环境与健康管理技术支撑体系，提高科技对环境与健康管理的支撑作用。建立和完善环境与健康管理技术支撑体系的主要目的是要掌握国家环境与健康状况，加强科技创新和知识转化，并对未来重点领域开展研究，根据面临的形势和基础科学确定目标和方向，为环境与健康工作的顺利开展和持续有效提供支持。

（1）加强技术能力和专业队伍建设

加强环境与健康科技支撑的能力建设是提高科技支撑水平的关键，亟待加强的是环境与健康基础科研能力、监测能力、实验室装备、标准体系开发能力、人才培养等方面的能力建设。应根据环境与健康监测网络功能、监测点设置以及亟待开展的调查研究工作需要，进一步加强实验室设施、装备和现场技术手段建设，尽快提高重要环境污染物和关键人体健康指标监测能力，保障重点调查研究工作顺利开展；调整充实专业技术人员队伍，促进相关研究和学科发展，改进高校教育和人才培养，为环境与健康工作提供人员队伍和知识储备，整体提高环境与健康工作技术支撑能力。

（2）加强环境与健康影响现状调查

环境与健康问题现状调查不足直接影响了对中国环境与健康问题的客观和准确判断，也影响了环境与健康管理工作的有效开展。为此，要尽快在全国范围内开展主要环境因素及环境所致健康损害调查，基本弄清中国环境污染所致健康损害的种类、程度、性质及分布情况，掌握环境污染所致疾病谱，为环境与健康行动的实施提供科学依据。

环境与健康问题现状调查主要包括两个方面：

① 主要环境污染物现状调查。

主要环境污染物现状调查是在出现或可能出现严重健康危害的环境重污染地区开展污染源、污染物及污染水平调查，掌握重点污染源、污染途径与主要污染物污染现状。结合环境污染健康影响调查结果，主要环境污染物现状调查将有利于确定全国与区域性优先控制环境污染物名单，为有效实施环境影响规划评价及开展重点污染物治理、控制与监测提供基础参考。这项工作，可以结合目前正在开展的全国污染源调查工作进一步展开。

② 环境污染所致健康影响调查。

环境污染所致健康影响调查是指在全国范围内，开展主要环境污染物人体暴露水平调查和环境所致健康危害流行病学调查，系统掌握中国人群体内环境污染物负荷基础数据和健康危害种类、成因、地区分布等实际状况，为制定环境污染物健康损害认定标准、开展环境因素健康损害防治研究与监测以及建立健全环境所致健康危害有关法律法规等提供技术依据。

（五）环境与健康战略的优先领域

1．确定优先领域的基本原则

（1）环境风险已经导致疾病或明确损害的，应积极干预

大多数传统型健康风险都属于这一类，而且干预的费用效果比也比较好。针对这一类问题，应加大干预力度。但这些干预措施的采取超越了环保部门和卫生部门，需要跨部门的合作。如农村饮水安全问题，需要发改委、水利部等的积极配合。并要善于将这些行动整合到“基本公共服务均等化”和“社会主义新农村建设”等重大战略行动中去。

（2）对健康的危害和影响途径已经认识清楚但尚未产生严重损害的，重点是进行监测和预防

不少现代型健康风险属于这一类，如工业污染物导致的健康风险等。对这一类问题，环保部门要加大环境监测和治理力度，降低人群的暴露水平，同时研究完善污染损害赔偿机制。卫生部门则要配合环保部门制定环境卫生标准，研究环境与健康疾病的临床规律和防治办法。

（3）健康的影响尚不明确的环境因素，建立风险管理制度，加强监测，严格准入

新材料和新化学物质带来的健康风险大多属于这一类。对这一类风险，要加强监测、建立风险管理制度，对不同风险等级的污染物采取不同的限制生产和使用政策。同时，由于健康影响尚不明确的，在准入上要采取相对保守的态度，严格准入，降低可能的风险。

建立环境与健康管理体系，其最终目标是通过强化政府的公共服务，维护社会公众的环境与健康权益，预防、控制和救助环境污染对健康的损害。

2．环境与健康战略的优先领域

环境与健康战略对实际工作的指导作用要通过落实行动及其优先序安排来体现。尽管 18 个部委共同制定了《行动计划》，但该计划制定时的政策背景、目标已有所变化（如前所述，科学发展观和公共服务均等化等大政方针带来了新的机遇），且《行动计划》只部署到 2015 年，因此，国家战略层面上的环境与健康战略，可以更准确、长远、全面地进行相关行动部署。

环境与健康战略是一个跨度达 40 年的长期战略，各个阶段的优先行动应根据趋势预测各有侧重。在环境干预、制度建设、能力建设、立法、科研、标准等各个环节都要确立相应的优先行动。其中，第一阶段的优先行动安排服从于《国家环境与健康行动计划（2007—2015 年)》和相关重大文件[①]，并在其未覆盖时段上延续和加强有关方面的行动安排。这些行动包

① 例如，《关于加强农村环境保护工作的意见》（国办发[2007]63 号）中明确指出：当前农村环境保护的首要任务是切实加强农村饮用水水源地环境保护和水质改善，保障饮用水水质。为此，要重点加强农村饮用水水源地的保护，依法科学划定农村饮用水水源保护区；加强农村饮用水水源保护区的监测和监管，坚决依法取缔水源保护区内的排污口，禁止有毒有害物质进入饮用水水源保护区；制定农村饮用水水源保护区应急预案，强化水污染事故的预防和应急处理，严防养殖业污染水源；严禁直接或者间接向江河湖泊排放超标的污水，确保农民饮水安全。

括四方面：

一是与管理相结合的优先行动：如部门协作机制、管理体制改革及政策倾斜等；二是与国家大型项目结合的优先行动：如农村饮水工程等；三是立法方面的优先行动；四是科研方面的优先行动（如建立基础调查体系和开展基础调查等）。

（1）第一阶段（2010—2020年）优先行动

① 在环境干预方面，加大对传统型健康风险的干预力度。

传统型健康风险，健康危害明确且干预措施的有效性和费用效果比都较好，对于干预的必要性各方面也都形成了共识，解决这类风险的关键是资金问题。目前，我国尚有3亿多农村人口存在饮水不安全问题。这一阶段要结合《全国农村饮水安全工程“十一五”规划》及后续工程，重点解决农村供水问题，结合新农村建设的清洁能源工程，全面展开农村室内空气污染治理工作，通过改炉改灶、改用清洁能源等工程，改善室内空气，争取在2015年左右基本解决全部农村人口的安全饮水问题和清洁能源问题的同时，基本消除农村地区的传统型健康风险。

② 在制度建设方面，建立起环境与健康的部门协作机制。

这一阶段要注重制度建设，首先要建立起环境与健康工作的部门间协作机制。环境与健康工作以环保部门和卫生部门为核心，其他有关部门配合，建立起表4-13所示协作机制框架。

表4-13 环境与健康的部门协作机制框架

任务	环保部门	卫生部门	基础建设部门（发改委、水利部门、住房和城乡建设部门等）	能源部门
环境与健康损害赔偿	损害责任的认定	健康损害的认定和治疗		
环境干预和环境治理	环境污染治理	干预和治理的绩效评估	有利于健康的基础设施投资和建设及改善相关公共服务	有利于健康的能源利用引导
环境因素及其健康影响监测	环境与健康风险监测与评估	健康影响监测	水利部门的监测加强与环保部门的合作	

③ 在能力建设方面，建立起环境与健康风险监控和预警体系。

环境与健康工作的部门协作机制很重要，但具体的日常工作，如监测等，仍然需要基层机构去执行，环境与健康工作体系的能力建设非常重要。我国的现代型环境与健康风险已处在可能集中暴发的高危期，因此，这一阶段，在能力建设方面，要重点建立环境与健康风险监控和预警的网络体系。环保部门要充分依托卫生部门疾控系统的现有网络，促进环保部门和卫生部门人力资源的流动和共享，建立起环境与健康风险监控和预警体系，使得环境与健康问题能及时发现，尽早应对。

④ 在立法方面，梳理和修订有关法律法规。

对现行涉及环境与健康工作的法律法规进行一次全面的梳理，是当务之急。要综合评估现有法律法规的实施效能，针对当前工作中存在的突出矛盾，提出完善环境与健康相关法律法规的总体方案。开展环境污染损害赔偿法律制度研究工作，进一步强化环境污染的法律责任，完善环境污染损害赔偿的法律依据，研究制订环境污染损害程度鉴定、赔偿程序和范围等具体赔偿办法及对污染者的法律援助办法。完善环境影响评价法律法规建设，将环境对健康的影响作为环境影响评价的必要内容，加强对健康危害的预防与控制。

⑤ 在科研方面，启动大范围、长时段的环境与健康基础调查。

近十多年来，我国关于环境与健康的基础调查研究迟滞或中断，关于环境与健康的总体情况不清，基础数据缺乏，影响对当前状况和今后趋势的判断。这一基础工作必须尽快补上。这一阶段要部署和启动大范围、长时段的健康流行病学调查，重点针对工业污染造成的疾病和健康影响，进行长期跟踪调查，总结规律。

⑥ 在标准方面，逐步修订环境与健康标准。

环境与健康标准是进行环境与健康风险识别和进行环境干预的重要依据。目前我国环境与健康（卫生）标准的情况是，或不存在针对有关环境因素的标准，或有些环境与健康标准已明显不适用，造成对有些环境损害事件反应迟缓或反应过度。这一阶段要根据监测和调查的进程，根据我国的实际情况，综合评估现有法律法规的实施效能，针对当前工作中存在的突出矛盾，统筹协调标准制订、修订工作，完善标准体系，抓紧制订环境与健康重点领域急需的基础标准，尽快解决现行标准的衔接问题，保证环境与健康工作顺利开展。

（2）第二阶段（2020—2030 年）优先行动

① 在环境干预方面，重点治理城市空气污染。

这一阶段，城市空气污染将成为主要的环境与健康疾病负担。随着科技进步，对空气污染的治理成本也会迅速下降。这一阶段，应将城市空气污染治理作为优先行动，同时注重工业废弃物的治理。

② 在制度建设方面，建立起完善的环境与健康工作绩效评价体系。

科学的环境与健康工作绩效评价体系是保障环境与健康工作有目标、按计划推进的重要保证。要把保护人体健康作为评价环境保护工作绩效的重要指标，把降低环境因素疾病负担作为评价卫生部门工作绩效的重要指标。加强两个部门工作的统筹。

③ 在能力建设方面，逐渐培养出一支环境与健康工作的专门队伍。

随着环保工作中“以人体健康为本”理念的逐渐落实，环境与健康将成为环保工作的重点工作之一，对人才队伍的素质和技能要求也会发生相应变化。这一阶段，要注重培养既懂环境又懂公共卫生和临床医疗的复合型人才，为环境与健康工作的全面、深入开展提供可靠的人力保障。同时，要加强环保和卫生部门之间人才交流。

④ 在立法方面，建立起完善的环境与健康法律法规体系。

在前一阶段法律法规梳理的基础上，逐步建立起一个包括环境与健康风险和影响评估、环境与健康问题预防、环境与健康损害赔偿、环境与健康事件应急处理、环境与健康损害救济等各个环节在内完整的法律法规体系，使得环境与健康工作的每个环节都有法可依。

⑤ 在科研方面，推进环境与健康关键技术进步。

环境与健康工作的开展需要一些关键技术支撑，如污染对人体健康影响的机理与识别技术等，这一时期要在前一阶段大型流行病学调查的基础上，实现关键技术的突破，提高环境与健康工作的效率。

（3）第三阶段（2030—2050 年）优先行动

① 在环境干预方面，重点防范新的环境与健康风险，积极应对气候变化对健康的影响。

这一时期，传统型健康风险基本消除，现代型健康风险纳入常规工作轨道。但新的环境与健康风险会不断出现，所以要积极防范新的环境与健康风险。目前可以预见的是，气候变暖对健康的影响将越来越突出，要积极进行应对。

② 在能力建设方面，重点加强对突发环境与健康损害事件的应对能力。

随着科技进步和全球环境灾害的加剧，全球范围的突发环境与健康事件会增加，这一阶段应在前两阶段基础能力建设任务基本完成的基础上，重点加强对突发环境与健康损害事件的应急能力建设，具体如表 4-14 所示。

表 4-14　　环境与健康能力建设分阶段目标

	环境干预	制度建设	能力建设	立法	科研	标准
第一阶段（2010—2020 年）	加大对传统型健康风险的干预力度	建立起环境与健康的部门协作机制	建立起环境与健康风险监控和预警体系	梳理和修订有关法律法规	启动大范围、长时段的环境与健康流行病学调查	逐步修订环境与健康标准
第二阶段（2020—2030 年）	重点治理城市空气污染	建立起完善的环境与健康工作绩效评价体系	逐渐培养出一支环境与健康工作的专门队伍	建立起完善的环境与健康法律法规体系	推进环境与健康关键技术进步	形成能充分体现“以人体健康为本”的环境保护标准
第三阶段（2030—2050 年）	重点防范新的环境与健康风险，积极应对气候变化对健康的影响		重点加强对突发环境与健康损害事件的应对能力			

（六）实施国家环境与健康战略的重要保障

1. 环保部门内部要按“以人体健康为本”进行改造

这种改造包括理念、制度和机构设置等多方面。

首先，我国环境保护的模式要实现根本性的转变，要确立“以人体健康为本”的基本指导思想，并建立起一套“以人体健康”为基准的管理体系、控制目标、干预重点、监测体系、准入标准和绩效评估体系，并在此基础上调整和完善环境保护的政策、法规，实现环境保护工作的转型和与环境保护相关的政府部门的转型。事实上，国际经验表明，几乎所有发达国家的环境保护与干预体系都是建立在以人体健康影响为最终评价标准的基础上的，这也是整个环境保护工作的最主要的终极目的。为此，环境保护部门要更加关注民生，要通过建立一套为以人体健康为目标的环境保护体系，统筹环境与健康的关系，使环保部门能够全面参与基本公共服务均等化过程，促进构建和谐社会，实现环保工作与民生工作的紧密挂钩。

另外，环保部门对环境管理制度也应进行改造，例如对八项环境管理制度进行重新审视，看看其中有哪些方面不利于体现“以人体健康为本”，哪些制度对改善“信息获得”、“部门协调”和“管理有效”等工作有阻碍作用，然后进行针对性调整。

在这个过程中，相关机构的设置及其职能的调整是体现“以人体健康为本”理念的基础：

——统筹环境与健康关系的部门应成为环保部门的信号部门：从体现“以人体健康为本”来看，在环保部门内部，应将环境与健康部门作为部门工作方式和工作重点转移的全面的信号部门。

——不仅发出具体事务工作重点调整的信号，也发出管理制度和相关法规调整的信号。就环境与健康具体事务而言，环保部门内设的环境与健康部门作为信号部门应承担以下 9 项职能：① 拟定国家环境与健康规划；② 拟定国家环境与健康政策、法规、标准与规范；③ 组织实施《国家环境与健康行动计划》；④ 拟定环境与健康风险评价与管理体系；⑤ 负责环境与健康部门与部门内部之间的协调；⑥ 负责环境与健康信息的收集、整理和发布；⑦ 组织开展重点地区和流域环境与健康调查；⑧ 组织开展环境与健康研究与培训；⑨组织实施环境与健康试点、示范项目。

2．以环境与健康管理体制改革为基础的行政资源优化配置

行政资源的优化配置是环境与健康战略得到落实的最基础、最切实的保障，而在目前“以人体健康为本”的理念尚未体现在具体工作中、环境与健康统筹管理体制尚未形成的情况下，这种优化配置必须通过环境与健康管理体制改革才能得以实现。

（1）环境与健康管理体制改革的必要性和方向

合理的机构设置是提高生产力、推动社会进步的主要手段，尤其在我国这样政府主导力较强的发展中国家。

从前述分析中，可以整理出当前管理体制对解决环境与健康问题的障碍：一是职能、队伍状况与问题不相匹配。在统筹解决环境与健康问题中，发现和应急是关键点。目前的管理体制下，这些关键点很难解决。例如监测体系的统筹和相关信息的共享在目前的管理格局下

就很难实现。二是优化现有体制也难胜任协调工作，更难以形成问题发现后的联动、调度机制。即便环保部门或者卫生部门按照既定职能优化工作，也无法统筹调度有关行政、技术资源。如表 4-15 所示，可按权责一致、分工合理、决策科学、执行顺畅、监督有力五方面标准①来分析现有体制即便优化后也难以应对当前主要问题。

表 4-15 管理体制改革方案对比

	权责一致	分工合理	决策科学	执行顺畅	监督有力
目前的管理体制	处于权力分散、责任模糊状态	分工不明确	不是多方会商决策	没有明确以哪个体系为主	尚未形成体制
以环保部门牵头构建的新体制	在环保部门现有执法权内可以做到权责一致，但环保部门无法与卫生及其他部门形成污染防治上的联动	分工明确，而且有利于使相关部门超越"三定"职能工作	可以多方会商决策，可以依托环境监测网络及时调配资源	拥有自上而下的体系，可以保证环境与健康的行动措施在人力、财力、物力上得到落实	可以形成监督、反馈机制
以卫生部门牵头构建的新体制	问题与环保部门类似	同环保部门优点	同环保部门优点，但在环境信息获取上有劣势	同环保部门优点，但无法将信息反馈与污染治理等措施结合起来	同环保部门优点

据表 4-15，可以认为，在建立统筹协调的环境与健康工作机制中，没有一个具有牵头协调职能的机构设置，很难应对目前这样具有交叉性的环境与健康问题。但设置新的机构中，一般应体现两个原则：有利于统筹解决主要问题，以当前最优资源调度者为主实现最小机构变动。从预防和风险防控的实际需求出发，学习借鉴国际经验，可以建议以环保部牵头构建新的环境与健康管理体制。

（2）环境与健康行政管理体制的改革建议

根据上述分析，提出以下两条路径的环境与健康管理体制改革建议。

路径 1：建立多渠道的国家环境与健康工作协调制度

成立国务院促进环境与健康工作领导小组。国务院促进环境与健康工作领导小组的主要工作是协商和处理环境与健康管理工作的重大议题（如战略、规划等）；协调各部门之间的工作部署，建立交流和沟通平台，协调解决部门争议和冲突；处理工作中遇到的困难和问题；督促各项任务的执行情况，确保国家环境与健康的战略、任务和政府职责落到实处。

领导小组组长由国务院有关领导担任，环境保护部和卫生部部长分别为领导小组副组长，其他各相关部门的主要领导作为小组成员参与有关工作。

建立国家环境与健康工作领导小组例会制度、国家环境与健康工作秘书机构工作制度、部门间协调地方工作制度以及考核与责任追究制度，保证国家环境与健康工作全面有效落实。

① 胡锦涛同志在党的十七大报告中指示："着力转变职能、理顺关系、优化结构、提高效能，形成权责一致、分工合理、决策科学、执行顺畅、监督有力的行政管理体制。"这五方面因而也就成为行政管理体制改革的要求。

建立部门间环境与健康工作协调机制，根据各自职能及工作基础，明确工作分工，科学制订工作计划，充分发挥部门专长和资源效能。

路径 2：成立国家环境与健康行动计划执行委员会

可能的情况下，力争成立国家环境与健康行动计划执行委员会，秘书处设在国家环保部或卫生部，明确赋予其督促执行《国家环境与健康行动计划》的职能，并负责相关日常协调事务。

另外，在中央层面，环保部门和卫生部门在环境与健康领域的整合行动已经展开，协作机制正在建立。目前需要启动的是地方层面的行政资源整合，地方同样需要建立协作机制，同时应该更加灵活，因地制宜地探索或分工协作或集中式的行政管理体制。同时基层监测、预防机构也需要进行整合、协作。

3．建设多渠道、多层次的资金保障机制

环境与健康战略的实施需要大量资金投入，如何建立合理、有效的筹资机制颇为关键。

环境与健康的基础研究和调查具有公共产品性质，要以政府投入为主，同时积极争取国际捐助资金；环境因素的干预由政府和企业共同投入，政府主要负责影响健康的基础设施投入和大型水污染、空气污染治理工程投入，企业主要为排污付费或纳税，并投资废弃物处理设备；健康损害赔偿主要由污染者承担，可采取保险筹资方式。

环境保护基金需要在污染治理过程中得到贯彻实施，法律对该制度的规定必须具有权威性、完整性和可操作性。我国法律对环境保护基金制度的规定所存在的问题依然明显，应从以下几方面进行完善。

在立法上，环保基金制度应在更高级别的法律，如《环境保护法》中得到确立。国家应加大对环保产业的投入，扩充环保专项基金，使其有足够的资金进行污染治理。污染治理行业本身是一个高耗资行业，其获得产出的时间与传统行业相比相对漫长。没有政府部门的主动引导和经济刺激，环保基金的发展将是一个异常艰难的过程。

环保专项资金的使用应更注重于对污染的预防而不是治理。环境问题产生后，在恢复过程中所付出的代价是难以估量的。集中更多的资金投入到污染预防中，未雨绸缪，才能以最少的代价获取最大的利益。

考虑到环保基金的建立与使用涉及巨大的经济利益，应对环保基金进行严格的管理和监督，防止个人或团体中饱私囊。美国针对超级基金的管理设立专门机构的方法不失为一种正确的制度性安排。同时，应加强审计部门的定期监督，确保资金的使用符合法律的规定。而推动公众通过行使知情权对基金进行监督，既能够防止资金的滥用、误用，也使公众在监督的过程中进一步了解环保基金制度，促进公众参与。

在我国资本金融市场不断完善的今天，除了利用税收收入投资环保事业外，政府还可采

用融资方式包括发行国债、征收排污费、资源使用费、发行彩票、环境基础设施产权转移、发行市政债券融资；而企业可利用建立创业投资基金、银行贷款、发行股票、发行企业债券、资产证券化、信托基金进行融资；而非营利组织可通过财政拨款以及募集各界捐款实现融资。充分与国际机构合作，利用国际资金也是很好的融资渠道。

有关专家认为通过征收税费的办法就可以把环境代价转化为企业的内部成本，迫使企业治理污染。其中有税收制度，包括污染税、产品税、资源税等；收费制度，包括排污费、使用者费、资源环境补偿费等。还因此衍生出其他一些手段，如罚款手段、资金赔偿手段、财政金融手段以及证券与押金制度等。国际上真正成功的只有环境税收、环境收费、超标罚款、绿色金融、财政补偿与排污权交易。

环保民间组织资金筹措最普遍的来源是会费，其次是组织成员和企业捐赠、政府及主管单位拨款。76.1%的环保民间组织没有固定的经费来源。有 45.5%的国际环保组织驻华机构、32.9%的政府部门发起成立的环保民间组织拥有相对固定的经费来源，而民间自发组织和学生环保社团中拥有固定经费来源的仅为 20%左右。

为此，建议转变政府职能，将部分环境公共服务职能交由环保民间组织实施，大力支持和鼓励环保民间组织获取并有效使用环境公共资源，充分发挥环保民间组织提供环境公益服务的社会功能，从而为我国环保民间组织的健康发展提供坚实的资金和物质基础。

4．完善环境与健康管理的信息支撑体系

（1）建立、完善环境与健康信息管理与服务工作机制

环境与健康信息是控制环境对人体健康危害的基础性工作，是制订国家环境与健康政策、法规、标准的重要依据。通过建立环境与健康信息管理与发布机制，逐步建立国家环境与健康信息平台和建立环境与健康信息服务工作机制。

（2）建立环境与健康信息服务工作机制

为相关管理部门的工作提供技术依据，为环境与健康有关单位提供科学基础数据，为公众提供环境与健康知识信息，为国际交流提供中国环境与健康的基础信息。实现环境与健康信息资源共享。

（3）建立环境与健康信息发布制度

建立环境与健康信息的发布管理制度，定期发布环境与健康信息，向社会公布环境污染信息和可能造成健康损害的信息，接受公众监督，帮助社会公众规避健康风险。根据环保和卫生部门各自的职能，以及国家有关新闻信息管理规定，环境健康的有关环境信息由环保部门负责发布，有关健康信息由卫生部门负责发布。同时，在信息发布上进行部门间的沟通协作，保证信息的权威性和准确性。

（4）建立环境与健康监测数据库

在建立国家环境与健康监测网络的同时，建立国家级和地方环境污染动态监测数据库、健康影响动态监测数据库；建立环境与健康监测数据存储、收集、汇总、调用和安全保护工作机制，统一环境和健康数据代码并与国际代码接轨，加强数据质量控制、质量保证和审计，形成有效监测数据信息资源，为国家和地方环境与健康管理决策提供科学依据，为环境与健康研究提供基础数据。

5. 配套政策措施

（1）明确政府责任，建立考核机制

处理好环境与健康问题是顺利实施国家可持续发展战略的基本要求，关系到小康社会目标的成功实现和最广大人民群众的根本利益。各地区、各部门应当进一步提高认识，加强领导，将环境与健康工作纳入重要议事日程，列入经济社会发展规划，确定环境与健康工作的优先地位，加大环境与健康相关法律法规的执行力度，根据环境与健康工作需要，健全监督管理队伍，落实行政管理职责。各级政府要对环境与健康工作给予支持，并不断拓展筹资渠道，逐步形成政府、社会团体及企业、个人等多方面共同支持环境与健康事业的局面。有关部门应当加强对环境与健康工作的组织，认真落实工作任务、目标和要求，施行政务公示，强化责任考核，接受社会监督，保障环境与健康工作的顺利、有效开展。

（2）加强社会宣传和教育工作

开展公众宣传和广泛交流，培养社会对环境与健康工作的普遍认知，争取各有关方面的有力支持，是有效实施环境与健康政策措施的重要手段。通过电视、广播、报纸和网络等媒体广泛宣传我国环境与健康工作面临的现状、形势和挑战，提高社会各界对环境与健康工作的重视，促进社会团体、非政府机构、科研与学术单位、企业以及媒体等自觉履行责任和义务，积极为国家环境与健康工作作出贡献。大力开展环境与健康知识宣传和公众教育，提高全民环境保护与健康保护意识，促进个人和整个社会良好行为的形成，营造全社会保护环境、维护健康的积极氛围。

（3）积极开展国内和国际交流

充分发挥国家环境与健康论坛机制作用，确定我国环境与健康工作重点领域，研究需要采取的行动和措施，提出解决问题的途径和办法，促进多部门协作，推进国家环境与健康事业科学发展。广泛开展环境与健康领域学术和技术研讨活动，及时更新知识和信息，锻炼培养学科带头人和业务技术骨干，促进研究和科技创新，为环境与健康工作提供有力的技术支撑。积极参与国际和区域环境与健康行动，掌握国际信息和动态，吸收环境与健康工作先进经验，开展科研项目合作，学习新技术与新方法，不断提高我国环境与健康工作能力和水平。

参考文献

[1] Anthemidis A，Zachariadis G，Voutsa D，et al. 2002. Variation of heavy metals and other toxic element concentrations in surface water of Macedonia. in：Proceedings of 1st Environmental Conference of Macedonia，Thessaloniki，Greece. 104-109.

[2] An YJ，Kampbell DH. 2003. Total，dissolved，and bioavailable metals at Lake Texoma marinas，Environmental. Pollution，122（2）：253-259.

[3] Claeson M，Klees R，Lvovsky K，Kaufmann R，von Schirnding Y，Listorti J. 2003. Environmental Health at a glance. Part of the World Bank " At a Glance " series report. http：//web.worldbank.org/WBSITE/EXTERNAL/TOPICS/EXTHEALTHNUTRITIONANDPOPULATION/EXTPHAAG/0，contentMDK：20656146～isCURL：Y～menuPK：64229804～pagePK：64229817～piPK：64229743～theSitePK：672263，00.html#PDF（2008 年 8 月 25 日登录）.

[4] Doong RA，Lee SH，Lee CC，et al. 2008. Characterization and composition of heavy metals and persistent organic pollutants in water and estuarine sediments from Gao-ping River，Taiwan. Marine Pollution Bulletin，57（6-12）：846-857.

[5] Fukushima M，Ishizaki A，Sakamoto M，et al. 1973. Cadmium concentration in rice eaten by farmers in Jinzu river basin. Japanese Journal of Hygiene，28：406-415.

[6] Karbassi AR，Monavari SM，Nabi GhR，et al. 2008. Metal pollution assessment of sediment and water in the Shur River. Environmental Monitoring and Assessment，147（1-3）：107-116.

[7] Minh NH. 2007. Pollution sources and occurrences of selected persistent organic pollutants（POPs）in sediments of the Mekong River delta，South Vietnam. Chemosphere，67：1794-1801.

[8] Nguyen HL，Leermakers M，Osán J，et al. 2005. Heavy metals in Lake Balaton：water column，suspended matter，sediment and biota. The Science of the total environment，340（1-3）：213-230.

[9] Pope III，Burnett RT，Thun MJ，et al. 2002. Lung cancer，Cardiopulmonary Mortality，and Long-term Exposure to Fine Particlate Air Pollution. JAMA，287：1132-1141.

[10] Rissato SR. 2006. Organochlorine pesticides and polychlorinated biphenyls in soil and water samples in the northeastern part of Sao Paulo State，Brazil. Chemosphere，65：1949-1958.

[11] Ritz B，Yu F，Fruin S，et al. 2002. Ambient Air Pollution and Risk of Birth Defects in Southern California. American Journal of Epidemiology，155（1）：17-24.

[12] Seralathan KK，Prabhu DB，Kui JL，et al. 2008. Assessment of heavy metals（Cd，Cr and Pb）in water，sediment and seaweed（Ulva lactuca）in the Pulicat Lake，South East India. Chemosphere，71（7）：1233-1240.

[13] Skakkeback N E. 2002.Endocrine disrupters and testicular dysgenesis syndrome. Hormone research，57（Suppl2）：43.

[14] Srám RJ，Binková B，Dejmek J，et al. 2005. Ambient Air Pollution and Pregnancy Outcomes：A Review of the Literature.

Environmental Health Perspectives，113（4）：375-382.

[15] Torres-Sánchez L，Rothenberg SJ，Schnaas L，et al. 2007. In Utero p，p′-DDE Exposure and Infant Neurodevelopment：A Perinatal Cohort in Mexico.Environmental Health Perspectives，115（3）：435-439.

[16] Wang H，Wang CX，Wu W，et al. 2003. Persistent organic pollutants in water and surface sediments of Taihu Lake，China and risk assessment. Chemosphere，50（4）：557-562.

[17] Wurl O. 2005. Chlorinated pesticides and PCBs in the sea-surface microlayer and seawater samples of Singapore. Marine Pollution Bulletin，50：1233-1243.

[18] WHO. 2006. Preventing Disease Through Healthy Environments：Towards an estimate of the environmental burden of disease. World Health Orgainzation，Geneva，Switzerland.

[19] WHO. 2008. Definition of environmental health. http：//www.who.int/topics/environmental_health/en/index.html.（2008年7月31日登录）

[20] Wong TW，Lau TS，Yu TS，Neller A，Wong SL，Tam W，Pang SW. 1999. Air pollution and hospital admissions for respiratory and cardiovascular diseases in Hong Kong. Occupational and Environmental Medicine，56（10）：679-683.

[21] World Bank. 1997. Clear Water，Blue Skies：China's Environment in the New Century. China 2020 Series. Washington，D.C.，USA.

[22] Xu XP，Dockery DW，Christiani DC，Li B，Huang H. 1995. Association of air pollution with hospital outpatient visits in Beijing. Archives of Environmental Health，50（3）：214-220.

[23] Xu Z，Yu D，Xu X. 2000. Air pollution and daily mortality in Shenyang，China. Archives of Environmental Health，55（2）：115-120.

[24] Zhang Y，Huang W，London SJ，et al. 2006. Ozone and Daily Mortality in Shanghai，China. Environmental Health Perspectives，114（8）：1227-1232.

[25] 蔡诗文，王京京，尚琪，等. 尿 β_2-微球蛋白对判定环境性镉致肾病的指标意义. 卫生研究，1994，23（3）：140-142.

[26] 蔡诗文，岳麟，袁一熬，等.环境镉污染所致健康危害判断标准的研究. 环境与健康杂志，1994，11（3）：97-99.

[27] 陈学敏.环境卫生学. 北京：人民卫生出版社，2004.

[28] 陈旸，王宇骏，邢琪. 广州市空气可吸入性颗粒物的污染水平.中国环境监测，1999，15（2）：42-46.

[29] 陈育智. 中国儿童哮喘的患病情况. 中华医学会第二次全国变态反应学术会议文献. 2004.

[30] 陈育智. 2000年全国31省市40万0～14岁儿童患病情况调查及与1990年同类调查对比研究. 医学研究杂志，2006，35（10）：44-45.

[31] 程书波. 长江口滨岸水体悬浮颗粒物中PCBs分布特征.环境科学，2006，27（1）：110-113.

[32] 崔蓉，郭新彪，邓芙蓉. 北京市采暖期 $PM_{2.5}$ 与 PM_{10} 污染特征分析. 中国卫生检验杂志，2008，18（8）：1505-1508.

[33] 戴海夏，宋伟民，高翔. 上海市A城区大气 PM_{10}，$PM_{2.5}$ 污染与居民日死亡数的相关分析. 卫生研究，2004，33（3）：293-297.

[34] 邓书平，毕德纯，孙晓怡. 松花湖及入湖河流的重金属污染调查分析. 辽宁城乡环境科技，2002，22（4）：29-31.

[35] 杜瑜，尚琪. 环境镉污染人群健康影响研究回顾. 卫生研究，2006，35（2）：241-243.

[36] 高军，徐希平，陈育德，等. 北京市东、西城区空气污染与居民死亡情况的分析. 中华预防医学杂志，1993，27：340-343.

[37] 国家统计局. 经济普查后中国 GDP 数据解读之一 GDP 总量、增长速度及人均 GDP. http：//www.stats.gov.cn/zgjjpc/cgfb/t20060307_402309437.htm（2007 年 12 月 5 日登录）. 2006.

[38] 国家统计局. 中国统计年鉴. 北京：中国统计出版社，2007.

[39] 国务院发展研究中心，清华大学，中国汽车技术研究中心，中国环境科学研究院. 中国机动车排放污染与控制（能源基金会资助项目）. 研究报告，2001：11.

[40] 国务院发展研究中心课题组. 对中国医疗卫生体制改革的评价和建议之报告三：对中国公共卫生体制建设和有关改革的反思与建议. 2005.

[41] 国务院新闻办公室. 白皮书——中国老龄事业的发展. http：//news.xinhuanet.com/politics/2006-12/12/content_5473205.htm（2008 年 10 月 3 日登录）. 2006.

[42] 胡健信. 中国环境与发展国际合作委员会专题政策研究报告——中国化学品环境管理问题与战略对策. http：//www.cciced.org/2008-02/26/content_10750498.htm（2008 年 9 月 1 日登录）. 2007.

[43] 环境保护部科技标准司. 四个典型地区城郊居民关于环境与健康工作需求的社会学调查. 内部报告. 2007.

[44] 环境保护部. 2007 年中国环境状况公报. 2008a.

[45] 环境保护部. 2007 年中国环境质量报告书. 2008b.

[46] 黄玉芬. 云南省 2002—2005 年肠道传染病暴发疫情分析. 职业与健康，2007，23（10）：823-824.

[47] 阚海东，陈秉衡. 我国大气颗粒物暴露与人群健康效应的关系. 环境与健康杂志，2002，19（6）：422-424.

[48] 阚海东，陈秉衡，贾健. 上海市大气污染与居民每日死亡关系的病例交叉研究. 中华流行病学杂志，2003，24：863-867.

[49] 赖宝春. 大余县污灌区镉污染对人体健康影响调查. 环境与开发，1995，10（4）：8-9.

[50] 李代鑫，杨广欣. 我国农村饮水安全问题及对策. 中国农村水利水电，2006（5）：4-7.

[51] 林秀武. 20 年来第二松花江甲基汞污染危害居民健康的研究进展. 环境与健康杂志，1995，12（5）：238-239.

[52] 刘奕生，高怡，王康玮，等. 广东消化道恶性肿瘤高发村的病因学研究. 中国热带医学，2005，5（5）：1139-1141.

[53] 刘永懋，王稔华，崔平阳. 中国松花江甲基汞污染防治与标准研究. 北京：科学出版社，1998.

[54] 骆永明，滕应，李志博，等. 长江三角洲地区土壤环境质量与修复研究 Ⅱ. 典型污染区农田生态系统中二噁英/呋喃（PCDD/Fs）的生物积累及其健康风险. 土壤学报，2006，43（4）：563-570.

[55] 金银龙，何公理，刘凡，等. 我国煤烟型大气污染对人群健康危害的定量研究. 卫生研究，2002，31（5）：342-348.

[56] 金银龙，鄂学礼，张岚. GB 5749—2006 《生活饮用水卫生标准》释义. 北京：中国标准出版社，2007.

[57] 马骁轩. 珠江水系两条重要河流水体中悬浮颗粒物的有机污染物含量. 生态环境，2007，16（2）：378-383.

[58] 闵茂中，徐耀初，王湘云，等. 淮安市上消化道癌高发区的环境地球化学特征. 中国肿瘤，1996，5（8）：19-20.

[59] 乔胜英，蒋敬业，向武，等. 武汉市湖泊中重金属污染状况. 水资源保护，2007，23（1）：45-48.

[60] 全国妇幼卫生监测办公室. 2007 年全国妇幼卫生监测主要结果报告. 全国妇幼卫生监测及年报通讯，2008，23（4）：8-10.

[61] 戚其平，杨艳伟，姚孝元，等. 中国城市儿童血铅水平调查，中华流行病学杂志，2002，23（3）：162-166.

[62] 戚其平. 环境卫生五十年. 北京：人民卫生出版社，2004.

[63] 冉永平. 为什么要提出这一指标？人民日报，2005-11-14（13）.

[64] 山西省统计局. 多因素相互作用导致山西出生缺陷高发. http：//www.jctj.gov.cn/news/tjb g/093235904.html（2008 年 11 月 22 日登录）. 2007.

[65] 塞冬，敖拉哈，王贵琛，等. 某铁合金厂铬污染对人体健康影响的调查研究. 中国职业医学，2008，35（3）：214-216.

[66] 尚琪，蔡诗文. 污染区人群镉摄入量与肾脏损害的关系. 环境与健康杂志，1993，10（5）：193-196.

[67] 尚琪. 污染区人群砷累积暴露量及与砷中毒的关系——人群砷累积暴露量与砷中毒的关系. 卫生研究，2002，31（5）：349-351.

[68] 尚琪. 关于广东北江水污染应急处理方法的思考. 国际技术经济研究，2006，9（2）：36，50-53.

[69] 苏志. 关于环境卫生工作和学科发展的思考——关注社会，解决问题. 环境与健康杂志，2004，21（1）：4-7.

[70] 苏德隆. 饮水与肝癌：用流行病学方法探讨肝癌病因. 中华预防医学杂志，1980，14（2）：65-73.

[71] 田怀军，舒为群，邱志群，等. 长江流域某市饮用水雌激素污染物初步调查. 第三军医大学学报，2004，26（19）：1751-1754.

[72] 童军华，黄祥明，陈勇. 巢湖水体重金属污染评价. 安徽农业科学，2006，34（170）：431-433.

[73] 涂淑玲，汪先明.鄱阳湖水体重金属污染的现状评价. 江西科学，2005，23（6）：796-798.

[74] 国家环保总局. 2001，2007. 全国环境统计公报. http：//www.mep.gov.cn/plan/hjtj/qghjtjgb/（2008 年 9 月 1 日登录）.

[75] 国家环保总局. 中国城市环境保护. http：//www.mep.gov.cn/cont/mhcity/mfcsxx/gldt/200506/t20050602_ 67180_6.htm（2008 年 12 月 25 日登录）. 2005.

[76] 国家环保总局. 周生贤在全国土壤污染状况调查视频会议上强调采取有效措施，保障土壤环境安全和人体健康. http：//www.zhb.gov.cn/xcjy/zwhb/200607/t20060718_78512.htm（2007 年 12 月 5 日登录）. 2006a.

[77] 国家环保总局. 2006 年全国环境质量状况公告. 2007.

[78] 王福琳，许百全，丁恬，等. 污灌区居民健康状况的调查研究. 环境与健康杂志，1998，15（6）：260-261.

[79] 王慧文，林刚，潘秀丹，等. 沈阳市大气总悬浮颗粒物与心血管疾病死亡率. 环境与健康杂志，2003，20：13-15.

[80] 王声湧，曾光，徐昌，张经坤. 中国的卫生防疫工作功业著于百姓. 中华流行病学杂志，2000，21（2）：147-149.

[81] 王舜钦，张金良. 我国儿童血铅水平分析研究. 环境与健康杂志，2004，21（6）：355-360.

[82] 王振刚，何海燕，严于伦，等. 石门雄黄矿附近地区慢性砷中毒流行病学特征. 环境与健康杂志，1999，16（1）：4-6.

[83] 王志强，陈昱，林育纯，等. 福建省 11 个县饮用水水质与胃癌死亡率的关系. 中国公共卫生学报，1997，16（2）：97-98.

[84] 卫生部卫生防疫司. 我国二十六城市大气污染与居民死亡情况调查资料汇编（1976—1981）. 1984.

[85] 卫生部统计信息中心. 中国卫生服务调查研究——第三次国家卫生服务调查分析报告. 北京：中国协和医科大学出版社，2004.

[86] 卫生部. 中国提高出生人口素质、减少出生缺陷和残疾行动计划. （2002—2010）（卫基妇发[2002]162 号）. 2002.

[87] 卫生部. 2007 中国卫生统计年鉴. http：//www.moh.gov.cn/publicfiles//business/htmlfiles/zwgkzt/pwstj/index.htm（2008 年 9 月 11 日登录）. 2007.

[88] 卫生部. 2008 中国卫生统计年鉴. http：//www.moh.gov.cn/publicfiles//business/htmlfiles/zwgkzt/pwstj/index.htm（2008 年 9 月 11 日登录）. 2008a.

[89] 卫生部.第三次全国死因调查主要情况. 中国肿瘤，2008b（5）：344-345.

[90] 吴国平，胡伟，滕恩江.我国四城市空气中 $PM_{2.5}$ 和 PM_{10} 的污染水平. 中国环境科学，1999，19（2）：133-137.

[91] 吴立进，赵坤奇. 加强地下水保护教育提高公众保护地下水意识. 科技情报开发与经济，2007，17（19）：157-158.

[92] 吴艳乔，代礼，王艳萍，等. 中国儿童尿道下裂发生率的变化趋势. 四川大学学报：医学版，2005，36（2）：274-276.

[93] 杨东平.环境绿皮书：中国环境的危机与转机. 北京：社会科学文献出版社，2008.

[94] 杨宏伟，宛悦，增井利彦. 综合环境评价对环境决策的意义. 环境保护，2007（3B）：52-57.

[95] 杨功焕. 中国人群死亡及其危险因素流行水平、趋势和分布. 北京：中国协和医科大学出版社，2004.

[96] 杨克敌. 环境卫生学. 北京：人民卫生出版社，2003：38，82.

[97] 杨克敌. 环境卫生学. 北京：人民卫生出版社，2007：43，48.

[98] 杨轶戬，宋宏，任铁玲. 广州市 $PM_{2.5}$ 的污染状况及其有机提取物对 BEAS-2B 细胞 IL-8、IL-1β 表达的影响. 热带医学杂志，2007，7（7）：709-710.

[99] 杨琰，蔡鹤生，刘存富，等. 林州—安阳地区食管癌高发区地下水氮污染及防治措施. 水文地质工程地质，2002（6）：8-11.

[100] 余新华，卢志坚. 粤北某农村水污染与肿瘤死亡相关性研究. 现代预防医学，2005，32（7）：742-743.

[101] 张曼华，申德君，吴晓林，等. 红枫湖水体中重金属污染的现状分析. 贵州大学学报：自然科学版，2007，24（3）：111-114.

[102] 郑乃彤.我国环境污染危害居民健康的状况. 国家环境保护总局内部资料. 1998.

[103] 张帅明，戴耀华，谢晓桦，等. 中国 15 城市儿童血铅水平及影响因素现况调查. 中华流行病学杂志，2005，26（9）：651-653.

[104] 张树成，王弘毅，王介东. 1981—1996 年我国有生育力男性精液质量的变化分析. 生殖与避孕，1999，19（1）：27-33.

[105] 张树成，贺斌，王弘毅，等. 有关环境与男性精液质量变化的几个问题——我国男性精液质量下降的最新数据. 中国计划生育学杂志，2003（3）：189-191.

[106] 张燕萍，张志琴，张晓萍. 太原市空气污染对心脑血管疾病死亡率急性影响的 Poisson 广义可加模型分析. 环境与健康杂志，2008，25（1）：11-15.

[107] 郑晓瑛. 婴儿出生缺陷问题已日益突出，待科学干预. http：//health.sohu.com/20060616/ n243775784.shtml（2008 年 11 月 18 日登录）. 2006.

[108] 中国疾病预防控制中心. 淮河流域重点地区人群恶性肿瘤和相关危险因素研究报告. 内部资料. 2006.

[109] 中国环境科学学会. 环境污染事故与纠纷相关健康损害研究. 内部报告. 2007.

[110] 中国环境文化促进会. 中国公众环保民生指数 2006. 内部报告. 2007.

[111] 中国环境监测总站. 全国重点城市集中式饮用水水源地有机污染物监测调查报告. 内部资料. 2006.

[112] 中国科学院可持续发展战略研究组. 2006 中国可持续发展战略报告之中国建设节约型社会的全球意义. 北京：科学出版社，2006

[113] 朱军. 我国出生缺陷现状. 全国妇幼卫生监测办公室，中国出生缺陷监测中心. http：//www.healthychildren.org.cn/news.php？id=776（2008 年 11 月 20 日登录）. 2008.

第五章
能源与温室气体战略研究

专题编写单位：

中国人民大学环境学院

责任专家：

邹　骥

首席专家：

丁一汇

联络员：

傅　莎

专题顾问：

王汉臣　姜克隽　徐华清　陈文颖　林而达　杨宏伟

专题研究人员：

邹　骥　傅　莎　王　克　周元春　邢　璐　蔡闻佳

评审专家：

祝光耀　何建坤　杨朝飞　赵英民　夏　光

第五章
能源与温室气体战略研究

能源与温室气体控制问题涉及国家经济社会发展的长期战略空间和长期国际竞争力，涉及中国未来发展模式的选择，涉及中国在世界政治、经济、能源、环境和科技体系中的战略地位，涉及全球环境问题的前景。

本研究首先识别了低碳经济的核心内涵及现阶段中国发展低碳经济所面临的挑战和机遇；其次，研究基于对现有的社会经济和能源消费形势的判断，建立了人口与经济变动、能源生产和消费、能源资源禀赋和温室气体与其他污染物排放之间定量和定性的联系，对中国未来的能源消费及温室气体排放量进行情景分析，形成了制定温室气体控制战略的基本依据；再次，研究系统归纳和比较了决定能源效率、排放强度的关键技术的减排特性，识别了影响中国温室气体控排效果的核心技术，提出了优化的技术战略，作为政策和战略建议研究的基础；最后，研究形成了基于多目标综合优化考虑的温室气体控排战略思路与要点，包括战略指导思想、原则、战略目标、战略重点任务和战略保障措施等。

一、导言

（一）研究背景

气候变化是当今国际社会普遍关注的全球性问题，是当前国际环境、政治、经济、贸易与科技各领域的关注热点。政府间气候变化专门委员会（IPCC）发布的第四次评估报告表明，地球表面平均气温在过去 100 年里上升了 0.74℃。在过去 50 年影响全球平均气温上升的诸多因素中，超过 90%的可能性是由矿物燃料燃烧和土地利用变化等人类活动排放的温室气体导致大气中温室气体浓度增加所引起。

为了应对气候变化对全球社会经济的可持续发展带来的严峻挑战，国际社会已经积极开展了应对行动。当前各国政府正就 2012 年后国际气候制度安排展开谈判。国际气候谈判的一个核心问题是温室气体减排目标的确定。温室气体的排放主要来自矿物燃料燃烧，能源部门排放的温室气体占总排放量的 80%。在目前缺乏有效的 CO_2 排放末端控制措施的状况下，温室气体减排将主要依赖于减少矿物能源的消耗。而矿物能源是经济发展的重要支撑且缺乏有效替代品，因此 CO_2 减排对当今世界高度依赖自然资源和矿物能源发展物质文明的社会经济发展模式和消费模式提出了挑战，并会带来较大的技术成本和社会成本。随着国际气候谈判进程的推进，碳排放空间逐渐成为一种稀缺资源，并在国际上形成一种新的“要素”交易市场，即碳排放交易市场。与此同时，由于能源在经济系统中的基础性地位，逐渐稀缺的碳排放空间一定程度上决定了经济发展的空间。因此，伴随着气候变化问题而来的是低碳经济作为一种新的经济形态初露端倪，成为国际经济新趋势。

作为一种正在兴起的经济模式，低碳经济要求通过制度创新和技术创新，提高能源利用效率和转变能源使用结构。低碳经济要求以市场体制为基础制定相关激励政策和措施，推动提高能效技术、可再生能源技术和温室气体减排技术的开发和利用，建立低碳能源系统、低碳产业结构和低碳技术体系，转变整个社会经济的生产模式和消费模式，促进其向高能效、低能耗和低碳排放的模式转型。低碳经济可能带来国际贸易条件和国际竞争格局的变化，促使各国重新定义国家核心竞争力，并影响到国家技术战略、经济发展战略和国际关系战略等的制定。

中国的温室气体排放量近年来迅速增长，占世界的比例显著上升。从长期经济发展趋势上看，中国目前处于工业化和城市化阶段，基础设施建设仍未完成，而且随着经济发展，人民群众的住房、交通等消费水平将迅速上升，这会进一步促进能源需求以及 CO_2 排放的较快增长，因此在未来相当长的时期内，中国 CO_2 排放的增长趋势不可避免。随着世界经济向低碳模式进行转变，作为全球温室气体排放最多的国家之一，中国面临国际社会要求控制温室气体排放的压力日益增大。

与此同时，近年来随着经济的高速增长，中国面临的能源、资源与环境压力日益加大。能源消费活动会排放大量污染物，造成城市环境质量恶化，不仅带来经济运行成本的增加，而且严重威胁到人民群众的身体健康。矿物能源消耗不仅排放温室气体，其对环境与健康的影响也将是未来中国社会和经济发展的突出问题之一。为了实现能源安全、资源安全、生态环境保护等多重目标，中国也需要落实科学发展观，转变经济增长方式，并通过积极开展节能减排，促进资源节约型、环境友好型社会的建设。

胡锦涛主席在八国集团首脑会议上的发言中指出，中国“把积极开展节能减排作为应对气候变化的切入点，采取了节约能源、优化能源结构、提高能源效率、开展植树造林等一系列措施，取得了显著成效。我们明确要求，到 2010 年单位国内生产总值能源消耗比 2005 年降低 20%左右，主要污染物排放总量减少 10%，森林覆盖率由 2005 年的 18.2%提高到 20%”。

总而言之，能源与温室气体控制问题涉及国家经济社会发展的长期战略空间和长期国际竞争力，涉及中国未来发展模式的选择，涉及中国在世界政治、经济、能源、环境和科技体系中的战略地位，涉及全球环境问题的前景。在国家环境宏观战略研究中专门对此立项研究，具有重大意义。

（二）中国面临的挑战和机遇

对中国能源与温室气体控制战略进行研究，首先需要识别中国在能源和温室气体控制领域所面临的挑战和历史机遇。

中国的经济发展阶段、经济结构、能源资源禀赋、能源效率、环境容量以及所面临的国际政治经济格局共同决定了中国在能源与温室气体控制方面的巨大挑战。

第一，从经济发展阶段看，中国人口众多，经济发展水平较低，发展任务艰巨，目前仍然处于工业化、城市化阶段，面临着满足快速实现城市化，大规模开展基础设施建设以及改善人民生活水平等紧迫任务。这些紧迫任务也将促使能源需求和温室气体排放的进一步增长。与世界主要国家相比，中国现阶段的能源消费弹性系数明显较高，因此从经济发展的长期趋势看，中国事实上正处于一个高碳经济发展阶段。

第二，从经济结构来看，中国目前仍以第二产业为主，2007 年第二产业比重为 59.2%。工业是最重要的能源消耗部门和 CO_2 排放源，当经济发展以能耗和排放水平高的工业尤其是重化工业发展为先导时，中国经济将在很长一段时期内仍依赖于能源和资源的投入。

第三，从贸易结构来看，中国在国际产业分工体系中仍位于产业链的低端，出口贸易的55%以上来自加工贸易，附加值较低，而且资源和能源密集型产品出口仍占有较大比例。发达国家对气候变化的关注可能引发新的贸易壁垒，影响中国产品和服务的出口竞争力。在全球碳市场形成以前，欧盟已试图在国际航空、海运等政策领域形成突破口，对要求在欧盟内部或者该行业开展业务的航空、海运企业征收碳税，此举将大大影响中国航空、海运企业的竞争力。而且，碳税的影响将不仅仅局限于航空航海企业本身，随着空运费、海运费的大幅增加，中国出口产品的整体成本也将上升，从而影响中国整体的贸易竞争力。此外，随着减排力度的加大，一些发达国家可能会把碳密集产业和高能耗项目向中国转移，从而进一步提高中国净出口排放的比例，并将中国锁定在高能耗、高排放的产业结构上。

第四，从能源资源禀赋上看，中国是世界上少数几个以煤为主的国家，而美国等发达国家的能源消费结构则比较均衡，总体以石油为主，天然气和水电、核电等都占有一定的比重，煤炭比重远低于中国。2006 年全球一次能源消费构成中，煤炭仅占 28%，而中国的煤炭比例高达 70%。煤炭的单位消耗排放系数在主要的矿物能源中最高。与主要排放国相比，中国以煤为主的能源资源禀赋决定了中国控制温室气体排放的难度最大。

第五，从能源效率和能源技术上看，中国的整体能源利用效率和能源技术水平较低，与发达国家相比还存在很大差距。能源效率和能源技术水平的低下，不仅造成能源的浪费，更会带来巨大的温室气体排放量。更为重要的是，截止到目前，中国的技术体系仍然依赖的是发达国家的传统技术路径，在过去差距缩短的大趋势下，重新洗牌，有拉大差距、加大依赖的风险。因此，从长期来看，技术创新和能源利用效率提高在中国温室气体控制中具有重要意义。

综合来看，中国发展低碳经济将在能源与温室气体控制方面遇到的挑战本质上是对中国核心竞争力和战略资源条件的挑战。

与此同时，中国也面临着发展低碳经济的机遇。从环境容量上看，中国传统的以煤炭为主的能源结构决定了燃煤过程中会排放大量的局地污染物和温室气体。中国面临的生态环境压力，决定了中国控制温室气体排放必须统筹考虑局地污染物和温室气体。

从国际政治经济格局来看，中国已不再具备沿袭发达国家以高能源/资源消耗为支撑的现代化道路的国际环境，中国的可持续发展不仅受到国内资源和环境的严重约束，而且面临国际环境容量空间限制。

在能源和温室气体控制方面，技术创新可以通过产品创新以及工艺创新提高能源效率或增加低碳能源供应，减少经济系统对矿物燃料的依赖，减少温室气体排放，从而降低减排措施的成本以及减排对经济系统的不利影响。技术创新是在可持续发展框架下减少温室气体排放的核心手段，也是中国建立可持续能源体系的关键。无论是提高能源转换和利用效率、减少能源消耗，还是开发利用可再生能源、优化能源结构，都依赖于先进技术的研究、开发与推广。从长远来看，全球应对气候变化的行动将成为推动能源领域技术创新的重要驱动力，是否掌握相关核心技术也将体现一个国家的综合竞争力。《中国应对气候变化国家方案》明确提出要依靠科技进步和科技创新应对气候变化，“要发挥科技进步在减缓和适应气候变化中的先导性和基础性作用，促进各种技术的发展以及加快科技创新和技术引进步伐等”，并将“先进适用技术开发和推广”作为温室气体减排的重点领域，包括煤的清洁高效开发和利用技术、油气资源勘探开发利用技术、核电技术、可再生能源技术、输配电和电网安全技术等。中国政府还颁布了《应对气候变化科技专项行动》作为《国家方案》实施的科技支撑。

近年来，为应对全球气候变化，发展低碳经济，并着眼于国家长期竞争力的增强，欧盟、美国、日本等发达国家和集团纷纷调整其发展战略，制定了以发展低碳经济为目标的长期战略规划，并将先进的低碳技术的研发及推广列为优先的战略选择。

与这些国家相比，在能源与温室气体控制领域，中国需要解决的问题更为紧迫，所面临的挑战更为艰巨。在世界经济向低碳经济形态转变已经是大势所趋的情况下，中国的能源与温室气体控制战略和相关政策措施，对于中国的长期发展具有重要意义。

事实上，中国控制温室气体排放可能成为促进能源领域的技术创新，促进可持续的以低碳为特征的能源系统建立的重要机遇，从而转变社会生产模式和消费模式、促进国民经济可持续发展。事实上控制温室气体排放与减缓气候变化与中国目前面临的能源安全目标、环境目标乃至更广泛意义上的可持续发展目标很大程度上是一致的。而且，控制温室气体还有助于中国的经济转型，提升竞争力，以应对“低碳经济”的挑战。

（三）研究目标和特点

本研究的目标是，首先识别低碳经济的核心内涵及现阶段中国发展低碳经济所面临的挑战和存在的机遇；其次，对现有的社会经济和能源消费形势做出判断，并在此基础上建立人口与经济变动、能源生产和消费、能源资源禀赋和温室气体与其他污染物排放之间定量和定性的联系，对中国未来的能源消费及温室气体排放量进行情景分析，形成制定温室气体控制战略的基本依据；再次，系统归纳和比较决定能源效率、排放强度的关键技术的减排特性，识别影响中国进行温室气体控排效果的核心技术，提出优化的技术战略，作为政策和战略建议研究的基础；最后，形成基于综合优化考虑的温室气体控排战略思路与要点。

为了实现上述研究目标，本研究的基本思路和特点是，首先从研究低碳经济的挑战入手，从战略的高度来探寻中国未来适宜的发展道路，致力于形成经济发展、能源生产与消费和环境保护多目标综合协调的优化战略；其次，注重国内战略与国际战略的统一，以全球视角进行战略研究；再次，注重温室气体控制的经济效率，综合考虑全球环境问题与局地环境问题，使控制温室气体排放的共生效益最大化；最后，以技术变革和进步作为整个战略研究的主线，基于对重点部门核心技术的技术经济分析，提出优化的技术选择战略，并据此对体制安排、利益相关者行为和政策选择等诸多具有重大战略意义的问题予以阐述。

（四）研究技术路线

本研究的技术路线如图 5-1 所示。

先识别中国经济长期发展中面临的挑战和机遇，考虑经济发展、能源安全、环境保护和技术创新等多种政策目标的协调，以能源与温室气体控制的政治决策为基础，进行进一步的战略研究。

按照战略研究的需要，报告构建了能源与温室气体控制优化战略框架。按照“经济发展—产业技术体系—能源消费—温室气体排放”的逻辑结构，运用 LEAP 模型工具，构造了 2020 年、2030 年和 2050 年中国经济发展、能源消费与温室气体排放的基准情景和控排情景。按照控排目标提出的技术需求，在分析重点能源生产和消费部门的技术现状和发展趋势的基础上，进一步探讨了实现上述控排情景的产业技术选择问题，提出了基于系统优化思想的产业技术选择战略建议，并绘制了重点部门的节能减排技术路线图。而行业发展和技术选择分析，也为控排情景的构造提供了技术依据。

在此基础上，报告以“依靠技术进步实现产业升级、提高中国在低碳经济趋势下的长期竞争力”为核心，提出了包括战略目标、战略重点任务和战略保障措施的中国中长期能源与温室气体控制战略的总体构想。

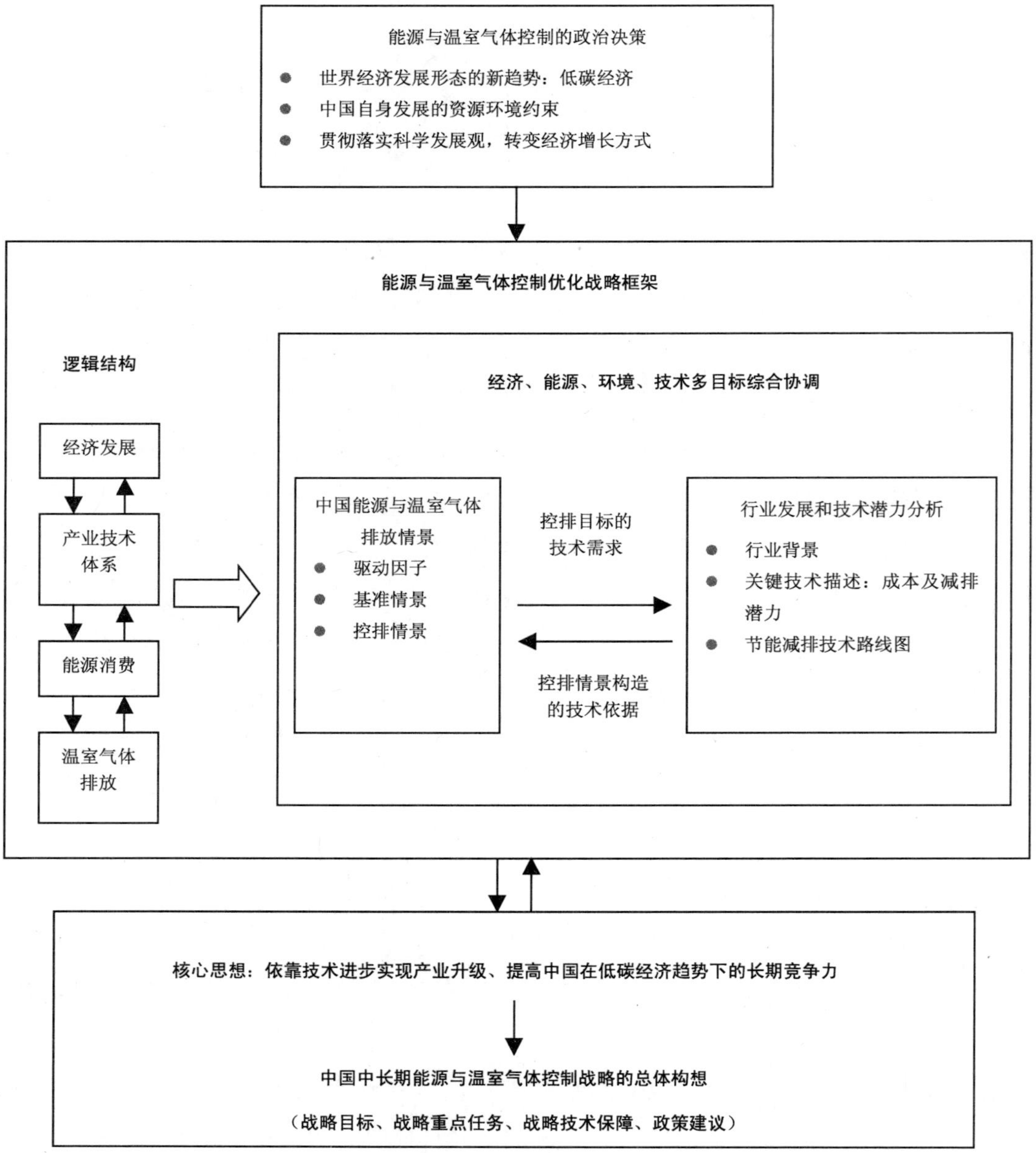

图 5-1 研究的技术路线

（五）报告结构

基于研究思路和技术路线，研究报告分成四部分。第一部分为导言。第二部分通过对低碳经济内涵、中国经济增长和能源消费、温室气体排放的关联和低碳经济时代的挑战和机遇等方面的分析，识别了中国发展低碳经济所面临的挑战和机遇。第三部分是研究的主体部分，介绍了研究所构造的 2020 年、2030 年和 2050 年中国经济发展、能源消费与温室气体排放的基准情景和控排情景以及控排情景下重点能源生产和消费部门的技术潜力分析和技术选择。

第四部分则按照战略指导思想和原则、战略目标、战略重点任务以及战略保障措施等内容，提出中国能源与温室气体控制的总体战略构想。

二、中国发展低碳经济的挑战

（一）低碳经济的内涵

目前对于低碳经济，并没有一个明确的界定。麦肯锡全球研究所（MGI）将大气中温室气体浓度稳定目标和经济增长目标结合起来，提出碳生产率的概念，即“每单位 CO_2 当量排放的 GDP 产出水平”。麦肯锡在《碳生产率挑战：遏制全球变化、保持经济增长》这份报告中指出，“目前的全球碳生产率水平大约为每单位 CO_2 当量排放可产出 740 美元的 GDP。为了满足经济的增长保持在目前每年 3.1%的增长水平以及排放量每年减少 20Gt 这两个目标，碳生产率在 2050 年前必须增长 10 倍，以达到每单位 CO_2 当量排放量可产出 7 300 美元的 GDP 产值。”

碳生产率可以作为衡量低碳经济的指标之一，因此，发展低碳经济意味着碳生产率水平的提高，即每单位碳当量的排放所产出的 GDP 总量必须有明显的增长。但是，对低碳经济内涵的全面理解，必须结合对历史发展阶段的判断以及地域差异的识别。处于不同历史发展阶段的国家，例如早期发展阶段，中期工业化和城市化阶段，后工业化阶段，由于在基础设施水平、技术体系和消费特征上存在很大差异，对于低碳经济有着不同的定义，对于发展低碳经济的要求也有所不同。此外，不同国家具有不同的地域特征，供暖、制冷、人口与经济布局和地域尺度差异导致的物流能耗有很大不同，而各区域本身所具备的能源资源禀赋也存在很大差异。而且，由于不同国家在发展阶段和地域特征上的差异，在低碳技术的储备和低碳技术体系的完备以及低碳消费方式上也存在很大差异，因此，发展低碳经济很难有放之四海而皆准的统一标准，需要各国制订符合本国国情的低碳经济发展目标。

在全球气候变化的背景下，世界范围内以清洁能源技术为支撑，以国际气候管理体制为引导，以发达国家为主导，以发达国家气候能源政策为驱动的低碳经济正在形成，发展势头强劲，已经成为发达国家政府，跨国公司的既定战略。随着国际社会对气候变化问题的关注日益深入，低碳经济和低碳技术将催生新的经济增长点，改变原有贸易条件、竞争力对比，并将与全球化、信息技术一样，成为重塑世界经济版图的强大力量。

低碳经济这种世界新型经济形态的出现将对中国的发展形成严峻挑战。中国高碳的能源资源禀赋，以及正处于高碳经济发展阶段，有着大规模的基础建设和城市化需求的国情决定了中国在可预见将来很难绕开高排放的发展路径。低碳经济还会对中国的技术体系形成挑战。截止到目前，中国的技术体系依赖的是发达国家的传统技术路径，在过去差距缩短的大趋势下，重新洗牌，有拉大差距、加大依赖的风险。因此，发展低碳经济对中国来说将会形成新的比较劣势，使得中国在新一轮的全球竞争中处于不利的局面。发展低碳经济将使中国这个最大的发展中大国面临双重挑战：一方面要为保持足够的发展空间而争取较大的能源消费及温室气体排放份额；另一方面也要通过国际气候博弈形成后发优势，转变经济增长方式，提高经济技术国际竞争力，使自己在国际政治、经贸、技术等方面的竞争力得到迅速提升。此外，全球气候变化等国际环境问题也会被纳入国际非传统安全思考的视野，国际竞争者可能会将气候变化问题作为对中国崛起的遏制手段。

（二）中国能源消费和温室气体排放的高碳特征

一国经济的发展离不开大量能源的消费，中国的能源生产与消费结构具有明显的高碳特征，具体体现在：第一，与其他国家相比，作为发展低碳经济最优选择的可再生能源在中国的能源结构中比重过低，大量含碳的矿物能源消费必然导致大量的温室气体排放；第二，温室气体排放系数最高的煤炭在中国的能源结构中占有绝对的优势，这就使得中国矿物能源的温室排放系数也远高于其他国家，这意味着即使消费相同数量的能源，中国因为能源结构的问题也会比其他国家多排放很多的温室气体；第三，作为影响能源中碳释放的重要步骤，能源技术水平的高低对能源消费过程中产生的温室气体排放量有着重要影响。而中国在能源技术水平方面与发达国家存在着很大的差距，加大了中国在能源结构上的劣势，使得中国的能源消费具有明显的高碳特征。

1. 能源生产与消费的高碳特征

随着中国经济的飞速发展，能源的生产与消费量也呈现快速上升的态势，而在能源生产和消费结构中煤炭长期以来一直占主要地位，结构较为单一，能源生产的变化趋势如图 5-2 所示，煤炭的比重一直居高不下，最近几年还有小幅度的上升，而石油的比重最近几年下降比较明显，对应的天然气和水电等资源的比重稳中有升。由于自然资源禀赋的原因，煤炭在中国能源的生产中占绝对主导地位。值得一提的是，随着中国政府对可再生能源的大力倡导和有力扶持，可再生能源投资量不断提高，最近几年可再生能源的生产总量有明显上升。

虽然有一部分能源是从国外进口，中国的能源消费结构与生产结构大体一致，煤炭占绝对的主导地位。从图 5-3 中可以明显看出矿物能源的消费量持续增加，这与中国经济的快速发展是分不开的，燃烧每吨（标准的）煤炭、石油和天然气的 CO_2 排放量分别为 0.7t，0.54t 和 0.39t 碳。单位热量燃煤引起的 CO_2 排放比使用石油和天然气分别高出 36%和 61%，[①]水电和核电基本无 CO_2 排放。因此，这些矿物能源的大量消耗必然会给中国的温室气体控制带来极大的压力。

① 高广生. 气候变化的本质与应对策略. 今日国土，2002（5）：24-27.

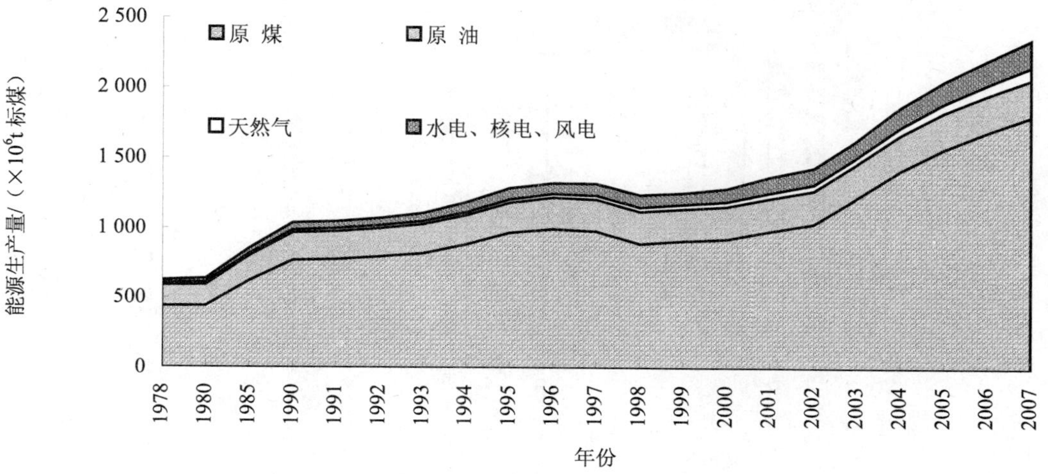

注：电力折算标准煤的系数根据当年平均发电煤耗计算。

资料来源：中国统计年鉴，2008。

图 5-2　1978—2007 年中国能源生产量

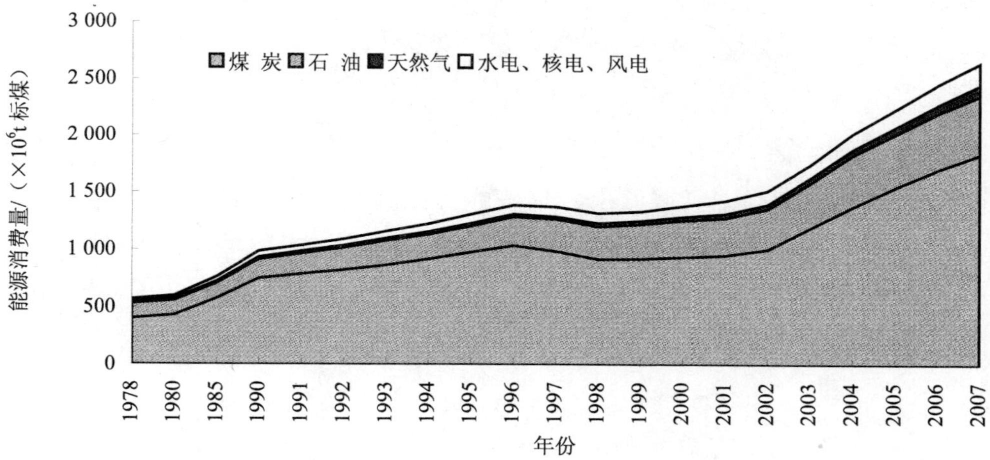

资料来源：中国能源统计年鉴，2008。

图 5-3　1978—2007 年中国能源消费量

虽然中国能源的生产能力不断提高，能源的消费量也在不断加大，从图 5-4 中可以看出，从 20 世纪 70 年代末的供大于求，到 1992 年以后供小于求，总体能源自给率基本维持在 90%左右，但是随着中国社会经济发展的能源需求量越来越大，中国的能源生产与消费缺口的总量近年来一直保持较高的水平。这样的缺口目前主要还是靠从国外进口石油等矿物能源，对于中国高碳能源模式的转变影响不大。

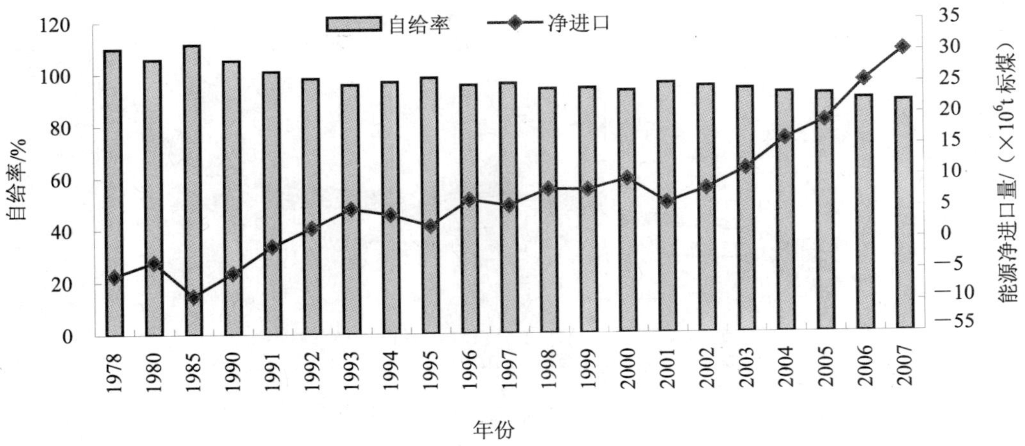

资料来源：根据历年统计年鉴数据整理所得。

图 5-4　1978—2007 年中国能源自给状况

中国的能源还存在消费与生产区域不协调的问题，中国能源生产地区主要位于中国的西北地区和中部一些地区；青海、四川等地区能满足当地需求且略有盈余，而经济较发达的东部沿海地区则明显处于能源自我供给不足的情况，主要依靠外地能源的供给来解决生产和生活所需能源。能源大规模远途运输则意味着大量额外的温室气体排放量。

中国是典型的以煤炭为主的能源消费结构，而美国等发达国家的能源消费分配比较均衡，总体以石油为主，天然气和水电、核电等都占有一定的比重。世界总体能源消费中，石油所占比重接近 40%。从表 5-1 中可以看出，那些能源效率相对较高的国家煤炭消费的比重也较小，如日本、法国、美国、德国的煤炭比重都远低于中国。温室气体排放量最大的美国虽然能源消费总量远大于中国，但是由于其煤炭比例远低于中国，直接导致了中国的温室气体排放量直追美国。

表 5-1　世界主要国家能源结构（2007 年）

国家	能源消费总量/Mt 标油	石油	天然气	煤炭	水电及核电
中国	1 697.8	21%	3%	70%	7%
美国	2 326.4	40%	24%	24%	11%
日本	520.3	45%	15%	23%	17%
德国	328.5	38%	24%	25%	14%
法国	262.6	35%	15%	5%	44%
世界总量	10 878.5	36%	24%	28%	12%

资料来源：BP，2007 年世界能源统计数据。

能源技术水平的高低对温室气体排放有着重要的影响，技术水平越高意味着生产同样单位的产品的能耗越低，即排放的温室气体越少。可是中国能源的利用效率与发达国家比较还存在很大的差距。2005 年，中国能源效率约为 36%，比世界先进水平低 8 个百分点左右。大致相当于欧洲 20 世纪 90 年代的水平，日本 1975 年的水平（日本 1975 年能源效率为 36.5%）①。中国目前能源密集型工业的能源消费量在中国的能源消费中占很大一部分，而这些产业的技术水平与发达国家的差距如表 5-2 所示，乙烯合成氨和纸板制造业的综合能耗与世界先进水平之间存在巨大的差距，这进一步强化了中国能源消费的高碳特征。

表 5-2　　能源密集工业产品能耗的国际比较（2007 年）

能耗指标	中国			国际先进	2007 年差距	
	2000 年	2005 年	2007 年		能耗	%
火电发电煤耗/［g 标煤/（kW·h）］	363	343	333	299	34	11.4
钢可比能耗（大中型企业）/（kg 标煤/t）	784	714	668	610	58	9.5
电解铝交流电耗/（kW·h/t）	15 480	14 680	14 488	14 100	388	2.8
铜冶炼综合能耗/（kg 标煤/t）	1 277	780	610	500	110	22.0
水泥综合能耗/（kg 标煤/t）	181.0	167	158	127	31	24.4
平板玻璃综合能耗/（kg 标煤/重量箱）	25.0	22	17	15	2	13.3
原油加工综合能耗/（kg 标煤/t）	118	114	110	73	37	50.7
乙烯综合能耗/（kg 标煤/t）	1 125	1 073	984	629	355	56.4
合成氨综合能耗/（kg 标煤/t）（大型）	1 699	1 650	1 553	1 000	553	55.3
烧碱综合能耗/（kg 标煤/t）（隔膜法）	1 435	1 297	1 203	910	293	32.2
纯碱综合能耗/（kg 标煤/t）	406	396	363	310	53	17.1
电石综合能耗/（kg 标煤/t）		3 450	3 418	3 030	388	12.8
纸和纸板综合能耗/（kg 标煤/t）	1 540	1 380		640	650*	115*

注：1. *为 2006 年数据；

2. 国际先进是居世界领先水平的国家的平均值；

3. 钢、建材、石化、纸和纸板 2006—2007 年能耗为估算值。

资料来源：王庆一，2008 年能源数据，2008。

中国目前的能源效率不仅与发达国家之间有较大差距，而且在中国不同区域之间的差距也很大，这主要是受产业结构、能源禀赋、地理位置、技术水平和管理政策等原因的影响。能源效率高的省（市）集中在东南沿海一带，这些省（市）靠近沿海，气候适宜，土地肥沃，人口稠密，交通发达，对外开放度高。而西北部内陆省（市）能源效率水平较低。

从根本上讲，中国与世界上一些发达国家能源效率的差距在一定程度上也是经济发展水平的差距。一些决定能源利用效率的主要因素，如生产技术水平，不可能在短时间内赶上发达国家，产业结构的差距也只有随着经济发展水平的不断提高才能逐步消失。因此，能源效率的国际比较，能够为中国能源效率的改进提供一个目标值。而地区间的能源效率的差距应该是中国在当前经济技术发展水平下重视的节能领域，各种低碳技术在国内的推广将起到至关重要的作用，缩小区域特别是高耗能行业内部的“二元结构”应该是目前节能减排工作的

① 王庆一. 按国际准则计算的中国终端用能和能源效率. 中国能源，2006，28（12）.

重点之一。

2. 温室气体排放的高碳特征

中国的温室气体排放量随着经济的发展也急速增长，特别是近几年的涨幅更是惊人，在短短的几年时间里已经飞速赶上美国，如图 5-5 所示。据有些研究机构的分析，2007 年中国温室气体的排放量已经超过美国成为世界上排放量最大的国家。通过上面对中国能源消费情况的分析可以看出，中国的温室气体排放量趋势是必然的，如果不改变能源消费结构，提高能源使用效率，要维持较高的经济增长速度必然会带来大量的温室气体排放量。

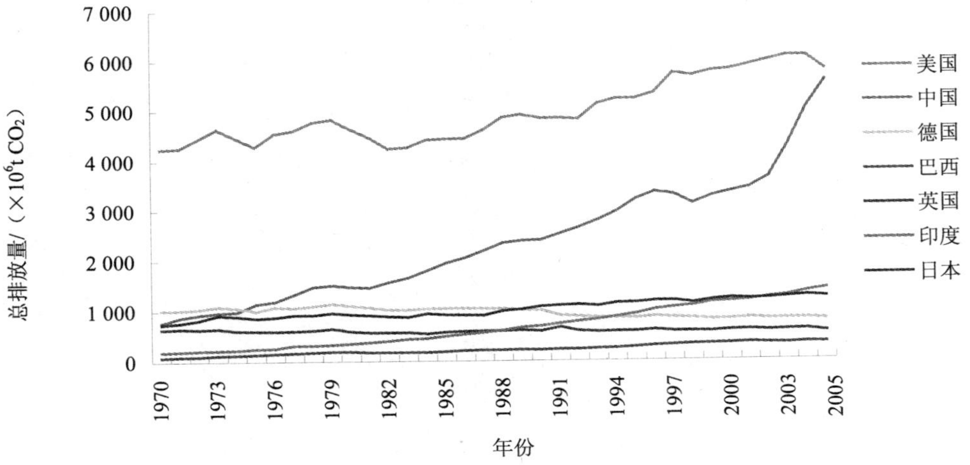

资料来源：Marland G.，Boden T. A.，and Andres R. J. 全球、区域和国家的 CO_2 排放，全球变化趋势纲要. 2008。

图 5-5 主要国家温室气体排放总量比较（1970—2005 年）

虽然中国的温室气体排放总量居世界前列，但是由于中国人口基数大，使得中国的人均温室气体排放量还远低于其他发达国家。IEA 统计 2005 年人均 CO_2 的排放量，中国是 3.89t，世界平均水平是 4.22t，中国仅占世界水平的 92.1%，为美国的 19.8%。1950 年到 2002 年的 50 年间，中国人均二氧化碳排放量只位居世界第 92 位。

但是从图 5-6 中也可以看出最近几年中国的人均排放量随着总量的快速增加也增长得很快，2005 年中国的人均排放量已经与世界人均排放量很接近。特别是随着中国人民生活水平的提高，生活能源的消费量必然会增加，随之增长的将会是温室气体排放总量和人均排放量。

温室气体排放强度主要体现的是相对于经济发展的温室气体排放水平。依据《联合国能源统计》计算得到的能源强度变化过程可以看出，大多数工业化国家的 GDP 能耗强度和 GDP 二氧化碳排放强度在 20 世纪 70 年代以后开始下降，从图 5-7 中也可以看出这一趋势。中国尽管排放总量位居第二，但排放强度却远高于其他国家，特别是最近几年的强度又有所回升，到 2005 年已经达到每百万美元 1 045.8t。造成这种现象的主要原因还是由于中国的技术水平和资源禀赋。可再生能源比重高和技术水平高的国家的排放强度都比较低。

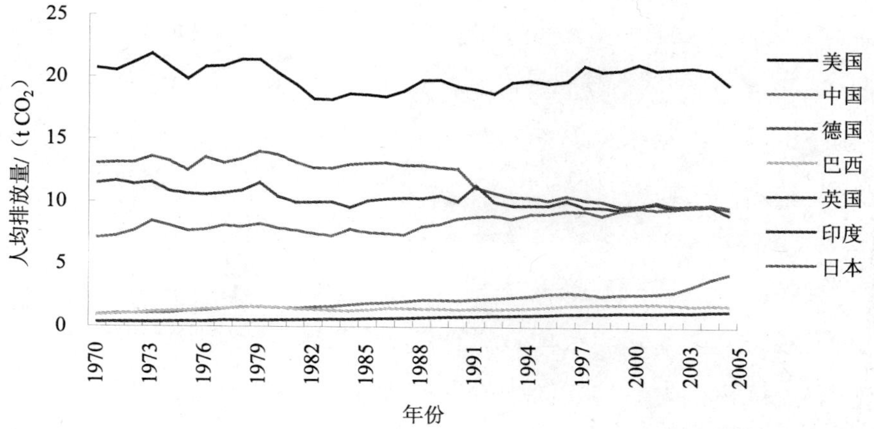

资料来源：Marland G.，Boden T. A.，and Andres R. J. 全球、区域和国家的 CO_2 排放，全球变化趋势纲要. 2008。

图 5-6　主要国家温室气体人均排放量比较（1970—2005 年）

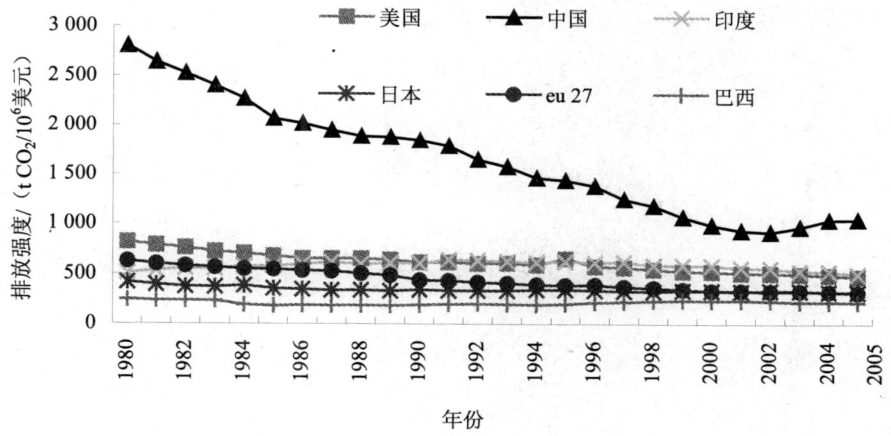

注：温室气体排放量已除去土地碳汇。

资料来源：世界资源研究所，cait 6.0 版，2008。

图 5-7　主要国家排放强度比较（1980—2005 年）

3．农业碳汇

（1）农业温室气体排放和吸收的现状与趋势

中国农业温室气体排放主要包括农业活动的稻田甲烷（CH_4）排放、农田一氧化二氮（N_2O）排放、动物消化道甲烷排放、动物粪便管理的甲烷和一氧化二氮排放。由 2004 年中华人民共和国气候变化初始国家信息通报可知，1994 年中国农业活动甲烷排放为 1 720 万 t，占甲烷总排放的 50.15%。农业活动一氧化二氮的排放量估算为 78.6 万 t，约占总排放的 92.43%。目前关于土壤碳储量的多少还没有官方数据，据专家估计 20 年来中国土壤有机碳储量共增加 380～540Tg。2000 年，中国农林业碳吸收汇约为 0.5 亿 t 碳，相当于中国温室气体排放总量的 3.9%。其中农业碳吸收汇为 0.2 亿 t 碳，林业为 0.3 亿 t 碳（主要来自于森林管理，造林与砍伐相抵）。未来农业温室气体排放量增加的趋势不可避免，但是中国将会做出很大努力减缓温室气体增加的速度。

（2）林业生态系统碳吸收的现状与趋势

林业对温室气体的排放和吸收活动主要包括，森林和其他木质生物量储量的变化，包括活立木（林分、疏林、散生木、四旁树）、竹林、经济林生长碳吸收，以及森林资源消耗引起的二氧化碳排放；森林转化为草地、农田等非林地引起的二氧化碳排放。1994 年中国森林和其他木质生物碳储量变化为 4.31 亿 t 二氧化碳（约折合 1.18 亿 t 碳），森林转化引起的二氧化碳排放为 0.24 亿 t，总计为净碳吸收 4.07 亿 t 二氧化碳。

森林植被中的碳含量约占生物量干重的 50%。人工林每生长 $1m^3$ 木材，约可以吸收 1.83 t CO_2，每年可以吸收约 5 亿 t 的碳①。据中国 4 次森林资源清查（1973—1993），森林的总碳储量分别是 3.75 Pg、4.12 Pg、4.06 Pg 和 4.20Pg C②。通过第五次、第六次森林资源清查，中国森林面积净增 1 370.3 万 hm^2 和 1 596.83 万 hm^2，森林蓄积量净增 6 亿 m^3 和 8.8 亿 m^3，所以碳储量也是总体呈增加的趋势，其中包含了自然增长和人为活动引起的增长。

（3）草地和湿地生态系统碳吸收的现状与趋势

不同土壤-草原生物群落吸收、固定二氧化碳的量不同。天然草地土壤是大气 CH_4 的吸收汇，放牧和草地开垦虽然能够影响草地土壤对大气 CH_4 的吸收强度，一般不能改变草地土壤作为大气甲烷汇的性质，但可能增加草地的 N_2O 排放。夏季休牧措施可以降低草地对大气中温室气体浓度增加的贡献③。湿地在形成过程中固定了大量的碳，是碳的吸收汇，但是在湿地泥炭开采利用管理和湿地排水转变为其他土地时就会变成碳源，向大气中排放 CO_2。研究结果也表明氮的输入能促进三江平原 CO_2、CH_4 和 N_2O_3 三种主要温室气体的排放④。可见人类的活动能够影响草地和湿地生态系统的碳汇功能。

（4）土地利用、生物质能变化与碳吸收

人类活动引起的土地利用变化是导致大气中温室气体浓度上升和气候变化的重要原因之一，仅次于人为矿物燃料的燃烧。土地利用和土地利用变化与陆地生态系统碳吸收的联系主要体现在植被和土壤碳在土地利用变化中，既可能成为碳汇，也可能成为碳源。农业土地利

① 李怒云，宋维明. 气候变化与中国林业碳汇政策研究综述[J]. 林业经济，2006，5：60-64.
② 刘国华，傅伯杰，方精云. 中国森林碳动态及其对全球碳平衡的贡献[J].生态学报，2000，20（5）：733-740.
③ 李玉娥，秦晓波，李文福，等. 夏季休牧对高寒矮蒿草草甸温室气体排放的影响[J]. 农业工程学报，2007，23（4）：206-211.
④ 宋长春，张丽华，王毅，等. 淡水沼泽湿地 CO_2、CH_4 和 N_2O 排放通量年际变化及其对氮输入的响应[J]. 环境科学，2006，27（12）：2369-2375.

用变化包括农业用地向非农用地转换，而对于生态脆弱地区退耕还林还草，恢复自然生态系统，可增加土壤中的碳储量，减少排放。通过对水土流失、盐碱化等退化土地的治理与恢复，休耕，秸秆还田，改良土壤等土地整治措施，提高土壤有机碳含量，从而减少碳的排放。

生物质能是农业和林业可再生资源利用的主要方式，生物质因吸收太阳能光合作用的特性，使其在利用的过程中并没有增加大气中的 CO_2 浓度。所以通过利用生物质能而节约矿物能源的燃烧能够减少大气中温室气体的排放。农林业通过沼气池、生物质固体成型燃料、生物液体燃料等方式进行生物质能的利用，不仅能通过绿色植物增加固碳量，而且可以通过替代矿物能源起到进一步减排的作用。

（三）中国经济增长的高碳特征及其对未来能源消费和排放含义

经济增长，是人类历史发展中恒久的主题。从能源推动的角度看，人类历史经历了从柴薪时代到煤炭时代，再到目前石油时代的发展历程。近几十年以来，石油在世界经济增长的关键时期发挥了重要作用，无论是发达国家还是发展中国家，其工业化历程无一不是从石油能源的大量消耗起步[①]。

在中国的工业化进程中，经济增长与能源消耗之间同样存在着密切的关系。改革开放以来，中国经济经历了前所未有的高速增长，也带来了能源消费的迅速增长。中国 1990—2007 年的人口规模、经济总量与能源消费总量的变动趋势（图 5-8）。

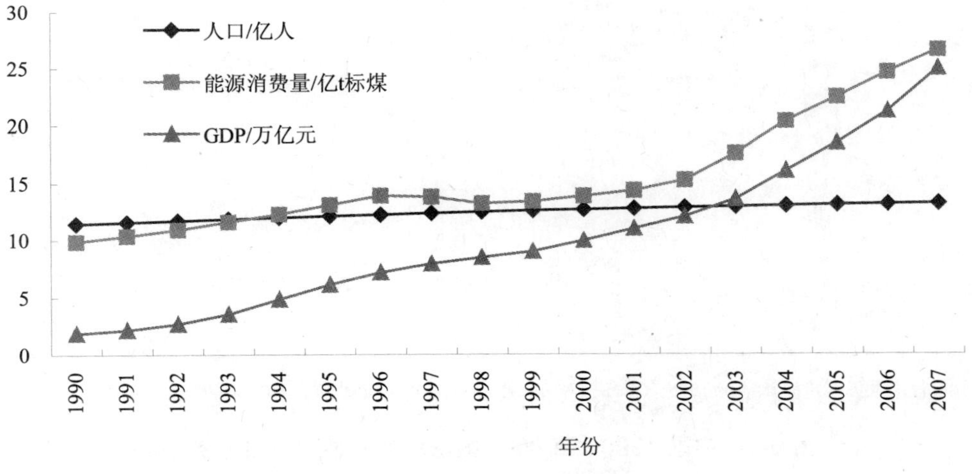

数据来源：中国统计年鉴，2008。

图 5-8 中国 1990—2007 年经济-能源-人口总量趋势

从图 5-8 中可以看出，中国的能源消费总量和经济总量整体保持上升，人口总体保持相

① 崔民选. 2007 中国能源发展报告[M]. 北京：社会科学文献出版社，2007.

对平稳。具体情况作如下分析：

从能源消费总量来看，整体上升趋势明显。相对于经济总量呈线性增长，中国的能源消费总量增长在 1990—1996 年保持与经济增长平行；1996—2002 年保持平稳；2002 年以后，能源消费总量迅速上升，增速超过了经济增长速度。国际经验表明，进入资本密集型工业化阶段后，在经济增长潜力进一步提高的同时，能源和资源的消耗也必然出现高增长。

从人均消费量来看，中国人均能源消费量从 1990 年的 863.3kg 标准煤/人，增长到 2005 年的 1 707.9kg 标准煤/人，年平均增长 6.1%；其中，2002—2005 年平均增幅 11.1%。但是，与国际尤其是发达国家的人均能源消耗量相比，中国人均能源消费量仍处于较低水平。2005 年中国人均一次能源消费量为世界平均水平的 70%，是 OECD 国家人均水平的 26.2%①。根据国际经验，每一个国家的人均能源消费会随着经济发展水平的迅速增长而经历快速增长期，然后逐渐趋于缓慢增长，最后稳定在一定的水平上②。可以预期中国未来的人均能源消费将会在一定时期内保持快速增长。

从能源强度来看，中国万元 GDP 能耗在 1990—2005 年呈现出明显的下降趋势，但 2002 年以后出现波动，见图 5-9。数据表明，1990 年以来，中国能源利用总体效率得到改善和提高；同时，2003 年以后能源利用效率徘徊在 1999—2000 年水平。

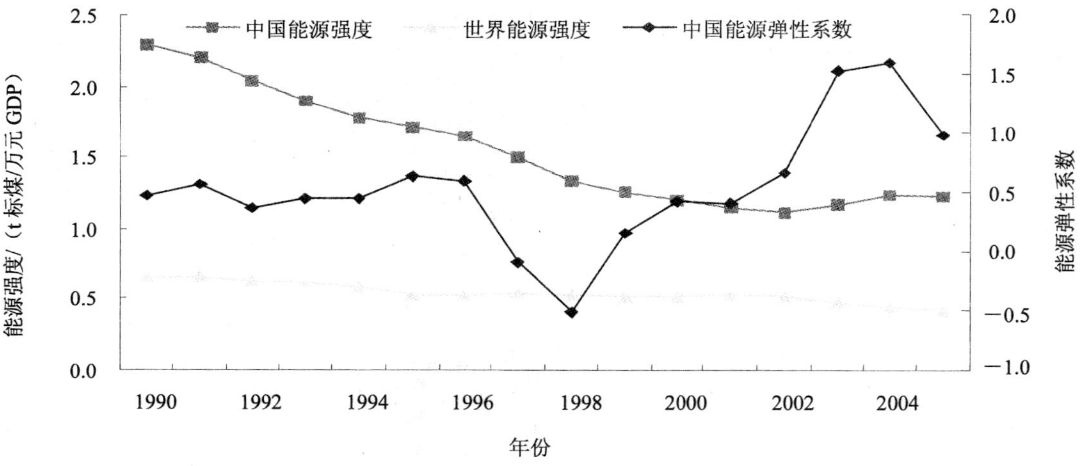

数据来源：世界银行，世界经济统计年鉴 1995—2005；中国统计年鉴 2006；BP 世界能源报告 2007。

图 5-9　中国 1990—2005 年能源强度与能源弹性系数趋势

与发达国家相比，中国的能源消费强度仍然很高。2006 年中国每创造 1 万美元 GDP 所消耗的能源数量，是世界平均水平的 2.82 倍，是美国的 3.61 倍，英国的 6.59 倍，日本的 5.31 倍，甚至是印度的 1.36 倍③。

① 数据来源：KEY WORLD ENERGY STATISTICS 2007[M]，IEA.
② 崔民选. 2007 中国能源发展报告[M]. 北京：社会科学文献出版社，2007.
③ 基于世界银行和英国石油公司公布的统计数据计算.

如图 5-9 所示，从能源弹性系数来看，中国能源弹性系数自 1990—2002 年一直低于 1，1997—1998 年甚至出现负数；但从 1998 年之后呈上升趋势。尤其在 2003—2004 年大幅上升，能源弹性系数达到了 1.53 和 1.60。2005 年能源弹性系数有所下降，略低于 1，但仍高于其他时期水平。

从发达国家的经济发展轨迹来看，能源消费的增长幅度低于经济的增长。1960—2003 年，美国 GDP 增长了约 3 倍，能耗下降了 8.8 倍；同期，日本 GDP 增长约 6 倍，能耗下降了 15.8 倍①。虽然世界各国由于经济发展水平与所处工业化阶段不同，能源弹性系数出现起伏，但总的趋势是逐渐下降。目前世界能源消费弹性系数总体上在 0.5 以下的水平上。相比之下，中国的能源消费弹性系数较高，而且与世界总体的发展趋势相背离，表明中国目前仍处于工业化发展的转型时期。

人口对能源消费的影响，主要在于生活质量的进一步提高需要多消耗资源和能源。中国每年的人口自然增长速度虽然不算快，但因基数大，总量仍很可观。尤其是近几年中国城市化步伐加快，新增城市人口不仅给城市经济发展增添劳动力，还将创造新的消费需求。

从发展趋势来看，由于未来较长一段时间内，中国仍将处于以工业带动为显著特征的经济增长阶段，以工业尤其是重化工业发展为先导，因此，中国的经济增长在很长一段时间内仍将在很大程度上依赖能源消耗。同时，以住宅、汽车、家电等消费需求为主的消费升级，更加大了对能源的消耗和依赖。无论是工业化进程的拉动，还是消费升级的驱动，中国对能源的需求都已进入持续上升阶段。随着经济和人口的增长，工业化和城市化进程的加快，中国的能源消费量将持续快速增长。能源的供给和节约利用，已成为保证中国经济持续快速增长的关键所在。

1．产业结构的高碳特征

（1）三大产业能源消费

2000—2007 年，中国能源消费总量以及主要产业部门能源消费量都明显增加，同时能源消费呈现明显的部门集中特点。工业是主要的能源消费部门，2007 年工业能源消费占能源消费总量的 71.6%；第三产业在能源消费总量中所占的比重变化不大，近年来保持在 14%左右。2000—2007 年，各行业消费的能源总量对比见图 5-10。

长期以来，中国的经济发展形成了以第二产业为主体的经济结构。这种产业结构特征在一定程度上决定了中国工业是能源消费的最主要部门。2007 年，中国工业能源消费占能源消费总量的 71.6%；与 2006 年相比，在新增的能源消费量中，工业占 78%。

① 崔民选. 2007 中国能源发展报告[M]. 北京：社会科学文献出版社，2007.

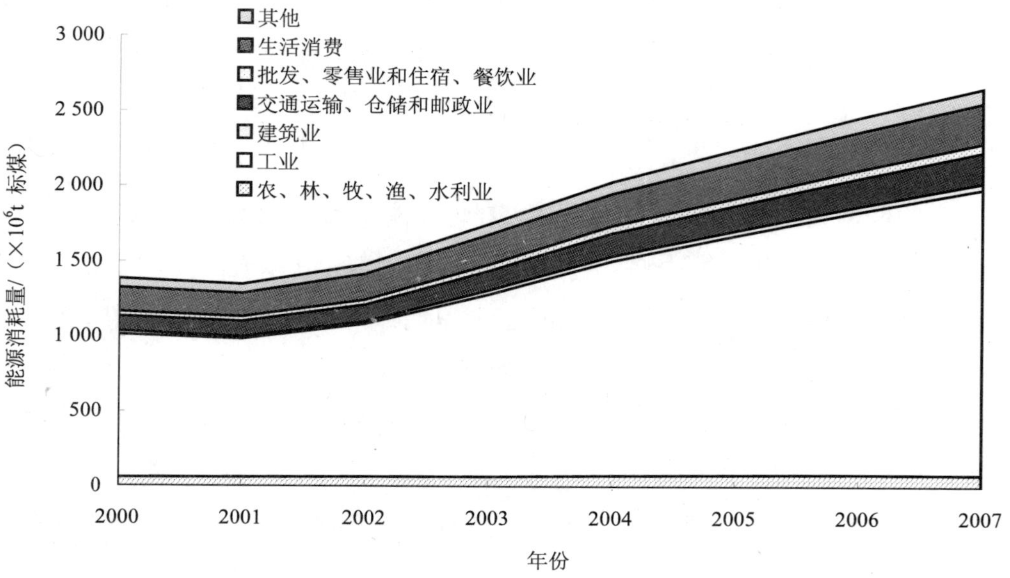

数据来源：中国统计年鉴 2002—2008。

图 5-10　2000—2007 年各行业能源消费总量

2007 年，建筑、交通、服务业和生活消费的能源消费，占中国能源消费总量的比重分别为 1.5%、7.8%、5.9%和 1%左右，但在近几年里增长迅速，增长速度都在 10%以上。随着经济的发展和经济结构的升级，服务业比重不断上升是普遍规律。美国、英国和法国服务业的比重已经超过 70%，日本的服务业正逐渐向 70%靠近，韩国也越来越接近 60%。服务业万元增加值能耗相对较小，1992—2004 年，美国、日本、英国、法国和韩国服务业能源消费强度平均值是第二产业的 24.1%、23.3%、20.9%、17.6%和 35.3%[①]。这充分说明，大力发展第三产业，提高服务业在国民经济中的比例，是节能降耗的有效途径。

2007 年，中国第二产业增加值比重高达 48.6%。这一比重不仅远远高于发达国家，而且与正在进行工业化的其他发展中国家相比也高出 10 多个百分点。而以目前产业结构匡算，若第三产业比重增加 1 个百分点，工业比重降低 1 个百分点，全国能源消费将减少 2 499 万 t 标准煤，万元 GDP 能耗将降低 0.018t 标准煤[②]。

（2）产业结构变化对能耗的影响

总结诸多对于中国能源消费影响因素的研究表明，产业结构和行业自身能源利用效率都是影响中国能源消费的重要因素。2007 年，中国产业结构中工业比重为 43.0%，比 2001 年上升了 3.3 个百分点；而第三产业比重为 40.1%，比 2001 年下降了 0.4 个百分点。由于工业单位产出能耗要远大于第三产业，工业比重上升和第三产业比重下降意味着整个能源消费上升。

① 彭志龙，吴优，等. 能源消费与 GDP 增长[J].中国统计，2007（7）：16-18.
② 国家信息中心经济预测部宏观政策动向课题组. 成就与不足：中国现行产业政策的评估[N]. 中国证券报，2007，4.

另外，在工业内部，规模以上重工业增长持续快于轻工业，导致重工业在整个工业中的比重不断提高。因重工业单位产出能耗要远大于轻工业，因此重工业比重上升必将使整个工业的能源消费增长加快。

伴随着近年来产业结构重型化的趋势，工业部门在能源消费总量中的比重持续增加。从图 5-11 中可以看出，2002 年以来，在轻工业和重工业的能源强度几乎不变的情况下，重工业比例的提升带动了工业能源强度的整体上升。

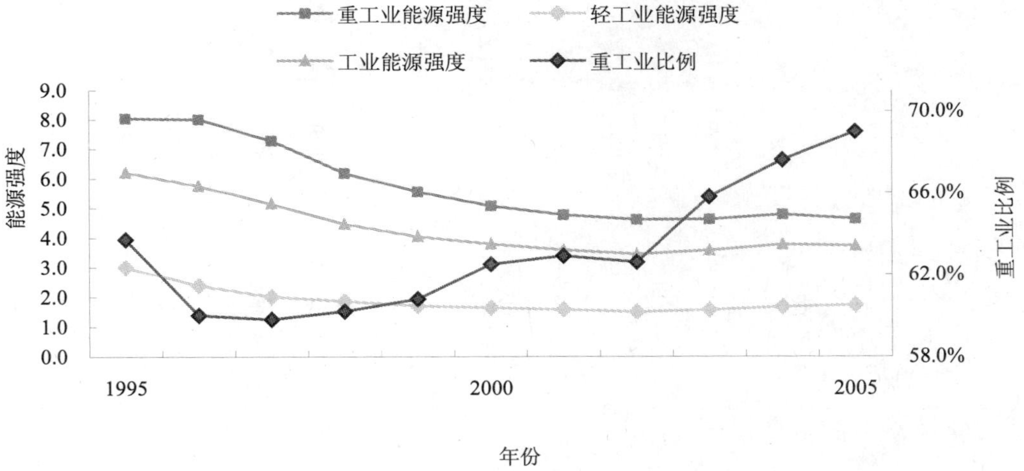

图 5-11　1995—2005 年中国工业能源强度与重工业比例[①]

正处于重化工业转型期的中国，为实现工业化进程必须要保持一定的经济增长，而这一以工业为主要驱动力带动的经济增长也必将带来对于能源需求的持续增长。

（3）高耗能产业的能源消费

工业是中国能源消耗的主要部门，而其中的高耗能产业则是能源消费尤其是能源消费增量中的主要消耗部门。对主要高耗能行业能源消费情况分析表明，钢铁、化工原料、建材水泥、电力、采掘、石油加工、有色冶金等高耗能工业行业是能源消费的主要部门。2005 年，这七个行业增加值仅占全部工业增加值的 37%和 GDP 的 15.6%，能源消费量却占工业能源消费的 64.4%和总能源消费的 45.6%。1990—2007 年，中国高耗能产品增长迅速。部分高耗能产品的产量增长见图 5-12。

为了实现“十一五”规划纲要中提出的单位 GDP 能耗降低 20%的指标，目前控制高耗能行业过快增长，同时依法淘汰高耗能行业的落后生产能力、工艺装置和技术设备，成为产业结构调整和能源使用调整的首要措施。统计显示，2006 年，铜、铅、锌冶炼行业通过技术改造分别淘汰落后产能 100 万 t、35 万 t 和 56 万 t，电解铝行业落后的自焙槽生产工艺及装备技

① 齐志新，陈文颖，吴宗鑫. 工业轻重结构变化对能源消费的影响[J]. 中国工业经济，2007，2：35-42.

术已淘汰，水泥行业高耗能的湿法窑工艺大部分已拆除或停产①。

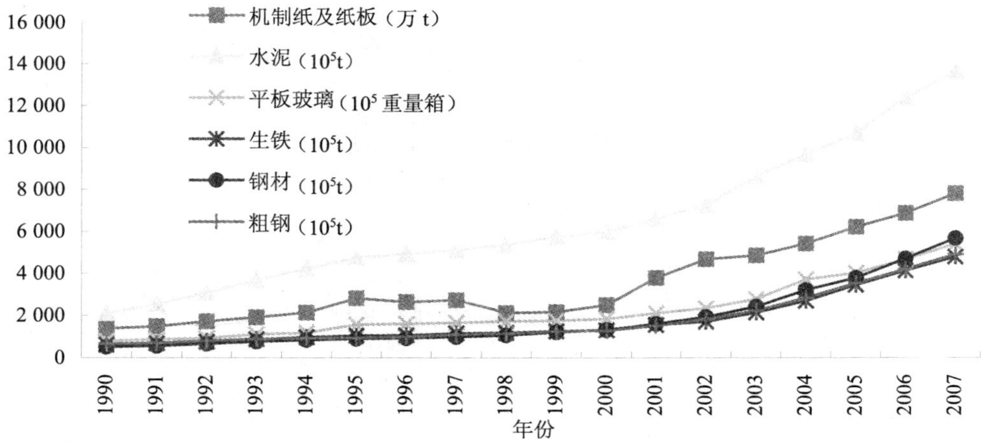

数据来源：中国统计年鉴 2008。

图 5-12　1990—2007 年部分高耗能产品增长趋势

2. 城市化拉动能源消费增长

工业化、城市化是每个经济社会必经的发展过程，工业化必然带来城市化，具体表现为农村人口转变为城市人口，城市地域不断扩大。而城市化对能源消费产生的影响主要表现在两个方面：居民生活消费能源量增加，城市基础设施能源需求上升。尽管城市化同样可以带来能源利用的集约化，使得能源利用效率比分散式提高，例如农村采暖期每户用煤达 3～4t/a，集中供暖以后平均耗煤量下降。但是城市化所带来的能源需求增加，和农村基础设施建设带来的能源消耗总量增加对能源需求的正向带动效应还将超过能效提高带来的需求减量效应。

（1）*居民生活能源消费*

城市化过程中，能源需求和能源结构的变化与收入变化密切相关。随着人口收入的增加，居民对能源消费的支付能力不断提高，对能源的需求也在逐渐增大。根据中国能源统计年鉴和中国统计年鉴，2004 年全国人均生活用能量增长 6.5%，2005 年增长 9.4%。由于城乡收入差距的客观存在，相对来说，农村居民对能源的需求和支付能力较小。2004 年，中国城镇人均生活用能量达到农村人均生活用能量的 2.3 倍，见图 5-13。

2005 年，中国城镇人口占总人口的比例为 43.0%，与同等中等收入国家比，低了十几个百分点。未来一个时期，农村人口向城市转移是必然趋势。然而，全国城市化水平每提高一个百分点，就意味着增加 1 300 万城市人口。根据以下公式：

居民生活用能增加量=（城市人均生活用能量－农村人均生活用能量）×新增城市化人口

---

① 常志鹏，江国成. 发改委：中国正采取具体措施保障 20%节能目标实现. 新华网，2007-08-02.

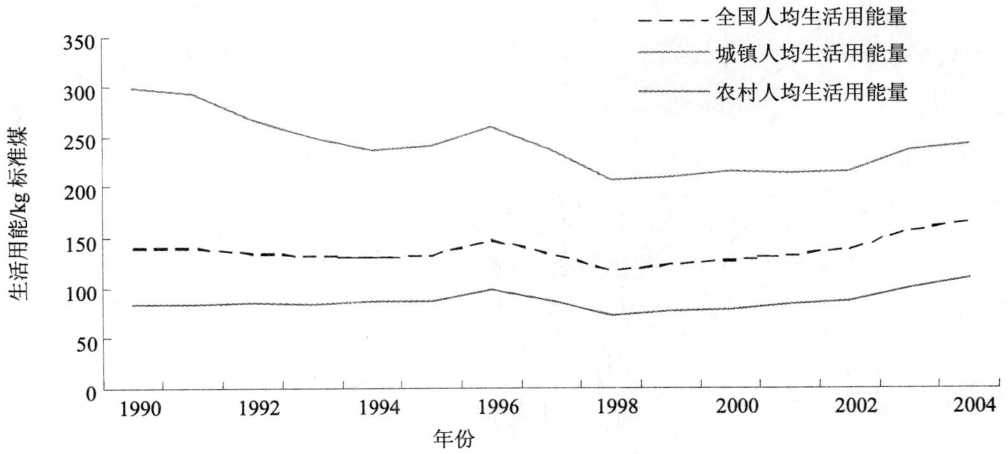

数据来源：中国能源统计年鉴 2005。

图 5-13　1990—2004 年城乡人均生活用能量变化

根据 2005 年中国能源统计年鉴：2004 年城镇人均生活用能量 243kg 标准煤，农村人均生活用能量 109kg 标准煤；人口总额以 13 亿计。那么，城市化水平每提高一个百分点，带来的居民生活用能至少增加 174.2 万 t 标准煤。

除了居民生活用能的总量增加外，居民生活用能的结构也在不断变化中，其趋势可以明显从图 5-14 中看出。

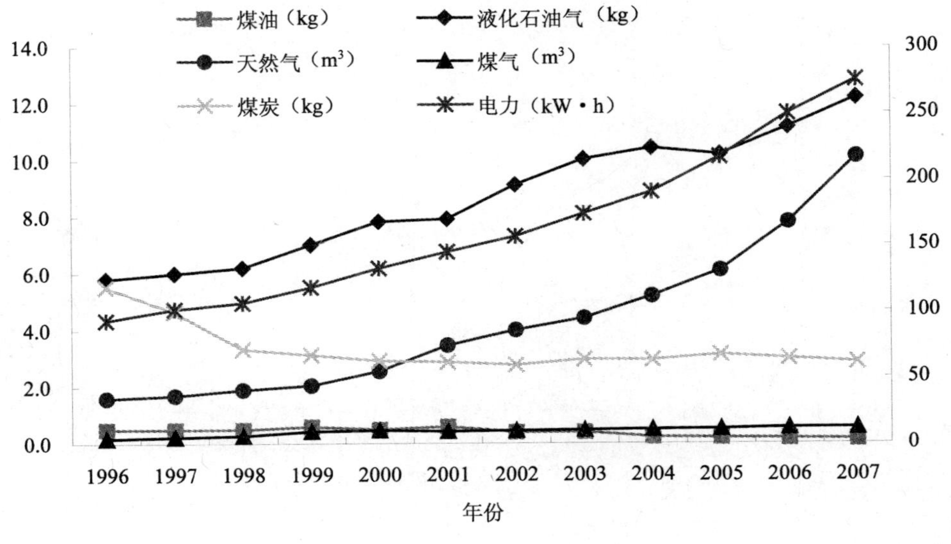

数据来源：中国统计年鉴 2008。

图 5-14　1996—2007 年居民人均生活用能结构变化趋势

从图 5-14 中可以看出，煤炭消耗量持续下降，而其他能源类型的消费都在上升；其中，电力和液化石油气的上升趋势稳定且明显。由此可以推断，在未来的城市化发展中，优质能源以及电力的消费是主要的增长类型，对于煤炭的直接消费比重将会大幅降低，使生活能源消费结构升级。

目前中国城市化仍然明显低于世界平均水平和同等工业化国家的水平，未来 5～15 年甚至更长时间，是城市化迅速扩张时期。按照 20 世纪 80 年代以来的平均进度，2010 年城市化将达到 47%，2020 年达到 55%；按照 1995 年以来的平均进度，2010 年将超过 50%，2020 年将达到 64%①。预计中国将于 21 世纪中叶实现城市化，达到城市化率 75%左右水平②③。这一过程所产生的巨大能源需求，以及居民对于能源结构的消费需要，是城市化对能源供给的挑战，也有可能使得能源约束成为限制城市化发展的因素。

（2）城市基础设施建设

加速发展的城市化进程需要大规模的基础设施和住宅建设，需要大量能源密集型原材料，如钢材、水泥和化工材料等。这些能源密集型产业的持续增长对未来的能源需求和温室气体排放需求具有重要的影响。

同时，进入工业化的快速发展时期，重工业的发展带动了煤炭、原油、铁矿石等大宗能源、原材料等物资的消耗与调配，给国内、国际海陆运输施加了巨大压力。未来几年中，城际客运市场需求潜力巨大，能源、原材料等大宗货物运输需求保持快速增长。根据中国铁路和交通部门的规划，2010 年全国铁路营业里程将超过 9 万 km，公路总里程将达到 230 万 km，其中高速公路 6.5 万 km，相比 2005 年增长 58.5%。图 5-15 所示为 2010 年部分交通运输规划值与 2000 年、2005 年统计值的比较。

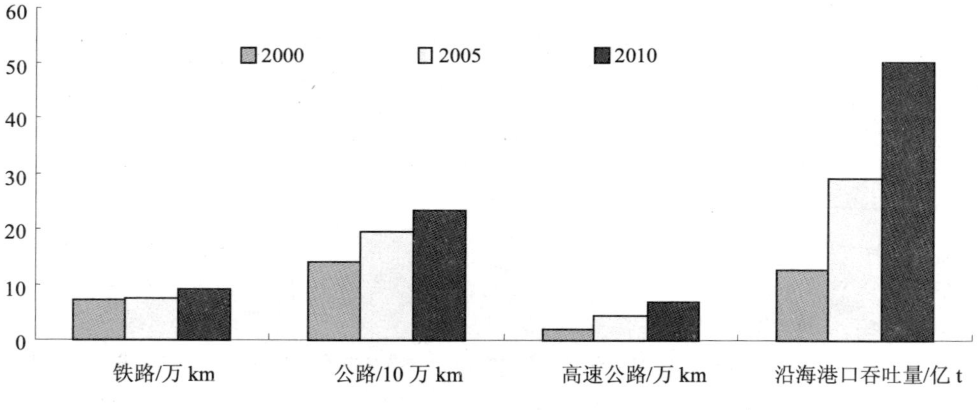

数据来源：中国统计年鉴，部门“十一五”规划。

图 5-15　2000—2010 年交通基础设施建设

① 王梦奎：把握城市化的适当进度.2006-08.城市规划网 http：//www.upla.cn/special/article.shtml？id=2157&subid=411&sid=78.

② 中国社科院城市发展与环境研究中心主任牛凤瑞 2006 年在参加中国经济高峰会城市多中心发展高层论坛上的发言.转引自城市规划网，社科院专家称中国将于 21 世纪中叶实现城市化. http：//www.upla.cn/special/article.shtml？id=2173&subid=414&sid=78.

③ 中国市长协会主编. 2001—2002 中国城市发展报告. 北京：中国城市出版社.

中国将在更大范围、更深层次、更广领域整合国内区域经济发展、参与全球经济活动，这不仅要求国内基础设施开展各种等级的路网、港口、码头等建设以满足区域间运输量快速增长的需要，同时要适应国际物资服务贸易的发展要求，进一步加快规模化、集约化港区和大型专业化码头、海洋运输、机场、港口、高速铁路、高速公路等建设。大规模的基础设施建设，必然导致工程建设中巨大的原材料、能源消费，加上车辆、机器、设施运行的能耗，无疑都挑战着中国未来发展的可持续性。

3．投资推动能源消费的增长

（1）社会总投资

从投资总额上来看，2002—2005 年，全社会年固定资产投资分别增长 16.9%、28.1%、25.8% 和 26.0%，年均增长 24.2%，为 1995 年以来最高水平。在投资高速增长的拉动下，高耗能产品增长迅速。2002—2005 年成品钢材产量年均增长 32.1%，水泥产量年均增长 15.8%，平板玻璃产量年均增长 23.8%。投资高速增长导致钢铁、水泥、电解铝等高耗能产业迅速扩张，从而造成能源消费快速增长。

从投资项目上来看，2005 年中国 500 万元以上项目中，中国钢铁投资增长 96.6%，电解铝投资增长 92.9%，水泥投资增长 121.9%，汽车投资增长 87.2%，煤炭投资增长 52.3%[①]。上述投资领域几乎都集中于资源消耗行业，这将导致重化工工业以及其他资源依赖型企业的超常规发展。

2003—2007 年，中国新增高耗能产品的生产能力见图 5-16。

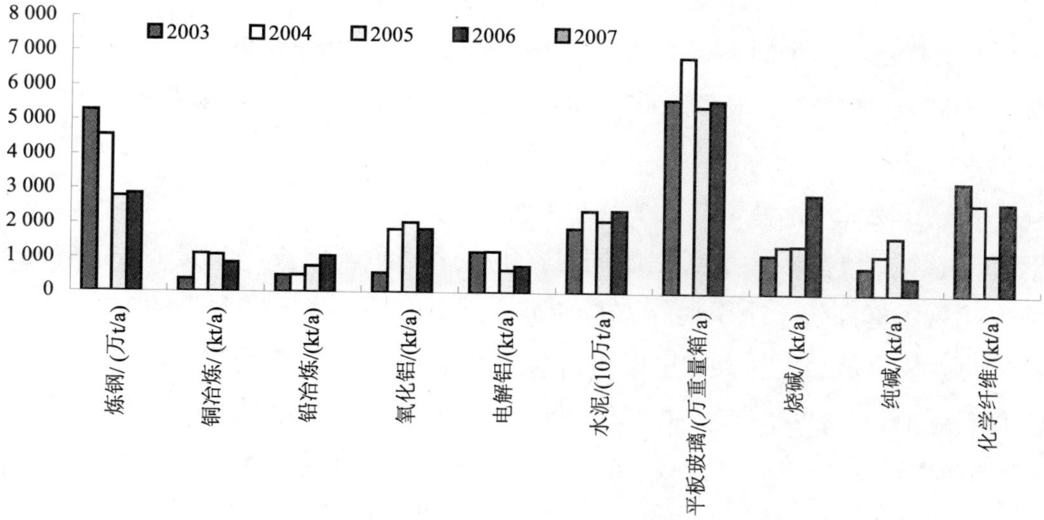

注：2003 年以前为城镇口径，2004 年以后为全社会口径。
数据来源：中国统计年鉴，2008。

图 5-16　2003—2007 年新增高耗能产品的生产能力

① 崔民选. 2006 中国能源发展报告[M]. 北京：社会科学文献出版社，2006.

（2）外商直接投资（FDI）

现有研究关于 FDI 对能源强度的影响，主要可以概括为以下几种观点：外商直接投资是中国能源效率提高的一个重要原因①，FDI 技术溢出效应使得能源强度随着 FDI 的增加而显著降低②；中国改革开放以来，经济要素流入能够有效促进能源效率的提高③；从空间维度研究 FDI 对能源强度的影响，认为 FDI 对能源强度的正向影响不仅在时间维度具有作用，在空间维度依然显著，可以通过引进 FDI 来降低地区能源强度④；FDI 在向能源消耗大的行业转移，从而导致中国能源消耗提高，中国各行业能源消耗增加主要是由 FDI 行业分布效应导致⑤。

由于拥有劳动力成本优势，"资金导向型"引资模式和"市场换技术"战略的实施，使大量投向劳动密集型产业的外商投资企业成为中国出口的主要力量，2007 年外商投资企业出口占全国出口比重达 57.1%。但同时值得注意的是，大量 FDI 投资领域是中国的劳动密集型产业，其中相当一部分是高能耗、高污染、低附加值、技术水平不高的夕阳产业。为此，商务部办公厅发布的关于 2007 年全国吸收外商投资工作指导性意见明确提出，中国将采取有效措施，严格限制外商投资高耗能、高污染、低水平产业。

鉴于 FDI 行业分布对中国能源消费具有较为重要的影响作用，通过制定合理的产业政策引导 FDI 行业分布，将对降低中国能源消费、建立节约型社会起到积极的促进作用。

4．消费推动能源消费的增长

随着人民生活水平的逐步提高和人口的递增，居民生活对能源的消费也快速增长。据统计，2002 年中国综合能源消费总量中，生活消费量达到 17 033 万 t 标准煤，占能源消费总量的 10.4%；2007 年，生活能源消费量达到 26 790 万 t 标准煤，高于工业行业以外的其他部门能源消耗。石油消费量中，生活消费的比重由 1990 年的 2.4%上升到 2007 年的 6.2%；电力生活消费比重由 1990 年的 7.7%上升到 2007 年的 11.8%。可以看出，生活消费比重大幅度上升，导致对资源的需求量扩大。

（1）家用电器快速进入家庭，居民生活用电大幅增长

近几年，伴随着中国生活水平提高的同时，能源消费急剧增长，尤其是城镇居民用电量猛增。居民生活质量提高的一个明显标志是各类家用电器快速进入家庭。随着居住条件的改善，生活质量的进一步提高，新兴家电以更快的速度进入百姓家庭：1990 年平均每百户城镇家庭拥有空调不足 1 台，2000 年达 30.8 台，2007 年达 95 台；20 世纪 90 年代初淋浴热水器开始在部分家庭使用，1995 年每百户城镇家庭平均拥有淋浴热水器 30.1 台，1999 年为 45.5

---

① Allen Blackman，Xun Wu. Foreign direct investment in China's power sector：trends，benefits and barriers [J]，Energy Policy，2007，27（12）：695-711.

② Ocavio Mielnika，Josle Goldembergb· Foreign direct investment and decoupling between energy and gross domestic product in developing countries[J]，Energy Policy，2007，30：87-89.

③ 史丹. 转轨时期中国能源瓶颈缓解的影响因素分析[J]，中国工业经济，1998，10：17-23.

④ 张贤，周勇. 外商直接投资对中国能源强度的空间效应分析[J]，数量经济技术经济研究，2007，1：101-108.

⑤ 赵晓丽，胡军峰，史雪飞. 外商直接投资行业分布对中国能源消费影响的实证分析[J]，财贸经济，2007，3：117-121.

台，2007 年达 79.5 台；1990 年平均每百户城镇家庭拥有彩电 59 台，1999 年达 111.6 台，2007 年达到 137.8 台。家用电器的普及使用，使居民用电量大幅增加。

（2）住宅能耗量高，未来需求空间大

随着居民生活要求的提高和城市化水平的加快，对于住宅的需求一直在持续增加中。中国目前全国房屋建筑面积已有 400 多亿 m^2，预计到 2020 年，将新增约 300 亿 m^2。然而从目前已有的建筑来看，95%左右都是高耗能建筑，单位建筑面积采暖能耗相当于相同气候地区发达国家的 2～3 倍。而目前中国建筑能耗已占到全社会终端能耗的 27.5%。如果未来情况没有改善，那么可以预计每年建筑用能将消耗 1.2 万亿 kW・h 电和 4.1 亿 t 标准煤，几乎是目前全国建筑能耗的 3 倍。

（3）汽车拥有量快速上升，交通能源需求量大

另一个能源消耗巨大的耐用消费品是汽车，近几年加速快步进入城市居民家庭。调查资料显示，1995 年以前，中国城镇居民平均每百户家庭拥有汽车还不到 1 辆，1999 年仅为 0.34 辆，2004 年达到 2.2 辆，到 2007 年已达到 6 辆。一些大城市的汽车销售量以年均 30%以上速度递增，其速度不亚于一些家用电器的普及速度。

汽车化社会是一把“双刃剑”，一方面，它促进了经济的发展；另一方面，它又带来了越来越严重的能源和环保问题。在能源方面，2003 年中国汽车用油约 7 600 万 t，占整个石油消费量的 28%；有关专家预计，2010 年中国汽车耗油量将达到 1.3 亿 t，占整个石油消费量的比重上升到 30.8%。从汽车耗能占终端消费的比例看，日本、德国和美国分别是 23%、24%和 31%，OECD 国家平均是 27%，而中国目前是 17%左右①。因此，可以预期中国这一比例将继续呈明显上升的趋势。

根据中国能源发展战略报告，从工业、交通、建筑三大用能部门的增长趋势看，到 2020 年，工业部门占能源总需求的比例，将从 2000 年的 72.7%逐步下降到 55%左右，而同时交通和建筑两个部门的用能增长明显加快。

5．国际贸易和国际分工对中国温室气体排放的影响

（1）国际分工影响

中国能源消费和温室气体排放的快速增长，不仅反映了国内的旺盛需求，也与中国进出口贸易的快速发展和中国作为“世界加工厂”的贸易地位密切相关。

从所处的国际分工地位来看，目前中国正处于国际加工制造环节上。在经济全球化和国际产业结构调整过程中，一些高消耗、资源性的产业转移到中国，相应地加大了我们的资源消耗总量。随着大量“中国制造”走向世界，中国也直接或间接地出口了大量能源资源。2006 年中国净出口未锻轧铝 70 万 t，按 1t 铝耗电 15 000kW・h 计算，相当于出口 100 多亿 kW・h

① 王庆一. 2008 年能源数据. 中国可持续能源项目参考资料，2008.

电①。2004 年起，中国进出口贸易总量已居世界第三位，但中国在国际产业分工体系中位于产业链的低端，出口贸易的 55%以上来自加工贸易，附加值较低，而且资源和能源密集型产品出口仍占有较大比例。发达国家从中国进口商品替代本国生产，在增加中国能源消费和排放的同时，实际上减少了自身的能源需求和排放，是主要的受益方。

（2）内涵能源测算

内涵能源，也称隐含能源，是指产品（产业）上游加工、制造、运输等全过程所消耗的总能源，相对于直接能源消耗而言，隐含能源从另一个视角揭示了经济活动的能源消耗状况和环境影响。近年来，随着国际贸易的迅猛发展，能源安全问题和气候变化受到国际社会的普遍关注，国际国内围绕这一问题的研究相当活跃。

对于中国而言，外贸进出口商品的内涵能源问题不仅是贸易政策的问题，更关系到中国的经济发展和能源安全，以及中国的国际关系和外交政策。例如，一些国家散布“中国威胁论”，攻击中国大量进口能源冲击国际能源市场，中国在后京都国际气候谈判时也面临巨大的减排压力。

国内已有研究机构进行了初步的研究和测算，但测算结果相差很大。例如：张宏等研究认为，中国 2004 年出口载能约为 1.81 亿 t 标煤，2001—2005 年工业出口产品载能约占当年工业能耗总量的 12%②。潘家华研究认为，2002 年中国出口内涵能源 4.1 亿 t 标煤，进口 1.7 亿 t 标煤，净出口大约 2.4 亿 t 标煤，约占中国当年一次能源消费总量的 16%；2001—2006 年，中国出口内涵能源从 3.53 亿 t 标煤增长到 11.44 亿 t 标煤，增长了 2.24 倍，低于贸易额的增长幅度；同期，进口内涵能源从 1.41 亿 t 标煤增长到 5.13 亿 t 标煤，增长了 2.64 倍，进口内涵排放从 0.58 亿 t 碳增长到 2.19 亿 t 碳，增长了 2.76 倍，增长幅度高于贸易额的增长幅度；净出口内涵能源从 2001 年的 2.09 亿 t 标煤增长到 2006 年的 6.31 亿 t 标煤，呈相对稳定的快速增长趋势③。《2006 中国能源发展报告》中初步测算，中国间接出口能源量在 3 亿 t 标准煤以上④。英国 Tyndall 气候变化中心研究公布的研究结果称，2004 年中国净出口带来的碳排放占其全部碳排放总量的 23%⑤。

（3）政策含义

无疑，中国正经历着能源与排放快速增长的阶段，但这一增长不仅仅是国内经济发展和需求所带动，外贸出口也是重要的原因。潘家华的研究中就表明了这一点，美国是中国最大的内涵能源净出口国，2002 年净流出约 7524 万 t 标煤，日本作为中国最大的贸易伙伴，净流出 4 894 万 t 标煤。二者相加，占中国净出口内涵能源总量的 50%以上。因此，从对外政策的

① 崔民选. 2006 中国能源发展报告[M]. 北京：社会科学文献出版社，2006.
② 张宏，马强，刘冰. 中国出口工业品能耗研究[R]，中国经济时报，2007-07-09.
③ 潘家华. 中国外贸进出口产品的内涵能源及其政策含义研究. 工作报告.
④ 崔民选. 2006 中国能源发展报告[M]. 北京：社会科学文献出版社，2006.
⑤ Tao Wang，Jim Watson. Who Owns China's Carbon Emissions？ [R].Tyndall Briefing Note No. 23 October 2007. Available at：http：//tyndall.webapp1.uea.ac.uk/publications/briefing_notes/bn23.pdf.

角度看，揭示中国外贸进出口的内涵能源问题有助于在国际谈判中对中国能源需求和排放的快速增长做出一定的合理解释。

面对日益增加的国内外环境压力和国内经济转型的内在需要，中国对于能源密集型产业的出口政策已经进行了一系列调整，包括通过出口配额削减煤炭、原油和焦炭等出口总量，取消或降低部分产品出口退税，加征出口关税，以及停止加工贸易等；同时，还采取了差别电价政策和信贷政策等作为配套措施。在进口政策方面，考虑到中国为满足国内需求，扩大能源进口不可避免，为避免国际上对此产生的指责和压力，中国可以通过进口结构的调整，通过进口最终消费品更多进口内涵能源以替代直接能源进口，不仅可以有助于减少贸易顺差，同时还有利于保护环境①。

中国是一个能源消耗大国，能源消耗总量排在世界第二，人均能源占有量仅为世界平均水平的40%，而能源效率目前仅为33%，能耗强度大大高于发达国家及世界平均水平。

中国的能源效率在过去二十余年有了较大幅度的提高，以煤为主的能源消费结构给环境和经济的发展带来了一定的压力；产业结构重型化趋势还没有得到缓解，能源需求增长趋势虽然有所减缓，但是能源的供给压力仍然较大，特别是石油的国际需求量在大幅度提升；资源的短缺与浪费现象并存；能源技术比较落后，能源使用效率存在国际上的差距和国内区域间的差距；国际能源市场对中国能源形势的影响力越来越大。这些都会影响中国能源行业的发展，进而影响中国社会经济系统的良好运行。

（四）低碳经济的挑战和机遇

低碳经济这种世界新型经济形态的出现将对中国的发展形成严峻挑战。中国高碳的能源资源禀赋以及正处于高碳经济发展阶段，有着大规模的基础建设和城市化需求的国情决定了中国在可预见的将来很难绕开高排放的发展路径。发展低碳经济对中国来说将会形成新的比较劣势，使得中国在新一轮的全球竞争中处于不利的局面，给中国实现未来经济和社会发展目标带来很大压力。但是另一方面，低碳经济也可能成为促进能源领域的技术创新、转变社会生产模式和消费模式、促进国家可持续发展的重要机遇。全球对气候变化问题的日益关注必将极大压缩世界矿物能源消费的空间，从而使得中国不再具备沿袭发达国家以高能源消费和高资源消耗为支撑的现代化道路的国际环境，使中国的可持续发展不仅受到国内资源和环境的严重约束，而且面临国际环境容量空间限制的更严重威胁。发展低碳经济给中国提供了实现跨越式发展，获得更可持续的国际竞争力的机遇。随着经济的快速增长、市场需求的迅速扩大和现阶段能源技术的不断进步，在巨大的新增能源中中国有可能通过大范围地采用世界先进技术，实施技术创新，实现产业结构和能源结构升级，并进一步增加本国的绿色竞争力和低碳经济竞争力，而不至于被锁定在代价高昂的高消耗、高污染、低效率的不可持续道

① 潘家华. 中国外贸进出口产品的内涵能源及其政策含义研究. 工作报告.

路上。

如何走出劣势，如何在低碳经济的新一轮全球挑战过程中，变劣势为优势，走出困境，这是对中国的重大考验。中国能否跨越技术难关，发挥后发优势，实现跨越式发展，直接摒弃发达国家老路和老的技术模式，直接进入低碳经济的技术支撑、技术选择，直接建立相应的支持低碳经济的市场体系、政策体系，未来10年、20年非常关键。

1. 对未来国际竞争力的影响

市场竞争全球化是经济全球化的重要特征，市场竞争中各经济主体的经济利益在很大程度上取决于相关比较者国际竞争力的大小①。随着全球气候变化进程的深入，低碳经济作为一种新型的经济发展模式已初露端倪，直接导致了对未来国际竞争力的重新定义，并将影响、改变甚至颠覆各国在全球经济市场原有的竞争实力对比，从而改变现有各国在全球经济市场中的竞争格局。可以说，谁能够获得更强的气候国际竞争力，谁就能够在未来的国际竞争中脱颖而出。参考波特提出的“国家竞争优势四因素模型”，本研究从生产要素、需求状况、相关产业和支持产业、企业战略以及政府五个方面概括了发展低碳经济对未来国际竞争力内涵的影响。

（1）生产要素

在竞争力理论中，生产要素主要包括自然资源、人力资源、资本资源、知识资源及基础设施等，这些要素可进一步分为基本要素和高级要素两类。基本要素是指一国先天拥有或不用太大代价就能得到的要素，如自然资源、地理位置、气候、非熟练或半熟练劳动力等；高级要素指通过长期投资或培育才能创造出来的要素，如现代化的基础设施、高质量人力资源、高新技术等。考虑低碳经济背景时，一方面会影响基本要素的可获取性和比较优势，另一方面也会影响高级要素的内涵。概括起来，其影响主要体现在以下指标的改变上：

① 整体能源丰裕度（可获取度）⟶低碳能源丰裕度（可获取度）。

传统理论认为一国能源资源丰富是竞争力的一大标志，但是在气候变化背景下，受资源禀赋限制采用以煤为主的能源结构的中国、澳大利亚的竞争力将可能大大落后于以天然气和核电为主要能源供给的俄罗斯和法国。这里，整体能源丰裕度将不再成为衡量竞争力的指标，相反，低碳能源丰裕度将取而代之成为衡量新型竞争力的指标。

② 整体能源进口依存度⟶低碳能源进口依存度。

和上文类似，虽然中国的整体能源依存度很低，但是考虑气候变化因素后，由于中国的石油和天然气进口依存度很高，而且发展核电的铀也需要进口，如果限制煤炭使用，将大幅提高中国能源的进口依存度，从而对中国的能源安全造成威胁。

① 所谓国际竞争力，有国家竞争力、产业竞争力、企业竞争力以及产品竞争力之分。这里讨论的是以产品和产业为主体的动态国家竞争力，主要关注国家的可持续经济发展能力和抗风险能力。

③ 传统产品成本 ——→ 增加考虑能源性成本比例，能源价格敏感度。

产品成本低是中国企业和产品在国际市场的一个主要的竞争优势，但是考虑气候变化因素后，除了考虑整体产品成本，还要考虑能源性成本占总成本的比例，即考虑产品对能源价格的敏感度。

④ 产品能源强度 ——→ 产品碳强度。

考虑气候因素后，除了要提高产品整体的能效，降低能源强度外，还要考虑产品的碳强度，尤其是在考虑减排后，产品碳强度将是产品竞争力的一个关键因素。

⑤ 整体人力资源水平 ——→ 高质量气候变化领域人才。

气候变化问题是一个复杂问题，涉及经济、环境、生态、社会等多个领域，而由于历史研究不足和不确定性等因素的存在，目前对气候变化究竟会对人类带来多大影响，如何减缓和适应气候变化这些问题的研究还不够完美，还需要进一步的深入研究。因此，为提高国家应对气候变化的能力，就需要高度关注气候变化领域高质量专门人才的培养和储备。

⑥ 整体技术研发应用水平 ——→ 高能效技术、清洁技术、低碳技术的研发和应用程度。

在科学技术作为第一生产力的今天，一国的关键技术能力是其竞争力的重要组成部分，而在考虑碳成本后，很可能会导致产品成本的逆转，从而导致传统的技术识别标准和关键技术选择发生变化，这就要求国家对新的关键技术如高能效技术、清洁技术、低碳技术投入更多的研发资本，力争在新一轮的技术竞争中占取先机。

（2）需求状况

① 出口抗风险能力。

随着气候变化进程的进一步深入，欧盟等发达国家都在加速将气候问题与贸易挂钩，可持续贸易中除了国内环境问题，将更多地把气候问题囊括进来，这就可能对欧盟等国外市场的需求产生重大影响。一方面，欧盟等国家可能通过采取碳税等手段形成新的气候贸易壁垒，影响碳强度较高产品的出口；另一方面，碳排放系数较高的原料和初级产品如低质煤的出口也会受到影响。

② 进口抗风险能力。

进口抗风险能力主要是指在国外限制矿物燃料尤其是石油和天然气出口，或者矿物燃料价格大幅上升的时候，国内经济的抗风险能力。

③ 抗碳转移能力。

中国在国际产业分工体系中位于产业链的低端，出口贸易的 55%以上来自加工贸易，附加值较低，而且资源和能源密集型产品出口仍占有较大比例。发达国家从中国进口商品替代本国生产，在增加中国能源消费和排放的同时，实际上减少了自身的能源需求和排放，是主要的受益方。随着发达国家减排进程的进一步深入，可能会导致更多的高能耗高排放产业向中国转移，这就需要中国采取措施限制这一转移或者在充分考虑碳成本的前提下对转移合理定价。

（3）相关产业和支持产业

采用高能效技术、低碳技术的相关产业的产值。一个国家的产业要想获得持久的竞争优势，就必须具有在国际上有竞争能力的供应产业和相关产业。相关产业因素说的是某一产业在某区域中的聚集效应和外部规模经济效应。一种具有强势发展水平的产业或产品，在其周围必然形成相关配套产业和供货体系。相关产业的产值以及供货商的销售额在经济活动中的比重可以视为其发展水平的指标。因此，在考虑气候变化因素的条件下，采用高能效技术、低碳技术的相关产业的产值在经济活动中的比重可以视为其在气候变化背景下的一个竞争力指标。

（4）企业战略

企业战略包括企业建立、组织和管理的环境以及国内竞争的性质。不同国家的企业在目标、战略和组织方式上都不相同。国家优势来自于对它们的选择和搭配。结合气候变化因素，可以推导出以下与竞争力相关的指标：

① 采用各类低碳技术和高能效技术的企业在整个产业中所占的比重，这一指标可以在不同国家的相同产业中进行比较；

② 企业生产的低碳和高能效产品在其所有产品中所占比重，这一指标也可以在不同国家的相同产业中进行比较；

③ 企业对于低碳和高能效技术的研发投入，这一指标同样也可以在不同国家的相同产业中进行比较。

（5）政府

政府对国家竞争力的作用主要在于对以上四种决定因素的影响。在考虑气候变化因素时，政府对竞争力的作用主要体现在国家对气候变化的认识，其与气候变化相关的体制、政策、法规和战略，以及其在加强公众和企业的气候意识方面所作的能力建设等。

2. 对国际贸易的影响

如前文所述，随着全球气候变化进程的深入，低碳经济作为一种新型的经济发展模式已初露端倪，直接导致了对未来国际竞争力的重新定义。而各国竞争力的优势对比的变化事实上导致了贸易条件的改变，从而将对国际贸易产生重大影响。

发达国家对气候变化的关注可能引发新的贸易壁垒，影响中国产品和服务的出口竞争力。发达国家特别是欧盟国家已经开始实施促进 CO_2 减排的法律和政策。各国为减少温室气体的排放，将大力提高能效，减少能源消费，因此有关产品的节能标准将会越来越严格。尽管《公约》没有明确限制能耗高的产品和技术的国际贸易，但是GATT/WTO关于在贸易中为了保护生态环境可采取适当的贸易措施的例外条款，可能成为一些国家为保护本国企业的竞争力，进一步抬高环保标准或能效标准，设立新的绿色贸易壁垒的依据。欧洲议会就曾通过决议，要求欧洲委员会考虑对非《京都议定书》成员国的出口品加征关税。虽然这一动议最终未获实施，但它反映了相当一些国家的担心，即他们的国际竞争水平会受挫于非议定书国家的低能源价格，因此碳税等所谓“绿色壁垒”被不断地带入有关国际贸易的讨价还价中。

在全球碳市场形成以前，欧盟已试图在国际航空、海运等政策领域形成突破口，要求在欧盟内部或者该行业开展业务的航空、海运企业征收碳税，此举将大大影响中国航空、海运企业的竞争力。而且，碳税的影响将不仅仅局限于航空航海企业本身，随着空运费、海运费的大幅增加，中国出口产品的整体成本也将上升，从而影响中国整体的贸易竞争力。

此外，随着减排力度的加大，一些发达国家可能会把碳密集产业和高能耗项目向中国转移。如未来数年，日本的一些钢铁产业就可能转向中国，而这些产业大规模转移进来，将产生巨大的锁定效应。中国在第一个、第二个承诺期可以不履行《京都议定书》，但第三个承诺期到来时，却可能被投资套牢，而如果那时再把这些产业转移出去，又会对就业、再就业和经济发展造成很大的冲击。

3．对能源安全和能源进出口的影响

中国目前经济迅速增长，城市化进程不断加快，能源需求在可以预见的未来将持续上升。中国优质能源资源相对不足，制约了供应能力的提高；能源资源分布不均，增加了持续稳定供应的难度；能源结构级别低和经济增长方式粗放，进一步加剧了能源供需矛盾。近年来，中国能源消费的增长幅度远远超过能源生产发展的速度，能源供给和社会需求缺口越来越大，特别是石油的国际需求量大幅度提升，对外依存度迅速增加，能源安全面临重大挑战。

面对中国资源调整的限制，勘探开发难度越来越大，国际油价持续走高，如何降低能源供给风险、增加国家石油储备、提高经济系统应急能力和重大突发事件的预警应急体系，保障中国能源安全，是当前面临的严峻挑战。

此外，随着全球对气候变化的关注，各发达国家开始实施能源税、碳税等 CO_2 减排措施和政策。如丹麦是世界最早征收碳税的国家，在 1991 年通过征收碳税议案，其税率由高至低分别为：交通事业、住商用电、轻工业、重工业。瑞典与挪威也同时开征二氧化碳税并建立了专项基金。瑞典的二氧化碳税率为每排放 1kg 二氧化碳征收 0.25 克朗，征收对象为除使用生物质能和煤泥炭外所有矿物燃料的用户。挪威的二氧化碳税则不同：政府向燃料供应商征收费用。带来的结果是燃料供应商将采暖用油的价格提高了 15%，汽油价格提高了 10%。各国的这些能源和 CO_2 减排政策也必将对中国能源的进出口产生影响。如各国对进口煤炭标准的提高将限制中国散煤的出口。

4．对国际政治格局的影响

在应对国际气候变化这个问题时，中国还应考虑一个更深层次的战略问题，即中国将以什么样的形象出现在世界民族之林。中国的发展方向是要跟世界更和谐地相处、融于世界体系、在这个体系中扮演一个负责任大国的角色。中国的发展不会对别的国家造成威胁，中国考虑的是全人类的利益。

对于中国而言，面临的是多目标的决策和协调。一是发展目标。要解决 13 亿人民的衣食住行、城市化、经济现代化、工业化问题等，这是基本挑战。现在是全球化的世界，这些问题解决不好，中国的发展搞不好，这是全球的灾难，其带来的灾难一点都不亚于中国温室气体排放。对此必须有明确认识，不能以减排为由影响中国的发展。第二个目标是环境目标，包括全球和局地环境目标。全球环境目标如生物多样性、温室气体问题等；局地环境目标压力很大，资源环境形势紧张，污染严重，污染物排放在快速工业化下压力很大，治理技术和资金缺口很大，环境污染对人民健康、福利造成严重威胁，发展成果有可能断送在这种恶劣的环境绩效中。但是中国一直在寻求一条既有中国特色，又遵循全球利益的发展道路。从国家“十一五”规划中能耗及污染物排放两个约束性指标，科学发展观、资源节约型社会等理念的出台不难看出中国自身社会经济可持续发展战略目标与全球气候保护的目标存在着高度的重合性。

在今后的国际气候进程中，中国需要一如既往地用实际行动向国际社会表明：中国是负责任的发展中大国，是一个讲信用、讲公德的国家，顾及全人类利益，在国际社会“积善成德”。

5．能源技术变革的需求和挑战

在发展低碳经济和应对气候变化过程中，技术创新和扩散具有基础和关键性作用。无论是提高能源转换和利用效率，减少能源消费，还是开发利用可再生能源，优化能源结构，都有赖于先进技术的研发和推广。中国要提高能源利用效率，减排温室气体，走出低碳经济的困境，基本出路是技术创新和技术变革，即通过能源技术系统的创新和变革，转换现有的能源生产模式和消费模式，促进其向高能效、低能耗和低碳排放的模式转型。从国内来看，能源技术的升级与变革是关系到中国节能减排和局部环境目标能否实现的重要因素，从国际上看，随着全球气候变化进程的进一步深入，低碳经济和低碳技术将催生新的经济增长点，改变原有国际贸易中的竞争条件，而能否正确把握技术创新的方向将关系到国家和企业未来的竞争力。

目前，欧盟、美国、日本等发达国家和集团在其制定的气候变化战略和对策中，都将先进技术的普及和开发作为其首要选择。因此，积极开发和应用新一代低碳技术，是减缓气候变化的关键措施，也是各国都在努力争取的一个技术制高点。中国虽然目前还没有承担减排义务，但从中国自身的可持续发展要求出发，应当积极跟踪和研究新一代能源技术和减排技术，以保证不断提高中国的国际竞争力，为未来发展争取更大的空间。

中国应将减缓气候变化的核心技术作为优先领域，纳入国家中长期科学和技术发展规划。加大研发投入，提高自主创新能力。以引进与消化、吸收、创新相结合，加快先进技术产业化的步伐。同时加强法律、法规等减缓气候变化的制度和机制建设，逐步形成促进先进能源技术大规模产业化发展的法律、法规和政策激励机制。通过科学普及和大众媒体，提高公众和企业的全球环境意识和对减缓气候变化行动自觉参与的意识。以政府导向、市场驱动、公众参与的机制，促进社会消费模式和生产模式的转变。同时，在短期内，也需要为战略储备技术的开发创造更好的条件并赢得时间，需要处理好稳定（贸易和就业利益等）、体制改革与技术变动、发展的关系，寻求平稳过渡的方案。

此外，目前发达国家掌握着大量减缓温室气体排放的先进技术。根据公约和议定书的规定，发达国家有责任和义务以优惠条件向发展中国家转让环境有益技术。但是公约生效 14 年来，在技术开发和转让领域进展缓慢，不能适应应对气候变化挑战的需要。一个公平、经济、环境友好并简单易行的国际机制的形成还需艰难的努力。中国应在国际谈判中进一步促使发达国家履行义务，并要求其通过率先减排对低碳经济的发展模式进行示范。

三、“能源与温室气体控制”的未来排放情景和技术战略

（一）2020 年、2030 年和 2050 年中国温室气体排放情景①

1. 选取的方法学

目前，中国经济快速发展，从 1980 年到 2005 年，年均 GDP 增长速度为 9.8%以上。1980 年到 2000 年，在经济快速发展的同时，能源需求保持较低增长，同期能源弹性系数低于 0.5。但 2000 年之后，在经济快速增长的同时，能源需求也快速增长，从 2000 年到 2005 年，能源弹性系数达到了 1.04，明显与以前发生了变化。能源消费量从 2000 年的 13.8 亿 t 标煤上升到 2006 年的 24.6 亿 t 标煤。快速的能源增长，也导致 CO_2 排放量快速增长。

而随着中国经济实力的不断增强和能源需求的旺盛增长，中国未来的经济发展、能源需求和排放情况成为了全世界的关注热点，近几年有很多国内外的研究机构都对它们做了研究展望。

① 本情景研究完成于 2008 年底，采用 LEAP 模型完成。在此之后，中国人民大学环境学院能源与气候经济学项目（即本课题组主要依托单位）更新了数据库，并自主开发了包括 388 种技术的非线性能源技术优化模型，进行了新的情景研究。最新的情景研究成果已发表于中国人类发展报告 2009/10 中。两项研究的基本思路是一致的，但后者目标年的技术分布是基于成本最小的优化方案得到，而前者是人为设定。而且后者所用的技术数据库更新。

一般而言，温室气体排放的高低与人口的增长、经济发展、能源效率及能源结构密切相关，对温室气体排放的分析是在一定的人口增长与经济发展的假定条件下形成。经济结构的变化，经济增长模式的选择，技术进步，优质能源的可获得性，能源资源禀赋，环境保护的要求等因素会对最终排放的形成及其中间过程产生影响。要对上述可能影响中国未来温室气体排放的关键因素进行系统、全面的分析，采取合适的研究方法，选择合适的模型工具就显得尤为重要。考虑到今后 20～30 年里中国的经济发展、产业结构演变与能源系统结构存在着很大的不确定性和变数，这些不确定性因素均会不同程度地影响未来中国的温室气体排放。因此本研究采用了情景分析的方法对未来中国的排放情况进行研究，以充分把握影响未来中国温室气体排放的种种不确定性因素，并尽量全面地勾画和分析中国在实现全面小康目标和基本实现工业化条件下的温室气体排放状况。

考虑到情景分析方法只是为研究工作提供一个平台，帮助拓宽和理顺研究思路，使研究者能够充分考虑未来社会经济发展的各种不确定性因素（经济增长前景、城市化率、人口增长状况、科技进步程度、社会经济宏观因素、能源资源相关技术、能源、环境相关政策、部门活动水平、工艺结构、用能设备的效率等），必须借助一定的模型工具对不同情景的具体结果进行计算、比较分析。本专题选取了 LEAP2008 模型作为主要的定量分析工具。

2. 情景定义和主要假定

（1）情景定义

为了能比较全面地反映中国未来可能的能源需求状况和温室气体排放情况，我们依据与未来密切相关的驱动因子设计了如下四个情景，即冻结情景、基准情景、控排情景和减排情景。情景的定义描述如下。

① 冻结情景：冻结情景描述了在情景期内，中国政府不再另外施加政策，延续目前的经济发展态势和技术水平，在不加以约束情况下的中国能源需求和排放的可能发展趋势。

② 基准情景：基准情景描述了在情景期内，中国政府不再另外施加额外政策影响的情况下，中国能源需求、能源供给、转换和末端使用技术和排放的可能发展趋势。因此，它也为我们之后的政策选择提供了一系列的比较基准点。

③ 控排情景：该情景描述了中国为了对全球应对气候变化的行动作出更大的贡献，进一步采取多种致力于降低经济增长的能源消耗、实现产业结构和能源结构转变的政策后的能源需求和排放的发展趋势。该情景已经最大限度地考虑了中国在不引起经济衰退下的最大的减排潜力，它将为中国未来的谈判立场和政策选择提供一系列的着眼点。

④ 减排情景：该情景描述了中国在 2030 年达到排放顶点，并在 2050 年实现国际上普遍提出的人均排放 2t 碳的排放目标的约束下，中国所能采取的技术措施和相应的经济代价。

基准情景、控排情景和冻结情景间的差距就说明了在实施有效政策措施后，通过效率提高和结构变动所带来的节能减排情况。四个情景中主要驱动因子的设定将在下节详细说明。

（2）主要驱动因子假设

根据 kaya 公式：

$$CO_2排放=\frac{CO_2排放}{能源消费量}\times\frac{能源消费量}{GDP}\times\frac{GDP}{人口}\times人口$$

我们可以看到，影响未来能源发展的主要因素包括人口发展、经济发展、经济结构变化，技术水平发展等。因此，随着人口和经济的增长，要控制或减缓能源消费量的快速增加，必须降低单位 GDP 的能耗，也就是降低能源强度，提高能源利用效率。而要控制 CO_2 排放，则必须要在控制能源消费量的同时，降低单位能源的 CO_2 排放，即调整能源结构，更多地采用碳排放强度较低的清洁能源。在本研究中，各情景中未来经济和人口发展趋势的假定都是在对国内外相关研究机构中的研究结果和政府未来发展规划进行分析比较后确定的，具体设定如表 5-3 所示①。

表 5-3　　未来主要社会经济发展驱动因子假设

	2020 年	2030 年	2050 年
GDP	大大缩小 GDP 总量与发达国家的差距	增长率基本保持在 6%，基本赶上美国的 GDP 总量	国民经济实力大大增强，实现现代化
人均 GDP	实现人均国内生产总值比 2000 年翻两番	实现人均国内生产总值比 2010 再翻两番	达到发达国家的水平
人口	控制在 14.5 亿以内	控制在 15 亿以内	回落到 14.95 亿左右
产业结构	第三产业比重超过 43%，产业结构更趋合理化	第三产业比重超过 49%，第二产业的比重大大下降	第三产业占主导地位，产值超过 58%
区域发展	坚持实施推进西部大开发，振兴东北地区等老工业基地，促进中部地区崛起，鼓励东部地区率先发展	区域经济发展的差距大大缩小，中西部地区的发展潜力得到充分发挥	全国区域间的差距已经基本消失，实现全社会的协调共同发展
城镇化	城镇化率提高到 56%	城镇化率提高到 62%	城镇化率提高到 70%

① 人口增长。

人口方面，中国将坚持已有的人口政策。计划生育这项基本国策仍将在未来 20 多年的时间内发挥作用。而后，随着中国经济的不断发展和人们生育观念的逐步改变，外加人口高峰到来后面临负增长局面，政府可能有意识地放宽对人口增长的限制，间隔生育措施逐步实施，使中国的人口数基本维持在一个较高水平。回顾和考虑各种研究结果和可能性后，在 LEAP 模型情景分析中，将各时期的人口情况设置如下，其中基准情景和政策情景下未来人口增长速度是一致的（表 5-4）。

② 城市化。

依据世界各国发展的经验来看，城市化如同工业化一样是国家经济发展的必然过程，2006

① 对国内外各研究机构的研究结果的回顾分析请见附录 1。

年发达国家的城市化率已达 74.1%。但是中国的城市化水平仍然较低，2006 年城市化率仅为 43.9%，且地区间城市化水平极不平衡。在今后相当长的时间内，城市化将是保持中国经济稳定持续增长的主要动力之一。

综合国内研究结果，本研究设计了未来中国城市化率演变的趋势（表 5-5）。

表 5-4　　2006—2050 年中国人口增长情况

	2006 年	2020 年	2030 年	2050 年
人口/万人	131 400	145 000	150 000	149 500

表 5-5　　2005—2050 年中国城市化率变化

	2006 年	2020 年	2030 年	2050 年
农村人口/万人	73 700	63 800	57 000	44 850
城市人口/万人	57 700	81 200	93 000	104 650
城市化率/%	43.9	56	62	70

③ GDP。

自改革开放以来，中国经济保持了长期高速增长，从 1980 年到 2006 年，年均 GDP 增长速度为 9.8%以上，而且在 2000 以后更是保持了年均 10%以上的高增长率。考虑到中国还处于经济发展的初期，还有大量的基础建设没有完工，城市化还没有完成，人民的生活水平和发达国家相比还有较大差距，还存在着大量的农村剩余劳动力，再加上党中央国务院的有效的宏观调控，我们有理由相信中国在可预期的将来仍将保持较高的增长速度。同时，考虑到中国地区发展的不平衡，虽然东部地区的发展程度已经较高，可能提前实现现代化，经济增长速度可能会在 2020 年或 2030 年之后有所放缓，但是对于广大的西部和中部地区，2020 年对他们来说可能正相当于黄金发展期。因此，虽然中国目前和近期的经济增长将会受全球范围内的金融危机的影响，出现放缓的态势，但是，从长期看，本研究仍对中国未来经济发展持相当乐观的态度。结合国内外研究成果和十七大提出的 2020 年实现人均 GDP 翻两番的小康社会目标以及邓小平提出的“分三步走”的目标，本研究将具体的情景值设置如表 5-6 所示。

表 5-6　　2006—2050 年中国 GDP 变化

	2006 年	2020 年	2030 年	2050 年
人均 GDP（2005 年不变价）/元	16 084	40 401	70 330	139 942
GDP（2005 年不变价）/亿元	210 871	585 814	1 054 952	2 092 135
人均 GDP 年均增长/%		2006—2020 年	2020—2030 年	2030—2050 年
		6.8	5.7	3.5

④ 产业结构。

目前中国经济仍处于工业化中期阶段，产业结构迅速变化是这一阶段的重要特征之一。

本情景假设从 2005 年到 2030 年，第一产业比重将不断下降，第二产业比重在波动中趋于先上升后下降，基本保持平稳，第三产业比重将稳步上升。2030 年以后，第一产业比重保持基本稳定略有下降，第二产业比重持续下降，第三产业比重继续上升，如表 5-7 所示。

表 5-7 中国未来产业结构变化

	2006 年	2020 年	2030 年	2050 年
第一产业/%	11.3	10	8	6
第二产业/%	48.7	47	43	36
第三产业/%	40	43	49	58

⑤ 技术进步。

本研究中技术进步将通过产业部门排放强度的下降来表示。排放强度和产业结构以及经济总量构成了 CO_2 排放量。根据国际经验，能源消费快速增长主要发生在重化工业比重急剧增长的阶段，工业尤其是重化工业在产业结构比重的增加是导致能源强度增加的重要原因。一旦这种结构趋于稳定，尽管较高的重化工业水平仍将使 GDP 能源强度保持在较高的水平，但其上升的趋势也将相应停止而趋于稳定。再加上科技进步和节能政策与措施的实施，以及产业升级和高附加值产品比例的增长，能源强度将呈现稳定下降的趋势。目前中国 GDP 中第二产业的比重已经达到了 48.9%，已超过日本 1970 年的水平，今后产业结构中第二产业的比重不会有太大幅度的增加。考虑到当前中国工业部门的能源消耗占全国能源消耗总量的 70%左右，主要耗能工业产品的能源单耗比世界先进水平平均高 40%的现状，工业部门有着巨大的节能潜力。而且随着新建建筑全面强制性实施建筑节能设计标准，建筑部门的节能也将非常可观，可以预见，工业和建筑行业将成为中国未来节能潜力最大的部门。另外，中国已经率先提出在“十一五”期间能源强度下降 20%的目标，凭借着节能优先的能源战略以及科技发展的后发优势，中国将有可能缩短发达国家工业化进程中普遍经历过的能源消费快速增长的周期。具体的排放强度变化如表 5-8 所示。

表 5-8 中国各产业未来温室气体排放强度变化

（以 2006 年为基准，2006 年=100）

情景类别	产业类别	2020 年	2030 年	2050 年
冻结情景	第一产业	88	79	60
	第二产业	88	79	60
	第三产业	88	79	60
基准情景	第一产业	75	63	44
	第二产业	70	55	36
	第三产业	72	60	39
政策情景	第一产业	59	43	32
	第二产业	55	37	23
	第三产业	58	40	25

⑥ 电源结构。

未来的能源结构很大一部分受限于一次电力的可开发潜力，在参考《中国可再生能源中长期规划》和《核能中长期规划》以及中国可再生能源开发潜力的基础上，我们设定了如表5-9所示的电力装机容量结构。

表 5-9 中国未来电力发电量和结构变化

情景类别	发电类别	发电量/（TW·h）			比例/%		
		2005 年	2020 年	2030 年	2005 年	2020 年	2030 年
冻结情景	总发电量	2 834	5 663	9 225	100.0	100.0	100.0
	煤电	2 228	4 452	7 252	78.6	78.6	78.6
	石油发电	61	122	199	2.2	2.2	2.2
	天然气发电	40	80	130	1.4	1.4	1.4
	核能	55	110	179	1.9	1.9	1.9
	水能	436	871	1419	15.4	15.4	15.4
	生物质能	6	12	20	0.2	0.2	0.2
	风能	8	16	26	0.3	0.3	0.3
	地热	0	0	0	0.0	0.0	0.0
	太阳能	0	0	0	0.0	0.0	0.0
基准情景	总发电量	2 834	5 663	9 225	100.0	100.0	100.0
	煤电	2 228	4 276	6 919	78.6	75.5	75.0
	石油发电	61	255	424	2.2	4.5	4.6
	天然气发电	40	136	277	1.4	2.4	3.0
	核能	55	130	231	1.9	2.3	2.5
	水能	436	793	1 199	15.4	14.0	13.0
	生物质能	6	11	18	0.2	0.2	0.2
	风能	8	57	138	0.3	1.0	1.5
	地热	0	0	0	0.0	0.0	0.0
	太阳能	0	6	18	0.0	0.1	0.2
控排情景	总发电量	2 834	5 097	7 841	100.0	100.0	100.0
	煤电	2 228	3 568	4 861	78.6	70.0	62.0
	石油发电	61	153	235	2.2	3.0	3.0
	天然气发电	40	122	470	1.4	2.4	6.0
	核能	55	204	470	1.9	4.0	6.0
	水能	436	866	1 294	15.4	17.0	16.5
	生物质能	6	20	47	0.2	0.4	0.6
	风能	8	127	376	0.3	2.5	4.8
	地热	0	15	31	0.0	0.3	0.4
	太阳能	0	20	55	0.0	0.4	0.7

3．中国未来温室气体排放情景

中国未来温室气体排放情景使用 LEAP2008 模型计算，冻结情景、基准情景、控排情景和减排情景下的结果显示于图 5-17，图 5-18 中。

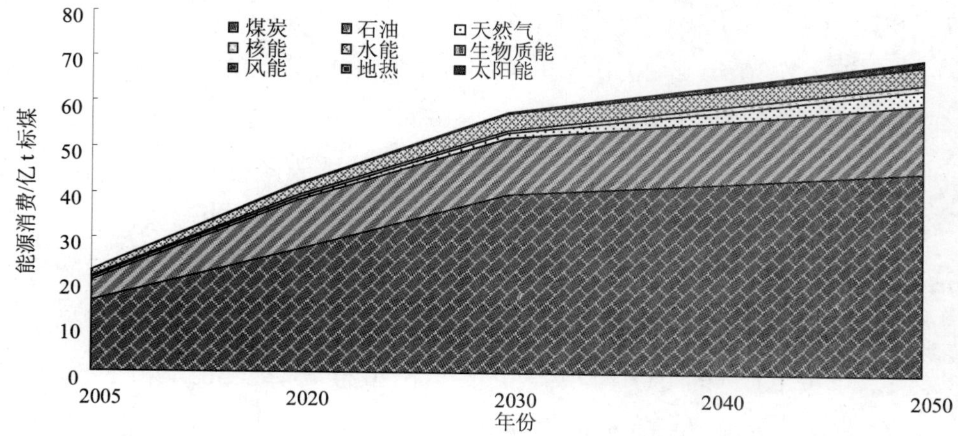

基准情景

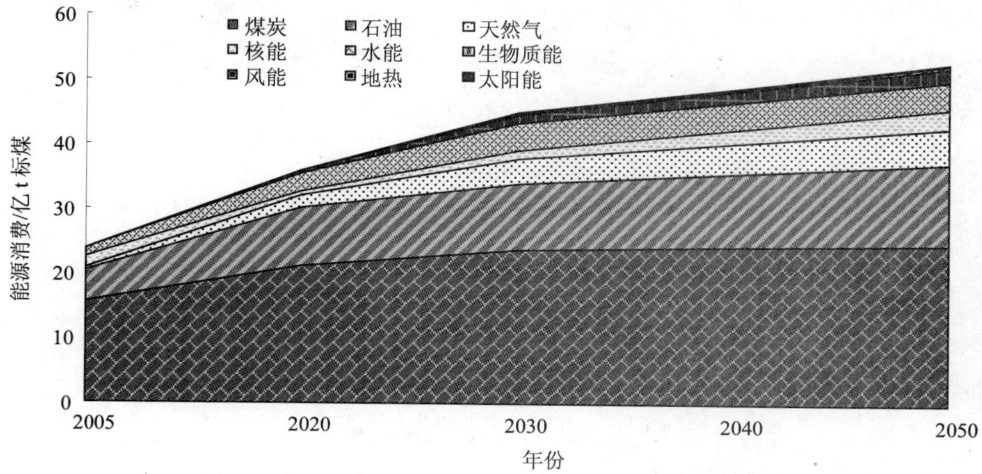

控排情景

图 5-17　基准情景和控排情景下的一次能源消费

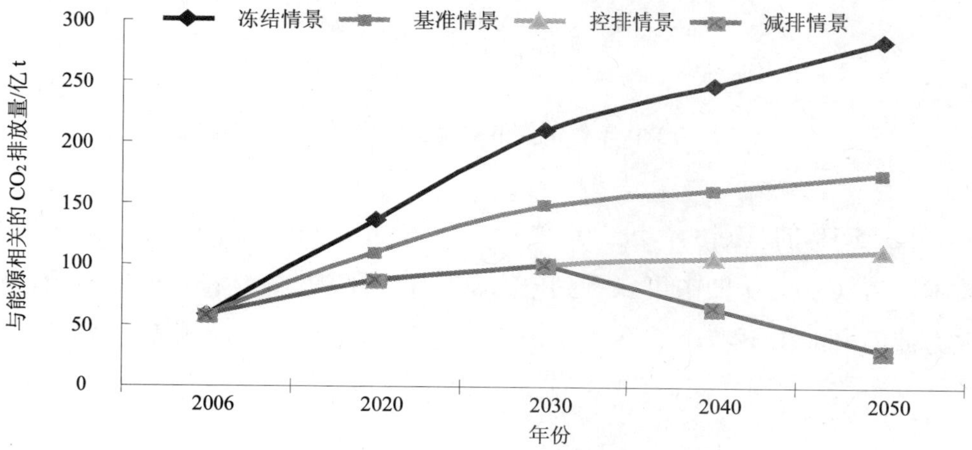

图 5-18　中国未来与能源相关的 CO_2 排放

从图 5-17 和图 5-18 看出，在冻结情景下，中国未来与能源相关的 CO_2 排放将呈现迅猛发展的势头，2020 年、2030 年和 2050 年的 CO_2 排放量将分别达到 137 亿 t、211 亿 t 和 302 亿 t，2050 年前无法达到峰值。在基准情景下，与冻结情景相比，中国政府已经做出了巨大的减排努力。基准情景 2020 年、2030 年和 2050 年的 CO_2 排放量将分别达到 110 亿 t、149 亿 t 和 174 亿 t，分别在冻结情景的基础上减排了 27 亿 t、61 亿 t 和 110 亿 t。在控排情景下，中国采纳了包括碳捕获和碳封存在内的一系列的先进措施，实现了可观的减排成果。与基准情景相比，在控排情景下 2020 年、2030 年和 2050 年分别在基准情景的基础上又减排了 23 亿 t、49 亿 t 和 63 亿 t，单位 GDP 的 CO_2 排放强度分别在 2020 年、2030 年和 2050 年的基础上降低了 45%、65%和 80%。2030 年至 2050 年的温室气体排放增量被控制在 12 亿 t 以内，2050 年的标煤消耗被控制在 53 亿 t 以内，但是即便如此，中国仍然无法在 2050 年前达到峰值。若要实现在 2030 年达到峰值，2050 年人均排放 2 t 的减排情景目标，2050 年中国还需要在控排情景的基础上减排 82 亿 t，在不考虑投资成本和贸易损失的前提下，这将至少给中国带来 15.4%的 GDP 损失（2050 年）①，相当于 2006 年 GDP 的 1.6 倍，这将给中国的经济发展带来巨大风险。

图 5-19 以 2030 年为例，比较形象地展示了不同情景下的温室气体排放和减排情况。

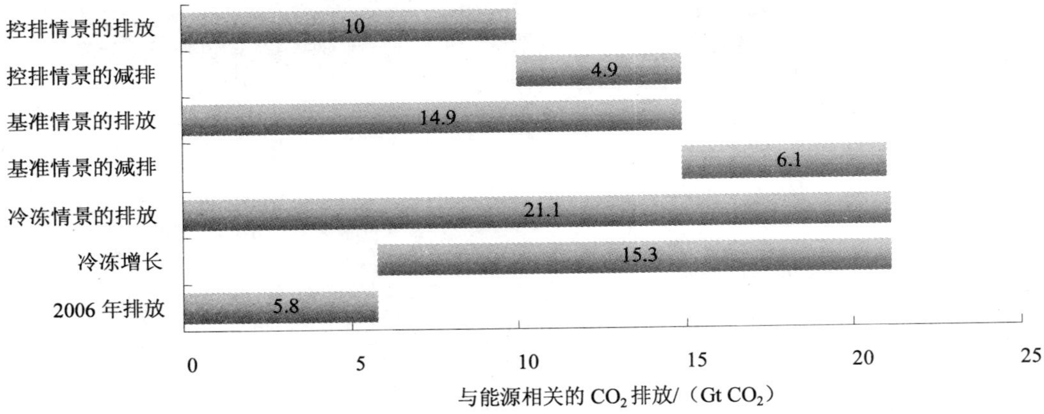

图 5-19　2030 年各情景下的温室气体排放量和减排量

图 5-20 在图 5-19 的基础上，进一步展示了 2030 年控排情景下的 CO_2 减排目标将如何通过各部门技术部署实现。从图中可以看到电力部门的 CCS、核能和可再生能源、建筑、交通是减排的主力部门，如果不考虑 CCS 和一些先进的可再生能源，减排潜力将大大压缩。

① 王克，基于 CGE 的技术变化模拟及其在气候政策分析中的应用，清华大学博士论文，2008.

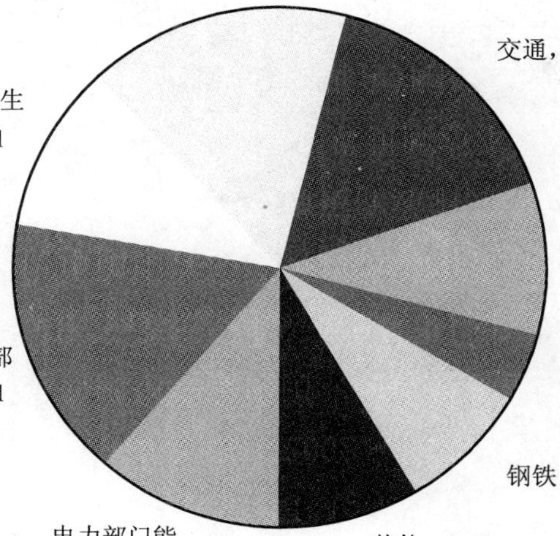

图 5-20　2030 年控排情景下的温室气体减排量的部门分解（Gt CO_2）

（二）主要能源生产和能源消费部门的技术现状、发展趋势和基于系统优化思想的技术战略选择

电力部门，工业部门的钢铁、有色金属、化工、建筑材料，建筑部门和交通运输部门，是中国目前和未来减缓碳排放增长的主要部门。表 5-10 是以 2006 年的分行业能源消费量为基准，根据国际通行定义和惯例计算得到的分行业能源消费量。从表中可以看出，电力部门，工业部门的钢铁、有色金属、化工、建筑材料，建筑部门和交通运输部门这 7 个部门的能源消费占到了总能源消费的 76.2%，煤炭消费的 85%，原油消费的 95%以上，是不折不扣的能源大户和排放大户。

表 5-10　　中国分行业能源消费统计（2006 年）[①]

行业	能源消费总量/万 t 标准煤	煤炭消费量/万 t	焦炭消费量/万 t	原油消费量/万 t	汽油消费量/万 t	煤油消费量/万 t	柴油消费量/万 t	燃料油消费量/万 t	天然气消费量/亿 m^3	电力消费量/亿 kW·h
消费总量	246 270.2	239 216.5	27 591.6	32 245.2	5 241.7	1 124.7	11 835.9	4 368.3	561.4	28 588.0
农林牧渔水利业	5 322.4	2 309.6	79.6	0.0	0.0	1.5	98.3	0.7	0.0	947.0
采掘业	13 010.0	15 436.8	194.1	1171.4	2.8	5.7	236.0	43.1	87.1	1 477.8
化工	36 947.2	34 310.5	2 091.8	30 867.7	3.4	6.4	124.9	805.5	216.4	2 793.8
建材	19 781.2	16 827.4	234.7	14.6	1.3	2.7	168.3	605.5	26.0	1 673.8
钢铁	42 731.9	21 185.6	23 452.0	0.1	1.2	1.7	60.3	168.7	12.3	3 035.9
有色金属	8 596.8	2415.3	418.2	0.3	0.3	2.1	35.0	99.1	5.0	1 827.6

① 数据来源：中国统计年鉴 2007。交通运输用油计算方法：除交通运输部门运营用油外，工业、建筑业、服务业消费的 95%的汽油，35%的柴油用于交通工具；居民生活和农业消费的全部汽油，居民生活消费的 95%的柴油用于交通工具。建筑用能计算方法：交通运输、商业和其他的电力加上居民能源消费，未包括供暖能耗。

行业	能源消费总量/万t标准煤	煤炭消费量/万t	焦炭消费量/万t	原油消费量/万t	汽油消费量/万t	煤油消费量/万t	柴油消费量/万t	燃料油消费量/万t	天然气消费量/亿 m^3	电力消费量/亿kW·h
电（热）力	17 212.1	120 245.7	6.6	11.4	1.0	0.2	224.5	965.2	29.5	4 163.0
交通运输	26 545.1	724.8	0.9	163.7	5 144.9	1 000.5	9 159.7	1 280.6	17.2	0.0
建筑用能	35 939.4	8 386.3	90.4	0.0	64.4	22.7	1 024.3	0.0	102.6	6 122.1
其他行业	40 184.1	17 374.4	1 023.3	16.0	22.5	81.0	704.6	399.9	65.2	6 547.0

参照 IPCC 2006 年给出的国家排放清单系数，我们可以分别利用参考法和部门法计算得到分行业的与能源相关的 CO_2 排放值，从表 5-11 和图 5-21 中可以看出，电力部门，工业部门的钢铁、有色金属、化工、建筑材料，建筑部门和交通运输部门这 7 个部门的排放占到了总排放的 85%以上。

表 5-11　　中国分行业与能源相关的 CO_2 排放量（2006 年）　　单位：10^6t

行业	煤	石油	天然气	总计
部门法	4 669.60	804.00	121.80	5 753.50
电力和热力	2 377.60	37.07	6.41	2 421.10
农、林、牧、渔、水利业	48.08	3.18	0.00	51.26
采掘业	311.10	43.70	18.89	373.69
化工	293.56	92.30	46.96	432.82
非金属矿物制品业	339.83	24.44	5.65	369.92
黑色金属冶炼及压延加工业	839.44	7.17	2.66	849.28
有色金属冶炼及压延加工业	60.46	4.23	1.08	65.77
交通运输、仓储和邮政业	14.36	518.76	3.74	536.85
建筑用能	168.56	35.01	22.26	225.83
其他行业	374.61	38.24	14.14	426.99
参考方法	4 729.65	953.83	121.81	5 805.28

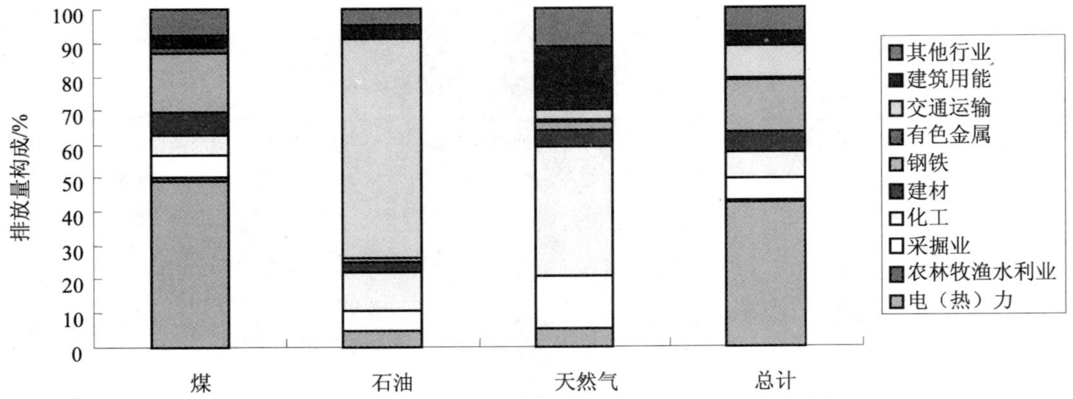

图 5-21　中国分行业与能源相关的 CO_2 排放量构成（2006 年）

因此，本部分将针对这些重要的终端能源消费部门——电力、工业（主要是黑色冶金中的钢铁、化工、水泥）、建筑、交通运输，同时结合主要一次能源生产部门的技术现状、发展趋势以及部门内部的技术选择战略进行分析，为进一步识别中国重点能耗部门的减排潜力和减排技术方案提供理论依据和数据支持。

1．电力部门

（1）电力部门概况

电力工业是将煤炭、石油、天然气、核燃料、水能、海洋能、风能、太阳能、生物质能等一次能源经发电设施转换成电能，再通过输电、变电与配电系统供给用户作为能源的工业部门。

① 电力装机容量与发电量持续增长。

作为国民经济的基础部门，伴随着经济的高速增长，中国的电力需求在近几年内也呈现了较高的增长速度，尤其是自 2005 年以来，中国的电力进入了超高速增长的通道。表 5-12 显示了中国电力部门的产量以及自 1990 年以来的发展趋势。可以看出，中国的电力装机容量从 1990 年的 138GW，增加到了 2006 年的 622GW，尤其是 2006 年的新增装机容量超过了 100GW，这在任何国家都是罕见的（表 5-13）。火电长期占据了中国电力装机的核心位置，其在中国总发电量中所占比例达到了 80%以上，对于保障中国的能源供应有着非常重要的意义。

表 5-12　　中国电力装机容量和发电量发展趋势

	1990 年	1995 年	2000 年	2001 年	2002 年	2003 年	2004 年	2005 年	2006 年
装机容量/万 kW	13 789	21 512	31 932	33 849	35 657	38 450	43 550	51 719	62 200
发电量/（亿 kW·h）	6 210	10 070	13 287	14 839	16 024	19 106	22 033	24 975	28 344

资料来源：中国能源统计年鉴 2007；国际统计年鉴 2005；中国风险投资年鉴 2005；中国煤炭工业年鉴 2004；中国电力年鉴 2007；新华网 2007-01-12。

表 5-13　　中国电力部门装机容量与发电量统计（2006 年）①

项目	装机容量/发电量	所占比例/%	比 2005 年增减/%
总装机容量/万 kW	62 200	—	20.3
总发电量/（亿 kW·h）	28 344	—	13.5
其中：火电发电量	23 573	83.17	15.3
水电发电量	4 167	14.70	5.1
核电发电量	543	1.92	2.4
其他能源发电量	61	0.23	41.5

② 中国电力部门的技术经济指标在逐步提高，与国外仍然存在较大差距。

近些年来，中国电力部门的技术装备水平逐步提高。1990 年至 2006 年，供电标准煤耗由 427g/（kW·h）下降到 356g/（kW·h），16 年共降低煤耗 71g，下降幅度为 17%，平均每

① 中国电力企业联合会统计信息部. 2006—2007 年全国电力供需形式分析预测与若干问题建议. 中国石油和化工经济分析，2007（6）：6-11.

年下降 4.4g。厂用电率由 1990 年的 6.9%下降到 2006 年的 5.83%，绝对值下降了 1.07%（表 5-14）。但是与国际先进水平相比，中国电力部门的技术水平还存在较大差距。

表 5-14 发电设备标准煤耗（2006 年）

发电厂用电率/%	比 1990 年绝对减少/%	发电标准煤耗/[g 标煤/（kW・h）]	供电标准煤耗/[g 标煤/（kW・h）]	比 1990 年减少/g 标煤	国际先进/[g 标煤/（kW・h）]
5.83	1.07	332	356	71	312

资料来源：中国电力年鉴 2007。

（2）电力部门技术现状

① 常规火电机组的技术装备水平逐步提高，亚临界机组占主导地位。

80 年代新增火电机组以 10 万～20 万 kW 机组为主力机组，90 年代过渡到以 30 万～60 万 kW 机组为主力机组。①到 2005 年年底，30 万 kW 及以上火电机组已占总装机容量的 45%，亚临界机组占主导地位。

值得一提的是，中国在电力行业“上大压小”的工作成绩十分显著。由国家发改委近日发布的数据显示，2006 年全年，全国关停了 121.2 万 kW 的小火电机组。而在 2007 年，全国淘汰小火电机组达 1 438 万 kW。此外，2005 年至今，中国在超临界和超超临界机组的生产和运行方面也发展迅猛。以超超临界为例，国内第一个国产百万千瓦超超临界电站项目——华能玉环电厂一号机组于 2006 年 11 月底正式投入运行。其后，中国华电、中国国电等企业也纷纷有超超临界煤电机组运行发电。可以说，随着中国电力的快速发展和产业技术不断升级，大容量、高参数、低消耗、低排放的火电机组迅速增加，火电机组的技术含量大幅度提高，中国电力发展的增量部分基本达到世界先进水平。

② 大型 CFB 技术，整体煤气化联合循环发电（IGCC）目前还处于示范阶段，还没有进行商业化应用。

相比一般的发电工艺，IGCC 的优势在于能综合解决燃煤对环境的污染，而且更便于 CO_2 的捕获，在应用 CCS 技术上有优势，这对于以煤为主要燃料而又快速发展着的中国具有极大的战略意义，但目前的问题在于其成本太高，难以大规模商业化应用。中国目前也正在开展 IGCC 机组的示范工程。“十一五”期间共有华能、华电、东莞三个 IGCC 项目和两个多联产项目立项，但目前都还没有进入建设阶段。而 CFB 的技术则有利于中国应用一些劣质煤进行生产，而且 CFB 锅炉易于调峰，可以解决 IGCC 和大机组不易调峰的问题，但目前中国 CFB 锅炉的规模普遍较小，效率也较低，更高效更大容量的 CFB 还在开发中，已在贾旺电厂建成 15MW 的中试厂，正筹建 100MW 的示范厂。

表 5-15 集中展示了这几项清洁煤技术在耗能与污染物排放方面的技术参数。由于数据来

① 周大地，等. 2020 中国可持续能源情景. 北京：中国环境科学出版社，2003.

源不尽相同，因此参数的尺度上存在一些差距。

表 5-15　　CFB 与 IGCC 技术的技术参数 [a]

技术	CFB	IGCC
装机容量比例/%	<0	
耗煤/[g 标煤/（kW·h）]	424	264
转换效率/%	37～39	45～48
二氧化碳排放/[g/（kW·h）]	1 030	832
二氧化硫排放 [c]/[g/（kW·h）]	12.720	7.923
SO_x 减排量 [b]/%	90～95	98～99
氮氧化物排放/[g/（kW·h）]	9.301	5.793
NO_x 减排量 [b]/%	60	98～99
建设成本/（元/kW）	9 975[b]	10 725[b]
运转成本/[元/（kW·h）]	0.075 0	0.067 5
发电成本/[元/（kW·h）]	0.351	0.385

注：a. 资料来源：赵旺初. 发展增压流化床锅炉联合循环的探讨.
http: //www.ceclub.cn/cgi-bin/topic.cgi? forum=43&topic=143&show=180.
b. 国际能源机构《21 世纪的能源技术》认为其基建成本为 11310 ~ 13260 元/kW.
c. 资料来源：国际能源机构《21 世纪的能源技术》，1997.

③ 可再生能源资源丰富，现有开发量有限。

中国的水电资源非常丰富，可开发水能资源总量居世界第一位。2006 年水电发电量达 4 167 亿 kW·h。虽然水电的建设成本投资有时略高于火电投资，但水电运行不需要燃料。因此其发电成本相当低。中国的风能资源也十分丰富，近年来发展也非常迅速。2005 年中国风电装机容量为 1.3GW，到 2006 年即已翻倍。

表 5-16 中展示了这几项可再生能源发电技术的成本参数。

表 5-16　　水电、核电、风电和其他可再生能源发电技术的相关参数

技术	水电	核电	风电	光伏发电
装机容量比例/%	23	3.28	0.24	0.013
建设成本/（元/kW）	7 000～10 000	11 250～13 500[a]	10 500[b]	65 000[c]
运转成本/[元/（kW·h）]	0.04～0.09	0.14[d]	—	0.6[c]
发电成本/[元/（kW·h）]	0.3～0.39	0.32～0.4[d, e]	0.32～0.35[f, g]	4.6[c]

注：a. IEA. 2007. World Energy Outlook 2007.
b. 周篁，马胜红. 中国风电场建设分析及发展预测.
http: //www.crein.org.cn/forum/windpower/99012_04.HTM.
c. 李俊峰，王斯成，等. 中国光伏发展报告（2007）.
d. WNA，2007. The Economics of Nuclear Energy Power.
e. 核电中长期发展规划（2005—2020）.
f. 可再生能源中长期发展规划（2006—2020）.
g. 中关村国际环保产业促进中心. 2006. 谁能驱动中国.

④ 中国电力行业的技术水平与国外仍然存在较大差距。

中国的供电煤耗指标较国外先进水平高 45g 左右，仅相当于美国、英国 20 世纪 70 年代的水平。对 300MW 等级容量，国产机组的供电煤耗比进口亚临界压力机组高 4～12g/（kW·h），比进口超临界压力机组高 15～20 g/（kW·h）；对 600MW 等级容量，国产机组的供电煤耗比进口亚临界压力机组高 20～23 g/（kW·h），比进口超临界压力机组高 28～39 g/（kW·h）。300MW 及以上容量国产和进口火电机组的平均供电煤耗与相应先进水平机组间的差距达 9～14 g/（kW·h）[①]。

而且，中国还存在着大量高能耗、高排放的中小机组，从表 5-17 中可以看出，2005 年 30 万 kW 以下的中小型机组仍占据了 55%，而其能效与大型高参数机组相比，仍存在着较大差距。

表 5-17　2005 年中国火电机组的装机容量与技术信息

	小机组	常规火电	亚临界	大型亚临界机组	超临界	超超临界
单机容量/MW	＜100	100～300	300～600	600	＞600	＞600
装机容量比例/%	28	27	33	9	5	0
装机容量/MW	108	105	127	33	18	0
耗煤[a]/[g 标煤/（kW·h）]	394	346	322	305.9	297.7	267.2
发电效率/%	30.0	33.8	38.2	40.2	41.3	46%
二氧化碳排放[b]/[g/（kW·h）]	1 063.8	934.2	869.4	827	805	721
二氧化硫排放[c]/[g/（kW·h）]	3.02	2.65	2.47	2.34	2.28	2.05
氮氧化物排放[d]/[g/（kW·h）]	1.96	1.72	1.60	1.52	1.48	1.33
建设成本/（元/kW）	暂无	暂无	暂无	3 502	3 683	3 878
运转成本[e]/[元/（kW·h）]	324.18	292.97	277.37	266.9	264.47	247.78
发电成本[f]/[元/（kW·h）]	41.52	37.52	35.52	34.18	33.87	31.73

注：a. 数据来源：赵丽凤. Economic Assessment of Deploying Advanced Coal Power Technologies in Chinese Context. 哈佛项目工作报告 2008；MIT，the Future of Coal，2007。

b. 二氧化碳排放系数取自 IPCC：煤炭：25.3tC/TJ（注：1 万 t 煤约合 230TJ）；亚临界后引用 MIT 的数据。

c. 这里考虑的是未采取脱硫脱硝技术前的产生量。排放系数取 21.414kg/t 煤，数据来源于国家环保总局《国家环境安全战略报告》中提出的 2000 年的排放系数。

d. 这里考虑的是未采取脱硫脱硝技术前的产生量。排放系数取 15.658kg/t 煤，数据来源于国家环保总局《国家环境安全战略报告》中提出的 2000 年的排放系数。

e. 未包含燃料成本。

f. 包括投资成本、燃料成本和运转成本三部分。

（3）中国电力部门近期的技术发展趋势

① 火电的发电效率和污染物排放量均将呈现下降趋势。

根据相关规划，中国将建设大型超超临界电站和大型空冷电站。推进洁净煤发电，建设

① 王志轩，潘荔，王新雷，胡兆光，熊幼京，米建华. 电力工业节能现状及展望. 中国电力，2003，9：34-42.

单机 60 万 kW 级循环流化床电站，启动整体煤气化燃气—蒸汽联合循环电站工程。发展坑口电站，建设大型煤电基地。适度发展天然气发电。加快淘汰落后的小火电机组。推进热电联产、热电冷联产和热电煤气多联供。改造现役电厂除尘器，提高可靠性、稳定性和除尘效率。到 2010 年，使火电供电标准煤耗由 2005 年的每千瓦时 370g 下降到 355g，厂用电率由 5.9%下降到 4.5%；城市集中供热普及率由 30%提高到 40%，新增供暖热电联产机组超过 4 000 万 kW，年节能 3 500 万 t 标准煤以上，为改善城市空气质量作出贡献。同时，使火电厂每千瓦时烟尘排放量控制在 1.2g、二氧化硫排放量下降到 2.7g，电厂废水排放达标率实现 100%。

② 可再生能源发电量及装机容量大幅度提高。

a. 水电。

中国将建设金沙江、雅砻江、澜沧江、黄河上游等水电基地和溪洛渡、向家坝等大型水电站。适当建设抽水蓄能电站。到 2010 年，全国水电装机容量达到 1.9 亿 kW，其中大中型水电 1.4 亿 kW，小水电 5 000 万 kW；到 2020 年，全国水电装机容量达到 3 亿 kW，其中大中型水电 2.25 亿 kW，小水电 7 500 万 kW。

b. 核电。

在核电方面，中国将重点建设百万千瓦级核电站，逐步实现先进压水堆核电站的设计、制造、建设和运营自主化。重点发展核电 600～1 000MW 级压水堆核电机组技术和燃气轮机技术。到 2020 年，核电运行装机容量争取达到 4 000 万 kW；核电年发电量达到 2 600 亿～2 800 亿 kW · h。在目前在建和运行核电容量 1 696.8 万 kW 的基础上，新投产核电装机容量约 2 300 万 kW。同时，考虑核电的后续发展，2020 年末在建核电容量应保持 1 800 万 kW 左右。

c. 风电。

中国将大规模进行风电开发和建设，促进风电技术进步和产业发展，实现风电设备制造自主化，尽快使风电具有市场竞争力。到 2010 年，全国风电总装机容量达到 500 万 kW。重点在东部沿海和“三北”地区，建设 30 个左右 10 万 kW 等级的大型风电项目，形成江苏、河北、内蒙古 3 个 100 万 kW 级的风电基地。建成 1～2 个 10 万 kW 级海上风电试点项目。到 2020 年，全国风电总装机容量达到 3 000 万 kW。

③ 在电网输送技术方面的提高将提升电网输送效率。

中国将发展大容量远距离直流输电技术和特高压交流输电技术与装备，间歇式电源并网及输配技术、电能质量监测与控制技术、大规模互联电网的安全保障技术、西电东输工程中的重大关键技术、电网调度自动化技术、高效配电和供电管理信息技术和系统将得以研究和开发。到 2010 年，使电网线损率下降到 7%左右，2020 年进一步下降到 6%。

（4）电力部门中长期的技术战略选择

① 技术战略 1：严格限制建设小火电机组，尽快停运现有的小火电机组，积极发展高参

数大容量机组如超临界和超超临界机组，在小范围内试点 IGCC。更新高耗能、高污染的中低压参数老机组，“以大代小”是中国电力部门减少温室气体排放的首要技术战略。

从电力部门的技术替代来看，用大型亚临界机组替代常规机组可以减少 24%～41%的燃煤消耗；用超临界或超超临界机组替代常规机组更可以减少 32%～54%的燃煤消耗。目前亚临界和超临界的技术已经成熟，超超临界技术正在研发末期并在努力降低成本及推广。如果这些高参数大容量机组能够在中国电力部门广泛使用，将大大减少中国电力行业的煤耗和温室气体排放量。

基于以上技术的效率和成本信息以及未来的发展趋势，与基准情景相比，在控排情景下，通过进一步加大以大带小的力度和通过技术升级，火电部门到 2030 年在技术情景下约可减排约 4 亿 tCO_2。

② 技术战略 2：调整发电能源结构，加快开发小水电，积极发展核电和新能源发电，将是中国电力部门减少温室气体排放的重要手段。

中国的水电资源非常丰富，可开发水能资源总量居世界第一位。从水能资源的开发潜力以及长远经济性和减少温室气体排放等诸多方面，中国都应当充分重视水电特别是小水电的开发和利用。

核电有燃料运输量小，可在负荷中心附近建设的特点。在中国东南沿海经济发达、能源短缺的地区建设核电站，不仅可以替代燃煤火电，减轻煤炭运输和当地环境保护的压力，而且对减少温室气体排放也具有重要的作用。

中国的风能资源也十分丰富。在风力资源丰富的地区发展风电，是中国改善能源结构、减少温室气体排放、保护环境的需要。

发展可再生能源发电，从能源安全、环境保护、温室气体减排等角度对中国都有重大的现实意义，因地制宜地促进农村地区的可再生能源发电，可以解决能源短缺问题，改善农村环境，是建设社会主义新农村的重要途径。中国也出台了《可再生能源法》、《可再生能源中长期发展规划》等法律和规划，来推动可再生能源的发展。

根据中国的资源状况、相关研究结果及规划，表 5-18 中对 2030 年可再生能源发电的机组构成做了设置。

表 5-18　2030 年中国可再生能源发电机组的发展情况　单位：TW • h

年份	水电		核电		风电		其他可再生能源	
	基准情景	控排情景	基准情景	控排情景	基准情景	控排情景	基准情景	控排情景
2006	436	436	55	55	8	8	6	6
2020	849	866	142	204	79	127	34	56
2030	1 199	1 294	277	470	184	376	56	133

基于这几项清洁能源技术在耗能与污染物排放方面的技术参数，以及未来的发展趋势，预计到 2030 年，可再生能源发电可减少二氧化碳约 5.08 亿 t。其中，核电是目前减排成本最低的发电技术，但从中远期来看，风电的成本降低潜力更大，甚至低于核电。

③ 技术战略 3：发展输变电技术，降低线损率，提高电力输送效率。

电网电能损耗综合反映和体现了电力系统规划设计、生产运行和经营管理的水平，是电网经营企业的一项经济技术指标。而中国的线损率与国外发达国家相比，差距巨大。2006 年，中国电网综合线损率为 7.04%，而美国、日本和德国 2000 年的电网综合线损率分别为 6.0%、3.89%、4.6%，意大利 2004 年的综合线损率为 3.0%。

根据中国电力部门发展规划和国际水平比较，表 5-19 中设定了在控排情景下中国在不同阶段可能实现的线损率，其节能效果如表 5-19。

表 5-19　在控排情景下到 2050 年中国降低线损率的减排效应与成本

年份	末年线损率/%	CO_2 减排量/（$\times10^6$t）
2020	6	88.4
2030	5.5	140.7
2050	4.5	307.7

降低线损率的成本取决于大容量远距离直流输电技术、特高压输电技术、高压变频技术、非晶合金变压器等输变电技术的研发应用，以及管理系统对减排的贡献率。

④ 技术战略 4：积极跟踪国外对 CCS 技术的研究动态，培养研发人才，通过国际间资金技术合作，伴随国际研发的步伐，提高研发力度，并在中长期尝试进行小规模示范和应用。

考虑到中国以煤为主的资源禀赋、油气资源的短缺、土地匮乏、风能有效利用时间有限，核安全、核燃料供应受限制和核专业方面人才不足等因素，煤电机组占总装机容量的比例仍将在很长时间内保持在较高水平上。这种基于高碳密度燃料的发电格局将使中国未来电力行业的节能减排努力面临非常严峻的形势，这意味着如果中国未来不打算放弃煤电，那么 CCS 将是中国的必然选择，从战略储备角度看必须加大对该技术的研究力度。

2. 工业部门

（1）钢铁

① 钢铁部门概况。

自从 1996 年中国成为最大的钢铁生产国，中国的钢铁工业在国内内需快速增长的推动下快速地发展（图 5-22）。中国的粗钢产量在 2007 年达到 4.89 亿 t 大约是 1997 年产量的 4.5 倍，2005 年产量的 1.3 倍，其占世界粗钢产量的比例由 1997 年 13.6%上升到 2007 的 36.4%。尽管全球的粗钢产量增速开始减缓，但由于中国仍处于比较快速的发展和建设中，在国内需求的支撑下。预计中国钢铁产量的较高增长仍将持续若干年。而钢铁行业是耗能最高的工业，且在生产钢铁的过程中伴随着大量 CO_2 的排放，包括：直接过程相关的排放，燃烧矿物燃料的排放以及生产过程中消耗电力的间接排放。将这些排放全部纳入考虑，钢铁行业的 CO_2 排放约占世界总排放的 4.1%，占全部制造业排放的 15%。因此中国钢铁产量在未来一段时间继续增长的预计下，钢铁产业的能源需求及 CO_2 的排放也将出现增长的趋势。

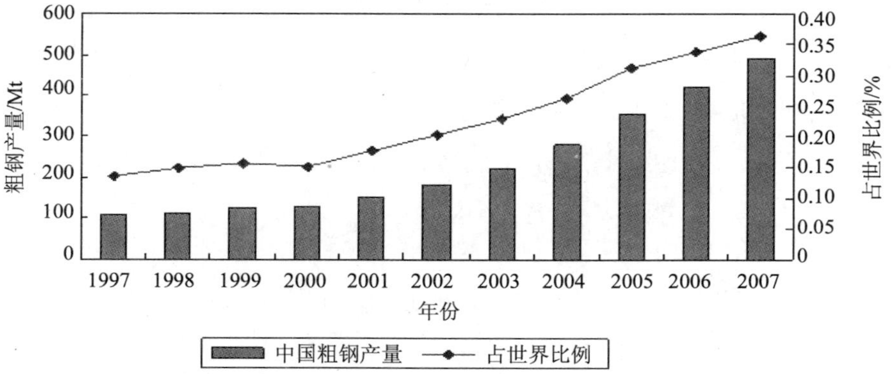

图 5-22 中国 1997—2007 年钢铁产量变化[①]

表 5-20 反映了中国钢铁工业年能源消耗和二氧化碳排放的历史情况以及一些具体的能源消耗结构的信息。在 2005 年，中国钢铁行业的总能耗是 3.7 亿 t 标煤，是 1999 年能耗的 2.1 倍，CO_2 的排放也呈现同样快速增加的趋势，从 1999 年 4.3 亿 t 增长为 2006 年 9.2 亿 t。从表中可以看出，中国钢铁生产是以煤为主的能源消费结构，炼焦煤、燃料煤占 68%～70%，电力占 25%左右，油、气所占比重很小。而且中国的电力生产主要消耗煤。因此煤是中国钢铁行业的最主要的能源类型，与世界主要产钢国钢铁工业的能源结构相比，中国煤炭所占的比例高于其他国家，而天然气和燃料油的比重明显低于发达国家。中国钢铁工业的这种能源消费结构也增加了单位产量钢铁的 CO_2 排放并且在短期内不会有太大的改变。

表 5-20 1999—2005 年钢产量及能耗变化趋势[②]

年份	钢铁工业能源消耗/Mt 标煤	占全国总能耗比例/%	估计的每年 CO_2 排放量/Mt	能源消费结构/%				
				煤	焦炭	电力	油	天然气
1999	173.63	12.97	432.87	29.55	43.45	23.61	3.29	0.09
2000	178.20	12.86	444.26	29.16	42.49	24.89	3.34	0.13
2001	180.56	12.61	450.15	27.60	43.38	25.81	3.09	0.12
2002	196.58	12.95	490.08	23.78	46.00	27.35	2.71	0.16
2003	243.58	13.92	607.24	23.93	46.10	27.42	2.37	0.18
2004	297.02	14.62	740.48	21.26	48.25	28.56	1.58	0.35
2005	370.78	16.50	924.37	19.81	50.64	27.88	1.28	0.39

① 数据来源：International Iron and Steel Institute（IISI）.2007 Steel Statistical Year Book 2007.
② 数据来源：中国能源统计年鉴 2004—2005.

② 钢铁行业技术现状。

a. 制铁、炼钢是主要耗能生产工序。

中国钢铁工业正进入规模扩张和结构调整并进为特征的时代，技术创新尚在起步之中。近几年，主要依靠对关键技术装备引进，已具有了当代世界最先进的工艺装备，目前正在致力于引进技术的消化吸收，以开发具有竞争力的产品。工艺流程包括炼焦—烧结—高炉炼铁—转炉炼钢—铸造—热轧—冷轧等工序，各工序对应的技术装备如表 5-21 所示。

表 5-21 钢铁部门采用的工艺和主要技术

工序	技术
炼焦	小型、大型焦炉
熄焦	干法、湿法熄焦技术
烧结	小型、大型烧结炉
高炉炼铁	高炉喷煤、直接还原、熔融还原（少）
炼钢	转炉（小型、大型）、电炉（交流、直流）
铸造	铸模机、连铸（接近 100%）
轧钢	轧机、冷轧机

b. 主要炼钢、炼铁工艺特性。

炼铁技术：中国宝钢、武钢、马钢、鞍钢等大型高炉装备达到国际水平；高炉喷煤、高炉长寿化、高风温、无钟炉顶、小球烧结、球团烧结等技术有了发展；高炉主要技术经济指标大有进步，缩小了与世界先进水平的差距。

炼钢技术：淘汰了平炉，转炉钢产量约占钢产量的 88%。初步实现了炼钢设备的大型化，达国际水平主装备率转炉 43.9%；转炉容量增大，平均炉容 55t/座，炉座产能提高，中小转炉利用系数居国际领先水平；全连铸技术被大多数企业选用，达国际水平主装备率连铸机 74.8%。连铸比迅速提高达 98.9%，超过世界平均水平。

轧钢技术：世界上主要的先进轧制技术中国均已引进，并正在推广应用中。轧钢达国际水平的主要装备率不高（小型棒材轧机 20%，中厚板轧机 47.5%，薄板轧机 71.9%；轧机作业率低，目前平均 63.91%，比国际先进水平低 20%左右）。

c. 国内技术水平存在二元结构，技术经济指标与国际水平比较仍存在差距。

从钢铁生产工序能耗来看，国内企业之间仍存在较大差距：国内先进水平与国际先进水平相比，仍有一定差距。

与其他国家不同，中国的钢铁行业以存在大量的生产工艺落后的小型生产单位为特点，且行业内能效水平相差巨大。根据中国钢铁行业协会统计，2005 年中国先进钢铁企业的吨钢综合能耗为 543.72kg 标煤。但是小型落后企业的吨钢综合能耗仅为 958.58kg 标煤。中国钢铁行业的产业集中度低，截止到 2006 年，全国 6 999 家钢铁生产企业中生产能力在 500 万 t 的钢铁企业只有 21 家。因此尽管目前中国的一些大型的钢铁企业中已经存在一些先进的技术工艺，能效水平已经接近甚至超过国际水平，但由于这些大型企业占有很小的比例且先进的工艺技术没有得到较大的推广，中国钢铁行业的平均能效水平仍然很低。

表 5-22 表明了 2005 年不同规模的钢铁企业的能耗，可以看到，小型钢铁企业的比重仍然非常大，产品能耗明显高于大型钢铁企业。

表 5-22　　高耗能行业按设备或企业规模区分的能耗

企业产能/（万 t/a）	占行业产能比重/%	产品能耗/（kg 标煤/t）
1 000	31	650～690
500～1 000	13	750
100～500	32	790
＜100	24	900
		640（国际先进）

表 5-23 也表明在中国的钢铁行业中先进企业与小型企业存在着巨大的差距。通过钢铁行业各主要工序能源消耗情况与国际水平之间的比较，进一步说明了中国少数大型企业已经达到甚至超过了国际先进水平。但是由于这些企业的钢铁产量没有占据市场的足够主导地位，因而中国钢铁工业的平均能效水平仍然较低。2005 年中国颁布的《钢铁行业发展政策》规定淘汰小规模落后工艺的设备，促进扩大企业规模，大型企业的合并。但目前该规定执行情况不是很好。2006 年，排名前五位的钢铁企业钢产量仅占全国总产量的 24.8%，比 2000 年降低 10.6 个百分点。小焦炉、小高炉、小转炉、小电炉、老轧机等落后设备仍大量存在。这些都严重制约了中国钢铁行业的整体发展和节能减排目标的实现。因此有效地执行《钢铁行业发展政策》中限制小型企业注册建设、逐步淘汰落后工艺技术的规定，对促进中国钢铁行业内先进技术工艺的扩散具有重大的意义。

表 5-23　　2006 年钢铁生产工序能耗①

工序	焦化	烧结	炼铁	转炉
国内重点企业平均/（kg 标煤/t）	142.21	64.83	456.79	36.34
国内先进水平/（kg 标煤/t）	122	54.68	396.7	−2.7
国内落后水平/（kg 标煤/t）	278.06	89.87	605.1	91.75
先进比平均低/%	20.21	15.7	12.2	107.4
落后比平均高/%	95.5	38.6	32.5	152.5
国外先进水平/（kg 标煤/t）	128	51	438	−8.8
国内先进比国外先进低/%	1.5	−7.2	9.4	−69.3

① 中国钢铁工业的节能减排.干勇于 2007 年 8 月的发言.

③ 钢铁行业的节能减排技术。

目前在钢铁行业可以实施的节能技术主要包括：

a. 干熄焦技术（CDQ）。

干熄焦技术（CDQ）的基本原理是利用冷的惰性气体在密闭的干熄炉内冷却红焦。余热蒸汽用于供热或者发电，从而改变了传统的湿法熄焦技术中的余热资源浪费，以及含有粉尘和有毒、有害物质的雾气对大气环境的严重污染。

目前，中国已经实现了干熄焦装置用提升机、循环风机、锅炉、电机车、排焦用振动给料器及旋转密封阀等专有设备的国产化；实现了干熄焦装置用装入装置、排出装置、一次除尘器、多管二次除尘器（金属和陶瓷）、供气装置、换热器（给水式和热管式）、焦罐、运载车、横移牵引装置等非标准设备的国产化，国产化率最高达到 97%。特别是济钢新建的大型CDQ（处理量 150t/h），蒸汽压力为 9.5MPa（国内一般为 5.4MPa），吨焦发电达 160kW • h（国内为 102kW • h）。

与传统湿熄焦相比，干熄焦确实投资高及本身能耗高。目前干熄焦装置工程费投资为 110～120 元/t（不含发电），而传统的湿熄法装置工程投资为 10 元/t。干熄焦本身能耗为 18～20kW • h/t（同时，干熄焦可回收能源 120kW • h/t），而湿熄焦为 2kW • h/t 左右。采用干熄焦可回收 80%的红焦显热，平均每熄 1t 焦炭可回收 3.9MPa，450℃蒸汽 0.56～0.6t。钢铁企业焦化厂焦炭产量约 7 000 万 t。2006 年年底，已安装 44 套 CDQ，占总产量的 37%，干熄焦年发电总 26亿 kW • h，每年可节约标准煤 164 万 t。

按照国家钢铁产业发展政策和焦化行业准入政策要求，今后凡是新建和改扩建焦炉必须配套干熄焦技术，力争 2020 年干熄焦或相应技术普及率超过 50%。焦化煤气必须全部合理利用，应配套建设煤气综合利用设施，如合成甲醇、双氧水、煤气提氢等。正常生产时煤气不得直排或者火炬。

b. 煤气联合循环发电（CCPP）。

2006 年年底，中国钢铁企业已建了近 10 套利用低热值煤气的联合循环发电装置 CCPP，年回收煤气量 3 000 亿 m^3，年发电量 100 亿 kW • h。

c. 喷煤和废弃塑料技术。

烧结矿和焦炭制作过程中存在严重的能耗损失，避免高耗能的新工艺流程主要包括：

- 向鼓风炉中喷射煤粉以代替焦炭。
- 设计新的反应流程，用煤代替焦炭（如 COREX 流程）。
- 设计新的反应流程，可以利用煤炭和矿粉（如气旋式转炉）。

喷煤技术目前已被广泛应用，其优势在于消除了炼焦过程，从而实现能源消费的大幅度降低。实验证明喷煤技术可以节约鼓风炉中一半的焦炭消耗，相应地节约了焦炭生产过程中消耗的能源。塑料废弃物也可以喷射到鼓风炉中以代替焦炭和煤，这项技术已在德国和日本使用，其发展的障碍在于如何控制塑料废弃物中的聚氯乙烯成分。

d. 熔融还原法。

由于焦炭和矿石的准备过程中消耗的能源较多，因此，许多中小型生产厂都致力于研究熔融还原法。将铁—矿还原过程一体化。目前，这一技术已经被开发利用，其原料为煤粉和烧结矿。

2005 年 7 月，中国订购了年产 150 万 t 的 C-3000COREX 生产线。由于 COREX 工艺仍然需要烧结矿作为原料，因此，目前的工艺设计力图节省这一步骤。FINEX 是 COREX 工艺的升级，使用铁矿代替烧结矿以减少生产成本。

e. 直接铸造。

近净形铸造和薄片连铸是目前金属成形领域比较先进的技术，是世界上几个大型钢铁生产集团、技术供应商和研究机构共同开发的成果。近净形铸造和薄片连铸可以将铸造和热轧工艺合二为一，减少了重新加热步骤，其主要优点在于生产能力高、可以合并几个生产步骤以降低成本，最早应用于不锈钢和碳素钢的生产。在制作板材过程中，钢带可以直接铸造成 1～10mm 厚的最终产品，大大减少了资金和能源的投入，同时，直接铸造方法由于减少了材料浪费可以间接实现节能。与连铸机相比，薄带铸轧机消耗能源较少。

f. CCS 技术。

即采用 CO_2 捕获和封存技术处理钢铁行业的 CO_2 排放，目前在中国的研究才刚刚开始。

④ 黑色冶金部门技术战略选择。

中国钢铁行业总体工艺装备水平不高，在能源利用效率方面与发达国家之间还存在较大差距。今后的生产发展方向、技术改进发展方向，应以节能为目标，必须充分体现规模效益和强化节能技术改造，提高钢铁工业的经济效益和社会效益等内容。

根据钢铁行业生产过程的特点，未来中国钢铁工业节约能源主要有三个方向：

一是技术节能，大力回收和充分利用余热和余能、高炉煤气、转炉煤气等生产过程中的废能及副产能源，减少一次能源消耗。应用特定的节能技术如干熄焦技术（CDQ），煤气联合循环技术（CCPP）等。

二是结构节能，如增加电炉炼钢的比例，引入熔融还原技术；提高喷煤比；炼铁炉料结构中多使用球团矿；逐步对现有轧钢系统进行连轧、半连轧改造，实现连铸坯“一火成材”和热装热送；加快大型电炉的建设速度，并采用废钢预热和铁水热装等新工艺，提高电炉钢比重等。

三是淘汰小型落后工艺和设备，增加产业集中度，设备大型化、先进化。

此外，对于 CO_2 的减排，CCS 技术值得我们关注，它主要包括二氧化碳的捕集和二氧化碳的储存两部分。但 CCS 技术的研究在中国才刚刚开始，短期内还难以大规模应用。

结合中国未来经济社会与人口的发展情况，预测中国钢铁部门主要产品产量如表 5-24 所示。

表 5-24　　中国钢铁主要产品产量在关键年份的预测

	2006 年	2020 年	2030 年
粗钢/（$\times10^6$t）	419	855	925

结合上述技术选择和技术数据，可以初步计算得到在控排情景下如不考虑 CCS 技术，2030 年中国钢铁行业约能减排 3.9 亿 t 碳。

（2）有色冶金

① 有色冶金部门概况。

2006 年，中国有色冶金工业年消耗标准煤达到约 8 597 万 t，约占国内能源消费量的 3.5%。[①]近年来，中国有色金属行业通过淘汰落后工艺，优化调整产业结构，通过加强管理、技术改造和增加产品附加值等措施，取得了显著的节能降耗成效。中国有色冶金工业目前呈现出这样的格局：一方面在积极淘汰落后产能，另一方面产量却又在急剧增长。这种“跷跷板”式的不平衡发展使中国有色冶金工业能耗不仅没有减少，反而出现膨胀。

根据国家产业政策和即将出台的能耗限额标准等政策，中国有色金属工业目前尚有落后的小型预焙槽电解铝生产能力 65 万 t、粗铜生产能力约 50 万 t、粗铅冶炼能力约 100 万 t、锌冶炼能力约 90 万 t 等落后的生产工艺装备需要更新和淘汰。但在目前有色金属处于高价位的形势下，淘汰落后产能有一定的难度，尤其是铅锌产业企业集中度低，中小企业居多，很多企业位于经济发展相对落后的地区，淘汰任务更加艰巨。

中国有色冶金工业的能源消耗主要集中在冶炼和加工三大领域，其中尤以电解铝能耗为最。在中国有色冶金部门，由于电解铝生产过程中能耗大，加上产量高，毫无疑问是第一能耗大户。因此，下面重点介绍电解铝行业的发展状况及技术选择。

② 电解铝行业的发展状况。

近年来，和其他高耗能产品一样，中国电解铝行业也经历了迅猛发展的过程。电解铝产量从 1990 年的 85 万 t 激增到 2007 年的 1 228 万 t。目前，中国已经是全球铝生产大国，其生产的铝锭占 2007 年世界总产量的 33.6%（表 5-25）。

表 5-25　　中国历年电解铝产量

	1990 年	2000 年	2005 年	2006 年	2007 年
电解铝/Mt	0.85	2.79	7.79	9.27	12.28

与之相对应的是电力消耗量的迅猛增加。2005 年全国电解铝行业电力消耗总量为 1 139.2 亿 kW·h，比上年增长 16%，占全国电力消耗总量的 4.6%（2004 年为 4.5%）。平均每吨原

① 有色金属工业节能减排面临五项困难. 北京联合信息网中国信贷风险信息库，2007-09-26.

铝直流电消耗 13 590kW·h，铝锭综合交流电耗为 14 646kW·h。2000—2005 年中国电解铝电力消耗情况见表 5-26。

表 5-26　2000—2005 年中国电解铝电力消耗情况

年份	电力消耗总量/（亿 kW·h）	直流电耗/（kW·h/t）	交流电耗/（kW·h/t）
2000	438.1	14 213	15 530
2001	523.5	14 072	15 401
2002	659.4	13 947	15 209
2003	833.0	13 824	15 036
2004	985.8	13 657	14 800
2005	1 139.2	13 590	14 646

资料来源：杨云博，董春明. 中国电解铝行业能源效率初步调查与分析. 有色冶金节能，2006.

但是与此同时，2000—2005 年吨铝电力消耗呈现出大幅度下降趋势。由于技术进步和技术改造，数量众多的 60kA 自焙阳极电解槽基本上被淘汰，新投入了一批大电流预焙阳极电解槽，使中国电解铝行业面貌一新。在铝的产量上成为世界第一产铝大国的同时电力消耗指标也有较大幅度下降，平均每年直流电耗下降 125kW·h/t，交流电耗下降 177kW·h/t。但是电力消耗的分布并不均衡，不同厂家、不同槽型之间有较大的差异。

技术装备水平高低对能源消耗具有重要影响。2000—2005 年，由于中国大力推进电流效率高的 115kA 以上大型预焙铝电解技术，从而使单位电解铝产量电力消耗明显下降。从表 5-27 可以看出，2000 年中国采用 115kA 以上大型预焙铝电解技术的电解铝产量约占全部电解铝产量的 52%，吨铝综合交流电耗为 15 480kW·h；2007 年中国采用 115kA 以上大型预焙铝电解技术的电解铝产量约占全部电解铝产量的 83%，吨铝综合交流电耗为 14 488kW·h，比 2000 年下降 6.4%。

表 5-27　电解铝节能技术进步

	2000 年	2006 年	2007 年
大型预焙槽占产量比重/%	52	82	83
电解铝交流电耗/（kW·h/t）	15 480	14 671	14 488

不同电流强度的电解槽系列电耗见表 5-28。从表中可以看出，拥有近 80%产量的 280～300kA 和 115～240kA 电解槽系列电能消耗最低，电流效率最高，它们是中国电解铝行业的主流，其综合交流电耗仅为 14 576kW·h/t。

③ 电解铝行业的技术发展趋势。

根据目前中国铝行业的发展现状，电解铝技术的发展方向首先应该是完善大型预焙槽技术，各项技术指标进一步提高，达到国际领先水平。逐步淘汰小预焙槽，提高整体的效率水平，降低能耗。

其次要大力发展再生铝回收技术，充分利用资源，减少能源消耗，降低温室气体排放水平。

表 5-28 不同电流强度电解槽系列电耗状况

电流/kA	电解槽系列数量/个	直流电耗/（kW·h/t）	交流电耗/（kW·h/t）	占全国铝产量/%
320～350	4	13 601	14 784	6.2
280～300	13	13 544	14 447	20.4
115～240	65	13 529	14 621	59.2
60～94	51	13 900	14 984	14.2
合计	133	13 590	14 646	100

资料来源：杨云博，董春明. 中国电解铝行业能源效率初步调查与分析. 有色冶金节能，2006.

④ 电解铝行业的技术战略选择。

从上文可以看出，中国的铝行业虽然近些年取得了很大的进步，但是离国际先进水平仍有距离，需要继续努力，而且由于能源消耗量较大，节能减排的压力也较大。应加快石灰拜耳法、双流法新技术、间接加热连续脱硅、高效沉降槽、降膜蒸发等技术在氧化铝生产过程中的产业化应用，进一步降低生产能耗和生产成本。从行业发展的现状与技术水平来看，中国的铝行业的发展战略选择如下：

a. 技术战略 1：完善大型预焙槽技术。

在现有开发成功的 180kA、280kA 和 320kA 大型预焙槽的基础上，逐步完善，使其各项技术指标进一步提高，达到国际领先水平。逐步淘汰小型的预焙槽和自焙槽，走高电解温度、较高电解质初晶温度、低过热度、高电解槽稳定性、低电解质电阻、低过电压、低效应系数、高电流效率的铝电解槽的工艺路线。

b. 技术战略 2：大力发展再生铝回收技术。

c. 技术战略 3：密切跟踪和关注铝业部门的 CCS 技术的研发和示范应用情况。

（3）化工

① 化工部门概况。

化学工业包括由原化工部归口管理的化学矿采选业、基本化学原料制造业、化学肥料制造业、化学农药制造业、有机化学品制造业、合成材料制造业、专用化学品制造、橡胶制造业、化学工业专用设备制造业和石油化工、日用化工、化学药品、合成纤维等。

中国化学工业经历了 50 多年的发展，已形成了门类比较齐全、基本能够满足国民经济和相关工业发展需要的化学工业体系。化工产品与国民经济各部门的发展密切相关，多年来始终坚持为农业和国民经济各部门服务的方针，对促进农业和整个国民经济发展作出了积极贡献。表 5-29 显示了中国历年化学工业主要产品产量信息。其中，2005 年较 2004 年产量增长速度从高到低排列是：烧碱（21.4%）、乙烯（20.4%）、纯碱（12.7%）和合成氨（8.4%）。

表 5-29 历年化工产品产量变化 单位：万 t

	1990 年	1995 年	2000 年	2001 年	2002 年	2003 年	2004 年	2005 年
合成氨	2 532	3 198	3 345.8	3 427.3	3 678.1	3 794.6	4 222	4 596.25
烧碱	399	586	667.9	743.5	805.7	945.3	1 060	1 239.98
纯碱	410	678	826	909	1 011	1 101	1 266	1 421.08
乙烯	143.88	240.7	474.28	480.68	480.55	612	626.58	755.54

资料来源：《2020 中国可持续能源情景》、《中国能源年鉴 2005/2006》。

在国家“节能降耗”的政策引导下，中国石油和化工行业重点耗能产品取得一定的降耗成效，如原油加工、乙烯、合成氨、烧碱、纯碱、电石这 6 种产品单位综合能耗比 2005 年下降 1.7%～7.5%，其中原油加工下降得最多，为 7.54%；电石下降得最少，为 1.7%；乙烯、纯碱、合成氨、烧碱（离子膜法 30%）的能耗与 2005 年相比，分别下降了 2.28%、4.4%、4.2% 和 5.3%。2006 年化工部门的主要产品能耗也实现了不同程度的降低，如表 5-30 所示。

表 5-30 化工行业 5 种产品能源消耗情况表①（2006 年）

产品名称	指标名称	指标单位	2006 年加权平均数	2005 年加权平均数	比上年增减/%
烧碱（离子膜法 30%）	单位烧碱生产综合能耗	kg 标准煤/t	451.38	476.72	−5.32
	单位烧碱生产耗交流电	kW·h/t	2 277.69	2 315.97	−1.65
	单位烧碱生产耗蒸汽	kg/t	663.65	706.47	−6.06
合成氨	单位合成氨生产综合能耗	kg 标准煤/t	1 515.81	1 582.11	−4.19
	每吨合成氨耗电	kW·h/t	1 257.39	1 271.72	−1.13
	每吨合成氨消耗天然气	m^3/t	1 039.19	1 079.22	−3.71
	每吨合成氨消耗标准原料煤	kg/t	1 218.80	1 245.24	−2.12
	每吨合成氨消耗标准燃料煤	kg/t	331.51	355.39	−6.72
纯碱	单位纯碱生产综合能耗	kg 标准煤/t	447.05	467.57	−4.39
	单位纯碱生产耗电	kW·h/t	251.50	253.57	−0.82
电石	单位电石生产综合能耗	kg 标准煤/t	1 175.53	1 196.29	−1.74
	单位电石生产电力能耗	kW·h/t	3 665.51	3 767.67	−2.71
乙烯	单位乙烯生产综合能耗	kg 标准煤/t	974.01	996.76	−2.28
	单位乙烯生产能耗	kW·h/t	363.38	331.94	9.47

② 化工部门技术现状。

乙烯和合成氨是化工部门的两个最主要的高耗能产品。其综合能耗值较高且近年来降低幅度相比其他产品不大，乙烯的单位电耗甚至出现 9.47%的增长，因此下面将对乙烯和合成氨进行重点分析。

a. 乙烯。

- 中国乙烯工艺流程基本相同，生产原料以石脑油和煤油柴油为主。

乙烯作为基本有机化工的重要原料，其产量与技术经济指标常用来衡量一个国家基本有

① 中国石油和化学工业协会信息部. 2006 年石油和化工重点产品能源消耗情况.中国石油和化工经济分析，2007，7：50-51.

机化学工业的发展水平。中国乙烯工业各种工艺路线的简要流程基本相同，只是在裂解炉的炉管构型和分离流程中有所区别。裂解技术发展至今主要是采取“高温、短停留时间、二次注汽”等措施提高乙烯的效率。分离技术则主要分为前加氢流程和后加氢流程两种，热泵技术和新型填料的利用大幅度提高了分离效率，降低了能耗和损失率。

生产乙烯所用的原料范围较宽，从最轻的乙烷开始一直到最重的减压柴油（有的要加氢饱和），但是乙烯收率随原料的改变各不相同。一般规律是原料轻，乙烯收率高。根据所采用的原料路线的不同，乙烯生产技术可划分为：以轻烃为原料的生产技术、以石脑油为原料的生产技术、以柴油为原料的生产技术。中国乙烯的裂解原料以石脑油和煤油柴油为主，这与中国长期以来原油偏重、轻油收率低、轻烃资源不够丰富有关。而国内油气资源的不足，严重制约了乙烯工业的发展。中国现有的乙烯裂解原料构成导致了能耗和效率等经济技术指标与国外同行业相比，差距较大。

表 5-31 对各技术的发展现状、CO_2减排量和成本进行了比较。

表 5-31　　　　生产乙烯各技术现状及经济性比较（2005）①

技术	以轻烃为原料	以轻烃为原料（改进技术）	以石脑油为原料	以石脑油为原料（改进技术）	以柴油为原料	以柴油为原料（改进技术）
所占比例/%	15.5		49.9		34.6	
单位产品能耗/（Mcal/t）	72.41	65.18	78.26	70.42	98.59	90.63
单位排放量/（t-C/t-乙烯）	0.573	0.516	0.622	0.56	0.786	0.722
单位减排量/（t-C/t-乙烯）	0.137	0.194	0.088	0.15	−0.076	−0.012
单位减排量排序	3	1	4	2	6	5

注：1cal=4.186 8J。

- 中国乙烯平均装置产能与国际先进水平有一定差距。

从世界乙烯工业整体上来看，到 2005 年底，与其他国家相比，中国的乙烯生产能力位居世界第三，总生产能力达到 698.8 万 t/a，在亚太地区中国是乙烯生产能力增长率最快的国家，比上年增长 30.91%。所以，从整体水平上来看，中国的乙烯生产能力可以与世界其他国家抗衡。但是从平均装置产能来看，世界十大生产商平均水平为 94.76 万 t/a，中国的中石化平均装置产能在世界十大生产商中最低，为 50.4 万 t/a，平均装置产能 176.8 万 t/a。世界平均装置规模为 54.87 万 t/a，中国平均装置规模仅为 41.8 万 t/a。所以，从平均水平来看，中国乙烯平均装置产能与国际先进水平有一定差距。②

而与之相对的，我国乙烯生产能耗与国外相比也有着较大差距。表 5-32 显示了 2005 年不同产能的乙烯装备的产能比重和能耗，可以看到我国小于 80 万 t/a 的乙烯装备占到了总产能的 75%，其平均能耗要比大于 80 万 t/a 的大型装备高 40%左右，与 714g 标煤/t 的国际先进

① 部分参考胡秀莲，姜克隽，等.中国温室气体减排技术选择及对策评价. 北京：中国环境科学出版社，2001：134-136.
② 黄立道. 乙烯及乙烯工业现状[J]. 中国氯碱，2005（5）：1-5.

水平更是相距甚远。

表 5-32　　不同产能的乙烯装备的产能和能耗状况（2005 年）[①]

装备产能	占行业产能比重/%	吨乙烯能耗（kg 标准煤/t）
大于 80 万 t/a	25	730
60 万～80 万 t/a	32	857
20 万～60 万 t/a	14	1 000
小于 20 万 t/a	29	1 057
		914（国际先进）

- 乙烯生产原料构成处于劣势。

由于原油资源不足，原料优化程度不够，原油中轻油含量普遍偏低，直馏石脑油和轻柴油一般都只占原油的 30%左右，不得不使用低质原料裂解制乙烯，导致能耗高、成本高，与世界其他地区相比，中国乙烯原料的构成有很大的劣势。

b. 合成氨。

- 中国合成氨生产以小型装置为主，能源利用率与国外相比有较大差距。

合成氨生产是分别以煤、焦炭、天然气、重油、轻油、渣油等为原料制氨的过程，不同的装备规模、原料路线、工艺技术水平、装备水平，其能效水平有很大差别。为了便于更直接地分析比较各种实际的合成氨生产技术，将合成氨工艺分为大型、中型和小型，同时在每个等级下又按照原料（煤、天然气、重油）进行划分。表 5-33 展示了中国合成氨产业按装置划分的产量分布和能源利用率现状。

表 5-33　　合成氨产量及能源利用率现状（2002 年）

装置类型	产量比例/%	能源利用效率（吨氨能耗）/（kg 标准煤/t）	能源利用率/%	与国外的比较
引进合成氨装置	24.9	1 326．6	55	国外能源利用率在 70%左右
大中型合成氨装置	17.2	1 892	37 左右	生产技术相当于国际上 20 世纪 70—80 年代初的水平，个别工序稍好，但总体水平不高
小型合成氨装置	57.9	1 801	37.7	中国自行设计、自行建成的，装置落后，但设备能力偏小，自动化程度低，气化技术落后，能源利用率低

资料来源：《2020 中国可持续能源情景》、《中国能源年鉴 2005/2006》。

- 中国合成氨生产装置吨氨能耗差距较大，且与国外先进水平有较大差距。

表 5-34 和表 5-35 分别比较了各生产装置的能耗，并且对各装置按燃料细分其能耗、排放和成本特征。

① 国家发展和改革委员会能源研究所，2006 年 12 月。

表 5-34 生产合成氨各装置单位能耗比较（2005 年）①

装置类型	占行业产能比重/%	吨氨能耗（kg 标准煤/t）
大型合成氨装置（大于 30 万 t/a）	32	1 340
中型合成氨装置（5 万～30 万 t/a）	25	1 880
小型合成氨装置（小于 5 万 t/a）	43	1 800
		970（国际先进）

表 5-35 生产合成氨各技术现状及经济性比较（2005 年）②

技术	大型/天然气	大型/煤（鲁奇工艺）	大型/煤（德士古工艺）	大型/重油	中型/天然气	中型/煤	中型/重油	小型/煤
所占比例/%	0.9	11.1	0.8	4.8	1.3	21.9	5.2	30.6
单位产品能耗/（MJ/t）	37 510	—	—	41 900	—	—	—	—
单位排放量/（t-C/t-NH_3）	0.571	1.497	1.177	0.942	0.836	2.106	1.082	1.411
单位成本/（元/t-NH_3）	1 927	1 335	1 196	2 134	2 380	1 864	2 046	1 446

就大型合成氨而言，中国以天然气为原料的装置平均能耗比国外高出 38.7%，以油为原料能耗高出 25%，油气平均能耗比国外约高出 34%。以煤为原料的中型装置的能耗，比国外的先进水平约高出 36.3%，小型装置的总体能耗水平虽然低于中型装置，但其内部发展十分不平衡，全行业平均吨氨能耗水平比先进企业的能耗水平高出 330kg 标煤③。

③ 化工部门技术发展趋势。

a. 乙烯生产部门的技术发展趋势归纳如下：

- 炼化一体化提高资源利用效率。

国内乙烯装置所在的企业几乎都有大炼油厂，因此，应充分发挥炼化一体化的优势，提高资源综合利用率，从而提高经济效益。所以，为了更好地利用资源，解决乙烯原料供应不足问题，要进一步发挥中国石油石化上、中、下游一体化整体优势，充分挖掘资源，提高资源利用效率，减少"三废"排放，改进环保效益。

- 优化乙烯原料。

在原油加工总量保持不变的前提下，要继续坚持乙烯原料轻质化、优质化（优质化是指采用包括国内外市场在内的优质原料，最大限度地满足现有装置对原料的要求，实现本企业、本地区和集团公司的效益最佳化），尽可能采购加工价格合适而裂解性能较好的轻质原油，提高乙烯收率，降低乙烯生产成本。

- 拓宽原料来源。

中国已经成为原油净进口国，要充分利用好国内外两种资源，拓宽乙烯原料的供应来源，更多地使用优质石脑油、加氢裂化尾油和轻烃一类优质原料。在选择进口原油的品种、进一

① 胡秀莲，姜克隽，等. 中国温室气体减排技术选择及对策评价. 北京：中国环境科学出版社，2001：121-124.
② 部分参考胡秀莲，姜克隽，等. 中国温室气体减排技术选择及对策评价. 北京：中国环境科学出版社，2001：121-124.
③ 气候变化国家评估报告编写委员会. 气候变化国家评估报告. 北京：科学出版社，2007：351-352.

步优化现有乙烯原料资源的基础上，除炼油厂继续扩大进口原油加工量，增加石脑油数量，促进炼油一体化外，可适当考虑进口来源稳定的中东原油。此外，还要大力增强乙烯原料的适应性。

- 扩大乙烯装置规模。

做好新建乙烯联合装置和乙烯装置改扩建方案的工作，准确进行投资效益分析，同时要考虑项目改造施工对现有装置安全生产的影响。新建乙烯联合装置或现有装置改扩建时应考虑经济规模，尽量减少改扩建费用。尽可能利用国内外先进技术，节能降耗，降低乙烯操作费用。改造后装置的主要技术经济指标力争接近世界水平。要充分依托现有公用工程条件，挖掘现有辅助生产设施潜力。同时加大国产化力度，确保少投入多产出。通过扩大乙烯装置规模，可提升乙烯装置运行效率。

b. 合成氨生产部门的技术发展趋势归纳如下：

- 大型化、集成化、自动化，低能耗，与环境更友好，形成经济规模的生产中心。

在合成氨装置大型化的技术开发过程中，其焦点主要集中在关键性的工序和设备，即合成气制备、合成气净化、氨合成技术、合成气压缩机。在低能耗合成氨装置的技术开发过程中，其主要工艺技术将会进一步发展。

- 进行以“油改气”和“油改煤”为核心的原料结构调整和以“多联产和再加工”为核心的产品结构调整。

全球原油供应处于递减模式，以轻油和渣油为原料的制氨装置在市场经济的条件下，已经不具备生存的基础，以“油改气”和“油改煤”为核心的原料结构调整势在必行；借氮肥装置原料结构的调整之机，及时调整产品结构，联产氢气及多种化工产品亦是装置改善经济性的有效途径。

④ 化工部门技术战略选择。

本技术战略依然只针对化工部门的两个核心产品——乙烯和合成氨提出。

结合中国未来经济社会与人口的发展情况，预测中国化工部门核心产品——乙烯和合成氨的产量如表 5-36 所示。

表 5-36　　中国乙烯和合成氨产量在关键年份的预测

	2005 年	2020 年	2030 年
乙烯/（$\times10^6$t）	7.56	12	20
合成氨/（$\times10^6$t）	46	53	62

a. 乙烯。

技术战略 1：改善乙烯生产的原料结构，重点发展以石脑油和轻烃为原料的乙烯生产工艺。

表 5-37 反映了乙烯生产的单位产品能耗情况。可见以石脑油和轻烃为原料的乙烯生产工艺的优势。

表 5-37　　乙烯生产的单位产品能耗情况

技术	以轻烃为原料	以轻烃为原料（改进技术）	以石脑油为原料	以石脑油为原料（改进技术）	以柴油为原料	以柴油为原料（改进技术）
单位产品能耗/（Mcal/t）	72.41	65.18	78.26	70.42	98.59	90.63

注：1cal=4.186 8 J。

技术战略 2：优化乙烯裂解炉。

新型乙烯裂解炉（CBL 炉）技术：乙烯裂解炉是在以馏分油为原料经加热裂解制乙烯、丙烯、丁二烯、苯、甲苯和二甲苯等基本国内外先进乙烯裂解技术的基础上，自行研究开发的具有中国特色的新型裂解炉。万吨级工业炉于 1988 年 10 月在辽阳石油化纤公司建成投产，经过两年多考核，通过国家鉴定，主要技术指标达到世界工业化乙烯裂解炉的先进水平，具有建设周期短、投资省、三烯三苯收率高、容易操作、调节灵活、生产弹性大、急冷锅炉清焦周期长等优点。此外，CBL 炉还采用了新的炉体结构、炉衬材料和油气联合烧嘴等项新技术，并具有控制技术先进、材料国产化率高等特点。CBL 炉技术可用于新建乙烯装置、增建乙烯裂解炉和对老炉子进行技术改造，可用于凝析油至缓和加氢尾油的裂解。

基于以上对于乙烯合成工艺的分析，乙烯生产为集约化程度很高的现代生产技术，各种原料路线在总的乙烯生产量和 CO_2 排放量中的比例是相对稳定的。从 CO_2 的排放量来看，随着生产工艺技术的不断进步和发展，到 2030 年，乙烯生产的 CO_2 排放量与 2005 年的技术水平相比，有一定程度的降低，在控排情景下的 CO_2 减排量预期可达到 0.1 亿 t，在控制 CO_2 排放方面可以发挥较好的作用。

b. 合成氨。

技术战略 1：推广天然气替代技术。

天然气具有耗量低、动力省、能耗低、副产 CO_2 少、投资省、占地少等特点。

天然气换热转化造气新工艺是当今国际上先进的合成氨工艺，天然气经预热脱硫后与蒸汽混合进入换热式转化炉，反应后一段转换气（甲烷含量约 30%）进入一段炉中，同时掺入富氧空气，二段炉出口的高温工艺气体（约 1 000℃）进入一段炉中，为天然气一段转化炉提供反应所需热量，然后再进入变换系统。该技术既可用于大、中、小型合成氨厂的改造、扩建和新建工程，也可用于生产液氨、尿素、碳铵、联碱等装置，经济效益明显。该新工艺与常规的蒸汽转化法和目前小厂广泛采用的 C.C.R 法相比，可节约天然气 1/3，吨氨天然气用量可减少 400m^3 左右。换热式转化炉是实现换热式转化造气新工艺的关键，目前也已开发成功，技术指标达到国外 80 年代末同类设备的先进水平，热效率比传统的箱式转化炉提高 8%～9%。

一氧化碳全低温变换新工艺是一项具有国际先进水平的生产工艺，与传统的中串低变工艺相比，该工艺具有以下优点：催化剂用量减少一半以上，床层温度下降 100～200℃，降低了床阻力，变换工段生产能力可提高一倍；吨氨蒸汽耗可从 600～800kg 降至 200～300kg；减少换热面积一半以上；从根本上解决了中变催化剂的粉化问题，改善了催化剂的装卸劳动条件；杜绝了生成乙炔的反应；提高了有机硫的转化能力（达 99%以上），出口的有机硫含量在 1mg/m^3 左右；操作容易，启动快，增加了有效运行时间；催化剂寿命长，改善了设备维修条件。

技术战略 2：改进以煤为原料的生产工艺。

中国矿物能源以煤为主，化肥工业原料路线应与之相适应，以煤为原料，采用水煤浆气化制备合成气是中国合成氨生产发展的方向之一。

以煤为原料制合成气、合成氨新技术是以水煤浆为原料，与工业氧在气化炉内进行反应获得合成气，再采用等压氨合成工艺制得合成氨，开发主要内容包括新型（多喷嘴对置）水煤浆气化炉开发应用基础研究、新型（多喷嘴对置）水煤浆气化炉中试装置设计与建设、A301 氨合成催化剂性能与反应工程研究及新催化剂开发、A301 合成催化剂物性与工程参数研究及等压氨合成技术经济评价、变压吸附和深冷联合制氧技术开发等。此技术为具有中国特色的先进煤气化技术，对提高合成氨工业的技术水平具有一定意义。

德士古水煤浆加压气化及气体净化制合成氨新工艺是在消化吸收引进德士古水煤浆加压气化软件包（POP）及气化部分关键阀门和仪表的基础上，结合自主开发 NHD 法脱硫脱碳气化净化技术，完成全工程设计，研制成套设备。全套新工艺主要内容是德士古水煤浆气化、耐硫变换、NHD 接脱硫脱碳、轴径向合成塔制取合成氨。在德士古水煤浆气化技术方面，以德士古技术为基础，自主开发了氧碳比自调、真空闪蒸液位调节、捞渣机、橡胶衬里磨煤球机等七项主要技术，在诸如高中低闪蒸管道抗磨损等技术上有创新；在气体净化方面，研究选出了聚乙二醇二甲醚溶剂，开发研究用多乙二醇制造 NHD 溶剂工艺技术，并建成工业生产装置；NHD 法脱硫脱碳净化新工艺，采用国产钴钼为主体的耐硫变换催化剂，整个工业流程合理，具有节能、流程相对简化等特点，其设备国产化率达到 70%，项目总体水平达到国际先进水平。该煤制合成气技术在发展煤化工、一碳化学及煤气化联合循环发电等领域中将发挥重要作用。特别是以该技术改造大中型氮肥厂，具有广阔的前景和显著的经济效益和社会效益。

合成氨生产蒸汽自给节能技术采用系统工程的原理，将以煤为原料合成氨生产过程中的化学反应热进行综合回收，再用于合成氨生产过程中所需热量，即造气、变换、合成等工艺所用的蒸汽全部由生产过程自身的热平衡来解决，使合成氨生产过程中的余热得以充分的回收和利用，实现了以煤为原料的合成氨厂蒸汽自给，取消燃料用煤，只用原料煤（两煤变一煤）的目的。

1.5 万 t 氨/a 煤（焦）富氧连续气化及气体净化新技术是对传统的常压固定床间歇气化工

艺的变革，由富氧空气和蒸汽作为气化剂从气化炉底部通入，对煤层连续气化，经精炼后制得符合合成氨生产要求的原料气。该工艺技术生产过程连续稳定，生产温度比现有煤气炉提高一倍以上，并可利用6～25mm的小颗粒煤焦，使煤炭利用率由30%左右提高到60%～70%，且降低了综合能耗。

基于合成氨工业的技术分析，天然气在合成氨生产的能源消费中所占的比重逐年递增，以天然气为原料的工艺不仅排放低，而且以大型天然气合成氨为代表的先进技术能耗低、规模效益好，因此也具有很强的市场竞争力。到2030年，天然气所占比例超过80%，而煤焦的比例降低到约 10%，以天然气为原料的合成氨逐步替代以煤为原料的合成氨，并成为主流工艺。从CO_2的排放量来看，随着生产工艺技术的不断进步和发展，到2030年，合成氨的CO_2排放量与2005年的技术水平相比，可望有较大幅度的降低，在控排情景下的CO_2减排量有望达到0.8亿t。先进技术在控制CO_2排放方面可以发挥很好的作用。

（4）建材

① 建材部门概况。

a. 建材产品产量增长迅速。

建材工业是重要的基础原料工业生产部门。由于国内工业和民用建筑的大力发展，各方面对建筑材料的需求量都非常大，所以建材产品近十几年来，发展速度都要高于国民经济发展速度，每年的增长速度均在 10%～15%。中国水泥产量从 1985 年起已连续 22 年保持世界第一位，2007 年，水泥产量达到 13.6 亿 t，平板玻璃产量已达到 4.66 亿重箱[①]。主要几种建材产品的产量如表 5-38 所示。

表 5-38　　中国主要建材产品产量统计（1990—2007 年）

年份＼产品	水泥/万 t	平板玻璃/万重箱	陶瓷/亿 m^2
1990	20 971	8 066	1.79
1995	47 561	15 732	15.84
2000	59 700	18 352	18.74
2001	66 104	20 964	22.56
2002	72 500	23 446	26.83
2003	86 208	27 703	32.50
2004	96 682	37 026	33.28
2005	106 885	40 210	35.94
2006	123 676	46 575	46.70

注：水泥和平板玻璃的数据来源为历年《中国统计年鉴》；建筑陶瓷数据来源于《世界经济年鉴 2004—2007》。

b. 水泥是建材行业重要的节能部门。

建材行业是高耗能行业之一，是中国产业部门中能源需求增长速度最快的部门。进入 90

① 中国国家统计局. 中国统计年鉴 2007. 北京：中国统计出版社，2007：554.

年代以来，由于房地产业的开发、道路等基础设施的飞速发展，对水泥、玻璃、陶瓷等基础材料的需求急剧增加，其能源需求更加旺盛。从建材行业内的产品能源消费来看，水泥工业能耗的增长速度最快，2006 年水泥制造业能源消耗总量 1.31 亿 t 标准煤，比 2005 年增长 11.71%。从能源消费量比重来看，水泥部门的比重最大，水泥制造业能耗总量占全国能源消费总量的 5.8%，占建材工业能源消耗总量 75.1%。因此，水泥产品是建材行业的节能重点，也是本研究关注的重点。

② 水泥部门技术现状。

a. 新型干法窑已成为中国水泥部门主导生产工艺。

“十五”期间，建材工业技术及装备水平有很大提高。目前，我国水泥生产的窑型较多（如：机立窑、湿法生产线、预分解窑等），新增生产能力以大型先进技术装备为主，部分生产线已达到或接近国际先进水平。水泥产品中新型干法水泥产量逐年增加，2000 年新型干法产量占水泥产量比重仅为 12%，到 2005 年底，新型干法水泥占水泥总产量的比重已达到 40%以上，2007 年这一比重已经上升到 55%（表 5-39）。据不完全统计，截至 2007 年 8 月，我国采用国产技术和装备建设的新型干法水泥生产线已经达到 748 条。以预分解技术为代表的新型干法工艺，已成为我国水泥行业的主导生产工艺技术。截至 2005 年，在新型干法窑中，日产 4 000t 及以上生产线 104 条，占新型干法生产线总规模的 1/3 以上；日产 4 000～5 000t 级新型干法水泥熟料生产线技术装备的国产化率已达 90%以上，部分生产线技术装备已达到国际先进水平。一般来说，大型新型干法窑的能耗要比普通机立窑平均低 26%，新型干法窑的大规模普及为我国的节能减排作出了巨大贡献（表 5-40）。

表 5-39　各类窑型及其热效率

窑型	窑外分解	预热器窑	中空余热发电	湿法窑	中空窑	立波尔窑	机立窑	普立窑
热效率/%	50～55	37～44	29～35	28～35	17～26	38～42	32～40	30

表 5-40　主要水泥生产工艺技术的特性[①]（2005 年）

技术	新型干法（＞8 000t/d）	新型干法（4 000～8 000t/d）	新型干法（＜4 000t/d）	立窑	其他旋窑
比例[②]/%	3	12	30	46.9	8.1
熟料能耗/（kg 标煤/t）	98（国际先进 96）	110	120	160	208
综合电耗/（kW·h/t）	90	100	105	70～125	95～120
单位生产成本/（元/t）	123	123	123	138	153

对于同一类型水泥窑，由于生产规模、设备选型、工艺流程、原料热性、管理水平、员

① 周大地，等. 2020 中国可持续能源情景. 北京：中国环境科学出版社，2003：468.
② 为熟料生产能力比例，见曾学敏. 水泥工业能源消耗现状与节能潜力. 循环经济，2006（3）：16-21.

工素质等因素影响，热耗也会有所不同（表 5-41）。与国外技术装备相比，国内先进水平与之差距不大，但国内一般水平与国外先进水平的差距还较大。拿我国目前正在大力推行的新型干法工艺与国际先进水平进行比较，可以看出，该技术装备还有很大的发展潜力（表 5-42）。

表 5-41 主要水泥生产工艺技术的特性[①]

技术指标	新型干法	立窑	其他旋窑
比例[②]/%	32.5	56.9	10.6
熟料热耗/（kJ/kg）	3 260	4 180	5 852
熟料能耗/（kg 标煤/t）	115	160	208
综合电耗/（kW·h/t）	95～105	70～125	95～120
单位水泥 CO_2 排放量/（tC/t）	0.07	0.14	0.16
窑尾粉尘排放/（mg/m^3）	100	—	—
窑尾烟气排放 NO_x/（mg/m^3）	1 200	—	—
窑尾烟气排放 SO_2/（mg/m^3）	400	—	—
单位生产成本/（元/t）	123	138	153

表 5-42 国内新型干法生产技术指标与国际水平比较

项目	国际先进水平	国际一般水平	国内先进水平	国内一般水平
熟料热耗/（kJ/kg）	2 842	2 970	2 970	3 344～3 762
综合电耗/（kW·h/t）	85	95～100	90～95	110
熟料强度/MPa	70	65	62	58
窑系统年运转率/%	95	85	90	80
劳动生产率/[t/（人•a）]	15 000～20 000	8 000～10 000	5 000～10 000	1 000～2 000
窑尾粉尘排放/（mg/m^3）	20～30	50	50	100
窑尾烟气排放 NO_x/（mg/m^3）	200	＜500	500	1200
窑尾烟气排放 SO_2/（mg/m^3）	50	＜200	200	400
重金属	0.6	1.5	—	—

数据来源：曾学敏. 水泥工业能源消耗现状与节能潜力. 循环经济，2006（3）：19.

b. 纯低温余热发电技术已基本成熟。

在国内，经过十几年的开发、研究和若干实际工程投产运行，对于水泥窑余热发电来讲，纯低温余热发电技术无论是热力循环系统还是设备（国产化）都已成熟可靠，尤其是补汽式汽轮机的研制成功，使我国余热发电技术及装备除了汽轮机本体效率比日本的产品略低外，总体上的技术水平已经赶上国际先进工业国家，为我国众多的不同窑型水泥生产厂提供了可供选择的余热发电技术及装备。对于余热发电技术，无论是循环系统、循环工质，还是各种专用设备（余热锅炉、补燃锅炉、汽轮机、锅炉给水除氧设备等）仍然有进一步发展、提高的余地，同时也存在着余热发电技术如何与水泥熟料煅烧技术进一步结合以开发出带有纯低

① 周大地，等. 2020 中国可持续能源情景. 北京：中国环境科学出版社，2003：468.
② 为熟料生产能力比例//曾学敏. 水泥工业能源消耗现状与节能潜力. 循环经济，2006（3）：16-21.

温余热发电的更加节能的新型干法水泥生产系统的问题。将水泥生产设备的节电技术与余热发电技术结合起来开发出每千克综合能耗（热耗及电网供电量）仅相当于 3 500kJ 热能的带有纯低温余热发电的新型干法水泥生产技术是现实的，也是可能的。

进入 21 世纪后，我国的经济建设进入了一个高速稳步发展的新时期，对水泥需求量的增加，促进了水泥工业的高速发展。随着水泥生产规模的扩大，生产设备开发制造的大型化和国产化程度也逐年提高。我国近年来新建投产的新型干法水泥生产线，在工艺生产方法、自动控制、投资、生产规模、劳动生产率和环境保护等生产技术和装备方面，已逐步接近国际先进水平，但我国的新型干法水泥厂可燃废料的替代率和生产用电的自供率很低，与发达国家相比，存在很大差距。据报道，目前从节约能源、降低水泥生产成本考虑，配备有纯低温余热发电系统的，仅有不超过 10 条新型干法水泥生产线。

纯低温余热发电是利用窑头、窑尾排放废气余热发电，无须消耗燃料。在预分解窑系统上加设纯中低温余热发电，能将水泥生产的综合热利用率从 60%左右提高到 90%以上，经济效益明显。纯中低温余热发电量现已达到 30～40kW・h/t 熟料，使水泥生产线的自供电量达到 1/3 以上，经济效益是很可观的，窑头、窑尾废气通过余热锅炉温度进一步降低后排放，对环境的热污染程度降低。而相对于燃煤电站，不用燃煤发出 10 000kW・h 电，少排放近 8t 的 CO_2，这对减少温室效应，保护生态环境，起着积极的促进作用。因此，在用新型干法生产线取代耗能高的立窑和湿法窑水泥生产方法的同时，在已投产运行和新建的新型干法窑生产线上，加设纯中低温余热发电装置，充分利用余热发电，回收能源，将会成为我国水泥工业节能的一项重大举措。

③ 水泥部门技术发展趋势。

根据上文对水泥部门技术现状的分析以及跟国外先进技术装备水平的比较，考虑到节能减排是大势所趋，未来水泥工业的技术发展方向可以大致归纳为以下几点：

a. 发展大型新型干法窑外分解技术，淘汰落后生产工艺，推动水泥工业结构调整和产业升级，厉行资源节约，保护生态环境，坚持循环经济和可持续发展，走新型工业化发展道路。

b. 发展窑炉节能与余热利用技术，新型干法窑系统废气余热要进行回收利用，鼓励采用纯低温废气余热发电。

c. 推广矿渣微粉细磨技术、纳米级超细粉碎技术与超细粉表面处理技术，鼓励大企业采用先进的技术和设备将小企业改造为水泥粉磨站。大力发展散装水泥，积极发展预拌混凝土。

d. 利用在大城市或中心城市附近大型水泥厂的新型干法水泥窑处置工业废弃物、污泥和生活垃圾，发展处理工业废弃物和生活垃圾的“生态水泥”生产技术等。

④ 水泥部门技术战略选择。

由上文分析可知，我国水泥部门的先进技术装备水平仅为国际一般水平，国内水平明显落后。目前中国水泥工业正处在技术结构和产品结构调整时期，考虑到经济可行性的原则，调整重点是用技术先进、能耗低、产品质量好的新型干法窑外分解技术逐步取代技术落后、能耗高、产品质量较差的其他技术，以及推广余热利用等方面的节能技术。

结合中国未来经济社会与人口的发展情况，预测中国水泥产量如表 5-43 所示。

表 5-43 中国水泥产量在关键年份的预测

	2006 年	2020 年	2030 年
水泥/亿 t	12 370	19 800	18 700

技术战略 1：进一步推广新型干法窑外预分解技术，提高新型干法水泥熟料比重。

先进的预分解窑干法水泥窑的热效率为 50%～55%，吨水泥熟料热耗在 110～120kg 标煤之间。从新型干法与立窑水泥工艺能耗对比情况来看，新型干法水泥工艺吨水泥熟料实物煤耗比立窑水泥工艺低 39kg；吨水泥熟料电耗低 11kW・h；吨水泥熟料综合能耗低 21kg 标准煤。

考虑到我国建材工业的现状，在未来几十年内，水泥工业中窑外预分解技术新型干法水泥的发展将成为主流。有研究认为，水泥工业经历了节能改造阶段后，到 2015 年是能力扩张和窑型替代阶段，在 2030 年左右将达到结构最优化。本研究设置情景如表 5-44。

表 5-44 新型干法窑外预分解技术在不同情景中的比例

情景	情景描述	2006 年	2020 年	2030 年
基准情景	2005 年，在已经制定的规划和政策措施趋势上外推	50%①	75%	85%
控排情景	针对能源安全问题和减排压力，制定更大力度的政策措施和行业标准	50%	90%	100%

基于上述发展趋势，推广干法水泥窑外预分解技术，工序能耗下降较快。该技术的基建成本为 400～500 元/t 水泥，技术改造成本为 300～350 元/t。与基准情景相比，2020 年，采用该技术，全国水泥熟料生产将减少 CO_2 排放约 0.36 亿 t。2030 年，由于基准情景下干法水泥的比例就已达 85%，该年可达到约 0.34 亿 tCO_2 的减排效果。

技术战略 2：低温余热发电技术，积极推广水泥窑余热发电装置。

水泥工业除极少数预分解窑利用余热发电及利用部分废气余热作为烘干物料，以及部分干法中空窑利用废气余热发电外，大部分生产线窑炉余热未能有效利用，致使大量热能损失，增加了能源消耗。因此，窑外分解窑的余热发电装置有巨大的应用潜力。

窑外预分解窑的余热发电装置能产生巨大的节电效益，而我国的窑外分解窑的数量渐增，随着余热发电装置的国产化，该技术装备推广潜力巨大。根据我国目前新型干法水泥窑的发展状况，本研究设置情景如表 5-45 所示。

① 水泥协会统计数据，见：http：//www.snsqw.com/news/itemnews/200709/22619.html。

表 5-45　　余热发电装置在不同情景中的比例

情景	情景描述	2006 年	2020 年	2030 年
基准情景	2006 年，在已经制定的规划和政策措施趋势上外推	8%①	50%	75%
控排情景	针对能源安全问题和减排压力，制定更大力度的政策措施和行业标准	8%	65%	90%

基于上述发展趋势，在新型干法水泥生产线建设中低温余热发电装置，可使水泥熟料成本降低 10～15 元/t。与基准情景相比，采用该装置，2020 年，CO_2减排量可达约 1 000 万 t；2030 年，CO_2减排量可达约 900 万 t。

技术战略 3：利用在大城市或中心城市附近大型水泥厂的新型干法水泥窑处置工业废弃物、污泥和生活垃圾，发展处理工业废弃物和生活垃圾的“生态水泥”生产技术等。

技术战略 4：水泥行业的 CCS 技术的应用。

3．建筑部门

（1）建筑部门能耗的核算和现状

一般来说，与建筑相关的能耗包括：建筑材料生产用能，建筑材料运输用能，房屋建造和维修过程中的用能，以及建筑使用过程中的建筑运行能耗。中国目前统计年鉴中统计的建筑业能耗仅为房屋建造和维修过程中的用能，与一般国际统计口径中的建筑能耗不是一个概念。国际上在进行建筑能耗统计时，指的都是建筑运行能耗，即建筑物照明、采暖、空调和各类建筑内使用电器的能耗，其伴随着建筑物的使用过程而发生。在建筑的全生命周期中，建筑运行能耗占到了其总能源消耗的 80%左右②，是建筑节能任务中最主要的关注点。另一方面，建筑又可分为民用建筑和工业建筑，考虑到工业建筑的能耗在很大程度上跟生产有关，一般统计在生产用能中，因此，本研究中讨论的建筑能耗均指建筑运行能耗，而且仅限于民用建筑能耗。

考虑到中国南北方、城乡以及不同规模的公用建筑能源消耗差异性大的特点，在本研究中，我们对建筑能耗做了如下定义：

建筑能耗=城乡生活能耗③+北方城镇采暖能耗+一般公共建筑能耗+大型公共建筑能耗

为了统计得到中国真实水平的建筑能耗，需要按上面的定义分项进行计算，从全国宏观能耗中拆分出建筑能耗。

① 城乡生活能耗。

参考 2001—2007 年中国统计年鉴，可以得到中国 2000—2006 年生活能源消费情况表，如表 5-46 所示。

① 方芳. 中国水泥装备的现状与展望. 中国建材，2006（12）：49-53.
② 中国建筑节能年度发展研究报告 2007. 1.
③ 其中农村能耗部分只考虑商品能耗。

表 5-46　　2000—2006 年生活能源消费逐年变化表①

能源品种	2000 年	2001 年	2002 年	2003 年	2004 年	2005 年	2006 年
合计/万 t 标准煤	14 912	15 427	17 032	19 268	21 281	23 393	25 388
煤炭/万 t	7 907	7 830	7 603	8 175	8 173	8 739	8 386
煤油/万 t	72	75	61	56	27	26	23
液化石油气/万 t	988	1 006	1 169	1 293	1 350	1 329	1 456
天然气/亿 m^3	32	44	51	57	67	79	103
煤气/亿 m^3	89	119	125	131	138	145	156
热力/万百万 kJ	23 234	23 369	26 613	33 666	41 395	51 744	56 948
电力/（亿 kW・h）	1 672	1 839	2 001	2 238	2 465	2 825	3 232

② 北方城镇采暖能耗。

北方采暖能耗包括锅炉房供热用煤与热电联产余热供热用煤两项。这里，供热用煤从 2001—2007 年中国统计年鉴中煤炭平衡表直接得到。而热电联产集中供热部分由于被纳入发电用煤中，没有分离后的数据，所以此处采用如下方法估计得到。因为热电联产集中供热大概提供了其负责的集中供热网 70%的基础负荷（其余 30%的调峰负荷由热网调峰锅炉承担），这样热电联产能耗占总供热能耗比就大致等于热电联产负责的集中供热网的面积（统计年鉴中可以查到），占北方城镇采暖总面积②比例的 70%，从而可粗略得到热电联产的供热煤耗，计算结果见表 5-47。

表 5-47　　2000—2006 年北方城镇采暖能耗

项目	2000 年	2001 年	2002 年	2003 年	2004 年	2005 年	2006 年
锅炉供热用煤/万 t 标准煤	4 780	4 973	5 338	7 783	8 248	9 673	10 401
热电联产能耗占供热总能耗比例/%	21.5	20.5	19.7	22.2	23.5	25.2	25.2③
总供热能耗/万 t 标准煤	6 089	6 255	6 648	10 004	10 782	12 932	13 905

③ 公共建筑总电耗。

公共建筑总电耗由统计年鉴中电力平衡表内的交通运输、仓储和邮政业，批发、零售业，住宿、餐饮业以及其他行业的电力消耗加总得到，计算得到的结果如表 5-48 所示。

④ 一般公共建筑总能耗和大型公共建筑总能耗。

此两项没有统计数据。根据 1m^2 大型公共建筑能耗大约等于 6m^2 一般公共建筑能耗的关系，再利用统计年鉴中各类公共建筑的建筑面积，可按照如下公式将公共建筑总电耗拆分成一般公共建筑总能耗和大型公共建筑总能耗：

一般公共建筑总能耗=公共建筑总电耗×一般公共建筑面积/（一般公共建筑面积+6×大型

① 其中农村分散式供热和城镇居民分分散式供热能耗的数据因为无统计数据，纳入生活能源消费计算。
② 北方采暖面积采用统计年鉴中各地区城市房屋建筑及住房情况表的数据，将北京、天津、河北、山西、内蒙古、辽宁、吉林、黑龙江、山东、河南、山西、甘肃、青海、宁夏、新疆省份的数据加总得到。
③ 为 2005 年数据。

公共建筑面积）

大型公共建筑总能耗=公共建筑总能耗－一般公共建筑总能耗

计算结果如表 5-49 所示。

表 5-48　2000—2006 年公共建筑总电耗　　单位：亿 kW·h

项目	2000 年	2001 年	2002 年	2003 年	2004 年	2005 年	2006 年
交通运输、仓储和邮政业	281.2	309.3	338	396.9	449.6	430.3	467.4
批发、零售业和住宿、餐饮业	393.6	444.9	500	623	735.4	752.3	847.3
其他	643.2	688.1	758.6	911	1 036.6	1 340.9	1 555.9
总耗电量	1 318	1 442	1 597	1 931	2 222	2 524	2 871

表 5-49　2000—2006 年一般公共建筑与大型公共建筑总能耗

项目	2000 年	2001 年	2002 年	2003 年	2004 年	2005 年	2006 年
一般公共建筑面积/亿 m^2	31	41	46	48	48	50	54.1
大型公共建筑面积/亿 m^2	1.5	2.6	3.7	4.5	5.4	6.8	7.5
一般公共建筑总能耗/（亿 kW·h）	1 016	1 040	1 080	1 235	1 326	1 413	1 567
大型公共建筑总能耗/（亿 kW·h）	302	403	516	696	896	1 111	1 303

⑤ 中国建筑总能耗。

根据上述公式分项计算，可以得到 2000—2006 年中国建筑能耗分项统计结果，如表 5-50 所示。

表 5-50　2000—2006 年中国建筑能耗表

项目	单位	2000 年	2001 年	2002 年	2003 年	2004 年	2005 年	2006 年
城乡生活能耗	万 t 标煤	14 912	15 427	17 032	19 268	21 281	23 393	25 388
北方城镇采暖能耗	万 t 标煤	6 089	6255	6 648	10 004	10 782	12 932	13 905
一般公共建筑能耗	亿 kW·h	1 016	1 040	1 080	1 235	1 326	1 413	1 567
大型公共建筑能耗	亿 kW·h	302	403	516	696	896	1 111	1 303
建筑总能耗①	万 t 标煤	25 771	26 904	29 456	36 260	40 104	45 459	49 682
社会总能耗	万 t 标煤	1385 53	143 199	151 797	174 990	203 227	223 319	246 270
比例	%	18.6	18.8	19.4	20.7	19.7	20.4	20.2

由于中国统计建筑能耗时并没有完全从建筑物运行能耗的角度统计，因此表 5-50 根据年鉴计算出来的建筑能耗和中国实际的建筑能耗是有所差别的，但是它还是可以基本说明中国目前的建筑能源消耗状况。

从表 5-50 可以看出，随着中国经济的发展，中国建筑能耗总体上呈现增长趋势，虽然与其他发达国家相比，无论是单位面积能耗还是人均能耗，中国还处于比较低的位置。但是，

① 电力折标系数用发电煤耗折标系数 1kW·h=0.361 9kg 标煤。

这并不意味着中国在建筑节能方面已经做得很出色，只能说是由于中国仍然处于工业化初期的经济发展现状造成的。目前，中国正处于城市高速发展阶段，随着城市化进程，城镇人口的增加，必将带来城镇建筑面积和采暖面积的大幅增长，城市中大型公共建筑的面积也会迅速增长；而且随着人民生活水平的提高，必然带来对各种用能设备数量和服务水平需求的增长；此外，中国目前仍有大量农村人口在使用非商品性能源，一旦这部分能源被常规商品能源替代，也会大大增加中国建筑能耗的总体水平。如果对建筑用能不加以控制，任其按照发达国家的模式走下去，随着中国经济的发展，人均建筑能耗接近发达国家的人均水平，将消耗全球目前年耗能量的 1/4 来满足中国建筑的用能需求，这显然是不可能。因此，中国必须倡导节俭的用能方式，采用合适的建筑节能技术，避免建筑能耗的大幅度增长。

（2）建筑部门节能技术

① 建筑部门主要节能技术。

建筑部门主要节能技术主要包含围护结构保温隔热技术和设备节能技术两方面（表 5-51），以围护结构保温技术为主，因为围护结构节能技术的建筑节能率为 55%～65%。住宅围护结构节能技术是指通过采用墙体保温（外保温、内保温、自保温、夹芯保温等技术）、门窗节能（中空玻璃窗，LOW-E 玻璃等）、屋面节能等措施减少住宅的使用能耗。中国目前外墙保温技术主要是不透明墙体为主，少量透明墙体如玻璃幕墙等因传热特征与不透明墙有本质差别被归为窗的类型。设备节能技术主要包括新的冷热源技术、水系统节能技术、风系统节能技术、蓄能技术和其他设备节能技术。中国目前已有部分建筑采用水源热泵技术、地源热泵技术等。

表 5-51 建筑部门主要节能技术

类别	主要节能技术
围护结构保温隔热技术	外墙外保温、外墙内保温、门窗节能技术
设备节能技术	冷热源技术、水系统节能技术、风系统节能技术、蓄能技术

② 围护结构保温技术为建筑节能重点。

建筑造型及围护结构形式对建筑物性能有决定性影响。直接的影响包括建筑物与外环境的换热量、自然通风状况和自然采光水平等。而这三方面涉及的内容将构成 70%以上的建筑采暖通风空调能耗。不同的建筑设计形式会造成能耗的巨大差别。

a. 保温材料。

开发新的建筑围护结构部件，以更好地满足保温、隔热、透光、通风等各种需求，甚至可根据变化了的外界条件随时改变其物理性能，达到维护室内良好的物理环境同时降低能源消耗的目的，这是实现建筑节能的基础技术和必需的产品。夏季空调的大量能耗用于室内的湿度调节，采用一些吸湿性高分子材料，可以在空气湿度高的时候吸收空气中的水分，使其转换为结晶水而封存在材料中，在室内空气相对湿度较低时又重新把水分释放回空气中。这样可维持室内相对湿度于 40%～75%的舒适范围内，而不消耗常规能源。还有利用建筑围护结构蓄存热量，夏季夜间室外空气通过楼板空洞通风使楼板冷却，白天用冷却了的楼板吸收室内热量。在冬季则设法利用围护结构吸收和蓄存白天进入室内的太阳辐射热避免室温过高，而在夜间释放这些热量，以减少室温的下降。在围护结构内配置适宜的相变材料，则可以产生更好的蓄能效果。

通过上述各项技术的有机结合，在某些地区（非潮湿地区）可以建造出接近“零能耗”建筑，不消耗常规能源就可以维持室内的舒适环境，并通过太阳能解决夜间照明。开发和推广上述先进技术，可使中国各类建筑的采暖能耗降低到冬季平均 $10W/m^2$ 的水平，仅为目前采暖能耗的三分之一，空调能耗也可以显著下降。因此中国建筑材料与部件的节能应从以外墙为重点迅速转向以提高外窗和玻璃幕墙的性能为重点。

b. 通风换气窗。

随着外窗的气密性不断提高，关闭外窗后所能产生的室内外换气量已不能满足室内空气质量的要求。因此北方地区居民就不再像几十年前那样，在冬季糊窗缝，而是每天都要开窗换气。据调查，70% 以上居住在新建住宅中的北京居民冬季每天都要开窗通风。然而目前大多数外窗都无法控制开窗通风量，开启一扇窗所导致的通风换气量远大于维持室内空气质量所要求的换气量。这就造成冬季采暖的热损失。对于采取了保温措施的新建住宅和新建一般性非住宅建筑，由于建筑围护结构保温好，开窗后的热量消耗是不开窗时的 2～3 倍，成为冬季采暖主要的热负荷部分。按照室内卫生要求，在采暖时适量换气，而不是无控制地开窗，可以在保证室内空气质量的前提下，使这种保温好的新建建筑采暖能耗减少一半以上。

欧洲非常重视室内的受控通风，如在窗台下设专门的可调式通风窗，可采用上翻式外窗调节通风量，还可在外窗上专门开设用于通风的小窗。研究和开发这种产品，并在建筑设计规范中强制要求设置这种通风手段，可显著减少过量通风换气导致的能耗。即使是适量通风，室内外通风形成的热量或冷量（夏季空调时）损失，对保温较好的建筑，也成为建筑采暖空调能耗的主要部分。对于一面外墙宽 4m 的一间 $20m^2$ 房间，如果外墙外窗平均传热系数为 $1W/(m^2 \cdot ℃)$，则室内一次换气导致的热损失为外围护结构热损失的 1.6 倍。实际上新建节能住宅与新建节能型一般性非住宅建筑，一次换气时的热损失往往可达到外围护结构热损失的 2 倍以上。此时，通过专门装置有组织地进行通风换气，同时在需要的时候有效地回收排风中的热量或冷量，对降低这类建筑的能耗就具有重要意义。显热热回收装置回收效率达到 70%时，就可以使采暖能耗降低 40%～50%。

c. 热泵技术。

通过热泵技术从低温热源中取热，提升其温度后，为建筑物提供热量，解决采暖和生活热水的热量供应，是直接燃烧一次能源而获取热量的主要替代方式。随着夏季空调的广泛使用，中国用电高峰已逐渐从冬季转到夏季，从而使冬季电力供应能力过剩。需要增加冬季用电负荷，减少冬夏电负荷差，这是近年来各地推行电采暖的实质原因。直接电热相当于燃煤供热效率为 30%，无论如何不应推广。

热泵方式的主要问题是从哪种低温热源中取热，怎样使低温热源能够提供足够的热量，同时热泵油能高效提取。依低温热源不同，常见的热泵形式有：热泵型家庭热水机组，即从室外空气中提取热量制备生活热水，当没有余热、废热可利用时，这种方式应是提供家庭生活热水的最佳方式；空气源热泵，冬季从室外空气中提取热量为建筑供热，主要应用于住宅和其他小规模民用建筑供热；地下水水源热泵，通过从地下抽水提取其热量后再把水回灌到地下，用于建筑供热；污水水源热泵，是直接从城市污水中提取热量，据测算城市污水充当热源可解决城市 20%建筑的采暖；地埋管式土壤源热泵，为通过在地下垂直地或水平地埋入塑料管，通入循环工质，成为循环工质与土壤间的换热器。

采暖用能占中国建筑能耗的 50%以上，而热泵技术提供采暖热源比燃料直接燃烧要节能20%以上，同时对使用者来说，又是最清洁的采暖热源。通过热泵技术如能解决四分之一城镇建筑的采暖，将大大缓解目前采暖与能源消耗、采暖与环境保护间的矛盾以及电力负荷冬季与夏季的矛盾，实现高效的电驱动采暖。

③ 大型公共建筑节能技术。

与住宅和一般性非住宅建筑不同，大型公共建筑采暖空调电力消耗，60%～70%由输送和分配冷量和热量的风机水泵所消耗。这是导致此类建筑能源消耗过高的主要原因之一。对大规模集中供热系统，负责输配热量的各级水泵的能源消耗也在供热系统运行成本中占很大比例。目前建筑系统中风机水泵的电力消耗（包括集中供热系统水泵电耗）占中国城镇建筑运行电耗的 10%以上，而这部分电耗有可能降低 60%～70%，因此也应是建筑节能的重点，尤其是大型公共建筑节能的主要途径。

a. 温度湿度独立控制的空调系统。

目前中央空调都使用出口温度为 5～7℃的冷水或更低的低温水作为冷媒，对空气进行处理。这是因为空气除湿的需要。而如果仅为了降温，采用出口温度为 18～20℃的冷源都可满足要求。由于一般除湿负荷仅占空调负荷的 30%～50%。结果大量的显热负荷也用这样的低温冷媒处理，就导致冷源效率低下。近年来，此领域的一个重要方向就是采用温度湿度独立控制的空调方式。将室外新风除湿后送入室内，可用于消除室内产湿，并满足新鲜空气要求；而用独立的水系统使 18～20℃的冷水循环，通过辐射或对流型末端来消除室内显热。这一方面可避免采用冷凝式除湿时为了调节相对湿度进行再热而导致的冷热抵消，另一方面可用高温冷源吸收显热，使冷源效率大幅度提高。同时这种方式还可有效改善室内空气质量，因此被普遍认为是未来的主流空调方式。目前世界各国都积极开展大量的相关研究和工程尝试。

b. 建筑自动化系统。

目前 90%的大型公共建筑安装有建筑自动化系统，对各种用能对象进行检测和控制。但是，90%的自动化系统都不能有效地对耗能系统，尤其是采暖空调系统进行自动调节，从而不能实现节能效果。目前的建筑自动化系统水平已可完全提供各种所需要的实测数据，要解决的问题就是优化算法和为了实现优化控制对系统进行必要的改造。若实现优化控制，至少可实现 15%～20%的节能效果。

c. 热电冷三联供（BCHP）系统。

当天然气成为城市中主要的一次能源时，采用动力装置先由燃气发电，再由发电后的余热向建筑供热或作为空调制冷的动力，可获得更高的燃料利用率。这就是所谓热电冷三联供（BCHP）。通过让大型建筑自行发电，可解决大部分用电负荷，可提高用电的可靠性，同时还可降低输配电网的输配电负荷，并减少长途输电的输电损失。这种方式要攻克的技术难点为：高发电效率、低排放的燃气发电动力装置，高密度高转换效率的蓄能装置和高效率的热驱动空调方式。

这种方式为大型公共建筑能源供应提供一种整体解决方案。通过天然气发电替代使用电网电力，其余热又可解决建筑供冷供热问题。当解决好电热冷的负荷匹配时，与直接利用电网电力相比，这种方式可节约一次能源 20%～30%。

④ 节能灯技术。

由于照明用电为建筑物用电量的 30%～60%，因此节约照明用电对建筑节能有重大意义。降低照明用电的途径包括：发展高效光源，采用高效灯具，改进照明控制。目前荧光类高效节能灯已得到普及，普遍看好的 LED 光源比目前的节能灯效率更高，发光光谱可在大范围选择，使用寿命也大大延长。

照明控制也是实现照明节能的重要组成部分。尤其是办公室、教室等公共建筑，改善照明控制可大幅度减少照明电耗。应使这种系统国产化，降低成本，同时进一步完善其控制逻辑。

（3）建筑节能部门的技术战略选择

建筑部门是我国未来控制温室气体的重点。世界银行与中国建设部合作，对中国建筑节能进行了长达三年的考察，在提出的世行报告《中国促进建筑节能的契机》中谈到中国建筑节能为什么要现在采取行动时指出：2000 年至 2015 年是中国民用建筑发展鼎盛期的中后期，到 2015 年民用建筑保有量的一半将是 2000 年以后新（改）建的。由于没有完全推行建筑节能，每年新增 7 亿～8 亿 m^2 的不节能住宅和商业建筑，这些建筑在未来几十年里将无节制地消耗大量能源。

结合中国未来经济社会与人口的发展情况，预测中国房屋建筑面积如表 5-52 所示。

在过去的十几年，很多建筑节能技术已被广泛地应用在新建和改造的节能建筑中，其节能效果也得到了肯定。从我国所处的发展阶段和经济发展水平来看，我国应将以下技术作为战略重点：

表 5-52 中国房屋建筑面积在关键年份的预测

项目	2005 年	2020 年	2030 年
房屋建筑面积/亿 m^3	170	450	680

技术战略 1：推广新型墙体材料和节能产品，重视保温技术的应用，包括外墙和屋顶保温技术，外窗保温技术，围护结构保温技术等；

技术战略 2：推广绿色照明技术；

技术战略 3：采取分栋计量、分户通断调节技术和集中供热、分栋供水、温度可调的采暖方式改善集中供热系统的调节，避免由于冷热不匀或整体过热造成的热量损失；

技术战略 4：推广区域热电联产技术；

技术战略 5：强化对高级保温材料（LOW-E 型玻璃的隔热涂料和隔热热贴膜技术、双层幕皮墙、带热回收的通风换气窗）以及分布式能源系统、热泵技术、蓄能技术、太阳能光伏建筑集成系统等技术的研发和示范。

基于上述技术战略，可以初步估算得到 2030 年在控排情景下与基准情景相比，可减少排放 CO_2 达 8 亿 t。

4．交通运输部门

（1）交通运输部门概况

世界各国经济发展的经验表明，一个国家的经济发展离不开本国交通运输业的支持，国民经济的发展与运输之间存在正相关。

① 随着中国国民经济的发展和人民生活水平的不断提高，交通运输部门近年来的发展也非常迅速。

表 5-53 和表 5-54 反映了近年来公路、铁路、水运和航空业的客货运周转量及其运输设备保有量的发展变化。

表 5-53 交通运输业发展状况

项目	1990 年	1995 年	2000 年	2001 年	2002 年	2003 年	2004 年	2005 年
旅客周转量/（亿人 • km）	5 629	9 002	12 261	13 155	14 126	13 811	16 309	17 467
货物周转量/（亿 t • km）	26 208	35 909	44 321	47 710	50 686	53 859	69 445	80 258

表 5-54 交通运输部门运输设备保有量及客运周转量变化趋势

部门	交通工具类型	数量	
		2000 年	2005 年
公路	货车	716	956
	客车	414	
	轿车	440	

部门	交通工具类型	数量	
		2000 年	2005 年
公路	总计	1 570	3 160
	摩托车	3 772	690
铁路	铁路机车/台	15 253	17 473
	国家铁路/台	14 472	16 547
	铁路客车/辆	37 249	41 974
	国家铁路/辆	35 989	40 328
	铁路货车/辆	443 902	548 368
	国家铁路/辆	439 943	541 824
水运	民用运输机动船/艘	185 018	165 900
	民用运输驳船/艘	44 658	41 394
航运	民用飞机/架	828	1 386

② 公路运输业发展势头迅猛。

中国近几年的经济发展奇迹导致民用汽车拥有量飞速增长，如图 5-23 所示，2000 年以前，民用汽车拥有量每 5 年增加 500 万辆，而从 2000 年至 2005 年，民用汽车拥有量增加了 1 550 万辆。由此可见，民用汽车拥有量以很大的加速度在增长，而随着人均收入的提高和车价的进一步降低，这一增长速率还会加快。

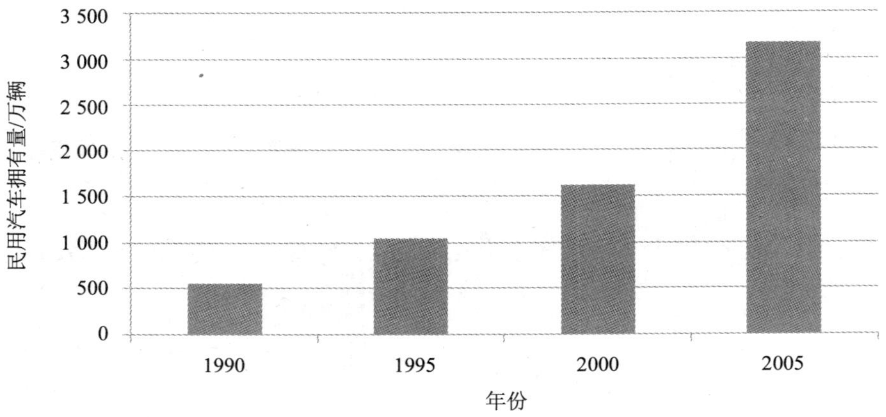

图 5-23　中国近年来民用汽车拥有量变化趋势

③ 公路的道路基础设施建设发展速度领先于其他。

从道路基础设施的飞速增长（表 5-55）可以看出，从 1990 年至 2005 年，铁路总长度仅增加了 30%；而从 1990 年至 1995 年，高速公路总长度增加了 410%；从 1995 年至 2000 年，高速公路总长度增加了 676%；从 2000 年至 2005 年，高速公路总长度增加了 151%。随着高速公路的发展在中国经历了从无到有的过程，今后几年其增长速度会慢慢降下来，但总长度依然会持续增长，估计很快会超过铁路的总长度。公路总长度的增加同样很可观，从 1990 年至 2005 年，公路总长度增加了 87.7%。高速公路和公路的飞速发展使旅客和货运越来越多地依赖于汽车交通。

表 5-55　　中国近年来的交通基础设施发展情况　　单位：万 km

项目	1990 年	1995 年	2000 年	2005 年
铁路总长度	5.78	5.97	6.87	7.54
高速公路总长度	0.05	0.21	1.63	4.10
公路总长度	102.83	115.70	140.27	193.05

综合以上信息，本研究将进一步聚焦中国的公路交通业的技术现状、趋势与战略。

（2）公路运输业技术现状

表 5-56 从平均标定油耗的角度体现了中国公路交通业的技术现状[①]。其中任何一类车辆的油耗都远远高于国外发达国家。[②]究其原因，有以下几点：营运车辆性能差，结构不合理、老旧严重；市场内部过度竞争，低层次供给过剩，高层次供给不足；油品质量不够高；公路网层次结构不尽合理，路网技术等级偏低；公路质量还远远落后于许多发达国家，与印度、巴西等发展中国家相比甚至也有较大差距。

表 5-56　　平均标定油耗　　单位：km/L 汽油

货车	油耗	客车	油耗
重型汽油货车	3.03	大型汽油客车	3.23
重型柴油货车	4.03	大型柴油客车	4.35
中型汽油货车	4.03	中型汽油客车	4.35
中型柴油货车	5.38	中型柴油客车	5.71
轻型汽油货车	7.14	轻型汽油客车	8.00
轻型柴油货车	9.09	轻型柴油客车	10.00
微型汽油货车	15.39	微型汽油客车	16.67
微型柴油货车	20.00	微型柴油客车	21.50
轿车		摩托车（汽油）	41.67
汽油轿车	10.53		
柴油轿车	14.60		

当然，近年来也有越来越多的机动车技术得到应用，来提高车辆的燃油经济性，这些技术的成本、节油效果和局地污染物的减排效果如表 5-57 所示。

① 霍红. 中国公路交通能源消耗及汽车燃料经济性技术和政策研究. 清华大学硕士论文，2002.
② 国家质量监督检验检疫总局，等. 乘用车燃料经济性标准. 2004.

表 5-57　　提高燃油经济性能的一些技术组合的成本和节能减排效果信息[①]

技术		成本/元	节油效果	局地污染物减排效果
发动机技术	增加进气充量	1. 进气管优化设计　2. 单缸 4 气门	降 3%左右	基本无影响
	减少排气被压	三元催化器、消声器优化设计、匹配，约+100	每减小 5kPa 排气被压，提高功率约 1kW，节油约 1%	可以降低排放
	减少发动机摩擦损失	1. 双顶置凸轮轴（DOHC），约+1 400 2. 优化设计摩擦副，包括活塞、活塞环、缸套、轴瓦等，约+100	降 3%左右	基本无影响
	减少附件功率损耗	1. 电动水泵，约+500 2. 电动机油泵，约+800 3. 电控辅助系统（动力转向、空压机、发电机等）	降 4%左右	降低排放
	MPI	增加 2 000	降 10%左右	降低排放
	发动机工作过程优化	优化设计，成本基本不增加	有节油	降低排放
	发动机增压（中冷）（形式）（最大压力）	增压+中冷，约+3 000	降 3%左右	降低排放
	EGR	约+200	不明显	降低排放
	VVT	约+400	降 3%左右	降低排放
	废气后处理（DOC、DPF、SCR 等）	约+2 000	油耗增加	降低排放
	汽油直喷技术	约+3 500	10%左右	降低排放
	柴油（直喷）高压共轨技术	约+4 000	降 3%左右	降低排放
	发动机轻量化	1. 铝制缸体，约+500 2. 塑料进气管，约－80（大批量）	有节油	基本无影响
传动系技术	挡位数增加情况（手动、自动）	成本增加	有节油	基本无影响
	变速箱形式变化	手动到自动，成本增加	油耗增加	基本无影响
	无级变速器（CVT）	成本增加	有节油	降低排放
新型动力系统技术	混合动力技术	成本增加	有节油	降低排放
	纯电动技术	成本增加		无排放
	燃料电池技术	成本增加		无排放

（3）公路运输业技术发展趋势

① 中国的汽车结构将发生变化，由于柴油车优良的燃油经济性，柴油车的比例将会得到提高，同时小排量汽车的环境友好型决定其将得到长足发展。

② 改进发动机技术将得以推进。在影响运输车辆油耗高低的各种因素中，发动机的油耗是最重要的因素之一。目前中国汽油机的平均油耗率要高出国外汽油机 10%～20%。中国制造的重型柴油货车的油耗则比国外先进水平高 17%～25%，因此，中国汽车制造行业需开发研究或引进生产低油耗车用柴油机。若油耗率达到 80 年代的国际先进水平［低于 200g/（kW・h）］，

① 数据由北汽福田蔡继春工程师提供，获哈飞罗书美工程师认同。

可使中国汽车油耗降低 10%～20%。

③ 轨道交通等公共交通将快速发展，提高综合交通运输系统效率。在大城市建立以道路交通为主，轨道交通为辅，私人机动交通为补充，合理发展自行车交通的城市交通模式；中小城市主要以道路公共交通和私人交通为主要发展方向。

④ 天然气、液化石油气汽车，混合动力汽车将得到推广；醇类燃料汽车、电动汽车和氢燃料汽车等新动力汽车将进一步研发。

⑤ 高耗能的老旧汽车将被淘汰。“十一五”末与 2005 年相比，实现车百吨千米能耗下降 20%，2010 年末达到 8.2～6.7L/km 的汽车平均燃油经济性，公路每亿车千米用地面积下降 20%；单车单放空驶现象减少，运输效率等提高[①]。

⑥ 开发汽车新材料。汽车的新材料开发，特别是轻体材料的开发应用，对实现汽车的低油耗与节能同样有着重要的作用。可供选择的新材料有：用点焊技术成型的薄板、标准镁合金、全铝车身及底盘、专用半成品坯技术、陶瓷阀、有机玻璃、纤维塑料复合材料、金属矩阵合成材料、陶瓷海绵、铝海绵、生物材料、高级镁合金材料、钛铝材料、智能材料、塑料、专用复合材料等。

（4）公路运输业技术战略选择

结合中国未来经济社会与人口的发展情况，预测中国机动车保有量如表 5-58 所示。

表 5-58　　中国机动车保有量在关键年份的预测

项目	2005 年	2020 年	2030 年
机动车保有量/万辆	3 500	17 700	28 900

在以下各技术战略的情景设置中，各种车型的行驶里程数均一致，如表 5-59 所示。

表 5-59　　各种车型的年均行驶里程数设置　　单位：10^2km

年份	重型货车		中型货车		轻型货车		微型货车		轿车	
	汽油	柴油	汽油	柴油	汽油	柴油	汽油	柴油	汽油	柴油
2005	50	50	24	24	19.5	19.5	35.6	35.6	24	24
2020	50	50	24	24	15	15	20	20	15	15
2030	50	50	24	24	15	15	20	20	15	15
年份	重型客车		中型客车		小型客车		微型客车		摩托车	
	汽油	柴油	汽油	柴油	汽油	柴油	汽油	柴油		
2005	51.1	51.1	46.8	46.8	32.1	32.1	32.1	32.1	9	
2020	55	55	35	35	25	25	25	25	9	
2030	55	55	35	35	25	25	25	25	9	

① 中国国家发展和改革委员会. 节能中长期专项规划. 2004.

技术战略 1：提高燃料经济性水平，严格国家两阶段标准并扩展其覆盖范围。

根据国家提高车辆燃料经济性，减少石油消耗的要求，中国制定了轻型乘用车燃料经济性标准，该标准采用重量分组的方法，要求汽车企业分别在 2005 年 7 月和 2008 年 7 月达到第一和第二阶段限值标准。从现有车型数据分析，现生产车型达到 2005 年第一阶段限制要求的车型占 50%，现生产车型达不到 2008 年第二阶段限制要求的车型占 82%。

中国汽车技术研究中心根据中国机动车增长的预测和标准的限值，预测如果能够按照两阶段方案实施该标准，到 2020 年，采用该标准可以累计节约用油 2 600 万 t。如果能够进一步加严标准，使中国车辆节能技术同世界同步，并同时扩展标准覆盖的车型，到 2030 年则可以累计节油 8 亿 t，仅 2030 年一年就可以节油 8 000 万 t，相当于 2002 年石油总的进口水平①。

本战略根据相关技术的成本效益数据，分析严格国家两阶段标准并扩展范围后的节能减排效果和成本。结果见表 5-60。

表 5-60　新车燃料标准实施的减排效果与成本

年份	末年新车需求量/（×10^6辆）	节油量/万 t	CO_2减排量/（×10^6t）	单车成本增加/元	总成本/亿元
2005—2020	152.4	2 600	41.86	3 500	5 330
2020—2030	112	77 000	1 240	2 500	2 800
2030—2050	213	80 000	1 288	1 500	3 200

技术战略 2：优化中国乘用车结构，发展节能环保汽车。

先进柴油车：先进柴油车以先进柴油机为动力。与目前的汽油车相比，先进柴油车具有燃油消耗低 20%～30%、动力性强等特点，虽然尾气排放中的颗粒物和氮氧化物含量高于先进汽油车，但与 20 世纪 90 年代初传统柴油车相比已减少了 90%以上。目前先进柴油轿车已处于成熟的商业运行阶段，2004 年欧盟新增乘用车中 46.3%为柴油车，法国、意大利、德国柴油轿车的比重分别为 72%、66%、43%。

混合动力汽车：混合动力汽车由内燃机和电动机共同驱动。与目前的汽油车相比，混合动力汽车能够节省 25%～40%的燃油，尾气排放也比汽油车和先进柴油车更为清洁。混合动力汽车价格较高，在当前的技术条件下，其成本比同类汽油车高 30%左右。目前混合动力汽车初步进入商业化阶段，2005 年混合动力汽车在美国销售 20.5 万辆，占美国汽车总销量的 1.2%。

燃料电池汽车：燃料电池汽车一般采用氢气作为燃料，利用氢气和氧气的化学反应产生电能作动力。与汽油车相比，燃料电池能够节省 50%的能源，且可以不消耗石油，不排放 CO_2 和有害气体。国际汽车界普遍认为燃料电池汽车是节能环保汽车的最终解决方案，但目前燃料电池汽车仅处于研发和运行试验阶段，技术尚未完全成熟，价格过于昂贵，配套设施投入

① 中国汽车技术研究中心. 中国乘用车限值标准的制定和节能潜力的分析.来源：国务院发展研究中心-中国发展高层论坛。

巨大，燃料电池汽车的大规模商业运营应在 2020 年以后。

在多元化发展的格局下，从长期来看，燃料电池技术是最理想的解决方案；从近中期来看，先进柴油技术和混合动力技术是主要的先进适用技术。国务院发展研究中心的调研报告指出，高速情景下 2020 年当年发展上述新能源技术能够节省 3 991 万 t 原油，节油量相当于当年中国石油总需求的 8.9%，汽车用油的 14.3%，石油进口的 16.0%，节油效果非常显著，并且可以减少二氧化碳排放 6 450 万 t，相当于将当年汽车排放的二氧化碳削减 10%。

考察节能环保汽车的减排成本，以 2005 年的轿车燃油效率为基准，设置近期、中期和远期的节能环保汽车发展速度，得出结果见表 5-61。

表 5-61　节能环保汽车的减排效果与成本

年份	末年轿车保有量（$\times10^6$）	节能环保汽车比率/%			二氧化碳减排量（$\times10^6$t）	成本/亿元
		先进柴油车	混合动力汽车	燃料电池汽车		
2005—2020	100	10	3	接近 0	68.16	360
2020—2030	130	30	10	0.1	240	413
2030—2050	200	50	30	0.5	1 467	487

当前，先进柴油车的成本从综合角度考虑已经可以忽略，而混合动力汽车的单车成本增加 16 000～24 000 元，燃料电池汽车的成本增加 24 000～32 000 元。本战略情景中假设成本按线性速度下降，但实际情况取决于新型动力系统的技术开发。从表 5-59 中可以得出，以先进柴油车为主、逐步发展混合动力汽车的方案，其综合减排成本下降迅速，三阶段分别为 528 元/t、172 元/t、33 元/t。

技术战略 3：优先发展公共交通系统，特别是快速轨道交通系统，提高轨道交通在城市交通中的比例。

对城市交通系统而言，发展城市公共交通系统特别是快速轨道交通系统是各国解决城市交通问题的主要手段，同时并不影响汽车产业的发展。本战略将对公路汽车的车型构成产生影响，主要影响为轿车比例减少，客车比例增加。计算结果表明，如果政策上采取相应措施限制私有汽车数量的快速增长，而鼓励发展公交系统，预计到 2020 年，可以实现年减排 CO_2 量 310 万 t，到 2030 年可以达到年减排 CO_2 量 600 万 t 左右。

四、中国能源与温室气体控制的总体战略及对策

（一）战略指导思想和原则①②③④⑤

1．战略指导思想

本研究坚持以邓小平理论和“三个代表”重要思想为指导，用科学发展观和构建社会主义和谐社会两大战略思想统领能源与温室气体控制工作，以大力发展可再生能源、控制温室气体排放、增强可持续发展能力为目标，努力构筑稳定、经济、清洁的能源体系，坚持节约资源和保护环境的基本国策，以保障经济发展为核心，以节约能源、优化能源结构、加强生态保护和建设为重点，以提高能源使用效率，发展低碳技术为支撑，不断提高应对气候变化的能力，提高人民群众生活环境质量，为保护全球气候作出新的贡献，以能源的可持续发展与温室气体的有效控制支持我国经济社会可持续发展。

2．战略制定原则

——必须坚持开发与节约并重、节约优先的原则。摒弃传统的发展思维和发展模式，长期坚持和实施节约优先的方针。生产、建设、流通、消费各领域都要把节约资源放在突出位置，努力降低消耗，减少损失浪费，提高资源利用效率，减少温室气体排放。

——在平等互惠、互利双赢的原则下加强同各能源生产国和消费国的合作，共同维护全球能源和气候安全。本着尊重历史、立足现在、着眼未来的精神，树立新的利益观和合作模式，积极开展国际上的务实合作。

——必须坚持“共同但有区别的责任”和公平原则。应该以公约及《京都议定书》作为国际合作的基本框架，在努力实现温室气体减排的同时，国际社会应该加大对发展中国家的支持，发达国家应该履行对发展中国家的技术转让和资金支持承诺，切实帮助发展中国家提高减缓和适应气候变化能力。而发展中国家也应该根据自身的发展情况，积极采取各种节能减排措施。

——坚持技术创新，依靠科技进步的原则。开发推广资源节约和综合利用技术，加快资源节约新技术、新产品和新材料的推广应用。加强研发和推广节能技术、环保技术、低碳能源技术，增加资金投入，大力促进技术合作和转让。

---

① 国家发展和改革委员会. 能源发展“十一五”规划. 2007：5.
② 国家发展和改革委员会. 中国应对气候变化国家方案，2007：23-25.
③ 胡锦涛. 在亚太经合组织第十五次领导人非正式会议上的讲话，2007 年 9 月.
④ 胡锦涛. 在 G8+5 对话会议上的讲话，2007 年 6 月.
⑤ 温家宝. 携手合作 共同创造可持续发展的未来，2007 年 11 月.

——坚持可持续发展的原则。建立适应可持续发展要求的生产方式和消费方式，优化能源结构，推进产业升级，发展低碳经济，努力建设资源节约型、环境友好型社会，从根本上应对气候变化的挑战。

——坚持市场优先的原则。要加快推进水、电、石油、天然气等资源性产品价格的市场化进程，建立反映资源稀缺程度的价格形成机制，充分发挥市场配置资源的基础性作用。

（二）战略目标

1．能源总量和结构目标

到 2020 年，我国能源消费总量控制目标为 36 亿 t 标准煤。煤炭、石油、天然气、核电、水电、其他可再生能源分别占一次能源消费总量的 58%、25%、5.7%、1.7%、7.2%和 1.5%。

到 2030 年，我国能源消费总量目标为 45 亿 t 标准煤。煤炭、石油、天然气、核电、水电、其他可再生能源分别占 51%、23%、10%、3%、8.6%和 3.4%。

到 2050 年，我国能源消费总量目标为 53 亿 t 标准煤。煤炭、石油、天然气、核电、水电、其他可再生能源分别占 49%、23%、10.6%、4.4%、8.3%和 4.7%。

可再生能源发展目标：发展风力发电、太阳能利用、垃圾焚烧发电、沼气、秸秆发电、地热、水电等可再生能源，力争到 2030 年，可再生能源占全国能源总消费量的 12%，到 2050 年，占全国能源总消费量的 13%（表 5-62）。

表 5-62　　中国能源总量与结构目标

能源	2020 年	2030 年	2050 年
总量/亿 t 标煤	36	45	53
煤/%	58	51	49
石油/%	25	23	23
天然气/%	5.7	10	10.6
核能和可再生能源/%	10.4	15	17.4
水电/%	7.2	8.6	8.3
核电/%	1.7	3	4.4

2．效率与能源技术水平目标

实现能源节约和环境保护目标，必须依靠全社会的共同努力，发挥科技基础作用，走转变经济增长方式，提高经济增长质量和效益的道路。在落实直接节能与环境保护措施的同时，大力发展循环经济，加快培育高科技产业，扩大现代服务业在国民经济中的比重，通过优化经济结构，提升间接节能和环保贡献率。

到 2020 年，火电厂的煤耗、吨钢综合能耗、吨钢可比能耗，以及 10 种有色金属、铝、铜、乙烯、大型合成氨、烧碱、水泥、建筑陶瓷、铁路运输等主要耗能产品生产的综合能耗进一步降低，与发达国家的差距大大缩小，而国内同行业企业之间技术先进与落后的二元结构得到显著改善。

到 2030 年，各项能耗指标进一步降低，效率和技术目标进一步提高，国际与国内的技术差距都大大缩小，各种先进的技术设备已经不单靠从发达国家进口，中国自己的企业具有较高的研发能力，技术水平提高的贡献率有一部分来自国内企业。

到 2050 年，我国的各项技术水平指标基本与中等发达国家的类似，与最发达国家的差距也进一步缩小，国内企业的发展速度也更加协调，与国际企业的发展状态也更加吻合。

3．温室气体控排目标

中国应在力所能及的范围内，以节能减排为重点，进行最大程度的控排努力，力争使得 2020 年、2030 年和 2050 年的单位 GDP 温室气体排放强度在 2006 年的基础上分别下降 45%、65%和 80%。

（三）战略重点任务

上述战略目标的实现需要依靠科技进步、社会治理结构和资源配置机制的优化，并依赖于战略重点任务的实施。本研究在战略总体构想中提出的战略重点任务包括：

1．转变经济增长方式，推动产业升级，提高中国在低碳经济形势下的核心竞争力

推广低碳经济背景下的新的“竞争力”概念，建立涵盖经济、能源、环境的综合竞争力观，将能源、气候因素纳入核心竞争力范畴，以控制温室气体排放、增强可持续发展能力为目标，以保障经济发展为核心，以节约能源、优化能源结构为重点，以科学技术进步为支撑，以提高国家在国际政治经济体系中的综合竞争力为主线，确保国家在从传统经济形态向未来新的低碳经济形态过渡过程中，保持综合竞争力的不断提升；大力推动产业结构调整，转变传统的经济增长方式和贸易模式，大力发展低能耗低排放的第三产业，特别是高新技术产业，重点进行电力、冶金、建材、化工、交通、建筑等行业的技术升级和调整，加速淘汰高能耗、高排放的落后产能。

2．将推进低碳经济的相关政策逐步纳入国家的规划和政策体系中，尽快制定国家低碳经济发展战略

按照全面贯彻落实科学发展观的要求，把应对气候变化与实施可持续发展战略及加快建设资源节约型、环境友好型社会和创新型国家结合起来，纳入国民经济和社会发展总体规划和地区规划；识别低碳经济的核心内涵及现阶段中国发展低碳经济所面临的挑战和存在的机

遇，尽快制定中国低碳经济发展战略。

3．以节能减排为突破口，实施节能优先，协同控制多种污染物的温室气体控排战略

以“节能减排”为突破口，将提高能效作为控制我国温室气体排放的首要手段；在“十一五”期间能源强度降低 20%的基础上，进一步明确我国节能减排的重点行业和中长期减排目标；积极推进电力、冶金、建材、化工、交通和建筑节能，对行业的技术现状进行全面审查，了解各种技术在行业内部的配置状况、行业新兴技术的发展潜力及其未来的应用前景，并在此基础上制定实现控制成本最小化、环境经济效益最大化的具体的行业节能减排技术战略。

4．调整和改善能源结构，大力发展低碳能源

加快发展风能、生物质能和太阳能，在保护生态的基础上适度发展水电，在确保安全的前提下积极发展核电，提高清洁能源的比重。扩大煤炭洗选比重，大力发展洁净煤技术，努力提高能源清洁利用的程度，从根本上改变能源利用方式，减少温室气体排放。

5．大力推动植树造林，做好生态系统减源增汇工作

继续实施植树造林、退耕还林还草、天然林资源保护、农田基本建设等政策措施和重点工程建设，扩大绿化面积；扩大自然保护区的数量和面积，保护原始林、天然次生林和森林生物多样性，增强碳汇功能；加强碳的减源增汇科学技术的研究推广和国际合作交流。

6．加强公众教育，转变社会生产行为和消费行为，引导科学的消费模式并大力加强能力建设

加强公众教育并完善碳排放强度评价体系，指导和引领政府、企业、居民的行动方向和行为方式向低碳进行转变，保障人文发展对能源和温室气体排放容量的基本需求，抑制奢侈需求；加强能力建设，促进地方体制完善，增强地方低碳经济促进政策的制定和执行能力。

7．制定低碳技术战略和技术路线图，建立推动低碳技术开发与扩散的激励机制

积极跟踪和研究具有战略意义的能源和减排技术，由政府相关部门协调，提出统一的国家节能减排技术战略路线图，确定战略储备技术研发重点；以市场体制为基础制定低碳技术发展的相关激励政策和措施，推动提高可再生能源及新能源、煤的清洁高效利用、油气资源和煤层气的勘探开发、二氧化碳捕获与埋存等技术的开发和利用，建立低碳能源系统、低碳产业结构和低碳技术体系；推动建立自主创新体系和关于技术开发与转让的国际合作新机制，尝试与发达国家在技术开发、转让、扩散与部署等各个环节上形成合作，借此缩短与发达国

家间的技术差距，获取核心技术，实现技术赶超。

8．加强体制建设，建立适应中国国情的支持低碳经济的市场体系和政策体系

完善能源与温室气体控制相关的法律法规建设，推进能源管理体制和价格改革，促进低碳经济发展；发展公共部门和民营部门的伙伴关系，建立国家应对气候变化战略基金，实施经济政策手段，引导资本市场、技术市场和环境权益市场上国内外社会资源的配置；结合中国国情和国际经验探索建立碳税、介入国际碳市场运作和发展低碳经济的方式、步骤和潜在影响；选取典型城市，建设低碳经济示范区，摸索有中国特色的低碳经济发展道路。在此基础上总结经验，逐步进行推广。

9．加强应对气候变化国际合作，在可持续发展框架内，为保护全球气候作出力所能及的积极贡献

积极参与全球气候进程，推动国际气候合作朝着更加合理公正的方向发展，维护发展中国家的正当要求和共同利益；在“共同但有区别责任”原则下，在可持续发展框架内，为保护全球气候作出力所能及的积极贡献，树立负责任的大国形象。

（四）战略保障措施

坚持把节约能源放在首位，显著提高能源利用效率，努力构建低碳型经济和社会。节约能源、提高能源效率是中国国民经济发展的一项长远战略方针，既是当前一项极为迫切的任务，也是应对全球气候变化的迫切需要。应进一步明确实现节能降耗的目标任务和总体要求，调整和优化结构，全面实施重点工程，加快发展循环经济，加快技术开发和推广，强化节能降耗管理，加大监督检查执法力度，完善政策激励和约束机制，提高全民节约意识，发挥政府机构节能表率作用。

在继续推进工业节能的同时，把建筑、交通作为节能的重点领域。根据上面的研究内容，本研究识别出以下几方面的战略重点领域，并且按照战略目标和中国能源行业的现状及温室气体减排的目标，遵循“从易到难，逐步推进”的战略步骤，从成熟的技术做起、从低成本的方案做起的原则，逐步推开中国能源和温室气体减排的战略步骤，实现在未来的几十年有效地提高能源利用效率，降低温室气体排放的浓度，积极改善气候条件，承担起世界大国的责任和义务。

1．重点技术领域和步骤

（1）电力部门

中国能源结构以煤为主，电力生产高度依赖煤炭，到2005年末，燃煤机组的比例占75%，

发电量占 82%。煤炭大量开采和燃烧，引发严重的生态环境问题，包括地面沉陷，地下水系遭到破坏，酸雨危害的地理面积逐年扩大，温室气体和固体废料的大量排放，等等。电力工业是节能降耗和污染物减排的重点领域，结构不合理、增长方式粗放的问题比较突出。特别是能耗高、污染重的小火电机组比重偏大，不利于提高能源利用效率和保护生态环境。

中国火电部门的战略重点应该在以下几方面：

① 严格限制建设小火电机组，尽快停运现有的小火电机组，积极发展高参数大容量机组，更新高耗能、高污染的中低压参数老机组，推广建设 600MW 及以上高参数大容量燃煤机组、高效洁净煤发电机组和大型联合循环机组，限制在大电网内新建常规 300MW 及以下中、小型凝汽式机组。"以大代小"是中国电力部门减少温室气体排放的首要技术战略。

② 进行大型循环流化床燃烧发电厂（CFB）、整体煤气化联合循环发电（IGCC）、热电联产电厂和 CCS 技术的研究和示范建设，开发和引进清洁煤发电技术，将是中国电力部门减少温室气体排放的有效途径。

③ 发展、推广电网经济运行技术，积极开展电网的经济调度，采取措施，统筹兼顾，加强区域电网建设，推进大区电网互联，推进城乡电网建设与改造，形成安全可靠的配电网络。

④ 节约用电，推进全社会终端用电效率的提高，最大限度地减少温室气体排放。

根据上面的战略重点和现有的技术水平以及技术的发展趋势，中国火电发展应该遵循以下的发展步骤：

① 近期：关停小机组，基本淘汰掉 300MW 以下的中小型凝汽式机组，大规模推广高参数大容量燃煤机组，亚临界和超临界的技术已经成熟，可以大规模推广使用，超超临界虽然还在继续研发降低技术成本，但目前已有成功的运营经验可以推广，因此可以作为推广的重点，使得这些洁净煤发电机组在总装机容量中的比重不断上升。同时，还应大力推广先进输电技术。

② 中期：大规模推广超超临界技术的同时进行大型循环流化床燃烧发电厂（CFB）、整体煤气化联合循环发电（IGCC）、热电联产电厂的示范和推广，并且进行 CCS 技术的研发和小规模示范，使中国电力部门减少温室气体排放的成果进一步扩大。

③ 远期：大规模应用 IGCC 技术，并在一定规模上推广 CCS。

此外，核能、可再生能源的发展也是电力清洁化的重要途径，其发展应遵循如下步骤：

① 近期：发展大规模陆地并网风电，第三代大型先进压水堆和高温气冷堆核电站和先进小水电技术。

② 中期：发展大容量离岸风电技术，第二代生物质能和太阳能光伏发电。

③ 远期：发展与长距离输电联网的低成本光伏发电和热发电，第四代核电技术，间歇电源大规模蓄电系统和智能电网，核聚变发电技术，以及氢能和燃料电池技术。

（2）工业部门

“十一五”规划中提出的重点节能领域包括强化工业节能，突出抓好钢铁、有色金属、煤炭、电力、石油石化、化工、建材等重点耗能行业和年耗能 1 万 t 标准煤以上企业的节能工作，组织实施千家企业节能行动，推动企业积极调整产品结构，加快节能技术改造，降低能源消耗。

① 钢铁工业。

中国钢铁部门的先进技术装备水平仅为国际一般水平，国内水平明显落后。目前中国钢铁工业正处在产业升级时期，而钢铁行业又是重要的能耗部门，其温室气体排放以 CO_2 为主，钢铁行业的减排是一项综合性工作，包含管理措施、结构调整、设备规模扩大以及具体的节能减排技术，实现减排主要是通过各种技术措施的组合和实施。

根据前面的研究分析可以看出，中国黑色冶金业战略实施的步骤应该是：

近期：建立能源管理中心，提高产业集中度，实现设备大型化，大力推广干熄焦技术、高炉煤气顶压发电 TRT、煤调湿技术（CMC）、煤气联合循环发电（CCPP）、副产煤气回收利用、热风炉余热回收、烧结余热回收、蓄热式轧钢加热炉等回收余能、余热、余压节能技术，大力推广喷煤技术。

中期：大力发展和推广废弃塑料技术，进行先进电炉、熔融还原技术和直接铸造技术等的推广，并进行在钢铁行业应用 CCS 技术的先期研究。

远期：在钢铁行业大规模应用 CCS 技术。

② 有色冶金。

有色金属行业属于耗能大户，也属于节能潜力比较大的行业，根据行业特点和能源使用的状况，今后的发展应遵循以下的步骤：

近期：淘汰小型预焙槽，推广大型预焙槽，提高电解槽的寿命，增强电解铝公司的管理水平。大力发展再生铝工艺技术，提高资源的使用效率，降低能耗。

中期：推广 500kA 以上的更大型的预焙槽的大范围使用，提高电解槽的电流效率。

远期：加大技术研发的投资，开发出更高效率的电解技术。

③ 化学工业。

根据行业的特点和能源使用现状，化工行业在今后的战略实施中，应该遵循以下的步骤：

近期：大力推广大型合成氨装置采用先进节能工艺、新型催化剂和高效节能设备，以天然气为原料的合成氨推广一段炉烟气余热回收技术，以石油为原料的合成氨加快以天然气替代原料油的改造，中小型合成氨采用节能设备和变压吸附回收技术，采用水煤浆或先进粉煤气化技术替代传统的固定床造气技术。提高裂解炉的裂解水平，改进裂解原料的结构，提高轻烃的比重。

中期：采用先进技术改造乙烯裂解炉，推广炼化一体化技术，并进行在化工行业应用 CCS

技术的先期研究。

远期：通过研发，提高现有技术的效率和温室气体减排的能力，并且能够发掘出有潜力的新技术加以推广，帮助实现节能减排的目标，并在化工行业大力推广 CCS 技术。

④ 建材工业。

建材行业是高耗能行业之一，是中国产业部门中能源需求增长速度最快的部门。水泥产品是建材行业的节能重点，也是本研究关注的重点。在长期的发展战略中，应该遵循以下的步骤：

近期：发展大型新型干法窑外分解技术，提高新型干法水泥熟料比重。对现有大中型回转窑进行节能改造，淘汰技术落后且耗能大的立窑、中空干法窑、湿法窑及立波窑等，推广应用纯低温余热发电技术。

中期：燃料替代和水泥熟料替代，利用大城市或中心城市附近大型水泥厂的新型干法水泥窑处置工业废弃物、污泥和生活垃圾、发展处理工业废弃物和生活垃圾的“生态水泥”生产技术等。

远期：积极研发新的替代技术，提高水泥行业的能效水平，降低排放强度。并在水泥行业试点 CCS 技术。

（3）建筑部门

世界银行报告《中国促进建筑节能的契机》中指出：2000 年至 2015 年是中国民用建筑发展鼎盛期的中后期，到 2015 年民用建筑保有量的一半将是 2000 年以后新（改）建的。由于没有完全推行建筑节能，每年新增 7 亿～8 亿 m^2 的不节能住宅和商业建筑，这些建筑在未来几十年里将无节制地消耗大量能源。

建筑用能包括采暖、空调、烹调、热水、照明、冷藏、洗涤、娱乐等多种终端能源服务。人口、经济增长、能源服务需求、节能技术和政府的政策是影响建筑能源需求的重要因素。其中技术进步起主导作用。据联合国政策协调和可持续发展部的一项研究，发达国家和发展中国家的建筑都有巨大的技术节能潜力。根据中国目前的情况，今后的战略重点实施步骤如下。

① 近期：推广新型墙体材料和节能产品，重视保温技术的应用，包括外墙和屋顶保温技术，外窗保温技术、围护结构保温技术等。a. 围护结构保温技术：不同地区不同性质的建筑对围护结构有不同要求；b. 外墙和屋顶的保温技术：包括外墙保温技术，主要是不透明墙体，有自保温、外保温、中间保温和内保温四种保温形式和屋顶保温技术，主要取决于提高热阻和高性能保温材料的普及；c. 外窗保温隔热技术，主要是提高型材的保温隔热能力和提高玻璃的隔热品质，广泛应用 LOW-E、热反射镀膜玻璃、有色玻璃等节能品质高的特种玻璃；d. 遮阳技术。

推广绿色照明技术。

改善集中供热系统的调节，避免由于冷热不匀或整体过热造成的热量损失：分栋计量，分户通断调节技术；集中供热分栋供水温度可调的采暖方式。推广节能电器和太阳能热水器，并加大热电联产的比例。

② 中期：更好的保温材料和保温技术的应用（LOW-E 型玻璃的隔热涂料和隔热热贴膜技术、双层幕皮墙、带热回收的通风换气窗）；推广热电冷三联供技术、分布式能源系统、热泵技术、建筑能耗监督监测技术、先进通风、空调系统和低成本高效太阳能光伏建筑。

③ 远期：推广高效蓄能技术和零能耗建筑。

（4）交通运输部门

作为“十一五”规划的节能重点领域，交通运输部门要积极推进节能型综合交通运输体系建设，加快发展铁路和内河运输，优先发展公共交通和轨道交通，加快淘汰老旧铁路机车、汽车、船舶，鼓励发展节能环保型交通工具，开发和推广车用代用燃料和清洁燃料汽车。具体实施步骤如下：

近期：推广提高单车燃油经济性的发动机技术、传动系技术和整车技术，发展先进柴油车，铁路电气化，航空管理节油。

中期：发展混合动力汽车，通过交通系统信息化和智能化，提高路网质量实现交通系统的技术节能。

远期：发展燃料电池汽车和高效纯电动汽车，通过运输网络的合理构建和运力的整合实现交通系统能耗最小化。

（5）农业

为了实现生态系统的减源增汇，应继续实施植树造林、退耕还林还草、天然林资源保护、农田基本建设等政策措施和重点工程建设；通过大力发展可再生能源，加强生物质能的开发利用；通过继续推广低排放的高产水稻品种和半旱式栽培技术，采用科学灌溉技术，研究开发优良反刍动物品种技术和规模化饲养管理技术，加强对动物粪便、废水和固体废弃物的管理，加大沼气利用力度等措施，努力控制甲烷排放增长速度；继续大力植树造林，扩大绿化面积，加强森林火灾预防及病虫害的预防和治理；扩大自然保护区的数量和面积，保护原始林、天然次生林和森林生物多样性，增强碳汇功能；加强碳的减源增汇科学技术的研究推广和国际合作交流，从而促进国家减缓气候变化目标的实现。

2. 体制与机制保障

未来几十年，随着经济的迅速发展和人民生活水平的提高，中国能源的消费量将继续上升。同时，中国是一个以煤炭为主的能源短缺国家，随着能源消费的不断增加，能源对经济发展的制约作用日益显著，供需矛盾会越来越大。此外，能源结构与环境保护密切相关，随着《京都议定书》的生效，在温室气体排放方面，中国也将面临越来越大的国际压力。相对于经济的快速增长、能源领域长期矛盾的显现、复杂多变的国际环境对中国能源安全所带来的挑战，国家能源发展的体制性障碍已经相当明显。要保证国家能源发展战略的贯彻落实，当前最基础、最关键的就是需要对国家能源管理体制和政策措施进行调整和改善。

（1）能源与温室气体管理体制与机制

温室气体控制在中国刚起步，主要集中在清洁发展机制、技术转让等国际合作领域。而在国内将其纳入到工作范围内，与能源管理和节能减排任务相结合，需要建立以下管理机制。

① 部门协调机制。

能源管理与温室气体控制都是系统性工程，涉及众多部门，需要通过政府部门的整合和调整，理顺部门间职能，由一个部门统一进行管理，最大限度地避免政府职能交叉和多头管理。

能源管理，由国家能源委员会和能源管理局统一进行管理；温室气体控制，由国家应对气候变化领导小组统一领导，环境部、外交部、财政部和其他相关部门协助管理。在初始阶段可采用部门间联席会议—部门内日常工作办公室—专题工作组的形式。

联席会议明确温室气体控制涉及的重大问题，协调解决部门间利益冲突，制定应对气候变化的行动纲领。

部门内日常办公室负责部门间日常的联系协调，贯彻完成本部门在应对气候变化中的职责，及时发现提出需要部门间协调解决的问题。

专题工作组负责完成温室气体控制中某一特定领域的工作。

② 信息共享机制。

信息共享是优化管理，实现部门间合作的基础。建立信息共享平台，实现温室气体监测数据处理的信息化、数据传递的网络化；利用信息共享平台，定期通报和交流温室气体控制工作情况；同时借鉴环保部门环境信息公开化的成果，利用信息共享平台，定期向公众发布有关能源利用、气候变化的信息，扩大公众的信息知情权，促进公众资源环境意识的提高，促进公众参与。

③ 政策协调机制。

协调的政策和措施可以代替或补充各项减排目标。国际上探讨了许多可以达到这一目标的政策，包括碳税或能源税、交易协调/自由化、技术研发、行业政策和旨在改变外商直接投资的政策。在中国，主要考虑把温室气体减排的国际压力和中国的整体发展战略相结合，从节能减排着手，建立起温室气体控制的长期目标和规划；依托环境目标责任制和节能减排指标考核，形成能源—温室气体—局地污染物综合考虑的政策措施方案。

④ 科技支撑机制。

推进能源利用与温室气体控制领域的科技创新，加强清洁生产、资源可持续利用、低碳工艺等方面的科技攻关，突出科学研究与能源工程和温室气体控制工程建设的衔接，重视能源、环境、温室气体控制领域的人才培养，促进科技成果的转化，为温室气体控制提供强大的科技保障。

⑤ 公众宣传教育机制。

资源环境教育是解除环境气候威胁的根本途径，是循环型的可持续发展社会从概念到行动的关键。要充分利用广播、电视、报纸、网络等各种媒体向公众宣传节能减排的重要意义，中国面临的严峻形势和气候变化方面的政策以及工作进展，鼓励广大公众积极参与到节能减排和控制温室气体排放的行动中来，形成全社会共同应对气候变化的良好氛围。

（2）温室气体与局地污染物联动管理机制

实际中，与气候相关的政策很少独立应用，它们多是与其他涉及环境、林业、农业、废弃物管理、交通运输和能源等的国家政策交织重叠。而在能源领域，我们需要考虑的是减轻能源使用对环境的影响，可行的方案之一是建立温室气体与局地污染物从源头控制、过程削减到末端治理的全过程的联动协调管理机制。考虑到与局地污染物的密切联系，此联动机制考虑由环保部统一协调管理。

① 碳排放源清单建立：结合目前环保部门开展的污染源普查活动，将碳排放源摸底调查工作纳入其中。全面了解掌握中国碳排放的基本特征、数量、强度、行业分布等重要特性，建立碳排放源信息库，从而为中国的温室气体控制与决策提供坚实的依据。

② 法规政策的制定：在充分了解掌握中国温室气体排放情况的基础上，结合国家节能减排目标，并充分考虑未来能源需求、经济社会发展、产业结构调整、科学技术进步等要素，制定适合中国国情和促进可持续发展的温室气体控制和减排的政策法规，从而为控制温室气体排放提供法规政策保障。

③ 部门职能划分与界定：温室气体控制与气候变化应对涉及多个部门，部门间职能交叉重叠、管理盲区现象还较为普遍，因此应根据各部门特点，明晰其在温室气体控制和应对气候变化中的职能，做到责权明确、协调一致，保障相关政策的顺利实施。

④ 完善温室气体监测：充分利用气象、环保、海洋等部门已有的监测网络，联合制定温室气体监测的规范方法，确定监测频率，规范信息发布，确立数据共享机制，从而实现温室气体的动态监测，为决策管理提供依据。

⑤ 强化温室气体监管：充分发挥有关职能部门监察职能，协调各部门间职能定位，建立温室气体监察的规范，加强执法队伍建设，实现对温室气体的监督检查。

（3）提出关于技术开发与转让的国际合作新机制

在应对气候变化过程中，技术创新和扩散具有基础和关键性作用，而技术开发与转让的国际合作则是发挥技术作用的重要途径。

目前大量先进的低碳技术被发达国家政府和企业所掌握。以可再生能源技术为例，大部分专利集中在欧盟、日本和美国等发达国家手中。欧盟作为整体拥有 44.8%的可再生能源技术专利。发达国家与发展中国家在主要的低碳技术领域仍然存在着较大的差距。进行及时有效的低碳技术转让，将有助于发展中国家弥补其与发达国家之间的技术差距，避免大规模“锁定效应”的发生，产生巨大的全球共享的气候效益。

虽然公约和议定书都规定了发达国家有责任和义务以优惠条件向发展中国家转让低碳技术，但是公约生效 14 年来，在技术开发和转让领域进展缓慢。对于具有公共物品属性的低碳技术而言，仅依据私人成本信息决策的市场机制无法完全发挥效用，通过现有的基于市场的商业机制和过渡机制而实现的技术开发、转让和扩散，无论规模、范围和速度都远不能满足迎接气候变化挑战的需要。因此，中国应代表发展中国家的利益，提出建立基于公营私营合作伙伴关系的技术开发与转让国际合作新机制，推动发达国家履行义务。

新的技术转让与合作机制以克服目前技术转让中种种障碍为直接目标，致力于实现发展中国家对低碳技术的“可知晓、买得起、用得上、见实效”。机制的最终目标是保护气候这一全球公共物品，实现全人类的可持续发展。

① 技术开发与转让新机制的特点。

公约下新的技术转让与合作机制的特点主要体现在以下几方面：

机制作用的最终目的是保护气候这一全球公共物品，实现全人类的可持续发展。这就与传统机制追求经济利益最大化的目的有了很大区别。

机制倡导的技术转让特指技术从发达国家向发展中国家的转让，要求较早和较多地占有温室气体排放容量公共资源并拥有先进技术的发达国家采取主动措施，实现技术从发达国家向发展中国家的快速、广泛、实质性的转让和扩散，同时通过联合研发等方式提高发展中国家自身的科研能力。

机制遵循以政府为主导，私人部门充分介入的公私合营伙伴关系思路，用于解决具有公共物品属性的低碳技术在开发与转让过程中所产生的外部性和市场失灵问题。

② 技术开发与转让新机制的原则。

公约下新的技术转让与合作机制应遵循以下原则：

a. “共同但有区别责任”原则。

首先，技术转让与合作国际合作机制必须建立在公约和《京都议定书》确定的关于技术转让和资金机制的原则和发达国家的履约责任的基础上。

为通过共享环境有益技术以保护和创造全球气候这一公共财富，发达国家有责任采取主动措施，向发展中国家转让、扩散低碳技术。发达国家政府和立法机构应当将保护全球气候的政治意愿体现到促进全球共享低碳技术上来，主动促进形成激励政策环境，为本国研发机构和企业向发展中国家研发机构和企业转让技术创造有利条件，并直接在公有技术的合作方面采取行动。发达国家具有雄厚资金和技术实力的企业也应当切实承担起企业在全球气候保护方面的社会责任，处理好企业外部成本内部化和技术知识产权的关系，为保护全球公共物品尽到自己的社会责任，率先以多种形式和优惠的条件向发展中国家的企业、市场转让、传播环境有益技术。

b. 政府主导、企业参与、基于市场的公营私营部门合作原则。

政府的公共服务职能决定其要在对企业的引导和市场的监管上发挥主导作用。政府要通过国家明确的政策信号引导私营部门做出有益于保护气候的决策，运用公共财政手段在降低交易费用、减少开拓市场和采用新技术的风险、补偿增量成本等方面为企业开发、转让和部署低碳技术创造优惠的条件。发达国家公共财政应当率先发挥驱动激励作用。

c. 技术研发与推广部署并重原则。

环境有益技术国际合作可以在技术发展的各个阶段、以多种形式、在多种场合全面展开，既包括联合研发设计，也包括联合制造及直接购买知识产权和设备等多种形式。

d. 费用有效原则。

机制的投入产出应遵循费用有效原则，其中机制的产出可以以它的减排量，避免气候损失量，推动可持续发展的效果，资本市场、碳市场资金流入低碳技术市场用于技术转让与合作的资金规模等指标衡量。

e. 全球公共利益驱动原则。

机制解决的是保护气候这一全球公共物品问题，是公共利益导向的，与传统机制商业利益导向的模式相区别。

③ 技术开发与转让新机制的主要内容。

a. 将政府间合作作为低碳技术开发与转让的主要驱动力。

一项技术的跨国转移需要政府和市场的共同作用。问题在于，市场和政府哪一个是主要的驱动因素。如果完全依靠价格机制进行技术转移，追求利润最大化的企业不会考虑转移技术带来的环保效益，从而使得公约保护气候的作用不复存在；而发展中国家的购买力不足，无法购买价格昂贵的先进技术，发展中国家连续使用落后的技术，必然会造成落后技术的“锁定效应”。如果完全依靠政府的作用，一方面政府对国内技术的供给和需求情况不是很了解，另一方面，政府也无法代替企业来进行技术转移的成本—效益分析。因此，政府间合作仍将作为低碳技术国际合作的主要驱动力，同时结合市场机制的作用，共同推动低碳技术的开发与转让。

具体来说，新机制要求对公约下的机构安排进行改革，由缔约方大会推动，建立公约下的技术转让与合作附属机构，为低碳技术的国际合作提供意见、指导和建议，做好不同国家的利益相关者以及各国政府政策之间的协调工作，推动各国间信息/知识的交流和共享，指导和监督基于公共资金的多边技术获取基金的使用，监测和评估公约下技术转让与合作的进展和效果。同时，机制还要求加强基于其他双边和多边关系的低碳技术政府间合作。

b. 激励私人部门参与技术开发与转让新机制。

如上文所述，政府在促进技术转移中负有不可推卸的责任。作为低碳技术国际开发与转让的主要驱动力，政府理应搭建技术转移的平台，在这个平台上，进行技术转移活动的微观主体依然是两国的企业，主要的场所依然是市场——一个有政府调节干预的市场。

一方面发达国家政府可采取如下一系列的经济、政策手段，刺激和激励本国企业和研发机构向发展中国家研发机构和企业转让技术：

- 为出口低碳技术的发达国家企业提供税收豁免；
- 提供补贴，激励低碳技术的开发和转让；
- 为与低碳技术相关的出口信贷提供优惠条件：如提供贸易担保、出口补贴等；
- 解除对低碳技术的出口限制；
- 对于公共资金资助的气候有益技术在知识产权分享问题上保持灵活性，让私人企业受益并有动力转让技术；
- 其他的政策和措施。

这些政策措施将给发达国家私人部门一个积极信号，为私人部门积极参与对发展中国家的技术转让提供激励，从而促进国际技术合作的深入和扩大。

另一方面政府还可以通过为私人部门参与国际技术合作消除各种障碍而提供正向刺激。发展中国家政府可在发达国家的帮助下通过消除各种障碍来改善发展中国家的适宜性环境，包括增强环境规章、增强立法系统、保护知识产权、为私人部门的技术转移提供便利和帮助等，最终促进私人部门的技术向发展中国家转移。

c. 选择联合研发作为国际技术合作机制的新的着眼点。

由于先进的低碳技术掌握在发达国家的私人部门手中，将企业追求最大利润的本质和全球气候保护结合在一起，不是一件容易的事情，尽管发达国家可以采取各种措施对私人部门向发展中国家优惠转让或者是援助环境友好技术提供刺激，但是不得不承认光靠发达国家的政府补贴来推动国际技术合作还是远远不够的。

联合研发即发达国家和发展中国家根据发展中国家应对气候变化的需求，结合发展中国家的经济发展状况和能源使用特点，双方共同出资研发先进的技术，在此过程中，双方按比例出资，共担研发成本，共摊研发风险，共享知识产权，真正地共同应对气候变化。研究表明，先进的低碳技术的研发周期长，风险大，投资多，在经济全球化的今天，随着生产要素在国家范围内的有效配置，开展全球性的技术合作顺应了历史发展的必然。气候变化的不确定性、投资低碳技术的风险性以及低碳技术的尖端性使得气候领域的联合研发成为可能。

d. 建立技术开发与转让创新型融资机制。

所谓“创新型”融资，就是将现有的融资工具和手段运用到低碳技术的开发与转让中，切实地提高发展中国家开发技术转让项目和吸引项目融资的能力，这种崭新的资金机制，需要建立公私合作伙伴关系（PPP），将公共资金与碳市场、资本市场和技术市场联系起来，以有限的公共部门资金为基础，引导和调动更大规模的私营部门资金，实现资金来源多样化，同时力争使企业作为推动技术转让的主力，成为先进技术扩散和引进的主体，这既符合技术扩散的一般规律，也是公约下融资形式的一个崭新的突破。

创新型融资机制要求建立一个基于发达国家公共部门资金的多边技术获取基金。发达国家政府应当在征收的各类环境能源税费中、拍卖的排污权收入中和用于科技研发的公共财政预算中提取固定比例的资金，作为驱动因子，建立种子基金，并以它作为催化剂，通过适当的政策工具、金融工具/产品或投资，为利益相关者提供激励，以吸引私人资本（包括私人常规投资、风险投资、碳市场资金、资本市场资金）的涌入。表 5-63 给出了技术开发与转让创新型融资机制的具体内容，需要注意的是，对于处于不同技术发展阶段的不同类型的技术，应采取不同的政策工具和融资方式。

表 5-63 技术开发与转让创新性融资机制

资金来源	政策工具	挑战	任务	典型技术	技术层次	障碍	适当性和行为评估	解决方案
公共	财政预算：政府开发援助；气候变化的额外补助；技术转让补助，GEF，免税	能力建设，LDC，小岛，适应性，R&D，market tapping，基础设施等	1. 能力建设；2. R&D；3. 促进开发与转让，启动市场；4. 原型/引领/示范；5.适应；6.政策进步	商业化和竞争性前期的技术，发电，交通，建造（基础设施）	基础研究；竞争前期和商业化进程	政治意愿	规模和效力	提高政治家和公众的意识
私人	FDI，知识产权交易，产品和服务，商业银行的基金和贷款，风险投资	大规模的投资	以双赢的方式实现确实的减排	制造部门：终端使用者	竞争前期和商业化进程	1. 市场驱动；2. 技术能力；3. 出口许可；4. 其他		指导和刺激
公私合作	结合公共和私人部门的资金来源	吸引私人部门对气候公共物品投资	引导资金流入目标领域	基础设施		市场驱动	创新	政府主动出击：南北合作

3. 政策保障措施

在社会经济系统中，可以把能源利用的各利益相关者简单划分为能源生产部门、非能源生产部门、居民、政府，他们彼此之间的相互影响，对于能源利用也产生了各种直接和间接的影响。

根据各利益相关者之间的影响和作用分析，建立全面而合理的政策框架，主要包括以下方面（图 5-24）。

（1）对于社会消费终端的合理引导

① 倡导绿色、节约的生活方式和消费观念。

中国的传统文化，强调节约和综合利用。保持和发扬这一传统美德，并将之融入到全面的现代化生活中，有利于提高全社会的能源节约和环境保护意识，提高整个社会的资源效率。

在消费观念上，注意对生产拉动型消费的控制和引导，避免消费者受到生产厂商过度引导而产生的奢侈性消费和过度消费倾向。

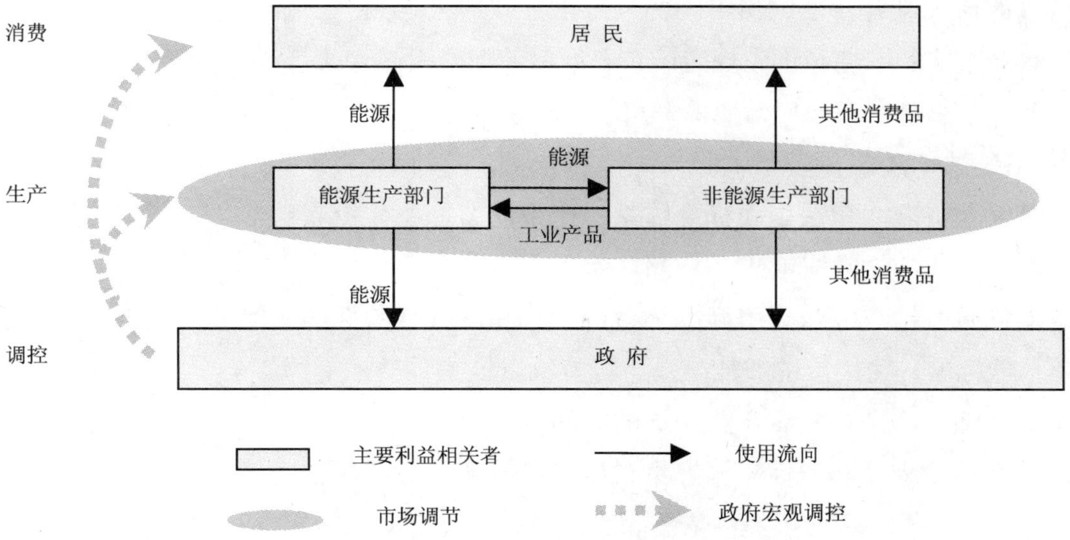

图 5-24　社会经济系统中能源使用的利益相关者

在生活习惯上，倡导居民从身边的一点一滴做起，使用节能产品，养成良好的用电习惯，出行考虑公共交通和较为清洁、节能的方式，从生活各方面注意节约能源。

在环境意识上，通过媒体宣传、社会和社区活动、教育和培训等各种形式的活动，提高居民对于资源环境问题的认知水平和意识，形成全社会了解环境、保护环境的意识和风尚。

在社会参与中，提高和增强公众节能和开发利用可再生能源的意识，促使公众和企业自觉购买节能产品、认购可再生能源电力和使用可再生能源产品，参与节能和可再生能源的开发和利用，吸引社会对可再生能源产业投资，兴办节能和可再生能源生产企业和服务性企业，促进节能和可再生能源的发展，同时使政府和企业在节能和可再生能源开发利用的规划和义务方面受到公众和舆论的监督，形成促进节能和可再生能源发展的健全机制。

② 建立和完善消费税设置，激励消费节能。

当中国的经济增长方式正在从出口驱动型向内需拉动型转变时，引导节能型的消费方式对中国的节能尤为重要。在强化提倡中国人的传统节俭美德的同时，国家要给消费者明确的价格信号，通过经济手段激励居民的节能行为，逐步形成文明、节约的行为模式。例如：

对于直接的生活能源消费，应建立和完善生活用能的梯级收费制度；

对于其他消费品，根据其未来使用过程中的能效水平或生产过程中的能耗水平采取差别税率；

考虑采取包装税、发电污染税、建筑材料税等多种措施完善消费税设置。

③ 从政府部门抓起，做好社会表率。

在全社会形成崇尚节约、合理消费的理念，应从政府部门抓起。一方面，中国很多政府部门长期以来成为过度消费和资源浪费的典范，不仅存在着很大的节能空间，而且对于社会节约风气的形成具有重要的影响。另一方面，政府采购具有明确的导向性，将绿色和节能标准作为政府采购的刚性和优先规定，具有鲜明的消费引导含义。

（2）对于主要生产部门的能源利用控制和激励

① 节能法律法规和标准体系。

建立健全节能法律法规和标准体系，是推动节能工作沿着法治化、规范化轨道稳步前进的重要保障。其具体措施包括：

完善资源节约与综合利用标准体系，制订和修订强制性的用能产品和设备节能标准及其他重要节能标准，为中国的节能减排、可持续发展提供技术支撑。

在此基础上，设定落后产业淘汰的时间表、燃油经济性标准的阶段实施方案、住宅能耗等一系列标准的刚性和弹性实施方案，依法严格执行；编制技术目录，为先进能源利用技术的研发、引进、推广和应用提供依据和时间表；建立产业准入标准和相应的准入制度。

调整中国的对外贸易政策，限制初级能源产品和低附加值的高载能产品出口。

② 能源财政与税收政策。

改革和完善能源价格形成机制和价格政策，使得能源和其他生产要素之间的投入结构优化，提高市场的资源配置效率。

现有的消费税税率设置对于不同消费者的消费需求弹性的针对性不强，从高耗能汽车的消费市场来看，消费税的预期目标并没有很好实现。需要针对不同的消费群体设置不同的消费税率，使之能够影响消费者的消费决策。

将碳税纳入环境税的范围，以部分反映传统化石燃料生产和使用所导致的气候变化等外部成本，征收的方式可以参考其他局地污染物征税的方式。

对资源税制度进行全面调整和改革，扩大税基、提高税额标准，而计税依据也应该由目前单纯从量计征的方法，改为实行根据不同应税品目的特点，分别采取从价计征和从量计征的办法。

参照高新技术企业和资源综合利用企业的税收政策，对节能产品生产企业给予一定的所得税优惠；利用增值税政策对关键性的、节能效益异常显著且由于价格等因素制约其推广的重大节能设备和产品，国家在一定期限内实行一定的增值税减免优惠政策。

统一内外资企业所得税，消除目前对内资和外资企业在税收上的不平等待遇，为各类市场经济主体创造公平竞争的税收环境，促进吸引外资的税收政策取向由数量型向质量型转变。突出国家产业政策导向，引导外资资本和外国技术加快向包括资源节约型产业在内的国家鼓励的投资领域和项目流动。对于购买节能减排设备，获得重大节能减排成果的企业可以根据标准减免所得税。对于购买污染控制设施的第三产业企业可以适当减免营业税。

坚决贯彻实施调整后的出口退税政策，其中，煤炭、天然气、纺织品等资源类、高耗能类、制造类行业出口退税率下调，而农产品、高科技行业则实行上调的政策，引导社会生产向低能耗、低污染的方向发展。

将鼓励节能纳入政府公共预算支持范围，设立节能支出科目，安排相应的节能支出预算；调整预算支出结构，加大节能投入，用于节能科技的研究与开发、节能技术示范和推广、节能教育和培训、节能管理监督体系建设四个方面；利用政府采购政策鼓励节能。

③ 引导和自愿型政策措施。

在关键行业推广标杆管理。在关键节能领域，进行行业信息收集，确定节能标杆企业，鼓励其他企业分析能耗指标与标杆企业的差距及主要原因，进而实施能耗指标赶超措施。

应用和推广企业节能自愿协议。在政府倡导下，鼓励企业自愿做出在节约能源、提高能效、减排温室气体，改善环境方面的承诺，并与政府签订协议，在实现过程中由第三方进行评估审计，并将评估经过公之于众，以实现节能环保目标，并且使企业提升生产、管理、技术水平，在公众、国际上树立良好的信誉和形象。

引导建立企业社会责任。鼓励企业在构建安全、交易公平、重视节能与环保的和谐消费环境过程中，逐步承担起严格遵守法律、奉行高度的商业道德、尊重传统文化、关注可持续发展等多方面社会责任。

（3）对于能源部门的结构多元化和效率促进

实现能源结构多元化，提高能源利用效率，是中国能源发展战略的主要方向。能源结构多元化主要体现在核能和可再生能源比例的提高上；能源生产部门的效率促进，除了前面提到的政策措施外，还有很重要的供给端标杆管理。

① 核电。

考虑到中国核电发展仍处于发展初期，核安全法律、法规和相关的技术标准不健全，工程设计和装备能力仍然不足，促进核电发展的近期政策主要包括：

完善核能利用法规，建立核能基本法，补充完善在研究堆、核燃料循环设施、核材料管制、放射性废物管理、放射性物质运输等方面的各项法规。

将支持核电发展列为专项，给予核电足够技术开发经费，重点支持先进技术的研究开发和设计自动化；政府与核电项目业主分担自主化依托项目的建设风险和“首堆工程费”，对自主化依托项目补贴适量的技术攻关经费。

加大进口环节税收优惠政策支持。对国内不能生产或制造，需要进口的材料、部件或设备免征进口环节税。

完善核电增值税政策。建议在 2010 年前把核电的增值税降低到小水电的税率（6%），以降低核电成本费用，增强核电的优势和竞争力，促进核电发展①。

② 可再生能源。

已经颁布的《可再生能源法》，制定了可再生能源发电优先上网、全额收购、价格优惠及

① 财政部，财政科学研究所. 推动能源可持续发展的财税政策研究（执行摘要）.

社会公摊的政策；建立了可再生能源发展专项资金，支持资源调查、技术研发、试点示范工程建设和农村可再生能源开发利用。此外，应该调整和完善可再生能源的增值税政策、企业所得税政策；从技术装备需求出发，尤其需要调整可再生能源的设备进口关税政策。

2008 年 1 月 1 日起，根据《财政部关于调整大功率风力发电机组及其关键零部件、原材料进口税收政策的通知》，对国内企业为开发、制造大功率风力发电机组而进口的关键零部件、原材料，所缴纳的进口关税和进口环节增值税实行先征后退；上述退税款将作为国家投资处理，转为国家资本金，主要用于企业新产品的研制生产以及自主创新能力建设。为鼓励国内资金投向，对利用国内资金进口国外所有可再生能源的设备，应全部免征关税和进口环节增值税，以促进中国可再生能源产业的发展。

③ 供给端标杆管理。

标杆管理也称作标杆学习，是指企业将自己的产品、服务和经营管理同行业内或其他行业的领袖企业进行比较和衡量，借鉴他人的先进经验，改善自身不足，提高产品质量和经营管理水平，增强企业的竞争力。标杆管理是一种追赶和超越标杆企业的良性循环的管理工具，与企业再造、战略联盟一起并称为 20 世纪 90 年代的三大管理方法，世界 500 强中有近 90%的企业应用了标杆管理。

从电力行业着手，按照计划（确认对哪个流程进行标杆管理，确定标杆企业，决定收集资料的方法和收集资料）——分析（确定自己与标杆企业间的绩效差异，拟定未来的绩效标准）——整合（将收集到的标杆管理过程中的信息进行充分交流并获得认同，确立部门目标）——行动（制订行动计划并实施，适时检查进展情况）——完成（超越标杆后及时整合各种活动，重新调校标杆）步骤，建立供给端标杆管理，提升电力系统管理水平和企业绩效，并且结合行业特点和规律逐步推广至其他领域。

④ 公共研发支持。

增加政府能源研发预算投入。支持能源研发与科技创新，增加政府能源研发预算投入，为企业用于能源研发的银行贷款提供财政贴息，运用税收优惠政策支持能源研发。利用财政贴息政策，以少量的政府财政资金引导更多的社会资金投入到能源研发领域。

附录：国内外研究机构情景研究成果综述

一、目前已有的研究成果

目前，中国经济快速发展，从 1980 年到 2005 年，年均 GDP 增长速度为 9.8%以上。1980 年到 2000 年，在经济快速发展的同时，能源需求保持较低增长，同期能源弹性系数低于 0.5。但 2000 年之后，在经济快速增长的同时，能源需求也快速增长，从 2000 年到 2005 年，能源弹性系数达到了 1.04，明显与以前发生了变化。能源消费量从 2000 年的 13.8 亿 t 标煤上升到 2006 年的 24.6 亿 t 标煤。快速的能源增长，也导致 CO_2 排放量快速增长。近几年对中国未来能源需求和温室气体排放的讨论成为许多研究者的热点。国内外不同研究机构和专家提出了不同的分析和情景方案，如附表 1 所示。

附表 1　　国内外已有主要相关研究概况

年份	研究单位	课题/研究名称	分析方法	基准年	目标年
2007	IEA①	世界能源展望（WEO）	IEA World Energy Model	2005	2030
2007	EIA（DOE）	国际能源展望（IEO）	NEMS	2004	2030
2006	APERC	APEC 能源需求与供给展望	LEAP	2002	2030
1996	国家发改委能源研究所	中国能源战略研究	部门分析	1990	2050
2002	国家环保总局	中国环境安全战略报告	投入产出和宏观计量模型	2000	2020
2003	国家发改委能源研究所	2020 中国可持续能源情景研究	LEAP	1998	2020
2004	国务院发展研究中心和能源研究所	中国能源发展战略与政策研究	LEAP	2000	2020
2007	国家发改委能源研究所	Balancing Development，Energy and Climate Priorities in China	IPAC	2000	2030
2007	国家发改委能源研究所	减缓气候变化的社会经济分析	IPAC	2000	2100

本研究希望在综述已有研究成果的基础上，结合中国能源经济发展的最新趋势和国家相应的规划和长期发展战略，对未来 20 年到 50 年中国的能源需求和温室气体排放情景进行描述，从而为进一步的技术识别和政策选择提供基础。

考虑到早期的一些研究普遍受到 2000 年前中国能源弹性趋势的历史局限，认为未来中国将保持前 20 年 GDP 能耗不断降低的趋势，与 2000 年前后中国能源消费的实际情景不符，缺乏普遍的借鉴意义。另外考虑到中国能源发展战略与政策研究是在 2020 年中国可持续发展能源情景研究的基础上，考虑了更新的数据后完成的研究，所以就不再重复分析 2020 年中国可持续能源情景研究。因此在综述时只考虑了以上被标记的 6 项研究，其中最后两项研究由于

① IEA、EIA、APERC 和 IPAC 模型的研究成果均只列举了最新年份的。

是同一研究队伍完成的，使用的方法也相同，因此在实际比较讨论时将两项研究合并在一起，以前者为准，只是在探讨2030年后的情景时参考最后一项研究。

二、影响中国未来能源和排放情景的主要驱动因子

本部分在综述研究成果的基础上识别出了影响中国未来能源和排放的主要驱动因子，并针对已有研究对每个驱动因子的取值进行比较、分析，为情景假设中驱动因子的取值提供基础。

（一）人口增长

为推进可持续发展过程中的组织协调力度，早在1992年，中国政府就成立了由当时的国家计划委员会和国家科学技术委员会牵头的跨部门制定《中国21世纪议程》领导小组及其办公室，指导各部门制定行业的21世纪议程或行动计划。

1994年3月，中国国务院第10次常务会议讨论通过了《中国21世纪议程》，即《中国21世纪人口、环境与发展》白皮书，这也是指导中国人口、环境与可持续发展的纲领性文件。其中：《中国21世纪人口与发展》白皮书提出了如下目标：

- 到2005年，全国人口总数控制在13.3亿以内（不包括港、澳、台地区）；
- 到2010年，全国人口总数要控制在14亿以内，人民生活更加宽裕；
- 到21世纪中叶，全国人口总量在达到峰值（接近16亿）后缓慢下降。

与此同时，国内外相关机构也开始对中国未来的人口增长进行分析和展望，其中中国人口信息中心于1998年发布的一份研究报告表明，中国人口高峰值将可能在2040年前后，为15.44亿，其中60岁以上的老龄人口将达到4.1亿人，占总人口的26.6%（附表2）。

附表2　　未来中国人口预测

年份	总人口/亿人	60岁以上老人/亿人
2000	12.69	1.32
2010	13.77	1.73
2020	14.72	2.45
2030	15.25	3.55
2040	15.44	4.1
2050	15.22	4.38

资料来源：中国人口信息研究中心（1998）。

同期，联合国（1998）和中国国家计划生育委员会（1999）也发表了类似的研究成果，他们也认为，2040年前后中国人口将达到高峰值，只不过国家计生委推算的2040年中国的人口峰值略高，为15.42亿，联合国预测的人口高峰值只有15.05亿人；届时中国65岁及其

以上老龄人口在总人口的比重分别为 21.3%和 20.1%。

附表 3 给出了上述 5 个研究中对未来人口增长的设定，可以看到虽然由于基年和情景长度的不同，人口的年均增长速度并不一致，但是具体看 2020 年和 2030 年的人口数据可以发现整体来说，各个研究关于人口的假设还是比较一致的。只不过具体来看 EIA、APERC 和 IEA 关于未来人口的假设相对比较接近，其 2030 年的人口均在 14.5 亿左右。DRC 和 ERI 的关于人口的假设也比较接近，其 2020 年的人口假设就已经达到 14.7 亿左右，与中国人口信息中心的研究成果比较一致，与其他三个研究相比相对较高。

附表 3　已有研究中对未来中国人口增长的假设比较

	APERC　2002—2030 年			EIA　2004—2030 年			DRC and ERI 2000—2020 年		IPAC 2000—2030 年			IEA 2005—2030 年	
				基准情景			情景 B						
	年增长率	2020 年	2030 年	年增长率	2020 年	2030 年	年增长率	2020 年	年增长率	2020 年	2030 年	年增长率	2030 年
人口/百万人	0.40%	1 404	1 436	0.40%	1 424	1 446	0.75%	1 470	0.95%	1 460	1 530	0.42%	1 457

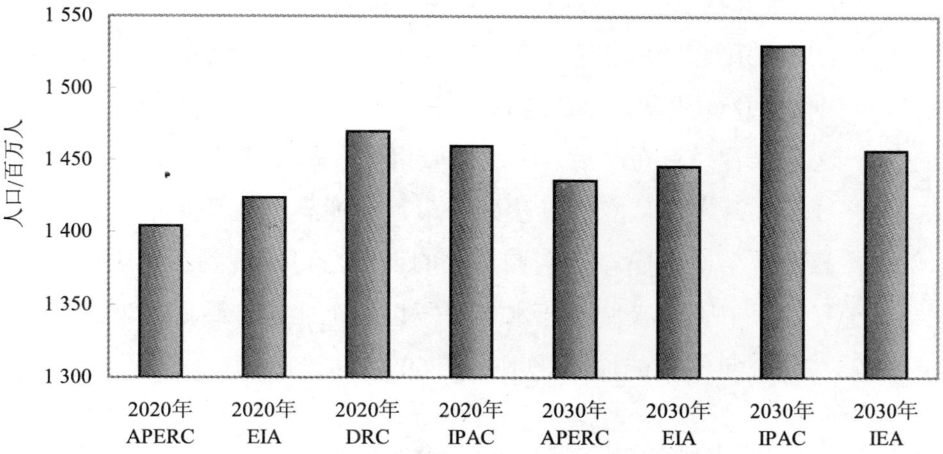

附图 1　已有研究中对未来中国人口增长的假设比较

（二）城市化

世界各国城市化演变的经验表明，城市化进程大体经过三个不同阶段：缓慢发展阶段（城市化水平达到 30%以前，一般都发展比较缓慢）、加速发展阶段、现代发展阶段。目前中国正处在城市化加速发展阶段。

附表 4　　中国城市化进程预测汇总[①]　　单位：%

	2000 年	2005 年	2010 年	2015 年	2020 年	2030 年	2050 年
谢文惠	40 左右				55 左右		70 左右
胡欣	35 左右		45 左右				
王茂林	32		40		50		65
顾朝林	34 左右		42 左右				
刘勇	30.4	36 左右	45 左右				
李善同	30		45		58 左右		
叶裕民	31.9	36.9	41.9	45.9	51.9	60.9	
谢然浩	30.4				50		
田雪原	31.4		36.5		47.9	61.4	
范春水	35		45				
辜胜阻	34.4	37.52	40.23	42.5	44.35	46.98	49.48

从中可以看出，除了武汉大学经济研究所所长辜胜阻教授在 20 世纪 90 年代初期出版的专著《非农化与城镇化研究》认为中国的城市化进程较为缓慢，2050 年中国的城市化率也仅为 49.5%以外；2000 年前后发表的研究成果大多预计，2020 年中国的城市化率在 50%～58%，2030 年城市化率在 60%以上。

2002 年 11 月中国政府提出“全面建设小康社会”的发展目标后，国内外机构又对中国的城市化发展历程作了最新研究，总体而言，有关中国未来城市化进程的判断均比 2000 年前后所做研究的预测结果要乐观。中国科学院《中国可持续发展战略报告（2005）》认为，为支撑中国未来实现现代化的总体进程，从现在起到 21 世纪中叶，中国城市化率将从现在的 40%提高到 75%左右。这意味着只有在今后 46 年，城市化率每年平均增加 0.76 个百分点，相当于每年有 1 000 万～1 200 万人口从乡村转移到城市，才能满足现代化进程的总体要求。

附表 5 给出了上述 5 个研究中对未来城市化的设定，可以看到除了 EIA 没有给出城市化水平，其余 4 个研究关于中国未来城市化水平的假设还是比较一致的，2020 年中国城市化水平在 55.78%～58%，2030 年中国的城市化水平在 60%～65%。

附表 5　　已有研究中对未来中国城市化水平的假设比较

	APERC　2002—2030 年		DRC 2000—2020 年（情景 B）	IPAC 2000—2030 年		IEA 2005—2030 年
年份	2020	2030	2020	2020	2030	2030
城市化率/%	56	60	55.78	58	65	60

① 资料来源：谢文惠：《城市经济学》，[北京]清华大学出版社 1996 年版，第 86 页；胡欣：《城市经济学》，[北京]经济科学出版社 1999 年版，第 46 页；王茂林：《新中国城市经济 50 年》，[北京]经济管理出版社 2000 年版，第 55 页；顾朝林：《经济全球化与中国城市发展：跨世纪中国城市发展战略研究》，[北京]商务印书馆 2000 年版，第 181 页；刘勇：《我国城市化回顾与展望》，[北京]《中国经济时报》1999 年 4 月 14 日；李善同：《未来 20 年我国城市化前景瞻望》，[北京]《光明日报》2000 年 3 月 24 日；叶裕民：《中国城市化之路：经济支持与制度创新》，[北京]商务印书馆 2001 年版，第 195 页；谢然浩：《城市化进程换档提速》，[北京]《经济日报》2001 年 1 月 28 日；田雪原：《人口城市化驱动消费需求效应研究》，[北京]《中国人口科学》2000 年第 2 期，第 1～7 页；范春水：《我国城市化进程和对策》，[北京]《城乡建设》1997 年第 8 期，第 16～18 页；辜胜阻：《非农化与城镇化研究》，[杭州]浙江人民出版社 1991 年版，第 104～106 页。

（三）GDP

大多数经济学家都认为中国经济在可预期的将来将保持较快增长，因为中国将继续实行改革开放政策，并确定了合理的发展战略和目标，同时还制定了一系列政策和措施去逐步解决制约经济发展的问题与困难。2005 年中国人均国内生产总值达到了 1 230 美元，人民生活总体上达到了小康水平。2005 年，党中央提出了再经过 15 年的努力，把中国建设成一个惠及十几亿人口的、人民生活更加殷实的、更高水平的小康社会。并在 2007 年的十七大上，明确提出了到 2020 年，中国人均国内生产总值将在 2000 年的基础上实现翻两番，即达到 2000 年的 4 倍。那时，中国综合国力和国际竞争力将明显增强，全国基本实现工业化，建成完善的社会主义市场经济体制和更具活力、更加开放的经济体系。

综合分析，以下因素支持中国经济可以长期保持较快增长：

- 2003 年中国人均国内生产总值（GDP）按汇率折算刚刚超过 1 000 美元，仅为世界平均水平的 20%，与发达国家相比差距更大。在经济增长基本由市场需求决定的时代，收入水平的差距就意味着，在今后 20 多年里中国具有很大的“发展空间”和增长潜力。
- 农村消费环境的完善和农民收入的增长将促进居民消费的增长。未来 20 年，中国城市化步伐加快，城市人口将增加 3 亿多人，城镇人口的增加和农村居民收入水平的明显提高，将会形成巨大的消费需求，成为经济增长的主要驱动力。
- 丰富、廉价的劳动力、良好的经济环境和稳定的社会政治环境将是吸引海外直接投资不断流入中国的基本要素。中国正在变成“世界制造中心”，这将加速中国经济结构的升级，并扩大中国的出口，促进中国经济增长。
- 中央政府在市场经济环境中的宏观经济调控方面积累了丰富的经验，今后能够为经济发展创造更好的法律、市场和社会环境。过去 25 年中国既经历了通货膨胀的困扰，也遇到了通货紧缩问题，在与通货膨胀和通货紧缩斗争中，中国政府积累了经验，能够驾驭中国经济航船稳定前行。今年中国政府能够在比较短的时间内成功地控制住某些部门出现的投资过热就是有力的证明。
- 加入世界贸易组织后，中国企业的市场在全球，而不再仅仅是国内市场。因此，中国企业将能够更好地在全球范围进行资源优化配置，缓解某些生产要素对于经济增长的约束。例如，中国的石油和铁矿石资源短缺，难以满足国内经济发展的需要，依靠国际市场配置石油和铁矿石资源，基本满足了国内的需要。
- 中国的改革开放进入了按照明确的目标和日程稳步推进的新阶段，这将有利于经济的稳定增长。过去 20 多年，中国基本是按照“摸着石头过河”的方针，推进改革和开放。因此在改革和开放的过程中，有时会出现“迂回”，增加了投资者对中国改革开放预期的不确定性。加入世界贸易组织后，中国的改革开放有了明确的目标和日程，改革开放步伐加快，投资者对中国经济前景增强了信心。另外，宪法修改后，中国为私人企业发展创造了良好的发展环境，未来 20 年私人企业将逐步成为中国经济增长的一个非常重要的驱动力。

- 中国今后的经济增长主要靠内需拉动，受世界经济波动的影响较小。最近三年，世界经济遇到困难，增长显著放慢，但是中国经济一枝独秀，继续保持比较快的增长，说明了中国经济主要靠内需拉动。另外，中国的高投资率有高储蓄率作后盾，基础设施建设、设备更新改造、城市化带动的住房建设和汽车消费等将长期拉动投资增长。

附表 6　　关于未来中国 GDP 增长速率的假设汇总①

研究机构	实际 GDP 增长率/%			
	2000—2010 年	2010—2020 年	2020—2030 年	2030—2050 年
国务院发展研究中心（Nov. 2003）	7.2	7.2		
国家信息中心（Dec. 2003）	7.5	7.3	5.5	5
国家发展规划（Mar. 2003）		7.2	7.2	
Li Zhidong（2004）	7.8	6.6	5.5	
国务院发展研究中心王梦奎等（2002，2003）	7.9	6.6	5.4	4.5
北京大学刘伟等（2004）	7.5	6.5		
中国科学院国情分析研究小组	8	7		
中国社会科学院	6.4	4		
世界银行	6.9	5.6		
能源所——“十五”科技攻关专题：我国主要部门减缓碳排放的政策机制分析和效果评价	8.6	8	6.5	6

① 文献来源：
1. Development. Research Center（DRC）of the State Council：Development. Research Center of the State Council 中国发展高层论坛（冯飞、周凤起、王庆一），“国家能源战略的基本构想”，November 17，2003.
2. State Information Center：梁优彩，“中国经济发展的回顾与展望”，December 7，2003.
3. 根据 2003 年中国提出的全面建设小康社会的目标——到 2020 年 GDP 翻两番计算得到.
4. Li Zhidong（2004），Energy Demand and Supply Outlook in China for 2030 and A Northeast Asian Energy Community- The automobile strategy and nuclear power strategy of China，http：//eneken.ieej.or.jp/en/data/pdf/300.pdf.
5. 摘录自：能源所——“十五”科技攻关专题报告：我国主要部门减缓碳排放的政策机制分析和效果评价.
6. 中国科学院国情分析研究小组第四号报告：机遇与挑战，http：//ebook.mumayi.net/16/gljx/ts016061.pdf.
7. 摘录自：国务院发展研究中心：中国能源发展战略与政策研究，北京：经济科学出版社，2004.
8. 摘录自：国务院发展研究中心：中国能源发展战略与政策研究，北京：经济科学出版社，2004.

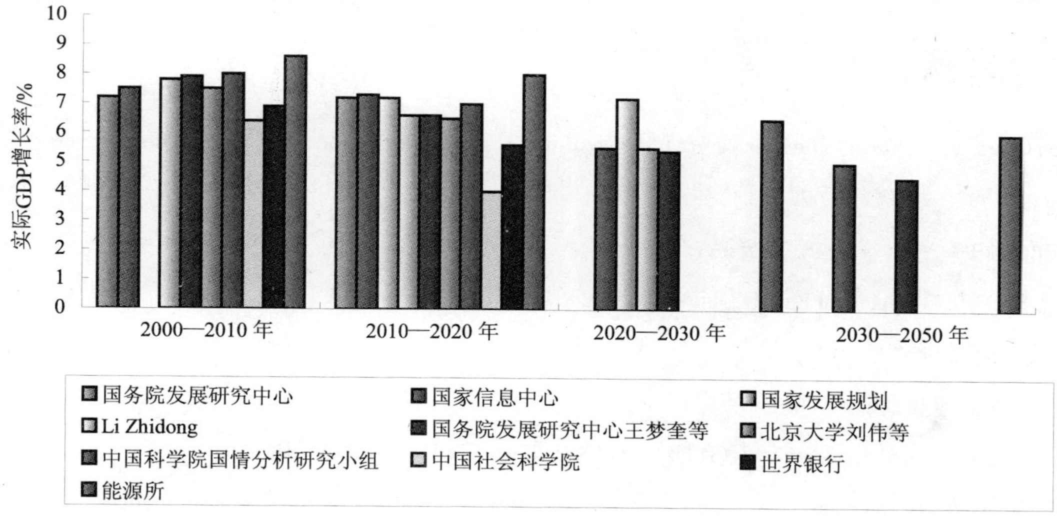

附图 2　关于未来中国 GDP 增长速率的假设汇总

从附表 6 和附图 2 中可以看出，除了社科院对于我国未来的 GDP 增长速度的预期相对较低外，各个研究关于 2000—2010 年的 GDP 增长速度的设定在 7.2%～8.6%，最普遍的是在 7.5%～8%。关于 2010—2020 年的 GDP 增长速度的设定在 5.6%～8%，最密集的位于 6.5%～7.3%。关于 2020—2030 年的 GDP 增长速度的设定在 5.4%～7.2%，最密集的位于 5.4%～5.5%。关于 2030—2050 年的 GDP 增长速度的设定在 4.5%～6%。

附表 7 给出了上述 5 个研究中对未来中国经济增长水平的设定，可以看到直到 2000—2020 年 GDP 增长速度在 7.2%～8.2%，2020—2030 年 GDP 增长水平在 6%左右。

附表 7　　各研究对未来中国经济增长水平的设定

研究机构	实际 GDP 增长率/%		
	2000—2010 年	2010—2020 年	2020—2030 年
APERC	7.7	6.1	5.7
EIA	7.2（2007—2015）	5.4（2015—2030）	
DRC	7.45	6.9	
IPAC	8.2	7	5.6
IEA	7.7（2005—2015）	6（2015—2030）	

参考文献

[1] Allen Blackman，Xun Wu.Foreign direct investment in China's power sector：trends，benefits and barriers[J]. Energy Policy，2007，27（12）：695-711.

[2] APERC. APEC 能源需求与供给展望. 2006.

[3] EIA（DOE）. International Energy Outlook 2007. 2007.

[4] IEA. 21 世纪的能源技术. 1997.

[5] IEA.World Energy Outlook 2007. 2007.

[6] International Iron and Steel Institute（IISI）. Steel Statistical Year Book 2007. 2007.

[7] Li Zhidong. Energy Demand and Supply Outlook in China for 2030 and A Northeast Asian Energy Community—The automobile strategy and nuclear power strategy of China. 2004. http：//eneken.ieej.or.jp/en/data/pdf/300.pdf.

[8] Otavio Mielnika，Josle Goldembergb. Foreign direct investment and decoupling between energy and gross domestic product in developing countries[J]. Energy Policy，2007，30：87-89.

[9] Tao Wang，Jim Watson. Who Owns China's Carbon Emissions？ [R].Tyndall Briefing Note No. 23 October 2007. Available at：http：//tyndall.webapp1.uea.ac.uk/publications/briefing_notes/bn23.pdf.

[10] WNA. The Economics of Nuclear Energy Power. 2007.

[11] 常志鹏，江国成. 发改委：中国正采取具体措施保障 20%节能目标实现[N]. 新华网，2007-08-02.

[12] 陈清泰，等. 中国能源发展战略与政策研究[M]. 北京：经济科学出版社，2004.

[13] 崔民选. 2007 中国能源发展报告[M]. 北京：社会科学文献出版社，2007.

[14] 方芳. 中国水泥装备的现状与展望[J]. 中国建材，2006（12）：49-53.

[15] 高广生. 气候变化的本质与应对策略[J]. 今日国土，2002（5）：24-27.

[16] 顾朝林. 经济全球化与中国城市发展：跨世纪中国城市发展战略研究[M]. 北京：商务印书馆，2000：181.

[17] 国家环保总局. 中国环境安全战略报告. 2002.

[18] 国家信息中心经济预测部宏观政策动向课题组. 成就与不足：中国现行产业政策的评估[N]. 中国证券报，2007，4.

[19] 国家质量监督检验检疫总局，等. 乘用车燃料经济性标准. 2004.

[20] 国务院发展研究中心，产业经济研究部. 实现能源可持续发展的财经与税收政策研究（执行摘要）.

[21] 胡秀莲，姜克隽，等. 中国温室气体减排技术选择及对策评价. 北京：中国环境科学出版社，2001.

[22] 黄立道. 乙烯及乙烯工业现状[J]. 中国氯碱，2005（5）：1-5.

[23] 霍红. 中国公路交通能源消耗及汽车燃料经济性技术和政策研究[D]. 清华大学，2002.

[24] 姜克隽，等. Balancing Development，Energy and Climate Priorities in China，2007.

[25] 李俊峰，王斯成，等. 中国光伏发展报告（2007）.

[26] 李怒云，宋维明. 气候变化与中国林业碳汇政策研究综述[J].林业经济，2006（5）：60-64.

[27] 李玉娥，秦晓波，李文福，等. 夏季休牧对高寒矮蒿草草甸温室气体排放的影响[J]. 农业工程学报，2007，23（4）：206-211.

[28] 梁优彩. 中国经济发展的回顾与展望. 2003，7.

[29] 刘国华，傅伯杰，方精云. 中国森林碳动态及其对全球碳平衡的贡献[J]. 生态学报，2000，20（5）：733-740.

[30] 能源所. “十五”科技攻关专题报告：我国主要部门减缓碳排放的政策机制分析和效果评价.

[31] 潘家华. 中国外贸进出口产品的内涵能源及其政策含义研究. 工作报告.

[32] 彭志龙，吴优，等. 能源消费与 GDP 增长[J]. 中国统计，2007（7）：16-18.

[33] 齐志新，陈文颖，吴宗鑫. 工业轻重结构变化对能源消费的影响[J]. 中国工业经济，2007，2：35-42.

[34] 气候变化国家评估报告编写委员会. 气候变化国家评估报告. 北京：科学出版社，2007：351-352.

[35] 史丹. 转轨时期中国能源瓶颈缓解的影响因素分析[J]. 中国工业经济，1998，10：17-23.

[36] 宋长春，张丽华，王毅，等. 淡水沼泽湿地 CO_2、CH_4 和 N_2O 排放通量年际变化及其对氮输入的响应[J]. 环境科学，2006，27（12）：2369-2375.

[37] 王克. 基于 CGE 的技术变化模拟及其在气候政策分析中的应用[D]. 清华大学，2008.

[38] 王茂林. 新中国城市经济 50 年. 北京：经济管理出版社，2000：55.

[39] 王梦奎. 把握城市化的适当进度.2006.8.城市规划网. http：//www.upla.cn/special/article.shtml？id=2157&subid=411&sid=78.

[40] 王庆一. 按国际准则计算的中国终端用能和能源效率[J]. 中国能源，2006，28（12）.

[41] 王庆一. 2008 年能源数据. 中国可持续能源项目参考资料，2008.

[42] 王志轩，潘荔，王新雷，胡兆光，熊幼京，米建华. 电力工业节能现状及展望. 中国电力，2003（9）：34-42.

[43] 谢文惠. 城市经济学. 北京：清华大学出版社，1996：86.

[44] 杨云博，董春明. 中国电解铝行业能源效率初步调查与分析[J]. 有色冶金节能，2006.

[45] 叶裕民. 中国城市化之路：经济支持与制度创新. 北京：商务印书馆，2001：195.

[46] 有色金属工业节能减排面临五项困难. 北京联合信息网中国信贷风险信息库，2007-09-26.

[47] 张宏，马强，刘冰. 中国出口工业品能耗研究[R]. 中国经济时报，2007-07-09.

[48] 张贤，周勇. 外商直接投资对中国能源强度的空间效应分析[J]. 数量经济技术经济研究，2007，1：101-108.

[49] 赵丽凤. Economic Assessment of Deploying Advanced Coal Power Technologies in Chinese Context，哈佛项目工作报告 2008；MIT，the Future of Coal，2007.

[50] 赵旺初. 发展增压流化床锅炉联合循环的探讨. http：//www.ceclub.cn/cgi-bin/topic.cgi？forum=43&topic=143&show=180.

[51] 赵晓丽，胡军峰，史雪飞. 外商直接投资行业分布对中国能源消费影响的实证分析[J]. 财贸经济，2007.

[52] 中关村国际环保产业促进中心. 谁能驱动中国. 2006.

[53] 中国电力年鉴 2007. 北京：电力出版社，2007.

[54] 中国电力企业联合会统计信息部. 2006—2007 年全国电力供需形式分析预测与若干问题建议. 中国石油和化工经

济分析，2007，6：6-11.

[55] 中国发展高层论坛（冯飞、周凤起、王庆一）. 国家能源战略的基本构想. 2003-11-17.

[56] 中国国家发展和改革委员会. 节能中长期专项规划. 2004.

[57] 中国国家统计局. 中国统计年鉴 2000—2008. 北京：统计科学出版社，2009.

[58] 中国科学院国情分析研究小组第四号报告：机遇与挑战，http：//ebook.mumayi.net/16/gljx/ts016061.pdf.

[59] 中国能源统计年鉴 2000—2007. 北京：统计科学出版社，2008.

[60] 中国社会科学院研究生院城乡建设经济系. 城市经济学. 北京：经济科学出版社，1999：46.

[61] 中国石油和化学工业协会信息部. 2006 年石油和化工重点产品能源消耗情况.中国石油和化工经济分析. 2007：50-51.

[62] 中国市长协会. 2001—2002 中国城市发展报告. 北京：中国城市出版社.

[63] 周大地，等. 2020 中国可持续能源情景. 北京：中国环境科学出版社，2003.

[64] 周篁，马胜红. 中国风电场建设分析及发展预测. http：//www.crein.org.cn/forum/windpower/99012_04.HTM.

第六章
全球和区域环境战略研究

专题编写单位：

环境保护部环境与经济政策研究中心国际环境政策研究所

中国社科院城市发展与环境研究中心

清华大学环境科学与工程系

责任专家：

徐庆华

首席专家：

叶汝求

联络员：

郭　敬

专题顾问：

陈燕平　岳瑞生　唐丁丁　苏　伟　易先良　张汉晖　孙国顺　张世秋

专题研究人员：

任　勇　周国梅　田春秀　国冬梅　潘家华　余　刚　李　霞　陈　刚
周　军　俞　海　尚宏博　李丽平　胡　涛　郑　艳　伞　峰　陈　迎
李金惠　刘雪华　石　磊　王　灿　黄　俊

第六章
全球和区域环境战略研究

引　言

在全球化进程加速推进的大背景下，中国与世界的发展进程逐步融为一体，经济全球化在给中国环境带来挑战的同时，也带来了机遇。从 20 世纪末开始，新的形势使得我国应对全球和区域环境问题及其开展国际合作的战略地位不断提升。一是全球环境形势日趋严峻；二是全球和区域环境问题与国家政治、经济和安全等领域不断渗透，一体化、复杂化程度日益增强；三是随着综合国力的增强，中国在国际环境事务中的责任问题凸显，应对全球和区域环境问题成为影响我国谋求发展空间、抓好战略机遇期的重要因素。新形势下，我国环境与发展的关系进入一个重要战略转型期，我国开展环境保护国际合作、应对全球和区域环境问题应遵循中国共产党第十七次代表大会提出的“相互帮助、协力推进，共同呵护人类赖以生存的地球家园”的重要指导思想。应对全球与区域环境问题，积极开展环境保护国际合作就成为我国保护环境、实现科学发展和建设和谐社会的基本要求和重要组成部分。

本研究主要解决三个方面的问题：①科学判断形势，即全面评价我国面临的全球和区域环境问题的状况和国际环境合作进程。②提出我国应对全球和区域环境问题及其推动国际合作的战略思路，包括战略方针、战略目标、战略任务及优先领域。③根据战略思路，提出针对性和可操作性的对策建议。

一、全球环境问题与全球环境治理

（一）全球环境问题的现状与趋势

全球环境问题是指在经济全球化过程中不断加剧的，对人类生存和发展产生长期而广泛的不利影响的全球范围生态系统退化和环境污染问题。全球环境问题的解决需要国际社会广泛和深入的合作。

在最近几十年乃至上百年间，以气候变暖为主要特征，全球环境发生了重大变化。按照联合国环境署的分类，这些变化可以分为 5 大类：①大气系统，如气候变暖、臭氧层耗损、酸雨等问题；②土地系统，如荒漠化问题；③海洋和淡水系统，如海洋污染问题；④化学品与废物，如持久性有机污染物和危险废物越境转移问题；⑤生物多样性破坏。此外，核安全与辐射也是一类重要的全球环境问题。全球环境问题的发生及其影响具有“全方位、大尺度、跨国界、多层次、长时期”的特点，不仅对人类自身健康和安全构成直接和潜在的威胁，对经济社会的长期稳定和发展提出严峻挑战，而且还从根本上损害着人类赖以生存的自然生态系统，很可能造成生态系统破坏的不可逆转，动摇人类生存和发展的生态基础。

长期观察研究表明，上述全球环境问题主要是由人类活动造成的，或者是加剧的，本质上反映了人与自然关系的恶化。即使是最具争议的气候变化问题，联合国政府间气候变化专门委员会（IPCC）第 4 次评估报告也给出了肯定性的回答——近 50 年来气候变暖的主要原因是由人为活动引起的，其可能性在 90%以上。

根据联合国环境署 2007 年发布的《全球环境展望 4》，目前，全球环境问题有如下 4 个发展特征与趋势。

1. 全球环境总体状况恶化，环境问题的地区及社会分布失衡加剧

过去 20 年，在经济全球化过程中，少数发达国家和地区的环境压力逐渐减弱，但大多数欠发达、发展中以及转型国家和地区的环境状况没有得到改善，甚至恶化。总体态势是局部地区改善、全球范围恶化，全球环境变化的地理与社会分布失衡加剧。除了气候变化已经成为影响全球范围的共同环境问题外，全球各大区域所面临和优先解决的环境问题各有侧重：非洲主要是土地退化和沙漠化；亚太地区主要是城市空气污染、淡水资源短缺与污染、生态系统退化和废弃物增加；欧洲主要是不可持续的生产与消费方式所带来的高能耗、城市空气质量较差等问题；拉丁美洲以及加勒比海地区的主要问题是生物多样性丧失、海洋污染以及气候变化带来的问题等；北美主要是气候变化衍生的问题，包括能源选择、能源效率以及淡水资源等；西亚的主要问题是淡水资源压力、土地退化、海洋生态系统以及城市环境管理等；

两极地区的主要问题是气候变化带来的不利影响、环境中的汞及其他持久性有机污染物、臭氧层修复等。

2．少数全球或区域性环境问题取得积极进步，多数进展缓慢或改善乏力

过去 20 年，诸如臭氧层破坏和酸雨等少数相对简单的全球和区域环境问题的解决取得了积极进展，但包括气候变化、生物多样性、水资源、化学品、土地退化和森林减少等多数全球环境问题没有得到有效解决或进展延缓。

3．各种全球环境问题相互影响，复杂性不断增强

首先，各种全球环境问题之间的关联性不断增强，例如全球气候变暖可能导致海洋、土地、森林、生物多样性、水资源等全球环境问题的进一步恶化，反过来，森林等生态系统的恶化又会加剧气候变化，互为因果，全球环境问题的复杂性不断增强，应对更加艰巨。

其次，全球与区域环境问题之间相互转化。在过去 20 年，一方面，有些全球性环境问题转变为区域性问题，如酸雨问题曾经是欧、美、亚等洲的重要问题，现在主要成为亚洲的区域问题；臭氧层问题，尽管其影响是全球性的，但目前消耗臭氧层物质的主要生产和消费及其控制活动则是区域性的。另一方面，一些区域性问题逐渐上升为全球性问题，如危险废物特别是电子废物的越境转移，从过去的集中在亚洲逐渐扩展到非洲、欧洲等区域；汞污染问题及其防治也正在向全球层面快速推进。

4．从现在到 21 世纪中叶是决定全球环境变化走向的关键时期，机遇与挑战并存

在对过去 20 年全球环境状况综合评估的基础上，联合国环境署展望了 2050 年全球环境的可能状况以及政策取向，对未来环境状况的发展表示了谨慎的乐观。四种情景分析认为，到 2050 年，就某些环境指标而言，部分全球环境问题的退化率降低甚至逆转。例如，在所有的情景分析中，农地与森林退化率平稳降低；水的耗竭率下降；物种丧失、温室气体排放、温度升高等也在减缓，这主要是由于预期人口的变迁、资源消费的饱和以及技术进步等原因。如果《蒙特利尔议定书》得到完全严格的遵守，到 2060 年或 2075 年，南极的臭氧黑洞可能会得到恢复。

当然，全球环境问题能否得到改善取决于利益攸关者和决策者的抉择与行动，例如，在市场优先情景下（经济优先），2000 年至 2050 年，13%的原生物种将丧失；而在可持续性优先的情况下，则是 8%；CO_2 浓度的变化则是从市场优先情景下的 556×10^{-6} 体积分数到可持续性优先下的 475×10^{-6} 体积分数。再例如，如果捕鱼量继续快速增长，随着海洋生物多样性的显著退化，到 2050 年可能会导致捕鱼业的崩溃。

（二）全球环境治理及特点

生物圈的整体性和生态系统的相互依存性使所有国家都不能避免环境问题的影响，因而需要所有国家采取集体行动应对全球性环境问题。也就是说，全球环境问题需要全球环境治理。

全球环境治理是指，国际社会通过建立新的公平的全球伙伴关系，经由条约、协议、组织所形成的复杂网络来解决全球环境问题，以促进人类社会的可持续发展。全球环境治理机制是由相应的条约、协议、组织所形成的复杂网络。它是国际社会行为体（主要是主权国家和国际组织）在解决日益严峻的全球环境危机过程中建构起来的一系列制度化（正式和非正式）的组织机构、原则和程序，主要由结构主体、议题领域、作用渠道、原则规范、操控方式来构成和运作。

全球环境治理起步于 1972 年的联合国人类环境会议，为此成立了从事全球环境事务的专门机构——联合国环境署。1992 年环境与发展世界首脑会议之后，全球环境治理进入快速发展时期，以 2002 年可持续发展世界首脑会议为标志，全球环境治理进入新的发展阶段，呈现出三个显著的新特征。

1. 全球环境治理方式的机制化和参与主体的多元化

缔结国际公约和组织实施重大科技计划是全球环境治理的两种主要方式，而且从发展进程看，重大科技计划往往是国际公约的先导或技术补充，例如政府间气候变化专门委员会（IPCC）与《联合国气候变化框架公约》之间的关系及发展历程。截至 2006 年，国际环境条约已超过 500 个，其中 60%是 1972 年以后达成的，300 多个是区域性的。目前，在 51 项具有重要意义的国际或区域性核心环境公约或议定书中，综合类（环境影响评价和信息公开）2 项；大气类 6 项；危险物质类 9 项；海洋环境类 18 项；土地系统类 1 项；生物多样性保护类 10 项；淡水资源类 1 项；核安全类 4 项。此外，在 WTO 机制下，环境保护也成为其规则的重要组成部分。在过去 15 年中，国际社会实施了诸如世界气候研究计划（WCRP），国际地圈—生物圈计划（IGBP），全球环境变化的人文因素计划（IHDP）和生物多样性计划（DIVERSITAS）等一系列重要研究计划。

与过去相比，除了各国政府外，非政府组织、私人部门、企业和公众在全球环境治理中发挥着越来越重要的作用。目前，在全球比较重要的 200 多个国际环境非政府组织中，76%以上都是 20 世纪 70 年代以后出现的。

2. 全球环境治理进程的一体化和区域化

从成因和对策的性质看，许多重大全球环境问题的表现是环境污染和生态退化问题，但实质上是能源问题、经济发展方式问题和发展不足问题。这就使得全球环境治理与经济、政治，乃至文化等方面相互渗透，一体化和复杂化程度日益增强。例如，在应对气候变化中，若设定温室气体排放额度，就意味着将全球的大气环境作为有价资源进行初始分配，设定排放空间，限制能源使用总量和经济发展空间。正是应对气候变化问题的这一经济本质，才引发了发达国家与发展中国家关于历史排放责任追究和现实减排责任区分的争论，才出现了气候变化问题的政治分歧。其他全球环境问题也不同程度地存在类似问题。

另外，在全球性的环境问题应对机制迅速发展的同时，区域性的机制也日趋活跃，如气候变化亚太六国伙伴关系计划、欧盟温室气体排放贸易体系、亚太环境与发展论坛等。总体上，区域机制是全球性机制的补充，具有较大的灵活性，但有些区域机制又有可能干扰全球性机制的主渠道作用。

3．全球环境治理手段的刚性化和市场化

一方面，面对全球环境问题边治理边恶化的现状，并考虑到其一体化的特征，近年国际社会出现了强化全球环境治理机制的新进程。具体表现为：一是在现有国际环境公约和议定书下，强化履约的法律约束力和惩罚措施，例如《气候变化公约》和《京都议定书》下的有关机制及其修正案的讨论，以及 WTO 下关于环境与贸易挂钩的制裁问题的讨论。而且，这种刚性化出现了单边或区域主义倾向，例如，2007 年年中，欧盟提出关于征收航空排放温室气体税的立法讨论；年底，美国和欧盟联合提出提案要求在 WTO 机制下，从气候变化角度谈判环境货物和服务关税削减问题。二是建立强大的全球环境治理机构。近两年，欧盟等集团和国家极力主张启动一个关于建立类似世界贸易组织性质的全球环境组织的进程，加强全球环境管理的管制力。

另一方面，为了实现具法律约束力的全球环境治理目标，国际社会积极推动以市场机制为基础的灵活性政策手段，如温室气体排放贸易、CDM、碳税。

（三）我国面临的全球环境问题及应对的优先领域

在上述 5 大类 10 多种全球环境问题中，我国既是原发地之一，又受到其严重影响，包括气候变化、臭氧层破坏、酸雨、持久性有机污染物和危险废物越境转移、生物多样性减少、森林退化、土地荒漠化、海洋污染等。而且，种种迹象表明，全球环境问题对我国的不利影响在不断加剧。这就要求，为了自身的利益，我国必须切实应对全球环境问题，减缓不利影响。

我国在全球环境治理中作出了积极贡献，受到了国际社会的广泛赞誉，主要体现在两个方面：一是可以毫不夸张地说，如果没有中国这样一个发展中大国的积极参与和实质性贡献，许多重大国际环境协议将难以形成，相关国际进程也难以推进。截至目前，中国批准了 17 项国际环境相关公约和议定书。二是从国内做起，认真履约。中国在气候变化、生物多样性保护等方面的履约行动得到了国际社会的肯定，特别是淘汰消耗臭氧层物质方面，中国已成为

楷模，获得了《蒙特利尔议定书》执行奖。

然而，我们必须清醒地认识到，目前我国是第二大温室气体排放国、第一大二氧化硫排放国、臭氧层消耗物质的重要生产和消费国、化学品生产大国、木材进口大国等，这些情况都表明我国又是许多全球环境问题的一个重要责任方。而且，从工业化阶段、人口基数、经济增长方式等因素看，我国对全球环境的影响仍将不可避免地增大。

综合考虑自然和技术属性，我国面临的主要全球环境问题大致可以分为三类：第一类问题的特点是危害严重、影响直接、应对措施的复杂性相对较低且见效较快，包括持久性有机污染物和危险废物越境转移问题；第二类问题具有鲜明的危害巨大、影响深远而广泛，但应对措施非常复杂且见效慢等特点，主要是气候变化问题，臭氧层保护有类似特点；第三类问题的特点介于第一和第二类之间，包括生物多样性破坏、土地荒漠化和海洋污染。我国应首先解决好持久性有机污染物和危险废物越境转移问题。这一问题在我国目前的应对战略体系中处于薄弱环节，应引起高度重视；其次，考虑到气候变化问题背后的国际政治经济利益，认真做好科学、政策和能力等方面的准备，积极应对气候变化的减缓和适应问题；最后，在生物多样性保护、土地荒漠化和海洋污染防治等全球环境问题方面，采取长期性的行动措施，同时，利用好现有有利的多边资金条件，继续做好消耗臭氧层物质的淘汰工作。

二、区域（双边）环境问题与合作机制

（一）我国面临的主要区域（双边）环境问题状况及趋势

我国面临的区域（双边）环境问题繁多，跨界影响关系复杂。从地理位置关系看，我国是世界上拥有邻国最多的国家，周边国家多达 28 个，其中直接接壤的就有 15 个，我国面临的区域（双边）环境问题可分周边环境问题和非周边环境问题；从引发环境问题的原因看，可分为三类：由环境介质跨界移动引起的跨界环境问题、由国际贸易引起的环境问题，以及资金的跨国流动，即外商对华投资和我国对外投资引起的环境问题；从环境介质的类型看，可分为跨界水和海洋污染问题、大气污染物的远距离传输问题、固体废物污染问题和跨界生态保护问题；从跨界影响方式看，可分为直接影响和间接影响，如跨界水体污染直接影响下游国家，废物进口直接给进口国造成环境影响，产品贸易则是产品生产过程间接造成的环境影响；另外，有些环境问题的产生是人为活动的影响大一些，有些是自然因素作用大一些，有些是长期才能解决，有些则是短期内可以解决。

综合考虑，我国主要面临三类区域（双边）环境问题（表 6-1）。

表 6-1　　我国区域（双边）环境问题的类型

环境问题类型	目前所涉及的或被关注的国家和区域
1. 由环境介质流动引起的环境问题	
水：	
1）跨界水污染和生态影响	俄、哈、朝、蒙、中亚、上合
	大湄公河次区域（GMS）
2）陆源污染造成的海洋污染	日、韩、东北亚
气：（大气远距离传输）	
3）酸雨	日、韩、东北亚
4）沙尘暴	蒙、日、韩、哈、东北亚
5）光化学烟雾（O_3）	日
6）汞污染	亚太区域乃至全球
7）棕色云	南亚、西亚、东亚
2. 由国际贸易引起的环境问题	
8）电子废物非法贸易对环境的影响	美、日、韩、东南亚、东北亚、欧洲国家
9）木材贸易引起的生态破坏	俄、东南亚
10）国际运输造成的生态破坏	东盟、日、韩
11）其他产品贸易引起的环境问题	美、欧
3. 由跨国投资引起的环境问题	非洲、东南亚、阿盟、拉美

我国面临的主要区域（双边）环境问题及特点如下：

① 我国拥有 16 条重要跨界河流，其中 13 条发源于我国，主要分布于东北、西北和西南三大地区，涉及 19 个国家，影响包括我国在内的约 30 亿人口。总体上，我国跨界水体环境问题严重，引发跨界纠纷潜在风险较大。其中，东北地区的中俄界河黑龙江、中朝界河鸭绿江和图们江的水环境质量问题形势严峻；西北地区的中哈界河额尔齐斯河和伊犁河，西南地区的湄公河水资源利用矛盾突出。按照我国相关环境保护规划看，跨界河流的水质问题可以在中期内（未来 15～20 年）得以较好解决，但水资源利用矛盾将长期存在。

② 我国陆源污染造成的海洋污染形势不容乐观，以渤海湾污染和海上漂浮物为主，短期内较难解决。

③ 东亚酸雨污染问题，随着我国污染控制力度的不断加大，东亚酸雨问题有望逐渐缓解。

④ 由于自然因素的作用和起源复杂等原因，东北亚沙尘暴问题在短期内难以改善。

⑤ 东亚光化学烟雾问题，缺乏科学证据，但开始引起日本关注。

⑥ 汞污染问题已开始进入地区或国际环境合作的重要议事日程，我国被认为是主要排放大国，压力将不断增加。

⑦ 大气棕色云覆盖印度洋、南亚、东南亚和我国最南部上空，尽管相关科学研究缺乏，但未来很有可能成为亚洲最大的区域环境问题。

⑧ 由贸易引发的区域性环境问题主要有两类：一是固体废物，特别是电子废物非法贸易导致的环境污染，我国是受害方，一些发达国家是主要的输出国，东南亚成为重要中转站；

二是我国从俄、东南亚的木材进口对当地造成的一些生态破坏。

⑨ 随着对外投资规模的不断扩大，我国境外投资企业的环境管理成为新的挑战。

⑩ 近年来，气候变化、生物多样性保护、臭氧层保护和核安全等全球环境问题同时成为地区的重要环境关切，充分体现在区域和双边环境合作进程中。

总体上，我国经济发展中的粗放型增长方式和所产生的生态环境问题对周边国家环境产生了一些不利影响，引发区域和双边环境问题，并面临一些新的挑战，某些问题和挑战的压力在不断加大，潜在纠纷风险较大。同时，我国也面临诸如电子废物越境转移和（核）放射性等来自境外的环境威胁，且尚未引起高度重视或妥善处置。

（二）我国区域（双边）环境合作机制及特点

双边环境合作是我国环境合作中最活跃的机制，发挥着主渠道作用。我国以协议为基础的双边环境合作最早始于 1980 年 2 月 5 日国务院环境保护领导小组办公室与美国国家环境保护局在中美科技合作协议下签署的环境保护科技合作协议，之后，迅速全面展开，呈现出合作所涉国家和地区不断增多、合作机制不断增加、合作层次不断提升的特点。迄今，我国已与 41 个国家签署了 60 个双边环保合作文件，其中欧洲 22 国、美大地区 7 国、亚洲 10 国、非洲 2 国。我国的双边环境合作在资金与技术引进、管理与政策经验借鉴、人员交流和能力建设方面取得了显著成绩。

近年来，作为全球环境合作机制的补充和双边环境合作的拓展，区域环境合作迅速发展，我国以周边国家为重点的区域环境合作框架初步形成，包括了 10 多个机制，主要有东北亚地区相关环境合作、东亚酸沉降监测网（EANET）、东盟—中日韩环境部长会议/东盟—中国环境合作、大湄公河次区域经济合作（GMS）、上海合作组织/中亚区域环境合作等。其中东北亚地区相关环境合作机制又包括：中日韩三国环境部长会议（TEMM）、东北亚环境合作会议（NEAC）、东北亚次区域环境合作计划（NEASPEC）等综合性环境合作以及中日韩沙尘暴合作司长级会议、西北太平洋行动计划等针对特定环境问题的环境合作。

中国环境与发展国际合作委员会（国合会）是我国在 1992 年世界环境与发展首脑会议之后成立的，面向中国政府的高级国际咨询机构。成立 16 年来，通过专题研究和国际经验借鉴，国合会就中国环境与发展的若干重大问题，向中国政府提出了许多有价值的政策建议，对中国的环境保护和可持续发展发挥了积极的推动作用。中国政府对国合会的工作高度重视，由副总理担任国合会的主席，历届国务院总理每年都要亲自听取国合会委员的咨询意见。实践证明，国合会不仅是中国政府在环境与发展方面的科学咨询机制，也是中国政府与国际社会交流沟通的重要平台。

目前，我国参与和建立的主要区域和双边环境合作机制具有如下 6 个特点：

① 区域和双边机制在国际环境合作中发挥着不同的作用。与双边合作机制相比，区域合

作由于参与国家多，合作协调难度大，利益关系复杂多变，务虚的特征往往比较明显。从目前情况看，在我国参与的与周边国家的区域环境合作机制中，大部分虚多实少，一些长期处于信息交流、对话等水平上，如东北亚环境合作会议（NEAC）、东北亚次区域环境合作计划（NEASPEC）等。相比较，双边合作机制更直接、现实、简洁，也不易受第三方的干扰和影响。只要双方有意愿，合作就能成功，效率高，见效快。

② 区域（双边）环境合作机制的发展是解决区域（双边）环境问题的实际需求和国家政治经济关系综合作用的结果。例如，随着东盟战略地位日渐突出，我国与东盟的环境合作已开始迅速升温。

③ 已有区域（双边）主要环境合作机制涉及跨界水利用和保护、酸雨、沙尘暴、生物多样性保护、固体废物管理等各类环境问题。总的来看，一般性/综合性机制涉及的问题较多，更多的是起到一种指导性作用，合作深度不够；而针对某一问题的机制，如针对跨界水、沙尘暴和酸雨等的机制，则合作内容比较具体和深入。

④ 相关机制间存在相互影响和作用。

一是同一问题往往同时置于双边与区域合作机制之中，相互借力。

二是同一问题也可以置于不同的区域机制之中，扩大合作区域，提高合作层次。如大湄公河次区域（GMS）环境合作有与东盟环境合作机制挂钩的趋势，在 2007—2011 年 GMS 核心环境项目发展规划中多次提及要和东盟与湄公河委员会等其他区域组织开展合作。

三是多边环境合作机制往往影响着双边和区域环境合作机制的内容，例如气候变化等多边合作的热点问题往往也是区域和双边合作的重点。

⑤ 机制泛化，效率低下问题有所显现。有些综合性环境合作机制如东北亚环境合作会议（NEAC）和东北亚次区域环境合作计划（NEASPEC）参与国类似、活动类似、缺乏实质性合作内容，有必要进行适当改革。

⑥ 某些重要区域（双边）环境问题尚没有专门的合作机制，例如中哈、中朝跨界水环境问题和电子废物转移问题。

（三）我国区域（双边）环境问题及合作的优先领域

区域（双边）环境问题及合作的优先程度取决于问题的自然强度和社会强度。所谓自然强度是指区域（双边）环境问题所具有的常态风险和突发事件风险的状况及其对生态和人体健康可能造成的影响，以及该环境问题的发展趋势等。社会强度是指所涉国家及国际社会对某一区域（双边）环境问题的关注程度，解决该问题与维护我国环境、经济和政治利益的关系等方面的情况。区域（双边）环境问题的自然和社会强度可以用一系列指标来衡量（表 6-2）。

表 6-2 识别区域（双边）环境问题及合作的优先程度的指标体系

	主要指标	
自然强度	1）环境问题的常态风险（采用环境质量指标）	
	2）环境突发事件的风险（采用风险等级指标）	
	3）对生态环境和人体健康的影响（采用受环境影响对象数量的指标）	
	4）环境问题的发展态势（采用描述常态风险、突发事件风险及所造成的影响随时间变化趋势的指标）	
社会强度	5）外交政策战略重点	5a）国家规模
		5b）位置关系
		5c）国家发达程度
	6）战略定位/合作利益	6a）环境利益
		6b）国家安全利益
		6c）经济利益
	7）国际关注度	7a）相关方的关注度
		7b）国际社会的关注度
		7c）现有合作机制的效果和未来发展趋势
	8）国内关注度	在国内环保工作议程中的优先性

据此，我国主要区域（双边）环境问题及合作的优先程度可以分为四个等级。

第一类问题包括跨界水体污染、电子废物越境转移、酸雨、气候变化等问题，是我国面临的首要区域（双边）环境问题，也是国际合作的重点；

第二类问题包括沙尘暴、木材贸易引起的生态破坏、对外投资引起的环境污染和生态破坏、跨界地区的生态和生物多样性保护、核安全等问题，应该引起足够重视；

第三类问题有海洋污染和新出现的光化学烟雾、汞污染、棕色云等大气远距离传输问题，应该密切跟踪，做好技术储备。

第四类问题主要是那些非周边的，或者是在区域或双边合作中反映出来的一般性全球环境问题，可以按照我国资金和技术需求以及合作方的兴趣推动相关双边或区域合作。

三、经济全球化中中国与世界的环境相互影响

经济全球化是当今世界最显著的一个特征，影响一个国家的工业化、城镇化、市场化和信息化，进而影响全球、区域和国家内部环境问题的发展。进入 21 世纪，经济全球化使中国与世界逐步融为一体。经济全球化给中国的资源与环境保护带来了现实利益，通过进口原材料和能源，缓解了我国资源短缺和能源供求失衡的矛盾；通过进口废旧资源，减少了直接进口的资源数量；通过外商直接投资和贸易引进先进技术和设备，提高了国内资源利用效率，提高了环境治理水平。

然而，经济全球化也给我国带来了许多新的环境挑战。

① 我国处于新一轮全球产业结构调整的下游，承接着产业转移和积聚的污染风险，加剧

了局部地区的环境问题。

世界银行的研究显示：世界 28 个行业中，仅钢铁、炼油、食品、工业化学、纸及纸制品、有色金属、水泥 7 个部门的大气和水污染物排放占到了全球的 90%，这一污染负荷在 1960—1990 年的 30 年里几乎没有大的变化，所变化的只是从一地转移到另一地。我国目前是世界第三贸易大国，工业制成品出口已占到了我国整个货物贸易出口的 90%以上，主要是低端产品的生产加工；外资企业出口在我国出口中所占比重达到 58%。1995 年投资于污染密集产业的外商占外商投资企业数的 30%左右，到 2005 年，这一数字上升到 84.19%，其中，化工、石化、皮革、印染、电镀、杀虫剂、造纸、采矿和冶金、橡胶、塑料、建筑材料和制药等高污染行业和高耗能行业都成为外商投资的重要方向。与此相比，外资对环保产业的投资额所占比例却不到 0.2%。此外，外商直接投资也是造成中国东部等地区环境污染和资源耗竭的重要推动因素。由于东部地区环境标准逐渐提高，并受到中西部开发战略的推动，外资很可能在西部发展采掘业和制造业，并转移东部地区落后的、被淘汰的行业，最终结果可能是向中西部地区进行“污染转移”。

② 我国贸易快速增长的资源环境代价过大，在赢得贸易顺差的同时，也承担着“生态逆差”。

近年来，中国已经成为产品内涵能源的净出口国。从 2002—2006 年，中国净出口内涵能源从 2.4 亿 t 标煤增长到 6.3 亿 t 标煤，其占当年一次能源消费比例从 16%增长到 26%。净出口能源主要流向美国和日本等发达国家，2002 年流向美日的内涵能源分别为 7 524 万 t 标煤和 4 894 万 t 标煤，二者相加占净出口内涵能源总量的 50%以上。从出口行业看，在出口贸易总额中占前三位的服装及其他纤维制品制造、仪器仪表文化办公用机械和电气机械及器材制造业也是出口内涵能源最多的部门。以 2002 年为例，三行业分别占内涵能源出口量的 13.4%、12.3%和 12.5%。此外，化学原料及制品制造业和黑色金属冶炼及压延加工业，尽管在贸易总额中所占比例不高，分别为 3.5%和 1%；但其出口商品却是典型的能源密集型产品，在内涵能源出口中的比例分别为 7.1%和 2.3%，大大高于其贸易额的比例，如果扣除进口中间产品的影响，该比例进一步提高到 8.0%和 2.8%，这说明加工出口能源密集型产品消耗大量国内原材料，对国内能源和环境影响较大。

能源消耗也造成相应的污染物和碳排放。中国在内涵能源净出口的同时，还在国内净增加大量二氧化碳和二氧化硫排放。2002 年中国出口的内涵能源对应排放 2.38 亿 t 碳，进口的内涵能源对应的是 0.70 亿 t 碳，相当于净增国内碳排放 1.68 亿 t 碳。英国 Tyndall 中心的研究表明，2004 年中国净出口商品内涵能源的二氧化碳排放量是 11.09 亿 t CO_2（3.02 亿 t 碳），占中国当年总排放量的 23%，相当于日本目前的二氧化碳排放量。国际能源署（IEA）的最新研究认为，2007 年中国净出口产品所消耗能源占能源消费总量的 28%，所排放的 CO_2 占总排放量的 34%。此外，“十五”期间，中国每年通过对外贸易造成的 SO_2 逆差约为 150 万 t，占中国每年 SO_2 排放总量的近 6%。如果考虑到生产结构与贸易结构的差异性，由于贸易增速远高于生产增速，由外贸拉动的 SO_2 逆差将会更高。

③ 我国面临着危险废物越境转移的严峻挑战。有报道称，全世界电子废物的 80%被运到亚洲，其中 90%进入中国，近年来，中国每年要容纳全世界 70%以上的电子废物。尽管该报道未必符合实际情况，但可以反映出危险废物越境转移在我国的严重程度。

④ 我国进口产品中有许多诸如大排量豪华轿车等奢侈消费品。一方面在消费过程中，消耗了大量的资源能源，污染严重；另一方面，诱导社会对奢侈消费方式的仿效，客观上增加了国内环境压力；此外，耗费大量资金购买奢侈品，降低了增加环保投入的机会成本。

我国在遭遇经济全球化带来的一系列严重的环境问题的同时，我国的环境问题也给世界带来了不容忽视的影响。

① 我国是温室气体第二排放大国，二氧化硫第一排放大国，消耗臭氧层物质和化学品的生产大国，对气候变化、酸雨、臭氧层耗竭和持久性有机污染等全球和区域环境问题的影响日益增加；同时，我国又是生物多样性富集的国家，荒漠化面积很大的国家，相关环境问题突出。

② 随着我国对外投资的迅速增长，引发了对境外投资地的资源环境的保护问题。1990—2006 年，中国对外投资增长了 23.5 倍。2002—2006 年，对外投资年均增长 60%，2006 年中国直接投资的比重已经占到全球的 2.7%，位于发展中国家首位，全球第 13 位。截至 2006 年年底，已有超过 5 000 家国内企业在 172 个国家建立了近 10 000 家海外企业，对外直接投资累计净额达 906.3 亿美元，主要分布在南美、亚洲、欧洲和非洲。我国对外投资目前正处从政府主导向市场导向转变的过程，一是从政治目标导向到商业利益导向，二是从中央统一调控到地方自主管理和企业导向，三是从资源获取的单一目标到寻求资源、技术和市场的多重目标。受利益导向的驱动，加之监督管理不到位，一些中国企业在国外投资开发过程中出现了对当地环境的污染和破坏，造成了一定的负面影响。

从上述两个方面看，近年来西方社会此起彼伏的“中国环境威胁论”，既有其不良的政治用心，也确有值得我国重视的客观事实。

四、我国国际环境合作的进程与特点

随着综合国力不断上升，国际地位及影响与日俱增，中国的国际环境合作经历了从封闭到开放，并逐步融入国际社会的历程。许多国际环境问题的解决也越来越离不开中国的参与，中国参与国际环境问题从最开始的“被动应对”到“积极参与”再进一步到开始“发挥建设性作用”，可以看出中国目前已经到了为国际环境与可持续发展作贡献的重要历史阶段。根据国内和国际环境保护形势的变化，中国参与国际环境合作的进程大致可分为以下四个阶段：

第一阶段，从 20 世纪 70 年代初至 70 年代末，中国初登国际环境合作舞台，参与国际环境与发展进程。以参加联合国人类环境大会为标志，我国的国际环境合作于 1972 年起步，并逐渐形成以与联合国系统的合作为主体、以“不出头、不扛旗”为基本原则和态度的国际环境合作状态，这与我国当时的发展阶段、在国际社会的影响力和总体外交政策相适应。

第二阶段，从20世纪80年代初到90年代初，稳步发展、积极引进是国际环境合作的主旋律。这一时期是我国改革开放的蓬勃发展的时期，“开放和引进”是经济社会发展的主要特点，与此相适应，国际环境合作主要以双边合作、国际组织合作等为主渠道，并以引进资金、引进技术和先进的管理经验为主，国内环境政策也随着国际环境合作的不断深化，汲取了大量国际经验。

第三阶段，从20世纪90年代初至21世纪初，积极务实，拓展国际环境合作空间。以1992年环发会议的筹备为起点，中国的国际环境合作开始从被动“接纳”转为主动“参与”，多边、区域和双边环境合作取得很大进展。随着中国经济实力的不断增强，国际影响力不断提升，我国的国际环境合作呈现出积极务实的特点。1997年，中国宣布要做“负责任大国”，在环境保护方面也意味着要承担与自己国际能力相符合的大国责任，但是，我国还面临着参与国际环境保护能力和经验不足等的挑战，因此，该阶段我国环境保护国际合作呈现出“行动务实、适度参与”的特点，对外，积极树立良好的环境保护国际形象，履行与我国发展水平和发展阶段相适应的环境保护责任；对内，采取“以外促内”，继续加大引进国际先进管理经验和技术的力度，促进国内环境保护工作与国际接轨，提升水平，加强能力建设。

第四阶段，以2002年可持续发展世界首脑会议为起点，以党的“十七大”提出的“相互帮助，协力推进，共同呵护”环保国际合作十二字方针为标志，我国环境国际合作成为我国走和平发展道路和落实国家总体外交战略的重要组成部分，进入新的历史阶段。

综合中国30多年来参与环境保护国际合作的历史发展轨迹，可以发现如下显著特征。

第一，中国的环境保护国际合作始终服务于国家外交的大政方针。我国的国际环境合作的原则、工作重点和方式是与中国的国情和发展阶段相适应的，是我国根据时代发展潮流和国家根本利益做出的战略抉择。

第二，中国参与国际环境合作呈现机制化、多元化的特点，是国际社会不可或缺的主要力量。从国际环境保护与全球可持续发展的进程看，环境问题已不仅仅是单纯的环境问题，而是与政治问题、经济问题、社会问题紧密地交织在一起。作为国际环境合作不可或缺的力量，中国参与国际环境合作呈现机制化、多元化的特点，并与国际环境与发展进程不断融合。而作为最大的发展中国家，中国一直以积极的态度参加国际环保合作，在国际环境与发展领域中发挥了建设性作用，受到国际社会的广泛赞誉，被发展中国家视为可靠的朋友，被发达国家看做愿意合作的伙伴。

第三，中国的国际环境合作与国内环境保护发展相互呼应，呈现理性务实的特点。中国的可持续发展道路，涉及国内和国际两个大局，国际与国内的环发进程相互促进、相互制约，密不可分。这就要求，我国新时期的国际环境合作必须统筹国内和国际两个大局，转变合作理念，创新合作方式，深化合作领域，努力为国内可持续发展创造有利的国际空间。

五、我国应对全球和区域环境问题的战略方针、目标和任务

（一）对我国面临的全球和区域环境问题状况及合作形势的基本判断

我国面临的全球和区域环境问题及合作形势可以概括为“双向影响严峻、内外利益攸关、国际形象关切、大国责任凸显、挑战机遇并存”，具体体现在如下 8 个方面。

① 众多全球环境问题正在不断恶化，对我国环境与发展的不利影响也日益增大；我国面临的区域环境问题凸显，形势严峻；一些新的全球和区域环境问题的发展趋势明显。

② 在许多全球和区域环境问题上，我国既是受害者，又是责任者，应对这些问题不仅是中国的国际责任和形象问题，而且是关系到我国的可持续发展的自身利益问题。

③ 应对全球环境问题、特别是减缓和解决我国面临的跨界水体污染、酸雨等区域环境问题，根本出路在于做好国内的相关环境保护工作，国际合作的作用只是缓解压力、争取理解、维护利益、赢得时间、谋求空间和寻求支持，是辅助手段。

④ 从现在到 21 世纪中叶是决定全球和区域环境问题走向的一个关键时期，也是我国解决国内环境问题的一个关键时期，这无疑会增大我国环境保护工作的压力和难度，但若能统筹兼顾、“以外促内、以内带外”的话，将会产生协同增效的双赢局面。

⑤ 中国与世界的发展进程逐步融为一体，经济全球化在给中国环境带来挑战与机遇的同时，中国对世界的环境影响正在明显增加，中国在国际环境事务中的责任问题凸显。

⑥ “中国环境威胁论”此起彼伏，我国的国际形象受到严重关注，威胁我国发展的国际资源和环境空间，影响我国走和平发展道路和建设和谐世界战略的顺利实施。

⑦ 全球和区域环境问题与国家政治、经济和安全等领域不断相互渗透，一体化和复杂化程度日益增强，环境安全成为一个国家非传统安全的基本要素，环境利益成为一个国家核心利益的组成部分。

⑧ 成为第四大经济体和综合国力显著增强之后，中国不仅是世界格局中的政治大国，而且是经济大国，国际社会对中国的期待和中国在国际事务中的实际地位与作用发生了重要变化。对此，中国环境与发展国际合作委员会 2007 年度会议认为，“中国必须从其自身的角度和自身利益出发，应对全球的环境关切，在对世界环境和经济的影响日益加大的同时，中国已置身于一个对国际社会更负有责任的地位。中国日益被视为主导世界经济与环境安全的力量，在未来的五年中，这种认识可能随着中国经济的持续发展而进一步强化。”

（二）战略方针及指导思想

新形势新阶段下，我国开展环境国际合作、应对全球和区域环境问题的战略方针应遵循“十七大”提出的重要指导思想，即“‘相互帮助、协力推进，共同呵护’人类赖以生存的地球家园”。

其中“相互帮助”是态度，“协力推进”是方法，“共同呵护”是目的。它体现了中国参与全球环境保护更加积极的态度，体现了中国愿与世界各国合作呵护地球家园更加主动的意愿，体现了中国在全球和区域环境领域将采取更加务实的行动，树立更加负责任的形象。

根据重要指导思想的要求，我国环境保护国际合作的指导思想需要进行三个战略调整：一是由过去在全球环境事务中侧重强调“有区别的责任”原则，向既坚持“有区别的责任”，又重视“共同的责任和义务”的原则转变；二是由过去被动地应对全球环境问题带来的各种压力，向“共同责任，积极参与”转变；三是由单纯的环境受援国，向在继续接受援助促进我国和区域的生态环境保护的同时，又提倡“相互帮助、协力推进”，为发展中国家提供力所能及的援助，共同呵护地球家园转变。

总之，与过去相比，新形势新阶段下我国应对全球和区域环境问题与开展国际环境合作的方针和指导思想的核心将主要体现为：“态度更加积极、行动更加务实、强调统筹共赢、展示大国责任”。

（三）战略目标

我国新形势新阶段的国际环境合作、应对全球和区域环境问题的战略目标可以概括为：“2个服从、4个服务、3个维护、2个统筹。”

第一，服从国家外交战略，体现两个服务。

环境国际合作是国家总体外交工作的重要组成部分，必须服从国家外交战略目标。新时期我国总体外交战略目标主要体现在“两个服务”：一是为抓住用好重要战略机遇期服务；二是为全面建设和构建社会主义和谐社会服务，为夺取全面建设小康社会新胜利服务。具体要求是争取和平稳定的国际环境，睦邻友好的周边环境，平等互利的合作环境，互信合作的安全环境，客观友善的舆论环境；促进贸易增长方式和经济发展方式的转变，推动环境与经济的协调发展；落实走和平发展道路和建设和谐世界战略的各项要求。

第二，服从国家环境保护战略，做好两个服务。

环境国际合作更是国家环境保护工作的有机组成部分，必须服从国家环境保护总体战略的要求，做好两个服务：一是为实现环境保护的历史性转变服务，二是为环境保护重点工作服务。

我国正处在环境与发展战略转型的机遇期，推动环境保护的“三个历史性转变”是这一机遇期的首要目标，任务是建设资源节约型和环境友好型社会。环境保护国际合作要明确定位与任务，要继续引进先进的环境管理经验和理念，汲取国际上特别是发达国家在处理经济增长与环境保护关系上的经验和教训，研究实现经济增长与环境保护战略转型期各国的经验教训，总结环境优化经济增长的实践经验，为我所用，促进经济增长方式的转变，服务于我国历史性转变的战略要求。

促进节能减排，实施休养生息战略，促进生态环境改善是我国今后一段时期环境保护的首要任务。环境保护国际合作也要服务于这一任务，加强节能技术、污染减排技术、可再生能源技术的引进、研发与推广；研究借鉴世界各国江河湖海污染防治和“休养生息”的具体政策与实际经验，促进我国“十一五”环境保护规划的实现。

第三，维护国家环境安全、维护核心利益和维护国际形象。

应对全球和区域环境问题，第三个重要目标就是，减缓全球和区域环境问题对我国的不利影响，维护国家环境安全；积极参与和引导国际环境规则朝着有利于我国的方向发展，维护国家环境与可持续发展等核心利益；承担与我发展阶段、国际地位以及在全球和区域环境问题中的环境责任相适应的国际义务，树立和维护积极的国际形象。

第四，与国内环境保护和国际环发进程相统筹，力争在 2030 年前解决好周边及部分区域环境问题，2025—2030 年后对解决主要全球环境问题作出显著贡献。

将应对全球和区域环境问题纳入国家环境保护整体战略之中，使其与国内环境保护和国际环发进程及目标相适应。根据国内环境保护的中长期战略目标和周边外交战略的需要，在 2030 年之前，我国应该解决好诸如跨界水体污染、酸雨、危险废物越境转移、对外投资环境管理等紧迫的周边及区域环境问题；同时，在臭氧层保护等全球环境问题上，取得更大进展。到 2025—2030 年，随着我国逐渐进入后工业化社会，经济结构和能源结构出现明显改善、城市化进程基本稳定之时，我国应在诸如气候变化、生物多样性保护等全球性环境问题上，作出显著贡献，并逐渐成为主导和引领国际环境合作进程的重要力量。

（四）战略原则、任务及优先领域

总体上，应对全球和区域环境问题的战略任务可以分为国内行动与国际合作两部分。对我国目前面临的大多数全球和区域环境问题而言，国内行动是根本，是缓解和解决问题的实质性手段；国际合作是缓解压力、争取理解、维护利益、赢得时间、谋求空间和寻求支持，是辅助手段。二者相互交叉，相辅相成，同等重要，国际合作往往提出国内行动的重点和方向，国内行动需要国际合作提供时间和资源等方面的支持并为国际合作目标和任务提供基本保障。

1. 国内行动

在遵循应对全球和区域环境问题的战略方针及指导思想的前提下，针对战略目标，国内行动还需要坚持三条原则：

（1）减缓或消除全球和区域环境问题危害的原则

针对我国面临的主要全球和区域环境问题，采取国内行动的总体目标是为了保护国内环境和为保护全球与区域环境作出中国的贡献。体现在两个方面：一是减缓诸如气候变化、持久性有机污染物转移等全球环境问题对我国的不利影响；二是减缓和消除由我国造成的跨界水体污染等环境问题对别国或区域造成的不利影响。

（2）服从国际环境合作的总体要求的原则

全球和区域环境问题的发展是一个自然过程，但解决问题的进程和要求是相关国家或国际社会共同决定的一种政治过程。所以，应对全球和区域环境问题的重点、进度及目标要服从国际环境合作的要求，协调推动。

（3）纳入国家环境保护总体框架的原则

应对全球和区域环境问题既是“内事”，也是“外事”，相关的国内行动既要服从国际环境合作的要求，也要满足国内环境保护的目标，应该成为国家环境保护总体战略和规划的有机组成部分，统一部署，整体推进。

我国目前和未来一段时期在应对全球和区域环境问题方面有六大战略任务：

① 首先要解决好中俄、中哈、大湄公河次区域、中朝等跨界河流的水污染防治和水资源利用问题，消除我国与周边国家和地区的环境纠纷隐患；并逐步减缓东亚酸雨和有关长距离污染输送问题。

② 建立和完善相关法律法规和管理制度，减轻持久性有机污染和危险废物越境转移对我国环境和人体健康的危害。

③ 全面提升国际环境公约履约能力，在应对气候变化、臭氧层消耗、生物多样性减少等全球环境问题方面作出新贡献。

④ 通过调整进出口产品结构、贸易规模及质量，转变贸易增长方式，降低对外贸易的资源环境代价。

⑤ 在加大对外投资力度的同时，加强对外投资的环境管理，以环境友好的方式利用国际资源。

⑥ 对汞污染和大气棕色云等新型全球和区域环境问题开展系统和超前研究，做好应对的技术储备。

2．国际合作

在遵循应对全球和区域环境问题的战略方针及指导思想的前提下，针对战略目标，环境保护国际合作还需要坚持三条原则：

（1）服从国家外交战略和国家环境保护战略的原则

环境保护国际合作是国家外交战略和国家环境保护战略的重要组成部分，必须服从相关原则：第一，同发达国家加强战略对话，增进互信，深化合作，妥善处理分歧，推动相互关系长期稳定健康发展；第二，贯彻与邻为善、以邻为伴的周边外交方针，加强同周边国家的睦邻友好和务实合作，积极开展区域合作，共同营造和平稳定、平等互信、合作共赢的地区环境；第三，加强同广大发展中国家的团结合作，深化传统友谊，扩大务实合作，提供力所能及的援助，维护发展中国家的正当要求和共同利益；第四，积极参与多边事务，承担相应国际义务，发挥建设性作用，推动国际秩序朝着更加公正合理的方向发展。

（2）坚持与我国发展阶段相适应和遵循国际环境合作发展规律的原则

发展中大国、但不是强国是我国的基本国情，环境保护国际合作既不能滞后，也不能超越于国情。经验证明，一个国家在国际环境合作进程中的地位与作用大致要经历三个阶段：学习适应、维护利益阶段；积极应对、巩固利益阶段；主动出击、赢得利益阶段。我国的国际环境合作总体上尚处第二阶段，局部有第三阶段的特征。我国这样一种国际环境合作发展的状况与国情是一致的，并将保持一个较长的时期。

（3）统筹国内应对全球与区域环境问题行动的原则

在全球和区域环境问题上，国内应对行动的能力、进度及其影响是决定国际环境合作立场和进程的基础，二者必须统筹考虑，协调推进。

根据上述原则，未来环境国际合作要落实好四大战略任务：

① 对发达国家或集团和主要大国，首先，有重点地推进与各主要大国和国家集团的环境合作，从战略高度巩固与我国有传统合作关系大国的环境合作，重点包括中俄、中美、中日、中欧、中德等大国双边合作；其次，积极发展和开拓与我国有共同利益、有相近立场、有潜在合作机遇的发达和发展中大国的环境合作，例如中印、中巴（西）等。

② 从我国面临的周边环境问题的优先程度看，周边双边环境合作应以中俄、中日和中哈为重点，密切关注并适时加强中蒙、中朝、中印合作；区域合作以湄公河次区域和中国—东盟（东盟—中日韩）为重点，加强上合和中亚合作，推进中日韩和东北亚合作机制；谨防东亚酸雨网和有关长距离污染输送问题的区域合作进程对我国的潜在不利影响。

③ 对发展中国家，在双边方面，加强与印度、巴西等发展中大国的合作；在区域方面，积极协调立场，加强中非务实合作，与亚洲发展中国家的合作可以纳入周边合作框架之中加以深化。将环境保护纳入我国对外援助工作的总体框架，适时对发展中国家提供力所能及的环境援助，开拓环保产业市场，实施环保“走出去”战略。研究出台对外援助和投资绿色指南等指导性文件，规范我国对外投资企业的环境行为，树立良好的国际环境形象。

④ 多边环境合作的具体任务有四条：一是积极参与多边环境进程，在国际环境规则制定中发挥建设性的作用，推动国际环境合作之需朝着更加合理公正的方向发展，维护我国和广

大发展中国的核心利益；二是在“共同但有区别的责任”原则下，承担相应的国际义务，树立积极的国家形象；三是加强与联合国环境署等联合国系统以及其他重要国际组织的环境合作，逐步提高我国对这些国际组织的资金贡献，提升我国对这些国际组织的决策影响；四是继续利用好多边环境资金和技术转让机制以及管理理念与经验，为国内环境保护、履约工作和可持续发展提供支持。

六、我国应对全球和区域环境问题的对策建议

（一）全球环境问题

对策 1：建立应对全球环境问题的国内配套法规和政策体系。

结合臭氧层保护、生物多样性保护和应对气候变化等国际公约的履约工作，建立国内的相应法律和法规，制定配套的标准、政策和技术规范体系；特别是要结合持久性有机物和危险废物越境转移问题的履约工作，尽快建立相应的国内法规和政策体系，将化学品管理全面纳入国家环境管理体系。

对策 2：提升国际环境公约履约协调机制，建立履约实施的大机构，加强履约能力建设。

我国已进入国际环境公约履约的高峰期，履约工作正朝着全面、具体、深入的方向发展，涉及气候变化、持久性有机污染防治、危险废物越境转移、臭氧层保护、生物多样性保护、核安全、荒漠化防治等公约或议定书，任务繁重、技术复杂、政策难度大。

目前，除了气候变化外，其他公约的履约协调机制均属部级机制，协调力度难以满足复杂的履约工作的需要；开展具体履约工作的机构也分散在不同的部委或牵头部委下的不同部门，造成规模小、能力弱等问题。为此，需要建立一个统一的国家级环境公约履约领导与协调机制，如国家环境公约履约委员会，然后，按照不同公约和牵头部门，下设相应的专业协调委员会和协调办公室。与该协调机制相对应，组建一个相对集中的履约实施机构，如国家环境公约履约中心，然后，下设不同公约的履约部门。这样的履约协调机制和实施的大机构，其最大的优势在于既兼顾各公约的专业独立性，又有利于整合各公约的资源、避免重复、相互补充、统一部署、增强能力和提高履约的效果。

关于各环境公约履约的整合问题是国际社会和相关国际进程的一个热点问题。对此，我国不宜在国际场合支持和推进该问题的讨论，以避免由于整合可能带来的多边资金支持和技术转让力度下降的风险；但同时，应该认识到整合问题的科学合理的一面，对环境问题宜采取生态系统管理方式，建立统一协调的全球环境问题应对体制和机制，防范多头管理、分散实施的弊端。

对策 3：重视“转移排放”问题，界定温室气体排放的“现代责任”；以外促内，发挥节

能减排的协同效应，积极应对气候变化。

从政治经济影响看，气候变化无疑是我国应对全球环境问题的重点领域。2007 年的巴厘岛气候变化缔约方大会之后，发展中国家被正式纳入 2012 年后温室气体减限排的国际制度框架之中，我国必将处在这一制度框架的核心。我国以什么样的方式、承担多大的减限排义务已成为一个迫在眉睫的重大问题。

在减限排温室气体的方式上，要统筹国内和国际两个大局，坚持在可持续发展的框架下采取行动，将减限排温室气体对策纳入国内节能减排和转变经济发展方式的工作之中，发挥二者的协同效应，以外促内，力争实现国际国内双赢，决不以数量约束的方式减限排温室气体。

在减限排义务的承诺问题上，既要坚持温室气体排放历史责任的划分，更要高度重视现代排放责任的界定。在我国目前的温室气体排放总量中，近 1/3 是由于向国际市场、特别是满足发达国家生产生活需求而排放的，即我们替发达国家排放或者说是发达国家的“转移排放”。根据我国产业产品结构和在经济全球化中的产业分工情况，“转移排放”问题将会在较长一段时期内存在。因此，我国应高度重视这一问题，据理力争，减轻我国减限排的义务和压力。

根据巴厘岛会议后的新形势，我国需要制定一项应对气候变化的中长期战略，统筹谋划气候变化对内和对外工作，将减缓与适应作为该战略的两条主线，技术、资金、体制、能力、宣传和研究作为重点领域。

对策 4：加强对汞污染、大气棕色云等有可能演变为新的全球或区域性环境问题的研究工作，储备相关科学、技术和对策知识。

（二）区域（双边）环境问题

对策 5：研究制定重要大国和区域的环境合作战略。

目前，我国在与重要大国和重要区域的环境合作中，主动性推动、整体性部署和中长期谋划不足。对此，要首先研究制定中俄、中美、中日、大湄公河次区域、中国—东盟，以及中欧、中非、上海合作组织等环境合作战略，逐渐构建明确的、系统的、超前的和长期的区域和双边环境合作路线图，有效指导具体工作。

对策 6：加强跨界污染防治与环境合作。

我国面临严峻的跨界水体污染问题，引发跨界纠纷的风险较大。同时，有关危险废物越境转移、沙尘暴和酸雨的长距离传输、物种迁移和生态保护，甚至大气棕色云和汞污染等问题，也正在或将要困扰着我国“睦邻、安邻、富邻”外交战略的实施。解决这些跨界污染问题，根本上要从治理国内的污染入手，但同时，要加强相关的环境合作。

首先，跨界水体污染和水资源利用、危险废物越境转移、沙尘暴和酸雨的长距离传输、物种迁移和生态保护等跨界污染问题涉及环保、水利、林业、农业、商贸等部门，需要成立一个应对跨界生态环境问题的国家领导小组，以加强领导，统一协调。

其次，借鉴中俄环境合作机制的模式，适时建立健全或强化中哈、大湄公河次区域、中蒙、中朝及中印环境合作机制，加大合作力度，开展信息交流、联合监测、应急体系建立等务实合作。

最后，对危险废物越境转移、沙尘暴和酸雨的长距离传输等跨界污染问题，开展专项战略研究。

对策 7：将环境保护纳入我国对外援助计划之中。

从树立积极的国家形象和开拓环保产业市场两种需要看，我国的环境保护也到了以对外援助为平台，实施“走出去”战略的时候了。因此，我国应将环境保护内容纳入对外援助计划之中，重点对东南亚、非洲地区开展环境培训和污染治理技术开发等环境外援工作。

对策 8：加强对外投资企业的环境管理，以环境友好的方式利用国际资源。

对外投资和开拓自然资源的国际市场是我国经济发展的一个必然趋势。目前，一些境外投资企业忽视当地生态环境保护的问题已给我国负责任的大国形象带来了较大威胁，必须认真对待，加强管理。应通过实施国内环境审查登记、培训、编制境外绿色投资指南、年度审核等方法，要求对外投资企业必须首先严格遵守投资地的环境法律法规，当投资地相关法律法规不健全或低于我国的相关要求时，可以要求企业遵循国内标准，甚至鼓励其与国际上相关的指南接轨。

（三）贸易与环境问题

对策 9：从拉动经济发展和保护环境的双重目标出发，转变贸易增长模式，调整贸易与资源环境的关系。

充分利用我国的贸易顺差，进口高能源资源含量的产品和技术，减少相关产品出口。寻找并扩大高能耗产品的替代品。将贸易增长从主要依赖价格竞争、数量扩张的模式转向主要依靠质量、高附加值和优化结构的模式。扩大服务出口，提升国际竞争力。

对策 10：加强对可回收废弃物贸易的环境管理。

对作为工业原材料进口的可回收废弃物开展以生命周期分析为核心的环境影响评价；严格执行进口可回收废弃物的环境准入标准；限制企业出口利用进口可回收废弃物加工的再生原材料，确保此类原材料满足国内需求，或生产高附加值出口产品，而不只是为了换取外汇将污染留在国内；与其他国家开展合作，确保遵守国际协定，开展国际监测，遏制有毒废弃物的非法贸易。

对策 11：开展贸易环境影响评价。

对进入我国的原材料产品的主要供应链全面实施综合性环境影响评价，包括诸如大豆、食用油、鱼、棉花、木材、生物燃料以及矿产品等，逐步消除非法木材贸易和其他此类问题及其负面的环境影响，遏制《濒危野生动植物物种国际贸易公约》所禁止的各项活动。

对策 12：提升 WTO 与环境事务在我国国际环境合作体系中的地位，学会运用 WTO 规则和机制维护国家环境安全，深入研究 WTO 机制与多边环境协议挂钩的新动向。

贸易与环境问题已成为 WTO 机制下的焦点和难点议题，对国家和国际环境管理的影响不断增强，要高度重视，将其作为我国国际环境合作体系的有机组成部分。借鉴国际做法和经验教训，在充分利用环境保护要求优化出口贸易增长方式的同时，运用 WTO 框架下“环境例外”条款，限制对国内环境影响较大的废旧资源和奢侈品等进口贸易，保护国内环境。对于新出现的 WTO 机制与气候变化等多边环境协议挂钩的趋势，要深入研究其利弊。

（四）体制、机制与能力建设问题

对策 13：高度重视，提升地位，加强国际环境合作协调机制和管理机构建设，“国际国内并举”、协调发展、协同推进。

以“十七大”为标志，国际环境合作已成为我国走和平发展道路和外交工作的重要组成部分，这也必然意味着，国际环境合作工作与国内环保工作一道共同构成了我国环境保护事业的整体，并要求二者并举，协调发展，协同推进。为适应国际环境合作工作的这一新的定位，首先，完善国家国际环境合作协调机制，明确建立由外交部指导、环境保护主管机构负责、各有关部门分工协作的统一协调机制；其次，将国际环境合作纳入国家环境保护规划和相关对外合作规划当中，统一部署和落实；最后，加强环境保护部国际环境合作管理机构建设。

对策 14：加强全球与区域环境问题研究，建立专门的国际环境战略与政策研究队伍。

我国对大部分全球与区域环境问题的基本机理、现状、影响情况和发展趋势都缺乏基本研究，直接制约着我国应对全球与区域环境问题的对外和对内战略与对策的制定。为此，我国应制定全球与区域环境问题研究专项规划与计划，组织国内研究机构开展系统和长期的基础观测和研究工作。

我国目前的国际环境合作已跨越了简单的“迎来送往”和“借鉴经验、引进资金和技术”的阶段，进入了一个战略上高度综合化、技术上高度专业化的新时期，必须要有充分的技术储备和超前的政策支持。鉴于国际环境问题的政治敏感性特点，较难分散利用现有的环境政策研究力量，必须建立一支专门从事国际环境战略和政策研究队伍。

对策 15：建立环境事务外交官制度，培养国际环境职员队伍。

在我国国际环境合作地位得到前所未有的提升之后，我国作为环境大国的环境外交事务必将日益繁重，将国际环境合作的触角主动延伸到重要国家，增大我国在相关国际组织的声音，宣传国内，掌握国外，在早期阶段影响相关国际规则的制定将至关重要。

为此，首先，建立专门从事环境事务的外交官制度（简称环境事务外交官），向联大安理会常任理事国、我国驻国际组织使团，以及在我国设有环境办事机构或派驻有环境事务外交官的国家增设环境驻外机构或派驻环境事务外交官。其次，国家要有计划地培养一批语言好、环境业务能力强的国际型环境人才，有组织地推荐给联合国环境相关机构、政府间环境机构、有重要影响的非政府国际环境机构。通过建立环境事务外交官制度和培养出一支国际环境职员队伍，我国国际环境合作必将会呈现出积极主动的局面。

对策 16：建立环境保护对外宣传机制。

建立环境保护对外宣传机制是新形势新阶段我国国际环境合作的新任务，要让国际社会充分了解我国环境保护工作的进程、成就和必要的经验，起到增信释疑、扩大影响和树立积极形象的目的。对外宣传机制的建立包括 6 个方面：①在环境保护部设立国际宣传处，专门从事环境保护对外宣传的管理工作；②加强环境保护部官方英文网站建设，增大信息量；③定期编撰环境保护英文宣传材料；④在境外举办专门的宣传活动；⑤主动承办大型国际环境会议；⑥强化意识，所有的对外交流活动都要承担环境宣传任务。

对策 17：建立多层次多渠道的国际环境合作体系。

在强化政府间国际环境合作这一主渠道的同时，要逐步建立健全地方国际环境合作机构，加强指导，帮助地方提高能力；并鼓励、推动和规范民间国际环境合作，建立多层次多渠道的国际环境合作体系。

对策 18：加强与国际组织，特别是联合国系统的环境合作工作。

通过四种方式加强我国与联合国环境署等联合国系统以及其他重要国际组织的环境合作工作：一是加强归口管理，建立由环境保护部负责的统一对外和对内的管理协调机制；二是研究制定与国际组织环境合作战略；三是在相关国际组织派驻或推荐专家和官员；四是适当增加中国对一些重要国际组织及活动项目的赠款。

对策 19：建立应对全球与区域环境问题专项资金，加大投入力度。

从开展全球和区域环境问题的研究、相关国际合作活动到国际环境公约的履约都需要大量的资金支持，加大投入力度，建立充足的专项资金十分必要。

对策 20：建立国际环境合作战略的定期评估机制。

国际环境合作涉及国际和国内两个大局，形势错综复杂，需要建立专家咨询机制，与时俱进，定期评估和更新国际环境合作战略。

七、重大政策建议

在上述四个领域 20 条对策建议之中，有如下四个方面的政策建议需要国家来决策和实施。

（一）建立健全国际环境合作及国际环境公约履约管理机制

在应对全球和区域环境问题的国内行动和国际环境合作事务方面，国家应明确建立由外交部指导、环境保护部负责、相关部委分工协作的管理体制，建立统一的对外和对内协调机制。

建立一个统一的国家级环境公约履约领导与协调机制，如国家环境公约履约委员会，然后，按照不同公约和牵头部门，下设相应的专业协调委员会和协调办公室。与该协调机制相对应，组建一个相对集中的履约实施大机构，如国家环境公约履约中心，下设不同公约的履约部门。

（二）将应对全球和区域环境问题及其国际环境合作工作纳入国家相关规划当中

将应对不同全球和区域环境问题的国家行动及其国际环境合作工作纳入国家环境保护中长期规划，统一部署，协同推进。

将环境保护内容纳入我国对外援助计划，重点对东盟国家、非洲地区开展环境培训和污染治理技术开发等环境外援工作。

（三）从保护国内和全球环境的角度，优化贸易增长方式，加强对外投资的环境管理

充分利用我国的贸易顺差，进口高能源资源含量的产品和技术，减少相关产品出口。

对进入我国的原材料产品的主要供应链全面实施综合性环境影响评价，包括诸如大豆、食用油、鱼、棉花、木材、生物燃料以及矿产品等，逐步消除非法木材贸易和其他此类问题及其负面的环境影响。

运用 WTO 框架下“环境例外”条款，限制对国内环境影响较大的废旧资源和奢侈品等进口贸易，保护国内环境。

建立健全我国对外投资的环境管理政策与机制，以环境友好的方式利用国际资源。

（四）建立环境事务外交官制度，培养国际环境职员队伍，适时适当增加国家对外环境捐赠资金

建立环境事务外交官制度，向联大安理会常任理事国、我国驻国际组织使团，以及在我国设有环境办事机构或派驻有环境事务外交官的国家增设环境驻外机构或派驻环境事务外交官。

国家有计划地培养一批语言好、环境业务能力强的国际型环境人才，有组织地推荐给联合国环境相关机构、政府间环境机构、有重要影响的非政府国际环境机构。

适时适当增加中国对联合国环境相关机构、其他重要国际环境组织及其重大国际环境计划或项目的国家捐赠资金额度。

全球和区域环境战略研究附篇

一、我国环境保护国际合作回顾与展望

（一）我国环境保护国际合作演变历程与形势分析

20 世纪中叶之后，随着环境污染和生态破坏迅速从发达国家向发展中国家蔓延，世界各国都面临严重的环境问题。地球上的任何区域、任何人群，都难逃环境问题所造成的负面影响。而全球环境问题的解决也并非一个或几个国家单凭自身的能力可以解决的，必须依赖于全球性的国际合作。正是在这一背景下，国际环保合作应运而起。以 1972 年联合国人类环境会议召开为标志，国际环保合作进入了一个加速阶段。截至 2006 年，国际环境条约已超过 500 个，其中约 60%是 1972 年以后达成的，而其中《京都议定书》《保护臭氧层维也纳公约》《联合国防治荒漠化公约》《联合国气候变化框架公约》等国际环境公约在 2006 年的成员数目均达到了 150 个以上。与此同时，各种形式的国际环境组织也越来越多，像全球环境基金、联合国可持续发展委员会、欧洲环境机构等国际环境组织都是 20 世纪 90 年代后出现的。在全球比较重要的 247 个国际环境非政府组织中，76%以上都是 20 世纪 70 年代以后产生的。一段时间以来，国际环保合作不仅被许多国家纳入其外交战略中，也成为许多国际组织的重要议题。从联合国到欧盟，从东盟到非盟，从八国集团到经济合作与发展组织，从 77 国集团到不结盟运动，从国际红十字会到国际奥委会，工作议程的"绿化"成为国际组织的一个重要趋势。

当前，经济全球化和环境全球化趋势都在深入发展，中国与世界的相互依存前所未有，中国的和谐与世界的和谐紧密相连，没有任何问题像环境与资源问题那样如此清晰地展示出这一点。作为负责任的发展中大国，解决好自身的环境问题，不仅符合中国自身的发展目标，也是人类共同利益的重要体现。

1. 国际环境与发展进程分析

（1）起始阶段：公众环境运动催生国际环境合作萌芽，全球环境合作新开端，可持续发展理念诞生

伴随着世界环境危机同步发生的是公众环境运动。西方社会在20世纪50年代至60年代发生的“八大污染公害”事件，引进公众对环境保护的强烈关注。1952年12月的伦敦烟雾事件，导致上千人死亡；同年的洛杉矶光化学烟雾事件，使数百人死亡，植物大面积受害；1953—1955年日本水俣事件，使人和动物染上极为痛苦的汞中毒病。触目惊心的事实让世人惊醒，一场反污染、反公害的环境保护运动在国际上拉开了帷幕。

自工业革命以来，全球环境遭到空前严重破坏和污染，并被一些生态学家、政治家称为20世纪人类犯下的三大愚蠢行为之一和“第三次世界大战”。“地球日”发起人盖洛德·纳尔逊曾精辟说道：来自自然的威胁（生态危机）是比战争更为危险的挑战，从德国和日本我们知道一个国家可以从战争的创伤中恢复起来，但没有一个国家能从被毁坏的自然环境中迅速崛起。

生态危机的加剧使人类认识到，社会是身处自然环境中的社会，社会与自然环境之间具有辩证的双重互动效应，自然生态环境是社会环境的基础，社会又对自然环境有着深刻的正负效应。因此，到20世纪五六十年代全球环境问题在西方发达国家中日益成为一个敏感而重要的政治问题。进入60年代后期，全球生态环境问题成为西方发达国家公众关心的热点。

1972年联合国人类环境会议标志着全球环境合作新开端，开启了发达国家与发展中国家合作的大门。

1972年6月5日至16日在瑞典首都斯德哥尔摩举行的第一次联合国人类环境大会，成为国际社会重视生态环境保护的一个重要的里程碑。这次会议共有113个国家和一些国际机构的代表参加。会议通过了《人类环境宣言》、《人类环境行动计划》等文件，确定6月5日为“世界环境日”，并建议成立了联合国环境规划署。这次会议对推动世界各国保护和改善人类环境发挥了重要作用和影响。但不可否认的是在当时的历史条件下，环境问题在整个国际关系中所占的地位还处于初级阶段。

随着国际形势的变化，80年代中后期东西方关系中出现缓和、对话趋势，军备竞赛和地区冲突降温，经济、社会发展问题突出，国际上强调“人类共同利益”的思潮渐趋流行。在这种形势下，环境问题开始受到国际社会越来越多的重视。

这一时期，西方发达国家保持了经济平稳发展，有条件提出较高的环境标准；民众环境意识进一步增强，“绿党”崛起，对环境问题的关注有了广泛的社会基础，促使发达国家政府大抓环保旗帜，对内迎合选民，对外寻求开拓新的资本、技术市场，也可以此冲淡发展中国家更关心的债务、资金等问题。

发展中国家由于人口增长和工业发展，也在不同程度上面临着各种环境问题：一些非洲国家土地沙漠化严重，或水旱灾害频繁；岛国担心气候变化导致洋面上升而受损害；巴西、印度等主要发展中国家面临着伴随经济发展而来的生态破坏和环境污染问题。面对本国环境问题和发达国家的双重压力，发展中国家被迫应战，以维护自己的主权和利益，同时也希望通过环境合作得到发达国家的资金和技术。南、北双方从各自的利益出发对环境问题予以重视，加之全球环境问题自身的相互依存性，客观上要求国际社会进行协作，将环境问题推到了当前国际关系领域中的前台位置。

正是在这一背景下，人们为寻求一种建立在环境和自然资源可承受基础上的长期发展的模式，先后提出了“有机增长”、“全面发展”、“同步发展”和“协调发展”等各种设想。1983 年，联合国成立了以挪威首相 G.H.布伦特兰（Brundland）夫人为首的世界环境与发展委员会，专门研究以“持续发展”为基本纲领，制订“全球变革日程”。该委员会经过长达 4 年的研究，于 1987 年完成了《我们共同的未来》这一著名报告，正式提出了“可持续发展”的理论与模式。

（2）里约会议为标志，树立全球可持续发展战略思想

全球性环境恶化的趋势未得到有效控制的事实使人们进一步认识到，单纯就环境谈环境保护，是找不到解决环境问题的出路的。

联合国环境与发展大会于 1992 年 6 月在巴西里约热内卢召开。与 1972 年旨在唤醒人们的环境意识的斯德哥尔摩人类环境会议相比，这次会议不但提高了对环境问题认识的广度和深度，而且把环境问题与经济、社会发展结合起来，树立了环境与发展相互协调的观点，找到了在发展中解决环境问题的正确道路，即“可持续发展战略”。

在 1992 年 6 月里约热内卢召开的联合国环境与发展大会上，通过了《关于环境与发展的里约宣言》、《21 世纪议程》、《生物多样性公约》、《联合国气候变化框架公约》和《关于森林问题的原则声明》等重要文件，发出了建立起一种“新的全球伙伴关系”的口号，成为国际环境保护的新开端。

随着世界政治格局的变化，整个 90 年代也逐渐凸显了发达国家和发展中国家的矛盾。这些矛盾与斗争是环境问题深化的表现，但是人类环境问题的真正解决之道，还在于人类是以邻为壑还是志同道合，这使 20 世纪 90 年代的环境日主题更侧重强调国际的合作精神与人类共同家园的概念。而在其中，作为世界经济主体的发达国家仍然为国际环境合作的主要推动力。

（3）2002 年可持续发展世界首脑会议为标志，环境与减贫问题的突出

随着发展中国家的崛起，多数发展中国家渴望获得更大的发展空间和环境发言权；同时，发达国家环境压力也在向发展中国家逐步转移。

里约会议以来，世界范围内贫富分化更趋严重，人类在健康、生物多样性、农业生产、

水和能源五大领域面临非常严重的挑战，全球可持续发展状况有恶化的趋势。正是在这个背景下，2002 年可持续发展世界首脑会议举行了，作为重要的新标志：把消除贫困纳入可持续发展理念之中，并作为这次首脑会议的主旋律之一，成为里约会议以来的最大进步，也标志着人类的可持续发展理念提高到了一个新的层次。

由于历史和现实的政治、资金、技术等原因，发达国家的态度对国际环境合作的成效具有决定性作用。尽管发达国家对于影响到其自身利益的气候变暖、臭氧层破坏等问题的态度比较积极，但对已经承诺的向发展中国家提供发展援助（援助额占其 GDP 的 0.7%）的指标迟迟不肯兑现，反而加快向发展中国家转嫁污染。今后，随着越来越多的发展中国家经济实力的增强，它们在国际事务和规则制定中的发言权和参与度将日益增大，其在国际环境合作中的地位也会逐步提高，从而有利于国际环境合作更加公平和有效。当前，发达国家对约束其自身利益发展的国际环境合作的态度比较消极，国际环境合作机制不够健全，有关国际公约的约束力很小，真正实现公平和有效的国际环境合作还有很长的路要走。

2. 国际环境治理的演变历史与现状

（1）国际环境治理的概念与内涵

① 概念。

治理（governance）一词源于拉丁文和古希腊文，意指引导、控制或操纵。长期以来与统治（government）交互使用。自 20 世纪 80 年代以来，有关国际治理的讨论方兴未艾，特别是理念架构部分，从现实主义、结构现实主义、制度主义到相互依存理论，新的国际典则逐步发展，涵盖许多国际环境领域，如臭氧层破坏、全球变暖、荒漠化、海洋垃圾，等等。联合国是环境公约形成的推动力量，为顺应国际环境治理的趋势，联合国设立了“全球治理委员会”，该委员会于 1995 年发表《Our Global Neighborhood 》报告，其中对“治理”定义为各种公共的或私人的个人和机构管理其共同事务方式的总和。

而从字面上看，国际环境治理则是指国际社会为保护环境，解决各种环境问题，特别是国际环境问题而建立的相应的管理制度和行动，即国际社会通过建立新的公平的全球伙伴关系，经由条约、协议、组织所形成的复杂网络来解决全球环境问题，以促进人类社会的可持续发展。国际环境治理机制就是由相应的条约、协议、组织所形成的复杂网络。它是国际社会行为体（主要主权国家和国际组织）在解决日益严峻的全球环境危机过程中建构起来的一系列制度化（正式和非正式）的组织机构、原则和程序。目前，国际社会对国际环境治理所包含的内容有了比较趋于一致的看法，国际环境治理由三个要素构成：组织结构、法律体系、资金机制。

② 基本内涵。

国际环境治理的内涵展现为以下四个层面：

在治理议题上：它所针对的对象是单一主权国家所无法独立解决的全球性环境问题。这些环境问题具有全球的公共性，且出现跨界的外部效益。

在治理主体上：它是多元性的，其中既包括了民族国家家族（nation-state's family），如国家、国际组织以及国际建制，也包括了有关政治团体，如 NGOs、公民运动、跨国公司，以及学术机构等。国际环境治理可以是以国家政府为主体的治理（governing with government），也可以是以非政府单位为主体的治理（governance without government），更可以是国家与非国家行为者共同分享行动主体性的全球环境治理。

在治理层次上：它主要包括次国家层次，即地方治理；在国家层次上，则是思考如何运用奖励与惩罚的方式协助高污染企业进行转型或通过研发与技术转移制造低污染产品等；至于在全球层次上，则可以通过各种环境基金的建立以提供财务支持，协助发展中国家应对全球环境问题。

在治理形式上：传统的环境治理主要是指政府统治，是一种以国家中心为主体，采取由上而下（top-down）的决策过程，因此，治理便成为政府的另一种名称。但是，现在所称的治理则已不再是政府的同义词，它虽然也同样可以是“由上而下”的决策模式，但它更可能是由下而上（bottom-up）的一种问题解决模式。更为重要的是，当传统的统治基础建立于支配与控制时，治理则更加强调协商与合作的重要性。

（2）国际环境治理的演变历程

国际环境治理起步于 1972 年的联合国人类环境会议，为此成立了从事全球环境事务的专门机构——联合国环境规划署。1992 年环境与发展世界首脑会议之后，国际环境治理进入快速发展时期，以 2002 年可持续发展世界首脑会议为新标志，国际环境治理进入鼎盛发展阶段。下面主要从国际环境治理的三个主要组成要素：组织结构、法律体系和资金机制来看国际环境治理的演变历程。

① 组织结构。

1972 年联合国人类环境会议是国际社会第一次试图在全球一级解决环境与发展之间的相互关系。自此以后的三十多年里，在联合国系统内外逐渐形成一个与环境和可持续发展有关的纵横交错的组织结构。

在联合国系统内，联合国大会根据《联合国宪章》的规定，可以讨论属于《联合国宪章》范围内或与宪章内所设置的任何机构的权利和功能有关的任何问题或任何事项。许多与全球环境保护及可持续发展有关的重大问题都可由联合国大会作出决定。如 1972 年人类环境会议的召开；1983 年世界环境与发展委员会的建立；1992 年里约环发大会及 2002 年约翰内斯堡峰会的召开。

经联大选举由 54 个成员国组成的联合国经济社会理事会可以就国际环境事务进行研究，编写报告，并向大会、联合国成员国和有关专门机构提出建议。经社理事会也可以在其职权范围内执行联大的建议，协调联合国各专门机构的活动。

1972 年 6 月联合国人类环境会议后，同年 12 月由联大第 2997 号决议决定成立的联合国环境规划署是联合国在环境领域的一个主要机构。作为全球环境的权威代言人，环境署的主要职能是：确定全球环境议程，在联合国系统内协调可持续发展进程中的环境领域事务，分析全球环境状况并评估趋势，提供政策咨询和环境威胁的早期预警信息，进一步制订促进可持续发展的国际环境法，推进一致同意的国际准则和政策的实行，监测和促进对国际环境协议的遵守，鼓励在环境应急响应方面的合作行动。环境署理事会由经联大选出的 58 个成员国组成，理事会通过经社理事会向联大报告它认为必要的事项。

根据联大 1992 年的第 47/191 号决议，经社理事会从联合国和联合国专门机构的成员中选出 53 名成员国的代表组成可持续发展委员会，它是经社理事会的一个下属功能委员会。可持续发展委员会负责监督审查整个联合国系统实施《21 世纪议程》和促进环境与发展目标一体化活动的进展情况，审查执行《21 世纪议程》所做各项承诺的进展情况，包括关于提供资金和技术转让的承诺，定期审查供资情况和资金机制是否充分，酌情审查由公约缔约方大会提供的执行各项环境公约方面所取得的进展。

联合国在各地区还有区域委员会，负责制定和实施各自区域的环境方案，并协助区域内各国政府在环境领域开展相关活动。

此外，还有很多联合国机构和专门机构在其工作方案中都包含环境议程。联合国人类住区中心与环境署合作处理城市环境与人类住区问题。联合国开发计划署实施可持续发展和《21 世纪议程》的各项方案，特别是能力建设。联合国贸易和发展会议审议贸易、投资、技术、财政和可持续发展之间的关系，并同环境署一道与 WTO 合作，促进贸易、环境和发展的结合。

各联合国专门机构根据各自的任务也制定和实施与环境有关的方案。在环境领域有任务的专门机构包括：联合国粮农组织（农业、林业、渔业、土壤管理、植被保护）、世界卫生组织（环境健康）、联合国工发组织（工业与环境）、联合国教科文组织（环境教育、科学活动）、世界气象组织（大气和气候）、国际劳工组织（工业环境与职业安全）、国际海事组织（海洋污染、海上倾弃及危险货物的海洋运输安全）、国际民航组织（民用航空所涉及环境问题）、国际原子能机构（核安全和核废料问题）。

世界银行通过它掌握的大量财政资源在保护环境和促进可持续发展方面起着重要的作用。世界贸易组织通过其贸易与环境委员会，审查环境与贸易的关系。

在联合国系统外，也有许多政府间机构和组织积极涉足环境领域事务，它们常常是在一个领域或次区域范围内活动，有自己独立的环境方案，如欧洲委员会、经合组织等。一些国家集团定期开会讨论确定环境事务的总体行动进程，如 8+5 首脑峰会、非洲环境部长会议、东盟 10+3 环境部长会议、亚欧环境部长会议、阿拉伯环境部长会议等。地区开发银行等区域金融机构也开展与环境有关的活动。

随着新的信息技术的飞速发展，在全世界还形成了许多与环境事务有关的科技情报、信息、监测网络。其中既有政府的，也有非政府的，全球环境展望网络就是一个最好的例子。

此外，大量的民间社会组织，包括非政府组织、学术界及私人部门也积极参与全球环境事务，是国际环境治理体系中重要的一部分。

② 法律体系。

据统计，截止到目前为止，共有 500 多个与环境有关的国际条约和其他协定，其中 300 多个是区域性的。

许多早期的多边环境协定都是限定于一些具体专题领域的区域性协定。1972 年以前，最多的是与生物多样性和物种有关的协定，其中有 4 个全球性协定至今仍发挥作用：《国际捕鲸管制公约》《国际植物保护公约》《公海捕鱼和生物资源保护公约》《湿地公约》。另外较大的一组协定与海洋环境有关，再其次是与核能、核武器试验有关的协定。

自 1972 年斯德哥尔摩会议至今这一时期，多边环境协定的数目迅速增加。在谈判达成的 302 个协定中，将近 70%是区域性的。这些协定中数目最大的一类涉及海洋环境，占总数的 40%。其中最具重要性的有：《联合国海洋法公约》《新国际海事组织有关污染的公约和议定书》《保护海洋环境免受陆源污染全球行动计划》以及一些区域海洋协定、区域捕鱼公约和议定书。与生物多样性有关的公约是另外一组较重要但数目较少的公约，其中包括多数重要的全球公约：《世界遗产公约》《濒危野生动植物物种国际贸易公约》《迁徙物种公约》和《生物多样性公约》。在这一时期，还出现了两类新的重要多边环境协定，一是与化学品和危险废物有关的全球性公约，如《巴塞尔公约》《鹿特丹公约》和《斯德哥尔摩公约》；二是与大气和能源相关的公约，如《维也纳公约》及其《蒙特利尔议定书》《联合国气候变化框架公约》。

多边环境协定按其性质可以分为以下三类：具有全球意义的核心环境公约和有关协定；与环境有关的全球公约，包括具有全球意义的区域公约；以及规模和地理范围有限的其他公约。核心环境公约和国际协定分别涉及 5 大领域：生物多样性、大气、土地、化学品和危险废物以及区域海洋。大部分多边环境协定是具有法律约束力的文书。

1972 年后通过的多边环境协定一般都具有如下组织安排：缔约方大会、秘书处、咨询机构、信息交换机制、财务机制。公约的缔约方大会或议定书的缔约方会议是每一协定的最高决策机构。多数非法律约束力的协定都以其政府间会议为其决策机构。各环境协定下的附属机构一般为咨询性质，负责就科学、技术或财政问题，或就实施方面的进展情况向缔约方大会或会议提出报告。一些环境公约和议定书设有由秘书处管理运作的信息交换所。少数公约还设有以培训、技术转让和帮助公约实施为目的的区域中心。

③ 资金机制。

国际环境治理的资金来源和机制：目前用于解决全球环境问题的资金来源有：双边的官

方开发援助；与多边组织、多边环境协定和多边资金机制有关的多边资金；私人资金；通过非政府组织筹集的资金；以及国内资金等。

- 官方发展援助

《21 世纪议程》关于财政资源和机制的第 33 章指出：“发达国家重申他们达到已同意的官方发展援助占国民生产总值 0.7%的联合国目标的承诺。”但是，除了北欧四国和荷兰外，大多数发达国家都没有达到上述目标。

- 国际金融组织

自 20 世纪 90 年代以来，各主要国际金融机构都不同程度地在其政策和项目计划中结合了环境方面的考虑。各地区开发银行也在环境领域发挥了一定作用。

- 联合国专门机构

联合国粮农组织、教科文组织、世界卫生组织、世界气象组织等联合国专门机构在他们的工作计划中都有专门针对环境活动的组成部分。其中开发计划署作为联合国负责能力建设的机构，有着很大比重的可持续发展项目计划。

- 联合环境署的资金

环境署的资金组成主要有：环境基金、联合国预算、信托基金。但上述资金的数量，稳定性和可预测性都大大不足，特别是作为环境署核心资源的环境基金，由于采取各成员国自愿捐款的方式，近年来一直呈下降趋势。联合国为环境署提供的常规预算与其他联合国机构相比也少得多。因此，近年来，增加对环境署的供资在国际环境治理议题的讨论中占据极为重要的地位。

- 多边资金机制

多边资金机制包括：全球环境基金、《防治荒漠化公约》全球机制和执行《蒙特利尔议定书》的多边基金。这些创新性资金机制旨在为发展中国家和经济转轨国家履行国际公约提供资金支持，同时它并不取代官方发展援助。此外，在一些多边环境协定下还设立了多种多样的特别信托基金，由其缔约方自愿或按义务提供捐款，用于维持秘书处及其他行动和活动的费用。

（3）国际环境治理的发展特征

① 国际环境治理涵盖领域的全方位性。

国际环境治理体系涵盖环境领域的所有方面，这也是全球环境问题特征的内在要求。当代全球环境问题的主要特点有：第一，全方位。上至臭氧层，下至地下水，大至全球气候，小至遗传基因，无不呈现出令人担忧的退化或恶化的迹象。第二，全因子。当前的环境问题，表现为环境的所有因子的退化或恶化。不论是大气、水、土地，还是物种栖息地，生态系统还是遗传基因，都呈现出退化或恶化的迹象。第三，整体问题和局部问题相互交叉和互相促进。当前的环境问题，既有如全球变暖、臭氧层损耗等全球性问题，也有如水体污染、沙漠化等局部性问题，这些问题相互交错，在某些方面形成相互恶性循环。要应对具有上述特点的当今国际环境问题，必然要求有从上到下多层次的国际环境治理体系，对这些问题进行全面的应对。

② 国际环境治理的机制化。

缔结国际公约和组织实施重大科技计划是国际环境治理的两种主要方式，而且从发展进程看，重大科技计划往往是国际公约的先导或技术补充。1971 年以来，国际社会共缔结了 51 项国际或区域性环境公约或议定书，其中，综合类（环境影响评价和信息公开）2 项；大气类 6 项；危险物质类 9 项；海洋环境类 18 项；土地系统类 1 项；生物多样性保护类 10 项；淡水资源类 1 项；核安全类 4 项。此外，在 WTO 机制下，环境保护也已成为其规则的重要组成部分。在过去 15 年中，国际社会还实施了诸如世界气候研究计划（WCRP），国际地圈—生物圈计划（IGBP），全球环境变化的人文因素计划（IHDP）和生物多样性计划（DIVERSITAS）及其一系列重要研究计划。

③ 环境因素在全球治理决策中的制度化。

国际社会从对环境问题的漠视，到 1972 年人类环境会议对环境问题的关注，再到对环境和发展问题的关注，及至今天的可持续发展，国际社会“言必谈环境”，环境因素已经渗透到全球治理决策当中。可持续发展是“既满足当代人的需要，又不对后代人满足他们需要的能力构成危害的发展”，这一理念要求当代人在当前发展的同时，在进行发展决策当中充分考虑未来世代人的权利，强调世代间的责任感，要求在人类不断地与自然生态系统相协调的同时，保持环境、经济和社会发展的可持续性。可持续发展的理念为国际环境治理注入了新的活力，在这一理念的推动下，国际经济活动已经不再单纯为了片面追求经济利益而不顾环境保护，环境因素越来越成为与国际贸易、国际信贷、经济援助等项活动密切相关的一个具有举足轻重影响的重要因素。不符合环境标准的产品受到限制，逐渐被作为国际贸易的一条基本准则，而且环境标准越来越严格，限制的范围也越来越广泛。环境保护成为进行经济决策的一个必然考虑的因素。近年来的亚太经济合作组织会议、西方八国集团会议等也都把环境问题列为会议的一项重要议程，这也充分反映了环境问题在国际决策中的重要地位。

（4）国际环境治理对我国环境保护战略的意义

① 我国积极参与国际环境治理，有利于促进倡导环境领域的“和谐世界”。

中国参与国际环境治理是我国外交工作的重要组成部分，也是国际环境保护工作的重要领域之一。中国在采取一系列措施解决本国环境问题的同时，积极务实地参与国际环境治理领域的合作，其不仅有利于从国外引进资金、技术和管理经验，加快我国环境保护事业的发展，而且对维护我国的合法权益，提高我国的国际地位，为我国对外开放和经济发展创造宽松的外部环境，都具有十分重要的意义，也有利于我国在国际社会中提倡建立“和谐世界”理念的实现。

② 有利于实现传统环境治理向现代环境治理的转变。

我国参与国际环境治理领域的合作有力地促进了国内环保工作，如我国通过国际多边领域的合作引进了先进理念、管理思想、先进技术和大量资金；借鉴国际机构的环境标准；环保领域获得的国际组织赠款、引进的贷款占我国所有行业获得的境外赠款和引进的贷款比例是很高的。而积极参与国际环境治理，利用良好的国际经验将有利于我国以科学发展观为指导，有利于进一步实现我国传统环境治理向现代环境治理的转变，实现环境与发展工作的“历史性转变”。

3. 我国国际环境合作的演变与特征

（1）历史性演变

30 多年来，随着综合国力不断上升，国际地位与影响与日俱增，中国的国际环境合作经历了从封闭到开放，直到完全融入国际社会。许多国际环境问题的解决也越来越离不开中国的参与。根据国内和国际环境保护形势的变化，大致划分为以下几个阶段：

① 1949—1972 年：萌芽阶段。

新中国成立初期，由于当时人口相对较少，生产规模不大，所产生的环境问题大多是局部性的生态破坏和环境污染。经济建设与环境保护之间的矛盾尚不突出。在 20 世纪 50 年代末至 60 年代初“大跃进”时期，特别是全民大炼钢铁和国家大办重工业时，造成了比较严重的环境污染和生态破坏。在 1966 年开始的“文化大革命”时期，国家政治、经济和社会生活处于动乱之中，环境污染和生态破坏明显加剧。在此期间，经济建设强调数量、忽视质量，片面追求产值，不注意经济效益，导致浪费资源和污染环境；一些新建项目布局不合理；一些城市不从实际出发，盲目发展，加剧了这些城市的污染；为了解决吃饭问题，一些地区片面强调“以粮为纲”，毁林毁草、围湖围海造田等问题相当突出。

1972 年 6 月 5—16 日，联合国在瑞典首都斯德哥尔摩召开了第一次人类环境会议。根据周恩来总理的指示，我国政府派代表团参加了会议。通过这次会议，我国高层的决策者开始认识到中国也同样存在着严重的环境问题，需要认真对待。中国派代表团参加第一次人类环境会议，也标志着我国参与国际环境合作的新开端。

② 1973—20 世纪 80 年代：中国登上国际环境合作舞台，稳步发展、积极引进是国际环境合作主旋律。

这一时期主要以联合国系统的环境合作为主体，以不出头、不参事为主（与国内对外政策相一致）。

自 1972 年 12 月联合国大会决定成立联合国环境规划署以来，中国一直是该组织理事会的常务理事国，并于 1976 年 11 月在环境署总部所在地肯尼亚首都内罗毕设立了中国常驻联合国环境规划署代表处。中国积极支持环境署的各项工作，并广泛地参与了其在全球范围内组织和协调的各种活动。

1973 年 8 月，国务院召开第一次全国环境保护会议，审议通过了“全面规划、合理布局、综合利用、化害为利、依靠群众、大家动手、保护环境、造福人民”的环境保护工作三十二字方针和我国第一个环境保护文件——《关于保护和改善环境的若干规定》。至此，我国环境保护事业正式起步。

20 世纪 80 年代初到 90 年代初，“和平与发展”成为中国国内经济发展和国际合作主调。这一时期，国际环境合作以双边合作为主体（中美、中日等），并以引进资金、引进技术为主。国内环境政策也随着国际合作的不断深化，吸取了大量国际经验。

经过国内与国际环境合作的不断实践和结合，我国明确提出，保护环境是我国的一项基本国策，并确立了经济建设、城乡建设、环境建设同步规划、同步实施、同步发展和经济效益、社会效益、环境效益相统一的方针，制定了预防为主、防治结合，谁污染谁治理、谁开发谁保护和强化环境管理三大政策。

在国际环境合作中，一方面，我们坚决反对美国等发达国家以保护环境为由，限制我国和发展中国家发展经济；另一方面，利用环境保护的优势，积极引进资金、先进的技术和管理经验，为我国的可持续发展做好服务。我国参与国际环境合作的基本目的，在于维护国家利益，同时促进我国的经济建设和环境保护工作。

③ 20 世纪 90 年代—21 世纪初：积极主动、拓展国际环境合作空间。

中国在全球环境问题上一贯坚持自己的原则立场。1990 年 7 月，国务院环境保护委员会第十八次会议通过了指导中国国际环境合作工作的纲领性文件《我国关于全球环境问题的原则立场》，其主要原则如下：坚持环境与经济的协调发展；发达国家是造成当代环境问题的主要责任者；解决全球环境问题要注意维护发展中国家的利益；建立符合发展中国家利益的国际经济秩序，充分发挥发展中国家在处理全球环境问题中的作用；中国以积极的态度迎接全球环境问题的挑战。此外，中国还以坚持维护国家的环境权、坚持可持续发展原则、坚持“共同但有区别的责任”的原则、坚持消除贫困、缩小南北差距、促进世界环境问题逐步得到解决为己任。

而以 1992 年“环发会议”为起点，中国的国际环境合作开始从被动“接纳”转为主动“加入”，多边、区域和双边环境合作取得巨大进展。

1992 年召开的联合国环境与发展大会明确了可持续发展的战略方针，并倡导以新型的全球合作伙伴关系开展世界范围的合作。本次“环发大会”还通过了《里约环境与发展宣言》、《21 世纪议程》、《关于森林问题的原则声明》等文件；开放签署了《气候变化公约》和《生物多样性公约》。《21 世纪议程》要求各国政府根据本国情况制定各自的可持续发展战略、计划和对策。李鹏总理代表中国政府做出了履行《21 世纪议程》等文件的承诺。据此 1992 年 7 月，国务院环委会决定组织编制《中国 21 世纪议程》。1994 年 3 月 25 日，国务院总理主持召开国务院第10次常务会议，讨论通过了《中国21世纪议程》，即《中国21世纪人口、环境与发展》白皮书。《中国21世纪议程》成为从中国的具体国情和环境与发展的总体出发，提出的促进经济、社会、资源、环境以及人口、教育相互协调、可持续发展的总体战略和政策措施方案。它是制定中国国民经济和社会发展中长期计划的一个指导性文件。

此外，作为对“环发大会”的会议准备，我国政府还于1991年6月18—19日在北京举行了“发展中国家环境与发展部长级会议”，深入讨论了国际社会在确立环境保护与经济发展合作准则方面所面临的挑战，特别是对发展中国家的影响，并发表了《北京宣言》。

可以说，跨越整个90年代，我国的国际环境合作工作取得了前所未有的成绩。我国积极参加了一系列由南北双方参加的多边会议以及国际组织会议，积极参与一系列的国际环境立法活动。在控制温室气体排放的《气候变化框架公约》谈判中，中国针对西方国家提出的“责任共担”的提法，鲜明地提出，“这是无视发达国家的排放是‘奢侈性排放’的基本事实，是不公平、不现实的”，从而在《气候变化框架公约》中明确南北双方的责任是“共同的但有区别的责任”。这一原则的确定，促进了发达国家在经济上和技术上对发展中国家的环境援助和支持。我国提出的全球环境问题的原则立场逐渐为世界各国所认同，这些原则立场概括起来就是：经济发展必须与环境保护相协调；保护环境是全人类共同的任务，但是发达国家负有更大的责任；加强环境领域的国际合作，要以尊重国家主权为基础；保护环境和发展经济离不开世界的和平与稳定；处理环境问题应当兼顾各国的现实利益和长远利益等。

④ 2002—2005年：以可持续发展世界首脑会议为起点，促进实现国内环保工作的三个转变。

2002年9月，在人类迈向新世纪的时刻，世界各国首脑齐聚约翰内斯堡，举行可持续发展首脑峰会。中国国务院总理朱镕基出席会议，中国政府提出了走可持续发展道路的五点主张，受到大会的高度评价和赞扬。

这一时期也是我国国内“十五”环境保护战略实施的重要阶段。环境保护取得了积极进展，环境污染和生态破坏加剧的趋势减缓，部分流域区域污染治理取得初步成效，部分城市和地区环境质量有所改善，工业产品的污染排放强度有所下降。但由于环境形势依然十分严峻。“十五”时期我国经济发展的各项指标大多超额完成，但环境保护的主要指标没有完成。一些长期积累的环境问题尚未解决，新的环境问题又在不断产生，一些地区环境污染和生态恶化已经到了相当严重的程度。

在这种形势下，党中央提出了贯彻落实科学发展观，全面建设小康社会和环境友好型社会的坚实目标。温家宝在第六次全国环境保护大会上进一步提出环保工作的三个历史性转变，一是从重经济增长轻环境保护转变为保护环境与经济增长并重，在保护环境中求发展。二是从环境保护滞后于经济发展转变为环境保护和经济发展同步，努力做到不欠新账，多还旧账，改变先污染后治理、边治理边破坏的状况。三是从主要用行政办法保护环境转变为综合运用法律、经济、技术和必要的行政办法解决环境问题，自觉遵循经济规律和自然规律，提高环境保护工作水平。

环保工作的历史性转变标志着我国环境保护与经济发展的关系正发生战略性、方向性、根本性的变化。中国政府也把历史性转变放在国际大舞台、全球大尺度和全球化大潮流中来定位与思考，使历史性转变成为提升环境国际合作水平、增强国际合作能力的一个平台和机遇。

⑤ 2005 年至今：新历史阶段，国际环境合作成为落实国家总体外交战略的重要组成部分。

2005 年，我们提出了构建“和谐世界”的国际发展目标。推动建设和谐世界，是坚持走和平发展道路的中国为促进各国共同繁荣、共同进步而发出的真诚呼声，不仅需要各国在政治上相互尊重、平等协商，经济上相互合作、优势互补，文化上相互借鉴、求同存异，安全上相互信任、加强合作，构建起公平、公正、合理的国际新秩序，也需要在环保上相互帮助、协力推进，建立起人类与自然和谐相处的关系。将国际环境保护合作置于其对外政策的优先地位，是中国为适应自 20 世纪 70 年代以来日益凸显的环境全球化趋势而做出的战略性抉择。

中国正处在全面建设小康社会的关键时期，经济高速发展态势持续强劲，生态环境形势也非常严峻，必须转变传统的高投入、高消耗、高污染的粗放型经济增长方式，摆脱以牺牲环境换取经济增长的路子。而这对于中国这样一个高速增长的庞大经济体来说，无疑是一项长期的浩大工程，不仅需要自己的努力，也需要积极开展国际合作，引进国外在环境保护方面先进的管理经验、技术以及资金。而中国真正走上可持续发展道路，本身对于建设和谐世界就是一个巨大的推动和贡献。

综合而言，新时期环境保护国际合作已成为国家总体外交的重要组成部分。目前，我国总体外交战略目标主要体现在“两个服务”：一是为抓住用好重要战略机遇期服务。维护我国发展的重要战略机遇期就要争取和平稳定的国际环境，睦邻友好的周边环境，平等互利的合作环境，互信合作的安全环境，客观友善的舆论环境。二是为全面建设和构建社会主义和谐社会服务，为夺取全面建设小康社会新胜利服务。

2007 年，党的“十七大”为我国新形势新阶段的环境保护和可持续发展构建了完整的战略体系，使环境保护作为基本国策，真正进入了我国政治、经济和社会发展的主战场、主干线和大舞台。把环境保护和建设生态文明提到了前所未有的高度。其显著特征之一就是“十七大”首次将环境保护国际合作作为我国和平发展道路的重要组成部分，与国家对外政治、经济、文化和安全等重大战略并重，提出“相互帮助、协力推进，共同呵护”地球家园的“十二字”方针。“十二字”方针的提出，标志着我国环境保护国际合作进入了一个新的历史起点。“十二字”方针的提出，既有国际国内新形势新情况的深刻背景，又有全面建设小康社会和推动环保“三个历史性转变”的新要求，与时俱进，寓意深远。

（2）特点分析

① 中国的国际环境合作服务于国家外交的大政方针。

中国国际环境合作是国家整体外交大政方针的重要组成部分。2007 年，党的“十七大”报告对我国的总体外交战略作了系统、全面、深刻的阐述，明确了外交战略的总体定位和分类指导原则。制定了在当前和今后一个时期“大国是关键、周边是首要、发展中国家是基础、多边是重要舞台”的外交方针。对发达国家（大国），加强战略对话，增进互信，深化合作，推动相互关系长期稳定健康发展；对周边，继续贯彻“与邻为善、以邻为伴”和“睦邻、安邻、富邻”的周边外交方针，加强同周边国家的睦邻友好和务实合作，积极开展区域合作，共同营造和平稳定、平等互信、合作共赢的地区环境；对发展中国家，继续扩大团结合作，深化传统友谊，扩大务实合作，提供力所能及的援助，维护发展中国家的正当要求和共同利益。

新时期环境保护国际合作工作正是上述外交战略集成。目前，我国的国际环境合作是与中国的国情和发展阶段相适应的，是我国根据时代发展潮流和自身根本利益做出的战略抉择，充分表明了环境保护国际合作已成为我国和平发展战略的重要环节，是我国总体外交战略的重要组成部分，是我国全面建设小康社会和构建和谐世界不可或缺的重要因素。在全球环境事务中，在人类共同面临的全球环境问题面前，中国不仅仅是一个被动的相关者，更是一个负责任的参与者和各种全球环境问题国际准则制定的一个主导者。中国正以对国际社会负责的形象出现在全球环境事务中，同时也承担着与发展水平和能力相适应的责任和义务。

② 中国参与国际环境合作呈现机制化、多元化的特点，是国际社会不可或缺的主要力量。

从国际环境保护与全球可持续发展的进程看，环境问题已不仅仅是单纯的环境问题，而是与政治问题、经济问题、社会问题紧密地交织在一起。1972 年人类环境会议、1992 年里约环境与发展世界首脑会议，特别是近年来气候变化等全球型环境问题的加剧，环境安全已成为举世关注的非传统安全因素之一。环境保护国际合作进程呈现出了两个最显著的特征：一是机制化，首先是随着国际环境治理体制不断加强，国际环境公约及其履约机制进一步强化；其次是联合国环境管理与协调机构（UNEP 等）以及其他国际组织在国际环境事务中发挥的作用越来越大；最后是区域和双边合作的机制化。如中日韩环境部长会议、东盟—中日韩环境部长会议、中欧环境部长政策对话等区域合作机制。中美经济战略对话机制、中俄总理定期会晤机制，以及近期建立的中日经济高层对话等双边合作机制中，环境领域的对话和合作都是极其重要的内容。二是一体化，环境问题与政治、经济、文化、安全，以及贸易、技术等方面的合作相互渗透，相互影响，相互依存。许多问题，包括能源过度消耗、温室气体排放等，并非一国能解决，也并非一国所面对，任何国家在严峻的全球环境问题面前都不可能置身度外，独善其身，只能通过国际合作来解决。

作为国际环境合作不可或缺的力量，中国参与国际环境合作呈现机制化、多元化的特点。

而作为最大的发展中国家，中国一直以积极的态度参加国际环保合作，在国际环境与发展领域中发挥了建设性作用，受到国际社会的广泛赞誉，被发展中国家视为可靠的朋友，被发达国家看做愿意合作的伙伴。

③ 中国的国际环境合作与国内环境保护发展相互呼应。

中国是一个发展中大国，中国 2020 年的小康发展目标以及未来中国在全球政治格局中的地位，对未来的世界环境都有很大影响。为此，中共“十七大”报告做出了响亮的承诺：对内建设生态文明，创建和谐社会；对外加强环保合作，共建和谐世界。

中国国内的环境与发展将进一步加深与世界的互动关系，同时也会更加真切地感受到外部世界的拉动作用和制约作用。中国可持续发展的道路，也涉及国内和国际两个大局。能否顺利实现可持续发展、构建和谐世界的长远目标，取决于中国在国内能否坚持把环境与发展作为核心，妥善解决好发展过程中的各种环境问题，实现经济社会的全面协调可持续发展；同时也取决于中国在国际上能否将自己的发展融入当代世界可持续发展潮流之中，与各国加强国际环境合作，以真诚合作赢得大多数国家对中国发展的理解和支持，最大限度地扩展中国和平发展的国际空间。中国推动构建和谐世界，需要以国内经济社会的全面协调可持续发展为基础。所以，在新的历史时期，中国的对外环境合作关系需要从国内和国际两个大局的高度开拓进取，努力为国内可持续发展创造有利的国际环境合作空间。

4. 我国环境保护国际合作取得的成效

（1）我国环境保护国际合作的成效

① 认真履行国际环境公约，树立负责任大国形象。

中国参加了《联合国气候变化框架公约》及其《京都议定书》、《关于消耗臭氧层物质的蒙特利尔议定书》、《关于在国际贸易中对某些危险化学品和农药采用事先知情同意程序的鹿特丹公约》、《关于持久性有机污染物的斯德哥尔摩公约》、《生物多样性公约》和《联合国防治荒漠化公约》等 50 多项涉及环境保护的国际条约，并积极履行这些条约规定的义务。如中国政府批准了《中国逐步淘汰消耗臭氧层物质的国家方案》，相继颁布了 100 多项有关保护臭氧层的政策和措施，建立了消耗臭氧层物质替代品和其他环保相关产品的开发和生产基地，顺利完成了《蒙特利尔议定书》规定的阶段性削减指标。据世界银行估计，中国淘汰消耗臭氧层物质占所有发展中国家淘汰总量的 50%。

② 积极参与国际环境事务，维护了我国的合法权益。

在国际环境会议和国际环境公约谈判中，我国始终坚持，保护全球环境，发展中国家和发达国家具有共同但有区别的责任的原则，反对环境领域中的霸权主义。针对一些发达国家利用国际环境会议和环境公约向发展中国家施加压力，提出不合理环境义务要求的情况，我国多次指出，从历史和现实的角度看，发达国家都是当代环境问题的主要责任者，发展中国家却是受害者，因此，发达国家有义务首先采取行动，并帮助发展中国家参加保护全球环境的努力。

- 在多边环境合作中，坚持以“维护权益，争取利益，树立形象”为原则。

中国充分发挥“多边的重要平台”作用，以“维护权益，争取利益，树立形象”为原则，协力推进、积极参与多边环境保护国际合作，履行与我国发展阶段和水平相适应的国际环境责任；积极参与国际环境规则的修改和制定；努力使多边合作机制成为维护我国权益、争取我国和广大发展中国的利益，促进世界可持续发展的重要平台。积极参与各项国际环境公约的谈判进程，切实做好国际环境公约的各项履约行动，建立完善履约机制、管理体系和政策法规，树立了我国在全球环境事务中积极负责任的形象。

中国签署了 50 多个国际多边环境协定。在联合国环境署列出的 14 个最具普遍性的国际环境条约中，中国签署了 13 个。2007 年，中国政府决定停止除必要用途之外的全氯氟烃（CFCs）和哈龙的生产和进口，提前两年半完成了《蒙特利尔议定书》所规定的义务，在国际环境条约履行中，展示了一个积极的、负责任的大国形象。2007 年，中国政府又成立了以温家宝总理为组长的国家应对气候变化领导小组，在外交部成立了应对气候变化对外工作领导小组，发布了《中国应对气候变化国家方案》。这不仅显示了中国政府积极应对气候变化的立场和决心，也是中国政府积极参与国际环保合作的具体体现。

- 在区域环境合作中，中国坚持“睦邻、安邻、富邻”的外交政策，以积极和负责任的态度发挥了重要作用。

全球化和区域化是当今世界发展的两大趋势，特别是在经济全球化的背景下，以区域为单位的可持续发展模式日益受到关注。作为世界上最大的发展中国家，中国经济高速增长，在创造巨大社会财富的同时，也面临着环境和资源问题的双重制约，全球和区域性环境压力凸显。中国始终怀着增信释疑、开拓合作的精神，以积极务实的态度参加全球和区域环境合作，并在区域环境问题已成为热点环发议题的今天，在周边和跨区域环境事务中发挥着不可替代的建设作用。

区域环境合作意味着通过协商实现区域各国的环境利益共享，成为各国和地区促进可持续发展的主要内涵，并成为全球环境合作的重要延伸。在区域环境合作中，中国坚定地奉行“与邻为善、以邻为伴”的八字方针和“睦邻、安邻、富邻”的外交政策，致力于发展与区域各国的环境友好合作关系。

随着国际区域机制化与合作势头的迅猛发展，世界上大多数国家都以各种方式参与一个或几个区域组织与合作安排。在这种形势下，中国努力营造多种区域合作机制各展所长、相互促进、共同发展的地区合作新格局；坚持共同稳定和可持续发展的区域环境合作新模式，将环境保护视为促进区域可持续发展的重要组成部分，致力于将可持续发展融入区域经济与社会体系，并最终形成了以周边和跨区域环境合作为重点的基础框架。其内容如下：

在周边区域环境合作领域，中国积极促进中日韩环境部长会议、东盟—中日韩环境部长会议、大湄公河次区域环境部长会议、中亚环境合作、东亚酸沉降监测网络、东北亚次区域环境合作计划、西北太平洋行动计划、东北亚环境合作会议等地区性环境合作机制以及在上海合作组织框架下拓展环境合作空间，取得了巨大进展；

在跨区域环境合作领域，在中国和相关伙伴国的共同努力下，我们架起了亚欧环境合作、中欧环境政策部长级对话、中国—非洲环保合作、中国—阿拉伯国家联盟环境合作等重要的区域环境沟通与协作桥梁；中国还积极参与和创建了亚太经合组织可持续发展环境部长会议、亚太环境会议等环境对话机制，拓展了中国与 OECD 等重要国际组织的环境合作关系，使跨区域环境合作得以蓬勃发展。

中国尊重区域环境与发展的多样性，本着从区域环境合作实际出发，沿着有利于促进区域可持续发展的方向前进。这在全球化和区域化不断加强的当今世界，无疑具有十分重要的意义。

- 双边领域发挥与大国环境合作的主动性。

截至 2006 年，中国先后与 42 个国家签署了双边环境保护合作协议或谅解备忘录，初步建立起覆盖五大洲的双边环境合作框架。中国双边环境合作伙伴遍布全球各大洲，合作范围涵盖了污染防治、生态保护、核安全等所有重要领域。双边环境合作已成为中国对外关系的重要组成部分，成为促进我国环境保护和可持续发展的一个重要手段。在与发达国家的合作中，我们坚持不断完善中国环境保护对外经济技术合作的方略与规划；在积极争取引进资金与先进技术的同时，学习和借鉴成功的环境管理政策和经验。同时，中国政府特别重视同发展中国家的环境合作，强调交流与沟通，取长补短，共谋发展。

近年来，中国与美、俄、日、德等传统大国双边环境合作得到全面加强，在与环境大国关系重新调整的过程中，双边环境合作坚持“大国是关键”，强化了中美、中俄、中日高层环境对话，其主动积极的一面既为大国关系增添了新的活力，又提高了中国在国际环境合作中的威望。在处理与大国的双边环境合作关系中，中国与世界大国和国家集团在环境与发展问题上基本实现了共赢互利，已成为进一步发展大国关系的主轴。

③ 不断引入先进理念、技术与资金，为我所用。

加强环境保护的对外经济技术合作，利用外资加快环境保护事业的发展，是国际环境合作十分重要的领域。通过与全球环境基金、世界银行、亚洲开发银行等国际金融组织的密切而卓有成效的合作，以及与欧美发达国家开展双边项目合作，中国环境外交在积极引进国外资金、技术和管理经验，加速中国环境保护整体能力和水平提高方面作出了应有贡献。整个“十五”期间，我国引进外资赠款超过 5 亿美元，有力促进了环境保护事业的发展。

在国际环境合作实践中，在持续的国际资源配给下，在不断引入国外资金、技术和管理经验的促进下，中国在经济政策调整过程中，坚持以人为本，树立全面、协调、可持续的发展观，这是中国现代化建设指导思想的一重大发展。中国已开始摒弃以大量消耗资源、牺牲环境为代价的发展模式，努力走出一条科技含量高、经济效益好、资源消耗低、环境污染少、人力资源得到充分发挥的新型工业化路子，推动整个社会迈上生产发展、生活富裕、生态良好的文明发展道路。

④ 实现以外促内，促进经济增长方式的转变，加快我国环境保护事业的发展。

加快转变经济增长方式，是坚持以科学发展观统领经济社会发展全局、实现经济社会又快又好发展的重要着力点。在经济全球化加快发展的背景下，加快转变经济增长方式问题，将越来越有赖于全球范围内资源的合理利用，以及环境技术和管理经验的广泛传播。

以中国履行《关于消耗臭氧层物质的蒙特利尔议定书》为例，我国共引进了 7 亿多美元履约赠款，用于生产企业和消费企业的技术改造，海尔、新飞等上千家企业获得资助，对国内家电行业的更新换代、家电产品的出口、农业相关领域的发展起到了极大的促进作用。此外，我国通过国际合作引进的先进理念、管理思想、先进技术，开展的科学研究、人员培训，借鉴发达国家的环境标准和法律法规等对我国环境保护的促进作用更是难用数字来计算。

专栏附-1 国家层面的国际高级咨询机构——中国环境与发展国际合作委员会（CCICED）

1992 年 6 月 12 日，时任中国国务院总理李鹏同志出席联合国环境与发展大会首脑会议发表重要讲话时，向全世界宣布：中国“成立了由中外著名人士组成的中国环境与发展国际合作委员会，就我国的环境与发展问题提供咨询，这体现了中国政府对解决环境与发展问题的诚意和决心”。15 年来，CCICED 先后设置了环境与经济、能源战略、污染控制、资源核算、生物多样性、环境与贸易、清洁生产、可持续农业、森林草地、可持续城市、可持续交通、循环经济等 20 多个研究工作组或课题组，共 200 多名中外专家直接承担或参加了研究工作，参与协助的研究人员达 2 000 多名，取得了富有价值的丰硕成果，许多成果已经转化成为向中国政府的政策建议，并在实践中取得了非常显著的成效。实践表明，CCICED 在向中国引进、传播国际社会和有关国家环境与发展新的理念、思想、观点和先进经验的同时，也如实地向国际社会传播了中国环境与发展的成就与经验，在中国政府、人民与国际社会、各国人民之间架设了一座交流环境与发展经验的友好合作桥梁，促进了中国与国际社会和有关国家之间经验的“双向共享”。

引自：中国环境与发展回顾和展望高层课题组. 中国环境与发展回顾和展望. 北京：中国环境科学出版社，2007.

⑤ 加强对外宣传，消除中国威胁论的不利影响。

我国环境合作与交流的一项重要任务就是向国外宣传我国环境保护的方针、原则、政策，以及我国在环境保护方面的努力和取得的成绩等。从 20 世纪 70 年代向世界宣传“三废”治理，80 年代的环境保护基本国策、“三同步”和“三统一”战略方针，90 年代的可持续发展战略、中国 21 世纪议程，到目前的“三个转变”和“节能减排”，环境合作与交流中的对外宣传，为国际社会了解中国发挥了重要作用。

（2）合作形势分析

① 环境问题与国际政治、经济、社会发展等关系愈加紧密。

可持续发展是国际社会共同关注的问题，需要各国超越文化和意识形态等方面的差异，采取协调合作的行动。环境保护是一个非常复杂的系统工程，其与国际政治和经贸等密切相关。解决全球环境问题，促进全球可持续发展必须在良好的政治意愿的基础上，与经济发展、脱贫、经贸合作统筹考虑。特别对于以我国为首的广大发展中国家而言，环境问题始终与贫困和发展等社会经济问题紧密交织在一起。环境恶化的根源在于贫困，贫困迫使人们谋求发展，发展方式不当就会对生态环境造成破坏。

此外，我们还面临着贸易与环境之间的冲突。在国际市场上，不符合发达国家环境标准的产品越来越受到限制，对我国的发展产生了重要冲击。另一方面，由于发达国家大量从我国廉价进口商品及原材料，并将一些污染严重的企业及废弃物转移到我国和其他发展中国家，加剧了环境与贸易的冲突。

② 中国成为对国际环境合作事务具有重要影响力的大国。

中国在国际环境合作中已融入当代世界潮流之中，与各国和睦相处、共同发展，最大限度地扩展中国和平发展的国际环境合作空间；在大国之间努力扩大环境共识和合作领域，减少干扰中国参与国际环境合作的阻力，为国内发展创造有利的环境合作条件；进一步发展睦邻友好关系，巩固周边依托，“增信释疑”，把中国同周边国家的环境合作与共同发展紧密结合起来。

随着中国经济的高速增长，以及多年来在国际环境合作中的努力，亦获得了积极回报，中国已成为对国际环境合作事务具有重要影响力的国家。特别是在国际组织中，中国作为一个重要的发展中国家和环境大国，其作用受到国际社会的高度重视。在各项重大国际环境问题的磋商和决策上，中国均发挥了不可替代的重要作用。如联合国环境规划署曾高度评价中国在国际环境领域的积极作用，认为如果没有中国的参与，许多重大国际环境问题不可能得到成功解决；并充分肯定我国为履行国际环境公约所做的努力和在保护环境方面所取得的巨大成就，将中国树立为发展中国家优秀范例，使我国良好的国际环境形象得到国际社会的普遍认可。

③ 涉及我国的新环境问题不断涌现，环境压力增大。

在酸雨、沙尘暴与荒漠化、生物多样性、气候变化等传统的全球或区域性环境问题尚未解决的同时，有关“中国环境威胁论”、“中国资源威胁论”等新论调又不断涌现。随着相关研究工作的不断深入，以中国为核心的资源环境开发与可持续利用、环境健康等一些新环境问题将有可能上升为区域性或全球性环境问题，继而对国际贸易和人体健康等方面产生重要影响，对我国参与国际环境合作带来更大的压力。

随着中国的迅速发展，世界更加关注中国，也更加关注发展起来后的中国将如何处理与外部世界的关系。世界上大多数国家欢迎中国的发展，但也有一些国家和国际舆论对此心存误解、疑虑和戒心，国际上“中国环境威胁论”如影随形，挥之不去。中国的国际环境影响力和外部阻力在同步上升，与外部世界的关系更加复杂。

（二）环境保护国际合作的发展趋势分析

1. 全球化背景下国际环境问题的发展趋势预测

（1）国际环境问题发展的总体趋势与特征

21 世纪以来，随着经济全球化进程的不断加快，国际环境问题包括全球和区域性环境问题日益复杂。当前，公认的重大国际环境问题包括：以变暖为标志的气候变化、臭氧层耗损、生物多样性减少、酸雨蔓延、森林退化与减少、土地退化与荒漠化、大气污染、水污染、海洋污染以及危险废物越境转移等。2007 年联合国环境署（UNEP）发布了《全球环境展望-4》，对 1987 年以来 20 年间全球环境状况做了系统评估，这是国际社会对全球范围内环境总体状况最权威的以及最新的研究成果与判断。根据评估报告，过去 20 年国际环境问题的发展有以下几个趋势和特征：

① 全球层次上环境总体状况恶化，环境问题地区及社会分布失衡加剧。

尽管世界各国、相关组织和机构、各利益攸关者等通过制度、政策、技术、投资、能力建设以及国际合作等在解决上述环境问题方面做出了巨大的努力，取得了一些进步，但是全球环境总体状况改善没有取得期望的结果，地球环境问题依然严重。总的态势是局部地区改善、全球总体恶化，全球环境变化的地理与社会分布失衡加剧。

过去 20 年间，经济全球化过程中，少数发达国家和地区随着经济增长，其环境压力逐渐减弱，但是大多数欠发达、发展中和转型国家和地区环境状况没有得到改善，甚至恶化。这是因为全球化对经济要素（如劳动、资本以及技术等）重新配置的过程实质上是资源环境要素和环境问题重新配置和分布的过程。发达国家通过全球化，站在世界产品链和产业链的高端从发展中国家和地区吸取能源、食物、工业产品等，其环境改善是建立在牺牲发展中国家和地区环境利益的基础之上，导致全球环境问题的地缘分布不平衡进一步加剧，对穷人和脆弱地区的影响进一步加大。

由于经济发展程度、资源环境禀赋、在目前国际经济秩序中的角色、制度与环境管理政策等的不同，全球各大区域面临和所要优先解决的主要环境问题各有侧重。根据环境署的评估报告，除了气候变化已经成为影响全球 7 大区的共同环境问题外，非洲的优先环境问题是土地退化和沙漠化；亚太地区主要是城市空气污染、淡水资源、生态系统退化、废弃物的增加；欧洲主要是不可持续的生产与消费方式所带来的高能耗、城市空气质量低等问题；拉丁美洲以及加勒比海地区的主要问题是生物多样性丧失、海洋污染以及气候变化带来的问题等；北美主要是气候变化衍生的问题，包括能源选择、能源效率以及淡水资源等；西亚的主要问题是淡水资源压力、土地退化、海洋生态系统以及城市管理等；两极地区的主要问题是气候变化带来的影响、环境中的汞及其他持久性有机污染物、臭氧层修复等。

② 少数全球或区域性环境问题取得积极进步，多数进展缓慢或改善乏力。

根据环境署的全球评估，过去 20 年间，在国际社会的努力下，少数相对简单的全球和区域环境问题解决取得了积极进展，但是多数问题没有得到有效解决或延缓。

取得积极进展的国际环境问题主要是臭氧层破坏和酸雨。在臭氧层耗损方面，在过去的 20 年里，国际团体已经将消耗臭氧层物质或化学品的生产减少了 95%，这是一个令人瞩目的成就；酸雨问题在欧洲和北美地区已经得到基本解决，但是在墨西哥、印度和中国等国家依然是很大的问题（UNEP，2007），这表明酸雨已经从一个全球性环境问题退变为典型的区域环境问题。除此之外，国际社会制定了温室气体减排条约，建立了一些新形式的碳交易以及碳补偿市场；保护区不断增加，大约覆盖了地球面积的 12%；另外还提出了很多方法来应对其他各种全球和区域环境问题。

但是大多数问题没有得到实质解决。根据环境署的评估（2007），在气候变化方面，自 1906 年以来，全球温度平均升高了 0.74℃。根据政府间气候变化专门委员会（IPCC）最乐观的估计，21 世纪全球温度还将升高 1.8～4℃。全球变暖为全球和人们产生各种影响，包括极地冰川融化，导致海平面上升；影响降雨和大气环流，造成异常气候，形成旱涝灾害；导致陆地和海洋生态系统的变化和破坏；对人体健康和生存造成不利影响等。根据评估，由于气候变暖造成的海平面上升将会对世界上 60%的居住在海岸线附近的人口产生严重后果。

生物多样性丧失依然在持续，生态系统服务功能退化。根据综合评估，现在物种灭绝的速度比史前化石记录的速度快 100 倍；全球 60%的生态系统功能已经退化或正在以不可持续的方式被利用；脊椎动物群中 30%以上的两栖动物、23%的哺乳动物以及 12%的鸟类都受到了威胁；从 1987 年到 2003 年，全球淡水脊椎动物的总数平均减少了将近 50%（UNEP，2000）。环境署的评估报告对生物多样性丧失提出了预警，认为全球第 6 次物种大规模灭绝即将开始，而这次完全是由人类活动引起的；而且，一旦生物多样性缓慢的丧失达到一定阈值，就会导致突然的锐减，造成不可逆转的影响。同时，外来物种入侵问题及其造成的危害和损失在全球范围内也日益严重。

在水资源方面，灌溉用水已经占了可用水量的 70%，随着对食物的需求增加，对淡水的需求量会增加，到 2050 年，发展中国家水的使用量会增加 50%，发达国家也要增加 18%。但是淡水供应量在减少。如果按现在的趋势发展，到 2050 年，将有 18 亿人口生活在极度缺水的国家和地区，世界 2/3 的人口受到影响。同时，水质也在不断下降，在发展中国家每年大约有 300 万人口死于水生疾病。在全球范围内，被污染的水是人类疾病甚至死亡的最大原因。

化学品的生产和使用是造成水污染的最重要的因素之一。目前，全球商业上使用的合成化学品种类约 5 万种，并且每年增加数百种，预计全球化学品生产在今后的 20 年里还要增加 85%。这对解决水污染问题是极大的压力。

在土地方面，在食物需求和供给的驱动下，土地利用程度急剧上升，20 世纪 80 年代，每公顷农地的谷物产量为 1.8t，现在则是 2.5t。但是这种不可持续的土地利用方式造成了严重的土地退化。造成土地退化的因素包括土壤污染、侵蚀、水资源匮乏、盐渍化等，已经威胁到全球 1/3 的人口。同时，土地荒漠化趋势日益严重，特别是在旱地集中的发展中国家与地区。

在森林方面，温带地区的森林面积有所恢复和增长，自 1990—2005 年，平均每年增长 3 万 km^2。但是同期热带地区雨林却大幅减少，平均每年缩减 13 万 km^2。

③ 各种国际环境问题相互交织渗透，其关联性不断增强，与非环境领域的联系日益紧密。

首先，全球与区域环境问题相互转化，交相呼应。在过去的 20 年间，一些全球性环境问题转变为区域性问题，如酸雨问题，从过去的全球性问题已经成为典型的区域性问题；臭氧层问题，尽管臭氧层破坏的影响是全球性的，但目前消耗臭氧层物质的生产和消费也是区域性的，也就是说臭氧层破坏的源头是局部的。而一些区域性问题逐渐上升为全球性问题，如危险废物特别是电子废物的越境转移，从过去的集中在亚洲逐渐扩展到非洲、欧洲等。

同时，全球环境问题存在一种倾向，即在区域范围内寻求解决的方案，至少是期望在区域内获得一定突破或初步解决，因为某些问题在多边框架下进展比较缓慢或者治理效果不明显，反而在区域范围内，问题相近的国家和地区容易达成一致意见；而某些区域性问题需要全球机制如公约、资金和技术援助的支持，如电子废物越境转移、削减和淘汰消耗臭氧层物质等。

其次，各种国际环境问题之间的关联性不断增强。如全球气候变暖可使极地冰川融化，海平面上升，导致海洋生态系统变化；气候变暖还可能改变动植物生境，影响陆地生态系统及其服务功能；造成极端异常气候，产生旱涝灾害，加剧水资源分配不平衡，影响土地利用等。土地退化、荒漠化与生物多样性保护紧密相关。总之，环境问题之间的关联和交织增加了问题解决的难度，需要统筹考虑这些问题，制定可持续的政策路径需要在国际和国家水平上同时考虑经济、贸易、能源、农业、工业以及其他部门的综合措施。

最后，国际环境问题与国际政治、经济、文化、国家主权等非环境领域因素的关系越来越紧密。国际环境问题的泛政治化、经济化、法制化与机构化趋势日益明显。实际上，国际环境问题背后的实质是各国家和地区在全球化趋势下对环境要素和自然资源利用的再分配，是利益的争夺，包括经济和政治利益。如气候变化问题，受气候变化影响最大的国家如小岛屿国家要避免气候变暖海平面上升带来的威胁，敦促其他国家进行温室气体减排；工业化国家为维持既有的生产和消费方式及其利益，对发展中国家施加压力，增加其减排的责任；而新兴以及发展中国家要维护自己的发展权而为自己争取更大的温室气体排放空间。总的来看，围绕《联合国气候变化框架公约》、《京都议定书》以及后《京都议定书》时代的国际规则和资金机制等相关问题，不同利益攸关者为各自利益而进行的谈判斗争日益激烈。生物多样性等其他国际环境问题也是如此。

在对过去 20 年全球环境状况综合评估的基础上，联合国环境署用 4 幅图景展望了 2050 年全球环境的可能状况以及政策取向。评估报告对未来环境状况的发展表示了谨慎的乐观，预测到 2050 年，就某些环境指标，全球环境问题的退化率降低甚至逆转。如在所有情景中，农地与森林退化率平稳降低；水的耗竭率下降；物种丧失、温室气体排放、温度升高等也在减缓，这主要是由于预期人口变迁的实现，材料消费的饱和以及技术进步等原因。如果《蒙特利尔议定书》得到完全的严格遵守，到 2060 年或 2075 年，南极的臭氧黑洞可能会得到恢复。

尽管全球环境问题退化率有下降趋势，但是不同情景下环境变化的峰点与终点存在巨大不同，变化率越高，地球系统超过阈值的风险越大，可能会导致突然的、加速的变化，甚至不可逆转。不同的变化率在不同情景下会导致非常不同的终点，在市场优先情况下，2000—2050 年，13%的原生物种将丧失；而在可持续性优先的情况下，则是 8%；CO_2 浓度的情景变化则是从市场优先下的 556×10^{-6} 到可持续性优先下的 475×10^{-6}。变化幅度越大，超过阈值的风险越大，如，在 GEO-4 中，情景显示，捕鱼量快速增长，伴随着海洋生物多样性的显著退化，到 2050 年可能导致捕鱼业的崩溃。

总之，在全球化背景下，随着人口和经济增长带来的对环境要素和资源需求消耗的增长，全球环境变迁，如空气、水、土地、生物多样性等都将面临更大的压力。从现在到 21 世纪中叶是全球环境变化走向的一个关键时期，存在挑战，也有机遇，全球环境问题能否得到改善取决于利益攸关者和决策者等的抉择与行动。

（2）中国经济社会发展对国际环境问题的影响及面临的国际压力

过去 20 年间，特别是加入 WTO 以来，中国融入全球化的进程、广度和深度是前所未有的。中国已经成为全球经济增长的重要引擎。在经济全球化和贸易自由化背景下，中国经济增长对全球资源的需求和消耗急剧增加，使得中国对全球的环境影响在近几年的短时间内成为国际社会关注的焦点。中国对全球环境的影响可分为两个方面：一是中国自身环境问题由于人口基数和经济规模巨大，出于大国效应，对全球环境问题的贡献份额很大；二是中国在全球市场配置自然资源而引发的国际资源环境问题。总的来看，在全球范围和水平下，中国已经成为世界上最大的污染者之一，成为能源和资源最大的需求者之一。可以说，目前中国是各类国际环境问题的集合载体，当前的全球和区域环境问题在中国得到了集中体现和爆发。中国对全球环境变化的影响表现在以下若干方面。

① 生态足迹。目前中国总的生态足迹（Ecological Footprint）位居全球第二，2001 年全

球人均生态足迹为 2.2hm^2（转引自晋军，2006）。根据张丽君（2004）的估算，1978 年至 2003 年，中国生态足迹呈逐渐上升趋势，从 1978 年的人均 0.843 hm^2 升至 2003 年的人均 1.643 hm^2；中国 1978—2003 年的生态赤字显著增加，由人均生态赤字 0.248 hm^2 上升至 0.890 hm^2。

② 气候变化。当前中国已经成为仅次于美国的全球第二大温室气体排放者。根据 2007 年发改委发布的《中国应对气候变化国家方案》评估，1994 年中国温室气体排放总量为 40.6 亿 t 二氧化碳当量（扣除碳汇后的净排放量为 36.5 亿 t 二氧化碳当量），而 2004 年分别为 61 亿 t 和 56 亿 t 二氧化碳当量，从 1994 年到 2004 年，中国温室气体排放总量的年均增长率约为 4%，二氧化碳排放量在温室气体排放总量中所占的比重由 1994 年的 76%上升到 2004 年的 83%。

③ 臭氧层破坏。中国是世界上最大的消耗臭氧层物质生产和消费的国家。虽然中国在 1999 年成功地将消耗臭氧层物质的生产和使用冻结在 1995—1997 的水平，并且截止到 2002 年底，中国获得了 7.4 亿美元的多边基金赠款，将淘汰 7 万多 t 消耗臭氧层物质，但是，与美国、日本和印度三国相比，目前中国对消耗臭氧层物质的消费量仍然居高不下（国合会，2007）。对臭氧层的破坏还在继续。

④ 酸雨。前面提到，酸雨问题已经成为典型的区域性环境问题，而中国是目前酸雨问题的主要制造者。而且在世界目前仅存的三大酸雨区中，中国华南酸雨区是唯一尚未得到有效治理的。

⑤ 化学品及持久性有机污染物。中国是世界上化学品生产与消费大国，而且近几年来，中国化工行业特别是重化工业呈现快速扩张趋势。化学品的生产和消费特别是持久性有机污染物的排放对全球空气、水以及土壤的污染影响是巨大的。

⑥ 能源与资源需求与消耗。中国的经济增长对能源和资源的消耗是巨大的。根据估算，中国的 GDP 占世界的 4%，却消耗了全球 26%的钢、37%的棉花、47%的水泥；中国的煤炭、石油、钢等能源消耗、建材消耗、原材料进口位居全世界第一；中国是工业用木材纸浆纸产品全世界第二大市场、石油进口全世界第二；单位 GDP 能耗是发达国家的 8～10 倍，污染是发达国家的 30 倍（潘岳，2006）。未来中国经济增长所需要的能源和资源的对外依存度不断提高。中国社科院发布的《2007 年中国能源发展报告》预计，到 2010 年，中国石油进口依存度将达 50%；到 2020 年，这一数字将达到 60%左右。对这些原材料的进口，包括铁矿石、木材等已经对全球市场带来了巨大的影响，对一些资源输出国的生态环境带来很大压力。根据绿色和平组织 2005 年的一个报告，中国已经成为全球最大的热带雨林木材进口者，进口国际市场上大约 50%的热带雨林木材，成为全球热带雨林的最大影响者。

正是这些问题，使得中国承受了巨大的国际社会压力，特别是政治、道义和国际形象上的压力。国际社会关注中国环境问题的焦点主要在于气候变化以及能源和资源的需求与消耗方面。

在气候变化方面，根据世界资源研究所的研究结果，1950—2002 年间中国化石燃料燃烧二氧化碳累计排放量占世界同期的 9.33%，人均累计二氧化碳排放量 61.7 t，居世界第 92 位。根据国际能源机构的统计，2004 年中国化石燃料燃烧人均二氧化碳排放量为 3.65 t，相当于世界平均水平的 87%、经济合作与发展组织国家的 33%（发改委，2007）。虽然中国温室气体历史排放量很低，且人均排放一直低于世界平均水平，但是近几年温室气体排放总量急剧增加，而且人均排放量也已接近世界平均水平。在气候变化已经成为当前全球环境变化的中心焦点问题的现实情况下，中国的表现无疑将成为众矢之的。

在能源和资源特别是热带雨林木材进口方面，中国广受国际社会诟病的问题在于，中国从马来西亚、巴布亚新几内亚热带雨林进口的部分木材来自非法伐木。但是中国仅仅是木材及其产品世界生产链的一个环节，中国进口木材的很大部分用于加工出口，美国、欧洲和日本是这个产品链中的终端消费者，更多的责任应该由非法采伐者、最终消费者来承担。但是国际社会的一些误解、曲解和偏见使得中国承受了超过自身应当承担的责任。

在可预见的未来 5～10 年中，中国经济仍将保持快速的增长。可以断言，中国对全球环境变化的影响以及自身所面临的国际环境压力将越来越大，留给中国可以回旋的空间越来越小。中国作为一个新兴的经济大国，需要学习从全球角度来理解自身的经济行为可能对全球环境造成的影响并担负起相应的责任。

（3）国际环境问题对中国的影响及中国在解决国际环境问题中的贡献

虽然中国是世界上最主要的大气污染者、能源消耗者、全球环境变化的最主要的影响者，但是中国也是全球环境变化的最大的受害者。国际环境问题对中国经济发展、社会稳定与环境安全的影响也是巨大的。

① 气候变化。虽然中国的温室气体历史排放总量不大，但是气候变暖对中国的影响很大。根据环境署《全球环境展望 2004/2005》，由于全球变暖，中国的青藏高原、天山山脉和阿尔泰山脉的冰川加速缩减；世界自然基金会估算喜马拉雅山冰川每年退缩 10～15m，已经成为全球退缩最快的冰川之一；根据绿色和平组织的一项报告，在过去的 24 年中，中国青藏高原的冰川融化了 3 000km^2。按照这个速度，到 2050 年，中国现存的冰川将融化一半，而到 2100 年，中国的冰川将全部消失。冰川的急剧缩减就是全球变暖在中国造成的主要危害之一，这将最终导致中国、印度和尼泊尔地区成千上万以冰川融水为生的人群面临巨大的灾难（转引自晋军，2006）。此外，中国是世界上海岸线最长的国家之一，而且沿海地区是中国经济最具有活力和发达的地区，气候变暖带来的海平面上升对沿海地区经济和社会发展的影响虽然还尚未明了，但是影响不可避免，危害不可低估。另外，气候变化带来的极端天气变化和旱涝灾害已在中国初现端倪，已经为中国带来了巨大的经济和社会损失。

② 生物多样性减少和外来物种入侵。中国是世界上生物多样性最丰富的国家之一，但是随着经济扩张和过度开发利用，中国生物多样性受到严重威胁。根据统计，全国共有濒危或

接近濒危的高等植物 4 000～5 000 种，占我国高等植物总数的 15%～20%；已确认有 258 种野生动物濒临灭绝，在《国际濒危物种贸易公约》列出的 640 种世界性濒危物种中，我国有 156 种，约为总数的 1/4（转引自王玉庆，2006）。另外，根据国际自然与自然资源保护联合会（IUCN）发布的《2004 濒危物种红名单》，中国是世界上生物多样性受到最大威胁的五个国家之一。中国的濒危针叶植物种类占全球第一（34 种，其中 26 种为中国特有）；濒危哺乳类动物数量（82 种，其中 30 种为中国特有）仅次于印度尼西亚和印度而居全球第三位；濒危鸟类数量（85 种，其中 17 种为中国特有）仅次于印度尼西亚、巴西和秘鲁，与哥伦比亚同为全球第四（转引自晋军，2006）。同时，外来物种入侵为中国带来巨大的经济损失。根据国家环保总局在 2001—2003 年组织的初步调查，外来入侵物种对中国造成的总经济损失为每年 1 198.76 亿元（144.8 亿美元），为国内生产总值的 1.36%（以 2000 年为基准年）（转引自王玉庆，2006）。

③ 酸雨。中国是目前世界上最大酸雨区之一，酸雨覆盖了中国近 1/3 的国土。2005 年监测的 696 个市县中，有一半以上都出现了酸雨，个别地方酸雨频率达到百分之百。酸雨对环境的影响和危害是多方面的。中国环境科学研究院、清华大学（2005）的研究结果表明，酸雨污染给中国造成的损失每年超过人民币 1 100 亿元。

④ 化学品与持久性有机污染物。化学品特别是持久性有机污染物对人体健康危害极大。根据调查，我国地表水中微量有机污染物普遍存在：松花江有 374 种，黄河有 143 种，长江有 330 多种，沱江有 175 种，珠江有 241 种，太湖有 74 种，东湖有 89 种。北京市空气中苯类、醛类、酮类有机污染物的浓度已经超过了世界卫生组织和发达国家标准的几倍至十几倍。1998 年在 32 个省市中，中国婴儿每天仅从母乳中摄入的六六六和 DDT，分别有 94%和 65%的城市超过安全允许量（转引自王玉庆，2006）。可以说，中国是目前受化学品和持久性有机污染物危害范围最广、程度最深的国家。

⑤ 土地退化与荒漠化。中国是世界上水土流失最为严重的国家和地区之一。根据水利部发布的《2004 年中国水土保持公报》（2005）显示，2004 年全国土壤侵蚀量有 16.22 亿 t，其中尤以长江、黄河的土壤侵蚀量最多，分别达到 9.32 亿 t 和 4.91 亿 t。目前仍然还有水土流失面积 356 万 km^2，占国土总面积的 37%，需要治理的面积有 200 多万 km^2。同时，中国也是世界上荒漠化面积大、分布广、受荒漠化危害最严重的国家之一。全国荒漠化土地总面积达 263.62 万 km^2，占国土面积的 1/3；沙化土地 173.97 万 km^2，占国土面积的 1/5。一些地区沙化土地仍在扩展，因土地沙化每年造成的直接经济损失高达 500 多亿元，全国有近 4 亿人受到荒漠化沙化的威胁（国务院新闻办公室，2008）。

⑥ 危险废物越境转移。目前中国已经成为危险废物特别是电子垃圾越境转移的主要受害者之一。根据统计，全球电子垃圾总量的 80%出口到亚洲，其中有 90%进入中国。中国广州贵屿已经成为国外电子废物的倾销地和中国主要的电子废物处理场，直接原始的拆解方式已

经对当地空气、土壤和水造成了严重污染。绿色和平组织有毒物污染防治项目的研究表明，中国查获的固体废物走私呈上升趋势，2000—2004 年分别达到 14 起、24 起、38 起、49 起，2005 年 1—5 月就达到 24 起。这些有害废物对当地生态环境和人体健康造成严重威胁（转引自国合会，2007）。

可以看到，中国在全球环境变化中扮演了双重角色，既是国际环境问题制造者，又是问题受害者。国际环境问题的解决有助于促进中国环境问题的解决，减轻中国的环境压力和对中国的影响；中国自身环境问题的改善又是对解决国际环境问题的巨大贡献。

（4）基本结论和判断

通过以上综述分析，对于全球化背景下国际环境问题的发展趋势，我们可以得到如下几点基本结论和判断：

① 全球化背景下，过去 20 年间，国际环境问题在局部地区和少数个体问题上有所改善，在全球范围和多数个体问题上持续恶化。国际环境问题的地理及社会分布进一步失衡。

② 在未来 50 年，工业化和全球化仍然会对全球环境变化保持较高的压力，国际环境形势依然严峻。但是在国际社会的共同努力下，全球环境变化会由点及面、由个体向全部出现减缓和好转的趋势。

③ 国际环境问题的解决需要利益攸关方、政府以及地区间更多的对话、协商与合作来解决，需要跨部门的综合性政策措施和执行力。

④ 中国已经成为影响全球环境变化的关键利益攸关者。随着中国经济的持续增长，中国对全球环境变化的影响仍将增加，中国面临的国际社会压力仍将持续，而全球环境变化也会对中国经济、社会和环境问题产生更大的影响。国际环境问题的解决需要中国的积极参与，而中国环境问题的解决则需要世界的支持。

⑤ 中国需要从全球视角审视国际和国内环境问题，着眼国际，落脚于解决国内问题。很显然，在很大程度上，中国的环境问题是世界性的，国际与国内环境问题的关系是双向的，俱荣俱损，休戚相关。国际环境问题的解决有助于中国环境问题的解决，减轻中国的环境压力；中国自身环境问题的改善又是对解决国际环境问题的巨大贡献。但是在根本逻辑上，是中国要借助全球环境问题来解决自身的环境问题，而不是相反。

2. 环境保护国际合作面临的挑战

面对环境保护国际合作的新形势新要求，要想真正实现环境保护国际合作服务于国家总体外交战略和国内环境保护工作，推动环境保护国际合作实现战略转变，我们必须清醒认识新趋势下我国环境保护国际合作发展面临的严峻挑战，沉着应战，加强自身内部能力建设，克服外部障碍，积极参与国际环境合作与竞争，尽最大努力争取国家的最大利益。

（1）内部挑战

① 对环境保护国际合作的意识观念有待提高。

目前有些参与环境保护国际合作的人员对于国际合作的理解仍然停留在21世纪初时期的概念，紧盯发达国家和从国际组织引进资金，接受援助；将国际环境公约的谈判和履约的目的归结于简单的免责和责任的延缓等。这些观点显然对我国环境保护国际合作形势发展缺乏客观分析，没有做到认识上的与时俱进，环境保护作为基本国策，已经进入我国政治、经济和社会发展的主战场，而新时期环境保护国际合作更是已经成为国家总体外交的重要组成部分。

② 环境保护国际合作的机制体制有待完善。

在体制上，存在着环境保护国际合作管理机构的职能不清和定位不明的问题，目前有些环境公约的履约管理体制混乱；另外，我国驻外机构中没有专门的环境外交官，不能有效地深化同相关国家和国际组织合作的问题长期没有得到解决；此外，环保非政府组织作为有力的国际合作伙伴，缺少有效的管理平台，没有为促进我国环境国际合作发挥最大的作用。

在机制上，存在国家环境公约谈判和履约机制不健全，相关管理机制不顺和协调能力有限的问题，大部分环境公约都涉及多个部门，目前缺少有效的部门间沟通和协调机制，同时由于有些公约相互关联，公约间的协调管理问题也是现阶段环境国际合作的空白领域。

③ 环境保护国际合作队伍的能力需要进一步加强。

随着新时期我国对环境保护国际合作提出的新要求，多边谈判、双边国别研究和区域合作都需要强有力的工作队伍和团队，现有环境保护国际合作的人员无论是从数量上、谈判能力和专业能力上都无法满足需求，体现在国际谈判场合中，可能就只能实现部分既定目标，无法保障我国国家利益。

④ 环境保护国际合作的科学决策支持有待提高。

为确保我国的环境利益和发展权利，我们必须对国际合作中提出的议题进行充分的分析，做出正确的判断，从科学上和政治上提出合适的应对方案，而现阶段这两方面给予政府国际合作的决策支持都不够，以酸雨网为例，有些国家提出要开展区域大气污染防治的模型和排放清单研究，由于国内相关科学研究开展得不够深入，较难明确这两项研究对我国利益的影响，在谈判中我国只能一直反对开展这两项研究，一定程度上影响了我国在网络中的形象。另外，缺少环境保护国际合作政策上的前瞻性研究，无法对国际合作的未来形势进行准确的判断和做出战略规划，造成工作的被动性。

⑤ 环境保护国际合作的资金投入不足。

随着世界政治经济形势变化，发达国家向发展中国家提供的官方援助呈逐年下降趋势，世界环保领域的合作正由提供赠款、无偿援助，转向共同承担费用。尤其近年来，随着我国国力的不断加强，国际援助资金越来越少，国际引资合作形势严峻。另外，由于国际合作国内配套资金不足，工作开展的力度受到影响，尤其是双边合作效果大打折扣，此外，我国的环境履约经费严重不足，造成履约困难，在国际谈判中常处于被动地位。

为此，我国应该消除国际合作应以国际资金为主的观念，承担起与我国国际地位相对应的责任，加大国际履约及配套资金投入，尤其更重要的是对开展我国环境保护国际合作的基础性和前瞻性研究提供资金支持。

（2）外部挑战

由于环境资源的公共特性，环境问题与国际政治、经济、社会发展等关系紧密，其解决需要各国超越文化和意识形态等方面的差异，采取协调合作的行动。环境保护国际合作是一个非常复杂的系统工程，其与社会经济发展、国内环保工作等密切相关，同时在这几方面也存在一定的挑战。

在社会层面，我国“十七大”报告中提出“各国人民携手努力，推动建设持久和平、共同繁荣的和谐世界”，这就要求我国首先树立自己良好的国际形象，才能去携手其他国家，推动建设和谐社会。由于我国正处在全面建设小康社会的关键时期，经济高速发展态势持续强劲，由此带来的环境问题一定程度上影响了周边国家，在某些污染方面还是主要责任国，为了消除这方面的不利言论，在国际社会上树立“负责任大国”的形象，要求环境保护国际合作在国内和国际社会中充分发挥“润滑剂”的作用，通过各种措施手段，减弱我国环境问题对其他国家的影响，但是随着我国经济的持续增长，虽然国内采取了大量的管理手段，但环境问题仍然有所加重，需要国际合作提供更强的“润滑剂”功能。

在经济发展方面，随着我国逐渐融入到全球化进程中，“引进来”和“走出去”战略的实施极大地促进了我国经济的发展，但是在“引进来”的过程中，一些发达国家将一些技术落后、污染严重的企业及废弃物转移到我国，形成较大的环境压力；另外，由于我国经济水平的提高，越来越多的企业“走出去”，开拓海外市场，为国家经济发展作出了巨大贡献，同时我国境外投资活动引发的环境影响也引起了部分西方国家媒体、政府机构和国际组织的高度关注，某些媒体通过个别企业案例提出了“中国环境与资源威胁论”，严重影响了我国的国际形象。为了实现经济和环境的双赢，环境保护国际合作必须在其中发挥重要的“滤膜”作用，“引进来”过程中，充分利用废弃物跨界转移相关的国际公约，防止发达国家通过经济手段将“洋垃圾”导入我国；“走出去”过程中，通过相关政策引导对外投资企业履行环境责任，不授人以柄。

在国内环境保护自身需求方面，目前我国生态环境形势非常严峻，必须转变传统的高投入、高消耗、高污染的粗放型经济增长方式，摆脱以牺牲环境换取经济增长的路子。而这对于中国这样一个高速增长的庞大经济体来说，无疑是一项长期的浩大工程，不仅需要自己的努力，也需要积极开展国际合作，引进国外在环境保护方面先进的管理经验、技术以及资金。另外，由于我国还处于工业化进程中，国内环境保护重点可能与国际上的环境热点问题会有所差别，如何发挥环境保护国际合作的“转换剂”作用，将国内环境保护重点工作与国际环境问题结合起来，通过国际上引进的技术、资金既开展了国内工作，又履行了国际环境问题的义务，是环境保护国际合作面临的重要挑战。

（三）关于我国环境保护国际合作的基本认识

当前，我国经济全球化进程全面加快，中国与世界经济的相互依赖达到从未有过的程度，我国已经从国际经济秩序的被动适应者逐步转变为世界重大事务的主要参与者。从自然属性看，生态环境本身就是一个整体，环境问题的发生，尤其是其影响很难有国界之分，世界各国都是全球环境问题的利害相关者。

从国际环境保护与全球可持续发展的进程看，环境问题已不仅仅是单纯的环境问题，而是与政治问题、经济问题、社会问题紧密地交织在一起。1972 年人类环境会议、1992 年里约环境与发展世界首脑会议，特别是近年来气候变化等全球性环境问题的加剧，环境安全已成为举世关注的非传统安全因素之一。环境保护国际合作进程呈现出了两个最显著的特征：一是机制化，首先是随着国际环境管理体制不断加强，国际环境公约及其履约机制进一步强化；其次是联合国环境管理与协调机构（UNEP 等）以及其他国际组织在国际环境事务中发挥的作用越来越大；最后是区域和双边的合作的机制化。如中日韩环境部长会议、东盟加中日韩环境部长会议、中欧环境部长政策对话等区域合作机制。在中美经济战略对话机制、中俄总理定期会晤机制，以及近期建立的中日经济高层对话等双边合作机制中，环境领域的对话和合作都是极其重要的内容。二是一体化，环境问题与政治、经济、文化、安全，以及贸易、技术等方面的合作相互渗透，相互影响，相互依存。许多问题，包括能源过度消耗、温室气体排放等，并非一国能解决，也并非一国所面对，任何国家在严峻的全球环境问题面前都不可能置身度外，独善其身，只能通过国际合作来解决。中国作为国际社会的一员，应积极参与国际合作，在合作中和有关国家共同承担责任、共同分享合作成果，推动和谐世界的建立。

中国经济的高速发展对全球环境的影响也在加大。中国政府已充分认识到经济发展中存在着资源环境代价过大的突出问题，并积极采取措施节能减排。同时，国际社会对我国承担国际责任和作用的期望值也在不断提高。此外，“中国环境威胁论”和“中国资源威胁论”等也不时地出现。随着中国经济发展，国际社会对中国对全球环境负面影响的担心也在增加。中国国内的环境问题已经发展成了一个全球性议题。对此，我们处理得好，可以得到双赢的效果，既推动全球环境问题的解决，树立良好的国际形象，又可以为国内发展赢得良好的国际环境，促进国内环境问题的解决，加快我国环境保护历史性转变的实现。相反，处理得不好，不仅影响中国的可持续发展，同时也会对全球环境产生深刻的影响，并且会由此受到国际社会的持续压力，影响我国抓住和用好发展的重要战略机遇期，影响我国全面建设小康社会的进程。

因此，制定新时期环境保护国际合作宏观战略的指导思想和方针，需要明确新的历史阶段下环境保护国际合作问题的基本特征和战略定位，基于以下基本认识。

（1）科学认识我国环境保护的历史阶段，承担与我国发展水平与阶段相适应的责任和义务

我们必须准确认识我国的发展阶段，以及我国环境保护所处的历史阶段。党的“十七大”报告中指出，当前，我国仍处于并将长期处于社会主义初级阶段，当前我国发展的阶段特征是社会主义初级阶段基本国情在新世纪新阶段的具体表现。我们必须始终保持清醒头脑，立足社会主义初级阶段这个最大的实际，科学分析我国全面参与经济全球化的新机遇新挑战。

我国环境保护的历史阶段与社会主义初级阶段相适应，正处于重要的战略转型期，基本战略是正在推动环境保护的三个历史性转变。因此，在处理国际环境问题上，必须科学认识我国的历史阶段和时代特征，一个基本原则是要继续坚持发展中国家的根本立场，承担与我国发展水平与发展阶段相适应的国际环境履约的责任和义务，既不脱离实际，急于求成，超越我们的发展阶段，也不自甘落后，妄自菲薄。应采取积极务实的态度，适度参与国际环境与发展以及可持续发展进程。

（2）加速的经济全球化进程与严峻的国际环境形势要求我国必须以更加积极的态度和更加务实的行动参与国际环境与可持续发展进程

当今世界，经济全球化不断加速。全球化进程深刻地改变着世界的利益格局，带来更加严峻的环境挑战，我国已经不可避免地成为这个过程中的利益攸关者，我国的实力与影响力使我国已经到了影响国际环境与发展的格局，为国际环境与发展作出贡献的历史阶段。

目前国际环境利益复杂分化，需要我们正确分析和认识我国、发展中国家、新兴经济国家（或转型国家）的环境利益，趋利避害，以更加积极的态度和更加务实的行动参与国际环境与可持续发展进程。

（3）在全球环境事务中，我国应转换角色，从过去的被动适应者向负责任的参与者和国际规则制定的主导者转变

面对日益严峻的全球环境挑战，必须清醒地认识到我国面临的环境压力将越来越大，因此我国必须积极转换角色，从过去的被动适应者向负责任的参与者和国际规则制定的主导者转变。

近年来，中国在参与和推动国际环境合作与交流方面日益活跃，扩大了影响，树立了负责任的大国形象；同时，在双边、多边和区域国际环境合作中，坚持“以外促内”原则，在履行国际义务的同时，积极维护国家权益，争取最大利益，促进了中国经济发展和环境保护事业。通过加入和履行国际环境公约，推动了中国在全球环境保护中的参与，在坚持为发展中国家争取发展权益的同时，也积极借助清洁发展机制等国际资金和技术机制推动国内的节能减排工作，在国际上展示了良好的国家形象。在切实履行国际义务的同时，中国利用国际环境公约下的资金和技术转让机制推动了国内的环境保护工作。增进了国内环境治理结构的

升级，推动了环境保护的市场化，管理和监督手段的标准化。通过开展民间的国际环境合作，吸引了大量的国际机构和非政府环保组织参与中国的环境保护。

全球环境保护日益表现出制度化的趋势。所有的全球环境问题都已经、正在或将要被纳入国际环境制度之中。尽管国际环境制度建设仍有很长的路要走，但对国际规则制定权的争夺已经成为未来国际政治经济关系中一个利益攸关的重大问题。发展中国家必须清醒地认识到，在全球化时代，退缩、抵制、置身其外的态度只能暂时缓解压力，最终只会更受其害。只有积极参与其中，并发挥建设性的作用，才能更好地维护自身利益。

（4）我国应在国际社会大力倡导符合发展中国家利益的、具有中国特色的环境保护理念与模式，树立正面形象

随着我国国力的增强和影响力的增大，我国的环境保护日渐融入全球可持续发展进程。中国的发展模式成为其他国家借鉴的经验，而发展中的环境保护模式也日益受到世界的关注。世界银行曾经把我国的一些环境保护措施介绍给其他发展中国家参考，可见我国已经到了为全球环境保护作出自己独特贡献的阶段。因此，环境保护国际合作的重要任务之一就是要向世界宣传中国的环境贡献，宣传我国对内构建和谐社会、对外推行和谐世界的战略选择，争取客观友善的舆论环境。

综观世界上其他国家，都十分重视国家发展与环境保护理念与模式的宣传。如美国一贯倡导以技术路线和市场手段解决环境保护问题，在推行污染排放交易减排二氧化硫污染方面取得显著效果，并积极向世界宣传；欧盟国家更是以环境优先著称，采取严格的环境标准、制定长远严格的环境保护目标，采取法规与综合性措施解决环境问题；日本则在应对全球气候变化方面提出美丽星球的长远规划，对国内环境问题，则大力推进循环型社会建设，试图用区域机制解决国内环境问题，并宣传其环境理念和成功经验；韩国则提出了绿色增长的概念，并在区域层次构建了绿色增长政策论坛。目前我国大力推进历史性转变的国家战略、生态文明的治国理念、节能减排的战略部署等都是具有中国特色的环境保护经验和模式，值得向国际社会大力倡导。

同时，我国国内不断提高的环境保护战略地位，不断加大的环境保护力度，对国际环境问题解决具有重要的协同效应，因此要加强科学研究，提出量化指标，服务国内决策。

我国环境保护仍然需要借鉴国际先进的环境理念和管理手段，使之适应中国特色的环境，为我所用，包括以环境优化经济增长的典型案例、全社会参与环境保护的良好环境治理结构、环境优先、休养生息的战略选择、发挥市场经济手段等。

（5）环境保护国际合作要维护我国环境利益，服务重要战略机遇期，以环境友好的方式利用国际资源

国际社会对我国的环境责任和环境期待增大，国际环境合作不仅关乎我国的环境形象，也切实影响我国的国家利益（包括经济利益和环境利益），处理不好，会导致我国形象受损，

利益受损，因此，在国际环境合作中需要更加积极、理性和务实。

随着“走出去”战略的实施，中国对外投资活动将日趋活跃，未来将出现越来越多的中国跨国公司。中国对外投资政策不仅应该鼓励企业走出去，还应该对中国企业走出去后的可持续发展状况给予积极关注。为鼓励可持续发展性的对外投资活动，政府应进一步完善有关管理政策，建立对企业对外投资的可持续发展绩效评价制度，推进企业涉外环境风险管理制度的建设。结合可持续发展领域的需求，进一步完善可持续发展领域的境外投资服务方面的措施。除更好地做好公共服务，加强为市场主体服务的精神外，政府还应积极鼓励企业遵循投资所在国的环境法规和其他可持续发展制度。环境部门和经济部门应组织有关服务机构提供包括投资所在国环境调研分析、海外环境法律服务等多方面内容，为境外投资的可持续发展提供环境政策支持。

绿色信贷已经成为国际潮流。世界银行、亚洲开发银行、美国和欧盟以及其他许多国家的进出口银行都已经把可持续发展因素纳入贷款、投资和风险评估程序。为此，中国在完善现有的《关于落实环保政策法规防范信贷风险的意见》的基础上，可适度加入鼓励开展对外经济合作项目的绿色信贷内容，树立中国政府顺应国际可持续发展潮流和关注企业社会责任的正面形象，这样不仅有助于中国鼓励走出去国家战略的持续发展，更有利于企业在投资所在国的可持续经营，以更加环境友好的方式利用国际资源，这里不仅包括自然资源，还包括环境容量，更好地服务我国发展的重要的战略机遇期。

二、我国面临的主要全球环境问题及战略对策①

（一）全球环境问题与全球环境治理

1. 全球环境问题的内涵与特点

全球环境问题是指伴随着经济全球化产生的在全球范围内引发严重的生态、环境破坏，进而对经济和社会发展产生长期而广泛的不利影响的一系列环境问题②。这类问题不仅在影响范围上具有跨国性，而且在解决环境破坏的过程中也必须涉及跨国因素，如国际管制与国际合作等③。

在过去几十年和几百年间，以全球变暖为主要特征，全球的气候与生态环境发生了重大的变化：水资源短缺，生态系统退化，土地侵蚀加剧，生物多样性破坏，臭氧层耗损、大气化学性质改变，渔业产量下降等。这些变化都具有“全方位、大尺度、多层次、长时期”的

① 清华大学环境科学与工程系课题组。
② 黄晶，李高，彭斯震. 当代全球环境问题的影响与我国科学技术应对策略思考. 中国软科学，2007，7：79-86.
③ 李斐，祝耀侦. 全球环境问题与国际组织的治理. 文教资料，2007，1：200-201.

特点，不仅对人类自身健康和安全构成直接和潜在的威胁，对经济和社会的长期稳定和发展提出严峻挑战，而且还从根本上损害人类赖以生存的自然生态系统，可能造成生态系统破坏的不可逆转，动摇人类生存和发展的生态基础。

这些地球气候与环境的变化主要由人类活动造成，实际上反映了人与自然之间关系的变化。它们的变化范围已经超出了地球本身自然变动的范围，对人类的生存和社会经济的发展构成了严重的威胁。联合国政府间气候变化专门委员会（IPCC）在 2007 年出版的第 4 份报告中指出，人类活动与气候变化因果关系的肯定程度达到了 90%。报告显示，地球气候的温度在过去 100 年中上升了 0.74℃，主要的变暖阶段是最近 50 年；同时，未来 20 年每十年地球的气候还会变暖 0.2℃。造成气候变暖的原因是温室气体在大气中的浓度增加。1750 年以来，全球的二氧化碳、甲烷和一氧化二氮等温室气体的浓度迅速增加，这些气体在冰芯中的含量比 1000 万年前的含量大得多。二氧化碳增加的主要原因在于燃烧化石燃料和土地的使用，而甲烷和一氧化二氮的增加主要源于农业。

这些全球性变化不仅对地球生态系统本身带来了显著的影响，而且对社会价值体系、世界政治格局和经济格局也产生了深刻的影响。在社会价值方面，人们对自身生产和生活方式的深刻反思和价值观念的深层次变化，导致了对“生态文明”的诉求。我国刚刚召开的“十七大”也首次将“生态文明”写入报告中。在政治方面，全球环境问题不仅对各国政治与社会管理体系产生了影响，而且，应对和解决全球环境问题已成为世界政要议事日程的优先议题。同时，全球环境问题也拓展了传统的安全概念，成为国家安全的重要组成部分。

2. 全球环境治理的内涵与特点

（1）内涵

生物圈的整体性和生态系统的相互依存性使所有国家都不能避免环境问题的影响，因而需要所有国家采取集体行动应对全球性环境问题，换句话说，全球环境问题需要全球环境治理。

全球环境治理主要是国际社会通过建立新的公平的全球伙伴关系，经由条约、协议、组织所形成的复杂网络来解决全球环境问题，以促进人类社会的可持续发展。全球环境治理机制就是由相应的条约、协议、组织所形成的复杂网络。它是国际社会行为体（主要指主权国家和国际组织）在解决日益严峻的全球环境危机过程中构建起来的一系列制度化（正式和非正式）的组织机构、原则和程序，主要由结构主体、议题领域、作用渠道、原则规范、操控方式来构成和运作①。

在全球环境治理过程中，一个集中管理公共事务的权威主体并不存在，全球环境治理只能由旨在促进和实现全球环境治理的国际机构通过建立多边的国际合作来实施和完成。这样

① 蔺雪春. 全球环境治理机制与中国的参与. 国际论坛，2006，8（2）：39-43.

的国际组织包括联合国环境规划署、联合国可持续发展委员会等以环境治理为主要活动领域的机构，也有世界贸易组织、世界银行等不以环境治理为主要活动领域的机构。

（2）特点

全球环境问题引发的国家利益矛盾错综复杂，有关全球环境国际公约的谈判与博弈成为各国争取和维护国家利益的重要着力点，甚至成为提高自身实力优势，抑制他国竞争力的重要工具。基于对全球环境问题产生历史和现实作用的认识不同，以及应对全球环境变化的社会经济代价和适应全球环境变化的能力不同，基本分化为南北两大阵营①。

发达国家认为全球环境危机主要是由发展中国家对自然资源的压力造成的。在西方发达国家看来，发展中国家的人口膨胀和主要借助于资源耗费和以生态环境为代价的经济高速增长正在构成对其自身和对包括发达国家在内的国际社会的环境威胁。应该承认，发达国家的生态环境观念有其一定的科学性、合理性，但其对外环境安全战略特别是针对发展中国家的战略依然是局限于不公正的当前的国际经济政治关系框架。

与发达国家观察环境威胁及其安全影响的视角不同，发展中国家更多的是从自身发展的不充分性或低水平来理解环境问题。它们对环境安全问题的性质及其成因有自己的认识。发展中国家强调的环境安全威胁主要来自三个方面或渠道：一是经济现代化进程中难以避免的“生态环境支出”或“环境安全交换”；二是发达国家近代扩张过程中遗留下来的“环境副遗产”；三是发达国家产业与技术转移过程中产生的“环境威胁输出”。由此认为，发达国家对全球环境问题的退化负有主要责任。同时，由于发达国家掌握了资金、技术的优势，有能力和条件来优先解决全球环境问题。应该说，发展中国家的强调自身经济社会发展权利和西方发达国家历史与现实责任的环境安全观及其环境安全战略有其正义或合理的一面。

概括而言，南北纷争首先体现在保护环境与发展经济的关系上：发展中国家认为不能就环境而谈环境，应将环境问题与发展问题联系起来；发达国家却无视发展中国家经济落后、人民生活水平低下的事实，片面强调环境保护优先。其次体现在环境问题的解决途径上：发达国家主张效率，而发展中国家强调公平。

要解决好这些问题，共同但有区别的责任是基本的前提②，兼顾公平和效率是国际合作的原则和努力方向。发达国家应该切实承担起解决全球环境问题的主要责任，进一步增加对发展中国家的资金和技术援助，缩小发展中国家与发达国家经济、技术上的差距。

（3）治理类型

缔结国际公约和组织实施重大科技计划是国际社会联合起来应对全球环境问题所采取的两大重要举措。

自 1972 年联合国人类环境会议以来，有关全球环境问题的国际制度安排迅速发展。尤其

① 王小民. 全球环境问题：南北分歧与实质. 理论月刊，2006，9：147-150.
② 李扬勇. 论共同但有区别责任原则. 武汉大学学报：哲学社会科学版，2007，60（4）：549-553.

是最近十年来，有关全球环境问题的国际公约不断产生，加速了国际环境制度的形成。《气候变化框架公约》、《生物多样性公约》、《湿地公约》、《防治荒漠化公约》、《保护臭氧层公约》、《关于持久性有机污染物的斯德哥尔摩公约》、《控制危险废物越境转移及其处置的巴塞尔公约》等全球性环境公约不断出台，《奥胡斯公约》、《巴马科公约》、《里海环境保护条约》等区域性环境公约相继产生，《美加危险废物跨国界转移协议》、《美加空气质量协定》等双边环境协议也逐渐增加，初步形成了从全球到区域再到双边层次的环境问题国际制度框架和规则体系，而且正在朝着“目标量化、规则细化、约束硬化”的方向发展，对各主权国家的影响力和约束力不断增强[①]。

联合国环境规划署作为多边环境条约的主要组织者之一，迄今为止在大气环境、土地环境、海洋和淡水环境、生物多样性、化学品和废物等方面组织签署了一系列的国际公约，如表附-1 所示。

表附-1　　联合国环境规划署组织的国际性公约

全球环境问题		有关的公约和协议
大气系统		《气候变化框架公约》（UNFCCC） 《保护臭氧层公约》
土地系统		《防治荒漠化公约》（UNCCD）
海洋和淡水系统		《地中海海洋环境和滨海地区保护的巴塞罗那公约》 《西非和中非海洋和沿海保护与开发阿比让公约》 《东亚海洋行动计划》 《大加勒比地区海洋环境保护与开发卡塔赫纳公约》 《东非地区海洋和海岸环境保护、管理与开发的内罗毕公约》 《西北太平洋行动计划》 《东北太平洋危地马拉公约》 《波罗的海地区海洋环境保护赫尔辛基公约》 《东北大西洋海洋环境保护奥斯巴公约》 北极海洋环境保护北极理事会 《联合国海洋法公约（海洋法公约）》 为保护海洋环境免受陆基活动的全球行动纲领
化学品与废物		《关于保护臭氧层的维也纳公约》 《关于消耗臭氧层物质的蒙特利尔议定书》 《控制危险废物越境转移及其处置的巴塞尔公约》 《关于在国际贸易中对某些危险化学品和农药采用事先知情同意程序的鹿特丹公约》 《关于持久性有机污染物的斯德哥尔摩公约》
生物多样性	全球尺度	《濒危野生动植物物种国际贸易公约》（CITES） 《波恩迁移物种公约》（CMS） 《生物多样性公约》（CBD） 《卡塔赫纳生物安全议定书》 《海洋哺乳动物行动计划》（MMAP） 《联合国森林论坛》（UNFF）

① 黄晶，李高，彭斯震. 当代全球环境问题的影响与我国科学技术应对策略思考. 中国软科学，2007，7：79-86.

全球环境问题		有关的公约和协议
生物多样性	地区尺度	《非洲—欧亚移栖水鸟保护协议》（AEWA） 《波罗的海与北方海域小鲸目动物保护协议》（ASCOBANS） 《黑海、地中海和毗连大西洋区保护协议》（ACCOBAMS） 《欧洲蝙蝠种群保护协议》（Eurobats）
其他		《联合国教科文组织世界遗产公约（世界遗产）》 《南极海洋生物资源保护公约》 《南极环境保护马德里议定书》

同时，制定和实施全球性的专项计划，也成为国际研究与解决全球性环境问题的主要方式。在过去 15 年中，通过世界气候研究计划（WCRP）、国际地圈—生物圈计划（IGBP）、全球环境变化的人文因素计划（IHDP）和生物多样性计划（DIVERSITAS）及其一系列核心研究计划，全球变化的研究获得了重大科学成就和发现。主要为：①认识到地球物理、化学和生物过程的剧烈相互作用形成了地球的环境，其中生物的重要性比以前认为的更为重要；②人类活动正以多种方式明显地改变着地球系统的环境，它所造成的变化已经可以清晰检测出来，其范围和影响在某些条件下可以超过自然的变率；③地球系统正在发生的变化，其性质、幅度和速率都是前所未有的，就关键的环境参数而言，地球系统已经完全超过了过去 50 万年自然变化的范围；④一种新颖的环境科学系统正在出现，这是通过对一些关键性科学问题，如全球碳循环、水循环，各圈层相互作用等进行综合性研究而实现的，并迫切需要对地球环境的全球管理规范与战略。

当前，全球环境治理已经取得了一定成效，但世界生态环境尤其是发展中国家的生态环境总体趋势仍然不断恶化，国际环境治理进程仍存在许多挑战。

3．我国面临的主要全球环境问题和参加全球环境治理的机制

（1）我国面临的主要全球环境问题

全球变化对我国环境的影响是多方面的、显著的和深刻的。在全球变化的背景下，我国的环境问题日趋严重，自然的生态系统改变如气候变暖、冰川融化，森林减少、草原退化、荒漠化面积不断增加，生物多样性减少，北方干旱化增加，极端天气—气候事件加剧等。

青藏高原在海拔 4 000m 之上大约有 46 298 座冰山。在过去 20 年里，西藏的气温已经升高了 1.1℃。这是一个非常敏感的区域，因为世界上有 7 大河流都是发源于此：中国的长江和黄河、印度的印度河和恒河、越南的湄公河、孟加拉国的布拉马普特拉河、缅甸的萨尔温江。大约有 20 亿人口都靠此生活，进行工业和农业生产、航运和发电等。中国科学院的董光荣在 2006 年 5 月表示 2005 年冰山的融化速度已经达到了令人担忧的 7%。更高的温度将会进一步融化冻土，将土地变成沙漠。融化的冰山将最终引发更多的干旱、加剧沙漠化和沙尘暴，这些都已经在困扰着中国。

IPCC 科学家于 2007 年 9 月在伦敦召开的会议上宣称，地球气温上升 2℃是不可避免的。温度上升 2℃的后果是：在亚洲地区，随着喜马拉雅冰川消融，多达 10 亿人将缺少淡水供应；印度的玉米和小麦产量将下降 5%；中国的大米产量将下降 12%，沿海洪水发生概率增加。

据国内相关研究，按目前的全球变暖趋势持续下去，30 年后我国主要农作物（稻米、小麦、玉米）将减产 5%～10%，病虫害发生频率和危害程度将明显增加；水资源的短缺呈加剧趋势，预计 21 世纪 30 年代，即使采取严格的节水措施，黄河流域仍将缺水 200 亿 t；传染病的种类和影响范围将明显扩大，一些已经绝迹的传染病又有死灰复燃的可能；我国未来海平面还将继续上升，到 2030 年中国沿海海平面上升幅度为 1～16cm，预计到 21 世纪末将达到 30～70cm。这将使许多海岸区遭受洪水泛滥的机会增大、遭受风暴影响的程度和严重性加剧，气候突变事件发生概率增加，并可能在大范围地区造成灾难性的后果。

今后，国际上要求发展中国家特别是像我国这样的发展中大国采取保护气候措施的压力将显著增加，我国将面临越来越多的国际履约问题。中国作为世界上二氧化碳排放大国，无论从自身还是全球的可持续发展都应做出理智的选择，采取综合的对策和积极的行动，充分利用国际上应对全球变化的机遇，在全球环境保护的进程中争取主动，实现生产和消费模式的全方位变革，保证可持续发展目标的实现。

（2）我国参加全球环境治理的机制及重要行动

我国发表了《中国关于全球环境问题的原则立场》①，指出目前存在的全球性环境问题，主要是发达国家在过去一两个世纪中盲目追求工业化造成的后果。直到现在，发达国家依然是世界资源的主要消耗者和污染的主要排放者。因此，它们对全球性环境问题负有不可推卸的责任；同时，发达国家在长期无偿地使用人类资源的基础上得到了发展，拥有较强的保护全球环境所需要的资金和技术力量，理应承担更多的实际义务。

中国作为发展中大国，在全球环境问题上一直受到来自国际上的巨大挑战。尤其进入 21 世纪以来，形势更加严峻②。在 2006 年 11 月北京举行的气候变化圆桌会议上，欧盟贸易委员彼得·曼德尔森强调，“未来所有关于气候变化和贸易的谈判中，中国都将被置于中心位置。”

妥善应对和解决全球环境问题将首先有助于我国化解不利的国际舆论，缓解国际压力，维护我国作为一个负责任大国的形象，提升国家的软实力；其次，积极主动地参与全球环境问题的解决，有利于我国开拓新的发展空间，可以有效遏制发达国家利用国际环境规则限制我国发展空间的企图，减少对我国社会经济发展的负面影响；再次，通过全球环境问题的全面参与，促进我国在产业政策、能源政策、技术政策、财税政策和贸易政策上做出积极的调整，进而优化我国在全球产业分工和贸易中的格局；最后，全球环境问题的妥善应对和解决，有利于我国建设生态文明，实现资源节约型、环境友好型社会战略目标，加速形成节约能源

① 国家环境保护总局政策法规司. 中国缔结和签署的国际环境条约集[G]. 北京：学苑出版社，1999.
② 涂瑞和. 在全球化和区域化快速发展背景下看我国的环境问题. 环境保护，2007，380（9）：25-30.

资源和保护生态环境的产业结构、增长方式和消费模式。

我国本着对国际环境与资源保护事务积极负责的态度，参加或者缔结了多项环境与资源保护国际公约和条约，并把这些文件的精神引到国家的法律和政策之中。我国提出的全球环境问题的原则立场逐渐为世界各国所认同，这些原则立场概括起来就是：正确处理好环境保护与发展的关系，经济发展必须与环境保护相协调；明确国际环境问题的主要责任，保护环境是全人类共同的任务，但是发达国家负有更大的责任；维护国家主权，加强环境领域的国际合作，要以尊重国家主权为基础；发达国家不应把环境保护作为提供发展援助的附加条件，不应借口保护环境设置新的贸易壁垒；保护环境和发展经济离不开世界的和平与稳定；处理环境问题应当兼顾各国的现实利益和长远利益等①, ②。

截至 2005 年，中国已参加了《联合国气候变化框架公约》及其《京都议定书》、《关于消耗臭氧层物质的蒙特利尔议定书》、《关于在国际贸易中对某些危险化学品和农药采用事先知情同意程序的鹿特丹公约》、《关于持久性有机污染物的斯德哥尔摩公约》、《生物多样性公约》、《生物多样性公约〈卡塔赫纳生物安全议定书〉》和《联合国防治荒漠化公约》等 50 多项涉及环境保护的国际条约，如表附-2 所示。

表附-2　我国参加的国际环境公约

公约名称	批准时间	负责部门
《濒危野生动植物物种国际贸易公约》	1981 年 4 月 8 日	国家林业局
《防止倾倒废物和其他物质污染海洋的公约》	1985 年 9 月 6 日	国家海洋局
《关于保护臭氧层的维也纳公约》	1989 年 9 月 11 日	国家环保总局
《关于消耗臭氧层物质的蒙特利尔议定书》伦敦修正案	1991 年 6 月 14 日	国家环保总局
《关于控制危险废物越境转移及其处置的巴塞尔公约》	1991 年 9 月 4 日	国家环保总局
《关于特别是作为水禽栖息地的国际重要湿地公约》	1992 年 7 月 31 日	国家林业局
《生物多样性公约》	1992 年 11 月 7 日	国家环保总局
《联合国气候变化框架公约》	1992 年 11 月 7 日	国家发展改革委
《核安全公约》	1996 年 4 月 9 日	国家环保总局
《防治荒漠化公约》	1996 年 12 月 30 日	国家林业局
《关于控制危险废物越境转移及其处置的巴塞尔公约》修正案	2001 年 5 月 1 日	国家环保总局
《京都议定书》	2002 年 8 月 1 日	国家发展改革委
《关于消耗臭氧层物质的蒙特利尔议定书》哥本哈根修正案	2003 年 4 月 22 日	国家环保总局
《关于持久性有机污染物的斯德哥尔摩公约》	2004 年 6 月 25 日	国家环保总局
《关于在国际贸易中对某些危险化学品和农药采用事先知情同意程序的鹿特丹公约》	2004 年 12 月 29 日	国家环保总局
《卡塔赫纳生物安全议定书》	2005 年 4 月 17 日	国家环保总局
《〈防止倾倒废物和其他物质污染海洋的公约〉1996 年议定书》	2006 年 6 月 29 日	国家海洋局

同时，我国也积极履行了这些条约规定的义务。如批准了《中国逐步淘汰消耗臭氧层物

① 李绪鄂. 全球环境问题和我国的原则立场. 中国人口资源与环境，1991，1（2）：29-32.
② 吕建华. 生态环境问题：国际政治经济新焦点. 新远见，2007，9：30-42.

质的国家方案》，相继颁布了 100 多项有关保护臭氧层的政策和措施，建立了消耗臭氧层物质替代品和其他环保相关产品的开发和生产基地，顺利完成了《蒙特利尔议定书》规定的阶段性削减指标。此外，我国还推动了一些具有代表性的国际环境保护重要文件的出台，如《人类环境宣言》（1972）、《内罗毕宣言》（1982）、《里约环境与发展宣言》（1992）、《21 世纪议程》（1992）、《国际清洁生产宣言》（1998），并按照文件的要求，积极推动中国环境保护事业的发展，走可持续发展道路。

（二）全球气候变化

当前，气候变化问题正对世界各国产生日益重大而深远的影响，受到国际社会的普遍关注。作为世界上最大的发展中国家，同时也是温室气体排放大国，中国能否妥善应对气候变化及其国际制度，成为我国经济社会发展过程中的重大战略课题。

1. 全球气候变化的现状、趋势及影响

（1）全球气候变化的科学事实

近百年来，许多观测资料表明，地球气候正经历一次以全球变暖为主要特征的显著变化，中国的气候变化趋势与全球的总趋势基本一致。

政府间气候变化专门委员会（IPCC）第四次评估报告指出，人类活动使得全球大气中二氧化碳、甲烷和氮氧化物等物质的浓度自 1750 年显著增加，且远高于工业化前的水平。观测显示，全球气候系统正在变暖。过去 12 年间（1995—2006），有 11 年的全球地表温度进入了有记录以来 12 个最暖年的行列。近 100 年来的地表温度上升约为 0.74℃，而近 50 年来的上升幅度则接近前者的两倍。报告同时用“非常可能”代替了前次报告中的“可能”，来描述人为造成的温室气体浓度增加是引致近 50 年来全球平均气温上升的主要原因。

在全球变暖的大背景下，中国近百年的气候也发生了明显变化。有关中国气候变化的主要观测事实包括：① 近百年来，中国年平均气温升高了 0.5～0.8℃，略高于同期全球增温平均值，近 50 年变暖尤其明显；② 近百年来，中国年均降水量变化趋势不显著，但区域降水变化波动较大，中国年平均降水量在 20 世纪 50 年代以后开始逐渐减少，平均每 10 年减少 2.9mm，但 1991 年到 2000 年略有增加；③ 近 50 年来，中国主要极端天气与气候时间的频率和强度出现了明显变化，华北和东北地区干旱趋重，长江中下游地区和东南地区洪涝加重；④ 近 50 年来，中国沿海海平面年平均上升速度为 2.5mm，略高于全球平均水平；⑤ 中国山地冰川快速退缩，并有加速趋势。

（2）全球气候变化的发展趋势

IPCC 预测，在接下来的 20 年里，全球地表温度将每十年上升 0.2℃。即使所有的温室气体和气溶胶的浓度都稳定在 2000 年的水平，由于气候系统的复杂性和长期的反馈过程，每十

年全球地表温度也将至少上升 0.1℃。并且，持续的或者加速的温室气体排放将使 21 世纪的全球变暖进一步加剧，非常可能导致比 20 世纪更大的气候变化。中国科学家预测，中国未来的气候变暖趋势也将进一步加剧：① 与 2000 年相比，2020 年中国年平均气温将上升 1.3～2.1℃，2050 年将升高 2.3～3.3℃；② 未来 50 年中国年平均降水量将呈增加趋势，预计到 2020 年，全国年平均降水量将增加 2%～3%，到 2050 年可能增加 5%～7%；③ 未来 100 年中国境内的极端天气与气候时间发生的频率可能性增大，将对经济社会发展和人们的生活产生很大影响；④ 中国干旱区范围可能扩大，荒漠化可能性加重；⑤ 中国沿海海平面将继续上升；⑥ 青藏高原和天山冰川将加速退缩，一些小型冰川将消失。

（3）全球气候变化对中国的潜在影响

未来的全球气候变化将对中国产生一定的影响，尤其是对农牧业、森林和其他生态系统、水资源、海岸带等方面。对农牧业的影响主要有以下几个方面：一是农业生产的不稳定性增加，如果不采取适应性措施，小麦、水稻和玉米三大作物均以减产为主；二是农业生产布局和结构将出现变动，种植模式和作物品种将发生改变；三是农业生产条件发生变化，农业成本和投资需求将大幅度增加；四是潜在荒漠化趋势增大，草原面积减少，气候变暖后，草原区干旱出现的概率增大，持续时间加长，土壤肥力进一步降低，初级生产力下降；五是气候变暖对畜牧业也将产生一定的影响，某些家畜疾病的发病率可能提高。对森林和其他生态系统的影响主要有以下几个方面：一是森林类型的分布北移；二是森林生产力和产量呈现不同程度的增加；三是森林火灾及病虫害发生的频率和强度可能增高；四是内陆湖泊和湿地加速萎缩；五是冰川与冻土面积将加速减少；六是积雪量可能出现较大幅度减少；七是将对物种多样性造成威胁，可能对大熊猫、滇金丝猴、藏羚羊和秃杉等产生较大影响。对水资源的影响主要有以下几个方面：一是未来 50～100 年，气候变化将可能增加中国洪涝和干旱灾害发生的概率；二是未来 50～100 年，中国北方地区水资源短缺矛盾可能加剧；三是在水资源可持续开发利用的情况下，未来 50～100 年，全国大部分省份水资源供需基本平衡，但内蒙古、新疆、甘肃、宁夏等省（区）水资源供需矛盾可能进一步加大。对海岸带的影响主要有以下几个方面：一是中国沿岸海平面仍将继续上升；二是发生台风和风暴潮等自然灾害的概率增大，造成海岸侵蚀及致灾程度加重；三是滨海湿地、红树林和珊瑚礁等典型生态系统损害程度也将加大。另外，气候变化可能引起热浪频率和强度的增加，由极端高温事件引起的死亡人数和严重疾病将增加。气候变化可能增加疾病的发生和传播机会，增加心血管病、疟疾、登革热和中暑等疾病发生的程度和范围，危及人类健康。同时，气候变化伴随的极端天气气候事件及其引发的气象灾害的增多，对大中型工程项目建设的影响加大；气候变化也可能对自然和人文旅游资源以及对某些区域的旅游安全等产生重大影响。

2. 全球气候变化问题的应对现状

（1）应对全球气候变化问题的国际机制

《联合国气候变化框架公约》和《京都议定书》是目前应对全球气候变化问题的主要国际机制。

1992 年 6 月在联合国环境与发展大会上，各国政府签署了《联合国气候变化框架公约》（以下简称《公约》），这是迄今为止在国际环境与发展领域中影响最大、涉及面最广、意义最为深远的国际法律文书，它涉及人类社会的生产、消费和生活方式，涉及各国国民经济和社会发展的方方面面。《公约》确立了公平原则和发达国家与发展中国家共同但有区别的责任原则，规定发达国家应率先减少温室气体的排放，在 2000 年将其温室气体排放稳定在 1990 年的水平上，而发展中国家的首要任务是发展经济和消除贫困。

应该说，《公约》是对少数发达国家依靠大量消费化石能源和其他资源而建立的高自然资源消耗模式提出的挑战。《公约》的实施要求发达国家改变传统的不可持续的发展方式，寻求新的发展模式和消费观念，开创一种低资源消耗、低污染的可持续发展的模式。与此同时，包括发展中国家在内的所有缔约国在公约的框架下都承担了相应的责任和义务。其中重要的义务包括开展有关气候变化国家信息报告的编制，含排放清单的编制、制定应对气候变化问题的国家行动计划，以及积极开展相关技术开发、研究和交流等。但是由于《公约》只是一般性地确立了温室气体的减排目标，没有硬性规定发达国家减排的具体指标。发达国家认为，《公约》所规定的义务不具有法律约束力，属于软义务，到目前为止，只有少数发达国家温室气体排放量达到了 1990 年水平，并且在技术转让和资金提供上行动也十分有限。为此，从 1995 年“柏林授权”开始，经过艰苦的谈判，于 1997 年形成了《京都议定书》。

在 1997 年 12 月日本京都召开的《公约》第三次缔约方大会上通过了《京都议定书》。其核心内容是为发达国家明确规定了第一承诺期减排的定量目标和时间表。议定书第三条第 1 款规定：附件一所列缔约方（指发达国家）应单独或共同地确保本议定书附件 A 所示的温室气体（包括 CO_2、甲烷等 6 种气体）其人为的二氧化碳当量排放总量不超过一定的限值以及根据本条规定所计算的分配数量，以期这类气体的全部排放量在 2008 年至 2012 年承诺期间比 1990 年的实际排放水平至少削减 5%。在履约方式上，议定书规定发达国家可以单独或通过“联合履行”、“清洁发展机制”和“排放贸易”等手段，实现其部分减排承诺。同时，《京都议定书》也要求所有缔约方根据共同但有区别的责任，继续促进履行公约中已规定的现有义务，包括制订、实施及定期更新减缓气候变化和促进适应气候变化的政策和措施的国家方案。

《京都议定书》的达成具有非同寻常的意义，它是人类历史上第一个为发达国家单方面规定减少温室气体排放具体义务的法律文件，是对《气候变化框架公约》的重要补充，是推动可持续发展，保护全球环境的重要进展。

（2）全球气候变化谈判中的国际国内进展

世界高层论坛对气候变化问题的关注度显著提升。2005年的八国峰会，首次采取了8（八国集团）+5（中国、印度、巴西、南非与墨西哥）的形式，把全球气候变化作为峰会的重要议题之一。2007年在德国举行的八国峰会，同样邀请了五个发展中大国。八国领导人同意"大幅"减排温室气体，并在2009年前达成一份气候变化问题协议，以替代2012年到期的《京都议定书》。在联合声明中，八国领导人表示同意"认真考虑"欧盟、加拿大、日本等方提出的关于到2050年全球温室气体排放量比1990年至少降低50%的建议，并希望温室气体排放大国都为此而努力。2007年的APEC第十五次领导人非正式会议第一阶段会议在澳大利亚悉尼召开，会议的核心议题也是气候变化，并通过了《亚太经合组织领导人关于气候变化、能源安全和清洁发展的宣言》。2007年的联合国大会也成为气候变化问题的讨论会。

后京都机制的谈判已经开展。《京都议定书》已于2005年2月16日正式生效，根据《京都议定书》的有关规定，后京都谈判应不迟于2005年启动。随着京都议定书目标期的接近，京都议定书之后的机制去向已经提到日程上。2007年12月将在印度尼西亚巴厘岛举行的第十三届联合国气候变化框架公约缔约方大会（COP13）上，设立专门议题，就后京都机制进行磋商。

各国纷纷宣布与温室气体减排相关的发展战略和中长期目标。2003年3月英国《能源白皮书》提出，到2010年将二氧化碳减排20%，到2050年减排60%。2007年5月，英国政府又发布了新的《能源白皮书》，进一步明确了通过提高能效、促进低碳技术的采用和选择燃料来实现低碳经济的能源总体战略。美国政府也一改以往的立场。2007年5月，美国总统布什提出"美国应对气候变化的长期战略"，表示为了应对气候变化问题，他将力邀全球15个主要温室气体排放国在减排问题上设立长期目标。2007年7月也有议员在参议院提出了美国"2007低碳经济法案"，建议到2020年将美国的碳排放量减至2006年的水平，到2030年，减至1990年的水平。相比美国联邦政府，美国各州政府的反应更为积极。美国现已有40个州执行了削减温室气体排放的法规，20个州出台了鼓励使用可再生能源的措施，东北部各州还建立了温室气体排放指标交易体系。日本于2007年6月通过《21世纪环境立国战略》，将关于低碳社会的建立定为政府的发展目标。日本前首相还曾于2007年5月发表了名为"美丽星球之邀（Invitation to Cool Earth 50）"的提案，提出将"到2050年温室气体排放量减少至现在的一半的目标"作为全球共同的长期目标。2007年3月的欧盟春季首脑会议上，来自欧盟27个成员国的领导人重点讨论了欧盟委员会的减排目标。与会27国领导人3月8日就减少二氧化碳排放量和提高清洁能源使用比例等问题达成初步共识。欧盟各国领导人同意在2020年之前将欧盟的温室气体排放量在1990年基础上减少20%，使可再生能源的使用占能源使用总量的20%，使生物燃料的使用占燃料使用总量的10%。

中国发布了《气候变化国家评估报告》和《中国应对气候变化国家方案》。2007年2月发布的《气候变化国家评估报告》系统总结了我国在气候变化方面的科学研究成果，全面评估了在全球气候变化背景下中国近百年来的气候变化观测事实及其影响，预测了 21 世纪的气候变化趋势，综合分析、评价了气候变化及相关国际公约对我国生态、环境、经济和社会发展可能带来的影响，提出了我国应对全球气候变化的立场和原则主张以及相关政策。《气候变化国家评估报告》是我国编制的第一部有关全球气候变化及其影响的国家评估报告，其意义有两方面，一是向国际社会进一步表明我国高度重视全球气候变化问题，二是为我国参与全球气候变化的国际事务提供科技支撑，为未来我国参与全球气候变化领域的研究指出方向。2007 年 6 月，国家发改委发布了《中国应对气候变化国家方案》。方案回顾了我国气候变化的状况和应对气候变化的努力，分析了气候变化对我国的影响与挑战，提出了 2010 年前中国应对气候变化的指导思想、原则、目标、重点领域和政策措施，阐明了我国对气候变化若干问题的基本立场及国际合作需求。此方案是中国第一部应对气候变化的全面的政策性文件，也是发展中国家颁布的第一部应对气候变化的国家方案。

（3）全球气候变化问题的研究热点

气候变化问题是个典型的全球尺度的环境问题，但与一般环境问题相比，它又与能源利用、农业生产等经济发展模式息息相关，超出了一般意义上的环境或气候问题，其实质是争夺未来各国在能源发展和经济竞争中的优势地位，事关国家的重大经济利益和发展空间，因此受到国际社会的广泛关注。其研究热点可以归纳为以下三个方面：一是气候变化的历史和未来趋势；二是气候变化的影响与适应；三是减缓气候变化的技术研发和社会经济评估。

研究气候变化的历史和未来趋势，可以帮助人们认清气候变化的事实及其物理、化学和生物学过程，分析气候变化的机理，预测其未来发展，为研究已发生的极端气候事件的成因、未来气候变化对人类生存环境可能产生的影响、人类应该采用何种手段对气候变化及其引发的灾害进行控制和预防提供必不可少的理论依据。近 20 年来，国际科学界先后发起了世界气候研究计划（WCRP）、国际地圈—生物圈计划（IGBP）和全球环境变化的人类因素国际计划（IHDP）等大型国际研究计划与活动。其中的一个核心问题就是全球气候变化。此外，政府间气候变化专门委员会（IPCC）也负责组织世界上数千名科学家对全球气候变化的科学现状进行定期评估。中国科学家也从“七五”计划开始开展了一系列与气候变化相关的重大科技项目，在基础科学和相应领域研究取得了一系列重要进展。目前在此领域争论的焦点在于：过去全球和区域气候在多大程度上是由人为排放的温室气体引起的。如何利用完善的气候系统模型预估未来的气候变化？预估的未来气候变化是不是严重到足以对地球生态系统及人类社会造成不可挽回的重大损失？对这些问题仍需要进行深入和系统的研究。

对气候变化的影响进行客观、准确的评估，能够帮助人们分析不同主体所遭受到的气候变化影响的强弱，识别对气候变化反应最敏感的部门、领域，为减少气候变化对人类生存的自然生态和社会经济环境可能产生的负面影响提前做好准备。并在此基础上提出适应气候变化的对策，包括适应技术和适应政策，增强脆弱部门抵御气候风险的能力；另外，认清气候变化的影响，也为国家（尤其是发展中国家）在承担约束性温室气体减排义务的决策方面提供了理论支持。如果过早承担义务，其直接结果将是制约该国目前能源工业和制造业的发展，削弱产品在国际市场甚至国内市场的竞争力，压制农业和畜牧业的发展，从而使整体国民经济和社会发展受到严重制约。国际和国内研究气候变化的影响和适应问题的通用方法是构建未来社会经济发展的情景，由此衍生出温室气体的排放情景，从而用气候模式对人类活动引起的未来气候变化及其与各部门和领域间的影响进行情景预估。中国的科学家已经对气候变化对中国农业、水资源、海岸带、森林与其他自然生态系统、重大工程、人体健康和环境以及对中国不同区域的影响作了较为详尽的分析，并以此提出了相应的适应对策。本领域亟须进一步研究的问题在于如何降低气候变化影响的评估方法和结果的不确定性。此不确定性主要来自于情景的不确定性和影响评估模型的不确定性。情景的不确定性包括气候模式的不确定性和未来温室气体排放情景的不确定性两个方面。影响评估模型的不确定性主要来源于四个方面：一是气候变化对各种生态系统的影响及系统之间相互作用的了解不够全面；二是影响评估模型中考虑的因素不全面；三是评估模型中主要考虑了气候变化对生产力的影响，很少考虑气候变化对贸易、就业以及社会经济的综合影响；四是很少涉及适应措施对减轻脆弱性的作用。

研究减缓气候变化的关键技术和社会经济影响，对分析目前国际机制对本国的影响、各部门的减缓碳排放的技术潜力和障碍、研究减缓碳排放的宏观经济影响、制定主动应对气候变化的政策和措施、参与国际谈判为本国争取必要的发展时间和空间，都有着显著的意义。虽然根据《公约》和《议定书》的规定，作为发展中国家，中国没有减少或限制温室气体排放的义务。但随着中国温室气体排放量的迅速增长以及国际压力的日益加剧，中国不得不从现在就开始对减缓气候变化的研究，从而提高中国在相关问题上的科学话语权，扩大中国在国际温室气体排放权分配方案设计上的影响，从国际上争取更长的非承诺期与更大的排放配额。此外，减缓气候变化的行动也可能成为我国促进能源领域的技术创新、转变社会生产模式和消费模式、促进国家可持续发展、实现“低碳经济”和“低碳社会”的重要机遇。中国科学家已经从微观和宏观层次对减缓碳排放增长的部门技术潜力、可再生能源发展和减缓碳排放的潜力、未来碳吸收汇的潜力，以及减缓碳排放的宏观影响评价等方面进行了研究。需要进一步加强的研究领域包括：对减缓气候变化技术、低碳技术的研究，对资源节约型社会和低碳经济发展模式的研究，对可持续发展框架下应对气候变化政策体系和实施机制的研究，对气候变化影响以及适应和减缓对策的综合研究和系统评价，对不同温室气体排放权分配方案的设计和影响研究等，不断推进气候变化领域的研究的深入，使之更具科学性、前瞻性和战略性。

3．应对全球气候变化问题的战略考虑

（1）大力加强能源立法工作，建立健全能源法律体系，促进中国能源发展战略的实施，进一步推动中国可再生能源发展的机制建设

加快制定和修改有利于减缓温室气体排放的相关法规。根据中国今后经济社会可持续发展对构筑稳定、经济、清洁、安全能源供应与服务体系的要求，尽快制定和颁布实施《中华人民共和国能源法》，并根据该法的原则和精神，对《中华人民共和国煤炭法》、《中华人民共和国电力法》等法律法规进行相应修订，进一步强化清洁、低碳能源开发和利用的鼓励政策。

加强能源战略规划研究与制订。研究提出国家中长期能源战略，并尽快制定和完善中国能源的总体规划以及煤炭、电力、油气、核电、可再生能源、石油储备等专项规划，提高中国能源的可持续供应能力。

全面落实《中华人民共和国可再生能源法》。制定相关配套法规和政策，制定国家和地方可再生能源发展专项规划，明确发展目标，将可再生能源发展作为建设资源节约型和环境友好型社会的考核指标，并按照政府引导、政策支持和市场推动相结合的原则，建立稳定的财政资金投入机制，通过政府投资、政府特许等措施，引导和激励国内外各类经济主体参与开发利用可再生能源，培育持续稳定增长的可再生能源市场，促进能源的清洁发展。

（2）强化重点行业的节能技术开发和推广

气候变化问题并不能简单地通过管制和市场来解决，必须进一步大力发展应对全球环境变化的科学技术和重点行业的节能减排技术。科学技术的进步是应对和解决气候变化问题的根本。

在一次能源生产部门，应该开发和推广煤的清洁高效开发利用技术、油气资源勘探开发利用技术、核电技术、可再生能源技术以及输配电和电网安全技术。

在钢铁工业，应该开发和推广焦炉同步配套干熄焦装置，新建高炉同步配套余压发电装置，积极采用精料入炉、富氧喷煤、铁水预处理、大型高炉、转炉和超高功率电炉、炉外精炼、连铸、连轧、控轧、控冷等先进工艺技术和装备。

在有色金属工业，应重点提倡矿山采用大型、高效节能设备，铜熔炼采用先进的富氧闪速及富氧熔池熔炼工艺，电解铝采用大型预焙电解槽，铅熔炼采用氧气底吹炼铅新工艺及其他氧气直接炼铅技术，锌冶炼发展新型湿法工艺。

在石油化工工业，应推广油气开采应用采油系统优化配置、稠油热采配套节能、注水系统优化运行、二氧化碳回注、油气密闭集输综合节能和放空天然气回收利用等技术，优化乙烯生产原料结构，采用先进技术改造乙烯裂解炉，大型合成氨装置采用先进节能工艺、新型催化剂和高效节能设备，以天然气为原料的合成氨推广一段炉烟气余热回收技术，以石油为原料的合成氨加快以天然气替代原料油的改造，中小型合成氨采用节能设备和变压吸附回收

技术，采用水煤浆或先进粉煤气化技术替代传统的固定床造气技术，逐步淘汰烧碱生产石墨阳极隔膜法烧碱，提高离子膜法烧碱比重等措施。

在建材工业，应鼓励水泥行业发展新型干法窑外分解技术，积极推广节能粉磨设备和水泥窑余热发电技术，对现有大中型回转窑、磨机、烘干机进行节能改造，逐步淘汰机立窑、湿法窑、干法中空窑及其他落后的水泥生产工艺。利用可燃废弃物替代矿物燃料，综合利用工业废渣和尾矿。玻璃行业发展先进的浮法工艺，淘汰落后的垂直引上和平拉工艺，推广炉窑全保温技术、富氧和全氧燃烧技术等。建筑陶瓷行业淘汰倒焰窑、推板窑、多孔窑等落后窑型，推广辊道窑技术。卫生陶瓷生产改变燃料结构，采用洁净气体燃料无匣钵烧成工艺。积极推广应用新型墙体材料以及优质环保节能的绝热隔音材料、防水材料和密封材料，提高高性能混凝土的应用比重，延长建筑物的寿命。

在交通运输业，应加速淘汰高耗能的老旧汽车，加快发展柴油车、大吨位车和专业车，推广厢式货车，发展集装箱等专业运输车辆；推动《乘用车燃料消耗量限值》国家标准的实施，从源头控制高耗油汽车的发展；加快发展电气化铁路，开发交—直—交高效电力机车，推广电气化铁路牵引功率因数补偿技术和其他节电措施，发展机车向客车供电技术，推广使用客车电源，逐步减少和取消柴油发电车；采用节油机型，提高载运率、客座率和运输周转能力，提高燃油效率，降低油耗；通过制定船舶技术标准，加速淘汰老旧船舶；采用新船型和先进动力系统。

在农业机械工业，应淘汰落后农业机械；采用先进柴油机节油技术，降低柴油机燃油消耗；推广少耕免耕法、联合作业等先进的机械化农艺技术；在固定作业场地更多地使用电动机；开发水能、风能、太阳能等可再生能源在农业机械上的应用。通过淘汰落后渔船，提高利用效率，降低渔业油耗。

在建筑节能方面，应重点研究开发绿色建筑设计技术，建筑节能技术与设备，供热系统和空调系统节能技术和设备，可再生能源装置与建筑一体化应用技术，精致建造和绿色建筑施工技术与装备，节能建材与绿色建材，建筑节能技术标准，即有建筑节能改造技术和标准。

在商业和民用节能方面，应推广高效节能电冰箱、空调器、电视机、洗衣机、电脑等家用及办公电器，降低待机能耗，实施能效标准和标志，规范节能产品市场。推广稀土节能灯等高效荧光灯类产品、高强度气体放电灯及电子镇流器，减少普通白炽灯使用比例，逐步淘汰高压汞灯，实施照明产品能效标准，提高高效节能荧光灯使用比例。

（3）制定和实施与适应气候变化相关的法律法规

发展中国家经济严重依赖农业等易受气候影响的行业，因此适应气候变化对发展中国家尤为重要。如不努力适应，气候每升高 2.5℃就可能会使国内生产总值下降 0.5%～2%。拖延采取适应措施，最终意味着将来会增加成本并给更多人带来更大的危害。因此，迫切需要在易受到气候变化影响的行业制定和实施与适应气候变化相关的法律法规。

适应气候变化的重点领域包括农业、森林和其他自然生态系统、水资源、海岸带及沿海地区等。在农业部门，应当逐步建立健全以《中华人民共和国农业法》、《中华人民共和国草原法》、《中华人民共和国土地管理法》等若干法律为基础的、各种行政法规相配合的法律法规体系，加快制定农田、草原保护建设规划，严格控制在生态环境脆弱的地区开垦土地，不允许以任何借口毁坏草地和浪费土地。在森林和其他自然生态系统、水资源、海岸带及沿海地区，应当加快法律法规的实施。同时要加大执法力度，完善执法体制，加强执法检查，扩大社会监督，建立执法动态监督机制。

（4）加强气候变化相关科技工作的宏观管理与协调，推进中国气候变化重点领域的科学研究与技术开发工作，加大对气候变化相关科技工作的资金投入

深刻认识气候变化科技工作的重要意义，大力加强我国气候变化科技工作的宏观管理和政策引导，充分发挥跨部门的全球环境科技协调领导小组领导、统筹和协调我国气候变化科技工作的作用，不断完善领导和协调机制；优化我国气候变化科技工作的整体布局，密切协调 973 计划、863 计划、国家科技支撑计划、科技基础条件平台建设计划、国际科技合作计划和国家自然科学基金等国家科技计划、基金和专项，以及科研院所、高校和企业相关的科技资源，充分调动和整合地方、部门和行业的科技资源，共同推进我国的气候变化科技工作。

要针对以下领域进行重点的科学研究与技术开发。在气候变化的科学问题方面，重视对新一代气候系统模式、气候变化的监测与归因、气候变化监测预测预报、亚洲季风系统与气候变化、中国极端天气/气候事件与灾害的形成机理、冰冻圈变化过程与趋势、生态系统能量转化、物质循环对气候变化等相应问题的研究。在控制温室气体排放和减缓气候变化的技术开发方面，重视对节能和提高能效技术，可再生能源和新能源技术，煤的清洁高效开发利用技术，油气资源与煤层气勘探和清洁高效开发利用技术，先进核能技术，二氧化碳捕集，利用与封存技术，生物固碳技术和固碳工程技术，农业和土地利用方式控制温室气体排放技术的开发。在适应气候变化的技术和措施方面，重视研究和开发气候变化影响评估模型、气候变化对中国主要脆弱领域的影响及适应技术和措施、极端天气/气候事件与灾害的影响及适应技术和措施、气候变化影响的敏感脆弱区及风险管理体系的建立、气候变化对重大工程的影响及应对措施、气候变化与其他全球环境问题的交互作用及应对措施、气候变化影响的危险水平及适应能力、适应气候变化案例研究；在应对气候变化的重大战略与政策方面，重视研究应对气候变化与中国能源安全战略、未来气候变化国际制度、中国未来能源发展与温室气体排放情景、清洁发展机制与碳交易制度、应对气候变化与低碳经济发展、国际产品贸易与温室气体排放、应对气候变化的科学技术战略等问题。

发挥政府作为气候变化科技投入主渠道的作用，加强国家各科技计划对气候变化科学研究和技术开发的支持力度，同时引导各部门、行业和地方加大对气候变化科技工作的投入。多渠道、多层次筹集社会资金，增加对气候变化科技的投入。充分发挥企业作为技术创新主

体的作用，引导企业加大对气候变化相关技术研发的投入；积极利用金融及资本市场，将科技风险投资引入气候变化领域；积极鼓励国内社会各界为气候变化科技工作提供资金支持；积极拓展国际资金渠道，充分利用国际条约的资金机制。

（5）建立地方应对气候变化的管理体系

建立地方应对气候变化管理机构，贯彻落实《国家方案》的相关内容，组织协调本地区应对气候变化的工作，协调本地区各方面的行动，建立地方气候变化专家队伍，根据各地区在地理环境、气候条件、经济发展水平等方面的具体情况，因地制宜地制定应对气候变化的相关政策措施。同时加强中央政府与地方政府的协调，促进相关政策措施的顺利实施。

（三）持久性有机污染物问题

1．持久性有机污染物与国际公约

（1）持久性有机污染物

持久性有机污染物（Persistent organic pollutants，POPs）是指同时具有环境持久性、生物累积性、长距离迁移能力和生物危害性的有机化合物。

目前，POPs 在全球范围内的空气、水、底泥、土壤等各种介质中广泛存在，同时在野生动物及人体中大量富集。越来越多的科学证据以及污染事件表明，POPs 能够对人类健康造成严重伤害，通常即使是很低的剂量也可能导致三致效应（致癌、致畸、致突变）、中枢和外周神经系统损伤、免疫系统患病、生殖系统紊乱和婴幼儿正常生长发育受阻等不可逆的危害，直接威胁人类生存繁衍和可持续发展。

（2）国际公约的形成过程

1995 年 3 月，联合国环境规划署（UNEP）理事会通过了 18/32 号决议，邀请国际化学品安全计划处（IPCS）、政府间化学品安全论坛（IFCS）以及组织间化学品妥善管理规划处（IOMC）开展对 12 种（类）POPs 的评价。为此，IFCS 成立了 POPs 特别工作组，负责制定评价工作计划。评价工作包括有关 12 种 POPs 的化学、污染源、毒性、环境分配和社会经济影响等方面的现有信息。

1996 年 6 月，特别工作组在菲律宾马尼拉召开专家会议，认为现有资料足够表明应采取包括具有法律约束力的国际文书在内的国际行动减少 12 种 POPs。会议向 UNEP 和世界卫生大会建议立即采取国际行动。

1997 年 2 月，UNEP 理事会通过 19/13C 号决议，认可 IFCS 的结论和建议。理事会要求 UNEP 和相关国际组织一起筹备召开政府间谈判委员会（INC），其使命是在 2000 年年底前制定一个旨在起初对 12 种 POPs 采取国际行动的具有法律约束力的国际文书。要求 INC 第一届会议成立专家组，制定将来对受公约控制的 POPs 名单进行增补的科学标准和程序。1997 年

2 月，IFCS 第二届会议决定 IFCS 特别工作组继续进行协助谈判的筹备。

1997 年 5 月世界卫生组织（WHO）召开的世界卫生大会赞同 IFCS 的建议，并通过一项关于 POPs 问题的决议，号召各成员国遵循和执行 UNEP 和 WHO 理事会关于 POPs 的决议。

在上述准备工作的基础上，国际社会从 1998 年 6 月开始陆续召开了五次就某些持久性有机污染物（POPs）采取国际行动的具有法律约束力的国际文书政府间谈判委员会会议（INC）。2000 年 12 月 4—9 日，INC 第 5 次会议在南非约翰内斯堡举行，经过各方斗争、妥协，终于通过了最后文本。至此，历时三年，经过五次政府间谈判，终于达成了对某些持久性有机污染物采取国际行动的公约。

2001 年 5 月 22—23 日，《关于持久性有机污染物的斯德哥尔摩公约》（以下简称《斯德哥尔摩公约》或《公约》）在瑞典斯德哥尔摩召开的外交全权代表大会上通过并开放签署。包括中国在内的 90 多个国家或区域一体化组织于 5 月 23 日签署了公约。

（3）国际公约的主要内容

《斯德哥尔摩公约》旨在减少、消除和预防 POPs 污染，保护人类健康和环境免受其危害。《斯德哥尔摩公约》含正文 30 条和附件 6 个。

《斯德哥尔摩公约》附件中规定了首批列入控制的 12 种 POPs（根据公约第 8 条，缔约方大会将依据公约规定的程序增列受控化学品），包括：

① 附件 A（有意生产）：艾氏剂、氯丹、狄氏剂、异狄氏剂、七氯、六氯苯、灭蚁灵和多氯联苯；

② 附件 B（有意生产）：滴滴涕；

③ 附件 C（无意生产）：多氯代二苯并对二噁英、多氯代二苯并呋喃（二者以下合称二噁英）、六氯苯和多氯联苯。

《斯德哥尔摩公约》对上述 12 种 POPs 分别规定了如下要求：

① 附件 A：除豁免用途按照规定的时限生产、使用和进出口外，逐步消除此类化学品的生产、使用和进出口；

② 附件 B：除豁免用途按照规定的时限生产、使用和进出口外，允许部分不可替代应用领域生产、使用和进出口；

③ 附件 C：在公约对缔约方生效两年内制订并实施旨在查明附件 C 中所列化学物质排放和逐步采用最佳可行技术/最佳环境实践（BAT/BEP）减少其排放行动计划；对于附件 C 第二部分所列类别中的新源的最佳可行技术的使用应尽快，并在不迟于本公约对该缔约方生效之日起四年内分阶段实施；对于附件 C 中现有各种排放源，逐步采取 BAT/BEP 减少其排放；

④ 附件 A、附件 B 和附件 C 库存和废物：制订适当战略以便查明 POPs 库存和废物，酌情以安全、有效和环境无害化的方式管理库存，采取适当措施以确保此类废物，包括即将成为废物的产品和物品，以环境无害化的方式予以处置、收集、运输和储存，逐步减少或消除

库存和废物。

2. 国际国内动向

（1）当前国际动向

淘汰、削减和控制 POPs，履行《斯德哥尔摩公约》已经成为全球各国的共识。截止到 2007 年 11 月 15 日，已有 152 个国家或区域经济一体化组织签署了该公约，其中 150 个已正式批准公约。公约已于 2004 年 5 月 17 日对全球生效，目前已有 56 个国家向缔约方大会提交了国家实施计划（NIP）。

目前，《斯德哥尔摩公约》已召开了三次缔约方大会。

- 2005 年 5 月 2—6 日，第一次缔约方大会在乌拉圭的埃斯特角举行。大会通过了对是否继续需要使用滴滴涕（DDT）用于疾病传染媒介的控制进行评估；特定豁免登记审查条目；临时资金机制指导；履约报告进度安排；采用议事规则和财政规则；建立新 POPs 审查委员会（POPRC）和最佳可行技术/最佳环境实践（BAT/BEP）国际专家组。
- 2006 年 5 月 1—5 日，第二次缔约方大会在瑞士日内瓦召开。随着履约工作进入实质性阶段，各方都在寻求各自利益的最大化，因此在一些重大议题的谈判上发达国家与发展中国家分歧尖锐，经过激烈谈判，大会最终通过了关于 DDT、特定豁免、临时资金机制、实施计划、技术援助、协同增效以及成效评估等决议。
- 2007 年 4 月 30—5 月 4 日，第三次缔约方大会在塞内加尔首都达喀尔召开。大会适逢各缔约方履约实施计划（NIP）陆续完成并递交、履约工作进入全面启动阶段，且下次会议时间为两年以后，各方对本次会议都非常重视，但因期望值不同、重点各异，因此争论激烈。会议主要审议并通过了“公约”成效评估、资金机制、技术援助、协同增效、不履约问题、新增 POPs、BAT/BEP 导则等 22 项决议。

三次缔约方大会后关于履行《斯德哥尔摩公约》的许多问题都已得到了很好的解决，但是在一些关键问题上发展中国家与发达国家之间由于所处的发展阶段和具体国情不同，立场还存在很大分歧。同时，对于我国履行《斯德哥尔摩公约》也造成了很大的挑战。

① 资金机制面临较为严重的资金不足问题。

《斯德哥尔摩公约》第 13 条规定，发展中国家缔约方因履约所产生的增量成本应由公约的资金机制解决，基线成本则由缔约方自行承担。通过合理、有效的资金机制，及时、顺利地取得足够的资金援助，是发展中国家有效履行公约的重要条件，资金机制问题因此向来是我方及其他发展中国家关切的重要议题。

从公约生效至今各方面发展形势来看，全球环境基金（GEF）作为公约规定的临时资金机制，已经成为一时无可取代的公约资金援助机制，并且其在过去的五年间在向发展中国家提供履约准备和国家实施方案制定等履约活动的资金援助方面发挥了很大作用。但是，面对公约具有时限性的履约规定，发展中国家在当前及未来一定时期内存在大量的履约活动及资金需求，目前 GEF 却存在明显的供资额度及未来可预见性不足的问题，如从 2005 年公约生效截至已经结束的 GEF 第四期增资，到 2010 年 GEF 预计总共向公约可提供的资金总量约为 5 亿美元，这与目前已知的发展中国家预算资金需求额度相差甚远；此外，GEF 还存在项目执行程序不够便捷和项目周期过长、融资要求比例过高、未来资助战略及优先领域不明确等问题，难以保障发展中国家及时、充分地获得资金援助并顺利开展履约活动。

根据 2007 年 4 月 18 日中国已提交缔约方大会的《中华人民共和国履行〈关于持久性有机污染物的斯德哥尔摩公约〉国家实施计划》中的测算，到 2015 年，中国大陆地区（不包括港澳台地区）为履行《斯德哥尔摩公约》至少需要花费 340 亿元人民币，其中增量成本约占 140 亿元，基线成本约 200 亿元。而从 GEF 第三期、第四期增资情况来看，预计未来我国从 GEF 的 POPs 业务中可获得的赠款将不足总体需求的 1/10。因此，巨大的资金缺口将成为我国 POPs 履约工作的严重制约因素。

在 2007 年 5 月举行的第三次缔约方大会上，对于即将在第四次缔约方大会上进行的发展中国家履约资金需求评估和资金机制绩效评估的工作大纲问题，发达国家集团对于资金需求评估问题一直采取抵触和规避态度，努力模糊其在公约规定下向发展中国家提供资金援助的应尽义务及供资强度。而包括我国在内的发展中国家主张应该对发展中国家未来履约需求、国内供资能力和 GEF 增资的前景进行仔细和全面分析，在当前进行的 2006—2010 年发展中国家资金需求评估基础上，开展对 2010—2014 年发展中国家资金需求评估，以结合 GEF 第五期增资进程，促进其向 POPs 公约提供充足和可持续的资金保障。经中国和印度等发展中国家与欧盟、日本和美国等发达国家之间的激烈辩论，会议决议采纳了发展中国家的上述主张，全面启动 2010—2014 年发展中国家资金需求评估，并将其作为向 GEF 提出的工作指导。同时，会议还接受了中方指出的当前资金机制存在的明显不足及改进建议，将资金的充足性和可持续性列为在第四次缔约方大会上即将进行资金机制绩效评估的标准之一，并要求 GEF 简化其项目审批程序和配套融资分析，敦促其在提出配套融资要求时考虑 POPs 履约项目的特点。此外，会议还要求 GEF 进一步考虑各国已经递交的履约国家实施计划（NIP）中提出的优先领域，敦促其将旨在减少非故意产生 POPs（UP-POPs）排放的最佳可行技术/最佳环境实践（BEP/BAT）的示范作为资助重点之一，并考虑在公约成效评估中发展中国家所需的 POPs 监测能力建设资助方面给予优先考虑。

可以看出，由于发达国家与发展中国家对于敏感的资金机制问题上的出发点存在分歧，尽管目前发展中国家争取到了一部分正当权益，但是资金机制涉及的一些敏感问题要达成共识仍需各方的进一步磋商和妥协。

② 技术转移机制确立而实质运转尚未明确。

技术转移问题是我国及发展中国家与资金机制问题一并关注的重要议题。公约明确指出，向发展中国家提供及时和适当的技术援助是其成功履约的重要条件，发达国家应向发展中国家提供此方面技术援助及相应能力建设，并通过建立区域中心等安排实现技术援助和技术转让。

目前，我国及多数发展中国家缔约方都开始从履约战略和行动计划的编制阶段进入到了具体实施阶段，多方面履约计划的落实和有效实施，如 BAT/BEP 应用、POPs 替代和 POPs 废物环境无害化处置等，都需要公约技术援助和技术转让机制的充分落实。然而，继 COP1 通过了《技术援助及无害环境技术转让导则》（下简称技术援助导则）和 COP2 上通过了“区域能力建设和技术转让中心”（下简称区域中心）工作大纲之后，公约框架下的实质性技术援助的进展十分有限，尤其体现在具体落实公约技术援助规定及技术援助导则的组织安排——区域中心的建立及运作方式问题上迟滞不前。

在 2007 年 5 月举行的第三次缔约方大会上，主要讨论了技术援助导则的进展情况和审议通过区域中心实体的选择工作大纲。鉴于下届缔约方大会将在两年后举行，用于技术援助和转让的区域中心的选择对于各缔约方下一阶段广泛涉及技术援助的各项履约计划的具体实施具有重要影响，该问题因此成为本届会议各方普遍关注的焦点议题。发达国家集团在技术援助问题上一直采取消极态度，继早前曾提出所谓“能力建设网络”以虚体化技术援助和转让实体并极力回避实际技术转让之后，本届会议上又一次抛出一份以技术援助“项目”为基础的区域中心实体选择工作大纲，即不设立固定的区域中心，技术援助的实施及其实体的选择以区域各缔约方之间合作开展的单个技术援助项目为选择标准和基本运作机制，并由此提出区域中心也可以建立在发达国家，从而依然将本应向发展中国家提供的技术及相应资金援助掌控在自己的手中。发达国家的上述提议引起了发展中国家的广泛反对，中国联合乌拉圭、巴西、印度和伊朗等发展中国家与发达国家集团展开了激烈、持久的谈判，坚持主张应在公约有关规定及相应导则的指导下，充分利用现有设在发展中国家的巴塞尔公约区域中心，以确保区域中心的实效性和长远发展，以切实持续提高发展中国家履约能力，反对发达国家地区自建的区域中心可申请和运用公约资金机制所提供的相应资金资助的企图。最终大会决定该工作大纲基本上重新回到了基于利用现有区域中心的轨道，有利于我国利用现有的相关条件。此外，我方在会上还明确指出需对公约技术援助导则的实施进展展开评估，并促请缔约方大会要求 GEF 向现有区域中心所开展的技术援助活动提供资金支持。会议最终决定由各区域主席团代表以“候选斯德哥尔摩公约中心”的名义向秘书处提名区域中心的候选机构，并要求提供各自资质报告，供第四次缔约方大会审查决定；大会还采纳了中国的提议，要求秘书处在此后每次缔约方大会上都提交一份公约技术援助和技术转让进展情况的评估报告，供大会审议；要求 GEF 赞同考虑区域中心即将提出的技术援助计划。

可以看出，技术转移问题目前距离实质性的、可操作性的国际技术转移尚有相当长的距离，各发达国家政府应当积极协调其国内的相关技术持有者（主要是私营企业），在公约框架下以积极务实态度推进向发展中国家无偿或优惠地提供淘汰、削减和控制 POPs 所需要技术。

③ 不遵约审查程序分歧难以调和。

自第一次缔约方大会以来，欧盟等发达国家一直重点谋求立即建立不遵约审查程序，印度和中国等发展中国家则坚持主张应首要解决发展中国家所需的履约资金和技术援助等问题，不赞成过早讨论不遵约问题。因此，不遵约审查程序成为第二次和第三次缔约方大会的谈判中分歧和争论最为显著的焦点问题。尤其在第三次缔约方大会上，不遵约审查程序问题的接触谈判从会议正式开幕前 3 天开始一直持续到会议结束，成为会议谈判历时最长和过程最为曲折的一项议题。欧盟、加拿大和日本等发达国家将建立不遵约审查程序作为在本届会议的首要谈判诉求，进行了精心组织和策划，全力推动在本届会议上通过该程序，以试图对发展中国家缔约方构成有力约束。印度、中国、巴西和伊朗等发展中国家则坚持不遵约审查程序应以帮助发展中国家获得足够的履约能力并促进其有效履约为基本原则，并与发达国家的资金与技术援助义务的落实情况密切联系，同时认为现阶段进行不遵约情况的评估审查尚存在科学不确定性，现议程序草案中的惩戒条款偏强，而促进发展中国家遵约的帮助条款偏弱，并且还可能引起一时难以判定的争议和纠纷，因此继续反对在现阶段通过该程序。经过旷日持久的多边谈判以及多次小范围磋商，虽然各方在不遵约审查程序的某些一般性目标、原则和总体框架、安排上达成了妥协一致，但在其中实质内容上仍然无法达成一致，争论焦点尤其集中在不遵约审查程序的启动主体、方式和为此专门设立的审查委员会的成员数量、组成方式上。最终，会议未能通过不遵约审查程序，决定在本次谈判形成的文本基础上，在 2009 年的第四次缔约方大会上继续进行谈判并考虑通过。

④ 成效评估具有区域代表性，符合发展中国家立场。

按照公约规定和缔约方大会的时间安排，在 2009 年的第四次缔约方大会上将进行公约生效以来的首次成效评估。公约成效将主要通过 POPs 在人体和环境中浓度的变化来进行评估，因此，公约成效评估实际上的主体表现为一项区域基础上的“全球 POPs 监测计划”，基本监测和评价指标是空气、母乳和人血中 POPs 浓度。

在第二次缔约方大会达成并启动的公约成效评估基本筹备框架工作的基础上，第三次缔约方大会重点审议了由成效评估临时专家工作组拟定的旨在开展公约首次成效评估的全球 POPs 监测计划（GMP）、实施方案及重要的组织安排。日本、欧盟、挪威、加拿大、澳大利亚等发达国家凭借其较强的 POPs 监测能力及现有区域和全球监测工作基础，一直试图垄断其在公约成效评估的主导权。考虑到公约成效评估框架下的 POPs 监测活动涉及母乳及血液样品中基因信息、POPs 监测和评价的主动权以及能力建设等因素，中国和印度、巴西等发展中国家主张建立各缔约方广泛参与且具有区域代表性的全球监测方案。因此，第三次缔约方大会上各方主要围绕实施成效评估 GMP 计划的组织机构、职权范围及工作程序进行了激烈谈判。发达国家基于其固有立场，主张由一个只有 5 名专家组成的全球协调组对各区域监测报告进行评估，并编写全球评估报告，还强调监测数据的公开透明；中国则联合印度等发展中国家代表坚决主张应由多方组成全球协调组，以保证各区域缔约方的代表性参与、监测与评价结果公正，促进发展中国家相应监测能力建设，并强调监测数据的国家所有权。经各方妥协，会议最终决定由联合国五个区域各派出 3 名代表构成共 15 人的全球协调组负责组织实施公约成效评估计划，符合发展中国家基本原则立场。

⑤ 以二噁英为代表的非故意产生 POPs 的技术导则取得重要进展。

按照公约规定，缔约方应尽快并在公约对其生效后四年内对于公约规定无意产生的其建设的新 POPs 排放源实施 BAT/BEP。然而，鉴于包括我方在内的各发展中国家缔约方对于 BAT/BEP 技术导则在本国的适用性及所产生的技术和经济影响问题的高度关注，该导则一直未能获得通过。经过自第一次缔约方大会成立并由我清华大学余刚教授担任共同主席的 BAT/BEP 导则专家组为期两年的工作努力下，该导则得以不断完善。考虑当前国际和国内发展形势以及拟议导则报告中基本体现了我方关切，中国对第三次缔约方大会上通过具有一定灵活度的 BAT/BEP 导则不持异议，但强调必须促进开展相关技术转让和投资示范活动，并要求公约资金机制基于相应的重点资助。在各方基本没有反对意见的情况下，会议最终顺利通过了经过修订的 BAT 导则草案和临时性 BEP 导则，请各方继续提供导则应用的经验以不断改进该导则，并在公约资金机制主题决议中敦促 GEF 将 BAT/BEP 导则相关技术示范活动列为其资助重点领域。

由于 UP-POPs 排放估算工具手册中排放因子的代表性问题，公约一直未能通过此工具手册，本届会议上审议并启动了对其进行经常性修订的工作程序。我方会上发言再次指出了当前 UP-POPs 排放估算工具手册中某些排放因子尚不符合发展中国家实际情况等问题。会议决议通过了对 UP-POPs 排放估算工具手册进行经常性修订的工作程序，并指出将重点放在那些缺乏充分监测数据的重点 UP-POPs 排放源上。

⑥ 更多的新 POPs 增列不可避免。

POPs 审查委员会（POPRC）负责审议新增受控 POPs 类化学品，中国专家胡建信教授担任了该委员会四年期委员。第三次缔约方大会主要讨论了 POPRC 第二次会议报告、保密规则、提议候选 POPs 类化学品的异构体及前体物的提名审查和 POPRC 两年期委员的论选问题。考虑中国国情及在 POPRC 中所处地位，中国比较关注候选 POPs 类化学品的异构体及前体物的提名审查问题，因为其涉及公约受控化学品范围的扩大问题。中国不主张迅速扩大公约受控名单，主张 POPRC 应将其审议范围限定于缔约方提议的物质，如拟提议增列的 POPs 化学品存在相关前体物的情况下，提名方应明确前体物质清单，并一一说明其转化关系。中国专家代表在 POPRC 第二次会议上明确阐明了上述观点，美国、日本等发达国家也基于本国利益而持与我国相近观点。鉴于公约拟议通过的异构体提名审查办法基本体现了我国上述主张，我国基本同意大会拟议通过的异构体提名办法。会议决议通过了 POPRC 工作中的保密规则，确定了 POPRC 提议的异构体提名办法，完成了 POPRC 两年期委员的轮选工作。

目前，五溴二苯醚、开蓬、六溴联苯、林丹、全氟辛烷磺酸盐（PFOs）已通过新 POPs 审查委员会对其特性及风险简介的审查，其化学品风险管理评价报告将于 2007 年 11 月召开的 POPRC 会议上进一步审议。另外，八溴二苯醚、五氯苯、短链氯化石蜡、α-六氯环己烷、β-六氯环己烷也已通过新 POPs 审查委员会对其特性及风险简介的审查，其化学品风险简介将于 2007 年 11 月召开的 POPRC 会议上进一步审议。此外，欧盟已提议新 POPs 审查委员会对硫丹开展初步审查。由于具有 POPs 范畴的物质实际上远不止现有的首批列入公约控制的 12 种，更多的新 POPs 增列入《斯德哥尔摩公约》将是一个不可避免的趋势。

（2）当前国内动向

中国政府高度重视 POPs 的危害问题，自 1998 年以来一直参与了《斯德哥尔摩公约》的谈判，并于 2001 年 5 月 23 日签署了该公约。第十届全国人民代表大会常务委员会于 2004 年 6 月 25 日做出了批准《斯德哥尔摩公约》的决定。公约于 2004 年 11 月 11 日对中国生效，并适用于香港特别行政区和澳门特别行政区。

为保证中国有效履行《斯德哥尔摩公约》，国务院于 2005 年 5 月批准成立了以国家环保总局牵头，外交部、国家发展改革委、科技部、财政部、建设部、商务部、农业部、卫生部、中国海关总署和国家电监会共 11 个相关部委组成的国家履行《斯德哥尔摩公约》工作协调组（以下简称国家履约工作协调组）。国家环保总局作为公约国家联络点，负责中国与公约秘书处和其他缔约方的联络。

中国派代表参加了公约 BAT/BEP 专家组和审议增列新 POPs 的审查委员会。

为查明 POPs 生产、使用及排放来源，制定相应的行业战略和计划，提高公众意识，开展相应削减和控制活动，自 2001 年起，中国政府在全球环境基金（GEF）、意大利、加拿大、美国和日本的资金与技术支持下，开展了系列区域宣传培训、POPs 暴露影响评估、淘汰杀虫剂类 POPs 行动计划研究、削减处置 PCBs 行动计划研究、削减和控制二噁英行动计划研究、二噁英实验室能力评估，同时正在开展重点行业二噁英减排技术示范、PCBs 废物管理与处置示范、用于白蚁防治的氯丹和灭蚁灵替代示范、含滴滴涕船舶防污漆的替代、以滴滴涕为中间体的三氯杀螨醇替代示范、医疗废物可持续环境管理、POPs 废物和污染场地非焚烧销毁技术示范等活动。

在上述工作所得到的基础数据和技术积累的基础上，在国家履约工作协调组的领导下，国家环境保护总局组织编制了《中华人民共和国履行〈关于持久性有机污染物的斯德哥尔摩公约〉国家实施计划》（简称国家实施计划或 NIP）。2007 年 4 月 14 日，国务院正式批准国家实施计划；2007 年 4 月 18 日，NIP 通过中国的联络点正式报送到缔约方大会，标志着中国政府向国际社会庄严承诺中国将全面履约。2007 年 7 月 3 日，国家实施计划正式发布并启动实施。

3. 我国的 POPs 问题与挑战

首批列入公约受控名单的 12 种 POPs 中，氯丹、灭蚁灵和滴滴涕在我国还有生产和使用，二噁英及源自废物和污染场地的 POPs 排放依然存在。

① 中国不生产和使用氯丹、灭蚁灵和滴滴涕。氯丹和灭蚁灵主要用于防治白蚁；滴滴涕历史上曾大量用于农业，目前主要用作生产三氯杀螨醇的中间体、船舶防污漆添加剂和用于疟疾防治。中国还曾生产过毒杀芬、多氯联苯、六氯苯和少量七氯；毒杀芬、多氯联苯和七氯 20 世纪 70 年代停止生产，六氯苯则在 2004 年停止生产。总体而言，公约附件 A 和 B 所列 POPs 在中国的生产和使用正在逐步减少，2004 年滴滴涕、氯丹和灭蚁灵的直接使用量不到 1 000 t。

② 中国存在联合国环境规划署（UNEP）公布的《二噁英清单估算标准工具包》中所列的 10 大类 62 个子类二噁英排放源，根据部分实测和估算，2004 年中国二噁英排放量约 10 kg TEQ（千克毒性当量），是当前全球二噁英排放量较大的国家之一；由于针对二噁英控制的措施十分有限，公约附件 C 所列 POPs 总的排放量在中国还有增加的趋势。可以预计，控制二噁英排放将是中国消除、减少首批 POPs 污染面临的最大挑战。

③ 尽管中国早在 20 世纪七八十年代就禁止了多氯联苯、毒杀芬和七氯的生产及滴滴涕在农业领域的使用，但由于受到经济、技术、意识和管理水平的限制，未及时对含有上述 POPs 的废物和污染场地予以妥善管理与处置，含上述 POPs 废物和污染场地目前仍然存在。

环境和食品中依然能够检测到滴滴涕和多氯联苯等 POPs。滴滴涕作为有意生产 POPs 中产量最大、使用最广的物质，其在中国环境和食品中残留水平总体呈下降趋势，新的滴滴涕污染主要来源于三氯杀螨醇的生产和使用、船舶防污漆中滴滴涕的使用。少数地区的河口、江口和近海沉积物中存在滴滴涕和多氯联苯污染现象。由于受研究监测水平和分析水平的限制，中国对二噁英的排放和污染水平的了解仍然十分有限。

中国至今关于食品、饲料和机电等商品中二噁英、多氯联苯等 POPs 的相关法规和标准不完善，不利于人类健康和动植物保护。一方面，既难以对国内产品依法监督，也难以阻止国外含二噁英和多氯联苯的商品进入中国；另一方面，产品 POPs 残留问题已成为阻碍中国产品出口的因素之一。因二噁英超标造成的国际贸易受阻案例逐年增加。随着欧美国家停止 POPs 使用和降低 POPs 排放，发达国家 POPs 在环境中的背景值逐渐降低，其对有关的商品，特别是食品贸易将采取更加严格的限制性保护措施，中国的对外贸易将受到更加严峻的挑战。

另外，作为发展中国家我国不仅面临着《斯德哥尔摩公约》现有受控 POPs 的问题，同时也面临着接下来可能增列入《斯德哥尔摩公约》的新 POPs 物质的挑战。

4．我国的战略对策

我国经济和社会发展目前正处在重要战略机遇期。在应对 POPs 问题方面，应坚持以人为本，以落实科学发展观、促进可持续发展为宗旨，以保护人类健康和生存环境为出发点，以减少 POPs 现有源的排放、严控 POPs 排放源的排放、努力解决 POPs 历史问题为目标，以减少、消除和控制有意生产的 POPs、二噁英重点排放源和高风险含 POPs 废物为优先，以制定和健全为履行公约所必需的政策法规，强化执法监督，提高环境管理能力和建立适宜的资金机制为保障，建立以政府为主导、企业为主体和行业、公众广泛参与的消除 POPs 的机制；同时以科学技术进步为支撑，不断提高应对新 POPs 问题的能力，推进国际合作，促进 POPs 问题的全面解决。按照全面贯彻落实科学发展观的要求，把 POPs 控制与节能减排工作以及实施可持续发展战略，加快建设资源节约型、环境友好型社会和创新型国家结合起来，纳入国民经济和社会发展总体规划和地区规划。

为达到上述目标，应主要采取以下战略措施：

（1）大力加强化学品管理立法工作，建立健全以风险管理为基础的法律体系

风险评价与管理的思想是发达国家一直所广泛采用以及联合国环境规划署（UNEP）、经济合作与发展组织（OECD）等一直所倡导的化学品管理的基本思路，我国目前尚未很好地将风险评价与管理运用到化学品管理工作中。

根据 2003 年颁布的《新化学物质环境管理办法》，国家对新化学物质环境管理实行生产前和进口前申报登记制度。所谓“新化学物质”，是指在申报时尚未在中国境内生产或者进口的化学物质。其登记申报的内容包括所申报化学物质的名称、分子结构、测试方法、用途、年生产量或进口量、物理化学性质、毒理学和生态毒理学特性、事故预防和应急措施、污染预防和消除方法、废物处置措施等。这实际上为利用风险评价和管理思想加强对新化学物质的管理打下了很好的基础，接下来应加强在新化学物质登记过程中对具有 POPs 特性的嫌疑物质的预警性筛选，要求申报者提供更为详细的相关信息，建立相关的计算机自动筛选软件。一旦发现有 POPs 嫌疑物质，应要求申报者提供相关的实验数据以证明其对环境的风险可以接受，否则应拒绝登记。

对于现有化学品，应加强对 POPs 的生命周期管理，建立能够及时反映国家当前 POPs 排放源与排放量的动态清单系统，特别是对二噁英排放源、POPs 废弃库存、POPs 污染场地等加强动态跟踪，科学评估其对生态环境与人体健康的风险，加强风险管理。

（2）强化重点行业非故意产生类 POPs 减排等核心技术的开发和推广

中国履行《斯德哥尔摩公约》中最艰巨的任务在于非故意产生类 POPs 特别是二噁英的减排，应坚持预防为主、综合治理的方针，首先从源头削减和控制 POPs 排放，积极推行清洁生产以满足公约相关的 BAT/BEP 条款的要求。通过执行环境影响评价制度、清洁生产审核

和污染排放控制标准，确保新建设施按照公约要求限制 POPs 排放；结合《十一五规划纲要》中的节能重点工程、循环经济示范试点工程以及环境治理重点工程应用 BAT/BEP；对技术落后、POPs 污染严重的工艺和产品实施强制性淘汰。考虑到中国各地区和各行业的发展水平、POPs 排放贡献率以及 POPs 危害程度的差别，采取不同的控制目标和削减时间表。

对于控制 POPs 排放的替代品/技术、二噁英减排 BAT/BEP 以及 POPs 废物安全处置技术的开发，要尽量立足于国内技术的发展，鼓励自主创新。POPs 淘汰和控制要与替代/控制技术的研发与推广同步进行以满足国内需求，从根本上保证履约活动的顺利实施。

（3）制定实施有利于 POPs 淘汰、削减与控制的法律法规、产业政策和激励机制

应建立健全政策法规体系，将控制和削减 POPs 纳入相关的政策和法律体系，加大执法力度和加强执法队伍建立。坚持预防优先的原则，强化对削减和控制 POPs 排放行动的政策引导和法规控制。积极采用市场经济体制的经济手段促进削减和控制 POPs 排放。

通过政府财政安排以及污染者付费和受益者补偿原则，推动中国削减和控制 POPs 排放资金投入机制的建立和完善，保障履约的国内资金需求。同时，充分利用公约的资金和技术援助机制，广泛开展国际合作，积极吸收国际先进技术和经验，争取国际社会的资金和技术支持。

提高资金利用效率和加快履约进程，减少履约风险，通过企业示范以及行业整体行动方式开展削减和控制 POPs 排放活动，并根据各有关行业的具体情况，制定行业实施计划或方案；通过整合资金、优化技术、完善管理和开拓市场，以解决 POPs 问题为切入点，促进履约相关领域的经济结构调整和增长方式转变，带动相关产业发展。

（4）加强 POPs 相关科技工作的资金投入与管理协调，推进我国在 POPs 重点领域的科学研究与技术开发工作

应加强国家主要科技计划之间的协调，优化资助重点领域设计，避免重复投入与要点遗漏现象。在今后一段时间内应关注（但不限于）以下方面：

① 加强 POPs 的生产、排放、使用、库存和污染场地特性和风险研究。迄今为止，虽然我国的少数城市和地区做过一些统计调查，但尚未开展过 POPs 的全面调查，对全国 POPs 年排放量、堆存量、种类、地区分布和行业分布特征还不清楚。因此，国家和地方都要投入一定的人力、财力和物力，就 POPs 和其相关替代品以及潜在的 POPs 的生产、使用、库存情况，进行适当的调研研究，查明 POPs 的来源和向环境中排放情况；在人体和环境中的存在、含量和发展趋势；环境迁移、转化和归宿情况。掌握 POPs 对人类健康、环境、社会经济和文化的影响以及排放量的减少或消除情况等。

② 目前，我国关于 POPs，尤其是 PCDD/Fs 污染的基础研究和应用研究基础都比较薄弱，研究的广度和深度都落后于西方发达国家，因此迫切需要开发针对环境中痕量 POPs 先进采样技术与设备，建立能与国际接轨的环境中微量或痕量 POPs 监测技术、质量保证和质量控

制体系，提高我国 POPs 环境检测的技术水平。

③ 加快 POPs 的无害化处置技术的开发研究。严禁生产、加工、销售 POPs 和其相关替代品以及潜在的 POPs。酌情以安全、有效和环境无害化的方式管理 POPs 的库存。对 POPs 的废物、即将成为废物的产品和物品，以环境无害化的方式予以处置、收集、运输和储存；以销毁其 POPs 成分或使之发生永久质变的方式予以处置，从而使之不再显示出 POPs 的特性。严禁从事可能导致 POPs 回收、再循环、再生、直接再利用或替代使用的处置行为和违规进行跨国界的运输。

④ 建立以合理利用资源、能源为核心的环境战略，控制和消除 PCDD/Fs 等的排放量。关、停、并、转 POPs 生产、加工厂，控制有关行业“三废”污染物的排放，堵住源头，以免后患。实施城镇、农村垃圾无害化处理，严禁垃圾露天焚烧等，减少 PCDD/Fs 排放量。

⑤ 研究和开发 POPs 的替代品。各个行业和部门要共同研制和开发 POPs 的替代品，确保农业生产和人们健康生活的需要。

（5）建立跨部门、跨行业的 POPs 控制协调机制，建立地方 POPs 淘汰、削减和控制工作实施模式

控制和消除 POPs 是一件涉及多领域、多产业、多部门的综合性工作。同时，我国地域辽阔，人口众多，要顺利地履行公约条款，完成控制和消除 POPs 任务，从中央到地方都必须设立强有力的协调组织和办事机构，领导、协调和具体承办各项工作。要将控制和消除 POPs 国家实施计划纳入可持续发展战略。加强对科学家、教育人员以及技术和管理人员进行业务培训，提高他们的业务素质和技术水平，集中力量加强能力建设。

（6）重视国际谈判过程中关于资金机制和技术转移核心问题对策的研究

在资金机制问题上，应加强对 POPs 历史排放与国别贡献的研究，基于公平发展探索责任分担的原则，促使发达国家为发展中国家履约提供及时、充足的增量成本资金援助。

在技术转移问题上，由于环境公约下的技术转移与传统的国际技术转移的最大区别在于前者具有浓厚的道义色彩，而环境问题的外部性和环境公约的公益性决定了环境公约下的技术转移更应注重政府机制对市场机制的干预。因此，《斯德哥尔摩公约》下的技术转移在现阶段应以技术持有方与技术需求方的政府为主要驱动力，同时结合市场机制的作用来共同推动技术的跨国转移。环境公约作为政府间的协议，政府在促进技术转移中负有不可推卸的责任，政府作为主要驱动力理应搭建技术转移的平台，发达国家政府要采取优惠的措施鼓励本国的企业向发展中国家转移技术。

此外，应加强对履行《斯德哥尔摩公约》国际博弈所涉及的各主要参与方立场的动态跟踪，及时分析和判断公约的发展动向和趋势，对资金机制和技术援助以外的其他重要相关问题加强对策研究，以最大化维护中国及其他发展中国家的正当权益，同时为 POPs 这一全球性环境问题的解决作出我国的贡献。

（四）生物多样性保护全球问题

1. 我国生物多样性保护面临的全球性问题

（1）我国生物多样性概况及面临的全球性问题

① 我国生物多样性概况。

a. 中国是世界上生物多样性最为丰富的国家之一。拥有 3 万多种高等植物和 6 000 多种脊椎动物，分别占世界总数的 10%和 14%，高等植物种类仅次于巴西和哥伦比亚而名列世界第三；裸子植物有 10 科，34 属，约 250 种，是世界上裸子植物最多的国家；是世界上鸟类种类最多的国家之一，共有鸟类 1 244 种，占世界总种数的 13.1%；有鱼类 3 862 种，占世界总种数（19 056 种）的 20.3%。包括昆虫在内的无脊椎动物，低等植物和真菌，细菌，放线菌，其种类更为繁多，目前尚难做出确切的估计，因大部分种类迄今尚未被认识。

b. 我国物种特有属、种繁多。辽阔的国土，古老的地质历史，多样的地貌、气候和土壤条件，形成多样的生境，加之第四纪冰川的影响不大，这些都为特有属、种的发展和保存创造了条件，致使目前在中国境内存在大量的古老孑遗的（古特有属种）和新产生的（新特有种）特有种类。例如，有活化石之称的大熊猫、白鳍豚、水杉、银杏、银杉和攀枝花苏铁等。高等植物中特有种最多，约 17 300 种，占中国高等植物总种数的 57%以上。物种的丰富度虽然是生物多样性的一个重要标志，但是特有性反映一个地区的分类多样性。中国生物区系的特有现象发达，说明了中国生物的独特性，在评价中国生物多样性时，这些因素必须加以考虑。

c. 区系起源古老。由于中生代中国大部分地区已上升为陆地，第四纪冰期又未遭受大陆冰川的影响，所以各地都在不同程度上保留着白垩纪、第三纪的古老残遗成分。被子植物中有很多古老或原始的科属，如木兰科的鹅掌楸、木兰、木莲、含笑、金缕梅科的蕈树、马蹄荷、红花荷、山茶、樟科、八角茴香科、五味子科、蜡梅科、昆栏树科及中国特有科水青树科、伯乐树（钟萼木）科等，都是第三纪残遗植物。中国陆栖脊椎动物区系的起源也可追溯至第三纪的上新纪的三趾马动物区系。中国现时的动植物区系主要是就地起源的，但与热带的动植物区系有较密切的关系。许多热带的科、属分布到中国的南部。中国植物区系中多单型属和少型属，也反映了中国生物区系的古老性特点。这类属大多数是原始或古老类型。中国 3 875 个高等植物属中单型属占 38%，而特有属中单型属和少型属则占 95%以上。中国所产的 2 200 多种陆栖脊椎动物中不少为古老种类。羚牛、大熊猫、白鳍豚、扬子鳄、大鲵等，就是著名的例子。

d. 栽培植物、家养动物及其野生亲缘的种质资源异常丰富。中国有 7 000 年以上的农业开垦历史，很早就开发利用、培育繁殖自然环境中的遗传资源，因此中国的栽培植物和家养动物的丰富程度是世界上独一无二、无与伦比的。人类生活和生存所依赖的动植物，不仅许多起源于中国，而且中国至今还保有它们的大量野生原型及近缘种。动物方面：中国是世界上家养动物品种和类群最丰富的国家，根据最近的调查，包括特种经济动物和家养昆虫在内，中国共有家养动物品种和类群 1 938 个。在中国的家养动物中，还拥有大量的特有种资源，即在长期的人工选择和驯养之后，在产品经济学特征、生态类型和繁殖性状以及体型等方面形成独特的、丰富的变异，成为世界上特有的种质资源。植物方面：原产中国及经培育的资源更为繁多，例如，在我国境内发现的经济树种就有 1 000 种以上，其中干果枣树、板栗、饮料茶、木本油料油茶、油桐、涂料漆树都是中国特产，中国更是野生和栽培果树的主要起源和分布中心，果树种类居世界第一位。苹果、梨、李属种类繁多，原产中国的果树还有柿、猕猴桃，包括甜橙在内多种柑橘类果树以及荔枝、龙眼、枇杷、杨梅等。所有这些它们大多数都包括多个种和大量品种。

e. 生态系统丰富多彩。就生态系统来说，中国具有地球陆生生态系统各种类型（森林，灌丛，草原和稀树草原，草甸，高山冻原等），且每种包括多种气候型和土壤型。中国的森林有针叶林、针阔混交林和阔叶林。初步统计，以乔木的优势种、共优势种或特征种为标志的类型主要有 212 类。中国竹类有 36 类。灌丛的类别更是复杂，主要有 113 类。草甸可分为典型草甸（27 类），盐生草甸（20 类），沼泽化草甸（9 类）和高寒草甸（21 类）。中国沼泽有草本沼泽（14 类），木本沼泽（9 类），泥炭沼泽（1 类）。中国的红树林，系热带海岸沼泽林，主要有 18 类。草原共 55 类。荒漠共 52 类。此外，高山冻原、高山垫状植被和高山流石滩植被主要有 17 类。淡水生态系统类型和海洋生态类型系统尚无精确统计。

f. 我国切实履行生物多样性公约。中国是最早加入《生物多样性公约》的国家之一。中国政府制定并实施了一系列与生物多样性保护有关的法律法规，基本形成了保护生物多样性的法律体系；建立完善了《生物多样性公约》履约协调机制和生物物种资源保护部际联席会议制度；制定发布了《中国生物多样性保护行动计划》和各种与生物多样性保护有关的规划，各有关部门还以此为依据，制定和实施了各相应领域的专项保护计划，如在农业方面开展了农业动植物保护、农业资源与生态保护等七大体系建设，在林业方面实施了天然林保护、退耕还林等六大工程等；而且，中国目前在相关规划和政策中已开始考虑气候变化和生物多样性的因素，防止由于资源和土地过度利用对气候变化及生物多样性造成的影响。

g. 自然保护成效显著。截至 2006 年年底，全国共建立各种类型、不同级别的自然保护区 2 395 个，约占陆地国土面积的 15%。初步形成了类型比较齐全、布局相对合理、功能比较健全的全国自然保护区网络。这些自然保护区使我国 75%的陆地生态系统、88%的野生动物、65%的高等植物和绝大多数的珍稀濒危野生动植物都得到了有效保护。

② 我国生物多样性面临的主要全球问题。

a. 外来物种入侵危及生态系统安全，造成巨大经济损失。经 2004 年统计，共查明外来入侵物种 283 种，在世界自然保护联盟公布的全球 100 种最具威胁的外来物种中，中国就有 50 余种，每年因为外来物种造成的总体损失达 1 198 亿元，已占国内生产总值的 1.36%，仅因紫茎泽兰、松材线虫等 11 种主要外来入侵生物，每年给农林牧渔业生产造成的直接经济损失就达 160.05 亿多元。随着我国对外开放程度不断深入，我国面临的外来农林危害生物入侵压力还将进一步加大。

b. 生物遗传资源流失严重。我国是世界生物遗传资源最丰富的国家之一，同时也是发达国家掠取生物遗传资源的重要目标地区。尽管我国生物遗传资源流失的确切数量难以统计，但据专家估计，我国生物遗传资源引进和输出比例大概为 1∶10，流失情况非常严重。近年来通过“合作”和窃取等途径，我国大量的生物遗传资源正在向国外流失，并被一些发达国家公司抢注为专利产品，变为他们向我们索取巨大经济利益的砝码。在生物遗传资源管理方面，我国没有明确国家一级的牵头主管部门及相应的管理机构，各部门分工不明确，在工作上存在着交叉、重复和遗漏现象。一些职能部门既负责开发利用资源，又负责保护管理资源，缺乏有效的制约机制。由于目前我国还没有专门的生物遗传资源管理机构，遗传资源的输入输出也没有统一的法定程序和渠道，致使我国遗传资源不断无偿流失。

c. 林草和生物品种单一化问题突出。人类曾使用过约 5 000 种植物作为食物，其中 150 种进入了商品市场，约 30 种成为粮食作物。各种家畜家禽和水产品，都是从野生动物经过不断驯化、改良而来的。我国自古以来是一个农业大国，农业生物资源丰富。这些资源不仅是中国甚至是全世界农业可持续发展的物质基础和宝贵财富，是我们解决 22 世纪乃至更远的未来国家发展和人民生活的根本所在。农业生物多样性是农业生态系统稳定性的基础，而追求高产导致许多农业物种濒临灭绝甚或消失。由于人口剧增和人民生活水平提高对粮食的巨额需求，集中推广高产的作物和畜禽品种是不可避免的趋势。目前，我国主要推广的水稻、大豆和小麦各 50 多个品种，玉米、果树、甘薯和花生各 30 多个品种，棉花 18 个品种，猪 20 多个品种，黄牛、绵羊、马各 10 个品种左右；而我国有记载或有保存的地方品种和类型数本来是极丰富的，如水稻保存有 4.8 万个种质材料，小麦保存有 2 万个材料。目前面临的严重问题是有些种质资源材料来不及收集就消失了。估计自 20 世纪 50 年代以来我国蔬菜品种丢失率达 40%。小杂粮已被挤掉，如黍子、稷子、荞麦、小豆等几乎绝迹。由于生态环境恶化和品种单一化，部分畜禽种质资源已经灭绝，严重濒危的畜禽品种达 37 个。其他畜禽品种，例如河南郏县红牛、多仔猪、绒山羊、宁夏滩羊等种质混杂退化严重，濒于灭绝。林草和生物品种单一化使我国暗藏着较大的生态风险。

d. 在我国分布着大范围十分脆弱的生态系统。这里的脆弱是相对其稳定性而言的，特指受到干扰之后难以恢复到原来的状态。1/2 以上的国土为干旱、半干旱区，干旱少雨使得这类地区的生态系统中生物生长相对缓慢；1/5 以上的国土处在高寒的青藏高原，寒冷、多风、生长季短等严酷的生存环境在造就了一批区域特有的生物的同时，限制了许多其他生物的生长；

1/15 的土地地处黄土高原，这里沟壑纵横、岭原交错，水土流失严重；此外，还有近 1/10 的土地为土层瘠薄、生态脆弱的喀斯特岩溶地貌。所有这些对生物多样性的保持都是巨大的挑战。

（2）我国珍稀濒危动植物概况及面临的全球性问题

我国珍稀濒危动植物概况。

我国珍稀濒危物种的威胁水平高，物种濒危和灭绝的速度加快。目前，我国已有 15%～20%的动植物受到威胁，高于世界 10%～15%的平均水平。在《濒危野生动植物物种国际贸易公约》所列 640 个种中，中国就占了 156 个种。近 50 年来，中国约有 200 种植物已经灭绝，《中国珍稀濒危保护植物名录》确定珍稀濒危植物 354 种，其中，一级 8 种，二级 143 种，三级 203 种；《国家重点保护野生动物名录》确定国家重点保护动物 257 种，其中一级 96 种，二级 161 种。

藻类：中国淡水藻类，有些罕见种及早灭绝或处于濒临灭绝的境地，其中受威胁最严重的是淡水红藻和褐藻。受重金属污染或高度富营养化时，藻类物种结构的多样性被破坏，某些物种超常生长导致有害的赤潮和水华，造成管道阻塞，水质恶化，危及渔业生产，影响工业生产和居民生活。

地衣：由于大气污染和森林采伐，中国许多地方地衣多样性面临威胁。依存于森林树皮复生的中国及东亚特有种，如黄袋衣、粉黄袋衣、霜袋衣、蜡光袋衣、横断山袋衣以及云南石耳等种类的生存都面临着威胁。在抗癌和抗艾滋病毒方面具有潜力的东亚食用地衣、美味石耳也因无节制的采收与买卖而在中国庐山等地濒临绝迹。

苔藓：估计中国濒危及稀有的苔藓植物在 36 种以上，已证实灭绝的至少有耳坠藓、拟短月藓、闭蒴拟牛毛藓、拟牛毛藓和华湿原藓 5 种。

蕨类：由于环境的改变和人为的破坏有些种消失或濒临灭绝。占总数 30%的中国蕨类面临灭绝，其中重要的有 101 种。

裸子植物：我国是世界上裸子植物最丰富的国家。濒危和受威胁的裸子植物约 63 种，约占总数的 28%，其中百山祖冷杉和台湾穗花杉被列为世界最濒危植物。

被子植物：根据已有资料估计，中国被子植物约有 4 000 种受到各种各样的威胁，列入珍稀濒危保护的植物约 1 000 种，其中分布区极狭、极危种有缘毛红豆、绒毛皂荚、羊角槭、盐桦、普陀鹅耳枥、天目铁木、漆柄木等。

无脊椎动物：由于绝大多数无脊椎动物个体小，它们受威胁以及灭绝的情况通常不引起人们的注意，以致许多稀有或濒危无脊椎动物甚至在被描记或列入保护名单之前就已销声匿迹。

昆虫：我国昆虫种类繁多，目前，对中国昆虫受威胁情况尚缺乏全面了解。

脊椎动物：中国野生脊椎动物无论是分布区域，还是种群数量，均在急剧减缩之中。1985

年，中国颁布了许多保护法规和以脊椎动物为主的国家重点保护野生动物名录。

（3）我国珍稀濒危动植物保护面临的全球性问题

① 就地保护——我国现有自然保护区建设质量和管理水平不高。自然保护区是珍稀濒危动植物保护的主要场所，目前自然保护区面临的主要问题可以归结为以下几个方面。a. 行政立法不完善：由于自然保护区基础薄弱、经费不足、体制不顺等原因，使得自然保护区在发展过程中其立法与现实发展的需要存在较大差距，制约了自然保护区自身的建设和发展。b. 行政管理体制不适应：《自然保护区条例》规定“国家级自然保护区，由其所在地的省、自治区、直辖市人民政府有关自然保护区行政主管部门或者国务院有关自然保护区行政主管部门管理”。现实的情况并非如此，较为普遍的管理体制是业务由省（区）级地方政府行政主管部门管理，行政由市级地方政府行政主管部门管理，实行业务与行政分离的管理体制。这种管理体制存在着职责不清、权利不明的弊病。按照目前的管理体制，自然保护区划定后，担子几乎全落到了地方政府头上。而且，自然保护区与当地的行政管理机构如乡人民政府，因管理职能交叉发生摩擦，特别是在社区。c. 资金投入严重不足：对于国家级自然保护区，现行的办法是国家投入大部分，地方“配套”小部分，这种投入体制职责不清、权利不明，地方配套很难到位，而地方级自然保护区则完全靠地方政府投入，其正常的工作运转都难以维持，就更谈不上有效保护。d. 自身管理体系不健全：管理干部调动频繁，现行的行政管理体系都有“届满选举”，使得保护区业务管理工作的连续性得不到有力保证，很不利于自然保护区的发展，保护区各自为政，相互之间互不了解，更不用谈取长补短。这种“松散型”的管理很不利于自然保护区的质量升级。e. 业务素质普遍偏低：由于自然保护区经济来源不稳、地域偏僻、工作和生活条件艰苦、社会地位不高，从事自然保护区工作的领导面临的工作难度大而缺乏信心，科技人员因科研经费紧缺而无法开展工作，基层工作人员因工作条件差、待遇低而缺乏工作积极性。有能力的人大多设法离开保护区，新的“血液”又无法输入，管理机构不够健全，管理人员不足，业务素质不高，管护手段和基础设施普遍薄弱，保护区常常批而不建，建而不保。另外，保护区土地权属问题、社区经济发展的摩擦问题也都是难以解决的老大难问题。

② 迁地保护——尚需得到更多重视。需要关注的区域：我国已建的植物园过分集中，主要集中在大中城市，而在植物多样性最丰富、在生境特殊和在中国特有分类群分布中心等地区，特别是我国的三个特有类群的分布中心，即川东—鄂西、滇东南—桂西南、黔东北—湘西南，几乎没有植物园分布，在我国植物多样性最丰富的中国喜马拉雅森林植物亚区和马来西亚植物亚区也很少有植物园，在我国一些特殊生境的地区，如青藏高原、我国西南地区的一些主要为焚风效应影响所产生的、面积很大的干热河谷（那里的植物具有抗寒和抗高温等特点），那里几乎没有植物园。为了使我国受威胁的珍贵、稀有、濒危植物能得到较好的迁地保护，应该进一步规划，在上述地区建立一批新植物园。需要关注的迁地保护物种：在我国

所确定的第一、第二批重点保护植物中和我国植物园栽培植物名录中，我国特有种的比例相对较低。所以，在制订中国植物多样性保护计划时，要支持和鼓励植物园对所在地区的特有物种的迁地保护。此外，在我国的植物园中，对生态系统的更新所需要的物种，生态系统的关键种，分类上的隔离种和栽培植物的野生类型和近缘种等国际上列为优先保护的种类也有较大的忽视。

（4）我国湿地概况及面临的全球性问题

① 我国是湿地大国，湿地资源约占世界总量的 10%，居世界第四位，亚洲第一位。我国将湿地划分为五大类：沼泽湿地、湖泊湿地、河流湿地、滨海湿地和人工湿地。近年来，党中央、国务院高度重视湿地保护工作，先后出台了一系列湿地保护的政策，采取各种措施加强湿地保护，取得了显著效果。2000 年，由国家林业局牵头，17 部委共同编制的《中国湿地保护行动计划》颁布实施；2001 年启动的“全国野生动植物保护及保护区建设工程”，将湿地保护列为重要建设内容，已累计投资约 16 亿元用于自然保护区建设和湿地保护；2002 年，首次全国湿地资源调查圆满完成，并将湿地纳入重大战略问题组织了专题研究；国务院 2006 年正式批准启动由国家林业局、国土资源部、农业部、水利部、建设部等 10 部委共同编制的《全国湿地保护工程规划》（2004—2030 年），确定了到 2030 年使全国湿地自然保护区达到 713 个，国际重要湿地达到 80 个，使 90%以上天然湿地得到有效保护，完成湿地恢复工程 140.5 万 hm^2，建成 53 个国家湿地保护与合理利用示范区，形成较为完整的湿地保护、管理、建设体系，实现使我国成为湿地保护和管理先进国家的中长期发展战略和任务目标。目前已建立 473 个湿地保护区，较好地保护了近 45%的天然湿地。同时黑龙江扎龙等 30 块湿地被列入《湿地公约》的国际重要湿地名录，达赉湖等 4 个湿地类型保护区还加入了国际人与生物圈网络。

② 湿地丧失和功能退化的速度仍未得到有效遏制。长期以来人们对湿地生态价值和社会效益认识不足，加上保护管理能力薄弱，一些地方仍在开垦、围垦和随意侵占湿地，特别是近两年一些地方出现了把湿地转为建设用地的错误倾向，当前，我国 30%以上的天然湿地仍然面临着被开垦和改造的威胁；过度利用生物资源，导致重要的天然经济鱼类资源受到很大破坏，严重影响这些湿地的生态平衡，威胁其他水生物种的安全；对红树林的围垦和砍伐已造成红树林湿地大面积消失；不合理利用湿地水资源，使一些地区尤其是西北和华北部分地区的湿地严重退化；一些水利工程的修建，挖沟排水，导致湿地水文发生变化，湿地不断萎缩甚至消失；大量使用化肥、农药、除草剂给湿地水体带来了严重污染，目前有 26%的天然湿地面临着污染的威胁；由于大江、大河上游的森林砍伐影响了流域生态平衡，使河流中的泥沙含量增大，造成河床、湖底淤积，使湿地面积不断减小，功能衰退。新中国成立以来，我国已建成 8.4 万座水库，库容 4 600 亿 m^3 以上，现淤死 1 000 亿 m^3 以上，直接经济损失 200 亿～300 亿元。多种因素的破坏和威胁，导致湿地面积减少和功能下降。尤其是自然或半自然湿地，仅占国土面积的 3.77%，远低于 6%的世界平均水平。

2. 我国生物多样性的国际形势

（1）生物多样性保护的国际机制及重要公约

生物多样性保护发展至今，国际生物多样性保护已从单纯的物种保护转到包括遗传多样性在内的全面保护；从区域性保护转到全球性保护。生物多样性保护和利用不单纯是生态问题，而是关系到全球可持续发展的前景问题，也是关系到国家利益的分配问题，特别是南北关系、发展中国家与发达国家的博弈问题。如何进一步协调南北关系，在生物多样性保护中维护发展中国家利益，仍将是未来国际生物多样性保护政策的焦点。

（2）我国生物多样性保护面临的国际形势

目前，有关生物多样性保护方面的世界性公约我国均为缔约国。主要公约有：《生物多样性公约》、《湿地公约》、《世界自然和文化遗产保护公约》、《濒危野生动植物物种国际贸易公约》、《野生迁徙物种保护公约》、《联合国海洋法公约》、《生物安全议定书》等。

有关公约中的焦点问题如下：

① 生物资源的主权问题，提出了关于生物多样性问题的国家主权和人类共同关切事项的观念，即国家拥有对其生物资源的主权权利，但同时有责任保护本国的生物多样性，并以持久的方式利用本国的生物资源。2007 年谈判还在继续。由于涉及各方重大利益，估计很难达成共识。

② 生物技术转让问题。一般而言，生物多样性丰富的发展中国家是遗传资源的提供国，而生物技术先进的发达国家是遗传资源的使用者。多年来，发达国家一直开发利用发展中国家的遗传资源，并通过知识产权保护从发展中国家的遗传资源获取暴利。由于几乎所有尖端生物技术都源于发达国家，而且几乎所有的生物技术专利都掌握在这些国家的跨国公司手中，发展中国家主张，发展中国家可允许发达国家获取他们的生物资源，但作为交换条件，发展中国家要求有权以优惠的条件取得相关的生物技术以及能够帮助他们更好地保护生物多样性的技术。关于遗传资源的获取和惠益共享问题，目前该问题涉及国家重要利益，很多问题尚在谈判之中。但是，有关遗传资源及相关传统知识知识产权的讨论至今仍然停留在务虚阶段，并未能真正进入修改国际专利制度的实质过程。因此，普遍认为，现行的世界知识产权制度体系很难改变遗传资源及相关传统知识产权保护的现状，发展中国家对世界知识产权组织（WIPO）论坛的作用已失去信心。

③ 我国作为遗传资源提供国和使用国的双重性。中国多年来一直作为遗传资源提供国，原则上与巴西、哥伦比亚、印度、马来西亚等生物多样性丰富大国立场一致；但是中国同时也是重要的遗传资源使用国，中国的现代农业的发展与多年来大量引进国外农作物优良品种关系极大，并且将来的进一步发展仍然离不开种质资源的引进与利用。因此，需要在充分了解国情和国家需要的基础上，认真研究我国在国际获取和惠益分享（ABS）问题谈判方面的

原则立场，维护我国作为遗传资源提供国和使用国的双重利益。

④ 资金援助和财务机制问题。发展中国家缔约国有效地履行承诺的程度将取决于发达国家缔约国有效地履行就财政和技术转让做出的承诺。各缔约国在其就筹资和技术转让采取行动时，应充分考虑到最不发达国家的具体需要和特殊情况。关于财务机制问题，发展中国家要求建立一个独立的基金，由发达国家出资，并由缔约方大会管理；而发达国家坚持以全球环境基金作为公约的财务机制，并由世界银行、联合国开发计划署和联合国环境规划署共同管理。公约规定，在本公约生效之后，全球环境基金应作为临时财务机构，负责有关的资金运作。

⑤ 其他问题，例如生物多样性跨界保护（包括海洋）。我国国界线绵长，有许多河流、森林等生态系统类型穿越国界，许多迁徙性鸟类和兽类的跨国界保护问题，涉及自然保护区建设等；我国海洋生物多样性的保护面临的问题更复杂，也是我国生物多样性保护面临的重要新问题。

（3）我国珍稀濒危动植物保护的国际形势

由于我国大部分地区未受到第三纪和第四纪大陆冰川的影响，保存有大量的特有物种。据统计，约有 467 种陆生脊椎动物为我国所特有，大熊猫、金丝猴、藏野驴、黑麂、白唇鹿、麋鹿、矮岩羊、朱鹮、褐马鸡、绿尾虹雉等均为我国特有的珍稀濒危陆生脊椎动物。

近年来，由于野生动物栖息地遭破坏、掠夺式的开发利用和环境污染等原因，野生动物资源面临的压力不断增大，我国有 300 多种陆生脊椎动物处于濒危状态。国家林业局 1995—2000 年对 252 个物种的调查结果显示，一些非重点保护物种，尤其是经济利用价值较高的物种资源量呈下降趋势。

新中国成立以来，我国政府十分重视野生动物及其栖息地的保护工作，已建立各级野生动物类型自然保护区 511 个，面积达 4 000 多万 hm^2。大熊猫、朱鹮、扬子鳄、东北虎、金丝猴、麋鹿、野马、高鼻羚羊等珍稀濒危野生动物保护工作取得积极进展。

我国积极保护珍稀濒危动植物，加入了多个相关的国际性公约。但是目前，区域性的珍稀濒危物种保护方兴未艾，全球正在形成区域性保护网络，例如，《欧共体自然地及野生动植物保育公约》、《西半球自然及野生物保育公约》、《非洲自然及自然资源保育公约》、《东南亚国协自然及自然资源保育协议》、《东南亚及太平洋地区植物保护协议》、《东非保护区及野生动植物协议》、《加勒比海地区保护区及野生物协议》、《南太平洋地区自然资源及环境保护公约》。我国疆域辽阔，邻国众多，很多珍稀濒危动植物处于国界地区，例如大陆西南—东南亚国家地区、南海东南端地区、青藏高原—中亚地区等，很多处于区域性保护网络的空白地区。

（4）湿地保护机制及我国面临形势

1971 年 2 月在伊朗的拉姆萨尔签订了《湿地公约》。《湿地公约》作为一项政府间协定，为保护和明智利用湿地及其资源的国家行动和国际合作提供了行动框架。目前，该公约共吸纳了 153 个签约国（缔约方），共指定了 1 634 个国际重要湿地，总面积 14 560 万 hm^2，覆盖全球五大洲（非洲、亚洲、美洲、欧洲和大洋洲），基本奠定了其全球性公约的地位，成为迄今最大的全球性保护区网络体系。

当前，湿地保护已成为国际社会关注的热点。我国在履行《湿地公约》及国际责任和义务的同时，通过双边、多边、政府、民间等合作形式加强国际合作，全方位引进先进技术、管理经验与资金，开展湿地优先保护项目合作。目前，我国已经与世界自然基金会（WWF）、湿地国际（WI）、世界银行、联合国开发计划署（UNDP）、国际自然保护联盟（IUCN）、国际鹤类基金会（ICF）等国际机构和组织在湿地野生动物保护、湿地调查、湿地自然保护区建设以及人才培训等方面进行了广泛合作。并分别与日本、澳大利亚政府签订了中日、中澳候鸟保护协定；与俄罗斯政府签订了中俄两国共同保护兴凯湖湿地的协定。加强了与周边国家和地区对候鸟，特别对跨国迁徙水鸟及其栖息地的保护工作。

3. 我国生物多样性保护的战略对策

（1）总体战略对策建议

① 加强生物多样性保护法规制定。

填补生物多样性保护的法律空白，需要制定相关的法律、法规和规章。主要包括：《自然保护区法》、《生物及生态安全法》、《土壤污染防治法》、《遗传资源保护法》、《生态保护法》等法律，《西部开发生态保护监督条例》、《农村环境保护条例》、《畜禽养殖污染防治条例》、《生物物种资源保护条例》、《生态功能保护区建设与管理条例》等行政法规，《生态示范管理办法》、《有机产品管理办法》、《生态功能区划管理办法》、《国家级自然保护区监督检查办法》、《环保用微生物环境安全管理办法》、《转基因生物环境安全管理办法》等部门规章。

② 加强自然保护区建设。

健全管理体制。我国行政管理体系决定了自然保护区的分级管理体制。由于我国地域辽阔，面对上百个国家级自然保护区，要管理好、发展好确实不易。是否可以按照《自然保护区条例》，国家授权省级主管部门管理国家级自然保护区，以一个省（区）为管理单位，建立一套分级管理体系，即国家主管部门仅管理总体规划、一级保护对象、核心区；省级主管部门管理二级保护对象、缓冲区；市级主管部门管理省级保护对象、实验区。地方级保护区依此类推。同时由省级主管部门监督实施总体规划，直接管理包括规划、审核、计划、投资、评价、人事、考核、培训等内容。而且，中央与地方、行政与业务建立一套信息沟通体系。其不仅可以充分利用数字高速公路下达指令、反馈信息、建立数据库，又能对社会开放，让更多的人来参与、关心、支持自然保护区事业。需要建立一个部级以上的跨部门机制，以保证保护地的管理融合到总体的土地利用和发展规划中，协调平行各部门之间的关系，并监督保护地管理的有效性。该机制可以效仿以前的国务院环境保护委员会。省（市）级政府也应相应建立环境保护委员会，对重大的环保问题诸如保护地的规划和实施进行协调、监督和评估。

加大资金投入。国家应明确规定增加对保护区的投资，特别是增加在保护区管理机构的人员工资、运行费用、科研等方面的投资，并确保保护区有足够的财力按照现行土地和移民安置法规的要求落实对受影响社区居民的补偿。根据我国自然保护区分级管理体制，国家级自然保护区建设和管理经费由中央财政支付，地方级自然保护区的经费由相应的地方财政支付。所以应将自然保护区发展计划纳入国家及各级政府的“五年规划”中，只有通过这样的整合，自然保护区的需求才能够获得必要的预算和行政支持。来自国家、地方政府的资金非常有限，不可能满足保护区对经费的各种需要，因此需要考虑多种手段偿付保护区内的环境服务，例如，在一些情况下，可以用水权交易、碳交易来增加保护区的财政资源，适当激励私有企业在增加保护区投资方面发挥有效作用；政府同样应该鼓励非政府组织，特别是当地非政府组织的参与和支持，以提高保护区管理。

提高保护区行政能力。贯彻“全面规划、积极保护、科学管理、永续利用”的自然保护方针，根据自然保护区功能分区的理论与原则，必须合理划分核心区、缓冲区和实验区 3 个功能区，把保护、科研、监测、教育和旅游等结合起来，统一规划与布局，正确处理保护与开发、旅游与教育、保护区与社区发展等关系，致力于保护区和社区经济的同步发展。国家及相应的政府行政管理部门要对保护区的总体规划进行认真审核，并严格监督执行。从保护区的建设目标和发展的角度考虑，保护区应该经过多方面论证，制订出体现自身特点的、切实可行的中长期发展规划，使保护区的事业朝着预定的方向发展。同时也避免了因管理干部的频繁调动而使工作失去连续性。提高保护区管理人员素质，应使保护区的所有职工都接受在职培训，使他们获得有效完成任务以及取得事业上的进步所必需的能力；招聘懂业务、有能力的专业人才，充实到职工队伍中来。

发展社区经济。自然保护区社区经济的发展程度直接关系到自然保护区的建设和管理，只要社区的经济发展了，居民直接利用自然资源的程度降低了，自然保护区也就达到了保护自然的目的，同时也缓和了社区矛盾，使周边群众和社区从自然保护区的潜在破坏者变成共同管理者，把孤立的生态系统变成了开放的经济社会生态系统，从而达到长期有效可持续发展的目的。制定优惠政策予以拉动和扶持，如产业政策、银行贷款、减免税费、技术辅导等。同时还需要政府在基础设施建设中制定特殊政策，予以大力扶持，为自然保护区的经济和社会发展奠定坚实的基础。在提倡保护环境时应避免绝对化，可在不破坏资源的情况下合理有效地利用，做到经济利益和生态效益的兼顾。

③ 加强对外来生物入侵的监控和管理。

完善相关立法与加强组织管理。目前，我国涉及外来物种控制问题的相关法规主要有《中华人民共和国进出境动植物检疫法》、《中华人民共和国植物检疫条例》、《中华人民共和国动物防疫法》、《中华人民共和国国境卫生检疫法》、《中华人民共和国家畜家禽防疫条例》和《农业转基因生物安全管理条例》等，同时还要完善一些用于配套的名录及审批制度。此外，完善《陆生野生动物保护实施条例》和《中华人民共和国海洋环境保护法》涉及外来生物入侵的相关法律条款。并加强现有组织体系如进出境动植物检疫局，农业部分布在全国各地的农业技术推广中心、植物保护和植物检疫站，以及林业局的森林保护（检疫）站等组织管理，应对突发的外来生物入侵，强化大范围的统一行动，减少我国受外来生物入侵的威胁。

广泛开展公众参与和教育活动。防止生物入侵，需要全社会共同努力，应充分调动公众的积极性，提高全社会防范意识，使全社会参与到防止生物入侵的行动中。通过广播、电视、报纸、互联网等新闻媒体宣传教育社会公众，使他们认识到生物入侵的危害性。针对不同类群的公众，制定科学的宣传战略，如大量印刷、发行、赠送关于生物入侵的科普性小册子，或制作生动活泼的音像制品，向旅游者提供有关信息和行动建议，使他们了解人类旅游与生物入侵的关系，防止旅游带来新的有害生物入侵种。在有关检验检疫、生物引种、交通运输、国际贸易、旅游等重点行业的员工中，进行有针对性的宣传、教育和培训工作。对外来物种容易侵入的地区如岛屿、湖泊、自然保护区等的工作人员加强防范外来生物入侵，提高他们对早期有害生物入侵的警惕性，将生物入侵的危害降到最低程度。

建立预防与风险预警机制。对于生物引种，在引入前应进行充分的、科学的评估、预测和测验，谨慎引种。生物引进不仅要考虑到当前，还应预测将来；不仅要看经济利益，还要看生态危害；不仅要考虑地区性问题，更要考虑全国性问题。引入后应加强观测，释放后应不断跟踪，如发现问题应及时采取有效对策，避免造成大面积危害。完善早期风险预警和应急反应机制，根据有害生物发生、流行及截获情况，及时发布预警通报并采取严格检疫处理、限定入境口岸、限制入境、禁止进境等措施，必要时可封锁口岸，严防有害生物传入和扩散；制定和完善国家重大外来有害生物应急预案，一旦发现重大外来有害生物侵入，立即启动应急预案，采取有力措施尽快控制和扑灭外来有害生物。

建立监测控制及生态恢复体系。建立外来入侵物种早期预警、监测和快速反应体系。早期预警单位应该进行野外调查，验证所收到的报告与物种鉴定的结果，以及做出是否需要加强监测的建议。而且在监测的管理方面，应大力加强有关信息系统的建设，并建立起相应的入侵物种数据库和物种鉴定专家数据库。应建立定期普查制度。地方与中央则应分别建立相应的定期报告与公告制度，以便及时汇总信息以发布国家生态安全预警名录，制止外来物种的入侵和蔓延。对于已传入并造成危害的入侵种，应采取迅速而有效的生态控制对策。

加强科学研究工作，为防控外来生物入侵提供技术支撑。加强对生物入侵的研究，明确入侵种类、分布、机制，评价入侵种带来的生态危害，研究控制对策和具体技术，是我国目前解决生物入侵的关键。没有科学的研究结果作为指导，没有科学技术的支撑，我国就不可能从根本上解决外来生物入侵的威胁。因此，国家与地方管理部门早期预警的建立和决策制订，以及防控外来生物入侵的实践证明，加速有害生物风险评估（Pah）体系的建立势在必行。

④ 加强种质资源的保护。

完善管理体系与协调机制。进一步发挥生物物种资源保护部际联席会议制度在《规划纲要》实施过程中的作用，明确各成员单位的职责，强调部门之间的支持与合作，统一部署，分工负责，协调步伐，一致行动。加强地方政府和基层机构能力建设，建立多形式、多层次的监督机制和监督机构。

加强相关法律制度建设。抓紧起草和完善生物物种资源保护法律法规，规范生物物种资源的采集、收集、保护、保存、研究、开发、交换、贸易等活动。建立生物物种、遗传资源及相关传统知识的获取与惠益分享的制度。建立生物物种资源出入境查验制度。

完善经济政策与市场监督体系。建立适合市场经济的生物物种资源保护与持续利用政策体系，引导对生物物种资源进行有效保护和合理开发利用，以解决保护与开发的矛盾，实现生物物种资源的持久保护和可持续利用双赢。建立市场监督体系，规范市场行为，引导生物物种资源的可持续开发利用。对列入国家保护名录和国际公约保护名录的动植物物种的贸易实行严格的市场管理。

强化宣传教育。突出宣传国家相关法律法规，重点提高科研人员、出境人员和直接从事物种资源采集和开发活动的基层群众的遵法和守法意识，增强保护与持续利用生物物种资源的自觉性。充分发挥主流媒体在宣传生物物种资源保护方面的作用。加强基层机构的宣传教育设施建设，建立基层宣传教育专业队伍。加强青少年教育，在中、小学教材中增加生物物种资源保护的内容，培训青年学生志愿者宣传队伍，加强对基层群众的宣传教育。

⑤ 加强科研协作，对重大议题实行研究单位集团化攻关。

我国生物多样性保护与研究机构众多，可考虑在涉及我国生态安全、生物安全、遗传资源获取与惠益分享、珍稀濒危物种保护等重大议题上采取集团化攻关，整合中国科学院生物多样性委员会、中国环科院生物多样性办公室、国家林业局自然保护区研究中心、湿地中心、野生动植物研究中心、北京师范大学生物多样性基地，还有北京大学基地、复旦大学基地、中山大学基地、清华大学全球环境中心等单位系统攻关，进行优化组合，整合集团力量进行难题攻关。

⑥ 加强大型人为活动对生物多样性影响的评价和监测。

随着我国经济社会发展的需要，很多大型的人为活动将会越来越多，特别是大型工程建设，如城市扩展、高速公路、水电站、火电厂、天然气管道、输油管道、农业开发项目等，将不可避免地对生物多样性产生影响，需要加强环境影响评价中的生物多样性保护工作，及早发现问题，采取生态修复和恢复措施。

⑦ 建立健全生物多样性保护的生态补偿机制。

通过在重点地区开展试点工作，探索建立生态补偿标准体系，以及生态补偿的资金来源、补偿渠道、补偿方式和保障体系，为全面建立生态补偿机制提供方法和经验。

⑧ 将生物多样性作为地方政绩的一个考核指标。

在生态省、市、县建设过程中，要把生物多样性保护作为一个重要考核指标，加强城市和农村的生物多样性保护工作，处理好经济发展与生物多样性保护的关系。

（2）优先领域

确定优先保护，有所为，有所不为。根据我国正处于发展中国家的现状，既要保护环境，又要发展经济，建议有选择地在我国生态系统脆弱地区和关键地区以及已有保护机制，建立生态系统保护网络。中国已经确定了 17 个生物多样性关键地区，主要措施包括建立自然保护区、防止经济开发造成的污染等。在此基础上，可以考虑扩大优先保护地区范围，创建保护区网络。可考虑在关乎国家生态安全的地区以及经济发达的地区加强生物多样性保护，例如环渤海经济圈、长江三峡地区、京津风沙源生态区、秦岭—伏牛山—大别山地区、京杭大运河、南岭红壤区、珠江三角洲地区等。

（3）争取国际条件与合作

加强国际合作，充分利用国际资源。由于我国生物多样性在全球的重要性，生物多样性保护从一开始就受到国际资助，可考虑形成专门的国际合作机制，加强中国生物多样性保护成果宣传，争取联合国、国际组织、政府间组织和民间组织的资金和人力上的大力支持。

加强跨界保护的合作发展。加强我国周边跨国界区域重要生态系统的国际合作研究和项目发展；加强我国沿海区域（含台湾、港澳地区）的重要生态系统合作研究和项目发展。

（4）珍稀濒危植物保护的建议

采取多种措施进行就地保护。根据我国国情，采取灵活多样的措施进行就地保护，在加强自然保护区建设的基础上，采取建设森林公园、植物园、风景名胜区、城市公园等多种方法，同时发挥生态功能保护区、生态保护小区、保护点的作用，根据不同地区发展、动植物分布，结合当地实际采取保护措施。鼓励建设保护与利用相结合的大规模的资源库和资源场。

加强迁地保护。对我国稀有、濒危植物的迁地保护，应根据各植物园的现状，主要以稀有、濒危物种的分布、生态学特性和保护的要求进行规划，确定哪些植物最适宜在哪个植物园中保存，并把重点放在植物园还没有栽培的种类、放在仅有一两个植物园栽培和仅保存了极少数植株的种类上。此外，对我国的特有种，对在系统进化上的单（寡）型分类群，对重要栽培植物的野生类型、近缘种，对重要的野生经济植物和对一些生态系统的关键种等也要进行必要的迁地保护规划。

（5）湿地保护的建议

进一步强化湿地资源的保护管理。首先，应建立湿地保护的管理协调机制。各级林业部门要做好组织协调工作，农业、水利、国土、环保和海洋等部门应按照职责分工，发挥各自的优势，做好相关的湿地保护管理工作。要加强湿地周边地区各有关机构之间的交流与协调，采取协调一致的湿地保护行动，对湿地进行综合保护与治理，有效地减缓湿地的退化，遏制人为活动导致的天然湿地下降趋势。实施湿地开发生态环境评价制度，鼓励并引导当地居民和社区组织积极参与湿地保护工作。其次，国家林业局、国家发改委要加大实施退耕还林、天然林保护等林业生态工程建设，提高森林覆被率，减少泥沙淤积。各级林业部门要在全国湿地资源现状调查的基础上，对全国湿地进行分类评估，建立全国湿地资源信息数据管理系统和全国湿地资源监测体系，掌握湿地变化动态，为湿地的保护和利用提供科学依据。

要加强湿地保护的科普宣传教育工作。湿地保护是一项社会性的公益事业，目前社会上对湿地的保护还缺乏认识。因此，各级政府要充分利用各种宣传手段，采取各种形式，开展湿地保护的科普宣传，使湿地保护成为各级领导和广大人民群众的自觉行动。要充分发挥各社会团体科普宣传的优势，提高公众保护湿地的意识，努力形成全社会支持湿地保护事业的局面。

加强湿地的科学研究。国家科技部和相关部门应进一步重视和支持湿地保护的科学研究工作，要加强湿地形成、演化过程、生态功能和效益等基础理论研究；加强湿地保护、恢复、可持续利用等应用技术研究；全面、深入、系统地掌握我国湿地类型、特征、功能、价值、动态变化等，建立我国湿地理论体系，为湿地的保护和合理利用奠定科学基础。

增加湿地保护经费的投入和制定相关的经济政策。国家和地方各级政府应增加对湿地保护的投入，把湿地保护纳入国民经济与社会发展规划之中；加快组织实施《全国湿地保护工程规划》，抢救性地建立湿地保护区，加强已建自然保护区的建设，并发挥其正常的保护功能；建立多元化的投入机制，按照“谁利用，谁补偿”的原则，国家林业局和财政部要尽快制订《湿地资源生态补偿办法》，从经济上控制湿地开发规模，推进湿地保护工作。

（五）危险废物越境转移问题

1. 危险废物越境转移问题的起源

固体废物，包括危险废物、生活垃圾和一般工业废物，是世界面临的技术难度高、管理难度大的环境问题之一。目前，全世界每年约产生 3 亿 t 危险废物，10 亿 t 以上的生活垃圾。危险废物和其他废物在收集、运输、利用、处理、处置过程中造成污染，严重影响环境和人体健康的事件时有发生。这种危害不仅影响本国，还常常殃及其他国家。例如，1986 年，位于莱茵河畔的瑞士巴塞尔山道士化学公司的一座仓库起火，仓库中储存的大量有毒化学品随灭火用水流入莱茵河中，不但使瑞士的环境遭到污染，而且也使莱茵河下游的法国、西德、荷兰深受其害。1930—1953 年，美国胡克化学工业公司在纽约州尼亚加拉瀑布附近的罗芙运河废河谷填埋了 2800 多 t 桶装危险废物，1953 年填平覆土，在上面兴建学校和住宅。1978 年，因大雨和融化的雪水入渗，才陆续发现该地区婴儿畸形、居民身患怪异疾病。危险废物中有毒物质大量浸出、迁移扩散至地下水中，使该地区井水变臭；大气中有害物质浓度超标500多倍；测出有毒物质82种，致癌物质11种，其中包括剧毒的二噁英。锦州铁合金厂自20世纪50年代投产后一直将所产生的铬渣露天堆放，至20世纪70年代形成堆积上百万吨固体废物的铬渣山，并发现造成大范围的地下水被6价铬严重污染，污染面积达20多 km^2；污染范围涉及7个自然村的1 800多眼水井。为此国际社会于20世纪80年代，开始酝酿缔结《控制危险废物越境转移及其处置的巴塞尔公约》（简称《巴塞尔公约》）。

《巴塞尔公约》是影响最为广泛的环境公约之一，缔约方数目已经增加到了170个。我国是《巴塞尔公约》最早的缔约方之一，并批准了巴塞尔公约修正案。《巴塞尔公约》管理的范围包括危险废物、其他废物（主要指生活垃圾），其目的是采取严格的控制措施来保护人类健康和环境，使其免受危险废物和其他废物的产生和管理可能造成的不利影响。《巴塞尔公约》的主要目标是尽量减少危险废物的越境移动，使其与环境无害化管理的能力相一致；尽可能在产生源处理和处置危险废物；在数量上和危险性上使危险废物的产生最小量化。

2.《巴塞尔公约》主要内容和机制

《巴塞尔公约》的法律文件由公约文本、巴塞尔公约修正案、危险废物越境转移及其处置造成损害责任和赔偿议定书、巴塞尔公约缔约方大会决议组成。

《巴塞尔公约》于1989年3月在瑞士巴塞尔通过，于1992年5月5日生效。1990年3月22日，我国签署了该公约；1991年9月4日，第七届全国人大常委会第二十一次会议批准了该公约。目前巴塞尔公约缔约方已经增加到了170个。

《巴塞尔公约修正案》于1995年9月在日内瓦召开的巴塞尔公约第三次缔约方大会上通过。该修正案尚未生效。1999年10月31日，第九届全国人大常委会第十二次会议批准该修正案。目前已经有63国家批准了巴塞尔公约修正案。

《危险废物越境转移及其处置造成损害责任和赔偿议定书》于1999年在巴塞尔公约第五次缔约方会议上通过。该议定书还没有生效。我国尚未批准。目前有8个国家批准了议定书。20个国家批准议定书则可生效。

《巴塞尔公约》所采取的措施是建立国际危险废物和其他废物越境转移控制体系，包括通知的责任，事先书面同意程序，再进口责任，禁止和限制，非法运输的控制，通知和转移文件，出口者和处置者之间的合同，保险/资金保障，国际运输规则和规定，应急机制等；建立废物环境无害化管理体系，包括环境无害化的责任，危险废物运输和处置的许可制度，废物环境无害化管理技术准则，技术合作和援助机制等。此外，《巴塞尔公约》将能力建设作为一个重要的履约机制，在全球范围内建立了14个区域/协调中心。

整体而言，《巴塞尔公约》是一个政治性较强、技术复杂性高的环境公约，同其他公约相比，这方面的特点更为明显。我国是产品制造大国，也是消费大国，产生的固体废物量巨大，在国际产品链中所承担的责任也越来越大。在危险废物和其他废物管理方面面临机会，也面临挑战，需要结合发展循环经济和保护环境开展工作，对履行公约和保护环境进行保障。

3．我国《巴塞尔公约》的履约

《巴塞尔公约》是一个可长期发挥作用的国际环境公约，只要有工业生产，有化学品的使用，有人类的消费，就会产生危险废物和其他废物。而且随着对环境的要求越来越高，管辖的危险废物的类别也会越来越多。因此在履约机构的建设方面，主要是建立从全国到地方的固体废物管理机构，在国家层次还建立了专门的管理技术支持机构和能力建设支持机构，没有建立履约办公室。

（1）建立和执行废物越境转移控制系统

我国颁布了《中华人民共和国固体废物污染环境防治法》、《废物进口环境保护管理暂行规定》、《进口废物环境保护控制标准》、《进口废物原料装运前检验机构认可管理办法（试行）》等一系列的法律法规和技术规范，建立了自动许可、限制和禁止废物进口制度，废物品质检验制度，建立了国家环境保护总局、海关总署、国家质量监督检验检疫总局的部门间协调和沟通机制。

（2）建立了履约机构和技术支持机构

在《巴塞尔公约》履约机构建设方面，我国进行了以下工作：

① 国家环境保护总局在污染控制司设立了固体废物与有毒化学品管理处，负责全国固体废物的管理。在省级环境保护部门，一般在污染控制处设专人管理固体废物，个别省市成立了固体废物管理专门的处室。

② 成立了国家环境保护总局废物进口登记中心（1995）和国家环境保护总局固体废物管理中心（2006）。这两个中心均设在中日友好环境保护中心，属于一个机构，两块牌子。

③ 成立了国家环境保护总局危险废物管理培训与技术转让中心（1993，中国危险废物管理培训与技术转让中心）和亚洲太平洋地区危险废物管理培训与技术转让中心（巴塞尔公约区域中心，1997，并在此基础上于 2007 年成立了巴塞尔公约亚太地区协调中心）。这两个中心均设在清华大学环境科学与工程研究院，也属于一个机构，两块牌子。

④ 近年来各省、自治区和直辖市先后成立了省级固体废物管理中心（或危险废物管理中心）。部分城市也成立了固体废物管理中心（或危险废物管理中心）。

（3）建设、运营和监督管理危险废物环境无害化设施

我国于 2004 年开始实施《全国危险废物和医疗废物处置设施建设规划》，支持全国各省、自治区和直辖市建设危险废物和医疗废物处理处置设施。通过《排放污染物申报登记管理规定》，《危险废物经营许可证管理办法》、《危险废物转移联单管理办法》以及危险废物鉴别标准、污染控制标准、设施建设技术规范等初步建立了危险废物从产生源到最终处置的全过程

管理制度。

4．战略建议

《巴塞尔公约》是各国控制废物跨国转移，保护环境的共同行动纲领性文件。我国应抓住机遇，直面挑战，提高我国危险废物管理的能力和技术水平，增强我国的环境领域的外交影响力。

（1）建立科学有效的废物越境转移控制系统

根据《巴塞尔公约》的规定，危险废物和其他废物的出入境必须通过国家的主管当局。这对我国控制拟输入到我国或拟经我国过境的危险废物和其他废物的转移大有益处。当然废物的越境转移和循环利用也是经济循环中的一个重要环节。我国的主管部门应加强力量，进行调查研究，制订符合我国的技术经济水平的废物进出口的政策和制度。进一步加强对危险废物越境转移的严格控制和对进口废物的规范化管理，加大对废物非法走私的打击力度。利用巴塞尔公约框架积极推进废物越境转移方面的国际合作。可同美国、日本、欧盟等加强沟通，实施有关控制废物跨境转移的项目计划，加强对危险废物非法转移的控制。

（2）电子废物问题

防止电子废物的越境转移，帮助发展中国家提高回收利用和处理处置的能力，是巴塞尔公约面临的挑战，也是急需解决的问题。目前巴塞尔公约正在试图同计算机生产商建立伙伴关系，推动电子废物的资源化回收利用。我国是电子产品的生产和使用大国，一些大型的跨国公司在中国设有分公司。但是由于我国没有进行电子产品生命周期管理研究，以及目前还没有开发出适合中国国情的电子废物的环境无害化处理和利用技术，因此召回废弃的家用电器，对我国电子产品的生产企业还是一个挑战。但是不采取行动也不利于我国的负责任的大国形象。由于我们缺乏这方面的研究，还难以在国际环境外交中积极主动地开展工作。需要支持从国际角度研究生产者责任制度的实施对我国社会和经济的影响，加强国内电子废物环境无害化管理，推动生产者延伸责任制度。

（3）公约的合作与协调

加强对化学品和废物公约的协同增效的研究。在区域一级增强与其他化学品公约的合作可以充分利用设在我国的巴塞尔公约区域中心，我国应重视此项工作的推进，并重视中心自身能力提高，加大支持力度，支持中心积极开展工作，扩大影响。全球范围内已经建立起了14 个巴塞尔公约亚太区域和协调中心，世界上仍有国家在积极争取《巴塞尔公约》区域中心主办国的资格，如斯里兰卡等。我国应充分利用已经在我国建立的亚太区域中心，为我国的政治、经济和环境服务。为此中央政府部门应在人力、物力和机制上对中心给予支持，尤其是给予可持续的财政拨款。

（4）国际合作与资金机制

国际合作不仅可以提高我国在危险废物管理能力建设、设施建设上的投入，还可以学习国外先进经验以及引进先进的技术和设备。但是在开展国际合作的过程中，各国和有关国际组织已经转变了资助方式，从无偿资助，到目前需要中国政府配套资金，将来配套比例将会越来越大。以日本和欧盟为代表的发达国家对公约自愿性捐款的政治意愿持续降低，并将大多数发展中国家的关注转向了从现有其他公约资金机制寻求履约资金支持方面。另外，随着我国经济实力和技术实力的不断提升，以及我国政治活动的需要，也需要建立环境领域的资金和技术援助机制，推动全球环境的逐步改善，为我国政治和外交服务。我国目前尚没有建立有助于国际合作的资金机制。

（5）巴塞尔公约修正案

我国已经批准了巴塞尔公约修正案，在国内如何履约，如何避免修正案的实施对中国政治经济的负面影响，还没有一套科学的解决方案。应借鉴发达国家的经验教训，根据我国经济和环境保护发展的特点，对废物跨境出口转移及早研究应对政策。

（6）巴塞尔责任与赔偿议定书

在危险废物越境转移及其处置造成损害责任和赔偿议定书的实施可能对中国的外交、政治、经济和环境的影响方面还没有人进行深入研究。控制废物非法转移必须以国家法律强制约束，我国应继续组织相关政府部门和有关研究机构，研讨巴塞尔责任赔偿议定书，启动批准前期准备工作。

（7）加强能力建设，加大人力资源的投入

《巴塞尔公约》是各国控制废物跨国转移，保护环境的共同行动纲领性文件。我国在履约过程中需要加大力度，加强危险废物和其他废物能力建设和提高公众意识，增加这方面的投入。鉴于固体废物管理的最大问题是人力资源不足，建议国家在环保部门大幅度增加固体废物管理的人力资源配置，对上岗人员定期进行培训，提高固体废物管理的水平。

（8）履约机构建设中的问题

人力资源不足。各级环保部门负责固体废物管理的人员偏少，知识和经验不足、任务多、压力大。各级固体废物管理中心建设模式和职能范围不统一，难以为固体废物的管理提供支撑，有的固体废物管理中心财政拨款不足，甚至还需要考虑工作人员生活和待遇。区域级的巴塞尔公约区域中心、国家级危险废物管理培训与技术转让中心没有资金机制，难以充分发挥其作用。

（9）《巴塞尔公约》技术导则

《巴塞尔公约》已经发布或正在拟定的技术导则，如《全部或部分拆船过程中实现环境无害化管理技术导则》、《废铅酸电池环境无害化管理技术导则》、《废旧轮胎的鉴定与管理的技术导则》、《生物医疗和卫生保健废物无害化环境管理技术准则（Y1；Y3）》、《塑料废物的确定和无害化环境管理及其处置的技术准则》、《持久性有机污染物废物环境无害化管理技术导则》、《产于和源于石油的废油（Y8）的环境无害化管理技术导则》、《从住家收集的废物（Y46）的环境无害化技术导则》，对《巴塞尔公约》履约具有指导作用。应组织开展对《巴塞尔公约》各项技术导则及其在我国普及实施的可行性进行研究。

（10）依靠《巴塞尔公约》平台开展环境外交

加快《巴塞尔公约》在国内的实施，宣传我国履约成就。《巴塞尔公约》越来越受到各方面的关注。加强我国危险废物管理，是履行公约的需要，是保护我国环境和人体健康的需要，也是避免在环境外交方面出现问题的最好的解决办法。同时，将履约成果进行宣讲，也可以提高我国国家形象。

此外，还有很多其他需要认真研究的课题。这些都需要有关部门给予支持，培养一批能够支持中国巴塞尔公约国际谈判和履约的队伍。

（六）中国应对全球环境问题的总体战略与对策建议

1. 总体战略

我国正处在经济快速增长阶段，为了到 2020 年实现全面建设小康社会以及 21 世纪中期建成中等发达国家的目标，不仅需要增加能源资源保障，也需要保护全球环境和气候，免受全球环境问题带来的灾难。为此，我们有必要从科学发展观的战略角度，坚持“共同而有区别的责任”原则，推进履约进程，并制定适应和减缓全球变化的国家战略及相关对策。

2. 坚持自主创新国家战略，理性对待经济全球化

全球环境问题是伴随经济全球化而来的产物，其有效治理也必然需要纳入全球化的进程。

一般认为，全球化过程始于生产与贸易的大幅度扩张，然后向金融与财政过渡。金融扩张早晚导致全球规模的资本主义重大危机以及国际经济秩序的变化。进一步说，全球化背后的推动力即资本主义运动就其长程而言受两个方向完全相反的作用力驱动，即释放市场力量与保护社会。

在 20 世纪 70 年代，随着布雷顿森林体制的崩溃和石油危机的出现，发达国家纷纷将固定汇率变为浮动汇率，企业和银行推动了金融自由化，进而形成全球生产体制与金融体系。在发展中国家方面，由于 20 世纪 80 年代发生了重大的债务危机，采取了所谓华盛顿共识的政策体系。发达国家和发展中国家的共同作用，使得全球化到 20 世纪 90 年代进入了全面发展的时期，导致了全球生产与贸易的结构性变化。事实上，全球环境问题也正是在这一时期逐渐显现出来的。

当前，国际经济出现了一些新的变化。一方面，发达国家企业离岸生产与外包进一步扩

展，商品、资本、技术和劳动力的跨国界流动规模进一步增大，发达国家出现了难以接受的贸易逆差，而发展中国家则是巨大的贸易顺差与外汇储备，由此世界经济表现出巨大的不均衡；另一方面，“金砖四国”（中国、印度、俄罗斯、巴西）的崛起改变了国际贸易秩序，引起了国际能源资源市场的变化，国际贸易利益的再次分配冲突呈现危机。因此，有人认为世界开始进入后全球化时代，美国和欧盟为了维护自身利益，会出台和实施一些举措，由此可能导致全球化逆转的出现。

我国在前一轮的全球化进程中，充分发挥“比较优势”战略，有效利用“两种资源、两个市场、两种技术、两种资金”，以廉价劳动力为基础参加全球生产分工，大力吸收效率驱动型外国直接投资，通过跨国公司的企业间贸易扩大出口，在能源、资源、产品方面大进大出，以出口带动国内经济发展，成功地成为“世界制造工厂”之一，当然，也给本国的生态与环境带来了严峻挑战。

面对当前的“全球化迷局”，我国前一轮世界工厂的运行机制难以为继，人民币升值的威胁迫使我国由以劳动力为比较优势参与国际分工的世界工厂向以高附加值产业为基础的竞争优势转变，经济发展模式的出口驱动需要向内需驱动进行转变。以和谐社会的建设为重要前提条件。实际上，我国提出“自主创新”战略、“和谐社会”和“资源节约型社会”都是基于这一全球化背景的。

全球环境治理是全球化进程的重要部分，我国需要看清形势，理性对待经济的全球化和环境的全球化，把握好自身的全球化进程。

3. 发展循环经济，建设资源节约型、环境友好型社会，迎对国际挑战

党的十七大指出“建设生态文明，基本形成节约能源资源和保护生态环境的产业结构、增长方式、消费模式。循环经济形成较大规模，可再生能源比重显著上升。主要污染物排放得到有效控制，生态环境质量明显改善。生态文明观念在全社会牢固树立”。这表明，我国对于当前及今后所面临的资源环境挑战有着清醒的认识和发展战略。

全球变化问题的不断升温，无疑会对中国承担温室气体限控义务的压力增大，同时对中国现有的发展模式和消费模式提出了严峻的挑战。我们可能没有机会再走高能源消费保证高经济发展的传统道路。中国面临开创可持续发展的消费和生产新模式的挑战。为此，我国应区分对全球变化敏感的产业类型，划定对全球变化脆弱的人口与经济高密度的地区；通过揭示农业生产（特别是食物生产）对全球变化的响应机理，提出调整农业生产布局、生态建设的对策；通过分析工业生产对全球变化特别是全球工业产品的地区流动对全球变化的响应机制，提出调整工业生产内部结构和区域布局的对策；通过分析服务业对全球变化的响应机制，提出调整服务业内部的结构和区域布局的对策；通过分析国际贸易对全球变化的响应机制，提出调整我国对外贸易产品结构与区域布局的对策。

在上述目标下，要高度重视全球变化引起的淡水资源供应能力和区域格局的变化，加大调整土地利用空间格局的深入研究及区域试验和示范，重视生物资源特别是生物多样性资源在全球变化（特别是水、热变化）条件下的变化趋势。加大保护生物多样性资源的深入研究及生物多样性保护基地建设的技术集成与试验和示范。增加后备淡水资源储备与提高各类产业的水资源利用效率与效益，这已经成为缓解我国淡水资源短缺问题的重要科技需求。研究不同的减排温室气体的方案对经济的影响，进而构造可持续发展的消费和生产新模式。调整我国整体与区域能源结构，增加洁净能源的储备能力，大力发展大规模使用太阳能与生物质能创新技术体系，并加快其区域示范体系的建设。调整我国国际贸易的产品体系与区域合作布局，建设满足我国发展目标要求的境外食物与能源及特殊矿种供应的双边合作基地，实现在适应全球变化条件下的“两个资源、两个市场”的战略布局。

4．加强科技支撑，履行主要国际环境公约

中国是联合国一系列生态与环境公约的缔约方。履行国际公约必须开展必要的科学研究，特别是研究与公约相关的关键科学问题，建立履约的科学支撑体系，提供准确的科学信息和对策方案，维护我国的合法权益，以树立我国良好的国际形象，为社会经济发展创造良好的外部环境。目前我国已签署的主要国际环境公约有七个，可分为气候变化、生态保育、环境保护三个方面。

《联合国气候变化框架公约》的最终目标是要“将大气中温室气体的浓度稳定在防止气候系统受到危险的人为干扰的水平上。这一水平应当在足以使生态系统能够自然地适应气候变化、确保粮食生产免受威胁并使经济发展能够可持续地进行的时间范围内实现”。履行《气候变化框架公约》的主要科技任务是：健全大气、海洋、陆地系统的地空观测网，制定和实施国家气候系统观测计划，为监测全球与中国温室气体和气候变化提供基础数据；根据气候系统模式与影响评价模式，预测全球和中国长期气候变化趋势和影响；建立国家适应和减缓气候变化的技术体系，提出综合对策，争取发达国家优惠的先进技术转让。

《保护臭氧层维也纳公约》及《蒙特利尔议定书》的主要目的是分阶段淘汰臭氧层消耗物质（ODS），发展中国家应于 2040 年前完全淘汰所有的 ODS。履行《保护臭氧层公约》的主要科技任务是：监测和预测中国大陆上空臭氧层浓度变化与紫外线 B（UV-B）的辐射强度，及其对空气质量和人类健康的影响；研究履约对我国经济的影响；开发 ODS 替代品。

《联合国防治荒漠化公约》的目的是通过各国的共同努力防治不断扩大的由气候变化和人类活动等因素造成的干旱、半干旱与半湿润地区的土地退化趋势。履行《防治荒漠化公约》的主要科技任务是：荒漠化状况的监测与评估；荒漠化土地退化机理及综合整治技术，特别是土地利用结构的调整；水资源、土地资源和植物资源合理开发和利用的研究。

《生物多样性公约》涉及生物多样性保育和可持续利用、遗传资源的获取与惠益分享、外

来入侵物种的防治、转基因生物的释放引起的生物安全等关系到国家主权、经济和生态安全的重大问题。履行《生物多样性公约》的主要科技任务是：开展保护生物学及生物资源可持续利用的基础与应用研究，物种濒危机制与保护措施，特有种质资源、药用等经济生物资源的评价、保护与可持续利用对策与技术，生物多样性变化及其影响，生物多样性信息管理，外来入侵生物和重大突发性有害生物的有效控制技术，转基因生物释放可能引起的生物安全问题的应对措施。

《关于特别是作为水禽栖息地的国际重要湿地公约》（简称《湿地公约》或《拉姆萨公约》）的目的在于保护天然湿地生态系统和生物多样性，充分发挥其生态服务功能。目前我国有 21 处湿地被列入该公约保护的国际重要湿地名录。履行《湿地公约》的主要科技任务是：建立湿地生态服务功能的定量化与价值化与湿地生态质量标准；研究湿地水文、生物和土壤状况的监测网络的建立与湿地生态系统演变规律；阐明湿地景观格局动态变化与全球变化之间的关系；建立湿地利用补偿机制和区域性指标。

《关于持久性有机污染物的斯德哥尔摩公约》（以下简称《斯德哥尔摩公约》）的目的是保护人类和环境免受 POPs 的影响，目前尚未生效，正在接受批准。履行《斯德哥尔摩公约》的主要科技任务是：建立若干与国际接轨的 POPs 检测权威实验室，研发低成本、简易、快速、准确实时检测技术；揭示我国 POPs 主要污染来源，提出判识指标体系；确定新 POPs 化合物并阐明其毒理与人体健康效应；通过重点地区 POPs 检测调查，提出优先控制名单和潜在高风险区。

《控制危险废物越境转移及其处置的巴塞尔公约》的主要目的是控制危险废物非法越境转移及其处置问题，建立危险废物环境无害化管理和越境转移的全球调节机制，减弱国内、区域、国际危险废物处置对人类健康和环境的风险。履行《巴塞尔公约》的主要科技任务是：提出完整的适合我国国情的危险废物鉴别技术体系，包括危险废物特性指标、标准分析方法、名录、豁免（排除）技术等；建立具有我国自己特色的危险废物技术评价和标准体系；构建系统的危险废物的收运、处理处置的技术方法。

三、全球化环境问题及对策

（一）全球化世界中的中国

20 世纪 80 年代以来，世界经济的一个重要特征就是经济全球化加速发展。经济全球化不仅促进了世界经济和国际贸易的发展，而且还为发展中国家的经济发展提供了重要机遇。

中国积极把握住了这一历史性机遇。中国经济的快速增长得益于经济全球化，与此同时，中国正在成为经济全球化的积极推动者。在经济全球化的诸多方面，由于中国的参与，推动着经济全球化沿着相对公平、相对合理的道路发展。

1. 中国在全球化中的作用

自从 20 世纪 80 年代初中国改革开放以来，参与全球化的程度不断加深。通过货币流、资金流和人员交往，中国已经成为全球化的重要参与者和推动者。

中国已经成为全球第三大货物贸易出口国和进口国，不仅是全球制造业产品的一个主要供给者，而且也是许多国家产品的重要市场。据 WTO 统计，2005 年中国货物贸易出口占世界货物贸易出口比重的 7.5%，进口占世界进口比重的 6.3%，均居世界第三位。2005 年中国货物贸易出口和进口对世界货物贸易出口和进口的贡献率分别为 14.3%和 8.3%。

中国利用外资长期居发展中国家首位。20 世纪 90 年代以来，中国已经成为全球外商直接投资的重要流入地之一，特别是在 2001 年以来，受世界经济衰退和全球企业跨国并购数量减少的影响，在全球 FDI 流入量大幅下降的情况下，流入中国的 FDI 继续保持高增长。据联合国贸发大会统计，2005 年全球 FDI 为 9 160 亿美元，比上年增长 29%，其中流入发展中国家的 FDI 为 3 340 亿美元，创下历史新高。中国虽然引进外资政策发生变化，但 2005 年引进 FDI 总额为 724 亿美元，是全球第三大 FDI 接受国，占发展中国家引进 FDI 的 22%，仍居发展中国家首位。

中外之间的人员交流迅速增长。随着中国经济的发展，中外之间的人员交流由原来的单向交流转为双向交流。20 世纪 90 年代以后，中国出境旅游人数开始增加。2006 年中国入境旅游人数已达 12 494 万人次，比上年增长 3.9%，其中外国人 2 221 万人次，比上年增长 9.7%；国内出境人数 3 452 万人次，比上年增长 11.3%，其中因私出境 2 880 万人次，增长 14.6%，占出境人数的 83.4%。2006 年入境旅游人数和出境旅游人数分别是 2000 年的 1.5 倍和 3.3 倍。中国出境旅游人数迅速增加的同时，内部结构也发生了明显变化。因公出境旅游人数从 1995 年的 71.2%下降到 2000 年的 50%以下，2006 年不到 16.6%。因私出境旅游人数迅速增长，并且成为出境旅游人数高增长的主体。这标志着中国对外人员交流从以官方为主进入到以民间为主的阶段。

在参与经济全球化的过程中，中国经济增长对世界经济增长的贡献不断增加。2001 年以来，中国经济增长不仅成为提升东亚经济整体竞争能力和发展潜力的重要动力，而且为世界各国提供了广阔的市场，为投资者带来了更多的机会，成为全球经济增长的重要引擎。根据 IMF 提供的数据，按购买力平价计算，2005 年中国 GDP 占世界 GDP 的 15.4%。根据世界银行的数据，加入 WTO 以来，中国经济增长对世界经济增长的平均贡献率为 13%。2005 年中国经济增长对世界经济增长的贡献率接近 29%。

2. 中国参与全球化的过程

改革开放之初，中国从试办“经济特区”到实行沿海、沿边、沿江开放战略，由东到西、由南到北，逐步形成了全方位、多角度、宽领域的对外开放格局。然而，在加入 WTO 以前，中国经济与世界经济间的联系无论是在广度上还是深度上，都是相当有限的。

2001 年以后，以加入 WTO 为契机，中国经济开始融入到全球经济体系中。加入 WTO 不仅使中国的商业和法律规则与 WTO 规则相一致，而且使世界对中国未来经济体制的走向有了明确的预期。早在加入 WTO 之前，中国就加强了对 WTO 基本规则的培训，按照 WTO 规则的要求，在过渡期内完成了对相关法律法规的清理和修订，加速了国内经济环境向符合国际惯例通则方向转变的步伐。据统计，在五年过渡期内，中国总共修改了 2 000 多项法律法规，废除了 800 多项法规。新制定的《立法法》、《行政法规制定程序条例》和《行政许可法》等法律法规使立法进一步制度化、规范化，透明度和非歧视等 WTO 原则已经成为中国普遍适用的立法原则。

目前，中国经常项目已经完全开放，资本项目虽然没有完全开放，但通过引入 QFII（合格境外机构投资者）等机制，境外资金可以进入中国的资本市场。同时，人民币汇率自 2005 年汇率体制改革后，汇率形成机制不断完善，弹性越来越强。

近年来，随着中国对外开放程度的不断深化，中国企业已经开始到国际市场上投资，中国正在成为对外投资大国。据统计，2006 年对外直接投资额（非金融部分）161 亿美元，比上年增长 31.6%。对外直接投资额占引进外商直接投资的比重已经占到 1/4 左右。

3. 中国与世界的相互影响及中国的责任

参与全球化可以使中国在全球范围内配置资源，提高潜在生产能力，使中国经济保持持续快速、平稳的增长。参与全球化，还有助于学习发达国家的先进技术和管理经验，便于发挥后发优势，实现经济赶超。当然，全球化是一把“双刃剑”。参与全球化也给中国经济带来一些负面影响，比如伴随着对中国投资的增加，发达国家部分高耗能、高污染，以及技术相对落后产业转移到中国；比如跨国公司进入中国后对民族企业的冲击，以及国际资本大规模进入后对中国金融稳定的影响等。但从总体上看，参与全球化，对中国经济来说是利大于弊，中国坚持对外开放的政策不会动摇。

全球化创造了一个中国与世界共赢的平台。中国参与全球化，在增强自身综合国力的同时，也对世界产生了积极的影响。这主要表现在四个方面：一是中国参与国际分工后，为世界经济增长增加新的动力，提高了全球资源配置的效率；二是使全球经济结构发生重大变化，使初级产品出口国地位上升，使一些发展中国家从中受益；三是为国际市场提供了大量物美价廉的商品，抑制了发达国家的通货膨胀；四是对全球贫困人口的减少作出了贡献。当然，由于中国经济的巨大规模，中国经济的快速增长也对一些国家的就业形成一定的竞争压力，以及推动全球能源和资源需求的不断攀升，对一些资源输出国的生态环境产生一定的负面影响。

近年来，为使经济增长对资源、环境的压力减少到最小的程度，中国开始抛弃传统的发展理念，树立科学发展观，坚持人与自然环境、经济与社会协调发展。在科学发展观的指导下，中国积极谋求从传统的粗放型经济发展方式向集约型经济发展方式转变，建立资源节约型和环境友好型社会，目前已经收到了积极成效。

在努力消除不利影响方面，中国坚持和平崛起，努力建设和谐世界，在资源、环境等领域积极加强与国际社会的协调和合作。中国正在以一个负责任的大国形象，对世界文明作出自己的贡献。

（二）中国对外贸易的总体趋势、影响和政策变化

1. 中国对外贸易发展的总体趋势

改革开放以来，中国对外贸易迅速增长。中国的货物贸易进出口总额从 1980 年的 381.4 亿美元猛增至 2006 年的 17 607 亿美元，增长了 45 倍！中国货物贸易出口额在世界货物贸易中的排名由 1980 年的第 26 位，上升到 2005 年的第 3 位。

1980 年以来，中国对外贸易的发展大体上可分为三个阶段（图附-1）。

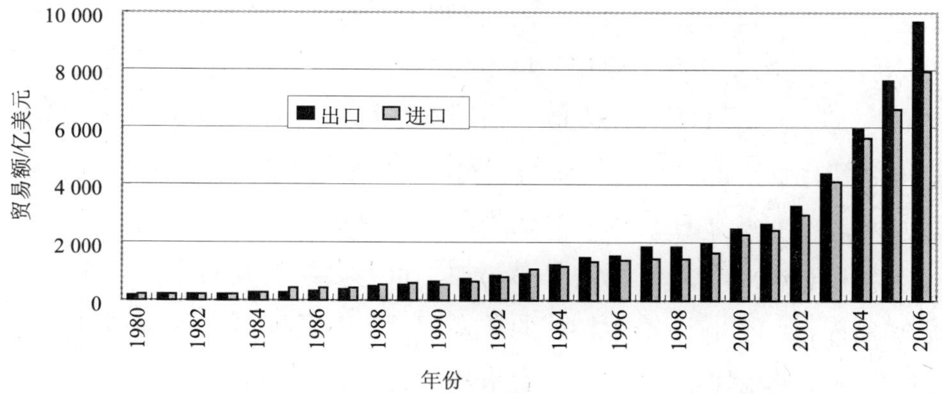

图附-1 1980—2006 年中国货物贸易进出口额

第一个阶段是 1980—1993 年。这一时期对外贸易规模较小，但进口需求较为旺盛、出口竞争力不足，从而导致贸易逆差经常出现。

第二个阶段是 1994—2001 年。这一时期是中国对外贸易竞争力不断提高而贸易增速大幅度变动时期。1994 年人民币官方汇率与市场汇率并轨后，人民币汇率由 1 美元兑换 5.762 0 元人民币大幅贬值到 8.618 7 元人民币，贬值幅度为 33.14%。加之，这期间外商对华投资增

长导致外资企业出口能力的不断增强，从而使外贸盈余不断积累。然而，受国际环境的影响，这期间进出口总额增速呈现较大的波动。

第三个阶段是2002年以来中国对外贸易的高速增长时期。2001年底中国加入WTO后，国际贸易迅速增长。2002—2006年，中国对外贸易年均增长速度为28.3%，大大超过了前两个时期，这期间对外贸易进出口总值为5.8万亿美元，占1980年以来外贸进出口总值的近60%。

（1）国际分工的变化与中国对外贸易的迅速增长

上述三个时期对外贸易的变化，在相当大程度上是由于中国参与国际分工的变化引起的。在中国加入WTO以前，中国与世界的分工主要以产业间分工为主导，在这种分工体制下，对外贸易也主要以产业间贸易为主。中国加入WTO后，产业间分工和产业内、企业内分工都出现了较快发展，对外贸易格局发生了两个重要变化。一是中国工业化的发展和产业结构的升级促使产业间分工进一步发展，产业间贸易地位得到进一步提升。二是加入WTO奠定了中国作为世界工厂的地位，产业内、企业内分工得到了进一步发展，产业内、企业内贸易成为中国对外贸易的重要组成部分。

产业间贸易主要是以一般贸易的形式进行的，国有和私营企业是一般贸易的主体。与此不同，产业内、企业内贸易主要是以加工贸易的形式进行的，外商投资企业是加工贸易的主体。2006年一般贸易占对外贸易的42.6%，加工贸易占对外贸易的47.2%。这其中，外商投资企业进出口额占中国对外贸易总额的近60%。由此可见，中国对外贸易的一大半份额与外商直接投资有关，产业间贸易与产业内、企业内贸易基本上是平分秋色。

中国加入WTO以来，随着工业化、城市化、市场化和国际化的快速发展，中国对外贸易格局发展了深刻的变化。在工业化方面，在消费结构和产业结构升级的背景下，中国既能够面向全球市场解决国内能源和原材料短缺问题，也能够通过全球市场消化过剩的生产能力，从而使中国出口产品不仅局限在传统的轻纺产品上，钢铁、机械、造船等资本密集型产品的出口能力也在大幅度提高，出现了一般贸易与加工贸易共同发展的局面。在城市化方面，外商直接投资已经成为拉动农村劳动力转移的重要因素，与此同时，外资通过项目融资等方式越来越多地参与到城市基础设施建设中。在市场化方面，国内外统一大市场的形成，促使外商对华投资不再专注于国际市场，更加关注国内市场，从而使中国市场在跨国公司全球化战略中的地位进一步提升。外商投资企业开始面向国内市场生产，替代了部分进口需求。钢材、汽车及零部件、机械设备、消费类电子产品、尿素等产品进出口态势已经发生了明显变化。

中国加入WTO恰逢世界范围内以信息技术为代表的新一轮科技革命的兴起。在科技革命的带动下，全球产业结构调整和产业转移加速。中国凭借着大量优质廉价的劳动力，与国际惯例不断接轨的市场规则，以及优惠的引资条件，吸引了全球制造业大规模向中国转移，中国由此成为全球制造业产业链条中的重要环节，促进了加工贸易的快速发展。但与此同时，一些高耗能、高污染项目也转移到中国，使中国面临着严峻的能源和环境形势。

近年来，中国投资快速增长所形成的巨大产能不断释放，在国内市场相对有限的情况下，形成了较大的出口能力。目前，中国已经成为全球能源、原材料，以及部分投资品和高技术产品的重要进口国，全球轻纺产品和机电产品，以及重工业原料和设备的净出口国。中国手机、电冰箱、电视机、摩托车、服装鞋帽类的出口依存度均在 50%以上，有的甚至达到 70%以上。2006 年机电产品已经占到中国货物贸易进出口总额的 55.5%。

（2）中国对外贸易发展中的新问题与政策调整

中国对外贸易在快速增长的同时，也出现了一些问题。这集中体现在四个方面：

一是贸易顺差过大，人民币面临较大的升值压力。截至 2006 年年底，中国外贸顺差 1 775 亿美元，经常账户盈余 2 499 亿美元，外贸顺差占经常账户盈余的 70%以上。截至 2006 年年底，按当年平均汇率折算，经常账户盈余占 GDP 的比重在 9%以上。而日本在历史上经常盈余占 GDP 比重最高时的 1986 年也只有 4.3%。2006 年中国经常账户盈余占 GDP 的比重相当于日本 1986 年的两倍还多。主要由贸易顺差导致的经常账户盈余使中国的国际收支严重失衡，这意味着人民币汇率具有较大的升值压力。

二是为获得贸易顺差付出较大的代价，资源环境压力大。由于中国国内资源税和资源补偿费过低，导致资源性产品过度供给，相应地刺激了下游重化工业的过度投资。[①]这些产业在国内市场需求不足的情况下大量出口，不仅加剧了贸易不平衡，而且相当于是在用中国的资源去补贴国外消费者，造成福利损失，同时还带来大量污染。例如，2004 年中国出口的未锻轧铝、钢坯和钢材、铁合金以及黄磷四种产品生产环节消耗电能 490 亿 kW·h，相当于全部电力缺口的 82%。如果考虑到运输等各环节，消耗的电能还要更多。高耗能产品大多是严重污染环境的产品，焦炭生产过程中排放的废气、废水，电解铝生产过程中产生的氟化物，铁合金生产过程中产生的粉尘等都严重污染环境。

三是加工贸易在产生大量顺差的同时，附加值较低。加工贸易是当前形成中国对外贸易顺差的最主要因素。2006 年中国通过加工贸易获得的顺差高达 1 889 亿美元，是通过一般贸易获得顺差的 2.3 倍。加工贸易两头在外，无论是通过来料加工还是进料加工，最终产品一般销往国外，在中国境内所形成的增值部分构成顺差，但这主要限于劳动力的简单劳动，因此附加值较低。多年来，加工贸易虽然吸收了大量就业，但由于准入门槛偏低、加工环节技术含量较低、不易形成自主品牌，而且往往占有大量低廉的土地资源，需要进行转型升级。这其中，相当部分的加工贸易企业属于资源消耗大、污染较严重的企业，需要逐步淘汰。

四是为获得贸易顺差面临巨大的国际压力。近年来，随着中国具有较强比较优势的产品快速、大量涌入国际市场，中国也成为贸易摩擦的重灾区。据 WTO 秘书处统计，1995—2004

① 中国现行的资源税税率是 1993 年颁布的《中华人民共和国资源税暂行条例》规定的，即便加上矿产资源补偿费，目前的资源税和资源补偿费也长期偏低，而资源价格正在逐渐和国际水平接轨。这两者之间不断增大的差异使资源性产品生产企业存在着巨大的盈利空间。

年，中国共遭受反倾销调查365起，是遭受反倾销调查最多的国家。2006年上半年，20个成员共新发起87项反倾销调查，比2005年同期（105项）下降17%。就遭受到反倾销调查成员统计，中国仍高居各成员之首。在全球发起案件减少的背景下，中国仍然遭受32项新反倾销调查，比2005年同期（23项）有大幅上升。除了反倾销等传统的贸易争端，作为制造业大国和出口大国，中国对外贸易的快速增长所带来的资源和环境问题已经明显显露出来，而且近年来来自这方面的国际压力不断上升。这除了传统的绿色壁垒之外，在全球温室气体减排方面的压力也越来越大。而一旦如发达国家所提出的把环境问题纳入到WTO框架下的话，将对中国对外贸易造成更大的压力。

上述问题引起了中国政府的高度重视。近年来，中国政府已经采取了大量针对性的政策措施，努力缩小对外贸易顺差，促进加工贸易转型升级，抑制高耗能、高污染产品的出口，引导国内产业布局的重新调整。

归纳起来，目前所采取的措施包括：一是加快对外贸易增长方式的转变，使出口贸易增长由主要依靠价格竞争、数量扩张及片面追求速度转向提高质量、效益和优化结构的方向上来。二是对出口规模较大的商品加征出口关税，通过不断完善人民币汇率形成机制、提高人民币汇率弹性促使人民币升值，向前些年重视出口一样重视进口。三是为适应国家产业结构升级的要求，对加工贸易政策进行了调整。延长加工贸易在中国国内的价值链，支持和培育具有自主知识产权和自主品牌的高新技术产品的出口；逐步淘汰附加值低、资源消耗大、污染严重的加工贸易企业；更加注重引进外资的质量，减少盲目鼓励出口、引进外资的优惠政策。四是通过税收政策抑制“两高一资”（高耗能、高污染、资金密集型）产品的出口。近期中国政府采取了包括取消或降低部分商品出口退税，开征或提高部分产品出口关税等一系列政策，抑制部分高耗能、高污染和资源性产品出口的过快增长。五是优化加工贸易的区域结构布局，促进加工贸易向中西部的梯度转移。

上述这些措施无疑对促进中国对外贸易增长方式转变，减少由于对外贸易快速增长和贸易结构不合理所引发的资源环境问题将起到积极的作用。但是，应该看到，上述政策调整还受到一些因素的制约，特别是在资源环境价格改革没有取得明显进展的情况下，能源、资源、资金等生产要素价格长期偏低，仍会助长“两高一资”产品投资和出口。进入2007年以来，受国内能源供需形势缓解、一些地区实施优惠政策盲目招商引资以及高耗能行业利润提高等因素的影响，高耗能行业盲目扩张的势头有所抬头，生产加快增长、投资居高不下，部分高耗能产品出口增长过快。此外，国际分工格局调整及国内储蓄率较高等深层次问题的解决也不是短时间内能够完成的，而随着国内生产结构的调整，出口产品附加值也将提高，因此未来贸易顺差还可能在较长时期保持，并有不断扩大的趋势。①

① 目前中国工业内部的结构性变化仍然比较明显，其突出特征是原材料工业的生产和投资增幅下降，高加工度的机械电子类产品的生产和投资明显上升。这种变化将导致经济增长对能源的依赖程度有所下降，但对出口市场的依赖程度将明显增加。

（3）中国产业布局的调整与未来对外贸易格局的变化

在人民币升值、劳动力成本上升等压力下，沿海地区出口企业加快向内地迁移，产业梯度转移的效应开始增强。目前，中国国内产业布局调整的基本特征是，东部地区以发展资本密集型产业为主，部分中心城市在发展知识密集型产业；中西部地区积极发展劳动密集型产业和部分资源深加工产业。

从目前的情况看，东部地区正处于产业结构升级阶段。在污染、能耗、资源匮乏、劳动力成本上升等的重重压力下，东部地区在向外转移大量劳动密集型和资源密集型产业的同时，大力发展技术密集型产业，实现产业升级。中部地区正好处于工业化初级阶段，具有一定的承接工业化扩散的能力，正在成为接受东部劳动密集型产业转移和国际制造业产业转移的主要承接地。中部地区的优势主要表现在四个方面：一是在国家“中部崛起”战略的引导下，中部地区投资增速远高于全国平均水平，占全国投资的比重不断提升；二是中部地区主导产业优势比较明显，与该地区丰富的资源相结合，具有较强竞争能力；三是中部地区投资已经摆脱了政府主导型，由市场主导、投资主体多元化的格局有助于改善投资效率；四是中部地区交通便利、地理位置较为优越，可以承接东部地区外向型产业转移。相比之下，西部地区在吸纳东部地区和外商投资企业生产能力转移方面的进展还十分有限。西部大开发政策主要集中在基础设施和宏观层面上，在体制、机制等方面还不够完善。同时，西部地区在行政效率、法制、人才等宏观环境方面也相对滞后。

2. 中国对外贸易中的内涵能源问题

伴随人口增长、经济增长和加速城市化进程，中国的能源需求和温室气体排放也呈快速增长的趋势，中国面临日益强大的国际压力。要全面认识这一问题，强化国内节能减排的政策措施，不仅要看到国内投资和消费的旺盛需求，还应该从经济全球化的角度，看到这与中国对外贸易的快速发展和中国在国际贸易分工中“世界加工厂”的地位是密切相关的。

自 2002 年以来，中国货物进出口已经连续 5 年快速增长，年均增长速度超过 28%。2006 年中国货物进出口总额 17 606.9 亿美元，比上年增长 23.8%，其中出口 9 690.7 亿美元，增长 27.2%；进口 7 916.1 亿美元，增长 20%，顺差 1 755 亿美元。

尽管中国不断推进外贸产业结构的升级，但中国在国际产业分工体系中仍处于相对低端。相比从发达国家的进口产品，我国出口产品的附加值较低，单位出口贸易额的资源能源消耗较高，这就导致外贸进出口货物内涵能源流动的不平衡，对国内能源资源带来很大压力。

（1）内涵能源的概念和测算方法

所谓“内涵能源”（embodied energy 或 embedded energy）是指产品上游加工、制造、运输等全过程所消耗的总能源。相对直接能源消耗而言，从另一个视角揭示经济活动的能源消耗状况和环境影响。进出口商品的内涵能源问题在传统国际贸易研究中往往被忽略。

中国社会科学院可持续发展研究中心陈迎等，采用投入产出的能源分析方法，参考国内外相关文献并对模型进行了改进，收集和整理了相关统计数据，包括 2002 年投入产出表（IO）、分部门的中国能源统计，按部门和贸易伙伴国归类的国际贸易统计数据，以及主要国家的排放数据等，对中国外贸进出口货物的内涵能源问题进行了定量测算。具体测算方法如下：

假设一国经济可分为 n 个产业部门，全国一次能源总量为 TE，其中居民生活消费为 E_{H}，产业部门消费能源总量为 E_{Ind}，第 i 个产业部门的能源消费量为 E_i（i=1，2，…，n）。因此有：

$$\mathrm{TE}=E_{\mathrm{Ind}}+E_{\mathrm{H}}=\sum_{i=1}^{n}E_i+E_{\mathrm{H}}\quad (i=1,\ 2,\ \cdots,\ n)$$

在投入产出表中，第 i 个产业部门的总产出 X_i（i=1，2，…，n），中间总投入 MI_i，最终使用 Y_i。中间投入 MI_i 分别投入给 n 个部门，投入到第 j 个部门的量计为 X_{ij}。最终使用 Y_i 连同进口 IM_i 一起，一部分用于出口 EX_i，另一部分用于提供居民消费、政府消费、投资、存货增加和其他 OTH_i，因此有：

$$X_i=\mathrm{MI}_i+Y_i-\mathrm{IM}_i+\mathrm{OTH}_i=\sum_{j=1}^{n}X_{ij}+\overline{Y}_i=\sum_{j=1}^{n}A_{ij}\cdot X_i+\overline{Y}_i\quad (i=1,\ 2,\ \cdots,\ n;\ j=1,\ 2,\ \cdots,\ n)$$

其中：$A_{ij}=X_{ij}/X_i$ 为投入产出表中的直接消耗系数（i=1，2，…，n；j=1，2，…，n）。

用矩阵表示：

$$X=AX+\overline{Y}$$
$$X=(I-A)^{-1}\,\overline{Y}$$

其中：$(I-A)^{-1}$ 称为里昂惕夫逆矩阵（Leontief reverse matrix），表示完全消耗系数（Direct Consumption Coefficient）；

假设 EI 为单位总产出的直接能耗强度矩阵（direct energy consumption matrix），第 i 个部门 $\mathrm{EI}_i=E_i/X_i$（i=1，2，…，n），$E=\mathrm{EI}\cdot X=\mathrm{EI}\cdot(I-A)^{-1}\cdot\overline{Y}=\mathrm{EEI}\cdot\overline{Y}$，其中：EEI 为单位最终消费的完全能耗强度。

假设一国有对外进出口贸易，对 K 个贸易伙伴有出口，从 G 个贸易伙伴有进口。第 i 部门对第 k 个贸易伙伴的出口为 EX_{ik}，（i=1，2，…，n；k=1，2，…，K），从第 g 个贸易伙伴进口为 IM_{ig}，（i=1，2，…，n；g=1，2，…，G），第 i 部门的总出口 EX_i 和总进口 IM_i 分别为：

$$EX_i=\sum_{k=1}^{K}EX_{ik},\quad IM_i=\sum_{g=1}^{G}IM_{ig}\quad (\mathrm{i}=1,\ 2,\ \cdots,\ n)$$

实际上，在 n 个产业部门中，发生货物贸易的部门少于 n，一些部门（如建筑、自来水供应、交通、仓储、餐饮、批发、零售等）仅提供本国消费或者属于服务贸易范围，暂不考虑。因此，出口内涵能源总量 $\mathrm{EXEE}=\mathrm{EX}\cdot\mathrm{EEI}$。考虑到总进口中仅有一部分用于国内最终消费，另一部分作为中间产品投入生产过程，经加工制造后出于出口。为了扣除进口中间产品的影响，估计纯用国内投入生产的出口商品的内涵能源量。假设部门之间具有均一性，即部

门 i 对于所有其他部门 j 的投入中进口中间品投入的比例是一致的。就可以引入一个进口系数对角矩阵 M 衡量第 i 部门对进口的依赖程度，即

$m_{ii}=\mathrm{IM}_i/(X_i+\mathrm{IM}_i-\mathrm{EX}_i)$（$i$=1，2，…，$n$）；当 $i\neq j$ 时，$m_{ij}=0$

相应地，（$I-M$）称为国产化系数。引入国产化系数对角矩阵后：

$$\mathrm{EEI}'=\mathrm{EI}\cdot\left[I-(I-M)A\right]^{-1}$$

扣除进口中间产品的出口内涵能源 $\mathrm{EXEE}'=\mathrm{EX}\cdot\mathrm{EEI}'$。

相比而言，由于进口涉及众多的贸易伙伴，进口内涵能源的测算方法比较复杂。通过 $\mathrm{IMEE}_i=\mathrm{IM}_i\cdot\mathrm{EEI}_i$（$i$=1，2，…，$n$）计算得到第 i 部门的进口内涵能源只是所谓的进口“替代效应”，并不是真实的进口商品的内涵能源。因为这里的 EEI 反映的是本国的生产能耗水平，而不是进口来源国的生产能耗水平。通常不同发展水平的国家生产能耗水平有很大差异，发达国家的产品附加值高，发展中国家的产品附加值低，同等价值的进口商品与国内生产的产品，例如一辆 100 万美元的进口高级汽车，同样价值 100 万美元国内生产的普通汽车可能不是 1 辆而是 10 辆，其生产过程的能源消耗差别很大，不能完全替代。

真实的进口内涵能源，应该采用反映进口来源国生产能耗水平的完全消耗系数，即

$$\mathrm{IMEE}=\sum_{g=1}^{G}\mathrm{IMEE}_g\cdot=\sum_{g=1}^{G}\sum_{i=1}^{n}\mathrm{EEI}_{ig}\cdot\mathrm{IM}_{ig}\quad(i=1,2,\cdots,n;\ g=1,2,\cdots,G)$$

但是，要获得各进口贸易伙伴国的分部门的能源统计数据和各部门直接的投入产出关系，从而导出各国分部门的完全能耗强度 EEI_{ig}（i=1，2，…，n；g=1，2，…，G），存在一定困难。目前，对进口内涵能源的测算采用如下简化的方法：

$$\mathrm{IMEE}=\sum_{g=1}^{G}\mathrm{IMEE}_g\cdot=\sum_{g=1}^{G}\mathrm{EEI}_g\cdot\mathrm{IM}_g\quad(g=1,2,\cdots,G)$$

其中 EEI_g 是第 g 国的各行业平均的完全能耗强度。可以通过该国单位 GDP 能耗强度数据经过某些修正对其进行推算。

从内涵能源到温室气体排放，严格来说应该根据各部门消耗的不同能源产品的热值、碳含量、转化比例等进行测算。但限于时间和数据的限制，仅做宏观上的粗略的估算，假设某一国家生产外贸出口产品消耗能源的碳密度与该国整体一次能源消费的碳密度相同。暂时不能分析不同部门进出口商品对隐含排放的贡献。

（2）中国外贸进出口内涵能源的初步测算结果

由于只有 2002 年的 IO 数据，因此利用上述模型，首先就 2002 年的进出口内涵能源的总量、部门分布、主要贸易伙伴的流向等进行测算和分析，在此基础上，从 2002 年外推到其他年份进行时间序列的估算和分析。

① 2002 年中国外贸进出口内涵能源分析。

研究结果表明，2002 年我国出口货物的内涵能源总量大约为 4.1 亿 t 标煤，占当年我国一次能源消费总量的 27.6%，相当于出口 2.2 亿 t 碳。但我国出口货物中有一半以上是来料加工，这一结果有高估。如果引入国产化系数，扣除进口中间产品的影响，出口产品消耗的国内能源也有 3.1 亿 t 标煤之多，占到当年我国一次能源消费总量的 20.7%，相当于出口 1.7 亿 t 碳。

从部门分布看，在出口贸易总额中占前三位的服装及其他纤维制品制造、仪器仪表文化办公用机械、电气机械及器材制造业，分别占总量的 17.4%、13.5%和 11.8%。这三个部门也是出口内涵能源最多的部门，分别占 13.4%、12.3%和 12.5%。如果扣除进口中间产品的影响，这三个部门所占比例都略有下降，分别为 12.8%、10.6%和 12.1%，说明这三个部门相比其他部门开展加工贸易情况比较普遍。除此之外，化学原料机制品制造业、黑色金属冶炼及压延加工业，尽管在贸易总额中所占比例不高，分别为 3.5%和 1%，但其出口商品是典型的能源密集型产品，在内涵能源中的比例分别为 7.1%和 2.3%，大大高于其贸易额的比例，如果扣除进口中间产品的影响，比例进一步提高，分别为 8.0%、2.8%，说明加工出口能源密集型产品主要消耗国内的原材料，对国内能源和环境影响较大。

从出口流向看，2002 年中国出口货物的主要贸易伙伴是美国、中国香港地区、日本、欧盟等，各地所占贸易份额与出口内涵能源占总量的比例基本接近，扣除进口中间产品使出口内涵能源的绝对量下降大约 20%，但对各贸易伙伴在总量中的相对比例影响不大。2002 年中国对美国的出口占总出口额的 21.5%，美国无疑是中国最大的出口市场，也是中国出口内涵能源的最大收益者，占内涵能源总出口的 20.6%。其次是中国香港地区，当然对香港的出口主要不是供本地消费，而是经香港销售到全世界。日本排第三位。中国对欧盟整体的出口量较大，但就单个国家来说所占份额还比较小。

选择 32 个主要进口贸易伙伴，利用简化方法对中国进口内涵能源进行初步测算。结果表明，2002 年中总的进口内涵能源总量大约为 1.7 亿 t 标煤，相当于进口 0.7 亿 t 碳。从进口来源看，俄罗斯占 17.6%，中国大陆再进口 10.9%，韩国 9.1%，美国 5.6%，日本仅 5.3%。与各国贸易额所占份额相比，俄罗斯跃居第一位的原因是其单位 GDP 的一次能源消耗远远高于其他国家，发展中国家相比发达国家普遍能耗强度偏高，比例都有不同程度的提升，而发达国家，如日本和美国，则比例有所下降。

综上所述，进出口相抵，我国在外贸存在巨大顺差的同时，却存在巨大的生态逆差。中国是内涵能源的净出口国，2002 年净出口总量大约是 2.4 亿 t 标煤，占当年一次能源消费的 16%，相当于净出口 1.5 亿 t 碳。内涵能源的净出口主要流向发达国家，如美国和日本，净出口分别为 7 524 万 t 标煤和 4 894 万 t 标煤，二者相加约占内涵能源净出口总量的 50%以上。

② 中国外贸进出口内涵能源的时间序列分析。

自 2002 年以来，中国货物进出口已经连续 5 年快速增长，年均增长速度超过 28%。为了反映中国外贸进出口内涵能源随时间的变化，需要进一步对 2001—2006 年进行时间序列的分析。但由于投入产出表是每 5 年编制一次，2002 年后没有数据，因此只能假设部门之间投入产出关系不变，对平均能源强度进行一定的修正。

研究表明，2001—2006 年，中国出口贸易额从 2 491.9 亿元增长到 9 689.4 亿元，增长了 2.88 倍，出口内涵能源从 3.53 亿 t 标煤增长到 11.44 亿 t 标煤，增长了 2.24 倍，低于贸易额的幅度（图附-2）。在不考虑产业结构变化的假设下，贸易额的增长是推动出口内涵能源的主要动力，贸易结构的变化、整体能耗强度的降低以及人民币升值，对改善出口内涵能源状况有一定帮助，但作用有限。同期，中国进口贸易额从 2 436.1 亿元，增长到 7 916.1 亿元，增长了 2.24 倍，进口内涵能源从 1.41 亿 t 标煤增长到 5.13 亿 t 标煤，增长了 2.64 倍，进口隐含排放从 0.58 亿 t 碳增长到 2.19 亿 t 碳，增长了 2.76 倍，增长幅度高于贸易额的增长幅度。这是因为随着进口额的增长，进口来源出现多样化的趋势。从日本、美国、德国等发达国家的进口比重有所下降，来自发展中国家的进口比例有所上升。而发展中国家相对发达国家的能源强度较高，能源消耗的碳强度较大。

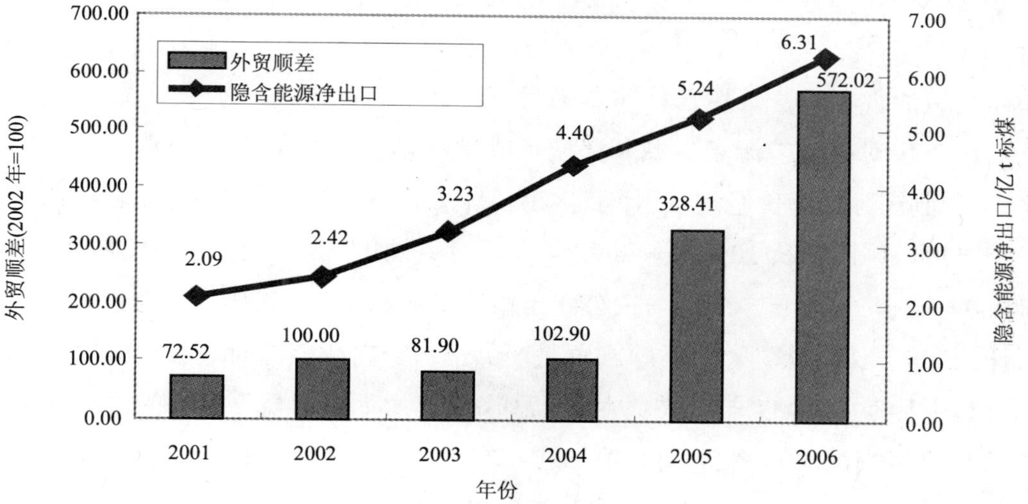

图附-2　中国外贸顺差与净出口内涵能源的变化趋势（2001—2006 年）

综合来看，中国在 2001—2004 年贸易顺差相对比较稳定，在 300 亿美元左右，但 2005 年和 2006 年两年有突飞猛进的增长，2005 年较 2004 年增长 2 倍多，2006 年较 2005 年又增长 70%以上。与贸易顺差的跳跃式增长不同，净出口内涵能源从 2001 年的 2.1 亿 t 标煤增长到 2006 年的 6.3 亿 t 标煤，呈相对稳定的快速增长趋势。这是因为贸易跳跃式增长的同时，结构性因素使得出口结构有改善，而进口结构有所恶化。当二者相减，结构性变化的作用被放大，使得出口净值的增长幅度明显减小。

（3）中国对外贸易内涵能源的政策含义分析

研究中国外贸进出口的内涵能源问题具有丰富和重要的政策含义。从国际制度的视角看，一方面，它有助于在国际谈判中对中国能源和排放的快速增长做出一定的合理解释。2002 年中国净出口内涵能源 2.4 亿 t 标煤，占当年一次能源消费的比例为 16%。2006 年内涵能源净出口增长到 6.3 亿 t 标煤，占 25.7%。无论从绝对值还是增长速度，外贸进出口背后的内涵能源都是非常惊人的。这些数据很好地印证了中国在国际贸易中作为“世界加工厂”的独特地位，证明了近年来中国能源和排放的快速增长，不单是国内投资和消费需求膨胀的结果，外贸出口也是重要的驱动力。

发达国家从中国进口商品替代本国生产，在增加中国能源消费和排放的同时，实际上减少了自身的能源需求和排放，是主要的受益方。尤其是美国，占中国净出口内涵能源的 20.6%，其次是日本。但有些国家对此并不以为然，为了保护本国制造产品的竞争力，欧盟、美国等纷纷将气候变化与贸易挂钩，提出推行国际碳税或边界调节税的设想，或者通过提高能源效率标准，限制从发展中国家进口用能产品。尽管边界调节税的建议尚未被采纳，但能源效率标准已经在国际贸易中普遍具体实施，对中国机电产品出口造成了一定影响。对此中国应该积极应对。

从国内政策的视角看，环境目标与贸易目标存在一定的矛盾，扩大外贸出口在获得经济利益的同时，不仅对国内能源、资源和环境造成不利影响，而且加剧了国际对中国的减排压力。近年来，受到国际市场价格的吸引，我国出口能源密集型产品发展迅速。以钢铁为例，2006 年全年，钢材出口同比增长 109.1%。2007 年一季度钢铁出口更是达到 1 412.8 万 t，同比增长 125.3%。2007 年 6 月 11 日，中国海关公布出口数据显示，5 月份中国钢材出口 617 万 t。前 5 个月累计比上年同期增长了 1.17 倍。贸易产品出口的内涵能源问题已经引起中国政府的高度重视，这集中体现在 2003 年以来党中央、国务院对“两高一资”产品的一系列宏观调控政策上。中国强化限制高耗能产品出口的外贸政策，在一定程度给市场一个明确的信号，为了保护环境应该适当牺牲贸易利益，以促进经济和贸易的可持续发展。

从中国长远发展看，为了满足国内能源需求，中国扩大能源进口将不可避免。2005 年中国石油净进口达 1.36 亿 t，国际上“中国能源需求引起石油价格上涨”等“中国能源威胁论”的声音不绝于耳。在直接进口石油、天然气等能源产品的同时，应该适当通过扩大进口最终消费品以进口更多的内涵能源，将生产加工的能源消耗和环境影响留在国门之外，这样不仅可以减少贸易顺差，同时也有利于保护环境。

中日两国的案例研究表明，以国家整体能耗强度来看，中国是日本的 5.5 倍，这主要是由于经济结构不同造成的，仅就农产品加工和工业制造业来看，中、日两国能源强度的差距要小得多，中国大约是日本的 2 倍，但技术水平的差距仍客观存在。以进口制成品替代本国生产有节能效益，将有助于产业整体的技术进步。即使加工制造的能耗强度相同，由于中国以煤炭为主的能源结构造成单位能源消费的碳强度较高，以进口产品替代本国生产也有显著的减排效果。

最后，从提高公众意识的角度看，揭示商品的内涵能源，并结合提高公众意识的宣传教育活动，还有助于改变人们的生活方式，建设节约型社会。因为节能只节约直接能源是远远不够的，节能的概念应该推广到节约内涵能源，因为任何商品，如粮食、纸张、衣服、电器、清洁的水等，其生产加工过程都要消耗能源。一般而言，产品加工链越长，加工过程越复杂，其内涵能源就越多。倡导可持续的消费方式，每一个人从身边小事做起，避免冲动消费、过度消费、奢侈消费和铺张浪费，都可以为节约能源，保护环境作出自己的贡献。

3．可循环利用和高污染或有毒废物的国际贸易：以废纸和电子废物为例

（1）我国废物贸易总体状况

我国废物贸易主要有两大途径：一是通过正规的海关途径，主要是指可用作原料的废物；二是以正常货物贸易为名，非法走私境外固体废物，主要是指有毒有害或危险废物。根据海关资料分析，废物非法进口呈现四大特点：一是走私渠道以海上偷运为主，约 30%废物走私经海上进入中国内地；二是货运渠道走私废物活动主要以伪报品名方式；三是废物来源、流向相对集中，废物主要来自欧美、韩、日等发达国家和地区；四是废物种类以工业废物、生活垃圾居多。

中国已经成为世界上进口可用作原材料的废物和高污染或有毒废物最大的国家。2006 年我国批准各类进口废物 9 663 万 t，比上年的 6 520 万 t 增加了 48.2%。其中，自动类 7 499 万 t，比上年的 4 719 万 t 增加 58.9%；限制类 2 164 万 t，比上年的 1 801 万 t 增加了 20.2%。2006 年实际进口量为 3 895 万 t，比上年的 3 954 万 t 减少了 1.5%。进口金额达 133.47 亿美元，比上年的 118 亿美元增加了 13%。另外，批准进口废船 552 艘，比上年的 594 艘略有减少，实际进口了 65 艘，比上年的 97 艘减少了 33%。

2006 年利用废纸的企业 662 家，利用废钢铁企业 104 家，铝废碎料 266 家，铜废碎料 361 家，废纤维 130 家，废棉 90 家，锌废碎料 79 家，废塑料 1 396 家，废五金电器等类 448 家，含五氧化二钒大于 10%的灰渣、废催化剂、钒渣 12 家，冶炼渣、氧化皮共 27 家，不锈钢 71 家，新的碎织物 43 家，废糖蜜 5 家，废船 21 家，其他废料 38 家。

中国进口废纸批准量和进口量逐年增加（图附-3）。其中，2006 年批准进口废纸 5 744 万 t，比上年度大幅增加了 85.6%；实际进口量为 1 962 万 t，比上年度增加 15%，金额为 27.48 亿美元。

我国废纸进口主要来自发达国家（图附-4）。2006 年从美国进口了 856 万 t 废纸，占废纸总进口量的 43.6%；从日本进口了 324 万 t，占废纸总进口量的 16.5%；英国、荷兰及其他欧洲国家也对我国出口了 553 万 t 废纸，比全年增加了近 93 万 t，占总量的 28.2%。

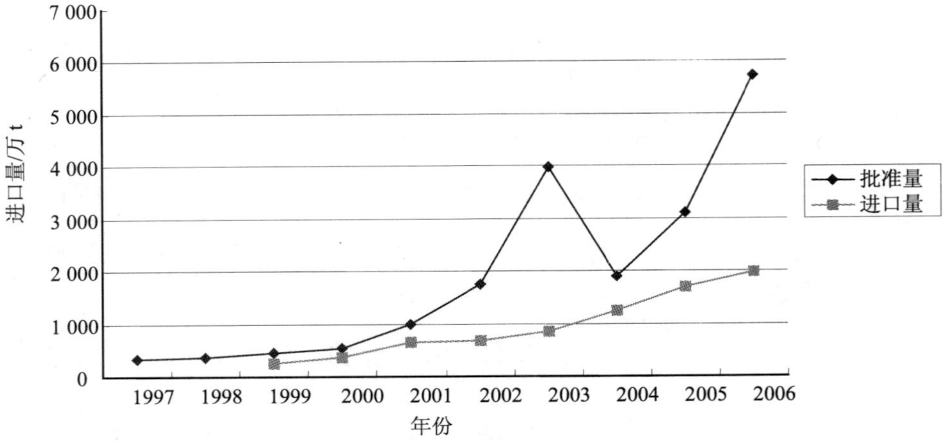

图附-3 中国进口废纸批准量和进口量逐年增加

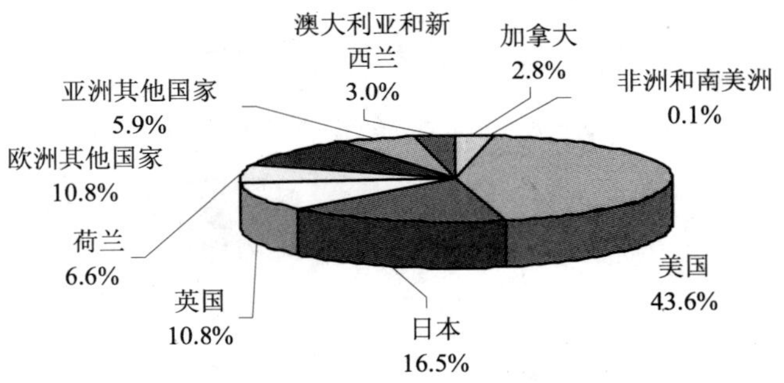

图附-4 中国进口废纸主要来源

除废钢铁外，其他几种主要进口废物的批准量和进口量均呈逐年增加趋势，尤其是废电机等类，从 2003 年到 2006 年的 4 年中，批准量和进口量均翻了一番（图附-5，图附-6和图附-7）。

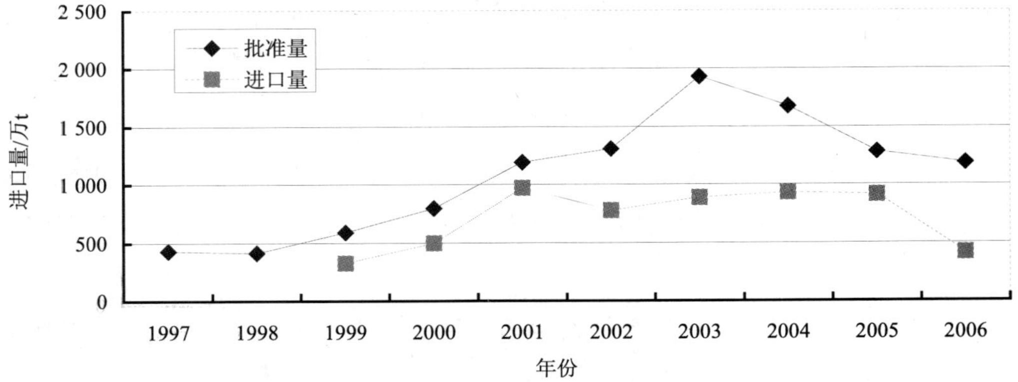

图附-5 我国进口废钢铁批准量和进口量变化

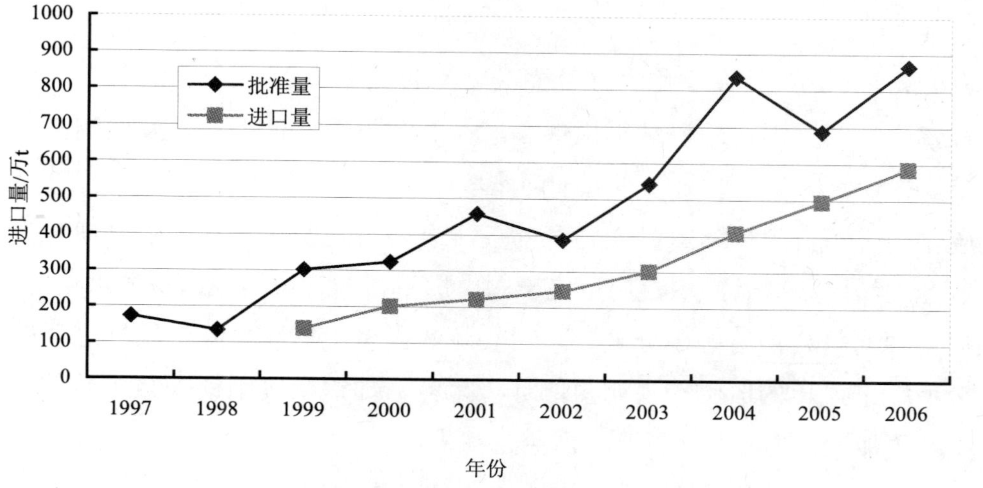

图附-6　我国进口废塑料批准量、进口量变化

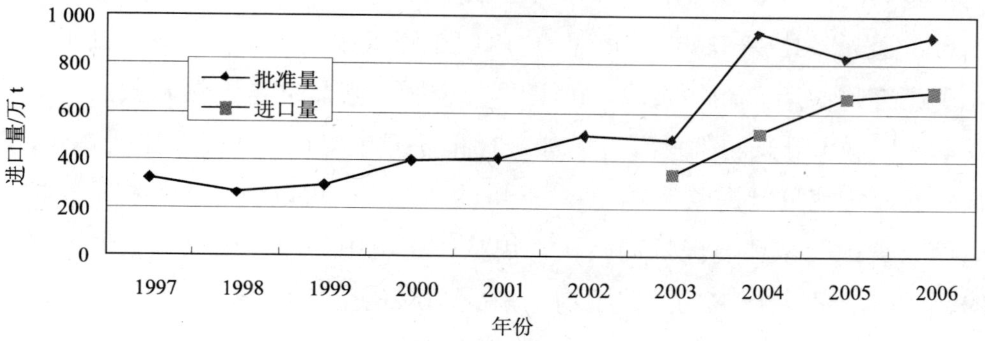

图附-7　我国进口废电机等类批准量、进口量变化

我国禁止有毒有害或危险废物进口，但目前有少量危险废物按照巴塞尔公约出口到欧洲等具有处理能力的国家。对于电子废物我国禁止进口，但存在非法进口，缺乏系统的统计数据。

有资料显示，我国已成为接纳电子废弃物最多的国家。目前每小时世界就有 4 000t 电子垃圾产生，相当于 1 000 头大象的重量，即全世界每年（365 天）产生的电子垃圾达 3 504 万 t，中国成为重灾区。美国的两个环保组织巴塞尔行动网络（BAN）和硅谷防止有毒物质联盟（SVTC）在 2002 年发表联合撰写的长篇调查报告《输出危害：流向亚洲的高科技垃圾》中表明：美国国内收集的电子废物 50%～80%没有在本国回收处理，而是被迅速地装上货船运往亚洲，其中的 90%被运到了中国。据悉，全球电子废物价格呈上升趋势，尤其是泰国、印度等东南亚国家与中国进口商之间形成了竞争。日本等发达国家借口电子废物处置要符合就近原则和市场经济规律，试图推动中国及东南亚国家成为电子废物基地，中国应当成为电子废物处理的区域中心。

（2）我国废物贸易是资源需求与环境影响之间的博弈

废物普遍具有双重性，即资源再生性和潜在的污染性。这为一些发达国家大量出口废物提供了借口，也使我国废物贸易管理处于两难境地。

一是废物的资源再生性随着矿产资源的逐步衰竭日趋明显。按照国家规定进口可作为原料的废物，经过简单处理后，多数质量优于国内原生材料，成为我国资源供给的一条新途径，填补了国内主要原材料供给的部分缺口，对缓解我国资源短缺与经济发展之间的矛盾发挥了作用；部分所批准进口的废物存在明显的环境效益，如进口废钢铁既减少尾矿及冶炼渣对环境的污染又节约能耗，提高生产效率（用废钢铁生产 1t 电炉钢比用铁矿石少需要 5～6 工时），进口废纸不但保护森林资源，还有利于减少纸浆生产过程的污染。

以废计算机主机为例，其成分如下：钢铁约占 54%，铜铝 20%，塑料 17%，线路板约 8%，其他 1%；线路板含金、银、钯等贵重金属。计算机主机的回收利用价值很高。国外有关研究表明，1t 随意搜集的电子板卡中，可以分离出 286 磅铜、1 磅黄金、44 磅锡，仅 1 磅黄金的价值就是 6 000 美元（1 磅=0.4535 9kg）。电脑废电路板中贵金属含量远远高于天然矿石的工业品位。电子废弃物中所蕴涵的金属，尤其是贵金属，其品位是天然矿藏的几十倍甚至几百倍，回收成本一般低于开采自然矿石。譬如，1t 旧手机废电池，可以从中提炼 100g 黄金，而普通的含金矿石，每吨只能提取 6g，多者不超过几十克，可以说，旧手机是一种品位相当高的金矿石。而且美国国家环境保护局确认，用从废家电中回收的废钢代替通过采矿、运输、冶炼得到的新钢材，可减少 97%的矿废物，减少 86%的空气污染，76%的水污染；减少 40%的用水量，节约 90%的原材料，74%的能源，而且废钢材与新钢材的性能基本相同。

二是废物环境污染的潜在性，主要是因为废物中含有大量有毒有害物质或处理过程对环境的影响。例如，废旧电视机的显像管是易爆炸性的废物，彩色电视机和彩色电脑显示器的阴极射线管（CRTs）含有大量的铅，印刷电路板上含有铅和铬；计算机含有 700 多种化学原料，50%对人体有害，其中溴化阻燃剂，以硅酸盐形式存在的铅、镉、汞、铬等有毒贵重金属在电脑中大量运用。一些电子设备的电池含有镍镉、镍金属氰化物、锂、铅酸物质等。

我国进口废物加工过程中的二次污染问题非常突出。电子废物加工过程不仅会产生地表水和地下水污染以及大气污染，严重危害人体健康和动植物安全，而且在分拆过程中，会产生大量的有害物质如锡、铅、溴化二噁英、铍、镉和汞等，直接对作业人员身体健康造成危害，如导致肺病和皮肤病；铅、钡和其他重金属渗入地下会污染当地的土壤及地下水；直接倾倒在河里或河岸的碳氢化合物、重金属、溴化物成分会使河流酸化，伤害鱼和植物。例如，广东省汕头市贵屿镇是国外电子垃圾加工利用的集散地之一，近几年环境问题已引起了世界性的关注，水污染问题突出。再如，生产再生塑料制品的乡镇企业因环保措施不力、技术设备落后造成清洗废水污染、热熔和喷气上光过程排放的废气污染等；拆解废船造成的船上的垃圾、危险废物、残油、废油、油泥、污水等污染；燃烧废电线电缆来抽取内部金属导线产生的大气污染。而且，危险废物的非法进口直接对环境造成严重污染。

实际上，废物贸易主要受经济利益的强烈驱动：一是由于我国资源需求量不断增加，国内资源短缺，价格上涨，进口废物可获得一些国内外需求旺盛的原料，进口可循环利用废物具有明显的经济效益；二是我国废物处理成本相对发达国家较低，非法废物进口的收益率远远高于社会平均收益率，利润惊人，以致国内外企业内外勾结，冒着严格的海关管理和环境监管的风险进行非法废物贸易。例如，进口废纸无论质量、价格还是其环境影响都优于国内废纸：一是进口废纸以木浆为主，而我国废纸以草类纤维为主，废纸纤维强度差；二是进口废纸较国内收集的废纸质量稳定，没有掺水、掺胶、掺垃圾的现象；三是进口废纸可用于制成中高档纸制品，而国内废纸多用于制成低档纸制品；四是同等质量的纸产品，以进口废纸为原料的生产成本要低于使用国内纸浆。因此，进口废物质优价廉的比较优势使其市场需求不断增加。再如，据统计，危险废物在非洲处置大约需 40 美元 1t，而在欧洲需要 4～25 倍的费用，在美国为 12～36 倍。目前，很多发达国家在处理危险废物方面的环保法规和标准都日益严格起来。在美国，1t 有毒废物的处理费高达 400 美元以上，比 20 世纪 70 年代上涨了 16 倍。而在包括我国在内的发展中国家，因环境标准低，危险废物的处理费仅为美国的 1/10。另外，很多西方公司会将垃圾卖给出口代理商，而出口代理商除了将垃圾转手卖给发展中国家获得利润外，还能从政府那里获得高额的补贴。电子垃圾出口事实上已经和污染工业转移等一起成为发达国家向发展中国家进行环境资源掠夺的主要手段。

据业内人士披露，“洋垃圾”的一个流通过程为：中间商（多数是华人）直接与英国回收商联系，对方收集货物后，会把相关的图片、资料发给中间商，根据货的质量商讨价格。确定后，中间商要付 20%～40%的定金；货到香港后，中间商要到香港验货，并付清剩余的货款，然后直接从香港提货，海运回大陆的仓库。如果有一些下游厂商是要整个货柜的，也得提前向中间商预定并交定金。然后，中间商将运回仓库的货进行分类，全国各地的下游厂商都来他那里现金提货，分得越细越赚钱。一般来说，1t 货转一次手就能赚几百到 1 000 元。我国运输出口货物的船只，运输一个装满 26t 集装箱的塑料垃圾的费用是 7 500 元人民币，这点钱还不如从伦敦到英国曼彻斯特的陆路运费，低廉的成本，也是英国垃圾涌向远东的原因之一。

中国成为废物贸易大国，一方面是发达国家极力保护本国环境的结果，同时也是中国电子废弃物进入门槛低，甚至有人心甘情愿地主动引入电子垃圾的结果。因此，我国废物贸易总量不断增长，非法贸易现象屡禁不止，以致我国不仅成为“世界工厂”，更成为事实上的“全球垃圾场”。然而，进口废物在中国处理后，提炼的一些可回收金属，又通过中间商运回英国等发达国家，可见以污染环境、消耗能源和资源来赚取利润，而迷失了补充国内资源需求的目标。

（3）结论和政策建议

上述分析表明，我国废物正常贸易和非法贸易总量均呈明显增长趋势，一方面满足了我国对相关资源的需求，同时也给生态环境造成了压力。要缓解环保压力，需要做好以下工作：

一是要推动资源节约政策，减少对原料的需求，充分利用国内废物资源，从而减少对生态环境有危害的废物进口和相关资源的提取过程。

二是环保、贸易、质检、海关等部门对于可用作原材料的废物的国际贸易要进一步加强监管，对于新增进口废物要进行严格的环境影响评价（如生命周期分析），要防止高污染和有毒产品和废物的进口。

三是对于进口的可用作原材料，但是易造成环境影响的废物要采用园区管理模式，采用严格的环境准入标准，加强废物处理能力。

四是要禁止进口废物的加工企业再行出口相应的原材料，以切实保证是满足国内需要，而不是只赚取外汇，留下污染。

五是要做好全国废物贸易环境管理的中长期区域规划，针对当前废物管理体系中存在的问题，制定进口废物管理的标准和政策。

六是加强国际合作。废物贸易成为全球关注的热点问题，需要出口国和进口国的共同努力。例如，由于美国政府拒绝在《控制危险废物越境转移及其处置的巴塞尔公约》上签字，也就是说美国政府默许电子垃圾出口，有了这样一个范例，使得欧盟、日本等缔约国的企业在出口电子垃圾时也挂上了“美国公司”的旗号向中国等发展中国家输出。因此，需要国际社会的共同努力。

4. 中国主要行业的贸易、产品链及环境影响

在国际贸易中，不同产品的生产消费与贸易之间的相互关系，构成了产品链。产品链在生产销售部门又被称为供应链，在投资领域企业管理中又被称为价值链。中国的产品链，随着中国的改革开放与全球化进程，也越来越扩展到了全球范围。

贸易是货物或服务的价值交换过程，贸易又是载体，既承载着一定的经济价值，又承载着一定的资源消耗与环境污染。无论货物还是服务类的产品，在其生产与消费过程中都会消耗资源、排放污染，因此对外贸易的进出口产品中都隐含着生产与消费过程中所产生的一定量的资源消耗与污染排放，进而会对本地区的资源环境状况有所影响。对这些进出口产品对本地资源环境影响可以进行定量平衡核算。

（1）中国主要污染行业的贸易及环境影响

根据世界银行政策研究报告的数据统计，当前世界上 8 个主要污染行业是：化工原料及化学制品制造业；食品、烟草及饮料制造业；黑色金属冶炼及压延工业；纺织业；石油加工

及炼焦业；有色金属冶炼及压延工业；水泥制造业；造纸及纸制品业。

随着中国经济整体水平的不断提高，这 8 个行业在 1997 年至 2005 年的 9 年中都得到了很大的发展（图附-8）。据统计，8 个行业产值排序依次是：食品、烟草及饮料制造业，化工原料及化学制品制造业，黑色金属冶炼及压延工业，纺织业，石油加工及炼焦业，有色金属冶炼及压延工业，水泥制造业，造纸及纸制品业。与此同时，这期间 8 个行业进出口贸易额也迅速增长（表附-3，表附-4）。

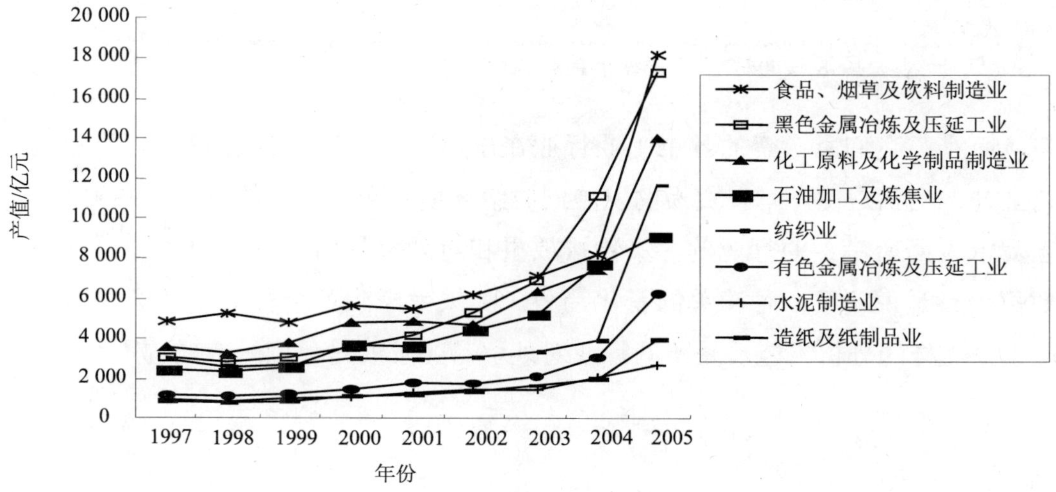

资料来源：中国环境统计年鉴，1998—2004 年，中国统计年鉴出版社。

图附-8　中国工业主要污染行业历年产值

由于中国国内目前没有对外贸易出口企业的排污量统计，因此我们还无法直接得到有关生产污染的数据。但中国的工业生产和污染排放量之间有着密切的关系，而工业的发展又与贸易出口紧密相关，因此可以利用全国性的工业行业贸易与万元污染排放量之积来宏观地考察这些行业的平均污染排放趋势。

表附-3　　**中国工业主要污染行业出口额排序表**　　单位：亿美元

行　　业	1997 年出口额	1997—2005 年出口总额（排序）
纺织业	431.99	5 517.99
化工原料及化学制品制造业	102.25	1 534.04
食品、烟草及饮料制造业	121.03	1 395.03
黑色金属冶炼及压延工业	76.58	1 197.10
石油加工及炼焦业	69.87	847.49
有色金属冶炼及压延工业	26.33	434.24
造纸及纸制品业	13.23	217.05
水泥制造业	4.45	25.72

资料来源：中国统计年鉴，1998—2006 年，中国统计年鉴出版社。

表附-4　　中国工业主要污染行业进口额排序表　　单位：亿美元

行　　业	1997 年进口额	1997—2005 年进口总额（排序）
化工原料及化学制品制造业	192.97	3 570.20
石油加工及炼焦业	103.06	2 245.11
纺织业	172.15	1 610.88
黑色金属冶炼及压延工业	80.13	1 505.88
有色金属冶炼及压延工业	39.39	902.66
造纸及纸制品业	49.81	669.56
食品、烟草及饮料制造业	46.24	548.76
水泥制造业	—	—

资料来源：中国统计年鉴，1998—2006 年，中国统计年鉴出版社。

就整体而言，我们所考察的各个工业行业在出口贸易迅速增加的同时，环境污染的程度也在不断上升，也就是说，对外贸易的发展同时给环境带来了一定的压力。图附-9 至图附-11 只是在宏观上说明所考察的行业的污染物排放量和对外贸易出口生产的一种相对关系，其中的一些数值也只是说明了一种简单的变化趋势。如果考虑到各个行业生产模式和污染物排放种类的区别，这样的分析更能反映不同行业对外贸易的发展对环境所造成的压力。

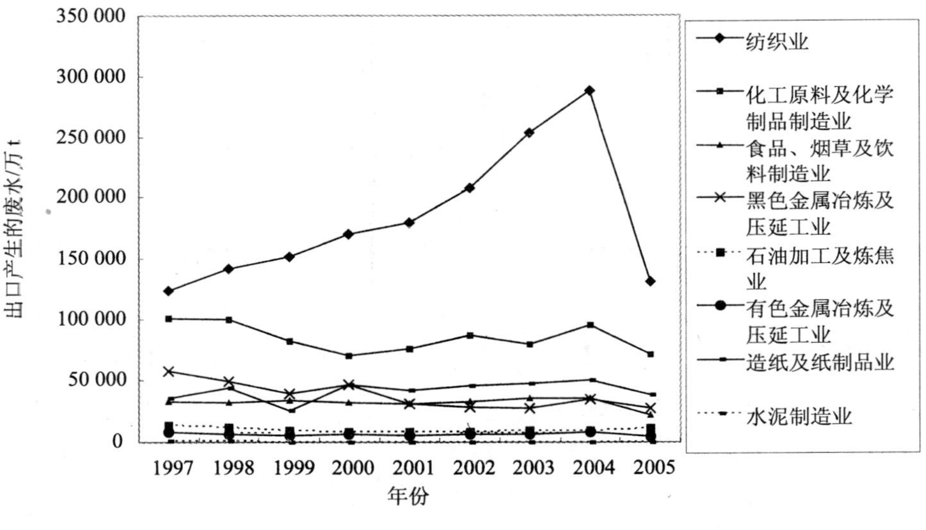

资料来源：中国统计年鉴，1998—2006 年，中国统计年鉴出版社；

中国环境年鉴，1998—2006 年，中国环境年鉴出版社。

图附-9　中国工业主要污染行业历年因出口产生的废水量

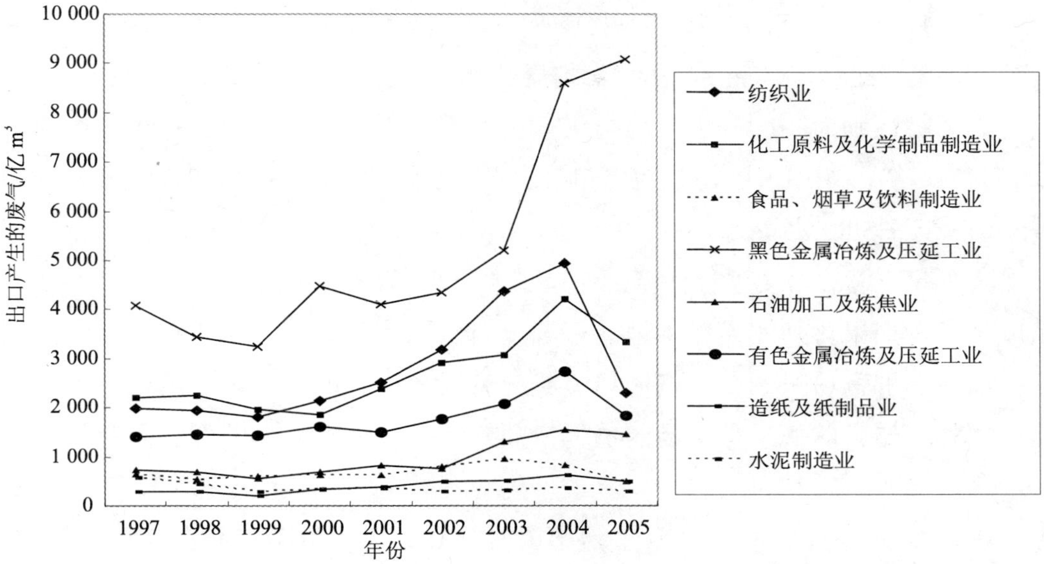

资料来源：中国统计年鉴，1998—2006 年，中国统计年鉴出版社；

中国环境年鉴，1998—2006 年，中国环境年鉴出版社。

图附-10 中国工业主要污染行业历年因出口产生的废气量

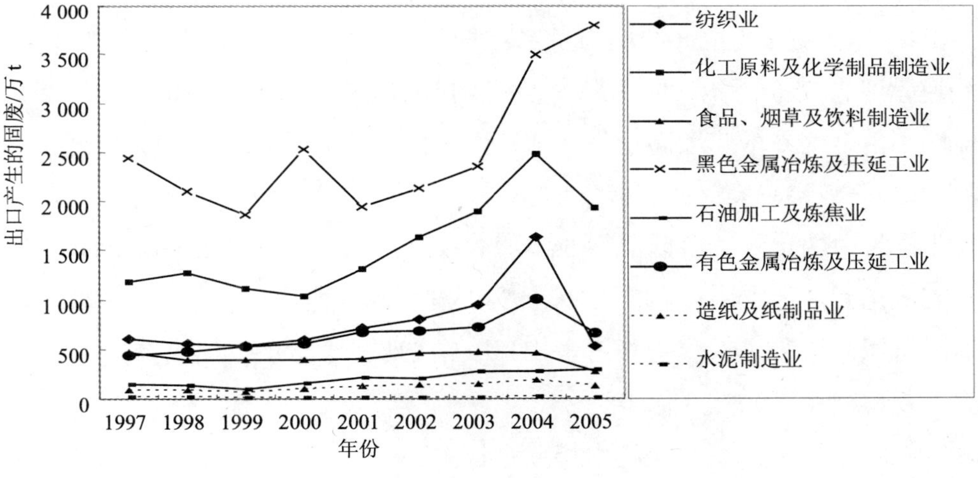

资料来源：中国统计年鉴，1998—2006 年，中国统计年鉴出版社；

中国环境年鉴，1998—2006 年，中国环境年鉴出版社。

图附-11 中国工业主要污染行业历年因出口产生的固废量

（2）中国对外贸易环境影响的平衡核算

目前对贸易的度量，仅以价值量来衡量，而非从资源环境的视角度量。贸易的价值量仅涵盖了货物或服务产品的市场名义价值，而忽略了资源消耗与环境污染的成本。环境与贸易专家组探索从资源环境角度，对中国的国际贸易进行平衡核算。

从流量的角度，我们将出口 1t 本地区生产的产品对当地资源环境的贡献率定义为负值，而从生产替代角度将进口 1t 相应产品对当地资源环境的贡献率定义为正值。如果，出口值与进口值的差大于零，则为顺差；出口值与进口值的差小于零，则为逆差；出口值与进口值的差等于零，则为平衡。例如，中国某地出口 1t 钢消耗水 500m^3、排放 SO_2 0.2t，对中国资源环境的贡献定义为－500t 水资源、－0.12t SO_2。如果，某年某地进口了 100 万 t 钢而出口了 200 万 t 钢，则从资源环境的角度进行核算，逆差了 50 000 万 m^3 的水资源、12 万 tSO_2。也可从存量的角度定义。如果对外贸易对本地的资源环境状况有所改善、产生正面影响，则是资源环境顺差；如果对外贸易对本地的资源环境状况有所恶化、产生负面影响，则是资源环境逆差。正如增加外汇储备的贸易是贸易的价值量顺差，减少外汇储备的贸易是贸易的价值量逆差。

环境与贸易专家组初步研究表明：虽然中国对外贸易价值量顺差但资源环境却在产生“逆差”。长期以来，中国以资源环境密集型产品出口为导向的、以量取胜的粗放型外贸增长模式在中国对外贸易中占有很高的比例，而这一外贸增长模式成为中国目前粗放式的、不可持续生产和消费方式的加速器，加剧了中国资源环境压力，给中国环境保护工作提出了严峻挑战。

根据我们运用国务院发展研究中心的 DRC-CGE 模型计算结果表明：中国“十五”期间 SO_2 污染物排放量中，如果忽略生产结构与贸易结构的差异性，中国“十五”期间每年对外贸易造成的 SO_2 逆差约为 150 万 t，占中国每年 SO_2 排放总量的近 6%。如果考虑生产结构与贸易结构的差异性，由于贸易增速远高于生产增速，因而，由外贸拉动的 SO_2 逆差将更高。

（3）纺织行业及产品的贸易与环境

纺织行业作为中国传统出口创汇行业，随着中国加入 WTO，近年来出口势头强劲，2005 年出口达 1 150 亿元，比 2004 年增长 20.69%，占全国外贸出口总值的 15.42%，创造历史最高纪录。中国纺织品服装进口保持稳定，出口大幅增加，贸易顺差不断扩大，2005 年中国纺织品服装实现贸易顺差 1 004.36 亿美元。

据统计，2004 年中国纺织行业废水排放量达 15.3 亿 t，在全国 40 个工业行业中居第五位，废水 COD 排放量居第四位；中国印染企业的单位产品耗水量一般是发达国家的 3 倍左右，印染废水占全国纺织废水排放量的 80%，且平均回用率只有 7%。

通过对 1999—2004 年中国纺织行业棉布、麻布、涤棉布、人造棉及真丝绸缎等出口商品的环境影响评估，得到以下结论：出口规模扩大，污染物总量和能源消耗呈增加趋势。粗略地估计一下，2005 年中国出口棉布约 55 亿 m，比 2004 年增加出口近 8 亿 m，同比增加 14.46%，增加出口贸易金额 8.96 亿美元。与此同时，出口增加带来了直接的环境影响，其中包括：COD 多产生了 2 万余 t，废水排放量增加 2 500 多万 t，增加用水 2 700 多万 t，增加用电 3 亿 kW·h 以及增加标准煤耗用量 35 万 t。

从纺织面料与服装业出口比重看，结构尚不合理，结构性污染问题突出。据海关资料表明，以出口贸易量计，纺织行业是中国出口量大且价格最便宜的产品之一，2005 年中国出口各类纺织面料 186 亿 m，同比增长 12%，平均每米的价格是 1.13 美元。然而，从环境影响看，纺织行业的主要污染来自于棉纺织及印染行业，棉纺织及印染行业的废水排放量占全行业的 80%左右。此外，棉纱、棉布生产消耗大量棉花和染料，对环境会产生间接影响。相比纺织品而言，服装加工的环境污染相对较小且技术附加值更高。

（4）电子行业产品的贸易与环境影响

目前，中国不仅成为电子产品的生产大国、消费大国，而且成为贸易大国。据高科技咨询机构 In-Sat 研究报告，中国有望超过美国成为全球第一大电子产品制造商。电子产品出口量的快速增长是帮助中国成为全球最大电子产品制造商的一个关键性因素。然而，与此同时，中国还是废弃电子产品的进口大国。电子产品出口和废弃电子产品进口的环境影响将随着进出口量的增加而不断累积，环境逆差将不断加大。

电子产品的环境影响主要表现在其生产过程和废弃物处理过程中。中国作为电子产品出口大国，要分析其环境影响首先需要分析其生产过程的环境影响，尤其是资源、能源、化学品的消耗，同时需要考虑废弃电子产品进口的环境影响。电子产品的生产与其他制造行业相比，电子行业，特别是半导体行业相对清洁，对环境有利。但是，随着生产量和消费量的增加，电子行业的环境影响也正在发生着变化。

电子垃圾是困扰全球的一大问题。电子垃圾不仅量大而且危害严重，特别是电视、电脑、手机、音响等产品，有大量有毒有害物质。废弃电子产品会导致地表水和地下水污染。

广东省汕头市贵屿镇是国外电子垃圾加工利用的集散地之一。传统的收旧利废行业在 20 世纪 90 年代初真正发展成为贵屿人的电子废物拆解业，并取代农业成为当地的主业，大面积的土地开始抛荒，贵屿镇区 80%的家庭参与到这个行业中来，为了节省成本，贵屿的家庭作坊往往采用最直接和最原始的方式进行电子废物的拆解。在给贵屿镇的居民带来丰厚利润的同时，电子拆解行业不可避免地导致了当地严重的污染——尤其是赖以生存的空气、土壤和地下水。当地人反映，贵屿的地下水早就因为重金属超标不能喝了，空气中弥漫着一股塑料燃烧后的刺鼻气味。当地干这一行的很多人家的儿童都患有一些呼吸系统的疾病。

出口电子产品的环境影响主要指生产过程中使用的能源、水资源和化学品。如中国 2005 年十强企业的计算机出口量为 3 271 万台，按总出口量 4 000 万台粗略估算，个人电脑出口带来的大概的生态逆差主要包括如下三项：

240kg 化石燃料×4 000 万台＝960 万 t 化石燃料

1.5m^3 水×4 000 万台＝6 000 万 m^3 水

22kg 化学品×4 000 万台＝88 万 t 化学品

其中，化学品的种类和危害还需要细分。

可见，废弃电子产品的进口造成了严重的环境破坏，不仅贸易逆差，而且环境逆差。

（5）主要结论

① 由于中国以货物为主的贸易结构，输出了产品而保留了污染物，因此中国受到的负面环境影响更大些。中国长期以来粗放型贸易增长方式在拉动经济贸易增长的同时，也对资源环境带来了巨大压力，给环境保护工作提出了严峻挑战。初步研究表明，中国贸易价值量顺差但资源环境却在产生“逆差”。

② 中国与其贸易伙伴进行贸易时造成了某些环境影响，这不应当由中国来单独承担，而应当由产品链的各个生产者、消费者与贸易方来共同承担。随着产品链的延伸，西方国家甚至是最终用户。

③ 中国自身在经济全球化的背景下，也受到了来自其他国家的环境影响。西方国家，作为中国的主要经济合作伙伴，在过去的二十多年来对中国的直接投资主要为环境、资源、能源密集产业以及劳动力密集产业，即西方国家的主要污染资源产业转移到了中国。例如钢铁、建材、水泥等行业逐渐从欧美、日本转移到中国。目前的中国用 20 多年的时间，正在成为全球的制造业基地，特别是重化工产业基地。这种产业的转移，也是全球污染物的转移。带来的主要环境影响是，西方国家的环境压力逐步减少，而中国的环境压力不断增大。并且，中国将制造业的产品输出到其他国家，而将污染物留在了中国。同时，某些污染物又以所谓资源的形式流入中国。

④ 无论是中国的外部环境影响还是外部对中国的环境影响，都没有被内部化；其他国家也存在类似问题。问题是：在全球层面上存在市场失灵问题。因此，加强全球环境管理、克服全球层次的市场失灵才是解决问题的根本途径。没有任何一个国家可以单独解决这些问题。

5. 服务贸易的发展趋势及影响分析

根据《服务贸易总协定》，服务贸易被定义为：①自一成员领土向任何其他成员领土提供服务（跨境提供）；②在一成员领土内向任何其他成员的服务消费者提供服务（境外消费）；③一成员的服务提供者通过在任何其他成员领土内的商业存在提供服务（商业存在）；④一成员的服务提供者通过在任何其他成员领土内的自然人存在提供服务（自然人移动）。这里的“服务”包括任何部门的任何服务，但在行使政府职权时提供的服务除外。

（1）世界服务贸易发展趋势

近几十年来，国际服务贸易发展迅猛，已经成为当代国际经济贸易增长的新亮点，21 世纪各国经济贸易竞争的新领域。为保护本国服务业，同在货物中设立关税壁垒一样，各国对服务贸易设置的非关税壁垒也逐渐增加。但是，发展国际服务贸易，消除壁垒，规范服务贸易仍然是未来国际服务贸易发展的趋势和特点。

① 服务贸易在世界经济贸易中的地位日益重要。

20 世纪 60 年代以来，全球产业结构加快调整，有力地推动了全球服务业的发展，服务业在世界经济中的地位持续攀升。1990 年全球服务型经济格局形成，全球服务业占全球 GDP 的比重突破 60%。伴随服务型经济的发展，全球经济竞争的重点正从货物贸易转向服务贸易。从 1980—2005 年，世界服务贸易出口额从 3 650 亿美元扩大到 24 147 亿美元，增长了 5.7 倍，占世界贸易出口总额的比重从 1/7 上升到近 1/5。未来由于世界经济继续稳定增长、产业结构不断升级、国际产业转移速度与规模持续扩大、国际投资不断偏向服务业、服务贸易壁垒逐渐削减等因素，世界服务贸易仍将继续保持快速增长，发展服务贸易越来越成为各国关注的焦点，商业形式成为服务贸易的主要方式，服务外包逐渐成为服务贸易新的重要形式，服务贸易在世界经济贸易中的地位将日益重要。

② 国际服务贸易壁垒仍然存在。

随着服务业在国民经济中所占比重越来越大，国际服务贸易逐渐成为各国经济贸易利益竞争的焦点，为保护国内服务业，一般国家都设置一定壁垒增加国外服务生产者的负担。国际服务贸易壁垒是指一国政府对国外生产的服务销售所设置的有障碍作用的政策措施。这些政策措施是多样的，既有政策和法规措施，也有商业惯例行为。据统计，截至 20 世纪 80 年代初期，各国就已经设计出了 2 000 多种服务贸易壁垒形式。服务贸易壁垒可以采取如同商品贸易中的数量限制的形式控制外国公司提供服务，甚至干脆禁止外国公司提供某些领域的服务；可以限制外国公司的经营业务范围，要求服务提供者的数量及质量；也可以对信息、人员、资本以及携带信息的商品的移动实施限制。这些服务贸易壁垒措施隐蔽性强、涉及面广、灵活性强，预计服务贸易壁垒仍将继续存在。

③ 国际服务贸易自由化是未来发展趋势。

由于服务贸易的发展空间和盈利空间都很大，为减少国际服务贸易流通障碍，提高经济效率，国际社会特别是具有较强垄断竞争力的发达国家积极推动服务贸易自由化。国际服务贸易自由化是指一国政府在对外贸易中，通过立法和国际协议，对服务和与服务有关的人、资本、货物、信息等在国家间的流动，逐渐减少行政干预，放松对外贸易管制的过程。尽管有各种和大量服务贸易壁垒存在，但服务贸易逐步自由化是未来服务贸易的发展趋势，也是世界贸易组织和其他区域性组织追求的目标。《服务贸易总协定》期望在给予国家政策目标应有尊重的同时，在互利基础上促进所有参与方的利益，以便早日实现服务贸易自由化水平的逐步提高。其他区域组织，如北美自由贸易区、亚太经合组织、东盟等也都把消除贸易壁垒，促进成员国之间的货物和服务的流动作为一般目标。

（2）中国服务贸易发展特点

① 服务贸易增速快。

中国服务贸易出口增速一直高于同期世界服务贸易平均出口增速和全球服务贸易主要出口国家（地区）的增速（个别年份除外）（表附-5）。中国的跨境服务贸易进出口总额从 1982

年的 43.4 亿美元增长到 2005 年的 1 570.8 亿美元，23 年间增长了 35.5 倍。其中，服务贸易出口 739.1 亿美元，增长近 29 倍，年均增长 15.9%，是同期世界服务贸易平均出口增速的 2 倍。而主要服务贸易出口国美国增长 8.8%，德国增长 7.7%，英国增长 8.4%，大多低于全球平均增长水平。

表附-5　　中国及世界服务贸易出口增长速度　　单位：%

	1980—1990 年	1990—2000 年	1997 年	1998 年	1999 年	2000 年	2001 年	2002 年	2003 年
全球	7.9	6.5	3.9	1.4	3.5	6.3	0.1	6.4	11.6
中国		18	19.1	−2.5	9.6	15.2	9.1	19.7	13
发达经济体	8.3	5.8	3.5	4.4	3.9	4.8	−0.2	6.7	12.8
发展中经济体	7.1	9.1	6.1	−7.7	5.4	11.4	0.03	5.2	6.5

② 服务贸易占全球的比重不断上升。

1982 年，中国服务贸易进出口总额仅为 43.4 亿美元，其中出口 24.8 亿美元，占全球服务贸易出口总额的比重为 0.7%。2005 年，中国服务贸易出口额占全球服务贸易出口总额的比重提高到 3.3%，提高了 2.6 个百分点。中国服务贸易出口世界排名由 1982 年的第 28 位上升到 2005 年的第 8 位，进口世界排名由第 40 位上升到第 7 位。

③ 服务贸易滞后于货物贸易发展。

1989 年以前，中国服务贸易出口增速总体上低于货物贸易出口增速；1989—1994 年，服务贸易出口增速快于货物贸易出口增速；1995 年以后，尽管服务贸易出口增长较快，但同期的货物贸易出口增长更快。

④ 以传统服务贸易为主体。

中国服务贸易主要集中在运输、旅游等传统服务业上，而全球服务贸易量最大的金融、保险、通信、咨询等技术密集和知识密集的行业，仍处于初级发展阶段。2005 年，中国的运输服务、旅游出口分别为 154 亿美元和 293 亿美元，二者合计占出口的 60.5%。

⑤ 服务贸易长期逆差。

自 1992 年以来，除个别年度（1994 年）外，中国服务贸易一直是逆差。尤其是近年来，中国服务贸易逆差呈逐步扩大趋势。2004 年逆差达 95.5 亿美元。虽然 2005 年逆差比 2004 年略有减少，但仍高达 92.6 亿美元，是世界服务贸易出口前十位国家中 3 个出现逆差的国家之一。

⑥ 中国服务贸易自由化程度较高。

中国在 WTO 服务贸易承诺总体上水平很高，限制条件比较宽松，开放程度也较大。除了在传统的运输、旅游等服务业上做出很高的市场开放承诺外，在一些技术密集型和资金密集型的服务领域，如电信、零售等服务业，开放程度也比较高。而且，中国服务业实际的开放现状要远比承诺水平开放的高。主要原因包括：一是中国国内具体政策已经满足了事实上开放的需要，例如：在环境服务领域入世承诺中，中国要求外资只有与国内企业合资才能参与环境基础设施运营等服务，但《外商投资产业指导目录》将污水处理厂和垃圾填埋场的运营都列为鼓励外商投资类，而且并没有任何合资等的要求；二是地方政府往往为了招商引资，发展当地经济，对外商实施“超国民待遇”。

⑦ 中国服务贸易自由化政策缺乏。

目前中国尚没有一个关于服务业的一般性法律，现有立法未成体系，相当一部分领域法律处于空白状态，有关中国服务贸易自由化的政策更是缺乏。只是在某些宏观政策上有涉及或反映。《对外贸易法》第四章第二十二条规定“国家促进国际服务贸易的逐步发展”。《外商投资产业指导目录（2004 年修订）》、《“十五”期间加快发展服务业若干政策措施的意见》、《关于特许经营权项目的若干规定》和《境外进行项目融资管理暂行办法》等文件对开放国内服务市场，消除市场准入壁垒有一些具体规定。

（3）服务贸易自由化对中国的影响

在全球服务贸易逐步自由化的大背景下，中国尽管还不是世界服务贸易强国，服务贸易总体水平不如自己的货物贸易，但中国毕竟已经处于“入世”后保护期阶段，正在并且将要与许多国家和区域进行双边自贸区谈判，服务贸易自由化和进一步开放国内服务市场是中国必须面对的现实问题。由此，首先要解决的问题是服务贸易自由化对中国社会、经济和环境等可持续发展的方方面面到底都有什么影响？研究结论是：从长远看，服务贸易自由化对中国的政策完善、经济增长、就业质量和水平、环境质量改善等都具有积极意义，但近期可能使一些不具竞争力的企业面临冲击、局部就业率下降，另外，如果不加限制地全面开放服务贸易市场，可能影响国家安全。

① 服务贸易自由化对中国具有积极意义。

从长远看，服务贸易自由化对中国总体上收益大于成本，更多是具有积极意义。

第一，服务贸易自由化有利于中国相关制度改革和政策完善。中国服务业总体上落后于其他经济领域，也落后于其他国家，而且存在政府垄断经营[①]、政策有效性差、政府管理职责不明晰等体制性和政策性障碍。中国已经是 WTO 成员，服务贸易自由化将会起到“以外促内”的作用，即以“外推力”促进国内的体制改革和政策完善。以环境服务为例，政府是环境服务的最大需求方，由于政绩和利益的考虑，地方政府经常对外资实施特殊待遇或通过资质、认证、合作经营等进行“地方保护”，导致服务市场扭曲和失灵。服务贸易自由化有助于推动国内相关体制改革、消除非关税壁垒，创造公平和平等的竞争市场环境。政策层面，WTO 所确定的贸易规则，对国内法规的完善有积极的推动作用，进一步反映透明度原则和国民待遇原则要求。而且，服务贸易自由化有利于先进政策法规、技术标准的引进，对国内相关政

① 李善同，华而诚. 21 世纪初的中国服务业. 北京：经济科学出版社，2002.

策的完善发挥很好的借鉴作用。

第二，服务贸易自由化有利于中国获得重大经济利益。中国服务贸易增长速度很快，发展潜力大。目前中国服务贸易比较优势主要集中在自然人移动、海运、建筑和计算机服务等领域。服务贸易自由化将给中国带来巨大的市场机遇和发展空间，不仅可以直接导致服务业出口利益的增加，而且可以导致与服务业相关的产品贸易增加。美国密歇根大学的一项调查报告显示，如果将世界各国的服务贸易壁垒削减 1/3，全球可增加 4 140 亿美元的福利，中国可从中获益 120 亿美元。具体而言，如果发达国家在自然人移动方面能够放宽市场准入，中国就会有更多的护士、海员、厨师、设计人员走向海外。单从护士方面看，中国的护士资源极为丰富，2004 年的注册护士数量为 130 万人，增加 1 万个护士出国提供服务，以每人每年汇回外汇 3 万美元计算，则每年总共将增加汇回收入达 3 亿美元。建筑服务和对外承包工程是另一个可以充分挖掘潜力的重点部门。如果通过谈判能够取消中国建筑企业和技术人员“走出去”的准入限制，放宽对中国的许可、标准和资质要求，中国建筑企业出口将以 30%的速度增长，2010 年将达到 96 亿美元。

第三，服务贸易自由化可以促进就业及劳动技能提高。如果发达成员能在市场准入方面放宽条件或取消限制，中国就会有更多人员通过自然人移动服务提供方式获得海外就业的机会，减少国内就业压力。还有，增加劳动力出口所带来的利益还会刺激相关中小型企业的数量增加，这些中小型企业会提供更加多的服务出口，而且会增加雇佣人数。服务贸易自由化也会同时促进国内服务贸易市场的开放，有助于提高吸引外资的规模和水平。一方面，这些外资进入会直接创造更多的就业机会；另一方面，这些外资投入会引入先进的管理理念和水平，有利于国内劳动力劳动技能的提高。

第四，服务贸易自由化有利于改善国内环境质量。服务贸易自由化总体上有利于改善环境质量，这主要是因为：首先，自由贸易有助于实现环境资源的最优配置，从而保证生产活动能够按照最有效的方式进行（Cole，1999）。其次，服务贸易自由化有助于增加有利于环保的洁净产品、服务和技术的交换。服务贸易的这种技术效应一方面可以使国家有更多的机会获得更加环保的产品和更有效率的生产方式，包括可以便利获得更多先进的管理经验，提高污染治理和环境管理水平，以及引入较先进的污染治理技术，减少污染排放；另外，随着收入的增加，人类的环保意识也会逐渐增强，提高对污染的监督水平。再次，服务贸易自由化便利外资参与和引入更多资金，可弥补国内资金投入不足，进一步提高污水处理率和垃圾无害化处理率。最后，贸易自由化还有利于消除那些扭曲贸易的政策措施如补贴和税收等，而这些措施很多被证明是不利于环境保护的。

② 服务贸易自由化会对中国产生一定负面影响。

服务贸易自由化也会在近期对中国产生一定负面影响，应该引起重视，不容忽视。

第一，服务贸易自由化会使市场竞争更加激烈，一些服务行业可能会受到冲击。服务业中的许多部门，如银行、保险、通信、信息、咨询、法律事务、数据处理等都是资本—知识密集型行业，中国的这些行业还缺乏国际竞争优势。由于总体竞争力差异以及保障措施不力，强大外资的引入可能对这些服务业造成一定冲击。再具体以保险服务行业为例，服务贸易自由化后，中国保险业长期垄断的局面被打破，外国保险公司携带巨额资本金、新的营销策略、先进的保单设计流程和定价方式，大举攻占中国市场，这对中国相对弱势的保险业势必造成冲击。一些部门在对外资开放后，会相应对国内非国有企业开放，在投资主体多元化情况下，一些长期由国有企业垄断的行业局面将会打破。

第二，服务贸易自由化可能使某些服务等部门产生一定安全隐患。有些服务行业还涉及国家主权、机密和安全，而且由于服务贸易不可避免地要涉及服务投资问题，也直接关系到国家的主权和安全，如果就电信、金融、运输及与之相关的投资领域进行谈判，无异于就国家控制其经济发展的战略及保卫其国家安全的能力进行讨价还价。这种情况下如果没有完善的信息保密措施和技术，就可能会影响部门的国家机密和经济安全。以环境服务为例，如果开放环境监测的跨界服务供应，而没有数据控制和可控的传输手段等信息技术，则中国的生态环境安全就无法保障。

第三，国有企业就业形势短期可能受到冲击。中国服务业国有企业占很大比例，特别是金融、运输、环境等领域。一般国内国有服务企业都存在效率低下、机构臃肿、人员严重超标等情况，甚至有些企业超员 2/3①。外资企业以盈利为最终目的，其进入会使部分国有企业被迫参与竞争，为提高竞争力，迫使他们必须采取改制等措施提高效率和减少成本，许多企业员工会因此面临失业或重新就业的压力。例如：最近两年，浙江省的一些污水处理厂和垃圾填埋场开始从原来的事业单位改制为企业，一些职工不得不提前退休。

（4）中国在促进世界服务贸易发展中的作用和影响

中国是 WTO 的新成员，同时也是重要一员，随着中国服务业的快速发展，中国对世界服务贸易的发展也会发挥重要作用和产生一定影响。

中国的入世及服务贸易市场的进一步开放会对世界服务贸易发展提供更多机遇，中国经济和贸易的快速发展会对世界经济和贸易增长作出更大贡献。在遵守世贸组织规则的同时，中国正在依照承诺逐步开放服务市场，包括减少非关税措施，放开外贸经营权，扩大服务贸易对外开放的领域与范围等。中国已经根据承诺在法律、电信、金融、保险、海运、音响分销、旅行社等重要的服务贸易部门颁布了新的法规，进一步扩大了这些服务部门的对外开放。中国服务市场有着巨大的发展潜力，随着市场开放的深入，将为中国与世界各国的贸易、投资及经济技术合作提供广泛的机遇。另外，随着中国经济的快速发展，中国对各种服务，特别是对高科技、高层次服务的需求会越来越大，市场潜力巨大，会大大拉动世界服务贸易增长，同时，也会带动与服务相关的产品贸易增长，最终对世界经济增长作出贡献。

---

① 李丽平. 环境服务贸易自由化对中国的影响. 北京：中国环境科学出版社，2007.

中国服务贸易的发展和贸易结构的优化会改变世界的贸易结构。由于中国经济和服务贸易快速增长，以及在国际经济和贸易的地位和份额不断上升，会导致世界经济结构和贸易结构发生变化。2005 年，中国对外贸易额达到 1.4 万亿美元，比 1978 年增长了 67 倍，在国际贸易体系中的排名从第 32 位上升至第 3 位，中国作为世界制造业大国的地位基本确立；服务贸易出口总量居全球第八位，只占全球服务贸易出口总量的 3.3%。从服务贸易出口与货物贸易出口的比例看，中国只有 9.9%，远低于全球 23%的平均水平。中国未来大力发展服务业不仅有利于优化中国对外贸易结构，而且会改变世界贸易结构。

中国会为世界提供价廉质优的服务。中国的优势是劳动力资源丰富，价格相对便宜。世界服务贸易自由化会为中国劳动力走出国门提供便利和条件。劳动密集型产品的出口，实质上是将劳动依托于产品出口到国际市场。中国通过自然人移动方式向世界提供更多的劳动力，世界各国因而会享受到性价比更高的服务，人们会得到更多的实惠。例如，新西兰是个地广人稀的农业国家，在苹果收获的季节，新西兰缺少人摘苹果，中国有很多剩余劳动力，中国农民如果能去新西兰摘苹果对两国都是一个双赢的事情。另外，随着中国经济的发展，中国旅游服务进口需求持续增长，境外旅游人数逐年增加，再加上有些游客的环境意识不高，可能导致旅游服务提供国废弃物排放增加。

（5）政策建议

在经济全球化和贸易全球化大趋势和背景下，中国服务贸易必须要紧紧抓住机遇，积极发展中国服务贸易并极大促进中国在世界服务贸易发展中的重要作用，同时要有准备和有意识地最大限度地减少世界服务贸易自由化对中国的负面影响。为此，提出如下政策建议：

① 抓住自贸区谈判历史机遇，扩大服务贸易进出口，增强我国服务产业竞争力，促进节能减排工作，改善国内环境质量。

中国已完成与东盟的自贸区谈判，正与新西兰、澳大利亚、智利、海合会等进行双边自贸区谈判，未来还要与挪威等许多国家开展自贸区谈判，服务贸易自由化将是这些自由贸易安排的重要内容，将为中国发展服务贸易创造更好的市场准入条件。中国应该抓住自贸区谈判的历史机遇，加强服务贸易分类和统计体系等基础研究以及不同服务贸易自由化开放情景的影响研究，有准备有目的地参与双边和区域自贸区谈判，积极参与多边贸易谈判规则的制订。加快垄断性服务行业的重组与改革，加快服务行业对国内民营资本的开放，加快服务领域的对外开放，加快政府采购改革，培育国内服务企业竞争力。加快贸易增长方式转变，缓解资源环境压力。

② 研究制定综合服务贸易发展战略，完善服务贸易的政策法规体系。

目前中国关于服务贸易和服务贸易自由化的政策只是零星出现在其他宏观和总体政策中，已有的主要表现为各职能部门的规章。应建立和完善符合国际规则的服务业和服务贸易法律法规体系，制定与国际接轨的服务业标准化体系。研究制定综合服务贸易发展战略，建议首先起草《关于促进服务贸易出口的若干意见》，提出促进中国服务出口的总体要求、指导思想、基本原则，明确中国对外贸易要实现从偏重货物贸易转向货物贸易与服务贸易协调发展。《意见》要在财政、税收、金融、保险、外汇等方面提出切实可行的政策措施。国内服务业市场开放方面，各服务部门要针对自贸区谈判的形势和要求，制订部门开放战略。

③ 完善政府职能和定位，促进服务贸易自由化进程。

尽管服务贸易自由化旨在不断消除服务供应的壁垒，但这并不意味着减少政府在其中的角色或降低政府的作用。恰恰相反，自由化可能因为要实现某种政策目标甚至会增强对合适规章的需求。例如，制定税收和规制条例，为基础设施建设制定最基本的规划和管理权限；提供服务和购买重要的服务（如医疗服务）等。另外，增强或消除服务贸易自由化的影响，也不能简单依靠市场这一“看不见的手”来调控。由于很多服务“公共物品”、“垄断”等特点，市场手段所能适应的范围和规模将比政府干预更受限制。由此，政府在推动服务贸易自由化过程中应发挥主导作用，但发挥主导作用并非要实施“全过程控制”。要全面认识政府的“有限性”，重点发挥创建市场、规范市场和服务市场的作用。创建市场就是通过严格执法，将服务的潜在市场转变为现实需求；制定科学的、符合现实条件的服务贸易技术标准战略及各服务部门的具体技术标准，完善市场准入制度，并严格实施；解决其他相关政策实施问题。规范市场就是依法监督，严格按市场准入条件办理，完善招投标制度和政府采购制度，创造公开、公平、公正的市场竞争环境，防止“新垄断”，杜绝“超国民待遇”和“地方保护主义”。服务市场就是要建立科学准确、反应灵敏和运转高效的信息体系，为企业和公众服务。

④ 加强服务贸易发展的统筹协调，建立和完善服务贸易管理体系。

服务贸易涉及金融、保险、电信等诸多部门。商务部主要负责服务贸易的整体管理工作，负责服务贸易的战略和政策制定、统计、促进工作，负责国际多边谈判、对外事务协调、服务业利用外资政策等事务。具体的服务贸易事务分属几十个相关部门，中央和地方在服务贸易政策和规章方面存在差别性。这些既不利于国内服务业的发展和对外开放，也不利于中国服务贸易的对外开放。所以，服务贸易要法制，就必须加强整体协调。中国将推动建立各部门密切配合、中央和地方互动、政府和企业紧密联系的全国服务贸易协调管理机制，避免出现“责任真空”以及“越位”、“同位”等现象。

（三）外商直接投资、知识产权保护和企业的社会责任

1. 引进外资的作用、影响及政策转型

改革开放 30 多年以来，我国吸收和利用外商直接投资（简称 FDI）取得了巨大成绩，发展迅速（图附-12）。截至 2006 年年底，全国累计批准设立外商投资企业 552 942 个，合同外

资金额 12 856 亿美元，实际使用外资金额 6 224 亿美元。外商投资遍及制造业、服务业、农业、基础设施等诸多领域。目前，来华投资的国家和地区超过 190 个，全球最大的 500 家跨国公司中已有近 450 家在华投资，其中 30 多家设立了地区总部，外商投资设立的研发机构超过 700 家。

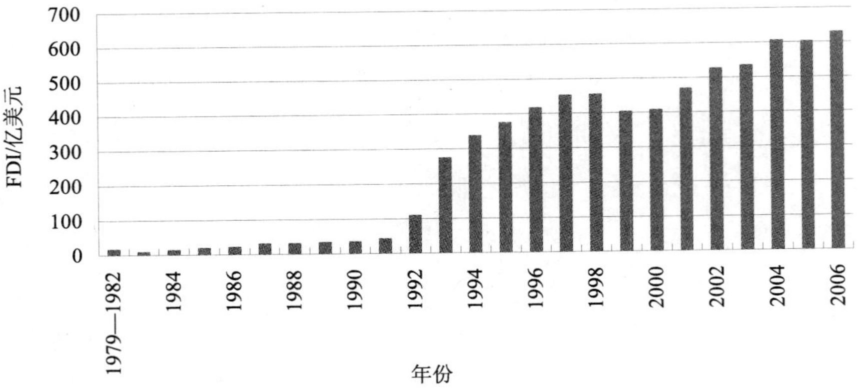

注：1993 年以前数据来自中国统计年鉴；1993—2006 年数据来自世界银行。

图附-12 我国外商直接投资增长

我国对外开放政策明显有三个发展阶段：[①]一是 1979 年中国宣布对外开放；二是 1992 年邓小平南巡讲话，社会主义市场经济地位正式确立；三是 2001 年中国加入 WTO。与此同时，随着中国经济的发展，人均 GDP 大幅度增长，改革开放之初 1979 年为 268 美元，1992 年超过 400 美元，2001 年突破 1 000 美元，需求结构和消费结构发生了质的变化。相应的，外商直接投资发展的历程可大致分为三个阶段：第一阶段（1979—1991 年）属于开创局面阶段，突出特征是投资规模呈渐进性低速增长。第二阶段（1992—2000 年）属于快速发展阶段，典型特征是利用外资在广度和深度上表现出前所未有的较大发展。第三阶段（2001 年至今）属于稳步提高阶段。这一阶段，世界经济平衡增长，国际直接投资非常活跃；我国经济也保持较快增长。外商直接投资表现出以下特点：①FDI 数量继续保持大幅增长；②投资领域进一步拓宽，服务业外资面临发展机遇；③并购成为 FDI 的主要方式。

自改革开放以来，外商对华直接投资从无到有且规模日益迅速扩大，已成为我国经济发展中的一个极为重要的现象。1979—2006 年，外商对华直接投资以年均 30%以上的高速度增长，截至 2007 年 8 月，累计利用外资超过 7 000 亿美元，这在战后世界各国利用外国直接投资的实践中是极为罕见的。

经济合作与发展组织（OECD）在 2001 年的 OECD 国际投资全球论坛集中讨论了 FDI 和

① 由于我国是从计划经济转型到市场经济的，汇率等的变动与实际经济因素脱节，因此这些因素的变动不能很好地反映我国的外商直接投资的阶段变化。相反，政府的政策因素是影响外资流入的主要因素，因此，本文以中国改革开放的重要事件作为分阶段的标志，事实上，从外资的流入数量上看，这种划分也比较合理。

可持续发展的关系。报告“FDI 和可持续发展”主要阐述了 FDI 对经济增长、环境保护和社会发展的影响。报告认为：FDI 对可持续发展的影响（效应）取决于东道国、母国和跨国公司的自身行为。这些为我们分析 FDI 对中国的可持续发展奠定了基础。大量的外商直接投资对中国的经济、社会、环境带来了巨大的影响。

（1）外商直接投资对我国经济发展的影响

① 正面影响。

对 GDP 的贡献。FDI 对 GDP 增长的贡献已有基本的经济理论支持。有很多国内外学者也通过计量经济学模型分析，验证了外商直接投资对中国经济所作的贡献。Wang 与 Swain（1995）[①]利用 1978—1992 年中国统计数据对我国制造业 FDI 与国内生产总值及其增长率、汇率、工资水平等因素进行了实证研究，得出了 FDI 能够促进我国经济增长的结论。北京大学罗雨泽利用协整计量模型，验证了 1979—2004 年 FDI 对我国 GDP 的长期正向拉动效应。国际货币基金组织的经济学家曾旺达（Wanda Tseng）和哲布克（Harm Zebregs）的研究表明，中国在 20 世纪 90 年代 10.1%的平均经济增长率中，FDI 所起的贡献作用在 3%左右，也就是对中国经济增长的贡献率高达 30%左右[②]。

外商直接投资推动中国产业结构的升级。跨国公司在华投资的另一个重要作用是，大大加快了国内产业结构的升级。我国高新技术产业的较快发展是其中一个重要方面。1996—2000 年，我国高新技术制造业年均增长 21.2%，高于同期全部工业产值增长速度 11 个百分点。高新技术产业迅速发展的一个重要因素，是吸引了较多的跨国投资，外商投资高新技术企业已经成为推动我国高新技术产业发展的主力军之一，占有举足轻重的地位。在继续对中国电子信息产业等高技术产业投资的同时，跨国公司对中国转移制造业新技术和新产品的进程仍在进行中。

促进技术进步。外商投资都与某种形式的技术转移联系在一起。通过引进先进技术含量较高的资本货物和加工工艺，并高效率地使用这些资本货物和工艺，提升了国内产业的技术水平。同时，外商投资通过多种方式产生技术外溢效应，对国内关联产业的技术进步产生积极的推动作用。技术外溢的主要途径有技术扩散效应、技术竞争效应和技术应用效应。大型跨国公司把研发中心转移到中国，也有力地促进了我国的技术进步。近年来，基于跨国公司技术垄断和技术保密等因素，企业独资的趋势越来越强，技术外溢效应有可能会减小。

② 负面影响。

增加了我国国际收支不平衡风险。外商直接投资带来的资本项目顺差短期内可以弥补经常项目逆差，这在改革开放之初的外汇紧缺年代意义尤其重大。由于目前我国累计实际利用规模已相当大，未来外商在华投资收益回汇净额越变越大。同时，外商企业的出口能力不断

① Wang ZQ，Swain NT. The determinants of foreign direct investment in transforming economies：evidence from Hungary and China. Weltwirtschaftsliches Archiv，1995，131：359-382.

② Wanda Tseng，Harm Zebregs. FDI in China：Some Lessons for Other Countries. IMF Policy Dissussion Paper，2002（3）.

增强，在我国出口中的比重不断上升（55%以上），近年来顺差大幅上升，频频引发国际贸易摩擦，国际收支不平衡进一步加剧，人民币被迫不断升值，国内通货膨胀压力剧增。外商企业的大比例出口，消耗了大量的能源和资源，也引发了国际社会对中国发展的担忧。

对我国民族产业的不利影响正在显现。国务院发展研究中心发表的一份研究报告指出，在中国已开放的产业中，每个产业排名前 5 位的企业几乎都由外资控制：中国 28 个主要产业中，外资在 21 个产业中拥有多数资产控制权。与此同时，我国民族品牌受到跨国公司品牌的打压。近些年跨国公司通过合资、兼并或收购，蚕食了我国众多知名品牌，市场和品牌代表着利润。同时，市场和品牌的丢失，将使我国损失巨大的利益和发展前景，损害了我国的产业安全。

“超国民待遇”的引资政策导致外资对内资产生“挤出效应”，国内投资需求不足。出于引进外资的需要，中国出台了许多吸引外资的优惠政策，这在改革开放初期对于吸引外资起到了很好的推动作用。然而，中国在加入 WTO 后，如果继续维持对外资企业的优惠政策，将进一步扩大民族产业与外资企业之间的差距，加剧资源配置的不平衡性。

（2）外商直接投资对我国社会发展的影响

社会发展（social development）支撑经济发展和环境保护。社会发展是一个描述性概念，包括社会结构、社会分层、社会融合、人口、平等、就业、生活质量、教育、医疗、卫生等诸多方面的发展问题。①我国提出的和谐社会其实就是社会可持续发展的内涵。经济合作与发展组织（OECD）把 FDI 对社会发展的影响分为两个方面：一是劳动力市场，包括就业、劳工保护等；二是收入的差异以及由此带来的不平等。②

外商直接投资对我国劳动力的影响可以分两方面。一是促进了我国劳动力在产业间的转移，二是提高了我国劳动力的素质结构。改革开放前，我国的就业结构呈现典型二元结构特征。改革开放后，FDI 作为工业化的外部动力源，通过矫正扭曲的要素配置，扩大了工业及服务业的就业规模，吸引了劳动力从农业向非农产业转移。东部沿海是外商投资的密集区，有着包括人力资本在内的吸引外资的区位优势，整个沿海地区快速发展的工业化引发了劳动力向东部流动，极大地促进了中西部地区农村剩余劳动力的转移。③FDI 及其决定的东部地区产业集聚与劳动力的跨区域流动呈正反馈关系，成为中国特有的劳动力产业间转移轨迹。

外商投资也提高了我国劳动力的素质结构。中国劳动力供给结构是：无限供给的非熟练劳动力与相对稀缺的熟练劳动力。外商直接投资扩大了对熟练劳动力的需求，中国熟练劳动力稀缺，因此 FDI 将提高熟练劳动力的工资水平。熟练劳动力工资水平上升会刺激熟练劳动力供给的增加，而供给的增加只能靠学校教育、职业教育和实践学习。这就表现为整体劳动力素质的提高，结构的优化。FDI 对熟练劳动力的需求还进一步促进了技能工人、专业人才

① 参见汝信，陆学艺，李培林主编. 中国社会形势分析与预测（2003）. 北京：社会科学文献出版社，2003.
② Foreign Direct Investment and Sustainable Development. http：//www.oecd.org/dataoecd/33/48/1906135.pdf，2001.
③ 杨云彦，徐映梅，向书坚. 就业替代与劳动力流动：一个新的分析框架. 经济研究，2003，8.

向 FDI 集中区域的集聚，并发挥示范辐射效应，刺激教育和技能投资，即 FDI 集中区域的人才集聚效应对区域外地区具有正外部性。

（3）外商直接投资对我国环境的影响

1992 年世界投资报告《跨国公司是增长的发动机》对 FDI 的环境影响主要持积极态度，认为“跨国公司强大的财政、管理和技术力量能够在当地环境保护中起到领导作用”。①世界投资报告也注意到了跨国公司的环境效应还取决于东道国的政策和管制框架。但是，OECD 在《世界经济中的中国——国内政策的挑战》中指出：“……多年来，尽管有特殊的政策和管理程序管理、审查和监督贸易和投资流入对环境的影响，但实际上环境政策对中国在贸易和投资领域的决策方面没有起到什么影响。实际上，在进行贸易和投资决策时，生产成本、市场进入和资源利用已成为更重要的考虑因素。中国鼓励外国企业投资的目的是为其发展目标筹措资金和帮助其打开市场，在许多情况下环境要求已经被打折扣。”②事实上，正如这两种观点一样，FDI 对我国环境的影响（水、空气污染、固体废弃物、自然资源、能源、土地等）既产生正面的效应，也带来许多负面的影响。这是 FDI 对环境的显性影响。除此之外，FDI 对环境还产生隐性影响。③

① 显性影响。

显性的环境影响主要是指外商直接投资带来的直接环境污染和生态退化问题。由于大部分外资企业集中在加工制造业，因此，直接的环境问题主要是环境污染问题。对于外商投资的显性环境影响，有两种不同的观点：一种观点认为，FDI 为发展中国家提供了采用新技术的动机和机遇，促使他们实现清洁或绿色生产，进而提高全球环境质量和地区可持续发展能力，两者之间是一种互利互惠的关系。另外一种观点认为，FDI 是全球产业梯度转移的原因，发达国家常常会把无法达到其环境标准或要求的污染产业、夕阳产业通过 FDI 转向发展中国家或地区，而中国吸收外商直接投资，造成了事实上的污染转移，成为“污染的避风港”，导致更多的工业污染和环境退化。

研究发现，从微观层面上看，大型跨国公司的社会责任意识、环保意识较高，FDI 引进了先进的污染防治技术、环境管理思想和方法，或者积极开展清洁生产，在中国环境保护领域起到了示范作用。例如，FDI 促进了我国 ISO 14000 环境管理体系的发展。在最初通过 ISO 14001 认证的 90 多家企业中，大部分是 FDI 企业；360 多个获得环境标志认证的企业和产品中，一半以上是 FDI 企业。但是，中、小外商投资企业的环境责任与环境意识令人担忧。例如，1997 年 7 月，国家环保局与外经贸部联合对 6 个沿海省区（山东、江苏、浙江、福建、广东、广西）及上海、天津、重庆的 500 万美元以下的外商投资企业进行环境保护执法检查。结果表明：1995—1996 年 9 省市区批准设立的外商投资中、小企业的环境影响报告制度执行

① UNCTAD：World Investment Report 1992：Transnational Corporations as Engines of Growth. United Nations New York and Geneva，1992.
② China in the World：The Domestic Policy Challenges. Paris：OECD，2002：524.
③ 俞海. 外商直接投资中的环境问题及应对策略初步分析[R]. 2007.

率为 61.4%，低于这些地区同期的内资建设项目的执行率（79.8%），更低于全国平均水平（81.6%）；1997 年在建的外商投资中、小企业“三同时”的执行率为 83.5%，而这些地区同期内资建设项目执行率为 94.9%；1993 年以来外商投资的中、小企业已办理环保验收的只有 7 254 家，只占须办企业数的 60.7%。近年来，这种状况有所改观。

② 隐性影响。

隐性的环境影响主要是指外商投资引发的潜在的环境风险。隐性影响主要反映在外商投资的行业结构上，属于宏观层面。外商直接投资主要集中在第二产业，占 70%以上。1995 年第三次工业普查资料显示，投资于污染密集产业的外商占全部外商投资工业企业的 30%左右，[①]到 2005 年，投向污染密集型产业的外商占外商投资企业数的 84.19%。外商投资企业正在向资源消耗型、污染密集型产业集中。[②]改革开放以来，化工、石化、皮革、印染、电镀、杀虫剂、造纸、采矿和冶金、橡胶、塑料、建筑材料和制药等产业或项目成为外商投资的重要方向。2004—2005 年，石油化工、炼焦及核燃料等所谓的重化工业中，外商投资的数量和所占比重呈现双增长，化学原料及化学制品制造业中，实际利用外资额数量逐年增加，但所占比重在下降，二者共同趋势是单个项目规模趋于大型化（俞海，2007）。而外资对环境保护能够发挥更为直接作用的环保产业的投资额不到 1 亿美元，比例不到 0.2%。外商投资的行业结构偏向于污染密集产业，使得我国潜在的环境风险增加，许多人认为需要重点关注，特别是对重化工业和化学工业的外商投资。

③ 地区影响。

由于我国东、中、西部经济发展水平和区位优势不同，外商投资主要集中于东部发达地区，FDI 的地区结构不平衡。截止到 2005 年，东部地区累计吸引外资 5 383.7 亿美元，占 84.85%；中部累计吸引外资 563 亿美元，点 8.87%；西部累计吸引外资 277.3 亿美元，占 4.37%。中西部地区外商投资较少，总体上是市场自然选择的结果。从结果上看，不平衡的外资投资结构对中西部地区的 GDP 贡献较小，而脆弱的中西部地区的环境也得以免遭大的破坏。FDI 对区域环境的影响方面，李国柱（2007）对 FDI 与污染（污染指标采用 SO_2 排放量）的关系进行了格兰杰因果关系检验，研究发现，东部和西部地区，FDI 是污染的格兰杰原因，而中部则不是。[③]中部地区主要是污染控制区，FDI 的污染输入受到制约。

我们注意到，国内有一种声音和倾向，要强化引导外商直接投资向西部的转移。根据利用外资的“十一五”规划，今后 5 年利用外资的战略目标之一是显著提高中西部地区和东北地区等老工业基地利用外资的规模、质量和水平（国家发改委，2006）。从经济发展的角度看，

① 污染密集产业是指在生产过程中若不加以治理则会直接或间接产生大量污染物的那些产业。这些产业具有下列特征：生产出大量污染物，对生态环境及人类与生物的危害较大；生产技术和过程较复杂，运行过程对工人安全和健康产生威胁；处理和防治污染有一定难度，所需费用很大，营运成本较高，需大量的资本、技术和管理资源来建立合理的污染防止和处理系统；是环境管理政策和法规关注的重点。参见：夏友富. 外商投资中国污染密集产业现状、后果及其对策研究. 管理世界，1999（3）。

② 同阶段，内资企业投资于污染密集产业的比重也在同步增加，外资企业并没有超比例增长。说明我国此阶段内经济结构向污染密集产业倾斜，这也解释了我国近 10 年来环境污染加剧的原因。

③ 李国柱. 外商直接投资与环境污染的因果关系检验. 国际贸易问题，2007（6）.

这是一个好的目标和计划。但是从环境的角度，是一个不利的消息。根据中西部特别是西部的自然禀赋、地理条件、技术水平来判断，外资进入最可能的行业是采掘业以及国际制造和东部地区落后的、被淘汰的行业，最终的结果可能是变相的“污染转移”（俞海，2007）。这需要引起环境部门的重视。

（4）对策建议

以上分析可以看出，外商直接投资带来的问题应重点关注所投行业结构和区域结构所产生的潜在的环境风险和经济风险。微观层面上，具体到已存在的外资企业污染物减排问题可主要通过一般的环境管理法规、政策和手段来解决。宏观层面上，需要制定政策从战略上解决外商投资的行业结构与区域不平衡问题。

① 在吸引外资时，要从追求数量与规模向讲求质量与结构优化转变。制定符合我国经济、社会、环境发展要求的市场准入环境技术标准，制定外商直接投资产业政策目录，对 FDI 实行分类指导政策，根据排放污染等级和资源消耗等级的高低和所投资地区（东中西）的环境容量，实行禁止性、限定性和鼓励性的市场准入制度。把环境影响评估作为外商投资的重要审核标准。

② 制定“绿色”信贷政策，对投资于新技术、新设备，能够节约能源和原材料、综合利用资源和再生资源以及防治环境污染的基础设施、环保产业、高技术产业等的外商企业，给予信贷和税收优惠政策。如投资于地铁、绿色建筑、污水处理等的FDI。

③ 制定与完善有关环境保护的政策法规，严格法律法规的执行，加大违法成本，把环境绩效纳入地方官员的考核标准。

2. 中国的对外直接投资

在世界经济一体化的推动下，任何一个国家都必然要引进别国的产品和资本，自己也需要“走出去”。对外直接投资（Outward Direct Investment，ODI）可以帮助寻求更为广阔的产品和资源市场，以及通过有关途径获得国际上的新技术和新产品。过去百年来，发达国家在ODI 领域取得了丰硕的成果，足迹遍布世界各地，特别是在广大的发展中国家或地区获取了大量自然资源和市场资源。近 20 年来，发展中国家正在追寻着发达国家的足迹，积极参与到ODI 这种世界潮流中来。

随着中国经济高速增长，对外依存度的不断增加，和世界上其他国家一样，中国也逐渐加入到 ODI 的行列中。中国政府鼓励和支持有比较优势的各种所有制企业对外投资，积极推动对外投资便利化进程，中国企业也积极参与国际竞争，融入经济全球化的步伐进一步加快。目前，对外投资已成为中国在全球经济中寻求市场、寻觅资源合作的重要举措，其也正在成为中国推动可持续发展的特殊机遇期。

（1）中国的对外投资状况

中国对外投资始于 1978 年，但直至 20 世纪 90 年代才进入真正的发展时期。从 2002 年到 2006 年，中国的 ODI 年均增长 60%左右（图附-13）。2006 年，中国对外直接投资净额达 211.6 亿美元。截至 2006 年年底，中国 5 000 多家境内投资主体设立对外直接投资企业近万家，共分布在全球 172 个国家或地区，对外直接投资累计净额达 906.3 亿美元。

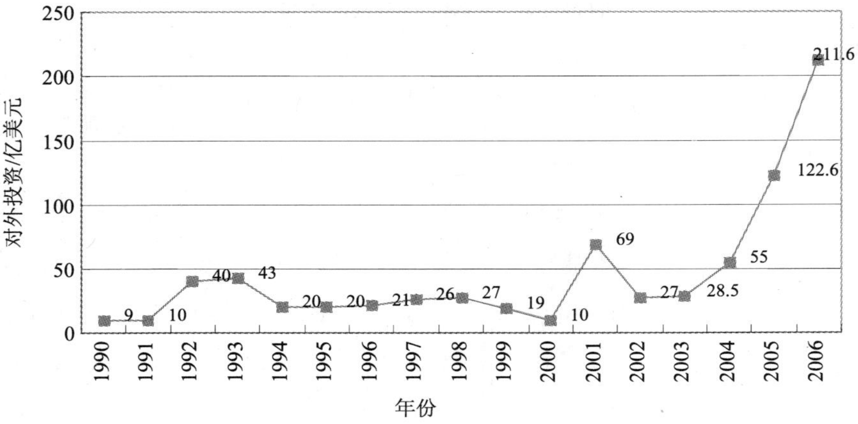

图附-13 1990—2006 年中国对外直接投资（非金融行业）

据统计，2006 年末中国金融业对外直接投资存量 156.1 亿美元，其中银行业 123.36 亿美元，占 79%；保险业 7.76 亿美元，占 5%。2006 年末，中国国有商业银行共在美国、日本、英国等 29 个国家和地区设有 47 家分行、31 家附属机构和 12 家代表处，雇佣外方员工逾 2 万人；在境外设立保险业金融机构 12 家。2006 年，中国非金融类对外直接投资 176.3 亿美元，同比增长 43.8%，境外企业实现销售收入 2 746 亿美元，境外纳税总额 28.2 亿美元。2006 年末境外企业就业人数达 63 万人，其中雇用外方人员 26.8 万人，境内投资主体通过境外企业实现的进出口额 925 亿美元。

根据联合国贸发会议（UNCTAD）发布的 2006 年世界投资报告，2005 年全球外国直接投资（流出）流量为 7 787 亿美元，存量为 106 719 亿美元，以此为基期进行测算，2006 年中国对外直接投资分别相当于全球对外直接投资（流出）流量、存量的 2.72%和 0.85%；2006 年中国对外直接投资流量位于全球国家（地区）排名的第 13 位（图附-14，图附-15）。[①]而根据联合国工业发展组织的预测，中国对外投资到 2010 年将预计达到 600 亿美元。

① 2006 年度中国对外直接投资统计公报。

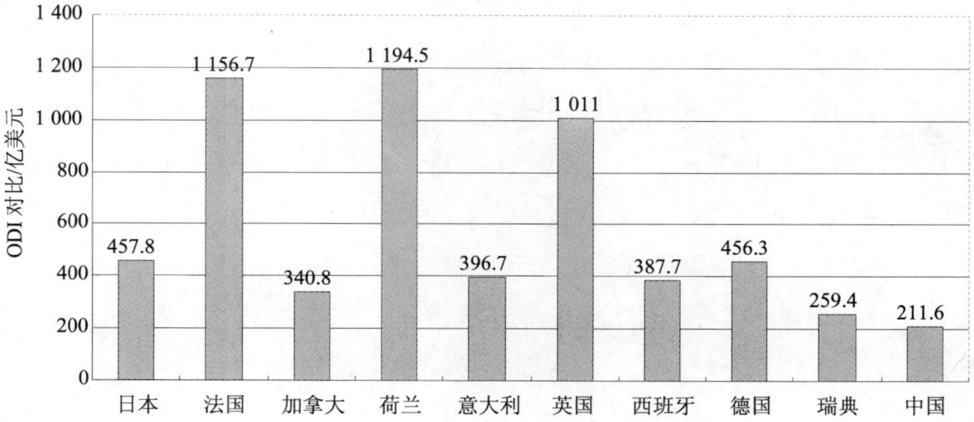

图附-14　2006 年中国与主要发达国家的 ODI 对比

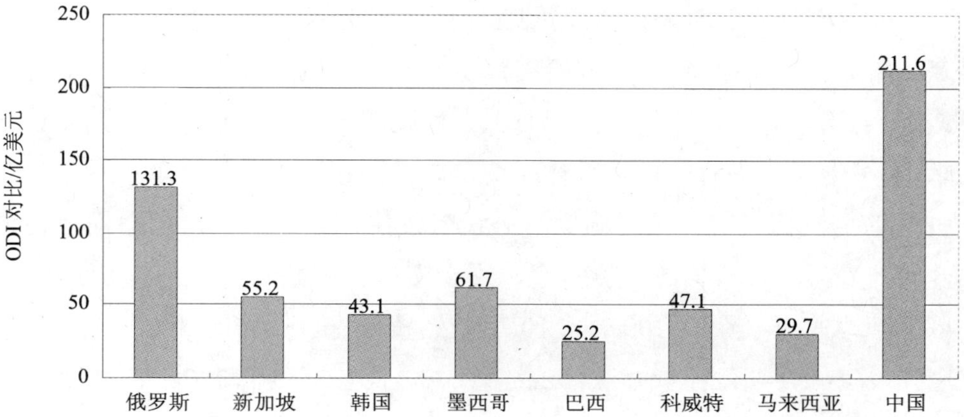

图附-15　2006 年中国与主要发展中国家的 ODI 对比

总体来看，对比发展中国家，中国的对外投资总量相对较高，“走出去”效果明显。但对比西方发达国家，中国的对外投资仍处于较低阶段。

（2）“走出去”战略背景下中国对外投资政策体系的形成

中国在吸引外资持续稳步增长的同时，对外投资也得到了较快的发展，且对外投资的增长已成为中国出口贸易快速发展的重要促进因素，以投资带动贸易发展成为中国未来对外贸易的主要趋势之一。

① “走出去”管理政策体系的发展阶段。

中国对外投资管理体制大致经历了五个发展阶段。

一是个案审批阶段（1979—1983 年）：国务院作为唯一的权力机构，负责审批海外投资，而国有独资贸易公司或国有经济与技术合作企业是主要投资主体。

二是规范性审批阶段（1984—1992 年）：在此期间，政府允许更多不同类型的企业到海外投资，包括非国有企业，并采取了更加规范化的审批程序。

三是强化管理阶段（1993—1998 年）：在经历了“金融风暴”后，中央政府加强了严格的审批程序，筛选 ODI 项目，以确保这些投资项目是真正以生产为目的的。

四是重点突破阶段（1999—2001 年）：中国进入世界贸易组织是一个重要的转折点，中国政府认识到 ODI 的重要作用，开始采取新政策，鼓励企业从事海外经济活动。

五是“走出去”战略实施阶段（2002 年至今）：中国共产党十六大报告中出现了坚持“引进来”和“走出去”相结合，全面提高对外开放水平的文字性表述，第一次将“走出去”提高到政治高度。在这种宏观背景下，一系列的鼓励和优惠措施纷纷出台，刺激了中国对外投资的快速发展。

② 中国对外投资政策体系初步形成。

2004 年 7 月颁布的《国务院关于投资体制改革的决定》，奠定了中国对外投资政策体系转型的基础，为中国制订新的对外投资政策提供了明确的转型方向。

在《决定》指导下，2004 年中国政府出台了一系列法规和措施，全新的对外投资政策体系基本形成。2004 年 10 月颁布的《关于对国家鼓励的境外投资重点项目给予信贷支持政策的通知》，则体现了中国促进对外投资具体配套措施。国家发展改革委和中国进出口银行共同建立了境外投资信贷支持机制。根据国家境外投资发展规划，中国进出口银行在每年的出口信贷计划中，专门安排一定规模的信贷资金，用于支持国家鼓励的境外投资重点项目。此外，在境外投资日常管理方面，除了 2002 年 10 月外经贸部先后颁布的《境外投资联合年检暂行办法》和《境外投资综合绩效评价办法（试行）》外，商务部还于 2004 年 11 月下达了商务部关于印发《国别投资经营障碍报告制度》的通知。这三个文件共同规范了中国政府在境外投资方面的监督与服务工作。

（3）中国对外投资快速发展的原因分析

① 中国经济的发展阶段是对外投资快速发展的根本动力。

一个国家的经济状况和发展阶段，是该国对外投资规模大小最根本的影响因素。英国经济学家邓宁曾用经验分析的方法研究了直接投资流量与人均 GNP 之间的关系，将其分为四个阶段：第一个阶段是人均 GNP 低于 400 美元，此时吸收外资很少，几乎完全没有对外直接投资；第二个阶段是人均 GNP 位于 400～2 000 美元，引进外资增长，而且开始有对外直接投资的流出，但不及引进外资，故投资净流出为负数；第三个阶段是人均 GNP 位于 2 000～4 750 美元，对外直接投资增长快于外国直接投资的流入，净投资流出仍然为负数，但负数在减少；第四个阶段是人均 GNP 在 4 750 美元之上，净投资流出已转为正数，成为主要的国际资本输出国。

邓宁的理论分析在一定程度上能够解释中国近年来对外投资快速发展的状况。中国的人均 GNP 2003 年超过 1 000 美元，如果用购买力来折算，2002 年中国人均 GNP 已经达到了

4 520 美元。从另一个角度讲，中国东部沿海人均 GNP 如今都已超过了 4 000 多美元，而从事海外投资的企业绝大多数都是来自这些地区。综合这些指标来看，中国目前应该处于第二和第三阶段的转型期，对外投资的快速增长是有其基础动力的。

② 中国经济出现的具体情况对境外投资提出了客观要求。

除了经济发展阶段这一根本性因素之外，中国当前在某些经济领域出现的一些特殊状况也在很大程度上推动了对外投资的快速发展，从图附-16 可见，中国对外投资的行业主要集中在采矿业和中国具有比较优势的服务业、制造业、批发零售业等，这些行业所面临的一些情况使它们成为对外投资意愿最强烈的投资主体。

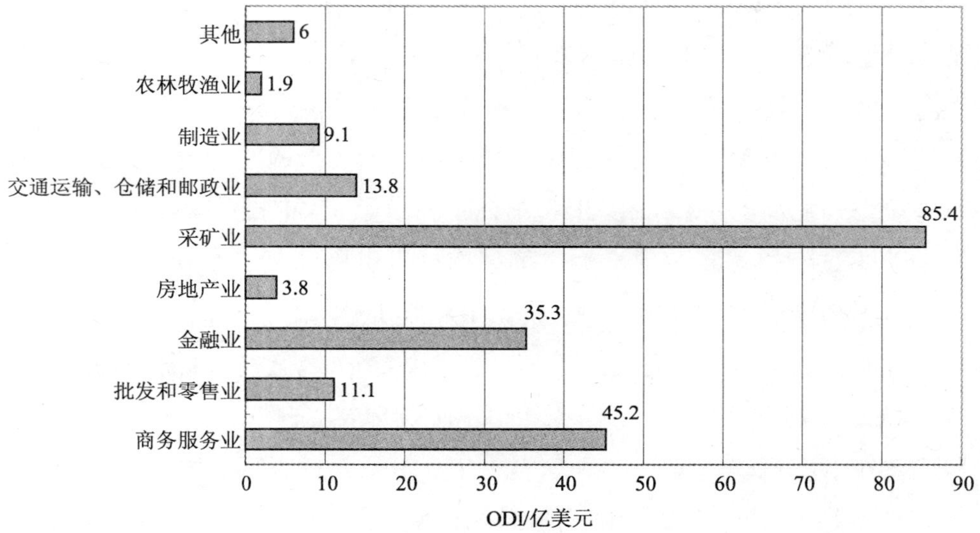

图附-16 2006 年中国 ODI 分行业情况

首先，国内经济发展虽然势头良好，但面临着本土资源稀缺的威胁。从能源总量来看，中国已经是世界第二大能源消费国，目前能源消费主要靠国内供应，能源自给率为 90%左右。而国内人均矿产、能源等自然资源严重不足，据预测，到 2020 年，中国发展所必需的 45 种大型矿产资源，有 80%以上不能够自给自足，因此，中国经济要持续发展，除了改善发展结构，厉行节约之外，也要积极地向海外资源丰富的地区寻求合作支持，在这种情况下，对外投资成为不可缺少的一环。

其次，中国的制造业蓬勃发展，生产能力和加工水平都得到了很大提高。许多产品的生产能力已经位居世界前列，这些产品不仅分布在劳动密集型产业，也分布在高新技术产业，加快发展外向型经济，促进产业向国外转移将有助于中国产业结构的转型。但我们也看到，目前中国的对外投资还主要集中于发展中国家或地区，如南美洲和亚洲等（图附-17）。

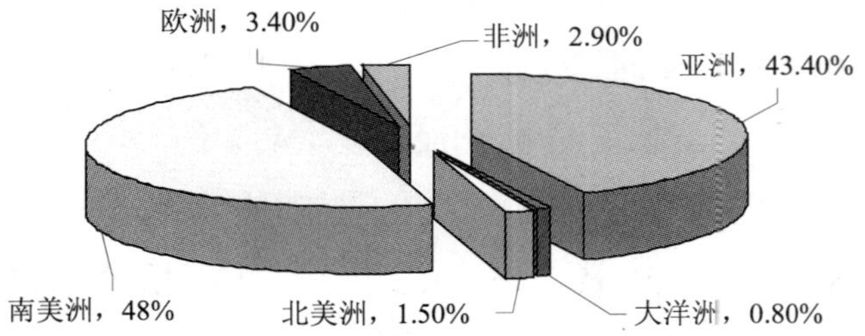

图附-17　2006 年中国 ODI 地区分布

③ 国家战略重视和鼓励措施为对外投资提供了直接支持。

在境外投资外汇管理体制方面，国家外管局自 2002 年 10 月启动了外汇管理改革试点，确定北京、上海、浙江、江苏、山东、广东、福建等 24 个省（市）为试点地区，放松 300 万美元以下的外汇审批权；同时允许境外企业保留利润，不必再调回国内；2003 年，国家外管局正式取消境外投资外汇风险审查和汇回利润保证金两项行政审批；至 2005 年 5 月，又将境外投资外汇管理改革试点扩大到全国，地方可审批权限也提高至 1 000 万美元，境外投资外汇购汇额度，亦从年初核定的 33 亿美元增加到 50 亿美元。

在信贷政策方面，2004 年 11 月 12 日，国家发改委与中国进出口银行联合发出通知，将对“国家鼓励的境外投资重点项目”给予信贷支持。根据此文件，中国进出口银行在每年信贷计划中，专门安排一定规模的境外投资专项贷款，用于支持国家鼓励的境外投资重点项目，并享受出口信贷优惠利率。应该说，国家的战略重视和出台的鼓励措施在近年来中国对外投资的快速发展中起到了相当重要的作用。

（4）中国 ODI 面临的可持续发展领域的挑战

对外投资的可持续发展政策支持力度有待加强。政府有责任和义务支持、鼓励和保护国内企业境外投资，为跨国企业的发展提供平台。但中国政府对企业的政策支持特别是涉及环境、社会等可持续发展领域的政策支持力度还有待加强。由于经济部门和环境部门在该问题上缺少协调，如何确保企业特别是中小企业可以获得有关可持续发展政策的引导和具体环境政策的支持是需要重点解决的问题。

缺乏对外投资的可持续发展规划。在中国市场经济体制尚未健全的情况下，政府在经济运行中的地位还非常突出，因而管理体制对中国海外直接投资的发展具有决定性的作用。目前，由于对外投资的管理工作还缺乏统一协调，没有对外投资的国家可持续发展规划，导致中国对外投资缺少可持续发展的竞争力，在社会责任、环境意识等方面关注不够。

企业对对外投资的社会责任缺少认识。由于中国企业对外投资起步较晚，与成熟的西方跨国企业相比，中国企业的国际化经营仍带有发展中国家企业国际化初级阶段的基本特征。除了在技术、管理、资金等企业核心竞争力方面的差距外，不适应国际竞争规则（包括环境可持续发展的规则）、难以融入当地社会，成为了中国“走出去”企业所面临的普遍困境。综合而言，该问题属于企业社会责任范畴。这方面，西方跨国公司的一些成功经验值得借鉴。

（5）有关结论与政策建议

① 有关结论。

中国对外投资是中国和世界经济发展的双赢。经济高速发展中的中国将成为全球投资者，其反映出中国不断融入全球经济的进程加快。

中国的对外投资基本上是以政策导向为主导的。中国的对外投资政策，历经战略转变，从过去的以政治目标为中心转向了以商业利益为导向；由中央政府主导转向了以地方引导为驱动，以企业自主发展为核心；从单纯的寻求资源转向谋求资源、市场和技术的 ODI 快速发展阶段。

中国对外投资的兴趣点已超越出自然资源的简单范畴。中国企业不仅关注资源开发，国际贸易、制造业或加工业将逐渐成为中国企业的核心。

中国政府开始重点关注可持续发展的对外投资，谋求对外经济活动与自然环境保护的融合。2007 年 8 月，中国林业局和商务部共同制定了《中国企业境外可持续森林培育指南》，这是世界上第一个专门针对本国企业境外从事森林培育活动的管理和技术规范，要求中国企业在境外从事森林培育活动，要严格执行所在国有关法律法规，依法保护林地，严格保护高价值森林，严禁非法转变林地用途。这是中国政府推动可持续对外投资的良好开端，下一阶段将进一步加强经济与环境部门在相关领域的引导性合作。

② 优化中国 ODI 可持续发展政策体系的建议。

完善境外投资监管体系，鼓励可持续发展的对外投资活动。随着“走出去”战略的实施，中国对外投资活动将日趋活跃，未来将出现越来越多的中国跨国公司。中国对外投资政策不仅应该鼓励企业走出去，还应该对中国企业走出去后的可持续发展状况给予积极关注。2002 年 10 月，外经贸部先后颁布的《境外投资联合年检暂行办法》和《境外投资综合绩效评价办法（试行）》，是目前中国正在实施的境外投资监管体系，正处于推广阶段，其效果还有待观察。而为鼓励可持续发展性的对外投资活动，政府应进一步完善有关管理政策，建立对企业对外投资的可持续发展绩效评价制度，推进企业涉外环境风险管理制度的建设。

为境外投资的可持续发展提供环境政策支持。2004 年 8 月，商务部和外交部联合发布了首批《对外投资国别产业导向目录》，截至 2007 年，该目录已经公布了三批，有利于更好地指导企业开展对外投资，防止境外盲目投资和自相竞争。政府应该继续延续这种趋势，结合可持续发展领域的需求，进一步完善可持续发展领域的境外投资服务方面的措施。除更好地做好公共服务，加强为市场主体服务的精神，政府应积极鼓励企业遵循投资所在国的环境法规和其他可持续发展制度。环境部门和经济部门应组织有关服务机构提供包括投资所在国环境调研分析、海外环境法律服务等多方面内容，为境外投资的可持续发展提供环境政策支持。

促进对外经济管理手段的绿色创新。绿色信贷已经成为国际潮流。世界银行、亚洲开发银行、美国和欧盟以及其他许多国家的进出口银行都已经把可持续发展因素纳入贷款、投资和风险评估程序。为此，中国在完善现有的《关于落实环保政策法规防范信贷风险的意见》的基础上，可适度加入鼓励开展对外经济合作项目的绿色信贷内容，树立中国政府顺应国际可持续发展潮流和关注企业社会责任的正面形象，这样不仅有助于中国鼓励走出去国家战略的持续发展，更有利于企业在投资所在国的可持续经营。

3．企业社会责任

（1）CSR 已成为全球化发展趋势，影响我国贸易、投资、信贷等重要领域

自 20 世纪 50 年代到 70 年代，出现了一系列关于企业社会责任（以下简称 CSR）的定义（Isabelle，2003）①。根据 Carroll（1979）的分类，企业责任可分为经济、法律、伦理和慈善四类。CSR 可以看作实现企业伦理责任，整合社会、环境、经济目标的一种手段，即企业应自愿去平衡和改善环境和社会影响，同时经济利益不受损失。CSR 比较通俗的一个理解是：企业对社会合乎道德的行为，其要求企业或组织在赚取利润的同时，必须主动承担对环境、社会和利益相关者的责任。

CSR 是一种自愿施行的构想，企业可能因四个主要的驱动力去采纳 CSR 项目，分别是：管理风险和名声、保护人力资本、应对消费者需求和规避管制（Doane，2005）。从国家的宏观层面来看，CSR 可起到以下作用：一是促进环境和社会目标的实现；二是影响贸易，是可持续贸易的壁垒或驱动力；三是影响投资，CSR 与金融、信贷相互结合，推动绿色投资、绿色信贷的不断发展；四是改善供应链管理。

CSR 活动兴起于 20 世纪 80 年代的西方发达国家。随着经济全球化不断发展，经济增长、产业升级，交流加深，文化融合，使得企业传统的价值观和责任观念正在发生变化。更多地承担对利益相关者和社会的责任，已经成为全球企业发展的趋势；更加关注自然资源、生态环境、劳动者权益和商业伦理并随着全球化进程而逐渐形成可持续发展的国际潮流。

中国作为“世界工厂”面临众多环境、能源、职工权益等问题。快速经贸发展使我国社会、环境付出了沉重的代价。当社会/劳动和环境标准由国际买家引入他们的供应链后，受供求关系影响，它们就不再被视为自愿标准。如果供应方不能达标，这些标准就是“强加”在他们身上的，就成为强制性标准。因此，CSR 开始显得很重要。

20 世纪 90 年代中后期，受制鞋、制衣、玩具和电子等出口导向的劳动密集型制造国际买家的行为准则影响，CSR 和社会、劳动标准等概念引入中国。近年来，CSR 开始在中国慢慢兴起。一些国际买家引入行为准则，引导其供应厂商在生产过程中执行劳动、劳动力和环

① Isabelle Maignan，O.C. Ferrell. 2003. Nature of corporate responsibllities Persperctives from American，French and German consumers. Journal of Business Research，56：55-67.

境的实践。其他买家将环境标准执行情况的评级与购买合同统筹考虑。如果供应商不能满足他们对行为准则和环境标准的基本要求，多数买家会终止与供应商的合作关系。很多大跨国公司和金融组织开始执行 CSR，如锐步、耐克和迪斯尼，都在中国大陆和香港设立了专门的 CSR 办公室。2005 年年末，由国资委发起的“中国企业社会责任联盟”正式成立，同时召开了“2005 年中国企业社会责任论坛”，制定了国内第一部《中国企业社会责任标准》，并发表了《中国企业社会责任北京宣言》。2006 年 3 月，我国企业的第一部社会责任报告——《国家电网公司 2005 社会责任报告》正式发布。迄今，已有 16 家中国公司发布了 CSR 的报告，内容涵盖 CSR、可持续性、企业公民、环境、健康和安全报告等，其中包括中国石油、中海壳牌、平安保险、中国移动、宝钢等大型企业。但对多数企业来说 CSR 还很陌生。

CSR 迅速成为贸易发展的重要内容。2004 年以前，单纯追求 GDP 的发展目标，使得 CSR 或自愿的社会和环境标准在政府官员中间毫无影响。任何努力，只要有可能减缓中国的出口，都会被弃置一旁。CSR 更多地被视为贸易议题，而不是环境或社会议题。甚至到了今天，很多政府官员仍对 CSR 或社会标准将促进中国的可持续发展这一观点持有疑虑。由于很多人相信 CSR 是贸易议题，中国政府更愿意认真采纳它，因为中国经济越来越多地依赖出口。近年来，出口约占整个 GDP 的 35%。目前，商务部已经在六类资源型产品出口配额招标的时候引入了企业社会责任的审查程序，如果一家企业没有为职工按时足额交纳养老、失业、医疗、工伤等各项社会保险，没有达到国家的环保标准，存在明显的违法违规行为，这家企业就不具备投资的资格。另外，2004 年大陆的一些企业由于缺少 CSR 认证，失去了在美国和欧洲的订单。

CSR 逐渐成为投资或信贷的重要内容，并催生赤道原则。赤道原则诞生于风起云涌的企业社会责任运动，其间，一个重要的观点开始被人们所认识，即对一个环境危害事件，不应该只关注事件的直接制造者——企业，而忽视企业背后的力量，投资给企业的金融机构——银行。银行提供给企业运行项目的资金，就代表银行认可企业的项目，银行是企业行为的支持者。因此就有了这个重要的结论：银行和其他金融机构在向重大项目提供资金时有责任评估、监督环境和社会影响。赤道原则在国际金融发展史上具有里程碑的意义，它第一次确立了国际项目融资的环境与社会的最低行业标准。截至 2006 年 11 月，赤道银行已有 43 家，虽然数量不多，但都是世界大型和特大型金融机构。而在 2005 年 11 月，当时的 35 家赤道银行就占据全球项目融资总额的约 90%。在经济全球化过程中，中国正日益成为对外投资大国，也开始在其他国家留下自己的“生态足迹”。但时至今日，中国银行业对赤道原则可以说仍处于比较陌生的阶段。从“绿色信贷”到“赤道原则”，中国银行业还有很长的路要走。

CSR 成为企业供应链管理的重要工具。各国企业纷纷走出国门，在不同的国家和地区进行资源配置生产经营，全球范围内的企业合作不断走向细致深入，一个巨大的价值链条正在形成。所以，CSR 现在对很多中国企业来说是一种“诱惑”，企业一旦跨越了这个“门槛”，就等于拿到了迈向世界的一张“门票”；与此同时，企业又很“困惑”，因为对很大一部分企业来说，考虑社会责任对其来说加重了负担。尽管考虑 CSR 对企业来说或许会成为负担，但企业要在全球发展就必须面对不同的资源、环境和社会责任。在开放的国际市场上，企业本身不再仅仅是法人，不只是立足于股东们的工具，还要站在公民的立场，企业依法享受权利，同时也要遵循社会道德的要求。所有追求也不仅是单一的资产而包括谋求众多利益相关者的共同发展战略的社会责任。关注全球范围的自然资源、生态环境、劳动权益和商业伦理是所有跨国公司必须承担的社会责任，而承担全球性的社会责任也是企业公平化的要求。

（2）中国实行 CSR 的机遇和挑战

中国提出了以人为本和构建和谐社会等理念，并正在建设资源节约型和环境友好型社会。这为 CSR 的发展提供了新的机遇。CSR 和社会标准更为广泛的媒体公开也加速了这一趋势。[①]CSR 作为改善劳动条件和环境状况的良药，也可以为企业提供一个协调利益与责任、面向可持续发展的美好前景。但这一愿望还缺少足够的实践。

CSR 中有关社会标准，有时被当做国际买家借机增加中国制造业负担从而削弱其国际竞争力的手段。Vogel（2005）的书中也表明，目前很难得出这样的结论，即 CSR 能够使公司更容易获利。这种供求方不对等的权利关系，使社会责任的成本向供应链的下游集中，为满足标准，供应方需要分担主要的额外成本。这也是设定标准时供应方缺席所造成的结果。因此，政府官员和供应链的企业管理者，通常将它视为一种新型的贸易壁垒，一种对发展中国家不公平的社会和环境责任分担，这对入世转型后的中国企业强加了额外的挑战。

尽管 CSR/标准造成额外负担这种想法在中国媒体和政经界造成的影响比起两年前小了很多，但在中国实行 CSR 的社会标准仍将是一个艰巨的挑战。具体包括以下主要挑战。

CSR 主要是外部压力导致的一种实践，而不是中国自发形成的对更好的社会条件的向往，因此它的可持续性有待考察。跨国公司需要社会标准，这样他们可以将这些标准强加在中国的供应链上，并通过执行 COC（产销监管链）和社会审计等手段将 CSR 的绩效与订单或商务联系起来。

受 CSR 影响的企业，几乎不参与标准等的制定，对 CSR 的标准也没有表决权。中国的供应链通常是标准的接收端，多数时候是被动接受的。

相关协会很少参与 CSR 标准的制定。社会标准没有与中国公民社会组织在劳动保护、公民权利和企业社会环境绩效等方面的诉求相互结合，基本尚处于各自为战的局面，而这些组织在中国的声音又是非常微弱的。政府对 CSR 的主要反应是出于经济考虑，具体指标包括新增就业、国际贸易、直接投资或产业的国际竞争力（如纺织行业），而忽略了对环保方面的重要内容。

---

① The consultants made a google search for the Chinese term CSR and 15，500，000 were found. It is believed that over 80% of them appeared after 2004（according to Guo Peiyuan interview）.

标准执行过程中过多的标准和参与者，给行业和企业层面带来很多繁琐和混乱。世界上私人机构和大买家制定了超过 200 种的 CSR 行为准则，而这些制定者中大多数在中国采购，并开发了各自的监控机制保障准则在供应商工厂的顺利实施。一些买家也使用第三方独立监控，来检查准则执行情况。除了公司专门的标准外，一些多方规范，如国际社会核算、公平劳动联盟、贸易联盟（BSEI，ETI）等也开发了他们的准则和执行、监控机制。对供应厂商而言，这将意味着每一年会发生无数次审核，因为大多数纺织供应厂商同时为多个买家供货。一家总部设在香港的纺织供货集团，每年收到旗下 7 家生产厂超过 200 宗的审核。对于供应链工厂而言，这耗费了巨大的财政和人力资源。

（3）结论和政策建议

CSR 作为国际企业发展面临的必然趋势，引起中国政府和企业的关注，特别是它与贸易、投资和环境执法之间的关系。CSR 可推动产业结构调整和升级、节能减排，有利于节约资源，减轻资源开发带来的环境压力，推动和谐社会与和谐世界建设。同时，CSR 有利于我国公民社会建设。

政府部门必须积极发挥作用。国际上，CSR 是自愿性措施，但我国重点要推动 CSR 与国家贸易政策、投资政策、金融和信贷政策等相结合，才能切实使企业履行社会和环境责任。与法律法规和具体政策结合起来，以尽早发挥 CSR 的作用。

加强企业社会责任须立足中国国情。增强企业社会责任不可能一蹴而就，必须考虑经济发展阶段这个基本的现实，企业承担的社会责任首先要符合当时当地经济社会发展的需要。要妥善处理好三个关系：积极推动和分步实施的关系，政府导向、中介服务和企业经营的关系，企业社会责任与我国现行法律法规的关系。

企业社会责任终将会成为企业未来竞争的重要因素，任何企业都不能回避。企业很难“富贵且义”，但是“通过行义从而富贵”还是可行的。目前推动 CSR，应当首先从企业环境责任着手，然后进一步推广较为敏感的社会责任。

（四）中国环境和发展问题对全球的影响

1. 中国对全球环境与发展的贡献和影响

中国经济的迅速发展对于全球环境与发展既有着积极的影响，也带来一定的压力。一方面，中国经济增长和财富积累为全球经济发展作出了积极的贡献，增加了全球财富总量，减少了世界贫困人口的数量；另一方面，中国经济发展对国内外能源和资源产生了巨大的需求，能源和资源消耗、温室气体排放不但对本国资源和环境带来了压力，而且也对全球环境和发展造成了一定的影响。

（1）中国经济和贸易增长对全球的贡献

从全球范围来看，借助贸易和投资活动实现全球性资源利用能够带来生产效率的提高。通过互通有无，贸易可以取余补缺，既满足了中国不同地区的发展需求，也大大减少了对当地的资源消耗。中国加入 WTO 之后，在全球贸易活动中的份额和作用日益凸显。自 2001 年以来，中国的对外贸易额增加了 2 倍多，GDP 以年均 10%以上的速度增长，外国对中国的投资累计达到 2 700 亿美元左右。

中国经济发展在得益于贸易全球化的同时，对全球及其他国家和地区的经济发展也带来了积极的贡献，不但提升了全球经济财富的总量，而且对于发达国家和发展中国家的发展都带来了显著的贡献。一方面，中国吸引了大量的外资进入中国，成为了世界工厂；同时贸易的迅速增长为全球消费市场提供了丰富而低廉的商品，促进了发达国家产业结构的优化调整。发达国家是这一过程的直接受益者，例如，欧盟在中国入世之后的 5 年间，不但大大受益于对中国的投资，而且对中国进口增长了 1 倍，低廉的商品还有助于抑制通胀和利率上升。另一方面，随着中国对外投资的迅速增长，中国的资金也流向了更多的不发达地区，中国政府和企业通过援助项目协助发展中国家建立大量的基础设施，进行人员培训和技术转移，客观上促进了非洲等发展中国家和地区的经济发展和就业。此外，通过贸易和投资活动，中国还促进了对一些全球废旧资源如废旧纸张、矿石等的回收利用，不仅缓解了国内资源不足的状况，也使得全球资源得以有效配置和利用。

（2）中国发展过程中对全球环境与发展的压力

中国环境资源问题所面临的国际压力持续多年，主要表现在五个方面：a. 环境安全成为国家安全的重要内容；b. 污染物总量大，影响全球环境；c. 与周边国家环境摩擦上升；d. 资源需求增长，影响世界资源供给；e. 环境问题已成为对外贸易制约因素。

中国经济发展和人口增长对于全球资源和环境造成的影响，可以归结为两个方面的因素。一是由于中国自身经济增长和国内的生产消费活动所导致的对全球资源和环境的压力。二是中国在获取外部资源、开拓国外市场的过程中因为技术和经验不足而对其他国家和地区带来的负面的经济环境影响。中国对外投资活动中出现的种种问题本质上也是根植于中国巨大的发展需求及外部市场的需要。

① 与发达国家在获取全球资源中的矛盾。

20 世纪 70 年代以来，随着人均 GDP 的增长，中国的能源生产和消费也在快速增长（图附-18）。2004 年中国 GDP 约占世界的 5%，然而，根据世界银行的计算，从 1994 年到 2004 年，中国能源消耗占全球新增消耗量的 30%，其中煤炭占 59%，石油占 28%，钢的消耗占全球新增消耗量一半以上。随着对资源和能源的需求日益扩大，本国资源已经远远不能满足发展的需求，因此，近些年来我国进口原材料和能源的数量也在迅速增加，从 1999 年至 2005 年，中国棉花进口增长了 5 倍；原油作为我国能源贸易的主要进口产品，自 2001—2006 年，石油进口量增长了 122.4%，年平均增长率 17.3%。1999 年我国还是原油净出口国，2006 年我国原油净进口高达 1.48 亿 t，石油消费对进口的依赖程度从 2001 年的 29.1%上升到 2006 年的 47.3%。中国经济快速增长带动的资源需求，造成了国际市场价格上升，资源利用的成本增加，使得发达国家倍感资源竞争的压力。

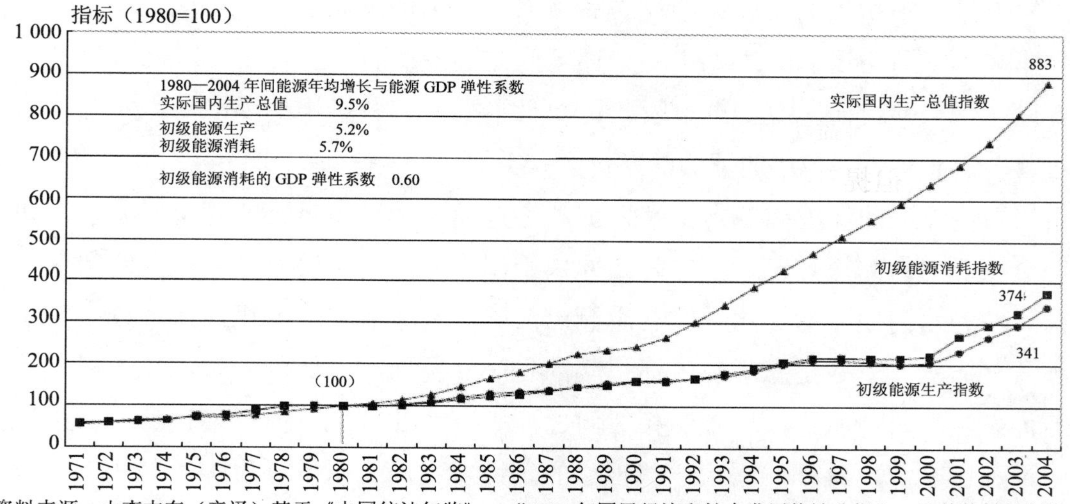

资料来源：由李志东（音译）基于《中国统计年鉴》、“2004 年国民经济和社会发展统计公报”，及其他材料制作。

图附-18　中国的经济增长和能源需求（1971—2004 年）

由于全球发达国家以石油为主的能源结构，我国在全球进口能源和资源的同时，也潜在地影响到一些发达国家在全球的能源战略。例如，作为美国政府的咨询机构，美中经济与安全评估委员会在其 2006 年的年度报告中关注了中国与非洲等发展中国家的密切合作，指出：“中国与非洲的战略伙伴关系主要基于经济发展带来的资源需求，同时也为了加强对发展中国家的影响，并为中国商品寻求更好的市场。”[①]由于中国的海外投资活动影响了一些发达国家的利益，因此有些国家便利用中国海外企业在非洲等发展中国家投资开发矿产、水电等项目时造成的环境影响和社会摩擦来指责中国，一些西方投资者还试图利用其较高的海外投资的环境标准给中国的竞争者设定一些限制条件。[②]近些年，欧盟等国也在利用环境壁垒限制中国的出口贸易和海外企业的发展。

此外，在全球普遍关注气候变化等环境问题的今天，我国的资源环境问题也引发了一系列政治外交问题。由于中国日益增长的能源消耗及其引起的巨大排放对全球气候变化造成了潜在的影响，发达国家也试图借此来遏制中国的快速发展。例如，在近年的八国峰会上，美国等发达国家强调了发展中国家尤其是中国经济发展对于气候变化、环境恶化的责任，企图通过环境和气候变化问题来限制中国的经济发展。中国作为发展中国家的代表，与美国等发

① 2006 Annual Report，U.S.-China Economic and Security Review Commission，http：//www.uscc.gov/.

② By Peter Bosshard，China’s Role in Financing African Infrastructure. May 2007，www.irn.org/pdf/china/ ChinaEximBankAfrica.pdf.

达国家具有不同的利益诉求，也一直在为维护国家利益进行着坚持不懈的努力。

② 与周边邻国的资源和环境争议。

许多环境因素都会影响到国际关系的稳定，例如：对水资源的使用权，跨国界的资源争夺、跨国界的工业污染，荒漠化，因环境问题引发的难民迁徙和土地之争，生态恐怖主义等。由于我国发展过程中积累的污染物总量居高不下，对全球及周边国家环境正在产生着越来越大的负面影响，目前中国已经进入了一个环境问题高发的时期，据统计，环境污染引发的群体性事件以年均 29%的速度递增[①]。因此，如果不采取有效措施加以应对，资源利用和污染传播等问题将会危及中国与周边邻国的友好合作关系。

我国与周边邻国的环境问题主要有以下几个方面：一是污染物的越境问题，例如松花江污染事件造成的中俄摩擦，中日、中韩之间由于沙尘暴、污染物漂移而引发的争议；二是跨境水资源开发利用问题，如中国开发利用澜沧江—湄公河流域等跨境河流过程中与东南亚国家的资源共享问题；三是生态环境破坏引起的生态安全问题，例如外来物种入侵，禽流感和 SARS 等传染性疾病越境传播带来的相关问题，中国西北部地区的荒漠化趋势对国土资源利用带来的不利影响等。此外，周边一些国家的较快发展，也引发了我国一些边境地区的贸易与环境安全，例如，一些工业化水平较高的东南亚国家在与中国进行贸易的同时，往往将一些技术水平落后、对环境资源具有不利影响的技术设备转移到中国云南等西部省份，造成对这些地区的环境污染和资源破坏。[②]

③ 与发展中国家的发展竞争。

随着中国的快速发展，中国在发展中国家的地位也日益提升，与此同时，中国与其他发展中国家在加强经济合作的同时，也不可避免地面临着对全球资源与发展机会的竞争。在拉丁美洲、非洲这些地区，中国海外投资的比重逐渐增大，在此过程中，由于缺乏经验和严格的管理规范，中国海外企业的投资开发行为对某些地区造成了一些社会影响和环境问题。这种情形既不利于中国企业在海外市场竞争中的形象和声誉，也不利于中国与当地政府的长期发展合作关系。此外，一些发展中国家也在发展竞争中积极发挥着自己的优势，试图在全球经济体系中占据一席之地。在中国加入世界贸易组织时，一些国家就存有疑虑，担心中国在出口和吸收外资方面与其竞争有所加剧。近些年，中国在快速发展的同时，周边的一些发展中国家也取得了很好的发展成果。例如，经济发展水平和人口规模都与中国较为接近的印度，在一些领域已经具有了超出中国的优势。在新能源的发展速度和水平上，中国不仅远远低于大多数发达国家，甚至落后于印度、巴西。此外，作为传统的纺织业大国，印度已经在纺织加工现代化水平方面超过了中国和巴基斯坦，根据美国国际贸易委员会的研究表明，未来出口的趋势是织品、时装和制成品，印度在这方面占有一定的优势，而中国的纺织业产品的结

① http://gb.chinareviewnews.com/doc/1001/7/3/2/100173216.html? coluid=7&kindid=0&docid=100173216.

② 何跃. 论云南与东盟国家的贸易安全环境. 云南师范大学学报：哲学社会科学版，2006，38（5）.

构则有待调整，以顺应国际市场的需求。

（3）中国日益增长的发展需求对全球的长远影响

从全球气候制度的视角看，能源消耗和碳排放是影响全球气候变化的主要因素，发展和环境之间的矛盾、发展中国家和发达国家之间的矛盾都在气候变化问题上集中体现。中国本土所造成的排放逐年上升，目前已经位列全球第二碳排放大国，由于基本需求尚未得到满足，这一势头还将继续并将超过美国成为全球第一排放大国。

① 工业生产过程中的排放不断增长。

由于经济发展导致的能源消耗，中国对全球温室气体的排放贡献不断增加，根据 IEA 数据，1973 年中国 CO_2 排放只有全球总量的 5.7%，到了 2004 年已上升为 17.9%（图附-19）。根据中国气象局近期对全国四个地区的大气分析结果，我国大气二氧化碳和甲烷浓度持续上升，目前均已达到历史最高水平①。研究发现，能源和工业生产活动导致的矿物燃料燃烧是中国 CO_2 的最大排放源，占到总排放的 90%以上。举例而言，工业过程之中，水泥生产是温室气体的主要排放源之一，2006 年中国在全球水泥生产中的份额占 44%。近些年来，伴随着快速发展的社会经济，中国以煤炭为主的能源消费结构一直没有根本性的改变，导致了中国碳排放份额增长较快。根据荷兰环境评估局（MNP）于 2007 年 6 月底发布的评估报告，中国 2006 年的 CO_2 排放已经超过了美国居全球首位。

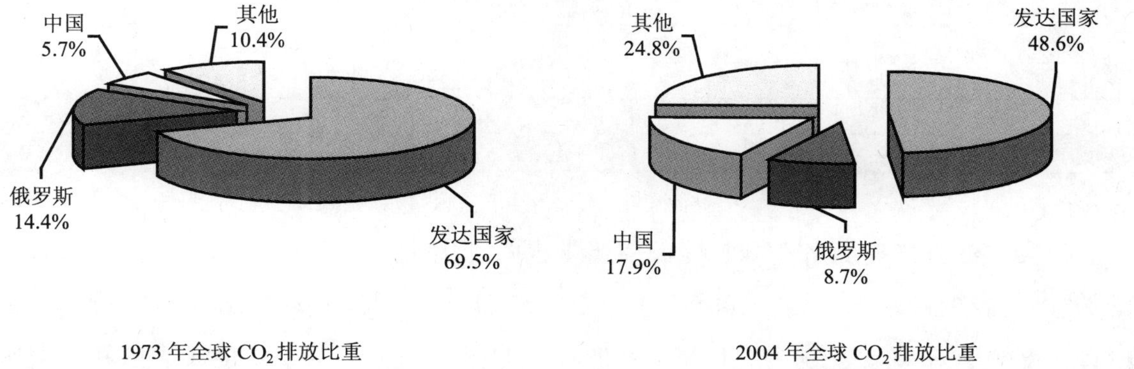

图附-19 中国在全球 CO_2 排放中的贡献

据 BP2006 年全球能源的统计，在世界主要能源消费国的能源消费结构中，石油、煤炭和天然气仍居于主导地位，2006 年这一比例分别为：35.8%、28.4%和 23.7%。与世界能源结构相比，中国能源消费结构中，石油和天然气所占比例 2006 年分别为 21.1%和 3.0%，远低于许多发达国家的水平；而煤炭在一次能源消费的比例高达 70%，远远超过全球的平均水平，而且这一趋势还在逐步上升（表附-6）。主要原因是我国煤炭资源相对油气资源较为丰富。此外，与发达国家相比，我国对于高污染高排放的煤炭消费造成的外部成本很少进行核算，也

① http：//news.enorth.com.cn/system/2007-06-02/001693582.shtml.

没有严格的政策限制措施。加之近些年经济快速发展带来的火力发电和重化工等行业的巨大能源需求，造成煤炭在我国一次能源的消费比重过大，同时也带来了日趋严重的环境污染和碳排放的迅速增长。

国务院发展研究中心的相关研究表明，如果能源消耗与经济增长速度同步，到 2020 年我国一次能源需求总量将达到约 60 亿 t 标准煤。[①]根据中国《能源发展“十一五”规划》，中国一次能源生产目标为 24.46 亿 t 标准煤，年均增长 3.5%。根据能源规划提出的目标，到 2010 年，煤炭、石油比重将有所下降，天然气、核电、水电和其他可再生能源比重略升。[②]因此，考虑到能源结构优化和节能减排的积极影响，也许将会对中国日趋增长的排放比重起到减缓和遏制的作用。

表附-6　世界主要能源消费国能源消费结构（2006 年）[③]　单位：%

国家	石油	天然气	煤炭	核能	水力等
世界平均	35.8	23.7	28.4	5.8	6.3
中国	21.1	3.0	69.7	0.7	5.5
美国	40.4	24.4	24.4	8.1	2.8
加拿大	30.7	27.0	10.7	6.9	24.6
法国	35.3	15.5	5.0	38.9	5.3
德国	37.6	23.9	25.1	11.5	1.9
意大利	47.0	38.1	9.5	—	5.3
英国	36.3	36.1	19.2	7.5	0.8
俄罗斯	18.2	55.2	16.0	5.0	5.6
日本	45.2	14.6	22.9	13.2	4.1
韩国	46.6	13.6	24.3	14.9	0.5
印度	28.4	8.5	56.2	2.1	6.0

② 社会生活水平提高对资源和能源的需求也随之增长。

根据国家发展改革委数据，2005 年，中国一次能源生产总量为 20.6 亿 t 标准煤，消费总量为 22.5 亿 t 标准煤，分别占全球的 13.7%和 14.8%，是世界第二大能源生产和消费国。其中，工业消费在整个能源消费构成中所占比重仍然占到绝对优势。与欧盟 25 国的数据相比，中国的工业能源消费比重过大，而家庭消费在能源消费构成中较小，只占到 12%，低于欧盟各国和世界发达国家的比重（图附-20）。但是不可忽视的是，随着经济发展水平的提高，中国居民消费的能力和需求都在迅速增长。

① http：//www.china5e.com/news/newpower/200709/2007-09-280283.html.
② http：//news.xinhuanet.com/fortune/2007-04-11/content_5961582.htm.
③ http：//ranking.worldenergy.com.cn/2007-06-20/content_16209.htm，引自环球能源网。

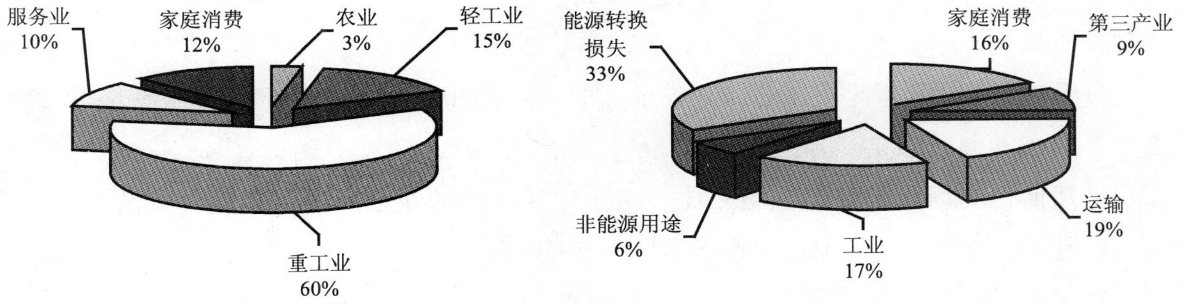

中国 2006 年分行业能源消费构成　　　　欧盟 2005 年初级能源消费构成比重

图附-20　中国与欧盟分行业能源消费构成比较

事实上，随着近些年居民收入和生活水平的提高，中国也逐渐迈入了消费型社会的发展阶段，汽车拥有量、家用电器数量不断增长，同时人均能源和水资源的需求也在日益增长。根据对中国和世界主要国家的单位 GDP 水平的千人汽车拥有量的比较可见，与美国、欧盟等国家相比，中国的消费阶段还处于较低的水平（图附-21），但是随着中国人均 GDP 的不断增长，必然也会带来对汽车、住宅等主要消费品的需求增长。由于中国庞大的人口基数，消费水平提高造成的巨大能耗和资源需求将对中国本国和世界的资源都带来巨大的压力。

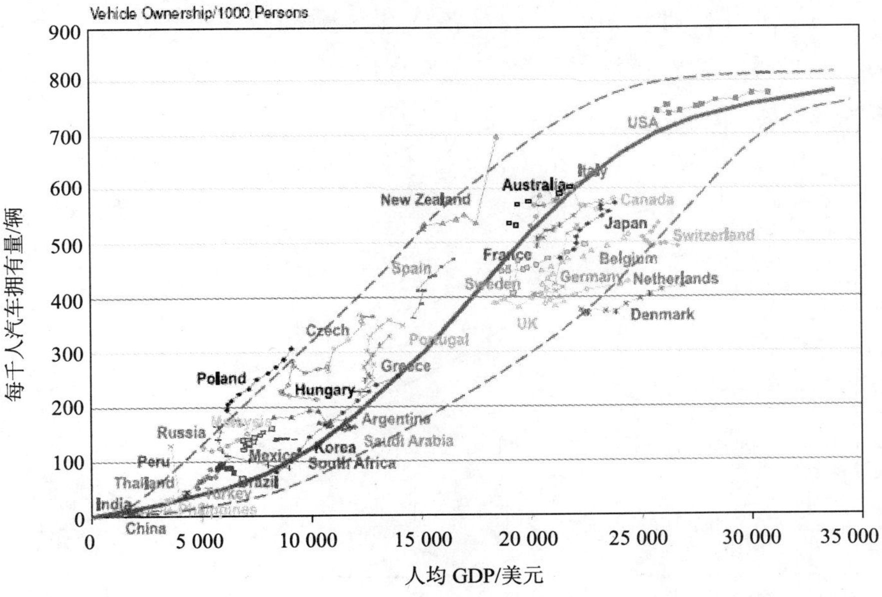

图附-21　部分国家收入水平与汽车拥有量的关系水平比较

此外，随着中国快速的城市化进程，城乡居民的居住需求增长很快，目前中国有 3.4 亿户家庭，对改善居住条件的需求日益增加，这将导致中国住宅产业和建筑行业的快速增长。按照国际通行的分类，建筑能耗主要包括居住建筑和公共建筑使用过程中的能耗，如建筑采暖、电梯、通风等方面的能耗。资料表明，20 世纪 70 年代末，中国建筑能耗所占比重只有全社会总能耗的 10%，2000 年上升为 27%，预计 2020 年要增加到 40%①。据中国建筑业协会分析，21 世纪初的 20 年是我国建筑业的鼎盛时期，2020 年全国房屋建筑面积将接近 2000 年的 2 倍，目前每年建成的房屋面积高达 16 亿～20 亿 m^2，超过所有发达国家年建成建筑面积的总和，然而，与巨大的建筑供给相比，对于建筑能耗的重视还远远不足，我国现有建筑中 95%达不到节能标准，新建建筑中达到节能标准的也不足 20%②。因此，未来中国的能源消费构成中，建筑耗能将成为不可忽视的能耗来源之一。

可见，中国高速发展带来的巨大能源需求和资源消耗将对全球的资源和环境带来一定的压力。考虑到中国在发展过程中对于全球其他国家带来的经济利益，如何能够公平地分享全球气候资源，又不威胁到全球环境安全，需要各国在相互理解和尊重的基础上进行长期的共同努力来实现。

2. 中国不同经济发展模式对全球资源和环境的影响

从世界各国工业化发展的历史进程看，先行工业化国家的能耗强度曲线基本呈现先升后降的倒 U 型走势（图附-22），并与产业结构的阶段性演进呈现很强的对应关系：一是以劳动密集型工业为主导的工业化时期一般是能耗强度和污染物排放“爬升”时期；二是以资本密集型工业为主导的工业化加速发展期，能耗强度和污染物排放迅速上升并进入高峰期；三是在工业化基本完成之后，进入知识密集型产业发展时期，能耗强度会出现一个大幅下降阶段，能耗强度和污染物排放的绝对水平明显降低。

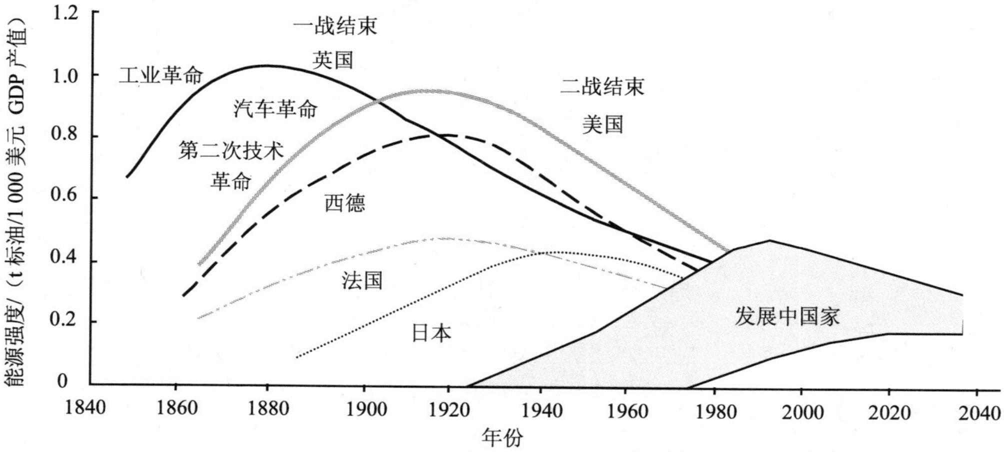

资料来源：Reddy and Goldberg（1990）。

图附-22 先行工业化国家千美元 GDP 能耗强度历史曲线

① http：//www.jskj.org.cn/show.aspx？id=2325&cid=115.
② http：//www.chinahouse.gov.cn/cyfz16/160088.htm.

从图附-22 的曲线中可以看出，越晚实现工业化的国家，单位 GDP 能耗的峰值越低。美国的能耗强度峰值相对低于最早完成工业化的英国，日本又明显低于美国，其中日本的能耗强度峰值只有美国的 1/3。其原因在于后发国家可以通过吸收先行国家技术、经验、资金等实现跨越式发展。

根据一些指标判断，中国总体上处于资本密集型的工业化阶段，也就是能耗强度和污染物排放总量迅速上升时期，但刚好经过峰值。根据国家发改委公布的最新统计数据表明，继 2006 年中国单位 GDP 能耗实现了 3 年来首次由升转降之后，2007 年上半年，全国单位 GDP 能耗同比降低 2.78%（图附-23）。可以说，自从 2006 年下半年突破单位 GDP 能耗下降的拐点后，2007 年上半年这种好的趋势得以继续巩固。从主要污染物的排放情况看，2007 年上半年全国 SO_2 排放总量比上年同期下降 0.88%；化学需氧量排放总量比上年同期增长 0.24%。从增长幅度上看，SO_2 排放总量已经开始下降，化学需氧量的排放总量增幅也较上年同期回落近 3.5 个百分点，这说明主要污染物排放总量下降的拐点即将出现。从工业内部结构的变化也能得出这个结论。2007 年上半年，固定资产投资和工业增加值增速都表明，原材料产业的增速下降，高加工度的制造业增速上升。这意味着今后几年，消耗能源最多、污染物排放最多的原材料产业的发展速度将趋于稳定，而高加工度的制造业将成为工业增长的主导。

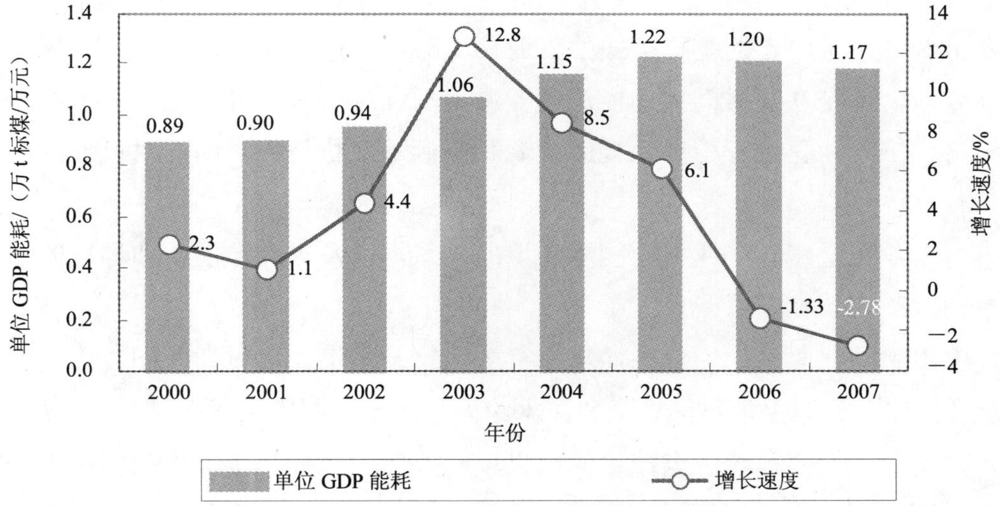

注：单位 GDP 能源消耗的变化折算成 2005 年的 GDP。

图附-23 单位 GDP 能源消耗的变化（2000—2007 年上半年）

中国能源强度和单位 GDP 污染物排放的拐点之所以很快出现，一个重要原因是由于近年来中国政府加大了“节能减排”的工作力度，措施也比较得当。但是，必须看到全面完成“十一五”规划（2006—2010 年）中提出的节能减排目标的艰巨性。由于资源型产品价格关系还存在扭曲，并没有反映其稀缺性，环境污染的成本还在很大程度上没有计入企业成本之中，加之近年来主要依靠行政手段进行节能减排，因此这种节能减排的良好趋势能否延续，还有较大的风险。特别是由于中国巨大的工业化规模，将导致 CO_2 的排放总量继续增加，在全球大气环境容量非常有限、气候变化的影响明显显现的情况下，中国需要进一步做好节能减排工作。

理论和实践均表明，不同的工业化模式将对能源和环境产生不同的影响。为与传统的工业化模式相区别，中国政府确定了走新型工业化道路的目标。所谓新型工业化就是建立在资源节约和环境友好基础之上的工业化，既体现传统工业化的部分特征，同时跟踪和利用世界科技革命的最新成果和先行工业化国家产业发展的基本趋势，现代服务业也获得较快的发展。

依据经济发展模式与能源消费、污染物排放的关系，中国未来的发展道路可能存在三种情景。一是新型工业化实现程度较高，能够实现各阶段节能减排目标的新型工业化模式；二是仍然采取传统工业化方式，高资源消耗和环境污染的传统工业化模式；三是新型工业化实现程度不高，没能达到各阶段节能减排目标的中间模式。三种不同情景下能源和环境对经济社会发展的支撑能力差别较大。综合考虑中国经济和社会发展水平、能源和环境可承载能力以及对世界的影响，应该尽量争取实现新型工业化模式，着力避免传统工业化模式的出现。

3. 中国未来的发展路径展望

从总体上看，中国所走的是压缩式的工业化道路，即在工业化的进程上与先行工业化国家相比明显缩短，但是在短时间内的能源和资源消耗强度明显上升。由于众多的人口和巨大的经济规模，中国工业化过程中所消耗的能源和资源总量将是巨大的，对世界的影响也比较大。

对于中国工业化道路、工业化与能源环境的关系，以及对全球能源和环境的影响，我们有五个基本判断：

第一，中国工业化面临的约束条件与先行工业化国家工业化时期不同，更主要地体现在人口、资源和环境的约束上，虽然资金和技术约束也在一定程度上存在。

之所以如此，这主要是经济全球化的结果。一方面，在经济全球化的情况下，作为后发展中国家，中国在工业化过程可以发挥后发优势。一是可以利用先行工业化国家已经取得的成果，与独立自主的创新相结合，突破技术约束。二是在全球金融市场一体化的情况下，可以利用全球的金融资源，通过引进外资和促进资本流动来突破资金约束。另一方面，作为人口规模占全球 1/5 的发展中大国，中国的工业化进程受到全球资源的约束和环境容量的限制。之所以与先行工业化国家不同，一是由于先行工业化国家工业化之初全球资源条件较好、环境容量较大，二是由于先行工业化国家在工业化过程中消耗了全球大量资源，使全球生态环境遭受了巨大的破坏，导致中国这样的后工业化国家发展的空间受到限制。

第二，中国工业化的终点与后工业化国家不同，特别是体现在资源消耗和物质财富的人均占有量上。

正是由于受到资源环境的约束，导致中国工业化的终点与后工业化国家不同。体现在人均能源消耗和财富占有上，将明显低于主要发达国家目前的水平。中国将建立起与资源节约型和环境友好型社会相适应的生产方式和消费方式。

第三，中国摆脱工业化约束条件的路径与后工业化国家不同，不是通过殖民掠夺的方式，而是在和平与发展的大环境下，在现有的国际公约和组织框架下进行的。

中国工业化的国际环境与先行工业化国家完全不同，是在全球经济一体化高度发展，和平与发展成为时代主流的背景下进行的。欧美日等国家利用先行工业化的条件，使经济上的优势很快转变为政治优势，通过殖民地化征服世界，获得了大量廉价的资源和广阔的市场。然而，二战后以来，政治主权独立已经成为世界的一种潮流，进而殖民地带来的影响也消失了。二战后，美国借助于新的国际政治和经济体系，推行新殖民主义。美国利用超强的经济优势，逐渐收购了欧洲列强前殖民地的采掘工业，尤其是中东的石油业，并推动战后新的国际分工格局的建立：发展中国家和地区为美国提供原材料和出口市场，美国则向全世界提供新兴的工业产品和农产品。同时，美国的贸易盈余被用来购买世界上最具生产效率的产业、矿产和农业种植园。在政府的保护下，美国的投资商和银行家对外国经济的控制越来越强。以此为依靠，美国逐渐演变为西方资本主义世界中的政治和经济事务的绝对领导者。

中国的工业化不可能像西方发达国家过去那样依靠殖民地、半殖民地来获得资源和市场，在利用世界资源和市场时还要受到发达国家的挤压，以及其他新兴发展中国家的竞争，发展的条件并不好。为了保证工业化所需要的资源的安全供给，中国采取的战略是：一是采取战略储备；二是通过外交努力确保资源供应；三是要开发利用新的资源，不断提高资源的利用效率。

第四，中国工业化与后工业化国家的不同还在于中国工业化的界限是不清晰的，不是整齐划一的，各种生产要素密集型的产业同时存在。

资源和环境的约束既促使了中国现有产业向更高附加值转化，同时为了吸纳更多人口的就业，也促使向部分传统的劳动力密集型的特色产业转化，体现出劳动力资源丰富的特征，因此中国在产业结构升级的同时出现多层次的结构。同时，由于中国幅员辽阔，地区间差异较大，东部部分地区已经实现了工业化，而西部部分地区工业化刚刚起步。中国地区差异较大同时也表明，中国市场需求是多层次的，企业在不同区域面对的成本约束很不一样。因此，一些在沿海发达地区不具生产和销售优势的产品可能在内地落后地区还有市场；而在沿海发达地区难以生存的企业在内地落后地区还有发展空间。这样，就决定了中国产业结构升级和工业化基本完成之后将出现高端和低端并存的多层次混合型产业格局。

我们所说的中国基本完成工业化，是指中国经济从总体上已经实现了工业化，但在不同地区还可能会处于工业化的中后期。同时，劳动密集型、资本密集型和知识密集型产业同时存在，但主导产业将是资本密集型产业。

第五，中国工业化是在经济全球化深入发展和中国深层次参与全球化的背景下进行的，中国的资源问题要在全球范围内解决，但由此也加重了全球性的环境问题。这由此成为中国工业化过程中必须妥善解决的重要问题之一。

由于中国在工业化过程中要在全球范围内配置资源，这将给当地资源环境造成一定的影响。即便是利用国内资源，在中国进行的生产活动，也会对本国和全球环境带来较大的影响。这是因为，对温室气候排放等的影响是全球性的，而 SO_2 排放所导致的酸雨是区域性的。正因如此，中国在工业化过程中必须高度重视对国内环境和全球环境的影响，通过选择新型工业化模式，将这种影响减小到可承受的范围内。

（五）WTO 背景下的中国国际环境合作战略

WTO 是全球化的重要推动力量。WTO 既是世界上最大的多边贸易组织，成员贸易量占世界贸易的 95%以上，也是各类与贸易相关的协定汇聚而成的协定集合体……WTO 的宗旨不仅包括保证充分就业、扩大贸易、促进经济发展、完善贸易体制，而且包括坚持可持续发展。

WTO 已经意识到环境保护、国际贸易、多边贸易体制之间的相互影响。WTO 成立之初就将实现可持续发展和保护全球环境作为其重要原则，并为在多边贸易体制内讨论环境保护问题提供了一定组织基础和法律依据。WTO 订立的可持续发展原则、设立的贸易与环境委员会以及设置的环境谈判议题，必将对全球环境治理产生深远影响，对妥善解决各成员贸易与环境冲突具有重要意义。WTO 机制将成为未来全球环境治理可以利用的重要的潜在力量。

中国自加入 WTO 以来，对外贸易以平均每年 20%～30%的速度增长，成为全球对外贸易增长最快的国家、世界第三大经济体和世界第一引资大国。目前中国每年对外贸易顺差超过 2 000 亿美元。但是，巨大的贸易顺差背后是巨大的生态环境逆差，经济贸易发展与资源环境的矛盾日趋凸显，国家“十一五”节能减排压力巨大，公众对环境污染问题反映强烈，温室气体引起全球气候变化等全球环境问题也日益引起国际社会广泛关注。WTO 背景下中国环境保护工作面临严峻挑战。

为此，制定新的国际环境合作战略，充分利用 WTO 机制，并将贸易作为环境管理的重要手段之一，将是中国国际环境合作服务于国内环境保护、三个历史性转变、生态文明实现的重要抓手。

1. WTO 机制对全球环境治理的影响

WTO 与环境保护有关的政策和保障机制的形成，无论对世界贸易的发展还是对全球可持续发展，都具有十分深远的意义。

（1）WTO 正在努力参与全球环境治理

① 制定了专门的环境保护条款。

虽然 WTO 法律体系内并没有就贸易与环境问题达成专门协定，但是在全球环境保护浪潮和可持续发展观念下成立的 WTO 及其相关协定中，规定了大量与环境相关的条款，这些条款为处理贸易与环境有关问题提供了法律依据，直接或间接减少了全球环境污染物的产生。

首先，WTO 宪章性文件承认可持续发展与保护环境的必要性。《建立 WTO 的马拉喀什协议》规定"按照可持续发展的目的最合理地利用世界资源，保护和维护环境，并以符合不同经济发展水平下各自需要的方式，加强采取相应的措施"。可以看出，WTO 体现了"可持续发展"的精神，把发展问题、贸易问题、资源问题、环境问题作为一个有机整体来看待，规定了贸易自由化与环境保护的双重目标，为处理贸易与环境问题、从贸易角度进行环境治理提供了条件和思路。

其次，多边贸易协定明确体现出可持续发展的要求，对处理环境问题作出具体的规定。GATT 第 20 条规定了有关环境保护的一般例外：（b）为保障人民、动植物的生命或健康所必需的措施；（g）与国内限制生产与消费的措施相配合，为有效保护可能用竭的天然资源有关措施，同时规定实施的措施不得构成武断的或不合理的差别待遇，或构成对国际贸易的变相限制。其他贸易协定，如《技术性贸易壁垒协定》、《实施卫生与植物卫生措施协定》、《与贸易有关的知识产权协定》、《服务贸易总协定》、《政府采购协议》等也都规定了环境的相关例外措施，这为避免贸易对环境的不良影响提供了可能。

最后，部长决定对有关环境问题的决议，对具体解决贸易与环境问题，参与全球环境治理提供了制度保障或组织基础。例如：《关于贸易与环境的决议》就要求设立专门的贸易与环境委员会等机构以协调贸易与环境领域的政策；《多哈宣言》将贸易与环境列入多边贸易体制的谈判议程。

② 建立争端解决机制，处理贸易与环境问题。

WTO 争端解决机制专门设立了争端解决机构，争端解决机构是常设机构，具有"准司法"性质，是公平、透明解决包括贸易与环境问题在内的贸易争端的有效途径和合法场所。

争端解决机构有权设立专家组、通过专家组和常设上诉机构的报告、维持对执行裁决和建议的监督、授权中止减让和适用各协定下的其他义务。

WTO 国际贸易争端越来越多地涉及资源和环境问题。迄今为止，WTO 争端解决机制已经受理各类争端 300 余起，其中涉及环境问题的贸易争端也有将近 20 起。例如，1995 年委内瑞拉诉美国精炼石油和常规石油标准案、印度等国诉美国海虾—海龟案、加拿大诉欧共体石棉案等。这些案例的成功解决，揭示出环境保护和贸易发展之间并不存在不可调和的矛盾，宣示了 WTO 对环境问题的关注，反映了多边贸易体制中实现环境保护目标的可行性。

③ WTO 努力与其他国际组织合作，影响国际环境管理。

除本身活动外，WTO 也努力与其他国际组织合作，解决贸易与环境问题，从贸易角度影响国际环境管理。比如，WTO 与国际标准化组织（ISO）经过积极协调，《技术性贸易壁垒协定》、《实施卫生与植物卫生措施协定》要求各国在制定国内法规时以国际标准为基础，从而使这些国际标准具有了更强的约束力，大大加强了对全球环境保护的力度。

除以上内容外，WTO 逐渐将环境保护和可持续发展观念纳入 WTO 的日常主流活动中，并致力于在贸易与环境之间建立一种建设性的关系，以求在不损害多边贸易体制公平、公开、非歧视性特征的基础上加大环保力度，促进可持续发展和全球环境保护。

（2）WTO 对多边环境协议（MEAs）的影响

WTO 和多边环境协议是两套相对独立的法律体系，他们“既不是朋友，也不是敌人，而是邻居”。从广泛的意义讲，多边环境协议的目的是环境保护和资源管理，而 WTO 的目标是一个开放的、透明的和强大的、有益于所有成员的多边贸易体系。协调全球环境保护与贸易自由化之间关系的一个关键就是处理好多边环境协定的贸易措施与 WTO 规则之间的关系。

① WTO 与多边环境协议在全球环境治理方面有潜在冲突。

WTO 与多边环境协议存在潜在冲突，主要表现在：第一，基本目标不同，WTO 的基本目标是贸易自由化，会尽可能消除贸易壁垒，包括环境措施壁垒，最终实现贸易自由化；而多边环境协议的基本目标是适当的环境管理，要确保足够的环境措施水平，以实现确定的环境目标。第二，法律性质不同。WTO 制定了很强的约束力和可申诉条款，包括最有效的争端解决机制，被称为“硬法”；而多边环境协议相对为“软法”，不具有约束性，也较少惩罚措施。尽管至今还没有任何一项多边环境协议和 WTO 之间发生正面冲突，但随着多边贸易法规和环境协议的扩展，越来越多的经济活动要受到多边环境协议的影响，发生冲突的潜在可能性越来越大。

② WTO 将成为多边环境协议在全球环境治理方面的重要补充。

经过多年发展，WTO 已初步建立起一套协调环境与贸易的有效政策，并成功解决了一些与环境保护有关的贸易争端，因此，在协调与全球环境治理有关的贸易方面，WTO 机制完全可以弥补多边环境协议存在的若干缺失。多边环境协议是解决全球环境问题的重要法律文书，但这些法律只对多边环境协议的缔约方具有约束力，而对非缔约方则不具有约束力。例如，美国不是气候变化《京都议定书》缔约方，因而美国就在温室气体减排之外。但美国是 WTO 成员，有关美国与其他成员的贸易与环境问题可以在 WTO 中得到解决，这就从另一个机制弥补了多边环境协议的弱点。在 WTO 贸易与环境争端解决中，如果争端的引起是根据某一多边环境协定而采取的针对贸易的措施，而且双方都签署了该协议，那么他们就应利用该协议解决争端。但是，如果争端一方未签署该协议，那么 WTO 则成为事实上处理这一争端的唯一场所。

另外，通过 WTO 规则和贸易，可以消除对环境有害的补贴，便于得到为执行多边环境协议而需要的环境技术等，从而有利于保护环境，或者实现贸易和环境“双赢”的结果。

（3）WTO 对中国环境政策和环境管理的影响

中国作为 WTO 新成员，其环境政策和管理必定会受到重要影响。环境政策不仅要符合中国国内可持续发展的要求，而且必须与 WTO 规则相接轨。另外，中国也可以利用 WTO 机制将贸易作为环境管理的新手段，以环境政策来优化经济和贸易增长。

① WTO 对中国环境政策的挑战。

与环境政策密切相关的 WTO 基本原则和有关规则包括非歧视、透明度、自由贸易、公平竞争等基本原则，以及 GATT、TBT、SPS 等多边贸易协定中的“环境例外”有关规定。入世前，中国的环境政策有很多计划经济的烙印，而且对贸易与环境问题的处理，只适用于贸易伙伴，但 WTO 要求环境政策要更多适应于市场经济环境，而且实施国民待遇，即对某一贸易伙伴所实施的政策必须同样适用于所有成员及其国民，这些无疑对我国的环境政策提出了极大挑战。WTO 对中国环境政策的挑战主要表现在以下三方面：

第一，中国的环境政策与 WTO 的有关协议和协定所规定的原则和规定存在一定的矛盾和冲突，例如，在防止污染转嫁和第三方环境产品认证方面的环境政策与 WTO 非歧视原则冲突明显；在许多环境政策制定中，公众参与环境政策制定的范围、程序、渠道、途径及权利保障方面缺乏明确、具体和系统的规定，这与 WTO 透明度要求有很大距离。中国必须遵循 WTO 的非歧视、透明度、自由贸易、公平竞争等原则合理调整环境政策。

第二，入世后带来我国对外贸易、外商对华投资等与贸易相关的经济活动在质和量上的变化，并产生新的生态环境问题，中国的环境政策在某些方面还是空白，需要及时制定相应的环境政策。例如，与新的贸易与环境问题相关的控制转基因物品的引入、防止外来物种侵袭、危险化学品环境管理、光污染与热污染防治等方面的立法目前还是缺失状态；还有与这些法律相关的环境程序法、引导性环境立法等也很缺乏。这些环境政策的缺失和空白将对我国的环境管理产生隐患。

第三，中国需要接受 WTO 的贸易政策审议，其中环境政策审议是重要内容。这就对我国环境政策的科学性和合理性提出更高要求。

② WTO 机制对完善中国环境管理和环境政策的机遇。

WTO 使我国的环境政策和管理面临挑战的同时，也为我国环境政策的完善提供了难得的机遇。WTO 有关原则和规定，有利于提高环境管理水平，促进贸易、经济和环境的协调发展。

首先，WTO 机制有助于环境保护真正融入中国经济贸易主流，是环境保护主管部门能够真正参与到国家综合决策的良好契机，进而使环境管理得到加强。WTO 对环境保护、可持续发展以及环境和贸易协调发展的关注，使得环境权益逐渐必须成为国家指导经济贸易行为的约束标准。随着我国贸易出口越来越多地受到国外利用 WTO“环境例外”条款以及其国内环境标准、环境政策等“绿色”壁垒的影响，我国贸易主管部门和经济发展部门在制定和执行有关决策时必然要考虑环境因素，并会征求环保部门的意见或与之协商。从这个意义上讲，WTO 机制就有利于完善贸易与环境政策，加强贸易与环境协调发展，环境保护因素和主管部门就比较容易纳入经济贸易活动的主流，参与贸易的综合平衡，并进而成为整个国民经济的重要组成部分。

其次，WTO 机制有助于中国完善环境管理的政策体系。WTO 机制使中国面临许多全新的环境问题，为环境法律体系适应新的环境保护形势创造了有利条件。WTO 机制除了可以使中国的环境政策适应市场经济需要、强化环境政策对可持续发展战略的确认、保护与促进的功能外，还有助于形成一套结构合理、内容完备、内部协调、功能齐全的环境政策体系。例如，可促使国内环境法同国际环境法相衔接，填补和完善环境纠纷处理、环境争端解决、环境损害赔偿等相关程序法律和制度的空白。

2. WTO 环境与贸易谈判对全球环境治理的影响

贸易与环境问题被纳入 WTO 多哈谈判议程，表明 WTO 要求各成员更加重视环境保护和贸易发展的可持续性，对全球环境治理具有重要的深远影响。

（1）WTO 环境与贸易谈判进展和特征

2001 年 12 月 11 日，WTO 多哈部长级会议将贸易与环境议题确定为新一轮谈判唯一一个新议题。谈判内容包括：1）WTO 规则和多边环境协议中具体贸易义务条款之间的关系；2）多边环境协议秘书处和 WTO 相关委员会之间的信息交流和授予观察员地位的标准问题；3）酌情削减或消除对环境货物与服务的关税和非关税壁垒。除三个谈判议题外，其他还包括环境措施对市场准入影响、加强对发展中成员的技术援助和能力建设问题、生态标签等几个谈判重点讨论议题。从总体来看，已开展的 WTO 贸易与环境谈判具有以下特征：

① 总体进展缓慢。

在多哈会议之后的两年里，贸易与环境谈判就谈判模式、谈判方法等程序性问题进行了磋商，就环境多边贸易协议、环境货物与服务等议题进行了谈判，但总体进展缓慢，并未取得实质性进展。原计划 2005 年底结束的多哈谈判并没有按预定议程完成谈判，后来决定的到 2006 年 4 月结束谈判仍然以失败而告终。尽管 2007 年 3 月重启多哈谈判，但谈判步履维艰，进展缓慢。分析其原因，一是 WTO 各方对贸易与环境问题的认识和主张各不相同；二是多哈回合采用“一揽子”解决的谈判方式，受农业谈判失败的影响，贸易与环境议题也不会达成协议。

② WTO 贸易与环境谈判议题与其他议题关系密切，具有重要影响。

除了在 WTO 贸易与环境委员会下开展的正式贸易与环境议题的谈判和讨论，WTO 几乎所有谈判议题都或多或少地与环境有关，农业谈判涉及“绿箱”补贴政策、服务贸易谈判中涉及“环境服务”、与贸易有关的知识产权协定的谈判涉及与生物多样性公约之间的关系，且一些发达国家成员希望纳入的投资新议题也与环境密切相关。WTO 整个谈判进程和内容正在被“全盘绿化”。而且，贸易与环境谈判议题与其他议题密切相关，以服务贸易谈判为例，环境服务贸易是《服务贸易总协定》规定的 12 类服务贸易之一，服务贸易谈判总体上谈非关税壁垒削减等问题，但由于环境服务定义和分类不明确，很多问题都有争议。根据授权，环境服务分类和定义问题需要在贸易与环境议题中解决。

③ 存在纯粹国家贸易利益驱动而非全球环境保护需求的不和谐音符。

尽管 WTO 将可持续发展和保护全球环境作为其基本原则，而且，将全球环境问题纳入 WTO 贸易与环境谈判，但从谈判进程以及提交的提案来看，各成员在 WTO 中谈判是纯粹的国家贸易利益驱动而非全球环境保护需求决定。例如，在贸易与环境委员会提交的有关环境产品清单的提案中，有成员甚至将对环境极其有害的废旧衣物也作为环境产品。不难看出，WTO 贸易与环境谈判中也存在纯粹国际贸易利益驱动而非全球环境保护需求的不和谐音符。

（2）WTO 贸易与环境谈判未来趋势

① WTO 贸易与环境议题将日渐重要。

随着全球经济一体化进程的发展以及国际竞争日趋激烈，贸易与环境的关联程度将会加强，并对全球的政治经济格局、全球环境治理以及可持续发展产生重大影响。贸易与环境问题的协调是一个迫切需要解决的问题，但却是一个渐进的过程。这样一个背景下，贸易与环境议题，特别是环境货物和服务、WTO 与 MEA 议题中涉及气候变化和贸易的关系问题，在下一轮 WTO 谈判中将日渐重要。

② WTO 贸易与环境谈判依然由发达国家成员主导进程。

发达国家成员——特别是美国和欧盟——在贸易与环境议题讨论和谈判中仍会占有相当的主动地位，发展中国家成员在一段时间内会处于被动地位，发达国家成员和发展中国家成员之间经济与环境实力上的差距，将日益成为影响贸易与环境的焦点之一。不过，随着包括我国在内的广大发展中国家成员积极参与贸易与环境的谈判，在未来 WTO 规则制定和修改中可以发挥建设性作用。

③ 全球环境问题在贸易谈判中可能被逐渐主流化。

将气候变化等全球环境问题纳入 WTO 贸易与环境谈判趋势已经初显。例如，2007 年底，美国和欧盟开始联合提出提案要求从气候变化角度谈环境货物和服务关税削减问题。这也就意味着全球环境治理已经实质性地被纳入 WTO 贸易与环境谈判中，贸易谈判将为全球环境治理提供重要平台。在人权主流化已经实现的背景下，环境问题在贸易领域的主流化趋势也将成为可能。

④ 中国很可能会成为 WTO 贸易与环境议题谈判焦点。

由于 WTO 谈判总体进展缓慢，发达国家开始将经贸重点从 WTO 转向自贸区。环境货物和服务贸易谈判已经成为区域和双边自贸区谈判重要内容，在中国与新西兰自贸区谈判中甚至成为能否顺利完成谈判的关键。除了自贸区机制，美国也利用中美战略经济对话等机制与中国进行贸易与环境的对话和谈判。种种迹象表明 WTO 贸易与环境谈判双边推动机制明显，由于中国的巨大环境货物和服务需求市场及巨额贸易顺差，中国成为其中最重要的利益攸关方之一。与气候变化谈判类似，中国在未来 WTO 贸易与环境谈判中很可能会成为焦点，发达国家可能利用贸易与环境谈判进入中国市场获取其贸易利益。

（3）中国在 WTO 贸易与环境谈判中的谈判方针和原则立场

① 对中国参与 WTO 贸易与环境谈判的几点认识。

中国参与 WTO 贸易与环境谈判，在确定谈判方针和原则立场之前，要对谈判本身和自身有正确认识。

认识一：国家利益最大化永远是谈判的第一原则，环境利益也是国家利益的重要组成部分；

认识二：国际规则是国家利益的具体体现，WTO 制定的环境规则不仅反映发达国家的意愿还应该体现发展中国家的利益。

认识三：贸易与环境问题作为全球环境问题，必须而且只可能通过包括多边谈判在内的国际环境合作得到全面、彻底的解决，换句话说，WTO 贸易与环境谈判对解决贸易与环境类全球环境问题具有重要意义。

认识四：目前中国参与 WTO 贸易与环境谈判与可持续发展的要求仍有距离：对国家利益的整体认识略显不足；体制上存在“缺位”和“越位”，部门利益影响国家的综合利益；环境利益没有得以充分体现。由于中国的贸易总量以及经济日益增长的趋势，在新一轮谈判中具有独特的谈判地位，应该加强能力建设，可以代表广大发展中成员在国际舞台上发挥更大作用，共同保护我们的地球家园。

② 中国 WTO 贸易与环境谈判的基本方针。

我国参与贸易与环境谈判的基本利益体现在经济发展、环境保护与社会进步等几方面。为了在未来的贸易与环境谈判中维护我国利益，应当将“促进贸易发展，确保环境安全，维护社会稳定”作为我国参加贸易与环境谈判基本方针。要力争贸易与环境相互促进，以环境促进贸易发展，以贸易保障国家环境安全，实现双赢；也要在贸易发展与环境保护之间、长远利益与短期利益之间保持平衡，既不能过分强调环境保护而限制了贸易自由化，也不能单纯为了贸易发展而牺牲环境。

③ 中国 WTO 贸易与环境谈判的原则立场。

WTO 贸易与环境谈判与 WTO 其他议题的谈判一样，发达成员与发展中成员有共同而有区别的责任。全球环境问题每个国家都应当关注，但是造成全球环境问题的最主要原因是发达成员当今的不可持续消费模式与过去的不可持续发展模式。我们在 WTO 贸易与环境谈判中，坚持“共同而有区别的责任”原则立场，要求发达国家承担更多义务，给予发展中国家成员差别和更优惠待遇，并对发展中国家成员提供资金、技术和能力建设方面的援助。

3. 将WTO机制纳入中国国际环境合作框架体系

将 WTO 机制纳入中国国际环境合作框架体系，是加速环保工作三个历史性转变和确保“十一五”环境目标实现的重要抓手和工作的着眼点，也是我国积极参与国际环境合作，维护国家利益、树立良好国际形象的客观要求，对环保部门深入参与国家综合决策和迎接贸易自由化的环境挑战具有重要的实践意义。

（1）总体战略思路

高举科学发展观伟大旗帜，以十七大“十二字”国际环境合作方针为指导，充分利用 WTO 机制，以促进经济增长方式转变、以环保手段绿化贸易发展和以绿色贸易手段缓解资源环境压力为途径和方式，制定 WTO 背景下的中国国际环境合作战略，进而更好地为中国的环境保护历史性转变服务、为生态文明服务。

（2）战略定位

WTO 背景下的国际环境合作服从于国家环境保护总体战略目标的指导，紧紧围绕国内环境保护的中心任务，利用 WTO 机制和机遇，确保国家环境权益，将国际环境合作真正作为我国对外关系的重要内容和国内破解环境污染和生态保护难题的重要手段，有效提升环境保护国际合作的战略层次和水平。

（3）战略措施一：积极参加 WTO 贸易与环境谈判，展示我国负责任大国形象

WTO 环境与贸易谈判是国际谈判中确保环境权益的重要、不可或缺的环境外交优先领域，是展示我国负责任大国形象的重要舞台，是环保部门参与国家综合决策的重要切入点，是加速环保工作历史性转变、实现环保减排目标的重要抓手。因此，环保部门要积极主动地参加 WTO 贸易与环境谈判，参与“游戏”规则制定，从源头上最大限度地利用国际规则和维护国家利益。谈判态度上，明确欢迎 WTO 贸易与环境议题谈判，支持 WTO 倡导的贸易、环境和可持续发展基本原则；谈判方式上，要建议跳出贸易与环境本身，创造性地扩展为贸易和可持续发展，增加对话可能和机会，推动将贸易、环境、资金援助和技术转让等多个问题一起讨论；谈判行动上，紧密团结广大发展中国家，争取技术转让和资金援助，坚持“共同但有区别”的责任原则，协力推动解决全球环境问题；谈判内容上，要提议 WTO 与多边环境协定间增进信息沟通和信息交换，条件成熟时向 WTO 贸易与环境委员会提出有条件地接受成员多、影响面大的多边环境协定组织作为观察员，增强 WTO 与主要多边环境协定的相互参与，实现利用 WTO 机制加强全球环境治理的目的。

（4）战略措施二：在我国国际环境合作管理体系提升 WTO 相关事物的管理地位，加强 WTO 环境与贸易相关能力建设

要高度重视 WTO 环境与贸易工作，巩固并充分发挥和利用环境保护部 WTO 环境与贸易

领导小组的指导、协调作用，在我国国际环境合作管理体系全面提升 WTO 相关事物的管理地位，健全和完善工作机制，明确工作职责和任务，加强机构建设，适时成立 WTO 贸易与环境处，加强对 WTO 贸易与环境事务的管理。

加强相关能力建设，将 WTO 机构能力建设纳入我国国际环境合作管理体系通盘考虑。要以环境保护部 WTO 环境与贸易专家小组为基础，适时成立 WTO 环境与贸易的专职研究机构，并以各部委研究机构和高校专家为基础建立专家网络，加强国际交流，加强人才培养和储备，提高人员素质，建立一支政治上过硬、研究能力强、外语水平高、综合素质好的 WTO 环境与贸易研究队伍，提升在 WTO 贸易与环境重大事务中的谈判能力，以及分析问题、提出建议的能力。为保障长期稳定的 WTO 贸易与环境研究队伍，要进一步加大资金支持力度，做好项目储备和运转工作，以保证工作顺利进行。加强对地方贸易与环境机构的工作指导，了解地方对 WTO 贸易与环境机制的需求，提升并加强地方开展 WTO 贸易与环境工作的能力。

（5）战略措施三：用足用好 WTO 机制，服务国内环境保护工作重点

要密切关注并积极研究 WTO 机制，根据国内环境保护和贸易发展的需要，用足用好 WTO 机制，采取相应措施，服务国内环境保护工作重点，加快环境保护历史性转变。要根据实际国情和 WTO 规则，合理利用 WTO 框架下的“环境例外”条款，建立健全我国环境保护标准、环境保护技术规范、环境标志以及 ISO 14000 认证等管理制度，逐步调整环境标准，使其转变为技术法规。运用 WTO 通报咨询机制，有效防范国外绿色贸易壁垒，运用贸易措施实现环境管理目标的切入点。另外还要灵活运用 WTO 规则，以预防原则为指导，学习发达国家经验，建立自己的绿色保护屏障，防止国外污染通过投资、产品进口等方式进入我国，确保国家环境安全。

（6）战略措施四：高度重视 WTO 机制对我国及国际环境管理可能带来的新挑战

加入 WTO，中国由于经济结构调整、对外贸易内容和方式等变化而造成一些新的环境问题，例如自由的全球贸易增加了转基因和外来物种对我国生物多样性、生态环境等的风险概率，对我国国际环境管理带来新挑战。要高度重视 WTO 机制对我国国际环境管理可能带来的新挑战，要制定和完善相关立法，例如加快制定控制转基因物品的引入以及防止外来物种侵袭方面的专门法律；要建立预防机制，防止其他国家以环境之名，行扩大贸易之实；要完善协调机制；要进一步深化和拓展 WTO 环境与贸易问题的科学研究，加紧开展 WTO、气候变化与贸易相关政策研究。

（六）国际环境制度的建立及其对中国的含义

1. 全球环境治理的发展

国际环境问题的特点是经济活动环境后果（影响）跨边界的性质。环境问题的动态性和相互关联的复杂性，构成了全球环境政策的实质。环境问题在国际事务议程中的出现，对各国之间的合作提出了新问题。即使有些问题可能不会影响世界每一个地区，但它们也需要广泛的多边谈判和国际博弈，必须通过共同努力才能解决问题。

有效的国际合作保护环境要求各国政府积极的承诺和持续的协同努力。理想情况下，这些环境协议应该构建一个全球环境机制的网络，在不同领域管理各国的行为。尽管在某些领域的环境合作已经取得一些进展，但在其他领域的环境合作还难以令人满意。

应对国际环境问题要求各国合作。在 1972 年，对全球和跨国界的环境问题认识的不断增长促成了联合国人类环境会议在瑞典斯德哥尔摩召开，并成立了联合国环境规划署（UNEP）。此次会议上，各国采纳了《人类环境宣言》（又称《斯德哥尔摩宣言》），为许多环境问题如人权、自然资源管理、污染防治以及环境与发展的关系制定了原则。在随后的几年，各国签订了国际条约保护自然和文化遗产，控制濒于灭绝的物种贸易，减少空气和海洋污染。这些协议也促进了其他的如保护臭氧层、管理海洋资源利用和控制有害废弃物的跨边界处置等一些协议的达成。其实在斯德哥尔摩会议之前，对于一些具体问题如关于保护野生动物移栖物种、禁止核试验、避免海洋石油污染问题等就有了多边协议和宣言（有些早在 19 世纪就已制定）。它们虽然是非常重要的环境协议，但它们并不是当今环境协议的组成部分，这些早期的环境协议仅仅是后来制定全面环境条约的基础和范例。

到 20 世纪 80 年代后期，已有很多的国际协议和机构存在，然而又不断出现新的挑战。发展中国家发现他们不能实现保护全球重要资源的义务，全球环境问题的解决不能脱离各国社会经济发展的实际孤立地解决。在巴西里约召开的联合国环境与发展大会暨地球首脑会议上，各国领导人接受了可持续发展的概念与富国和穷国在保护全球资源方面“共同但有区别责任的原则”。这次会议上采纳的《联合国气候变化框架公约》和《生物多样性公约》就体现了这些原则。地球首脑会议形成了《里约环境与发展宣言》和《21 世纪议程》。同时这次会议也建立了联合国可持续发展委员会（UNCSD）和全球环境基金（GEF）。

自从 20 世纪 70 年代以来，国际社会制定了很多国际环境法（包括条约）。然而，这些环境法或条约的制定并没有对它们的执行效果给予更多的关注。2002 年，在南非约翰内斯堡召开的世界可持续发展大会，鼓励在政府、机构、商业和公民组织之间建立非正式的伙伴关系，对于现有关于可持续发展的承诺采取行动。一些国家呼吁建立具有真正国际管理权利的世界环境组织（WMO）。

2. 全球环境制度对中国的影响

近年来，中国在参与和推动国际环境合作与交流方面日益活跃，扩大了影响，树立了负责任的大国形象；同时，在双边、多边和区域国际环境合作中，坚持“以外促内”原则，在履行国际义务的同时，积极维护发展权益，争取国家利益，促进了中国经济发展和环境保护事业。

参与全球环境制度给中国经济和发展带来的积极影响在于：

（1）通过加入和履行国际环境公约，推动了中国在全球环境保护中的参与

目前，中国已加入22项环境公约、7个议定书、5个修正案，内容涉及大气、危险废物、化学品、海洋环境与生物资源、自然保护和陆地生物资源、核安全等方面。通过参与国际履约活动，中国政府和相关部门提高了相关领域的保护意识，增强了管理能力，同时也加强了与全球各个国家和地区在不同环境领域的沟通与合作，积累了丰富的国际谈判经验，在必要的时候借助国际机制保护我国的自身利益。例如在臭氧层保护和气候变化领域，中国政府在坚持为发展中国家争取发展权益的同时，也积极借助清洁发展机制等国际资金和技术机制推动国内的节能减排工作，在国际上展示了良好的形象。

（2）在切实履行国际义务的同时，中国利用国际环境公约下的资金和技术转让机制推动了国内的环境保护工作

例如，GEF 作为联合国《生物多样性公约》、《气候变化框架公约》的资金机制和《持久性有机污染物公约》等环境公约的资金机制，中国在气候变化、生物多样性、荒漠化等领域都获得了一定的GEF基金援助。至2007年3月，中国共获得48个国家项目资助，参与了26个区域或全球项目，获得赠款和赠款承诺5.17亿美元，在弥补国内环保资金不足、扩大融资渠道方面起到了巨大的积极作用。

（3）增进了国内环境治理结构的升级，推动了环境保护的市场化，管理和监督手段的标准化

国际环境公约对于缔约方具有很多明确的规定和要求，比如，制定相应的政策和法律文件，制定履约的国家行动计划等。通过种种履约活动，中国逐步建立了一系列级别很高的履约管理机构及协调机制，例如作为《联合国气候变化框架公约》协调机构的“国家应对气候变化对策领导小组”，作为《濒危野生动植物物种国际贸易公约》国家履约机构的“中华人民共和国濒危物种进出口管理办公室”等；通过履约还完善了相关领域的法律法规，加强了生态环境保护部门的管理和监督能力。

（4）通过开展民间的国际环境合作，吸引了大量的国际机构和非政府环保组织参与中国的环境保护

近些年，国际环境NGO在中国扮演了非常积极的角色，通过提供资金、技术和人员支持，

许多国际机构如 ADB、WWF、WCS 等在推动中国地方的生态保护、扶贫和发展等领域作出了不小的贡献。国际 NGO 还带来了先进的保护理念和丰富的管理经验，与政府部门在合作保护、环境教育和宣传等领域建立了良好的伙伴关系。同时，国际环境保护机构带动了中国民间环境保护组织的快速发展，推动了社会公众对于环境保护的认知和参与意识。

尽管中国从参与国际环境制度构建中取得了不少的利益，然而，也有一些不尽如人意的地方。

首先，由于在某些环境保护领域，中国自身的政策法律体系不尽完善，技术水平还有待提高，环保部门的监督管理能力有限，因此使得国际环境制度在中国发挥的作用受到弱化，在借鉴一些国际先进的制度和管理经验时难以收到良好的效果。例如，由于技术和管理手段不足，中国对于国内 SO_2 的排放监测还远达不到发达国家的水平，因而也难以进行有效的监管和治理。

其次，国际环境公约及其他国际机制如 WTO，对于成员国和缔约方都施加了许多具体的条款约束。由于全球化带来的资源和市场竞争日趋激烈，发达国家通过环境外交、绿色贸易壁垒等方式给中国施加压力，对中国的顺利发展带来一定的不利影响。

最后，国际环境制度本身也在构建的过程中，许多理论和实践问题需要创新。例如清洁发展机制下的排放交易市场就是将全球环境成本内部化的一个很好的尝试。这意味着不论是生产者还是消费者，只要其生产或消费造成了环境损失，就要担负这部分成本。现有的贸易体系是建立在市场价格基础上的，若将环境价值纳入成本，全球贸易格局必将发生变化。由于在全球层面的市场失灵问题，没有任何一个国家可以单独解决贸易和投资带来的环境影响。因此，如何协调全球环境制度在构建过程中产生的摩擦和分歧，并在全球环境与发展问题的博弈中为我国的切身利益争取一席之地，也将是中国在发展和环境保护过程中必须考虑到的重要因素。

3. 全球环境治理面临的主要问题

目前，关于全球环境问题国际社会已经签署了诸多国际协议、公约和协定，一个国际环境法的体系正在形成，尽管它还不完善、不规范，而且大部分还是“软”约束。成功的标准不是看签署了多少协议，而是看有多少个国家批准这些协议，尤其是每项协议产生的效果。因此在过去 20 年，虽然签署的国际环境协议数目最多，但全球环境并没有得到多大改善。

首先，到目前为止所实施的合作协议主要是那些各国最容易采取行动实施，或者在政治上不牵涉重要的国家利益，或者不需要特别的后续行动的那些领域或问题。对于像非洲象牙、捕鲸，甚至臭氧层耗损等问题，与各国的政治和经济利益联系较少，因此合作起来相对容易。相反，相对于全球变暖和热带森林破坏等问题，由于涉及各国重要的经济利害关系，所以在发达国家和欠发达国家可能会建立潜力的否决权联盟。

其次，一些协定还尚未被所有相关国家签署和批准。一个真正的国际环境协议必须包括世界上所有的国家。很显然这使得环境制度的形成成为一个艰巨的任务。在全球环境保护方面全面性显得尤其重要，因为即使一个国家的否决权，就可以阻挠许多其他国家的努力。举例来说，美国是全球温室气体排放量最大的贡献者，拒绝批准《京都议定书》就可以破坏其他国家减少排放量的努力。因此，一国可以破坏一个全球制度仅仅是拒绝遵守它。

最后，执行和核查问题抹杀了国际环境外交的成就。有了协议并不意味着执行。一个常见的原因是未能充分规定相应的条款来保证成功实施。不执行协议还可能是由于以下因素：第一，参与谈判的政府官员或机构并不总是那些有权力实施的官员或机构。第二，政府加入国际协定的理由可能考虑到威望或声援盟友，并非真正承诺并付诸实施。第三，一些国家的行政能力可能不足以履行义务。第四，参与谈判的政府可能失去权力而其继任者可能不愿意或不能兑现其承诺。

从理论层面分析环境制度的形成需要认识到社会政治力量的重要性和每一个问题独特的结构和所涉及的经济关系。国家不应该被当作成一个单一的参与方，具有内部一致的价值观和态度。相反，它反映了国内经济和社会政治的平衡，它们是影响全球环境谈判结果的最关键因素。此外，增加科学知识，增加亲环保舆论和国际威望也是驱动环境制度形成和强化的重要因素。总体来说，影响国际环境制度形成的重要因素包括：

（1）各国政府对国际环境合作的紧迫感不一样

各国政府对合作的不同倾向性，是由他们对于环境问题危险性的认识不同决定的。环境退化的成本和风险不是在国家之间平均分配的，所以一些认为威胁不大的国家缺乏合作的动力。环境威胁有的是紧迫的，有的是长远的，它与一个国家的地理位置或工业化水平密切相关。例如，全球气候变化问题，虽然从长期看所有国家都将受到影响，但从短期看，气候变化的结果对不同国家的影响是不一样的，有的国家受损害，有的国家可能受益。

（2）各国对平等解决环境问题的认识不一致

例如，欠发达国家担心，全神贯注于世界资源的保护和限制，可能阻碍地区经济发展。他们想尽量开发利用自己的资源，像北方国家过去一样实现工业化。北方国家过去大量开发利用他们的自然资源，当时并未显现出明显的后果，因为环境效果是慢慢显露出来的。现在，累积后果已表现出来，而且严重。在克服贫困、发展经济的过程中，发展中国家可能选择发达国家曾采用过的增长导向的工业化模式，不管它的环境后果如何。

（3）各国对公平承担减排义务的认识不同

公平问题是气候变暖问题国际谈判的重点和难点。目前世界各国温室气体排放量的差异是很大的，用什么公式来计算每个国家二氧化碳削减量涉及公平问题。许多发展中国家主张以人均为基础和以过去几十年累积排放为基础分配减排量，而一些工业化国家则主张以当前排放为基础。发展中国家认为，工业化国家应该支付他们过去对化石燃料过度使用造成的污染成本，现在应该承担更多的减排。美国、澳大利亚等发达国家主张将所有温室气体包括在减排协议中，这将要求发展中国家承担更多的减排义务。

（4）国内经济力量的影响

在环境领域，国内经济力量对经济利益的预期在政治过程中有明显的作用：这些力量的相对谈判影响力由它们在国家中的经济地位决定。一些国内经济力量由于对经济利益有着良好预期因而反对环境管理，如严重依赖于菲律宾、马来西亚、印度尼西亚和巴布亚新几内亚的伐木业的日本贸易公司，反对任何对热带木材的国际干预；由于国际社会对鲸鱼的保护减少鱼的捕捞量而受到损失（鲸鱼和渔民对鱼存在竞争）的挪威沿海人口；在亚马孙雨林投资牧场和木材生产工业的巴西农业产业精英等也都是有影响的国内经济力量反对环境资源管理的事例。

（5）主要国家的经济利益考虑

一方面，以热带雨林保护为例，木材生产国家（由马来西亚领导，占全世界热带木材出口的近 60%）的主要利益是获取资金购置更好的设备以及木材出口价格，因而反对禁止开发热带雨林的规定。另一方面，木材消费国家如日本也不鼓励管理。国际热带木材组织由日本支配，占据世界上热带木材进口的相当份额，它的主要利益是维持一个稳定的硬木进口量来生产和出口家具。美国是世界上热带硬木产品成品最大的进口国，也不愿意看到对这些不是以可持续的方式生产的热带木材产品实施国际禁止。

（6）国内环境选民对环境政策的影响

国内环境选民的相对力量是环境政策中的重要因素。公众意识（关于环境问题）和大众压力的缺乏（尤其是投票选举中），容易使政府逃避国际环境合作的努力。在发展中国家，在公众看来，环境问题相对于经济和政治问题而言还不是一个重要的问题，因而公众在环境保护方面缺乏共同行动。

（7）各国参与合作的能力呈现差异

参与国际环境合作能力的差异往往影响一个国家对国际环境管理采取不同态度。有的国家反对某一国际合作计划，是因为他没有经济实力和科技能力参与这一计划，因此许多国际合作项目都要求要有先进的科学技术、熟练的技术人员、雄厚的资本等。各国在不同环境领域有不同的比较优势和劣势。例如，在臭氧层保护领域，美国支持禁止喷雾罐，因为他已找到了替代物。而西欧和日本由于没有替代技术，因而在 20 世纪 80 年代初期反对禁止使用喷雾罐。

（8）“碎片化”的世界政治体制

由独立的自治国家构成并在完全国家主权前提下管理的世界政治体制，给解决跨国界环境问题增加了难度。国家利益、世界政治体制的“碎片化”妨碍了共同行动，国家之间财富不均衡和权力不平等因素都对国际环境合作产生负面影响。一方面，发展中国家为了解决日益严重的贫困和饥饿问题而大力开发环境资源，并没有考虑它的长期后果。尽管他们表面上也赞同可持续发展，但其政府仍坚持走消耗自然资源和环境成本的传统道路。另一方面，发达国家从狭隘的国家利益出发对待环境问题，在许多情况下，拒绝为环境保护而改变他们的生活方式，担心环境保护制约他们以赢利为目的的市场制度。在一个“碎片化”的世界制度下，要达成环境保护协议必须做出长期的艰苦努力，而且有待于各国发展水平的提高。任何国家一般都反对建立强制执行机制，不愿接受强加的义务，实施和执行协议更为困难。

4. 中国在全球环境治理中的作用

面对全球环境问题的严峻挑战，现有国际环境制度不可避免地暴露出许多弱点和不足。为了推进国际环境制度的发展，需要在机构重组、资金机制、实施强制性手段、加强科研能力建设、促进广泛参与等各个方面进行改革。然而，在责任义务的分担、资金和技术转让、能力建设等方面，发达国家与发展中国家之间往往存在难以弥合的意见分歧，其根源在于发达国家与发展中国家在发展水平上存在巨大差异。发达国家凭借其在政治、经济、技术和信息上的优势，往往在国际制度中起着主导作用，而发展中国家总是处于不利的从属地位。发达国家通过主导国际制度的制定，为本国经济政治利益服务。而被“边缘化”的发展中国家，由于其发展的特殊要求往往在国际制度中难以得到充分的反映，其发展权利很容易受到损害。

作为一个环境大国和国际环境合作中的重要力量，中国一直以积极的态度参与国际环境事务并发挥了重要作用。近年来，我国在参与和推动国际环境合作与交流方面日益活跃，扩大了影响，树立了负责任的大国形象；同时，在双边、多边和区域国际环境合作中，坚持“以外促内”原则，围绕我国的环境保护事业，维护国家权益，争取最大利益，极大地促进了我国的环境保护。而随着国家综合实力不断提高，中国作为一个新兴大国的出现，对自身、地区和全球的环境保护以及能源和气候安全都具有深远的影响。环境保护、能源安全和气候变化已成为“逢会必议，每访必谈”的事项，中国必须采取积极的应对措施，为和平发展创造和谐的外部环境。

（1）集中精力治理中国环境问题，从源头上消除国际社会的顾虑

毋庸置疑，中国的环境问题是比较严重的，不仅制约了中国经济的发展，也将进一步影响中国综合实力的提高。面对资源环境问题，中国必须下大决心治理好，否则无力用事实来打消国际社会的忧虑和担心。值得欣慰的是，近年来中国特别重视环境保护工作，采取了许多重大措施，并且逐步取得一定实效。

（2）坚持“共同但有区别的责任”原则，通过国际合作解决问题

尽管我国的环境外交取得了积极成效，加强了国际交流，增进了相互了解，但中国现有环境状况与消除国际负面影响的要求相比，还有一定的差距。应对气候环境变化是国际社会共同面临的重大挑战，要依靠世界各国共同努力。中国还需要进一步积极拓展国际环境外交

的领域和空间，坚持“共同但有区别的责任”原则，创造性地开展工作，让世界认识中国，在认知中加强国际合作。

（3）积极参与国际环境公约制定和签约，并切实认真履行承诺

国际环境公约是解决世界性环境问题国际性的法律文件。无论是签署国际环境公约还是积极参与国际环境公约的谈判，最终需要通过认真履行已经签署的国际环境公约才能树立完美的国家形象，才能建立起诚信的政府。积极参与公约谈判和制定，才能争取主动，并让国际社会了解中国的现实国情，这样制定的国际公约才公平有效，切实可行。

（4）认真研究国际分工对中国环境造成的损害，积极宣传中国对世界环境的贡献

目前，中国已经成为“世界工厂”。中国为全世界生产产品，无疑要占用或者消耗中国的资源，使本来就很紧缺的资源供需矛盾更加紧张，对中国的环境造成极大的压力。同时，由于一些法律的漏洞和单独追求经济利益动机等原因，一些发达国家将污染环境或者损害环境的产品转移到中国生产，对中国的环境造成不同程度的损害。另外，中国是世界上最大的发展中国家，解决好中国的环境和发展问题，既是中国经济社会发展的需要，也是对全球环境的重大贡献。

全球环境保护日益表现出制度化的趋势。全球都已经、正在或将要被纳入国际环境制度之中。尽管国际环境制度建设仍有很长的路要走，但对国际规则制定权的争夺已经成为未来国际政治经济关系中一个利益攸关的重大问题。发展中国家必须清醒地认识到，在全球化时代，退缩、抵制、置身其外的态度只能暂时缓解压力，最终只会更受其害。只有积极参与其中，并发挥建设性的作用，才能更好地维护自身利益。